Carpenito

Das Pflegediagnosen-Lehrbuch

Verlag Hans Huber

Programmbereich Pflege

HUBER

Lynda Juall Carpenito

Das Pflegediagnosen-Lehrbuch

Pflegeassessment, Pflegediagnosen und Pflegeinterventionen für Profis und Praxis

Aus dem Amerikanischen von Michael Herrmann

Deutschsprachige Ausgabe herausgegeben von Jürgen Georg, Christian Heering und Detlef Kraut

Verlag Hans Huber

Lynda Juall Carpenito RN, MSN, FNP, CRNP, Family Nurse Practitioner, Nursing Consultant, Mullica Hill, New Jersey
Jürgen Georg (dt. Hrsg.). Pflegefachmann, -lehrer, -wissenschaftler (MScN), Schüpfen-Ziegelried
Christian Heering (dt. Hrsg.). Dr. rer. cur., RN, MScN, dipl. Pflegeexperte HöFa II, Lehrer für Pflegeberufe, Fachabteilungsleiter Qualität und Entwicklung, Felix-Platter-Spital, Basel
E-Mail: christian.heering@fps-basel.ch
Detlef Kraut (dt. Hrsg.). Diplom-Krankenpfleger, Lehrer für Pflegeberufe, Asthmaberater, Ausbilder in Erste Hilfe, Mentor, Autor, Limburg
E-Mail: Det.Kraut@gmx.de

Lektorat: Jürgen Georg, Detlef Kraut
Herstellung: Jörg Kleine Büning
Titelillustration: pinx. Design-Büro, Wiesbaden
Umschlag: Claude Borer, Basel
Druckvorstufe: Claudia Wild, Konstanz
Druck und buchbinderische Verarbeitung: Druckerei C. H. Beck, Nördlingen
Printed in Germany

Bibliografische Information der Deutschen Nationalbibliothek
Die Deutsche Nationalbibliothek verzeichnet diese Publikation in der Deutschen Nationalbibliografie; detaillierte bibliografische Angaben sind im Internet über http://dnb.d-nb.de abrufbar.

Anregungen und Zuschriften bitte an:
Verlag Hans Huber
Lektorat: Pflege
Länggass-Strasse 76
CH-3000 Bern 9
Tel: 0041 (0)31 300 4500
Fax: 0041 (0)31 300 4593
verlag@hanshuber.com
www.verlag-hanshuber.com

Das vorliegende Buch ist eine Übersetzung aus dem Amerikanischen. Der Originaltitel lautet «Nursing Diagnosis – Application to Clinical Practice» von Lynda Juall Carpenito © 2008.

1. Auflage 2014

ISBN 978-3-456-85024-5

Inhaltsübersicht

Teil I
Pflegediagnosen im Pflegeprozess 37

1. Pflegediagnosen – Problemkreise und Kontroversen 39
2. Entwicklung von Pflegediagnosen 53
3. Arten und Elemente von Pflegediagnosen 58
4. Pflegediagnosen – Was sie sind und was sie nicht sind 73
5. Pflegeprozess und -planung mit Pflegediagnosen 88
6. Zehn Schritte, die alles miteinander verbinden 121

Teil II
Lehrbuch Pflegediagnosen 129

Abschnitt 1
Individuelle Pflegediagnosen 129

Abschnitt 2
Pflegediagnosen für Familien und den häuslichen Bereich 1323

Abschnitt 3
Gemeindebezogene Pflegediagnosen 1423

Abschnitt 4
Gesundheitsförderungs-Pflegediagnosen 1457

Teil III
Lehrbuch interdisziplinärer Probleme 1497

Einführung 1497
Potenzielle Komplikation: Herz-Kreislauf-Störung 1498
Potenzielle Komplikation: Atemfunktionsstörung 1516
Potenzielle Komplikation: Stoffwechsel-, Immun-, Hämatopoesestörung 1526
Potenzielle Komplikation: Funktionsstörung der Nieren und Harnwege 1560
Potenzielle Komplikation: Neurologische/sensorische Dysfunktion 1571
Potenzielle Komplikation: Magen-Darm-, Leber-, Gallenfunktionsstörung 1586
Potenzielle Komplikation: Muskel-Skelett-Dysfunktion 1597

Potenzielle Komplikation: Reproduktionsstörung ... 1601
Potenzielle Komplikation: Unerwünschte Wirkungen einer medikamentösen Therapie ... 1615

Anhang
Pflegediagnosen, gegliedert nach verschiedenen Modellen und Klassifikationen ... 1648

Anhang A
Pflegediagnosen, gegliedert nach Gordons funktionellen Gesundheitsverhaltensmustern ... 1648

Anhang B
Pflegediagnosen, gegliedert nach Roper-Logan-Tierneys Lebensaktivitäten (LA) ... 1656

Anhang C
Pflegediagnosen, gegliedert nach Hendersons 14 Grundbedürfnissen ... 1663

Anhang D
Pflegediagnosen, gegliedert nach Juchlis Aktivitäten des täglichen Lebens (ATLs) ... 1671

Anhang E
Pflegediagnosen, gegliedert nach Krohwinkels Konzepten und Kategorien der Aktivitäten, Beziehungen und Existenzielle Erfahrungen des Lebens (ABEDL) ... 1679

Anhang F
Pflegediagnosen, gegliedert nach den RAI-Homecare-Klientenabklärungshilfen (RAI-HC) ... 1687

Anhang G
Pflegediagnosen mit Zuordnungen von ZEPF-Pflegekonzepten ... 1695

Anhang H
Pflegediagnosen, gegliedert in alphabetischer Reihenfolge ... 1709

Anhang I
Pflegediagnosen, gegliedert nach der NNN-Taxonomie der Pflegepraxis mit Beispielen der NANDA-I-Pflegediagnosen ... 1713

Anhang J
Fragebogen für die Pflegeanamnese bei der Aufnahme (Beispiel) ... 1723

Anhang K
Deutschsprachiges Literaturverzeichnis ... 1730

Sachwortverzeichnis ... 1751

Meinen irdischen Engeln

In der 8. Auflage dieses Buches habe ich den LeserInnen irdische Engel vorgestellt. Im Wörterbuch wird «Engel» definiert als «spirituelles Wesen [...] ein dienstbarer Geist oder Wächter [...] jemand, der hilft oder unterstützt». Irdische Engel können Freunde, Fremde, Erwachsene oder Kinder sein. Meist ist sich ein irdischer Engel der tief greifenden Wirkung der engelhaften Begegnung nicht einmal bewusst.

Diese irdischen Engel waren stets anwesend, erlaubten mir, unvollkommen zu sein, zu trauern und zu genesen. Diese irdischen Engel – Ginny, Donna, Heather, Tere und Tracey – fürchten sich noch immer nicht vor meiner Trauer, meinem Zorn oder davor, mit mir emotional Achterbahn zu fahren, die Flügel flatternd im Wind. Danke, Ihr irdischen Engel – Freunde und Fremde.

Para mi Jorge

Mann begegnet Frau
Frau will auf und davon wie ein Hase
Genug gelitten hat sie
Aber hält inne
Auch er hat gelitten, erkennt sie
Also verharren beide
Und lernen wieder vertrauen und lieben

Gracias, mi esposo

Jorge-Luis Moyet-Gonzalez

Am 7. Juli 2006 verstarb ganz plötzlich mein Ehemann Jorge. Was er mir schenkte – die Verletzlichen zu schützen, Fehler zu vergeben und dass Liebe geduldig ist – werde ich weitergeben.
Ti amo Jorge.

AutorInnen der vorliegenden Auflage

Susan Bohnenkaup, RN, MSN, CNS, BC, CCM
Clinical Nurse Specialist
University Medical Center
Tucson, Arizona
(Beeinträchtigte Mundschleimhaut)

Lateefah A. Collingwood, RN, MS, NNP
Nursing Outcomes Coordinator
Carondelet Health Network
Tucson, Arizona
(Unwirksames Stillen, plötzlicher Kindstod, Diagnosen in Verbindung mit elterlicher Fürsorge)

John M. Dugan, RN, BSN
Manager, Intensive Care
Carondelet Health Network
St. Joseph's Hospital
Tucson, Arizona
(Interdisziplinäre Probleme mit Ausnahme der Fortpflanzung)

Janet J. D'Urss, RN, BSN
Coordinator Shared Governance
Carondelet Health Network
Tucson, Arizona
(Beeinträchtigte Urinausscheidung)

Margaret Edwards, RN, MSN, CAN BC
Director, Behavioral Health
Carondelet Health Network
Tucson, Arizona
(Zusammen mit Lori Minus: Angst, unwirksames Coping, posttraumatisches Syndrom, gestörtes Selbstkonzept, Gefahr einer Selbstschädigung, Wahrnehmungsstörung, gestörte Denkprozesse, Gefahr einer Gewalttätigkeit)

Pauline Green, PhD, RN
Professor
Howard University
Washington, D.C.
(Kontamination)

Ida M. Heath, RN, MS, GNP-C
Nurse Practitioner
Northwest Medical Center Urgent Care
Arizona Community Physicians (Private Practice)
Tucson, Arizona
(Verwirrtheit, ruheloses Umhergehen, Rollenüberlastung der pflegenden Bezugsperson)

Donna Jarzya, MS, APRN-BC
Acute Pain Clinical Specialist
St. Joseph´s Hospital
Tucson, Arizona
(Gewebeschädigung, Infektionsgefahr, Mangelernährung, Aktivitätsintoleranz, unwirksames Sexualverhalten, Gefahr eines unwirksamen Atemvorgangs)

Lori Minus, BSN, RN-C
Manager, Behavior Health Services
Carondelet Health Network
St. Mary's Hospital
Tucson, Arizona
(Zusammen mit Margaret Edwards: Angst, unwirksames Coping, posttraumatisches Syndrom, gestörtes Selbstkonzept, Gefahr einer Selbstschädigung, Wahrnehmungsstörung, gestörte Denkprozesse, Gefahr einer Gewalttätigkeit)

Laura V. Polk, DNSc, RN
Associate Professor
College of Southern Maryland
La Plata, Maryland
(Kontamination)

Michael Ryan, RN, MSN
Manager Spiritual Care and Mission Integration
Carondelet Health Network
Tucson, Arizona
(Zusammen mit Lynda Juall Moyet: Trauern, Sinnkrise, beeinträchtigte Religiosität, moralischer Konflikt)

Ann Sprengel, RN, EdD
Associate Professor
South Eastern Missouri University
Cape Girardeau, Missouri
(Hoffnungslosigkeit, Machtlosigkeit)

Janet Weber, RN, EdD
Professor
South Eastern Missouri University
Cape Girardeau, Missouri
(Hoffnungslosigkeit, Machtlosigkeit)

Theresa Wilson
OB Clinical Nurse Educator
Carondelet Health Network
Tucson, Arizona
(Fortpflanzung: interdisziplinäre Probleme, Hyperbilirubinämie)

AutorInnen der Vorauflagen

Rosalinda Alfaro LeFevre, RN, MSN
President, Teaching Smart/Learning Easy, Stuart, Florida
(Gefahr eines unwirksamen Atemvorgangs, unwirksame Atemwegsclearance, Flüssigkeitsdefizit, Flüssigkeitsüberschuss, Gefahr einer unausgeglichenen Körpertemperatur, Hyperthermie, Hypothermie)

Ann H. Barnhouse, RN, MSN
Nurse Educator, Hudson, Ohio
(Relokationsstresssyndrom)

Christine J. Brugler, RN, MSN
Private Practice, Warren, Ohio
(Relokationsstresssyndrom)

Judith S. Carscadden, RN
Head Nurse, London Psychiatric Hospital, London, Ontario, Canada
(Gestörtes Selbstkonzept, Körperbildstörung, chronisch geringes Selbstwertgefühl: 5. Auflage; Selbstverletzungsgefahr)

Deana DeMare, PT, BS
Neurobehavioral Specialist, Children´s Regional Hospital/Cooper Hospital University Medical Center, Camden, New Jersey
(Desorganisiertes kindliches Verhalten, Bereitschaft für ein desorganisiertes kindliches Verhalten, Gefahr einer beeinträchtigten Bindung)

Rebecca Fairchild, RN, MSN, CRNP
Family Nurse Practitioner, Bethlehem, Pennsylvania
(Interdisziplinäre Probleme)

Dru Hammell, RN, MSN
Nurse Manager, Newborn Services, Cooper Hospital University Medical Center, Camden, New Jersey
(Desorganisiertes kindliches Verhalten, Bereitschaft für eine verbesserte Organisation des kindlichen Verhaltens, Gefahr einer beeinträchtigten Bindung)

Joan T. Harkulich, RN, MSN
Director of Research and Professional Services, Care Services, Beachwood, Ohio
(Relokationsstresssyndrom)

Eileen Hubler, RN, MSN
Neonatal Clinical Nurse Specialist, Children's Regional Hospital/Cooper Hospital University Medical Center, Camden, New Jersey
(Desorganisiertes kindliches Verhalten, Bereitschaft für eine verbesserte Organisation des kindlichen Verhaltens, Gefahr einer beeinträchtigten Bindung)

Jean Jenny
Professora emerita, University of Ottawa, Ottawa, Canada
(Erschwertes Weaning, Gefahr eines erschwerten Weanings)

Jo Logan, RN, MEd
Director of Nursing Research & Professional Development, Ottawa Civic Hospital, Ottawa, Canada
(Erschwertes Weaning, Gefahr eines erschwerten Weanings)

Morris A. Magnan, RN, BSN
Clinical Nurse Specialist/Case Manager, Harper Hospital, Detroit Medical Center, Detroit, Michigan
(Aktivitätsintoleranz)

Jo Ann Maklebust, MSN, RN, CS
Clinical Nurse Specialist/Wound Care, Harper Hospital, Detroit Medical Center, Detroit, Michigan
(Gewebeschädigung, Gefahr eines unwirksamen Gesundheitsverhaltens b/d Wissensdefizit Stomapflege, Hautschädigung, beeinträchtigtes Wohlbefinden: Pruritus, beeinträchtigte Mundschleimhaut)

Judy McElvanney, RN
London Psychiatric Hospital, London, Ontario, Canada
(Gestörte Denkprozesse, b/d Auswirkungen von Demenz)

Amy Meredith, RN, MSN, FNP
Private Practice, Chetsworth, New Jersey
(Gefahr einer unausgeglichenen Körpertemperatur; Hyperthermie, Hypothermie, 7. Auflage)

Nancy J. Morwessel, RN, MSN, CPNP
Pediatric Nurse Practitioner, Children´s Hospital Medical Center, Cincinnati, Ohio
(Beeinträchtigtes Wohlbefinden bei Kindern, Saug-/Schluckstörung eines Säuglings)

Mary M. Owen, RN, BSN, PHN
Associate Director, Health Outcomes, CalOptima, Orange, California
(Infektionsgefahr, Gefahr einer Infektionsübertragung)

Rhonda Panfilli, RN, MSN
Business Manager, Deborah R. Dunison, Ph.D., Bloomfield Hills, Michigan
(Unwirksames Gesundheitsverhalten, **b/d** erhöhte Nahrungsaufnahme)

Gayle Vandendool Parker, RN, BSN, CPMHN(C)
Program of Assertive Community Treatment, London Psychiatric Hospital, London, Ontario, Canada
(Gestörte Denkprozesse; gestörte Denkprozesse, b/d [zu spezifizieren], a/d Unfähigkeit zur Evaluation der Realität; PK: malignes neuroleptisches Syndrom)

Mary Sieggreen, MSN, RN, CS
Nurse Practitioner, Vascular Surgery, Harper Hospital, Detroit Medical Center, Detroit, Michigan
(Durchblutungsstörung; Verletzungsgefahr, b/d Auswirkungen der orthostatischen Hypotonie)

Deborah Soholt, RN, MSN
Director, Women & Children Services, Averal McKennan Hospital, Sioux Falls, South Dakota
(Entscheidungskonflikt)

Kristen Switalski, MSN, CRNP
Family Nurse Practitioner, Philadelphia, Pennsylvania
(Interdisziplinäre Probleme)

Julie Waterhouse, RN, MSN
Assistant Professor, College of Nursing, University of Delaware, Delaware
(Sinnkrise; unwirksames Sexualverhalten: 7. Auflage)

Margaret Chamberlain Wilmoth
Assistant Professor, College of Nursing and Health Professions, University of North Carolina, Charlotte, North Carolina
(Unwirksames Sexualverhalten)

Geleitwort zur deutschsprachigen Ausgabe

Über zwanzig Jahre ist es her, als ich, ein damals an den Pflegewissenschaften wohl interessierter, aber davon noch weitgehend unverdorbener Pflegelehrer, in einer New Yorker Buchhandlung über eine neu erschienene Ausgabe von Carpenito's «*Nursing Diagnosis*» stolperte[(1)]. «Stolpern» ist dabei vielleicht nicht ganz der passende Ausdruck: die vierte Ausgabe von Lynda Juall Carpenitos Buch präsentierte sich nämlich, offenbar frisch ab Druckerei und soeben geliefert, als pyramidenartiger und entsprechend beeindruckender Stapel hunderter, blaubunter Buchbausteine im zweiten Stock einer der berühmtesten Buchhandlungen der Welt.

Dieser Stapel – an seiner Basis palettenbreit, übermannshoch, einen unaufdringlichen Geruch von Klebstoff und Lösemitteln verbreitend – markierte wie ein steinerner Pfeiler den Eingang zu einer der riesigen «reading corners». Geschickt auf Greifhöhe platziert, glänzten mir einige hochkant gestellte Exemplare entgegen – wie hätte ich anders handeln sollen, als eines davon in die Hand zu nehmen und mich damit auf einem der einladenden Ledersofas niederlassen!

Nun hat zwar New York und die Fifth Avenue noch einiges anderes zu bieten, als dass man seine Zeit in autistischer Versenkung an ein Fachbuch vergeuden müsste. Aber die wie selbstverständlich erscheinende Kombination der Wörter *nursing* und *diagnosis* hatte mich derart in Bann gezogen, dass jeder Versuch, mich aus den Fängen der Buchhandlung zu retten, von vornherein zum Scheitern verurteilt gewesen wäre. Verständnisvolle Vergebung signalisierend, überliess meine Begleiterin mich meinem Schicksal, genauso wenig ahnend wie ich selber, was der sich zwangsläufig anschliessende Import dieses Buch in die Schweiz einmal auslösen sollte!

Denn dort, in Juchlis Heimat, im Musterland der Pflege also, musste gerade die Pflegeausbildung neu beschrieben und gestaltet werden. Die Anforderungen – einheitliche Lernziele, identisch strukturierte Abschlussprüfungen, inhaltlich vergleichbare Lehrpläne und vor allem eine deutlich höhere Anzahl von Pflegelektionen – stellte uns Lehrplanschreibende plötzlich vor ein seltsames Problem: Was ist eigentlich Pflege, fragten wir uns, und wie kann man das so genau beschreiben?

Das Spannende an der Pflege ist nämlich, dass zwar alle sie zu kennen meinen, dass man sie spüren kann und dass jeder weiss, dass sie irgendwie gut tut. Aber eine präzise und prägnante Definition der Pflege, so eine Art Grundmodell oder Archetyp, so wie man dies von einem richtigen Beruf oder von einer Wissenschaft erwarten darf, das gab es damals eben noch nicht wirklich. Geschweige denn, dass man nüchtern und stringent etwas anderes hätte inhaltlich füllen können als die bekannten Überschriften wie «Pflege bei Herzinfarkt» oder «Pflege bei Niereninsuffizienz».

Denn das, was man auf der anderen Seite des grossen Teichs, eben in Amerika, lehrte, das erschien uns irgendwie fremd: Die vielen komplizierten Pflegephilosophien und -theorien, die von einigen «studierten Köpfen» nach Europa importiert worden waren, erschienen uns doch etwas praxisfern, wenn wir diese denn überhaupt richtig verstanden hatten. Und schliesslich passten sie auch nicht als universelles Modell in unsere Krankenhäuser: Peplau für die Psychiatrie, Orem für die Akuten, Leininger für die Migranten, vielleicht ein bisschen Friedemann für die Kinder? Gerade so war das ja eben nicht gedacht.

Wir suchten doch *den «unique body of knowledge»*, jenen einzigartigen Wissenskörper der Pflege, der diese in all ihren Facetten charakterisiert und der sie unterscheidet von anderen Wissensgebieten. Wir suchten nach *der* universalen Theorie oder *der* Definition, welche genauso wie in anderen Berufen deutlich macht, was Pflege ist und welchen Auftrag sie erfüllt. Entsprechend schwer taten wir uns zunächst in den Arbeitsgruppen, fast drohten wir zu scheitern: Vielleicht lässt Pflege sich ja gar nicht reduzieren auf eine karge Definition, auf ein abstraktes, theoretisches Modell oder auf einen nüchternen, wertfreien Algorithmus, meinten die einen. «Dann bleibt es also bei der ‹Pflege bei …›», frohlockten prompt die anderen. Gleichwohl konzedierten aber auch diese Frohnaturen etwas ratlos, dass diesem somatokausalen Konstrukt der Pflege eben doch etwas Wesentliches fehlte – nur was genau?

Doch zurück nach New York, in die Fifth Avenue: Aufgeregt hatte ich begonnen zu blättern – schon die waghalsige Idee, so ein freundliches, fast liebevolles und schwesterliches Wort wie «Pflege» begrifflich mit dem nüchternen, gefühlsarmen, metallisch klingenden «Diagnose» zu einem keck und geschmeidig über die Zunge laufenden Wort «Pflegediagnose» zusammen zu führen, weckte in mir die Entdeckungslust, aber auch den Widerstand: Was ist das denn? Diagnostizieren darf doch nur der Arzt – oder etwa doch nicht? «Pflege ist die Diagnose und Behandlung menschlicher Reaktionen auf gesundheitliche Probleme» übersetzte ich stolpernd im Geiste, was ich da auf Seite 12 von Carpenitos vierter Ausgabe las. Und ein bisschen weiter unten: Eine Pflegediagnose sei demnach so etwas wie die klinische Beurteilung eben dieser menschlichen Reaktionen auf Gesundheitsprobleme, aus denen sich solche Handlungen ableiten lassen, für die Pflegende verantwortlich seien.

«Wow!» staunte ich innerlich in meinem schlechten Amerikanisch, was für ein geniales Konstrukt! Doch das war ja eigentlich nur die Verpackung – ob der Inhalt wohl dieses Versprechen erfüllen konnte? Und tatsächlich: Fein säuberlich aufgelistet, schön der Reihe nach geordnet und ausführlich argumentiert fanden sich da jene Pflegediagnosen und drückten prägnant und präzise aus, woran pflegebedürftige Menschen leiden und wie ihnen Pflege helfen kann. Selbst zwanghafte Strukturalisten (ich selbst nehme mich davon nicht aus) würden sich schwer damit tun, diesem Ansatz nicht folgen zu können!

Denn was hier zu finden ist, sind «Konzeptualisierungen», also Versprachlichungen menschlicher Pflegebedarfe – beschrieben und charakterisiert mit immer gleichen, einheitlich verwendeten Begriffen, in übergeordneten Kategorien zusammengefasst und in eine nachvollziehbare Rangordnung gebracht. Das war es doch, wonach wir suchten! Kurzum, das Buch war schnell gekauft, flog in meinem Koffer mit in die Schweiz und diente sehr bald als strukturelle und inhaltliche Grundlage für die neuen Lehrpläne.

Natürlich war uns schnell klar, dass diese Pflegediagnosen nicht von Carpenito allein kamen, sondern dass dahinter der amerikanische Pflegeberufsverband ANA sowie die Vereinigung der NANDA stand. Und schnell merkten wir, dass wir nicht die Einzigen waren, die die Pflegediagnosen für die Schweiz entdeckt hatten, denn auch andere Kolleginnen und Kollegen hatten mit Übersetzungen von anderen Autoren begonnen (2). Was uns an Carpenito jedoch von Anfang beeindruckte, war ihr konsequent verfolgter Ansatz des «*critical thinking*» und die damit erlangte Genauigkeit im diagnostischen Prozess. Zudem ist es kaum einer anderen Autorin bis heute gelungen, theoretische und klinische Erkenntnisse so miteinander zu verknüpfen, dass vom Assessment über den diagnostischen Prozess bis hin zur Pflegebedarfsermittlung und den indizierten Pflegehandlungen und -Massnahmen strukturierte Pflegepfade entstehen, welche aufgrund der fleissigst nachgewiesenen Evidenz bestens begründet und oftmals eins zu eins in die klinische Praxis umsetzbar sind. Es ist somit das grosse Verdienst Linda Juall Carpenitos, den gelegentlich bezweifelten klinischen Nutzen der Pflegebedarfsermittlung auf der Grundlage von NANDA-I-Pflegediagnosen deutlich und damit spitalfähig gemacht zu haben.

Und heute, zwanzig Jahre später? Was nutzen uns Pflegediagnosen im Zeitalter der im somatokausalen Fehlschluss stecken gebliebenen Pflegeversicherungs- und DRG-Wagnisse und angesichts der galoppierenden Ökonomisierung der menschlichen Gesundheit?

Nun, dass wir Pflegepersonen mit NANDA-I, Carpenito und all dem wohlmeinenden, kritisch-diagnostischen Denken die Welt nicht werden retten können, liegt auf der Hand. Das verlangt im Ernst ja wohl auch niemand. Aber es darf und es wird von uns verlangt werden, dass wir tun, was wir wissen, und dass wir wissen, was wir tun. Das funktioniert jedoch nur, wenn wir das, was wir wissen und das, was wir tun, auch benennen können – getreu den Worten June Clarks und Norma Langs [(2)]: «*If we cannot name it,we cannot control it, finance it, research it, teach it, or put it into public policy*». Und damit nicht genug: auch wenn uns dabei oftmals unwohl ist, werden wir nicht darum herum kommen, nicht nur zu zeigen, was wir tun, sondern auch zu erklären, warum wir es tun, was wir damit erreichen und was dies genau kostet. Denn die bisherigen Instrumente wie beispielsweise die ausgesetzte Pflegepersonalregelung (PPR) oder die retrospektiv angelegte Leistungserfassung (LEP) genügen schon länger nicht mehr, um Personalkosten und Dotationsschlüssel zu begründen. Dieser «feuchte Daumen im Wind» muss rasch ersetzt werden durch nachvollziehbar berechnete Mengengerüste, durch belastbare Wirksamkeitsstudien und durch transparente Kostenberechnungen, nicht zuletzt mit dem Ziel, den Pflegediagnosen ein Preisschild aufzukleben. Eine der wesentlichen Grundlagen dafür ist jedoch eine international einheitliche Pflegesprache, die wissenschaftlichen Anforderungen gleichermassen gerecht wird wie den Kriterien einer breiten klinischen Anwendung sowie der nachgewiesenen Nützlichkeit für die Patientinnen und Patienten.

Natürlich darf bei der Schwärmerei nicht übersehen werden, dass wir noch lange nicht am Ziel sind. Bereits der Begriff der Pflegediagnose, der namentlich bei vielen ärztlichen Kolleginnen und Kollegen für Unmut sorgte, hat im deutschsprachigen Raum manches ideologische Minenfeld eröffnet. Leider haben auch einige Pflegekolleginnen und -Kollegen mit dazu beigetragen, indem sie Pflegediagnosen eher reflexartig als reflektiert anwenden oder die Pflegediagnostik gar als ein Instrument zur Professionalisierung des Pflegeberufs missbrauchen, anstatt sie zum Nutzen der Patientinnen und Patienten einzusetzen. Und wieder andere verharren in der Starre ritualisierter Pflegeverhaltensmuster in der vagen Hoffnung, der Kelch der Pflegewissenschaft möge sie übersehen und an ihnen vorbeigehen.

Doch das Licht am Ende des Tunnels wird zunehmend heller: In Österreich und in der Schweiz haben Begriffe wie Pflegeprozess, Pflegediagnose und Pflegediagnostik längst Eingang in Gesetzestexte, Rahmencurricula oder Rechtsgutachten gefunden und hochinstanzliche Gerichtsurteile illustrieren bereits deren Rechtsgängigkeit[(3)]. Drängende pflegewissenschaftliche Entwicklungsanfragen der milliardenschweren IT-Industrie sind ein Beleg für die Begehrlichkeiten eines erst noch zu entdeckenden Marktes. Gleichzeitig besetzt der akademische Pflegenachwuchs wichtige Führungs- und Entwicklungspositionen in der klinischen Praxis. Die Vermehrung pflegerischen und pflegediagnostischen Wissens durch Forschung und Lehre, und nicht zuletzt durch Bücher wie dieses, sind daher eine notwendige Voraussetzung für die Fortsetzung dieser Erfolgsgeschichte – zum Nutzen von Patientinnen und Patienten, Bewohnerinnen und Bewohnern sowie Klientinnen und Klienten.

Lynda Juall Carpenito leistet mit dem vorliegenden Werk einen hervorragenden und substantiellen Beitrag dazu. Mit grossem Fleiss und viel Akribie hat sie Fleisch an das dürre Knochengerüst der NANDA-I® gebracht: Prägnant erklärt sie die Schlüsselkonzepte der mitunter etwas hölzern daher kommenden NANDA-I® Diagnosen, verdeutlicht jeweils den exakten diagnostischen Prozess und zeigt typische diagnostische Fehler auf. Spezifische Assessments fokussieren gezielt auf die Zusammenhänge der festgestellten Pflegebedarfe mit den jeweiligen Merkmale und Einflussfaktoren und erleichtern die Pflegebedarfsermittlung enorm. Zudem wird damit der Begründungsbogen zu den Pflegezielen der Pflegeergebnisklassifikation (NOC) sowie den Massnahmen der Pflegeinterventionsklassifikation (NIC) sehr gut nachvollziehbar. Für die klinische Praxis äusserst hilfreich ist ferner die Differenzierung der beschriebenen Massnahmen für die verschiedenen Patientengruppen – je nach Alter oder der Art der Pflegebedürftigkeit findet man hier schon fast massgeschneiderte, kreative und meist evidenzbasierte Pflegemassnahmen.

Für das ziemlich heikle und darum an den letzten NANDA-I-Konferenzen heiss debattierte Problem der Schnittmenge von medizinischen und Pflegediagnosen kannte Lynda Juall Carpenito zudem schon seit über zwanzig Jahren eine elegante und pragmatische Lösung, welche die taxonomische Struktur erhält: die sogenannten «*collaborative problems*» oder interdisziplinären Probleme. Diese speziellen Konstrukte bilden Pflegebedarfe ab, die im Rahmen der interdisziplinären Zusammenarbeit von unterschiedlichen Berufsgruppen gemeinsam festgestellt werden und Massnahmen auslösen, die auch gemeinsam verantwortet werden müssen.

Allen Praktikern, aber auch Wissenschaftlern der Gesundheitsberufe kann dieses Buch daher nur wärmstens empfohlen werden: Wenn einer Pflegediagnosen kann, dann ist es Lynda Juall Carpenito mit ihrem Team!

Wallbach und Basel, im Februar 2014 — Dr. Christian Heering, RN, MSc, APN

Literatur

(1) Carpenito, LJ (1992): *Nursing Diagnosis and application to clinical practice.* Lippincott, Philadelphia.
(2) Clark, J & Lang, N (1992): Nursing's next advance: an international classification for nursing practice *International Nursing Review*, 38: 4, 109–112.
(3) Heering, C (2011) : *Pflegebedarfsermittlung mit NANDA-I® bei alten Menschen im Akutspital.* Inaugural-Dissertation zur Erlangung des Doktorgrades der Pflegewissenschaft. Fakultät für Pflegewissenschaft, Philosophisch-Theologische Hochschule, D – Vallendar.

Vorwort

Gesundheitsversorgung und Pflegeberuf befinden sich in ständigem Wandel. Kliniken versuchen auch weiterhin, ihr Pflegepersonal aufzustocken, während der Erkrankungsgrad ihrer Patienten zunimmt. Viele Pflegende und selbst mancher Lehrkörper stellt die Nützlichkeit von Pflegediagnosen in Frage. Leider ist die Pflegediagnose noch immer sehr eng mit traditioneller Pflegeplanung verbunden. Die Pflegediagnose definiert die Wissenschaft und die Kunst des Pflegens. Sie ist für die Pflege ebenso zwingend erforderlich wie medizinische Diagnosen für den Arzt. Sie dient der Strukturierung von Pflegewissen in der Literatur, in der Forschung und im Geiste klinisch Tätiger. Unterschätzen Sie die Bedeutung dieser Klassifikation nicht. Eine Klinikerin mit Erfahrung in Pflegediagnosen kann mehrere hypothetische Erklärungen für den Zorn eines Patienten liefern, wie etwa Furcht, Angst, Machtlosigkeit oder Sinnkrise. Ohne dieses Wissen wird der Patient einfach nur als wütend gesehen.

Pflegeplanung, wie sie in Pflegeschulen unterrichtet wird, ist eine akademische Übung. Das ist nicht verkehrt, aber wenn die bzw. der Studierende ins Abschlussjahr kommt, muss dieser akademische Pflegeplan zu einem klinisch nützlichen Produkt transformiert werden. Pflegediagnosen müssen als klinisch nutzbringend dargestellt werden. Pflegende, die ExpertInnen für spezielle Pflegediagnosen sind, sollten konsultiert werden, geradeso wie unsere KollegInnen aus der Medizin erfahrene KollegInnen konsultieren. Einrichtungen der Gesundheitsversorgung sollten eine Liste der in der jeweiligen Einrichtung vorhandenen PflegeexpertInnen veröffentlichen.

Lehrkörper, PflegemanagerInnen, Angehörige der Verwaltung und klinisch Tätige sollten ihren Part übernehmen. Ein Wandel ist zwingend erforderlich. Die Anforderungen an die Dokumentation sind unrealistisch. Unter diesen Dokumentationszwängen ist kaum Zeit zum Denken und Analysieren. Die Pflege muss für ihr Recht einstehen, ihre Dokumentation selbst zu bestimmen, wie die Medizin das auch getan hat.

Wenn die Pflege weitermacht wie bisher, wird Pflege, wie wir sie uns wünschen – wie der Patient sie braucht – aufhören zu existieren. Pflege wird auch zukünftig nicht von dem abhängen, was wir wissen, sondern davon, was wir tun und aufschreiben.

Von den Assessmentkriterien bis hin zu spezifischen Interventionen konzentriert sich dieses Buch auf Pflege. Es ist ein verdichteter, strukturierter Abriss der klinischen Pflegepraxis zur Vermittlung einer kreativen klinischen Pflege. Es soll kein Ersatz für Lehrbücher sein, sondern Pflegenden in vielfältigen Arbeitsumfeldern die benötigten Informationen vermitteln, ohne dass es einer zeitaufwändigen Sichtung der Literatur bedarf. Es wird Studierenden helfen, ihr theoretisches Wissen in klinische Praxis umzusetzen. Es kann auch erfahrenen Pflegenden dazu dienen, früher Gelerntes zu rekapitulieren und in jenen klinischen Situationen zu intervenieren, die früher übersehen oder nicht erkannt wurden.

Die Autorin bejaht, dass Pflege ein Klassifikationssystem braucht, um ihre Funktionen zu strukturieren und ihren Wirkungsbereich zu definieren. Der Einsatz eines solchen Systems würde Forschungsaktivitäten fördern und beschleunigen sowie die Verständigung zwischen Pflegenden, KonsumentInnen und anderen Gesundheitsfachpersonen erleichtern. Unsere Arbeit begann auf Landesebene erst im Jahre 1973. Es ist zu hoffen, dass die Leserin/der Leser dazu angeregt wird, sich auf lokaler, regionaler oder nationaler Ebene an der Anwendung und Entwicklung dieser Diagnosen zu beteiligen.

Seit Erscheinen der 1. Auflage hat die Anwendung von Pflegediagnosen in den USA, Kanada und international deutlich zugenommen. Die Erfahrung mit Pflegediagnosen bei Pflegenden in Berufsausübung schwankt zwischen dem Anfängerstadium und voller, mehr als 30-jähriger Integration in die Praxis. Angesichts dieser Bandbreite im Einsatz unterscheiden sich Fragen von AnfängerInnen, wie:

- Was bedeutet die Diagnosenbezeichnung wirklich?
- Welche Art von Assessmentfragen führt zu Pflegediagnosen?
- Wie unterscheide ich eine Diagnose von einer anderen?
- Wie passe ich eine Diagnose individuell an?
- Wie sollte ich nach dem Formulieren der Diagnose intervenieren?
- Wie plane ich Pflege anhand von Pflegediagnosen?

ganz erheblich von Fragen seitens der ExpertInnen, wie:

- Sollten Pflegediagnosen die einzigen Diagnosen auf dem Pflegeplan sein?
- Können medizinische Diagnosen in eine pflegediagnostische Aussage integriert werden?
- Welche ethischen Belange bestehen bei der Anwendung von Pflegediagnosen?
- Welche Art von Problemformulierung sollte ich festhalten, um eine blutungsgefährdete Person zu beschreiben?
- Wie kann ich Pflegediagnosen effizient nutzen?
- Welche Art von Pflegediagnose sollte ich zur Beschreibung einer gesunden Person verwenden?
- Brauche ich Pflegediagnosen bei interdisziplinären Versorgungspfaden?

In dieser 12. US-Auflage von *Das Pflegediagnosen-Lehrbuch* soll versucht werden, diese Fragen zu beantworten.

Im 1. Kapitel von Teil I werden Problemkreise und Kontroversen angesprochen. Es werden Auseinandersetzungen um ethische und kulturelle Implikationen von Pflegediagnosen untersucht und Implikationen einer einheitlichen Sprache für Pflegende als Angehörige des multidisziplinären Teams erörtert.

In Kapitel 2 geht es um die Entwicklung von Pflegediagnosen und die Arbeit der North American Nursing Diagnosis Association (NANDA-I). In diesem Kapitel werden die Begriffe von Pflegediagnosen sowie Fragen zur Klassifikation und Taxonomie untersucht. Ferner werden der Überprüfungsprozess durch die NANDA-I und die sich entwickelnde Taxonomie der NANDA-I beschrieben.

In Kapitel 3 wird zwischen aktueller Pflegediagnose, Risikopflegediagnose und potenzieller Pflegediagnose unterschieden, und es werden Gesundheitsförderungs- und Syndrom-Pflegediagnosen erörtert. Ferner werden Richtlinien für das Verfassen von Pflegediagnosen und das Vermeiden von Fehlern besprochen. Gegenstand von Kapitel 3 sind auch die Anwendung von Pflegediagnosen, die nicht durch die NANDA genehmigt wurden, sowie Dilemmata im Umgang mit Pflegediagnosen.

In Kapitel 4 wird das «Modell der bifokalen klinischen Praxis» beschrieben. Dieses Kapitel umfasst eine eingehendere Erörterung von Pflegediagnosen und interdisziplinären Problemen in ihrer Beziehung zum Assessment, zu Zielen und Interventionen sowie zur Evaluation.

Kapitel 5 beschreibt den Prozess der Pflegeplanung und erörtert verschiedene Pflegeplanungssysteme. Zu den Themen gehören das Erkennen von Prioritäten, Pflege- vs. Patientenziele, Case Management und Pflegeverantwortlichkeit. Das Kapitel unterscheidet zwischen Interventionen für Pflegediagnosen und interdisziplinären Problemen. Es wird auch der Begriff der Evaluation geklärt, wobei zwischen Pflegeevaluation und Evaluation des Zustands des Patienten unterschieden wird. Es beinhaltet eine Erörterung multidisziplinärer Pflege zusammen mit einem dreistufigen Pflegeplanungssystem zur Intensivierung der klinischen Anwendung von Pflegeplänen ohne erhöhten Schreibaufwand. Im gesamten Kapitel finden sich Beispiele aus Pflegedokumentationen.

Teil II wurde für diese Ausgabe umfangreich überarbeitet und in vier Abschnitte unterteilt:

1. Abschnitt 1: individuelle Pflegediagnosen
2. Abschnitt 2: familiäre/häusliche Pflegediagnosen
3. Abschnitt 3: Gemeinschaftspflegediagnosen
4. Abschnitt 4: Gesundheitsförderungs-Pflegediagnosen.

Jeder Abschnitt enthält eine Einleitung, ein Assessment der jeweiligen Population, Schlüsselbegriffe, Anmerkungen der Autorin sowie populationsspezifische Diagnosen. Die jeweilige Diagnose wird unter folgenden Gesichtspunkten erörtert:

- Definition
- bestimmende Merkmale/Kennzeichen oder Risikofaktoren
- mögliche ursächliche oder beeinflussende Faktoren
- Anmerkungen der Autorin
- Irrtümer in diagnostischen Aussagen
- geburtshilflich-gynäkologische Überlegungen
- pädiatrische Überlegungen
- geriatrische Überlegungen
- transkulturelle Überlegungen.

Die «Anmerkungen der Autorin» und die «Irrtümer in diagnostischen Aussagen» sollen der Pflegeperson helfen, das Konzept hinter der Diagnose zu verstehen, eine Diagnose von einer anderen zu unterscheiden und diagnostische Fehler zu vermeiden. «Geburtshilflich-gynäkologische Überlegungen», «pädiatrische Überlegungen» bzw. «geriatrische Überlegungen» bei allen relevanten Diagnosen sorgen für einschlägige Zusatzinformationen. «Transkulturelle Überlegungen» sollen die Sensibilität der Leserin/des Lesers für kulturelle Vielfalt erhöhen, ohne jedoch zu stereotypisieren.

Jede Pflegediagnose wird anhand allgemeiner Interventionen und einer Begründung abgehandelt. Gegebenenfalls kommen geburtshilflich-gynäkologische, pädiatrische bzw. geriatrische Fokusinterventionen hinzu. Auf jede Pflegediagnose folgen eine oder mehrere spezifische Pflegediagnosen mit Bezug auf vertraute klinische Situationen. Pflegeziele werden zusammen mit entsprechenden Interventionen genannt. Letztere sind Aktivitäten auf dem unabhängigen Gebiet der Pflege, die sich aus den physikalischen und angewandten Wissenschaften, der Pharmakologie, Ernährung, psychischen Gesundheit und Pflegeforschung herleiten.

Jede Pflegediagnose beinhaltet Hauptinterventionskategorien der NIC und Pflegeergebniskategorien der NOC, um die in der Entwicklung der elektronischen Pflegeplanung Tätigen zu unterstützen. Die Ziele, Indikatoren und Interventionen sind die Arbeit dieser Autorin, nicht der NIC oder NOC.

Es wurde alles unternommen, um den LeserInnen die neueste Literatur und die aktuellen Forschungsergebnisse zum jeweiligen Thema zugänglich zu machen. Studierende werden oft angewiesen, Quellen nicht mehr zu verwenden, die älter als 5 Jahre sind. Bisweilen repräsentiert jedoch eine Originalarbeit oder eine Untersuchung zu einem Thema auch nach 10 Jahren noch den Stand der Wissenschaft. Verwendet ein späterer Autor oder Forscher die Originalarbeit, tritt oft sein Zitat an die Stelle des früheren. Ich bin gegen diese Praxis, es sollten beide Zitate aufgeführt werden. Daher findet die Leserin/der Leser im gesamten Buch Zitate verschiedenen Datums, viele davon älter als 5 Jahre. Für die Pflegeperson wie für den Konsumenten wurden Internet-Adressen hinzugefügt.

Teil III besteht aus einem Handbuch interdisziplinärer Probleme. In diesem Teil wird jedes der neun allgemeinen interdisziplinären Probleme unter folgenden Unterüberschriften erklärt:

- physiologische Übersicht
- Definition
- diagnostische Überlegungen
- Kriterien des Fokusassessments
- signifikante Kriterien des Laborassessments.

Jeweils unter den entsprechenden Problemen werden 52 spezifische interdisziplinäre Probleme erörtert, und zwar unter folgenden Aspekten:

- Definition
- Hochrisikopopulationen
- Pflegeziele
- Interventionen.

Die Autorin freut sich über Kommentare und Anregungen seitens der LeserInnen. Korrespondenz kann an den Verlag oder per E-Mail unter Juall46@msn.com an die Autorin gerichtet werden.

Lynda Juall Carpenito, R. N., M. S. N., C. R. N. P.

Danksagung

Diese 12. Auflage wurde möglich durch die intensive Unterstützung meiner LektorInnen Michelle Clarke und Jean Rodenberger von Lippincott Williams & Wilkins. Wieder einmal war mir Tom Gibbons als Leiter der Herstellung ein Ansporn. Besonderer Dank geht an meine Schwiegertochter Heather für all ihre Unterstützung bei der Vorbereitung des Manuskripts. Gott gab mir keine Tochter, aber eine ganz besondere Schwiegertochter. Danke, Heather.

Diese Überarbeitung war sehr schwierig, da mein Mann Jorge ganz plötzlich am 7. Juli 2006 verstarb. Ohne die Geduld, Freundlichkeit und Sachkenntnis von Michelle Clarke wäre sie nicht möglich gewesen. Dank geht auch an Linda Gallagher. Der Wind in meinen Segeln waren Donna Zazworsky, Ginny Arcangelo, Tracey Shriner, Tere Bryant und mein Bruder Gene – ich liebe Euch alle.

Dieses Buch erfährt auch weiterhin national und international Unterstützung. Es wurde in zehn Sprachen übersetzt.

Schließlich möchte ich der Gruppe in Detroit (Jo Ann Maklebust, Mary Sieggreen und Linda Mondoux) für ihre moralische Unterstützung beim Verfassen der 1. Auflage danken. Rosalinda Alfaro-Lefevre erkannte 1983 die Notwendigkeit zu diesem Buch und wählte mich, um es zu realisieren.

Persönlich haben mir mein Sohn, Olen Juall Carpenito, und seine Frau Heather zwei besondere Geschenke gemacht: meine Enkel Olen jr. und Aiden. Sie bringen Licht in meine Welt.

Lynda Juall Carpenito

Der Verlag dankt Michael Herrmann für die hervorragende Leistung und das Stehvermögen bei der akkuraten und professionellen Übersetzung dieses Meilensteins der Pflegediagnosenliteratur.

Der Verlag dankt Detlef Kraut für seine Akribie, Akkuratesse und sein professionelles Wissen und Können bei der Durchsicht und Korrektur des Umbruchs.

Jürgen Georg, Lektor

Abkürzungsverzeichnis

a/d	angezeigt durch
ADL	Aktivitäten des täglichen Lebens zur Selbstversorgung
AAP	American Academy of Pediatrics
ABG	arterielle Blutgase
ACE	«angiotensin converting enzyme»
ACS	«acute coronary syndrome», akutes Koronarsyndrom
ADH	antidiuretisches Hormon
ADHD	Hyperaktivitätssyndrom
AFI	Amnionflüssigkeitsindex
AHCPR	Agency for Health Care Policy and Research
AIDS	«acquired immunodeficiency syndrome», erworbenes Immunschwächesyndrom
ALT	Alaninaminotransferase
AMA	American Medical Association
ANA	American Nurses Association
APA	American Psychiatric Association
APIB	Assessment of Preterm Infant Behavior
APTT	«activated partial thromboplastine time», aktivierte partielle Thromboplastinzeit
AST	Aspartataminotransferase
ATL	Aktivitäten des täglichen Lebens
b/d	beeinflusst durch
BMI	Body-Mass-Index, Körpermasseindex
BNP	«brain-type natriuretic peptide», B-Typ natriuretisches Peptid
BPP	biophysikalisches Profil
BSG	Blutsenkungsgeschwindigkeit
CAD	«coronary artery disease», koronare Herzkrankheit
CDC	Centers of Disease Control
CGS	chronisch geringes Selbstwertgefühl
CK	Kreatinkinase
CK-BB	Kreatinkinase vom Gehirntyp
CK-MB	Kreatinkinase vom Muskel-Gehirn-Typ
CK-MM	Kreatinkinase vom Muskeltyp
COPD	«chronic obstructive pulmonary disease», chronisch-obstruktive Bronchitis
CPK	Kreatininphosphokinase
CPR	«cardiopulmonary resuscitation», kardiopulmonale Reanimation
CRU	chronisch-rezidivierende Urämie
CT	Computertomographie
dB	Dezibel
DDST	Denver Developmental Screening Tool
DES	Diäthylstilböstrol

DIC	«disseminated intravasal coagulation», disseminierte intravasale Gerinnung
EEG	Elektroenzephalogramm
EKG	Elektrokardiogramm
El.	Esslöffel
EPA	Environmental Protection Agency, Umweltbehörde der USA
ERCP	endoskopische retrograde Cholangiopankreatographie
G-6-PD	Glukose-6-Phosphatdehydrogenase
GHB	Gamma-Hydroxybuttersäure
h	Stunde
HDL	High-Density-Lipoproteine
HHNK	hyperosmolares, hyperglykämisches, nichtketotisches Koma
HIV	«human immunodeficiency virus», humanes Immunschwächevirus
Hkt	Hämatokrit
HPV	«human papilloma virus», humanes Papillomavirus
IADL	instrumentelle Aktivitäten des täglichen Lebens
ICP	«intra-cranial pressure», Schädelinnendruck
IEPC	intermittierende externe pneumatische Kompression
IgA	Immunglobulin A
INR	International Normalized Ratio
IVU	intravasaler Ultraschall
KG	Körpergewicht
KHK	koronare Herzkrankheit
l	Liter
LDH	Lactatdehydrogenase
LMN	«lower motor neuron», zweites motorisches Neuron
LPN	«licensed practical nurse»
MAO	Monoaminoxidase
MI	Myokardinfarkt
MID	«multiinfarction disease», Multi-Infarkt-Demenz
mi	Minute
MNS	malignes neuroleptisches Syndrom
MRI	«magnetic resonance imaging», Magnetresonanztomographie
NANDA-I	North American Nursing Diagnosis Association International
NBAS	Brazelton Neonatal Behavioral Assessment Scale
NHANES III	dritter «National Health and Nutrition Examination Survey»
NICU	Neugeborenenintensivstationen
NIDCAP	Newborn Individualized Developmental Care and Assessment Program
NMDS	N-methyl-D-aspartat-Rezeptor-Antagonisten
NSAID	nichtsteroidale Antiphlogistika
OP	Operation, Operationssaal
OTC	«over the counter», frei verkäuflich(e Medikamente)
PCA	patientenkontrollierte Analgesie
PD/PDx	Pflegediagnose
pCO_2	Kohlendioxidpartialdruck
PCP	Phenylcyclohexylpiperidin, Phenylcyclidin («Angel Dust»)
PET	Positronenemissionstomographie
PID	«pelvic inflammatory disease», entzündliche Beckenerkrankung
PK	potenzielle Komplikation
ppm	parts per million

PSA	prostataspezifisches Antigen
PT	Prothrombinzeit
PTH	Parathormon
PTT	partielle Thromboplastinzeit
PVD	periphere Gefäßkrankheit
REM	«rapid eye movements», rasche Augenbewegungen (Schlaf)
ROM	«range of motion», Bewegungsumfang/-spielraum
RPR	«rapid plasma reagin (test)», Plasma-Reagin-Schnelltest
s	Sekunde
s/b/d	sekundär beeinflusst durch
SaO_2	arterielle Sauerstoffsättigung
$ScvO_2$	zentralvenöse Sauerstoffsättigung
SDAT	senile Demenz vom Alzheimer-Typ
SGOT	Serumglutamatoxalacetattransaminase
SGPT	Serumglutamatpyruvattransaminase
SIADH	«syndrome of inappropriate ADH secretion», Syndrom der inadäquaten ADH-Sekretion
SIDS	«sudden infant death syndrome», plötzlicher Kindstod
SSRI	selektive Serotoninwiederaufnahmehemmer
SSW	Schwangerschaftswoche
STD	«sexually transmitted disease», sexuell übertragbare Krankheit
SVD	Selbstversorgungsdefizit
SvO_2	venöse Sauerstoffsättigung
TB	Tuberkulose
Tbl.	Tablette
TCA	trizyklische Antidepressiva
TENS	transkutane elektrische Nervenstimulation
Tl.	Teelöffel
TSH	thyroideastimulierendes Hormon
TURP	transurethrale Resektion der Prostata
UCT	ultraschnelle Computertomographie
USPHS	US Public Health Services
WHO	World Health Organization, Weltgesundheitsorganisation
ZNS	Zentralnervensystem, Gehirn
ZVD	zentraler Venendruck

Inhaltsverzeichnis

Teil I
Pflegediagnosen im Pflegeprozess ... 37

Einführung ... 37

1. Pflegediagnosen – Problemkreise und Kontroversen ... 39

Warum können wir nicht einfach die Worte verwenden, die wir immer verwandt haben? ... 39
Pflegepläne sind Zeitverschwendung ... 41
In anderen Disziplinen wird man unsere Diagnosen nicht verstehen ... 42
Medizin ... 42
Disziplinen der Gesundheitsversorgung mit Zulassung ... 42
Personal der Gesundheitsversorgung ohne Zulassung ... 44
Klienten werden unsere Diagnosen nicht verstehen ... 44
In der Pflege praktisch Tätige, Anästhesie-Fachpflegepersonen und als Hebamme tätige Pflegende brauchen keine Pflegediagnosen ... 44
Pflegediagnosen sind nicht kultursensibel ... 46
Das Etikettieren von Verhalten ist unethisch ... 49
Pflegediagnosen können die Vertraulichkeit verletzen ... 49
Zusammenfassung ... 51

2. Entwicklung von Pflegediagnosen ... 53

Pflegediagnosen – Definition ... 54
Pflegediagnosen – Prozess oder Ergebnis? ... 54
Die North American Nursing Diagnosis Association International ... 55
Die NANDA-Taxonomie ... 56
Zusammenfassung ... 56

3. Arten und Elemente von Pflegediagnosen ... 58

Aktuelle Pflegediagnosen ... 58
Bezeichnung ... 58
Definition ... 58
Bestimmende Merkmale oder Kennzeichen ... 58
Beeinflussende Faktoren ... 59
Risiko-Pflegediagnosen ... 60

Bezeichnung ... 61
Definition ... 61
Risikofaktoren ... 61
Beeinflussende Faktoren ... 61
Verdachts-Pflegediagnosen ... 62
Gesundheitsförderungs-Pflegediagnosen ... 63
Syndrom-Pflegediagnosen ... 67
Nicht von der NANDA genehmigte Pflegediagnosen ... 68
Diagnostische Aussagen ... 68
Verfassen diagnostischer Aussagen ... 69
Das Verwenden von «Ursache unbekannt» in diagnostischen Aussagen ... 70
Vermeiden von Fehlern in diagnostischen Aussagen ... 70
Zusammenfassung ... 71
Antworten zu den interaktiven Übungen ... 72

4. Pflegediagnosen – Was sie sind und was sie nicht sind ... 73

Was sind interdisziplinäre Probleme? ... 76
Diagnostische Aussagen bei interdisziplinären Problemen ... 77
Zur Unterscheidung zwischen Pflegediagnosen und interdisziplinären Problemen ... 78
Assessment und Diagnose ... 78
Ziele ... 79
Pflegeziel ... 80
Indikatoren ... 80
Interventionen ... 80
Überwachen vs. Prävention ... 81
Prävention vs. Erkennen ... 83
Evaluation ... 83
Indikatoren ... 84
Zusammenfassung ... 84
Antworten zu den interaktiven Übungen ... 86

5. Pflegeprozess und -planung mit Pflegediagnosen ... 88

Formate der Datenerhebung ... 88
Erst-, Basis- oder Screeningassessment ... 88
Funktionelle Gesundheitsverhaltensmuster ... 89
Körperliches Assessment ... 91
Fokusassessment ... 91
Sind Pflegepläne notwendig? ... 93
Der Prozess der Pflegeplanung im Pflegeprozess ... 94
Die Planung ... 94
Erstellen einer Reihe vorrangiger Diagnosen ... 94
Festlegen von Klienten- und Pflegezielen ... 98
Ziele interdisziplinärer Probleme ... 99

Ziele von Pflegediagnosen ... 100
Individualisierte Ziele ... 103
Ziele potenzieller, möglicher Pflegediagnosen ... 103
Verordnen von Pflegeinterventionen ... 104
Der Schwerpunkt von Pflegeinterventionen ... 106
Pflegeverordnungen ... 107
Und wenn die Pflegeperson die beeinflussenden Faktoren nicht behandeln kann? ... 107
Implementierung ... 108
Evaluation ... 109
Evaluieren von Pflegediagnosen ... 109
Evaluieren eines interdisziplinären Problems ... 109
Evaluieren des Pflegeplans ... 111
Multidisziplinäre Pflegeplanung ... 112
Pflegeplanungssysteme ... 114
Standardisierung ... 114
Ebenen der Pflege ... 115
Ebene I – Pflegestandard der Einheit/Station ... 116
Ebene II – Standardisierte Pflegepläne ... 117
Ebene III – Zusatzpflegepläne ... 118
Problemlisten/Pflegeplan ... 119
Antworten zu den interaktiven Übungen ... 119

6. Zehn Schritte, die alles miteinander verbinden ... 121

1. Schritt – Assessment ... 121
2. Schritt – Assessment am selben Tag ... 122
3. Schritt – Erstellen Ihres ersten Pflegeplans ... 123
4. Schritt – Überprüfen der interdisziplinären Probleme auf dem allgemeinen Plan ... 123
5. Schritt – Überprüfen der Pflegediagnosen auf dem Standardplan ... 124
Indikatoren ... 125
6. Schritt – Vorbereiten des schriftlichen oder gedruckten Pflegeplans ... 125
7. Schritt – Erster Pflegeplan komplett ... 125
8. Schritt – Zusätzliche Risikofaktoren ... 126
9. Schritt – Evaluieren des Status Ihres Klienten – nach der Pflege ... 126
Interdisziplinäre Probleme ... 126
Pflegediagnosen ... 127
10. Schritt – Dokumentieren der Pflege auf den Formularen der Einrichtung, Protokollblättern und Verlaufsbögen ... 127

Teil II

Lehrbuch Pflegediagnosen ... 129

Abschnitt 1 – Individuelle Pflegediagnosen ... 129

Einführung ... 129
Aktivitätsintoleranz ... 131
– b/d unzureichendes Wissen über Anpassungstechniken, die bei COPD erforderlich sind ... 142
– b/d unzureichendes Wissen über Anpassungstechniken, die bei gestörter Herzfunktion erforderlich sind ... 147
Gefahrengeneigtes Gesundheitsverhalten (Beeinträchtigte Anpassung) ... 150
Angst ... 151
Todesangst ... 169
Gefahr einer unausgeglichenen Körpertemperatur ... 172
Hyperthermie ... 180
Hypothermie ... 183
Unwirksame Thermoregulation ... 188
– b/d den Übergang des Neugeborenen in die extrauterine Umgebung ... 190
Gefahr eines instabilen Blutglukosespiegels ... 193
Stuhlinkontinenz ... 194
Unwirksames Stillen ... 199
Unterbrochenes Stillen ... 210
Verminderte Herzleistung ... 211
Rollenüberlastung der pflegenden Bezugsperson ... 214
Gefahr einer Rollenüberlastung der pflegenden Bezugsperson ... 229
Beeinträchtigtes Wohlbefinden ... 234
Akuter Schmerz ... 248
Chronischer Schmerz ... 269
Übelkeit ... 275
Beeinträchtigte Kommunikation ... 281
– b/d Auswirkungen eines Hörverlustes ... 293
– b/d Auswirkungen einer Aphasie auf Ausdruck oder Verständnis ... 296
– b/d die Barriere einer Fremdsprache ... 300
Beeinträchtigte verbale Kommunikation ... 302
Verwirrtheit ... 306
Akute Verwirrtheit ... 307
Chronische Verwirrtheit ... 324
Obstipation ... 333
– b/d Auswirkungen der Immobilität auf die Peristaltik ... 347
Subjektiv empfundene Obstipation ... 349
Kontamination: individuelle ... 352
Kontaminationsgefahr: individuelle ... 362
Unwirksames Coping ... 364
Defensives Coping ... 381

Unwirksame Verleugnung ... 385
– b/d eine gestörte Fähigkeit, die Folgen des eigenen Verhaltens zu akzeptieren, angezeigt durch fehlendes Anerkennen eines Substanzmissbrauchs/ einer Abhängigkeit ... 392
Entscheidungskonflikt ... 396
Diarrhö ... 409
Immobilitätssyndrom ... 418
Beschäftigungsdefizit ... 432
Autonome Dysreflexie ... 440
Gefahr der autonomen Dysreflexie ... 448
Energiefeldstörung ... 450
Fatigue ... 455
Furcht ... 467
Flüssigkeitsdefizit ... 480
Flüssigkeitsüberschuss ... 490
Gefahr eines unausgeglichenen Flüssigkeitsvolumens ... 500
Trauern ... 501
Vorwegnehmendes Trauern ... 517
Erschwertes Trauern ... 523
Verzögerte(s) Wachstum und Entwicklung ... 529
Gefahr einer verzögerten Entwicklung ... 543
Gefahr eines unproportionalen Wachstums ... 545
Verschlechterung des Allgemeinzustandes (Verkümmerung) des Erwachsenen ... 546
Gefahrengeneigtes Gesundheitsverhalten ... 551
Unwirksames Gesundheitsverhalten ... 556
– b/d unzureichendes Wissen über die Auswirkungen von Tabak und die verfügbaren Ressourcen zur Selbsthilfe ... 577
– b/d eine erhöhte Nahrungsaufnahme als Reaktion auf Stressoren und einen gemessen an der Aufnahme unzureichenden Energieverbrauch ... 583
Hoffnungslosigkeit ... 591
Gefahr der beeinträchtigten Menschenwürde ... 608
Desorganisiertes kindliches Verhalten ... 613
Gefahr einer desorganisierten kindlichen Verhaltens ... 629
Infektionsgefahr ... 630
Gefahr einer Infektionsübertragung ... 644
– b/d ein Wissensdefizit bezüglich der Senkung des Risikos einer Übertragung des AIDS-Virus ... 654
Gefahr einer Gesundheitsschädigung ... 657
– b/d fehlendes Bewusstsein für Gefahrenquellen im Umfeld ... 676
– b/d fehlendes Bewusstsein für Gefahrenquellen im Umfeld, s/b/d das Entwicklungsalter ... 684
– b/d Schwindel, s/b/d orthostatische Hypotonie ... 688
Aspirationsgefahr ... 690
Sturzgefahr ... 697

Vergiftungsgefahr ... 700
Erstickungsgefahr ... 701
Verletzungsgefahr ... 702
Gefahr eines perioperativen Lagerungsschadens ... 704
Schlafstörung ... 713
Schlafmangel ... 725
Latexallergische Reaktion ... 727
Gefahr einer latexallergischen Reaktion ... 733
Bewegungsarmer Lebensstil ... 734
Gefahr einer beeinträchtigten Leberfunktion ... 740
Vereinsamungsgefahr ... 740
Unwirksames Management der eigenen Gesundheit ... 749
Beeinträchtigte körperliche Mobilität ... 762
Beeinträchtigte Mobilität im Bett ... 778
Beeinträchtigte Gehfähigkeit ... 780
Beeinträchtigte Mobilität mit dem Rollstuhl ... 782
Beeinträchtigte Transferfähigkeit ... 784
Noncompliance ... 787
Mangelernährung ... 799
– b/d Anorexie, s/b/d (zu spezifizieren) ... 819
– b/d die Schwierigkeit oder das Unvermögen, sich Nahrung zu verschaffen ... 823
Beeinträchtigter Zahnstatus ... 826
Schluckstörung ... 828
Saug-/Schluckstörung eines Säuglings ... 838
Überernährung ... 846
Überernährungsgefahr ... 851
Gefahr einer peripheren neurovaskulären Störung ... 852
Posttraumatisches Syndrom ... 861
Gefahr eines posttraumatischen Syndroms ... 870
Vergewaltigungssyndrom ... 871
Machtlosigkeit ... 885
Gefahr einer Machtlosigkeit ... 888
Unwirksamer Selbstschutz ... 898
Gewebeschädigung ... 900
Hautschädigung ... 912
– b/d die Auswirkungen von Druck, Reibung, Scherkräften und Mazeration ... 917
Beeinträchtigte Mundschleimhaut ... 922
Gefahr einer beeinträchtigten Mundschleimhaut, b/d inadäquate Mundhygiene oder das Unvermögen zur Mundpflege ... 931
Relokationsstresssyndrom ... 936
Relokationsstresssyndrom ... 948
... b/d Veränderungen in Zusammenhang mit Transfers innerhalb oder zwischen Einrichtungen der Gesundheitsversorgung oder der Aufnahme in eine Einrichtung der Langzeitpflege ... 948

Gefahr eines Relokationsstresssyndroms ... 953
Gefahr eines unwirksamen Atemvorgangs ... 953
Erschwertes Weaning ... 965
Gefahr eines erschwerten Weanings ... 976
Unwirksame Atemwegsclearance (Selbstreinigung der Atemwege) ... 979
Unwirksamer Atemvorgang ... 984
Unwirksames Rollenverhalten ... 988
Selbstversorgungsdefizitsyndrom ... 990
Selbstversorgungsdefizit: Essen und Trinken ... 1002
Selbstversorgungsdefizit: Körperpflege ... 1006
Selbstversorgungsdefizit: Sich-Kleiden/Pflege der äußeren Erscheinung ... 1011
Selbstversorgungsdefizit: Instrumentell ... 1015
Selbstversorgungsdefizit: Toilettenbenutzung ... 1020
Gestörtes Selbstkonzept ... 1024
Körperbildstörung ... 1038
Gestörte persönliche Identität ... 1048
Gestörtes Selbstwertgefühl ... 1049
Chronisch geringes Selbstwertgefühl ... 1052
Situationsbedingt geringes Selbstwertgefühl ... 1056
Gefahr eines situationsbedingt geringen Selbstwertgefühls ... 1061
Gefahr einer Selbstschädigung ... 1063
Gefahr des Selbstmissbrauchs ... 1082
Selbstverletzung ... 1083
Selbstverletzungsgefahr ... 1084
Suizidgefahr ... 1086
Wahrnehmungsstörung ... 1094
Unwirksames Sexualverhalten ... 1106
– b/d prä- und postpartale Veränderungen ... 1127
Sexuelle Funktionsstörung ... 1134
Beeinträchtigte soziale Interaktion ... 1135
Soziale Isolation ... 1150
Chronischer Kummer ... 1153
Sinnkrise ... 1158
– b/d einen Konflikt zwischen religiösen und spirituellen Überzeugungen und dem verordneten Therapieplan ... 1182
Gefahr einer Sinnkrise ... 1185
Moralischer Konflikt ... 1187
Beeinträchtigte Religiosität ... 1193
Gefahr einer beeinträchtigten Religiosität ... 1200
Stressüberlastung ... 1201
Gefahr eines plötzlichen Kindstodes ... 1208
Verzögerte postoperative Erholung ... 1212
Gestörte Denkprozesse ... 1213
Beeinträchtigte Gedächtnisleistung ... 1232

Durchblutungsstörung (spezifiziere: renale, zerebrale, kardiopulmonale, gastrointestinale) 1238
Periphere Durchblutungsstörung 1240
Neglect 1251
Beeinträchtigte Urinausscheidung 1259
Entwicklungsbedingte Enuresis 1270
Funktionelle Urininkontinenz 1275
Reflexurininkontinenz 1282
Stressurininkontinenz 1285
Totale Urininkontinenz 1289
Drangurininkontinenz 1294
Überlaufurininkontinenz 1299
Gefahr der fremdgefährdenden Gewalttätigkeit 1303
Ruheloses Umhergehen 1318

Abschnitt 2 – Pflegediagnosen für Familien und den häuslichen Bereich 1323

Übersicht 1323
Familien in der Krise 1327
Gewalt in der Ehe 1328
Kinder mit speziellen Bedürfnissen 1334
Alkoholismus in der Familie 1335
Elternschaft 1337
Entstehen der Eltern-Kind-Bindung 1337
Einschätzungskriterien des Fokusassessments 1338
Einschätzen auf häusliche Gewalt 1340
Einschätzen eines Verdachts auf Kindesmissbrauch 1341
Einschätzen auf Risikofaktoren bei den Betreuungspersonen (Cowen, 1999) 1342
Einschätzen auf Alkoholmissbrauch 1343
Gefährdendes familiäres Coping 1344
Verhindertes familiäres Coping 1345
Verhindertes familiäres Coping 1350
– b/d (zu spezifizieren), a/d häuslichen Missbrauch 1350
– b/d (zu spezifizieren), a/d Kindesmissbrauch/-vernachlässigung 1354
Gefahr eines verhinderten familiären Copings 1359
– b/d multiple Stressoren in Verbindung mit der Versorgung alter Menschen 1359
Bereitschaft für ein verbessertes familiäres Coping 1363
Kontamination: familiäre 1364
Kontaminationsgefahr: familiäre 1367
Unterbrochene Familienprozesse 1369
Alkoholismusbedingt gestörte Familienprozesse 1375
Beeinträchtigte Familienprozesse 1383
Bereitschaft für verbesserte Familienprozesse 1387
Bereitschaft für eine verbesserte elterliche Fürsorge 1387

Beeinträchtigte elterliche Fürsorge 1388
Gefahr einer beeinträchtigten Bindung 1398
Elterlicher Rollenkonflikt 1405
– b/d Auswirkungen einer Krankheit und/oder Hospitalisierung eines Kindes 1409
Unwirksames familiäres Therapiemanagement 1415
Beeinträchtigte Haushaltsführung 1416

Abschnitt 3 – Gemeindebezogene Pflegediagnosen 1423

Übersicht 1423
Gemeindeassessment (Allender/Spradley, 2006; Hunt, 2001) 1426
Datenquellen 1426
Methoden der Datenerhebung 1427
Funktionelle Gesundheitsverhaltensmuster (Edelman/Mandle, 2006; Allender/Spradley, 2006; Hunt, 2005) 1428
Gesundheitsverhaltensmuster: Wahrnehmung und Umgang mit der eigenen Gesundheit 1428
Gesundheitsverhaltensmuster: Ernährung und Stoffwechsel 1429
Gesundheitsverhaltensmuster: Ausscheidung 1429
Gesundheitsverhaltensmuster: Aktivität und Bewegung 1430
Gesundheitsverhaltensmuster: Kognition und Perzeption 1430
Gesundheitsverhaltensmuster: Rollen und Beziehungen 1431
Gesundheitsverhaltensmuster: Schlaf und Ruhe 1431
Gesundheitsverhaltensmuster: Bewältigungsverhalten (Coping) und Stresstoleranz . . . 1431
Gesundheitsverhaltensmuster: Sexualität und Reproduktion 1432
Gesundheitsverhaltensmuster: Werte und Überzeugungen 1432
Bereitschaft für ein verbessertes gemeinschaftliches Coping 1432
Unwirksames Coping einer Gemeinschaft 1437
Unwirksames gemeinschaftliches Management von Therapieprogrammen 1441
Kontamination: gemeindebezogene 1448
Kontaminationsgefahr: gemeindebezogene 1454

Abschnitt 4 – Gesundheitsförderungs-Pflegediagnosen 1457

Übersicht 1457
Gesundheitsförderliches Verhalten 1458
Erfolgreiches Stillen 1465
Bereitschaft für ein verbessertes Stillen 1466
Bereitschaft für ein verbessertes Wohlbefinden 1468
Bereitschaft für eine verbesserte Entscheidungsfindung 1469
Bereitschaft für einen verbesserten Flüssigkeitshaushalt 1470
Bereitschaft für ein verbessertes Trauern 1472
Bereitschaft für gesteigerte Hoffnung 1472
Bereitschaft für einen verbesserten Impfstatus 1473

Bereitschaft für eine verbesserte Organisation des kindlichen Verhaltens 1474
Bereitschaft für ein vermehrtes Wissen (spezifizieren) 1480
Bereitschaft für eine verbesserte Ernährung 1481
Bereitschaft für eine verbesserte Selbstbestimmung 1482
Bereitschaft für eine vertiefte Religiosität 1483
Bereitschaft für eine verbesserte Selbstfürsorge 1485
Bereitschaft für ein verbessertes Selbstkonzept 1485
Bereitschaft für eine verbesserte Sinnfindung 1487
Wirksames Therapiemanagement: individuell 1490
Bereitschaft für ein verbessertes Management der eigenen Gesundheit 1493
Bereitschaft für eine verbesserte Urinausscheidung 1494

Teil III

Lehrbuch interdisziplinärer Probleme 1497

Einführung 1497
Potenzielle Komplikation: Herz-Kreislauf-Störung 1498
PK: Verminderte Herzleistung 1500
PK: Herzrhythmusstörungen 1502
PK: Lungenödem 1504
PK: Tiefe Venenthrombose 1506
PK: Hypovolämie 1508
PK: Kompartmentsyndrom 1510
PK: Lungenembolie 1512
Potenzielle Komplikation: Atemfunktionsstörung 1516
PK: Hypoxämie 1518
PK: Atelektase, Pneumonie 1520
PK: Bronchialspasmen 1522
PK: Pneumothorax 1524
Potenzielle Komplikation: Stoffwechsel-, Immun-, Hämatopoesestörung 1526
PK: Hypo-/Hyperglykämie 1528
PK: Negative Stickstoffbilanz 1532
PK: Störungen des Elektrolythaushalts 1533
PK: Hypokaliämie 1534
PK: Hyperkaliämie 1534
PK: Hyponatriämie 1535
PK: Hypernatriämie 1535
PK: Hypokalzämie 1536
PK: Hyperkalzämie 1536
PK: Hypophosphatämie 1536
PK: Hyperphosphatämie 1537
PK: Hypomagnesiämie 1537
PK: Hypermagnesiämie 1537
PK: Hypochlorämie 1537
PK: Hyperchlorämie 1538

PK: Sepsis ... 1543
PK: Azidose (metabolische, respiratorische) ... 1545
PK: Alkalose (metabolische, respiratorische) ... 1548
PK: Allergische Reaktion ... 1550
PK: Thrombozytopenie ... 1553
PK: Opportunistische Infektionen ... 1555
PK: Sichelzellkrise ... 1558
Potenzielle Komplikation: Funktionsstörung der Nieren und Harnwege ... 1560
PK: Akuter Harnverhalt ... 1562
PK: Niereninsuffizienz ... 1564
PK: Nierensteine ... 1569
Potenzielle Komplikation: Neurologische/Sensorische Dysfunktion ... 1571
PK: Erhöhter Schädelinnendruck ... 1573
PK: Krampfanfälle ... 1577
PK: Erhöhter Augeninnendruck ... 1579
PK: Malignes neuroleptisches Syndrom ... 1580
PK: Alkoholentzug ... 1583
Potenzielle Komplikation: Magen-Darm-, Leber-, Gallenfunktionsstörung ... 1586
PK: Paralytischer Ileus ... 1587
PK: Magen-Darm-Blutung ... 1588
PK: Leberfunktionsstörung ... 1591
PK: Hyperbilirubinämie ... 1594
Potenzielle Komplikation: Muskel-Skelett-Dysfunktion ... 1597
PK: Pathologische Frakturen ... 1598
PK: Gelenkluxation ... 1599
Potenzielle Komplikation: Reproduktionsstörung ... 1601
PK: Pränatale Blutung ... 1603
PK: Vorzeitige Wehen ... 1605
PK: Schwangerschaftshypertonie ... 1607
PK: Bedrohlicher Zustand des Feten ... 1610
PK: Postpartale Blutung ... 1613
Potenzielle Komplikation: Unerwünschte Wirkungen einer medikamentösen Therapie ... 1615
PK: Unerwünschte Wirkungen einer Antikoagulanzientherapie ... 1616
PK: Unerwünschte Wirkungen einer Anxiolytikatherapie ... 1620
PK: Unerwünschte Wirkungen einer Kortikosteroidtherapie ... 1622
PK: Unerwünschte Wirkungen einer Zytostatikaherapie ... 1625
PK: Unerwünschte Wirkungen einer Antikonvulsivatherapie ... 1629
PK: Unerwünschte Wirkungen einer Antidepressivatherapie ... 1631
PK: Unerwünschte Wirkungen einer Antiarrhythmikatherapie ... 1634
PK: Unerwünschte Wirkungen einer Neuroleptikatherapie ... 1636
PK: Unerwünschte Wirkungen einer Antihypertonikatherapie ... 1639
PK: Unerwünschte Wirkungen einer Betablockertherapie ... 1640
PK: Unerwünschte Wirkungen einer Therapie mit Kalziumantagonisten ... 1642
PK: Unerwünschte Wirkungen einer Therapie mit ACE-Hemmern ... 1644

Anhang
Pflegediagnosen, gegliedert nach verschiedenen Modellen und Klassifikationen 1648

Anhang A
Pflegediagnosen, gegliedert nach Gordons funktionellen Gesundheitsverhaltensmustern 1648

Anhang B
Pflegediagnosen, gegliedert nach Roper-Logan-Tierneys Lebensaktivitäten (LA) 1656

Anhang C
Pflegediagnosen, gegliedert nach Hendersons 14 Grundbedürfnissen 1663

Anhang D
Pflegediagnosen, gegliedert nach Juchlis Aktivitäten des täglichen Lebens (ATLs) 1671

Anhang E
Pflegediagnosen, gegliedert nach Krohwinkels Konzepten und Kategorien der Aktivitäten, Beziehungen und Existenzielle Erfahrungen des Lebens (ABEDLs) 1679

Anhang F
Pflegediagnosen, gegliedert nach den RAI-Homecare-Klientenabklärungshilfen (RAI-HC) 1687

Anhang G
Pflegediagnosen mit Zuordnungen von ZEPF-Pflegekonzepten 1695

Anhang H
Pflegediagnosen, gegliedert in alphabetischer Reihenfolge 1709

Anhang I
Pflegediagnosen, gegliedert nach der NNN-Taxonomie der Pflegepraxis mit Beispielen der NANDA-I-Pflegediagnosen 1713

Anhang J
Fragebogen für die Pflegeanamnese bei der Aufnahme (Beispiel) 1723

Anhang K
Deutschsprachiges Literaturverzeichnis 1730

Sachwortverzeichnis 1751

Teil I

Pflegediagnosen im Pflegeprozess

Einführung

> Pflege besteht primär darin, kranke oder gesunde Individuen bei den Aktivitäten zu unterstützen, die zu ihrer Gesundheit und deren Wiederherstellung (oder zu einem friedvollen Tod) beitragen und die sie ohne Hilfe durchführen würden, wenn sie die nötige Kraft, den Willen oder das erforderliche Wissen hätten. Pflege hilft Individuen auch, einer verordneten Therapie zu folgen und möglichst bald keine Unterstützung mehr zu benötigen.[1]

Individuen sind offene Systeme, die in ständiger Wechselbeziehung mit ihrer Umgebung stehen und dabei Interaktionsmuster kreieren. Diese Muster sind dynamisch, interagieren auch mit Lebensprozessen physiologischer, psychologischer, soziokultureller, entwicklungsbezogener und spiritueller Natur und beeinflussen damit das Verhalten und die Gesundheit der jeweiligen Person. *Gesundheit* ist ein dynamischer, in stetem Wandel begriffener Zustand, der von vergangenen und gegenwärtigen Interaktionsmustern beeinflusst wird. Sie ist der Zustand des Wohlbefindens, wie ihn das Individuum festlegt, und nicht länger definiert als das Fehlen einer biologischen Erkrankung.

Gesellschaftliche Gesundheitsbedürfnisse haben sich in den vergangenen Jahrzehnten geändert, und dem musste die Sichtweise Pflegender in Bezug auf die Gesundheitsversorgung der KonsumentInnen (individuell, familiär, gemeinschaftlich) folgen.[2] Man wird nicht nur zum Klienten, wenn ein aktuelles oder potenzielles Problem die Gesundheit beeinträchtigt, sondern auch, wenn man unterstützt werden möchte, um einen besseren Gesundheitszustand zu erreichen. Die Verwendung der Wortes *Klient* anstelle von *Patient* zur Bezeichnung des Konsumenten spricht für eine autonome Person, die bei der Suche und Auswahl von Assistenz die Freiheit der Wahl hat. Der Klient ist nicht länger ein passiver Empfänger von Dienstleistungen, sondern ein aktiver Teilnehmer, der Verantwortung für seine Entscheidungen und deren Folgen übernimmt. Als Experte für die eigene Person ist er verantwortlich dafür, Gesundheitsversorgung zu suchen oder abzulehnen. *Familie* dient der Beschreibung aller Personen, die dem Klienten als Unterstützungssysteme dienen. *Gruppe* dient zur Beschreibung von Unterstützungssystemen und Gemeinschaften, wie z. B. Altenzentren.

---

[1] Henderson, V.; Nite, G. (1960). *Principles and practice of nursing* (5th ed.). New York: Macmillan.

[2] Carpenito, L. J.; Duespohl, T. A. (1985). *A guide to effective clinical instruction* (2nd ed.). Rockville, MD: Aspen Systems.

Das «Modell der bifokalen klinischen Praxis» beschreibt die ganz speziellen Verantwortlichkeiten der Pflege in zwei Komponenten: Pflegediagnosen und interdisziplinäre Probleme. Bei *Pflegediagnosen* geht es um die Reaktionen von Klienten, Familien oder Gruppen auf Situationen, für welche die Pflegeperson Interventionen verordnen kann, um ein Ziel zu erreichen. Im Gegensatz dazu beschreiben *interdisziplinäre Probleme* bestimmte physiologische Komplikationen, deren sich Pflegende unter Einsatz sowohl pflegerisch als auch ärztlich verordneter Interventionen annehmen. Keine andere Disziplin außer der Pflege vermag Pflegediagnosen zu behandeln und sich gleichzeitig mit dem Management interdisziplinärer Probleme zu beschäftigen.

Das «Modell der bifokalen klinischen Praxis» liefert Pflegenden ein Klassifikationssystem zur Beschreibung des Gesundheitszustands eines Klienten, einer Familie oder einer Gemeinschaft sowie zur Beschreibung der Gefahr von Komplikationen. Unter Anwendung dieses Systems können Pflegende den Gesundheitszustand von Individuen oder Gruppen präzise und systematisch beschreiben und gleichzeitig die ganz speziellen Aspekte einer jeden Situation angehen.

1 Pflegediagnosen – Problemkreise und Kontroversen

Das Phänomen Pflegediagnose weckt bei nahezu jeder Pflegeperson Emotionen. Die Reaktionen reichen von Indifferenz bis Begeisterung, von Ablehnung bis zum Enthusiasmus für wissenschaftliche Untersuchungen. Obwohl Pflegediagnosen seit 25 Jahren anerkannter Bestandteil professionellen pflegerischen Handelns sind, weigern sich manche Pflegende noch immer, sie auch anzuwenden. In diesem Kapitel werden einige der am häufigsten genannten Gründe untersucht, wie beispielsweise:

- Warum können wir nicht einfach die Worte verwenden, die wir immer verwandt haben?
- Pflegepläne sind Zeitverschwendung.
- In anderen Disziplinen wird man unsere Diagnosen nicht verstehen.
- Klienten werden unsere Diagnosen nicht verstehen.
- In der Pflege praktisch Tätige, Anästhesie-Fachpflegepersonen und als Hebamme/Entbindungspflegeperson tätige Pflegende brauchen keine Pflegediagnosen.
- Pflegediagnosen sind nicht kultursensibel.
- Das Etikettieren von Verhalten ist unethisch.
- Pflegediagnosen können die Vertraulichkeit verletzen.

Warum können wir nicht einfach die Worte verwenden, die wir immer verwandt haben?

Welche Worte haben Pflegende stets verwandt? Diabetes mellitus? Frühreife? Pneumonie? Schwierig? Zystische Fibrose? Viele Jahre lang benutzten sie nur medizinische Diagnosen zur Beschreibung von Problemen der Klienten, um die sie sich kümmerten. Schrittweise haben Pflegende indessen gelernt, dass medizinische Diagnosen viele Klientenprobleme nicht hinreichend detailliert beschreiben, um es anderen Pflegenden zu ermöglichen, bei Klienten mit speziellen Problemen eine kontinuierliche Pflege zu leisten.

Schon früh wiesen Abdellah und Levine (1965:25) auf die Notwendigkeit einer spezialisierten Pflegesprache zur Beschreibung der Pflegepraxis hin:

> Entscheidend für die Entwicklung der Pflegewissenschaft ist die Fähigkeit der Pflegeperson, eine Pflegediagnose zu stellen und Pflegemaßnahmen zu verordnen, die beim Klienten zu spezifischen Reaktionen führen. Die Pflegediagnose ist die Feststellung der Art und des Umfangs von Pflegeproblemen einzelner Klienten oder Familien, die Pflege erhalten. Unserer Ansicht nach ist es eine unabhängige Funktion der professionellen Pflegeperson, eine Pflegediagnose zu stellen und zur Lösung des Problems eine Reihe von Maßnahmen zu beschließen. (Abdellah/Levine, 1965 : 25)

Bis 1973, als die erste Tagung zur Klassifikation von Pflegediagnosen stattfand, waren ein paar Versuche zur Klassifikation von Pflegediagnosen und -maßnahmen gemacht, aber nicht fortgesetzt worden (z. B. die Grundbedürfnisse nach Virginia Henderson und die 21 Pflegeprobleme nach Faye D. Abdellah).

Tatsache ist, dass Pflegende bei bestimmten Klientenproblemen schon immer eine gemeinsame Sprache mit anderen Disziplinen, wie der Medizin, der Atemtherapie und der Physiotherapie, hatten. Entsprechende Beispiele sind *Hypokaliämie*, *hypovolämischer Schock*, *Hyperglykämie* und *erhöhter intrakranieller Druck*. Jeder Versuch, Bezeichnungen wie diese umzubenennen, hat als unsinnig und unnötig zu gelten. So sollten beispielsweise *Rhythmusstörungen oder Herzinsuffizienz* nicht in *verminderte Herzleistung* und *Hyperglykämie* nicht in *gestörter Kohlenhydratstoffwechsel* umbenannt werden [Genau diese Entwicklung hat jedoch mit der Einführung sogenannter Suveillance-Diagnosen stattgefunden. Beispiele dafür sind die Diagnosen «Gefahr eines instabilen Blutzuckerspiegels» oder «Gefahr einer Leberfunktionsstörung», vgl. Georg[3], 2008. Anm. Hrsg.].

Die Autorin ist der Ansicht, dass Pflegende eine bereits vorhandene Terminologie, soweit angemessen, verwenden sollten, ob als interdisziplinäres Problem (z. B. *potenzielle Komplikation: Hyperglykämie*) oder als Pflegediagnose (z. B. *Dekubitusgefahr*). Die Pflege sollte sich auch weiterhin der Terminologie bedienen, anhand derer sich die Situation oder das Problem eines Klienten anderen Pflegenden und Disziplinen eindeutig vermitteln lässt.

Lassen Sie uns nach dem oben Gesagten nun die fachspezifische Sprache von Pflegenden untersuchen. Hatten Pflegende über die im Vorangehenden erörterte Sprache hinaus bislang eine gemeinsame Sprache oder eine Reihe von Bezeichnungen für Klientenprobleme, die sie diagnostizieren und behandeln? Wie haben Pflegende vor dem Erscheinen von Pflegediagnosen Klientenprobleme, wie etwa folgende, beschrieben:

- Unfähigkeit, sich selbst zu kleiden
- Schwierigkeiten bei der Wahl unter Therapieoptionen
- Infektionsgefahr
- Stillprobleme
- unwirksames Abhusten
- spirituelle Dilemmata.

Manchmal verwendet eine Pflegeperson diese Begriffe, manchmal nicht. Oft standen einer Pflegenden viele Optionen zur Beschreibung eines Problems zur Verfügung. So konnte sie zur Beschreibung eines dekubitusgefährdeten Klienten beispielsweise einen der folgenden Begriffe verwenden:

---

[3] Georg, J.: Stoffwechselbezogene Pflegediagnosen. NOVAcura 39 (2008) 7/8 : 32–35

- Immobilität
- komatös
- Dekubitalulzera
- gerötete Haut
- Inkontinenz
- Unfähigkeit, sich im Bett umzudrehen
- durchgelegene Stellen
- Druckgeschwür
- Lähmung.

Eine Untersuchung dieser Liste deckt die Unstimmigkeiten dieser Begriffe auf. Manche von ihnen sind Zeichen und Symptome, manche sind Risikofaktoren. Und manche sind Probleme.

Manche Pflegende, vor allem diejenigen mit Erfahrung, wollen die Möglichkeit haben, Klientenprobleme auf jede gewünschte Weise beschreiben zu können. Aber auch wenn eine erfahrene Pflegeperson vielleicht in der Lage sein mag, eine unstimmige Terminologie zu entziffern, wie soll die Pflege als Profession Studierende und Auszubildende in ihrer Wissenschaft unterweisen, wenn jede Lehrperson, jedes Lehrbuch und jede Pflegefachperson ein und dieselbe Situation in stets anderen Worten beschreibt? Betrachten Sie die Medizin: Wie könnten MedizinstudentInnen lernen, zwischen Zirrhose und Leberkarzinom zu unterscheiden, wenn zur Beschreibung beider Situationen «beeinträchtigte Leberfunktion» verwandt würde? Auch die Medizin greift auf ein standardisiertes Klassifikationssystem zurück, um ihre Wissenschaft zu unterrichten und Probleme der Klienten anderen Disziplinen weiterzuvermitteln. Die Pflege muss es genauso machen.

So haben Pflegende zwar seit jeher eine gemeinsame Sprache für bestimmte Probleme, jedoch reichte diese Sprache nicht aus, um all die Reaktionen von Klienten zu beschreiben, die von Pflegenden diagnostiziert und behandelt werden. Es ist auch wichtig hervorzuheben, dass manche als Pflegediagnosen bezeichneten Reaktionen, wie z.B. *Entscheidungskonflikt* oder *Machtlosigkeit*, noch vor 15 Jahren in der Pflegeliteratur nicht vorkamen. Die offizielle Einstufung dieser Reaktionen als Pflegediagnosen hat ihre Untersuchung vorangetrieben und ihre Verbreitung in der Pflegeliteratur verstärkt. Wurde beispielsweise *Machtlosigkeit* in der Pflegeliteratur des Jahres 1982 nur 2 Mal zitiert, waren es 1994 schon 113 Mal.

Pflegepläne sind Zeitverschwendung

Oft hören Studierende von Pflegenden in Berufsausübung, die von ihnen handschriftlich oder elektronisch verfassten Pflegepläne seien in der klinischen Pflege nutzlos. Wichtig ist, zwischen Pflegeplänen Studierender und Pflegeplänen in der Praxis zu unterscheiden.

Studierende verfassen Pflegepläne zur Unterstützung beim Problemlösen und um ihre Pflege eines Klienten nach Prioritäten zu ordnen und individuell zuzuschneiden. Studentische Pflegepläne sind Anleitungen für den Studierenden mit einem bestimmten Klienten. Die meisten dieser Pflegepläne entsprechen der Standardpflege oder der bei einem bestimmten Problem oder in einer bestimmten Situation erwarteten Pflege. Nach der Versorgung des Patienten kann die Studierende dann den Plan überprüfen und Dinge hinzufügen oder streichen. Mit dem Fortschreiten der Ausbildung sollten diese Pläne knapper und präziser werden und weniger grundlegende Standardpflege enthalten.

Diese Art von Pflegeplan ist in der klinischen Praxis nicht nötig. Eine vorhersehbare Standardpflege sollte erfahrenen Pflegepersonen geläufig sein. Ist eine Pflegeperson mit der in einer bestimmten Situation erforderlichen Pflege nicht vertraut, sollte sie die Möglichkeit haben, auf diesen Pflegeplan in einer Literaturquelle oder online zuzugreifen.

Eine Pflegeperson sollte nur dann einen Pflegeplan für eine andere Pflegeperson erstellen, wenn es nötig ist, diese Pflegeperson darauf aufmerksam zu machen, dass es über den Standard hinaus zusätzlicher Pflege bedarf. Das System sollte leicht anwendbar sein, um zu solchen Zusätzen zu ermutigen.

Erfährt eine Pflegeperson beispielsweise beim Versorgen eines Mannes mit Myokardinfarkt (MI), zwei seiner Brüder seien daran gestorben, sollte sie folgende Diagnose der Liste seiner Probleme hinzufügen: *Furcht*, beeinflusst durch MI und Tod zweier Brüder an MI.

In anderen Disziplinen wird man unsere Diagnosen nicht verstehen

Seahill (1991) zufolge erwies sich die Anwendung von Pflegediagnosen in einem multidisziplinären stationären Setting der Kinderpsychiatrie als problematisch, weil in diesem Setting der «ganze Patient» und die Bedeutung einer effektiven Informationsweitergabe zwischen den einzelnen Disziplinen hervorgehoben wurde. Lassen Sie uns die Validität dieser Aussage untersuchen. Zum Zwecke dieser Erörterung seien die Disziplinen der Gesundheitsversorgung in drei Gruppen unterteilt: Medizin, Disziplinen der Gesundheitsversorgung mit Zulassung sowie Personal der Gesundheitsversorgung ohne Zulassung.

Medizin

Weil es für Pflegende wichtig ist, gewisse Aspekte medizinischer Diagnosen zu verstehen, haben sie sich darauf eingelassen, sie zu lernen und über aktuelle Veränderungen in Erkrankungen und Behandlungen Bescheid zu wissen. Wie oft aber haben Ärzte beim Definieren dieser Krankheiten gesagt: «Meinen Sie, Pflegende verstehen [z. B.] ‹disseminierte intravasale Gerinnung›»? Höchstwahrscheinlich nie.

Wenn es für einen Arzt wichtig ist, Pflegediagnosen wie *Sinnkrise* oder *Entscheidungskonflikt* zu verstehen, kann er sich das entsprechende Wissen zusammensuchen, wie es eine Pflegeperson auch tun würde. Diese sollte einen Arzt auch über Pflegediagnosen informieren, die sie und der Klient als vorrangig herausgearbeitet haben. Gelegenheit dazu bieten multidisziplinäre Besprechungen. Manche Pflegediagnosen können sich für Ärzte als nützlich erweisen, wie etwa die in der ambulanten Versorgung.

Disziplinen der Gesundheitsversorgung mit Zulassung

Neben der Pflege umfassen die an eine Zulassung gebundenen Berufe in der Gesundheitsversorgung noch die Physiotherapie, Beschäftigungstherapie, Sprachtherapie, Ernährungsberatung, Atemtherapie und Freizeittherapie sowie den Sozialdienst. Jede dieser Disziplinen ist an der Pflegeplanung für Klienten beteiligt – manche in ihren jeweiligen Abteilungen und manche als Teil des multidisziplinären Teams. Diese Fachgebiete sollten in die Sprache der Pflegediagnosen eingeführt und ermutigt werden, jede nur anwendbare Diagnose auch zu nutzen. In Kasten 1-1 werden Beispiele von Pflegediagnosen genannt, die für andere Disziplinen oft von Nutzen sind.

Kasten 1-1
Beispiele für Pflegediagnosen, die für andere Disziplinen nützlich sind

Physiotherapie
Aktivitätsintoleranz
Selbstversorgungsdefizit
Verletzungsgefahr
Beeinträchtigte körperliche Mobilität
Noncompliance
Neglect
Fatigue

Beschäftigungstherapie
Beschäftigungsdefizit
Fatigue
Beeinträchtigte Haushaltsführung
Selbstversorgungsdefizit: instrumentell (IADL)

Sozialdienst
Rollenüberlastung der pflegenden Bezugsperson
Gefährdendes familiäres Coping
Entscheidungskonflikt
Unterbrochene Familienprozesse
Beeinträchtigte Haushaltsführung
Selbstversorgungsdefizit: instrumentell (IADL)
Soziale Isolation

Sprachtherapie
Beeinträchtigte verbale Kommunikation
Schluckstörung
Gestörte Denkprozesse

Ernährungsberatung
Überernährung
Mangelernährung
Schluckstörung
Selbstversorgungsdefizit: Essen

Atemtherapie
Aspirationsgefahr
Gefahr einer beeinträchtigten Atemfunktion
Unwirksame Atemwegsclearance
Erschwertes Weaning

Die Terminologie der Pflegediagnosen mit anderen Berufsgruppen zu teilen, kann die Rolle der Pflege nur stärken und einen multidisziplinären Ansatz hervorheben. Denken Sie jedoch daran, dass andere Disziplinen Pflegediagnosen nicht dazu nutzen, um Interventionen festzulegen, die dann von Pflegenden durchgeführt werden sollen. So schreibt ein Physiotherapeut, der sich der Pflegediagnose *beeinträchtigte körperliche Mobilität* bedient, Interventionen lediglich für die physikalische Therapie, nicht für die Pflege auf. Eine Darstellung der multidisziplinären Pflegeplanung findet sich in Kapitel 5.

Personal der Gesundheitsversorgung ohne Zulassung

In den meisten Einrichtungen der Akut- und Langzeitversorgung sowie der kommunalen Gesundheitsversorgung der USA und Kanadas wird die Pflege von staatlich geprüften Pflegepersonen, Krankenschwestern (LPN), PflegeassistentInnen, PflegehelferInnen oder TechnikerInnen geleistet. Es ist nicht von Bedeutung, dass alle Angehörige des Teams Pflegediagnosen verstehen, aber es ist wichtig, dass jedes Mitglied des Teams die Interventionen versteht, für die es verantwortlich ist. So mag man von einer Hilfskraft erwarten können, dass sie zu erklären vermag, warum ein Klient alle 2 Stunden umgelagert werden muss und nach dem Essen Hilfe beim Gang zur Toilette benötigt, aber man kann u. U. nicht von ihr erwarten, dass sie den Unterschied zwischen funktioneller und totaler Urininkontinenz erklären kann.

Klienten werden unsere Diagnosen nicht verstehen

Für den Klienten wie für die Familie ist es wichtig, die Pflegediagnosen und die damit verbundenen Ziele und Interventionen zu verstehen und sie zu akzeptieren. Die Pflegeperson sollte gegenüber dem Klienten und seiner Familie hervorheben, dass die pflegediagnostische Terminologie primär dazu ausgelegt ist, Pflegenden eine einheitliche Sprache zur Übermittlung dieser Information zu geben. Die Pflegeperson kann auch erklären, warum eine medizinische Diagnose die Probleme oder Bedenken eines Klienten nicht aus einer Pflegeperson-Klient-Perspektive heraus beschreibt. Bedenken Sie, dass die Pflegeperson unabhängig von der jeweils verwandten Terminologie alle Erklärungen auf die Lernfähigkeit und -bereitschaft des Klienten und seiner Familie, auf den kulturellen Hintergrund, das Bildungsniveau usw. zuschneiden muss. Dies wird Verstehen und Entscheidungsfindung fördern helfen.

In der Pflege praktisch Tätige, Anästhesie-Fachpflegepersonen und als Hebamme tätige Pflegende brauchen keine Pflegediagnosen[4]

Die fortgeschrittene Pflegepraxis (Advanced Nursing Practice – ANP) ist ein heißes Diskussionsthema in Pflegekreisen und legislativen Foren. Viele Pflegekammern haben ANP-Pflegeexperten (engl. nurse practitioner) definiert oder sind dabei, es zu tun. So definiert beispielsweise

[4] Auszug aus: Carpenito, L. J. (1992, Februar). *Are nurse practitioners expert nurses?* Paper, präsentiert auf dem 11. Annual National Nursing Symposium, Advanced Practice Within a Restructured Health Care Environment, Los Angeles

die Pflegekammer des Bundesstaates Florida eine staatlich geprüfte ANP-Pflegeexpertin (engl. nurse practitioner) als «ausgebildet im Überwachen und Umstellen medikamentöser Therapien und im Initiieren geeigneter Behandlungen entsprechend den geltenden Verfahrensweisen und in Übereinstimmung mit dem Praxis-Setting» (1988: 16). Bei der jährlichen Aktualisierung 2006 in der Zeitschrift *Nurse Practitioner* wurde die Gesetzgebung für die Kostenerstattung, die Ermächtigung zu Verordnungen und die Quelle rechtlicher Absicherung für Pflegende in ANP-Fachpflegebereichen vorgestellt. Alle Bundesstaaten gestehen ANP-Pflegeexpertinnen in gewissem Umfang Verordnungen zu, und in zwölf Bundesstaaten können sie unabhängig verordnen (Pearson, 2006). In den vergangenen 10 Jahren hat die Verordnungs- und Verfahrenshoheit bestimmter Pflegepersonen mit der von ANP-Pflegeexperten gleichgezogen.

In der Realität sind ANP-Pflegeexpertinnen dafür verantwortlich, medizinische Probleme zu diagnostizieren und mit der Behandlung zu beginnen. Kehrt jedoch ein Klient immer wieder mit einer Infektion zurück, muss die ANP-Pflegeexpertin mehr Daten erheben, um sicherzustellen, ob nicht vielleicht eine andere medizinische Diagnose vorliegt oder um mangelhaftes Gesundheitsverhalten des Klienten, wie z. B. unzureichende Erholung oder Ernährung, herauszuarbeiten, die u. U. zu dem Problem beitragen.

ANP-Pflegeexperten diagnostizieren und behandeln akute medizinische Zustände und Erkrankungen. Darüber hinaus beurteilt die ANP-Pflegeexpertin das Gesundheitsverhalten und den funktionellen Status des Betreffenden insgesamt. Daher sollte die Problemaufstellung einer ANP-Pflegeexpertin für den jeweiligen Klienten medizinische Diagnosen und Pflegediagnosen beinhalten.

So klagt beispielsweise ein 52-jähriger Mann bei einer Konsultation über Rückenschmerzen, hat hohen Blutdruck und gibt überdies an, er habe Phasen der Bewusstlosigkeit infolge von Alkoholmissbrauch. Nach Erörterung seiner Trinkgewohnheiten wird festgestellt, dass er täglich nach der Arbeit schwer trinkt. Er leugnet jedoch ab, ein Problem zu haben. Zu seiner Problemliste würden demnach gehören:

1. Schmerzen unbekannten Ursprungs im unteren Rückenbereich
2. Hypertonie
3. chronischer Alkoholabusus
4. unwirksames Verleugnen.

ANP-Fachpflegende demonstrieren die Pflegepraxis von ExpertInnen, indem sie die Reaktionen des Klienten auf verschiedene Situationen (z. B. medizinische Diagnosen, persönliche oder reifungsbedingte Krisen) diagnostizieren, bei denen es sich um Pflegediagnosen handelt. Eine Fachpflegeperson würde Fragen nachgehen, wie:

- Wie hat sich die Funktionsfähigkeit des Klienten seit seinem Schlaganfall verändert?
- Wie hat sich ein Familiensystem durch ein krankes Neugeborenes, das mehrere Monate hospitalisiert werden musste, verändert oder in welcher Weise ist es anfällig?

Verglichen mit der Pflege hat die Medizin Klienten mit chronischen Erkrankungen, wie z. B. Multiple Sklerose oder Diabetes mellitus, und deren Familien wenig anzubieten. Bei den meisten Beschwerden von Klienten geht es nicht um die medizinische Versorgung, die sie erhalten, sie konzentrieren sich vielmehr auf die Unzufriedenheit mit der Art und Weise des Umgangs mit ihren übrigen Problemen. Pflegende sind in der optimalen Position, solche Probleme anzusprechen und die Zufriedenheit des Klienten mit der Gesundheitsversorgung zu erhöhen.

Bestimmte komplexe Pflegediagnosen liegen u. U. jenseits des beruflichen Handlungsbereichs der durchschnittlichen, staatlich geprüften Pflegeperson. Dazu gehören beispielsweise:

- beeinträchtigte Familienprozesse
- Machtlosigkeit
- unwirksames Coping
- moralischer Konflikt.

Eine Pflegeperson kann die Diagnose und Behandlung fortgeschrittener (engl. advanced) Pflegediagnosen nicht während der Arbeit erlernen. Vielmehr muss sie die dahinter stehende Theorie und die Begriffe studieren, um zu lernen, wie man sie in die Praxis umsetzt. Pflegewissenschaft ist nicht weniger exakt, weniger wissenschaftlich oder leichter zu erlernen als die medizinische Wissenschaft. Wenn Pflegende in Fachbereichen nicht die Terminologie der Pflegediagnosen verwenden, sondern sich nur mit dem Begriff der Pflegediagnose befassen, versäumen sie damit, ihr Handeln als Pflege zu definieren.

ANP-Pflegeexperten, Anästhesie-Fachpflegepersonen und Hebammen bzw. Entbindungspflegepersonen, die Pflegediagnosen weder formulieren noch sich damit befassen, sind möglicherweise zu stark auf die Medizin fokussiert [zur Möglichkeit und dem Gegenstand von «Hebammendiagnosen» siehe Georg/Cignacco, 2006[5]; Anm. d. Hrsg.]. Um das herauszufinden, sollte sich eine Fachpflegeperson fragen: Wende ich mich bei komplexen medizinischen Problemen an KollegInnen aus der Ärzteschaft? Wenden diese sich bei komplexen Pflegediagnosen an mich? Lautet die Antwort: «Nein», sollte die Pflegeperson untersuchen, warum dem so ist. Liegt das Problem in der Haltung des Arztes, oder zeigt die Pflegeperson nicht offen, dass sie Pflegediagnosen stellt und danach behandelt? Oder praktiziert die Pflegeperson keine Pflege?

Wenn praktisch tätige Pflegepersonen, Anästhesie-Fachpflegepersonen und Hebammen bzw. Entbindungspflegepersonen ihr berufliches Handeln nicht als das von Fachpflegenden, als Diagnostizieren und Behandeln ausgewählter medizinischer Diagnosen unter festen Vorgehensweisen sowie als Formulieren und Behandeln von Pflegediagnosen definieren, ringen sie vielleicht noch in 5 Jahren um die Definition ihrer Rollen. Carpenito (1995) verwendet Pflegediagnosen, um das Fachwissen und die Berufserfahrung praktisch tätiger Pflegepersonen und Ärzte in der ambulanten Versorgung zu differenzieren. **Abbildung 1-1** verdeutlicht diese Beziehung.

Pflegediagnosen sind nicht kultursensibel

Pflegediagnosen – und vor allem die der NANDA-I – wurden beschuldigt, für kulturelle Erwägungen nicht sensibel zu sein. Leininger (1990) zufolge liegen die Hauptbedenken gegen die NANDA-Klassifikationen im «Anwenden, Propagieren und Implementieren der Taxonomie angesichts derart limitierter internationaler oder transkultureller Daten, wie etwa theoretischen kulturellen Vorstellungen, Bedingungen und Praktiken in verschiedenen Kulturen». Ferner konstatiert Leininger (1990), es gebe «eine Menge kulturspezifischer Erkrankungen und kulturgebundener

[5] Georg, J.; Cignacco, E.: Hebammendiagnosen und deren Bedeutung für die Professionalisierung des Hebammenberufs. In: Cignacco, E.: Hebammenarbeit, Huber, Bern 2006

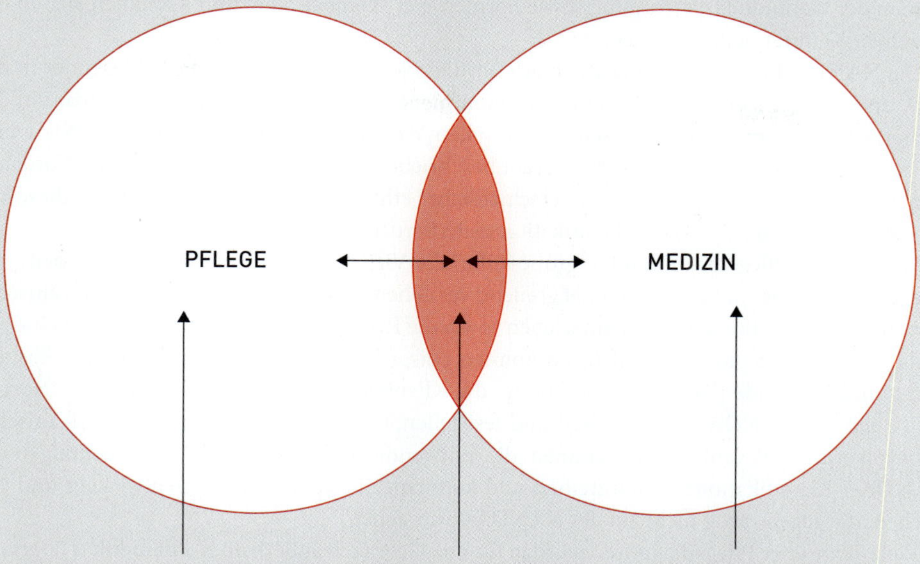

Spezifisches Fachwissen

- Screening auf hochgradig gefährdete Individuen, Familien und Gemeinschaften und Unterweisung in Präventivstrategien
- Diagnose und Betreuung komplexer gestörter funktionaler Reaktionen von Individuen, Familien und Gemeinschaften
- Einsatz verschiedener Interventionsmodalitäten, wie z. B. Beratung, Unterweisung, Selbsthilfe, unkonventionelle Therapien, Verhandeln
- Management therapierefraktärer Gesundheitsstörungen

Gemeinsames Fachwissen

- Primärprävention
- Sekundärprävention
- Tertiärprävention
- Interview, Anamnese und körperliche Untersuchung
- Diagnose akuter und chronischer medizinischer Probleme
- Verordnungen, Interventionen und Unterweisung im Umgang mit unkomplizierten akuten und chronischen medizinischen Problemen
- Beratung, wenn angemessen

Spezifisches Fachwissen

- Differenzialdiagnose komplexer medizinischer Probleme
- Management refraktärer akuter medizinischer Probleme
- Management von Multisystemerkrankungen mit hoher Morbidität oder Mortalität

Abbildung 1-1: Bereiche des Fachwissens und der fachspezifischen Erfahrung praktisch tätiger Pflegepersonen und Ärzte in der ambulanten Versorgung. Quelle: © by Lynda Juall Carpenito, Vervielfältigung nur mit schriftl. Genehmigung

Syndrome, die von Pflegenden dokumentiert und verstanden werden müssten», weil Ausdrucksformen der Gesundheitsversorgung sowie Formen von Wohlbefinden und Krankheit sich in den einzelnen Kulturen unterscheiden.

Die NANDA-I ist das Clearing-Zentrum für die pflegediagnostische Arbeit Pflegender in den USA und weltweit. Von der NANDA-I angenommene Pflegediagnosen beruhen primär auf den vorherrschenden angloamerikanischen kulturellen Werten, Normen und Standards. Nie wurde diese Arbeit als für andere Kulturen relevant beschrieben oder verbreitet. Natürlich ist Nordamerika die Heimstatt Hunderter ganz unterschiedlicher ethnischer Gruppen, jedoch wird diese kulturelle Vielfalt in der NANDA-Klassifikation nicht berücksichtigt.

Wie können Pflegediagnosen die große kulturelle Vielfalt in Nordamerika wiedergeben? Nur Pflegende, die eine Kultur wirklich tief greifend verstehen, sind in der Lage, die kulturspezifischen bestimmenden Merkmale und Kennzeichen sowie die Risikofaktoren zu entwickeln, um eine einschlägige Pflegediagnose zu stellen. So können beispielsweise Pflegende indianischer Abstammung und Pflegende anderer Abstammung, die Klienten indianischer Abstammung versorgen, die Arbeit der NANDA-I untersuchen und feststellen, ob sie für die Kultur der amerikanischen Urbevölkerung relevant ist. Sie können die notwendigen Zusätze und Überarbeitungen der NANDA-I-Klassifikationen vorantreiben und kulturspezifische Reaktionen entwickeln und einreichen, die gegenwärtig nicht auf der NANDA-Liste stehen.

Viele Texte über Pflegediagnosen wurden für den Gebrauch außerhalb Nordamerikas übersetzt. Obwohl diese Übersetzungen von Pflegende aus anderen Kulturen vorgenommen werden, sprechen sie nur allzu oft wichtige kulturelle Unterschiede nicht an. Wenn man Pflegediagnosen als Konzept für nützlich hält, dann müssen Pflegende anderer Länder auch Diagnosen entwickeln, die für ihre jeweils eigene Kultur relevant sind. In den beiden folgenden Büchern geht es speziell um Pflegediagnosen aus verschiedenen kulturellen Perspektiven:

- Grondin, Lussier, Phaneuf und Riopelle (2005), *Planification de Soins Infirmiers*, aus frankokanadischer Sicht und
- Luis (2004), *Diagnostico de Enfermería*, aus spanischer Sicht.

Denken Sie daran, dass eine Pflegediagnose kein Urteil ist, das Pflegende sich auf der Grundlage ihrer *eigenen* kulturellen Sichtweisen über Reaktionen, Werte oder die Gesundheit eines Klienten oder seiner Familie bilden. Sie stellt eher eine Reaktion dar, welche der Klient oder dessen Familie ihren eigenen kulturellen Sichtweisen zufolge problematisch finden. So glaubt man in manchen Kulturen beispielsweise an den Fatalismus, d. h. daran, dass das eigene Schicksal und die eigene Gesundheit von äußeren Kräften kontrolliert werden. Die mit dieser Überzeugung nicht vertraute Pflegeperson diagnostiziert das Problem u. U. fälschlicherweise als *Machtlosigkeit*.

In Teil II wurden *transkulturelle Betrachtungen* aufgenommen, um das Verständnis Pflegender für kulturelle Vielfalt zu erhöhen [Über die Rolle und Relevanz von Pflegediagnosen im Migrationskontext im deutschsprachigen Raum siehe Georg»[6], 2007. Anm. d. Hrsg.].

---

[6] Georg, J.: Pflegediagnosen im Migrationskontext. In: Domenig, D. (Hrsg.) Transkulturelle Kompetenz. Huber, Bern 2007 : 287–300.

Das Etikettieren von Verhalten ist unethisch

Manche haben an Pflegediagnosen kritisiert, ihr Schwerpunkt läge auf problembasiertem Handeln und würde damit berufsständischer Arroganz Vorschub leisten und «Werturteile Pflegender über Dritte in Bezug auf deren Lebensweise und Selbstbild sowie deren Seinsweise oder Sich-Beziehen auf Andere» fordern (Mitchell, 1991: 102). In der Literatur (Mitchell, 1991) zitierte Fallstudien über Pflegediagnosen, die zu schlechter oder unethischer Pflege führen, sind interessant. Die genaue Untersuchung dieser Fälle zeigt, dass die inakzeptable Pflege ihren Ursprung in der Pflegeperson selbst und nicht in der Pflegediagnose hatte. Offensichtlich gab es unbefriedigende, verantwortungslose und unethische Pflege auch schon vor dem Erscheinen von Pflegediagnosen.

Mitchell (1991) zufolge «gelten die Gesundheitswertvorstellungen einer Person als unwirksam, fehlangepasst oder gestört, sobald sich ihre Definition von Gesundheit nicht mit derjenigen der Pflegeperson deckt» (ebd.: 100). Die Bezeichnung der Reaktion eines Klienten als unwirksam, fehlangepasst oder gestört sollte auf der Betrachtungsweise des Problems seitens des Klienten sowie auf dem Wissen und der fachlichen Erfahrung der Pflegeperson beruhen. Die unwirksame Reaktion eines Klienten ist nicht für die Pflegeperson, sondern für den Klienten unwirksam.

Lassen Sie uns zur Verdeutlichung die Diagnose *Trauern* untersuchen, mit den bestimmenden Merkmalen/Kennzeichen der erfolglosen Adaptation an einen Verlust, verlängertes Verleugnen, Depression und verzögerte emotionale Reaktion. Wie kann eine Pflegeperson erschwertes Trauern diagnostizieren? Was bei dem einen Zeichen eines erschwerten Trauerns sein mag, ist es bei einem anderen Menschen u. U. nicht. Die Frage lautet: Für wen ist das Trauern erschwert? Für den Klienten? Für die Familie? Oder für die Pflegeperson? Um Trauern als erschwert bezeichnen zu können, muss es für die betroffene trauernde Person erschwert sein. Ist es beispielsweise «erschwert», wenn eine Mutter nach dem Tod ihres Kindes noch ein Jahr lang täglich dessen Grab aufsucht? Um das herauszufinden, sollte die Pflegeperson mit dieser Klientin erarbeiten, ob diese Besuche sich störend auf andere notwendige oder erfreuliche Aktivitäten auswirken. Was tut sie, wenn sie nicht ans Grab geht? Was würde geschehen, wenn sie die Zahl der Besuche verringerte? Nur durch einen solchen Dialog könnten Pflegeperson und Klientin herausfinden, ob das Trauern der Klientin erschwert ist oder sie diese Besuche vielleicht als tröstend empfindet und für einen wirksamen Coping-Mechanismus hält.

Pflegediagnosen können die Vertraulichkeit verletzen

Pflegende und andere Gesundheitsfachpersonen erhalten gewöhnlich Zugang zu wichtigen persönlichen Angelegenheiten der von ihnen gepflegten KlientInnen. Dem Ethik-Code der American Nurses Association zufolge «schützt die Pflegeperson das Recht des Klienten auf Privatsphäre, indem sie Informationen vertraulicher Natur gewissenhaft schützt», [was im deutschsprachigen Raum der «Schweigepflicht» entspricht. Anm d. Hrsg.]. Die berufliche Verpflichtung zur Anwendung des Pflegeprozesses auf alle Klienten bringt die Pflegeperson jedoch manchmal in eine konflikthafte Position. Gewisse bei Assessments und diagnostischen Aussagen dokumentierte Informationen können das Recht eines Klienten auf Privatsphäre, Auswahlmöglichkeiten und Vertraulichkeit beeinträchtigen. Pflegende sollten pflegediagnostische Aussagen nie dazu verwenden, um andere dahingehend zu beeinflussen, eine Einzelperson, Familie oder Gruppe negativ zu sehen oder zu behandeln. Vielmehr müssen sie strikte Vorsicht walten lassen, um sicherzustellen, dass eine Pflegediagnose keinen Schaden anrichtet!

Pflegende sind dafür verantwortlich, Pflegediagnosen zu stellen und einen entprechenden Behandlungsplan aufzustellen. Dem diagnostischen Prozess und der Pflegeplanung inhärent ist die Verantwortung, sich zu vergewissern, dass eine Genehmigung zur schriftlichen Abfassung, Behandlung und Weiterleitung der Pflegediagnose vorliegt.

Gehen persönliche Informationen oder Emotionen, die ein Klient der Pflegeperson mitteilt, automatisch in die Klientenakte oder den Pflegeplan ein? Die Pflegeperson hat gegenüber dem Klient zwei grundlegende Verpflichtungen:

1. zutreffende Pflegediagnosen anzusprechen und
2. die Vertraulichkeit des Klienten zu wahren.

Die Pflegeperson ist *nicht* verpflichtet, alle Pflegediagnosen eines Klienten an andere Pflegende weiterzugeben, solange sie sicherstellen kann, dass auch alle Pflegediagnosen bearbeitet werden.

Betrachten Sie folgendes Beispiel: Frau Jackson (45 J.) wird stationär wegen eines Ovarialkarzinoms behandelt. Irgendwann sagt sie zu der Pflegeperson: «Das hat mir der Gott angetan, den ich verehre, und ich hasse ihn dafür.» Im weiteren Verlauf zeigt das Gespräch, dass Frau Jackson hinsichtlich ihrer Gefühle und des Wandels früherer Überzeugungen verwirrt ist. Anhand dieser Assessmentdaten entwickelt die Pflegeperson die Pflegediagnose *Sinnkrise, beeinflusst durch einen Konflikt zwischen dem Auftreten der Erkrankung und der religiösen Überzeugung*. Was aber sollte die Pflegeperson mit dieser Information anfangen, die Frau Jackson eindeutig als vertraulich bezeichnet? Die Pflegeperson kann Frau Jackson mit dieser Pflegediagnose auf verschiedenen Wegen helfen:

1. Informieren der Klientin über kommunale Ressourcen zur nachsorgenden Unterstützung im Umgang mit ihrer Sinnkrise
2. fortlaufendes Unterstützen der Klientin beim Erforschen ihrer Gefühle und Einsetzen der Notizen der Pflegeperson, um Diskussionen zu reflektieren (mit oder ohne An- und Abführungszeichen zur Kennzeichnung ihrer eigenen Worte)
3. Dokumentieren der Pflegediagnose *Sinnkrise* im Pflegeplan und Entwickeln geeigneter Interventionen
4. Überweisen der Klientin an einen geeigneten seelsorgerischen Berater bzw. eine entsprechende Beraterin.

Bei Option 1 wird das Problem an die Klientin zurückverwiesen, die sich nach der Entlassung darum kümmern muss. Je nach Art eines Problems und dessen Priorität unter den übrigen Problemen des Klienten besteht die bestgeeignete Option bisweilen darin, den Klienten oder seine Familie mit Informationen über verfügbare Ressourcen zu versorgen, die dann nach der Entlassung umgesetzt werden. Die Pflegeperson sei jedoch davor gewarnt, diese Option lediglich dazu zu nutzen, um ein Problem loszuwerden.

Option 2 erlaubt der Pflegeperson die Fortsetzung des Dialogs mit der Klientin über das Thema, ohne es jedoch explizit offenzulegen. Problematisch bei dieser Option ist, dass der Pflegeplan der Klientin dieses Problem nicht als Pflegediagnose auf der aktiven Liste widerspiegelt. Sollte daher die Pflegeperson nicht mehr für die Klientin sorgen können, würde diese Diagnose wahrscheinlich nicht mehr angesprochen.

Bei Option 3 wird das Problem als Pflegediagnose in den Pflegeplan der Klientin integriert, und das gesamte Personal kann sich darum kümmern. Zum Schutz der Vertraulichkeit hochsensibler Informationen sollte die Pflegeperson einige Modifikationen anbringen, etwa indem sie die Aussagen der Klientin exakt zitiert.

Das Dokumentieren der Pflegediagnose im Pflegeplan wirft ein weiteres potenzielles Dilemma auf. Was ist, wenn die Primary Nurse (Bezugspflegeperson) der sich die Klientin oder die Familie anvertraut hat, sich der Pflegediagnose nicht die ganze Zeit widmen kann? Wie kann die Primary Nurse Dritte in deren Bearbeitung einbeziehen, ohne die Vertraulichkeit der Klientin zu verletzen? Die Primary Nurse sollte die Klientin ermutigen, auch anderen Pflegenden zu gestatten, in ihrer Abwesenheit zu intervenieren. Weigert sich die Klientin, an eine andere Pflegeperson verwiesen zu werden, sollte die Pflegeperson dies im Verlaufsbogen dokumentieren, dabei aber auch weiterhin die Vertraulichkeit der Klientin wahren, z. B.:

> Erörterte mit Frau Jackson, ob es machbar sei, dass in meiner Abwesenheit eine andere Pflegeperson hinsichtlich ihrer Sinnkrise interveniert. Frau Jackson lehnte dies ab. Habe ihr mitgeteilt, an wen sie sich wenden kann, wenn sie ihre Meinung ändern sollte.

Diese Notiz dokumentiert sowohl die Verantwortung der Pflegeperson für die Klientin als auch die Rechenschaftspflicht.

Wichtig ist, dass die Pflegeperson keine vertraulichen Informationen ohne Zustimmung der Klientin an die Familie weitergeben sollte. Allerdings können Ausnahmen bei der Wahrung von Vertraulichkeit «erforderlich werden, wenn die Information, welche der Klient an die Pflegeperson weitergibt, Hinweise auf eine Bedrohung für das Leben des Klienten oder anderer Personen enthält» (Curtin/Flaherty, 1982).

Option 4 wird bei Klienten mit spirituellen Konflikten oft gewählt. Bevor sie die Klientin weiterverweist, sollte sich die Pflegeperson jedoch vergewissern, dass diese für eine solche Überweisung auch empfänglich ist. Von Empfänglichkeit auszugehen, ohne die Klientin zu konsultieren, kann problematisch sein. Diese hatte beschlossen, einer bestimmten Pflegeperson sehr persönliche Informationen zu geben, die dann verpflichtet ist, sie bei diesem Problem zu unterstützen. Sollte die Pflegeperson der Ansicht sein, eine religiöse Führungsperson oder eine andere Fachperson könnte der Klientin von Nutzen sein, könnte sie mit diesem Vorschlag an sie herantreten, etwa wie folgt:

> Frau Jackson, wir haben Ihre Sorgen über Ihre Krankheit und wie sie Ihre spirituellen Überzeugungen verändert besprochen. Ich kenne jemanden, der für Menschen mit ähnlichen Sorgen wie Sie sehr hilfreich war. Ich würde diese Person gerne bitten, Sie zu besuchen. Was halten Sie davon?

Diese Worte besagen eindeutig, dass die Entscheidung bei Frau Jackson liegt. So wie Pflegende verpflichtet sind, Klienten und deren Familien über verfügbare Ressourcen zu informieren, hat der Klient das Recht, diese Ressourcen anzunehmen oder abzulehnen.

Zusammenfassung

Pflegediagnosen haben viele Diskussionen ausgelöst. Wer gegen Pflegediagnosen ist, praktiziert nur allzu oft isoliert in der Primärversorgung und sieht keine Notwendigkeit für Diagnosen in der Pflegeperson-Klient-Beziehung. Bei therapeutischen Interventionen behandeln diese Pflegepersonen Phänomene. Sie sehen keine Notwendigkeit für Diagnosen, müssen aber dennoch Reaktionen analysieren, die sie zu zukünftigen Interventionen führen. Wenn das Intervenieren nicht Teil einer Pflegeperson-Klient-Beziehung ist, dann gibt es diese Beziehung vielleicht gar nicht. Pflege unterstützt Klienten, Familien oder Gemeinschaften aktiv beim Lösen von Problemen, Reduzieren von Risikofaktoren und Verhindern von Problemen sowie beim Fördern einer gesünderen Lebensweise.

Pflegediagnosen geben der Pflege einen Bezugsrahmen, um daran ihre Wissenschaft zu strukturieren. Es liegt jedoch in der persönlichen Verantwortung jeder einzelnen Pflegeperson, Pflegediagnosen achtsam und sorgfältig anzuwenden.

2 Entwicklung von Pflegediagnosen

Vor der Entwicklung einer Klassifikation oder Liste von Pflegediagnosen haben Pflegende Probleme des Klienten mit Worten nach eigenem Gutdünken beschrieben. So könnten sie beispielsweise einen Klient, der sich von einer Operation erholt, als «die Appendektomie», einen anderen als «den Diabetiker» und wieder einen anderen Klienten als «schwierig» bezeichnet haben. Sobald man weiß, dass jemand Diabetes hat, fallen einem natürlich Probleme mit dem Blutzucker und Infektionsgefahr ein, und damit lag der Schwerpunkt auf häufigen Problemen oder Risikofaktoren, die sich aus medizinischen Diagnosen herleiteten. Hätte der Klient mit Diabetes oder nach einer Operation noch ein anderes Problem gehabt, das pflegerischer Aufmerksamkeit bedurft hätte, so wäre dies undiagnostiziert geblieben. Vor 1972 fehlte es Pflegenden – abgesehen von medizinischen Diagnosen – nicht nur an Begriffen zur Beschreibung von Problemen, sondern sie hatten auch keine Assessmentfragen, um solche Probleme aufzudecken.

Die Notwendigkeit einer gemeinsamen, in sich stimmigen Sprache wurde für die Medizin schon vor 200 Jahren erkannt. Würden Ärzte zufällig ausgewählte Worte verwenden, um ihre klinischen Situationen zu beschreiben, so würfe dies folgende Fragen auf:

- Wie könnten sie untereinander kommunizieren? Wie mit Pflegenden?
- Wie ließe sich Forschung organisieren?
- Wie könnte man neue Ärzte ausbilden?
- Wie ließe sich die Qualität verbessern, wenn es nicht möglich wäre, systematisch Daten zu erheben, um festzustellen, welche Interventionen den Zustand des Klienten bessern?

So war es beispielsweise vor der formellen Benennung des erworbenen Immunschwächesyndroms (AIDS) schwierig, wenn nicht unmöglich, die Erkrankung zu definieren oder zu erforschen. Oft zeigen die Akten Betroffener verschiedene Diagnosen oder Todesursachen, wie etwa Sepsis, Hirnblutung oder Pneumonie, weil die Diagnose «AIDS» nicht existierte. Jeder Arzt auf der Welt verwendet für medizinische Diagnosen dieselbe Terminologie. Sobald neue Diagnosen entdeckt werden, haben alle medizinisch-klinisch Tätigen unter denselben Worten Zugang zu diesen Forschungsergebnissen.

Ein Klassifikationssystem für die Pflege definiert den Fundus an Wissen, für das die Pflege rechenschaftspflichtig ist. Die Beziehung zwischen Pflegediagnosen und Verantwortlichkeit bzw. Autonomie zeigt Abbildung 2-1.

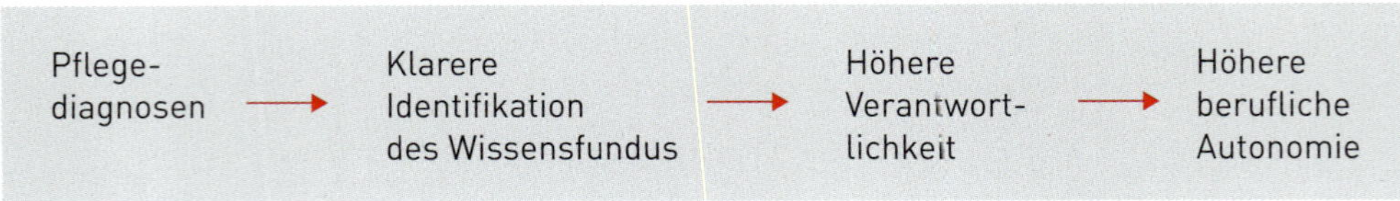

Abbildung 2-1: Beziehung zwischen Pflegediagnosen und Rechenschaftspflicht bzw. Autonomie

Pflegediagnosen – Definition

Per definitionem bedeutet *Diagnose* das sorgfältige, kritische Untersuchen von etwas, [bzw. die unterscheidene Beurteilung von etwas, Anm. d. Hrsg.], um dessen Natur herauszufinden. Die Frage lautet nicht, *ob* Pflegende diagnostizieren können, sondern *was* sie diagnostizieren können.

Im Jahre 1953 führte V. Fry den Begriff *Pflegediagnose* ein, um einen in der Entwicklung von Pflegeplänen notwendigen Schritt zu definieren. In den folgenden 20 Jahren wurde in der Literatur sporadisch auf Pflegediagnosen verwiesen. Von 1973 – dem ersten Treffen der National Group for the Classification of Nursing Diagnosis – bis heute haben die Verweise auf Pflegediagnosen in der Literatur um das Zehnfache zugenommen.

Im Jahre 1973 veröffentlichte die American Nurses Association (ANA) ihre *Standards of Practice*; 1980 folgte das *Social Policy Statement*, in welchem Pflege als «die Diagnose und Behandlung menschlicher Reaktionen auf aktuelle oder potenzielle Gesundheitsprobleme» definiert wurde. In der Pflegegesetzgebung der meisten Bundesstaaten wird Pflege in Übereinstimmung mit der ANA-Definition beschrieben.

Im März 1990 genehmigte die Vollversammlung auf der 9. Tagung der North American Nursing Diagnosis Association (NANDA) eine offizielle Definition von Pflegediagnosen (NANDA, 1990):

> Die Pflegediagnose ist eine klinische Beurteilung über die Reaktionen eines Individuums, einer Familie oder einer Gemeinschaft auf aktuelle oder potenzielle Gesundheitsprobleme/Lebensprozesse. Eine Pflegediagnose bildet die Grundlage zur Auswahl von Pflegeinterventionen zur Erreichung von Ergebnissen, für welche die Pflegeperson verantwortlich ist.

Diese Definition ist sehr wichtig, weil sie eine Form der Beurteilung, welche die Pflegeperson vornimmt, von allen anderen Beurteilungen trennt. Diese Beurteilung oder Pflegediagnose bedeutet die Verantwortung Pflegender, Interventionen zu verordnen, um Ergebnisse zu erreichen.

Es ist auch wichtig zu betonen, dass die als Pflegediagnosen bezeichneten Reaktionen als Antwort auf Krankheit und Lebensereignisse erfolgen können. Zuvor hatten sich Pflegende mehr auf Reaktionen auf medizinische Erkrankungen oder Behandlungen konzentriert. Jetzt diagnostizieren und behandeln sie Reaktionen auf Lebensereignisse, wie Elternschaft, alternde Eltern und Schulversagen.

Pflegediagnosen – Prozess oder Ergebnis?

Eine Sichtung der Literatur zeigt, dass der Begriff *Pflegediagnose* im Laufe der Zeit in drei Kontexten verwandt wurde, und zwar …

1. **… als zweiter Schritt im Pflegeprozess.** Bei diesem Schritt analysiert die Pflegeperson Daten, die während des Assessments erhoben wurden, und evaluiert den Gesundheitszustand des Klienten. Manche Schlussfolgerungen aus der Datenanalyse führen zu Pflegediagnosen, andere nicht. Wichtig ist zu erkennen, dass die Ergebnisse dieses Prozesses primär von Pflegenden behandelte Probleme sowie Probleme enthalten können, die der Behandlung durch Fachpersonen aus mehreren Disziplinen bedürfen. So dokumentiert die Pflegeperson beim Assessment eines Patienten vielleicht Beobachtungen, die auf die medizinischen Probleme von Krämpfen, Pneumonie und Hypertonie sowie auf die Pflegediagnose *Verletzungsgefahr* hindeuten. Die Verwendung des Begriffs *Pflegediagnose* zur Bezeichnung des zweiten Schritts im Pflegeprozess mag verwirrend sein und bei Pflegenden den nicht wünschenswerten Effekt haben, dass diese nun versuchen, alle Schlussfolgerungen oder Probleme als Pflegediagnosen zu formulieren.
2. **… als eine Liste diagnostischer Bezeichnungen oder Titel.** Nach der ersten Tagung zum Thema Pflegediagnosen im Jahre 1973 wurde der Begriff *Pflegediagnose* auf bestimmte, Gesundheitszustände beschreibende Bezeichnungen angewandt, die von Pflegenden nach geltendem Recht diagnostiziert und behandelt werden konnten. Diese Bezeichnungen sind präzise Deskriptoren eines Clusters von Zeichen und Symptomen, wie etwa *Angst*, oder von erhöhter Anfälligkeit, wie etwa *Verletzungsgefahr*.
3. **… als zwei- oder dreigliedrige Aussage.** Pflegende verwenden den Begriff *Pflegediagnose* zur Beschreibung einer zwei- oder dreigliedrigen Aussage über die Reaktion eines Individuums, einer Familie oder einer Gruppe auf eine Situation oder eine Gesundheitsstörung.

Inzwischen muss also klar darauf hingewiesen werden, ob der Begriff *Pflegediagnose* im Kontext einer Problemidentifikation, eines Klassifikationssystems diagnostischer Bezeichnungen (wie z. B. des von der NANDA entwickelten) oder einer individuellen Diagnose verwendet wird. Um Missbrauch und Verwirrung zu vermeiden, empfiehlt die Autorin, folgende Begriffe zu verwenden, und zwar …

- … für den zweiten Schritt des Pflegeprozesses: *Diagnose*.
- … für die Liste diagnostischer Bezeichnungen oder Titel: *diagnostische Bezeichnung* oder *Pflegediagnose*.
- … für die diagnostische Aussage: *Pflegediagnose*.

Die North American Nursing Diagnosis Association International

Im Jahre 1973 fand die erste Tagung zum Thema Pflegediagnosen statt, um Pflegewissen herauszuarbeiten und ein für die elektronische Datenverarbeitung geeignetes Klassifikationssystem zu erstellen. Aus dieser Tagung heraus entstand die National Group for the Classification of Nursing Diagnosis, bestehend aus Pflegenden aus verschiedenen Gegenden der USA und Kanadas, die alle Elemente des Berufsstandes repräsentierten: Praxis, Ausbildung und Forschung.

Im Jahre 2003 wurde die Organisation in North American Nursing Diagnosis Association International (NANDA-I) umbenannt. Neben der Prüfung und der Aufnahme von Pflegediagnosen in die Liste, überprüft die NANDA auch schon einmal angenommene Diagnosen. Seit der ersten Tagung ist die NANDA durch den Beitritt Pflegender aus allen Kontinenten gewachsen und hat sich internationalisiert.

Im März 1990 erschien die erste Ausgabe des offiziellen NANDA-Journals *Nursing Diagnosis.* Ziel dieser Zeitschrift ist es, die Entwicklung, Ausarbeitung und Anwendung von Pflegediagnosen zu fördern und als Forum für Fragen zur Entwicklung und Klassifikation von Pflegewissen zu dienen. Heute heißt die Zeitschrift: *International Journal of Nursing Terminologies and Classifications* [und erscheint bei Wiley-Publishers – http://onlinelibrary.wiley.com/journal/10.1111/(ISSN)1744-618X; Anm. d. Hrsg].

Die NANDA-Taxonomie

Eine Taxonomie ist eine Form der Klassifikation, die theoretische Untersuchung systematischer Klassifikationen einschließlich ihrer Grundlagen, Prinzipien, Prozeduren und Regeln. [Unter Klassifikation wird «die systematische Ordnung von Termen (Fachbegriffen) eines Wissensgebietes mit einer Tiefenstruktur; mit Bildung von Klassen, welche sich gegenseitig ausschliessen, verstanden». (Fischer[7], 2002, S. 201), Anm. d. Hrsg.]. Die Arbeit der anfänglichen Gruppe von TheoretikerInnen auf der dritten nationalen Tagung und später des Taxonomiekomitees der NANDA brachte die Anfänge eines konzeptionellen Bezugsrahmens für das diagnostische Klassifikationssystem hervor. Dieser Bezugsrahmen wurde als NANDA-Pflegediagnosen-Taxonomie I bezeichnet und umfasste neun Muster menschlicher Reaktionen. Im Jahre 2000 billigte die NANDA eine neue Taxonomie II mit 13 Bereichen, 106 Klassen und 155 Diagnosen (NANDA, 2001).

Die 13 Bereiche oder Domänen und ihre Definitionen finden sich in Tabelle 2-1. Die Klassen als zweite Ebene können als Assessmentkriterien von Nutzen sein. Die für klinisch Tätige höchst nützliche dritte Ebene (diagnostische Begriffe) sind die Pflegediagnosenbezeichnungen. Der Stimmigkeit halber wurden Veränderungen vorgenommen. So wurde z. B. *Altered Nutrition* in *Imbalanced Nutrition* geändert.[8] Hier ein Beispiel für einen Bereich:

Bereich/Domäne 4	Aktivität/Ruhe	
Klasse 1	Schlaf/Ruhe	
Diagnostische Begriffe	00095	Schlafstörung
	00096	Schlafentzug

Zusammenfassung

Ein Klassifikationssystem für Pflegediagnosen befindet sich seit den 1930-er Jahren in der Entwicklung. In diesem Zeitraum wurde die anfängliche Frage: «Braucht Pflege wirklich ein Klassifikationssystem?» ersetzt durch die Frage: «Wie lässt sich ein solches System auf wissenschaftlich solide Weise entwickeln?» Die ANA hat die NANDA zur offiziellen Organisation für die Entwicklung dieses Klassifikationssystems ernannt. Trotz Problemen spiegelt dieses sich in der Entwicklung befindliche Klassifikationssystem dank der konzertierten Bemühungen vieler guter klinisch tätiger Pflegepersonen, PflegeforscherInnen und anderer Pflegefachpersonen zunehmend sowohl die Kunst als auch die Wissenschaft der Pflege wider.

[7] Fischer, W. (2002): Diagnosis Related Groups (DRGs) und Pflege – Grundlagen, Codierungssysteme, Integrationsmöglichkeiten. Bern: Huber.

[8] Diese Änderung wirkt sich auf die deutsche Formulierung nicht aus, da durch Erweiterungen des jeweils gleich bleibenden Bestandteils *Imbalanced Nutrition* letztlich *Mangelernährung* und *Überernährung* entstehen. (A.d.Ü.)

Tabelle 2-1: Domäne oder Bereiche und Definitionen der Taxonomie II

Domäne/ Bereich	Bezeichnung	Definition
1	Gesundheitsförderung	Bewusstsein des Wohlbefindens oder der Normalität einer Funktion und die angewendeten Strategien, um die Kontrolle des Wohlbefindens oder die Normalität einer Funktion aufrechtzuerhalten und diese(s) zu verstärken
2	Ernährung	Die Aktivitäten der Einnahme, der Assimilierung und des Gebrauchs von Nährstoffen zum Zwecke des Erhalts und der Wiederherstellung von Gewebe und der Energieerzeugung
3	Ausscheidung und Austausch	Sekretion und Exkretion von Ausscheidungsprodukten des Körpers
4	Aktivität/Ruhe	Erzeugung, Erhalt, Verbrauch oder Gleichgewicht der Energieressourcen
5	Wahrnehmung/ Kognition	Das menschliches Informationsverarbeitungssystem einschließlich Aufmerksamkeit, Orientierung, Empfindung, Wahrnehmung, Kognition und Kommunikation
6	Selbstwahrnehmung	Bewusstsein über das eigene Selbst
7	Rollenbeziehungen	Die positiven und negative Beziehungen und Verbindungen zwischen Personen oder Gruppen und die Mittel, mit denen diese Bindungen ausgedrückt werden
8	Sexualität	Sexuelle Identität, Sexualfunktion und Fortpflanzung
9	Coping/ Stresstoleranz	Mit Lebensereignissen/-prozessen fertig werden
10	Lebensprinzipien	Prinzipien, die dem Ausführen, Denken, Verhalten von/gegenüber Handlungen, Gewohnheiten oder Institutionen zu Grunde liegen und als wahr angesehen werden oder einen wirklichen Wert haben
11	Sicherheit/ Schutz	Freiheit von Gefahr, körperlicher Verletzung oder Schäden des Immunsystems, Bewahrung vor Verlust und Schutz der Sicherheit
12	Wohlbefinden	Gefühl des geistigen, körperlichen oder sozialen Wohlbefindens oder der Behaglichkeit
13	Wachstum/ Entwicklung	Altersangemessene Zunahme körperlicher Dimensionen, Reifung der Organsystemen und/oder Progression durch entwicklungsbezogene Meilensteine

Quelle: North American Nursing Diagnosis Association [2001], *Nursing diagnosis: Definitions and classification 2001–2002.* Philadelphia, NANDA [dt.: NANDA-I (2010) Pflegediagnosen. Definitionen und Klassifikation 2009–2011. Kassel: Recom, S. 379–390]

3 Arten und Elemente von Pflegediagnosen

Es gibt aktuelle Pflegediagnosen, Risiko-Pflegediagnosen, potenzielle Pflegediagnosen, Gesundheitsförderungs-Pflegediagnosen und Syndrom-Pflegediagnosen.

Aktuelle Pflegediagnosen

Eine aktuelle Pflegediagnose gibt ein Problem wieder, das anhand bedeutender bestimmender Merkmale oder Kennzeichen validiert wurde. Diese Art der Pflegediagnose hat vier Elemente: Bezeichnung, Definition, bestimmende Merkmale/Kennzeichen und beeinflussende Faktoren.

Bezeichnung

Die Bezeichnung sollte in klaren, präzisen Begriffen erfolgen, welche die Bedeutung der Diagnose vermitteln.

Definition

Die Definition sollte die Bezeichnung weiter klären. Sie sollte außerdem helfen, eine bestimmte Diagnose von ähnlichen Diagnosen zu unterscheiden.

Bestimmende Merkmale oder Kennzeichen

Bei aktuellen Pflegediagnosen sind bestimmende Merkmale Zeichen und Symptome, die, wenn sie zusammen beobachtet werden, die Pflegediagnose bilden. Bestimmende Merkmale oder Kennzeichen werden unterteilt in:

- **Hauptkennzeichen.** Bei nicht forschungsgestützten Diagnosen muss zur Validierung der Diagnose mindestens ein Merkmal/Kennzeichen vorliegen. Bei forschungsgestützten Diagnosen muss mindestens ein Merkmal/Kennzeichen unter der 80- bis 100-%-Gruppierung vorliegen.
- **Nebenkennzeichen.** Diese Merkmale/Kennzeichen liefern unterstützende Belege, können aber auch fehlen.

Tabelle 3-1: Häufigkeit der bestimmenden Merkmale/Kennzeichen bei defensivem Coping

Bestimmende Merkmale/Kennzeichen	Häufigkeit [%]
Hauptkennzeichen (80–100 %)	
Verleugnen offensichtlicher Probleme/Schwächen	88
Projektion des Verschuldens/der Verantwortung	87
Rationalisieren von Versagen	86
Überempfindlichkeit gegen leichte Kritik	84
Nebenkennzeichen (50–79 %)	
Grandiosität	79
Überlegene Haltung gegenüber anderen	76
Schwierigkeiten beim Knüpfen/Aufrechterhalten von Beziehungen	74
Feindseliges Lachen oder Lächerlichmachen anderer	71
Schwierigkeiten beim Messen von Wahrnehmungen an der Realität	62
Mangelndes Durchhaltevermögen oder mangelnde Beteiligung an der Behandlung bzw. Therapie	56

Quelle: Norris, J.; Kunes-Connell, M. [1987], Self-esteem disturbance: A clinical validation study. In McLane, A. [ed.], Classification of nursing diagnoses: Proceedings of the seventh NANDA national conference. St. Louis, CV Mosby

Die Pflegediagnosen in Teil II haben sowohl forschungsgestützte als auch nichtforschungsgestützte Merkmale/Kennzeichen. Tabelle 3-1 zeigt Haupt- und Nebenkennzeichen der bestimmenden Merkmale/Kennzeichen der forschungsgestützten Pflegediagnose *Defensives Coping* (Norris/Kunes-Connell, 1987).

Beeinflussende Faktoren

In aktuellen Pflegediagnosen sind beeinflussende Faktoren diejenigen, deren Beitrag die Veränderung des Gesundheitszustands beeinflusst hat (Interaktive Übung 3-1). Sie lassen sich in vier Gruppen unterteilen:

- **pathophysiologische (biologische oder psychologische) Faktoren**, wie z. B. ein gestörtes Immunsystem und mangelnde Durchblutung.
- **behandlungsbedingte Faktoren**, wie z. B. Medikationen, diagnostische Untersuchungen, Operationen und Behandlungen.

Interaktive Übung 3-1:

Um festzustellen, ob eine aktuelle Pflegediagnose vorliegt, fragen Sie:
«Gibt es bei dieser Person Hauptkennzeichen und -symptome der Pflegediagnose?»

Ja
↓
Aktuelle Pflegediagnose
↓
Kann die Pflegeperson beeinflussende Faktoren erkennen?

↓ Ja ↓

Dokumentieren Sie die Diagnosebezeichnung, beeinflusst durch die spezifischen beeinflussenden Faktoren. Beispiel:

Angst, beeinflusst durch Herzoperation, angezeigt durch rasches Sprechen, ruheloses Umhergehen

↓ Nein ↓

Dokumentieren Sie die Diagnosebezeichnung beeinflusst durch eine unbekannte Ursache. Beispiel:

Angst, beeinflusst durch unbekannte Ätiologie, angezeigt durch: «Ich habe mich seit mehreren Monaten nicht wertgeschätzt.»

- **situationsbedingte Faktoren**, wie z. B. Umgebung, Zuhause, Gemeinde, Institution, Persönliches, Lebenserfahrungen und Rollen.
- **reifungsbedingte Faktoren**, wie z. B. altersbedingte Einflüsse, etwa bei Kindern und älteren Menschen.

Risiko-Pflegediagnosen

Die NANDA definiert eine Risiko-Pflegediagnose als «eine klinische Beurteilung, dass ein Individuum, eine Familie oder eine Gemeinschaft anfälliger für das Entstehen eines Problems ist als andere in derselben oder ähnlichen Situationen». Der Begriff «*gefährdet*» oder vulnerabel ist klinisch von Nutzen. Bei Patienten, die nicht hochgradig gefährdet sind, verhindern Pflegende Probleme für gewöhnlich. So sind beispielsweise alle operierten Patienten der Infektionsgefahr, beeinflusst durch Verlust der schützenden Barriere, sekundär beeinflusst durch die Operationswunde, ausgesetzt. Diese nach einer Operation allen Klienten gemeinsame Diagnose wird als vorhanden vorausgesetzt, und als solche müssen Pflegende sie nicht in den Pflegeplan des Klienten in der Klinik aufnehmen. Stattdessen ist diese Diagnose Teil des Standardpflegeplans der Station (s. Kap. 5). Das Konzept des Gefährdet-Seins ist auch für Gesunde sehr nützlich, die infolge des

Alters oder eines Zustands wie etwa der Schwangerschaft verletzlich sind. Schwangere sind nicht hochgradig verletzungsgefährdet, aber sie sind im 3. Trimenon gefährdet. [Im Rahmen der Patientensicherheit und des damit verbundenen klinischen Risikomanagements helfen Risiko-Pflegediagnosen Gefährdungen und Risiken für einen Patienten genau zu bezeichnen, einschätzbar und kontrollierbar zu machen (vgl. Georg[9], 2007) Anm. d. Hrsg.].

Bezeichnung

Bei einer Risiko-Pflegediagnose steht vor oder in Verbindung mit der präzisen Beschreibung der Veränderung des Gesundheitszustands des Klienten die Formulierung «Gefahr einer/eines ...» oder die Endung «...-gefahr».

Definition

Wie bei einer aktuellen Pflegediagnose bringt die Definition auch bei der Risiko-Pflegediagnose eine klare, präzise Bedeutung der Diagnose zum Ausdruck [und spezifiziert die Form der Gefährdung eines Klienten. Anm. d. Hrsg.].

Risikofaktoren

Risikofaktoren einer Risiko-Pflegediagnose sind diejenigen Situationen, welche die Verletzlichkeit bzw. Anfälligkeit des Klienten oder der Gruppe erhöhen. Diese Faktoren unterscheiden Risikoklienten und -gruppen von allen anderen derselben Population, die in gewissem Umfang gefährdet sind. Die Validierung zur Untermauerung einer aktuellen Pflegediagnose erfolgt in Zeichen und Symptomen, z. B. *Hautschädigung, beeinflusst durch Bettlägerigkeit, sekundär beeinflusst durch Schmerzen, angezeigt durch eine erythematöse Läsion von 2 cm im Sakralbereich.* Im Gegensatz dazu erfolgt die Validierung zur Untermauerung einer Risiko-Pflegediagnose in Risikofaktoren, z. B. *Gefahr einer Hautschädigung, beeinflusst durch Bettlägerigkeit, sekundär beeinflusst durch Schmerzen.*

Beeinflussende Faktoren

Die beeinflussenden Faktoren bei Risiko-Pflegediagnosen sind dieselben Risikofaktoren, wie sie bereits bei den aktuellen Pflegediagnosen erläutert wurden (Interaktive Übung 3-2). Die Komponenten einer Risiko-Pflegediagnose werden später in diesem Kapitel erörtert.

[9] Georg, J.: Klinisches Risikomanagement. In: Haubrock, M.; Schär, W.: Betriebswirtschaft und Management. Huber, Bern 2007: 491–499

Interaktive Übung 3-2:

Um festzustellen, ob eine Risiko-Pflegediagnose vorliegt, fragen Sie:
«Gibt es bei dieser Person Hauptkennzeichen und -symptome der Pflegediagnose?»

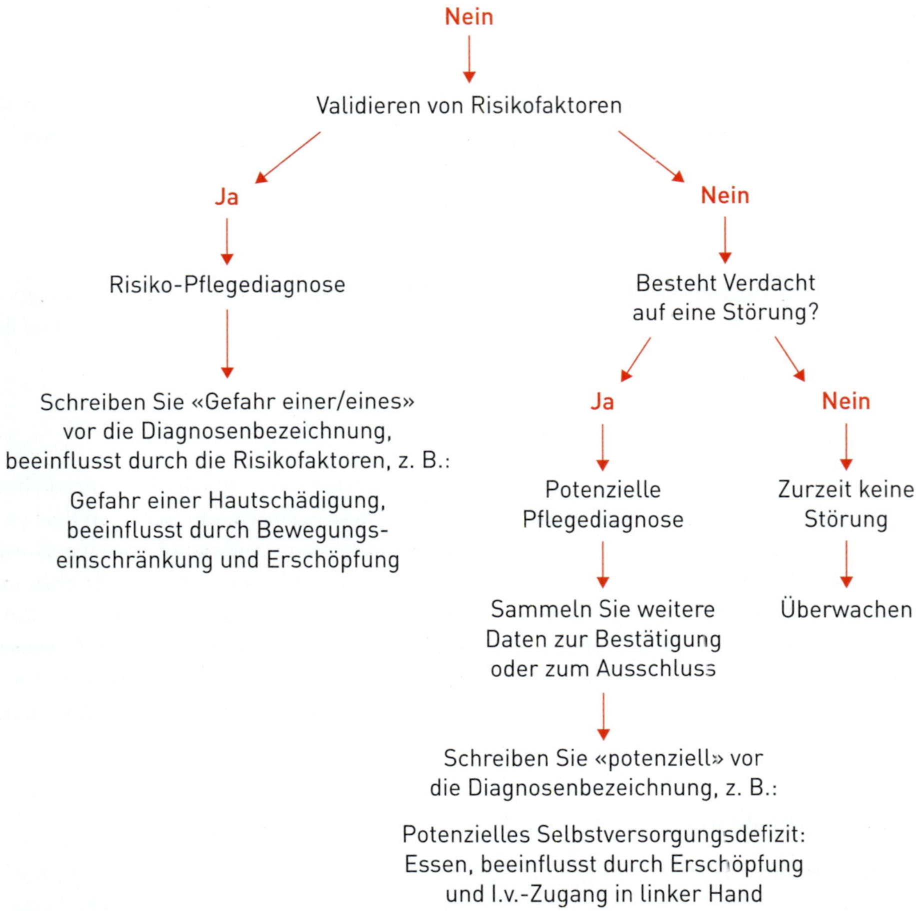

Verdachts-Pflegediagnosen

Verdachts-Pflegediagnosen sind Feststellungen, in denen ein vermutetes Problem beschrieben wird, das zusätzliche Daten erfordert. Unglücklicherweise verlief die Sozialisation vieler Pflegepersonen dergestalt, dass sie es vermeiden, zurückhaltend oder zögerlich zu erscheinen. Bei der wissenschaftlichen Entscheidungsfindung ist ein zurückhaltendes Herangehen indessen kein Zeichen von Schwäche oder Unentschlossenheit, sondern essenzieller Bestandteil des Prozesses. Die Pflegeperson sollte sich mit einer abschließenden Diagnose so lange zurückhalten, bis sie alle für eine solide wissenschaftliche Schlussfolgerung notwendigen Informationen gesammelt und analysiert hat. Ärzte demonstrieren Zurückhaltung durch die Formulierung *ausschließen*. Auch Pflegende sollten eine vorsichtige Haltung einnehmen, bis sie die Datenerhebung und -auswertung abgeschlossen haben und etwas bestätigen oder ausschließen können. Die NANDA geht nicht auf Verdachts-Pflegediagnosen ein, weil sie keine Frage der Klassifikation sind, sondern eine Option für klinisch Pflegende darstellen. Mit einer Verdachts-Pflegediagnose hat die Pflegeperson einige, wenn auch unzureichende Informationen, um eine gesicherte Diagnose zu untermauern. [Sie wird in der Folge weitere Informationen um die vermutete und vorläufige Diagnose entweder zu erhärten und akkurater zu formulieren oder zu verwerfen. Das dahinter liegende Konzept der «Genauigkeit» (engl. accuracy) von Pflegediagnosen wird genauer in dem von Margret Lunney[10] (2007) publizierten «Arbeitsbuch Pflegediagnosen» erläutert Anm. d. Hrsg.]

Verdachts-Pflegediagnosen sind zweigliedrige Aussagen, bestehend aus:

- der Verdachts-Pflegediagnose und
- den «Beeinflusst-durch»-Daten, die bei der Pflegeperson den Verdacht auf diese Diagnose wecken.

Beispiel: *Verdacht auf ein gestörtes Selbstkonzept, beeinflusst durch kürzlichen Verlust von Rollenverantwortlichkeiten, sekundär beeinflusst durch Verschlechterung einer Multiplen Sklerose.*

Mit dem Dokumentieren einer potenziellen Pflegediagnose macht eine Pflegeperson andere Pflegende darauf aufmerksam, weitere Daten zu erheben, um die Verdachtsdiagnose zu erhärten oder auszuschließen. Nach dem Erheben zusätzlicher Daten kann die Pflegeperson eine von vier Maßnahmen ergreifen, und zwar …

- … das Vorliegen von Hauptkennzeichen und -symptomen bestätigen und damit eine aktuelle Pflegediagnose stellen.
- … das Vorliegen von Risikofaktoren bestätigen und damit eine Risiko-Pflegediagnose stellen.
- … das gegenwärtige Vorliegen einer aktuellen oder Risiko-Pflegediagnose ausschließen.
- [… das Vorliegen von Ressourcen und Entwicklungspotenzialen bestätigen und ein Gesundheitsförderungs-Pflegediagnose formulieren. Anm. d. Hrsg.].

Gesundheitsförderungs-Pflegediagnosen

Der NANDA zufolge ist eine Gesundheitsförderungs-Pflegediagnose [früher Wellness-Pflegediagnose] *«eine klinische Beurteilung über ein Individuum, eine Familie oder eine Gemeinschaft im Übergang von einem Niveau des Wohlbefindens auf ein höheres»* (1992 : 84). Damit bei einem Individuum oder einer Gruppe eine Gesundheitsförderungs-Pflegediagnose vorliegt, sollten zwei Hinweise vorhanden sein:

1. der Wunsch nach vermehrtem Wohlbefinden [oder einem verbesserten gesundheitsverhalten. Anm. d. Hrsg.] und
2. ein zurzeit effektiver Zustand bzw. eine effektive (Körper-)Funktion.

---

[10] Lunney, M. (2007). Arbeitsbuch Pflegediagnostik. Pflegerische Entscheidungsfindung, kritisches Denken und diagnostischer Prozess – Fallstudien und -analysen. Bern: Huber.

Diagnostische Aussagen zu Gesundheitsförderungs-Pflegediagnosen sind eingliedrig und enthalten nur die Diagnosenbezeichnung. Sie beginnt mit «Bereitschaft für ein(e) verbesserte(s)/ausgeglichene(s)/ausgereifte(s) ...», gefolgt von dem höheren Niveau des Wohlbefindens, [bzw. einer verbesserten Form des Gesundheitsverhaltens. Anm. d. Hrsg.], das die Person bzw. Gruppe sich wünscht (z. B. *Bereitschaft für verbesserte Familienprozesse*).

Gesundheitsförderungs-Pflegediagnosen enthalten keine beeinflussenden Faktoren. Diesen Diagnosen inhärent ist ein Klient oder eine Gruppe, die versteht, dass ein Funktionieren auf höherem Niveau verfügbar und ein verbessertes Gesundheitsverhalten möglich ist. Die damit verbundenen Ziele geben Interventionen eine Richtung:

Pflegediagnose: Bereitschaft für verbesserte Familienprozesse

Ziele:

Die Familie wird:

- an 5 Tagen/Woche gemeinsam frühstücken
- Kinder in die Besprechung von Familienentscheidungen einbeziehen
- über Respekt vor der Privatsphäre eines jeden Familienmitglieds berichten.

Stolte (1996 : 9) beschreibt Gesundheitsförderungs-Pflegediagnosen als «eine Schlussfolgerung aus Assessmentdaten, die sich auf die Muster von Wohlbefinden, gesunden Reaktionen oder Klientenstrategien konzentriert». Interventionen sind auf das Erreichen von Gesundheitsverhaltensweisen oder das Bewältigen von Entwicklungsaufgaben ausgerichtet.

Seit 1973 äußern Pflegende Bedenken dahingehend, dass die Aufstellung der NANDA primär Veränderungen, Defizite oder Störungen repräsentiert und Gesundheitsförderung sowie Wellness zu wenig hervorhebt (Gleit/Tatro, 1981; Popkess-Vawter, 1984; Stolte, 1996). Viele Pflegende haben mit gesunden Klienten zu tun, wie etwa Personen, die gerade Eltern geworden sind, Kinder im Schulalter sowie Klienten von Schulgesundheitsdiensten und in der Neugeborenen-Sprechstunde. Pflegende helfen auch kranken Klienten, anhand von Interventionen wie Stress-Management, Übungsprogramme und Ernährungsberatung optimale Gesundheit anzustreben [und ihre Stärken zu stärken. Anm. d. Hrsg.].

«Stärken sind Qualitäten oder Faktoren, die der Person helfen, zu genesen, mit Stressoren zurechtzukommen und wieder zu der vor der Hospitalisierung, Erkrankung oder Operation vorhandenen Gesundheit zurückzukehren oder ihr wieder möglichst nahe zu kommen» (Carpenito Moyet, 2007 : 84). Stärken sind beispielsweise:

- ein positives Unterstützungssystem
- hohe Motivation
- stabile finanzielle Verhältnisse
- eine hohe Aufmerksamkeitsspanne und Wachheit
- gute Bewältigungs- oder Copingstrategien
- ein gutes Gedächtnis.

Stärken unterscheiden sich von Gesundheitsförderungs-Pflegediagnosen. Tabelle 3-2 enthält Formulierungen zur Beschreibung von Stärken für jedes der elf funktionellen Gesundheitsverhaltensmuster. Kommen Pflegeperson und Klient zu dem Schluss, dass ein funktionelles Gesundheitsverhaltensmuster positiv funktioniert, so ist dies eine Schlussfolgerung aus dem Assessment, aber für

Tabelle 3-2: Funktionelle Gesundheitsverhaltensmuster und entsprechende Positivformulierungen des Funktionellen Assessments [Gordon, M. (2013): Handbuch Pflegediagnosen. Bern: Huber.]

Funktionelles Gesundheitsverhaltens-muster	Positivformulierung des funktionellen Assessments
1. Gesundheitsverhaltensmuster: Wahrnehmung und Umgang mit der eigenen Gesundheit	1. Positive Wahrnehmung der eigenen Gesundheit und effektives Gesundheits-management
2. Gesundheitsverhaltensmuster: Ernährung und Stoffwechsel	2. effektives Gesundheitsverhaltensmuster: Ernährung und Stoffwechsel
3. Gesundheitsverhaltensmuster: Ausscheidung	3. effektives Gesundheitsverhaltensmuster: Ausscheidung
4. Gesundheitsverhaltensmuster: Aktivität und Bewegung	4. effektives Gesundheitsverhaltensmuster: Aktivität und Bewegung
5. Gesundheitsverhaltensmuster: Schlaf und Ruhe	5. effektives Gesundheitsverhaltensmuster: Schlaf und Ruhe
6. Gesundheitsverhaltensmuster: Kognition und Perzeption	6. positives Gesundheitsverhaltensmuster: Kognition und Perzeption
7. Gesundheitsverhaltensmuster: Selbstwahrnehmung und Selbstkonzept	7. positives Gesundheitsverhaltensmuster: Selbstwahrnehmung und Selbstkonzept
8. Gesundheitsverhaltensmuster: Rollen und Beziehungen	8. positives Gesundheitsverhaltensmuster: Rollen und Beziehungen
9. Gesundheitsverhaltensmuster: Sexualität und Reproduktion	9. positives Gesundheitsverhaltensmuster: Sexualität und Reproduktion
10. Gesundheitsverhaltensmuster: Bewältigungsverhalten (Coping) und Stresstoleranz	10. effektives Gesundheitsverhaltensmuster: Bewältigungsverhalten (Coping) und Stresstoleranz
11. Gesundheitsverhaltensmuster: Werte und Überzeugungen	11. positives Gesundheitsverhaltensmuster: Werte und Überzeugungen

sich genommen keine Pflegediagnose. Die Pflegeperson verwendet diese Daten, um dem Klienten zu helfen, einen höheren Grad des Funktionierens zu erreichen, entwicklungspotenziale zu entfalten oder Interventionen gegen eine (mögliche) Funktionsstörung zu planen.

Man könnte Positivformulierungen des Funktionsassessments unter jedem funktionellen Gesundheitsverhaltensmuster des Aufnahme-Assessment-Instruments einfügen, wie in Abbildung 3-1 anhand des «Gesundheitsverhaltensmusters: Schlaf und Ruhe» dargestellt wird. Siehe auch Interaktive Übung 3-3.

Gesundheitsverhaltensmuster: Schlaf und Ruhe

Gewohnheiten:
8 h/Nacht ___ < 8 h/Nacht _x_ < 8 h/Nacht ___ Nickerchen vorm. ___ Nickerchen nachm. ___

Fühlt sich nach dem Schlaf ausgeruht: _x_ Ja ___ Nein

Probleme: _x_ keine ___ frühes Erwachen ___ Schlaflosigkeit ___ Albträume

☒ Effektives Gesundheitsverhaltensmuster: Schlaf und Ruhe

Abbildung 3-1: Positivformulierungen des Funktionsassessments und funktionelle Gesundheitsverhaltensmuster des Aufnahme-Assessment-Instruments am Beispiel des «Verhaltensmusters: Schlaf und Ruhe»

Interaktive Übung 3-3:

Wenn Sie einen Klienten untersuchen und keine funktionellen Probleme finden, fragen Sie: «Ist die Person oder Gruppe hochgradig durch ein Problem gefährdet?»

Führen Sie ein funktionelles Gesundheitsscreening-Assessment durch.

↓

Arbeiten Sie effektive oder ineffektive funktionelle Gesundheitsverhaltensmuster heraus

effektiv/positiv

↓

Ist der Klient oder die Gruppe hochgradig durch ein gestörtes funktionelles Gesundheitsverhaltensmuster gefährdet?

Nein

Wünsch die Person/Gruppe, an einem besseren Funktionieren eines funktionellen Gesundheitsverhaltensmusters zu arbeiten?

Ja

Verwenden Sie eine Gesundheitsförderungs-Pflegediagnose, z. B. Bereitschaft für eine verbesserte Ernährung oder zu gesundheitsförderlichem Verhalten: verbesserte Ernährung

Ja, in der Versorgungseinrichtung

Verwenden Sie die spezifische Pflegediagnose zusammen mit «Gefahr einer/eines…», z. B. Gefahr einer Mangelernährung, beeinflusst durch Anorexie, sekundär beeinflusst durch Medikamente und Einschränkungen bei der Ernährung

ineffektiv

↓

Führen Sie ein Fokusassessment durch.

Syndrom-Pflegediagnosen

Syndrom-Pflegediagnosen sind eine interessante Entwicklung unter den Pflegediagnosen. Sie umfassen eine Gruppe vorhergesehener aktueller oder Risiko-Pflegediagnosen, beeinflusst durch ein bestimmtes Ereignis oder eine bestimmte Situation. So diente beispielsweise Carlson-Catalino (1998) eine exploratorische qualitative Studie an misshandelten Frauen in der postakuten Phase dazu, bei allen Probandinnen 24 Pflegediagnosen herauszuarbeiten. Diese Forschungsarbeit stützt eine Diagnose «Battered-Woman-Syndrom» [für den Kreis der misshandelten Frauen, denen Gewalt angetan wurde]. In der Medizin sind Syndrome Cluster oder Bündel von Zeichen und Symptomen, und keine Diagnosen. In der Pflege repräsentiert ein Cluster/Bündel von Zeichen und Symptomen eine einzelne Pflegediagnose und keine Syndrom-Pflegediagnose.

Pflegende sollten die Entwicklung einer Syndrom-Pflegediagnose sorgsam angehen. Sie müssen auch mit Klienten in Dialog treten, um andere Pflegediagnosen zu stellen, die auf erforderliche Klient-Pflegeperson-Interventionen hindeuten. Der klinische Vorteil einer Syndrom-Pflegediagnose liegt darin, dass sie die Pflegeperson auf einen «komplexen klinischen Zustand, der fachlich versierte Pflegeassessments und -interventionen erfordert» (McCourt, 1991), aufmerksam macht. [Darüber hinaus sich nach Mc Court (1991) Syndrom-Pflegediagnosen dadurch charakterisiert, dass sie auf einen umfassenden, komplexen klinischen Zustand hinweisen, der durch eine Pflegeexpertin eingeschätzt und behandelt werden sollte. Syndrome besitzen akute Anfangsstadien und Langzeitstadien, sie haben emotionale, soziale und physische Anteile. – Pflegerische Expertise im Bezug auf Syndromdiagnosen bedeutet, dass die Pflegeperson über ein profundes fachbezogenes Wissen und die Fähigkeit verfügt, ein Muster in einem drohenden oder sich zeigenden gesundheitlichen Problem zu erkennen. Die Fähigkeit zur Mustererkennung (pattern recognition) basiert auf vorhergehenden klinischen Entscheidungen und Erfahrungen. Pflegeanfänger können diese kognitive Fähigkeit auf analytisch-problemorientiertem Weg schrittweise und systematisch erlernen, um allmählich das ganze Bild der Situation eines Bewohners zu vervollständigen. Pflegeexperten können im Gegensatz zu Anfängern Pflegesituationen umfassender, vielschichtiger und intuitiv wahrnehmen und erkennen (vgl. Benner/Tanner, 1987 und Georg, 2007). Anm. d. Hrsg[11]].

Syndrom-Pflegediagnosen sind gewöhnlich eingliedrige diagnostische Aussagen, bei denen die ätiologischen oder beeinflussenden Faktoren in der Diagnosenbezeichnung enthalten sind, z. B. *Vergewaltigungssyndrom*. Die NANDA hat fünf Syndrom-Pflegediagnosen: *Vergewaltigungssyndrom, Immobilitätssyndrom, posttraumatisches Syndrom, Relokationsstresssyndrom* und *Orientierungsstörung*. Manche dieser Syndrom-Pflegediagnosen beinhalten keine Pflegediagnosen-Cluster, sondern haben einen Cluster von Zeichen und Symptomen.

So ließe sich beispielsweise das *Vergewaltigungssyndrom* anhand eines Clusters oder Bündels folgender Pflegediagnosen restrukturieren:

- Angst
- Schlafstörung
- Furcht

11 Benner, P.: Tanner, C. (1987): Clinical Judgement: how expert nurses use intuition. American Journal of Nursing. 87 (1) 28. [vgl. dt.: Benner, P.; Tanner, Ch. A.; Chesla, C. A. (2000): Pflegeexperten – Pflegekompetenz, klinisches Wissen und alltägliche Ethik. Bern: Huber.

Georg, J.: Syndrom-Pflegediagnosen. – Wenn alles zusammenkommt. NOVA 38 (2007) 1 : 10–12.

- Gefahr eines unwirksamen Sexualverhaltens
- Trauern
- Schmerz.

Das *Immobilitätssyndrom* umfasst folgenden Pflegediagnosen-Cluster:

- Obstipationsgefahr
- Gefahr einer beeinträchtigten Atemfunktion
- Infektionsgefahr
- Thrombosegefahr
- Gefahr einer Aktivitätsintoleranz
- Verletzungsgefahr
- beeinträchtigte körperliche Mobilität
- Gefahr gestörter Denkprozesse
- Gefahr einer Körperbildstörung
- Gefahr der Machtlosigkeit
- Gefahr einer Gewebeschädigung.

Nicht von der NANDA genehmigte Pflegediagnosen

Die Frage, ob Pflegende ausschließlich von der NANDA genehmigte Pflegediagnosen verwenden sollten, löst immer wieder Debatten aus. Manche Einrichtungen und Pflegeschulen fordern zwingend den alleinigen Einsatz von Pflegediagnosen, die seitens der NANDA genehmigt wurden. Andere tragen diese Einschränkungen nicht mit.

Mehrere AutorInnen, darunter auch Alfaro (1990/2013<dt.>), Gordon (1990/2013<dt.>) und Carpenito (1990), haben Empfehlungen für den Einsatz von Nicht-NANDA-Pflegediagnosen gegeben. Jede Einrichtung oder Pflegeschule sollte eine Liste mit den genehmigten NANDA-Pflegediagnosen und weiteren Pflegediagnosen führen, die an der Einrichtung oder Schule für den Gebrauch zugelassen sind. Diese Liste würde Pflegenden die Anwendung unbekannter und möglicherweise verwirrender Bezeichnungen vermeiden helfen.

Pflegende, Lehrende oder Studierende könnten eine nicht von der NANDA genehmigte Pflegediagnose einreichen, um sie zur Weiterentwicklung in die Liste der Einrichtung oder Schule aufnehmen zu lassen. Natürlich sollte jede vorgeschlagene Pflegediagnose alle entsprechenden Komponenten – Definition, bestimmende Merkmale/Kennzeichen, Risikofaktoren – enthalten. Die Aufnahme nicht von der NANDA genehmigter Pflegediagnosen in Listen der Einrichtung oder Pflegeschule kann zur geordneten, wissenschaftlichen Entwicklung von Pflegediagnosen beitragen und gleichzeitig terminologisches Chaos vermeiden helfen.

Diagnostische Aussagen

Pflegediagnostische Aussagen sind ein-, zwei- oder dreigliedrig. Eingliedrige Aussagen enthalten lediglich die diagnostische Bezeichnung, wie bei Gesundheitsförderungs- und Syndrom-Pflegediagnosen. Zweigliedrige Aussagen enthalten die Bezeichnung und die Faktoren, welche zu einer Veränderung des Gesundheitszustands beigetragen haben oder beitragen könnten. Dreigliedrige Aussagen enthalten die Bezeichnung, beeinflussende Faktoren sowie Zeichen und Symptome der

Kasten 3-1
Formen diagnostischer Aussagen

Eingliedrige Aussage

- Gesundheitsförderungs-Pflegediagnosen, z. B. *Bereitschaft für eine verbesserte elterliche Fürsorge, Bereitschaft für eine verbesserte Ernährung*
- Syndrom-Pflegediagnosen, z. B. *Immobilitätssyndrom, Vergewaltigungssyndrom*

Zweigliedrige Aussage

- Risiko-Pflegediagnosen, z. B. *Verletzungsgefahr, beeinflusst durch (b/d) mangelndes Bewusstsein für Gefahrenquellen*
- Verdachts-Pflegediagnosen, z. B. *Verdacht auf eine Körperbildstörung, beeinflusst durch (b/d) postoperatives selbstisolierendes Verhalten*

Dreigliedrige Aussage

- Aktuelle Pflegediagnosen, z. B. *Hautschädigung, beeinflusst durch (b/d) lang anhaltende Bettlägerigkeit, sekundär beeinflusst (s/b/d) durch Beckenfraktur, angezeigt durch (a/d) eine 2 cm große Läsion am Rücken*

Diagnose, wie bei der aktuellen Pflegediagnose. In Kasten 3-1 werden diagnostische Aussagen mit Beispielen wiedergegeben.

Verfassen diagnostischer Aussagen

Die Elemente dreigliedriger diagnostischer Aussagen zeigt Abbildung 3-2.

Problem		Einflussfaktoren/ Ätiologie		Symptom
	beeinflusst durch		**angezeigt durch**	
Diagnostische Bezeichnung		Beeinflussende Faktoren		Zeichen und Symptome

Abbildung 3-2: Elemente dreigliedriger diagnostischer Aussagen

In zwei- und dreigliedrigen diagnostischen Aussagen spiegelt «*beeinflusst durch*» [abgekürzt mit «b/d»] eine Beziehung zwischen dem ersten und dem zweiten Teil der Aussage wider. Je spezifischer der zweite Teil der Aussage ist, desto spezialisierter können die Interventionen sein. So vermittelt die Pflegediagnose *Noncompliance* für sich allein formuliert gewöhnlich die negative Implikation, dass der Klient nicht kooperiert. Bringt die Pflegeperson die fehlende Kooperationsbereitschaft jedoch mit einem Faktor in Verbindung, kann diese Diagnose eine ganz andere Botschaft vermitteln:

- *Noncompliance, beeinflusst durch (b/d) Nebenwirkungen eines Medikaments (verminderte Libido, Erschöpfung), angezeigt durch (a/d): «Ich nehme meine Blutdruckmedikamente nicht mehr.»*
- *fehlende Kooperationsbereitschaft, beeinflusst durch (b/d) das Unvermögen, die Notwendigkeit allwöchentlicher Blutdruckmessungen zu verstehen, angezeigt durch (a/d): «Wenn ich beschäftigt bin, lasse ich meine Termine ausfallen.»*

Das Verwenden von «Ursache unbekannt» in diagnostischen Aussagen

Wenn die bestimmenden Merkmale/Kennzeichen einer Pflegediagnose vorhanden, die ätiologischen und beeinflussenden Faktoren jedoch unbekannt sind, kann die Aussage die Formulierung «*unbekannte Ursache*» enthalten, z. B. *Furcht, beeinflusst durch (b/d) eine unbekannte Ursache, angezeigt durch (a/d) rasches Sprechen, ruheloses Umhergehen und: «Ich mache mir Sorgen.»* Die Verwendung von «*unbekannte Ursache*» weist die Pflegeperson und andere Angehörige des Pflegepersonals darauf hin, beim Intervenieren des aktuellen Problems wegen, nach beeinflussenden Faktoren zu suchen.

Hegt die Pflegeperson den Verdacht auf bestimmte Faktoren oder eine Beziehung zwischen bestimmten Faktoren und der Pflegediagnose, kann sie den Begriff «*möglich*» verwenden, z. B. *Angst, beeinflusst durch möglichen Ehestreit.*

Syndrom-Pflegediagnosen, bei denen die Formulierung «*beeinflusst durch*» u. U. unnötig ist, sind *Vergewaltigungssyndrom* und *Immobilitätssyndrom*. Mit zunehmend spezifischen Pflegediagnosen ist es u. U. nicht mehr nötig, dass Pflegende «*Beeinflusst-durch*»-Aussagen formulieren. Stattdessen sind viele zukünftige Pflegediagnosen möglicherweise eingliedrige Aussagen, wie etwa *funktionelle Inkontinenz* oder *Todesangst*. [Diese Entwicklung birgt die Chance zur Differenzierung einzelner Pflegediagnosen in sich wie im Fall der Inkontinenz, sie kann aber auch eine neu Unübersichtlichkeit fördern, wenn die Differenzierung zur kleinteilig ausfallen. Denken Sie dabei an die möglichen Angst-Formen. Anm. d. Hrsg.].

Vermeiden von Fehlern in diagnostischen Aussagen

Wie jede andere Fertigkeit erfordert das Verfassen diagnostischer Aussagen Wissen und Übung. Um die Akkuratesse bzw. Genauigkeit und Nützlichkeit diagnostischer Aussagen zu erhöhen (und Frustration zu vermindern), sollten Pflegende mehrere häufige Fehler vermeiden **(Interaktive Übung 3-4)** [vgl. Lunney, 2007]. Pflegediagnosen sind *keine* neuen Begriffe für:

- medizinische Diagnosen (z. B. Diabetes mellitus)
- medizinisch-pathologische Zustände (z. B. verminderte Sauerstoffversorgung des Hirngewebes)
- Behandlungen oder Gerätschaften (z. B. Nebenwirkungen von Medikamenten oder 24-h-Ekg)
- diagnostische Untersuchungen (z. B. Herzkatheterisierung)
- Situationen (z. B. Schwangerschaft, Sterben).

Pflegediagnostische Aussagen sollten nicht formuliert werden als:

- Hinweise (z. B. Weinen, Hämoglobinspiegel)
- Folgerungen (z. B. Dyspnö)
- Ziele (z. B.: «Sollte Stomapflege selbst durchführen»)

Interaktive Übung 3-4:

Untersuchen Sie folgende diagnostischen Aussagen, und stellen Sie fest, ob sie richtig oder falsch sind.

1. Angst, beeinflusst durch AIDS
2. Chronische Sorgen, beeinflusst durch Weinen und phasenweises Nicht-schlafen-Können
3. Verletzungsgefahr, beeinflusst durch Schwindel, sekundär beeinflusst durch hohen Blutdruck
4. Beeinträchtigte elterliche Fürsorge, beeinflusst durch häufiges Anschreien des Kindes
5. Obstipationsgefahr, beeinflusst durch Angaben über einmal Stuhlgang pro Woche.

- Klientenbedürfnisse (z. B.: «sollte in jeder Schicht umhergehen» oder «sollte Befürchtungen zum Ausdruck bringen»)
- Pflegebedarf (z. B. Verband wechseln, Blutdruck messen).

Pflegende sollten juristisch nicht ratsame oder wertende Aussagen vermeiden, wie z. B.:

- Furcht, beeinflusst durch häufige Gewalt seitens des Ehemannes
- unwirksames familiäres Coping, beeinflusst durch ständige Schikanen der Schwiegermutter gegenüber der Schwiegertochter
- Gefahr einer beeinträchtigten elterlichen Fürsorge, beeinflusst durch niedrigen IQ der Mutter.
- [Hautschädigung, beeinflusst durch fehlende Umlagerung von Frühschicht]

Eine Pflegediagnose sollte nicht durch eine medizinische Diagnose bedingt sein, wie etwa bei *geringes Selbstwertgefühl, beeinflusst durch (b/d) Multiple Sklerose* oder *Angst, beeinflusst durch (b/d) Myokardinfarkt*. Trägt die Verwendung einer medizinischen Diagnose zur Klarheit der Pflegediagnose bei, kann die Pflegeperson sie durch die Formulierung *«sekundär beeinflusst durch»* (s/b/d) mit der Aussage verknüpfen (z. B. *geringes Selbstwertgefühl, beeinflusst durch (b/d) kürzlichen Verlust von Rollenverantwortlichkeiten, sekundär beeinflusst durch (s/b/d) Multiple Sklerose, angezeigt durch: «Meine Mutter kommt täglich und führt mir den Haushalt», «Ich kann nicht länger die Frau sein, die sich um mein Heim kümmert»*.

Zusammenfassung

Oberflächlich betrachtet scheinen Pflegediagnosen eine bequeme, einfache Lösung für einige professionelle Pflegeprobleme zu sein. Dieser Eindruck hat viele Pflegende dazu gebracht, Pflegediagnosen einzusetzen. Viele integrieren sie jedoch noch immer nicht in ihr pflegerisches Handeln. Die Integration von Pflegediagnosen in die Praxis ist ein kollektiver und ein persönlicher Prozess. Kollektiv hat der Pflegeberuf die Struktur von Pflegediagnosen entwickelt und fährt fort, spezifische Diagnosen herauszuarbeiten und zu verfeinern. Individuell ringt jede Pflegeperson mit dem diagnostischen Denken und der Bestätigung der Diagnose sowie – damit einhergehend – auch mit ethischen Implikationen. Dieses Ringen wird kollektiv und individuell weitergehen.

Antworten zu den interaktiven Übungen

Interaktive Übung 3-4:

1. **Falsch.** Der beeinflussende Faktor AIDS vermittelt nicht, welche Interventionen erforderlich sind. Ist diese Diagnose «AIDS» neu? Hat sich die Krankheit verschlechtert?
2. **Falsch.** Weinen und das Unvermögen zu schlafen sind Zeichen und Symptome, nicht beeinflussende Faktoren eines Problems. Die korrekte Darstellung würde lauten: *chronische Sorgen, beeinflusst durch fortlaufende Verluste infolge Multipler Sklerose, angezeigt durch Weinen und Nicht-schlafen-Können.*
3. **Richtig.**
4. **Falsch.** Häufiges Anschreien eines Kindes ist Zeichen eines Problems und kein «Beeinflusst durch». Die korrekte Darstellung würde lauten: *beeinträchtigte elterliche Fürsorge, beeinflusst durch eine unbekannte Ursache, angezeigt durch häufiges Anschreien des Kindes.*
5. **Falsch.** Einmal Stuhlgang pro Woche ist Symptom der Obstipation und hängt nicht mit einer Risiko-Pflegediagnose zusammen. Die korrekte Darstellung würde lauten: *Obstipation, beeinflusst durch eine unbekannte Ursache, angezeigt durch einmal Stuhlgang pro Woche.*

4 Pflegediagnosen – Was sie sind und was sie nicht sind

Wie in Kapitel 2 dargelegt, lautet die offizielle Definition der NANDA für die Pflegediagnose:

Die Pflegediagnose ist eine klinische Beurteilung über die Reaktionen eines Individuums, einer Familie oder einer Gemeinschaft auf aktuelle oder potenzielle Gesundheitsprobleme/Lebensprozesse. Eine Pflegediagnose bildet die Grundlage der Auswahl von Pflegeinterventionen zur Erreichung von Ergebnissen, für welche die Pflegeperson verantwortlich ist. (NANDA, 1990)

Wie steht es jedoch um klinische Situationen, die durch Pflegediagnosen nicht abgedeckt sind, aber Pflegeinterventionen erfordern? Was ist mit klinischen Situationen, in denen die Pflegeperson mit anderen zusammenarbeiten muss, um Ergebnisse zu erreichen?

Neben Pflegediagnosen und -interventionen beinhaltet pflegerisches Handeln oft auch interdisziplinäre Beziehungen zu anderen Bereichen der Gesundheitsversorgung. Häufig sorgt diese Zusammenarbeit bei den Pflegenden für zusätzliche Interventionen. Wie bei jeder interdisziplinären Beziehung überschneiden sich bisweilen Funktionen und Aktivitäten.

Im Jahre 1983 führte Carpenito ein Praxismodell ein, in dem der klinische Fokus professionell Pflegender beschrieben wird. Dieses *Modell der bifokalen klinischen Praxis* bildet die beiden klinischen Situationen ab, in denen Pflegende intervenieren: zum einen als primär Verordnende, zum anderen in Zusammenarbeit mit anderen Fachbereichen. In diesem Modell wird nicht nur der Schwerpunkt der Pflegepraxis strukturiert – das Modell hilft auch, Pflege von anderen Disziplinen zu unterscheiden.

Pflege leitet ihr Wissen von verschiedenen Fachbereichen her, darunter Biologie, Medizin, Pharmakologie, Psychologie, Ernährungswissenschaft und Physiotherapie. Sie unterscheidet sich von anderen Disziplinen durch ihr breites Wissensspektrum. Abbildung 4-1 zeigt verschiedene Arten solchen Wissens im Vergleich zu anderen Disziplinen. Gewiss hat der Ernährungsberater mehr Erfahrung auf dem Gebiet der Ernährung, und die Pharmazeutin hat auf dem Gebiet der therapeutischen Pharmakologie mehr Erfahrung als eine Pflegeperson. Aber jede Pflegeperson bringt ein ernährungsphysiologisches und pharmazeutisches Wissen in die Interaktionen mit dem Klienten ein, das für die meisten klinischen Situationen hinreichend ist. (Und wenn das Wissen einer Pflegeperson nicht ausreicht, fordert die Pflegepraxis, sich von den entsprechenden Fachbereichen beraten zu lassen.)

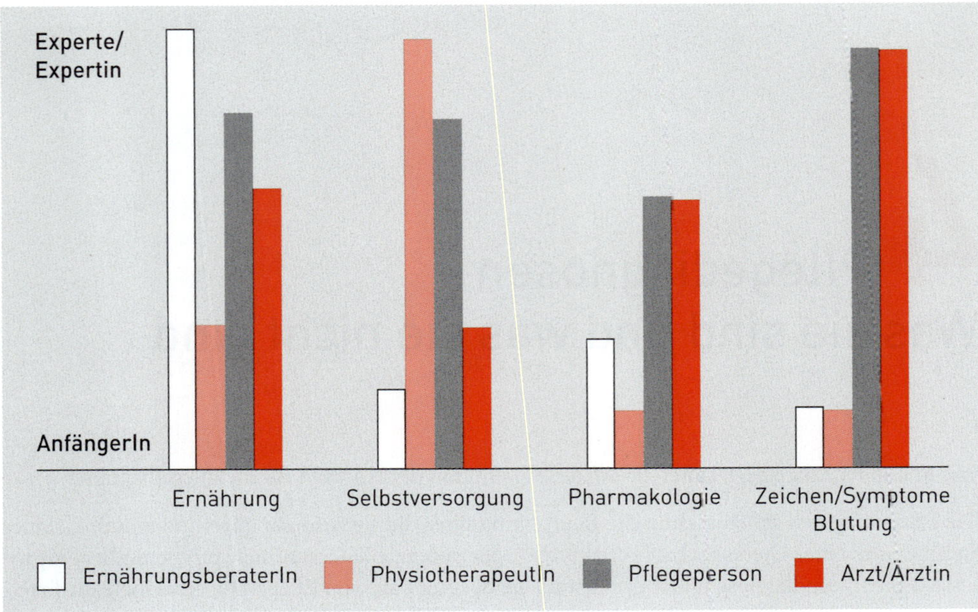

Abbildung 4-1: Vergleich der Wissensarten nach Disziplinen

Keine andere Disziplin hat diese breite Wissensgrundlage, was möglicherweise erklärt, warum sich frühere Versuche, die Pflege durch andere Disziplinen zu ersetzen, als kostspielig und letztlich erfolglos erwiesen haben. Aus diesem Grund muss jedes funktionsfähige Modell der Pflegepraxis all die vielfältigen Situationen umfassen, in denen Pflegende intervenieren, während es zugleich Situationen in der Pflege aufzeigt, in denen nicht der Pflege zugehöriges Personal tätig werden muss. Diese Situationen lassen sich fünf Kategorien zuordnen:

1. pathophysiologisch (z. B. Myokardinfarkt, Borderline-Persönlichkeit, Verbrennungen)
2. behandlungsbedingt (z. B. Antikoagulanzientherapie, Dialyse, Arteriographie)
3. personenbedingt (z. B. Sterben, Scheidung, Verlegung)
4. umgebungsbedingt (z. B. überbelegte Schule, fehlende Treppengeländer, Nagetierbefall)
5. altersbedingt (z. B. Druck durch Gleichaltrige, Elternschaft, Altern).

Die Pflege trifft Verordnungen und behandelt Klienten- und Gruppen*reaktionen* auf Situationen. Das in Abbildung 4-2 wiedergegebene Modell der bifokalen klinischen Praxis weist diese Reaktionen entweder als *Pflegediagnosen* oder als *interdisziplinäre Probleme* aus. Zusammen bilden Pflegediagnosen und interdisziplinäre Probleme das Spektrum an Zuständen, die der Pflege bedürfen. Der Versuch, jeder Facette der Pflegepraxis eine Pflegediagnose anzuheften, würde zum Missbrauch von Pflegediagnosen führen. Die Einordnung bestimmter Situationen als interdisziplinäres Problem hat dabei geholfen, solche Schwierigkeiten auf ein Minimum zu reduzieren und gleichzeitig das Spektrum der Pflegepraxis weiter zu definieren.

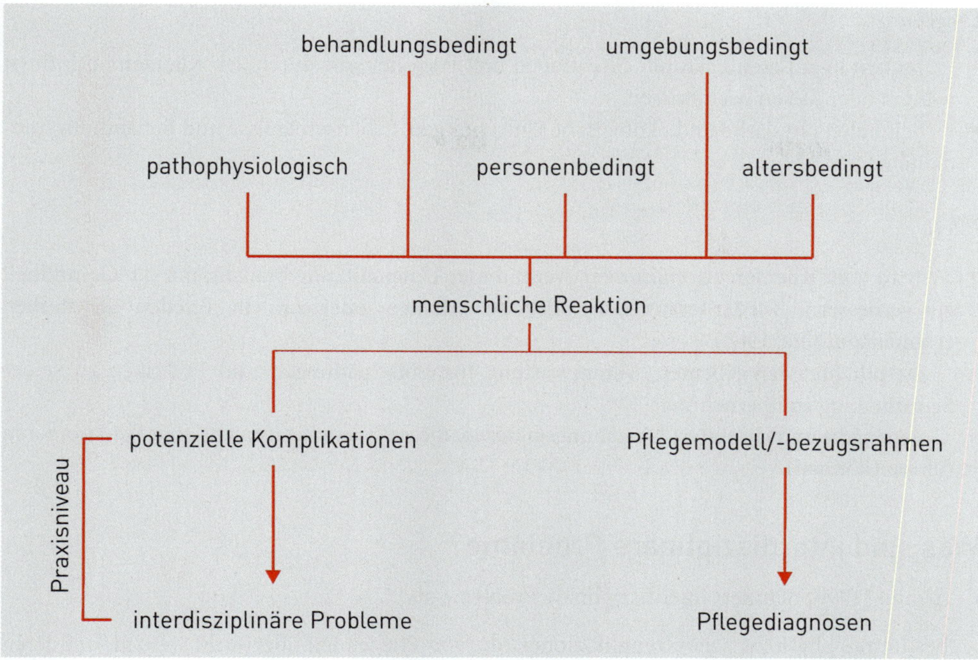

Abbildung 4-2: Das Modell der bifokalen klinischen Praxis (Quelle: © 1985 by Lynda Juall Carpenito)

Die wesentlichen Annahmen des Modells der bifokalen klinischen Praxis lauten:

Der Klient …

- … bezieht sich auf ein Individuum, eine Gruppe oder eine Gemeinschaft.
- … hat die Fähigkeit zur Selbstheilung.
- … steht in ständiger Wechselbeziehung zur Umgebung.
- … trifft Entscheidungen nach individuellen Prioritäten.
- … ist ein geeintes Ganzes auf der Suche nach Ausgewogenheit und Balance.
- … hat einen individuellen Wert und individuelle Würde.
- … ist Experte der eigenen Gesundheit.

Gesundheit …

- … ist ein dynamischer, in stetem Wandel befindlicher Zustand.
- … wird vom Klienten definiert.
- … ist Ausdruck optimalen Wohlbefindens.
- … liegt in der Verantwortung des Klienten.

Umgebung …

- … besteht in äußeren Faktoren, Situationen und Personen, die durch den Klienten beeinflusst werden oder diesen beeinflussen.
- … beinhaltet physische und ökologische Umgebungen, Lebensereignisse und Behandlungsmodalitäten.

Pflege …

- … wird vom Klienten angenommen, wenn dieser Unterstützung braucht, um die Gesundheit zu verbessern, wiederherzustellen oder zu erhalten oder um in Frieden zu sterben (Henderson/Nite, 1960).
- … verpflichtet den Klienten, Verantwortung für Entscheidungen und Praktiken zu seiner Selbstheilung zu übernehmen.
- … verringert und eliminiert Umgebungsfaktoren, die zu einem beeinträchtigten Funktionieren führen (können).

Was sind interdisziplinäre Probleme?

Carpenito (1999) definiert interdisziplinäre Probleme als …

… bestimmte physiologische Komplikationen, die von Pflegenden überwacht werden, um deren Beginn oder Zustandsänderungen zu erkennen. Pflegende managen interdisziplinäre Probleme anhand ärztlich oder pflegerisch verordneter Interventionen, um die Komplikationen der Ereignisse auf ein Minimum zu reduzieren.

Die Bezeichnung «*bestimmte*» macht deutlich, dass nicht jede physiologische Komplikation ein interdisziplinäres Problem ist. Wenn die Pflegeperson den Beginn der Komplikation verhindern oder die entsprechende Primärbehandlung leisten kann, ist die Diagnose eine Pflegediagnose (Tab. 4-1).

Anders als medizinische Diagnosen repräsentieren Pflegediagnosen jedoch Situationen, die in der primären Verantwortung von Pflegenden liegen, welche den Beginn diagnostizieren und sich um Zustandsänderungen kümmern. Sobald eine Situation keiner weiteren pflegerischen Unterstützung mehr bedarf, wird der Klient aus der Pflege entlassen.

Bei einem interdisziplinären Problem konzentriert sich die Pflege darauf, zu überwachen, ob physiologische Komplikationen einsetzen oder sich der Zustand verändert, und auf jede solcher Veränderungen mit ärztlich und pflegerisch verordneten Pflegeinterventionen zu reagieren. Der Unterschied liegt darin, dass bei den Pflegediagnosen die Behandlung zur Erreichung des gewünschten Ergebnisses letztlich durch die Pflege verordnet wird, während die Verordnung der Behandlung bei interdisziplinären Problemen letztlich sowohl durch die Pflege als auch durch die Medizin erfolgt.

Auch wenn eine Pflegeperson keine Blutung verhindern kann, wird ein frühzeitiges Entdecken die Hämorrhagie verhindern. Bei interdisziplinären Problemen können Pflegende demnach den Beginn einer physiologischen Störung, wie etwa einer Blutung aus dem Harntrakt oder eine verminderte Urinausscheidung, entdecken. Die Pflegeperson kann auch auf Veränderungen eines bestehenden Problems hin, wie etwa einer Hypertonie oder einer Pneumonie, überwachen.

Tabelle 4-1: Beispiele für interdisziplinäre Probleme. Wann wird eine Diagnose zur Pflegediagnose?

Was Pflegende tun können	Pflegediagnose/interdisziplinäres Problem
Pflegende können verhindern:	**Pflegediagnose:**
Druckgeschwüre	Gefahr einer Hautschädigung
Thrombophlebitis	Gefahr einer Gewebeschädigung
Komplikationen der Immobilität	Immobilitätssyndrom
Aspiration	Aspirationsgefahr
Pflegende können behandeln:	**Pflegediagnose:**
Druckgeschwüre, Stadium I und II	Hautschädigung
Schluckbeschwerden	Schluckstörung
unwirksamen Husten	unwirksame Atemwegsclearance
Pflegende können nicht verhindern:	**Interdisziplinäre Probleme:**
Krämpfe	Krämpfe
Blutungen	Blutungen

Diagnostische Aussagen bei interdisziplinären Problemen

Alle interdisziplinären Probleme beginnen mit der diagnostischen Bezeichnung *potenzielle Komplikation …* (PK), z. B.:

- *potenzielle Komplikation: Niereninsuffizienz*
- *potenzielle Komplikation: peptisches Ulkus*
- *potenzielle Komplikation: Asthma.*

Dieser Bezeichnung zufolge liegt der Pflegeschwerpunkt darin, bestimmte physiologische Faktoren oder Abläufe abzuschwächen bzw. zu verlangsamen. So zeigt beispielsweise *Potenzielle Komplikation: Hypertonie* der Pflegeperson, dass dieser Klient entweder eine Hypertonie hat oder aber ein hohes Risiko für eine Hypertonie besteht. In jedem Fall erhält die Pflegeperson einen Bericht über den Status des interdisziplinären Problems oder sie geht dazu über, den Blutdruck des Klienten zu messen. Angesichts des sich stetig verändernden Zustands der meisten Klienten ist es dabei weder nötig noch realistisch, die Terminologie zu wechseln, um zu unterscheiden, ob der Klient tatsächlich hyperton oder lediglich gefährdet ist, wie **Abbildung 4-3** zeigt.

Wenn die Pflegeperson einen Cluster (Bündel) oder eine Gruppe von Komplikationen betreut, kann sie die interdisziplinären Probleme zusammen dokumentieren:

- *potenzielle Komplikationen: kardiale Funktionsstörung*
- *potenzielle Komplikationen der Anlage eines Schrittmachers.*

Situation:	Mann wird nach Myokardinfarkt mit kardiogenem Schock aufgenommen	Mann wird nach Myokardinfarkt mit normalem Sinusrhythmus aufgenommen
Diagnose:	PK: kardiogener Schock	PK: kardiogener Schock
Pflegefokus:	Zur Überwachung des Zustands und Behandlung von Episoden eines kardiogenen Schocks	Zur Überwachung auf das Einsetzen von Episoden und zu deren Behandlung, soweit nötig

Abbildung 4-3: Eine diagnostische Terminologie für verschiedene Ausgangslagen

Die Pflegeperson kann das interdisziplinäre Problem auch so formulieren, dass eine spezifische Ursache wiedergegeben wird, wie etwa in *potenzielle Komplikation: Hyperglykämie, beeinflusst durch Langzeitbehandlung mit Kortikosteroiden*. Dieser Vorsatz zeigt, dass zur Behandlung Interventionen erforderlich sind, die von Pflegenden verordnet werden. Ohne diesen Vorsatz könnte das interdisziplinäre Problem als medizinische Diagnose missverstanden werden, bei der die Beteiligung der Pflege der Medizin nachgeordnet wäre, die als Disziplin primär für die Diagnose und Behandlung medizinischer Zustände verantwortlich ist.

Zu Unterscheidung zwischen Pflegediagnosen und interdisziplinären Problemen

Sowohl Pflegediagnosen als auch interdisziplinäre Probleme umfassen alle Schritte des Pflegeprozesses: Assessment, Diagnose, Planung, Implementierung und Evaluation. Jeder Schritt erfordert jedoch seitens der Pflegeperson einen anderen Ansatz.

Assessment und Diagnose

Bei Pflegediagnosen beinhaltet das Assessment die Datenerhebung zur Darstellung von Zeichen und Symptomen aktueller Pflegediagnosen oder von Risikofaktoren bei Risiko-Pflegediagnosen. Bei interdisziplinären Problemen konzentriert sich das Assessment auf die Feststellung physiologischer Stabilität oder die Gefahr von Instabilität. Die Pflegeperson identifiziert ein interdisziplinäres Problem, wenn bestimmte Situationen die Verletzlichkeit des Klienten erhöhen oder der Klient eine Komplikation erleidet.

Interdisziplinäre Probleme gehen gewöhnlich mit einem bestimmten pathologischen Zustand oder einer Behandlung einher. So sind beispielsweise alle Klienten, die sich einer Unterleibsoperation unterzogen haben, bis zu einem gewissen Grad durch Probleme wie Hämorrhagie und Harnverhalt gefährdet. Es bedarf speziellen Pflegefachwissens, um das spezifische Risiko dieser

Probleme bei dem jeweiligen Klienten zu beurteilen und die Probleme frühzeitig zu bemerken, um Komplikationen und Tod zu verhindern.

Medizinische Diagnosen sind als Problemformulierungen für Pflegende nicht von Nutzen. So ist beispielsweise Diabetes mellitus nicht der Problemschwerpunkt. Stattdessen werden Hypo- und Hyperglykämie verwendet. Manchmal wird für die medizinische Diagnose und das interdisziplinäre Problem dieselbe Terminologie verwendet, z. B. bei Krämpfen oder Hyperkaliämie. Der Schlüssel liegt in der Frage, ob die Pflegeperson den Zustand überwachen kann. Das tut sie, aber im Hinblick auf eine Hypo- oder Hyperglykämie und nicht auf den Diabetes mellitus selbst.

Der Einzigartigkeit eines jeden Klienten wegen ist es oft schwieriger, eine Pflegediagnose zu stellen als ein interdisziplinäres Problem zu erkennen (Abb. 4-4). Das heißt jedoch nicht, dass Pflegediagnosen wichtiger sind. Die Bedeutung wird durch die Situation eines jeden Klienten bestimmt.

Ziele

Pflegediagnosen und interdisziplinäre Probleme wirken sich unterschiedlich auf pflegerisch beeinflussbare Ziele aus. Bulechek und McCloskey (1985) definieren *Ziele* als «Wegweiser für die Auswahl von Pflegeinterventionen und von Kriterien zur Evaluation von Pflegeinterventionen». Des Weiteren formulieren diese Autorinnen, dass «es zwischen den Diagnosen und dem Pflegeplan leicht erkennbare und logische Verknüpfungen geben sollte, und die verordneten Maßnahmen sollten den Klienten unterstützen oder in die Lage versetzen, das erwartete Ergebnis zu erreichen». Ziele und Interventionen können demnach zur Unterscheidung zwischen Pflegedia-

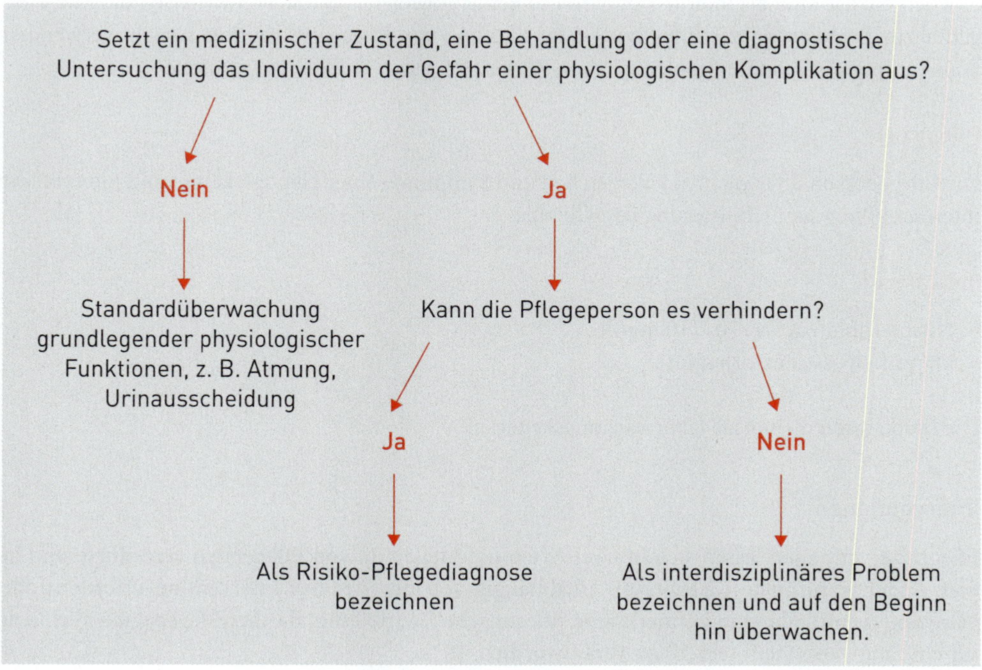

Abbildung 4-4: Pflegediagnosen und interdisziplinäre Probleme

Interaktive Übung 4-1

In einem Pflegeplan lesen Sie Folgendes:
Gefahr eines Flüssigkeitsdefizits, beeinflusst durch Verlust von Körperflüssigkeiten bei einer Operation und mögliche postoperative Blutung

Pflegeziel: Der Klient zeigt einen Blutdruck und Puls im Normbereich und keine Blutung
Pflegeinterventionen:

1. Überwachen der intravenösen Flüssigkeitszufuhr
2. stündliches Überwachen der Vitalzeichen
3. Inspizieren des Verbands auf Zeichen und Symptome einer Blutung
4. stündliches Überwachen der Urinausscheidung
5. ggf. Benachrichtigung des Arztes bei Veränderungen.

Während Sie den Klienten versorgen, sinkt seine Urinausscheidung und der Puls steigt an. Was würden Sie tun?
Die Antwort finden Sie am Schluss des Kapitels.

gnosen und interdisziplinären Problemen, die von Pflegenden behandelt werden, von entscheidender Bedeutung sein (Interaktive Übung 4-1).

Klientenziele sind als interdisziplinäre Probleme ungeeignet. Sie stellen Kriterien dar, die Pflegende zur Evaluierung der Effektivität oder Eignung von Pflegeinterventionen nicht verwenden können. Interdisziplinäre Probleme haben Pflegeziele, wie z. B. *PK: Hypoglykämie*.

Pflegeziel

Die Pflegeperson überwacht auf Vorzeichen und Symptome einer Hypoglykämie und interveniert interdisziplinär zur Stabilisierung des Klienten.

Indikatoren

- Nüchternblutzucker: 70–110 mg/dl
- klares Bewusstsein, orientiert.

Die Indikatoren dienen als Überwachungskriterien.

Interventionen

Pflegeinterventionen lassen sich in zwei Arten unterteilen: in von Pflegenden verordnete und in von Ärzten verordnete (delegierte). Unabhängig von der Art der Intervention erfordern alle Pflegeinterventionen eine aufmerksame pflegerische Beurteilung, da die Pflegeperson rechtlich für eine angemessene Intervention verantwortlich ist.

Sowohl bei Pflegediagnosen als auch bei interdisziplinären Problemen trifft die Pflegeperson unabhängige Entscheidungen hinsichtlich der Pflegeinterventionen, die sich naturgemäß voneinander unterscheiden. Bei einer Pflegediagnose verordnet die Pflegeperson unabhängig die Primärbehandlung zur Erreichung des Ziels. Bei einem interdisziplinären Problem bespricht sich die Pflegeperson hingegen mit einem Arzt und setzt sowohl ärztlich als auch pflegerisch verordnete Pflegeinterventionen um.

Mit *Primärbehandlung* werden diejenigen Interventionen beschrieben, die am stärksten für ein erfolgreiches Erreichen des Ziels verantwortlich sind. Es sind allerdings nicht die einzigen Interventionen, die zur Behandlung des diagnostizierten Zustands durchgeführt werden. So könnten beispielsweise Interventionen bei einem Klienten mit der Pflegediagnose *beeinträchtigte körperliche Mobilität, beeinflusst durch Wundschmerz,* Folgendes beinhalten:

- Erklären der Notwendigkeit des Sich-Bewegens und Umhergehens
- Unterweisen des Klienten, wie er die Operationswunde durch Gegendruck stabilisiert, bevor er hustet, tief einatmet, sich aufsetzt oder im Bett umdreht
- Instruieren des Klienten, Analgetika anzufordern, sobald der Schmerz zurückkehrt – falls die Verabreichung nach Bedarf erfolgt
- Evaluieren, ob die Schmerzlinderung zufriedenstellend ist; wenn nicht, den Arzt kontaktieren, um die Dosis zu erhöhen oder den Abstand zwischen den Einnahmen zu verkürzen
- Ansetzen von Aktivitäten, Baden und Umhergehen entsprechend den Zeiten, zu denen sich der Klient am wohlsten fühlt
- Besprechen und Aushandeln von Zielen für die beim Umhergehen zurückgelegte Wegstrecke mit dem Patienten.

All dies sind von Pflegenden verordnete Interventionen. Eine ärztlich verordnete Intervention bei diesem Klienten könnte z. B. in «Meperidin, 75 mg i. m. alle 4 Stunden» bestehen. Diese Medikation ist wichtig zur Behandlung der postoperativen Schmerzen des Klienten, kann jedoch nicht als Primärbehandlung gelten.

Den Unterschied zwischen einer Pflegediagnose und einem interdisziplinären Problem zeigt Abbildung 4-5.

Interaktive Übung 4-2

Schlagen Sie in Teil III unter dem interdisziplinären Problem *PK: Blutung* nach. Schauen Sie sich die Interventionen an und kennzeichnen sie jede gemäß dem Kriterium, ob sie pflegerisch oder ärztlich verordnet ist. Die Antworten finden Sie am Schluss dieses Kapitels.

Überwachen vs. Prävention

Ist Überwachen eine Intervention? Interventionen sind darauf ausgerichtet, den Zustand einer Person zu verbessern oder ein Problem zu verhindern. *Überwachen* beinhaltet das kontinuierliche Sammeln von Daten, um zu evaluieren, ob sich der Zustand des Klienten verändert (gebessert, verschlechtert, nicht gebessert) hat oder innerhalb eines Normbereichs geblieben ist. Überwachen

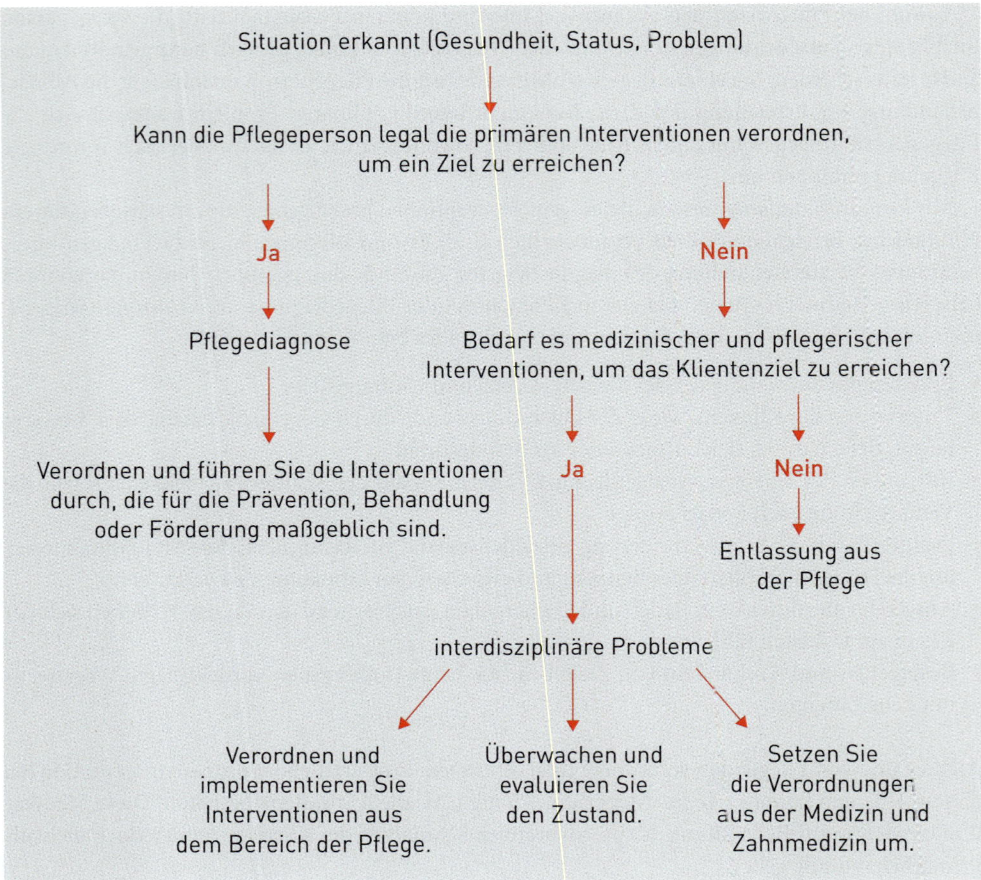

Abbildung 4-5: Unterschied zwischen einer Pflegediagnose und einem interdisziplinären Problem (Quelle: © 1990 by Lynda Juall Carpenito)

verbessert weder den Gesundheitszustand eines Klienten noch verhindert es ein Problem. Vielmehr liefert es Informationen, die nötig sind, um festzustellen, *ob oder welche Art* von Interventionen nötig sind. Überwachen deckt Probleme auf. Es begleitet jede Art von Pflegediagnose und interdisziplinärem Problem:

- bei einer aktuellen Pflegediagnose – Überwachen des Zustands des Klienten auf eine Verbesserung
- bei einer Risiko-Pflegediagnose – Überwachen des Klienten auf Zeichen des Problems
- bei einer Gesundheitsförderungs-Pflegediagnose – Überwachen der Teilnahme des Klienten an Veränderungen der Lebensweise
- bei einem interdisziplinären Problem – Überwachen auf den Beginn oder die Veränderung eines Problems.

Zwar lässt sich Überwachen nicht als Intervention bezeichnen, aber es ist eine Aktivität, [die zahlreichen Pflegeinterventionen innewohnt. Im Rahmen der Diskussion innerhalb der NANDA-I hinsichtlich sogenannter Überwachungs- oder Surveillance-Diagnosen wurde die pflegerische Aktivität des Überwachens nochmals genauer spezifiziert als » Professionelle pflegerische Wach- u. Aufmerksamkeit (vigilance)», die folgende Fähigkeiten und Fertigkeiten umfasst:

- Vorliegendes deuten können
- Kommendes antizipieren können
- Risiken einschätzen und kalkulieren können
- bereit sein zu handeln
- Kontrollieren der Ergebnisse.

Anm. d. Hrsg.: Georg, J.: Klinisches Risikomanagement. In: Haubrock, M.; Schär, W.: Betriebswirtschaft und Management. Huber, Bern 2007 : 491–499]

Der Dienlichkeit halber wird Überwachen in die Interventionen der Abschnitte 2 und 3 aufgenommen.

Prävention vs. Erkennen

Pflegende können einige physiologische Komplikationen, wie etwa Druckgeschwüre und Infektionen über Katheter, Infusionsbestecke und andere externe Zugänge verhindern. Das Verhindern unterscheidet sich vom Entdecken. Pflegende verhindern eine Blutung oder Krämpfe nicht, stattdessen überwachen sie, um sie rechtzeitig zu entdecken und schwerere Komplikationen oder gar den Tod zu verhindern. Ärzte können interdisziplinäre Probleme nicht ohne das Wissen, die Wachsamkeit und das Urteilsvermögen der Pflege behandeln. Bei interdisziplinären Problemen treffen Pflegende neben der Überwachung noch Verordnungen wie Umlagern, Patientenschulung oder spezifische Vorgehensweisen [wie Erste Hilfe-Maßnahmen, Anm. d. Hrsg.].

Evaluation

Bei einer Pflegediagnose evaluiert die Pflegeperson den Zustand des Klienten und dessen Fortschritte anders als bei einem interdisziplinären Problem. Beim Evaluieren einer Pflegediagnose unternimmt sie Folgendes:

- Beurteilen des Zustands des Klienten
- Vergleichen seiner Reaktionen mit den Zielen
- Schlussfolgern, ob der Klient in Richtung auf ein Erreichen des Ziels vorankommt.

Beispiel: Ein Klient hat das Ziel:
Wird bis zum 18.6. mit Unterstützung 7,5 m gehen.

Heute, am 16.6., ging der Klient 6 m mit Unterstützung.

Die Pflegeperson schließt daraus, dass er auf dem Weg zu seinem Ziel am 18. 6. weiter Fortschritte macht.

Die Pflegeperson kann diese Evaluation auf einem Verlaufsbogen oder im Pflegebericht dokumentieren.

Bei einem interdisziplinären Problem unternimmt die Pflegeperson hingegen Folgendes:

- Sammeln ausgewählter Daten
- Vergleichen der Daten mit etablierten Normen
- Beurteilen, ob die Daten innerhalb eines akzeptablen Bereichs liegen.

Beispiel: Ein Klient hat ein Pflegeziel:
Die Pflegeperson entdeckt Vorzeichen/Symptome einer Pneumonie und interveniert interdisziplinär, um den Klienten zu stabilisieren.

Indikatoren

Atemfrequenz 16–20/min, regelmäßige Atemgeräusche, keine Nebengeräusche.
Sauerstoffsättigung (Pulsoximetrie) > 95 %.

Heute lauteten die klinischen Daten: Atemfrequenz 18/min, regelmäßige Atemgeräusche, keine Nebengeräusche und Pulsoximetrie 98 %. Die Pflegeperson schließt daraus, dass der Klient stabil ist.

Wenn die Ergebnisse bedeutsam waren, dokumentiert die Pflegeperson die Assessmentdaten bei interdisziplinären Problemen auf einem Verlaufsbogen oder im Pflegebericht. Pflegende evaluieren, ob sich das interdisziplinäre Problem gebessert oder verschlechtert hat, stabil oder unverändert geblieben ist. Sie weisen den Arzt darauf hin, wenn Umstellungen der Behandlung angezeigt sind.

Die Evaluation von Pflegediagnosen ist demnach auf den Fortschritt in Richtung auf das Klientenziel ausgerichtet, während sich die Evaluation bei interdisziplinären Problemen auf den Vergleich des Klientenstatus mit etablierten Normen konzentriert (Interaktive Übung 4-3). In Kapitel 5 wird die Evaluation weiter erörtert.

Zusammenfassung

Wallace und Ivey (1989) zufolge «hilft es beim Gruppieren der Masse an Daten, welche die Pflegeperson berücksichtigen muss, wenn man versteht, welche Pflegediagnosen am effektivsten sind und wann man am besten den Begriff ‹interdisziplinäres Problem› verwendet». Das Modell der bifokalen klinischen Praxis bietet eine Struktur zur Ausbildung dieses Verständnisses. Damit unterscheidet es in einzigartiger Weise zwischen der Pflege und anderen Berufen der Gesundheitsversorgung und liefert Pflegenden eine logische Beschreibung des Schwerpunkts klinischer Pflege.

Interaktive Übung 4-3

Fallstudie 1

Herr Schmidt (35 J.) wird nach einem Autounfall aufgrund einer möglichen Gehirnerschütterung aufgenommen, mit der ärztlichen Verordnung der Ernährung mit klaren Flüssigkeiten und des stündlichen neurologischen Assessments. Bei der Aufnahme dokumentiert die Pflegeperson Folgendes auf einem Verlaufsbogen:

- orientiert und wach
- Pupillen 6 mm, seitengleich und lichtreaktiv
- RR 120/72, Puls 84, Atmung 20/min, Temp. 37,2°C.

Zwei Stunden später dokumentiert die Pflegeperson Folgendes im Pflegebericht oder auf dem Verlaufsbogen:

- Erbrechen
- Unruhe
- Pupillen 6 mm, seitengleich, mit träger Reaktion auf Licht
- RR 140/60, Puls 65, Atmung 12/min, Körpertemperatur 37,2°C.

Problem: möglicherweise erhöhter intrakranieller Druck (ICP).

Stellen Sie nun folgende Fragen als Evaluationskriterien:

F: Kann die Pflegeperson legal die Primärinterventionen verordnen, um das Ziel des Klienten (d. h. das Absinken des steigenden ICP) zu erreichen?

F: Sind zur Erreichung des Ziels medizinische und pflegerische Interventionen erforderlich?

Die Antworten finden Sie am Schluss dieses Kapitels.

Fallstudie 2

Herr Green (45 J.) hat eine Operationswunde nach Cholezystektomie (10 Tage nach OP), die nicht verheilt und ständig purulente Drainageflüssigkeit absondert. Die Pflege besteht im:

- Inspizieren und Reinigen der Operationswunde und deren Umgebung alle 8 Stunden
- Anlegen eines Drainagebeutels
- Fördern optimaler Ernährung und Hydratation zur Verbesserung der Heilung.

Problem: Erosionsgefahr für die umgebende Haut.

Stellen Sie nun folgende Frage als Evaluationskriterien:

F: Kann die Pflegeperson legal die maßgeblichen Interventionen verordnen, um die Ziele des Klienten (d. h. ein weiterhin intaktes Umgebungsgewebe) zu erreichen?

Die Antworten finden Sie am Schluss dieses Kapitels.

Antworten zu den interaktiven Übungen

Interaktive Übung 4-1

Rufen Sie den Arzt, da die erforderlichen Interventionen medizinische Behandlungen darstellen. Diese Situation ist keine Pflegediagnose, weil es nicht die Pflegeperson ist, welche die benötigte Behandlung verordnet. Als interdisziplinäres Problem ließe es sich besser als *potenzielle Komplikation: Blutung* beschreiben. Die Pflegeperson überwacht und betreut Zustandsänderungen.

Interaktive Übung 4-2

Von den elf Interventionen sind die ersten fünf pflegeverordnet, die verbleibenden sechs sind ärztlich verordnet. Die Pflege ist verantwortlich für alle elf Interventionen, auch wenn einige davon ärztlich verordnet sind.

Interaktive Übung 4-3

Fallstudie 1

1. Nein, Pflegende behandeln oder verhindern einen erhöhten ICP definitiv nicht. Sie arbeiten mit dem Arzt gemeinsam an der maßgeblichen Behandlung.
2. Ja, es bedarf ärztlicher und pflegerischer Interventionen.

Ja

↓

interdisziplinäres Problem

↓ ↓

Verordnet und implementiert Interventionen im Bereich der Pflege	Überwacht und evaluiert den Zustand des Klienten	Führt die Verordnungen der Medizin aus

In dieser Situation würde die Pflegeperson überwachen, um einen steigenden ICP zu entdecken. Sie verordnet auch Interventionen, die ihn senken. Diese gelten jedoch nicht als primär und müssen von ärztlich verordneten Behandlungen begleitet sein. Dieses Problem liegt in der gemeinsamen Verantwortung von Medizin und Pflege.

Fallstudie 2

Ja, Pflegende verordnen Interventionen, die eine Erosion der Haut infolge einer Wunddrainage verhindern.

↓

Pflegediagnose

↓

Gefahr einer Hautschädigung, beeinflusst durch eitriges Wundexsudat.

In dieser Situation würde die Pflegeperson die Interventionen zur Erhaltung der angrenzenden Haut verordnen. Eine Zusammenarbeit mit der Medizin ist nicht gerechtfertigt.

Da jeder Klient einzigartig ist, fällt es schwer, Ausschlusskriterien zu entwickeln, anhand derer sich Pflegediagnosen stets von anderen Problemen des Klienten differenzieren lassen. Letztlich liegt die Entscheidung, eine Pflegediagnosenbezeichnung zu verwenden, so lange bei der jeweiligen Pflegeperson, bis für jede Diagnose feinere bestimmende Merkmale/Kennzeichen entwickelt und getestet wurden.

5 Pflegeprozess und -planung mit Pflegediagnosen

Weil Klienten 7 Tage die Woche, jeweils 24 Stunden am Tag, Pflege benötigen, müssen sich Pflegende aufeinander und auf das assistierendes Pflegepersonal verlassen, um Klienten beim Erreichen von Pflegeergebnissen zu unterstützen. Es ist klar, dass es dazu eines Kommunikationssystems bedarf. Mehr als 30 Jahre lang bestand dieses System aus handschriftlichen Pflegeplänen oder mündlichen Berichten, von denen weder das eine noch das andere sehr nützlich war. In diesem Kapitel werden die verschiedenen Methoden angesprochen, derer sich Pflegende heutzutage bedienen, um anderen Betreuungspersonen die Versorgung eines Klienten zu vermitteln.

Formate der Datenerhebung

Die Datenerhebung besteht gewöhnlich aus zwei Formaten: dem Screening und Basisassessment sowie dem Fokus- oder Verlaufsassessment. Die Pflegeperson kann jedes für sich allein oder beide zusammen verwenden. Wie in Kapitel 3 beschrieben, begegnen, diagnostizieren und behandeln Pflegende zwei Arten von Reaktionen: Pflegediagnosen und interdisziplinäre Probleme. Jede Art erfordert einen anderen Assessmentfokus.

Erst-, Basis- oder Screeningassessment

Beim Erst-, Basis- oder Screeningassessment wird während des Erstkontakts mit dem Klienten, z. B. bei der Aufnahme oder beim ersten Hausbesuch, eine zuvor festgelegte Reihe von Daten erhoben. Dieses Assessment dient als Instrument zur «Einengung des Universums an Möglichkeiten» (Gordon, 1994). Während dieses Assessments interpretiert die Pflegeperson Daten als bedeutsam oder nicht bedeutsam. Dieser Prozess wird später in diesem Kapitel noch untersucht.

Die Pflegeperson sollte das Erstassessment strukturieren, um eine systematische, effiziente Datenerhebung zu gewährleisten. In Anhang B findet sich ein Assessmentformular mit Optionen zum Abhaken oder Einkreisen, das beim Dokumentieren helfen kann, Zeit zu sparen. Die Pflegeperson kann das Formular stets um zusätzliche Fragen und Anmerkungen erweitern. Offene Fragen eignen sich besser für das Assessment bestimmter funktioneller Bereiche wie etwa Furcht oder Angst. Pflegende sollten gedruckte Assessmentformulare als Leitfäden und nicht als zwingend vorgegeben nehmen. Bevor sie von einem Klienten Informationen einholt, sollte sich die Pflegeperson fragen, was sie mit den Daten zu tun gedenkt. Wenn gewisse Informationen bei einem bestimmten Klienten nutzlos oder irrelevant sind, ist es auch nicht nötig und möglicherweise belastend, sie einzuholen. So ist es beispielsweise unnötig, einen Klienten im Finalstadium zu fragen, wie viele Zigaretten er raucht, sofern die Pflegeperson damit nicht ein spezielles Ziel verfolgt. Wenn ein Klient oral keine Nahrung zu sich nehmen darf, ist es wahrscheinlich unnötig, ihn über seine Essgewohnheiten zu befragen. Ein solches Assessment ist indiziert, wenn der Klient wieder zu essen beginnt.

Ist ein Klient extrem belastet, sollte die Pflegeperson nur die notwendigen Daten in Form eines kurzen, überblicksartigen Screeningassessments erheben und das Assessment der funktionellen Gesundheitsverhaltensmuster auf ein anderes Mal verschieben. Ein gestresster Klient ist nicht gerade die beste Datenquelle, weil Stress das Gedächtnis beeinträchtigen kann.

Funktionelle Gesundheitsverhaltensmuster

Wie bereits dargelegt, konzentriert sich das Pflegeassessment auf das Erheben von Daten zur Untermauerung von Pflegediagnosen. Das System der funktionellen Gesundheitsverhaltensmuster von Gordon (1994) bietet ein ausgezeichnetes, relevantes Format zur Erhebung von Pflegedaten, um den Gesundheitszustand und das Funktionieren einer Person oder Gruppe zu bestimmen [Deutschsprachig liegt Gordons Assessmentmodell sowohl im «Handbuch Pflegediagnosen» (Gordon, 2013a) als auch in der ausführlicheren Form der «Assessment notes» (Gordon 2013b) vor. Anm. d. Hrsg.] Nach Abschluss der Datenerhebung können Pflegeperson und Klient ein positives Funktionieren, ein gestörtes Funktionieren oder die Gefahr eines gestörten Funktionierens konstatieren. Gestörtes Funktionieren ist definiert als ein Funktionieren, das der Klient (Individuum oder Gruppe) als negativ oder nicht wünschenswert wahrnimmt.

Die funktionellen Gesundheitsverhaltensmuster umfassen:

1. Gesundheitsverhaltensmuster: Wahrnehmung und Umgang mit der eigenen Gesundheit

- wahrgenommenes Gesundheitsverhalten, Wohlbefinden
- Wissen über die Beziehung zwischen Lebensweise und Gesundheit
- Wissen über präventive Gesundheitspraktiken
- Einhalten ärztlicher/pflegerischer Verordnungen

2. Gesundheitsverhaltensmuster: Ernährung und Stoffwechsel

- übliches Muster der Nahrungs- und Flüssigkeitsaufnahme
- Arten der Nahrungs- und Flüssigkeitsaufnahme
- gegenwärtiges Körpergewicht, Zunahme oder Abnahme
- Appetit, Vorlieben
- Thermoregulation

3. Gesundheitsverhaltensmuster: Ausscheidung

- Häufigkeit des Stuhlgangs, Veränderungen
- Häufigkeit des Wasserlassens, Veränderungen
- Kontrollprobleme

- Einsatz von Hilfsmitteln
- Einnahme von Medikamenten

4. Gesundheitsverhaltensmuster: Aktivität und Bewegung

- Verhaltensmuster von körperlicher Betätigung, Aktivitäten, Freizeit, Hobby
- Fähigkeit zur Durchführung von Aktivitäten des täglichen Lebens (Selbstversorgung, Haushaltsführung, Arbeiten, Essen, Einkaufen, Kochen)

5. Gesundheitsverhaltensmuster: Schlaf und Ruhe

- Verhaltensmuster für Schlaf und Ruhe
- Wahrnehmung von Qualität und Quantität

6. Verhaltensmuster: Kognition und Perzeption

- Sehen, Schmecken, Tasten, Riechen
- Sprachadäquatheit, Kommunikation
- Gedächtnis, Lernen, Orientierung
- Fähigkeit zur und Verhaltensmuster bei der Entscheidungsfindung
- Klagen über Beschwerden

7. Gesundheitsverhaltensmuster: Selbstwahrnehmung und Selbstkonzept

- Einstellungen zu sich selbst, Selbstwertgefühl
- Wahrnehmung von Fähigkeiten
- emotionale Verhaltensmuster (Angst, Furcht, Hoffnung)
- Körperbild, Identität

8. Gesundheitsverhaltensmuster: Rollen und Beziehungen

- Verhaltensmuster in Beziehungen
- Rollenverantwortlichkeiten
- Zufriedenheit mit Beziehungen und Verantwortlichkeiten

9. Gesundheitsverhaltensmuster: Sexualität und Reproduktion

- Menstruations-, Fortpflanzungsanamnese
- Zufriedenheit mit sexuellen Beziehungen, sexuelle Identität
- prä- oder postmenopausale Probleme
- Angemessenheit und Akkuratesse der Sexualerziehung

10. Gesundheitsverhaltensmuster: Bewältigungsverhalten (Coping) und Stresstoleranz

- Fähigkeit, mit Stress umzugehen
- Wissen über Stresstoleranz
- Quellen der Unterstützung
- Anzahl belastender Lebensereignisse im vergangenen Jahr

11. Gesundheitsverhaltensmuster: Werte und Überzeugungen

- Werte, Ziele, Überzeugungen
- spirituelle Praktiken
- wahrgenommene Wertekonflikte.

Ein Beispiel für ein Erstassessment, das nach den funktionellen Gesundheitsverhaltensmustern strukturiert ist, finden Sie in Anhang B. Es soll der Pflegeperson beim Erheben subjektiver und objektiver Daten helfen. Sollten bei einem Gesundheitsverhaltensmuster Fragen auftauchen, würde die Pflegeperson unter Anwendung des Fokusassessments unter der Diagnose weitere Daten zur Diagnose erheben.

Bei der Datenerhebung entsprechend den funktionellen Gesundheitsverhaltensmustern befragt, beobachtet und evaluiert die Pflegeperson den Klienten oder die Familie. So fragt sie den Klienten im Rahmen des Gesundheitsverhaltensmusters Kognition und Perzeption beispielsweise, ob er Hörstörungen hat, beobachtet, ob er ein Hörgerät trägt und evaluiert, ob er Deutsch versteht.

Körperliches Assessment

Außer dem Assessment der funktionellen Gesundheitsverhaltensmuster erhebt die Pflegeperson auch Daten über das Funktionieren von Körpersystemen (Interaktive Übung 5-1). Das körperliche Assessment – die Erhebung objektiver Daten über den physischen Zustand des Klienten – umfasst eine Untersuchung von Kopf bis Fuß mit Schwerpunkt auf den Körpersystemen. Zu den dabei angewandten Techniken gehören Inspektion, Palpation, Perkussion und Auskultation.

In Anhang B werden diejenigen Bereiche des körperlichen Assessments genannt, in denen in der allgemeinen Pflege Tätige bewandert sein sollten. Das körperliche Assessment durch Pflegende sollte seinen Schwerpunkt auch wirklich in der Pflege haben. Durch Untersuchen ihrer Philosophie und Definition der Pflege sollten Pflegende danach streben, Erfahrung und Kompetenz in jenen Bereichen zu entwickeln, welche die Pflegepraxis voranbringen.

Denken Sie daran, dass die Trennung der funktionellen Gesundheitsverhaltensmuster und des körperlichen Assessments nur zu organisatorischen Zwecken erfolgt. Kein nützlicher Bezugsrahmen eines Pflegeassessments kann die Erhebung von Istdaten derart einschränken. Da der Mensch ein offenes System ist, beeinflusst eine Störung in einem funktionellen Gesundheitsverhaltensmuster unausweichlich das Funktionieren der Körpersysteme oder das Funktionieren in einem anderen funktionellen Gesundheitsverhaltensmuster.

Fokusassessment

Fokusassessment bedeutet die Erhebung ausgewählter oder spezifischer Daten entweder nach Vorgaben der Pflegeperson und des Klienten oder seiner Familie oder bedingt durch die Krankheit bzw. den Zustand des Klienten. Die Pflegeperson, die den Zustand eines soeben operierten Klienten beurteilt (Vitalzeichen, Operationswunde, Hydratation, Befinden), führt ein Fokusassessment durch. Es handelt sich dabei um ein fortlaufendes Assessment.

Die Pflegeperson kann auch während des Erstinterviews ein Fokusassessment durchführen, wenn erhobene Daten auf ein mögliches Problem schließen lassen, das die Pflegeperson validieren oder ausschließen muss. So hat sie beispielsweise während des Ausgangsinterviews plötzlich den Verdacht, dass gewisse Daten (S_1, S_2) eine Pflegediagnose darstellen könnten. Sie zieht eine mögli-

Interaktive Übung 5-1

Herr Gerg (61 J.) wird wegen einer neurologischen Operation aufgenommen. In seiner Anamnese finden sich eine periphere Gefäßerkrankung und die Parkinson-Krankheit. Das Erstassessment der Pflegeperson ergibt unter dem funktionellen Gesundheitsverhaltensmuster «Aktivität und Bewegung» und dem körperlichen Assessment der Muskel-Skelett-Funktion Folgendes:

Gesundheitsverhaltensmuster: Aktivität und Bewegung					
Fähigkeit zur Selbstversorgung:					
0 = unabhängig	1 = Hilfsmittel		2 = Unterstützung durch Dritte		
3 = Unterstützung durch Person und Hilfsmittel			4 = abhängig/unfähig		
	0	1	2	3	4
Essen/Trinken	✓				
Sich-Waschen/Baden			✓		
Sich-Kleiden/Pflege des äußeren Erscheinungsbildes			✓		
Toilettenbenutzung			✓		
Bettmobilität			✓		
Transfer			✓		
Umhergehen		✓			
Treppensteigen	✓				
Einkaufen					✓
Kochen					✓
Haushaltsführung					✓
Hilfsmittel:	___ keine		___ Unterarmgehstütze		
	___ Toilettenstuhl am Bett		_✓_ Gehrahmen		
	___ Stock		___ Schiene/		
	___ Rollstuhl		___ andere		
Körperliches Assessment					
Muskel-Skelett					
Bewegungsumfang: _✓_ voll ___ andere Angaben ______________________					
Gleichgewicht und Gangbild: ___ sicher ___ unsicher					
Händedruck: _✓_ seitengleich _✓_ kräftig ___ Schwäche/Lähmung (___ rechts/___ links)					
Beinmuskulatur: ___ seitengleich ___ kräftig _✓_ Schwäche/Lähmung (_✓_ rechts/___ links)					

Untersuchen Sie obige Assessmentdaten. Welche Daten sind bedeutsam?
Die Antworten finden Sie am Schluss dieses Kapitels.

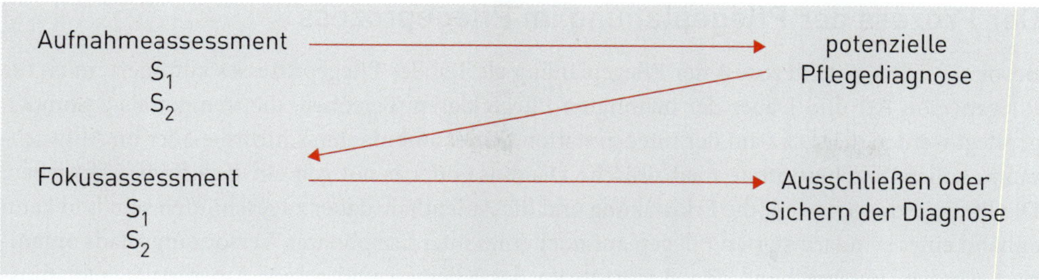

Abbildung 5-1: Formulieren und Überprüfen einer Verdachtsdiagnose

che oder Verdachtsdiagnose in Betracht und sammelt dann zusätzliche Daten (Fokusassessment), um die Verdachtsdiagnose zu sichern oder auszuschließen. Den entsprechenden Prozess zeigt **Abbildung 5-1**.

Daten als diagnostische Hinweise zu benennen, ist eine komplexe kognitive Aktivität, und das Ordnen einer Reihe von Hinweisen zu einer Diagnose ist sogar noch schwieriger (Gordon, 1994). So könnte eine Pflegeperson beispielsweise das ungekämmte Haar, die schmutzigen Fingernägel und die abgerissene Kleidung eines Klienten zu «mangelnde Pflege des äußeren Erscheinungsbildes» zusammenfassen, eine Schlussfolgerung, die zusammen mit anderen Hinweisen eine Pflegediagnose *Selbstversorgungsdefizit* stützen könnte. Auch wenn eine Pflegeperson den Schluss ziehen mag, dass diese Assessmentdaten eine mangelnde Pflege des äußeren Erscheinungsbildes widerspiegeln, versteht sie u. U. nicht die mögliche Beziehung zwischen der mangelnden Pflege des äußeren Erscheinungsbildes des Klienten und seiner Unfähigkeit zu deren Durchführung, dem mangelnden Wunsch danach oder einem lebenslangen Gewöhntsein an eine solch mangelnde Pflege. In manchen Fällen haben scheinbar bedeutsame Daten in Wirklichkeit keine diagnostische Bedeutung, etwa wenn ein Klient sagt: «Bitte entschuldigen Sie meine äußere Erscheinung. Ich komme geradewegs von meiner Arbeit an der Tankstelle.»

In Teil II wird jede Pflegediagnose im Hinblick auf Fokusassessmentkriterien beschrieben, um spezifische Daten herauszuarbeiten, welche die Pflegeperson möglicherweise erheben muss. Manche Fragen bestätigen bestimmende Merkmale oder Kennzeichen bzw. schließen sie aus. Mit anderen Fragen wird versucht, beeinflussende Faktoren zu identifizieren.

Sind Pflegepläne notwendig?

Heutzutage nutzen Pflegende verschiedene Wege, um anderen Betreuungspersonen die Versorgung des Klienten zu vermitteln. Interdisziplinäre Versorgungspfade, automatisierte Pflegeplanungssysteme und vorgedruckte, standardisierte Pflegepläne haben die handschriftlichen Pflegepläne vielerorts ersetzt.

Interdisziplinäre Versorgungspfade und standardisierte Pflegepläne spiegeln die erwarteten Diagnosen und die damit verbundenen Ziele und Interventionen wieder, die üblicherweise mit dem medizinischen oder chirurgischen Problem eines Klienten einhergehen. Diese Art des Systems befreit Pflegende davon, immer wieder Routinepflege aufschreiben zu müssen. Die im standardisierten Pflegeplan bzw. im interdisziplinären Versorgungspfad umrissene Pflege sollte die verantwortungsbewusste Versorgung widerspiegeln, auf die der Klient ein Recht hat.

Der Prozess der Pflegeplanung im Pflegeprozess

Bevor sie sich um den Prozess der Pflegeplanung als Teil des Pflegeprozesses kümmert, muss die Pflegeperson Art und Dauer der benötigten Pflege klären. Personen, die weniger als 8 Stunden gepflegt werden, wie etwa auf der Intensivstation, in der ambulanten Chirurgie oder im Aufwachraum, haben eine bestimmte medizinische Diagnose oder benötigen ein spezifisches Vorgehen. Die Pflege muss genau auf die Erkrankung und die Aufenthaltsdauer zugeschnitten sein und kann anhand eines standardisierten Pflegeplans oder eines interdisziplinären Versorgungspfads organisiert werden. Entsprechend den Bedürfnissen des Klienten und seiner Aufenthaltsdauer muss diese vorgeplante Pflege um Zusätze ergänzt werden. Dies gilt auch für stationäre Aufnahmen bei akuten Erkrankungen oder chirurgischen Eingriffen.

In nichtakuten Settings, wie etwa der Langzeitpflege, der spitalexternen oder häuslichen Pflege oder in Einrichtungen des betreuten Wohnens oder der Rehabilitation, müssen Pflegende die interdisziplinären Versorgungspfade und standardisierten Pflegepläne gewöhnlich durch auf die Person zugeschnittene Pflegepläne ergänzen. Je länger die Pflegeperson-Klient-Beziehung besteht, desto mehr Daten stehen zur individuellen Ausgestaltung des Pflegeplans zur Verfügung.

Menschen im akuten Schub einer chronischen Erkrankung (z. B. Multiple Sklerose), mit Rehabilitationsbedarf (z. B. nach einem Schlaganfall) oder einer zum Tode führenden Krankheit erfordern einen anderen Ansatz. Sie brauchen Pflegepläne und Problemlisten.

Die Planung

Pflegepläne bilden die Planung der Pflege, nicht die Pflege selbst. Diese Planungsphase des Pflegeprozesses hat drei Komponenten, die nach einem Pflegeassessment und vor Pflegeintervention und -evaluation erfolgen:

1. Erstellen einer Reihe vorrangiger Diagnosen
2. Festlegen von Klienten- und Pflegezielen
3. Verordnen von Pflegeinterventionen.

Erstellen einer Reihe vorrangiger Diagnosen

Statistisch betrachtet kann eine Pflegeperson nicht darauf hoffen, alle oder auch nur die meisten der Pflegediagnosen und interdisziplinären Probleme anzugehen, die auf ein Individuum, eine Familie oder eine Gemeinschaft zutreffen können. Um die Ressourcen optimal auf die Zielerreichung auszurichten, erstellt sie am besten eine Prioritätenliste mit einer Gruppe vorrangiger Pflegediagnosen und interdisziplinärer Probleme. Es ist von entscheidender Bedeutung, zwischen vorrangigen oder prioritären und nachgeordneten oder nicht-prioritären Diagnosen zu unterscheiden:

- **Vorrangige oder prioritäre Diagnosen** sind diejenigen Pflegediagnosen oder interdisziplinären Probleme, die, wenn sie nicht jetzt bearbeitet werden, den Fortschritt in Richtung auf das Ziel verlangsamen oder sich negativ auf den funktionellen Status auswirken.
- **Nachgeordnete oder nicht-prioritäre Pflegediagnosen** sind diejenigen Pflegediagnosen oder interdisziplinären Probleme, deren Behandlung sich hinauszögern lässt, ohne den gegenwärtigen funktionellen Status zu beeinträchtigen.

Wie in Kapitel 2 dargelegt, ist der Unterschied zwischen Risiko- und Hochrisiko-Pflegediagnose in der Pflegeplanung relevant. Risiko-Pflegediagnosen spiegeln die Anfälligkeit wider, die allen Klienten in einer gegebenen Situation gemeinsam ist, wie etwa *Infektionsgefahr* bei Klienten nach einer Operation. Risikodiagnosen für Klienten nach einer Operation finden sich im interdisziplinären Versorgungspfad oder im standardisierten Pflegeplan.

In einem Setting der Akutversorgung kommt der Klient aus einem bestimmten Grund, wie etwa einer Operation oder anderen Behandlungen wegen einer akuten Erkrankung, in die Klinik. In solch einer Situation finden sich oft bestimmte Pflegediagnosen oder interdisziplinäre Probleme, die spezifische Pflegeinterventionen erfordern. Carpenito (1995) verwendet den Begriff *diagnostischer Cluster* zur Beschreibung solch einer Gruppe. Dieser Cluster kann in einem interdisziplinären Versorgungspfad oder in einem standardisierten Pflegeplan auftauchen.

Folgendes Beispiel zeigt den diagnostischen Cluster einer Person, die sich einer Unterleibsoperation unterzieht (Carpenito, 2004).

Diagnostischer Cluster

Präoperativ

Pflegediagnose

- Angst/Furcht, beeinflusst durch das Erleben einer Operation, Kontrollverlust, ein unvorhersehbares Ergebnis und unzureichendes Wissen über präoperative Routinen, postoperative Übungen und Aktivitäten sowie über postoperative Veränderungen und Empfindungen.

Präoperativ

Interdisziplinäre Probleme

- *PK: Hämorrhagie*
- *PK: Hypovolämie/Schock*
- *PK: Eviszeration/Wunddehiszenz*
- *PK: paralytischer Ileus*
- *PK: Infektion (Peritonitis)*
- *PK: Harnverhalt*
- *PK: Thrombophlebitis.*

Pflegediagnosen

- Gefahr eines unwirksamen Atemvorgangs, beeinflusst durch Immobilität, sekundär beeinflusst durch Zustand nach Anästhesie und Schmerzen
- Infektionsgefahr, beeinflusst durch eine Eintrittsstelle von Erregern, sekundär beeinflusst durch eine Operation
- Akute Schmerzen, beeinflusst durch Unterbrechung von Körperstrukturen, Blähungen und Immobilität
- Gefahr einer Mangelernährung, beeinflusst durch erhöhten Eiweiß- und Vitaminbedarf zur Wundheilung und deren verminderten Aufnahme, sekundär beeinflusst durch Schmerzen, Übelkeit, Erbrechen und Nahrungseinschränkungen

- Obstipationsgefahr, beeinflusst durch herabgesetzte Peristaltik, sekundär beeinflusst durch Immobilität und die Folgen der Anästhesie und der Narkotika
- Aktivitätsintoleranz, beeinflusst durch Schmerzen und Schwäche, sekundär beeinflusst durch Anästhesie, Gewebshypoxie sowie unzureichende Flüssigkeits- und Nährstoffaufnahme
- Gefahr eines unwirksamen Managements der eigenen Gesundheit [früher: «Therapiemanagement»], beeinflusst durch unzureichendes Wissen über die Wundversorgung, Einschränkungen (Ernährung, Aktivitäten), Medikationen, Zeichen und Symptome von Komplikationen sowie Nachsorge.

All diese Diagnosen sind vorrangige prioritäre Diagnosen.

Die folgenden Fragen können feststellen helfen, ob bei dem Klienten oder seiner Familie außer den Diagnosen des diagnostischen Clusters noch zusätzliche Diagnosen vorliegen, die Pflegeinterventionen erfordern:

- Welche Pflegediagnosen oder interdisziplinären Probleme stehen in Zusammenhang mit der Primärerkrankung bzw. dem primären Zustand (z. B. Operation)?
- Gibt es zusätzliche interdisziplinäre Probleme in Verbindung mit gleichzeitig bestehenden inneren Erkrankungen (z. B. Hypoglykämie), die überwacht werden müssen?
- Gibt es zusätzliche Pflegediagnosen, die, wenn sie nicht jetzt behandelt oder verhindert werden, die Genesung hinauszögern oder den funktionellen Status des Klienten beeinträchtigen (z. B. *Obstipationsgefahr*)?
- Welche Probleme betrachtet der Klient als vorrangig?

Wie wählen Pflegende nun weitere, nicht zum diagnostischen Cluster gehörende Pflegediagnosen für eine Problemliste des Klienten aus? Begrenzte Pflegeressourcen und immer weniger Zeit zur Versorgung des Klienten fordern von den Pflegenden zwingend, vorrangige Diagnosen zu stellen. Sie müssen solche Diagnosen nicht auf der Problemliste des Klienten aufführen. Nachgeordnet gestellte Diagnosen werden zur Betreuung nach der Entlassung weitergegeben. Einem Klienten mit rund 30 kg Übergewicht, der wegen eines Myokardinfarkts stationär aufgenommen wird, erläutert die Pflegeperson u. U. die Auswirkungen der Adipositas auf die Herzfunktion und verweist ihn an ein nach der Entlassung aufzunehmendes Programm zur Gewichtsreduktion. Der Entlassungsbericht enthielte die Unterweisung und den Weiterverweis, eine Pflegediagnose auf der Problemliste hinsichtlich der Gewichtsreduktion wäre unnötig.

Herr und Frau Stein (Interaktive Übung 5-2) haben vielleicht viele andere wichtige, aber nicht vorrangige Pflegediagnosen. Wegen der begrenzten Aufenthaltsdauer müssen jedoch die Pflegeressourcen auf diejenigen Probleme gerichtet werden, die den Fortschritt zu diesem Zeitpunkt verlangsamen. Die Pflegeperson kann wichtige Diagnosen mit dem Klienten und seiner Familie erörtern und dabei Empfehlungen für den zukünftigen Umgang damit geben (z. B. Überweisung in eine kommunale Einrichtung).

Das Durchnummerieren von Diagnosen auf einer Problemliste gibt nicht die Priorität wieder, sondern nur die Reihenfolge, in der die Pflegeperson die Diagnosen in die Liste eingetragen hat. Pflegediagnosen oder interdisziplinären Problemen absolute Priorität zuzuweisen, kann zu der falschen Annahme führen, Nummer 1 habe automatisch oberste Priorität. Im klinischen Setting

Interaktive Übung 5-2

Herr Stein (76 J.) wird wegen eines blutenden Ulkus notfallmäßig zur Magen-OP eingewiesen. Er hat auch einen Diabetes mellitus und ein peripheres Gefäßleiden. Nach dem funktionellen Assessment stellt die Pflegeperson Folgendes fest:

- Gangstörung
- gelegentliche Inkontinenz beim Gang zur Toilette.
- Die Ehefrau klagt über viele Verantwortlichkeiten als Betreuungsperson und einen unmotivierten Ehemann.

Untersuchen Sie die oben genannten Daten, und beginnen Sie Pflegediagnosen und interdisziplinäre Probleme zu formulieren, die Pflegeinterventionen benötigen. Schauen Sie sich die oben gestellten vier Fragen noch einmal an, die Ihnen bei dieser Analyse helfen können, und stellen Sie fest, ob bei Herrn Stein und seiner Familie noch weitere Diagnosen vorliegen, die ebenfalls Pflegeinterventionen benötigen. Die Prioritätenliste (diagnostischer Cluster) für Herrn Stein lautet:

PK: Harnverhalt	aus dem Standard für postoperative Pflege (diagnostischer Cluster)
PK: Hämorrhagie	
PK: Hypovolämie/Schock	
PK: Pneumonie (Stase)	
PK: Peritonitis	
PK: Thrombophlebitis	
PK: paralytischer Ileus	
PK: Eviszeration	
PK: Wunddehiszenz	
Infektionsgefahr, beeinflusst durch Zerstörung der ersten Abwehrbarriere gegen eine bakterielle Invasion	
Gefahr eines unwirksamen Atemvorgangs, beeinflusst durch Zustand nach Anästhesie, postoperative Immobilität und Schmerzen	
Beeinträchtigte körperliche Mobilität, beeinflusst durch Schmerzen und Schwäche, sekundär beeinflusst durch Anästhesie, Gewebshypoxie und unzureichende Flüssigkeits-/Nährstoffzufuhr	
Gefahr einer Mangelernährung, beeinflusst durch erhöhten Eiweiß- und Vitaminbedarf zur Wundheilung und verminderte Aufnahme, sekundär beeinflusst durch Schmerzen, Übelkeit, Erbrechen und Nahrungseinschränkungen	
Gefahr eines unwirksamen Managements der eigenen Gesundheit, beeinflusst durch unzureichendes Wissen über Wundpflege, Einschränkungen (Ernährung, Aktivitäten), Medikationen, Zeichen und Symptome von Komplikationen sowie Nachsorge	

PK: Hypo-/Hyperglykämie	aus der Anamnese des Diabetes mellitus
Mögliche funktionelle Inkontinenz, beeinflusst durch Angaben über gelegentliche Inkontinenz auf dem Weg zur Toilette	aus dem Pflegeassessment bei Aufnahme
Gefahr einer Rollenüberlastung der pflegenden Bezugsperson (Ehefrau), beeinflusst durch vielfältige Verantwortlichkeiten als Betreuungsperson und allmähliche Verschlechterung des Zustands des Ehemannes	aus dem Pflegeassessment bei Aufnahme
Verletzungsgefahr, beeinflusst durch Gangstörung und fehlende Laufpraxis, sekundär beeinflusst durch periphere Gefäßerkrankung und verminderte Motivation	aus der Anamnese der peripheren Gefäßerkrankung und Angaben über prolongierte Immobilität

können sich mit Zustandsveränderungen beim Klienten rasch auch die Prioritäten ändern. Daher müssen Pflegende die gesamte Problemliste als Prioritätenliste betrachten, in der sich periodisch Prioritäten verschieben.

Festlegen von Klienten- und Pflegezielen

Klientenziele (Ergebniskriterien) und Pflegeziele sind Standards oder Messgrößen zur Evaluation des Fortschritts eines Klienten oder der Leistung der Pflegeperson (Prozess). Alfaro (2005) zufolge bestehen *Klientenziele* in Aussagen, die ein messbares Verhalten des Klienten, seiner Familie oder einer Gruppe beschreiben, das nach der Pflege einen günstigen Zustand (verändert oder beibehalten) zeigt. *Pflegeziele* sind Aussagen zur Beschreibung messbarer Handlungen, welche die Verantwortlichkeit der Pflegeperson für die Situation oder Diagnose aufzeigen. Wie in Kapitel 4 beschrieben, haben Pflegediagnosen Klientenziele, während interdisziplinäre Probleme Pflegeziele haben.

Klientenziele dienen als Kriterien zur Messung der Effektivität eines Pflegeplans. Da diese Ergebniskriterien der Pflegediagnosen günstige Zustände darstellen, die der Klient durch pflegerisch verordnete (unabhängige) Interventionen erreichen oder aufrechterhalten kann, können sie bei der Differenzierung zwischen Pflegediagnosen und interdisziplinären Problemen helfen.

Gewisse Situationen rufen u. U. nach einer Beteiligung mehrerer Disziplinen. So kann der Arzt bei einem Klienten, der unter extremer Angst leidet, ein Anxiolytikum verschreiben, ein Beschäftigungstherapeut kann für instrumentelle Aktivitäten des täglichen Lebens (IADL) sorgen, und eine Pflegeperson leitet nichtmedikamentöse angstreduzierende Maßnahmen, wie z. B. Entspannungsübungen, ein. Gordon (1994) zufolge «bedeutet die Aussage, eine Pflegediagnose sei eine Gesundheitsstörung, die eine Pflegeperson behandeln könne, nicht, dass keine nicht aus der Pflege stammenden Beratungspersonen eingesetzt werden könnten. Das entscheidende Element ist, ob die von Pflegenden verordneten Interventionen das gemeinsam mit dem Klienten festgelegte Ergebnis erreichen können.»

Interaktive Übung 5-3

Untersuchen Sie folgende Ziele:

Der Klient wird …

- … stabile Vitalzeichen zeigen.
- … Elektrolyte im Normbereich haben.
- … einen Herzrhythmus und eine Herzfrequenz im Normbereich haben.
- … nach der Operation einen Blutverlust innerhalb akzeptabler Grenzen haben.

Während Sie diesen Klienten pflegen, wird sein Herzrhythmus abnorm, und seine Operationswunde beginnt zu bluten. Was würden Sie tun?

- Die Pflegeinterventionen ändern.
- Das Ziel revidieren.
- Die Diagnose ändern.
- Den Arzt rufen, um ärztlich verordnete Interventionen vorzunehmen.

Die Antworten finden Sie am Schluss des Kapitels.

Wird ein Klientenziel nicht erreicht oder ist ein zielführender Fortschritt nicht erkennbar, muss die Pflegeperson die Erreichbarkeit des Ziels neu evaluieren oder den Pflegeplan überprüfen (Interaktive Übung 5-3) und dabei folgende Fragen stellen (Carpenito, 1990):

- Ist die Diagnose korrekt?
- Wurde das Ziel im gegenseitigen Einverständnis festgelegt? Beteiligt sich der Klient?
- Ist mehr Zeit erforderlich, damit der Plan greift?
- Muss das Ziel revidiert werden?
- Muss der Plan revidiert werden?
- Sind ärztlich verordnete Interventionen erforderlich?

Ziele interdisziplinärer Probleme

Wie bereits dargelegt, ist es unsachgemäß, Klientenziele für interdisziplinäre Probleme herauszuarbeiten; es kann dazu führen, dass Pflegenden falsche Verantwortlichkeiten unterstellt werden. Vielmehr umfassen interdisziplinäre Probleme Pflegeziele, welche die Verantwortlichkeit der Pflege sowohl in Situationen, die ärztlich verordnete Interventionen erfordern, als auch bei pflegerisch verordneten Interventionen widerspiegeln. Diese Verantwortlichkeit beinhaltet:

1. Überwachen auf physiologische Instabilität
2. bestehende Verordnungen und Verfahrensweisen konsultieren oder sich an einen Arzt wenden, um Verordnungen für geeignete Interventionen zu bekommen
3. Durchführen spezifischer Maßnahmen, um mit dem Schweregrad eines Ereignisses oder einer Situation korrekt umzugehen und ihn abzumildern
4. Evaluieren der Reaktionen des Klienten.

Tabelle 5-1: Beispiele für Ziele interdisziplinärer Probleme

<table>
<tr><th>Interdisziplinäres Problem</th><th>Pflegeziel</th></tr>
<tr><td>potenzielle Komplikation: Blutung</td><td rowspan="2">Die Pflegeperson wird darauf achten, Frühzeichen/-symptome einer Blutung und einer Störung des Flüssigkeits-/Elektrolythaushalts zu entdecken und interdisziplinär intervenieren, um den Zustand des Klienten zu stabilisieren.</td></tr>
<tr><td>potenzielle Komplikation: Störungen des Flüssigkeits-/Elektrolythaushalts</td></tr>
</table>

Schriftlich können Pflegeziele für interdisziplinäre Probleme wie folgt abgefasst werden: «Die Pflegeperson wird das Problem managen und minimieren.» Tabelle 5-1 zeigt Beispiele für Ziele interdisziplinärer Probleme.

Ziele von Pflegediagnosen

Klientenziele können in der vorhergesagten Lösung eines Problems, im Nachweis eines Fortschritts in Richtung auf eine Problemlösung, im Fortschritt in Richtung auf einen verbesserten Gesundheitszustand oder in der weiteren Erhaltung einer guten Gesundheit oder Funktion bestehen. Pflegende und Klienten verwenden diese Ziele zur Ausrichtung von Interventionen, um gewünschte Veränderungen zu erreichen oder beizubehalten und um die Effektivität und Validität von Interventionen zu messen. Pflegende können Ziele (Ergebniskriterien) formulieren, um positive Resultate zu regeln und zu messen oder Komplikationen zu verhindern. Ziele (Ergebniskriterien) sollen Interventionen eine Richtung geben und beim Klienten für Folgendes sorgen:

- Verbesserung des Gesundheitszustands durch zunehmendes Wohlbefinden (physisch, psychisch, sozial, spirituell) und steigende Coping-Fähigkeiten, z. B.: Der Klient erörtert die Beziehung zwischen Aktivität und Kohlenhydratbedarf und geht ohne Unterstützung vier Mal täglich bis zum Ende des Gangs.
- Erhaltung des gegenwärtigen optimalen Gesundheitsniveaus, z. B.: Der Klient teilt Befürchtungen auch weiterhin mit.
- Jeweils optimales Niveau des Copings mit Bezugspersonen, z. B.: Die Klientin sagt, mit ihrem Ehemann über ihre Bedenken hinsichtlich der Rückkehr an den Arbeitsplatz sprechen zu wollen.
- Optimale Adaptation an eine Verschlechterung des Gesundheitszustands, z. B.: Der Klient schaut sich in seiner Umgebung um, um eine Verletzung beim Gehen zu verhindern.
- Optimale Adaptation an eine zum Tode führende Erkrankung, z. B.: Der Klient kompensiert Phasen der Anorexie und Übelkeit.
- Zusammenarbeit und Zufriedenheit mit Gesundheitsfachpersonen, z. B.: Der Klient stellt Fragen zur Versorgung seines Stomas.

Alternativ dazu sollen Ziele (Ergebniskriterien) Interventionen darauf ausrichten, negative Veränderungen beim Klienten zu verhindern, wie beispielsweise:

- Komplikationen, z. B.: Der Klient hat keine Komplikationen bei erzwungener Bettruhe, angezeigt durch kontinuierlich intakte Haut, vollen Bewegungsumfang, fehlende Wadenschmerzen und freie Lungenfelder.
- Behinderungen, z. B.: Der Klient hebt den linken Arm auf dem Kissen an und macht Fingerübungen mit dem Schaumstoffball, um das Ödem zu verringern.
- Unvertretbare Todesfälle, z. B.: Der Säugling wird nachts an einen Apnömonitor angeschlossen.

Die wesentlichen Merkmale von Zielen sind folgende:

- Lang- oder Kurzfristigkeit
- Messbarkeit des Verhaltens
- Spezifität in Bezug auf Inhalt und Zeit
- Erreichbarkeit.

Ein *langfristiges Ziel* ist eine Vorgabe, die der Klient über Wochen oder Monate erreichen soll. Ein *kurzfristiges Ziel* ist eine Vorgabe, die der Klient in wenigen Tagen oder als Meilenstein auf dem Weg zu einem langfristigen Ziel erreichen soll (Alfaro, 2004). Langfristige Ziele eignen sich für alle Klienten in Einrichtungen der Langzeitpflege und für einige Klienten in Reha-Einrichtungen, mit psychischer Gesundheit befassten Abteilungen, kommunalen Pflege-Settings und ambulanten Diensten. Lang- und kurzfristige Ziele bei einem Klienten mit der Pflegediagnose *Suizidgefahr* werden in Tabelle 5-2 wiedergegeben (Varcarolis, 2007).

Messbares Verhalten wird durch Verwenden *messbarer Verben* zum Ausdruck gebracht. Verben dieser Art beschreiben die exakte Handlung, die der Klient den Erwartungen der Pflegeperson zufolge vornehmen soll, wenn er das Ziel erreicht hat. Handlung oder Verhalten müssen so sein, dass die Pflegeperson sie durch Sehen oder Hören validieren kann (Interaktive Übung 5-4). Gelegentlich verwendet sie u. U. auch Tasten, Schmecken und Riechen, um zu messen, ob ein Ziel erreicht wurde. Wenn das Verb ein Resultat beschreibt, das weder sichtbar noch hörbar ist (z. B. «Der Klient wird *weniger Angst haben*», kann es die Pflegeperson in ein vom Verhalten her messbares Resultat umwandeln (z. B. «Der Klient wird weniger Angst *angeben*»).

Tabelle 5-2: Lang- und kurzfristige Ziele bei der Pflegediagnose Suizidgefahr

Langfristige Ziele	Kurzfristige Ziele
Der Klient konstatiert, er wolle leben.	Der Klient wird schmerzliche Gefühle besprechen.
	Der Klient wird bei Abschluss der ersten Sitzung einen Vertrag mit der Pflegeperson schließen, keinen Suizid zu begehen.

Quelle: Varcarolis, 2007

Interaktive Übung 5-4

Untersuchen Sie die folgenden Ziele:

Der Klient wird ...

- ... den Tod seiner Frau akzeptieren.
- ... die Zeichen und Symptome eines hohen Blutzuckerspiegels benennen.
- ... die Zeichen und Symptome eines niedrigen Blutzuckerspiegels kennen.
- ... Insulin korrekt verabreichen.
- ... die Bedeutung einer fettarmen Diät verstehen.

Welche Ziele können Sie durch Sehen oder Hören evaluieren?

Die Antworten finden Sie am Schluss des Kapitels.

Die Bewertung, ob ein Ziel erreicht wurde, können sich Pflegende durch die Verwendung folgender Kriterien erleichtern

- Verwenden der Formulierung «*angezeigt durch*» zur Einführung messbarer Belege für gebesserte Zeichen und Symptome.
- Hinzufügen der Formulierung «*innerhalb normaler Grenzen*», z. B.: Der Klient zeigt eine Heilung innerhalb normaler Grenzen.

Studierende werden u. U. gebeten, die Bedeutung von «*innerhalb normaler Grenzen*» zu definieren. So wird beispielsweise der Klient eine Heilung innerhalb normaler Grenzen, angezeigt durch intakte, angenäherte Wundränder und keine oder nur geringe abnorme Flüssigkeitsabsonderung, demonstrieren. Ein Diagramm für die Niederschrift messbarer Ziele zeigt **Abbildung 5-2**. Ziele sollten *spezifisch* sein in Bezug auf *Inhalt* und *Zeit*. Drei Elemente tragen zur Spezifität eines Ziels bei:

1. Inhalt
2. Modifikatoren
3. Zeit bis zum Erreichen.

Der *Inhalt* besagt, was der Klient zu tun, mitzumachen oder zu lernen hat (z. B. Trinken, Gehen, Husten, Verbalisieren). *Modifikatoren* fügen dem Ziel individuelle Vorlieben hinzu und sind gewöhnlich Adjektive oder Adverbien, die erklären, was wo, wann und wie geschieht. Das Element *Zeit bis zum Erreichen* können Pflegende dem Ziel hinzufügen, indem sie eine der folgenden drei Möglichkeiten benutzen:

1. bei Entlassung, z. B.: Der Klient wird die Absicht mitteilen, Befürchtungen bezüglich seiner Diagnose zu Hause mit seiner Frau zu besprechen.
2. fortlaufend, z. B.: Der Klient wird eine kontinuierlich intakte Haut zeigen
3. zu einem bestimmten Zeitpunkt (Datum), z. B.: Der Klient wird bis Freitagmorgen mit Unterstützung über die halbe Länge des Flurs gehen.

1. Schreiben Sie die Aktivität oder das Verhalten auf, das Klient und Pflegeperson nach der Pflege zu sehen wünschen.
2. Kann die Pflegeperson die Aktivität bzw. das Verhalten sehen oder hören?

Ja → Das Ziel ist vom Verhalten her messbar.

Nein → Ändern Sie das Verb in eines, dessen Folgen man sehen oder hören kann. oder Fügen Sie die Modifikatoren hinzu, die man sehen oder hören kann (angezeigt durch).

Abbildung 5-2: Schriftliches Festlegen von Pflegezielen

Schließlich muss ein Ziel auch erreichbar sein. Das heißt, der Klient muss auf der Grundlage seines Alters, seiner Erkrankung, seines Geisteszustands und seiner Motivation dorthin gelangen können.

Individualisierte Ziele

Für jede Pflegediagnose in Teil II werden Ziele in messbaren Begriffen formuliert. Indessen müssen Pflegende Ziele speziell auf den Klienten zuschneiden, indem sie Modifikatoren hinzufügen, durch die zu beobachtende und zu messende Bereiche hervorgehoben werden. Im folgenden Beispiel wurde ein Pflegeziel für die Diagnose *akuter Schmerz* neu geschrieben, um Ziele für einen bestimmten Klienten auf einer Reha-Station wiederzugeben:

Ziel: Der Klient wird bei der Entlassung verminderte Schmerzen und verbesserte Beweglichkeit angeben.

Individualisierte Ziele:

1. Der Klient wird sein Bad ohne Unterstützung beenden.
2. Der Klient wird verminderte Schmerzen (< 5 auf einer Skala von 0 bis 10) angeben.
3. Der Klient wird die Zeit von 11.00 bis 14.00 und von 17.00 bis 21.00 außerhalb des Bettes zubringen.

Ziele potenzieller, möglicher Pflegediagnosen

Da sich Ziele auf Zustandsänderungen bei einem Klienten beziehen, die nach der Pflege erwartet werden, ist es unsachgemäß, wenn Pflegende Klientenziele für interdisziplinäre Probleme und potenzielle, mögliche Pflegediagnosen formulieren. Betrachten Sie folgende potenzielle Pflegediagnose und das damit einhergehende Ziel:

Pflegediagnose: *Verdacht auf mögliches Selbstversorgungsdefizit: Essen, beeinflusst durch I.v.-Zugang in rechter Hand.*

Ziel: Der Klient wird sich selbst ernähren.

Wie sich leicht erkennen lässt, ist dieses Ziel problematisch. Wie kann eine Pflegeperson ein Klientenziel für eine mögliche Pflegediagnose niederschreiben, wenn sie nicht weiß, ob der Klient das Problem tatsächlich hat? Daher lassen Pflegende bei potenziellen Pflegediagnosen die Ziele weg, weil sie nicht indiziert sind.

Verordnen von Pflegeinterventionen

Wie bereits in Kapitel 4 erörtert, unterteilen sich Pflegeinterventionen in pflegerisch und ärztlich verordnete (delegierte) Interventionen. *Von Pflegenden verordnete Interventionen* sind diejenigen, welche von Pflegenden selbst zur Umsetzung durch andere Pflegende oder sonstiges Pflegepersonal formuliert werden. *Ärztlich verordnete (delegierte) Pflegediagnosen* sind Verordnungen für Klienten, die von Ärzten zur Umsetzung durch Pflegepersonal formuliert werden. Ärztliche Verordnungen sind keine Anweisungen an Pflegende, es sind Verordnungen für Klienten, die, wenn angezeigt, durch Pflegende umgesetzt werden.

Beide Arten von Interventionen erfordern eine unabhängige pflegerische Urteilsbildung, da die Pflegeperson von Rechts wegen bestimmen muss, ob es angemessen ist, mit einer Maßnahme zu beginnen, und zwar ohne Rücksicht darauf, ob diese Maßnahme unabhängig oder delegiert ist. Kasten 5-1 zeigt ein Beispiel für einen Pflegeplan mit beiden Arten von Intervention. Beachten Sie, dass Pflegende sich mit Menschen aus anderen Disziplinen wie z. B. SozialarbeiterInnen, Ernährungs- und PhysiotherapeutInnen, beraten können und sollten. Dabei geht es jedoch ausschließlich um Beratung. Sollten sich aus einer solchen Beratung Pflegediagnosen ergeben, schreibt die Pflegeperson diese Verordnungen in den Pflegeplan zur Umsetzung durch andere Pflegepersonen. An späterer Stelle in diesem Kapitel folgt eine Erörterung zu anderen Fachbereichen und deren Rolle in Pflegeplänen.

Bulechek und McCloskey (1989) definieren Pflegeinterventionen als «jede direkte Pflegehandlung, die eine Pflegeperson im Interesse eines Klienten durchführt. Dazu gehören von Pflegenden als Folge von Pflegediagnosen initiierte Behandlungen, von Ärzten aufgrund medizinischer Diagnosen initiierte Behandlungen sowie die Durchführung essenzieller Funktionen für den Klienten, die dieser nicht erfüllen kann». Ihre Definition verknüpft alle Pflegeinterventionen mit Pflegediagnosen. Diese Autorin verknüpft alle Pflegeinterventionen mit Pflegediagnosen und interdisziplinären Problemen. In Abbildung 5-3 werden sechs von Bulechek und McCloskey (1989) herausgearbeitete Grundformen von Pflegeinterventionen zusammen mit Modifikationen der Autorin dargestellt. [Die umfassende Darstellung pflegerischer Interventionen in Form der «Pflegeinterventionsklassifikation» (NIC) findet sich in deutscher Sprache in McCloskey-Dochterman/Bulechek (2012); darin finden sich auch ausführliche Verknüpfungen von Pflegediagnosen mit Pflegeinterventionen. Anm. d. Hrsg.].

Kasten 5-1

Von Pflegenden verordnete (Pv) und delegierte (del) Interventionen

Pflegestandard

Potenzielle Komplikation: erhöhter intrakranieller Druck (ICP)

Pv	1.	**Überwachen auf Zeichen und Symptome eines erhöhten Schädelinnendrucks**
		• Pulsveränderungen: Verlangsamung auf 60/min oder weniger; Anstieg auf 100/min oder mehr
		• unregelmäßige Atmung: Verlangsamung mit zunehmend langen Apnöphasen
		• steigender Blutdruck oder Pulsdruck bei mäßig erhöhter Körpertemperatur
		• Temperaturanstieg
		• Niveau der Ansprechbarkeit: Veränderungen gegenüber dem Ausgangswert (wach, lethargisch, komatös)
		• Pupillenveränderungen (Größe, Seitengleichheit, Lichtreaktion, Bewegungen)
		• Augenbewegungen (Puppenkopf-Phänomen bzw. okulozephaler Reflex, Nystagmus)
		• Erbrechen
		• Kopfschmerzen: stetig, zunehmende Intensität; verstärkt durch Bewegung/ im Stehen
		• subtile Veränderungen: Unruhe, forcierte Atmung, ungerichtete Bewegungen und Benommenheit
		• Parästhesie, Paralyse
Pv	2.	**Vermeiden:**
		• Massage der A. carotis
		• Bauchlage
		• Beugen des Nackens
		• extreme Halsrotation
		• Valsalva-Manöver
		• isometrische Übungen
		• digitale Stimulation (anal)
Pv	3.	Körperhaltung mit leicht angehobenem Kopf
Pv	4.	Vermeiden rascher Lagewechsel
Pv	5.	Bewahren eines ruhigen Umfelds
Pv	6.	Planen der Aktivitäten, um Unterbrechungen zu verringern
Pv	7.	Ein- und Ausfuhr; Infusionspumpe zur Sicherung der Genauigkeit
Pv	8.	Konsultieren wegen den Stuhl erweichenden Mitteln
del	9.	Flüssigkeitsrestriktion gem. Verordnung (u. U. bis 1000 ml/d über einige Tage)
del	10.	Verabreichen von Flüssigkeiten bei konstanter Geschwindigkeit gem. Verordnung
del	11.	Verabreichen von Medikamenten (osmotische Diuretika [z. B. Mannitol], und Kortikosteroide [z. B. Dexamethason, Methylprednisolon, falls verabreicht])

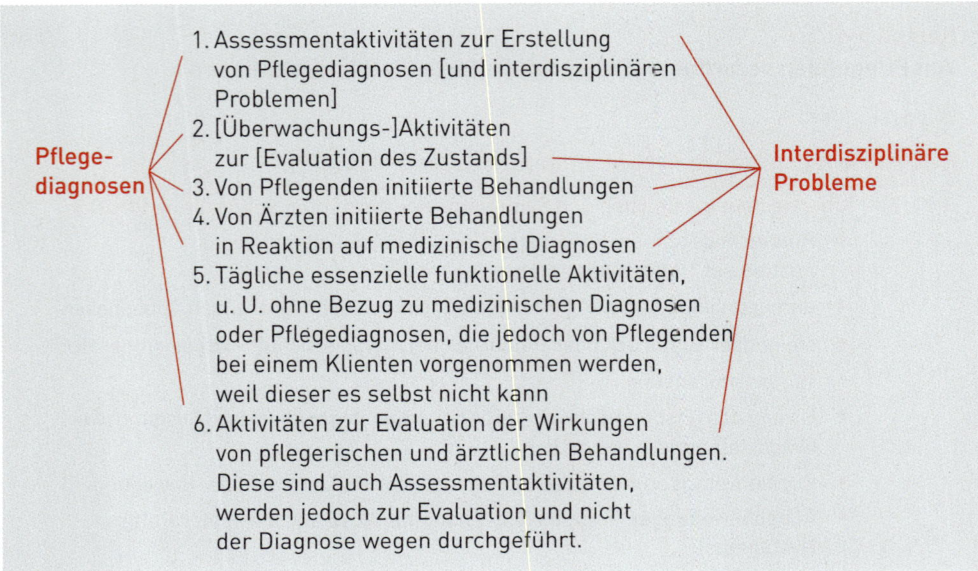

Abbildung 5-3: Beziehung zwischen Pflegeinterventionen und Pflegediagnosen bzw. interdisziplinären Problemen. Die Angaben in eckigen Klammern kennzeichnen Veränderungen durch die Autorin. (Quelle: Bulechek, G.; McCloskey, J.: Nursing interventions: Treatments for potential nursing diagnoses. In: Carroll-Johnson, M. [Ed.]. *Classification of nursing diagnoses: Proceedings of the eighth national conference*. Philadelphia: J. B. Lippincott)

Der Schwerpunkt von Pflegeinterventionen

Wie in Kapitel 4 beschrieben, haben aktuelle und potenzielle Pflegediagnosen sowie interdisziplinäre Probleme hinsichtlich der Interventionen einen jeweils unterschiedlichen Schwerpunkt.

Bei **aktuellen Pflegediagnosen** sollen Interventionen …

- … beeinflussende Faktoren oder die Diagnose mildern oder beseitigen.
- … ein höheres Gesundheitsniveau fördern.
- … den Zustand überwachen und evaluieren.

Bei **Risiko-Pflegediagnosen** sollen Interventionen …

- … Risikofaktoren vermindern oder beseitigen.
- … das Problem verhindern.
- … den Zustand überwachen und evaluieren.

Bei **potenziellen Pflegediagnosen** sollen Interventionen …

- … zusätzliche Daten ergeben, um die Diagnose zu sichern oder auszuschließen.

Bei **interdisziplinären Problemen** sollen Interventionen …

- … auf Veränderungen des Zustands überwachen.
- … Veränderungen des Zustands anhand pflegerisch oder ärztlich verordneter Interventionen begegnen.
- … das Ansprechen des Klienten auf Behandlungen evaluieren.

Pflegeverordnungen

Die spezifischen, richtunggebenden Elemente für die Pflege – *Pflegeverordnungen* – sind folgende:

- Datum
- anordnendes Verb
- was, wann, wie oft, wie lange, wo
- Unterschrift.

Und wenn die Pflegeperson die beeinflussenden Faktoren nicht behandeln kann?

Bisweilen lassen sich die beeinflussenden Faktoren einer Pflegediagnose durch Interventionen weder vermindern noch beseitigen. In der Literatur wird jedoch speziell darauf hingewiesen, dass Pflegende ihre Interventionen darauf ausrichten, die Ursache oder die beeinflussenden Faktoren zu mildern oder zu beseitigen. Insbesondere heißt es, die Pflegediagnose sei inkorrekt, wenn die Pflegeperson die beeinflussenden Faktoren nicht behandeln könne. Dies ist problematisch. Bei zunehmend spezifischen Diagnosebezeichnungen trifft die Pflegeperson u. U. auch auf Diagnosen, deren beeinflussende Faktoren sie nicht behandeln kann. Betrachten Sie beispielsweise *Infektionsgefahr, beeinflusst durch ein gestörtes Immunsystem*. Die Pflegeperson trifft keine Verordnungen gegen ein gestörtes Immunsystem, kann jedoch bei manchen Klienten mit diesem Problem eine Infektion verhindern. In manchen Fällen leitet die Diagnosebezeichnung die Interventionen, und die Ätiologie oder die beeinflussenden Faktoren sind nicht beteiligt. In solche Kategorien fallen z. B.:

- *Schluckstörung*
- *funktionelle Urininkontinenz*
- *Infektionsgefahr.*

Abbildung 5-4 verdeutlicht diese Beziehung.

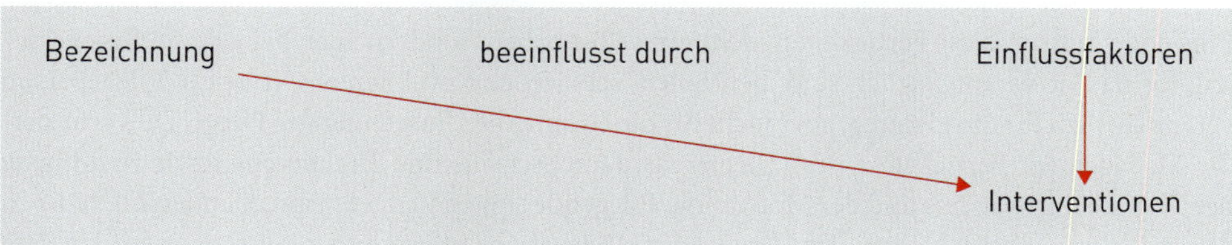

Abbildung 5-4: Beziehungen zwischen den Basiskomponenten einer Pflegediagnose

Die Pflegeperson sollte in der Lage sein, die definitive Therapie für die Pflegediagnosebezeichnung oder die beeinflussenden Faktoren zu leisten. Betrachten Sie die Diagnose *Wahrnehmungsstörung, beeinflusst durch progressiven Visusverlust*. Für keine Komponente dieser Diagnose kann die Pflegeperson eine Intervention verordnen. Notieren Sie in einem solchen Fall Interventionen, die bei diesem Problem indiziert sind. Untersuchen Sie sie, und entscheiden Sie, welche Probleme damit behandelt werden.

Zum Beispiel:
Wahrnehmungsstörung, beeinflusst durch progressiven Visusverlust.

Interventionen:

- der/dem Betroffenen ermöglichen, Gefühle mitzuteilen
- Erläutern von Strategien zur Verhinderung von Verletzungen.

Die für diese Interventionen zutreffende Diagnose wäre *Furcht, beeinflusst durch progressiven Visusverlust.*

Implementierung

Die Implementierungskomponente des Pflegeprozesses umfasst die Anwendung der Fertigkeiten, die Pflegende zur Implementierung der Pflegediagnosen benötigen. Die zur Implementierung notwendigen Fertigkeiten und das benötigte Wissen drehen sich gewöhnlich um:

- Durchführen der Aktivität für den Klienten oder Unterstützen desselben bei der Durchführung
- Durchführen der Pflegeassessments, um neue Probleme herauszufinden oder den Status bestehender Probleme zu überwachen
- Informieren, Schulen, Beraten, um Klienten zu helfen, neues Wissen über ihre Gesundheit oder den Umgang mit Krankheit zu erwerben
- Unterstützen von Klienten bei Entscheidungen über ihre Gesundheit
- Sich-Beraten mit andere Gesundheitsfachpersonen und Verweisen an andere Gesundheitsfachpersonen, um geeignete Anweisungen und Anleitungen zu bekommen
- Sorgen für spezifische Therapiemaßnahmen, um Gesundheitsstörungen und -probleme zu beseitigen, zu mindern oder zu lösen
- Unterstützen von Klienten beim selbstständigen Durchführen von Aktivitäten
- Unterstützen von Klienten beim Identifizieren von Risiken oder Problemen und beim Erkunden verfügbarer Optionen (Alfaro-LeFevre, 1998; dt. 2012).

Pflegende müssen diese Fertigkeiten nicht nur selbst haben, sondern auch bei jedem Pflegepersonal, für das sie verantwortlich sind, beurteilen, schulen und evaluieren. Oft ist die Pflegeperson verantwortlich für die Planung, aber nicht für die eigentliche Umsetzung der Pflege. Dies erfordert die Management-Fertigkeiten des Delegierens, Durchsetzens und Evaluierens sowie Kenntnisse der Theorie des Wandels und der Motivation. Pflegende sollten in der entsprechenden Literatur zu diesen Themen nachschlagen. [Das Thema der «Delegation» pflegerischer Leistungen wird in dem Fachbuch aus dem Jahr 2008 von Patricia Kelly-Heidenthal und Maureen T. Marthaler «Pflege delegieren» (Huber, Bern) aufgegriffen. Anm. d. dt. Hrsg].

Evaluation

Evaluation beinhaltet drei verschiedene Betrachtungsweisen:

- Evaluation des Klientenstatus
- Evaluation der Fortschritte des Klienten in Richtung auf das Erreichen des Ziels
- Evaluation des Stands und der Aktualität des Pflegeplans.

Die Pflegeperson ist dafür verantwortlich, regelmäßig den Status des Klienten zu evaluieren. Manche Klienten müssen täglich, andere wiederum, z. B. diejenigen mit neurologischen Problemen, müssen stündlich oder gar fortlaufend evaluiert werden. Dabei geht die Pflegeperson bei der Evaluation von Pflegediagnosen anders vor als beim Evaluieren interdisziplinärer Probleme.

Evaluieren von Pflegediagnosen

Um eine Pflegediagnose zu evaluieren, brauchen Pflegende Klientenziele (Ergebniskriterien). Nachdem Pflegeperson und Klient gemeinsam Klientenziele formuliert haben, unternimmt die Pflegeperson Folgendes:

1. Assessment des Klientenstatus
2. Vergleichen der Ergebnisse mit den Ergebniskriterien
3. Schlussfolgern, ob der Klient in Richtung auf das Erreichen des Ziels Fortschritte macht.

Abbildung 5-5 verdeutlicht diesen Evaluationsprozess anhand eines Beispiels.

Wenn ein Ziel lautet: «Der Klient wird bis zum 5. Juni ohne Unterstützung die Hälfte der Länge des Flurs gehen», würde die Pflegeperson die Reaktion des Klienten beobachten und fragen: «Welche Strecke hat der Klient zurückgelegt?» und: «Benötigte er dabei Unterstützung?» Dann würde die Pflegeperson das Ansprechen des Klienten auf Interventionen mit den festgelegten Zielen vergleichen.

Die Pflegeperson kann das Ansprechen bzw. die Reaktion des Klienten in Messblättern/-protokollen und Verlaufsbögen dokumentieren. Messblätter dienen dem Aufzeichnen von klinischen Daten wie Vitalzeichen, Hautzustand und Nebenwirkungen jeder Art sowie von Wundassessments. Verlaufsbögen dienen der Dokumentation spezifischer Reaktionen, die sich für Messblätter nicht eignen, wie etwa der Reaktion auf Beratung, der Reaktion von Familienmitgliedern auf den Klienten und ungewöhnliche Reaktionen.

Evaluieren eines interdisziplinären Problems

Da interdisziplinäre Probleme keine Klientenziele haben, werden sie von Pflegenden anders evaluiert als eine Pflegediagnose. Bei einem interdisziplinären Problem unternimmt die Pflegeperson Folgendes:

1. Assessment des Klientenstatus
2. Vergleichen der Daten mit herrschenden Normen
3. Schlussfolgern, ob der Zustand des Klienten stabil, gebessert, nicht gebessert oder schlechter ist.

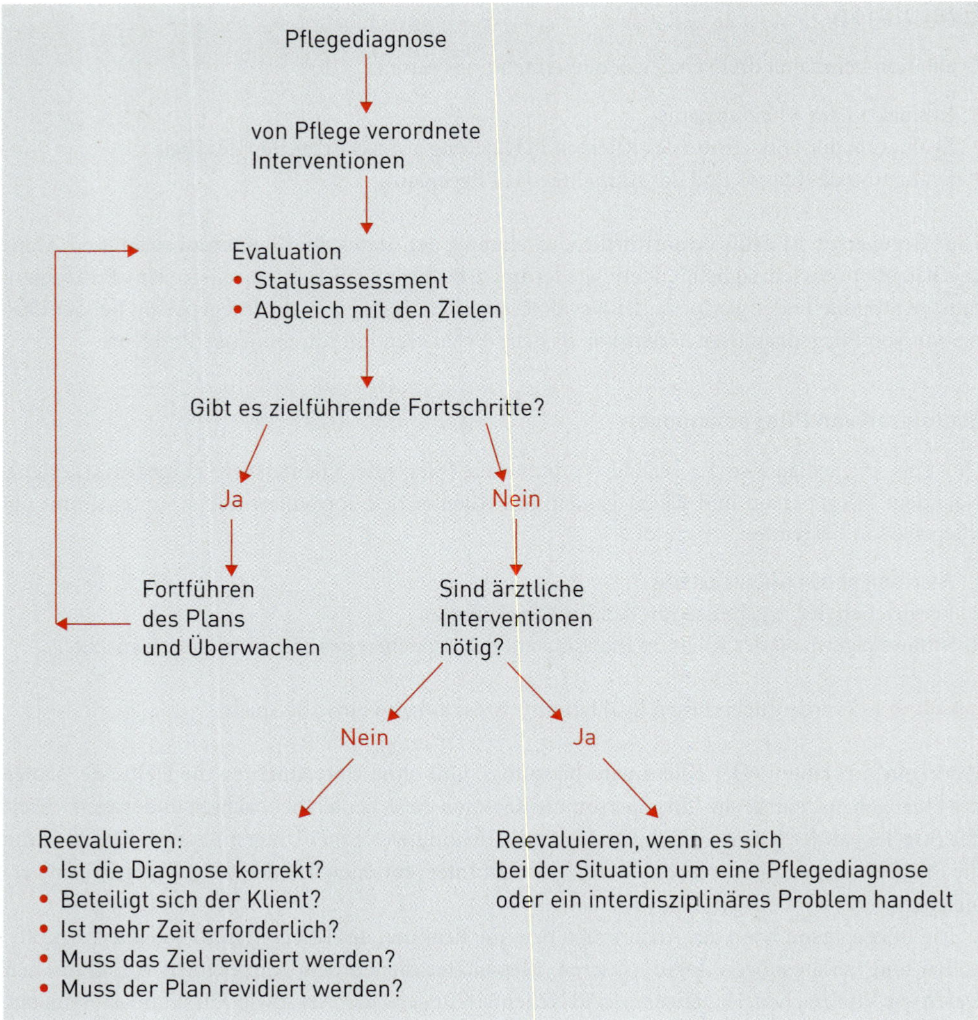

Abbildung 5-5: Evaluieren einer Pflegediagnose

So misst die Pflegeperson beispielsweise bei der *potenziellen Komplikation: Hypertonie* den Blutdruck und vergleicht das Ergebnis mit dem Normbereich. Liegt es im Normbereich, schließt sie daraus, dass der Klient einen normalen Blutdruck hat. Liegt der Blutdruck außerhalb des Normbereichs, überprüft die Pflegeperson die vorherigen Messergebnisse. Handelt es sich um eine Veränderung neueren Datums, konsultiert sie einen Arzt oder eine Pflegeperson mit Zusatzausbildung.

Die Pflegeperson kann die Assessmentdaten für interdisziplinäre Probleme auf Messblättern dokumentieren und Verlaufsbögen dazu verwenden, um signifikante oder unübliche Befunde zusammen mit den entsprechenden Interventionen zu dokumentieren.

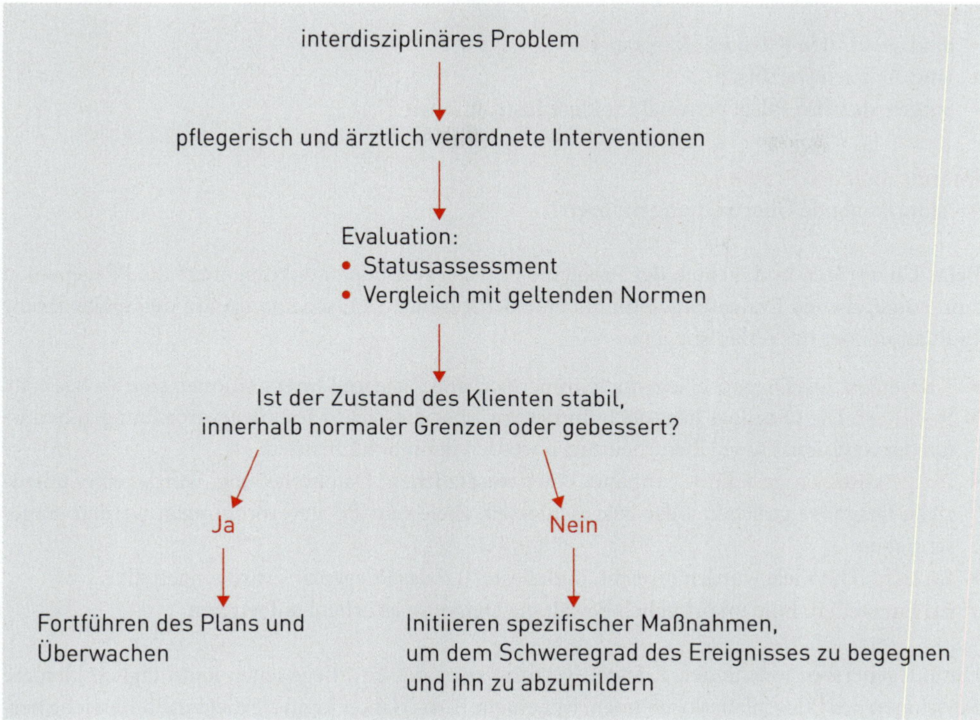

Abbildung 5-6: Evaluieren eines interdisziplinären Problems

Evaluieren des Pflegeplans

Diese Art der Evaluation hängt von den Schlussfolgerungen ab, die aus der Evaluation des Fortschritts oder Status des Klienten gezogen werden. Nach Untersuchung der Reaktion des Klienten sollte die Pflegeperson folgende Fragen stellen:

Pflegediagnosen

- Besteht die Diagnose noch?
- Liegt immer noch eine Risiko-Pflegediagnose vor?
- Wurde die potenzielle Diagnose bestätigt oder ausgeschlossen?
- Muss eine neue Diagnose hinzugefügt werden?

Ziele

- Wurden die Ziele erreicht?
- Repräsentieren die Ziele den gegenwärtigen Schwerpunkt der Pflege?
- Lassen sich spezifischere Modifikatoren hinzufügen?
- Sind sie für den Klienten akzeptabel?

Interventionen

- Sind sie für den Klienten akzeptabel?
- Sind sie klientspezifisch?
- Sorgen sie beim Pflegepersonal für klare Instruktionen?

Interdisziplinäre Probleme

- Ist fortlaufende Überwachung indiziert?

Beim Überprüfen und Sichten der Probleme und Interventionen dokumentiert die Pflegeperson zum vorgegebenen Evaluationszeitpunkt eine der folgenden Entscheidungen in der Spalte für die Evaluation oder im Verlaufsbogen:

- **Fortsetzen.** Die Diagnose liegt noch immer vor, und Ziele und Interventionen sind sachgemäß.
- **Revidiert.** Die Diagnose liegt noch immer vor, aber die Ziele oder Pflegeverordnungen bedürfen der Revision. Diese Überarbeitungen werden dann dokumentiert.
- **Ausgeschlossen/gesichert.** Anhand einer zusätzlichen Datenerhebung wurde eine potenzielle Diagnose gesichert oder ausgeschlossen. Ziele und Pflegeverordnungen werden aufgeschrieben.
- **Erreicht.** Die Ziele wurden erreicht, und dieser Teil des Pflegeplans wird eingestellt.
- **Erneut stellen.** Eine ursprünglich bewältigte Diagnose ist erneut aufgetreten.

Die Pflegeperson, welche den Klienten versorgt oder dessen Pflege leitet, kann täglich kleinere Revisionen des Pflegeplans vornehmen. Mit einem Farb-Marker kann sie diejenigen Bereiche hervorheben, die nicht mehr angewandt werden. Da der Text durch die beispielsweise gelbe Farbmarkierung hindurch immer noch lesbar ist, kann die Pflegeperson auf frühere Pflege verweisen. Außerdem stört die Farbmarkierung nicht beim Fotokopieren. Später in diesem Kapitel werden Beispiele zur Evaluation der Dokumentation vorgestellt.

Multidisziplinäre Pflegeplanung

Normalerweise erfolgt die Versorgung von Individuen, Familien oder Gruppen durch mindestens zwei und bisweilen mehr Disziplinen. Um einer optimalen Nutzung der Ressourcen willen und um Doppelleistungen zu vermeiden, ist eine gute Koordination dieser Versorgung ganz entscheidend. Angesichts des Niveaus an Kenntnissen insgesamt und der mit Klienten verbrachten Zeit sind Pflegende typischerweise in der besten Position, um diese Versorgung zu koordinieren. Das Case-Management-Modell unterstreicht diese Philosophie.

Zur Förderung einer koordinierten multidisziplinären Pflegeplanung unternehmen Einrichtungen folgende Schritte:

- Durchführen regelmäßiger multidisziplinärer Planungskonferenzen
- Erstellen multidisziplinärer Problemlisten
- Erstellen multidisziplinärer Pflegepläne.

Einige dieser Strategien können für Pflegende jedoch problematisch sein. Wie in diesem Kapitel bereits erörtert, dienen Pflegepläne als Anweisungen für Pflegepersonal zur Versorgung des Klienten. Sollten Angehörige anderer Disziplinen – Physiotherapie, Sozialdienste, Ernährungsberatung – Eintragungen in Pflegepläne vornehmen? Wenn ja, sollten sie Interventionen verfassen, die von Pflegenden auszuführen sind, oder sollten sie Interventionen für ihren eigenen Bereich verfassen?

Wenn ein Klient Dienstleistungen aus einem anderen Bereich als der Pflege benötigt, verordnet der Arzt die Konsultation eines Vertreters aus dem entsprechenden Bereich. Angehörige der benötigten Disziplin erstellen dann einen Pflegeplan mit Zielen und Interventionen, die für die jeweilige Disziplin, nicht für die Pflege spezifisch sind. Sollte dieser Plan Teil eines multidisziplinären Pflegeplans sein? Ja, aber nur dann, wenn darin eindeutig ausgewiesen wird, welche Abschnitte ausschließlich für bestimmte Disziplinen gelten.

Ärztlich verordnete Interventionen werden aus dem Plan in geeignete Dokumente, wie etwa Medikamentenpläne, Behandlungsakten und Kardexe, übertragen. Es ist nicht nötig, ärztlich verordnete Interventionen in Pflegepläne aufzunehmen.

Eine Pflegeperson ist verantwortlich für die Einhaltung von Interventionen, die von anderen Pflegenden verordnet werden. Ist eine Pflegeperson mit dem Pflegeplan einer anderen Pflegeperson nicht einverstanden, sollten sich die beiden zusammensetzen und das Problem besprechen. Ist dies nicht möglich, kann die nicht einverstandene Pflegeperson die bestehenden Pflegeverordnungen löschen oder revidieren. Professionelle Höflichkeit gebietet es, dass sie dann der anderen Pflegeperson eine Notiz hinterlässt, in der sie die Umstellung erklärt, wenn diese problematisch sein könnte.

Sollten Angehörige anderer Disziplinen dem Pflegeplan Interventionen für das Pflegepersonal hinzufügen? Wenn – abgesehen von Medizin und Pflege – aus einem anderen Fachgebiet Anregungen für das pflegerische Management einer Pflegediagnose kommen, sollte die Pflegeperson diese als fachlichen Rat betrachten. Sie kann solche Ratschläge in den Pflegeplan integrieren oder auch nicht. Die Situation gleicht der eines konsiliarisch tätigen Arztes, der Empfehlungen aussprechen kann, aber für den Klienten eines anderen Arztes keine Verordnungen trifft.

Sobald eine Pflegeperson aufgrund einer Empfehlung aus einem anderen Fachbereich eine Intervention in den Pflegeplan einträgt, gebietet es die professionelle Höflichkeit, den Verdienst dieser Verordnung dem entsprechenden Fachbereich zuzuschreiben, z. B. *sanftes Durchbewegen der Arme nach den Mahlzeiten und um 20.00 bis 21.00 Uhr, gemäß Anregung von C. Levy, Physiotherapeutin.*

Historisch betrachtet haben Pflegende zur Beschreibung des Pflegefokus ausschließlich Pflegediagnosen und interdisziplinäre Probleme verwandt. Anhand von Pflegediagnosen und interdisziplinären Problemen lässt sich aber auch der Versorgungsschwerpunkt anderer nichtärztlicher Disziplinen, wie der Physio- und der Atemtherapie, des Sozialdienstes, der Beschäftigungstherapie und Diätetik sowie der Sprachtherapie, beschreiben. Andere Disziplinen könnten ihre bereichsspezifischen Interventionen in standardisierte Pflegepläne integrieren, mit dem Hinweis, die Interventionen würden durch eben diese Disziplin (und nicht durch die Pflege) verordnet und durchgeführt. Diese Fachbereiche würden auch dazu angehalten, Pflegepläne für ihre Interventionen zu revidieren oder hinzuzufügen. Ein multidisziplinärer Pflegeplan wird in Kasten 5-2 wiedergegeben. Beachten Sie, dass nicht alle Pflegediagnosen oder interdisziplinären Probleme Interventionen beinhalten, die nicht von Pflegenden verordnet werden.

Kasten 5-2

Beispiel eines multidisziplinären Pflegeplans für einen Klienten nach totalem Hüftgelenkersatz

Pflegediagnose:
Beeinträchtigte körperliche Mobilität, beeinflusst durch Schmerzen, Steifigkeit, Erschöpfung, einengende Vorrichtungen und verordnete Aktivitätseinschränkungen

Ziel:
Der Klient wird seine Aktivität verstärken, um 3 Mal täglich für 15 Minuten mit dem Rollator zu gehen und dabei korrekte Haltungs- und Transfertechniken zu zeigen.

Interventionen:

Physiotherapie	1. Erstellen eines Übungsprogramms, das auf die Fähigkeit des Patienten zugeschnitten ist
	2. Implementieren von regelmäßigen Übungen
Physiotherapie/Pflege	3. Schulen in Körpermechanik und Transfertechniken
	4. Zu Unabhängigkeit ermutigen
Physiotherapie/Pflege	5. Schulen und Unterweisen im Gebrauch von Gehhilfen

Pflegeplanungssysteme

Pflegestandards sind detaillierte Richtlinien, welche die in bestimmten Situationen erwartete Pflege wiedergeben. Sie führen nicht dazu, dass Pflegende medizinische Interventionen vornehmen, sondern stellen vielmehr eine effiziente Methode des Abrufens erwarteter genuiner Pflegeinterventionen dar. In einem Pflegestandard wird ein Set aktueller oder potenzieller Probleme ausgewiesen, die typischerweise in einer bestimmten Situation auftreten – ein diagnostischer Cluster. Ein effizientes, professionelles und nützliches Pflegeplanungssystem umfasst Pflegestandards, Klientenproblemlisten sowie standardisierte und zusätzliche Pflegepläne.

Standardisierung

Wie jedes Konzept oder System haben standardisierte Pflegeplanungsformulare Vor- und Nachteile. Zu den Vorteilen gehören:

- Sie beseitigen die Notwendigkeit, Routinepflegeinterventionen niederzuschreiben.
- Sie verdeutlichen neuen MitarbeiterInnen oder Teilzeitkräften den Pflegestandard der Einheit/Station.
- Sie lenken die Aufmerksamkeit des Pflegepersonals auf ausgewählte Dokumentationserfordernisse.
- Sie bieten Kriterien für ein Qualitätsverbesserungsprogramm und für das Ressourcenmanagement.

- Sie ermöglichen der Pflegeperson, mehr Zeit mit der Pflege als mit deren Dokumentation zuzubringen.

Die Nachteile sind:

- Sie ersetzen u. U. eine benötigte individuell zugeschnittene Intervention.
- Sie bringen Pflegende u. U. dazu, sich mehr auf erwartete als auf zusätzliche Probleme zu konzentrieren.

Manche Pflegende erlebten diese Nachteile bei der Einführung standardisierter Pflegepläne in ihrem Setting. In solchen Fällen bestand die Lösung darin, die standardisierten Pflegepläne außer Kraft zu setzen. Nachträgliche Pflegeplan-Auditierungen zeigten, dass die Pflegenden aufschrieben, was zuvor im Pflegestandard enthalten war, z. B.: *alle 2 h umlagern, Analgetika verabreichen.*

Pflegende wurden ferner dergestalt sozialisiert, dass ihnen Standardisierung als niveaulose und unprofessionelle Pflege gilt. Pflegestandards oder standardisierte Pflegepläne sollten verantwortliche, für bestimmte Situationen erwartete Pflege repräsentieren. Diese Erwartungen bzw. Vorhersagen sollten Pflegende als wissenschaftlich betrachten. Wenn bei der Anwendung standardisierter Formulare Probleme auftreten, liegt die Lösung nicht darin, sie zu ändern, sondern ihren fehlerhaften Gebrauch anzugehen.

Dokumentation und Implementierung finden nicht in einem Pflegeplan, sondern je nach Art der dokumentierten Daten in Protokollen, grafischen Aufzeichnungen, Concept Maps oder Verlaufsbögen statt.

Ebenen der Pflege

Denken Sie daran, dass Pflegestandards die Pflege, für deren Durchführung Pflegende verantwortlich sind, und nicht ein ideales Pflegeniveau repräsentieren sollten. Wie bereits dargelegt, kann die Pflegeperson nicht darauf hoffen, sich mit allen – oder gewöhnlich auch nur den meisten – der Probleme des Klienten befassen zu können. Vielmehr muss sie sich auf die gravierendsten oder vorrangigen Probleme konzentrieren. Probleme, die in der Gesundheitsversorgungseinrichtung nicht angegangen werden, sollte die Pflegeperson an den Klienten und seine Familie weiterreichen, damit diese nach der Entlassung Interventionen durchführen können. Überweisungen an kommunale Einrichtungen, wie etwa Programme zur Gewichtsreduktion, Raucherentwöhnungsprogramme und psychologische Beratung nach der Entlassung können angezeigt sein. Je nachdem, wie schwer der Klient erkrankt ist, wie lange er stationär behandelt wird und welche Ressourcen ihm zur Verfügung stehen, müssen Pflegende realistische Standards erstellen. Unrealistische, ideale Standards frustrieren Pflegende nur und bürden ihnen die juristische Verantwortung für eine Pflege auf, die sie nicht leisten können.

Ein Pflegeplanungssystem kann anhand von drei Pflegestufen oder -ebenen strukturiert werden:

1. Ebene I – Pflegestandard der Einheit/Station
2. Ebene II – diagnostischer Cluster oder standardisierter Pflegeplan für Einzeldiagnosen
3. Ebene III – Zusatzpflegepläne.

Ebene I – Pflegestandard der Einheit/Station

Pflegepläne der Ebene I stellen die erwartete allgemeine Pflege dar, die bei allen oder den meisten Klienten einer Einheit/Station erforderlich ist. Diese Standards enthalten Pflegediagnosen oder interdisziplinäre Probleme (den diagnostischen Cluster), die auf die spezielle Situation anwendbar sind. Kasten 5-3 enthält als Beispiel einen diagnostischen Cluster für Pflegestandards in einer allgemeinmedizinischen Station. Jede Station – Orthopädie, Onkologie, Pädiatrie, Chirurgie, Aufwachraum, Neonatologie, Notfallmedizin und mit psychischer Gesundheit befasste Abteilungen – sollten einen stationseigenen Pflegestandard haben.

Standards der Ebene I können als Poster aufgezogen und in jedem Klientenbereich als Referenz für die Pflegenden ausgehängt werden. Da diese Standards für alle Pflegenden gelten, müssen die Pflegenden im Pflegeplan eines Klienten nicht alle damit einhergehenden Pflegediagnosen

Kasten 5-3
Spezifischer diagnostischer Cluster für stationär behandelte Erwachsene mit inneren Erkrankungen

Interdisziplinäre Probleme:

- *potenzielle Komplikation: kardiovaskuläre Störungen*
- *potenzielle Komplikation: Atemwegsstörungen.*

Pflegediagnosen:

- *Angst*, beeinflusst durch ungewohnte Umgebung, Routinen, diagnostische Tests und Behandlungen sowie durch Kontrollverlust
- *Verletzungsgefahr*, beeinflusst durch ungewohnte Umgebung und körperliche/mentale Einschränkungen, sekundär beeinflusst durch die Erkrankung, Medikationen, Therapien und diagnostische Tests
- *Infektionsgefahr*, beeinflusst durch vermehrte Mikroorganismen in der Umgebung, die Gefahr einer Übertragung von Mensch zu Mensch sowie invasive Tests und Therapien
- *Selbstversorgungsdefizit*, beeinflusst durch Wahrnehmungsprobleme sowie Probleme der Mobilität, Ausdauer oder Motivation
- *Gefahr der Mangelernährung*, beeinflusst durch verminderten Appetit, sekundär beeinflusst durch Behandlungen, Erschöpfung, die Umgebung und Veränderungen der üblichen Ernährung sowie einen heilungsbedingt erhöhten Bedarf an Proteinen und Vitaminen
- *Obstipationsgefahr*, beeinflusst durch Veränderungen der Flüssigkeits-/Nahrungsaufnahme und des Aktivitätsniveaus, die Effekte von Medikationen und emotionalen Stress
- *Schlafmangel*, beeinflusst durch eine unvertraute, laute Umgebung, Veränderungen im Ritual des Zubettgehens, emotionalen Stress und eine Umstellung des zirkadianen Rhythmus
- *Gefahr einer Sinnkrise*, beeinflusst durch Abgeschnittensein von religiösen Unterstützungssystemen, den Mangel an Privatsphäre oder die Unfähigkeit, spirituelle/religiöse Rituale zu zelebrieren
- *unterbrochene Familienprozesse*, beeinflusst durch Unterbrechung von Routinen, Veränderungen in Rollenverantwortlichkeiten und Erschöpfung in Verbindung mit erhöhter Arbeitsbelastung und den Anforderungen der Besuchszeiten

oder interdisziplinären Probleme eintragen. Stattdessen kann in den Richtlinien der Einrichtung speziell ausgewiesen werden, dass der generische Standard, soweit indiziert, für alle Klienten gilt.

Die Begrifflichkeit der Risiko-Pflegediagnosen ist auf der Ebene der Stationsstandards von Nutzen. Auf dieser Ebene sind alle oder die meisten Klienten einem Risiko, nicht aber einem *hohen* Risiko ausgesetzt. So sind beispielsweise nach einer Operation alle Klienten einer Infektionsgefahr ausgesetzt, aber es besteht nicht bei allen ein hohes Risiko.
Zur Dokumentation von Pflegestandards der Ebene I sollte die Pflegeperson Eintragungen auf einem Protokollblatt vornehmen, bis sie auf unübliche Daten stößt oder etwas Signifikantes vorfällt.

Zwar müssen Pflegestandards nicht Teil der Klientenakte sein, jedoch sollte darin ausgewiesen werden, welche Standards für den Klienten ausgewählt wurden. Dazu kann die Problemliste mit den vorrangigen Pflegediagnosen und interdisziplinären Problemen eines bestimmten Klienten dienen.

Ebene II – Standardisierte Pflegepläne

Als vorgedruckte Pflegepläne für einen Klienten, eine Familie oder Gruppe – zusätzlich zu den stationsinternen Pflegestandards der Ebene I – dienen standardisierte Pflegepläne der Ebene II als Ergänzungen des allgemeinen Stationsstandards. Ein Klient, der stationär auf eine internistische Station aufgenommen wird, erhält demnach Pflege sowohl gemäß den Ebene-I-Standards als auch gemäß dem Pflegeplan der Ebene II, der sich auf die zur Aufnahme führende spezifische Situation bezieht.

Ein standardisierter Pflegeplan der Ebene II enthält entweder einen diagnostischen Cluster, eine einzelne Pflegediagnose oder ein interdisziplinäres Problem, wie etwa *Gefahr einer Hautschädigung* oder *PK: Störungen des Flüssigkeits-/Elektrolythaushalts.* Tabelle 5-3 zeigt einen standardisierten Pflegeplan der Ebene II für das interdisziplinäre Problem *PK: Hypo-/Hyperglykämie.*

Ein diagnostischer Cluster auf Ebene-II-Standard enthielte zusätzliche Pflegediagnosen und interdisziplinäre Probleme, die bei und vor einer internistischen Erkrankung, einem chirurgischen Eingriff oder einer Therapie zu erwarten wären. Die Problemliste eines Klienten aus dem Ebene-II-Standard «Versorgung nach totalem Hüftgelenkersatz», sieht einen Tag nach der entsprechenden Operation wie folgt aus:

- *PK: Gelenkdislokation*
- *PK: neurovaskuläre Gefährdung*
- *PK: Embolie (Fett, Blut)*
- *beeinträchtigte körperliche Mobilität*
- *Gefahr einer Hautschädigung*
- *Verletzungsgefahr*
- *Gefahr eines unwirksamen Managements der eigenen Gesundheit.*

Hätte dieser Klient auch noch einen Diabetes mellitus, würde die Pflegeperson der Problemliste folgenden Einzeldiagnosenstandard hinzufügen: *PK: Hypo-/Hyperglykämie.*

Nachdem das Pflegepersonal über die Einzelheiten des Stationsstandards gut orientiert ist, können die Diagnosen auf dem Stationsstandard der Ebene I aus den individuellen Problemlisten oder Pflegeplänen der einzelnen Klienten weggelassen werden. In den Richtlinien würde entsprechend darauf hingewiesen, dass dieser Standard für alle Klienten der Station gilt.

Tabelle 5-3: Standardisierter Pflegeplan der Ebene II für die potenzielle Komplikation: Hypo-/Hyperglykämie. Pflegeziel: Die Pflegeperson wird Hypo- oder Hypoglykämieepisoden managen und minimieren.

1. Überwachen auf Zeichen und Symptome der Hypoglykämie
   - Blutzucker < 70 mg/dl
   - blasse, feuchte, kühle Haut
   - Tachykardie, Schwitzen
   - Zittrigkeit, Reizbarkeit
   - Kopfschmerzen, verwaschene Sprache
   - Unkoordiniertheit
   - Benommenheit
   - Veränderungen des Sehens
   - Hunger, Übelkeit, Leibschmerzen
2. Einhalten fester Vorgehensweisen, z. B. konzentrierte Glukoselösung (p. o., i. v.)
3. Überwachen auf Zeichen und Symptome einer Ketoazidose
   - Blutzucker > 300 mg/dl
   - positive Plasmaketone, nach Azeton riechende Ausatemluft
   - Kopfschmerzen, Tachykardie
   - Kussmaul-Atmung, verminderter Blutdruck
   - Anorexie, Übelkeit, Erbrechen
   - Polyurie, Polydipsie
4. Bei Ketoazidose Einhalten fester Vorgehensweisen, z. B. Beginn der intravenösen Verabreichung von Flüssigkeiten und Insulin
5. Bei einer schweren Episode überwachen: Vitalzeichen, Urinausfuhr und spezifisches Gewicht, Ketone, Blutzucker, Elektrolyte alle 30 min oder nach Bedarf
6. Dokumentieren der Blutzuckerwerte und anderer Assessmentdaten auf einem Messblatt. Dokumentieren ungewöhnlicher Ereignisse oder Reaktionen auf Verlaufsbögen.

Ebene III – Zusatzpflegepläne

In einem Zusatzpflegeplan werden Interventionen aufgelistet, welche über die bei einem bestimmten Klienten erforderlichen Interventionen gemäß Ebene-I- und II-Standard hinausgehen. Diese spezifischen Interventionen können einem standardisierten Pflegeplan hinzugefügt oder zusätzlichen vorrangigen Pflegediagnosen oder interdisziplinären Problemen beigestellt werden, die nicht im standardisierten Pflegeplan der Ebene II oder in den Stationsstandards der Ebene I enthalten sind.

Bei vielen hospitalisierten Klienten kann die Pflegeperson die anfängliche Pflegeverantwortung unter Einsatz von Pflegestandards regeln. Die bei späteren Pflegeperson-Klient-Interaktionen gewonnenen Assessmentinformationen erfordern u. U. spezifische Zusätze im Pflegeplan, um ein Erreichen des Ergebnisses sicherzustellen. Die Pflegeperson kann handschriftlich oder frei formuliert per Computer eine Zusatzpflegediagnose mit ihren geltenden Zielen und Interventionen in den Pflegeplan eintragen oder sie darin löschen.

Problemlisten/Pflegeplan

Wie bereits besprochen, enthält eine Problemliste die jeweils vorrangigen Pflegediagnosen und interdisziplinären Probleme, um die sich das Pflegepersonal bei einem bestimmten Klienten kümmert. Gegebenenfalls kann anstelle des Begriffs *Problem-* der Begriff *diagnostisch* eingesetzt werden (d.h. diagnostische Liste/diagnostischer Pflegeplan), um Gesundheitsförderungs-Pflegediagnosen zu erfassen.

Die Problemliste ist ein Dauerprotokoll, in dem die pflegerisch betreuten Pflegediagnosen und interdisziplinären Probleme sowie die Quelle von Interventionen genannt werden: Standardpflege, standardisierter Pflegeplan oder Zusatzpflegeplan. **Abbildung 5-7** zeigt beispielhaft eine Pflegeproblemliste bzw. einen Pflegeplan für einen Klienten mit anamnestisch bekanntem Diabetes mellitus Typ I, der zur Behandlung einer Pneumonie auf eine internistische Station aufgenommen wird. Dieses Beispiel umfasst die Pflegediagnosen gemäß den Prioritäten des Klienten sowie die Zusatzinterventionen, welche die Pflegeperson unter der Diagnose *akuter Schmerz* zusätzlich im Pflegeplan eingetragen hat.

Antworten zu den interaktiven Übungen

Interaktive Übung 5-1

Bedeutsame Daten:

- benötigt Unterstützung bei fünf Aktivitäten
- könnte drei Aktivitäten nicht durchführen
- geht mit Rollator
- zeigt Gangunsicherheit
- hat Schwäche im rechten Bein.

Interaktive Übung 5-2

Mögliche Pflegediagnosen:

- Selbstversorgungsdefizit
- Verletzungsgefahr
- Immobilitätssyndrom.

Interaktive Übung 5-3

Die einzig angemessene Wahlmöglichkeit ist die vierte. Wenn ärztlich verordnete Interventionen erforderlich sind, sobald Ziele nicht erreicht werden, dann ist das Problem ein interdisziplinäres. Die Ziele wären Pflege- und keine Klientenziele. Die auf Seite 97 genannten Ziele sollten ersetzt werden durch: «Die Pflegeperson sollte auf Veränderungen physiologischer Zustände hin überwachen und Komplikationen auf ein Minimum reduzieren.»

Interaktive Übung 5-4

Die Ziele 2 und 4 können Sie sehen oder hören. «Akzeptieren», «wissen» oder «verstehen» können Sie weder hören noch sehen. Um Wissen oder Verstehen zu messen, muss die betreffende Person Ihnen erzählen, was sie weiß (Hören), oder demonstrieren, wie man etwas macht (Sehen).

Pflegeproblemliste/Pflegeplan						
Pflegediagnose/ interdisziplinäres Problem	**Status**	**Standard**	**Zusatz**	**Evaluation des Fortschritts**		
Stationsstandard	20/9 A	✓		21/9 P/LJC	22/9 P/Pw	23/9 P-GA
PK: Hyperthermie	20/9 A			P/LJC	S/Jw	S-Ga
PK: Hyper-/ Hypoglykämie	20/9 A	✓				
Akute Schmerzen	20/9 A	✓	✓			
Status-Code:	A = aktiv; G = gelöst; AU = ausgeschlossen					
Evaluationscode:	S = stabil; G = gebessert; *V = verschlechtert; U = unverändert; *O = ohne Fortschritt; F = Fortschritt					
Überprüft mit Klient/Familie: 21/9 LJC, ___________, ___________, (Datum)						

Pdx/interdiszipl. Problem	Klientenziele/ Pflegeziele		Datum/ Initialen	Interventionen
Akute Schmerzen	–		23/9 LJC	1. Sorgen für sanftes Einreiben des Rückens am Abend
				2. Decke am Fußende des Bettes liegen lassen für leichten Zugang
Initialen/Unterschrift 1. LJC Lynda Juall Carpenito		3.	5.	7.
2. Pw Pati Wychoff		4. G. Archangelo	6.	8.

Abbildung 5-7: Beispiel einer Problemliste bzw. eines Problempflegeplans

6 Zehn Schritte, die alles miteinander verbinden

Nun haben Sie die fünf Schritte des Pflegeprozesses erlernt und verfügen über die Instrumente, um für Ihren Klienten einen Pflegeplan zu erstellen.

1. Schritt – Assessment

Wenn Sie einen Pflegeplan erstellen müssen, bevor Sie mit dem Klienten sprechen können, gehen Sie jetzt zum 2. Schritt über. Wenn Sie den Ihnen zugewiesenen Klienten befragen, bevor Sie den Pflegeplan erstellen, dann schließen Sie Ihr Assessment unter Verwendung des von Ihrer Einrichtung empfohlenen Formulars ab. Nach abgeschlossenem Assessment müssen Sie nun Folgendes herausfinden:

- Stärken, Ressourcen
- Risikofaktoren
- Funktionsstörungen.

Stärken und Ressourcen sind Qualitäten oder Faktoren, die dem Betroffenen dabei helfen zu genesen, mit Stressoren zurechtzukommen, und wieder zu der ursprünglichen Gesundheit vor der stationären Aufnahme, Erkrankung oder Operation zurückzugelangen oder sich ihr zumindest wieder möglichst weit anzunähern. Anhand seiner Stärken lässt sich der Klient dazu motivieren, einige schwierige Aktivitäten durchzuführen. Beispiele für Stärken und Ressourcen sind:

- ein positiver spiritueller Bezugsrahmen
- ein positives soziales Unterstützungssystem
- die Fähigkeit zur Selbstversorgung
- keine Schwierigkeiten beim Essen
- effektive Schlafgewohnheiten
- Aufmerksamkeit und ein gutes Gedächtnis
- stabile finanzielle Verhältnisse
- die Fähigkeit zur Entspannung während der meisten Zeit
- Motivation
- positive Selbstachtung

- eine interne Kontrollüberzeugung
- Eigenverantwortlichkeit
- positive Selbstwirksamkeit.

Erstellen Sie eine Liste der Stärken des Ihnen zugewiesenen Klienten.

Risikofaktoren sind Situationen, persönliche Merkmale, Behinderungen oder medizinische Zustände/Erkrankungen, welche die Fähigkeit einer Person behindern können, mit Stressoren umzugehen und auf dem Weg zur ursprünglichen Gesundheit vor der stationären Aufnahme, Erkrankung oder Operation voranzukommen. Beispiele für Risikofaktoren sind:

- ein fehlendes oder unwirksames Unterstützungssystem
- keine oder nur geringe körperliche Betätigung
- inadäquate oder schlechte Ernährungsgewohnheiten
- Lernschwierigkeiten
- Verleugnen
- schlechte Coping-Fähigkeiten
- Kommunikationsprobleme
- Adipositas
- Erschöpfung
- eine begrenzte Fähigkeit, Deutsch zu sprechen oder zu verstehen
- Gedächtnisstörungen
- Hörstörungen
- schon vor der Hospitalisierung bestehende Probleme mit der Selbstversorgung
- Schwierigkeiten beim Gehen
- finanzielle Probleme
- negative Selbstwirksamkeit.

Erstellen Sie eine Liste der Risikofaktoren des Ihnen zugewiesenen Klienten.

2. Schritt – Assessment am selben Tag

Sollten Sie ein Screening-Assessment des Ihnen zugewiesenen Klienten nicht abgeschlossen haben, erheben Sie baldmöglichst folgende Angaben, indem Sie den Klienten, seine Familie oder die ihn versorgende Pflegeperson fragen:

- Wie war es vor der stationären Aufnahme:
  - War der Klient in der Lage, sich selbst zu versorgen?
  - Benötigte der Klient Unterstützung?
  - Konnte der Klient ohne fremde Hilfe gehen?
  - Hatte der Klient Gedächtnisstörungen?
  - Hatte der Klient Hörstörungen?
  - Rauchte der Klient?
- Welche Umstände oder Krankheiten machen den Klienten anfälliger für:
  - Stürze
  - eine Infektion
  - unausgewogene Ernährung/Störungen des Flüssigkeitshaushalts

  - Druckgeschwüre
  - schwere oder panische Angst
  - physiologische Schwankungen (z. B. Elektrolyte, Blutzucker, Blutdruck, Atemfunktion, Wundheilungsstörungen)?
- Wenn Sie mit dem Ihnen zugewiesenen Klienten zusammenkommen, stellen Sie fest, ob einer der folgenden Risikofaktoren vorliegt:
  - Adipositas
  - Verständigungsprobleme
  - Bewegungsschwierigkeiten
  - unzureichender Ernährungszustand.

Tragen Sie bedeutsame Angaben in die Indexkarte ein, und gehen Sie zum 3. Schritt über.

3. Schritt – Erstellen Ihres ersten Pflegeplans

Wenn Ihr Klient eines medizinischen, nichtoperativen Problems wegen stationär aufgenommen wurde, schauen Sie in allgemeinen medizinischen Versorgungsplänen nach. Wenn Ihr Klient eines operativen Problems wegen stationär aufgenommen wurde, schauen Sie in allgemeinen medizinischen Versorgungsplänen nach. Diese allgemeinen Versorgungspläne spiegeln die gewöhnlich erwartete Pflege wider, die ein Klient benötigt. Fragen Sie die für Sie zuständige Lehrperson, wie Sie sie anwenden können, um allzu viel Schreibarbeit zu vermeiden [Im Originaltext wird hier auf Online-Pläne verwiesen, die der deutschen Ausgabe nicht verfügbar sind. Verknüpfungen von Pflegediagnosen mit medizinischen Diagnosen finden sich in Doenges et al. 2012. Anm. d. Hrsg].

4. Schritt – Überprüfen der interdisziplinären Probleme auf dem allgemeinen Plan

- Schauen Sie sich die aufgeführten interdisziplinären Probleme an. Eben diese sind die physiologischen Komplikationen, die Sie überwachen müssen. Löschen Sie keine davon, da es sich bei allen um die Erkrankung oder die Operation Ihres Klienten dreht. Sie müssen noch hinzufügen, wie oft die Vitalzeichen bestimmt, Ein- und Ausfuhr gemessen, der Verband gewechselt etc. werden soll. Fragen Sie die Pflegeperson, der Sie zugewiesen wurden, danach, und schauen Sie im Kardex nach, der ebenfalls den jeweiligen Zeitrahmen enthalten kann.
- Sichten Sie jede Intervention auf interdisziplinäre Probleme. Gibt es bei Ihrem Klienten unsichere oder kontraindizierte Interventionen? Wenn Ihr Klient beispielsweise Ödeme und Nierenprobleme hat, sind die Anforderungen in Bezug auf Flüssigkeiten vielleicht zu hoch für ihn. Bitten Sie in diesem Punkt eine Pflege- oder Unterrichtsperson um Hilfe.
- Schauen Sie sich die interdisziplinären Probleme auf dem Standardpflegeplan an. Sichten Sie auch alle zusätzlichen interdisziplinären Probleme, die Sie gefunden haben und die mit einem medizinischen Problem oder einem Behandlungsproblem zusammenhängen. Wenn Ihr Klient beispielsweise einen Diabetes mellitus hat, müssen Sie hinzufügen:

PK: Hypoglykämie/Hyperglykämie.

5. Schritt – Überprüfen der Pflegediagnosen auf dem Standardplan

Schauen Sie sich jede Pflegediagnose auf dem Pflegeplan an:

- Trifft sie auf den Ihnen zugewiesenen Klienten zu?
- Liegen bei Ihrem Klienten Risikofaktoren vor (siehe Ihre Indexkarte), die zu einer Verschlechterung der jeweiligen Diagnose führen könnten?

Ein Beispiel im «Allgemeinen medizinischen Versorgungsplan» ist *Verletzungsgefahr, beeinflusst durch eine unvertraute Umgebung und körperliche oder geistige Einschränkungen, sekundär beeinflusst durch die Erkrankung, die Medikation, Therapien oder diagnostische Tests.*

Betrachten Sie nun die Liste der Risikofaktoren des Ihnen zugewiesenen Klienten. Kann einer der darin genannten Risikofaktoren dazu beitragen, dass der Klient einen Schaden erleidet? Hat er beispielsweise Probleme beim Gehen oder Sehen? Ist ihm schwindlig?

Sollte Ihr Klient infolge einer peripheren Gefäßkrankheit (PVD) gangunsicher sein, würden Sie folgende Diagnose hinzufügen: *Verletzungsgefahr, beeinflusst durch eine unvertraute Umgebung und unsicheren Gang, sekundär beeinflusst durch eine periphere Gefäßkrankheit.*

Gehen Sie für jede Pflegediagnose die einzelnen Interventionen durch:

- Sind sie für Ihren Klienten relevant?
- Haben Sie die Zeit, um die Interventionen zu leisten?
- Gibt es Interventionen, die bei dem Ihnen zugewiesenen Klienten ungeeignet oder kontraindiziert sind?
- Können Sie spezifische Interventionen hinzufügen?
- Müssen Sie eine oder einige der Interventionen aufgrund von Risikofaktoren (s. Indexkarte) modifizieren?

Gehen Sie für jede Pflegediagnose die Ziele durch:

- Treffen Sie auf Ihren Klienten zu?
- Kann der Klient noch am selben Tag, an dem Sie die Pflege durchführen, das Erreichen des Ziels demonstrieren?
- Brauchen Sie mehr Zeit?
- Müssen Sie das Ziel noch genauer auf Ihren Klienten zuschneiden?

Streichen Sie Ziele, die für Ihren Klienten ungeeignet sind. Wenn Ihr Klient mehr Zeit braucht, um das Ziel zu erreichen, fügen Sie «bei Entlassung» hinzu. Kann der Klient das Ziel an diesem Tag erreichen, schreiben Sie: «am [Datum einfügen]» hinter das Ziel.

Betrachten Sie angesichts derselben Diagnose *Verletzungsgefahr, beeinflusst durch eine unvertraute Umgebung und körperliche oder kognitive Einschränkungen, sekundär beeinflusst durch die Erkrankung, die Medikation, Therapien oder diagnostische Tests* folgendes Ziel:
Der Klient wird bezüglich Selbstversorgungsaktivitäten (ADL) Unterstützung anfordern.

Indikatoren

- Identifizieren Sie Indikatoren einer Verletzungsgefahr.
- Beschreiben Sie angemessene Sicherheitsmaßnahmen.

Wenn es bei Ihrem Klienten realistisch ist, alle Ziele am Tag Ihrer Pflege zu erreichen, sollten Sie bei allen das Datum dazusetzen. Ist Ihr Klient verwirrt, können Sie das Datum beim Hauptziel hinzufügen, würden dann aber alle Indikatoren streichen, weil Ihr Klient verwirrt ist. Sie könnten das Ziel auch modifizieren, indem Sie schreiben:

Ein Familienmitglied wird Faktoren identifizieren, welche die Verletzungsgefahr für den Klienten erhöhen.

Denken Sie daran, dass Sie den Pflegeplan eines Klienten erst dann individuell gestalten können, wenn Sie Zeit mit ihm verbringen. Sie können jedoch auf der Grundlage Ihrer vorklinischen Kenntnis des Klienten (z. B. medizinische Diagnose, Begleiterkrankungen) Interventionen hinzufügen oder streichen.

6. Schritt – Vorbereiten des schriftlichen oder gedruckten Pflegeplans

Sie können den Pflegeplan vorbereiten, indem Sie …

- … den online verfügbaren allgemeinen Pflegeplan in Ihr Textverarbeitungssystem übernehmen und dann Spezifika für Ihren Klienten hinzufügen oder streichen. Verwenden Sie dazu eine andere Farbe oder eine andere Schrift für Zusätze/Streichungen.
- … einen Abschnitt aus diesem Buch fotokopieren und dann die Spezifika für Ihren Klienten hinzufügen oder streichen.
- … den Pflegeplan von Hand schreiben.

Fragen Sie bei Ihrem Dozierenden nach, welche Optionen akzeptabel sind. Die Anwendung verschiedener Farben ermöglicht es der/dem Betreffenden, Ihre Analyse deutlicher zu erkennen. Richten Sie sich darauf ein, Ihre Zusätze bzw. Streichungen auch begründen zu müssen.

7. Schritt – Erster Pflegeplan komplett

Nachdem Sie nun einen Pflegeplan bestehend aus interdisziplinären Problemen und Pflegediagnosen haben, lautet die Frage: Welche davon hängen mit der Primärerkrankung zusammen, deretwegen Ihr Klient stationär aufgenommen wurde? Wenn der Ihnen zugewiesene Klient ein gesunder Erwachsener ist, der sich einer Operation unterzieht oder eines akuten medizinischen Problems wegen aufgenommen wurde, und wenn Sie im 1. Schritt keine bedeutsamen Faktoren gefunden haben, so ist Ihr initialer Pflegeplan abgeschlossen. Fahren Sie fort mit dem 10. Schritt.

8. Schritt – Zusätzliche Risikofaktoren

Wenn bei Ihrem Klienten (auf der Indexkarte) Risikofaktoren vorliegen, die Sie im 1. und 2. Schritt identifiziert haben, evaluieren Sie, ob diese Risikofaktoren Ihren Klienten problemanfälliger machen. Die folgenden Fragen können feststellen helfen, ob bei dem Klienten oder seiner Familie zusätzliche Diagnosen vorliegen, die Pflegeinterventionen benötigen:

- Gibt es zusätzliche interdisziplinäre Probleme in Verbindung mit bestehenden medizinischen Erkrankungen, die der Überwachung bedürfen (z. B. Hypoglykämie)?
- Gibt es zusätzliche Pflegediagnosen, die, wenn sie jetzt nicht behandelt oder verhindert werden, den funktionellen Status des Klienten beeinträchtigen (z. B. *Obstipationsgefahr*)?
- Welche Probleme betrachtet der Klient als vorrangig?
- Welche Pflegediagnosen sind wichtig, können jedoch hinsichtlich der Behandlung hintangestellt werden, ohne den funktionellen Status zu beeinträchtigen?

Nicht auf der Prioritätenliste stehende Pflegediagnosen können Sie angehen, indem Sie den Klienten zur Unterstützung nach der Entlassung weiterverweisen (z. B. Beratung, Raucherentwöhnungsprogramm).

Das Setzen von Prioritäten ist ein wichtiges, aber sehr schwieriges Konzept. Aufgrund verkürzter Liegezeiten und weil viele Klienten mehrere chronische Erkrankungen gleichzeitig haben, können Pflegende sich nicht um alle Pflegediagnosen eines jeden Klienten kümmern. Vielmehr müssen sie sich auf diejenigen konzentrieren, durch die der Klient geschädigt oder in seinem Fortschritt gehemmt würde, wenn man sie nicht anspräche. Bitten Sie eine Lehrperson aus dem klinischen Lehrkollegium, Ihre Liste zu überprüfen. Richten Sie sich darauf ein, Ihre Auswahl auch begründen zu müssen.

9. Schritt – Evaluieren des Status Ihres Klienten – nach der Pflege

Interdisziplinäre Probleme

Gehen Sie die Pflegeziele für die interdisziplinären Probleme durch:

- Beurteilen Sie den Status des Klienten.
- Vergleichen Sie die Daten mit geltenden Normen (Indikatoren).
- Beurteilen sie, ob die Daten innerhalb akzeptabler Grenzen liegen.
- Schließen Sie daraus, ob der Zustand des Klienten stabil, gebessert, nicht gebessert oder verschlechtert ist.

Ist der Zustand Ihres Klienten stabil, oder hat er sich gebessert?

- Wenn ja, überwachen Sie den Klienten weiterhin, und sorgen Sie für die indizierten Interventionen.
- Wenn nicht: Gab es eine dramatische Änderung (z. B. Blutdruckanstieg und Abnahme der Urinausscheidung)? Haben Sie den Arzt oder eine Fachpflegeperson benachrichtigt? Haben Sie Ihre Überwachung des Klienten intensiviert? Teilen Sie Ihre Evaluationen des Status von interdisziplinären Problemen ihrer Unterrichtsperson sowie der für Ihren Klienten verantwortlichen Pflegeperson mit.

Pflegediagnosen

Sichten Sie die Ziele oder Ergebniskriterien für jede einzelne Pflegediagnose. Hat der Klient die mit dem Ziel festgelegte Aktivität demonstriert oder angegeben? Wenn ja, teilen Sie die Erfüllung Ihres Plans mit bzw. dokumentieren Sie sie. Wenn nicht, und wenn der Klient mehr Zeit benötigt, ändern Sie das Zieldatum. Wenn es keine Frage der Zeit ist, evaluieren Sie, warum der Klient das Ziel nicht erreicht hat. War das Ziel …

- … aufgrund anderer Prioritäten unrealistisch?
- … für den Klienten inakzeptabel?

10. Schritt – Dokumentieren der Pflege auf den Formularen der Einrichtung, Protokollblättern und Verlaufsbögen

Teil II
Lehrbuch Pflegediagnosen

Abschnitt 1

Individuelle Pflegediagnosen

Einführung

Das *Lehrbuch Pflegediagnosen* besteht aus Pflegediagnosen. Dieser Teil des Werkes wurde in vier Abschnitte unterteilt, wobei die Pflegediagnosen in die entsprechenden Kategorien eingeordnet wurden:

- Abschnitt 1 – Individuelle Pflegediagnosen
- Abschnitt 2 – Familienbezogene Pflegediagnosen
- Abschnitt 3 – Gemeindebezogene Pflegediagnosen
- Abschnitt 4 – Gesundheitsförderungs-Pflegediagnosen.

Sie werden zunächst anhand der drei von der NANDA geforderten Elemente beschrieben:

1. Definition [Hier wurden die Definitionen von Carpenito um die NANDA-I-Definition (2010) ergänzt. Anm. d. Hrsg.]
2. bestimmende Merkmale oder Kennzeichen, Zeichen und Symptome oder Risikofaktoren der Diagnose, [ergänzt um die Mermale der NANDA-I Pflegediagnosen (2009–2011)]
3. Einflussfaktoren, geordnet nach pathophysiologischen, behandlungs-, situations- und altersbezogenen Gesichtspunkten, die zur aktuellen Diagnose beitragen können oder diese verursachen, [ergänzt um die Einfluss- und/oder Risikofaktoren der NANDA-I (2010) Pflegediagnosen (2009–2011), Anm. d. Hrsg.].

Zusätzlich finden Sie folgende Komponenten:

- *Anmerkungen der Autorin*, in denen das Konzept und der praktische Gebrauch der Diagnose erläutert wird
- *Irrtümer in diagnostischen Aussagen*, in denen häufige Fehler beim Formulieren von Diagnosen erklärt und Möglichkeiten aufgezeigt werden, diese zu umgehen
- *zentrale Konzepte*, in denen wissenschaftliche Erläuterungen zu der Diagnose und den Interventionen aufgelistet werden, und zwar unterteilt in *geburtshilflich-gynäkologische*, *pädiatrische*, *geriatrische* und *transkulturelle Überlegungen*.

- *Einschätzungskriterien des Fokusassessments*, subjektive und objektive, die als Richtschnur einer spezifischen Datenerhebung dienen, um die Diagnose zu sichern oder auszuschließen.

Jede Diagnose enthält eine Gruppe von Interventionen mit Schwerpunkt auf der Behandlung in Zusammenhang mit der Diagnosebezeichnung, unabhängig von den Einflussfaktoren, sowie mit den Ergebniskriterien. Interventionen bringen die Pflegenden insbesondere dazu, …

- … beeinflussende Faktoren zu klären.
- … die Einflussfaktoren zu reduzieren oder zu beseitigen.
- … ausgewählte Aktivitäten zu fördern.
- … bezüglich gesunder Alternativen zu informieren, zu schulen, zu beraten sowie zu überweisen.

Manche Diagnosen werden durch eine oder mehrere spezifische Pflegediagnosen, die wegen ihres häufigen Vorkommens in der Pflege ausgewählt wurden, genauer erklärt. Sie repräsentieren in keiner Weise exklusive Kategorien. So hat beispielsweise *Aktivitätsintoleranz* spezifische beeinflussende Faktoren:

- **b/d** unzureichendes Wissen über erforderliche Anpassungstechniken, **s/b/d** *chronisch-obstruktive Atemwegserkrankung*
- **b/d** unzureichendes Wissen über erforderliche Anpassungstechniken, **s/b/d** *beeinträchtigte Herzfunktion*
- **b/d** *Konditionsverlust infolge von Bettruhe.*

Manche Diagnosen enthalten populationsspezifische Interventionen bei Kindern, Schwangeren und älteren Erwachsenen.
Am Schluss von Teil III findet sich ein nach Pflegediagnosen geordnetes deutsch- und englischsprachiges Literaturverzeichnis. Soweit von Nutzen und verfügbar, werden Internetseiten zitiert.

Aktivitätsintoleranz

Aktivitätsintoleranz, ...

- ... **b/d** unzureichendes Wissen über erforderliche Anpassungstechniken, **s/b/d** chronisch-obstruktive Atemwegserkrankung
- ... **b/d** unzureichendes Wissen über erforderliche Anpassungstechniken, **s/b/d** beeinträchtigte Herzfunktion.

Definition

Aktivitätsintoleranz: Abnahme der physiologischen Fähigkeit einer Person, Aktivitäten bis zu dem gewünschten oder erforderlichen Grad durchzuhalten (Magnan, 1987).

Aktivitätsintoleranz (engl.: Activity intolerance): Ungenügende physiologische oder psychische Energie, um erforderliche oder erwünschte alltägliche Aktivitäten durchzuhalten oder abzuschließen (NANDA-I, 2010).

Bestimmende Merkmale oder Kennzeichen

Hauptkennzeichen (obligat)

Gestörte physiologische Reaktion auf Aktivität.

Atmung

Dyspnö bei körperlicher Anstrengung/Belastung
Kurzatmigkeit
Erheblich beschleunigte Atmung
Verlangsamte Atmung.

Puls

Schwach
Erheblich beschleunigt
Veränderter Rhythmus
Verlangsamt
Nach 3 Minuten keine Rückkehr auf das Niveau vor der Aktivität
abnorme Herzfrequenz als Reaktion auf Aktivität/Belastung.

Blutdruck

Fehlender Anstieg bei Aktivität
Erhöhter diastolischer Druck > 15 mmHg.

Nebenkennzeichen (fakultativ)

Unbehagen (Brustschmerzen) bei körperlicher Anstrengung/Belastung
Äußerung über Schwäche
Blässe oder Zyanose
Schwindel
Erschöpfung, Müdigkeit
Verwirrtheit.

Einflussfaktoren

Alle Faktoren, die den Sauerstofftransport oder den Aufbau körperlicher Kondition stören oder zu erhöhtem, die physischen und psychischen Fähigkeiten des Betreffenden übersteigendem Energiebedarf führen, können eine Aktivitätsintoleranz auslösen. Im Folgenden werden einige häufige Faktoren genannt.

Pathophysiologische Faktoren

B/d ein gestörtes Sauerstofftransportsystem, s/b/d:

Herzerkrankungen
Kardiomyopathien
Rhythmusstörungen
Myokardinfarkt
Angeborenes Herzvitium
Dekompensierte Herzinsuffizienz
Angina pectoris
Klappenerkrankung.

Atemwegserkrankungen
Chronisch-obstruktive Atemwegserkrankung (COPD)
Bronchopulmonale Dysplasie
Atelektase.

Kreislauferkrankungen
Anämie
Hypovolämie
Periphere arterielle Gefäßerkrankung.

B/d erhöhte Anforderungen an den Stoffwechsel, s/b/d:

akute oder chronische Infektionen
Virusinfektion
Erkrankung des endokrinen Systems oder Stoffwechselerkrankung
Mononukleose
Hepatitis.

chronische Erkrankungen

Nierenleiden
Entzündungen
Neurologische Erkrankungen
Leberleiden
Erkrankungen des Muskel-Skelett-Systems.

B/d inadäquate Energiequellen, s/b/d:

Adipositas
Fehlernährung
unzureichende Ernährung.

Behandlungsbedingte Faktoren

B/d erhöhte Anforderungen an den Stoffwechsel, s/b/d:

Malignome
diagnostische Untersuchungen
Operationen
den Therapieplan bzw. die Häufigkeit von Therapien.

B/d einen gestörten Sauerstofftransport, s/b/d:

Hypovolämie
längere Bettruhe.

Situationsbedingte Faktoren (persönlich bedingt, umgebungsbedingt)

B/d Inaktivität, s/b/d:

Depression
fehlende Motivation
Bewegungsmangel.

B/d erhöhte Anforderungen an den Stoffwechsel, s/b/d:

Hilfsmittel (Rollator, Unterarmgehstützen, Schienen)
extremer Stress
Schmerz
Hindernisse in der Umgebung (z. B. Treppen)
extreme klimatische Bedingungen (besonders Hitze, Feuchtigkeit)
Luftverschmutzung (z. B. Smog)
Luftdruck (z. B. kürzlich erfolgter Umzug in große Höhe).

Altersbedingte Faktoren

Bei älteren Erwachsenen können Muskelkraft und -flexibilität herabgesetzt sein, und es kann sensorische Defizite geben. Diese Faktoren können das Vertrauen in den eigenen Körper untergraben und direkt oder indirekt zur Aktivitätsintoleranz beitragen.

Anmerkung der Autorin

Aktivitätsintoleranz ist eine diagnostische Beurteilung, mit der eine Person mit beeinträchtigter körperlicher Kondition beschrieben wird. Diese Person kann mit Therapien zur Steigerung von Kraft und Ausdauer beginnen. Darüber hinaus besteht das Ziel bei *Aktivitätsintoleranz* darin, die Belastbarkeit zu erhöhen. Bei *Fatigue* (Erschöpfung) besteht das Ziel darin, der betroffenen Person bei der Anpassung an die Erschöpfung und dem Haushalten mit körperlichen Energien (Energiemanagement) zu helfen, und nicht darin, deren Ausdauer zu erhöhen.

Irrtümer in diagnostischen Aussagen

1. *Aktivitätsintoleranz,* **b/d** *Episoden von Rhythmusstörungen als Reaktion auf erhöhte Aktivität,* **s/b/d** *einen kurze Zeit zurückliegenden Myokardinfarkt.*
   Die aktuellen Ziele lägen darin, die Reaktion des Herzens auf Aktivität zu überwachen und ein Absinken der Herzleistung zu verhindern, statt die Belastbarkeit zu erhöhen. Diese Situation würde man besser als interdisziplinäres Problem bezeichnen: *PK: verminderte Herzleistung.*
2. *Aktivitätsintoleranz,* **b/d** *Erschöpfung,* **s/b/d** *Chemotherapie.*
   Eine chemotherapiebedingte Erschöpfung wird weder durch Ruhe gelindert noch ist sie Interventionen zur Steigerung der Ausdauer zugänglich. Die Korrektur würde lauten: *Fatigue,* **b/d** *Anämie und chemische Veränderungen,* **s/b/d** *toxische Effekte einer Chemotherapie.*

Zentrale Konzepte

Allgemeine Überlegungen

- *Ausdauer* ist die Fähigkeit, eine bestimmte Aufgabe weiterzuführen, *Fatigue* (Erschöpfung) bedeutet, eine bestimmte Aufgabe nicht fortführen zu können. Konzeptionell sind Ausdauer und Erschöpfung Gegensätze. Pflegeinterventionen, wie etwa Energiemanagement, bzw. das Haushalten mit den Körperkräften, zielen darauf ab, eine tätigkeitsbedingte Erschöpfung durch Maximieren des effizienten Einsatzes der Muskeln zur Kontrolle des Gehens, der Handbewegungen und der Fortbewegung hinauszuzögern.
- Die Fähigkeit zur Aufrechterhaltung eines gegebenen Leistungsniveaus ist abhängig von *persönlichen Faktoren* (Kraft, Koordination, Reaktionszeit, Wachheitsgrad und Motivation) und von *aktivitätsbedingten Faktoren* (Häufigkeit, Dauer und Intensität).
- Bei gesunden Menschen ist die Atemarbeit nur sehr gering. Bei Menschen mit COPD kann sie jedoch um das Fünf- bis Zehnfache des Normalwerts ansteigen. Unter diesen Bedingungen kann der *nur für das Atmen* erforderliche Sauerstoff bereits einen großen Teil des Gesamtverbrauchs an Sauerstoff ausmachen.

- Die Effekte eines Konditionsabbaus durch Bettruhe oder Immobilisierung, die auch als Liegepathologie bezeichnet werden, entwickeln sich rasch. Es braucht Wochen bis Monate, um sie wieder rückgängig zu machen. Alle zur Bettruhe Gezwungenen sind der Gefahr einer Aktivitätsintoleranz infolge eines dadurch bedingten Konditionsabbaus ausgesetzt (vgl. Zegelin, 2005).

Pädiatrische Überlegung

- Besonders durch Aktivitätsintoleranz gefährdet sind Kinder mit Atemwegserkrankungen, Herz-Kreislauf-Erkrankungen, Anämie und chronischen Krankheiten (Wong, 2003).
- Die Forschung zeigt, dass ein überwachtes körperliches Training von mäßiger Intensität bei herzkranken Kindern sicher ist und signifikant vorteilhafte Veränderungen der Hämodynamik und der Übungszeit bewirkt (Balfour, 1991).

Geriatrische Überlegungen

- Eine verminderte Herzleistung wird bei älteren Erwachsenen krankheitsbezogenen, nicht altersbedingten Prozessen zugeschrieben Miller, 2004). Fleg (1986) fand in einer Studie an gesunden Erwachsenen im Alter zwischen 30 und 80 Jahren keine altersbedingten Veränderungen der kardialen Ruheleistung.
- Studien zufolge nimmt der maximale Sauerstoffverbrauch (VO_{2max}) im Alter zwischen 25 und 75 Jahren pro Dekade um 5 bis 10 % ab. Auch bei sehr sportlichen Menschen nimmt VO_{2max} ab, wobei dieser Rückgang jedoch nur die Hälfte des 10 %igen Rückgangs pro Dekade bei weniger sportlichen Menschen ausmacht. Es scheint entweder eine verminderte Effektivität beim Transport von Blut in die arbeitende Muskulatur vorzuliegen, oder es fällt der Muskulatur infolge einer verminderten Muskelmasse schwerer, Sauerstoff aus dem Blut zu gewinnen und zu nutzen.
- Im Alter von 75 Jahren finden sich im Sinusknoten nur noch 10 % der Schrittmacherzellen, was für eine verlangsamte Überleitung bei körperlicher Belastung verantwortlich sein könnte.
- Längerfristige Immobilität und Inaktivität durch selbstverursachte Einschränkungen, Veränderungen des Geisteszustands oder pathophysiologische Veränderungen können zu einer verminderten Aktivitätstoleranz beitragen (Cohen et al., 2000).
- Eine verminderte Muskelmasse führt zur Abnahme der Kraft, die wiederum zu geringerer Ausdauer führt. Die im Alter zwischen 20 und 30 Jahren maximal ausgeprägte Muskelkraft sinkt im Alter von 65 Jahren auf 80 % dieses Werts (Cohen et al., 2000).
- Die mit dem Alter zunehmende Starre des Thorax führt zu einer verminderten Lungendehnung, die wiederum eine verminderte Gewebeoxygenierung bewirkt. Dies wirkt sich unmittelbar auf die Belastbarkeit aus.

Einschätzungskriterien des Fokusassessments

Das Assessment bei Aktivitätsintoleranz ist ein dynamischer Prozess, der schon vor der Aktivität beginnt, sich während der Aktivität fortsetzt und mit der Evaluation nach der Aktivität endet. Während des Assessments vor der Aktivität führt die Pflegeperson «Ruhe»-Messungen von Blutdruck, Puls und Atmung durch. Sollte ein bestimmtes Organsystem erkrankt sein, konzentriert sich das Assessment während der Aktivität auf Zeichen und Symptome, die auf eine Intoleranz in diesem System hindeuten (z. B. Belastungsdyspnö bei Lungenerkrankung, Angina pectoris bei Herzerkrankung, verstärkte Spastizität bei neuromuskulärer Erkrankung). Bei der Evaluation nach der Aktivität beurteilt die Pflegeperson die Erholungszeit und die Zeit, welche Blutdruck, Puls und Atmung benötigen, um auf das Niveau vor der Aktivität zurückzukehren. Dies spiegelt die physiologische Belastbarkeit wider.

Subjektive Daten

Einschätzen bestimmender Merkmale oder Kennzeichen

Schwäche.
Dyspnö.
Erschöpfung.

Einschätzen beeinflussender Faktoren

Fehlender Anreiz.
Fehlendes Vertrauen, die Aktivität auch durchführen zu können.
Schmerzen, welche die Durchführung von Aktivitäten behindern.
Furcht vor Verletzung oder vor einer Verschlechterung der Erkrankung als Folge einer Teilnahme an der Aktivität.

Objektive Daten

Einschätzen bestimmender Merkmale oder Kennzeichen

Einschätzen von Kraft und Gleichgewicht. Evaluieren, ob die Person zu Folgendem in der Lage ist:

- sich im Bett umdrehen
- aufstehen
- umhergehen
- sich aufsetzen und die sitzende Stellung beibehalten
- sich aufrecht halten
- Aktivitäten des täglichen Lebens (ADL) durchführen.

Beurteilen der Reaktion auf Aktivität:

1. Bestimmen Sie die Vitalzeichen in Ruhe (Tab. II-1): Puls (Frequenz, Rhythmus, Qualität), Atmung (Frequenz, Tiefe, Atemarbeit) und Blutdruck.
2. Lassen Sie den Betreffenden die Aktivität durchführen.

3. Bestimmen Sie unmittelbar nach der Aktivität die Vitalzeichen.
4. Lassen Sie den Betreffenden 3 Minuten ausruhen, und bestimmen Sie die Vitalzeichen erneut. Vergleichen Sie das Ergebnis mit den Vitalzeichen in Ruhe (s. Tab. II-1).
5. Untersuchen Sie auf Blässe, Zyanose, Verwirrtheit, Schwindel und den Einsatz der Atemhilfsmuskulatur.

Tabelle II-1: Erwartete und abnorme physiologische Reaktion auf körperliche Belastung

	Puls	Blutdruck	Atmung
In Ruhe			
normal	60–90 Schläge/min	<140/90 mmHg	<20/min
abnorm	>100 Schläge/min	>140/90 mmHg	>20/min
Unmittelbar nach der Aktivität			
normal	↑ Frequenz	↑ systolisch	↑ Frequenz
	↑ Stärke		↑ Atemzugtiefe
abnorm	↑ Frequenz	Abnahme oder keine Veränderung des systolischen Drucks	überschießend
	↑ Stärke		Frequenz ↑ oder ↓
	Rhythmus unregelmäßig		
3 Minuten nach der Aktivität			
normal	im Bereich von 6 Schlägen um den Ruhepuls		
abnorm	>7 Schläge um den Ruhepuls		

Einschätzen beeinflussender Faktoren

Situationsbedingte Faktoren

Persönliches
Coping-Strategien mit Schwerpunkt auf Vermeiden
Inadäquate soziale Unterstützung.

Umgebungsbedingte Faktoren

Soziale Isolation
Sensorische Überlastung
Unzureichende Ruhe und ungenügender Schlaf
Sensorische Deprivation
Extreme klimatische Bedingungen.

Krankheitsbedingte/pathophysiologische Faktoren

Herz- und Lungenerkrankungen
Mangelernährung
Erkrankungen des Muskel-Skelett-Systems
Neurologische Erkrankungen
Störungen des Flüssigkeits- und Elektrolythaushalts
Chronische Erkrankungen.

Behandlungsbedingte Faktoren

Bettruhe/verordnete Immobilität
Diagnostische Untersuchungen
Medikationen
Therapieschemata
Diät
Operation
Erwartungen der Betreuungsperson
Hilfsmittel, deren Nutzung Kraft erfordert.

Ziele

NOC

- Aktivitätstoleranz

Die Person steigert die Aktivität auf (spezifiziere Niveau)...

Indikatoren

- Identifizieren von Faktoren, welche die Aktivitätsintoleranz verstärken.
- Identifizieren von Methoden zur Verringerung der Aktivitätsintoleranz.
- Beibehalten des Blutdrucks 3 Minuten nach der Aktivität innerhalb normaler Grenzen.

Allgemeine Interventionen

NIC

- Energiemanagement
- Bewegungsförderung
- Schlafförderung
- Gemeinsame Zielsetzung

Überwachen der Reaktion der Person auf Aktivität und Dokumentieren der Reaktion

Bestimmen Sie Ruhepuls, Blutdruck und Atemfrequenz.

Beobachten Sie Frequenz, Rhythmus und Qualität. Konsultieren Sie bei abnormen Werten (z. B. Puls > 100/min) den Arzt, ob es ratsam ist, die Aktivität zu steigern.

Lassen Sie den Betreffenden die Aktivität durchführen.

Bestimmen Sie unmittelbar nach der Aktivität die Vitalzeichen.

Lassen Sie die Person 3 Minuten lang ausruhen, und messen Sie dann erneut die Vitalzeichen.

Brechen Sie die Aktivität ab, wenn die Person folgende Reaktionen zeigt:

- Klagen über Thoraxschmerz, Schwindel oder Verwirrtheit
- verminderte Pulsfrequenz
- fehlender Anstieg des systolischen Blutdrucks
- gesunkener systolischer Blutdruck
- Anstieg des diastolischen Blutdrucks um 15 mmHg
- verminderte Atemreaktion.

Reduzieren Sie Intensität und Dauer der Aktivität, wenn …

- … der Puls länger als 3–4 Minuten benötigt, um in einen Bereich von 6 Schlägen/min um den Ruhepuls zurückzukehren.
- … die Atemfrequenz nach der Aktivität exzessiv ansteigt.

F: Die Reaktion auf eine Aktivität lässt sich evaluieren, indem man Blutdruck, Puls und Atmung vor der Aktivität mit den entsprechenden Ergebnissen nach der Aktivität vergleicht. Diese lassen sich wiederum mit der Erholungszeit vergleichen.

F: Eine anstrengende Tätigkeit kann den Puls um 50 Schläge/min erhöhen. Diese Frequenz ist immer noch zufriedenstellend, solange sie innerhalb von 3 Minuten wieder die Ruhefrequenz erreicht.

F: Das Auftreten von Störungen der Herz- oder Atemfunktion sind klinische Reaktionen, die den Abbruch der Aktivität oder deren Reduzierung erfordern.

Schrittweises Steigern der Aktivität

Steigern Sie die Belastbarkeit, indem Sie den Betreffenden die Aktivität langsamer, über kürzere Zeit und mit mehr Ruhepausen oder mehr Unterstützung durchführen lassen.

Reduzieren Sie die konditionsschwächenden Effekte einer längeren Bettruhe und erzwungener Immobilität auf ein Minimum durch:

- Beginnen mit aktiven Bewegungsübungen mindestens 2-mal täglich. Sollte die Person dazu nicht in der Lage sein, kann die Pflegeperson passive Bewegungsübungen durchführen.
- Ermutigen zu isometrischen Übungen.
- Ermutigen der Person, sich selbst umzudrehen und aufzurichten, sofern nicht kontraindiziert.
- Fördern eines optimalen Gleichgewichts im Sitzen und einer optimalen Verträglichkeit des Sitzens durch Steigerung der Muskelkraft.
- Schrittweises Steigern der Belastungstoleranz durch Beginn mit 15 Minuten Aufenthalt außerhalb des Bettes.
- Die Person 3-mal täglich aus dem Bett aufstehen lassen und dabei die außerhalb des Bettes verbrachte Zeit täglich um 15 Minuten verlängern.
- Üben von Transfers. Dabei die Person möglichst viele aktive Bewegungen ausführen lassen.
- Fördern des Umhergehens mit oder ohne Hilfsmittel.
- Sorgen für Unterstützung, wenn die Person mit dem aufrechten Stehen beginnt.
- Wenn die Person nicht stehen kann, ohne die Knie zu beugen, ist sie noch nicht bereit umherzugehen. Helfen Sie ihr, mit Unterstützung auf der Stelle stehen zu können.
- Wählen einer sicheren Gangart. Erscheint der Gang unbeholfen, aber stabil, fahren Sie fort. Bleiben Sie dicht bei der Person, und geben Sie klare Hinweise, wie z. B.: «Schauen Sie geradeaus statt nach unten.»
- Der Person gestatten, die Gehstrecke zu messen.
- Sorgen für ausreichende Unterstützung, um Sicherheit zu gewährleisten und Stürze zu verhindern.
- Ermutigen der Person, bequeme Schuhe zu tragen (offene Hausschuhe stützen den Fuß nicht hinreichend).

F: Belastbarkeit entwickelt sich zyklisch, indem Häufigkeit, Dauer und Intensität der Aktivität angepasst werden, bis das gewünschte Niveau erreicht ist. Zunächst nimmt die Häufigkeit einer Aktivität zu, dann die Dauer und schließlich die Intensität (Arbeitsbelastung). Erhöhte Intensität wird kompensiert durch verkürzte Dauer und verminderte Intensität.

Erörtern der Krankheitsauswirkungen auf Rollenverantwortlichkeiten, Beruf und Finanzen

F: Wissen, Wertvorstellungen, Überzeugungen und die wahrgenommene Handlungsfähigkeit beeinflussen die Entscheidung einer Person, eine bestimmte Aktivität aufzunehmen (Magnan, 1987; Fitzgerald-Miller, 2003).

Feststellen, ob die Person ausreichend schläft (für mehr Information siehe Schlafstörung)

Planen Sie Ruhephasen entsprechend dem Tagesplan der Person. Sie sollten über den Tag verteilt sein und zwischen Aktivitäten liegen.

Halten Sie die Person dazu an, in der ersten Stunde nach einer Mahlzeit zu ruhen. Dies kann auf vielfältige Weise erfolgen: mit hochgelegten Beinen sitzen, Fernsehen oder einem einmaligen Nickerchen von max. 20–25 min nach dem Mittagessen.

F: Ruhen lindert die Symptome der Aktivitätsintoleranz. Der Tagesplan wird so erstellt, dass er abwechselnd Phasen der Aktivität und Ruhe beinhaltet, und man koordiniert ihn so, dass ein exzessiver Energieverbrauch gesenkt wird.

Fördern einer aufrichtigen Haltung von «Das schaffen wir»

Identifizieren Sie Faktoren, die das Selbstvertrauen der Person untergraben, wie etwa die Furcht vor Stürzen, wahrgenommene Schwäche und Sehstörungen.

Suchen Sie zusammen mit der Person und ihrer Familie nach möglichen Anreizen. Überlegen Sie, was der/die Betreffende gerne tut, z. B.:

- mit den Enkeln spielen
- an den Arbeitsplatz zurückkehren
- Angeln gehen
- einer Tätigkeit, wie etwa einem Handwerk, nachgehen.

Lassen Sie die Person einen Aktivitätenplan erstellen und festlegen, was an Zielen für die funktionelle Aktivität erreicht werden soll. Liegt das Ziel zu niedrig, verhandeln Sie entsprechend, z. B.: «7,5 Meter zu gehen, erscheint wenig. Lassen Sie uns 15 Meter gehen, und ich gehe mit Ihnen.»

Verknüpfen Sie die Aktivität mit einem Ziel, wie z. B. «Sich auf einen Stuhl setzen, um das Mittagessen einzunehmen.» Oder: «Zum Fenster gehen, um die Aussicht zu betrachten.» Oder: «In die Küche gehen, um sich ein Glas Saft zu holen.»

Helfen Sie der Person, Fortschritte wahrzunehmen. Unterschätzen Sie nicht den Wert von Lob und Ermutigung als wirksame Motivationstechniken. In ausgewählten Fällen kann es helfen, den Fortschritt zu zeigen, wenn Sie den Klienten darin unterstützen, Aktivitäten schriftlich zu dokumentieren.

F: Individuell zugeschnittene Strategien können die Motivation erhöhen.

F: Pflegeinterventionen bei Aktivitätsintoleranz fördern die Teilnahme an Aktivitäten, um ein Aktivitätsniveau zu erreichen, das die Person für die Therapie wünscht.

Ermutigen der Familie, Sorgen mitzuteilen

Beurteilen Sie das Wissen der Familie in Bezug auf die Erkrankung, Behandlung und Prognose.

Ermutigen Sie die Familie, ihre Sorgen über die Zukunft und über Rollenverantwortlichkeiten mitzuteilen.

Aktivitätsintoleranz, ...

... b/d unzureichendes Wissen über Anpassungstechniken, die bei COPD erforderlich sind

Ziele

NOC

- Aktivitätstoleranz
- Respiratorischer Status: freie Atemwege
- Wissen: Versorgung bei Erkrankung

Die Person steigert die Aktivität auf (spezifiziere Niveau)…

Indikatoren

- Demonstrieren von Methoden der kontrollierten Atmung, um Energie zu sparen.
- Demonstrieren der Fähigkeit, kontrollierte Atmung und Aktivität zu koordinieren.

Allgemeine Interventionen

NIC

Wie bei allgemeiner Aktivitätsintoleranz
- Raucherentwöhnungsunterstützung
- Ernährungsmanagement

Die folgenden Interventionen gelten für Menschen mit *Aktivitätsintoleranz* infolge einer bekannten Ursache: COPD. Pflegende verwenden diese Interventionen in Verbindung mit den bei allgemeinen Fällen von *Aktivitätsintoleranz* ausgewiesenen Interventionen (siehe dort, «Allgemeine Interventionen»).

Eliminieren oder Eindämmen von Einflussfaktoren

Wissensdefizit

Schätzen Sie das Wissen über die verordnete Therapie ein. Setzen Sie die Gesundheitsschulung in einfachen, klaren Anweisungen fort. Beziehen Sie Familienmitglieder ein.

Schätzen Sie speziell das Wissen über Lungenhygiene und adaptive Atemtechniken ein.

F: Pulmonale Rehabilitation kann Angst und Depression bei schwerer COPD verringern.

Inadäquate Routine bei der Lungenhygiene

Erklären Sie, wie wichtig es ist, den Plan für das tägliche Abhusten zum Reinigen der Lunge einzuhalten und dass dies lebenslang fortgesetzt werden muss.
Unterweisen Sie in der korrekten Methode des kontrollierten Abhustens:

1. Atmen Sie tief und langsam, während Sie möglichst gerade sitzen.
2. Wählen Sie die Zwerchfellatmung.
3. Halten Sie den Atem 3–5 Sekunden lang an, und atmen Sie dann möglichst viel von dieser Atemluft durch den Mund aus. Unterer Brustkorb und Abdomen sollten bei diesem Ausatmen absinken.
4. Atmen Sie abermals tief ein, halten Sie den Atem an, und husten Sie tief aus dem Thorax – nicht aus dem hinteren Rachenraum und nicht aus der Kehle – heraus ab. Husten Sie 2-mal kurz und kräftig.
5. Ruhen Sie sich jeweils nach dem Abhusten aus.

Weisen Sie die Person an, 4-mal täglich kontrolliert abzuhusten: 30 Minuten vor den Mahlzeiten und vor dem Schlafengehen. Sorgen Sie nach dem Abhusten und vor den Mahlzeiten für 10–30 Minuten Ruhe.
Lassen Sie vor dem Abhusten befeuchtete Luft inhalieren, ermöglichen Sie Lagerungsdrainage und Klopfmassage. Schätzen Sie ein, ob verordnete Bronchodilatatoren in Aerosolform zur Erweiterung der Atemwege und zur Sekretverdünnung angewandt werden sollten.

F: Freimachen und Schutz der Atemwege sind äußerst wichtig, um dem erhöhten Sauerstoffbedarf des Gewebes in Ruhe und in Phasen erhöhter Aktivität zu entsprechen.

Suboptimale Atemtechniken

Ermutigen Sie zu bewusst kontrollierten Atemtechniken (Lippenbremse und Zwerchfellatmung) bei erhöhter Aktivität sowie bei emotionalem und körperlichem Stress.
Vor der Unterweisung in kontrollierter Atmung ist es hilfreich, mit der Instruktion in körperlichen und geistigen Entspannungstechniken zu beginnen.
Instruieren Sie den Klienten, indem Sie die gewünschte Atemtechnik demonstrieren und ihn dann anleiten, Ihre Atmung zu imitieren.
Bei der Lippenbremse sollte die Person durch die Nase einatmen und dann langsam durch die leicht geöffneten Lippen ausatmen. Dabei sollte sie bis 7 zählen und einen flatternden «Pff ...»-Laut von sich geben. Menschen mit fortschreitender Lungenerkrankung lernen dies oft ganz natürlich.

Bei Zwerchfellatmung:

1. Legen Sie Ihre Hände unterhalb des Rippenbogens auf das Abdomen der Person, und belassen Sie sie dort, während der/die Betreffende einatmet.
2. Beim Einatmen entspannt die Person die Schultern, atmet durch die Nase ein und drückt den Oberbauch nach außen gegen Ihre Hände.
3. Beim Ausatmen atmet die Person langsam durch den Mund aus, während Sie am Rippenbogen leichten Druck ausüben.

4. Üben Sie diese Atemtechnik mehrmals mit der/dem Betreffenden; danach sollte die Person die eigenen Hände an den Rippenbogen legen und allein üben.
5. Lassen Sie die Person diese Technik nach dem Erlernen mehrmals pro Stunde anwenden.

F: Techniken der körperlichen Entspannung reduzieren Muskelanspannung auf ein Minimum. Entspannung ist ein entscheidender erster Schritt bei der Anleitung zu kontrollierter Atmung, um verschwenderische und unproduktive Bewegungen des oberen Thorax, der Schultern und des Halses zu verhindern.

F: Menschen mit COPD können von speziellen Atemübungen, bei denen es darum geht, den Atemvorgang neu zu trainieren, sowie von allgemeinen Übungsprogrammen zur Unterstützung der normalen Aktivitäten des Alltags profitieren (Bauldorff et al., 1996).

F: Therapeutische Bemühungen um eine verbesserte Funktion der Atemmuskulatur müssen entsprechend der Muskelgruppe, die höchstwahrscheinlich davon profitiert, individuell gestaltet werden. In frühen COPD-Stadien sollte sich die Behandlung auf das Zwerchfell konzentrieren, während der Schwerpunkt bei weiter fortgeschrittener Erkrankung auf die Atemmuskeln des Brustkorbs und das Ausatmen verlagert werden muss.

Unzureichendes Aktivitätsniveau

Schätzen Sie das aktuelle Aktivitätsniveau ein. Betrachten Sie:

- das gegenwärtige Verhaltensmuster von Aktivität und Ruhe
- die Verteilung des Energiebedarfs im Tagesverlauf
- Wahrnehmungen der anstrengendsten erforderlichen Aktivitäten
- Wahrnehmungen von Bereichen, in denen der Klient eine stärkere Beteiligung wünscht oder benötigt
- die Wirksamkeit gegenwärtig angewandter Anpassungstechniken.

Identifizieren Sie physische Barrieren zu Hause und am Arbeitsplatz (z. B. die Anzahl der Treppenstufen), die unüberwindlich scheinen oder die Teilnahme an Aktivitäten einschränken.

Identifizieren Sie Wege zur Eindämmung der Arbeitsbelastung durch häufig durchgeführte Tätigkeiten (z. B. Gemüseputzen im Sitzen statt im Stehen; häufig verwandte Gerätschaften im Regal aufbewahren, um unnötiges Über-Kopf-Greifen oder Sich-Bücken zu vermeiden).

Stellen Sie fest, wie sich Belastungs- mit Ruhephasen abwechseln können, um Barrieren zu überwinden (z. B. ein Stuhl im Bad neben dem Waschbecken, damit sich die Person bei der täglichen Körperpflege hinsetzen kann).

Denken Sie daran, dass ein Plan mit häufigen kurzen Ruhephasen während einer Tätigkeit weniger anstrengend ist und in höherem Maße dazu führt, dass eine Tätigkeit abgeschlossen wird, als ein Plan, der kurze, hohe Energieeinsätze mit anschließender langer Ruhephase erfordert.

F: Ein symptombegrenztes Ausdauertraining hat sich als wirksam zur Steigerung der Leistung und zur Senkung der wahrgenommenen Kurzatmigkeit erwiesen (Punzal et al., 1991). Die zur Leistungssteigerung erforderliche Belastung sollte mindestens 20–30 Minuten dauern und 3- bis 5-mal pro Woche erfolgen. Allerdings eignen sich nicht alle Menschen für einen Wiederaufbau der Kondition. Es sollte ein Pulmologe hinzugezogen werden.

Schlechtes Gesundheitsverhalten

Unterweisen Sie die Person im Vermeiden von Faktoren, die Symptome verstärken und die Krankheit vorantreiben (z. B. exzessive Exposition gegenüber Allergenen, Umweltverschmutzung).

Raten Sie vom Rauchen ab. Das Aufgeben des Rauchens sollte in jedem umfassenden Versorgungsprogramm von Klienten mit COPD höchste Priorität haben.

Sollte die Person beschließen zu rauchen, so raten Sie davon ab, vor den Mahlzeiten und vor Aktivitäten zu rauchen.

Sollte der/die Betreffende das Rauchen aufgeben wollen, schauen Sie unter *unwirksames Gesundheitsverhalten,* **b/d** *Tabakkonsum* nach.

F: Ein integriertes Programm, das die Prinzipien von körperlicher Entspannung, Lungenhygiene, kontrollierter Atmung sowie adäquater Ernährung und Hydratation umfasst, ferner Energieeinsparung durch Arbeitsvereinfachung und das Aufgeben des Rauchens bringen ein Höchstmaß an Aktivitätstoleranz.

Überwachen der Reaktion der Person auf Aktivität

Siehe «Einschätzungskriterien des Fokusassessments» und «Objektive Daten».

Schrittweises Steigern der Aktivität

Versichern Sie der Person, dass eine gewisse Steigerung der täglichen Aktivität möglich ist.

Unterweisen Sie die Person in Techniken der kontrollierten Atmung.

Ermutigen Sie die Person, Techniken der kontrollierten Atmung anzuwenden, um die Atemarbeit bei Tätigkeiten zu verringern.

Beginnen Sie, die Aktivität zu steigern, sobald die Person die kontrollierte Atmung in entspannten Haltungen beherrscht.

Leiten Sie die Person an, im Sitzen oder Stehen eine kontrollierte Atmung beizubehalten.

Bringen Sie die Person so weit, dass sie die kontrollierte Atmung bei Transfers vom Bett auf einen Stuhl und beim Gehen beibehält.

Viele Klienten können lernen, beim Gehen eine rhythmische Atmung in Verhältnis 2:4 beizubehalten: 2 Schritte beim Einatmen, 4 Schritte beim Ausatmen.

Führen Sie die Person erst dann an anstrengendere Aktivitäten heran, wenn die Atmung bei weniger belastenden Aktivitäten unter Kontrolle ist.

F: Menschen mit COPD können von speziellen Atemübungen, bei denen es darum geht, den Atemvorgang neu zu trainieren, sowie von allgemeinen Übungsprogrammen zur Unterstützung der normalen Aktivitäten des Alltags profitieren (Bauldorff et al., 1996).

Ermutigen, Sexualität anzusprechen

Ermutigen Sie den Klienten, die Auswirkungen der Erkrankung auf die Sexualität zu erörtern.
Siehe *unwirksames Sexualverhalten.*

Beginnen mit Gesundheitsedukation

Leiten Sie den Klienten an, Sputum zu beobachten, Veränderungen von Farbe, Menge und Geruch festzustellen und fachlichen Rat zu suchen, wenn sich das Sputum verändert.

Erklären Sie, dass jemand mit COPD infektionsanfällig ist und Symptome frühzeitig erkennen und zur Behandlung den Arzt aufsuchen muss. Oft ist eine frühzeitige Therapie mit Antibiotika erforderlich.

Erörtern Sie die Notwendigkeit jährlicher Grippeimpfungen. Der Nutzen einmaliger Impfungen gegen Pneumokokken wurde jüngst in Frage gestellt, daher sollte die Verabreichung auf individueller Basis erfolgen.

Instruieren Sie die Person, warme, trockene Kleidung zu tragen, Menschenansammlungen, dichten Rauch und Qualm sowie Reizstoffe zu meiden, sich nicht bei kaltem, heißem oder feuchtem Wetter zu betätigen und Arbeit, Ruhe und Freizeit in einem ausgewogenen Verhältnis zu halten, um den Energieverbrauch zu regulieren.

Betonen Sie die Bedeutung einer nährstoffreichen Ernährung (hochkalorisch, reich an Vitamin C, einweißreich sowie rund 2,3–3,4 Liter Flüssigkeit, sofern keine Einschränkungen bestehen).

Evaluieren Sie das Wissen der Person über Pflege, Reinigung und Gebrauch von Inhalatoren.

Falls eine Sauerstofftherapie durchgeführt wird, evaluieren Sie – vor allem zu Hause – das Bewusstsein für die Brandgefahr, und erklären Sie die Notwendigkeit eines Feuerlöschers.

Erklären Sie dem Klienten, wie wichtig es ist, das Gewicht des Arms abzustützen, damit die Atemmuskeln die Thoraxwand weniger stabilisieren müssen (Bauldorff et al., 1996; Breslin, 1992).

Leiten Sie den Klienten an, die Ausdauer des nicht abgestützten Arms durch Beinübungen beim Ausatmen zu unterstützen (Bauldorff et al., 1996; Breslin, 1992).

F: Die physiologischen Anforderungen durch Tätigkeiten mit nicht abgestützten Armen führen sowohl zu einem belastungsinduzierten Anstieg der Atemmuskelarbeit als auch zu einer nicht atmungsbezogenen Rekrutierung von Atemmuskeln zur Stabilisierung der Thoraxwand (Breslin, 1992). Die Forschung hat gezeigt, dass das Abstützen der Arme bei Tätigkeiten mit den Armen die Beteiligung des Zwerchfells verringert (Martinez et al., 1989), die Atemausdauer steigert (Bauldorff et al., 1996) und die Ausdauer der Arme erhöht (Celli et al., 1988). Für das Abstützen der Arme zu sorgen (z. B. Rasieren oder Essen mit den Ellenbogen auf dem Tisch) kann die Unabhängigkeit und die funktionelle Kapazität erhöhen (Bauldorff et al., 1996).

Überweisen, soweit angezeigt

Überweisen Sie zur Nachsorge an eine in der kommunalen Gesundheitsversorgung tätige Pflegeperson.

Konsultieren Sie den Physiotherapeuten wegen eines umfassenden Übungsprogramms speziell für Menschen mit COPD.

Verweisen Sie an kommunale Selbsthilfegruppen (z. B. Selbsthilfegruppe Lungenemphysem – COPD Deutschland [http://www.lungenemphysem-copd.de/] mit entsprechenden Landes- und Ortsgruppen) sowie auf die einschlägige Literatur für Menschen mit Lungenleiden.

Aktivitätsintoleranz, ...

... b/d unzureichendes Wissen über Anpassungstechniken, die bei gestörter Herzfunktion erforderlich sind

Ziele

NOC

- Aktivitätstoleranz
- Wissen: Versorgung bei Erkrankung

Die Person demonstriert Toleranz für erhöhte Aktivität, indem sie Puls, Atmung und Blutdruck innerhalb vorher festgelegter Grenzen hält.

Indikatoren

- Identifizieren von Faktoren, welche die Belastung des Herzens erhöhen.
- Beschreiben adaptiver Techniken, die zur Durchführung von ADL nötig sind.
- Identifizieren von Hinweisen darauf, eine Aktivität einzustellen: Erschöpfung, Kurzatmigkeit, Thoraxschmerz.

Allgemeine Interventionen

NIC

Wie bei allgemeiner Aktivitätsintoleranz
- Raucherentwöhnungsunterstützung
- Gewichtsabnahme: Unterstützung
- Ernährungsmanagement

Eliminieren oder Eindämmen von Einflussfaktoren

Einschätzen des Wissens und des Verhaltens, das durch Essen, körperliche Belastung, Umwelt und emotionalen Stress beeinflusst wird (n. Day, 1984)

Essen

Schätzen Sie das Wissen über Diät ein.

Erklären Sie, wie wichtig es ist, die verordnete salzarme Diät einzuhalten.

Sondieren Sie Alternativen, um Nahrungsmittel mit natürlichen Kräutern und Gewürzen schmackhaft zu machen.

Halten Sie zu einer leichten Abendmahlzeit an, um einen angenehmeren Schlaf zu fördern.
Sorgen Sie anfangs für leicht verdauliche und leicht zu kauende Speisen.
Planen Sie Mahlzeiten, damit sie sich nicht mit anderen Aktivitäten überschneiden.
Bieten Sie Speisen an, die der Klient mag, und vermeiden Sie Speisen, die er nicht mag.
Berücksichtigen Sie soziokulturelle Einflüsse.

Körperliche Belastung

Unterweisen Sie die Person darin, Aktivitäten zu modifizieren, um den Energieverbrauch zu steuern und die Belastung des Herzens zu senken (z. B. Ruhephasen bei Aktivitäten, im Laufe des Tages und für eine Stunde nach den Mahlzeiten; Aktivitäten eher im Sitzen als im Stehen durchführen; beim Durchführen von Aufgaben alle 3–5 Minuten ausruhen, damit sich das Herz erholen kann; eine Aktivität stoppen, wenn es zu belastungsbedingter Erschöpfung oder zu Zeichen einer kardialen Hypoxie, wie deutlich erhöhte Pulsfrequenz, Dyspnö oder Thoraxschmerz, kommt).
Instruieren Sie die Person, bestimmte Formen der Belastung zu vermeiden: isometrische Übungen (z. B. sich beim Aufstehen mit den Armen abstützen) und das Valsalva-Manöver (z. B. sich beim Aufstehen aus dem Bett in der Taille vorzubeugen oder Pressen beim Stuhlgang).

Umwelt

Instruieren Sie die Person, sich nicht unnötig extremen Witterungsverhältnissen auszusetzen und sich nicht bei heißem, feuchtem oder extrem kaltem Wetter zu betätigen, da dies das Herz zusätzlich belastet.
Instruieren Sie die Person, sich bei Kälte warm anzuziehen (z. B. mehrere Schichten Kleidung als Barriere).

Emotionaler Stress

Unterstützen Sie die Person beim Identifizieren emotionaler Stressoren (z. B. zu Hause, bei der Arbeit, im sozialen Umfeld).
Besprechen Sie die übliche Reaktion auf emotionalen Stress (z. B. Wut, Depression, Vermeidung, Diskutieren).
Erklären Sie die Auswirkungen von emotionalem Stress auf das Herz-Kreislauf-System (z. B. erhöhte Herzfrequenz, erhöhter Blutdruck und beschleunigte Atmung).

F: Ein integriertes Programm mit ärztlich überwachter körperlicher Betätigung, Diät, Stressmanagement und begrenzter Exposition gegenüber Klimaextremen maximiert die Belastbarkeit.
F: Personen mit beeinträchtigter Herzfunktion können ihre Belastbarkeit unmittelbar steigern, indem sie ihr Vorgehen ändern (z. B. durch Zerlegen von Aktivitäten in Einzelschritte, Vermeiden isometrischer Arbeit, Begrenzen der Dauer dynamischer Arbeit durch häufige Ruhepausen).

Einschätzen des aktuellen Aktivitätsniveaus

Betrachten Sie:

- das aktuelle Verhaltensmuster von Aktivität und Ruhe
- die Verteilung des Energiebedarfs über den Tag hinweg
- Wahrnehmungen der anstrengendsten Aktivitäten
- Wahrnehmungen von Bereichen, in denen erhöhte Beteiligung gewünscht oder erforderlich ist.

Erörtern des Rauchens

Sprechen Sie über die Auswirkungen des Rauchens auf das Herz-Kreislauf-System (z. B. Erhöhung der Herzarbeit durch Vasokonstriktion).

Unterweisen Sie die Person, wann sie nicht rauchen sollte: vor und unmittelbar nach einer Aktivität.

Erörtern Sie Methoden, mit denen sich die Anzahl der gerauchten Zigaretten senken lässt (siehe *unwirksames Gesundheitsverhalten,* **b/d** *Tabakkonsum*).

Weisen Sie darauf hin, dass es bis zum Erfolg u. U. mehrerer Versuche bedarf.

F: Tabakkonsum ist die führende vermeidbare Todesursache bei Frauen (Sarna/Bialous, 2004).

Erörtern von Übergewicht/Adipositas

Schätzen Sie ein, ob die Person übergewichtig oder adipös ist, indem Sie Körpergröße und -gewicht messen und die Ergebnisse mit einem entsprechenden standardisierten Diagramm vergleichen oder indem Sie anthropometrische Maße verwenden. Für Gewichtstabellen und anthropometrische Normen siehe *Überernährung*.

F: Menschen mit Herzinsuffizienz können oft sowohl das Aktivitätsniveau als auch die Belastbarkeit erhöhen, indem sie ihre Lebensweise anpassen, anders an Aktivitäten herangehen und die Reaktionen sorgfältig überwachen.

Überwachen der Reaktion auf Aktivität (siehe *Aktivitätsintoleranz*, «Allgemeine Interventionen») und Unterweisen in Techniken der Selbstüberwachung

Bestimmen Sie den Ruhepuls.

Bestimmen Sie den Puls während oder unmittelbar nach einer Aktivität.

Bestimmen Sie den Puls 3 Minuten nach dem Ende einer Aktivität.

Instruieren Sie die Person, die Aktivität einzustellen und anzugeben, ob folgende Angaben zutreffen:

- abnehmende Pulsfrequenz während der Aktivität
- Pulsfrequenz > 112/min
- unregelmäßiger Puls
- Pulsfrequenz kehrt nach 3 Minuten nicht in den Bereich von 6 Schlägen um den Ruhepuls zurück
- Dyspnö
- Thoraxschmerz
- Palpitationen
- Wahrnehmen belastungsbedingter Erschöpfung.

F: Die Reaktion auf eine Aktivität lässt sich evaluieren, indem man Blutdruck, Puls und Atmung vor der Aktivität mit den entsprechenden Ergebnissen nach der Aktivität vergleicht. Diese lassen sich wiederum mit der Erholungszeit vergleichen.

Schrittweises Steigern der Aktivität

Ermöglichen Sie Ruhephasen vor und nach geplanten Phasen der Aktivität, wie etwa Behandlungen, Umhergehen und Mahlzeiten.
Ermutigen Sie zu schrittweisem Steigern der Aktivität und des Umhergehens, um einen plötzlichen Anstieg der Herzbelastung zu verhindern.
Schätzen Sie die wahrgenommene Fähigkeit der Person zu erhöhter Aktivität ein.
Unterstützen Sie die Person dabei, realistische und erreichbare Ziele kurzfristiger Aktivität zu setzen.
Versichern Sie der Person, dass selbst kleine Steigerungen der Aktivität die Stimmung heben und das Selbstvertrauen wiederherstellen.

F: Die Reaktion auf eine Aktivität lässt sich evaluieren, indem man Blutdruck, Puls und Atmung vor der Aktivität mit den entsprechenden Ergebnissen nach der Aktivität vergleicht. Diese lassen sich wiederum mit der Erholungszeit vergleichen.
F: Ein überwachtes Übungsprogramm kann bei Personen mit leichter Herzinsuffizienz sowohl die Belastbarkeit als auch die Lebensqualität verbessern (Rees et al., 2004).

Beginnen mit Gesundheitsedukation und Überweisen, soweit angezeigt

Instruieren Sie die Person, ihren Arzt oder Physiotherapeuten bezüglich eines langfristigen Übungsprogramms zu konsultieren oder sich nach lokalen Rehabilitationsprogrammen zu erkundigen.
Erklären Sie dem Klienten und seiner Familie die Einschränkungen in der Ernährung. Geben Sie ihnen schriftliche Instruktionen oder verweisen Sie auf einschlägige Literatur über die Zubereitung von Diäten.

Gefahrengeneigtes Gesundheitsverhalten (Beeinträchtigte Anpassung)*

Definition

Beeinträchtigte Anpassung: der Zustand, in dem das Individuum nicht bereit ist, seine Lebensweise/sein Verhalten in einer konsistenten Form einem veränderten Gesundheitszustand anzupassen.
Gefahrengeneigtes Gesundheitsverhalten (engl. Risk-prone health behavior): Beeinträchtigte Fähigkeit, den Lebensstil/die Verhaltensweisen derart zu verändern, dass der Gesundheitszustand verbessert wird (NANDA-I, 2010).

* Diese Diagnose wird detailliert ab S. 551 dargestellt.

Bestimmende Merkmale oder Kennzeichen

Hauptkennzeichen (obligat)

Zum Ausdruck bringen, dass die Veränderung des Gesundheitszustands nicht akzeptiert wird, oder inadäquate Fähigkeit, sich am Problemlösen oder Zielsetzen zu beteiligen.

Nebenkennzeichen (fakultativ)

Fehlendes Vorankommen in Richtung auf Unabhängigkeit; verlängerte Schockphase, Unglaube oder Zorn über die Veränderung des Gesundheitszustands; mangelndes/fehlendes zukunftsorientiertes Denken.

Einflussfaktoren

übermäßiger Alkoholkonsum
unzureichendes Verständnis
unzureichende soziale Unterstützung
geringe Selbstwirksamkeit
niedriger sozioökonomischer Status
mehrere Stressoren
negative Einstellung gegenüber der Gesundheitsfürsorge
Rauchen.

Angst

Angst

Todesangst

Definition

Angst: ein unbestimmtes Gefühl der Bedrohung oder dunkler Vorahnungen. Sie ist eine Reaktion auf äußere oder innere Stimuli und kann verhaltensbezogene, emotionale, kognitive und physische Symptome haben.

Angst (engl. Anxiety): Unbestimmtes Gefühl des Unbehagens oder der Bedrohung, das von einer autonomen Reaktion begleitet wird (häufig unbestimmte oder dem Individuum unbekannte Quelle); eine Besorgnis, die durch die vorweggenommene Gefahr hervorgerufen wird. Es ist ein Warnsignal für drohende Gefahr und ermöglicht dem Individuum, Maßnahmen zum Umgang mit der Gefahr einzuleiten (NANDA-I, 2010).

Bestimmende Merkmale oder Kennzeichen

Hauptkennzeichen (obligat)

Manifestiert durch Symptome aus jeder Kategorie – physisch, emotional und kognitiv. Die Symptome variieren entsprechend dem Grad der Angst (Whitley, 1994).

Physiologische Hauptkennzeichen

Erhöhte Herzfrequenz (oder tiefer Puls) und beschleunigte verstärkte Atmung, kardiovaskuläre Erregung; Atembeschwerden
vermehrtes Schwitzen, verstärkte Transpiration
Zittern der Stimme/Änderungen der Stimmlage
Herzklopfen, Palpitationen
Häufiges Wasserlassen, Harndrang
Schlaflosigkeit, -störung
Erröten, Gesichtsrötung oder Blässe, oberflächliche Vasokonstriktion
Körperlicher Schmerz (vor allem im Bauch, Thorax, Rücken, Hals und Nacken)
Kribbeln in den Extremitäten, Parästhesien; gesteigerte Reflexe
Erhöhter (oder tiefer) Blutdruck
Geweitete Pupillen
(Hände-) Zittern, Zuckungen; Herumzappeln
Übelkeit oder Erbrechen
Diarrhö
Erschöpfung, Mattigkeit und Schwäche
trockener Mund
Unruhe
Benommenheit/Schwindel
Hitzewallungen und Kälteschauer
Anorexie.

Emotionale Hauptkennzeichen

Die Person nennt folgende Gefühle:
Besorgnis, Unsicherheit, unsicheres Auftreten
Nervosität, Übererregung
Kontrollverlust; seelischer Schmerz
Unfähigkeit zur Entspannung, angespannte Gesichtszüge
schmerzhaft/andauernd erhöhte Hilflosigkeit
mangelndes/fehlendes Selbstvertrauen; Bedauern
erhöhte Anspannung oder das Gefühl des «Aufgezogenseins», Beschäftigung; bedeutungs- und ziellose Bewegungen
Vorahnung drohenden Unheils; erhöhte Vorsicht.

Die Person zeigt:
Reizbarkeit/Ungeduld
Weinen
Schreckreaktion, Ängstlichkeit; Umherblicken
Rückzug
Selbstverachtung, Gefühl der Unzulänglichkeit
Wutausbrüche
Tendenz, andere anzuklagen, zu beschuldigen
Kritik an sich selbst und anderen
mangelnde/fehlende Initiative
verminderter Blickkontakt.

Kognitive Hauptkennzeichen

Unfähigkeit, sich zu konzentrieren (Konzentrationsschwierigkeiten)
Vergesslichkeit; Furcht vor unspezifischen Konsequenzen
Vergangenheitsgerichtetheit, selbstfokussiert
Übermäßige, beeinträchtigte Aufmerksamkeit, Wachsamkeit; Mustern
Herabgesetzte Lernfähigkeit; verminderte Problemlösungsfähigkeit und Leistungsfähigkeit
Mangelnde/fehlende Wahrnehmung der Umgebung, eingeschränktes Wahrnehmungsfeld
Grübeln, Rumination
Gedankenblockade (Unfähigkeit, sich zu erinnern)
geäußerte Sorgen auf Grund der Veränderung von Lebensereignissen, Besorgtheit; Bewusstsein über physiologische Symptome
Verwirrtheit, Verstörtheit.

Einflussfaktoren

Pathophysiologische Faktoren

Jeder Faktor, der sich störend auf die menschlichen Grundbedürfnisse nach Nahrung, Luft, Behaglichkeit und Sicherheit auswirkt.
Stress; Suchtmittelmissbrauch

Situationsbedingte Faktoren (persönlich bedingt, umgebungsbedingt)

B/d eine tatsächliche oder wahrgenommene Bedrohung für das Selbstkonzept, s/b/d:

Veränderung/Bedrohung von ökonomischen und Rollenstatus und Ansehen
Versagen (oder Erfolg)
ein ethisches Dilemma; entwicklungs-/situationsbedingte Krisen
mangelnde/fehlende Anerkennung durch Dritte; Veränderung der Rollenfunktion; des Interaktionsmusters
Verlust geschätzter Besitztümer.

B/d einen tatsächlichen oder wahrgenommenen Verlust von Bezugspersonen, s/b/d:

Tod
kulturell bedingten Druck
vorübergehende oder dauerhafte Trennung
Scheidung
Umzug.

B/d eine tatsächliche oder wahrgenommene Bedrohung der biologischen Integrität, s/b/d:

Sterben, drohenden Tod
invasive Prozeduren, Eingriffe
einen tätlichen Angriff
Krankheit; Veränderung des Gesundheitszustandes.

B/d eine tatsächliche oder wahrgenommene Veränderung der Umgebung, s/b/d:

Hospitalisierung
Eintritt in den Ruhestand
Umweltschadstoffe; Exposition ggü. Toxinen
Umzug
Gefahren für die Sicherheit; zwischenmenschliche Ansteckung, Übertragung
Inhaftierung
Naturkatastrophen
Probleme eines Lebens als Flüchtling
einen militärischen oder politischen Einsatz.

B/d eine tatsächliche oder wahrgenommene Veränderung des sozioökonomischen Status, s/b/d:

Arbeitslosigkeit
Beförderung
einen neuen Arbeitsplatz
Vertreibung.

B/d idealistische Erwartungen an sich selbst und unrealistische Ziele.

B/d familiärer Bezug (Herkunft), Vererbung

Altersbedingte Faktoren

Säugling/Kind

B/d Trennung
B/d unvertraute Umgebung, unvertraute Personen
B/d Veränderungen in den Beziehungen zu Gleichaltrigen.

Jugendliche

B/d eine Bedrohung des Selbstkonzeptes, s/b/d:

die geschlechtliche Entwicklung
Veränderungen in den Beziehungen zu Gleichaltrigen.

Erwachsene

B/d eine Bedrohung des Selbstkonzeptes, s/b/d:

Schwangerschaft
Veränderungen der Karriere
Elternschaft
Auswirkungen des Alterns.

Ältere Erwachsene

B/d eine Bedrohung des Selbstkonzeptes, s/b/d:

Verluste an Sensibilität
finanzielle Probleme
motorische Einbußen
Veränderungen durch Eintritt in den Ruhestand.

Anmerkung der Autorin

Die Pflegediagnosen *Angst* und *Furcht* wurden von verschiedenen Forschenden untersucht (Jones/Jacob, 1984; Taylor et al., 1989; Whitley, 1994; Yokom, 1984). Die Unterscheidung zwischen diesen Diagnosen konzentriert sich darauf, ob sich die Bedrohung identifizieren lässt. Wenn ja, lautet die Diagnose *Furcht*, wenn nein, ist es *Angst* (NANDA, 2001). Diese Differenzierung hat sich für klinisch Tätige indessen nicht als nützlich erwiesen (Taylor-Loughran et al., 1989).

Angst ist ein unbestimmtes Gefühl von Unheil und Unbehagen angesichts einer Bedrohung für das eigene Wertesystem und die eigenen Vorstellungen von Sicherheit (May, 1977). Unter Umständen ist die Person in der Lage, die Situation zu identifizieren (z. B. Operation, Krebs), aber eigentlich bezieht sich die Bedrohung auf das damit verwobene Unbehagen und das Sichbedroht-Fühlen. Mit anderen Worten: Die Situation ist die Quelle der Bedrohung, aber nicht die Bedrohung selbst. Im Gegensatz dazu bedeutet Furcht das Gefühl von Unheil infolge einer spezifischen Bedrohung oder Gefahr, auf die das eigene Sicherheitsverhalten reagiert (z. B. Fliegen, große Höhe, Schlangen). Sobald die Bedrohung beseitigt ist, löst sich die Furcht auf (May, 1977). Angst wird unterschieden von Furcht, die darin besteht, sich durch einen klar identifizierbaren Stimulus, der eine Gefahr für die Person darstellt, bedroht zu fühlen. Angst lässt sich im Leben nicht vermeiden und kann viele positive Funktionen haben, indem sie die Person motiviert, die Initiative zu ergreifen, um ein Problem oder eine Krise zu lösen (Varcarolis et al., 2006).

Angst und Furcht rufen eine ähnliche Reaktion des Sympathikus hervor: kardiovaskuläre Erregung, Pupillenerweiterung, Schwitzen, Zittern und Mundtrockenheit. Angst beinhaltet auch eine parasympathische Reaktion in Form erhöhter gastrointestinaler Aktivität, während Furcht mit verringerter gastrointestinaler Aktivität einhergeht. Bezüglich des Verhaltens zeigt die furchtsame Person eine gesteigerte Wachheit und Konzentration mit Vermeidungsverhalten, Angriff oder Verringerung der Gefahr einer Bedrohung. Umgekehrt erlebt die ängstliche Person vermehrte Anspannung, allgemeine Unruhe, Schlaflosigkeit, Sorgen und Hilflosigkeit sowie Unklarheit und Unsicherheit, Ungewissheit hinsichtlich einer Situation, die sich weder leicht vermeiden noch angehen lässt.

Klinisch können bei der Reaktion auf eine Situation sowohl Angst als auch Furcht vorliegen. So kann sich beispielsweise eine Person im Vorfeld einer Operation vor Schmerzen fürchten und Angst vor einem möglichen Tumor haben. Yokom (1984) zufolge «kann Furcht durch Rückzug aus der Situation, Entfernen des kränkenden Objekts oder Beruhigen gelindert werden». Angst wird verringert, indem man ihre Existenz zugibt und indem man davon überzeugt wird, dass die durch energisches Vorgehen zu gewinnenden Werte größer sind als die durch Flucht zu gewinnenden.

Irrtümer in diagnostischen Aussagen

1. *Furcht,* **b/d** *eine bevorstehende Operation*

Eine voraussichtliche Operation kann Quelle zahlreicher Bedrohungen sein, darunter Bedrohungen des Sicherheitsverhaltens, der Gesundheit, der Wertvorstellungen, des Selbstkonzeptes und des Funktionierens in Rollen sowie des Erreichens von Zielen und von Beziehungen. Diese Bedrohungen können unbestimmte Gefühle hervorrufen, die von leichtem Unbehagen bis zur Panik reichen. Eine Bedrohung lediglich als Operation zu identifizieren, ist zu stark vereinfacht – es geht auch um persönliche Bedrohungen. Außerdem lässt sich zwar ein Teil des Unbehagens auf Furcht zurückführen, die durch Schulung beseitigt werden kann, bei den verbleibenden Gefühlen geht es jedoch um Angst. Da man dieser Situation nicht entrinnen kann, muss die Pflegeperson die/den Betroffenen durch Coping-Mechanismen für den Umgang mit Angst und Furcht unterstützen.

Zentrale Konzepte

Allgemeine Überlegungen

- Angst hängt mit einer unspezifischen Bedrohung des Selbstkonzeptes einer Person zusammen, die sich auf Gesundheit, Besitz, Werte, Umfeld, Rollenfunktionieren, Bedürfnisbefriedigung, das Erreichen von Zielen, persönliche Beziehungen und das Gefühl von Sicherheit auswirkt (Miller, 2004). Je nach Intensität der wahrgenommenen Bedrohung und Erfolg oder Versagen der Bemühungen um den Umgang mit den Gefühlen variiert sie in der Intensität.
- Angst greift auf einer tieferen Ebene an als Furcht (Varcarolis, 2006). Angst betrifft den inneren Kern der Persönlichkeit. Sie wirkt zersetzend auf die Selbstachtung und das Selbstwertgefühl.

- Eine Person bedient sich sowohl interpersoneller als auch intrapsychischer Mechanismen, um Angst zu verringern oder zu lindern. Die Effektivität von Coping-Strategien hängt von der Person und Situation, nicht vom Verhalten selbst, ab.
- *Zwischenmenschliche Coping-Muster* umfassen:
  - Ausagieren: Umwandeln von Angst in offen oder verdeckt geäußerte Wut
  - Lähmung oder Rückzugsverhalten: sich zurückziehen oder vor Angst gelähmt sein
  - Somatisieren: Umwandeln von Angst in körperliche Symptome
  - konstruktives Handeln: Nutzen der Angst, um zu lernen und Probleme zu lösen (umfasst das Zielsetzen, das Erlernen neuer Fertigkeiten und das Suchen nach Informationen)
- *Intrapsychische Mechanismen*, oft als Abwehrmechanismen bezeichnet, senken Angst und schützen die Selbstachtung, z. B. durch Repression/Verdrängung, Sublimation, Regression, Verschiebung, Projektion, Verleugnung, Konversion, Rationalisieren, Suppression/Unterdrückung und Identifikation.
- Menschen entwickeln ein Spektrum an maladaptiertem und adaptiertem Coping-Verhalten. Fehlangepasste Coping-Mechanismen sind charakterisiert durch die Unfähigkeit, Entscheidungen zu treffen, Konflikte, Wiederholung, Rigidität, Entfremdung und Sekundärgewinne.
- Angst kann als normal, akut («state»), und chronisch («trait») klassifiziert werden (Varcarolis, 2006). Normale Angst ist überlebensnotwendig. Sie bewirkt konstruktives Verhalten, wie etwa Pünktlichkeit oder die Vorbereitung auf eine Prüfung.
- Akute Angst (State) ist die Reaktion auf einen unmittelbar bevorstehenden Verlust oder Wandel, der das Sicherheitsgefühl eines Menschen zerstört, wie z. B. die Angst vor einer Rede oder der Tod eines nahen Verwandten oder eines Freundes.
- Chronische Angst (Trait) ist eine Angst, mit der ein Mensch täglich lebt. Bei Kindern kann sich chronische Angst als permanente dunkle Vorahnungen oder Überreagieren auf unerwartete Reize manifestieren. Bei Erwachsenen kann sie sich anhand von Konzentrationsstörungen, Schlaflosigkeit, Beziehungsproblemen und chronischer Erschöpfung zeigen.
- Eine ängstliche Person neigt zu übermäßigem Verallgemeinern, zu Annahmen und zum Antizipieren von Katastrophen. Daraus resultierende kognitive Probleme umfassen Schwierigkeiten mit der Aufmerksamkeit und Konzentration, Verlust der Objektivität und Vigilanz.
- Die Auswirkungen von Angst schwanken je nach dem Grad der Ausprägung.
- *Leicht:*
  - verstärkte Wahrnehmung und Aufmerksamkeit; Wachsamkeit
  - die Fähigkeit, mit Problemen zurechtzukommen
  - die Fähigkeit zur Integration früherer, gegenwärtiger und zukünftiger Erfahrungen
  - Anwenden von Lernen und konsensueller Validierung
  - leichte spannungsmindernde Verhaltensweisen (z. B. Nägelkauen, Zwirbeln des Haars).
- *Mäßig:*
  - leicht eingeengte Wahrnehmung; selektive Unaufmerksamkeit, die sich ausrichten lässt
  - leichte Konzentrationsstörungen; Lernen wird anstrengender
  - Betrachten gegenwärtiger Erfahrungen aus der Sicht der Vergangenheit
  - mögliches Übersehen von Abläufen in der Peripherie; Schwierigkeiten, sich auf Sprache/Änderungen der Stimmlage einzustellen und sie zu analysieren
  - beschleunigte Atmung und erhöhte Herzfrequenz
  - Tremor, Zittrigkeit.
- *Schwer:*

- verzerrte Wahrnehmung; Fokus auf verstreuten Details; Unfähigkeit, sich mehreren Dingen zu widmen, selbst bei Anweisung
- schwer beeinträchtigtes Lernen; hohe Ablenkbarkeit und Unfähigkeit, sich zu konzentrieren
- Betrachten gegenwärtiger Erfahrungen aus der Sicht der Vergangenheit; die Person ist nahezu außerstande, die aktuelle Situation zu verstehen
- schlechtes Funktionieren; kaum verständliche Kommunikation
- Hyperventilation, Tachykardie, Kopfschmerz, Schwindel, Übelkeit
- vollständige Versenkung in sich selbst.

- *Panik:*
  - irrationales Denken; Fokus auf einem überhöhten Detail
  - Lernunfähigkeit
  - Unfähigkeit zur Integration von Erlebtem; Fokus allein auf der Gegenwart; Unfähigkeit, die Situation zu sehen oder zu verstehen; Ausfälle im Gedankenabruf
  - Funktionsunfähigkeit; gewöhnlich erhöhte motorische Aktivität oder unvorhersehbare Reaktionen auf kleinere Reize; unverständliche Kommunikation
  - Gefühle unmittelbar drohenden Untergangs (Dyspnö, Schwindel/Schwäche, Palpitationen, Zittern, Erstickungsgefühl, Parästhesie, Hitzewallungen/Kälteschauer, Schwitzen)
  - Gedanken über Kontrollverlust, Tod, Krankheit.
- Lyons (2002) hat fünf Faktoren identifiziert, die zu einer belastenden Lebensweise beitragen, und zwar: idealistische Erwartungen an sich selbst, unrealistische Ziele, toxische Gedanken, Selbstbezichtigungen und Aufschieben/Verschleppen.

Pädiatrische Überlegungen

- Zeichen der Angst variieren bei Kindern, abhängig von Entwicklungsstadium und Temperament, von früheren Erfahrungen und von der Anteilnahme der Eltern ganz erheblich (Wong, 2003). Das häufigste Anzeichen bei Kindern und Jugendlichen ist eine erhöhte motorische Aktivität. Zeichen von Angst können entwicklungsbezogen betrachtet werden und sich auf folgende Weisen widerspiegeln:
  - *Geburt bis 9 Monate:* Störungen des physiologischen Funktionierens (z. B. Schlafstörungen, Koliken)
  - *9 Monate bis 4 Jahre:* Wichtigste Quelle ist der Verlust von Bezugspersonen und Liebe. Angst kann daher als Zorn (wenn Eltern weggehen), somatische Krankheiten, motorische Unruhe, regressives Verhalten (Daumenlutschen und Schaukelbewegungen), Regression auf eine frühere Stufe des Ausscheidungstrainings zu sehen sein
  - *4 bis 6 Jahre:* Hauptquelle ist die Furcht vor einer Beschädigung des Körpers; Überzeugung, dass schlechtes Verhalten Böses (z. B. Krankheit) verursacht; somatische Klagen über Kopf- und Bauchschmerzen
  - *6 bis 12 Jahre:* exzessive verbale Äußerungen, zwanghaftes Verhalten (z. B. Wiederholen von Aufgaben)
  - *Jugendliche:* ähnlich wie bei 6- bis 12-Jährigen, plus negativistisches Verhalten.

- Trennung von den Eltern, Veränderungen üblicher Routinen, fremde Umgebungen, schmerzhafte Prozeduren und Angst der Eltern können die Angst verstärken (Wong, 2003). Schätzen Sie Veränderungen funktioneller Gesundheitsverhaltensmuster ein, um Angst zu entdecken.
- Quellen der Angst bei Kindern und Jugendlichen drehen sich um Schule (z. B. Leistung, Druck unter Gleichaltrigen), Trennung, soziale Situationen und die Familie (Oski, 2001).
- Überweisen Sie Kinder, die Vermeidungsverhalten, Überängstlichkeit, Trennungsangst und Schulphobie zeigen, an entsprechende ExpertInnen für geistige Gesundheit.

Geburtshilflich-gynäkologische Überlegungen

- Werdende Mütter erleben eine gewisse emotionale Labilität.
- Vielfältige Quellen der Angst sind Furcht hinsichtlich des persönlichen Wohlergehens und des Wohlergehens des Feten, die bevorstehenden Wehen, Verantwortlichkeiten der Elternschaft und die Beziehung zum Partner (Pillitteri, 2003).

Geriatrische Überlegungen

- Bei älteren Menschen kann sich Angst in Form von Klagen über Nervosität, «Nervenbeschwerden» oder Unwohlsein (Mohr, 2003) zeigen.
- Zusätzliche Zeichen und Symptome der Angst sind Umhergehen, Herumzappeln, Veränderungen der Schlaf- oder Essgewohnheiten und Klagen über Erschöpfung, Schmerzen, Schlaflosigkeit oder Magen-Darm-Störungen (Miller, 2004).
- Angst, die in hohem Alter zum ersten Mal auftritt, ist oft Begleiterscheinung einer anderen Erkrankung, wie etwa Depression oder Demenz, eines körperlichen Leidens oder der toxischen Wirkung von Medikamenten, oder sie ist Folge von Entzugserscheinungen. Phobien, wie vor allem die Agoraphobie, und das generelle Angstsyndrom sind die häufigsten Erkrankungen in höherem Alter. Die Therapie erfordert zu Anfang niedrigere Dosierungen als die bei Erwachsenen üblichen Anfangsdosen, um sicherzugehen, dass der ältere Mensch die Medikation verträgt (Varcarolis et al., 2006).

Transkulturelle Überlegungen

- Klienten und Familien aus fremden Kulturen sehen sich bei der Suche nach Gesundheitsversorgung in dem Gesundheitsversorgungssystem der vorherrschenden Kultur zahlreichen Problemen gegenüber. Außer den üblichen Quellen der Angst (z. B. unvertraute Personen, unbekannte Prognose) sind sie u. U. ängstlich besorgt aufgrund von Sprachschwierigkeiten, der Privatsphäre, der Trennung von Unterstützungssystemen und der Kosten (Andrews/Boyle, 2003).

- Menschen aus Kulturen, in denen man in der Fürsorge und Pflege von Verwandten abhängt, werden eine eher humanistische Pflege und weniger eine wissenschaftlich-technologische Versorgung erwarten (Andrews/Boyle, 2003).
- In jeder Kultur gibt es Regeln für geeignete Formen, Angst und den Umgang damit zum Ausdruck zu bringen. Kulturell kompetente Pflegepersonen sollten sich dieser Formen bewusst sein und sorgfältig darauf achten, Klienten nicht nach Stereotypen zu behandeln (Varcarolis et al., 2006).

Einschätzungskriterien des Fokusassessments

Subjektive Daten

Einschätzen bestimmender Merkmale oder Kennzeichen

Palpitationen, Dyspnö, Mundtrockenheit, Schwitzen

Auslösende Faktoren
Häufigkeit
Dauer.

Gefühle

Extreme Traurigkeit und Gefühl der Wertlosigkeit
Schuldgefühle
Gefühl des Bedrohtseins, des Zurückgewiesenseins oder der Isolation
Coping-Unfähigkeit
Gefühl des Zerfalls
Gedankenrasen.

Übliches Coping-Verhalten

«Wie gehen Sie gewöhnlich mit einer bestimmten Situation um (z. B. Zorn, Enttäuschung, Verlustgefühl, Zurückweisung)?»
«Was haben Sie früher in ähnlichen Situationen gewöhnlich getan?»
«Was geschieht, wenn Sie dies tun?» (relevanter Coping-Mechanismus).

Subjektive und objektive Daten

Einschätzen bestimmender Merkmale oder Kennzeichen

Allgemeines Erscheinungsbild

Gesichtsausdruck (z. B. traurig, feindselig, ausdruckslos)
Kleidung (z. B. «wie aus dem Ei gepellt», unordentlich, verführerisch, exzentrisch).

Verhalten während des Gesprächs

Kommunikationsverhalten:
Weitschweifigkeit
Verleugnen des Problems
Halluzinationen
angemessen
misstrauisch
Wahnvorstellungen.

Gedankenfluss, z. B.:
angemessener Gedankenfluss
Konzentrationsstörungen.

Nonverbales Verhalten:
Affekt dem verbalen Inhalt angemessen/nicht angemessen
Gesten, Manierismen, Grimassen
Körperhaltung.

Fertigkeiten im Interagieren ...

... mit der Pflegeperson:
zeigt Abhängigkeit
fordernd/bittend
feindselig
kommuniziert gut
zurückgezogen, mit sich selbst beschäftigt.

... mit Bezugspersonen:
kommuniziert gut mit einigen oder allen Familienangehörigen
feindselig gegenüber einem oder allen Familienmitgliedern.

Aktuelles Coping-Verhalten

Ausagierendes Verhalten:
herabsetzendes Verhalten
Streiten
Einschüchtern
ritualistisches Verhalten
Rauchen, Alkohol, Medikamente/Drogen
Manipulieren anderer Personen, um Aufgaben durchzuführen, die der/die Betreffende selbst durchführen könnte
Rastlosigkeit
Umhergehen.

Lähmung und Rückzugsverhalten:
Rückzug
Zeichen von Depression
Verleugnen
Ablenken der Aufmerksamkeit
Schlafen
Vermeiden, über sich selbst zu sprechen
Zeichen und Symptome möglichst als geringfügig darstellen
Entwickeln von Dissoziation
ritualisiertes Verhalten
Abblocken.

Somatisieren:
Kopfschmerzen
Dyspnö
multiple Beschwerden
Nesselausschlag, Ekzem
Anorexie
Kolitis
Synkope
Menstruationsstörungen.

Ziele

NOC

- Selbstkontrolle bei Angst
- Coping
- Stimmungsgleichgewicht

Die Person berichtet über verbessertes psychisches und physisches Befinden.

Indikatoren

- Beschreiben der eigenen Angst und des Coping-Verhaltens.
- Einsatz effektiver Coping-Mechanismen.

Allgemeine Interventionen

NIC

- Angstminderung
- Impulskontrolltraining
- Angeleitete Antizipation

Pflegeinterventionen bei *Angst* gelten für jede Person mit Angst, unabhängig von der Ursache und den beeinflussenden Faktoren.

Unterstützen der Person beim Senken des aktuellen Angstpegels

Einschätzen des Angstniveaus (siehe «Zentrale Konzepte»): leichte, mäßige, schwere Angst sowie Panik

Sorgen Sie für Beruhigung und Trost.

Bleiben Sie bei der Person.

Stellen Sie keine Anforderungen an die Person, und bitten Sie sie nicht um Entscheidungen.

Unterstützen Sie vorhandene Coping-Mechanismen, indem Sie den Klienten z. B. sprechen oder weinen lassen.

Sprechen Sie langsam und ruhig.

Seien Sie sich Ihrer eigenen Besorgnis bewusst, und vermeiden Sie ein wechselseitiges Aufschaukeln der Angst.

Vermitteln Sie empathisches Verstehen (z. B. stille Anwesenheit, Berühren, weinen und/oder sprechen lassen).

Sorgen Sie für das sichere Gefühl, dass sich eine Lösung finden lässt.

Respektieren Sie die Privatsphäre.

Bei schwerer Angst oder bei Panik

Sorgen Sie für eine ruhige, nicht anregende Umgebung mit schwacher Beleuchtung.

Bleiben Sie ruhig.

Verwenden Sie kurze, einfache Sätze. Sprechen Sie langsam.

Geben Sie präzise Anweisungen.

Konzentrieren Sie sich auf die Gegenwart.

Meiden Sie exzessive Anregung, etwa indem Sie die Person in einen ruhigeren Raum bringen. Schränken Sie den Kontakt zu ebenfalls ängstlichen Dritten (z. B. andere Klienten, Familie) ein.

Sorgen Sie für physische Maßnahmen, die beim Entspannen helfen, wie z. B. warme Bäder, Rückenmassage, Aromatherapie und Musik.

Konsultieren Sie einen Arzt wegen einer medikamentösen Therapie, falls angezeigt.

Sorgen Sie für Gelegenheit zu körperlicher Betätigung (z. B. rasches Gehen).

Bei Hyperventilation oder Dyspnö (DeVito, 1990)

Demonstrieren Sie Atemtechniken. Bitten Sie den Klienten, die jeweilige Technik mit Ihnen zu üben.

Erkennen Sie die Angst des Klienten an, und bestärken Sie ihn positiv in seinen Bemühungen.

Erkennen Sie an, wenn die Dyspnö schlimmer als gewöhnlich ist.

Erkennen Sie Gefühle der Hilflosigkeit an. Vermeiden Sie, dem Klienten vorzuschlagen, er möge «entspannen». Lassen Sie ihn nicht allein.

Sorgen Sie für Unterstützung bei allen Aufgaben während akuter Dyspnöepisoden.

Erörtern Sie während einer akuten Episode keine präventiven Maßnahmen.

Leiten Sie in nichtakuten Phasen zu Entspannungstechniken an (z. B. CDs, gelenkte Imagination).

F: Pflegestrategien unterscheiden sich je nach dem Niveau der Angst (Tarsitano, 1992).

F: Die Beteiligung an der Entscheidungsfindung kann dem Klienten ein Gefühl von Kontrolle geben, das die Coping-Fähigkeit stärkt. Die Wahrnehmung eines Kontrollverlustes kann zu einem Gefühl der Machtlosigkeit und dann zu Hoffnungslosigkeit führen (Courts et al., 2001).

F: Das Angebot an emotionaler Unterstützung und die Ermutigung können einem Klienten helfen, Ängste zu klären und zum Ausdruck zu bringen, wodurch es der Pflegeperson möglich wird, ein realistisches Feedback zu geben und zu beruhigen.

F: Ein ängstlicher Klient hat ein eingeschränktes Wahrnehmungsfeld mit verminderter Lernfähigkeit. Er kann Symptome einer erhöhten Muskelanspannung und eines unterbrochenen Schlafes zeigen.

Angst unterhält sich tendenziell selbst, wodurch der Klient in einer Spirale zunehmender Angst, Anspannung sowie emotionaler und körperlicher Schmerzen gefangen ist.

F: Manche Ängste beruhen auf inakkuraten Informationen und können durch exakte Daten gelindert werden. Ein Klient mit schwerer Angst oder in Panik behält Gelerntes nicht.

F: Der Forschung zufolge erhöht das Einbeziehen von Familienmitgliedern in die Versorgung die Kooperation und die positive Anpassung des Klienten an das Erlebte (Leske, 1993).

Unterstützen der Person beim Erkennen der Angst und ihrer Ursachen, sobald diese nachlässt

Helfen Sie der Person zu erkennen, dass leichte Angst ein positiver Katalysator für Veränderung sein kann und nicht vermieden werden muss.

Bitten Sie um Validierung Ihres Assessments der Angst (z. B.: «Fühlen Sie sich jetzt unbehaglich?»).

Bejaht die Person, fahren Sie mit dem Lernprozess fort. Wenn der Klient die Angst nicht anerkennt, setzen Sie die unterstützenden Maßnahmen fort, bis er es kann.

Ist der Klient in der Lage zu lernen, stellen Sie fest, welche Coping-Mechanismen er gewöhnlich hat: «Was tun Sie gewöhnlich, wenn Sie sich aufregen?» (z. B. Lesen, Probleme diskutieren, Substanzen einsetzen, soziale Unterstützung suchen).

Schätzen Sie unbefriedigte Bedürfnisse oder nicht erfüllte Erwartungen ein. Ermutigen Sie die Person, sich daran zu erinnern und zu beschreiben, was sie unmittelbar vor dem Gefühl der Angst erlebt hat.

Assistieren Sie beim Reevaluieren der wahrgenommenen Bedrohung, indem Sie Folgendes erörtern:

- Waren Erwartungen realistisch? Zu idealistisch?
- War es möglich, den Erwartungen zu entsprechen?
- Wo im Ablauf der Ereignisse war eine Veränderung möglich?

Ermutigen Sie die Person, sich an ähnliche Momente der Angst zu erinnern und sie zu analysieren.

Erkunden Sie Alternativen, die der Klient angewandt haben könnte, um fehladaptierte Coping-Mechanismen, wie z. B. Verschleppen und toxische Gedanken, zu ersetzen.

Lehren Sie Angstunterbrecher, die der Klient einsetzen kann, wenn belastende Situationen unumgänglich sind:

- Schauen Sie auf.
- Kontrollieren Sie die Atmung.
- Senken Sie die Schultern.
- Verlangsamen Sie die Gedanken.
- Ändern Sie die Stimmlage.
- Geben Sie sich selbst Anweisungen (laut, wenn möglich).
- Betätigen Sie sich körperlich.
- Verändern Sie den Gesichtsausdruck.
- Wechseln Sie die Perspektive: Stellen Sie sich vor, die Situation aus der Distanz zu beobachten (Grainger, 1990).

F: Etwas verbal zum Ausdruck zu bringen erlaubt, etwas mitzuteilen, und gibt Gelegenheit zur Korrektur falscher Vorstellungen.

F: Den Klienten für effektives Coping zu loben, kann zukünftige positive Coping-Reaktionen verstärken.

F: Entspannungstechniken verstärken beim Klienten das Gefühl von Kontrolle über die Reaktionen des Körpers auf Stress (DeMarco-Sinatra, 2000).

Reduzieren oder Eliminieren problematischer Coping-Mechanismen

Depression, Rückzug (siehe *unwirksames Coping*).
Gewalttätiges Verhalten (siehe *Gefahr der Gewalttätigkeit*).
Verleugnung*:

- Schaffen Sie eine Atmosphäre empathischen Verstehens.
- Unterstützen Sie beim Senken des Angstniveaus.
- Konzentrieren Sie sich auf die Gegenwart.
- Geben Sie Feedback zur aktuellen Wirklichkeit; identifizieren Sie positive Erfolge.
- Lassen Sie die Person die Ereignisse im Detail beschreiben. Konzentrieren Sie sich dabei speziell auf die Fragen: Wer? Was? Wann? Wo?

Zahlreiche körperliche Beschwerden ohne bekannte organische Grundlage (Maynard, 2004):

- Ermutigen Sie dazu, Gefühle zu äußern.
- Geben Sie positives Feedback, wenn eine Person symptomfrei ist.
- Erkennen Sie an, dass Symptome belastend sein müssen.
- Ermutigen Sie dazu, sich für die äußere Umgebung zu interessieren (z. B. ehrenamtliche Tätigkeit, anderen Menschen helfen).
- Hören Sie auf Beschwerden.
- Evaluieren Sie Sekundärgewinne der Person sowie Versuche, den Zyklus zu durchbrechen. Schauen Sie regelmäßig nach der Person und nicht nur dann, wenn sie eine somatische Beschwerde äußert.
- Führen Sie auch Gespräche, bei denen es nicht nur um Symptome geht.
- Vermeiden Sie es, nach jeder Beschwerde tätig zu werden; setzen Sie immer wieder Grenzen.

* Verleugnung hat Schutzfunktion und ist nicht immer fehladaptiert.

Wut*/Zorn (z.B. forderndes Verhalten, Manipulation; bei Erwachsenen siehe *unwirksames Coping*).

Unrealistische Erwartungen an sich selbst (Lyon, 2002):

- Helfen Sie beim Setzen realistischer Ziele und Unterziele.
- Räumen Sie Rückschläge ein.
- Setzen Sie positive Selbstgespräche ein.
- Praktizieren Sie bei toxischen Gedanken das «Gedankenanhalten».
- Strukturieren Sie die Zeit.

Toxische Gedanken (Lyon, 2002):

- Vermeiden Sie es, einem Ereignis eine negative Bedeutung zuzuweisen.
- Vermeiden Sie, «jemandes Gedanken zu lesen».
- Vermeiden Sie, das Schlimmste aus einer Situation zu machen.
- Versuchen Sie, das Problem zu lösen. Vermeiden Sie Schuldzuweisungen.
- Vermeiden Sie, positive Erfahrungen zu minimieren.
- Spannkraft ist eine Kombination interagierender Fähigkeiten und Merkmale, die es einem Individuum ermöglichen, rasch wieder auf die Beine zu kommen, erfolgreich mit einer Situation umzugehen und trotz erheblichen Stresses oder widriger Umstände oberhalb der Norm zu funktionieren (Tusaie/Dyer, 2004).
- Merkmale belastbarer Personen sind Optimismus, Intelligenz, Kreativität, Humor, ein existenzielles Überzeugungssystem und eine Wertschätzung der eigenen Einzigartigkeit (Tusaie/Dyer, 2004).
- Zu den Umgebungsfaktoren, die Spannkraft fördern, gehören wahrgenommene soziale Unterstützung und ein Gefühl von Verbundenheit (Tusaie/Dyer, 2004).

F: Die Umwandlung emotionalen Leids in körperliche Symptome wird als Somatisieren bezeichnet.

F: Psychologische Konzepte, die einer Somatisierung zugrunde liegen können, sind die Ausweitung von Körperempfindungen, die Notwendigkeit von Kranksein, ein zwingend als Klient ausgewiesenes Familienmitglied und sensorische Erfahrungen bei fehlender Stimulation (Maynard, 2004).

Beginnen mit Gesundheitsedukation und Überweisungen, soweit angezeigt

Überweisen Sie Personen mit nachgewiesener chronischer Angst und fehlangepassten Coping-Mechanismen in psychiatrische Dauerbehandlung.

Unterweisen Sie in nichttechnischen, verständlichen Begriffen über die Krankheit und die damit einhergehenden Behandlungen.

* Wut ist eine Reaktion auf Frustration und Angst. Sie ist nicht immer problematisch und kann zur Problemlösung dienen.

Wiederholen Sie Erläuterungen, da Angst das Lernen beeinträchtigen kann. Unterweisen Sie im Bewahren des körperlichen Wohlbefindens (d. h. Ernährung, körperliche Betätigung, Ausscheidung).

Instruieren Sie die Person in Selbstsicherheit oder überweisen Sie sie zu einem entsprechenden Training.

Unterweisen Sie im Anwenden von Entspannungstechniken (z. B. Aromatherapie, Hydrotherapie, Musiktherapie, Massage).

Erläutern Sie den Nutzen der Fußmassage und der Reflexologie (Grealish et al., 2000; Stephenson et al., 2000).

Unterweisen Sie in konstruktivem Problemlösen.

Sorgen Sie für Telefonnummern für Notfallinterventionen: Hotlines, Notaufnahme der Psychiatrie, abrufbereites Personal, soweit verfügbar.

F: Entspannungstechniken stärken beim Klienten das Gefühl von Kontrolle über die stressbedingten Reaktionen (DeMarco-Sinatra, 2000).

F: Komplementäre Therapien, wie Massage, Aromatherapie und Hydrotherapie, sind nützlich im Umgang mit Stress und Angst (Keegan, 2000; Wong et al., 2001).

F: Körperliche Betätigung kann Angst wirksam verringern (Blanchard et al., 2001).

F: Musiktherapie ist eine wirksame Pflegeintervention zur Angstminderung (Wong et al., 2001).

F: Körperliche Betätigung ist eine wirksame Methode zur Minderung von Angst (State) bei Überlebenden eines Mammakarzinoms (Blanchard et al., 2001).

Pädiatrische Interventionen

Maßnahmen

Erklären Sie Ereignisse in einfacher, altersgerechter Sprache und mit entsprechenden Illustrationen, wie Marionetten, Puppen und Modellgerätschaften.

Erlauben Sie dem Kind, Unterwäsche zu tragen und vertraute Spielzeuge oder Gegenstände bei sich zu haben.

Unterstützen Sie Eltern/Betreuungspersonen im Umgang mit ihrer Angst in Anwesenheit des Kindes.

Unterstützen Sie das Kind im Umgang mit Angst (Wong, 2003):

- Schaffen Sie eine vertrauensvolle Beziehung.
- Halten Sie Trennungen von den Eltern so kurz wie möglich.
- Ermutigen Sie dazu, Gefühle zu äußern.
- Spielen Sie mit dem Kind.
- Bereiten Sie das Kind auf neue Erfahrungen vor (z. B. Prozeduren, eine Operation).
- Sorgen Sie für Trost.
- Regression zulassen.
- Ermutigen Sie zur Beteiligung der Eltern an der Versorgung.
- Lindern Sie bei den Eltern das Gefühl von Bedrohung, und versorgen Sie sie mit Informationen.

Unterstützen Sie das Kind in seiner Wut:

- Ermutigen Sie das Kind, seine Wut zu äußern (z. B.: «Wie ist es dir gegangen, als du die Spritze bekommen hast?»).
- Sagen Sie dem Kind, dass es in Ordnung ist, wütend zu sein (z. B.: «Ich werde manchmal wütend, wenn ich nicht bekomme, was ich will.»).
- Ermutigen Sie das Kind, seine Wut auf annehmbare Weise zu zeigen, und geben Sie ihm die Möglichkeit dazu (z. B. lautes Sprechen, ums Haus rennen).

F: Kinder brauchen Gelegenheit und Ermutigung, ihre Wut auf kontrollierte, akzeptable Weise zu äußern (z. B. indem sie ein bestimmtes Spiel oder mit einer bestimmten Person nicht spielen möchten, eine Tür zuschlagen, Wut sprachlich äußern). Zu den inakzeptablen Ausdrucksformen von Wut gehört, mit Gegenständen zu werfen oder sie zu zerbrechen sowie andere zu schlagen. Kinder, die ihre Wut nicht zeigen dürfen, können feindselig werden und die Welt als unfreundlichen Ort betrachten.

F: Die Anwesenheit der Eltern sorgt für eine vertraute, stabilisierende Unterstützung.

F: Angst der Eltern wirkt sich auf die Angst des Kindes aus.

Geburtshilflich-gynäkologische Interventionen

Maßnahmen

Erörtern Sie Erwartungen und Sorgen hinsichtlich der Schwangerschaft und des Elternseins mit der Frau und ihrem Partner jeweils allein und dann mit beiden gemeinsam, soweit angezeigt.

Helfen Sie beim Herausarbeiten unrealistischer Erwartungen.

Erkennen Sie Angst und ihre Normalität an (Lugina et al., 2001):

- 1 Woche post partum: Besorgnis darüber, sich müde zu fühlen und Nervosität in Bezug auf die Brüste, das Perineum und eine Infektion
- 1 Woche post partum: Besorgnis über die Augen des Babys, seine Atmung, Körpertemperatur und Sicherheit sowie über sein Schreien
- 6 Wochen post partum: Besorgnis über die Reaktion des Partners auf sie und das Kind.

F: Für emotionale Unterstützung zu sorgen und zu ermutigen, sich auszusprechen, kann einer Klientin helfen, Ängste zu klären und zum Ausdruck zu bringen und der Pflegeperson ermöglichen, ein realistisches Feedback zu geben und zu beruhigen.

F: Manche Ängste beruhen auf ungenauen Informationen und lassen sich durch exakte Daten lindern.

Todesangst

Definition

Todesangst: der Zustand, in dem ein Individuum das unbestimmte, unangenehme Gefühl von Unbehagen oder Furcht, hervorgerufen durch eine reale oder imaginierte Bedrohung der eigenen Existenz, empfindet.

Todesangst (engl. Death anxiety): Unbestimmtes Gefühl des Unbehagens oder der Furcht, hervorgerufen durch die Wahrnehmung einer realen oder imaginären Bedrohung der eigenen Existenz (NANDA-I, 2010).

Bestimmende Merkmale oder Kennzeichen

Äußerungen der Angst, eine tödliche Krankheit zu entwickeln
Äußerungen der Angst vor dem Sterbeprozess
Äußerungen der Angst vor Leiden im Sterbeprozess
Äußerungen der Angst, mentale Fähigkeiten während des Sterbens zu verlieren
Äußerungen der Angst vor dem vorzeitigen Tod
Äußerungen der Angst vor einem langen Sterbeprozess
Äußerungen von negativen Gefühlen gegenüber dem Tod und dem Sterben
Äußerungen der Angst vor der Machtlosigkeit im Sterbeprozess
Äußerungen von der Sorge über die Auswirkung des eigenen Todes auf die Angehörige
Befürchtung, eine Last zu sein, zur Last zu fallen
Äußerungen einer tiefen Traurigkeit
Äußerungen der Angst vor Schmerzen beim Sterben
[Sich-Sorgen darüber, die Betreuungsperson zu überlasten, vor seinen eigenen Schöpfer treten zu müssen oder Zweifel an der Existenz Gottes oder eines höheren Wesens].

Einflussfaktoren

Der nahe Tod führt zu dieser Diagnose. Zusätzliche Faktoren können zur Todesangst beitragen.

Situationsbedingte Faktoren (persönlich bedingt, umgebungsbedingt)

B/d die Angst, zur Last zu fallen.
B/d die Angst vor nicht beherrschbaren Schmerzen.
B/d die Angst, verlassen zu werden
B/d einen ungelösten Konflikt (Familie, Freunde).
B/d die Angst, dass das eigene Leben bedeutungslos war.
B/d soziale Loslösung.
B/d Machtlosigkeit und Verletzlichkeit.
B/d Nichthinnehmen der eigenen Sterblichkeit.
B/d Ungewissheit hinsichtlich des Lebens nach dem Tod.

B/d Ungewissheit über die Begegnung mit einer höheren Macht.
B/d Ungewissheit hinsichtlich der Existenz einer höheren Macht.
B/d das Erleben des Sterbeprozesses.
B/d die antizipierten Auswirkungen des Todes auf andere.

Anmerkung der Autorin

Die Aufnahme von *Todesangst* in die NANDA-Klassifikation schafft eine diagnostische Kategorie, bei der die Ätiologie in der Bezeichnung steht. Dies öffnet die NANDA-Liste für Tausende von diagnostischen ätiologischen Bezeichnungen (z. B. Trennungsangst, Versagensangst, Reiseangst). Viele Diagnosebezeichnungen können denselben Weg nehmen: Furcht als klaustrophobische Furcht, Diarrhö als Reisediarrhö, Entscheidungskonflikt als Entscheidungskonflikt am Lebensende.

Die Autorin empfiehlt, die Ätiologie aus den Diagnosebezeichnungen herauszunehmen, mit Ausnahme von Syndromdiagnosen, bei denen die Ätiologie im Titel genannt werden muss. Syndromdiagnosen haben keine Einflussfaktoren.

Irrtümer in diagnostischen Aussagen

Siehe *Angst*.

Zentrale Konzepte

In einer Forschungsstudie über die Reaktionen von 153 Reha-BeraterInnen auf den möglichen Tod eines Klienten gaben 22 % der Beteiligten an, lieber nicht mit Klienten mit einer lebensbedrohenden Erkrankung arbeiten zu wollen. Bei jüngeren ProbandInnen (< 44 Jahre) waren die Todesangstwerte höher. Schulungsprogramme und Selbsthilfegruppen helfen, die Angst vor dem Tod bei in der Gesundheitsversorgung Tätigen zu verringern (Hunt, 2000).

Einschätzungskriterien des Fokusassessments

Siehe *Angst* und *Trauern*.

Ziele

NOC

- Würdevolles Sterben
- Selbstkontrolle bei Angst

Die Person berichtet über verminderte Angst oder Furcht.

Indikatoren

- Mitteilen von Gefühlen in Bezug auf das Sterben.
- Identifizieren von zwei Aktivitäten, welche die Selbstkontrolle stärken und das Wissen über sich selbst mehren.

Allgemeine Interventionen

NIC

- Copingverbesserung
- Emotionale Unterstützung
- Spirituelle Unterstützung

Ermutigen Sie die Person, ihre Weltsicht neu aufzubauen (Taylor, 2000):

- Gestatten Sie dem Klienten, Gefühle über die Bedeutung des Todes zu äußern.
- Weisen Sie ihn darauf hin, dass es keine richtigen oder falschen Gefühle gibt.
- Weisen Sie ihn darauf hin, dass die Reaktionen in seiner Entscheidung liegen.
- Erkunden Sie mögliche Lösungen für Konflikte (z. B. Brief, Telefonanruf).
- Ermutigen Sie zum Dialog mit einem spirituellen Mentor oder einem/einer Seelenverwandten.

Ermutigen Sie den Klienten, …

- … Geschichten aus seinem Leben zu erzählen und Erinnerungsarbeit zu leisten.
- … ein Vermächtnis zu hinterlassen: eine Schenkung, persönliche Gegenstände oder Mitteilungen in Wort und/oder Bild.

Ermutigen Sie zu reflexiven Aktivitäten, wie dem persönlichen Gebet, Meditation und dem Führen eines Tagebuchs:

- Wiederaufnahme einer früher gern ausgeübten Tätigkeit, wie z. B. Malen, Musizieren, Arbeiten mit Holz und Häkeln oder Stricken.
- Erneuern des Geschenks der Nächstenliebe durch Beten für andere, Vermitteln persönlicher, aus der Krankheit gewonnener Erkenntnisse und das Zusammenstellen von Vermächtnissen.

Aggressives Management nicht gelinderter Symptome:

- Übelkeit
- Pruritus
- Schmerzen
- Erbrechen
- Erschöpfung.

Erläutern Sie Palliativpflege, geben Sie auf Wunsch Anleitungen, und unterstützen Sie bei dem Prozess.

F: Wenn ein Mensch dem Tod gegenübersteht, bedeutet das Neuordnen der Weltsicht ein ausgeglichenes Abwägen von Gedanken über das schmerzhafte Thema und das Vermeiden schmerzlicher Gedanken (Taylor, 2000).
F: Strategien, die der Person helfen, eine Bedeutung in Fehlschlägen und Erfolgen zu erkennen, können Angst und Depression vermindern.
F: Fördern und Wiedererwecken von Interessen, Vorstellungskraft und Kreativität erhöhen die Lebensqualität (Brant, 1998).
F: Gravierende ungelinderte Symptome können einen schweren Tod und für die Familie unnützes zusätzliches Leid bewirken (Nelson et al., 2000).

Ermutigen der Freunde und der Familie zu emotionaler und spiritueller Ehrlichkeit

F: Es sollte alles unternommen werden, um die Familie und Freunde dazu anzuhalten, mit der Person statt über sie zu sprechen (Brant, 1998).
F: Verständliche Erläuterungen können bei der Entscheidungsfindung helfen und Angst mindern (Silveira et al., 2000).

Gefahr einer unausgeglichenen Körpertemperatur

Gefahr einer unausgeglichenen Körpertemperatur

Hyperthermie
Hypothermie
Unwirksame Wärmeregulation, …

- … **b/d** den Übergang des Neugeborenen in die extrauterine Umgebung

Definition

Gefahr einer unausgeglichenen Körpertemperatur: der Zustand, in dem das Individuum in Gefahr ist, die Körpertemperatur nicht mehr im Normbereich (36–37,5 °C) halten zu können (Smeltzer/Bare, 2004).
Gefahr einer unausgeglichenen Körpertemperatur (engl. Risk for imbalanced body temperature): Risiko, dass die Körpertemperatur nicht im Normbereich aufrechterhalten werden kann (NANDA-I, 2010).

Risikofaktoren

Vorliegen von Risikofaktoren (siehe » Einflussfaktoren»).

Einflussfaktoren

Pathophysiologische Faktoren

- Krankheiten, die die Temperaturregulation beeinflussen [z.B. systemische oder lokalisierte Infektionen, Neoplasien, Tumore, kollagene/vaskuläre Erkrankung]
- Verletzungen, die die Temperaturregulation beeinflussen
- veränderte Stoffwechselrate.

Behandlungsbedingte Faktoren

gefäßverengende, -erweiternde Medikamente; Sedierung

B/d kühlende Wirkung:

einer parenteralen Flüssigkeitsinfusion bzw. Bluttransfusion
einer Kühldecke
der Dialyse
eines Operationssaals.

Situationsbedingte Faktoren (persönlich bedingt, umgebungsbedingt)

B/d:

Exposition gegenüber Kälte, Regen, Schnee, Wind; Exposition gegenüber extremer Hitze, starker Sonneneinstrahlung und extremer Feuchtigkeit, extreme Umgebungstemperaturen
dem Klima, der Umgebungstemperatur nicht angemessene Kleidung
das Unvermögen, für die Kosten von Logis, Heizung oder Klimaanlage aufzukommen
extremes Unter- bzw. Übergewicht
Alkoholkonsum; Inaktivität; übermäßige Aktivität
Dehydratation/Mangelernährung.

Altersbedingte Faktoren

B/d eine unwirksame Temperaturregulierung, s/b/d extrem niedriges bzw. hohes Alter (z.B. Neugeborenes, älterer Erwachsener).

Anmerkung der Autorin

Die *Gefahr einer unausgeglichenen Körpertemperatur* umfasst diejenigen Personen, welche der Gefahr einer *Hyperthermie*, einer *Hypothermie*, der *unwirksamen Thermoregulation* oder allen drei zusammen ausgesetzt sind. Sollte die Person nur einer dieser Gefahren (z.B. *Hypothermie*, aber nicht *Hyperthermie*) ausgesetzt sein, ist es besser, das Problem anhand der spezifischen Diagnose (*Gefahr der Hypothermie*) zu benennen. Ist die Person der Gefahr von zwei oder mehr dieser Diagnosen ausgesetzt, verwendet man besser die Bezeichnung *Gefahr einer unausgeglichenen Körpertemperatur*. Der Pflegeschwerpunkt besteht darin, abnorme Körpertemperaturen zu verhindern, indem Personen mit normaler Körpertemperatur und Risikofaktoren, die sich durch pflegeverordnete Interventionen (z. B. Entfernen von Decken, Anpassen der Umgebungstemperatur) beherrschen lassen, identifiziert und behandelt werden. Ist die Temperaturstörung durch eine pathophysiologische Komplikation bedingt, die pflegerischer und ärztlicher Interventionen bedarf, sollte das Problem als interdisziplinär bezeichnet werden (z. B. *PK: schwere Hypothermie,* **b/d** *Schädigung des Hypothalamus*). Der entscheidende Fokus liegt dann auf dem Überwachen, um signifikante Temperaturschwankungen zu entdecken, zu dokumentieren und nach Verordnung interdisziplinäre Interventionen (z. B. eine wärmende oder kühlende Decke) vorzunehmen. Siehe auch die «Anmerkung der Autorin» zu *Hyperthermie* und zu *Hypothermie*.

Zentrale Konzepte

Allgemeine Überlegungen

- Der Körper verfügt über zwei große Kompartimente: die *Hülle* (Haut und Unterhautgewebe) und den *Kern* (lebenswichtige innere Organe, Darm und große Muskelgruppen). Die Wärmeübertragung betrifft Hülle und Kern; die Hülle kann warm sein, während der Kern kalt ist und umgekehrt.
- Die Regulierung der Körpertemperatur ist ein dynamischer Prozess, an dem vier Mechanismen beteiligt sind (Porth, 2006):
  - *Konduktion:* direkte Wärmeleitung vom Körper zu kühleren Objekten ohne Bewegung (z. B. von Zellen und Kapillaren zur Haut und von da zur Kleidung)
  - *Konvektion:* Wärmeübertragung durch den Kreislauf (z. B. von wärmeren Kernbereichen zur Peripherie und von Luftbewegungen in die Nähe der Haut)
  - *Strahlung:* Wärmeübertragung zwischen Haut und Umgebung
  - *Verdunstung:* Wärmeübertragung bei feuchter Haut oder Kleidung und Wärmeverlust durch die Feuchtigkeit an die Umgebung.
- Die Wärmeproduktion erfolgt im Körperkern, der durch Thermorezeptorstimulation aus dem Hypothalamus innerviert wird.
- Normothermie ist definiert als eine Kerntemperatur von 36,6–37,5 °C (Smeltzer/Bare, 2004).
- Wärmeverlust und -gewinnung sind individuell verschieden und werden durch den Umfang der Körperoberfläche, den peripheren Gefäßtonus und die Menge an Unterhautgewebe beeinflusst.
- Zittern, der physiologische Versuch des Körpers, mehr Wärme zu generieren, führt zu tief greifenden physiologischen Reaktionen:
  - auf das Zwei- bis Fünffache über die Norm erhöhtem Sauerstoffverbrauch
  - auf 400–500 % erhöhtem Stoffwechselbedarf
  - erhöhter Myokardarbeit, Kohlendioxidproduktion, Vasokonstriktion der Haut und Milchsäureproduktion.

- Die Zuverlässigkeit der Körpertemperatur hängt ab von akkuraten Messtechniken, dem Minimieren von Variablen, welche das Temperaturmessinstrument beeinflussen, und vom Ort der Messung:
  - Orale Temperaturmessungen können infolge von Variablen (z. B. schlechter Kontakt zwischen Thermometer und Mukosa, Luftbewegungen, Rauchen oder Trinken vor dem Temperaturmessen) unzuverlässig sein. Orale Temperaturmessungen liegen um 0,5 °C unter der Körperkerntemperatur (Giuliano et al., 2000).
  - Rektale Temperaturmessungen haben weniger Störvariablen und sind zuverlässiger als orale Ablesungen. Sie zeigen bei Normothermie 0,5 °C oberhalb der Körperkerntemperatur an und messen bei Temperaturen unterhalb von 36,5 °C eher die *periphere* als die Körper*kern*temperatur. Die rektale Temperaturablesung liegt um 1 °C über der oralen Ablesung.
  - Axilläre Temperaturmessungen sind nur für die Hauttemperatur zuverlässig und liegen 1 °C unter den oralen Temperaturwerten.

Hyperthermie

- Der Körper reagiert auf warme Umgebungen, indem er über eine erhöhte Schweißproduktion und erweiterte periphere Gefäße Wärme abstrahlt.
- Ein beschleunigter Stoffwechsel erhöht die Körpertemperatur; umgekehrt beschleunigt eine erhöhte Körpertemperatur den Stoffwechsel.
- Fieber ist eines der wichtigsten Zeichen einer beginnenden Infektion, Entzündung und Erkrankung: Die Behandlung mit Acetylsalicylsäure oder Paracetamol ohne ärztliche Konsultation kann wichtige Symptome maskieren, um die sich ein Arzt kümmern sollte.
- Blut ist die Kühlflüssigkeit des Körpers. Ein verlangsamter Blutstrom infolge von Dehydratation prädisponiert zu Fieber.

Hypothermie

- Auf kalte Umgebungen reagiert der Körper mit Mechanismen, die darauf abzielen, einen Wärmeverlust zu verhindern und die Wärmeproduktion zu erhöhen:
  - Muskelkontraktionen
  - erhöhte Herzfrequenz
  - Zittern und Vasodilatation
  - periphere Vasokonstriktion
  - Erweiterung von Blutgefäßen in Muskeln
  - Freisetzen von Thyroxin und Kortikosteroiden.
- Eine schwere Hypothermie kann lebensbedrohende Herzrhythmusstörungen hervorrufen und muss durch einen Arzt behandelt werden.
- Ohne sicheres und effektives Aufwärmen hat eine postoperative Hypothermie (Kerntemperatur < 35 °C) viele tief greifende negative Auswirkungen: herabgesetzte Funktion des Myokards und des Gehirns, respiratorische Azidose, beeinträchtigte hämatologische und immunologische Funktionen sowie Kältediurese (Howell et al., 1992). Hypothermie senkt auch den Blutdruck und trägt zum Schock bei.
- Eine Vasodilatation fördert Wärmeverlust und prädisponiert zu Hypothermie.

Pädiatrische Überlegungen

- Fast jedes Kind hat irgendwann einmal Fieber um 38–40 °C. Bei normalen Kindern wirkt sich dies gewöhnlich nicht schädigend aus, nur etwa 4 % febriler Kinder neigen zu Krampfanfällen (Hunsberger, 1989). Kinder unter 18 Jahren mit Fieber und Symptomen einer Influenza sollten niemals Acetylsalicylsäure oder acetylsalicylsäurehaltige Produkte erhalten, da Gefahr eines Reye-Syndroms besteht.
- Neugeborene sind aufgrund eines Mechanismus anfällig für einen Wärmeverlust (Varda/Behnke, 2000), der sich anhand folgender Punkte illustrieren lässt:
  - große Körperoberfläche im Verhältnis zur Körpermasse
  - weniger isolierendes Fettgewebe
  - erhöhter Grundumsatz
  - Umgebung (Kreißsaal, Säuglingsstation).
- Die nicht durch Zittern verursachte Wärmeerzeugung ist ein im braunen Fettgewebe (hoch vaskularisiertes Fettgewebe) lokalisierter Mechanismus, der sich nur bei Säuglingen findet. Wenn die Hauttemperatur zu sinken beginnt, übertragen Thermorezeptoren Wärmeimpulse an das zentrale Nervensystem (May/Mahlmeister, 1994). Folgende Sequenz verdeutlicht diesen Mechanismus: ZNS → stimuliert das sympathische Nervensystem → Freisetzung von Noradrenalin aus der Nebenniere und den Nervenendigungen im braunen Fettgewebe → Wärmeproduktion.
- Nicht jedes Fieber bei einem Kind muss behandelt werden. Fieber infolge eines Hitzschlags kann durch lauwarme oder kalte Waschungen mit einem Schwamm behandelt werden. Fieber unter 40 °C bei zuvor gesunden Kindern ohne anamnestisch bekannte Fieberkrämpfe und ohne bedrohliche Krankheit kann unbehandelt bleiben oder, falls gewünscht, mit Paracetamol behandelt werden. Waschungen mit einem Schwamm machen es dem Kind angenehmer.
- Lauwarme Waschungen mit einem Schwamm statt Antipyretika sind bei sehr jungen Säuglingen und bei Kindern mit schwerer Lebererkrankung oder anamnestisch bekannter Überempfindlichkeit gegen Antipyretika angezeigt.

Geriatrische Überlegungen

Ältere Menschen können in mäßig kühlen oder warmen Umgebungen eine Hypo- bzw. Hyperthermie entwickeln – anders als jüngere Erwachsene, bei denen dazu schwere Kälte oder Hitze erforderlich ist (Miller, 2004).

- Zu den altersbedingten Veränderungen, welche die Fähigkeit des Körpers zur Anpassung an Kälte beeinträchtigen, gehören eine unwirksame Vasokonstriktion, verminderte Herzleistung, vermindertes Unterhautgewebe sowie eine verzögerte und verminderte Schweißbildung (Miller, 2004).
- Bei älteren Menschen setzt die Schweißbildung später ein und ist weniger effektiv.
- Ältere Menschen haben eine weniger präzise Wahrnehmung von Wärme und Kälte, daher fehlt es ihnen u. U. am Reiz, um Schutzmaßnahmen zu ergreifen.

- Der Durstmechanismus wird mit zunehmendem Alter weniger effizient, und die Fähigkeit der Niere zur Konzentration von Urin nimmt ab, wodurch die Gefahr einer wärmebedingten Dehydratation zunimmt.
- Inaktivität und Immobilität steigern die Anfälligkeit für Hypothermie, indem sie das Zittern unterdrücken und die Wärme erzeugende Muskelaktivität vermindern.
- Siebzig Prozent aller Opfer eines Hitzschlags sind älter als 60 Jahre.

Einschätzungskriterien des Fokusassessments

Subjektive Daten

Einschätzen bestimmender Merkmale oder Kennzeichen

Anamnese der Symptome (abnorme Hauttemperatur, gestörter Geisteszustand, Kopfschmerzen, Übelkeit, Lethargie, Schwindel).
Beginn.

Einschätzen beeinflussender Faktoren

Hyperthermie

Dehydratation
Kontakt mit einer übertragbaren Krankheit ohne bekannte Immunität (z. B. Masern, ohne geimpft oder bereits einmal daran erkrankt gewesen zu sein).
Übermäßige Exposition gegenüber Sonnenlicht, Hitze und Feuchtigkeit.
Überaktivität
Bestrahlung, Chemotherapie, Immunsuppression
Alkoholkonsum
Gestörtes Urteilsvermögen.
Häusliche Umgebung:

- ausreichende Belüftung?
- Klimaanlage?
- Raumtemperatur?

Medikamente:

- Diuretika
- Antidepressiva
- Anticholinergika
- Vasokonstriktoren
- die ZNS-Tätigkeit dämpfende Substanzen.
- Häufigkeit der Einnahme?
- Letzte Einnahme?

Hypothermie

Exposition gegenüber Kälte/Feuchtigkeit
Inaktivität
Gestörtes Urteilsvermögen.
Medikamente:

- Vasodilatatoren
- die ZNS-Tätigkeit dämpfende Substanzen.

Häusliche Umgebung:

- Heizung, Decken
- Kleidung (z. B. Socken, Hut, Handschuhe)
- Unterbringung.

Probleme, die zu einer Hyper- bzw. Hypothermie beitragen können

Rauchen
Diabetes
Wiederholte Infektionen
Kreislaufprobleme (zu spezifizieren)
Probleme mit der Mobilität
Neurologische Erkrankungen
Anamnestisch bekannte Erfrierungen
Herz-Kreislauf-Erkrankungen, periphere Gefäßerkrankung.

Objektive Daten

Einschätzen bestimmender Merkmale oder Kennzeichen

Vitalzeichen

Normale Ausgangstemperatur
Abnorme Herzfrequenz, abnormer Herzrhythmus
Gegenwärtige Körpertemperatur
Abnormer Blutdruck
Abnorme Atemfrequenz.

Geisteszustand

Haut und Kreislauf

Zeichen einer Dehydratation

Mundtrockenheit, rissige Zunge, trockene Lippen.
Erhöhtes spezifisches Gewicht des Urins.

Ziele

NOC

- Wärmeregulation

Die Person zeigt eine Körpertemperatur innerhalb altersgerechter Grenzen.

Indikatoren

- Berichten über Maßnahmen zur Verhinderung von Temperaturschwankungen.
- Berichten über Phasen von Frösteln, Schwitzen und Zittern sowie über kühle Haut.

Interventionen

NIC

- Temperaturregulation

Überwachen der Temperatur nach Bedarf (1- bis 4-stündlich). Durchführen einer Dauermessung der Körpertemperatur bei schwer kranken Erwachsenen, Neugeborenen und Säuglingen.

Einsatz von Oralthermometern, wenn möglich.

Raumtemperatur konstant auf 22,2 °C halten. Vermeiden von Zugluft.

Exponieren von lediglich kleinen Abschnitten des Körpers beim Waschen. Nach dem Waschen Abdecken des Bereichs mit einer saugfähigen Decke.

Sicher stellen, dass eine optimale Ernährung und Hydratation erreicht werden.

Für Interventionen bei Neugeborenen siehe *unwirksame Wärmeregulation*.

Für Interventionen zur Verhinderung abrupter Schwankungen der Körpertemperatur siehe *Hypothermie* oder *Hyperthermie*.

F: Kontinuierliche Temperaturüberwachung sorgt dafür, dass Temperaturveränderungen rechtzeitig entdeckt werden, um kardiovaskuläre Komplikationen zu verhindern (Smith, 2004).

F: Die Messung im Mund ist zuverlässiger als die tympanische oder axilläre Messung (Giuliano et al., 2000).

F: Die Raumtemperatur konstant auf 22,2 °C halten verhindert einen Wärmeverlust durch Strahlung.

F: Eine gute Abdecktechnik beim Waschen vermindert einen Wärmeverlust durch Verdunstung.

F: Dehydratation kann die Körpertemperatur senken, indem sie zur Abnahme des Flüssigkeitsvolumens führt. Um bei Fieber den Stoffwechsel aufrechtzuerhalten, muss die Kalorienaufnahme erhöht werden (Edwards, 1999).

Hyperthermie

Definition

Hyperthermie: der Zustand, in dem die Körpertemperatur eines Individuums aufgrund äußerer Faktoren nachhaltig über 37,8 °C oral oder 38,8 °C rektal erhöht ist oder eine entsprechende Gefahr besteht.

Hyperthermie (engl. Hyperthermia): Erhöhte Körpertemperatur oberhalb des Normbereichs (NANDA-I, 2010).

Bestimmende Merkmale oder Kennzeichen

Hauptkennzeichen (obligat)

Körpertemperatur über 37,8 °C oral oder 38,8 °C rektal.

Nebenkennzeichen (fakultativ)

Gerötete Haut
Bei Berührung warm, fühlbare Überwärmung
Beschleunigte Atmung, Tachypnö
Tachykardie, (schwankender Blutdruck)
Fieberkrämpfe, Krampfanfälle, Zittern, Gänsehaut
Dehydratation
Spezifische oder generalisierte Schmerzen (z. B. Kopfschmerz)
Krankheitsgefühl, Erschöpfung, Schwäche
Appetitlosigkeit.

Einflussfaktoren

Situationsbedingte Faktoren (persönlich bedingt, umgebungsbedingt)

B/d:

Hitze, Sonnenlicht
dem Klima nicht angemessene Kleidung
fehlenden Zugang zu Klimaanlagen.

B/d verlangsamten Kreislauf, s/b/d:

extrem hohes oder niedriges Körpergewicht
Dehydratation; reduzierte Schweißbildung

B/d unzureichende Hydratation (Dehydratation) bei starker körperlicher Betätigung.

B/d unwirksame Temperaturregulation, s/b/d Alter (siehe unwirksame Wärmeregulation); Krankheit; Verletzung; Narkose; Medikamente.

Anmerkung der Autorin

Die Pflegediagnosen *Hypothermie* und *Hyperthermie* beziehen sich auf Personen mit einer Körpertemperatur unter- bzw. oberhalb des Normwerts. Manche dieser Zustände lassen sich durch Pflegeinterventionen, wie das Korrigieren äußerer Ursachen (z. B. ungeeignete Kleidung, Hitze oder Kälte, Dehydratation), behandeln. Als lebensbedrohende Situationen, die ärztlicher und pflegerischer Interventionen bedürfen, bilden sie interdisziplinäre Probleme und sollten als *PK: Hypothermie* oder *PK: Hyperthermie* bezeichnet werden.

Eine erhöhte Körpertemperatur infolge von Infektionen, anderen Erkrankungen (z. B. des Hypothalamus) oder Behandlungen (z. B. Hypothermie) muss interdisziplinär behandelt werden. Falls gewünscht, könnte die Pflegeperson die Pflegediagnose *beeinträchtigtes Wohlbefinden* und das interdisziplinäre Problem *PK: Hypothermie* bzw. *PK: Hyperthermie* verwenden.

Irrtümer in diagnostischen Aussagen

1. *Hyperthermie,* **b/d** *intraoperative pharmakogene Stoffwechselüberaktivität*
   Diese Situation beschreibt die maligne Hyperthermie, eine lebensbedrohende, erbliche Erkrankung, die bei Einsatz von Anästhetika und depolarisierenden Muskelrelaxanzien zum Hypermetabolismus führt. *PK: maligne Hyperthermie* wäre eine treffendere Beschreibung für diese Situation, die rasch entdeckt und sowohl ärztlich als auch pflegerisch behandelt werden muss
2. *Hyperthermie,* **b/d** *die Wirkung zirkulierender Endotoxine auf den Hypothalamus,* **s/b/d** *Sepsis*
   Die Pflege von Personen mit erhöhter Körpertemperatur in der Akutversorgung konzentriert sich auf das Überwachen und Behandeln des Fiebers mittels Verordnungen der Pflege und der Medizin oder auf das Fördern der Behaglichkeit mittels Pflegeverordnungen. *Beeinträchtigtes Wohlbefinden* würde sich besser zur Beschreibung einer Situation eignen, die Pflegende behandeln, wobei *PK: Sepsis* die physiologischen Komplikationen wiedergibt, die von Pflegenden überwacht und durch Pflegeverordnungen und ärztliche Verordnungen behandelt werden.

Einschätzungskriterien des Fokusassessments

Siehe *Gefahr einer unausgeglichenen Körpertemperatur.*

Ziele

NOC

- Wärmeregulation

Die Person behält die Körpertemperatur bei.

Indikatoren

- Identifizieren von Risikofaktoren der Hyperthermie.
- Verringern von Risikofaktoren der Hyperthermie.

Allgemeine Interventionen

NIC

- Fieberbehandlung
- Temperaturregulation
- Umgebungsmanagement
- Flüssigkeitshaushaltsmanagement

Beseitigen oder Verringern beeinflussender Risikofaktoren

Dehydratation

Überwachen Sie Ein- und Ausfuhr, und sorgen Sie für Flüssigkeiten, die am liebsten gemocht werden, um ein Gleichgewicht zwischen Ein- und Ausfuhr aufrechtzuerhalten.
Unterweisen Sie in der Bedeutung einer adäquaten Flüssigkeitsaufnahme (mindestens 2 Liter kühle Flüssigkeit pro Tag (sofern nicht aufgrund einer Herz- oder Nierenerkrankung kontraindiziert), um eine Dehydratation zu verhindern. Erklären Sie, wie wichtig es ist, sich nicht auf Durst als Zeichen eines Flüssigkeitsbedarfs zu verlassen.
Empfehlen Sie den Ersatz von Flüssigkeit nach mäßiger Aktivität bei warmem Wetter (DeFabio, 2000) wie folgt:

- 25,6–28,9 °C: 473 ml
- 29,4–31,7 °C: 710 ml
- > 32,2 °C: 946 ml.

Siehe auch *Flüssigkeitsdefizit*.
Meiden Sie Coffein und Alkohol.

Umgebungswärme/körperliche Betätigung

Schätzen Sie ein, ob die Kleidung oder die Bettdecke zu warm für die Umgebung oder die geplante Aktivität ist.
Halten Sie dazu an, locker sitzende Baumwollkleidung zu tragen.
Sorgen Sie für eine Klimaanlage, Luftentfeuchter, einen Ventilator oder kühle Bäder oder Kompressen, soweit angezeigt.
Lehren Sie die Bedeutung einer Steigerung der Flüssigkeitsaufnahme bei warmem Wetter und körperlicher Betätigung. Raten Sie ab, sich bei Hitze körperlich zu betätigen.
Unterweisen Sie in der Notwendigkeit, im Sonnenlicht einen Hut zu tragen oder einen Sonnenschirm zu verwenden.

F: Der Grad an Aktivität und die Umgebungstemperatur wirken sich stark auf die Körpertemperatur aus. Hohe Luftfeuchtigkeit verstärkt die Wirkung von Kälte oder Wärme auf den Körper.

F: Kopf, Gesicht, Hände und Füße zu exponieren, kann sich erheblich auf die Körpertemperatur auswirken. Bei niedrigen Außentemperaturen wird Körperwärme von den Blutgefäßen in diesem Bereich zur Haut und von dieser an die Luft weitergegeben. Bei hohen Außentemperaturen ist es umgekehrt.

F: Zusätzliche Kleidung oder Decken hemmen die natürliche Fähigkeit des Körpers zur Senkung der Körpertemperatur. Kleidung oder Decken zu entfernen, erhöht die natürliche Fähigkeit des Körpers, die Körpertemperatur zu senken.

F: Um bei Fieber die Stoffwechselfunktionen aufrechtzuerhalten, sind vermehrt Kalorien und Flüssigkeit erforderlich.

F: Coffein und Alkohol sind Diuretika und verstärken daher eine Dehydratation.

Beginnen mit Gesundheitsedukation, soweit angezeigt

Erklären Sie, dass Kinder und ältere Erwachsene stärker durch eine Hyperthermie gefährdet sind. Lehren Sie die Frühzeichen bei Hyperthermie oder Hitzschlag:

- gerötete Haut
- Erschöpfung
- Kopfschmerzen, Verwirrtheit
- Appetitlosigkeit.

Unterweisen Sie darin, bei hohen Außentemperaturen mehrmals täglich ein kühles Bad zu nehmen, bei dem Seife gemieden werden sollte, da sie die Haut austrocknet.

Unterweisen Sie darin, Eispackungen oder kühle, feuchte Handtücher auf den Körper zu legen, vor allem in die Achselhöhle und die Leistenbeuge.

Erklären Sie, dass Alkohol, Coffein und reichhaltige, schwere Mahlzeiten bei Hitze vermieden werden müssen.

Betonen Sie, dass eine dauerhaft erhöhte Körpertemperatur mitgeteilt werden muss.

Hypothermie

Definition

Hypothermie: der Zustand, in dem die Körpertemperatur eines Individuums aufgrund einer erhöhten Anfälligkeit für äußere Faktoren nachhaltig unter 35 °C gesunken ist oder eine entsprechende Gefahr besteht.*

* Temperaturen unter 35 °C rektal sollten dem Arzt mitgeteilt werden, um den Klient in interdisziplinärer Kooperation wieder zu erwärmen.

Hypothermie (engl. Hypothermia): Körpertemperatur unterhalb des Normbereichs (NANDA-I, 2010).

Bestimmende Merkmale oder Kennzeichen*

Hauptkennzeichen (80–100 %)

Absinken der Körpertemperatur unter 35,5 °C rektal*
[Kerntemperatur 35 °C: erhöhte Atemfrequenz, eingeschränktes Urteilsvermögen, Frösteln]
[Kerntemperatur 35–34 °C: Bradykardie oder Tachykardie, Reizbarkeit des Myokards/Arrhythmien, Muskelsteife, Frösteln, Lethargie/Verwirrtheit, verminderte Koordination]
[Kerntemperatur 34–30 °C: Hypoventilation, Bradykardie, generalisierte Steifigkeit, metabolische Azidose, Koma]
[Kerntemperatur unter 30 °C: keine messbaren Vitalzeichen, Herzfrequenz spricht nicht auf medikamentöse Therapie an, komatös, zyanotisch, erweiterte Pupillen, Atemstillstand, Fehlen von Reflexen, kein Frösteln (erscheint tot)].
Kühle Haut
Blässe (mäßig ausgeprägt)
Zittern (leicht); Schüttelfrost; Piloerektion (Gänsehaut).

Nebenkennzeichen (50–79 %)

Verwirrtheit, Benommenheit, Unruhe
Verlangsamter Puls, verlangsamte Atmung
Kachexie, Mangelernährung.
verzögerte Kapillarfüllung
zyanotische Nagelbetten
Hypertonie
Tachykardie

Einflussfaktoren

- reduzierte Fähigkeit zu zittern
- [zu Behinderung führende] Krankheit
- Verletzung
- Schädigung des Hypothalamus
- Mangelernährung
- reduzierter Stoffwechsel
- Medikamente [Überdosierung].

* Adaptiert aus: Carroll, S.M. (1989). Nursing Diagnosis: Hypothermia. In: R.M. Carroll-Johnson (Ed.). *Classification of nursing diagnosis: Proceedings of the eighth conference.* Philadelphia: J.P. Lippincott.

Situationsbedingte Faktoren (persönlich bedingt, umgebungsbedingt)

B/d:

Kälte, Regen, Schnee, Wind; Wärmeverlust über die Haut in einer kühlen Umgebung
dem Klima nicht angemessene Kleidung
das Unvermögen, für Unterbringung oder Heizung zu bezahlen.

B/d einen verlangsamten Kreislauf, s/b/d:

extrem hohes bzw. extrem niedriges Körpergewicht
Alkoholkonsum
Dehydratation
Inaktivität.

Altersbedingte Faktoren

B/d eine unwirksame Temperaturregulation, s/b/d Alter (z. B. Neugeborenes, älterer Erwachsener).

Anmerkung der Autorin

Da eine ernstere Hypothermie (Körpertemperatur < 35 °C) schwere pathophysiologische Folgen, wie z. B. eine herabgesetzte Myokard- und Atemfunktion, haben kann, sei die Pflegeperson dringend darauf hingewiesen, diese niedrigen Werte an den Arzt weiterzuleiten. Oft beginnen Pflegende mit pflegeverordneten Interventionen gegen leichte Hypothermie (Körpertemperaturen zwischen 35 °C und 36 °C rektal), um eine stärker ausgeprägte Hypothermie zu verhindern. Im Allgemeinen sind Pflegende dafür verantwortlich, eine *Gefahr der Hypothermie* zu erkennen und zu behandeln. Siehe auch die diagnostischen Erwägungen bei *Gefahr einer unausgeglichenen Körpertemperatur*.

Irrtümer in diagnostischen Aussagen

Siehe *Gefahr einer unausgeglichenen Körpertemperatur* und *Hyperthermie*.

Einschätzungskriterien des Fokusassessments

Siehe *Gefahr einer unausgeglichenen Körpertemperatur*.

Ziele

NOC

- Wärmeregulation

Die Person zeigt eine Körpertemperatur innerhalb normaler Grenzen.

Indikatoren

- Identifizieren von Risikofaktoren der Hypothermie.
- Verringern von Risikofaktoren der Hypothermie.

Allgemeine Interventionen

NIC

- Hypothermiebehandlung
- Temperaturregulation
- Temperaturregulation: intraoperativ
- Umgebungsmanagement

Einschätzen von Risikofaktoren
Siehe «Einflussfaktoren».

Überwachen der Körper- und Umgebungstemperatur

Reduzieren oder Eliminieren auslösender oder beeinflussender Faktoren, wenn möglich

Längeres Verweilen in kalter Umgebung

Schätzen Sie die Raumtemperatur zu Hause ein.
Bringen Sie dem Klienten bei, die Raumtemperatur zwischen 21 °C und 23,9 °C zu halten oder sich einen Pullover anzuziehen.
Erklären Sie, dass es wichtig ist, einen Hut, Handschuhe sowie warme Socken und Schuhe zu tragen, um einen Wärmeverlust zu verhindern.
Halten Sie dazu an, bei niedrigen Außentemperaturen selten ins Freie zu gehen.
Kaufen Sie eine Heizdecke, warme Decken oder eine Daunendecke und Flanellbettwäsche.
Sorgen Sie für ein heißes Bad, bevor der Person kalt wird.
Bringen Sie dem Klienten bei, engmaschige Unterwäsche zu tragen, um einen Wärmeverlust zu verhindern.
Erklären Sie, dass morgens u. U. mehr Kleidung nötig ist, weil dann der Stoffwechsel am niedrigsten ist.
Wenden Sie sich an den Sozialdienst, um Quellen für finanzielle Unterstützung, warme Kleidung, Decken bzw. Unterbringung herauszufinden.
Bringen Sie dem Klienten bei, wie wichtig es ist, einen Wärmeverlust zu verhindern, noch bevor die Körpertemperatur tatsächlich gesunken ist.
Kaufen Sie warme Socken, Überzieher, Handschuhe und Mützen/einen Hut.

Neurovaskuläre bzw. periphere Gefäßerkrankung

Halten Sie die Raumtemperatur bei 21–23,3 °C.

Schätzen Sie ein, ob die Extremitäten ausreichend durchblutet sind, das heißt, ob sich zufriedenstellende periphere Pulse finden.

Instruieren Sie den Klienten, warme Handschuhe und Socken zu tragen, um einen Wärmeverlust zu verhindern.

Unterweisen Sie die Person, ein warmes Bad zu nehmen, wenn ihm/ihr nicht warm wird.

F: Verdunstung, Konvektion, Konduktion und Abstrahlung auf ein Mindestmaß zu reduzieren, kann einen signifikanten Wärmeverlust verhindern (Puterbough, 1991).

Beginnen mit Gesundheitsedukation, falls angezeigt

Erklären Sie die Rolle des Alters als Risikofaktor einer Hypothermie.

Unterweisen Sie in den Frühzeichen der Hypothermie: kühle Haut, Blässe, Abblassen der Extremitäten und Rötung.

Erklären Sie, dass es notwendig ist, täglich 8–10 Gläser Wasser zu trinken und häufige, kleine Mahlzeiten mit warmer Flüssigkeit zu sich zu nehmen.

Erklären Sie, dass Alkohol in Zeiten großer Kälte gemieden werden muss.

Reduzieren des Wärmeverlustes während einer Operation

Angewärmte Decken

Begrenzen exponierter Bereiche

Angewärmte Flüssigkeiten (intravenös verabreichte Flüssigkeiten, Spülflüssigkeiten)

Anwärmen und Anfeuchten inhalierter Gase.

F: Personen, deren Körpertemperatur intraoperativ im Normalbereich gehalten wird, zeigen weniger unerwünschte Ergebnisse, auch die Kosten der Hospitalisierung sind niedriger (Mahoney/Odom, 1999).

F: Am stärksten sinkt die Körpertemperatur während der ersten Stunde der Operation (Bernthal, 1999).

Pädiatrische und geriatrische Interventionen

Maßnahmen bei Neugeborenen oder alten Menschen

Halten Sie die Raumtemperatur zwischen 21,1 °C und 23,3 °C.

Instruieren Sie den Klienten, nötigenfalls einen Hut, Handschuhe und Socken zu tragen, um einen Wärmeverlust zu verhindern.

Erklären Sie den Familienangehörigen, dass Neugeborene, Säuglinge und alte Menschen für einen Wärmeverlust anfälliger sind (siehe auch *unwirksame Wärmeregulation*).

Intraoperative Maßnahmen

Sofern nicht eine Hypothermie erwünscht ist, um den Blutverlust zu senken, sollten Sie bei Kindern und alten Menschen folgende Maßnahmen erwägen (Puterbough, 1991):

- Erhöhen Sie präoperativ die Raumtemperatur im Operationssaal (OP).
- Setzen Sie während der Operation eine tragbare Wärmelampe ein, um zusätzlich Wärme zu liefern.

- Decken Sie den Klienten bei der Ankunft im OP mit warmen Decken zu.
- Verwenden Sie eine heizbare Matratze, wenn möglich.
- Halten Sie bei der Vorbereitung und während der Operation so viel wie möglich von der Körperoberfläche bedeckt.
- Wärmen Sie den Vorbereitungsset, Blut, Flüssigkeiten, Anästhetika und Spülflüssigkeiten auf.
- Ersetzen Sie nasse Kittel, Hemden und Tücher durch trockene.
- Halten Sie den Kopf des Klienten gut bedeckt.
- Setzen Sie die Wärme erhaltenden Interventionen auch nach der Operation fort.

F: Kinder und alte Menschen können schon in einer kühlen OP-Umgebung hypotherm werden (Miller, 2004; Wong, 2003).

F: Während der Phase unmittelbar nach der Operation neigen die Klienten – bedingt durch prolongierte Kälteexposition im OP und intravenöse Infusion großer Flüssigkeitsmengen – zu Hypothermie.

Unwirksame Thermoregulation

Definition

Unwirksame Thermoregulation: der Zustand, in dem ein Individuum angesichts sich verändernder äußerer Faktoren in Gefahr läuft oder nicht mehr in der Lage ist, eine stabile, normale Körperkerntemperatur aufrechtzuerhalten.

Unwirksame Thermoregulation (engl. Ineffective thermoregulation): Temperaturschwankungen zwischen Hypo- und Hyperthermie (NANDA-I, 2010).

Bestimmende Merkmale oder Kennzeichen

Temperaturschwankungen, beeinflusst durch eine begrenzte kompensatorische Stoffwechselregulierung als Reaktion auf Umgebungsfaktoren.

- Schwankungen der Körpertemperatur über und unter dem Normbereich
- Tachykardie
- Reduzierung der Körpertemperatur unter den Normalbereich
- Anstieg der Körpertemperatur über den Normbereich
- kühle Haut
- mäßige Blässe
- leichtes Zittern
- Piloerektion (Gänsehaut)
- zyanotische Nagelbetten
- verzögerte Kapillarfüllung
- Hypertonie
- fühlbare Überwärmung

- gerötete Haut
- erhöhte Atemfrequenz
- Krampfanfälle.

Einflussfaktoren

Verletzung, Krankheit (Hirnödem, Apoplex, intrakranielle OP)

Situationsbedingte Faktoren (persönlich bedingt, umgebungsbedingt)

B/d:

schwankende Umgebungstemperatur
kalte oder feuchte Gegenstände (Kleidung, Kinderbettchen, Material und Gerätschaften)
unzureichende Wohnverhältnisse
nasse/feuchte Körperoberfläche
dem Wetter nicht angemessene Kleidung (zu dick, zu dünn).

Altersbedingte Faktoren

B/d eine begrenzte kompensatorische Stoffwechselregulierung, s/b/d das Alter (z. B. Neugeborenes, alter Mensch).

Altersextreme; Unreife

Anmerkung der Autorin

Unwirksame Wärmeregulierung ist eine nützliche Diagnose bei Personen, denen es schwerfällt, über ein breites Spektrum an Umgebungstemperaturen hinweg eine stabile Körperkerntemperatur aufrechtzuerhalten. Diese Diagnose gilt meist für ältere Erwachsene und Neugeborene. Wärmeregulierung bedeutet, Wärmeproduktion und -verlust in einem ausgewogenen Verhältnis zu halten. Die Pflege konzentriert sich auf das Verändern äußerer Faktoren (z. B. Kleidung und Umgebungsbedingungen), um die Körpertemperatur innerhalb normaler Grenzen zu halten, sowie auf das Unterweisen in Präventivstrategien.

Irrtümer in diagnostischen Aussagen

1. *Unwirksame Wärmeregulation,* **b/d** *Auswirkungen eines Tumors des Hypothalamus*
   Hypothalamustumore können die Temperaturregulationszentren beeinflussen, was zu Schwankungen der Körpertemperatur führt. Diese Situation erfordert konstante Überwachung und rasches Reagieren auf Veränderungen bei angemessener Pflege und medizinischer Behandlung und ließe sich demnach besser als interdisziplinäres Problem beschreiben: *PK: Hypo-/Hyperthermie.*
2. *Unwirksame Wärmeregulation,* **b/d** *Temperaturschwankungen*
   Temperaturschwankungen sind eine Manifestation der Diagnose und kein beeinflussender Faktor. Wenn die Schwankungen aus einer altersbedingt begrenzten Kompensationsregulation resultieren, würde die Diagnose folgendermaßen formuliert: *Unwirksame Wärmeregulation,* **b/d** *eine verminderte Fähigkeit zur Akklimatisation an Hitze oder Kälte,* **s/b/d** *das Alter,* angezeigt durch Temperaturschwankungen.

Einschätzungskriterien des Fokusassessments

Objektive Daten

Einschätzen bestimmender Merkmale oder Kennzeichen

Haut

Farbe
Temperatur
Nagelbetten
Rötungen, Exantheme.

Körpertemperatur

Umgebung (Zuhause, Säugling [Umgebung, Heizstrahler, Inkubator])
Körper (Erwachsener, Kind [rektal, oral], Neugeborenes [axillär]).

Atmung

Frequenz
Retraktionen jeder Art
Rhythmus
Atemgeräusche.

Herzfrequenz

Unwirksame Wärmeregulation, …

… b/d den Übergang des Neugeborenen in die extrauterine Umgebung

Ziele

NOC

- Wärmeregulation

Der Säugling hat eine Körpertemperatur zwischen 36,4 und 37 °C.
Die Eltern erklären Techniken, mit denen sich ein Wärmeverlust zu Hause zu vermeiden lässt.

Indikatoren

- Auflisten von Situationen, die den Wärmeverlust verstärken.
- Demonstrieren, wie man beim Baden Wärme bewahrt.
- Demonstrieren, wie man die Körpertemperatur des Säuglings misst.

Allgemeine Interventionen

NIC

- Temperaturregulation
- Umgebungsmanagement
- Neugeborenenüberwachung
- Vitalzeichenüberwachung

Einschätzen beeinflussender Faktoren

Auslöser eines Wärmeverlustes in der Umgebung.
Wissensdefizit (Betreuungspersonen, Eltern).

Reduzieren oder Beseitigen von Auslösern eines Wärmeverlustes

Verdunstung

Trocknen Sie im Kreißsaal rasch Haut und Haar mit einem angewärmten Handtuch, und legen Sie das Kind in eine vorgewärmte Umgebung.
Sorgen Sie beim Baden für eine warme Umgebung.
Waschen Sie den Säugling abschnittweise, und trocknen Sie ihn entsprechend ab, um die Verdunstung zu reduzieren.
Lassen Sie das Kind nur möglichst kurz in Kontakt mit feuchten Windeln oder Decken.

Konvektion

Reduzieren Sie Zugluft im Kreißsaal.
Vermeiden Sie, den Säugling Zugluft auszusetzen (Klimaanlage, Fenster, offen stehende Inkubatoröffnungen).

Konduktion

Wärmen Sie alle zur Versorgung benötigten Gegenstände an (Stethoskop, Waage, die Hände von Betreuungspersonen, Kleidung, Bettwäsche, Bettchen).
Legen Sie das Kind ganz dicht an die Mutter, um Wärme zu sparen.

Abstrahlung

Legen Sie das Kind im Kreißsaal neben die Mutter.
Verringern Sie die Anzahl Wärme absorbierender Gegenstände im Raum (Metall).
Stellen Sie das Bettchen oder den Inkubator so weit wie möglich von der Wand bzw. von Außenwänden und Fenstern entfernt auf.
Wärmen Sie den Inkubator vor.

F: Das Neugeborene verliert Wärme durch (Wong, 2003):

- Verdunstung (Wärmeverlust, wenn sich Wasser auf der Haut in Dampf verwandelt)
- Konvektion (Wärmeverlust, wenn kühle Luft über die Haut strömt)
- Konduktion (Wärmeübertragung bei direktem Kontakt der Haut mit einer kühlen Oberfläche).

Überwachen der Körpertemperatur bei Neugeborenen (Pillitteri, 2003)

Einschätzen der axillären Temperatur, zu Beginn alle 30 min, bis der Zustand stabil ist, dann alle 4–8 h

Bei einer Körpertemperatur unter 36,3 °C

1. Wickeln Sie den Säugling in zwei Decken.
2. Setzen Sie ihm ein Mützchen auf.
3. Schauen Sie nach Auslösern eines Wärmeverlustes in der Umgebung.
4. Verständigen Sie den Arzt, wenn die Hypothermie länger als 1 Stunde anhält.
5. Achten Sie auf Komplikationen von Kältestress: Hypoxie, respiratorische Azidose, Hypoglykämie, Störungen des Flüssigkeits- und Elektrolythaushalts, Gewichtsabnahme.

Bei einer Körpertemperatur über 37 °C

1. Binden Sie die Decke los.
2. Nehmen Sie dem Säugling das Mützchen ab, wenn er eins aufhat.
3. Überprüfen Sie die Umgebung auf Wärmequellen.
4. Verständigen Sie den Arzt, wenn die Hypothermie länger als 1 Stunde anhält.

F: Signifikante Wärmeverluste in den ersten Augenblicken nach der Geburt können die Körpertemperatur des Neugeborenen um 1–3 °C senken. Abtrocknen, vorgewärmte Decken und Wickeln in gebeugter Stellung können diese Verluste vermindern (Varda et al., 2000).
F: Frühgeborene oder Säuglinge mit niedrigem Geburtsgewicht sind für Auskühlung besonders anfällig, da sie weniger Stoffwechselreserven (z. B. Glykogen) haben.
F: Axillär sollte die Körpertemperatur über 5 Minuten gemessen werden. Am genauesten lässt sich die Temperatur oral messen (Fallis, 2000).

Beginnen mit Gesundheitsedukation

Lehren Sie die Betreuungsperson, warum das Neugeborene für Temperaturschwankungen (Wärme und Kälte) anfällig ist.
Erläutern Sie Auslöser für einen Wärmeverlust in der Umgebung.
Demonstrieren Sie, wie man beim Baden Wärme bewahrt.

Instruieren Sie, dass es zu Hause nicht nötig ist, regelmäßig die Körpertemperatur zu messen.

Unterweisen Sie darin, die Körpertemperatur zu prüfen, wenn der Säugling erhitzt, krank oder reizbar ist, und zwar wie folgt:

1. Schütteln Sie das Thermometer herunter.
2. Legen Sie es in die Leistenbeuge.
3. Halten Sie es dort 11 Minuten lang fest.
4. Lesen Sie in Augenhöhe ab.
5. Informieren Sie bei Temperaturen über 37,5 °C eine Gesundheitsfachperson.

F: Eltern werden darin unterwiesen, wie man bei der Versorgung eines Säuglings und in der häuslichen Umgebung einen Wärmeverlust durch Verdunsten, Konvektion und Abstrahlung verhindert.

Gefahr eines instabilen Blutglukosespiegels

Definition

Gefahr eines instabilen Blutglukosespiegels: Gefahr von Abweichungen der Blutglukose-/Blutzuckerspiegel vom Normalbereich

Risikofaktoren

Wissensdefizit hinsichtlich des Therapiemanagements bei Diabetes (z. B. Maßnahmenplan)
Grad der persönlichen Entwicklung
Nahrungszufuhr
Unzureichende Blutzuckerüberwachung, -kontrolle
Fehlende/mangelnde Akzeptanz der Diagnose
Fehlendes/mangelndes Einhalten der Maßnahmen bei Diabetes (z. B. Maßnahmenplan)
Fehlendes/mangelndes Diabetesmanagement (z. B. Maßnahmenplan)
Medikationsmanagement
Grad der körperlichen Aktivität, körperliches Aktivitätsniveau
Körperlicher Gesundheitszustand
Schwangerschaft
Phasen raschen Wachstums, schnelle Wachstumsschübe
Stress
Gewichtszunahme
Gewichtsabnahme.

Anmerkung der Autorin

Diese neue Pflegediagnose repräsentiert eine Situation, die interdisziplinäres Intervenieren mit der Medizin erfordert. Die Autorin empfiehlt, stattdessen das *interdisziplinäre Problem Hyper-/ Hypoglykamie* zu verwenden. Studierende sollten sich für Rat an ihre Lehrpersonen wenden.

Stuhlinkontinenz

Definition

Stuhlinkontinenz: ein Zustand, in welchem das Individuum eine Veränderung normaler Stuhlgewohnheiten, charakterisiert durch unfreiwilligen Abgang von Stuhl, erlebt.

Stuhlinkontinenz (engl. Bowel incontinence): Veränderung des normalen Stuhlausscheidungsverhaltens gekennzeichnet durch eine unwillkürliche Stuhlausscheidung (NANDA-I, 2010).

Bestimmende Merkmale oder Kennzeichen

- nimmt den Füllungszustand des Enddarms wahr, berichtet aber von der Unfähigkeit, geformten Stuhl auszuscheiden
- Stuhldrang
- Unfähigkeit, die Stuhlentleerung zu verzögern
- berichtet selbst von der Unfähigkeit, den Füllungszustand des Enddarms wahrzunehmen.
- konstantes Tröpfeln von weichem Stuhl
- fäkale Flecken auf der Kleidung
- fäkale Flecken auf der Bettwäsche
- Fäkalgeruch
- gerötete perianale Haut
- Unfähigkeit, den Stuhldrang wahrzunehmen
- Unaufmerksamkeit in Bezug auf den Stuhldrang.

Einflussfaktoren

Pathophysiologische Faktoren

- unvollständige Darmentleerung
- Impaktbildung [Kotstau]
- chronische Diarrhö
- generelle Abnahme des Muskeltonus
- ungewöhnlich hoher Druck im Abdomen
- ungewöhnlich hoher intestinaler Druck
- Abnormalität [Anomalie] des rektalen Sphinkters

- Verlust der Kontrolle über den rektalen Sphinkter
- Schädigung der unteren motorischen Nervenbahnen
- Schädigung der oberen motorischen Nervenbahnen.

B/d einen gestörten Analsphinkter, s/b/d:

einen operativen Eingriff am Anus oder am Rektum
eine Verletzung am Anus oder am Rektum
Verletzungen während der Entbindung
eine periphere Neuropathie.

B/d kognitive Beeinträchtigung.
B/d eine Überdehnung des Rektums, s/b/d chronische Obstipation.
B/d mangelnde/fehlende Kontrolle über den äußeren Schließmuskel, s/b/d:

eine progressive neuromuskuläre Erkrankung
Kompression des Rückenmarks
ein zerebrovaskuläres Ereignis
Verletzung des Rückenmarks
Multiple Sklerose.

B/d eine beeinträchtigte Aufnahmekapazität, s/b/d:

eine entzündliche Darmerkrankung
chronische rektale Ischämie.

Behandlungsbedingte Faktoren

Medikation; Missbrauch von Laxanzien
B/d eine beeinträchtigte Aufnahmekapazität, s/b/d:

eine Kolektomie
eine bestrahlungsbedingte Proktitis.

Situationsbedingte Faktoren (persönlich bedingt, umgebungsbedingt)

Selbstversorgungsdefizit Toilettenbenutzung
Faktoren aus der Umgebung (z. B. unzugängliches Badezimmer)
Immobilität

B/d die Unfähigkeit, Reize aus dem Rektum zu erkennen, zu interpretieren oder darauf zu reagieren, s/b/d:

Ernährungsgewohnheiten
Depression
kognitive Beeinträchtigung
Stress.

Irrtümer in diagnostischen Aussagen

Stuhlinkontinenz, b/d Kotschmieren

Kotschmieren ist nicht die Ursache, sondern der Beleg für eine Stuhlinkontinenz. Bei unbekannter Ursache sollte die Diagnose wie folgt formuliert werden: *Stuhlinkontinenz,* **b/d** *eine unbekannte Ursache*, angezeigt durch Kotschmieren. Eine bekannte Ätiologie sollte sich in der Diagnose widerspiegeln (z. B. *Stuhlinkontinenz,* **b/d** *einen erschlafften Analkanal,* **s/b/d** *eine Läsion in Höhe von S4*).

Zentrale Konzepte

Allgemeine Überlegungen

- Stuhlinkontinenz hat drei bedeutende Ursachen: eine Grunderkrankung des Kolons, des Rektums oder des Anus, eine seit langem bestehende Obstipation oder Koteinklemmung sowie neurogene Veränderungen des Rektums.
- Eine Schädigung des gesamten Rückenmarks, Rückenmarkläsionen, eine neurologische Erkrankung oder angeborene Defekte, die den sakralen Reflexbogen (auf der Höhe von S2 bis S4) unterbrechen, führen zu einem autonomen oder schlaffen Darm. Eine schlaffe Lähmung auf dieser Ebene, bekannt als LMN-Läsion, führt zum Verlust des Defäkationsreflexes, der Sphinkterkontrolle (schlaffer Analsphinkter und des Bulbokavernosusreflexes (Demata, 2000).
- Aufgrund des unterbrochenen Analreflexes und eines schlaffen Analsphinkters kann es auch ohne Stimulation des Rektums zur Stuhlinkontinenz kommen, wann immer sich Stuhl im Rektum befindet. Ist der Stuhl zu weich, kann er austreten oder auch dort verbleiben, wenn er nicht manuell entfernt wird, was die betroffene Person zum Kotstau oder zur Obstipation prädisponiert.
- Schädigungen des gesamten Gehirns oder ein Trauma oberhalb der Sakralmarksegmente S2 bis S4 (Th12, L1, L2) führen zum neurogenen Reflexdarm. Sie unterbrechen die aufsteigenden sensiblen Signale zwischen Sakralreflexzentrum und Gehirn und bewirken, dass Stuhldrang nicht mehr wahrgenommen wird. Sie unterbrechen außerdem absteigende motorische Signale aus dem Gehirn und führen zum Verlust der willkürlichen Kontrolle über den Analsphinkter. Da das Sakralreflexzentrum erhalten geblieben ist, kann ein Reizreaktionsprogramm zur Darmentleerung mittels digitaler Stimulation oder Stimulation durch digitale Vorrichtungen entwickelt werden (Demata, 2000).

Geriatrische Überlegungen

Das Gefühl eines gefüllten Rektums, das den Stuhldrang auslöst, kann bei älteren Erwachsenen vermindert sein (Demata, 2000).

Einschätzungskriterien des Fokusassessments

Siehe *Obstipation* (Hickey, 2006).

Ziele

NOC

- Stuhlkontinenz
- Gewebeintegrität: Haut und Schleimhäute
- Stuhlausscheidung

Die Person entleert alle 2 oder 3 Tage einen weichen, geformten Stuhl.

Indikatoren

- Berichten über Stuhlausscheidungstechniken.
- Beschreiben des Flüssigkeits- und Ernährungsbedarfs.

Allgemeine Interventionen

NIC

- Stuhlinkontinenzpflege
- Darmtraining
- Defäkationsmanagement
- Hautassessment

Assessment beeinflussender Faktoren

Siehe «Einflussfaktoren».

Einschätzen der Partizipationsfähigkeit der Person

Neurologischer Status
Funktionsfähigkeit.

F: Um Stuhlkontinenz zu wahren, muss eine Person motiviert sein, ein intaktes anorektales Empfindungsvermögen haben, Fäzes bewusst speichern können, den M. puborectalis und den M. sphincter ani externus kontrahieren können und Zugang zu einer Toilette haben.

F: Stuhlinkontinenz kommt bei alten Menschen, die in Einrichtungen leben, und bei chronisch Kranken häufig vor. Kognitive Beeinträchtigungen können das Erkennen von Signalen des Darms behindern. Eine seit langem bestehende Obstipation kann zum Abgang von verflüssigtem Stuhl entlang der Koteinklemmung führen. Eine weitere Ursache von Stuhlinkontinenz sind Anomalien des Analsphinkters.

Planen einer festen geeigneten Zeit für das Ausscheiden

Erstellen Sie zunächst für 5 Tage oder bis zum Eintritt eines Rhythmus ein Defäkationsprogramm, und stellen Sie danach auf ein Zweitagesprogramm (morgens oder abends) um.

Sorgen Sie für Privatsphäre und eine stressfreie Umgebung.

Beruhigen Sie den Klienten, und schützen Sie ihn beim Einrichten des Defäkationsprogramms vor Beschämung.

F: Eine seit langem bestehende Obstipation oder ein Kotstau führen zur Überdehnung des Rektums durch Fäzes. Die anschließende reflektorische Dauerstimulation senkt den Sphinktertonus. Die Inkontinenz besteht entweder in einer Diarrhö, die um den Stau herumfließt oder im Austritt von Fäzes aus einem vollen Rektum (Chassagne et al., 2000).

Unterweisen in effektiven Defäkationstechniken

Soweit die Person funktionell dazu in der Lage ist, bringen Sie sie in aufrechte oder sitzende Position. Ist sie dazu nicht imstande (z. B. bei Tetraplegie), bringen Sie sie in Linksseitenlage.

Soweit die Person funktionell dazu in der Lage ist, verwenden Sie Hilfsmittel (z. B. Dildo, Digitalstimulation, erhöhten Toilettensitz, Gleitmittel und Handschuhe), soweit angemessen.

Unterweisen Sie eine Person mit beweglichen Armen und innervierter Bauchmuskulatur in angemessenen Techniken zur Erleichterung des Stuhlgangs:

- Valsalva-Manöver
- «Liegestütze im Sitzen» (Oberkörper aus dem Sitzen mit beiden Armen hochdrücken)
- Beckenbodenübungen
- Rumpfbeugen
- Massieren des Abdomens.

Unterstützen Sie durch Gerätschaften für Hygienemaßnahmen, soweit nötig, oder sorgen Sie für diese Gerätschaften.

Führen Sie eine Defäkationsdokumentation oder einen Plan für den Stuhlgang, in der/dem die Zeit, Stuhlmerkmale, Hilfsverfahren und, soweit vorhanden, die Anzahl unfreiwilliger Stuhlabgänge festgehalten werden.

F: Techniken zur Erhöhung der Schwerkraft und des intraabdominalen Drucks zur Defäkation fördern den Stuhlgang.

F: Digitale Stimulation führt zu reflektorischer Peristaltik und Stuhlentleerung.

F: Beckenbodenübungen können die Kraft des M. puborectalis und des M. sphincter ani externus erhöhen.

Erklären des für einen guten Stuhlgang erforderlichen Flüssigkeits- und Nahrungsbedarfs

Stellen Sie sicher, dass der Klient täglich 8–10 Gläser Wasser trinkt.

Stellen Sie eine voluminöse und ballaststoffreiche Ernährung zusammen.

F: Konsistenz und Volumen des Stuhls sind wichtig für die Kontinenz. Voluminöse, dünnflüssige Stühle überfordern den Kontinenzmechanismus. Kleine, harte Stühle, die das Rektum weder dehnen noch stimulieren, machen die Person nicht auf die Notwendigkeit des Stuhlgangs aufmerksam.

Erklären der Auswirkungen von Aktivität auf die Peristaltik

Unterstützen Sie beim Herausfinden der für die funktionellen Fähigkeiten der Person geeigneten Übungen.

F: Körperliche Betätigung erhöht die gastrointestinale Motilität und beschleunigt die Darmfunktion.

Beginnen mit Gesundheitsedukation, soweit angezeigt

Erklären Sie die Gefahren, die von Stuhlerweichern, Laxanzien, Zäpfchen und Einläufen ausgehen.

Erklären Sie die Zeichen und Symptome des Kotstaus und der Obstipation. Für zusätzliche Informationen siehe *Dysreflexie*.

Beginnen Sie vor der Entlassung mit der Unterweisung in einem Defäkationsprogramm. Ermutigen Sie zu Unabhängigkeit mittels des Defäkationsprogramms, wenn der Klient funktionell dazu in der Lage ist. Wenn nicht, integrieren Sie nach Bedarf Hilfsmittel oder begleitende Pflege.

Erklären Sie die Effekte von Stuhl auf der Haut und entsprechende Techniken, um diese zu verhindern. Für Interventionen siehe *Diarrhö*.

F: Laxanzien können zu ungeplanten Abgängen von Stuhl, zum Verlust des Kolontonus und zu schwankender Stuhlkonsistenz führen. Einläufe können den Darm überdehnen und den Tonus senken. Stuhlerweicher sind bei ausreichender Flüssigkeits- und Nahrungszufuhr unnötig.

Unwirksames Stillen

Definition

Unwirksames Stillen: der Zustand, in dem eine Mutter, ein Säugling oder ein Kleinkind Unzufriedenheit oder Schwierigkeiten beim Stillvorgang erleben oder entsprechend gefährdet sind.

Unwirksames Stillen (engl. Ineffective breastfeeding): Unzufriedenheit oder Schwierigkeit, die eine Mutter, ein Säugling oder ein Kind während des Stillprozesses erlebt (NANDA-I, 2010).

Bestimmende Merkmale oder Kennzeichen

Unbefriedigender Stillvorgang:

- nicht zufriedenstellender Stillvorgang/-prozess
- anhaltend wunde Brustwarzen nach der ersten Stillwoche

- unzureichende Entleerung jeder Brust bei jedem Stillen
- Mangel an Milch
- wahrgenommener Mangel an Milch.
- beobachtbare Anzeichen einer unangemessenen Nahrungsaufnahme des Säuglings [Abnahme der Zahl nasser Windeln, unangemessener Gewichtsverlust/unangemessene Gewichtszunahme]
- nicht anhaltendes Saugen an der Brust
- ungenügende Gelegenheiten, an der Brust zu saugen
- Unfähigkeit des Säuglings, die Brustwarze richtig zu fassen
- Säugling krümmt sich an der Brust
- Säugling schreit an der Brust
- sträubt sich gegen das Anlegen
- Säugling schreit innerhalb der ersten Stunde nach dem Stillen
- Säugling ist innerhalb der ersten Stunde nach dem Stillen unruhig
- reagiert nicht auf andere beruhigende Maßnahmen
- keine beobachtbaren Zeichen einer Oxytozinausschüttung.

Einflussfaktoren

Physiologische Faktoren

B/d Schwierigkeit des Neugeborenen, sich an der Brustwarze festzusaugen oder zu saugen (schlechter Saugreflex), s/b/d:

Lippen-, Kiefer-, Gaumenspalte (Anomalie des Säuglings)
vorherige Brustoperation, Brustanomalie der Mutter
Frühreife
Schlupfwarzen, unzureichenden Milchspendereflex.

Situationsbedingte Faktoren (persönlich bedingt, umgebungsbedingt)

B/d Erschöpfung der Mutter.
B/d Angst der Mutter.
B/d Gefühl der Ambivalenz der Mutter.
B/d eine Früh- oder Mehrlingsgeburt.
B/d anamnestisch bekannte, frühere erfolglose Stillversuche.
B/d fehlende Unterstützung des Partners/der Familie.
B/d fehlendes/mangelndes Wissen.
B/d Unterbrechung des Stillens s/b/d eine Erkrankung der Mutter/des Säuglings.
B/d die Arbeitszeiten und/oder Barrieren im Arbeitsumfeld
B dadurch, dass Säugling zusätzlich (oft oder wiederholt) mit einer künstlichen Brustwarze ernährt wird.

Anmerkung der Autorin

Beim Betreuen Stillender streben Pflegende nach Verminderung oder Beseitigung von Faktoren, die zum *unwirksamen Stillen* beitragen, oder von Faktoren, welche die Anfälligkeit für ein Problem erhöhen, indem sie die Diagnose *Gefahr eines unwirksamen Stillens* verwenden.

Im Akutsetting nach der Geburt ist zu wenig Zeit, als dass die Pflegeperson feststellen könnte, dass kein Problem beim Stillen besteht, sofern die Mutter nicht erfahren ist. Bei vielen Mutter-Kind-Dyaden läge der Pflegeschwerpunkt mit *Gefahr eines unwirksamen Stillens,* **b/d** *Unerfahrenheit im Stillvorgang* auf dem Verhindern von Problemen beim Stillen. *Gefahr* wäre nicht bei allen Müttern indiziert.

Irrtümer in diagnostischen Aussagen

1. *Unwirksames Stillen,* **b/d** *Angaben über fehlende Zeichen des Milchspendereflexes*
   Wenn eine Mutter sagt bzw. eine Pflegeperson beobachtet, dass es keine Zeichen für den Milchspendereflex gibt, ist *unwirksames Stillen* begründet. Sind die beeinflussenden Faktoren unbekannt, ließe sich die Diagnose wie folgt formulieren: *unwirksames Stillen,* **b/d** *eine unbekannte Ursache*, angezeigt durch Angaben über einen fehlenden Milchspendereflex und die Angst der Mutter vor dem Stillen.

Hat die Pflegeperson beeinflussende Faktoren validiert, kann sie sie hinzufügen. Die Pflegeperson sollte auf verschiedene mögliche beeinflussende Faktoren untersuchen, statt sich vorzeitig auf eine häufig vorkommende Ursache zu konzentrieren, die in dieser speziellen Situation inkorrekt sein könnte.

Zentrale Konzepte

Allgemeine Überlegungen

- Die Laktation resultiert aus komplexen Interaktionen zwischen dem Gesundheits- und Ernährungszustand der Mutter, dem Gesundheitszustand des Kindes sowie der Entwicklung des Brustgewebes unter dem Einfluss von Östrogen und Progesteron.
- Prolaktin und Oxytozin sind Hypophysenhormone, welche die Milchproduktion kontrollieren und durch das Saugen des Kindes und die Emotionen der Mutter stimuliert werden.
- Viele Medikamente werden mit der Muttermilch ausgeschieden. Manche sind für den Säugling schädlich. Raten Sie der Mutter, eine Gesundheitsfachperson (Pflegeperson, Arzt, Pharmazeut) zu konsultieren, bevor sie ein – verordnetes oder freiverkäufliches – Medikament einnimmt.
- Für den Säugling hat Stillen folgende Vorteile:
  - Muttermilch ist leichter zu verdauen.
  - Muttermilch entspricht den Ernährungsbedürfnissen.
  - Muttermilch verringert Allergien und Asthma.
  - Muttermilch sorgt für Antikörper und Makrophagen zur frühzeitigen Immunisierung.
  - Muttermilch verursacht weniger Magen-Darm-Infektionen und nahezu keine Obstipation.

  - Stillen verbessert die Ausrichtung der Zähne.
  - Stillen verringert Infektionen (Atemwegsinfekte, Ohrentzündungen) in der Kindheit, wenn es ein Jahr lang durchgeführt wird.
  - Stillen kann den Beginn eines juvenilen Diabetes deutlich, möglicherweise bis ins Erwachsenenalter hinauszögern.
  - Stillen senkt die Fälle von plötzlichem Kindstod.
  - Muttermilch gibt dem Stuhl einen angenehmen Geruch.
  - Muttermilch riecht beim Erbrechen weder sauer noch befleckt sie die Kleidung.
- Für die Mutter hat Stillen folgende Vorteile:
  - Es beschleunigt die Involution des Uterus und die postpartale Wiederherstellung.
  - Es senkt die Gefahr eines Mammakarzinoms.
  - Es gibt mehr Zeit zwischen den Fütterungen.
  - Es benötigt weniger Vorbereitung und verursacht weniger Kosten.
  - Es fördert eine raschere Bindung.
- Die Nachteile des Stillens sind:
  - Niemand kann die Mutter ersetzen.
  - Stillen ist ein Lernprozess für Mutter und Kind. Es braucht etwa 2–3 Wochen, um sich an das Stillen anzupassen und die entsprechenden Fertigkeiten zu erlernen.
  - Muttermilch wird nahezu vollständig verdaut. Der Darm entleert sich rascher, und das Neugeborene muss u. U. öfter gestillt werden als es mit Fertignahrung nötig wäre.

Pädiatrische Überlegungen

Physischer und psychosozialer Druck beeinflussen die Essgewohnheiten einer Heranwachsenden, wodurch eine Mutter im Teenageralter und ihr Säugling in der Stillzeit gefährdet sein können (National Academy of Sciences, 1991).

Einschätzungskriterien des Fokusassessments

Subjektive Daten

Einschätzen beeinflussender Faktoren

Anamnestisch bekanntes Stillen (die Mutter selbst, eine Schwester, eine Freundin).
Unterstützende Personen (Partner, Freundin, Geschwister, Elternteil).
Tägliche Zufuhr an:

- Kalorien
- Kalzium
- Vitamin-Nahrungsmittelergänzungen
- Grundnahrungsmittelgruppen
- Flüssigkeiten
- Medikamenten.

Anamnestisch bekannte Brustoperation.

Objektive Daten

Einschätzen bestimmender Merkmale oder Kennzeichen

Zustand der Brust (weich, fest, geschwollen).
Brustwarzen (rissig, wund, Schlupfwarzen).

Ziele

NOC

- Aufnahme des Stillens: kindliche
- Aufnahme des Stillens: mütterliche
- Stillen: Weiterführung
- Wissen: Stillen

Die Mutter äußert ihr Vertrauen, ein zufriedenstellendes, effektives Stillen in Gang zu bringen.
Die Mutter zeigt unabhängig ein effektives Stillen.

Indikatoren

- Identifizieren von Faktoren, die das Stillen verschlechtern.
- Identifizieren von Faktoren, die das Stillen fördern.
- Demonstrieren einer effektiven Lagerung.
- Einen entspannten, Nahrung aufnehmenden Säugling haben.

Allgemeine Interventionen

NIC

- Stillförderung
- Stillberatung

Einschätzen auslösender oder beeinflussender Faktoren

Wissensdefizit
Fehlendes Rollenvorbild
Fehlende/mangelnde Unterstützung (Partner, Arzt, Familie)
Beschwerden:

- Austritt von Muttermilch außerhalb des Stillens
- Verlust der Kontrolle über eine Körperflüssigkeit
- Milchstau
- Wundsein der Brustwarzen.

Scham, Scheu, Verlegenheit
Haltungen und falsche Vorstellungen der Mutter
Gegen das Stillen gerichteter sozialer Druck
Veränderung des Körperbildes
Veränderungen der Sexualität
Gefühl des Angebundenseins
Stress
Fehlende/mangelnde Überzeugung hinsichtlich der Entscheidung, zu stillen
Schläfriger, reaktionsloser Säugling
Erschöpfung
Trennung vom Säugling (frühgeborener oder kranker Säugling, kranke Mutter)
Barrieren am Arbeitsplatz.

Fördern eines offenen Dialogs

Einschätzen des Wissens

Hat die Frau an einem Stillkurs teilgenommen?
Hat sie etwas zu diesem Thema gelesen?
Hat sie Freundinnen, die ihre Babys stillen?
Wurde sie selbst früher gestillt?

Einschätzen des Wissens

Bitten Sie die Frau, Schwierigkeiten aufzulisten, die sie vorhergesehen hat. Häufig findet sich u. a. folgender Irrglaube:

- Meine Brüste sind zu klein.
- Meine Brüste sind zu groß.
- Meine Mutter konnte nicht stillen.
- Woher weiß ich, ob die Milch gut ist?
- Woher weiß ich, dass das Baby genug bekommt?
- Das Baby wird spüren, dass ich nervös bin.
- Ich muss wieder arbeiten gehen, was nützt es also, eine kurze Zeit lang zu stillen?
- Ich werde nie einen freien Augenblick haben.
- Stillen wird dazu führen, dass ich Hängebrüste bekomme.
- Ich habe Schlupfwarzen, daher kann ich nicht stillen.
- Mein Mann wird meine Brüste nicht mehr mögen.
- Ich werde so dick bleiben müssen, wenn ich stille.
- Nach einem Kaiserschnitt kann ich nicht stillen.

F: Auf die Sorgen und Bedenken der Mutter und ihres Partners zu hören, kann helfen, entsprechende Prioritäten zu setzen.

Auf dem Wissen der Mutter aufbauen

Klären Sie falsche Vorstellungen.
Erläutern Sie den Stillvorgang.

Bieten Sie Literatur an.
Zeigen Sie ein Video zum Thema.
Erörtern Sie Vor- und Nachteile.
Bringen Sie stillende Mütter zusammen, um über das Stillen und ihre Bedenken und Sorgen zu sprechen.

Unterstützen der Entscheidung der Mutter, zu stillen oder mit der Flasche zu füttern

F: Stetes positives Feedback ist für eine unerfahrene Mutter entscheidend (Pillitteri, 2003).
F: Die Entscheidung zugunsten des Stillens ist eine sehr persönliche und sollte nicht ohne adäquate Informationen getroffen werden (Pillitteri, 2003).

Unterstützen der Mutter bei den ersten Still-Sitzungen

Lagern Sie die Mutter bequem mit Kissen (vor allem Mütter nach Sectio caesarea).
Verwenden Sie eine Fußbank oder ein dickes Buch, um im Sitzen ihre Knie anzuheben.
Setzen Sie entspannende Atemtechniken ein.

Demonstrieren verschiedener Positionen

Im Sitzen.
Im Liegen.
Im Footballgriff.
In direktem Hautkontakt.
Wiegengriff: Instruieren Sie die Frau, die stützende Hand ans Gesäß des Kindes zu legen und dessen Körper dem eigenen Körper zuzuwenden (fördert Sicherheit beim Säugling). Der Wiegengriff stabilisiert den Kopf und verringert den Kraftaufwand.

Demonstrieren und Erklären des Brustsuchreflexes

Zeigen Sie der Mutter, wie sie ihn nutzen kann, um dem Säugling zu helfen, die Mamille zu erfassen.
Zeigen Sie der Frau, wie sie ihre Brust mit den Fingern unter der Brust und dem Daumen an der Spitze ergreift und dadurch die Brustwarze direkt auf den Mund des Babys ausrichtet. Dabei den Scherengriff vermeiden, der den Milchfluss behindert.
Stellen Sie sicher, dass das Baby einen guten Teil der Areola und nicht nur die Brustwarze erfasst.
Achten Sie auf die gleitende Bewegung des Kiefers, die ein korrektes Erfassen der Mamille und Saugen anzeigt.
Der Säugling sollte weder kauen noch einfach nur mit den Lippen saugen.
Achten Sie nach dem Stillen auf Hautschäden.

Raten, die Stilldauer nach und nach zu erhöhen

Mit 10 Minuten pro Brust beginnen.
Diese Zeit in den folgenden 3–5 Tagen verlängern.

Instruieren, bei jedem Stillen beide Brüste anzubieten

Bei jedem Stillen die Seite wechseln, mit der begonnen wird.

Demonstrieren, ...

- ... wie man mit einem Finger verhindert, dass die Brust die Nase des Babys blockiert.
- ... wie man mit einem Finger im Mund des Babys den luftdichten Abschluss löst, bevor das Kind von der Brust genommen wird.
- ... verschiedener Arten, das Baby aufzuwecken (kann nötig sein, bevor es die zweite Brust erhält).

Erörtern des Aufstoßens

Informieren Sie darüber, dass es bei brustgestillten Kindern u. U. nicht nötig ist, sie aufstoßen zu lassen.

Wenn das Kind vor dem Anlegen an der anderen Brust stöhnt und gesättigt erscheint, sollte die Mutter versuchen, es zum Aufstoßen zu bringen und dann mit dem Stillen fortfahren.

F: Die Laktation hat zwei Mechanismen: die Milchsekretion und den Milchspendereflex. Mütter lernen Techniken zur Steigerung der Milchbildung (z. B. ausreichendes Entleeren der Brüste).

F: Erfolgreiches Stillen hängt sowohl von physischer als auch von psychischer Unterstützung ab. Zur physischen Unterstützung gehören das Fördern der Behaglichkeit und der richtigen Technik (Pillitteri, 2003).

F: Ursachen eines unzureichenden Milchspendereflexes können sein: Anspannung oder Nervosität der Mutter, Schmerzen, zu wenig Milch, Milchstau oder inadäquate Saugposition bzw. Saugbewegungen (Reeder et al., 1997).

Sorgen für nachgehende Unterstützung während des Klinikaufenthalts

Erstellen Sie einen Pflegeplan, damit andere Mitglieder des Gesundheitsversorgungsteams über Probleme und Bedürfnisse Bescheid wissen. Versuchen Sie einen in sich stimmigen Plan zu erstellen, damit die stillende Mutter von ihren Gesundheitsfachpersonen keine unterschiedlichen oder widersprüchlichen Meinungen zu hören bekommt.

Halten Sie den Stillplan flexibel, vermeiden Sie feste Stillzeiten. Versuchen Sie, je nach Größe und Bedarf des Kindes 10–12 Sitzungen in 24 Stunden zu erreichen. Häufiges Stillen hilft, einen Milchstau zu verhindern oder abzuschwächen.

Fördern Sie das Rooming-in.

Berücksichtigen Sie beim Stillen die Privatsphäre.

Stehen Sie für Fragen zur Verfügung.

Seien Sie positiv, auch wenn es schwierig wird.

Versichern Sie der Mutter, dass dies eine Zeit des Lernens für sie und ihr Kind ist. Mit der Zeit werden sie sich gemeinsam entwickeln.

F: Mütter benötigen stete Unterstützung, um die Erfahrung des Stillens zu verinnerlichen.

Lehren Sie Wege zur Kontrolle spezifischer Pflegeprobleme (erfordert u. U. die Unterstützung einer Still- und Laktationsberaterin)

Milchstau

Tag und Nacht einen gut sitzenden Stütz-BH tragen.

Vor dem Stillen 15–20 Minuten lang warme feuchte Kompressen auf die Brust legen.

Häufig stillen (bei Bedarf).

Brust mit der Hand ausdrücken oder mit der mechanischen oder elektrischen Pumpe vor dem Anlegen des Kindes ein wenig abpumpen, um die Spannung in der Brust zu verringern.

Vor dem Ausdrücken die Brüste massieren und mit einem warmen Waschlappen bedecken.

Ermutigen Sie zum Rooming-in und Stillen nach Bedarf.

F: Sorgen Sie für hinreichend Zeit, um eine adäquate Stillposition einzunehmen (Reeder et al., 1997).

Wunde Brustwarzen

Vor dem Stillen 15–20 Minuten lang warme feuchte Kompressen auf die Brust legen.

Die Brustwarzen warm und trocken halten.

Die Stillzeit an beiden Brüsten auf 5–10 Minuten je Brust verkürzen. Beginn mit der nicht schmerzhaften Seite. Häufiger kurze Stillzeiten einplanen. Schlagen Sie wechselnde Positionen vor, um eine andere Griffposition des Babys zu ermöglichen. Lassen Sie die Brüste nach jedem Stillen trocknen.

Die Stilleinlagen für den BH trocken halten.

Die Brustwarzen mit Muttermilch (die heilende Eigenschaften hat) benetzen und an der Luft trocknen lassen.

Als letzte Möglichkeit einen Brustwarzenformer bzw. Brustschild verwenden und bei Einschießen der Milch ablegen.

Erklären Sie, dass das Wundsein der Brustwarzen gewöhnlich nach 7–10 Tagen aufhört.

F: Brustwarzenformer bzw. Brustschilde senken die Milchversorgung und sollten nicht routinemäßig empfohlen werden. Das Neugeborene kann eine Vorliebe dafür entwickeln (Auerbach, 1989).

Milchstase, Mastitis

Wenn ein Bereich der Brust wund oder schmerzempfindlich ist, vor jedem Stillen feuchte Wärme anwenden.

Vor und während dem Stillen sanft von der Basis der Brust nach außen in Richtung der Brustwarze massieren.

Häufig stillen und dabei die Stellung wechseln.

Oft ausruhen.

Bei einer Stase von mehr als 48 Stunden eine Fachpflegeperson, Hebamme oder Ärztin wegen einer Antibiotikatherapie konsultieren.

Überwachen auf Zeichen und Symptome einer Mastitis: Schüttelfrost, Schmerzen im ganzen Körper, Erschöpfung, Fieber über 37,8 °C.

F: Frühzeitiges Selbstmanagement kann Komplikationen verhindern.

Schwierigkeiten des Babys beim Erfassen der Brustwarze

Brust mit den Fingern von unten abstützen.
Positionieren Sie das Baby so, dass es für Mutter und Kind behaglich ist. Kehren Sie dabei den Bauch des Babys der Mutter zu.
Streicheln der Wange des Babys, um den Brustsuchreflex auszulösen.
Mit der Hand ein wenig Milch in den Mund des Babys ausdrücken.
Stimulieren (Rollen) der Brustwarzen vor dem Stillen, um sie aufzurichten.
Zwischen den Stillzeiten ein Brusthütchen verwenden, um Schlupfwarzen aufzurichten. Entfernen des Brusthütchens nach dem Einschießen der Milch.
Einschätzen, wie das Kind saugt – u. U. benötigt es Unterstützung beim Entwickeln des Saugens. Wenn indiziert, eine Still- und Laktationsberaterin hinzuziehen.

F: Der Säugling an der Brust muss entspannt und korrekt gelagert sein. Seine Zunge und die Areola müssen korrekt platziert sein, er muss ausreichend Bewegungsfreiheit haben, um die Areola zu komprimieren, und hörbar schlucken. (Shirago/Bocar, 1990).

Ermutigen, Gefühle über Veränderungen des Körpers zu äußern

Vielen Frauen missfallen der Austritt von Milch außerhalb des Stillens und die fehlende Kontrolle. Erklären Sie, dass dies nur vorübergehend ist.
Demonstrieren Sie den Gebrauch der Stilleinlage für den BH. Bei Einmalartikeln sollte die Klientin keine wasserdichten Untergründe verwenden, um Reizerscheinungen zu verhindern. Baumwolle (waschbar) scheint Reizerscheinungen zu verringern.
Brüste werden von «Sexualobjekten» zu Instrumenten des Nährens, was die Sexualbeziehung beeinträchtigen kann. Geschlechtspartner bekommen Milch, wenn sie an den Brustwarzen der Partnerin saugen. Ein Orgasmus setzt Milch frei. Das Saugen des Kindes ist «sinnlich», was bei der Frau Schuldgefühle oder Verwirrung auslösen kann. Ermutigen Sie zu Gesprächen mit anderen Müttern. Beziehen Sie den Partner in mindestens ein Gespräch ein, schätzen Sie seine Gefühle ein und beurteilen Sie, wie diese das Erleben des Stillens am stärksten beeinflussen.
Sondieren Sie das Selbstbewusstsein der Frau beim Stillen:

- Wo wird gestillt?
- In wessen Anwesenheit?
- Wie reagiert der Partner darauf, wann und wo sie stillt?

Demonstrieren Sie den Gebrauch eines Schals oder Tuchs zum Stillen in der Öffentlichkeit.
Erinnern Sie die Frau daran, dass es normal und natürlich ist, was sie tut.

F: Dialog kann Ängste übertragen, die von Stillen abhalten können.

Unterstützen der Familie bei …

… der Reaktion von Geschwistern

Sondieren Sie Gefühle und die Erwartung von Problemen. Ein älteres Geschwister ist möglicherweise eifersüchtig auf den Kontakt mit dem Baby. Die Mutter kann diese Zeit nutzen, um dem älteren Kind etwas vorzulesen.

Das ältere Kind möchte u. U. ebenfalls gestillt werden. Lassen Sie es probieren, es wird ihm nicht schmecken.

Hervorheben der Eigenschaften des älteren Kindes: Freiheit, Bewegung und Entscheidungsmöglichkeiten.

... Erschöpfung und Stress

Erkunden Sie die Situation.

Ermutigen Sie die Mutter, sich und dem Säugling oberste Priorität einzuräumen.

Ermutigen Sie sie, Besuche der Verwandten in den ersten 4 Wochen einzuschränken.

Betonen Sie, dass sie in den ersten 4 Wochen Unterstützung und Assistenz benötigt. Halten Sie die unterstützende Person an, möglichst viel zu helfen.

Erklären Sie der Mutter, sie solle nicht versuchen, «Superfrau» zu sein, sondern Freunde und Verwandte direkt um Hilfe angehen oder jemanden beschäftigen.

... Gefühlen, «versklavt» zu sein

Lassen Sie die Mutter Gefühle äußern.

Ermutigen Sie sie, Unterstützung zu suchen und Milch abzupumpen, damit auch andere das Baby stillen können.

Informieren Sie die Mutter, dass sie Muttermilch 8 Stunden bei Raumtemperatur, 3 Tage im Kühlschrank und 6 Monate in der Gefriertruhe aufbewahren kann. (*Anmerkung:* Warnen Sie die Frau davor, gefrorene Muttermilch in der Mikrowelle aufzuwärmen, da dies deren Immuneigenschaften zerstört.)

F: Mütter, die auf Probleme zu Hause vorbereitet sind, haben mehr Selbstvertrauen und stillen wahrscheinlich auch weiterhin (Ertem et al., 2001).

Beginnen Sie mit Überweisungen, soweit angezeigt

Überweisen Sie an eine Still- und Laktationsberaterin, sofern indiziert durch:

- fehlendes/mangelndes Selbstvertrauen
- Ambivalenz
- Probleme mit dem Saugen und Erfassen der Mamille durch den Säugling
- Gewichtsabnahme oder ausbleibende Urinausscheidung beim Säugling
- Barrieren am Arbeitsplatz
- verlängertes Wundsein
- überwärmte, schmerzempfindliche Stellen an der Brust.

Verweisen Sie an die La-Leche-Liga.

Verweisen Sie an eine Geburtsberaterin und Teilnehmerinnen von Geburtsvorbereitungskursen.

Verweisen Sie an andere stillende Mütter.

F: Verweisen auf kommunale Ressourcen kann für dauerhafte Unterstützung und Information sorgen.

F: Von Firmen finanziell unterstützte Stillprogramme können berufstätigen Müttern ermöglichen, so lange weiter zu stillen, wie sie möchten (Ortiz et al., 2004).

Unterbrochenes Stillen

Definition

Unterbrochenes Stillen: eine Unterbrechung der Kontinuität des Stillvorgangs, weil es nicht möglich oder nicht ratsam ist, das Kind zum Stillen anzulegen.

Unterbrochenes Stillen (engl. Interrupted breastfeeding): Eine Unterbrechung in der Kontinuität des Stillprozesses, aufgrund der Unfähigkeit oder weil es nicht ratsam ist, das Kind zum Stillen an die Brust anzulegen (NANDA-I, 2010).

Bestimmende Merkmale oder Kennzeichen

Hauptkennzeichen (obligat)

Der Säugling erhält bei einigen oder allen Stillvorgängen keine Nahrung von der Brust.

Nebenkennzeichen (fakultativ)

Der Wunsch der Mutter, weiterhin zu stillen und ihre Milch zur Ernährung ihres Kindes (möglicherweise) zur Verfügung zu stellen.

Trennung von Mutter und Kind.

Wissensdefizit über das Abpumpen und Lagern von Muttermilch.

Einflussfaktoren

Krankheit von Mutter oder Kind, Säugling.

Berufstätigkeit der Mutter.

Notwendigkeit, das Kind abrupt zu entwöhnen.

Frühgeburt.

Kontraindikationen (z. B. Drogenkonsum, Medikamente, echter Neugeborenenikterus).

Anmerkung der Autorin

Diese Diagnose spiegelt eine Situation, keine Reaktion wider. Pflegeinterventionen behandeln nicht die Unterbrechung, sondern vielmehr deren Auswirkungen. Die Situation ist das unterbrochene Stillen, die Reaktionen können verschieden ausfallen. Ist beispielsweise ein Fortsetzen des Stillens oder der Einsatz einer Milchpumpe kontraindiziert, so konzentriert sich die Pflegeperson auf den Verlust dieser Still-Erfahrung unter Anwendung der Pflegediagnose *Trauern*.

Wird das Stillen mit dem Ausdrücken und Lagern von Muttermilch sowie mit Anleitung und Unterstützung fortgesetzt, lautet die Diagnose: *Gefahr eines unwirksamen Stillens,* **b/d** *Kontinuitätsprobleme,* **s/b/d** *(z. B. Berufstätigkeit der Mutter)*. Bei Schwierigkeiten würde die Diagnose lauten: *Unwirksames Stillen,* **b/d** *Unterbrechung,* **s/b/d** *(zu spezifizieren) und Wissensdefizit.*

Verminderte Herzleistung

Definition

Verminderte Herzleistung: ein Zustand, in dem das Individuum einen Rückgang der vom Herz gepumpten Menge an Blut erlebt, was zu einer gestörten Herzfunktion führt.

Verminderte Herzleistung (engl. Decreased caridac output): Das vom Herzen ausgeworfene Blut genügt den metabolischen Anforderungen des Körpers nicht (NANDA-I, 2010).

Bestimmende Merkmale oder Kennzeichen

veränderte(r) Herzfrequenz/Herzrhythmus

- Herzklopfen.

veränderte Vorlast

- Müdigkeit.

veränderte Nachlast

- Dyspnö.

veränderte Kontraktilität

- Orthopnö
- paroxysmale nächtliche Dyspnö.

verhaltensbezogen/emotional

- Angst.

objektive

veränderte(r) Herzfrequenz/Herzrhythmus

- Arrhythmien
- Tachykardie
- Bradykardie
- Veränderungen im EKG.

veränderte Vorlast

- Jugularvenenstauung
- Ödeme

- Gewichtszunahme
- erhöhter Zentralvenendruck (ZVD)
- verminderter ZVD
- erhöhter pulmonal-arterieller Verschlussdruck (PAWP)
- verminderter pulmonal-arterieller Wedge-Druck (PAWP)
- Herzgeräusche.

veränderte Nachlast

- Dyspnö
- feuchtkalte Haut
- Veränderungen der Hautfarbe [Haut und Schleimhäute] [Zyanose, Blässe]
- verlängerte kapillare Rückfüllung
- verminderte periphere Pulse
- Schwankungen in den Blutdruckmesswerten
- verminderter systemischer Gefäßwiderstand (SVR)
- erhöhter systemischer Gefäßwiderstand (SVR)
- verminderter pulmonaler Gefäßwiderstand (PVR)
- erhöhter pulmonaler Gefäßwiderstand (PVR)
- Oligurie.

veränderte Kontraktilität

- Rasseln
- Husten
- verminderte Herzauswurfleistung
- verminderter Schlagvolumenindex (SVI)
- verminderter Herzindex
- verminderter linksventrikulärer Schlagarbeitsindex (LSWI)
- Herzgeräusche S3
- Herzgeräusche S4.

verhaltensbezogen/emotional

- Ruhelosigkeit.

Einflussfaktoren

- veränderte Herzfrequenz [Überleitung]
- veränderter Rhythmus [Überleitung]
- verändertes Schlagvolumen:
  - veränderte Vorlast [z. B. verminderter venöser Rückstrom]
  - veränderte [z. B. verminderter Gefäßwiderstand]
  - veränderte Kontraktilität [z. B. Ruptur des Ventrikelsptums, Ventrikelaneurysma, Papillarmuskelruptur, Klappenerkrankung].

Anmerkung der Autorin

Diese Pflegediagnose stellt eine Situation dar, in der Pflegende vielfältige Verantwortlichkeiten haben. Menschen mit verminderter Herzleistung können verschiedene Reaktionen zeigen, die das Funktionieren unterbrechen (z. B. Aktivitätsintoleranz, Störung von Schlaf und Ruhe, Angst, Furcht). Oder es besteht Gefahr physiologischer Komplikationen wie Herzrhythmusstörungen, kardiogener Schock und dekompensierte Herzinsuffizienz.

Bei klinischer Anwendung von *verminderte Herzleistung* werden gewöhnlich damit verbundene Pflegeziele formuliert:

- systolischer Blutdruck > 100 mmHg
- Urinausfuhr > 30 ml/h
- Herzminutenvolumen > 5 l/min
- Herzfrequenz und -rhythmus innerhalb normaler Grenzen.

Diese Ziele sind keine Parameter zur Auswertung der Pflege. Sie dienen vielmehr der Evaluation des Status der Person, denn mit damit werden Kriterien überwacht, mit welchen Pflegende die Implementierung pflegeverordneter und ärztlich verordneter Interventionen steuern. *Verminderte Herzleistung* eignet sich nicht als Pflegediagnose. Wenn die Pflegeperson sie nicht verwendet, hat sie die Möglichkeit, die von Pflegenden als Pflegediagnosen behandelten beeinflussenden Situationen spezifischer zu beschreiben oder als interdisziplinäre Probleme mitzubehandeln. (Für mehr Informationen siehe *Aktivitätsintoleranz,* **b/d** *unzureichendes Wissen über Anpassungstechniken, die bei gestörter Herzfunktion erforderlich sind* und *PK: kardiale/vaskuläre Ereignisse* [Teil III]).

Irrtümer in diagnostischen Aussagen

1. *Verminderte Herzleistung,* **b/d** *Herzrhythmusstörungen*
   Diese Diagnose erfordert ständige Überwachung, frühzeitiges Erkennen von Veränderungen des physiologischen Status, rasches Einleiten medizinischer und pflegerischer Interventionen und das Evaluieren der Reaktion. Weil die Pflegeperson diese Situation durch pflegerisch und ärztlich verordnete Interventionen angeht, handelt es sich um ein interdisziplinäres Problem: *PK: verminderte Herzleistung,* **b/d** *Herzrhythmusstörungen.*
2. *Verminderte Herzleistung,* **b/d** *Vasodilatation und Bradykardie,* **s/b/d** *spinalen Schock*
   Wie im vorangehenden Beispiel ist auch dies eine Situation, für die Pflegende keine Ergebnisse formulieren können, die sich zur Messung der Effektivität von Pflegeinterventionen verwenden ließen. Demnach sollte diese Situation als interdisziplinäres Problem formuliert werden: *PK: spinaler Schock.* Eine Pflegeperson, die das liest, weiß, dass der Klient entweder einen spinalen Schock hat oder entsprechend gefährdet ist. In Übergabeberichten oder beim Erstassessment wird der gegenwärtige Status bestimmt.

Rollenüberlastung der pflegenden Bezugsperson

Rollenüberlastung der pflegenden Bezugsperson

Gefahr einer Rollenüberlastung der pflegenden Bezugsperson

Definition

Rollenüberlastung der pflegenden Bezugsperson: ein Zustand, in dem eine Person bei der Pflege einer anderen Person körperliche, seelische, soziale und/oder finanzielle Belastung(en) erfährt.

Rollenbelastung der pflegenden Bezugsperson (engl. Caregiver role strain): Schwierigkeiten, die Rolle als pflegende Bezugsperson in der Familie auszuüben (NANDA-I, 2010).

Bestimmende Merkmale oder Kennzeichen

subjektive

Pflegeaufwand, pflegerische Versorgung

- Sorge um eine mögliche Institutionalisierung des Pflegeempfängers
- Sorge um die zukünftige Gesundheit des Pflegeempfängers
- Sorge um die zukünftige Fähigkeit der Pflegeperson, die Pflegeleistung zu erbringen
- Sorge um die Versorgung des Pflegeempfängers, wenn die Pflegeperson unfähig ist, die Pflegeleistung zu erbringen.

Gesundheitszustand der Pflegeperson: Physisch

- gastrointestinale Störung
- Gewichtsveränderung
- Kopfschmerzen
- Fatigue
- Hautausschläge
- Hypertonie
- Herz-Kreislauf-Erkrankung
- Diabetes.

Gesundheitszustand der Pflegeperson: Emotional

- depressive Verstimmung
- Wut
- Stress
- Frustration
- gesteigerte Nervosität
- gestörter Schlaf
- fehlende Zeit, die persönlichen Bedürfnisse zu befriedigen.

Gesundheitszustand der Pflegeperson: sozioökonomisch

- Veränderungen der Freizeitaktivitäten
- lehnt eine berufliche Förderung/Aufstieg ab.

Pflegende Bezugsperson – Pflegeempfänger: Beziehung

- Schwierigkeiten, das Durchleben der Krankheit des Pflegeempfängers mit anzusehen
- Trauer bezüglich der veränderten Beziehung zum Pflegeempfänger
- Unsicherheit bezüglich der veränderten Beziehung zum Pflegeempfänger.

Pflegende Bezugsperson – Pflegeempfänger: Familienprozesse

- Sorgen um Familienmitglieder.

objektive

Pflegeaufwand

- Schwierigkeit, die erforderlichen Aufgaben durchzuführen
- Schwierigkeit, die erforderlichen Aufgaben abzuschließen
- durch Pflegeroutine überbeschäftigt sein
- sich negativ auswirkende Veränderung der Pflegeaktivitäten.

psychischer Gesundheitszustand der Pflegeperson

- Ungeduld
- gesteigerte emotionale Labilität
- Somatisierung
- beeinträchtigte individuelle Bewältigung.

sozioökonomischer Gesundheitszustand der Pflegeperson

- geringe Arbeitsleistung
- zieht sich vom sozialen Leben zurück.

Familienprozesse

- Familienkonflikt.

Einflussfaktoren (Carpenito)

Pathophysiologische Faktoren

B/d ständigen oder komplexen Pflegebedarf, s/b/d:

Behinderung verursachende Erkrankungen (akut, progressiv)
Abhängigkeit, Sucht
unvorhersehbaren Krankheitsverlauf
fortschreitende Demenz
chronische Geisteskrankheit
Behinderung.

Behandlungsbedingte Faktoren

B/d Pflegeverantwortung rund um die Uhr.
B/d zeitraubende Aktivitäten (z. B. Dialyse, Transport).

Situationsbedingte Faktoren (persönlich bedingt, umgebungsbedingt)

B/d unrealistische Erwartungen an die Betreuungsperson seitens der betreuten Person, der Betreuungsperson selbst oder Dritter.
B/d unwirksame Formen des Copings.
B/d gestörte körperliche Gesundheit.
B/d anamnestisch bekannte schlechte Beziehung oder funktionsgestörte Familie.
B/d die Dauer der erforderlichen Betreuung.
B/d Isolation.
B/d unzureichende Erholung, Freizeit oder finanzielle Mittel.
B/d fehlenden oder nicht verfügbaren Transport.

Altersbedingte Faktoren

Säugling, Kind, Jugendlicher, b/d stetigen Pflegebedarf, s/b/d ...

... geistige Behinderungen (zu spezifizieren).
... Körperbehinderungen (zu spezifizieren).

Einflussfaktoren (NANDA-I, 2010; Doenges et al., 2013)

Gesundheitszustand des Pflegeempfängers

- Schwere der Krankheit
- Chronizität der Krankheit
- unvorhersagbarer Krankheitsverlauf
- instabile Gesundheit des Pflegeempfängers
- steigender Pflegebedarf
- Abhängigkeit
- Problemverhalten
- psychologische Probleme
- kognitive Probleme
- Sucht; Co-Abhängigkeit.

Pflegeaktivitäten

- Entlassung von Familienmitgliedern nach Hause, die einen erheblichen Pflegebedarf haben [z. B. Frühgeburt, angeborene Missbildung/Fehlfunktion; gebrechlicher älterer Mensch nach einem Schlaganfall]
- Unvorhersagbarkeit der Pflegesituation
- Menge der Tätigkeiten

- Komplexität der Tätigkeiten
- Verantwortung für die 24-Std.-Versorgung
- jahrelanges Pflegen
- laufende Veränderungen der Tätigkeiten.

Gesundheitszustand der Pflegeperson

- physische Probleme
- psychologische Probleme [oder]
- kognitive Probleme
- Unfähigkeit, die eigenen Erwartungen zu erfüllen
- Unfähigkeit, die Erwartungen anderer zu erfüllen
- unrealistische Erwartungen an sich selbst
- unzureichende Bewältigungsformen
- Sucht
- Co-Abhängigkeit.

sozioökonomisch

- konkurrierende Rollenverpflichtungen
- Entfremdung von anderen
- Isolation von anderen
- ungenügende Erholung.

Beziehung zwischen Pflegeperson und Pflegeempfänger

- unrealistische Erwartungen des Pflegeempfängers an die Pflegeperson
- Vorgeschichte einer schlechten Beziehung
- mentaler Zustand des älteren Menschen hemmt die Konversation
- Vorliegen eines Missbrauchs
- Vorliegen von Gewalt.

Familienprozesse

- Vorgeschichte von gestörten familiären Funktionen
- Vorgeschichte von begrenzten familiären Bewältigungsstrategien.

Ressourcen

- ungeeignete Umgebung zur Erbringung der Pflege (z. B. Unterkunft, Temperatur, Sicherheit)
- ungenügende Ausstattung, die Pflegeleistung zu erbringen
- [unzureichende Transportmöglichkeiten]
- ungenügende Beförderungsmöglichkeiten
- Unerfahrenheit in der Pflege
- nicht genügend Zeit
- [nicht genügend] körperliche Energie
- [nicht genügend] emotionale Stärke

- fehlende Unterstützung
- fehlende Privatsphäre der pflegenden Bezugsperson
- Wissensdefizit über öffentliche Ressourcen [oder]
- Schwierigkeiten beim Zugang zu den öffentlichen Ressourcen haben
- ungenügende öffentliche Ressourcen (z. B. Entlastungspflege, Erholungsmöglichkeiten)
- formelle Hilfeleistung
- informelle Hilfeleistung
- formelle Unterstützung
- informelle Unterstützung
- Pflegeperson ist von der Entwicklung her nicht bereit für die Rolle der Pflegeperson
- ungenügende informelle Hilfeleistung
- ungenügende informelle Unterstützung.

Anmerkung der Autorin

In den USA gibt es mehr als 2,2 Millionen unbezahlte häuslich Pflegende (Stone et al., 1987). Sie versorgen Menschen jeden Alters, manche ihr ganzes Leben lang (z. B. Kinder mit bleibenden Behinderungen). Die Pflegeempfänger haben körperliche und/oder geistige Behinderungen, die vorübergehender Natur oder bleibend sein können. Manche Behinderungen sind bleibend, aber stabil (z. B. Blindheit), andere zeigen eine fortschreitende Verschlechterung (z. B. die Alzheimer-Krankheit).

Fürsorgen und Betreuen sind fester Bestandteil aller engen Beziehungen. Sie «finden sich im Kontext etablierter Rollen wie Mann – Frau, Kind – Elternteil» (Pearlin et al., 1990 : 583). Unter manchen Umständen wird Betreuen «von einem gewöhnlichen Austausch von Unterstützung zwischen Menschen, die in enger Beziehung zueinander stehen, zu einer außergewöhnlichen und ungleich verteilten Belastung» (ebd.). Es wird zu einer dominanten, überwältigenden, die gesamte Situation beherrschenden Komponente (ebd.).

Chronische Sorgen wurden bei Betreuungspersonen von Menschen mit chronischen Geisteskrankheiten und chronisch kranken Kindern beobachtet. Für mehr Informationen siehe *chronische Sorgen*.

Rollenüberlastung der pflegenden Bezugsperson bedeutet die Belastung des Betreuens für die körperliche und seelische Gesundheit der Betreuungsperson und deren Wirkung auf die Familie und das Sozialsystem der Betreuungsperson und das der Pflege empfangenden Person. *Rollenüberlastung der pflegenden Bezugsperson* kann eine sehr bedeutsame Pflegediagnose sein, weil Pflegende in der Lage sind, die gefährdeten Personen zu identifizieren und sie darin unterstützen können, diese ernste Situation zu verhindern.

Irrtümer in diagnostischen Aussagen

Rollenüberlastung der pflegenden Bezugsperson, **b/d** *Depression und Zorn auf die Familie, angezeigt durch unrealistische Erwartungen an die Betreuungsperson seitens der betreuten Person, der Betreuungsperson selbst oder Dritter.*

Nur allzu oft geben Betreuungspersonen mit vielfältigen, dauerhaften Verantwortlichkeiten nur widerwillig zu, dass sie Hilfe brauchen. Andere interpretieren diese Abneigung u. U. dahin gehend, dass Hilfe nicht benötigt wird. Die Betreuungsperson wird weiter isoliert und hat das Gefühl, niemand kümmere sich wirklich um sie, beachte oder schätze die geleistete Arbeit, was zu Depression und Zorn beitragen kann. Diese Diagnose muss demnach neu geschrieben werden, um unrealistische Erwartungen, wie die beeinflussenden Faktoren und die daraus resultierenden Symptome, als Belege widerzuspiegeln. Falls relevant, hilft es, die Daten anzuführen: *Rollenüberlastung der pflegenden Bezugsperson,* **b/d** *unrealistische Erwartungen der Betreuungsperson an sich selbst und seitens Dritter, angezeigt durch Depression und Zorn auf die Familie, die «meine Belastung nicht versteht».*

Zentrale Konzepte

Allgemeine Überlegungen

- Dem National Women's Health Information Centre (2006) zufolge wird in etwa einem von vier amerikanischen Haushalten (22,4 Mio.) eine Person im Alter von über 50 Jahren gepflegt.
- Einer Studie des MetLife Mature Market Institute (MMI) und der National Alliance for Caregivers zufolge betragen die Kosten durch den Produktivitätsausfall berufstätiger Betreuungspersonen jährlich 17,1–33,6 Milliarden Dollar (11,1–21,8 Mrd. Euro). Fast 40 % der Betreuungspersonen sind Männer und etwa 15 % leisten die Pflege mehr als eine Wegstunde entfernt.
- Bei steigendem Alter der Bevölkerung und einer fortschrittlichen Medizin, durch die chronisch Kranke immer länger (über)leben, nimmt der Bedarf an Gesundheitsversorgung enorm zu. Von 4 Millionen Amerikanern mit Alzheimer-Krankheit leben mehr als 70 % zu Hause (Winslow/Carter, 1999). Im Wesentlichen sorgt ein Familienmitglied für eine solche häusliche Pflege, und 70 % dieser Betreuungspersonen sind Frauen (z. B. Ehefrau, Tochter, Schwiegertochter).
- Vor allem Betreuungspersonen aus dem Kreis der Familie spielen bedeutsame Rollen in der Versorgung älterer Menschen mit chronischen Krankheiten in fortgeschrittenen Stadien sowie in Verbindung mit Palliativpflege und der Versorgung in der letzten Lebensphase (Hauser/Kramer, 2004).
- Die Belastung pflegender Bezugspersonen wird beeinflusst durch Geschlecht, Alter, soziale Unterstützung, Einkommen und Ressourcen der versorgenden Person sowie durch die kognitiven und funktionellen Einschränkungen der versorgten Person (Winslow/Carter, 1999).
- Verantwortlichkeiten in der Betreuung führen oft zu Konflikten mit Verpflichtungen am Arbeitsplatz und gegenüber der Familie (Lund, 2005).
- Smith et al. (1991) berichteten über folgende (nach Priorität geordneten) Probleme, Coping-Fähigkeiten und langfristige Planungen bei betreuenden Angehörigen:
  - Verbessern der Coping-Fertigkeiten (z. B. Zeit- und Stressmanagement)
  - Familienangelegenheiten (Geschwisterkonflikte, andere Rollenkonflikte)
  - Reagieren auf die Bedürfnisse der betreuten Person (emotional, körperlich, finanziell)
  - Einfordern formeller und informeller Unterstützung
  - Gefühle von Schuld und Unzulänglichkeit
  - langfristige Planung
  - Qualität der Beziehung zum Pflegeempfänger.

- Ein chronisch krankes Familienmitglied oder einen Freund mit vielen Verhaltensproblemen zu betreuen, ist die belastendste Situation, in die man geraten kann.
- Soziale Unterstützung lässt sich beschreiben als:
  - emotional (Mitgefühl, Vertrauen)
  - würdigend (stärkt das Selbstwertgefühl)
  - informationell (nützlicher Rat, Informationen zur Problemlösung)
  - instrumentell (Betreuung) oder spürbare Unterstützung (Geld, Hilfe bei anstehenden Aufgaben).
- Stress der Betreuungsperson ist kein einmaliges Ereignis, sondern «eine Mischung aus Umständen, Erfahrungen, Reaktionen und Ressourcen, die zwischen den Betreuungspersonen erheblich variiert und sich demnach auch ganz unterschiedlich auf deren Gesundheit und Verhalten auswirkt» (Pearlin et al., 1990:584).
- Die Anzahl der Personen in einem Haushalt wirkt sich darauf aus, wie viele sekundäre informelle Betreuungspersonen die primäre Betreuungsperson unterstützen. Bei Ehepartnern als primäre Betreuungspersonen ist es tendenziell weniger wahrscheinlich, dass sie nachgeordnete Betreuungspersonen haben, die ihnen bei den Pflegeaktivitäten helfen. Ältere Menschen, die vom Ehepartner gepflegt wurden, erhielten «etwa 15–20 % weniger Personentage an Hilfe als Personen, die von erwachsenen Kindern versorgt wurden» (Miller/McFall, 1991).
- «Strategien der Gesundheitsversorgung, die auf der Selbstaufopferung von Betreuungspersonen beruhen, lassen sich nur dann als kosteneffektiver darstellen, wenn die emotionalen, sozialen, physischen und finanziellen Kosten der Betreuungsperson ignoriert werden» (Winslow/Carter, 1999:285).

Pädiatrische Überlegungen

- Kinder, die als Kandidaten für häusliche Pflegedienste gelten, sind Kinder, die …
  - … von mechanischer Beatmung abhängen.
  - … langfristig intravenös ernährt werden oder Medikamente bekommen.
  - … eine zum Tode führende Erkrankung haben.
  - … täglich oder beinahe täglich Pflege zur Überwachung auf Apnö, zur Dialyse oder bei einem Urinkatheter oder Stomabeutel benötigen.
- Das Kind und seine Familie bilden die Grundlage der häuslichen Pflege und arbeiten mit der Pflegeperson zusammen, um deren Handeln zu leiten.
- Betreuungspersonen von Frühgeborenen an Apnömonitoren waren erschöpfter als Betreuungspersonen von Frühgeborenen, bei denen diese Geräte nicht angeschlossen waren. Diese Erschöpfung nahm bei den Betreuungspersonen überwachter Kinder über einen Monat hinweg zu, während sie bei Betreuungspersonen nicht überwachter Kinder abnahm. Sie wirkte sich störend auf Aktivitäten des täglichen Lebens (ADL), das gesellschaftliche Leben und die Freizeit aus.

Einschätzungskriterien des Fokusassessments

Subjektive Daten

Einschätzen bestimmender Merkmale oder Kennzeichen

Wie gut kommen Sie zurecht mit Ihren Verantwortlichkeiten:

- in der Betreuung?
- am Arbeitsplatz?
- im Haushalt?
- im Leben außerhalb des Haushalts?
- in der Familie?

Bewerten Sie auf einer Skala von 0 bis 10 (0 = nicht müde, energiegeladen bis 10 = totale Erschöpfung) die Erschöpfung, die Sie gewöhnlich verspüren. Ändert sie sich im Laufe des Tages oder der Woche? Wenn ja, warum?

Fühlen Sie sich gestresst zwischen der Pflege für Ihre/n ____________ und dem Versuch, anderen Verantwortlichkeiten gerecht zu werden?

Wie würden Sie Ihren üblichen emotionalen Zustand beschreiben (ruhig, gestresst, wütend, deprimiert, erschöpft, voller Schuldgefühle)?

Was tun Sie, wenn Sie sehr gestresst sind?

Worüber machen Sie sich die meisten Sorgen:

- über die Gegenwart?
- über die Zukunft?

Wann waren Sie das letzte Mal auswärts essen?

Was haben Sie zuletzt getan, um Spaß zu haben?

Einschätzen bestimmender Merkmale oder Kennzeichen

Anamnese der Betreuungsperson

Lebensweise:
typischer Tagesablauf
Hobbys im Laufe der Woche
Arbeitsanamnese
Freizeitaktivitäten.

Gesundheit:
Fähigkeit zur Durchführung der ADL
chronische Krankheiten.

Familienmitglieder:
Eltern, Ehepartner
erweiterte Familie
Großeltern
Kinder, Geschwister
Schwiegereltern, -töchter, -söhne.

Wirtschaftliche Ressourcen:
Quellen
Angemessenheit (gegenwärtig, zukünftig).

Merkmale der versorgten Person

Kognitiver Status, z. B.:
Gedächtnis
Sprache.

Problematische Verhaltensweisen (Pearlin et al., 1990):
geht ruhelos umher
äußert Drohungen
ist inkontinent
verhält sich misstrauisch
verhält sich sexuell unangemessen
weint leicht
wiederholt Fragen und Bitten
klammert sich an
ist deprimiert
ist nachts wach.

Aktivitäten, bei denen die versorgte Person Unterstützung braucht:
Baden
Sich-Ankleiden, Körperpflege
Essen
Ausscheiden
Mobilität
Einnahme von Medikamenten
Transport
Wäschewaschen
Einkaufen.

Beziehung zwischen versorgender und versorgter Person

Unterstützungssystem:
Wer (Familie, Freunde, Geistliche, Institution, Gruppe)?
Was (Besuche, Ruhepausen, Arbeiten im Haushalt, Empathie)?
Wie oft?
Was haben Sie aufgrund Ihrer Verantwortlichkeiten als Betreuungsperson verloren?

Pflegeangelegenheiten in Zusammenhang mit einem chronisch kranken Kind

Angelegenheiten der Eltern:
Disziplin des kranken Kindes
Disziplin gesunder Geschwister.

Familiäre Anpassungen:
Arrangements in der Lebensweise
Ferien
Bewältigen des Alltags
Arrangements am Arbeitsplatz.

Unterstützungssysteme:
schulische Angelegenheiten
Kirche, Synagoge, Moschee oder Glaubensgemeinschaft.

Ziele

Die Betreuungsperson legt einen Plan zum Abbau ihrer Belastung vor.

NOC

- Emotionale/Physische Gesundheit der/des pflegenden Angehörigen
- Rollenverhalten
- Wohlbefinden der/des pflegenden Angehörigen
- Familienintegrität

Indikatoren

- Mitteilen von Frustrationen in Bezug auf Verantwortlichkeiten des Betreuens
- Benennen einer Quelle der Unterstützung.
- Benennen von zwei Veränderungen, die, würden sie vorgenommen, den Alltag verbessern würden.

Die Familie erstellt einen Plan für die Unterstützung oder Hilfe im Laufe der Woche.

Indikatoren

- Berichten über zwei Strategien zur Intensivierung der Unterstützung.
- Der Betreuungsperson Empathie bezüglich ihrer täglichen Verantwortlichkeiten entgegenbringen.

Allgemeine Interventionen

NIC

- Unterstützung Pflegender Angehöriger/Laien
- Copingverbesserung
- Mobilisieren der Familie
- Gemeinsame Zielsetzung
- Unterstützungssystemförderung
- Angeleitete Antizipation

Einschätzen auslösender oder beeinflussender Faktoren

Geringe Einsicht in die Situation
Abneigung oder Unfähigkeit, sich Hilfe zu verschaffen
Unzureichende Ressourcen (z. B. Hilfe, Finanzen)
Ungenügende Freizeit
Unrealistische Erwartungen (Betreuungsperson, Familie)
Unbefriedigende Beziehung
Soziale Isolation
Konkurrierende Rollen (Partner-, Elternrolle, Rolle am Arbeitsplatz).

F: Lindgren (1990) zufolge wird ein Burn-out durch emotionale Erschöpfung und ein nur schwach ausgeprägtes Gefühl beeinflusst, eine Aufgabe auch zu bewältigen. Betreuungspersonen, die für das Bewältigen ihrer Aufgabe gelobt werden, haben demnach in geringerem Maße ein Burn-out.

F: Die kritischste Phase für Stress der Betreuungspersonen iegt zwischen 2 und 4 Jahren (Gaynor, 1990).

Sorgen für Empathie und Fördern eines Gefühls von Kompetenz

Geben Sie der Betreuungsperson die Möglichkeit, ihre Gefühle mitzuteilen.
Betonen Sie die Schwierigkeiten der Betreuungsverantwortlichkeiten.
Vermitteln Sie Bewunderung für die Kompetenz der Betreuungsperson.
Evaluieren Sie regelmäßig die Effekte des Betreuens (Depression, Burn-out).

F: Der Umgang mit den Belastungen des Betreuens erfordert «ständig kognitive und verhaltensbezogene Bemühungen, um mit spezifischen äußeren und/oder inneren Anforderungen zurechtzukommen, die von der Person als Belastung oder Überforderung ihrer Ressourcen empfunden werden» (Lazarus/Folkman, 1984).

F: Lindgren (1990) zufolge wird ein Burn-out durch emotionale Erschöpfung und ein nur schwach ausgeprägtes Gefühl beeinflusst, eine Aufgabe auch zu bewältigen. Betreuungspersonen, die für das Bewältigen ihrer Aufgabe gelobt werden, haben demnach in geringerem Maße ein Burn-out.

Fördern einer realistischen Wertung der Situation

Stellen Sie fest, seit wann die Betreuungsperson als solche tätig ist (Winslow/Carter, 1999).

Bitten Sie die Betreuungsperson um eine Beschreibung des Lebens, das sie in 3, 6 und 12 Monaten zu führen glaubt.

Erörtern Sie die Auswirkungen des gegenwärtigen Zeitplans und der aktuellen Verantwortlichkeiten auf die körperliche Gesundheit, den emotionalen Zustand und auf Beziehungen.

Erörtern Sie positive Ergebnisse der Betreuungsverantwortlichkeiten (für die Person selbst, für die betreute Person, für die Familie).

Evaluieren Sie, ob sich das Verhalten verschlechtert.

Fördern von Einsicht in die Situation

Bitten Sie die Betreuungsperson, einen «typischen Tagesablauf» zu beschreiben:

- Betreuungsaufgaben
- Arbeit außer Haus
- Aufgaben im Haushalt
- Rollenverantwortlichkeiten.

Bitten Sie um Beschreibung von:

- häuslichen Freizeitaktivitäten (täglich, wöchentlich)
- soziale Aktivitäten außer Haus (wöchentlich).

Beziehen Sie andere Familienmitglieder in das Gespräch ein, soweit angemessen.

Erörtern Sie die Gefahr, Helfer als weniger kompetent oder weniger essenziell zu betrachten.

Erklären Sie, dass Demenz zum Gedächtnisverlust führt, der Folgendes nach sich zieht (Young, 2001):

- wiederholtes Fragen
- Vergessen
- Verleugnen des Gedächtnisverlustes
- Schwankungen des Gedächtnisses.

F: Lazarus und Folkman (1984) haben als Ressourcen eines erfolgreichen Copings Folgendes ausgemacht: Energie, Überzeugungen, Einsatzbereitschaft, Gesundheit, soziale Fertigkeiten, soziale Unterstützung und materielle Ressourcen.

F: Pruchno et al. (1990) zufolge ist Depression bei betreuenden Ehepartnern Zeichen einer Verschlechterung des körperlichen Gesundheitszustands in den kommenden 6 Monaten. Der Umfang der geleisteten Versorgung wirkte sich auf den Grad an Depression, Belastetsein und Gesundheit nur geringfügig aus.

Erklären von Belastbarkeit (siehe «Zentrale Konzepte») und von Qualitäten zur Förderung der Familie und der Betreuungsperson

Optimismus
Kreativität
Humor
Spirituelle Überzeugungen.

Unterstützen der Betreuungsperson beim Erkennen von Aktivitäten, bei denen sie Assistenz wünscht

Bedürfnisse der Pflege empfangenden Person (Körperpflege, Nahrung, Therapien, Mobilität; siehe Selbstversorgungsdefizite)
Wäsche waschen
Mahlzeiten
Transport
Gartenarbeit
Ruhepausen (Stunden/Woche)
Haus-/Wohnung putzen
Einkaufen, Botengänge
Termine wahrnehmen (Arzt, Friseur)
Reparaturen am Haus/in der Wohnung
Geldangelegenheiten.

F: Shields (1992) zufolge liegt eine primäre Quelle für Konflikte zwischen Familienmitgliedern und Betreuungsperson in unbefriedigten Bedürfnissen. Die Betreuungsperson möchte, dass die anderen die Belastung anerkennen, während die Familie auf die Klagen der Betreuungsperson mit Problemlösungstechniken reagiert. Das Ergebnis sind «eine Betreuungsperson, die sich weder gewürdigt noch unterstützt fühlt und depressiv ist, und Familienmitglieder, die auf die Betreuungsperson wütend sind und sie zurückweisen» (Shields, 1992).

Die Familie (außer der Betreuungsperson) dazu bringen, die Situation zu würdigen (Shields, 1992)

Geben Sie die Möglichkeit, Frustrationen mitzuteilen.
Vermitteln Sie das Bedürfnis der Betreuungsperson, gewürdigt zu werden.
Erörtern Sie die Bedeutung regelmäßigen Anerkennens der Belastung durch die Situation für die Betreuungsperson.
Erörtern Sie die Vorteile des Zuhörens, ohne einen Rat zu geben.
Unterscheiden Sie Formen der sozialen Unterstützung (emotional, wertschätzend, informationell, instrumentell).
Betonen Sie die Bedeutung von emotionaler Unterstützung und Wertschätzung.
Regelmäßige Anrufe.
Besuche.
Karten, Briefe.

Betonen Sie, «dass es oft keine Probleme zu lösen, sondern nur Schmerz zu teilen gibt» (Shields, 1992:31).

Besprechen Sie die Notwendigkeit, der Betreuungsperson «zu gestatten», Spaß zu haben (z. B. Ferien, Tagesausflüge).

Geben Sie der Betreuungsperson Gelegenheit, auf die Frage: «Wie kann ich Ihnen/dir helfen?» zu antworten.

F: Von vielen Forschenden wurde stete soziale Unterstützung als wichtigster Faktor erkannt, der eine Rollenüberlastung der pflegenden Bezugsperson verringert oder verhindert (Clipp/George, 1990; Pearlin et al., 1990; Shields, 1992).

Helfen beim Zugang zu informationeller und instrumenteller Unterstützung

Rollenspiel, wie man um Hilfe bei Aktivitäten bittet (z. B.: «Ich habe diese Woche drei Termine, könntest du mich zu einem von ihnen hinfahren?» Oder: «Ich könnte ein oder zwei Mal die Woche auf deine Kinder aufpassen, dafür, dass du auf meinen Mann achtest.»).

Klären aller möglichen Quellen ehrenamtlicher Hilfe: Familie (Geschwister, Cousins, Nichten und Neffen etc.), Freunde, Nachbarn, die Kirche und Gemeindegruppen.

Legen Sie dar, dass sich die meisten Menschen gut fühlen, wenn sie «ein wenig helfen können».

Erörtern, ob und wann eine alternative Versorgungsart (z. B. Pflegeheim) angezeigt sein könnte, falls angemessen

Suchen Sie nach Faktoren, die den Stress der Entscheidungsfindung über die Unterbringung in einem Pflegeheim verringern (Hagen, 2001):

- geringes Maß an Schuldgefühl
- Unabhängigkeit in der Beziehung
- Verfügbarkeit von Unterstützung durch Dritte
- geringe Angst vor Einsamkeit
- positive oder neutrale Einstellungen gegenüber einem Pflegeheim
- positives Lebensgefühl ohne die Pflegebelastung.

Beginnen mit Gesundheitsedukation und Überweisungen, soweit angezeigt

Betonen Sie, dass die Betreuungsperson ihre Gesundheit durch ein ausgewogenes Verhältnis zwischen Arbeit, Schlaf, Freizeit und einer guten Ernährung schützen muss.

Erklären Sie, welche Vorteile es hat, sich mit anderen Betreuungspersonen auszutauschen.

Selbsthilfegruppe

Telefonisches Partnerschaftssystem mit einer anderen Betreuungsperson

Benennen kommunaler Ressourcen:

- Beratung
- Tagespflege
- Sozialdienst.

Vereinbaren Sie einen Hausbesuch mit einem Physio- oder Beschäftigungstherapeuten, um das Umfeld zu evaluieren (Sicherheit, Hilfsmittel, Änderungen der häuslichen Umgebung).

Vereinbaren Sie einen Hausbesuch mit einer professionellen Pflegeperson oder Physiotherapeutin, um für Strategien zur Verbesserung der Kommunikation, des Zeitmanagements und der Betreuung zu sorgen (Corcaran/Gitlin, 2001).

Engagieren Dritter zu aktiver Mitarbeit, um die finanzielle Unterstützung des Landes, des Bundes und privater Einrichtungen bei Ressourcen zur Förderung der häuslichen Pflege zu erhöhen.

F: Mit der Aufnahme eines Familienmitglieds in eine Einrichtung sind viele Stressoren verbunden (z. B. finanzielle Einschränkungen, Transport der persönlichen Habe, emotionale Belastung, Versagensgefühle [Hagan, 2001]).

F: Schuldgefühle, eine negative Einstellung gegenüber Pflegeheimen, das existenzielle Selbstgefühl, Unabhängigkeit in der Beziehung, Furcht vor Einsamkeit und wahrgenommene Unterstützung wirken sich auf den Entscheidungsfindungsprozess bezüglich der Unterbringung in einem Pflegeheim aus (Hagan, 2001).

Pädiatrische Interventionen

Feststellen, inwieweit die Eltern die Krankheit des Kindes, deren Verlauf, Prognose und damit zusammenhängende Pflegebedarfe verstehen und sich darüber Sorgen machen

Herausfinden, wie sich die Betreuungsverantwortung auswirkt auf:

- das Privatleben der Person (Arbeit, Ruhe, Freizeit)
- die Ehe (allein verbrachte Zeit, Kommunikation, Entscheidungen, Aufmerksamkeit).

F: Strategien zur Förderung des Familienzusammenhalts verringern Isolation und Alleinsein.

Unterstützen der Eltern beim Befriedigen der Bedürfnisse des gesunden

Geschwisters nach:

Wissen über die Krankheit des Geschwisters und die Beziehung zur eigenen Gesundheit.

Äußern von Wut, des Gefühls der Unfairness, Verwirrung.

Gesprächen über die Zukunft des kranken Geschwisters und der eigenen Person (z. B. Familienplanung, Pflegeverantwortlichkeiten).

F: Sich um die Entwicklungsaufgaben des kranken Kindes und des gesunden Geschwisters zu kümmern, gibt Gelegenheit zu wachsen, sich zu entwickeln, Unabhängigkeit zu gewinnen und effektive Coping-Fertigkeiten zu beherrschen.

Erörtern von Strategien, um Geschwistern bei der Anpassung zu helfen

In Entscheidungen der Familie einbeziehen, wenn angemessen.

Über den Zustand des kranken Kindes informiert halten.

Routinen beibehalten (z. B. Mahlzeiten, Ferien).

Vorbereiten auf Veränderungen des häuslichen Lebens.

Fördern von Aktivitäten mit Gleichaltrigen.
Vermeiden, das kranke Kind zum Mittelpunkt der Familie zu machen.
Feststellen, welche tägliche Unterstützung in der Betreuung realistisch ist.
Einplanen von Zeit für sich allein.
Informieren der Lehrer über die häusliche Situation.
Ansprechen von entwicklungsbedingten Bedarfen. Siehe *verzögerte(s) Wachstum und Entwicklung.*

F: Strategien zur Förderung des Familienzusammenhalts und individueller Bedürfnisse der Familie können ein effektives Stressmanagement stärken (Williams, 2000).

Darauf hinweisen, dass Betreuungsaktivitäten zu Erschöpfung führen können, die mit der Zeit zunehmen kann (Williams, 2000)

Erörtern von Strategien zur Reduzierung der Erschöpfung von Betreuungspersonen (Williams, 2000)

Unterstützung durch den Partner
Kinderbetreuung für Geschwister
Haushaltshilfe
Vorkehrungen, um sicherzustellen, dass die Betreuungsperson ausreichend schläft.

F: Der Familie beim Identifizieren vorhersehbarer Stressoren zu helfen, kann sie beim Planen von Coping-Strategien unterstützen.
F: Alle Familienmitglieder werden angehalten, bestimmte Fertigkeiten zu erlernen, um die Verantwortlichkeiten ausgewogen zu verteilen.

Gefahr einer Rollenüberlastung der pflegenden Bezugsperson

Definition

Gefahr einer Rollenüberlastung der pflegenden Bezugsperson: ein Zustand, in dem eine Person im Laufe des Versorgens einer anderen Person hochgradig durch körperliche, seelische, soziale und/oder finanzielle Belastungen gefährdet ist.
Rollenüberlastung der pflegenden Bezugsperson (engl. Caregiver role strain): Schwierigkeiten, die Rolle als pflegende Bezugsperson in der Familie auszuüben (NANDA-I, 2010).

Risikofaktoren (NANDA-I 2010)

- schwere Krankheit des Pflegeempfängers
- psychologische Probleme der Pflegeperson
- psychologische Probleme des Pflegeempfängers
- Abhängigkeit
- Co-Abhängigkeit
- Nachhause-Entlassung eines Familienmitglieds mit hohem Pflegebedarf
- Frühgeburt
- angeborener Defekt
- unvorhersehbarer Krankheitsverlauf
- instabile Gesundheit des Pflegeempfängers
- Dauer der benötigten Pflege
- Unerfahrenheit mit der Erbringung der Pflege
- Komplexität pflegerischer Aufgaben
- Menge der pflegerischen Aufgaben
- konkurrierende Rollenverpflichtungen der Pflegeperson
- beeinträchtigte Gesundheit der Pflegeperson
- Pflegeperson ist Ehepartner/in
- pflegende Bezugsperson ist weiblich
- Pflegeperson ist von der Entwicklung her nicht bereit zur Rollenübernahme als Pflegeperson [z. B. ein junger Erwachsener, der sich um ein Elternteil in mittlerem Alter kümmern muss]
- Entwicklungsverzögerung des Pflegeempfängers
- Entwicklungsverzögerung der Pflegeperson
- Retardierung des Pflegeempfängers
- Retardierung der Pflegeperson
- Vorliegen situationsbedingter Stressoren, die gewöhnlicherweise Familien beeinflussen (z. B. schwerer Verlust, Katastrophe oder Krise, ökonomische Schwäche, bedeutende Lebensereignisse [z. B. Geburt eines Kindes, Spitalaufenthalt, Wegzug von/Rückkehr nach Hause, Heirat, Scheidung, Veränderung in der Arbeitssituation, Pensionierung, Tod])
- ungeeignete Umgebung zur Erbringung der Pflege (z. B. Unterkunft, Temperatur, Sicherheit) [Transport, kommunale Dienste, Ausrüstung]
- Isolation der Familie
- Isolation der Pflegeperson
- fehlende Erholung der Pflegeperson
- fehlende Entlastung der Pflegeperson
- schwache Anpassung der Familie [oder]
- Familienstörung trat vor der Pflegesituation auf
- unzureichende Bewältigungsformen [der Pflegeperson]
- Vorgeschichte einer schlechten Beziehung zwischen Pflegeperson und Pflegeempfänger
- Pflegeempfänger zeigt ein von der Norm abweichendes Verhalten
- Pflegeempfänger zeigt bizarres Verhalten
- Vorliegen von Missbrauch
- Vorkommen von Gewalttätigkeit
- kognitive Probleme des Pflegeempfängers.

Risiko-, Einflussfaktoren (Carpenito)

Primäre Verantwortlichkeiten einer Betreuungsperson für einen Empfänger, der aufgrund körperlicher oder geistiger Behinderungen zusätzlich zu einem oder mehreren der folgenden Punkte regelmäßig Assistenz bei der Selbstversorgung oder Überwachung benötigt:

B/d stetige oder komplexe Pflegeerfordernisse, s/b/d ...

... *Merkmale des Pflegeempfängers:*
Unfähigkeit zur Selbstversorgung
kognitive Störungen
unrealistische Erwartungen
mangelnde/fehlende Motivation zur Selbstversorgung
psychische Probleme.

... *Merkmale der Betreuungsperson/des Ehepartners:*
Verhalten eines unwirksamen Copings
unrealistische Erwartungen an die eigene Person
gestörte körperliche Gesundheit.

B/d eine anamnestisch bekannte schlechte Beziehung oder funktionsgestörte Familie.
B/d unrealistische Erwartungen an die Betreuungsperson von Seiten Dritter (Gesellschaft, andere Familienmitglieder).
B/d die Dauer der erforderlichen Pflege.
B/d Isolation.
B/d unzureichende Ruhepausen, Freizeit oder Finanzen.

Anmerkung der Autorin

Siehe *Rollenüberlastung der pflegenden Bezugsperson.*

Irrtümer in diagnostischen Aussagen

Siehe *Rollenüberlastung der pflegenden Bezugsperson.*

Zentrale Konzepte

Siehe *Rollenüberlastung der pflegenden Bezugsperson.*

Einschätzungskriterien des Fokusassessments

Siehe *Rollenüberlastung der pflegenden Bezugsperson.*

Ziele

NOC

Siehe *Rollenüberlastung der pflegenden Bezugsperson.*

Die Person berichtet über einen Plan, wie sie trotz der Betreuungsverantwortlichkeiten weiterhin sozialen Aktivitäten nachgeht.

Indikatoren

- Benennen von Aktivitäten, die für den Betreffenden wichtig sind.
- Kundtun der Absicht, sich der Hilfe mindestens zweier Personen zu versichern.

Allgemeine Interventionen

NIC

Siehe *Rollenüberlastung der pflegenden Bezugsperson.*

Erklären der Ursachen einer Rollenüberlastung der pflegenden Bezugsperson

Siehe «Einflussfaktoren».

Erörtern der Implikationen täglicher Verantwortlichkeiten mit der Pflegeperson aus der Primärversorgung (Irvin/Acton, 1997)

Halten Sie die Betreuungsperson an, sich selbst und der betreuten Person realistische Ziele zu setzen.

Erörtern Sie die Notwendigkeit von Ruhepausen und Kurzurlaub.

Ermutigen Sie die Betreuungsperson, Hilfsangebote anzunehmen.

Üben des Um-Hilfe-Bittens; vermeiden des Gedankens: ‹Sie sollten wissen, dass ich Hilfe brauche› und des Märtyrerverhaltens.

Warnen Sie davor, andere als «nicht kompetent genug» zu betrachten.

Besprechen Sie, dass frühere Konflikte nicht verschwinden. Versuchen Sie, an der Lösung zu arbeiten und betonen Sie das Heute.

Heben Sie die Bedeutung täglicher Aktivitäten zur Gesundheitsförderung hervor (siehe *gesundheitsförderliches Verhalten*):

- Ausgewogenheit zwischen Ruhe und Belastung
- effektives Stressmanagement
- fettarme, an komplexen Kohlenhydraten reiche Ernährung
- unterstützende soziale Netzwerke
- altersgerechte Screening-Praktiken.

Humor bewahren, sich anderen zugesellen, die lachen.

Warnen Sie vor ausgiebigem Jammern, das für alle Beteiligten deprimierend ist und dazu führen kann, dass man gemieden wird.

Raten Sie, telefonische Kontakte oder Besuche mit/bei Freunden oder Verwandten lieber selbst in die Wege zu leiten, statt darauf zu warten, dass jemand anderes es tut.

Unterstützen der Beteiligten beim Würdigen der Situation

Worum geht es? Sorgen Sie für akkurate Information und Antworten, um zu einer realistischen Sicht zu ermutigen.

Welche Auswahlmöglichkeiten gibt es? Unterstützen Sie die Familie beim Neuordnen von Rollen zu Hause und setzen Sie Prioritäten, um die Integrität der Familie zu wahren und Stress abzubauen.

Bringen Sie Diskussionen über Stressoren der häuslichen Pflege (körperlicher, emotionaler, umgebungsbezogener und/oder finanzieller Natur) in Gang.

Betonen Sie die Notwendigkeit von Ruhepausen, um isolierende Verhaltensweisen zu verhindern, die eine Depression fördern.

Erörtern Sie mit den nicht primären Betreuungspersonen deren Verantwortlichkeiten in der Fürsorge für die primär versorgende Person.

Wo gibt es Hilfe? Verweisen Sie die Familie je nach Bedarf an kommunale Einrichtungen, Hauspflegedienste und Quellen für finanzielle Unterstützung (siehe *beeinträchtigte Haushaltsführung*).

Erörtern der Implikationen der Fürsorge für ein krankes Familienmitglied mit allen Angehörigen des Haushalts

Verfügbare Ressourcen (Finanzen, Umfeld)

Verantwortlichkeit im Laufe von 24 Stunden

Auswirkungen auf andere Angehörige des Haushalts

Wahrscheinlichkeit einer fortschreitenden Verschlechterung

Teilen von Verantwortlichkeiten (mit anderen Angehörigen des Haushalts, Geschwistern, Nachbarn)

Wahrscheinlichkeit der Vertiefung seit langem bestehender Konflikte

Auswirkungen auf die Lebensweise

Alternative oder unterstützende Optionen (z. B. kommunale Versorger, Leben in einer Gruppe, Pflegeheim).

Unterstützen der Betreuungsperson beim Herausarbeiten von Aktivitäten, bei denen sie Assistenz wünscht

Siehe *Rollenüberlastung der pflegenden Bezugsperson.*

Unterstützen beim Einholen von Beistand in Form von Information und tatkräftiger Hilfe

Siehe *Rollenüberlastung der pflegenden Bezugsperson.*

Beginnen mit Gesundheitsedukation und Überweisungen, soweit angezeigt

Siehe *Rollenüberlastung der pflegenden Bezugsperson.*

Beeinträchtigtes Wohlbefinden

Beeinträchtigtes Wohlbefinden*

Akute Schmerzen
Chronische Schmerzen
Übelkeit

Definition

Beeinträchtigtes Wohlbefinden: der Zustand, in dem die Person als Reaktion auf einen nozizeptiven Reiz eine unangenehme Empfindung verspürt.

Beeinträchtigtes Wohlbefinden (engl. Impaired Comfort): Wahrgenommener Mangel an Ruhe, Erleichterung und Transzendenz in physischen, psychospirituellen, umgebungsbezogenen und sozialen Dimensionen (NANDA-I, 2010).

Bestimmende Merkmale oder Kennzeichen

Hauptkennzeichen (obligat)

Die Person gibt Unwohlsein an oder zeigt es.

Nebenkennzeichen (fakultativ)

berichtet von quälenden Symptomen
berichtet von fehlender situativer Zufriedenheit
berichtet von fehlender situativer Leichtigkeit
berichtet von Hunger
berichtet von Hautjucken [Pruritus]
berichtet, sich unwohl zu fühlen
berichtet, sich kalt zu fühlen

* Diese Diagnose wurde 2010 in die NANDA-Liste aufgenommen.

berichtet, sich heiß zu fühlen
gestörtes Schlafmuster
Unfähigkeit, sich zu entspannen
Angst
Furcht
krankheitsbezogene Symptome
behandlungsbezogene Nebenwirkungen (z. B. Medikation, Strahlung)
ungenügende Ressourcen (z. B. finanzielle, soziale Unterstützung)
fehlende Privatsphäre
schädliche umweltbezogene Reize.
Ruhelosigkeit
Reizbarkeit
Seufzen
Stöhnen
Weinen
fehlende Kontrolle des Umfelds
fehlende situative Kontrolle.

Einflussfaktoren

Jeder Faktor kann zur Beeinträchtigung des Wohlbefindens beitragen. Die häufigsten werden nachstehend genannt.

Biopathophysiologische Faktoren

B/d Uteruskontraktionen während der Wehen.
B/d Trauma des Perineums in den Wehen und während der Entbindung.
B/d Uterusinvolution und gestaute Brüste.
B/d Gewebstrauma und reflektorische Muskelspasmen, s/b/d ...

... Muskel-Skelett-Erkrankungen

Frakturen
Kontrakturen
Spasmen
Arthritis
Erkrankungen des Rückenmarks.

... Erkrankungen innerer Organe

Herz
Nieren
Leber
Darm
Lunge.

... Tumore, Gefäßleiden

Vasospasmus
Okklusion
Phlebitis
Vasodilatation (Kopfschmerz).

B/d Entzündung von:

Nerven
Sehnen
Schleimbeuteln
Gelenken
Muskeln
gelenknahen Strukturen.

B/d Erschöpfung, Krankheitsgefühl oder Pruritus, s/b/d:

Röteln
Hepatitis
Pankreatitis
Windpocken
Mononukleose.

B/d die Auswirkungen eines Tumors auf (zu spezifizieren).

B/d Unterleibskrämpfe, Diarrhö und Erbrechen, s/b/d:

Gastroenteritis
Magengeschwüre
Influenza.

B/d Entzündung und Spasmen der glatten Muskulatur, s/b/d:

Nierensteine

Magen-Darm-Infektionen.

Behandlungsbedingte Faktoren

B/d ein Gewebstrauma und Spasmen der glatten Muskulatur, s/b/d:

eine Operation
Verbrennungen
einen Unfall
diagnostische Tests (Punktion einer Vene, invasives Scannen, Biopsie).

B/d Übelkeit und Erbrechen, s/b/d:

Chemotherapie
Nebenwirkungen (zu spezifizieren)
Anästhesie.

Situationsbedingte Faktoren (persönlich bedingt, umgebungsbedingt)

B/d Fieber.
B/d Immobilität/falsche Lagerung.
B/d Überaktivität.
B/d Druckpunkte (enger Gips, enge elastische Binden).
B/d allergische Reaktion.
B/d chemische Reizstoffe.
B/d unbefriedigte Abhängigkeitsbedürfnisse.
B/d schwere unterdrückte Angst.

Altersbedingte Faktoren

B/d ein Gewebstrauma und Spasmen der glatten Muskulatur, s/b/d:

Koliken (Säuglingsalter)
Zahnen, Ohrenschmerzen (Säuglingsalter und frühe Kindheit)
rezidivierende Bauchschmerzen, wachstumsbedingte Schmerzen (mittlere Kindheit)
Kopfschmerzen, Thoraxschmerzen, Dysmenorrhö (Jugendalter).

Anmerkung der Autorin

Als nicht in der NANDA-Liste enthaltene Diagnose kann *beeinträchtigtes Wohlbefinden* verschiedene unangenehme Empfindungen (z. B. Pruritus, Immobilität, Nüchtern-Status) widerspiegeln. Bei einer Person mit Übelkeit und Erbrechen sollte die Pflegeperson einschätzen, ob *beeinträchtigtes Wohlbefinden*, *Gefahr eines beeinträchtigten Wohlbefindens* oder *Mangelernährung* vorliegen. Kurzfristige Episoden von Übelkeit, Erbrechen oder beidem (z. B. postoperativ) lassen sich am besten durch *beeinträchtigtes Wohlbefinden*, **b/d** *die Auswirkungen einer Anästhesie oder von Analgetika* beschreiben. Wenn Übelkeit/Erbrechen die Nahrungsaufnahme stören können, kann die geeignete Diagnose *Mangelernährung*, **b/d** *Übelkeit und Erbrechen*, **s/b/d** *(zu spezifizieren)* lauten. *Beeinträchtigtes Wohlbefinden* kann auch dazu dienen, eine Gruppe von Beschwerden in Zusammenhang mit einer Erkrankung oder Therapie zu beschreiben, wie z. B. bei der Strahlentherapie.

Irrtümer in diagnostischen Aussagen

1. *Beeinträchtigtes Wohlbefinden*, **b/d** *Immobilität*
   Zwar kann Immobilität zur Beeinträchtigung des Wohlbefindens beitragen, jedoch beschreibt die Pflegediagnose *Immobilitätssyndrom* einen Cluster von Pflegediagnosen, die bei Immo-

bilität zum Tragen kommen oder wahrscheinlich zum Tragen kommen. *Beeinträchtigtes Wohlbefinden* kann in *Immobilitätssyndrom* enthalten sein. Die Diagnose sollte daher auf *Immobilitätssyndrom* lauten.

2. *Beeinträchtigtes Wohlbefinden,* **b/d** *Übelkeit und Erbrechen,* **s/b/d** *Chemotherapie*
   Übelkeit und Erbrechen sind Zeichen/Symptome, keine das beeinträchtigte Wohlbefinden beeinflussende Faktoren. *Beeinträchtigtes Wohlbefinden* kann dazu dienen, ein Cluster an Beschwerden in Zusammenhang mit einer Chemotherapie zu beschreiben, wie z. B. *beeinträchtigtes Wohlbefinden,* **b/d** *die Effekte der Chemotherapie auf die Knochenmarkproduktion und die Reizung des Brechzentrums, angezeigt durch Klagen über Übelkeit, Erbrechen, Anorexie und Erschöpfung.*

Zentrale Konzepte

Allgemeine Überlegungen

- Pruritus (Jucken) ist die häufigste Störung der Haut. Er kann eine Reaktion auf ein Allergen oder ein Zeichen bzw. Symptom einer Systemerkrankung, wie etwa eines Tumors, einer Nierenfunktionsstörung oder eines Diabetes, darstellen.
- Auch wenn die Signale für Juckreiz, Druck, Schmerz und Berührung wahrscheinlich über dieselben Neurone weitergeleitet werden, wird dennoch jede Empfindung für sich wahrgenommen und unterschiedlich vermittelt (Branov et al., 1989b).
- Pruritus entsteht durch eine subepidermale Nervenstimulation durch proteolytische Enzyme sowie Histamin, welche die Epidermis infolge einer primären Reizung oder sekundärer allergischer Reaktionen freisetzt (Porth, 2006).
- Dieselben nichtmyelinisierten Nerven (C-Fasern), die brennende Schmerzen vermitteln, übertragen auch Pruritus. Ein Jucken kann mit zunehmender Intensität auch zum Brennen werden (Porth, 2006); vgl. auch Thio (2013) und Zylicz et. al. (2009).
- Bereiche in unmittelbarer Umgebung von Körperöffnungen sind am anfälligsten für Jucken. Dies hängt wahrscheinlich mit einer Konzentration sensibler Nervenendigungen und der Anfälligkeit für externe Kontamination zusammen (Porth, 2006).

Geriatrische Überlegungen

Asteatose (exzessive Hauttrockenheit) infolge transdermalen Wasserverlustes ist die häufigste Ursache eines Pruritus bei älteren Erwachsenen. Infolge von unterschiedlichen Kriterien und Klimaunterschieden schwankt ihre Inzidenz zwischen 40 % und 80 %. Aufgrund altersbedingter Veränderungen des Immunsystems können kleine Risse in der Epidermis beim Kratzen die Gefahr einer Infektion erhöhen (Miller, 2004).

Transkulturelle Überlegungen

- Schmerz gilt allgemein als «eine ganz eigene Erfahrung, die in hohem Maße vom kulturellen Erbe bestimmt wird» (Ludwig-Beymer, 1989:283).
- Pflegende in den USA sind überwiegend weiße Frauen der Mittelklasse, deren Sozialisation die Überzeugung beinhaltet, «dass Selbstbeherrschung in jeder Situation besser ist, als seine Gefühle offen zu zeigen» (Ludwig-Beymer, 1989:294). Pflegende sollten Angehörige einer bestimmten Kultur nicht stereotyp behandeln, sondern vielmehr ein breites Spektrum von Schmerzbekundungen akzeptieren (Ludwig-Beymer, 1989).
- Familien übertragen kulturelle Normen in Zusammenhang mit Schmerz auf ihre Kinder (Ludwig-Beymer, 1989).
- In seinen klassischen Studien über den Einfluss der Kultur auf das Schmerzerleben stellte Zborowski (1952) fest, dass das Schmerzereignis, seine Bedeutung und die Reaktionen darauf kulturell erlernt und kulturspezifisch sind. Er berichtete über folgende kulturellen Varianten der Interpretation von Schmerz und der Reaktion auf Schmerzen:
  - *Amerikaner der 3. Generation:* ausdruckslos; besorgt um die Implikationen; kontrollierte emotionale Reaktion.
  - *Juden:* besorgt um die Implikationen der Schmerzen; suchen rasch nach Linderung; äußern Schmerzen oft Dritten gegenüber.
  - *Iren:* rechnen Schmerzen der Privatsphäre zu; ausdruckslos; unemotional.
  - *Italiener:* besorgt um sofortige Schmerzlinderung; gegenwartsorientiert.
  - *Japaner:* schätzen Selbstbeherrschung; äußern weder Schmerz noch bitten sie um Linderung.
  - *Hispanier:* gegenwartsorientiert; verwenden oft Volksmedizin; betrachten Leiden als positive spirituelle Erfahrung.
  - *Chinesen:* ignorieren u. U. Symptome, verwenden alternative Heilpraktiken.
  - *Afroamerikaner:* reagieren aufgrund der dominanten Kultur u. U. stoisch oder glauben, Schmerz sei Gottes Wille.
  - Chinesische Frauen glauben, sie würden ihre Familie entehren, wenn sie in den Wehen laut würden (Weber, 1996).
  - Frauen aus vielen süd- und mittelamerikanischen Kulturen glauben, die Liebe zum Kind sei umso größer, je intensiver in den Wehen Schmerzen zum Ausdruck gebracht würden (Weber, 1996).
  - [Domenig (2007) stellt in ihrem Lehrbuch zur «Transkulturellen Kompetenz» einen weniger kulturalistischen Ansatz dar, um Schmerzen bei Migranten einzuschätzen und zu lindern. Anm. d. Hrsg.].

Einschätzungskriterien des Fokusassessments

Dieses Schmerzassessment dient dazu, Daten zur Einschätzung der Adaptation einer Person an Schmerzen zu erheben. Es dient nicht dazu, die Ursache oder das Bestehen von Schmerzen festzustellen.

Subjektive Daten

Einschätzen bestimmender Merkmale oder Kennzeichen

Schmerzen

«Wo haben Sie Beschwerden? Strahlen sie aus?» (Falls es sich um ein Kind handelt, bitten Sie es, mit dem Finger auf die Stelle zu zeigen.)

«Wann haben die Schmerzen begonnen?»

«Können Sie die Ursache der Beschwerden angeben?» Oder: «Was hat Ihrer Ansicht nach die Beschwerden ausgelöst?»

«Beschreiben Sie die Beschwerden und ihre Verteilung bzw. ihr Muster»:

- Tageszeit
- Dauer
- Qualität/Intensität
- Häufigkeit (konstant, intermittierend, vorübergehend).

Bitten Sie die Person um eine Bewertung der Schmerzen: wenn sie am schwächsten sind, nach schmerzlindernden Maßnahmen und wenn sie am stärksten sind. Verwenden Sie dazu stets dieselbe Skala, Wortwahl oder einen Set an Verhaltensweisen, um den Schmerz einzuordnen.

Verwenden Sie bei Erwachsenen eine mündliche oder visuelle Analogskala von 0 bis 10 (0 = keine Schmerzen, 10 = schlimmste Schmerzen, die je da waren):

- Wählen Sie bei Kindern eine dem *Entwicklungsalter* angemessene Skala: Sie können die altersgerechte Skala oder eine Skala für ein niedrigeres Alter verwenden. Beteiligen Sie das Kind an der Auswahl der Skala.
- 3 Jahre und älter: Verwenden Sie Zeichnungen oder Fotos von Gesichtern (Oucher Scale), die mit einer numerischen Skala vom Lächeln über Stirnrunzeln bis zum Weinen reichen (Beyer, 1984).
- 4 Jahre und älter: Verwenden Sie vier weiße Poker-Chips und fragen Sie das Kind, für wie viele Chips es Schmerz fühlt (kein Schmerz = 0 Chips) (Hester, 1979).
- 6 Jahre und älter: Verwenden Sie eine numerische Skala von 0 bis 5 oder von 0 bis 10 (verbal oder visuell). Verwenden Sie eine leere Zeichnung des Körpers in Vorder- und Rückansicht und bitten Sie das Kind, mit drei verschiedenen Farben Stellen mit wenig Schmerzen, mittleren Schmerzen und starken Schmerzen zu markieren (Eland Color Tool).

«Wie reagieren Sie normalerweise auf Schmerzen (Weinen, Wut, Schweigen)?»

«Gibt es weitere Symptome in Verbindung mit Ihren Beschwerden (Übelkeit, Erbrechen, Benommenheit)?»

Auswirkungen der Schmerzen

«Sprechen Sie mit anderen über Ihre Beschwerden (Ehepartner, Freunde, Pflegeperson)?» «Mit wem sprechen Sie darüber?» Bitten Sie den Klienten, zu den folgenden Punkten jeweils anzugeben, ob er verstärkend bzw. lindernd wirkt bzw. keine Wirkung auf die Beschwerden hat:*

---

* Adaptiert nach dem McGill Pain Questionnaire.

- Alkoholika
- Stimulanzien (z. B. Coffein)
- Essen
- Wärme
- Kälte
- Feuchtigkeit
- Wetterwechsel
- Massage
- Vibration
- Druck
- Bewegungslosigkeit
- Bewegung/Aktivität
- Schlaf, Ruhe
- Sich-Hinlegen
- Ablenkung (z. B. Fernsehen)
- Wasserlassen
- Stuhlgang
- Anspannung
- helles Licht
- laute Geräusche, Lärm
- Zur-Arbeit-Gehen
- Geschlechtsverkehr
- leichte körperliche Belastung
- Erschöpfung.

Fragen Sie die Person, wie sich die Schmerzen auf folgende Situationen/Tätigkeiten auswirken oder voraussichtlich auswirken:

- Arbeit/Aktivität (Arbeit/häusliche Aktivitäten, Freizeit/Spiel)
- Beziehungen/Kontaktaufnahme (Wunsch nach Alleinsein/Gesellschaft)
- Schlaf (Ein- und Durchschlafstörungen)
- Essen (Appetit, Gewichtszu- oder -abnahme)
- Ausscheiden (Stuhlgang, Obstipation/Diarrhö, Wasserlassen)
- Menses
- Sexualität (Libido, Sexualfunktion).

Kulturelle Auswirkungen auf Schmerzen (Weber, 1996)

Herkunftsland
Zeit im Land des gegenwärtigen Aufenthalts
Muttersprache
Fähigkeit zu verstehen/zu sprechen
Verfügbarkeit eines Übersetzers
Religiöse Praktiken (Bluttransfusion, spezielle Kleidung, männliches Personal)
Bevorzugte Nahrung, Getränke
Hygienepraktiken.

Pruritus (Hautjucken)

Beginn
Auslöser
Lokalisation(en)
Linderung durch …
Allergieanamnese (Individuum, Familie) [vgl. auch eine ausführlichere Pruritusanamnese in Zylicz, 2009 und Thio, 2012), Anm. d. Hrsg.].

Übelkeit/Erbrechen

Beginn, Dauer
Erbrechen (Menge, Aussehen)
Häufigkeit, Schweregrad
Maßnahmen zur Linderung.

Objektive Daten

Einschätzen bestimmender Merkmale oder Kennzeichen

Manifestationen im Verhalten

Stimmung:
Ruhe
Stöhnen
Weinen
Grimassieren
Auf-und-ab-Gehen
Unruhe
Rückzug.

Augen:
starr
suchend
offen
geschlossen
Wahrnehmungen
örtlich und zeitlich orientiert.

Manifestationen am Muskel-Skelett-System

Beweglichkeit des schmerzenden Körperteils:
voll
eingeschränkt/Schonhaltung
bewegungslos.

Muskeltonus:
Spasmus
Schmerzempfindlichkeit
Tremor (in dem Bemühen, Schmerzen zu verbergen).

Dermatologische Manifestationen

Farbe (Rötung)
Temperatur
Feuchtigkeit/Schwitzen
Ödem.

Kardiale und respiratorische Manifestationen

Kardial:

Herzfrequenz
Blutdruck
Palpitationen.

Respiratorisch:

Atemfrequenz
Atemrhythmus
Atemzugtiefe.

Störungen der Sensibilität

Parästhesie
Dysästhesien.

Entwicklungsbezogene Manifestationen

Säugling

Reizbarkeit
Untröstlichkeit
Veränderungen im Schlaf- und Essverhalten
Generalisierte Körperbewegungen.

Kleinkind

Reizbarkeit
Aggression (Treten, Beißen)
Daumenlutschen
Veränderungen im Schlaf- und Essverhalten
Schaukelbewegungen
Zusammengebissene Zähne.

Vorschulalter

Reizbarkeit
Aggression
Veränderungen im Schlaf- und Essverhalten
Verbale Schmerzäußerungen.

Schulalter

Veränderungen im Schlaf- und Essverhalten
Verbale Schmerzäußerungen
Veränderungen des Spielverhaltens
Verleugnen des Schmerzes.

Jugendliche

Stimmungsschwankungen
Verbale Äußerungen auf Anfrage
Verhaltensextreme (ausagieren)
Veränderungen im Schlaf- und Essverhalten.

Ziele

NOC

- Symptomkontrolle

Der Klient berichtet über eine akzeptable Symptomkontrolle.

Indikatoren

- Beschreiben von Faktoren, die Symptome verstärken.
- Beschreiben von Maßnahmen zur Verbesserung des Wohlbefindens.

Allgemeine Interventionen

NIC

- Pruritusmanagement
- Fieberbehandlung
- Umgebungsmanagement: Wohlbehagen

Einschätzen von Beschwerdequellen

Pruritus
Fieber
Längere Bettruhe.

Verringern des Pruritus und Fördern von Wohlbefinden

Wahren der Hygiene, ohne trockene Haut zu bewirken

Halten Sie zu häufigem Baden an:

- Kaltes Wasser verwenden, falls akzeptabel.
- Milde Seife (kastilische Seife, d. h. Seife mit Olivenölzusatz nach der Verseifung; Lanolin) oder Seifenersatz verwenden.
- Die Haut trocken tupfen, nicht abreiben.

Auf Hautfalten leicht Maisstärke auftragen, indem man sie sich zunächst auf die Hand streut, um ein Verbacken des Puders zu vermeiden. Bei Pilzerkrankungen ein Antimykotikum oder gegen Candida-Hefen gerichtetes Präparat (Nystatin) oder Miconazol-Creme anwenden.

Juckendes Narbengewebe täglich mit Kokosfett einreiben (Field et al., 2000).

F: Das Massieren juckender Narben lindert Jucken, Schmerzen und Angst (Field et al., 2000).

F: Kühle verringert Vasokonstriktion.

Übermäßige Hauttrockenheit verhindern

Befeuchten der Haut mit einem feuchtigkeitsspendenden Präparat [z. B. Harnstoff oder Hyaluronsäure], sofern nicht kontraindiziert; Auftupfen mit einem Tupfer oder mit Gaze.

Feuchtigkeitsspendendes Präparat nach dem Baden und vor dem Trocknen der Haut auftragen, um die Feuchtigkeitsretention zu fördern.

Kontinuierlich oder intermittierend nasse Verbände anlegen, um Jucken zu lindern und Krusten und Exsudat zu entfernen.

Sorgen für Tauchbäder bei 0–3,3 °C alle 20–30 Minuten. Kältereize in Form von Kälte oder Menthol zur Reizung von Kälterezeptoren in der Haut hemmen kompetitiv die Weiterleitung von Juckreizen, Anm. d. Hrsg.].

F: Exzessive Wärme oder Trockenheit, raue Kleidung, Erschöpfung, Stress und Monotonie (fehlende Ablenkung) verschlimmern einen Pruritus (Thorns/Edmonds, 2000).

Fördern des Wohlbefindens und Verhindern weiteren Schadens

Raten Sie davon ab, sich zu kratzen. Erklären Sie den Teufelskreis von Jucken und Kratzen.

Sorgen Sie für die Verordnung einer topischen Kortikoid-Creme für die lokal entzündeten juckenden Bereiche. Sparsam auftragen, den Bereich mit Plastikbinde okkludieren, um die Wirksamkeit der Creme zu erhöhen und weiteres Kratzen zu verhindern.

Sorgen Sie für die Verordnung eines Antihistaminikums, wenn das Jucken nicht nachlässt.

Verwenden Sie bei Kindern und verwirrten Erwachsenen Fäustlinge (oder Baumwollsocken), wenn nötig, um Kratzfolgen zu lindern.

Halten Sie die Fingernägel kurz, um Verletzungen zu verhindern. Feilen Sie die Nägel nach dem Schneiden.

Entfernen Sie Partikel aus dem Bett (Brotkrumen, verklumptes Puder).

Verwenden Sie alte, weiche Betttücher oder kühle glatte Seidentücher in der ambulanten Versorgung und vermeiden Sie Faltenbildung. Falls im Bett Schutzpolster verwandt werden, legen Sie ein Stecklaken darüber, um direkten Kontakt mit der Haut zu verhindern.

Meiden Sie Parfüm und parfümierte Lotionen.

Vermeiden Sie Kontakt mit chemischen Irritanzien/Lösungen.

Waschen Sie Kleidung mit mildem Waschmittel und spülen Sie sie ein zweites Mal, um Rückstände zu verringern. Vermeiden Sie Weichmacher.

Verhindern Sie übermäßige Wärme durch niedrige Raumtemperaturen und niedrige Luftfeuchtigkeit sowie durch leichte Decken über einem Bettbogen. Vermeiden Sie zu viele Bekleidungsschichten übereinander.

Tragen Sie Salben je nach Art mit behandschuhter oder bloßer Hand so auf, dass die Haut leicht bedeckt ist. Reiben Sie Cremes in die Haut ein.

Tragen Sie eine Salbe lieber öfter und dünn als einmal und dick auf.

F: Kratzen stimuliert die Histaminfreisetzung und verstärkt einen Pruritus.

F: Trockenheit erhöht die Empfindlichkeit der Haut durch Stimulieren von Nervenendigungen.

Fortsetzen der Gesundheitsedukation, falls angezeigt

Erklären Sie Ursachen des Pruritus und Methoden der Prävention.

Erklären Sie Faktoren, welche die Symptome verstärken (z. B. geringe Feuchtigkeit, Hitze).

Erklären Sie Interventionen, die Symptome lindern (z. B. Flüssigkeitszufuhr von 2,5–3 l/d, sofern nicht kontraindiziert).

Beraten Sie hinsichtlich der Exposition gegenüber Sonnenlicht und Hitze sowie über entsprechende Produkte.

Unterweisen Sie die Person darin, Stoffe zu meiden, die zu Hautreizungen führen können (Wolle, raues Gewebe).

Unterweisen Sie die Person darin, beim Umgang mit chemischen Reizstoffen Schutzkleidung zu tragen (Gummihandschuhe, Schürze).

Überweisen Sie zu einem Allergietest, wenn angezeigt.

Sorgen Sie für Gelegenheit, über Frustrationen zu sprechen.

Für weitere Interventionen siehe *unwirksames Coping*, wenn der Pruritus stressbedingt ist.

Bei einer bettlägerigen Person

Lagern Sie die Person mindestens alle 2 Stunden um, sofern andere Variablen nicht kürzere Abstände erfordern.

Verwenden Sie kleine Kissen oder zusammengefaltete Handtücher, um die Extremitäten abzustützen.

Wechseln Sie zwischen Beugung und Streckung, Abduktion und Adduktion hin und her.

Verwenden Sie die Bauchlage, falls sie vertragen wird.

F: Häufige Positionswechsel erhalten die Muskel-Skelett-Funktion und verhindern Kontrakturen.

Pädiatrische Interventionen

Maßnahmen

Erklären Sie Kindern, warum sie sich nicht kratzen sollten.

Kleiden Sie Kinder in Oberbekleidung mit langem Ärmel, lange Hosen oder einem Overall, um zu verhindern, dass sie sich kratzen.

Ziehen Sie ein Kind nicht zu dick an, weil dies die Körperwärme erhöht.

Lassen Sie das Kind vor dem Schlafengehen ein lauwarmes Bad nehmen und fügen Sie dem Badewasser zwei Tassen Maisstärke hinzu.

Geben Sie mit einem Pinselchen Caladryl®-Lotion auf nässende juckende Läsionen.

Verwenden Sie unmittelbar auf der Haut Baumwolldecken oder -bezüge.

Entfernen Sie flauschiges Spielzeug, das Fusselbildung und Pruritus verstärken kann.

Leiten Sie das Kind an, auf den juckenden Bereich zu drücken oder (wenn erlaubt) ein kühles Tuch darauf zu legen und sich nicht zu kratzen.

F: Siehe Begründungen für «Allgemeine Interventionen».

Geburtshilflich-gynäkologische Interventionen

Maßnahmen

Unterweisen Sie in Folgendem, um eine Belastung der Rückenmuskulatur zu verhindern:

- Heben schwerer Gegenstände vermeiden; Bein- statt Rückenmuskeln einsetzen.
- Absätze nicht höher als 2,5 cm wählen.
- Tragen eines Schwangerschaftsstützmieders und tägliche körperliche Betätigung (z. B. Gehen, Dehnübungen).
- Anwenden von Wärme oder Kälte am Rücken, 2- bis 3-mal täglich.

Bei Wadenkrämpfen, die nicht durch eine Thrombophlebitis verursacht werden, leiten Sie die Klientin an, den Fuß zu heben und zu senken, ihn aber nicht zu massieren. Weisen Sie die Klientin an, die Wadenmuskulatur zu dehnen, bevor sie schlafen geht.

F: Etwa 50 % aller Schwangeren berichten über Rückenschmerzen. Zu den Ursachen gehören Veränderungen der Körperhaltung, Entspannung des Bandapparats im Becken und die Bewegung der Symphyse (Davis, 1996).

F: Erniedrigte Kalziumspiegel und erhöhte Phosphatwerte sollen die neuromuskuläre Erregbarkeit erhöhen.

Akuter Schmerz

Definition

Akuter Schmerz: der Zustand, in welchem eine Person starke Beschwerden oder eine unangenehme Empfindung von einer Dauer zwischen 1 Sekunde und 6 Monaten hat und angibt.
Akuter Schmerz (engl. Acute pain): Unangenehme sensorische und emotionale Erfahrung, die von aktuellen oder potenziellen Gewebeschädigungen herrührt oder als solche Schädigungen beschrieben werden kann (International Association for the Study of Pain); plötzlicher oder allmählicher Beginn mit einer Intensität von leicht bis schwer und einem erwarteten oder vorhersagbaren Ende und einer Dauer von weniger als 6 Monaten (NANDA-I, 2010).

Bestimmende Merkmale oder Kennzeichen

Eigene Angaben des Klienten zur Schmerzqualität und -intensität

Bei allen Klienten sollte versucht werden, diese Angaben zu erheben.

verbale Äußerung über Schmerz
[verschlüsselte Äußerungen (u. U. geringer bei Klienten < 40 Jahren, Männern und bestimmten kulturellen Gruppen)]
veränderter Appetit.
beobachtete Schmerzzeichen
sich schützende Gesten [Schutz-/Schonhaltung]
Schonhaltung [Lagerung zur Vermeidung von Schmerzen]
maskenhaftes Gesicht ([z. B.] Augen sind glanzlos, abgekämpfter Ausdruck, starre oder zerstreute Bewegung, Grimasse)
auffälliges Verhalten (z. B. Ruhelosigkeit, Stöhnen, Schreien, Wachsamkeit, Reizbarkeit, Seufzen)
ablenkende Verhaltensweisen (z. B. Auf- und Abgehen, andere Personen aufsuchen und/oder nach anderen Aktivitäten suchen, wiederholende Aktivitäten)
[veränderter Muskeltonus (schlaff bis rigide/starr)]
Diaphorese (Schwitzen)
veränderter Blutdruck
veränderte Herzfrequenz
veränderte Atemfrequenz
Pupillenerweiterung
Ichbezogenheit [Nach-innen-gewandt-Sein]
eingeschränkter Fokus (z. B. veränderte Zeitwahrnehmung, beeinträchtigte Denkprozesse, reduzierte Interaktion mit Personen und dem Umfeld)
Schmerzerfassung
Abwehrhaltung
Schlafstörung.

Bei Klienten, die keine Eigenangaben machen können (in der Reihenfolge der Eignung)

- Vorliegen eines pathologischen Zustands oder einer Prozedur, die bekanntermaßen Schmerzen verursacht.
- Körperliche Reaktionen wie Schwitzen, Veränderung des Blutdrucks oder Pulses, Pupillenerweiterung, Veränderung der Atemfrequenz, Schutzhaltung, Grimassieren, Stöhnen, Weinen oder Unruhe.
- Angaben Dritter (Familienmitglieder, Betreuungspersonen).
- Reaktion auf einen Versuch mit einem Analgetikum.

Einflussfaktoren

Verletzungsursachen/biologisch, chemisch, physikalisch, psychisch
Weitere siehe *beeinträchtigtes Wohlbefinden.*

Anmerkung der Autorin

- Behandlung und Betreuung von Schmerzen in der Pflege bergen bestimmte Herausforderungen. Sind akute Schmerzen eine Reaktion, die Pflegende als Pflegediagnose oder als interdisziplinäres Problem behandeln? Sind akute Schmerzen die Ätiologie einer anderen Reaktion, die den von Pflegenden behandelten Zustand besser beschreibt? Repräsentiert ein Cluster von Pflegediagnosen ein Schmerzsyndrom oder ein chronisches Schmerzsyndrom (z. B. *Furcht, Gefahr eines unwirksamen familiären Copings, beeinträchtigte körperliche Mobilität, soziale Isolation, unwirksames Sexualverhalten, Obstipationsgefahr, Erschöpfung*)? McCaffery und Beebe (1989) nennen 18 Pflegediagnosen, die auf Menschen mit Schmerzen zutreffen können. Schmerzen als Syndromdiagnose oder Bündel von Pflegediagnosen zu betrachten, kann Pflegenden eine umfassende Pflegediagnose bei Menschen mit Schmerzen bieten, auf die viele damit zusammenhängende Pflegediagnosen zutreffen könnten. [Eine klassifikatorische Beschreibung eines solchen Schmerzsyndroms findet sich in: Georg, J.: Total Pain oder chronifiziertes Schmerzsyndrom. NOVA 42 (2011) 3 : 13–15, Anm. d. Hrsg.].

Irrtümer in diagnostischen Aussagen

1. *Schmerzen,* **b/d** *eine Operationswunde*
   Wundschmerzen eher als Ätiologie denn als Reaktion zu betrachten, trifft den Schwerpunkt der Pflege u. U. genauer. Bei einem Klienten, der eine Operation hinter sich hat, konzentriert sich die Pflegeperson auf das Lindern von Schmerzen, um eine vermehrte Teilnahme an Aktivitäten zu ermöglichen und Angst zu verringern, wie es durch die Pflegediagnose *beeinträchtigte körperliche Mobilität,* **b/d** *Furcht vor Schmerzen und Schwäche,* **s/b/d** *Anästhesie sowie Flüssigkeits- und Nährstoffmangel* wiedergegeben wird.
2. *Schmerzen,* **b/d** *Ischämie des Herzgewebes*
   Für eine Person mit Thoraxschmerzen ist die Pflegeperson in mehrfacher Hinsicht verantwortlich: Evaluieren des kardialen Status, Verringern der Aktivität, Verabreichen von Medikamenten nach Bedarf und Lindern der Angst. Vor der Entlassung unterweist die Pflegeper-

son in Selbstüberwachung, Selbstverabreichung von Medikamenten, Zeichen/Symptomen von Komplikationen, Nachsorge und den erforderlichen Umstellungen der Lebensweise. Da die pflegerische Betreuung von Thoraxschmerzen sowohl pflegerisch als auch ärztlich verordnete Interventionen umfasst, sollte diese Situation als das interdisziplinäre Problem *PK: kardiale Ereignisse* beschrieben werden. Dieses interdisziplinäre Problem umfasst verschiedene kardiale Komplikationen (z. B. Rhythmusstörungen, verminderte Herzleistung, Angina). Außerdem träfen zwei Pflegediagnosen zu:

- *Angst,* **b/d** *die aktuelle Situation, eine unbekannte Zukunft und wahrgenommene Auswirkungen auf die eigene Person und Bezugspersonen* und
- *unwirksames Gesundheitsverhalten,* **b/d** *unzureichendes Wissen über die Erkrankung, Zeichen/Symptome und Symptome von Komplikationen, Risikofaktoren, Aktivitätseinschränkungen und Nachsorge.*

Zentrale Konzepte

Allgemeine Überlegungen

- «Schmerz wurde beschrieben als eine Erfahrung, die das Individuum überwältigt und an jedem Aspekt des Lebens zehrt» (Ferrell, 1995: 609).
- Unabhängig von seiner Ursache ist jeder Schmerz real. Rein psychogener Schmerz ist vielleicht ebenso selten wie rein organischer Schmerz. Meist ist körperlicher Schmerz eine Kombination mentaler Ereignisse (psychogen) und physischer Stimuli (organisch).
- Schmerz hat zwei Komponenten: sensorisch, d. h. neurophysiologisch, und wahrnehmungs- oder erlebensbedingt, d. h. kognitiven und emotionalen Ursprungs. Die Wechselwirkung dieser beiden Komponenten bestimmt das Ausmaß des Leidens.
- Schmerztoleranz bedeutet, wie lange und wie intensiv eine Person Schmerz zu ertragen bereit ist. Sie ist bei jedem Menschen anders und kann bei ein und derselben Person situationsabhängig variieren.
- Folgende persönliche Faktoren beeinflussen die Schmerztoleranz:
  - Wissen über die Schmerzen und ihre Ursache
  - die Bedeutung der Schmerzen
  - die Fähigkeit, Schmerzen zu beherrschen
  - das Energieniveau (Erschöpfung)
  - das Stressniveau
  - genetische Faktoren.
- Folgende soziale und umgebungsbedingte Faktoren beeinflussen die Schmerztoleranz:
  - die Interaktion mit Dritten
  - die Reaktion Dritter (Familie, Freunde)
  - Sekundärgewinne
  - Reizüberflutung oder -deprivation
  - Stressoren.
- Die Schmerzschwelle ist der Punkt, bei dem eine Person einen Reiz als schmerzhaft bezeichnet (McCaffery/Beebe, 1989).

- Studien zufolge spricht ein diagnostizierter physiologischer Schmerz auf Placebos an, daher kann eine positive Reaktion auf ein Placebo nicht zur Diagnose des psychogenen Schmerzes herangezogen werden.
- Entsprechend seiner Ursache und Dauer, nicht jedoch seiner Intensität, lässt sich Schmerz als akut oder chronisch einstufen:
  - *Akute Schmerzen* dauern von 1 Sekunde bis zu weniger als 6 Monaten. Die Ursache ist gewöhnlich ein organisches Leiden oder eine Verletzung. Mit der Heilung lässt der Schmerz nach und verschwindet schließlich ganz.
  - *Chronische Schmerzen* dauern 6 Monate oder länger und lassen sich als limitiert, intermittierend oder persistierend beschreiben.
  - *Limitierte Schmerzen* resultieren aus einer bekannten körperlichen Läsion und werden enden (z. B. bei einer Verbrennung).
  - *Intermittierende Schmerzen* lassen dem Betroffenen Phasen der Schmerzfreiheit. Die Ursachen sind bekannt oder auch nicht (z. B. bei Kopfschmerzen).
  - *Dauerschmerzen* treten gewöhnlich tagsüber auf. Die Ursachen sind eventuell bekannt und nicht lebensbedrohlich (z. B. bei Rückenschmerzen).
- Der Betroffene kann auf akute Schmerzen physiologisch mit Schwitzen und Blutdruckerhöhung sowie beschleunigtem Herzschlag und erhöhter Atemfrequenz reagieren. Verhaltensreaktionen sind Weinen, Stöhnen oder sichtbare Wut.
- Eine Person mit chronischen Schmerzen hat sich gewöhnlich sowohl physiologisch als auch vom Verhalten her adaptiert. Daher zeigt sie u. U. keine erkennbaren Zeichen von Schmerz.
- *Sucht* ist «eine primär chronische neurobiologische Erkrankung, deren Entstehung und Erscheinungsformen durch genetische, psychosoziale und umgebungsbedingte Faktoren beeinflusst wird. Sie ist charakterisiert durch eine gestörte Kontrolle über den Medikamentengebrauch, durch zwanghaften Gebrauch, durch fortgesetzte Einnahme trotz Schädigung und durch Entzug» (Savage et al., 2001).
- *Suchtgefahr:* Verfügbaren Daten zufolge ist die Gefahr einer iatrogen bedingten Sucht bei der Behandlung akuter und tumorbedingter Schmerzen nur gering.
- *Pseudoabhängigkeit* ist ein iatrogenes Syndrom infolge einer nicht ausreichenden Behandlung der Schmerzen und kann sich anhand von Verhaltensweisen zeigen, die denen einer Sucht gleichen, wie etwa ein heftiges Verlangen nach der Substanz (Craving) und ständiges Auf-die-Uhr-Schauen (APS, 2001).
- *Arzneimitteltoleranz* ist «ein Zustand der Adaptation, bei dem ein Medikament Veränderungen induziert, die mit der Zeit zur Schwächung einer oder mehrerer seiner Wirkungen führen» (Savage et al., 2001).
- *Medikamentenabhängigkeit* ist «ein Zustand der Adaptation, der sich nach abruptem Absetzen der Substanz anhand eines substanzklassenspezifischen Entzugssyndroms zeigt» (Savage et al., 2001).
- *Multimodale Therapie* («balanced analgesia») «beinhaltet Substanzen aus jeder der drei Analgetikagruppen (nichtsteroidale Antiphlogistika, Opioide und Lokalanästhetika). Niedrigere Dosen mehrerer Analgetika senken die Wahrscheinlichkeit signifikanter Nebenwirkungen durch einen einzelnen Wirkstoff oder eine Methode» (McCaffery/Passero, 1999).

Pädiatrische Überlegungen

- Studien an Erwachsenen und Kindern, die sich demselben chirurgischen Eingriff unterzogen, haben gezeigt, dass Kinder dabei medikamentös unterversorgt sind (Beyer, 1984; Eland/Anderson, 1977; Wong, 2003). In einer Studie erhielten 52 % der Kinder postoperativ keine Analgetika, während die verbliebenen 48 % überwiegend Acetylsalicylsäure oder Paracetamol bekamen.
- Psychisches und biologisches Alter, die Schmerzursache, die Art des Umgangs mit Schmerz, die Reaktion der Eltern, die Kultur, frühere Schmerzerfahrungen und die Frage, ob es sich um akute oder chronische Schmerzen handelt, beeinflussen die Schmerzreaktion eines Kindes.

Säugling

- Bringt eine schmerzhafte Erfahrung mit seiner Umgebung in Verbindung.
- Schreit noch lange nach dem Absetzen des Stimulus laut und protestiert stimmlich.

Kleinkind

- Fürchtet Eingriffe in den Körper.
- Versteht die Begründung für Schmerzen nicht und ist außerstande, sich die Dauer der Schmerzerfahrung vorzustellen, selbst wenn man sie ihm nennt.
- Sucht nach Elternfiguren als Quelle des Trostes.

Vorschulalter

- Magisches Denken oder Fantasien. Das Kind glaubt beispielsweise, etwas, das es getan hat, habe die Schmerzen ausgelöst.
- Bedient sich zunehmend sprachlicher Fertigkeiten, um Schmerz mitzuteilen.
- Hat ein begrenztes Zeitverständnis.
- Spricht nach Verschwinden der Schmerzen mit Spielzeugen oder anderen Kindern über die Schmerzerfahrung.
- Verleugnet Schmerzen, vor allem, wenn sie mit negativen Folgen einhergehen (z. B. Injektion, Verspottet-Werden, wenn es nicht tapfer ist).

Schulkind

- Fürchtet sich vor Verletzungen am Körper.
- Kann Ursache, Art, Qualität und Schweregrad von Schmerzen beschreiben.
- Kann den Schweregrad von Schmerzen bewerten.
- Versucht, die Schmerzerfahrung mit früheren Ereignissen in Verbindung zu bringen und Kontrolle über Maßnahmen zu gewinnen.
- Verleugnet Schmerzen, vor allem, wenn sie mit negativen Folgen einhergehen.
- Kann in seinem Schmerzausdruck durch die Anwesenheit der Eltern beeinflusst werden.

Jugendliche

- Hält das Körperbild für sehr wichtig.
- Kann übermäßiges Selbstvertrauen einsetzen, um Furcht zu kompensieren.
- Kann «sozial akzeptablere» Verhaltensreaktionen einsetzen als jüngere Kinder, aber Furcht und Angst nehmen *nicht* ab.
- Kann in seinem Schmerzausdruck durch die Anwesenheit der Eltern beeinflusst werden.

Geburtshilflich-gynäkologische Überlegungen

- Die Beschwerden infolge der Wehen variieren: Rückenschmerzen, Wadenkrämpfe, erzwungene Immobilität und Kontraktionen.
- Chapman (1991) zufolge nehmen werdende Väter an, ihre Rolle bei den Wehen sei die eines Coachs, Teammitglieds oder Zeugen.
- Eine prolongierte latente Wehenphase (> 20 h bei Primiparae und 14 h bei Multiparae) resultiert gewöhnlich aus einer unreifen Zervix. Weitere Ursachen sind: eine abnorme Lage des Feten, gestörte Wehentätigkeit, ein ungünstiges Kopf-Becken-Verhältnis oder eine zu früh eingesetzte Sedierung bzw. Analgesie.

Geriatrische Überlegungen

- Schmerz ist bei älteren Erwachsenen allgegenwärtig und kann bei ihnen und bei Pflegenden als unausweichliche Begleiterscheinung des Alters gelten. Leider erfahren u. U. viele bei älteren Erwachsenen häufig auftretenden chronischen Erkrankungen, wie z. B. Osteoarthritis und rheumatoide Arthritis, kein ausreichendes Schmerzmanagement.
- Aufgrund jahrelanger Adaptation und erhöhter Schmerztoleranz zeigen ältere Erwachsene u. U. keine objektiven Schmerzzeichen bzw. -symptome. Sie akzeptieren die Schmerzen allmählich und senken dadurch die Erwartung an Wohlbefinden und Mobilität. Es ist wichtig, Mechanismen im Umgang mit Schmerzen, die im Laufe des Lebens entwickelt wurden, zu erkennen und beim Schmerzmanagement zu stärken. Ein effektives Schmerzmanagement kann das physische Funktionieren und das emotionale Wohlbefinden enorm verbessern.
- Die Effekte von Narkoanalgetika halten bei Erwachsenen aufgrund des verminderten Stoffwechsels und einer niedrigeren Clearance länger an. Auch Nebenwirkungen scheinen länger anzuhalten und stärker ausgeprägt zu sein, vor allem anticholinerge und extrapyramidale Effekte und die Sedierung. Bei älteren Erwachsenen ist es ratsam, mit einer niedrigeren Dosierung zu beginnen. Da ältere Erwachsene oft mehrere Medikamente gleichzeitig einnehmen, sollten die Arzneimittelwechselwirkungen überwacht werden (Malseed, 1995).

Transkulturelle Überlegungen

Siehe *beeinträchtigtes Wohlbefinden.*

Einschätzungskriterien des Fokusassessments

Siehe *beeinträchtigtes Wohlbefinden.*

Ziele

NOC

- Klientenzufriedenheit
- Schmerzkontrolle
- Klientenzufriedenheit: Symptomkontrolle/Schmerzmanagement

Die Person erfährt eine zufriedenstellende Linderungsmaßnahme, angezeigt durch (zu spezifizieren).

Indikatoren

- Verstärkte Teilnahme an Aktivitäten zur Genesung.
- Abnahme des Schmerzverhaltens (zu spezifizieren).

Allgemeine Interventionen

NIC

- Schmerzmanagement
- Medikationsmanagement
- Emotionale Unterstützung
- Edukation: Einzelperson
- Wärme-/Kälteanwendung
- Einfache Massage

Einschätzen von Faktoren, welche die Schmerztoleranz senken

Fehlendes Anerkennen der Schmerzen seitens Dritter
Furcht (z. B. vor Abhängigkeit oder Kontrollverlust)
Monotonie
Mangelndes/fehlendes Wissen
Ungewissheit der Prognose
Erschöpfung
Finanzielle und soziale Stressoren.

Verringern oder Eliminieren schmerzverstärkender Faktoren

Fehlendes Anerkennen der Schmerzen seitens Dritter

Bauen Sie eine Beziehung auf, in der der Klient unterstützt und angenommen wird:

- Erkennen Sie die Schmerzen an.
- Hören Sie aufmerksam zu, wenn der Klient über seine Schmerzen spricht.
- Vermitteln Sie, dass Sie Schmerzen einschätzen, um sie besser verstehen zu können (und nicht, um festzustellen, ob sie real sind).

Schätzen Sie ein, ob in der Familie falsche Vorstellungen über Schmerz oder seine Behandlung herrschen:

- Erklären sie das Konzept «Schmerz» als individuelle Erfahrung.
- Erörtern Sie Faktoren in Zusammenhang mit verstärkten Schmerzen und Optionen für den Umgang damit.
- Ermutigen Sie Familienmitglieder, ihre Sorgen und Bedenken privat mitzuteilen (z. B. die Furcht, der Betreffende werde die Schmerzen für Sekundärgewinne nutzen, wenn er zu viel Aufmerksamkeit erführe).

Mangelndes/fehlendes Wissen

Erklären Sie die Ursache der Schmerzen, soweit bekannt.

Sagen Sie etwas zum Schweregrad und zur Dauer der Schmerzen, soweit bekannt.

Erklären Sie diagnostische Tests und Prozeduren detailliert und gehen Sie dabei auch auf Beschwerden und Empfindungen ein, die der Klient haben wird. Nennen Sie annähernd die Dauer.

Unterstützen Sie die Person dabei, spezifische Fragen zur Diagnose, zu Risiken und Nutzen der Behandlung und zur Prognose anzusprechen. Konsultieren Sie dazu den Spezialisten oder die Pflegeperson in der Primärversorgung.

F: Der Versuch, Gesundheitsfachpersonen davon zu überzeugen, dass er Schmerzen hat, macht dem Klienten Angst, was die Schmerzen wiederum verstärkt. Beides zehrt Energie.

F: Wer auf schmerzhafte Prozeduren vorbereitet wird, indem man ihm die realen Empfindungen erklärt, hat weniger Stress als jemand, der nur vage Erläuterungen erhält.

Furcht

Sorgen Sie für genaue Informationen, um die Angst vor Abhängigkeit zu verringern:

- Erkunden Sie die Gründe für die Furcht.
- Erklären Sie den Unterschied zwischen Medikamententoleranz und Medikamentenabhängigkeit (siehe «Zentrale Konzepte»).

Unterstützen Sie den Klienten dabei, seine Furcht vor Kontrollverlust zu beherrschen:

- Beteiligen Sie den Klienten daran, ein realistisches Schmerzziel zu setzen und sich Strategien der Schmerzkontrolle anzueignen, die sich mit seinen Überzeugungen und Erfahrungen decken.
- Sorgen Sie bei den Schmerzerfahrungen des Klienten für Privatsphäre.

- Versuchen Sie, die Anzahl der versorgenden Gesundheitsfachpersonen zu begrenzen.
- Geben Sie dem Klienten Gelegenheit, die Intensität der Schmerzen zu kommunizieren. Sagen Sie ihm, wie gut er sie erträgt.
- Beziehen Sie bei sozialen oder finanziellen Problemen den Sozialarbeiter oder die Case-Managerin ein.

Sorgen Sie für Informationen, um die Angst vor einem allmählichen Wirkungsverlust der Medikation zu reduzieren:

- Erörtern Sie Arzneimitteltoleranz.
- Erörtern Sie Interventionen bei Arzneimitteltoleranz mit dem Arzt (z.B. Umstellen der Medikation, Erhöhen der Dosis, Verkürzen der Zeit zwischen den Einnahmen/Verabreichungen, Zusatztherapie).
- Erörtern Sie die Auswirkungen von Entspannungstechniken auf die Wirkungen der Medikation.

F: Sucht ist ein psychologisches Syndrom, charakterisiert durch zwanghaftes Streben nach der Substanz, im Allgemeinen in Verbindung mit dem Verlangen nach Verabreichen der Substanz, und zwar nicht um der Schmerzlinderung willen, sondern um Euphorie oder andere Wirkungen hervorzurufen. Sucht gilt als selten und es ist nicht belegt, dass eine adäquate Verabreichung von Opioiden gegen Schmerzen zu Sucht führt.

F: Der Einsatz nichtinvasiver Techniken zur Schmerzlinderung (z.B. Entspannung, Massage, Ablenkung) kann die therapeutischen Wirkungen schmerzlindernder Medikamente verstärken.

F: Wer auf schmerzhafte Prozeduren vorbereitet wird, indem man ihm die realen Empfindungen erklärt, hat weniger Stress als jemand, der nur vage Erläuterungen erhält.

F: Studien zufolge produziert das menschliche Gehirn Endorphine, deren opiatähnlichen Eigenschaften Schmerzen lindern. Die Freisetzung von Endorphinen ist u.U. verantwortlich für die positiven Effekte von Placebos und nichtinvasiven schmerzlindernden Maßnahmen.

Erschöpfung

Stellen Sie die Ursache der Erschöpfung fest (Sedativa, Analgetika, Schlafentzug).

Erklären Sie, dass Schmerzen zum Stress beitragen, der wiederum die Erschöpfung verstärkt.

Schätzen Sie das gegenwärtige Schlafverhalten und den Einfluss der Schmerzen auf den Schlaf ein.

Sorgen Sie im Laufe des Tages für Gelegenheiten zum Ausruhen und für Phasen ununterbrochenen Schlafes während der Nacht. Der Klient muss ruhen, wenn die Schmerzen nachlassen.

Konsultieren Sie den Arzt wegen einer erhöhten Schmerzmedikation zur Schlafenszeit.

Für spezifische Interventionen zur Schlafförderung siehe *Schlaflosigkeit*.

F: Entspannung und gelenkte Imagination dienen dem effektiven Umgang mit Schmerzen, indem sie das Gefühl von Kontrolle stärken, Hilflosigkeit und Hoffnungslosigkeit verringern, auf beruhigende Weise ablenken und den Teufelskreis aus Schmerz, Angst und Anspannung unterbrechen (Sloman, 1995).

Monotonie

Erörtern Sie mit dem Klienten und seinen Angehörigen die therapeutischen Anwendungen der Ablenkung zusammen mit anderen Methoden der Schmerzlinderung.

Heben Sie hervor, dass der Grad, in dem jemand sich von seinen Schmerzen ablenken lässt, in keiner Weise vom Vorliegen und von der Intensität der Schmerzen abhängt.

Erklären Sie, dass Ablenkung gewöhnlich die Schmerztoleranz erhöht und die Schmerzintensität senkt. Nach Beenden der Ablenkung kann der Betroffene jedoch Schmerz und Erschöpfung verstärkt wahrnehmen.

Wenn möglich, wechseln Sie das Umfeld …

- *… bei einem bettlägerigen Klienten:*
  - Halten Sie die Familie dazu an, den Raum mit Blumen, Pflanzen und Bildern individuell auszugestalten.
  - Sorgen Sie für Musik, Videos und Videospiele.
  - Konsultieren Sie einen Beschäftigungstherapeuten wegen geeigneter Aufgaben.
- *… bei einem Klienten zu Hause:*
  - Ermutigen Sie die Person, für jeden Tag eine Aktivität zu planen, vorzugsweise außer Haus.
  - Erörtern Sie die Möglichkeit, eine neue Fertigkeit zu erlernen (z. B. eine handwerkliche Tätigkeit, ein Musikinstrument).
  - Leiten Sie zu einer Ablenkungsmethode an, die keine Belastung darstellt (z. B. Gegenstände auf einem Bild zählen, stummes Zählen, Kartenspielen); rhythmisches Atmen; Musik hören und mit zunehmenden Schmerzen die Lautstärke erhöhen.

F: Nehmen Sie die häusliche Opioiddosis des Klienten und den Einnahmeplan in die Pflegeanamnese auf. Dies ist bei Klienten entscheidend, die sich bereits an Opioide gewöhnt haben, weil hier die zur Behandlung akuter Schmerzen erforderliche Dosis 2- bis 3-mal höher sein kann als bei Klienten, die noch nie Opioide genommen haben (Mitra/Sinatra, 2004; DeLeon-Cassasola et al., 1993). Arbeiten Sie mit dem Arzt in der Anwendung einer geeigneten Dosis und eines multimodalen Ansatzes zusammen.

F: Legen Sie gemeinsam mit dem Klienten ein realistisches Schmerzziel fest.

F: Studien zufolge produziert das menschliche Gehirn Endorphine, deren opiatähnliche Eigenschaften Schmerzen lindern. Die Freisetzung von Endorphinen ist u. U. verantwortlich für die positiven Effekte von Placebos und nichtinvasiven schmerzlindernden Maßnahmen.

F: Der Einsatz nichtinvasiver Techniken zur Schmerzlinderung (z. B. Entspannung, Massage, Ablenkung) kann die therapeutischen Wirkungen schmerzlindernder Medikamente verstärken.

F: Nichtpharmakologische Interventionen sind bei Schmerzen ein bedeutender Behandlungsansatz, vor allem bei chronischen Schmerzen (McGuire et al., 2000). Sie vermitteln Klienten ein verstärktes Kontrollgefühl, fördern die aktive Beteiligung, verringern Stress und Angst, heben die Stimmung und erhöhen die Schmerzschwelle (McGuire et al., 2000).

Zusammenarbeiten mit dem Klienten in Bezug auf Methoden der Schmerzreduktion

Erwägen folgender Punkte vor der Auswahl einer speziellen Schmerzlinderungsmethode

Bereitschaft (Motivation) und Fähigkeit des Klienten zur Teilnahme
Vorlieben
Unterstützung in der Methode durch Bezugspersonen
Kontraindikationen (Allergie, Gesundheitsstörung)
Kosten, Komplexität, Vorsichtsmaßnahmen und Annehmlichkeit der Methode.

Dem Klienten und seiner Familie die verschiedenen nichtinvasiven Schmerzlinderungsverfahren und den Grund ihrer Wirksamkeit erklären

Erörtern von Wärmeanwendungen*, ihren therapeutischen Effekten, Indikationen und entsprechenden Vorsichtsmaßnahmen

Wärmflasche
Warmes Wannenbad
Sommerliche Sonne
Elektrisches Heizkissen, Heizdecke
Packung mit feuchter Wärme
Umwickeln des schmerzenden Bereichs mit dünner Plastikfolie, um die Körperwärme zu halten.

Erörtern von Kälteanwendungen*, ihren therapeutischen Effekten, Indikationen und entsprechenden Vorsichtsmaßnahmen

Kalte (ausgewrungene) Handtücher
Eisbeutel
Abreiben mit Eis
Eintauchen kleiner Teile des Körpers in kaltes Wasser
Kalte Gelpackung.

Erklären der therapeutischen Anwendungen von Mentholzubereitungen, Massagen und Vibration

Anleiten des Klienten im Vermeiden negativer Gedanken über seine Fähigkeit, mit Schmerzen zurechtzukommen (Gaston-Johnson et al., 2000)

Praktizieren von Ablenkung (z. B. gelenkte Imagination, Musik)

Praktizieren von Entspannungstechniken

F: Studien zufolge produziert das menschliche Gehirn Endorphine, deren opiatähnlichen Eigenschaften Schmerzen lindern. Die Freisetzung von Endorphinen ist u. U. verantwortlich für die positiven Effekte von Placebos und nichtinvasiven schmerzlindernden Maßnahmen.

F: Der Einsatz nichtinvasiver Techniken zur Schmerzlinderung (z. B. Entspannung, Massage, Ablenkung) kann die therapeutischen Wirkungen schmerzlindernder Medikamente verstärken.

F: Nichtpharmakologische Interventionen sind bei Schmerzen ein bedeutender Behandlungsansatz, vor allem bei chronischen Schmerzen (McGuire et al., 2000). Sie vermitteln Klienten ein verstärktes Kontrollgefühl, fördern die aktive Beteiligung, verringern Stress und Angst, heben die Stimmung und erhöhen die Schmerzschwelle (McGuire et al., 2000).

Sorgen für optimale Schmerzlinderung mit verordneten Analgetika

Wählen Sie möglichst die orale Darreichung, bei Bedarf und mit Genehmigung die intravenöse oder rektale Form.

---

* Erfordert u. U. die Verordnung durch eine Pflegeperson in der Primärversorgung.

Meiden Sie aufgrund der unkalkulierbaren Resorption und unnötiger Schmerzen die intramuskuläre Darreichung.

Messen Sie vor der Verabreichung die Vitalzeichen, vor allem die Atemfrequenz.

Konsultieren Sie einen Pharmazeuten wegen unerwünschter Wechselwirkungen mit anderen Medikamenten (z. B. Muskelrelaxanzien, Tranquilizer).

Gehen Sie präventiv vor:

- Verabreichen Sie das Medikament vor einer Aktivität (z. B. Umhergehen), um die Teilnahme zu steigern, evaluieren Sie jedoch die Gefahr der Sedierung.
- Instruieren Sie den Klienten, um Schmerzmittel zu bitten, die nach Bedarf gegeben werden können, bevor die Schmerzen intensiv werden.
- Arbeiten Sie mit dem Arzt zusammen, um Medikamente auf 24-Stunden-Basis statt nach Bedarf geben zu können, sofern die Person nicht sediert ist.

F: Schmerzmanagement sollte aggressiv und individuell sein, um unnötige Schmerzen zu beseitigen, wobei die Medikamente in der frühen postoperativen Phase eher auf 24-Stunden-Basis statt nach Bedarf gegeben werden sollten (AHCPR, 1992).

F: Der präventive Ansatz kann im Vergleich zur Verabreichung nach Bedarf die Gesamtdosis über 24 Stunden senken. Er sorgt für einen konstanten Blutspiegel der Substanz, verringert das heftige Verlangen danach und vermindert die Angst, um Schmerzlinderung nach Bedarf zu bitten und darauf zu warten (AHCPR, 1992).

F: Die orale Verabreichung ist möglichst zu bevorzugen. Personen mit Schluckbeschwerden können flüssige Medikamente erhalten (AHCPR, 1992).

F: Wenn oft Injektionen nötig sein sollten, ist der intravenöse Weg zu bevorzugen, da er nicht schmerzhaft und die Resorption garantiert ist. Allerdings können Nebenwirkungen (Senkung der Atemfrequenz und des Blutdrucks) stärker ausgeprägt sein.

Einschätzen der Reaktion des Klienten auf die schmerzlindernde Medikation

Kehren Sie 30 Minuten nach der Verabreichung zum Klienten zurück, um die Wirksamkeit einzuschätzen.

Bitten Sie den Klienten, vor der Verabreichung des Medikaments den Schweregrad der Schmerzen und anschließend das Maß der Linderung einzuschätzen.

Bitten Sie die Person anzugeben, wann der Schmerz zuzunehmen begann.

Konsultieren Sie den Arzt, wenn eine Dosis- oder Intervallumstellung erforderlich ist. Die Dosis kann u. U. um 50 % erhöht werden, bevor sie wirkt (AHCPR, 1992).

Arbeiten Sie mit dem Arzt zusammen, um opioidsparende Hilfsmittel einzusetzen, falls angemessen.

Teilen Sie dem Arzt die Schmerzdeskriptoren des Patienten mit, da sie u. U. für einen Schmerz sprechen, der auf Adjuvanzien oder Kombinationen von Adjuvanzien und Opioiden besser ansprechen könnte.

Viszeraler oder Weichteilschmerz wird typischerweise als ziehend beschrieben und ist gewöhnlich nicht lokalisiert. Er spricht auf Opioide und nichtsteroidale Antiphlogistika (NSAID) an.

Knochen- oder Bindegewebsschmerz wird als dumpfer, stetiger Schmerz beschrieben, der bei Bewegung zunimmt. Er spricht ein wenig auf Opioide und stark auf NSAID an.

Neuropathischer Schmerz wird beschrieben als brennend, dolchartig, stechend, einschießend oder dumpf. Er spricht auf Antikonvulsiva (Gabapentin), selektive Serotonin-Wiederaufnahme-Hemmer (SSRI), trizyklische Antidepressiva (TCA), Clonidin, Lidoderm® Pflaster und N-methyl-D-aspartat-Rezeptor-Antagonisten (NMDS), wie Ketamin oder Methadon, an.

Muskelspasmen werden beschrieben als krampfartig, spasmisch oder verspannt und reagieren auf Muskelrelaxanzien.

Reduzieren oder Eliminieren häufiger Nebenwirkungen der Opioide

Sedierung

Schätzen sie ein, ob die Ursache durch das Narkotikum, durch Erschöpfung, Schlafentzug oder andere Medikamente (Sedativa, Antiemetika) bedingt ist.

Achten Sie auf Zeichen einer Atemdepression (herabgesetzter Bewusstseinszustand, Atemfrequenz < 8/min, verminderte Sauerstoffsättigung) und informieren Sie den Arzt oder die Fachpflegeperson.

Informieren Sie den Betroffenen, dass es in den ersten 2–3 Tagen zu Benommenheit kommt, die dann nachlässt.

Bei übermäßiger Benommenheit konsultieren Sie den Arzt, um die Dosis leicht zu senken.

Obstipation

Erklären Sie die Effekte von Opioiden auf die Peristaltik.

Konsultieren Sie bei langfristiger Einnahme den Arzt wegen eines Stuhlerweichers mit einem milden motilitätsfördernden Wirkstoff, wie z. B. Senna.

Für weitere Interventionen siehe *Obstipation*.

Übelkeit und Erbrechen (siehe auch Übelkeit/Erbrechen)

Teilen Sie dem Klienten mit, dass die Übelkeit gewöhnlich nach ein paar Verabreichungen verschwindet.

Halten Sie nur wegen der Übelkeit nicht mit Opioiddosen zurück, sondern stellen Sie vielmehr sicher, dass ein Antiemetikum verordnet wird.

Bleibt die Übelkeit auch weiterhin bestehen, konsultieren Sie den Arzt, um ein geeignetes Antiemetikum zu suchen, auf ein Narkotikum umzustellen, das weniger Übelkeit hervorruft (z. B. Morphin) oder die Opioiddosis um 25 % zu senken.

Mundtrockenheit

Erklären Sie, dass Narkotika die Speichelproduktion verringern.

Weisen Sie die Person an, sich oft den Mund auszuspülen, zuckerfreie saure Drops zu lutschen, Ananasstückchen zu essen (falls gestattet) und oft Flüssigkeit zu sich zu nehmen.

Erklären Sie die Notwendigkeit einer guten Mund- und Zahnpflege.

F: Ein kompetenter Umgang mit den Nebenwirkungen kann das Behaglichkeitsniveau und die Compliance bei der Einnahme von Medikamenten erhöhen.

Unterstützen Sie die Familie, optimal auf das Schmerzerleben des Klienten zu reagieren

Schätzen Sie das Wissen der Familie über Schmerzen und die Reaktionen darauf ein.
Geben Sie akkurate Informationen gegenüber falschen Vorstellungen (z. B. Sucht, Zweifel hinsichtlich der Schmerzen).
Sorgen Sie dafür, dass jedes Familienmitglied Gelegenheit bekommt, Befürchtungen, Zorn und Frustrationen privat zu erörtern. Erkennen Sie die Schwierigkeit der Situation an.
Integrieren Sie Familienmitglieder möglichst in die Schmerzlinderungsmodalität (z. B. Streicheln, Massage) (Grealish et al., 2000).
Loben Sie ihre Teilnahme und Besorgnis.

Reduzieren Sie prozeduren- und diagnostikbedingten Schmerz auf ein Mindestmaß:

- Sehen Sie Schmerzen voraus und verabreichen Sie dem Klienten schon vor einer schmerzhaften Prozedur Medikamente.
- Erwägen Sie die intradermale Injektion von 0,9 %iger isotonischer Kochsalzlösung oder eines Lokalanästhetikums (nach Standardprotokoll oder ärztlicher Verordnung) neben die Vene, bevor die intravenöse Verabreichung beginnt.
- Halten Sie bei Prozeduren zur Entspannung oder zu gelenkter Imagination an.

F: Der Familie beim Verstehen des Schmerzerlebens zu helfen, kann positives Coping verstärken (McCaffery/Passero, 1999).

Verringern der Möglichkeit chronischer Schmerzsyndrome

Unzureichend kontrollierte akute Schmerzen können zu behindernden chronischen Schmerzsyndromen führen (McCaffery/Passero, 1999).
Chronische Schmerzsyndrome können nach Mastektomie, Thorakotomie und Amputation (Phantomschmerz) auftreten (Perkins et al., 2000).
Nach einer Operation längere Zeit anhaltende Schmerzen können eine Sensibilisierung des Nervensystems bewirken. Solche Schmerzen sprechen besser auf eine adjuvante Therapie an, wie sie sich bei neuropathisch bedingten Schmerzen eignet (siehe «Einschätzen der Reaktion des Klienten auf die schmerzlindernde Medikation»: Art des Schmerzes, Deskriptor und Medikation, auf die jede Art von Schmerz an besten anspricht).
Zu den Risikofaktoren gehören prolongierte schwere Schmerzen vor und nach einer Operation.
Ein Nervenschaden ist ein intraoperativer Faktor, der zu chronischen postoperativen Schmerzen beiträgt (Perkins et al., 2000).
Arbeiten Sie mit dem Arzt zusammen, um postoperative Schmerzen auf ein Mindestmaß zu reduzieren.
Bitten Sie für Klienten mit schweren anhaltenden postoperativen Schmerzen um Konsultation in der Schmerzambulanz oder, falls diese nicht zur Verfügung steht, um Überweisung an eine auswärtige Schmerzambulanz.

Beginnen mit Gesundheitsedukation, soweit angezeigt

Erörtern Sie mit dem Klienten und seiner Familie nichtinvasive Maßnahmen der Schmerzlinderung (Entspannung, Ablenkung, Massage).

Unterweisen Sie den Betroffenen und seine Familie in ausgewählten Techniken.

Erklären Sie den erwarteten Verlauf der Schmerzen (Auflösung), falls bekannt (z. B. bei einem gebrochenen Arm, einer Operationswunde).

Versorgen Sie den Klienten mit schriftlichen Leitlinien für das Ausschleichen von Analgetika, wenn das akute Ereignis vorüber ist.

Pädiatrische Interventionen

Einschätzen, ob Schmerzen bestehen

Einschätzen des Schmerzerlebens des Kindes

Stellen Sie, soweit möglich, fest, welche Vorstellung das Kind hinsichtlich der Schmerzursache hat.

Bitten Sie das Kind, auf die schmerzende Stelle zu zeigen. Siehe *beeinträchtigtes Wohlbefinden*, «Einschätzungskriterien des Fokusassessments».

Stellen Sie fest, wie intensiv die Schmerzen im günstigsten und im ungünstigsten Fall sind. Verwenden Sie eine dem Entwicklungsalter des Kindes angemessene Messskala. Verwenden Sie stets dieselbe Skala auf gleiche Weise und ermutigen Sie auch Eltern sowie andere Gesundheitsfachpersonen, sich ihrer zu bedienen. Vermerken Sie im Pflegeplan, welche Skala wie zu verwenden ist (Einführung in die Skala, kindspezifische Sprache). Heften Sie eine Kopie bei, wenn es sich um eine visuelle Skala handeln sollte. Eine Beschreibung von Schmerzskalen finden Sie in Carr/Mann (2014).

Fragen Sie das Kind, was seine Schmerzen lindert und was sie verschlimmert.

Nehmen Sie die Beurteilung der Schmerzen des Kindes durch die Eltern ins Assessment auf. Es kann sein, dass Eltern und Pflegende die Schmerzen eines Kindes unterschiedlich beurteilen. Die Beobachtung der Eltern ist oft genauer.

Schätzen Sie ein, ob Furcht, Einsamkeit oder Angst zu den Schmerzen beitragen.

Schätzen Sie ein, wie sich die Schmerzen auf Schlaf und Spiel auswirken. *Anmerkung:* Ein Kind kann auch im Schlaf, beim Spielen oder bei beidem Schmerzen haben, wobei dann Schlafen und Spielen als Ablenkung dienen. Es kann aber auch ausreichend mit Schmerzmitteln versorgt sein.

Schätzen Sie bei Säuglingen Weinen/Schreien, den Gesichtsausdruck, Körperhaltungen und Bewegungen ein. Bei Säuglingen führen sowohl Stimuli aus der Umgebung (Licht, Geräusche) als auch Berührung und Behandlungen zu Unwohlsein. Nutzen Sie taktile und stimmliche Stimuli, um einen Säugling zu trösten, prüfen Sie jedoch den Effekt tröstender Maßnahmen und der individualisierten Intervention dahingehend, ob sie das Unbehagen verstärken oder mindern.

Beurteilen des Kindes und seiner Familie auf falsche Vorstellungen über Schmerz oder dessen Behandlung

Erklären Sie dem Kind unter Einsatz verbaler wie sensorischer (visueller, taktiler) Erläuterungen die Quelle der Schmerzen, indem Sie ihm beispielsweise erlauben, Gerätschaften in die Hand zu nehmen oder die Behandlung an einer Puppe vorzunehmen.

Erklären Sie dem Kind ausdrücklich und wiederholt, dass es nicht bestraft wird.

Erklären Sie den Eltern, dass gute Erklärungen notwendig sind, um Vertrauen zu fördern.

Erklären Sie den Eltern, dass das Kind u. U. offener weint, wenn sie anwesend sind, dass ihre Anwesenheit jedoch wichtig ist, um Vertrauen zu fördern.

Eltern und ältere Kinder haben u. U. falsche Vorstellungen über Analgesie und befürchten Suchtmittelgebrauch und -missbrauch. Betonen Sie, dass der Einsatz von Narkotika bei mäßigen bis schweren Schmerzen nicht suchterzeugend ist. Besprechen Sie mit Eltern und älteren Kindern, dass ein «Nein zu Drogen» nicht für die Analgesie bei Schmerzen gilt, die von Ärzten verschrieben und von diesen wie von Pflegenden überwacht wird.

F: Das Schmerzassessment bei Kindern besteht aus drei Teilen: aus der Art des pathologischen Zustands, der die Schmerzen hervorruft, aus den autonomen Reaktionen auf akute Schmerzen und aus den Verhaltensweisen des Kindes. Es sollte niemals allein anhand des Verhaltens erfolgen.

F: Pflegende, Ärzte und Eltern sollten jeweils dieselben Schmerzassessmentinstrumente verwenden (z. B. Assessmentskala, spezifische Verhaltensweisen), um die Schmerzen eines Kindes einzuschätzen.

Fördern von Sicherheit durch ehrliche Erläuterungen und Wahlmöglichkeiten

Fördern einer offenen, ehrlichen Kommunikation

Sagen Sie die Wahrheit. Erklären Sie …

- … wie weh es tun wird.
- … wie lang es dauern wird.
- … was gegen die Schmerzen helfen wird.

Drohen Sie nicht. Sagen Sie dem Kind z. B. nicht: «Wenn du nicht stillhältst, kommst du nicht nach Hause.»

Erklären Sie dem Kind, dass die Prozedur nötig ist, damit es ihm besser geht, und dass es wichtig ist, dass es stillhält, damit es schneller vorüber ist.

Erörtern Sie mit Eltern, wie wichtig es ist, die Wahrheit zu sagen. Instruieren Sie sie, …

- … dem Kind zu sagen, wann sie gehen und wann sie wiederkommen werden.
- … dem Kind zu vermitteln, dass sie die Schmerzen nicht wegnehmen können, aber bei ihm sein werden (außer bei Gelegenheiten, wo dies nicht erlaubt ist).

Geben Sie den Eltern Gelegenheit, ihre Gefühle zu äußern, wenn sie die Schmerzen ihres Kindes und ihre eigene Hilflosigkeit wahrnehmen.

F: Angst, Furcht und Trennung können Schmerzen verstärken.

Vorbereiten des Kindes auf eine schmerzhafte Prozedur

Besprechen Sie die Prozedur mit den Eltern. Stellen Sie fest, was diese dem Kind gesagt haben.

Erklären Sie die Prozedur in Worten, die für das Alter und den Entwicklungsstatus des Kindes geeignet sind (für altersbezogene Bedürfnisse siehe *verzögerte(s) Wachstum und Entwicklung*):

- Lassen Sie ein 2-jähriges Kind zuschauen, wie Sie Nähte aus einer Puppe oder einem Stofftier entfernen.
- Lassen Sie das Kind die Instrumente in die Hand nehmen.

Nennen Sie die wahrscheinlich auftretenden Beschwerden (z. B. was das Kind, spüren, schmecken, sehen oder riechen wird):

- «Du bekommst jetzt eine Spritze. Das tut eine Weile weh und hört dann wieder auf.»
- Gehen Sie sicher, dass Sie erklären, wenn eine Injektion zweimal Beschwerden macht: einmal durch das Einstechen der Nadel und ein zweites Mal bei der Absorption des Medikaments.

Ermutigen Sie das Kind, vor und während der Prozedur Fragen zu stellen. Bitten Sie es mitzuteilen, was es auf sich zukommen sieht und warum.

Sagen Sie einem Kind im Alter von über 3, 5 Jahren, dass …

- … Sie jetzt möchten, dass es still sitzt, und dass es Ihnen gefiele, wenn es das könnte.
- … dass es ganz in Ordnung ist, wenn es weint oder Ihre Hand drückt, wenn es wehtut.

Finden Sie etwas, um es nach der Prozedur zu loben, selbst wenn es dem Kind nicht möglich war, stillzuhalten.

Arrangieren Sie es, dass Eltern bei Prozeduren anwesend sind (vor allem bei Kindern unter 10 Jahren). Beschreiben Sie ihnen, was sie bei der Prozedur zu erwarten haben und weisen Sie ihnen dabei eine Rolle zu (z. B. die Hand des Kindes halten, mit dem Kind sprechen).

F: Verbale Kommunikation ist oft weder ausreichend noch hinreichend zuverlässig, um Kindern unter 7 Jahren Schmerzen oder schmerzhafte Prozeduren zu erklären. Die Pflegeperson kann dies anhand von Bildern oder Puppen tun. Je mehr Sinne des Kindes bei diesen Erläuterungen stimuliert werden, desto stärker die Kommunikation. Eltern sollten, wenn möglich, in die Vorbereitung einbezogen werden.

Verringern der Schmerzen bei Behandlungen, wenn möglich

Falls Fixierungen erforderlich sind, sorgen Sie für ausreichend Personal, damit sich die Prozedur nicht unnötig in die Länge zieht.

Wenn Injektionen verordnet werden, versuchen Sie, stattdessen eine Verordnung für oral oder intravenös zu verabreichende Analgetika zu erhalten. Wenn eine Injektion sein muss.

1. Erwarten Sie, dass das Kind (> 2,5–3 Jahre) stillhält.
2. Beteiligen Sie das Kind, indem Sie es das Heftpflaster halten lassen.
3. Sagen Sie dem Kind, wie Sie sich darüber gefreut haben, dass es mitgeholfen hat.
4. Straffen Sie bei einer intramuskulären Injektion die Haut so gut es geht.
5. Trösten Sie das Kind nach der Prozedur.
6. Sagen Sie dem Kind Schritt für Schritt, was geschieht, bevor Sie es tun.

Bieten Sie dem Kind Gelegenheit, Ablenkungstechniken zu erlernen, die es während solcher Prozeduren einsetzen kann. Ablenkung einzusetzen, ohne dass das Kind über die kommenden Beschwerden Bescheid weiß, ist nicht empfehlenswert, weil das Kind dadurch lernt, zu misstrauen. Stattdessen:

- Erzählen Sie eine Geschichte mit einer Puppe.
- Nehmen Sie eine Party-Tröte.
- Bitten Sie das Kind, Gegenstände auf einem Bild zu benennen oder zu zählen.
- Bitten Sie das Kind, sich das Bild anzuschauen und bestimmte Objekte zu lokalisieren («Wo ist der Hund?»).
- Bitten Sie das Kind, Ihnen etwas über sein Lieblingstier zu erzählen.
- Bitten Sie das Kind mitzuzählen, wie oft Sie blinzeln.

Vermeiden Sie bei Kindern im Vorschulalter den Einsatz von Quecksilberthermometern und verwenden Sie möglichst elektronische Mund- oder Ohrsonden.

Sorgen Sie dafür, dass während der schmerzhaften Prozedur die Privatsphäre des Kindes gewahrt bleibt. Gehen Sie lieber in einen Behandlungsraum, statt die Prozedur im Bett des Kindes durchzuführen.

Das Bett des Kindes sollte ein «sicherer Ort» bleiben.

Weder im Spiel- noch im Schulzimmer sollten Prozeduren durchgeführt werden.

F: Kinder im Schulalter sind in der Lage zu verstehen, warum eine Prozedur nötig ist. Es können Assessmentinstrumente eingesetzt werden.

Sorgen Sie mit verordneten Analgetika für optimale Schmerzlinderung beim Kind.

Verabreichen Sie dem Kind die Medikamente vor einer schmerzhaften Prozedur oder Aktivität (z. B. Umhergehen).

Konsultieren Sie den Arzt wegen einer Umstellung der Verabreichung von intramuskulär auf intravenös.

Beurteilen Sie, ob Medikation, Dosis und Medikationsplan der Schmerzursache, dem Gewicht des Kindes und dessen Reaktion angemessen sind. Das Alter sollte dabei nicht berücksichtigt werden.

Achten Sie bei der Anwendung von Schmerzassessmentskalen auch auf Schmerzzeichen im Verhalten, weil das Kind Schmerzen u. U. verleugnet. Finden Sie spezifische Verhaltensweisen heraus, die bei dem jeweiligen Kind auf Schmerzen hindeuten.

Schätzen Sie das Potenzial einer patientenkontrollierten Analgesie (PCA) ab, bei der mit oder ohne Dauerinfusion, entsprechend dem Bedarf des Kindes, intermittierend kontrollierte Dosen eines intravenös verabreichten Analgetikums abgegeben werden. Die PCA kann schon bei Kindern ab 5 Jahren eingesetzt werden. Bei Kindern, die körperlich nicht dazu in der Lage sind, können die Eltern die Verabreichung übernehmen. Die PCA hat sich als sicher erwiesen und bewirkt im Vergleich zur Analgesie, die nach herkömmlichem Nachfragen verabreicht wird, eine bessere Schmerzlinderung.

Konsultieren Sie einen Arzt wegen des Einsatzes einer epiduralen Morphininfusion bei postoperativen Schmerzen. Eine Epiduralinfusion von Morphin hat sich in Settings außerhalb der Intensivmedizin sowohl bei Erwachsenen als auch bei Kindern als sicher erwiesen.

F: Das Schmerzassessment bei Kindern besteht aus drei Teilen: aus der Art des pathologischen Zustands, der die Schmerzen hervorruft, aus den autonomen Reaktionen auf akute Schmerzen und aus den Verhaltensweisen des Kindes. Es sollte niemals allein anhand des Verhaltens erfolgen.

F: Pflegende, Ärzte und Eltern sollten jeweils dieselben Schmerzassessmentinstrumente verwenden (z. B. Assessmentskala, spezifische Verhaltensweisen), um die Schmerzen eines Kindes einzuschätzen.

F: Kinder und Jugendliche verleugnen Schmerzen oft, um Injektionen zu vermeiden. Auch wenn die orale Verabreichung, gefolgt von der intravenösen, bei Kindern die Darreichungsform der Wahl ist, stellten O´Brien und Konsler (1988) fest, dass 40 % der Medikationen gegen postoperative Schmerzen intramuskulär verabreicht werden.

Reduzieren bzw. Eliminieren der häufigen Nebenwirkungen von Narkotika

Sedierung

Schätzen Sie ein, ob die Ursache im Narkotikum, in der Erschöpfung, im Schlafentzug oder in anderen Medikamenten (Sedativa, Antiemetika) zu suchen ist.

Konsultieren Sie bei zu starker Benommenheit den Arzt, um die Dosis leicht zu reduzieren.

Obstipation

Erklären Sie einem älteren Kind, warum Analgetika Obstipation verursachen.

Erhöhen Sie den Ballaststoffanteil in der Nahrung (z. B. Obst, 1 Tl. Kleie in die Zerealien).

Halten Sie das Kind an, täglich 8–10 Gläser Flüssigkeit zu trinken.

Unterweisen Sie das Kind in isometrischen Übungen der Bauchmuskulatur, wenn seine Aktivität eingeschränkt ist (z. B.: «Zieh den Bauch ein, und jetzt lass ihn wieder locker. Mach das tagsüber 10-mal in der Stunde.»).

Weisen Sie das Kind an, seine Übungen aufzuschreiben. Basteln Sie z. B. eine Tafel, in die jedes Mal bei Übungen ein Sticker mit einem Sternchen gesteckt wird.

Für weitere Interventionen siehe *Obstipation*.

Mundtrockenheit

Erklären Sie einem älteren Kind, dass Narkotika die Speichelproduktion verringern.

Weisen Sie das Kind an, sich oft den Mund auszuspülen, zuckerfreie saure Drops zu lutschen, Ananasstückchen zu essen und oft etwas zu trinken.

Erklären Sie, dass man sich nach jeder Mahlzeit die Zähne putzen muss.

F: Ein kompetenter Umgang mit den Nebenwirkungen kann das Behaglichkeitsniveau und die Einnahme von Medikamenten erhöhen.

Unterstützen des Kindes bei den Nachwirkungen der Schmerzen

Sagen Sie es dem Kind, wenn die schmerzhafte Prozedur vorüber ist. Nehmen Sie ein kleines Kind auf den Arm, um ihm zu zeigen, dass es vorüber ist.

Ermutigen Sie das Kind, die Schmerzerfahrung zu «diskutieren» (zeichnen oder mit Puppen ausagieren).

Ermutigen Sie das Kind, dieselbe Prozedur (unter Aufsicht) mit denselben Instrumenten an einer Puppe durchzuführen.

Loben Sie das Kind für seine Standhaftigkeit und vermitteln Sie ihm, unabhängig von seinem tatsächlichen Verhalten, dass es gut mit den Schmerzen umgegangen ist (solange es sich gegenüber Dritten nicht gewalttätig verhalten hat).

Geben Sie dem Kind ein Andenken an die Schmerzen (z. B. Pflaster, einen Sticker für besonderen Mut).

Leiten Sie das Kind an, ein Tagebuch schmerzhafter Erfahrungen zu führen und jedes Mal, wenn es ein Verhaltensziel erreicht hat, eine Belohnung einzuplanen, wie z. B. einen Goldstern (Belohnung) für jedes Mal, das es bei einer Injektion stillhält (Ziel). Ermutigen Sie zu erreichbaren Zielen. Während einer Injektion stillzuhalten, ist u. U. nicht für jedes Kind möglich, aber Zählen und Pusten sind es vielleicht.

F: Sorgt für Gelegenheit, eine Erfahrung zu erörtern und bietet die Chance durch nachträgliches Verständnis beim nächsten Erleben kontrollierbarer zu erscheinen (Fitzgerald Miller, 2003).

Gemeinsam mit dem Kind an geeigneten nichtinvasiven Schmerzlinderungsmodalitäten arbeiten

Ermutigen Sie zu Mobilität, soweit indiziert, vor allem, wenn die Schmerzen am schwächsten sind.

Erörtern Sie mit dem Kind und seinen Eltern Aktivitäten, die sie mögen und integrieren Sie sie in den Tagesplan (z. B. Modellieren mit Ton, Malen).

Erörtern Sie mit einem Kind, das älter als 7 Jahre ist, dass es den Schmerz lindern kann, an etwas anderes zu denken, und demonstrieren Sie die Auswirkungen:

1. Bitten Sie das Kind, bis 100 zu zählen oder mitzuzählen, wie oft Sie blinzeln.
2. Drücken Sie sanft auf die Achillessehne, während das Kind zählt (in die Rückseite der Ferse zwicken).
3. Erhöhen Sie allmählich den Druck.
4. Bitten Sie das Kind, mit dem Zählen aufzuhören, halten den Druck jedoch aufrecht.
5. Fragen Sie das Kind, ob es den Druck an der Ferse jetzt spürt und ob es ihn auch beim Zählen gespürt hat.

Erwägen Sie den Einsatz der transkutanen elektrischen Nervenstimulation (TENS) bei prozedural bedingten, akuten und chronischen Schmerzen. TENS wurde untersucht und bei Kindern mit postoperativen Schmerzen, Kopfschmerzen und prozedural bedingten Schmerzen effektiv und ohne Nebenwirkungen eingesetzt.

F: Pharmakologische Maßnahmen in Verbindung mit nichtinvasiven Techniken sind das effektivste Mittel zur Behandlung von Schmerzen bei Kindern.

Unterstützen der Familie darin, optimal auf die Schmerzerfahrung des Kindes zu reagieren

Schätzen Sie das Wissen der Familie über Schmerz und ihre Reaktionen darauf ein: Unterstützen Eltern beispielsweise ein Kind mit Schmerzen?

Versichern Sie den Eltern, dass sie – sofern möglich – ihr Kind berühren oder im Arm halten können, indem Sie beispielsweise demonstrieren, dass Berühren auch bei Schläuchen und Gerätschaften möglich ist.

Geben Sie akkurate Informationen, um falsche Vorstellungen zu korrigieren (z. B. dass eine Behandlung nötig ist, auch wenn sie Schmerzen verursacht).

Geben Sie Eltern Gelegenheit, ihre Befürchtungen, Frustrationen und ihren Zorn privat zu diskutieren.

Erkennen Sie die Schwierigkeit der Situation an.

Integrieren Sie Eltern wenn möglich in die Schmerzlinderungsmodalität (z. B. Streicheln, Massage, Ablenkung).

Loben Sie Teilnahme und Besorgnis der Eltern.

Handeln Sie Ziele des Schmerzmanagementplans aus, und reevaluieren Sie sie regelmäßig (z. B. Schmerzfreiheit, verminderte Schmerzen).

Beginnen mit Gesundheitsedukation und Überweisungen, soweit angezeigt

Versorgen Sie das Kind und seine Familie fortlaufend mit Erläuterungen.

Nutzen Sie den Pflegeplan, um bei einem stationär behandelten Kind die Kontinuität der Versorgung zu fördern.

Ziehen Sie bei Bedarf Fachpersonen für geistige Gesundheit zur Unterstützung bei gelenkter Imagination, Entspannung und Hypnose hinzu.

Bedienen Sie sich der Schmerzambulanz (Schmerzteam) in Zentren der pädiatrischen Gesundheitsversorgung für einen interdisziplinären und umfassenden Ansatz des Schmerzmanagements bei Kindern.

Verweisen Sie die Eltern auf die sachdienliche Literatur für sie selbst und über ihre Kinder (siehe Literaturverzeichnis).

Geburtshilflich-gynäkologische Interventionen

Maßnahmen

Weisen Sie die Frau darauf hin, dass sie bei ihren Wehen unterstützt wird. Erkundigen Sie sich nach ihren Wünschen.

Stellen Sie fest, welche Rolle sich der werdende Vater bei den Wehen und dem Geburtserlebnis ausgesucht hat: Coach, Teammitglied oder Zeuge (Chapman, 1991) oder ob er die Geburtshelferin unterstützen oder beraten möchte.

Erklären Sie vor dem Beginn alle Prozeduren.

Sorgen Sie auf Wunsch für Techniken, um Wohlbehagen zu schaffen (z. B. Gehen, Musik, Massage, Akupressur, Duschen, Baden, Wärme- oder Kälteanwendungen, Hypnose, Imagination; Pillitteri, 2003).

Instruieren Sie die Frau, Atemtechniken nicht zu früh einzusetzen.

Verwickeln Sie die Frau in angenehme Gespräche und Gedanken zu speziellen Themen (z. B. andere Kinder, bevorzugte Freunde, das neue Baby, einen denkwürdigen Urlaub).

Wenn die Wehen ins aktive Stadium kommen, tun Sie Folgendes:

1. Evaluieren Sie die Wirksamkeit von Atemtechniken.
2. Wenn Schmerzen und Angst nicht zurückgehen, konsultieren Sie die Hebamme oder den Arzt wegen eines neuen Plans.
3. Evaluieren Sie den Erschöpfungsgrad.
4. Schätzen Sie ein, wie gut der Partner in den Wehen die Bedürfnisse der Frau vorhersieht.
5. Halten Sie alle 20–30 Minuten zum Umhergehen und Positionswechsel an.

6. Nähern Sie sich der Frau in ruhiger und sanfter Weise.
7. Experimentieren Sie mit Singen oder Stöhnen im Rhythmus der Wehen.

F: Wehenschmerz gehört der Frau, die ihn erlebt (Lowe, 1996).
F: Lowe (1996) stellte fest, dass Frauen, die sich auf einen positiven Dialog und positives Denken einlassen, weniger Schmerzen haben.
F: Je nach der Rolle, für die sich der werdende Vater entscheidet, wird die Pflegeperson ergänzend tätig, überwacht oder leistet die unterstützende Versorgung.
F: Ruhiges Erklären kann Furcht und Angst abbauen.
F: Sensorische Überlastung kann zu Furcht und Angst beitragen.
F: Gehen fördert seltenere, aber effektivere Wehen.
F: Positionswechsel können Fehllagen des Feten verhindern oder korrigieren, die Rotation und das Fortschreiten der Wehen fördern und Rückenschmerzen verringern.
F: Werden prolongierte latente Wehen erwartet, ist ein neuer Pflegeplan erforderlich, um Schlafentzug, Erschöpfung der Mutter und verstärkte Angst zu verhindern.
F: Werden Atemtechniken zu früh eingesetzt, können sie zur Erschöpfung der Mutter führen.

Chronischer Schmerz

Definition

Chronischer Schmerz: der Zustand, in dem eine Person während mehr als 6 Monaten anhaltende oder intermittierende Schmerzen erlebt.

Chronischer Schmerz (engl. Chronic pain): Unangenehme sensorische und emotionale Erfahrung, die von aktuellen oder potenziellen Gewebeschädigungen herrührt oder als solche Schädigungen beschrieben werden kann (International Association for the Study of Pain); plötzlicher oder allmählicher Beginn mit einer Intensität von leicht bis schwer, konstant oder wiederholend auftretend, ohne ein erwartetes oder vorhersagbares Ende und von mehr als sechs Monaten Dauer (NANDA-I, 2010).

Bestimmende Merkmale oder Kennzeichen

Hauptkennzeichen (obligat)

Dem Betroffenen zufolge bestehen die Schmerzen schon seit mehr als 6 Monaten, was u. U. die einzige Assessmentinformation darstellt.

Nebenkennzeichen (fakultativ)

- verbale Äußerung über Schmerz
- Angst, sich wieder zu verletzen
- veränderte Fähigkeit, frühere Aktivitäten fortzuführen

- veränderte Schlafmuster
- Schmerzerfassung [Verschlüsselte Äußerung über Schmerz]
- Fatigue
- Anorexie
- [ausschließlich mit dem Schmerz beschäftigt sein]
- [verzweifelte Suche nach möglichen Alternativen/Therapien zur Linderung/Kontrolle der Schmerzen].
- beobachtete Schonhaltung
- Abwehrhaltung
- Reizbarkeit
- Ruhelosigkeit
- maskenhaftes Gesicht [z. B. Augen sind glanzlos, abgekämpfter Ausdruck, starre oder zerstreute Bewegung, Grimasse]
- Selbstfokussierung [Nach-innen-gewandt-Sein]
- reduzierte Interaktion mit anderen
- Depression
- Atrophie der beteiligten Muskelgruppen
- Sympathikus-Reaktionen (z. B. Temperatur, Kälte, Veränderung der Körperposition, Überempfindlichkeit).

Einflussfaktoren

chronische physische Behinderung
chronische psychosoziale Behinderung.
Weitere siehe *beeinträchtigtes Wohlbefinden*.

Anmerkung der Autorin

Semon (1977) sowie Cruz und Pimenta (2001) haben chronische Schmerzen als isolierte Pflegediagnose diskutiert. Chronische Schmerzen beeinträchtigen bekanntermaßen Coping, Schlaf, sexuelle Aktivität, gesellschaftliches Leben, Familienprozesse, Ernährung, Spiritualität und Aktivitätstoleranz. Cruz und Pimenta berichteten über mögliche Komponenten eines *chronisches Schmerzsyndrom*, wie *Obstipationsgefahr*, *Wissensdefizit*, *beeinträchtigte körperliche Mobilität*, *Angst/Furcht*, *Aktivitätsintoleranz* und *Über- oder Unterernährung*. Carpenito Moyet schlägt vor, das *chronische Schmerzsyndrom* könnte nur die Auswirkungen chronischer Schmerzen auf den psychosozialen Bereich widerspiegeln. Sobald sich chronische Schmerzen auf Schlaf, Selbstversorgung, Ernährung, Ausscheiden, Aktivitätstoleranz oder sexuelle Aktivität auswirken, sind klinisch u. U. eher individuelle Diagnosen von Nutzen.

Irrtümer in diagnostischen Aussagen

Siehe *beeinträchtigtes Wohlbefinden*.

Zentrale Konzepte

Siehe *akute Schmerzen.*

Einschätzungskriterien des Fokusassessments

Siehe *beeinträchtigtes Wohlbefinden.*

Ziele

NOC

- Klientenzufriedenheit: Schmerzmanagement
- Schmerz: Zermürbende Auswirkungen
- Ausmaß von Schmerz
- Selbstkontrolle bei Depression

Die Person berichtet über eine Besserung der Schmerzen und vermehrte tägliche Aktivitäten, angezeigt durch (zu spezifizieren).

Indikatoren

- Berichten, dass Schmerzen von Dritten anerkannt werden.
- Praktizieren ausgewählter nichtinvasiver Maßnahmen zur Schmerzlinderung.

Das Kind demonstriert Coping-Mechanismen bei Schmerzen, Methoden der Schmerzbeherrschung und Kenntnis der Schmerzursache/Erkrankung, angezeigt durch vermehrtes Spielen und in der Kindheit übliche Beschäftigungen sowie durch (zu spezifizieren).

Indikatoren

- Kommunizieren einer Besserung der Schmerzen, und zwar verbal, auf der Schmerzassessmentskala oder durch das Verhalten (zu spezifizieren).
- Beibehalten der üblichen Familienrollen und -beziehungen über die Schmerzerfahrung hinweg, angezeigt durch (zu spezifizieren).

Allgemeine Interventionen

NIC

- Schmerzmanagement
- Medikationsmanagement
- Bewegungsförderung
- Stimmungsmanagement
- Copingverbesserung

Einschätzen des Schmerzerlebens der Person

Einschätzen in Bezug auf Faktoren, welche die Schmerztoleranz der Person senken

Siehe *akute Schmerzen.*

Verringern oder Eliminieren von Faktoren, die Schmerzen verstärken

Siehe *akute Schmerzen.*

Mit dem Klienten und seiner Familie feststellen, wie sich chronische Schmerzen auf das Leben der Person auswirken (Ferrell, 1995)

Körperliches Wohlbefinden (Erschöpfung, Kraft, Appetit, Schlaf, Funktion, Obstipation, Übelkeit).

Psychosoziales Wohlbefinden (Angst, Depression, Coping, Kontrolle, Konzentration, Gefühl des Nützlichseins, Furcht, Vergnügen).

Spirituelles Wohlbefinden (Religiosität, Ungewissheit, positive Veränderungen, Gefühl einer Sinngebung, Hoffen, Leiden, Bedeutung von Schmerz, Transzendenz).

Soziales Wohlbefinden (Familie, Unterstützung, familiäre Bedrängnis, Sexualität, Zuneigung, Arbeitsplatz, Isolation, finanzielle Belastung, Erscheinungsbild, Rollen, Beziehungen).

F: Schmerz ist für den Klienten und seine Angehörigen eine intensive Erfahrung. Interventionen konzentrieren sich darauf, der Familie zu helfen, die Auswirkungen von Schmerzen auf Rollen und Beziehungen zu verstehen.

F: Ferrell (1995) zufolge beeinträchtigen Schmerzen die Lebensqualität. Das Assessment der speziellen Auswirkungen auf die Lebensqualität ist ganz entscheidend.

Unterstützen des Klienten und seiner Familie beim Reduzieren der Auswirkungen einer Depression auf die Lebensweise

Erklären Sie die Beziehungen zwischen chronischen Schmerzen und Depression.
Ermutigen Sie dazu, sich zu schwierigen Situationen verbal zu äußern.
Hören Sie aufmerksam zu.
Für weitere Interventionen siehe *unwirksames Coping.*

F: Möglicherweise reagiert die Person mit chronischen Schmerzen mit Rückzug, Depression, Zorn, Frustration und Abhängigkeit, die sich allesamt negativ auf die Familie auswirken können.

Zusammenarbeiten mit dem Klienten in Methoden der Schmerzlinderung

Siehe *akute Schmerzen.*

Zusammenarbeiten mit dem Klienten, um geeignete nichtmedikamentöse Maßnahmen der Schmerzlinderung einzuleiten

Siehe *akute Schmerzen.*

Sorgen für Schmerzlinderung mittels verordneter Analgetika*

Stellen Sie die bevorzugte Verabreichungsart fest: p. o., i. m., i. v. oder rektal (siehe «Zentrale Konzepte»).

Beurteilen Sie die Reaktion des Klienten auf die Medikation. Unternehmen Sie bei Patienten in Settings der Akutversorgung Folgendes:

- Kehren Sie 30 Minuten nach Verabreichung zum Klienten zurück und beurteilen Sie die Wirksamkeit.
- Bitten Sie die Person, die Intensität der Schmerzen vor der Medikation sowie das Ausmaß der Linderung zu bewerten.
- Bitten Sie den Klienten anzugeben, wann die Schmerzen zuzunehmen begannen.
- Konsultieren Sie den Arzt, ob die Dosierung oder das Einnahmeintervall geändert werden sollte.

Bei ambulanten Patienten:

- Bitten Sie die Person zu dokumentieren, wann sie die Medikamente einnimmt und welche Linderung sie danach verspürt.
- Instruieren Sie die Person, bei Fragen zur Dosierung der Medikamente den Arzt zu konsultieren.

Treten Sie dafür ein, so rasch wie möglich auf eine orale Medikation umzustellen:

- Konsultieren Sie den Arzt wegen eines Plans zur Umstellung von i. m. auf p. o.
- Erklären Sie dem Klienten und seiner Familie, dass eine orale Medikation ebenso effektiv sein kann wie eine intramuskuläre.

Erklären Sie, wie der Übergang erfolgen wird:

1. Beginn der oralen Medikation mit einer höheren Dosis als notwendig (Aufsättigungsdosis).
2. Fortsetzen der intramuskulären Verabreichung nach Bedarf.
3. Allmähliches Verringern der Dosis der intramuskulären Medikation.
4. Verwenden der Angaben der Person über die Schmerzen, um die oralen Dosen einzustellen.

Konsultieren Sie den Arzt, um evtl. zusätzlich zum Medikationsplan Acetylsalicylsäure oder Paracetamol verabreichen zu können.

F: Die orale Verabreichung wird bevorzugt, weil sie bequem und kosteneffizient ist. Die intramuskuläre Verabreichung ist schmerzhaft und hat eine unzuverlässige Absorptionsrate (McCaffery, 2003).

Erörtern von Befürchtungen (Individuum, Familie) hinsichtlich Sucht und unzureichender Behandlung der Schmerzen

Erklären Sie den Unterschied zwischen Toleranz und Sucht.

* Erfordert u. U. die Verordnung durch eine Pflegeperson in der Primärversorgung.

F: Eine effektive Schmerzkontrolle erfordert, falsche Vorstellungen in Bezug auf Sucht und Überdosierung zu klären. Bei einer Langzeittherapie mit Opioiden werden Toleranz und körperliche Abhängigkeit erwartet. Sucht funktioniert anders und ist bei Personen, die Opioide zur Schmerzbehandlung einnehmen, unüblich. (American Pain Society, 2004; McCaffery et al., 2004).

Verringern oder Beseitigen häufiger Nebenwirkungen von Narkotika

Siehe *akute Schmerzen.*

Unterstützen der Familie beim optimalen Reagieren auf die Schmerzerfahrung des Klienten

Siehe *akute Schmerzen.*

Ermutigen Sie die Familie, bei bestimmten Problemen, wie dem Umgang mit Schmerzen, erforderlichenfalls um Unterstützung nachzusuchen: Familienberater; Organisationen/staatl. Stellen, die finanzielle Unterstützung leisten; Patientenorganisationen und Fachgesellschaften (z. B. die American Cancer Society).

Fördern optimaler Beweglichkeit

Erörtern Sie den Wert körperlicher Betätigung wie z. B. Gehen, Yoga oder Dehnübungen.

F: Körper- oder Dehnübungen.

Planen Sie tägliche Aktivitäten dann ein, wenn die Schmerzen am schwächsten sind.

Beginnen mit Gesundheitsedukation und Überweisungen, soweit angezeigt

Erörtern Sie mit dem Klienten und seiner Familie die verschiedenen Modalitäten:
- Familientherapie
- Verhaltensmodifikation
- Hypnose
- Übungsprogramm
- Gruppentherapie
- Biofeedback
- Akupunktur.

Pädiatrische Interventionen

Maßnahmen

Schätzen Sie Schmerzerfahrungen ein, indem sie entwicklungsgerechte Assessmentskalen verwenden und das Verhalten beurteilen. Integrieren Sie das Kind und seine Familie in das fortlaufende Assessment. Identifizieren Sie das Potenzial für einen Sekundärgewinn durch Angeben von Schmerzen (z. B. Gesellschaft, Aufmerksamkeit, Interesse, Fürsorge, Ablenkung). Integrieren Sie auch Strategien, um erwiesene Bedürfnisse zu befriedigen, in den Pflegeplan.

Setzen Sie zusammen mit dem Kind und der Familie langfristige Ziele für das Schmerzmanagement und evaluieren Sie sie regelmäßig (z. B. vollständige oder teilweise Schmerzlinderung, Kontrollverhalten oder Angst in Zusammenhang mit Schmerzen).

Fördern Sie normales Wachstum und normale Entwicklung. Beziehen Sie familiäre und andere Ressourcen ein, wie z. B. Beschäftigungs- und Physiotherapeuten sowie Kindertherapeuten.

Fördern Sie die «normalen» Aspekte kindlichen Lebens: Spielen, Schule, familiäre Beziehungen, körperliche Aktivität.

Fördern Sie ein vertrauensvolles Umfeld für das Kind und seine Familie.

Glauben Sie dem Kind seine Schmerzen.

Bekräftigen Sie die Wahrnehmung des Kindes, dass Interventionen zu helfen versuchen.

Sorgen Sie für Kontinuität der Pflege und des Schmerzmanagements durch Gesundheitsfachpersonen (Pflegeperson, Arzt, Schmerzteam) und in verschiedenen Settings (stationär, ambulant, Notaufnahme, Zuhause).

Nutzen Sie, soweit erforderlich, das interdisziplinäre Team für das Schmerzmanagement (z. B. Pflegeperson, Arzt, Kindertherapeut, Psychotherapeut, Beschäftigungstherapeut, Physiotherapeut, Diätassistentin).

Identifizieren Sie Mythen und falsche Vorstellungen über das pädiatrische Schmerzmanagement (z. B. I.m.-Analgesie, Anwendung und Dosierung von Narkotika, Assessment) in den Einstellungen und Haltungen der Gesundheitsfachpersonen sowie des Kindes und seiner Eltern. Sorgen sie für akkurate Informationen und Gelegenheiten zu effektiver Kommunikation.

Bieten Sie Eltern und Geschwistern Gelegenheit, ihre Erlebnisse und Befürchtungen mitzuteilen.

F: Siehe Begründungen bei *akuter Schmerz.*

F: Eltern eines Kindes mit Schmerzen berichten über unerträglichen Schmerz, Hilflosigkeit, vollkommene Hingabe, Verspüren der Schmerzen am eigenen Leib, Unvorbereitetsein, Qual, Terror und Herbeiwünschen des Todes in Fällen einer Krankheit im Endstadium (Ferrell, 1995). Interventionen sollen diese Gefühle und Erfahrungen zutage fördern.

F: Das kognitive Niveau und das Alter des Kindes festzustellen ist wichtig, um für geeignete Erklärungen zu sorgen.

F: Kinder im Vorschulalter gehen davon aus, dass ihre Schmerzen von schlechten Handlungen herrühren. Pflegende müssen versuchen, dieses Gefühl persönlicher Schuld zu mildern.

Übelkeit

Definition

Übelkeit: der Zustand, in dem eine Person eine unangenehme, wellenförmige Empfindung im hinteren Rachen, im Epigastrium oder im gesamten Abdomen wahrnimmt, die ggf. zum Erbrechen führt.

Übelkeit (engl. Nausea): Eine subjektiv unangenehme, in Wellen auftretende Empfindung im Rachen, der Magengegend oder im Abdomen, die zu Brechreiz oder Erbrechen führen kann (NANDA-I, 2010).

Bestimmende Merkmale oder Kennzeichen

Hauptkennzeichen (obligat)

Bericht über Übelkeit [«verdorbenen Magen»].
Widerwille gegen Nahrung
vermehrter Speichelfluss
saurer Geschmack im Mund
vermehrtes Schlucken
Würgereiz.

Einflussfaktoren

Biopathophysiologische Faktoren

- biochemische Störungen (z. B. Urämie, diabetische Ketoazidose, [Schwangerschaft])
- lokalisierte Tumoren (z. B. Akustikusneurinom, primäre oder sekundäre [Hirn-]Tumoren, Knochenmetastasen in der Schädelbasis)
- intraabdominale Tumoren
- Gifte (z. B. von Tumoren hervorgerufene Peptide, abnorme Stoffwechselprodukte aufgrund des Krebsgeschwürs)
- Ösophaguserkrankung
- Erkrankung der Pankreas
- Leberkapselspannung
- Milzkapselspannung
- Magendehnung [z. B. durch verzögerte Magenentleerung, Pylorusstenose, externe Kompression des Magens, , sonstige Organvergrößerungen, die die Magenfunktion und -passage verlangsamen (Syndrom des «gequetschten Magens»)]
- Magenreizung [z. B. wegen einer Entzündung der Speiseröhre und/oder des Peritoneums (Bauchfells)]
- Reisekrankheit
- Morbus Menière
- Labyrinthitis
- erhöhter Hirndruck [Schädelinnendruck]
- Meningitis
- Schmerz
- Schwangerschaft.

B/d ein Gewebstrauma und reflektorische Muskelspasmen, s/b/d:

akute Gastroenteritis
ein peptisches Ulkus
Reizdarmsyndrom
Pankreatitis
Infektionen (z. B. Nahrungsmittelvergiftung)
eine Medikamentenüberdosis

Nierensteine
Uterusspasmen in Zusammenhang mit den Menses
Reisekrankheit
Stress.

Situationsbedingte Faktoren

giftige Gerüche
giftiger Geschmack
unangenehme visuelle Reizung
Schmerz
psychologische Faktoren
Angst
Furcht
pharmazeutische Wirkstoffe.

Behandlungsbedingte Faktoren

Magenreizung [z. B. Alkohol, Blut]
Magendehnung
Pharmazeutika [z. B. Acetylsalicylsäure, NSAR/Opioide, Anästhetika, Virustatika gegen HIV, Steroide, Antibiotika, Chemotherapeutika]
[Bestrahlung/Strahlenexposition].

B/d Auswirkungen einer Chemotherapie sowie von Theophyllin, Digitalis und Antibiotika.
B/d Auswirkungen einer Anästhesie.

Irrtümer in diagnostischen Aussagen

Siehe *beeinträchtigtes Wohlbefinden.*

Zentrale Konzepte

Allgemeine Überlegungen

- Übelkeit entsteht durch Reizung des medullären Brechzentrums im Gehirn (Porth, 2006).
- Übelkeit und Erbrechen mit erwiesenermaßen emotionalem Ursprung können aus entwicklungsbedingter Anpassung und Adaptation resultieren. Ein Kind lernt, dass Erbrechen inakzeptabel ist und lernt daher auch, es zu beherrschen. Es erfährt Zustimmung, wenn es nicht erbricht. Sollten Situationen aus der Kindheit oder Konflikte erneut eintreten, kommt es bei der erwachsenen Person u. U. wieder zu Übelkeit und Erbrechen.
- Übelkeit ist nach Alopezie und Erschöpfung die dritthäufigste Nebenwirkung einer Chemotherapie (Foltz et al., 1996).
- Inadäquate Behandlung einer früheren Übelkeit führt vor einer Chemotherapie zu antizipatorischer Übelkeit (Eckert, 2001).

Geburtshilflich-gynäkologische Überlegungen

- Die Ätiologie der Übelkeit während der Schwangerschaft ist unbekannt. Zu den beeinflussenden Faktoren gehören Erschöpfung sowie hormonelle, neurologische und psychische Veränderungen (Davis, 1996).

Einschätzungskriterien des Fokusassessments

Beginn/Dauer:

- Tageszeit
- Muster.

Häufigkeit
Erbrochenes (Menge, Tageszeit).
In Verbindung mit:

- Medikamenten
- bestimmten Nahrungsmitteln
- der Körperhaltung/-lage
- Aktivität
- Schmerzen.

Ziele

NOC

- Klientenzufriedenheit
- Ernährungsstatus
- Flüssigkeitszufuhr

Der Klient gibt verminderte Übelkeit an.

Indikatoren

- Benennen von Nahrungsmitteln und Getränken, welche die Übelkeit nicht verstärken.
- Beschreiben von Faktoren, welche die Übelkeit verstärken.

Allgemeine Interventionen

NIC

- Medikationsmanagement
- Nauseamanagement
- Flüssigkeits-/Elektrolytmanagement
- Ernährungsmanagement

Unterweisen im Einsatz von Antiemetika vor und nach einer Chemotherapie

F: Aggressives Management vor, während und nach einer Chemotherapie kann Übelkeit verhindern (Eckert, 2002).

Fördern von Wohlbefinden bei Übelkeit und Erbrechen

Schützen Sie aspirationsgefährdete Personen (immobile Klienten, Kinder).
Kümmern Sie sich um die Reinlichkeit der Person und ihrer Umgebung.
Sorgen Sie nach jedem Erbrechen für Gelegenheit zur Mundpflege.
Legen Sie der Person kühle, feuchte Tücher auf die Stirn, in den Nacken und auf die Handgelenke.

F: Maßnahmen für das Wohlbefinden verringern auch den Brechreiz.

Reduzieren oder Eliminieren nozizeptiver Stimuli

Schmerz

Planen Sie die Versorgung, um unangenehme oder schmerzhafte Prozeduren vor den Mahlzeiten zu vermeiden.
Verabreichen Sie dem Klienten Analgetika nach Verordnung des Arztes 30 Minuten vor einer Mahlzeit.
Sorgen Sie für eine angenehme, entspannte Atmosphäre beim Essen (keine Bettpfannen im Blickfeld; nicht drängeln). Versuchen Sie es mit einer «Überraschung» (z. B. Blumen bei einer Mahlzeit).
Stellen Sie den Plan so um, dass Übelkeit erregende Gerüche oder Prozeduren um die Mahlzeiten herum vermindert werden.

Erschöpfung

Bringen Sie dem Klienten bei, sich vor den Mahlzeiten auszuruhen oder unterstützen Sie ihn dabei.
Leiten Sie den Klienten an, bei der Zubereitung von Nahrung nur ein Minimum an Energie aufzuwenden (z. B. große Mengen kochen und gleichzeitig in kleinen Portionen einfrieren; Dritte um Hilfe bitten).

Geruch von Nahrung

Unterweisen Sie den Klienten, wenn möglich Gerüche beim Kochen – Frittieren, Kaffeekochen – zu umgehen (z. B. Spazierengehen; Nahrungsmittel wählen, die sich auch kalt verzehren lassen).
Schlagen Sie vor, in Phasen der Übelkeit Nahrungsmittel zu verwenden, die nur gering gekocht werden müssen.
Schlagen Sie vor, es mit sauren Nahrungsmitteln zu versuchen.

F: Unangenehme Anblicke oder Gerüche können das Brechzentrum stimulieren.

Vermindern der Stimulation des Brechzentrums

Reduzieren unangenehmer Anblicke oder Gerüche. Einschränken der Aktivität.
Sorgen für gute Mundpflege nach dem Erbrechen.
Unterweisen Sie den Klienten in Vollatmung und bewusstem Schlucken, um den Würgereflex zu unterdrücken.
Instruieren Sie die Person, sich nach dem Essen hinzusetzen, aber nicht hinzulegen.
Halten Sie die Person dazu an, kleinere Mahlzeiten und langsam zu essen.
Einschränken von Flüssigkeit zu den Mahlzeiten, um den Magen nicht zu überdehnen. Flüssigkeit auch eine Stunde vor und nach den Mahlzeiten meiden.
Kleidung lockern.
Halten Sie den Klienten an, in frischer Luft zu sitzen oder einen Ventilator einzusetzen.
Raten Sie dem Klienten, sich mindestens 2 Stunden nach dem Essen nicht flach hinzulegen. Wenn eine Person sich ausruhen muss, sollte sie dies im Sitzen oder angelehnt tun, sodass sich der Kopf 10 cm oberhalb der Füße befindet.
Raten Sie dem Klienten, Musik zu hören.
Bieten Sie kleine Mengen klarer Flüssigkeiten und Nahrungsmittel sowie Getränke mit Ingwer an.

F: Musik kann neben der Antiemetikatherapie als Ablenkung dienen (Ezzone et al., 1998).
F: Ingwer hat sich zur Behandlung der Übelkeit als wirksam erwiesen (Thompson, 1999).

Geburtshilflich-gynäkologische Interventionen

Informieren, dass über verschiedene Interventionen berichtet wurde, um Übelkeit in der Schwangerschaft beherrschen zu helfen

Erschöpfung ebenso vermeiden wie ölige, fettreiche Mahlzeiten und starke Gerüche.
Proteinreiche Mahlzeiten und einen Snack vor dem Schlafengehen zu sich nehmen.
Kaugummi kauen und harte Bonbons lutschen.
Beim Aufstehen Kohlenhydrate (Cracker) zu sich nehmen. Essen, sobald man hungrig ist.
Kohlensäurehaltige Getränke, Coke-Sirup bzw. -Konzentrat, Orangensaft, Ginger Ale und Kräutertees, wie z. B. Ingwertee, zu sich nehmen.
Sich hinlegen, um Symptome zu lindern.

Instruieren der Schwangeren, jeweils nur ein Nahrungsmittel bzw. Getränk auf einmal zu versuchen (z. B. proteinreiche Mahlzeiten/Snack zur Schlafenszeit); bleibt die Übelkeit bestehen, eine andere Methode versuchen

Erklären Sie die Anwendung von Akupressur und Akupunktur. Verweisen Sie an Ressourcen.

F: Zwischen 50 % und 80 % aller Schwangeren haben das «Morgenübel» (Davis, 1996). Diese Übelkeit bzw. dieses Erbrechen wird erwiesenermaßen verstärkt durch Erschöpfung hervorgerufen (Voda/Randall, 1982).
F: Voda und Randall (1982) zufolge verringert eine kleine proteinreiche Mahlzeit (Snack) vor dem Schlafengehen bei einigen Schwangeren die morgendliche Übelkeit.
F: Akupunktur und Akupressur haben sich bei Übelkeit und Erbrechen in der Schwangerschaft als wirksam erwiesen (Steele et al., 2001; Smith et al., 2002).

Beeinträchtigte Kommunikation*

Beeinträchtigte Kommunikation, ...

- ... **b/d** Auswirkungen eines Hörverlustes
- ... **b/d** Auswirkungen einer Aphasie auf Ausdruck oder Interpretation
- ... **b/d** die Barriere einer Fremdsprache.

Beeinträchtigte verbale Kommunikation

Definition

Beeinträchtigte Kommunikation: der Zustand, in dem eine Person Schwierigkeiten hat, Gedanken, Wünsche, Ideen oder Bedürfnisse mit anderen auszutauschen oder eine entsprechende Gefahr besteht.

Beeinträchtigte verbale Kommunikation (engl.: impaired verbal communication). Verminderte, verzögerte oder fehlende Fähigkeit, ein System von Zeichen zu empfangen, zu verarbeiten, weiterzugeben und/oder zu nutzen (NANDA-I, 2010).

Bestimmende Merkmale oder Kennzeichen

Hauptkennzeichen (obligat)

Unangemessene oder fehlende Sprache oder ausbleibende Antwort.
Gestörtes Sprech- oder Hörvermögen.

Nebenkennzeichen (fakultativ)

Inkongruenz zwischen verbalen und nonverbalen Botschaften
Stottern
Verwaschene Sprache
Wortfindungsstörungen
Schwache oder fehlende Stimme
Aussagen darüber, missverstanden oder nicht verstanden worden zu sein
Dysarthrie
Aphasie
Sprachbarriere.

* Anmerkung: Diese Diagnose wurde von Rosalinda Alfaro-LeFevre entwickelt und steht gegenwärtig nicht auf der NANDA-Liste, wurde jedoch der Klarheit und Nützlichkeit halber aufgenommen.

Einflussfaktoren

Pathophysiologische Faktoren

B/d ungeordnetes, unrealistisches Denken, s/b/d:

Schizophrenie
Wahnstörung
Psychose
paranoide Störung.

B/d eine gestörte motorische Funktion der Sprechmuskeln

oder

eine Ischämie des temporalen Frontallappens, s/b/d:

ein zerebrovaskuläres Ereignis
ein Trauma im Mundbereich oder im Gesicht
einen Hirnschaden (z. B. Geburtstrauma, Kopfverletzung)
eine Dämpfung des Zentralnervensystems (ZNS)/erhöhten intrakraniellen Druck
einen Tumor (Kopf, Hals oder Rückenmark)
chronische Hypoxie/verminderte Hirndurchblutung
Erkrankungen des Nervensystems (z. B. Myasthenia gravis, multiple Sklerose, Muskeldystrophie, Alzheimer-Krankheit)
Stimmbandlähmung/Quadriplegie.

B/d eine beeinträchtigte Fähigkeit, Sprache zu produzieren, s/b/d:

beeinträchtigte Atmung (z. B. Kurzatmigkeit)
Larynxödem/-infektion
Fehlbildungen des Mundes:

- Lippen-Kiefer-Gaumen-Spalte
- Malokklusion oder Kieferfraktur
- fehlende Zähne
- Dysarthrie.

B/d eine Hörstörung.

Behandlungsbedingte Faktoren

B/d eine beeinträchtigte Fähigkeit, Sprache zu produzieren, s/b/d:

endotracheale Intubation
Operation am Kopf, im Gesicht, am Hals oder im/am Mund
ZNS-dämpfende Substanzen, Anästhesie
Tracheostomie, Tracheotomie, Laryngektomie.

Situationsbedingte Faktoren (persönlich bedingt, umgebungsbedingt)

B/d verminderte Aufmerksamkeit, s/b/d Erschöpfung, Wut, Angst oder Schmerz.
B/d fehlenden Zugang zu einer Hörhilfe oder deren Fehlfunktion.
B/d eine psychologische Barriere (z. B. Furcht, Schüchternheit).
B/d fehlende/mangelnde Privatsphäre.
B/d Nichtverfügbarkeit eines Dolmetschers.

Altersbedingte Faktoren

Säugling/Kleinkind
B/d inadäquate sensorische Stimulation.

Älterer Erwachsener (Hörverluste)
B/d Hörstörung.
B/d kognitive Beeinträchtigungen, s/b/d (zu spezifizieren).

Anmerkung der Autorin

Beeinträchtigte Kommunikation eignet sich u. U. nicht zur Beschreibung von Kommunikationsstörungen als Manifestation von psychischer Krankheit oder Coping-Problemen. Falls sich Pflegeinterventionen darauf konzentrieren, Halluzinationen, Furcht oder Angst zu verringern, wären *gestörte Denkprozesse*, *Furcht* oder *Angst* besser geeignet.

Irrtümer in diagnostischen Aussagen

Beeinträchtigte Kommunikation, **b/d** *das Versagen des Personals, effektive Kommunikationstechiken einzusetzen.*

Die diagnostische Aussage sollte nicht dazu dienen, ein Problem aufzudecken, das aus inkorrekter oder ungenügender Pflegeintervention resultiert. Stattdessen sollte die Diagnose lauten: *beeinträchtigte verbale Kommunikation,* **b/d** *Auswirkungen einer Tracheotomie auf die Fähigkeit zu sprechen.* Im Pflegeplan sollten die zu verwendenden Kommunikationstechniken genannt werden.

Zentrale Konzepte

Allgemeine Überlegungen

- Effektive Kommunikation ist ein interaktiver Prozess, bei dem es um den *gegenseitigen Austausch* von Information (Gedanken, Ideen, Gefühle und Wahrnehmungen) zwischen zwei Personen geht. Dieser Prozess kann durch Probleme beim *Senden* oder *Empfangen* von Botschaften (oder beidem) gestört werden.
- Botschaften werden eher durch Körpersprache und Stimmlage als durch Worte vermittelt.
- Nächst dem Überleben und dem Selbsterhaltungstrieb ist Kommunikation mit anderen Menschen vielleicht das zweitwichtigste menschliche Grundbedürfnis. Kommunikation

sorgt für Sicherheit, indem sie bekräftigt, dass Klienten nicht allein sind und dass andere zuhören. Schlechte Kommunikation kann zu Frustration, Wut, Feindseligkeit, Depression, Furcht, Verwirrtheit und Isolation führen.

- Sprache ist für den Menschen ein fundamentaler Weg, um Bedürfnisse, Wünsche und Gefühle zu äußern. Wenn nur eine Person Informationen von sich gibt, ohne dass von einem Zuhörer irgendeine Rückmeldung erfolgt, kann nicht von effektiver Kommunikation gesprochen werden.
- Jeder der folgenden Punkte kann Probleme beim *Senden* von Informationen bewirken:
  - Unfähigkeit oder Versagen, Botschaften zu senden, die der Zuhörende klar verstehen kann (z. B. Sprach- oder Wortbedeutungsprobleme; Sprechen, wenn der Zuhörer noch nicht bereit ist)
  - Furcht, belauscht, verurteilt oder missverstanden zu werden (z. B. Fehlen von Privatsphäre, Vertraulichkeit, Vertrauen oder einer vorurteilslosen Haltung)
  - Bedenken hinsichtlich der Reaktion/Antwort (z. B.: «Ich möchte niemanden verletzen oder wütend machen.»)
  - Verwenden von Worten, die für den Angesprochenen «von oben herab» kommen (z. B. mit einer älteren oder behinderten Person sprechen, als sei sie ein kleines Kind).
  - nicht genügend Zeit für das Zuhören oder für eine Rückmeldung einräumen
  - körperliche Probleme, welche die Fähigkeit einschränken, zu sehen, zu sprechen oder sich zu bewegen.
- Jeder der folgenden Punkte kann Probleme beim *Empfangen* von Informationen bewirken:
  - Probleme mit der Sprache oder dem Vokabular
  - Erschöpfung, Schmerzen, Furcht, Angst, Ablenkungen, Probleme mit der Aufmerksamkeitsspanne
  - Verkennen der Bedeutung der Information
  - körperliche Probleme, welche die Fähigkeit einschränken, zu sehen oder zu hören.
- Gute Kommunikatoren sind auch gute Zuhörer, die sowohl auf Fakten als auch auf Gefühle lauschen.
- Schon das einfache Präsent- und Verfügbarsein kann – auch wenn man wenig sagt oder tut – einer anderen Person effektiv Fürsorge vermitteln (Benner, 1984).
- Therapeutische Kommunikation beginnt damit, …
  - … die unterstützte Person *bedingungslos positiv zu betrachten* oder ihr echte Wärme entgegenzubringen
  - … für die andere Person zu sorgen und in keiner Weise zu beurteilen bzw. zu bewerten, was sie denkt oder fühlt.
- Eine fortlaufende therapeutische Kommunikation erfordert, …
  - … die Fähigkeit empathischen Verständnisses für den *inneren Bezugsrahmen* des Klienten, d. h. …
  - … daran arbeiten zu verstehen, wie sich die Person tatsächlich fühlt und dabei unparteiisch bleiben sowie …
  - … die Fähigkeit, wahrhaftig, menschlich und *authentisch* zu bleiben.
- Kenntnisse einer Fremdsprache hängen von vier Elementen ab: Sprechen, Verstehen, Lesen und Schreiben der Sprache.
- Dysarthrie ist eine Störung der willkürlichen muskulären Kontrolle von Sprache. Sie wird verursacht durch Erkrankungen wie die Parkinson-Krankheit, multiple Sklerose, Myasthe-

nia gravis, Zerebralparese und einen Hirnschaden. Dieselben Muskeln werden auch beim Essen und Schlucken verwendet. Menschen mit Dysarthrie haben gewöhnlich keine Verständnisprobleme.

- *Motorische Aphasie* ist eine Störung der Fähigkeit, verständlich zu sprechen, zu schreiben oder zu gestikulieren.
- *Sensorische Aphasie* ist eine Störung der Fähigkeit, geschriebene und gesprochene Sprache zu verstehen. Personen mit sensorischer Aphasie haben u. U. ein intaktes Gehör, sind jedoch außerstande, ihre eigenen Laute zu verarbeiten oder sind sich ihrer nicht bewusst.
- Emotionale Labilität (Umschwünge zwischen Weinen und Lachen) kommt bei Menschen mit Aphasie häufig vor. Dieses Verhalten ist nicht intentional und lässt mit der Genesung nach.
- Zehn Prozent gehörloser Menschen haben die Fertigkeit und das Sprachniveau, um von den Lippen zu lesen. Nur 40 % der englischen Sprache sind sichtbar.
- Eine erfolgreiche Interaktion mit tauben oder hörgestörten Klienten erfordert Hintergrundwissen, etwa über das Alter des Beginns dwer hörschwierigkeiten bzw. des Hörverlustes, die Wahl der Sprache, den kulturellen Hintergrund, das Ausbildungsniveau und die Art des Hörverlustes.
- Verständnis und Respekt vor Unterschieden in der Persönlichkeit und im Denken sind entscheidend, um auf Wegen zu kommunizieren, die zwischenmenschliche Beziehungen stärken.

Pädiatrische Überlegungen

- Kommunikation mit Kindern muss auf deren Entwicklungsalter, den Sprachfähigkeiten und ihrem kognitiven Niveau aufbauen.
- Auch wenn verbale Kommunikation größtenteils zwischen Pflegeperson und Eltern stattfindet, sollten Erwachsene den Beitrag des Kindes nicht ignorieren. Pflegende sollten Schreiben, Zeichnen, Spielen und die Körpersprache (Gesichtsausdrücke, Gesten) beurteilen.
- Die Spieltherapie kann von unschätzbarem Wert sein, um einen Kontakt herzustellen und wahre Gefühle zu vermitteln.
- Bei Kindern ist die sensorische Sprache stets weiter fortgeschritten als die motorische; sie verstehen mehr als sie äußern können. Siehe dazu auch **Tabelle II-10** in der Diagnose *verzögerte(s) Wachstum und Entwicklung* unter «Sprache/Kognition».
- Ein Kind mit Hörverlust kann in folgenden Reaktionen Veränderungen aufweisen:
  - Orientierung (z. B. ein fehlender Moro-Reflex bei einem lauten Geräusch)
  - Vokalisationen und das Produzieren von Geräuschen (z. B. fehlendes Brabbeln im Alter von 7 Monaten)
  - visuelle Aufmerksamkeit (z. B. eher auf den Gesichtsausdruck als auf verbales Erklären reagieren)
  - soziales/emotionales Verhalten (z. B. Reizbarkeit infolge der Unfähigkeit, sich verständlich zu machen).
- Bei tauben Säuglingen sind visuelle und taktile Modalitäten besonders wichtig, um zu kommunizieren, zu interagieren und Informationen über die Umgebung zu bekommen (Koester et al., 1998).

Geriatrische Überlegungen

- Hörverlust ist die dritthäufigste Erkrankung bei älteren, in einer Einrichtung lebenden Menschen und wird nur von Arthritis und Hypertonie übertroffen (Lindblade/McDonald, 1995). Nur 18 % der älteren Erwachsenen mit einem Hörverlust haben ein Hörgerät. Viele verleugnen den Hörverlust aus Furcht vor dem Druck, ein Hörgerät kaufen zu müssen.
- Tabelle II-2 zeigt altersbedingte Veränderungen, die sich auf das Gehör auswirken (Miller, 2004).
- Etwa 40 % der Menschen über 65 Jahre haben eine signifikante Hörstörung, welche die Kommunikation beeinträchtigt.
- Eine verminderte Hörschärfe korreliert positiv mit sozialer Isolation. Sprache in der Unterhaltung einer Gruppe zu verstehen, hat sich bei älteren Erwachsenen als primärer Problembereich erwiesen. Manche ziehen sich aus sozialen Zusammenkünften zurück, weil sie es leid sind, ständig jemanden zu bitten, etwas zu wiederholen. Freunde und Familie unterhalten sich u. U. nicht mehr mit schwerhörigen Personen, weil sie es als Desinteresse interpretieren, wenn diese sich im Gespräch abwenden oder nicht daran teilnehmen. Aufgrund von unpassenden Bemerkungen, Reizbarkeit und Unaufmerksamkeit während eines Gesprächs kann Schwerhörigkeit auch als geistige Behinderung fehlinterpretiert werden.
- Bei älteren Menschen findet sich eine hohe Prävalenz für chronische Erkrankungen, welche die Sprache oder das Verstehen von Sprache beeinträchtigen können.

Tabelle II-2: Altersbedingte Veränderungen mit Auswirkung auf das Gehör (Quelle: Miller, C. A., Nursing care of older adults, 4th ed., Philadelphia, Lippincott Williams & Wilkins, 2004)

Veränderung	Folge
Äußeres Ohr	
• längeres, dickeres Haar • dünnere, trockenere Haut • vermehrtes Keratin	Möglichkeit eines Zerumenpfropfs mit gestörter Schallleitung
Mittelohr	
• verminderte Elastizität des Trommelfells • verkalkte, verhärtete Gehörknöchelchen • geschwächte und starre Muskeln und Bänder	gestörte Schallleitung
Innenohr und Nervensystem	
• verminderte Neuronen, Endolymphe, Haarzellen und Blutversorgung • Degeneration des Spiralganglions und der Arterien • verminderte Flexibilität der Basilarmembran • Verengung des Gehörgangs • Degeneration zentraler Verarbeitungssysteme	verminderte Fähigkeit, hohe Töne zu hören, vor allem bei Hintergrundgeräuschen

Transkulturelle Überlegungen

- In der dominanten US-amerikanischen Kultur werden Gefühle tendenziell verborgen, und es gibt wenig Körperkontakt (Giger/Davidhizar, 2003). Schwierigkeiten können auftreten, wenn die Person oder ihre Familie nicht in einer von der Pflegeperson erwarteten Weise kommunizieren.
- In manchen Kulturen ist ein Nicken eine höfliche Erwiderung und bedeutet: «Ich habe Sie gehört, aber ich verstehe es nicht unbedingt, noch bin ich notwendigerweise einverstanden.» (Giger/Davidhizar, 2003).
- Berührung ist eine starke Form der Kommunikation mit vielen Bedeutungen und Interpretationen:
  - Der kulturelle Gebrauch von Berührung schwankt, wobei in manchen Kulturen Berührung zwischen Gleichgeschlechtlichen Tabu ist, während sie in manchen Kulturen erwartet wird (Giger/Davidhizar, 2003).
  - Die englische und die deutsche Kultur ermutigen nicht zu Berührungen.
  - Zu den berührungsreichen Kulturen gehören diejenigen Spaniens, Italiens und Frankreichs sowie die jüdische Kultur und die südamerikanischen Kulturen.
  - In allen Kulturen gibt es Regeln, wer wen, wann und wo berührt.
- In der herrschenden US-amerikanischen Kultur gilt Blickkontakt als Zeichen für ein positives Selbstkonzept, Offenheit und Ehrlichkeit. Fehlender Blickkontakt gilt als geringe Selbstachtung, Schuldgefühl oder mangelndes Interesse. In manchen Kulturen ist man nicht an Blickkontakt gewöhnt; dazu gehören die Philippinen, die amerikanischen Ureinwohner und Vietnam (Giger/Davidhizar, 2003).
- Der Klient und seine Familie sollten ermutigt werden, ihre Vorstellungen von Gesundheit, Krankheit und Gesundheitsversorgung im Kontext ihrer jeweiligen Kultur mitzuteilen (Giger/Davidhizar, 2003).
- Afroamerikaner sprechen Englisch mit verschiedenen Regionaldialekten. Manche von ihnen sprechen Silben oder Konsonanten unterschiedlich aus. So sprechen sie z. B. «th» als «d» aus und sagen «des» statt «these». Diese verschiedenen Aussprachen sollten nicht als unter Niveau oder ungebildet gesehen werden. Außerdem können manche umgangssprachlichen Worte abweichende Bedeutungen haben, z. B.: «The birth of my daughter was a real bad experience», womit der Betreffende meint, sie sei ein einzigartiges und positives Ereignis gewesen (Giger/Davidhizar, 2003).
- Amerikaner mexikanischer Herkunft sprechen ein Spanisch, das mehr als 50 verschiedene Dialekte aufweist. Einer spanisch sprechenden Pflegeperson kann es demnach schwer fallen, einen anderen Dialekt zu verstehen. Sowohl Männer wie Frauen sind sehr bescheiden und beschränken Selbstenthüllungen auf die Menschen, die sie gut kennen. Direkte Konfrontation und Streitereien gelten als ungehobelt, daher kann Zustimmung u. U. eine Form der Höflichkeit und nicht etwa eine Zusage darstellen. Eine als «malojo» (böser Blick) bezeichnete volkstümliche Erkrankung schädigt angeblich ein Kind, wenn es von einer Person, der man spezielle Kräfte zuspricht, bewundert, aber nicht berührt wird. Wenn Sie also mit Kindern zu tun haben, berühren Sie sie leicht, um den bösen Blick zu vermeiden. Für diese Klienten gilt Necken als grob und entwürdigend.

- Amerikaner chinesischer Abstammung schätzen das Schweigen und vermeiden Dissens oder Kritik. Während viele Amerikaner mit anderem kulturellen Hintergrund die Stimme heben, wenn sie etwas bekräftigen wollen, assoziieren Amerikaner chinesischer Abstammung damit Wut und Kontrollverlust. «Nein» verwenden sie selten und ein «Ja» kann «Vielleicht» oder «Nein» bedeuten. Berühren des Kopfes ist eine ernsthafte Verletzung der Etikette. Zögern, Mehrdeutigkeit und Subtilität dominieren die chinesische Sprache (Giger/Davidhizar, 2003).

Einschätzungskriterien des Fokusassessments

Subjektive Daten

Einschätzen bestimmender Merkmale oder Kennzeichen

Notieren Sie das übliche Kommunikationsverhalten, wie es von der Person oder der Familie beschrieben wird:

- sehr verbal
- manchmal verbal
- verwendet Zeichensprache
- schreibt nur
- antwortet unpassend
- spricht/antwortet nicht
- spricht nur, wenn angesprochen
- gestikuliert nur.

Hat der Betreffende den Eindruck, heute normal zu kommunizieren?

Wenn nicht, was könnte ihm seiner Ansicht nach helfen, besser zu kommunizieren?

Würde der Klient gern mit einer bestimmten Person sprechen oder wünscht er deren Anwesenheit, um ihm zu helfen, seine Vorstellungen zu äußern?

Hat der Klient Schwierigkeiten beim Hören?

- Hörstörung?
- Beide Ohren oder nur eines betroffen?
- Seit wann? Allmählich oder plötzlich aufgetreten?
- Wird ein Hörgerät verwendet?
- Familienanamnese des Hörverlustes
- Anamnese der Lärmexposition.

Bitten Sie die Person/die Betreuungsperson, die Kommunikationsfähigkeit auf einer Skala von 0 bis 10 zu bewerten, wobei 0 bedeutet: «völlig außerstande zu kommunizieren», während 10 bedeutet: «kommuniziert gut».

Beschreiben Sie Faktoren, die bei der Kommunikation helfen.

Einschätzen beeinflussender Faktoren

Hat die Person das Gefühl, dass ihre Kommunikationsfähigkeit durch Barrieren eingeschränkt wird:

- fehlende/mangelnde Privatsphäre
- Furcht unbestimmten Ursprungs
- Furcht, unangemessen oder «dumm» zu sein
- nicht genug Zeit, um die Gedanken zu sammeln und Fragen zu stellen
- Bedürfnis nach einer Bezugsperson oder einem vertrauten Gesicht
- sprachliche, dialektbedingte oder kulturelle Barriere (zu spezifizieren)
- fehlendes/mangelndes Wissen über das zur Sprache stehende Thema
- Schmerz, Stress oder Erschöpfung?

Objektive Daten

Einschätzen bestimmender Merkmale oder Kennzeichen

Beschreiben Sie die Fähigkeit, Worte zu bilden:

außerstande
einigermaßen
gut.

Sprechweise:

verwaschen
lispelnd
stotternd
flüsternd (Stimmschwäche)
Sprachbarriere.

Fähigkeit zu verstehen

Folgt einfachen Anweisungen oder Vorschlägen.
Kann komplexen Instruktionen oder Vorschlägen folgen.
Kann bisweilen Instruktionen oder Vorschlägen folgen.
Kann einfachen Instruktionen oder Vorschlägen folgen.
Folgt Anweisungen und Vorschlägen nur bei eingeschaltetem Hörgerät.
Folgt Anweisungen und Vorschlägen nur, wenn er den Mund der sprechenden Person erkennen kann (Lippenlesen).

Welches Entwicklungsalter liegt vor?

Beschreiben Sie die Fähigkeit, Sätze zu bilden:

gut
langsam
außerstande
unklare Vorstellungen
ohne Sinn oder verwirrt

kurze, einfache Sätze
Sprachbarriere.

Wird Blickkontakt gehalten?

Ja
Nein
Gelegentlich
Selten
Blindheit/beeinträchtigtes Sehvermögen.

Hörverlust (jedes Ohr einzeln prüfen)

Äußeres Ohr:
Deformitäten
Schwellungen oder Schmerzempfindlichkeit
Läsionen.

Mittel- und Innenohr:

Zerumen
Rötung
Ausfluss
Schwellung.

Hörvermögen:

Hört das Ticken einer Uhr oder geflüsterte Worte.

Bei vermindertem Hörvermögen:

Ergebnisse des Weber- und des Rinne-Tests.

Hörgerät:

linkes Ohr
rechtes Ohr.

Einschätzen beeinflussender Faktoren

Barrieren:

Tracheostoma
Endotrachealtubus.

Affekt oder Verhalten:

nervös
wütend
furchtsam
flach
aufmerksam
angenehm

ängstlich
unangenehm
zurückgezogen.

Beeinflussende Faktoren:
Hemmen beeinflussende Faktoren die Kommunikationsfähigkeit (siehe «Einflussfaktoren»)?

Ziele

NOC

- Kommunikation

Die Person gibt eine höhere Zufriedenheit mit ihrer Kommunikationsfähigkeit an.

Indikatoren

- Demonstrieren einer erhöhten Fähigkeit, zu verstehen.
- Demonstrieren einer verbesserten Fähigkeit, sich auszudrücken.
- Anwenden alternativer Kommunikationsmethoden, soweit angezeigt.

Allgemeine Interventionen

NIC

- Kommunikationsverbesserung
- Aktives Zuhören
- Verbesserung der Sozialisation

Identifizieren einer Methode zur Kommunikation von Grundbedürfnissen

Einschätzen der Fähigkeit zu verstehen, zu sprechen, zu lesen und zu schreiben

Sorgen für alternative Kommunikationsmethoden

Setzen Sie Computer, Stift und Schreibbrett, Handzeichen, Augenzwinkern, Kopfnicken und Klingelzeichen ein.

Verfertigen Sie Tafeln mit Bildern oder Worten, die oft verwandte Sätze wiedergeben (z. B.: «Lippen befeuchten», «Den Fuß bewegen», «Ein Glas Wasser» oder «Die Bettpfanne»).

Ermutigen Sie die Person, auf etwas zu zeigen, Gesten zu verwenden, Pantomime einzusetzen.

F: Alternative Formen der Kommunikation können Angst, Isolation und Entfremdung vermindern helfen, ein Gefühl von Kontrolle verstärken und die Sicherheit erhöhen (Lezzoni et al., 2004).

Identifizieren kommunikationsfördernder Faktoren

Schaffen einer Atmosphäre der Akzeptanz und Privatheit

Sorgen für ein entschleunigtes Umfeld

Sprechen Sie in normaler Lautstärke, langsam und in kurzen Sätzen.
Ermutigen Sie den Klienten, sich beim Sprechen Zeit zu nehmen und Worte sorgfältig, mit guten Lippenbewegungen auszusprechen.
Verringern Sie Ablenkung von außen.
Verschieben Sie das Gespräch, wenn der Betreffende müde ist.

Einschätzen des Frustrationsgrades des Klienten; diesen nicht überschreiten

Lassen Sie etwa 30 Sekunden verstreichen, bevor Sie dem Klienten das Wort sagen, das er u. U. zu finden sucht, sofern er nicht frustriert ist oder das Erbetene sofort benötigt (z. B. eine Bettpfanne).
Geben Sie Hinweise durch Bilder oder Gesten.

Einsetzen von Techniken zur Steigerung des Verstehens

Schauen Sie den Klienten direkt an und stellen Sie Blickkontakt her, wenn möglich.
Verwenden Sie unkomplizierte einstufige Kommandos und Anweisungen.
Lassen Sie nur eine Person sprechen, denn es kann schwerfallen, einer Unterhaltung mehrerer Personen zu folgen.
Ermutigen Sie zu Gesten und Pantomime.
Bringen Sie Worte und Handlungen zur Deckung. Verwenden Sie Bilder.
Beenden Sie die Unterhaltung mit einer Erfolgsnote (z. B. indem Sie auf einen leichteren Punkt zurückkommen).
Überprüfen Sie, ob der Klient die Botschaft versteht.
Geben Sie ihm die Information schriftlich, um sie zu verstärken.

F: Kommunikation ist der Kern jeder menschlichen Beziehung. Eine gestörte Fähigkeit zu spontaner Kommunikation ist frustrierend und peinlich. Pflegemaßnahmen sollten sich darauf konzentrieren, die Spannung abzubauen und Verständnis dafür zu vermitteln, wie schwierig die Situation für den Klienten sein muss (Underwood, 2004).
F: Die Pflegeperson sollte alles daransetzen, den Klienten zu verstehen. Jeder noch so geringe Erfolg verringert die Frustration und verstärkt die Motivation.

Beginnen mit Gesundheitsedukation und Überweisungen, soweit angezeigt

Konsultieren Sie einen Spezialisten für Sprache und Gehör.

Pädiatrische Interventionen

Maßnahmen

Verwenden Sie altersgerechte Worte und Gesten (siehe *verzögerte[s] Wachstum und Entwicklung*, Tab. II-10).

Sprechen Sie zunächst mit den Eltern und gestatten Sie dem Kind zuzuschauen.

1. Nähern Sie sich dem Kind langsam und sprechen Sie mit ruhiger, gelassener und selbstsicherer Stimme.
2. Nehmen Sie eine Position auf Augenhöhe ein.
3. Verwenden Sie einfache Worte und kurze Sätze.
4. Sprechen Sie über etwas, das mit der gegenwärtigen Situation nichts zu tun hat (z.B. Schule, Spielzeug, Haar, Kleidung).

Bieten Sie möglichst viele Auswahlmöglichkeiten an.

Ermutigen Sie das Kind, Bedenken und Befürchtungen zu äußern.

Geben Sie dem Kind Gelegenheit, Gegenstände zu berühren und mit ihnen umzugehen (z.B. Stethoskop, Zungenspatel).

Verwenden Sie keine Analogien mit kleinen Kindern (z.B.: «Die Injektion wird sich anfühlen wie ein Stich in deinen Arm.»).

Verstärken Sie bei tauben Kindern die Botschaft, indem Sie vermehrt visuelle und taktile Hinweise einsetzen.

Beeinträchtigte Kommunikation, ...

... b/d Auswirkungen eines Hörverlustes

Ziele

NOC

- Kommunikation
- Kommunikation: rezeptive

Die Person berichtet über eine verbesserte Kommunikationsfähigkeit bzw. demonstriert sie.

Indikatoren

- Tragen eines funktionierenden Hörgeräts, falls angemessen.
- Kommunizieren durch alternative Methoden.

Interventionen

NIC

- Aktives Zuhören
- Kommunikationsverbesserung: Hörbehinderung

Die Person fragen, welche Form der Kommunikation gewünscht wird

Dokumentieren der verwandten Methode im Pflegeplan (u. U. kombiniert aus Folgendem):

Schreiben
Sprechen
Gestikulieren
Lippenlesen
Zeichensprache.

F: Taubheit kann die im Gesundheitsversorgungsprozess notwendige wechselseitige Beziehung unterbrechen.

Einschätzen der Fähigkeit, verbale Botschaften zu empfangen

Wenn ein Klient mit Hörgeräten hören kann, Sicherstellen, dass dieses eingeschaltet ist und funktioniert

Prüfen Sie die Batterien, indem Sie die Lautstärke hochdrehen, bis es pfeift. Setzen Sie neue Batterien, wenn ein Pfeifen ausbleibt.
Stellen Sie sicher, dass die Lautstärke so eingestellt ist, dass sie das Hören verstärkt. Viele regeln gelegentlich die Lautstärke herunter, um Ruhe und ihren Frieden zu haben.
Bemühen Sie sich besonders darum sicherzustellen, dass der Klient das Hörgerät auch bei Aufenthalten außerhalb der Einheit/Station trägt (z. B. bei Spezialuntersuchungen oder im Operationssaal).

F: Viele ältere Menschen mit Hörstörungen tragen kein Hörgerät. Wer es doch tut, muss angehalten werden, es ständig zu tragen, es zu reinigen und zu warten und die Batterien auszutauschen. Ein älterer Mensch sollte das Selbstbewusstsein haben, Bezugspersonen über Situationen und Umfelder zu informieren, in denen er wegen der Hintergrundgeräusche Schwierigkeiten hat.

Wenn der Klient nur auf einem Ohr hört, sprechen Sie langsam und deutlich in dieses Ohr. Es ist wichtiger, deutlich zu sprechen, als laut zu sprechen.

Stellen Sie das Bett so auf, dass das «gute» Ohr des Betreffenden zur Tür hin gelegen ist.
Stehen oder sitzen Sie jeweils auf der Seite, wo der Klient am besten hört (z. B. links, wenn er auf dem linken Ohr am besten hört).

Falls die Person von den Lippen lesen kann

Schauen Sie der Person direkt ins Gesicht und sprechen Sie langsam und deutlich.

Vermeiden Sie es, mit dem Rücken zu einer Lichtquelle zu stehen – lassen Sie das Licht auf Ihr Gesicht scheinen, damit die Person Ihre Lippen sehen kann.

Reduzieren Sie Ablenkungen, welche die Aufmerksamkeit der Person hindern könnten, auf ein Minimum.

Halten Sie Gespräche möglichst kurz oder kommunizieren Sie schriftlich, wenn der Betreffende erschöpft ist.

Bekräftigen Sie wichtige Mitteilungen, indem Sie sie aufschreiben.

F: Lippenlesen ist in der Klinik schwierig und ermüdend. Eine nicht vertraute Terminologie, Angst und schlechte Lichtverhältnisse können zu Fehlern beitragen.

Sorgen Sie stets für Schreibbrett und Stift, wenn der Klient schreiben und lesen kann. Kann er nur Zeichensprache, stellen Sie ihm, so oft es geht, einen Dolmetscher bei.

Wenden Sie sich bei der gesamten Kommunikation an die Person, nicht an den Dolmetscher. Sagen Sie also beispielsweise nicht: «Fragen Sie Herrn Jones ...». Dokumentieren Sie Namen und Telefonnummern der/des Dolmetscher(s) im Pflegeplan.

Platzieren Sie den Klienten in einem Gruppensetting (z. B. Diabetesschulung) in vorderster Reihe nahe der Schulungsperson oder lassen Sie ihn von einem Dolmetscher begleiten.

Evaluieren Sie sorgfältig, ob die Person das erforderliche Wissen auch verstanden hat.

Geben Sie Informationen schriftlich.

F: Beim Einsatz eines Dolmetschers kann manches ausgelassen oder missverstanden werden. Vermitteln Sie Informationen, wann immer möglich, sowohl schriftlich als auch durch einen Dolmetscher.

Nutzen von Faktoren, die Hören und Verstehen fördern

Sprechen Sie deutlich und klar, von Angesicht zu Angesicht mit der Person.

Reduzieren Sie unnötige Geräusche im Raum auf ein Minimum:

- Lassen Sie nur jeweils eine Person sprechen.
- Seien Sie sich der Hintergrundgeräusche bewusst, indem Sie z. B. die Tür schließen und/oder den Fernseher/das Radio abschalten.

Wiederholen Sie einen Gedanken und formulieren Sie ihn dann neu, wenn die Person die volle Bedeutung nicht zu verstehen scheint.

Verwenden Sie Gesten, um die Kommunikation zu verstärken.

Ermutigen Sie die Person, mit anderen Gehörlosen Kontakt zu halten, um Gefühle sozialer Isolation auf ein Mindestmaß zu reduzieren.

Übermitteln Sie alle wichtigen Botschaften sowohl schriftlich als auch sprachlich:

- Validieren Sie das Verstehen der Person, indem Sie Fragen stellen, die als Antwort mehr als nur «Ja» oder «Nein» erfordern.
- Vermeiden Sie zu fragen: «Haben Sie verstanden?»

F: Hörgeräte verstärken jedes Geräusch, daher können fremdartige Geräusche, wie z. B. das Rascheln von Papieren oder ein leises Quietschen, das Verständnis stimmlicher Botschaften behindern.

F: Klienten mit Hörstörungen können Unterstützung finden durch:

- DEAFNET, ein Computersystem, bei dem Mitteilungen in einen Computer der Telefongesellschaft eingetippt werden, der sie auf einen Stimmgenerator überträgt
- elektronisch kommunizierende Telekommunikationsgeräte für Gehörlose, getippte Mitteilungen, Infrarotsysteme, Computer, Stimmverstärker, Telefonverstärker, Niederfrequenztürklingeln und -telefonklingeln, Dekoder für optional zuschaltbare Untertitel, Wecker mit Blinkzeichen, Hörgeräte sowie Instruktionen zum Lippenlesen und Zeichengeben
- Zentren für Gehörlose in den meisten Gemeinden, die bei der Wohnungs- und Arbeitssuche, bei der Reiseplanung, in der Freizeit und bei der Erwachsenenbildung helfen.

Beginnen mit Überweisungen, soweit angezeigt

Konsultieren Sie einen Spezialisten für Sprache und Gehör, um bei der Kommunikation zu helfen.

F: Gemäß dem «Rehabilitation Act» (1973) und dem «Americans with Disabilities Act» (1990) müssen Kliniken angemessene Versorgungsmöglichkeiten für hörgestörte Klienten vorhalten. So müssen sie beispielsweise für qualifizierte Dolmetscher und Hilfsmittel, wie z. B. Fernschreiber, sorgen, sofern dies nicht eine unzumutbare finanzielle oder anderweitige Belastung darstellt (Quelle: http://www.mweb.com./legal/legal1a.html#2).

Beeinträchtigte Kommunikation, ...

... b/d Auswirkungen einer Aphasie auf Ausdruck oder Verständnis

Aphasie ist eine Kommunikationsstörung – eine Schwierigkeit im Ausdrücken, im Verstehen oder in beidem – infolge zerebraler Störungen.

Ziele

NOC

- Kommunikation: expressive

Die Person berichtet über verminderte Frustration in der Kommunikation.

Indikatoren

- Demonstrieren einer verstärkten Fähigkeit zu kommunizieren.
- Demonstrieren einer verbesserten Fähigkeit, Ideen, Gedanken und Bedürfnisse zu äußern.

Interventionen

NIC

- Kommunikationsverbesserung: Sprachbehinderung
- Aktives Zuhören
- Angstminderung

Anwenden von Techniken, die den verbalen Ausdruck verstärken

Konzertierte Bemühungen, um die Person zu verstehen

Räumen Sie genügend Zeit ein, um zuzuhören.

Formulieren Sie Mitteilungen neu, um Gesagtes zu validieren.

Bestätigen Sie, wenn Sie verstanden haben, und machen Sie sich nicht gleich Gedanken um Formulierungen, die nicht perfekt sind.

Ignorieren Sie Fehler und vulgäre Ausdrucksweisen.

Geben Sie nicht vor, etwas zu verstehen, wenn Sie in Wirklichkeit nicht verstanden haben.

Achten Sie auf nonverbale Kennzeichen zur Validierung, etwa wenn der Klient mit «Ja» antwortet, dabei aber den Kopf schüttelt.

Lassen Sie der Person Zeit zu antworten. Unterbrechen Sie nicht. Sobald sich die Sprache verbessert, steigt auch das Selbstvertrauen, und der Klient unternimmt von sich aus mehr Sprechversuche.

F: Bedachtsame Maßnahmen können Sprache verbessern. Sobald sich die Sprache verbessert, steigt auch das Selbstvertrauen und der Klient unternimmt von sich aus mehr Sprechversuche.

Anleiten in Techniken zur Sprachverbesserung

Bitten Sie darum, langsamer zu sprechen und jedes Wort klar zu formulieren; geben Sie ein Beispiel.

Halten Sie den Klienten an, in kurzen Sätzen zu sprechen.

Erklären Sie, dass die Worte des Klienten nicht klar zu verstehen sind (z. B.: «Ich verstehe nicht, was Sie sagen.»).

Schlagen Sie eine niedrigere Sprechgeschwindigkeit vor oder regen Sie an, der Klient möge tief einatmen, bevor er zu sprechen beginnt.

Bitten Sie den Klienten, die Mitteilung niederzuschreiben oder ein Bild zu zeichnen, wenn die verbale Verständigung schwierig ist.

Konzentrieren Sie sich auf die Gegenwart. Meiden Sie umstrittene, emotionale, abstrakte oder langwierige Themen.

Erklären der Vorteile täglicher Sprechübungen; Konsultieren eines Sprachtherapeuten wegen spezieller Übungen

F: Tägliche Übungen helfen, die Effizienz der Sprechmuskulatur sowie die Sprechgeschwindigkeit und die Lautstärke zu erhöhen sowie die Aussprache zu verbessern.

Anerkennen der Frustration und der Verbesserungen des Klienten

Sprechen Sie die Frustration über die Unfähigkeit zu kommunizieren, verbal an und erklären Sie, dass sowohl die Pflegeperson als auch der Klient Geduld haben müssen.

Bewahren Sie eine ruhige, positive Haltung (z. B.: «Ich werde Sie verstehen, wenn wir daran arbeiten.»).

Beruhigen Sie den Klienten (z. B: «Ich weiß, dass es schwierig ist, aber Sie werden es schaffen.»). Setzen Sie Berührung ein, wenn dies akzeptabel ist.

Bewahren Sie Ihren Humor.

Lassen Sie Tränen zu (z. B.: «Es ist in Ordnung. Ich weiß, dass es frustrierend ist. Weinen kann es alles rauslassen.»).

Geben Sie der Person Gelegenheit zu pflegebezogenen Entscheidungen (z. B.: «Hätten Sie lieber Orangensaft oder Pflaumensaft?»).

Sorgen Sie für alternative Methoden, sich auszudrücken:

- Summen, Singen
- Tanzen, sich körperlich betätigen, Gehen
- Schreiben, Zeichnen, Malen, Kolorieren
- Helfen (Aufgaben wie das Öffnen der Post, Auswählen von Mahlzeiten).

Identifizieren von Faktoren, die das Verstehen fördern

Sorgen für hinreichend Licht und Beseitigen von Ablenkung

Sprechen, wenn die Person bereit ist, zuzuhören

Stellen Sie Blickkontakt her, wenn möglich.

Gewinnen Sie die Aufmerksamkeit der Person, indem Sie sie leicht am Arm berühren oder eine verbale Mitteilung wie: «Hören Sie …» oder «Ich möchte mit Ihnen sprechen …» formulieren.

F: Bedachtsame Maßnahmen können Sprache verbessern. Sobald sich die Sprache verbessert, steigt auch das Selbstvertrauen und der Klient unternimmt von sich aus mehr Sprechversuche.

Modifizieren Ihrer Sprache

Sprechen Sie langsam und deutlich.

Verwenden Sie Worte, die unter Erwachsenen häufig vorkommen.

Wechseln Sie nicht das Thema und stellen Sie nicht mehrere Fragen auf einmal.

Wiederholen Sie Bitten oder formulieren Sie sie neu.

Heben Sie nicht die Stimme, sofern die Person nicht schwerhörig ist.

Bringen Sie Ihr nonverbales Verhalten mit ihren verbalen Aussagen in Deckung, um Missverständnisse zu vermeiden. Lachen Sie beispielsweise nicht zusammen mit einer Kollegin, wenn Sie eine Arbeit durchführen.

Versuchen Sie, bei einer Aufgabe/Arbeit stets dieselben Worte zu verwenden (z. B. Bad vs. Toilette, Tablette vs. Medikament).

Führen Sie eine Dokumentation am Bett, um Kontinuität zu wahren.

Wenn sich der Zustand der Person bessert, geben Sie ihr die Möglichkeit, Ihre Sätze zu vervollständigen (z. B.: «Das ist eine … [Tablette].»).

F: Das Verstehen des Klienten zu verbessern, kann Frustration abbauen helfen und Vertrauen stärken. Klienten mit Aphasie können die Stimmlage korrekt interpretieren.

Einsetzen vielfältiger Kommunikationsweisen

Verwenden Sie Pantomime.

Zeigen Sie auf Dinge.

Verwenden Sie Bildkarten.

Zeigen Sie, was Sie meinen, indem Sie z. B. ein Glas in die Hand nehmen.

Schreiben Sie zentrale Worte auf eine Karte, damit der Klient sie üben kann, während Sie auf den Gegenstand (z. B. Papier) zeigen.

F: Alternative Formen der Kommunikation können Angst, Isolation und Entfremdung vermindern helfen (Lezzoni et al., 2004).

Zeigen von Respekt bei der Pflege

Vermeiden Sie es, den Zustand der Person in ihrer Gegenwart zu erörtern. Gehen Sie davon aus, dass der Klient Sie trotz seiner Defizite verstehen kann.

Überwachen Sie andere Gesundheitsfachpersonen auf Einhaltung des Pflegeplans.

Sprechen Sie mit der Person, wann immer Sie bei ihr sind.

F: Pflege sollte sich auf das Steigern des Wohlbefindens konzentrieren.

Beginnen mit Gesundheitsedukation und Überweisungen, soweit angezeigt

Leiten Sie Bezugspersonen in Kommunikationstechniken und wiederholten Ansätzen an.

Ermutigen Sie die Familie, Gefühle in Bezug auf Kommunikationsprobleme mitzuteilen.

Erklären Sie die Gründe für Gefühlsschwankungen und Vulgärsprache.

Erklären Sie die Notwendigkeit, die Person in die familiäre Entscheidungsfindung einzubeziehen.

Konsultieren Sie schon frühzeitig in der Behandlung einen Sprech- und Sprachtherapeuten.

Beeinträchtigte Kommunikation, …

… b/d die Barriere einer Fremdsprache

Ziele

NOC

- Kommunikation

Die Person wird Bedürfnisse und Anliegen kommunizieren (ggf. durch einen Dolmetscher).

Indikatoren

- Demonstrieren der Fähigkeit, Informationen zu verstehen.
- Berichten über verminderte Frustration und Isolation.

Interventionen

NIC

- Kulturelle Vermittlung
- Aktives Zuhören
- Kommunikationsverbesserung

Einschätzen der Fähigkeit, auf Deutsch* zu kommunizieren

Stellen Sie fest, welche Sprache der Klient am besten spricht.

Schätzen Sie die Fähigkeit des Klienten ein, deutsch zu lesen, zu schreiben, zu sprechen und zu verstehen.

Evaluieren Sie das Verstehen nicht auf der Grundlage von Ja- oder Nein-Antworten.

F: Die Antwort «Ja» kann eher ein Zeichen von Gefälligkeit und weniger ein Zeichen des Verstehens sein.

Identifizieren von Faktoren, welche die Kommunikation ohne Dolmetscher fördern

Schauen Sie die Person an und begrüßen Sie sie auf angenehme Weise in normaler Tonlage.

Sprechen Sie deutlich und etwas langsamer als gewöhnlich, aber übertreiben Sie es nicht.

* Deutsch ist hier nur ein Beispiel für die dominante Sprache.

Wenn die Person weder versteht noch spricht (antwortet), verwenden Sie eine andere Kommunikationsmethode:

- Schreiben Sie die Nachricht auf.
- Verwenden Sie Gesten oder Handlungen.
- Verwenden Sie Bilder oder Zeichnungen.
- Erstellen Sie Karten mit Übersetzungen von Worten oder Sätzen.

Ermutigen Sie den Klienten, anderen einige Worte oder Begrüßungsformeln aus seiner eigenen Sprache beizubringen. Dies hilft, Akzeptanz und Lernbereitschaft zu fördern.

Korrigieren Sie die Aussprache eines Klienten und seiner Angehörigen nicht.

Klären Sie die genaue Bedeutung eines unklaren Wortes.

Verwenden Sie medizinische und umgangssprachliche Begriffe jeweils, wenn angezeigt (z. B. Vomitus/Erbrechen).

F: Der Versuch einer Pflegeperson, über eine Sprachbarriere hinweg zu kommunizieren, ermutigt den Klienten, dasselbe zu tun.

F: Die Menschen sollten die Neigung zu überwinden suchen, Personen, welche die dominante Sprache nicht beherrschen, entweder zu ignorieren oder anzuschreien.

F: Seien Sie sich bewusst, dass jemand, der eine Sprache lernt, für jedes Wort gewöhnlich nur eine Bedeutung lernt. Manche Worte haben aber mehrere Bedeutungen, wie z. B. «Linse» oder «Fuß».

F: Beginnen Sie beim Erstassessment mit allgemeinen Fragen. Geben Sie der Person Zeit, sich zu äußern, auch wenn es nicht damit zusammenhängt. Stellen Sie möglichst indirekte, offene Fragen. Schieben Sie sehr persönliche Fragen möglichst hinaus.

Die Möglichkeit kultureller Barrieren im Auge behalten

Vorsicht beim Berühren der Person; in manchen Kulturen gilt dies u. U. als unziemlich.

Seien Sie sich der verschiedenen Arten bewusst, in denen Männer und Frauen der jeweiligen Kultur behandelt werden möchten. Kulturelle Haltungen können beeinflussen, ob ein Mann mit einer Frau über bestimmte Dinge spricht oder nicht – und umgekehrt.

Bemühen Sie sich bewusst darum, in Bezug auf kulturelle Unterschiede vorurteilslos zu sein.

Halten Sie fest, was eine angenehme Distanz zu sein scheint, um miteinander zu sprechen.

F: Pflegende müssen transkulturell sensibel sein, sich in Wissensvermittlung auskennen und etwas von Fürsprache verstehen, um die Bedürfnisse des Klienten zu vertreten. Kulturell sensibel zu interpretieren ist etwas Komplexeres, als einfach nur Worte in einer anderen Sprache zusammenzustellen (Giger/Davidhizar, 2004).

F: Die angemessene Distanz zwischen Sprechenden ist kulturabhängig verschieden. Manche stehen einander gegenüber, während andere deutlich weiter auseinander stehen, um sich behaglich zu fühlen.

F: Kommunikation durch Berühren oder Halten ist kulturabhängig verschieden. In manchen Kulturen gilt Berühren als extrem vertrauliche Geste, in manchen scheut man vor dem Berühren eines bestimmten Körperteils zurück (Tätscheln des Kopfes kann beleidigend sein), und in manchen gilt es als schicklich, wenn Männer einander küssen und Frauen sich an der Hand halten.

Beginnen mit Überweisungen, soweit angezeigt

Bedienen Sie sich bei wichtigen Angelegenheiten – z. B. beim Erheben der Anamnese oder beim Unterzeichnen der Einverständniserklärung zu einer Operation – eines Dolmetschers, der *fließend* spricht. Bekräftigen Sie Gespräche über einen Dolmetscher durch schriftliche Informationen.

Lassen Sie den Dolmetscher so lange bleiben, wie die Person dies wünscht. Seien Sie flexibel mit Besuchsregelungen und -vorschriften.

Steht ein Dolmetscher nicht zur Verfügung, planen Sie einen täglichen Besuch durch eine Person, die über einige Kenntnisse der Sprache des Klienten verfügt. Viele Kliniken und Sozialdienste führen eine «Sprachbank» mit Namen und Telefonnummern von Personen, die bereit sind zu übersetzen.

Nutzen Sie ggf. das Übersetzungssystem Ihrer Telefongesellschaft, soweit vorhanden (z. B. AT&T).

Beeinträchtigte verbale Kommunikation

Definition

Beeinträchtigte verbale Kommunikation: der Zustand, in dem eine Person eine verminderte Sprach- und Sprechfähigkeit erfährt oder entsprechend hochgradig gefährdet ist, andere jedoch verstehen kann.

Beeinträchtigte verbale Kommunikation (engl. Impaired verbal communication): Verminderte, verzögerte oder fehlende Fähigkeit, ein System von Zeichen zu empfangen, zu verarbeiten, weiterzugeben und/oder zu nutzen (NANDA-I, 2010).

Bestimmende Merkmale oder Kennzeichen

Hauptkennzeichen (obligat)

Nicht sprechen, aber andere verstehen können.
Defizite in der Aussprache und in der motorischen Bahnung.

Nebenkennzeichen (fakultativ)

[Berichte des Klienten über Schwierigkeiten, sich zu äußern].
Unfähigkeit, die Sprache des Pflegenden [die lokal vorherrschende Sprache] zu sprechen
spricht mit Schwierigkeiten
Schwierigkeit, Sätze zu formulieren
Stottern
undeutliche Aussprache
spricht nicht
nicht sprechen können

bewusste Weigerung zu sprechen
Schwierigkeit, Wörter [oder Sätze] zu artikulieren (z. B. Stimmlosigkeit, Stammeln, Dysarthrie)
Schwierigkeit, Gedanken sprachlich auszudrücken (z. B. Aphasie, Dysphasie, Apraxie, Dyslexie)
unangemessene Ausdrucksweise, [unaufhörliches Sprechen, lose Gedankenverknüpfungen, Ideenflucht]
Schwierigkeit, das übliche Kommunikationsmuster zu verstehen
Schwierigkeit, das übliche Kommunikationsmuster aufrechtzuerhalten
fehlender Blickkontakt
Schwierigkeit der selektiven Aufmerksamkeit
partielle Sehstörung
totale Sehstörung
Schwierigkeit, Mimik einzusetzen
Unfähigkeit, Mimik einzusetzen
Schwierigkeit, Körpersprache einzusetzen
Unfähigkeit, Körpersprache einzusetzen
Dyspnö
Desorientierung in Bezug auf Personen
räumliche Desorientierung
zeitliche Desorientierung
Formulierungsschwierigkeiten
[Gebrauch von nonverbalen Zeichen (z. B. Gesichtsausdruck, Gesten, Hilfe suchende Blicke, Sich-Abwenden)]
[Unfähigkeit, die Sprache zu modulieren]
[Aussage entspricht nicht dem beabsichtigten Inhalt]
[Frustration, Wut, Feindseligkeit].

Einflussfaktoren

Siehe *beeinträchtigte Kommunikation.*

Zentrale Konzepte

Siehe *beeinträchtigte Kommunikation.*

Einschätzungskriterien des Fokusassessments

Siehe *beeinträchtigte Kommunikation.*

Ziele

NOC

- Kommunikation: expressiv

Die Person demonstriert eine verbesserte Ausdrucksfähigkeit.

Indikatoren

- Berichten über weniger Frustration beim Kommunizieren.
- Verwenden alternativer Methoden, wie angezeigt.

Allgemeine Interventionen

NIC

- Aktives Zuhören
- Kommunikationsverbesserung: Sprachbehinderung

Identifizieren einer Methode zur Kommunikation von Grundbedürfnissen

Siehe *beeinträchtigte Kommunikation.*

Identifizieren kommunikationsfördernder Faktoren

Bei Klienten mit Dysarthrie

Reduzieren von Umgebungsgeräuschen (z. B. Radio, Fernsehen), damit die Betreuungsperson Worte besser hören kann.

Stellen Sie Ihre Sprache oder Ihre Mitteilungen nicht um, weil hier nicht das Verständnis des Klienten betroffen ist. Sprechen Sie auf dem Niveau Erwachsener.

Ermutigen Sie den Klienten, sich bewusst darum zu bemühen, langsamer und lauter zu sprechen (z. B.: «Holen Sie zwischen zwei Sätzen Luft.»).

Bitten Sie den Klienten, unklare Worte zu wiederholen. Achten Sie auf nonverbale Kennzeichen, die beim Verstehen helfen.

Wenn der Klient ermüdet ist, sollten Sie nur Fragen stellen, die sich kurz beantworten lassen.

Sollte die Sprache unverständlich sein, unterweisen Sie in Gesten, im Schreiben von Mitteilungen und in Kommunikationskarten.

Bei Klienten, die nicht sprechen können (z. B. endotracheale Intubation, Tracheostoma)

Beruhigen Sie den Klienten dahingehend, dass die Sprache wiederkehrt, wenn dies auch tatsächlich so sein wird. Wenn nicht, erläutern Sie Alternativen (z. B. Ösophagussprache, Zeichensprache).

Verändern Sie weder Sprache noch Ton und Art der Mitteilung, denn die Verständnisfähigkeit der Person ist nicht betroffen. Sprechen Sie auf Erwachsenenniveau.

Lesen Sie von den Lippen ab, um Informationen zu bekommen.

Fördern der Versorgungskontinuität, um Frustration abzubauen

Beobachten auf Zeichen von Frustration oder Rückzug

Sprechen Sie Frustration über die Sprechunfähigkeit verbal an und erklären Sie, dass sowohl die Pflegeperson als auch der Klient geduldig sein müssen.
Wahren Sie eine ruhige, positive Haltung (z. B.: «Ich verstehe Sie, wenn wir daran arbeiten.»).
Beruhigen Sie (z. B.: «Ich weiß, es ist schwierig, aber Sie schaffen es».).
Bewahren Sie Ihren Humor.
Lassen Sie Tränen zu (z. B.: «Es ist in Ordnung. Ich weiß, dass es frustrierend ist. Weinen kann es alles rauslassen.»).
Ermutigen Sie einen Klient mit eingeschränkter Sprechfähigkeit, der z. B. nur einfache Bitten, aber keine längeren Aussagen formulieren kann, dazu, Briefe zu schreiben oder Tagebuch zu führen und Sorgen mitzuteilen.
Antizipieren Sie Bedürfnisse und formulieren Sie Fragen, die nur ein einfaches Ja oder Nein erfordern.

Einhalten eines spezifischen Pflegeplans

Schreiben Sie die verwendete Kommunikationsmethode auf (z. B.: «Verwendet Wortkarten» oder «Zeigt auf die Steckbecken»).
Dokumentieren Sie Anweisungen für bestimmte Maßnahmen, um Kommunikationsprobleme zu verringern (z. B.: «Darf das Urinal im Bett behalten.»).

Beginnen mit Gesundheitsedukation und Überweisungen, soweit angezeigt

Leiten Sie Bezugspersonen in Kommunikationstechniken und wiederholten Ansätzen an.
Ermutigen Sie die Familie, Gefühle in Bezug auf Kommunikationsprobleme mitzuteilen.
Konsultieren Sie schon frühzeitig in der Behandlung einen Sprech- und Sprachtherapeuten.

F: Siehe *beeinträchtigte Kommunikation.*

Pädiatrische Interventionen

Maßnahmen

Etablieren Sie eine altersgerechte Kommunikationsmethode.
Wenn ein kleines Kind nicht sprechen kann, lehren Sie grundlegende Sprachgesten (Zeit, Nahrung, familiäre Beziehungen, Emotionen, Tiere, Zahlen, häufige Fragen).
Konsultieren Sie einen Spezialisten für Sprach- und Sprechstörungen zur weiteren Unterstützung.
Erörtern Sie mit den Eltern oder Betreuungspersonen, wie wichtig es ist, dem Kind eine Kommunikationsmethode zu vermitteln.

F: Bei Kindern, die nicht sprechen können, besteht die Gefahr einer verzögerten rezeptiven und expressiven Sprachentwicklung (d. h. stimmlicher Ausdruck, Stimmproduktion).
F: Kommunikation fördert das Bonding und die Zuneigung des Kindes zur Betreuungsperson als dessen primäre sozial prägende Persönlichkeit.
F: Die Fähigkeit, mit Menschen aus der Umgebung zu kommunizieren, erhöht die Unabhängigkeit und Selbstachtung des Kindes und stärkt dessen Selbstverwirklichung.

Verwirrtheit*

Verwirrtheit

Akute Verwirrtheit
Chronische Verwirrtheit

Definition

Verwirrtheit: der Zustand, in dem eine Person eine Störung der Kognition, der Aufmerksamkeit, des Gedächtnisses und der Orientierung von unbestimmtem Beginn und Ende erlebt oder entsprechend gefährdet ist.

Akute Verwirrtheit (engl.: acute confusion). Plötzliches Auftreten von reversiblen Störungen des Bewusstseins, der Aufmerksamkeit, Kognition und Wahrnehmung, die sich über einen kurzen Zeitraum entwickeln (NANDA-I, 2010).

Chronische Verwirrtheit (engl.: chronic confusion). Irreversible, lang andauernde und/oder fortschreitende Verschlechterung von Intellekt und Persönlichkeit, gekennzeichnet durch eine verminderte Fähigkeit, Umweltreize zu interpretieren; verminderte intellektuelle Denkfähigkeit, und angezeigt durch Störungen des Gedächtnisses, der Orientierung und des Verhaltens (NANDA-I, 2010).

Bestimmende Merkmale oder Kennzeichen

Hauptkennzeichen (obligat)

Störungen des/der:
Bewusstseins
Aufmerksamkeit
Wahrnehmung
Schlaf-Wach-Zyklus
Gedächtnisses
Orientierung
Denkens
psychomotorischen Verhaltens (Reaktionszeit, Bewegungsgeschwindigkeit, Sprachfluss, unbewusste Bewegungen, Handschrift).

Nebenkennzeichen (fakultativ)

Sinnestäuschungen
Hypervigilanz
Agitiertheit.

* Diese Diagnose steht gegenwärtig nicht auf der NANDA-Liste, wurde jedoch der Klarheit und Nützlichkeit halber aufgenommen.

Anmerkung der Autorin

Die Autorin hat *Verwirrtheit* in die Diagnosenliste aufgenommen, um für eine Option zu sorgen, falls Ursprung, Beginn oder Dauer einer Verwirrtheit unbekannt sind. Mit dieser Option braucht die Pflegeperson Verwirrtheit nicht so rasch als akut oder chronisch einzustufen. Ein sorgfältiges Assessment ist angezeigt. Bis zum Abschluss der Datenerhebung kann die Diagnose formuliert werden als: *Verwirrtheit,* **b/d** *eine unbekannte Ätiologie, angezeigt durch (zu spezifizieren).*

«Die Begriffe Delir und Verwirrtheit sind nicht austauschbar» (Anderson, 1999:497). Verwirrtheit ist Symptom einer irreversiblen organischen Geisteskrankheit; Delir ist eine akute Verwirrtheit von kurzer Dauer und reversibel, wenn die zugrunde liegende Ursache behandelt wird (Anderson, 1999; Foreman et al., 1999). Für eine Beschreibung der chronischen bzw. akuten Verwirrtheit (Delir) siehe jeweils unter «Zentrale Konzepte».

Akute Verwirrtheit

Definition

Akute Verwirrtheit: der Zustand, in dem es zum plötzlichen Einsetzen eines Clusters umfassender fluktuierender Störungen des Bewusstseins, der Aufmerksamkeit und Wahrnehmung, des Gedächtnisses und der Orientierung, des Denkens und des Schlaf-Wach-Zyklus sowie des psychomotorischen Verhaltens kommt (American Psychiatric Association, 2004).

Akute Verwirrtheit (engl. Acute confusion): Plötzliches Auftreten von reversiblen Störungen des Bewusstseins, der Aufmerksamkeit, Kognition und Wahrnehmung, die sich über einen kurzen Zeitraum entwickeln (NANDA-I, 2010).

Gefahr einer akuten Verwirrtheit: Risiko reversibler Störungen des Bewusstseins, der Aufmerksamkeit, der Kognition und der Wahrnehmung, die sich über einen kurzen Zeitraum entwickeln

Bestimmende Merkmale oder Kennzeichen

Hauptkennzeichen (obligat)

Abruptes Einsetzen von:
Abnahme der Konzentrationsfähigkeit
Desorientiertheit
Inkohärenz
Angst
Hypervigilanz
Verwirrtheit
Unruhe
Furcht
Erregtheit.

Die Symptome sind stärker ausgeprägt bei Nacht, bei Erschöpfung und in neuen Situationen.

Nebenkennzeichen (fakultativ)

Illusionäre Verkennungen
Wahnvorstellungen
Halluzinationen
Unzutreffende Wahrnehmung von Stimuli.
Schwankungen in der Kognition
Schwankungen im Bewusstheitsgrad
Schwankungen in der psychomotorischen Aktivität [Tremor, Körperbewegungen]
gesteigerte Agitiertheit
erhöhte Ruhelosigkeit
Sinnestäuschungen [unangemessene Reaktionen]
fehlende Motivation, Dinge mit zweckgerichtetem Verhalten zu beginnen
fehlende Motivation, Dinge mit zweckgerichtetem Verhalten zu Ende zu führen
fehlende Motivation, Dinge mit zielgerichtetem Verhalten zu Ende zu führen.

Risikofaktoren

Alkoholkonsum
Suchtmittelmissbrauch
Infektion
Harnverhalt
Schmerzen
Unregelmäßigkeiten im Schlaf-Wach-Zyklus, [Desynchronisation]
eingeschränkte Mobilität
reduzierte freiheitsbeschränkende Maßnahmen
vorangegangener Schlaganfall
beeinträchtigte Kognition
Demenz
sensorische Deprivation
Alter über 60 [50] Jahre
männliches Geschlecht.

Medikation/Drogen

Anästhesie
Anticholinergika
Diphenhydramin
Opioide
psychoaktive Arzneimittel
Mehrfachmedikation.

Stoffwechselanomalien
Stoffwechselanomalien
Azotämie
vermindertes Hämoglobin
Dehydration
unausgeglichener Elektrolythaushalt
erhöhter Blut-Harnstoff-Stickstoff/erhöhtes Kreatinin
Mangelernährung.

Vorliegen von weiteren Risikofaktoren (siehe «Einflussfaktoren»).

Einflussfaktoren

Pathophysiologische Faktoren

B/d abrupten Beginn einer zerebralen Hypoxie oder einer Störung des Hirnstoffwechsels, s/b/d (Miller, 2004):

Störungen des Flüssigkeits- und Elektrolythaushalts
Dehydratation
Volumenverlust
Azidose/Alkalose
Hyper-/Hypokalzämie
Hypokaliämie
Hypo-/Hypernatriämie
Hypo-/Hyperglykämie.

Mängel in der Ernährung
Folsäure- oder Vitamin-B_{12}-Mangel
Anämie
Niacinmangel
Magnesiummangel.

Herz-Kreislauf-Erkrankungen
Myokardinfarkt
Dekompensierte Herzinsuffizienz
Rhythmusstörungen
Herzblock
Arteriitis temporalis
Subdurales Hämatom.

Lungen- und Atemwegserkrankungen
Chronisch-obstruktive Bronchitis/Lungenemphysem (COPD)
Lungenembolie
Tuberkulose
Pneumonie.

Infektionen

fiebrige Sepsis
Meningitis, Enzephalitis
Harnwegsinfekte (vor allem bei älteren Menschen).

Stoffwechselkrankheiten und endokrine Leiden

Hypo-/Hyperthyreose
Unter-/Überfunktion der Nebenniere
Unter- bzw. Überfunktion des Hypophysenvorderlappens
Erkrankungen der Nebenschilddrüse
Orthostatische Hypotonie
Hypo-/Hyperthermie
Leber- oder Niereninsuffizienz.

Erkrankungen des ZNS

Multiple Infarkte
Tumore
Normotoner Hydrozephalus
Kopfverletzung
Krämpfe und Zustände nach einem Krampfanfall.

Behandlungsbedingte Faktoren

B/d Störungen des Hirnstoffwechsels, s/b/d ...

... eine Operation:

- therapeutische «Intoxikation»
  - Neuroleptika
  - Narkotika
- Vollnarkose
- Nebenwirkungen einer Medikation
  - Diuretika
  - Digitalis
  - Propanolol
  - Atropin
  - orale Antidiabetika
  - Antiphlogistika
  - Anxiolytika
    - Phenothiazine
    - Benzodiazepine
  - Barbiturate
  - Methyldopa
  - Disulfiram
  - Lithium
  - Phenytoin
  - OTC-Präparate, Husten- und Schlafmittel

- Sulfonamide
- Ciprofloxacin
- Metronidazol
- Aciclovir
- H_2-Rezeptor-Antagonisten
- Anticholinergika.

Situationsbedingte Faktoren (persönlich bedingt, umgebungsbedingt)

B/d Störungen des Hirnstoffwechsels, s/b/d:

Alkohol-, Sedativa- und Hypnotikaentzug

Schwermetall- oder Kohlenmonoxidvergiftung.

B/d:

starke Schmerzen
Koteinklemmung
Immobilität
Depression
unvertraute Situation.

B/d chemische Intoxikationen oder Medikationen (zu spezifizieren):

Alkoholmissbrauch; Drogen-, Medikamentenmissbrauch
Kokain
Methadon
Metamphetamin
Phenylcyclohexylpiperidin («Angel Dust», PCP)
Heroin.

B/d:

Alter über 60
Unregelmäßigkeiten im Schlaf-Wach-Zyklus (Desynchronisation)

Anmerkung der Autorin

Die Aufnahme von *akute Verwirrtheit* und *chronische Verwirrtheit* in die NANDA-Liste gibt der Pflegeperson mehr diagnostische Klarheit als *gestörte Denkprozesse. Akute Verwirrtheit* beginnt abrupt mit fluktuierenden Symptomen. *Chronische Verwirrtheit* beschreibt eine seit langem bestehende oder fortschreitende Degeneration. *Gestörte Denkprozesse* bedeutet auch eine Unterbrechung kognitiver Prozesse; die Ursachen sind jedoch Coping-Probleme oder Persönlichkeitsstörungen.

Irrtümer in diagnostischen Aussagen

1. *Akute Verwirrtheit,* b/d *fortgeschrittenes Alter*
   Diese Diagnose spiegelt keine Informationen über die Verwirrtheit sowie über das Alter und seine Auswirkungen auf die Kognition wider. Die Verwirrtheit eines alten Menschen kann verschiedene Gründe haben (z. B. Störung des Elektrolythaushalts, Fieber, Hirninfarkte, Alzheimer-Krankheit). Die Person muss durch einen Arzt und eine Pflegeperson untersucht werden. Bis die Ursachen bekannt sind, kann die Diagnose formuliert werden als: *chronische Verwirrtheit,* b/d *eine unbekannte Ätiologie.*

Zentrale Konzepte

Allgemeine Überlegungen

- «Verwirrtheit» ist ein von Pflegenden oft verwendeter Begriff, um eine Reihe kognitiver Störungen zu beschreiben. «Eine Person als verwirrt zu bezeichnen ist nur ein erster Schritt» (Rasin, 1990; Roberts, 2001). Verwirrtheit ist eine biopsychologische Begrifflichkeit, die eine Störung des Hirnstoffwechsels anzeigt. Ein verminderter Hirnstoffwechsel senkt die Neurotransmitterspiegel im Gehirn, und zwar vor allem bei Acetylcholin und Adrenalin. Acetylcholin ist erforderlich für Aufmerksamkeit, Lernen, Gedächtnis und Informationsverarbeitung (Rasin, 1990; Roberts, 2001).
- Akute Verwirrtheit oder Delir entstehen durch vorübergehende biochemische Störungen durch Medikamente, Infektionen, Dehydratation, Elektrolyt- und Stoffwechselstörungen (Foreman et al., 1999). Sie dauern gewöhnlich weniger als 5 Tage, wenn die zugrunde liegenden Störungen behandelt werden. Ein frühzeitiges Erkennen und Behandeln können unnötig lange Klinikaufenthalte verhindern (Foreman et al., 1999).
- Zum Verhalten akut verwirrter Patienten gehören Hyper- und Hypoaktivität sowie eine Mischung aus beidem (Cacchione et al., 2003).
- Chronische Verwirrtheit resultiert aus einer fortschreitenden Degeneration des zerebralen Kortex. Krankheiten, die solch eine Degeneration hervorrufen, gibt es mehrere, aber die daraus hervorgehenden Verhaltensstörungen sind ähnlich. Die Alzheimer-Krankheit verursacht etwa 60 % der Fälle chronischer Verwirrtheit, während multiple Infarkte etwa 10 % der als Multiinfarktdemenz (MID) bezeichneten Erkrankung ausmachen. Eine Kombination der senilen Demenz vom Alzheimer-Typ (SDAT) und MID verursachen weitere 17 %. Seltene und gelegentlich reversible Erkrankungen, wie die Pick-Krankheit, die Creutzfeldt-Jakob-Krankheit und die chronische Intoxikation durch chemische Substanzen (z. B. Alkohol, Blei, Opioide, Kokain) verursachen die verbleibenden 13 % (Hall, 1991). Chronisch verwirrte Menschen können auch ins Delir fallen.

Geriatrische Überlegungen

- Eine mäßige bis schwere kognitive Beeinträchtigung bei älteren Menschen kann die Folge von Demenz, Delir oder Depression sein. Pflegende müssen sorgfältig und vorsichtig an das Assessment herangehen und sollten die Diagnose nicht in einem einzigen Symptom oder körperlichen Befund begründen.

- Eine Infektion ist eine der häufigsten Ursachen für Veränderungen des Geisteszustandes älterer Menschen (Bishop, 2006).
- Stürze und Verwirrtheit sind oft bei sehr alten Menschen mit Pneumonie anzutreffen (Janssens/Krause, 2004).
- Denken und Rechenfähigkeiten, Gedächtnis, Urteilsvermögen und Problemlösen werden bei älteren Menschen gemessen, um einen allgemeinen Index der kognitiven Fähigkeit insgesamt zu bekommen. Das Kurzzeitgedächtnis kann ein wenig nachlassen, aber das Langzeitgedächtnis bleibt oft intakt (Miller, 2004).
- Im Alter bleibt die Intelligenz unverändert (außer vielleicht in den ganz späten Jahren), aber der Betreffende benötigt mehr Zeit, um Informationen zu verarbeiten. Auch die Reaktionszeit verlängert sich. Aufgrund von erhöhter Ablenkbarkeit, herabgesetztem konkretem Denken und Schwierigkeiten beim Lösen neuer Probleme kann es auch Schwierigkeiten beim Lernen neuer Informationen geben. Ältere Menschen gleichen diese Schwächen gewöhnlich aus, indem sie sich mehr Zeit nehmen, um Informationen zu verarbeiten, Ablenkungen herausfiltern und bei der Entscheidungsfindung extrem sorgfältig vorgehen. Ein deutliches Nachlassen kognitiver Fähigkeiten ist gewöhnlich auf Krankheitsprozesse wie Atherosklerose, den Verlust von Neuronen und andere pathologische Veränderungen zurückzuführen (Miller, 2004).
- Die meisten älteren Menschen zeigen keine kognitive Störung. Nur bei 1 % der Menschen über 65 Jahre und bei 20 % der über 85-Jährigen kommt es infolge eines Krankheitsprozesses zu schwerer kognitiver Beeinträchtigung (Katzman, 1988).
- Altersbedingte Veränderungen können die Wirkung von Medikamenten beeinflussen und negative Folgen haben (Tab. II-3).
- Mit Demenz werden Beeinträchtigungen des intellektuellen, nicht des verhaltensbezogenen Funktionierens beschrieben. Sie bezieht sich auf eine Gruppe von Symptomen, nicht auf eine Erkrankung (Miller, 2004). Die Alzheimer-Krankheit als vierthäufigste Todesursache bei Erwachsenen ist eine Form der Demenz.
- Blazer (1986) berichtete über depressive Symptome bei 27 % der in der Gemeinde lebenden älteren Menschen. Parmelee et al. (1989) zufolge erfüllen 12 % der älteren Menschen in Pflegeheimen die Kriterien einer Major-Depression und 30 % zeigen Symptome einer Minor-Depression.
- Suizid ist stets eine Möglichkeit, vor allem in den Frühstadien einer Demenz, und zwar aus mehreren Gründen: Depression, Verlust des Selbstwertgefühls und beeinträchtigtes Urteilsvermögen.

Tabelle II-3: Altersbedingte Veränderungen, die sich auf eine Medikation auswirken können (Quelle: Miller, C. A., Nursing care of older adults, 4th ed., Philadelphia, Lippincott Williams & Wilkins, 2004)

Altersbedingte Veränderung	Auswirkung auf manche Medikationen
• verminderter Wassergehalt des Körpers, vermindertes fettfreies Gewebe, vermehrtes Körperfett	• erhöhte oder verminderte Serumspiegel
• vermindertes Serumalbumin	• erhöhter Anteil des aktiven Teils eiweißgebundener Medikamente
• verminderte Leber- und Nierenfunktion	• erhöhte Serumkonzentration
• verminderte Magensäure, erhöhter pH-Wert des Magens	• gestörte Resorption von Medikamenten, die auf den pH-Wert des Magens reagieren
• gestörte Homöostasemechanismen	• erhöhtes Nebenwirkungspotenzial
• gestörte Rezeptorsensibilität	• verstärkte oder verminderte therapeutische Wirkung

Einschätzungskriterien des Fokusassessments

Vom Klienten und von Bezugspersonen.

Subjektive Daten

Anamnese zur Person

Lebensweise
Interessen
Vergangenes und aktuelles Coping
Früheres Funktionieren
Stärken und Grenzen
Ausbildung
Früherer Umgang mit Stress
Anamnese der Arbeitsbiografie
Alkohol-/Drogenkonsum.
Unterstützungssysteme (Verfügbarkeit).
Anamnese medizinischer Störungen und Behandlungen (Medikationen).
Aktivitäten des täglichen Lebens (ADL; Fähigkeit und Wunsch nach Durchführung).

Anamnese der Symptome (Beginn und Dauer)

Akut oder chronisch?
Verschlechterung?
Tageszeit?
Kontinuierlich oder intermittierend?
Plötzlich oder allmählich?

Einschätzen von Gefühlen

Extreme Trauer?
Schuldgefühle wegen vergangener Taten?
Gefühl des Zurückgewiesenseins, der Isolation?
Das Gefühl, von anderen kontrolliert zu werden?
Wertlosigkeit?
Sich selbst zu wichtig nehmen?
Misstrauen oder Verdächtigungen?
Dunkle Vorahnungen?
Leben in einer unwirklichen Welt?

Einschätzen von Befürchtungen/Ängsten

Schaden durch Dritte?
Gefangensein?
Gedankenrasen?
Außerstande zum Coping?
Kontrolle des Geistes durch Agenten von außen?
Auseinanderfallen?

Einschätzen auf Halluzinationen

Visuell?
Olfaktorisch?
Auditiv?
Taktil (beinhaltet eine objektive Komponente)?
Gustatorisch?

Einschätzen auf Verhaltensweisen in Verbindung mit Depression, Demenz und Delir (Dellasega, 1998)

Depression
Plötzlicher oder allmählicher Beginn
Schlafstörungen
Motorische Verlangsamung
Trauer, Verlust von Interesse und Freude
Gedächtnis intakt.

Demenz
Schrittweiser, schleichender Beginn
Unter Umständen Verkürzung der Schlafzeiten; Unruhe
Umhergehen
Defensivität
Schrittweiser Verlust des Erinnerungsvermögens.

Delir
Plötzlicher, akuter Beginn
Verschlechterung des Verhaltens in der Nacht
Hypo-/Hypervigilanz
Halluzinationen und Illusionen bei der Aufmerksamkeit
Schwankende Leistungsfähigkeit.

Objektive Daten (beinhalten eine subjektive Komponente)

Allgemeines Erscheinungsbild

Gesichtsausdruck (wach, traurig, feindselig, ausdrucklos).
Kleidung (einwandfrei, unordentlich, verführerisch, exzentrisch).

Verhalten im Gespräch

Zurückgezogen
Kooperativ
Aufmerksamkeit/Konzentration
Grad der Angst
Teilnahmslos
Negativismus
Feindselig
Ruhig.

Kommunikationsverhalten/-muster

Angemessen
Schwerpunkt auf Sexuellem
Verleugnungsproblem
Wahnvorstellungen
Obsessionen
Misstrauisch
Suizidideen
Weitschweifigkeit
Mordpläne
Wertlosigkeit.

Sprachmuster

Angemessen
Springen von einem Thema zum nächsten
Lockere Gedankenverbindungen
Umständlich
Gedankenblockieren (kann eine Idee nicht zu Ende bringen)
Gelangt nicht zu einer Schlussfolgerung.

Sprechgeschwindigkeit

Angemessen
Unter Druck stehend
Verlangsamt
Exzessiv.

Affekt

Abgestumpft
Dem Inhalt angemessen
Traurig
Deckt sich mit dem Inhalt
Flach
Aufgehellt
Dem Inhalt nicht angemessen.

Fertigkeiten beim Interagieren

Mit der Pflegeperson:
unangemessen
feindselig
fordernd/bittend
zurückgezogen/besorgt
hält guten Kontakt.

Mit Bezugspersonen:
hält guten Kontakt mit allen (einigen) Familienangehörigen
feindselig gegenüber allen (einigen) Familienangehörigen
keine Interaktion angestrebt
hat keine Besucher.

Aktivitäten des täglichen Lebens

Ist in der Lage, sich selbst zu versorgen (selbst beobachtet, von Dritten berichtet).

Ernährungszustand, Hydratation

Appetit
Körpergewicht
Essverhalten.

Schlaf- und Ruheverhalten

Schläft zu viel oder zu wenig
Schlaflosigkeit
Ist früh wach
Fragmentierter Schlaf
Zyklusumkehr.

Körperpflege

Reinlichkeit
Kleidung
Pflege der äußeren Erscheinung.

Motorische Aktivität

Innerhalb normaler Grenzen
Agitiert
Vermindert/stuporös.

Ziele

NOC

- Kognitive Orientierung
- Persönliches Sicherheitsverhalten
- Informationsverarbeitung
- Ausmaß akuter Verwirrtheit

Die Person hat weniger delirante Episoden.

Indikatoren

- Weniger agitiert sein
- Teilnehmen an ADL
- Weniger streitsüchtig sein.

Allgemeine Interventionen

NIC

- Delirmanagement
- Demenzpflege

Einschätzen ursächlicher und beeinflussender Faktoren

Stellen Sie sicher, dass der Klient gründlich untersucht wurde.

Labor:
großes Blutbild und Elektrolyte
Vitamin B_{12} und Folsäure, Thiamin
Rapid-Plasma-Reagin-Test
Na^+ und K^+
AST, ALT und Bilirubin
Urinanalyse
TSH, T_4
Serumthyroxin und freies Thyroxin im Serum
Kalzium und Phosphat
Kreatinin, Blutharnstoffstickstoff
Serumglukose und Nüchternblutzucker.

Diagnostik:
EEG
Röntgen-Thorax
CT
EKG.

Psychiatrische Evaluation:
Evaluieren auf Depression (siehe «Kriterien des Fokusassessments» unter *unwirksames Coping*).

Fördern des Integritätsgefühls beim Klienten

Untersuchen von Einstellungen gegenüber Verwirrtheit (bei sich selbst, bei Betreuungspersonen, bei Bezugspersonen)

Unterweisen Sie die Familie, Bezugspersonen und Betreuungspersonen in der Situation und den Coping-Methoden.

F: Für Pflegende wie für Ärzte ist es wichtig, zwischen akuter (reversibler) und chronischer (irreversibler) Verwirrtheit zu differenzieren (Miller, 2004).

F: Coping benötigt vier biologische Mechanismen: Bewegung, Energieproduktion, Gespür und zerebrale Integration. «Mit abnehmender Kompetenz werden externe Umgebungsfaktoren zunehmend bedeutsame Determinanten von Verhalten und Affekt» (Hall, 1991).

F: Man kann Menschen mit Demenz darin unterstützen, ihren Funktionsgrad zu maximieren, indem man bestimmte Faktoren beseitigt, darunter:

- Erschöpfung
- Umstellung der Routine, Umgebungswechsel, Wechsel der Betreuungsperson
- hochgradig stimulierende Aktivitäten (z. B. große Menschenansammlungen) oder Bilder (z. B. beängstigende Bilder oder Filme)
- Frustrationen durch den Versuch, über die eigenen Fähigkeiten hinaus zu funktionieren oder durch eine Fixierung
- Schmerzen, Beschwerden, Krankheit oder Medikamentennebenwirkungen
- konkurrierende oder irreführende Stimuli (z. B. Spiegel, Fernsehen, Kostüme).

Einsetzen verstellbarer bzw. angepasster Hilfsmittel, um sensorische Beeinträchtigungen zu verringern (z. B. Beleuchtung, Brille, Hörgerät)

Ermutigen der Familie, vertraute Gegenstände von zu Hause mitzubringen (z. B. Fotos in blendfreien Rahmen, einen afghanischen Windhund (Porzellanfigur)

Bitten Sie die Person, Ihnen etwas über das Foto zu erzählen.
Konzentrieren Sie sich auf vertraute Themen.

F: «Funktionales oder Basisverhalten tritt wahrscheinlich dann ein, wenn die äußeren Anforderungen an das Individuum (Stressoren) seinem Adaptationsgrad angepasst werden» (Hall, 1991).

Erörtern aktueller oder jahreszeitlicher Ereignisse (Aktivitäten im Schnee oder im Wasser). Nennen Sie Ihre Interessen (Reisen, Kunsthandwerk).

Einschätzen, ob die Person eine Tätigkeit mit den Händen durchführen kann (z. B. Teppichknüpfen, Arbeiten mit Holz)

Sorgen für Lesestoff, Audiokassetten/-CDs, Puzzles (manuell, Computer, Kreuzworträtsel).
Ermutigen der Person, ihre Dokumentation möglichst selbst zu führen (z. B. Ein- und Ausfuhr).
Sorgen für Aufgaben (z. B. Adressieren von Umschlägen, Beschäftigungstherapie).

Zerlegen der Unterweisung in einer Aufgabe oder Aktivität – z. B. Essen – in kleine, kurze Schritte, wobei nur eine Anweisung auf einmal gegeben wird

Entfernen von Abdeckungen bei Tellern und Tassen.
Lokalisieren von Serviette und Besteck.
Zucker und Milch in den Kaffee tun.
Würzen von Nahrung (z. B. durch Zucker, Salz, Pfeffer).
Nahrungsmittel zerschneiden.

Erklären aller Aktivitäten

Erklären Sie Aufgaben auf einfache Weise.
Lassen Sie die Person die für eine Aufgabe benötigten Gerätschaften handhaben.
Lassen Sie die Person an einer Aufgabe, wie z. B. dem Waschen ihres Gesichts, teilhaben.
Sagen Sie, dass Sie jetzt gehen, aber wieder zurückkommen.

F: Gedächtnisschwund und vermindertes intellektuelles Funktionieren bewirken ein Bedürfnis nach Kontinuität.

F: Der sensorische Zugang wird sorgfältig geplant, um eine Überreizung zu vermeiden, welche die Verwirrtheit verstärkt (Miller, 2004).

Erhöhen der Selbstachtung einer Person

Lassen Sie frühere Gewohnheiten zu (z. B. Lesen auf der Toilette).
Halten Sie zum Tragen der Zahnprothese an.
Helfen Sie beim Entfernen von Haaren aus dem Gesicht.
Bitten Sie die Familie, Taschengeld zur Verfügung zu stellen.
Fragen Sie die Person/deren Bezugspersonen nach den üblichen Routinen der Pflege des äußeren Erscheinungsbildes und ermutigen Sie dazu, diesen Routinen weiter zu folgen.
Sorgen Sie stets für Privatsphäre. Sollte es nötig sein, eine Körperoberfläche zu entblößen, treffen Sie Vorkehrungen, um alle übrigen zu bedecken: Wenn Sie z. B. den Rücken waschen, so bedecken Sie Beine, Brust und Bauch mit Handtüchern oder einer Decke.
Sorgen Sie für Körperpflege nach den Präferenzen der Person (Haare kämmen, Duschen oder Baden, Nagelpflege, Kosmetika, Deodoranzien und Parfüm).

Fördern einer guten Rolle

Bringen Sie die Person dazu, tagsüber keinen Schlafanzug bzw. kein Nachthemd zu tragen. Lassen Sie sie Schuhe statt Pantoffeln tragen.
Fördern Sie Mobilität, wo immer möglich.
Lassen Sie die Person Mahlzeiten außerhalb des Bettes einnehmen, soweit nicht kontraindiziert.
Fördern Sie Kontakte und Gespräche während der Mahlzeiten, indem Sie z. B. das Mittagessen für vier Personen im Aufenthaltsraum oder in der Sitzecke servieren.
Planen Sie für jeden Tag eine Aktivität ein, auf die man sich freuen kann (z. B. Bingo, ein gemeinsames Eisessen).
Ermutigen Sie zur Teilnahme an Entscheidungen (z. B. welche Kleidung die Person tragen möchte).

F: Angst beeinflusst kognitive Fähigkeiten durch übermäßige Konzentration auf die eigene Person und durch Sorgen. Depression führt zu verminderter Konzentration, Aufmerksamkeitsdefiziten und negativen Erwartungen (Miller, 2004).

Verwirrtheit nicht unterstützen

Streiten Sie nicht mit der Person.
Stellen Sie fest, welche Antwort sich auf verwirrte Aussagen am besten eignet.

Manchmal lässt sich die verwirrte Person u. U. durch eine Antwort trösten, die ihre Angst lindert, z. B.: «Ich will zu meiner Mutter», wobei diese schon seit 20 Jahren tot ist. Hier könnte die Pflegeperson z. B. antworten: «Ich weiß, dass Ihre Mutter Sie lieb hatte.»

Lenken Sie die Person in die Wirklichkeit zurück; gestatten Sie ihr nicht, abzuschweifen.

Halten Sie sich an den Plan. Wenn er geändert werden muss, informieren Sie die Person darüber.

Vermeiden Sie es, mit KollegInnen in Gegenwart der Person über andere Themen zu sprechen.

Sorgen Sie für einfache Erklärungen, die nicht missverstanden werden können.

Denken Sie daran, bei Betreten des Raums zu grüßen und ihn mit einer Schlussbemerkung (z. B.: Ich bin in 10 Minuten zurück.») zu verlassen.

Vermeiden Sie offene Fragen.

Ersetzen Sie Aufgaben mit 5–6 Schritten durch Aufgaben mit 2 oder 3 Schritten.

F: Eine bedingungslos positive Betrachtungsweise vermittelt einer Person, der es schwer fällt, ihre Umgebung zu interpretieren, Akzeptanz und Zuneigung.

F: Sorgfältig zuzuhören ist entscheidend beim Evaluieren von Antworten und Reaktionen, um zu verhindern, dass die Angst eskaliert und um physiologische Beschwerden aufzudecken (Miller, 2004).

Verhindern von Verletzungen des Individuums

Raten Sie von Fixierungen ab, erkunden Sie Alternativen (Rateau, 2000):

- Bringen Sie die Person in einen Raum mit anderen, die helfen können, auf sie aufzupassen.
- Sichern Sie sich die Unterstützung der Familie oder von Freunden, die in Phasen der Verwirrtheit ebenfalls auf die Person aufpassen.
- Wenn die Person Schläuche herauszieht, setzen Sie Fäustlinge ein, statt die Handgelenke zu fixieren.

Für Strategien des Assessments der Umgebung auf Gefahrenquellen und die entsprechende Anpassung siehe *Verletzungsgefahr*.

Melden Sie sich bei einem lokalen medizinischen Notfallsystem an und lassen Sie die Person bei der örtlichen Polizeidienststelle als potenziell umhergehend registrieren.

F: Fixierungen sind eine Verletzung der Persönlichkeitsrechte und verstärken die Angst. Vor dem Einsatz von Fixierungen sollte jeder Versuch unternommen werden, die Person zu schützen.

F: Sensorisches Input wird sorgsam geplant, um zu starke Stimuli, die eine Verwirrtheit verstärken, zu vermindern (Miller, 2004).

Unterstützen der Familie bei einem effektiven Coping (Young, 2001)

Erklären Sie die Ursache der Verwirrtheit.

Erklären Sie, dass die Person die Situation nicht erkennt.

Erklären Sie, dass man geduldig, flexibel und ruhig bleiben muss.

Heben Sie hervor, dass man der Person wie einem erwachsenen Menschen antworten muss.

Erklären Sie, dass das Verhalten Teil einer Erkrankung und nicht beabsichtigt ist.

Chronische Verwirrtheit

Definition

Chronische Verwirrtheit: ein Zustand, in dem eine Person eine irreversible, lang anhaltende und/oder fortschreitende Verschlechterung von Intellekt und Persönlichkeit erfährt.

Chronische Verwirrtheit (engl. Chronic confusion): Irreversible, lang andauernde und/oder fortschreitende Verschlechterung von Intellekt und Persönlichkeit, gekennzeichnet durch eine verminderte Fähigkeit, Umweltreize zu interpretieren; verminderte intellektuelle Denkfähigkeit, und angezeigt durch Störungen des Gedächtnisses, der Orientierung und des Verhaltens (NANDA-I, 2010).

Bestimmende Merkmale oder Kennzeichen

Hauptkennzeichen (obligat)

Kognitive und intellektuelle Verluste (Hall, 1991):

- Gedächtnisverlust
- Verlust des Zeitgefühls
- Unfähigkeit, eine Auswahl/Entscheidungen zu treffen.

Unfähigkeit, Probleme zu lösen, zu denken:

- gestörte Wahrnehmungen
- Verlust von Sprachfähigkeiten
- geringes Urteilsvermögen.

Affektive oder Persönlichkeitsverluste (Hall, 1991):

- Verlust des Affekts
- verminderte Hemmung
- Verlust des Taktgefühls, verminderte emotionale Kontrolle
- Verlust des Wiedererkennens (andere Menschen, Umgebungen, die eigene Person)
- zunehmendes Beschäftigtsein mit der eigenen Person
- psychotische Merkmale
- antisoziales Verhalten
- Verlust der Energiereserve.

Kognitive Verluste oder Verluste des Planungsvermögens (Hall, 1991):

- Verlust der allgemeinen Fähigkeit zu planen
- gestörte Fähigkeit, Ziele zu setzen, zu planen.

Fortschreitende Senkung der Stressschwelle (Hall, 1991):

- zielgerichtetes Umhergehen
- gewalttätiges, agitiertes oder ängstliches Verhalten
- zwanghaft repetitives Verhalten
- zielloses Verhalten
- Rückzug oder Vermeidungsverhalten.

Einflussfaktoren

Pathophysiologische Faktoren (Hall, 1991)

B/d fortschreitende Degeneration der Hirnrinde, s/b/d:

Alzheimer-Krankheit
Multiinfarktdemenz
eine Kombination von beidem.

B/d Störungen des Hirnstoffwechsels, der Hirnstruktur oder der Integrität des Gehirns, s/b/d:

Pick-Krankheit
Injektion toxischer Substanzen
Hirntumore
Erkrankungen im Finalstadium
Creutzfeldt-Jakob-Krankheit
degenerative neurologische Erkrankung
Chorea Huntington
psychiatrische Leiden.

(AIDS, Leberzirrhose, Niereninsuffizienz, Herzinsuffizienz, chronisch-obstruktive Bronchitis)

Anmerkung der Autorin

Siehe *akute Verwirrtheit*.

Irrtümer in diagnostischen Aussagen

Siehe *akute Verwirrtheit*.

Zentrale Konzepte

- Siehe *akute Verwirrtheit*.
- Allmählich zur Demenz führende Krankheiten haben vier Symptom-Cluster (Hall, 1991):

Intellektuelle Verluste

Gedächtnisverlust (Beginn mit dem Kurzzeitgedächtnis)
Verlust des Zeitgefühls
Unfähigkeit, Probleme zu lösen und zu denken
Entscheidungsunfähigkeit
Gestörte Fähigkeit, visuelle oder auditive Stimuli zu erkennen
Verlust von Sprachausdruck und -verständnis.

Affektive Persönlichkeitsverluste

Affektverlust
Verkürzte Aufmerksamkeitsspanne
Nachlassende Hemmungen
Emotionale Labilität
Verlust des Taktgefühls
Verstärktes Beschäftigtsein mit sich selbst.

Kognitive oder Planungsverluste

Verlust des Planungsvermögens
Verlust instrumenteller Funktionen (z. B. Umgang mit Geld, Post, Einkaufen)
Funktionelle Verluste (z. B. Baden, Auswählen von Kleidung)
Verlust der Energiereserven
Motorische Apraxie
Frustration, Verweigern der Teilnahme.

Allmählich sinkende Stressschwelle

Verwirrtes oder agitiertes Erwachen in der Nacht
Zielgerichtetes Umhergehen
Gewalttätiges, agitiertes, ängstliches Verhalten
Zwanghaftes, repetitives Verhalten.
Sowohl eine Depression als auch eine Demenz kann kognitive Störungen verursachen. Entscheidend ist, die zugrunde liegende Ursache herauszuarbeiten, da eine Depression behandelbar ist (Miller, 2004).

Einschätzungskriterien des Fokusassessments

Siehe *akute Verwirrtheit.*

Ziele

NOC

- Informationsverarbeitung
- Kognitive Orientierung
- Selbstkontrolle bei Denk- und Wahrnehmungsverzerrung
- Sicherheit bei ruhelosem Umhergehen
- Identität
- sichere häusliche Umgebung
- Sturzpräventionsverhalten
- Beruhigung
- Konzentration

Die Person partizipiert in einem therapeutischen Milieu bis zum höchsten Unabhängigkeitsgrad.

Indikatoren

- Verminderte Frustration.
- Weniger Episoden von Streitsucht.
- Weniger Einsatz von Fixierungen.
- Anstieg der nächtlichen Schlafstunden.
- Stabilisiertes oder erhöhtes Körpergewicht.

Allgemeine Interventionen

NIC

- Kognitive Stimulation
- Beruhigung
- Realitätsorientierung
- Umgebungsmanagement: Sicherheit

Siehe akute Verwirrtheit, «Interventionen».

Einschätzen, wer die Person vor Beginn der Verwirrtheit war.

Ausbildungsniveau, Karriere.
Coping-Stile.
Hobbys, Lebensweise.

F: Das Untersuchen und Erforschen der persönlichen Geschichte eines Klienten kann Einblicke in gegenwärtige Verhaltensmuster liefern und vermittelt Interesse der Pflegeperson (Hall, 1994).

F: Spezifische persönliche Daten können die individuelle Gestaltung der Pflege verbessern (Hall, 1994).

Beobachten des Klienten, um das Ausgangsverhalten zu bestimmen

Beste Tageszeit
Ausmaß der tolerierten Ablenkung
Einsicht in die Behinderung
Routine
Für eine einfache Frage benötigte Reaktionszeit
Urteilsvermögen
Zeichen/Symptome einer Depression.

F: Das Ausgangsverhalten kann dazu dienen, einen Plan für Aktivitäten und tägliche Versorgungsroutinen zu erstellen (Hall, 1994).

Fördern des Integritätsgefühls des Klienten (Miller, 2004)

Passen Sie die Kommunikation dem Niveau des Klienten an:

- Vermeiden Sie «Babysprache» und einen herablassenden Ton.
- Verwenden Sie einfache Sätze und präsentieren Sie nur eine Idee auf einmal.
- Wenn die Person Sie nicht versteht, wiederholen Sie den Satz mit den gleichen Worten.

Verwenden Sie positive Aussagen statt Verneinungen.
Diskutieren Sie nicht, sofern es nicht um eine Frage der Sicherheit geht.
Vermeiden Sie allgemeine Fragen wie: «Was würden Sie gern tun?» Fragen Sie stattdessen: «Möchten Sie spazieren gehen oder an Ihrem Teppich arbeiten?»
Seien Sie empfänglich für die Gefühle, welche die Person zu äußern sucht.
Vermeiden Sie Fragen, von denen Sie wissen, dass der Klient sie nicht beantworten kann.
Um die verbale Kommunikation zu verstärken, sollten Sie Dinge, wenn möglich, demonstrieren.
Setzen Sie Berührung ein, um Aufmerksamkeit zu erhalten oder Anteilnahme zu zeigen, sofern Sie damit keine negative Reaktion hervorrufen.
Halten Sie festen Blickkontakt und bewahren Sie einen freundlichen Gesichtsausdruck.
Stellen Sie fest, welche Sinnesqualität des Klienten dessen Wahrnehmung der Welt dominiert (auditiv, kinästhetisch, olfaktorisch oder gustatorisch). Kommunizieren Sie auf dem Weg über diese bevorzugte Sinnesqualität (Feil, 1992).

F: Eine durch die Alzheimer-Krankheit bedingte Demenz beeinträchtigt Kommunikationsfertigkeiten (d. h. Verständnis und Ausdruck; Hall, 1994).

Fördern der Sicherheit des Klienten

Stellen Sie sicher, dass der Klient einen Ausweis zur Identifizierung bei sich trägt.
Passen Sie das Umfeld an, damit der Klient bei Bedarf auf und ab gehen oder umhergehen kann.
Halten Sie die Umgebung frei von lose herumliegenden Gegenständen.
Bewahren Sie Medikamente, Reinigungslösungen und andere toxische Chemikalien an unzugänglichen Orten auf.
Wenn die Person den Knopf für den Notruf nicht bedienen kann, verwenden Sie eine andere Methode (z. B. eine Klingel oder eine Verlängerung des Notrufs am Bett).

Verringern Sie plötzliche Verlegungen.

F: Klienten mit Demenz kompensieren kognitive Verluste (d. h. den Verlust der Fähigkeit, zu planen und Aktivitäten in eine Abfolge zu bringen), indem sie eine tägliche Routine entwickeln.

F: Zu starke und zu schwache Stimulierung sowie irreführende Stimuli können wegen der gestörten sensorischen Interpretation Episoden beeinträchtigten Funktionierens auslösen (Hall, 1994).

Abraten von Fixierungen; nach Alternativen suchen

Sollte das Verhalten des Klienten eine Behandlung (z. B. Magensonde, Blasenkatheter, intravenöser Zugang) unterbrechen, evaluieren Sie erneut, ob sich die Behandlung eignet.

Intravenöse Therapie

Verkleiden Sie die Schläuche mit lockerer Gaze.

Erwägen Sie einen intermittierenden Ansatz statt einer intravenösen Dauertherapie.

Erstellen Sie einen Plan mit regelmäßigem oralem Flüssigkeitsangebot, falls Dehydratation ein Problem sein sollte.

Legen Sie Zugänge an den am wenigsten einschränkenden Stellen.

Blasenkatheter

Evaluieren Sie die Ursachen der Inkontinenz.

Leiten Sie eine spezifische Behandlung ein (siehe *beeinträchtigte Urinausscheidung*).

Platzieren Sie den Urinsammelbeutel am Bettende, wobei der Schlauch eher zwischen den Beinen als über die Beine hinweg verlaufen sollte. Der Katheter kann durch Bänder mit Klettverschlüssen am Schenkel gehalten werden.

Magensonden

Überprüfen Sie häufig, ob die Sonde auf die Nasenflügel drückt.

Verbergen Sie die Magensonde durch eine locker angelegte Leibbinde.

Wenn sich die Person Sonden und Schläuche herauszieht, setzen Sie Fäustlinge statt Fixierungen der Handgelenke ein.

Evaluieren Sie, ob die Unruhe mit Schmerzen einhergeht.

Falls Analgetika eingesetzt werden, senken Sie die Dosis, um Nebenwirkungen zu verringern.

Bringen Sie die Person in einen Raum mit anderen Personen, die mit aufpassen können.

Versichern Sie sich der Unterstützung durch die Familie und Freunde, um die Person in Phasen der Verwirrtheit mit zu beobachten.

Geben Sie der Person etwas, das sie in der Hand halten kann (z. B. ein Stofftierchen).

F: Episoden der Funktionsgestörtheit sind vorübergehende Veränderungen, charakterisiert durch kognitive und soziale Unzugänglichkeit (z. B. das Unvermögen, vertraute Gesichter zu erkennen, Streitsucht, Starrsinn; Hall, 1994; Miller, 2004).

Bei Streitsucht: Feststellen der Quelle von Furcht und Frustration

Erschöpfung.
Veränderungen von Routinen, im Umfeld, unter den Betreuungspersonen.
Körperlicher Stress, Schmerzen, Infektion, akute Erkrankung, Beschwerden.
Irreführende oder unangemessene Stimuli.
Der Druck, das Funktionsvermögen zu überschreiten.

F: Erschöpfung ist die häufigste Ursache von Episoden der Funktionsgestörtheit.
F: Physische Stressoren (z. B. ein Harnwegsinfekt, Coffein, Obstipation) können eine Episode der Funktionsgestörtheit auslösen.

Nach Eintritt einer Episode der Funktionsgestörtheit oder eines plötzlichen Funktionsverlustes

Sprechen Sie die Person mit ihrem Nachnamen an.
Nehmen Sie gegenüber dem Klienten eine abhängige Position ein.
Lenken Sie den Klienten mit Anregungen ab, die automatisches Sozialverhalten erfordern (z. B.: «Herr Schmidt, möchten Sie jetzt etwas Orangensaft?»).
Sprechen Sie mit dem Klienten über die Episode, nachdem sie vorüber ist.
Dokumentieren Sie die vorangehenden Ereignisse, das beobachtete Verhalten und die Folgen.

Sicherstellen körperlichen Wohlbehagens und Aufrechterhalten gesundheitlicher Grundbedürfnisse

Siehe *Selbstversorgungsdefizite*.

Auswählen von Modalitäten, die für günstige Stimuli für den Klienten sorgen

Musiktherapie

Stellen Sie fest, welche Vorlieben der Klient hat. Spielen Sie diese Musik vor Eintritt des üblichen Agitiertheitsniveaus etwa 30 Minuten lang und schätzen Sie die Reaktion ein.
Sorgen Sie während der Mahlzeiten für sanfte, vertraute Musik.
Arrangieren Sie Gruppensingfeste, bei denen auch die kulturelle/ethische Orientierung berücksichtigt wird.
Spielen Sie auch bei anderen Therapien (z. B. Physio-, Beschäftigungs- und Sprachtherapie) Musik ab.
Lassen Sie die Person nach Musik Übungen machen.
Binden Sie Künstler und Interpreten ein.
Verwenden Sie von Klienten entwickelte Liederbücher (große Schrift, dekorativer Einband).

Freizeittherapie

Ermutigen Sie zum Ausüben von Künsten und Kunsthandwerk.
Sorgen Sie für Puzzles.
Regen Sie zu kreativem Schreiben an.
Organisieren Sie Gruppenspiele.

Remotivationstherapie

Organisieren Sie Gruppensitzungen in fünf Schritten (Dennis, 1984).
1. Schritt – Schaffen eines Klimas der Akzeptanz (ca. 5 min):

- Bewahren Sie eine entspannte Atmosphäre. Stellen Sie Gruppenleiter und Teilnehmer vor.
- Sorgen Sie für Namensplaketten und Namensschilder an den Stühlen.
- Sorgen Sie dafür, dass die Teilnehmer die ihnen zugewiesenen Plätze bei jeder Sitzung beibehalten.

2. Schritt – Eine Brücke zur Realität schlagen (ca. 15 min):

- Verwenden Sie einen visuellen Aufhänger (z. B. ein Bild, einen Gegenstand), oder einen akustischen Aufhänger (z. B. ein Lied oder ein Gedicht), um in das Thema der Sitzung einzuführen.

3. Schritt – Die Welt, in der wir leben, miteinander teilen (ca. 15 min):

- Diskutieren Sie das Thema in der Gruppe.
- Fördern Sie die Anregung der Sinne.

4. Schritt – Die Arbeit der Welt würdigen (ca. 20 min):

- Erörtern Sie, welchen Bezug das Thema zu den früheren Erfahrungen (Arbeit, Freizeit) der Teilnehmer hat.

5. Schritt – Schaffen eines Klimas der Wertschätzung (ca. 5 min):

- Danken Sie jedem Mitglied einzeln.
- Kündigen Sie Thema und Termin der nächsten Sitzung an.
- Verwenden Sie Assoziationen und Analogien (z. B.: «Wenn Eis kalt ist, dann ist Feuer …?» Oder: «Wenn es am Tag hell ist, ist es nachts …?»).

Wählen Sie für Remotivationssitzungen Themen aus, die auf Anregungen der Gruppenleiter und Gruppeninteressen beruhen. Beispiele sind Schoßtiere, Gewässer, das Einwecken von Obst und Gemüse, Transport und Ferien (Janssen/Giberson, 1988).

Sensorisches Training

Stimulieren Sie das Sehen (mit Gegenständen verschiedener Form und in leuchtenden Farben, mit Bildern, farbigen Dekorationen, Kaleidoskopen).
Stimulieren Sie das Riechen (mit Blumen, Kaffee, Kölnisch-Wasser).
Stimulieren Sie das Hören (durch Läuten einer Glocke, Musik).
Stimulieren Sie das Tasten (mit Sandpapier, Samt, Stahlwolle, Seide, Stofftierchen).
Stimulieren Sie das Schmecken (mit Gewürzen, Salz, Zucker, sauren Substanzen).

Erinnerungstherapie (Burnside/Haight, 1994; Smith, 1990)

Erwägen Sie, die Erinnerungstherapie entweder in Einzel- oder in einer Gruppensitzung durchzuführen. Besprechen Sie Zweck und Ziel mit dem für den Klienten zuständigen Versorgungsteam.
Bereiten Sie sich gut vor. Für spezifische Vorgehensweisen siehe Burnside und Haight (1994).

Implementieren von Techniken zur Senkung der Stressschwelle (Hall/Buckwalter, 1987; Miller, 2004)

Reduzieren konkurrierender oder exzessiver Stimuli

Halten Sie das Umfeld einfach gestaltet und frei von herumliegenden Gegenständen.
Verwenden Sie einfache schriftliche Hinweise zur Klärung von Gebrauchsanleitungen für Radio und Fernsehen.
Eliminieren oder minimieren Sie unnötigen Lärm.

F: Zu starke und zu schwache Stimulierung sowie irreführende Stimuli können wegen der gestörten sensorischen Interpretation Episoden beeinträchtigten Funktionierens auslösen (Hall, 1994).
F: Physische Stressoren (z. B. ein Harnwegsinfekt, Coffein, Obstipation) können eine Episode der Funktionsgestörtheit auslösen.

Planen und Beibehalten einer steten Routine

Versuchen Sie, dieselben Betreuungspersonen zu beauftragen.
Erfragen Sie bei den Familienangehörigen spezielle Methoden, die bei der Versorgung helfen oder sie behindern.
Ordnen Sie Gegenstände der persönlichen Pflege in der Reihenfolge ihrer Verwendung an (Kleidung, Zahnbürste, Mundwasser usw.).
Legen Sie mit dem Klienten und seiner Familie eine tägliche Routine fest.
Schreiben Sie allen Betreuungspersonen die Abfolge auf.
Verringern Sie Stress, wenn eine Umstellung absehbar ist:

- Halten Sie die Veränderung möglichst einfach.
- Stellen Sie sicher, dass die Person gut ausgeruht ist.
- Führen Sie die Umstellung während der Tageszeit durch, in der es der Person am besten geht.

F: Musiktherapie mindestens 30 Minuten vor dem üblichen Höhepunkt der Agitiertheit der Person kann die Agitiertheit verringern (Gerdner, 1999).

Fokussieren auf das Fähigkeitsniveau des Klienten

Fordern Sie nicht, eine Funktion auszuführen, welche die Fähigkeit des Betreffenden übersteigt.
Bringen Sie der Person bedingungslose positive Aufmerksamkeit entgegen.
Gestalten Sie das Umfeld nach den Fähigkeiten des Betreffenden (z. B. Befestigungsbänder mit Klettverschlüssen, lockere Kleidung, elastischer Bund in Kleidungsstücken).
Sprechen Sie in einfachen Sätzen, demonstrieren Sie eine Aktivität.
Stellen Sie keine Fragen, welche die Person nicht beantworten kann.

Vermeiden Sie offene Fragen (z. B.: «Was möchten Sie essen?» Oder: «Wann möchten Sie ein Bad nehmen?»).
Vermeiden Sie Pronomen und benennen Sie Gegenstände.
Bieten Sie einfache Entscheidungen an (z. B.: «Möchten Sie einen Keks oder Cracker?»).
Verwenden Sie Finger-Food (z. B. belegte Brötchen), um den Klienten anzuregen, Nahrung selbst zu sich zu nehmen.

F: Der Versuch, Funktionen auszuführen, welche das kognitive Leistungsvermögen übersteigen, führt zu Furcht, Wut und Frustration (Hall, 1994).
F: Verwirrte Klienten können sich weder daran erinnern, Fragen gestellt zu haben noch dass Gedächtnisverlust herrscht (Young, 2001).

Reduzieren von Erschöpfung auf ein Mindestmaß (Hall, 1994)

Sorgen Sie 2-mal täglich für Ruhephasen.
Legen Sie mit dem Klienten eine Ruheaktivität, wie z. B. Lesen oder Musikhören, fest.
Halten Sie dazu an, ein Nickerchen im Liegestuhl, statt im Bett, zu machen.
Planen Sie sehr belastende oder erschöpfende Aktivitäten in für den Klienten am besten geeigneten Tageszeiten ein.
Gestatten Sie der Person, eine Tätigkeit jederzeit einzustellen.
Integrieren Sie regelmäßige körperliche Betätigung in den Tagesplan.
Gestatten Sie das Umhergehen.
Achten Sie sorgsam auf Zeichen von Erschöpfung und verstärkter Angst. Reduzieren Sie dann sofort die Stimuli.

F: Ruhephasen am Tag helfen, nächtliches Wachsein zu verhindern.

Obstipation

Obstipation, ...

- ... **b/d** Auswirkungen der Immobilität auf die Peristaltik

Subjektive Obstipation

Definition

Obstipation: der Zustand, in dem eine Person eine Stase des Dickdarms infolge seltenen (2-mal/Woche oder weniger) Stuhlgangs und/oder harter, trockener Fäzes erlebt bzw. entsprechend hochgradig gefährdet ist.
Obstipation (engl. Constipation): Verringerung der normalen Ausscheidungsfrequenz begleitet von erschwerter oder unvollständiger Stuhlpassage und/oder Passage von sehr hartem, trockenem Stuhl (NANDA-I, 2010).

Bestimmende Merkmale oder Kennzeichen

Hauptkennzeichen (obligat)

Harter, geformter Stuhl.
Langwieriger und beschwerlicher Stuhlgang.
Stuhlgang weniger als 2-mal/Woche.

Nebenkennzeichen (fakultativ)

- Veränderung im Stuhlausscheidungsmuster
- Unfähigkeit, Stuhl auszuscheiden
- verringerte Häufigkeit
- verringertes Stuhlvolumen
- erhöhter abdomineller Druck
- rektales Völlegefühl
- Gefühl des rektalen Drucks
- Abdominalschmerz
- Schmerz bei der Stuhlentleerung
- Übelkeit
- Erbrechen
- Verdauungsstörung
- Kopfschmerz
- generalisierte Fatigue.
- Pressen bei der Stuhlentleerung [beim Stuhlgang]
- hypoaktive Darmgeräusche
- hyperaktive Darmgeräusche
- Borborygmen (Magenknurren)
- gedehntes Abdomen
- Bauchdeckenspannung mit tastbarem Muskelwiderstand
- Bauchdeckenspannung ohne tastbaren Muskelwiderstand
- tastbare Masse im Abdomen
- tastbare Masse im Rektum
- dumpfes abdominelles Klopfgeräusch
- weicher, pastenähnlicher Stuhl im Rektum
- sickernder, flüssiger Stuhl
- hellrotes Blut im Stuhl
- starke Flatulenz
- Anorexie
- untypische Merkmale bei älteren Menschen (z. B. Veränderung des psychischen Zustands, Urininkontinenz, unerklärliche Stürze, erhöhte Körpertemperatur).

Einflussfaktoren

Pathophysiologische Faktoren

B/d eine gestörte Nervenstimulation, schwache Beckenbodenmuskeln und Immobilität, s/b/d:

Rückenmarkläsionen
Rückenmarkverletzung
Spina bifida; Prostatavergrößerung
zerebrovaskuläres Ereignis (Schlaganfall)
neurologische Erkrankungen (multiple Sklerose, Parkinson-Krankheit)
Demenz (geistige Verwirrtheit)
Rektozele; Prostatavergrößerung; Tumoren; M. Hirschsprung.

B/d einen verlangsamten Stoffwechsel, s/b/d:

Adipositas
Phäochromozytom
Hypothyreose
Hyperparathyreoidismus
Urämie
Hypophysenvorderlappeninsuffizienz
diabetische Neuropathie
unausgeglichene Elektrolytwerte.

B/d eine abgeschwächte Reaktion auf den Stuhldrang, s/b/d:

affektive Störungen (Depression).

B/d Schmerzen (beim Stuhlgang), s/b/d:

Hämorrhoiden, anale Fissuren/Strikturen
Rückenverletzung
rektaler Prolaps; rektaler Abszess; rektales Geschwür.

B/d verminderte Peristaltik, s/b/d Hypoxie (kardial, pulmonal bedingt).
B/d Motilitätsstörungen, s/b/d Reizdarmsyndrom.

B/d durch ausbleibende Relaxation des Analsphinkters oder hohen Ruhedruck im Analkanal, s/b/d:

mehrfache vaginale Entbindungen
chronisches Pressen.

Behandlungsbedingte Faktoren

B/d Nebenwirkungen von (zu spezifizieren):

Antidepressiva
Antazida (Kalzium, aluminiumhaltig)
Eisensalze
Barium, Wismuthsalze
Aluminium
Acetylsalicylsäure, NSAR
Phenothiazine
Kalziumantagonisten, -kanalblocker
Kalzium, Kalziumcarbonat
Anticholinergika; Antikonvulsiva
Anästhetika; Antilipidämika
Opiate (Kodein, Morphin); Sedativa
Diuretika; Sympathomimetika
Antiparkinsonmittel.

B/d Auswirkungen einer Anästhesie und eines operativen Eingriffs auf die Peristaltik.
B/d habituelle Laxanzieneinnahme.
B/d eine Mukositis, s/b/d eine Bestrahlung.

Situationsbedingte Faktoren (persönlich bedingt, umgebungsbedingt)

B/d verminderte Peristaltik, s/b/d:

Immobilität; Bauchmuskelschwäche
Schwangerschaft
Emotionaler Stress; Depression
fehlende körperliche Betätigung.

B/d unregelmäßige Stuhlentleerungsgewohnheiten.
B/d kulturelle/gesundheitsbezogene Überzeugungen.
B/d fehlende/mangelnde Privatsphäre; kürzlich erfolgte Umgebungsveränderung.
B/d falsche Ernährung (fehlende/mangelnde Ballaststoffe, Thiaminmangel), veränderte Essgewohnheiten oder unzureichende Flüssigkeitsaufnahme/Dehydratation.
B/d Furcht vor Schmerzen im Rektum oder vor kardial bedingten Schmerzen.
B/d fehlerhafte Wahrnehmung; Verleugnung aus Gewohnheit; Gewohnheit, Stuhlgang nicht zu beachten.
B/d das Unvermögen, Signale aus dem Darm wahrzunehmen.
B/d unzureichende Mundpflege; unzureichender Gebisszustand

Anmerkung der Autorin

Obstipation resultiert aus einer verlangsamten Passage von Nahrungsresten im Darm aufgrund von Faktoren, die eine Pflegeperson behandeln kann (z. B. Dehydratation, mangelnde/fehlende Ballaststoffe, Immobilität). Subjektive Obstipation bezieht sich auf eine fehlerhafte Wahrnehmung von Obstipation bei selbst verordnetem übermäßigem Gebrauch von Laxanzien, Einläufen und/oder Suppositorien.

Wenn die Obstipation auf Faktoren zurückgeht, die außer den bei Kolonobstipation oder subjektiver Obstipation angewandten Pflegeinterventionen noch anderen Pflegeinterventionen zugänglich sind, kann die Diagnose *Obstipation* zutreffen.

Irrtümer in diagnostischen Aussagen

1. *Obstipation,* **b/d** *Angaben über seltene, harte, trockene Fäzes*
   Die Angabe «seltene, harte, trockene Fäzes» ist der Nachweis einer Obstipation und kein beeinflussender Faktor. Wenn die Pflegeperson die Ursache nicht kennt, kann sie schreiben: *Obstipation,* **b/d** *eine unbekannte Ätiologie, angezeigt durch Angaben über seltene, harte, trockene Fäzes.*

Zentrale Konzepte

Allgemeine Überlegungen

- Das Reizdarmsyndrom betrifft 10–15 % der US-amerikanischen Bevölkerung bis zu einem gewissen Grad und kann Obstipation, Diarrhö und Schmerzen umfassen (Hadley/Gaarder, 2006). Obstipation ist bei vielen Patienten mit Reizdarmsyndrom ein vorherrschendes Symptom (Heisch, 2005).
- Die Ausscheidung über den Darm wird primär durch die Aktivität von Muskeln und Nerven gesteuert. Unverdaute Nahrung oder Fäzes passieren – vorangetrieben durch glatte Muskulatur in der Darmwand – den Dickdarm. Gleichzeitig wird Wasser, das für die Verdauung benötigt wurde, reabsorbiert. Die Fäzes passieren das Colon sigmoideum (Sigmoid), das sich wiederum ins Rektum entleert. Irgendwann löst die Menge an Stuhl im Rektum einen Defäkationsreflex aus, der zur Relaxation des Analsphinkters und zur Defäkation führt (Shua-Heim et al., 1999). Tabelle II-4 verdeutlicht die für eine normale Ausscheidung über den Darm benötigten Komponenten sowie die Erkrankungen, durch die sie beeinträchtigt werden.
- Subtypen der Obstipation sind die Obstipation infolge verlängerter Passagezeiten, Dyssynergie der Beckenbodenmuskulatur und ein Reizdarmsyndrom mit Obstipation (Prather, 2004).
- Stuhlgewohnheiten sind kulturell oder familiär geprägt. Der Normalbereich ist groß und reicht von 3-mal täglich bis zu 1-mal alle 3 Tage (Shua-Heim et al., 1999).
- Manche inneren Erkrankungen, etwa des ZNS, oder Rückenmarkverletzungen stören die Neurotransmission. Andere Erkrankungen, wie Diabetes mellitus oder ein Rektum- bzw. Analtrauma, verursachen Veränderungen und Störungen des rektalen Sphinkters. Eine entzündliche Darmerkrankung, Strahlenproktitis, chronische Obstipation und eine Operation im Ileoanalbereich können das Aufnahmevermögen des Rektums verringern und zu Kotschmieren führen (Shua-Heim et al., 1999).

- Drei Esslöffel Kleie täglich erhöhen die Ballaststoffaufnahme um 25–40 % und beseitigen eine Obstipation bei 60 % der Betroffenen (Shua-Heim et al., 1999).
- Ernährungsweisen, die reich an unverarbeiteten, ballaststoffreichen Nahrungsmitteln sind, ergeben voluminöse, weiche Stühle, welche die Krankheitsanfälligkeit des Darms senken. Ballaststoffarme Ernährungsweisen, die reich an stark bearbeiteten Nahrungsmitteln sind, ergeben kleine, feste Stühle, welche die Krankheitsanfälligkeit des Darms erhöhen.
- Unverdaute Ballaststoffe absorbieren Wasser, was den Stuhl voluminös und weich macht und die Darmpassage beschleunigt. Ballaststoffe ohne ausreichend Flüssigkeit können die Darmfunktion verschlechtern, statt sie zu verbessern.
- Laxanzien und Einläufe gehören nicht in ein Darmmanagamentprogramm, sondern sind Notfällen vorbehalten.
- Chronischer Gebrauch von Stuhlerweichern kann zu Stuhlinkontinenz führen und wird nicht zur Therapie einer chronischen Obstipation bei stationär behandelten Personen empfohlen (Shua-Heim et al., 1999).

Tabelle II-4: Komponenten einer normalen Ausscheidung über den Darm und die jeweiligen Hindernisse

Komponenten	Hindernisse
tägliche Ballaststoffaufnahme (15–25 g)	• fehlender/mangelnder Zugang zu frischen Nahrungsmitteln • finanzielle Einschränkungen • unzureichendes Wissen*
8–10 Glas Wasser täglich	• Mobilitätsprobleme • Furcht vor Inkontinenz • gestörter Denkprozess* • geringe Motivation
tägliche körperliche Betätigung	• minimaler Aktivitätsgrad • Schmerzen, Erschöpfung • Versagensangst
kognitive Würdigung	• gestörter Denkprozess • fehlerhafte Würdigung
Stuhlroutine	• geringe Motivation • Wechsel der Routine • Stress
Reaktion auf Signale aus dem Rektum	• Mobilitätsprobleme • herabgesetztes Bewusstsein • Einschränkungen der Umgebung • Selbstversorgungsdefizite

* Diese Hindernisse können alle Komponenten hemmen.

Pädiatrische Überlegungen

- Anders als bei Erwachsenen wird Obstipation bei Kindern nicht anhand der Häufigkeit, sondern der Beschaffenheit des Stuhls definiert. Die Passage fester oder harter Stühle mit Anzeichen von Schwierigkeiten beim Absetzen, blutigen Streifen auf dem Stuhl und Unterleibsbeschwerden charakterisieren Obstipation bei Kindern.
- Mit zunehmendem Alter des Kindes vergrößert sich der Magen und fasst mehr Nahrung und die Peristaltik des Gastrointestinaltrakts verlangsamt sich. Der Stuhl wechselt daher Farbe und Konsistenz und die Häufigkeit des Stuhlgangs verändert sich (Wong, 2003).
- Bewusstes Zurückhalten (funktionelle Obstipation) ist die häufigste Ursache einer Obstipation außerhalb der Neonatalphase. Konflikte bei der Reinlichkeitserziehung oder Schmerzen beim Stuhlgang können zum Stuhlverhalt führen (Wong, 2003).
- Enkopresis bedeutet Einkoten oder Stuhlinkontinenz aufgrund von Obstipation. Ursprünglich bereits reinliche Kinder mit Enkopresis sollten psychologisch evaluiert werden.
- Kinder mit funktioneller Obstipation assoziieren Stuhlgang mit Beschwerden. Sobald die Empfindung der Relaxation des inneren Analsphinkters auftritt, kontrahieren diese Kinder den äußeren Analsphinkter, um das Absetzen des Stuhls zu verhindern. Allmählich weitet sich das Rektum, was zu verstärktem Stuhlverhalt und verminderter sensorischer Reaktion führt.

Geburtshilflich-gynäkologische Überlegungen

- Obstipation in der Schwangerschaft entsteht durch:
  - Verlagerung des Darms
  - erhöhte Wasserresorption aus dem Kolon
  - hormonelle Einflüsse
  - Verlängerung der Passagezeit
  - Eisensubstitution.
- Postpartale Ursachen der Obstipation sind:
  - verringerter Tonus des Abdomens
  - verminderte Peristaltik
  - Nahrungs- und Flüssigkeitsrestriktionen in den Wehen.

Geriatrische Überlegungen

- Bei älteren Menschen ist die Schleimsekretion im Dickdarm geringer und die Wand des Rektums weniger elastisch (Miller, 2004).
- Eine sensorische Funktionsstörung im Anorektalbereich älterer Menschen kann dazu führen, dass die Dehnung des Rektums weniger wahrgenommen wird (Shua-Heim et al., 1999).

- Manche ältere Menschen neigen zu Obstipation infolge von Faktoren wie verminderte Aktivität, unzureichender Ballaststoffgehalt und ein zu geringes Volumen der Nahrung, ungenügende Flüssigkeitsaufnahme, Laxanzienabusus und Unaufmerksamkeit gegenüber Zeichen eines anstehenden Stuhlgangs (Miller, 2004).
- Im Vergleich zu 2 % der Allgemeinbevölkerung klagen 30 % älterer Menschen über Obstipation (Shaefer/Cheskin, 1998).

Transkulturelle Überlegungen

- In manchen Kulturen gibt es Hausmittel gegen Probleme beim Stuhlgang. So unterscheiden beispielsweise Amerikaner mexikanischer Abstammung zwischen heißer und kalter Diarrhö. Ist der Stuhl grün oder gelb, so ist er heiß und wird mit kaltem Tee behandelt. Weißer Stuhl hingegen gilt als kalt und wird mit heißem Tee behandelt (Giger/Davidhizar, 2003).

Einschätzungskriterien des Fokusassessments

Subjektive Daten

Einschätzen bestimmender Merkmale oder Kennzeichen

Ausscheidungsmuster:
- üblicher Rhythmus?
- gegenwärtiger Rhythmus?

Welche Häufigkeit gilt als normal?
Laxanzien/Einläufe:
- Art?
- Häufigkeit?

Diarrhö:
- Wie oft?
- Auslöser?
- Häufigkeit?
- Dauer?

Begleitsymptome/Beschwerden:
- Kopfschmerzen
- Schmerzen
- Anorexie
- Durst
- Trägheit
- Gewichtszunahme/-abnahme

- Schwäche
- Krämpfe
- Wahrnehmung von Zeichen aus dem Darm.

Einschätzen beeinflussender Faktoren

Lebensweise

Aktivitätsgrad
Beruf
Körperliche Betätigung (Was? Wie oft?)
Ernährung
Benennen der in den vergangenen 24 Stunden aufgenommenen Nahrung und Flüssigkeiten
Kohlenhydrate
Fett
Eiweiß
Übliche Nahrungsaufnahme in 24 Stunden
Ballaststoffe
Flüssigkeiten.
Gegenwärtige medikamentöse Therapie
Antibiotika
Eisen
Kortikosteroide
Antazida
Substanzen mit ZNS-dämpfender Wirkung.
Medizinisch-chirurgische Anamnese
Gegenwärtige Erkrankungen
Chirurgische Anamnese (Kolostomie? Ileostomie?)
Frühere Erkrankungen
Wahrnehmung von Zeichen aus dem Darm.

Objektive Daten

Einschätzen bestimmender Merkmale oder Kennzeichen

Stuhl

Farbe
Geruch
Konsistenz
Zusammensetzung
Blut
Parasiten
Schleim
Unverdaute Nahrung
Eiter.

Gastrointestinale Motilität (Auskultation, leichte Palpation)

Darmgeräusche
Hochfrequent, gurgelnd (5/min)
Schwach und selten
Hochfrequent, häufig, laut, schiebend
Fehlend.

Einschätzen beeinflussender Faktoren

Ernährung
Nahrungsaufnahme
Art
Mengen.

Flüssigkeitsaufnahme
Art
Mengen.

Perianalbereich/rektale Untersuchung
Hämorrhoiden
Fissuren
Kontrolle über den Schließmuskel (Anal- und Bulbokavernosusreflex auslösbar)
Reizerscheinungen
Einklemmung
Stuhl im Rektum.

Ziele

NOC

- Stuhlausscheidung
- Flüssigkeitshaushalt
- Symptomkontrolle

Die Person berichtet, mindestens alle 2–3 Tage Stuhlgang zu haben.

Indikatoren

- Beschreiben von Komponenten eines effektiven Stuhlgangs.
- Erläutern der Gründe für Veränderung(en) der Lebensweise.

Allgemeine Interventionen

NIC

- Defäkationsmanagement
- Flüssigkeitshaushaltsmanagement
- Obstipation-/Koteinklemmungsmanagement

Einschätzen beeinflussender Faktoren

Siehe «Einflussfaktoren».

Fördern korrigierender Maßnahmen

Stuhlgang zu regelmäßigen Zeiten

Überprüfen Sie die tägliche Routine.

Raten Sie dem Klienten, in die Tagesroutine Zeit für den Stuhlgang einzuplanen.

Erörtern Sie eine passende Zeit (abhängig von Verantwortlichkeiten, der Verfügbarkeit entsprechender Einrichtungen usw.).

Sorgen Sie für einen Defäkationsstimulus (z. B. Kaffee, Pflaumensaft).

Raten Sie dem Klienten, er möge etwa 1 Stunde nach einer Mahlzeit die Toilette aufsuchen und sagen Sie ihm, es könne sein, dass er dort eine entsprechende Zeit lang bleiben müsse.

Die Toilette statt eines Steckbeckens nutzen, wenn möglich.

Sorgen Sie für Privatsphäre: Schließen Sie die Tür. Ziehen Sie die Vorhänge um das Bett herum zu. Schalten Sie den Fernseher oder das Radio ein, um Geräusche zu überdecken. Halten Sie ein Raumdeodorant bereit.

Sorgen Sie für Behaglichkeit (etwas zu Lesen als Ablenkung) und Sicherheit (Notrufklingel bereitlegen).

Ermöglichen Sie eine geeignete Position (Sitzen, sofern nicht kontraindiziert).

F: Der gastrokolische und duodenokolische Reflex lösen 2- oder 3-mal täglich, häufiger nach den Mahlzeiten, eine Massenperistaltik aus.

Angemessene körperliche Betätigung

Überprüfen Sie die gegenwärtige körperliche Betätigung.

Sorgen Sie für häufige mäßige körperliche Betätigung (sofern nicht kontraindiziert).

Sorgen Sie bei hospitalisierten Patienten dafür, dass sie oft umhergehen, sofern dies vertragen wird.

Führen Sie mit bettlägerigen Personen Beweglichkeitsübungen durch.

Lehren Sie Übungen zur Steigerung des Tonus der Abdominalmuskulatur, sofern nicht kontraindiziert (Weeks et al., 2000):

- Kontrahieren der Bauchmuskulatur mehrmals am Tag.
- Bauchübungen mit den Fersen am Boden und leicht gebeugten Knien.
- Anheben der Beine in Rückenlage bei gestreckten Knien.

Sich im Bett umdrehen und die Stellung wechseln, dabei die Hüften anheben.
Die Knie abwechselnd zur Brust ziehen, Arme seitlich ausstrecken und über den Kopf recken.

F: Regelmäßige körperliche Aktivität fördert den für das Absetzen von Stuhl erforderlichen Muskeltonus. Sie erhöht auch die Durchblutung des Verdauungssystems, was wiederum die Peristaltik verstärkt und den Stuhlgang erleichtert.

Ausgewogene Ernährung

Überprüfen Sie die Liste ballaststoffreicher Nahrungsmittel:

- frisches Obst und Gemüse mit Schale
- Kleie
- Nüsse und Samen
- Bohnen (weiße und rote Bohnen, Limabohnen)
- Vollkornbrot und Zerealien
- gekochtes Obst und Gemüse
- Fruchtsäfte.

Besprechen Sie besondere Vorlieben bei der Ernährung.
Berücksichtigen Sie Nahrungsmittelunverträglichkeiten und -allergien.
Nehmen Sie etwa 800 g Obst und Gemüse (etwa vier frische Früchte und einen großen Salat) für einen normalen täglichen Stuhlgang in die Ernährung auf.
Schlagen Sie zunächst einen moderaten Einsatz von Kleie vor (kann den Gastrointestinaltrakt reizen, Blähungen bewirken und Diarrhö oder eine Blockade verursachen).
Erhöhen Sie den Kleieanteil schrittweise, soweit sie vertragen wird (kann Zerealien oder Backwaren u. ä. zugesetzt werden). Erklären Sie, dass zusammen mit Kleie auch Flüssigkeit aufgenommen werden muss.
Schlagen Sie 30–60 ml/d einer Mischung aus 2 Tassen Vollkornzerealien, 2 Tassen Apfelmus und 1 Tasse Pflaumensaft vor.
Berücksichtigen Sie finanzielle Einschränkungen: Halten Sie zum Verzehr von Obst und Gemüse der Saison an.

F: Ein normaler Stuhlgang lässt sich durch tägliche Zufuhr von Ballaststoffen, 6–8 Glas Wasser und körperliche Betätigung aufrechterhalten. Außerdem muss die Person in der Lage sein, die Notwendigkeit von Stuhlgang zu erkennen und eine Stuhlgangsroutine zu schaffen.

F: Eine ausgewogene, ballaststoffreiche Ernährung regt die Peristaltik an. Bei Diarrhö sollten ballaststoffreiche Nahrungsmittel vermieden werden:

- Vollkornprodukte und Nüsse (Kleie, Weizenschrot, brauner Reis, Weizenvollkornbrot)
- rohes und faserreiches Gemüse (Brokkoli, Blumenkohl, Gurken, Salat, Weißkohl, (weiße) Rüben, Rosenkohl)
- frisches Obst mit Schale.

Ausreichende Flüssigkeitsaufnahme

Halten Sie den Klienten dazu an, mindestens 2 l (8–10 Gläser) Flüssigkeit zu sich zu nehmen, soweit nicht kontraindiziert.
Besprechen Sie, welche Vorlieben er hat.

Erstellen Sie einen Zeitplan für die regelmäßige Flüssigkeitszufuhr.

Empfehlen Sie, 30 Minuten vor dem Frühstück ein Glas heißes Wasser zu trinken, was den Stuhlgang anregen kann.

Raten Sie, Pampelmusensaft, Kaffee, Tee, Cola und kakaohaltige Getränke bei der täglichen Flüssigkeitsaufnahme zu meiden.

F: Eine hinreichende Flüssigkeitszufuhr von mindestens 2 l pro Tag ist nötig, um das Ausscheidungsmuster beizubehalten und eine gute Stuhlkonsistenz zu fördern.

Optimale Körperhaltung

Helfen Sie dem Klienten in die normale halb sitzende Position, um einen optimalen Einsatz der Bauchmuskulatur zu ermöglichen und die Schwerkraft zu nutzen.

Helfen Sie dem Klienten nötigenfalls auf das Steckbecken. Heben Sie das Kopfende des Bettes bis zu einer starken Oberkörperhochlagerung oder bis zur erlaubten Höhe an.

Verwenden Sie, wenn es der Klient vorzieht, eine spezielle Bettpfanne für Klienten mit Frakturen.

Heben Sie besonders hervor, dass Pressen vermieden werden sollte.

Halten Sie den Klienten dazu an, beim Pressen auszuatmen.

Schreiben Sie das Resultat auf (Farbe, Konsistenz, Menge).

Lagern Sie die Beine des auf der Toilette sitzenden Klienten auf einem Fußbänkchen.

F: Das Anheben der Beine kann den intraabdominellen Druck erhöhen (Shua-Heim et al., 1999).

Beseitigen oder Reduzieren beeinflussender Faktoren

Verabreichen Sie nach der oralen Gabe von Bariumsulfat ein mildes Abführmittel.*

Beurteilen Sie den Ausscheidungsstatus eines Klienten unter Antazida. Dies kann erforderlich sein, um von einem Antazidum vom Magnesiumtyp auf einen anderen Typ umzustellen.

Halten Sie bei einer Eisensubstitution zur zusätzlichen Aufnahme ballaststoffreicher Nahrungsmittel und erhöhter Flüssigkeitszufuhr an (z. B. frisches Obst und Gemüse mit Schale, Kleie, Nüsse und Samen, Weizenvollkornbrot).

Ermutigen Sie dazu, schon frühzeitig umherzugehen, ggf. mit Unterstützung, um den Anästhetikaeffekten entgegenzuwirken.

Beurteilen Sie den Ausscheidungsstatus, wenn der Klient bestimmte Narkotika (Morphin, Kodein) erhält und verständigen Sie den Arzt, wenn der Klient Schwierigkeiten beim Stuhlgang hat.

Beraten Sie den Klienten über Medikamente, die Obstipation verursachen (z. B. Antazida, Wismut, Kalziumantagonisten, Clonidin, Levodopa, Eisen, NSAID, Opiate, Sucralfat) (Shua-Heim et al., 1999).

Erörtern Sie Laxanzienabusus (siehe *subjektive Obstipation*).

F: Bestimmte Flüssigkeiten wirken diuretisch: coffeinhaltige Getränke und Pampelmusensaft (Weeks et al., 2000).

F: Laxanzien bringen ein Programm für geregelten Stuhlgang durcheinander, weil sie dazu führen, dass sich der Darm zum großen Teil entleert und weil sie zu ungeplanten Stuhlgängen führen

* Erfordert u. U. die Verordnung durch eine Pflegeperson in der Primärversorgung.

können. Bei konstantem Gebrauch verliert der Darm an Tonus, und es wird schwerer, den Stuhl zurückzuhalten. Chronischer Gebrauch entsprechender Hilfen kann zu Problemen mit der Stuhlkonsistenz führen, die den Ausscheidungsplan und das Darmmanagement stören. Stuhlerweicher sind bei adäquater Ernährung und ausreichender Flüssigkeitszufuhr u. U. gar nicht nötig. Einläufe führen zur Überdehnung des Darms sowie zum Verlust des Darmtonus und tragen zusätzlich zur Obstipation bei.

Edukation zum Thema «Gesundheit», wie angezeigt

Erklären Sie die Beziehung zwischen Veränderungen der Lebensweise und Obstipation.
Erklären Sie Interventionen, die Symptome lindern.
Erklären Sie Techniken zur Verringerung der Effekte von Stress und Immobilität.

F: Bewusstes Kontrahieren der Bauchmuskeln hilft beim Stuhlgang.

Pädiatrische Überlegungen

- Erörtern Sie einige Ursachen für Obstipation bei Säuglingen und Kindern (z. B. Unterernährung, eine eiweißreiche und kohlenhydratarme Ernährung, ein Mangel an Ballaststoffen, Dehydratation).
- Maßnahmen bei seltenen Stuhlgängen mit harten Stühlen:
  - Bei Säuglingen sollten Sie dem Fläschchen Maissirup bzw. der Nahrung Obst hinzufügen.
  - Bei Kindern sollten Sie der Nahrung kleiehaltige Zerealien, Pflaumensaft sowie ballaststoffreiches Obst und Gemüse zusetzen.
- Überweisen Sie Fälle anhaltender Obstipation zur Evaluation an den Arzt.
- Erklären Sie Jugendlichen die Wirkungen von Flüssigkeiten, Ballaststoffen und körperlicher Betätigung auf die Darmfunktion.

F: Mehrere Faktoren tragen zur Obstipation bei:

- ein unzureichender Ballaststoffgehalt bzw. zu geringes Volumen
- eine blande Diät mit zu vielen Milchprodukten, die zu einer verminderten Motilität des Kolons führt
- unzureichende orale Flüssigkeitszufuhr, wodurch die normale Rückresorption von Wasser aus dem Kolon die Fäzes zu stark austrocknet, oder Dehydratation infolge von Aktivitäten, die einen Flüssigkeitsverlust durch Schwitzen bewirken.
- Stuhlretention durch das Kind
- Medikamente (z. B. Narkotika oder Antikonvulsiva)
- der emotionale Zustand des Kindes.

F: Kinder mit einer seit langem bestehenden funktionellen Obstipation brauchen einen Plan zur täglichen Behandlung mit Laxanzien, damit sich das Rektum wieder normalisieren kann.

Geburtshilflich-gynäkologische Überlegungen

- Erklären Sie die Gefahren der Obstipation in der Schwangerschaft und nach der Entbindung:
  - verminderte Motilität des Magens
  - verlängerte Passagezeit im Darm
  - Druck auf den sich vergrößernden Uterus
  - gedehnte Abdominalmuskulatur (post partum)
  - Relaxation des Darms (post partum).
- Erklären Sie die Faktoren, die das Risiko der Entstehung von Hämorrhoiden erhöhen (Pressen beim Stuhlgang, Obstipation, langes Stehen, Tragen beengender Kleidung).
- Ist bei einer Frau anamnestisch eine Obstipation bekannt, besprechen Sie die Einnahme von Laxanzien, die das Stuhlvolumen erhöhen und den Stuhl weicher machen.

Nach der Entbindung

- Untersuchen des Abdomens (Darmgeräusche, Blähungen, Winde).
- Untersuchen auf Hämorrhoiden und Schwellung des Perineums.
- Sorgen für Linderung bei Schmerzen im Rektum oder am Perineum.
- Instruieren der Klientin, Sitzbäder zu nehmen und gegen Hämorrhoiden kühle, adstringierende Kompressen aufzulegen.

F: Die Ursachen der Obstipation in der Schwangerschaft und nach der Entbindung zu erklären kann dazu führen, dass die Betroffene verstärkt Verhaltensweisen zeigt, die eine Obstipation vermindern bis verhindern.

Obstipation, …

… b/d Auswirkungen der Immobilität auf die Peristaltik

Ziele

NOC

- Stuhlausscheidung
- Flüssigkeitshaushalt
- Mobilität

Die Person berichtet, mindestens alle 2–3 Tage Stuhlgang zu haben.

Indikatoren

- Beschreiben von Komponenten eines effektiven Stuhlgangs.
- Erläutern der Gründe für Veränderung(en) der Lebensweise.

Interventionen

NIC

- Beschäftigungstherapie
- Defäkationsmanagement
- Flüssigkeitshaushaltsmanagement
- Gesundheitsbildung
- Ernährungsmanagement

Einschätzen ursächlicher Faktoren einer Immobilität

Muskulatur und Skelett (z. B. Frakturen, Hüftgelenkersatz)
Chronische oder akute Erkrankung
Körperbehinderung
Bettruhe
Degenerative Gelenkveränderungen (Arthritis)
Minimale Aktivität
Abhängigkeit von Lebenserhaltungssystemen
Trauma (z. B. Verbrennung, Kopfverletzung)
Ungeeignete Coping-Mechanismen
Psychosomatisches Leiden
Operation.

Eliminieren oder Reduzieren beeinflussender Faktoren

Koteinklemmung

Führen Sie bei Verdacht auf eine Koteinklemmung eine digitale rektale Untersuchung durch:

- Schauen Sie im Verfahrenshandbuch unter Entfernen einer Koteinklemmung nach.

Machen Sie es dem Klienten bequem und lassen Sie ihn ausruhen.

Unter Umständen benötigt der Klient vorübergehend einen Stuhlerweicher oder ein leichtes Abführmittel.*

Führen Sie auch weiterhin eine akkurate Dokumentation der Ausscheidungen.

Schwere Obstipation

Führen Sie am ersten Tag ein Glyzerinzäpfchen ein, warten Sie ab und lassen Sie den Klienten dann versuchen, durch intermittierendes Pressen Stuhlgang zu bekommen.

Sollte dies keine Wirkung haben, führen Sie auch am zweiten Tag ein Glyzerinzäpfchen ein und folgen dem gleichen Ablauf.

* Erfordert u. U. die Verordnung durch eine Pflegeperson in der Primärversorgung.

Bleibt auch dies ohne Wirkung, bitten Sie am dritten Tag um Verordnung von Suppositorien. Falls diese wirkungslos bleiben, sollte ein Einlauf folgen.*

Zur Unterstützung des Entleerungsreflexes kann 20–30 Minuten nach Verabreichen des Zäpfchens der Analsphinkter digital stimuliert werden.

Beginnen Sie wieder wie am ersten Tag und behalten Sie diesen Ablauf bei, bis der Rhythmus etabliert ist (u. U. alle 2–3 Tage).

F: Die manuelle Entleerung oder Suppositorien sind nötig, bevor eine Stuhlroutine zu effektiven täglichen Gewohnheiten führt.

Beginnen mit Edukation zum Thema «Gesundheit»

Erklären Sie Interventionen zur Verhinderung (z. B. Ernährung, körperliche Betätigung) im Gegensatz zu Interventionen zur Behandlung einer Obstipation.

Für zusätzliche Interventionen und Begründungen siehe *Obstipation*.

Subjektiv empfundene Obstipation

Definition

Subjektiv empfundene Obstipation: der Zustand, in dem eine Person sich täglich selbst Laxanzien, Einläufe und/oder Suppositorien verordnet, um für täglichen Stuhlgang zu sorgen.

Subjektiv empfundene Obstipation (engl. Perceived constipation): Selbst-diagnostizierte Obstipation und Missbrauch von Laxanzien, Einläufen und Suppositorien, um eine tägliche Darmentleerung zu gewährleisten (NANDA-I, 2010).

Bestimmende Merkmale oder Kennzeichen*

Erwartung täglichen Stuhlgangs mit daraus resultierendem übermäßigem Gebrauch von Laxanzien, Einläufen und Suppositorien.

Erwartung, dass Stuhlgang täglich zur selben Zeit stattfindet.

* Adaptiert aus: McLane, A. M.; McShane, R. E. (1986). Empirical validation of defining characteristics of constipation: A Study of bowel elimination practices of healthy adults. In: M. E. Hurley (Ed.). Classification of nursing diagnosis: Proceedings of the sixth conference. St. Louis: C. V. Mosby.

Einflussfaktoren

Pathophysiologische Faktoren

B/d eine falsche Vorstellung, s/b/d:

Zwangsstörungen
Verschlechterung des ZNS
Depression.

Situationsbedingte Faktoren (persönlich bedingt, umgebungsbedingt)

B/d inakkurate Informationen, s/b/d:

kulturelle Überzeugungen, kulturspezifisches Gesundheitsverständnis
familiäre/s Überzeugungen, Gesundheitsverständnis
Gesundheitsüberzeugungen; Falsch Einschätzung; lange bestehende Erwartungen/Gewohnheiten
beeinträchtigte Denkprozesse.

Anmerkung der Autorin

Siehe *Obstipation*, «Anmerkung der Autorin».

Zentrale Konzepte

Siehe *Obstipation*, «Zentrale Konzepte».

Einschätzungskriterien des Fokusassessments

Siehe *Obstipation*, «Einschätzungskriterien des Fokusassessments».

Ziele

NOC

- Stuhlausscheidung
- Gesundheitsüberzeugungen: Wahrgenommene Bedrohung

Die Person äußert verbal, dass sie Stuhlgang alle 1–3 Tage akzeptiert.

Indikatoren

- Kein regelmäßiges Anwenden von Laxanzien.
- Angeben der Ursachen einer Obstipation.
- Beschreiben der Gefahren von Laxanzien.
- Erklären der Absicht, entsprechend den Instruktionen täglich mehr Ballaststoffe und Flüssigkeit zu sich zu nehmen und sich körperlich stärker zu betätigen.

Allgemeine Interventionen

NIC

- Defäkationsmanagement
- Gesundheitsbildung
- Verhaltensmodifikation
- Ernährungsmanagement

Einschätzen ursächlicher und beeinflussender Faktoren

Kulturelle/familiäre Überzeugung
Falsche Einschätzung.

Erklären, dass Stuhlgang alle 2–3 Tage, aber nicht täglich nötig ist

Achten Sie auf die Überzeugungen der Person.
Haben Sie Geduld.

F: Lebenslange Gewohnheiten und Überzeugungen lassen sich durch Unterweisung korrigieren.

Erklären der Gefahren eines regelmäßigen Laxanziengebrauchs

Sie sorgen nur zeitweilig für Erleichterung und können krank machen.
Sie fördern Obstipation, indem sie die Peristaltik stören.
Sie können die Resorption der Vitamine A, D, E und K stören.
Sie können Diarrhö verursachen.

F: Regelmäßiger Laxanziengebrauch kann dazu führen, dass Stuhlgang nicht mehr ohne Laxanzien möglich ist (DiPiro et al., 2001).

Wird ein Laxans gewünscht, unterweisen Sie den Klienten, Quellmittel wie Flohsamen oder Kleie zu verwenden

Beginn langsam und mit der Hälfte der empfohlenen Dosis.
Über Wochen hinweg allmählich steigern.

F: Personen, die ständig Laxanzien nehmen, müssen lernen, ihre Ernährung umzustellen, Quellmittel zu verwenden und stimulierende Laxanzien abzusetzen.

Für Interventionen zur Förderung einer optimalen Ausscheidung und entsprechende Begründungen siehe *Obstipation*.

Kontamination: individuelle

Kontamination: individuelle

Kontaminationsgefahr: individuelle

Definition

Kontamination: Exposition gegenüber Umweltschadstoffen in Dosen, die hinreichen, um sich negativ auf die Gesundheit auszuwirken.
Kontamination (engl. Contamination): Umweltschadstoffen in einem Maße ausgesetzt zu sein, das ausreicht, um nachteilige Gesundheitsfolgen zu verursachen (NANDA-I, 2010).

Bestimmende Merkmale oder Kennzeichen

Bestimmende Merkmale oder Kennzeichen richten sich nach dem auslösenden Agens, wie z. B. Pestizide, Chemikalien, biologische Faktoren, Müll, Strahlung und Luftverschmutzung.

Auswirkungen von Pestiziden

Atemwege und Lunge

Anaphylaktische Reaktion, Asthma, Reizerscheinungen in Nase und Rachen, Brennen im Rachen und in der Brust, Lungenödem, Kurzatmigkeit, Pneumonie, Reizerscheinungen der oberen Atemwege, Dyspnö, Bronchitis, Lungenfibrose, COPD, Bronchiolitis, Hyperreaktivität der Atemwege, Schäden an den Atemwegsschleimhäuten.

Nervensystem und ZNS

Reyes-ähnliches Syndrom, Verwirrtheit, Angst, Krämpfe, herabgesetzter Bewusstseinszustand, Koma, Muskelfaszikulieren, Myotonie der Skelettmuskulatur, periphere Neuropathie, stecknadelkopfgroße Pupillen, Verschwommensehen, Kopfschmerzen, Schwindel, Erregung des ZNS, Depression, Parästhesie.

Gastrointestinaltrakt

Übelkeit, Erbrechen, Diarrhö, grippeähnliche Symptome.

Haut

Chlorakne.

Herz

Herzrhythmusstörungen, Tachykardie, Bradykardie, Überleitungsblock, Hypotonie.

Leber

Leberfunktionsstörungen.

Auswirkungen von Chemikalien

Atemwege und Lunge

Reizerscheinungen in Nase und Rachen, Dyspnö, Bronchitis, Lungenödem, Husten.

Nervensystem und ZNS

Kopfschmerzen, Ataxie, Verwirrtheit, Krämpfe, Lethargie, Bewusstlosigkeit, Koma, Tränenfluss, Ataxie, Schwindel, Stimmungsschwankungen, Delir, Halluzinationen, Nystagmus, Diplopie, Psychose, ZNS-Depression, Tremor, Schwäche, Paralyse, Veränderungen des Gedächtnisses, Enzephalopathie, Hörverlust, Parkinson-ähnliches Syndrom, Euphorie, Narkose, Synkope, Hyperthermie.

Nieren

Azetonurie, Niereninsuffizienz.

Gastrointestinaltrakt

Hyper-/Hypoglykämie, Übelkeit, Erbrechen, Magen-Darm-Ulzera, metabolische Azidose.

Haut

Dermatitis, Haut- und Schleimhautreizungen, Brennen der Hornhaut und Bindehaut sowie der Nasen-, Rachen- und Kehlkopfschleimhaut, Konjunktivitis, Hyperpigmentierung der Haut und Fingernägel, Verbrennungen der Haut.

Immunsystem

Gestörte Blutgerinnung, Knochenmarkdepression.

Fortpflanzung

Verkürzung des Menstruationszyklus.

Herz

Hypotonie, Thoraxschmerz.

Augen

Pupillenveränderungen, Verschwommensehen, schwere Augenschmerzen, Hornhautreizung, vorübergehende oder dauerhafte Blindheit.

Leber/Pankreas

Ikterus, Hepatomegalie, Hepatitis, Pankreatitis.

Auswirkungen biologischer Faktoren

Bakterien

Anthrax: Fieber, Schüttelfrost, profuses Schwitzen, tiefe Erschöpfung, minimal produktiver Husten, Übelkeit, Erbrechen und Thoraxbeschwerden.

Cholera (*Vibrio cholerae*): profuse wässrige Durchfälle, Erbrechen und Wadenkrämpfe, Dehydratation und Schock.

Salmonellen (*Salmonella*): Fieber, Unterleibskrämpfe, Diarrhö (bisweilen blutig), lokalisierte Infektion, Sepsis.

E. coli (*Escherichia coli* 0157:H7): schwere blutige Diarrhö und Unterleibskrämpfe, kein Fieber.

Viren

Pocken (Pockenvirus): hohes Fieber, Kopf- und Leibschmerzen, Erbrechen, Exanthem mit der Sequenz Makula → Papel → Pustel → Schorf, aus dem eine eingedellte Narbe hervorgeht.

Ebola-Viruskrankheit (hämorrhagisches Fieber; Ebola-Virus): Kopfschmerzen, Fieber, Gelenk- und Muskelschmerzen, Halsschmerzen und Schwäche, gefolgt von Diarrhö, Erbrechen und Magenschmerzen; Exanthem, gerötete Augen und Hautausschlag.

Lassa-Fieber (Lassa-Virus): Fieber, retrosternaler Schmerz, Halsschmerzen, Rückenschmerzen, Husten, Unterleibsschmerzen, Erbrechen, Diarrhö, Konjunktivitis, Anschwellen des Gesichts, Proteinurie, Schleimhautblutungen.

Toxine

Rizin: Atemnot, Fieber, Husten, Übelkeit und Engegefühl in der Brust, Durchfall und Magen-Darm-Blutung, Lungenödem, Zyanose, Hypotonie, Ateminsuffizienz, Halluzinationen, Krämpfe, Blut im Urin.

Staphylokokken-Enterotoxin B: Fieber, Kopfschmerzen, Myalgie, Krankheitsgefühl, Diarrhö, Halsschmerzen, verstopfte Nase, Rhinorrhö, Heiserkeit, Konjunktivitis.

Effekte einer Strahlenexposition

Onkologische Effekte: Hautkrebs, Leukämie.

Immunologische Effekte: gestörte Impfreaktionen, Knochenmarksuppression, Autoimmunerkrankungen.

Genetische Effekte: DNA-Mutationen; teratogene Effekte, darunter Mikrozephalie, Mikroenzephalie, unvollständig ausgebildete Augen, abnorm langsames Wachstum und verzögerte geistige Entwicklung.

Neurologische Effekte: ZNS-Schädigung, Fehlfunktionen des peripheren Nervensystems, neuroimmunologische Veränderungen und Störungen der neuroendokrinen Kontrolle.

Dermatologische Effekte: Verbrennungen, Hautreizungen, trockene Haut, Entzündung, Erythem, trockene oder feuchte Schuppenbildung, Pruritus, Blasenbildung und Ulzeration.

Systemischer Strahlenschaden: Übelkeit, Erschöpfung, Schwäche, Haarausfall, Veränderungen der Blutchemie, Hämorrhagie, Nachlassen der Organfunktionen, Tod.
Ophthalmologische Effekte: Katarakt, Makuladegeneration.
Kardiovaskuläre Effekte: Veränderungen der kardiovaskulären Kontrolle, unregelmäßiger Herzschlag, EKG-Veränderungen, Atherosklerose, Hypertonie, Ischämie.
Pulmonale Effekte: Veränderungen des Atemzugvolumens, Zunahme allergischer Erkrankungen, atypische Zellen in der Bronchialschleimhaut.
Gastrointestinale Effekte: pathologische Effekte im Verdauungssystem, Entzündung des Duodenums, spontane Schleimhauthyperplasie.

Effekte einer Abfallexposition

Koliforme Bakterien: Diarrhö, Unterleibskrämpfe.
Giardia lamblia (Protozoen): Diarrhö, Unterleibskrämpfe, Übelkeit, Gewichtsabnahme.
Cryptosporidium (Protozoen): Diarrhö, Kopfschmerzen, Unterleibskrämpfe, Übelkeit, Erbrechen, schwaches Fieber.
Hepatitis A (Enteroviren): Mattigkeit, Anorexie, Schwäche, Übelkeit, Fieber, Ikterus.
Helminthen (parasitäre Würmer): Diarrhö, Erbrechen, Blähungen/Winde, Magenschmerzen und Appetitverlust, Fieber.

Effekte von Luftverschmutzung

Pulmonale Effekte: Husten, Giemen, Atembeschwerden, Sekretstau in der Lunge und verstopfte Nase, exazerbierte Allergien, Exazerbation eines Asthmas, Schmerzen beim Atmen, Lungenkrebs.
Kardiale Effekte: Thoraxschmerzen.
Neurologische Effekte: Kopfschmerzen, Entwicklungsverzögerung.
Auswirkungen auf die Fortpflanzung: verminderte Fertilität.
Ophthalmologische Effekte: Augenreizung.

Einflussfaktoren

Pathophysiologische Faktoren

Vorhandensein von Bakterien, Viren, Toxinen.
Ernährungsfaktoren (Adipositas, Vitamin- und Mineralstoffmangel).
Vorerkrankungen.
Geschlecht. Frauen haben mehr Körperfett, dadurch steigen die Chancen, mehr fettlösliche Toxine zu akkumulieren als der Mann. Schwangerschaft.
Anamnestisch bekanntes Rauchen.

Behandlungsbedingte Faktoren

Kürzlich vorgenommene Impfungen.
Unzureichende oder fehlende Anwendung des Dekontaminationsplans.
Ungeeigneter oder fehlender Gebrauch von Schutzkleidung.

Situationsbedingte Faktoren (persönlich bedingt)

Überflutungen, Erdbeben oder andere Naturkatastrophen.
Lecks in der Kanalisation.
Emissionen aus Fabriken; absichtliche oder zufällige Freisetzung von Schadstoffen durch Industrie und Wirtschaft.
Physikalische Faktoren: Klimabedingungen wie Temperatur und Wind; geographischer Bereich.
Soziale Faktoren: beengte Wohnverhältnisse, Sanitäreinrichtungen und Abwassersystem, Hygienepraktiken (individuell und im Haushalt), fehlender Zugang zur Gesundheitsversorgung.
Biologische Faktoren: Vorhandensein von Vektoren (Moskitos, Zecken, Nager).
Bioterrorismus.
Beruf.
Ernährungspraktiken.

Umgebungsbedingte Faktoren

Kontamination von Wasserleitungen durch verseuchte Tanks.
Absichtliche/zufällige Kontamination der Nahrungs- und Wasserversorgung.
Begleitende oder frühere Expositionen.
Schwermetalle oder Chemikalien, Schadstoffe aus der Luft, Strahlung, Bioterrorismus, Katastrophen.
Anwendung von Umweltschadstoffen im häuslichen Bereich (z. B. Pestizide, Chemikalien, Tabakrauch).
Spielen in Außenbereichen, wo Umweltschadstoffe verwandt werden.
Art des Bodenbelags.

Altersbedingte Faktoren

Entwicklungsmerkmale von Kindern
Kinder unter 5 Jahren
Ältere Erwachsene
Gestationsalter bei Exposition.

Zentrale Konzepte

- Bioterrorismus bedeutet den absichtlichen Einsatz von Mikroorganismen oder von Toxinen aus lebenden Organismen, um bei Menschen, Tieren oder Pflanzen, von denen wir abhängen, den Tod zu verursachen (Ashford et al., 2003).
- Die Zeit zwischen Exposition und Einsetzen der Symptome kann Stunden bis Wochen betragen. Pflegende müssen mit den am wahrscheinlichsten eingesetzten Agenzien und ihren Folgeerscheinungen vertraut sein (Veenema, 2002).
- Kinder sind durch den Einsatz von Pestiziden im häuslichen Bereich und in der Landwirtschaft sowie durch die Aufnahme von Pestizidrückständen mit der Nahrung und dem Trinkwasser oft entsprechend exponiert. Sie sind für Spätwirkungen anfälliger als Erwachsene.

Manche Pestizide können physiologische Prozesse beim Kind, etwa im Immunsystem, in der Atmung und im Nervensystem stören (Children´s Environmental Health Network, 2004).

- Bei der US-amerikanischen Umweltbehörde (EPA) sind 70 000 Industriechemikalien für den kommerziellen Gebrauch registriert, und jedes Jahr kommen durchschnittlich weitere 2300 hinzu. Jeder Mensch ist inzwischen synthetischen Umweltschadstoffen im Trinkwasser, in der Luft und in der Nahrung sowie in Haushaltsprodukten und in Pestiziden für den Hausgebrauch ausgesetzt (Thornton et al., 2002).
- In Räumen können Pestizidrückstände noch wochenlang erhalten bleiben und gefährden vor allem im städtischen Bereich schwangere Frauen. In Studien an Schwangeren in New York City zeigte sich, dass 70–80 % von ihnen während der Schwangerschaft Pestiziden ausgesetzt waren (Berkowitz et al., 2003).
- Ausmaß und Dauer einer Strahlenexposition wirken sich auf den Schweregrad und die Art der Gesundheitsschäden aus. Eine innere Exposition geschieht durch Aufnahme von radioaktivem Material (kontaminiertes Wasser, kontaminierte Nahrungsmittel). Eine externe Exposition entsteht durch direkten Kontakt mit radioaktivem Material. Die gesundheitlichen Auswirkungen einer chronischen Strahlenexposition bestehen primär in einer Krebserkrankung. Weitere Effekte sind Mutationen der DNA und teratogene Mutationen. Zu den akuten Auswirkungen auf die Gesundheit gehören Verbrennungen und die Strahlenintoxikation. Die Symptome einer Strahlenintoxikation variieren nach dem Grad der Exposition und umfassen Übelkeit, Erschöpfung, Veränderungen der Blutchemie, Hämorrhagien, ZNS-Schäden und schließlich den Tod. Kinder und Feten sind besonders anfällig für die Auswirkungen einer Strahlenexposition (EPA, 2004).
- Radon gelangt aus dem Boden und über das Wasser in den häuslichen Bereich. Radon-Gas zerfällt in Partikel, die in der Lunge eingeschlossen werden. Die Gefahr eines radonbedingten Bronchialkarzinoms ist bei Rauchern besonders hoch. Zwar sind Kinder für bestimmte Formen strahlungsbedingter Krebserkrankungen erwiesenermaßen anfälliger als Erwachsene, es gibt aber keine schlüssigen Daten darüber, ob sie auch durch Radon stärker gefährdet sind als Erwachsene (EPA, 2005).
- Im Rahmen des «Air Pollution and Respiratory Health Program» werden die Luftqualität im Außen- und Innenbereich und die damit verbundenen Auswirkungen auf die Gesundheit verfolgt. Besonders besorgniserregend sind Feuer/Brände im Freien, Brände in Trümmern nach einer Naturkatastrophe, Kohlenmonoxidvergiftung und Schimmelpilze (www.cdc.gov/nceh/airpollution/about.htm).
- Die WHO setzt die Luftverschmutzung in Wohnräumen im Rahmen der globalen Krankheitslast an die achte Stelle der wichtigsten Risikofaktoren. In Entwicklungsländern ist sie nach Mangelernährung, unsicheren Sexualpraktiken und dem Mangel an Trinkwasser und sanitären Einrichtungen die wichtigste Todesursache und verantwortlich für 1,6 Millionen Todesfälle durch Pneumonie, chronische Atemwegserkrankungen und Lungenkrebs (www.who.int/mediacentre/factsheets/fs292/en/index/html).
- Eine Kontamination des Wassers tritt ein, wenn im Boden und im Magen-Darm-Trakt von Tieren lebende Mikroorganismen, Bakterien und Viren aus der direkten Entsorgung von Abfall in Flüsse oder Seen fließen oder aus dem Ablauf von bewaldeten Gebieten, Weideland, septischen Tanks und Kläranlagen in Flüsse und ins Grundwasser gelangen.

- Eine Trinkwasserquelle kann durch Abwässer kontaminiert werden, die aus einer überlaufenden Kanalisation, septischen Tanks, undichten Abwasserleitungen, der Düngung mit Klärschlamm und teilweise behandelten Abwässern dort einsickern. Wasser kann auch durch Nitrate, Schwermetalle, toxisches Material und Salze kontaminiert werden (http://extoxnet.orst.edu/fags/safedrink.sewage.htm).
- Kontaminationen können zufällig geschehen oder das Ergebnis gezielter Handlungen sein. Zu den biologischen Agenzien gehören Bakterien, Viren, Pilze und andere Mikroorganismen und deren Toxine. Die dadurch ausgelösten Gesundheitsstörungen reichen von leichten allergischen Reaktionen bis hin zu schweren Erkrankungen und zum Tod. Die Organismen sind im natürlichen Umfeld weit verbreitet und finden sich im Wasser, im Boden, in Pflanzen und in Tieren (www.osha-slc.govSLTC/biological agents/index.html).
- Die Exposition gegenüber einem biologischen Agens geschieht über direkten Kontakt mit einer gefährlichen Substanz, einer Flüssigkeit (Tröpfchen oder Aerosol), Inhalation von Dämpfen oder Aerosolen und über die orale Aufnahme. Übertragungswege infektiöser Agenzien sind der Kontakt, Tröpfchen und Luft als übliche Vehikel sowie Vektoren (U.S. Army Medical Research Institute of Infectious Diseases, 2004).
- Die Art der Übertragung bestimmter Agenzien bestimmt die Kategorie der Vorsichtsmaßnahmen zur Isolation (Standardverfahren, Maßnahmen zum Schutz vor aerogener Kontamination, Tröpfchenübertragung und Kontaktübertragung). Isolationsmaßnahmen dienen dazu, die Ausbreitung der Kontamination zu verringern und zu verhindern und die in der Gesundheitsversorgung Tätigen vor Exposition zu schützen (Veenema, 2003).
- Als gefährlicher Abfallstoff gilt jeglicher Abfall (flüssig, schlammförmig, fest oder gasförmig), der aufgrund seiner Menge und Beschaffenheit eine Gefahr für die menschliche Gesundheit oder die Umwelt darstellen kann. Fabriken, verarbeitende Betriebe und Unternehmen (chemische Industrie, Elektroindustrie, Autohersteller, Holz verarbeitende Betriebe, Reinigungen, Fotoentwicklungsbetriebe, Ölraffinerien und Kliniken) erzeugen gefährliche Abfälle. Auch Haushalte tun dies (Pestizide, Wasch- und Spülmittel, Farben und Lösungsmittel, Leuchtstoffröhren) (http://dnr/mo./gov/env/hwp/index.html).
- Ungeklärte Abwässer, die im Trinkwasser des Freizeitbereichs, im Grundwasser und – nach einer Überflutung – in Kellern landen, schädigen die Gesundheit des Menschen und die Umwelt. Jedes Jahr verursacht das Schwimmen in durch Abwässer kontaminiertem Wasser 1,8–3,5 Millionen Krankheitsfälle. Kontaminiertes Wasser zu trinken verursacht jährlich 500 000 Krankheitsfälle (www.nrdc.org.water/pollution/sewage.asp).

Einschätzungskriterien des Fokusassessments

Einschätzen bestimmender Merkmale oder Kennzeichen

Subjektive Daten

Pestizide, Chemikalien, Krankheitserreger

Angaben zu Folgendem:

- Atemwege: Atembeschwerden, Husten, grippeähnliche Symptome
- Magen-Darm-Trakt: Magenschmerzen, Diarrhö, Krämpfe, Übelkeit, Erbrechen
- Nervensystem: Muskelschwäche, Gelenk- und Muskelschmerzen

- Haut: Hautläsionen, Pusteln
- unübliche Flüssigkeiten, Sprays oder Dämpfe am Arbeitsplatz oder zu Hause.

Objektive Daten

- Nervensystem: Halluzinationen, Verwirrtheit, Krämpfe, herabgesetzter Bewusstseinszustand, Pupillenveränderungen, Verschwommensehen
- Atemwege: Atembeschwerden, Zyanose
- Herz: Rhythmusstörungen, Hypertonie, Hypotonie
- Integument: Hautläsionen (Exanthem, Pusteln, Schuppen).

Strahlung

Angaben zu Folgendem:

- anamnestisch bekannte Strahlenexposition
- Schwangerschaften, die mit Fehlbildungen des Kindes endeten
- Muskelschwäche, Parästhesien
- Hautreizung, Pruritus, Blasenbildung, Verbrennungen
- Übelkeit, Schwäche, Erschöpfung
- Veränderungen des Sehvermögens
- unregelmäßiger Herzschlag
- Atembeschwerden
- Unterleibsschmerzen, Diarrhö.

Objektive Daten

Vorliegen von: Hautkrebs, Schilddrüsenkarzinom, Leukämie
Knochenmarksuppression
Fehlbildungen bei der Geburt
Verwirrtheit, Lethargie, Veränderungen des Bewusstseinszustands
Hautreizung, Verbrennungen, Erythem, trockene oder feuchte Schuppenbildung, Blasenbildung, Ulzeration
Symptome der Strahlenkrankheit: Schwäche, Haarausfall, Veränderungen der Blutchemie, Hämorrhagie, herabgesetzte Organfunktionen
Katarakte
Unregelmäßiger Herzschlag, EKG-Veränderungen, Hypertonie
Atembeschwerden, Husten
Diarrhö.

Abfall, Müll

Subjektive Daten

Angaben zu Folgendem:

- Übelkeit, Unterleibskrämpfe, Anorexie.

Objektive Daten

- Diarrhö, Gewichtsabnahme, Ikterus, Schwäche, Fieber.

Luftverschmutzung

Subjektive Daten

Angaben zu Folgendem:
- Atembeschwerden, Lungenreizung, Brustschmerz, Kopfschmerzen, Reizung der Augen.

Objektive Daten

- Giemen, Kurzatmigkeit, Sekretstau in der Lunge und verstopfte Nase, Entwicklungsverzögerung.

Einschätzen beeinflussender Faktoren

Siehe «Einflussfaktoren».

Ziele

NOC

- Ausmaß von Angst
- Ausmaß von Furcht
- Auflösung von Trauer
- Gesundheitsüberzeugungen: Wahrgenommene Bedrohung
- Immunisierungsverhalten
- Risikokontrolle: Infektionsprozess
- Wissen: Gesundheitsressourcen
- Risikokontrolle
- Sichere häusliche Umgebung

Weitere Pflegeergebnisse siehe Kontamination: gemeindebezogene.

Individuelle schädliche Auswirkungen der Kontamination werden auf ein Mindestmaß reduziert.

Interventionen

Allgemeine Interventionen

NIC

- Umgebungsmanagement
- Aggressionskontrolle
- Angstminderung
- Trauerarbeitserleichterung
- Krisenintervention
- Beratung
- Gesundheitsbildung
- Gesundheits-Screening
- Immunisierungs-/Impfmanagement
- Infektionskontrolle: intraoperativ
- Förderung der Widerstandskraft
- Risikoabschätzung

Siehe auch geeignete NIC-Interventionen auf der Grundlage der bestimmenden Merkmale oder Kennzeichen des Klienten.

Unterstützen von Personen im Umgang mit dem Kontaminationsereignis. Setzen Sie Gruppen, die einen Angriff von Terroristen überlebt haben, als nützliche Ressource für Opfer ein.

Sorgen Sie für akkurate Informationen über damit verbundene Risiken, präventive Maßnahmen und den Einsatz von Antikörpern und Impfstoffen.
Unterstützen Sie beim Umgang mit Gefühlen von Angst, Verletzlichkeit und Trauer.
Ermutigen Sie die Betroffenen, mit Dritten über ihre Befürchtungen zu sprechen.
Helfen Sie den Opfern, positiv zu denken und nach vorn zu schauen.

F: Interventionen, die das Coping einer Person unterstützen, helfen der/dem Betreffenden im Umgang mit Furcht, Hilflosigkeit und Kontrollverlust – normalen Reaktionen in einer Krisensituation.

Spezielle Interventionen

Hautdekontamination der Haut, bei dermaler Exposition.

Klinische Auswirkungen auf Körpersysteme variieren entsprechend dem Agens, dem die Person ausgesetzt war. Überwachen Sie sorgfältig und leisten Sie unterstützende Versorgung.

Treffen Sie geeignete Isolationsvorkehrungen: allgemeine Isolation, Maßnahmen zum Schutz vor aerogener Kontamination, Tröpfchenübertragung und Kontaktübertragung.

F: Vorsichtsmaßnahmen verhindern, dass weitere Personen kontaminiert werden.

Überwachen der Person auf therapeutische Effekte, Nebenwirkungen und die Compliance mit einer medikamentösen Postexpositionstherapie.

F: Die medikamentöse Therapie kann sich über einige Zeit hinstrecken und erfordert die Überwachung der Compliance, der therapeutischen Wirkungen und der Nebenwirkungen.

Dekontamination

Die primäre Dekontamination exponierten Personals ist wirkstoff- bzw. agensspezifisch.

- Entfernen Sie kontaminierte Kleidung.
- Verwenden Sie reichlich Wasser und Seife oder verdünntes (5 %) Natriumhypochlorit.

Zur sekundären Dekontamination von Kleidung oder Ausrüstung und Geräten der Exponierten sollte geeignete Schutzkleidung getragen werden.

F: Unter Umständen müssen Opfer erst dekontaminiert werden, bevor man sie in eine Einrichtung der Gesundheitsversorgung bringt, um eine Ausbreitung der Kontamination zu verhindern.

Kontaminationsgefahr: individuelle

Definition

Kontaminationsgefahr: individuelle: deutliche Gefahr der Exposition gegenüber Umweltschadstoffen in hinreichendem Ausmaß, um sich negativ auf die Gesundheit auszuwirken.

Kontaminationsgefahr (Risk for contamination): Besonderes Risiko, Umweltschadstoffen in einem Maße ausgesetzt zu sein, das ausreicht, um nachteilige Gesundheitsfolgen zu verursachen (NANDA-I, 2010).

Risikofaktoren

Siehe *Kontamination: individuelle*, «Zentrale Konzepte».

Einschätzungskriterien des Fokusassessments

Einschätzen auf Risikofaktoren

Siehe *Kontamination: Individuelle*, «Einflussfaktoren».

Ziele

Die Person bleibt frei von negativen Auswirkungen der Kontamination.

NOC

- Risikokontrolle
- Gesundheitsüberzeugungen: Wahrgenommene Bedrohung
- Wissen: Gesundheitsressourcen
- Wissen: Gesundheitsverhalten
- Weitere Pflegeergebnisse siehe Kontamination: individuelle.

Interventionen

Allgemeine Interventionen

NIC

- Umweltrisikoprävention
- Umgebungsmanagement: Sicherheit
- Gesundheitsbildung
- Gesundheits-Screening
- Immunisierungs-/Impfmanagement
- Risikoabschätzung
- Sicherheitsassessment

Sorgen für akkurate Informationen über die jeweiligen Risiken und Präventivmaßnahmen

Unterstützen Sie im Umgang mit Gefühlen von Furcht und Verletzlichkeit.
Ermutigen Sie die Betroffenen, mit Dritten über ihre Ängste zu sprechen.

F: Interventionen, die das Coping einer Person unterstützen, helfen der/dem Betreffenden im Umgang mit Furcht, Hilflosigkeit und Kontrollverlust – normalen Reaktionen in einer Krisensituation.

Spezielle Interventionen

Überwachen auf Umweltkontamination

Benachrichtigen Sie Einrichtungen, die autorisiert sind, die Umwelt in diesem Bereich vor Kontamination zu schützen.
Unterstützen Sie Personen beim Umzug in eine sicherere Umgebung.
Modifizieren Sie die Umgebung, um das Risiko zu minimieren.

F: Frühzeitiges Entdecken einer Kontamination der Umwelt und die Modifikation der Umwelt verringern die Gefahr, dass es tatsächlich zu einer Kontamination kommt.

Unwirksames Coping

Unwirksames Coping

Defensives Coping
Unwirksame Verleugnung, …

- … **b/d** eine gestörte Fähigkeit, die Folgen eigenen Verhaltens zu akzeptieren, angezeigt durch das fehlende Eingeständnis eines Substanzmissbrauchs/einer Abhängigkeit

Definition

Unwirksames Coping: ein Zustand, in dem eine Person infolge unzureichender Ressourcen (physisch, psychisch, verhaltensbezogen und/oder kognitiv) unfähig ist, mit Stressoren aus sich selbst oder aus dem Umfeld heraus zurechtzukommen oder entsprechend gefährdet ist.

Unwirksames Coping (engl. Ineffective coping): Unfähigkeit, eine verlässliche Bewertung der Stressfaktoren durchzuführen; eine unangemessene Wahl von angewendeten Reaktionen und/oder die Unfähigkeit, vorhandene Ressourcen zu nutzen (NANDA-I, 2010).

Bestimmende Merkmale oder Kennzeichen*

Hauptkennzeichen (obligat mindestens eins)

Äußerungen über die Unfähigkeit zum Coping (Bewältigen von Problemen) oder Bitten um Hilfe oder Unterstützung

oder

unangemessener Einsatz von Abwehrmechanismen

oder

Unvermögen, den Rollenerwartungen zu entsprechen.

Nebenkennzeichen (fakultativ)

Chronische Sorgen, Angst, Schlafstörungen
Erwiesene Schwierigkeit, mit Lebensstressoren zurechtzukommen
Fatigue
Missbrauch chemischer Substanzen
[Klagen über muskuläre/emotionale Anspannung, Appetitlosigkeit].
fehlendes zielgerichtetes Verhalten
fehlende Lösung eines Problems [inkl.]

- Unfähigkeit, sich mit Informationen zu befassen
- Schwierigkeit, Informationen zu organisieren [mangelndes selbstbewusstes Verhalten]

---

* Adaptiert aus: Vincent, K. G. (1985). The validation of a nursing diagnosis. *Nursing Clinics of North America, 20*, 631–639.

Nutzung von Coping-Formen, die ein anpassendes Verhalten behindert [inkl. der Nutzung unangemessener Abwehrmechanismen und verbaler Manipulation]
unangemessenes Problemlösungsverhalten
Unfähigkeit, der Rollenerwartung zu entsprechen
Unfähigkeit, Grundbedürfnisse zu befriedigen [inkl. des Auslassens von Mahlzeiten, keiner oder nur geringer körperlicher Betätigung, keiner Zeit für sich selbst/keine Ferien]
verminderte Inanspruchnahme sozialer Unterstützung
destruktives Verhalten anderen gegenüber
schlechte Konzentration
Veränderung der gewohnten Kommunikationsmuster
hohe Krankheitsrate [inkl.] Hypertonie, Ulzera, Colon irritabile, häufige Kopf-/Nackenschmerzen]
geht Risiken ein
destruktives Verhalten sich selbst gegenüber [inkl. übermäßigen Essens/Rauchens/Trinkens von Alkohol, Missbrauch verordneter/rezeptfreier Medikamente, Gebrauch illegaler Drogen].

Einflussfaktoren

Pathophysiologische Faktoren

B/d Chronizität der Erkrankung oder komplexe Selbstversorgungspläne.
B/d Veränderungen der Körperintegrität, s/b/d:

Verlust eines Körperteils
Entstellung nach einem Trauma.

B/d einen gestörten Affekt, verursacht durch Veränderungen, s/b/d:

Körperchemie
Tumor (Gehirn)
Einnahme stimmungsverändernder Substanzen
Verzögerte geistige Entwicklung.

B/d Schädigung des Nervensystems; kognitive, sensorische, wahrnehmungsbezogene Beeinträchtigung, Gedächtnisverlust
B/d starke, chronische Schmerzen.

Behandlungsbedingte Faktoren

B/d Trennung von der Familie und von zu Hause (z. B. Hospitalisierung, Pflegeheim).
B/d operativ bedingte Entstellung.
B/d verändertes Aussehen durch Medikamente, Bestrahlung oder eine andere Behandlung.

Situationsbedingte Faktoren (persönlich bedingt, umgebungsbedingt)

B/d erhöhte Nahrungsaufnahme als Reaktion auf Stressoren.

B/d situationsbedingte Krise.

B/d Veränderungen der physischen Umgebung, s/b/d:

Krieg
Obdachlosigkeit
Saisonarbeit
Armut
Umsiedlung
Naturkatastrophen
unzureichende finanzielle Mittel.

B/d hohes Maß an Bedrohung

B/d Abbruch emotionaler Bindungen, s/b/d:

Tod
Verlassen/Verlassenwerden
Desertion
Einweisung in eine Einrichtung
Trennung/Scheidung
Internat
Umzug
Waisenhaus/Unterbringung bei Pflegeeltern.

B/d ein nicht zufriedenstellendes Unterstützungssystem.

B/d unzureichende Gelegenheit, sich auf Stressoren einzustellen

B/d sensorische Überlastung, s/b/d:

geringe Selbstachtung
übermäßig negatives Selbstbild
negative Rollenbildung
Hilflosigkeit
fehlende/mangelnde Motivation zur Reaktion.

B/d kulturell beeinflusste Konflikte mit (zu spezifizieren):

vorehelichem Geschlechtsverkehr
Schwangerschaftsabbruch.

B/d:

gestörte Muster der Bedrohungsbeurteilung
unzureichendes Maß an Vertrauen in die Coping-Fähigkeit
unzureichendes Maß der Kontrollwahrnehmung
Unsicherheit
unzureichende vorhandene [verfügbare] Ressourcen
unangemessene soziale Unterstützung aufgrund der Eigenschaften der Beziehungen
gestörte Muster des Spannungsabbaus

Unfähigkeit, Kräfte für die Anpassung zu schonen
Geschlechtsunterschiede bei Coping-Strategien
[Überarbeitung, keine Ferien, zu viele Abgabetermine]

Altersbedingte Faktoren

B/d Krise im Reifungsprozess

Kind/Jugendlicher

B/d:

geringe Impulskontrolle
Substanzmissbrauch der Eltern
inkonsistente Methoden zur Wahrung der Disziplin
Panik
Kindheitstrauma
geringe soziale Fertigkeiten
unterdrückte Angst
Zurückweisung durch Gleichaltrige
Zurückweisung durch die Eltern
Versagensangst.

Jugendliche

B/d unzureichende psychische Ressourcen, um sich anzupassen an:

körperliche und emotionale Veränderungen
Ausbildungsanforderungen
Geschlechtsbewusstsein
sexuelle Beziehungen
Unabhängigkeit von der Familie
Entscheidungen hinsichtlich der Karriere.

Junge Erwachsene

B/d unzureichende psychische Ressourcen, um sich anzupassen an:

Entscheidungen hinsichtlich der Karriere
Elternschaft
Heirat
Auszug von zu Hause
Ausbildungsanforderungen.

Erwachsene mittleren Alters

B/d unzureichende psychische Ressourcen, um sich anzupassen an:

körperliche Zeichen des Alterns
Anforderungen an den sozialen Status

Probleme mit Verwandten
Probleme mit der Kinderaufzucht
Karrieredruck
alternde Eltern.

Ältere Erwachsene

B/d unzureichende psychische Ressourcen, um sich anzupassen an:

körperliche Veränderungen
Reaktion anderer Menschen
Eintritt in den Ruhestand
Veränderungen der Wohnverhältnisse
Veränderungen der finanziellen Verhältnisse.

Anmerkung der Autorin

Unwirksames Coping beschreibt eine Person, der es schwer fällt, sich an ein belastendes Ereignis (oder mehrere belastende Ereignisse) anzupassen. Gewöhnlich wirksame Coping-Mechanismen erweisen sich u. U. als ungeeignet oder unwirksam oder die Person hat nur wenig Erfahrung im Umgang mit Stressoren.

Liegt das Ereignis erst kurze Zeit zurück, ist *unwirksames Coping* möglicherweise eine vorschnelle Beurteilung. So kann eine Person auf überwältigenden Stress mit einer Trauerreaktion, wie Verleugnung, Wut, oder Trauer, reagieren, was die Diagnose *Trauern* angemessen erscheinen ließe.

Beeinträchtigte Anpassung kann in der ersten Phase nach einem belastenden Ereignis nützlicher sein als *unwirksames Coping*. Letzteres und die damit verbundenen Diagnosen sind u. U. besser auf länger anhaltende oder chronische Coping-Probleme anwendbar, so wie *defensives Coping* auf eine Person mit seit langem bestehenden Verhalten des unwirksamen Copings zutreffen kann.

Irrtümer in diagnostischen Aussagen

1. *Unwirksames Coping,* **b/d** *wahrgenommene Auswirkungen eines Mammakarzinoms auf Lebensziele, angezeigt durch Weinen und Verweigern des Gesprächs*
   Wenn die Diagnose «Mammakarzinom» noch nicht lange zurückliegt, ist die Reaktion der Person, nämlich zu weinen und das Gespräch zu verweigern, normal. Die richtige Diagnose würde demnach lauten: *Trauern,* **b/d** *wahrgenommene Auswirkungen eines Mammakarzinoms auf Lebensziele.* Erst wenn diese Reaktion eine Zeit lang anhält, ohne dass die Betroffene «vorankommt» (z. B. durch Aufnahme sozialer Aktivitäten), wäre *unwirksames Coping* zutreffend.
2. *Unwirksames Coping,* **b/d** *Angaben über einen Substanzmissbrauch*
   Substanzmissbrauch ist ein dokumentier- und beobachtbarer Hinweis zur Validierung einer Diagnose. Wenn die Person den Missbrauch zugibt und Unterstützung wünscht, würde die Diagnose lauten: *unwirksames Coping,* **b/d** *das Unvermögen, ohne Drogen mit Stressoren zurechtzukommen.* Wenn der Substanzmissbrauch beobachtet wurde, die Person ihn jedoch

leugnet bzw. nicht zugibt, dass er ein Problem ist, würde die Diagnose lauten: *unwirksames Verleugnen,* **b/d** *eine unbekannte Ätiologie, angezeigt durch fehlendes Anerkennen einer Drogenabhängigkeit.*

Zentrale Konzepte

Allgemeine Überlegungen

- Lazarus (1985) definiert Coping als «ständiges Verändern kognitiver und verhaltensbezogener Bemühungen, um mit bestimmten äußeren und/oder inneren Anforderungen zurechtzukommen, welche die Ressourcen einer Person stark fordern oder überfordern».
- Erwartungen des Gelingens ermutigen zu Reifung und Ausdauer. Erwartungen des Versagens führen zu Vermeidungsverhalten.
- Coping-Verhalten unterteilt sich in zwei große Kategorien (Lazarus/Folkman, 1984):
  - *Problemzentriertes Coping* besteht in Verhaltensweisen, mit denen versucht wird, die Situation durch Verändern oder Agieren zu verbessern. Dies trifft z. B. zu, wenn man mit seinem Vorgesetzten einen Termin vereinbart, um eine Gehaltserhöhung zu besprechen, wenn man einen Plan für Hausarbeiten erstellt und einhält oder um Hilfe nachsucht.
  - *Emotionszentriertes Coping* besteht in Gedanken oder Handlungen, die emotionales Leiden lindern sollen. Sie verändern die Situation nicht, helfen dem Betreffenden jedoch, sich besser zu fühlen, z. B. durch Basketball-Spielen, durch Verleugnen, dass etwas nicht in Ordnung sei, durch Nahrung als Mittel zur Entspannung und durch Scherzen.
  - *Bagatellisierung* bedeutet, dass die Person die Ernsthaftigkeit eines Problems soweit wie möglich herunterspielt. Dies kann zur Einschätzung der Situation nützlich sein, wird jedoch kontraproduktiv, wenn es eben diese Einschätzung ausschließt.
  - *Projektion, Verschiebung* und *Unterdrückung* von Wut liegen vor, wenn jemand eine weniger bedrohliche Person oder einen Gegenstand mit Wut besetzt oder sie ihr gegenüber äußert bzw. an ihm auslässt. Dies kann die Bedrohung so weit reduzieren, dass die Person damit zurechtkommt. Die Folgen können in Realitätsverzerrungen und Beziehungsstörungen bestehen, die das Problem weiter verstärken. Unterdrückte Wut kann zu stressbedingten körperlichen Symptomen führen.
  - *Antizipation* ist die geistige Vorwegnahme möglicher Folgen oder Ergebnisse eines Verhaltens oder belastender Ereignisse. Sie bietet Gelegenheit, eine Perspektive zu entwickeln und sich auf das Schlimmste vorzubereiten. Kontraproduktiv wird sie, wenn sie zu nicht beherrschbarem Stress führt, wie z. B. beim vorwegnehmenden Trauern.
  - *Attribution* bedeutet, in dem Problem eine persönliche Bedeutung zu erkennen. Beispiele sind der religiöse Glaube, individuelle Überzeugung, Schicksal und Glück. Attribution kann Trost bieten, wird jedoch fehlangepasst, wenn ein Mensch jedes Gefühl von Eigenverantwortlichkeit verliert.
- Suchtverhalten ist ein übliches fehlangepasstes Verhalten im Umgang mit Stress.
- Miller (2004) zufolge sind Menschen «mit einem starren Set oder einem engen Spektrum an Coping-Fertigkeiten anfälliger für ein gestörtes Coping, weil in unterschiedlichen Situationen auch verschiedene Arten von Coping-Strategien wirksam sind».
- Miller (1983) definiert «Krise» als «das Erleben einer akuten Situation, in der das Repertoire an Coping-Reaktionen einer Person nicht ausreicht, um den Stress zu beseitigen». Sie bildet

gewöhnlich einen Wendepunkt und den Beginn der Reorganisation einiger wichtiger Aspekte der psychischen Struktur einer Person.

- Eine individuelle Krise lässt sich anhand von vier aufeinander folgenden Stadien beschreiben: Schock, defensiver Rückzug, Akzeptanz und Adaptation.
- Selye (1974) definierte Stress als unspezifische Reaktion des Körpers auf jede Art von Anforderung. Stressreaktionen variieren entsprechend den persönlichen Wahrnehmungen. Sie können sowohl durch positive als auch durch negative Lebensereignisse ausgelöst werden.
- Persönliche Faktoren und Umweltfaktoren beeinflussen, wie ein Mensch mit einer Behinderung umgeht. Ergebnisse aus der Forschung untermauern, dass sich soziale Unterstützung, Selbstkonzept, Kontrollüberzeugung und Ausdauer auf die Motivation und Stimmung auswirken (Miller, 2004).
- Reaktionen auf Krankheit, Behinderung oder Behandlungen werden beeinflusst durch:
  - die Einstellung gegenüber dem Ereignis (z. B. Strafe, Schwäche, Herausforderung)
  - den Entwicklungsstand oder das Entwicklungsalter.
  - Das Ausmaß der Behinderung beeinträchtigt ein zielgerichtetes Agieren und beschädigt die Bedeutung des Ziels.
- Becks kognitive Theorie der Depression besagt, dass Menschen mit einer Depression Informationen selbst dann negativ verarbeiten, wenn das Gegenteil belegt ist. Sie filtern Informationen durch eine negativ getönte Weltsicht, die dabei zu gedanklichen Verzerrungen führt (Calarco/Krone, 1991) (Tab. II-5).
- Menschen mit chronischer Geisteskrankheit haben eine geringe Selbstachtung, geringes Selbstvertrauen sowie ein schwaches Gefühl von Kompetenz und Wirksamkeit. Veränderte Wahrnehmungen, Aufmerksamkeitsdefizite, kognitive Verwirrtheit und emotionale Labilität stören die Entscheidungsfindung, das Problemlösen und zwischenmenschliche Beziehungen (Finkelman, 2000).
- Taylor et al. (2000) stellten fest, dass für Männer eher die Kampf-oder-Flucht-Reaktion charakteristisch ist während Frauen auf Stress reagieren, indem sie sich kümmern und Freundschaft suchen (engl. tend-and-befriend).
- Die Kampf-oder-Flucht-Reaktion wird durch Katecholamine vermittelt. Die entsprechende Reaktion von Frauen wird durch Oxytocin und Endorphine ausgelöst (Taylor et al., 2000).

Pädiatrische Überlegung

- Angeborene Merkmale, soziale Unterstützung und familiäres Coping beeinträchtigen die Coping-Fähigkeit eines Kindes (Wong, 2002).
- Beim Heranwachsen entwickeln und erweitern Kinder ihre Coping-Strategien.
- In den USA haben 3–5 % der Kinder ein Hyperaktivitätssyndrom (ADHD), wobei Jungen 9-mal stärker betroffen sind als Mädchen (APA, 2002). Die Symptome dieser Entwicklungsstörung verändern sich mit der Zeit. Die Diagnose wird gestellt, wenn Symptome von Unaufmerksamkeit oder Hyperaktivität/Zwanghaftigkeit mindestens 6 Monate lang bestehen, fehlangepasst sind und nicht dem Entwicklungsstand entsprechen (APA, 2000).

Tabelle II-5: Reaktive versus endogene Depression

Element	Reaktive Depression	Endogene Depression
auslösendes Ereignis	identifizierbar	unklar
Familienanamnese	kein Zusammenhang	familiäre Tendenz
Symptome	bedingt durch Trauer und Angst; nachts stärker ausgeprägt	scheinbar ohne Zusammenhang mit Ereignissen; morgens stärker ausgeprägt
Aktivität	gedämpftes motorisches und kognitives Verhalten	agitiert, unruhig
Emotion	Klient fühlt sich traurig	wechselt zwischen Traurigkeit und manischer Fröhlichkeit
kognitive Fähigkeiten	können leicht vermindert sein	psychomotorisch verlangsamt
Orientiertheit	orientiert, reagiert auf Umgebung	ist u. U. weder orientiert noch ansprechbar
Behandlung	reagiert gut auf Beratung und Umgebungswechsel	bedarf u. U. außer den Beratung noch einer somatischen Behandlung

Geriatrische Überlegungen

- Miller (2004) nennt sechs wichtige psychosoziale Herausforderungen für ältere Erwachsene: 1) Eintritt in den Ruhestand, 2) Tod von Freunden, 3) chronische Krankheit, 4) Umzug der Familie, 5) Auflösung einer Lebensgemeinschaft, 6) Stereotype in Verbindung mit dem 65. Geburtstag.
- Folkman et al. (1987) zufolge gaben jüngere Menschen mehr Stress in Verbindung mit Finanzen und Arbeit an, während ältere Menschen über Stress in Zusammenhang mit Gesundheit und Haushaltsführung sowie mit sozialen Belangen und Fragen des Umfelds berichteten.
- Die Fähigkeit, Dinge gedanklich vorwegnehmen zu können (Antizipation) und wahrgenommene Kontrolle sind Prädiktoren der Auswirkungen von Stress auf ältere Erwachsene (Willis et al., 1987).
- Bei älteren Erwachsenen fällt Coping denjenigen mit höherem Einkommen, besserem Beschäftigungsstatus und dem Gefühl von Selbstwirksamkeit leichter. Sobald jedoch bedeutsame Veränderungen im Leben erforderlich werden, geraten ein höherer Status in der Arbeitswelt und das Gefühl der Selbstwirksamkeit jedoch zur Belastung, weil

diese Personen eine unrealistische Ansicht darüber haben, was kontrollierbar ist (Simons/West, 1984).

- Kein Lebensereignis hat, für sich allein genommen, ausschließlich negative Auswirkungen auf einen älteren Erwachsenen; die größte Herausforderung stellen vielmehr mehrere Ereignisse innerhalb eines kurzen Zeitraums dar (Miller, 2004).

Transkulturelle Überlegungen

- Drei bedeutende Komponenten kultureller Systeme beeinflussen Reaktionen auf Krankheit oder chronisches Leiden und die Fähigkeit einer Person, gesunde Veränderungen der Lebensweise herbeizuführen: 1) familiäre Unterstützungssysteme, 2) Coping-Verhalten und 3) Gesundheitsüberzeugungen und -praktiken (Andrews/Boyle, 2004).
- In manchen Kulturen spielt die Familie eine entscheidende Rolle bei allen Aspekten im Leben eines Klienten, darunter auch die Ablehnung gesunder Veränderungen der Lebensweise oder das Bestärken darin (Andrews/Boyle, 2004).
- In asiatischen Kulturen wird das Bewahren von Harmonie und Respekt besonders hervorgehoben. Es ist nicht unüblich für einen asiatischen Klienten, der die Pflegeperson als Autorität betrachtet, allem zuzustimmen, was diese vorschlägt. Die Zustimmung bedeutet indessen keineswegs Compliance, sondern lediglich gutes Benehmen. Dieses Verhalten ist entgegengesetzt dem selbstbewussten, hinterfragenden Verhalten, das in der dominanten US-Kultur betont wird (Andrews/Boyle, 2004).
- In manchen Kulturen gibt es keine Worte, um emotionales Leid zum Ausdruck zu bringen. Unter Umständen gibt es starke Sanktionen oder Tabus gegen Klagen über das eigene Schicksal (Mechanic, 1972).
- Manche Symptome, die in der westlichen Medizin als Geisteskrankheit interpretiert würden, gelten in anderen Kulturen als normal. Visionen, Hexen und Stimmenhören sind in manchen US-amerikanischen Subkulturen akzeptabel: in der Kultur der Appalachen sowie unter Asiaten, Afroamerikanern, Hispaniern und amerikanischen Ureinwohnern (Flaskerud, 1984).
- Amerikaner ostindisch-hinduistischer Abstammung glauben an kontrollierende Kräfte im Innen und Außen. Unkontrollierte psychologische Faktoren, wie Wut, Scham und Neid, machen einen Menschen krankheitsanfälliger. Sie glauben auch, dass Krankheit durch äußere Ereignisse oder Unglücksfälle, wie den Zorn einer Krankheitsgottheit, böswillige Geister toter Ahnen, in einem früheren Leben begangene Sünden oder eifersüchtige lebende Angehörige entsteht. Hindus tragen Amulette, um böse Absichten abzuwehren.
- In der chinesischen Kultur gilt Geisteskrankheit als beschämend. Chinesische Familien warten u. U., bis die Geisteskrankheit eines Verwandten unbeherrschbar ist, bevor sie sich an die westliche Medizin wenden.

Einschätzungskriterien des Fokusassessments

Unwirksames Coping kann sich auf vielfältige Weise zeigen. Unter Umständen reagiert eine Person oder Familie mit einer Störung in einem anderen funktionellen Verhalten (z. B. Spiritualität oder Elternschaft). Die Pflegeperson sollte sich dessen bewusst sein und die Assessmentdaten dazu verwenden, die betroffenen Dimensionen festzustellen.

Subjektive Daten

Einschätzen bestimmender Merkmale oder Kennzeichen

Physiologische stressbedingte Symptome

Kardiovaskulär
Kopfschmerzen
Thoraxschmerzen
Beschleunigter Puls
Ohnmacht («Black-out», Anfall).
Palpitationen.
Erhöhter Blutdruck.

Respiratorisch
Kurzatmigkeit
Anamnestisch bekanntes Rauchen
Erhöhte Atemfrequenz und Atemzugtiefe
Beschwerden im Thorax (Schmerzen, Beklemmung, Brennen).

Gastrointestinal
Übelkeit
Erbrechen
Leibschmerzen
Stuhlveränderungen
Appetitveränderungen
Adipositas/häufige Gewichtsveränderungen.

Muskuloskelettal
Schmerzen
Erschöpfung
Schwäche.

Dermatologisch
Pruritus
Exanthem
«Schweißausbrüche»
Ekzem.

Wahrnehmung des Stressors

Wie haben sich diese Stressoren auf Sie ausgewirkt?
Wie läuft es mit den Problemen?

Anamnese des Trinkverhaltens beim Klienten oder bei Bezugspersonen (Kappas-Larson/Lathrop, 1993)

Wann hat der Klient sein letztes alkoholisches Getränk zu sich genommen?
An wie vielen der letzten 30 Tage wurde Alkohol konsumiert?
Wie viel war es im Durchschnitt?
Welches war die größte Alkoholmenge, die er je getrunken hat?

Bestimmen der Einstellung gegenüber dem Trinken durch folgende Fragen:

Haben Sie je daran gedacht, Ihren Alkoholkonsum zu reduzieren?
Waren Sie jemals verärgert über Kritik an Ihrem Trinkverhalten?
Haben Sie sich jemals wegen Ihres Trinkverhaltens schuldig gefühlt?
Trinken Sie am Morgen (d. h. zum Munterwerden; Ewing, 1984)?

Symptome einer Depression (Depression Guideline Panel, 1993)

Depressive Stimmung die meiste Zeit am Tag, fast täglich
Deutlich vermindertes Interesse/Vergnügen an fast allen Aktivitäten während der meisten Zeit des Tages, und zwar fast täglich
Deutliche Gewichtszunahme/-abnahme
Schlaflosigkeit/übermäßiges Schlafen
Psychomotorische Agitiertheit/Verlangsamung
Erschöpfung (Energieverlust)
Konzentrationsstörungen (Unentschlossenheit)
Wiederkehrende Gedanken an Tod oder Suizid.

Einschätzen des Coping-Selbstbewusstseins anhand folgender Fragen (Finkelman, 2000):

Was motiviert Sie, morgens aufzustehen?
Wenn «1» die schlimmste Ausprägung darstellt, die Ihr Problem haben kann, und es bei «10» gelöst ist, wo stehen Sie dann heute?
Was wäre nötig, um diesen Wert zu erhöhen?
Woran würden Sie erkennen, dass er über «6» liegt?

Einschätzen beeinflussender Faktoren

Aktuelle/Kurze Zeit zurückliegende Stressoren (Anzahl, Art, Dauer)
Größere Lebensereignisse und Belastungen
Soziale Faktoren: finanzielle Umstellungen, Druck am Arbeitsplatz, Konflikte in der Partnerschaft/Familie, Rollenveränderungen, Eintritt in den Ruhestand, Schwangerschaft, Heirat, Scheidung, Altern, Schule, Tod
Psychologische Faktoren: Angst, Depression, geringe Selbstachtung, mangelnde zwischenmenschliche Fertigkeiten, Einsamkeit
Umweltfaktoren: Auszug, Hospitalisierung, Verlust der Privatsphäre, sensorische Deprivation/Überlastung.

Objektive Daten

Einschätzen bestimmender Merkmale oder Kennzeichen

Aussehen

Gestörter Affekt («Pokerface»)
Angemessenes Erscheinungsbild
Schlechte Pflege des äußeren Erscheinungsbildes
Unpassende Kleidung.

Verhalten

Ruhig
Feindselig
Weinerlich
Plötzliche Stimmungswechsel
Zurückgezogen.

Kognitive Funktion

Gestörte Orientierung hinsichtlich Zeit, Ort und Person
Gestörtes Konzentrationsvermögen
Gestörte Problemlösungsfähigkeit
Gedächtnisstörung
Beeinträchtigtes Urteilsvermögen.

Einschätzen beeinflussender Faktoren

Herabsetzendes Verhalten

Gegenüber sich selbst
Exzessives Rauchen
Exzessiver Alkoholkonsum
Exzessive Nahrungsaufnahme
Drogenmissbrauch
Rücksichtloses Autofahren
Suizidversuche
Unsichere Sexualpraktiken.

Anderen gegenüber

Kümmert sich nicht
Ist nicht bereit, zuzuhören
Unsichere Sexualpraktiken
Vernachlässigt die Bedürfnisse von Familienmitgliedern
Kommuniziert nicht
Schädigt Familienmitglieder körperlich (Prellungen, Verbrennungen, Knochenbrüche).

Bei Kindern, Aufmerksamkeitsstörungen (Johnson, 1995)

Zuhören fällt schwer
Ist leicht abgelenkt

Konzentrationsstörungen
Impulsivität
Geringes Urteilsvermögen
Motorische Überaktivität
Sprachprobleme
Lesestörungen
Widersetzliches Verhalten, Starrsinn
Niedrige Frustrationsschwelle
Labile Stimmungslage.

Ziele

NOC

- Coping
- Selbstwertgefühl
- Soziale Interaktionsfähigkeiten

Die Person trifft Entscheidungen und hält sich mittels geeigneter Maßnahmen daran, um provozierende Situationen im persönlichen Umfeld zu verändern.

Indikatoren

- Äußern von Gefühlen in Zusammenhang mit dem emotionalen Zustand.
- Sich auf die Gegenwart konzentrieren.
- Identifizieren von Reaktionsmustern und den Folgen des daraus resultierenden Verhaltens.
- Identifizieren persönlicher Stärken und Akzeptieren von Unterstützung durch die Pflegebeziehung.

Allgemeine Interventionen

NIC

- Copingverbesserung
- Beratung
- Emotionale Unterstützung
- Aktives Zuhören
- Durchsetzungsvermögenstraining
- Verhaltensmodifikation

Einschätzen ursächlicher und beeinflussender Faktoren (Lyon, 2002)

Siehe «Einflussfaktoren».

Knüpfen einer Beziehung

Verbringen Sie Zeit mit dem Klienten. Sorgen Sie für eine unterstützende Gesellschaft.
Vermeiden Sie überschwängliche Fröhlichkeit und Klischees wie: «Das wird schon wieder».
Vermitteln Sie Ehrlichkeit und Empathie.
Bieten Sie Unterstützung an. Ermutigen Sie dazu, Gefühle zu äußern. Lassen Sie den Klienten wissen, dass Sie seine Gefühle verstehen. Argumentieren Sie nicht, wenn Ausdrücke von Wertlosigkeit fallen, indem Sie z. B. sagen: «Wie können Sie das sagen? Schauen Sie doch, was Sie alles im Leben erreicht haben?»
Formulieren Sie sachliche Würdigungen. Seien Sie realistisch.
Geben Sie der Person zusätzliche Zeit, um zu antworten.

F: Der Person mit einer chronischen Geisteskrankheit «muss geholfen werden, die Rolle des Krankseins zugunsten der des Andersseins aufzugeben» (Finkelman, 2000 : 99).

Einschätzen des aktuellen Coping-Status

Stellen Sie fest, wann die Gefühle und Symptome begonnen haben und wie sie mit Ereignissen und Lebensveränderungen zusammenhängen.
Schätzen Sie die Fähigkeit ein, Fakten zu nennen:

- Hören Sie dem Klienten genau zu, um Fakten zu erheben.
- Beobachten Sie seinen Gesichtsausdruck, seine Gestik, Blickkontakt, Körperhaltung sowie Ton und Intensität der Stimme.

Stellen Sie fest, wie hoch die Gefahr ist, dass sich der Klient selbst schädigt. Intervenieren Sie in geeigneter Weise:

- Suchen Sie nach Zeichen eines möglichen Suizids:
  - anamnestisch bekannte Versuche oder entsprechende Drohungen (offen und verdeckt)
  - Veränderungen der Persönlichkeit, des Verhaltens, des Sexuallebens, des Appetits und der Schlafgewohnheiten
  - sich vorbereiten auf den Tod (Dinge in Ordnung bringen, Verfassen eines Testaments, Weggeben persönlicher Besitztümer, Erwerb einer Waffe)
  - plötzliche Aufhellung der Stimmungslage.
- Für weitere Informationen zur Suizidprävention siehe *Suizidgefahr*.

F: Verhalten umfasst Folgendes:

- Menschen agieren, um Bedürfnisse zu befriedigen und Ziele zu erreichen.
- Sie entwickeln ein relativ stabiles Verhaltensmuster.
- Das Verhalten wird gestört, wenn sowohl Bedürfnisse als auch Ziele bedroht sind.

Einschätzen des Grades an Depression

Überweisen Sie Menschen mit einer Depression an einen Spezialisten.

F: Schwer depressive oder suizidale Personen benötigen eine kontrollierte Umgebung, gewöhnlich in einer Klinik.

Unterstützen des Klienten beim Entwickeln geeigneter Problemlösungsstrategien

Bitten Sie den Klienten, frühere Konflikte und die Art, in der er sie gelöst hat, zu beschreiben.
Stellen Sie fest, ob seine Stressreaktion eher in Kampf und Flucht oder im Sich-Kümmern und Freundschaft-Suchen (Taylor et al., 2000) besteht.
Ermutigen Sie den Klienten, sein Verhalten zu evaluieren: «Hat das bei Ihnen funktioniert?», «Auf welche Weise hat es geholfen?», «Was haben Sie aus dieser Erfahrung gelernt?»
Erörtern Sie mögliche Alternativen (z. B. das Problem, mit den Beteiligten besprechen, die Situation zu verändern suchen oder nichts tun und die Folgen zu akzeptieren).
Helfen Sie beim Identifizieren von Problemen, die der Klient nicht unmittelbar kontrollieren kann. Helfen Sie dem Klienten, Stress abbauende Kontrollübungen zu praktizieren (z. B. körperliche Betätigung, Yoga).
Unterstützen Sie bei funktionellem Coping-Verhalten:

- «Die Art, in der Sie die Situation vor 2 Jahren bewältigt haben, hat damals gut funktioniert. Können Sie das jetzt noch einmal tun?»
- Bieten Sie jedoch Ausweichmöglichkeiten an und überlassen Sie die Entscheidung dem Klienten.

Mobilisieren und Ermutigen Sie den Klienten, die Aktivität schrittweise zu steigern:

- Finden Sie Aktivitäten heraus, die ihm früher Freude gemacht haben, dann aber vernachlässigt wurden: das äußere Erscheinungsbild, Bekleidungsgewohnheiten, Einkaufen, Hobbys, Sport, Kunst und Kunsthandwerk.
- Ermutigen Sie den Klienten, diese Aktivitäten für einen festgesetzten Zeitraum in die Tagesroutine aufzunehmen (z. B. jeden Nachmittag 30 min Klavierspielen).
- Betonen Sie, wie wichtig diese Aktivität ist. Sie kann dem Klienten helfen, von seiner Depression zu genesen.

Suchen Sie nach Auswegen, die Gefühle von persönlichem Erfolg und von Selbstachtung fördern:

- Schaffen Sie Zeit für entspannende Aktivitäten (z. B. Tanzen, sportliche Übungen, Nähen, Arbeiten mit Holz).
- Eine Hilfsperson finden, die gelegentlich Verantwortlichkeiten übernimmt (z. B. Babysitter).
- Lernen Sie, in Kompartimenten zu denken (d. h. ein Problem nicht immer und überall mit sich herumtragen, Freizeit genießen).
- Ermutigen Sie zu längerem Urlaub (nicht nur ein paar Tage hier und da).
- Sorgen Sie für Gelegenheiten, Stressmanagementtechniken zu erlernen und einzusetzen (z. B. Jogging, Yoga).

Fördern Sie emotionale Unterstützung durch andere Personen:

- Suche nach Personen, die in gleicher Weise belastet sind: Stellen Sie Telefonkontakt her, stiften Sie Freundschaften im klinischen Setting. Entwickeln und gründen Sie Schulungs- und Selbsthilfegruppen.
- Schaffen eines Netzwerks von Personen, welche die eigene Situation verstehen.

- Entscheiden, wer am besten als Unterstützungssystem dienen kann. Erwarten Sie keine Empathie von Menschen, die schon von ihren eigenen Problemen überwältigt werden.
- Räumen Sie Zeit ein, persönliche Gefühle, Bedenken oder Anliegen mit KollegInnen zu besprechen. Ermutigen Sie zur Aussprache. Oft helfen Menschen, die denselben Umständen ausgesetzt sind, einander.
- Bewahren Sie Ihren Humor.
- Lassen Sie Tränen zu.

Schulen Sie in Instrumenten der Selbstüberwachung (Finkelman, 2000):

- Erstellen eines Plans zur Überwachung auf Zeichen einer Verbesserung oder Verschlechterung.
- Erörtern vernünftiger Ziele für gegenwärtige Beziehungen.
- Aufschreiben, was getan wird, wenn man die Kontrolle hat oder depressiv, verwirrt, wütend, glücklich ist.
- Darstellen von Aktivitäten, die man versucht hat, gerne versuchen würde oder gerne in größerem Umfang durchführen würde.
- Erstellen einer Liste mit Warnhinweisen, die eine Verschlechterung anzeigen, und Hinweise geben, wie man Hilfe bekommt.

F: Selbstüberwachung kann dem Klienten helfen zu lernen, wie man Symptome beobachtet und erkennt, wenn man intensivere Hilfe benötigt (Finkelman, 2000).

F: Effektives Coping erfordert das erfolgreiche Durchführen vieler Aufgabenstellungen: Selbstkonzept, zufriedenstellende Beziehungen mit anderen Menschen, emotionale Ausgewogenheit und Stressbewältigung.

F: Klienten können Problemlösungstechniken erlernen:

- *Ziele setzen* bedeutet, Verhaltensweisen bewusst eine zeitliche Grenze zu setzen. Dies ist von Nutzen, wenn die Ziele erreichbar und handhabbar sind. Es kann Stress verursachen, wenn es sich um unrealistische oder kurzsichtige Ziele handelt.
- *Informationen suchen* bedeutet, etwas über alle Aspekte eines Problems zu erfahren. Dies schafft eine Perspektive und stärkt in manchen Fällen die Selbstkontrolle.
- *Können* und *Meisterschaft* bedeuten, neue Vorgehens- und Verfahrensweisen und Fertigkeiten zu erlernen, was die Selbstachtung und Selbstkontrolle fördert (z. B. die Selbstversorgung eines Kolostomas, die selbstständige Insulininjektion oder Katheterpflege).

Beginnen mit Gesundheitsedukation und Überweisen, soweit angezeigt

Vorbereiten auf Probleme, die nach der Entlassung auftreten können:

- Medikamente – Einnahmeplan, Kosten, Anwendungsfehler/Missbrauch, Nebenwirkungen
- verstärkte Angst
- Schlafstörungen
- Essstörungen – Zugang, verminderter Appetit
- Unvermögen, Zeit zu strukturieren
- Konflikte in der Familie/mit Bezugspersonen
- Nachsorge – Vergessen von Terminen, Zugang, Schwierigkeiten beim zeitlichen Organisieren.

Bei depressionsbedingten Problemen, die das Handlungsspektrum einer Allgemeinpflegeperson überschreiten, sollten Sie an geeignete Fachkräfte überweisen (z. B. Eheberatung, therapeutisch tätige Fachpflegeperson für Psychiatrie, Psychologe oder Psychiater).

Unterweisen Sie den Klienten in Entspannungstechniken. Betonen Sie, wie wichtig es ist, sich täglich 15–20 Minuten Zeit zu nehmen, um Entspannung zu praktizieren:

1. Eine bequeme Haltung auf einem Stuhl oder auf dem Boden einnehmen.
2. Die Augen schließen.
3. Lärm auf ein Minimum beschränken (nur leise Musik, wenn gewünscht).
4. Sich auf ein langsames und tiefes Ein- und Ausatmen konzentrieren.
5. Die Schwere von Armen und Beinen spüren.
6. Bei angespannten Muskeln diese anspannen und wieder entspannen, jeden Einzelnen von Kopf bis Fuß.

Unterweisen in Selbstsicherheit.

Unterweisen in Techniken der kognitiven Therapie.

F: Ressourcen in der Gemeinde können der Person helfen, sich an Veränderungen des Gesundheitszustands und Veränderungen von Beziehungen anzupassen.

F: Kognitive Interventionen helfen der Person, die Kontrolle über ihr Leben wiederzuerlangen. Dazu gehört, automatische Gedanken oder Grübelgedanken zu erkennen und durch positive Gedanken zu ersetzen (Finkelman, 2000).

Pädiatrische Interventionen

Maßnahmen

Falls Aufmerksamkeitsstörungen vorliegen, sollten Sie dem Kind und seinen Eltern bzw. den Betreuungspersonen deren Ätiologie und Erscheinungsformen erklären.

Helfen Sie dem Kind zu verstehen, dass es weder «schlecht» noch «dumm» ist.

Setzen Sie zusammen mit dem Kind und den Betreuungspersonen Zielverhalten durch.

Arbeiten Sie mit Eltern und Lehrpersonen an effektiveren Verhaltensstrategien, um den Erfolg zu stützen:

- Stellen Sie Blickkontakt her, bevor Sie Instruktionen geben.
- Setzen Sie feste, verantwortliche Grenzen.
- Vermeiden Sie Lektionen, setzen Sie einfach nur Regeln.
- Halten Sie Routinen weitestmöglich aufrecht.
- Versuchen Sie, ein ruhiges und einfaches Umfeld zu bewahren.
- Verstärken Sie angemessenes Verhalten positiv (z. B. loben, den Arm um die Schulter legen).

Helfen Sie dabei, das Spielen mit Gleichaltrigen zu verbessern (Johnson, 1995):

- Beginnen Sie mit kurzen Spielphasen.
- Verwenden Sie einfache, konkrete Spiele.
- Beginnen Sie mit sympathischen Geschwistern oder Familienmitgliedern.
- Wählen Sie zu Beginn ein ruhigeres und weniger anspruchsvolles gleichaltriges Kind als Spielgefährten.

- Sorgen Sie für sofortiges Feedback (z. B.: «Ich sehe, du bist abgelenkt.» Oder: «Du spielst schön.»).

Beginnen Sie bei Bedarf mit Gesundheitsedukation und Überweisungen:

- Sorgen Sie für Informationen zu einer medikamentösen Therapie, soweit angezeigt.
- Konsultieren Sie bei Bedarf Spezialisten (z. B. Psychologen, Lerntherapeutin).

F: Interventionen konzentrieren sich darauf, dem Kind beim Entwickeln von Selbstkontrolle und Selbstachtung zu helfen.
F: Kinder mit Aufmerksamkeitsstörungen sind oft sehr intelligent und brauchen keine wiederholten Lektionen.
F: Routine hilft, die Belastung für die Betreuungspersonen und das Kind zu reduzieren.
F: Kinder mit Aufmerksamkeitsstörungen können externe Stimuli nicht filtern, reagieren daher auf alles und verlieren ihren Fokus.
F: Erfolg beim Spielen mit Gleichaltrigen ist entscheidend für eine positive Verstärkung und für das Selbstwertgefühl.

Geriatrische Interventionen

Maßnahmen

Untersuchen auf Risikofaktoren eines unwirksamen Copings bei älteren Menschen (Miller, 2004):

- inadäquate wirtschaftliche Ressourcen
- unreifer Entwicklungsstand
- unvorhergesehene belastende Ereignisse
- mehrere bedeutende Ereignisse innerhalb kurzer Zeit
- unrealistische Ziele.

F: Miller (2004) nennt folgende Risikofaktoren für erhöhten Stress und schwaches Coping bei älteren Erwachsenen: verminderte wirtschaftliche Ressourcen, Unreife, unvorhergesehene Ereignisse, mehrere tägliche Auseinandersetzungen gleichzeitig, mehrere bedeutende Ereignisse innerhalb kurzer Zeit, hoher sozialer Status und ein starkes Gefühl von Selbstwirksamkeit in unveränderbaren Situationen.

Defensives Coping

Definition

Defensives Coping: der Zustand, in dem eine Person wiederholt eine falsch-positive Selbsteinschätzung zur Abwehr wahrgenommener Bedrohungen eines positiven Selbstbildes präsentiert.
Defensives Coping (engl. Defensive coping): Wiederholte Projektion einer falsch-positiven Selbsteinschätzung als Selbstschutz gegen eine empfundene Bedrohung des positiven Selbstbildes (NANDA-I, 2010).

Bestimmende Merkmale oder Kennzeichen*

Hauptkennzeichen (80–100 %)

Verleugnen offensichtlicher Probleme/Schwächen
Rationalisieren von Misserfolgen
Grandiosität (Erhabenheit)
Projektion von Schuld/Verantwortung auf andere
Überempfindlichkeit gegenüber Kritik/Kränkungen.

Nebenkennzeichen (50–79 %)

Überhebliche Haltung gegenüber anderen
Feindseliges Lachen über andere oder sich über andere lustig machen
Mangelndes Durchhaltevermögen oder Beteiligung an einer Behandlung oder Therapie
Schwierigkeiten, Beziehungen aufzubauen und aufrechtzuerhalten
Schwierigkeiten beim Erproben von Wahrnehmungen an der Realität, Realitätsverzerrungen.

Einflussfaktoren

Konflikt zwischen der Selbstwahrnehmung und dem Wertesystem
unzureichendes Unterstützungssystem
Versagensangst
Angst vor Demütigung
Angst vor Konsequenzen
fehlendes Durchhaltevermögen
geringer Grad des Vertrauens in andere
geringer Grad an Selbstvertrauen
Unsicherheit
unrealistische Erwartungen an sich selbst.

Weitere Einflussfaktoren, siehe *chronisch geringes Selbstwertgefühl*, *Machtlosigkeit* und *beeinträchtigte soziale Interaktion*.

Anmerkung der Autorin

Wenn Sie sich für diese Diagnose entscheiden, ist es wichtig, die möglicherweise damit verbundenen Diagnosen *chronisch geringes Selbstwertgefühl*, *Machtlosigkeit* und *beeinträchtigte soziale Interaktion* zu berücksichtigen. In diesen Diagnosen kommt u. U. zum Ausdruck, warum die Person sich das Abwehrverhalten zugelegt hat bzw. warum sie es aufrechterhält.

* Quelle: Norris, J.; Kunes-Connell, M. (1987). Self-esteem disturbance: A clinical validation study. In: A. McLane (Ed.). Classification of nursing diagnoses: Proceedings of the seventh conference. St. Louis: C. V. Mosby.

Defensives Coping ist definiert durch die Dysfunktion der Person und deren Coping-Unvermögen. Es wird verstärkt, wenn die Pflegeperson eine Korrelation zwischen Exazerbationen und identifizierten Stressoren herstellen kann. Sobald ein defensives Verhaltensmuster eine Barriere für effektive Beziehungen darstellt, ist *defensives Coping* eine nützliche Diagnose.

Zentrale Konzepte

- Defensives Funktionieren ist die Fähigkeit, Abwehrmechanismen zum Schutz des Ego vor überwältigender Angst einzusetzen. Werden Abwehrmechanismen übermäßig eingesetzt, so werden sie unwirksam oder überlagern das Ego (Mohr, 2003).
- Siehe *unwirksames Coping*, «Zentrale Konzepte».

Ziele

NOC

- Akzeptanz: Gesundheitszustand
- Coping
- Selbstwertgefühl
- Soziale Interaktionsfähigkeiten

Die Person berichtet über weniger defensives Verhalten oder demonstriert es.

Indikatoren

- Identifizieren defensiver Reaktionen.
- Setzen realistischer Ziele im Zusammenwirken mit Betreuungspersonen.
- Effektives Hinarbeiten auf das Erreichen dieser Ziele.

Allgemeine Interventionen

NIC

- Copingverbesserung
- Emotionale Unterstützung
- Selbsteinschätzungsverbesserung
- Umgebungsmanagement
- Anwesenheit
- Aktives Zuhören

Reduzieren von Anforderungen an den Klienten, wenn der Stress zunimmt

Umgebungsbezogen: Verändern Sie die Intensität von Umweltreizen (z. B. Lärm, Aktivität) oder beseitigen Sie sie ganz.

Zwischenmenschlich: Vermindern (oder begrenzen) Sie Kontakte zu anderen (z. B. Besuchern, anderen Klienten, Personal), soweit erforderlich.

Therapeutisch: Strukturieren Sie Interaktionen mit dem Personal, damit der Klient weiß, mit wem er wann, wie lange und über was sprechen muss.
Strategisch: Identifizieren Sie Stressoren, die an den Coping-Ressourcen des Klienten zehren, und entwickeln Sie Pläne, wie man mit ihnen umgeht. Das generelle Ziel ist, Stress auf gleichem Niveau zu halten, ihn zu verringern oder ihn zu beseitigen. Genauer gesagt geht es darum, eben jene Stressoren zu betrachten und zu bearbeiten, die das defensive Verhalten am stärksten ausufern lassen.

F: Vermehrter Stress verstärkt defensives Coping (Mohr, 2003).

Aufbau einer therapeutischen Beziehung

Bewahren Sie einen neutralen, sachlichen Ton in gleichbleibend positiver Haltung. Stellen Sie sicher, dass das gesamte Personal in gleichbleibender Weise und mit gleichbleibenden Erwartungen reagiert.
Konzentrieren Sie sich auf einfache, gegenwartsbezogene und zielgerichtete Themen, wenn Sie auf die Abwehrmechanismen des Klienten stoßen.
Ermutigen Sie den Klienten, Ziele zu formulieren und treffen Sie dann in mindestens einem oder zwei Bereichen eine Vereinbarung mit ihm. (Beachten Sie, dass «spiegelnde» Aussagen, wie: «Das klingt, als meinten Sie ‹X›» beim Klienten Aussagen hervorrufen können, wie: «Nein, ich meinte ‹X›» – worauf man sich dann einigen kann.)
Reagieren Sie nicht auf die negativen Projektionen oder Verschiebungen des Klienten, verteidigen Sie sie nicht und verweilen Sie nicht bei ihnen. Auch sollten Sie Verzerrungen oder unrealistische bzw. grandiose Selbstdarstellungen des Klienten nicht bestreiten. Versuchen Sie vielmehr, auf neutrale, positive oder zielgerichtete Themen umzuschwenken.
Lösen Sie den Klienten aus einer Unstimmigkeit oder geben Sie ihm selbst die Möglichkeit, sich daraus zu lösen
Vermeiden Sie direkte Aussagen. Ermutigen Sie zu Aktivitäten, die vom Klienten initiiert werden.
Vermeiden Sie Kontrollthemen oder versuchen Sie, dem Klienten positive Optionen zu präsentieren, was ihm ein gewisses Maß an Kontrolle vermittelt.
Vermeiden Sie evaluierende Aussagen (negative *und* positive). Ermutigen Sie den Klienten, die Fortschritte selbst zu evaluieren.
Identifizieren Sie für den Klienten diejenigen Handlungsweisen, die das Erreichen festgelegter Ziele gefährden, um fehlangepasstes Verhalten zu vermeiden.
Identifizieren Sie die Handlungsweisen, die das Erreichen festgelegter Ziele gefährdet haben, damit der Klient aus seinem eigenen Handeln lernt (d.h. die «natürlichen Konsequenzen sieht»).
Bestärken Sie adaptivere Coping-Muster (z.B. Sublimation, formales Problemlösen, Rationalisieren), die dem Betreffenden helfen, festgelegte Ziele zu erreichen.
Evaluieren Sie Interaktionen, Fortschritte und den Ansatz mit anderen Teammitgliedern, um im Behandlungsmilieu für Stimmigkeit zu sorgen.

F: Wenn sich eine ich-stützende Rolle etablieren lässt, ist es dem Klienten möglich, mit dem Erlernen neuer, effektiverer Coping-Strategien zu beginnen. Aktive Stressoren bewirken und verstärken aber auch weiterhin das defensive Verhalten, daher wird dieses Bemühen u.U. durch das Ausmaß begrenzt, in dem der Klient weiterhin gestresst oder bedroht bleibt.

Fördern des Dialogs, um den Abwehrbedarf zu vermindern und zugrundeliegende beeinflussende Faktoren direkt ansprechen zu können (siehe *chronisch geringes Selbstwertgefühl*)

Validieren Sie die anfängliche Abneigung des Klienten, zu vertrauen. Stärken Sie mit der Zeit die Stimmigkeit Ihrer Aussagen, Reaktionen und Maßnahmen. Achten Sie dabei besonders darauf, (vernünftige) Bitten zu erfüllen und Pläne und Übereinkünfte zu verfolgen.

Involvieren Sie den Klienten in nicht zielgerichtete, nicht auf Wettkampf ausgerichtete Freizeitaktivitäten (z. B. Entspannungstherapie, Spiele, Ausflüge).

Ermutigen Sie zu weiteren Mitteln des Selbstausdrucks (z. B. Schreiben, Kunst), wenn die verbale Interaktion erschwert oder dies ein Bereich persönlicher Stärken ist.

Hören Sie *einigen* grandiosen oder negativen Aussagen des Klienten über sich selbst zu, um Ihre positive Einstellung zu bestärken. Sollte dies nicht zu positiveren Aussagen des Klienten über sich selbst oder zu positiveren Aktivitäten führen, erweist sich diese Art des Zuhörens u. U. als kontraproduktiv.

Schaffen Sie sich selbst eine ich-stützende Rolle, indem Sie dem Klienten helfen, die Muster seines zwischenmenschlichen Interagierens mit anderen zu überprüfen und zu untersuchen.

F: Interventionen sollten helfen, dem Klienten die Nervosität zu nehmen und sich auf die Selbstevaluation zu konzentrieren (Mohr, 2003).

F: Ablenkende, stützende Interventionen müssen in einem ausgewogenen Verhältnis zu zielgerichteten bzw. problemzentrierten Interaktionen entsprechend der Toleranz des Klienten stehen.

Unwirksame Verleugnung

Unwirksame Verleugnung, ...

- ... **b/d** eine gestörte Fähigkeit, die Folgen des eigenen Verhaltens zu akzeptieren, angezeigt durch fehlendes Anerkennen eines Substanzmissbrauchs/einer Abhängigkeit

Definition

Unwirksame Verleugnung: der Zustand, in dem eine Person Symptome oder eine für die eigene Gesundheit schädliche Situation herunterspielt oder verleugnet.

Unwirksame Verleugnung (engl. Ineffective denial): Bewusster oder unbewusster Versuch, das Wissen oder die Bedeutung eines Ereignisses zu leugnen, um Angst/Furcht zu reduzieren, was aber zur Beeinträchtigung der Gesundheit führt (NANDA-I, 2010).

Bestimmende Merkmale oder Kennzeichen

Hauptkennzeichen (obligat)

Hinauszögern einer Konsultation oder Verweigern von Gesundheitsversorgung zum eigenen Schaden, Verzögerung führt zur Verschlechterung der Gesundheit.
Fehlende Wahrnehmung der persönlichen Relevanz von Symptomen oder der Gefahr.

Nebenkennzeichen (fakultativ)

Verwendet Hausmittel (Selbstbehandlung) zur Linderung der Symptome.
Gesteht Furcht vor Tod oder Behinderung/Invalidität nicht ein.
Spielt Symptome herunter.
Verschiebt die Quelle der Symptome auf andere Bereiche/Organe des Körpers.
Kann Auswirkungen der Erkrankung auf den Lebensvollzug, die Lebensweise nicht zugeben.
Gestikuliert geringschätzig und macht abwertende Bemerkungen, wenn er/sie von belastenden Ereignissen spricht.
Verdrängt die Furcht vor den Auswirkungen der Erkrankung.
Zeigt einen unangemessenen Affekt.

Einflussfaktoren

Pathophysiologische Faktoren

B/d das Unvermögen, bewusst die Konsequenzen einer chronischen oder zum Tode führenden Erkrankung zu ertragen.

Behandlungsbedingte Faktoren

B/d eine lange Behandlung ohne positive Ergebnisse.

Situationsbedingte Faktoren (persönlich bedingt, umgebungsbedingt)

B/d das Unvermögen, bewusst die Konsequenzen folgender Situationen zu ertragen:

Verlust des Arbeitsplatzes
finanzielle Krise
Substanzmissbrauch
Rauchen
Verlust eines Ehepartners/einer Bezugsperson
negatives Selbstkonzept, Unzulänglichkeitsgefühl, Schuldgefühle, Einsamkeit, Verzweiflung, Gefühl des Versagens
Alkohol
Adipositas
häuslicher Missbrauch.

B/d Gefühle von verstärkter (Todes)Angst/erhöhtem Stress, das Bedürfnis, persönlichen Problemen zu entrinnen, Zorn und Frustration.
B/d Gefühle von Omnipotenz.
B/d kulturell permissive Einstellungen gegenüber Alkohol/Drogen.
B/d
drohende Unzulänglichkeit, mit starken Emotionen umzugehen
fehlende Kontrolle über die Lebenssituation
Angst vor dem Verlust der Autonomie
überwältigender Stress
fehlende Kompetenz, effektive Coping-Mechanismen anzuwenden
drohende unangenehme Wirklichkeit
Trennungsangst
Todesangst
fehlende emotionale Unterstützung von anderen.

Biologische/genetische Faktoren

B/d familienanamnestisch bekannten Alkoholismus.

Anmerkung der Autorin

Unwirksames Verleugnen unterschiedet sich vom Verleugnen als Reaktion auf einen Verlust. Verleugnen als Reaktion auf eine Erkrankung oder einen Verlust ist nötig und zuträglich, um das seelische Gleichgewicht zu wahren. *Unwirksame Verleugnung* ist abträglich, wenn die Person sich nicht an Therapieplänen zur Verbesserung der Gesundheit oder der Situation beteiligt (z. B. indem sie einen Substanzmissbrauch leugnet). Ist die Ursache unbekannt, können *unwirksame Verleugnung,* **b/d** *eine unbekannte Ätiologie* sowie *unwirksame Verleugnung,* **b/d** *eine unbekannte Ätiologie, angezeigt durch die wiederholte Weigerung, die Einnahme von Barbituraten als Problem anzuerkennen* verwandt werden.

Irrtümer in diagnostischen Aussagen

Siehe *unwirksames Coping.*

Zentrale Konzepte

- Verleugnen besteht aus einer Reihe dynamischer Prozesse, welche die Person vor Bedrohungen des Selbstwertgefühls schützen. Im Trauerprozess kommt es häufig vor.
- Wenn es dringender Maßnahmen bedarf, um eine bedrohliche oder Schaden verursachende Situation zu verändern, ist Verleugnen fehlangepasst. Sind Maßnahmen jedoch nicht nötig oder lässt sich das Ergebnis nicht ändern, kann Verleugnen positiv sein und helfen, Stress zu reduzieren (Lazarus, 1985).

- Ein starkes, intaktes Verleugnungssystem wirkt sich negativ auf die realistischen Wahrnehmungen der Konsequenzen aus (z. B. Verlust, Gewalt, Substanzmissbrauch) (Boyd, 2002; Tweed, 1989).
- Verleugnen kann verschiedene Formen annehmen:
  - Verleugnen der Relevanz für die Person
  - Verleugnen von Verantwortung
  - Verleugnen einer bedrohlichen Information
  - Verleugnen der Unmittelbarkeit der Bedrohung
  - Verleugnen, dass die Bedrohung Angst macht
  - Verleugnen jeglicher Information.
- Verleugnen ist eine wichtige Reaktion bei Personen mit einer Sucht. Es ist das Unvermögen, den Verlust der Kontrolle über das Suchtverhalten oder den Schweregrad der damit verbundenen Konsequenzen zu akzeptieren (Boyd, 2002).

Einschätzungskriterien des Fokusassessments

Siehe *unwirksames Coping* für ein allgemeines Assessment.
Bei Verdacht auf Substanzmissbrauch sollten Sie die im Folgenden genannten Punkte überprüfen.

Subjektive Daten

Einschätzen bestimmender Merkmale oder Kennzeichen

Die Person …
… verleugnet, dass Alkohol- bzw. Drogenkonsum problematisch ist.
… rechtfertigt den Alkohol- bzw. Drogenkonsum.
… macht andere für den Alkohol- bzw. Drogenkonsum verantwortlich.

Objektive Daten

Die Person zeigt Störungen in folgenden Bereichen:

Funktionieren am Arbeitsplatz

Absentismus
Häufige ungeklärte kurze Abwesenheiten
Ausgefeilte Entschuldigungen
Erschöpfung am Tag
Versagen bei Aufgabenstellungen
Verlust des Arbeitsplatzes.

Soziales Funktionieren

Stimmungsschwankungen
Streit mit dem Partner/der Partnerin oder mit Freunden
Verkehrsunfälle/Vorladungen
Isolation (Meiden anderer Menschen)
Gewaltausbrüche unter Intoxikation.

Juristische Schwierigkeiten, physische Komplikationen

Alkoholabusus

Black-out
Gedächtnisstörungen
Parästhesien der unteren Extremitäten
Mangelernährung
Pankreatitis
Leberfunktionsstörungen
Gichtsymptome
Anämie
Gastritis/Magenulzera
Kardiomyopathie
Entzugssymptome (z. B. Tremor, Übelkeit, Erbrechen, erhöhter Blutdruck und beschleunigter Puls, Schlafstörungen, Desorientiertheit, Halluzinationen, Agitiertheit, Krämpfe).

Opiatabusus

Schläfrigkeit
Verwaschene Sprache
Verengte Pupillen
Hautinfektionen
Lebererkrankung
Niedrige Testosteronspiegel
Magenulzera
Gedächtnisstörungen
Verlangsamte Motorik
Mangelernährung
Atemdepression
Obstipation
Atemwegsinfekte
Verminderte Schmerzreaktion
Entzugssymptome (z. B. Tränenfluss, Naselaufen, Gänsehaut, Gähnen, geweitete Pupillen, leichte Hypertonie, Tachykardie, Übelkeit, Erbrechen, Unruhe, Bauchkrämpfe, Gelenkschmerzen).

Amphetamin- und Kokainabusus

Hyperaktivität
Hautinfektionen
Zerebrovaskuläres Ereignis
Halluzinationen
Herzrhythmusstörungen
Krämpfe
Atemdepression
Erhöhte Wachheit
Verminderter Appetit/Gewichtsabnahme
Erhöhte Herzfrequenz

Geweitete Pupillen
Schüttelfrost
Übelkeit und Erbrechen
Hepatitis.

Missbrauch von Halluzinogenen

Erhöhte Herzfrequenz
Schwitzen
Halluzinationen
Flashbacks
Tremor
Unkoordiniertheit
Verschwommensehen.

Cannabisabusus

Mundtrockenheit
Erhöhte Herzfrequenz
Bindehautentzündung
Erhöhter Appetit
Gestörte Lungenstruktur
Sinusitis.

Missbrauch von Barbituraten, Sedativa und Hypnotika

Schläfrigkeit
Gedächtnisstörungen
Zellulitis
Hepatitis
Endokarditis
Pneumonie
Atemdepression
Intoxikations- und Entzugszeichen.

Ziele

NOC

- Akzeptanz: Gesundheitszustand
- Selbstkontrolle bei Angst
- Selbstkontrolle bei Furcht
- Gesundheitsüberzeugungen: Wahrgenommene Bedrohung
- Persönliche Resilienz

Die Person wendet statt des Verleugnens alternative Coping-Mechanismen an.

Indikatoren

- Anerkennen der Quelle der Angst oder des Stresses.
- Anwenden problemzentrierter Coping-Fertigkeiten.

Allgemeine Interventionen

NIC

- Edukation: Krankheitsprozess
- Angstminderung
- Beratung
- Aktives Zuhören

Knüpfen einer therapeutischen Beziehung

Einschätzen der Wirksamkeit des Verleugnens.
Vermeiden, den Klienten damit zu konfrontieren, dass er Verleugnen einsetzt.
Zugehen auf den Klienten in einer direkten, sachlichen und vorurteilslosen Weise.

F: Verleugnen kann in den Frühstadien des Copings nützlich sein, wenn die Ressourcen noch nicht ausreichen, um mit stärker problemzentrierten Ansätzen zurechtzukommen (Lazarus, 1985).

Ermutigen der Klienten, Wahrnehmungen der Situation mitzuteilen (z. B. Befürchtungen, Ängste)

Konzentrieren Sie sich auf die mitgeteilten Gefühle.
Spiegeln Sie das Mitgeteilte, um zu weiteren Mitteilungen zu ermutigen.

F: Mit abnehmendem Verleugnen müssen sich Interventionen auf das Auftreten starker Angst und Furcht konzentrieren.

Unterstützen des Klienten beim Problemlösen, wenn angemessen

Versuchen Sie, von der Person eine Beschreibung des Problems zu bekommen.

F: Teilweises, vorläufiges oder minimales Verleugnen erlaubt dem Klienten, problemzentrierte Coping-Fertigkeiten anzuwenden und dabei Leiden zu reduzieren (eine emotionszentrierte Coping-Fertigkeit) (Lazarus, 1985).

Unwirksame Verleugnung

... b/d eine gestörte Fähigkeit, die Folgen des eigenen Verhaltens zu akzeptieren, angezeigt durch fehlendes Anerkennen eines Substanzmissbrauchs/einer Abhängigkeit

Ziele

Die Person enthält sich des Alkohol-/Drogenkonsums und erkennt die Notwendigkeit einer kontinuierlichen Behandlung an.

NOC

- Selbstkontrolle bei Angst
- Coping
- Soziale Unterstützung
- Folgen von Sucht
- Wissen: Kontrolle des Konsums von Substanzen
- Wissen: Krankheitsprozess

Indikatoren

- Anerkennen eines Alkohol-/Drogenmissbrauchsproblems.
- Erklären der psychischen und physischen Effekte des Alkohol-/Drogenkonsums.
- Einstellen des Alkohol-/Drogenkonsums.
- Anerkennen der Notwendigkeit einer Dauerbehandlung.
- Äußern von Hoffnung.
- Anwenden alternativer Coping-Mechanismen im Umgang mit Stress.
- Vorliegen eines Plans für Hochrisikosituationen eines Rückfalls.

Interventionen

NIC

- Copingverbesserung
- Angstminderung
- Beratung
- Gemeinsame Zielsetzung
- Suchtmittelmissbrauchsbehandlung
- Unterstützungssystemförderung
- Selbsthilfegruppennutzung

Unterstützen des Klienten beim Verbessern des Selbstwertgefühls

Seien Sie vorurteilslos.

Unterstützen Sie die Person dabei, sich zu vergegenwärtigen, dass es hier um eine Krankheit und nicht um ein moralisches Problem geht.

Sorgen Sie für Gelegenheiten, erfolgreich zu sein und sich selbst als wirksam zu erleben; erhöhen Sie schrittweise die Verantwortung.

Sorgen Sie für beratende Informationen über den progressiven Charakter des Substanzmissbrauchs und seiner Auswirkungen auf den Körper und auf zwischenmenschliche Beziehungen.

Erklären Sie, warum Frauen durch Alkohol stärker betroffen werden (siehe «Zentrale Konzepte»).

Für weitere Interventionen siehe *gestörtes Selbstwertgefühl.*

F: Der Klient wurde u. U. von vielen Menschen kritisiert und gemaßregelt und ist misstrauisch. Die persönlichen Erfahrungen der Pflegeperson mit Alkohol können sich positiv oder negativ auf die Empathie für den Klienten auswirken.

F: Alkoholiker galten früher als unmoralisch und degeneriert. Alkoholismus als Krankheit anzuerkennen, kann das Vertrauen des Klienten stärken.

Sorgen für Interventionen entsprechend der Phase der Suchtverhaltensänderung (Prochaska et al., 1992)

Präkontemplationsphase (Vorbesinnungsphase) (Der Klient ist sich der Probleme eines Suchtverhaltens nicht bewusst.)

Versuchen Sie das Bewusstsein für das Problem und seine Folgen (z. B. auf Beziehungen, den Beruf, die Finanzen) zu wecken.

Erörtern Sie die Möglichkeiten eines Wandels.

Erkunden Sie die Einstellung gegenüber einem Wandel.

Kontemplationsphase (Besinnungsphase) (Der Klient ist sich der Probleme eines Suchtverhaltens bewusst und erwägt eine Umstellung, ist jedoch ambivalent.)

Geben Sie dem Klienten Gelegenheit, sich über frühere erfolgreiche Versuche zu äußern.

Nennen Sie die Vor- und Nachteile einer Umstellung und des fortgesetzten Missbrauchs.

Planungsphase (Der Klient beabsichtigt, innerhalb des kommenden Monats zu handeln oder war im vergangenen Jahr erfolglos.)

Beginnen Sie mit Überweisungen zur nächsten, annehmbarsten und für den Klienten am besten geeigneten und effektivsten Ressource.

Unterstützen Sie den Klienten beim Erstellen eines spezifischen, detaillierten Plans für eine Umstellung und finden Sie Barrieren heraus.

Umsetzungsphase
(Der Klient betreibt mindestens einen Tag lang offen Verhaltensänderungen.)

Bestärken Sie den Klienten in seiner Entscheidung, sich umzustellen.
Heben Sie erfolgreiche Maßnahmen hervor.
Helfen Sie dem Klienten, Situationen vorherzusehen, durch die Entschlüsse ins Wanken geraten können, und sich darauf vorzubereiten.

Abstinenzphase (Der Klient ist länger als 6 Monate frei von Suchtverhalten.)

Helfen Sie dem Klienten, Strategien herauszufinden, um ein Rezidiv zu verhindern.
Überprüfen Sie die Gründe für eine Veränderung.
Überprüfen Sie Vorteile durch eine Veränderung.

F: Die Compliance wird durch gezielte Interventionen entsprechend dem Grad der vorhandenen Motivation erhöht.

Offenes Erörtern der Realität eines Rückfalls. Betonen, dass ein Rezidiv kein Versagen bedeutet.

Helfen Sie nach einem Rückfall, Auslöser zu erkennen.
Planen Sie eine alternative Maßnahme, wenn Auslöser vorliegen, indem Sie z. B. einen Sponsor anrufen oder einen Spaziergang machen.
Ermutigen Sie dazu, mit Personen über einen Rückfall zu sprechen, die sich ihrerseits von einem Substanzmissbrauch erholen.
Betonen Sie eine Philosophie des «Von Tag zu Tag».

F: Ein Rückfall muss angesprochen und angegangen werden, um die Motivation zu steigern.

Unterstützen des Klienten beim Identifizieren und Verändern des Verhaltensmusters bei Substanzmissbrauch

Erkunden Sie Situationen, in denen von der Person erwartet wird, eine Substanz zu sich zu nehmen (z. B. nach der Arbeit, mit Freunden).
Halten Sie den Betroffenen dazu an, Situationen zu meiden, in denen Alkohol/Drogen konsumiert wird/werden.
Unterstützen Sie den Klienten dabei, «Kumpel», mit denen geraucht und getrunken wird, durch andere zu ersetzen. Nützlich sind die Anonymen Alkoholiker (AA) und die Narcotics Anonymous (NA). Dabei ist jede Gruppe einzigartig; ermutigen Sie die Person, sich eine ihr entsprechende Gruppe zu suchen.
Unterstützen Sie den Klienten darin, sich eine Tagesroutine zu schaffen und einzuhalten.
Lassen Sie den Klienten den Alkohol-/Drogenkonsum dokumentieren (Menge, Zeit, Situation). Dies ist bei therapieresistenten Personen mit Substanzmissbrauch in Frühstadien nützlich (Metzger, 1988).

F: Alkohol- und Drogenmissbrauch wird verstärkt durch die Substanz selbst (z. B. «high» sein, verstärkter Ideenreichtum, Aufmerksamkeit bekommen) und durch das Vermeiden unangenehmer Situationen. Behandlungsansätze müssen darauf abzielen, erkennbare Verstärker zu beseitigen (Smith-DiJulio, 1998).

Erörtern alternativer Coping-Strategien

Unterweisen Sie in Entspannungstechniken und Meditation. Ermutigen Sie dazu, diese anzuwenden, wenn der Klient gesteht, Angst zu haben.

Unterweisen Sie in Techniken des Gedankenanhaltens bei Gedanken über das Trinken oder den Substanzgebrauch. Instruieren Sie den Klienten, laut oder unhörbar «Halt! Stopp!» zu sagen und jenen Gedanken durch einen positiven zu ersetzen. Der Klient muss diese Technik üben und braucht u. U. Unterstützung beim Herausfinden von Ersatzgedanken.

Unterstützen Sie den Klienten darin, belastende Ereignisse (z. B. im Beruf, in der Familie oder in sozialen Situationen), in denen Alkohol- bzw. Drogenkonsum erwartet wird, vorherzusehen. Üben Sie alternative Strategien im Rollenspiel und unterweisen Sie in Fertigkeiten zur Stärkung des Selbstbewusstseins.

Unterweisen Sie den Klienten im konstruktiven Umgang mit Angst.

F: Eine substanzabhängige Person betrachtet die Substanz als Lösung für jedes Problem. Sie braucht neue Problemlösungstechniken (Smith-DiJulio, 1998).

Unterstützen des Klienten, Abstinenz zu erreichen

Unterstützen Sie den Klienten dabei, sich kurzfristige Ziele zu setzen (z. B. erst einmal nur einen Tag lang aufzuhören).

Unterstützen Sie den Klienten beim strukturierten Planen:

- Vorräte vernichten.
- Kontakt mit Dealern/anderen Usern abbrechen.
- Hochriskante Orte meiden.
- Freizeit strukturieren.
- Große Zeitabschnitte ohne Aktivitäten vermeiden.
- Freizeitaktivitäten planen, die nichts mit Alkohol-/Substanzmissbrauch zu tun haben.

Unterstützen Sie den Klienten beim Erkennen von Stressoren, die zum Substanzmissbrauch führen (z. B. Langeweile, zwischenmenschliche Situationen).

Unterstützen Sie den Klienten beim Evaluieren negativer Folgen des Verhaltens. Visualisieren kann hilfreich sein.

Sollte die Person den Alkohol-/Drogenkonsum leugnen, achten Sie auf nonverbale Kennzeichen, um Fakten zu untermauern (z. B. ein sich verschlechterndes äußeres Erscheinungsbild, abnehmende Leistung am Arbeitsplatz, sinkende soziale Fertigkeiten).

Sobald Sie eine vertrauensvolle Beziehung geschaffen haben, sollten Sie den Klienten mit seinem Verleugnen konfrontieren.

Halten Sie den Klienten von dem Versuch ab, während dieser Zeit andere Probleme (z. B. Adipositas, Rauchen) zu korrigieren.

Versuchen Sie nicht, in der Frühphase der Abstinenz die Vergangenheit zu sondieren.

F: Die Interventionen sollen den Klienten darin unterstützen, die negative Beziehung zwischen Verleugnen und den daraus resultierenden negativen Folgen gesundheitlicher oder gesellschaftlicher Natur (Smith-DiJulio, 1998) zu erkennen und zu bestätigen.

Beginnen mit Gesundheitsedukation und Überweisen, soweit angezeigt

Verweisen Sie den Klienten an die Anonymen Alkoholiker, die Narcotics Anonymous, Synanon etc.
Überweisen Sie den Klienten in eine Behandlungseinrichtung.
Unterweisen Sie in den Nebenwirkungen des Drogenkonsums.
Sorgen Sie für Ernährungsberatung.

F: Die Teilnahme an einem strukturierten Behandlungsprogramm erhöht die Chance einer erfolgreichen Genesung von Alkoholismus ganz enorm.
F: Es kann Hoffnung stärken, wenn Sie den Klienten in Kontakt mit einem Experten bringen, der helfen kann.

Entscheidungskonflikt

Definition

Entscheidungskonflikt: der Zustand, in dem eine Person/Gruppe unsicher ist, in welche Richtung sie sich verhalten soll, wenn die Entscheidungsoptionen die Gefährdung, den Verlust oder das In-Frage-Stellen persönlicher Werte im Leben beinhalten.
Entscheidungskonflikt (engl. Decisional conflict): Unsicherheit über die Richtung anstehender Handlungen, wenn zwischen konkurrierenden Handlungen gewählt werden soll, die Risiko, Verlust und Infragestellung von Werten und Glauben beinhalten (NANDA-I, 2010).

Bestimmende Merkmale oder Kennzeichen

Hauptkennzeichen (80–100 %)

Geäußerte Ungewissheit/-sicherheit hinsichtlich der getroffenen Entscheidungen.
Formulieren unerwünschter Folgen erwogener Alternativen.
Schwanken zwischen Alternativen.
Verzögerter Entscheidungsprozess.

Nebenkennzeichen (50–79 %)

Formulieren des Gefühls von Belastung bei dem Versuch, eine Entscheidung zu fällen.
Selbstzentriertheit.
Körperliche Anzeichen von Leid oder Anspannung (z. B. erhöhte Herzfrequenz, verstärkte Muskelanspannung, Unruhe), wann immer die Entscheidung in den Fokus der Aufmerksamkeit gerät.
Hinterfragen persönlicher oder moralischer Werte, Regeln oder Prinzipien und Überzeugungen und Glaubenseinstellungen bei dem Versuch, eine Entscheidung zu treffen.

Einflussfaktoren

Viele Situationen können zu einem Entscheidungskonflikt beitragen, vor allem solche, bei denen es um hochriskante und komplexe medizinische Interventionen geht. Jede Entscheidungssituation kann bei einem Menschen einen Konflikt auslösen, daher sind die nachstehend genannten Beispiele nicht erschöpfend, sondern spiegeln Situationen wider, die problematisch sein können und Faktoren beinhalten, welche die Schwierigkeit erhöhen.

Behandlungsbedingte Faktoren

B/d das Risiko-Nutzen-Verhältnis von (spezifiziere Test, Behandlung):

Operation
Entfernen eines Tumors
Ästhetisch-plastische Operation
Amputation
Transplantation
Orchidektomie
Prostatektomie
Hysterektomie
Laminektomie
Mastektomie
Gelenkersatz
Katarakt-OP
Sectio caesarea.
Diagnostische Untersuchung
Amniozentese
Röntgen-Untersuchung
Ultraschalluntersuchung.
Chemotherapie
Bestrahlung
Dialyse
Mechanische Beatmung
Parenterale Ernährung
Intravenöse Hydratation
Weheninduzierende Medikamente
Teilnahme an Therapiestudien
Antivirale Therapie gegen HIV.

Situationsbedingte Faktoren (persönlich bedingt, umgebungsbedingt)

B/d das Risiko-Nutzen-Verhältnis von:

Persönliches
Heirat
Beschneidung

Einweisen in eine Einrichtung (Kind, Elternteil)
Stillen vs. Füttern mit dem Fläschchen
Elternschaft
Sterilisierung
In-vitro-Fertilisation
Transport aus ländlichen Einrichtungen
Scheidung
Abort
Künstliche Insemination
Adoption
Kontrazeption
Eintritt in ein Pflegeheim
Eintritt in ein Kinderheim
Trennung vom Partner/von der Partnerin.
Beruf/Aufgaben
Karrierewechsel
Fragen der Ethik im Beruf
Geschäftliche Investitionen
Umzug.

B/d:

fehlende/mangelnde Informationen
verwirrende Informationen.

B/d:

Uneinigkeit innerhalb von Unterstützungssystemen
Unerfahrenheit in der Entscheidungsfindung
unklare persönliche Werte/Überzeugungen
Konflikt mit persönlichen Werten/Überzeugungen
Resignation
familienanamnestisch schlechte Prognose
Bevormundung durch die Klinik – Kontrollverlust
ethische Dilemmata hinsichtlich:

- Lebensqualität
- Abstellen lebenserhaltender Systeme
- Verfügungen, nicht zu reanimieren
- Abbruch einer Schwangerschaft
- Organtransplantation
- selektive Abbrüche bei Mehrlingsschwangerschaft.

Altersbedingte Faktoren

B/d das Risiko-Nutzen-Verhältnis von:

Jugendliche
Druck Gleichaltriger
Alkohol-/Drogenkonsum
Berufswahl
Kontrazeptiven Maßnahmen.
Schule
Der Frage nach Fortsetzen einer Beziehung
Sexueller Aktivität
Illegalen/gefährlichen Situationen
Erwachsene
Karrierewechsel
Umzug
Eintritt in den Ruhestand.
Älterer Mensch
Eintritt in den Ruhestand
Eintritt in ein Pflegeheim
unklare persönliche Werte
unklarer persönlicher Glaube
wahrgenommene Bedrohung des Wertesystems
fehlende Erfahrung mit Entscheidungsfindungen
Störung der Entscheidungsfindung
fehlende relevante Informationen
Informationen aus verschiedenen Quellen
abweichende Informationsquellen
moralische Verpflichtungen, die Handeln erfordern
moralische Verpflichtungen, die Handeln untersagen
moralische Prinzipien, die unvereinbare Handlungsrichtungen hervorbringen
moralische Regeln, die unvereinbare Handlungsrichtungen hervorbringen
moralische Werte, die unvereinbare Handlungsrichtungen hervorbringen
Defizit des Unterstützungssystems
[Alter, Entwicklungsstand]
[Familiensystem, soziokulturelle Faktoren]
[kognitiver, emotionaler, entsprechender funktionaler Status].

Anmerkung der Autorin

Die Pflegeperson spielt eine wichtige Rolle dabei, Familien bei Entscheidungen zu unterstützen. Da Pflegende von den Entscheidungen hinsichtlich einer Behandlung oder eines Transfers gewöhnlich finanziell nicht profitieren, sind sie in der idealen Position, bei Entscheidungen zu unterstützen. Auch wenn Davis (1989) zufolge «Pflege oder medizinisches Fachwissen Gesundheitsfachpersonen nicht in die Lage versetzt, die Wertvorstellungen von Patienten zu kennen oder zu wissen, was Patienten für sich selbst für das Beste halten», geben pflegerische Sachkenntnis und Erfahrung ihnen die Möglichkeit, eine systematische Entscheidungsfindung zu fördern, bei der alle alternativen und möglichen Entwicklungen sowie die individuellen Überzeugungen und Wertvorstellungen berücksichtigt werden. Der Schwerpunkt liegt darauf, bei der logischen Entscheidungsfindung zu unterstützen und nicht, eine bestimmte Entscheidung zu fördern.

Wenn Menschen sich zu einer Behandlung entschließen, die ein beträchtliches Risiko birgt, erleben sie nicht notwendigerweise einen Konflikt. In Situationen, in denen die Behandlungsoption darin besteht, «sich für das Leben» zu entscheiden, besteht die persönliche Wahrnehmung u. U. darin, sich dem Schicksal zu unterwerfen und relativ konfliktfrei zu sein. Pflegende müssen daher sehr vorsichtig sein, um nicht bei einem Patienten einen Entscheidungskonflikt *zu diagnostizieren, ohne indessen ausreichende Hinweise darauf zu haben (Soholt, 1990).*

Irrtümer in diagnostischen Aussagen

1. *Entscheidungskonflikt, beeinflusst dadurch, dass der Arzt von der Familie keine Erlaubnis zu künstlicher Beatmung erhält*
   In solch einer Situation bedeutet diese Aussage einen unprofessionellen und rechtlich problematischen Ansatz. Die Tatsache, dass der Arzt keine Erlaubnis zur künstlichen Beatmung erhält, wäre ein berufliches Dilemma, von dem die geeigneten Stellen unterrichtet werden müssen. Sollte die Familie über Belege darüber verfügen, dass der Klient diese Behandlung nicht wünschte (z. B. eine Patientenverfügung), so wäre diese Situation nicht als *Entscheidungskonflikt* zu beschreiben, da hinsichtlich der weiteren Maßnahmen keine Unsicherheit herrscht. Die Pflegeperson sollte die Familie weiter befragen, um Antworten zu erhalten, die u. U. zu anderen Pflegediagnosen, wie z. B. *Trauern*, passen.
2. *Entscheidungskonflikt,* **b/d** *die Unsicherheit in Bezug auf Entscheidungen*
   Die Unsicherheit in Bezug auf Entscheidungen bestätigt einen Entscheidungskonflikt und ist weder ein auslösender noch ein beeinflussender Faktor. Würde die Person mehr Informationen benötigen, so würde die Diagnose lauten: *Entscheidungskonflikt,* **b/d** *unzureichendes Wissen über Entscheidungen und deren Auswirkungen.*

Zentrale Konzepte

Allgemeine Überlegungen

- Um eine Entscheidung treffen zu können, muss es zunächst einmal ein Problem geben. Probleme gibt es, wenn Ziele erreicht werden müssen und hinsichtlich geeigneter Lösungen Unsicherheit herrscht. Ein Problem legt mehr als eine alternative Lösung nahe.
- Eine Entscheidung zu treffen ist ein systematischer Prozess – ein Mittel eher als ein Zweck. Entscheidungen zu fällen ist eine Abfolge von Schritten, von denen ein jeder auf dem vorherigen beruht. Eine optimale Entscheidungsfindung ist wahrscheinlicher, wenn sie systematisch erfolgt, muss jedoch nicht unbedingt ein starrer, schrittweise ablaufender Prozess sein.
- Die logischen Schritte der Entscheidungsfindung sind in der klinischen Praxis gut definiert und lassen sich wie folgt zusammenfassen:

1. Definieren des Problems
2. Auflisten der möglichen Alternativen oder Optionen
3. Herausarbeiten wahrscheinlicher Ergebnisse der verschiedenen Alternativen
4. Evaluieren der Alternativen auf der Grundlage tatsächlicher oder potenzieller Bedrohungen für Überzeugungen/Wertvorstellungen
5. Fällen einer Entscheidung.

- Eine systematische Methode, wie man eine Entscheidung trifft, wird Menschen gewöhnlich nicht beigebracht, daher verlassen sie sich häufig auf frühere Erfahrungen und Intuition. Die intuitive Art der Entscheidungsfindung ist charakterisiert durch Verknüpfung von scheinbar gleichzeitig bestehenden Ideen und deren Wechselwirkung (Soholt, 1990).
- Soholt (1990) stellte fest, dass folgende Faktoren einen Menschen bei der Entscheidung über eine Behandlung im Rahmen der Gesundheitsversorgung beeinflussen können:
  - Vertrauen in die Wahrhaftigkeit medizinischen Rats
  - sich dem Schicksal unterwerfen, wenn die Behandlungsoption darin besteht, «sich für das Leben zu entscheiden»
  - Berücksichtigen von Wertvorstellungen.
- Rücksichtnahme auf die öffentliche Meinung.
- Der Entscheidungsfindungsprozess ist kompliziert, wenn rasch entschieden werden muss. Inmitten von akutem Stress eine intelligente Entscheidung zu treffen, ist schwierig, wenn nicht unmöglich. Der Stress kann enorm sein, wenn sich ein Gefühl des Gedrängtseins in die Entscheidung mischt.
- Ein Entscheidungskonflikt tritt ein, wenn in einer Person gleichzeitig entgegengesetzte Neigungen herrschen, einen Handlungsablauf zu akzeptieren oder abzulehnen (Janis/Mann, 1977).
- Ein Entscheidungskonflikt wird intensiver, wenn er eine Bedrohung für den Status und das Selbstwertgefühl darstellt.
- Ein Entscheidungskonflikt ist stärker, wenn keine der Optionen gut ist.
- Jezewski (1993) berichtete, dass es sowohl zum intrapersonellen als auch zum zwischenmenschlichen Konflikt kommt, wenn Entscheidungen über eine Nicht-Wiederbelebung getroffen werden. Der intrapersonelle Konflikt resultiert aus dem Dissens mit individuellen Wertvorstellungen und Lebensereignissen. Der zwischenmenschliche Konflikt entsteht meist zwischen Personal und Familienangehörigen.
- In der Gesundheitsversorgung gibt es im Wesentlichen drei Entscheidungsfindungsmodelle, die im Folgenden dargestellt werden:

Paternalismus

- Alle Entscheidungen über die Versorgung des Klienten werden von Gesundheitsfachpersonen getroffen.
- Entscheidungen beruhen auf einer wahrgenommenen Notwendigkeit, den Klienten zu schützen.
- Die Kontrollüberzeugung liegt außerhalb des Klienten und seiner Bezugspersonen (externe Kontrollüberzeugung).

Verbraucherorientiertheit

- Gesundheitsfachpersonen geben dem Klienten und seinen Bezugspersonen nur die erbetene Information.
- Entscheidungen beruhen auf der Voraussetzung, dass der Klient am besten Bescheid weiß.
- Die Kontrollüberzeugung liegt beim Klienten und bei seinen Bezugspersonen (interne Kontrollüberzeugung).

Humanismus/Fürsprache

- Gesundheitsfachpersonen arbeiten mit dem Klienten und seinen Bezugspersonen zusammen, um zu einer Entscheidung zu gelangen.
- Entscheidungen beruhen auf gegenseitigem Respekt vor der Würde und dem Wert des Individuums.
- Die Kontrollüberzeugung wird geteilt. Alle Beteiligten haben bei der Entscheidungsfindung gleiche Rechte.
- Das wichtigste Recht einer Person ist das der Selbstbestimmung oder das Recht, die letzte Entscheidung darüber zu treffen, was mit ihrem Körper geschieht oder nicht. Die Entscheidung fällt leichter, wenn ein Mensch sie auch frei treffen kann.
- Nicht jeder Klient wünscht dasselbe Maß an Kontrolle über therapeutische Entscheidungen. Die Notwendigkeit einer aktiven, kooperativen oder passiven Rolle ist je nach Klient individuell verschieden und muss sorgsam abgeschätzt werden.
- Wie die Wirkung einer Behandlung auf das Leben eines Klienten wahrgenommen wird, kann bei dessen Entscheidung wichtiger sein als Überlegungen zur medizinischen Wirksamkeit (Kelly-Powell, 1997).
- Wertekonflikte führen oft zu Verwirrung, Unentschlossenheit und Widersprüchlichkeit. Es ist komplizierter, eine Entscheidung zu fällen, wenn die Ziele eines Klienten mit denen der Bezugspersonen in Konflikt stehen. Unter Umständen entscheidet jemand gegen die eigenen Wertvorstellungen, wenn die Notwendigkeit, anderen zu gefallen, größer ist als die Notwendigkeit, sich selbst zu gefallen.
- Einer Studie zufolge hängen die Entscheidungen älterer Menschen am Ende ihres Lebens stark von ihrer Religiosität und ihren Wertvorstellungen über die Erhaltung des Lebens und der Lebensqualität ab (Cicirelli/MacLean, 2000). Wer es vorzog, «den Tod zu beschleunigen, war weniger religiös und legte mehr Wert auf Lebensqualität» (Cicirelli/MacLean, 2000:414). Die meisten Studienteilnehmer waren unabhängig von der religiösen Überzeugung dafür, den Tod in der Endphase einer Erkrankung zu beschleunigen (Cicirelli/MacLean, 2000).

Pädiatrische Überlegung

- In den meisten Fällen treffen Kinder wichtige Entscheidungen nicht selbst, sondern ein Stellvertreter, gewöhnlich ein Elternteil, muss anstelle des Kindes entscheiden.
- Die Fähigkeit des Kindes, eine Situation zu verstehen und eine Entscheidung zu treffen, hängt von seinem Alter, dem Entwicklungsstand und früheren Erfahrungen ab. Verstehen sollte jedoch nicht mit gesetzlicher Mündigkeit verwechselt werden.

- Mit dem Heranwachsen Jugendlicher nimmt auch deren Fähigkeit zu, Probleme zu analysieren und Entscheidungen zu treffen.
- Forschende, die mit Kindern arbeiten, sollten bei Kindern mit einem geistigen Entwicklungsalter von 7 Jahren und darüber um Einwilligung bitten. Die Eltern müssen schriftlich eine Einverständniserklärung nach Aufklärung abgeben, damit ihr Kind an der jeweiligen Studie teilnehmen kann (Wong, 2003).

Geriatrische Überlegungen

- Entscheidungen werden oft für, nicht mit älteren Menschen getroffen.
- Zu den Barrieren einer Entscheidungsfindung gehören bei älteren Menschen Demenz, Depression, langfristige Passivität und Hörstörungen oder andere Beeinträchtigungen der Kommunikation (Miller, 2004).
- Zu den Gründen, aus denen Entscheidungsträger ältere Menschen von Entscheidungen ausschließen, die sich tiefgreifend auf ihr Leben auswirken, gehören die Überzeugung, ältere Menschen seien inkompetent, unqualifiziert oder nicht interessiert, sowie der Wunsch, Diskussionen über sensible Themen (z. B. Finanzen, Relokation; Miller, 2004) zu vermeiden.
- Familienmitglieder, die sich dazu entschieden, einen älteren Angehörigen in eine Einrichtung der Langzeitpflege zu bringen, fanden Informationen von Gesundheitsfachpersonen inadäquat. Freunde, welche die Situation validierten, waren hingegen höchst hilfreich.

Transkulturelle Überlegungen

- Fatalismus ist die Überzeugung, dass sich nur wenig tun lässt, um Lebensereignisse zu ändern, und dass die beste Reaktion in Unterwerfung und Akzeptanz besteht. AmerikanerInnen lateinamerikanischer, irischer, appalachischer, philippinischer, puertoricanischer und russisch-orthodoxer Herkunft haben oft diese externe Kontrollüberzeugung (Giger/Davidhizar, 2003).
- Bei NordeuropäerInnen und AfroamerikanerInnen haben sich sowohl interne wie externe Kontrollüberzeugungen gezeigt (Giger/Davidhizar, 2003).
- Eine Studie deutete darauf hin, dass ältere AmerikanerInnen mexikanischer und koreanischer Abstammung Entscheidungen am Ende des Lebens den Familienmitgliedern überlassen (Blackhall et al., 1995).

Einschätzungskriterien des Fokusassessments

Ein Entscheidungskonflikt ist ein subjektiver Zustand, den die Pflegeperson gemeinsam mit dem Klienten validieren muss. Die Pflegeperson sollte jede Person daraufhin beurteilen, auf welchem Niveau der Entscheidungsfindung innerhalb der Konfliktsituation sie sich befindet. Einige dieser Kennzeichen finden sich auch bei *Hoffnungslosigkeit*, *Machtlosigkeit* und *existenzieller Verzweiflung*.

Subjektive Daten

Einschätzen bestimmender Merkmale oder Kennzeichen

Muster der Entscheidungsfindung

«Erzählen Sie mir etwas über die Entscheidungen, die Sie treffen müssen.»
«Wie würden Sie Ihr übliches Vorgehen beim Fällen von Entscheidungen beschreiben?»
«Wie stark wären Sie gern an der Entscheidungsfindung beteiligt?»

Wahrnehmung des Konflikts

«Wie fühlen Sie sich, wenn Sie an die Entscheidung denken, die Sie zu treffen haben?»
«Hat sich an Ihrem Schlaf, Appetit oder Aktivitätsgrad etwas geändert?»

Einschätzen beeinflussender Faktoren

«Warum ist diese Entscheidung belastend für Sie?»
«Wodurch fühlen Sie sich beim Entscheiden unwohl?»
«Wie sind Sie früher zu Entscheidungen gelangt, die ein positives Ergebnis zur Folge hatten?»
«Welche Entscheidungen haben Sie getroffen, bei denen Sie sich sicher gefühlt haben?»
«Wenn Sie eine Entscheidung fällen, tun Sie dies allein oder beziehen Sie gern andere darin ein? Wenn ja, wen fragen Sie um Rat?»

Objektive Daten

Einschätzen bestimmender Merkmale oder Kennzeichen

Körpersprache

Haltung (starr)
Hände (starr, gewrungen)
Gesichtsausdruck (verärgert, angespannt)
Blickkontakt (stechend).

Motorische Aktivität

Bewegungslosigkeit
Erhöhte motorische Aktivität
Auf-und-ab-Gehen
Agitiertheit.

Affekt

Labil
Unangemessen
Flach.

Ziele

NOC

- Entscheidungsfähigkeit
- Informationsverarbeitung
- Beteiligung: Entscheidungen über die Gesundheitsversorgung

Die Person bzw. Gruppe trifft eine Entscheidung anhand von Informationen.

Indikatoren

- Benennen der Vor- und Nachteile von Entscheidungen.
- Mitteilen von Befürchtungen und Bedenken in Bezug auf Entscheidungen und Reaktionen anderer.
- Definieren, was am hilfreichsten wäre, um den Entscheidungsfindungsprozess zu unterstützen.
- Eine Entscheidung anhand von Informationen treffen.

Allgemeine Interventionen

NIC

- Entscheidungsfindungsunterstützung
- Gemeinsame Zielsetzung
- Lernerleichterung
- Gesundheitssystemorientierung
- Angeleitete Antizipation
- Patientenrechtsschutz
- Klärung von Wertvorstellungen
- Angstminderung

Einschätzen ursächlicher und beeinflussender Faktoren

Siehe «Einflussfaktoren».

Verringern oder Beseitigen ursächlicher und beeinflussender Faktoren

Innere Faktoren

Fehlende Erfahrung im Fällen von Entscheidungen oder ineffektive Entscheidungsfindung

Überprüfen Sie frühere Entscheidungen und welche Schritte unternommen wurden, um der Person bei der Entscheidung zu helfen.

Fördern Sie eine logische Entscheidungsfindung:

1. Unterstützen Sie die Person dabei, das Problem zu erkennen und die benötigte Entscheidung klar herauszuarbeiten.
2. Erstellen Sie eine Liste aller möglichen Alternativen oder Optionen.
3. Helfen Sie beim Identifizieren der wahrscheinlichen Ergebnisse der verschiedenen Alternativen.
4. Helfen Sie beim Evaluieren der Alternativen auf der Grundlage realer oder potenzieller Bedrohungen für Überzeugungen bzw. Wertvorstellungen.
5. Ermutigen Sie die Person, eine Entscheidung zu treffen.

Ermutigen Sie dazu, Bezugspersonen am gesamten Entscheidungsprozess zu beteiligen.

Schlagen Sie vor, dass die/der Betreffende Bezugspersonen beim Abwägen von Alternativen als Spiegel einsetzt.

Respektieren und unterstützen Sie die Rolle, welche die Person bei der Entscheidung zu spielen wünscht: aktiv, kooperativ oder passiv.

Stehen Sie zur Verfügung, um die nötige Entscheidung und die verschiedenen Alternativen zu überprüfen.

Fördern Sie das Refokussieren, wenn die Person bei großer Angst in fragmentiertes Denken gerät.

Ermutigen Sie die Person, sich beim Entscheiden Zeit zu lassen.

Konzentrieren Sie sich bei Jugendlichen auf die Gegenwart: Was wird geschehen und was nicht? Helfen Sie beim Identifizieren wichtiger Dinge, weil Jugendliche nicht über ausgedehnte frühere Erfahrungen verfügen, auf denen sie Entscheidungen aufsetzen könnten.

F: Die Rolle Pflegender in innerpersönlichen bzw. zwischenmenschlichen Konflikten entspricht einem Bezugsrahmen kulturellen Makelns mit Fürsprache, Verhandeln, Mediation und Sensibilität für die Bedürfnisse des Klienten und seiner Familie.

F: Persönliche Merkmale beeinflussen das Verlangen nach Kontrolle über die Entscheidungsfindung.

F: Stark selbstbestimmte Menschen, die schon früher die Verantwortung für gesundheitliches Handeln übernommen haben, übernehmen auch in der Entscheidungsfindung mit größerer Wahrscheinlichkeit eine aktive Rolle.

Wertekonflikt (siehe auch Sinnkrise)

Unterstützen Sie den Klienten beim Erkunden persönlicher Wertvorstellungen und Beziehungen, welche die Entscheidung beeinflussen könnten.

Erkunden Sie, ob es möglich ist, den Klienten an einen Vertreter seiner religiösen Gemeinschaft zu verweisen.

Setzen Sie Techniken der Werteklärung ein, um den Klienten darin zu unterstützen, die Teile seines Lebens zu überprüfen, die seine Überzeugungen widerspiegeln:

1. Helfen Sie dem Klienten beim Identifizieren seiner Lieblingsaktivitäten.
2. Bitten Sie den Klienten über seine Aussagen nachzudenken, um so selbstreflektierend zur weiteren Klärung von Werten beizutragen.
3. Überprüfen Sie frühere Entscheidungen, bei denen die Person offen für Meinungen und Überzeugungen einstehen musste.

4. Evaluieren Sie Positionen, welche die Person in umstrittenen Themen eingenommen hat. Sieht sie diese Themen schwarz/weiß oder auch in Grautönen?
5. Finden Sie Wertvorstellungen heraus, auf die die Person stolz ist. Ordnen Sie sie in der Reihenfolge ihrer Bedeutung.

Ermutigen Sie die Person, die Entscheidung ausgehend von ihren wichtigsten Wertvorstellungen zu begründen.

Unterstützen Sie die Entscheidung, auch wenn sie mit Ihren eigenen Wertvorstellungen kollidiert.

F: Schwierige Entscheidungen schaffen Stress und Konflikte, weil sich Wertvorstellungen und Handlungen nicht decken. Ein Konflikt kann zu Furcht und Angst führen, die sich negativ auf die Entscheidungsfindung auswirken. Für jemanden mit geringem Selbstvertrauen bei autonomen Entscheidungen werden externe Ressourcen bei einem Entscheidungskonflikt sehr wichtig.

F: Jede Entscheidung beruht auf bewussten oder unbewussten Überzeugungen, Haltungen und Wertvorstellungen.

F: Menschen sind jeweils Experten ihrer eigenen Lebensziele und -werte, daher müssen Gesundheitsfachpersonen ein partizipatorisches Entscheidungsfindungsmodell einsetzen.

Furcht vor den Ergebnissen/der Reaktion Dritter (siehe auch Furcht)

Sorgen Sie für Klärung hinsichtlich potenzieller Ergebnisse und berichtigen Sie falsche Vorstellungen.

Erkunden Sie mit der Person, welche Risiken bestünden, wenn keine Entscheidung getroffen würde.

Ermutigen Sie dazu, Gefühle zu äußern.

Fördern Sie das Selbstwertgefühl.

Ermutigen Sie die Person, Befürchtungen ins Auge zu sehen.

Ermutigen Sie die Person, Befürchtungen mit Bezugspersonen zu teilen.

Versichern Sie der Person aktiv, dass die zu treffende Entscheidung ihre ist und dass sie das Recht dazu hat.

Unterstützen Sie den Klienten darin zu erkennen, dass es sein eigenes Leben ist. Wenn es ihm mit der Entscheidung gut geht, werden andere diese Überzeugung respektieren.

Versichern Sie der Person, dass Individualität akzeptabel ist.

F: Die Auflösung ethischer Dilemmata in der Entscheidungsfindung wird in hohem Maße durch die Rolle individueller Wertvorstellungen beeinflusst.

Äußere Faktoren

Unzureichende oder nicht schlüssige Informationen

Sorgen Sie umfassend und sensibel für Informationen.

Korrigieren Sie Fehlinformationen.

Geben Sie präzise Informationen, welche die wichtigsten Punkte abdecken, wenn eine Entscheidung rasch getroffen werden muss.

Informieren Sie die Person über ihr Recht, etwas zu erfahren.

Versetzen Sie den Klienten in die Lage, selbst das Maß an Information zu bestimmen, die er haben möchte.

Ermutigen Sie zur Aussprache, um festzustellen, wie die Person Entscheidungen wahrnimmt.

Stellen Sie sicher, dass die Person auch tatsächlich versteht, worum es bei der Entscheidung und den verschiedenen Alternativen geht (d. h. Entscheidung aufgrund von Informationen).

Halten Sie die Person dazu an, in Gesundheitsbelangen eine zweite Meinung einzuholen.

Arbeiten Sie mit anderen in der Gesundheitsversorgung Tätigen bzw. mit Bezugspersonen zusammen, um den geeigneten Zeitpunkt für Offenheit herauszufinden.

F: Inhalte für eine effektive Entscheidungsfindung zu beherrschen, erfordert Zeit. Zeit erlaubt einer Person, diejenige Option auszuwählen, die bei geringstem Risiko den größten Nutzen bringt.

F: Für eine auf Informationen beruhende Entscheidung bedarf es valider, relevanter und verständlicher Informationen (Oxman, 2004).

Kontroverse mit dem Unterstützungssystem

Versichern Sie dem Klienten, dass er dem Druck anderer Personen nicht nachgeben muss, ganz gleich, ob es sich um die Familie, Freunde oder Gesundheitsfachpersonen handelt.

Leisten Sie Fürsprache für die Wünsche des Klienten, wenn andere versuchen, dessen Fähigkeit zu persönlichen Entscheidungen zu untergraben.

Identifizieren Sie Führungspersonen im Unterstützungssystem und sorgen Sie für Informationen. Leisten Sie Fürsprache für den Klienten, wenn die Familie bzw. Bezugspersonen ihn von der Entscheidungsfindung ausschließen.

Erkennen Sie, dass die Person hinsichtlich des «Wählens» ambivalent werden kann, wenn sie die Bedürfnisse des Unterstützungssystems über die eigenen Bedürfnisse stellt.

F: Sims et al. (1992) befragten an der Pflege beteiligte Familien und kamen zu dem Schluss, dass der Prozess, in dessen Verlauf eine Person ein Problem für sich konzipiert, den Schlüssel zum Verständnis des Entscheidungsprozesses bildet. Sie beobachteten, dass Wertvorstellungen, Gefühle und frühere Erfahrungen die Entscheidungsfindung einer Betreuungsperson erheblich beeinflussen. Was Betreuungspersonen an Informationen für eine Entscheidung fehlt, wird ausgeglichen durch ihr eingehendes «personenspezifisches» Wissen über den Klienten.

Unbefriedigendes Umfeld der Gesundheitsversorgung

Schaffen Sie eine vertrauens- und bedeutungsvolle Beziehung, die dem gegenseitigen Verstehen und der Fürsorge förderlich ist.

Sorgen Sie für ein ruhiges Umfeld zum Nachdenken; verringern Sie die sensorische Stimulation.

Erlauben Sie Zeiten mit Bezugspersonen, die nicht unterbrochen werden.

Fördern Sie akzeptierende, vorurteilslose Haltungen.

Verringern Sie die Anzahl kleinerer Entscheidungen, welche die Person treffen muss, um es ihr zu erleichtern, sich auf die konflikthafte Entscheidung zu konzentrieren.

F: Die Rolle Pflegender in innerpersönlichen bzw. zwischenmenschlichen Konflikten entspricht einem Bezugsrahmen kulturellen Makelns mit Fürsprache, Verhandeln, Mediation und Sensibilität für die Bedürfnisse des Klienten und seiner Familie.

Betrachten Sie letzte Verfügungen

Prüfen Sie mit dem Klienten und seiner Familie, ob sie ihre letzten Verfügungen erörtert und dokumentiert haben.

Beschreiben Sie zukünftige Dilemmata, falls diese Gespräche vermieden werden.

Instruieren Sie Klient und Familie, Anweisungen für folgende Bereiche zu geben:

- Benennen der im Notfall zu benachrichtigenden Person
- Benennen der Person, welcher der Klient in Bezug auf persönliche Entscheidungen am meisten vertraut
- die Entscheidung, am Leben gehalten zu werden, wenn der Klient geistig behindert oder todkrank sein wird
- der Wunsch, zu Hause bzw. in der Klinik zu sterben oder keine Präferenz
- der Wunsch, ein Testament zu verfassen
- Entscheidung hinsichtlich einer Organspende
- Arrangements hinsichtlich des Begräbnisses (Erd-, Feuer-, Seebestattung etc.)
- ggf. Umstände, unter denen dem Betreffenden Informationen vorenthalten werden sollten.

Dokumentieren Sie diese Entscheidungen und fertigen Sie zwei Kopien an, von denen Sie eine selbst behalten und die andere der Person aushändigen, die als Entscheidungsträger im Notfall benannt wurde.

Erörtern Sie den Zweck einer Patientenverfügung. Sorgen Sie auf Anfrage für Informationen. Sorgen Sie ggf. für rechtlich abgesicherte Vordrucke.

F: Geary (1987) berichtete über Entscheidungskonflikte bei Klienten in der Intensivmedizin, die vor Entscheidungen auf Leben und Tod standen. Konflikte in den religiösen Überzeugungen und persönlichen Wertvorstellungen des Klienten und seiner Familie lösten die schwierige Entscheidungsfindung aus. Auch Taylor (1993) fand Konflikte in Gesprächen über den Tod und damit zusammenhängende Fragen, wenn der Klient in seinen Wünschen von denen der Familie abwich.

Diarrhö

Definition

Diarrhö: der Zustand, in dem eine Person den häufigen Abgang flüssigen oder ungeformten Stuhls erlebt oder entsprechend gefährdet ist.

Diarrhö (engl. Diarrhea): Passage von dünnflüssigem, unförmigem Stuhl (NANDA-I, 2010).

Bestimmende Merkmale oder Kennzeichen

Hauptkennzeichen (obligat)

Dünne, flüssige Stühle und/oder
häufigerer Stuhlgang (mehr als 3-mal täglich).

Nebenkennzeichen (fakultativ)

Stuhldrang
Häufigere, hyperaktive Darmgeräusche
Krämpfe/Leibschmerzen
Flüssigerer Stuhl oder erhöhtes Stuhlvolumen.

Einflussfaktoren

Pathophysiologische Faktoren

B/d Malabsorption oder Entzündung, s/b/d:

Kolonkarzinom
Divertikulitis
Reizdarm
Enteritis regionalis (Morbus Crohn)
peptisches Ulkus
Zöliakie (Sprue)
Gastritis
Spastisches Kolon
Colitis ulcerosa.

B/d Laktosemangel, Dumping-Syndrom.
B/d eine verstärkte Peristaltik, s/b/d einen erhöhten Stoffwechsel (Hyperthyreose).

B/d einen Infektionsprozess, s/b/d:

Trichinose
Typhus
Malaria
Shigellose
Cholera
Mikrosporidien
Dysenterie
infektiöse Hepatitis
Cryptosporidium.

B/d exzessive Sekretion von Fetten in den Stuhl, s/b/d eine Leberfunktionsstörung.
B/d eine Entzündung und Ulzeration der Magen-Darm-Mukosa, s/b/d große Mengen stickstoffhaltiger Schlacken (Niereninsuffizienz).

Behandlungsbedingte Faktoren

B/d Malabsorption oder Entzündung, s/b/d einen chirurgischen Eingriff im Darm.

B/d Nebenwirkungen von (zu spezifizieren):

Substanzen aus der Schilddrüse
Analgetika
Stuhlerweicher
Chemotherapie
Laxanzien
Eisensulfat
Antazida
Cimetidin
Antibiotika.

B/d flüssige Sondennahrung.
B/d Strahlung.

Situationsbedingte Faktoren (persönlich bedingt, umgebungsbedingt)

B/d Stress oder Angst.
B/d Reizerscheinungen verursachende Nahrungsmittel (Obst, kleiehaltige Zerealien).
B/d Veränderungen des Wassers und der Nahrungsmittel, s/b/d eine Reise.
B/d Veränderungen in Bakterien im Wasser.
B/d Bakterien, Viren und Parasiten, gegen die keine Immunität besteht.
B/d Giftstoffe, Alkoholmissbrauch.

Altersbedingte Faktoren

B/d Muttermilch beim Säugling.

Anmerkung der Autorin

Siehe *Obstipation*.

Irrtümer in diagnostischen Aussagen

1. *Diarrhö,* **b/d** *opportunistische enterale Erreger,* **s/b/d** *AIDS.*
   Eine bisweilen chronische Diarrhö tritt bei 60–90 % der Menschen mit AIDS auf. Eine prolongierte Diarrhö ist ein interdisziplinäres Problem: *PK: Störungen des Flüssigkeits-/Elektrolyt-/Nährstoffhaushalts,* **b/d** *Diarrhö.* Neben der Behandlung zusammen mit dem Arzt, behandelt die Pflegeperson auch andere Reaktionen auf eine chronische Diarrhö (z. B. *Gefahr einer Hautschädigung, Gefahr sozialer Isolation*).

Zentrale Konzepte

Allgemeine Überlegungen

- Eine akute infektiöse Diarrhö tritt bei den meisten Amerikanern einmal im Jahr auf und führt in den USA jedes Jahr zu 1 Million Hospitalisationen und etwa 600 Todesfällen (Goodgame, 2006).
- Diarrhö kann akut oder chronisch sein. Zu den Ursachen einer akuten Diarrhö gehören Infektion, Arzneimittelreaktionen, Schwermetallvergiftung, Koteinklemmung und Ernährungsumstellungen. Zu den Ursachen einer chronischen Diarrhö gehören Reizdarmsyndrom, Laktosemangel, Kolonkarzinom, eine entzündliche Darmerkrankung, Malabsorptionssyndrome, Alkohol, Medikamentennebenwirkungen und Laxanzien.
- Zu den Medikamenten, die eine Diarrhö induzieren können, gehören Laxanzien, Antazida, bestimmte Antibiotika (z. B. Tetrazykline), bestimmte Antihypertonika (z. B. Reserpin), Cholinergika, bestimmte Virustatika und ausgewählte herzwirksame Substanzen.
- Diarrhö kann bei 20 % der Patienten unter Breitspektrumantibiotika auftreten (Goldman/Ausiello, 2004).
- Der rasche Durchtritt von Fäzes durch den Dickdarm führt zu einer verminderten Wasserresorption und ungeformtem, flüssigem Stuhl. Kontinuierliche Diarrhö führt zu Dehydratation und Störungen des Elektrolythaushalts.
- Hyperperistaltik ist die motorische Reaktion auf intestinale Reizstoffe.
- Diarrhö kann durch einen Entzündungsprozess verursacht werden, bei dem die Darmmukosa gereizt wird, was zu erhöhtem Feuchtigkeitsgehalt der Fäzes führt.

Pädiatrische Überlegung

- Eine akute Gastroenteritis und die damit verbundene Diarrhö können Dehydratation verursachen und sind jährlich für 300–600 Todesfälle unter US-amerikanischen Kindern im Alter unter 5 Jahren verantwortlich (Goepp/Santosham, 1994).
- Die orale Rehydratationstherapie ist indiziert bei Kindern mit leichter bis mäßiger Dehydratation.
- Zeichen einer leichten Dehydratation sind ein wenig trockene Schleimhäute und verstärkter Durst. Zeichen einer mäßigen Dehydratation sind eingesunkene Augen, eingezogene Fontanellen, der Verlust des Hautturgors und trockene Schleimhäute. Zu den Zeichen einer schweren Dehydratation gehören die vorgenannten plus eines oder mehrere weitere Zeichen, wie ein rascher, fadenförmiger Puls, Zyanose, beschleunigte Atmung, eine verzögerte kapilläre Wiederauffüllung, Lethargie und Koma.
- Kinder in warmen Umgebungen und schlechten sanitären Verhältnissen mit wenigen Kühlmöglichkeiten oder in beengten Verhältnissen unter Standard sind durch kontaminierte Nahrungsmittel gefährdet.

Geriatrische Überlegungen

- Patienten über 80 Jahre haben ein 3 %iges Risiko, an einer antibiotikabedingten Diarrhö zu sterben (Jabbar/Wright, 2003).
- Der altersbedingte Verlust der Elastizität der Bauchmuskeln und der Beckenbodenmuskulatur sowie des Analsphinkters können bei manchen älteren Menschen Diarrhö verursachen.
- Siehe *Flüssigkeitsdefizit*, **b/d** *Dehydratation*, «Zentrale Konzepte».

Einschätzungskriterien des Fokusassessments

Siehe *Obstipation*.

Ziele

NOC

- Stuhlausscheidung
- Elektrolyt- und Säure-/Basenhaushalt
- Flüssigkeitshaushalt
- Flüssigkeitszufuhr
- Symptomkontrolle

Die Person berichtet über weniger Diarrhö.

Indikatoren

- Beschreiben beeinflussender Faktoren, falls bekannt.
- Erklären der Begründung für Interventionen.
- Angaben über weniger Diarrhö.

Allgemeine Interventionen

NIC

- Defäkationsmanagement
- Diarrhömanagement
- Flüssigkeits-/Elektrolytmanagement
- Ernährungsmanagement
- Enterale Ernährung

Einschätzen ursächlicher und beeinflussender Faktoren

Sondenernährung
Diätnahrungsmittel
Auslandsreisen
Unüberlegtheiten bei der Ernährung/kontaminierte Nahrungsmittel
Nahrungsmittelallergien
Medikationen.

Beseitigen oder Reduzieren beeinflussender Faktoren

Nebenwirkungen der Sondenernährung (Fuhrman, 1999)

Kontrollieren Sie die Infusionsgeschwindigkeit (abhängig vom Darreichungssystem).
Verabreichen Sie kleinere, häufigere Portionen.
Stellen Sie auf Dauertropfernährung um.
Verlangsamen Sie die Verabreichung, wenn Zeichen einer gastrointestinalen Unverträglichkeit auftreten.
Überwachen Sie die Körpertemperatur.
Wärmen Sie gekühlte Nahrung in heißem Wasser auf Raumtemperatur.
Verdünnen Sie die Sondennahrung vorübergehend.
Halten Sie das Standardverfahren für die Verabreichung von Sondennahrung ein.
Setzen Sie die Sondenernährung mit einer genau festgelegten Menge Wasser fort, um die Hydrierung sicherzustellen.
Achten Sie auf Kontamination bzw. Verderben. Nicht verwendete, aber geöffnete Sondennahrung sollte nach 24 Stunden nicht mehr verwendet werden. Ungenutzte Sondennahrung sollte gekühlt werden.

F: Stark verdünnte Sondennahrung kann Diarrhö auslösen.

Kontaminierte Nahrungsmittel (mögliche Quellen)

Rohe Meeresfrüchte
Rohmilch
Muscheln
Speisen in Restaurants
Übermäßiger Milchkonsum
Falsch zubereitete/gelagerte Nahrungsmittel.

Diätetische Nahrungsmittel: Eliminieren Sie Nahrungsmittel, die große Mengen Hexitol, Sorbitol und Mannitol als Zuckerersatz enthalten (z. B. Süßigkeiten und Kaugummi).

Verringern der Diarrhö

Feste Nahrung absetzen.

Meiden von Milchprodukten (laktosehaltig), Fett, Vollkornnahrungsmittel sowie frischem Obst und frischen Nahrungsmitteln. Fügen Sie halbfeste und feste Nahrung schrittweise wieder zu (Cracker, Yoghurt, Reis, Bananen, Apfelmus).

Meiden Sie bei akuten infektiösen Diarrhöen opiathaltige Antidiarrhoika (z. B. Diphenoxylat, Loperamid).

Raten Sie bei leichter bis mäßiger Diarrhö zu Wismutsubsalicylat (30 ml oder 2 Tbl.) stündlich bis 12-stündlich, bis zu 8 Dosen in 24 Stunden. Nicht anwenden bei Personen mit salicylatbedingten Kontraindikationen.

Instruieren Sie den Klienten, einen Arzt aufzusuchen, wenn sich Blut im Stuhl findet und die Körpertemperatur über 38,3 °C liegt.

F: Nahrungsmittel mit komplexen Kohlenhydraten (z. B. Reis, Toastbrot, Zerealien) fördern die Resorption von Flüssigkeit in die Darmschleimhaut (Bennett, 2000).

Substitution von Flüssigkeiten und Elektrolyten

Erhöhen Sie die orale Zufuhr, um ein normales spezifisches Gewicht des Urins aufrechtzuerhalten (hellgelbe Färbung).

Halten Sie den Klienten an, Flüssigkeit zu sich zu nehmen (Tee, Wasser, Apfelsaft, Ginger-Ale ohne Kohlensäure).

Setzen Sie bei schwerer Diarrhö eine orale Rehydrierungslösung ein – frei verkäufliche oder selbst hergestellte (12 Tl. Salz, 12 Tl. Backnatron und 4 El. Zucker in 1 l Wasser; nach 24 h verwerfen).

Unterweisen Sie im Überwachen der Farbe des Urins, um den Flüssigkeitsbedarf festzustellen. Geben Sie mehr Flüssigkeit, wenn der Urin bernsteinfarben oder dunkelgelb wird.

Warnen Sie vor sehr heißen oder sehr kalten Flüssigkeiten.

Für weitere Interventionen siehe *Flüssigkeitsdefizit*.

F: Aufgrund ihres Zucker- und Salzgehalts sind Erfrischungsgetränke (diätetisch oder nicht) und Sportgetränke zur Substitution bei mäßigem bis schwerem Flüssigkeitsverlust unbefriedigend (Bennett, 2000).

Beginnen mit Gesundheitsedukation, soweit angezeigt

Erklären Sie die Interventionen, die erforderlich sind, um zukünftige Episoden und Auswirkungen einer Diarrhö auf die Hydratation zu verhindern.

Unterweisen Sie in Vorsichtsmaßnahmen bei Auslandsreisen:

- Kalt servierte Speisen, Salate, Milch, Frischkäse, kalte Platten und Soßen meiden.
- Kohlensäurehaltige oder in Flaschen abgefüllte Getränke zu sich nehmen; Eis meiden.
- Frisches Obst und Gemüse schälen.
- Nahrungsmittel meiden, die nicht bei der richtigen Temperatur gelagert wurden.

Konsultieren einer Fachperson der Primärversorgung wegen des prophylaktischen Einsatzes von Wismutsubsalicylat, 30–60 ml oder 2 Tbl. 4-mal tgl. und bis 2 Tage nach der Rückkehr oder antimikrobielle Substanzen gegen Reisediarrhö.

Erklären Sie, wie man nahrungsmittelbedingte Erkrankungen zu Hause vermeidet:

- Alle verderblichen Nahrungsmittel kühlen.
- Alle Nahrungsmittel vor dem Servieren mindestens 15 Minuten bei hohen Temperaturen (100 °C) kochen.
- Vermeiden, dass erwärmte Nahrung mehrere Stunden im Freien steht.
- Küchengeräte und -ausrüstung nach Kontakt mit verderblichen Nahrungsmitteln (z. B. Fleisch, Milchprodukte, Fisch) gründlich säubern.
- Vorsicht bei Nahrungsmitteln während sommerlichen Picknicks.

Erklären Sie, dass eine Ernährung primär mit Diätnahrungsmitteln, die Zuckeraustauschstoffe (Hexitol, Sorbitol, Mannitol) enthalten, aufgrund der langsamen Resorption und der hohen Motilität des Dünndarms Diarrhö verursachen kann.

Unterweisen Sie im sanften Säubern des Analbereichs nach dem Stuhlgang. Gleitmittel (z. B. Vaseline) können die Haut schützen.

F: Opiathaltige Antidiarrhoika ändern den natürlichen Verlauf der Erkrankung nicht und sind schädlich, wenn invasive Keime die Ursache sind (Bennett, 2000).

F: Wismutsubsalicylat hat sich bei etlichen Durchfallerkrankungen als wirksam erwiesen und besitzt überdies antibakterielle Eigenschaften. Es dient ferner zur Kontrolle der Symptome bei Reisediarrhö (Bennett, 2000).

Pädiatrische Interventionen

Überwachen der Flüssigkeits- und Elektrolytverluste

Menge der verloren gegangenen Flüssigkeit
Hautfarbe
Kapilläre Wiederauffüllzeit
Urinfarbe und -ausfuhr
Schleimhäute.

Konsultieren einer Fachperson der Primärversorgung

Anhaltende Diarrhö
Zeichen einer moderaten Dehydratation
Erbrechen
Blut oder Schleim im Stuhl
Plötzlich steigendes Stuhlvolumen.

Verringern der Diarrhö

Meiden von Milchprodukten (Laktose), Fett, Vollkornprodukten und frischem Obst und Gemüse

Meiden von kohlenhydratreichen Flüssigkeiten (Limonaden), Gelatine, Fruchtsäften, coffeinhaltigen Getränken, Hühner- oder Rinderbrühe.

Sorgen für orale Rehydratation

Verwenden Sie orale Rehydratationslösungen (Larson, 2000).
Verabreichen Sie bei leichter bis moderater Diarrhö 60–80 ml/kg Körpergewicht über einen Zeitraum von 2 Stunden.

Wiedereinführen fester Nahrung

Beginnen Sie mit Bananen, Reis, Zerealien und Crackern in kleinen Mengen.
Kehren Sie nach 36–48 Stunden schrittweise zur regulären Ernährung zurück (außer Milchprodukten). Nehmen Sie nach 3–5 Tagen Milchprodukte hinzu (Mager- bzw. Vollmilch in jeweils halber bis voller Stärke).
Führen Sie schrittweise Fertignahrung ein (Fertignahrung in jeweils halber bis voller Stärke).

Bei Kindern, die gestillt werden

Fortsetzen des Stillens
Bei Bedarf orale Rehydratationstherapie.

Schutz der Haut vor Reizungen mittels wasserfester Creme (z. B. Vaseline)

Unterweisen der Eltern in Zeichen, die angegeben werden müssen (siehe «Zentrale Konzepte»)

F: Kinder mit Zeichen einer mäßigen bis schweren Dehydratation sollten weiterverwiesen werden, um ggf. eine parenterale Therapie durchzuführen (Wong, 2003).
F: Laktosehaltige Nahrungsmittel können bei manchen Kindern eine Diarrhö verschlimmern (Goepp/Santosham, 1994).
F: Kohlenhydratreiche Flüssigkeiten können eine Diarrhö aufgrund ihrer hohen Osmolalität verschlimmern. Sie sind überdies elektrolytarm (Wong, 2003).
F: Frühes Wiedereinführen normaler Nährstoffe hat Vorteile für die Ernährung und kann die Anzahl der Stühle und die Gewichtsabnahme senken, die Dauer der Erkrankung verkürzen und die Heilung der Darmschleimhaut fördern (Brown, 1991).
F: Während einer Flüssigkeitssubstitution sollte weiter gestillt werden. Dass eine Erkrankung weniger schwer und kürzer verläuft, wird auf die niedrige Osmolalität und die antimikrobiellen Effekte von Muttermilch zurückgeführt (Brown, 1991).
F: Eine orale Rehydratationslösung bei akuter Diarrhö verhindert später bei der Nachsorge ungeplante Besuche (Duggan et al., 1999).

Immobilitätssyndrom

Definition

Immobilitätssyndrom: der Zustand, in dem eine Person infolge einer verordneten oder unvermeidbaren muskuloskelettalen Inaktivität eine Verschlechterung von Körpersystemen oder ein gestörtes Funktionieren erlebt oder entsprechend gefährdet ist.

Gefahr eines Immobilitätssyndroms (engl. Risk for disuse syndrome): Risiko einer Verschlechterung der Körpersysteme aufgrund einer angeordneten oder unvermeidbaren muskuloskelettalen Inaktivität (NANDA-I, 2010).

Bestimmende Merkmale oder Kennzeichen

Vorliegen eines Clusters von inaktivitätsbedingten aktuellen Pflegediagnosen oder Risikopflegediagnosen:

- Gefahr einer Hautschädigung
- Obstipationsgefahr
- Gefahr einer beeinträchtigten Atemfunktion
- Gefahr einer peripheren Durchblutungsstörung
- Infektionsgefahr
- Gefahr der Aktivitätsintoleranz
- Gefahr der beeinträchtigten körperlichen Mobilität
- Verletzungsgefahr
- Wahrnehmungsstörung
- Machtlosigkeit
- Körperbildstörung.

Einflussfaktoren

Pathophysiologische Faktoren

B/d (optional):

Geschwächtes Sensorium
Bewusstlosigkeit, veränderter Bewusstseinszustand
Neuromuskuläre Störung
Multiple Sklerose
Partielle/totale Paralyse, Lähmungen
Muskeldystrophie
Guillain-Barré-Syndrom
Parkinson-Krankheit
Rückenmarkverletzung.
Störungen des Muskel-Skelett-Systems

Frakturen
Rheumatische Erkrankungen.
Erkrankungen im Finalstadium
AIDS
Herzerkrankungen
Nierenerkrankungen.
Krebs
Psychiatrische Erkrankungen/Geisteskrankheiten
Major-Depression
Katatonie
Schwere Phobien.

Behandlungsbedingte Faktoren

B/d (optional):

Operation (Amputation, Skelett)
Extension, Gips, Schienen
Verordnete Immobilisierung
Mechanische Beatmung
Invasive Gefäßzugänge.

Situationsbedingte Faktoren (persönlich bedingt, umgebungsbedingt)

B/d (optional):

Depression
Erschöpfung
Geschwächter Zustand
starke Schmerzen.

Altersbedingte Faktoren

B/d (optional):

Neugeborene/Säuglinge/Kinder/Jugendliche
Trisomie 21
Juvenile Arthritis
Zerebralparese
Skoliosekorrekturvorrichtung
Osteogenesis imperfecta
Geistige Behinderung/Körperbehinderung
Perthes-Krankheit
Autismus
Spina bifida.

Ältere Erwachsene
Verminderte körperliche Beweglichkeit
Muskelschwäche
Präsenile Demenz.

Anmerkung der Autorin

Das Immobilitätssyndrom beschreibt den Zustand einer Person, die an den Folgen der Inaktivität leidet oder entsprechend gefährdet ist. Syndrompflegediagnosen sollten nicht als «Gefahr einer/eines ...» formuliert werden, weil darunter Risikopflegediagnosen und aktuelle Pflegediagnosen gruppiert werden. Im Immobilitätssyndrom zeigen sich eine Anfälligkeit für gewisse Komplikationen sowie ein gestörtes Funktionieren in einem Gesundheitsverhalten. Als Syndromdiagnose liegt seine Ätiologie innerhalb der Diagnosebezeichnung (*Immobilität*), eine «Beeinflusst durch»-Aussage (**b/d**) ist hier nicht anwendbar. Wie in Kapitel 2 dargestellt, umfasst eine Syndromdiagnose einen Cluster von aufgrund der Situation vorhergesagten aktuellen oder Risikopflegediagnosen. Unter dem *Immobilitätssyndrom* werden elf aktuelle oder Risikopflegediagnosen gebündelt (siehe «Einflussfaktoren»).

Die Pflegeperson braucht nicht länger getrennte Diagnosen, wie *Gefahr eines unwirksamen Atemvorgangs* oder *Gefahr einer Hautschädigung* zu verwenden, da sie in die Syndromkategorie integriert sind. Zeigt eine immobile Person Zeichen oder Symptome einer Hautschädigung oder einer anderen Diagnose, sollte die Pflegeperson jedoch die spezifische Diagnose verwenden. Sie sollte weiterhin *Immobilitätssyndrom* verwenden, damit sich andere Körpersysteme nicht verschlechtern.

Irrtümer in diagnostischen Aussagen

1. *Immobilitätssyndrom,* **b/d** *einen geröteten Sakralbereich (3 cm)*
   Ein geröteter Sakralbereich ist der Beleg für eine *Hautschädigung*. Die Pflegeperson sollte daher zwei Diagnosen stellen: *Hautschädigung,* **b/d** *Effekte der Immobilität, angezeigt durch einen geröteten Sakralbereich (3 cm)* und *Immobilitätssyndrom.*

Zentrale Konzepte

Allgemeine Überlegungen

- «Immobilität ist mit dem menschlichen Leben unvereinbar.» Mobilität sorgt für Kontrolle über das Umfeld. Ohne Mobilität ist die Person der Umgebung ausgeliefert (Christian, 1982).
- Länger andauernde Immobilität schwächt die Lernmotivation und die Fähigkeit, Neues zu behalten. Affektive Veränderungen sind Angst, Furcht, Feindseligkeit, rasche Stimmungswechsel und gestörter Schlaf (Porth, 2006).
- Immobilität schränkt die Fähigkeit ein, sensorische Stimulation zu suchen. Umgekehrt sind immobile Menschen u. U. außerstande, sich selbstständig aus einer belastenden oder lauten Umgebung zu entfernen (Christian, 1982).
- Muskuloskelettale Inaktivität oder Immobilität wirkt sich negativ auf alle Körpersysteme aus (Tab. II-6).

- Ein immobilisierter Muskel verliert täglich etwa 3 % seiner ursprünglichen Kraft.
- Lang anhaltende Immobilität wirkt sich negativ auf die psychische Gesundheit, das Lernen, die Sozialisation und die Coping-Fertigkeit aus. In Tabelle II-7 werden diese Effekte aufgelistet.
- Mögliche Langzeitkomplikationen bei Menschen mit traumatischen Rückenmarkverletzungen sind Pneumonie, Atelektase, autonome Dysreflexie, tiefe Venenthrombose, Lungenembolie, Druckulzera, Frakturen und Nierensteine (McKinley et al., 1999).

Tabelle II-6: Negative Folgen der Immobilität auf Körpersysteme (Quellen: Caswell, 1993; Porth, 2006; Tyler, 1984; Wong, 2003)

System	Auswirkung
Herz	• verminderte Myokardleistung • verminderte aerobe Kapazität • verminderte Herzfrequenz und verringertes Herzschlagvolumen • verringerte Sauerstoffaufnahme
Kreislauf	• venöse Stase • orthostatische Hypotonie • lagerungsabhängige Ödeme • verminderter Ruhepuls • verringerter venöser Rückstrom • erhöhter intravaskulärer Druck
Atmung	• Sekretstau • gestörte Zilienaktivität (beeinträchtigte ziliäre Clearance) • Austrocknen von Schleimhautabschnitten • verminderte Weitung des Thorax • verlangsamte und abgeflachte Atmung
Muskeln/Skelett	• Muskelatrophie • Verkürzung von Muskelfasern (Kontraktur) • herabgesetzte Kraft/geschwächter Tonus (z. B. im Rücken) • verminderte Knochendichte • Gelenkdegeneration • Fibrose von Kollagenfasern (Gelenke)
Stoffwechsel/ Hämatopoese	• verminderte Stickstoffausscheidung • verminderte Wärmeleitung im Gewebe • herabgesetzte Glukosetoleranz • Insulinresistenz • verminderte Erythrozyten • verminderte Phagozytose • Hyperkalzämie • Veränderungen der zirkadianen Hormonfreisetzung (z. B. Insulin, Adrenalin)

System	Auswirkung
	• Anorexie • verlangsamter Stoffwechsel • Adipositas • erhöhte Kreatinspiegel
Magen und Darm	• Obstipation
Urogenitaltrakt	• Harnstau • Harnsteine • Harnverhalt • unzureichende Schwerkraft
Integument	• verminderte Kapillardurchblutung • Gewebsazidose bis -nekrose
Neurosensorium	• verminderte Innervation von Nerven • herabgesetzte Nahsicht • erhöhte Sensibilität des Gehörs

Tabelle II-7: Psychosoziale Auswirkungen der Immobilität (Quellen: Porth, 2006; McNeil, 1967)

Bereich	Auswirkung
psychologischer Bereich	• erhöhte Anspannung • negative Veränderung des Selbstkonzepts • Furcht, Wut • rasche Stimmungswechsel • Depression • Feindseligkeit
Lernen	• verminderte Motivation • herabgesetzte Merkfähigkeit, verminderter Lerntransfer • verkürzte Aufmerksamkeitsspanne
Sozialisation	• Rollenveränderungen • soziale Isolation
Wachstum und Entwicklung	• Abhängigkeit

Pädiatrische Überlegung

- Mobilität ist essenziell für Wachstum und Entwicklung des Körpers und das Bewältigen von Entwicklungsaufgaben (Wong, 2002). Bewegungseinschränkung kann der erfolgreichen Bewältigung von Entwicklungsaufgaben entgegenwirken.
- Körperliche Aktivität dient Kindern als Kommunikations- und Ausdrucksmittel. Zu den wichtigsten psychischen Folgen der Immobilität gehören:
  - sensorische Deprivation, die zu Störungen der Eigenwahrnehmung und des Bewusstseins für die Umgebung führt
  - Isolation von Gleichaltrigen
  - Hoffnungslosigkeit, Frustration, Angst und Langeweile (Wong, 2002; Wright, 1989).
- Kinder, die in den ersten 3 Lebensjahren durch einen Gips, Schienen oder Bandagen eingeschränkt werden, haben mehr Schwierigkeiten mit der Sprache als Kinder, die ihren Aktivitäten uneingeschränkt nachgehen konnten (Wong, 2002).
- Die Reaktion von Kindern auf Immobilität kann von aktivem Protest bis zu Rückzug und zu Regression reichen (Wong, 2003; Wright, 1989).

Geriatrische Überlegungen

- Das Altern beeinträchtigt die Muskelfunktion durch einen fortschreitenden Verlust an Muskelmasse, -kraft und -ausdauer.
- Zu den altersbedingten Veränderungen in Gelenken und im Bindegewebe gehören eine beeinträchtigte Beugung und Streckung, verminderte Flexibilität und eine herabgesetzte stoßdämpfende Schutzwirkung bei Gelenken (Whitbourne, 1985).
- Nach der Menopause kommt es bei Frauen zum beschleunigten Verlust des trabekulären und kortikalen Knochens von 9–10 % pro Dekade (Miller, 2004).
- Bettruhe kann einen durchschnittlichen vertikalen Knochenverlust von 0,9 % pro Woche verursachen (Maher et al., 1998).

Einschätzungskriterien des Fokusassessments

Subjektive Daten

Einschätzen beeinflussender Faktoren

Neurologische Faktoren
Muskuloskelettale Faktoren
Zu Behinderung führende Krankheiten
Kardiovaskuläre Faktoren
Atmungsbedingte Faktoren
Anamnestisch bekannte Symptome bzw. Klagen über Schmerzen, Muskelschwäche, Erschöpfung.

Objektive Daten

Einschätzen bestimmender Merkmale oder Kennzeichen (Tab. II-8)

Einschätzen beeinflussender Faktoren

Hilfsmittel

Unterarmgehstützen
Prothese
Gehwagen, Rollator
Rollstuhl
Stützkorsett
Gehstock
Andere.

Einschränkende Hilfsmittel

Gips oder Schiene
Intravenöser Zugang
Beatmungsgerät
Foley-Katheter
Stützkorsett
Dialyse
Extension
Monitor
Drainage.

Motivation (entsprechend der Wahrnehmung der Pflegeperson, den Angaben der Person oder beidem)

Ausgezeichnet
Zufrieden stellend
Schlecht.

Ziele

NOC

- Ausdauer
- Konsequenzen von Immobilität: physiologische
- Konsequenzen von Immobilität: psycho-kognitive
- Mobilität

Die Person bekommt keine immobilitätsbedingten Komplikationen.

Tabelle II-8: Objektive Daten beim Assessment des *Immobilitätssyndroms* – bestimmende Merkmale und Kennzeichen

Parameter	Beurteilung			
Dominante Hand	rechts	links	ambidexter	
Motorische Funktion				
rechter Arm	stark	schwach	fehlend	spastisch
linker Arm	stark	schwach	fehlend	spastisch
rechtes Bein	stark	schwach	fehlend	spastisch
linkes Bein	stark	schwach	fehlend	spastisch
Mobilität				
sich umdrehen können	Ja	Nein	Assistenz benötigt (zu spezifizieren)	
sitzen können	Ja	Nein	Assistenz benötigt (zu spezifizieren)	
stehen können	Ja	Nein	Assistenz benötigt (zu spezifizieren)	
transferfähig	Ja	Nein	Assistenz benötigt (zu spezifizieren)	
umhergehen können	Ja	Nein	Assistenz benötigt (zu spezifizieren)	
Aufnahme des Körpergewichts (jeweils rechte und linke Seite beurteilen)				
	voll	teilweise	soweit toleriert	keine Gewichtsaufnahme
Gang				
	stabil	instabil		
Bewegungsumfang (Schultern, Ellenbogen, Arme, Hüften, Beine)				
	voll	begrenzt (zu spezifizieren)	nicht vorhanden	

Indikatoren

- Intakte Haut/intaktes Gewebe
- Maximale Lungenfunktion
- Maximale periphere Durchblutung
- Volle Bewegungsfreiheit
- Darm-, Blasen- und Nierenfunktion innerhalb normaler Grenzen
- Soziale Kontakte und Aktivitäten, wenn möglich
- Erklären der Begründung für Behandlungen
- Treffen von Entscheidungen hinsichtlich der Versorgung, wenn möglich
- Mitteilen von Gefühlen hinsichtlich der Immobilität.

Allgemeine Interventionen

NIC

- Bewegungstherapie
- Energiemanagement
- Gemeinsame Zielsetzung
- Bewegungstherapie: Gelenkbeweglichkeit
- Sturzprävention
- Dekubitusprophylaxe
- Förderung der Körperbewegung und -haltung
- Hautassessment
- Lagerung
- Copingverbesserung
- Entscheidungsfindungsunterstützung

Einschätzen ursächlicher und beeinflussender Faktoren

Schmerz; siehe auch *beeinträchtigtes Wohlbefinden.*
Erschöpfung; siehe auch *Erschöpfung.*
Geschwächte Motivation; siehe auch *Aktivitätsintoleranz.*
Depression; siehe auch *unwirksames Coping.*

Fördern einer optimalen Atemfunktion

Verändern Sie die Stellung des Bettes und damit schrittweise die horizontale und vertikale Position des Thorax, soweit nicht kontraindiziert.

Unterstützen Sie den Klienten dabei, sich umzulagern und sich oft von einer Seite auf die andere zu drehen (möglichst stündlich).

Halten Sie den Klienten 5-mal pro Stunde zu Vollatmung und zu Übungen mit kontrolliertem Abhusten an.

Unterweisen Sie den Klienten im stündlichen Gebrauch des Atemtrainers und des Spirometers, wenn er wach ist. Bei schwerer neuromuskulärer Störung muss der Betreffende ggf. auch nachts geweckt werden.
Verwenden Sie bei einem Kind gefärbtes Wasser in dem Atemtrainer. Lassen Sie es Luftballons aufpusten, Seifenblasen machen oder einen Wattebausch mit dem Strohhalm jagen.
Auskultieren Sie die Lungenfelder alle 8 Stunden, bei veränderten Atemgeräuschen auch öfter.
Halten Sie zu kleinen, häufigen Nahrungsaufnahmen an, um eine Blähung des Abdomens zu verhindern.

F: Bettruhe verringert die Ausweitung des Thorax und die Zilienaktivität, verstärkt die Schleimretention und erhöht damit die Gefahr einer Pneumonie (Fletcher, 2005).

Aufrechterhalten des üblichen Ausscheidungsrhythmus

Für spezifische Interventionen siehe *Obstipation*.

Verhindern von Druckgeschwüren (Maklebust/Sieggreen, 1996)

Verwenden Sie denjenigen Umlagerungsplan, der den anfälligen Bereich am häufigsten entlastet. Bei einer anfälligen Stelle am Rücken würde der Umlagerungsplan beispielsweise lauten: von der linken Seite auf den Rücken, von dort auf die rechte Seite, von der rechten auf die linke Seite und von der linken Seite wieder auf den Rücken. Stellen Sie eine «Wende-Uhr» ans Bett.
Lagern Sie den Klienten alle 30 Minuten bis 2 Stunden um oder instruieren Sie ihn, sich umzudrehen oder das Gewicht zu verlagern, je nachdem, welche weiteren ursächlichen Faktoren es gibt und wie weit die Haut in der Lage ist, sich vom Druck zu erholen.
Sollten gerötete Bereiche nicht innerhalb von einer Stunde nach dem Umlagern verschwinden, sollten Sie häufiger umlagern.
Lagern Sie die Person in normaler oder neutraler Position bei gleichmäßig verteiltem Körpergewicht.
Halten Sie das Bett möglichst flach, um Scherkräfte zu reduzieren. Begrenzen Sie die Hochlagerung des Oberkörpers auf jeweils 30 Minuten.
Verwenden Sie Schaumstoffblöcke oder Kissen als Überbrückung, um den Körper ober- und unterhalb des gefährdeten Bereichs abzustützen, damit dieser das Bett nicht berührt. Verwenden Sie weder Schaumstoff- noch aufblasbare Gummiringe, weil diese den Druckbereich vergrößern.
Wechseln oder reduzieren Sie den Druck auf die Hautoberfläche durch:

- eine Schaumstoffmatratze
- ein auflagefreies Bett
- eine luftgefüllte Matratze
- gepolsterte Spezialstiefel zur freien Aufhängung der Fersen.

Setzen Sie genügend Personal ein, um die Person im Bett oder Stuhl anzuheben, statt sie über Hautoberflächen zu ziehen oder gleiten zu lassen. Verwenden Sie Schutzpolster, um die Reibung an Ellenbogen und Fersen zu verringern.

Stützen Sie die Füße mit einem Fußbrett ab, um eine Gleitbewegung und damit Scherkräfte zu verhindern bzw. zu verringern.
Fördern Sie eine optimale Durchblutung, wenn die Person sitzt:

- Beschränken Sie die Zeit, welche die hochgradig dekubitusgefährdete Person im Sitzen verbringt.
- Instruieren Sie die Person, sich, wenn möglich, alle 10 Minuten auf den Stuhllehnen abzustützen und sich anzuheben oder unterstützen Sie den Klienten, je nach den Risikofaktoren, alle 10–20 Minuten vom Stuhl aufzustehen.

Inspizieren Sie bei jedem Umlagern dekubitusgefährdete Bereiche:

- Ohren
- Fersen
- Skrotum
- Trochanter
- Schulterblatt
- Hinterhaupt
- Kreuzbein
- Ellenbogen
- Sitzbein.

Achten Sie bei jedem Umlagern auf ein Erythem und Abblassen und palpieren Sie auf Wärme und Schwammigkeit des Gewebes.
Massieren Sie nichtgerötete gefährdete Bereiche behutsam bei jedem Umlagern.
Für weitere Interventionen und die entsprechende Rationale siehe *Hautschädigung*.

Fördern von Faktoren, welche die venöse Durchblutung verbessern

Heben Sie die Extremität über die Ebene des Herzens hinaus an (kann bei schweren Herz- oder Atemwegserkrankungen kontraindiziert sein).
Stellen Sie sicher, dass der Klient weder lange Zeit steht noch lange mit herabhängenden Beinen sitzt.
Erwägen Sie den Einsatz knielanger elastischer Strümpfe, um eine venöse Stase zu verhindern.
Reduzieren oder beseitigen Sie eine von außen kommende venöse Kompression, die den venösen Blutstrom behindert:

- Vermeiden Sie Kissen unter den Knien oder schlagen Sie ein Bett vor, das erlaubt das Unterschenkelniveau anzuheben.
- Sagen Sie dem Klienten, er möge die Beine nicht übereinanderschlagen.
- Erinnern Sie den Klienten daran, stündlich die Stellung zu wechseln, Arme und Beine zu bewegen oder mit den Zehen und Fingern zu wackeln.
- Stellen Sie sicher, dass der Klient weder einen Gürtel noch über die Knie reichende elastische Strümpfe verwendet.

Messen Sie täglich den Ausgangswert des Umfangs von Waden und Schenkeln, wenn Verdacht auf eine tiefe Venenthrombose besteht oder die Person entsprechend gefährdet ist.

F: Ein erhöhtes Serumkalzium infolge einer durch Bewegungsmangel und Belastung verursachten Knochendestruktion erhöht die Blutgerinnung. Dies macht die Person, zusätzlich zur Stase des Kreislaufs, anfällig für Thrombosen.

Aufrechterhalten der Gliedmaßenbeweglichkeit und Verhindern von Kontrakturen (Maher et al., 1998)

Erhöhen der Extremitätenbeweglichkeit

Führen Sie Beweglichkeitsübungen durch (oft bestimmt durch den Zustand bzw. die Erkrankung des Klienten).

Stützen Sie die Extremität mit Kissen ab, um eine Schwellung zu verringern oder zu verhindern.

Ermutigen Sie den Klienten, Übungsprogramme für bestimmte Gelenke durchzuführen, die vom Arzt oder Physiotherapeut verordnet wurden.

Lagern des Klienten in korrekter Stellung, um Komplikationen zu verhindern

Vermeiden Sie es, Kissen unter die Knie zu legen, stützen Sie stattdessen die Waden ab.

In Rückenlage des Klienten sollten Zehen und Knie nach oben zeigen.

Verwenden Sie ein Fußbrett, um einen Fallfuß zu verhindern.

Platzieren Sie zur Hüftlagerung ein zusammengerolltes Handtuch seitlich der Hüfte, um eine Außenrotation zu verhindern.

Halten Sie die Arme durch Kissen vom Körper abduziert.

Halten Sie die Ellenbogen leicht gebeugt.

Halten Sie die Handgelenke in Neutralstellung, bei leicht gebeugten Fingern und abduziertem und leicht gebeugtem Daumen.

Wechseln Sie tagsüber die Position der Schultergelenke (z. B. Abduktion, Adduktion, Beweglichkeit bei kreisenden Bewegungen).

F: Unbewegliche Gelenke entwickeln innerhalb von 3–7 Tagen Kontrakturen, weil die Flexoren stärker sind als die Extensoren.

F: Nervenkompression durch einen Gips, Fixierungen oder ungeeignete Körperhaltungen können zur Ischämie und Nervendegeneration führen. Die Kompression des N. peronaeus führt zum Fallfuß, eine Kompression des N. radialis führt zur Fallhand.

Verhindern von Harnstau und Steinbildung

Sorgen Sie für eine tägliche Flüssigkeitsaufnahme von 2000 ml oder mehr. Für spezifische Interventionen siehe *Flüssigkeitsdefizit*.

Halten Sie den pH-Wert des Urins unter 6,0 (im sauren Bereich), um die Bildung kalziumhaltiger Steine mit säurehaltigen Nahrungsmitteln (Zerealien, Fleisch, Geflügel, Fisch, Moosbeerensaft, Apfelsaft) zu verringern.

Unterweisen Sie den Klienten darin, kalzium- und oxalathaltige Nahrungsmittel zu meiden (* sehr hoher Gehalt):

- Milch, Milchprodukte, Käse
- kleiehaltige Zerealien
- * Spinat, Moosbeeren, Pflaumen, Himbeeren, Stachelbeeren
- Sardinen, Garnelen, Austern
- Gemüse, Vollkornreis
- * Schokolade
- Spargel, Rhabarber, Kohl, Mangold, Stielmus, Indischer Senf, Brokkoli, Rübenkraut, Erdnussbutter, reife Oliven.

F: Interventionen zur Aufrechterhaltung der Hydratation verhindern eine überhöhte Gerinnbarkeit und Gerinnselbildung sowie die Konzentration steinbildender Elemente im Urin (Porth, 2006).

F: Die peristaltischen Kontraktionen der Ureteren sind in rückwärts geneigter Haltung unzureichend, daher kommt es zur Stase von Urin im Nierenbecken.

Verringern und Überwachen der Knochendemineralisation

Überwachen Sie auf eine Hyperkalzämie:

- Serumkalziumspiegel
- Übelkeit/Erbrechen, Polydipsie, Polyurie, Lethargie.

Fördern der Gewichtsbelastung wenn möglich (Kipptisch).
Weiterführen einer nachhaltigen Hydratation:

- Erwachsene: 2000 ml/d
- Jugendliche: 3000–4000 ml/d.

F: Die aufrechte Haltung verbessert die Knochenstärke, erhöht die Durchblutung und verhindert eine lagerungsabhängige Hypotonie (Porth, 2006).

Fördern des Sich-Mitteilens und eines Gefühls von Wohlbefinden

Ermutigen Sie den Klienten, Gefühle und Befürchtungen hinsichtlich der Bewegungseinschränkung mitzuteilen.
Halten Sie den Klienten dazu an, eigene Kleidung statt eines Pyjamas und unverwechselbare dekorative Stücke zu tragen (z. B. eine Baseball-Kappe oder farbige Socken).

Vermindern der Monotonie einer Immobilität

Variieren Sie die tägliche Routine, wenn möglich (z. B. Baden am Nachmittag, damit sich die Person eine bestimmte Show ansehen oder am Morgen mit einem Besucher sprechen kann).

Integrieren des Klienten in die Planung des Tagesablaufs

Lassen Sie den Klienten möglichst viele Entscheidungen treffen.

Gestalten Sie die Tagesroutine so normal wie möglich, etwa indem Sie die Person tagsüber Straßenschuhe tragen lassen, soweit dies möglich ist.

Halten Sie den Klienten dazu an, einen Besuchsplan zu erstellen, damit nicht alle gleichzeitig oder ungelegen kommen.

Verbringen Sie qualifizierte Zeit mit dem Klienten, d. h. Zeit, die nicht aufgabenorientiert ist, sondern in der Sie sich mit dem Klienten hinsetzen und reden.

Kreativ sein; Variieren der physischen Umgebung und der Tagesroutine, wenn möglich

Aktualisieren Sie schwarze Bretter, tauschen Sie Bilder an den Wänden aus und stellen Sie die Möbel im Raum um.

Bewahren Sie eine angenehme, heitere Umgebung (z. B. viel Licht, Blumen).

Bringen Sie die Person in der Nähe eines Fensters unter.

Sorgen Sie für Lesestoff (Printmedien oder Hörbücher), ein Radio und einen Fernseher.

Planen Sie täglich eine Aktivität, damit die Person etwas hat, auf das sie sich freuen kann. Halten Sie stets Ihre Versprechen.

Raten Sie vom Fernsehen als Primärquelle für Entspannung und Freizeit ab, sofern es nicht ausdrücklich erwünscht ist.

Denken Sie darüber nach, ob nicht eine ehrenamtlich tätige Person dem Betreffenden etwas vorliest oder bei einer Aktivität hilft.

Ermutigen Sie zu Anregungen und neuen Ideen (z. B.: «Können Sie sich etwas vorstellen, das Sie jetzt gern tun möchten?»).

F: Effekte der Immobilität siehe Tabelle II-6 und II-7.

Pädiatrische Interventionen

Planen geeigneter Aktivitäten für Kinder

Sorgen Sie für ein Umfeld mit zugänglichen Spielsachen, die zum Entwicklungsalter des Kindes passen. Stellen Sie sicher, dass die Spielsachen gut erreichbar sind.

Ermutigen Sie die Familie, die Lieblingsspielzeuge des Kindes mitzubringen, darunter auch Dinge aus der Natur, welche die «wirkliche Welt» am Leben halten (z. B. ein Goldfisch oder Herbstlaub).

Einsatz der Spieltherapie, um das Kind zu ermutigen, sich mitzuteilen (z. B. indem man der Puppe einen Gips anlegt)

Das Kind möglichst oft aus dem Zimmer bringen

Beteiligen des Kindes an der Selbstversorgung

Planen der Tagesroutine.

Auswählen der Nahrung und kleiner Zwischenmahlzeiten.

Auswahl der Kleidung (z. B. eine Baseball-Kappe).

Dem Kind so früh wie möglich erlauben, Straßenkleidung zu tragen

F: Spieltherapie verringert die Monotonie der Immobilisierung, Anspannung und Frustration (Wong, 2003).
F: Veränderungen des Umfelds sorgen für unterschiedliche Stimuli und verstärkten sozialen Kontakt (Wong, 2003).
F: Zunehmende Aktivitäten der Selbstversorgung und Entscheidungsfindung erlauben es, Autonomie und Individualisierung zum Ausdruck zu bringen (Wong, 2003).

Beschäftigungsdefizit

Definition

Beschäftigungsdefizit: der Zustand, in dem eine Person oder Gruppe eine verminderte Stimulation durch Freizeitaktivitäten oder ein vermindertes Interesse daran erlebt oder entsprechend gefährdet ist.
Beschäftigungsdefizit (engl. Deficient diversional activity): Verminderte Anregung durch (oder Interesse oder Beteiligung an) Erholungs- oder Freizeitaktivitäten (NANDA-I, 2010).

Bestimmende Merkmale oder Kennzeichen

Hauptkennzeichen (obligat)

Beobachtete Langeweile/Depression infolge von Inaktivität und/oder entsprechende Aussagen.
Äußerungen des Patienten über Langeweile (z.B. wünschte, es gäbe etwas zu tun, zu lassen etc.)
Gewohnte Hobbies können im aktuellen Pflegesetting nicht durchgeführt werden.
Veränderte Fähigkeiten/körperliche Einschränkungen.

Nebenkennzeichen (fakultativ)

Beständiges Äußern unangenehmer Gedanken/Gefühle
Ausdruckslose Mimik
Unruhe/Herumzappeln, Unaufmerksamkeit, Desinteresse
Feindseligkeit
Gähnen oder Unaufmerksamkeit
Körpersprache (wendet den Körper ab)
Gewichtszu- oder -abnahme.

Einflussfaktoren

Pathophysiologische Faktoren

B/d Schwierigkeiten beim Zugang oder bei der Teilnahme an üblichen Aktivitäten, s/b/d:

eine übertragbare Krankheit
Schmerzen; kognitive Beeinträchtigung
Behinderung, Fähigkeitsstörung.

Situationsbedingte Faktoren (persönlich bedingt, umgebungsbedingt)

B/d unbefriedigendes Sozialverhalten.
B/d das Fehlen von Gleichaltrigen und Freunden.
B/d ein monotones Umfeld.
B/d eine langfristige Hospitalisierung oder Inhaftierung.
B/d fehlende/mangelnde Motivation.

B/d Schwierigkeiten beim Zugang oder bei der Teilnahme an üblichen Aktivitäten, s/b/d:

exzessive, anstrengende Arbeit
Karrierewechsel (z. B. neuer Arbeitsplatz, Eintritt in den Ruhestand)
Immobilität
vielfältige Rollenverantwortlichkeiten
fehlende Zeit für Freizeitaktivitäten
Kinder, die von zu Hause ausziehen («Empty-Nest»-Syndrom)
verminderte sensorische Wahrnehmung.

Altersbedingte Faktoren

Säugling/Kind

B/d fehlende/mangelnde geeignete Stimulation durch Spielsachen/Gleichaltrige.

Ältere Erwachsene

B/d Schwierigkeiten beim Zugang oder bei der Teilnahme an üblichen Aktivitäten, s/b/d:

sensorische/motorische Defizite
fehlende/mangelnde Transportkapazitäten
Furcht vor Verbrechen
Fehlen einer Gruppe Gleichaltriger
begrenzte finanzielle Ressourcen
Verwirrtheit.

Anmerkung der Autorin

Nur ein Klient kann auf der Grundlage seiner Feststellung, Art und Umfang der Aktivitäten seien problematisch, ein Beschäftigungsdefizit äußern. Miller (1994) schreibt, dass Aktivitäten in Verbindung mit verschiedenen Rollen das Selbstkonzept einer Person stärken.

Zur Validierung eines Beschäftigungsdefizits sollten Sie die Ätiologie von Faktoren untersuchen, die Pflegeinterventionen zugänglich sind, und dabei den Schwerpunkt auf ein Anheben der Qualität von Freizeitaktivitäten legen. Bei einer Person mit Persönlichkeitsstörungen, die Beziehungen verhindern und soziale Aktivitäten einschränken, trifft *beeinträchtigte soziale Interaktion* eher zu. Konzentrieren Sie sich in diesem Fall darauf, der Person beim Erkennen von Verhaltensweisen zu helfen, die das gesellschaftliche Leben einschränken.

Irrtümer in diagnostischen Aussagen

1. *Beschäftigungsdefizit,* **b/d** *Langeweile und Angaben über fehlende Freizeitaktivitäten*
   Diese Diagnose gibt keine Pflegeinterventionen wieder. Langeweile und Angaben über fehlende Freizeitaktivitäten sind Erscheinungsformen der Diagnose und keine beeinflussenden Faktoren. Formulieren Sie die Diagnose daher als *Beschäftigungsdefizit,* **b/d** *eine unbekannte Ätiologie, angezeigt durch Angaben über Langeweile und fehlende Freizeitaktivitäten.*
2. *Beschäftigungsdefizit,* **b/d** *das Unvermögen, bedeutsame Beziehungen aufrechtzuerhalten, angezeigt durch: «Niemand ruft mich an, um mit mir etwas zu unternehmen»*
   Diese Diagnose konzentriert sich auf Pflegeinterventionen zur Stärkung der Freizeitaktivitäten der/des Betreffenden. In dieser Situation sollten Sie noch keine formelle Diagnose stellen, sondern mehr Daten sammeln, um die Bedeutung von: «Niemand ruft mich an, um mit mir etwas zu unternehmen» genauer zu erkunden. Unter Umständen sind andere Diagnosen zutreffender, wie z. B. *beeinträchtigte soziale Interaktion, gestörtes Selbstkonzept* und *unwirksames Coping.*

Zentrale Konzepte

Allgemeine Überlegungen

- Jeder Mensch braucht Anregung. Bei Erwachsenen führt fehlende/mangelnde Anregung zu Langeweile und Depression. Bei Säuglingen und Kindern führt dies zu «Gedeihstörungen» und kann das Wachstum erheblich schädigen.
- Die Beziehung zwischen informeller Aktivität und Lebenszufriedenheit ist signifikant. Die Qualität oder Art der Aktivität ist dabei wichtiger als das Ausmaß (Rantz, 1991).
- Langeweile lähmt die Produktivität einer Person und verursacht ein Gefühl der Stagnation. Oft ist sie ein bedeutender beeinflussender Faktor beim Suchtverhalten (z. B. übermäßiges Essen, Drogenmissbrauch, Alkoholismus, Rauchen).
- Die gelangweilte Person hat introspektive Gefühle des Bedrückt- und Gefangenseins, die zu bewusster oder unbewusster Wut oder Feindseligkeit führen.
- In den vergangenen Jahren hat die Therapie mit Schoßtieren bei kranken und älteren Klienten zunehmend Anerkennung gefunden.

Pädiatrische Überlegung

- Folgende Kinder sind durch ein Beschäftigungsdefizit besonders gefährdet:
  - gelangweilte Kinder
  - immobilisierte Kinder
  - lange Zeit hospitalisierte Kinder
  - Kinder, die zu ihrem eigenen Schutz oder zum Schutz Dritter isoliert wurden
  - Kinder mit geringem Kontakt zur Familie, zu Freunden oder beiden.
- Es sollte für altersgerechte Aktivitäten gesorgt werden, um geistige Gesundheit und menschliche Entwicklung zu fördern. Spezielle Kindertherapeuten – zertifiziert in frühkindlicher Therapie, gestaltender Kunst oder Freizeittherapie – sorgen für psychosoziales Assessment und therapeutische Aktivitäten im Gruppenkontext. Sie beraten zu einzelnen Klienten, zum Design eines Spielzimmers und zu Aktivitäten. Es gibt sie in 98 % der pädiatrischen medizinisch-chirurgischen Einheiten, wo sie mit dem interdisziplinären Team zusammenarbeiten, um für eine entwicklungsgerechte Therapie und Edukation der Kinder zu sorgen, mit dem Ziel, das psychosoziale Trauma einer Erkrankung zu mildern (Rode et al., 1998).
- Gelangweilte Kinder sind u. U. verstärkt verletzungsgefährdet. Für mehr Informationen siehe *Verletzungsgefahr,* **b/d** *das Entwicklungsalter des hospitalisierten Kindes.*
- Siehe auch «Zentrale Konzepte» und «Pädiatrische Überlegungen» unter *Angst* und *verzögerte(s) Wachstum und Entwicklung.*

Geriatrische Überlegungen

- Der kulturelle Hintergrund wirkt sich aufgrund des Wertes, welcher der Arbeit gegenüber der Freizeit beigemessen wird, erheblich auf die Freizeitaktivitäten älterer Menschen aus. Ältere, weniger gebildete Menschen vom Land neigen dazu, Freizeitaktivitäten weniger Wert beizumessen.
- In westlichen Gesellschaften beginnt der Ruhestand gewöhnlich im Alter von 62–70 Jahren. Etwa 80 % der Männer und 90 % der Frauen über 65 Jahre sind im Ruhestand. Der Verlust der Rolle am Arbeitsplatz kann zu Depression führen, vor allem, wenn der Klient den Ruhestand zuvor nicht geplant hatte (Miller, 2004).
- Verschiedene Interessen und Aktivitäten lebenslang zu fördern verbessert das Altern (Miller, 2004).
- Eine Veränderung der Lebensumstände oder des Umfelds könnte den älteren Menschen einem Beschäftigungsdefizit aussetzen. Dies gilt beispielsweise für eine im ökologischen Landbau tätige Person mit ihrem eigenen Garten, die in ein Hochhaus ohne Land für einen Garten umzieht oder für einen älteren, Schlagzeug spielenden Mann, der bei seinen Kindern einzieht, die weder den Platz für sein Schlagzeug noch Lust haben, seinen Soli zu lauschen.
- Soziale Isolation als Folge des Todes eines Ehepartners, wegen fehlender Transportmöglichkeiten, Hörstörungen, beschränkter finanzieller Verhältnisse, Furcht vor einem Verbrechen oder anderen körperlichen oder seelischen Behinderungen setzen den älteren Klient der Gefahr eines Beschäftigungsdefizits aus (Rantz, 1991).

- Ehrenamtliche Tätigkeiten sorgen bei 21 % der Menschen im Alter von 55–64 Jahren und bei 14 % der über 65-Jährigen für Ablenkung. Die 65-Jährigen und Älteren leisteten durchschnittlich 8 Stunden pro Woche ehrenamtliche Tätigkeit. Zu den Gründen, nicht ehrenamtlich tätig zu werden, gehören Schwierigkeiten beim Transport, finanzielle Sorgen und altersbedingte Diskriminierung durch einige kommunale Organisationen (Miller, 2004).

Einschätzungskriterien des Fokusassessments

Subjektive Daten

Einschätzen bestimmender Merkmale oder Kennzeichen

Wahrnehmung des aktuellen Aktivitätsniveaus der Person: Bitten Sie den Klienten, seine Zufriedenheit mit dem aktuellen Beschäftigungsgrad auf einer Skala von 1 bis 10 (1 = überhaupt nicht zufrieden; 10 = sehr zufrieden) zu bewerten.
Frühere Aktivitätsmuster (Art, Häufigkeit): Arbeit, Freizeit.
Aktivitäten, die sich die Person wünscht.

Objektive Daten

Einschätzen beeinflussender Faktoren

Motivation
Interessiert
Desinteressiert
Zurückgezogen
Feindselig.

Jede Art von Barriere für Freizeitaktivitäten

Körperlicher Zustand
Immobilität
Veränderter Bewusstseinszustand
Erschöpfung
Gestörte Beweglichkeit der Hand
Schmerzen
Sensorische Defizite (visuell, auditorisch)
Gerätschaften (Extension, intravenöse Zugänge)
Übertragbare Krankheit/Isolation.

Psychischer/kognitiver Zustand
Depression
Verlegenheit
Wissensdefizit
Furcht.

Sozioökonomischer Status

Fehlendes Unterstützungssystem
Frühere Inaktivitätsmuster
Sprachbarriere
Finanzielle Einschränkungen
Schwierigkeiten beim Transport.

Ziele

NOC

- Freizeitgestaltung
- Soziale Eingebundenheit

Die Person gibt an, mit dem aktuellen Aktivitätsgrad zufriedener zu sein.

Indikatoren

- Berichten über Methoden des Copings bei Wut oder Depression als Folge von Langeweile.
- Berichten über die Teilnahme an einer erfreulichen Tätigkeit pro Tag.

Allgemeine Interventionen

NIC

- Freizeittherapie
- Verbesserung der Sozialisation
- Selbstwertgefühlsverbesserung

Assessment ursächlicher Faktoren

Siehe «Einflussfaktoren».

Eliminieren oder Reduzieren ursächlicher Faktoren

Monotonie

Siehe unter *Immobilitätssyndrom*, «Vermindern der Monotonie einer Immobilität».

Sorgen Sie für Gelegenheit zu Erinnerungsarbeit, einzeln oder in Gruppen (z. B. frühere Reisen, Hobbys).

Sorgen Sie mit CD-Spielern oder Kassettengeräten und leichten Kopfhörern für Musiktherapie. Für Unterstützung bei der Musiktherapie siehe die Website www.namt.com. Zur Musiktherapie in einer Gruppe (Rantz, 1991):

1. Führen Sie ein Thema ein.
2. Spielen Sie eine entsprechende Musik ab.

3. Entwickeln Sie das Thema in einer Diskussion.
4. Erörtern Sie die Reaktionen.

Erwägen Sie den Einsatz ganzheitlicher und komplementärer Therapien (z. B. Aromatherapie, Tiertherapie, therapeutische Berührung).

Für die Tiertherapie gilt (Rantz, 1991):

- Tiere müssen gut gepflegt, gesund und sauber sein.
- Tiere sollten in Anwesenheit Fremder entspannt sein.
- Tiere sollten ausscheiden, bevor sie in die Einrichtung kommen.
- Sponsoren sollten den Klienten stets fragen, ob er das Tier mag, bevor sie an die Person herantreten.

F: Sich der Langeweile bewusst zu sein, ermöglicht der Person, Aktivitäten neu auszurichten, um die Anregung zu steigern.

F: Musiktherapie kann von Wert sein, um Langeweile zu lindern, Interesse zu wecken und Klienten beim Coping mit sozialen Problemen unterstützen (Rantz, 1999).

Fehlende Motivation

Regen Sie die Motivation an, indem Sie Interesse zeigen und dazu ermutigen, Gefühle zu zeigen und Erfahrungen mitzuteilen:

- Untersuchen Sie Befürchtungen und Bedenken hinsichtlich einer Teilnahme an Aktivitäten.
- Erörtern Sie Vorlieben und Abneigungen.
- Ermutigen Sie dazu, Gefühle in Bezug auf gegenwärtige und frühere Erfahrungen mitzuteilen.
- Verbringen Sie Zeit mit der Person und sprechen Sie dabei bewusst über andere Themen (z. B.: Ich komme gerade von der Nordseeküste zurück. Waren Sie schon mal da?»).
- Weisen Sie darauf hin, dass man «wieder in Gang kommen» und etwas Neues angehen muss.

Helfen Sie der Person, Zorn und Trauer durchzuarbeiten:

- Gestatten Sie der Person, Gefühle zu äußern.
- Nehmen Sie sich Zeit und seien Sie ein guter Zuhörer.
- Für weitere Interventionen siehe *Angst*.

Ermutigen Sie den Klienten, sich einer Gruppe anzuschließen, die ihn interessiert oder ihm hilft; ggf. über eine Gegensprechanlage oder ein anderes Spezialarrangement.

Erwägen Sie den Einsatz von Musik- oder Erinnerungstherapie.

F: Die Mitgliedschaft in einer Gruppe oder Selbsthilfegruppe kann die Selbstachtung und das Selbstwertgefühl steigern, ein Zugehörigkeitsgefühl vermitteln und zu Aktivitäten ermutigen, welche die Person ansonsten gemieden hätte. Oft können Selbsthilfegruppen Menschen mit belastenden, kostenträchtigen oder zeitraubenden Problemen helfen.

F: Erinnerungsarbeit zu leisten oder Zeit damit zuzubringen, sich auf bedeutsame Erinnerungen zu konzentrieren, kann für einen gelangweilten, kranken, eingeschlossenen oder älteren Menschen befriedigend und anregend sein (Rantz, 1991).

Das Unvermögen, sich zu konzentrieren

Planen Sie eine einfache Tagesroutine mit konkreten Aktivitäten (z. B. Spazierengehen, Zeichnen, Wäsche legen).
Schlagen Sie bei einer ängstlichen Person Aktivitäten vor, die sie für sich allein durchführen kann und die nicht konkurrenzorientiert sind (z. B. Puzzle zusammensetzen, Fotografieren).

F: Aufgaben, die zur Konzentration und zu den Interessen der Person passen, können ihren Kontakt zur Wirklichkeit stärken, ihr gesellschaftliches Leben fördern und das Selbstwertgefühl heben (Varcarolis, 2006).

Identifizieren von Faktoren, die Aktivität und gesellschaftliches Leben fördern

Ermutigen zum Zusammensein mit Gleichaltrigen und mit allen Altersgruppen (oft profitieren sehr junge und sehr alte Klienten beiderseits von Interaktionen)

Beiziehen von Unterstützung, um die Reisefähigkeit der Person zu erhöhen

Arrangieren Sie den Transport zu Aktivitäten, wenn nötig.
Erwerben Sie Hilfsmittel für die Sicherheit (z. B. einen Rollstuhl zum Einkaufen, einen Rollator für das Gehen im Flur).

Erhöhen des Gefühls von Produktivität und Selbstwert beim Klienten

Ermutigen Sie den Klienten, Stärken einzusetzen, um anderen und sich selbst zu helfen, indem Sie ihm beispielsweise Aufgaben in einem größeren Projekt zuweisen.
Würdigen Sie Bemühungen (z. B.: «Danke, dass Sie Herrn Jones beim Essen geholfen haben.»).
Ermutigen Sie zu offener Kommunikation. Begegnen Sie der Meinung des Betreffenden mit Wertschätzung (z. B.: «Herr Jones, was denken Sie über …?»).
Ermutigen Sie die Person, sich selbst zu fordern, indem sie eine neue Fertigkeit lernt oder neuen Interessen nachgeht.

Für zusätzliche Interventionen siehe soziale Isolation

Sorgen Sie für Gelegenheiten zur Interaktion mit der Natur oder mit Tieren.

F: Verschiedenen Reizen ausgesetzt zu sein, kann soziale Interaktionen mehren und Langeweile abbauen (Barba et al., 2000).

Pädiatrische Interventionen

Maßnahmen

Sorgen Sie für eine Umgebung mit zugänglichem Spielzeug, das zum Entwicklungsalter des Kindes passt. Stellen Sie sicher, dass sich die Spielsachen in Reichweite des Kindes befinden.
Platzieren Sie Spielzeug in allen Wartezonen.
Ermutigen Sie die Familie, die Lieblingsspielzeuge des Kindes mitzubringen, darunter auch Dinge aus der Natur, welche die «reale Welt» am Leben halten (z. B. ein Goldfisch oder Herbstlaub).

Konsultieren Sie einen speziellen Kindertherapeuten, wenn angezeigt.

F: Spielen ist für die emotionale, entwicklungsbezogene und körperliche Gesundheit des Kindes essenziell (Kuntz et al., 1996).
F: Spielen sorgt für Ablenkung und erhöht die Sicherheit (Wong, 2005).
F: Spielen bietet Gelegenheit, Gefühle herauszulassen.
F: Spielen bietet Gelegenheit, Entscheidungen zu treffen und Kontrolle auszuüben (Wong, 2003).

Geriatrische Interventionen

Erkunden von Interessen und der Möglichkeit, es mit einer neuen Aktivität zu versuchen (z. B. Mobilität)

Bereitstellen einer Person, die den Klienten bei der Erstbegegnung begleitet und orientiert

Suchen nach ehrenamtlichen Tätigkeiten (z. B. beim Roten Kreuz oder in einer Klinik)

Beginnen mit Überweisungen, wenn angezeigt

Schlagen Sie vor, sich einer Organisation für ältere Menschen anzuschließen.
Schreiben Sie an lokale Gesundheits- oder Wohlfahrtseinrichtungen.
Sorgen Sie für eine Liste von Vereinigungen, die Aktivitäten für ältere Menschen anbieten.

F: Kognitive Störungen, Beeinträchtigungen des Muskel-Skelett-Systems, Schmerzen, Stoffwechselanomalien oder sensorische Defizite können einen älteren Menschen zwingen, über lange Zeit gepflegte Freizeitaktivitäten zu überdenken und zu modifizieren oder neue Aktivitäten zu entwickeln. So kann jemand, der gerne kocht, aber schlecht sieht, Kochbücher in Großdruck kaufen, sich von einem Freund Rezepte in großen Buchstaben ausdrucken lassen oder Rezepte auf Tonträger aufzeichnen (Rantz, 1991).
F: Eine Veränderung ist zwar eine willkommene Erlösung aus der Langeweile, bewirkt aber zunächst auch Angst.

Autonome Dysreflexie*

Autonome Dysreflexie

Gefahr der autonomen Dysreflexie

Definition

Autonome Dysreflexie: der Zustand, in dem eine Person mit einer Rückenmarkverletzung in Höhe von Th6 oder darüber eine potenziell lebensbedrohende, ungehemmte sympathische Reaktion des Nervensystems auf einen nozizeptiven Stimulus erlebt bzw. entsprechend gefährdet ist.

* Auch als autonome Hyperreflexie bezeichnet.

Autonome Dysreflexie (engl. Autonomic dysreflexia): Lebensbedrohliche, ungehemmte autonome Reaktion des Nervensystems auf einen schädlichen Reiz nach einer Rückenmarksverletzung auf Höhe von Th7 oder oberhalb von Th7 (NANDA-I, 2010).

Bestimmende Merkmale oder Kennzeichen

Hauptkennzeichen (obligat)

Eine Person mit Rückenmarkverletzung (Th6 oder höher) zeigt:

- paroxysmale Hypertonie (plötzlich phasenweise erhöhter Blutdruck, wobei der systolische Druck über 140 mmHg und der diastolische Blutdruck über 90 mmHg liegt)
- Bradykardie oder Tachykardie (Pulsfrequenz unter 60/min oder über 100/min)
- profuse Diaphorese (oberhalb der Verletzung)
- rote Flecken auf der Haut (oberhalb der Verletzung)
- Blässe (unterhalb der Verletzung)
- Kopfschmerzen (diffuser, dumpfer bis klopfender Schmerz in verschiedenen Regionen des Kopfes und nicht auf den Versorgungsbereich eines Nerven beschränkt)
- Vorahnung
- geweitete Pupillen.

Nebenkennzeichen (fakultativ)

Schüttelfrost
Bindehautschwellung
Horner-Syndrom (verengte Pupille, partielle Ptose des Augenlides, Enophthalmus, bisweilen Ausfall der Schweißsekretion über der befallenen Gesichtshälfte)
Parästhesie
Pilomotorische Reaktion (Gänsehaut)
Verschwommensehen
Thoraxschmerz
Metallischer Geschmack im Mund
Verstopfte Nase
Erektion und Abgang von Sperma.

Einflussfaktoren

Pathophysiologische Faktoren

B/d Dehnung, Blähung und Reizung der Eingeweide, s/b/d:

gastrointestinale Ursachen
Obstipation
Magenulkus
Koteinklemmung
Hämorrhoiden
Akutes Abdomen
Analfissur.

urologische Ursachen

Gedehnte Blase
Harnsteine
Harnwegsinfekt.

kutane Ursachen

Dekubitus
Insektenstiche
Verbrennungen
Eingewachsene Zehennägel
Sonnenbrand
Blasen.

reproduktionsbedingte Ursachen

Menstruation
Epididymitis
Schwangerschaft oder Entbindung
Uteruskontraktionen
Scheideninfektion
Vaginaldehnung.

B/d eine Fraktur.
B/d eine Hautreizung (Abdomen, Schenkel).
B/d einen spastischen Sphinkter.
B/d tiefe Venenthrombose.

Behandlungsbedingte Faktoren

B/d viszerale Dehnung, s/b/d:

Entfernen eines Kotstaus
einen verstopften oder nicht durchgängigen Katheter
Katheterisierung, Spülung, Einlauf.

Situationsbedingte Faktoren (persönlich bedingt, umgebungsbedingt)

B/d ein Wissensdefizit hinsichtlich Prävention oder Behandlung bei Klient und Betreuungsperson.

B/d eine Dehnung der Eingeweide, s/b/d:

Boosting (Verfahren der Leistungssteigerung im Behindertensport)
sexuelle Betätigung
Menstruation
Schwangerschaft oder Entbindung.

B/d eine Nervenstimulation, s/b/d Eintauchen in kaltes Wasser.

Anmerkung der Autorin

Autonome Dysreflexie ist ein lebensbedrohender Zustand, der sich durch pflegeverordnete Interventionen verhindern oder behandeln lässt. Zur Prävention wird der Klient unterwiesen, die Stimulation des Sympathikus zu reduzieren und nichts zu unternehmen, das eine solche Stimulation verursachen kann. Die Behandlung konzentriert sich auf das Reduzieren oder Beseitigen schädlicher Stimuli (z. B. Koteinklemmung, Harnverhalt). Lässt sich das Problem durch Pflegemaßnahmen nicht lösen, ist es entscheidend, medizinisch einzugreifen. Wenn bei einem Klienten in allen oder den meisten Episoden einer Dysreflexie eine medizinische Behandlung erforderlich ist, wird die Situation als interdisziplinäres Problem bezeichnet: *PK: Dysreflexie.*

Irrtümer in diagnostischen Aussagen

1. *Autonome Dysreflexie,* **b/d** *paroxysmale Hypertonie*
   Paroxysmale Hypertonie ist ein Zeichen der Dysreflexie, kein auslösender oder beeinflussender Stimulus. Die Diagnose sollte neu formuliert werden: *Gefahr einer autonomen Dysreflexie, möglicherweise* **b/d** *eine Reflexauslösung infolge Eingeweide- oder Hautreizung, angezeigt durch (zu spezifizieren).*
   Klinisch ist *Gefahr einer autonomen Dysreflexie* deskriptiver als *autonome Dysreflexie.* Der Klient befindet sich gewöhnlich in einem potenziellen Zustand, mit den entsprechenden Pflegeverantwortlichkeiten der Prävention, der Edukation und der Beseitigung des Stimulus.

Zentrale Konzepte

- Das autonome Nervensystem (Sympathikus und Parasympathikus) ist in folgenden Strukturen lokalisiert: Kleinhirn, Hypothalamus, Medulla, Stammhirn und Rückenmark. Bei einer Rückenmarkverletzung ist die Aktivität unterhalb der Verletzung nicht mehr den Kontrolleffekten der höheren Zentren unterworfen. Das Ergebnis sind unzureichend kontrollierte Reaktionen (Travers, 1999).
- Die Stimulation sensibler Rezeptoren unterhalb einer Rückenmarkverletzung führt zu einer sympathischen Entladung, vermittelt durch den Tractus spinothalamicus und die Hinterstränge des Rückenmarks. Diese reflektorische Stimulation des Sympathikus verursacht Spasmen der Beckeneingeweide und der Arteriolen, die wiederum zur Vasokonstriktion unterhalb der Verletzung führen. Barorezeptoren im Aortenbogen und Karotissinus reagieren auf den hypertensiven Zustand mit oberflächlicher Vasodilatation, Hautrötung, Diaphorese und Aktivierung der Mm. arrectores pilorum («Gänsehaut») oberhalb der Läsion (Bennett, 2003).
- Eine Stimulation des Vagus senkt die Herzfrequenz, da jedoch das Rückenmark durchtrennt ist, werden vagale Impulse zur Gefäßerweiterung gehemmt (Teasell et al., 1996; Porth, 2002).
- Gelingt es nicht, die Dysreflexie umzukehren, kann dies zum Status epilepticus, Schlaganfall und Tod führen.
- Eine nicht beherrschte Hypertonie kann dazu führen, dass der Blutdruck bis auf 240–300 mmHg steigt (Porth, 2000).

- Eine Dysreflexie kann durch drei Arten von Stimulus initiiert werden: Dehnung der Eingeweide (z. B. eine volle Blase, ein volles Rektum), Stimulation von Schmerzrezeptoren (z. B. ein diagnostischer Eingriff, Druck), und Eingeweidekontraktionen (z. B. Ejakulation, Blasenspasmen, Uteruskontraktionen; Porth, 2006).
- Fünfundachtzig Prozent aller Klienten mit Tetraplegie haben einige Zeit nach einem spinalen Schock eine autonome Dysreflexie (Kavchak-Keyes, 2000).

Einschätzungskriterien des Fokusassessments

Subjektive Daten

Einschätzen bestimmender Merkmale oder Kennzeichen

Initialsymptome
Kopfschmerzen (schwer, plötzlich)
Schweißausbruch (Lokalisation)
Schüttelfrost
Metallischer Geschmack im Mund
Verstopfte Nase
Benommenheit
Blässe
Dyspnö
Kühle Extremitäten
Kontraktion der Mm. arrectores pilorum («Gänsehaut»)
Verschwommensehen
Andere: ________________.

Einschätzen beeinflussender Faktoren

Anamnese der Dysreflexie, ausgelöst durch:

- Blasendehnung
- Dehnung des Darms
- taktile Stimulation
- eine Hautläsion
- sexuelle Betätigung
- Menstruation
- eine diagnostische Untersuchung
- Druck.

Wissensdefizit über Dysreflexie
Ursache
Selbstbehandlung
Medikamentöse Behandlung
Prävention.

Ziele

NOC

- Neurologischer Status
- Neurologischer Status: autonomes Nervensystem
- Vitalzeichen

Das Individuum/die Familie reagiert auf Frühzeichen/Symptome.

Indikatoren

- Benennen von Faktoren, die eine Dysreflexie verursachen.
- Beschreiben der Behandlung einer Dysreflexie.
- Benennen von Indikationen einer Notfallbehandlung.

Allgemeine Interventionen

NIC

- Dysreflexiemanagement
- Vitalzeichenüberwachung
- Notfallpflege
- Arzneimittelverabreichung

Einschätzen ursächlicher und beeinflussender Faktoren

Siehe «Einflussfaktoren».

Vorgehen bei Zeichen einer Dysreflexie

1. Lassen Sie die Person aufstehen oder setzen Sie sie auf.
2. Lassen Sie die Beine des Klienten nach unten hängen.
3. Lockern Sie jedes beengende Kleidungsstück und jede einengende Vorrichtung.

F: Eine aufrechte Position und das Entfernen von Stützstrümpfen erhöhen das venöse Pooling, reduzieren den venösen Rückstrom und senken den Blutdruck (Kavchak-Keyes, 2000; Porth, 2006).

Prüfen, ob die Blase gedehnt ist

Bei katheterisiertem Klienten

1. Prüfen Sie den Katheter auf Knicke und zusammengedrückte Stellen.
2. Spülen Sie den Katheter sehr langsam mit nur 30 ml Kochsalzlösung.
3. Wechseln Sie den Katheter, wenn er nicht funktioniert.

Bei nicht katheterisiertem Klienten

1. Führen Sie unter Verwendung von Dibucainhydrochloridsalbe einen Katheter ein.
2. Lassen Sie 500 ml ab und klemmen Sie ihn dann für 15 Minuten ab.
3. Wiederholen Sie dies, bis die Blase entleert ist.

F: Die Blasendehnung ist die häufigste Ursache einer Dysreflexie. Sie kann die Dysreflexie durch Stimulierung sensibler Rezeptoren auslösen. Dibucainhydrochloridsalbe verringert die Gewebsreizung. Ein zu rasches Ablassen des Urins kann in eine kompensatorische Hypotonie münden. Diese Interventionen zielen darauf ab, die zerebrale Hypertonie zu senken und eine orthostatische Hypotonie zu induzieren (Nelson et al., 2002).

Überprüfen auf eine Koteinklemmung

Tragen Sie zunächst einen 2,5 cm langen Strang Dibucainhydrochloridsalbe auf den Anus auf und bringen Sie die Salbe auch ins Rektum ein.

Überprüfen Sie behutsam das Rektum mit dem behandschuhten, gut gleitfähig gemachten Zeigefinger.

Führen Sie ein Suppositorium ein oder entfernen Sie die Koteinklemmung vorsichtig.

F: Spasmen der Beckeneingeweide und Arteriolen verursachen eine Vasokonstriktion unterhalb der Verletzung und führen zu Hypertonie und Blässe. Durch den hohen Blutdruck ausgelöste afferente Impulse stimulieren den Vagus und bewirken eine Bradykardie. Barorezeptoren im Aortenbogen und Karotissinus reagieren auf die Hypertonie, indem sie oberhalb der Rückenmarkverletzung eine oberflächliche Vasodilatation, Hautrötung, Diaphorese und Aktivierung der Mm. arrectores pilorum («Gänsehaut») auslösen (Nelson et al., 2002; Lee, 1995).

Prüfen auf Hautreizung

Besprühen Sie die Hautläsion, welche die Dysreflexie auslöst, mit einem Lokalanästhetikum.

Entfernen Sie Stützstrümpfe.

F: Eine Dysreflexie kann durch Stimulation ausgelöst werden (z. B. an der Glans penis oder durch Hautläsionen).

Fortsetzen der Blutdrucküberwachung alle 3–5 Minuten

F: Gelingt es nicht, eine schwere Hypertonie zu senken, kann dies zum Status epilepticus, zu Netzhaut- oder Hirnblutung und zum Tod führen (Black/DeSantis, 1999; Hickey, 2006).

Sofortiges Benachrichtigen des Arztes wegen einer medikamentösen Therapie, wenn die Hypertonie den doppelten Ausgangswert überschreitet oder nozizeptive Reize nicht zu eliminieren sind

F: Setzen Sie ein Antihypertonikum mit raschem Wirkungseintritt und kurzer Wirkungsdauer ein, während die Ursachen der autonomen Dysreflexie untersucht werden. Meist werden Nifedipin und Nitrate verwandt. Bei Nifedipin sollte die Darreichungsform gewählt werden, bei der

der Wirkstoff sofort freigesetzt wird. Sublingual verabreichtes Nifedipin wird u. U. in unkalkulierbarer Weise resorbiert. Weitere Medikamente zur Behandlung einer autonomen Dysreflexie mit schweren Symptomen sind Hydralazin, Mecamylamin, Diazoxid und Phenoxybenzamin. Bei Verwendung einer 2 %igen Nitroglycerinsalbe können 2,5 cm auf die Haut oberhalb der Rückenmarkverletzung aufgetragen werden. In überwachten Settings kann eine intravenöse Tropfinfusion mit Natriumnitroprussid eingesetzt werden. Nitroglycerinsalbe wird verwendet und der Blutdruck überwacht (Hickey, 2003).

Beginnen mit Gesundheitsedukation und Überweisen, soweit angezeigt

Unterweisen Sie den Klienten und seine Familie in Zeichen, Symptomen und der Behandlung.

Lehren Sie Indikationen, die sofortiges ärztliches Eingreifen erfordern.

Erklären Sie Situationen, die eine Dysreflexie auslösen (Menstruationszyklus, sexuelle Betätigung, Ausscheidung).

Unterweisen Sie im Beobachten auf Frühzeichen und im sofortigen Intervenieren.

Lehren Sie, wie man auf Frühzeichen von Blaseninfektionen und Hautläsionen achtet (Dekubitus, eingewachsene Zehennägel).

Raten Sie zur Konsultation eines Arztes wegen einer langfristigen medikamentösen Behandlung, wenn der Klient sehr anfällig ist.

Dokumentieren Sie die Häufigkeit der Episoden und den/die auslösenden Faktor(en).

Sorgen Sie für schriftliche Instruktionen über Verhalten und Maßnahmen während einer Krise, die auch anderen Gesundheitsfachpersonen (z. B. Zahnarzt, Gynäkologe) gezeigt werden können (Kavchak-Keyes, 2000).

Weisen Sie Sportler mit hoher Rückenmarkverletzung auf die Gefahr des Boosting hin (Wickeln der Beine, eine stark gefüllte, d. h. gedehnte Blase zur Erhöhung des Noradrenalins; McClain et al., 1999).

F: Spasmen der Beckeneingeweide und Arteriolen verursachen eine Vasokonstriktion unterhalb der Verletzung und führen zu Hypertonie und Blässe. Durch den hohen Blutdruck ausgelöste afferente Impulse stimulieren den Vagus und bewirken eine Bradykardie. Barorezeptoren im Aortenbogen und Karotissinus reagieren auf die Hypertonie, indem sie oberhalb der Rückenmarkverletzung eine oberflächliche Vasodilatation, Hautrötung, Diaphorese und Aktivierung der Mm. arrectores pilorum («Gänsehaut») auslösen (Nelson et al., 2002; Lee, 1995).

F: Eine gründliche Edukation kann dem Klienten und seiner Familie helfen, eine zu Hause auftretende Dysreflexie erfolgreich zu verhindern oder zu behandeln.

Gefahr der autonomen Dysreflexie

Definition

Das Risiko einer lebensbedrohenden, ungehemmten, autonomen Reaktion des sympathischen Nervensystems nach einem spinalen Schock, bei einer Person mit einer Rückenmarkverletzung oder Schädigung in Höhe von Th6 oder oberhalb Th6 (wie es bei Klienten mit einer Schädigung in Höhe von Th7 und Th8 gezeigt wurde).

Risikofaktoren

Rückenmarkverletzung in Höhe von Th6 oder in Höhe oder oberhalb von Th6 *und* mindestens einer der folgenden schädigenden Reize:

Muskuloskelettale und Hautreize

Kutane Stimulation (z. B. Druckgeschwür, eingewachsene Nägel, Verbände, Verbrennungen, Ausschläge), Sonnenbrand, Wunden
Druck auf hervorstehende Körperpartien oder Genitalien, Bewegungsübungen, Spasmen
Frakturen, [heterotropher Knochen]

Gastrointestinale Reize

Obstipation, schmerzhafte Defäkation, Koteinklemmung, Darm(über)dehnung, Hämorrhoiden
Digitale Darmstimulation, Suppositorien, Einläufe
Erkrankungen des Gastrointestinaltraktes, ösophagealer Reflux, Magenulzera, Gallensteine

Urologische Reize

Blasen(über)dehnung, Blasenspasmus
Nichtzusammenwirken zwischen Detrusor und Sphinkter
Katheterisierung, Anwendung von Geräten im Blasenbereich oder chirurgischer Eingriff, Operation, Nierensteine
Harnwegsinfektion, Zystitis, Urethritis, Epididymitis (Nebenhodenentzündung)

Regulatorische Reize

Temperaturschwankungen, Temperaturextreme

Situative Reize

Lagerung, chirurgischer Eingriff, [diagnostische Prozeduren]
Einengende Kleidungsstücke (Strumpfbänder, Socken, Schuhe)

Medikamentenreaktionen (Dekongestionsmittel, Sympatikomimetika, Vasokonstriktoren, Schmerzmittelentzug)
[Chirurgische oder diagnostische Prozeduren]

Neurologischer Reiz

Schmerzhafter starker Reiz unter der Rückenmarkverletzung

Kardiopulmonale Reize

Lungenembolie, tiefe Beinvenenthrombose

Reize über die Sexualorgane

Geschlechtsverkehr, Ejakulation, [Überstimulation durch Vibrator, Kompression des Skrotums]
Menstruation, Schwangerschaft, Wehen und Entbindung, Ovarialzyste

Klientenbezogene Pflegeziele oder Evaluationskriterien

Der Klient

erkennt vorliegende Risikofaktoren
wendet präventive/korrigierende Maßnahmen an
erlebt kleine Anfälle einer Dysreflexie

Zentrale Konzepte

Siehe *autonome Dysreflexie.*

Einschätzungskriterien des Fokusassessments

Siehe *autonome Dysreflexie*, «Einschätzungskriterien des Fokusassessments».

Ziele

Siehe *autonome Dysreflexie.*

Interventionen

Siehe *autonome Dysreflexie.*

Energiefeldstörung

Definition

Energiefeldstörung: der Zustand, in dem eine Unterbrechung des Energieflusses, der das Sein einer Person umgibt, zur Disharmonie von Körper, Geist und/oder Seele führt.

Energiefeldstörung (engl. Disturbed energy field): Unterbrechung des Energieflusses, der einen Menschen umgibt, die zu einer Disharmonie von Körper, Geist und/oder Seele führt (NANDA-I, 2010).

Bestimmende Merkmale oder Kennzeichen

Wahrnehmung von Veränderungen in den Mustern des Energieflusses, wie etwa:

- *Temperaturveränderungen* – Wärme, Kühle
- *Veränderungen des Sehens* – Bildaufbau, Farbe
- *Feldunterbrechung* – in Form einer Leere, lochförmig, als Spitze oder als Wölbung
- *Bewegung* – wellen-, zackenförmig, auf und ab, dicht, fließend
- *Geräusche* – Ton, Wort.

Einflussfaktoren

Pathophysiologische Faktoren

B/d eine Verlangsamung oder Blockierung von Energieströmen, s/b/d:

Krankheit (zu spezifizieren)
Schwangerschaft
Verletzung.

Behandlungsbedingte Faktoren

B/d eine Verlangsamung oder Blockierung von Energieströmen, s/b/d:

Chemotherapie
Immobilität
perioperatives Erleben
Wehen und Entbindung.

Situationsbedingte Faktoren (persönlich bedingt, umgebungsbedingt)

B/d eine Verlangsamung oder Blockierung von Energieströmen, s/b/d:

Schmerzen
Trauer
Furcht
Angst.

Altersbedingte Faktoren

B/d altersabhängige entwicklungsbezogene Schwierigkeiten oder Krisen (zu spezifizieren).

Anmerkung der Autorin

Diese Diagnose ist aus zwei Gründen einzigartig: Sie repräsentiert eine bestimmte Theorie – die Theorie des menschlichen Energiefeldes – und ihre Interventionen erfordern eine spezialisierte Instruktion und eine überwachte praktische Umsetzung. Meehan (1991) empfiehlt folgende Vorbereitung:

- mindestens 6 Monate Berufspraxis in einem Setting der Akutversorgung
- von einer Pflegeperson mit mindestens 2 Jahren Erfahrung angeleitetes Lernen
- Übereinstimmung mit den Praxisrichtlinien
- 30 Stunden Unterweisung in Theorie und Praxis
- 30 Stunden überwachte Anwendung an relativ gesunden Menschen
- erfolgreiche Bearbeitung schriftlicher und praktischer Evaluationen.

Manche mögen diese Diagnose für ungewöhnlich halten. Vielleicht müssen Pflegende daran erinnert werden, dass es ebenso viele Theorien, Philosophien und Bezugsrahmen für pflegerisches Handeln gibt wie Theorien über Klienten und Praxissettings. Manche Pflegepersonen praktizieren an Straßenecken mit Obdachlosen, während andere in häuslichen Praxen arbeiten. Pflegediagnosen sollten nur die Hauptströmungen der Pflege repräsentieren (Akutpflege, Langzeitpflege, häusliche Pflege). Statt eine Diagnose ihrer geringen Anwendbarkeit wegen zu kritisieren, sollten Pflegende vielleicht mehr Vielfalt walten lassen. Grundsätzlich sind alle Pflegenden miteinander verbunden durch das Bestreben, den Zustand von Personen, Familien, Gruppen und Gemeinschaften zu verbessern.

Zentrale Konzepte

- Therapeutische Berührung ist in der östlichen Philosophie verwurzelt. Die westliche Medizin ist kulturell darauf ausgerichtet, Forschung durchzuführen, um die Wirkungen einer Therapiemodalität zu erklären. In der östlichen Kultur gilt Forschung zum Nachweis, dass etwas funktioniert, als unnötig, da es ja funktioniert.
- Therapeutische Berührung leitet sich von der Grundvoraussetzung her, dass alle lebenden Organismen von universeller Lebensenergie erhalten werden. Gesundheit wird als der Zustand definiert, in dem sich alle Energien einer Person in Harmonie oder einem dynamischen Gleichgewicht befinden. Die Gesundheit ist gestört, wenn ein Ungleichgewicht, eine Blockade oder ein Energieflussdefizit vorliegt (Macrae, 1988).
- In der Pflege hat das konzeptionelle System von Rogers die Grundlage für die therapeutische Berührung gelegt. In diesem Modell wird bekräftigt, dass Energiefelder grundlegende Einheiten des Menschen und seiner Umgebung darstellen (Meehan, 1991).
- «Therapeutische Berührung ist eine sachkundige und zielgerichtete Musterung des Energiefeldprozesses zwischen Patient und Umwelt» (Meehan, 1991 : 201). Sie erfordert eine spe-

zielle Unterweisung und eine überwachte Praxis. Zur empfohlenen Vorbereitung siehe «Anmerkung der Autorin».

- Der universelle Energiefluss enthält Leben spendende, heilende Energie. Diese in allen lebenden Systemen vorhandene Energie besteht aus Intelligenz, Ordnung und Mitgefühl (Bradley, 1987).
- Rogers zufolge ist therapeutische Berührung ein Beispiel dafür, wie eine Pflegeperson «danach strebt, Kohärenz und Integrität von menschlichen Feldern und Umweltfeldern zu stärken und wissentlich an der Gestaltung menschlicher und umgebungsbezogener Felder teilzunehmen, um optimales Wohlbefinden zu schaffen» (Meehan, 1991).
- In einer Pilotstudie fanden Quinn und Strelkauskas (1993), dass all diejenigen, die therapeutische Berührung erhielten, einen dramatischen Anstieg positiven Affekts in allen Dimensionen (Freude, innere Kraft, Zufriedenheit und Zuneigung) und eine dramatische Abnahme in allen Dimensionen negativen Affekts (Angst, Schuldgefühle, Feindseligkeit und Depression) erfuhren. Sie erkannten auch eine Bewusstseinsverschiebung während der therapeutischen Berührung, gemessen an der Wahrnehmung von Zeit. Praktizierende Person und Empfänger berichteten über dieselben Zeitverzerrungen, was auf eine Verschiebung des Bewusstseins hindeutet.
- Die Anwendung therapeutischer Berührung bei Schwerkranken führte weder vor, während noch nach der Therapie zu einer physiologischen Veränderung. Die Empfänger erlebten jedoch signifikante Besserungen in Bezug auf Entspannung und Schlaf (Umbreit, 2000).
- Möglicherweise besteht eine intrinsische Beziehung zwischen therapeutischer Berührung und dem Placeboeffekt. Therapeutische Berührung kann den Placeboeffekt verstärken und Beschwerden und Leiden verringern (Meehan, 1998).
- Denison (2004) zufolge berichteten Personen mit Fibromyalgiesyndrom unter therapeutischer Berührung über ein Nachlassen der Schmerzen. Thermographisch fand sich ein Anstieg der Hauttemperatur (Denison, 2004).

Einschätzungskriterien des Fokusassessments

Da auf das Assessment rasch die Intervention folgt, in deren Verlauf das Assessment kontinuierlich weiterläuft, siehe «Allgemeine Interventionen».

Ziele

NOC

- Spirituelle Gesundheit

Die Person berichtet nach der therapeutischen Berührung über eine Linderung der Symptome.

Indikatoren

- Berichten über eine erhöhte Entspannung.
- Berichten über verminderte Schmerzen, unter Verwendung einer Skala von 1 bis 10 vor und nach der Therapie.
- Langsamere, tiefere Atemzüge.

Allgemeine Interventionen

NIC

- Therapeutische Berührung
- Spirituelle Unterstützung

Anmerkung: Die folgenden Phasen der therapeutischen Berührung werden getrennt voneinander erlernt, aber gleichzeitig eingesetzt. Bei der Darstellung dieser Interventionen geht es darum, den Prozess Pflegenden zu beschreiben, die therapeutische Berührung nicht praktizieren. Dies kann ihnen helfen, therapeutische Berührung praktizierende KollegInnen zu unterstützen und Überweisungen zu veranlassen. Wie bereits erörtert, bedarf die Vorbereitung auf therapeutische Berührung einer speziellen Unterweisung, die über den Themenkreis dieses Buches hinausreicht.

Vorbereiten des Klienten und der Umgebung auf therapeutische Berührung

Sorgen Sie für möglichst viel Privatsphäre.

Erklären Sie therapeutische Berührung und holen Sie das mündliche Einverständnis ein, sie zu praktizieren.

Sagen Sie der Person, dass sie die Therapie jederzeit abbrechen kann.

Lassen Sie die Person eine bequeme Haltung einnehmen (z. B. auf dem Bett liegend, auf einer Couch sitzend).

F: Früher wurden die Effekte der therapeutischen Berührung auf einen Energietransfer und -austausch zwischen praktizierender Person und Empfänger zurückgeführt (Quinn, 1989). Heutzutage ist man der Ansicht, die praktizierende Person verschiebe «das Bewusstsein in einen Zustand, der sich als ‹heilende Meditation› bezeichnen ließe und das Neuordnen des Energiefeldes des Empfängers eher durch den Resonanzprozess als durch den ‹Energieaustausch oder -transfer› erleichtert» (Quinn/Strelkauskas, 1993 : 14).

F: Wer therapeutische Berührung praktiziert, erleichtert den Fluss heilender Energie (Umbreit, 2000).

Umschwenken von einem direkten Fokus auf der Umgebung auf einen inneren Fokus, der als Zentrum des Lebens innerhalb der Pflegeperson wahrgenommen wird (Zentrierung)

F: Zentrieren verschafft der Heilung Zugang (Krieger, 1997).

Unterstützen des Klienten durch Abtasten seines Energiefeldes auf Offenheit und Symmetrie (Krieger, 1979)

Führen Sie Ihre dem Klienten zugewandten Handflächen in 5–10 cm Entfernung über dessen Körper, und zwar von Kopf bis Fuß in fließender, leichter Bewegung.

Ihre Handbewegungen sollten ruhig und rhythmisch sein.

Erspüren Sie Merkmale eines Energieungleichgewichts (z. B. Wärme, Kühle, Angespanntheit, Leere).

F: Dieser Prozess im therapeutischen Berühren macht deutlich, was gewusst und was gespürt wird (Heyes/Cox, 1999).

Fördern eines rhythmischen Energieflusses durch rasches Bewegen der Hände von Kopf bis Fuß (Glätten/Ausgleichen)

F: Glätten/Ausgleichen verstärkt die Energieströme im System der heilenden Person (Krieger, 1997).

Fokussieren auf das spezifische Neuordnen unausgeglichener Bereiche und behinderter Ströme

Einsetzen der Hände als Brennpunkte; einmaliges sanftes und zügiges Bewegen der Hände vom Kopf bis zu den Füßen

Spüren Sie den Energiefluss über den Unterschenkeln und Füßen.
Fließt die Energie in diesem Bereich nicht frei, fahren Sie fort, die Hände zu bewegen oder ergreifen Sie die Füße, um den Energiefluss zu fördern.
Schütteln Sie die Hände bei Bedarf kurz aus, um eine Stauung im Energiefeld zu beseitigen.
Legen Sie die Hände zum Abschluss der therapeutischen Berührung über den Solarplexus (knapp über der Taille) und konzentrieren Sie sich darauf, den Strom heilender Energie zur Person zu fördern.
Geben Sie der Person Gelegenheit zum Ausruhen.

F: Dadurch wird ein Energieungleichgewicht korrigiert (Krieger, 1997).

Ermutigen der Person, ein Feedback zu geben

Prüfen Sie, ob die Person eine Entspannungsreaktion zeigt. Zu den entsprechenden Zeichen gehören eine Abnahme der Lautstärke des Sprechens um mehrere Dezibel sowie eine vertiefte Atmung als hörbare Zeichen und eine periphere Gesichtsrötung als sichtbares Zeichen der Entspannung.

Dokumentieren der Behandlung und des Feedbacks

F: «Im Zentrum der therapeutischen Berührung steht die Absicht der praktizierenden Person, dem Empfänger zu helfen» (Quinn/Strelkauskas, 1993: 14), auf den sie sich gänzlich und mit bedingungsloser Liebe und Mitgefühl konzentriert. Der Heiler ist motiviert, dem Empfänger zu helfen, der seinerseits bereit ist, die Veränderung zu akzeptieren.
F: Therapeutische Berührung kann Ruhe, Frieden und Wohlbehagen fördern (Hayes/Cox, 1999).

Fatigue

Definition

Erschöpfung: ein von der Person selbst erkannter Zustand, in dem sie ein überwältigendes, anhaltendes Gefühl von Ermüdung und Mattigkeit sowie eine verminderte Fähigkeit zu körperlicher und geistiger Arbeit empfindet, die durch Ruhe nicht gelindert werden.

Fatigue (engl. Fatigue): Ein überwältigendes, anhaltendes Gefühl der Erschöpfung und eine verminderte Fähigkeit, körperliche und geistige Arbeit auf gewohntem Niveau zu leisten (NANDA-I, 2010).

Bestimmende Merkmale oder Kennzeichen

Hauptkennzeichen (80–100 %)

Äußern eines fortwährenden und überwältigenden Energiemangels.
Das Unvermögen, die Alltagsroutinen zu bewältigen.
Äußern von Unbehagen, Leid.

Nebenkennzeichen (50–79 %)

Unfähigkeit, das übliche Aktivitätsniveau aufrechtzuerhalten
[wahrgenommenes] Bedürfnis nach zusätzlicher Energie[, um Routinetätigkeiten durchzuführen und abzuschließen]
gesteigertes Ruhebedürfnis
Müdigkeit
Unfähigkeit, die Energie trotz Schlaf zu regenerieren
Schuldgefühle, den Pflichten nicht nachzukommen
beeinträchtigte Libido
Zunahme an Klagen über körperliche Beschwerden.
Lethargie
Teilnahmslosigkeit
schläfrig
Energiemangel
beeinträchtigtes Konzentrationsvermögen
Desinteresse in Bezug auf die Umgebung
In-sich-gekehrt-Sein
verringerte Leistungsfähigkeit, [erhöhte Unfallneigung].

Einflussfaktoren

Viele Faktoren können zur Erschöpfung führen. Es kann von Nutzen sein, beeinflussende Faktoren zu kombinieren (z. B. **b/d** *Muskelschwäche, Akkumulation von Stoffwechselschlacken, Entzündung und Infektionen, sekundär bedingt durch eine Hepatitis*).

Biopathophysiologische Faktoren

B/d einen gesteigerten Stoffwechsel, s/b/d:

Viren (z. B. Epstein-Barr-Virus)
Fieber
Schwangerschaft.

B/d inadäquate Gewebsoxygenierung, s/b/d:
chronisch-obstruktive Bronchitis
periphere Gefäßerkrankung
dekompensierte Herzinsuffizienz
Anämie.

B/d biochemische Veränderungen, s/b/d:

endokrine Leiden/Stoffwechselerkrankungen
Diabetes mellitus
Hypothyreose
Erkrankungen der Hypophyse
Addison-Krankheit
Erworbenes Immunschwächesyndrom (AIDS).

chronische Erkrankungen
Niereninsuffizienz
Leberzirrhose
Lyme-Borreliose.

B/d Muskelschwäche/-schwund, s/b/d:

Myasthenia gravis
AIDS; Mangelernährung
Parkinson-Krankheit
amyotrophe Lateralsklerose
multiple Sklerose.

B/d eine erhöhte Stoffwechselrate, Konkurrenz zwischen Körper und Tumor um Nährstoffe, Anämie und Stressoren in Verbindung mit einem Tumor.

B/d Nährstoffmangel oder Veränderungen der Verstoffwechselung von Nährstoffen, s/b/d:

Übelkeit
Magenoperation
Nebenwirkungen von Medikamenten
Diarrhö
Erbrechen
Diabetes mellitus.

B/d einen chronischen Entzündungsprozess, s/b/d:

AIDS
entzündliche Darmerkrankung
Hepatitis
Leberzirrhose
Lupus erythematodes
Lyme-Borreliose
Arthritis
Niereninsuffizienz.

Behandlungsbedingte Faktoren

B/d biochemische Veränderungen, s/b/d:

Chemotherapie
Strahlentherapie
Nebenwirkungen (zu spezifizieren).

B/d operativ bedingte Gewebeschädigung und Anästhesie.

B/d einen erhöhten Energieverbrauch, s/b/d:

Amputation
Gangstörung
Gebrauch eines Rollators oder von Unterarmgehstützen.

Situationsbedingte Faktoren (persönlich bedingt, umgebungsbedingt)

B/d länger anhaltende verminderte Aktivität und längeren Konditionsverlust, s/b/d:

Angst
Übelkeit/Erbrechen
Schmerzen
soziale Isolation
Diarrhö
Adipositas
Fieber
Depression.

B/d Umgebungsbedingungen (Lärm, Lichtverhältnisse, Luftfeuchtigkeit, Temperatur).
B/d exzessive Rollenanforderungen.
B/d überwältigende emotionale Anforderungen; kritische Lebensereignisse.
B/d extremen Stress.
B/d Schlafstörung.
B/d Erwerbstätigkeit.
B/d langweiliger Lebensstil.

Altersbedingte Faktoren

Kinder/Jugendliche

B/d eine erhöhte Stoffwechselrate, s/b/d:

Mononukleose
Fieber.

B/d chronischen Nährstoffmangel, s/b/d:

Adipositas
exzessives Fasten
Essstörungen.

B/d Auswirkungen der Neugeborenenversorgung auf das Schlafverhalten und die Notwendigkeit konstanter Beobachtung.
B/d eine erhöhte Stoffwechselrate im 1. Trimenon.

Anmerkung der Autorin

Fatigue oder Erschöpfung als Pflegediagnose unterscheidet sich von akuter Ermüdung. Letztere ist ein temporärer, vorübergehender Zustand (Rhoten, 1982), verursacht durch Schlafmangel, falsche Ernährung, vermehrten Stress, Bewegungsmangel oder vorübergehend erhöhte Arbeit oder vermehrte soziale Beziehungen. Erschöpfung/Fatigue ist ein durchdringendes, subjektives Gefühl des Ausgelaugtseins, das sich nicht beseitigen lässt. Die Pflegeperson kann dem Betroffenen jedoch dabei helfen, sich daran anzupassen. *Aktivitätsintoleranz* unterscheidet sich von *Fatigue/Erschöpfung* dahingehend, dass die Pflegeperson die Person mit Aktivitätsintoleranz dabei unterstützt, Ausdauer und Aktivität zu erhöhen.

Bei einer Person mit *Fatigue/Erschöpfung* liegt der Schwerpunkt nicht im Erhöhen der Ausdauer. Wenn die Ursache (z. B. eine akute Infektion, Chemotherapie, Bestrahlung) verschwindet oder abnimmt, wird die Diagnose *Fatigue/Erschöpfung* aufgegeben und es kann auf *Aktivitätsintoleranz* umgestellt werden, um sich auf eine Besserung des Zustands geschwächter Kondition zu konzentrieren.

Irrtümer in diagnostischen Aussagen

1. *Fatigue,* **b/d** *einen Mangel an Energie für Routineaufgaben.*
   Wenn jemand über zu wenig Energie für Routineaufgaben berichtet, führt die Pflegeperson ein Fokusassessment durch und erhebt zusätzliche Daten, um festzustellen, ob *Erschöpfung* zutrifft oder ob es sich eigentlich um ein Symptom einer anderen Diagnose, wie etwa *Aktivitätsintoleranz, unwirksames Coping, unterbrochene Familienprozesse, Angst* oder *unwirksames Gesundheitsverhalten*, handelt. Wenn eine akute oder chronische Erkrankung Erschöpfung verursacht, muss die Pflegeperson feststellen, ob der Betroffene die Ausdauer zu steigern vermag (was für *Aktivitätsintoleranz* spräche) oder Techniken der Energieerhaltung braucht, um ihm beim Durchführen gewünschter Aktivitäten zu helfen. Wenn die Fatigue/Erschöp-

fung aus einem unwirksamen Stressmanagement oder schlechten Gesundheitsgewohnheiten resultiert, ist weder *Fatigue/Erschöpfung* noch *Aktivitätsintoleranz* angezeigt. Beim Datenerheben zur Bestimmung der beeinflussenden Faktoren kann die Pflegeperson die Diagnose dokumentieren als: *mögliche Fatigue,* **b/d** *Angaben über einen Energiemangel.* Die Verwendung einer «möglichen» Diagnose zeigt, dass weitere Daten erhoben werden müssen, um sie auszuschließen oder zu sichern.

Zentrale Konzepte

Allgemeine Überlegungen

- Erschöpfung/Fatigue ist eine subjektive Erfahrung mit physiologischen, situationsbedingten und psychologischen Komponenten.
- Akute Ermüdung ist eine erwartete Reaktion auf körperliche Belastung, eine Veränderung täglicher Aktivitäten, zusätzlichen Stress oder ungenügenden Schlaf.
- Die westlichen Gesellschaften schätzen Energie, Produktivität und Vitalität. Menschen ohne Energie gelten als schlaff oder faul und Erschöpfung und Ermüdung haben ein negatives Image.
- Fatigue/Erschöpfung kann körperlich, geistig und motivationsbezogen sein. Ihre Ursachen sind multifaktoriell. Entscheidend für ihre Reduktion sind ein sorgfältiges Assessment der Ursachen und Interventionen (Adinolfi, 2001).
- Fatigue/Erschöpfung kann sich in Bereichen einer kortikalen Hemmung zeigen (Jiricka, 2002; Rhoten, 1982):
  - verminderte Aufmerksamkeit
  - verlangsamte und gestörte Wahrnehmung
  - beeinträchtigtes Denken
  - verminderte Motivation
  - verminderte Leistungsfähigkeit bei körperlichen und geistigen Aktivitäten
  - Verlust der Feinkoordination
  - schlechtes Urteilsvermögen
  - Indifferenz gegenüber der Umgebung.
- Hargreaves (1977) beschrieb eine hohe Inzidenz des «Erschöpfungssyndroms» unter jungen verheirateten Frauen, die in eine andere Stadt zogen. Beeinflussende Faktoren waren die erhöhte körperliche Arbeit, Veränderungen in den Unterstützungssystemen und andere umzugsbedingte Belastungen.
- Menschen mit rheumatoider Arthritis berichteten, dass ihre Erschöpfung/Fatigue mit Gelenkschmerzen zusammenhing. Darüber hinaus wurde bei Klienten mit florider Erkrankung beobachtet, dass sie öfter erwachen und länger brauchen, um in Gang zu kommen und Aktivitäten durchzuführen als Klienten mit nichtflorider Erkrankung und in der Kontrollgruppe (Crosby, 1991).
- Tumorbedingte Fatigue wurde in 35–100 % der Fälle angegeben und ist erwiesenermaßen die am stärksten belastende Nebenwirkung (Badger et al., 2001). Stressoren, die zur Erschöpfung/Fatigue tumorkranker Klienten beitragen, sind in **Tabelle II-9** aufgeführt.
- Frauen unter lokaler Bestrahlung der Brust zufolge nimmt die Erschöpfung in der 2. Woche ab, steigt jedoch wieder an und erreicht nach der 4. Woche ein Plateau, das bis 3 Wochen

nach Abschluss der Behandlung andauert. Das Niveau der Erschöpfung änderte sich an den Wochenenden zwischen den Behandlungen nicht signifikant (Greenberg et al., 1992).

- Fatigue/Erschöpfung als Nebenwirkung einer Behandlung löst sich nicht bei Behandlungsende auf, sondern lässt im Allgemeinen über Monate hinweg allmählich nach (Nail/Winningham, 1997).
- Eine Depression verlangsamt Denkprozesse und führt zu verminderten körperlichen Aktivitäten. Arbeitsleistung und Ausdauer nehmen ab. Das Bemühen weiterzumachen bewirkt Erschöpfung.
- Angst kann Denkprozesse beeinträchtigen, Bewegungen steigern und die Magen-Darm-Funktion stören und dadurch Erschöpfung verursachen.

Tabelle II-9: Faktoren, die bei Klienten mit einem Tumor zur Fatigue (Erschöpfung/Müdigkeit) beitragen

Faktorgruppe	Faktor
pathophysiologisch	• erhöhte Stoffwechselrate in Zusammenhang mit aktivem Tumorwachstum
	• Konkurrenz zwischen Körper und Tumor um Nährstoffe
	• chronische Schmerzen
	• gestörte Organfunktion (z. B. Leber, Lunge, Magen und Darm)
behandlungsbedingt	• Akkumulation toxischer Stoffwechselprodukte, sekundär beeinflusst durch Bestrahlung, Chemotherapie
	• unzureichende Nährstoffaufnahme, sekundär beeinflusst durch Übelkeit, Erbrechen
	• Anämie
	• Analgetika, Antiemetika
	• diagnostische Untersuchungen
	• Operation
situationsbedingt (persönlich bedingt, umgebungsbedingt)	• Ungewissheit über die Zukunft
	• Furcht vor dem Tod oder vor Entstellung
	• soziale Isolation
	• Verluste (Rollenverantwortlichkeiten, berufliche Verluste, Körperteile, Funktionen, Aussehen, wirtschaftliche Verluste)
	• behandlungsbedingte Trennung

Pädiatrische Überlegung

- Säuglinge und Kleinkinder können Erschöpfung nicht zum Ausdruck bringen. Die Pflegeperson kann diese Information bekommen, indem sie die Eltern befragt und achtsam zentrale funktionelle Gesundheitsverhaltensmuster (z. B. Schlaf/Ruhe, Aktivität/körperliche Betätigung [wobei sich Atembeschwerden oder Aktivitätsintoleranz zeigen können] und Ernährung/Stoffwechsel [wobei sich Ernährungsstörungen zeigen können] beurteilt.
- Zu den erschöpfungsgefährdeten Kindern gehören diejenigen mit chronischen Erkrankungen, angeborenem Herzleiden, toxinexponierte Kinder sowie Kinder unter anhaltendem Stress oder mit Anämie.
- Um das Umfeld so zu modifizieren, dass die Erschöpfungseffekte gemildert werden, hängen Kinder von den Eltern bzw. Betreuungspersonen ab.

Geburtshilflich-gynäkologische Überlegungen

- Gardner zufolge nimmt die postpartale Erschöpfung noch 2 Wochen lang zu und sinkt dann in 6 Wochen wieder. Faktoren in Zusammenhang mit postpartaler Erschöpfung sind Schlafstörungen, weitere Kinder, Probleme bei der Versorgung der Kinder, weniger Hilfe im Haushalt, ein niedrigerer Bildungsstand und ein niedriges Alter der Mutter (Gardner/Campbell, 1991).

Geriatrische Überlegungen

- Die üblichen Effekte des Alterns führen für sich genommen nicht zu einem Anstieg der Erschöpfung oder einem entsprechenden Risiko. Erschöpfung/Fatigue hat bei älteren Menschen im Grunde die gleichen Ursachen wie bei jüngeren Erwachsenen. Der Unterschied liegt darin, dass ältere Erwachsene tendenziell mehr chronische Leiden haben als jüngere Erwachsene. Erschöpfung/Fatigue bei älteren Menschen ist demnach nicht Folge altersbedingter Faktoren, sondern hängt mit Risikofaktoren wie chronischen Erkrankungen und Medikamenten zusammen.
- Depression ist die häufigste psychosoziale Störung bei älteren Erwachsenen. Depressionsbedingte affektive Störungen betreffen 27 % der Erwachsenen in einem kommunalen Lebensumfeld (Miller, 2004).
- Miller (2004) zufolge «besagt die Aktivitätstheorie, dass ältere Erwachsene psychisch und sozial fit bleiben, wenn sie aktiv bleiben». Die Teilnahme an Aktivitäten stärkt das Selbstkonzept einer Person.
- Chronische Erschöpfung, wie sie von 70 % älterer Erwachsener angegeben wird, kann zur Abnahme der motorischen Aktivität und des Muskeltonus führen. Man beachte, dass auch die in dieser Population häufige Anämie zu Klagen über chronische Erschöpfung beitragen kann (Miller, 2004).

Einschätzungskriterien des Fokusassessments

Subjektive Daten

Einschätzen bestimmender Merkmale oder Kennzeichen

Beschreibung der Erschöpfung
Beginn?
Auftreten: morgens, abends, vorübergehend, nicht nachlassend?
Auslöser?
Linderung durch Ruhe?

Effekte der Erschöpfung auf:
Aktivitäten des täglichen Lebens
Stimmung
Libido
Freizeitaktivitäten
Konzentration
Motivation.

Einschätzen beeinflussender Faktoren

Erkrankung (akut, chronisch; siehe «Zentrale Konzepte»)

Störungen des Ernährungshaushalts

Behandlungen
Chemotherapie
Nebenwirkungen von Medikamenten
Strahlentherapie.

Stressoren
Exzessive Rollenanforderungen
Karriere
Finanzielle Angelegenheiten
Familie
Depression.

Ziele

NOC

- Aktivitätstoleranz
- Ausdauer
- Energieerhaltung

Die Person beteiligt sich an Aktivitäten, die den physischen, kognitiven, affektiven und sozialen Bereich stimulieren und ausgleichen.

Indikatoren

- Erörtern der Ursachen einer Erschöpfung.
- Mitteilen von Gefühlen hinsichtlich der Auswirkungen von Erschöpfung auf das Leben.
- Setzen von Prioritäten für tägliche und wöchentliche Aktivitäten.

Allgemeine Interventionen

NIC

- Energiemanagement
- Umgebungsmanagement
- Gemeinsame Zielsetzung
- Verbesserung der Sozialisation

Pflegeinterventionen bei dieser Diagnose gelten für Personen mit Erschöpfung, deren Ursache sich nicht beseitigen lässt. Der Schwerpunkt liegt darauf, dem Betroffenen und seiner Familie zu helfen, sich an den Erschöpfungszustand anzupassen.

Einschätzen auslösender oder beeinflussender Faktoren

Schlafmangel; siehe *Schlaflosigkeit*
Schlechte Ernährung; siehe *Mangelernährung*
Sitzende Lebensweise; siehe *Bewegungsmangel*
Inadäquates Stressmanagement; siehe *Stressüberlastung*
Körperbehinderung
Behandlung (Chemotherapie, Bestrahlung, Medikamente)
Dauerhaft überlastende Rolle oder soziale Anforderungen.

F: Bei manchen chronischen Erkrankungen ist Erschöpfung das häufigste, sich am stärksten auswirkende und belastendste Symptom, da es die Selbstversorgungsaktivitäten stört (Hart et al., 1990). Ursachen und Auswirkungen einer Erschöpfung zu untersuchen hilft sowohl der Pflegeperson wie dem Klienten beim Planen von Interventionen (Adinolfi, 2001).

Erklären der Ursachen der Erschöpfung (siehe «Zentrale Konzepte»)

Gefühle hinsichtlich der Effekte von Erschöpfung auf das Leben zulassen

Identifizieren Sie schwierige Aktivitäten.
Helfen Sie dem Klienten beim Formulieren, wie sich Erschöpfung auf seine Rollenverantwortlichkeiten auswirkt.
Ermutigen Sie den Klienten mitzuteilen, wie Erschöpfung Frustration verursacht.

Unterstützen des Klienten beim Herausarbeiten von Stärken, Fähigkeiten und Interessen

Herausfinden von Wertvorstellungen und Interessen.
Herausfinden von Bereichen von Erfolg und Nützlichkeit; heben Sie frühere Erfolge hervor.
Verwenden Sie Informationen, um mit dem Klienten Ziele zu entwickeln.
Unterstützen Sie den Klienten dabei, Hoffnungsquellen herauszufinden (z. B. Beziehungen, den Glauben oder Dinge, die er erreichen möchte).
Unterstützen Sie den Klienten dabei, realistische kurz- und langfristige Ziele zu entwickeln. Gehen Sie dabei vom Einfachen zum Komplexeren über. Verwenden Sie ein Poster mit den Zielen, um Art und Zeit bis zum Erreichen bestimmter Ziele festzuhalten.

F: Den Klienten auf Stärken und Fähigkeiten zu fokussieren, kann dafür sorgen, dass er positive Ereignisse besser erkennt und weniger dazu neigt, den Schweregrad der Erkrankung zu überhöhen, was wiederum zur Depression führen kann (Beck, 1984).

Unterstützen des Klienten beim Identifizieren von Energiemustern

Instruieren des Klienten, 24 Stunden lang stündlich den Erschöpfungsgrad zu dokumentieren; dazu einen üblichen Tag auswählen

Bitten Sie den Klienten, die Erschöpfung mittels der Rhoten-Erschöpfungsskala (0 = nicht müde; 10 = völlige Erschöpfung) zu bewerten.
Dokumentieren Sie die Aktivitäten bei jeder Bewertung.

Gemeinsames Analysieren der Erschöpfungsgrade über 24 Stunden

Zeiten von Spitzenenergie
Zeiten der Erschöpfung
Aktivitäten in Verbindung mit zunehmender Erschöpfung.

Erklären der Vorteile körperlicher Betätigung und Erörtern dessen, was realistisch ist

F: Zeiten höchster Energie und tiefster Erschöpfung herauszufinden kann helfen, Aktivitäten zu planen und die Energieerhaltung und Produktivität zu maximieren.

Unterstützen des Klienten beim Herausfinden delegierbarer Aufgaben

Finden Sie heraus, welche Aktivitäten der Klient zur Wahrung der Selbstachtung für wichtig erachtet.
Versuchen Sie, lebenswichtige Aktivitäten oder Aufgaben in Komponenten zu unterteilen (z. B. das Zubereiten von Speisen, Einkaufen, Vorratshaltung, Kochen, Auftragen, Saubermachen).
Planen Sie wichtige Aufgaben in Phasen hoher Energie ein (z. B. Zubereiten aller Mahlzeiten am Morgen).

Erklären des Zwecks einer schrittweisen Unterteilung und des Prioritätensetzens

Unterstützen Sie den Klienten dabei, Prioritäten zu setzen und unwesentliche Aktivitäten wegzulassen.
Planen eines jeden Tages, um Energie und Zeit raubende, unwesentliche Entscheidungen zu vermeiden.
Organisieren der Arbeit so, dass benötigte Gerätschaften leicht zu erreichen sind.
Verteilen schwieriger Arbeiten über die Woche.
Ausruhen vor schwierigen Aufgaben und Aufhören, bevor Erschöpfung eintritt.

F: Vor manchen Aktivitäten braucht der Klient Ruhephasen. Planung kann für ausreichend Ruhe sorgen und unnötigen Energieverbrauch senken. Solche Strategien können die Fortsetzung von Aktivitäten ermöglichen und zu einem positiven Selbstwertgefühl beitragen.

Unterweisen in Energieerhaltungstechniken

Modifizieren der Umgebung:
- Treppen durch Rampen ersetzen
- Handläufe installieren
- Stühle um 8–10 cm erhöhen
- Wege nach oben und unten verringern, z. B. indem im 1. Stock ein Toilettenstuhl aufgestellt wird.

Einplanen kleiner, häufiger Mahlzeiten, um den verdauungsbedingten Energieverbrauch zu senken.
Mit dem Taxi fahren statt sich selbst ans Steuer zu setzen.
Hausarbeiten delegieren (z. B. einen Schüler nach der Schule für ein paar Stunden engagieren).

F: Körperliche und berufliche Gefährdungen können dazu führen, dass Strategien ausgearbeitet werden, um die bei Aktivitäten des täglichen Lebens verbrauchte Energie zu senken (Borsevick, 2004).

Fördern des gesellschaftlichen Lebens mit der Familie und mit Freunden (Dzurec, 2000)

Ermutigen Sie den Klienten, einmal pro Woche an einer sozialen Aktivität teilzunehmen.
Erklären Sie, dass das Gefühl der Verbundenheit die Erschöpfung mildert.

F: Die Qualität oder die Art der Aktivität ist erwiesenermaßen wichtiger als die Quantität. Informelle Aktivitäten fördern bei den meisten das Wohlbefinden, gefolgt von formal strukturierten Aktivitäten und schließlich von allein durchgeführten Aktivitäten, die sich nur wenig bis gar nicht auf die Lebenszufriedenheit auswirken (Longino/Kart, 1982).

Erklären der Auswirkungen von Konflikt und Stress auf das Energieniveau

Lehren Sie die Bedeutung der Gegenseitigkeit, wenn man sich Sorgen mitteilt.

Erklären Sie die Vorteile der Ablenkung von negativen Ereignissen.

Lehren Sie, wie wertvoll es ist, sich Themen und Fragen zu stellen.

Unterweisen Sie vor absehbar belastenden Ereignissen in Entspannungstechniken und unterstützen Sie bei deren Durchführung. Ermutigen Sie zu gelenkter Imagination, um positive Denkprozesse zu fördern.

Lassen Sie dem Klienten Zeit zur Erinnerung, um Einblicke in frühere Erfahrungen zu gewinnen.

Lehren Sie, wie man Sinneserfahrungen möglichst intensiv gestaltet (z. B. den Duft von Kaffee, das Gefühl von Wärme in der Sonne).

Unterweisen Sie darin, Erfahrungen im Voraus zu bedenken, die dem Klienten jeden Tag Vergnügen bereiten (z. B. Spazierengehen, ein Lieblingsbuch lesen, einen Brief schreiben).

F: Den Klienten auf Stärken und Fähigkeiten zu fokussieren, kann dafür sorgen, dass er positive Ereignisse besser erkennt und weniger dazu neigt, den Schweregrad der Erkrankung zu überhöhen, was wiederum zur Depression führen kann (Beck, 1984).

Bezugspersonen Gelegenheit geben, Gefühle unter vier Augen zu erörtern, und zwar in Bezug auf:

Veränderungen der Person unter der Erschöpfung

Fürsorgeverantwortlichkeiten

Finanzielles

Veränderungen der Lebensweise, der Rollenverantwortlichkeiten und der Beziehungen.

F: Gegenseitigkeit bzw. das eigene Unterstützungssystem zu unterstützen ist von entscheidender Bedeutung für ausgewogene und gesunde Beziehungen (Tilden/Weinert, 1987). Klienten mit Erschöpfung haben Schwierigkeiten mit der Gegenseitigkeit.

F: Dzurec (2000) zufolge ist Verbundenheit mit Erschöpfung verknüpft. Bei Menschen mit Erschöpfung, deren zwischenmenschliche Beziehungen entkoppelt wurden, nahm die Erschöpfung zu.

Beginnen mit Gesundheitsedukation und Überweisen, soweit angezeigt

Beratung

Kommunale Dienstleister (Essen auf Rädern, Haushaltshilfe)

Finanzielle Unterstützung.

F: Dzurec (2000) zufolge ist Verbundenheit mit Erschöpfung verknüpft. Bei Menschen mit Erschöpfung, deren zwischenmenschliche Beziehungen entkoppelt wurden, nahm die Erschöpfung zu.

Geburtshilflich-gynäkologische Interventionen

Maßnahmen

Erklären Sie die Gründe einer Erschöpfung im 1. und im 3. Trimenon:

- erhöhter Grundumsatz
- veränderte Hormonspiegel

- Anämie
- erhöhte Herzleistung (3. Trimenon).

Betonen Sie die Notwendigkeit von Nickerchen und 8 Stunden Schlaf pro Nacht.
Erörtern Sie die Bedeutung körperlicher Betätigung (z. B. beim Gehen).
Raten Sie der Klientin, Überlastung zu vermeiden.
Erörtern Sie mit Frauen nach der Entbindung Faktoren, welche die Erschöpfung verstärken:

- Wehen länger als 30 Stunden
- Hämoglobin < 10 g/dl oder postpartale Hämorrhagie
- Schlafstörungen
- ein nicht unterstützender Partner
- Probleme bei der Versorgung des Kindes
- schwierige Wehen oder Berichte über starke Wehenschmerzen
- vorbestehende chronische Krankheit
- Episiotomie, Dammriss oder Sectio caesarea
- krankes Neugeborenes oder angeborene Anomalie
- ein abhängiges Kind zu Hause
- unrealistische Erwartungen.

F: Die Gründe der Erschöpfung zu erklären kann Befürchtungen lindern.

Geriatrische Interventionen

Maßnahmen

Wägen Sie ab, ob die Erschöpfung möglicherweise Folge einer Altersdepression ist.
Überweisen Sie den Klienten mit Verdacht auf eine Depression zur Evaluation.

F: Eine Altersdepression verursacht chronische Erschöpfung und senkt die Energie (Miller, 2004).

Furcht

Definition

Furcht: der Zustand, in dem ein Individuum oder eine Gruppe ein Gefühl physiologischer oder emotionaler Störung, **b/d** eine benennbare, als gefährlich wahrgenommene Quelle erfährt.
Furcht (engl. Fear): Reaktion auf eine wahrgenommene Bedrohung, die bewusst als Gefahr erkannt wird (NANDA-I, 2010).

Bestimmende Merkmale oder Kennzeichen

Hauptkennzeichen (obligat)

Grausen, Schrecken, Vorahnung und/oder:

- Vermeidungsverhalten
- Einengen der Aufmerksamkeit auf die Ursache der Gefahr
- Aufmerksamkeitsstörungen, nachlassende Leistung, Kontrolldefizite.

Nebenkenzeichen (fakultativ)

Äußerungen über Panik, zwanghaftes Verhalten
Verhaltensweisen
Weinen
Zwanghafte Manierismen
Hypervigilanz, erhöhte Wachsamkeit
Dysfunktionale Starre
Flucht
Aggression, aggressives Verhalten; Impulsivität
Verstärktes Hinterfragen/Verbalisieren; Reiz wird als Bedrohung emfunden.

subjektive Äußerungen
Aussage über Besorgnis
Aussage über Aufregung
Aussage, sich zu fürchten
Aussage über Panik
Aussage über Schrecken
Aussage über Beunruhigung
Aussage, sich geängstigt zu haben
Aussage über verminderte Selbstsicherheit
Aussage über erhöhte Anspannung
Aussage über Nervosität.

Viszeral-somatische Aktivität

Muskel-Skelett-System

Kurzatmigkeit, Dysnö
Muskelanspannung
Erschöpfung/Extremitätenschwäche.

Atmung
Beschleunigte Atmung, erhöhte Atemfrequenz
Zittern.

Herz und Kreislauf

Palpitationen
Beschleunigter Puls
Erhöhter Blutdruck.

Haut

Rötung/Blässe
Schwitzen
Parästhesien.

Magen und Darm

Anorexie
Mundtrockenheit/Trockene Kehle
Übelkeit/Erbrechen
Diarrhö/Stuhldrang.

Zentralnervensystem/Wahrnehmung

Synkope
Innere Abwesenheit
Pupillenerweiterung
Reizbarkeit
Mangelnde Konzentration, verminderte Problemlösefähigkeit, verminderte Lernfähigkeit
Schlaflosigkeit, Fatigue
Albträume.

Urogenitalsystem

Pollakisurie
Harndrang.

Einflussfaktoren

Furcht kann eine Reaktion auf verschiedene gesundheitliche Probleme, Situationen und Konflikte sein. Einige der häufigeren Quellen werden im Folgenden genannt.

Pathophysiologische Faktoren

B/d wahrgenommene unmittelbare und langfristige Auswirkungen folgender Situationen:

Erkrankung im Finalstadium
kognitive Störung
Langzeitbehinderung
zu Behinderung führende Erkrankung
Verlust einer Körperfunktion oder eines Körperteils
sensible Störung.

B/d angeborene Auslöser (Neurotransmitter)
B/d Wahrnehmungsbeeinträchtigung

Behandlungsbedingte Faktoren

B/d Kontrollverlust und ein unvorhersehbares Ergebnis, s/b/d:

Hospitalisierung
Bestrahlung
invasive Prozeduren
Narkose
eine Operation und deren Ergebnis.

Situationsbedingte Faktoren (persönlich bedingt, umgebungsbedingt)

B/d Kontrollverlust und ein unvorhersehbares Ergebnis, s/b/d:

Wechsel oder Verlust einer Bezugsperson
Scheidung
Schmerzen
neue Menschen im Umfeld
Wissensdefizit
eine neue Umgebung
Erfolg
Versagen.

B/d einen potenziellen Einkommensverlust.

B/d immanenter Ursprung (z. B. plötzlicher Lärm, Höhe, Schmerz, Verlust körperlicher Unterstützung)

B/d phobischer Auslöserreiz

B/d erlernte Reaktion (z. B. Konditionierung, Prägung durch andere oder Identifikation mit anderen)

B/d mangelndes Vertrauen in die Umgebung [Unvertrautheit mit der Art der Umgebung]

B/d Verlust des Unterstützungssystems während einer potentiellen Stresssitution [z. B. Spitalaufenthalt, Spitalbehandlungen/Therapien]

B/d Sprachbarriere

Altersbedingte Faktoren

Vorschulalter

B/d:

Ungeliebtsein
Körperschaden

Tiere
Fremde
Alleinsein
altersbedingte Ängste (Dunkelheit, Fremde, Gespenster).

B/d Trennung von den Eltern, von Gleichaltrigen.

Schulalter (6–12 Jahre)

B/d:

Verlorensein
schlechte Träume
In-Schwierigkeiten-Sein
Waffen
Donner, Blitz.

Jugendliche

B/d Ungewissheit in Bezug auf:

das Erscheinungsbild
schulische Erfolge
Unterstützung durch Gleichaltrige.

Erwachsene

B/d Ungewissheit in Bezug auf:

Heirat
Auswirkungen des Alterns
Sicherheit des Arbeitsplatzes
Elternschaft
Schwangerschaft.

Ältere Erwachsene

B/d absehbare Abhängigkeit:

prolongiertes Leiden
Verlassenwerden
finanzielle Unsicherheit
Gefährdung als potenzielles Verbrechensopfer.

Anmerkung der Autorin

Siehe *Angst*.

Zentrale Konzepte

Allgemeine Überlegungen

- Psychische Abwehrmechanismen sind eindeutig individueller Natur und können angepasst oder fehlangepasst sein.
- Furcht unterscheidet sich von Angst insofern, als sie durch eine bekannte Bedrohung (spezifisches Objekt) geweckt wird, während Angst durch eine Bedrohung hervorgerufen wird, die nicht ohne weiteres zu erkennen ist (unspezifisch oder unbekannt).
- Sowohl Furcht als auch Angst stören das seelische Gleichgewicht.
- Zorn ist eine mögliche Reaktion auf bestimmte Befürchtungen.
- Ein Gefühl, den Dingen gewachsen zu sein, reduziert Furcht im Angesicht von Gefahr. Furcht tritt in unterschiedlicher Gestalt auf. Die nach außen gezeigte Furcht ist u. U. nur Ersatz für andere Befürchtungen, die jedoch sozial nicht akzeptabel sind. Faktoren bewusst wahrzunehmen, durch die Befürchtungen verstärkt werden, intensiviert das Gefühl von Kontrolle und verhindert überhöhte Gefühle. Der sicheren Realität einer Situation gegenüberzutreten verringert Furcht.
- Furcht kann zu Angst werden, wenn sie internalisiert wird und der Desorganisation dient statt zur Anpassung zu führen.
- Chronische körperliche Reaktionen auf Stressoren führen zu Anfälligkeit und chronischen Krankheiten.
- Physiologische Reaktionen zeigen sich im gesamten Organismus, primär anhand der Stimulation des autonomen und endokrinen Systems durch den Hypothalamus.
- Das Ausmaß der von einem bedrohlichen Stimulus ausgehenden Gefahr wird individuell unterschiedlich interpretiert. Physisches und psychisches System reagieren mit gleicher Intensität (Erhöhung des Blutdrucks sowie der Herz- und Atemfrequenz).
- Furcht wirkt adaptiv und ist eine gesunde Reaktion auf Gefahr.
- Furcht unterscheidet sich von *Phobie*, einer irrationalen, anhaltenden Furcht vor einem umschriebenen Reiz (Objekt oder Situation), entspricht jedoch weder einer Panikattacke (Panikstörung) noch einer Erniedrigung oder Verlegenheit in gewissen sozialen Situationen (Soziophobie) (American Psychiatric Association, 2004).

Pädiatrische Überlegung

- «Furcht ist Teil der normalen Entwicklung eines Kindes. Furcht kann eine positive adaptive Kraft sein, wenn sie ein Kind lehrt, sich einer möglichen Gefahr bewusst zu sein» (Nicastro/Whetsell, 1999: 392).
- Säuglinge und Kleinkinder haben Furcht, können jedoch die Bedrohung nicht verbal benennen. Verbale (Weinen/Schreien, Protestieren) und nonverbale (Treten, Beißen, Einhalten) Reaktionen sind bei einem Kind wichtige Indikatoren für Furcht (Broome et al., 1990; Wong, 2003).
- Verhaltensweisen von Furcht treten in stets gleicher Weise und unmittelbar nach Eintritt oder Erwähnung eines spezifischen Stressors auf. Bei einer erratischen Reaktion könnte *Angst* eine genauere Diagnose darstellen. Siehe auch Tabelle II-12 in *verzögerte(s)*

Wachstum und Entwicklung, und *Angst*, «Zentrale Konzepte», «Pädiatrische Überlegungen».

- Furcht in der Kindheit folgt einem entwicklungsabhängigen Verlauf und wird beeinflusst durch Kultur, Umfeld und Befürchtungen der Eltern (Wong, 2003).
- Furcht ist am häufigsten bei 8- bis 10-Jährigen (Nicastro/Whetsell, 1999).
- Furcht äußert sich in verschiedenen Altersgruppen hauptsächlich wie folgt (Nicastro/Whetsell, 1999; Wong, 2003):
  - *Säuglinge und Kleinkinder (Geburt bis 2 Jahre):* Furcht geht von physischen Reizen aus (z. B. Lärm, Trennung von den Eltern/Betreuungspersonen, Fremde, plötzliche Bewegungen, Tiere, bestimmte Situationen [Arztpraxis]).
  - *Kinder im Vorschulalter (3 bis 5 Jahre):* Furcht geht von realen oder imaginierten Situationen aus (z. B. Verletzung oder Verlust von Körperteilen/Entstellung, Gespenster, Teufel, Monster, Dunkelheit, Badewannenabfluss und Toilettenspülung, Alleinsein, Träume, Räuber, wilde Tiere, Schlangen).
  - *Kinder im Schulalter (6 bis 8 Jahre):* Furcht geht oft aus von Gespenstern, Monstern, Dunkelheit, Alleinsein, Donner, Blitz, Verirrtsein, Kidnapping, Pistolen und Waffen.
  - *Kinder im Schulalter (9 bis 12 Jahre):* Furcht geht oft aus von Dunkelheit, Verloren- oder Alleinsein, körperliche Schäden, Fremde, schlechte Träume, Bestrafung, Noten und Tests und In-Schwierigkeiten-Sein.
  - *Jugendliche:* Furcht wird evtl. verbalisiert und beinhaltet Verlust der Selbstkontrolle, Störung des Körperbildes, Tod, Trennung von Gleichaltrigen, ungeschicktes soziales Auftreten, Gerede um Sexualität, AIDS, Alleinsein und Krieg.
  - Furcht ist eine momentane Reaktion auf eine Gefahr, beeinflusst durch Geringschätzung der eigenen Macht über die Situation (Wong, 2003).

Geburtshilflich-gynäkologische Überlegungen

- Befürchtungen und Bedenken hinsichtlich der Schwangerschaft unterscheiden sich je nach dem Trimenon.

1. Trimenon

- Unsicherheit hinsichtlich des Zeitpunkts der Schwangerschaft.
- Unsicherheit darüber, ob der Partner als Elternteil angemessen ist.
- Sorgen über materielle Belange (z. B. Finanzen).

2. Trimenon

- Die Befürchtungen nehmen ab, sobald sich der Fetus bewegt.
- Rückgang körperlicher Symptome.

3. Trimenon

- Furcht um das eigene Wohlergehen und das Durchstehen der Wehen.
- Furcht um das Wohlergehen des Feten.
- Ganz von den Wehen und der Entbindung eingenommen sein.

Geriatrische Überlegungen

Cesarone (1991) ordnete die Quellen von Furcht bei älteren Menschen in fünf Gruppen ein:

- Krankheit, Leiden
- Abhängigkeit, Verlassenwerden
- Sterben
- Krankheit oder Tod geliebter Menschen
- Verschiedenes (Verbrechen, finanzielle Unsicherheit, diagnostische Tests).

Einschätzungskriterien des Fokusassessments

Subjektive Daten

Einschätzen bestimmender Merkmale oder Kennzeichen

Beginn
Lassen Sie die Person ihre eigene «Geschichte» über ihre Furchtsamkeit erzählen.

Denkprozess und -inhalt
Sind die Gedanken klar, kohärent, logisch, verwirrt oder von Vergesslichkeit gekennzeichnet?
Kann sich der Klient konzentrieren oder ist er besorgt?

Wahrnehmung und Urteilsvermögen
Bleibt die Furcht nach Beseitigen des Stressors bestehen?
Ist die Furcht eine Reaktion auf einen aktuellen Stimulus oder durch vergangene Einflüsse verzerrt?

Viszeral-somatische Aktivität

Muskel-Skelett-System

Kurzatmigkeit.
Muskelanspannung.
Erschöpfung/Schwäche der Extremitäten.

Atmung
Beschleunigte Atmung
Zittern.

Herz und Kreislauf
Palpitationen
Beschleunigter Puls
Erhöhter Blutdruck.

Haut
Rötung/Blässe
Schwitzen
Parästhesien.

Magen und Darm
Anorexie
Mundtrockenheit/trockene Kehle
Übelkeit/Erbrechen
Diarrhö/Stuhldrang.

Zentralnervensystem/Wahrnehmung
Synkope
Geistige Abwesenheit
Pupillenerweiterung
Reizbarkeit
Mangelnde Konzentration
Schlaflosigkeit
Albträume.

Urogenitalsystem
Pollakisurie
Harndrang.

Ziele

NOC

- Selbstkontrolle bei Angst
- Selbstkontrolle bei Furcht

Der Erwachsene berichtet über erhöhtes psychisches und physisches Wohlbefinden.

Indikatoren

- Verminderte viszerale Reaktion (Puls, Atmung)
- Differenzieren zwischen realen und imaginierten Situationen
- Beschreiben effektiven und ineffektiven Coping-Verhaltens
- Benennen eigener Coping-Reaktionen

Das Kind zeigt oder berichtet über erhöhtes psychisches und physisches Wohlbefinden.

- Ansprechen von Befürchtungen.
- Nachlassendes Weinen.

Allgemeine Interventionen

NIC

- Angstminderung
- Copingverbesserung
- Anwesenheit
- Beratung
- Entspannungstherapie

Pflegeinterventionen bei *Furcht* sind Interventionen bei jeder Person mit Furcht, unabhängig von der Ätiologie oder Einflussfaktoren.

Einschätzen möglicher Einflussfaktoren

Siehe «Einflussfaktoren».

Reduzieren oder Eliminieren beeinflussender Faktoren

Unvertraute Umgebung

Orientieren Sie den Klienten anhand einfacher Erklärungen an der Umgebung.
Sprechen Sie langsam und ruhig.
Vermeiden Sie Überraschungen und schmerzhafte Reize.
Setzen Sie gedämpftes Licht und Musik ein.
Beseitigen Sie bedrohliche Reize.
Planen Sie eine vertraute Routine, jeweils Tag für Tag.
Ermutigen Sie den Klienten, die Situation nach und nach in den Griff zu bekommen.
Sorgen Sie für ein Übergangsobjekt von symbolischer Sicherheit (Sicherheitsdecke, religiöse Amulette).

F: Eine stille, ruhige Fachperson kann der Person Ruhe vermitteln (Varcarolis, 2006).

Eindringen in die persönliche Sphäre

Lassen Sie eine persönliche Sphäre zu.
Entfernen Sie die Person aus dem Bereich des Stimulus.
Bleiben Sie bei dem Betreffenden, bis dessen Furcht nachlässt (zuhören, schweigen).
Halten Sie anschließend häufigen und stetigen Kontakt. Sorgen Sie dafür, dass Familienangehörige und Freunde bei der Person bleiben.
Setzen Sie Berührung ein, soweit toleriert. Bisweilen hilft es der Person, die Kontrolle zu wahren, wenn man sie ganz fest hält.

F: Umgebungsreize auf ein Minimum zu reduzieren, kann ein Eskalieren der Furcht verhindern helfen (Varcarolis, 2006).

Bedrohung des Selbstwertgefühls

Unterstützen Sie den bevorzugten Coping-Stil, wenn der Klient Anpassungsmechanismen anwendet.
Verringern Sie zu Beginn die Auswahlmöglichkeiten des Klienten.
Verwenden Sie einfache, direkte Formulierungen. Vermeiden Sie Details.
Geben Sie direkte Anregungen für den Umgang mit alltäglichen Ereignissen. Manche bevorzugen Details, andere haben lieber allgemeine Erklärungen.
Ermutigen Sie dazu, Gefühle (Hilflosigkeit, Wut) zu äußern.
Geben Sie zu den Gefühlsäußerungen eine Rückmeldung (Unterstützen realistischer Einschätzungen).
Refokussieren Sie die Interaktion eher auf Bereiche von Fähigkeiten als auf Funktionsstörungen.
Ermutigen Sie zu normalen Coping-Mechanismen.
Ermutigen Sie dazu, allgemeine Probleme auch anderen mitzuteilen.
Geben Sie zu der Wirkung des Verhaltens der Person auf andere ein Feed-back.
Ermutigen Sie die Person, der Furcht ins Auge zu schauen.

F: Ein offener, ehrlicher Dialog kann helfen, konstruktives Problemlösen in Gang zu setzen und Hoffnung vermitteln.

Unterstützen beim Einblick-Gewinnen und beim Kontrollieren der Reaktion, wenn die Intensität der Gefühle erst einmal nachgelassen hat

Dem Klienten Verhaltenssignale bewusst machen

Lehren Sie Zeichen, die auf verstärkte Furcht hindeuten (z. B.: «Ihr Gesicht rötet sich und Sie ballen die Fäuste, wenn wir über Ihre Entlassung sprechen.»).
Machen Sie auf die Anpassungsfähigkeit des Verhaltens aufmerksam.

Den Klienten bitten, seine Befürchtungen frei formuliert niederzuschreiben

Unterweisen im Problemlösen

Wie lautet das Problem?
Wer oder was ist verantwortlich?
Welche Optionen gibt es?
Welche Vor- und Nachteile hat jede Option?

F: Starke Furcht oder schwere Panik können die Konzentration und Informationsverarbeitung stören (Varcarolis, 2006).
F: Ein offener, ehrlicher Dialog kann helfen, ein konstruktives Problemlösen in Gang zu setzen und Hoffnung vermitteln.
F: Die eigenen Befürchtungen niederzuschreiben kann Einblicke liefern und Kontrolle vermitteln (Crossley, 2003).

Gesundheitsbildung, Patientenedukation und Überweisungen initiieren, falls indiziert

Empfehlen von oder Unterweisen in Methoden, die Wohlbefinden oder Entspannung erhöhen

Progressive Entspannung
Desensibilisierung, Selbst-Coaching
Yoga, Hypnose, Selbstsicherheitstraining
Lesen, Musik, Atemübungen
Gedankenanhalten, gelenkte Imagination.

Mitarbeit auf kommunaler Ebene, um Eltern in altersbezogener Furcht und konstruktiven Interventionen zu unterweisen (z. B. Schulorganisationen für Eltern, Rundbriefe, Bürgergruppen)

Pädiatrische Interventionen

Maßnahmen

Dem Kind Gelegenheit geben, über seine Befürchtungen zu sprechen und zu schreiben und gesunde Möglichkeiten zu lernen, seine Wut oder Trauer herauszulassen, wie z. B. in der Spieltherapie.

Krankheit, Tod und Schmerzen als real anerkennen. Kinder nicht vor der Wirklichkeit des Seins schützen. Zu offenem, ehrlichem Sich-Mitteilen ermutigen.

Die Furcht des Kindes akzeptieren und möglichst für eine Erklärung oder eine Art Kontrolle sorgen.

Dem Kind vermitteln, dass diese Befürchtungen in Ordnung sind. Sich niemals über das Kind lustig machen:

- Furcht vor imaginären Tieren und Eindringlingen (z. B.: «Ich sehe keinen Löwen in deinem Zimmer, aber ich lasse das Licht an und wenn du mich brauchst, ruf mich bitte.»).
- Furcht, dass die Eltern zu spät kommen. Erstellen Sie einen Notfallplan (z. B.: «Wenn du nach Hause kommst und Mami ist noch nicht da, geh nach nebenan zu Frau S.»).
- Furcht, in einer Toilette oder einem Badewannenabfluss zu verschwinden.
  - Warten, bis das Kind aus der Badewanne heraus ist, bevor Sie den Stöpsel ziehen.
  - Warten, bis das Kind von der Toilette herunter ist, bevor Sie spülen.
  - Spielzeug in der Badewanne lassen und zeigen, dass es nicht heruntergespült wird.

Furcht vor Hunden und Katzen:

- Das Kind aus einiger Entfernung zuschauen lassen, wie ein anderes Kind mit einem Hund spielt.
- Das Kind nicht zwingen, das Tier zu berühren.

Furcht vor dem Tod (siehe *Trauern*, «Zentrale Konzepte»).
Furcht vor Schmerzen (siehe *Schmerzen*, «Pädiatrische Interventionen»).

Sich-Weigern, schlafen zu gehen (Wong, 2003):

- Eine realistische Uhrzeit für das Zubettgehen festsetzen.
- Eine Belohnung vereinbaren, wenn das Kind erfolgreich ist.
- Nicht mit dem Kind im selben Raum schlafen oder es ins Elternschlafzimmer mitnehmen.

Erörtern Sie mit den Eltern die Normalität von Furcht bei Kindern. Erklären Sie, dass es notwendig ist, diese Furcht jeweils zu akzeptieren und dass sich Bestrafungen, Hänseln oder das Kind zum Überwinden der Furcht zu zwingen negativ auswirken.

Dem Kind Gelegenheit geben, andere Kinder beim erfolgreichen Umgang mit dem gefürchteten Objekt zu beobachten.

Demonstrieren von Stärke und Selbstvertrauen:

- Das Kind an die Hand nehmen und es sanft in flaches Wasser mitnehmen.
- Das Kind zuschauen lassen, wie Sie einen Hund streicheln.

F: Eine vertraute Betreuungsperson, Trost/Annehmlichkeiten und Routinen können die Furcht eines Kindes nach einem traumatischen Ereignis verringern (Nicastro/Whetsell, 1999).

F: Bei den meisten Kindern wirkt eine Desensibilisierung durch schrittweise Konfrontation mit einem Furcht auslösenden Objekt oder einer entsprechenden Situation (Wong, 2003).

F: Dem Kind ein gewisses Maß an Kontrolle zu vermitteln (z. B. durch eine Taschenlampe) kann helfen, Furcht zu vermindern.

F: Je erfolgreicher ein Kind mit einer Furcht auslösenden Situation umgeht, desto mehr Selbstvertrauen hat es und desto weniger verletzlich fühlt es sich (Nicastro/Whetsell, 1999).

F: «Die Spieltherapie fördert die Entwicklung von Ausdauer und Widerstandsfähigkeit sowie die Fähigkeit, kritische Erfahrungen zu meistern» (Kuntz et al., 1996 : 32).

Geburtshilflich-gynäkologische Interventionen

Maßnahmen

Sorgen Sie in jedem Trimenon für Gelegenheit, Furcht zu äußern.

Geben Sie einem werdenden Vater Gelegenheit, seine Bedenken und Befürchtungen zu äußern.

F: Befürchtungen und Bedenken ändern sich mit jedem Trimenon. Einzelheiten siehe «Zentrale Konzepte», «Geburtshilflich-gynäkologische Überlegungen».

F: Werdende Väter machen sich Sorgen über Veränderungen der Beziehung zu ihrer Partnerin, über ihre Kompetenz als Versorger und darüber, ob sie den neuen Erwartungen der Mutter gerecht werden.

Flüssigkeitsdefizit

Definition

Flüssigkeitsdefizit: der Zustand, in dem eine Person, die Flüssigkeit zu sich nehmen kann (also nicht nüchtern bleiben muss), eine Dehydratation erlebt oder entsprechend gefährdet ist.

Flüssigkeitsdefizit (engl. Deficient fluid volume): Verminderung des intravaskulären, interstitiellen und/oder intrazellulären Flüssigkeitsvolumens. Dieser Zustand bezieht sich auf Dehydratation, Wasserverlust ohne Veränderung des Natriumgehalts (NANDA-I, 2010).

Bestimmende Merkmale oder Kennzeichen

Hauptkennzeichen (obligat, eines oder mehrere)

Unzureichende orale Flüssigkeitsaufnahme
Negative Bilanz zwischen Ein- und Ausfuhr
Trockene Haut/Schleimhäute, verminderter Hautturgor
Gewichtsabnahme.

Nebenkennzeichen (fakultativ)

erhöhte Pulsfrequenz, vermindertes Pulsvolumen/-druck
Erhöhter Natriumspiegel im Serum
Konzentrierter Urin oder ≤ 800 ml/24 h Wasserlassen
Durst, Übelkeit, Anorexie, Durstfieber
Verminderte oder exzessive Urinausscheidung
Klagen über Müdigkeit, Nervosität, Erschöpfung
verminderte venöse Füllung, lagerungsbedingte Hypotonie.

Einflussfaktoren

Pathophysiologische Faktoren

B/d exzessive Urinausfuhr s/b/d:

einen unkontrollierten Diabetes mellitus
einen Diabetes insipidus (inadäquates antidiuretisches Hormon).

B/d erhöhte Kapillarpermeabilität und Verluste durch Verdunsten aus einer Verbrennungswunde (nicht akut).

B/d Verluste, s/b/d:

Fieber oder erhöhte Stoffwechselrate

abnormer Ausfluss:

- aus einer Wunde
- bei Menorrhagie

Peritonitis
Diarrhö.

Behandlungsbedingte Faktoren

B/d Übelkeit/Erbrechen.

B/d verminderte Motivation, Flüssigkeit zu sich zu nehmen, s/b/d:

Depression
Erschöpfung.

B/d Pseudodiäten/Ernährungsmarotten, Fasten.
B/d hochverdünnte Sondennahrung.

B/d Schwierigkeiten beim Schlucken oder beim selbstständigen Aufnehmen von Nahrung, s/b/d:

Schmerzen im Mund oder im Rachen
Erschöpfung.

B/d extreme Hitze, Sonneneinstrahlung, Trockenheit.

B/d extreme Verluste, s/b/d:

Dauerkatheter
Drains.

B/d eine gemessen an der körperlichen Betätigung oder den Witterungsbedingungen unzureichende Flüssigkeitszufuhr.

B/d exzessiven Einsatz von:

Laxanzien oder Einläufen
Diuretika, Alkohol oder Coffein.

Altersbedingte Faktoren

Säugling/Kind

B/d erhöhte Anfälligkeit, s/b/d:

eine verminderte Flüssigkeitsreserve und eine herabgesetzte Fähigkeit zur Urinkonzentration.

Ältere Erwachsene

B/d erhöhte Anfälligkeit, s/b/d:

eine verminderte Flüssigkeitsreserve und ein geschwächtes Durstempfinden.

Anmerkung der Autorin

Flüssigkeitsdefizit wird oft inkorrekt verwendet, um Personen zu beschreiben, die nüchtern bleiben müssen, sich im hypovolämischen Schock befinden, eine Blutung haben oder oral nicht genügend Flüssigkeit zu sich nehmen. Die aktuellen von der NANDA genehmigten bestimmenden Merkmale und Kennzeichen tragen dazu bei, dass diese Diagnose fälschlich bei Hämokonzentration, Veränderungen des Natriumspiegels oder Hypotonie gestellt wird. Einflussfaktoren werden als aktiver Flüssigkeitsverlust und Versagen von Regulationsmechanismen aufgelistet.

Sollte *Flüssigkeitsdefizit* zur Darstellung klinischer Situationen wie Schock, Niereninsuffizienz oder Verbrennungen herangezogen werden? Die meisten Pflegenden würden darin übereinstimmen, dass es sich dabei um interdisziplinäre Probleme handelt, die dem Arzt mitgeteilt werden müssen.

Irrtümer in diagnostischen Aussagen

1. *Gefahr eines Flüssigkeitsdefizits,* **b/d** *erhöhte Kapillarpermeabilität, Proteinverschiebungen, einen Entzündungsprozess und Verdunstung,* **s/b/d** *Verbrennungen*
   Diese Diagnose stellt keine Situation dar, in der Pflegende Interventionen verordnen können, deren Ergebnisse auch erreichbar wären (z. B.: «Der Klient hat stabile Vitalzeichen und eine adäquate Urinausfuhr [0,5–1,0 ml/kg KG].»). Da es sowohl pflegerisch wie ärztlich verordneter Interventionen bedarf, um dieses Ergebnis zu erzielen, entspricht diese Situation eigentlich dem interdisziplinären Problem *PK: Störung des Flüssigkeits-/Elektrolythaushalts* mit dem Pflegeziel: «Die Pflegeperson überwacht auf Störungen des Flüssigkeits- und Elektrolythaushalts».
2. *Flüssigkeitsdefizit,* **b/d** *die Auswirkungen verordneter Nahrungs- und Flüssigkeitskarenz*
   Das Management des Flüssigkeitshaushalts bei einem Klienten, der nüchtern bleiben muss, ist eine Pflegeverantwortlichkeit, die sowohl pflegerisch wie ärztlich verordnete Interventionen umfasst. Die Situation ließe sich demnach am besten beschreiben durch *PK: Störung des Flüssigkeits-/Elektrolythaushalts.* Wenn die Pflegeperson die Ätiologie genau ausweisen möchte, kann sie schreiben *PK: Störung des Flüssigkeits-/Elektrolythaushalts,* **b/d** *verordnete Nahrungs- und Flüssigkeitskarenz.*
   Wenn eine Person trinken kann, dies aber nicht in ausreichendem Maße tut, kann *Flüssigkeitsdefizit,* **b/d** *den verminderten Wunsch zu trinken,* **s/b/d** *Erschöpfung und Schmerzen* zutreffen.

Zentrale Konzepte

Allgemeine Überlegungen

- **Tabelle II-10** zeigt die durchschnittliche Ein- und Ausfuhr eines Erwachsenen im Laufe von 24 Stunden. Das aufgenommene und ausgeschiedene Wasser und die Elektrolyte (Natrium, Kalium, Chlorid) beeinflussen den Flüssigkeitshaushalt.

- Die beiden Hauptgründe für ein Flüssigkeitsdefizit sind eine unzureichende Flüssigkeitsaufnahme und erhöhte Flüssigkeits- und Elektrolytverluste (z. B. über Magen und Darm, mit dem Urin, über die Haut oder in einen dritten Verteilungsraum («third space», Ödem).
- Erbrechen oder das Absaugen von Mageninhalt führt zu Flüssigkeits-, Kalium- und Wasserstoffverlusten.
- Normalerweise reguliert das Durstempfinden die Flüssigkeitsaufnahme. Die Fähigkeit der Nieren, Urin zu konzentrieren, reguliert primär die Flüssigkeitsausfuhr.
- Das spezifische Gewicht des Urins spiegelt die Fähigkeit der Niere wider, Urin zu konzentrieren. Das spezifische Gewicht schwankt mit dem Stand der Hydrierung und den auszuscheidenden Feststoffen: Bei Dehydratation ist das spezifische Gewicht erhöht und bedeutet einen konzentrierten Urin. Normalwerte reichen von 1,010 bis 1,025. Werte für eine Verdünnung liegen unter 1,010, Werte für eine Konzentration liegen über 1,025.
- Eine Gefahr von Störungen des Flüssigkeitshaushalts besteht bei folgenden Personen:
  - Personen, die Medikamente gegen Flüssigkeitsretention, Hypertonie, Krampfanfälle oder «Angst» (Tranquilizer) einnehmen
  - Personen mit Diabetes, Herzerkrankung, exzessivem Alkoholkonsum, Fehlernährung, Adipositas oder Magen-Darm-Leiden
  - Erwachsene über 60 Jahre und Kinder unter 6 Jahren (vermindertes Durstgefühl)
  - verwirrte, depressive, komatöse oder lethargische Personen (fehlendes Durstgefühl)
  - Sportler, die sich nicht bewusst sind, dass sie Flüssigkeit und Elektrolyte ersetzen müssen.
- Exzessive Flüssigkeits- und Elektrolytverluste sind unter folgenden Bedingungen zu erwarten:
  - Fieber oder erhöhte Stoffwechselrate
  - extreme körperliche Belastung oder extremes Schwitzen
  - Klimaextreme (Hitze, Trockenheit)
  - exzessives Erbrechen oder exzessive Diarrhö
  - Verbrennungen, Gewebsschäden, Fisteln.
- Ein ausgewogener Flüssigkeitshaushalt ist bei allen Sportlern, deren Wettkämpfe in heißem Klima stattfinden, ein äußerst wichtiger Punkt. Folgendes gilt sowohl für Männer als auch für Frauen (Maughan et al., 1997):
  - Große Mengen Wasser zu trinken, hemmt den Durst und fördert eine diuretische Reaktion.
  - Um den Flüssigkeitshaushalt auch unter extremer körperlicher Belastung ausgewogen zu halten, sind hohe Natriumspiegel (bis zu 50–60 mmol) und möglicherweise ein wenig Kalium erforderlich, um schweißbedingte Verluste auszugleichen.
  - Um zum Trinken anzuregen und einen ausreichenden Volumenersatz sicher zu stellen, müssen Getränke schmackhaft sein.
  - Da sich eine ausreichende Hydratation ganz erheblich auf die sportliche Leistungsfähigkeit auswirkt, sollte das Ziel darin bestehen, *zu Beginn* der körperlichen Belastung einen ausgeglichenen Flüssigkeitshaushalt zu haben und ihn danach so gut wie möglich aufrechtzuerhalten, wobei man sich darauf konzentrieren muss, Salz- *und* Wasserverluste auszugleichen.

Tabelle II-10: Durchschnittliche Flüssigkeitsein- und -ausfuhr bei einem Erwachsenen in 24 Stunden (Quelle: Metheny, N., Fluid and electrolyte imbalance: Nursing considerations, 4th ed., Philadelphia, Lippincott Williams & Wilkins, 2000)

Einfuhr	[ml]	Ausfuhr	[ml]
orale Flüssigkeiten	1300	Urin	1500
Wasser in Nahrung	1000	Stuhl	200
Wasser als Stoffwechselprodukt	300	nicht wahrnehmbar:	
		Lunge	300
		Haut	600
Summe	2600		2600

Pädiatrische Überlegung

- Beim Bestimmen des 24-Stunden-Bedarfs eines Säuglings oder Kindes sollten sowohl die Kalorien- als auch die Flüssigkeitsaufnahme gemessen werden. Dabei können die folgenden Berechnungen angestellt werden.

Kalorienaufnahme
Bei einem Kind bis zu 10 kg KG: 100 cal/kg.
Bei einem Kind von 11–20 kg KG: 1000 cal plus 50 cal/kg für jedes über 10 kg hinausgehende Kilo.

Flüssigkeitszufuhr
Zur täglichen Erhaltung des Flüssigkeitshaushalts (Wong, 2003):

- 1–10 kg KG: 100 cal/kg
- 11–20 kg KG: 1000 cal plus 50 cal/kg für jedes über 10 kg hinausgehende Kilo.
- > 20 kg KG: 1500 cal plus 20 cal/kg für jedes über 20 kg hinausgehende Kilo.

Ein abnormer Flüssigkeitsverlust muss zusätzlich zu den oben genannten Werten ausgeglichen werden.

Säuglinge sind aus folgenden Gründen anfällig für einen Flüssigkeitsverlust:

- Sie können rasch größere Mengen an Wasser verlieren, weil ihr Körper einen höheren Wasseranteil hat.
- Es befindet sich mehr Flüssigkeit im Extrazellulärraum, aus dem es leichter verloren geht.
- Die Turnover-Rate von Wasser ist bei Kindern höher.

- Die Homöostaseregulation (d. h. die Nierenfunktion) ist unausgereift.
- Kinder haben im Verhältnis zur Körpermasse eine größere Körperoberfläche (Wong, 2003).
- Ein Gramm nasse Windel entspricht 1 ml Urin (Wong, 2003).

Geriatrische Überlegungen

- Eine generelle Abnahme des Durstes mit dem Alter setzt ältere Menschen der Gefahr aus, nicht genügend zu trinken, um ausreichend hydriert zu bleiben.
- Ältere Menschen sind anfälliger für Flüssigkeitsverluste und Dehydratation, und zwar aus folgenden Gründen (Sansevero, 1997; Bennett, 2000):
  - verminderter Prozentsatz an Gesamtkörperwasser
  - herabgesetzte Nierendurchblutung und glomeruläre Filtrationsrate
  - verminderte Fähigkeit zur Regulierung der Körpertemperatur
  - verminderte Fähigkeit zur Konzentration des Urins
  - vermehrt körperliche Gebrechen (weniger Zugang zu Flüssigkeiten)
  - Selbstbeschränkung bei Flüssigkeiten aus Furcht vor Inkontinenz
  - vermindertes Durstempfinden.
- Etwa 75 % der Flüssigkeitsaufnahme älterer Erwachsener findet zwischen 6.00 und 18.00 Uhr statt (Miller, 2004).
- Kognitive Störungen können sich negativ auf das Erkennen von Anzeichen für Durst auswirken.
- Dehydratation, definiert als verminderter Wassergehalt des Körpers, ist die häufigste Störung des Flüssigkeits- und Elektrolythaushalts bei älteren Menschen (Sansevero, 1997). Da es in diesem Zusammenhang auch eine Morbiditäts- und Mortalitätsrate gibt, sind sorgsames Screening und Prävention in der Primärversorgung von entscheidender Bedeutung.
- Bei älteren Menschen finden sich oft multiple körperliche und sozioökonomische Faktoren, die sie zur Dehydratation prädisponieren. In einer normal hydrierten Population älterer Menschen können klassische Zeichen einer Dehydratation vorliegen und in sorgsames Assessment erfordern (Sansevero, 1997).
- Dehydratation bei Pflegeheimbewohnern ist ein komplexes Problem, das ein umfassendes Vorgehen erfordert, darunter auch Checklisten zur Sicherstellung einer ausreichenden Hydrierung in der gesamten Einrichtung (Zembruski, 1997).

Einschätzungskriterien des Fokusassessments

Subjektive Daten

Einschätzen bestimmender Merkmale oder Kennzeichen

Flüssigkeitsaufnahme (Mengen, Art)
Durst
Urinausfuhr (vermindert, erhöht)

Haut (Trockenheit, Turgor)
Gewichtsabnahme (Wie viel? Seit wann?)

Einschätzen beeinflussender Faktoren

Siehe «Einflussfaktoren».

Objektive Daten

Einschätzen bestimmender Merkmale oder Kennzeichen

Aktuelles Gewicht/übliches Gewicht
Aufnahme (in den letzten 2–48 Stunden).
Ausfuhr (in den letzten 2–48 Stunden).

Haut

Schleimhäute (Lippen, Zahnfleisch) (Trockenheit)
Zunge (gefurcht/trocken)
Turgor (vermindert)
Farbe (blass oder gerötet)
Feuchtigkeit (Trockenheit oder Schweißbildung)
Fontanellen bei Säuglingen (eingesunken)
Augäpfel (eingesunken)
Tachykardie.

Urinausfuhr

Menge (schwankend; sehr große oder minimale Menge)
Farbe (bernsteinfarben, sehr dunkel oder sehr hell). Klar? Trüb?
Spezifisches Gewicht (erhöht, verringert)
Geruch?

Einschätzen beeinflussender Faktoren

Abnormer oder exzessiver Flüssigkeitsverlust

Dünnflüssige Stühle
Diurese oder Polyurie
Abnormer oder exzessiver Ausfluss
Fieber
Erbrechen oder Absaugen von Magensaft (z. B. Fistel, Drains)
Diaphorese
Verlust von Hautoberfläche (z. B. heilende Verbrennungen).

Verminderte Flüssigkeitsaufnahme, b/d:

Erschöpfung
Depression/Desorientiertheit
körperliche Einschränkungen (z. B. das Unvermögen, ein Glas zu halten)
einen verminderten Bewusstseinsgrad
Übelkeit oder Anorexie.

Ziele

NOC

- Elektrolyt- und Säure-/Basenhaushalt
- Flüssigkeitshaushalt
- Flüssigkeitszufuhr

Die Person hält das spezifische Gewicht des Urins im Normbereich.

Indikatoren

- Steigern der Flüssigkeitsaufnahme bis auf eine je nach Alter und Körpergewicht bestimmte Menge.
- Benennen von Risikofaktoren eines Flüssigkeitsdefizits und Aufzeigen der Notwendigkeit einer erhöhten Flüssigkeitsaufnahme, soweit angezeigt.
- Fehlen von Zeichen und Symptomen einer Dehydratation.

Allgemeine Interventionen

NIC

- Flüssigkeits-/Elektrolytmanagement
- Flüssigkeitshaushaltsüberwachung

Einschätzen ursächlicher Faktoren

Verhindern einer Dehydratation bei hochgradig gefährdeten Klienten (siehe «Zentrale Konzepte»)

Überwachen der Einfuhr. Stellen Sie sicher, dass oral mindesten 2 l/24 h zugeführt werden.

Überwachen der Ausfuhr. Stellen Sie sicher, dass alle 24 Stunden mindestens 1–1,5 l ausgeschieden werden.

Überwachen Sie bei Bedarf die Serumelektrolyte.

Bieten Sie Flüssigkeiten in großen Gläsern von 120 oder 240 ml an.

Wiegen Sie den Klienten täglich in derselben Kleidung zur gleich Zeit. Eine Gewichtsabnahme von 2–4 % deutet auf eine leichte Dehydratation hin, 5–9 % Gewichtsabnahme sprechen für eine mäßige Dehydratation.

Überwachen Sie die Urin- und Serumelektrolyte, Blutharnstoffstickstoff, Osmolalität, Kreatinin, Hämatokrit und Hämoglobin.

Raten Sie Personen, die vor einer diagnostischen Untersuchung nüchtern bleiben müssen, 8 Stunden vor dem Fasten die Flüssigkeitszufuhr zu erhöhen.

Überprüfen Sie die Medikamente des Klienten. Tragen sie zur Dehydratation bei (z. B. Diuretika)? Erfordern sie eine erhöhte Flüssigkeitsaufnahme (z. B. Lithium)?

Lehren Sie, dass Kaffee, Tee und Pampelmusensaft diuretisch wirken.

Berücksichtigen Sie den zusätzlichen Flüssigkeitsverlust durch Erbrechen, Diarrhö und Fieber.
Sorgen Sie bei Nahrungseinschränkungen für bevorzugte Flüssigkeiten.

F: Die Ausfuhr kann die Einfuhr übersteigen, die an sich bereits unzureichend sein kann, um nicht spürbare Verluste auszugleichen.
F: Für eine effektive Überwachung des Körpergewichts sollte jeweils zur gleichen Zeit auf derselben Waage und in derselben Kleidung gewogen werden.
F: Große Mengen Zucker, Alkohol und Coffein wirken diuretisch, erhöhen die Urinproduktion und können zur Dehydratation führen.

Beginnen mit Gesundheitsedukation, soweit angezeigt

Geben Sie mündlich und schriftlich Anweisungen für die gewünschten Flüssigkeiten und deren jeweilige Menge.
Beziehen Sie die Familie in das Führen schriftlicher Aufzeichnungen der Flüssigkeitsein- und -ausfuhr sowie in das tägliche Wiegen ein.
Sorgen Sie für eine Liste alternativer Flüssigkeiten (z. B. Eis, Pudding).
Erklären Sie, dass bei körperlicher Belastung, Fieber, Infektion und heißer Witterung mehr Flüssigkeit aufgenommen werden muss.
Unterweisen Sie im Beobachten auf Zeichen einer Dehydratation (vor allem bei Säuglingen) und im Intervenieren durch Erhöhen der Flüssigkeitszufuhr (für Zeichen der Dehydratation siehe «Subjektive Daten» und «Objektive Daten»).
Lehren Sie die Notwendigkeit einer ausreichenden Eiweißzufuhr.

F: Durch genaues tägliches Wiegen lässt sich ein Flüssigkeitsverlust aufdecken.
F: Eine ausreichende Eiweißzufuhr ist nötig, um einen normalen osmotischen Druck aufrechtzuerhalten. Zu den Nahrungsmitteln mit hohem Proteingehalt gehören Fleisch, Fisch, Geflügel, Soja, Eier, Hülsenfrüchte und Käse.

Betonen Sie bei Sportlern die Notwendigkeit, vor und nach körperlicher Belastung Flüssigkeit aufzunehmen, und zwar vorzugsweise natriumreiche Getränke (für zusätzliche Interventionen siehe Hyperthermie).

Dehydratation bei Klienten im Finalstadium (Parkash/Burke, 1997)

Helfen Sie den Betreuungspersonen und der Familie, die Wünsche und Einstellungen des Klienten hinsichtlich der Verabreichung von Flüssigkeit (z. B. intravenös) festzustellen.
Sorgen Sie für möglichst genaue Informationen über Vor- und Nachteile der Hydratation.
Untersuchen und würdigen Sie die Bedenken und Sorgen von Betreuungspersonen (z. B. hinsichtlich der intravenösen Verabreichung).

Pädiatrische Interventionen

Maßnahmen

Um die Flüssigkeitszufuhr zu erhöhen, sollten Sie anbieten:

- Flüssigkeiten mit ansprechendem Aussehen (Eis am Stiel, gefrorene Fruchtsaft-Sticks, geschabtes und mit Sirup übergossenes Eis, Wasser, Milch, Wackelpudding). Lassen Sie das Kind bei der Zubereitung helfen.
- Ungewöhnliche Behältnisse (bunte Becher, Strohhalme).
- Ein Spiel oder eine Tätigkeit.

Lesen Sie dem Kind aus einem Buch vor und lassen Sie es bei jedem Umblättern einen Schluck trinken oder geben Sie eine Tee-Party.

Lassen Sie das Kind jedes Mal einen Schluck trinken, wenn es bei einem Spiel an der Reihe ist.

Erstellen Sie einen Zeitplan für die zusätzliche Flüssigkeitsaufnahme, um die Angewohnheit zu fördern, zwischen den Mahlzeiten Flüssigkeit zu sich zu nehmen (z.B. Saft oder Instant-Getränke um 10.00 und 14.00 Uhr).

Dekorieren Sie das Getränk mit einem bunten Strohhalm.

Lassen Sie das Kind Becherchen und kleine Tassen mit einer Spritze füllen.

Machen Sie ein Poster mit dem Verlauf, auf dem Sternchen oder Aufkleber zeigen, wann ein Ziel der Flüssigkeitszufuhr erreicht wurde.

Gegen Fieber bei Kindern unter 5 Jahren

Arbeiten Sie darauf hin, ausschließlich medikamentös* (Paracetamol, Ibuprofen) eine Temperatur von weniger als 38,4 °C zu erreichen.

Verwenden Sie lauwarmes Wasser (29,4 °C bis 37,7 °C), um das Kind mit einem Schwamm abzureiben oder darin zu baden.

Warnen Sie die Eltern davor, das Kind mit Decken zuzudecken und weisen Sie sie auf die erhöhte Gefahr von Fieberkrämpfen hin.

Geben Sie dem Kind des Öfteren kleine Mengen (15 ml) *ausschließlich klarer Flüssigkeiten.*

Unterweisen Sie die Eltern darin, wie sie ihr Kind bei einem Krampf schützen, und *instruieren Sie sie, sofort ärztliche Hilfe zu suchen.*

Als Flüssigkeitsersatz (siehe Diarrhö, «Pädiatrische Interventionen»)

F: Ältere Kinder reagieren gewöhnlich auf die Herausforderung, ein bestimmtes Einfuhrziel zu erreichen (Wong, 2003).

F: Auch Belohnungen und Kontrakte sind wirksam (z. B. ein Sticker, wenn das Kind eine bestimmte Menge getrunken hat).

F: Kleine Kinder sprechen gewöhnlich auf Spiele an, in denen es auch darum geht, etwas zu trinken.

---

* Erfordert u. U. die Verordnung durch eine Pflegeperson in der Primärversorgung. Geben Sie Kindern unter 18 Jahren mit grippeähnlichen Symptomen keine Acetylsalicylsäure oder acetylsalicylsäurehaltige Produkte, da diese das potenziell tödliche Reye-Syndrom auslösen kann.

Geriatrische Interventionen

Maßnahmen

Achten Sie auf Zeichen von Dehydratation, Benommenheit, Schwäche, trockene Schleimhäute und das Verhältnis von Ein- und Ausfuhr.
Erklären Sie, dass man trinken und ein Erinnerungssystem verwenden muss, statt sich auf den Durst zu verlassen.
Integrieren Sie Strategien zur Förderung der Flüssigkeitsaufnahme:

- Bei der Einnahme von Medikamenten ein zusätzliches Glas Wasser trinken.
- Morgens einen großen Krug mit Wasser füllen, um die Flüssigkeitszufuhr zu überwachen.
- Vermeiden von Alkohol, Coffein und stark zuckerhaltigen Nahrungsmitteln und Getränken.
- Erstellen Sie in Pflegeeinrichtungen einen Zeitplan, nach dem ein Getränkewagen mit Auswahlmöglichkeiten durch die Einrichtung gefahren wird.

F: Da ältere Menschen Durst weniger wahrnehmen, ein geringeres Flüssigkeitsvolumen haben und den Urin weniger konzentrieren können, sind sie stark dehydratationsgefährdet (Bennett, 2000).
F: Einem älteren Menschen die Notwendigkeit der Flüssigkeitsaufnahme zu verstehen helfen und eine Methode zu entwickeln, um die Anzahl getrunkener Gläser zu verfolgen, kann den Flüssigkeitshaushalt aufrechterhalten.
F: Strategien, bei denen der Klient mündlich aufgefordert wird und die Wahl zwischen verschiedenen Getränken hat, erhöhen die Flüssigkeitszufuhr. Allein lebende ältere Menschen brauchen Hilfe, um Trigger zu konzipieren, die sie daran erinnern, zu trinken (Simmons et al., 2001).

Flüssigkeitsüberschuss

Definition

Flüssigkeitsüberschuss: der Zustand, in dem eine Person eine intra- oder extrazelluläre Flüssigkeitsüberladung erfährt oder entsprechend gefährdet ist.
Flüssigkeitsüberschuss (engl. Excess fluid volume): Erhöhte isotonische Flüssigkeitsretention (NANDA-I, 2010).

Bestimmende Merkmale oder Kennzeichen

Hauptkennzeichen (obligat)

Ödem (peripher, sakral)
Gespannte, durchscheinende Haut.

Nebenkennzeichen (fakultativ)

- Orthopnö [Atembeschwerden]
- Angst.
- Ödeme
- Anasarka
- Gewichtszunahme innerhalb eines kurzen Zeitraums
- Einfuhr übersteigt Ausfuhr
- Oligurie
- hinzukommende, abnorme [akzidentelle] Atemgeräusche [Karcheln, Rasseln]
- Veränderungen des Atemmusters
- erhöhter Zentralvenendruck
- Jugularvenenstauung
- positiver hepatojugulärer Reflux
- Herzton S3
- Lungenstauung
- Pleuraerguss
- veränderter Pulmonalarteriendruck [Veränderungen des Pulmonalarteriendrucks]
- Blutdruckveränderungen
- Veränderung des psychischen Zustands
- Unruhe
- Veränderung des spezifischen Gewichts
- reduziertes Hämoglobin
- reduzierter Hämatokrit
- Azotämie (Anstieg von Harnstoff-, Kratininwerten im Blut)
- veränderte Elektrolytwerte.

Einflussfaktoren

Pathophysiologische Faktoren

B/d gestörte Regulationsmechanismen, s/b/d:

Niereninsuffizienz (akut oder chronisch)
eine endokrine Störung
systemische und metabolische Anomalien
(z. B. Syndrom eines unangemessenen antidiuretischen Hormons, verminderte Plasmaeiweiße wie bei Mangelernährung, Fisteln mit Eiweißverlusten, Brandwunden, Organversagen)
ein Lipödem.

B/d Pfortaderhochdruck, verringerten kolloidosmotischen Druck im Plasma und Natriumretention, s/b/d:

ein Leberleiden
Krebs
Leberzirrhose
Aszites.

B/d venöse und arterielle Anomalien, s/b/d:

Varizen
periphere Gefäßerkrankung
eine Thrombose
Phlebitis
Immobilität
ein Lymphödem
eine Infektion
ein Trauma
Neoplasien.

Behandlungsbedingte Faktoren

B/d Natrium- und Wasserretention, s/b/d:

eine Therapie mit Kortikosteroiden.

B/d unzureichende Lymphdrainage, s/b/d:

Mastektomie.

Situationsbedingte Faktoren (persönlich bedingt, umgebungsbedingt)

B/d eine exzessive Natrium-/Flüssigkeitsaufnahme.

B/d eine niedrige Eiweißaufnahme, s/b/d:
Pseudodiäten/Ernährungsmarotten
Fehl-/Mangelernährung.

B/d lagerungsabhängiges venöses Pooling/venöse Stase, s/b/d:

langes Stehen oder Sitzen
Immobilität
einen engen Gips, eine enge Bandage.

B/d Kompression der Venen durch einen graviden Uterus.

B/d (medikamentöse Therapien, wie z. B. mit Chlorprobamid, Tolbutamid, Vincristin, Tryptilinen und Carbamazepin)

Altersbedingte Faktoren

Ältere Menschen

B/d einen gestörten venösen Rückstrom, s/b/d erhöhten peripheren Widerstand und verminderte Wirksamkeit der Venenklappen.

Anmerkung der Autorin

Flüssigkeitsüberschuss wird oft inkorrekt eingesetzt, um ein Lungenödem, einen Aszites oder eine Niereninsuffizienz zu beschreiben. Dies alles sind interdisziplinäre Probleme und sollten nicht in *Flüssigkeitsüberschuss* umbenannt werden. Diese Diagnose gibt eine Situation wieder, in der die Pflegenden Verordnungen treffen können, wenn der Schwerpunkt auf einem peripheren Ödem liegt. Bei den Pflegeinterventionen geht es hauptsächlich darum, den Klienten und seine Familie darin zu unterweisen, wie man das Ödem möglichst klein hält und das Gewebe schützt.

Irrtümer in diagnostischen Aussagen

1. *Gefahr eines Flüssigkeitsüberschusses,* **b/d** *eine linksseitige Mastektomie*
   Bei dieser Diagnose würde die Pflegeperson Strategien einsetzen, um das Ödem zu verringern und den Klienten im Umgang mit dem Ödem unterweisen. Demnach würde sie die Diagnose wie folgt formulieren: *Gefahr eines Flüssigkeitsüberschusses,* **b/d** *ein Wissensdefizit über Techniken der Ödemreduktion,* **s/b/d** *eine gestörte Lymphfunktion.* Bei bestehendem Lymphödem könnte die Pflegeperson formulieren: *beeinträchtigte körperliche Mobilität,* **b/d** *die Auswirkungen eines Lymphödems auf die Beweglichkeit.*
2. *Flüssigkeitsüberschuss,* **b/d** *Pfortaderhochdruck und verminderten kolloidosmotischen Druck,* **s/b/d** *eine Leberzirrhose*
   Diese Diagnose erfordert eine engmaschige Überwachung, Elektrolytsubstitution, die Behandlung mit Diuretika, Ernährungseinschränkungen und die Behandlung mit Plasmaexpandern. Diese Interventionen sprechen für drei interdisziplinäre Probleme: 1) *PK: Aszites*; 2) *PK: Negative Stickstoffbilanz*; 3) *PK: Hypokaliämie*. Da ein Ödem die Haut verletzungsanfällig macht, könnte die Pflegeperson auch formulieren: *Gefahr einer Hautschädigung,* **b/d** *Verletzlichkeit der Haut,* **s/b/d** *ein Ödem.*

Zentrale Konzepte

Allgemeine Überlegungen

- Siehe *Flüssigkeitsdefizit*:
  - Ein Ödem resultiert aus der Akkumulation von Flüssigkeit im interstitiellen Kompartment des Extravasalraums. Ohne Intervention kann es weitere Gewebsschäden und eine permanente Schwellung verursachen.
  - Um spezielle Interventionen festzulegen, muss unbedingt die zugrunde liegende Ursache herausgefunden werden.
  - Ein peripheres Ödem sollte als ein- oder beidseitig klassifiziert werden. *Einseitig* entsteht es gewöhnlich durch Anomalien von Venen und Arterien, ein Lymphödem, eine Infektion, ein Trauma und Neoplasien. *Beidseitig* entsteht es gewöhnlich durch eine chronische Herzinsuffizienz, systemische und metabolische Anomalien, endokrine Funktionsstörungen, ein Lipödem und während der Schwangerschaft (Terry et al., 1998).
- Wichtig für die Differenzierung eines peripheren Ödems ist dessen Verteilung (Powell/Armstrong, 1997).

- Menschen mit Herzinsuffizienz sind hochgradig gefährdet durch Flüssigkeitsansammlungen sowohl in den Gefäßen als auch im Gewebe (d. h. für ein Lungenödem und periphere Ödeme).
- Die häufigste vaskuläre Ursache eines Gewebsödems ist ein erhöhter Venendruck, der zu einem erhöhten kapillären Blutdruck führt.

Geburtshilflich-gynäkologische Überlegungen

- Erhöhte Östrogenspiegel während der Schwangerschaft können zur Retention von 6–8 l Wasser führen, um den Gewebsbedarf an Wasser und Elektrolyten zu decken.

Geriatrische Überlegungen

- Ältere Menschen neigen infolge einer verstärkten Schlängelung und Erweiterung der Venen sowie einer verminderten Effizienz der Venenklappen zu Stauungsödemen an den Füßen und Knöcheln (Miller, 2004).

Einschätzungskriterien des Fokusassessments

Subjektive Daten

Einschätzen bestimmender Merkmale oder Kennzeichen

Anamnese der Symptome

Klagen über:
Kurzatmigkeit
Schwäche/Erschöpfung
Gewichtszunahme
Ödem.
Beginn/Dauer.

Einschätzen beeinflussender Faktoren

Siehe «Einflussfaktoren».

Objektive Daten

Einschätzen bestimmender Merkmale oder Kennzeichen

Zeichen einer Flüssigkeitsüberlastung

Puls (hart oder unrhythmisch)
Atmung
Frequenz (Tachypnö)

Atemgeräusche (Rasseln)
Qualität (angestrengt oder flach).
Blutdruck (erhöht)
Ödem

Drücken Sie mit dem Daumen mindestens 5 Minuten lang auf die Haut und schauen Sie, ob Druckmale zurückbleiben.
Bewerten Sie das Ödem nach folgender Skala:

- kein Ödem = 0
- Spuren eines Ödems = + 1
- mäßiges Ödem = + 2
- ausgeprägtes Ödem = + 3
- stark ausgeprägtes Ödem = + 4.

Notieren Sie Grad und Lokalisation (Füße, Knöchel, Beine, Arme, Sakralbereich, generalisiert).
Gewichtszunahme (täglich auf derselben Waage zur gleichen Zeit wiegen)
Erweiterte Halsvenen (erweiterte Halsvenen bei Anheben des Kopfes um 45° kann auf eine Flüssigkeitsüberlastung oder verminderte Herzleistung hindeuten).

Ziele

NOC

- Elektrolyt- und Säure-Basen-Haushalt
- Flüssigkeitshaushalt

Die Person zeigt ein nachlassendes Ödem (spezifiziere Lokalisation).

Indikatoren

- Benennen ursächlicher Faktoren.
- Benennen von Methoden der Ödemprävention.

Allgemeine Interventionen

NIC

- Elektrolytmanagement
- Flüssigkeits-/Elektrolytmanagement
- Flüssigkeitshaushaltsüberwachung
- Hautassessment

Identifizieren beeinflussender und ursächlicher Faktoren

Siehe «Einflussfaktoren».

Reduzieren oder Eliminieren ursächlicher und beeinflussender Faktoren

Ungeeignete Ernährung

Beurteilen Sie die Nahrungsaufnahme und Essgewohnheiten, die zu einer Flüssigkeitsretention beitragen können. Achten Sie dabei besonders auf die tägliche und wöchentliche Aufnahme von Nahrung und Flüssigkeiten.

Beurteilen Sie die wöchentliche Nahrungsaufnahme hinsichtlich einer inadäquaten Eiweißzufuhr oder einer exzessiven Natriumaufnahme:

- Erörtern Sie Vorlieben und Abneigungen in Bezug auf eiweißhaltige Nahrungsmittel.
- Unterweisen Sie den Klienten im Planen eines Wochenmenüs, das zu annehmbarem Preis für Eiweiß sorgt.
- Unterweisen Sie den Klienten im Einschränken der Salzaufnahme:
  - Ablesen des Salzgehalts auf den Etiketten.
  - Meiden von Fertiggerichten, Dosennahrung und Tiefgefrorenem.
  - Kochen ohne Salz; Verwenden von Gewürzen (Zitrone, Basilikum, Estragon, Minze) zur Geschmacksverstärkung.
    - Verwenden von Essig anstelle von Salz zum Würzen von Suppen (2–3 Tl. Essig auf 4,5–6,8 l, je nach Geschmack).
    - Stellen Sie fest, ob der Klient Salzersatz verwenden kann. Machen Sie ihn darauf aufmerksam, dass er exakt die verordnete Menge verwenden muss.

F: Eine hohe Natriumzufuhr führt zu vermehrter Wasserretention. Zu den stark salzhaltigen Nahrungsmitteln gehören gesalzene Snacks, Speck, Cheddar-Käse, sauer eingelegtes Gemüse, Sojasoße, industriell gefertigter Aufschnitt, Natriumglutamat, Dosengemüse, Ketschup und Senf. Auch manche frei verkäuflichen Präparate, wie z. B. Antazida, sind sehr salzhaltig.

Lagerungsabhängiges venöses Pooling

Beurteilen Sie, ob ein lagerungsabhängiges venöses Pooling oder eine venöse Stase vorliegt.

Halten Sie zu einem Wechsel zwischen Phasen des Liegens mit Hochlagern der Beine und Tätigkeiten im Stehen an. Dies kann jedoch bei chronischer Herzinsuffizienz kontraindiziert sein.

- Halten der ödematösen Extremität, wann immer möglich, über dem Niveau des Herzens (sofern nicht aufgrund einer Herzinsuffizienz kontraindiziert).
- Ödematöse Arme auf zwei Kissen erhöht oder in einer Schlinge an einem rollbaren Infusionsständer befestigt halten.
- Anheben der Beine, wann immer möglich, mittels Kissen (Druckpunkte, vor allem unter den Knien, vermeiden).
- Vermeiden, die Beine übereinander zu schlagen.

Vermindern des Einschnürens von Gefäßen.

- Schätzen Sie die Kleidung auf korrekten Sitz und einschnürende Bereiche ein.
- Instruieren Sie die Klientin/den Klienten, Hüfthalter und Strumpfbänder, Kniestrümpfe und das Übereinanderschlagen der Beine zu vermeiden und die Beine, wann immer möglich, hochzulegen.

Erwägen Sie den Einsatz von Stützstrümpfen oder elastischen Bandagen. Messen Sie dazu die Beine zur Anpassung von Socken oder Stützstrümpfen sorgfältig ab:*

- Messen Sie von der Rückseite der Ferse bis zur Kniekehle oder zum oberen Ende des Oberschenkels, je nach gewünschter Strumpflänge.
- Messen Sie den Umfang der Waden und Oberschenkel.
- Berücksichtigen Sie beim Auswählen der Strümpfe beide Maße und gleichen Sie dabei die Messungen mit der den Strümpfen beiliegenden Maßtabelle ab.
- Anziehen der Strümpfe im Liegen (z. B. morgens vor dem Aufstehen).
- Überprüfen Sie die Extremitäten häufig auf ausreichende Durchblutung und eventuell eingeschnürte Bereiche.

F: Ein Ödem hemmt die Durchblutung des Gewebes und führt zu Unterversorgung der Zellen sowie zu erhöhter Verletzungsanfälligkeit.

Venöse Druckstellen

Untersuchen Sie bei einem Gips, einer Bandage oder eng sitzenden Strümpfen auf venöse Druckstellen.

- Beobachten Sie die Durchblutung am Rand eines Gipses, einer Bandage bzw. eines Strumpfes.
- Fügen Sie bei einem Gips weiches Material ein, um Druckpunkte an den Rändern abzupolstern.

Überprüfen Sie die Durchblutung häufig.
Verlagern Sie das Körpergewicht im Gips, um das Gewicht im Inneren neu zu verteilen (sofern nicht kontraindiziert).

- Halten Sie den Klienten dazu an, dies alle 15–30 Minuten zu tun, während er wach ist, um eine venöse Stase zu verhindern.
- Halten Sie den Klienten an, Finger und Zehen zu bewegen und mit den nicht betroffenen Muskeln innerhalb des Gipses isometrische Übungen zu machen.
- Wenn die Person dies nicht allein tun kann, helfen Sie ihr mindestens stündlich einmal, das Körpergewicht zu verlagern.
- Siehe *beeinträchtigte körperliche Mobilität*.

* Erfordert u. U. die Verordnung durch eine Pflegeperson in der Primärversorgung.

Inadäquate Lymphdrainage

Lagern Sie die Extremität auf Kissen hoch.

- Bei ausgeprägtem Ödem sollte der Arm angehoben sein, sich jedoch *nicht in Adduktion* befinden, da dies die Achselhöhle einengen könnte.
- Der Ellenbogen sollte höher als die Schulter liegen.
- Die Hand sollte höher liegen als der Ellenbogen.

Messen Sie den Blutdruck am nicht betroffenen Arm.
Verabreichen Sie am betroffenen Arm weder Injektionen noch intravenöse Infusionen.
Schützen Sie die betroffenen Gliedmaßen vor Verletzungen und Schädigungen.

- Lehren Sie den Klienten, starke Detergenzien zu meiden, keine schweren Taschen zu tragen, keine Zigaretten mit der betroffenen Hand zu halten, Verletzungen des Nagelhäutchens und Niednägel zu vermeiden, nicht in einen heißen Ofen zu fassen, weder Schmuck noch eine Armbanduhr zu tragen und keine elastischen Binden zu verwenden.
- Raten Sie dem Klienten, Lanolin oder eine ähnliche Creme (oft täglich) aufzutragen, um trockene, schuppige Haut zu verhindern.
- Halten Sie den Klienten an, ein Medaillon mit dem eingravierten Hinweis «Achtung: Arm mit Lymphödem – keine Tests, keine Injektionen» zu tragen.
- Machen Sie den Klienten darauf aufmerksam, er möge unbedingt einen Arzt aufsuchen, wenn der Arm rot, geschwollen oder ungewöhnlich fest wird.
- Ermutigen Sie nach einer Mastektomie zu Bewegungsübungen und zum Gebrauch des betroffenen Arms, um die Entwicklung eines kollateralen Lymphdrainagesystems zu fördern. Erklären Sie, dass das Lymphödem oft innerhalb eines Monats zurückgeht, der Arm jedoch noch 3–4 Monate nach der Operation massiert, beübt und hochgelagert werden sollte.

F: Eine gestörte Lymphdrainage stört auch die Infektionsabwehr des Körpers. Ein Gewebstrauma kann ein Lymphödem verstärken (Chapman/Goodman, 2000).

Immobilität/neurologische Ausfälle

Planen Sie passive oder aktive Bewegungsübungen für alle Extremitäten, die alle 4 Stunden durchgeführt werden, darunter auch die Dorsalflexion des Fußes zur Massage der Venen.

Lagern Sie den Klienten mindestens alle 2 Stunden in den vier Stellungen (linke Seite, rechte Seite, Rücken, Bauchlage), sofern nicht kontraindiziert (siehe *Hautschädigung*).

Wenn der Klient mit hochgelagertem Oberkörper liegen muss, stellen Sie fest, ob sich am Gesäß und im Sakralbereich ein Ödem findet. Helfen Sie dem Klienten, alle 2 Stunden sein Gewicht zu verlagern, um Druck auf ödematöses Gewebe zu mindern.

F: Die Kontraktion von Skelettmuskeln treibt den Lymphfluss voran. Körperliche Belastung erhöht die Effizienz der Muskulatur.

Schützen ödematöser Haut vor Verletzung

Inspizieren Sie die Haut auf Rötung und Abblassen.
Verringern Sie den Druck auf Hautareale. Polstern Sie Stühle, Kniestrümpfe und Fußbänke.

Verhindern Sie das Austrocknen der Haut.

- Seife sparsam verwenden.
- Seife vollständig abspülen.
- Lotion verwenden, um die Haut zu befeuchten.

Für weitere Informationen zur Verletzungsprävention siehe *Hautschädigung*.

F: Ein Ödem hemmt die Durchblutung des Gewebes und führt zu Unterversorgung der Zellen sowie zu erhöhter Verletzungsanfälligkeit.

F: Zusätzlich zur erhöhten Verletzungsgefahr der Haut infolge eines Ödems werden die kleinen Hautgefäße durch Verlust des perivaskulären Kollagens verletzungsanfälliger.

Beginnen mit Gesundheitsedukation und Überweisen, soweit angezeigt

Geben Sie klare mündliche und schriftliche Instruktionen zu allen Medikamenten: was, wann, wie oft, warum eingenommen wird und welche Nebenwirkungen auftreten können. Achten Sie besonders auf Medikamente, die sich unmittelbar auf den Flüssigkeitshaushalt auswirken (z. B. Diuretika, Steroide).

Schreiben Sie Instruktionen zur Ernährung, zu Aktivitäten, zum Gebrauch elastischer Binden und Strümpfe usw.

Lassen Sie den Klienten die Instruktionen demonstrieren.

Lassen Sie den Klienten schriftliche Aufzeichnungen über Ein- und Ausfuhr führen.

Veranlassen Sie bei starken Fluktuationen des Ödems, dass sich der Klient täglich morgens und vor dem Schlafengehen wiegt. Instruieren Sie ihn, das Gewicht jeweils schriftlich festzuhalten. Bei weniger schwerer Krankheit genügt es u. U., dass sich der Klient nur einmal täglich wiegt.

Machen Sie den Klienten darauf aufmerksam, bei einem ausgeprägten Ödem bzw. starker Gewichtszunahme (> 900 g/d) oder bei erhöhter Kurzatmigkeit nachts oder unter Belastung unbedingt den Arzt zu rufen. Erklären Sie, dass dies Frühzeichen kardiologischer Probleme sein können und u. U. Medikamente erfordern, um eine Verschlechterung zu verhindern.

Erwägen Sie häusliche Pflege oder eine Überweisung an die ambulante Pflege zur Nachbetreuung zu Hause.

Sorgen Sie für Literatur über salzarme Ernährung. Konsultieren Sie dazu ggf. eine Ernährungsberaterin.

Geburtshilflich-gynäkologische Interventionen

Maßnahmen

Erklären Sie die Ursachen eines Knöchel- und Fingerödems.

Raten Sie der Klientin, die Salzzufuhr moderat einzuschränken (z. B. durch Weglassen industriell verarbeiteter Fleischprodukte und Chips) und kontinuierlich jeden Tag 6–8 Glas Wasser zu trinken, sofern nicht kontraindiziert.

Instruieren Sie die Klientin, sich mehrmals täglich für kurze Zeit auf die linke Seite zu legen und täglich ein warmes Wannenbad zu nehmen.

Raten Sie der Klientin, sich nicht auf den Rücken zu legen, nicht längere Zeit zu sitzen, ohne die Füße hochzulegen und nicht über längere Zeit zu stehen (Davis, 1996).

Unterweisen Sie die Klientin im Anlegen von Stützstrümpfen.

Konsultieren Sie eine Fachpflegeperson oder einen Arzt, wenn die Klientin einen erhöhten Blutdruck, Proteinurie, ein gedunsenes Gesicht, ein Ödem im Sakralbereich oder eindrückbare Ödeme hat oder innerhalb einer Woche um mehr als 900 g zunimmt.

F: Die Salzzufuhr einzuschränken kann auch das zirkulierende Blutvolumen derart senken, dass die Nierenfunktion ebenfalls abnimmt (Reeder et al., 1997).

F: In der Schwangerschaft liegen die möglichen Ursachen eines Ödems in einer peripheren arteriellen Gefäßerweiterung, in Natrium- und Wasserretention, einer herabgesetzten Durstschwelle, einem sich vergrößernden Uterus, der den Kapillardruck in den Beinen erhöht, sowie in Veränderungen des Renin-Angiotensin-Aldosteron-Systems (Davis, 1996).

F: Natrium ist wichtig, um ein ausreichendes zirkulierendes Blutvolumen aufrechtzuerhalten. Einschränkungen sollten durch eine Gesundheitsfachperson überwacht werden.

F: Auf der linken Seite zu liegen, nimmt den Druck eines graviden Uterus von den Gefäßen, erhöht den venösen Rückstrom zum Herzen und verbessert die Nierenfunktion.

F: Ergebnissen aus der Forschung zufolge bildet sich ein Ödem während der Schwangerschaft bei Ruhephasen im Wasser (z. B. einem Bad) besser zurück als bei Bettruhe.

Gefahr eines unausgeglichenen Flüssigkeitshaushalts

Definition

Gefahr eines unausgeglichenen Flüssigkeitshaushalts: der Zustand, in dem für eine Person das Risiko eines Anstiegs, einer Abnahme oder einer raschen Verschiebung von intravaskulärer, interstitieller und/oder intrazellulärer Flüssigkeit besteht.

Gefahr eines unausgeglichenen Flüssigkeitsvolumens (engl. Risk for imbalanced fluid volume): Risiko einer Reduzierung, eines Anstiegs oder einer schnellen Verschiebung von intravaskulärer, interstitieller und/oder intrazellulärer Flüssigkeit, einhergehend mit Körperflüssigkeitsverlust, -anstieg oder beidem (NANDA-I, 2010).

Risikofaktoren

abdominale Operation
intestinale Obstruktion
Pankreatitis
Aszites
Verbrennungen
Sepsis
traumatische Verletzung (z. B. gebrochene Hüfte)
eine Apherese wird ausgeführt.

Anmerkung der Autorin

Diese Diagnose kann mehrere klinische Zustände widerspiegeln, wie etwa ein Ödem, eine Hämorrhagie, Dehydratation und ein Kompartmentsyndrom. Wenn eine Pflegende eine Person auf unausgeglichenen Flüssigkeitshaushalt überwacht, wäre es klinisch von größerem Nutzen, das spezielle Ungleichgewicht als interdisziplinäres Problem – wie Hypovolämie, Kompartmentsyndrom, erhöhten intrakraniellen Druck, Gastrointestinalblutung oder postpartale Blutung – zu bezeichnen. So würde man beispielsweise die meisten Klienten intraoperativ auf eine Hypovolämie überwachen. Bei einem neurochirurgischen Eingriff würde man auch den Schädelinnendruck überwachen. Bei einer orthopädischen Prozedur würde man sich um ein Kompartmentsyndrom kümmern. Für spezielle interdisziplinäre Probleme und Interventionen siehe Teil III.

Trauern

Trauern

Vorwegnehmendes Trauern*
Erschwertes Trauern.

Definition

Trauern: der Zustand, in dem eine Person oder eine Familie eine natürliche Reaktion mit psychosozialen und physiologischen Phänomenen auf einen tatsächlichen oder wahrgenommenen Verlust (Person, Objekt, Funktion, Status, Beziehung) erfährt.

Trauern (engl. Grieving): Ein normaler komplexer Prozess mit emotionalen, physischen, geistigen, sozialen und intellektuellen Reaktionen und Verhaltensweisen, in dem Individuen, Familien und Gemeinschaften ihren aktuellen, vorweggenommenen oder wahrgenommenen Verlust im Alltag zum Ausdruck bringen (NANDA-I, 2010).

Bestimmende Merkmale oder Kennzeichen

Hauptkennzeichen (obligat)

Die Person berichtet über einen tatsächlichen oder wahrgenommenen Verlust (Person, Objekt, Funktion, Status, Beziehung) und verschiedene Reaktionen, wie z. B.:

- Wut
- Schmerz
- Verzweiflung

* Diese Diagnose steht gegenwärtig nicht auf der NANDA-Liste, wurde jedoch der Klarheit und Nützlichkeit halber aufgenommen.

- Schuld[zuweisungen]
- Veränderung im Aktivitätsniveau
- Veränderungen der Schlafmuster
- Veränderung der Traummuster
- spricht dem Verlust Sinn zu
- persönliches Wachstum
- erlebte Erleichterung.
- Distanziertheit
- Desorganisation
- psychologisches [psychisches] Leid
- panisches Verhalten
- hält die Verbindung zur verstorbenen Person aufrecht
- Veränderungen der Immunfunktion
- Veränderungen der neuroendokrinen Funktion
- Leiden.

Einflussfaktoren

Viele Situationen können zu Verlustgefühlen beitragen. Einige davon werden im Folgenden genannt.

Pathophysiologische Faktoren

B/d den Verlust an Funktion, Körperteilen oder Unabhängigkeit, s/b/d:

neurologische Ursachen
respiratorische Ursachen
Veränderungen am Muskel-Skelett-System
Veränderungen im Verdauungstrakt
sensorische Ursachen
ein Trauma
kardiovaskuläre Ursachen
renale Ursachen.

Behandlungsbedingte Faktoren

B/d Verluste in Verbindung mit:

einer Langzeitdialyse
einer Operation (z. B. Mastektomie).

Situationsbedingte Faktoren (persönlich bedingt, umgebungsbedingt)

B/d negative Auswirkungen und Verluste, s/b/d:

chronische Schmerzen
einen Todesfall
eine zum Tode führende Krankheit.

B/d Verluste in der Lebensweise in Verbindung mit:

einer Entbindung
einer Scheidung
einem Kind, das von zu Hause auszieht
einer Trennung
der Hochzeit.

B/d einen Verlust an Normalität, s/b/d:

eine Behinderung
Krankheit
Narben.

B/d vorhergesehener Verlust eines wichtigen Objekts (z. B. Besitz, Beruf, Status, Wohnstätte, Teile und Funktionen des Körpers)

B/d vorhergesehener Verlust einer Bezugsperson

B/d Tod einer Bezugsperson

B/d Verlust eines wichtigen Objekts (z. B. Besitz, Beruf, Status, Wohnstätte, Teile und Prozesse des Körpers).

Altersbedingte Faktoren

B/d Veränderungen, die dem Altern zugeordnet werden:

im Freundeskreis
zu Hause
in Bezug auf Funktionen
im Beruf.

B/d den Verlust von Hoffnungen und Träumen.

Anmerkung der Autorin

Trauern, *vorwegnehmendes Trauern* und *erschwertes Trauern* sind drei Reaktionsweisen von Individuen oder Familien auf einen Verlust. *Trauern* beschreibt das normale Trauern nach einem Verlust und die Trauerarbeit. *Vorwegnehmendes Trauern* beschreibt die Trauerarbeit vor einem erwarteten Verlust. *Erschwertes Trauern* bezeichnet einen Prozess der Fehladaptation, bei dem die Trauerarbeit unterdrückt wird, fehlt oder bei dem eine Person prolongierte, übertriebene Reaktionen zeigt. Bei allen drei Diagnosen besteht das Pflegeziel im Fördern der Trauerarbeit. Bei *erschwertem Trauern* richtet die Pflegeperson ihre Interventionen außerdem darauf aus, überschießende, prolongierte und problematische Reaktionen zu reduzieren.

In vielen klinischen Situationen (z. B. beim Verlust eines Körperteils, beim Tod einer Bezugsperson) erwartet die Pflegeperson eine Trauerreaktion. Andere Situationen, die zu starken

Trauerreaktionen führen, werden bisweilen ignoriert oder heruntergespielt (z. B. ein Abort, der Tod eines Neugeborenen, eines Zwillings oder Drillings, der Tod eines Liebhabers, Suizid, der Verlust eines Kindes an Pflegeeltern oder durch Adoption).

Irrtümer in diagnostischen Aussagen

1. *Erschwertes Trauern,* **b/d** *exzessive emotionale Reaktionen (Weinen, Wut) auf den kurze Zeit zurückliegenden Tod des Sohnes*
   Die Reaktion auf einen Verlust erfolgt in hohem Maße individuell. Unabhängig vom Grad der Ausprägung sollte die Reaktion auf einen akuten Verlust niemals als «nicht funktionsgerecht» bezeichnet werden. *Erschwertes Trauern* ist gekennzeichnet durch eine nachhaltige oder prolongierte schädigende Reaktion; eine Diagnose, die erst 18–24 Monate nach einem Verlust wirklich gestellt werden kann. Die Pflegeperson sollte diese Diagnose neu formulieren als: *Trauern,* **b/d** *den kurze Zeit zurückliegenden Tod des Sohnes, angezeigt durch emotionale Reaktionen von Wut und tiefer Trauer.*
2. *Vorwegnehmendes Trauern,* **b/d** *wahrgenommene Auswirkungen einer Rückenmarkverletzung auf Lebensziele*
   Die Verwendung von *vorwegnehmendem Trauern* an dieser Stelle konzentriert sich auf vorweggenommene, nicht auf tatsächliche Verluste. Da diese Person sowohl um aktuelle wie um vorweggenommene Verluste trauert, sollte die Pflegeperson dies umformulieren in: *Trauern,* **b/d** *aktuelle oder vorweggenommene Verluste in Zusammenhang mit einer kurze Zeit zurückliegenden Rückenmarkverletzung.*

Zentrale Konzepte

Allgemeine Überlegungen

- Die US-amerikanische Kultur verehrt Jugendlichkeit und Leben. Obwohl jeder Mensch vom Tod umgeben ist, gilt dieser in den Augen der Gesellschaft stets jemand anderem. Die heutige Gesellschaft wurde insofern als «todesverachtend» bezeichnet, als sie Tod und Trauer nicht anerkennt und sich beidem nicht stellt.
- Betreuungspersonen müssen sich eingestehen, dass sich ihre Einstellungen und Überzeugungen in Bezug auf Tod, Sterben und Trauern auf die Versorgung und Pflege von Menschen, die einen Verlust erfahren, ganz erheblich auswirken.
- Ein Verlust muss nicht immer mit Tod verbunden sein; wenn jemand einen Verlust (Objekt, Beziehung) erfährt, folgen Kummer und Trauer.
- Der Trauerfall ist das Ereignis: Verlust, Tod, Scheidung, Gesundheitsstörung und der Körperteil.
- Kummer ist das Gefühl: Wut, Frustration, Einsamkeit, Traurigkeit, Schuldgefühl, Reue, beeinflusst durch die Wahrnehmung des Verlustes.
- Trauern ist die Verhaltensreaktion und der Prozess der Auflösung des Kummers. Trauern hat einen Anfang, den Verlust, und es kann ein Ende haben, die Auflösung.
- Die fließend ineinander übergehenden Aufgaben des Trauerns wurden durch Worden (2002) herausgearbeitet und können der Pflegeperson helfen, den jeweiligen Fortschritt des Klienten im Trauerprozess zu erkennen:

1. Akzeptieren, dass der Verlust real ist.
2. Den Schmerz des Kummers spüren.
3. Sich-Anpassen an ein Umfeld, in dem die verstorbene Person fehlt.
4. Der verstorbenen Person emotional einen neuen Platz zuweisen und weiterleben.

- Der normale Trauerprozess kann die in **Tabelle II-11** genannten Elemente umfassen (Worden, 2002).
- Ergebnisse aus der Forschung haben widerlegt, dass es sich beim Trauern um einen klaren, geordneten, linearen und zu einem willkürlich gewählten Zeitpunkt abgeschlossenen Prozess handelt (Boyd, 2001).
- Eine zum Tode führende Erkrankung mit ihren Begleittherapien und ihrem progredientem Verlauf führt zu vielen Verlusten:
  - Funktionsverlust (alle Systeme/Rollen)
  - Verlust der finanziellen Unabhängigkeit
  - Veränderung des Aussehens
  - Verlust von Freunden/sozialer Unterstützung oder von Systemen/anderen Beziehungen
  - Verlust des Selbstwertgefühls
  - Verlust des Selbst.
- Eine Scheidung stellt die Partner und deren Familien vor zahlreiche Verluste: Rollen, Beziehungen, Häuser, Besitztümer, Finanzen, Kontrolle, Routinen und Verhaltensmuster.
- Wenn Männer ihre Ehefrau verlieren, reagieren sie, als verlören sie einen Teil von sich selbst, während Frauen reagieren, als seien sie verlassen oder aufgegeben worden (Bateman, 1999).
- Entrechtete Trauer tritt ein, wenn mit einem Todesfall oder einer Krankheit (z. B. Suizid, AIDS) ein soziales Stigma verbunden ist. Unter Umständen ist die Person allein, emotional isoliert oder fürchtet sich davor, ihre Trauer öffentlich zum Ausdruck zu bringen (Bateman, 1999).
- Komplexe soziale Fragen der Moral, Sexualität, Ansteckung und Scham in Zusammenhang mit AIDS-bedingten Verlusten stören den heilenden Trauerprozess (Mallinson, 1999).
- Schwule Männer, die zahlreiche AIDS-bedingte Verluste (z. B. den Verlust von Freunden und der Gemeinschaft, zerfallende Familienstrukturen und soziale Netze) erlitten haben, erfahren seitens heterosexuellen Menschen u. U. nur wenig Verständnis (Mallinson, 1999).

Pädiatrische Überlegung

- Kinder reagieren auf Tod entsprechend ihrem Entwicklungsalter und der Reaktion von Bezugspersonen:
  - *unter 3 Jahren:* kann Tod nicht verstehen; fürchtet Trennung.
  - *3 bis 5 Jahre:* sieht Krankheit als Strafe für reales oder imaginiertes Fehlverhalten. Hat nur eine schwache Vorstellung vom Tod als etwas Endgültigem, weil das Vorstellungsvermögen für Zeit noch nicht ausgereift ist. Sieht Tod u. U. als eine Art Schlaf. Glaubt u. U., der Tod sei durch «sie» verursacht (magisches Denken, z. B. durch böse Gedanken über jemanden).
  - *6 bis 10 Jahre:* Beginnt den Tod zu fürchten. Versucht, dem Ereignis eine Bedeutung zuzuweisen (z. B. Teufel, Geist, Gott). Assoziiert Tod mit Verstümmelung und Bestrafung. Kann Verantwortlichkeit für das Ereignis spüren, glaubt jedoch u. U. noch immer, es träfe nur andere Menschen.

Tabelle II-11: Elemente des normalen Trauerprozesses (Quelle: Worden, 2002)

Gefühle	Körperliche Empfindungen	Gedanken	Verhaltensweisen
Betäubung, Schock	Depersonalisation («Nichts scheint real.»)	Unglaube («Das geschieht nicht wirklich.»)	Schlaf- und Appetitstörungen
Traurigkeit	Energiemangel, Schwäche	Vergesslichkeit, Verwirrtheit	Weinen, Seufzen
Einsamkeit	hohles Gefühl im Magen («Schmetterlinge»)	Beschäftigtsein mit dem Verstorbenen oder zwanghaft an den Verstorbenen denken	abwesendes Verhalten
Schuldgefühl	Schmerzen oder Zugeschnürtsein in der Kehle, im Brustkorb; Atemnot	Endgültigkeit («Die Dinge werden nie wieder sein wie früher.»)	lautes Schreien
Hilflosigkeit, Kontrollverlust	Zittrigkeit, Nervosität	Furcht (vor dem eigenen Tod oder dem Tod einer anderen Person)	erhöhter Konsum von Alkohol, Medikamenten, Tabak
Zorn, Frustration, Irritiertheit, fehlgeleitete Feindseligkeit	Mundtrockenheit, verstärktes Schwitzen	Suizid («Das Leben ist bedeutungslos.»)	Aktivitäten mit Bezug auf die verstorbene Person (nach der Person rufen; Orte oder Gegenstände, welche die hinterbliebene an die verstorbene Person erinnern, meiden oder aufsuchen; mit dem Verstorbenen sprechen (Bild, Urne)
Furcht	Kopfschmerzen	paranormale Erfahrungen (Gefühl der «Anwesenheit» der verstorbenen Person, Träume etc.)	Suchverhalten (die verstorbene Person erwarten)
Erleichterung	die gleichen körperlichen Symptome wie die verstorbene Person zeigen	Zorn («Warum ist es geschehen? Das ist nicht fair.»)	sozialer Rückzug
Sehnsucht		Schuldgefühle («Wenn doch nur ...», «Ich wünschte, dass ...»)	Veränderungen der Leistung am Arbeitsplatz (Säumigkeit, frühzeitiges Nachhausegehen, bis spät arbeiten etc.)
			Schock und Unglaube

- *11 bis 12 Jahre:* Gewöhnlich besteht eine erwachsene Vorstellung vom Tod (unausweichlich, irreversibel, universell). Haltung wird wesentlich von den Reaktionen der Eltern und anderer Personen beeinflusst. Es besteht großes Interesse an Gottesdiensten und Ritualen nach dem Tod. Trauern kann sich auf die Entwicklung und Identität des Kindes auswirken.
- *Adoleszenz:* Ausgereifte Vorstellung vom Tod. Kann unter Schuldgefühlen und Scham leiden. Akzeptiert den Tod wahrscheinlich am wenigsten – vor allem den eigenen (Wong, 2003).
- «Der Tod eines Kindes ist emotional, psychisch und physisch eine der schmerzlichsten Erfahrungen, die ein Mensch machen kann, und in der heutigen Gesellschaft philosophisch oft nicht fassbar» (Vickers/Carlisle, 2000: 12).

Geburtshilflich-gynäkologische Überlegungen

- Der Tod eines Feten oder Säuglings setzt die Familie vielfältigen Formen von Stress aus.
- Die Geburt eines Kindes mit einer angeborenen Anomalie schafft emotionale Schwierigkeiten für die Eltern, ihre Beziehung zu dem Kind und das Funktionieren der Familie.

Geriatrische Überlegungen

- Trauern ist bei älteren Menschen oft bedingt durch Verluste am eigenen Selbst, wie Veränderungen von Rollen oder des Körperbildes oder eine verminderte Körperfunktion. Diese Verluste werden bisweilen schwerer akzeptiert als der Verlust einer Bezugsperson (Miller, 2004).
- In vielen Kulturen gilt der Tod eines Lebensgefährten/einer Lebensgefährtin als das belastendste Ereignis. Eine steigende Lebenserwartung erhöht die Möglichkeit, 50 Jahre oder länger mit einer Partnerin/einem Partner zusammen zu sein und verstärkt damit auch die Auswirkungen des Verlustes dieser Partnerin/dieses Partners. Unter Umständen ist diese Person jeweils der/die einzige nahe Angehörige und der einzige Sozialkontakt der Person.
- Einiges scheint dafür zu sprechen, die Trauerphase bei älteren Menschen, die den Partner/die Partnerin verlieren, auf 24 Monate auszuweiten. Von größerem Einfluss als der Verlust einer Bezugsperson ist der Verlust einer entscheidenden Beziehung, die dem Leben der Person Bedeutung verleiht. Selbst bei jungen Witwen wurden die Schätzungen hinsichtlich der Anpassungsphase auf der Grundlage von Forschungsergebnissen erweitert, die eine Bewegung an der 24-Monatsmarke von großem Leid hin zu geringem Leid (gemessen mit dem Goldberg General Health Questionnaire) zeigen (Caserta et al., 1985).
- Ein schmerzlicher Verlust durch Tod ist ein Risikofaktor für Suizid. Ältere Menschen unternehmen 25 % aller Suizide. Suizidversuche sind bei ihnen seltener, jedoch steigt ihre Rate von 20 : 1 bei den unter 40-Jährigen auf 4 : 1 bei den 60-Jährigen an. Bei Män-

nern über 65 Jahren ist die Suizidinzidenz am höchsten. Bei Männern im Alter zwischen 75 und 84 Jahren beträgt sie 42,3/100 000 und bei Männern über 85 Jahre 50,6/100 000 (Miller, 2004).

- Der Tod eines Haustiers kann für einen isolierten älteren Menschen bedeutsam sein und zu einem Trauerprozess führen.
- Die Erinnerungstherapie oder ein Lebensrückblick («life review») kann helfen, Verluste zu integrieren. Häufig nutzen ältere Menschen die Erinnerungsarbeit, um das achte Entwicklungsstadium nach Erikson – Reifes Erwachsenenalter (Ich-Integrität vs. Lebensekel) – zu durchlaufen (Miller, 2004).
- Soziale Unterstützung, starke religiöse Überzeugungen und eine gute vorbestehende geistige Gesundheit sind Ressourcen, die psychosoziale und physische Funktionsgestörtheit mindern (Miller, 2004).

Transkulturelle Überlegungen

- Trauern, eine Verhaltensreaktion auf Tod oder einen Verlust, ist kulturell determiniert (Andrews/Hansen, 2004).
- «Selbst wenn ein Verlust durch Tod als universaler Stressor gilt, variiert das Ausmaß des Stresses und dessen Bedeutung für das Individuum transkulturell betrachtet ganz erheblich» (Andrews/Hansen, 2004:96). In der vorherrschenden US-Kultur wird davon ausgegangen, dass der Tod eines Kindes belastender ist als der Tod eines älteren Verwandten.
- Puerto-Ricaner glauben, der Geist eines Menschen könne nicht frei ins nächste Leben eintreten, wenn vor dem Tod etwas ungesagt blieb. Das Trauern kann verstärkt werden, wenn der Lebenszyklus nicht abgeschlossen wurde, etwa bei einem plötzlichen Tod (Andrews/Hansen, 2004).
- Hispanier drücken Trauer bisweilen durch krampfartiges Verhalten, hyperkinetische Episoden, Aggression oder Stupor aus. Dieses Syndrom wird als *elliptisch* bezeichnet (Andrews/Hansen, 1998).
- In der chinesischen Kultur hängt der Grad des Trauerns von der Bedeutung der verstorbenen Person und von deren Nähe zum Trauernden ab (Andrews/Hansen, 1998).
- Trauerarbeit beinhaltet für Haitianer oft, Symptome der letzten Krankheit der verstorbenen Person anzunehmen (Giger/Davidhizar, 2004).

Einschätzungskriterien des Fokusassessments

Subjektive Daten

Einschätzen bestimmender Merkmale oder Kennzeichen

Gegenwärtige Interaktionen zwischen oder unter den Familienmitgliedern:

Erwachsene

Kinder

Reifegrad

Verstehen der Krise
Partizipationsgrad
Wissen über erwartete Trauerreaktionen
Beziehung zur kranken oder verstorbenen Person.

Äußern von:

Ambivalenz
Wut/Zorn
Verleugnung
Depression
Furcht
Schuldgefühlen.

Berichten über:

Magen-Darm-Störungen
Schlaflosigkeit
Sorgen um den Schlaf
Erschöpfung (vermindert oder verstärkt)
Unvermögen, eine Arbeit durchzuführen, sich selbst zu versorgen oder sozialen Verantwortlichkeiten gerecht zu werden.

Einschätzen beeinflussender Faktoren

Familie

Früheres Coping-Verhalten in einer Krise
Qualität der Beziehung der erkrankten bzw. verstorbenen Person zu jedem Familienmitglied
Stellung oder Rollenverantwortlichkeiten der erkrankten bzw. verstorbenen Person
Soziokulturelle Erwartungen an die Trauer
Religiöse Erwartungen an die Trauer.

Einzelne Familienangehörige

Frühere Erfahrungen mit Verlust oder Tod (als Kind, Jugendliche oder Erwachsener)
Teilte die Familie ihre Trauer?
Wurden besondere religiöse oder kulturelle Rituale in Zusammenhang mit dem Verlust durch Tod praktiziert?

Objektive Daten

Einschätzen bestimmender Merkmale oder Kennzeichen

Normativ:

Schock
Wut/Zorn
Hoffnungslosigkeit
Unglaube, Verleugnen
Beschäftigtsein mit dem Tod

Kummer
Rückzug
Weinen
Traurigkeit.

Pathologisches Verhalten (tief greifende, zunehmend verschlechterte Reaktionen) (subjektiv, objektiv):
Wut/Zorn
Verleugnen
Verzweiflung
Substanzmissbrauch
Isolation
Zwanghaftigkeit
Wahnvorstellungen
Regression
Halluzinationen
Suizidgedanken
Unvermögen, wieder zu funktionieren wie vor dem Verlust durch den Todesfall.

Ziele

NOC

- Coping
- Copingverhalten der Familie
- Auflösung von Trauer
- Psychosoziale Anpassung: Lebensveränderung

Die Person bringt ihre Trauer zum Ausdruck.
Trauer wird frei geäußert.

Indikatoren

- Beschreiben der Bedeutung des Todes oder Verlustes für die eigene Person.
- Teilen der eigenen Trauer mit Bezugspersonen.

Allgemeine Interventionen

NIC

- Familienunterstützung
- Trauerarbeitserleichterung
- Coping-Verbesserung
- Angeleitete Antizipation
- Emotionale Unterstützung

Einschätzen auf Faktoren, welche die Trauerarbeit verzögern können

Nicht verfügbares oder fehlendes Unterstützungssystem
Ungewisser Verlust (z. B. ein vermisstes Kind)
Unterbliebenes Trauern um einen vergangenen Verlust
Die Natur einer Beziehung
Abhängigkeit
Unfähigkeit zu trauern
Persönlichkeitsstruktur
Vielfältige Verluste
Ein früheres Gemütsleiden
Früher Objektverlust.

Reduzieren oder Eliminieren von Faktoren, wenn möglich

Fördern einer vertrauensvollen Beziehung

Fördern Sie das Selbstwertgefühl in Einzel- oder Gruppensitzungen.
Ermöglichen Sie festgelegte Zeiten, um sich zu treffen und Gefühle zu erörtern.
Kommunizieren Sie klar, einfach und pointiert.
Versuchen Sie niemals, den Verlust herunterzuspielen (z. B.: «Sie hat nicht lang gelitten» oder «Sie können noch ein Kind bekommen»).
Nutzen Sie Feed-back, um einzuschätzen, was die Person und ihre Familie gelernt hat.
Bieten Sie Unterstützung und Beruhigung an.
Schaffen Sie ein therapeutisches Milieu («Vermitteln Sie, dass Sie sich kümmern»).
Schaffen Sie ein sicheres, verlässliches und privates Umfeld.
Zeigen Sie Respekt für die Kultur, Religion, ethnische Herkunft und Wertvorstellungen der Person.
Sorgen Sie für Privatsphäre, aber achten Sie darauf, die Person oder die Familie nicht versehentlich zu isolieren.
Sorgen Sie für eine Präsenz, bei der Sie einfach nur mit der trauernden Person beisammen sind.

F: Trauerarbeit kann erst beginnen, wenn die Person den Verlust anerkennt. Pflegende können zu diesem Anerkennen ermutigen, indem sie einen offenen, ehrlichen Dialog führen, der Familie Gelegenheit geben, die verstorbene Person zu sehen und die Trauer anzuerkennen und zu validieren (Vanezis/McGee, 1999).

F: Der *Lebensrückblick* («life review») ist ein Prozess, in dessen Verlauf sich die sterbende Person an Vergangenes – vor allem an ungelöste Konflikte – in dem Versuch erinnert, sie zu lösen. Er gibt der Person Gelegenheit, Erfolge und Misserfolge zu evaluieren.

Unterstützen von Trauerreaktionen

Erklären Sie Trauerreaktionen: Schock und Ungläubigkeit, allmähliches Bewusstwerden und Auflösung.
Beschreiben Sie verschiedene akzeptable Ausdrucksformen:

- erregtes oder manisches Verhalten als Abwehr von Depression
- Erregtheit und Hyperaktivität als Reaktion der Liebe und des Schutzes vor Depression
- verschiedene Stadien der Depression

- verschiedene somatische Erscheinungsformen (Gewichtsab- oder -zunahme, Verdauungsstörungen, Benommenheit).

Finden Sie frühere Verlusterfahrungen (z.B. Verluste in der Kindheit und im späteren Leben) heraus.

F: Wut wird oft als negativ wahrgenommen, kann dem Verhalten jedoch als Triebkraft dienen, den Ausdruck negativer Gefühle erleichtern und helfen, sich gegen Bedrohungen zu verteidigen (Boyd, 2001).

F: Stille Anwesenheit und der Einsatz von Berührung können vermitteln, dass Weinen akzeptiert wird.

F: Anzuerkennen, dass Trauerreaktionen erwartet werden und normal sind, kann eine ängstliche trauernde Person unterstützen.

Feststellen, ob die Familie besondere Bitten in Bezug auf die Begegnung mit der verstorbenen Person hat (Vanezis/McGee, 1999)

Respektieren Sie ihre Bitten.

Bereiten Sie sie auf Veränderungen des Körpers vor.

Entfernen Sie jegliche Gerätschaften und medizinische Ausrüstungsgegenstände. Wechseln Sie verschmutzte Bettwäsche.

Unterstützen Sie ihre Bitten (z.B. die verstorbene Person zu halten, zu waschen, zu berühren oder zu küssen).

Fördern des Familienzusammenhalts

Unterstützen Sie die Familie auf ihrer Ebene des Funktionierens.

Ermutigen Sie die Selbsterforschung von Gefühlen mit Familienangehörigen.

Erklären Sie, dass Verhaltensweisen, die Beziehungen stören, besprochen werden müssen.

Würdigen und bekräftigen Sie die Stärken eines jeden Familienmitglieds.

Ermutigen Sie Familienangehörige, ihre Gefühle zu evaluieren und einander zu unterstützen.

F: Der Tod eines Kindes kann eine Ehe extrem belasten (Pallikkathayil/Flood, 1991).

Fördern der Trauerarbeit bei jeder Reaktion

Verleugnen

Erkennen Sie an, dass die Reaktion nützlich und notwendig ist.

Erklären Sie den Einsatz des Verleugnens durch ein Familienmitglied den übrigen Angehörigen.

Drängen Sie den Klienten nicht, über das Verleugnen hinauszugehen, ohne dass er emotional dazu bereit ist.

Isolation

Vermitteln Sie Akzeptanz, indem Sie Trauer anerkennen.

Schaffen Sie eine offene, ehrliche Kommunikation, damit sich die Personen einander mitteilen.

Stärken Sie das Selbstwertgefühl der Person, indem Sie für Privatsphäre sorgen.

Ermutigen Sie den Klienten/die Familie, soziale Aktivitäten allmählich zu verstärken (z. B. Selbsthilfegruppen, Kirchengruppen).

Bereiten Sie den Klienten/die Familie darauf vor, dass er/sie u. U. von einigen Freunden und Angehörigen gemieden wird/werden, die sich möglicherweise mit seiner/ihrer Verlustsituation oder den Trauerreaktionen nicht wohl fühlen.

Ermutigen Sie den Klienten/die Familie, Bezugspersonen seine/ihre Bedürfnisse wissen zu lassen (z. B. Unterstützung, Privatsphäre, die Erlaubnis, ihr Erleben mitzuteilen).

Depression

Stärken Sie das Selbstwertgefühl der Person.

Klären Sie das Ausmaß der Depression und entwickeln Sie das Vorgehen entsprechend.

Setzen Sie Empathie ein; erkennen Sie die Trauer an («Es muss sehr schwierig für Sie sein.»).

Stellen Sie fest, ob es Hinweise auf suizidales Verhalten gibt (häufiges Formulieren der Absicht, Aufdecken des Plans).

Für zusätzliche Informationen siehe *Gefahr einer Selbstschädigung*.

Wut

Unterscheiden Sie zwischen der generellen Wut der Person und dem Einsatz von Wut im Trauerprozess.

Erklären Sie der Familie, dass Wut dazu dient, die eigene Umgebung besser zu kontrollieren, weil man den Verlust nicht zu kontrollieren vermag.

Betonen Sie, dass die Krankheit bzw. der Tod nicht eingetreten ist, weil das Kind böse war oder weil es sich das gesunde Kind so gewünscht hat.

F: Trauernde, die stark mit den praktischen und notwendigen Aufgaben des Fürsorgens für die sterbende Person beschäftigt waren, sprechen den bevorstehenden Verlust u. U. nicht an und sind daher der Gefahr einer verzögerten Trauerreaktion ausgesetzt (Stuart/Sundeen, 2002).

F: Anzuerkennen, dass Trauerreaktionen erwartet werden und normal sind, kann eine ängstliche trauernde Person unterstützen.

F: Der Person zu helfen, Wahrnehmungen in Bezug auf Sterben und Tod zu erkennen, kann auch Gelegenheit bieten, deren Genauigkeit zu untersuchen.

Erkennen von Klienten, die einem hohen Risiko erschwerter Trauerreaktionen ausgesetzt sind

Identifizieren Sie Klienten, die einem hohen Risiko erschwerter Trauerreaktionen ausgesetzt sind:

- Dauer der Beziehung: mehr als 55 Jahre, weniger als 5 Jahre. Bedenken Sie Bedeutung und Qualität der Beziehung in den Augen der überlebenden Person.
- medizinische Fragen: ausstehende Behandlungen oder Operationen; Anamnese der akuten oder chronischen Erkrankung.
- Anamnese oder Behandlung der geistigen Gesundheit: ambulante Beratung/Nachsorge; psychiatrische Medikationen (Depression, Angst, Schlaf etc.); psychiatrische Hospitalisationen; Suizidversuche; Suizidgedanken.
- Substanzmissbrauch: in der Familienanamnese, Suizidvorstellungen oder ein entsprechendes Potenzial.

- Familiendynamik: Allianzen, Konflikte.
- Kinder: 17 Jahre oder jünger, entweder zu Hause oder mit einer bedeutsamen Beziehung zur verstorbenen Person (z. B. Großelternteil, der im selben Haus wohnte).
- vielfältige Verluste: Todesfälle, Umzüge, Pensionierung, Scheidung.
- traumatischer Todesfall: Umstände des Todes, plötzlicher oder unerwarteter Tod, entsprechend der Wahrnehmung des/der Hinterbliebenen.
- Isolation: geographisch, sozial, emotional.

F: Ein plötzlicher Todesfall oder Suizid ist katastrophal. Interventionen konzentrieren sich darauf, Überlebenden bei fundierten Wahrnehmungen des Ereignisses und – im Falle eines Suizids – bei Scham und Verwirrung zu helfen (Mohr, 2003).

F: Interventionen müssen sofort nach einem realisierten Suizid einsetzen, weil es bei den Hinterbliebenen zu Schuldgefühlen, Zurückweisung und Desillusionierung kommt.

Unterweisen des Klienten/der Familie in Zeichen pathologischen Trauerns, vor allem bei entsprechend gefährdeten Personen

Länger anhaltende Halluzinationen
Ständiges Suchen nach der verstorbenen Person (häufige Umzüge/Verlegungen)
Wahnvorstellungen
Isolation
Ichzentriertheit
Offene Feindseligkeit (gewöhnlich gegenüber einem Familienmitglied).

F: Trauernde, die stark mit den praktischen und notwendigen Aufgaben des Fürsorgens für die sterbende Person beschäftigt waren, sprechen den bevorstehenden Verlust u. U. nicht an und sind daher der Gefahr einer verzögerten Trauerreaktion ausgesetzt (Stuart/Sundeen, 2002).

F: Einen Suizid mit einem Geheimnis zu umgeben, behindert die Trauerarbeit, weil es die offene Diskussion verhindert (Boyd, 2001).

Fördern körperlichen Wohlbefindens: Ernährung, Schlaf/Ruhe, körperliche Betätigung für Überlebende eines Suizids

Ermutigen Sie die Personen, sich an eine Gesundheitsfachperson der Primärversorgung zu wenden.

Finden Sie heraus, wie die Betroffenen das Ereignis interpretieren. Klären Sie verzerrte Vorstellungen.

Besprechen Sie Pläne für die Bestattung und die Benachrichtigung von Freunden und Verwandten.

Erörtern Sie die Gefahren der Heimlichtuerei.

Lassen Sie Schuldgefühle, Wut und Schuldzuweisungen zu (z. B. gegen Fachkräfte).

Betreuen Sie die Familie telefonisch nach.

Überweisen Sie alle Hinterbliebenen, vor allem die stark gefährdeten (Kinder, Personen mit unzureichender Unterstützung, Personen, die mit Vorwürfen reagieren, einen Sündenbock suchen oder alles unter den Tisch kehren möchten) an eine Beratung.

F: Einen Suizid mit einem Geheimnis zu umgeben, behindert die Trauerarbeit, weil es die offene Diskussion verhindert (Boyd, 2001).

Beginnen mit Gesundheitsedukation und Überweisen, soweit angezeigt

Unterweisen Sie den Klienten und seine Familie in Zeichen der Auflösung von Trauer

Die trauernde Person lebt nicht länger in der Vergangenheit, sondern ist zukunftsorientiert und setzt sich neue Ziele.

Die trauernde Person definiert ihre Beziehung zu dem verlorenen Objekt/der verlorenen Person neu.

Die trauernde Person nimmt wieder Sozialkontakte auf.

Herausfinden von Einrichtungen, die hilfreich sein können (z. B. kommunale Einrichtungen, religiöse Gruppen)

Pädiatrische Interventionen

Erklären, was den Tod verursacht hat

Klären der Wahrnehmungen des Kindes.

Offen klären, dass das Kind den Tod nicht verursacht hat.

Offenes Erörtern möglicher Reaktionen

«Manchmal, wenn jemand stirbt, fühlen wir uns schlecht, wenn wir dem Betreffenden etwas Böses gesagt oder getan haben.»

«Bisweilen sind wir glücklich, dass nicht *wir* gestorben sind und fühlen uns dann schlecht, weil _______ gestorben ist.»

«Wenn jemand stirbt, beginnen wir uns vielleicht zu fürchten, dass wir ebenfalls sterben könnten.»

«Ich erinnere mich noch daran, als _______ sagte/was _______ tat. An was erinnerst du dich?»

Erklären von Ritualen (z. B. ein Kinderbuch über den Tod lesen)

Unterstützen der Familie bei der Entscheidung darüber, ob das Kind an der Bestattung teilnimmt. Feststellen, ob Folgendes vorliegt (Boyd, 2001):

- Das Kind hat ein Grundverständnis von Tod und gute Coping-Fertigkeiten.
- Das Kind fürchtet sich nicht vor emotionalen Reaktionen der Erwachsenen.
- Die ethnische Gruppe geht offen mit dem Tod um (z. B. indem Kinder üblicherweise an Bestattungen teilnehmen).
- Eine vertraute erwachsene Person, die mit der eigenen Trauer gut zurechtkommt, steht zur Verfügung, um auf die Bedürfnisse des Kindes zu achten.
- Das Kind äußert den Wunsch zur Teilnahme und hat ein Grundverständnis des zu erwartenden Geschehens.

Untersuchen einer bedingten Teilnahme des Kindes an der Bestattung (z. B. den Raum betreten, in dem der Tote aufgebahrt ist, bevor die Besucher kommen, oder am Totenmahl teilnehmen)

Das Kind in seinem eigenen Tempo trauern lassen. Jugendliche offen trauern lassen. Erwägen einer Geschwister-Selbsthilfegruppe, wenn indiziert.

F: Kinder müssen entsprechend ihrem Entwicklungsstand in Trauerrituale einbezogen werden oder «sie fühlen sich u. U. allein und bei der Konfrontation mit ihrer Furcht im Stich gelassen» (Bateman, 1999: 144).

F: Kinder lassen sich dazu ermutigen, symbolisch durch Schreiben, Geschichtenerzählen und Zeichnen zu kommunizieren.

F: Kinder müssen Freud und Leid im Leben spüren, um beides angemessen in das eigene Leben zu integrieren (Boyd, 2001; Kübler-Ross, 1983).

F: Kinder können sich zurückgewiesen und ungeliebt fühlen, wenn Eltern oder Bezugspersonen ihnen aufgrund eigener Trauer keine emotionale Unterstützung bieten und sie emotional nicht nähren (Bourne/Meier, 1988; Wong, 2003).

F: Kinder von Eltern, die Suizid begehen, sind später einem höheren Risiko psychopathologischer Erscheinungen, einer Depression und des Suizids als Coping-Maßnahme ausgesetzt (Boyd, 2001)

F: Geschwister verstorbener Kinder erleben u. U. Schuldgefühle, Wut, Eifersucht und Furcht (Wong, 2003).

Geburtshilflich-gynäkologische Interventionen

Unterstützen der Eltern eines verstorbenen Säuglings, Neugeborenen oder Feten bei der Trauerarbeit (Mina, 1985; Wong, 2003)

Fördern des Trauerns

Verwenden Sie den Namen des Babys, wenn Sie über den Verlust sprechen.

Geben Sie den Eltern Gelegenheit, ihre Hoffnungen und Träume für das Kind mitzuteilen.

Sorgen Sie dafür, dass die Eltern Zugang zu einem Geistlichen in der Klinik oder einer religiösen Führungspersönlichkeit ihrer Wahl erhalten.

Ermutigen Sie die Eltern, ihren Säugling anzuschauen und im Arm zu halten, um die Realität des Verlustes wahrzunehmen.

Konzipieren Sie eine Methode, um nachgeordneten Abteilungen zu vermitteln, dass die Eltern Trauer tragen (z. B. einen Sticker mit einer Rose an der Tür oder auf der Akte).

Stellen Sie ein Erinnerungspäckchen zusammen, eingewickelt in eine saubere Babydecke, mit einem Foto (Polaroid), dem Armband mit der Kennung, den Fußabdrücken und der Geburtsurkunde, einer Haarlocke, der Karte am Bettchen, dem EKG- und Tokographen-Streifen sowie dem Deckchen des Kindes. Ermutigen Sie die Eltern, das Erinnerungspaket mit nach Hause zu nehmen. Sollten sie dies ablehnen, halten Sie es zurück, falls sie es sich später anders überlegen sollten.

Ermutigen Sie die Eltern, ihr Erleben mit den übrigen Kindern zu Hause zu teilen. Verweisen Sie dazu auf entsprechende Laienratgeber.

Sorgen Sie nach der Entlassung für Nachbetreuung und Überweisungen (z. B. in eine Selbsthilfegruppe).

Unterstützen Dritter beim Trösten trauernder Eltern

Betonen Sie, wie wichtig es ist, den Tod offen anzuerkennen.
Wenn das Baby oder der Fetus bereits einen Namen hatte, verwenden Sie diesen im Gespräch.
Versuchen Sie niemals, den Verlust unter Bezug auf zukünftige Schwangerschaften oder andere gesunde Geschwister herunterzuspielen.
Schicken Sie eine Kondolenzkarte.
Seien Sie empfindsam gegenüber der Schwere des Verlustes sowohl für die Mutter als auch für den Vater.
Schaffen Sie ein Andenken (z. B. indem Sie einen Baum pflanzen).

F: Forschenden zufolge haben 100 % aller Eltern, die ihr verstorbenes Kind im Arm hielten, positive Erfahrungen gemacht. Eltern, die ihr Kind nicht im Arm hielten, berichteten über Probleme beim Auflösen des Trauerprozesses (Ransohoff-Adler/Berger, 1989).
F: In einer Studie gaben 80 % der Eltern, die ihr verstorbenes Kind nicht im Arm hielten, an, dies sei die Entscheidung einer Gesundheitsfachperson gewesen (Ransohoff-Adler/Berger, 1989).

Vorwegnehmendes Trauern*

Definition

Vorwegnehmendes Trauern: der Zustand, in dem eine Person/eine Gruppe Reaktionen auf einen erwarteten bedeutsamen Verlust erfährt.
Trauern. Ein normaler komplexer Prozess mit emotionalen, physischen, geistigen, sozialen und intellektuellen Reaktionen und Verhaltensweisen, in dem Individuen, Familien und Gemeinschaften ihren aktuellen, vorweggenommenen oder wahrgenommenen Verlust im Alltag zum Ausdruck bringen (NANDA-I, 2010).

Bestimmende Merkmale oder Kennzeichen

Hauptkennzeichen (obligat)

Angesichts eines potenziellen Verlustes geäußertes Leid.

Nebenkennzeichen (fakultativ)

Veränderung des Schlafverhaltens
Veränderung des Kommunikationsverhaltens
Verminderte Libido

* Diese Diagnose wurde von der NANDA durch *Trauern* ersetzt, hier jedoch der Klarheit und Nützlichkeit halber aufgenommen und auf der Definitionsebene vergleichend gegenübergestellt.

Verleugnen
Schuldgefühle
Trauer
Veränderung des Sozialverhaltens
Wut/Zorn
Veränderung der Essgewohnheiten.

Einflussfaktoren

Siehe *Trauern*.

Zentrale Konzepte

Siehe *Trauern*.

Einschätzungskriterien des Fokusassessments

Siehe *Trauern*.

Ziele

NOC

Siehe *Trauern*.

Trauerreaktionen werden frei nach außen getragen.

Indikatoren

- Teilnehmen an Entscheidungen für die Zukunft.
- Teilen von Sorgen und Bedenken mit Bezugspersonen.

Allgemeine Interventionen

Einschätzen ursächlicher und beeinflussender Faktoren eines vorweggenommenen oder potenziellen Verlustes

Eine zum Tode führende Krankheit
Trennung (Scheidung, Hospitalisierung, Heirat, Verlegung, Beruf)
Veränderungen des Körperbildes
Altern
Rollenwechsel
Veränderungen des Selbstwertgefühls
Sozioökonomischer Status
Bevorstehender Ruhestand.

Einschätzen der individuellen Reaktion

Verleugnen
Wut/Zorn
Isolation
Furcht
Schock
Verhandeln
Schuldgefühle
Traurigkeit
Zurückweisung
Depression
Hilflosigkeit/Hoffnungslosigkeit
Angst.

Ermutigen des Klienten, Sorgen/Bedenken mitzuteilen

Verwenden Sie offene Fragen und seien Sie offen in der Reflexion («Worüber denken Sie heute nach?», «Wie fühlen Sie sich?»).

Würdigen Sie den Wert der Person und ihrer Trauer, indem Sie Berührung einsetzen, sich zu der Person setzen und Ihre Betroffenheit äußern («Das muss sehr schwierig für Sie sein.», «Was ist für Sie jetzt am wichtigsten?»).

Machen Sie sich klar, dass manche Menschen ihre Sorgen und Bedenken zunächst nicht äußern, vermitteln Sie ihnen jedoch, dass Sie verfügbar sind, wenn sie dies später zu tun wünschen («Worauf hoffen Sie?»).

Unterstützen des Klienten und seiner Familie beim Herausarbeiten von Stärken

«Was gelingt Ihnen gut?»
«Was sind Sie zu tun bereit, um diese Angelegenheit anzugehen?»
«Ist Religion für Sie eine Quelle der Kraft?»
«Haben Sie gute Freunde?»
«An wen wenden Sie sich in Zeiten der Not?»
«Was tut diese Person für Sie?»

Fördern der Integrität des Klienten und seiner Familie durch Würdigung von Stärken

«Ihr Bruder freut sich auf Ihren Besuch.»
«Ihre Familie macht sich so viele Gedanken um Sie.»

Unterstützen des Klienten und seiner Familie bei Trauerreaktionen

Bereiten Sie den Klienten und seine Familie auf Trauerreaktionen vor.
Erklären Sie Trauerreaktionen.

Konzentrieren Sie sich auf die aktuelle Situation, bis die Person oder die Familie den Wunsch äußern, über die Zukunft zu sprechen.

Fördern des Familienzusammenhalts

Identifizieren verfügbarer Unterstützungssysteme

Treffen Sie sich immer wieder mit Familienangehörigen.
Identifizieren Sie Rollen, Stärken und Schwächen von Familienangehörigen.

Identifizieren von Kommunikationsmustern innerhalb der Familieneinheit

Beurteilen Sie positives und negatives Feed-back, verbale und nonverbale Kommunikation und Körpersprache.
Hören Sie zu und klären Sie die gesendeten Botschaften.

Sorgen Sie für das Konzept «Hoffnung»

Liefern Sie akkurate Informationen.
Widerstehen Sie der Versuchung, falsche Hoffnungen zu wecken.
Erörtern Sie bereitwillig Sorgen/Bedenken.

Fördern der Entscheidungsfindung in der Gruppe, um die Gruppenautonomie zu stärken

Richten Sie feste Zeiten ein, an denen Sie sich mit der Person und ihrer Familie treffen.
Halten Sie die Familienangehörigen dazu an, direkt miteinander zu sprechen und einander zuzuhören.

Fördern der Trauerarbeit bei jeder Reaktion

Verleugnung

Unterstützen Sie zunächst und streben Sie dann danach, die Bewusstwerdung zu stärken (sobald die Person ihre Bereitschaft signalisiert).

Isolation

Hören Sie zu und verbringen Sie die festgelegte Zeit kontinuierlich mit der Person und ihrer Familie.
Geben Sie dem Klienten und seiner Familie Gelegenheit, ihre Emotionen zu erkunden.
Reflektieren Sie über frühere Verluste und würdigen Sie das durch den Verlust bedingte Verhalten (vergangenes wie gegenwärtiges).

Depression

Beginnen Sie mit einfachem Problemlösen und streben Sie Akzeptanz an.
Stärken Sie das Selbstwertgefühl durch positive Verstärkung.

Identifizieren Sie den Grad der Depression und Indizien für suizidales Verhalten oder entsprechende Vorstellungen.
Seien Sie in Ihrem Verhalten stimmig und legen Sie Zeiten am Tag fest, zu denen Sie mit der Person und ihrer Familie sprechen.

Wut/Zorn

Unterstützen Sie das Weinen als Entladung dieser Energie.
Hören Sie zu und vermitteln Sie Betroffenheit.
Ermutigen Sie zu engagierter Unterstützung durch Bezugs- und Fachpersonen.

Schuldgefühle

Hören Sie zu und vermitteln Sie Betroffenheit.
Fördern Sie den direkteren Ausdruck von Gefühlen.
Erkunden Sie Methoden zur Bewältigung von Schuldgefühlen.

Furcht

Helfen Sie der Person und der Familie, das Gefühl Furcht zu erkennen.
Erklären Sie, dass dies ein normaler Aspekt des Trauerns ist.
Erkunden Sie Einstellungen gegenüber Verlust, Tod usw.
Erkunden Sie Coping-Methoden.

Zurückweisung

Lassen Sie Äußerungen dieses Gefühls zu, um die emotionale Belastung zu mindern.
Machen Sie sich klar, dass das Äußern von Wut/Zorn zur Zurückweisung durch Bezugspersonen führen kann.

Sorgen für das Äußern von Trauer

Ermutigen zu emotionalen Ausdrucksformen des Trauerns

Den Klienten vor der Einnahme von Sedativa und Tranquilizern warnen, die Äußerungen verhindern oder verzögern können

Ermutigen zu mündlichen Äußerungen durch Klienten aller Altersgruppen und Familien

Unterstützen Sie den Familienzusammenhalt.
Fördern und bringen Sie Stärken der Familie als Gruppe zum Ausdruck.

Ermutigen der Person und der Familie, sich mit dem Lebensüberblick zu beschäftigen

Konzentrieren Sie sich auf die Beziehungen im sozialen Netz und unterstützen Sie diese.
Reevaluieren Sie frühere Lebenserfahrungen und integrieren Sie sie in ein neues Bedeutungsgefüge.
Vermitteln Sie empathisches Verstehen.
Forschen Sie nach Angelegenheiten, die noch nicht abgeschlossen sind.

Identifizieren Sie potenziell komplizierte Trauerreaktionen

Hinweise auf Suizid
Schwierigkeiten mit dem Weinen
Zwänge
Agitierte Depression
Intensive Reaktion (länger als 12–18 Monate mit nur wenig Anzeichen einer Linderung)
Wahnvorstellungen
Schwierigkeiten, das Weinen zu beherrschen
Isolation
Einschränkungen im Vergnügen
Verlust der Kontrolle über das Umfeld, was zu Hoffnungslosigkeit und Hilflosigkeit führt
Halluzinationen
Phobien
Konversionsneurose
Verzögerung der Trauerarbeit.

Sorgen für Gesundheitsedukation und Überweisen, soweit angezeigt

Überweisen der Person mit einem Potenzial für gestörte Trauerreaktionen an eine Beratung (Psychiater, therapeutisch tätige Pflegeperson, Beraterin, Psychologe)

Erklären, was zu erwarten ist

Traurigkeit
Wut/Zorn
Furcht
Zurückweisung
Schuldgefühle
Einsamkeitsgefühl
Stimmungslabilität.

Unterweisen der Person und der Familie in Zeichen der Lösung

Die trauernde Person lebt nicht länger in der Vergangenheit, sondern setzt sich neue Ziele im Leben.
Die trauernde Person definiert die Beziehung zum verlorenen Objekt/zur verlorenen Person neu.
Die trauernde Person beginnt wieder soziale Kontakte aufzunehmen.

Unterweisen in erschwerten Reaktionen und den dann erforderlichen Überweisungen

Die Abwehrmechanismen bei unkomplizierter Trauerarbeit sind übersteigert oder zu fehlangepassten Reaktionen geworden.
Anhaltendes Fehlen jeglicher Emotion.
Prolongierte intensive Reaktionen auf Angst, Wut/Zorn, Furcht, Schuldgefühle und Hilflosigkeit.

Identifizieren von Einrichtungen, welche die Trauerarbeit stärken können

Selbsthilfegruppen
Gruppen für Alleinerziehende
Gruppen für Verwitwete
Trauergruppen
Eltern verstorbener Kinder.

F: Das Wissen, dass eine weitere Behandlung nicht gerechtfertigt ist und der Tod unmittelbar bevorsteht, kann Gefühle von Machtlosigkeit, Wut/Zorn, tiefer Trauer und andere Trauerreaktionen hervorrufen. Offene, ehrliche Gespräche können dem Klienten und seinen Familienangehörigen helfen, die Situation und ihre Reaktionen darauf zu akzeptieren und damit umzugehen.

F: Die Forschung zeigt, dass professionelle Interventionen und professionell gestützte ehrenamtliche Dienste und Selbsthilfeeinrichtungen in der Lage sind, die Gefahr psychiatrisch und psychoanalytisch zu behandelnder Leiden infolge eines Trauerfalls zu verringern (Boyd, 2001).

F: Die häusliche Pflege eines sterbenden Angehörigen kann der Familie Entscheidungsmöglichkeiten und Kontrolle vermitteln, Hilflosigkeit reduzieren und nach dem Tod des Angehörigen ein effektives Trauern fördern (Vickers/Carlisle, 2000).

Erschwertes Trauern

Definition

Erschwertes Trauern: der Zustand, in dem eine Person oder Gruppe eine anhaltende, nicht aufgelöste Trauer erfährt und Funktionsstörungen zeigt.
Erschwertes Trauern (engl. Complicated grieving): Eine Störung, die nach dem Tod einer Bezugsperson auftritt, bei der das Gefühl von Leid, das den Verlust begleitet, nicht die normativen Erwartungen erfüllt und sich in einer funktionellen Beeinträchtigung niederschlägt (NANDA-I, 2010).

Bestimmende Merkmale oder Kennzeichen

Hauptkennzeichen (obligat)

Erfolglose Adaptation an den Verlust
Verzögerte emotionale Reaktion
Vermeiden der Trauer
Prolongiertes Verleugnen, Depression
Unvermögen, wieder ein normales Leben aufzunehmen
Sehnsucht.

Nebenkennzeichen (fakultativ)

- äußert Angst
- äußert fehlende Akzeptanz des Todes
- äußert andauernde schmerzvolle Erinnerungen
- äußert schmerzvolle Gefühle über die verstorbene Person
- äußert Wutgefühle
- äußert Gefühle des Unglaubens
- äußert Selbstbeschuldigung
- äußert, sich fassungslos zu fühlen
- äußert Gefühle der Distanziertheit gegenüber anderen
- äußert, sich benommen zu fühlen
- äußert, sich leer zu fühlen
- äußert, sich geschockt zu fühlen
- äußert Gefühle des Misstrauens
- reduziertes Gefühl des Wohlbefindens
- Fatigue
- geringes Maß an Intimität
- reduziertes Ausfüllen von Lebensrollen
- andauerndes emotionales Leid
- Trennungsschmerz
- traumatisches Leid
- Beschäftigung mit Gedanken an die verstorbene Person
- Sehnsucht nach der verstorbenen Person
- Suche nach der verstorbenen Person
- Selbstbeschuldigung
- erlebte somatische Symptome der verstorbenen Person
- Grübeln
- Trauervermeidung.

Einflussfaktoren

- Tod einer Bezugsperson
- plötzlicher Tod einer Bezugsperson
- emotionale Instabilität

- fehlende soziale Unterstützung
- [Verlust eines bedeutsamen Objekts (z. B. Besitztümer, Arbeitsplatz, Status, das Zuhause, Teile und Prozesse des Körpers)].

Weitere Einflussfaktoren siehe *Trauern.*

Zentrale Konzepte

Allgemeine Überlegungen

- Ungelöste Trauer ist u. U. schwer festzustellen, denn das Trauererleben hat weder einen klar umrissenen Abschluss noch gibt es eine «richtige Art» zu trauern (Varcarolis, 2002). Bei manchen Menschen gibt es Faktoren, die den natürlichen Prozess der Trauerarbeit und damit auch die Auflösung der Trauer stören. Rando (1984) umreißt sieben Formen ungelöster Trauer:
  1. *fehlende Trauer:* als sei der Tod nie eingetreten.
  2. *gehemmte Trauer:* kann bestimmte Aspekte des Verlustes betrauern.
  3. *verzögerte Trauer:* ist außerstande, Trauer zum Zeitpunkt des Verlustes wahrzunehmen (z. B. wenn die trauernde Person den Eindruck hat, zum Zeitpunkt des Verlustes mit der Trauer nicht zurechtzukommen: «Ich muss jetzt für meine Kinder stark sein.»).
  4. *konflikthafte Trauer:* steht oft in Verbindung mit einer früheren abhängigen oder ambivalenten Beziehung.
  5. *chronische Trauer:* eine fortlaufende intensive Trauerreaktion, die bisweilen dazu dient, die verstorbene Person durch Trauer «lebendig» zu halten.
  6. *plötzlich hereinbrechende Trauer:* vermag die Implikationen des Verlustes nicht in vollem Umfang zu erfassen; extreme Bestürzung, Angst, Selbstbezichtigungen und Depression.
  7. *verkürzte Trauer:* oft verwirrt, mit ungelöster Trauer; diese verkürzte, aber normale Form der Trauer könnte auftreten, wenn ein bedeutender Teil der Trauerarbeit schon vor Eintritt des Verlustes geleistet wurde.
  8. *entrechtete Trauer:* gewöhnlich in Verbindung mit einem sozial nicht akzeptablen oder negierten Todesfall (z. B. Suizid, AIDS).
- Ungelöste Trauer ist eine pathologische Reaktion prolongierten Verleugnens des Verlustes oder einer tief greifenden psychotischen Reaktion, wie z. B.:
  - Weigerung, Besitztümer der verstorbenen Person nach angemessener Zeit zu entfernen.
  - anhaltendes Ausbleiben eines normalen Sozialverhaltens
  - allmählich zunehmende Regression, Depression
  - allmählich zunehmende Isolation
  - somatische Manifestationen (prolongiert)
  - Zwänge, Phobien
  - Wahnvorstellungen, Halluzinationen
  - Suizidversuch.
- Folgende Faktoren sind einem erschwerten Trauern zuzuordnen (Bateman, 1999; Worden, 1991):

- ein sozial unaussprechlicher oder negierter Verlust (z. B. Suizid, AIDS-bedingter Todesfall)
- neue Gefühle von Abhängigkeit und Bedürftigkeit in Zusammenhang mit dem Verlust
- anamnestisch bekannte depressive Erkrankung oder frühere erschwerte Trauerreaktionen
- plötzliche, ungewisse oder übermäßig komplizierte Umstände des Todesfalles
- Rando (1984) beschreibt die sozialen Faktoren, die zu ungelöster Trauer als soziale Negation des Verlustes (z. B. bei Abort, Tod eines Neugeborenen, eines Zwillings, eines gebrechlichen Elternteils) sowie zu ungelöster Trauer bei einem sozial als nicht erörterungswürdig definierten Verlust (z. B. Tod eines Geliebten, Suizid) beitragen können.

Einschätzungskriterien des Fokusassessments

Siehe *Trauern*.

Ziele

NOC

Siehe *Trauern*.

Die Person formuliert die Absicht, professionelle Hilfe zu suchen.

Indikatoren

- Anerkennen des Verlustes.
- Anerkennen eines ungelösten Trauerprozesses.

Allgemeine Interventionen

NIC

- Siehe auch *Trauern*.
- Pflegeüberleitung
- Selbsthilfegruppennutzung

Einschätzen ursächlicher und beeinflussender Faktoren

Nicht verfügbares (oder fehlendes) Unterstützungssystem

Anamnestisch bekannte Abhängigkeit von der verstorbenen Person.

Anamnestisch bekannte schwierige Beziehung zur verstorbenen Person bzw. zum verlorenen Objekt

Vielfältige frühere Verluste

Unwirksame Coping-Strategien
Unerwarteter Todesfall
Die Erwartung, «stark zu sein».

F: Je abhängiger der/die Betroffene von der verstorbenen Person war, desto schwieriger die Auflösung (Varcarolis, 2006).
F: Ungelöste Konflikte unterbrechen eine erfolgreiche Trauerarbeit (Varcarolis, 2006).

Fördern einer vertrauensvollen Beziehung

Implementieren der «Allgemeinen Interventionen» unter *Trauern.*

Unterstützen der Trauerreaktionen der Person und der Familie

Implementieren der «Allgemeinen Interventionen» unter *Trauern.*

Fördern des Familienzusammenhalts

Implementieren der «Allgemeinen Interventionen» unter *Trauern.*
Arbeiten Sie langsam und sorgfältig die Realität der Situation heraus (z. B.: «Wer hat Ihnen nach dem Tod Ihres Mannes am meisten geholfen?»).

F: Menschen mit wenigen stützenden Beziehungen fällt das Trauern schwerer (Varcarolis, 2006).

Fördern der Trauerarbeit bei jeder Reaktion

Verleugnung

Erklären Sie den Einsatz des Verleugnens durch ein Familienmitglied den übrigen Angehörigen.
Drängen Sie den Klienten nicht, über das Verleugnen hinauszugehen, ohne dass er emotional dazu bereit ist.

Isolation

Vermitteln Sie Akzeptanz, indem Sie Trauer zulassen.
Schaffen Sie eine offene, ehrliche Kommunikation, damit sich die Personen einander mitteilen.
Stärken Sie das Selbstwertgefühl der Person, indem Sie für Privatsphäre sorgen.
Ermutigen Sie den Klienten/die Familie, soziale Aktivitäten allmählich zu verstärken (z. B. Selbsthilfegruppen, Kirchengruppen).

Depression

Implementieren der «Allgemeinen Interventionen» unter *Trauern.*

Wut/Zorn

Machen Sie sich klar, dass Wut/Zorn gewöhnlich an die Stelle des Verleugnens tritt.

Erklären Sie der Familie, dass Wut/Zorn dazu dient, die Umgebung stärker zu kontrollieren, da man den Verlust nicht kontrollieren kann.
Ermutigen Sie dazu, Wut/Zorn zum Ausdruck zu bringen.
Für zusätzliche Informationen über Wut siehe *Angst.*

Schuldgefühle

Akzeptieren Sie, wie der Klient sich selbst sieht.
Führen Sie Rollenspiele durch, um dem Klienten die Möglichkeit zu geben, der verstorbenen Person gegenüber Dinge zum Ausdruck zu bringen, die er ihr sagen wollte oder ihr mitzuteilen, wie er sich fühlt.
Ermutigen Sie den Klienten, positive Leistungen/Aspekte der Beziehung herauszuarbeiten.
Vermeiden Sie, zu argumentieren oder sich an dem System aus Verpflichtungen und Unterlassungen des Klienten zu beteiligen.
Erörtern Sie die Besorgnisse der Person mit ihr selbst und versuchen Sie, die Person über die Gegenwart hinaus zu führen.

Furcht

Konzentrieren Sie sich auf die Gegenwart und bewahren Sie ein sicheres Umfeld.
Helfen Sie der Person beim Erkunden von Gründen, um dem Verhalten Bedeutung zu verleihen.
Erwägen Sie alternative Wege, wie die Person ihre Gefühle zum Ausdruck bringen könnte.

F: Ungelöste Konflikte unterbrechen eine erfolgreiche Trauerarbeit (Varcarolis, 2006).
F: Menschen mit wenigen stützenden Beziehungen fällt das Trauern schwerer (Varcarolis, 2006).
F: Die Mortalität ist bei Männern in den ersten 6 Monaten nach dem Tod der Partnerin höher als bei Frauen nach dem Tod des Partners. Zu dieser erhöhten Rate tragen u. U. Veränderungen des Gesundheitsverhaltens, wie veränderte Ernährung, Alkohol, Rauchen und verminderte körperliche Aktivität, bei (Kaprio/Koskenvuo, 1987).

Sorgen für Gesundheitsedukation und Überweisen, soweit angezeigt

Unterweisen der Person und der Familie in Zeichen der Lösung

Die trauernde Person lebt nicht länger in der Vergangenheit, sondern ist zukunftsorientiert und setzt sich neue Ziele im Leben.
Die trauernde Person definiert die Beziehung zum verlorenen Objekt/zur verlorenen Person neu.
Die trauernde Person beginnt wieder soziale Kontakte aufzunehmen und sucht neue Beziehungen/Erfahrungen.

Unterweisen des Individuums/der Familie im Erkennen von Zeichen pathologischen Trauerns, vor allem bei gefährdeten Personen, und im Aufsuchen professioneller Beratung

Kontinuierliche Suche nach dem Verstorbenen
Leben in der Vergangenheit
Isolation

Prolongierte Depression
Prolongierte Halluzinationen
Ichzentriertheit
Verleugnen
Wahnvorstellungen
Übermäßige Feindseligkeit.

Identifizieren von Einrichtungen, welche die Trauerarbeit stärken können

Selbsthilfegruppen
Psychotherapeuten
Einrichtungen für geistige Gesundheit
Fachpersonen, die in Trauerarbeit spezialisiert sind
Religiöse Gruppen.

F: Die Mortalität ist bei Männern in den ersten 6 Monaten nach dem Tod der Partnerin höher als bei Frauen nach dem Tod des Partners. Zu dieser erhöhten Rate tragen u. U. Veränderungen des Gesundheitsverhaltens, wie veränderte Ernährung, Alkohol, Rauchen und verminderte körperliche Aktivität, bei (Kaprio/Koskenvuo, 1987).

F: Ungelöste Konflikte unterbrechen eine erfolgreiche Trauerarbeit (Varcarolis, 2006).

F: Menschen mit nur wenigen stützenden Beziehungen fällt das Trauern schwerer (Varcarolis, 2006).

Verzögerte(s) Wachstum und Entwicklung

Verzögerte(s) Wachstum und Entwicklung

Gefahr einer verzögerten Entwicklung
Gefahr eines unproportionalen Wachstums
Gedeihstörung eines Erwachsenen.

Definition

Verzögerte(s) Wachstum und Entwicklung: der Zustand, in dem eine Person in ihrer Fähigkeit beeinträchtigt oder entsprechend gefährdet ist, altersgerechte Aufgaben durchzuführen oder in ihrem Wachstum beeinträchtigt bzw. entsprechend gefährdet ist.

Verzögerte(s) Wachstum und Entwicklung (engl. Deviations from age-group norms): Abweichung von altersentsprechenden Normen (NANDA-I, 2010).

Bestimmende Merkmale oder Kennzeichen

Hauptkennzeichen (eines oder mehrere obligat)

Die Unfähigkeit, für die Altersgruppe typische, altersgerechte Fertigkeiten oder Verhaltensweisen (z. B. motorischer, persönlicher/sozialer, sprachlicher/kognitiver Natur) und Selbstfürsorgeaktivitäten zu zeigen oder entsprechende Schwierigkeiten oder Verzögerungen dabei (Tab. II-12)
und/oder
beeinträchtigtes körperliches Wachstum: ein um zwei Standardabweichungen hinter der Körpergröße zurückbleibendes Körpergewicht; das Verhältnis der Perzentilen von Körpergröße und -gewicht zeigt eine Abnahme.

Nebenkennzeichen (fakultativ)

Unfähigkeit zur Durchführung altersgerechter Selbstpflege- und Selbstkontrollaktivitäten (siehe Tab. II-12).
Flacher Affekt, Antriebs-, Lustlosigkeit, geschwächte Reaktionen, langsames soziales Ansprechen, begrenzte Zeichen der Zufriedenheit gegenüber der Betreuungsperson, eingeschränkter Blickkontakt, Schwierigkeiten beim Eingeben von Nahrung, verminderter Appetit, Lethargie, Reizbarkeit, negative Stimmung, Regression beim selbstständigen Ausscheiden, Regression bei der selbstständigen Nahrungsaufnahme (siehe «Einschätzungskriterien des Fokusassessments»).
Säuglinge: gespannte Wachheit, gestörtes Schlafverhalten.

Einflussfaktoren

Pathophysiologische Faktoren

B/d Auswirkungen einer beeinträchtigten körperlichen Leistungsfähigkeit und Abhängigkeit, s/b/d:

angeborene Fehlbildungen des Herzens
einen Hirnschaden
ein Malabsorptionssyndrom
angeborene Anomalien der Extremitäten
wiederholte akute oder chronische Krankheiten
dekompensierte Herzinsuffizienz
angeborene neurologische Defekte
gastroösophagealen Reflux
Muskeldystrophie
eine akute Erkrankung
Zerebralparese
zystische Fibrose
lang anhaltende Schmerzen
Substanzgebrauch, -missbrauch
unzureichende Nahrungsaufnahme.

Tabelle II-12: Altersbezogene Entwicklungsaufgaben

Entwicklungsaufgaben/-bedürfnisse	Anleitung für die Eltern	Implikationen für die Pflege
Geburt bis 1 Jahr		
Persönlich/sozial Lernt zu vertrauen und Befriedigung zu antizipieren. Sendet Signale an die Mutter/Betreuungsperson. Beginnt sich selbst als getrennt von anderen zu begreifen (Körperbild). Motorisch Reagiert auf Geräusche. Soziales Lächeln Greift nach Gegenständen. Beginnt sich aufzusetzen, zu krabbeln, sich hochzuziehen und mit Unterstützung zu gehen. Gehversuche Sprache/Kognition Lernt Wünsche/Bedürfnisse durch Töne/Schreien zu signalisieren. Beginnt mit bedeutungsvollen Vokalisationen (zweisilbige Worte: Papa, Mama). Versteht ein paar verbale/nonverbale Botschaften (ja, nein, auf Wiedersehen). Lernt Worte über die Sinne. Ängste Angst vor lauten Geräuschen Angst, hinunterzufallen	Ermutigen Sie die Eltern, auf Schreien zu reagieren, Bedürfnisse des Säuglings **gleich bleibend und verlässlich** zu befriedigen. Lehren Sie die Eltern, sich keine Sorgen zu machen, dass sie das Kind durch zu viel Aufmerksamkeit verwöhnen könnten. Mit dem Kind sprechen und ihm etwas vorsingen; es halten und oft in den Arm nehmen. Für vielfältige Stimulation sorgen. Dem Kind erlauben, selbst zu essen (Zerealien etc.). Das Fläschchen nicht abstützen. Spielzeug Spielzeuge in fröhlichen Farben im Bettchen, Mobiles Stoffspielzeug verschiedener Textur Spieluhren Sicherheit Sich der rasch fortschreitenden Fortbewegungsfähigkeit bewusst sein (z. B. kindersichere Küche, kindersicheres Treppenhaus; keine kleinen Gegenstände in Reichweite; Sicherheit der Badewanne).	Ermutigen Sie die Eltern, sich an der Versorgung zu beteiligen: baden füttern im Arm halten. Lehren Sie die Informationen zur Anleitung der Eltern. Sorgen Sie für fortlaufende Stimulation durch Spielzeug, Spiegel, Mobiles und Musik, während das Kind in seiner Bewegung eingeschränkt ist. Halten Sie den Säugling und sprechen Sie mit ihm, halten Sie Blickkontakt. Suchen Sie nach der Ursache, wenn das Kind schreit. Schränken Sie das Kind nicht ein.
1–3,5 Jahre		
Persönlich/sozial Schafft Selbstkontrolle, Entscheidungsfindung, Selbst-Unabhängigkeit (Autonomie). Extrem neugierig, tut Dinge am liebsten selbst. Demonstriert Unabhängigkeit durch Verweigern. Sehr egozentrisch, glaubt, die Welt zu beherrschen. Lernt Worte über die Sinne. Motorisch Beginnt gut zu gehen und zu laufen. Trinkt aus der Tasse, nimmt selbst Nahrung zu sich. Entwickelt Feinmotorik. Klettert. Beginnt selbstständig auf die Toilette zu gehen.	Sorgen Sie dafür, dass das Kind Gesellschaft durch Gleichaltrige hat. Ermöglichen Sie kurze Phasen der Trennung in familiärer Umgebung. Praktizieren Sie Sicherheitsmaßnahmen, die vor der erhöhten motorischen Fähigkeit und Neugier des Kindes schützen (Vergiftung, Stürze). Sagen Sie die Wahrheit. Disziplinieren des Kindes bei Verstoß gegen Sicherheitsregeln: Rennen auf der Straße Berühren von Stromkabeln. Ermöglichen Sie dem Kind die Kontrolle über Ängste: Lieblingsspielzeug Nachtlicht.	Erlauben Sie dem Kind, Flüssigkeiten (auch Medikamente) aus einer Tasse zu trinken. Erlauben Sie dem Kind, ein paar Aufgaben der Selbstpflege durchzuführen: Gesicht und Arme waschen Zähne putzen. Erwarten Sie Widerstand bei Behandlungen; unterstützen Sie die Behandlungen, statt das Kind zu bestrafen. Gehen Sie fest und direkt vor und lassen Sie dem Kind nur dann die Wahl, wenn es möglich ist. Halten Sie das Kind bei Bedarf fest. Erklären Sie den Eltern Methoden, das Kind zu disziplinieren: **ein** Klaps auf die Hand (bei Berühren gefährlicher Gegenstände, wie z. B. einem Ofen)

Entwicklungsaufgaben/-bedürfnisse	Anleitung für die Eltern	Implikationen für die Pflege
	Erlauben Sie Erkundungen innerhalb der Sicherheitsgrenzen. Erklären Sie so einfach wie möglich, warum etwas geschieht. Geben Sie dem Kind Gelegenheit zu erklären, warum es denkt, dass Dinge so geschehen, wie sie geschehen.	2 min auf dem Stuhl sitzen (wenn das Kind vorher aufsteht, setzen Sie es wieder hin und stellen Sie die Uhr neu). Erklären Sie die Notwendigkeit von Stringenz. Erlauben Sie den Ausdruck von Furcht, Schmerz, Missvergnügen.
Sprache/Kognition Hat ein schlechtes Zeitgefühl. Äußert sich zunehmend verbal (4- bis 5-Wortsätze im Alter von 3,5 Jahren). Spricht mit sich selbst/mit anderen. Falsche Vorstellungen über Ursache und Wirkung Ängste Verlust der Eltern/Trennung von ihnen Dunkelheit Maschinen, Geräte Invasive Prozeduren	Korrigieren Sie falsche Vorstellungen. Beteiligen Sie das Kind an häuslichen Aktivitäten, wenn möglich: Staubwischen Abwaschen von Löffeln. Erörtern Sie unterschiedliche Meinungen (zwischen den Eltern) in Anwesenheit des Kindes. Drohen Sie dem Kind nicht mit etwas, das geschieht, wenn es sich nicht benimmt. Bleiben Sie bei einer Bestrafung stets konsequent. Spielzeug Spielzeug, an dem sich etwas verändern, umstellen lässt Puzzles Einfache Bücher in hellen Farben Geräte für große Muskelgruppen (Gymnastik-Set etc.) Musik (Lieder, CD´s)	Weisen Sie eine dauerhafte Betreuungsperson zu. Lassen Sie das Kind mit einfachen Gerätschaften (z. B. einem Stethoskop) spielen. Sorgen Sie für Spielsachen (Lieblingsspielzeug). Seien Sie in Bezug auf die Prozedur ehrlich. Loben Sie das Kind dafür, Ihnen geholfen zu haben: indem es stillgehalten hat indem es die Binde fest gehalten hat. Geben Sie dem Kind Wahlmöglichkeiten, wann immer möglich. Sagen Sie dem Kind, es könne schreien oder Ihre Hand drücken, aber Sie würden von ihm erwarten, dass es stillhält. Lassen Sie die Eltern bei Prozeduren anwesend sein, soweit überhaupt möglich. Erkunden Sie mit dem Kind, welche Fantasien es hinsichtlich der Situation hat: Nutzen Sie Spieltherapie. Erklären Sie die Prozedur unmittelbar davor, wenn sie kurz ist (z. B. eine Injektion) und sofern angemessen, wenn es sich um eine längere und invasive Prozedur handelt (z. B. Röntgen-Untersuchung, Legen eines intravenösen Zugangs). Folgen Sie, wo möglich, häuslichen Routinen.
3,5–5 Jahre		
Persönlich/sozial Versucht sich selbst darzustellen, wie seine Eltern, aber unabhängig. Erkundet die Umgebung aus eigener Initiative. Gibt an, prahlt, hat Gefühle von Unzerstörbarkeit. Die Familie ist die Primärgruppe. Gleichaltrige werden zunehmend wichtig. Nimmt Geschlechterrollen ein. Ist aggressiv.	Unterweisen Sie die Eltern darin, den Ängsten und Gefühlen des Kindes zu lauschen. Ermutigen Sie zu Umarmungen, Berührung als Ausdruck der Akzeptanz. Sorgen Sie für einfache Erklärungen. Schränken Sie die Stimulation durch das Fernsehen ein, um belastendes Material zu vermeiden. Konzentrieren Sie sich auf positives Verhalten. Erlauben Sie dem Kind, so viel wie möglich zu helfen.	Ermutigen Sie dazu, Ängste zum Ausdruck zu bringen. Bestärken Sie die Realität des Körperbildes. Ermutigen Sie, wann möglich, zur Selbstpflege, zur Entscheidungsfindung. Beteiligen Sie die Eltern an der Unterweisung. Sorgen Sie für Anregung durch Gleichaltrige. Halten Sie körperliche Einschränkungen in Grenzen.

Entwicklungsaufgaben/-bedürfnisse	Anleitung für die Eltern	Implikationen für die Pflege
Motorisch Fertigkeiten der Fortbewegung nehmen zu und die Koordination wird besser. Fährt Dreirad/Zweirad. Wirft einen Ball, hat aber Schwierigkeiten, ihn zu fangen. Sprache/Kognition Ist egozentrisch. Sprachfertigkeiten blühen. Stellt viele Fragen: Wie? Warum? Was? Einfaches Problemlösen: Setzt Fantasie ein, um zu verstehen, Probleme zu lösen. Ängste Verlust von Körperteilen, Entstellung Kastration Dunkelheit Unbekanntes Unbelebte, unvertraute Gegenstände	Sorgen Sie dafür, dass das Kind regelmäßig Kontakt zu anderen Kindern hat (z. B. im Kindergarten). Erklären Sie, dass Fernsehen und Filme Fantasien sind. Setzen Sie definitive Grenzen. Bieten Sie dem Kind Wahlmöglichkeiten. Erlauben Sie dem Kind, Wut verbal zum Ausdruck zu bringen, motorische Aggression jedoch in Grenzen zu halten («Du kannst eine Tür zuknallen, aber nicht mit einem Spielzeug werfen.»). Disziplin (Beispiele): 5 min auf einem Stuhl sitzen. Verbieten einer Lieblingsbeschäftigung (2 h kein Fahrradfahren). Seien Sie beständig und fest. Unterweisen Sie in Sicherheitsvorkehrungen gegen Fremde. Spielzeug und Spiele Spielen «Als ob» (Spielzeughaus, Spielzeugmodelle etc.) Einfache Spiele mit anderen, Bücher, Puzzles, Ausmalen von Flächen	Sorgen Sie für Spielgelegenheiten zum Ausagieren der Fantasie, zum Geschichtenerzählen. Erklären Sie dem Kind, wie es kooperieren kann (z. B. indem es stillhält) und erwarten Sie, dass es dies auch tut. Setzen Sie Spieltherapie ein, um dem Kind freien Ausdruck zu ermöglichen. Erklären Sie alle Prozeduren: Verwenden Sie dazu Gerätschaften; wenn möglich, erlauben Sie therapeutisches Spielen. Ermutigen Sie das Kind, Fragen zu stellen. Nennen Sie dem Kind exakt die Körperstellen, die betroffen sein werden. Verwenden Sie Modelle, Bilder. Erklären Sie, wann im Tagesablauf eine Prozedur durchgeführt wird (z. B. nach dem Mittagessen, nach dem Baden).
5–11 Jahre		
Persönlich/sozial Lernt Wertvorstellungen und Fertigkeiten aus der Schule, Nachbarschaft und Peer-Gruppe mit zu berücksichtigen. Beziehungen zu Gleichaltrigen sind wichtig. Konzentriert sich mehr auf die Realität, weniger auf Fantasie. Die Familie ist die Hauptbasis für Sicherheit und Identität. Ist sensibel gegenüber den Reaktionen anderer. Sucht Billigung, Anerkennung. Ist enthusiastisch, lärmend, einfallsreich, will erkunden. Will eine Aufgabe gern abschließen. Hilft gern. Motorisch Ist ständig in Bewegung. Körperliches Spiel überwiegt (Sport, Schwimmen, Skating etc.).	Unterweisen Sie in geeigneten Nahrungsmitteln, die täglich benötigt werden; sorgen Sie für Auswahl. Ermutigen Sie zu Interaktionen außerhalb von zu Hause. Beziehen Sie das Kind in häusliche Aktivitäten des Kochens und Saubermachens ein. Unterweisen Sie in Sachen Sicherheit (Fahrrad, Verkehr, Spielplatz, Gerätschaften, Feuer, Wasser, Fremde). Setzen Sie auch weiterhin Grenzen und wahren Sie Disziplin. Bereiten Sie das Kind auf Körperveränderungen der Pubertät vor und sorgen Sie für konkrete Informationen zur sexuellen Aufklärung (späte Kindheit). Erwarten Sie Fluktuationen zwischen reifem und unreifem Verhalten. Respektieren Sie Beziehungen unter Gleichaltrigen, aber kompromittieren Sie Ihre Wertvorstellungen nicht («Aber Mutti, alle anderen Mädchen tragen Make-up!»).	Fördern Sie Interaktionen mit der Familie und mit Gleichaltrigen (z. B. Besuche, Telefonate). Erklären Sie alle Prozeduren und deren Auswirkungen auf den Körper. Ermutigen Sie dazu, Fragen zu stellen und sich **aktiv** an der Versorgung zu beteiligen. Seien Sie in der Erklärung von Prozeduren direkt (z. B. beteiligter Körperteil, Verwenden anatomischer Bezeichnungen, Abbildungen etc.). Erklären Sie Schritt für Schritt. Seien Sie ehrlich. Versichern Sie dem Kind, dass Sie es mögen. Sorgen Sie für Privatsphäre. Beteiligen Sie die Eltern, aber belassen Sie die Richtung der Pflege in der Entscheidung des Kindes. Begründen und erklären Sie.

Entwicklungsaufgaben/-bedürfnisse	Anleitung für die Eltern	Implikationen für die Pflege
Sprache/Kognition Organisiertes, stabiles Denken Kompliziertere Konzepte Konzentriert sich auf konkretes Verstehen. Ängste Zurückweisung, Versagen Immobilität Verlust von Körperteilen, Entstellung Tod	Fördern Sie Verantwortlichkeit und Beiträge zur Familie (z. B. Pflichten im Haushalt). Fördern Sie das Erkunden und Entwickeln von Fertigkeiten (z. B. einem Klub beitreten, Sport, Hobbys etc.). Spielzeug und Spiele Gruppenspiele, Brettspiele, künstlerische Aktivitäten, Kunsthandwerk, Videospiele, Lesen	Ermutigen Sie dazu, mit der Schule und mit Aktivitäten fortzufahren, wenn die Krankheit es gestattet (z. B. Hausarbeiten, Kontakt zu Mitschülern). Ermutigen Sie dazu, Hobbys und Interessen weiter zu pflegen.
11–15 Jahre		
Persönlich/sozial Familienwerte sind auch weiterhin von bedeutsamem Einfluss. Werte aus Gruppen Gleichaltriger haben zunehmend Einfluss. Frühe Jugend: kontaktfreudig und enthusiastisch.	Ermutigen Sie zu unabhängigem Problemlösen und selbstständiger Entscheidungsfindung anhand etablierter Werte. Seien Sie verfügbar. Beglückwünschen Sie das Kind zu dem, was es erreicht hat.	Respektieren Sie Privatsphäre. Akzeptieren Sie, wenn Gefühle zum Ausdruck gebracht werden. Richten Sie Diskussionen über die Versorgung und die Erkrankung auf das Kind aus.
Emotionen sind extrem: Stimmungsumschwünge, Introspektion. Sexuelle Identität voll ausgereift. Wünscht Privatsphäre/Unabhängigkeit. Entwickelt Interessen, die nicht mit der Familie geteilt werden. Beschäftigt sich mit dem Körperselbst. Erkundet Erwachsenenrollen. Motorisch Gut entwickelt Rasches körperliches Wachstum Sekundäre Geschlechtsmerkmale Sprache/Kognition Plant die zukünftige Laufbahn. Ist fähig, abstrakte Lösungen zu finden und absehbare Probleme zu lösen. Ängste Verlust von Körperteilen, Entstellung Störung des Körperbildes Zurückweisung durch Gleichaltrige	Hören Sie seinen Interessen, Vorlieben und Abneigungen zu, ohne sie zu beurteilen. Respektieren Sie Privatsphäre. Ermöglichen Sie Unabhängigkeit und wahren Sie gleichzeitig die Sicherheitsgrenzen. Sorgen Sie für konkrete Informationen über Sexualität, Sexualfunktionen, Körperveränderungen. Unterweisen Sie in: persönlicher Sicherheit Drogenmissbrauch Gefahren des Alkohols Gefahren des Tabaks mechanischer Sicherheit Beziehungen zwischen den Geschlechtern Begegnung und Kontaktaufnahme mit einem Partner/einer Partnerin. Spiele/Interessen Intellektuelle Spiele Lesen Künste, Kunsthandwerk, Hobbys Videospiele Spiele, bei denen es um Problemlösen geht Computer	Bitten Sie um Meinungen; ermöglichen Sie die Teilnahme an Entscheidungen. Seien Sie flexibel bei Routinen. Erklären Sie alle Prozeduren/Behandlungen. Ermutigen Sie dazu, Beziehungen zu Gleichaltrigen aufrechtzuerhalten. Hören Sie aktiv zu. Identifizieren Sie die Auswirkungen der Krankheit auf das Körperbild und das zukünftige Funktionieren. Korrigieren Sie falsche Vorstellungen. Ermutigen Sie dazu, die Schule fortzusetzen und Hobbys und Interessen weiter zu pflegen.

Behandlungsbedingte Faktoren

B/d Trennung von Bezugspersonen oder von der Schule oder durch unzureichende sensorische Stimulation, s/b/d:

eingeschränkte Bewegungsfreiheit aufgrund einer laufenden Therapie
wiederholte oder längere Klinikaufenthalte
lang dauernde, schmerzhafte Behandlung
längere Bettruhe
Extension oder Gips
krankheitsbedingte Isolation.

Situationsbedingte Faktoren (persönlich bedingt, umgebungsbedingt)

B/d Gleichgültigkeit
B/d einen Stressor auf Seiten der Eltern, s/b/d:

Wissensdefizit
Wechsel der gewohnten Umgebung, umgebungsbezogene Mängel
Trennung von Bezugspersonen (Eltern, primäre Betreuungsperson)
schulische Konflikte
Verlust einer Bezugsperson; inkonsistente Reaktionen; mehrere Pflegende/Betreuer
Verlust der Kontrolle über die Umgebung (etablierte Rituale, Aktivitäten, feste Zeiten für den Kontakt mit der Familie) inadäquate, unpassende Unterstützung durch die Eltern (Vernachlässigung, sexuellen Missbrauch)
inadäquate sensorische Stimulierung (Vernachlässigung, Isolation, Reizmangel)

Altersbedingte Faktoren

Säugling – Kleinkind (Geburt bis 3 Jahre)

B/d eingeschränkte Gelegenheiten zur Befriedigung sozialer, spiel- und erziehungsbezogener Bedürfnisse, s/b/d:

Trennung von den Eltern/Bezugspersonen
inadäquate Unterstützung durch die Eltern
Unfähigkeit zu kommunizieren (z. B. infolge von Taubheit)
Einschränkung der Aktivität
Unfähigkeit, einer Bezugsperson zu trauen
mehrere Betreuungspersonen.

Vorschulalter (4–6 Jahre)

B/d eingeschränkte Gelegenheiten zur Befriedigung sozialer, spiel- und erziehungsbezogener Bedürfnisse, s/b/d:

Verlust der Kommunikationsfähigkeit
Fehlen einer Bezugsperson
fehlende/mangelnde Stimulation.

B/d den Verlust einer Bezugsperson (Tod, Scheidung).
B/d den Verlust der Peer-Gruppe.
B/d Herausnehmen aus der häuslichen Umgebung.

Schulalter (6–11 Jahre)

B/d den Verlust von Bezugspersonen:

aus der Gruppe Gleichaltriger
durch Wechsel in eine fremde Umgebung.

Jugendliche (12–18 Jahre)

B/d den Verlust der Unabhängigkeit und Autonomie, s/b/d (zu spezifizieren).
B/d den Abbruch von Beziehungen zu Gleichaltrigen.
B/d eine Veränderung des Körperbildes.
B/d den Verlust von Bezugspersonen.

Anmerkung der Autorin

Mit den verschiedenen Altersgruppen gehen auch verschiedene Entwicklungsaufgaben einher (z. B. der Erwerb von Autonomie und Selbstkontrolle [z. B. beim Ausscheiden] von einem Jahr bis 3 Jahre, das Eingehen dauerhafter Beziehungen im Alter von 18–30 Jahren). Gelingt es einem Erwachsenen nicht, eine Entwicklungsaufgabe zu erfüllen, kann dies zu einer Funktionsänderung in einem funktionellen Verhaltensmuster (z. B. *beeinträchtigte soziale Interaktion, Machtlosigkeit*) führen oder dazu beitragen. Da sich Pflegeinterventionen eher auf ein gestörtes Funktionieren als auf das Erreichen zurückliegender Entwicklungsaufgaben konzentrieren, ist die Diagnose *verzögerte(s) Wachstum und Entwicklung* auf Erwachsene nur eingeschränkt anwendbar. Für ein Kind oder einen Jugendlichen ist es sehr nützlich, wenn ihm das Erreichen einer Entwicklungsaufgabe schwer fällt.

Irrtümer in diagnostischen Aussagen

1. *Verzögerte(s) Wachstum und Entwicklung,* **b/d** *die Unfähigkeit zur altersgerechten Selbstkontrolle der Ausscheidung (4 Jahre)*
   Das Unvermögen zur Selbstkontrolle beim Ausscheiden ist kein beeinflussender Faktor, sondern ein diagnostisches Merkmal. Die Pflegeperson sollte die Diagnose neu formulieren als *verzögerte(s) Wachstum und Entwicklung,* **b/d** *eine unbekannte Ursache, angezeigt durch das Unvermögen zu altersgerechter Selbstkontrolle beim Ausscheiden (4 Jahre).* Das Verwenden von «unbekannte Ursache» weist Pflegende darauf hin, mehr Daten zu den Gründen für das Problem zu suchen.
2. *Verzögerte(s) Wachstum und Entwicklung,* **b/d** *geistige Retardierung,* **s/b/d** *Trisomie 21*
   Wenn *verzögerte(s) Wachstum und Entwicklung* zur Beschreibung einer Person mit geistiger oder körperlicher Behinderung dient, wo liegt dann der Pflegefokus? Welche Klientenziele würde man mit Pflegeinterventionen erreichen wollen? Wenn Körperbehinderungen Barrieren für das Erfüllen von Entwicklungsaufgaben darstellen, kann die Pflegeperson die

Diagnose wie folgt formulieren: *Gefahr einer Wachstums- und Entwicklungsverzögerung,* **b/d** *eine beeinträchtigte Fähigkeit, Entwicklungsaufgaben zu erfüllen (zu spezifizieren – z. B. Sozialisation),* **s/b/d** *Behinderung.* Bei einem geistig behinderten Kind sollte die Pflegeperson feststellen, welches funktionelle Verhaltensmuster gestört oder störungsgefährdet und Pflegeinterventionen zugänglich ist und dann dieses spezielle Problem angehen (z. B. *Selbstversorgungsdefizit: Toilettenbenutzung*).

Zentrale Konzepte

Allgemeine Überlegungen

- *Entwicklung* lässt sich definieren als die schematisierten, geordneten, lebenslangen Veränderungen der Struktur, des Denkens oder Verhaltens, die sich aus der Reifung des körperlichen und geistigen Vermögens, der Erfahrungen und des Lernens ergeben. Sie führt zu einer neuen Ebene der Reifung und Integration. *Wachstum* bezieht sich auf eine Zunahme der Körpergröße und -funktion sowie der Komplexität des Körperzellgehalts (Wong, 2003). Bei *verzögerte(s) Wachstum und Entwicklung* sind Wachstum und Entwicklung synonym, weil jede Störung, die sich nicht auf die Entwicklung auswirkt, höchstwahrscheinlich zu *Mangelernährung* oder *Überernährung* führt.
- Hinsichtlich der Entwicklung gelten folgende Annahmen (Wong, 2003):
  - Wachstum und Entwicklung verlaufen in den frühen Stadien des Lebens am schnellsten.
  - Die Kindheit ist die entscheidende Phase, in der die Grundlage für eine erfolgreiche oder erfolglose Entwicklung im Leben gelegt wird.
  - Wachstum und Entwicklung verlaufen kontinuierlich und schubweise, nicht gerade und aufwärts.
  - Entwicklung folgt einem definierbaren, vorhersagbaren und sequenziellen Verlauf.
  - Zu kritischen Phasen kommt es, wenn die Entwicklung rasch verläuft und die Person nur eingeschränkt auf Stressoren zu reagieren vermag.
  - Wachstum erfolgt in kephalokaudaler und proximodistaler Richtung.
  - Entwicklung verläuft von einfach nach komplex.
  - Entwicklung findet in allen Komponenten einer Person statt (d. h. motorisch, intellektuell, persönlich, sozial, sprachlich).
  - Entwicklung ergibt sich aus biologischem, reifungsbezogenem und individuellem Lernen.
- Oft wird Entwicklung im Hinblick auf Stadien oder Ebenen definiert (z. B. in der Theorie von Erikson oder Piaget). Zusätzlich lässt sie sich in Bezug auf zu lösende Aufgaben definieren. Eine *Entwicklungsaufgabe* ist eine Wachstumsverantwortlichkeit an einem bestimmten Punkt im Leben. Das Erfüllen der Aufgabe führt zu Erfolg bei späteren Aufgaben. Verschiedene Einflüsse wirken sich auf die Entwicklung aus, indem sie den Prozess entweder verlangsamen oder beschleunigen. Physiologische Störungen, entweder durch genetische Fehlfunktion oder krankheitsbedingte Schäden, können die Entwicklung vorübergehend oder dauerhaft stören. Eine gestörte Entwicklung ist bei Kindern besonders kritisch, weil dabei u. U. ein Fundament gelegt wird, das ein Leben lang fehlerhaft bleibt. Aufgrund des hohen Entwicklungstempos in der Kindheit gibt es mehrere kritische Phasen (Wong, 2003).

Einschätzungskriterien des Fokusassessments

Beschreibungen angemessener Meilensteine in der Entwicklung bzw. im Verhalten einer jeden Altersgruppe sowie Informationen zu Pflegeinterventionen und als Richtschnur für Eltern finden sich in Tabelle II-12.

Subjektive Daten

Die Daten sollten zusammen mit der primären Betreuungsperson verifiziert werden.

Einschätzen bestimmender Merkmale oder Kennzeichen

Entwicklungsstand: Unter den Entwicklungsaufgaben aufgeführte Verhaltensweisen (siehe Tab. II-12) lassen sich durch direktes Beobachten oder anhand von Angaben der Eltern bzw. der primären Betreuungsperson beurteilen. Bei Kindern unter 6 Jahren kann das Denver Developmental Screening Tool (DDST) eingesetzt werden.

Einschätzen beeinflussender Faktoren

Gegenwärtiges Ernährungsverhalten

Nahrungsaufnahme der letzten 24 Stunden (Angaben der Eltern oder des Kindes, Art der Nahrung, Mengen)
Art der Nahrungsaufnahme
Wissen der Eltern/des Kindes über Ernährung
Ernährungsanamnese
Körpergröße/-gewicht bei der Geburt
Reaktion des Kindes auf Essen, Gestilltwerden.

Physiologische Störungen

Jede Form von Übelkeit, Erbrechen, Diarrhö
Nahrungsmittelunverträglichkeiten
Erschöpfung
Allergien
Dysphagie.

Einstellungen der Eltern

Welche Erwartungen hegen die Eltern für das Kind?
Wie fühlen sich die Eltern in ihrer Rolle als Eltern?
Wie gehen die Eltern an die Fürsorge für das Kind und dessen Disziplin heran?
Wie fühlen sich die Eltern hinsichtlich der häuslichen Situation?
Wie geht es den Eltern angesichts der Krankheit, Behandlungen und Hospitalisierung ihres Kindes?
Beurteilen Sie das Funktionieren der Familie anhand eines geeigneten Assessmentinstruments.

Umgebungsstressoren

Krankheit in der Familie

Anamnese der Krankheit oder Hospitalisierung des Kindes
Beziehungen des Kindes zu Gleichaltrigen/Geschwistern
Konflikt in der Familie
Verhalten und Erfolg des Kindes in der Schule.

Objektive Daten

Einschätzen bestimmender Merkmale oder Kennzeichen

Allgemeines Erscheinungsbild

Reinlichkeit, Pflege des äußeren Erscheinungsbildes
Blickkontakt
Reaktionen im Gesichtsausdruck
Reaktion auf Stimulation
Stimmung (z. B. Weinen, gehobene Stimmung).

Reaktion auf den Elternteil/Interaktion mit dem Elternteil

Spontan, glücklich, wenn von einem Elternteil getröstet
Reaktion auf Prozeduren, Fremde
Trennungsreaktion.

Ernährungszustand

Körpergröße/-gewicht (Vergleich mit Normwerten)
Schädelumfang an der Stirn, am Hinterhaupt (siehe auch *Mangelernährung*, «Kriterien des Fokusassessments»).

Darm- und Blasenkontrolle

Persönlicher/sozialer Bereich

Sprache/Kognition
Motorische Aktivität: Einschätzen auf Erfüllung der Entwicklungsaufgaben in der entsprechenden Altersgruppe (siehe Tab. II-12).

Entwicklungsstand (siehe die in Tab. II-12 unter «Entwicklungsaufgaben» beschriebenen Verhaltensweisen)

Ziele

NOC

- Entwicklungsförderung: Kind (spezifiziere Alter)

Das Kind zeigt verstärkt altersgerechtes Verhalten.

Indikatoren (altersentsprechend zu spezifizieren)

- Sozialisation
- Sprache
- Motorische Fertigkeiten
- Selbstpflege
- Kognitive Fertigkeiten.

Allgemeine Interventionen

NIC

- Entwicklungsförderung: Kind/Adoleszenten
- Förderung der Erziehung
- Säuglingspflege

Einschätzen ursächlicher oder beeinflussender Faktoren

Siehe «Einflussfaktoren».

Unterweisen der Eltern in altersbezogenen Entwicklungsaufgaben und Vermitteln anleitender Vorabinformationen (siehe Tab. II-12)

Sorgfältiges Einschätzen des Entwicklungsstandes des Kindes in allen Funktionsbereichen anhand spezifischer Assessmentinstrumente (z. B. Brazelton-Skala, DDST) ein

Sorgen für Gelegenheiten, dass ein krankes Kind altersgerechte Entwicklungsaufgaben erfüllen kann (zur Unterstützung beim Konzipieren von Interventionen siehe Tab. II-12, Spalte 3, «Implikationen für die Pflege»)

Geburt bis 1 Jahr

Erhöhen Sie die Stimulation, indem Sie verschiedene bunte Spielzeuge (z. B. Mobiles, Spielzeuge mit Musik, Stoffspielzeuge verschiedener Beschaffenheit) ins Bettchen legen, den Säugling oft auf den Arm nehmen und mit ihm sprechen.

Halten Sie den Säugling im Arm, während Sie ihm langsam und in entspannter Umgebung das Fläschchen geben.

Sorgen Sie vor dem Füttern für Ruhephasen.

Beobachten Sie Mutter und Kind beim Interagieren, vor allem beim Füttern.

Untersuchen Sie sofort und nachhaltig, warum das Kind schreit.

Weisen Sie dem Säugling eine feste Betreuungsperson zu.

Ermutigen Sie die Eltern zu Besuchen, Telefonanrufen und, wenn möglich, zur Beteiligung an der Versorgung.

Sorgen Sie für orale Erfahrungen (Daumen, Schnuller), wenn der Säugling dies wünscht.

Lassen Sie Hände und Füße des Säuglings möglichst frei.

1–3,5 Jahre

Weisen Sie eine feste Betreuungsperson zu.

Ermutigen Sie zu Selbstpflegeaktivitäten (eigenständige Nahrungsaufnahme, sich selbst anziehen und baden).

Stärken Sie die Entwicklung von Worten, indem Sie Worte des Kindes wiederholen, Gegenstände benennen und oft mit dem Kind sprechen.

Sorgen Sie für häufige Spielphasen mit Gleichaltrigen und verschiedenem Spielzeug (Puzzles, Bilderbücher, Spielzeuge, an denen sich etwas verändern lässt, Lastwagen, Autos, Bauklötze, freundliche Farben).

Demonstrieren Sie jede Prozedur an einer Puppe, bevor Sie sie durchführen.

Sorgen Sie für einen sicheren Bereich, in dem sich das Kind bewegen kann.

Ermutigen Sie die Eltern zu Besuchen, Telefonanrufen und, wenn möglich, zur Beteiligung an der Versorgung.

Sorgen Sie nach schmerzhaften Prozeduren für tröstende Maßnahmen.

3,5–5 Jahre

Ermutigen Sie zur Selbstpflege: selbstständig für das äußere Erscheinungsbild sorgen, sich selbst anziehen, Mundpflege, Haarpflege.

Sorgen Sie für häufige Spielzeiten mit anderen und für verschiedene Spielzeuge (z. B. Modelle, Spielzeuge mit Musik, Puppen, Spielpuppen fürs Puppentheater, Bücher, kleine Rutschbahnen, Wagen, Dreiräder).

Lesen Sie laut Geschichten vor. Bitten Sie das Kind, Ihnen zu antworten und nachzufragen.

Benennen Sie Gerätschaften, Gegenstände und Personen und bitten Sie das Kind, diese Worte zu wiederholen.

Räumen Sie Zeit zu individuellem Spiel und zum Erkunden der Spielumgebung ein.

Ermutigen Sie die Eltern, zu Besuch zu kommen und sich, wenn möglich, an der Versorgung zu beteiligen.

Überwachen Sie das Fernsehen und nutzen Sie es, um dem Kind beim Verstehen von Zeit zu helfen (z. B.: «Nach der ‹Sesamstraße› kommt deine Mutter.»).

5–11 Jahre

Sprechen Sie mit dem Kind über die geleistete Pflege.

Bitten Sie das Kind darum, sich einzubringen (z. B. in Bezug auf Ernährung, Kleidung, Routinen).

Sorgen Sie für Zeiten der Interaktion mit anderen Kindern.

Sorgen Sie für ein kunsthandwerkliches Projekt, an dem das Kind täglich oder jede Woche arbeiten kann.

Setzen Sie die Arbeiten für die Schule jeden Tag etappenweise fort.

Loben Sie positives Verhalten.

Lesen Sie Geschichten vor und sorgen Sie für mehrere Spiele, Puzzles, Bücher, Videospiele und Kunstprojekte.

Führen Sie das Kind mit Namen auf der Station ein.

Ermutigen Sie zu Besuchen mit oder ohne Telefonate durch die Eltern, Geschwister und Gleichaltrige.

11–15 Jahre

Sprechen Sie häufig mit dem Kind über Gefühle, Ideen und Sorgen hinsichtlich der Erkrankung oder der Versorgung.

Sorgen Sie für Gelegenheit zu Interaktionen mit Gleichaltrigen.

Gestatten Sie Änderungen in den Routinen der Einrichtungen, um dem Zeitplan des Kindes entgegenzukommen.

Erlauben Sie dem Kind, die eigene Kleidung zu tragen, wenn möglich.

Beteiligen Sie das Kind an Entscheidungen über seine Pflege/Versorgung.

Sorgen Sie für Gelegenheit zur Beteiligung an mehreren Aktivitäten (z. B. Lesen, Videospiele, Filme, Brettspiele, Kunst, Ausflüge nach draußen oder in andere Gebiete).

Ermutigen Sie zu Besuchen durch die Eltern, Geschwister und Gleichaltrige.

F: Alle Dimensionen von Wachstum und Entwicklung haben einen vorhersehbaren und festgelegten Ablauf. Neue Verhaltensweisen oder biologische Elemente entwickeln sich aus den zuvor entstandenen. Jedes Stadium wird durch das vorangegangene beeinflusst und wirkt sich seinerseits auf das folgende aus (Wong, 2003).

F: Unter den physiologischen, psychologischen und sozialen Einflüssen, die sich auf die Entwicklung auswirken können, sind viele, die im Kontext der Pflege bei Krankheit und in der Pflege des Wohlbefindens liegen, und Pflegende stoßen bei der Pflege von Kindern oft darauf. Bei der Konzeption von Pflegeinterventionen sollten daher einzelne Entwicklungsinformationen und -aufgaben zugrunde gelegt werden. Im Rahmen einer solchen Versorgung müssen Pflegende auch den Einfluss der primären Betreuungsperson oder des primären Elternteils auf die Entwicklung des Kindes berücksichtigen. Die meisten physiologischen und sozialen Einflüsse der frühen Kindheit werden im Wesentlichen durch die Eltern kontrolliert. Infolge der Abhängigkeit des Kindes von den Eltern können diese Einflüsse auch die Entwicklung gestalten (Wong, 2003).

Beginnen mit Gesundheitsedukation und Überweisen, soweit angezeigt

Sorgen Sie für eine vorwegnehmende Anleitung der Eltern im konstruktiven Umgang mit Entwicklungsproblemen und in der Unterstützung von Entwicklungsprozessen (siehe Tab. II-12 und *beeinträchtigte elterliche Fürsorge*).

Verweisen Sie die Familie an eine geeignete Einrichtung zur Beratung oder zur nachsorgenden Behandlung bei Missbrauch, Eltern-Kind-Konflikten, Substanzabhängigkeit usw. (siehe *behinderndes familiäres Coping*).

Verweisen Sie die Familie an eine geeignete Einrichtung für ein strukturiertes, fortlaufendes Stimulationsprogramm (z. B. eine Ausbildung), wenn das Funktionieren wahrscheinlich dauerhaft eingeschränkt sein wird.

Verweisen Sie an kommunale Programme für jeweils bestimmte beeinflussende Faktoren (z. B. Mutter-Kind-Kuren, Sozialdienste, Familiendienste, Beratung).

Sorgen Sie für eine Liste mit Elternselbsthilfegruppen (z. B. für Trisomie 21, Muskeldystrophie oder Epilepsie).

F: Krankheit, Hospitalisierung, Trennung von der Familie, ein Konflikt oder inadäquate Unterstützung durch die Eltern sowie spezifische pathophysiologische Prozesse, die das Wachstum stören, können letztlich die Entwicklung eines Kindes beeinflussen. Wenn eine optimale Heilung erreicht werden soll, muss die Pflegeperson sowohl die Familie als auch das Kind unterstützen, indem sie über den gesamten Krankheitsprozess des Kindes hinweg die Kontinuität der kindlichen Entwicklung sicher stellt. Darüber hinaus muss die Pflegeperson bestrebt sein, das individuelle Entwicklungsniveau des Kindes gleichermaßen zu stimulieren wie zu erhalten, um eine optimale Genesung zu fördern. Die Stimulation des Entwicklungsprozesses kann durch Unterstützung der Eltern, durch Edukation oder Überweisung oder durch direkte Intervention geschehen (siehe auch *beeinträchtigte elterliche Fürsorge*).

Gefahr einer verzögerten Entwicklung

Definition

Gefahr einer verzögerten Entwicklung: der Zustand, in dem eine Person der Gefahr einer beeinträchtigten Fähigkeit zur Durchführung von Aufgaben ihrer Altersgruppe (soziales oder selbstregulierendes Verhalten; kognitive, sprachliche, grob- oder feinmotorische Fertigkeiten) ausgesetzt ist.

Gefahr einer verzögerten Entwicklung (engl. Risk für delayed development): Risiko einer Verzögerung von mindestens 25 % einer oder mehrerer sozialer oder selbstregulierender Verhaltensweisen oder der kognitiven, sprachlichen, grob- oder feinmotorischen Fertigkeiten (NANDA-I, 2010).

Risikofaktoren

pränatale

- Alter der Mutter < 15 Jahre
- Alter der Mutter > 35 Jahre
- ungeplante Schwangerschaft
- ungewollte Schwangerschaft
- fehlende pränatale Versorgung und Vorsorge
- späte pränatale Vorsorge
- unzureichende pränatale Vorsorge und Versorgung
- unangemessene Ernährung
- Armut
- Analphabetismus
- genetische Störungen
- endokrine Störungen
- Infektionen
- Suchtmittelmissbrauch.

individuelle

- Frühgeburt
- angeborene Störungen
- genetische Störungen
- beeinträchtigtes Sehvermögen
- Hörbeeinträchtigung
- häufige Mittelohrentzündungen
- unangemessene Ernährung
- Gedeihstörung
- chronische Krankheit
- Chemotherapie
- Bestrahlungstherapie
- Gehirnschädigung (z. B. Blutung in der postnatalen Phase, Schütteln des Säuglings, Missbrauch, Unfall)
- Krampfanfälle
- positive[r] Drogentest[s]
- Suchtmittelmissbrauch
- Bleivergiftung
- Pflegekind
- adoptiertes Kind
- Verhaltensstörungen
- Abhängigkeit von technischen Geräten
- Naturkatastrophen.

umgebungsbezogene

- Armut
- Gewalt.

Pflegender[/Pflegende]

- starke Lernbehinderung
- Lernunfähigkeit
- Missbrauch
- psychische Krankheit.

Ziele

Das Kind bzw. die/der Jugendliche zeigt auch weiterhin ein angemessenes Verhalten.

Indikatoren (altersentsprechend zu spezifizieren)

- Selbstpflege
- Soziale Fertigkeiten
- Sprache
- Kognitive Fertigkeiten
- Motorische Fertigkeiten.

Allgemeine Interventionen

Siehe *verzögerte(s) Wachstum und Entwicklung.*

Gefahr eines unproportionalen Wachstums

Definition

Gefahr eines unproportionalen Wachstums: der Zustand, in dem eine Person der Gefahr eines beeinträchtigten Wachstums (oberhalb der 97. oder unterhalb der 3. Altersperzentile) ausgesetzt ist.

Gefahr eines unproportionalen Wachstums (engl. Risk for disproportionate growth): Risiko eines Wachstums, das oberhalb des 97. Perzentils oder unterhalb des 3. altersentsprechenden Perzentils liegt, wobei zwei Perzentilbereiche überschritten werden (NANDA-I, 2010).

Risikofaktoren

pränatale

- Ernährung der Mutter
- Infektion der Mutter
- Mehrlingsschwangerschaft
- Einnahme von Substanzen
- Suchtmittelmissbrauch
- Teratogenbelastung
- angeborene Störungen
- genetische Störungen [z. B. Störung von Hormondrüsen, Tumore].

individuelle

- Frühgeburt
- Mangelernährung
- unangepasstes Nahrungsverabreichungsverhalten des Pflegenden
- unangepasstes Ernährungsverhalten des Individuums
- unstillbarer Appetit
- Anorexie, [beeinträchtigter Stoffwechsel, höher als der normale Nährstoffbedarf]
- Infektion
- chronische Krankheit
- Suchtmittel[gebrauch] oder -missbrauch [inkl. Anabolika].

umgebungsbezogene

- Deprivation
- Armut
- Gewalt
- Naturkatastrophen
- Teratogene
- Bleivergiftung.

Pflegende[Pflegende]

- Missbrauch
- psychische Krankheit
- Lernschwäche (psychische Beeinträchtigung)
- starke Lernbeeinträchtigung.

Ziele

Das Kind bzw. die/der Jugendliche zeigt auch weiterhin ein angemessenes Wachstum.

Indikatoren

- Körpergröße
- Körpergewicht
- Kopfumfang.

Allgemeine Interventionen

Siehe *verzögerte(s) Wachstum und Entwicklung.*

Verschlechterung des Allgemeinzustandes (Verkümmerung)

Definition

Verschlechterung des Allgemeinzustandes (Verkümmerung): der Zustand, in dem eine Person eine schleichende und fortschreitende körperliche und psychosoziale Verschlechterung, charakterisiert durch begrenztes Coping und verminderte Spannkraft, erfährt.

Verschlechterung des Allgemeinzustands (Verkümmerung) des Erwachsenen (engl. Adult failure to thrive): Fortschreitende funktionelle Verschlechterung körperlicher und kognitiver Natur. Deutlich verringerte Fähigkeiten eines Individuums, mit multisystemischen Krankheiten zu leben, Folgeprobleme zu bewältigen und für sich selbst zu sorgen (NANDA-I, 2010).

Bestimmende Merkmale oder Kennzeichen

Hauptkennzeichen (eines oder mehrere obligat)

- äußert Interesseverlust an angenehmen Aktivitäten
- veränderte Stimmungslage
- äußert den Wunsch zu sterben.

objektive

- unzureichende Nahrungsaufnahme
- isst nur geringe Mengen oder gar nichts bei den meisten Mahlzeiten (d. h., nimmt < 75 % des normalen Bedarfs zu sich)
- unbeabsichtigter Gewichtsverlust (z. B. 5 % in 1 Monat, 10 % in 6 Monaten)
- physische Verschlechterung (z. B. Fatigue, Dehydration, Stuhl- und Urininkontinenz)
- kognitive Verschlechterung:
  - Schwierigkeiten, auf umweltbezogene Reize zu reagieren
  - Schwierigkeiten, sich zu konzentrieren
  - Schwierigkeiten mit der Entscheidungsfindung
  - Schwierigkeiten im Urteilsvermögen
  - Schwierigkeiten, sich zu erinnern
  - Schwierigkeiten im logischen Denken
  - reduzierte Wahrnehmung
- Anorexie
- Apathie
- reduzierte Teilnahme an den Aktivitäten des täglichen Lebens
- Selbstfürsorge-[versorgungs]defizit
- Vernachlässigung der häuslichen Umgebung
- Vernachlässigung der finanziellen Verpflichtungen
- reduzierte oder verringerte soziale Fertigkeiten
- sozialer Rückzug
- häufige Verschlechterungen von chronischen Gesundheitsproblemen.

Einflussfaktoren

Die Ursache einer Gedeihstörung bei (gewöhnlich älteren) Erwachsenen ist unbekannt. Forschende haben ein paar im Folgenden genannte beeinflussende Faktoren herausgefunden.

Situationsbedingte Faktoren (persönlich bedingt, umgebungsbedingt)

B/d verringerte Coping-Fertigkeiten.
B/d eine begrenzte Fähigkeit zur Anpassung an die Effekte des Alterns.
B/d den Verlust sozialer Fertigkeiten und daraus resultierender sozialer Isolation.
B/d den Verlust sozialer Bezogenheit.
B/d zunehmende Abhängigkeit und das Gefühl der Macht- und Hilflosigkeit.
B/d Depression.

B/d Kontrollverlust.
Alterungsprozess
schwere degenerative Erkrankung.

Irrtümer in diagnostischen Aussagen

1. *Gedeihstörung eines Erwachsenen,* **b/d** *Demenz*
   Demenz ist keine Ursache einer *Gedeihstörung eines Erwachsenen*, sondern stellt eine Reaktion auf den Zustand dar. Weil die Ursache unklar ist, ist es für die Pflegeperson klinisch hilfreicher, *Gedeihstörung eines Erwachsenen,* **b/d** *eine unbekannte Ätiologie* zu formulieren.

Zentrale Konzepte

Allgemeine Überlegungen

- Eine optimale Entwicklung im Laufe des Lebens hängt von der Anpassung an persönliche und umgebungsbedingte Veränderungen ab (Bergland/Kirkevold, 2001; Newbern/Krowchuk, 1994).
- Menschen, die gedeihen (Felten, 2000; Haight et al., 2002; Wagnil/Young, 1990):
  - haben ihren Stolz
  - helfen anderen
  - haben die Unterstützung ihrer Familie
  - sind ausdauernd
  - sind selbstsicher
  - haben schwierige Situationen durchgemacht
  - haben kulturelle, spirituelle und religiöse Werte
  - verbessern/fördern regelmäßig ihre Selbstpflegeaktivitäten.
- Ältere Erwachsene, die mit den Veränderungen nach einem belastenden Lebensereignis nicht zurechtkommen, fühlen sich schutzlos, leer und einsam (Newbern/Krowchuk, 1994).
- «Die Interaktion mit der Umgebung ist am Ende des Lebens für das Gedeihen als menschliches Wesen ebenso wichtig wie am Anfang» (Newbern/Krowchuk, 1994:844).
- Ältere Erwachsene, die von einem Gefühl der Hilf- und Hoffnungslosigkeit überwältigt werden, geben auf.
- Eine Gedeihstörung impliziert, dass der ältere Mensch *trotz* chronischer Krankheit und altersbedingter Veränderungen gedeihen sollte. Sie ist kein normaler Bestandteil des Alterns (Kimball/Williams-Burgess, 1995).
- Spannkraft setzt sich aus mehreren Fähigkeiten und Merkmalen zusammen, die es einem Individuum ermöglichen, trotz erheblicher Belastungen und widriger Ereignisse wieder auf die Beine und/oder erfolgreich zurechtzukommen (Tusaie/Dyer, 2004).

Einschätzungskriterien des Fokusassessments

Assessment und Diagnostik einer *Gedeihstörung eines Erwachsenen* erfordern die Evaluation bezüglich eines neu aufgetretenen pathologischen Zustands oder, wenn eine Erkrankung bereits behandelt wird, ein gründliches funktionelles Assessment (physisch und kognitiv) sowie die Evaluation der Stärken und des Coping-Verhaltens der betreffenden Person (Kimball/Williams-Burgess, 1995). Das Fokusassessment dieser Bereiche ist unter den Pflegediagnosen in diesem Buch zu finden, wie z. B.:

- Fähigkeit zur Selbstpflege (siehe *Selbstversorgungsdefizitsyndrom*)
- Kognition (siehe *gestörte Denkprozesse*)
- Coping (siehe *unwirksames Coping*)
- Sozialisation (siehe *Vereinsamungsgefahr*)
- Ernährung (siehe *Mangelernährung, Überernährung*).

Ziele

NOC

- Physischer Alterungsstatus
- Psychosoziale Anpassung: Lebensveränderung
- Lebenswille

Die Person beteiligt sich an einer Steigerung des Funktionierens.

Indikatoren

- Zunahme der sozialen Bezogenheit
- Beibehalten oder Steigern des gegenwärtigen Körpergewichts.

Allgemeine Interventionen

NIC

- Copingverbesserung
- Hoffnungsvermittlung
- Spirituelle Unterstützung
- Familienunterstützung
- Pflegeüberleitung

Konsultieren Sie einen Psychotherapeuten, um den Klienten auf eine Depression hin zu evaluieren.

F: Bei 52 % der ans Haus gefesselten älteren Menschen fand sich eine Depression (Loehr, 2004).

Achten Sie auf Mangelernährung, Niereninsuffizienz, Demenz und Dehydratation.

F: Mangelernährung, Dehydratation und andere Zustände/Erkrankungen können kognitive Beeinträchtigungen hervorrufen.

Fördern Sie gesellschaftliche Kontakte der Person (siehe *Vereinsamungsgefahr*).
Versuchen Sie, eine Aktivität herauszufinden, die für Freude und Vergnügen sorgt.

Sorgen Sie für Gelegenheiten zur Steigerung sozialer Bezogenheit, wie etwa Musiktherapie, Freizeittherapie und Erinnerungstherapie.
Wahren Sie Standards einer empathischen, respektvollen Pflege.
Unterstützen Sie den Klienten bei der Anpassung an Veränderungen:

- Eruieren Sie unangenehme Erfahrungen und fördern Sie deren Erörterung.
- Ermutigen Sie dazu, sich an Stärken und Erfolge zu erinnern.
- Bestätigen Sie, dass die Anpassung an diese Veränderungen schwer fällt.

Beginnen Sie nützliche und bedeutungsvolle Gespräche über Vorlieben und Abneigungen, Interessen, Hobbys und die Geschichte des Arbeitslebens.
Sprechen Sie von einem Erwachsenen zum anderen. Verwenden Sie eine durchschnittliche Lautstärke, einen angemessenen Blickkontakt und sprechen Sie langsam.
Ermutigen Sie den Klienten zu möglichst großer Unabhängigkeit.

F: Interventionen, die sich auf Stärken konzentrieren, können das Selbstwertgefühl wiederherstellen helfen und Stress vermindern (Kimball/Williams-Burgess, 1995).
F: Interventionen versuchen, Gefühle der Nutzlosigkeit umzukehren.

Sorgen Sie für Respekt und fördern Sie das Sich-Mitteilen:

- Achten Sie darauf, was die Person sagt.
- Suchen Sie sich bedeutungsvolle Bemerkungen heraus und führen Sie das Gespräch fort.
- Sprechen Sie die Person bei jedem Kontakt mit Namen an und stellen Sie sich ihr vor. Setzen Sie Berührung ein, wenn dies willkommen ist.

F: Gefühle anzuerkennen, steigert die Würde der Person.

Für spezielle Probleme siehe weitere Pflegediagnosen, wie etwa *Mangelernährung/Überernährung, Selbstversorgungsdefizit, unwirksames Coping, gestörte Denkprozesse* und *Vereinsamungsgefahr*.
Evaluieren Sie kontinuierlich Sicherheitsfragen.

F: Der Verlust von Unabhängigkeit und Gegenseitigkeit wirkt sich negativ auf die Selbstachtung aus (Newbern/Krowchuk, 1994).

Informieren Sie die Familie über den Zustand und über die Notwendigkeit, soziale Interaktionen auf kognitive Veränderungen sowie ferner die Ernährung zu überwachen.

F: Eine Beteiligung ihrer Familie sollte das Leben einer älteren Person verbessern (Gosline, 2003).

Bringen Sie die Gesundheitsedukation und Überweisungen in Gang, wie indiziert (z. B. indem Sie einen Hauspflegedienst für ein häusliches Assessment konsultieren.
Raten Sie, dass es notwendig ist, wenigstens einmal pro Woche außer Haus zu gehen, wenn möglich (Kono et al., 2004).
Für zusätzliche Interventionen siehe auch *chronische Verwirrtheit*.

F: Ans Haus gebundene ältere Menschen haben häufiger eine Depression.

Gefahrengeneigtes Gesundheitsverhalten

Definition

Gefahrengeneigtes Gesundheitsverhalten: der Zustand, in dem eine Person außerstande ist, ihre Lebensweise so umzustellen, dass sie einer Veränderung des Gesundheitszustandes entspricht.

Gefahrengeneigtes Gesundheitsverhalten: Beeinträchtigte Fähigkeit, den Lebensstil/die Verhaltensweisen derart zu verändern, dass der Gesundheitszustand verbessert wird (NANDA-I, 2010).

Bestimmende Merkmale oder Kennzeichen

Hauptkennzeichen (eines oder mehrere obligat)

Der Klient spielt die Veränderung des Gesundheitszustandes herunter.
Der Klient ergreift keine Maßnahmen, um Gesundheitsprobleme zu verhindern.
Der Klient zeigt fehlende Akzeptanz der Veränderung des Gesundheitszustandes
Versagen ein optimales Kontrollgefühl zu erreichen

Einflussfaktoren

Situationsbedingte Faktoren (persönlich bedingt, umgebungsbedingt)

B/d:

geringe Selbstwirksamkeit
negative Haltung/Einstellung gegenüber Gesundheit(sfürsorge)
mehrere Stressoren
inadäquate soziale Unterstützung
inadäquate Ressourcen, niedriger sozioökonomischer Status
unzureichende finanzielle Mittel
vielfältige Verantwortlichkeiten
übermäßiger Alkoholkonsum; Rauchen.

B/d eine beeinträchtigte Fähigkeit, etwas zu verstehen, s/b/d:

einen niedrigen Bildungsgrad
Sprachbarrieren.

Anmerkung der Autorin

Diese neue Pflegediagnose ersetzt die NANDA-Diagnose *beeinträchtigte Anpassung. Gesundheitsgefährdendes Verhalten* hat einige Gemeinsamkeiten mit *unwirksames Gesundheitsverhalten* und *Noncompliance*. Die Autorin empfiehlt, *unwirksames Gesundheitsverhalten* zur Beschreibung einer Person zu verwenden, deren ungesunde Lebensweise sie der Gefahr einer chronischen Gesundheitsstörung bzw. einer Erkrankung aussetzt. *Noncompliance* trifft auf eine Person zu, die zwar kooperieren möchte, deren Adhärenz jedoch durch Faktoren beeinträchtigt wird.

Gesundheitsgefährdendes Verhalten beschreibt eine Person mit einer Gesundheitsstörung, die sich infolge mangelnder/fehlender Motivation, mangelnden/fehlenden Verständnisses oder aufgrund persönlicher Barrieren nicht an deren Behandlung und Betreuung beteiligt.

Irrtümer in diagnostischen Aussagen

1. *Gefahrengeneigtes Gesundheitsverhalten,* **b/d** *fettreiche Ernährung und Bewegungsmangel*
   Diese Diagnose spiegelt eine ungesunde Lebensweise wider. Die Einflussfaktoren sind eigentlich Zeichen und Symptome und keine Einflussfaktoren. Demnach müsste die Diagnose lauten: *gefahrengeneigtes Gesundheitsverhalten,* **b/d** *eine unbekannte Ätiologie, angezeigt durch fettreiche Ernährung und Bewegungsmangel*. Die Pflegeperson muss notwendigerweise einschätzen, was unter «beeinflusst durch» (**b/d**) fällt, wie etwa ein Wissensdefizit, Zeitmangel oder Zugangsbarrieren.
2. *Noncompliance,* **b/d** *eine unbekannte Ätiologie, angezeigt durch Aussagen, es sei unnötig, täglich den Blutzuckerspiegel zu bestimmen*
   Da die Person mit Diabetes den Blutzuckerspiegel nicht bestimmen möchte, geht es hauptsächlich darum, sie durch Motivation, Einstellungs- und Verhaltensänderung darin zu unterstützen, die Bedeutung der Messung zu erkennen. *Gefahrengeneigtes Gesundheitsverhalten,* **b/d** *eine unbekannte Ätiologie, angezeigt durch Aussagen, es sei unnötig, täglich den Blutzuckerspiegel zu bestimmen*, wäre besser geeignet, weil der Schwerpunkt hier auf Verhaltensänderung liegt. *Noncompliance* sollte sich auf Barrieren konzentrieren, die nicht durch Motivation beeinflusst werden.

Zentrale Konzepte

Allgemeine Überlegungen

- «Hilfe zur Selbsthilfe ist die Unterstützung, die Betreuungspersonen Klienten mit chronischen Erkrankungen zukommen lassen, um sie täglich neu zu Entscheidungen zu ermutigen, die zu einer Verbesserung des Gesundheitsverhaltens und klinischer Ergebnisse führen» (Bodenheimer et al., 2005:4).
- In kooperativer Partnerschaft mit Betreuungspersonen wird Klienten geholfen, Gesundheitsverhalten auszuwählen (Bodenheimer et al., 2005).
- Für zentrale Konzepte der Gesundheitsedukation, der Selbstwirksamkeit und Lernbehinderungen siehe *Gefahr eines unwirksamen Managements der eigenen Gesundheit*.
- Anregendes Interviewen ist Teil eines Modells und Ansatzes, um die Bereitschaft zu einem Wandel zu fördern. Dabei ergibt sich die Bereitschaft daraus, wie bedeutsam eine Person eine

Situation bewertet und wie zuversichtlich sie ist (Bereitschaft = Bedeutung × Zuversicht). Es werden Techniken eingesetzt, um die Bereitschaft für einen Wandel einzuschätzen (Bedeutung und Zuversicht) und um Klienten zu mehr Bereitschaft anzuhalten (Rollnik et al., 2000).

Bildung

- Gesundheitliche Bildung ist «das Ausmaß, in dem Personen in der Lage sind, sich grundlegende Gesundheitsinformationen und erforderliche Dienstleistungen, die für angemessene Entscheidungen in puncto Gesundheit nötig sind, zu verschaffen, zu verarbeiten und zu verstehen» (Cutilli, 2005).
- Die meisten Personen mit niedriger Bildung
  - sind arm
  - leben im Süden und im Westen
  - haben weniger als einen High-School-Abschluss
  - gehören einer ethnischen/kulturellen Minderheit an und sind über 65 Jahre alt
  - sind körperbehindert bzw. geistig behindert
  - sind obdachlos oder sitzen ein.

Einschätzungskriterien des Fokusassessments

Bildungsgrad (Murphy et al., 1993).

Die Person folgende Begriffe vorlesen lassen:

Fett
Grippe
Tablette
Allergie
Gelbsucht
Anämie
Erschöpfung
Gezielt (directed)
Kolitis
Verstopfung
Osteoporose.

Anmerkung: «Fett», «Grippe» und «Tablette» werden nicht gezählt. Ein Wert von 6 oder weniger kann darauf hindeuten, dass die Person durch einen niedrigen Bildungsgrad gefährdet ist.

- Einschätzen des Wissens über die Krankheit, z. B.:
  - Wissen Sie, was Diabetes ist?
  - Was wüssten Sie gerne über Hypertonie?
  - Wissen Sie, was zu tun ist, um Komplikationen eines Diabetes zu verhindern?

- Auf Barrieren untersuchen:
  - Was führt Ihrer Ansicht nach dazu, dass Ihr Blutdruck (Blutzucker oder Körpergewicht) weiterhin hoch ist?
  - Was könnten Sie tun, um ihren Blutdruck (Ihr Körpergewicht, Ihren Blutzucker) zu senken?
  - Würden Sie gern aufhören zu rauchen (Alkohol zu trinken)?
  - Was hindert Sie daran?

Ziele

NOC

- Adhärenzverhalten
- Symptomkontrolle
- Behandlungsverhalten: Krankheit oder Verletzung

Die Person formuliert die Absicht, eine Verhaltensweise zu modifizieren, um mit Indikatoren einer Gesundheitsstörung zurechtzukommen.

Indikatoren

- Beschreiben der Gesundheitsstörung
- Beschreiben der Beziehung zwischen den gegenwärtigen Praktiken bzw. dem gegenwärtigen Verhalten und der verschlechterten Gesundheit
- Setzen von Zielen.

Allgemeine Interventionen

NIC

- Gesundheitsbildung
- Gemeinsame Zielsetzung
- Eigenverantwortungsförderung
- Edukation: Krankheitsprozess
- Entscheidungsfindungsunterstützung

Bei Verdacht auf einen niedrigen Bildungsgrad beginnen Sie mit dem, was die Person am stärksten belastet

- Sprechen Sie in einfachen Worten und Sätzen.
- Wiederholen Sie das Gesagte und bitten Sie die Person, es zu wiederholen.
- Verwenden Sie Bilder, Fotos, Zeichnungen.
- Verwenden Sie geeignete Beispiele.
- Führen Sie die Dinge vor und lassen Sie sie sich demonstrieren.
- Verwenden Sie visuelle und akustische Medien.

F: Personen mit Problemen beim Lesen haben Schwierigkeiten mit den meisten mündlichen Instruktionen und mit Material für die Patientenschulung.

Sich-Beteiligen an der kollektiven Entscheidungsfindung (Bodenheimer et al., 2005)

Listen Sie ein paar Auswahlmöglichkeiten zur Verbesserung der Gesundheit des Betreffenden auf, z. B. bei Diabetes:

- körperliche Betätigung, Sport
- Medikamente
- gesundes Essen
- Überwachung des Blutzuckers
- klientdefinierte Auswahlmöglichkeit.

Fragen, ob die Liste eine Aktivität enthält, auf die sich der Betreffende konzentrieren möchte

F: Indem Betreuungspersonen gesundheitsbezogene Entscheidungen ausgeben, sorgen sie für fachliches Wissen und Erfahrung sowie für Instrumente.

Klienten sind verantwortlich für Entscheidungen im Alltag (Bodenheimer et al., 2005).

Sorgen Sie für Informationen nach den Vorgaben des Patienten:

- Fragen Sie: Was möchten Sie über ________ wissen?
- Liefern Sie die von der Person gewünschten Informationen.
- Fragen Sie den Betreffenden, ob er verstanden hat.
- Fragen Sie, ob es noch Fragen gibt.

F: Klienten erhalten oft zu viel oder zu wenig Informationen. Vom Lernenden selbst gewähltes Lernen verbessert oft die gesundheitsbezogenen Ergebnisse (Bodenheimer et al., 2005).

Die Person bitten, das Ziel, das Verhalten oder die Aktivität zu wiederholen

F: Zu prüfen, ob der Betreffende verstanden hat, kann Einsicht und Ergebnisse positiv verbessern.

Einschätzen der Bereitschaft zum Wandel

Stellen Sie fest, wie wichtig die Verhaltensänderung der Person ist, z. B.: Wie wichtig ist Ihnen eine Steigerung Ihrer Aktivität? Bewerten Sie mit 0 bis 10 (0 = nicht wichtig, 10 = wichtig).

F: Wenn die Person der Ansicht ist, die Verhaltensänderung sei für eine verbesserte Gesundheit nicht wichtig, bringt sie den Wandel wahrscheinlich auch nicht in Gang (Bodenheimer et al., 2005).

Feststellen, wie sicher sich die Person fühlt, den Wandel vorzunehmen

Zum Beispiel: Wie sicher sind Sie, sich körperlich auch tatsächlich mehr zu betätigen? Bewerten Sie mit 0 bis 10.

- Stellen Sie fest, ob die Person zu einem Wandel bereit ist.
- Beträgt das Bedeutungsniveau 7 oder mehr, schätzen Sie das Maß des Selbstvertrauens ein. Sorgen Sie bei niedrigem Bedeutungsgrad für mehr Informationen über die Risiken einer unterlassenen Verhaltensänderung.
- Beträgt das Bedeutungsniveau 4 oder weniger, fragen Sie die Person, warum es nicht 1 ist.
- Fragen Sie die Person, was erforderlich wäre, um den niedrigen Wert auf 8 zu erhöhen.

F: Bei geringer Bedeutung und/oder niedrigem Selbstvertrauen würde ein Aktionsplan mit spezifischen Verhaltensänderungen keine echte Zusammenarbeit widerspiegeln.

Kooperatives Festlegen eines realistischen Ziels und Aktionsplans

Zum Beispiel: Wie oft in der Woche könnten Sie 2-mal um den Block gehen?

F: Mit dem Erfolg nimmt auch das Selbstvertrauen der Person zu. Ein Rat, der nur schwierig umzusetzen ist, führt den Betreffenden ins Versagen (Bodenheimer et al., 2005).

Die Person fragen, ob man sie in 2 Wochen anrufen könne, um zu hören, wie es ihr geht. Schrittweises Ausweiten dieser Phase auf monatliche Anrufe.

F: Telefonische Unterstützung hat sich bei Personen mit begrenzter Gesundheitsbildung, mit mehreren chronischen Gesundheitsstörungen und mit Versorgungslücken als vorteilhaft erwiesen (Piette, 2005).

Unwirksames Gesundheitsverhalten

Unwirksames Gesundheitsverhalten, ...

- ... **b/d** unzureichendes Wissen über die Auswirkungen von Tabak und die verfügbaren Ressourcen zur Selbsthilfe
- ... **b/d** eine erhöhte Nahrungsaufnahme als Reaktion auf Stressoren und einen gemessen an der Aufnahme unzureichenden Energieverbrauch.

Definition

Unwirksames Gesundheitsverhalten: der Zustand, in dem eine Person oder Gruppe aufgrund einer ungesunden Lebensweise oder mangelnden Wissens im Umgang mit einer Erkrankung eine Gesundheitsstörung erfährt oder entsprechend gefährdet ist.

Unwirksames Gesundheitsverhalten (engl. Ineffective health maintenance): Unfähigkeit, Hilfen zur Gesunderhaltung zu erkennen, zu organisieren und/oder herauszufinden (NANDA-I, 2010).

Bestimmende Merkmale oder Kennzeichen (bei Fehlen von Krankheit)

Hauptkennzeichen (eines oder mehrere obligat)

Nennt oder zeigt ein ungesundes Verhalten oder eine ungesunde Lebensweise, wie z. B.:
rücksichtsloses Autofahren
fettreiche Ernährung
übermäßiges Essen
exzessives Sonnenbaden
Substanzmissbrauch
Bewegungsmangel
inadäquate Zahnpflege
inadäquate Körperpflege
inadäquate Mundpflege
fehlendes ausgedrücktes Interesse an der Verbesserung des gesundheitsbezogenen Verhaltens
[dokumentierte Zwangshandlungen].
erwiesenes Wissensdefizit über grundlegende Gesundheitspraktiken
Unfähigkeit, Verantwortung für das Erreichen grundlegender Gesundheitspraktiken zu übernehmen
anamnestisch bekannter Mangel an gesundheitsorientiertem Verhalten
erwiesene mangelnde Anpassung an Umgebungsveränderungen
beeinträchtigte Unterstützung im persönlichen Bereich
[beobachtete Zwangshandlungen].

Nebenkennzeichen (fakultativ)

Nennt oder zeigt:

Haut und Nägel:

- unangenehmer Geruch
- Narben unklarer Genese
- Sonnenbrand
- Hautläsionen (Pusteln, Exantheme, trockene oder schuppige Haut).

Atmungssystem:

- häufige Infektionen
- Belastungsdyspnö
- chronischer Husten.

Mundhöhle:

- häufige wunde Stellen (auf der Zunge, Mundschleimhaut)
- Zahnausfall in jungen Jahren
- Läsionen in Verbindung mit mangelnder Mundpflege oder Substanzmissbrauch (Leukoplakie, Fisteln).

Verdauungssystem und Ernährung:

- Adipositas
- chronische Dyspepsie
- chronisch unregelmäßiger Stuhlgang
- Anorexie
- chronische Anämie
- Kachexie.

Muskel-Skelett-System:

- häufige Zerrungen, Rücken- und Nackenschmerzen
- verminderte Flexibilität und Muskelkraft.

Urogenitalsystem:

- häufige sexuell übertragbare Erkrankungen
- häufiger Gebrauch potenziell ungesunder frei verkäuflicher Präparate (z. B. chemische Duschen, parfümierte Vaginalprodukte, Nasensprays).

Konstitutionell bedingt:

- chronische Erschöpfung
- Kopfschmerzen
- Apathie.

Psychoemotional:

- Anfälligkeit für Emotionen
- häufiges Gefühl des Überwältigtseins.

Einflussfaktoren

Unwirksames Gesundheitsverhalten kann durch verschiedene Faktoren hervorgerufen werden, von denen einige im Folgenden genannt werden.

Situationsbedingte Faktoren (persönlich bedingt, umgebungsbedingt)

B/d:

- mangelnde Kommunikationsfähigkeiten [schriftlich, verbal und/oder nonverbal]
- nicht erreichte Entwicklungsstufen

- Unfähigkeit, angemessene Entscheidungen [Beurteilungen] zu treffen
- Beeinträchtigung der Wahrnehmung
- kognitive Beeinträchtigung
- verminderte feinmotorische Fertigkeiten [oder]
- verminderte grobmotorische Fertigkeiten
- fehlende feinmotorische Fertigkeiten [oder]
- fehlende grobmotorische Fertigkeiten
- unzureichendes individuelles Coping [oder]
- unzureichendes familiäres Coping
- erschwertes Trauern
- Sinnkrise
- unzureichende Ressourcen (z. B. Ausstattung, finanzielle Mittel).

Altersbedingte Faktoren

Altersbezogene Erkrankungen finden sich in Tabelle II-13.
B/d mangelnde/fehlende Unterweisung in altersbezogenen Risikofaktoren, wie z. B.:

Kinder

Sexualität und sexuelle Entwicklung
Inaktivität
Substanzmissbrauch
Schlechte Ernährung
Gefahren für die Sicherheit.

Jugendliche

Siehe oben unter «Kinder»
Substanzmissbrauch
Sicherheitspraktiken bei Fahrzeugen.

Erwachsene

Elternschaft
Sicherheitspraktiken
Sexualfunktion.

Ältere Erwachsene

Auswirkungen des Alterns
Sensorische Defizite.

Tabelle II-13: Primär- und Sekundärprävention von Erkrankungen nach Altersgruppen

Entwicklungsniveau	Primärprävention	Sekundärprävention
Säuglingsalter (0–1 Jahr)	Edukation der Eltern: Kindersicherheit Ernährung Stillen. Sensorische Stimulation: Massieren und Berühren des Säuglings visuelle Stimulation Aktivität Farben auditorische Stimulation verbal Musik. Impfungen: Diphtherie-Pertussis-Tetanus oder Diphtherie-Tetanus-azelluläre Pertussis Polio, Haemophilus influenzae Hepatitis B Pneumokokken Grippe. Mundpflege: Beißringe Fluorid (b. Bed. > 6 Monate) zuckerhaltige Nahrung und Getränke meiden.	Vollständige körperliche Untersuchung alle 2–3 Monate Screening bei der Geburt: angeborene Hüftdysplasie Phenylketonurie G-6-PD-Mangel bei Kindern afrikanischer, mediterraner und fernöstlicher Herkunft Sichelzellanämie Hämoglobin oder Hämatokrit (auf Anämie) zystische Fibrose Sehen (Moro-Reflex) Hören (Reagieren auf Geräusche und Lokalisieren) Tuberkulintest mit 12 Monaten Beurteilungen der Entwicklung Screening und Intervention bei hohem Risiko: niedriges Geburtsgewicht Substanzmissbrauch der Mutter während der Schwangerschaft: Alkohol (fetales Alkoholsyndrom) Zigaretten (SIDS) Drogen (abhängiges Neugeborenes, AIDS) Infektionen der Mutter während der Schwangerschaft
Vorschulalter (1–5 Jahre)	Edukation der Eltern: Zahnen Disziplin Ernährung Unfallprävention normales Wachstum und normale Entwicklung Kindererziehung: Selbstpflege der Zähne sich ankleiden baden mit Unterstützung Selbstständige Nahrungsaufnahme Impfungen: Diphtherie-Tetanus-azelluläre Pertussis Polio Masern/Mumps/Röteln Haemophilus influenzae Windpocken Hepatitis A (bei hoher Gefährdung)	Vollständige körperliche Untersuchung zwischen 2 und 3 Jahren und im Vorschulalter (Urinuntersuchung, großes Blutbild) Tuberkulintest mit 3 Jahren Entwicklungsassessment (jährlich): Sprachentwicklung Hören Sehen. Screening auf und Intervention bei: Bleivergiftung Entwicklungsverzögerung Vernachlässigung oder Missbrauch starke familienanamnestische Hinweise auf arteriosklerotisch bedingte Erkrankungen (z. B. Myokardinfarkt, Apoplex, peripheres Gefäßleiden), Diabetes, Hypertonie, Gicht oder Hyperlipidämie – Nüchtern-Serumcholesterin im Alter von 2 Jahren, dann alle 3–5 Jahre, wenn normal.

Entwicklungsniveau	Primärprävention	Sekundärprävention
	Pneumokokken Hepatitis B. Zahn-/Mundpflege: Fluoridbehandlungen fluoridiertes Wasser.	Strabismus Hörstörung Sehschwäche.
Schulalter (6–11 Jahre)	Gesundheitsedukation des Kindes: Ernährungsgrundlagen Unfallprävention Sicherheit im Außenbereich Beratung über Substanzmissbrauch vorwegnehmende Erläuterungen zu körperlichen Veränderungen in der Pubertät Impfungen: Tetanus im Alter von 11–12 Jahren Auffrischimpfungen im Alter von 4–6 Jahren: Masern/Mumps/Röteln Diphtherie-Tetanus-azelluläre Pertussis trivalente orale Poliovakzine Pneumokokken (bei hoher Gefährdung) Varizella (im Alter von 11–12 Jahren, falls anamnestisch keine Infektion bekannt). Zahnhygiene alle 6–12 Monate: Fortsetzen der Fluoridierung. Vollständige körperliche Untersuchung	Vollständige körperliche Untersuchung Tuberkulintest alle 3 Jahre (im Alter von 6 und 9 Jahren) Entwicklungsassessment: Sprache Sehen: Snellen-Haken in der Schule mit 6–8 Jahren, Snellen-E-Haken verwenden über 8 Jahre Alphabet verwenden Hören: Audiogramm. Cholesterinprofil; bei hoher Gefährdung alle 3–5 Jahre Serumcholesterin einmalig (bei fehlender hochgradiger Gefährdung)
Jugend (12–19 Jahre)	Gesundheitsedukation: richtige Ernährung und gesunde Diäten sexuelle Aufklärung: Wege, Entscheidungen, Auswahlmöglichkeiten Risiken Vorsichtsmaßnahmen sexuell übertragbare Krankheiten. Fertigkeiten im sicheren Führen eines Fahrzeugs Herausforderungen wie bei Erwachsenen: Arbeitssuche und Karriereentscheidungen Kennenlernen eines Partners/einer Partnerin und Heirat Konfrontation mit Substanzmissbrauch. Sicherheit beim Sport, im Wasser Hautpflege Zahnhygiene (Prophylaxeuntersuchung) alle 6–12 Monate	Vollständige körperliche Untersuchung (vor der Pubertät oder mit 13 Jahren): Blutdruck Cholesterinprofil Mantoux-Test Rapid-Plasma-Reagin-Test, großes Blutbild, Urinanalyse Frauen: Selbstuntersuchung der Brust Mann: Selbstuntersuchung der Hoden sexuell aktive Frauen: Pap-Abstrich und Beckenuntersuchung jährlich (Abstrich auf zervikale Gonorrhö und Chlamydienkultur sowie Scheidenabstrich [Infektion?] mit Untersuchung der Parametrien) Screening und Interventionen bei hoher Gefährdung: Depression Suizid

Entwicklungsniveau	Primärprävention	Sekundärprävention
	Impfungen: Hepatitis-B-Reihe (b. Bed.) trivalente orale Poliovakzine Gardisal (1-mal gegen HPV im Alter von 9–26 Jahren).	Substanzmissbrauch Schwangerschaft. Familienanamnese mit Alkohol oder häuslicher Gewalt Sexuell übertragene Infektionen
Junge Erwachsene (20–39 Jahre)	Gesundheitsedukation: Gewichtsmanagement bei guter Ernährung, während sich der BMI verändert cholesterinarme Ernährung. Beratung zur Lebensweise: Stressmanagement-Fertigkeiten sicheres Führen eines Fahrzeugs Familienplanung Scheidung Sexualpraktiken Fertigkeiten für die Elternschaft regelmäßige körperliche Betätigung Entscheidungen hinsichtlich der Umweltgesundheit Alkohol, Drogen Verwenden eines Gehörschutzes. Zahnhygiene (Prophylaxeuntersuchung) alle 6–12 Monate Impfungen: Tetanus mit 20 Jahren und dann alle 10 Jahre Frauen: Röteln, falls seronegativ Hepatitis B bei hochgradig Gefährdeten.	Vollständige körperliche Untersuchung mit ca. 20 Jahren, dann alle 5–6 Jahre Frauen: Selbstuntersuchung der Brust monatlich; Pap-Abstrich alle 1–2 Jahre, sofern nicht hochgradig gefährdet Alle Frauen: Basis-Mammographie im Alter von 35–40 Jahren Werdende Eltern: Hochrisiko-Screening auf Trisomie 21, Tay-Sachs-Syndrom Schwangere: Rapid-Plasma-Reagin-Test, Röteln-Titer, Rhesus-Faktor, Amniozentese bei Frauen im Alter von 35 Jahren und darüber (falls gewünscht) Screening und Interventionen bei hoher Gefährdung: Frauen mit früherem Mammakarzinom: ab 35 jährliche Mammographie Frauen, deren Mutter/Schwester ein Mammakarzinom hat: s. o. familienanamnestisch bekanntes Kolonkarzinom oder eine entsprechende hochgradige Gefährdung: Hämoccult-Test jährlich, digitale rektale Untersuchung und Koloskopie Mantoux-Test bei hoher Gefährdung Glaukom-Screening mit 35 Jahren und zusammen mit körperlichen Routineuntersuchungen Cholesterinprofil alle 5 Jahre, wenn normal Cholesterinprofil alle 1–2 Jahre, falls grenzwertig.
Erwachsene mittleren Alters (40–59 Jahre)	Gesundheitsedukation: fortfahren mit dem jungen Erwachsenen Veränderungen in der Lebensmitte, Beratung des Mannes/der Frau (s. o., «Junge Erwachsene»): Empty-nest-Syndrom vorgehende Planung für den Ruhestand Großelternschaft.	Vollständige körperliche Untersuchung alle 5–6 Jahre mit vollständiger labormedizinischer Untersuchung (Serum-/Urintests, Röntgen, EKG) Osteoporose-Screening einmalig, danach n. Bed. Frauen: Selbstuntersuchung monatlich Männer: Selbstuntersuchung der Hoden monatlich PSA jährlich nach dem 40. Lebensjahr bei Afroamerikanern und Hispanics, alle Übrigen nach dem 50. Lebensjahr

Entwicklungsniveau	Primärprävention	Sekundärprävention
	Zahnhygiene (Prophylaxeuntersuchung) alle 6–12 Monate Impfungen: Tetanus alle 10 Jahre Influenza, bei hohem Risiko (d. h. schwere chron. Erkrankung [COPD, KHK]) jährlich Pneumokokken, alle 5–6 Jahre.	Alle Frauen: Mammographie alle 1–2 Jahre (40–49 J.), dann jährliche Mammographie ab 50. Lebensjahr und danach «Tonometrie» (Glaukom) alle 3–5 Jahre Koloskopie mit 50 und 51, danach alle 4 Jahre, falls negativ Hämoccult-Test mit 50, danach jährlich
Ältere Menschen (60–74 Jahre)	Gesundheitsedukation: fortfahren mit der bisherigen Beratung: häusliche Sicherheit Ruhestand Verlust des Ehepartners, Verlust von Freunden, Verwandten besondere Gesundheitsbedarfe: Ernährungsumstellungen Veränderungen des Hörens/Sehens Zahn-/Mundhygiene (Prophylaxeuntersuchung) alle 6–12 Monate. Impfungen: Tetanus alle 10 Jahre Grippe jährlich Pneumokokken alle 5–6 Jahre.	Vollständige körperliche Untersuchung alle 2 Jahre mit Laboruntersuchungen Blutdruck jährlich Frauen: Selbstuntersuchung monatlich, Pap-Abstrich alle 1–3 Jahre, Mammographie jährlich Männer: Selbstuntersuchung der Hoden, PSA jährlich Hämoccult-Test jährlich Koloskopie alle 4 Jahre Vollständige Augenuntersuchung jährlich Osteoporose-Screening einmalig, danach n. Bed.
Alte Menschen (75 Jahre und älter)	Gesundheitsedukation, fortgesetzte Beratung Vorwegnehmende Erläuterungen zu: Sterben und Tod Verlust des Ehepartners, Verlust von Verwandten und Freunden zunehmende Abhängigkeit von anderen. Zahn-/Mundhygiene (Prophylaxeuntersuchung) alle 6–12 Monate Impfungen: Tetanus alle 10 Jahre Grippe jährlich Pneumokokken, wenn nicht schon geschehen.	Vollständige körperliche Untersuchung jährlich Frauen: Mammographie jährlich, Koloskopie alle 4 Jahre Tonometrie (Glaukom) alle 3–5 Jahre Behandlung durch Podologen n. Bed.

Anmerkung der Autorin

Die Pflegediagnose *unwirksames Gesundheitsverhalten* gilt sowohl für gesunde wie für kranke Populationen. Gesundheit ist ein dynamischer, in stetem Wandel befindlicher Zustand, der von einer Person auf der Grundlage ihrer Wahrnehmung des höchsten Funktionsniveaus individuell definiert wird. So wird sich beispielsweise die Definition eines Marathonläufers von Gesundheit deutlich von der eines Paraplegikers unterscheiden. Da Klienten für ihre Gesundheit selbst verantwortlich sind, stellt *unwirksames Gesundheitsverhalten* eine Diagnose dar, zu deren Behandlung die Person motiviert ist. Eine wichtige damit verbundene Verantwortung der Pflege liegt darin, das Bewusstsein des Klienten dafür zu wecken, dass eine bessere Gesundheit möglich ist.

Diese Diagnose eignet sich für jemanden, der den Wunsch äußert, eine ungesunde Lebensweise zu ändern, z. B. bei erheblicher Unzufriedenheit mit dem Beruf, fehlender körperlicher Betätigung, ausbleibender Erholung nach einer Ruhepause, eine an Fett, Salz und einfachen Kohlenhydraten reiche Ernährung, Tabakkonsum, Adipositas, exzessivem Alkoholkonsum und unzureichender sozialer Unterstützung.

Die Pflegediagnose *Gefahr eines unwirksamen Gesundheitsverhaltens* ist nützlich zur Beschreibung einer Person, die vor der Entlassung aus einem Zentrum der Akutversorgung Edukation oder Überweisungen benötigt, um nach der Entlassung oder in kommunalen Settings Probleme beim Erhalt der Gesundheit zu vermeiden.

Gesundheitsförderliches Verhalten dient zur Beschreibung einer Person oder Gruppe, die Gesundheitsedukation (z. B. zu präventivem Verhalten, altersbezogenem Screening oder optimaler Ernährung) wünscht, um Wohlbefinden auf hohem Niveau zu fördern und zu erhalten oder, der NANDA zufolge, «nach Wegen einer Veränderung persönlichen Gesundheitsverhaltens sucht, um auf ein höheres Niveau von Gesundheit zu gelangen». In den meisten Fällen beschreibt diese Diagnose eine asymptomatische Person. Bei chronischen Krankheiten kann sie auch dazu dienen, dem Betroffenen in einem bestimmten Bereich höheres Wohlbefinden erreichen zu helfen. In Abweichung von guter Gesundheit ist Wohlbefinden auf hohem Niveau definiert als integrierte Methode des Funktionierens, die auf Potenzialmaximierung ausgerichtet ist (Dunn, 1959). So könnte beispielsweise eine Frau mit multipler Sklerose die Selbstuntersuchung der Brust oder Entspannungstechniken lernen, indem sie *gesundheitsförderliches Verhalten: Selbstuntersuchung der Brust* einsetzt.

Gesundheitsförderliches Verhalten wird als einteilige diagnostische Aussage unter Spezifizieren des angestrebten Gesundheitsverhaltens formuliert (z. B. *Gesundheitsförderliches Verhalten: Selbstuntersuchung der Brust,* **b/d** *das Verlangen nach maximaler Gesundheit*).

Mit der Verlagerung des Schwerpunkts von einem krankheits- bzw. behandlungsorientierten zu einem gesundheitsorientierten Gesundheitsversorgungssystem gewinnen *unwirksames Gesundheitsverhalten* und *gesundheitsförderliches Verhalten* zunehmend an Bedeutung. Die steigende Akuität und verkürzte Liegezeiten in Kliniken fordern von Pflegenden Kreativität im Umgang mit Gesundheitsförderung (z. B. durch Printmedien, Fernsehprogramme und kommunal basierte Programme).

Irrtümer in diagnostischen Aussagen

1. *Unwirksames Gesundheitsverhalten,* **b/d** *die Weigerung, mit dem Rauchen aufzuhören*
   Die Weigerung, mit dem Rauchen aufzuhören, ist eine wichtige Information, die weiter abgeklärt werden muss: Fällt die Person diese Entscheidung anhand von Informationen? Kennt sie die Auswirkungen des Rauchens auf die Atem- und die Herz-Kreislauf-Funktion? Weiß der Betreffende, wo man Hilfe bekommt, um mit dem Rauchen aufzuhören? Lautet die Antwort: «Ja», dann ist *unwirksames Gesundheitsverhalten* nicht korrekt. Sollte die Person sich indessen nicht im Klaren darüber sein, dass Rauchen schädliche Auswirkungen hat bzw. dass es Selbsthilferessourcen gibt, wäre *unwirksames Gesundheitsverhalten,* **b/d** *unzureichendes Wissen über die Auswirkungen von Tabak und verfügbare Selbsthilferessourcen* u. U. besser geeignet.
   Anmerkung: Die Pflegeperson sollte davor gewarnt werden, jemanden nicht gerade dann ermutigen zu wollen, mit dem Rauchen aufzuhören oder die Nahrungsaufnahme zu kontrollieren, wenn der Betreffende eine akute Episode, wie etwa einen Myokardinfarkt, hinter sich hat. Einem Menschen in solch einer Situation den gewohnten Coping-Mechanismus verweigern zu wollen, kann – wie ungesund dieser auch sein mag – für die Gesundheit insgesamt problematischer sein.
2. *Gesundheitsförderliches Verhalten,* **b/d** *erhöhten Alkohol- und Tabakkonsum als Reaktion auf* (s/b/d) *das Zerbrechen der Ehe und hohe Anforderungen seitens der Familie*
   Diese Diagnose ist für die Person, die eigene Angewohnheiten ändern möchte, aber weder bei guter noch bei ausgezeichneter Gesundheit ist, ungeeignet. Der Schwerpunkt läge besser darauf, konstruktives Stressmanagement ohne Tabak oder Alkohol zu fördern, und zwar durch die Pflegediagnose *unwirksames Coping,* **b/d** *die Unfähigkeit zum konstruktiven Umgang mit den Stressoren in Verbindung mit dem Auseinanderbrechen der Ehe und Anforderungen seitens der Familie.*

Zentrale Konzepte

Allgemeine Überlegungen

- Für viele bedeutet Gesundheit die Abwesenheit von Krankheit. Indessen kann Gesundheit vielmehr als Wiedererlangen eines vorigen Zustands (Genesung) oder als gesteigertes Bewusstsein für volles Potenzial und für die Bedeutung des Lebens gesehen werden.
- Die Kontrolle ausgeprägter Gesundheitsstörungen hängt in den USA unmittelbar von der Modifikation des individuellen Verhaltens und der Lebensgewohnheiten ab.
- Neben einer Veränderung von Lebensweisen zur Förderung des Wohlbefindens hängt Gesundheit insgesamt noch von folgenden Punkten ab (Edelman/Mandle, 2006):
  - Ausrottung von Armut und Unwissenheit
  - Verfügbarkeit von Arbeitsplätzen
  - adäquate Unterbringung, adäquate Transportmittel und adäquate Freizeit
  - öffentliche Sicherheit
  - ein ästhetisch ansprechendes und vorteilhaftes Umfeld.

- Prävention hat folgende Ziele:
  - Krankheitsvermeidung durch gesunde Lebensweisen
  - verminderte Krankheitsmortalität durch Früherkennung und frühzeitiges Intervenieren
  - verbesserte Lebensqualität.
- Die drei Ebenen der Prävention sind die Primär-, Sekundär- und Tertiärprävention.
- *Primärprävention* umfasst Aktionen zur Prävention von Krankheiten und Unfällen und zur Förderung des Wohlbefindens (Tab. II-14).
- *Sekundärprävention* umfasst Aktionen zur Förderung der Früherkennung von Krankheiten und anschließende Interventionen: regelmäßige Untersuchungen durch eine Gesundheitsfachperson und Selbstuntersuchungen.
- Die Aufgaben des Screenings bestehen im:
  - Erkennen schwerer, zu Behinderung führender Erkrankungen
  - Untersuchen persönlicher und sozialer Vorteile der Früherkennung und frühzeitiger Intervention bei asymptomatischen Personen mit der Erkrankung (z. B. Erleichtern des familiären Copings, Minimieren von Behinderung und Kosten, Verhindern eines vorzeitigen Todes, Verbessern der Produktivität, Senken der Gesamtmorbidität und -mortalität)
  - Identifizieren der für bestimmte Erkrankungen besonders Gefährdeten durch eine persönliche *Gesundheitsanamnese* (z. B. bedeutet ein Diabetes mellitus als Begleiterkrankung ein höheres Hypertonierisiko), eine *Familienanamnese* (z. B. Brustkrebs, Diabetes, Hypertonie) und eine *Sozialanamnese* (z. B. Substanzmissbrauch, Krebs, Herzerkrankung, Sexualverhalten, venerische Leiden, häusliche Gewalt, Missbrauch)

Tabelle II-14: Zentrale Konzepte der Primärprävention

Konzept	Beispiele
Wohlbefinden: eine Lebensweise nach den Prinzipien der Gesundheitsförderung und geleitet von Eigenverantwortung	salz-, zucker- und fettarme Ernährung regelmäßige körperliche Betätigung Stressmanagement Aufhören mit Rauchen minimaler Alkoholkonsum
Selbsthilfe: Gemeinsamkeit schaffen mit anderen, welche die gleichen Bedürfnisse haben	La Leche Liga Geburtsvorbereitungskurse Selbstsicherheitstraining spezielle Print-Ressourcen (Bücher, Flugblätter, Zeitschriften) öffentliche Medien
Sicherheit	Einhalten von Geschwindigkeitsbegrenzungen, Verwenden von Sicherheitsgurten und Kindersitzen regelrechtes Lagern von Giftstoffen im Haushalt
Impfungen	Kinder: Windpocken Nichtschwangere im gebärfähigen Alter: Röteln (bei negativem Antikörpertiter) ältere Menschen: Grippe, Pneumonie

- Herausfinden von Tests und Prozeduren, anhand derer sich die Krankheit genau erkennen lässt (Wer führt sie durch? Wie oft werden sie durchgeführt? Wer trägt die Kosten?)
- Planen einer Strategie zur Verbreitung von Screening-Informationen unter Gesundheitsfachpersonen und in der Öffentlichkeit
- Planen der Evaluation der Screening-Effektivität.

- Screening umfasst Folgendes:
  - körperliche Befunde (regelmäßige Untersuchungen durch Gesundheitsfachpersonen und Selbstuntersuchungen der Brüste, der Hoden und der Haut)
  - Umfrage nach Risikofaktoren (Rauchen, Alkoholmissbrauch)
  - Laboruntersuchungen (Serum: z. B. Sichelzellen bei Afroamerikanern, Phenylketonurie bei Neugeborenen; Urin: z. B. Nierenleiden bei älteren Menschen; Röntgen: z. B. Zahnkaries, Lungentuberkulose).
- *Tertiärprävention* umfasst Aktionen, durch die Krankheitskomplikationen behandelt, rehabilitiert und vermieden werden. Bei einer Person mit koronarer Herzkrankheit wäre dies z. B.:
  - restaurativ (Operation, wie etwa ein Koronarbypass, Angioplastie und Medikamente)
  - rehabilitativ (Stressmanagement, Übungsprogramm, Einstellen des Rauchens).
- Potenzielle Präventionsbarrieren liegen sowohl im System der Gesundheitsversorgung als auch in den Klienten, denn …
  - … das System der Gesundheitsversorgung
    - ist u. U. eher krankheits- als gesundheitsorientiert
    - besteht aus Gesundheitsfachpersonen, die gelernt haben, sich auf einzelne Systeme des menschlichen Körpers zu konzentrieren, statt einen ganzheitlichen Ansatz zu verfolgen
    - funktioniert u. U. im Rahmen eines Finanzierungssystems, in dem die Behandlung und nicht deren Prävention belohnt wird
    - ist u. U. schwer zugänglich oder, wie bereits dargelegt, nicht zufriedenstellend.
  - … Klienten
    - glauben u. U., Gesundheit bzw. Krankheit sei durch äußere Kräfte (Schicksal, Glück) bestimmt (externe Kontrollüberzeugung)
    - halten das benötigte Verhalten für inakzeptabel oder unbequem
    - praktizieren ungesunde soziokulturelle Verhaltensweisen (z. B. Erwünschtheit von Adipositas, salzreiche Ernährung)
    - haben psychische Hemmungen gegen Gesundheitsverhaltensweisen
    - haben keine oder nur unzureichende finanzielle Ressourcen.

Ernährung

Siehe Mangelernährung bzw. Überernährung, «Zentrale Konzepte».

Körperliche Betätigung

- Regelmäßige körperliche Betätigung steigert u. U. die
  - Ausdauer von Herz, Kreislauf und Atmung
  - Muskelkraft
  - Ausdauer der Muskulatur

- Flexibilität
- Versorgung des Gewebes mit Nährstoffen
- psychische Stresstoleranz
- Fähigkeit zum Fettabbau im Körper.
- Phasen starker körperlicher Betätigung sollten eine Aufwärmphase (10 min in langsamem Tempo), Ausdauerübungen und eine Abkühlungsphase (5–10 min in langsamem Tempo plus Dehnübungen) umfassen.
- Bezüglich einer optimalen körperlichen Betätigung gilt zurzeit Folgendes:
  - Körperliche Aktivität sollte gegenüber der «sportlichen Übung» hervorgehoben werden.
  - Eine mäßige körperliche Aktivität ist sehr von Vorteil.
  - Vorteilhaft ist eine intermittierende körperliche Aktivität, die auf insgesamt 30 min oder mehr hinausläuft.
- Um sich körperlich stärker langfristig belasten zu können, sollte die Person Folgendes tun (Moore/Charvat, 2002):
  - auf Rückschläge mit einem Plan zu deren Prävention reagieren
  - realistische Ziele setzen
  - ein Übungstagebuch führen
  - mit einem Freund zusammen üben.

Gewichtsreduktion

- Übermäßiges Essen ist ein komplexes Problem mit physischen, sozialen und psychischen Komponenten.
- Achtzig Prozent der Kinder zweier adipöser Eltern werden ebenfalls adipös, im Gegensatz zu 40 % bei nur einem adipösen Elternteil und 7 % bei Eltern, die beide nicht adipös sind (Buiten/Metzger, 2000).
- Der Body-Mass-Index (BMI) ist ein Quotient aus Körpergewicht und Körpergröße, mit dem sich das Gesamtkörperfett einschätzen lässt (Dudek, 2001). Der dritten «National Health and Nutrition Examination Survey» (NHANES III) zufolge sind 54,9 Millionen Amerikaner im Alter von 20 Jahren und älter übergewichtig (BMI 25–29,9) oder adipös (BMI > 30) (Dudek, 2001).
- Ein Überschuss von 50–100 Kalorien pro Tag führt in einem Jahr zu einer Gewichtszunahme von 2,3–4,5 kg (Dudek, 2001).
- Fluktuationen des Körpergewichts sind häufig, vor allem bei Frauen. Sich täglich zu wiegen, kann irreführend und entmutigend sein. Körpermessungen sind eine bessere Möglichkeit, um eine Abnahme einzuschätzen.
- Regelmäßige körperliche Betätigung führt zu einer Erhöhung der reinen Muskelmasse. Da Muskulatur schwerer ist als Fett, zeigt sich auf der Waage u. U. eine Gewichtszunahme.
- Stark einschränkende Diäten sind gewöhnlich nicht von Dauer und bewirken auch kein gesundes Essverhalten. Besser ist, die bestehenden Essgewohnheiten zu modifizieren (Wierenga/Oldham, 2002).

Rauchen

- Beim Rauchen einer Zigarette werden mehr als 4000 chemische Substanzen ins Blut und in den Magen-Darm-Trakt aufgenommen und unmittelbar in der Mundhöhle und im Atmungssystem wirksam (Andrews, 1998).
- Raucher haben chronischen Husten, eine erhöhte Speichelproduktion, Dyspnö und eine verminderte Lungenkapazität (Andrews, 1998).
- Tabakkonsum ist die führende Ursache unter den vermeidbaren Todesfällen bei Frauen (CDC, 2004).
- In den USA rauchen 25 % der Männer und 21 % der Frauen. Unter der amerikanischen Urbevölkerung und bei den Inuit in Alaska rauchen 42,5 % der Frauen (CDC, 2004).
- Rauchen in der Schwangerschaft wird mit 10 % aller Todesfälle im Säuglingsalter in den USA in Verbindung gebracht (CDC, 2004).
- Frauen, die rauchen, haben Fertilitätsprobleme und uteroplazentare Funktionsstörungen in der Schwangerschaft. Tabakkonsum in der Schwangerschaft kann das körperliche Wachstum eines Kindes und dessen intellektuelle Entwicklung beeinträchtigen. Bei Frauen, die rauchen, besteht Gefahr einer frühzeitigen Menopause, verminderter Knochendichte und Osteoporose (Andrews, 1998).
- Rauchen hat unmittelbare und langfristige Auswirkungen auf das Herz-Kreislauf-System. Zu den *Sofortwirkungen* gehören Vasokonstriktion, eine verminderte Oxygenierung des Blutes, die Erhöhung von Blutdruck und Herzfrequenz sowie u. U. Herzrhythmusstörungen und eine vermehrte Herzarbeit. *Langfristige Auswirkungen* sind eine erhöhte Gefahr für koronare Herzkrankheit, Schlaganfall, Hyperlipidämie und Myokardinfarkt. Rauchen trägt auch zur Hypertonie, peripheren Gefäßerkrankung (z. B. Unterschenkelgeschwüre) sowie chronisch abnormen Blutgasen (niedriger O_2- und hoher CO_2-Partialdruck) bei.
- Der Gebrauch von Tabak in anderer als der Zigarettenform (Schnupftabak, Tabakkaugummi) geht mit oraler Leukoplakie (prämaligne Läsion) und Mundkrebs sowie mit Nikotinabhängigkeit einher. Mindestens 12 Millionen Amerikaner sind entsprechend gefährdet, meist männliche Teenager und Erwachsene.
- Tabak ist ein bedeutsamer Risikofaktor für Tumoren der Zunge und der Mundschleimhaut, des Larynx, der Lunge sowie der Blase und der Zervix. In Verbindung mit anderen Karzinogenen (z. B. Alkohol, Asbest, Kohlenstaub, Radon) steigt die Gesundheitsgefährdung. Bei Klienten, die während und nach der Behandlung weiterhin Tabak konsumieren, nimmt die Rate der Tumorrezidive zu.
- Nikotin ist die primär zur Sucht führende Substanz in Tabakrauch und -saft. Tabakabhängige Klienten benötigen beim kurzfristigen Entzug und beim Weiterführen eines tabakfreien Lebens spezielle Unterstützung.
- Es hat sich gezeigt, dass *Passivrauchen* – die Inhalation von Tabakrauch durch Nichtraucher – negative Auswirkungen auf die Gesundheit hat (Andrews, 1998; Pletsch, 2002):
  - Menschen mit Angina pectoris haben in einem verrauchten Raum mehr Beschwerden.
  - Bronchospasmen nehmen zu, wenn eine Person mit Asthma Tabakrauch ausgesetzt ist.
  - Kinder, deren Eltern rauchen, haben mehr Infekte der oberen Atemwege und der Ohren als Kinder von Nichtrauchern.
  - Passivrauchen führt bei Nichtrauchern zu Lungenkrebs.
  - Plötzlicher Kindstod tritt bei Säuglingen, deren Mütter während der Schwangerschaft geraucht haben, 2- bis 4-mal häufiger auf.

- In den vergangenen 25 Jahren hat das Rauchen in den meisten Gesundheitsberufen signifikant abgenommen, *nicht jedoch in der Pflege*. Schätzungen zufolge rauchen 25–29 % der Pflegenden immer noch. In Studien an Pflegenden werden berufliche Belastung und soziale Einflüsse mit dem Tabakkonsum verknüpft (Cinelli/Glover, 1988). Eine rauchende Pflegeperson sendet dem Klienten die falschen Signale. Ash (1987) zufolge «raucht ein Rollenvorbild nicht, präsentiert damit beispielhaft gewünschtes Verhalten und verhält sich auf eine Weise, die als Richtschnur dient und die andere nachahmen möchten».

Osteoporose

- Infolge altersbedingter Veränderungen, die um das 40. Lebensjahr herum einsetzen, nimmt der kortikale Knochen beim Mann und bei der Frau um 3 % je Lebensjahrzehnt ab (Woodhead/Moss, 1998).
- Von allen Hüft- und Wirbelfrakturen treten 30 % der Hüftfrakturen und 20 % der Wirbelfrakturen bei Männern mit Osteoporose auf (Eastell et al., 1998).
- Der Verlust von trabekulärem Knochen beginnt im vierten Lebensjahrzehnt und schreitet mit jeder Dekade um 6–8 % fort. Bei Frauen in der Menopause beschleunigt sich dieser Wert (Woodhead/Moss, 1998).
- Osteoporose wird unterteilt in primär (in Verbindung mit alters- und menopausebedingten Veränderungen) und sekundär (durch Medikamente oder Krankheiten verursacht) (Miller, 2004) (siehe auch Tab. II-15).

Tabelle II-15: Faktoren, die zu einer Osteoporose beitragen (Woodhead/Moss, 1998)

Therapiebedingt	Physiologisch bedingt	Lebensweise
exzessiver Gebrauch aluminiumhaltiger Antazida	Verlust weiblicher Hormone nach der Menopause	niedrige Kalzium- oder Vitamin-D-Zufuhr
exzessive Substitution von Schilddrüsenhormon	helle Haut	exzessive Aufnahme von Alkohol
bei chronischer Erkrankung (Darm, Nieren, Leber)	geringe Körpergröße	unzureichende körperliche Betätigung
Langzeiteinnahme von Kortikoiden	positive Familienanamnese	Zigarettenrauchen
	Schilddrüsenüberfunktion	exzessive Aufnahme von Coffein
	Hypogonadismus	exzessive Aufnahme von Eiweiß

Pädiatrische Überlegung

- Antizipatorische Gesundheitsförderung oder *vorwegnehmende Anleitung* ist für eine umfassende Gesundheitsversorgung wesentlich. Hinsichtlich des Inhalts variiert sie mit dem Alter des Kindes und beinhaltet die Unterweisung von Familien in dem, was in den kommenden Wochen oder Monaten auf sie zukommt.
- Gesundheitsverhalten beginnt mit der pränatalen Konsultation und setzt sich in der umfassenden Gesundheitsüberwachung während der Entwicklung des Kindes fort (Wong, 2003).
- Das Kind hängt davon ab, dass ein Elternteil bzw. eine erwachsene Betreuungsperson für eine sichere Umgebung sorgt und die Gesundheit fördert (z. B. durch Impfungen, Prüfen der Befindlichkeit, Betreuen bei chronischer Krankheit) (Wong, 2003).
- Die Gefahr eines unwirksamen Gesundheitsverhaltens schwankt mit dem Alter des Kindes und dessen Gesundheitszustand. So ist ein Kleinkind der Gefahr einer versehentlichen Vergiftung ausgesetzt, während es bei Jugendlichen eher um hochgradig gefahrengeneigtes Verhalten geht (Wong, 2003).
- Mangelernährung, fehlende oder zu wenige Impfungen oder eine unsichere Umgebung können durch mangelndes Wissen der Eltern, beeinträchtigtes Ausfüllen der Elternrolle oder Barrieren für die Gesundheitsversorgung bedingt sein (Wong, 2003).
- Viele Faktoren können den Ernährungsbedarf eines Kindes beeinflussen, darunter Perioden raschen Wachstums, Stress, Krankheit, Stoffwechselstörungen, Medikamente und sozioökonomische Faktoren (z. B. ungenügendes Einkommen, schlechte Wohnverhältnisse, Nahrungsmangel).
- Nach konservativen Schätzungen laufen mehr als eine Million Jugendliche von zu Hause weg. Obdachlose Jugendliche stehen oft außerhalb des Gesundheitsversorgungssystems und bleiben tendenziell auch dort, sofern man sich nicht darum bemüht, akzeptable Gesundheitsdienstleistungen für sie zu benennen und zu entwickeln. Die Übernahme destruktiver Lebensweisen durch viele dieser Jugendlichen trägt stark zur physischen und psychischen Morbidität und zu der alarmierend hohen Mortalität bei.
- Adipositas ist bei Kindern hispanischer (56 %) und afroamerikanischer (41 %) Abstammung häufiger als bei weißen Kindern (28 %) (Keller/Stevens, 1996).
- Ein gutes Gewichtsmanagement bei Kindern und Jugendlichen konzentriert sich auf den Erhalt des Gewichts oder eine langsame Abnahme, auf den Nährstoff- und Energiebedarf, das Verhindern von Hunger, die Erhaltung der fettfreien Körpermasse sowie eine erhöhte körperliche Aktivität und das Wachstum.
- Adipositas hat unter Kindern enorm zugenommen. Zu den beeinflussenden Faktoren gehören eine verminderte körperliche Aktivität, vermehrtes Fernsehen und erhöhte Kalorienzufuhr sowie Adipositas der Eltern (Roberts, 2000).
- In einer Studie an eindeutig adipösen Kindern (> 90. Perzentile für Gewicht und Körpergröße) stellten Myers und Vargas (2000) fest, dass 35 % der Eltern hispanischer Abstammung ihre Kinder nicht als adipös ansahen. Im Gesundheitszentrum hielten 18 % des Personals die Kinder nicht für adipös.
- Täglich beginnen etwa 3000 Jugendliche unter 18 Jahren mit dem Rauchen. Etwa 75 % der Jugendlichen, die rauchen, möchten damit aufhören (DuRant/Smith, 1999).

- Etwa 80 % der Tabakkonsumenten beginnen vor dem 18. Lebensjahr mit dem Konsum (CDC, 2000).
- Mehr als 33 % der High-School-Schüler, d. h. über 3 Millionen, rauchen Zigaretten. Fast 10 %, d. h. über 1 Million, rauchen den Tabak nicht, sondern nehmen ihn in anderer Form zu sich (DuRant/Smith, 1999).

Geburtshilflich-gynäkologische Überlegungen

- Tabakkonsum in der Schwangerschaft geht einher mit intrauteriner Wachstumsverzögerung, einer für das Gestationsalter zu niedrigen Körpergröße, niedrigem Geburtsgewicht, Komplikationen mit der Plazenta, vorzeitigem Blasensprung, pränataler Mortalität, Spontanabort, ektoper Schwangerschaft, Plazentaabriss und plötzlichem Kindstod (Mitchell et al., 1999).
- Mindestens 14 % (wahrscheinlich mehr) der Frauen rauchen während der Schwangerschaft (Mullen, 1999).

Geriatrische Überlegungen

- Miller (2004) zufolge ist Gesundheit die Fähigkeit älterer Menschen, trotz altersbedingter Veränderungen und Risikofaktoren mit dem Höchstmaß ihrer Kapazität zu funktionieren. Von allen altersbedingten Veränderungen hat die Osteoporose mit größter Wahrscheinlichkeit negative funktionelle Folgen, und zwar auch ohne zusätzliche Risikofaktoren.
- Etwa 70 % der Menschen über 65 Jahre beurteilen ihre Gesundheit als ausgezeichnet (Miller, 2004).
- Es ist wichtig, zwischen altersbedingten Veränderungen und Risikofaktoren, die das Funktionieren älterer Menschen beeinträchtigen, zu differenzieren. Solche Risikofaktoren, wie inadäquate Ernährung, Flüssigkeitszufuhr, körperliche Betätigung und gesellschaftliche Kontakte können das Funktionieren stärker beeinflussen als die meisten altersbedingten Veränderungen.
- Die Mortalitätsrate von Pneumonie und Grippe bei Menschen über 65 Jahre beträgt 9/100 000. Bei Menschen mit Kyphose oder einer chronischen Erkrankung steigt sie auf 979/100 000. Ältere Menschen sollten jedes Jahr im Spätherbst gegen Grippe geimpft werden (Miller, 2004).
- Der Sauerstoffverbrauch an der anaeroben Schwelle verhält sich umgekehrt zum Alter. Ältere Menschen haben demnach eine niedrigere anaerobe Schwelle mit früher einsetzender Akkumulation von Milchsäure und Muskelerschöpfung.
- Die maximale aerobe Kapazität und die maximale Herzfrequenz nehmen mit dem Alter ab. Für die aerobe Konditionsbildung muss ein alter Mensch so üben, dass er 3-mal pro Woche für mindestens 20–30 Minuten die Zielherzfrequenz erreicht. Letztere errechnet sich nach folgender Formel: 220 – Alter × 60–70 % = Zielherzfrequenz für das Training. Ältere Menschen müssen lernen, den Karotispuls auf Frequenz und Rhythmus zu überwachen. Die Zeitschwelle für die Rückkehr zu den Ausgangswerten

für Herzfrequenz, Blutdruck und Atemfrequenz nach der Belastung ist bei älteren Menschen höher (Allison/Keller, 1997).

- Ältere Menschen haben eine schwächere Thermoregulation und die Fähigkeit, den Körper durch Schwitzen abzukühlen, ist vermindert, was sich negativ auf die körperliche Belastbarkeit auswirkt (Allison/Keller, 1997).
- Es gibt einen altersbedingten Anstieg des systolischen Blutdrucks in Ruhe und bei submaximalen Arbeitsbelastungen. Die Sensibilität des Herz-Kreislauf-Systems für die chronotropen, inotropen und vasodilatatorischen Effekte von Katecholaminen nimmt ab. Studien zufolge haben Katecholamine oder beta-adrenerge Stimulation, unter Belastung verabreicht, bei jungen Menschen im Gegensatz zu Menschen fortgeschrittenen Alters stärkere Wirkung (Miller, 2004).
- Regelmäßige körperliche Betätigung korreliert erwiesenermaßen mit erhöhtem Selbstwertgefühl. Lernprinzipien für Erwachsene unterstützen die Ermutigung zu einer für die ältere Person bedeutungsvollen körperlichen Betätigung oder regelmäßigen Aktivität, wenn man Compliance erwartet. Bei körperlicher Betätigung sollte der ältere Mensch bis zum Punkt leichter Unverträglichkeit gehen und dann um 25 % zurückfallen (Allison/Keller, 1997).

Transkulturelle Überlegungen

- Gesundheit und Krankheit sind kulturell vorgegeben. In der einen Kultur mag eine adipöse Person als stark und gesund gelten, in einer anderen Kultur wiederum gilt dieselbe Person als schwach und nicht gesund. Pflegende müssen berücksichtigen, dass Behandlungsstrategien, die sich mit den kulturellen Überzeugungen einer Person decken, mehr Chancen auf Erfolg haben (Andrews/Boyle, 2003).
- Prävention bedarf der Zukunftsorientiertheit in Bezug auf Krankheit, Leiden und Gesundheitsversorgung. Die vorherrschende US-amerikanische Kultur ist zukunftsorientiert, während andere Kulturen, wie die afroamerikanische, hispanische, südappalachische und traditionelle chinesische, eine gegenwartsorientierte Wahrnehmung haben. Manche Angehörige dieser Kulturen sind indessen zukunftsorientiert.
- In manchen Kulturen ist man der Überzeugung, das Schicksal hinge von Gott oder von übernatürlichen Kräften ab, denen der Mensch trotz seines Verhaltens ausgeliefert sei (Andrews/Boyle, 2003).
- In einigen Kulturen Asiens glaubt man, für die Gesundheit seien Ausgewogenheit und Harmonie erforderlich. Mäßigung wird betont und Exzesse werden vermieden. In der Theorie von *Yin* und *Yang* repräsentiert Yin den weiblichen Aspekt der Natur: Kälte und Dunkelheit. Die Kraft des Yang steht für die männlichen Aspekte der Natur: Fülle, Licht und Wärme. Ein Ungleichgewicht zwischen Yin und Yang bewirkt Krankheit.
- In hispanischen und schwarzen Kulturen wird Gesundheit über die *Humoraltheorie von Wärme und Kälte* aufrechterhalten. Dieses antike griechische Konzept beschreibt die vier Körperflüssigkeiten: gelbe Galle, schwarze Galle, Schleim und Blut. Gesundheit liegt vor, wenn sich diese vier im Gleichgewicht befinden. Die Behandlung einer Krankheit besteht im Wiederherstellen eines humoralen Gleichgewichts durch Hinzufügen oder Eliminieren von Substanzen (z. B. Nahrungsmittel, Getränke, Kräuter,

Medikamente), die entweder heiß oder kalt sind. Ohrenschmerzen gelten beispielsweise als kalt und müssen daher mit heißen Substanzen behandelt werden (Andrews/Boyle, 2003).

- Da die Familie gewöhnlich die wichtigste soziale Einheit des Klienten ist, kann die Pflegeperson die Hilfe der Familie fördern, um Änderungen der Lebensweise zu unterstützen (Andrews/Boyle, 2003).
- Schwarze, Hispanier und Asiaten in den USA rauchen mehr als Weiße und haben eine höhere Krebsmortalität. Hier sind mehr kulturell basierte Raucherentwöhnungsprogramme und entsprechende Materialien nötig (Koepke et al., 1990).
- Unter puerto-ricanischen Frauen gilt eine Gewichtszunahme nach der Heirat als positiv; sie bedeutet, dass der Ehemann gut für die Frau sorgt und dass diese eine gute Köchin ist (Keller et al., 1996).

Einschätzungskriterien des Fokusassessments

Subjektive Daten

Einschätzen bestimmender Merkmale oder Kennzeichen

Gesundheitszustand

Darstellung von Gesundheit durch den Klienten.
Unmittelbare gesundheitliche Beschwerden.
Häufigkeit von:

- unregelmäßigem Stuhlgang
- Harnwegsinfekten
- Läsionen am Mund und in der Mundhöhle
- Atemwegsinfekte
- Kopfschmerzen
- Ekzeme der Haut
- Grippe
- Erschöpfung
- einem Gefühl, von allem erschlagen zu werden.

Einschätzen beeinflussender Faktoren

Beeinflussende Faktoren: Gesundheitsverhalten und Adhärenzverhalten

Welche Faktoren machen es schwierig, einem gesundheitlichen Rat zu folgen?
Welches Gesundheitsverhalten wird täglich praktiziert?
Wie viel Kontrolle glaubt die Person auszuüben?

Risikofaktoren

Familiäres Vorkommen von:

- Herz-Kreislauf-Erkrankung
- Medikamenten- oder Alkoholmissbrauch

- Diabetes mellitus
- Missbrauch oder häuslicher Gewalt
- Krebs
- Depression
- Hypertonie
- genetisch bedingten Erkrankungen
- andere (zu spezifizieren).

Übliches Gesundheitsverhalten:
- Rauchen (Menge?)
- Alkohol
- Medikamente (verordnete, frei verkäufliche)
- Aufnahme von Fett, Salz, Zucker sowie Kohlenhydraten und Eiweiß mit der Nahrung; Anzahl und Umfang der Portionen
- Übungsprogramm.

Umweltrisikofaktoren

Werden im Auto Gurte und Kindersitze verwendet?
Ist das Zuhause kindersicher? Stellen Sie ggf. fest, welche Maßnahmen ergriffen wurden.
Gibt es zu Hause oder am Arbeitsplatz Faktoren, die zu Stürzen oder Unfällen führen könnten?
Gibt es weitere Faktoren, welche die Gesundheit des Klienten bedrohen oder eine Verletzung herbeiführen könnten?

Präventives Gesundheits-Screening

Selbstuntersuchungen (Brüste, Hoden, Blutdruck): Häufigkeit und wahrgenommene Probleme aufzeigen.
Letzte arbeitsmedizinische Untersuchung (Zähne, Parametrien, Rektum, Sehen, Hören, vollständige körperliche Untersuchung).
Letzte Laboruntersuchung oder andere diagnostische Untersuchung (EKG, großes Blutbild, Cholesterin, Untersuchung auf okkultes Blut im Stuhl, Pap-Abstrich, Röntgen-Thorax, PSA).

Objektive Daten

Einschätzen bestimmender Merkmale oder Kennzeichen

Allgemeines Erscheinungsbild
Körpergewicht
Körpergröße.

Ziele

NOC

- Gesundheitsförderliches Verhalten
- Wissen: Gesundheitsförderung
- Wissen: Gesundheitsressourcen
- Beteiligung: Entscheidungen über die Gesundheitsversorgung
- Risikowahrnehmung
- Behandlungsverhalten

Die Person oder Betreuungsperson äußert die Absicht, mit Gesundheitsverhalten zu beginnen.

Indikatoren

- Identifizieren von Barrieren des Gesundheitsverhaltens.

Allgemeine Interventionen

NIC

- Gesundheitsbildung
- Eigenverantwortungsförderung
- Gesundheits-Screening
- Risikoabschätzung
- Förderung der Familienbeteiligung

Einschätzen auf Barrieren des Gesundheitsverhaltens

Siehe «Einflussfaktoren».

Erklären altersgerechter Primär- und Sekundärmaßnahmen (siehe Tab. II-1)

F: «Viele der schwersten Erkrankungen lassen sich durch Impfungen, Chemoprophylaxe und gesunde Lebensweise verhindern bzw. hinauszögern oder können bei einem Screening frühzeitig entdeckt und effektiv behandelt werden» (USDHHS, 1994: XVII).

Identifizieren von Strategien zur Verbesserung des Zugangs (z. B. Gemeindezentren, Schulsprechstunden)

F: Familien mit niedrigem Einkommen konzentrieren sich gewöhnlich auf die Grundbedürfnisse (Nahrung, Unterbringung, Sicherheit) und suchen Hilfe, um eine Krankheit zu heilen und nicht, um ihr vorzubeugen (Hanson/Boyd, 1996).

Unterstützen des Klienten oder der Familie beim Herausfinden von Gesundheitsverhalten, das mit ihrer Lebensweise kompatibel ist

F: Lebensweisen werden von einer Generation zur anderen weitergegeben. Sobald ein Verwandter eine Veränderung einführt (z. B. in der Ernährung, Einstellen des Rauchens), wirkt sich dies auf andere aus (Hanson/Boyd, 1996).

F: Für Informationen und Ressourcen zu sorgen kann helfen, ein Gefühl dafür zu fördern, dass Wandel möglich ist.

Unwirksames Gesundheitsverhalten, ...

... b/d unzureichendes Wissen über die Auswirkungen von Tabak und die verfügbaren Ressourcen zur Selbsthilfe*

Ziele

NOC

Siehe *unwirksames Gesundheitsverhalten.*

Die Person konsumiert weniger Tabak oder hört ganz damit auf.

Indikatoren

- Benennen kurz- und langfristiger gesundheitlicher Auswirkungen des Tabakkonsums.
- Benennen von Vorteilen der Tabakabstinenz.
- Äußern einer Verpflichtung gegenüber der eigenen Gesundheit und des Wunsches, mit dem Tabakkonsum aufzuhören.**
- Formulieren von Strategien zur Unterstützung beim Aufgeben des Rauchens.**

* Diese Pflegediagnose kann in zwei verschiedenen Situationen genutzt werden: für die Person, die sich der Gefahren des Tabakkonsums nicht bewusst ist und für die Person, die damit aufhören möchte.

** Diese Ergebniskriterien werden nur dann festgelegt, wenn der Klient mit dem Tabakkonsum aufzuhören wünscht. Sollte der Klient seinen Tabakkonsum nicht ändern wollen, sorgen Sie für Informationen über die Gefahren und die Vorteile für die Gesundheit, damit der/die Betreffende eine Entscheidung *auf der Grundlage von Informationen* trifft. Vermeiden Sie Vorurteile. Halten Sie stets «die Tür offen», falls der Klient seine Ansicht später noch ändert.

Interventionen

> **NIC**
>
> Siehe *unwirksames Gesundheitsverhalten*.

Definieren des Tabakkonsumverhaltens

Art und Menge

Zigaretten:
- mit/ohne Filter
- normaler/reduzierter Teer- und Nikotingehalt
- Packungsjahre.

Zigarren:
- inhaliert/nicht inhaliert
- Anzahl/Tag, Anzahl der Jahre

Pfeife:
- inhaliert/nicht inhaliert
- Anzahl/Tag.

Nicht gerauchter Tabak (Kaugummi):
- Minuten/Tag
- Anzahl der Jahre.

Mit dem Tabakkonsum verbundene Aktivitäten, Motivation, frühere Versuche aufzuhören (Leon, 1999)

- Wann rauchen Sie die erste Zigarette des Tages?
- Was löst bei Ihnen den Wunsch nach einer Zigarette aus?
- Was geschieht, wenn Sie ein paar Stunden lang nicht rauchen können?
- Rauchen Sie auch, wenn Sie krank sind?
- Wann haben Sie zum letzten Mal versucht, mit dem Rauchen aufzuhören, und was hat Sie dazu motiviert?
- Waren Sie erfolgreich? Für wie lange?
- Was waren die drei schwersten Hindernisse beim Aufhören und was könnten wir dagegen tun?
- Was hat dazu geführt, dass Sie wieder mit dem Rauchen angefangen haben?
- Welches Motiv führt Sie gegenwärtig dazu, aufhören zu wollen?
- Welche Methoden wären für Sie jetzt am besten?
- Was hat Ihnen bei früheren Versuchen geholfen?

F: Informationen, die das Vertrauen in den Erfolg stärken, können die Entscheidung, mit dem Rauchen aufzuhören, vorantreiben (Andrews, 1998).

Fördern des Verstehens persönlichen Tabakkonsumverhaltens

Identifizieren negativer Aspekte des Tabakkonsums mit dem Klienten

Körperliche Aspekte: Belastungsintoleranz, Husten, Sputum, häufige Atemwegsinfekte, Zahnerkrankungen, erhöhte Krankheitsgefahr, vorzeitige Faltenbildung im Gesicht, Mundgeruch.

Umgebungsaspekte: angesengte Kleidung und Möbelstücke, Verfärbungen im Innenbereich und am Arbeitsplatz, übel riechende Kleidung und Möbelstücke, schmutzige Aschenbecher, Brände im Wohn- und Freizeitbereich.

Soziale Aspekte: Unmöglichkeit, an öffentlichen Orten zu rauchen; offensive Natur des Rauchverhaltens gegenüber Familienangehörigen, Freunden und KollegInnen.

Finanzielle Aspekte: Berechnen Sie mit dem Klienten die Kosten seiner Angewohnheit.

Psychologische Aspekte: unangenehme Entzugssymptome, wenn Tabak nicht verfügbar ist (z. B. mitternächtliche «Nikotinanfälle», verminderte Selbstachtung aufgrund der Abhängigkeit).

Benennen positiver Aspekte des Tabakkonsums zusammen mit dem Klienten (in dessen eigenen Worten)

Die Person alle Gründe auflisten lassen, warum sie aufhören möchte

F: Mit dem Tabakkonsum aufzuhören, hat Vorteile für alle Altersgruppen. Es erhöht die Lebenserwartung und -qualität bei Menschen über 60. Es ist nie zu spät, um aufzuhören (Andrews, 1998).

F: Um jemandem zu helfen, eine Änderung des Gesundheitsverhaltens in Gang zu bringen, sorgt die Pflegeperson für Interventionen, welche die Ernsthaftigkeit des Verhaltens und die Wahrnehmung der Krankheitsanfälligkeit für den Fall seiner Fortsetzung stärken (Andrews, 1998).

Sorgen für Informationen über Gesundheitsrisiken

Ansprechen der Gesundheitsrisiken des Tabakkonsums für die eigene Person

Tumoren (Mund, Lunge, Blase)
Chronisch-obstruktive Bronchitis (COPD) und Atemwegsinfekte
Arteriosklerose (koronar und peripher)
Hypertonie und Apoplex
Parodontose.

Ansprechen der Gesundheitsrisiken des Tabakkonsums für andere (siehe «Zentrale Konzepte»)

Ungeborene
Menschen mit Allergien
Menschen mit Angina pectoris
Menschen mit Asthma
Säuglinge
Menschen im selben Raum.

Erörtern der Vorteile des Aufhörens

Abnahme der Pulsfrequenz und Blutdrucksenkung
Regeneration der Lungenschleimhaut
Verbessertes Geschmacks- und Geruchsempfinden
Verminderte Speichelproduktion
Verbesserte Zahnpflege
Verbesserte Durchblutung
Geringeres Risiko für Krebsleiden, Schlaganfälle und COPD
Verbesserte soziale Akzeptanz
Weniger Atemwegsinfekte.

F: Siehe *unwirksames Gesundheitsverhalten*, «Zentrale Konzepte», «Rauchen».

Erkunden von Strategien der Entwöhnung

Individuelle Methoden: Bücher und andere Medien zur Selbsthilfe bei Entzug.
Methoden für Gruppen: Kontaktaufnahme mit lokalen Gruppen oder Vertretungen von Patientenorganisationen.
Hypnose
Akupunktur
Frei verkäufliche Produkte: Filter, Tabletten, tabakfreie Zigaretten, nikotinhaltiger Kaugummi.
Transdermale Nikotinpflaster: Betonen Sie die Gefahren des Rauchens bei gleichzeitigem Tragen eines Pflasters.

Erörtern von Strategien zur Minimierung der Gewichtszunahme und Steigerung der körperlichen Betätigung

Erörtern von Symptomen des Nikotinentzugs; Unterstützen des Klienten bei der Vorbereitung darauf (McAndrew, 1998)

Unbezwingbares Verlangen (Craving) nach Tabak
Konzentrationsstörungen
Schläfrigkeit
Reizbarkeit
Unruhe
Magen-Darm-Störungen: Diarrhö, Krämpfe
Angst
Kopfschmerzen.

Wenn der Klient diese Symptome schon einmal hatte, sollten Sie vorschlagen, dass er sich eine Zeit mit relativ geringem Stress aussucht, um mit dem Tabakkonsum aufzuhören.

F: Das Überprüfen verfügbarer Optionen kann Autonomie und Entscheidungsfindung stärken.

Planen von Entwöhnungsstrategien gemeinsam mit dem Klienten

Vorbereiten der Entwöhnung

Auflisten aller Gründe, warum der Klient mit dem Rauchen aufhören möchte.
Auswählen eines Datums für das Aufhören innerhalb der nächsten 1–2 Wochen.
Sich der Unterstützung einer weiteren Person versichern.
Verringern des Kaffeekonsums.
Entsorgen des gesamten Tabaks, aller Feuerzeuge und aller Aschenbecher.
Befreien des Autos, der Kleidung und des gesamten Wohnbereichs vom Geruch nach Zigarettenrauch.
Säubern der Zähne.
Vermeiden von Situationen, die in Versuchung führen können (z. B. Alkoholkonsum).

Vermeiden des Drangs zu rauchen

Mehr Zeit mit Nichtrauchern verbringen.
Beginnen mit Aktivitäten, bei denen Rauchen ausgeschlossen ist (z. B. körperliche Betätigung, Sport).
Bereithalten kalorienarmer oraler Ersatzmöglichkeiten (z. B. Kaugummi, Obst).
Anwenden einer Entspannungstechnik, wie z. B. der Vollatmung.

Verhalten bei einem Rezidiv

Sofort mit dem Rauchen aufhören
Die Zigaretten loswerden
Erkennen, dass Rückfälle üblich sind, bevor man es erfolgreich geschafft hat
Aus Fehlern lernen
Ein neues Datum festsetzen.

F: Das Assessment früherer Entwöhnungsversuche sorgt für Einsichten, die Motivation und Erfolg bestärken können.

F: Informationen über die Vorteile, nicht mehr zu rauchen, können motivierend wirken (Andrews, 1998).

Pädiatrische Interventionen

Einschätzen, ob der Jugendliche jemanden kennt, der raucht (Gleichaltrige, Verwandte)

Wählen Sie einen offenen, vorurteilslosen Ansatz (z. B.: «Was denken Sie über das Rauchen?»).

Anführen von eher kurz- als langfristigen Folgen des Rauchens (z. B. frühe Faltenbildung der Haut, Gelbfärbung von Zähnen und Fingern, Tabakgeruch im Atem und in der Kleidung, Schädigung des Zahnfleischs, Verfärbung der Zähne)

Betonen der Ausgrenzung von Rauchern (z. B. draußen vor der Tür stehen, um zu rauchen)

Erörtern der Gefahren von rauchfreiem Tabak (Mund- und Zungenkrebs, Zahnverfall und -verlust, Mundgeruch, Schädigung des Zahnfleischs, Verfärbung der Zähne)

Unterstützen des Jugendlichen, gar nicht erst mit dem Rauchen anzufangen (DuRant/Smith, 1999)

Bildern aus der Werbung entgegenwirken
Praktizieren selbstsicheren Verhaltens
Erörtern von Mythen über das Rauchen
Ansprechen von Konsequenzen des Tabakkonsums für die Gesundheit.

F: Teenagern erkennen helfen, dass die meisten Raucher gerne damit aufhören würden, kann sie u. U. davon abhalten, damit anzufangen (Wong, 2003).

F: Programme, die sich auf die langfristigen Folgen des Rauchens konzentrieren, wirken bei Teenagern nicht.

F: Teenager machen sich viele Gedanken über das Aussehen und die Akzeptanz durch Gleichaltrige (Wong, 2003).

F: Immer mehr Kinder im Schulalter konsumieren rauchfreien Tabak und halten ihn für weniger gesundheitsgefährdend (Mitchell et al., 1999).

Geburtshilflich-gynäkologische Interventionen

Erläutern der negativen Auswirkungen des Rauchens (Mitchell et al., 1999)

In der Schwangerschaft

- Überschreitet die Plazentarschranke
- Verringert die Sauerstoffzufuhr zum Feten
- Verringert den Transport von Nährstoffen, Kalzium, Glukose und Hormonen
- Führt zu niedrigem Geburtsgewicht
- Verursacht Totgeburten und angeborene Anomalien.

Bei Säuglingen und Kindern

- Trägt bei zu Allergien, Mittelohrentzündung (Otitis media), Bronchitis, Asthma und plötzlichem Kindstod.

Auf Wunsch Erstellen eines Plans zur Reduzierung der Anzahl täglich gerauchter Zigaretten und, wenn möglich, Festsetzen eines Datums für das endgültige Einstellen des Rauchens

Rezidive als vorübergehende Rückschläge betrachten

Identifizieren von Situationen, die zum Rauchen führen

F: Die negativen Auswirkungen sind proportional der Anzahl täglich gerauchter Zigaretten, daher ist jede Verringerung von Vorteil.

Unwirksames Gesundheitsverhalten, ...

... b/d eine erhöhte Nahrungsaufnahme als Reaktion auf Stressoren und einen gemessen an der Aufnahme unzureichenden Energieverbrauch

Ziele

NOC

Siehe *unwirksames Gesundheitsverhalten*.

Die Person beginnt mit einem Programm zur Gewichtsreduktion.

Indikatoren

- Identifizieren von Essverhaltensweisen in Verbindung mit dem Ungleichgewicht zwischen Aufnahme und Energieverbrauch.
- Identifizieren von Stressoren und effektiven Reaktionsweisen.
- Beschreiben der Beziehung zwischen Stoffwechsel, Nahrungsaufnahme und körperlicher Betätigung.
- Beginnen mit einem Übungsprogramm (spezifiziere Art und Umfang).
- Beginnen mit einem Programm zur reduzierten Kalorienaufnahme (nur Erwachsene).
- Beginnen mit ausgewogener Ernährung.

Interventionen

NIC

- Siehe auch *unwirksames Gesundheitsverhalten*
- Gewichtsabnahme: Unterstützung
- Beratung
- Gemeinsame Zielsetzung
- Pflegeüberleitung
- Selbsthilfegruppennutzung

Einschätzen ursächlicher und beeinflussender Faktoren

Wissensdefizit über:

- ausgewogene Nahrungszufuhr
- Übungsbedarf.

Ungeeignete Reaktion auf externe Stressoren
Fehlende Initiative und Motivation
Unausgewogene Zusammensetzung der Nahrung (z. B. zu viel Fett oder einfache Kohlenhydrate)
Kulturelle, familiäre und genetische Faktoren
Schlechte Essgewohnheiten (z. B. auswärts essen, im Laufen essen, Mahlzeiten auslassen)
Sitzende Lebensweise oder Tätigkeit
Erst kurze Zeit zurückliegendes Einstellen des Rauchens
Sabotage durch die Familie oder andere Personen
Im Vergleich zur verbrauchten Energie zu hohe Nahrungszufuhr.

Erhöhen des Bewusstseins für Komponenten des Gleichgewichts zwischen Nahrungsaufnahme und Aktivität

Multiplizieren Sie das Gewicht einer Frau mit 11, das eines Mannes mit 12, um festzustellen, wie viele Kalorien pro Tag nötig sind, um das gegenwärtige Gewicht zu halten. 450 Gramm Fett entsprechen etwa 3500 Kalorien. Um 900 Gramm pro Woche abzunehmen, muss ein Mensch im gleichen Zeitraum 7000 Kalorien weniger zu sich nehmen oder den Energieverbrauch erhöhen.

Verwenden Sie Tabellen für den Kalorienverbrauch unter Belastung, um festzustellen, wie viele Kalorien während der jeweiligen Aktivität verbraucht wurden.

Lehren Sie den Klienten, dass er die Ziele seiner Gewichtsreduktion erreichen kann, indem er eine Reduzierung der Kalorienzufuhr mit Energieverbrauch (körperlicher Betätigung) kombiniert.

Erinnern Sie den Klienten daran, dass eine erfolgreiche Gewichtsreduktion bzw. das Beibehalten des Gewichts von einem ausgewogenen Verhältnis zwischen reduzierter Kalorienzufuhr und entsprechendem Verbrauch durch körperliche Betätigung abhängen.

F: Die Zufuhr muss auf 500 Kalorien pro Tag unter den Tagesbedarf reduziert werden, um eine Gewichtsreduktion von 450 g/Woche zu erreichen.

F: Um ein ideales Körpergewicht beizubehalten, muss die tägliche Nahrungsaufnahme der täglichen körperlichen Aktivität entsprechen (Roberts, 2000). Diät ohne körperliche Betätigung senkt den Ruheumsatz. Die beste langfristige Wirkung – auch ohne Diät – zeigt körperliche Betätigung (Roberts, 2000).

Dem Klienten raten, 1 Woche lang Nahrungsaufnahme und körperliche Betätigung zu dokumentieren

Nahrungsaufnahme/körperliche Betätigung
Menschen, mit denen zusammen der Klient isst
Ort und Zeit der Mahlzeiten
Ausgelassene Mahlzeiten
Emotionsgeladene Stimmung zu den Mahlzeiten
Kleine Zwischenmahlzeiten.

F: Übergewichtige Personen geben ihre Nahrungsaufnahme oft niedriger an als sie tatsächlich ist.

Den Klienten mit häufigen Auslösern für Essen vertraut machen

Andere Begleitaktivitäten (z. B. Fernsehen)
Die gesamte Umgebung ist mit Essen beschäftigt
Aufstehen
Langeweile oder Stress.

F: Oft wird eine Adipositas durch eine inadäquate Reaktion auf externe Auslöser, wie etwa Stressoren, verstärkt. Diese Reaktion setzt ein unwirksames Verhaltensmuster in Gang, bei dem die Person eher in einer Reaktion auf Stress als infolge physiologischen Hungers isst.

Unterweisen in den Grundlagen einer ausgewogenen Ernährung

Wählen Sie einen Plan, der zu einer hohen Aufnahme komplexer Kohlenhydrate und begrenzter Mengen an Fett anhält.
Sich darüber im Klaren sein, was man isst: Die Bezeichnung «basic four»* ist irreführend. So ist z. B. ein frittiertes Hühnersteak ein Protein, das durch die Art seiner Zubereitung (Frittieren) einen hohen Fettgehalt bekommt.
Mehr Kalorien in Form von Obst und Gemüse als in Form von Fleisch und Milchprodukten zu sich nehmen. Mehr Geflügel und Fisch zu sich nehmen, da beides weniger Fett und weniger Gesamtkalorien enthält als Rindfleisch, dabei Haut und Fett entfernen.
Mayonnaisehaltige Salatsoßen meiden (ca. 70 g enthalten rund 216–308 cal).
Fastfood meiden (hoher Fett- und Gesamtkaloriengehalt).
Essen in Restaurants, in denen spezielle Bitten bezüglich der Nahrungsauswahl und -zubereitung erfüllt werden (z. B. separates Anreichen der Salatsoße, keine Soße an der Vorspeise) bzw. entsprechende Bitten äußern.
Mahlzeiten im Voraus planen. Bei einer Party oder einem Restaurantbesuch im Voraus entscheiden, was man isst und sich auch daran halten.
Sich an die Einkaufsliste halten.
Beteiligen der Familie an der Planung von Mahlzeiten, um eine bessere Ernährung zu erreichen.
Rindfleisch nur in höchster Qualität kaufen (mageres Hackfleisch/Tartar: 10 % Fett, Hamburger: 25 % Fett).
Sorgen für große Vielfalt an Nahrungsmitteln.
Hausmannskost meiden.
Täglich 1,8–2,3 l Wasser trinken. Meiden zuckerhaltiger Getränke (z. B. Säfte, Fruchtnektare).
Wiegen und Messen von Nahrungsmitteln, Kalorien zählen, Aufzeichnungen führen.
Lesen der Etiketten auf den Nahrungsmitteln und dabei Menge und Kaloriengehalt pro Portion feststellen.
Langsam essen.
Experimentieren mit Gewürzen, Ersatzstoffen und kalorienarmen Rezepten.
Keine Mahlzeiten auslassen.

---

* Milch, Fleisch, Brot/Zerealien, Obst/Gemüse – Einteilung grundlegender Nahrungsmittelgruppen, seit Anfang der 1990er-Jahre erweitert (A.d.Ü.)

F: Strategien zur Reduzierung der Nahrungsmenge und hochkalorischer Nahrungsmittel verstärken die Gewichtsabnahme.

Erörtern der Vorteile körperlicher Betätigung

Körperliche Betätigung:

- reduziert die Kalorienaufnahme
- erhält die fettfreie Muskelmasse
- vermindert Depression, Angst und Stress
- verbessert die Körperhaltung
- sorgt für Spaß, Erholung und Ablenkung
- unterdrückt den Appetit
- erhöht die Sauerstoffaufnahme
- steigert den Kalorienverbrauch
- hält die Abnahme des Körpergewichts auf ihrem Niveau
- beschleunigt den Stoffwechsel
- hebt das Selbstwertgefühl
- verlängert einen erholsamen Schlaf
- steigert den Widerstand gegen altersbedingte Degeneration.

F: Jede Steigerung der Aktivität erhöht auch den Energieverbrauch und Kaloriendefizite.
F: Gewichtsreduktion ohne körperliche Betätigung senkt den Ruheumsatz (Roberts, 2000).

Unterstützen des Klienten beim Erarbeiten eines realistischen Übungsprogramms

Persönlichkeit
Tageszeit
Sicherheit
Körpergröße
Lebensweise
Jahreszeit
Kosten
Körperliche Kondition
Zeitfaktor
Beruf
Alter.

F: Vor dem Beginn eines Übungsprogramms muss der/die Betreffende Folgendes berücksichtigen:

- körperliche Einschränkungen
- persönliche Vorlieben
- Lebensweise
- kommunale Ressourcen
- erforderliche Bekleidung und Schuhwerk.

- Klienten müssen lernen, den Puls vor, während und nach der körperlichen Belastung zu überprüfen, um sie darin zu unterstützen, die Zielherzfrequenz zu erreichen und die altersentsprechende Maximalfrequenz nicht zu überschreiten (Tab. II-16).

Erörtern von Aspekten, wie mit dem Übungsprogramm zu beginnen ist

Langsam und locker beginnen. Genehmigung des Arztes einholen.

Auswählen einer Aktivität, bei der viele Körperteile zum Einsatz kommen und die hinreichend fordert, um «gesunde Erschöpfung» zu bewirken.

Lesen, Experten konsultieren und mit Freunden/Kollegen sprechen, die diese Aktivität ebenfalls betreiben.

Planen eines täglichen Walking-Programms:

- Beginn mit 5–10 Häuserblocks oder 900–1800 m/Tag, steigern um 1 Block oder 180 m/Woche.
- Schrittweises Erhöhen der Gehgeschwindigkeit und der Strecke; daran denken, langsam zu steigern.
- Anstrengung, überhöhten Ehrgeiz und übermäßige Erschöpfung vermeiden.
- Sofort anhalten, wenn Folgendes eintritt:
  - Gefühl von Leichtigkeit oder Schmerzen im Thorax
  - schwere Atemnot
  - Benommenheit
  - Schwindel
  - Verlust der Kontrolle über die Muskulatur
  - Übelkeit.
- Falls der Puls 5 min nach Beenden der körperlichen Betätigung 120/min bzw. nach 10 min 100/min beträgt, entweder die Gehgeschwindigkeit oder die Strecke verkürzen.
- Wenn der Klient es nicht schafft, 5 Blöcke oder 1,8 km ohne Zeichen der Überlastung zu gehen, verkürzen Sie die Gehstrecke 1 Woche lang bis zu dem Punkt, an dem die Zeichen auftreten und fügen Sie ab dann jede Woche 1 Block oder 180 m hinzu.
- In derselben Geschwindigkeit gehen. Zeit mit der Stoppuhr oder Armbanduhr stoppen. Nach 10 Blöcken (1,8 km) versuchen, die Geschwindigkeit zu erhöhen.
- Beachte: Jeweils nur Gehgeschwindigkeit oder Strecke, nicht beides auf einmal erhöhen.

Tabelle II-16: Altersgerechte Maximal- und Zielwerte für die Herzfrequenz bei körperlicher Betätigung

Alter [Jahre]	Maximalwert [Schläge/min]	Zielwert [Schläge/min]
30	190	133–162
40	180	126–153
50	170	119–145
60	160	112–136

- Festsetzen einer regelmäßigen Übungszeit mit dem Ziel von 3- bis 5-mal pro Woche 15–45 min bei einer Herzfrequenz von 80 % des Belastungstests oder nach Überschlagsrechnung: 170/min im Alter von 20–29 Jahren, für jedes Lebensjahrzehnt 10/min abziehen (z. B. 160/min bei 30–39 Jahren, 150/min für 40–49 Jahre).
- Bezugspersonen ermutigen, sich ebenfalls am Walking-Programm zu beteiligen.
- Zusätzliche Aktivitäten hinzunehmen (z. B. weit entfernt von einem Ziel parken, Gartenarbeit, Treppensteigen, Wochenenden mit Aktivitäten verbringen, die Gehen erfordern).
- Bis zu 1 Stunde körperliche Betätigung an mindestens 4 Tagen/Woche.
- Zwischen den Übungsphasen nicht mehr als 2 Tage vergehen lassen.

Unterweisen in den Risiken der Adipositas

Gefäßinsuffizienz
Hypertonie
Gallenblasenleiden
Gelenkdegeneration
Erhöhtes LDL-Cholesterin
Arteriosklerose
Hypertrophie des linken Ventrikels
Komplikationen einer Operation
Tumoren (z. B. Mammakarzinom)
Vermindertes HDL-Cholesterin
Herzerkrankung
Diabetes mellitus
Atemwegserkrankung
Gefahr von Unfällen und Verletzungen.

F: Zu hohes Körpergewicht trägt zu Hypertonie, Typ-2-Diabetes, Herzerkrankung, Schlafapnö, Osteoarthritis, Gallensteinen, Stressinkontinenz und hohen LDL- sowie niedrigen HDL-Cholesterin-Spiegeln bei (Dudek, 2001).

F: Selbst eine Gewichtsreduktion von 5–10 % kann den Blutdruck senken und das Blutzucker- und Lipidprofil verbessern (Dennis, 2004).

Unterstützen des Klienten beim Steigern von Interesse und Motivation

Ausarbeiten eines Vertrages, in dem realistische kurz- und langfristige Ziele genannt werden.
Führen von Aufzeichnungen über Nahrungsaufnahme und Aktivität.
Ein Foto, das der Betreffende sehr mag, an den Kühlschrank hängen.
Beteiligen der Familie an dem Projekt.
Dokumentieren der Körpermessungen. Wiegen auf einmal pro Woche begrenzen.
Mehren des Wissens durch Lesen und Gespräche mit gesundheitsbewussten Freunden und Kollegen.
Neue, gesundheitsbewusste Freunde suchen.
Einen Freund dazu bringen, sich am Programm zu beteiligen oder unterstützend mitzuwirken.
Meiden von Menschen, die Versuche sabotieren könnten.

Sich regelmäßig selbst belohnen.
Daran denken, dass Selbstbild und Verhalten erlernt sind und wieder verlernt werden können.
Aufbau eines Unterstützungssystems von Menschen, die Wachstum an sich und Sie selbst als Person schätzen.
Sich des Rationalisierens bewusst sein (z. B. «Zeitmangel» als mangelnde Prioritätensetzung).
Führen einer Liste positiver Ergebnisse.

F: Abzunehmen ist ein Ereignis, welches das Leben verändert, wenn es langfristig sein soll. Die Motivation muss gewahrt werden.

Verringern ungeeigneter Reaktionen auf Stressoren

Unterscheiden zwischen Drang und Hunger.
Einsatz von Ablenkung, Entspannung und Imagination.
Anwenden des Gegenkonditionierens:

- Erstellen einer Liste externer Auslöser bzw. Situationen, die nicht zielführendes Verhalten bewirken.
- Auflisten konstruktiver Verhaltensweisen (z. B. Spazierengehen) als Ersatz für nicht zielführendes Verhalten.
- Befestigen der Liste mit konstruktiven Verhaltensalternativen am Kühlschrank.
- Alle 1–2 Wochen reevaluieren, ob der Plan realistisch und effektiv ist.

Unterstützen des Klienten beim Planen der lebenslangen Wahrung des Körpergewichts

Verstehen von Fragen der Abhängigkeit, Kontrolle und Achtung.
Sich entscheiden für den *eigenen* Plan und die *individuelle* Kontrolle.
Setzen realistischer kurz- und langfristiger Ziele; bei Bedarf revidieren dieser Ziele.
Hervorheben, dass Diät einen Anfang und ein Ende hat.
Erfolgreiche Gewichtsreduktion beinhaltet eine Umstellung von Lebensgewohnheiten.
Positiv denken, langsam beginnen.
Jeden Erfolg anerkennen, Vermeiden von Perfektionismus.
Aufbau eines gesunden Unterstützungssystems.
Fokussieren auf die Menge, nicht auf die Art der Nahrung.

F: Erfolgreich abzunehmen erfordert, sein Essverhalten ein für alle Mal lebenslang umzustellen (Dennis, 2004).

Beginnen mit Gesundheitsedukation und Überweisen, soweit angezeigt

Verweisen Sie den Klienten an Selbsthilfegruppen (z. B. Weight Watchers).
Konsultieren Sie eine Ernährungsberaterin zur Planung der Mahlzeiten.
Konsultieren Sie den Arzt bei krankhafter Adipositas und zur Evaluation weiterer Gesundheitsstörungen.

F: Wünschenswert ist eine Gewichtsabnahme von 450–900 g/Woche.

F: Die US-amerikanische Ernährung besteht gegenwärtig aus 42 % Fett, 12 % Eiweiß sowie 22 % komplexen und 24 % einfachen Kohlenhydraten. Empfohlene Ernährungsziele sind 30 % Fett, 12 % Eiweiß sowie 48 % komplexe und 10 % einfache Kohlenhydrate.

F: Die sichersten Aktivitäten für die untrainierte adipöse Person sind Gehen, Wassergymnastik, Schwimmen und Radfahren.

F: Ein regelmäßig durchgeführtes Übungsprogramm sollte:

- Spaß machen
- bei jeder Sitzung mindestens 400 Kalorien verbrauchen
- eine Herzfrequenz von 120–150/min aufrechterhalten
- das rhythmische und abwechselnde Kontrahieren und Entspannen von Muskeln beinhalten
- in die Lebensweise der Person 4- bis 5-mal pro Woche für mindestens 30–60 Minuten integriert werden.

Pädiatrische Interventionen

Maßnahmen

Helfen Sie dem Kind und seiner Familie zu erkennen, dass sie gemeinsam für die Kontrolle des Körpergewichts verantwortlich sind.

Erörtern Sie mit der Familie die Gefahren, denen übergewichtige Kinder ausgesetzt sind:

- Adipositas in der Kindheit setzt sich im Erwachsenenalter fort.
- Überhöhtes Gewicht erhöht bei Kindern den Blutdruck sowie Herzfrequenz und Herzleistung (siehe «Zentrale Konzepte», «Pädiatrische Überlegungen» bei anderen Gefahren für die Gesundheit).
- Mit zunehmendem Gewicht nimmt die Aktivität ab.

Erörtern Sie, wie wichtig es ist, ein ausgewogenes Verhältnis zwischen Nahrungszufuhr und Aktivität herzustellen. Erklären Sie, dass eine Gewichtszunahme bei übermäßigem Essen, inadäquater Aktivität oder beidem auftritt.

Erarbeiten Sie zusammen mit der Familie einen Ernährungsplan (Keller/Stevens, 1996):

- Finden Sie heraus, was das Kind am liebsten isst und versuchen Sie, diese Nahrungsmittel in vernünftigen Mengen in den Plan einzubeziehen.
- Ermutigen Sie das Kind dazu, neue Nahrungsmittel auszuprobieren (z. B. Yoghurt).
- Bringen Sie dem Kind bei, wie es die Nahrungsaufnahme selbst überwachen kann und dass es nur isst, wenn es hungrig ist.
- Halten Sie das Kind zu gesunden Zwischenmahlzeiten an (z. B. rohes Gemüse, fettfreies Popcorn).
- Weisen Sie darauf hin, dass Perfektion nie zu erreichen ist.

Helfen Sie dem Kind, Fertignahrung und zuckerhaltige Nahrungsmittel zu meiden.

Raten Sie den Eltern, den Bestand an hochkalorischen und fettreichen Nahrungsmitteln im Hause zu begrenzen.

Stellen Sie sicher, dass die Diät reichlich Ballaststoffe enthält.

Raten Sie den Eltern, Vollmilch durch entrahmte Milch zu ersetzen, wenn das Kind 2 Jahre alt geworden ist.

Raten Sie den Eltern, das Kind nicht zu zwingen, jedes Fläschchen bzw. jede Mahlzeit vollständig zu sich zu nehmen.

Raten Sie den Eltern, Süßigkeiten nicht als Belohnung für das Beenden einer Mahlzeit zu verwenden.

Helfen Sie dem Kind, keine Mahlzeiten auszulassen.

Setzen Sie realistische Ziele und Belohnungen für 0,45–1,8 kg pro Monat. Arbeiten Sie hinsichtlich der Belohnung für Adhärenz mit den Eltern zusammen.

Steigern Sie bei der gesamten Familie die körperliche Aktivität:

- Halten Sie sie dazu an, weniger fernzusehen (1 h/d). Finden Sie Lieblingsshows heraus.
- Planen Sie regelmäßige Familienaktivitäten (Walking für Erwachsene, Fahrradfahren oder Skating für Kinder).

Beginnen Sie mit Überweisungen, wie indiziert:

- Versichern Sie sich auf Wunsch der Hilfe einer Schulgesundheitspflegeperson (z. B. «Wiege-Happenings», Unterstützung).
- Erwägen Sie Sommerfreizeiten für übergewichtige Teenager.
- Nutzen Sie kommunale Ressourcen (z. B. Selbsthilfegruppen für Jugendliche).

F: Eine drastische Reduktion der Kalorienzufuhr kann zum Verlust fettfreier Körpermasse führen und sollte daher vermieden werden.

F: Fettreiche und hochkalorische Nahrungsmittel durch gesunde, fett- und kalorienarme Alternativen zu ersetzen, während das Kind sein Gewicht erreicht, kann eine Zunahme des Körperfetts verhindern (Keller/Stevens, 1996).

F: Bei den erfolgreichsten Diäten werden eher gewöhnliche Nahrungsmittel in kontrollierten Portionen verwendet, als dass bestimmte Nahrungsmittel gemieden werden müssten (Wong, 2003).

F: Ballaststoffe in der Nahrung erhöhen die Sättigung und ersetzen Fett (Dudek, 2001).

Hoffnungslosigkeit

Definition

Hoffnungslosigkeit: ein anhaltender subjektiver emotionaler Zustand, in dem eine Person weder Alternativen noch persönliche Wahlmöglichkeiten sieht, um Probleme zu lösen oder zu erreichen, was sie sich wünscht, und von sich aus nicht genug Energie mobilisieren kann, um Ziele zu setzen.

Hoffnungslosigkeit (engl. Hopelessness): Ein subjektiver Zustand, in dem ein Individuum begrenzte oder keine Alternativen oder persönliche Wahlmöglichkeiten sieht und unfähig ist, Energie für sich selbst zu mobilisieren (NANDA-I, 2010).

Bestimmende Merkmale oder Kennzeichen

Hauptkennzeichen (eines oder mehrere obligat)

Bringt tief greifende, überwältigende, anhaltende Apathie als Reaktion auf eine als unmöglich wahrgenommene Situation zum Ausdruck.
Konstatiert: «Meine Zukunft sieht düster aus» (Yip/Chang, 2006).

Physiologische Merkmale

Verlangsamte Reaktionen auf Reize
Gestörtes Schlafmuster (vermehrter/verminderter Schlaf)
Energiemangel.

Emotionale Merkmale

Die Person fühlt:
Man schafft es nicht und es gibt keinen Grund zu glauben, man würde es in Zukunft schaffen (Yip/Chang, 2006)
Bedeutungslosigkeit oder Sinnlosigkeit des Lebens
Verlust und Deprivation
Inkompetenz oder Gefangensein
Unfähigkeit, nach einem guten Schicksal, Glück, Gottes Gunst zu streben
Leere oder Entleertheit
Hilflosigkeit.

Die Person zeigt:
verbale Hinweise (z. B. mutloser Inhalt; «Ich kann nicht»)
Passivität und fehlende Beteiligung an der eigenen Versorgung
fehlende Eigeninitiative
verminderten Affekt
einen Giving-up/Given-up-Komplex (Aufgeben und Aufgegeben werden)
mangelnde/fehlende Verantwortlichkeit für Entscheidungen und das Leben
Isolationsverhalten, sozialer Rückzug
Achselzucken als Antwort in Gesprächen
Abnahme verbaler Äußerungen
Mangel an Ehrgeiz, Initiative und Interesse
Unvermögen, etwas zu Ende zu bringen
verlangsamte Denkprozesse
Teilnahmslosigkeit gegenüber Bezugspersonen.

Kognitive Merkmale

Fokus auf Vergangenheit und Zukunft statt auf der Gegenwart
Verminderte Flexibilität in Denkprozessen
Rigidität (Alles-oder-Nichts-Denken)
Mangelnde/fehlende Vorstellungskraft und Fähigkeit, sich etwas zu wünschen

Unvermögen, gewünschte Objekte und Ziele zu identifizieren und zu erreichen
Unvermögen, zu planen, zu organisieren, Entscheidungen zu fällen und Probleme zu lösen
Unvermögen, Quellen der Hoffnung zu erkennen
reduzierte Reaktion auf Reize
Suizidgedanken
Glaube, dass sich nichts ändern wird, dass Probleme immer bestehen bleiben.

Nebenkennzeichen (fakultativ)

Physiologische Merkmale

Anorexie
reduzierter Appetit
Gewichtsabnahme.

Emotionale Merkmale

Die Person fühlt:

einen Kloß im Hals
Entmutigung
In-die-Enge-getrieben-Sein
Verletzlichkeit
Anspannung
Überforderung (schafft es einfach nicht, zu …)
Verlust an Befriedigung in Rollen und Beziehungen.

Die Person zeigt:

schwachen Blickkontakt, wendet sich während des Gesprächs ab
Schließen der Augen
Seufzen
Resignation
verminderte Motivation
Regression
Depression
Wutausbrüche
Substanzmissbrauch.

Kognitive Merkmale

Verminderte Fähigkeit zur Integration erhaltener Informationen
Verlust des Zeitgefühls (Vergangenheit, Gegenwart, Zukunft)
Geschwächtes Erinnerungsvermögen
Verzerrte Gedankenwahrnehmungen und Assoziationen, Verwirrtheit
Nicht an der Vernunft ausgerichtetes Urteilsvermögen.

Einflussfaktoren

Pathophysiologische Faktoren

Jedes chronische Leiden und jede Krankheit im Endstadium (z. B. ein Herz- oder Nierenleiden, Krebs und AIDS) kann Hoffnungslosigkeit verursachen oder dazu beitragen.

B/d beeinträchtigte Coping-Fähigkeit, s/b/d beispielsweise:

nachlassende oder sich verschlechternder körperlicher Zustand
neue und unerwartete Zeichen oder Symptome eines früheren Krankheitsprozesses
länger anhaltende Schmerzen, Beschwerden, Schwäche
beeinträchtigte funktionelle Fähigkeiten (Gehen, Ausscheiden, Essen, Sich-Kleiden, Baden, Sprechen, Schreiben).

Behandlungsbedingte Faktoren

B/d:

länger anhaltende Behandlungen (z. B. Chemotherapie, Bestrahlung), die Schmerzen, Übelkeit und Beschwerden verursachen
Behandlungen, die das Körperbild verändern (z. B. eine Operation, Chemotherapie)
länger dauernde diagnostische Untersuchungen
länger anhaltende Abhängigkeit von Geräten zur Lebenserhaltung (z. B. Dialyse, Beatmungsgerät)
länger anhaltende Abhängigkeit von Geräten zur Überwachung von Körperfunktionen (z. B. Telemetrie).

Situationsbedingte Faktoren (persönlich bedingt, umgebungsbedingt)

B/d:

länger anhaltende Einschränkungen der Aktivität (z. B. Frakturen, Rückenmarkverletzung), die Isolation verursachen
länger anhaltende Isolation (z. B. bei einer Infektionskrankheit, reverse Isolation aufgrund einer Immunsuppression)
Verlassenheit, Verlassenwerden, Trennung oder Isolation von Bezugspersonen (Eltern, Ehepartner, Kinder)
Unvermögen, Ziele zu erreichen, die für wertvoll gehalten werden (Ehe, Ausbildung, Kinder)
Unvermögen zur Teilnahme an Aktivitäten, die man sich wünscht (Gehen, Sport, Arbeit)
Verlust einer geschätzten Person/Sache (Ehepartner, Kind, Freund, finanzielle Ressourcen)
länger anhaltende Fürsorgeverantwortung (Ehepartner, Kind, Elternteil)
lang anhaltender physischer oder psychischer Stress
Verlust des Glaubens an transzendente spirituelle Werte/Gott
fortlaufende, wiederholte Verluste in der Gemeinschaft, bedingt durch AIDS.

Altersbedingte Faktoren

Kinder

Verlust der Betreuungsperson
Zurückweisung, Missbrauch oder Verlassenwerden durch Betreuungspersonen
Verlust von Körperfunktionen
Verlust des Vertrauens in eine Bezugsperson
Krankheitsbedingter Autonomieverlust (z. B. durch eine Fraktur)
Unvermögen, Entwicklungsaufgaben zu vollenden (Vertrauen, Autonomie, Initiative, Fleiß).

Jugendliche

Verlust einer Bezugsperson (Gleichaltrige/r, Familienmitglied)
Veränderung des Körperbildes
Unvermögen, Entwicklungsaufgaben zu vollenden (Rollenidentität)
Zurückweisung durch die Familie
Verlust von Körperfunktionen.

Erwachsene

Beeinträchtigte Körperfunktionen, Verlust eines Körperteils
Verlust des Arbeitsplatzes, Karriereknick
Unvermögen, Entwicklungsaufgaben zu vollenden (Intimität, Hingabe, Produktivität)
Gestörte Beziehungen (Trennung, Scheidung)
Verlust von Bezugspersonen (Tod eines Ehepartners, eines Kindes)
Fehlgeburt
Abort.

Ältere Menschen

Sensorische Defizite
Kognitive Defizite
Verlust von Bezugspersonen, Gegenständen
Motorische Defizite
Verlust der Unabhängigkeit
Unvermögen, Entwicklungsaufgaben zu vollenden (Generativität).

Anmerkung der Autorin

Hoffnungslosigkeit beschreibt eine Person, die keine Möglichkeit sieht, dass sich ihr Leben bessert, und daran festhält, dass sie nichts tun kann, um dem abzuhelfen. *Hoffnungslosigkeit* unterscheidet sich von *Machtlosigkeit* darin, dass eine hoffnungslose Person weder eine Lösung noch einen Weg sieht, das Gewünschte zu erreichen, selbst wenn sie den Eindruck hat, Kontrolle zu haben. Dem entgegen sieht eine machtlose Person u. U. eine Alternative oder Antwort, kann aber gegenwärtig noch nichts in diese Richtung unternehmen, da ihr die Kontrolle oder Ressourcen fehlen. Ein anhaltendes Gefühl von Machtlosigkeit kann zu Hoffnungslosigkeit führen.

Hoffnungslosigkeit wird gewöhnlich beeinflusst durch Trauer, Depression und Suizid. Bei einem suizidgefährdeten Menschen sollte die Pflegeperson auch die Diagnose *Suizidgefahr* verwenden.

Irrtümer in diagnostischen Aussagen

1. *Hoffnungslosigkeit,* **b/d** *AIDS*
   Mit dieser diagnostischen Aussage wird eine Situation beschrieben, die eine Pflegeperson nicht behandeln kann. Die Aussage sollte spezifische Faktoren beinhalten, die von dem Betroffenen als überwältigend benannt wurden, wie in der folgenden diagnostischen Aussage: *Hoffnungslosigkeit,* **b/d** *die kürzlich gestellte Diagnose «AIDS» und Zurückweisung durch die Eltern.*

Zentrale Konzepte

Allgemeine Überlegungen

Hoffnung

- Hoffnung ist ein unbewusstes kognitives Verhalten, das Energie gibt und einer Person erlaubt, zu agieren, etwas zu erreichen und eine Krise als Gelegenheit zum Wachstum zu nutzen. Sie motiviert und schützt gegen Verzweiflung (Korner, 1970). Sie wurde definiert als jede Form von Erwartung oberhalb von Null, ein gegebenes Ziel auch zu erreichen (Stotland, 1969). Hoffnung ist eine «häufige menschliche Erfahrung insofern, als sie ein Weg ist, sich in Richtung auf imaginierte Möglichkeiten in alltäglichen Begegnungen mit der Welt voranzubringen» (Parse, 1990).
- Die Hoffnungsfähigkeit einer Person wird durch frühe Kindheitserfahrungen beeinflusst. Eine vertrauensvolle Umgebung fördert Hoffnung.
- Hoffnung wird beeinflusst durch den Glauben, weil viele Menschen Hoffnung erfahren, indem sie ihr Vertrauen in höhere Mächte eingestehen, um so ihrem Leben wieder Bedeutung, Sinn und Zweck zu verleihen.
- Plummer (1988) beobachtete ein hohes Maß an Hoffnung bei Menschen, die eine Beziehung zu einem höheren Wesen haben, an Gottesdiensten teilnehmen und ihr unmittelbares Umfeld kontrollieren können. Spirituelle Praktiken stellen eine Quelle der Hoffnung dar.
- Watson (1979) identifizierte Hoffnung als einen sowohl kurativen als auch «karitativen» Faktor in der Pflege. Hoffnung zusammen mit Glaube und Vertrauen sorgen für psychische Energie, auf die man im Heilungsprozess zurückgreifen kann.
- Forschende haben beobachtet, dass Hoffnung in kritischen Überlebenssituationen das Leben verlängert, während der Verlust der Hoffnung oft zum Tod führt (Korner, 1970).
- Kübler-Ross (1975) zufolge zeigten diejenigen, welche Hoffnung äußerten, in ihren schwierigen Sterbephasen ein effektiveres Coping. Außerdem stellte sie fest, dass bald nachdem die Personen aufgehört hatten, Hoffnung zu äußern, der Tod eintrat.
- Das Ausmaß an Hoffnung einer Person hängt unmittelbar mit dem Niveau ihres Copings zusammen. Christman (1990) zufolge gehen Unsicherheit und weniger Hoffnung mit Anpassungsproblemen während einer Strahlentherapie einher.

- Hickey (1986) zufolge versetzt Hoffnung die Lebenden in die Lage, weiterzumachen, und den Sterbenden hilft sie, besser zu sterben.
- Notwotny (1989) arbeitete sechs Dimensionen der Hoffnung heraus: Vertrauen in das Ergebnis, die Möglichkeit einer Zukunft, Bezogenheit auf andere, spirituelle Überzeugungen, Entstehung aus dem Inneren und aktive Anteilnahme.
- Owen (1989) stellte fest, dass hoffnungsvolle Klienten mit Krebs in der Lage sind, Ziele zu setzen, optimistisch zu sein, die Zukunft neu zu definieren, Bedeutung im Leben zu finden, sich friedvoll zu fühlen und Energie abzugeben oder zu nutzen.
- Miller (1989) untersuchte 60 schwer kranke Klienten, um Hoffnung vermittelnde Strategien herauszufinden:
  - Denken als Puffer gegen bedrohliche Wahrnehmungen
  - positives Denken
  - das Gefühl, Leben habe eine Bedeutung und aus Krisen folge Wachstum
  - Überzeugungen und Praktiken, die eine Transzendenz des Leidens ermöglichen
  - von Betreuungspersonen eine konstruktive Sichtweise, Erwartungen in die Fähigkeiten des Klienten im Umgang mit Schwierigkeiten sowie Vertrauen in die Therapie vermittelt bekommen
  - Fortführen von Beziehungen zu geliebten Personen
  - die Wahrnehmung, dass sich Wissen und Handeln auf Ergebnisse auswirken können
  - Aktivitäten und Ergebnisse haben, die man zu erreichen wünscht
  - andere spezielle Verhaltensweisen, die Verzweiflung eindämmen, darunter Ablenkung und Humor.
- Forschende fanden signifikante Korrelationen zwischen dem wahrgenommenen Grad an Kontrolle, Hoffnung und der Suche nach Informationen.
- Theoretiker haben postuliert, Hoffnung sei eine mächtige Ressource, welche die Wundheilung durch die elektrochemische Reaktion fördern könne, die sich auf das autonome Nervensystem, den Hormonstoffwechsel und das Immunsystem auswirke (Jackson, 1993).
- Hoffnungsvolle Menschen haben gesundheitsfördernde Lebensweisen und betreiben Selbstpflege.

Hoffnungslosigkeit

- Hoffnungslosigkeit ist ein emotionaler Zustand, in dem eine Person das Gefühl hat, das Leben sei zu viel oder unmöglich. Eine Person ohne Hoffnung sieht weder eine Möglichkeit, dass sich das Leben verbessert, noch Lösungen. Sie glaubt, niemand könne etwas tun, um zu helfen. Hoffnungslosigkeit ist verbunden mit Verzweiflung, Hilflosigkeit, Zweifel, Trauer, Apathie, Traurigkeit, Depression und Suizid. Sie ist gegenwarts- und vergangenheitsorientiert und ein energiezehrender Zustand.
- Beobachtungen Forschender zufolge ist Hoffnung, die sich in Zeichnungen von Klienten widerspiegelt, unmittelbar mit einer Besserung der Gesundheit verbunden, während das Fehlen von Hoffnung durch ein Rezidiv beeinflusst wird. Daher sollten Pflegende Klienten helfen, ihre Hoffnungsressourcen zu finden.
- Auf der Grundlage, schon vor der Diagnose Hoffnungslosigkeit in ihrem Leben festgestellt zu haben, wurde bei Personen signifikant eine Tumorerkrankung vorhergesagt. Demnach

kann eine zum Tode führende Erkrankung zu Hoffnungslosigkeit führen oder ein Zustand der Hoffnungslosigkeit zu einer zum Tode führenden Erkrankung beitragen.

- Hoffnungslosigkeit führt zu drei grundlegenden Gefühlskategorien:
  - das Gefühl der Unmöglichkeit. Die Person ist außerstande zu tun, was sie zwingend tun zu müssen glaubt und fühlt sich in der Falle.
  - Überwältigtsein. Die Person betrachtet Aufgaben und andere Personen als zu groß und zu schwierig, um damit zurechtzukommen, und sieht sich selbst als klein.
  - Apathie. Die Person hat weder ein Ziel noch ein Gefühl für die Zukunft.
- Hoffnungslosen Menschen fehlen innere Ressourcen und Stärken (z. B. Autonomie, Selbstwertgefühl, Integrität). Unabhängig vom Alter suchen sie Hilfe im Außenbereich, da ihre inneren Ressourcen erschöpft sind.
- Im Leben eines jeden Menschen gibt es bis zu einem gewissen Grad auch Hoffnungslosigkeit. Sie tritt in verschiedener Form auf, und zwar häufiger als angegeben (z. B.: Wir alle müssen sterben, auf etwas anderes zu hoffen ist hoffnungslos).
- Hoffnungslosigkeit ist meist bei Menschen mit starrem und unflexiblem Denken, Fühlen und Handeln zu beobachten.
- Menschen können hoffnungslose Ideale haben (z. B. niemals zu sterben, jedem zu trauen oder zu glauben, jeder Mensch würde stets angemessen handeln).
- Engel (1989) stellte fest, dass der Giving-up/given-up-Komplex fünf Merkmale hat:
  - das Gefühl des Aufgebens als Hilflosigkeit oder Hoffnungslosigkeit
  - ein abgewertetes Selbstbild
  - das Gefühl, aus Beziehungen und Freundschaften nichts mehr zu bekommen
  - das Gefühl des Abbruchs, des Gerissenseins
  - die Erinnerung an frühere Phasen des Aufgebens.
  - Engel zufolge aktiviert dieser Zustand des Copings neural regulierte biologische Notfallmuster, welche die Fähigkeit zur Abwehr pathogener Prozesse schwächen können. Der Giving-up/given-up-Komplex ist daher ein Faktor, der zu Krankheiten beiträgt.
- Wenn innere und äußere Ressourcen erschöpft sind, greift ein Mensch oft auf seine Beziehung zu Gott zurück. Unter Umständen fühlt sich der Betreffende sicherer, wenn er auf Gott hofft, als wenn er auf andere hofft. Auf Gott zu hoffen, mag zwar kein abruptes Ende der Krise bedeuten, vermittelt jedoch ein Gefühl, Gott habe die Kontrolle über die Umstände und sei in der Lage, in dieser Zeit für Unterstützung zu sorgen. Bedeutung und Sinn des Lebens und Leidens können in der Beziehung eines Klienten zu Gott und in dem Wissen um seine Kontrolle zu finden sein. Hoffnung für die Zukunft eines Klienten kann davon abhängen, ob dieser eine ewige Gemeinschaft mit Gott spürt, die über das Endes des irdischen Lebens hinausreicht. Mit dieser ewigen Beziehung kommt der Glaube in das Versprechen Gottes, allem Leid ein Ende zu bereiten und harmonische Beziehungen wiederherzustellen – mit Gott, mit der eigenen Person und mit anderen (Jenning, 1997).
- Hoffnung und Hoffnungslosigkeit schließen sich nicht aus. Hoffnung bedeutet nicht das vollständige Fehlen von Hoffnungslosigkeit (LeGresley, 1991).
- Hoffnungslosigkeit kann in der Schwulen-Gemeinde als Reaktion auf vielfältige AIDS-bedingte Verluste, wie z. B. der Verlust von Freunden und Gemeinschaft sowie zerfallende Familienstrukturen und soziale Netze, zu finden sein. Diese Verluste nehmen niemals ein Ende, wiederholen sich ständig und stoßen bei vielen heterosexuellen Menschen auf wenig Verständnis (Mallinson, 1999).

Pädiatrische Überlegung

- Hoffnung wird bei Kindern durch stetes Versorgen, Zuverlässigkeit und das Erreichen gewünschter Dinge und Ereignisse genährt.
- Familien mit Kindern mit lebensbedrohenden Krankheiten können sich hoffnungslos fühlen und Funktionsstörungen entwickeln. Unter Umständen muss die Pflegeperson dysfunktionale familiäre Interaktionen herausfinden, Strategien aus der Familientherapie anwenden oder geeignete Überweisungen tätigen.
- Mittels datenbasierter Theorieentwicklung (Grounded Theory) führte Hinds (1984) eine Definition für Hoffnung unter Teenagern ein: Hoffnung bedeutet das Ausmaß, in dem ein Jugendlicher glaubt, es gebe ein persönliches Morgen für ihn.
- Um erwachsen zu werden, muss der Jugendliche zunächst hoffnungsfroh werden. Hinds und Martin (1988) stellten fest, dass Jugendliche mit Krebs vier aufeinanderfolgende, eigenständige Phasen durchlaufen, um damit zurechtzukommen und Hoffnung zu gewinnen:
  - kognitives Leiden
  - Ablenkung
  - kognitiver Trost
  - persönliche Kompetenz.
- Diese Phasen haben Auswirkungen für Pflegende, die geeignete Strategien planen, um Jugendliche beim Erreichen von Hoffnungsfreude zu unterstützen.
- Hinds (1988) fand heraus, dass sich die Hoffnungsfreude Jugendlicher von der bei Erwachsenen dahingehend unterscheidet, dass Jugendliche Hoffnungsfreude in einem breiteren Spektrum oder mit größerer Intensität empfinden. Außerdem konzentrieren sich die Jugendlichen gewöhnlich auf Hoffnung für andere und glauben an den Wert verstärkter Anstrengung, d. h. daran, einen Bereich der Hoffnung herauszufinden und sich darum zu kümmern.
- Zu den Pflegeinterventionen, die Befunden zufolge Hoffnungsfreude bei Jugendlichen beeinflussen, gehören wahrheitsgemäße Erklärungen, Unternehmungen, Pflegewissen der Überlebenden, Fürsorgeverhalten, Konzentration auf die Zukunft, Kompetenz und Gespräche über weniger sensible Bereiche. Außerdem hat sich erwiesen, dass Humor kognitive Ablenkung fördert und Hoffnung nährt. Pflegeinterventionen, die kognitive Ablenkung verhindern (z. B. Konzentration auf Pflegeaufgaben und auf negatives Verhalten der Jugendlichen) fördern Hoffnungslosigkeit (Hinds et al., 1987).

Geriatrische Überlegungen

- Ältere Menschen sind aufgrund der vielen psychosozialen und physiologischen Veränderungen im Laufe des normalen Alterns, die oft als Verluste wahrgenommen werden, der Gefahr der Hoffnungslosigkeit ausgesetzt. Auch haben ältere Menschen weniger Energie, und Energie ist notwendig für Hoffnungsfreude.
- Gesundes Coping älterer Erwachsener hängt vom Erwerb von Entwicklungsressourcen im späteren Erwachsenenalter ab. Ältere Menschen müssen lernen, weniger nützliche Beschäftigungen aufzugeben und sich effektivere Ressourcen zu verschaffen, um mit altersbedingten Lebensveränderungen zurechtzukommen (Reed, 1986).

- Stressoren für ältere Menschen sind einzigartig und anders als die anderer Altersgruppen. Sie beinhalten Veränderungen der persönlichen Pflege, die Sehnsucht nach abwesenden Kindern oder Enkelkindern, die Furcht, zum Verbrechensopfer zu werden, und die Furcht, vom «System» übervorteilt zu werden. Unter Umständen vermag die Pflegeperson älteren Klienten beim Erkennen von Stressoren und beim Auffinden von Ressourcen zu helfen, um Hoffnungslosigkeit zu verhindern.

Transkulturelle Überlegungen

- Pflegende, die sich der vorherrschenden US-amerikanischen Kultur zugehörig fühlen, können kulturelle Unterschiede in Bezug auf Wertvorstellungen, Erwartungen und Kontrollüberzeugungen u. U. fehlinterpretieren (Leininger, 1978).
- Hoffnungslosigkeit konzentriert sich auf das Unvermögen, Ziele zu erreichen, das heißt, sie ist zukunftsorientiert. Für Kulturen, die nicht zukunftsorientiert sind, spielt das Konzept der Hoffnungslosigkeit u. U. keine Rolle.
- Interventionen bei Hoffnungslosigkeit variieren von Kultur zu Kultur (Wake/Miller, 1992).
- Eine als Hoffnungslosigkeit wahrgenommene Erkrankung (bei Krebs) darf in bestimmten Kulturen u. U. nicht erörtert werden und kann Früherkennung und Behandlung verzögern (Robinson et al., 2005).

Einschätzungskriterien des Fokusassessments

Hoffnungslosigkeit ist ein subjektiver emotionaler Zustand, den die Pflegeperson zusammen mit dem Betreffenden validieren muss. Sorgfältig muss die Pflegeperson emotionale und kognitive Bereiche einschätzen, um dann daraus zu schließen, dass die Person Hoffnungslosigkeit empfindet. Einige dieser Merkmale können auch bei den Diagnosen *soziale Isolation*, *Machtlosigkeit*, *gestörtes Selbstkonzept*, *existenzielle Verzweiflung* und *unwirksames Coping* zu finden sein. Die Pflegeperson kann die «Herth Hope Scale» einsetzen, um bei Erwachsenen verschiedenen Alters und unterschiedlichen Erkrankungsgraden den Grad an Hoffnung zu bestimmen (Herth, 1992).

Subjektive Daten

Einschätzen bestimmender Merkmale oder Kennzeichen

Aktivitäten des täglichen Lebens (ATL/ADL)
Körperliche Betätigung: Umfang, Art
Hobbys: Aktivitäten aus Eigeninteresse
Appetit: Essgewohnheiten
Schlaf: Zeit, Dauer, Qualität
Teilnahme an der Selbstversorgung: Gewohnheiten bei der Pflege des äußeren Erscheinungsbildes.

Energie und Motivation
Ist die Person erschöpft, müde?
Glaubt der Betreffende, Ziele erreichen zu können?
Äußert die Person Interesse an Aktivitäten?
Hat der Betreffende Ziele oder Wünsche?
Fühlt sich die Person überwältigt?

Bedeutung und Sinn im Leben
Was ist der Person im Leben am wertvollsten? Warum?
Was beschreibt der Betreffende als seinen Zweck oder seine Rolle im Leben?
Ist dieser Zweck bzw. diese Rolle erfüllt?
Sind Wahrnehmungen seiner Bedeutung bzw. seines Zwecks realistisch oder erreichbar?
Gibt diese Beziehung seinem Leben eine Bedeutung oder einen Zweck?
Was bedeutet die Erkrankung für diese Person?

Auswahlmöglichkeiten oder Kontrolle in Situationen
Was betrachtet der Klient als sein schwierigstes Problem? Warum?
Was hält er für die Lösung? Ist diese Lösung realistisch?
Ist seine Wahrnehmung des Problems verzerrt? Wenn ja, warum?
Hat der Klient andere Alternativen erwogen oder ausprobiert?
Glaubt diese Person, die Situation unter Kontrolle zu haben?
Wie flexibel oder starr sind die Denkprozesse der Person?

Zukünftige Optionen
Was erwartet die Person von der Zukunft? Negatives oder Positives?
Was hält sie für wertvoll, um dafür zu leben?
Wie sieht diese Person die Zukunft?
Wie erlebt diese Person ihre gegenwärtige Krankheit und deren Auswirkungen auf ihr Leben und ihre Beziehungen?
Wie erlebt diese Person gegenwärtige Therapien ihrer Krankheit?
Erkennt diese Person irgendwelche Quellen der Hoffnung?
Was wünscht sie sich im Leben am meisten?
Hat der Betreffende Suizidgedanken? Wenn ja, siehe *Suizidgefahr*.

Vorliegen einer Krankheit oder Behandlung
Chronisch, länger anhaltend, sich verschlechternd, erschöpfend.

Bedeutsame Beziehungen
Wen hält diese Person für die wichtigste Bezugsperson?
In welcher Beziehung steht die Person gegenwärtig zu dieser Bezugsperson?
Kam es kürzlich zur Scheidung oder starb ein Ehepartner, Kind, Geschwister, Freund oder Haustier?
Wurde diese Person von Bezugspersonen getrennt oder zurückgewiesen?

Objektive Daten

Einschätzen bestimmender Merkmale oder Kennzeichen

Allgemeines Erscheinungsbild:

- äußere Erscheinung
- Körperhaltung.

Interaktion mit anderen
Beteiligung an Selbstpflegeaktivitäten
Blickkontakt
Geschwindigkeit von Aktivitäten.

Ziele

NOC

- Entscheidungsfähigkeit
- Selbstkontrolle bei Depression
- Hoffnung
- Lebensqualität

Die Person …

- … zeigt vermehrt Energie, angezeigt durch Aktivitäten (z. B. Selbstpflege, körperliche Betätigung, Hobbys).
- … äußert positive Erwartungen in Bezug auf Zukunft, Zweck und Bedeutung im Leben.
- … zeigt Initiative, ist ihr eigener Herr und autonom in der Entscheidungsfindung und im Problemlösen.
- … definiert die Zukunft neu, setzt realistische Ziele in der Erwartung, sie auch zu erreichen.
- … zeigt, dass sie mit der Situation in Frieden ist und sich wohl fühlt.

Indikatoren

- Teilen des Leidens mit anderen in offener und konstruktiver Weise
- sich an das Leben positiv erinnern und es passieren lassen
- Erwägen von Wertvorstellungen und der Bedeutung des Lebens
- Äußern von Optimismus hinsichtlich der Zukunft
- Bewahren der eigenen Energie
- Entwickeln, Verbessern und Aufrechterhalten positiver Beziehungen zu anderen
- Partizipieren in einer bedeutsamen Rolle
- Äußern spiritueller Überzeugungen.

Allgemeine Interventionen

NIC

- Hoffnungsvermittlung
- Klärung von Wertevorstellungen
- Entscheidungsfindungsunterstützung
- Spirituelle Unterstützung
- Unterstützungssystemförderung

Unterstützen des Klienten beim Erkennen und Äußern von Gefühlen

Hören Sie aktiv zu, behandeln Sie den Klienten als Individuum und akzeptieren Sie seine Gefühle.

Vermitteln Sie Empathie, um Äußerungen von Zweifeln, Befürchtungen und Bedenken zu fördern.

Validieren und reflektieren Sie Eindrücke zusammen mit der Person. Wichtig ist zu erkennen, dass Menschen mit einem Tumorleiden oft ihre eigene Realität haben, die sich von der der Pflegeperson unterscheiden kann (Yates, 1993).

Ermutigen Sie zu Äußerungen darüber, wie unsicher Hoffnung ist, und über Bereiche, in denen sich Hoffnungen der Person nicht erfüllt haben.

Unterstützen Sie den Klienten dabei zu erkennen, dass es im Leben eines jeden Menschen auch Hoffnungslosigkeit gibt, die man anerkennen muss. Der Klient kann sie als Quelle der Energie, Fantasie und Freiheit oder zum Erwägen von Alternativen nutzen. Hoffnungslosigkeit kann dazu führen, dass man sich selbst entdeckt.

Unterstützen Sie den Klienten dabei zu verstehen, dass er mit hoffnungslosen Aspekten im Leben umgehen kann, indem er sie von den hoffnungsvollen Aspekten trennt. Helfen Sie dem Klienten, Bereiche der Hoffnungslosigkeit zu erkennen und anzuerkennen. Helfen Sie ihm, zwischen dem Möglichen und dem Unmöglichen zu unterscheiden.

Die Pflegeperson mobilisiert innere und äußere Ressourcen eines Klienten, um Hoffnung zu fördern. Unterstützen Sie Klienten beim Erkennen ihrer persönlichen Gründe für ihr Leben, die ihrem Leben Bedeutung und einen Zweck verleihen.

F: Dies erlaubt dem Klienten sich auszusprechen und sein Leben zu erforschen, was wiederum eine hoffnungsvolle Intervention darstellt (Kylma, 2005b).

Einschätzen und Mobilisieren der internen Ressourcen des Klienten (Autonomie, Unabhängigkeit, Rationalität, kognitives Denken, Flexibilität, Spiritualität)

Hervorheben von Stärken statt von Schwächen

Dem Klienten Komplimente hinsichtlich seines Aussehens oder seiner Anstrengungen machen, soweit angemessen

Fördern von Motivation

Benennen Sie Gründe für das Leben, um Hoffnung zu vermitteln (Poncar, 1994).

Bestimmen Sie Bereiche von Erfolg und Nützlichkeit; heben Sie frühere Leistungen hervor. Nutzen Sie diese Informationen, um mit dem Klienten gemeinsam Ziele zu entwickeln.

Unterstützen Sie den Klienten dabei, Dinge herauszufinden, die ihm Spaß machen und die er als humorvoll empfindet. Solche Aktivitäten können bei Beschwerden als Ablenkung dienen und dem Klienten ermöglichen, kognitives Wohlbehagen zu erlangen (Hinds/Martin, 1988).

Unterstützen Sie den Klienten beim Erkennen von Hoffnungsquellen (z. B. Beziehungen, Glaube, zu Erledigendes).

Unterstützen Sie den Klienten dabei, sich anzupassen und realistische kurz- und langfristige Ziele zu entwickeln. Beginnen Sie mit Einfachem und schreiten Sie zu Komplexerem fort. Sie können ein Poster mit Zielen verwenden, um die Art bestimmter Ziele und die Zeit, in der sie erreicht werden sollen, darzustellen. Erreichbare Erwartungen fördern Hoffnung.

Unterweisen Sie den Klienten im Beobachten bestimmter Zeichen des Fortschritts, die als Selbstbestärkung dienen können.

Halten Sie zu Zweckdenken im positiven Sinne an (z. B.: «Wenn ich dies tue, kann ich ...»).

Fördern Sie Unbeschwertheit und das Mitteilen erhebender Erinnerungen.

F: Bei Erwachsenen mit HIV/AIDS ist es wichtig, konstruktive Möglichkeiten zu erkennen, um ein Leben zu fördern, das zu leben sich lohnt, und einen Hoffnungsschimmer zu sehen. Andernfalls steckt man fest und versinkt in einer eingeengten Existenz, in der man sich auf das Unmögliche konzentriert und die Zukunftsperspektive verliert (Kylma, 2005a).

F: Es hat sich gezeigt, dass Unbeschwertheit, Humor und erhebende Erinnerungen bei Menschen im Finalstadium einer Erkrankung Hoffnung nähren.

Unterstützen des Klienten beim Problemlösen und bei Entscheidungen

Respektieren Sie den Klienten als kompetenten Entscheidungsträger. Behandeln Sie seine Entscheidung und seine Wünsche mit Respekt.

Ermutigen Sie den Klienten, sich verbal zu äußern, um festzustellen, wie er Entscheidungsmöglichkeiten wahrnimmt.

Klären Sie Wertvorstellungen des Klienten, um festzustellen, was wichtig ist.

Korrigieren Sie Fehlinformationen.

Unterstützen Sie den Klienten dabei zu erkennen, welche Probleme er nicht lösen kann, um dann zu Problemen zu gelangen, die er lösen kann. Mit anderen Worten: Unterstützen Sie den Klienten, sich vom hoffnungslosen Brüten über Unmöglichem zu lösen und sich realistischen und hoffnungsvollen Angelegenheiten zuzuwenden.

Schätzen Sie ein, wie sich der Klient in Bezug auf seine Größe selbst und im Verhältnis zu anderen wahrnimmt. Menschen ohne Hoffnung nehmen andere oft als groß und schwierig im Umgang und sich selbst als klein wahr. Wenn die Wahrnehmungen unrealistisch sind, unterstützen Sie den Klienten dabei, sie neu einzuschätzen, um wieder einen normalen Maßstab zu gewinnen.

Fördern Sie Flexibilität. Ermutigen Sie den Klienten, Alternativen auszuprobieren und Risiken einzugehen.

F: Sobald jemand Hoffnungslosigkeit eingesteht und damit in seiner Vorstellung umgeht, können daraus Bewegung, Wachstum und Einfallsreichtum resultieren.

F: Um von Hoffnungslosigkeit zu genesen, ist Motivation entscheidend. Der Klient muss sich selbst dann ein Ziel setzen, wenn er nur geringe Erwartung hegt, es auch zu erreichen. Die Pflegeperson ist der Katalysator, der den Klienten ermutigt, diesen ersten Schritt zu tun. Danach muss sich der Klient ein weiteres Ziel setzen.

Unterstützen des Klienten beim Erlernen effektiver Coping-Fertigkeiten

Unterstützen Sie beim Setzen realistischer, erreichbarer kurz- und langfristiger Ziele.

Lehren Sie, wie wichtig es ist, einander Bedenken mitzuteilen.

Erklären Sie die Vorteile der Ablenkung von negativen Ereignissen.

Lehren Sie, wie wertvoll es ist, sich den Dingen zu stellen.

Unterweisen und unterstützen Sie vor absehbaren belastenden Ereignissen in Techniken der Entspannung.

Ermutigen Sie zu Imagination, um positive Denkprozesse zu fördern.

Geben Sie dem Klienten Zeit, Erinnerungsarbeit zu leisten und Einblicke in frühere Erfahrungen zu gewinnen.

Lehren Sie den Klienten zu hoffen, heute die bestmögliche Person zu sein und die Fülle eines jeden Augenblicks zu würdigen.

Lehren Sie den Klienten, ästhetische Erfahrungen auf ein Höchstmaß zu steigern (z. B. den Duft von Kaffee, das Einreiben des Rückens, die Wärme des Sonnenlichts oder eine leichte Brise). Dies kann Hoffnung machen.

Lehren Sie den Klienten, sich im Vorhinein auf Erfahrungen einzustellen, die er täglich neu genießt (z. B. Spazierengehen, ein Lieblingsbuch lesen, einen Brief schreiben).

Unterstützen Sie den Klienten, spirituelle Überzeugungen zum Ausdruck zu bringen (Jenning/ Jennings, 1997)).

Lehren Sie den Klienten Wege der Energieerzeugung und -erhaltung. Mäßige körperliche Betätigung und Ruhe können Hoffnung fördern (Owen, 1989).

F: Menschen können mit einem als hoffnungslos wahrgenommenen Teil ihres Lebens zurechtkommen, wenn sie erkennen, dass andere Faktoren im Leben hoffnungsvoll sind. So mag jemand beispielsweise erkennen, dass er nie wieder im Leben wird gehen können, aber dennoch nach Hause kommen, mit den Enkeln zusammen sein und sich umherbewegen kann. Hoffnungslosigkeit kann daher zur Entdeckung von Alternativen führen, die dem Leben Bedeutung verleihen und ihm einen Sinn geben. Entscheidend ist, Hoffnungslosigkeit von der Hoffnung fern zu halten.

Einschätzen und Mobilisieren der externen Ressourcen einer Person (Bezugspersonen, Gesundheitsversorgungsteam, Selbsthilfegruppen, Gott oder höhere Mächte)

Familie oder Bezugspersonen

Beziehen Sie die Familie und Bezugspersonen in die Pflegeplanung ein.

Halten Sie den Klienten an, vermehrt Zeit mit geliebten Menschen in gesunden Beziehungen zuzubringen oder an sie zu denken.

Unterweisen Sie Familienmitglieder in ihrer Rolle, durch unterstützende, positive Beziehungen Hoffnung aufrechtzuerhalten.

Vermitteln Sie der Familie Hoffnung, Informationen und Vertrauen, weil die Familie all dies wiederum auf den Klienten überträgt.

Erörtern Sie für den Klienten erreichbare Ziele mit der Familie (Johnson et al., 1996).

Setzen Sie Berührung und Nähe zum Klienten ein, um der Familie zu zeigen, dass dies akzeptabel ist. Sorgen Sie für Privatsphäre.

Herth (1993) fand folgende Strategien, um bei Betreuungspersonen todkranker Menschen Hoffnung zu nähren:

- *kognitives Reframing:* positive Selbstgespräche, Beten/Meditation und Visionieren hoffnungsvoller Bilder. Dies kann auch beinhalten, Erwartungen daran, dass sich Dinge ändern, loszulassen.
- *Refokussieren von Zeit:* weniger auf die Zukunft und mehr darauf konzentriert sein, jeden Tag neu zu leben.
- *Glaube an eine höhere Macht:* Bestärken der Hoffnung der Betreuungsperson.
- *ausgewogenes Verteilen von Energie:* Musik hören oder andere Lieblingsaktivitäten, um die Hoffnung der Betreuungsperson zu stärken, indem Energie erhöht wird.

F: Bei Klienten, die allein und ohne die Unterstützung der Familie leben, zeigten sich mehr Symptome von Hoffnungslosigkeit (Okkonent/Vanhannen, 2006).

F: Hoffnung ist insofern durch die Hilfe Dritter bedingt, als jemand glaubt, externe Ressourcen könnten unterstützend wirken, wenn die eigenen internen Ressourcen und Stärken unzureichend scheinen, um zurechtzukommen. Das heißt, oft ist ein Familienmitglied oder eine Bezugsperson eine Quelle der Hoffnung (Benzeiw/Berg, 2005).

F: Die Wahrung familiärer Rollenverantwortlichkeiten ist essenziell für Hoffnung und Coping. Außerdem ist Hoffnung entscheidend für Familien Schwerkranker, um das Coping und die Anpassung zu erleichtern.

F: Die Hoffnung von Familienmitgliedern überträgt sich auch auf Klienten (Miller, 1991).

Das Gesundheitsversorgungsteam

Entwickeln Sie eine positive, vertrauensvolle Pflegeperson-Klient-Beziehung, indem Sie:

- Fragen beantworten
- Gefühle des Klienten respektieren
- für gleichbleibende Pflege sorgen
- Bitten und Anfragen konsequent verfolgen
- berühren
- für Trost sorgen
- ehrlich sind
- eine positive Einstellung vermitteln.

Vermitteln Sie die Haltung: «Wir mögen Sie viel zu sehr, um zuzulassen, dass Sie einfach aufgeben» oder: «Ich kann Ihnen helfen».

Halten Sie Besprechungen ab und teilen Sie den MitarbeiterInnen die Ziele des Klienten mit.

Teilen Sie Fortschritte in Technologie und Forschung zur Behandlung von Erkrankungen mit.

Halten Sie eine Liste mit Ressourcen bereit, die jemanden zum Lachen bringen können (z. B. Bücher, Filme).

F: Wenn der Klient Hoffnung haben soll, muss auch das Gesundheitsversorgungsteam Hoffnung haben, ansonsten betrachtet der Klient die Bemühungen des Teams als Zeitverschwendung.

F: Bei Veteranen hat sich gezeigt, dass es Hoffnung und Selbstwertgefühl stärkt sowie Depression lindert, wenn im Rahmen einer Pflegeintervention Hoffnung vermittelt wird (Tollett/Thomas, 1995).

F: Hoffnung hat erwiesenermaßen tief greifende Auswirkungen auf das Coping HIV-positiver (Kylma, 2005) und rückenmarkverletzter Personen (Davies, 1993; Lohne/Severinsoon, 2006).

Selbsthilfegruppen

Ermutigen Sie den Klienten, Sorgen und Bedenken mit anderen zu teilen, die ein ähnliches Problem oder dieselbe Erkrankung hatten und aus einem effektiven Coping positive Erfahrungen mitgebracht haben.

Sorgen Sie für Informationen über Selbsthilfegruppen.

F: Isolation, gleichzeitige Verluste und ein schwaches Symptommanagement verhindern Hoffnung.

Gott oder höhere Mächte

Schätzen Sie das Glaubensunterstützungssystem ein (Wert, frühere Erfahrungen, religiöse Aktivitäten, Beziehung zu Gott, Bedeutung und Sinn des Gebets; siehe auch *existenzielle Verzweiflung*).

Schaffen Sie ein Umfeld, in dem der sich Klient frei fühlt, Spiritualität zum Ausdruck zu bringen (Dossey et al., 1994).

Geben Sie dem Klienten Zeit und Gelegenheit, über die Bedeutung von Leiden, Sterben und Tod nachzudenken.

Akzeptieren, respektieren und unterstützen Sie die Hoffnung des Klienten auf Gott.

F: Klienten mit gestärktem psychospirituellen Wohlbefinden kamen erwiesenermaßen effektiver zurecht, indem sie in der gelebten Erfahrung Bedeutung und Sinn sahen (Lin/Bauer, 2003; Jennings, 1997). Hoffnung erwies sich bei Frauen mit Mammakarzinom als positiv mit spirituellem Wohlbefinden korreliert (Mickey et al., 1992).

Erkennen eines Klienten, welcher der Gefahr einer Selbstschädigung ausgesetzt ist (siehe Suizidgefahr)

Beginnen mit Überweisungen, wie indiziert

Beratung (geistliche Beratung, Familienberatung)

Krisen-Hotline.

Gefahr der beeinträchtigten Menschenwürde

Definition

Gefahr der beeinträchtigten Menschenwürde: der Zustand, in dem eine Person der Gefahr eines tatsächlichen oder wahrgenommenen Verlusts an Respekt und Ehre ausgesetzt ist.

Gefahr der beeinträchtigten Menschenwürde (Risk for compromised human dignity): Risiko eines wahrgenommenen Verlusts von Respekt und Ehre (NANDA-I, 2010).

Anmerkung der Autorin

Diese Pflegediagnose wurde von der NANDA im Jahre 2006 angenommen. In ihrer genehmigten Form ist sie problematisch. Die meisten der aufgeführten Risikofaktoren sind bestimmende Merkmale oder Kennzeichen (Zeichen/Symptome) und keine Risikofaktoren, z. B. wahrgenommene entmenschlichende Behandlung, wahrgenommene Erniedrigung, Entblößen des Körpers, wahrgenommenes Eindringen in die Privatsphäre, wahrgenommenes Eindringen durch Klinikpersonal und Enthüllen vertraulicher Informationen. Die Autorin hat sie als Risikofaktoren neu formuliert.

Diese Pflegediagnose stellt eine neue Anwendung für die Pflegepraxis dar. Alle Menschen sind der Gefahr dieser Diagnose ausgesetzt. Die Verletzung der Menschenwürde zu verhindern muss ein Schwerpunkt aller Pflegeinterventionen sein. Es ist das zentrale Konzept eines Fürsorgeberufs.

Diese Diagnose kann sich auch auf Gefangene erstrecken, denen als Teil ihrer Strafe einige Rechte, wie z. B. das Recht auf Privatsphäre und die Bewegungsfreiheit, entzogen wurden. Strafgefangene sollten jedoch stets respektvoll behandelt und weder gefoltert noch erniedrigt werden. Pflegende sind verpflichtet, sich in jedem Setting, in dem sie tätig sind, ehrenhaft zu verhalten und «nicht zu schaden».

Die Autorin empfiehlt, diese Diagnose weiterzuentwickeln und in eine Standardpflege der Pflegeabteilung für jeden Klienten und jede Familie zu integrieren. Die Ergebnisse und Interventionen gelten für alle Individuen, Familien und Gruppen. Diese Praxisstandards der Pflegeabteilung könnten auch *Infektionsgefahr*, *Gefahr einer Infektionsübertragung*, *Sturzgefahr* und *Gefahr eines unwirksamen familiären Copings* beinhalten.

Risikofaktoren

Situationsbedingte Faktoren (persönlich bedingt, umgebungsbedingt)

B/d vielfältige Faktoren in Zusammenhang mit Hospitalisierung, Institutionalisierung, betreutem Wohnen oder anderen Settings der Gesundheitsversorgung.

Faktoren sind beispielsweise:

- unvertraute Prozeduren
- Eingriffe bei klinischen Prozeduren

- zahlreiches, nicht vertrautes Personal
- zur Körperpflege benötigte Assistenz
- schmerzhafte Prozeduren
- Verlust der Kontrolle über Körperfunktionen
- Entblößung des Körpers
- wahrgenommene Demütigung
- wahrgenommenes Eindringen in die Privatsphäre
- Bekanntgabe von vertraulichen Informationen
- Stigmatisierung
- Verwendung nicht erklärter medizinischer Begriffe
- wahrgenommene menschenunwürdige Behandlung
- wahrgenommene Einmischung des Gesundheitspersonals
- unzureichende Beteiligung an der Entscheidungsfindung
- kulturelle Unvereinbarkeit.

B/d die Art der Restriktionen und das Umfeld der Inhaftierung.

Irrtümer in diagnostischen Aussagen

1. *Gefahr der beeinträchtigten Menschenwürde,* **b/d** *wahrgenommene entmenschlichende Behandlungen*
   Diese Diagnose repräsentiert eine tatsächlich beeinträchtigte Menschenwürde und keine Risikodiagnose. Diese Situation sollte untersucht, hinterfragt und an die geeigneten Autoritäten in der Einrichtung weitergeleitet werden, damit sie sofort in Aktion treten.

Zentrale Konzepte

Allgemeine Überlegungen

- Kann eine Pflegeperson die Würde eines Klienten wahren und verteidigen, wenn sie nicht in der Lage ist, die eigene Würde zu verteidigen?
- «Würde ist ein schwer greifbares Konzept, dass am leichtesten verstanden wird, wenn sie verloren gegangen ist» (Reed et al., 2003). Pflegende tragen eine Verantwortung und Verpflichtung, die Würde des Klienten zu schützen und zu wahren (Walsh/Kowanko, 2002).
- Würde herrscht, wenn jemand «in der Lage ist, Kontrolle über sein Verhalten, seine Umgebung und die Art, in der er von anderen behandelt wird, auszuüben oder es sich auszusuchen. Er sollte in der Lage sein, Informationen zu verstehen und Entscheidungen zu treffen. Die Person sollte sich mit ihrem physischen und psychosozialen Status quo wohl fühlen» (Mairis, 1994:952).
- Die Fähigkeit zur Wahrung der Würde hängt ab von der Fähigkeit des Einzelnen, angesichts einer Bedrohung die Überzeugungen bezüglich der eigenen Person unversehrt zu bewahren. (Haddock, 1996).
- Menschen gleichen anderen, manchen anderen, niemand anderem (Haddock, 1996, zit. in Allport, 1961).

- «Würde ist die Fähigkeit, sich gegenüber anderen wichtig und wertvoll zu fühlen, und zwar in Zusammenhängen, die als bedrohlich wahrgenommen werden. Würde ist einerseits eine dynamische, subjektive Überzeugung, hat aber andererseits eine allgemeine Bedeutung in der Menschheit. Nach Würde wird gestrebt und ihre Wahrung hängt von der Fähigkeit des Einzelnen ab, die Grenze intakt zu halten, welche die Überzeugungen bezüglich der eigenen Person und das Ausmaß der Bedrohung umgibt. Der Kontext und der Besitz von Würde in sich selbst beeinflusst die Fähigkeit eines Menschen, die Würde eines anderen zu wahren oder zu fördern» (Haddock, 1996:930).
- Würde zu haben heißt, Kontrolle über sich selbst zu haben. Die Auswirkungen eines Verlustes von Würde sind emotionales Leid, Erniedrigung und Verlegenheit (Welsh/Kawanko, 2002; Mairis, 1994).
- Würde zu schützen bedeutet, bei Lebenden wie Toten das Menschsein anzuerkennen, statt sie als unbelebte Objekte zu behandeln (Haddock, 1996). Bei hilflosen oder bewusstlosen Menschen ist es von höchster Priorität, ihre Würde zu wahren (Mairis, 1994).

Fokusassessment

Ein Fokusassessment ist bei dieser Pflegediagnose nicht notwendig. Jede Person oder Gruppe in einer Einrichtung der Gesundheitsversorgung – z. B. Kliniken, Ambulanzen, Arztpraxen und Einrichtungen der Langzeitversorgung oder bestimmte Einrichtungen, wie Pflegeheime, Gruppenheime, Gefängnisse und Zuchthäuser – ist der Gefahr einer Verletzung der Menschenwürde ausgesetzt. *Gefahr der beeinträchtigten Menschenwürde* wird beeinflusst durch vielfältige negative Faktoren in Zusammenhang mit Prozeduren und dem Umfeld einer Gesundheitsversorgungseinrichtung.

Ziele

NOC

- Schutz vor Missbrauch
- Klientenzufriedenheit
- Würdevolles Sterben
- Informationsverarbeitung
- Wissen: Versorgung bei Erkrankung
- Selbstwertgefühl
- Seelisch-spirituelles Wohlbefinden
- Behaglichkeitsstatus

Die Person berichtet über eine respektvolle und überlegte Pflege.

Indikatoren

- Respekt vor der Privatsphäre
- Berücksichtigen von Emotionen
- Antizipation von Gefühlen

- Optionen und Kontrolle erhalten haben
- Um Genehmigung gefragt worden sein
- Erklärungen bekommen haben
- Minimale Entblößung von Körperteilen
- Keine Beteiligung unnötigen Personals bei belastenden Prozeduren.

Allgemeine Interventionen

NIC

- Patientenrechtsschutz
- Angeleitete Antizipation
- Beratung
- Emotionale Unterstützung
- Erfahrungsbezogene Patienteninformation
- Familienunterstützung
- Humor
- Gemeinsame Zielsetzung
- Edukation: Maßnahme/Behandlung
- Therapeutische Berührung

Feststellen, ob die Einrichtung über ein Regulativ zur Vorbeugung gegen Verletzungen der Menschenwürde verfügt (Anmerkung: Dieses Regulativ/dieser Standard hat u. U. eine andere Bezeichnung, wie z. B. Leitbild.)

F: Leitlinien von Einrichtungen können Pflegende zwar in problematischen Situationen unterstützen, jedoch hängt die moralische Verpflichtung zum Schutz und zur Verteidigung der Würde von Individuen oder Gruppen nicht davon ab, ob es eine solche Leitlinie gibt oder nicht.

Überprüfen der Leitlinie. Beinhaltet sie (Walsh/Kowanko, 2002):

- Schutz der Privatsphäre und des privaten Raumes?
- kontinuierliches Einholen einer Genehmigung?
- Sorgen für Zeit zur Entscheidungsfindung?
- Fürsprache für den Klienten?

Klare Richtlinien bezüglich der Anzahl an MitarbeiterInnen, wie z. B. Studierende, Pflegepersonen, Ärzte (Belegärzte, fest angestellte Ärzte), die anwesend sein können, wenn vertrauliche und/oder belastende Informationen erörtert werden oder Prozeduren erforderlich sind, bei denen der Körper entblößt wird

F: Diese Art von Leitlinie kann für eine Institution zu einer Philosophie moralischer und respektvoller Pflege werden und an Mitarbeiter die Erwartung richten, moralisch und fürsorgend zu sein.

Reduzieren der Entblößung des Körpers des Klienten mittels Tüchern. Schränken Sie das Blickfeld für nicht erforderliche Dritte ein.

F: Entblößung des Körpers wurde als zentraler Punkt von Erniedrigung und einem hohen Grad an Würdelosigkeit genannt (Walsh/Kowanko, 2002).

Sorgen für Pflege eines jeden Klienten und seiner Familie, wie Sie dies auch für Ihre Familie, Ihren Partner, Ihr Kind, Ihren Freund oder Ihre Kollegin erwarten oder fordern würden

F: Dieser persönliche Standard kann Sie anspornen, den Klienten bzw. die Gruppe zu verteidigen, vor allem, wenn er/sie nicht zur selben sozioökonomischen Gruppe gehört wie Sie.

Die Person bei einer Prozedur in ein Gespräch verwickeln. Handeln Sie, als sei die Situation für Sie alltäglich, um Verlegenheit zu verringern. Setzen Sie ggf. Humor ein. Sprechen Sie mit der Person auch dann, wenn sie nicht antwortet.

F: Klienten berichteten, dass eine Pflegeperson, die sich in unvermeidbaren beschämenden Situationen, wie etwa einem unbeabsichtigten Abgang von Stuhl oder Harn, sachlich verhielt und ihnen mit Smalltalk oder Humor ein gutes Gefühl vermittelte, die Situation besser machte (Walsh/Kowanko, 2002).

Der Person das Verfahren erklären. Erklären Sie bei schmerzhaften oder Schamgefühle auslösenden Situationen, was die Person verspüren wird.

F: Klienten berichteten, dass sie es nicht mochten, gehetzt zu werden und dass sie Zeit brauchten, um die anstehende Prozedur zu verstehen.

Feststellen, ob unnötiges Personal anwesend ist, bevor mit einem sensiblen oder belastenden Ereignis begonnen wird (z. B. ein Standardverfahren oder eine Prozedur, die den Klienten in Verlegenheit bringt). Weisen Sie die Mitarbeiter darauf hin, dass sie nicht benötigt werden.

F: Der Schutz der Würde und Privatsphäre einer Person umfasst auch bewusstlose und verstorbene Personen (Mairis, 1994).

Der Person Gelegenheit geben, nach einer schwierigen Situation ihre Gefühle mitzuteilen. Wahren Sie hinsichtlich der Informationen des Individuums und seiner emotionalen Reaktionen die Privatsphäre.

F: Der Person die Möglichkeit zu geben, ihre Gefühle mitzuteilen, kann ihr helfen, die Würde zu wahren oder wiederzuerlangen. Die Person als lebendes, denkendes und fühlendes menschliches Wesen anzuerkennen, stärkt die Würde (Walsh/Kowanko, 2002).

Rollenvorbild und Fürsprecher zur Wahrung der Würde nach dem Tod sein

F: Rollenvorbild für eine bedachte und respektvolle Pflege zu sein kann bei anderen Menschen das Bewusstsein schärfen und sie ermutigen, diese Art der Pflege auch ihrerseits zu leisten.

Erörtern eines Vorfalls, der für einen Klienten oder seine Familie respektlos war, mit dem beteiligten Personal. Geben Sie wiederholte Vorfälle oder jeglichen Vorfall, der eine Verletzung der Klientenwürde darstellt, an die entsprechend verantwortliche Person weiter.

F: Fachpersonen sind verantwortlich dafür, ethisch und moralisch zu praktizieren und sich gegen Situationen und MitarbeiterInnen zu wenden, welche die Menschenwürde herabsetzen.

Einen Dialog führen mit der Person und ihrer Familie über gegenwärtige Vorkehrungen, den Pflegeplan und u. U. erklärungsbedürftige Entscheidungen

F: Extreme Maßnahmen wären, wenn zwecklos, eine Verletzung des grundlegenden Respekts vor der dem Person-Sein selbst innewohnenden Würde» (Walsh/Kowanko, 2002).

Wenn extreme, zwecklose Maßnahmen bei einem Individuum geplant oder durchgeführt werden, siehe moralische Verzweiflung.

«Leben Sie in Ihrem beruflichen Handeln die Erwartung, dass Achtung und Schutz der Würde eines Individuums bzw. einer Gruppe keine Wertvorstellung, sondern eine Seinsweise darstellt» (Sodenberg et al., 1998).

Desorganisiertes kindliches Verhalten

Definition

Desorganisiertes kindliches Verhalten: der Grad, in dem ein Säugling seine Organisationsschwelle erreicht hat und sein Selbst nicht länger wahrt, wie sich anhand verschiedener physiologischer Reaktionen, Körperhaltungen und Zustände sowie in allen Subsystemen der Verhaltensadaptation, d. h. anhand des autonomen Nervensystems, des motorischen Systems, der Zustandsorganisation und des Aufmerksamkeits-Interaktions-Systems, zeigt.

Desorganisiertes kindliches Verhalten (engl. Disorganized infant behavior): Beeinträchtigte Integration physiologischer und neurobehavioraler Reaktionen eines Säuglings oder Kleinkinds auf das Umfeld (NANDA-I, 2010).

Bestimmende Merkmale oder Kennzeichen (Vandenberg, 1990; Wong, 2003)

Autonomes Nervensystem

Herz

Erhöhte Herzfrequenz, Tachykardie; Bradykardie; Herzrhythmusstörungen.

Atmung

Aussetzer
Tachypnö
Nach Luft schnappen.

Veränderungen der Hautfarbe

Abblassen um die Nasenflügel herum
Zyanose, reduzierte Sauerstoffzufuhr
Periorale Dunkelfärbung der Haut
Gräuliche Haut
Marmorierte Haut
Vorübergehende/anhaltende Rötung.

Innere Organe

Schluckauf
Spucken
Pressen wie beim Stuhlgang
Nahrungsunverträglichkeit
Stöhnen
Würgen.

Motorik

Krämpfe
Gähnen
Husten
Niesen
Zucken
Zittern/Aufschrecken
Seufzen, Zeichen für eine «Auszeit» (z. B. starrer Blick, Greifen, Schluckauf, Husten, Niesen, Seufzen, schlaffer Kiefer, offener Mund, Zungenstoßen).

Motorisches System

Fluktuierender Tonus

Schlaffheit:
des Rumpfes
des Gesichts
der Extremitäten.

Erhöhter Tonus
Strecken der Beine
Spreizen der Finger, Faust ballen
Überstrecken der Beine, Extremitäten
Durchbiegen des Rückens
Überstrecken der Arme
Die Hände gehen zum Gesicht
Herausstrecken der Zunge.

Hyperflexion
Rumpf
Fetalhaltung
Extremitäten.

Frenetische diffuse Aktivität

Zustandsorganisationssystem (Spektrum)

Zustandsschwankungen
Schwierigkeiten beim Aufrechterhalten der Zustandskontrolle
Schwierigkeiten beim Übergang von einem Zustand zum anderen.

Schlaf

Zucken
Grimassieren
Unregelmäßige Atmung
Wimmern, nervöses Weinen
Erratische, zuckende, unkoordinierte Bewegungen
Gibt Geräusche von sich
Aufgeregtes Verhalten im Schlaf; diffuser, fragmentierter.

Wachzustand

Schwimmender Blick
Schwaches Schreien
Starren
Panikartiger, besorgter, dumpfer Blick

Anspannung, Agitiertheit, Nervosität, Reizbarkeit
Abrupte Zustandsänderungen
Glasiger Blick
Reizbarkeit
Abwenden des Blicks beim Versuch der Kontaktaufnahme
Veränderte primitive Reflexe.

Aufmerksamkeits-Interaktions-System

Versuche, Verhalten auszulösen, bewirken Stress
Beeinträchtigte Fähigkeit zur Orientierung und Aufmerksamkeit und zu wechselseitigen sozialen Interaktionen
Schwierigkeiten, sich wieder zu beruhigen.

Einflussfaktoren

Pathophysiologische Faktoren

B/d ein unreifes oder gestörtes Zentralnervensystem (ZNS), s/b/d:

Frühgeborene, Gestationsalter; postkonzeptionelles Alter
Hyperbilirubinämie
Hypoglykämie
Infektion
angeborene Anomalien, Störungen; genetische Störungen
perinatale Faktoren
pränatale Exposition gegenüber Kokain, teratogenen Stoffen; Drogen
verminderte Sauerstoffsättigung (Hypoxie/Asphyxie bei Geburt).

B/d Störungen der Ernährung, s/b/d:

Reflux
Unverträglichkeit des Eingebens von Nahrung, Intoleranz bei Nahrungszufuhr, Mangelernährung
Schluckstörungen, orale Probleme
Erbrechen
Koliken
schwache Saug- bzw. Schluckkoordination; motorische Probleme.

B/d Überstimulation, s/b/d:

Schmerzen
Temperaturschwankungen
Hunger
Umgebungsreize
orale Überempfindlichkeit.

Behandlungsbedingte Faktoren

B/d Überstimulation, s/b/d:

invasive Prozeduren, Eingriffe
Bewegung
Licht
Verabreichung von Medikamenten
Fixierungen
Lärm (z. B. lange tönender Alarm, Stimmen, Umgebungslärm)
Physiotherapie des Thorax
Nahrung eingeben
Tuben, Pflaster.

B/d umgebungsbezogene Faktoren

- unangemessene äußerliche Umgebung
- sensorisch unangemessene Umgebung
- sensorische Überstimulation
- sensorische Deprivation
- fehlende Abgrenzung innerhalb des Umfelds.

B/d die Unfähigkeit, Betreuungspersonen zu sehen, s/b/d eine Augenklappe, Augenverbände.

Situationsbedingte Faktoren (persönlich bedingt, umgebungsbedingt)

B/d unvorhersehbare Interaktionen, s/b/d mehrere Betreuungspersonen.
B/d inadäquates Verhalten

Pflegender, s/b/d
- Fehldeutung von Hinweisen
- Wissensdefizit über Hinweise
- [beitragende] Stimulation des Umfelds.

B/d Unausgewogenheit zwischen aufgabenbezogener und tröstender Berührung.

B/d verminderte Fähigkeit zur Selbstregulation, s/b/d:

plötzliche Bewegung
unterbrochene Schlaf-Wach-Zyklen
Lärm
Erschöpfung.

Anmerkung der Autorin

Mit dieser Diagnose wird ein Säugling beschrieben, der Schwierigkeiten hat, sich zu regulieren und an externe Stimuli anzupassen. Diese Schwierigkeiten resultieren aus einer unreifen neurobehavioralen Entwicklung und verstärkten Umweltreizen auf Neugeborenenintensivstationen. Ein überstimuliertes oder gestresstes Kind verbraucht Energie, um sich anzupassen, wodurch die für das Wachstum verfügbare Energie abnimmt. Das Pflegeziel besteht darin, den Säugling bei der Energieerhaltung zu unterstützen, indem man Umgebungsreize reduziert, dem Baby genügend Zeit gibt, sich an das Handling zu gewöhnen und für ein sensorisches Input sorgt, das dem physiologischen und neurobehavioralen Status des Säuglings angemessen ist.

Zentrale Konzepte

Allgemeine Überlegungen

- Als (1986) zufolge besteht der primäre Weg, auf dem ein Säugling Kompetenz und Bemühungen um Selbstregulation kommuniziert, in Verhaltenshinweisen.
- Das Verhalten eines Säuglings ist eine kontinuierliche Interaktion mit der Umgebung mittels Subsystemen (Blackburn, 1993; Merenstein et al., 1993):
  - *autonom/physiologisch:* Regulation von Atmung, Hautfarbe und viszeralen Funktionen (z. B. Magen und Darm, Schluckakt)
  - *motorisch:* Regulation von Tonus, Haltung, Aktivitätsgrad, spezifischen Bewegungsabläufen der Extremitäten sowie von Kopf, Rumpf und Gesicht
  - *zustandsbezogen/organisatorisch:* das Spektrum der Bewusstseinszustände, deren Qualität sowie der Übergang zwischen ihnen (z. B. vom Schlaf zum Wachzustand, von Wachzustand zum Alarmzustand, Weinen/Schreien)
  - *aufmerksamkeitsbezogen/interaktiv:* die Fähigkeit, sich an sensorischen Stimuli zu orientieren und sich darauf zu konzentrieren (z. B. Gesichter, Geräusche, Objekte) und kognitive, soziale und emotionale Informationen aufzunehmen.
  - *selbstregulatorisch:* Wahrung der Integrität und des Gleichgewichts der übrigen Subsysteme, glatte Übergänge zwischen Zuständen und Entspannung unter den Subsystemen.
- Bei zum Termin geborenen Kindern funktionieren diese Systeme glatt und werden problemlos synchronisiert und reguliert. Weniger reife oder kranke Kinder tolerieren indessen nur eine Aktivität auf einmal. Ein Kontrollverlust resultiert in Instabilität oder Desorganisation in einem oder mehreren Subsystemen (Blackburn, 1993). Die bestimmenden Merkmale oder Kennzeichen zeigen Zeichen der Instabilität.
- Frühgeborene müssen sich an die extrauterine Umgebung mit unterentwickelten Körpersystemen, gewöhnlich auf einer Neugeborenen-Intensivstation, adaptieren (Merenstein/Gardner, 1998).
- Zwar wurden die Mortalitäts- und Morbiditätsraten bei hochgradig gefährdeten Säuglingen erheblich gesenkt, aber dennoch haben diese Babys verschiedene neurobehaviorale Probleme. Diese Probleme wurden als *die neuen Morbiditäten von Säuglingen mit niedrigem Geburtsgewicht* bezeichnet und umfassen Übererregbarkeit, Sprachstörungen, Aufmerksamkeitsdefizite, kognitive Störungen höherer Ordnung und Schulprobleme (Blackburn, 1993).

- Die sechs Stadien der ZNS-Entwicklung sind: 1) dorsale Induktion, 2) ventrale Induktion, 3) Proliferation und Neurogenese, 4) neuronale Migration, 5) Organisation und 6) Myelinisierung. Die ersten drei Phasen laufen vollständig vor dem 4. Schwangerschaftsmonat ab, die letzten drei Phasen verlaufen bis zum Abschluss der Entwicklung. Das *Migrationsstadium* umfasst die Bewegung von Millionen von Zellen von ihrem Ausgangspunkt in der periventrikulären Region zu ihrem endgültigen Ort in der Hirnrinde und im Kleinhirn. Das Organisationsstadium verläuft am intensivsten zwischen dem 6. Schwangerschaftsmonat und den ersten 12 Monaten nach der Geburt. Das Myelinisierungsstadium verläuft am intensivsten zwischen dem 8. Schwangerschaftsmonat und den ersten 12 Monaten nach der Geburt. Bei der Myelinisierung werden einzelne Nervenfasern isoliert, um die Spezifität von Verbindungen zu fördern, und es wird die Anzahl alternativer Bahnen und die Leitungsgeschwindigkeit erhöht (Blackburn, 1993).
- Neurologische Funktionsstörungen, die aus einer neurologischen Unterentwicklung resultieren, beinhalten (Blackburn, 1993):
  - spärliches Myelin
  - schwache Übertragung
  - verminderte Fähigkeit zum Einsatz verschiedener Systeme
  - langsame synaptische Überleitung
  - unvollständige Zelldifferenzierung
  - lange Refraktärzeit
  - vermindertes inhibitorisches Potenzial
  - niedrige Leitungsgeschwindigkeit des Nerven
  - Unfähigkeit, hohe Entladungsfrequenzen aufrechtzuerhalten
  - verminderte Fähigkeit zur Verarbeitung von Impulsen zur interzellulären Kommunikation.
- Diese Einschränkungen führen zu folgenden Verhaltensmerkmalen unreifer Säuglinge (Blackburn, 1993; Merenstein/Gardner, 1998):
  - irregulärer Regulierungsstatus
  - Defizite in den primitiven Reflexen
  - Reizbarkeit (schwer zu beruhigen)
  - ruckartige Bewegungen
  - Schwierigkeit beim Aufrechterhalten der Wachsamkeit
  - gestörte autonome Regulation
  - erhöhter und verminderter Tonus
  - rasche Erschöpfbarkeit
  - Unfähigkeit zu hemmen
  - schwache Aktivierung
  - schlechte Koordination
  - unkoordinierte Haltung/Bewegungen.
- Zu lange waren Forschende der Ansicht, Neugeborene seien außerstande, Schmerz wahrzunehmen, darauf zu reagieren und sich daran zu erinnern. Befunde haben jedoch gezeigt, dass Neugeborene Schmerz spüren und äußern. Williamson und Williamson (1983) stellten fest, dass Säuglinge, die vor einer Zirkumzision eine Lokalanästhesie erhielten, weniger schrien sowie geringere Schwankungen der Herzfrequenz und eine höhere Sauerstoffsättigung zeigten als Säuglinge ohne Lokalanästhesie.

- Die Lautstärke eines Tons wird in Dezibel (dB) gemessen. Geräuschpegel in Säuglingsinkubatoren wurden mit 50–80 dB angegeben. Pegel oberhalb von 80–85 dB haben bei Erwachsenen zu Hörverlust geführt.
- Die Inzidenz einer Schallempfindungsschwerhörigkeit beträgt bei Säuglingen mit niedrigem Geburtsgewicht 4 % und bei Säuglingen mit sehr niedrigem Geburtsgewicht 13 % (Thomas, 1989).

Einschätzungskriterien des Fokusassessments

Anmerkung: Experten empfehlen drei Assessmentinstrumente für die neurobehaviorale Funktion:

1. die «Brazelton Neonatal Behavioral Assessment Scale» (NBAS) für gesunde, zum Termin entbundene Neugeborene,
2. das «Assessment of Preterm Infant Behavior» (APIB) für Frühgeborene und
3. das «Newborn Individualized Developmental Care and Assessment Program» (NIDCAP).

Alle drei Instrumente erfordern ein Training, bevor sie angewandt werden können.

Objektive Daten

Einschätzen bestimmender Merkmale oder Kennzeichen

Vegetatives Nervensystem

Atmung (siehe «Bestimmende Merkmale und Kennzeichen»)
Hautfarbe (siehe «Bestimmende Merkmale und Kennzeichen»)
Innere Organe (siehe «Bestimmende Merkmale und Kennzeichen»)
Motorik (siehe «Bestimmende Merkmale und Kennzeichen»).

Motorisches System (fluktuierender Tonus)

Schlaffer Rumpf, schlaffe Extremitäten und schlaffe Gesichtsmuskulatur (siehe «Bestimmende Merkmale und Kennzeichen»)
Erhöhter Tonus (siehe «Bestimmende Merkmale und Kennzeichen»)
Verstärkte Flexion (siehe «Bestimmende Merkmale und Kennzeichen»)
Frenetische, diffuse Aktivität (siehe «Bestimmende Merkmale und Kennzeichen»).

Zustandsorganisationssystem (Spektrum)

Schlaf:

- Zuckungen
- Wimmern
- ruckartige Bewegungen
- Agitiertheit
- Grimassen.

Wachzustand:

- fehlende/mangelnde Koordination
- Starren
- Reizbarkeit
- glasiger Blick
- panikartiger Blick
- unfokussierter Blick
- schwaches Schreien.

Abrupte Zustandsänderungen.

Aufmerksamkeits-Interaktions-System

Ungleichgewicht zwischen Rückzug und aktivem Verhalten

Beeinträchtigte Fähigkeit, sich zu orientieren, sich an in wechselseitigen Interaktionen zu beteiligen und aufmerksam zu sein

Schwierigkeit, sich wieder zu beruhigen.

Ziele

NOC

- Neurologischer Status
- Entwicklung des Frühgeborenen
- Schlaf
- Klientenzufriedenheit

Der Säugling zeigt zunehmend Anzeichen von Stabilität.

Indikatoren

- Gleichmäßige, stabile Atmung; rosa, konstante Hautfarbe; konstanter Tonus; verbesserte Körperhaltung; ruhige, konzentrierte Wachheit; gut modulierter Schlaf; reagiert auf Autorität sowie auf optische und akustische Reize.
- Selbstregulatorische Fertigkeiten wie Saugen, das Führen der Hand zum Mund, Händehalten, Lagewechsel.

Die Eltern/Betreuungsperson(en) beschreiben Techniken zur Reduzierung von Umgebungsstress in der Einrichtung und/oder zu Hause:

- Beschreiben von Situationen, die das Kind belasten
- Beschreiben von Zeichen/Symptomen von Stress beim Säugling.

Allgemeine Interventionen

NIC

- Umgebungsmanagement
- Neurologische Überwachung
- Schlafförderung
- Neugeborenenpflege
- Elternberatung: Säugling

Siehe «Einflussfaktoren».

Reduzieren oder Beseitigen beeinflussender Faktoren, wenn möglich

Schmerz

Beobachten Sie den Säugling, bevor sie ihn berühren.
Dokumentieren Sie das Ausgangsverhalten des Säuglings.
Achten Sie auf Reaktionen, die sich vom Ausgangsverhalten unterscheiden und neonatalen Schmerzreaktionen entsprechen (Bozzette, 1993):

- Gesichtsreaktionen (offener Mund, Hervortreten der Augenbrauen, Grimassieren, Zittern des Kinns, Nasolabialfalte, angespannte Zunge)
- motorische Reaktionen (Zusammenzucken, Rigidität der Muskulatur, zu Fäusten geballte Hände, Rückzug).

Wenn Sie unsicher sind, ob das Verhalten Schmerzen anzeigt, Sie jedoch Schmerzen vermuten, wenden Sie sich an den Arzt, um einen Versuch mit einem Analgetikum zu unternehmen. Evaluieren Sie die Reaktion des Kindes.
Gehen Sie bei offensichtlichen Schmerzen offensiv vor (z. B. nach einer Operation, bei mangelnder/fehlender Nahrungsaufnahme, schmerzhaften Prozeduren, Hyperglykämie) (Merenstein/Gardner, 1998):

- Konsultieren Sie den Arzt wegen eines Analgetikums.
- Sorgen Sie vor schmerzhaften Prozeduren für ein Analgetikum.
- Erwägen Sie eine topische Analgesie bei häufigen schmerzhaften Prozeduren (z. B. Lanzettstichen in die Ferse, Venenpunktionen).

Berücksichtigen Sie beim Verabreichen von Analgetika Folgendes (Merenstein/Gardner, 1998):

- Senken Sie die Anfangsdosis und überwachen Sie sorgfältig, wie die Atmung reagiert.
- Bestimmen Sie die optimale Dosis und die Verabreichungsintervalle.
- Achten Sie darauf, wann der Schmerz durchbricht.
- Stellen Sie fest, ob sich das Kind nach Verabreichen der Dosis wohl fühlt.
- Entwöhnen Sie das Kind langsam über einige Tage von dem Medikament, falls indiziert. Schätzen Sie die Reaktion auf den Entzug ein. Beraten Sie mit dem Arzt, wie mit Entzugssymptomen umzugehen ist, falls indiziert.

F: «Wenn sich Gesundheitsfachpersonen nicht sicher sind, ob ein Verhalten Schmerzen anzeigt, und wenn es einen Grund gibt, warum es sich um Schmerzen handeln könnte, kann ein Versuch mit einem Analgetikum sowohl diagnostisch als auch therapeutisch wirken (Acute Pain Guideline Panel, 1992:12).

Gestörter zirkadianer Rhythmus

Evaluieren Sie für jede Intervention die Notwendigkeit und Häufigkeit.

Erwägen Sie eine 24-Stunden-Betreuung und primäre Betreuung, um den Säugling vom Tag der Aufnahme an kontinuierlich rund um die Uhr zu betreuen. Dies ist wichtig, um auf zunehmend reife Schlafzyklen, eine zunehmend reife Fähigkeit zur Nahrungsaufnahme und vor allem auf die emotionale Entwicklung zu reagieren.

Erwägen Sie, das Ein- und Durchschlafen des Säuglings zu unterstützen, indem Sie Aktivitätsspitzen und übermäßige Erschöpfung vermeiden, kontinuierlich eine ruhige und gleichbleibende Umgebung und Zeitplanung beibehalten und einen zuverlässigen, wiederholbaren Ablauf eines schrittweisen Übergangs in den Schlaf in Bauch- und Seitenlage im Inkubator oder im Bettchen festlegen.

F: Eine Intervention zur Förderung der motorischen Schlaf-Wach-Organisation verbessert die Verhaltensorganisation.

Ernährung

Beobachten und dokumentieren Sie die Bereitschaft des Säuglings, an der Nahrungsaufnahme mitzuwirken.

Kennzeichen von Hunger

Übergang in einen schläfrigen Zustand oder angespanntes Wachsein

Mundbewegungen, reflektorisches Suchen nach der Mutterbrust oder Saugen

Hand-zu-Mund-Aktivitäten

Schreien, das sich weder durch einen Schnuller noch durch einfaches, nicht der Nahrungsaufnahme dienendes Saugen besänftigen lässt.

Physiologische Stabilität

Achten Sie auf eine regelmäßige Atmung, eine stabile Hautfarbe und regelmäßige Verdauung.

Fördern Sie ein nährendes Umfeld als Unterstützung einer begleitend regulatorisch wirkenden Erfahrung der Nahrungsaufnahme.

Verringern Sie die Stimulation durch das Umfeld.

Sorgen Sie für einen bequemen Sitz. Seien Sie dabei besonders sensibel für die Bedürfnisse einer Mutter nach der Entbindung (z. B. weiche Kissen, ein Hocker, um die Beine hochzulegen, stützende Kissen beim Stillen).

Ermutigen Sie zu sanftem Wickeln in gebeugter Stellung, um die Flexion und einen ausgewogenen Tonus bei der Nahrungsaufnahme zu fördern.

Erkunden Sie Methoden der Ernährung, die den Zielen sowohl des Säuglings als auch der Familie entsprechen (z. B. Stillen, Flaschenfütterung, Sondenernährung).

F: Frühgeborene kommen bei der Entwicklung ihres Ernährungsverhaltens u. U. nur schwer voran oder zeigen Desorganisiertheit (z. B. hinsichtlich der Bereitschaft und der Kennzeichen von Hunger). Gleiches gilt für die gastrointestinale Motilität (z. B. Motilität des Ösophagus und des Darms, Entleerungszeit des Magens).

F: Eine individuell zugeschnittene Entwicklungspflege kann dazu führen, dass der Übergang zur vollen oralen Ernährung früher erfolgt (Als et al., 2003).

Unterstützen der Bemühungen des Säuglings um Selbstregulation

Erwägen Sie bei schmerzhaften oder belastenden Prozeduren beruhigende Maßnahmen:

- Unterstützen Sie die gebeugte Haltung durch eine weitere Betreuungsperson.
- Sorgen Sie für Gelegenheit zu saugen, während Sie das Kind gleichzeitig vor anderen Belastungen abschirmen.

Achten Sie auf die effiziente Durchführung nötiger Manipulationen, während Sie gleichzeitig die Verhaltensorganisation des Säuglings unterstützen.

Berücksichtigen Sie, dass sich der Säugling *ohne Eile* reorganisieren und stabilisieren muss (z. B. in Bauchlage, mit Gelegenheit, den Finger einer Betreuungsperson zu halten und zu saugen, stützendes Umfassen von Rumpf und Hinterhaupt durch die Betreuungsperson, Sorgen für Gelegenheit zum Abstützen der Fußsohlen).

Erwägen Sie, Fremdstimulation zu eliminieren (z. B. Streicheln, Ansprechen, Umlagern), um die Restabilisierung einzuleiten. Räumen Sie dazu 15–20 Minuten nach der Manipulation ein. Mit der Zeit werden sich die selbstregulatorischen Fertigkeiten des Kindes verbessern und damit wird die Intervention der Betreuungsperson weniger bedeutsam.

Erwägen Sie, das Ein- und Durchschlafen des Säuglings zu unterstützen, indem Sie Erregungs- und Aktivitätsspitzen sowie übermäßige Erschöpfung vermeiden. Dies geschieht, indem Sie dafür sorgen, dass die Umgebung ruhig und der Zeitplan geregelt ist und indem Sie einen zuverlässigen, wiederholbaren Rhythmus des schrittweisen Einschlafens in Bauch- und Seitenlage im Inkubator oder Bettchen einführen.

Erwägen Sie, das Kind nach Bedarf zunächst am Körper der Betreuungsperson zu beruhigen und dann erst ins Bettchen zu legen. Bei anderen Säuglingen wirkt dies u. U. zu stark anregend und der Übergang erfolgt leichter im Inkubator bei festen Umgrenzungen und Nestbau ohne jegliche Stimulation.

Kritisches Überprüfen der Verwendung der automatischen Wiege/Wippe bei reizbaren Säuglingen. Bei manchen Säuglingen führt er momentan zur Beruhigung, aber im Laufe der Zeit nicht notwendigerweise zur vermehrten internen regulatorischen Kontrolle.

Besänftigen, sanfte Instrumentalmusik oder die Stimme der Eltern wirkt bei einigen Säuglingen während des Einschlafens beruhigend und tröstend.

Um vor dem Einschlafen die Entspannung zu fördern, muss ggf. ein nichtstimulierender Schlafraum mit nur minimal anregenden optischen Zielen, minimalem sozialen Input usw. zur Verfügung gestellt werden. Vielen Säuglingen hilft eine regelmäßig implementierte Schlafroutine.

F: Bei einem erkrankten Frühgeborenen führen die Kombination aus unreifem ZNS und ungeeignet oder unerwartet strukturiertem sensorischem Input sowie mehrere Betreuungspersonen zur Desorganisiertheit und Unausgewogenheit der Verhaltenszeichen der Regulation.

F: Um organisiertes Verhalten zu steigern, werden individuell gestaltete Interventionen implementiert.

Reduzieren von Umgebungsreizen

Lärm (Merenstein/Gardner, 1998; Thomas, 1989)

Klopfen Sie nicht auf den Inkubator.
Legen Sie eine zusammengefaltete Decke auf den Inkubator, wenn dieser die einzige Arbeitsfläche darstellt.
Öffnen und schließen Sie die Klappe langsam.
Polstern Sie die Türen des Inkubators, um ein Zuschlagen zu verhindern.
Verwenden Sie Abfallbehälter aus Plastik statt aus Metall.
Entfernen Sie Wasser aus den Beatmungsschläuchen.
Sprechen Sie neben dem Inkubator/Bettchen leise und nur wenn nötig.
Senken Sie das Kopfende der Matratze langsam ab.
Entfernen Sie Radios.
Schließen Sie die Tür langsam.
Lagern Sie den Kopf des Kindes so, dass er von Geräuschquellen abgewandt ist (z. B. Telefon, Intercom, Geräte).
Erwägen Sie folgende Methoden, um unnötigen Lärm auf der Neugeborenenintensivstation zu vermindern:

- Führen Sie Kontrollgänge abseits der Bettchen durch, um mögliche Lärmquellen zu eruieren.
- Passen Sie Großgeräte so an, dass Lärm und Durcheinander vermieden werden.

Alarmieren Sie das Personal, wenn der Geräuschpegel auf Station 60 dB übersteigt (z. B. durch eine Warnlampe an einem Phonometer bzw. Schallpegelmesser). Leiten Sie eine Ruhephase von 10 Minuten ein, um den Lärm zu senken.
Entfernen Sie empfindlichere Säuglinge aus den stark frequentierten Bereichen der Station.

F: Geräuschpegel auf der Neugeborenenintensivstation sind gefährlich, weil es zu Schäden der Cochlea mit anschließender Hörminderung kommen kann und weil es bei Säuglingen, die ihre Reaktionen nicht hemmen können, zu Arousal-Reaktionen kommen kann. Lärm stört den Schlaf, erhöht die Herzfrequenz und führt zur Vasokonstriktion (Blackburn, 1993). Der Säugling verbraucht Energie, die er braucht, um zu wachsen und um das Gehirn mit Glukose und Sauerstoff zu versorgen (Thomas, 1989).

F: Thomas (1989) zufolge gibt es auf Neugeborenenintensivstationen einen starken Dauerlärm. Zusätzlich können über den Dauerlärm hinausreichende Lärmspitzen den Dezibel-Level um das 10fache erhöhen. Zu den Lärmspitzen gehören z. B. Monitoralarme (62 dB), das Öffnen von Plastikverschlüssen (67 dB), Klappen und Hauben (70 dB) sowie Spülbecken (66 dB).

Beleuchtung

Verwenden Sie am Bett Vollspektrumlampen anstelle von weißem Licht. Vermeiden Sie Leuchtstoffröhren.
Decken Sie Bettchen, Inkubatoren im Schlaf komplett und in Wachphasen teilweise ab.

Installieren Sie Dimmer, Jalousien und Vorhänge. Vermeiden Sie helle Lichtquellen.
Schirmen Sie die Augen des Säuglings mit einem Bettbogen oder einem ausgeschnittenen Karton ab.
Vermeiden Sie visuelle Stimuli am Bettchen.
Schirmen Sie die Augen bei Prozeduren unter hellem Licht ab. Vermeiden Sie Augenklappen, außer bei der Fototherapie.

F: Bei einem erkrankten Frühgeborenen führen die Kombination aus unreifem ZNS und ungeeignet oder unerwartet strukturiertem sensorischem Input sowie mehrere Betreuungspersonen zur Desorganisiertheit und Unausgewogenheit der Verhaltenszeichen der Regulation.

Lagern des Babys in Positionen, die Flexionen erlauben und Strampeln minimieren

Berücksichtigen Sie, dass sich der Säugling *ohne Eile* reorganisieren und stabilisieren muss (z. B. in Bauchlage, mit Gelegenheit, den Finger einer Betreuungsperson zu halten und zu saugen, stützendes Umfassen von Rumpf und Hinterhaupt durch die Betreuungsperson, Sorgen für Gelegenheit zum Abstützen der Fußsohlen).
Verwenden Sie die Bauch- und Seitenlage.
Vermeiden Sie die Rückenlage.
Wickeln Sie das Baby in gebeugter Stellung, um die Flexion beizubehalten.
Bauen Sie aus einer weichen Decke/weichen Kissen ein Nest (z. B. Schaffell, weiche Baumwolle, Flanell).
Vermeiden Sie zu große Windeln, um die normale Ausrichtung der Hüften erkennen zu können.
Vermeiden Sie Spannung an intravenösen Zugängen und Schläuchen.

F: Ein entwicklungsgerechter Umgang und entsprechende Lagerung können Stress mindern, Energie vermitteln und eine normale Entwicklung stärken (Aida/Snider, 2003).

Reduzieren von Stress in Verbindung mit dem Handling

Legen Sie beim Bewegen oder Anheben des Babys zusammengerollte Decken um dessen Körper, wenn Sie es in den Händen halten.
Behalten Sie den stützenden Halt bei Prozeduren und Pflegeaktivitäten bei.
Führen Sie Berührungen sanft und langsam durch. Vermeiden Sie Streicheln.
Beginnen Sie jede Interaktion und Behandlung mit dem Stimulieren nur eines Sinnes auf einmal (z. B. Berührung) und schreiten Sie dann langsam zum Sehen, Hören und Sich-Bewegen fort.
Schätzen Sie ein, welche Merkmale von Bereitschaft vorliegen, ob Desorganisation droht oder ob der Zustand des Kindes stabil ist. Reagieren Sie auf Hinweise.
Unterstützen Sie, dass die sich entwickelnden Schlaf-Wach-Zyklen des Kindes über 24 Stunden nur minimal unterbrochen werden.
Saugen Sie nach Bedarf statt routinemäßig ab und führen Sie auch eine Lagerungsdrainage entsprechend durch.
Verwenden Sie möglichst wenig Pflaster und entfernen Sie es sorgfältig.

F: Stress zu verringern spart Energie, fördert das Wohlbehagen und erhöht die Adaptation.

F: Instabile Frühgeborene zu streicheln führt zu einer verringerten Sauerstoffsättigung (Harrison et al., 1996).

Reduzieren desorganisierten Verhaltens bei aktiven Interventionen und beim Transport

Halten Sie einen Transportplan bereit, in dem jedem Teammitglied eine Rolle zugewiesen wird.
Bestimmen Sie vor dem Transport mit der Primary Nurse Verhaltensanzeichen für Stress.
Minimieren Sie den sensorischen Input:

- Sprechen Sie auf ruhige Weise.
- Schirmen Sie die Augen des Säuglings vor Licht ab.
- Schützen Sie das Kind vor unnötiger Berührung.

Unterstützen Sie die sanften Fetalhaltungen des Säuglings mit den Händen und bieten Sie ihm etwas zum Anfassen (z. B. Ihren Finger oder den Zipfel einer weichen Decke oder eines Tuches).
Wickeln Sie den Säugling in gebeugter Haltung oder legen Sie ihn in ein Nest aus Decken.
Stellen Sie sicher, dass die Transportausrüstung (z. B. ein Beatmungsgerät) bereit ist. Wärmen Sie die Matratze auf oder verwenden Sie ein Schaffell.
Bewegen Sie das Kind sorgsam und fließend. Sprechen Sie möglichst nicht.
Erwägen Sie, Pflegeroutinen durchzuführen, während die Eltern oder ausgewählte Betreuungspersonen, wann immer möglich, den Säugling halten.
Sollte das Verhalten des Kindes darauf schließen lassen, dass es sich nicht wohl fühlt, lagern Sie es in 2–3 Stunden, ggf. schon früher um.

F: Interventionen sollen Reize verringern, um eine desorganisierte Reaktion zu verhindern.

Beteiligen der Eltern an der Pflegeplanung

Ermutigen Sie die Eltern, ihre Gefühle, Befürchtungen und Erwartungen mitzuteilen.
Erwägen Sie, die Eltern am Erstellen des Entwicklungsplans für die Familie zu beteiligen (Cole/Frappier, 1985):

- Meine Stärken sind: …
- Signale für eine Auszeit sind: …
- Diese Dinge belasten mich: …
- So kannst du mir helfen: …

Unterweisen Sie die Betreuungspersonen darin, die sich verändernden Fähigkeiten kontinuierlich zu beobachten, um die geeigneten Lagerungs- und Bettungsoptionen zu erkennen, etwa wenn sich das Kind gegen schützenden Halt wehrt (Wong, 2003).

F: Angeleitete Antizipation und Unterstützung kann eine Überstimulation des Kindes verhindern.

Beginnen mit Gesundheitsedukation und Überweisen, soweit angezeigt

Sichten folgender Informationen über Wachstum und Entwicklung des Säuglings und der Familie in angeleiteter Antizipation für zu Hause

Gesundheitsfragen
Ernährung
Infektion
Wachstum und Entwicklung
Hygiene
Sicherheit
Krankheit
Körpertemperatur.

Zustandsregulierung
Geeignete Stimulation
Schlaf-Wach-Rhythmen.

Interaktion zwischen Eltern und Kind
Verhaltensmerkmale
Zeichen von Stress.

Umgebung des Säuglings
Belebte, unbelebte Stimulation
Spielen mit dem Kind
Die Rolle des Vaters und der Geschwister.

Coping und Unterstützung durch die Eltern
Unterstützendes Netzwerk
Herausforderungen
Problemlösung.

Erörtern des Übergangs zu kommunalen Möglichkeiten der Unterstützung (Kurzzeitpflege, soziale Gruppen und Bürgervereine, religiöse Vereinigungen)

Verweisen an häusliche Nachsorge

F: Unterweisen Sie die Eltern im Erkennen von Interventionen, die das optimale Wachstum und die optimale Entwicklung ihres Kindes unterstützen.

Gefahr eines desorganisierten kindlichen Verhaltens

Definition

Gefahr eines desorganisierten kindlichen Verhaltens: der Zustand, in dem ein Neugeborenes der Gefahr einer Störung der Integration und Regulation physiologischer und verhaltensbezogener Anpassungssysteme (autonom, motorisch, zustandsbezogen, organisatorisch, selbstregulatorisch und aufmerksamkeits-interaktionsbezogen) ausgesetzt ist.

Gefahr eines desorganisierten kindlichen Verhaltens (engl. Risk for disorganized infant behavior): Risiko einer Veränderung der Integration und Modulation der physiologischen und verhaltensbezogenen Systeme eines Säuglings oder Kleinkinds (d. h. autonome, motorische, zustandsorganisatorische, selbstregulierende und aufmerksamkeits-interaktionale Systeme) (NANDA-I, 2010).

Risikofaktoren

- Schmerz
- invasive Eingriffe
- schmerzhafte Prozeduren
- orale Probleme
- motorische Probleme
- umgebungsbedingte Überstimulation
- fehlende Abgrenzung innerhalb des Umfelds
- Frühgeburt
- [Unreife des ZNS, genetische Probleme, die neurologische und/oder physiologische Funktionen beeinträchtigen, Zustände, die zu Hypoxie und/oder Neugeborenenasphyxie führen]
- [Mangel-/Fehlernährung, Infektion, Drogenabhängigkeit]
- [Umgebungsereignisse, -verhältnisse oder Zustände wie Trennung von den Eltern, starker Lärm, häufiges Hantieren am Kind (dem Kind keine Ruhepausen geben), grelles Licht].

Einflussfaktoren

Siehe desorganisiertes kindliches Verhalten.

Einschätzungskriterien des Fokusassessments

Siehe desorganisiertes kindliches Verhalten.

Allgemeine Interventionen

Siehe desorganisiertes kindliches Verhalten.

Infektionsgefahr

Definition

Infektionsgefahr: der Zustand, in dem eine Person der Gefahr der Invasion eines opportunistischen oder pathogenen Agens (Virus, Pilz, Bakterium, Protozoon oder ein anderer Parasit) aus endogener oder exogener Quelle ausgesetzt ist.

Infektionsgefahr (engl. Risk for infection): Erhöhtes Risiko des Eindringens von pathogenen Organismen (NANDA-I, 2010).

Risikofaktoren

Siehe «Einflussfaktoren».

Einflussfaktoren

Verschiedene Gesundheitsstörungen und Situationen können günstige Bedingungen schaffen, die das Entstehen von Infektionen fördern (siehe «Zentrale Konzepte»). Im Folgenden werden einige Faktoren genannt.

Pathophysiologische Faktoren

B/d eine gestörte Abwehr des Wirts, s/b/d:

Krebs
Atemwegserkrankungen, b/d verminderte ziliare Clearance
Hämatologische Leiden, Leukonpenie; niedriges, vermindertes Hämoglobin
AIDS
Alkoholismus
Immunsuppression (Immunsuppressoren, Steroide, monoklonale Antikörper)
Immunschwäche, **s/b/d**: *(zu spezifizieren)*
Veränderte oder zu wenig Leukozyten
Erkrankungen des Zahnfleischs
Lebererkrankungen
Arthritis
Niereninsuffizienz
Diabetes mellitus
unterdrückte Entzündungsreaktion.

B/d Durchblutungsstörungen, s/b/d:

Lymphödem, Flüssigkeitsstau
Adipositas
periphere Gefäßerkrankung.

Behandlungsbedingte Faktoren

B/d eine Eintrittsstelle für die Keiminvasion, s/b/d:

Operation
Intubation
invasive Zugänge
totale parenterale Ernährung
Dialyse
Sondenernährung.

B/d eine gestörte Abwehr des Wirts, s/b/d:

Strahlentherapie
Organtransplantation
medikamentöse Therapie (zu spezifizieren; z. B. Chemotherapie, Immunsuppressiva).

Situationsbedingte Faktoren (persönlich bedingt, umgebungsbedingt)

B/d eine gestörte Abwehr des Wirts, s/b/d:

anamnestisch bekannte Infektionen
Stress
Mangelernährung
verlängerte Liegezeit
verlängerte Immobilität
Veränderung des pH-Werts von Sekreten
veränderte Peristaltik
Rauchen.

B/d eine Eintrittsstelle für die Keiminvasion, s/b/d:

Trauma (zufällig, beabsichtigt); verletzte Haut, traumatisiertes Gewebe, Gewebezerstörung
Postpartalphase
Bisse (Tiere, Insekten, Mensch)
thermische Verletzungen
warme, feuchte, dunkle Umgebung (Hautfalten, Gips)

B/d (unzureichende Kenntnisse), fehlendes Wissen, um sich vor pathogenen Keimen zu schützen

B/d erhöhte Exposition gegenüber pathogenen Erregern in der Umgebung

B/d Ausbrüche

Altersbedingte Faktoren

Neugeborene

B/d erhöhte Anfälligkeit des Säuglings, s/b/d:

Fehlen/Mangel mütterlicher Antikörper (je nach Exposition der Mutter)
Fehlen/Mangel einer normalen Flora
offene Wunden (Nabel, Zirkumzision)
unreifes Immunsystem
prolongierter (hoher) Blasensprung der Mutter, vorzeitiger Blasensprung der Mutter.

Säuglinge, Kinder, Jugendliche

B/d erhöhte Anfälligkeit, s/b/d:

fehlende Immunisierung
häufig wechselnde Geschlechtspartner.

Ältere Erwachsene

B/d erhöhte Anfälligkeit, s/b/d:

verminderte Immunantwort
geschwächter Zustand
chronische Krankheiten.

Anmerkung der Autorin

Jeder Mensch ist infektionsgefährdet. Die Kontrolle von Sekreten und der Umgebung sowie Händewaschen vor und nach der Pflege eines Klienten können die Gefahr einer Übertragung von Organismen verringern. Zur Gruppe der Infektionsgefährdeten gehört auch eine kleinere Gruppe hochgradig Gefährdeter. *Infektionsgefahr* trifft auf eine Person zu, deren Abwehr geschwächt ist und die daher für pathogene Erreger aus der Umgebung oder für die eigene endogene Flora anfälliger ist (z. B. eine Person mit chronischer Leberfunktionsstörung oder einem invasiven Zugang). Pflegeinterventionen konzentrieren sich bei solch einer Person darauf, das Eindringen von Organismen auf ein Minimum zu reduzieren und die Widerstandskraft gegen Infektionen zu erhöhen (z. B. durch Verbessern des Ernährungszustands). Bei einer Person mit einer Infektion lässt sich die Situation am besten durch das interdisziplinäre Problem *PK: Sepsis* beschreiben.

Gefahr einer Infektionsübertragung trifft auf eine Person zu, die hochgradig gefährdet ist, ein infektiöses Agens auf Dritte zu übertragen. Manche Menschen sind hochgradig gefährdet, sowohl durch opportunistische Erreger infiziert zu werden als auch infizierende Organismen zu übertragen, womit *Infektionsgefahr* und *Gefahr einer Infektionsübertragung* zu nennen wären.

Irrtümer in diagnostischen Aussagen

1. *Infektionsgefahr,* **b/d** *das Fortschreiten einer Sepsis,* **s/b/d** *eine unbehandelte Infektion*
Sepsis ist ein interdisziplinäres Problem, keine Pflegediagnose. Diese Person ist nicht infektionsgefährdet, sondern bedarf vielmehr medizinischer und pflegerischer Interventionen, um die Sepsis zu behandeln und einen septischen Schock zu verhindern.
2. *Infektionsgefahr,* **b/d** *direkten Zugang zur Blasenschleimhaut,* **s/b/d** *einen Foley-Katheter und fehlendes/mangelndes Wissen des Personals über die aseptische Technik*
Wenn es dem Personal tatsächlich an Wissen über aseptische Technik mangelt, sollte die Pflegeperson als Nächstes das Pflegemanagement in einem Ereignisbericht über diese Situation informieren. Als Zusatz einer Pflegediagnose wäre dies weder juristisch noch professionell ratsam. Pflegende sollten pflegediagnostische Aussagen niemals dazu verwenden, um einen Klienten, eine Gruppe oder ein Mitglied des Gesundheitsteams zu kritisieren oder unprofessionelle Praktiken oder unprofessionelles Verhalten aufzudecken. Zu diesem Zweck müssen Pflegende andere organisatorische Kommunikationskanäle nutzen.

Zentrale Konzepte

Allgemeine Überlegungen

- Der Widerstand gegen eine Infektion hängt ab von der Immunreaktion (*Anfälligkeit*) des Wirts, von der Dosis des infektiösen Agens und von der Virulenz des Erregers. Zu den Faktoren mit Einfluss auf die Immunreaktion des Wirts gehören:
  - anatomische Barrieren. Jedes System hat spezielle Verteidigungslinien.
  - Therapien. Sie bilden durch ihre Invasivität oder die Veränderung von Körperfunktionen eine Gefahr für die normalen Verteidigungslinien.
  - entwicklungsbedingte und erbliche Faktoren. Sie wirken sich negativ auf die Funktion des Immunsystems der betroffenen Person aus (z. B. Zustand direkt nach der Geburt, Agammaglobulinämie).
  - hormonelle Faktoren. Männer sind infektionsanfälliger als Frauen. Eine Schwangerschaft erhöht die Infektionsanfälligkeit der Frau. Eine Therapie mit Kortikoiden erhöht bei beiden Geschlechtern die Anfälligkeit.
  - Alter. Es umfasst beide Extreme (Unreife oder Degeneration des Immunsystems).
  - Ernährung. Sie beeinflusst die Proteinsynthese und die Phagozytose und verringert damit die Infektionsanfälligkeit.
  - Fieber. Hyperthermie kann das Wachstum von Erregern hemmen. Eine Hypothermie kann die Effekte von Fieber schwächen.
  - Sekrete wie Schleim, Speichel und Hautsekrete enthalten bakterizide Substanzen, welche die Gefahr einer Infektion und Besiedelung verringern.
  - Endotoxine als Produkte mancher gram-positiver Bakterien vermögen in begrenztem Ausmaß andere Bakterien abzutöten oder die Resistenz einer Person gegen manche Infektionen zu erhöhen.
  - Die Interaktion zweier verschiedener Organismen im selben Wirt führt zur Interferenz, wobei der eine dominant und der andere unterdrückt wird.

- Die Entzündungsreaktion besteht aus 1) der Aktivierung von Leukozyten, 2) Lokalisation des entzündlichen Prozesses durch Plasmaproteine und Phagozytose sowie 3) einer erhöhten Durchblutung und einem verstärkten Lymphstrom, die gemeinsam toxisches Material verdünnen und fortspülen. Dieser Prozess führt zu einem lokalen Temperaturanstieg.
- Phagozytose ist der Prozess, durch den Parasiten mittels Einschluss und Verdauung beseitigt werden.

Abwehrmechanismen des Wirts

Jedes System des Wirts beeinflusst die Immunreaktion durch spezielle Formen der Abwehr.

Zentralnervensystem (ZNS)

Da die hämatogene Aussaat sowohl bei bakteriellen wie bei viralen Infektionen der häufigste Weg ist, spielen Abwehrmechanismen im Blut eine wichtige primäre Rolle.

Haut

- Die Haut bildet eine erste Verteidigungslinie gegen Erreger, und zwar sowohl anatomisch als auch chemisch.
- Schweiß- und Talgdrüsen erlauben kein übermäßiges Bakterienwachstum, [wenn ihre Ausführgängen offen bleiben]
- Der niedrige pH-Wert der Haut im sauren Bereich erlaubt es pathogenen Organismen nicht, längere Zeit auf der Haut zu überleben.
- Die spülende und lysozymale Wirkung der Tränenflüssigkeit hält Infektionen unter Kontrolle. Über den Ductus nasolacrimalis werden Organismen ausgespült und im Nasopharynx abgelagert.

Blut

- Das zirkulierende Blut ist das wichtigste Transportmedium für interne Abwehrmechanismen.
- Die Fieberreaktion ist damit verbunden, dass Pyrogene zum Hypothalamus gelangen.

Urogenialtrakt

- Die anatomische Struktur verhindert den leichten Aufstieg perinealer Mikroorganismen in die Blase [beim Mann].
- In der Schleimschicht werden Organismen gefangen und von Zellen der Blase eingeschlossen.
- Der pH-Wert und die Osmolalität des Urins verhindern eine Vermehrung von Bakterien.
- Die Fähigkeit zur vollständigen Blasenentleerung verhindert die Ablagerung eingedrungener Bakterien vollständig und erlaubt eine kontinuierliche Spülung.

Atemwege

- Infolge der von den Nasenmuscheln und Haaren erzeugten Turbulenzen fangen die Nasenhöhlen die meisten Fremdkörper auf den Schleimhäuten ab.

- Das mukoziliäre Transportsystem besteht aus Zilien und Schleim, durch die weitere Fremdkörper entfernt werden, die in die oberen und tieferen Bronchien gelangen.
- Lysozyme und von den Phagozyten freigesetztes Immunglobulin A (IgA) finden sich im Nasensekret und helfen eine Besiedelung zu verhindern.
- Bis in die Alveolen gelangte Partikel lassen sich durch impulsives Niesen und Husten sowie durch den Würgereflex entfernen.
- In den Alveolen kommt es zur Phagozytose, wobei die Makrophagen als wichtigster Abwehrmechanismus auftreten.

Gastrointestinaltrakt

- Eine Schleimschicht fängt die aufgenommenen Mikroben im Epithel des Gastrointestinaltrakts ab.
- Magensäure tötet die meisten Organismen ab.
- Die Peristaltik hilft beim Abtransport der Organismen.
- Darmsekrete enthalten Antikörper (IgA), Gallensalze, Lysozyme, Glykolipide und Glykoproteine, welche die Proliferation und Adhärenz hemmen.
- Die Mikroorganismen der normalen Darmflora stehen in Wechselwirkung miteinander, um eine übermäßige Proliferation zu begrenzen.

Wunden

- Die Haut bildet eine erste Verteidigungslinie. Das operative oder traumatische Öffnen der Haut erhöht die Infektionsgefahr.
- Eine Wunde verschließt sich im Wesentlichen innerhalb von 24 Stunden und beseitigt damit die Gefahr einer direkten Inokulation von Erregern.
- Bei Wundinfektionen ist der Körper auf die Leistungsfähigkeit anderer Abwehrmechanismen zur Unterstützung bei der Heilung angewiesen.
- Risikofaktoren in Zusammenhang mit Wundinfektionen hängen ab von 1) endogenen Faktoren, wie dem Vorliegen von Störfaktoren, dem Ausgangszustand der Haut und der Antibiotikaprophylaxe und 2) exogenen Faktoren, wie der präoperativen Säuberung, Barrieretechniken, einer aerogenen Kontamination, der Desinfektion der Umgebung, der Wundpflege sowie dem Zustand der Wunde zum Zeitpunkt ihres Verschlusses.
- Wunden sind aufgrund folgender Faktoren infektionsgefährdet:
  - Anders als Pflaster schaffen Nähte und Klammern ihre eigenen Wunden, wirken als Drainage und lösen ihre eigene Entzündungsreaktion aus.
  - Drains bieten Mikroorganismen Zugang.
  - Die Inzidenz von Infektionen bei nichtrasierten Klienten beträgt 0,9 %. Sie steigt auf 1,4 % nach elektrischer Rasur, 1,7 % nach Scherenschnitt und 2,5 % nach Rasur mit der Klinge (Kovach, 1990).

Pädiatrische Überlegung

- Angeborene, d.h. im Uterus erworbene Infektionen, gehen gewöhnlich auf Viren zurück (z.B. Zytomegalie, Röteln, Hepatitis B, Herpes simplex, Herpes zoster, Windpocken und Pfeiffersches Drüsenfieber). Auch nichtvirale Auslöser können einige Infektionen verursachen, wie Toxoplasmose, Syphilis, Tuberkulose, Chagas- und Schlafkrankheit sowie Malaria.
- Schon bei der Geburt vorhandene bakterielle Infektionen können durch Bakterien ausgelöst werden, welche durch die Plazenta zum Feten gelangen. Dieser kann auch durch Organismen infiziert werden, die durch die Zervix der Mutter in die Amnionhöhle eindringen (Reeder et al., 1997).
- Weitere Infektionswege sind die Haut und die Schleimhäute des Feten, die Räume zwischen den Plazentarzotten, die Nabelschnur und die Atemwege (über die Atmung).
- Etwa 80% aller Kinderkrankheiten sind Infektionen, wobei Atemwegsinfekte 2- bis 3-mal häufiger auftreten als alle übrigen Krankheiten zusammen (Wong, 2003).
- Akute Erkrankungen sind bei Säuglingen unter 6 Monaten im Allgemeinen seltener, nehmen von da an bis zum Alter von 3–4 Jahren zu und gehen dann im Laufe der Kindheit schrittweise zurück (Wong, 1999).
- Kliegman (1990) zufolge sind Neugeborene verstärkt infektionsgefährdet. Ist ein Kind erst einmal im Krabbelalter, ist die Produktion von Antikörpern gut eingespielt. Die Phagozytose ist bei Kleinkindern effizienter als bei Säuglingen (Wong, 2003).
- Kinder in Tageszentren sind verstärkt infektionsgefährdet durch Shigellen, Rotaviren, *Haemophilus influenzae* Typ B und Hepatitis A (Wong, 2003).
- Eine gute Hygiene, optimale Ernährung, Impfungen und strikte Gesundheitspraktiken können die Inzidenz von Infektionskrankheiten in der Kindheit senken.
- Die perinatale Übertragung von HIV geschieht im Uterus, während der Geburt oder nach der Entbindung durch Stillen. Die Übertragungsrate kann 15–30% betragen (Wong, 2003).
- Die perinatale HIV-Übertragung lässt sich durch eine antivirale Behandlung der Schwangeren und ihres Neugeborenen verringern (Wong, 2003).
- Bei perinatal betroffenen Kindern schreitet die Erkrankung aufgrund der Unreife des Immunsystems rascher fort (Wong, 2003).
- Symptome treten im Alter von 18–24 Monaten auf. Sowohl bei symptomatischen als auch bei nichtsymptomatischen HIV-infizierten Kindern findet sich eine Malabsorption von Kohlenhydraten, Proteinen und Fetten (Wong, 2003).
- Die hohe Prävalenz riskanten Sexualverhaltens unter Teenagern trägt zu hohen Raten sexuell übertragener Infektionen und zu hohen Schwangerschaftsraten bei (CDC, 2000).
- Jährlich erkrankt einer von sechs Teenagern an einer sexuell übertragbaren Krankheit (CDC, 2000).

Geriatrische Überlegungen

- Eine verlangsamte epidermale Proliferationsrate führt dazu, dass verletzte Haut bei älteren Menschen doppelt so lange braucht, um zu heilen.
- Bei älteren Menschen sind aufgrund der verminderten Anzahl von Langerhans-Zellen und einer verringerten Mikrozirkulation auch die Immunreaktionen der Haut gestört (Miller, 2004).
- Die Oberfläche der Alveolen und die elastische Rückstellkraft sowie der Gasaustausch in den unteren Lungenabschnitten sind bei älteren Menschen verringert (Miller, 2004).
- Altersbedingte Veränderungen der Atemfunktion erhöhen die Infektionsgefahr nicht signifikant. Dies geschieht eher durch nicht altersbedingte Risikofaktoren, wie Rauchen, und durch die berufliche Exposition gegenüber Giftstoffen.
- Studien zufolge leiden 5–20 % der Bewohner in Einrichtungen der Langzeitpflege unter Infektionen. Am häufigsten handelt es sich um Harn- und Atemwegsinfekte sowie um Infektionen der Haut und des Weichteilgewebes (gewöhnlich Dekubitus) (Miller, 2004).
- Die erhöhte Infektionsanfälligkeit älterer Menschen ist multifaktoriell bedingt (Faktoren des Wirts oder der Umgebung). Zu den Faktoren seitens des Wirts gehören Grunderkrankungen, invasive Therapien, undifferenzierte Anwendung von Antibiotika, Mangel-/Fehlernährung, Dehydratation, beeinträchtigte Mobilität und Inkontinenz. Zu den Umgebungsfaktoren in Institutionen gehören eine eingeschränkte Infektionsüberwachung, stark frequentierte Bereiche, Kreuzkontamination und eine verzögerte Früherkennung. Eine Besiedelung der Haut und Harnwege ist bei älteren Klienten problematischer als bei jüngeren. Veränderungen der Immunkompetenz mit dem Alter erhöhen die Anfälligkeit für Pilze, Viren und Mykobakterien (Miller, 2004).
- Ältere Menschen zeigen nicht die üblichen Infektionszeichen (Fieber, Schüttelfrost, Tachypnö, Leukozytose), sondern vielmehr Anorexie, Schwäche, Veränderungen des Geisteszustands, Normothermie oder Hypothermie (Miller, 2004).

Transkulturelle Überlegungen

- Die Inzidenz der Tuberkulose unter amerikanischen Ureinwohnern ist 7- bis 15-mal höher als unter anderen Amerikanern. Afroamerikaner haben eine 3-mal höhere Inzidenz als weiße Amerikaner. Die höchste Resistenz gegen Tuberkulose haben in der Stadt lebende amerikanische Juden.
- Krankheitsanfälligkeit kann auch umgebungsbedingt sein oder eine Kombination genetischer, psychosozialer und umgebungsbedingter Faktoren darstellen (Giger/Davidhizar, 2004).
- Einer von vier Amerikanern mit AIDS ist afroamerikanischer Abstammung und einer von sieben AIDS-Infizierten ist hispanischer Herkunft (CDC, 2001).
- Afroamerikanische Frauen sind der am schnellsten zunehmende Anteil der Bevölkerung, der mit HIV infiziert wird (CDC, 2001).

- Bei amerikanischen Ureinwohnern und Inuit in Alaska ist die dokumentierte Häufigkeit von Gonorrhö und Syphilis doppelt so hoch wie bei anderen Amerikanern (Giger/Davidhizar, 2004).
- Patientenschulung in Sachen Safersex ist in vielen Religionen schwierig, da Homosexualität in der Torah, der Bibel und anderen «Heiligen Büchern» eine Sünde darstellt und vorehelicher Geschlechtsverkehr verboten ist (Giger/Davidhizar, 2004).

Einschätzungskriterien des Fokusassessments

Subjektive Daten

Einschätzen bestimmender Merkmale oder Kennzeichen

Klagt die Person über:
frühere Infektionen
Schmerzen oder Schwellung (generalisiert, lokal)
Hämoptyse
produktiven, länger anhaltenden Husten
Thoraxschmerzen in Verbindung mit anderen Kriterien
systemische Symptome:

- kontinuierliches oder intermittierendes Fieber
- Appetitlosigkeit
- leichte Ermüdbarkeit
- nächtliche Schweißausbrüche
- Schüttelfrost
- Gewichtabnahme.

Anamnese kürzlicher Reisen
Innerhalb Europas
Außerhalb Europas.

Anamnese der Exposition gegenüber Infektionskrankheiten
Übertragung durch Stäube oder Aerosole (die meisten Infektionen in der Kindheit entstehen durch übertragbare Krankheiten, wie z. B. Windpocken, Tuberkulose)
Durch Vektoren übertragen oder vektorassoziierte Infektionen (Malaria, Pest)
Durch unbelebte Träger übertragene und andere, durch Nahrung und Wasser übertragene Infektionen (Hepatitis A, Salmonellose)
Verbreitung durch Kontakt (häufigste Form der Exposition):

- direkt (von Person zu Person)
- indirekt (z. B. durch Instrumente, Kleidung usw.)

Tröpfcheninfektion (z. B. Pneumonien, Erkältungen).

Anamnestisch bekannte Risikofaktoren in Zusammenhang mit Infektionen
Siehe «Einflussfaktoren».

Objektive Daten

Einschätzen bestimmender Merkmale oder Kennzeichen

Vorliegen von Wunden:

- Operationen
- Verbrennungen
- invasive Vorrichtungen (Tracheostoma, intravenöse Zugänge, Drains)
- selbst beigebracht.

abnorme Körpertemperatur
Mangelernährung.

Ziele

NOC

- Infektionsstatus: Neugeborenes
- Wundheilung: Primäre
- Immunstatus

Die Person berichtet über Risikofaktoren in Zusammenhang mit Infektionen und den nötigen Vorsichtsmaßnahmen.

Indikatoren

- Demonstrieren einer äußerst genauen Handwaschtechnik zum Zeitpunkt der Entlassung
- Beschreiben von Methoden der Infektionsübertragung
- Beschreiben des Einflusses der Ernährung auf die Infektionsprävention.

Allgemeine Interventionen

NIC

- Infektionskontrolle: intraoperativ
- Wundpflege
- Wundpflege: Primärer Wundverschluss
- Gesundheitsbildung

Identifizieren von Klienten, die hochgradig für nosokomiale Infektionen gefährdet sind (Owen/Grier, 1987)

Einschätzen auf Prädiktoren, welche die Infektionsgefahr erhöhen

Infektion an anderer Stelle des Körpers
Operation am Abdomen oder am Thorax

Eine länger als 2 Stunden dauernde Operation
Urogenitaler Eingriff
Instrumente und Geräte (Beatmungsgerät, Absauggerät, Katheter, Vernebler, Tracheostoma, invasive Überwachung)
Anästhesie.

F: Händewaschen senkt die Gefahr einer Kreuzkontamination.

Einschätzen auf Störfaktoren

Alter unter einem Jahr oder über 65 Jahre
Adipositas
Grunderkrankungen (chron. obstruktive Bronchitis [COPD], Diabetes, Herz-Kreislauf-Erkrankungen, Blutdyskrasien)
Medikamente (Steroide, Chemotherapie, Therapie mit Antikörpern), welche die Immunreaktion verändern
Ernährungsstatus (Mangelernährung)
Rauchen.

Einstufen einer Person mit einem oder mehreren Prädiktoren und einem oder mehreren Störfaktoren als infektionsgefährdet

Einstufen einer Person mit folgenden Risikofaktoren als gefährdet für eine verzögerte Wundheilung

Fehlernährung
Anämie
Kortikosteroidtherapie
Hypoxie
Zink-, Kupfer-, Magnesiummangel
Tabakkonsum
Diabetes
Niereninsuffizienz
Operation von mehr als 3 Stunden Dauer
Gestörtes Immunsystem
Adipositas
Krebs
Hypovolämie
Nächtliche oder notfallmäßige Operation.

F: Eine Intervention kann durchgeführt werden, um den Grad der mit einer Vorhersage und Störfaktoren einhergehenden Gefährdung zu kontrollieren oder zu beeinflussen (Owen/Grier, 1987).

Reduzieren der Keiminvasion (Owen/Grier, 1987)

Operationswunde

Schätzen Sie vor einer Operation ein, ob bei dem Klienten Gefahr durch eine Infektion an anderer Stelle besteht.

Unterweisen Sie den Klienten vor einer Unterleibsoperation darin, wie wichtig es ist, die korrekte Technik einzuhalten, wenn er hustet, sich im Bett umdreht und tief einatmet.

Dauert die Operation länger als 2 Stunden, beurteilen Sie den Klienten in jeder Schicht auf Zeichen und Symptome einer Infektion der Operationswunde.

Messen Sie alle 4 Stunden die Körpertemperatur und benachrichtigen Sie bei Werten über 38,2 °C den Arzt.

Schätzen Sie den Ernährungszustand ein, um für eine der Heilung adäquate Protein- und Kalorienzufuhr zu sorgen.

Schätzen Sie die Wunde alle 24 Stunden und während des Verbandwechsels ein. Dokumentieren Sie jeden abnormen Befund.

Evaluieren Sie jeden abnormen Laborbefund, vor allem bei Kulturen bzw. deren Empfindlichkeit und bei großen Blutbildern.

Informieren Sie den Epidemiologen bei jedem abnormen Befund in Verbindung mit dem Entstehen einer Infektion.

Verabreichen Sie alle prophylaktischen Antibiotika innerhalb von 15 Minuten um die festgelegte Zeit, um adäquate therapeutische Wirkspiegel während der Operation sicherzustellen.

Instruieren Sie den Klienten und seine Familie in angemessener Asepsis.

Gehen Sie beim Verbandwechsel aseptisch vor.

Treffen Sie generelle Vorsichtsmaßnahmen im Umgang mit allen Körperflüssigkeiten des Klienten.

F: Primäre Wundheilung erfordert einen Verband, um die Wunde vor Kontamination zu schützen, bis die Ränder miteinander verkleben (24 h). Sekundäre Wundheilung erfordert einen Verband, um eine adäquate Hydrierung aufrechtzuerhalten; nach dem Verschluss der Wundränder ist der Verband nicht mehr nötig.

F: Zur Reparatur von Gewebe benötigt der Körper vermehrt Eiweiß und Kohlenhydrate sowie eine adäquate Hydratation für den vaskulären Transport von Sauerstoff und Stoffwechselschlacken.

Harntrakt

Evaluieren Sie jeden abnormen Laborbefund, vor allem bei Kulturen bzw. deren Empfindlichkeit und bei großen Blutbildern.

Achten Sie nach jeder urologischen Prozedur auf abnorme Zeichen und Symptome, darunter Pollakisurie, Harndrang, Brennen beim Wasserlassen, abnorme Farbe und abnormer Geruch des Urins.

Messen Sie die Körpertemperatur mindestens alle 24 Stunden und benachrichtigen Sie bei Werten über 38,2 °C den Arzt.

Halten Sie den Klienten zur Flüssigkeitsaufnahme an, wenn angemessen.

Informieren Sie den Epidemiologen bei jedem abnormen Befund in Verbindung mit dem Entstehen einer Infektion.

Beurteilen Sie andere Wunden und Systeme, um zu evaluieren, ob für den Klienten an anderer Stelle erhöhte Infektionsgefahr besteht.

Instruieren Sie den Klienten und seine Familie über die Gefahr von Harnwegsinfekten.

Treffen Sie generelle Vorsichtsmaßnahmen im Umgang mit allen Körperflüssigkeiten des Klienten.

Gehen Sie aseptisch vor, wenn Sie ein harnableitendes System entleeren. Halten Sie den Beutel beim Transport über dem Boden, aber unterhalb der Blasenebene oder klemmen Sie ihn ab.

Verabreichen Sie alle Antibiotika innerhalb von 15 Minuten um die festgelegte Zeit, um adäquate therapeutische Wirkspiegel sicherzustellen.

Schätzen Sie die Notwendigkeit eines Blasen-Dauerkatheters täglich neu ein.

Herz und Kreislauf

Beurteilen Sie jeden invasiven Zugang alle 24 Stunden auf Rötung, Entzündung, Sekretabsonderung und Schmerzempfindlichkeit.

Messen Sie die Körpertemperatur mindestens alle 24 Stunden und benachrichtigen Sie bei Werten über 38,2 °C den Arzt.

Gehen Sie nach den festen Vorgaben der Einrichtung bei allen invasiven Vorrichtungen, beim Wechsel von Injektionsstellen, Verbänden, Schläuchen und Lösungen stets aseptisch vor.

Evaluieren Sie jeden abnormen Laborbefund, vor allem bei Kulturen bzw. deren Empfindlichkeit und bei großen Blutbildern.

Informieren Sie den Epidemiologen bei jedem abnormen Befund in Verbindung mit dem Entstehen einer Infektion.

Verabreichen Sie alle Antibiotika innerhalb von 15 Minuten um die festgelegte Zeit.

Instruieren Sie den Klienten und seine Familie in angemessener Asepsis, um eine Infektion zu verhindern.

Treffen Sie generelle Vorsichtsmaßnahmen im Umgang mit allen Körperflüssigkeiten des Klienten.

Schätzen Sie den Ernährungszustand ein, um für eine der Heilung adäquate Protein- und Kalorienzufuhr zu sorgen.

Evaluieren Sie den Klienten auf sekundäre Orte einer Infektion, entweder von einer anderen Stelle in die Blutbahn oder aus der Blutbahn an andere gefährdete Stellen.

F: Invasive Zugänge ermöglichen Organismen, in den Körper einzudringen.

Atemwege

Evaluieren Sie die Infektionsgefahr nach einer instrumentellen Prozedur an den Atemwegen noch mindestens 48 Stunden danach.

Informieren Sie den Epidemiologen bei jedem abnormen Befund in Verbindung mit dem Entstehen einer Infektion.

- Evaluieren Sie Sputummerkmale auf Häufigkeit, Purulenz, Blut und Geruch.
- Evaluieren Sie Sputum- und Blutkulturen (falls angesetzt) auf signifikante Befunde.
- Evaluieren Sie das große Blutbild auf eine signifikante Verschiebung in Richtung der Leukozyten.
- Auskultieren Sie alle 8 Stunden oder nach Bedarf die Lunge.

Unterweisen Sie den Klienten vor einer Unterleibsoperation darin, wie wichtig es ist, die korrekte Technik einzuhalten, wenn er hustet, sich im Bett umdreht und tief einatmet.

Wenn der Klient unter Narkose gestanden hat, achten Sie darauf, dass die Lungenfelder wieder entsprechend sekretfrei werden.

Führen Sie kardiopulmonale Behandlungen verordnungsgemäß durch und dokumentieren Sie dabei Ihre Einschätzung der Reaktion auf die Behandlung.

Evaluieren Sie die Notwendigkeit des Absaugens, wenn der Klient das Sekret nicht adäquat abhusten kann.

Treffen Sie generelle Vorsichtsmaßnahmen im Umgang mit allen Körperflüssigkeiten des Klienten.

Gehen Sie bei allen invasiven Prozeduren an den Atemwegen stets aseptisch vor.

Schätzen Sie die Aspirationsgefahr ein. Halten Sie den Kopf des Klienten um 30 Grad angehoben, soweit nicht anderweitig kontraindiziert.

Schätzen Sie den Ernährungszustand ein, um für eine der Heilung adäquate Protein- und Kalorienzufuhr zu sorgen.

Wird die orale Nahrungsaufnahme nicht ohne Aspirationen vertragen, konsultieren Sie den Arzt zu weiteren Maßnahmen.

Instruieren Sie über Prinzipien des Abhustens und der Vollatmung sowie über Infektionsprophylaxe.

F: Infektionsgefährdet sind Menschen mit Schmerzen, nach einer Narkose, mit beeinträchtigter Bewegungsfähigkeit und mit unproduktivem Husten.

Schützen des Klienten mit Immunschwäche vor einer Infektion

Verlegen Sie den Klienten in einen eigenen Raum.

Instruieren Sie den Klienten, jeden Besucher und alles Personal zu bitten, sich die Hände zu waschen, bevor der/die Betreffende sich ihm nähert.

Schränken Sie Besuch ein, falls angemessen.

Prüfen Sie jeden Besucher auf bekannte Infektionen oder Infektionsexposition.

Begrenzen Sie invasive Vorrichtungen auf die notwendigen.

Unterweisen Sie den Klienten und seine Familie in Zeichen und Symptomen einer Infektion.

Evaluieren Sie die persönlichen Körperpflegegewohnheiten des Klienten.

Sorgen Sie für Impfungen bei Personen, die potenziell lebensbedrohenden Erkrankungen ausgesetzt sind (z. B. Windpocken, Hepatitis, Masern, Pneumonie).

F: Personen mit geschwächtem Immunsystem sind infektionsanfälliger.

Senken der Infektionsanfälligkeit des Klienten

Ermutigen Sie zur Kalorien- und Eiweißaufnahme bei der Ernährung und dazu, diese Aufnahme beizubehalten (siehe *Ernährungsstörung*).

Stellen Sie fest, ob der Klient ausreichend gegen Kinderkrankheiten, bakterielle Infektionen (z. B. Pneumonie, *Haemophilus influenzae*) und Virusinfektionen (z. B. Grippe) geimpft ist.

Überwachen Sie den Einsatz einer antimikrobiellen Therapie und achten Sie darauf, dass nicht zu viel des Guten getan wird.

Verabreichen Sie eine verordnete antimikrobielle Therapie innerhalb von 15 Minuten um den festgelegten Zeitpunkt.
Achten Sie bei hochgradig infektionsgefährdeten Klienten auf Anzeichen einer Infektion.
Halten Sie den Klinikaufenthalt möglichst kurz, um eine Besiedelung mit nosokomialen Keimen zu verhindern.
Achten Sie bei Klienten unter antimikrobieller Therapie auf eine Superinfektion.

F: In korrekten Abständen verabreichte Antibiotika sichern therapeutische Wirkspiegel.
F: Feine Veränderungen der Vitalzeichen, vor allem Fieber, können Frühzeichen einer Sepsis sein.

Beginnen mit Gesundheitsedukation und Überweisen, soweit angezeigt

Instruieren Sie den Klienten und seine Familie über Ursachen, Risiken und Übertragbarkeit der Infektion.
Informieren Sie das Gesundheitsamt über übertragbare Krankheiten, soweit angemessen.
Arbeiten Sie hinsichtlich der Bedürfnisse des Klienten und seiner Familie mit der epidemiologischen Fachpflegeperson zusammen.

F: Pflegende müssen im Umgang mit Blut und Körperflüssigkeiten aller Klienten Vorsichtsmaßnahmen beachten, um sich vor infektiösen Organismen jeder Art zu schützen (CDC, 2000).

Gefahr einer Infektionsübertragung*

Gefahr einer Infektionsübertragung, ...

- ... **b/d** ein Wissensdefizit bezüglich der Senkung des Risikos einer Übertragung des AIDS-Virus

Definition

Gefahr einer Infektionsübertragung: der Zustand, in dem eine Person der Gefahr ausgesetzt ist, einen opportunistischen oder pathogenen Erreger auf eine andere Person zu übertragen.

Risikofaktoren

Vorliegen von Risikofaktoren (siehe «Einflussfaktoren»).

* Diese Diagnose steht gegenwärtig nicht auf der NANDA-Liste, wurde jedoch der Klarheit und Nützlichkeit halber aufgenommen.

Einflussfaktoren

Pathophysiologische Faktoren

B/d:

Besiedelung mit hochgradig antibiotikaresistenten Organismen
Möglichkeit einer Übertragung durch Stäube und Aerosole
Möglichkeit einer Übertragung durch Kontakt (direkt, indirekt, Tröpfchen)
Möglichkeit einer Übertragung durch unbelebte Träger
Möglichkeit einer Übertragung durch Vektoren.

Behandlungsbedingte Faktoren

B/d eine kontaminierte Wunde

B/d Vorrichtungen mit kontaminiertem Drain:

Blasenkatheter, Thoraxdrains, Endotrachealtuben
Absaugausrüstung.

Situationsbedingte Faktoren (persönlich bedingt, umgebungsbedingt)

B/d:

ungesunde Lebensbedingungen (Abwässer, Körperpflege)
Bereiche mit hohem Risiko vektorübertragener Erkrankungen (Malaria, Tollwut, Beulenpest)
Bereiche mit hohem Risiko von Erkrankungen, die durch unbelebte Träger übertragen werden (Hepatitis A, Shigellen, Salmonellen)
Wissensdefizit über Quellen der Infektionsprävention
intravenöser Drogenkonsum
häufig wechselnde Geschlechtspartner
Naturkatastrophen (z. B. Überflutung, Hurrikan)
Unfall mit gefährlichem infektiösem Material.

Altersbedingte Faktoren

Neugeborene
B/d eine Geburt außerhalb des klinischen Settings in unkontrollierter Umgebung
B/d Exposition gegenüber einer übertragbaren Krankheit der Mutter vor der Geburt oder in der Perinatalphase.

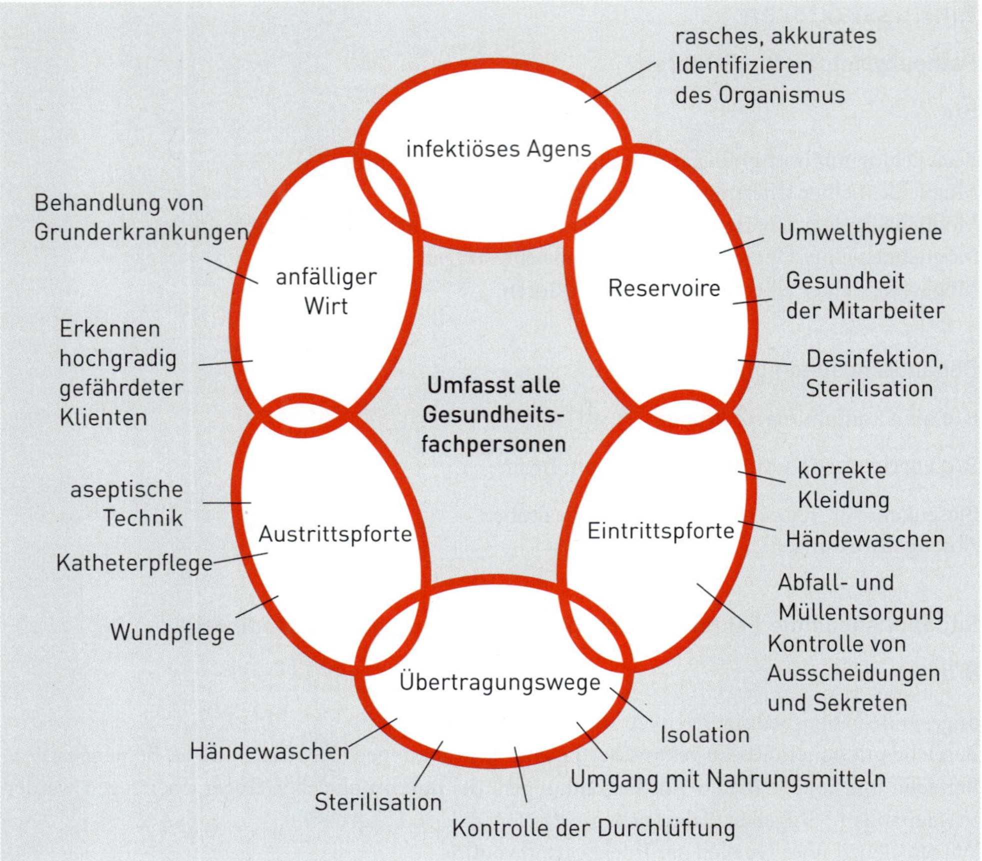

Abbildung II-1: Durchbrechen der Infektionskette (Quelle: adaptiert nach dem «APIC Starter KIT», mit Genehmigung der «Association for Professionals in Infection Control and Epidemiology», Washington, DC, © APIC, 1978)

Zentrale Konzepte

Allgemeine Überlegungen

- Damit sich eine Infektion ausbreitet, sind drei Elemente erforderlich **(Abb. II-1)**:
  - eine Quelle infizierender Organismen
  - ein anfälliger Wirt
  - ein Mittel zur Übertragung der Erreger.
- Infektionsquellen sind u. a.:
  - Klienten, Personal und Besucher mit einer akuten Erkrankung, mit einer Erkrankung im Inkubationsstadium oder mit einer Keimbesiedelung ohne erkennbare Krankheit
  - die eigene endogene Flora des Klienten (autogene Infektion)
  - unbelebte Umgebung, wie z. B. Geräte und Medikamente.

- Die Anfälligkeit des Wirts variiert entsprechend:
  - dem Immunstatus
  - der Fähigkeit, eine kommensale Beziehung zu dem Erreger zu entwickeln und damit zum asymptomatischen Träger zu werden
  - Vorerkrankungen.
- Zu den Übertragungsmöglichkeiten der Organismen gehören eine oder mehrere der folgenden:
  - Kontaktinfektion, die häufigste Art der Keimübertragung, lässt sich in drei Untergruppen gliedern:
    - direkter Kontakt, d. h. direkte körperliche Übertragung zwischen einem empfänglichen Wirt und einer infizierten oder kontaminierten Person
    - indirekter Kontakt, d. h. der Austausch von Organismen zwischen einem Wirt und kontaminierten, für gewöhnlich unbelebten Objekten
    - Tröpfcheninfektion, d. h. die Übertragung von Organismen von einer infizierten Person auf die Konjunktiven, in die Nase oder in den Mund eines anfälligen Wirts, und zwar durch Husten, Niesen oder Sprechen. Tröpfchen fliegen nicht mehr als 90 cm weit.
  - Infektionen, die durch unbelebte Dinge übertragen werden, breiten sich aus durch:
    - Nahrungsmittel (Hepatitis A, Salmonellose)
    - Wasser (z. B. Legionellen)
    - Medikamente (z. B. kontaminierte, intravenös zu verabreichende Produkte)
    - Blut (z. B. Hepatitis B und C, HIV)
  - Über die Luft übertragene Infektionen breiten sich aus durch Tröpfchenkerne – Reste verdampfter Tropfen, die über lange Zeit in der Luft schweben können – oder über Staubpartikel in der Luft, die das infektiöse Agens enthalten.
  - Durch Vektoren übertragene Infektionen verbreiten sich durch Tiere oder Insekten (Vektoren).
- Generelle Vorsichtsmaßnahmen im Umgang mit Körpersubstanzen schließen auch Blut und seine Bestandteile sowie Körperflüssigkeiten ein. Bei Klienten mit Verdacht auf eine medizinische Diagnose oder mit einer gesicherten Diagnose, die auf einen infektiösen Krankheitsprozess hindeutet, muss jedoch eine Dokumentation durchgeführt und ein umfassender Pflegeplan für diese (vermutete) Infektion erstellt werden. Die Pflegediagnose *Gefahr einer Infektionsübertragung* kann dazu dienen, einzelne generelle Vorsichtsmaßnahmen zu dokumentieren.

Humanes Immunschwächevirus (HIV)

- Auslöser von AIDS ist ein Retrovirus, der als humanes Immunschwächevirus (*human immunodeficiency virus*, HIV) bezeichnet wird. Die Übertragung erfolgt durch kontaminiertes Sperma, Vaginalsekret oder Blut.
- Die HIV-Infektion hat eine Latenz- oder Inkubationszeit von 1,5–5 Jahren. Während dieser Zeit überträgt die Person die Erkrankung durch sexuelle Aktivität oder kontaminiertes Blut.
- HIV zerstört die T- und B-Lymphozyten und macht den Wirt damit anfällig für eine Reihe bestimmter Erkrankungen (Tab. II-17).

Tabelle II-17: Die häufigsten Infektionen und Neoplasien bei erworbenem Immunschwächesyndrom (AIDS)

Störung/Erkrankung	Lokalisation/betroffenes System, Ausprägung
AIDS-related Complex	
Candida albicans	Mund (Soor), Rachen
Herpes simplex	mukokutan, kann stark ausgeprägt sein
Herpes zoster	disseminiert, kann stark ausgeprägt sein
Lymphadenopathie	generalisiert (stets mehr als 1 Lymphknoten)
Fieberschübe	gewöhnlich über 37,8 °C; persistierend über Monate
Diarrhö	keine oder nur die üblichen Organismen zu erkennen
Gewichtsabnahme	fortschreitend oder gleich bleibend
nächtliches Schwitzen	charakteristischerweise schwer und erschöpfend; persistierend und gleich bleibend über Monate
Thrombozytopenie	oft begleitet von Petechien; kann schwer und lebensbedrohend sein
HIV-bedingte Enzephalopathie	klinische Befunde einer zur Behinderung führenden kognitiven oder motorischen Funktionsstörung bei Fehlen einer einer weiteren Begleiterkrankung außer der HIV-Infektion
Wasting-Syndrom	tief greifend, bei Fehlen einer weiteren Begleiterkrankung außer der HIV-Infektion
Infektionen	
Candida albicans	Mund (Soor), Rachen
Cryptococcus neoformans	Zentralnervensystem (ZNS), Lunge; disseminiert
Pneumocystis jirovecii (vorm. carinii)	Pneumonie
Toxoplasma gondii	ZNS
Histoplasma gondii	ZNS
Cryptosporidium	Darm; Diarrhö
Zytomegalovirus	Netzhaut, Darm, Lunge; disseminiert
Herpes simplex	mukokutan, schwer
Herpes zoster	disseminiert, schwer
HIV-bedingte Demenz	ZNS; disseminiert

Störung/Erkrankung	Lokalisation/betroffenes System, Ausprägung
progressive multifokale Leukenzephalopathie	ZNS
Mycobacterium avium intracellulare	disseminiert
Mycobacterium tuberculosis	Lunge (Tuberkulose)
Neoplasien	
Kaposi-Sarkom	Haut; disseminiert
Burkitt-Lymphom	Lymphsystem
Non-Hodgkin-Lymphom	Lymphsystem
Mycosis fungoides	Haut (dermales Lymphom)

Pädiatrische Überlegung

- Infektionen bei Neugeborenen können transplazentar oder transzervikal erworben sein und vor, während oder nach der Geburt auftreten.
- Kinder sind stärker infektionsgefährdet, und zwar aufgrund folgender Faktoren:
  - enger Kontakt zu anderen Kindern
  - Häufigkeit von Infektionskrankheiten bei Kindern
  - fehlende/mangelnde Hygienegewohnheiten (z. B. Unterlassen des Händewaschens nach dem Gang zur Toilette oder vor dem Essen)
  - häufige Hand-zu-Mund-Aktivitäten, die das Infektions- und Reinfektionsrisiko erhöhen (z. B. Madenwürmer) (Wong, 2003).

Einschätzungskriterien des Fokusassessments

Siehe *Infektionsgefahr*.

Ziele

NOC

- Infektionsstatus: Neugeborenes
- Risikokontrolle
- Risikowahrnehmung

Bei der Entlassung beschreibt die Person die Übertragungsweise der Erkrankung.

Indikatoren

- Darlegen, dass Isolation notwendig ist, bis der Klient nicht mehr infektiös ist.
- Demonstrieren des gründlichen Händewaschens während des Krankenhausaufenthalts.

Allgemeine Interventionen

NIC

- Edukation: Krankheitsprozess
- Infektionsprävention

Identifizieren anfälliger Wirte anhand des Fokusassessments der Infektionsgefahr und der Expositionsanamnese

Identifizieren des Übertragungsweges anhand des infizierenden Agens

Luft (Aerosole und Stäube).
Kontakt:

- direkt
- indirekt
- Tröpfchen.

Unbelebte Überträger
Vektoren.

F: Um die Übertragung einer Infektion zu verhindern, muss der Übertragungsweg bekannt sein (z. B. Luft, Kontakt, unbelebte Materie, Vektoren).

Verringern der Übertragung pathogener Erreger

Isolieren Sie Klienten mit Infektionen, die durch die Luft übertragen werden (Tab. II-18).
Stellen Sie nach Art der Infektion und den Hygienepraktiken der infizierten Person eine geeignete Kennzeichnung der Räume sicher.
Treffen Sie generelle Maßnahmen, um eine Übertragung auf sich selbst oder anfällige Dritte zu verhindern.

F: Pflegende müssen bei Blut und Körperflüssigkeiten aller Klienten Vorsichtsmaßnahmen beachten, um sich selbst vor HIV und Hepatitis B und C zu schützen.

Erörtern des Übertragungsweges der Infektion mit dem Klienten, seiner Familie und seinen Bezugspersonen

Evaluieren des Klienten auf sekundäre Infektionslokalisationen

Beginnen mit Gesundheitsedukation und Überweisen, soweit angezeigt

Tabelle II-18: Durch die Luft übertragbare Krankheiten. Detaillierte Angaben zum Umgang mit diesen Erkrankungen finden sich für DE, CH, A in: Sitzmann, F. (2012): Hygiene kompakt. Bern: Huber (S. 241–327).

Erkrankung	Dauer der Schutzmaßnahmen	Anmerkungen
Anthrax, Inhalation	für die Dauer der Erkrankung	sofort Bericht ans Gesundheitsamt
Windpocken (Varizellen)	bis zum Verkrusten aller Läsionen	Immune Personen brauchen keine Maske. Exponierte anfällige Klienten sollten in einem eigenen Raum mit Spezialbelüftung und «Zutritt verboten»-Schild untergebracht werden, und zwar von 10 Tagen nach Erstexposition an bis 21 Tage nach der letzten Exposition. Bericht an die Epidemiologie
Diphtherie, pharyngeal	bis sich in zwei Kulturen aus Nase und Rachen, die mindestens 24 Stunden nach Absetzen der Antibiotikatherapie angelegt wurden, kein Corynebacterium diphtheriae mehr findet	sofort Bericht an die Epidemiologie
Epiglottitis durch Haemophilus influenzae	bis 24 Stunden nach Absetzen der Antibiotikatherapie	Bericht an die Epidemiologie
Erythema infectiosum	bis 7 Tage nach dem Beginn	Bericht an die Epidemiologie
hämorrhagische Fieber	für die Dauer der Erkrankung	Sofortige telefonische Benachrichtigung des Gesundheitsamtes. Der Arzt kann sich auch an höhere Gesundheitsbehörden wenden, um sich über das Management von Verdachtsfällen beraten zu lassen.
Herpes zoster (Varicella-zoster-Virus), disseminiert	für die Dauer der Erkrankung	lokalisiert; «Zutritt verboten»-Schild nicht erforderlich

Erkrankung	Dauer der Schutzmaßnahmen	Anmerkungen
Lassa-Fieber	für die Dauer der Erkrankung	sofortige telefonische Benachrichtigung des Gesundheitamtes
Marburg-Virus-Infektion		Der Arzt kann sich an höhere Gesundheitsbehörden wenden, um sich über das Management von Verdachtsfällen beraten zu lassen.
Masern (Röteln)	bis 4 Tage nach dem Ausbruch des Exanthems, mit Ausnahme von immungeschwächten Patienten, bei denen die Schutzmaßnahmen während der gesamten Erkrankung aufrechterhalten werden sollten	Immune Personen brauchen keine Maske. Exponierte anfällige Klienten sollten in einem eigenen Raum mit Spezialbelüftung und «Zutritt verboten»-Schild untergebracht werden, und zwar von 5 Tagen nach Erstexposition an bis 21 Tage nach der letzten Exposition.
Meningitis durch Haemophilus influenzae (gesichert oder Verdacht)	bis 24 Stunden nach dem Beginn einer effektiven Antibiotikatherapie	telefonische Benachrichtigung der Epidemiologie
Neisseria meningitidis (Meningokokken; gesichert oder Verdacht)	bis 24 Stunden nach dem Beginn einer effektiven Antibiotikatherapie	sofort Bericht an die Epidemiologie
Meningokokkenpneumonie	bis 24 Stunden nach dem Beginn einer effektiven Antibiotikatherapie	sofort Bericht an die Epidemiologie
Meningokokkämie	bis 24 Stunden nach dem Beginn einer effektiven Antibiotikatherapie	Wenden Sie sich an die Epidemiologie.
mehrfachresistente Organismen	bis Kulturen negativ ausfallen bzw. bis zur Entscheidung des Epidemiologen	Wenden Sie sich an die Epidemiologie.

Erkrankung	Dauer der Schutzmaßnahmen	Anmerkungen
Mumps (infektiöse Parotitis)	bis 9 Tage nach Einsetzen der Schwellung	Personen, die schon einmal erkrankt waren, benötigen keine Maske. Telefonische Benachrichtigung des Gesundheitsamtes
Pertussis (Keuchhusten)	bis 7 Tage nach dem Beginn einer effektiven Therapie	telefonische Benachrichtigung der Epidemiologie
Lungenpest	bis 3 Tage nach dem Beginn einer effektiven Therapie	sofort Bericht an die Epidemiologie
Pneumonie, Haemophilus bei Säuglingen und Kindern in jedem Alter	bis 24 Stunden nach dem Beginn einer effektiven Antibiotikatherapie	telefonische Benachrichtigung der Epidemiologie
Röteln	bis 7 Tage nach Einsetzen des Exanthems	Immune Personen brauchen keine Maske. Sofort Bericht an die Epidemiologie
Bronchial-, Laryngeal-, Lungentuberkulose (gesichert oder Verdacht)	Klienten gelten nicht als infektiös, wenn sie folgende Kriterien erfüllen: adäquate Therapie, über 3–4 Wochen durchgeführt gutes klinisches Ansprechen auf die Therapie drei negative Sputumabstriche hintereinander, die an drei verschiedenen Tagen gewonnen wurden	Sofort Bericht an die Epidemiologie. Sofortiger Einsatz wirksamer Mittel gegen Tuberkulose ist die effektivste Form, um die Übertragung einzugrenzen.

Detaillierte Angaben zum Umgang mit diesen Erkrankungen finden sich für DE, CH, A in: Sitzmann, F. (2012): Hygiene kompakt. Bern: Huber (S. 241–327).

Gefahr einer Infektionsübertragung

... b/d ein Wissensdefizit bezüglich der Senkung des Risikos einer Übertragung des AIDS-Virus

Ziele

NOC

Siehe *Infektionsgefahr*.

Die Person beschreibt Praktiken zur Verringerung der HIV-Übertragung.

Indikatoren

- Beschreiben der Ursachen von AIDS und der Faktoren, die zur Übertragung beitragen.
- Beschreiben, wie man Geräte und Ausrüstung desinfiziert.

Allgemeine Interventionen

NIC

- Siehe auch *Infektionsgefahr*
- Sexualberatung
- Verhaltensmanagement

Identifizieren anfälliger Personen

Homosexuelle Praktiken
Bluttransfusionen vor 1985
Hochriskante Verhaltensweisen
Bisexuelle Praktiken
Menschen mit HIV
Sexuell übertragbare Krankheiten
Intravenöser Drogenmissbrauch
Häufig wechselnde Sexualpartner.

Beraten anfälliger Personen, sich auf HIV testen zu lassen

Erörtern der Übertragungsweise des Virus

Vaginaler, analer oder oraler Geschlechtsverkehr mit infizierten Personen
Ungeschützter Geschlechtsverkehr mit einer infizierten Person

Kollektiver Gebrauch von Spritzen und Nadeln, Vorrichtungen für intranasalen Drogenkonsum
Kontakt mit infizierten Flüssigkeiten bei Haut- und Schleimhautschäden
Stillen, perinatale Übertragung.

F: HIV wird übertragen durch Sexualkontakt, durch Kontakt mit infiziertem Blut und Blutprodukten sowie perinatal (von der Mutter auf den Fetus).

Verhindern der Virus- und Infektionsübertragung

Unterweisen Sie den Klienten in Folgendem:

- keine sexuelle Aktivität
- sexuelle Aktivität mit einem nicht infizierten Partner/einer nicht infizierten Partnerin in gegenseitiger Treue
- intravenösen Drogenkonsum vermeiden.
- Geeignete allgemeine Vorsichtsmaßnahmen im Umgang mit allen Körperflüssigkeiten:
- Waschen Sie sich vor und nach jedem Kontakt mit einem Klienten oder einer Probe die Hände.
- Behandeln Sie Blut aller Klienten als potenziell infektiös.
- Tragen Sie Handschuhe gegen einen Kontakt mit Blut und Körperflüssigkeiten.
- Stecken Sie Spritzen sofort in einen nahen, festen Behälter. Setzen Sie die Kappe nicht wieder auf die Nadel und manipulieren Sie die Nadel in keiner Weise! Verwenden Sie möglichst Spritzen mit zurückziehbarer Nadel.
- Tragen Sie eine Schutzbrille und -maske, wenn die Möglichkeit besteht, dass Blut oder Körperflüssigkeiten umherspritzen (z. B. Bronchoskopie, Operation im Mundbereich).
- Tragen Sie Handschuhe, wenn die Möglichkeit besteht, dass Blut oder Körperflüssigkeiten umherspritzen.
- Behandeln Sie alle mit Blut oder Körperausscheidungen verschmutzte Bettwäsche als potenziell infektiös.
- Verarbeiten Sie jede Laborprobe als potenziell infektiös.
- Tragen Sie bei Tuberkulose und anderen Atemwegsinfekten eine Maske (HIV wird nicht über die Luft übertragen).
- Platzieren Sie eine Notfallausrüstung dort, wo ein Atemstillstand absehbar ist.

Verabreichen Sie Antibiotika innerhalb von 15 Minuten um den festgelegten Zeitpunkt, um adäquate therapeutische Wirkspiegel aufrechtzuerhalten.
Überwachen Sie bei einem infektiösen Prozess mindestens alle 4 Stunden die Körpertemperatur.
Evaluieren Sie jeden abnormen Laborbefund und berichten Sie ihn dem Arzt zusammen mit den Ergebnissen der Kultur und des Tests der Sensibilität auf Antibiotika.
Evaluieren Sie den Klienten auf weitere Lokalisationen der Infektion, bedingt durch eine Streuung der Primärinfektion.

F: Händewaschen ist eines der wichtigsten Mittel gegen die Ausbreitung einer Infektion.
F: Masken verhindern bei Schleimhautschäden die Übertragung infektiöser Agenzien in Aerosolform. Kittel verhindern, dass die Kleidung beschmutzt wird, wenn ein Kontakt mit Sekreten bzw. Ausscheidungen wahrscheinlich ist.

F: Handschuhe bilden eine Barriere gegen den Kontakt mit infektiösen Sekreten bzw. Ausscheidungen.

F: Schutzbrillen schützen die Augen davor, versehentlich infektiösen Sekreten ausgesetzt zu werden.

F: Anhand von Tests lässt sich der Beginn einer Infektion vorhersagen. Dadurch können dem Betroffenen prophylaktisch Medikamente verabreicht werden, um den Krankheitsprozess zu verlangsamen.

Verringern des Risikos einer HIV-Übertragung

Erklären Sie wenig riskantes Sexualverhalten:

- gegenseitige Masturbation
- Massage
- Vaginalverkehr mit Kondom.

Erläutern Sie die Gefahr beim Kontakt des Ejakulats mit geschädigter Haut oder geschädigten Schleimhäuten (oral, nasal).

Unterweisen Sie den Klienten im Gebrauch von Kondomen aus Latex statt aus latexfreiem Material wie Tierhaut. Lehren Sie die entsprechende Lagerung zum Schutz des Latex. Nonoxyl-9-haltige Spermizide vermeiden.

Erklären Sie die Notwendigkeit wasserlöslicher Gleitmittel, um Beeinträchtigungen der Prophylaxe zu verringern. Vermeiden von Gleitmitteln auf Ölbasis, die Latex auflösen.

Erklären Sie, dass ein spermizidbeschichtetes Kondom zusätzlichen Schutz bieten kann, indem es die Anzahl intakter HIV-Partikel senkt.

F: Ziel dieser Maßnahmen ist, den Kontakt von Körperflüssigkeiten mit Schleimhäuten zu vermeiden.

F: Nonoxyl-9-haltige Spermizide können die Gefahr einer HIV-Übertragung erhöhen (Hollander, 2000).

Den Klienten lehren, wie man Instrumente zu Hause desinfiziert (Nadeln, Spritzen, Hilfen für den Geschlechtsverkehr/Sex-Spielzeug)

Waschen Sie die Gegenstände unter fließendem Wasser.

Füllen Sie die Gegenstände mit Haushaltsbleiche (Natriumhypochlorit) oder waschen Sie sie damit ab.

Spülen Sie sie sorgfältig mit Wasser aus.

F: HIV wird durch Desinfektionsmittel rasch inaktiviert. Haushaltsbleiche (s. o.) in einer Verdünnung von 1 : 10 ist eine kostengünstige Lösung.

Sorgen für Fakten, um Mythen über die HIV-Übertragung entgegenzutreten

HIV wird weder durch Mücken noch im Schwimmbad, mit der Kleidung, über das Essbesteck, Telefon, Toilettensitze oder durch engen Kontakt (z. B. bei der Arbeit oder in der Schule) übertragen.

Speichel, Schweiß, Tränen, Urin und Fäzes übertragen HIV nicht.

AIDS kann nicht beim Blutspenden erworben werden.

Für Bluttransfusionen gedachtes Blut wird getestet, wobei das Risiko einer HIV-Übertragung erheblich gesenkt wird.

F: Märchen als solche zu entlarven und Fehlinformationen zu korrigieren kann Angst lindern und anderen die Möglichkeit geben, normaler mit dem Klienten zu interagieren.

Beginnen mit Gesundheitsedukation und Überweisen, soweit angezeigt

Geben Sie dem Klienten die Telefonnummer eines Informations-/Notdienstes, um sich weiter zu informieren.

Betonen Sie die Notwendigkeit, mit Geschlechtspartnern achtsam umzugehen (frühere Geschlechtspartner, Experimentieren mit Drogen).

Versorgen Sie die Gemeinde und Schulen mit Fakten über die HIV-Übertragung und korrigieren Sie falsche Vorstellungen und Mythen.

Verweisen Sie im Falle einer akuten HIV-Exposition (z. B. durch sexuell motivierten Angriff, Verletzung durch Nadelstich oder ein Durchbrechen der Barriere gegenüber einer HIV-infizierten Person) sofort an eine Einrichtung der Gesundheitsversorgung, um dort die Postexpositionsprophylaxe durch eine antivirale Therapie einzuleiten (Sharbaugh, 1999).

Schulen Sie Klienten in der Infektionskette und in den Verantwortlichkeiten in der Klinik und zu Hause.

F: Es ist ratsam, dass Familienangehörige und andere Personen, die sich um den Klienten kümmern oder mit ihm in Kontakt kommen, einfache Vorsichtmaßnahmen treffen.

Gefahr einer Gesundheitsschädigung

Aspirationsgefahr
Sturzgefahr
Vergiftungsgefahr
Erstickungsgefahr
Verletzungsgefahr
Gefahr eines perioperativen Lagerungsschadens

Gefahr einer Gesundheitsschädigung (engl. risk for injury), ...

- ... b/d fehlendes Bewusstsein für Gefahrenquellen im Umfeld
- ... b/d fehlendes Bewusstsein für Gefahrenquellen im Umfeld, s/b/d das Entwicklungsalter
- ... b/d Schwindel, s/b/d orthostatische Hypotonie

Definition

Gefahr einer Gesundheitsschädigung: der Zustand, in dem eine Person aufgrund einer Wahrnehmungsstörung oder eines physiologischen Defizits, eines fehlenden Bewusstseins für Gefahrenquellen oder entwicklungsbedingt der Gefahr einer Schädigung ausgesetzt ist.

Gefahr einer Gesundheitsschädigung (engl. Risk for injury): Risiko einer Körperschädigung infolge von Umwelteinflüssen, die die individuelle Anpassungsfähigkeit und Abwehrressourcen beeinflussen (NANDA-I, 2010).

Risikofaktoren

innere

- physische (z. B. verletzte Haut, veränderte Mobilität)
- Gewebehypoxie
- Mangelernährung
- auffälliges Blutbild (z. B. Leukozytose/Leukopenie, veränderte Gerinnungsfaktoren, Thrombozytopenie, Sichelzellenanämie, Thalassämie, reduziertes Hämoglobin)
- biochemische Störung
- beeinträchtigte sensorische Wahrnehmung
- Eingliederungsschwierigkeiten
- Fehlfunktion/Störung der Effektor-T-Lymphozyten
- Immun-/Autoimmunstörung
- psychologische (emotionale Orientierung)
- entwicklungsbezogenes Alter (physiologisch, psychosozial).

äußere

- biologische (z. B. Impfstatus der Gemeinschaft, Mikroorganismen)
- chemische (z. B. Gifte, Schadstoffe, Medikamente, pharmazeutische Wirkstoffe, Alkohol, Nikotin, Konservierungsmittel, Kosmetika, Färbemittel)
- physikalische (z. B. Aufbau, Struktur und Anordnung der Gemeinschaft, des Gebäudes und/ oder der Ausstattung)
- menschliche (z. B. nosokomiale Faktoren, Personalbesetzung oder kognitive, affektive, psychomotorische Faktoren)
- Nutzung von Verkehrsmitteln
- ernährungsbedingte (z. B. Vitamine, Art der Nahrung).

Einflussfaktoren

Pathophysiologische Faktoren

B/d eine gestörte Hirnfunktion, s/b/d:

Gewebshypoxie
Synkope
Schwindel.

B/d gestörte Mobilität, s/b/d:

Verlust einer Extremität
Apoplex
Amputation, Arthritis
Parkinson-Krankheit.

B/d die Störung einer Sinnesfunktion (zu spezifizieren):

Sehen
Riechen
Temperaturempfinden/Tastsinn
Hören.

B/d Erschöpfung.
B/d orthostatische Hypotonie.
B/d vestibuläre Störungen.

B/d fehlendes Bewusstsein für Gefahrenquellen in der Umgebung, s/b/d:

Verwirrtheit
Störung des Elektrolytstoffwechsels
Depression
Hypoglykämie.

B/d tonisch-klonische Bewegungen, s/b/d:

Krämpfe.

Behandlungsbedingte Faktoren

B/d Auswirkungen von (zu spezifizieren) auf die Mobilität oder das Sensorium, s/b/d:

Medikamente
Sedativa
Phenothiazine
Diuretika
Antihypertonika
Vasodilatatoren
psychotrope Substanzen
Antidiabetika.

B/d einen Gips bzw. Unterarmgehstützen, einen Gehstock, einen Rollator/Gehbock.

Situationsbedingte Faktoren (persönlich bedingt, umgebungsbedingt)

B/d eine Abnahme oder den Verlust des Kurzzeitgedächtnisses.

B/d mangelhaftes Urteilsvermögen, s/b/d:

Stress
Alkohol, Drogen
Dehydratation.

B/d längere Bettruhe.

B/d Gefahrenquellen im Haushalt (zu spezifizieren):

unsichere Wegstrecken
rutschige Böden
Badezimmer (Badewanne, Toilette)
Treppen
unzureichende Beleuchtung
unsachgemäß gelagerte Giftstoffe
unsicheres Spielzeug
defekte elektrische Leitungen.

B/d Gefahrenquellen im Verkehr:

kein Verwenden von Sicherheitsgurten und Kindersitzen
mechanisch unsicheres Fahrzeug.

B/d Brandgefahren.
B/d eine unvertraute Umgebung (Klinik, Pflegeheim).
B/d ungeeignetes Schuhwerk.
B/d einen unaufmerksamen Hausmeister.
B/d falschen Gebrauch von Hilfsmitteln (Unterarmgehstützen, Gehstock, Rollator/Gehrahmen, Rollstuhl).
B/d Unfälle in der Anamnese.
B/d einen unsicheren Gang.

Altersbedingte Faktoren

Säugling/Kind

B/d fehlendes Bewusstsein für Gefahrenquellen.

Ältere Menschen

B/d mangelhaftes Urteilsvermögen, s/b/d motorische und sensorische Defizite, Medikamente, kognitive Defizite.

Anmerkung der Autorin

Die Diagnose Gefahr einer Gesundheitsschädigung (engl. risk for injury) hat vier Unterkategorien: Aspirationsgefahr, Vergiftungsgefahr, Erstickungsgefahr, Verletzungsgefahr. Interventionen zur Prävention einer Vergiftung, Erstickung und Verletzung (engl. trauma) werden unter der allgemeinen Kategorie *Gefahr einer Gesundheitsschädigung* subsumiert. Sollte die Pflegeperson einzelne Interventionen ausschließlich zur Prävention einer Vergiftung, Erstickung oder Verletzung herausgreifen, wäre die Diagnose *Vergiftungsgefahr*, *Erstickungsgefahr* bzw. *Verletzungsgefahr* von Nutzen.

[Die Pflegediagnosen *Gefahr einer Gesundheitsschädigung* (risk for injury) und *Verletzungsgefahr* (risk for trauma) lassen sich leicht verwechseln, wobei die *Gefahr einer Gesundheitsschädigung* (risk for injury) oder Unfallgefahr die breitere diagnostische Kategorie ist und *Verletzungsgefahr* (risk for trauma) enger gefasst ist. Anm. d. Hrsg.]

Die durch die *Gefahr einer Gesundheitsschädigung* bedingten Pflegeinterventionen konzentrieren sich darauf, eine Person vor Gesundheitsschäden und Unfällen zu schützen und ihr Vorsichtsmaßnahmen beizubringen, um das Risiko einer Gesundheitsschädigung oder eines Unfalls zu senken. Wenn die Pflegeperson einem Klienten oder einer Familie Sicherheitsmaßnahmen beibringt, um ihn bzw. sie vor einer Gesundheitsschädigung oder einem Unfall zu schützen, aber nicht für einen Schutz vor Ort sorgt (wie z. B. in der Gemeinde, in der Ambulanz oder bei der Entlassungsplanung), kann die Diagnose *Gefahr der Gesundheitsschädigung,* **b/d** *unzureichendes Wissen über Sicherheitsvorkehrungen* besser geeignet sein.

Irrtümer in diagnostischen Aussagen

1. *Gefahr der Gesundheitsschädigung: Hämorrhagie,* **b/d** *eine abnorme Blutzusammensetzung,* **s/b/d** *eine Zirrhose*
   Diese Diagnose gibt keine Situation wieder, die eine Pflegeperson verhindern könnte, sondern eine, die sie überwacht und als interdisziplinäres Problem *PK: Hämorrhagie,* **b/d** *gestörte Gerinnungsfaktoren* mitbehandelt.

Zentrale Konzepte

Allgemeine Überlegungen

- Gesundheitsschädigungen oder Unfälle (engl.: injuries) sind die vierthäufigste Todesursache in der Allgemeinbevölkerung (40,1/100 000) und die führende Todesursache bei Kindern und jungen Erwachsenen (US Public Health Services [USPHS], 1998).
- Die Unfallrate lässt sich senken durch Gesundheitsedukation mit Schwerpunkt auf Brandschutz, häuslicher Sicherheit, Sicherheit im Umgang mit Wasser, dem Gebrauch von Sicherheitsgurten, Sicherheit im Umgang mit Kraftfahrzeugen, Reanimationstraining sowie der Kontrolle im Umgang mit Giftstoffen (Clemen-Stone et al., 2005).
- Häufige Quellen für eine Vergiftung im häuslichen Bereich finden sich in Tabelle II-19.

Orthostatische Hypotonie

- Eine lagerungsabhängige (orthostatische) Hypotonie bedeutet ein plötzliches Absinken des Blutdrucks im Stehen um 20 mmHg oder mehr über mindestens eine Minute.
- Studien zufolge kommt es bei etwa einem Drittel der gesunden Erwachsenen nach dem Frühstück und dem Mittagessen zu einer postprandialen Hypotonie (Lipsitz/Fullerton, 1986).
- Eine lagerungsabhängige (orthostatische) Hypotonie kann die Lebensqualität beeinträchtigen, wenn sie zu Stürzen oder zur Angst vor Stürzen beiträgt. Sie kann auch einen Schlaganfall oder einen Herzinfarkt auslösen (Porth, 2006).

Tabelle II-19: Quellen potenzieller Vergiftungen im Haushalt

Medikamente		
Acetylsalicylsäure	Antitussiva	Laxanzien
Tranquilizer	Vitamine	orale Kontrazeptiva
Barbiturate	Acetaminophen	
Produkte auf Erdölbasis		
Reinigungsmittel		
Seifen und Polituren	Desinfektionsmittel	Abflussreiniger
Verschiedene		
Baby-Puder	Kosmetika	bleihaltige Farben

Tabelle II-19b: Quellen potenzieller Vergiftungen im Haushalt. **Ergänzt nach** [Anm. d. dt. Hrsg.]:

Deutsche Bezeichnung	Botanischer Name	Giftige Pflanzenteile
Adonisröschen	*Adonis vernalis*	Alle
Aronstab, gefleckter	*Arum maculatum*	Alle, besonders Beere, Blüte, Knolle
Bilsenkraut, Schlafkraut	*Hyoscyamus niger*	Alle, besonders der Samen
Bittersüßer Nachtschatten	*Solanum dulcamara*	Alle

Deutsche Bezeichnung	Botanischer Name	Giftige Pflanzenteile
Blauer Eisenhut	*Aconitum napellus*	Alle, besonders die Früchte, Blätter **Gilt als die giftigste Pflanze Europas ! Ihr Gift kann bereits bei Berührung durch die Haut eindringen!!**
Dieffenbachie, Schweigrohr	*Dieffenbachia ssp.*	Alle, besonders Blatt und Same
Efeu, gemeiner	*Hedera helix*	Alle, besonders Fruchtfleisch, Blatt
Eibe (Todesbaum)	*Taxus baccata*	Alle, außer dem roten Samenmantel
Engelstrompete	*Brugmansia (Datura) sanguinea*	Alle
Fingerhut, roter	*Digitalis purpurea*	Alle, besonders Blatt und Same
Fingerhut, weißer	*Digitalis alba*	Alle, besonders Blatt und Same
Gefleckter Schierling	*Conium maculatum*	Alle, besonders die Frucht-innenwand
Weißer Germer	*Veratrum album*	Wurzelstock
Goldregen, gemeiner	*Laburnum anagyroides*	Alle, besonders Samen und Hülsen
Glyzinie (Blauregen)	*Wisteria sinensis*	besonders Samen und Hülsen
Herbstzeitlose	*Colchicum autumnale*	Alle, besonders Samen und Blüten
Kermesbeere, amerikanische	*Phytolacca americana*	Alle, rohe Beeren
Kirschlorbeer	*Prunus laurocerasus*	Blätter, Samen
Korallenstrauch	*Solanum pseudocapsicum*	Kraut

Deutsche Bezeichnung	Botanischer Name	Giftige Pflanzenteile
Lebensbaum	*Thuia occidentalis*	Alle, besonders Zweigspitze (Trieb), Zapfen
Maiglöckchen	*Convallaria majalis*	Alle, besonders Blüte, Blatt, Same
Mutterkorn	*Claviceps purpurea*	Alle
Nieswurz, schwarze	*Helleborus niger*	Alle, besonders der Wurzelstock
Oleander	*Nerium oleander*	Alle, besonders die Blätter **Ein Blatt wirkt unter Umständen tödlich!**
Pfaffenhütchen, Spindelbaum	*Euonymus europaeus*	Alle, besonders die Samen
Prunkwinde	*Ipomoea tricolor*	oberirdischen Pflanzenteile
Rhododendron, Rosenbaum	*Rhododentron ssp.*	Alle, besonders Blüte, Honig, Blatt, Frucht
Riesen-Bärenklau	*Heracleum mantegazzianum*	Pflanzensaft (phototoxisch)
Rizinus (Wunderbaum)	*Ricinus communis*	Samen **Bereits sechs Samen können für Kinder tödlich sein! Kaltgepresstes Öl ist völlig giftfrei!**
Rote Zaunrübe	*Bryonia cretica ssp. Dioica*	Alle, besonders Beeren und Wurzeln
Schlafmohn	*Papaver somniferum*	Alle, besonders die Samen
Seidelbast (Kellerhals)	*Daphne mezereum*	Alle, besonders Blatt, Rinde, Samen
Stechapfel (Toll-, Asthmakraut)	*Datura stramonium*	Alle, besonders die Frucht
Stechpalme	*Ilex aquifolium*	Beeren

Deutsche Bezeichnung	Botanischer Name	Giftige Pflanzenteile
Tollkirsche	*Atropa belladonna*	Alle, besonders die Beeren
Weihnachtsstern	*Euphorbia pulcherrima*	Pflanzensaft (dermatotoxisch)
Zypressenwolfsmilch	*Euphorbia cyparissias*	Alle, besonders der Milchsaft

Quellen: Chalfont, G. (2010): Naturgestützte Therapie. Bern: Huber, S. 207–208.
Föhn, M.; Dietrich, C. (Hrsg.) (2013): Garten und Demenz. Bern: Huber, S. 149–150.
Schweizerisches Toxikologisches Informationszentrum (http://www.toxi.ch)

Tabelle II-19c: Quellen potenzieller Vergiftungen: Giftpilze

Deutsche Bezeichnung	Botanischer Name	Giftigkeit
Gifthäubling	*Galerina marginata*	Tödlich giftig
Knollenblätterpilz, grüner	*Amanita phalloides*	Tödlich giftig
Knollenblätterpilz, weißer	*Amanita phalloides var. verna*	Tödlich giftig
Knollenblätterpilz, spitzhütiger	*Amanita phalloides virosa*	Tödlich giftig

Pädiatrische Überlegung

- Gesundheitsschädigung und Unfälle sind die führende Todesursache bei Menschen im Alter von einem bis 19 Jahren (Wong, 2003). Die sechs wichtigsten Unfallarten sind Verkehrsunfälle, Ertrinken, Verbrennungen und Brände, Ersticken, Vergiftungen und Stürze (Wong, 2003).
- Jedes Jahr sterben mehr Kinder durch Autounfälle als durch irgendeine Krankheit. Bei richtigem Gebrauch schützen Kindersitze und Sicherheitsgurte Kinder bei einem Unfall und helfen Leben retten (National Safety Council, 2000).
- Gesundheitsschädigungen und Unfälle sind für 72 % der Gesamttodesfälle unter Jugendlichen (15–19 Jahre) verantwortlich. Dabei trägt die pädiatrische Altersgruppe das höchste Risiko unfallbedingter Mortalität (National Safety Council, 2000).
- Bei 70–80 % der Säuglinge, gewöhnlich im Alter von 5–12 Monaten, wird ein Laufwägelchen eingesetzt; 30–40 % davon erleiden einen Unfall (American Medical Association [AMA] Board of Trustees, 1991). Die meisten Unfälle mit dem Laufwägelchen sind unbedeutend, aber gelegentlich treten auch schwere Kopfverletzungen, Lazerationen und Verbrennungen auf. Pflegende sollten Eltern über die Unfallgefahr bei Laufwägelchen für Kinder beraten (AMA Board of Trustees, 1991).

- Täglich werden bei Fahrradunfällen mehr als 1000 Kinder verletzt, von denen eines stirbt. Kinder im Schulalter sind am stärksten gefährdet. Ein Drittel der in Notaufnahmen wegen eines Fahrradunfalls behandelten Kinder hat eine Kopfverletzung. Durch Helme für Fahrradfahrer ließe sich die Inzidenz dieser Unfälle senken.
- Ertrinken ist die zweithäufigste Todesursache in der Kindheit. Besonders gefährdet sind Kinder im Alter unter 4 Jahren (National Safety Council, 2000).
- Kindern sollte man schon frühzeitig (mit 2 Jahren) die Regeln im Straßenverkehr sowie den Umgang mit Spielgerät auf dem Spielplatz sowie mit Feuer, Wasser (Schwimmbecken, Badewanne), Tieren und Fremden beibringen und sie ständig daran erinnern.
- Oft kommt es zum Beinahe-Ertrinken, während ein Elternteil auf das Kind aufpasst, aber für einen kurzen Augenblick abgelenkt ist (Wong, 2003).
- Gekonntes Schwimmen hängt sowohl von der intellektuellen als auch von der körperlichen Reife ab. Organisierter Schwimmunterricht kann Eltern fälschlich in der Sicherheit wiegen, ihr Kind könne schwimmen.
- Durch Schwimmunterricht, bei dem das Kind vollständig unter Wasser gerät, kann es der Gefahr einer Wasserintoxikation, Hypothermie und bakterieller Infektionen ausgesetzt sein. Außerdem lernt es u. U., sich vor Wasser zu fürchten.
- Die Gefahr von Verbrennungen und Verbrühungen ist bei Kindern im Alter von 1–3 Jahren am größten. Mehr als ein Drittel der Kinder im Alter von 3–8 Jahren verbrennt sich beim Spielen mit Streichhölzern. Bei Ausbruch eines Brandes brauchen kleine Kinder Hilfe, um sich zu retten (Wong, 2003).
- Bei Kindern unter 3 Jahren ist Ersticken die vierthäufigste Unfalltodesursache.
- Kleinkinder sind am stärksten durch Vergiftungen gefährdet. Auslöser sind Medikamente sowie übliche Dinge im Haushalt (z. B. Pflanzen, Make-up, Reinigungsmittel; siehe Tab. II-19).
- Bei Kindern im Alter von 1–4 Jahren sind Stürze zu Hause die führende Ursache von Todesfällen und schweren Verletzungen (Wong, 2003).

Geriatrische Überlegungen

- Stürze kommen bei älteren Menschen häufiger vor, und die daraus resultierende Mortalität, Funktionsstörung und Behinderung sowie der Bedarf an medizinischen Dienstleistungen ist höher als in jüngeren Altersgruppen. Die nicht beabsichtigte Verletzung, eine Kategorie, zu der Stürze, Autounfälle und Verbrennungen gehören, ist die siebthäufigste Todesursache bei älteren Menschen und die Inzidenz von Stürzen beträgt in dieser Kategorie 60 %.
- Etwa 25 % der stationären Aufnahmen älterer Menschen gehen direkt auf einen Sturz zurück, davon werden 47 % wiederum in eine Einrichtung der Langzeitpflege eingewiesen (Miller, 2004).
- Bei der Sturzphobie geht es um Ängste einer Person, die das Vertrauen verloren hat, Aktivitäten durchzuführen, ohne zu stürzen. Diese Ängste erhöhen die Sturzgefahr noch, und der Betreffende kann eventuell den Wohnbereich nicht mehr verlassen (Miller, 2004).

- Für manche Menschen ist eine sturzfreie Existenz nicht immer möglich. Erhöhte Unabhängigkeit und Mobilität sind u. U. ein wichtiger und wertvoller Ausgleich für eine erhöhte Sturzgefahr. Die Kooperation zwischen Klient, Familie und Teamangehörigen hilft bei der Entscheidung über eine weniger restriktive Umgebung. Mit dem Altern geht auch eine gewisse Schwächung des posturalen Systems einher. Um nicht zu stürzen, muss eine Person ihren Schwerpunkt über einer ausreichenden Basis halten und sensorische Informationen rasch verarbeiten und darauf reagieren können (Baumann, 1999).
- Älteren Menschen fehlt es oft an Muskelkraft in den unteren Extremitäten und sie haben nicht genügend Spannkraft im Fußgelenk (Baumann, 1999).
- Regelmäßiges Gehen – nur 2-mal 60 min/Woche – kann die sensorische Funktion sowie Gleichgewicht, Stabilität, Kraft der Hüftbeugung, Hüftstreckung und Dorsiflexion verbessern; all dies kann Stürze verringern (Schoenfelder, 2000).
- Folgende Faktoren erhöhen die Sturzgefahr bei älteren Menschen (Miller, 2004; Moss, 1992):
  - Stürze in der Anamnese
  - sensomotorische Defizite (z. B. beim Sehen und Hören, Hemianopie [Ausfall des halben Gesichtsfeldes], Parese, Aphasie)
  - Ganginstabilität
  - ungeeignetes Schuhwerk oder Fußprobleme (Hühneraugen, Hallux valgus, Kallusbildung)
  - orthostatische Hypotonie, vor allem mit Klagen über Schwindel
  - Verwirrtheit (dauerhaft oder akut).
- Inkontinenz, Harninkontinenz.
- Herz-Kreislauf-Erkrankungen mit Beeinträchtigung der Durchblutung und Oxygenierung des Gehirns: Rhythmusstörungen, Synkopen, dekompensierte Herzinsuffizienz, Fibrillieren.
- Neurologische Erkrankungen mit Beeinträchtigung der Bewegungsfähigkeit oder des Urteilsvermögens: Apoplex mit Impulsivität, Parkinsonismus, moderate Alzheimer-Krankheit, Krampfleiden, Schwindel.
- Orthopädische Erkrankungen mit Beeinträchtigung der Bewegungsfähigkeit oder des Gleichgewichtssinnes: Gips, Schienen, Schlingen, Prothesen, eine vor kurzem durchgeführte Operation, schwere Arthritis.
- Medikamente mit Auswirkungen auf den Blutdruck oder den Bewusstseinsgrad: psychotrope Substanzen, Sedativa, Analgetika, Diuretika, Antihypertonika, Umstellung der Medikation, mehr als fünf Medikamente gleichzeitig.
- Agitiertheit, erhöhte Angst, emotionale Labilität.
- Willkür, fehlende Kooperationsbereitschaft.
- Situationsbedingte Faktoren: Neuaufnahme, Verlegung in ein anderes Zimmer, Wechsel des Bettnachbarn.

Einschätzungskriterien des Fokusassessments

Dieses gesamte Assessment ist nur dann indiziert, wenn der Klient aufgrund persönlicher Defizite oder Störungen (z. B. der Beweglichkeit) oder aus Altersgründen hochgradig verletzungsgefährdet ist. In Haushalten ohne solch ein Mitglied kann das funktionelle Assessment des Betreffenden ausgelassen werden und man kann sich auf das Umfeld konzentrieren.

Subjektive Daten

Die subjektiven Daten geben die körperlichen Fähigkeiten der Person wieder, wie sie von ihr selbst oder einer Betreuungsperson benannt werden.

Einschätzen von Einfluss- oder Risikofaktoren

Sehen
Brille (Datum der letzten Verordnung)
Klagen über:

- Verschwommensehen
- Unfähigkeit zur Anpassung an Dunkelheit

Schwierigkeiten beim Fokussieren
Verlust des peripheren Sehens.

Hören
Lippenlesen erforderlich
Unzureichendes Hörvermögen
Hörgerät (Zustand, Batterien).

Temperaturempfinden/Tastsinn
Gestörte Wahrnehmung von Heiß und Kalt.

Geisteszustand
Schläfrig
Verwirrt.
Zeitlich, örtlich und den Ereignissen entsprechend orientiert
Klagen über:

- Schwindel
- orthostatische Hypotonie

Gestörter Gleichgewichtssinn
Kognitives Stadium (unreifes Denken/Urteilen).

Mobilität
Angaben über:

- Benommenheit, Schwindel
- Umhergehen

- Verlust des Gleichgewichts
- Stürze oder Beinahe-Stürze
- Schwierigkeiten beim Stehen, Sitzen.

Gehfähigkeit:

- im Raum umher
- ums Haus herum
- außerhalb der eigenen Wohnung
- treppauf und treppab.

Reisefähigkeit:

- Autofahren (Datum der letzten Überprüfung)
- Nutzen des öffentlichen Nahverkehrs.

Hilfsmittel:

- Gehstock
- Gehrahmen
- Rollstuhl
- Prothese
- Zustand der Hilfsmittel
- Kompetenz der Person im Gebrauch der Hilfsmittel.

Schuhe/Hausschuhe:

- Zustand
- rutschfeste Sohlen
- Sitz.

Fähigkeiten in Zusammenhang mit Entwicklungsstufen:

- Sich-Umdrehen
- Krabbeln
- Klettern
- Stehen
- Sitzen
- Gehen.

Verschiedenes

Medikamentöse Therapie:

- Art
- Bezeichnung
- Dosierung
- Lagerung
- Fähigkeit zur sicheren Selbstmedikation.

Kommunikation:

- Schreiben
- Telefonieren
- Bedürfnisse mitteilen
- den Notarzt rufen.

Unterstützungssystem/primäre Betreuungsperson
Verfügbare Hilfe durch Verwandte, Freunde, Nachbarn, Kontakte in einem Klub oder in der Kirchengemeinde
Anamnestisch bekannte «Black-outs»
Harndrang oder -inkontinenz.

Objektive Daten

Einschätzen beeinflussender Faktoren

Blutdruck (links, rechts, im Sitzen/nach 5-minütigem Liegen, 1 min nach dem Aufstehen)

Gang
Stabil
Gehhilfen erforderlich
Instabil.

Kraft
Kann auf einem Bein stehen
Kann sich hinsetzen, aufstehen und wieder Platz nehmen.

Kognitive Prozesse
Kann Bedürfnisse mitteilen
Kann interagieren
Anamnestisch bekanntes ruheloses Umhergehen (Zeugen vorhanden und von Dritten beobachtet)
Kann Ursache und Wirkung verstehen.

Vorliegen von:
- Wut/Zorn
- Rückzug
- Depression
- gestörtem Urteilsvermögen.

Fähigkeit zu Selbstversorgungsaktivitäten
Sich an- und auskleiden
Nahrung zu sich nehmen
Sich baden
Auf die Toilette gelangen
Auf das äußere Erscheinungsbild achten.

Einschätzen von Einflussfaktoren in häuslichen Bereich

Sicherheit

Toiletteneinrichtungen
Wasserversorgung
Heizung
Abwasser
Belüftung
Müllentsorgung.

Sicherheit auf Gehwegen (im Innen- und Außenbereich)

Gehsteige (uneben, aufgerissen)
Treppen (innen und außen):

- defekte Stufen
- Beleuchtung
- fehlende Geländer
- Schutz von Kindern.

Flure:

- durch Gegenstände verstellt
- schlecht beleuchtet.

Gefahrenquellen durch Strom

Fehlende Schutzabdeckungen
Durchgescheuerte und lose Kabel
Überlastete, für Kinder zugängliche, in Feuchtbereichen/an Wasserhähnen etc. gelegene Steckdosen
Zu weit vom Bett entfernte Schalter.

Unzureichende Beleuchtung

Nachts
Im Freien
Auf dem nächtlichen Weg ins Bad.

Unsichere Böden

Eben oder uneben
Hochpoliert
Bodenbeläge unbefestigt.

Gefahrenquellen in der Küche

Über den Herdrand ragende, nicht nach innen gewandte Topfgriffe
Herd (Fett oder entflammbare Gegenstände/Substanzen auf dem Herd)
Kühlschrank (falsch gelagerte Nahrungsmittel, inadäquate Temperaturen).

Toxische Substanzen

Konservendosen, selbst Eingekochtes; falsch gekennzeichnete Behältnisse; zugänglich für Kinder
Medikamente mit abgelaufenem Verfallsdatum
Giftige Pflanzen im Haushalt (siehe Tab. II-19).

Brandquellen

Streichhölzer/Feuerzeuge zugänglich für Kinder
Fehlende Feuerlöscher
Unsachgemäße Lagerung von korrosiven Substanzen und Brennstoffen
Fehlender Fluchtplan, fehlende Feuerlöscher
Notrufnummern (Feuerwehr, Polizei) unzugänglich.

Gefahrenquellen für Kinder in der Kindertagesstätte

Bettchen in der Nähe von Gardinenkordeln
Gitterbetten mit großem Abstand zwischen den Stäben
Plastikbeutel und -tüten
Kissen im Bettchen
Ohne Aufsicht bei heruntergelassenen Gittern
Raum zwischen Matratze und Bettgittern
Kind unbeaufsichtigt auf dem Wickeltisch
Schnuller an einem Band um den Hals des Kindes
Aufrechtstehendes Fläschchen im Bett des Kindes
Scharfkantiges Spielzeug, lose/abnehmbare Teile.

Gefahrenquellen für Kinder im Haushalt

Zugängliche Medikamente, Feuerzeuge, Streichhölzer, Haushaltsreiniger
Mit bleihaltiger Farbe gestrichene Gegenstände
Giftige Pflanzen (siehe Tab. II-19)
Offene Fenster mit unbefestigten oder ohne Fensterläden
Plastikbeutel und -tüten
Möbel mit Glas oder scharfen Kanten
Offene Eingänge und Treppenhäuser.

Gefahrenquellen im Freien für Kinder

Veranden ohne Geländer
Haus-/Wildtiere
Spielplatz ohne Zaun
Giftige Pflanzen
Schwimmbecken im Hinterhof.

Ziele

NOC

- Risikokontrolle
- Auftreten von Stürzen

Die Person berichtet über weniger Stürze und weniger Angst, zu stürzen.

Indikatoren

- Identifizieren von Faktoren, welche die Sturzgefahr erhöhen.
- Erklären der Absicht, Sicherheitsmaßnahmen anzuwenden, um Verletzungen zu verhindern (z. B. Teppiche entfernen oder befestigen).
- Erklären der Absicht, ausgewählte Sicherheitsmaßnahmen anzuwenden (z. B. Tragen einer Sonnenbrille gegen Blendungen).
- Steigern der täglichen Aktivität, wenn möglich.

Allgemeine Interventionen

NIC

- Sturzprävention
- Umgebungsmanagement: Sicherheit
- Gesundheitsbildung
- Sicherheitsassessment
- Risikoabschätzung

Siehe «Einflussfaktoren»

Reduzieren oder Beseitigen ursächlicher oder beeinflussender Faktoren, wenn möglich

Unvertraute Umgebung

Orientieren Sie jeden Klienten bei der Aufnahme in seiner Umgebung. Erklären Sie ihm das Rufsystem und schätzen Sie seine Fähigkeit, es auch zu benutzen, ein.

Überwachen Sie den Klienten während der ersten paar Nächte engmaschig, um die Sicherheit abzuschätzen.

Verwenden Sie ein Nachtlicht.

Ermutigen Sie die Person, nachts Hilfe zu holen.

Lehren Sie die Nebenwirkungen bestimmter Medikamente (z. B. Schwindel, Erschöpfung).

Bringen Sie das Bett über Nacht in niedrigste Position.

Erwägen Sie bei Bedarf den Einsatz eines Bewegungsmelders.

F: Ein unvertrautes Umfeld und Probleme mit dem Sehen, mit der Orientierung und Beweglichkeit sowie mit Erschöpfung können die Sturzgefahr erhöhen.

Unvertraute Umgebung

Sorgen Sie für eine sichere Beleuchtung und lehren Sie den Klienten, …

- … in allen Räumen ausreichende Beleuchtung sicherzustellen und nachts für gedämpftes Licht zu sorgen.
- … einen leicht zugänglichen Lichtschalter am Bett zu haben.
- … für gedämpfte Hintergrundbeleuchtung zu sorgen.
- Lehren Sie den Klienten, wie man Blendungen vermeidet, indem man …
- … reflektierende Oberflächen (z. B. Glas, hochglanzpolierte Fußböden) vermeidet.
- … beim Einschalten einer hellen Lichtquelle das Gesicht abwendet.
- … eine Sonnenbrille, einen breitkrempigen Hut oder einen Schirm trägt, um sich im Freien nicht blenden zu lassen.
- … nicht direkt in starke Lichtquellen (z. B. Scheinwerfer) schaut.
- Lehren Sie die Person oder ihre Familie, der Sehschärfe wegen für hinreichenden Farbkontrast zu sorgen und Grün und Blau zu meiden:
- farbkodierte Ränder an Treppenstufen (z. B. durch farbiges stark haftendes Klebeband).
- Vermeiden von weißen Wänden, weißem Geschirr und weißen Möbeloberflächen.
- Vermeiden durchsichtiger Gläser (Rauchglas verwenden).
- Verwenden von schwarzen Gegenständen auf weißen Oberflächen (z. B. ein schwarzes Telefon).
- Vermeiden von Ton-in-Ton-Kombinationen (z. B. beige Lichtschalter an beigen Wänden).
- Türklinken in hellen Farben halten.

F: Sehstörungen aufgrund von Blendungen sind bei blendempfindlichen älteren Menschen oft verantwortlich für Stürze. Die Beleuchtung mit Glühbirnen statt Neonröhren bewirkt weniger Blendungen und daher für ältere Klienten für eine bessere Ausleuchtung.

Vermindertes Tastempfinden

Lehren Sie Präventivmaßnahmen:

- Prüfen der Temperatur von Badewasser und Heizkissen/-decken vor Gebrauch
- Verwenden von Badethermometern
- Absuchen der Extremitäten auf unentdeckte Verletzungen
- Füße warm und trocken halten und die Haut mit einem Emolliens (Lanolin, Mineralöl) behandeln.

Für zusätzliche Interventionen siehe *Gefahr einer peripheren Durchblutungsstörung.*

Orthostatische Hypotonie

Für zusätzliche Interventionen siehe *Verletzungsgefahr,* **b/d** *Schwindel,* **s/b/d** *orthostatische Hypotonie.*

Verminderte Kraft und Flexibilität

Durchführen täglicher Kräftigungsübungen des Sprunggelenks (Schoenfelder, 2000):

- Stellen Sie sich mit leicht gespreizten Beinen hinter einen Stuhl mit gerader Lehne.
- Stützen Sie sich an der Lehne ab, heben Sie langsam beide Fersen an, bis das Körpergewicht auf den Fußballen liegt und zählen Sie bis 3 (z. B. 1 Oberelbe, 2 Oberelbe, 3 Oberelbe).

- Wiederholen Sie dies 5- bis 10-mal und erhöhen Sie mit steigender Kraft die Zahl der Wiederholungen.
- Gehen Sie 2- bis 3-mal pro Woche spazieren:
- Verwenden Sie dabei zum Aufwärmen die Sprunggelenkübungen.
- Lassen Sie zu Beginn für die ersten 10 Minuten jemanden an Ihrer Seite gehen.
- Verlängern Sie die Zeit und erhöhen Sie die Geschwindigkeit entsprechend den Fähigkeiten.

F: Kräftigen des Sprunggelenks und ein Gehprogramm können das Gleichgewicht verbessern, die Gehgeschwindigkeit erhöhen, Stürze und die Furcht vor einem Sturz verringern und das Vertrauen stärken, die ADL durchführen zu können (Schoenfelder, 2000).

Gefahrenquellen im Umfeld

Lehren Sie den Klienten, …

- … freiliegende Teppiche und Müll zu beseitigen und glatte Böden zu verändern.
- … in Badewanne und Dusche für rutschfeste Oberflächen zu sorgen, indem er handelsübliche Antirutschmatten anbringt.
- … im Bad Handgriffe anzubringen.
- … im Flur und an Treppen Handläufe anzubringen.
- … hervorstehende Gegenstände (z. B. Kleiderhaken, Hängeregale, Lampen) von den Wänden des Treppenhauses zu entfernen.
- Instruieren Sie die Mitarbeiter, …
- … die Bettgitter hochzustellen und das Bett auf die niedrigstmögliche Position zu bringen, wenn die Person unbeaufsichtigt ist.
- … das Bett auf die niedrigstmögliche Position zu bringen und die Räder zu blockieren, wenn es an seinem Platz steht.
- … einer Person im Rollstuhl beizubringen, wie sie die Räder blockiert und wieder entblockt.
- … sicherzustellen, dass die Schuhe bzw. Hausschuhe der Person rutschfeste Sohlen haben.

F: Sturzprävention und -management sollen die Sturzwahrscheinlichkeit senken, indem sie Gefahrenquellen im Umfeld auf ein Mindestmaß reduzieren, die individuelle Kompetenz zum Schutz vor Stürzen stärken und für die Versorgung der Verletzungen nach einem Sturz sorgen.

Bei kognitiven Beeinträchtigungen siehe ruheloses Umhergehen.

Gefahr der Gesundheitsschädigung, ...

... b/d fehlendes Bewusstsein für Gefahrenquellen im Umfeld

Ziele

NOC

- Sichere häusliche Umgebung
- Risikokontrolle
- Elternberatung

Die Person oder ihre Familie benennt und beseitigt Gefahrenquellen im Umfeld.

Indikatoren

- Unterweisen von Kindern in Sicherheitsgewohnheiten
- Sicheres Verwahren gefährlicher Gegenstände
- Beseitigen von Gefahrenquellen, bei Bedarf
- Entfernen von Gefahrenquellen aus dem Umfeld, wenn möglich
- Etablieren von Sicherheitsmaßnahmen (z. B. Schlösser, Handläufe/Geländer).

Interventionen

NIC

- Räumliche Einschränkung
- Sicherheitsassessment
- Umgebungsmanagement: Sicherheit
- Haushaltsführungsunterstützung
- Risikoabschätzung
- Edukation: Sicherheit

Erkennen von Situationen, die zu Unfällen beitragen

Unvertrautes Setting (fremde Wohnungen, Hotels)
Phasen höchster Aktivität (Zubereiten von Mahlzeiten, Ferien)
Neue Gerätschaften, Instrumente etc. (Fahrrad, Kettensäge, Rasenmäher, Schneefräse)
Fehlendes/mangelndes Bewusstsein oder Missachtung von Gefahrenquellen im Umfeld (rücksichtsloses Autofahren).

F: Verletzungen sind die vierthäufigste Todesursache in der Allgemeinbevölkerung und die führende Todesursache bei Kindern und jungen Erwachsenen (Clemen-Stone et al., 2005).

Entschärfen oder Beseitigen gefahrengeneigter Situationen

Einweisen in neue Geräte

Lehren Sie den Klienten, sich die Betriebsanleitung genau durchzulesen, bevor er ein neues Gerät in Gebrauch nimmt.
Stellen Sie fest, welche Einschränkungen und Leistungsgrenzen das Gerät hat.
Bevor Sie ein Gerät (z. B. Rasenmäher, Schneefräse, elektrischer Mixer) untersuchen, schalten Sie es ab und ziehen Sie den Stecker aus der Steckdose.

Überprüfen unsicherer Verhaltens- und Vorgehensweisen

Kraftfahrzeuge

Führen eines mechanisch unsicheren Fahrzeugs.
Unterlassener oder falscher Gebrauch von Sitzgurten.
Fahren mit ungesicherten Babys und nicht angeschnallten Kindern im Auto.
Fahren mit überhöhter Geschwindigkeit.
Fahren ohne notwendige Sehhilfen.
Fahren bei unsicheren Straßenverhältnissen oder unter Geländebedingungen.
Unterlassener oder falscher Gebrauch des Helms beim Motorradfahren.
Kinder auf dem Vordersitz.
Rückwärtsfahren ohne zu prüfen, wo sich kleine Kinder befinden.
Warm laufen lassen eines Autos in der Garage.

Entflammbare Substanzen

Entzünden von Gaslecks.
Verzögertes Zünden eines Gasherds oder einer Gastherme.
Experimentieren mit Chemikalien oder Benzin.
Offenes Feuer, nicht abgeschirmte Kamine, Heizgeräte.
Unsachgemäße Lagerung von Brennstoffen, Streichhölzern oder öligen Lumpen.
Rauchen im Bett oder in der Nähe einer Sauerstoffquelle.
Hochgradig brennbares Kinderspielzeug oder brennbare Kinderkleidung.
Spielen mit Feuerwerkskörpern oder Schwarzpulver.
Spielen mit Streichhölzern, Kerzen, Zigaretten, Feuerzeugen.
Tragen von Kunststoffkleidung oder fließenden Gewändern um ein offenes Feuer.

In der Küche

Ansammlung von Fettresten auf dem Herd.
Tragen von Kunststoffkleidung oder fließenden Gewändern um ein offenes Feuer.
Verwenden von gesprungenen Gläsern oder beschädigtem Geschirr.
Unsachgemäße Einmach-, Gefrier- oder Konservierungsmethoden.
Ungeschütztes Lagern von Messern.

Topfgriffe, die vom Herd weg und auf die Person gerichtet sind.
Dünne oder abgenutzte Topflappen oder Schutzhandschuhe.
Frontseitige Bedienungselemente am Herd.
Geschirr mit bleihaltiger Lasur.

Im Bad

Ein unverschlossener Medikamentenschrank.
Fehlende Handgriffe in der Badewanne.
Fehlende Antirutschmatten oder Haftstreifen in der Badewanne.
Schwache Beleuchtung im Bad und auf den Fluren.
Unsachgemäß angebrachte Steckdosen.

Chemikalien und Irritanzien

Unsachgemäße/falsche Beschriftung von Medikamentenbehältnissen.
Aufbewahren von Medikamenten in anderen als den Originalbehältern.
Schwache Beleuchtung im Medikamentenschränkchen.
Unsachgemäße/falsche Beschriftung von Behältern für Giftstoffe und korrosiv wirkende Substanzen.
Aufbewahren abgelaufener Arzneimittel, die in gefährliche Substanzen zerfallen.
Lagern toxischer Substanzen in zugänglichen Bereichen (z. B. unter der Spüle).
Unsachgemäße Lagerung korrosiv wirkender Substanzen (z. B. Lauge).
Kontakt mit starker Kälte.
Zu viel Sonnenlicht, zu intensiver Gebrauch einer Höhensonne/Sonnenbank bzw. eines Heizkissens/einer Heizdecke.

Beleuchtung und elektrischer Strom

Steckdosen ohne Abdeckung.
Ungeerdete elektrische Kabel.
Überlastung von Steckdosen.
Überlastung der Sicherungen im Sicherungskasten.
Beschädigte Stecker, beschädigte Kabel oder defekte elektrische Geräte.
Unzureichende Beleuchtung über Treppenabsätzen und auf Treppen.
Unzugängliche Lichtschalter (z. B. am Bett).
Betreiben von Maschinen und Geräten ohne vorherige Einweisung.

Beginnen mit Gesundheitsedukation und Überweisen, soweit angezeigt

Lehren von Präventivmaßnahmen gegen Autounfälle

Häufiges Reevaluieren der Fahrtauglichkeit.
Tragen einer Sonnenbrille von guter Qualität (grau oder grün) gegen Blendungen.
Sauberhalten der Windschutzscheibe und Achten darauf, dass die Scheibenwischer in gutem Zustand sind.
Außenspiegel auf beiden Seiten.
Regelmäßig anhalten, sich strecken und die Augen ausruhen.

Bescheid wissen über die Auswirkungen von Medikamenten auf die Fahrtauglichkeit.
Nicht beim Fahren rauchen und nach Alkoholkonsum nicht fahren.
Beim Fahren nicht mit dem Handy telefonieren.

Lehren von Präventivmaßnahmen gegen Unfälle als Fußgänger

Sich genügend Zeit nehmen, um die Straße zu überqueren.
Tragen von Kleidung, die nachts auffällt (beige, weiß).
Tragen von Neonstreifen und reflektierenden Armbinden/Westen.
Zum Überqueren einer Straße auf dem Gehsteig statt auf der Straße warten.
In beide Richtungen schauen.
Sich für ein sicheres Überqueren der Straße nicht allein auf eine grüne Ampel verlassen: Es kann erlaubt sein, bei Rot rechts abzubiegen oder ein Fahrer missachtet Verkehrsregeln.

Lehren von Präventivmaßnahmen gegen Verbrennungen

Ausrüsten der Wohnräume mit Rauchmeldern und deren monatliche Überprüfung.
Bereithalten eines Handfeuerlöschers.
Einstellen des Thermostats dergestalt, dass er warmes, aber kein kochendes Wasser liefert.
Verwenden von Backnatron oder eines Deckels, um einen Fettbrand in der Küche zu ersticken.
Beim Kochen keine lockere Kleidung (z. B. Bademantel, Nachthemden) tragen.
Nicht rauchen, wenn man schläfrig ist.
Sicherstellen, dass tragbare Heizgeräte sicher betrieben werden.
Sorgen für Gesundheitsedukation und Überweisen, soweit angezeigt.

F: Unfälle treten häufiger auf ...

- ... in der ersten Zeit des Krankenhausaufenthalts und zwischen 18.00 und 21.00 Uhr.
- ... in Phasen höchster Aktivität (Mahlzeiten, Spiel).
- ... in unvertrauter Umgebung.
- ... bei unzureichender Beleuchtung.
- ... an Feiertagen.
- ... in den Ferien.
- ... bei Reparaturen im Haus/in der Wohnung.

F: Gesundheitsedukation kann die Unfall- und Verletzungsrate senken (Clemen-Stone et al., 2005).

Verweisen von Klienten mit motorischen oder sensorischen Defiziten an Assistenz beim Erkennen von Gefahrenquellen im Umfeld

Örtliche Feuerwehr
Kommunaler Pflegedienst
Informationen zur Unfallverhütung.

Überweisen an den Physiotherapeuten zur Gangevaluation

Pädiatrische Interventionen

Unterweisen der Eltern in grundlegenden Sicherheitsmaßnahmen und -assessments

Instruieren Sie die Eltern, mit häufigen Veränderungen der Fähigkeiten ihres Säuglings/Kindes zu rechnen und Vorsichtsmaßnahmen zu ergreifen. So könnte z. B. ein Säugling, der sich zum ersten Mal auf den Bauch rollt, gerade unbeaufsichtigt auf dem Wickeltisch liegen.

Erörtern Sie die Notwendigkeit, kleine Kinder ständig zu beaufsichtigen.

Sorgen Sie dafür, dass die Eltern Informationen zur Auswahl eines Babysitters erhalten:

- Stellen Sie fest, welche Vorerfahrungen vorliegen und wie es um Kenntnisse in Notfallmaßnahmen bestellt ist.
- Beobachten Sie die Interaktion des Babysitters mit dem Kind, indem Sie den Babysitter z. B. 30 Minuten bevor Sie weggehen abholen.
- Lehren Sie die Eltern, dass ihr Kind sie nachahmt, und zeigen Sie ihnen, wie sie ihrem Kind beibringen, was es beaufsichtigt und was es unbeaufsichtigt tun kann:
- Dem Kind sagen, es möge erst fragen, bevor es mit etwas Neuem beginnt.
- Tabletten nicht vor den Augen des Kindes einnehmen.
- Erklären und erwarten Sie, dass bestimmte Regeln eingehalten werden, und zwar je nach Alter in Bezug auf:
- Straßen
- Tiere
- Fahrräder
- Feuer
- Wasser (Schwimmbecken, Badewanne)
- Gerüste und Geräte auf dem Spielplatz
- Fremde.

Führen Sie mit dem Kind ein Rollenspiel durch, um einschätzen zu können, ob es das Problem verstanden hat:

- «Du bist auf dem Heimweg. Ein Fremder nähert sich dir im Auto. Was tust du?»
- «Als du an einem Grill vorbeigehst, fängt deine Kleidung Feuer. Was tust du?»

Identifizieren von Situationen, die zu Unfällen beitragen

Fahrräder, Wagen, Skateboards, Rollschuhe

Weder Reflektoren noch Beleuchtung
Fahren eines zu großen Fahrrades
Skateboard- oder Rollschuhfahren in verkehrsreichen Zonen
Nebeneinanderfahren
Mangelnde/fehlende Kenntnis der Verkehrsregeln
Fehlen des Helms, keine Schutzpolster.

Wasser und Schwimmbecken

Raten Sie vom Gebrauch von Schwimmflügelchen oder einem Schwimmring bei Kindern, die nicht schwimmen können, ab.
Lehren Sie sicheres Verhalten im Wasser:

- Nicht rennen, nicht schubsen
- Nicht allein schwimmen
- Kein Kopfsprung in ein Gewässer, das weniger als 2,40 m tief ist
- Nicht bei Gewitter schwimmen
- Nicht auf andere draufspringen
- Kein Hilfe-Schrei nur zum Spaß
- Nicht nach den Mahlzeiten schwimmen
- Kein Alkoholkonsum.

Einzäunen des Pools:

- Zaunhöhe 1,5–3,6 m
- Verwenden eines Zaunes, den Kinder nicht überklettern können
- automatisch schließende Türen/Tore.

Abdeckung des Schwimmbeckens vollständig entfernen.
Vermeiden frei flottierender Pool-Abdeckungen.
Lehren sicherer Tauch- und Rutschtechniken:

- Springen nur vom Sprungbrett aus
- Untersagen von Sprüngen aus dem Laufen heraus
- Lehren, mit Kopf und Händen aufwärts zu steuern
- Rutschen auf der Schwimmbadrutschbahn im Sitzen und mit den Füßen voran.

Rettungsgerät am Beckenrand bereithalten (Rettungsring, Seil oder Haken).
Erlernen, wie man eine Kardiopulmonale Reanimation durchführt und auf versehentliches Untertauchen reagiert:

- Aus dem Wasser herausholen
- Bei Verdacht auf Rückenmarkverletzung Immobilisieren auf einem Brett und Anlegen einer Halskrause
- Atemwege frei machen, Atmung beobachten
- Reagiert die Person nicht, bringen Sie sie in stabile Seitenlage, falls Erbrechen auftritt
- Nasse Kleidung ausziehen, den Klienten abtrocken und mit Decken zudecken (auch den Kopf)
- Kardiopulmonale Reanimation beginnen und fortsetzen, bis Hilfe eintrifft.

Verschiedenes

Unbeaufsichtigter Kontakt mit Tieren und Giftstoffen in der Umgebung (Pflanzen, Chemikalien für das Schwimmbecken, Tabletten)
Verstellte Durchgänge

Unsichere Fensterverriegelungen in einem Haus mit kleinen Kindern
Unverschlossen aufbewahrte Waffen und Munition
Große Eiszapfen unter dem Dach
Vereiste Gehwege
Gläserne Schiebetüren, die offen aussehen, auch wenn sie geschlossen sind
Niedrig hängende Wäscheleine
Entsorgte oder ungenutzte Kühlschränke oder Gefriertruhen, bei denen die Türen nicht entfernt wurden.

Säuglinge und Kleinkinder

Im Haushalt

Kissen im Bettchen
Treppen ohne Schutzgitter
Nicht genau passende Matratzeneinlagen im Bettchen
Gitterbetten, bei denen der Abstand zwischen den Stäben so groß ist, dass das Kind herausfallen und sich den Kopf einklemmen kann
Glastische oder scharfkantige Tische
Veranden und Sonnenterrassen ohne Geländer
Giftige Pflanzen (siehe Tab. II-19)
Mit bleihaltiger Farbe gestrichenes Mobiliar
Unbeaufsichtigtes Baden
Offene Fenster
Aufrechtstehendes Fläschchen im Bett.

Spielzeug

Scharfe Ränder
Luftballons
Leicht zerbrechliche Teile
Dauerlutscher
Abnehmbare Kleinteile
Schnuller um den Hals.

Verschiedenes

Unbeaufsichtigt im Einkaufswagen
Unbeaufsichtigt im Auto
Bettchen, Laufwägelchen, Kindersitze mit abnehmbaren Teilen, in denen sich das Kind einklemmen kann (z. B. Federn)
Setzen Sie das Kind nur im Kindersitz auf die Rückbank.

Unterstützen der Eltern beim Analysieren eines Unfalls

Was ist geschehen?
Wie ist es geschehen?
Wo und wann?
Warum hat sich der Unfall ereignet?

Lehren, wie man eine Vergiftung verhindert

Instruieren Sie die Eltern, wie man ein Zuhause «kindersicher» macht.

Instruieren Sie die Eltern, wie man Giftstoffe und korrosive Substanzen in dicht verschlossenen, sorgfältig gekennzeichneten Behältern in verschlossenen Schränken aufbewahrt.

Eltern sollten nicht verwendete Medikamente (sachgerecht) entsorgen und die benötigten Mittel in einem verschlossenen, unzugänglichen Medikamentenschränkchen aufbewahren.

Eltern sollten darin unterwiesen werden, wie man bei bestimmten giftigen Substanzen ein Antidot verabreicht, wenn dies von der jeweiligen Vergiftungszentrale geraten wird.

Eltern sollten auch die Telefonnummer der örtlichen Giftnotrufzentrale an einem leicht zugänglichen Ort aufbewahren.

Instruieren Sie Eltern, wie man Ipecacuanha (Brechwurz) anwendet und wo sie erhältlich ist.

Beginnen mit Gesundheitsedukation und Überweisen, soweit angezeigt

Unterstützen Sie die Familie beim Evaluieren von Gefahrenquellen im häuslichen Umfeld und bei Besuchen in fremder Umgebung.

Installieren von Spezialschlössern, um Kinder am Öffnen von Schränken mit Brennstoffen bzw. mit korrosiven oder entflammbaren Substanzen oder mit Medikamenten zu hindern.

Instruieren Sie sie, in Steckdosen Kindersicherungen anzubringen, damit Kinder keinen elektrischen Schlag bekommen.

Lehren Sie die Gefahren bleihaltiger Farbe und wie man bei einem Kind eine «Pica»* erkennt. Verweisen Sie die Eltern an das Gesundheitsamt, wenn eine Überprüfung auf bleihaltige Farben nötig erscheint.

Halten Sie zum Gebrauch kindersicherer Flaschenverschlüsse an.

Raten Sie, gefährliche Substanzen nicht in Behältern zu lagern, die ansonsten für Nahrungsmittel verwendet werden.

F: Die Pflegeperson sollte das Verletzungspotenzial für jedes Kind individuell einschätzen. Dazu gehört auch das Kind mit sensorischen oder motorischen Defiziten und Entwicklungsverzögerung. Veränderungen des Umfelds, wie eine Hospitalisierung, der Besuch bei Verwandten sowie Feiertage, stellen für Kinder besondere Gefahrenquellen dar.

F: Es lassen sich unmöglich alle Gefahrenquellen im Umfeld beseitigen. Strategien, zu denen auch die Supervision und Edukation von Eltern gehören, können Unfälle verringern (Clemen-Stone et al., 2005).

---

* Qualitative Appetitstörung, bei der vor allem ungenießbare Substanzen aufgenommen werden (A.d.Ü.)

F: Einen Unfall zu analysieren kann verhindern, dass es abermals dazu kommt.

F: Die Prävention von Verletzungen erfordert, vorherzusehen und zu erkennen, wo Sicherheitsmaßnahmen anwendbar sind. Passive Strategien sorgen für automatischen Schutz ohne Wahlmöglichkeit (z. B. Air-Bags oder das jeweilige Produktdesign). Aktive Strategien erfordern, die Menschen durch Edukation oder Gesetze davon zu überzeugen, Sicherheitsmaßnahmen anzuwenden (Wong, 2003).

F: Zu den Präventivstrategien zur Verringerung schwerer Verletzungen durch Skateboardfahren gehört, vor dem Skateboardfahren von Kindern unter 5 Jahren zu warnen, Skateboards auf der Fahrbahn und auf Durchgangsstraßen zu verbieten sowie das Tragen von Helmen und anderer Schutzausrüstung zu fördern (Wong, 2003).

Gefahr der Gesundheitsschädigung, ...

... b/d fehlendes Bewusstsein für Gefahrenquellen im Umfeld, s/b/d das Entwicklungsalter

Ziele

NOC

Siehe *Verletzungsgefahr*.

- Das Kind/der Jugendliche hat keine Verletzungen infolge potenziell gefährlicher, in der Krankenhausumgebung identifizierter Faktoren.
- Die Familie unterstützt und demonstriert sicheres Handeln in der Klinik.

Interventionen

NIC

- Siehe auch *Verletzungsgefahr, b/d fehlendes Bewusstsein für Gefahrenquellen im Umfeld.*
- Edukation: Kleinkindsicherheit

Schützen des Säuglings/Kindes vor Verletzung in der Klinik durch Kontrolle altersspezifischer Gefahrenquellen

Säuglingsalter (1–12 Monate)

Stellen Sie sicher, dass der Säugling anhand eines Armbands und einer Plakette am Bettchen zu identifizieren ist.

Tragen Sie Puder nicht direkt auf die Haut des Säuglings auf, sondern schütten Sie es sich zunächst in die Hand.

Halten Sie den Puder außerhalb der Reichweite von Kindern.

Halten Sie unsicheres Spielzeug (z. B. Knöpfe, Perlen, Luftballons, defektes und scharfkantiges Spielzeug, andere kleine Gegenstände) außerhalb der Reichweite von Kindern.

Verwenden Sie nach Bedarf Fäustlinge, um zu verhindern, dass sich der Säugling Katheter, I.v.-Infusionen oder eine Sonde zieht oder einen Verband entfernt.

Halten Sie die Bettgitter oben und verriegelt, wenn sich das Kind im Bettchen befindet.

Polstern Sie die Bettgitter, wenn sich der Säugling aus dem Bett bewegen kann oder krampfgefährdet ist.

Verwenden Sie einen Vernebler, der kühlen Nebel produziert.

Verwenden Sie kein Laufwägelchen.

Versichern Sie sich der Identität jedes Besuchers.

Verwenden Sie eine feste, genau ins Bettchen passende Matratze.

Geben Sie Säuglingen unter 12 Monaten wegen der Botulismusgefahr keinen Honig.

Nutzen Sie die Sicherheitsgurte an Kindersitzen, -tragen, -stühlen und -wagen.

Lassen Sie nicht zu, dass Fläschchen aufgestützt werden. Der Säugling sollte mit erhobenem Kopf gehalten werden.

Legen Sie keine Kissen ins Bettchen.

Halten Sie beim Wiegen, Windelwechsel usw. eine Hand über dem Kind, damit es sicher ist.

Lassen Sie das Kind einen Schnuller nicht am Band um den Hals tragen.

Prüfen Sie das Badewasser, um sicherzustellen, dass die Temperatur stimmt. Lassen Sie das Kind beim Baden nie allein! Stützen Sie bei einem kleinen Säugling den Kopf mit der Hand ab und halten Sie ihn über Wasser.

Prüfen Sie die Temperatur der Fertignahrung, vor allem, wenn Sie sie in der Mikrowelle erhitzt haben.

Halten Sie Abstand zwischen Bettchen und Beistelltisch, Infusionspumpe usw., damit das Kind nicht nach unsicheren Gegenständen (z. B. Absauggerät, Steckdosen, Blumen, Tastenfelder/ Drehknöpfe an Infusionspumpen) greift.

Lassen Sie die Eltern im Zimmer des Säuglings weder rauchen noch heiße Getränke zu sich nehmen.

Bieten Sie dem Kind keine Nahrung an, die gekaut werden muss oder klein genug ist, um die Atemwege zu verlegen (z. B. Nüsse, Popcorn, harte Drops, ganze Hotdogs). Messer und Gabel gehören nicht in die Hände eines Säuglings.

Entsorgen Sie Spritzen, Nadeln, Arzneimittelumverpackungen und Plastikbeutel auf sichere Weise.

Schützen Sie die Füße eines Säuglings, der gehen kann, mit Schühchen oder Hausschühchen.

Transportieren Sie den Säugling sicher in andere Bereiche der Klinik (z. B. zum Röntgen, ins Labor).

Erinnern Sie die Eltern daran, dass der Kindersitz in ihrem Auto zugelassen sein sollte.

Beurteilen Sie jede Situation einer Verletzungsgefahr für den Säugling individuell. Informieren Sie die Eltern darüber, dass bei ihrem Kind Verletzungsgefahr besteht.

Frühe Kindheit (13 Monate bis 5 Jahre)

Stellen Sie sicher, dass der Säugling anhand eines Armbands und einer Plakette am Bettchen zu identifizieren ist.

Halten Sie die Bettgitter oben und unten verriegelt, wenn sich das Kind im Bettchen befindet. Verwenden Sie Bettgitter auch an Kinderbetten.

Überwachen Sie das Kind zu jeder Zeit: beim Essen, Baden, Spielen und Ausscheiden.

Halten Sie Reinigungsmittel, scharfe Gegenstände und Plastikbeutel außer Reichweite.

Sichern Sie das Thermometer beim Messen der Körpertemperatur. Messen Sie bei einem Kleinkind rektal oder axillär und – wenn das Kind alt genug ist, um das Thermometer nicht zu zerbeißen – oral. Sie können auch ein Infrarotthermometer im Gehörgang einsetzen.

Achten Sie auf lockere Zähne und dokumentieren Sie dies ggf. in den Aufzeichnungen.

Verwenden Sie elektrisch verstellbare Betten nur sehr vorsichtig. Kinder können sich z. B. den Finger einklemmen oder unter das Bett geraten und Gefahr laufen, eine Quetschung zu erleiden.

Halten Sie Abstand zwischen Bettchen und Beistelltisch, Infusionspumpe usw., damit das Kind nicht nach unsicheren Gegenständen (z. B. Absauggerät, Steckdosen, Blumen, Tastenfeldern/Knöpfen an Infusionspumpen) greift.

Wahren Sie unterwegs die Sicherheit des Kindes:

- Schützen Sie die Füße des Kindes beim Umhergehen mit Schühchen oder Hausschühchen.
- Halten Sie die Badezimmertür und Schranktüren fest geschlossen.
- Prüfen Sie am Körper des Kindes fixierte Schläuche, um zu verhindern, dass sie abknicken oder sich verschieben.
- Legen Sie dem Kind im Kinderstuhl oder in den verschiedenen Formen von Kinderwagen den Sicherheitsgurt an.
- Transportieren Sie das Kind sicher in andere Bereiche der Klinik (z. B. zum Röntgen).
- Verwenden Sie nach Bedarf Fäustlinge, um zu verhindern, dass sich der Säugling evtl. einen Katheter, eine Augenklappe, I.v.-Infusionen oder eine Magensonde zieht oder einen Verband entfernt.
- Halten Sie beim Wiegen, Windelwechsel usw. eine Hand über dem Kind, damit es sicher ist.

Bezeichnen Sie Medikamente nicht als «Bonbon» oder sonstige Süßigkeit.

Erlauben Sie dem Kind nicht, Kaugummi zu kauen oder harte Drops, Nüsse, ganze Hotdogs oder Fisch mit Gräten zu essen.

Setzen Sie Grenzen. Klären Sie mit Nachdruck und wiederholen Sie, was das Kind in der Klinik tun darf und in welche Bereiche es gehen darf.

Sorgen Sie für altersgerechtes und sicheres Spielzeug (siehe Richtlinien des Herstellers).

Lassen Sie die Eltern im Zimmer des Kindes weder rauchen noch heiße Getränke zu sich nehmen.

Geben Sie dem Kind Nahrung in ruhiger Umgebung ein. Stellen Sie sicher, dass es beim Essen sitzt, um Würgen und Ersticken zu verhindern.

Erinnern Sie die Eltern daran, dass der Kindersitz in ihrem Auto zugelassen sein sollte.

Versichern Sie sich der Identität jedes Besuchers.

Beurteilen Sie jede Situation einer Verletzungsgefahr für den Säugling individuell. Informieren Sie die Eltern darüber, dass bei ihrem Kind Verletzungsgefahr besteht.

Schulalter/Jugend (6–12 bzw. 13–18 Jahre)

Stellen Sie sicher, dass sich das Kind oder der Jugendliche durch ein Armband mit dem Namen und eine Plakette am Bett identifizieren lässt. Schulkinder behaupten u. U., jemand anderes zu sein, ohne die darin liegende Gefahr zu erkennen.

Achten Sie auf lockere Zähne und dokumentieren Sie dies ggf. in den Aufzeichnungen.

Achten Sie auf Selbstpflegedefizite und Aktivitätsintoleranz, weil ein Kind im Schulalter oder ein Jugendlicher beim Umhergehen, Baden, Ausscheiden usw. möglicherweise nicht um Hilfe bittet.

Nutzen Sie die Sicherheitsgurte beim Transport im Kinderwagen oder im Rollstuhl.

Setzen Sie Grenzen. Klären Sie mit Nachdruck und wiederholen Sie, was das Kind in der Klinik tun darf und in welche Bereiche es gehen darf.

Sorgen Sie für altersgerechte Aktivitäten. Überwachen Sie therapeutisches Spielen engmaschig. Erlauben Sie dem Kind nicht, Spritzen als «Wasserpistolen» zu verwenden.

Lassen Sie die Eltern im Zimmer des Kindes weder rauchen noch heiße Getränke zu sich nehmen.

Halten Sie das Kind ggf. dazu an, seinen Notrufsender und einen Ausweis bei sich zu tragen.

Erinnern Sie das Kind daran, bei der Entlassung im Auto den Sicherheitsgurt anzulegen.

Raten Sie vom Rauchen und vom Konsum illegaler Drogen, aber auch von Alkohol ab.

Beurteilen Sie jede Situation einer Verletzungsgefahr für den Säugling individuell. Informieren Sie die Eltern darüber, dass bei ihrem Kind Verletzungsgefahr besteht.

F: Um Kinder vor Verletzungen zu bewahren, müssen Betreuungspersonen sich der altersbedingten Verhaltensmerkmale bewusst sein, welche die Verletzungsanfälligkeit eines Kindes erhöhen (Wong, 2003).

F: Anatomisch betrachtet sind Kinder aufgrund ihres großen Kopfes anfälliger für Kopfverletzungen, erleiden leichter Leber- und Milzverletzungen, weil diese Organe größer sind, und werden (in einem Auto) leichter umhergeschleudert, weil ihr Körper so leicht und klein ist (Wong, 2003).

F: Säuglinge erkunden die Umgebung durch den Geschmacks- und den Tastsinn.

F: Kinder sind von Natur aus neugierig, versuchen an attraktive Gegenstände heranzukommen und brechen oft Regeln.

F: Kinder können Gefahr für sich selbst oder andere nicht verstehen.

Gefahr einer Gesundheitsschädigung, ...

... b/d Schwindel, s/b/d orthostatische Hypotonie

Ziele

NOC

Siehe *Gefahr einer Gesundheitsschädigung*.

Die Person berichtet über weniger Schwindelepisoden.

Indikatoren

- Identifizieren von Situationen, die Schwindel verursachen
- Berichten über Methoden, mit denen sich der plötzliche Rückgang der Hirndurchblutung durch Orthostase verhindern lässt
- Demonstrieren von Manövern, um einen Lagewechsel vorzunehmen und ein plötzliches Absinken des Hirndrucks zu vermeiden.

Interventionen

NIC

Siehe *Gefahr einer Gesundheitsschädigung*.

Identifizieren beeinflussender Faktoren

Herz-Kreislauf-Erkrankungen (Hypertonie, Apoplex, Anämie, Herzrhythmusstörungen)
Störungen des Flüssigkeits- oder Elektrolythaushalts
Periphere Neuropathie, Parkinson-Krankheit
Diabetes
Bestimmte Medikamente (Antihypertonika, Anticholinergika, Barbiturate, Vasodilatatoren, trizyklische Antidepressiva, Levodopa, Nitrate, Monoaminoxidasehemmer, Phenothiazine)
Alkoholkonsum
Alter ab 75 Jahre aufwärts
Längere Bettruhe
Operative Sympathektomie
Valsalva-Manöver beim Entleeren der Blase (Miller, 2004)
Arthritis (Exostosen an den Halswirbeln).

Einschätzen auf orthostatische Hypotonie

Messen Sie den Blutdruck an beiden Armen, wobei der Klient auf dem Rücken liegt.

Wenn die beiden Messungen voneinander abweichen, nehmen Sie den Arm mit dem höheren Wert und messen Sie den Blutdruck unmittelbar nachdem der Klient rasch aufgestanden ist. Berichten Sie dem Arzt über die Unterschiede.

Bitten Sie den Klienten, Empfindungen (z. B. Benommenheit, Schwindel) zu beschreiben.

Schätzen Sie den Zustand der Haut ein und messen Sie die Vitalzeichen.

F: Den Arm mit dem höheren Blutdruck zu nehmen, bedeutet ein genaueres Assessment des durchschnittlichen Blutdrucks.

Unterweisen des Klienten in Techniken zur Verringerung der orthostatischen Hypotonie

Lage-/Haltungswechsel langsam vornehmen.

Den Übergang vom Liegen zur aufrechten Position schrittweise vornehmen:

1. Sich im Bett aufsetzen.
2. Erst ein Bein, dann das zweite Bein über die Bettkante hängen lassen.
3. Sich jeweils ein paar Minuten Zeit nehmen, bevor man zum nächsten Schritt übergeht.
4. Sich schrittweise aus dem Sitzen in eine stehende Position ziehen.
5. Einen Stuhl, Gehrahmen, Gehstock oder ein anderes Hilfsmittel neben sich haben, um sich daran abzustützen, wenn man vom Bett aufsteht.

Schlafen mit um 30 Grad angehobenem Kopfteil.

Bei Tag eher in einem Lehnstuhl als im Bett ausruhen.

Langes Stehen vermeiden.

Vermeiden, sich vornüberzubeugen, wenn man Gegenstände vom Boden aufheben möchte. Dazu eher eine Greifhilfe (erhältlich im Sanitätshaus) verwenden.

Evaluieren eines möglichen Effektes einer Kompressionstherapie

- Tragen von Kompressionsstrumpfhosen oder -kniestrümpfen
- Wickeln der Beine von unterhalb der Zehen bis zum Ende des Oberschenkels mit elastischen Mittelzug-Binden. Kompressionswirkung vor dem Kauf prüfen.
- Strümpfe morgens vor dem Aufstehen anziehen, wenn Kompression geraten ist.
- Langes Sitzen vermeiden.
- Strümpfe/Strumpfhose im Liegen ausziehen.

F: Längere Bettruhe verstärkt das venöse Pooling. Ein schrittweiser Lagewechsel erlaubt dem Körper, das venöse Pooling zu kompensieren (Porth, 2006).

Ermutigen der Person, die tägliche Aktivität zu steigern, wenn erlaubt

Erörtern Sie den Wert täglicher körperlicher Aktivität.

Erstellen Sie ein Übungsprogramm. Es beschleunigt den Kreislauf und steigert die Energie, verringert Stress, verlangsamt die Osteoporose und trägt zum Wohlbefinden insgesamt bei.

F: Körperliche Betätigung.

Unterweisen des Klienten, Dehydratation und Vasodilatation zu vermeiden

Flüssigkeit in Phasen hohen Flüssigkeitsverlustes ersetzen.
Diuretisch wirksame Flüssigkeiten (Kaffee, Tee, Cola) auf ein Minimum reduzieren.
Alkoholkonsum auf ein Minimum reduzieren.
Starke Hitzequellen (z. B. direktes Sonnenlicht, heiße Duschen und Bäder, Heizdecken) vermeiden.
Nitroglyzerinpräparate nicht im Stehen einnehmen.

F: Eine ausreichende Flüssigkeitszufuhr ist nötig, um eine Abnahme des zirkulierenden Volumens zu verhindern.

Unterweisen des Klienten im Reduzieren der postprandialen Hypotonie (Miller, 2004)

Antihypertonika eher nach als vor den Mahlzeiten einnehmen.
Kleine, häufige Mahlzeiten zu sich nehmen.
Nach Mahlzeiten sitzen oder liegen bleiben.

F: Studien zufolge sinkt der Blutdruck älterer Menschen innerhalb von einer Stunde nach dem Frühstück oder dem Nachmittagskaffee um 20 mmHg. Dies gilt als Folge einer gestörten Baroreflexantwort auf das Pooling des Blutes im Darm während der Verdauung.

Etablieren von Umweltsicherheitsmaßnahmen (siehe Verletzungsgefahr, b/d fehlendes Bewusstsein für Gefahrenquellen im Umfeld)

Aspirationsgefahr

Definition

Aspirationsgefahr: der Zustand, in dem eine Person der Gefahr des Eindringens von Sekreten, Festkörpern oder Flüssigkeiten in den Tracheobronchialbaum ausgesetzt ist.

Aspirationsgefahr (engl. Risk for aspiration): Risiko, dass feste oder flüssige Stoffe und/oder Sekrete aus dem Magen-Darm-Trakt oder dem Mund-Rachen-Raum in die Trachea oder Bronchien gelangen (NANDA-I, 2010).

Risikofaktoren

Vorliegen günstiger Bedingungen für eine Aspiration.

Einflussfaktoren

Pathophysiologische Faktoren

B/d einen reduzierten Bewusstseinsgrad, s/b/d:

Demenz
eine Kopfverletzung
Apoplex
Parkinson-Krankheit
Alkohol, Drogen
Koma
Krämpfe
Narkose, Sedierung, Anästhesie.

B/d einen unterdrückten Husten- bzw. Würgereflex.

B/d einen erhöhten intragastralen Druck, s/b/d:

Steinschnittlage
Aszites
Adipositas
einen vergrößerten Uterus.

B/d gastrointestinale Funktions- und Mobilitätsstörung, s/b/d.

unvollständiger Verschluss des unteren Ösophagussphinkters [Hiatushernie oder eine andere Krankheit, welche den Antirefluxmechanismus beeinflusst]
verzögerte Magenentleerung
reduzierte gastrointestinale Motilität
erhöhter Magendruck
erhöhter Magenrestinhalt

B/d eine Schluckstörung oder einen reduzierten Larynx- und Glottisreflex, s/b/d:

Achalasie
Apoplex
Myasthenia gravis
Katatonie
Muskeldystrophie
Ösophagusstrikturen
zu Behinderung führende Erkrankungen
multiple Sklerose
Sklerodermie
Parkinson-Krankheit
Guillain-Barré-Syndrom.

B/d eine tracheoösophageale Fistel.

B/d gestörte Schutzreflexe, s/b/d:

Operation oder Trauma im Gesicht, im Mundbereich oder am Hals/Nacken
Paraplegie oder Hemiplegie
Trauma im Nacken
chirurgischer Eingriff im Mundbereich.

Behandlungsbedingte Faktoren

B/d einen reduzierten Larynx- und Glottisreflex, s/b/d:

Tracheostoma/Endotrachealtubus
Sedierung; Medikamentengabe
Sondenernährung, Magen-Darm-Sonden.

B/d eine gestörte Fähigkeit zu husten, s/b/d:

Schienung, Verdrahtung des Unterkiefers
erzwungene Bauchlage.

Situationsbedingte Faktoren (persönlich bedingt, umgebungsbedingt)

B/d die Unfähigkeit/gestörte Fähigkeit, den Oberkörper anzuheben oder hochzulagern (infolge Schwäche/Lähmung).
B/d Essen in intoxikiertem Zustand.

Altersbedingte Faktoren

Frühgeborene

B/d einen beeinträchtigten Saug- bzw. Schluckreflex.

Neugeborene

B/d einen verminderten Muskeltonus des unteren Ösophagussphinkters.

Ältere Menschen

B/d eine mangelhafte Dentition.

Anmerkung der Autorin

Aspirationsgefahr ist eine klinisch nützliche Diagnose für Menschen, die aufgrund eines reduzierten Bewusstseinsgrades, struktureller Defizite, mechanischer Vorrichtungen sowie neurologischer und gastrointestinaler Erkrankungen aspirationsgefährdet sind. Menschen mit

Schluckstörungen sind aspirationsgefährdet. Die Pflegediagnose *Schluckstörung* sollte zur Beschreibung eines Klienten mit Schluckbeschwerden verwendet werden, der auch aspirationsgefährdet ist. *Aspirationsgefahr* sollte zur Beschreibung von Menschen verwendet werden, bei denen zwar Pflegeinterventionen erforderlich sind, um eine Aspiration zu verhindern, die jedoch keine Schluckbeschwerden haben.

Irrtümer in diagnostischen Aussagen

1. *Aspirationsgefahr,* **b/d** *Bronchopneumonie*
   Diese diagnostische Aussage lenkt die Pflegeperson nicht auf die Risikofaktoren, die sich verringern ließen. Würde die Pflegeperson die Bronchopneumonie überwachen und mitbetreuen, wäre die korrekte Formulierung das interdisziplinäre Problem *PK: Bronchopneumonie.*
2. *Aspirationsgefahr,* **b/d** *Schwierigkeiten beim Schlucken*
   Schwierigkeiten beim Schlucken bilden die Begründung für *Schluckstörung,* die demnach zuträfe. Pflegemaßnahmen würden auch die Aspirationsprävention einschließen.

Zentrale Konzepte

Allgemeine Überlegungen

- Schlucken ist ein komplizierter Mechanismus mit drei Stadien:
  - Das *bewusste Stadium* besteht im Bewegen der Nahrung vom Gaumen in den Rachen.
  - Das *pharyngeale Stadium* verläuft automatisch:
    - Der weiche Gaumen wird nach oben gezogen, um die hinteren Nasengänge zu verschließen.
    - Palatopharyngealfalten im seitlichen Pharynx ziehen sich zusammen, um die gründlich gekaute Nahrung durchzulassen.
    - Die Epiglottis schwingt zurück über die Kehlkopföffnung, um ein Aspirieren in die Trachea zu verhindern.
    - Die Relaxation des Hypopharynxsphinkters streckt die Öffnung des Ösophagus.
    - Rasche peristaltische Wellen drücken die Nahrung in den oberen Ösophagus.
  - Das *ösophageale Stadium* besteht im Bewegen der Nahrung vom Rachen zum Magen durch peristaltische Bewegungen, die von Vagusreflexen kontrolliert werden.
- Eine ZNS-Depression stört die Schutzmechanismen der Sphinkteren.
- Magensonden und Endotrachealtuben verursachen einen unvollständigen Verschluss der Ösophagussphinkteren und unterdrücken den Würge- und Hustenreflex.
- Klienten mit zu Behinderung führenden Krankheiten, die aspirieren, sind hochgradig durch eine Aspirationspneumonie gefährdet.
- Menge und Merkmale der aspirierten Inhalte beeinflussen Morbidität und Mortalität. Nahrungspartikel können zur mechanischen Verlegung führen. Magensaft erodiert Alveolen und Kapillaren und verursacht eine chemische Pneumonitis.

Pädiatrische Überlegung

- Ein proportional übergroßer Atemwegsdurchmesser bei Säuglingen und kleinen Kindern erhöht die Gefahr der Aspiration von Fremdkörpern (Wong, 2003).
- Zu den häufig aspirierten Gegenständen im Haushalt und Nahrungsmitteln gehören Ballons (Luftballons sind unter den Produkten für Kinder die häufigste Ursache des Todes durch Ersticken), Babypuder, Hotdogs, Bonbons, Nüsse, Weintrauben und kleine Batterien.
- Kinder mit bestimmten angeborenen Anomalien (z. B. Tracheoösophagealfistel, Gaumenspalte, gastroösophagealer Reflux) sind stärker aspirationsgefährdet.

Einschätzungskriterien des Fokusassessments

Subjektive Daten

Einschätzen beeinflussender Faktoren

Anamnestisch bekannte Probleme beim Schlucken oder mit Aspiration.
Vorliegend oder anamnestisch bekannt: Siehe «Pathophysiologische Faktoren» unter «Einflussfaktoren».

Objektive Daten

Einschätzen beeinflussender Faktoren

Die Fähigkeit zu schlucken, zu kauen und selbst Nahrung aufzunehmen
Neuromuskuläre Beeinträchtigung:

- reduzierter/fehlender Würgereflex
- verminderte Kraft der beteiligten Kaumuskeln
- Wahrnehmungsstörung
- Gesichtslähmung

Mechanische Verlegung:

- Ödem
- Tracheostomatubus
- Tumor

Wahrnehmungsverhalten, Bewusstsein
Bewusstseinsgrad
Zustand des Mund- und Rachenraums
Regurgitation über die Nase
Heiserkeit
Aspiration
Husten 1–2 Sekunden nach dem Schlucken
Dehydratation
Apraxie.

Ziele

NOC

- Prävention von Aspiration

Bei der Person kommt es nicht zur Aspiration.

Indikatoren

- Berichten über Maßnahmen, um Aspiration zu verhindern.
- Benennen von Nahrungsmitteln oder Flüssigkeiten mit hoher Aspirationsgefahr.

Allgemeine Interventionen

NIC

- Aspirationsprophylaxe
- Atemwegsmanagement
- Lagerung
- Absaugen der Atemwege

Einschätzen ursächlicher oder beeinflussender Faktoren

Siehe «Einflussfaktoren».

Verringern der Aspirationsgefahr bei:

Klienten mit verminderter Kraft, geschwächtem Sensorium oder Erkrankungen des autonomen Nervensystems

Belassen Sie den Klienten in Seitenlage, sofern die nicht durch eine Verletzung kontraindiziert ist.

Lässt sich die Person nicht auf der Seite lagern, öffnen Sie die Atemwege durch Anheben und Vorziehen des Unterkiefers bei gleichzeitigem Rückwärtsneigen des Kopfes. Bei einem kleinen Säugling ist das Überstrecken des Halses u. U. unwirksam.

Achten Sie auf die Position der Zunge. Stellen Sie sicher, dass sie nicht zurückgesunken ist und die Atemwege verschließt.

Lassen Sie das Kopfende des Bettes angehoben, sofern dies nicht aufgrund einer Hypertonie oder Verletzung kontraindiziert ist.

Wahren Sie eine gute Mundpflege. Putzen Sie dem Klienten die Zähne und spülen Sie ihm den Mund mit einem Baumwolltupfer aus. Tragen Sie ihm Vaseline auf die Lippen auf und entfernen Sie vorsichtig Verkrustungen.

Entfernen Sie Sekrete aus Mund und Rachen vorsichtig mit einem Tuch oder durch sanftes Absaugen.

Reevaluieren Sie des Öfteren auf eine anatomische gute Lagerung.

Belassen Sie den Klienten nach dem Eingeben von Nahrung in Seitenlage.

F: Bei Personen mit gedämpftem Sensorium oder depressiven Geisteszuständen kommt es oft zu stummer Regurgitation.

F: Ein erhöhter Mageninnendruck kann zur Regurgitation und Aspiration beitragen. Ursachen sind u. a. intermittierende bzw. Bolusapplikation bei Sondenernährung, Obstruktionen, Adipositas, Schwangerschaft und vegetative Funktionsstörungen.

Tracheostoma- oder Endotrachealtuben

Blocken der Tubusmanschette:

- bei mechanischer Dauerbeatmung
- während und nach dem Essen
- während und eine Stunde nach Sondenernährung
- bei Behandlungen mit intermittierender Überdruckbeatmung.

Absaugen alle 1–2 Stunden und nach Bedarf.

F: Tracheostomatuben stören die Synchronität des Glottisverschlusses. Eine unzureichend geblockte Manschette schafft Raum für die Aspiration.

Magensonden und Sondenernährung

Versichern Sie sich, dass die Position der Sonde radiologisch oder durch Aspirieren grünlicher Flüssigkeit verifiziert wurde.

Versichern Sie sich, dass sich die Position der Sonde seit dem Einführen und Überprüfen nicht verändert hat.

Heben Sie das Kopfende des Bettes für 30–45 Minuten während des Eingebens der Nahrung und eine Stunde danach an, um einen Reflux zu verhindern.

Aspirieren Sie bei Magensonden vor jedem Eingeben von Nahrung, um zu prüfen, ob sich noch Nahrungsreste im Magen befinden.

Geben Sie Nahrung intermittierend ein, wenn der Nahrungsrest weniger als 150 ml beträgt. Beträgt der Rückstand nicht mehr als 150 ml, geben Sie die Nahrung mit 10–20 % der stündlichen Rate kontinuierlich ein.

Geben Sie die Nahrung über die Magensonde nach einem festen Plan ein, der auch Phasen vorsieht, in denen sich der Magen zwischen den Nahrungseingaben vollständig entleeren kann.

F: Die korrekte Platzierung einer Magensonde lässt sich am besten radiologisch verifizieren. Zuverlässig ist auch das Aspirieren von grüner Flüssigkeit oder Magenaspirat mit einem pH-Wert von 6,5 oder weniger. Das Verifizieren der Lage durch Instillieren von Luft bei gleichzeitigem Auskultieren oder das Aspirieren von Flüssigkeit, die nicht grün gefärbt ist, hat sich als ungenau erwiesen.

Für ältere Menschen mit Kau- und Schluckbeschwerden siehe Schluckstörung

Beginnen mit Gesundheitsedukation und Überweisen, soweit angezeigt

Instruieren Sie Person und Familie über Ursachen und Prävention der Aspiration.
Lassen Sie sich von der Familie Techniken der Sondenernährung vorführen.

Verweisen Sie die Familie an eine kommunale Pflegeeinrichtung, damit sie zu Hause Assistenz erhält.

Unterweisen Sie den Klienten in den Gefahren des Essens unter Alkoholeinfluss.

Unterweisen Sie im Heimlich-Handgriff, um aspirierte Fremdkörper zu entfernen.

Pädiatrische Interventionen

Maßnahmen bei Neugeborenen mit Lippenspalte, Gaumenspalte oder beidem

Lagern Sie das Kind mit gehobenem Kopf.

Verwenden Sie bei Säuglingen mit Lippen- bzw. Gaumenspalte spezielle Vorrichtungen zum Eingeben der Nahrung, wie z. B. eine Trinkplatte aus Kunststoff, den Haberman-Sauger oder einen Weithalssauger.

Positionieren Sie den Sauger so, dass er durch die Zunge und den vorhandenen Gaumen des Kindes komprimiert wird.

Achten Sie auf Zeichen für eine vorübergehende Unterbrechung des Stillens, wie etwa Heben der Augenbrauen und Stirnrunzeln (Wong, 2003).

Führen Sie den Sauger nicht durch die Spalte hindurch.

- Üben Sie am Boden des Fläschchens sanften Gegendruck aus, um dem Kind zu helfen, mit Zunge und Gaumen den Milchfluss zu kontrollieren.

Lassen Sie das Kind wegen des starken Luftschluckens oft aufstoßen.

Ist das Stillen mit dem Sauger nicht erfolgreich, verwenden Sie eine Spritze mit Gummispitze, um Fertignahrung auf den hinteren Teil Zunge zu bringen.

F: Alle Neugeborenen haben einen schwachen Tonus des M. sphincter pyloricus, was leicht zur Regurgitation führt (Wong, 2003).

F: Diese Kinder können nicht genug Druck ausüben, um normale Sauger verwenden zu können.

F: Saugen ist wichtig für die Entwicklung der Muskeln für die spätere Sprachentwicklung (Wong, 2003).

F: Exzessives Luftschlucken erfordert häufiges Aufstoßen-Lassen.

F: Sanfter Gegendruck am Boden des Fläschchens hilft dem Kind bei der Kontrolle von Zunge und Gaumen.

Sturzgefahr

Definition

Sturzgefahr: der Zustand, in dem eine Person verstärkt sturzgefährdet ist.

Sturzgefahr (engl. Risk for falls): Erhöhte Anfälligkeit für Stürze, die zu körperlichen Schäden führen können (NANDA-I, 2010).

Risikofaktoren

- **Erwachsene**
- Stürze in der Vorgeschichte
- Gebrauch eines Rollstuhls
- Gebrauch von Hilfsmitteln (z. B. Gehwagen [Gehrahmen], Gehstock)
- 65 Jahre oder älter
- alleinstehend
- Prothese der unteren Gliedmaßen.

physiologische

- Vorliegen einer akuten Krankheit
- postoperative Zustände
- Sehstörung
- Hörstörung
- Arthritis
- orthostatische Hypotonie
- Ohnmachtsgefühl beim Strecken des Kopfes
- Ohnmachtsgefühl beim Drehen des Kopfes
- Schlaflosigkeit
- Anämien
- Gefäßerkrankung
- Tumore in Verbindung mit Erschöpfung und eingeschränkter Mobilität
- Stuhldrang, [Harndrang]
- Inkontinenz
- Diarrhö
- postprandiale Blutzuckerschwankungen
- beeinträchtigte körperliche Mobilität
- Fußprobleme
- reduzierte Kraft der unteren Extremität
- Beeinträchtigung des Gleichgewichts
- Gangunsicherheit
- propriozeptive Defizite
- Neuropathie.

kognitive

- beeinträchtigter Geisteszustand.

Medikamente

- Antihypertensiva
- Angiotensin-Konversionsenzym (ACE)-Hemmer
- Diuretika
- trizyklische Antidepressiva

- Anxiolytika
- Hypnotika
- Tranquilizer
- Narkotika/Opiate
- Alkoholkonsum.

Umwelt

- freiheitseinschränkende Maßnahmen
- Wetterbedingungen (z. B. nasse Böden, Eis)
- unordentliche Umgebung
- Überwürfe und Teppichläufer
- fehlende rutschfeste Materialien im Bad
- fehlende rutschfeste Unterlage in der Dusche
- unbekannter Raum
- schwach beleuchteter Raum.

Kinder

- < 2 Jahre alt
- männliches Geschlecht bei einem Alter <1 Jahr
- fehlende Treppensicherung
- fehlende Fenstersicherung
- fehlende Autogurte
- unbeaufsichtigtes Kind auf einer erhöhten Oberfläche ([z. B.] Bett, Wickeltisch)
- Bett steht in der Nähe des Fensters
- fehlende Elternaufsicht.

Vorliegen von weiteren Risikofaktoren (siehe Gefahr der Gesundheitsschädigung, «Einflussfaktoren»).

Anmerkung der Autorin

Diese neue Diagnose kann speziell dazu dienen, eine sturzgefährdete Person kenntlich zu machen. Besteht bei der Person die Gefahr verschiedener Verletzungsarten (z. B. eine kognitiv gestörte Person), ist die weiter gefasste Diagnose *Gefahr der Gesundheitsschädigung* besser geeignet.

Irrtümer in diagnostischen Aussagen

1. *Sturzgefahr,* **b/d** *inadäquate Überwachung*
   Diese Diagnose beinhaltet eine juristisch unangemessene Aussage. Selbst wenn sie zutrifft, sollte die Diagnose neu formuliert werden als: *Sturzgefahr,* **b/d** *die demenzbedingte Unfähigkeit, Gefahrenquellen im Umfeld zu erkennen.*

Zentrale Konzepte

Siehe *Gefahr der Gesundheitsschädigung.*

Einschätzungskriterien des Fokusassessments

Siehe *Gefahr der Gesundheitsschädigung.*

Ziele

Siehe *Gefahr der Gesundheitsschädigung.*

Allgemeine Interventionen

Siehe *Verletzungsgefahr.*

Vergiftungsgefahr

Definition

Vergiftungsgefahr: der Zustand, in dem eine Person der Gefahr ausgesetzt ist, zufällig Medikamenten/Drogen oder gefährlichen Substanzen ausgesetzt zu sein oder diese aufzunehmen.

Vergiftungsgefahr (engl. Risk for poisoning): Besonderes Risiko, Medikamente oder gefährliche Substanzen in toxischen Dosen einzunehmen, oder ihnen unbeabsichtigt ausgesetzt zu sein (NANDA-I, 2010).

Risikofaktoren

innere

- reduzierte Sehkraft
- fehlende Sicherheitserziehung
- fehlende Drogenaufklärung
- fehlende angemessene Vorsichtsmaßnahmen [gefährliche Gewohnheiten, Missachtung von Sicherheitsmaßnahmen, fehlende Aufsicht]
- Äußerungen über unzureichende Schutzmaßnahmen im beruflichen Umfeld
- kognitive Schwierigkeiten
- emotionale Schwierigkeiten
- [Alter (z. B. Kleinkind, alter Mensch)]
- [chronische Krankheit, Behinderung]
- [kulturelle/religiöse Überzeugungen/Praktiken].

äußere

- große Mengen von Arzneimitteln im Haushalt
- Aufbewahrung von Medikamenten in unverschlossenen Schränken, die Kindern zugänglich sind
- Aufbewahrung von Medikamenten in unverschlossenen Schränken, die verwirrten Personen zugänglich sind
- Zugang zu illegalen Drogen, die mit giftigen Zusätzen versetzt sein können
- gefährliche Substanzen in der Reichweite von Kindern
- gefährliche Substanzen in der Reichweite verwirrter Personen
- [therapeutische Breite bestimmter Medikamente (z. B. therapeutische versus toxische Dosierung, Halbwertszeit, Art von Aufnahme und Abbau im Körper, adäquate Organfunktion)]
- [Einnahme pflanzlicher Nahrungsergänzungspräparate in großer Vielfalt oder in Überdosis].

Erstickungsgefahr

Definition

Erstickungsgefahr: der Zustand, in dem eine Person der Gefahr der inneren und äußeren Erstickung ausgesetzt ist.

Erstickungsgefahr (engl. Risk for suffocation): Besonderes Risiko einer unbeabsichtigten Erstickung (eines ungenügenden Angebots an Luft zum Einatmen) (NANDA-I, 2010).

Risikofaktoren

innere [betroffene Person]

- reduzierte olfaktorische Wahrnehmung
- reduzierte motorische Fähigkeiten
- fehlende Sicherheitserziehung
- fehlende Sicherheitsvorkehrungen
- kognitive Schwierigkeiten
- emotionale Schwierigkeiten [z. B. veränderter Bewusstseins-/Geisteszustand]
- Krankheitsverlauf
- Wundheilungsverlauf.

äußere [umweltbedingte]

- Kissen im Bett des Säuglings
- Saugflasche im Bett des Säuglings
- um den Hals des Säuglings hängender Schnuller
- Spielen mit Plastiktüten
- Einführen von kleinen Gegenständen in die Atemwege

- Kinder unbeaufsichtigt im Wasser lassen
- ausrangierte Kühlschränke, bei denen die Türen nicht abmontiert wurden
- laufende Automotoren in geschlossenen Garagen [oder defektes Auspuffsystem]
- Ölheizungen ohne Abluftvorrichtung
- Gasleck im Haushalt
- Rauchen im Bett
- niedrig hängende Wäscheleine
- Schlucken von großen Nahrungsbissen.

Vorliegen weiterer Risikofaktoren (siehe *Gefahr der Gesundheitsschädigung*, «Einflussfaktoren»).

Verletzungsgefahr

Definition

Verletzungsgefahr: der Zustand, in dem eine Person der Gefahr einer zufälligen Gewebsschädigung (z. B. Wunde, Verbrennung, Fraktur) ausgesetzt ist.

Verletzungsgefahr (engl. Risk for trauma): Besonderes Risiko einer unfallbedingten Gewebeschädigung (z. B. Wunde, Verbrennung, Bruch) (NANDA-I, 2010).

Risikofaktoren

innere

- Schwäche
- Gleichgewichtsstörungen
- reduzierte Muskelkoordination
- reduzierte Hand-Augen-Koordination
- beeinträchtigte Sehkraft
- reduzierte sensorische Wahrnehmung
- fehlende Sicherheitserziehung
- fehlende Sicherheitsvorkehrungen
- unzureichende finanzielle Mittel zur Beschaffung von Sicherheitsausrüstungen (Helme, Kindersitze usw.)
- kognitive Schwierigkeiten
- emotionale Schwierigkeiten
- frühere Verletzungen in der Vorgeschichte.

äußere [Auswahl]

- rutschige Böden (z. B. nass oder stark gewachst)
- Badewanne ohne rutschfeste Unterlage

- Gebrauch von wackeligen Leitern
- Gebrauch von wackeligen Stühlen
- versperrte Durchgänge
- Betreten unbeleuchteter Räume
- unzureichende Treppengeländer
- Kinder spielen oberhalb der Treppe ohne Treppensicherung
- Hochbetten
- ungeeignete Rufanlagen für bettlägerige Klienten
- unsicherer Fensterschutz in Häusern mit Kleinkindern
- Topfgriffe ragen über die Vorderseite des Herdes hinaus
- Baden in sehr heißem Wasser (z. B. unbeaufsichtigtes Baden junger Kinder)
- Explosionsgefahr bei Gaslecks
- verzögerte Zündung der Gasvorrichtung
- Tragen von weiter Kleidung in der Nähe von offenem Feuer
- leicht entzündliche Kinderkleidung
- leicht entzündliches Kinderspielzeug
- Rauchen im Bett
- Rauchen in der Nähe von Sauerstoff
- Fettrückstände auf dem Herd
- Kinder spielen mit gefährlichen Gegenständen
- Zugang zu Schusswaffen
- Spielen mit explosiven Stoffen
- Experimentieren mit Chemikalien
- unangemessene Lagerung von leicht entzündlichen Stoffen (z. B. Streichhölzer, ölige Lappen)
- unangemessene Lagerung von Korrosionsmitteln [korrodierenden Substanzen] (z. B. Laugen)
- überlasteter Sicherungskasten
- defekte elektrische Stecker
- ausgefranste Kabel
- defekte Haushaltsgeräte
- überlastete Steckdosen
- gefährlichen Maschinen ausgesetzt sein
- Kontakt mit sich schnell bewegenden Maschinen
- gegen freiheitseinschränkende Maßnahmen ankämpfen
- Kontakt mit intensiver Kälte
- fehlender Schutz vor Hitzequellen
- übermäßiger Strahlung ausgesetzt sein
- große, vom Dach hängende Eiszapfen
- Gebrauch von gesprungenem Geschirr
- Nachbarschaft mit hoher Kriminalitätsrate
- Fahren eines defekten Fahrzeuges
- Fahren mit überhöhter Geschwindigkeit
- Fahren ohne notwendige Sehhilfen
- Fahren unter Einfluss von Rauschmitteln
- Kinder fahren auf dem Vordersitz im Auto mit
- Nichtbenutzung von Sicherheitsgurten

- falscher Gebrauch von Sicherheitsgurten
- unsichere Straße
- unsichere Fußwege
- Spielen, Arbeiten in der Nähe von Fahrwegen (z. B. Zufahrtswege, Gassen, Eisenbahnlinien)
- falscher Gebrauch/kein Gebrauch von notwendigen (Schutz-)Helmen [z. B. zum Fahrrad-, Motorrad-, Skateboard- und Skifahren]
- Kontakt mit Korrosionsmitteln
- ungeschützt aufbewahrte Messer
- nicht befestigte elektrische Kabel
- nicht befestigte Teppiche.

Vorliegen von weiteren Risikofaktoren (siehe *Gefahr der Gesundheitsschädigung*, «Einflussfaktoren»).

Gefahr eines perioperativen Lagerungsschadens

Definition

Gefahr eines perioperativen Lagerungsschadens: der Zustand, in dem eine Person der Gefahr ausgesetzt ist, infolge einer operationsbedingten Lagerung und des narkosebedingten Verlusts üblicher Schutzreaktionen einen Schaden zu erleiden.

Gefahr eines perioperativen Lagerungsschadens (engl. Risk for perioperative-positioning injury): Risiko von unbeabsichtigten anatomischen und physischen Veränderungen, die auf die Lagerung oder Ausstattung zurückzuführen sind, die während des invasiven/chirurgischen Eingriffs eingesetzt wurden (NANDA-I, 2010).

Risikofaktoren

Vorliegen von Risikofaktoren (siehe «Einflussfaktoren»).

Einflussfaktoren

Pathophysiologische Faktoren

B/d erhöhte Anfälligkeit, s/b/d:

ein chronisches Leiden
Krebs, Kachexie
schmalen Körperbau

eine Strahlentherapie
Osteoporose
ein geschwächtes Immunsystem
eine Nieren- oder Leberfunktionsstörung
eine Infektion.

B/d gestörte Gewebsdurchblutung, s/b/d:

Diabetes mellitus
Anämie
Aszites
eine Herz-Kreislauf-Erkrankung
Hypothermie
Dehydratation
ein peripheres Gefäßleiden
eine anamnestisch bekannte Thrombose
Ödem.

B/d die Verletzlichkeit eines Stomas während des Lagerns.

B/d vorbestehende Muskelschwäche, Kontrakturen oder körperliche Beeinträchtigungen, s/b/d:

rheumatoide Arthritis
Poliomyelitis.

Behandlungsbedingte Faktoren

B/d Immobilisierung
B/d eine operationsbedingte Lagerung und narkosebedingten Verlust üblicher Schutzreaktionen, s/b/d Anästhesie*.
B/d durch chirurgische Eingriffe von 2 oder mehr Stunden Dauer.
B/d sensorische Wahrnehmungsstörungen [Störungen des Sensoriums oder der Wahrnehmung] s/b/d einer Anästhesie
B/d die Anfälligkeit von Prothesen oder Implantaten (z. B. Schrittmacher) während des Lagerns.

Situationsbedingte Faktoren (persönlich bedingt, umgebungsbedingt)

B/d eine Durchblutungsstörung, s/b/d:

Adipositas
Tabakkonsum
eine Schwangerschaft
einen kühlen Operationssaal.

---

* Dieser Risikofaktor ist stets vorhanden und kann in der diagnostischen Aussage auch weggelassen werden.

B/d kognitive Beeinträchtigung, s/b/d Desorientiertheit

Altersbedingte Faktoren

B/d erhöhte Verletzungsanfälligkeit des Gewebes, s/b/d:

den Status als Säugling
den Status als älterer Mensch und hohes Alter.

Anmerkung der Autorin

Schwerpunkt dieser Diagnose ist, zu erkennen, wie verletzungsanfällig Gewebe, Nerven und Gelenke durch operationsbedingte Lagerungen sind. Der *Verletzungsgefahr* den Zusatz *perioperative Lagerung* beizugeben, fügt der Bezeichnung eine Ätiologie hinzu.

Wenn bei einem Klienten keine Faktoren vorliegen, die ihn verletzungsanfälliger machen, ließe sich diese Diagnose auch ohne Einflussfaktoren verwenden, da diese klar zutage liegen. Wenn Einflussfaktoren gewünscht sind, könnte die Aussage wie folgt lauten: *Gefahr eines perioperativen Lagerungsschadens,* **b/d** *operationsbedingte Lagerung und narkosebedingten Verlust üblicher Schutzreaktionen.*

Wenn bei dem Klienten bereits Risikofaktoren bestehen, sollten diese auch in der Aussage enthalten sein, z. B.: *Gefahr perioperativer Lagerungsschäden,* **b/d** *eine gestörte Gewebsdurchblutung,* **s/b/d** *eine periphere arterielle Erkrankung.*

Irrtümer in diagnostischen Aussagen

1. *Gefahr eines perioperativen Lagerungsschadens,* **b/d** *inadäquate Schutzmaßnahmen*
   Diese Einflussfaktoren sind juristisch problematisch. Selbst wenn inadäquate Schutzmaßnahmen ein Problem sind, dürfen sie nicht in die diagnostische Aussage aufgenommen werden. Stattdessen sollte das Problem an das Pflegemanagement weitergeleitet werden.

Zentrale Konzepte

Allgemeine Überlegungen

- Die physiologischen Auswirkungen der Lagerung bei operativen Eingriffen hängen von der jeweiligen Position ab. Insgesamt betrachtet beeinträchtigt die Lagerung das Herz-Kreislauf-, Atmungs- und Nervensystem sowie das Muskel-Skelett-System und das Integument.
- Längere Immobilität senkt die kapilläre Durchblutung der Lunge. Lagerungsbedingter Druck auf die Rippen oder die Fähigkeit des Diaphragmas, den Inhalt des Abdomens nach unten zu drücken, schränken die Expansion der Lunge ein.
- Die Narkose führt zur Dilatation der peripheren Gefäße, was wiederum zu Hypotonie führt und den Rückstrom des Blutes zum Herz und in die Lunge verringert. Prolongierte Immobilität verursacht ein venöses Pooling.
- Adipöse Menschen sind aus folgenden Gründen verstärkt verletzungsgefährdet durch chirurgische Lagerungen (Fuller, 1994):

- Es ist schwierig, sie in Position zu bringen.
- Bereiche massiven Gewebes und erhöhten Drucks erfordern zusätzliche Polsterung.
- Die Mechanismen der Manipulation von Fettgewebe können die Operation verlängern.
- Die Genesungszeit kann verlängert sein, weil das Fettgewebe fettlösliche Stoffe zurückhält und die Elimination verlangsamt.
- Eine venöse Stase vermindert die Durchblutung und Fettgewebe wird schlecht mit Blut versorgt.
- Die Narkose führt dazu, dass das ausgeschaltete protektive System den Organismus nicht gegen exzessive Manipulationen schützt.

Geriatrische Überlegungen

- Osteoarthritis, der Verlust von Unterhautfett, eine verminderte periphere Durchblutung und geschwundene, schlaffe Muskeln können auf dem Operationstisch zu einer Verletzung bzw. einem Trauma von Knochen, Nerven und Haut beitragen (Martin, 2000).

Einschätzungskriterien des Fokusassessments

Subjektive Daten

Einschätzen vorbestehender Risikofaktoren

Siehe «Einflussfaktoren».

Objektive Daten

Einschätzen präoperativer Risikofaktoren

Haut
Temperatur (kühl, warm)
Farbe (blass, Rötung tief gelegener Bereiche, gerötet, zyanotisch, braun verfärbt)
Ulzerationen (Größe, Lokalisation, Beschreibung des umliegenden Gewebes).

Beidseitige Pulse (A. radialis, A. tibialis posterior und A. dorsalis pedis)
Frequenz, Rhythmus.
Volumen:

- + 0 = fehlend, nicht palpabel
- + 1 = fadenförmig, schwach, langsam an- und abschwellend
- + 2 = vorhanden, aber geschwächt
- + 3 = normal, leicht palpabel
- + 4 = aneurysmal.

Parästhesie (Taubheit, Kribbeln, Brennen)
Ödem (Lokalisation, Wegdrückbarkeit)
Wiederauffüllung der Kapillaren (normal: <– 3 s)
Beweglichkeit (normal, beeinträchtigt).

Gegenwärtige Muskel- und Gelenkschmerzen
0 = kein Schmerz.
10 = stärkster Schmerz.

Ziele

NOC

- Kreislaufstatus
- Neurologischer Status
- Gewebedurchblutung: Periphere

Die Person hat durch die operative Lagerung weder einen neuromuskulären Schaden noch eine entsprechende Verletzung erlitten.

Indikatoren

- Für den Eingriff wird eine entsprechend indizierte Polsterung vorgenommen.
- Gefährdete Gliedmaßen werden gesichert.
- Gliedmaßen werden gebeugt, wenn angezeigt.

Allgemeine Interventionen

NIC

- Lagerung: OP
- Pflegeassessment
- Druckentlastung

Feststellen, ob beim Klienten bereits Risikofaktoren bestehen (siehe «Risikofaktoren»); Weitergabe der Befunde an das chirurgische Team

Vor dem Lagern einschätzen und dokumentieren:

Umfang des Bewegungsradius
interne und externe Prothesen und Implantate
Kreislaufstatus
körperliche Anomalien
neurovaskulärer Status.

F: Gewebe und Haut können durch exzessiven Druck verletzt werden oder durch Auftreffen auf eine harte Unterlage ein Hämatom entwickeln. Stärker verletzungsanfällige Personen sind sehr junge Menschen, ältere und dehydrierte Menschen sowie sehr dünne oder sehr dicke Menschen und Menschen, die mehr als 2 Stunden immobil bleiben.

Umlagern der Person von der Transportliege auf den OP-Tisch

Setzen Sie dazu mindestens zwei Personen ein, welche die Hände wirklich frei haben, d. h. nicht beispielsweise eine I.v.-Infusion halten.

Erläutern Sie dem Klienten das Umlagern. Blockieren Sie alle Räder am Fahrgestell der Transportliege und am OP-Tisch.

Bitten Sie die Person, langsam auf den OP-Tisch überzuwechseln. Helfen Sie ihr dabei. Ziehen bzw. zerren Sie die Person nicht.

Wenn der Klient auf dem OP-Tisch liegt, befestigen Sie ein paar Zentimeter oberhalb des Knies einen Sicherheitsgurt und lassen Sie drei Fingerbreiten Raum.

Stellen Sie sicher, dass die Person weder die Metallfläche am Tisch noch Gerätschaften berührt.

Lassen Sie die Person nicht unbeaufsichtigt.

Erörtern der gewünschten chirurgischen Lagerung mit dem Chirurgen.

Hinweisen auf vorbestehende Faktoren; festlegen, ob die Lagerung vor oder nach der Narkose vorgenommen wird

Vor dem Bewegen einer anästhesierten Person stets den Anästhesisten oder die Anästhesiepflegeperson fragen

F: Ist nach dem Einleiten der Narkose ein Umlagern nötig, so lassen sich Scherkräfte und Reibung verhindern, indem man die Person anhebt statt sie zu rollen oder zu ziehen. Scherkräfte treten auf, wenn Hautschichten aufgrund der Reibung zwischen Bettwäsche und Haut fixiert bleiben und sich an knöcherne Strukturen gebundenes Gewebe unter dem Gewicht des Rumpfes bewegt (Fairchild, 1993). Gewebsschichten gleiten übereinander, was zum Abknicken oder Überdehnen subkutaner Blutgefäße führt und den Blutstrom von und zu einzelnen Bereichen hemmt (Porth, 2006).

Verringern der Verletzungsanfälligkeit (Weichteilgewebe, Gelenke, Nerven, Blutgefäße)

Richten Sie Hals und Wirbelsäule stets grade aus.

Gehen Sie mit Gelenken vorsichtig um. Abduzieren Sie nicht über 90 Grad hinaus.

Lassen Sie Extremitäten nicht über den OP-Tisch hinausragen. Gehen Sie beim Umlagern langsam und vorsichtig vor.

Verwenden Sie ein Stecklaken oberhalb der Ellenbogen, um die Arme seitlich zu fixieren oder abduzieren Sie den Arm auf einem Armbrett mit Polsterung.

F: Anästhetika stören die normale Vasodilatation und -konstriktion und senken damit die Durchblutung von Knochenvorsprüngen sowie von komprimierten und abhängig gelagerten Extremitäten.

Augen und Ohren vor Verletzung schützen

Verwenden Sie Polster oder eine spezielle Kopfstütze, um die Ohren sowie oberflächliche Nerven und Blutgefäße des Gesichts zu schützen, wenn der Kopf auf der Seite liegt.
Stellen Sie sicher, dass das Ohr bei der Lagerung nicht abgeknickt ist.
Schützen Sie die Augen ggf. durch eine Augenklappe oder eine feste Abdeckung vor Abschürfungen.

F: Exzessiver Druck durch die Lagerung, Geräte oder die Operation können Gesicht und Augen schädigen. Exzessiver Druck auf die Augen kann zur Thrombose der Zentralarterie der Netzhaut führen. Die Augen sollten geschlossen und feucht gehalten werden, um zu verhindern, dass sie austrocknen und sich der Klient kratzt.

Schützen verletzlicher Bereiche je nach operativer Lagerung, Dokumentieren der Lagerung und der Schutzmaßnahmen (Rothrock, 2003; AORN, 2004)

Rückenlage

Polstern Sie Fersen-, Kreuz- und Steißbein, den Processus olecrani, das Schulterblatt, die Sitzbeinhöcker und das Hinterhaupt.
Halten Sie die Arme des Klienten seitlich mit den Handflächen nach unten oder seitlich abduziert auf einem Armbrett.
Schützen Sie Kopf und Ohren, wenn der Kopf zur Seite gewandt ist.

Trendelenburg-Lage

Verwenden Sie eine gut gepolsterte und vom Hals abgewandte Schulterorthese über dem Acromion statt über dem Weichteilgewebe.

Umgekehrte Trendelenburg-Lage

Verwenden Sie ein gepolstertes Fußbrett.

Taschenmesserlage (modifizierte Bauchlage)

Verwenden Sie gepolsterte Armbretter in jeweils korrekter Höhe, damit die Ellenbogen bequem gebeugt werden können.
Legen Sie ein weiches Kissen unter das unten gelegene Ohr.
Polstern Sie Hüften und Oberschenkel mit großen Kissen.
Polstern Sie die Brüste.
Polstern Sie die männlichen Genitalien in natürlicher Position.
Legen Sie ein großes Kissen unter die Unterschenkel und Knöchel, damit die Zehen nicht auf dem OP-Tisch aufstoßen.

Verwenden Sie zusätzliche Polster am Schultergürtel und Olecranon, an der Spina iliaca anterior superior und der Kniescheibe sowie am Fußrücken.
Legen Sie an den Oberschenkeln einen Sicherheitsgurt an.

Bauchlage

Positionieren Sie zwei große Rollen in Längsrichtung vom Akromioklavikulargelenk bis zum Beckenkamm.
Weitere Informationen siehe «Taschenmesserlage».

Laminektomie

Nach Einleiten der Narkose helfen mindestens sechs Personen, die Person von der Trage auf den OP-Tisch und in die Diskektomiehalterung zu heben.
Halten Sie den Körper ausgerichtet.
Schützen Sie die Extremitäten vor Torsion.
Platzieren Sie zusammengerollte Handtücher in die Achselhöhlen.
Befolgen Sie die Vorsichtsmaßnahmen bei der Taschenmesserlage (s. o.).

Steinschnittlage

Polstern Sie die Bügel.
Lassen Sie die Beine des Klienten bei leichter Rotation seiner Hüften von zwei Personen gleichzeitig und langsam anheben. Positionieren Sie die Knie sanft und leicht gebeugt.
Lagern Sie das Gesäß etwa 2,5 cm über die Tischkante hinausragend.
Verwenden Sie ein kleines Lendenpolster und zusätzliche Polster im Sakralbereich.
Ziehen Sie dem Klienten Baumwollstrümpfe an.
Lagern Sie die Arme auf Armbrettern oder locker über dem Abdomen, gehalten durch ein Tuch.

Oberkörperhochlagerung

Lagern Sie den Hals gerade ausgerichtet.
Verwenden Sie ein gepolstertes Fußbrett.
Stützen Sie die Knie mit einem Kissen ab.
Kreuzen Sie die Arme locker über dem Abdomen und befestigen Sie sie mit Fixierband oder -binde auf einem Kissen.

Sims-Seitenlage (halbe Bauchlage)

Lagern Sie den Klienten in Seitenlage, mit gestreckten Armen auf doppelten Armbrettern.
Beugen Sie das unten liegende Bein.
Legen Sie ein kleines Kissen unter den Kopf.
Platzieren Sie ein zusammengerolltes Handtuch unter die Achsel des unten liegenden Arms.
Heben Sie die Flanke an und polstern Sie sie.
Beugen Sie das unten liegende Bein und platzieren Sie ein langes Kissen am Bein entlang bis zur Leiste.

Führen Sie ein 10 cm breites Klebeband von einer Seite des Tisches über den Beckenkamm zur anderen Seite.

Schützen Sie Knöchel und Füße vor Druck.

Schützen Sie die männlichen Genitalien, die Brüste der Frau und die Ohren wie bei der Taschenmesserlage.

F: Eine über längere Zeit durchgehaltene Lagerung kann Druck auf periphere und oberflächliche Nerven ausüben. Überstrecken der Extremität (> 90°) einer Person unter Narkose kann Nervenschäden verursachen (Fairchild, 1993; Rothrock, 1996).

- Überstrecken des Arms auf einem Armbrett kann den Plexus brachialis (im Arm) schädigen. Selbiges kann auch durch unkorrektes Platzieren der Schiene geschehen.
- Verletzungen des N. ulnaris treten auf, wenn ein Ellenbogen von der Matratze rutscht und zwischen Tisch und Epicondylus medialis komprimiert wird.
- Zu Schäden des N. radialis kommt es, wenn der Nerv zwischen Klient und Tischplatte komprimiert wird oder durch Aufschlagen auf den Tisch.
- Schäden des N. saphenus und des N. peronaeus treten beim Einsatz von Bügeln bei der Lithotomie auf, und zwar durch Druck des N. peronaeus gegen die Bügel oder Kompression des N. saphenus zwischen der metallenen poplitealen Kniestütze und dem Condylus medialis des Schienbeins.

F: Anästhesie und Muskelrelaxanzien führen zum Verlust der normalerweise schützenden Bewegungseinschränkungen. So dehnen sich beispielsweise Muskeln und werden gezerrt und verursachen Gelenk-, Sehnen- oder Bandverletzungen.

F: Anästhetika stören die normale Vasodilatation und -konstriktion und verringern damit die Durchblutung von Knochenvorsprüngen sowie von komprimierten und abhängig gelagerten Extremitäten.

Wenn möglich, den Klienten fragen, ob er nach dem Lagern Schmerzen, ein Brennen, Druck spürt oder andere Beschwerden hat

Ständig darauf achten, dass Teammitglieder sich nicht an den Klienten lehnen, vor allem nicht an die Extremitäten

Sicherstellen, dass der Kopf alle 30 Minuten leicht angehoben wird

Beim erneuten Lagern oder beim Rückführen der Person in die Rückenlage aus bestimmten chirurgischen Positionen (z. B. Trendelenburg-Lage, Steinschnittlage, umgekehrte Trendelenburg-Lage, Taschenmesserlage, Seitenlage) langsamer Lagewechsel, um eine schwere Hypotonie zu verhindern

Einschätzen des Hautzustandes nach Abschluss der Operation. Dokumentieren der Befunde. Informieren der Postanästhesie-Pflegeperson über vorbestehende Risikofaktoren, welche die postoperative Vulnerabilität erhöhen

Postoperatives Fortsetzen des Einschätzens und Reduzierens von Druck auf vulnerable Bereiche

Schlafstörung

Schlafstörung

Schlafmangel

Definition

Schlafstörung: der Zustand, in dem eine Person einen Wandel in Quantität und Qualität ihres Ruheverhaltens erfährt, der zu Unwohlsein führt oder die gewünschte Lebensweise stört.

Schlafstörung (engl. Insomnia): Unterbrechung der Dauer und Qualität des Schlafs, die zu einer Beeinträchtigung im Alltag führt (NANDA-I, 2010).

Bestimmende Merkmale oder Kennzeichen

Hauptkennzeichen (obligat)

Erwachsene

Ein- und Durchschlafprobleme.

- Patient berichtet über Einschlafschwierigkeiten
- Patient berichtet über Durchschlafschwierigkeiten
- Patient berichtet über zu frühes Aufwachen
- Patient berichtet über Unzufriedenheit mit dem Schlaf (gegenwärtig [gängig])
- Patient berichtet über nicht erholsamen Schlaf
- Patient berichtet über Schlafstörungen, die Nachwirkungen am nächsten Tag hervorrufen
- Patient berichtet über Energiemangel
- Patient berichtet über Konzentrationsschwierigkeiten
- Patient berichtet über Stimmungsveränderungen
- Patient berichtet über verschlechtertem Gesundheitszustand
- Patient berichtet über verschlechterte Lebensqualität
- Patient berichtet über vermehrte Unfälle
- beobachteter Energiemangel
- beobachtete Veränderungen der Gefühlsregungen [des Affekts]
- vermehrtes Fehlen (z. B. Arbeit/Schule).

Nebenkennzeichen (fakultativ)

Erwachsene

Erschöpfung beim Erwachen oder am Tage

Agitiertheit

Dösen am Tage

Stimmungsumschwünge.

Kinder

Schlafstörungen bei Kindern werden oft beeinflusst durch Furcht, Enuresis oder unstimmige Reaktionen von Eltern auf Bitten des Kindes um Änderungen der Regeln für das Zubettgehen, wie etwa die Bitte, länger aufbleiben zu dürfen.

Abneigung gegen das Schlafengehen.

Beharren darauf, bei den Eltern zu schlafen.

Häufiges Erwachen in der Nacht.

Einflussfaktoren

Viele Faktoren können zu Schlafstörungen beitragen. Einige häufige werden im Folgenden genannt.

Pathophysiologische Faktoren

B/d häufiges Erwachen, s/b/d:

- *gestörten Sauerstofftransport:*
  - Angina pectoris
  - Durchblutungsstörungen
  - Atemwegserkrankungen
  - periphere Arteriosklerose.
- *gestörte Ausscheidung (Darm oder Blase):*
  - Diarrhö
  - Dysurie
  - Harnverhalt
  - Harninkontinenz/-drang
  - Obstipation
  - Pollakisurie.
- *Stoffwechselstörungen:*
  - Hyperthyreose
  - Lebererkrankungen
  - Magengeschwüre
  - *physisches Unbehagen* (z. B. [Körpertemperatur], Kurzatmigkeit, Husten, gastroösophagealer Reflux, Übelkeit.

Behandlungsbedingte Faktoren

B/d Unterbrechung des Schlafs (durch Interventionen)

B/d Schwierigkeiten beim Einnehmen der üblichen Haltung, s/b/d (zu spezifizieren).

B/d übermäßiges Schlafen am Tage, s/b/d Medikamente:

Tranquilizer
Monoaminoxidasehemmer

Antidepressiva
Amphetamine
Schlafmittel
schlaffördernde Mittel (Hypnotika)
Kortikosteroide
Sedativa
Barbiturate
Antihypertonika.

Situationsbedingte Faktoren (persönlich bedingt, umgebungsbedingt)

unangemessene/unangepasste Schlafhygiene

B/d exzessive Hyperaktivität, s/b/d:

eine bipolare Störung
eine Aufmerksamkeitsstörung
Panik, Angst
Einnahme von Stimulanzien (Koffein, Teein).

B/d übermäßiges Schlafen (Nickerchen) am Tage.
B/d Depression.
B/d inadäquate Aktivitäten am Tage (bzgl. Zeiten/Umfang).
B/d Schmerzen.
B/d eine Angstreaktion.
B/d elterliche Verpflichtungen.
B/d Beschwerden, s/b/d eine Schwangerschaft
B/d Einnahmen von Alkohol (als «Schlafmittel»).

B/d Brüche in der Lebensweise, s/b/d:

beruflich
sexuell
emotional
finanziell
sozial.

B/d umgebungsbedingte Faktoren
(z. B. lärmige, zu helle, zu dunkle Umgebung, (ungewohnte/unangenehme Umgebungstemperaturen/-feuchtigkeit, unbekannte Situation).
B/d Ängste, Befürchtungen, Furcht
B/d Veränderungen des zirkadianen Rhythmus, Beeinträchtigung des normalen Schlafmusters (z. B. Reise, Schichtarbeit)
B/d Trauer
B/d Stress (z. B. Grübeln vor dem Einschlafen)

Altersbedingte Faktoren

Kinder
B/d Angst vor Dunkelheit.

Erwachsene Frauen
B/d hormonelle Umstellungen, geschlechtsbedingte Hormonschwankungen (z. B. in der Perimenopause).

Anmerkung der Autorin

Schlafstörungen können viele Ursachen und beeinflussende Faktoren haben, wie z. B. Asthma, Tabakkonsum, Stress, Eheprobleme und Reisen. Klinisch kann es von Nutzen sein, Schlafstörungen als Diagnose – *Schlaflosigstörung* oder *Schlafmangel* – oder als Zeichen bzw. Symptom einer anderen Pflegediagnose oder medizinischen Diagnose zu betrachten. Angesichts dieser klinischen Option kann die Pflegeperson *Schlaflosigstörung* oder *Schlafmangel* zusätzlich zu anderen Pflegediagnosen, wie *Stressüberlastung, Schmerz, unwirksames Coping, gestörtes familiäres Coping* oder *gefahrengeneigtes Gesundheitsverhalten* anwenden.

Irrtümer in diagnostischen Aussagen

1. *Schlafstörung,* **b/d** *Apnö*
   Diese Diagnose erfordert die gemeinsame Überwachung und Betreuung durch Pflegepersonen und Ärzte, die Pflegeperson sollte sie daher als interdisziplinäres Problem *PK: Schlafapnö* formulieren.
2. *Schlafstörung,* **b/d** *Hospitalisierung*
   Diese Diagnose gibt die notwendige Behandlung nicht wieder. Die Auswirkungen der Hospitalisierung auf den Schlaf sollten spezifiziert werden, wie z. B. in: *Schlafstörung,* **b/d** *Veränderungen der gewohnten Schlafumgebung, unvertraute Geräusche und Unterbrechungen durch Assessments.*

Zentrale Konzepte

Allgemeine Überlegungen

- Es gibt zwei verschiedene Arten von Schlaf: mit raschen Augenbewegungen (REM) und ohne rasche Augenbewegungen (NREM). Rund 75 % der gesamten Schlafzeit bestehen aus NREM-Schlaf, die übrigen 25 % sind REM-Schlaf (Porth, 2006).
- Der gesamte Schlafzyklus umfasst 80–100 Minuten und wird im Laufe einer Schlafperiode 4- bis 5-mal durchlaufen.
- Schlaf ist ein Erneuerungs- und Erholungsprozess, der das Zellwachstum und die Wiederherstellung von geschädigtem und alterndem Körpergewebe fördert. Während des NREM-Schlafs sinken der Stoffwechsel sowie Herz- und Atemfrequenz auf basales Niveau und der Blutdruck nimmt ab. Es kommt zu tiefer Muskelentspannung, das Knochenmark ist mitotisch aktiv und die Regenerierung des Gewebes sowie die Proteinsynthese sind beschleunigt. [Der NREM-

Schlaf ist maßgeblich das Gefühl des Ausgeruht- und Erholtseins am nächsten Morgen. Anm. d. Hrsg.]. Während des REM-Schlafs ist das sympathische Nervensystem verstärkt aktiv, mit erratischen Anstiegen der Herzleistung sowie der Herz- und Atemfrequenz. Die Durchblutung der grauen Hirnsubstanz verdoppelt sich und kognitive und emotionale Informationen werden gespeichert, gefiltert und strukturiert (Boyd, 2005).

- Die aktive Phase des Schlafzyklus, der REM-Schlaf, ist charakterisiert durch erhöhte unregelmäßige Vitalzeichen, Erektionen, schlaffe Muskulatur und die Freisetzung von Nebennierenrindenhormonen. REM-Schlaf tritt etwa 4- oder 5-mal pro Nacht ein und ist entscheidend für das Wohlbefinden einer Person. REM-Schlaf ist hilfreich beim Fördern der emotionalen Adaptation; nach Phasen mit erhöhtem Stress oder Lernphasen benötigt man erheblich mehr REM-Schlaf (Blissitt, 2001).
- Der Prozentsatz tatsächlich im Bett schlafend verbrachter Zeit bzw. die *Schlafeffizienz* beeinflusst die Wahrnehmung der Schlafqualität. Studien zufolge berichten jüngere Menschen typischerweise über eine Schlafeffizienz von 80–95 %, während ältere Menschen 67–70 % angeben (Hayashi/Endo, 1982).
- Schlafentmangel führt zu beeinträchtigtem kognitiven Funktionieren (Gedächtnis, Konzentration, Urteilsvermögen) und zu Wahrnehmungsstörungen, geistiger Erschöpfung, verminderter emotionaler Kontrolle und vermehrtem Misstrauen, erhöhter Reizbarkeit, Depression und Desorientiertheit. Ferner senkt Schlafmangel die Schmerzschwelle sowie die Produktion von Katecholaminen, Kortikosteroiden und Hormonen (Boyd, 2001; Dines-Kalinowski, 2000).
- Die im jeweiligen Alter benötigte Menge an Schlaf zeigt **Tabelle II-20**.
- Hammer (1991) identifizierte drei Subkategorien von *Schlafstörung*: verzögertes oder erschwertes Einschlafen, unterbrochener Schlaf und frühes Erwachen.
- Menschen mit Depression berichten, dass sie früh am Morgen erwachen und nicht wieder einschlafen können. Menschen mit Angst klagen über Schlafstörung und häufiges Erwachen (Boyd, 2005).
- Hypnotika tragen zu Schlafstörungen bei (Abrams, 2004), denn:
  - Sie erfordern aufgrund der Toleranzentwicklung stets steigende Dosen.
  - Es kommt zur ZNS-Depression.
  - Sie haben paradoxe Wirkungen (Albträume, Agitiertheit).
  - Sie stören den REM-Schlaf und die Tiefschlafphasen.
  - Aufgrund der sehr langen Halbwertszeit führen sie zu Schläfrigkeit bei Tag.
- Schlafstörungen werden von 50–100 % peri- und postmenopausaler Frauen angegeben. Verursacht werden sie durch Hitzewallungen und Schweißausbrüche infolge der hormonellen Veränderungen (Landis/Moe, 2004).
- Schlafstörungen bei Frauen in der Peri- und Postmenopause werden verursacht durch die Neuregulierung der neuroendokrinen Funktion des Hypothalamus und Veränderungen der Menge und Art von Sexualhormonen. Diese Veränderungen wirken sich auf Stimmung und Kognition, auf die Reaktion auf Stress, die Körpertemperatur und Schlaf-Wach-Zyklen aus (Landis/Moe, 2004).

Tabelle II-20: Schlafbedarf nach Altersgruppen

Alter	Schlafdauer [h]
Neugeborene	14–18
6 Monate	12–16
6 Monate bis 4 Jahre	12–13
5 bis 13 Jahre	7–8,5
13 bis 21 Jahre	7–8,75
Erwachsene unter 60 Jahren	6–9
Erwachsene über 60 Jahre	7–8

Pädiatrische Überlegung

- Dauer und Verteilung des Schlafs schwanken bei Kindern ganz erheblich (Cureton-Lane/Fontaine, 1997) (Tab. II-21).
- Schlaf wirkt sich auf Wachstum und Entwicklung eines Kindes ebenso aus wie auf die Familie als Ganzes (Hunsberger, 1989).
- Mit dem Heranwachsen des Kindes nimmt die Anzahl der schlafend verbrachten Stunden ab. Außerdem ändert sich mit zunehmendem Alter auch die Schlafqualität. Schlaf wird bei einem Säugling in 50 % der Zeit als tief und erholsam beschrieben, bei älteren Kindern sind es 80 % (Wong, 2003).

Tabelle II-21: Dauer und Verteilung des Schlafs bei Kindern (Quelle: Cureton-Lane/Fontaine, 1997)

Alter	Schlafdauer [h]
Neugeborene	16
12 Monate	10; 3-std. Schlummern
24 Monate	11; 2-std. Schlummern
4 Jahre	10,5
7 Jahre	10
12 Jahre	9
16 Jahre	8

Geburtshilflich-gynäkologische Überlegungen

- Die Aktivität des Feten kann in der Spätschwangerschaft den Schlaf stören. Wenn die Schwangere auf dem Rücken liegt, kann es zu Dyspnö kommen (Pillitteri, 2003).
- Die Effekte eines Ruhe- und Schlafentzugs bei der Mutter können auch die Fähigkeit der Frau, ihre neue Rolle einzunehmen und beizubehalten, negativ beeinflussen (Larlein/Butler, 2000).

Geriatrische Überlegungen

- Untersuchungen zufolge nimmt die Schlafeffizienz mit zunehmendem Alter ab, daher ist mehr Zeit im Bett erforderlich, um einen erholsamen Schlaf zu erreichen. Die Schlafdauer nimmt mit dem Alter leicht ab (z. B. 6 h mit 70 Jahren). Auch die Stadien 3 und 4 des REM-Schlafs nehmen mit dem Alter ab (Hammer, 1991).
- Schlafstörungen gehören zu den häufigsten Klagen unter älteren Menschen (Hammer, 1991).
- Älteren Menschen fällt es im Vergleich zu jüngeren schwerer einzuschlafen, sie wachen leichter auf und verbringen mehr Zeit im Stadium der Schläfrigkeit und weniger Zeit in den Traumstadien (Miller, 2004).
- Miller (2004) zufolge klagen etwa 70 % älterer Menschen über Schlafstörungen, zu denen gewöhnlich auch Schläfrigkeit am Tag, Einschlafstörungen und häufiges Erwachen gehören.

Einschätzungskriterien des Fokusassessments

Subjektive Daten

Einschätzen bestimmender Merkmale oder Kennzeichen

Schlafrhythmus (jetzt, früher)

Bewerten des Schlafs auf einer Skala von 1 bis 10 (10 = ausgeruht, erfrischt)
Übliche Zeiten des Zubettgehens und Aufstehens
Einschlafstörungen, Durchschlafstörungen, erschwertes Erwachen (wie oft?)
Nickerchen.

Schlafbedarf

Um festzustellen, wie viel Schlaf eine Person braucht, lassen Sie den Betreffenden schlafen gehen und schlafen, bis er morgens aufwacht (ohne Wecker). Die Person sollte dies ein paar Tage lang tun. Berechnen Sie die durchschnittlich schlafend verbrachten Stunden, wobei Sie 20–30 Minuten – die Zeit, welche die meisten brauchen, um einzuschlafen – abziehen sollten.

Anamnese der Symptome

Klagen über:

- Schlaflosigkeit
- Angst/Furcht (Albträume, Dunkelheit, altersspezifische Situationen)
- Depression
- Reizbarkeit.

Einschätzen beeinflussender Faktoren

Siehe «Einflussfaktoren».

Objektive Daten

Einschätzen bestimmender Merkmale oder Kennzeichen

Körperliche Merkmale:
abgespanntes Aussehen (blass, dunkle Ringe unter den Augen, verquollene Augen)
Gähnen
Dösen, Nickerchen bei Tage
verkürzte Aufmerksamkeitsspanne
Reizbarkeit.

Ziele

NOC

- Ruhe
- Schlaf
- Behaglichkeitsstatus

Die Person berichtet über optimale Ausgewogenheit von Ruhe und Aktivität.

Indikatoren

- Beschreiben von Faktoren, die Schlaf verhindern oder hemmen.
- Identifizieren von Techniken der Schlafinduktion.

Allgemeine Interventionen

NIC

- Energiemanagement
- Schlafförderung
- Umgebungsmanagement

Da der Schlafrhythmus durch verschiedene Faktoren gestört werden kann, sollte die Pflegeperson im Sachregister nach spezifischen Interventionen suchen, um bestimmte Faktoren (z. B. Schmerz, Angst, Furcht) zu reduzieren. Im Folgenden werden allgemeine Interventionen zur Schlafförderung sowie spezifische Interventionen in ausgewählten klinischen Situationen genannt.

Identifizieren ursächlicher und beeinflussender Faktoren

Siehe «Einflussfaktoren».

Erklären Sie die Schlafzyklen und den Schlafbedarf.

F: Der Schlafzyklus umfasst REM- und NREM-Schlaf, [wobei NREM-Schlaf in Leichtschlaf (Stadium I–II) und Tiefschlaf (Stadium II–IV) unterschieden wird. Gelegentliche Wachphasen gelten als normal (Borbely, 2004), Anm. d. Hrsg.]. Typischerweise durchläuft eine Person pro Nacht vier bis fünf vollständige Schlafzyklen. Während eines Zyklus aufzuwachen kann dazu führen, dass sich der Betreffende am nächsten Morgen nicht richtig ausgeruht fühlt.

F: Auch wenn viele glauben, ein Mensch brauche 8 Stunden Schlaf pro Nacht, wird diese Überzeugung durch keinerlei wissenschaftliche Beweise gestützt. Im Allgemeinen braucht eine Person, der es leicht fällt, zu entspannen und auszuruhen, weniger Zeit, um zu schlafen und sich erfrischt zu fühlen. Mit zunehmendem Alter nimmt die Schlafdauer insgesamt ab, und zwar vor allem das Schlafstadium 4. Die Schlafdauer im Leichtschlaf-Stadium 1 nimmt zu.

Reduzieren oder Beseitigen von Ablenkung aus der Umgebung und von Schlafunterbrechungen

Lärm

Schließen Sie die Zimmertür.

Ziehen Sie die Vorhänge zu.

Stöpseln Sie das Telefon aus.

Verwenden Sie «weißes Rauschen» (z. B. einen Ventilator, ruhige Musik, eine CD mit Regen oder Meeresrauschen).

Beseitigen Sie 24-Stunden-Beleuchtung.

Sorgen Sie für ein Nachtlicht.

Verringern Sie Ausmaß und Art eingehender Stimuli (z. B. Gespräche des Personals untereinander).

Decken Sie blinkende Lämpchen mit Pflaster ab.

Reduzieren Sie die Lautstärke von Alarmen und des Fernsehers.

Bringen Sie den Klienten mit einem kompatiblen Bettnachbarn zusammen unter, wenn möglich.

Unterbrechungen

Organisieren Sie Prozeduren dergestalt, dass es in Schlafphasen nur zu einem Mindestmaß an Störungen kommt. Wenn eine Person z. B. aufwacht, um Medikamente einzunehmen, sollten Sie auch Behandlungen durchführen und Vitalzeichen bestimmen.

Vermeiden Sie unnötige Prozeduren während der Schlafphase.

Schränken Sie Besuch während optimaler Ruhephasen (z. B. nach den Mahlzeiten) ein.

Wenn es nachts zu Unterbrechungen des Schlafs kommt, weil der Klient die Blase entleeren muss, lassen Sie ihn zur Schlafenszeit Flüssigkeiten einschränken und vor dem Schlafengehen die Blase entleeren.

F: Forschenden zufolge sind die wichtigsten Störfaktoren für den Schlaf von Intensivpatienten Aktivität, Lärm, Schmerz, der körperliche Zustand, Pflegeprozeduren, Licht, ein Bettbogen und Hypothermie.

F: Coffein und Nikotin sind ZNS-Stimulanzien, die den Schlafeintritt verzögern und nächtliche Wachphasen erhöhen (Miller, 2004).

Verstärken von Aktivitäten bei Tage, soweit angezeigt

Erstellen Sie mit dem Klienten einen Aktivitätenplan für den Tag (Spazierengehen/Umhergehen, Physiotherapie).

Raten Sie ab von Nickerchen, die länger als 90 Minuten dauern.

Raten Sie ab von Nickerchen am Morgen.

Schränken Sie Ausmaß und Dauer des Schlafens bei Tag ein, wenn es zu viel wird, d.h. mehr als eine Stunde dauert.

Halten Sie andere dazu an, mit der Person zu kommunizieren und sie wach zu halten.

F: Frühmorgendliche Nickerchen bewirken mehr REM-Schlaf als Nickerchen am Nachmittag. Nickerchen, die länger als 90 Minuten dauern, schwächen den Stimulus für längere Schlafzyklen, bei denen es zu REM-Schlaf kommt.

Schlafförderung

Beurteilen Sie mit der Person, der Familie oder den Eltern die übliche Routine beim Schlafengehen – Zeit, Körperpflege, Rituale (Vorlesen, Spielzeug) – und halten Sie sie möglichst genau ein.

Halten Sie zu abendlicher Pflege/Versorgung an oder sorgen Sie dafür:

- Badezimmer oder Bettpfanne
- Körperpflege (Mundpflege, Bad, Dusche, Teilbad)
- saubere Bettwäsche und Nachtbekleidung (frisch gemachtes Bett, genügend Decken).

Einschlafhilfen:

- ein warmes Bad
- ein beliebtes «Betthupferl» (stark gewürzte und ballaststoffhaltige Nahrungsmittel vermeiden)
- etwas zum Lesen
- Einreiben oder Massieren des Rückens
- Milch
- sanfte Musik oder ein Hörbuch
- Entspannungs- und Atemübungen.

Verwenden von Kissen zum Abstützen (z.B. einer schmerzhaften Gliedmaße, eines schwangeren oder adipösen Abdomens, des Rückens).

Stellen Sie sicher, dass die Person in 24 Stunden mindestens vier oder fünf Phasen von jeweils mindestens 90 Minuten ununterbrochenen Schlafes hat.

Dokumentieren Sie in jeder Schicht, wie lange die Person ununterbrochen schläft.

F: Um sich ausgeruht zu fühlen, muss man gewöhnlich 4- oder 5-mal pro Nacht einen vollständigen Schlafzyklus (70–100 min) abschließen.

F: Schlaf ohne Entspannung ist schwierig und diese kann durch die unvertraute Umgebung einer Klinik verhindert werden.

Beginnen mit Gesundheitsedukation und Überweisen, soweit angezeigt

Unterweisen Sie in einer Schlafroutine für den häuslichen Bereich (Miller, 2004):

- Einhalten eines festes Tagesplans für das Aufwachen, Schlafen und Ruhen (Wochentags, Wochenenden).
- Aufstehen zur gewohnten Zeit, auch wenn man nicht gut geschlafen hat; wenn man wach ist, möglichst nicht im Bett bleiben.
- Wenn man wach ist und nicht wieder einschlafen kann, aufstehen, in einen anderen Raum gehen und 30 Minuten lang ein Buch lesen.
- Vermeiden coffeinhaltiger Nahrungsmittel und Getränke (z. B. Schokolade, Tee, Kaffee) am Nachmittag und Abend.
- Vermeiden von Alkohol.
- Versuch mit einem Imbiss aus Nahrungsmitteln mit hohem L-Tryptophangehalt (z. B. Milch, Erdnüsse).

Lehren Sie die Bedeutung regelmäßiger körperlicher Betätigung (Walking, Laufen, Aerobic-Dance) über mindestens 30 Minuten, 3-mal pro Woche (falls nicht kontraindiziert), um Stress abzubauen und den Schlaf zu fördern.

Erklären Sie, dass Hypnotika aufgrund der Gefahr einer Toleranzentwicklung und der Störung des Funktionierens im Alltag nicht für den Langzeitgebrauch gedacht sind.

Erklären Sie der Person und Bezugspersonen die Ursachen von Schlafstörungen und mögliche Wege, diese Ursachen zu vermeiden oder auf ein Minimum zu reduzieren.

Verweisen Sie eine Person mit chronischer Schlafstörung an ein Fachzentrum bzw. Schlaflabor.

Konsultieren Sie bei Frauen in der Peri- und Postmenopause die zuständige Pflegeperson in der Primärversorgung bzw. den Gynäkologen wegen einer Behandlung.

- Sedativa und Hypnotika beginnen nach einer Woche ihre Wirkung zu verlieren, erfordern eine Dosissteigerung und führen zur Gefahr der Abhängigkeit.
- Warme Milch enthält L-Tryptophan, das schlafinduzierend wirkt (Hammer, 1991).
- Coffein und Nikotin zögern als ZNS-Stimulanzien das Einschlafen hinaus und lassen den Klienten nachts häufiger und länger wach liegen.
- Alkohol bewirkt Schläfrigkeit, unterdrückt jedoch den REM-Schlaf und lässt den Klienten häufiger erwachen (Miller, 2004).
- Nickerchen am frühen Morgen bewirken mehr REM-Schlaf als am Nachmittag. Nickerchen von mehr als 90 Minuten Dauer schwächen den Anreiz zu längeren Schlafzyklen, bei denen es zu REM-Schlaf kommt.

Pädiatrische Interventionen

Maßnahmen

Erklären Sie dem Kind die Nacht (Mond und Sterne).

Besprechen Sie, wie manche Menschen nachts arbeiten (Pflegende, Fabrikarbeiter).

Erklären Sie, dass es bei manchen Menschen auf der Welt Tag wird, wenn bei Ihnen die Nacht hereinbricht.

Wenn das Kind einen Albtraum hat, ermutigen Sie es, darüber zu sprechen, wenn möglich. Versichern Sie dem Kind, dass es sich um einen Traum handelt, selbst wenn er sehr real scheint. Sagen Sie dem Kind, dass auch Sie träumen.

Sorgen Sie für ein Nachtlicht oder eine Taschenlampe, um dem Kind Kontrolle über die Dunkelheit zu geben.

Versichern Sie dem Kind, dass Sie stets in der Nähe sind.

Erklären Sie die möglichen Schlafstörungen.

Stellen Sie sicher, dass Säuglinge und Kinder in der Klinik altersgerecht vollständige Schlafzyklen haben (Cureton-Lane/Fontaine, 1997).

F: Schlafstörungen sind gewöhnlich bedingt durch Nahrungsaufnahme, Widerstand gegen eine Operation und normale Ängste.

F: Kinder müssen die Schlafenszeit verstehen und man muss ihnen helfen, sich darauf vorzubereiten. Dazu gehört auch, das Kind langsam vom Aktivsein auf die Schlafenszeit umzustellen. Es ist eine Zeit der Ruhe, des Sicherheit-Gebens und der Nähe.

F: Kindern sollte man helfen zu lernen, dass das Bett ein sicherer Ort ist.

F: Der REM-Schlaf schwankt mit dem Entwicklungsalter (Cureton-Lane/Fontaine, 1997).

Geburtshilflich-gynäkologische Interventionen

Maßnahmen

Erörtern Sie die Gründe für Schlafstörungen während der Schwangerschaft (z. B. Wadenkrämpfe, Rückenschmerzen, Kindsbewegungen).

Lehren Sie die Klientin, Kissen anzuordnen, wenn sie sich in Seitenlage befindet (eins zwischen den Beinen, eins unter dem Abdomen, eins unter dem oben liegenden Arm und eins unter dem Kopf).

Lehren Sie die Klientin, 2–3 Stunden vor dem Schlafengehen Coffein und große Mahlzeiten zu vermeiden.

Lehren Sie die Klientin, sich täglich körperlich zu betätigen und zur Schlafenszeit ein warmes Bad zu nehmen.

Ermutigen Sie zu einem Nickerchen am Nachmittag.

Versuchen Sie, häusliche Assistenz für die Zeit nach der Geburt zu bekommen.

F: Interventionen zur Linderung von Beschwerden durch den sich vergrößernden Uterus können schlaffördernd wirken (Pillitteri, 2003).

F: Siehe Begründung für «Allgemeine Interventionen».

Geriatrische Interventionen

Maßnahmen

Erklären Sie die Auswirkungen von Alkohol auf den Schlaf (z. B. Albträume, häufiges Erwachen).

Erklären Sie, dass rezeptpflichtige ebenso wie freiverkäufliche Schlafmittel nach einem Monat nicht mehr wirken, die Schlafqualität beeinträchtigen und das Funktionieren im Alltag stören.

Instruieren Sie den Klienten, freiverkäufliche Schlafmittel aufgrund ihrer antihistaminischen Effekte zu meiden.

Sollte der Klient für ein paar Tage Schlafmittel benötigen, raten Sie ihm, sich an die zuständige Pflegeperson in der Primärversorgung bzw. den Hausarzt zu wenden, um sich ein Medikament mit kurzer Halbwertszeit verschreiben zu lassen.

F: Ältere Menschen sind verstärkt empfindlich für Hypnotika und Schlafmittel und spüren mehr Nebenwirkungen (z. B. Obstipation, Verwirrtheit und Beeinträchtigung der Schlafqualität).

F: Alkohol, Coffein sowie bestimmte Medikamente, wie Steroide, Theophyllin und Betablocker sowie – bei chronischem Gebrauch – Sedativa oder Hypnotika, können Schlafstörungen verursachen.

Schlafmangel

Definition

Schlafmangel: der Zustand, in dem eine Person längere Phasen ohne nachhaltige, natürliche, periodische Zustände relativer Bewusstlosigkeit erlebt.

Schlafmangel (engl. Sleep deprivation): Andauernde Perioden der Schlaflosigkeit (Aufrechterhalten der natürlichen, regelmäßigen Aufhebung des relativen Bewusstseins) (NANDA-I, 2010).

Anmerkung der Autorin

Diese Diagnosebezeichnung gibt eine Situation wieder, in welcher der Schlaf des Klienten unzureichend ist. Es ist die häufigste Art der Schlafstörung und wird wahrscheinlich in den meisten klinischen Situationen verwendet.

Bestimmende Merkmale oder Kennzeichen

- Benommenheit am Tag
- reduzierte Funktionsfähigkeit
- Unwohlsein
- Lethargie
- Müdigkeit, [Tagesschlaf]

- Angst
- Wahrnehmungsstörungen (z. B. gestörtes Körperempfinden, Wahnvorstellungen, Schwebegefühl)
- erhöhte Schmerzempfindlichkeit.
- Ruhelosigkeit
- Reizbarkeit
- Unfähigkeit, sich zu konzentrieren
- verlangsamte Reaktion
- Antriebslosigkeit
- Apathie
- flüchtiger Nystagmus
- Händezittern [Tremor der Hände]
- akute Verwirrtheit
- vorübergehende Paranoia
- Streitlust
- Unruhe [Agitiertheit]
- Halluzinationen.

Einflussfaktoren

- anhaltende Reize aus der Umgebung
- anhaltend unbehagliche Schlafumgebung
- unangemessene Tagesaktivitäten
- anhaltende zirkadiane Asynchronizität [Entkopplung von biologischen Rhythmen]
- altersbedingte Veränderungen der Schlafstufen [-zyklen]
- vom Schlaf abhaltende Handlungen der Eltern
- anhaltende unangemessene Schlafhygiene
- andauernder Gebrauch von schlafhemmenden Substanzen in Form von pharmazeutischen oder diätischen Produkten
- andauerndes Unwohlsein (z. B. physisch, psychologisch)
- periodische Bewegung der Extremitäten (z. B. Restless-Legs-Syndrom, nächtliches Muskelzucken)
- Enuresis (Einnässen) im Schlaf
- schmerzhafte Erektionen im Schlaf
- Albträume
- Schlafwandeln
- Nachtangst [Pavor nocturnus]
- Schlafapnö
- Sundown-Phänomen (delirantes oder agitiertes Verhalten am Abend oder in der Nacht)
- Demenz
- idiopathische zentralnervöse Hypersomnolenz
- Narkolepsie
- erbliche Narkolepsie.

Ziele

Siehe *Schlafstörung.*

Allgemeine Interventionen

Lassen Sie die Person einen Monat lang ein Schlaftagebuch führen, in dem die Schlafenszeit, die Zeit des Aufstehens, Einschlafbeschwerden, wie oft und warum der Klient aufgewacht ist und die Anzahl der Nickerchen verzeichnet werden.

F: Schlaftagebücher liefern Daten, um die Validität des Assessments zu verbessern.

Gehen Sie das Tagebuch mit der Person durch.

F: Die Untersuchung des Tagebuchs kann deutlich machen, ob eine Schlafstörung vorliegt.

Evaluieren Sie, ob es eine körperliche Erkrankung oder Medikamente den Schlaf stören. Siehe «Einflussfaktoren». Verweisen Sie für das Management an die Pflegeperson in der Primärversorgung bzw. den Hausarzt.

Evaluieren Sie, ob ein psychischer Zustand vorliegt, der den Schlaf stört. Siehe «Einflussfaktoren». Verweisen Sie an Psychologen oder Psychiater.

Stellen Sie fest, ob die Lebensweise oder Lebensereignisse den Schlaf stören. Schlagen Sie ggf. unter anderen Pflegediagnosen nach: *Trauern, Stressüberlastung, unwirksames Coping, gesundheitsgefährdendes Verhalten.*

F: Schlafstörungen können viele Ursachen haben und ganz verschiedene Interventionen erfordern.

Latexallergische Reaktion

Latexallergische Reaktion

Gefahr einer latexallergischen Reaktion

Definition

Latexallergische Reaktion: der Zustand, in dem es bei einer Person zu einer durch Immunglobulin E (IgE) vermittelten Reaktion auf Latex kommt.

Latexallergische Reaktion (engl. Latex allergy response): Hypersensible Reaktion auf natürliche Latexgummiprodukte (NANDA-I, 2010).

Bestimmende Merkmale oder Kennzeichen

Hauptkennzeichen (obligat)

Positiver Hauttest auf den Extrakt von natürlichem Latex.

Nebenkennzeichen (fakultativ)

lebensbedrohliche Reaktionen, die innerhalb 1 Stunde nach Kontakt mit Latexproteinen auftreten:
- Druckgefühl in der Brust [Kurzatmigkeit].

gastrointestinale Kennzeichen:
- Abdominalschmerz
- Übelkeit.

orofaziale Kennzeichen:
- Juckreiz in den Augen
- nasaler Juckreiz
- Juckreiz im Gesicht
- oraler Juckreiz
- verstopfte Nase.

generalisierte Kennzeichen:
- allgemeines Unbehagen/Unwohlsein
- zunehmende Beschwerden über Hitzegefühl im ganzen Körper.

Typ-IV-Reaktionen, die nach 1 Stunde nach Kontakt mit Latexproteinen auftreten:
- Reaktionen auf Additive (Thiurame, Carbamate) verursachen Beschwerden.

lebensbedrohliche Reaktionen, die innerhalb 1 Stunde nach Kontakt mit Latexproteinen auftreten:
- Kontakturtikaria entwickelt sich zu generalisierten Symptomen
- Lippenödem
- Zungenödem
- Ödeme des Gaumenzäpfchens
- Rachenödem
- Dyspnö
- Stridor
- Bronchospasmus
- Atemstillstand
- Hypotonie
- Synkope
- Herzstillstand.

orofaziale Kennzeichen:
- Ödeme der Skleren
- Lidödeme

- Erythem der Augen
- Tränen der Augen
- Erythem der Nase
- Gesichtserythem
- Rhinorrhö (Fließschnupfen).

generalisierte Kennzeichen:
- Hitzewallung
- generalisierte Ödeme
- Ruhelosigkeit.

Typ-IV-Reaktionen, die nach 1 Stunde nach Kontakt mit Latexproteinen auftreten:
- Ekzem
- Reizung
- Rötung.

Einflussfaktoren

Biopathophysiologische Faktoren

B/d Überempfindlichkeit gegenüber dem Eiweiß von Naturlatexprodukten.
B/d eine allergische Reaktion auf die Eiweißkomponente von natürlichem Latex.

Zentrale Konzepte

Allgemeine Überlegungen

- Naturlatex wird seit über 100 Jahren weithin in vielen Produkten verwendet. Der erste Fall einer Überempfindlichkeitssofortreaktion wurde 1979 dokumentiert (Reddy, 1998).
- Die Verwendung von Latexhandschuhen und -kondomen hat seit 1985 dramatisch zugenommen. Diese Zunahme der Latexexposition insgesamt hat auch die Anzahl der gegen Latex empfindlichen Personen erhöht (Reddy, 1998).
- Zu den durch eine *Latexallergie* gefährdeten Gruppen gehören Personen, …
  - … die im Gesundheitswesen tätig sind.
  - … die in der Gummiindustrie tätig sind.
  - … mit Spina bifida.
  - … bei denen ein Barium-Einlauf durchgeführt wurde.
  - … mit einem Dauerkatheter.
  - … bei denen wiederholt katheterisiert wird/wurde.
  - … mit Anomalien des Urogenitaltrakts.
  - … bei denen mehrfache oder länger dauernde Operationen durchgeführt wurden/werden.
  - … deren Schleimhäute Latex ausgesetzt sind/waren.
  - … mit anamnestisch bekannter Atopie oder Nahrungsmittelallergie (Banane, Avocado, Mango, Kiwi, Passionsfrucht, Esskastanie, Melone, Tomate, Sellerie).

- Bei manchen Reaktionen auf Latexprodukte handelt es sich um verzögerte Immunreaktionen, hervorgerufen durch chemische Reizstoffe, wie sie bei der Herstellung von Latexhandschuhen verwendet werden. Dies ist eine allergische Reaktion vom Typ IV und keine echte Latexallergie (Kleinbeck et al., 1998). Eine echte Latex-Allergie (Typ-I-Reaktion) tritt kurz nach Exposition gegenüber den Proteinen in Naturlatex auf (Kleinbeck et al., 1998).

Einschätzungskriterien des Fokusassessments

Subjektive Daten

Einschätzen bestimmender Merkmale oder Kennzeichen

Anamnese mit Schwellung, Jucken, Niesen, Jucken/Kratzen im Hals, tränenden Augen oder Rötung der Haut und Schleimhäute bei Exposition gegenüber Folgendem:

- Zahnprothesen
- Klebeband
- Gummihandschuhe
- Griff eines Golfschlägers
- Kondom
- gummihaltiger Flüssigkleber
- Schuhe
- Gartenschlauch
- Luftballons (beim Aufblasen)
- elastische Unterwäsche
- Tennisschläger.

Folgende Punkte in der persönlichen Anamnese:

- Asthma
- Konjunktivitis
- anaphylaktische Reaktion
- Urtikaria
- Ekzem
- Kontaktdermatitis
- Rhinitis.

Allergien oder einer der folgenden Punkte:

- Avocado
- Esskastanie
- Mango
- Papaya
- Passionsfrucht
- Tomate
- rohe Kartoffel
- Pfirsich
- Banane
- Kiwi.

Nebenwirkung oder Komplikation einer Operation
Positiver diagnostischer Test auf Anti-Latex-IgE.

Einschätzen von Risikofaktoren

Beruf mit häufigem Latexkontakt. Zurzeit? Früher?
Operationen, Harnwegskatheterisierungen, Barium-Einläufe (vor 1992) in der Anamnese.
Angeborene Anomalien, Spina bifida.

Ziele

NOC

- Immunreaktion: Überempfindlichkeit

Die Person berichtet, dass sie nicht mehr latexexponiert ist.

Indikatoren

- Beschreiben von Produkten mit Naturlatex.
- Beschreiben von Strategien zur Expositionsvermeidung.

Allgemeine Interventionen

NIC

- Allergiemanagement
- Prävention: Latexallergie
- Umweltrisikoprävention

Einschätzen ursächlicher und beeinflussender Faktoren (siehe «Fokusassessment»)

Eliminieren der Exposition gegenüber Latexprodukten

Verwenden latexfreier Alternativprodukte

Durchsichtige Beutel zum Schutz gegen UV-Licht (Einmalartikel).
Baby-Sauger aus Silikon.
2,5 × 2,5 cm Gazeauflagen mit Befestigungen auf Celluloseacetatbasis statt Klebeband.
Durchsichtige Plastik- oder Silastikkatheter.
Handschuhe aus Vinyl oder Neopren.

Schützen vor Latexexposition

Abdecken der Haut mit einem Tuch vor dem Anlegen der Blutdruckmanschette.
Verhindern, dass die Schläuche des Stethoskops die Person berühren.
Keine Injektionen durch Gummiteile (z. B. einen Heparinblock) hindurch; Spritze und Mehrwegehahn verwenden.
Nadelwechsel nach jeder Punktion eines Stöpsels mit Gummieinsatz.
Abdecken von Gummiteilen mit Pflaster.

Lehren, welche Produkte gewöhnlich aus Latex hergestellt werden

Ausrüstung und Gerätschaften in der Gesundheitsversorgung

Handschuhe aus Naturlatex, gepudert oder ungepudert, darunter auch die als «hypoallergen» bezeichneten
Blutdruckmanschetten
Elektrodenbefestigungen
Stethoskope
Beatmungstuben, Endotrachealtuben
Tourniquets
Spritzenkolben, Kolbenspritzen
Anästhesiemasken
Venöser Dauerzugang
Stomabeutel
Polster an Gehhilfen
Gummischürzen
Stöpsel an Arzneimittelfläschchen für den Mehrfachgebrauch
Kissen in Rollstühlen
Katheter, Wunddrains
Pflaster
Schriftsätze mit Gummiband.

Produkte im Büro und im Haushalt

Radiergummi
Luftballons
Bälle und Spielzeug aus Gummi
Reifen
Schuhsohlen
Gummibänder
Kondome, Diaphragmen
Griffe an Schlägern (Tennis etc.)
Wärmflaschen
Gummizüge in Unterwäsche
Handschuhe zum Geschirrspülen
Sauger an Baby-Fläschchen, Schnuller

Griffe am Fahrradlenker
Teppichböden
Gummihaltiger Flüssigkleber.

Beginnen mit Gesundheitsedukation und Überweisen, soweit angezeigt

Erklären Sie, wie wichtig es ist, direkten Kontakt mit allen latexhaltigen Produkten zu vermeiden.

Weisen Sie darauf hin, dass eine Person mit anamnestisch bekannter leichter Hautreaktion auf Latex anaphylaxiegefährdet ist.

Instruieren Sie den Klienten, ein Notfall-Medaillon oder einen entsprechenden Ausweis «Latexallergie» sowie autoinjizierbares Adrenalin bei sich zu tragen.

Instruieren Sie den Klienten, alle Gesundheitsfachpersonen (Zahnarzt, Ärzte, Chirurgen) auf die Allergie aufmerksam zu machen.

F: Jede Exposition (Berührung, Einatmen, orale Aufnahme) kann eine anaphylaktische Reaktion auslösen.

Gefahr einer latexallergischen Reaktion

Definition

Gefahr einer latexallergischen Reaktion: der Zustand, in dem eine Person der Gefahr einer durch Immunglobulin E (IgE) vermittelten allergischen Reaktion auf Latex ausgesetzt ist.

Gefahr einer latexallergischen Reaktion (engl. Risk for latex allergy response): Risiko einer hypersensiblen Reaktion auf natürliche Latexgummiprodukte (NANDA-I, 2010).

Risikofaktoren

Biopathophysiologische Faktoren

B/d anamnestisch bekanntes atopisches Ekzem.
B/d anamnestisch bekannte allergische Rhinitis.
B/d anamnestisch bekanntes Asthma.
B/d anamnestisch bekannte Allergien.

Behandlungsbedingte Faktoren

B/d häufige Harnwegskatheterisierungen.
B/d häufiges Entfernen einer rektalen Koteinklemmung.
B/d häufige chirurgische Eingriffe.
B/d einen Barium-Einlauf (vor 1992).

Situationsbedingte Faktoren (persönlich bedingt, umgebungsbedingt)

B/d:

- anamnestisch bekannte Nahrungsmittelallergie (Banane, Kiwi, Avocado, Tomate, rohe Kartoffel, Ess-(Ross-)kastanie, Mango, Papaya, Passionsfrucht).
- anamnestisch bekannte Reaktionen auf Latex (z. B. Handschuhe, Kondome, Luftballons usw.).
- mehrere chirurgische Eingriffe, vor allem seit der Kindheit.
- häufige berufsbedingte Exposition gegenüber Naturlatex, z. B. bei:
  - Arbeitern, die Produkte aus Naturlatex herstellen
  - Menschen, die mit Nahrungsmitteln zu tun haben
  - in der Gesundheitsversorgung Tätigen
  - in Gewächshäusern Tätigen (Pflegende, MTA, zahnmedizinisch Tätige)
  - Personal im Haushalt.
  - anamnestisch bekannte Allergie auf Weihnachtssterne (Euphorbia sp.)

Zentrale Konzepte

Allgemeine Überlegungen

Siehe *latexallergische Reaktion.*

Einschätzungskriterien des Fokusassessments

Siehe *latexallergische Reaktion.*

Ziele

Siehe *latexallergische Reaktion.*

Allgemeine Interventionen

Siehe *latexallergische Reaktion.*

Bewegungsarmer Lebensstil

Definition

Bewegungsmangel/bewegungsarmer Lebensstil: der Zustand, in dem eine Person oder eine Gruppe eine Lebensweise angibt, die durch einen niedrigen Grad an körperlicher Aktivität charakterisiert ist.

Bewegungsarmer Lebensstil (engl. Sedentary lifestyle): Berichtet über eine Lebensweise, die durch ein niedriges körperliches Aktivitätsniveau gekennzeichnet ist (NANDA-I, 2010).

Bestimmende Merkmale oder Kennzeichen

Hauptkennzeichen (obligat)

Der Klient entscheidet sich für einen Tagesablauf ohne körperliche Aktivität/Bewegung.
Der Klient zeigt Abbau der körperlichen Kondition.
Der Klient äußert Vorliebe für Aktivitäten mit geringer körperlicher Betätigung, für bewegungsarme Beschäftigungen.

Nebenkennzeichen (fakultativ)

Pathophysiologisch beeinflusste Abnahme der Ausdauer, **s/b/d** Adipositas.

Einflussfaktoren

Situationsbedingte Faktoren (persönlich bedingt, umgebungsbedingt)

B/d inadäquates Wissen über die gesundheitlichen Vorteile körperlicher Aktivität/Bewegung für die Gesundheit.
B/d inadäquates Wissen über Übungsroutinen.
B/d unzureichende Ressourcen (Geld, Zeit, Gesellschaft, Einrichtungen, Räumlichkeiten).
B/d einen wahrgenommenen Zeitmangel.
B/d mangelnde/fehlende Motivation.
B/d mangelndes/fehlendes Interesse.
B/d fehlendes Training, um körperliche Beweglichkeit zu erreichen.

Anmerkung der Autorin

Dies ist die erste Pflegediagnose, die von einer Pflegeperson aus einem anderen Land vorgelegt und von der NANDA akzeptiert wurde. Glückwünsche an J. Adolf Guirao-Goris in Valencia, Spanien.

Zentrale Konzepte

Allgemeine Überlegungen

- Regelmäßige körperliche Betätigung kann Folgendes steigern/erhöhen:
  - Ausdauer des Herz-Kreislauf-Systems und der Atmung
  - Muskelkraft
  - Ausdauer der Muskulatur
  - Flexibilität
  - Transport von Nährstoffen ins Gewebe
  - psychische Stresstoleranz
  - die Fähigkeit zur Reduktion des Körperfetts.

- Intensive Übungszyklen sollten eine Aufwärmphase (10 min bei niedrigem Tempo), Ausdauerübungen und eine Abkühlphase (5–10 min bei niedrigem Tempo und Stretching) umfassen.
- Gegenwärtig herrschen hinsichtlich einer optimalen körperlichen Betätigung folgende Vorstellungen (Allison/Keller, 1997):
  - Heben Sie eher die körperliche Aktivität als das «Üben» hervor.
  - Mäßige körperliche Aktivität von insgesamt bis zu 30 Minuten oder mehr ist von Nutzen.
  - Um die langfristige körperliche Betätigung zu stärken, sollte die Person Folgendes tun (Moore/Charvat, 2002):
    - auf einen Rückfall mit einem Plan reagieren, der einen erneuten Rückfall verhindert
    - realistische Ziele setzen
    - ein Tagebuch über körperliche Betätigung führen
    - die körperliche Aktivität zusammen mit einem Freund/einer Freundin durchführen.
- Regelmäßige körperliche Aktivität von mäßiger Intensität, die 30 Minuten oder länger dauert und über den Tag hinweg akkumuliert werden kann, kann von Nutzen sein. Früher wurde intensive körperliche Aktivität für 30 Minuten am Stück oder länger empfohlen (Belza/Warms, 2004).
- Vierzig Prozent der Erwachsenen verbringen ihre Freizeit unter Bewegungsmangel (Nies/Chruscial, 2002).
- Mindestens eine Stunde Gehen kann die Gefahr einer koronaren Herzkrankheit bei Frauen senken (Lee et al., 2001).

Geriatrische Überlegungen

- Körperliche Aktivität, gesundes Essen, soziale Bindungen, bedeutungsvolle Teilhabe und Zugang zur Gesundheitsversorgung können ein gesundes Altern verbessern (Young/Cochrane, 2004).
- Körperliche Aktivität trägt zu Wohlbefinden, Flexibilität, Kraft und Funktion sowie zum Management chronischer Erkrankungen bei (Taggart, 2002).
- Nur 24 % der älteren Frauen betätigen sich körperlich (Rogers et al., 2002).
- Tai Chi verbessert das Gleichgewicht und die funktionale Beweglichkeit und lindert die Furcht vor Stürzen bei älteren Frauen (Taggart, 2002).
- Stürze bei älteren Frauen sind bedeutende Gesundheitsbelange (Young/Cochrane, 2004).

Einschätzungskriterien des Fokusassessments

Subjektive Daten

Einschätzen bestimmender Merkmale oder Kennzeichen

Regelmäßige körperliche Betätigung (keine, täglich, wöchentlich).
Berichten über Erschöpfung, Kurzatmigkeit bei erhöhter Aktivität.

Ziele

NOC

- Wissen: Gesundheitsverhalten
- Körperliche Fitness

Die Person formuliert die Absicht, sich verstärkt körperlich zu betätigen oder handelt entsprechend.

Indikatoren

- Setzen eines Ziels für wöchentliche körperliche Betätigung.
- Herausfinden einer gewünschten Aktivität oder Übung.

Allgemeine Interventionen

NIC

- Bewegungsförderung
- Bewegungstherapie

Erörtern der Vorteile körperlicher Betätigung

Körperliche Betätigung …

- … reduziert die Kalorienaufnahme.
- … erhält die fettfreie Muskelmasse.
- … verringert Depression, Angst und Stress.
- … sorgt für Spaß, Erholung und Ablenkung.
- … verbessert die Körperhaltung.
- … unterdrückt den Appetit.
- … erhöht die Sauerstoffaufnahme.
- … erhöht den Kalorienverbrauch.
- … erhält eine Gewichtsabnahme aufrecht.
- … erhöht die Stoffwechselrate.
- … hebt das Selbstwertgefühl.
- … verlängert den erholsamen Schlaf.
- … erhöht die Widerstandsfähigkeit gegen altersbedingte Degeneration.

F: Der Prozess des Strebens nach einer Veränderung der Lebensweise und deren Erreichen ist bekannt als «Potenzial zur Stärkung des Selbstwertgefühls und des Wissens um eigene Kenntnisse und Fähigkeiten» (Fleury, 1991), der im Englischen auch als «Empowering» bezeichnet wird, er verläuft in drei Stadien: taxierende Bereitschaft, Wandel sowie Integration des Wandels.

In dem Bestreben, die Gesundheit zu verbessern, durchläuft der Mensch einen Prozess der Introspektion, des Planens neuer, gesünderer Aktivitäten, des Copings mit Barrieren und Rückschlägen und schließlich der Übernahme dieser neuen Verhaltensweisen in den Alltag.

F: Der Klient ist für die Wahl eines gesunden Lebensrhythmus verantwortlich. Die Pflegeperson ist verantwortlich für das Erläutern der getroffenen Entscheidungen.

Dem Klienten assistieren beim Ausarbeiten eines realistischen Übungsprogramms

Dabei ist zu denken an:

- körperliche Einschränkungen (konsultieren Sie die Pflegeperson oder den Arzt).
- persönliche Vorlieben
- die Lebensweise
- kommunale Ressourcen
- benötigte Kleidung und erforderliches Schuhwerk.

Klienten müssen lernen, vor, während und nach der körperlichen Betätigung ihren Puls zu überwachen, um die Zielfrequenz zu erreichen und die für das jeweilige Alter angeratene maximale Pulsfrequenz nicht zu überschreiten (Tab. II-22).

F: Ein regelmäßiges Übungsprogramm sollte …

- … Spaß machen.
- … mindestens 400 Kalorien pro Sequenz verbrauchen.
- … eine Herzfrequenz von ca. 120–150/min aufrechterhalten.
- … in die Lebensweise der Person an 4–5 Tagen/Woche für mindestens 30–60 Minuten integriert werden.

Erörtern von Aspekten zu Beginn des Übungsprogramms

Langsam und locker beginnen, die Zustimmung des Arztes einholen.

Lesen, Experten konsultieren und mit Freunden bzw. Kollegen sprechen, die sich gleichfalls körperlich betätigen.

Tabelle II-22: Maximale Pulsfrequenz und Zielfrequenz bei körperlicher Betätigung nach Altersgruppen

Alter	Maximale Pulsfrequenz	Zielfrequenz
30	190	133–162
40	180	126–153
50	170	119–145
60	160	112–136

Planen eines täglichen Walking-Programms:

- Beginnen mit 5–10 Blöcken über 1800 Meter; erhöhen um 1 Block oder 180 m/Woche.
- Geschwindigkeit und Strecke schrittweise erhöhen; daran denken, langsam zu steigern.
- Vermeiden, sich zu sehr anzustrengen und sich zu stark zu ermüden.
- Sofort anhalten, wenn eine der folgenden Erscheinungen eintritt:
  - Gefühl der Leichtigkeit oder Thoraxschmerz
  - schwere Atemnot
  - Benommenheit
  - Schwindel
  - Verlust der Muskelkontrolle
  - Übelkeit.

Wenn der Puls 4 bzw. 10 Minuten nach Beenden der körperlichen Aktivität 120/min bzw. 100/min beträgt oder wenn es 10 Minuten nach der körperlichen Aktivität zu Kurzatmigkeit kommt: Verlangsamen der Geschwindigkeit oder Verkürzen der Gehstrecke für eine Woche bis zu dem Punkt, an dem die Zeichen auftreten und danach wieder 1 Block bzw. 180 m/Woche steigern.

Gehen in gleichbleibender Geschwindigkeit; Stoppen der Zeit mit Stoppuhr oder Sekundenzeiger; nach 10 Blöcken bzw. 1800 m versuchen, die Geschwindigkeit zu erhöhen.

Beachte: Jeweils nur Gehgeschwindigkeit oder Strecke, nicht beides auf einmal erhöhen.

Festsetzen einer regelmäßigen Übungszeit mit dem Ziel von 3- bis 5-mal pro Woche 15–45 Minuten bei einer Herzfrequenz von 80 % des Belastungstests oder nach Überschlagsrechnung: 170/min im Alter von 20–29 Jahren, für jedes Lebensjahrzehnt 10/min abziehen (z. B. 160/min bei 30–39 Jahren, 150/min für 40–49 Jahre).

Bezugspersonen ermutigen, sich ebenfalls am Walking-Programm zu beteiligen.

Zusätzliche Aktivitäten hinzunehmen (z. B. weit entfernt von einem Ziel parken, Gartenarbeit, Treppensteigen, Wochenenden mit Aktivitäten verbringen, die Gehen erfordern).

Bis zu 1 Stunde körperliche Betätigung an mindestens 4 Tagen/Woche.

Zwischen den Übungsphasen nicht mehr als 2 Tage vergehen lassen.

F: Die sichersten Aktivitäten für eine untrainierte adipöse Person sind Walking, Wasser-Aerobic und Schwimmen.

F: Jede Steigerung der Aktivität erhöht auch den Energie- und Kalorienverbrauch.

Unterstützen des Klienten beim Steigern von Interesse und Motivation

Ausarbeiten eines Vertrages, in dem realistische kurz- und langfristige Ziele genannt werden.

Führen von Aufzeichnungen über Nahrungsaufnahme und Aktivität.

Mehren des Wissens durch Lesen und Gespräche mit gesundheitsbewussten Freunden und Kollegen.

Neue, gesundheitsbewusste Freunde suchen.

Bringen Sie einen Freund dazu, sich dem Programm anzuschließen oder als Unterstützung zu dienen.

Sich des Rationalisierens bewusst sein (z. B. «Zeitmangel» als mangelnde Prioritätensetzung).

Führen einer Liste positiver Ergebnisse.

F: Freunde haben den positivsten Einfluss darauf, bei einem Übungsprogramm durchzuhalten (Resnick et al., 2002).

Gefahr einer beeinträchtigten Leberfunktion

Risikofaktoren

- Hepatotoxische Medikamente (z. B. Paracetamol, Statine)
- Begleitinfektion bei HIV
- Suchtmittelmissbrauch (z. B. Alkohol, Kokain)
- Virusinfektion (z. B. Hepatitis A, B und C; Epstein-Barr-Virus).

Anmerkung der Autorin

Diese neue Diagnose gibt eine Situation wieder, die eine interdisziplinäre Intervention zusammen mit der Medizin erfordert. Die Autorin empfiehlt, stattdessen das interdisziplinäre Problem *PK: Leberfunktionsstörung* zu verwenden. Studierende sollten ihre Lehrkräfte um Rat fragen.

Vereinsamungsgefahr

Definition

Vereinsamungsgefahr: der Zustand, in dem eine Person der Gefahr ausgesetzt ist, Unbehagen in Verbindung mit dem Wunsch oder Bedürfnis nach mehr Kontakt zu anderen zu empfinden.

Vereinsamungsgefahr (engl. Risk for loneliness): Risiko, ein beeinträchtigtes soziales Wohlbefinden zu erleiden, verbunden mit dem Wunsch oder Bedürfnis nach mehr Kontakt mit anderen (NANDA-I, 2010).

Risikofaktoren

Siehe «Einflussfaktoren».

Einflussfaktoren

Pathophysiologische Faktoren

B/d Furcht vor Zurückweisung, s/b/d:

Adipositas
Krebs (entstellende Operation an Kopf oder Hals, abergläubische Zurückhaltung bei anderen)

Körperbehinderungen (Paraplegie, Amputation, Arthritis, Hemiplegie)
Emotionale Behinderungen (extreme Angst, Depression, Paranoia, Phobien)
Inkontinenz (Verlegenheit, Geruch)
Übertragbare Krankheiten (AIDS, Hepatitis)
Geisteskrankheiten (Schizophrenie, bipolare Störung, Persönlichkeitsstörungen).

B/d Schwierigkeiten beim Zugang zu sozialen Ereignissen, s/b/d:

Erkrankungen, die mit Behinderung einhergehen.
Körperbehinderungen.

Behandlungsbedingte Faktoren

B/d therapeutische Isolation.

Situationsbedingte Faktoren (persönlich bedingt, umgebungsbedingt)

B/d physische Isolation.
B/d unzureichende Planung für den Ruhestand.
B/d den Tod einer Bezugsperson.
B/d soziale Isolation.
B/d Scheidung.
B/d chaotische Familienbeziehungen.
B/d entstelltes Aussehen.
B/d die Angst vor Zurückweisung, s/b/d:
Adipositas
extreme Armut
Hospitalisierung oder Krankheit im Finalstadium (Sterbeprozess)
Arbeitslosigkeit.

B/d Umzug in eine andere Kultur (z. B. unvertraute Sprache).
B/d anamnestisch bekannte unbefriedigende soziale Erfahrungen, s/b/d:
Drogenmissbrauch
inakzeptables Sozialverhalten
Alkoholabusus
Wahndenken
unreifes Verhalten.

B/d den Verlust des üblichen Transportmittels.
B/d Veränderung des üblichen Wohnorts, s/b/d:
Langzeitpflege
Verlegung.

Altersbedingte Faktoren

Kind

B/d protektive Isolation oder eine übertragbare Krankheit.
B/d Kathektische (bindungsbezogene) Deprivation; Bindungsprobleme bei Säuglingen und Jugendlichen.

Älterer Mensch

B/d Verlust der üblichen Sozialkontakte, s/b/d:

Ruhestand
Tod von (zu spezifizieren)
Relokation
Verlust der Fahrtauglichkeit.

Anmerkung der Autorin

Vereinsamungsgefahr wurde 1994 in die NANDA-Liste aufgenommen. Gegenwärtig findet sich dort auch *soziale Isolation*. Bei letzterer handelt es sich um eine konzeptionell inkorrekte Diagnose, weil sie keine Ursache, sondern eine Reaktion wiedergibt. *Vereinsamung* und *Vereinsamungsgefahr* beschreiben den negativen Zustand des Alleinseins besser.

Vereinsamung ist ein subjektiver Zustand, der immer dann vorliegt, wenn die Person sagt, dass er besteht und ihn als von anderen auferlegt wahrnimmt. Soziale Isolation ist *nicht* die bewusste, zur persönlichen Regeneration notwendige Einsamkeit, es ist auch weder die kreative Einsamkeit des Künstlers noch die Einsamkeit – und das mögliche Leiden – einer Person, die nach Individualismus und Unabhängigkeit strebt (z. B. Umzug in eine andere Stadt, Wechsel an eine andere Universität).

Irrtümer in diagnostischen Aussagen

1. *Vereinsamung,* **b/d** *das seit dem Tod der Ehefrau vor einem Jahr bestehende Unvermögen, befriedigende persönliche Beziehungen einzugehen*
   Wenn es jemandem nach dem Tod eines Ehepartners nicht mehr gelingt, Aktivitäten wieder aufzunehmen oder soziale Beziehungen zu erneuern bzw. neu einzugehen, sollte die Pflegeperson den Verdacht auf *erschwertes Trauern* hegen. Länger anhaltende soziale Isolation nach einem Todesfall ist ein Merkmal für ungelöste Trauer. Die Pflegeperson sollte ein Fokusassessment durchführen, um weitere Merkmale, wie etwa länger anhalternde Verleugnung, Depression oder andere Belege für eine erfolglose Anpassung an den Verlust herauszuarbeiten. Bis zur Sicherung zusätzlicher Daten wäre folgende Diagnose geeignet: *mögliches erschwertes Trauern,* **b/d** *das Unvermögen, nach dem Tod der Ehefrau vor einem Jahr Beziehungen wieder aufzunehmen oder einzugehen.*
2. *Vereinsamung,* **b/d** *multiple Sklerose*
   Die multiple Sklerose als Einflussfaktor zu nutzen, fasst alle Personen mit dieser Erkrankung als aus denselben Gründen sozial isoliert zu einer Gruppe zusammen. Dies ist nicht nur eine

Verletzung der Einzigartigkeit einer jeden Person, sondern spezifiziert auch nicht, wie eine Pflegeperson intervenieren kann. Wenn zwar Mobilitäts- und Inkontinenzprobleme bestehen, aber keine Daten für soziale Isolation sprechen, kann die Pflegeperson die Diagnose als *Vereinsamungsgefahr,* **b/d** *Mobilitäts- und Inkontinenzprobleme,* **s/b/d** *multiple Sklerose* formulieren.

Zentrale Konzepte

Allgemeine Überlegungen

- Vereinsamung ist eine affektive Aussage, bei der es um das Bewusstsein geht, von anderen getrennt zu sein und gleichzeitig das vage Gefühl zu haben, sie zu brauchen (Leiderman, 1969).
- Vereinsamung ist etwas anderes als Alleinsein, Einsamkeit und Trauer. *Alleinsein* bedeutet, ohne Gesellschaft zu sein, was nicht notwendigerweise ein negativer Zustand ist. *Einsamkeit* bedeutet, allein zu sein – in einem positiven affektiven Zustand. *Trauer* ist eine Reaktion auf einen traumatischen Verlust (Hillestad, 1984).
- Soziale Isolation kann zu intensiven Gefühlen von Vereinsamung und Leiden führen. Leiden in Verbindung mit sozialer Isolation ist nicht immer sichtbar. Um diesen Zustand zu diagnostizieren, müssen Pflegende zunächst einmal die gefährdeten Personen identifizieren können.
- Die vereinsamte oder isolierte Person verschlimmert ihren Zustand oft, indem sie allein leidet. Einsame Menschen neigen dazu, einander zu meiden. Sie ergeben sich u. U. in ihre Situation und suchen zu keiner Zeit Gesellschaft oder Hilfe. Möglicherweise verleugnen sie ihre Gefühle. Der einzige Weg, wie eine sozial isolierte Person Aufmerksamkeit bekommen kann, besteht u. U. in physischer oder psychischer Krankheit.
- Vereinsamte Menschen machen sich Sorgen um sich selbst, sind übermäßig wachsam gegenüber Bedrohungen und interpretieren soziale Signale tendenziell als feindselig.
- Vereinsamung kann Teil des Selbstbildes der Person werden. Obwohl ich-dyston, ist dieser Zustand der Person u. U. vertraut, sodass die Angst vor den sozialen Risiken im Vergleich zum Ausmaß des Leidens möglicherweise zu stark ist, um die Vereinsamung zu überwinden.
- Vereinsamte betrachten den Rest der Welt – einschließlich der Gesundheitsfachpersonen – als ein sozial interaktives Milieu. Gewöhnlich kommen sie nicht mit anderen, ebenfalls Vereinsamten zusammen und glauben daher, ihr Schmerz sei einzigartig. Infolgedessen nehmen vereinsamte Menschen es Pflegenden tendenziell übel, wenn diese etwas zu genießen scheinen, was ihnen als unerreichbar gilt.
- Ein Mensch kann sich nicht darauf konzentrieren, soziale Bedürfnisse zu befriedigen, bevor er nicht vorrangige Bedürfnisse (Obdach, Nahrung, Sicherheit) befriedigt hat (Maslow, 1968).
- HIV-negative homosexuelle Männer erleben u. U. fortlaufend den Verlust von Freunden und leiden dann aufgrund des sozialen Stigmas für sich allein (Mallinson, 1999).

Pädiatrische Überlegung

- Zu den hochgradig durch soziale Isolation gefährdeten Kindern gehören chronisch kranke oder behinderte und entstellte Kinder sowie deren Geschwister.
- Ein Kind in protektiver Isolation oder mit einer übertragbaren Krankheit versteht u. U. nicht, warum es von anderen getrennt wird.
- Schwule oder lesbische Teenager leiden oft unter emotionaler Isolation und mangelndem/fehlendem Zugang zu Informationen speziell für ihre Bedürfnisse. So sind sie z. B. stärker durch sexuell übertragbare Krankheiten, Substanzmissbrauch und Gewalt gefährdet (Bidwell/Deisher, 1991).

Geriatrische Überlegungen

- «Zu den von dieser Gesellschaft geschätzten Ressourcen gehören Wissen, Fertigkeiten, Macht und Stellung und ältere Menschen werden u. U. ignoriert, weil sie dies nicht länger unter Kontrolle haben. Dieser Kontrollverlust findet seinen Ausdruck in mindestens zwei einander widersprechenden Ansichten über ältere Menschen. Manche sind der Ansicht, ältere Menschen könnten sich entspannen und ihre Freiheit von Sorgen und Verantwortlichkeiten genießen. Andere betrachten ältere Menschen als langsam und wertlos und meinen, sie hätten nichts mehr zur Gesellschaft beizutragen. In keiner dieser Sichtweisen gilt der ältere Mensch als Mitglied der Gesellschaft, das seinen Beitrag leistet.» (Elsen/Blegen, 1991 : 519)
- Ältere Menschen sind hochgradig vereinsamungsgefährdet, weil sie oft weniger natürliche Gelegenheiten haben, unter anderen Menschen zu sein. Das Dasein als Rentner, Schwierigkeiten bei der Fortbewegung, besuchseinschränkende Gesundheitsstörungen, sensorische Defizite, die das Kommunizieren anstrengend oder frustrierend machen, oder die Isolation von der breiten Masse in Institutionen (Kliniken oder Pflegeheimen) können natürliche zwischenmenschliche Begegnungen ganz erheblich einschränken. Familienrollen verändern sich und geraten unter Druck, wenn Eltern von ihren Kindern abhängig werden und diese beginnen, traditionelle Aufgaben der Eltern oder die Entscheidungsfindung zu übernehmen. Um älteren Menschen zu helfen, ihr Bedürfnis nach verwandtschaftlichem Anschluss zu befriedigen und die Zufriedenheit mit gesellschaftlichen Begegnungen zu erhöhen, wird empfohlen, kleine Gruppen (statt großer, lärmender Mengen) zu bilden, um Interaktion zu fördern, und ein bis zwei bedeutsame Beziehungen (Vertrauenspersonen) zu fördern.
- Zu den Faktoren, die bei älteren Menschen die soziale Isolation verstärken, gehören Schwerhörigkeit, eingeschränkte Mobilität, Erschöpfung, Betreuungsverantwortlichkeiten, Fahruntauglichkeit, geistige oder psychosoziale Beeinträchtigungen sowie die Trennung von einem Ehepartner, von Freunden und/oder Verwandten durch Tod, Krankheit oder räumliche Distanz (Miller, 2004).
- Eine wegen Sehschwäche beeinträchtigte Fahrtauglichkeit, finanzielle Not, die Funktion des Muskel-Skelett-Systems oder des Gehirns können die soziale Isolation und die Abhängigkeit eines älteren Menschen von anderen verstärken (Miller, 2004).
- Unter den Problemen, die bei älteren Menschen zu sozialer Isolation führen können, stehen sensorische Defizite an erster Stelle (Miller, 2004).

Einschätzungskriterien des Fokusassessments

Subjektive Daten

Einschätzen beeinflussender Faktoren

Soziale Ressourcen (Unterstützung)

«Wer lebt mit Ihnen zusammen?»

«Wie oft etwa haben Sie in der vergangenen Woche mit jemandem – Freunden, Verwandten oder anderen – telefoniert (unabhängig davon, ob Sie der Anrufer oder der Angerufene waren)?» Wenn jemand kein Telefon hat, fragen Sie: «Wie oft etwa haben Sie in der vergangenen Woche mit jemandem gesprochen, der nicht mit Ihnen zusammen lebt, das heißt, den Sie besucht haben oder der Sie besucht hat oder mit dem Sie sich draußen getroffen haben?»

An wen wendet sich der/die Betreffende in Zeiten der Not?

«Treffen Sie Ihre Verwandten und Freunde so oft, wie Sie möchten oder sind Sie eher unglücklich darüber, wie selten Sie sie sehen?»

Wenn die Person in einer Einrichtung lebt: «Wie oft sind Sie im vergangenen Jahr von hier fortgekommen, um Ihre Familie oder Freunde an Wochenenden oder in den Ferien zu besuchen oder Einkaufsbummel oder Ausflüge zu machen? Oder leben die meisten Ihrer Freunde hier mit Ihnen in dieser Einrichtung?»

Der Wunsch nach mehr zwischenmenschlichem Kontakt

Welche Art von Beziehung hätte er oder sie gerne? Gleich- oder gegengeschlechtlich? Gleiches Alter? Jemanden mit dem gleichen situations- oder altersbedingten Problem?

Vermag die Person die Anstrengung zu unternehmen, neue Menschen zu treffen und sich an neue Orte zu begeben?

Welche Art der Gruppenaktivität mag er/sie gerne? Reisen? Gottesdienst oder religiöse Aktivitäten?

Ist vor kurzem ein Todesfall (Ehepartner, Kind, Geschwister, Freund, Haustier) eingetreten?

Barrieren für soziale Kontakte

Fehlen der Person Informationen über verfügbare Ressourcen? Weiß sie nicht, wo man andere Menschen trifft oder wie man ein Gespräch mit Fremden beginnt?

Ist der Klient ans Haus gefesselt? Ursachen für die physische Isolation älterer Menschen: Krankheit oder Unvermögen – mangelnde/fehlende Beweglichkeit auf Treppen oder in Kurven, ungünstige Witterungsbedingungen, Verlust der üblichen Transportmöglichkeit, Leben in gefährlichen Bereichen sowie fehlender Zugang zum öffentlichen Nahverkehr.

Haben sich die sensorischen Fähigkeiten der Person verändert (Tasten, Hören, Sehschärfe, die Fähigkeit zum Briefeschreiben)?

Veränderung der Lebensführung, des Lebensumfelds

Ist die Person vor kurzem umgezogen (Pflegeheim, Kinderheim, Apartment, fremder Ort)?

Objektive Daten

Einschätzen beeinflussender Faktoren

Ästhetische Probleme

Entstellende Operation
Extreme Adipositas
Geruch (z. B. ulzerierender Tumor)
Inkontinenz.

Persönlichkeitsprobleme

Fehlen der Person bestimmte soziale Fertigkeiten oder hat sie Persönlichkeitsmerkmale (z. B. Aggressivität, Ichzentriertheit, Rassismus, Sexismus, Wehleidigkeit, Kritteln, Problemtrinken), die andere davon abhalten können, sich ihr zuzuwenden?

Ziele

NOC

- Ausmaß von Einsamkeit
- Soziale Eingebundenheit

Die Person berichtet über verminderte Einsamkeit.

Indikatoren

- Identifizieren der Gründe für das Gefühl der Einsamkeit.
- Erörtern von Wegen, bedeutungsvolle Beziehungen zu mehren.

Allgemeine Interventionen

NIC

- Verbesserung der Sozialisation
- Spirituelle Unterstützung
- Verhaltensmodifikation: soziale Fähigkeiten
- Anwesenheit
- Angeleitete Antizipation

Die Pflegeinterventionen bei verschiedenen beeinflussenden Faktoren in Verbindung mit *Vereinsamungsgefahr* sind sehr ähnlich.

Identifizieren ursächlicher und beeinflussender Faktoren

Siehe «Einflussfaktoren».

Reduzieren ursächlicher und beeinflussender Faktoren

Fördern Sie soziale Interaktion.

Unterstützen Sie die Person nach einem Verlust beim Durcharbeiten ihrer Trauer (siehe *Trauern*).

Ermutigen Sie die Person, über ihre Gefühle von Einsamkeit und deren Ursachen zu sprechen.

Ermutigen Sie dazu, ein Unterstützungssystem zu entwickeln oder mobilisieren Sie dazu die Familie, Freunde und Nachbarn der Person.

Erörtern Sie die Bedeutung einer eher qualitativ als quantitativ hochwertigen Sozialisation.

Siehe unter Edukation in sozialen Fertigkeiten (siehe *beeinträchtigte soziale Interaktion*).

Bieten Sie ein Feed-back dazu an, wie sich die Person gegenüber Dritten präsentiert (siehe *beeinträchtigte soziale Interaktion*).

F: Longino und Karl (1982) zufolge sind Art und Qualität sozialer Interaktionen wichtiger als die Quantität. Informelle Aktivitäten fördern das Wohlbefinden stärker als formelle, strukturierte Aktivitäten.

Senken von Barrieren gegen sozialen Kontakt

Helfen Sie dabei, Optionen für den Transport herauszufinden.

Stellen Sie fest, welche Transportmöglichkeiten in der Gemeinde bestehen (öffentlich, kirchlich, ehrenamtlich).

Stellen Sie fest, ob die Person lernen muss, wie man andere Transportmöglichkeiten nutzt. Helfen Sie, den Klienten gegen Furcht bzw. ein Stigma gegenüber dem öffentlichen Nahverkehr zu desensibilisieren.

Unterstützen Sie bei der Entwicklung alternativer Kommunikationsmittel für Personen mit gestörtem sensorischen Nervensystem (z. B. Telefonverstärker, getippte statt handgeschriebene Briefe; siehe *beeinträchtigte Kommunikation*).

Unterstützen Sie beim Bewältigen ästhetischer Probleme, indem Sie z. B. einen Enterostomatherapeuten konsultieren, wenn Geruch aus einem Stoma zum Problem wird. Lehren Sie den krebskranken Klienten, tumorbedingten Geruch durch Abdecken des Bereichs mit Yoghurt oder durch Hineingießen von Buttermilch und anschließendes Abspülen mit Kochsalzlösung unter Kontrolle zu bringen.

Helfen Sie beim Auffinden von Läden, in denen speziell für Personen nach einer entstellenden Operation (z. B. Mastektomie) angefertigte Kleidung verkauft wird.

Siehe *beeinträchtigte Urinausscheidung* für spezifische Interventionen zur Beherrschung der Inkontinenz.

F: Eine sozial isolierte Person ist gewöhnlich außerstande, von sich aus verschiedene Aktivitäten in Gang zu setzen oder zu koordinieren, um sich kleiner zu setzen, bzw. seine Wohnverhältnisse zu verkleinern.

F: Die Funktionsfähigkeit der Sinne übt starken Einfluss darauf aus, wie eine Person die Welt wahrnimmt, wie sie sich verhält und wie sie von anderen behandelt wird. Eine Person mit erkennbaren Defiziten wird u. U. von anderen geschnitten.

Ausarbeiten von Strategien, um die Welt der isolierten Person zu erweitern

Seniorenzentren und Kirchengruppen
Ehrenamtliche Aufgaben (z. B. in der Klinik, in der Kirchengemeinde)
Fördern von Programmen für Großeltern
Tagespflegezentren für Erwachsene
Seniorensiedlungen
Hausgemeinschaft, Gruppenheime, Gemeinschaftsküchen
Erwachsenenbildung, Kurse für spezielle Interessen
Haustiere
Regelmäßiger Kontakt, um die Notwendigkeit zu verringern, auf dem Weg über eine Krise (z. B. einen Suizidversuch) Aufmerksamkeit auf sich zu ziehen
Psychiatrische Tagesklinik oder Beschäftigungsprogramm.

F: Eine chronische Krankheit kann zu sozialer Isolation beitragen durch Energiemangel, eingeschränkte Beweglichkeit, Beschwerden, Furcht vor pathogenen Substanzen/Erregern und Distanzierung früherer Freunde, die sich bei den Behinderungen der erkrankten Person oder dem Stigma in Verbindung mit Störungen psychiatrischer Natur unwohl fühlen (Miller, 2004).

Implementieren von Maßnahmen bei Personen mit schlechten oder Ärgernis erregenden sozialen Fertigkeiten

Siehe *beeinträchtigte soziale Interaktion.*

Erörtern der Effekte, die dem Ruhestand vorausgehen, Unterstützen bei der Planung

Planen Sie, ein adäquates Einkommen sicherzustellen.
Verkürzen Sie in den letzten 2–3 Jahren die Arbeitszeit (z. B. kürzere Arbeitstage, längere Ferien).
Pflegen Sie Freundschaften außerhalb des Arbeitsplatzes.
Entwickeln Sie häusliche Routinen, um die Arbeitsstruktur zu ersetzen.
Greifen Sie für Freizeitaktivitäten eher auf andere als auf den Ehepartner zurück.
Pflegen Sie realistische Freizeitaktivitäten (Energie, Kosten).
Bereiten Sie sich auf ambivalente Gefühle und kurzfristig negative Auswirkungen auf das Selbstwertgefühl vor.

F: «Der Eintritt in den Ruhestand ist ein bedeutsames Ereignis, das eine Vorausplanung und eine realistische Erwartung an Lebensumstellungen erfordert» (Stanley/Beare, 1994:365).

Beginnen mit Überweisungen, soweit angezeigt

Gruppen auf kommunaler Basis, die Kontakt zu sozial isolierten Menschen aufnehmen.
Selbsthilfegruppen für Klienten, die aufgrund spezifischer medizinischer Probleme isoliert sind.
Gruppen für Rollstuhlfahrer.

Interessengruppen für die Rechte psychiatrischer Klienten.

F: Kommunale Ressourcen und Unterstützungsgruppen können langfristig assistieren (Perese et al., 2003).

Unwirksames Management der eigenen Gesundheit

Unwirksames Management der eigenen Gesundheit

Definition

Unwirksames Therapiemanagement: ein Verhalten, das eine Person der Gefahr der Erschwernis aussetzt oder es ihr erschwert, ein Programm zur Behandlung einer Krankheit und ihrer Folgeerscheinungen, das spezifische Gesundheitsziele erfüllt, in den Alltag zu integrieren.

Unwirksames Management der eigenen Gesundheit (engl. Ineffective self health management): Verhaltensmuster zur Steuerung und Integration eines Therapieprogramms zur Behandlung einer Krankheit und deren Folgen in das tägliche Leben, das nicht geeignet ist, spezifische Gesundheitsziele zu erreichen (NANDA-I, 2010).

Bestimmende Merkmale oder Kennzeichen

Hauptkennzeichen (obligat)

Der Klient äußert den Wunsch, die Behandlung der Krankheit, das Therapieprogramm und die Prävention von Folgeerscheinungen zu bewältigen.

Der Klient äußert Schwierigkeiten mit dem angeordneten Therapieprogramm.

Nebenkennzeichen (fakultativ)

- Unvermögen, das Behandlungsprogramm in das tägliche Leben [die tägliche Routine] einzubauen
- Unvermögen, Maßnahmen zu ergreifen, die die Risikofaktoren reduzieren
- unwirksame Entscheidungen im täglichen Leben, um Gesundheitsziele zu erreichen
- trifft im täglichen Leben Entscheidungen, die das Erreichen von Gesundheitszielen verunmöglichen
- [unerwartet beschleunigte Entwicklung der Krankheitssymptome].

Einflussfaktoren

Behandlungsbedingte Faktoren

B/d:

Komplexität des Therapieplans/-programms
Komplexität des Gesundheitsversorgungssystems
unzureichende Anzahl von Handlungshinweisen
Kosten der Therapie
Nebenwirkungen der Therapie.

- Art der Therapie/Behandlung:
  - wahrgenommene Hindernisse
  - wahrgenommener Schweregrad
  - wahrgenommene Anfälligkeit
  - wahrgenommene Vorteile

Situationsbedingte Faktoren (persönlich bedingt, umgebungsbedingt)

B/d:

Frühere Misserfolge
Infragestellen der Ernsthaftigkeit des Problems
Infragestellen des Nutzens der Therapie
Misstrauen gegenüber dem Gesundheitsversorgungspersonal
Wissensdefizit
Machtlosigkeit
familiäre Konflikte
überzogene Ansprüche (z. B. eigene Ansprüche, Ansprüche seitens der Familie)
Verhaltensmuster der Familie bezüglich Gesundheit und Pflege
unzureichende soziale Unterstützung
Konflikte zwischen den Gesundheitsüberzeugungen
Misstrauen gegenüber der Therapie
unzureichendes Vertrauen
wirtschaftliche Schwierigkeiten
Entscheidungskonflikte.

B/d Verständnisbarrieren, s/b/d:

kognitive Defizite
Motivation
Erschöpfung
Angst
Schwerhörigkeit
Gedächtnisstörungen.

Altersbedingte Faktoren

Kind/Jugendliche(r)

B/d die Furcht, anders zu sein.

Anmerkung der Autorin

Unwirksames Management der eigenen Gesundheit ist eine für Pflegende in den meisten Settings nützliche Diagnose. Einzelpersonen und Familien mit verschiedenen Gesundheitsstörungen akuter oder chronischer Art stehen gewöhnlich Therapieprogrammen gegenüber, die Veränderungen im früheren Funktionieren oder in der früheren Lebensweise erfordern. Diese Änderungen oder Adaptationen können helfen, die Ergebnisse positiv zu beeinflussen.

Diese Diagnose beschreibt Personen oder Familien mit Schwierigkeiten beim Erreichen positiver Ergebnisse. Die Pflegeperson ist die primäre Fachkraft, die gemeinsam mit dem Klienten verfügbare Auswahlmöglichkeiten bestimmt und festlegt, wie sich Erfolg erzielen lässt. In den primären Pflegeinterventionen werden die verfügbaren Optionen erkundet und der Klient wird darin unterwiesen, wie er die gewählte Option implementiert.

Wenn jemand einer komplexen Therapie gegenübersteht oder in seinem Funktionieren beeinträchtigt ist, was wiederum ein erfolgreiches Management behindert, so wäre die Diagnose *Gefahr eines unwirksamen Therapiemanagements* (bzw. Managements der eigenen Gesundheit) geeignet. Neben der Unterweisung im Management der Therapie muss die Pflegeperson den Klienten auch darin unterstützen, die aufgrund eines funktionalen Defizits erforderlichen Anpassungen herauszufinden.

Irrtümer in diagnostischen Aussagen

1. *Unwirksames Management der eigenen Gesundheit,* **b/d** *die Entscheidung, eine salzarme Diät nicht einzuhalten*
   Wenn der Klient beschließt, eine Therapie nicht einzuhalten, muss die Pflegeperson mit ihm gemeinsam die Umstände dieser Entscheidung erkunden. Nützlich ist die Diagnose: *unwirksames Management der eigenen Gesundheit,* **b/d** *eine unbekannte Ätiologie, angezeigt durch Nichteinhalten einer salzarmen Diät.* Die Pflegeperson muss mehr Daten erheben, um festzustellen, ob der Klient die Therapie einhalten möchte oder ob er ihre Begründung versteht. Wollte er die Diät einhalten, stieß jedoch auf Schwierigkeiten? Hielt der Klient die Diät ein, spürte jedoch keine positive Wirkung? Pflegeinterventionsstrategien unterscheiden sich je nach beeinflussendem Faktor. Die folgende Pflegediagnose ist ein Beispiel für einen Klienten, der mitmachen möchte, dem es jedoch schwer fällt: *unwirksames Management der eigenen Gesundheit,* **b/d** *ungeplante Mahlzeiten in Verbindung mit häufigen Flugreisen.*

Zentrale Konzepte

Allgemeine Überlegungen

- Die Stadien des «transtheoretischen Modells gesundheitsfördernder Verhaltensänderung» beinhalten Interventionen, mit denen Menschen unterstützt werden können, die ihre Lebensweise aus Gründen der Krankheitsprävention und -behandlung ändern. Die fünf Stadien sind «keine Veränderungsabsicht» («precontemplation»), «Veränderungsabsicht» («contemplation»), «Umstellung» («action»), «Beibehalten der Veränderung» («maintenance») und «Rückfall» («relapse»). (Die Stadien werden in verschiedenen Quellen unterschiedlich definiert und benannt, z. B.: 1) www.lernundenter.com: precontemplation, contemplation, preparation, action, maintenance. 2) http://www.psychologie.uni-freiburg.de/forschung/fobe-files/154.pdf: precontemplation, contemplation, preparation, action, maintenance, termination. Hier wird auch Prochaska, aber 1999, als Quelle erwähnt. Von «relapse» ist nicht die Rede, Anm. d. Hrsg.). Im Precontemplation-Stadium beabsichtigt die Person aufgrund von Verleugnung oder früherer Fehlschläge keine Veränderung. Menschen im Contemplation-Stadium stehen dem Wandel ambivalent gegenüber. Sobald sie sich zu einer spezifischen Veränderung entschieden haben, gelangen sie in das Preparation-, Action- und Maintenance-Stadium. Das Relapse-Stadium wird erwartet (Zimmermann et al., 2000).

- Selbstwirksamkeit ist eine Theorie, die beschreibt, wie eine Person ihre Fähigkeit zur Verhaltensanwendung und -umstellung evaluiert, um mit belastenden Situationen zurechtzukommen. Ein erfolgreiches Management hängt davon ab, dass die Person auch daran glaubt, dass die Verhaltensumstellung die Situation bessert (Ergebniserwartung) und dass sie in der Lage sein wird, die Umstellung vorzunehmen (Selbstwirksamkeitserwartung) (Bandura, 1982).
- Gesundheitsedukation ist der Prozess des Lehrens und Lernens, in dessen Verlauf das Verhalten des Klienten und seiner Familie durch Veränderungen des Wissens, der Einstellungen und Überzeugungen und durch Erwerb psychomotorischer Fertigkeiten beeinflusst wird. Ziel der Klientenedukation ist, ihm dabei zu helfen, Verantwortung für die Selbstversorgung zu übernehmen.
- Zu den körperlichen Faktoren, die sich auf das Lernen oder den Lernenden negativ auswirken, gehören folgende (Redman/Thomas, 1992):
  - akute Krankheit
  - Störungen des Flüssigkeits- und Elektrolythaushalts
  - Ernährungszustand
  - Krankheit oder Behandlungen, welche die geistige Präsenz stören (Schmerzen, Medikamente)
  - Krankheit oder Behandlungen, welche die motorischen Fähigkeiten stören (Erschöpfung, Geräte)
  - Aktivitätstoleranz (Ausdauer).
- Zu den persönlichen Faktoren, die sich auf das Lernen oder den Lernenden negativ auswirken, gehören folgende:
  - Alter
  - Intelligenz
  - die Fähigkeit zu lesen
  - Motivationsgrad
  - Verleugnen des Krankheitsprozesses
  - Prognose
  - Stadium der Adaptation an die Krankheit
  - frühere Erfahrungen oder früheres Wissen
  - Kontrollüberzeugung
  - wahrgenommene Schwere der Erkrankung
  - Ausmaß der Angst

  - wahrgenommene Anfälligkeit für Komplikationen
  - Depression
  - die Fähigkeit, das Fortschreiten unter Kontrolle zu halten oder die Krankheit zu heilen.
- Zu den sozioökonomischen Faktoren, die sich auf das Lernen oder den Lernenden negativ auswirken, gehören folgende:
  - Sprache
  - Lebensweise
  - Unterstützungssystem
  - Status der Finanzen
  - frühere Erfahrungen mit der Gesundheitsversorgung
  - kultureller Hintergrund
  - Fortbewegung/Transport
  - Einrichtung der Gesundheitsversorgung
  - Apotheke/Drogerie.
- Faktoren, die zu einer unwirksamen Edukation führen, umfassen folgende (Redman/Thomas, 1992):
  - Das Assessment vor der Edukation war inadäquat oder fehlte.
  - Assessmentdaten wurden bei der Unterweisung nicht mitgeteilt oder nicht berücksichtigt. Die einflussreichsten Assessmentfaktoren sind der psychische Status, physische Stabilität, Bildungsgrad, kultureller Hintergrund und sozioökonomischer Status.
  - Die Edukation war nicht individualisiert.
  - Die Informationen wurden nicht entsprechend den Fähigkeiten des Klienten präsentiert.
  - Tendenziell wurde von oben herab auf den Klienten eingeredet.
  - Es wurden Begriffe verwendet, die missverstanden wurden.
  - Die Informationen wurden bruchstückhaft präsentiert.
  - Es wurde zu viel Information vermittelt, wobei wichtige Informationen zwischen Irrelevantem verborgen waren oder verloren gingen.
  - Die Informationen wurden nicht wiederholt.
  - Es wurde in Bezug auf den Prozess kein Feed-back gegeben (oder der Klient wird bestraft, weil er nicht lernt).
  - Das Lernen des Klienten wurde nicht evaluiert.

Geriatrische Überlegungen

- Sich selbst um seine Therapie kümmern zu können, hat tief greifenden Einfluss auf das Selbstwertgefühl und die Unabhängigkeit. Der Einsatz der Edukation zur Steigerung der Selbstversorgungskapazität älterer Erwachsener kann ihr Bedürfnis nach Selbstwert auf effektive Weise befriedigen (Rakel, 1991; Miller, 2006).
- Es ist ein Irrglaube, dass ältere Menschen nicht imstande seien, neue Konzepte und Fertigkeiten zu erlernen. Manche Veränderungen im Laufe des Alterns können jedoch das Lernen verschlechtern. Dazu gehören z. B. eine Verschlechterung des Visus, abnehmendes Hörvermögen, Verlangsamung der Informationsverarbeitung, verkürzte Aufmerksamkeitsspanne, Schwierigkeiten beim Verlernen von Gewohnheiten,

die Furcht vor Unsicherheit oder Versagen, herabgesetztes Problemlösen und der Bedarf an mehr Zeit und häufigeren Wiederholungen, um Gelerntes zu behalten (Rakel, 1991; Miller, 2006).

Transkulturelle Überlegungen

- Weil die dominante Kultur in den USA zukunftsorientiert ist, wird eine Lebensweise geschätzt, die Gesundheit fördert und Krankheit verhindert. Diese Wertvorstellung steht in Frage, wenn ein Klient oder eine Familie aus einer anderen Kultur gegenwartsorientiert ist (Andrews/Boyle, 2003).
- Klienten mit externer Kontrollüberzeugung glauben, Gesundheit werde von äußeren Faktoren oder Kräften bestimmt. Durch diese Überzeugung wird das gesamte Konzept der Gesundheitsförderung in Frage gestellt (Andrews/Boyle, 2003).
- Traditionelle Heilmittel (Volksmedizin) bestehen aus Behandlungen und Praktiken, deren sich kulturelle Gruppen bedienen, um gesund zu bleiben oder Krankheiten zu behandeln. Spector (1985) befragte Studierende aus verschiedenen Kulturen, um das Gesundheits- und Krankheitsverhalten herauszufinden. Einige Ergebnisse zeigt Tabelle II-23.
- Volksmedizin dient zur Behandlung von Krankheiten wie Kopfschmerz, Erkältung, Hautausschlag, Husten, Halsweh, Verstopfung, Fieber, Warzen und Monatskrämpfen. Zu den Beispielen für Volksheilmittel bei Kopfschmerzen gehören: 1) sich bei vollständiger Dunkelheit hinlegen und ruhen (Kanada); 2) Auskochen eines Rinderknochens, einen Toast in die Brühe bröseln und trinken (Deutschland); 3) ein kaltes oder heißes Tuch auf die Stirn legen und ruhen (Irland); 4) sich ein Taschentuch voller Eis um den Kopf legen (Italien); 5) Acetylsalicylsäure und heiße Flüssigkeiten zu sich nehmen (Spector, 1985).
- Manche Hausmittel können als Missbrauch fehldiagnostiziert werden. Drei solcher Praktiken aus Südostasien hinterlassen Spuren am Körper, die von Versorgern als Zeichen von Gewalt oder Missbrauch interpretiert werden können. *Cao gio* bedeutet, die Haut mit einer Münze zu reiben, um dunkle blutige oder ekchymotische Streifen hervorzurufen. Dies geschieht zur Behandlung von Erkältungen und grippeähnlichen Symptomen. *Bat gio* beinhaltet das Kneifen der Haut an den Schläfen zur Behandlung von Kopfschmerzen oder am Hals bei Halsschmerzen. Beim Auftreten von Petechien oder Ekchymosen gilt die Behandlung als erfolgreich. Bei *Poua* wird die Haut mit der Spitze eines getrockneten, strandhaferähnlichen Grases verbrannt, weil man glaubt, dadurch würde das schädigende Element, welches die Schmerzen verursacht, abgesondert (Andrews/Boyle, 2003).

Tabelle II-23: Hausmittel zur Wahrung der Gesundheit (Quelle: Spector, R. E., *Cultural diversity in health and illness*, 2nd ed., Norwalk, CT, Appleton Century Crofts)
a = asiatisch; dk = deutsch-katholisch; eb = englisch-baptistisch; ek = englisch-katholisch; fk = französisch-katholisch; fkk = frankokanadisch-katholisch; i = italienisch; ik = irisch-katholisch; in = nordamerikanisch-indianisch; kk = kanadisch-katholisch; im = iranisch-muslimisch; n = norwegisch; oj = osteuropäisch, jüdisch; p = polnisch; s = schwarzafrikanisch; sc = schwedisch

witterungsgemäße Kleidung (s, in, eb, fk, fkk, dk, ik)	ausgewogene Vollwertkost (i, p, sc, a, s, eb, fkk, dk, im, ik)
Wein (i)	Reinlichkeit (s, kk, ek, dk, im, ik, n)
tägliche Spaziergänge (eb, ek, sc)	tägliches Gebet (s, kk)
Lesen (eb)	Baden (ek)
bei offenem Fenster schlafen (ek)	ausreichend Schlaf (fkk, ik)
täglich Lebertran (fk, n, p, sc)	körperliche Betätigung (fkk, ik, i)
Acetylsalicylsäure einnehmen (dk)	geweihte Medaillons (ik)
Zähneputzen (im)	früh zu Bett gehen (i)
hartes Brot (i)	medizinischer Routine-Check (sc)
med. Versorgung bei Krankheit (oj, p)	Ruhe (ek, fk, ik, n, p)

Einschätzungskriterien des Fokusassessments

Subjektive Daten

Einschätzen bestimmender Merkmale oder Kennzeichen

Feststellen des aktuellen Wissens über ...

- ... die Krankheit:
  - – Schweregrad
  - – Möglichkeit der Heilung oder der Kontrolle über die Progression
- ... Behandlung/diagnostische Untersuchungen
- ... präventive Maßnahmen
- ... die Anfälligkeit für Komplikationen
- ... die Prognose.

Inwieweit wird verordnetes Gesundheitsverhalten eingehalten?
Umfassend
Mit Einschränkungen.

Gibt es etwas, das die Einhaltung von verordnetem Gesundheitsverhalten stört?
Lernbedarf (wahrgenommen durch den Klienten/die Familie).

Einschätzen beeinflussender Faktoren

Anamnese
Beginn
Auswirkungen auf die Lebensweise (Beziehungen, Arbeit, Freizeit, Finanzen)
Symptome.

Stadien der Adaptation an die Krankheit
Unglaube
Wut/Zorn
Verleugnung
Erkennen.
Depression
Akzeptanz.

Lernfähigkeit (Klient, Familie)
Bildungsgrad
Gesprochene Sprache
Fähigkeit, zu lesen
Verstandene Sprache.

Kulturelle Faktoren
Überzeugungen und Praktiken der Gesundheitsüberzeugungen
Wertvorstellungen
Lebensweise
Traditionen.

Objektive Daten

Einschätzen beeinflussender Faktoren

Fähigkeit zur Durchführung verordneter Prozeduren
Kompetenz
Akkuratesse.

Grad der kognitiven und psychomotorischen Entwicklung
Alter
Die Fähigkeit, zu lesen und zu schreiben.

Sensorische Defizite
Sehen
Tasten
Schmecken (gestört oder erloschen)
Riechen (gestört oder erloschen)
Hören.

Ziele

NOC

- Compliance-Verhalten
- Wissen: Behandlungsplan
- Beteiligung: Entscheidungen über die Gesundheitsversorgung
- Behandlungsverhalten: Krankheit oder Verletzung

Die Person/Familie berichtet über die Absicht, Gesundheitsverhalten zu praktizieren, das für die Genesung von einer Krankheit sowie zur Prävention von Rezidiven oder Komplikationen erforderlich oder gewünscht ist.

Indikatoren

- Berichten über weniger Angst, **b/d** Furcht vor dem Unbekannten, vor Kontrollverlust oder vor falschen Vorstellungen.
- Beschreiben des Krankheitsprozesses, der Ursachen und der die Symptome beeinflussenden Faktoren sowie des Plans zur Kontrolle der Erkrankung oder der Symptome.

Allgemeine Interventionen

NIC

- Angeleitete Antizipation
- Gesundheitssystemorientierung
- Gesundheitsbildung
- Lernerleichterung

Identifizieren ursächlicher und beeinflussender Faktoren, die ein effektives Management stören

Siehe «Einflussfaktoren».

Aufbau von Vertrauen und Stärke (Zerwich, 1992)

Zugang zum Familiensystem gewinnen

Verhalten Sie sich als Gast
Übernehmen Sie sich nicht
Integrieren Sie sich behutsam.

Vermeiden des Eindrucks, Druck auszuüben

Geben Sie Raum
Beenden Sie die Diskussion, wenn der Klient entsprechende Signale setzt oder sich erkennbar unwohl fühlt.

Zuhören, um Bedenken aufzudecken, nicht um Erwartungen aufzuzwingen

Versuchen, eine Verbindung zwischen geäußerten Bedürfnissen und möglichen Dienstleistungen der Pflegenden zu entdecken

Beginnen Sie dort, wo die Bedürfnisse liegen.
Liefern Sie einen guten «Vorwand» dafür, die Beziehung fortzusetzen.

Entdecken und Bekräftigen von Stärken

Akzeptieren der Menschen an ihrem jeweiligen Platz

Vermeiden Sie es, zu werten.
Vermeiden Sie, Erwartungen an andere zu stellen.

Demonstrieren von Beharrlichkeit

Gehen Sie langsam vor.
Planen Sie kurze, häufige Besuche.

Demonstrieren von Ehrlichkeit, Stetigkeit und Stabilität

Halten Sie Versprechen ein.
Behalten Sie einmal etablierte Kontakte bei – persönlich oder telefonisch.

Identifizieren und Betonen von Stärken

Fertigkeiten des Überlebens
Eltern-Kind-Beziehung
Betreuungsfähigkeiten der Familie.

Berücksichtigen kultureller Vorlieben oder Praktiken

Was tut die Familie, um gesund zu bleiben?
Was tut die Familie, um Krankheit vorzubeugen.
Welche Hausmittel verwenden Sie und Ihre Familie?

F: Neben früheren erfolgreichen Coping-Erfahrungen fand Bandura (1982) drei weitere Faktoren, die eine positive Selbstwirksamkeit fördern:

- Zeuge erfolgreichen Copings Dritter sein
- die Überzeugung anderer, erfolgreich zurechtzukommen und etwas zu bewältigen
- nicht mit vegetativer Erregung auf die Situation zu reagieren.

Fördern von Vertrauen und positiver Selbstwirksamkeit (Bandura, 1982)

Erkunden Sie früheres erfolgreiches Management von Problemen.

Heben Sie früheres erfolgreiches Coping hervor.
Erzählen Sie Geschichten anderer «Erfolge».
Ermutigen Sie – wenn angemessen – dazu, Zeuge zu sein, wie andere erfolgreich in einer ähnlichen Situation zurechtkommen.
Ermutigen Sie zur Teilnahme an Selbsthilfegruppen.

F: Eine bedeutende Determinante der Selbstwirksamkeit besteht in zurückliegenden erfolgreichen Coping-Erfahrungen in ähnlichen Situationen (Bandura, 1982). Früheres erfolgloses Management einer ähnlichen Situation wirkt hingegen abschreckend.

Reduzieren oder Eliminieren von Lernhindernissen

Unterstützen beim Befriedigen der physiologischen Grundbedürfnisse, falls nötig

Unterstützen beim Durchlaufen der Stadien psychosozialer Anpassung an die Krankheit

Stadium des Unglaubens (Verleugnung)
Orientieren Sie die Person über das Setting und die Routinen der Klinik.
Lehren Sie mit Schwerpunkt auf der Gegenwart.
Erklären Sie Prozeduren auf einfache Weise, während Sie sie durchführen.
Helfen Sie der Person, sich sicher und gut aufgehoben zu fühlen.
Unterrichten Sie die Familie über die Verleugnung, welche die Person gerade durchmacht.

Stadium zunehmender Bewusstheit (Schuldgefühl, Wut)
Hören Sie der Person aufmerksam zu.
Setzen Sie die Unterweisung mit Schwerpunkt auf der Gegenwart fort.
Lassen Sie zu, dass der Klient Feindseligkeit schadlos zum Ausdruck bringen kann.
Vermeiden Sie, zu argumentieren.

Hinauszögern der Unterweisung, bis die Person bereit ist

Anpassen der Unterweisung an den physischen und psychischen Zustand der Person

Je nach Ausmaß der Behaglichkeit.
Je nach Ausmaß der Erschöpfung.
Nicht zusammen mit Wirkungsspitzen von Medikamenten, welche die Wahrnehmung oder Kognition stören.

Die Person intensive Emotionen zum Ausdruck bringen und durcharbeiten lassen, bevor mit der Unterweisung begonnen wird

Untersuchen der Gesundheitsüberzeugungen und früherer Krankheitserfahrungen; Einschätzen ihrer Auswirkungen auf den Wunsch, zu lernen

F: Erschöpfung und Schmerzen können das Lernen negativ beeinflussen. Lernhindernisse bewirken, dass weniger behalten wird und erhöhen die Frustration (Thorna/Peterson, 2000).
F: Die Motivation des Klienten ist eine der wichtigsten Variablen für das Ausmaß des Lernens.

Reduzieren der Angst

Ermutigen Sie den Klienten, sich mündlich zu äußern.

Hören Sie aufmerksam zu.

Erfüllen Sie die seitens der Person geäußerten Bedürfnisse, bevor Sie weitere Informationen geben.

Schaffen Sie Vertrauen durch häufige, stetige Interaktionen.

Geben Sie korrekte, relevante Informationen.

Geben Sie nichtbedrohliche Informationen, bevor Sie mehr Angst produzierende Informationen liefern.

Erklären Sie den Grund und den beabsichtigten Effekt einer Behandlung; heben Sie das Positive hervor.

Erkunden Sie gemeinsam mit der Person die Auswirkungen einer neuen Diagnose, Behandlung oder Operation auf Bezugspersonen.

Überrennen Sie die Person nicht mit zu vielen Informationen, wenn sie sehr verängstigt oder ihr körperlicher Zustand instabil ist.

Lassen Sie die Person eine gewisse Kontrolle über sich selbst und über Routinen behalten, indem Sie sie an der Pflege beteiligen.

F: Lernen hängt von der physischen und emotionalen Bereitschaft ab. Der Klient muss relativ frei von Schmerzen und extremer Angst sein. Starke Angst schwächt das Lernen, während ein wenig Angst das Lernen intensivieren kann.

Sorgen für Interventionen entsprechend den Stadien des Wandels* (Prochaska et al., 1992; Zimmermann et al., 2000)

(Die folgenden Stadien entsprechen nicht ganz denen der ersten Nennung dieses Modells, Anm. d. Übers.)

Precontemplation-Stadium (keine Veränderungsabsicht)

Konzentrieren Sie sich darauf, eine vertrauensvolle Beziehung aufzubauen.

Unterweisen Sie in kleinen Schritten.

Führen Sie die Vorteile einer Verhaltensumstellung auf.

Bringen Sie Symptome mit Risikoverhalten in Verbindung (z. B. Bronchitis mit Rauchen).

Contemplation-Stadium (Veränderungsabsicht)

Führen Sie Gründe auf, warum ein Wandel wünschenswert wäre.

Akzeptieren Sie Ambivalenz.

Erörtern Sie Barrieren.

Führen Sie mögliche Lösungen für die Hemmnisse auf.

Preparation-Stadium (Vorbereitung)

Führen Sie auf, welche Strategien die Person versuchen möchte.

Setzen Sie ein Datum für den Beginn fest.

Erkennen Sie an, dass Rückfälle erwartet werden.

---

* Gemeint sind die Stadien des transtheoretischen Modells gesundheitsfördernder Verhaltensänderung (A.d.Ü.).

Action-Stadium (Umstellung)

Bestärken Sie die Entscheidung.

Würdigen Sie jeden Erfolg (z. B. eine verringerte Anzahl Zigaretten, ein halbes Kilo Gewichtsabnahme).

Maintenance-Stadium (Beibehalten der Veränderung)

Fahren Sie fort, den Klienten zu bestärken.

Führen Sie auf, welche Strategien hilfreich waren.

Relapse-Stadium (Rückfall)

Betonen Sie, dass dies kein Versagen darstellt.

Beginnen Sie wieder mit dem Umstellungsprozess.

F: Die Interventionen für Modifikationen der Lebensweise hängen von dem Stadium des Wandels ab, in dem sich der Klient befindet (Prochaska et al., 1992). Gezielte Interventionen richten sich an die Bereitschaft des Klienten, sich zu ändern.

Fördern des persönlichen und des familiären Lernens

Sicherstellen, dass die Familie in die Schulungssitzungen einbezogen wird

Gestalten Sie den Schulungsansatz nach einem gründlichen Assessment individuell.

Planen Sie Lernergebnisse und vermitteln Sie deren Notwendigkeit.

Folgen Sie den Prinzipien des Lehrens und Lernens (siehe «Zentrale Konzepte»).

Erklären und erörtern Sie ...

- ... den Krankheitsprozess.
- ... den Behandlungsplan (Medikamente, Diät, Prozeduren, Übungen, Ausrüstung/Geräte).
- ... die Begründung für den Plan.
- ... Erwartungen (des Klienten, der Familie) an den Plan.
- ... Nebenwirkungen des Plans.
- ... erforderliche Veränderungen der Lebensweise.
- ... Methoden zur Überwachung des Zustands.
- ... die benötigte Nachsorge.
- ... Zeichen/Symptome von Komplikationen.
- ... verfügbare Ressourcen und Unterstützung.
- ... erforderliche Veränderungen der häuslichen Umgebung.

Evaluieren Sie persönliches/familiäres Verhalten als Beleg dafür, dass Lernergebnisse erreicht wurden.

F: Ein Assessment vor Beginn der Schulung fördert die Bedeutsamkeit und Wirksamkeit sowie den Gesamterfolg des Prozesses von Lehren und Lernen, indem definiert wird, *was* für ein Inhalt vorliegen sollte, *wie* dieser Inhalt vermittelt werden sollte, *wann* der Klient zu lernen bereit ist und *wer* dabei sein sollte.

F: Die Forschung hat gezeigt, dass die Kooperation des Klienten und die positive Anpassung an die Erfahrungen zunehmen, wenn Familienangehörige an der Pflege beteiligt sind (Leske, 1993).

Beginnen mit Überweisungen, soweit angezeigt

Kommunale Pflegedienste.

Beeinträchtigte körperliche Mobilität

Beeinträchtigte körperliche Mobilität

Beeinträchtigte Bett-Mobilität
Beeinträchtigte Gehfähigkeit
Beeinträchtigte Rollstuhlmobilität
Beeinträchtigte Transferfähigkeit

Definition

Beeinträchtigte körperliche Mobilität: der Zustand, in dem eine Person eine Einschränkung der körperlichen Beweglichkeit erfährt oder entsprechend gefährdet ist, ohne jedoch bewegungslos zu sein.

Beeinträchtigte körperliche Mobilität (engl. Impaired physical mobility): Einschränkung der unabhängigen, zielgerichteten Bewegung des Körpers oder von einer oder mehreren Extremität(en) (NANDA-I, 2010).

Bestimmende Merkmale oder Kennzeichen (Levin et al., 1989)

Hauptkennzeichen (80–100 %)

Gestörte Fähigkeit, sich in der Umgebung zielgerichtet zu bewegen (z. B. Bettmobilität, Transfers, Umhergehen).

Einschränkungen der Beweglichkeit.

Nebenkennzeichen (50–80 %)

- [Klagen über Schmerzen/Unbehagen bei Bewegung, Unwilligkeit gegenüber Bewegung].
- begrenzte Bewegungsfähigkeit
- begrenzte Fähigkeit, grobmotorische Fertigkeiten auszuüben
- begrenzte Fähigkeit, feinmotorische Fertigkeiten auszuüben
- Schwierigkeit, sich zu drehen
- verlangsamte Bewegungen

- ruckartige Bewegungen
- unkoordinierte Bewegungen
- bewegungsinduzierter Tremor
- verminderte (langsamere) Reaktionsfähigkeit
- posturale Instabilität
- Veränderungen des Gangbilds
- findet Ersatz für eigene Bewegung (z.B. vermehrte Aufmerksamkeit gegenüber Aktivitäten anderer, Kontrollverhalten, Konzentration auf Aktivitäten, die vor der Krankheit/Behinderung ausgeführt werden konnten)
- Belastungsdyspnö.

Empfohlene Klassifikation des Funktionsniveaus*:

0 vollständige Unabhängigkeit
1 braucht Hilfsmittel oder Gerät
2 braucht Hilfe, Überwachung oder Anleitung einer Person
3 braucht Hilfe einer Person und Hilfsmittel oder Geräte
4 Abhängigkeit, macht nicht aktiv mit.

Erzwungene Bewegungseinschränkung.
Abneigung gegen Bewegung.

Einflussfaktoren

Pathophysiologische Faktoren

B/d verminderte Kraft und Ausdauer, s/b/d:

(neuromuskuläre Beeinträchtigung)
Autoimmunkrankheiten (multiple Sklerose, Arthritis)
Erkrankungen des Nervensystems (z. B. Parkinson-Krankheit, Myasthenia gravis)
Lungen- und Atemwegserkrankungen (z. B. COPD)
Muskeldystrophie
partielle Lähmung (Rückenmarkverletzung, Schlaganfall)
ZNS-Tumor
Trauma
Krebsleiden
erhöhter Schädelinnendruck
sensorische Ausfälle
Störungen des Muskel-Skelett-Systems

* Kodierung nach Jones, E. et al.: «Patientenklassifikation bei der Langzeitpflege: Handbuch», HEW, Publikation Nr. HRA-74–3107, November 1974

B/d:

begrenzte kardiovaskuläre Ausdauer
veränderter Zellstoffwechsel
reduzierte Muskelkontrolle
reduzierte Muskelmasse
muskuloskeletale Beeinträchtigung
Integritätsverlust knöcherner Strukturen
Frakturen
Bindegewebserkrankungen (systemischer Lupus erythematodes)
Herzkrankheiten (z. B. Herzinsuffizienz, koronare Herzkrankheit).

B/d Gelenksteife oder Kontrakturen, s/b/d:

entzündliche Gelenkerkrankung (rheumatoide Arthritis)
degenerative Gelenkerkrankung (Osteoarthritis)
Korrektur-OP nach Gelenkersatz
degeneratives Bandscheibenleiden.

B/d ein Ödem.

Behandlungsbedingte Faktoren

B/d externe Vorrichtungen (Gips, Schienen, I.v.-Infusionsschläuche).

B/d ungenügende Kraft und Ausdauer für das Gehen mit:

Prothese
Unterarmgehstützen
Gehwagen/Rollator
verordnete Bewegungseinschränkungen
Medikation.

Situationsbedingte Faktoren (persönlich bedingt, umgebungsbedingt)

B/d:

Erschöpfung
Motivation
Schmerzen
Adipositas
Dyspnö
bewegungsarmer Lebensstil
Aktivitätsintoleranz
Inaktivität
Konditionsabbau
beeinträchtigte Wahrnehmung

kognitive Beeinträchtigung
Entwicklungsverzögerung
depressive Stimmung
Angst
Mangelernährung
Unwohlsein/Beschwerden
Body-Mass-Index liegt über dem altersentsprechenden 75-%-Perzentil.

Altersbedingte Faktoren

Kinder

B/d Gangstörungen, s/b/d:

angeborene Skelettfehlbildungen
kongenitale Hüftdysplasie
Perthes-Krankheit
Osteomyelitis.

Ältere Menschen

B/d verminderte motorische Wendigkeit.
B/d Muskelschwäche.

Anmerkung der Autorin

Beeinträchtigte körperliche Mobilität beschreibt eine Person, die im Gebrauch eines oder beider Arme, eines oder beider Beine oder in ihrer Muskelkraft eingeschränkt ist. Die Pflegeperson sollte diese Diagnose nicht zur Beschreibung vollständiger Immobilität verwenden. In einem solchen Fall ist *Immobilitätssyndrom* besser anwendbar. Die Einschränkung der körperlichen Beweglichkeit kann auch Ätiologie anderer Pflegediagnosen sein, wie z. B. *Selbstversorgungsdefizit* und *Verletzungsgefahr*. Pflegeinterventionen bei *beeinträchtigter körperlicher Mobilität* konzentrieren sich darauf, die Funktion zu stärken und wiederherzustellen und eine Verschlechterung zu verhindern. Sollte sich die Person körperlich betätigen können, dies aber nicht tun, siehe *Bewegungsmangel*. Hat die Person keinerlei Bewegungseinschränkung, aber eine schlechte Kondition und verminderte Ausdauer, siehe *Aktivitätsintoleranz*.

Irrtümer in diagnostischen Aussagen

1. *Beeinträchtigte körperliche Mobilität,* **b/d** *traumatische Amputation des linken Arms*
   Die traumatische Amputation des linken Arms als Einflussfaktor zu nennen, beschreibt nicht das Problem. Vielmehr sollte die diagnostische Aussage widerspiegeln, wie sich der Verlust auf das Funktionieren ausgewirkt hat. Als Diagnose könnte *Selbstversorgungsdefizit: Nahrungsaufnahme,* **b/d** *unzureichendes Wissen über Anpassungen, wie sie nach dem Verlust des linken Arms nötig sind.*

2. *Beeinträchtigte körperliche Mobilität,* **b/d** *eingeschränkte Muskelkraft, sekundär bedingt durch einen Apoplex*
Eingeschränkte Muskelkraft ist ein Zeichen für *beeinträchtigte körperliche Mobilität* und kein Einflussfaktor. Einflussfaktoren sollten der Ausrichtung von Pflegeinterventionen dienen, wie in folgender Diagnose: *beeinträchtigte körperliche Mobilität,* **b/d** *unzureichendes Wissen über Techniken, die nötig sind, um nach einem Schaden des 1. motorischen Neurons die motorische Funktion zu steigern.*

Zentrale Konzepte

Allgemeine Überlegungen

- Miller (2004) zufolge ist Mobilität einer der bedeutendsten Aspekte physiologischen Funktionierens, weil sie in hohem Maße die Wahrung der Unabhängigkeit beeinflusst.
- Aktivität, Mobilität und Flexibilität sind integraler Bestandteil der Lebensweise eines Menschen. Eine beeinträchtigte Mobilität wirkt sich ganz erheblich und negativ auf das Selbstkonzept und die Lebensweise aus.
- Die vier Kategorien des Bewegungsumfangs (ROM) sind «passiv», «aktiv mit Unterstützung», «aktiv» und «aktiv gegen Widerstand» (Adams/Clough, 1998):
  - Der *passive ROM* besteht im Bewegen der Muskeln des Klienten durch eine andere Person, mit Hilfe des Klienten.
  - Der *aktive ROM mit Unterstützung* besteht in der aktiven Kontraktion eines Muskels mit Unterstützung durch eine externe Kraft, wie z. B. einen Therapeuten, eine mechanische Vorrichtung oder die nicht betroffene Extremität.
  - Der *aktive ROM* besteht in der aktiven Kontraktion eines Muskels gegen die Schwerkraft, wie etwa das Anheben des gestreckten Beins.
  - Der *aktive ROM gegen Widerstand* besteht in der aktiven Kontraktion eines Muskels gegen einen Widerstand, wie z. B. Gewichte.
- Übungen sind isometrisch, wenn sich Muskeln kontrahieren oder anspannen, ohne dass es zu Gelenkbewegungen kommt. Sie sind bei herzkranken Menschen kontraindiziert, weil sie die Funktion des linken Ventrikels erhöhen. Bei der Durchführung sollten Muskeln 5–15 Sekunden lang angespannt werden (Pellino et al., 1998).
- Der *Gang* ist eine komplexe dreidimensionale Aktivität unter Beteiligung der Beine, des Beckens, des Rumpfes und der Arme.
- Die *Gangart* ist eine komplexe Bewegung unter Beteiligung des Muskel-Skelett-Systems, des Nervensystems und des Herz-Kreislauf-Systems. Kognitive Faktoren, wie Denken und Orientierung, sind entscheidend für einen sicheren Gang (Adams/Clough, 1998).

Pädiatrische Überlegung

Siehe *Inaktivitätssyndrom.*

Geriatrische Überlegungen

- Etwa 10 % der nicht in einer Einrichtung lebenden älteren Menschen berichten über irgendeine Form der Bewegungseinschränkung und von den in einer Einrichtung lebenden älteren Menschen sind mehr als 90 % in mindestens einer Aktivität des täglichen Lebens abhängig (Miller, 2004). Mobilitätsprobleme sind oft der Grund für die Aufnahme in ein Pflegeheim oder für eine komplexe Versorgung innerhalb des Pflegeheims. Das Ausmaß der funktionellen Beeinträchtigung in Folge von Behinderung oder Krankheit wird beim Mobilitätsassessment festgestellt.
- Die Auswirkungen der Immobilität sind vor allem bei älteren Erwachsenen gefährlich. Rasch kommt es zu Muskelschwäche und -atrophie sowie zu verminderter Ausdauer. Außerdem müssen biochemische und physiologische Effekte, wie etwa ein Stickstoffverlust und Hyperkalziurie, berücksichtigt werden (Porth, 2002). Zu dauerhaftem Funktionsverlust kommt es eher bei länger anhaltender Immobilität. Ältere Menschen sind auch anfällig für neue Erkrankungen und Krankheitserscheinungen wie Pneumonie, Dekubitus, Stürze und Frakturen, Osteoporose, Inkontinenz, Verwirrtheit und Depression. Es sollte jegliche Anstrengung zur Prävention und Mobilisation unternommen werden (Miller, 2004).
- Altersbedingte Veränderungen der Gelenke und des Bindegewebes beeinträchtigen Beugung und Streckung, verringern die Flexibilität und schwächen den schockabsorbierenden Schutz bei Gelenken (Miller, 2004).

Einschätzungskriterien des Fokusassessments

Subjektive Daten

Einschätzen bestimmender Merkmale oder Kennzeichen

Anamnese der Symptome
Klagen über:

- Schmerz
- Muskelschwäche
- Dyspnö
- Erschöpfung:
  - Worauf zurückzuführen?
  - Wodurch induziert?
- Außerhalb des Bettes verbrachte Zeit
- Zeit, die mit Schlafen und Ruhen verbracht wird.

Einschätzen beeinflussender Faktoren

Anamnese der Systemerkrankung
Nervensystem
Schädeltrauma
Erhöhter Schädelinnendruck

Myasthenia gravis
Geburtsschaden
Apoplex
Poliomyelitis
Rückenmarkverletzung
Multiple Sklerose
Guillain-Barré-Syndrom
Tumor.

Herz und Kreislauf
Myokardinfarkt
Angeborene Herzanomalie
Dekompensierte Herzinsuffizienz.

Muskulatur und Skelett
Osteoporose
Arthritis
Frakturen.

Lunge und Atemwege
Chronisch-obstruktive Bronchitis (COPD)
Pneumonie
Orthopnö
Belastungsdyspnö.

Zu Behinderung führende Erkrankungen
Krebs
Nierenleiden
Erkrankungen des Hormonsystems (Endokrinium).

Anamnese der Symptome mit Auswirkungen auf die Mobilität
Beginn?
Auslöser?
Beschreibung?
Häufigkeit?
Dauer?
Lokalisation?
Verschlechtert durch …?
Gebessert durch …?

Anamnese von Traumata oder Operationen in letzter Zeit

Aktuelle medikamentöse Therapie

Objektive Daten

Einschätzen bestimmender Merkmale oder Kennzeichen

Dominante Hand.

Tabelle II-24: Einschätzen objektiver bestimmender Merkmale oder Kennzeichen bei *beeinträchtigter körperlicher Mobilität*

Funktion	Extremität/ Fähigkeit	Beurteilung			
Motorik	rechter Arm	stark	schwach	fehlend	spastisch
	linker Arm	stark	schwach	fehlend	spastisch
	rechtes Bein	stark	schwach	fehlend	spastisch
	linkes Bein	stark	schwach	fehlend	spastisch
Mobilität	Sich umdrehen	ja	nein	Assistenzbedarf (spezifizieren)	
	Sitzen	ja	nein	Assistenzbedarf (spezifizieren)	
	Stehen	ja	nein	Assistenzbedarf (spezifizieren)	
	Aufstehen	ja	nein	Assistenzbedarf (spezifizieren)	
	Transfer	ja	nein	Assistenzbedarf (spezifizieren)	
	Gehen	ja	nein	Assistenzbedarf (spezifizieren)	
	Gewichtsaufnahme	voll	soweit toleriert	teilweise	keine
	Gangart	stabil	instabil		

Hilfsmittel:

- Unterarmgehstützen
- Orthesen
- Rollstuhl
- Gehrahmen/Rollator
- Gehstock
- Prothese
- andere.

Einschränkende Hilfsmittel/Vorrichtungen:

- Gips oder Schiene
- Foley-Katheter
- Zugvorrichtungen
- intravenöse Zugänge
- Bandagen
- Monitor
- Beatmungsgerät
- Dialysegerät.

Bewegungsumfang (Hals, Schultern, Ellenbogen, Arme, Rückenmark, Hüften, Beine):

- voll
- begrenzt (zu spezifizieren)
- nicht vorhanden.

Einschätzen beeinflussender Faktoren

Ausdauer (siehe *Aktivitätsintoleranz* für Zusatzinformationen)

Assessment
Ruhepuls, Blutdruck, Atemfrequenz
Blutdruck, Atemfrequenz und Puls unmittelbar nach einer Aktivität
Puls alle 2 Minuten bis zur Rückkehr in einen Bereich von 10 Schlägen um den Ruhepuls
Schätzen Sie nach der Aktivität auf Indikatoren einer Hypoxie ein (Intensität, Geschwindigkeit oder Dauer der Aktivität müssen vermindert/verlangsamt sein bzw. die Aktivität muss abgebrochen worden sein), und zwar wie folgt:

Blutdruck
Ausbleiben des systolischen Druckanstiegs
Anstieg des diastolischen Drucks auf 155 mmHg.

Atmung
Überschießender Anstieg der Atemfrequenz
Abnahme der Atemfrequenz
Dyspnö.

Zerebrale und andere Veränderungen
Verwirrtheit
Blässe
Schwäche
Veränderung des Gleichgewichts
Unkoordiniertheit
Zyanose.

Peripherer Kreislauf

Kapilläre Wiederauffüllzeit (normal, weniger als 3 s)
Hautfarbe, -temperatur und -turgor

Periphere Pulse (Frequenz, Qualität):

- A. brachialis
- A. tibialis posterior
- A. radialis
- A. poplitealis
- A. femoralis
- A. dorsalis pedis.

Motivation (gem. Wahrnehmung der Pflegeperson und/oder den Aussagen der Person)
Ausgezeichnet
Zufriedenstellend
Schlecht.

Ziele

NOC

- Gehen
- Gelenkbewegung
- Mobilität

Die Person berichtet über vermehrte Kraft und Ausdauer der Extremitäten.

Indikatoren

- Demonstrieren der Anwendung von Adaptionshilfen zur Steigerung der Mobilität.
- Umsetzen von Sicherheitsmaßnahmen, um die Verletzungsgefahr auf ein Mindestmaß zu reduzieren.
- Beschreiben der Begründung für Interventionen.
- Demonstrieren von Maßnahmen zur Steigerung der Mobilität.

Allgemeine Interventionen

NIC

- Bewegungstherapie: Gelenkbeweglichkeit
- Bewegungsförderung: Krafttraining
- Bewegungstherapie: Fortbewegungsfähigkeit
- Lagerung
- Edukation: verordnete Aktivität/Bewegung

Einschätzen ursächlicher Faktoren

Siehe «Einflussfaktoren».
Konsultieren Sie zur Auswertung und zur Entwicklung eines Mobilitätsplans den Physiotherapeuten.

Fördern optimaler Mobilität und Bewegung

Fördern der Motivation und der Adhärenz (Addams/Clough, 1998)

Erklären Sie das Problem und das Ziel einer jeden Übung.
Stellen Sie sicher, dass die ersten Übungen leicht sind und nur minimale Kraft und Koordination erfordern.
Fahren Sie nur dann fort, wenn der Klient in der letzten Übung erfolgreich war.
Sorgen Sie für schriftliche Instruktionen zu verordneten Übungen, nachdem Sie sie vorgeführt haben und sich die Übungen haben vorführen lassen und dabei zugeschaut haben.
Dokumentieren und erörtern Sie eine Verbesserung spezifisch (z. B. «kann das Bein 5 cm höher anheben»).

F: Miller (2004) zufolge ist Mobilität einer der bedeutendsten Aspekte physiologischen Funktionierens, weil sie in hohem Maße die Wahrung der Unabhängigkeit beeinflusst.

Steigern der Extremitätenmobilität; Bestimmen des für die Person geeigneten ROM (passiv, aktiv mit Unterstützung, aktiv, aktiv gegen Widerstand)

Führen Sie passiv oder aktiv unterstützende Bewegungsumfangsübungen (ROM) durch – die Häufigkeit wird durch den Zustand des Klienten bestimmt:

- Lehren Sie den Klienten, wenn möglich mindestens 4-mal am Tag aktive ROM-Übungen mit der nicht betroffenen Extremität durchzuführen.
- Führen Sie an den betroffenen Gliedmaßen passive ROM-Übungen durch. Tun Sie dies langsam, geben Sie den Muskeln Zeit zur Entspannung und stützen Sie die Extremität ober- und unterhalb des Gelenks, um Zerrungen im Gelenk und im Gewebe zu vermeiden.
- Beine und Arme des Klienten sollten bei den ROM-Übungen sanft innerhalb der Schmerzgrenzen bewegt werden. Führen Sie die ROM-Übungen langsam durch, um den Muskeln Zeit zur Entspannung zu geben.
- Für passive ROM-Übungen ist die Rückenlage am effektivsten. Wer als Klient selbst ROM-Übungen durchführt, kann dies im Liegen oder im Sitzen tun.
- Führen Sie die ROM-Übungen täglich mit der Ganzwaschung im Bett durch, und zwar 3- bis 4-mal, wenn es besondere Problembereiche gibt. Versuchen Sie, die Übungen in die Aktivitäten des täglichen Lebens zu integrieren.

Stützen Sie die Extremität mit Kissen ab, um eine Schwellung zu verhindern oder zu verringern.
Verabreichen Sie Analgetika nach Bedarf, vor allem vor der Aktivität* (siehe *beeinträchtigtes Wohlbefinden*).

* Bedarf u. U. der Verordnung durch eine Fachperson der Primärversorgung.

Wenden Sie Wärme oder Kälte an, um Schmerzen, eine Entzündung oder ein Hämatom zu lindern (nach 48 h).*

Wenden Sie Kälte an, um nach einer Verletzung die Schwellung zu verringern (gewöhnlich in den ersten 48 h).*

Halten Sie den Klienten dazu an, Übungspläne für bestimmte Gelenke (z. B. isometrische Übungen oder Übungen gegen Widerstand) gemäß Verordnung durch den Arzt, die Fachpflegeperson oder den Physiotherapeuten durchzuführen.

F: Aktive ROM-Übungen erhöhen Masse, Tonus und Kraft der Muskulatur und verbessern die Herz- und Atemfunktion. Passive ROM-Übungen verbessern die Gelenkbeweglichkeit und die Zirkulation.

F: Forschenden zufolge hat eine Frühmobilisation nach einer Verletzung, einer medizinischen Prozedur oder als Behandlung einer Krankheit bessere Ergebnisse als Bettruhe (Allen et al., 1999; Ebell, 2005).

F: Konsultieren Sie den Physiotherapeuten zur Evaluation und Entwicklung eines Mobilitätsplans.

Lagerung in entspannter physiologischer Stellung, um Komplikationen zu verhindern

Verwenden Sie ein Fußbrett/eine Fußstütze.

Langes Sitzen oder Liegen in ein und derselben Position vermeiden.

Umlagern der Schultergelenke alle 2–4 Stunden.

Verwenden Sie bei Oberkörperhochlagerung ein kleines Kissen oder kein Kissen.

Stützen Sie Hand und Handgelenk in natürlicher Stellung ab.

Wenn der Klient in Rücken- oder Bauchlage liegt, platzieren Sie ein zusammengerolltes Handtuch oder ein kleines Kissen unter der Lendenkurvatur bzw. unter den unteren Rippenbogen.

Platzieren Sie eine Trochanterrolle oder Sandsäcke entlang der Hüften und Oberschenkel.

Befindet sich der Klient in Seitenlage, stützen Sie das Bein von der Leiste bis zum Fuß durch eines oder mehrere Kissen ab und nehmen Sie ein Kissen, um Schulter und Ellenbogen leicht zu beugen. Halten Sie den unten liegenden Fuß mit einem Sandsack in Dorsalflexion.

Für die oberen Extremitäten:

- Arme mit Kissen vom Körper abduzieren.
- Ellenbogen leicht beugen.
- Handgelenk in Neutralstellung bei leicht gebeugten Fingern, Daumen abduziert und leicht gebeugt.
- Lage der Schultergelenke im Laufe des Tages verändern (z. B. Adduktion, Abduktion, Umfang der Kreisbewegung).

Den Körper gut ausgerichtet halten, wenn mechanische Vorrichtungen verwendet werden

Zugvorrichtungen

Schätzen Sie die korrekte Position der Zugvorrichtung und der Ausrichtung der Knochen ein.

Beobachten Sie, ob die richtige Anzahl der Gewichte vorhanden ist und ob sie richtig positioniert sind.

Lassen Sie Gewichte frei hängen, ohne Decken oder Laken auf den Seilzügen.

Achten Sie auf Veränderungen der Durchblutung. Überprüfen der Pulsqualität, Hauttemperatur, Farbe der Extremitäten und der kapillären Wiederauffüllung (sollte weniger als 3 Sekunden dauern).
Achten Sie auf Veränderungen der Durchblutung (Taubheitsgefühl, Kribbeln, Schmerzen).
Schätzen Sie Veränderungen der Mobilität (Fähigkeit zur Beugung/Streckung nicht betroffener Gelenke) ein.
Achten Sie auf Zeichen der Hautreizung (Rötung, Ulzeration, Abblassen).
Schätzen Sie die Lokalisationen der Traktionsdrähte auf Lockerung, Entzündung, Ulzeration und Ausfluss ein. Säubern Sie die Eintrittsstellen (je nach Art des Drahtes und ärztlicher Verordnung).
Ermutigen Sie zu isometrischen Übungen* und zum verordneten Übungsprogramm.

Gips
Schätzen Sie den korrekten Sitz ein (weder zu locker noch zu fest).
Schätzen Sie die Durchblutung des umschlossenen Bereichs alle 2 Stunden ab (Hautfarbe und -temperatur, Pulsqualität, kapilläre Wiederauffüllzeit unter 2 Sekunden).
Achten Sie auf Veränderungen der Sensibilität der Extremität alle 2 Stunden (Taubheitsgefühl, Kribbeln, Schmerzen).
Schätzen Sie die Bewegung nicht beteiligter Gelenke ein (Beuge- und Streckvermögen).
Achten Sie auf Hautreizungen (Rötung, Ulzerationen oder Klagen über Schmerzen unter dem Gips).
Halten Sie den Gips sauber und trocken. Lassen Sie nicht zu, dass scharfe Gegenstände unter den Gips eingeführt werden. Polstern Sie raue Ränder mit Klebeband. Befestigen Sie Watte unter Rändern, die Druckstellen zu verursachen scheinen.
Lassen Sie den Gips in Ruhe auf Kissen trocknen, um Druckstellen zu vermeiden.
Beobachten Sie den Gips auf Bereiche, in denen er nachgibt oder beschädigt ist.
Beüben Sie die Gelenke ober- und unterhalb des Gipses, falls erlaubt (z. B. Hin- und Herbewegen der Finger und Zehen alle 2 Stunden).
Assistieren Sie bei verordneten Übungsplänen und isometrischen Übungen von Muskeln, die von einem Gips umschlossen sind.*
Lassen Sie die Extremität nach Anlegen des Gipses angehoben, um die Schwellung zu reduzieren.

Stützkorsett
Achten Sie auf korrekten Sitz.
Achten Sie auf Zeichen einer Hautreizung (Rötung, Ulzeration, Abblassen, Jucken, Schmerzen).
Unterstützen Sie bei Übungen, wie sie jeweils für bestimmte Gelenke verordnet werden.
Lassen Sie den Klienten demonstrieren, wie man das Korsett korrekt anlegt.

Prothesen
Achten Sie vor Anlegen der Prothese auf Zeichen einer Hautreizung am Stumpf. Der Stumpf sollte sauber und trocken sein. Elastische Binden sollten neu gewickelt und sicher befestigt werden.
Lassen Sie den Klienten demonstrieren, wie man die Prothese korrekt anlegt.
Beurteilen Sie, ob Gangveränderungen oder eine inkorrekte Gehtechnik vorliegen.
Fahren Sie mit der Gesundheitsedukation fort, wenn angezeigt.

---

* Bedarf u. U. der Verordnung durch eine Fachperson der Primärversorgung.

Elastische Binden

Achten Sie auf korrekten Sitz der elastischen Binde.

Wickeln Sie die Binde unter gleichbleibendem Zug von distal nach proximal und stellen Sie sicher, dass sie weder zu locker noch zu straff sitzt.

Achten Sie auf ein Anschoppen der Bandage.

Achten Sie auf Zeichen einer Hautreizung (Rötung, Ulzeration, stark gespannte Haut).

Wickeln Sie die elastische Binde 2-mal täglich oder nach Bedarf neu, sofern nicht kontraindiziert. Wenn es sich bei der Binde beispielsweise um einen postoperativen Kompressionsverband handelt, sollte er belassen werden.

Lassen Sie beim Wickeln der unteren Extremität die Ferse frei, indem Sie im Achtergang wickeln.

Schlingen

Beurteilen der korrekten Anwendung: Die Schlinge sollte locker um den Hals liegen und Ellenbogen und Handgelenk oberhalb der Herzebene stützen.

Entfernen Sie Schlingen für ROM-Übungen.*

Anmerkung: Manche mechanischen Vorrichtungen können je nach Art der Verletzung oder Typ bzw. Zweck der Vorrichtung für Übungen abgenommen werden. Konsultieren Sie den Arzt, um sicherzustellen, wann die Person die Vorrichtung abnehmen darf.

F: Bisweilen bedarf es eines effektiven Managements von Schmerzen und einer Depression. Eine inadäquate Schmerzlinderung kann ein Primärfaktor sein, der bei manchen Menschen zur Depression führt. Eine Depression sollte jedoch nicht einfach als Sekundärmerkmal von Schmerzen abgetan werden. Unter Umständen erfordert sie ein aggressives Management unter Einsatz von Medikamenten und anderen Formen der Therapie.

F: Eine Kompression von Nerven durch einen Gips, ein Stützkorsett, andere mechanische Vorrichtungen oder inkorrekte Lagerung können zur Ischämie und Nervendegeneration führen (Porth, 2006).

Sorgen für fortschreitende Mobilisierung

Unterstützen Sie den Klienten dabei, sich langsam aufzusetzen.

Lassen Sie den Klienten ein paar Minuten lang die Beine über die Bettkante hängen, bevor er aufsteht.

Begrenzen Sie die ersten Zeiten außerhalb des Bettes auf 3-mal täglich 15 Minuten.

Verlängern Sie die Zeit außerhalb des Bettes in Schritten von 15 Minuten.

Gehen Sie dazu über, den Klienten mit oder ohne Hilfsmittel umhergehen zu lassen.

Falls der Klient nicht gehen kann, helfen Sie ihm aus dem Bett in einen Rollstuhl oder auf einen Stuhl.

Ermutigen Sie zu kurzem, häufigem Umhergehen (mindestens 3-mal täglich), ggf. mit Unterstützung, falls der Klient unsicher ist.

Lassen Sie den Klienten jeden Tag eine längere Strecke gehen.

* Bedarf u. U. der Verordnung durch eine Fachperson der Primärversorgung.

Ermutigen zum Gebrauch des geschädigten Arms, wenn möglich

Ermutigen Sie die Person, den geschädigten Arm bei Selbstpflegeaktivitäten einzusetzen (z. B. Nahrungsaufnahme, Sich-Ankleiden, Kämmen).
Für einen Neglect der oberen Extremität siehe *halbseitiger Neglect*.
Instruieren Sie den Klienten, den nicht betroffenen Arm zur Unterstützung des betroffenen zu verwenden.
Verwenden geeigneter verstellbarer Hilfsvorrichtungen zum besseren Gebrauch der Arme:

- Handschlaufen bzw. Greifhilfen zur Nahrungsaufnahme bei Klienten mit schwacher Kontrolle beider Arme und Hände
- Besteck mit großem oder gepolstertem Griff zur Unterstützung von Klienten mit schwacher Feinmotorik
- Teller mit erhöhten Rändern, um zu verhindern, dass Speisen herunterrutschen
- Saugnäpfe, um ein Umherrutschen des Tellers zu verhindern.

Ein warmes Bad nehmen, um frühmorgendliche Steifigkeit zu lindern und die Mobilität zu verbessern.
Ermutigen Sie den Klienten, mit der Hand zu schreiben, wenn möglich.
Räumen Sie Zeit ein, um die betroffene Extremität zu verwenden.
Stellen Sie fest, ob es weitere Faktoren gibt, welche die Mobilität stören:

- Falls die Mobilität durch Schmerzen beeinträchtigt wird, siehe *akute Schmerzen* und *chronische Schmerzen*.
- Falls die Mobilität durch eine Depression beeinträchtigt wird, siehe *unwirksames individuelles Coping*.
- Falls die Mobilität durch Erschöpfung beeinträchtigt wird, siehe *Erschöpfung*.

F: Um die Mobilität und Motivation zu verbessern, bedarf es eines effektiven Managements von Schmerz, Erschöpfung und Depression.

Beginnen mit Gesundheitsedukation, soweit angezeigt

Lehren von Methoden des Transfers vom Bett auf den Stuhl, auf den Toilettenstuhl und in den Stand

Schätzen Sie die Anzahl der erforderlichen Helfer ein, bevor Sie jemanden transferieren.
Die Person sollte den Transfer auf die nicht betroffene Seite vornehmen.
Positionieren Sie den Klienten an der Bettkante. Seine Füße sollten den Boden berühren und er sollte stabile Schuhe oder Hausschuhe mit rutschfesten Sohlen tragen.
Ermutigen Sie zum Belasten der nicht betroffenen oder stärkeren Seite, um ins Bett und wieder heraus zu gelangen.
Blockieren Sie vor einem Transfer die Räder am Rollstuhl. Falls Sie einen normalen Stuhl verwenden, stellen Sie sicher, dass er sich nicht bewegt.
Instruieren Sie den Klienten, sich im Stehen auf der ihm am nächsten gelegenen Armlehne des Stuhls abzustützen.

Legen Sie den Arm um den Brustkorb des Klienten und halten Sie den Rücken bei leicht gebeugten Knien grade.

Sagen Sie dem Klienten, er möge seinen Arm um die Taille oder den Brustkorb, aber *nicht* um den Hals der Pflegeperson legen.

Stützen Sie die Beine des Klienten mit Ihren eigenen. Wenn Sie beispielsweise dem Klienten gegenüberstehen, stützen Sie seine Knie mit Ihren Knien.

Instruieren Sie Klienten mit Hemiplegie, sich auf dem nicht betroffenen Fuß zu drehen.

Bei Klienten mit Schwäche oder Lähmung der unteren Gliedmaßen kann für den Transfer ein Rutschbrett verwendet werden:

- Die Person sollte einen Pyjama tragen, um nicht am Rutschbrett hängen zu bleiben.
- Die Person muss kräftige Arme haben, um das Gesäß vom Bett auf den Stuhl oder Rollstuhl zu schieben. Der Rollstuhl sollte abnehmbare Seitenteile/Armlehnen haben.

Sollten die Beine des Klienten nachgeben, lassen Sie ihn sanft zu Boden gleiten und *holen Sie Hilfe.*

Unterweisen des Klienten im Umhergehen mit verstellbaren Hilfsmitteln (z. B. Unterarmgehstützen, Gehrahmen/Rollator, Gehstock)

Instruieren Sie den Klienten, wie stark er sich belasten darf.

Beobachten und lehren Sie den Gebrauch von:

Unterarmgehstützen

Keinen Druck auf die Achselhöhle ausüben. Die Kraft der Hände nutzen.

Die Gangart richtet sich nach der Diagnose des Klienten.

Messen Sie die Unterarmgehstützen 5–7,5 cm unterhalb der Achselhöhle und die Spitzen 15 cm von den Füßen entfernt.

Gehrahmen/Rollator

Nutzen Sie die Kraft in den Armen, um die Schwäche in den Beinen abzufangen.

Die Gangart richtet sich nach den Problemen des Klienten.

Prothesen

Unterweisen Sie in Folgendem:

- Wickeln des Stumpfes vor dem Anlegen der Prothese
- Anlegen der Prothese
- Prinzipien der Stumpfversorgung.
- Lehren Sie, wie wichtig es ist, den Stumpf zu säubern, ihn trocken zu halten und die Prothese erst anzulegen, wenn der Stumpf trocken ist.

Lehren Sie den Klienten Sicherheitsvorkehrungen:

- Schützen von Bereichen verminderter Sensibilität vor extremer Hitze und Kälte.
- Üben, wie man fällt und wie man sich von Stürzen beim Transfer oder Umhergehen erholt.

- Instruieren Sie den Klienten bei verminderter Wahrnehmung der unteren Extremität (Neglect nach Apoplex), zu überprüfen, wo sich die Gliedmaße beim Positionswechsel oder beim Durchschreiten von Türen befindet. Instruieren Sie ihn, zu prüfen und sicherzustellen, dass beide Schuhe zugebunden sind, dass sich die betroffene Gliedmaße ebenfalls in der Hose befindet und dass die Hose nicht nachschleift.
- Instruieren Sie an den Rollstuhl gebundene Personen, alle 15 Minuten die Stellung zu wechseln und das Gesäß anzuheben, um den Druck zu lindern. Instruieren Sie sie, Kurven zu nehmen, Rampen und geneigte Flächen zu befahren, Hindernisse zu umrunden und vor einem Transfer den Rollstuhl zu blockieren.

Führen Sie eine korrekte Lagerung, aktive oder passive ROM-Übungen und verordnete Übungen durch.
Praktizieren Sie Treppensteigen, wenn der Zustand der Person dies gestattet.
Verweisen Sie für eine fortgesetzte strukturierte Physiotherapie an einen Physiotherapeuten.

F: Gehhilfen müssen korrekt und auf sichere Weise verwendet werden, um wirksam zu sein und Verletzungen zu verhindern.
F: Das Gefühl von Kontrolle und Selbstbestimmtheit des Klienten zu fördern kann die Compliance mit dem Übungsprogramm erhöhen.

Beeinträchtigte Mobilität im Bett

Definition

Beeinträchtigte Mobilität im Bett: der Zustand, in dem eine Person bei Bewegungen im Bett eingeschränkt bzw. entsprechend gefährdet ist.
Beeinträchtigte Mobilität im Bett (engl. Impaired bed mobility): Einschränkung der unabhängigen Positionsveränderung im Bett (NANDA-I, 2010).

Bestimmende Merkmale oder Kennzeichen

Beeinträchtigte Fähigkeit, sich von einer Seite auf die andere zu drehen.
Beeinträchtigte Fähigkeit, sich aus der Rückenlage aufzusetzen und wieder hinzulegen.
Beeinträchtigte Fähigkeit, sich im Bett umzulagern, seine Position im Bett zu verändern.
Beeinträchtigte Fähigkeit, sich vom Rücken auf den Bauch und wieder auf den Rücken zu drehen.
Beeinträchtigte Fähigkeit, sich aus der Rückenlage bei gestreckten Beinen aufzusetzen und wieder hinzulegen.

Anmerkung der Autorin

Beeinträchtigte Bett-Mobilität kann eine nützliche Diagnose sein, wenn bei jemandem eine Rehabilitation ansteht, um die Kraft, den Bewegungsumfang und die Bewegung zu verbessern. Für einen speziellen Plan kann sich die Pflegeperson an den Physiotherapeuten wenden. Diese Diagnose eignet sich nicht für eine bewusstlose oder im Finalstadium erkrankte Person.

Beeinflussende Faktoren

neuromuskuläre Beeinträchtigung
muskuloskeletale Beeinträchtigung
ungenügende Muskelkraft
Konditionsabbau
Adipositas
umgebungsbedingte Einschränkungen (d. h. Bettgröße, Bettenart, Behandlungsgeräte, freiheitsbeschränkende Maßnahmen)
Schmerzen
Sedativa
fehlendes Wissen
kognitive Beeinträchtigung.

Weitere Einflussfaktoren siehe *beeinträchtigte körperliche Mobilität.*

Zentrale Konzepte

Siehe *beeinträchtigte körperliche Mobilität.*

Kriterien des Fokusassessments

Siehe *beeinträchtigte körperliche Mobilität.*

Ziele

Siehe *beeinträchtigte körperliche Mobilität.*

Allgemeine Interventionen

Siehe *beeinträchtigte körperliche Mobilität.*

Beeinträchtigte Gehfähigkeit

Definition

Beeinträchtigte Gehfähigkeit: der Zustand, in dem eine Person in ihrem Gehen eingeschränkt oder entsprechend gefährdet ist.

Beeinträchtigte Gehfähigkeit (engl. Impaired walking): Einschränkung, sich unabhängig zu Fuß in der Umgebung zu bewegen (NANDA-I, 2010).

Bestimmende Merkmale oder Kennzeichen

Beeinträchtigte Fähigkeit, Treppen zu steigen.
Beeinträchtigte Fähigkeit, erforderliche Strecken zu gehen.
Beeinträchtigte Fähigkeit, auf einer schiefen Ebene zu gehen.
Beeinträchtigte Fähigkeit, auf unebenen Flächen zu gehen, über Bordsteine zu steigen.
Beeinträchtigte Fähigkeit, Kurven zu nehmen.
Beeinträchtigte Fähigkeit, aufwärts zu gehen.
Beeinträchtigte Fähigkeit, abwärts zu gehen.

Einflussfaktoren

ungenügende Muskelkraft
neuromuskuläre Beeinträchtigung
muskuloskeletale Beeinträchtigung (z. B. Kontrakturen)
begrenzte Ausdauer
Konditionsabbau
Angst [Furcht] zu stürzen
Beeinträchtigung des Gleichgewichts
beeinträchtigtes Sehvermögen
Schmerzen
Adipositas
depressive Stimmungslage
kognitive Beeinträchtigung
Wissensdefizit
umgebungsbedingte Einschränkungen (z. B. Treppen, Steigungen, unebene Flächen, ungesicherte Hindernisse, lange Strecken, fehlende Hilfsmittel oder -personen, freiheitsbeschränkende Maßnahmen).

Weitere Einflussfaktoren siehe *beeinträchtigte körperliche Mobilität.*

Zentrale Konzepte

Siehe *beeinträchtigte körperliche Mobilität.*

Einschätzungskriterien des Fokusassessments

Siehe *beeinträchtigte körperliche Mobilität.*

Ziele

NOC

Siehe *beeinträchtigte körperliche Mobilität.*

Allgemeine Interventionen

NIC

Siehe *beeinträchtigte körperliche Mobilität.*

Erklären Sie, dass sicheres Gehen eine komplexe Bewegung ist, an der das Muskel-Skelett-, das Nerven- und das Herz-Kreislauf-System sowie kognitive Faktoren ebenso beteiligt sind wie der Geisteszustand und die Orientierung.

Eine Person mit schwacher Kondition braucht ein sich allmählich steigerndes Übungsprogramm. Konsultieren Sie vor Beginn des Programms einen Physiotherapeuten zur Evaluation und Planung.

Stellen Sie sicher, dass der Klient Gehhilfen (z. B. Gehstock, Gehrahmen/Rollator, Unterarmgehstützen) korrekt und sicher verwendet:

- Trägt gut sitzende Schuhe.
- Kann auf geneigten und unebenen Flächen gehen; kann treppab und treppauf gehen.
- Nimmt Gefahrenquellen (z. B. feuchte Böden, aufgeworfene Teppiche) wahr.
- Siehe *beeinträchtigte körperliche Mobilität.*

Sorgen Sie für zunehmende Mobilisierung, wenn angezeigt:

- Unterstützen Sie den Klienten dabei, sich langsam aufzusetzen.
- Lassen Sie den Klienten ein paar Minuten lang die Beine über die Bettkante hängen, bevor er aufsteht.
- Begrenzen Sie die ersten Zeiten außerhalb des Bettes auf 3-mal täglich 15 Minuten.
- Verlängern Sie die Zeit außerhalb des Bettes in Schritten von 15 Minuten.
- Gehen Sie dazu über, den Klienten mit oder ohne Hilfsmittel umhergehen zu lassen.
- Falls der Klient nicht gehen kann, helfen Sie ihm aus dem Bett in einen Rollstuhl oder auf einen Stuhl.
- Ermutigen Sie zu kurzem, häufigem Umhergehen (mindestens 3-mal täglich), ggf. mit Unterstützung, falls der Klient unsicher ist.
- Lassen Sie den Klienten täglich eine längere Strecke gehen.
- Evaluieren Sie die Reaktion auf das Gehen.

Siehe ggf. unter *Aktivitätsintoleranz* und *Sturzgefahr*.

F: Die Konsultation eines Physiotherapeuten ist unerlässlich, um Verletzungen zu verhindern und Belastungsgrenzen zu wahren.

F: Evaluation ist nötig, um Schäden an Gewebsstrukturen und Stürze zu verhindern.

F: Forschenden zufolge hat eine Frühmobilisation nach einer Verletzung, einer medizinischen Prozedur oder als Behandlung einer Krankheit bessere Ergebnisse als Bettruhe (Allen et al., 1999; Ebell, 2005).

Beeinträchtigte Mobilität mit dem Rollstuhl

Definition

Beeinträchtigte Mobilität mit dem Rollstuhl: der Zustand, in dem eine Person Schwierigkeiten mit der Mobilität und Sicherheit im Rollstuhl hat bzw. entsprechend gefährdet ist.

Beeinträchtigte Mobilität mit dem Rollstuhl (engl. Impaired wheelchair mobility): Einschränkung der unabhängigen Benutzung des Rollstuhls in der Umgebung (NANDA-I, 2010).

Bestimmende Merkmale oder Kennzeichen

- beeinträchtigte Fähigkeit, den manuell betriebenen Rollstuhl über Bordsteine zu fahren
- beeinträchtigte Fähigkeit, den motorisierten Rollstuhl über Bordsteine zu fahren
- beeinträchtigte Fähigkeit, den manuell betriebenen Rollstuhl auf ebenem Untergrund zu fahren
- beeinträchtigte Fähigkeit, den motorisierten Rollstuhl auf ebenem Untergrund zu fahren
- beeinträchtigte Fähigkeit, den manuell betriebenen Rollstuhl auf unebenem Untergrund zu fahren
- beeinträchtigte Fähigkeit, den motorisierten Rollstuhl auf unebenem Untergrund zu fahren
- beeinträchtigte Fähigkeit, den manuell betriebenen Rollstuhl auf einer ansteigenden Strecke zu fahren
- beeinträchtigte Fähigkeit, den motorisierten Rollstuhl auf einer Steigung zu fahren
- beeinträchtigte Fähigkeit, den manuell betriebenen Rollstuhl auf einer abfallenden Strecke zu fahren
- beeinträchtigte Fähigkeit, den motorisierten Rollstuhl auf einer abfallenden Strecke zu fahren
- [beeinträchtigte Fähigkeit, einen manuell oder elektrisch betriebenen Rollstuhl in Kurven zu steuern*].

* Spezifiziere den Grad an Unabhängigkeit anhand einer standardisierten Funktionsskala (vgl. PDx: Beeinträchtigte körperliche Mobilität)

Einflussfaktoren

- neuromuskuläre Beeinträchtigung
- muskuloskeletale Beeinträchtigung (z. B. Kontrakturen)
- ungenügende Muskelkraft
- begrenzte Ausdauer
- Konditionsabbau
- Adipositas
- beeinträchtigtes Sehvermögen
- Schmerzen
- depressive Stimmungslage
- kognitive Beeinträchtigung
- fehlendes Wissen
- umgebungsbedingte Einschränkungen (z. B. Treppen, Steigungen, unebene Flächen, ungesicherte Hindernisse, lange Strecken, fehlende Hilfsmittel oder -personen, Art des Rollstuhls).

Weitere Einflussfaktoren siehe *beeinträchtigte körperliche Mobilität.*

Zentrale Konzepte

Siehe *beeinträchtigte körperliche Mobilität.*

Einschätzungskriterien des Fokusassessments

Siehe *beeinträchtigte körperliche Mobilität.*

Ziele

NOC

- Fortbewegung: Rollstuhl

Die Person berichtet über eine zufriedenstellende, sichere Mobilität im Rollstuhl.

Indikatoren

- Demonstrieren eines sicheren Gebrauchs des Rollstuhls.
- Demonstrieren eines sicheren Transfers in den Rollstuhl.
- Demonstrieren von Prinzipien der Druckreduzierung und Sicherheit.

Allgemeine Interventionen

NIC

- Bewegungstherapie: Muskelbeherrschung
- Lagerung: Rollstuhl

Konsultieren Sie einen Physiotherapeuten, um einen interdisziplinären Behandlungsplan zu erstellen.
Wenden Sie sich bei Anzeichen eines Dekubitus an den Physiotherapeuten, um den Rollstuhlsitz zu untersuchen.
Vermeiden Sie ringförmige Kissen und Schaffelle.
Instruieren Sie in Methoden der Gewichtsverlagerung:

- Instruieren Sie den Klienten, kurz stehen zu bleiben und das Gewicht zu verlagern, wenn er sich im Rollstuhl befindet.
- Kippen Sie den Rollstuhl jede Stunde 3–5 Minuten lang manuell um 45–150 Grad nach hinten.
- Instruieren Sie den Klienten, sich im Sitzen nach vorn und zur Seite zu beugen, sich mit den Händen an den Armlehnen abzustützen, um das Gesäß anzuheben.
- Die Füße im Sitzen auf den Boden statt auf das Fußbrett stellen.

Verweisen Sie an die Physiotherapie zur Instruktion im Gebrauch des Rollstuhls auf ebenen Flächen, in Kurven, in Fahrstühlen etc.
Verweisen Sie an eine in der häuslichen Pflege tätige Fachpflegeperson (Gemeindeschwester) zur Evaluation der häuslichen Umgebung.

F: Die Spezialisten sollten den Plan in Zusammenarbeit mit der Pflege erstellen.
F: Ein im Sitzen erworbener Dekubitus kann durch die Steifigkeit und Form eines Sitzsacks verursacht worden sein (Wound, Ostomy, and Continence, Nursing Society, 2003).
F: Ringförmige Kissen erhöhen den Druck auf das umgebende Gewebe (Deflour et al., 1999).
F: Druckreduzierende Manöver verhindern einen Kapillarverschluss durch anhaltenden Druck (Minke, 2000).
F: Um das Vertrauen zu heben und die Prävention zu verbessern, sollten Spezialisten konsultiert werden.
F: Die Zugänglichkeit für Rollstühle und andere Barrieren eines sicheren Gebrauchs von Rollstühlen sollten abgeschätzt werden. In der Forschung wurde über Stürze mit nachhaltigen Verletzungen und über das Versagen berichtet, im Wohnbereich einer Person mit Rollstuhl entsprechende Umbauten durchzuführen (Berg et al., 2002).

Beeinträchtigte Transferfähigkeit

Definition

Beeinträchtigte Transferfähigkeit: der Zustand, in dem eine Person Schwierigkeiten beim Transfer in den Rollstuhl und aus dem Rollstuhl heraus hat oder entsprechend gefährdet ist.
Beeinträchtigte Transferfähigkeit (engl. Impaired transfer ability): Einschränkung der unabhängigen Bewegung zwischen zwei nahe gelegenen Oberflächen (NANDA-I, 2010).

Bestimmende Merkmale oder Kennzeichen

- Unfähigkeit, den Transfer vom Bett in einen Stuhl durchzuführen
- Unfähigkeit, den Transfer vom Stuhl ins Bett durchzuführen
- Unfähigkeit, den Transfer vom Stuhl ins Auto durchzuführen
- Unfähigkeit, den Transfer vom Auto in einen Stuhl durchzuführen
- Unfähigkeit, den Transfer von einem Stuhl auf den Boden durchzuführen
- Unfähigkeit, den Transfer vom Boden auf einen Stuhl durchzuführen
- Unfähigkeit, den Transfer auf die Toilette oder zurück durchzuführen
- Unfähigkeit, den Transfer auf den Toilettenstuhl oder zurück durchzuführen
- Unfähigkeit, den Transfer in die oder aus der Badewanne durchzuführen
- Unfähigkeit, den Transfer in die oder aus der Dusche durchzuführen
- Unfähigkeit, den Transfer vom Bett ins Stehen durchzuführen
- Unfähigkeit, den Transfer aus dem Stehen ins Bett durchzuführen
- Unfähigkeit, den Transfer vom Stuhl ins Stehen durchzuführen
- Unfähigkeit, den Transfer aus dem Stehen zu einem Stuhl durchzuführen
- Unfähigkeit, den Transfer aus dem Stehen zum Boden durchzuführen
- Unfähigkeit, den Transfer vom Boden ins Stehen durchzuführen
- Unfähigkeit, den Transfer zwischen unterschiedlichen Ebenen durchzuführen

Anmerkung: Spezifizieren des Grades an Unabhängigkeit unter Verwenden einer standardisierten Funktionsskala – [vgl. PDx: Beeinträchtigte körperliche Mobilität für die empfohlene Klassifizierung des Funktionsgrades].

Einflussfaktoren

- ungenügende Muskelkraft
- Konditionsabbau
- neuromuskuläre Beeinträchtigung
- muskuloskeletale Beeinträchtigung (z. B. Kontrakturen)
- Beeinträchtigung des Gleichgewichts
- Schmerzen
- Adipositas
- beeinträchtigtes Sehvermögen
- Wissensdefizit
- kognitive Beeinträchtigung
- umgebungsbedingte Einschränkungen (z. B. Betthöhe, unzureichender Platz, Art des Rollstuhls, Behandlungsgeräte, freiheitsbeschränkende Maßnahmen).

Weitere Einflussfaktoren siehe *beeinträchtigte körperliche Mobilität.*

Zentrale Konzepte

Siehe *beeinträchtigte körperliche Mobilität.*

Einschätzungskriterien des Fokusassessments

Siehe *beeinträchtigte körperliche Mobilität.*

Ziele

NOC

- Transferausführung

Die Person demonstriert den Transfer in den Rollstuhl und wieder heraus.

Indikatoren

- Herausarbeiten, wann Assistenz benötigt wird.
- Demonstrieren der Fähigkeit in verschiedenen Situationen (z. B. auf der Toilette, im Bett, im Auto, auf einem Stuhl, auf unebenen Flächen).

Allgemeine Interventionen

NIC

- Siehe auch *beeinträchtigte körperliche Mobilität.*
- Lagerung: Rollstuhl

Konsultieren und verweisen Sie an einen Physiotherapeuten, um die Transferfähigkeit einer Person zu evaluieren:

- Gewicht, Kraft, Bewegungsfähigkeit, Toleranz gegenüber Lagewechseln, Gleichgewicht, Motivation, Kognition
- manueller Transfer oder Einsatz eines Hilfsmittels (Lifter)
- zahlenmäßiges Verhältnis von Personal und Klienten.

Arbeiten Sie mit dem Physiotherapeuten zusammen, um für diese Person einen Pflegeplan unter dem Motto *beeinträchtigte Transferfähigkeit* zu erstellen.

Konsultieren und verweisen Sie den Klienten und seine Familie an in der häuslichen Pflege tätige Fachpflegepersonen (Gemeindeschwester) zur Evaluation der häuslichen Umgebung und um nach der Entlassung Zugang zu Ressourcen zu haben.

F: Es bedarf eines komplexen Assessments, um festzustellen, ob ein Transfer auf dem Rutschbrett nötig ist (Hoemann, 2002).

F: Spezielle Instruktionen können beim Klienten und beim Personal Verletzungen verhindern.

F: Die Inzidenz von Verletzungen und Stürzen bei Klienten im Rollstuhl zu Hause wurde mit 37 % festgestellt (Berg et al., 2002).

Noncompliance

Definition

Noncompliance: der Zustand, in dem eine Person oder eine Gruppe kooperieren möchte, während gleichzeitig Faktoren vorliegen, die das Einhalten gesundheitsbezogener Hinweise und Ratschläge durch Gesundheitsfachpersonen verhindern.

Noncompliance (engl. Noncompliance): Verhalten einer Person und/oder der pflegenden Bezugsperson entspricht nicht dem gesundheitsfördernden oder therapeutischen Plan, den die Person (und/oder die Familie und/oder die Gemeinschaft) und der professionell Pflegende/Arzt vereinbart haben. Obwohl ein vereinbarter Plan zur Gesundheitsförderung oder Therapie vorliegt, ist das Verhalten der Person oder der pflegenden Bezugsperson nicht oder teilweise adhärent und kann zu (teilweise) unwirksamen Ergebnissen führen (NANDA-I, 2010).

Bestimmende Merkmale oder Kennzeichen

Hauptkennzeichen (eines oder mehrere obligat)

Äußern fehlender Kooperationsbereitschaft bzw. Partizipation oder Verwirrung hinsichtlich der Therapie

und/oder

direkt beobachtetes Verhalten, das auf fehlende Kooperationsbereitschaft hindeutet.

Nebenkennzeichen (fakultativ)

Verpasste Termine, Nichteinhalten von Terminen
Teilweise oder gar nicht eingenommene Medikamente
Fortbestehen der Symptome
Progression des Krankheitsprozesses
Unerwünschte Ergebnisse (postoperative Morbidität, Schwangerschaft, Adipositas, Abhängigkeit, Rückschritte während der Rehabilitation)
Verhalten weist auf ein Scheitern im Einhalten hin
objektive Tests (z. B. physiologische Messgrößen, Ermittlung von physiologischen Markern)
Nichterzielen von Fortschritten
nachweisliche Entwicklung von Komplikationen
nachweisliche Verschlimmerung der Symptome.

Einflussfaktoren

Pathophysiologische Faktoren

B/d die beeinträchtigte Fähigkeit zur Durchführung von Aufgaben aufgrund einer Behinderung, s/b/d:

schwaches Gedächtnis
motorische und sensorische Defizite.

B/d zunehmende krankheitsbedingte Symptome trotz Adhärenz gegenüber einem angeratenen Behandlungsplan.

Behandlungsbedingte Faktoren

B/d:

Nebenwirkungen einer Therapie
nicht an eine Person gebundene Aspekte oder Überweisungen
finanzielle Kosten der Therapie
frühere Misserfolge mit angeratenen Therapieplänen
ein untherapeutisches Umfeld
eine komplexe, nicht überwachte, sich über lange Zeit hinziehende Therapie.

Situationsbedingte Faktoren (persönlich bedingt, umgebungsbedingt)

B/d Zugangsbarrieren, s/b/d:

Mobilitätsprobleme
Transportprobleme
finanzielle Belange
raues Wetter
mangelnde/fehlende Kinderpflege.

B/d Gesundheitsversorgungsplan:
- Dauer
- Kosten
- finanzielle Flexibilität des Plans
- Intensität
- Komplexität.

B/d Individuelle Faktoren:
- persönliche Fähigkeiten
- entwicklungsbezogene Fähigkeiten
- relevantes Wissen über das Therapieverhalten
- relevante Fertigkeiten für das Therapieverhalten
- Motivation
- Wertesystem des Individuums
- Gesundheitsverständnis [-überzeugungen]
- kulturelle Einflüsse
- spirituelle Werte
- Bezugspersonen
- [veränderte Denkprozesse wie bei Depression, Paranoia]
- [Schwierigkeiten, Verhaltensweisen zu verändern, wie bei einer Suchtmittelabhängigkeit]
- [Verleugnung, sekundärer Krankheitsgewinn].

B/d gleichzeitige Erkrankung eines Familienmitglieds:

fehlende Unterstützung durch die Familie, die Bezugsgruppe oder die Gemeinde.

B/d Pflegebarrieren, s/b/d Obdachlosigkeit.
B/d Veränderungen im Arbeitsverhältnis.
B/d Veränderungen der Abdeckung durch die Krankenversicherung.
B/d Gesundheitssystem:

- individueller Gesundheitsschutz
- Glaubwürdigkeit des Gesundheitsanbieters
- Beziehung zwischen Klient und Gesundheitsanbieter
- Kontinuität des Gesundheitsanbieters
- regelmäßiges Nachsorgeangebot des Anbieters
- Vergütung [Rückerstattung] des Gesundheitsanbieters
- Kommunikationsfähigkeiten des Gesundheitsanbieters
- Lehrfähigkeiten [Schulungsfähigkeiten] des Gesundheitsanbieters
- Zugang zur Versorgung
- Zweckmäßigkeit der Versorgung
- Zufriedenheit mit der Versorgung.

B/d Netzwerk:

- Beteiligung der Mitglieder am Gesundheitsplan
- sozialer Nutzen des Plans
- wahrgenommene Überzeugungen der Bezugspersonen.

B/d Verständnisbarrieren, s/b/d:

kognitive Defizite
Angst
Sehstörungen
Erschöpfung
Hörstörungen
eine verkürzte Aufmerksamkeitsspanne
ein schwaches Gedächtnis
Motivation.

Anmerkung der Autorin

Die Compliance hängt ab von verschiedenen Faktoren, wie Motivation, Wahrnehmung der Verletzlichkeit und Überzeugungen hinsichtlich der Kontrolle oder Prävention einer Krankheit, ferner von der Umgebung, von der Qualität der Gesundheitsinstruktion und vom Zugang zu Ressourcen (Kosten, Zugänglichkeit). Mit der Diagnose *Noncompliance* wird eine Person beschrieben, die kooperieren möchte, aber durch bestimmte Faktoren (z. B. fehlendes Verständnis, unzureichende finanzielle Mittel, zu komplexe Instruktionen) daran gehindert wird.

Die Pflegeperson muss versuchen, diese Faktoren zu verringern oder zu beseitigen, um erfolgreiche Interventionen sicherzustellen. Auch eine neue Pflegediagnose – *gesundheitsgefährdendes Verhalten* – kann von Nutzen sein, um ein Individuum zu beschreiben, dem es schwerfällt, sein durch eine Veränderung des Gesundheitszustands verändertes Verhalten umzustellen.

Der Prozess der *Einverständniserklärung nach Aufklärung* (informierte Entscheidung) schützt das Recht einer Person auf Selbstbestimmung. Die Einverständniserklärung nach Aufklärung hat drei Voraussetzungen: Die Person muss in der Lage sein, zuzustimmen. Sie muss die Vor- und Nachteile der Zustimmung erkennen und darf nicht gezwungen worden sein (Cassells/Redman, 1989). Wenn jemand sich weigert, einem Rat oder Instruktionen zu folgen, ist es wichtig, dass die Pflegeperson beurteilt und validiert, ob alle für eine Einverständniserklärung nach Aufklärung nötigen Elemente vorliegen. Die Pflegeperson sei davor gewarnt, *Noncompliance* zur Beschreibung einer Person zu verwenden, die aufgrund von Informationen die autonome Entscheidung gefällt hat, nicht zu kooperieren. Wie Cassells und Redman (1989) formulieren: «Menschenwürde wird respektiert, indem man Individuen die Freiheit garantiert, Entscheidungen gemäß ihren eigenen Wertvorstellungen zu treffen». Wenn eine Person Gewohnheiten oder ihre Lebensweise ändern bzw. bestimmte Aktivitäten durchführen muss, um mit einer Gesundheitsstörung zurechtzukommen, ist *Gefahr eines unwirksamen Therapiemanagements* sehr nützlich.

Irrtümer in diagnostischen Aussagen

1. *Noncompliance,* **b/d** *Angaben über Nichteinhaltung einer salzarmen Diät und daraus resultierendem verstärktem Ödem*
   Die oben genannten Faktoren hätten eine fehlende Kooperationsbereitschaft/Noncompliance weder verursacht noch dazu beigetragen, sondern liefern vielmehr die Belege dafür. Bei unbekannter Ursache der fehlenden Kooperationsbereitschaft wäre *Noncompliance,* **b/d** *eine unbekannte Ätiologie, angezeigt durch Angaben über (zu spezifizieren)* geeignet.
   Sind die Gründe bekannt, muss die Pflegeperson feststellen, ob sich diese Faktoren reduzieren oder eliminieren lassen. Falls sich die Person auf der Grundlage von Informationen entschieden hat, die verordnete Diät nicht einzuhalten, ist *Noncompliance* u. U. nicht die richtige Diagnose. Vielleicht könnten Pflegeperson und Klient die verordnete Diät untersuchen: Ist sie realistisch? Wie hoch ist die Wahrscheinlichkeit, dass kooperatives Verhalten die Lebensqualität verbessert?

Zentrale Konzepte

Allgemeine Überlegungen

- Compliance ist ein positives Verhalten, das Klienten zeigen, wenn sie sich auf einvernehmlich definierte therapeutische Ziele zu bewegen.
- Compliance sollte eher als Kontinuum denn als separate Stadien der Kooperationsbereitschaft oder fehlender Kooperationsbereitschaft betrachtet werden.
- Partnerschaften zwischen Leistungsanbietern bzw. -erbringern im Gesundheitswesen und Klienten beinhalten Entscheidungen und Kompromisse. Manche Klienten wünschen sich eine passive Rolle, während andere vollständige Autonomie möchten.

- Compliance beinhaltet eine Verhaltensänderung, die durch Folgendes positiv beeinflusst werden kann:
  - anfängliches und fortgesetztes Vertrauen in die Gesundheitsfachperson
  - Bestärkung durch Bezugspersonen
  - Wahrnehmung der eigenen Anfälligkeit für die Erkrankung
  - die Wahrnehmung, dass diese Erkrankung ernst ist
  - Belege dafür, dass Compliance hilft, die Symptome oder die Erkrankung unter Kontrolle zu halten
  - tolerable Nebenwirkungen
  - weniger Störungen der täglichen Aktivitäten des Klienten oder seiner Bezugspersonen
  - mehr Nutzen als Schaden durch die Therapie
  - ein positives Gefühl für die eigene Person.
- Folgende Faktoren behindern die Compliance (Blevins/Lubkin, 1999: Hussey/Gilliland, 1989):
  - inadäquate Erklärungen
  - Dissens zwischen Klient und Leistungserbringer
  - lange Therapiedauer
  - hohe Komplexität oder Kosten einer Therapie
  - zahlreiche und schwere Nebenwirkungen.
- Motivation, d.h. «die Prozesse vor und nach einer Entscheidung, die Beginn und Fortsetzung eines Gesundheitsverhaltens steuern», ist für Pflegende wichtig, um auf dieser Grundlage zu agieren (Fleury, 1992: 229). Zu den Aspekten der Motivation, die berücksichtigt werden müssen:
  - Was bedeutet die verordnete Veränderung des Gesundheitsverhaltens für den Klienten?
  - Welche Faktoren aus dem Umfeld können sich negativ auf das neue Verhalten auswirken?
  - Welche zukünftigen Ereignisse können die Motivation des Klienten untergraben?
  - Wie beeinflussen persönliche Wertvorstellungen, ob der Klient motiviert bleibt?
- *Selbstwirksamkeit*, die Überzeugungen des Klienten hinsichtlich seiner Fähigkeit, eine gesunde Verhaltensumstellung für sich anzunehmen, umzusetzen und durchzuhalten, trägt erwiesenermaßen auch zur langfristigen Compliance bei (Kavanagh/Gooley, 1993; Redland/Stuifbergen, 1993). Die Pflegeperson kann die Selbstwirksamkeit eines Klienten anhand folgender Fragen evaluieren:
  - An wie vielen Tagen glauben Sie einen Spaziergang machen zu können?
  - In welchen Abständen fühlen Sie sich wohl genug, um Ihr Baby zu stillen?
  - Wie oft meinen Sie Ihren Blutzucker überprüfen zu können?
- Noncompliance im Anschluss an eine Phase kooperativen Verhaltens wird als *Rezidiv* bzw. *Rückfall* bezeichnet. Gewöhnlich kommt es dazu, wenn Einflüsse aus einem nicht unterstützend wirkenden Umfeld stärker sind als der Wunsch der Person, das neu übernommene Verhalten auch zu praktizieren (Redland/Stuifbergen, 1993). Als Ursache eines Rezidivs bzw. Rückfalls kommt jeder der bereits genannten Einflussfaktoren in Frage.
- Beim Evaluieren fehlender Kooperationsbereitschaft hinsichtlich der Medikation muss die Pflegeperson folgende Faktoren berücksichtigen, welche die Absorption, den Stoffwechsel sowie die Wirksamkeit, Nebenwirkungen und Ausscheidung der Substanz beeinflussen können: Körpergewicht, Alter, Zeit der Verabreichung, Darreichungsform, genetische Faktoren, Grundumsatz, Wechselwirkungen mit anderen Medikamenten und Nahrungsmitteln, ein

Organleiden (z. B. der Leber oder der Nieren), eine gestörte Körperchemie (z. B. Hypokaliämie) und eine Infektion. So sind beispielsweise die Theophyllinspiegel im Serum eines Zigarettenrauchers verringert.

Pädiatrische Überlegung

- Verantwortung für die Selbstversorgung eines chronisch kranken Kindes zu übertragen ist schwierig, wenn Noncompliance sowohl die Risiken für das Kind als auch die Angst der Eltern und die Kosten für die Familie erhöht. Das Kind sollte sich schrittweise auf Selbstversorgung zu bewegen, um das Selbstvertrauen zu stärken und übermäßige Abhängigkeit zu verringern (Wong, 2003).
- Unter Jugendlichen, bei denen das Einhalten eines Therapieplans mit dem Selbstbewusstsein und Sorgen hinsichtlich der Reaktionen Gleichaltriger konkurriert, ist Compliance geringer (Whatley, 1991).
- Einen bestimmten Therapieplan einzuhalten, kann für ein Kind und seine Familie schwierig und anstrengend sein. So können sich beispielsweise manche Medikamente auf das Verhalten, die Wachheit oder schulische Leistungen auswirken (Scipien et al., 1990).

Geriatrische Überlegungen

- Zu den Faktoren mit Auswirkung auf Noncompliance älterer Menschen gehören funktionelle Defizite, komplizierte Therapiepläne, Kosten, Unannehmlichkeiten und Nebenwirkungen, die den funktionellen Status (z. B. Kraft, Wachheit) mindern.

Transkulturelle Überlegungen

- Siehe «Transkulturelle Überlegungen» unter *beeinträchtigte Kommunikation* und *unwirksames Gesundheitsverhalten.*

Einschätzungskriterien des Fokusassessments

Subjektive Daten

Einschätzen bestimmender Merkmale oder Kennzeichen

Inakzeptable Nebenwirkungen der Therapie:
- unangenehmer Geschmack
- Schmerzen
- Schluckbeschwerden
- zu teuer
- zeitraubend
- unbequem.

Berichtet ein Familienmitglied über eines der oben genannten Probleme?
Was möchte der Klient von der Pflegeperson bzw. vom Arzt?

Einschätzen beeinflussender Faktoren

Wie ist die Person generell in Bezug auf Gesundheit motiviert?
Strebt der Klient Hilfe an, wie er sie braucht?
Beabsichtigt der Klient, seine Lebensweise auf die angeratene Weise umzustellen?
Akzeptiert der Klient die Diagnose?

Wie nimmt der Klient seinen gegenwärtigen Gesundheitszustand wahr?
Ist der Klient der Ansicht, dass es ihm im Allgemeinen gut geht?
Fürchtet er sich vor einer bestimmten Krankheit?
Hält er seine Krankheit für schwer?

Was hält der Klient von dem angeratenen Therapieplan? Erscheint er ihm beispielsweise sinnvoll?
Situationen, die das verordnete Verhalten stören:

- Anforderungen seitens der Familie
- Reisen (Hotels, Restaurants)
- Stress
- mangelnde/fehlende Transportmöglichkeiten
- Berufe
- Verleugnung.

Objektive Daten

Einschätzen bestimmender Merkmale oder Kennzeichen

Belege für Noncompliance
Fortbestehen der Symptome
Probleme mit den Medikamenten (Zählen der Tabletten, Serumspiegel einer Substanz)
Progression der Erkrankung
Verpasste Termine.

Einschätzen beeinflussender Faktoren

Hindernisse der Selbstversorgung
Nicht lesen können
Schwächen des Muskel-Skelett-Systems
Unreife
Kognitive Defizite
Gedächtnislücken
Schmerzen.

Belege für Hindernisse im Betreuungsumfeld
Lange Wartezeit
Hektische Atmosphäre.

Ziele

NOC

- Adhärenzverhalten
- Compliance-Verhalten
- Symptomkontrolle
- Behandlungsverhalten: Krankheit oder Verletzung

Die Person äußert den Wunsch nach Veränderung oder möchte damit beginnen.

Indikatoren

- Beschreiben von Gründen für den vorgeschlagenen Therapieplan.
- Identifizieren von Hindernissen beim Einhalten des Therapieplans.

Allgemeine Interventionen

NIC

- Gesundheitsbildung
- Verhaltensmodifikationsunterstützung
- Eigenverantwortungsförderung
- Copingverbesserung
- Entscheidungsfindungsunterstützung
- Gesundheitssystemorientierung
- Gemeinsame Zielsetzung
- Edukation: Krankheitsprozess

Feststellen, ob die Person die folgenden Punkte versteht

Vorliegen oder Gefahr einer Gesundheitsstörung (Prognose, Behinderung):

- Anfälligkeit für die Störung
- Wirksamkeit präventiver Maßnahmen
- Wirksamkeit von Behandlungsmaßnahmen.

F: Mangelndes/fehlendes Verstehen des Gesundheitsproblems, Komplikationen und die Verletzlichkeit des Klienten selbst tragen zur fehlenden Kooperationsbereitschaft bei.

Erkunden der Gefühle des Klienten …

… in Bezug auf Folgendes:

- frühere Kooperationsversuche
- aktuelle Sorgen bezüglich der Prävention oder Behandlungsmodalitäten
- realisierbare Empfehlungen
- von der Fachperson gewünschter Grad an Führung/Beratung
- Unterstützung durch Bezugspersonen.

Siehe *unwirksames Therapiemanagement* für weitere Interventionen.
Medikamente gegen HIV.
Sprechen Sie die Vorteile antiviraler Medikamente und die Gefahren einer unterlassenen Einnahme der Medikamente gegen HIV an.
Betonen Sie, dass HIV/AIDS eine chronische Krankheit ist.
Beschreiben Sie, wie die Medikamente auf das Virus wirken.
Erklären und verfolgen Sie die CD4-Zellzahl und die Viruslast.
Erklären Sie, wie es zur Resistenz gegen die Medikamente kommt (z. B. durch ausgelassene Dosen).
Konzipieren Sie mit der Person ein System und einen Zeitplan, bei dem weniger Dosen ausgelassen werden.
Wenn der Betreffende regelmäßig Dosen auslässt, raten Sie ihm, alle HIV-Medikamente abzusetzen und sich an die Pflegeperson zu wenden.

F: Eine oder zwei Dosen der Medikation gegen HIV pro Woche auszulassen, kann zur Resistenz gegen die Medikamente führen.

Ermutigen zu positivem Denken über neue gesundheitsbezogene Verhaltensweisen

Zusammenarbeiten mit dem Klienten, um Ziele zu setzen

Kurzfristige Ziele sind am nützlichsten.
Seien Sie flexibel.
Seien Sie realistisch, indem Sie die Einzigartigkeit der Person berücksichtigen.
Vermeiden Sie es, dem Klienten Ihre Ziele aufzuzwingen.

Erwägen eines Vertrages, einer schriftlichen Formulierung des erwarteten Verhaltens

Verwenden Sie zu Beginn kurzfristige Verträge mit einem Familienmitglied, einem Kollegen oder Freund oder mit einer Pflegeperson.
Längerfristig funktionieren mit sich selbst geschlossene Verträge gut. Der Klient legt seine Belohnungen selbst fest und bestärkt seine positiven Verhaltensänderungen selbst.

Selbstüberwachung zur Bestimmung positiver und negativer Einflüsse auf die Compliance

Tägliche Aufzeichnungen
Diagramme

Tagebuch über den Fortschritt oder über Symptome, klinische Werte (z. B. Blutdruck) oder die Nahrungsaufnahme.

F: In gemeinsamem Einverständnis einen Therapieplan zu erstellen und Ziele zu setzen bekräftigt, dass der Klient der Entscheidungsträger und die Gesundheitsfachperson der Berater ist.
F: Den Klienten an der Entscheidungsfindung zu beteiligen, gibt ihm einiges an Verantwortung, um sicherzustellen, dass der Plan funktioniert, indem die Compliance mit der Behandlung gefördert wird.
F: Verträge zu schließen beinhaltet die Verpflichtung, Veränderungen vorzunehmen und für Entscheidungen verantwortlich zu sein (Blevins/Lubkin, 1999).

Überprüfen der aktuellen verordneten und freiverkäuflichen Medikation

Erörtern Sie die aktuelle Therapie (Namen, Dosierungen, Einnahmezeiten, Nebenwirkungen). Fragen Sie nicht: «Nehmen Sie Ihre Medikamente?» Fragen Sie vielmehr:

- «Welche Medikamente haben Sie heute eingenommen? Und gestern?»
- «Zu welcher Tageszeit fällt es Ihnen schwer, Ihre Medikamente einzunehmen?»
- «Gibt es Zeiten, zu denen Sie beschließen, Ihre Medikamente nicht einzunehmen?»

Stellen Sie fest, inwieweit die Person den Medikationsbedarf versteht:

- Betonen Sie ggf. eine lebenslange Therapie (z. B. bei Hypertonie, Diabetes mellitus).
- Erklären Sie die Komplikationen einer unbehandelten Krankheit.

Stellen Sie mögliche negative Wechselwirkungen zwischen Medikamenten fest. Konsultieren Sie einen Pharmazeuten.
Setzen Sie sich für die Zusammenarbeit mit der Person ein, um Nebenwirkungen zu reduzieren oder zu beseitigen (z. B. Umstellen der Wirkstoffe oder Dosis).
Helfen Sie der Person, eine Erinnerungshilfe zu finden, um die Medikamente einzunehmen (z. B. beim abendlichen Zähneputzen, bei Tage die Lieblingssendung im Fernsehen, ein Wecker).
Bitten Sie die Person, bei Problemen Kontakt zum Hausarzt oder zur Pflegeperson in der Primärversorgung aufzunehmen, statt die Medikamente abzusetzen.
Betonen Sie, dass unvermeidbare Nebenwirkungen immer noch besser sind als die Folgen einer unterlassenen Therapie (z. B. Apoplex, Erblindung, Niereninsuffizienz).
F: Mangelndes/fehlendes Verständnis der Gründe einer medikamentösen Therapie und der verfügbaren Optionen tragen zur fehlenden Kooperationsbereitschaft bei.
F: Offenes Erörtern der Nebenwirkungen kann die Person ermutigen, über Probleme zu berichten, bevor sie die Behandlung abbricht.

Helfen beim Verringern von Nebenwirkungen

Bei Reizung der Magenschleimhaut verabreichen Sie Medikamente zusammen mit Milch oder Nahrung. Yoghurt kann ratsam sein (sofern nicht kontraindiziert).
Bei Schläfrigkeit verabreichen Sie Medikamente zur Schlafenszeit oder am späten Nachmittag. Konsultieren Sie den Hausarzt für eine Dosisreduktion.

Bei Beinkrämpfen (Hypokaliämie) erhöhen Sie kaliumreiche Nahrungsmittel (z. B. Orangen, Rosinen, Tomaten, Bananen).

Bei anderen Nebenwirkungen schlagen Sie in den einschlägigen Quellen nach.

Verwenden Sie möglichst intramuskulär zu verabreichende Zubereitungen, zu denen einige Antibiotika und Antipsychotika gehören.

Regen Sie die Anwendung von Kombipräparaten an, sofern verfügbar.

Stellen Sie sicher, dass der Patient möglichst wenig Tabletten einnimmt, falls angemessen. Überprüfen Sie die Dosierungen, um mit möglichst wenig Tabletten für eine möglichst hohe Dosis zu sorgen.

Schlagen Sie, um die Häufigkeit oraler Medikation zu senken, länger wirksame Arzneimittelzubereitungen vor, darunter auch Transdermalpflaster (z. B. Nitroglyzerinpflaster).

Halten Sie bei Personen mit finanziellen Sorgen zur Verschreibung von Generika an. Stellen Sie fest, ob der Klient Unterstützung benötigt.

Wenn Behandlungen mehr als eine Person erfordern, evaluieren Sie die häusliche Situation in puncto Unterstützung.

Wenn es bei häuslichen Behandlungen um ein teures Gerät geht, treffen Sie die geeigneten Überweisungen an Sozialarbeiter und lokale Einrichtungen.

F: Die Betreuung der Nebenwirkungen kann die Adhärenz steigern.

Fokussieren auf emotionale Reaktionen, welche die Compliance stören (z. B. situationsbezogene Angst, Depression, Verleugnung, Beziehungsprobleme)

Beginnen mit Gesundheitsedukation und Überweisen, soweit angezeigt

Lehren Sie, wie wichtig es ist, sich an einen verordneten Therapieplan zu halten.

Sorgen Sie für Informationen über Arzneimittel, die auf die Bedürfnisse des Klienten zugeschnitten sind. Darin sollten die Namen der Medikamente, Dosierungen, die Anzahl der einzunehmenden Tabletten und wann sie einzunehmen sind, der Zweck der Medikamente, potenzielle Nebenwirkungen und unerwünschte Wirkungen sowie Anleitungen zur Linderung der Nebenwirkungen enthalten sein.

Loben Sie Ehrlichkeit in Bezug auf die Compliance und das Mitteilen von Gründen, z. B.:

- «Ich bin froh, dass Sie mir gesagt haben, dass Sie Motrin nicht mehr nehmen, weil Sie davon Magenschmerzen bekommen. Jetzt verstehe ich, warum Ihnen immer noch die Hände wehtun. Lassen Sie uns darüber sprechen, wie wir Ihnen Linderung verschaffen.»
- «Gut, dass Sie mir gesagt haben, dass Sie Ihre Blutdruckmedikamente nicht mehr nehmen. Das erklärt Ihre Kopfschmerzen und Ihren heute höheren Blutdruck. Lassen Sie uns besprechen, wie Sie sich mit diesen Tabletten fühlen.»

Sorgen Sie bei der Entlassung aus der Klinik oder der Ambulanz für eine schriftliche Notiz mit Namen und Telefonnummer der Fachperson, die bei Fragen oder Bedenken hinsichtlich verordneter Arneimitteltherapiepläne kontaktiert werden kann.

F: Wahrgenommener Erfolg als Ergebnis eigener Bemühungen erhöht das Selbstvertrauen, was wiederum hilft, die Adhärenz zu steigern.

F: Den Klienten an der Entscheidungsfindung zu beteiligen, gibt ihm einiges an Verantwortung, um sicherzustellen, dass der Plan funktioniert, indem die Compliance mit der Behandlung gefördert wird.

Pädiatrische Interventionen

Maßnahmen

Sprechen Sie mit dem Kind, um ihm zu helfen, die Notwendigkeit einer Behandlung und Probleme einzusehen, die möglich sind, wenn die Behandlung nicht eingehalten wird.

Halten Sie Informationen kurz, einfach und konkret. Versuchen Sie, die Lebensweise nur minimal zu stören.

Heben Sie erkennbare Vorteile der Compliance hervor. Versuchen Sie, Nebenwirkungen auf ein Minimum zu reduzieren und/oder lehren Sie, wie man mit Nebenwirkungen zurechtkommt.

Strafen Sie nicht, sondern lösen Sie das Problem mit der Familie, um die Compliance zu erhöhen.

Erörtern Sie, wie sich das Kind entsprechend seinem Entwicklungsstand an der Selbstversorgung beteiligen kann (Wysocki/Wayne, 1992):

- Vermerken Sie mit einem Stern in der Akte, wenn Übungen abgeschlossen werden.
- Wählen Sie Nahrungsmittelalternativen aus.
- Setzen Sie Verantwortlichkeiten für das Kind und die Familie fest.

Erörtern Sie Konflikte (siehe *beeinträchtigte elterliche Fürsorge*).

Eruieren Sie Compliance-Probleme sowie deren mögliche Lösung oder Kompromisse (Wong, 2003).

Setzen Sie altersbezogene Verhaltensstrategien ein (Wong, 2003):

- Verdienen von Gutscheinen, Spielmarken oder Aufklebern
- Vereinbarungen mit Personen treffen, die positiv bestärken
- disziplinarische Techniken (z. B. Auszeit bei kleinen Kindern, Aussetzen von Privilegien bei älteren Kindern).

F: Die Compliance nimmt zu, wenn Erwartungen, Verantwortlichkeiten und Konsequenzen erörtert werden (Wong, 2003).

F: Versuche, das Kind an einigen Aspekten der Selbstversorgung zu beteiligen, kann die Unabhängigkeit und Initiative sowie das Selbstvertrauen steigern (Wysocki/Wayne, 1992).

F: Verträge zu schließen ist eine wirksame Methode bei älteren Kindern, wenn sie am Festlegen der Regeln für die Übereinkunft beteiligt werden (Wong, 2003).

F: Strategien zur Verbesserung der Compliance müssen auch Kinder und Betreuungspersonen in Heimen einschließen (Wong, 2003).

Mangelernährung

Mangelernährung, ...

- ... b/d Anorexie, s/b/d (zu spezifizieren)
- ... b/d die Schwierigkeit oder das Unvermögen, für Nahrung zu sorgen

Beeinträchtigte Zahnbildung
Schluckstörung
Saug-/Schluckstörung des Säuglings
Überernährung
Überernährungsgefahr

Definition

Mangelernährung: der Zustand, in dem eine Person, die nicht nüchtern bleiben muss, eine durch inadäquate Zufuhr oder durch einen für den Stoffwechselbedarf inadäquaten Metabolismus beeinflusste Gewichtsabnahme erfährt bzw. entsprechend gefährdet ist.

Mangelernährung (engl. Imbalanced nutrition: Less than body requirements): Nährstoffzufuhr, die den Stoffwechselbedarf nicht deckt (NANDA-I, 2010).

Bestimmende Merkmale oder Kennzeichen

Hauptkennzeichen (obligat)

Eine Person, die nicht nüchtern bleiben muss, berichtet über oder hat eine Nahrungsaufnahme unterhalb der empfohlenen Tagesmengen mit oder ohne Gewichtsabnahme

und/oder

tatsächlicher oder möglicher, über die Nahrungsaufnahme hinausreichender Stoffwechselbedarf mit Gewichtsabnahme.

Nebenkennzeichen (fakultativ)

- Mangel an Nahrungsmitteln
- fehlendes Interesse am Essen
- Abneigung gegen das Essen
- Bericht über verändertes Geschmacksempfinden
- das Gefühl, keine Nahrung zu sich nehmen [verdauen] zu können
- Sättigungsgefühl sofort nach der Nahrungsaufnahme
- Bauchschmerzen
- Bauchkrämpfe
- fehlende Informationen
- Fehlinformationen

- falsche Vorstellungen
- [Anmerkung: Die Autorinnen betrachten diese Merkmale/Symptome eher als beeinflussende Faktoren/Einflussfaktoren denn als bestimmende Merkmale/Symptome.].
- Körpergewicht liegt 20 % oder mehr unter dem Idealgewicht [in Bezug auf Größe und Körperbau], [vermindertes Unterhautfett/verminderte Muskelmasse]
- Gewichtsverlust bei angemessener Nahrungsaufnahme
- übermäßige Darmgeräusche
- Diarrhö
- Steatorrhö [Fettstuhl]
- Schwäche der Schluck- und Kaumuskulatur
- geringer Muskeltonus
- entzündete Wangentasche [Mundhöhle]
- blasse Schleimhäute
- kapillare Fragilität (Gefäßbrüchigkeit)
- [ausgeprägter] Haarausfall [oder vermehrter Körperhaarwuchs (Lanugo)]
- [Aussetzen der Menstruation]
- [abnorme Laborbefunde (z. B. vermindertes Albumin, Gesamteiweiß, Eisenmangel, Elektrolytungleichgewicht)].

subjektive

- Bericht über Nahrungszufuhr, die unter der empfohlenen täglichen Menge liegt
- Mangel an Nahrungsmitteln
- fehlendes Interesse am Essen
- Abneigung gegen das Essen
- Bericht über verändertes Geschmacksempfinden
- das Gefühl, keine Nahrung zu sich nehmen [verdauen] zu können
- Sättigungsgefühl sofort nach der Nahrungsaufnahme
- Bauchschmerzen
- Bauchkrämpfe
- fehlende Informationen
- Fehlinformationen
- falsche Vorstellungen
- [Anmerkung: Die Autorinnen betrachten diese Merkmale/Symptome eher als beeinflussende Faktoren/Einflussfaktoren denn als bestimmende Merkmale/Symptome.].

objektive

- Körpergewicht liegt 20 % oder mehr unter dem Idealgewicht [in Bezug auf Größe und Körperbau], [vermindertes Unterhautfett/verminderte Muskelmasse]
- Gewichtsverlust bei angemessener Nahrungsaufnahme
- übermäßige Darmgeräusche
- Diarrhö
- Steatorrhö [Fettstuhl]
- Schwäche der Schluck- und Kaumuskulatur

- geringer Muskeltonus
- entzündete Wangentasche [Mundhöhle]
- blasse Schleimhäute
- kapillare Fragilität (Gefäßbrüchigkeit)
- [ausgeprägter] Haarausfall [oder vermehrter Körperhaarwuchs (Lanugo)]
- [Aussetzen der Menstruation]
- [abnorme Laborbefunde (z. B. vermindertes Albumin, Gesamteiweiß, Eisenmangel, Elektrolytungleichgewicht)].

Einflussfaktoren

Pathophysiologische Faktoren

B/d erhöhten Stoffwechsel-/Kalorienbedarf und Schwierigkeiten bei der Aufnahme hinreichender Kalorien, s/b/d:

Verbrennungen (postakute Phase)
Krebs
eine Infektion
ein Trauma
Substanzabhängigkeit
AIDS.

B/d Unfähigkeit, Nahrung zu sich zu nehmen.
B/d Dysphagie, s/b/d:

Apoplex
Muskeldystrophie
amyotrophe Lateralsklerose
Zerebralparese
neuromuskuläre Leiden
Parkinson-Krankheit.

B/d verminderte Nährstoffabsorption; Unfähigkeit, Nährstoffe zu sich zu nehmen, s/b/d:

Enteritis regionalis (M. Crohn)
Laktoseintoleranz
zystische Fibrose.

B/d Unfähigkeit, Nahrung zu verdauen.
B/d den verminderten Wunsch, zu essen, s/b/d eine Bewusstseinsstörung.
B/d selbstinduziertes Erbrechen, über die Kalorienzufuhr hinaus reichende körperliche Betätigung oder das Verweigern von Nahrung, s/b/d Anorexia nervosa.
B/d den Widerwillen, zu essen, aus Furcht vor Vergiftung, s/b/d paranoides Verhalten.
B/d Anorexie, exzessive physische Agitiertheit, s/b/d eine bipolare Störung.
B/d Anorexie und Diarrhö, s/b/d eine Protozoeninfektion.
B/d Erbrechen, Anorexie und Verdauungsstörungen, s/b/d eine Pankreatitis.

B/d Anorexie, gestörten Eiweiß- und Fettstoffwechsel sowie gestörte Speicherung von Vitaminen, s/b/d eine Leberzirrhose.

Behandlungsbedingte Faktoren

B/d Einweiß- und Vitaminbedarf für die Wundheilung und verminderte Zufuhr, s/b/d:

eine Operation
operative Rekonstruktion des Mundes
Strahlentherapie
Medikamente (Chemotherapie)
Drahtschienung des Kiefers.

B/d inadäquate Absorption infolge einer Medikamentennebenwirkung (zu spezifizieren):

Colchicin
Neomycin
Pyrimethamin
Paraaminosalicylsäure
Antazida.

B/d verminderte orale Zufuhr, Beschwerden im Mundbereich, Übelkeit und Erbrechen, s/b/d:

Strahlentherapie
Tonsillektomie
Chemotherapie.

Situationsbedingte Faktoren (persönlich bedingt, umgebungsbedingt)

B/d den verminderten Wunsch, zu essen, s/b/d:

Anorexie
soziale Isolation
Depression
Übelkeit und Erbrechen
Stress
Allergien.

B/d das Unvermögen, Nahrung zu beschaffen (körperliche Einschränkungen, finanzielle Probleme oder Transportprobleme).
B/d das Unvermögen zu kauen (beschädigte oder fehlende Zähne, ein schlecht sitzendes Gebiss).
B/d Diarrhö, s/b/d (zu spezifizieren).
B/d biologische Faktoren
B/d psychologische Faktoren
B/d ökonomische Faktoren
B/d [fehlende Informationen, Fehlinformation, falsche Vorstellungen].

Altersbedingte Faktoren

Säugling/Kind

B/d inadäquate Aufnahme, s/b/d:

mangelnde/fehlende emotionale/sensible Stimulation
ein Wissensdefizit der Betreuungsperson.

B/d Malabsorption, Nahrungseinschränkungen und Anorexie, s/b/d:

Zöliakie
Laktoseintoleranz
zystische Fibrose.

B/d Saugschwierigkeiten (Säugling) und Dysphagie, s/b/d:

Zerebralparese
Lippen-Kiefer-Gaumen-Spalte.

B/d inadäquates Saugen, Erschöpfung und Dyspnö, s/b/d:

angeborenes Herzleiden
virales Syndrom
Frühreife.

Anmerkung der Autorin

Pflegende sind gewöhnlich die Ersten, die den Ernährungszustand diagnostizieren und etwas zu seiner Verbesserung verschreiben. Zwar ist die Diagnose *Mangelernährung* nicht schwer zu stellen, die Interventionen jedoch können eine Herausforderung für die Pflegeperson darstellen.

Die Ernährungsgewohnheiten und der Ernährungszustand werden von vielen Faktoren beeinflusst: persönliche, familiäre, kulturelle und finanzielle Faktoren, die funktionelle Fähigkeit, Ernährungswissen, Krankheit und Verletzung sowie Behandlungspläne. *Mangelernährung* beschreibt Menschen, die Nahrung zu sich nehmen können, dies aber in Bezug auf Qualität und Quantität inadäquat oder unausgewogen tun. So kann die Ernährung beispielsweise nicht ausreichend Eiweiß oder zu viel Fett enthalten. Aufgrund eines erhöhten Stoffwechselbedarfs (z. B. Krebs, Schwangerschaft) kann die Menge ungenügend sein oder die Nährstoffverwertung kann gestört sein (z. B. eine gestörte Speicherung von Vitaminen infolge einer Leberzirrhose).

Der Pflegeschwerpunkt bei *Mangelernährung* liegt darin, die Person oder Familie beim Verbessern der Nahrungsaufnahme zu unterstützen. Pflegende sollten diese Diagnose nicht dazu verwenden, um Menschen zu beschreiben, die nüchtern bleiben müssen oder keine Nahrung zu sich nehmen können. Um diese Situationen zu beschreiben, sollten sie das interdisziplinäre Problem *PK: Elektrolytungleichgewicht* oder *PK: Negative Stickstoffbilanz* verwenden.

Irrtümer in diagnostischen Aussagen

1. *Mangelernährung,* **b/d** *Insulinmangel, Bewusstseinsstörung und Hypermetabolismus*
   Diese Diagnose spiegelt einen Klienten mit Diabetes und diabetischer Ketoazidose wider. In solch einer Situation konzentriert sich die Verantwortlichkeit der Pflegenden auf zwei wichtige Probleme: Betreuung der Ketoazidose zusammen mit dem Arzt und Unterweisen des Klienten und seiner Familie im Vermeiden zukünftiger Episoden. Ersteres wird beschrieben durch das interdisziplinäre Problem *PK: Ketoazidose*, bei dem die Pflegeperson dafür verantwortlich wäre, auf physiologische Instabilität zu überwachen, rechtzeitig Interventionen einzuleiten und die Reaktion des Klienten zu evaluieren. Nach der Stabilisierung des Klienten würde die Pflegeperson das zweite, durch die Pflegediagnose beschriebene Problem untersuchen: *möglicherweise erfolglose Handhabung von Behandlungsempfehlungen,* **b/d** *Einhalten der Diabetes-Diät und unzureichendes Wissen über die notwendige Anpassung bei Krankheit.*
2. *Mangelernährung,* **b/d** *parenterale Therapie und Nüchternstatus*
   Diese Diagnose spiegelt eine Situation wider, an der die Pflegenden eng beteiligt sind (parenterale Therapie). Welche Interventionen verordnen Pflegende jedoch aus der Sicht der Ernährung, um den Ernährungszustand eines Klienten zu verbessern, der oral nichts zu sich nehmen darf? Die parenterale Ernährung eines Klienten, der oral nichts zu sich nehmen darf, wirkt sich auf mehrere reale oder potenzielle Reaktionen aus, die von Pflegenden behandelt werden und sowohl Pflegediagnosen, wie etwa *Infektionsgefahr* oder *beeinträchtigtes Wohlbefinden*, als auch die interdisziplinären Probleme *PC: Hypo/Hyperglykämie* und *PC: Negative Stickstoffbilanz* darstellen.

Zentrale Konzepte

Allgemeine Überlegungen

- Damit der Stoffwechsel richtig funktioniert, benötigt der Körper ausreichend Kohlenhydrate, Eiweiß, Fett, Vitamine, Mineralien, Elektrolyte und Spurenelemente. **Abbildung II-2** zeigt die vom US-amerikanischen Gesundheitsministerium entwickelte Nahrungspyramide, in der tägliche Portionen aus fünf Nahrungsmittelgruppen empfohlen werden. Die sechste Gruppe – Fette, Öle und Süßigkeiten – sollte nur sparsam genossen werden und 30 % der Gesamtkalorienaufnahme nicht übersteigen
- Insgesamt sind 54,9 % der erwachsenen Amerikaner übergewichtig (15 % über dem der Körpergröße entsprechenden Idealgewicht); 18–25 % der Jugendlichen sind übergewichtig, und bei Kindern beträgt die Rate 25–30 % (Dudek, 2006).
- Adipositas ist ein Risikofaktor für Hypertonie, Diabetes mellitus Typ 2, koronare Herzkrankheit, Brustkrebs, Endometrium- und Zervixkarzinom, Ovarialkarzinom, Kolon- und Rektumkarzinom, Prostatakarzinom, Gallenblasen- und Gallengangskarzinom sowie für Erkrankungen der Gelenke und Füße (Dudek, 2006).
- Studien zufolge nehmen Frauen in den USA zu wenig Eisen, Kalzium und Vitamin A und C zu sich (Lo, 1995).

Abbildung II-2: Die Nahrungsmittelpyramide (Quelle: U.S. Department of Agriculture), dt.: DGE

- Der National Research Council (1989) stellte die in Tabelle II-25 umrissenen Empfehlungen zusammen.
- Zu den Faktoren, die den Nährstoffbedarf beeinflussen, gehören Alter, Aktivität, Geschlecht, Gesundheitszustand (Krankheit, Verletzungen) und die Verstoffwechselung von Nährstoffen (Speicherung, Absorption, Verbrauch, Ausscheidung).
- Zu den Faktoren, welche die Nahrungsaufnahme beeinflussen, gehören persönliche Faktoren (Appetit; die Fähigkeit, zu kauen und zu schlucken; Funktionsfähigkeit; psychischer Zustand; Kultur) und strukturelle Faktoren (Sozialisation; Finanzen; die Fähigkeit, sich Nahrung zu verschaffen und zuzubereiten; Kücheneinrichtung, Transport) (Miller, 2004).
- Medikamente können die Nährstoffaufnahme senken, indem sie folgende Aspekte beeinflussen (White/Ashworth, 2000).
  - Appetit (z. B. Metformin, Digoxin, Paroxetin)
  - Absorption (z. B. Neomycin, Cimetidin)
  - Metabolismus (z. B. Metformin, Isoniazid, Phenytoin).
- Für Gesundheit und Wachstum benötigt der Körper ein Mindestmaß an Nährstoffen. Der Nährstoffbedarf variiert im Laufe des Lebens, wie in Tabelle II-26 dargestellt (Wong, 2003; Dudek, 2006).

- In Tabelle II-27 wird das Körpergewicht in Relation zur Körpergröße und zum Körperbau angegeben.
- Ein Klient mit einem Tumorleiden zeigt krankheits- und behandlungsbedingte Ernährungsstörungen:
  - krankheitsbedingt: Malabsorption, Diarrhö, Obstipation, Anämie, Eiweißmangel, Erschöpfung
  - behandlungsbedingt: Stomatitis, Diarrhö, Übelkeit und Erbrechen, Anorexie, Erschöpfung.

Tabelle II-25: Ernährungsempfehlungen aus dem Bericht des National Research Council (Quellen: National Research Council, Committee on Diet and Health of Food and Nutrition Board [1989], Diet and Health: Implications for reducing chronic disease risk, *Nutrition Reviews*, 47, 142–149; *Food Guide Pyramid: A guide to daily food choices*, Leaflet N. 572, Washington, DC, US Department of Agriculture; Dudek, S. G. [2006], *Nutrition essentials for nursing practice*, 5th ed., Philadelphia, Lippincott Williams & Wilkins)

- Senken Sie die Fettzufuhr auf 30 % der Kalorienaufnahme, gesättigte Fettsäuren auf weniger als 10 % der Kilokalorien und Cholesterin auf weniger als 300 mg pro Tag. Die Fett- und Cholesterinzufuhr lässt sich senken, indem fettes Fleisch und Vollmilchprodukte durch Fisch, Geflügel ohne Haut, mageres Fleisch und fettarme oder fettfreie Milchprodukte ersetzt werden, indem mehr Gemüse, Obst, Zerealien und Leguminosen gegessen werden und indem Öle, Fette, Eigelb und frittierte und andere fette Speisen eingeschränkt werden.
- Trinken Sie 8–10 Glas Wasser oder koffeinfreie Getränke.
- Steigern Sie die Zufuhr stärkehaltiger Produkte und anderer komplexer Kohlenhydrate.
- Sorgen Sie für eine moderate Eiweißzufuhr. Nehmen Sie mindestens die erforderliche Tagesmenge zu sich, überschreiten Sie sie jedoch nicht um mehr als das Doppelte. Erhöhen Sie die Zufuhr an Trockenbohnen und Fisch.
- Erhöhen Sie die Ballaststoffzufuhr auf 25–35 Gramm pro Tag.
- Essen Sie 2–4 Portionen Obst am Tag.
- Essen Sie 3–5 Portionen Gemüse am Tag.
- Beschränken Sie die Gesamtzufuhr an Salz (Natriumchlorid) auf 6 Gramm pro Tag oder weniger. Schränken Sie die Zugabe beim Kochen ein und vermeiden Sie bei Tisch, Speisen zu salzen. Salzige, hochgradig verarbeitete salzige und mit Salz konservierte Speisen sowie sauer-salzig eingelegtes Gemüse sollte nur sparsam konsumiert werden.
- Sorgen Sie für eine gleich bleibende, ausreichende Kalzium- und Eisenzufuhr.
- Vermeiden Sie es, Nahrungsergänzungsmittel jeweils über die empfohlene Tagesdosis hinaus zu sich zu nehmen.
- Sorgen Sie für ein ausgewogenes Verhältnis zwischen Nahrungszufuhr und körperlicher Aktivität, um ein angemessenes Körpergewicht beizubehalten.
- Wenn Sie Alkohol trinken, schränken Sie die Zufuhr auf das Äquivalent von 30 ml reinem Alkohol pro Tag ein. Anmerkung: Das Komitee empfiehlt Alkoholkonsum nicht. Dreißig Milliliter reiner Alkohol entsprechen etwa zwei Dosen Bier, zwei kleinen Gläsern Wein oder zwei durchschnittlichen Cocktails.

Tabelle II-26: Täglicher Nährstoffbedarf nach Altersgruppen

Alter	Täglicher Nährstoffbedarf
Säuglinge	
Neugeborene	360–540 ml Milch
2–3 Monate	600–900 ml Milch
4–5 Monate	750–1050 ml Milch; passiertes Gemüse und Obst; Eigelb
6–7 Monate	840–1200 ml Milch; Gemüse, Obst plus Fleisch, Finger-Food
8–11 Monate	720 ml Milch; drei regelmäßige Mahlzeiten, zerkleinerte Normalnahrung
1–2 Jahre	720 ml Milch; 100 cal/kg KG derselben Nahrung wie mit 8–11 Monaten
Kinder	
Vorschulalter (3–5 Jahre)	90 cal/kg KG; 1,2 g/kg KG Eiweiß
	Grundnahrungsgruppen
	Kalzium: 800 mg
Schulalter (6–12 Jahre)	80 cal/kg KG; 1,2 g/kg KG Eiweiß
	Grundnahrungsgruppen (wie im Vorschulalter) 1,5–2 g Kalzium 400 Einheiten Vitamin D 1,5–3 l Wasser
Jugendliche (13–17 Jahre)	2200–2400 cal für Mädchen
	3000 cal für Jungen
	Grundnahrungsgruppen (wie im Vorschulalter) 50–60 g Eiweiß 1200–1500 mg Kalzium (bis zum Alter von 25 Jahren 400 Einheiten Vitamin D
Erwachsene	
	1600–3000 Kalorien, je nach körperlicher Aktivität, emotionalem Status, Körpergröße, Alter und individuellem Stoffwechsel

Alter	Täglicher Nährstoffbedarf
	Grundnahrungsgruppen (s. Abb. II-2)
	Männer brauchen vermehrt Eiweiß, Vitamin C, Riboflavin und die Vitamine E und B_6.
	Frauen brauchen das oben Angegebene sowie ferner vermehrt Eisen, Kalzium und die Vitamine A und B_{12}.
Schwangere (2. und 3. Trimenon)	Täglicher Kalorienbedarf: 11–15 Jahre: 2500 16–22 Jahre: 2400 23–50 Jahre: 2300
	Erhöhen des Eiweißanteils um 10 g oder eine Portion Fleisch
	1,2–3,5 g Kalzium
	Erhöhung der Vitamine A, B und C
	30–60 mg Eisen
Stillende Frauen	2500–3000 cal (500 über die reguläre Ernährung hinaus)
	Grundnahrungsgruppen 4 Portionen Eiweiß 5 Portionen Milchprodukte 4 und mehr Portionen Getreide 5 und mehr Portionen Gemüse 2 und mehr Portionen reich an Vitamin C 1 und mehr Portionen grünes Blattgemüse 2 und mehr Portionen andere Nahrungsmittel
	Flüssigkeiten: 2,2–3,3 l (1,1 l Milch)
	Erhöhung der Vitamine A und C und von Niacin
Erwachsene über 65 Jahre	Grundnahrungsgruppen (wie bei Erwachsenen)
	Kalorienbedarf nimmt mit dem Alter ab (1600–1800 für Frauen, 2000–2400 für Männer), hängt aber von Aktivität, Klima und Stoffwechselbedarf ab
	Zufuhr von essenziellen Aminosäuren, Fettsäuren, Vitaminen, Spurenelementen, Ballaststoffen und Wasser sicher stellen

Alter	Täglicher Nährstoffbedarf
	60 mg Vitamin C
	40–60 mg Eiweiß
	1200 mg Kalzium (1500 mg für Frauen ohne Östrogensubstitution)
	10 mg Eisen

Tabelle II-27: Körpergewicht entsprechend der Körpergröße und dem Körperbau

Männer				Frauen			
Größe [cm]	Körperbau			Größe [cm]	Körperbau		
	leicht [kg]	mittel [kg]	schwer [kg]		leicht [kg]	mittel [kg]	schwer [kg]
157	58,1–60,8	59,4–64,–	62,6–68,0	147	46,3–50,3	49,4–45,9	53,5–59,4
160	59,––61,7	60,3–64,9	63,5–69,4	150	46,7–51,3	50,3–55,8	54,4–60,8
163	59,9–62,6	61,2–65,8	64,4–70,8	152	47,2–52,2	51,3–57,2	55,3–62,1
165	60,8–63,5	62,1–67,1	65,3–72,6	155	48,0–53,5	52,2–58,5	56,7–63,5
168	61,7–64,4	63,0–68,5	66,2–74,4	157	49,––54,9	53,5–59,9	58,1–64,9
170	62,6–65,8	64,4–69,9	67,6–76,2	160	50,3–56,2	54,9–61,2	59,4–66,7
173	63,5–67,1	65,8–71,2	68,9–78,0	163	51,7–57,6	56,2–62,6	60,8–68,5
175	64,4–68,5	67,1–72,6	70,3–79,8	165	53,1–59.–	57,6–64,–	62,1–70,3
178	65,3–69,9	68,5–74,–	71,7–81,6	168	54,4–60,3	59.––65,3	63,5–72,1
180	66,2–71,2	69,9–75,3	73,0–83,5	170	55,8–61,7	60,3–66,7	64,9–73,9
183	67,6–72,6	71,2–77,1	74,4–85,3	173	57,2–63,0	61,7–68,0	66,2–75,8
185	68,9–74,4	72,6–78,9	76,2–87,1	175	58,5–64,4	63,0–69,4	67,6–77,1
188	70,3–76,2	74,4–80,7	78,0–89,4	178	59,9–65,8	64,4–70,8	68,9–78,5
190	71,7–78,8	75,8–82,6	79,8–91,6	180	61,2–67,1	65,8–72,1	70,3–79,8
193	73,5–79,8	77,6–84,8	82,1–93,9	183	62,6–68,5	67,1–73,5	71,7–81,2

Pädiatrische Überlegung

- Jede Wachstumsphase ist gekennzeichnet durch Veränderungen des Nahrungsbedarfs (siehe Tab. II-27).
- Kinder außerhalb des Jugendlichenalters sollten nicht auf Diät gesetzt werden. Ziel für im Wachstum begriffene Kinder ist das Zu-, nicht das Abnehmen. Eine gesunde Auswahl an Nahrungsmitteln (Obst, Gemüse und fettarme Zwischenmahlzeiten, wie z. B. Brezeln) kann salz-, fett- und zuckerhaltige Nahrungsmittel ersetzen (Wilson, 1994). Für spezielle Interventionen zur Gewichtsreduktion siehe *unwirksames Gesundheitsverhalten*.
- Besonders durch inadäquate Nahrungszufuhr gefährdet sind Kinder mit …
  - … angeborenen Anomalien (z. B. Tracheoösophagealfistel, kardiale oder neurologische Anomalien)
  - … intrauteriner Wachstumsverzögerung, Frühgeborene
  - … angeborenen Stoffwechselanomalien (z. B. Phenylketonurie)
  - … Erkrankungen, die mit Malabsorption einhergehen
  - … Entwicklungsstörungen (Zerebralparese)
  - … chronischen Krankheiten (z. B. zystische Fibrose, chronische Infektionen, Diabetes)
  - … beschleunigtem Wachstum (z. B. Frühgeborene, Säuglinge, Jugendliche)
  - … Eltern, deren Bindung inadäquat ist.
- Eltern müssen solide Ernährungspraktiken befolgen, um Mangelernährung bei ihren Säuglingen zu verhindern (Anderson, 1989; Wong, 2003):
  - Stillen des Kindes mit Muttermilch oder Füttern mit Fertignahrung unter Eisenzusatz im ersten Jahr
  - Zugabe fester Nahrung im Alter von 5–6 Monaten
  - Halten des Säuglings statt Aufsetzen des Fläschchens beim Füttern
  - Auswahl der Nahrungsmittel entsprechend der physiologischen und motorischen Entwicklung des Kindes
  - korrektes Zubereiten der Fertignahrung.
- Häufiger Verzehr von Fastfood (stark salz-, zucker- und fetthaltig) und das zunehmende Auftreten von Adipositas bei Kindern hat zu einem Problem geführt, das spezifischer Interventionen bedarf (Wong, 2003).

Geburtshilflich-gynäkologische Überlegungen

- Der Ernährungsbedarf verändert sich während der Schwangerschaft (siehe Tab. II-26).
- Die Empfehlungen hinsichtlich der Gesamtgewichtszunahme während der Schwangerschaft schwanken. Empfohlene Zunahmen sind bei …
  - … untergewichtigen Frauen: 12,7–18,2 kg
  - … Frauen mit wünschenswerten Gewicht: 11,4–15,9 kg
  - … Frauen mit mäßigem Übergewicht: 6,8–11,4 kg
  - … stark übergewichtigen Frauen (BMI > 29): 6,8 kg (Pillitteri, 2003).

- Eine Diät während der Schwangerschaft kann dazu führen, dass die mütterliche Nahrungszufuhr nicht ausreicht, um den Fetus mit der für das Wachstum nötigen Energie zu versorgen. In seinem Wachstum und seiner Entwicklung hängt der Fetus von der Nahrungszufuhr der Mutter ab und entnimmt ihren Speichern nur Eisen und Folat.

Geriatrische Überlegungen

- Im Allgemeinen benötigen ältere Menschen dieselbe Art ausgewogener Ernährung wie jede andere Gruppe, jedoch weniger Kalorien. Diäten älterer Menschen enthalten jedoch tendenziell zu wenig Eisen, Kalzium und Vitamine. Die Kombination aus seit langem festgelegtem Essverhalten, Einkommen, Transport/Fortbewegung, Wohnverhältnissen, sozialer Interaktion und den Auswirkungen einer chronischen oder akuten Erkrankung beeinflussen Nahrungsaufnahme und Gesundheit (Miller, 2004).
- Der verminderte Energiebedarf vieler älterer Menschen erfordert eine Umstellung der Nahrungsaufnahme (Tab. II-28).
- Personen unter Diuretika müssen engmaschig auf ausreichende Hydratation (Ein- und Ausfuhr) und einen ausgewogenen Elektrolythaushalt (vor allem Natrium und Kalium) beobachtet werden. Kaliumreiche Nahrungsmittel sollten fester Bestandteil der Ernährung sein.
- Mit der Zeit kommt es gewöhnlich zu einer Eisenmangelanämie, die durch chronische Krankheiten und eine unzureichende Eisenzufuhr mit der Nahrung verursacht worden sein kann. Eine erhöhte Zufuhr von Nahrungsmitteln mit hohem Gehalt an Vitamin C, Folsäure und Eisen kann die Ausgangslage für eine optimale Eisenresorption verbessern. Oft ist eine Eisensubstitution erforderlich.

Tabelle II-28: Nahrungsaufnahme unf Kalorienbedarf nach Altersgruppen

Ernährung		25–50 Jahre	50 Jahre und älter
Bestandteile	Kohlenhydrate	60 %	55 %
	Eiweiß	10 %	20 %
	Fett	30 %	25 %
kcal/Tag	Männer	2200	1900
	Frauen	2900	2300

Transkulturelle Überlegungen

- In vielen Kulturen dient Diät seit Jahrhunderten zur Behandlung bestimmter Erkrankungen, zur Förderung der Gesundheit in der Schwangerschaft, zur Förderung von Wachstum und Entwicklung bei Kindern und zur Lebensverlängerung (Andrews/Boyle, 2003).
- In manchen Kulturen gilt Gesundheit als Zustand der Ausgewogenheit zwischen Körpersäften (Blut, Schleim, schwarze Galle und gelbe Galle). In diesem Bezugsrahmen führt ein humorales Ungleichgewicht, das exzessive Trockenheit, Kälte, Hitze oder Feuchtigkeit verursacht, zu Krankheit. So gilt beispielsweise eine Magenverstimmung als Folge eines zu ausgiebigen Verzehrs zu vieler Nahrungsmittel, die als «kalt» gelten. Nahrungsmittel, Kräuter und Arzneimittel werden als heiß, kalt, feucht oder trocken eingestuft und dienen der Wiederherstellung des natürlichen Gleichgewichts im Körper. So werden beispielsweise Bananen als kaltes Nahrungsmittel eingestuft, während Maismehl als heißes Nahrungsmittel gilt (Andrews/Boyle, 2003).
- Laktoseintoleranz bei Erwachsenen wurde in den meisten Populationen dokumentiert und betrifft 94 % der Asiaten, 90 % der Schwarzafrikaner, 79 % der nordamerikanischen Ureinwohner, 75 % der Afroamerikaner, 50 % der Amerikaner mexikanischer Abstammung und 17 % der weißen Amerikaner (Overfield, 1985).
- Ernährungspraktiken lassen sich als vorteilhaft, neutral oder schädlich einstufen. Vorteilhafte und neutrale Praktiken sollten unterstützt werden. Schädliche Praktiken sollten sensibel angegangen und ihre schädlichen Auswirkungen erklärt werden (Andrews/Boyle, 2003).
- Essen in Gemeinschaft (z. B. Frauen, die mit Männern essen), das in manchen Settings (z. B. Rehabilitation Langzeitpflege, psychiatrischen Einrichtungen) unterstützt wird, kann zu manchen Kulturen im Widerspruch stehen (Andrews/Boyle, 2003).
- Bei einem jüdischen Klienten lässt sich eine koschere Diät auch dann einhalten, wenn die Einrichtung nicht über eine koschere Küche verfügt. Fisch mit Flossen oder Schuppen erfüllt die Diätanforderungen. Auch Milchprodukte sind möglich. Es sollten Pappteller mit Einmalbesteck verwendet werden, damit Fleisch- und Milchgerichte nicht durcheinander geraten (Giger/Davidhizar, 2004).

Einschätzungskriterien des Fokusassessments

Subjektive Daten

Einschätzen bestimmender Merkmale oder Kennzeichen

Übliche Nahrungsaufnahme

Aufstellung über die in 24 Stunden aufgenommene Nahrung

Ist dies das übliche Muster der Nahrungsaufnahme?

Werden genügend Nahrungsmittel aus den Grundnahrungsgruppen aufgenommen?

Ist die Flüssigkeitsaufnahme ausreichend?

Einschätzen beeinflussender Faktoren

Appetit (üblicherweise, Veränderungen)

Ernährungsverhalten

Abneigung gegen bestimmte Nahrungsmittel bzw. Flüssigkeiten, Vorlieben, Tabus
Religiös bedingte Ernährungspraktiken
Häufigkeit der Aufnahme von Fastfood.

Aktivitätsgrad

Beruf, körperliche Tätigkeit (Art, Häufigkeit).

Wie wird Nahrung beschafft? Wer bereitet sie zu?

Funktionsfähigkeit
Kücheneinrichtung
Transport
Dem Nahrungsbedarf angemessenes Einkommen.

Wissen über Ernährung

Die fünf Grundnahrungsgruppen
Empfohlene Mengen an Kohlenhydraten, Fetten und Salz
Verhältnis zwischen Aktivität und Stoffwechsel.

Physiologische Risikofaktoren (Evans-Stoner, 1997)

Neurologische Störung
Chronische Krankheit (Niereninsuffizienz, chronisch-obstruktive Bronchitis [COPD], HIV-Infektion, Leberleiden)
Malabsorption
Entzündliche Darmerkrankung.

Negative psychosoziale Situationen (Evans-Stoner, 1997)

Alkoholmissbrauch
Drogenkonsum
Zivilstand
Isolation
Depression
Leben in einer Einrichtung.

Medikamente (verordnet, freiverkäuflich)

Angaben über:

- Allergien
- Dysphagie
- Übelkeit
- Verdauungsstörung
- Erbrechen
- Kauprobleme

- Anorexie
- Obstipation
- Erschöpfung
- Diarrhö
- Entzündung der Mundschleimhaut
- Schmerzen.

Objektive Daten

Einschätzen bestimmender Merkmale oder Kennzeichen

Allgemein
Erscheinungsbild
Muskelmasse
Fettverteilung
Haar
Haut
Nägel
Körpergröße
Gewicht
Körpermasseindex (BMI)
Mund
Zähne
Ödeme.

Anthropometrische Daten
Oberarmumfang
Trizeps-Hautfalte
Umfang des Bizeps.

Laboruntersuchungen
Vermindertes Serumpräalbumin
Vermindertes Serumtransferrin.

Einschätzen beeinflussender Faktoren

Die Fähigkeit, zu kauen, zu schlucken und selbstständig Nahrung zu sich zu nehmen

Ziele

NOC

- Ernährungsstatus
- Wissen: Gewichtsmanagement
- Wissen: Diät

Der Klient nimmt den täglichen Nahrungsbedarf in Übereinstimmung mit dem Aktivitätsgrad und den Stoffwechselanforderungen zu sich.

Indikatoren

- Berichten über die Bedeutung einer guten Ernährung.
- Identifizieren von Mängeln in der täglichen Nahrungsaufnahme.
- Berichten über Methoden, den Appetit zu steigern.

Allgemeine Interventionen

NIC

- Edukation: Ernährung
- Ernährungsmanagement
- Ernährungsüberwachung

Konsultieren eines Ernährungsberaters, um den Tagesbedarf an Kalorien und Nahrungsmittelarten für den Klienten festzulegen

F: Die Konsultation kann helfen, eine Ernährung sicherzustellen, die für eine optimale Kalorien- und Nährstoffzufuhr sorgt.

Mit dem Klienten mögliche Ursachen eines verminderten Appetits erörtern

F: Faktoren wie Schmerzen, Erschöpfung, die Einnahme von Analgetika sowie Immobilität können zur Anorexie beitragen. Eine Ursache herauszufinden ermöglicht Interventionen, um die Faktoren zu beseitigen oder auf ein Minimum zu reduzieren.

Den Klienten dazu anhalten, vor den Mahlzeiten zu ruhen

F: Erschöpfung verringert den Wunsch und die Fähigkeit eines anorektischen Klienten, zu essen, noch weiter.

Anbieten kleiner häufiger statt weniger großer Mahlzeiten; Anbieten kalt servierter Nahrungsmittel

F: Die gleichmäßige Verteilung der täglichen Gesamtkalorienzufuhr hilft, eine Dehnung des Magens und damit einen möglicherweise steigenden Appetit zu verhindern.

Einschränken von Flüssigkeiten zu den Mahlzeiten und Vermeiden von Flüssigkeiten jeweils eine Stunden vor und nach den Mahlzeiten bei vermindertem Appetit

F: Flüssigkeiten zu den Mahlzeiten einzuschränken hilft, eine Dehnung des Magens zu verhindern.

Ermutigen und Anhalten des Klienten zur Wahrung einer guten Mundpflege

F: Eine schlechte Mundpflege führt zu Mundgeruch oder schlechtem Geschmack, und beides kann den Appetit verringern.

Dafür sorgen, dass kalorien- und eiweißreiche Nahrungsmittel zu Zeiten gereicht werden, zu denen der Klient am meisten Lust hat, etwas zu essen

F: Kalorien- und eiweißreiche Nahrungsmittel zu reichen, wenn der Klient am meisten Lust hat, etwas zu essen, erhöht die Wahrscheinlichkeit, dass er ausreichend Kalorien und Eiweiß zu sich nimmt.

Fördern des Appetits

Stellen Sie fest, welche Vorlieben der Klient in Bezug auf Nahrung hat, und sorgen Sie entsprechend dafür, falls angemessen.
Eliminieren Sie jeden störenden Geruch und Anblick aus dem Essbereich.
Bringen Sie vor Mahlzeiten Schmerzen und Übelkeit unter Kontrolle.
Ermutigen Sie die den Klienten unterstützenden Personen dazu, erlaubte Nahrungsmittel von zu Hause mitzubringen, wenn möglich.
Sorgen Sie für eine entspannte Atmosphäre und ein wenig Gesellschaft während der Mahlzeiten.

F: Die Planung der Ernährung bzw. einer Diät konzentriert sich darauf, Ernährungsexzesse zu vermeiden. Das Reduzieren von Fetten, Salz und Zucker kann die Gefahr einer Herzkrankheit, eines Diabetes, bestimmter Tumoren und einer Hypertonie senken.

Dem Klienten Print-Medien aushändigen, in denen eine nahrhafte Diät umrissen wird

Die Print-Medien sollten Folgendes enthalten:

- hohe Zufuhr an komplexen Kohlenhydraten und Ballaststoffen
- verminderte Aufnahme von Zucker, Salz, Cholesterin, Fett insgesamt und gesättigten Fetten
- Alkoholkonsum nur in Maßen
- korrekte Kalorienzufuhr, um das Idealgewicht zu halten.

F: Selbsthilfematerial kann zu Hause zur Motivation und Bestärkung eingesetzt werden.

Pädiatrische Interventionen

Maßnahmen

Unterweisen Sie die Eltern im jeweiligen altersbedingten Ernährungsbedarf ihrer Kinder. Schlagen Sie für spezielle Empfehlungen in einem Lehrbuch der Pädiatrie oder Ernährung nach.
Erörtern Sie, wie wichtig es ist, hochgradig salz-, fett- oder zuckerhaltige Zwischenmahlzeiten (z. B. Limonade, Süßigkeiten, Chips) einzuschränken, um die Gefahr von Herzerkrankungen, Adipositas und Diabetes mellitus in Grenzen zu halten. Raten Sie Familien, stattdessen gesunde Zwischenmahlzeiten (z. B. frisches Obst, ungewürztes Popcorn, gefrorene Fruchtsaftstangen, frisches Gemüse) anzubieten.

Unterstützen Sie Familien beim Evaluieren ihres Ernährungsverhaltens.
Erörtern Sie Strategien, Mahlzeiten zu einem sozialen Ereignis zu machen und Reibereien zu vermeiden (Dudek, 2006; Wong, 2003).
Erlauben Sie dem Kind, *ein* Nahrungsmittel auszuwählen, das es nicht essen muss.
Sorgen Sie für kleine Portionen (z. B. einen Esslöffel für jedes Lebensjahr).
Weisen Sie Zwischenmahlzeiten dieselbe Bedeutung zu wie den Mahlzeiten (z. B. hart gekochte Eier, rohe Gemüse-Sticks, Cracker mit Erdnussbutter, Fruchtsäfte, Käse, frisches Obst).
Bieten Sie eine Vielfalt an Nahrungsmitteln an.
Ermutigen Sie alle Familienmitglieder, sich gegenseitig etwas über ihren Tag zu erzählen.
Lassen Sie das Kind an der Überwachung gesunden Essens teilhaben (z. B. durch eine Tafel, auf der es täglich den Verzehr gesunder Nahrungsmittel markiert).
Ersetzen Sie passives Fernsehen durch eine Gruppenaktivität (z. B. Frisbee, Radfahren, Spazierengehen).
Sprechen Sie Strategien an, um die Ernährung auch bei Fastfood zu verbessern:

- Entrahmte Milch trinken
- Pommes frites vermeiden
- Gegrilltes wählen
- Salat und Gemüse essen
- Ersetzen von Fastfood durch rasch zubereitete, nahrhafte Mahlzeiten (z. B. Tiefgefrorenes).

F: Der Nährstoffbedarf schwankt in jeder Altersgruppe erheblich. Phasen beschleunigten Körperwachstums (z. B. Kindheit, Pubertät) erfordern u. U. eine Verdoppelung der Eisen-, Kalzium-, Zink- und Eiweißaufnahme (Wong, 2003).
F: In Phasen langsamen Wachstums (z. B. Vorschul-, Grundschulalter) ist der Appetit vermindert (Dudek, 2006).
F: Vermehrte gesunde Zwischenmahlzeiten nehmen dem Kind den Druck, zu den Mahlzeiten eine bestimmte Menge zu essen (Wong, 2003).
F: Das Ernährungsverhalten der Familie übt primären Einfluss auf die Entwicklung von Ernährungsgewohnheiten (z. B. ungesunde Zwischenmahlzeiten, exzessives Fernsehen) aus (Dudek, 2006).

Geburtshilflich-gynäkologische Interventionen

Maßnahmen

Erläutern Sie physiologische Veränderungen und den Ernährungsbedarf in der Schwangerschaft.
Erörtern Sie die Auswirkungen von Alkohol, Koffein und Süßungsmitteln auf den sich entwickelnden Feten.
Erklären Sie die verschiedenen Anforderungen an die Ernährung schwangerer Mädchen im Alter zwischen 11 und 18 Jahren, schwangerer junger Frauen im Alter zwischen 19 und 24 Jahren und von Frauen über 25 Jahren.
Stellen Sie fest, ob eine Frau aufgrund ihrer täglichen Beschäftigung mehr Kalorien benötigt.

F: Erläuterungen zu Stoffwechselveränderungen können das Bewusstsein für den Ernährungsbedarf stärken.

Tabelle II-29: Ruhebedarf Schwangerer nach Altersgruppen (Quelle: Pillitteri, 2003)

Bedarf [kcal/kg KG]	Alter [Jahre]
28,5	11–14
24,9	15–18
23,3	19–24
21,9	25–50

F: Studien zufolge kann Alkoholkonsum (2–4 Getränke/Tag) zu niedrigem Geburtsgewicht führen. Größere Mengen können ein fetales Alkoholsyndrom bewirken.

F: Studien zufolge wirkt sich Koffein nur geringfügig auf das Schwangerschaftsergebnis aus, aber es wird Mäßigung empfohlen (Dudek, 2006).

F: Der Verzehr von Süßungsmitteln während der Schwangerschaft hat sich nicht als kontraindiziert erwiesen, es wird jedoch Mäßigung empfohlen (Dudek, 2006).

F: Aufgrund ihres beschleunigten Wachstums benötigen junge Mädchen eine erhöhte Nährstoffzufuhr und bei einer Schwangerschaft steigt der Bedarf weiter an (Dudek, 2006).

F: Ruhebedarf Schwangerer nach Altersgruppen (Pillitteri, 2003) (Tab. II-29).

F: Je nach Aktivitätsgrad sind mehr Kalorien erforderlich (Pillitteri, 2003). Multiplizieren Sie den Ruhekalorienbedarf mit:

- 1,5 bei leichter Aktivität
- 1,6 bei mäßiger Aktivität
- 1,9 bei schwerer Aktivität.

Geriatrische Interventionen

Feststellen, wie viel die Person vom Ernährungsbedarf versteht

Berücksichtigen folgender Bedingungen:

- Altern
- Einnahme von Medikamenten
- Krankheit
- Aktivität.

Einschätzen, ob Faktoren darauf einwirken, sich Nahrung zu verschaffen und zu sich zu nehmen (Miller, 2004)

Anorexie durch Medikamente, Trauer, Depression, Krankheit.

Gestörter Geisteszustand, der dazu führt, dass der Klient Hunger keine Aufmerksamkeit widmet oder inadäquate Arten bzw. unzureichende Mengen an Nahrungsmitteln auswählt.

Gestörte Mobilität oder gestörte manuelle Geschicklichkeit (Parese, Tremor, Schwäche, Gelenkschmerzen oder -deformität).

Freiwillige Flüssigkeitseinschränkung aus Angst vor Harninkontinenz.

Leichter Körperbau oder anamnestisch bekannte Unterernährung.
Für das Beschaffen von Nahrung unzureichendes Einkommen.
Mangelnde/fehlende Transportmöglichkeiten, um sich Nahrung zu kaufen, oder mangelnde/fehlende Kochgelegenheiten.
Neues Gebiss oder schlechter Zahnstatus.
Abneigung, alleine zu kochen und zu essen.
Regelmäßige Einnahme der Mahlzeiten allein.
Mehr als zwei alkoholische Getränke pro Tag.

Erklären der Sensibilitätsabnahme gegenüber den Geschmacksqualitäten «süß» und «salzig»

Konsultieren einer in der häuslichen Pflege tätigen Fachpflegeperson (Gemeindeschwester), um die häusliche Umgebung zu evaluieren (z. B. Kochgelegenheiten, Versorgung mit Nahrungsmitteln, Reinlichkeit), wenn angezeigt

Angehen kommunaler Einrichtungen, wenn angezeigt (z. B. Ernährungsprogramme, Gemeindezentren, Lebensmittel-Lieferdienste)

F: Mit zunehmendem Alter nimmt nicht der Ernährungs-, sondern nur der Kalorienbedarf ab. Qualitativ hochwertige, nahrhafte Lebensmittel sind sehr wichtig (Miller, 2004).
F: Der Zugang zu Nahrung oder deren Aufnahme kann durch zahlreiche Faktoren gestört werden. Strategien zur Verbesserung der Ernährung sollten spezifische Faktoren berücksichtigen (Dudek, 2006).
F: Ältere Menschen können erhebliche Mengen an Salz und Zucker zu sich nehmen, weil ihnen die Sensibilität für diese Geschmacksqualitäten verloren gegangen ist (Miller, 2004).
F: Ein häusliches Assessment kann bei Verdacht auf Ernährungsprobleme valide Daten liefern (Miller, 2004).
F: Bestimmte Medikamente oder Erkrankungen können eine Anpassung der Ernährung (z. B. in Bezug auf Kalium, Natrium, Ballaststoffe) erforderlich machen.

Mangelernährung, ...

... b/d Anorexie, s/b/d (zu spezifizieren)

Ziele

NOC

- Ernährungszustand
- Edukation: Ernährung
- Symptomkontrolle

Die Person erhöht die orale Nahrungsaufnahme, angezeigt durch (zu spezifizieren).

Indikatoren

- Beschreiben ursächlicher Faktoren, falls bekannt.
- Beschreiben der Begründung und des Vorgehens bei Behandlungen.

Allgemeine Interventionen

NIC

- Ernährungsmanagement
- Gewichtszunahme: Unterstützung
- Ernährungsberatung

Einschätzen ursächlicher Faktoren.

Siehe «Einflussfaktoren».

Reduzieren oder Beseitigen beeinflussender Faktoren, wenn möglich.

Vermindertes Geschmacks- oder Geruchsempfinden

Erklären Sie dem Klienten, wie wichtig es ist, adäquate Nährstoffe zu sich zu nehmen.

Lehren Sie den Klienten das Verwenden von Gewürzen (z. B. Zitronensaft, Minze, Nelken, Basilikum, Thymian, Zimt, Rosmarin, Schinkenwürfelchen), um Geschmack und Aroma von Speisen zu verbessern.

Lehren Sie Eiweißquellen, die der Klient u. U. angenehmer findet als rotes Fleisch:

- Eier und Milchprodukte
- Huhn und Pute
- Fisch (soweit nicht geruchsintensiv)
- mariniertes Fleisch (in Wein, Essig)
- Sojaprodukte (Tofu).

Geschnetzeltes oder Hackfleisch bzw. Eiweißquellen sind u. U. leichter annehmbar.

Eiweiß mit Gemüse zu mischen kann leichter zu akzeptieren sein.

Bezeichnen Sie Mahlzeiten als Häppchen, «Snacks» oder Appetithappen, damit sie kleiner wirken.

F: Strategien zur Anregung des Appetits und zur Steigerung des Nährstoffgehalts der Nahrung werden angewendet.

Soziale Isolation

Ermutigen Sie den Klienten, gemeinsam mit anderen zu speisen (Mahlzeiten, die im Esszimmer/Speisesaal oder im Gruppenbereich eines örtlichen Treffpunkts, wie etwa einem Gemeindezentrum, eingenommen werden, von konfessionellen Gruppen serviert).

Sorgen Sie für täglichen Kontakt durch Telefonanrufe aus dem Unterstützungssystem.
Siehe *Vereinsamungsgefahr* für weitere Interventionen.

F: Für die meisten Menschen sind Mahlzeiten soziale Ereignisse. Einsamkeit bei den Mahlzeiten kann den Anreiz schwächen, sich nahrhafte Mahlzeiten zuzubereiten.

Schadreize (Schmerzen, Erschöpfung, Gerüche, Übelkeit und Erbrechen)

Schmerzen

Planen Sie die Pflege dergestalt, dass unangenehme oder schmerzhafte Prozeduren nicht vor den Mahlzeiten stattfinden.

Planen Sie schmerzlindernde Medikationen so, dass die optimale Schmerzlinderung ohne Benommenheit zu den Mahlzeiten erreicht ist.

Sorgen Sie für eine angenehme, entspannte Atmosphäre beim Essen (keine Bettpfannen im Blickfeld; nicht drängeln). Versuchen Sie es mit einer «Überraschung», z. B. Blumen auf dem Tisch.

Stellen Sie den Pflegeplan so um, dass Übelkeit erregende Gerüche oder Prozeduren um die Mahlzeiten herum verringert oder beseitigt werden.

Erschöpfung

Unterweisen Sie den Klienten, vor den Mahlzeiten zu ruhen oder unterstützen Sie ihn dabei.

Lehren Sie den Klienten, nur minimale Energie auf das Zubereiten von Nahrung zu verwenden (große Mengen kochen und mehrere Portionen auf einmal einfrieren; Unterstützung durch Dritte erbitten).

Essensgerüche

Lehren Sie den Klienten, Gerüche beim Kochen zu vermeiden, etwa beim Frittieren oder Kaffeekochen, wenn möglich (Spazierengehen, Nahrungsmittel wählen, die man kalt essen kann).

Regen Sie an, in Phasen der Anorexie Nahrungsmittel zu verwenden, die man kaum kochen muss.

Übelkeit und Erbrechen

F: Übelkeit lässt sich verringern, indem man die Umfeldbedingungen unter Kontrolle hält und Körperhaltungen fördert, bei denen nur minimal Druck auf das Abdomen ausgeübt wird.

Siehe Schluckstörung für weitere Interventionen.

Propagieren von Nahrungsmitteln, die das Essen stimulieren und die Eiweißaufnahme erhöhen (Foltz, 1997)

Kümmern Sie sich vor und nach dem Essen um gute Mundpflege (Zähne putzen, Mund ausspülen).

Bieten Sie häufige kleine Mahlzeiten an (sechs pro Tag plus Snacks), um das Gefühl eines geblähten Magens zu vermeiden.

Lassen Sie den Klienten Nahrung möglichst kurz vor dem Essen auswählen.

Sorgen Sie dafür, dass die eiweiß- und kalorienreichsten Nahrungsmittel serviert werden, wenn dem Klienten am stärksten nach Essen ist. Wenn beispielsweise morgens eine Chemotherapie läuft, servieren Sie das Essen am späten Nachmittag.

Halten Sie Bezugspersonen dazu an, Lieblingsspeisen des Klienten von zu Hause mitzubringen.

Instruieren Sie den Klienten wie folgt:

- Beim Aufstehen trockene Speisen zu sich nehmen (Toast, Cracker).
- Salzige Nahrungsmittel essen, wenn erlaubt.
- Übermäßig süße, reichhaltige, fette oder frittierte Speisen vermeiden.
- Versuchen, klare, kühle Getränke zu sich nehmen.
- Langsam durch einen Strohhalm trinken.
- Zu sich nehmen, was immer der Klient vertragen zu können meint.
- Kleine, fettarme Portionen essen. Häufiger essen.

Im Handel in vielfältiger Form (Flüssigkeiten, Pulver, Pudding) erhältliche Nahrungsergänzungen versuchen. Die Marke wechseln, bis sich eine findet, deren Geschmack und Konsistenz für den Klienten akzeptabel sind.

Unterweisen Sie den Klienten und seine Familie in der häuslichen Nahrungszubereitung:

- Hinzufügen von Milch- oder Eipulver zu Milch-Shakes, Bratensoßen, Soßen, Puddings, Zerealien, Buletten oder Milch, um den Eiweiß- und Kaloriengehalt zu erhöhen.
- Hinzufügen von homogenisierten Nahrungsmitteln und Baby-Nahrung zu Bratensäften oder Suppen.
- Verwenden angereicherter Milch (d. h. 1 Tasse fettfreie Instant-Milch auf 0,95 l Frischmilch).
- Verwenden von Milch oder einer Mischung aus 1 Teil Milch und 1 Teil Wasser zum Zubereiten von Suppen und Soßen. Auch Sojazubereitungen können verwendet werden.
- Zugabe von Käse oder klein gewürfeltem Fleisch.
- Toasts, Crackers oder Staudensellerie mit Quark oder Erdnussbutter.
- Butter als Extrazusatz zu Suppen, Soßen oder Gemüse.
- Auftragen der Butter auf den Toast, solange er noch heiß ist.
- Verwenden von Mayonnaise (100 cal/El.) statt Salatsoße.
- Saure Sahne oder Yoghurt zu Gemüse oder als Dip.
- Verwenden von Schlagsahne (60 cal/El.).
- Rosinen, Datteln, Nüsse und brauner Zucker zu heißen oder kalten Zerealien.
- Zusätzliche Nahrung (Snacks) in Reichweite halten.

Kalorienarme durch kalorienreiche Nahrungsmittel ersetzen. Kalorienfreie Nahrungsmittel (z. B. Mineralwasser) vermeiden.

Erkunden von Alternativen zur Trinkmilch bei Klienten mit Laktoseintoleranz (z. B. Käse, Yoghurt, Sauermilch).

F: Gute Mundpflege vor und nach den Mahlzeiten verringert Mikroorganismen, die einen schlechten Geschmack im Mund und Mundgeruch verursachen und den Appetit verderben können.

F: Flüssigkeitsrestriktion zu den Mahlzeiten kann ein Überdehnen des Magens verhindern und den Appetit steigern.

F: Bestimmte Maßnahmen können den Nährstoffgehalt der Nahrung auch bei beschränkter Nahrungsaufnahme erhöhen.

Beginnen mit Gesundheitsedukation und Überweisen, soweit angezeigt

Ernährungsberatung zur Planung der Mahlzeiten
Kommunale Garküchen
Psychiatrische Therapie, falls angezeigt
Selbsthilfegruppen für anorektische Klienten.

F: Kommunale Ressourcen können der Unterstützung des Individuums und der Familie dienen.

Mangelernährung, …

… b/d die Schwierigkeit oder das Unvermögen, sich Nahrung zu verschaffen

Eine gestörte Fähigkeit, sich Nahrung zu verschaffen, ist die durch körperliche, wirtschaftliche oder soziokulturelle Barrieren bedingte Unfähigkeit, Nahrung zu erwerben.

Ziele

Die Person findet eine Methode, um regelmäßig Nahrung zu erwerben.

NOC

- Ernährungsstatus

Indikatoren

- Beschreiben ursächlicher Faktoren, falls bekannt.
- Darlegen der Bedeutung einer guten Ernährung.

Allgemeine Interventionen

NIC

- Ernährungsberatung
- Ernährungsmanagement
- Edukation: Einzelperson
- Pflegeüberleitung
- Umgebungsmanagement

Einschätzen ursächlicher Faktoren

Für eine adäquate Ernährung unzureichende ökonomische Ressourcen
Soziokulturelle Barrieren
Körperliches Unvermögen, sich Nahrung zu verschaffen, bedingt durch Erkrankungen wie COPD, Apoplex oder Tetraplegie.

Reduzieren oder Beseitigen beeinflussender Faktoren, wenn möglich

Inadäquate ökonomische Ressourcen

Schätzen Sie ein, ob der Klient für staatliche Lebensmittelhilfen oder andere Sozialhilfeprogramme für Gruppen mit niedrigem Einkommen in Frage kommt. Wenden Sie sich an einen Sozialarbeiter bzw. das Sozialamt.
Regen Sie an, bei Kooperativen oder auf örtlichen Märkten einzukaufen. (Für «DE» eher umgekehrt: Lokale Märkte sind ökologisch/teuer, billiger sind die großen Ketten, Anm. d. Übers.)
Einkaufen von Nahrungsmitteln und Fleisch im Sonderangebot, anschließend einfrieren. Billigere Fleischsorten/-teile kaufen und weich klopfen oder marinieren, um sie zarter zu machen.
Schlagen Sie Nahrungsmittel vor, die kostengünstig und nährstoffreich sind. Senken des Verbrauchs an abgepackten Nahrungsmitteln oder Fertignahrung:

- Bohnen und andere Hülsenfrüchte als Eiweißquelle
- Milch aus Milchpulver (allein oder halb und halb mit Vollmilch gemischt)
- Nahrungsmittel der Saison, wenn reichlich davon vorhanden ist.

Ermutigen Sie dazu, einen kleinen Garten anzulegen oder an einem kommunalen Programm «Urban Gardening» teilzunehmen.
Einfrieren oder Einwecken von Obst und Gemüse der Saison (entsprechende Verfahren in einschlägiger Literatur).

Soziokulturelle Barrieren

Führen Sie den Klienten in lokal verfügbare Nahrungsmittel ein. Unterweisen Sie ihn in der Zubereitung.
Schlagen Sie den Ersatz lokal verfügbarer Nahrungsmittel durch Nahrungsmittel vor, an die der Klient gewöhnt ist.
Verweisen Sie den Klienten an Kochkurse und Kurse in Haushaltsführung an der Volkshochschule oder in der Erwachsenenbildung.
Unterstützen Sie den Klienten beim Erkennen und Nutzen zusätzlicher Fabrikläden und Nahrungsmittelquellen (Lebensmittelläden, Fleisch- und Obstmärkte).
Ermutigen Sie zu Treffen von Personen mit ähnlichem Hintergrund, um Lernen zu ermöglichen und den Ideenaustausch zu fördern.
Machen Sie den Klienten mit Läden für ausländische Nahrungsmittel verschiedener Kulturen vertraut, wenn vorhanden.

Körperbehinderungen

Fördern Sie alternative Methoden der Nahrungsbeschaffung und -zubereitung:

- Unterstützungssysteme von Personen, die bereit sind, für den Klienten einzukaufen, ihm Nahrung zuzubereiten oder ihn zu einem Laden zu bringen
- Supermärkte, die auch ausliefern
- «Essen auf Rädern» oder ein ähnlicher Dienst.
- Haushaltshilfen
- Wohnen in Gemeinschaft
- Fahrdienst von zu Hause bis zum Laden.

Lehren Sie den Klienten, sechs Mahlzeiten im Voraus zu kochen und einzufrieren, sich selbst komplette «Tiefkühlmahlzeiten» zuzubereiten.

Helfen Sie dem Klienten, tägliche Aktivitäten so zu planen, dass noch genügend Energie zum Einkaufen und Kochen bleibt:

- Ruhephasen vor und nach einer Aktivität
- Ruhephasen während einer Aktivität, bei Bedarf.

F: Körperlich oder geistig behinderte Menschen sollten bei der Auswahl von Nahrungsmitteln und bei der Selbstversorgung die nötige Unterstützung erhalten.

F: Die zur Nahrungsbeschaffung nötigen Aktivitäten hängen von den Fähigkeiten im Denken, dem Gleichgewichtssinn, der Beweglichkeit und manuellen Geschicklichkeit und von allen fünf Sinnen ab (Miller, 2004).

Lehren Sie Techniken der Planung und Zubereitung von Mahlzeiten für eine Person

Nahrungsmittel in kleinen Dosen kaufen. Dies mag kostspieliger scheinen, aber verdorbene Nahrung ist teuer.

Beim Einkauf von Obst drei Reifestadien wählen (reif, halb gereift, unreif).

Familienpackungen mit Fleisch und Gemüse können geöffnet und in kleineren Portionen eingefroren werden.

Beim Kauf einer größeren Menge mit dem Rest Suppen und Eintöpfe machen.

Milchpulver statt Frischmilch verwenden.

Frischmilch in Halbliter- oder Literpackungen kaufen.

Lagern von Schüttgütern (Reis, Weizen- und Maismehl, Milchpulver, Zerealien) in Glasgefäßen. Dicht verschlossene Gefäße über Nacht in die Tiefkühltruhe stellen, um Schädlinge und ihr Gelege abzutöten.

Experimentieren mit pfannengerührtem Gemüse (Chinakohl, Sellerie) in ein wenig Hühnersuppe.

Falls Raum in der Gefriertruhe vorhanden ist, sechs Mal so viel zubereiten und in einzelnen Portionen einfrieren. Packungen mit Datum versehen.

Ein halbes Brot eingepackt einfrieren, im Kühlschrank wird es altbacken.

Große Beutel Gefriergemüse kaufen, in kleinen Mengen verbrauchen und jeweils mit einem Gummiband verschließen.

Feinhacken und Einfrieren frischer Kräuter (Petersilie, Dill, Basilikum) in kleinen Gefrierbeuteln. Flach ausrollen, damit sich nach dem Gefrieren kleine Portionen abbrechen lassen.
Einkaufen großer Fleischmengen und Einfrieren in Alufolie (nicht Gefrierpapier).

F: Menschen mit Schwierigkeiten beim Zubereiten von Mahlzeiten können darin unterstützt werden, die tägliche Zubereitungszeit durch spezifisches Planen zu verkürzen (Mahan/Arlin, 1996).

Beginnen mit Gesundheitsedukation und Überweisen, soweit angezeigt

Verweisen Sie nach Bedarf an einen Sozialarbeiter oder an eine Hauspflegeperson.
Verweisen Sie an die örtliche Verbraucherberatung und auf einschlägige Literatur über Gemüseanbau, Schrebergärten und Techniken des Einweckens und Einfrierens.

F: Pflegende müssen mit den lokalen Ressourcen vertraut sein, um Überweisungen vornehmen zu können (Miller, 2004).

Beeinträchtigter Zahnstatus

Definition

Beeinträchtigter Zahnstatus: der Zustand, in dem eine Person eine Störung der Zahnentwicklung bzw. des Durchbruchs oder der strukturellen Integrität einzelner Zähne erfährt oder entsprechend gefährdet ist.
Beeinträchtigter Zahnstatus (engl. Impaired dentition): Unterbrechung der Zahnentwicklung/des Zahndurchbruchs oder Störung der intakten Struktur einzelner Zähne (NANDA-I, 2010).

Bestimmende Merkmale oder Kennzeichen

Hauptkennzeichen (obligat)

Exzessive Zahnbeläge
Mundgeruch
Zahnschmerzen
Exzessiver Zahnstein; übermässiger Zahnbelag
Malokklusion oder Fehlstellung der Zähne
Vorzeitiger Verlust von Milchzähnen
Ausgefallene oder vollständig fehlende Zähne
Asymmetrischer Gesichtsausdruck
Kronen- oder Wurzelkaries
Abradierte Zähne
Verfärbungen des Zahnschmelzes

Abgenutzte Zähne
Lockere Zähne
Für das Alter unvollständiger Durchbruch beim Milchgebiss oder bei den bleibenden Zähnen
Zahnfraktur(en)
Erosionen des Zahnschmelzes.

Einflussfaktoren

- Ernährungsgewohnheiten
- Ernährungsdefizite
- ausgewählte, verschreibungspflichtige Medikamente
- chronischer Tabakkonsum
- chronischer Kaffeekonsum
- chronischer Teekonsum
- chronischer Konsum von Rotwein
- unwirksame Mundhygiene
- Empfindlichkeit gegenüber Wärme
- Empfindlichkeit gegenüber Kälte
- chronisches Erbrechen
- fehlendes Wissen über Zahngesundheit
- übermäßige Zufuhr von Fluoriden
- übermäßiger Gebrauch von abrasiven Reinigungsmitteln
- Hindernisse bei der Selbstversorgung
- fehlender Zugang zu professioneller Versorgung
- wirtschaftliche Hindernisse beim Zugang zu professioneller Versorgung
- genetische Prädisposition
- Bruxismus (nächtliches Zähneknirschen)
- [Trauma/chirurgischer Eingriff].

Anmerkung der Autorin

Beeinträchtigter Zahnstatus beschreibt eine Vielzahl an Problemen mit den Zähnen. Es ist unklar, wie Pflegende oder irgendeine andere Gesundheitsfachperson diese Diagnose anwenden würden. Wenn der Klient Karies, Abszesse, Zahnfehlstellungen oder -fehlbildungen hätte, würde ihn die Pflegeperson zum Zahnarzt überweisen. Sollte sich das Zahnproblem auf das Wohlbehagen oder die Ernährung auswirken, dann wäre *beeinträchtigtes Wohlbefinden* oder *Mangelernährung* und nicht *beeinträchtigter Zahnstatus* die geeignete Diagnose.

Schluckstörung

Definition

Schluckstörung: der Zustand, in dem eine Person nur vermindert in der Lage ist, bewusst Flüssigkeit oder feste Nahrung vom Mund in den Magen zu befördern.

Schluckstörung (engl. Impaired swallowing): Abnormales Funktionieren des Schluckvorgangs verbunden mit strukturellen oder funktionellen Veränderungen der Mundhöhle, des Rachens oder der Speiseröhre (NANDA-I, 2010).

Bestimmende Merkmale oder Kennzeichen (Jeng et al., 2001)

Hauptkennzeichen (eines oder mehr obligat)

Beobachtete Belege für Schwierigkeiten beim Schlucken
und/oder
Stase von Nahrung in der Mundhöhle
Husten nach Nahrungs- oder Flüssigkeitsaufnahme
Würgen.

Nebenkennzeichen (fakultativ)

Beeinträchtigung der ösophagealen Phase

- Beschwerde [äußert], dass «etwas stecken geblieben ist»
- Odynophagie (Schmerzen beim Schlucken)
- Nahrungsverweigerung
- Mengeneinschränkung
- Sodbrennen
- epigastrischer Schmerz
- nächtliches Husten
- nächtliches Aufwachen.

Beeinträchtigung der oralen Phase

- schwaches Saugen, mit [der Folge von] unwirksamem Umschließen der Brustwarzen
- verlangsamte Bolusbildung
- mangelnde Zungenbewegung, um einen Bolus zu formen
- verfrühter Eintritt des Bolus
- unvollständiger Lippenschluss
- Nahrung wird aus dem Mund geschoben
- Nahrung fällt/läuft aus dem Mund
- mangelndes Kauvermögen
- Husten vor dem Schluckvorgang
- Verschlucken vor dem Schluckvorgang

- Würgen vor dem Schluckvorgang
- fragmentierter Schluckakt
- abnormale Funktion in der oralen Phase (durch Schlucktest nachgewiesen)
- Unfähigkeit, Mundhöhle zu leeren
- Sammeln der Nahrung in der [den] Wangentasche[n]
- nasaler Reflux
- Sialorrhö (Speichelfluss)
- unbeabsichtigter Speichelfluss aus dem Mund
- lange Essenszeit[en], wobei wenig verzehrt wird.

Beeinträchtigung der pharyngealen Phase

- Nahrungsverweigerung
- veränderte Kopfstellungen
- verzögerter Schluckvorgang
- mehrfache Schluckvorgänge
- unwirksames Anheben des Larynx
- abnormale Funktion in der pharyngealen Phase (durch Schlucktest nachgewiesen)
- Verschlucken

Einflussfaktoren

Pathophysiologische Faktoren

B/d einen reduzierten/fehlenden Würgereflex, Schwierigkeiten beim Kauen oder verringerte Sensibilität, s/b/d:

Zerebralparese
Muskeldystrophie
Poliomyelitis
Parkinson-Krankheit
Guillain-Barré-Syndrom
Myasthenia gravis
amyotrophe Lateralsklerose
Apoplex
Neoplasie des Gehirns
Schädigung der linken oder rechten Hirnhemisphäre
Schädigung der Hirnnerven V, VII, IX, X oder XI.

B/d neurologische Probleme

- Defekte im Nasen-Rachen-Raum
- Nasaldefekte
- Störungen im Mund-Rachen-Raum
- Kehlkopfabnormalitäten
- Anomalien der oberen Atemwege
- Trachealdefekte

- Kehlkopfdefekte
- Defekte der Speiseröhre
- gastroösophageale Refluxkrankheit
- Achalasie (Ösophagusobstruktion)
- Traumata
- erworbene anatomische Schädigungen
- Hirnnervenbeteiligung
- Schädel-Hirn-Trauma
- Entwicklungsverzögerung
- zerebrale Lähmung [Zerebralparese]
- Frühgeburt.

B/d tracheoösophagealeTumoren, Ödeme.
B/d Reizung des Mund- und Rachenraums.
B/d verminderte Speichelbildung
B/d angeborene Defizite

- Anomalien der oberen Atemwege
- mechanische Obstruktion (z. B. durch: Ödem, Tracheostoma, Tumor)
- Sondenernährung in der Vorgeschichte
- neuromuskuläre Störung (z. B. verringerter oder fehlender Würgereflex, verringerte Kraft oder Beweglichkeit der Kaumuskulatur, Sensibilitätsstörung in der Mundhöhle, Fazialisparese)
- Zustände, die mit einer starken Hypotonie einhergehen
- Atemstörungen
- angeborene Herzerkrankung
- verhaltensbedingte Ernährungsprobleme
- selbstverletzendes Verhalten
- Gedeihstörung
- Protein-Energie-Mangelernährung.

Behandlungsbedingte Faktoren

B/d operative Rekonstruktion des Mundes, Rachens, Kiefers oder der Nase.
B/d herabgesetztes Bewusstsein, s/b/d Anästhesie.
B/d mechanische Obstruktion, s/b/d einen Tracheostomietubus.
B/d Ösophagitis, s/b/d Strahlentherapie.

Situationsbedingte Faktoren (persönlich bedingt, umgebungsbedingt)

B/d Erschöpfung.
B/d eingeschränkte Wahrnehmung, Ablenkbarkeit.

Altersbedingte Faktoren

Säuglinge/Kinder

B/d verminderte Sensibilität oder Schwierigkeiten beim Kauen.

Ältere Menschen

B/d verminderte Speichelbildung, herabgesetztes Geschmacksempfinden.

Anmerkung der Autorin

Siehe *Mangelernährung*.

Irrtümer in diagnostischen Aussagen

Siehe *Mangelernährung*.

Zentrale Konzepte

Allgemeine Überlegungen

- Schlucken hat eine mentale und eine physische Komponente.
- Der Schluckvorgang verläuft in drei Stadien mit jeweils ausgewählter Nervenbeteiligung (Porth, 2006).
  - *Stadium 1* – oral: Nahrung wird in die Mundhöhle eingebracht, die Lippen schließen sich, und das Schlucken wird reflektorisch in Gang gesetzt. Die Zunge bewegt die Nahrung, und der weiche Gaumen und die Uvula verschließen den Nasopharynx.
  - *Stadium 2* – pharyngeal: Die Nahrung passiert den vorderen Gaumenbogen und löst den Schluckreflex aus. Die Zunge verhindert durch Anheben und Kontrahieren des weichen Gaumens, dass die Nahrung wieder in die Mundhöhle zurückgelangt. Die Pharynxperistaltik setzt ein und bewegt die Nahrung abwärts.
  - *Stadium 3* – ösophageal: Die Pharynxperistaltik bewegt die Nahrung abwärts. Der Larynx hebt sich und die Mm. cricopharyngei erschlaffen und lassen die Nahrung vom Pharynx in den Ösophagus gleiten. Die Larynxwelle schiebt die Nahrung den Ösophagus hinab in den Magen.
- Am Schluckakt sind die Hirnnerven V, VII, IX, X und XI beteiligt.
- Eine Störung der Hirnnervenfunktion kann zu folgenden Schluckstörungen führen:
  - N. trigeminus (V): Verlust der Sensibilität und der Fähigkeit, den Unterkiefer zu bewegen
  - N. facialis (VII): vermehrter Speichelfluss; Unfähigkeit, die Lippen zu spitzen; Ansammlung von Nahrung in der Mundhöhle
  - N. glossopharyngeus (IX): herabgesetzte Geschmacksempfindung, verminderter Speichelfluss und reduzierter Würgereflex
  - N. vagus (X): verminderte Peristaltik und reduzierter Würgereflex

  - N. hypoglossus (XI): schwache Kontrolle über die Zunge, schlechte Bewegung der Nahrung zum Rachen.
- Der Hustenreflex ist für die Rehabilitation entscheidend, der Würgereflex ist es nicht.
- Verwechseln Sie die Fähigkeit zu kauen nicht mit der Fähigkeit zu schlucken. Siehe *Mangelernährung*.

Einschätzungskriterien des Fokusassessments

Subjektive Daten

Einschätzen bestimmender Merkmale oder Kennzeichen

Anamnestisch bekannte Probleme beim Schlucken:

- Beginn
- anamnestisch bekannte nasale Regurgitation, Heiserkeit, Würgen oder Husten.

Problematische Nahrungsmittel oder Getränke.
Unproblematische Nahrungsmittel oder Getränke.

Einschätzen beeinflussender Faktoren

Apoplex
Hirnläsionen
Operation im Mundbereich
Parkinson-Krankheit
Kopfverletzung
Multiple Sklerose
Tracheoösophagealtumore.

Objektive Daten

Einschätzen bestimmender Merkmale oder Kennzeichen

Vermindertes oder fehlendes Schlucken, Husten oder reduzierter Würgereflex
Schlechte Koordination der Zunge
Beobachtetes Würgen oder Husten bei Nahrung oder Flüssigkeit.

Einschätzen beeinflussender Faktoren

Schwäche der Gesichtsmuskeln
Gestörter Gebrauch der Zunge
Schwierigkeiten beim Kauen
Verminderte Speichelproduktion
Zähes Sekret
Geistesstörungen.

Ziele

NOC

- Prävention von Aspiration
- Status des Schluckvorgangs

Die Person berichtet über eine verbesserte Schluckfähigkeit.

Indikatoren

Die Person und/oder ihre Familie …

- … beschreibt ursächliche Faktoren, falls bekannt.
- … beschreibt Begründung und Vorgehen bei Behandlungen.

Allgemeine Interventionen

NIC

- Aspirationsprophylaxe
- Schlucktraining
- Pflegeassessment
- Pflegeüberleitung
- Lagerung

Einschätzen ursächlicher oder beeinflussender Faktoren

Siehe Einflussfaktoren

F: Interventionen hängen jeweils von den ursächlichen oder beeinflussenden Faktoren ab.

Reduzieren oder Eliminieren ursächlicher bzw. beeinflussender Faktoren bei Personen mit folgenden Störungen:

Mechanische Beeinträchtigung des Mundes

Unterstützen Sie den Klienten beim Bewegen des Nahrungsbolus vom anterioren in den posterioren Teil des Mundes. Platzieren Sie Nahrung in den posterioren Teil des Mundes, wo das Schlucken sichergestellt werden kann, mittels …

- … einer Spritze mit einem kurzen Stück Schlauch
- … eines Glossektomielöffels
- … weicher, feuchter Nahrung von einer Konsistenz, dass sie sich mit der Zunge in Richtung Pharynx bewegen lässt, wie etwa Gelatine, Eiercreme oder Vanillepudding, Kartoffelbrei.

Verhindern bzw. verringern Sie zähes Sekret:

- künstlicher Speichel
- Papain-Tabletten, die man 10 Minuten vor der Mahlzeit im Mund zergehen lässt
- Fleischzartmacher aus Papaya-Enzym, die man 10 Minuten vor der Mahlzeit in den Mund nimmt
- häufige Mundpflege
- Erhöhen der Flüssigkeitszufuhr auf 8 Gläser Flüssigkeit (sofern nicht kontraindiziert)
- Überprüfen der Medikation auf potenzielle Nebenwirkungen von Mundtrockenheit bzw. verminderter Speichelbildung.

Muskellähmung oder Parese

Kommunizieren Sie dem Personal am Bett visuell, dass der Klient Schluckbeschwerden hat.

Planen Sie Mahlzeiten, wenn der Klient gut ausgeruht ist. Stellen Sie sicher, dass während der Mahlzeiten eine zuverlässige Absaugvorrichtung zur Hand ist. Stellen Sie das Verabreichen von Nahrung ein, wenn der Klient müde ist.

Verwenden Sie eine modifizierte supraglottische Schlucktechnik, falls indiziert (Emick-Herring/Wood, 1990):

1. Stellen Sie den Kopfteil des Bettes auf eine (halbhohe) Oberkörperhochlagerung ein, wobei der Hals des Klienten leicht nach vorn geneigt und das Kinn abwärts gerichtet ist.
2. Verwenden Sie eine zurechtgeschnittene Tasse. Schneiden Sie dazu aus einer Plastiktasse oder einem Styroporbecher ein Drittel der Wand heraus und runden bzw. glätten Sie die Schnittkante.
3. Nehmen Sie einen Nahrungsbolus und halten ihn 1–2 Sekunden lang auf der stärkeren Seite des Mundes. Beugen Sie dann sofort den Hals und drücken das Kinn gegen die Brust.
4. Schlucken Sie, ohne zu atmen, so oft wie nötig.
5. Sobald der Mund gelehrt ist, heben Sie das Kinn und räuspern sich.

Bieten Sie hochvisköse Nahrung (z. B. zerdrückte Bananen, Kartoffelbrei, Gelatine, Bratensaft) zuerst an.

Bieten Sie dickflüssige Flüssigkeiten (z. B. Milch-Shakes, sämige Flüssigkeiten, Nektare, Cremesuppen) an.

Setzen Sie ein Ziel für die Flüssigkeitszufuhr fest.

Führen Sie bei vermehrtem Speichelfluss kurz vor und gegen Ende jeder Mahlzeit eine kurze Dehnungsstimulation durch (Emick-Herring/Wood, 1990):

- Streichen Sie mit dem Finger hauptsächlich auf der betroffenen Seite mehrfach rasch abwärts zum Rand der Unterlippe hin.
- Bedecken Sie zur besseren Stimulation den Finger mit einem kalten Waschlappen.

Lehren Sie den Klienten, wie er Nahrung mit der Zunge verschiebt oder mit dem Finger von außen auf die Wange drückt, um beim Entfernen des Bolus zu helfen, wenn sich ein Bolus auf der betroffenen Seite verfangen hat (Emick-Herring/Wood, 1990).

F: Ein Sprachtherapeut verfügt über die Erfahrung, um die Dysphagie zu evaluieren.

F: Das gesamte Personal aufmerksam zu machen, kann die Aspirationsgefahr senken.

F: Eine schwache Beherrschung der Zunge bei gestörter oraler Sensibilität ermöglicht, dass Nahrung auf die betroffene Seite gerät.

Geistes- oder Bewusstseinsstörung

Allgemein

Entfernen Sie beim Training die Magensonde, wenn der Würgereflex verstärkt ist.

Konzentrieren Sie sich eher auf feste als auf flüssige Nahrung, weil Flüssigkeiten gewöhnlich schlechter vertragen werden.

Reduzieren Sie Außenreize beim Essen auf ein Minimum (z. B. weder Fernsehen noch Radio, keine verbalen Stimuli, sofern nicht aufgabenbezogen).

Bringen Sie die Person dazu, sich auf die Aufgabe des Schluckens zu konzentrieren.

Bitten Sie die Person, sich mit leicht gebeugtem Nacken aufrecht auf einen Stuhl zu setzen.

Beobachten Sie, ob die Person schluckt, und prüfen Sie, ob der Mund geleert ist.

Vermeiden Sie, dass die Person zu viel in den Mund nimmt, weil dann die Effektivität des Schluckens abnimmt.

Verabreichen Sie feste und flüssige Nahrung getrennt.

Gehen Sie langsam vor. Schränken Sie die Unterhaltung ein.

Sorgen Sie zur Anpassung an eine verkürzte Aufmerksamkeitsspanne für mehrere kleine Mahlzeiten.

Person mit Aphasie oder einer Schädigung der linken Hemisphäre

Demonstrieren Sie das erwartete Verhalten.

Bestärken Sie das Verhalten mit einfachen Ein-Wort-Anweisungen.

Person mit Apraxie oder einer Schädigung der rechten Hemisphäre

Gliedern Sie die Aufgabe in möglichst kleine Untereinheiten.

Führen Sie mit verbalen Anweisungen durch jede Aufgabe unterstützend hindurch.

Lassen Sie eine Untereinheit erst vollständig ausführen, bevor Sie die nächste Anweisung geben.

Setzen Sie die verbale Unterstützung bei jedem Essen fort, bis sie nicht länger benötigt wird.

Integrieren Sie eine schriftliche Check-Liste als Gedächtnisstütze für die Person.

Anmerkung: Bei der Person kann sowohl die rechte als auch die linke Hemisphäre geschädigt sein und eine Kombination der oben beschriebenen Techniken erfordern.

F: Ein verwirrter Klient braucht wiederholte, einfache Anweisungen.

Verringern der Möglichkeit des Aspirierens

Schätzen Sie ein, ob der Klient angemessen wach und reaktiv ist, den Mund beherrscht, einen Huste- bzw. Würgereflex hat und den eigenen Speichel schlucken kann, bevor Sie mit dem Eingeben von Nahrung beginnen.

Halten Sie ein funktionsbereites Absauggerät bereit.

Lagern Sie den Klienten korrekt:

- Setzen Sie den Klienten aufrecht (60–90 Grad) auf einen Stuhl oder mit herabhängenden Beinen auf die Bettkante, wenn möglich (ggf. durch Kissen abstützen).

- Der Klient sollte diese Position 10–15 Minuten vor dem Essen einnehmen und anschließend noch 10–15 Minuten beibehalten.
- Beugen Sie den Kopf des Klienten um 45 Grad über die Mittellinie hinaus nach vorn, um den Ösophagus offen zu halten.

Sorgen Sie dafür, dass der Klient auf die Aufgabe konzentriert bleibt, indem Sie ihm Anweisungen geben, bis er jeden Mund voll hinuntergeschluckt hat:

- «Atmen Sie ein.»
- «Befördern Sie die Nahrung in die Mitte der Zunge.»
- «Heben Sie die Zunge ans Gaumendach.»
- «Denken Sie ans Schlucken.»
- «Schlucken Sie.»
- «Husten Sie, um die Atemwege frei zu machen.»
- Bestärken Sie bewusstes Handeln.

Halten Sie die Mundhöhle des Klienten frisch und sauber. Mischen Sie 1 Tl. Backnatron in 1 l Wasser. Der Klient sollte damit alle 2 Stunden den Mund ausspülen und gurgeln.
Vermeiden Sie sehr heiße Flüssigkeiten.
Beginnen Sie mit kleinen Mengen und steigern Sie sie allmählich, bis der Klient lernt, jeden Schritt selbst zu tun:

- Bröckchen von zerstoßenem Eis
- eine teilweise mit Wasser gefüllte Pipette
- eine ganz mit Wasser gefüllte Pipette
- Saft anstelle von Wasser
- 1/4 Tl. halbfeste Nahrung
- 1/2 Tl. halbfeste Nahrung
- 1 Tl. halbfeste Nahrung
- pürierte oder kommerzielle Baby-Nahrung
- ein halber Cracker
- weiche Nahrung
- normale Nahrung; gut kauen.

Platzieren Sie die Nahrung bei einem Klienten mit Apoplex auf dem Zungenrücken und auf die Seite, die der Klient beherrschen kann:

- Geben Sie die Nahrung langsam ein. Stellen Sie sicher, dass der Klient den vorigen Bissen geschluckt hat.
- Manche Klienten tun sich leichter mit Speisen, die in sich haften (z. B. weich gekochte Eier, Hackfleisch und Bratensoßen).

Sollten die oben beschriebenen Vorgehensweisen erfolglos sein, muss u. U. der Arzt konsultiert werden, um alternative Ernährungstechniken, wie etwa Sondenernährung oder parenterale Ernährung, zu erwägen.

F: Gestörte Reflexe und Erschöpfung können die Aspirationsgefahr erhöhen.

F: In aufrechter Position hilft die Schwerkraft beim Abwärtsbewegen der Nahrung und verringert die Aspirationsgefahr.

F: Strohhalme und dünnflüssige Flüssigkeiten verkürzen die Transitzeit und erhöhen damit die Aspirationsgefahr.

F: Dickere Flüssigkeiten haben eine längere Passagezeit und lassen mehr Zeit, um den Schluckreflex auszulösen.

F: Meiden Sie Nahrungsmittel, die weder einen Bolus bilden (z. B. klebrige Nahrungsmittel, pürierte Nahrung, Apfelmus, trockene Nahrung) noch den Schluckreflex auslösen (z. B. dünnflüssige Flüssigkeiten).

Beginnen mit Gesundheitsedukation und Überweisen, soweit angezeigt

Lehren Sie Übungen zur Kräftigung (Grober, 1984)

Lippen und Gesichtsmuskeln

Bei geschlossenen Lippen abwechselnd kräftig die Stirn runzeln und breit lächeln.

Die Wangen aufblasen und die Luft halten.

Mit gespitzten Lippen blasen.

Das Aussprechen der Laute *u*, *m*, *b*, *p* und *w* üben.

Kräftig an einem Eis am Stiel lutschen.

Zunge

An einem Eis am Stiel oder einem Lutscher lutschen.

Mit der Zungenspitze gegen den Mundboden oder das Gaumendach drücken.

Zähne zählen mit der Zunge.

Folgende Silben bzw. Laute bilden: *la*, *la*, *la*; *ta*, *ta*; *n*; *z* und *s*.

Konsultieren Sie einen Sprach- und Sprechtherapeuten.

Konsultieren Sie einen Ernährungsberater zur Planung der Mahlzeiten.

Erklären Sie dem Klienten und seinen Bezugspersonen die Begründung für die Behandlung und deren Durchführung.

F: Üben kann die Muskeln kräftigen, um das Kauen und den Transport des Bolus in den posterioren Bereich der Mundhöhle zu verbessern und um den Schluckreflex auszulösen (Porth, 2006).

Siehe *beeinträchtigte Mundschleimhaut*.
Siehe *Mangelernährung*.

Saug-/Schluckstörung des Säuglings

Definition

Saug-/Schluckstörung des Säuglings: der Zustand, in dem ein Säugling (Geburt bis 9 Monate) eine gestörte Fähigkeit zeigt, zu saugen oder die Saug-Schluck-Reaktion zu koordinieren, was zu einer für den Stoffwechselbedarf unzureichenden oralen Ernährung führt.

Saug-/Schluckstörung des Säuglings (engl. Ineffective infant feeding pattern): Beeinträchtigte Fähigkeit eines Säuglings, zu saugen oder den Saug-/Schluckvorgang zu koordinieren, die zu einer unzureichenden oralen Ernährung zur Deckung des Stoffwechselbedarfs führt (NANDA-I, 2010).

Bestimmende Merkmale oder Kennzeichen

Hauptkennzeichen (eines oder mehrere obligat)

Unfähigkeit, mit effektivem Saugen zu beginnen oder es aufrechtzuerhalten; die Unfähigkeit, Saugen, Schlucken und Atmen zu koordinieren.

Der aktuelle Stoffwechselbedarf übersteigt die orale Zufuhr, mit Gewichtsabnahme oder der Notwendigkeit parenteraler Zusatzernährung.

[Die Betreuungsperson gibt an, dass der Säugling weder fähig ist, mit dem Saugen einzusetzen noch wirksam zu saugen.]

Nebenkennzeichen (fakultativ)

In Bezug auf Menge, Intervall und Dauer unregelmäßige Nahrungsaufnahme.
Verzögerung der oralmotorischen Entwicklung.
Tachypnö bei erhöhter Atemarbeit.
Regurgitation oder Erbrechen nach dem Eingeben von Nahrung.

Einflussfaktoren

Pathophysiologische Faktoren

B/d einen erhöhten Kalorienbedarf, s/b/d:

instabile Körpertemperatur
Tachypnö bei erhöhter Atemarbeit
eine Infektion
wachstumsbedingten Bedarf
Erkrankung oder Insuffizienz eines großen Organsystems.

B/d Muskelschwäche bzw. Hypotonie, s/b/d:

Mangelernährung
Frühgeburtlichkeit

eine akute/chronische Krankheit
Lethargie
angeborene Fehlbildungen, anatomische Auffälligkeiten
Erkrankung oder Insuffizienz eines großen Organsystems
neurologische Störung, Beeinträchtigung bzw. Entwicklungsverzögerung.

Behandlungsbedingte Faktoren

B/d Hypermetabolismus und erhöhten Kalorienbedarf, s/b/d:

eine Operation
schmerzhafte Prozeduren.

B/d Muskelschwäche und Lethargie, s/b/d:

Medikamente
Muskelrelaxierende Substanzen (Antikonvulsiva, lähmende Substanzen in der Vergangenheit, Sedativa, Narkotika).
Schlafentzug

B/d Überempfindlichkeit im Mundbereich.
B/d anhaltende Nahrungskarenz (Nüchternzustand).

Situationsbedingte Faktoren (persönlich bedingt, umgebungsbedingt)

B/d ständig wechselnde Betreuungspersonen (Nahrung verabreichende Personen).
B/d ein Wissensdefizit oder mangelnde/fehlende Einsatzbereitschaft der Betreuungsperson bzw. Nahrung verabreichenden Person in Bezug auf einen speziellen Ernährungsbedarf oder -plan.
B/d Schadreize im Gesicht oder das Fehlen oraler Stimuli.

Anmerkung der Autorin

Saug-/Schluckstörung des Säuglings beschreibt einen Säugling mit Schwierigkeiten beim Saugen oder Schlucken. Dieser Säugling erhält eine gemessen am Wachstum und an der Entwicklung inadäquate orale Ernährung, und dies umso mehr, als bei einer Infektion, einer Krankheit oder Stress der Kalorienbedarf steigt. Pflegeinterventionen unterstützen Säuglinge und deren Betreuungspersonen durch Techniken, um die für die Gewichtszunahme erforderliche Nahrungsaufnahme zu erreichen. Außerdem besteht das Ziel in einer letztlich allein oralen Nahrungsaufnahme.

Säuglinge mit Saug- oder Schluckstörungen, die kein Gewicht verloren haben, brauchen Pflegeinterventionen, um eine Gewichtsabnahme zu verhindern. Für diese Situation ist *Saug-/Schluckstörung des Säuglings* von Nutzen.

Irrtümer in diagnostischen Aussagen

1. *Gefahr einer Saug-/Schluckstörung des Säuglings,* **b/d** *unregelmäßige orale Nahrungsaufnahme, mit oder ohne Gewichtsabnahme.*
   Unregelmäßige Nahrungsaufnahme ist ein bestimmendes Merkmal der *Saug-/Schluckstörung des Säuglings*, nicht der *Gefahr einer Saug-/Schluckstörung des Säuglings.* Die *Saug-/Schluckstörung des Säuglings* ist als Risikopflegediagnose u. U. nutzlos, weil diese aktuelle Diagnose immer dann vorliegt, wenn ein Säugling – leichte oder starke – Schwierigkeiten beim Saugen oder mit der Saug-Schluck-Reaktion hat. Richtig würde die Diagnose lauten: *Saug-/Schluckstörung des Säuglings,* **b/d** *(spezifiziere beeinflussende Faktoren), angezeigt durch unregelmäßige orale Nahrungsaufnahme.*

Zentrale Konzepte

Allgemeine Überlegungen

- Für einen Säugling mit Saug-/Schluckstörung gibt es zwei Ziele:
  - Der Säugling erhält altersadäquate und -angemessene Kalorien (Kohlenhydrate, Eiweiß, Fett) und nimmt in einer Geschwindigkeit zu, die einem auf dem Alter und dem Bedarf beruhenden, individuell gestalteten Plan entspricht.
  - Der Säugling nimmt alle Nahrung oral auf.
- Bei einem Säugling mit Saug-/Schluckstörung (mit oder ohne nachweisbarer oralmotorischer Beeinträchtigung) ist die Umstellung von einem katabolen zu einem anabolen Zustand mit stetiger Gewichtszunahme durch angemessene Kalorienzufuhr eine Grundvoraussetzung, um das Ziel zu erreichen.
- Beeinflussende physiologische Faktoren zu identifizieren hilft beim Evaluieren und Adaptieren des Ernährungsplans. So erhöht beispielsweise Fieber den Kalorienbedarf; eine künstliche Beatmung kann ihn senken. Säuglinge mit gestörter Nierenfunktion oder Flüssigkeitsretention können zunehmen, ohne dass ihr stoffwechselbedingter Ernährungsbedarf gedeckt wird. Funktionsstörungen in großen Organsystemen oder eine Infektion wirken sich negativ auf das Ernährungsverhalten aus und erhöhen den Kalorienbedarf.
- Manche Säuglinge mit oralmotorischer Störung oder Schwäche nehmen oral ausreichend Nahrung zu sich, sofern ihr Kalorienbedarf normal ist. In Fällen eines erhöhten Kalorienbedarfs (z. B. bei dekompensierter Herzinsuffizienz, Infektion, Funktionsstörung eines großen Organsystems, Wundheilung, Mangelernährung) können sie jedoch aufgrund ihrer unwirksamen Ernährungsfertigkeiten nicht ausreichend Kalorien aufnehmen, indem sie die Nahrungszufuhr erhöhen. Die Intervention bei diesen Säuglingen beruht darauf, ausreichend Kalorien zur Verfügung zu stellen, Fertigkeiten der oralen Nahrungsaufnahme zu fördern und den Kalorienbedarf zu senken, wenn möglich.
- Um bei einem Säugling ein effektives Ernährungsverhalten fördern zu können, muss man sein normales Ernährungsverhalten kennen. So eignet sich beispielsweise ein ruhiger Wachzustand ideal dazu, Nahrung zu verabreichen. Nicht ernährungsbezogenes Saugen vor dem nahrungsbezogenen Saugen kann das Nahrungsaufnahmeverhalten verbessern. Ferner besteht eine Beziehung zwischen Saugen, Schlucken, Entleeren des Magens und Entleerung des Darms während der Nahrungsaufnahme. Im Laufe der Zeit entwickelt jeder Säugling ein effektives und nur ihm eigenes Nahrungsaufnahmeverhalten.

- Bei einem Neugeborenen sollte eine Laktationsspezialistin mit der Mutter Optionen zur Förderung des Stillens – durch Verabreichen von zuvor abgepumpter Milch oder durch direktes Stillen – erkunden. Viele Säuglinge mit anfänglichen motorischen Verzögerungen oder fehlender Koordination zwischen Saugen und Schlucken können bei geeigneter Frühintervention erfolgreich gestillt werden.
- Hochkalorische Fertignahrung (bis zu 106 cal/100 ml) oder kalorienangereicherte Muttermilch kann den meisten Säuglingen auf sichere Weise verabreicht werden, vorausgesetzt, die Zubereitung entspricht dem Alter und Bedarf des Kindes. So kann z. B. durch Konzentrieren der Fertignahrung, um die Kalorien zu erhöhen, auch die Eiweißlast unproportional steigen. Daher werden oft Zusätze (Kohlenhydrate oder Fett) verwendet, um die Kalorien auf sichere Weise zu erhöhen. Der angemessene Gebrauch hochkalorischer Fertignahrung kann das Zielvolumen pro Tag für einen Säugling senken und das Ziel einer ausschließlich oralen Nahrungsaufnahme leichter erreichbar machen. Bei Verwenden hochkalorischer Fertignahrung müssen regelmäßig Serumeiweiß, Albumin und Nierenfunktion überprüft werden.
- Um eine ausreichende Kalorienzufuhr, Gewichtszunahme und einen anabolen Zustand sicherzustellen, muss anfangs oft parenteral ernährt werden. Es hilft, eine vollständig orale Ernährung zu erreichen, wenn von Anfang an ein Ernährungsgesamtplan erstellt wird, bei dem sowohl die parenterale als auch die orale Nahrungszufuhr (oder die orale Stimulation, wenn Nahrungszufuhr nicht möglich ist) berücksichtigt werden. Säuglinge, die in den ersten Lebensmonaten ausschließlich parenteral ernährt wurden und keine Anstrengung unternehmen mussten, um Fertigkeiten der Nahrungsaufnahme zu entwickeln, können in ihrem Verhalten das Interesse an oraler Nahrungsaufnahme verlieren und müssen u. U. auf unbestimmte Zeit weiter parenteral ernährt werden.

Einschätzungskriterien des Fokusassessments

Subjektive und objektive Daten

Einschätzen bestimmender Merkmale oder Kennzeichen

Allgemein

Aktuelles Gewicht und gegenwärtige Körpergröße
Ziel der täglichen/wöchentlichen Gewichtszunahme
Tägliches Ziel an Kalorien/kg KG.

Ernährungsanamnese

Früheres orales Ernährungsverhalten (Menge, Zeitintervall, Dauer)
Früherer parenteraler Ernährungsrhythmus (kontinuierlich oder als Bolus, Menge, Zeitintervall, Dauer)
Gastrointestinale Verträglichkeit der Fütterungen (oral, parenteral, Erbrechen, Stuhlgänge).

Einschätzen beeinflussender Faktoren

Vorhandensein/Fehlen von Schadreizen im Gesicht oder am/im Mund (u. a. Eingeben von Nahrung über eine Magen- bzw. Dünndarmsonde, Endotrachealtubus, Absaugen von Mund oder Nase und Rachen, Sauerstoffgabe über eine Nasensonde)

Physiologische Faktoren
Hyper- oder Hypothermie
Verzögerte oralmotorische Entwicklung
Infektion
Gastroösophagealer Reflux
Dekompensierte Herzinsuffizienz
Kolik
Frühgeburtlichkeit
Längere Zeit anhaltender Nüchternstatus mit oder ohne parenterale Ernährung
Neurologische Funktionsstörung
Erhöhte Körpertemperatur
Erhöhte Atemfrequenz und -arbeit
Stärke und Koordination nicht nahrungsbezogenen Saugens
Schlafstörungen
Reizbarkeit
Lethargie.

Ziele

NOC

- Ernährungsstatuts
- Status des Schluckvorgangs

Der Säugling erhält alters- und bedarfsentsprechend eine für das Wachstum adäquate Ernährung.

Indikatoren

- Die Eltern zeigen zunehmende Fertigkeiten.
- Die Eltern erarbeiten sich Techniken, mit denen sich effektiver Nahrung verabreichen lässt.

Allgemeine Interventionen

NIC

- Schlucktraining
- Aspirationsprophylaxe
- Flaschenernährung
- Elternberatung: Säugling

Einschätzen des Ernährungsverhaltens und -bedarfs des Säuglings

Schätzen Sie Menge, Dauer und Belastung durch die Nahrungsaufnahme ein. Schätzen Sie Atemfrequenz und -arbeit ein. Beurteilen Sie Zeichen von Erschöpfung.

Schätzen Sie ein, wie viele Kalorien früher aufgenommen wurden, ferner die Gewichtszunahme, Trends in der Ein- und Ausfuhr, Nierenfunktion, Flüssigkeitsretention.
Arbeiten Sie physiologische Risikofaktoren heraus.
Stellen Sie die physiologische Fähigkeit zur Nahrungsaufnahme fest:

- Kann der Säugling beim Saugen und Schlucken den Atem anhalten?
- Was geschieht beim Saugen und Schlucken mit der Sauerstoffsättigung sowie mit der Herz- und Atemfrequenz?
- Braucht der Säugling Ruhephasen? Wie lange? Gibt es Probleme beim erneuten Initiieren des Saugens und Schluckens?

Schätzen Sie ein, wie weit das Kind an einem Fläschchen saugen kann:

- Saugt der Säugling aktiv an einem Fläschchen?
- Schluckt das Kind koordiniert mit einem Saugvorgang?
- Koordiniert der Säugling Saugen, Schlucken und Atmen?
- Ist die Nahrungsaufnahme innerhalb vernünftiger Zeit abgeschlossen?

Arbeiten Sie mit der klinischen Ernährungsberaterin zusammen, um Ziele für die Kalorienzahl, die Nahrungsmenge und die Gewichtszunahme festzusetzen.
Arbeiten Sie mit dem Beschäftigungstherapeuten zusammen, um bei Bedarf oralmotorische Fertigkeiten und geplante Interventionen herauszuarbeiten.
Arbeiten Sie mit den Eltern gemeinsam an effektiven Techniken, die bei diesem oder anderen Kindern angewandt werden, und sich am Temperament des Kindes und an Reaktionen auf Umgebungsreize orientieren.

F: Eine unwirksame Nahrungsaufnahme sollte – in Verbindung mit anderen Fachpersonen – anhand eines systematischen Assessments des Säuglings erkannt werden. Zu den Verhaltensweisen, die auf eine Ernährungsstörung hindeuten, gehören eine unwirksame Koordination des Saugens, Schluckens und Atmens, geringe Energie oder Ausdauer, eine geringe Fähigkeit oder das Unvermögen, mit dem Saugen zu beginnen, Unregelmäßigkeiten im Saug-Schluck-Rhythmus, inadäquate neurobehaviorale Kontrolle sowie Schwierigkeiten beim Wechsel zwischen nicht nahrungsbezogenem und ernährungsbezogenem Saugen.
F: Bei gefährdeten Säuglingen ist eine enge Zusammenarbeit zwischen klinischer Ernährungsberatung nötig, um Kalorienziele, Ziele einer Gewichtszunahme sowie die Kalorienverteilung und die Zubereitung der Fertignahrung einzuschätzen, zu planen und festzulegen.
F: Es bedarf der engen Zusammenarbeit mit einer im Assessment oralmotorischer Fertigkeiten von Säuglingen erfahrenen Fachperson (z. B. Beschäftigungstherapeut, Sprachtherapeut), um den Fortschritt in Richtung angemessener motorischer Fertigkeiten bei Säuglingen mit einer Störung der Mundmotorik einzuschätzen, zu planen, zu evaluieren und in ihn zu intervenieren.
F: Von Anfang an bedarf es hinsichtlich erkannter Bedürfnisse, des Aushandelns von Prioritäten und der Entwicklung von Interventionen einer engen Zusammenarbeit mit den Eltern. Dies ist entscheidend, um beim Säugling ein effektives Ernährungsverhalten zu etablieren und die Eltern-Kind-Beziehung zu stärken.

Sorgen für spezifische Interventionen zur Förderung einer effektiven oralen Ernährung (Wong, 2003)

Ermutigen Sie zu nicht ernährungsbezogenem Saugen über die Reaktion auf Schadreize hinaus.

Stellen Sie nahrungsbezogenes Saugen für einen festgelegten Zeitraum sicher, um Übermüdung und unnötigen Energieverbrauch zu verhindern.

Wählen Sie den Sauger nach individuellen Bedürfnissen und Erfolg. Schätzen Sie den Erfolg ein, den Veränderungen in Temperatur und Sämigkeit von Fertignahrung bzw. Muttermilch bringen.

Achten Sie darauf, ob die Fütterungszeiten mit Abläufen im Umfeld konkurrieren.

Folgende spezifische Interventionen fördern das Eingeben von Nahrung:

- Lagern Sie das Kind mit erhöhtem Oberkörper und mit um 45–60 Grad angehobenem Rumpf. Lassen Sie den Kopf des Kindes nicht zurücksinken, weil dies die Koordination des Schluckens und Saugens erschwert.
- Streichen Sie vor dem Eingeben von Nahrung über Lippen, Wangen und Zunge des Säuglings.
- Setzen Sie nicht nahrungsbezogenes Saugen ein, um einen wachen und aufmerksamen Zustand hervorzurufen.
- Nutzen Sie Ihre Finger, um die Wangen des Säuglings beim Eingeben von Nahrung innen und außen zu stützen.
- Sorgen Sie für Unterstützung des Zungengrundes. Indem sie die Finger auf halber Strecke zwischen Kinn und Kehle platziert, kann die Pflegeperson den Zungengrund leicht anheben. Drücken Sie nicht kräftig nach oben, stetes Abstützen ist am hilfreichsten. Bewegen Sie die Finger nicht, weil dies die Zungenbewegungen des Säuglings stören kann.

Implementieren Sie spezifische Interventionen bei Entwicklungsverzögerungen der Mundmotorik (Lagerung, Geräte, Manipulationen am Kiefer/Mund).

Bringen Sie negative und schädigende Stimuli an Gesicht und Mund aus der Umgebung unter Kontrolle.

Folgende Handlungen behindern das Eingeben von Nahrung, statt zu helfen:

- Verdrehen und Drehen des Saugers
- den Sauger auf und ab, um den Mund herum bewegen
- den Sauger aus dem Mund ziehen und wieder hineinstecken
- auf den Kiefer des Säuglings drücken oder dessen Kiefer auf und ab bewegen
- den Säugling mit zurückgeneigtem Kopf lagern.

Fördern Sie den Schlaf und senken Sie unnötigen Energieverbrauch.

Bei Bedarf sollte der Plan zur parenteralen Ernährung Leitlinien enthalten, um das orale Eingeben von Nahrung zu erhöhen und die parenterale Ernährung zurückzufahren, sobald die orale Nahrungsaufnahme des Säuglings effektiver wird.

Fördern Sie ein stetiges und stets gleiches Vorgehen beim Eingeben von Nahrung.

Revidieren und ändern Sie den Ernährungsplan mit zunehmendem Alter des Säuglings (incl. Kalorien- und Gewichtsziele), um ein altersgerechtes Nahrungsaufnahmeverhalten zu fördern, wenn möglich. Stellen Sie beispielsweise auf einen anderen Typ Fertignahrung um, geben Sie feste Nahrung zu usw., wenn angemessen.

Siehe *Aspirationsgefahr* für Interventionen für das Eingeben von Nahrung bei einem Säugling mit Lippen- und/oder Gaumenspalte.

F: Eine ruhige, entspannte Umgebung mit gedämpftem Licht bietet weniger Ablenkung. Versuchen Sie, die negativen Auswirkungen schmerzhafter oder sehr stimulierender Erfahrungen kurz vor oder nach dem Eingeben von Nahrung zu vermindern, indem Sie sie zeitlich entsprechend abstimmen.

F: Bei Säuglingen mit nachweisbarer oralmotorischer Störung ist frühzeitiges Intervenieren mit einem einheitlichen und beständigen Ansatz zur Förderung oraler Nahrungsaufnahme (Instrumentarium, Lagerung, Manipulation von Kiefer und Mund, Menge, Zeitintervall, Dauer) entscheidend, um das Ziel zu erreichen.

F: Umgebungsfaktoren, wie Licht, Lärm, wechselnde Betreuungspersonen (Nahrung Verabreichende) und Schadreize tragen signifikant zu einem unwirksamen Verhalten bei der Nahrungsaufnahme bei.

F: Den Schlaf zu fördern und den Energieverbrauch zu verringern (primär durch Kontrolle von Umgebungsreizen) verbessern Kraft und Ausdauer des Säuglings bei der Nahrungsaufnahme.

F: Nicht nahrungsbezogenes Saugen (Schnuller) sollte nicht allein zum Trost des Säuglings während oder nach schmerzhaften Prozeduren oder dem Einwirken von Schadreizen eingesetzt werden. Außerdem sollten Pflege und Aufmerksamkeit zur Verringerung von Schadreizen im Gesicht und am Mund (Art, Häufigkeit, Intensität) schon lange vor dem Beginn eines Versuchs oraler Nahrungseingabe einsetzen (Wong, 2003).

Bilden einer Partnerschaft mit den Eltern in allen Stadien des Plans

Arbeiten Sie gemeinsame Interventionsziele heraus und verhandeln Sie darüber.

Schaffen Sie ein stützendes Umfeld, damit die Eltern die primäre Rolle bei Interventionen in Verbindung mit dem Eingeben von Nahrung spielen, sofern sie anwesend sind. Wann immer möglich, folgen Pflegepersonen dem Vorgehen der Eltern in deren Abwesenheit. Außerdem können Pflegende in Abwesenheit der Eltern deren Rolle unterstützen, indem sie das Vorgehen der Eltern beim Kind imitieren und ihnen später über dessen Reaktionen berichten.

F: Eltern als essenziell am Ernährungsplan Beteiligte zu etablieren vermittelt ihnen eine Rolle, einen Platz und einen Grund, anwesend zu sein, sodass sie eine engere Beziehung zum Kind entwickeln können.

F: Ein Säugling, der ausreichend Kalorien erhält, ist auch körperlich stärker in der Lage, oral Nahrung aufzunehmen. Wenn Eltern die Art der Kalorienzufuhr unterstützen und schätzen und Meilensteine auf dem Weg zum Ziel würdigen, erhält das Kind wahrscheinlich auch nach der Entlassung ausreichend Kalorien. Außerdem sind die Interaktionen während der Interventionsphase für das Kind wie für die Eltern befriedigender.

Pläne zur Entlassung mit den Eltern ausarbeiten und aushandeln und in den Gesamternährungsplan integrieren

Sorgen für fortlaufende Informationen über spezielle Bedürfnisse und ggf. Unterstützen der Eltern beim Herausfinden und Beschaffen erforderlicher Ressourcen (Ausrüstung, Pflege, andere Betreuungspersonen)

Überernährung

Definition

Überernährung: der Zustand, in dem eine Person aufgrund einer den Stoffwechselbedarf überschreitenden Nahrungsaufnahme an Gewicht zunimmt oder entsprechend gefährdet ist.

Überernährung (engl. Imbalanced nutrition: More than body requirements): Nährstoffzufuhr, die den Stoffwechselbedarf übersteigt (NANDA-I, 2010).

Bestimmende Merkmale oder Kennzeichen

Hauptkennzeichen (eines oder mehr obligat)

- Körpergewicht liegt 20 % über dem Idealgewicht in Bezug auf Körpergröße und Körperbau [adipös].
- Trizepshautfalte > 25 mm bei Frauen, > 15 mm bei Männern.
- [prozentualer Körperfettanteil > 22 % bei feingliedrigen Frauen/> 15 % bei feingliedrigen Männern].

Nebenkennzeichen (fakultativ)

beeinträchtigtes Essverhalten (z. B. Essen während der Ausübung anderer Aktivitäten)
Essen als Reaktion auf äußere Reize (z. B. Tageszeit, soziale Situation)
Nahrungszufuhr überwiegend gegen Tagesende
Essen als Reaktion auf innere Reize außer Hunger (z. B. Angst)
Erwiesenermaßen unerwünschtes Essverhalten
Zufuhr über dem Stoffwechselbedarf
Bewegungsarme Lebensweise.

Einflussfaktoren

Pathophysiologische Faktoren

B/d gestörtes Sättigungsmuster, s/b/d (zu spezifizieren).

B/d einen verminderten Geschmacks- und Geruchssinn.

Behandlungsbedingte Faktoren

B/d eine gestörte Sättigung, s/b/d:

Medikamente (Kortikosteroide, Antihistaminika, Östrogene)
Bestrahlung (verminderter Geschmacks- und Geruchssinn).

Situationsbedingte Faktoren (persönlich bedingt, umgebungsbedingt)

B/d das Risiko, während der Schwangerschaft um 11–13,5 kg zuzunehmen.
B/d mangelndes/fehlendes Grundwissen über Ernährung.
B/d übermäßige Nahrungszufuhr im Verhältnis zu Stoffwechselbedarf

Altersbedingte Faktoren

Erwachsene/ältere Menschen

B/d verminderte Aktivität, verminderten Stoffwechselbedarf.

Anmerkung der Autorin

Diese Diagnose zur Beschreibung übergewichtiger oder adipöser Personen zu verwenden, legt den Schwerpunkt auf Interventionen im Bereich Ernährung. Adipositas ist eine komplexe Erkrankung mit soziokulturellen, psychologischen und metabolischen Implikationen. Liegt der Fokus primär auf dem Einschränken der Nahrungsaufnahme, wie dies bei vielen Programmen zur Gewichtsreduktion der Fall ist, sind die Chancen einer dauerhaften Gewichtsabnahme nur gering. Um erfolgreich zu sein, muss sich ein Programm zur Gewichtsreduktion auf Veränderungen des Verhaltens und der Lebensweise konzentrieren.

Mit der Pflegediagnose *Überernährung* wird dieser Schwerpunkt nicht erfasst. Vielmehr liefert *unwirksames Gesundheitsverhalten,* **b/d** *eine den Stoffwechselbedarf übersteigende Nahrungsaufnahme* ein besseres Bild für die Notwendigkeit, den Stoffwechselbedarf durch körperliche Betätigung zu erhöhen und die Nahrungszufuhr zu senken. Bei manchen Menschen, die gerne abnehmen würden, könnte *unwirksames Coping,* **b/d** *vermehrtes Essen als Reaktion auf Stressoren* ein nützlicher Zusatz zu *unwirksames Gesundheitsverhalten* sein.

Die Pflegende sei davor gewarnt, einer übergewichtigen oder adipösen Person, die nicht an einem Programm zur Gewichtsreduktion teilnehmen möchte, eine Pflegediagnose zuzuweisen. Die Motivation zum Abnehmen muss von innen heraus kommen. Zwar können Pflegende behutsam und fachlich genau in den Gefahren der Adipositas unterweisen, müssen jedoch das Recht einer Person auf ihre eigene Entscheidung, das Recht auf Selbstbestimmung respektieren.

Überernährung ist klinisch von Nutzen bei Personen, die durch eine Schwangerschaft, Veränderungen des Geruchs- oder Geschmackssinnes oder Medikamente (z. B. Kortikosteroide) zugenommen haben oder entsprechend gefährdet sind.

Irrtümer in diagnostischen Aussagen

1. *Überernährung,* **b/d** *exzessive Kalorienzufuhr und bewegungsarme Lebensweise*
   Wie in der «Anmerkung der Autorin» (s. o.) erörtert, bedeutet *Mangelernährung* keine Beschreibung der komplexen Natur adipöser oder übergewichtiger Zustände. Adipositas ist kein Ernährungsproblem, sondern das Problem eines gewählten Copings und einer Lebensweise, für die sich ein Mensch entscheidet. *Unwirksames Gesundheitsverhalten* und *unwirksames Coping* sind für den Schwerpunkt der Pflegeinterventionen nützliche Diagnosen.
2. *Überernährung,* **b/d** *Angaben über eine Zunahme von 22,5 kg während der ersten Schwangerschaft*
   Die Angabe einer Gewichtszunahme von 22,5 kg während der ersten Schwangerschaft sollte die Pflegeperson zu einem Fokusassessment zur Untersuchung weiterer Variablen veranlassen. So könnte sie z. B. fragen: «Was hat Ihrer Ansicht nach zu der Gewichtszunahme während Ihrer ersten Schwangerschaft beigetragen? Wie verlief die Gewichtszunahme im jeweiligen Trimenon?» Die Pflegeperson sollte auch den Unterschied zwischen der Ernährung während der Schwangerschaft und einer Ernährung erörtern, die nicht zu viele einfache Kohlenhydrate und Fett enthält. Nach Erhebung weiterer Daten könnte sich folgende Diagnose als zutreffend erweisen: *Gefahr der Überernährung,* **b/d** *ein Wissensdefizit über die während einer Schwangerschaft erforderliche Ernährung und körperliche Betätigung und eine anamnestisch bekannte Gewichtszunahme von 22,5 kg während der vorangegangenen Schwangerschaft.*

Zentrale Konzepte

Allgemeine Überlegungen

- Manche Medikamente können zu einer Gewichtszunahme führen (z. B. Steroide, Antihistaminika, Androgene, Antipsychotika, Antidiabetika, Antidepressiva) (Adams, 1997).
- Zu den Medikamenten, die den Geschmackssinn beeinträchtigen können, gehören Amphetamine, Clofibrat, Lithium, Griseofulvin, Methicillin, Phenindion, Phenytoin und Probucol (Dudek, 2006).

Einschätzungskriterien des Fokusassessments

Siehe *Mangelernährung.*

Ziele

NOC

- Ernährungszustand
- Gewichtsabnahme entsprechendes Verhalten

Die Person beschreibt, warum sie der Gefahr einer Gewichtszunahme ausgesetzt ist.

Indikatoren

- Begründen der vermehrten Nahrungsaufnahme mit vermindertem Geschmacks- oder Geruchssinn.
- Erörtern des Ernährungsbedarfs während der Schwangerschaft.
- Erörtern der Auswirkungen körperlicher Betätigung auf die Gewichtskontrolle.

Allgemeine Interventionen

NIC

- Ernährungsmanagement
- Gewichtsmanagement
- Edukation: Einzelperson
- Verhaltensmodifikation
- Bewegungsförderung

Siehe «Einflussfaktoren»

Erklären der Auswirkungen eines verminderten Geschmacks- und Geruchssinnes auf das Sättigungsgefühl nach dem Essen

Ermutigen Sie den Klienten …

- … die Nahrungsaufnahme durch Kalorienzählen statt anhand des Sättigungsgefühls zu evaluieren.
- … Nahrungsmittel stark zu würzen, um das verminderte Geschmacksempfinden auszugleichen, falls nicht kontraindiziert. Experimentieren mit Gewürzen (z. B. Dill, Basilikum).
- … sich auf den Duft von Nahrungsmitteln zu konzentrieren, wenn das Geschmacksempfinden herabgesetzt ist.

F: Menschen mit gestörtem Geruchs- bzw. Geschmackssinn nehmen in dem Versuch, ihren Geschmackssinn zu befriedigen, u. U. mehr Nahrung zu sich (Dudek, 2006).

Erläutern der Begründung eines erhöhten Appetits infolge bestimmter Medikamente

F: Die Fähigkeit, unter einer Kortikosteroidtherapie abzunehmen, hängt wahrscheinlich davon ab, die Natriumzufuhr zu begrenzen und eine vernünftige Kalorienzufuhr beizubehalten.

Erörtern der Nahrungsaufnahme und Gewichtszunahme während der Schwangerschaft

Siehe *Mangelernährung*, «Zentrale Konzepte».

Unterstützen des Klienten beim Reduzieren einer unnötigen Kalorienzufuhr und Steigern der Stoffwechselaktivität

Intensivieren des Bewusstseins des Klienten für Handlungen, die zu überhöhter Nahrungsaufnahme beitragen

Bitten Sie den Klienten, jede in den vergangenen 24 Stunden aufgenommene Nahrung schriftlich zu dokumentieren.

Instruieren Sie den Klienten, eine Woche lang ein Ernährungstagebuch zu führen und darin Folgendes genau anzugeben:

- Was wurde wann, wo und warum gegessen?
- Wurde beim Essen noch etwas anderes getan (z. B. Fernsehen, Kochen)?
- Emotionen vor dem Essen.
- Anwesende Dritte (z. B. zusammen mit dem Ehepartner oder den Kindern eine Kleinigkeit knabbern).

Sichten Sie das Ernährungstagebuch, um auf Muster hinzuweisen (z. B. Zeit, Ort, Emotionen, Nahrungsmittel, Personen), die sich negativ auf die Nahrungsaufnahme auswirken.

Sichten Sie kalorienreiche und -arme Nahrungsmittel.

Lehren Sie Techniken der Verhaltensänderung, um die Kalorienzufuhr zu senken

Zuhause nur an einer bestimmten Stelle (z. B. am Küchentisch) essen.

Nicht essen, solange man noch mit anderen Dingen beschäftigt ist.

Unmittelbar vor einer Mahlzeit einen Viertelliter Wasser trinken.

Nachschläge, fette Speisen, Süßigkeiten und Alkohol meiden.

Kleine, gerade für eine Mahlzeit reichende Portionen zubereiten und Reste entsorgen.

Kleine Teller verwenden, damit die Portionen größer aussehen.

Niemals vom Teller einer anderen Person essen.

Langsam essen und gründlich kauen.

Zwischen den Bissen das Besteck hinlegen und 15 Sekunden abwarten.

Kalorienarme Zwischenmahlzeiten, die kräftig gekaut werden müssen, um orale Bedürfnisse zu befriedigen (z. B. Möhren, Sellerie, Äpfel).

Instruieren des Klienten, den Aktivitätsgrad zu steigern, um Kalorien zu verbrennen

Treppen steigen, statt den Fahrstuhl zu benutzen.

Auf dem Parkplatz die Parkbucht wählen, die am weitesten vom Gebäude entfernt ist.

Planen eines täglichen Gehprogramms mit steigender Entfernung und Geschwindigkeit.

Anmerkung: Drängen Sie den Klienten, sich an seinen Hausarzt zu wenden, bevor er mit einem Übungsprogramm beginnt.

Überweisen an ein Schlankheitsprogramm in einer Gemeinschaft (z. B. Weight Watchers), soweit angezeigt

F: Vermehrte Aktivität fördert die Gewichtsabnahme.

F: Strategien, die eine Person darin unterstützen, mit einer Umstellung des Essverhaltens und der körperlichen Betätigung zu beginnen, konzentrieren sich darauf, warum, wo und was gegessen wird und welche Methoden zur Senkung der Kalorienzufuhr und zur Steigerung der körperlichen Aktivität angewandt werden.

Gefahr einer Überernährung

Definition

Gefahr einer Überernährung: der Zustand, in dem eine Person der Gefahr einer Nährstoffzufuhr ausgesetzt ist, die den Stoffwechselbedarf übersteigt.

Gefahr einer Überernährung (engl. Risk for imbalanced nutrition: More than body requirements): Risiko einer Nahrungszufuhr, die den Stoffwechselbedarf übersteigt (NANDA-I, 2010).

Bestimmende Merkmale oder Kennzeichen

Risikofaktoren

- beeinträchtigtes Essverhalten
- Essen während der Ausübung anderer Aktivitäten
- Essen als Reaktion auf äußere Reize (z. B. Tageszeit, soziale Situation)
- Essen als Reaktion auf innere Reize außer Hunger (z. B. Angst)
- Nahrungszufuhr überwiegend gegen Tagesende
- Adipositas der Eltern
- schnelle Überschreitung der für die Altersgruppe normalen Gewichtswerte (Größenperzentile) bei Kindern
- berichtete Verwendung von fester Nahrung als Hauptnahrungsmittel bei einem Kind unter 5 Monaten
- höheres Ausgangsgewicht zu Beginn jeder Schwangerschaft
- beobachteter Gebrauch von Essen als Belohnung
- beobachteter Gebrauch von Essen zur Steigerung des Wohlbefindens
- [häufige, wiederholte Diäten], [Schlafmangel]

Anmerkung der Autorin

Diese Pflegediagnose gleicht der *Gefahr eines unwirksamen Gesundheitsverhaltens.* Sie beschreibt eine Person mit familienanamnestisch bekannter Adipositas, höherem Körpergewicht oder anamnestisch bekannter exzessiver Gewichtszunahme (z. B. durch eine vorangegangene Schwangerschaft). Bis die Forschung diese Diagnose von anderen zurzeit zugelassenen Diagnosen abgrenzt, verwenden Sie zur Ausrichtung der Edukation *Gefahr eines unwirksamen Gesundheitsverhaltens,* um Klienten und deren Familien beim Herausarbeiten ungesunden Ernährungsverhaltens zu unterstützen.

Gefahr einer peripheren neurovaskulären Störung

Definition

Gefahr einer peripheren neurovaskulären Störung: der Zustand, in dem eine Person der Gefahr einer Störung/Unterbrechung der Durchblutung, Sensibilität und Bewegungsfähigkeit einer Extremität ausgesetzt ist.

Gefahr einer peripheren neurovaskulären Störung (engl. Risk for peripheral neurovascular dysfunction): Risiko einer Unterbrechung der Durchblutung, der Sensibilität oder der Bewegungsfähigkeit einer Extremität (NANDA-I, 2010).

Risikofaktoren

Vorliegen von Risikofaktoren (siehe «Einflussfaktoren»).

Einflussfaktoren

Pathophysiologische Faktoren

B/d eine Volumenzunahme (spezifiziere Extremität), s/b/d:

eine Blutung (z. B. Trauma, Frakturen)
Arterienverschluss
Venen-/Gefäßverschluss/venöses Pooling
eine Gerinnungsstörung.

B/d erhöhte kapilläre Durchlässigkeit, s/b/d:

eine allergische Reaktion (z. B. Insektenstiche)
eine Erfrierung
ein Trauma

Hypothermie
ein nephrotisches Syndrom
schwere Verbrennungen (thermisch, elektrisch)
giftige Bisse (z. B. durch eine Schlange).

B/d eine restriktive Umhüllung, s/b/d:

Rundumverbrennungen von Extremitäten
exzessiver Druck.

Behandlungsbedingte Faktoren

B/d eine Volumenzunahme, s/b/d:

Paralaufen einer intravenösen Infusion
exzessive Bewegung
verlegtes Wunddrainagesystem
dislozierte Prothese (Knie, Hüfte).

B/d vermehrte kapilläre Durchlässigkeit, s/b/d:

totalen Kniegelenkersatz
totalen Hüftgelenkersatz; orthopädische Operation

B/d eine mechanische Kompression, s/b/d:

einen Tourniquet, Stauschlauch
Verbände, die eine Extremität rundum einschließen
einen Gips, einen Stock
frühzeitig oder unter Spannung durchgeführter Verschluss eines Gesichtsdefekts
Sturzhose/Hüftprotektoren
elastische Binden, Verband
eine Schiene, eine Klammer
Fixierungen, freiheitsbeschränkende Maßnahmen; Immobilisierung
eine Blutdruckmanschette
exzessiven Zug
aufblasbare Schienen.

Anmerkung der Autorin

Diese Diagnose gibt eine Situation wieder, die Pflegende verhindern können, indem sie herausfinden, wer gefährdet ist, und Maßnahmen ergreifen, um ursächliche oder beeinflussende Faktoren zu entschärfen oder zu beseitigen. *Gefahr einer peripheren neurovaskulären Störung* kann zum Kompartmentsyndrom werden. *PK: Kompartmentsyndrom* betrifft eine unzureichende Gewebsdurchblutung in einem Muskel, gewöhnlich des Arms oder Beins, verursacht durch ein Ödem, das die venöse und arterielle Durchblutung verlegt und Nerven komprimiert. Der Pflegeschwerpunkt liegt beim Kompartmentsyndrom auf dem diagnostischen Nachweis und darauf, den Arzt zu verständigen. Die medizinischen Interventionen zur Bewältigung des Problems sind chirurgischer Natur, wie z. B. Ausräumen des Hämatoms, Wiederherstellen geschädigter Gefäße oder eine Faszienspaltung. Siehe *PK: Kompartmentsyndrom*, falls angezeigt.

Irrtümer in diagnostischen Aussagen

1. *Gefahr einer peripheren neurovaskulären Störung,* **b/d** *einen Thrombus im linken Bein*
   Diese Situation ist keine Hochrisikosituation, die sich durch Pflegende verhindern ließe, sondern vielmehr eine Situation, die pflegerisch und ärztlich verordneter Interventionen bedarf. Das interdisziplinäre Problem *PK: Thrombose des linken Beins* würde diese Situation genau beschreiben.
2. *Gefahr einer peripheren neurovaskulären Störung,* **b/d** *einen Gips*
   Zwar ist der Gips ein Einflussfaktor, die Diagnose impliziert jedoch, er sei das Problem. Problem ist indessen die Ödembildung. Der Gips verschlechtert diesen Zustand, weil er bei zunehmendem Ödem von außen Druck ausübt. Die Diagnose sollte beide Risikofaktoren enthalten: *hohe Gefahr einer peripheren neurovaskulären Störung,* **b/d** *die Auswirkungen einer Ödembildung,* **s/b/d** *einen Schienbeinbruch und die komprimierende Wirkung des Gipses.*

Zentrale Konzepte

Allgemeine Überlegungen

- Der häufigste Grund medizinischer Schadenersatzprozesse in Nordamerika sind Fehldiagnosen einer neurovaskulären Störung, die zum Kompartmentsyndrom fortschreitet (Bourne/Rorabeck, 1989).
- Nach einem Trauma oder einer Operation mit bestimmten therapeutischen Maßnahmen kann eine Durchblutungsstörung entstehen durch:
  - ein Ödem
  - einen Embolus (Luft, Fett, Blut)
  - Gerinnselbildung
  - Verletzung eines Blutgefäßes
  - Druck auf die Gefäße (Gips, Tourniquet, Fixierungen, Konstriktion verbrannten Gewebes) (Edwards, 2004; Kasirajan/Ouriel, 2002).
- Ein neurovaskulärer Schaden tritt ein, wenn der Gewebsdruck in einer räumlich begrenzten Umhüllung oder an einem Ort ansteigt (Pellino et al., 1998; Edwards, 2004).
- Faktoren, die einen Raum begrenzen können, sind anatomisch, wie etwa die Haut oder Muskelfaszien, pathophysiologisch, wie etwa Rundumverbrennungen von Extremitäten, oder behandlungsbedingt, wie etwa ein Gips (Fahey/Milzarek, 1999; McConnell, 2002).
- Faktoren, die Druck oder Inhalt einer Umhüllung erhöhen können, sind eine Blutung, Ödembildung oder alles, was den arteriellen Druck senkt oder den venösen Druck erhöht (Pellino et al., 1998).

- Eine Gefäßinsuffizienz und Nervenkompression infolge eines Ödems können die Blutversorgung einer Extremität verringern und zu einer peripheren Nervenschädigung führen. Ein dauerhafter Schaden kann innerhalb von 4–12 Stunden eintreten (Fahey/Milzarek, 1999).
- Kompartments sind Bereiche, in denen Muskeln, Nerven und Blutgefäße von unelastischen Begrenzungen aus Haut, Muskulatur, Faszien und Knochen umschlossen sind. Der Körper hat 46 Kompartimente, von denen 38 in den Armen und Beinen liegen (Kracun/Wooten, 1998).
- Die Auswirkungen einer venösen Kompression und die daraus resultierenden Zeichen und Symptome zeigt Abbildung II-3.
- Schmerzen im Unterschenkel, die nach einem Lauf zunehmen, können auf ein chronisches Kompartment-Syndrom hindeuten. Der ziehende, klopfende Schmerz im Bein tritt nach dem Aufwärmen der Muskeln (gewöhnlich nach 5–10 min) ein und kann mehrere Minuten bis Stunden anhalten.

Einschätzungskriterien des Fokusassessments

Subjektive Daten

Einschätzen von Risikofaktoren

Anamnestisch bekannte Störung der peripheren Durchblutung
Anamnestisch bekannte periphere Thrombose
Tabakkonsum.

Objektive Daten

Einschätzen von Risikofaktoren

Ödem; postoperativ
Druck auf Gefäße:

- Gips
- Fixierungen

Blutung innerhalb eines Kompartments
Trauma
Venenpunktion.

Ziele

NOC

- Neurologischer Status
- Gewebedurchblutung: Periphere

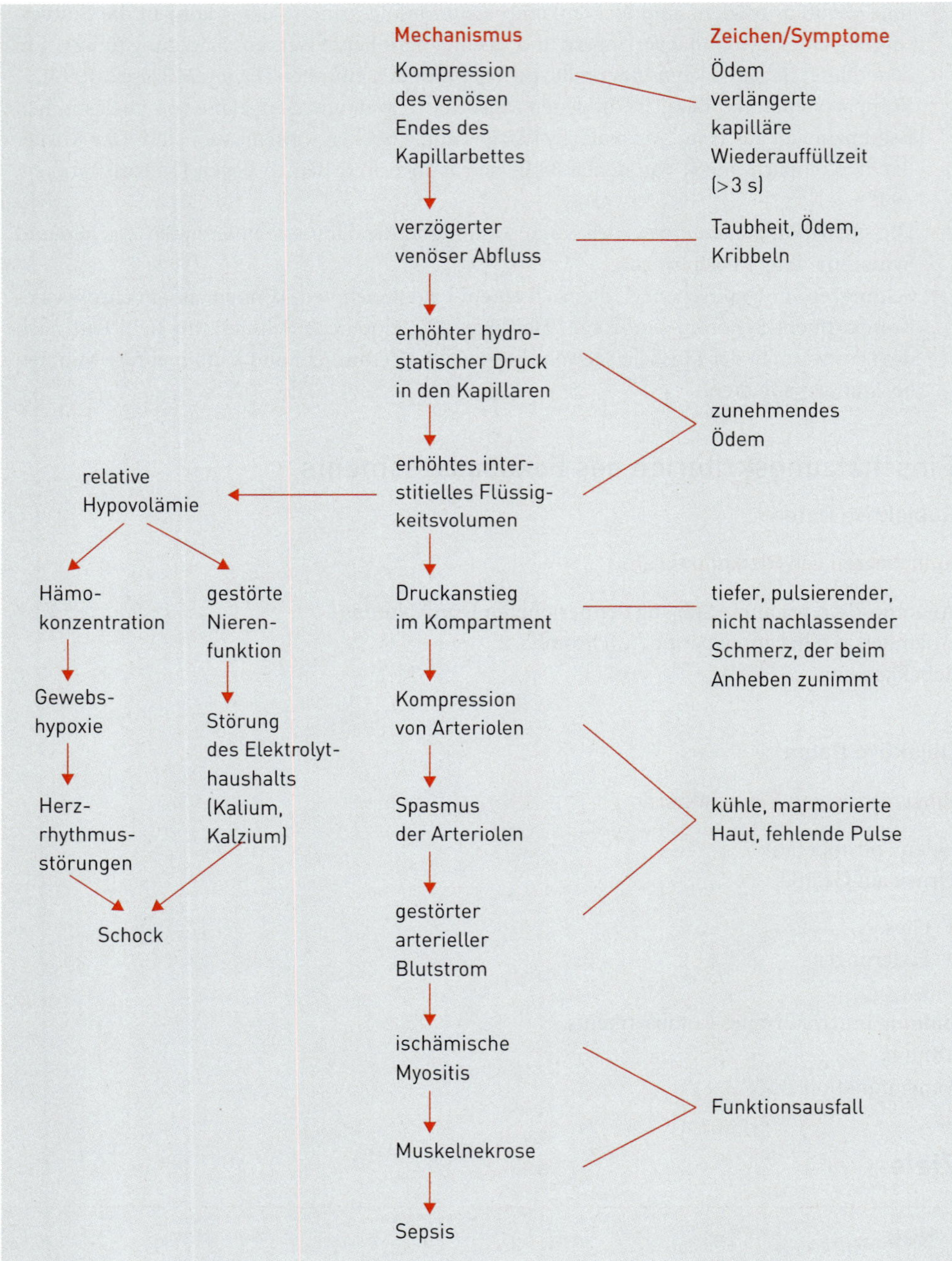

Abbildung II-3: Auswirkungen einer Venenkompression (Ross, 1991; Peck, 1991; Porth, 2006)

Die Person berichtet über Veränderungen der peripheren Sensibilität oder der Bewegungsfähigkeit in der Peripherie.

Indikatoren

- Palpable periphere Pulse
- Warme Extremitäten
- Kapilläre Wiederauffüllzeit unter 3 Sekunden.

Allgemeine Interventionen

NIC

- Sensibilitätsstörungsmanagement
- Lagerung
- Prävention: Thromboembolie

Einschätzen und Evaluieren des neurovaskulären Status mindestens stündlich in den ersten 24 Stunden; Vergleichen mit der nicht betroffenen Extremität, wenn möglich

Haut

Temperatur (kühl, warm)
Farbe (blass, positiver Ratschow-Lagerungstest, gerötet, zyanotisch).

Pulse beidseits (A. radialis, A. tibialis posterior, A. dorsalis pedis)

Frequenz, Rhythmus
Volumen:

- 0 = fehlend, nicht palpabel
- vorhanden, aber vermindert
- fadenförmig, schwach, an- und abschwellend
- normal, leicht palpabel
- aneurysmal.

Ödem (Lokalisation, Wegdrückbarkeit); Messen des Arm- bzw. Beinumfangs an der dicksten Stelle

Kapilläre Wiederauffüllzeit (normal: ← 3 s)

Bei Armverletzungen (Pellino et al., 1998; Ross, 1991)

Einschätzen der Bewegungsfähigkeit

Hyperextension des Daumens, des Handgelenks und der vier Finger
Abduktion (fächerförmiges Spreizen) aller Finger
Berühren des Kleinfingers mit dem Daumen.

Einschätzen der Sensibilität durch Druck mit einem spitzen Gegenstand

Hautfalte zwischen Daumen und Zeigefinger
Distales Fettpolster des Kleinfingers
Distale Fläche des Zeigefingers.

F: Auf eine Phase der Ischämie folgt eine Periode erhöhter Permeabilität der Kapillarwand. Das Wiedereinsetzen der arteriellen Durchblutung führt zum Einstrom von Plasma und Extrazellulärflüssigkeit ins Gewebe und bewirkt eine massive Schwellung der Wadenmuskulatur. Da die Faszie verhindert, dass sich das Gewebe ausdehnt, kommt es zu Schmerzen und Muskelspannung und der Innendruck blockiert die Durchblutung. Die Nerven werden anoxisch, was zu Parästhesien und motorischen Ausfällen führt (Kracun/Wooten, 1998).

F: Ein Ödem an der Fraktur kann die Muskeldurchblutung beeinträchtigen. Das Dehnen des geschädigten Muskels ist schmerzhaft. Ein Sensibilitätsausfall ist Frühzeichen einer neuralen Ischämie. Der jeweilige Bereich der Veränderung deutet auf das betroffene Kompartiment hin (Pellino et al., 1998).

F: Sorgsames Assessment schärft die Aufmerksamkeit der Pflegeperson für Frühzeichen neurovaskulärer Veränderungen (Kasirajan/Ouriel, 2000).

Bei Beinverletzungen (Pellino et al., 1998; Ross, 1991)

Einschätzen der Bewegungsfähigkeit

Dorsiflexion (Aufwärtsbewegen) des Knöchelgelenks und Strecken der Zehen in den Metatarsophalangealgelenken.

Plantarflexion (Abwärtsbewegen) des Knöchelgelenks und der Zehen.

Einschätzen der Sensibilität durch Druck mit einem spitzen Gegenstand

Hautfalte zwischen großer Zehe und zweiter Zehe.
Mediale und laterale Fläche der Fußsohle (oberes Drittel).

F: Auf eine Phase der Ischämie folgt eine Periode erhöhter Permeabilität der Kapillarwand. Das Wiedereinsetzen der arteriellen Durchblutung führt zum Einstrom von Plasma und Extrazellulärflüssigkeit ins Gewebe und bewirkt eine massive Schwellung der Wadenmuskulatur. Da die Faszie verhindert, dass sich das Gewebe ausdehnt, kommt es zu Schmerzen und Muskelspannung und der Innendruck blockiert die Durchblutung. Die Nerven werden anoxisch, was zu Parästhesien und motorischen Ausfällen führt (Kracun/Wooten, 1998).

F: Ein Ödem an der Fraktur kann die Muskeldurchblutung beeinträchtigen. Das Dehnen des geschädigten Muskels ist schmerzhaft. Ein Sensibilitätsausfall ist Frühzeichen einer neuralen Ischämie. Der jeweilige Bereich der Veränderung deutet auf das betroffene Kompartiment hin (Pellino et al., 1998).

F: Sorgsames Assessment schärft die Aufmerksamkeit der Pflegeperson für Frühzeichen neurovaskulärer Veränderungen (Kasirajan/Ouriel, 2000).

Instruieren des Klienten, ungewöhnliche neue oder andere Empfindungen, wie Kribbeln, Taubheit und verminderte Beweglichkeit der Finger oder Zehen, mitzuteilen

F: Eine neurovaskuläre Störung beginnt oft mit kleineren Empfindungen. Frühzeitiges Erkennen kann eine prompte Intervention ermöglichen, um ernste Komplikationen zu verhindern (Pellino et al., 1998).

Verringern des Ödems oder seiner Auswirkungen auf die Funktion

Entfernen von Schmuck von der betroffenen Extremität.
Extremitäten hochlagern, sofern nicht kontraindiziert.
Dem Klienten raten, Finger bzw. Zehen der betroffenen Extremität 2- bis 4-mal pro Stunde zu bewegen.
Überwachen von austretender Wundflüssigkeit (Merkmale, Menge).
Erhalten der Durchgängigkeit eines Drainagesystems.
Auflegen von Eisbeuteln um die Verletzung herum, sofern nicht kontraindiziert. Ein Tuch zwischen Eisbeutel und Haut legen.

F: Eine nicht beherrschbare Schwellung erhöht den Gewebsdruck und verstärkt die Unterbrechung der Blutversorgung von Nerven- und Muskelgewebe, was zur Anoxie führt. Diese Komplikation entspricht dem Kompartment-Syndrom.

Benachrichtigen des Arztes

Benachrichtigen des Arztes, wenn Folgendes eintritt:

- Veränderung der Sensibilität
- Änderung der Bewegungsfähigkeit
- blasse, marmorierte oder zyanotische Haut
- kapilläre Wiederauffüllzeit länger als 3 Sekunden
- verminderte oder fehlende Pulse
- zunehmende oder durch Analgetika nicht beherrschbare Schmerzen
- Schmerzen bei passiver Dehnung des Muskels
- Zunahme der Schmerzen beim Anheben der Extremität.

F: Ein sorgfältiges Assessment macht die Pflegeperson wachsam für Frühzeichen neurovaskulärer Veränderungen. Die Behandlung muss innerhalb von 8 Stunden beginnen, um die Funktion der Extremität zu erhalten (Kasirajan/Ouriel, 2000).

Abbrechen der Hochlagerung und Eisanwendung bei Auftreten obiger Zeichen

Fördern der Durchblutung der betroffenen Gliedmaße.
Sicherstellen einer optimalen Hydratation zur Maximierung der Durchblutung.
Überwachen der Zugvorrichtung und Schienen auf Druckstellen auf Gefäße oder Nerven.
Bei Fixierungen an Hand- oder Fußgelenken Überwachen auf Druckstellen auf Gefäße oder Nerven. Mindestens stündlich abnehmen und voll durchbewegen.

Ermutigen zu vollem Durchbewegen nichtbetroffener Körperteile und zum Umhergehen, falls zulässig.

F: Dehydratation oder eine Hypovolämie senken das zirkulierende Volumen und die Gewebsdurchblutung und verstärken damit die neurovaskuläre Störung. Hochlagern und Eisauflagen verringern die Durchblutung.

Nach Hüft- oder Kniegelenkersatz

Einhalten einer korrekten Lagerung, um das Dislozieren der Prothese zu verhindern

Hüfte: um 45 Grad oder weniger abduziert halten.
Knie: ab der Hüfte leicht anheben; weder beugen noch überstrecken.

F: Geschädigtes Gewebe und geschädigte Muskulatur bieten dem Hüftgelenk u. U. nicht genügend Stütze, was zur Dislokation führt.

Lagern des betroffenen Gelenks in Neutralstellung durch Rollen, Kissen oder Spezialvorrichtungen

F: Ein Ödem beeinträchtigt die Durchblutung. Wird die Extremität jedoch über die Herzebene hinaus angehoben, kann dies die arterielle Durchblutung senken. Bei einer Verbrennung 2. Grades kann ein Ödem den Blutstrom verringern.

Beginnen mit Gesundheitsedukation, soweit angezeigt

Unterweisen des Klienten und seiner Familie ...

... im Beobachten und Dokumentieren folgender Symptome:

- schwere Schmerzen
- Taubheitsgefühl oder Kribbeln
- Schwellung
- Verfärbung der Haut
- Lähmung oder herabgesetzte Beweglichkeit
- kühle, weiße Zehen oder Fingerspitzen
- schlechter Geruch, warme Stellen, weiche Bereiche oder Risse im Gips.

F: Ein sorgfältiges Assessment macht die Pflegeperson wachsam für Frühzeichen neurovaskulärer Veränderungen. Die Behandlung muss innerhalb von 8 Stunden beginnen, um die Funktion der Extremität zu erhalten (Kasirajan/Ouriel, 2000).

Posttraumatisches Syndrom

Posttraumatisches Syndrom

Gefahr eines posttraumatischen Syndroms
Vergewaltigungssyndrom

Definition

Posttraumatisches Syndrom: der Zustand, in dem eine Person eine nachhaltige schmerzhafte Reaktion auf eines oder mehrere überwältigende traumatische, unverarbeitete Ereignisse erfährt.

Posttraumatisches Syndrom (engl. Post-trauma syndrome): Anhaltende, fehlangepasste Reaktion auf ein traumatisches, überwältigendes Ereignis (NANDA-I, 2010).

Bestimmende Merkmale oder Kennzeichen

Hauptkennzeichen (eines oder mehrere obligat)

Erneutes Durchleben des traumatischen Ereignisses, das noch mehr als einen Monat lang in kognitiven, affektiven und/oder sensorimotorischen Aktivitäten zu erkennen sein kann, wie z. B.:

- Flash-Backs (Durchleben vergangener Gefühlszustände), Intrusionen
- wiederholte intensive Träume/Albträume
- intensive Gedanken
- wortreiche Äußerungen über das traumatische Ereignis/die traumatischen Ereignisse
- Schuldgefühle, dass man überlebt hat oder welches Verhalten für das Überleben erforderlich war
- Vergewaltigung
- schmerzliche Gefühle, Selbstvorwürfe, Scham oder Traurigkeit, Trauern
- Verletzlichkeit oder Hilflosigkeit, Angst oder Panikattacken
- Hoffnungslosigkeit
- Angst, Furcht vor einem erneuten Eintreten, Tod oder Verlust der Kontrolle über den Körper
- Ausbrüche von Aggression, Ärger und Wut, Zorn, Aufschrecken
- übermäßige Wachsamkeit, Hypervigilanz
- überzogene Schreckreaktion, Entsetzen
- Verdrängen von Gedanken, Gefühlen oder Gesprächen in Zusammenhang mit dem Trauma
- Schlafstörungen
- Herzklopfen, Kopfschmerzen
- Reizung der Magenschleimhaut, [Veränderung des Appetits, Schlafstörungen/Schlaflosigkeit, chronische Erschöpfung/leichte Ermüdbarkeit]
- Konzentrationsschwierigkeiten.

Nebenkennzeichen (fakultativ)

Psychische/emotionale Abgestumpftheit

Gestörte Interpretation der Wirklichkeit, Gedächtnisstörungen
Verwirrtheit, Dissoziation oder psychogene Amnesie
Verschwommenheit in Bezug auf das traumatische Ereignis/die traumatischen Ereignisse
Eingeengte Aufmerksamkeit oder Unaufmerksamkeit/Benommenheit, sich benommen fühlen
Emotionale Abgestumpftheit, eingeschränkter Affekt
Sich losgelöst/entfremdet fühlen
Vermindertes Interesse an bedeutsamen Aktivitäten.

Veränderte Lebensweise

Unterwürfigkeit, Passivität oder Abhängigkeit von anderen
Autodestruktivität (z. B. Alkohol-/Drogenmissbrauch, Suizidversuche, rücksichtloses/gefährliches Autofahren, illegale Aktivitäten)
Aktivitäten auf der Suche nach einem Nervenkitzel
Versagen bei der Arbeit, in der Schule
Schwierigkeiten in zwischenmenschlichen Beziehungen
Entwicklung einer Phobie in Bezug auf das Trauma
Verleugnung, Vermeiden von Situationen oder Aktivitäten, die dazu führen, dass das Trauma wieder auflebt
Soziale Isolation/sozialer Rückzug, negatives Selbstbild; Distanziertheit
Schlafstörungen, emotionale Störungen
(neurosensorische) Reizbarkeit, Stimmungsschwankungen, schwache Impulskontrolle oder Explosivität
Verlust des Glaubens an Menschen oder die Welt, Gefühl von Bedeutungslosigkeit im Leben
zwangshaftes Verhalten, chronische Angst oder chronische Depression
Beschäftigtsein mit und Besorgtsein um den eigenen Körper/vielfältige körperliche Symptome
[Verlust des Interesses an gewohnten Aktivitäten, Verlust des Gefühls von Intimität/Sexualität]
Enuresis (bei Kindern).

Einflussfaktoren

Situationsbedingte Faktoren (persönlich bedingt, umgebungsbedingt)

B/d traumatische Ereignisse natürlichen Ursprungs, wie z. B.:

Überflutungen
Stürme
Erdbeben
Lawinen
Vulkanausbrüche
Epidemien
andere Naturkatastrophen.

B/d traumatische Ereignisse menschlichen Ursprungs, wie z. B.:

Ereignis[e] außerhalb der menschlichen Auffassungsgabe
schwer wiegenden Bedrohung der eignen Person
schwer wiegende Selbstverletzung
ernsthafte Bedrohung eines nahestehenden Menschen
schwere Verletzung eines nahe stehenden Menschen
Missbrauch (physischer und/oder psychosozialer)
Opfer von Kriminalität
Zeuge einer Verstümmelung [sein]
Zeuge eines gewaltsamen Todes [sein]
Katastrophen
plötzliche Zerstörung der eigenen Wohnstätte
plötzliche Zerstörung der eigenen Gemeinschaft
ehemalige(r) Kriegsgefangene(r)
Folter
tragisches Ereignis mit zahlreichen Toten
Gefangenschaft in einem Konzentrationslager
Großbrand
Krieg
schwerer Auto-/Arbeitsunfall
Vergewaltigung
Zeuge von Gewalt sein
Flugzeugabsturz
Überfall
Bombardierung
Angriffe von Terroristen.

B/d Industriekatastrophen (nuklear, chemisch oder andere lebensbedrohende Unfälle).

Anmerkung der Autorin

Das *posttraumatische Syndrom* steht für eine Gruppe emotionaler Reaktionen auf ein traumatisches Ereignis entweder natürlichen (z. B. Überflutung, Vulkanausbruch, Erdbeben) oder menschlichen Ursprungs (z. B. Krieg, Vergewaltigung, Folter). Die emotionalen Reaktionen (z. B. Schuldgefühle, Scham, Furcht, Angst) stören zwischenmenschliche Beziehungen und können autodestruktives, selbstschädigendes Verhalten (z. B. Substanzmissbrauch, Suizid) auslösen. Wenn spezifische Interventionen indiziert sind, mag die Pflegeperson es für nötig halten, weitere Diagnosen hinzuzufügen (z. B. *gefährdendes familiäres Coping* oder *Gefahr einer Selbstschädigung*).

Die Diagnose *Vergewaltigungssyndrom* beinhaltet der Beschreibung aus dem Jahre 1975 zufolge eine akute Phase der Desorganisation und eine langfristige Phase der Reorganisation. Gemessen an der jüngsten Definition von Syndrompflegediagnosen als Cluster assoziierter Pflegediagnosen spiegelt diese Diagnose kein Syndrom wider und würde akkurater als *Verge-*

waltigungsreaktion bezeichnet werden. Der Einschluss ursächlicher oder beeinflussender Faktoren ist bei dieser Kategorie unnötig, da die Ätiologie stets Vergewaltigung ist. Die Pflegende lässt demnach den zweiten Teil der diagnostischen Aussage entfallen, kann ihr jedoch den Bericht der Klientin/des Klienten über die Vergewaltigung hinzufügen, z. B.: *Vergewaltigungssyndrom, angezeigt durch den Bericht über einen sexuell motivierten Angriff und gleichgeschlechtlichen Geschlechtsverkehr am 22. Juni sowie zahlreiche Gesichtshämatome* (Beschreibung siehe Notaufnahmebericht).

Irrtümer in diagnostischen Aussagen

1. *Posttraumatisches Syndrom,* **b/d** *Ausdrücke von Schuldgefühlen aufgrund des Überlebens und wiederkehrende Albträume von dem Autounfall*
   Schuldgefühle aufgrund des Überlebens und Albträume von einem traumatischen Ereignis sind mögliche Manifestationen einer posttraumatischen Reaktion und keine Einflussfaktoren. Die Pflegeperson sollte die Diagnose neu formulieren als: *posttraumatische Reaktion,* **b/d** *einen Autounfall, angezeigt durch wiederkehrende Albträume und Ausdrücke von Schuldgefühlen des Überlebenden.*

Zentrale Konzepte

Allgemeine Überlegungen

- Trauma wird definiert als subjektives Erleben eines Ereignisses, das sich weder bewältigen noch assimilieren lässt. Traumatische Situationen unterscheiden sich von gewöhnlichen Erfahrungen dahingehend, dass sie die reale Gefahr physischer oder psychischer Zerstörung beinhalten, was Todesangst auslösen kann. Ein traumatisches Ereignis kann eine einzelne Person oder mehrere Personen zugleich betreffen. Es kann menschlichen (z. B. Vergewaltigung, Krieg) oder natürlichen Ursprungs (z. B. eine Lawine, ein Vulkanausbruch) sein.
- Im Allgemeinen sind traumatische Ereignisse natürlichen Ursprungs weniger schwer oder von kürzerer Dauer als solche menschlichen Ursprungs. Letztere werden oft als Resultat von Gleichgültigkeit, Vernachlässigung oder Bösartigkeit wahrgenommen.
- Horowitz (1986a, b) konzeptualisierte diese Phänomene und postulierte eine phasische Tendenz in menschlichen Reaktionen auf traumatische Ereignisse:
  - Die anfängliche Reaktion auf ein Trauma besteht darin, in der lebensbedrohenden Situation zu überleben und zu funktionieren, indem man alle Ressourcen nutzt.
  - Die machtvolle Coping-Methode der «emotionalen Abgestumpftheit» reduziert psychische und emotionale Effekte.
  - In dem Versuch, die traumatische Erfahrung zu meistern, brechen Intrusionen oder Reinszenieren des Traumas in das Bewusstsein ein.
  - Bei jedem Menschen gibt es ein individuelles Muster des Wechsels zwischen «emotionaler Abgestumpftheit» und Intrusionen.
  - Durch erweiterte Wahrnehmung sowie durch die Begründung des Ereignisses und der Nachwirkungen arbeitet die Person das Ereignis nach und nach durch.
  - Schließlich assimiliert die Person solch eine Erfahrung zu einem bedeutungsvollen Ganzen, das sich mit den Grundüberzeugungen und -werten deckt.

- Der Schweregrad eines Traumas hängt mit der Intensität, Dauer und Häufigkeit zusammen. Er beinhaltet eine komplexe Interaktion zwischen Umgebungsbedingungen und den subjektiven Erfahrungen des Individuums, etwa inwieweit die Person gewarnt wurde, die Lebensbedrohung, das Ausmaß des Grotesken, Trauer, Vertreibung und der moralische Konflikt bezüglich der Rolle als Überlebender.
- Individuelle Merkmale, wie etwa Erfahrungen in der frühen Kindheit, die Entwicklungsphase und Charakterstärke, können sich auf das Ergebnis traumatischer Erfahrungen auswirken:
  - Das aktuelle Trauma kann ungelöste Kindheitskonflikte reaktivieren.
  - Das Alter kann ein entscheidender Faktor sein, weil das Trauma ein Stadium der menschlichen Entwicklung unterbrechen kann.
  - Individuelle Coping-Ressourcen sind wichtig, wenn jemand einer traumatischen Situation gegenübersteht, und beeinflussen die Effektivität der Adaptation.

Traumata verlaufen in Phasen

- *Akuter Subtyp:* beginnt innerhalb von 6 Monaten und dauert nicht länger als 6 Monate
- *Chronischer Subtyp:* dauert länger als 6 Monate
- *Verzögerter Subtyp:* Latenzzeit von 6 Monaten oder länger (vor dem Auftreten von Symptomen)

Pädiatrische Überlegung

- Die Reaktion eines Kindes auf ein Trauma hängt ab von Art und Ausmaß des Traumas, vom Entwicklungsalter des Kindes und von der Reaktion der Bezugspersonen (Wong, 2003).
- Kinder können posttraumatische Stresssymptome entwickeln, wenn ein Freund oder ein Verwandter getötet wird (Pfefferbaum et al., 2000).
- Zu Kindesmissbrauch gehören auch Vernachlässigung sowie körperlicher, seelischer und sexueller Missbrauch, denen 3 Millionen Kinder in den USA ausgesetzt sind.

Einschätzungskriterien des Fokusassessments

Subjektive Daten

Einschätzen bestimmender Merkmale oder Kennzeichen

Anamnese des Traumas*

Exposition gegenüber einer sehr belastenden, verstörenden Situation (siehe «Einflussfaktoren»). Auflisten aller Traumata jeweils mit Datum und Dauer.

* Eine Anamnese zu sichern soll Beweise für ein Trauma konkretisieren, nicht die Details des Traumas erkunden. Dies sollte in einer entsprechenden Therapiesitzung geschehen.

Reaktionen der Person auf das traumatische Ereignis

Gedanken, Gefühle oder Handlungen, von denen der Klient meint, sie seien seit der traumatischen Erfahrung anders, um Zeichen und Symptome eines erneuten Durchlebens oder emotionaler Abgestumpftheit einzuschätzen.

Veränderungen der allgemeinen Lebensweise oder des Verhaltens seit dem traumatischen Ereignis, um Schwierigkeiten bei der Wiederanpassung einzuschätzen.

Beobachten weiterer Angehöriger oder entsprechender Personen und Gespräche mit ihnen

Wortreiche Äußerungen über die traumatischen Ereignisse.

Sich-Beschäftigen mit Erinnerungen an das Trauma, wie etwa das Sichten von Bildern oder anderen traumabezogenen Objekten.

Verleugnung, Verzerrung, Verniedlichung, Übertreibung, Nichtanerkennung, Fantasieren oder Vermeidung.

Belege für Gleichgültigkeit gegenüber oder Abspaltung von Stimuli (Fragen, Geräusche, Aktivitäten um die Person herum).

Plötzliche oder bedeutsame Veränderungen der Persönlichkeit bzw. des Verhaltens seit dem traumatischen Ereignis.

Ziele

NOC

- Genesung von Missbrauch
- Coping
- Selbstkontrolle bei Furcht

Die Person assimiliert die Erfahrung zu einem bedeutungsvollen Ganzen und lebt ihr Leben weiter, angezeigt durch Zielsetzungen.

Indikatoren

- Berichten über ein Nachlassen des erneuten Durchlebens des Traumas oder der emotionalen Abgestumpftheit.
- Anerkennen des traumatischen Ereignisses und beginnende Arbeit mit dem Trauma, indem man über das Erlebte spricht und Furcht, Wut und Schuldgefühle zum Ausdruck bringt.
- Herausfinden von und Kontaktaufnahme mit unterstützenden Personen bzw. Ressourcen.

Allgemeine Interventionen

NIC

- Beratung
- Angstminderung
- Emotionale Unterstützung
- Familienunterstützung
- Unterstützungssystemförderung
- Copingverbesserung
- Aktives Zuhören
- Anwesenheit
- Trauerarbeitserleichterung
- Pflegeüberleitung

Feststellen, ob die Person ein traumatisches Ereignis erlebt hat

Stellen Sie sicher, dass das Interview in einem ruhigen Raum stattfindet, wo es keine Unterbrechungen gibt, weitere MitarbeiterInnen jedoch rasch greifbar sind, falls Managementprobleme auftreten.

Seien Sie sich bewusst, dass es der Person erhebliches Unbehagen bzw. Leid verursachen kann, über eine traumatische Erfahrung zu sprechen.

Sollte die Person zu ängstlich werden, brechen Sie das Assessment ab und helfen Sie ihr, die Kontrolle über das Leid wiederzuerlangen oder sorgen Sie für andere geeignete Interventionen.

F: Sobald die Opfer identifiziert sind, sollte die kurzfristige Krisenintervention einsetzen.

F: Sorgfältiges Aufzeichnen psychischer Reaktionen unterstützt das Dokumentieren therapeutischer Fortschritte, die Therapieplanung bzw. das Identifizieren gefährdeter Personen. Das Verhalten kann von Person zu Person variieren. Gefühle können rasch und wütend, langsam und tranceähnlich oder auch klar sein (Charron, 1998).

Evaluieren des Schweregrades der Reaktionen und deren Auswirkungen auf das aktuelle Funktionieren

Unterstützen des Klienten, um Extreme erneuten Durchlebens oder Symptome emotionaler Abstumpfung zu lindern

Sorgen Sie für eine sichere, therapeutische Umgebung, in der die Person wieder Kontrolle über sich gewinnen kann.

Versichern Sie der Person, dass auch andere nach solchen traumatischen Erlebnissen diese Gefühle bzw. Symptome haben.

Bleiben Sie bei der Person und bieten Sie in einer Phase großer Angst Unterstützung an. Für weitere Informationen siehe *Angst*.

Unterstützen Sie den Klienten im Beherrschen impulsiven Ausagierens, indem Sie Grenzen setzen, die Atmung fördern und überschießende Energie in körperliche Betätigung oder Aktivität umleiten (z. B. Walking, Joggen). Für weitere Informationen siehe *Gefahr einer Selbstschädigung* und *Gefahr der Gewalttätigkeit*.

Machen Sie sich klar, dass psychische bzw. emotionale Abstumpfung für ein Polster sorgt.

Sorgen Sie für Techniken der Angstreduktion, der progressiven Entspannung und der Vollatmung.

F: Versuche einer Linderung extremer Symptome können einer Person helfen, ein gewisses Maß an Selbstkontrolle zurückzugewinnen (Charron, 1998).

F: Interventionen, die auf Unterstützung des Copings der Person ausgerichtet sind, können Machtlosigkeit verringern (Charron, 1998).

Unterstützen des Klienten, das Trauma anzuerkennen und durchzuarbeiten, indem die Erfahrung erörtert und Gefühle wie Furcht, Angst und Schuldgefühle geäußert werden

Sorgen Sie für ein sicheres, strukturiertes Setting.

Erklären Sie, dass es die Symptome intensivieren kann, wenn man über das traumatische Ereignis spricht (z. B. Albträume, Flashbacks, schmerzliche Emotionen, Abgestumpftheit).

Unterstützen Sie die Person, in ihrem eigenen Tempo vorzugehen.

Hören Sie aufmerksam, voller Empathie und ohne Eile zu.

Unterstützen Sie den Klienten dabei, über das Trauma zu sprechen, um zu verstehen, was sich ereignet hat, und um die Realität der persönlichen Beteiligung zu validieren.

Helfen Sie dem Klienten, Gefühle in Zusammenhang mit dem traumatischen Ereignis zu äußern und sich der Verbindung zwischen dem Erlebten und Wut, Depression oder Angst bewusst zu werden.

Unterstützen Sie den Klienten, Wirklichkeit von Fantasie zu trennen, zurückzuschauen und über die Bereiche im Leben zu sprechen, die sich verändert haben.

Würdigen und unterstützen Sie kulturelle und religiöse Wertvorstellungen im Umgang mit dem traumatischen Ereignis.

F: Der Person zu helfen, sich an das Ereignis zu erinnern und es zu klären, gibt ihm eine Perspektive und hilft, ein Unterdrücken zu verhindern.

F: Opfer müssen das Trauma in ihrem eigenen Tempo durcharbeiten.

F: Ruhiges, selbstsicheres Handeln und Blickkontakt helfen, das Opfer zu beruhigen und bekräftigen, dass es am Leben und in Sicherheit ist.

F: Sofortige und kontinuierliche Empathie und Unterstützung bereiten das Opfer auf die Überweisung in eingehendere psychologische Beratung vor. Die wichtigsten Punkte im akuten Stadium sind, Kontrolle zu haben, nicht alleingelassen zu werden und jemanden zum Zuhören zu haben.

F: Angstmanagement ist ein Weg, Kontrolle über den eigenen Körper zu behalten (Boyd, 2005).

Unterstützen des Klienten, stützende Personen und Ressourcen herauszufinden und Kontakt mit ihnen aufzunehmen

Helfen Sie dem Klienten, seine Stärken und Ressourcen zu erkennen.

Erkunden Sie, was es an Unterstützungssystemen gibt.

Assistieren Sie dem Klienten, nach Bedarf Verbindung mit der Unterstützung und mit Ressourcen aufzunehmen.
Assistieren Sie dem Klienten, frühere Aktivitäten wieder aufzunehmen und ein paar neue zu beginnen.

F: Sofortige und kontinuierliche Empathie und Unterstützung bereiten das Opfer auf die Überweisung in eingehendere psychologische Beratung vor. Die wichtigsten Punkte im akuten Stadium sind, die Kontrolle zu haben, nicht alleingelassen zu werden und jemanden zum Zuhören zu haben.

Unterstützen der Familie bzw. der Bezugspersonen

Unterstützen Sie sie beim Verstehen dessen, was mit dem Opfer geschieht.
Ermutigen Sie sie, ihre Gefühle zu äußern.
Sorgen Sie für Beratungssitzungen oder bringen Sie sie in Kontakt mit geeigneten kommunalen Ressourcen, falls nötig.

Sorgen für Pflege, die der traumatischen Erfahrung und den Bedürfnissen einer jeden Person angemessen ist

Für weitere Informationen siehe *Vergewaltigungssyndrom*, falls zutreffend.

Sorgen für oder Arrangieren von Nachsorge, bei der die Person das Trauma weiter durcharbeiten und die Erfahrung in ein neues Selbstkonzept integrieren kann

F: Nachberatung und Langzeitunterstützung in der Gemeinde sollten arrangiert werden.

Pädiatrische Interventionen

Maßnahmen

Unterstützen Sie Kinder dabei, das Erlebte zu verstehen und entsprechend ihrem Entwicklungsalter zu integrieren.
Unterstützen Sie sie dabei, das Erlebte zu beschreiben und Gefühle (z. B. Furcht, Schuldgefühle, Wut) an sicheren, stützenden Orten, wie z. B. in einer Spieltherapiesitzung, zu äußern.
Sorgen Sie für akkurate Informationen und Erklärungen in für das Kind verständlichen Worten.
Evaluieren Sie die Suizidgefahr, vor allem bei männlichen Jugendlichen.
Sorgen Sie für Familienberatung, um das Verständnis für die Bedürfnisse des Kindes zu fördern.

F: Das Pflegeassessment sollte auch die symbolische oder nonverbale Kommunikation des Kindes berücksichtigen.

F: Spieltherapie, wie etwa Schreiben, Zeichnen, Geschichtenerzählen oder Spielen mit Puppen sollte angeboten werden, damit Kinder Gefühle ausagieren und zum Ausdruck bringen sowie ihre Erfahrung sicher vermitteln können.

Gefahr eines posttraumatischen Syndroms

Definition

Gefahr eines posttraumatischen Syndroms: der Zustand, in dem eine Person eine nachhaltige schmerzliche Reaktion auf eines oder mehrere überwältigende traumatische Ereignisse erfährt, die nicht assimiliert wurden.

Gefahr eines posttraumatischen Syndroms (engl. Risk for post-trauma syndrome): Risiko einer anhaltenden, fehlangepassten Reaktion auf ein traumatisches, überwältigendes Ereignis (NANDA-I, 2010).

Risikofaktoren

- Berufsausübung (z. B. Polizei, Feuerwehr, Rettungsdienst, Strafvollzug, Personal der Notaufnahme, Mitarbeiter in einer psychiatrischen Einrichtung [und jeweils deren Angehörige])
- Wahrnehmung des Ereignisses
- übertriebenes Verantwortungsgefühl
- verminderte Ich-Stärke
- Rolle des Überlebenden im Ereignis
- unzureichende soziale Unterstützung
- fehlende Unterstützung durch das Umfeld
- Vertreibung von Zuhause
- Dauer des Ereignisses.

Siehe *posttraumatisches Syndrom*, für weitere «Einflussfaktoren».

Ziele

Die Person funktioniert auch nach dem traumatischen Ereignis angemessen.

Indikatoren

- Identifizieren von Zeichen oder Symptomen, die professioneller Beratung bedürfen.
- Äußern von Gefühlen hinsichtlich des traumatischen Ereignisses.

Allgemeine Interventionen

Siehe *posttraumatisches Syndrom*.

Vergewaltigungssyndrom

Definition

Vergewaltigungssyndrom: der Zustand, in dem eine Person einen aufgezwungenen, gewaltsamen sexuell motivierten Angriff (vaginale oder anale Penetration) gegen ihren Willen und ohne ihre Zustimmung erfährt. Das aus diesem Angriff oder versuchtem Angriff entstehende traumatische Syndrom umfasst eine akute Phase der Desorganisation des Opfers und der Lebensweise seiner Familie sowie einen langfristigen Prozess der Reorganisation der Lebensweise (Holmstrom/Burgess, 1975).

Vergewaltigungssyndrom (engl. Rape-trauma syndrome): Anhaltende, fehlangepasste Reaktion auf eine erzwungene, gewalttätige sexuelle Penetration gegen den Willen und das Einverständnis des Opfers (NANDA-I, 2010).

Bestimmende Merkmale oder Kennzeichen

Hauptkennzeichen (obligat)

Berichte über oder Belege für einen sexuell motivierten Angriff.

Nebenkennzeichen (fakultativ)

Ist das Opfer ein Kind, können die Eltern ähnliche Reaktionen zeigen.

subjektive Kennzeichen

- Verlegenheit
- Demütigung
- Schamgefühl
- Schuld[gefühle]
- Schuldgefühle [Selbstbeschuldigungen]
- Verlust der Selbstachtung
- Hilflosigkeit
- Machtlosigkeit
- Schock
- Furcht
- Angst
- Wut
- Rachegedanken/Rachefantasien
- Albträume
- Schlafstörungen
- Beziehungsveränderung[en]
- Störung der Sexualfunktion.

objektive Kennzeichen

- physisches Trauma [z. B. Abschürfungen, Gewebereizungen], Muskelverspannung/-spasmen]
- Muskelspannung
- Muskelspasmen
- Verwirrtheit
- Desorganisation [Desorganisiertheit]
- beeinträchtigte Entscheidungsfindung
- Unruhe [Agitiertheit]
- übersteigerte Wachsamkeit
- Aggression
- Stimmungsschwankungen
- Verletzbarkeit [Vulnerabilität]
- Abhängigkeit
- Depression
- Suchtmittelmissbrauch
- Suizidversuche
- Verleugnung
- Phobien
- Paranoia
- dissoziative Störung[en].

Akute Phase

Somatische Reaktionen

Reizbarkeit von Magen und Darm (Übelkeit, Erbrechen, Anorexie)
Beschwerden im Urogenitalbereich (Schmerzen, Pruritus)
Verspannung der Skelettmuskulatur (Spasmen, Schmerzen)
gestörtes Schlafmuster.

Psychische Reaktionen

Verleugnung
emotionale Reaktion[en] (z. B. Wut, Peinlichkeit [Verlegenheit], Furcht vor physischer Gewalt und Tod, Demütigung, Selbstbeschuldigung, Rachegefühle)
Furcht vor dem Alleinsein oder vor der Rückkehr des Vergewaltigers. Ein Kind fürchtet Bestrafung, ein Nachspiel, Verlassenwerden, Zurückweisung
Schuldgefühle
Panik beim Anblick des Angreifers oder des Tatorts
wiederkehrende Symptome vorheriger Gesundheitszustände (z. B. physische Krankheit, psychiatrische Krankheit)
Suchtmittelmissbrauch [Substanzmissbrauch].

Sexuelle Reaktionen

Misstrauen gegenüber Männern (wenn das Opfer eine Frau oder ein Kind ist)
Veränderungen des Sexualverhaltens.

Langzeitphase

Jede Reaktion der akuten Phase kann sich fortsetzen, wenn es nicht zur Auflösung kommt.

Psychische Reaktionen

Veränderung der Lebensweise (z. B. Wohnsitzwechsel, Umgang mit wiederkehrenden Albträumen und Phobien, Suche nach familiärer Unterstützung, Suche nach Unterstützung im sozialen Netzwerk).
Schlafstörungen
Depression
Suizidgedanken
Phobien
Angst.

Einflussfaktoren

Vergewaltigung [tatsächliches oder versuchtes sexuelles Eindringen].

Anmerkung der Autorin

Siehe *posttraumatisches Syndrom.*

Irrtümer in diagnostischen Aussagen

Siehe *posttraumatisches Syndrom.*

Zentrale Konzepte

Allgemeine Überlegungen

- Schätzungen zufolge werden in den USA jährlich mehr als 200 000 Fälle von Vergewaltigung dokumentiert (RAINN, 2002).
- Vergewaltigung ist ein Verbrechen, bei dem sexuelle Mittel zur Erniedrigung oder Entwürdigung des Opfers dienen. Jemand begeht sexuelle Handlungen an einer Person gegen deren Willen. Vergewaltigung verletzt das Recht einer Person auf Privatsphäre, das Gefühl innerer und äußerer Sicherheit und das Wohlbefinden.
- Vergewaltigung ist ein Verbrechen, das von Gesundheitsfachpersonen zur Anzeige gebracht werden muss. Schätzungen zufolge geschieht dies nur in 4 von 10 Fällen (Smith-DiJulio, 1998; Symes, 2000).
- In unserer Kultur galt früher und in manchen Kulturen gilt noch heute, dass (Heinrich, 1987), dass …
  - … der rechtmäßige Platz einer Frau in der Gesellschaft darin besteht, der Bestimmung des Mannes zu folgen.
  - … die Frau Eigentum des Mannes ist und die Verantwortung dafür trägt, dass sie ihren Wert behält. Eine Frau, die sich vergewaltigen lässt, ist demnach schlecht.
  - … eine Frau für den Mann wichtig ist als Symbol seiner Macht, seines Status und als Belohnung seines Könnens und seiner Tapferkeit.

- Zu den Mythen rund um Vergewaltigung gehören u. a. (Heinrich, 1987):
  - Der Vergewaltiger ist ein sexuell unbefriedigter Mann, der seinen Drang nicht unter Kontrolle hat.
  - Vergewaltigung ist ein einmaliger Vorfall, der einen vorübergehenden Verlust des Urteilsvermögens darstellt.
  - Vergewaltiger sind Fremde.
  - Das Opfer provoziert die Vergewaltigung.
  - Nur Frauen mit häufig wechselndem Geschlechtspartner werden vergewaltigt.
  - Vergewaltigt werden Frauen, die nachts allein unterwegs sind. Wenn eine Frau zu Hause bleibt, ist sie sicher.
  - Frauen können nicht gegen ihren Willen vergewaltigt werden. Sie können eine Vergewaltigung durch Widerstand vermeiden.
  - Die meisten Vergewaltigungen geschehen zwischen schwarzen Männern und weißen Frauen.
  - Frauen respektieren Männer dafür, dass sie überwältigt werden, u. U. genießen sie die Vergewaltigung sogar.
  - Vergewaltiger sind geisteskrank oder retardiert und daher für ihre Taten nicht verantwortlich.
- Opfer, Familien, die Gesellschaft und Betreuungspersonen, die diesen Mythen Glauben schenken, sehen sich u. U. weder als Opfer noch erkennen sie den kriminellen Charakter einer Vergewaltigung an; sie suchen u. U. keine Hilfe oder man verweigert ihnen unterstützende Interventionen (Heinrich, 1987).
- Vergewaltiger lassen sich in drei große Kategorien einteilen (Whitehill, 1998):
  - Vergewaltiger aus Machtbedürfnis (55 % der sexuell motivierten Angriffe). Sie greifen fast gleichaltrige Personen an und setzen zur Kontrolle Einschüchterung sowie minimale Gewalt ein. Der Angriff ist geplant.
  - Vergewaltiger aus Wut (40 % der sexuell motivierten Angriffe). Sie zielen auf sehr junge oder ältere Frauen ab und wenden extreme Gewalt und Fesselungen an, was zu Körperverletzungen führt.
  - Vergewaltiger aus Sadismus (5 % der sexuell motivierten Angriffe). Der Angriff ist geplant. Aus Folter ziehen sie erotische Befriedigung.
- Burgess (1995) unterscheidet drei Hauptarten von Vergewaltigung:
  - *Vergewaltigung:* Geschlechtsverkehr ohne Zustimmung, bei dem der Angreifer Vertrauen, Zwang oder Gewalt einsetzt.
  - *als «MitwisserIn»:* Überlebende kollaborieren sekundär bei der sexuellen Aktivität und die Zustimmung oder Nichtzustimmung erfolgt aus der Entwicklung des Denkens oder der Persönlichkeit heraus. Anfällig sind Kinder und geistig retardierte Personen.
  - *sexuelle Stresssituation:* Ursprünglich hatte man sich auf Geschlechtsverkehr geeinigt, dann jedoch beschließt eine Seite, gewöhnlich aufgrund der Ausnutzung, ihn nicht durchzuführen, wobei diese Meinungsänderung jedoch nicht beachtet wird.
- Vergewaltigung kommt in allen Altersgruppen und Rassen sowie bei jedem Bildungsstand und in allen ökonomischen Gruppen vor (Smith-DiJulio, 1998).
- Männliche Vergewaltigungsopfer (einschließlich Homosexueller) werden die Vergewaltigung kaum anzeigen, aber höchstwahrscheinlich an Symptomen eines Vergewaltigungssyndroms leiden (Anderson, 1981/1982; Kaufman, 1980; Smith-DiJulio, 1998).

- «Viele Kinder und erwachsene Überlebende sexuell motivierter Angriffe zeigen das Verbrechen niemals an und suchen auch keine Hilfe» (Symes, 2000:30).
- Überlebende eines sexuell motivierten Angriffs unternehmen mit größerer Wahrscheinlichkeit einen Suizidversuch, haben eine Essstörung, werden erneut sexuell motiviert angegriffen und betreiben Substanzmissbrauch, haben depressive Episoden und Angststörungen (Symes, 2000).

Geburtshilflich-gynäkologische Überlegungen

Siehe *behinderndes familiäres Coping* und *häusliche Gewalt.*

Pädiatrische Überlegung

- Weibliche Jugendliche sind besonders durch sexuell motivierte Angriffe gefährdet. Schätzungen zufolge sind mehr als 50 % der Vergewaltigungsopfer zwischen 10 und 19 Jahren alt (Wong, 2003).
- Der Angreifer eines Kindes ist höchstwahrscheinlich jemand, den das Kind kennt, und die Angriffe erfolgen gewöhnlich seit einiger Zeit bei dem Kind zu Hause oder in der Nachbarschaft (Pownall, 1985).
- Jugendliche und vor allem Jungen neigen nach einer Vergewaltigung eher zu Suizidversuchen (Holmes, 1999).
- Vergewaltigung durch einen Verwandten ist stark vorherrschend unter Mädchen im Schulalter und gilt als zu wenig erkannt und zur Anzeige gebracht (Ellis, 1994).
- Es wurde über größeres seelisches Leid und mehr Langzeiteffekte berichtet, wenn der Vergewaltiger dem Kind bekannt und eine Vertrauensperson war (Holmes, 1999).
- Jugendliche Mädchen berichten zu selten über die Vergewaltigung durch einen Verwandten, weil sie glauben, irgendwie dazu beigetragen zu haben (z. B. durch Alkoholkonsum) (Wong, 2003).
- Durch Drogen erleichterte, sexuell motivierte Angriffe geschehen, indem man eine Droge in ein Getränk tut. Zu den «Vergewaltigungsdrogen» gehören Flunitrazepam, GHB (Gamma-Hydroxybuttersäure) und Ketamin. Sie verursachen Enthemmung, Passivität, Muskelrelaxation und Amnesie (Smith, 1999).

Geriatrische Überlegungen

- Fälle von Vergewaltigung werden von älteren Menschen zu wenig angezeigt (US Department of Justice, 1989).
- Die Reaktionen älterer Menschen auf eine Vergewaltigung gleichen denen anderer erwachsener Opfer, jedoch kann es zu verstärkter Abhängigkeit, Machtlosigkeit und Depression kommen (Fielo, 1987).
- Am stärksten missbrauchsanfällig sind BewohnerInnen von Pflegeheimen. Dass das Problem sexuellen Missbrauchs bislang nicht angegangen wurde, mag daraus resultieren, dass sexuell motivierte Angriffe auf PflegeheimbewohnerInnen unverständlich

sind und generell eine feindselige Haltung gegenüber älteren und kognitiv gestörten Menschen herrscht (Burgess et al., 2000).

- Burgess zufolge sterben 11 von 20 sexuell motiviert angegriffenen PflegeheimbewohnerInnen innerhalb von einem Jahr nach dem Angriff. Diese Opfer sind weder körperlich noch konstitutionell oder psychisch in der Lage, sich zu wehren oder mit den Nachwirkungen zurechtzukommen (Burgess et al., 2000).
- Der Missbrauch älterer Menschen kann körperlichen und sexuellen Missbrauch, psychischen Missbrauch, Vernachlässigung, Ausbeutung und medizinischen Missbrauch umfassen (Goldstone, 2005).

Transkulturelle Überlegungen

- Die misshandelte Frau stammt u. U. aus einer Kultur, in der häusliche Gewalt akzeptiert ist und wird möglicherweise durch eine kulturelle Dynamik isoliert, die es ihr nicht gestattet, ihren Mann zu verlassen. Außerdem können Sprachbarrieren ihre Fähigkeit behindern, die Polizei zu rufen oder etwas über ihre Rechte und juristischen Möglichkeiten in Erfahrung zu bringen (American Bar Association, 2004).

Einschätzungskriterien des Fokusassessments

Subjektive Daten (müssen dokumentiert werden)

Einschätzen bestimmender Merkmale oder Kennzeichen

Anamnese der unerwünschten sexuellen Aktivität (Kind, Jugendliche/r, Erwachsene/r)*

Zeit und Ort des Ereignisses
Identität oder Beschreibung des Angreifers
Sexueller Kontakt (Art, Ausmaß, Zwang, Waffe)
Zeugen, falls vorhanden.
Aktivitäten, durch die sich die Beweislage verändern könnte (Kleiderwechsel, Baden, Urinieren, Duschen).
Sexualanamnese:

- Datum der letzten Monatsblutung
- Einnahme von Kontrazeptiva
- Menstruationsanamnese
- Datum des letzten Geschlechtsverkehrs
- Anamnese venerischer Erkrankungen.

* Eine Anamnese zu sichern soll Beweise für ein Trauma konkretisieren, nicht die Details des Traumas erkunden. Dies sollte in einer entsprechenden Therapiesitzung geschehen.

Reaktion auf den Angriff in der akuten Phase

Assessment der/des Betroffenen und seiner Familie auf:

- somatische Symptome
- psychische Symptome
- sexuelle Reaktionen.

Einschätzen des Kindes auf:

- Verstehen des Ereignisses
- Wissen um die Identität des Angreifers
- die Möglichkeit früherer Angriffe.

Einschätzen der Eltern, des Ehepartners, anderer Personen auf:

- Verstehen des Ereignisses
- die Fähigkeit, dem Opfer beim Coping zu helfen
- die Coping-Fähigkeit.

Reaktion auf den Angriff in der langfristigen Phase

Einschätzen der Person und der Familie auf Reaktionen.

Objektive Daten

Einschätzen der Verletzung (Ekchymosen, Lazerationen, Abschürfungen)

Magen-Darm-System (Mund, Anus, Abdomen)
Skelettmuskulatur
Urogenitalsystem.

Einschätzen emotionaler Reaktionen

Weinen
Distanziertheit
Hysterie
Gelassenheit
Rückzug.

Einschätzen von Verhaltensänderungen bei kognitiv behinderten Personen (Burgess et al., 2000)

Vermeidungsverhalten gegenüber Männern
Sich nahe dem Stationszimmer aufhalten
Liegen in Fetalhaltung
Furcht vor Männern
Rückzugsverhalten.

Ziele

NOC

- Schutz vor Missbrauch
- Genesung von Missbrauch
- Coping

Die Person kehrt zu einem Funktionsgrad zurück, der dem vor der Krise entspricht.
Das Kind äußert Gefühle hinsichtlich des Angriffs und der Behandlung.
Eltern, EhepartnerIn oder Bezugspersonen kehren zu einem Funktionsgrad zurück, der dem vor der Krise entspricht.

Indikatoren

Kurzfristige Ziele:
- Mitteilen von Gefühlen.
- Beschreiben der Begründung und Prozeduren der Behandlung.
- Erkennen von Angehörigen des Unterstützungssystems und deren entsprechender Einsatz.

Langfristige Ziele:
- Berichten über guten Schlaf.
- Berichten über die Rückkehr zum früheren Essverhalten.
- Berichten über das Ausbleiben oder nur noch geringe Auftreten somatischer Reaktionen.
- Demonstrieren von Ruhe und Entspannung.

Allgemeine Interventionen

NIC

- Missbrauchsprävention
- Copingverbesserung
- Vergewaltigungstrauma-Behandlung
- Selbsthilfegruppennutzung
- Angstminderung
- Anwesenheit
- Emotionale Unterstützung
- Beruhigung
- Aktives Zuhören
- Familienunterstützung
- Trauerarbeitserleichterung

Psychische Reaktionen

Untersuchen auf psychische Reaktionen

Allgemeine psychische Reaktionen

Phobien, Albträume
Enuresis
Verleugnung, emotionaler Schock
Wut, Furcht, Angst
Depression, Schuldgefühle.

Subjektive psychische Reaktionen

Äußerungen des Betäubtseins, der Scham und der Selbstvorwürfe
Suizidgedanken.

Objektive psychische Reaktionen

Weinen
Schweigen
Zittern der Hände
Exzessives Baden (vor allem bei Kindern oder Jugendlichen)
Vermeiden der Interaktion mit anderen (Personal, Familie)
Tragen von zu viel Kleidung (zwei oder drei Hosen/Unterhosen).

F: Je eher die Interventionen bei einem Vergewaltigungsopfer einsetzen, desto geringer der psychische Schaden, den es erleidet. Viele Opfer versuchen, die Erinnerung an den Angriff zu unterdrücken. Ein derartiges Hinausschieben der Beratung um auch nur einen Tag kann ihre Bemühungen um Nachsorge schon schwächen. Sofortiger Kontakt mit einer Beratungsperson kann dieses Widerstreben überwinden.

Unterstützen des Klienten beim Herausarbeiten bedeutender psychischer, medizinischer, juristischer Belange und beim Wahrnehmen benötigter Hilfe

Erklären der Versorgung und Untersuchung

Führen Sie die Untersuchung ohne Eile durch.
Erklären Sie jede Einzelheit, bevor Sie handeln.
Erklären Sie die Lagerung und die Instrumente, falls es sich um die erste Beckenuntersuchung handelt.
Erörtern Sie die Möglichkeit einer Schwangerschaft und sexuell übertragbarer Krankheiten sowie deren Behandlung.

Erklären juristischer Fragen und der polizeilichen Untersuchung (Heinrich, 1987)

Erklären Sie die Notwendigkeit einer Probenentnahme für eine eventuelle spätere Verwendung vor Gericht.

Erklären Sie, dass die Entscheidung, die Vergewaltigung zur Anzeige zu bringen, beim Opfer liegt. Wenn der Befragung durch die Polizei zugestimmt wird:

- Handeln Sie mit dem Opfer und der Polizei eine günstige Zeit aus.
- Erklären Sie dem Opfer, welche Art von Fragen dabei gestellt werden.
- Bleiben Sie während der Befragung beim Opfer. Stellen Sie keine Fragen und bieten Sie auch keine Antworten an.

Wenn der Beamte unsensibel, einschüchternd oder beleidigend ist oder unpassende Fragen stellt, erörtern Sie dies mit ihm unter vier Augen. Besteht das Verhalten fort, nutzen Sie den Dienstweg und erheben sie Dienstaufsichtsbeschwerde.

F: Die kriminaltechnisch-medizinische Untersuchung dient dazu, den Zustand des Opfers einzuschätzen und Beweismaterial zu sichern. Sie besteht aus einer allgemeinen Untersuchung, der Untersuchung des Mundes, Beckens und Rektums, einem Abstrich zum Nachweis von Sperma und zur Untersuchung auf sexuell übertragbare Erkrankungen, einem Serum-Schwangerschaftstest, dem Bestimmen der Blutgruppe sowie einer Überprüfung auf Drogen und Alkohol. Erkennbarer Débris wird in separate Behälter verbracht. Getrocknetes Sperma wird gesammelt. Scham- und Kopfhaar des Opfers werden gekämmt und Proben in jeweils separate Behältnisse verbracht. Kratzrelikte unter den Fingernägeln werden in ein eigenes Behältnis für jede Hand verbracht (Heinrich, 1987).

Beseitigen oder Lindern psychischer Reaktionen, wenn möglich

Fördern einer vertrauensvollen Beziehung

Bleiben Sie während der akuten Phase bei der Person oder sorgen Sie für andere Unterstützung.
Informieren Sie die Person während der akuten Phase über die Prozeduren bei der Polizei und in der Klinik.
Assistieren Sie während der medizinischen Untersuchung; erklären Sie jede Prozedur im Voraus.
Helfen Sie der Person bei persönlichen Bedürfnissen (z.B. Baden *nach* der Untersuchung und Sicherung des Beweismaterials).
Hören Sie aufmerksam auf die Bitten der Person.
Wahren Sie gegenüber der Person und ihrer Familie eine ruhige Haltung.
Vermeiden Sie Gefühle des Retten-Wollens gegenüber der Person.
Wahren Sie eine vorurteilslose Haltung.
Unterstützen Sie die Überzeugungen und das Wertesystem der Person und vermeiden Sie es, zu etikettieren.
Initiieren Sie bei einem Kind eine Spieltherapie, um Behandlungen zu erklären und dem Kind die Möglichkeit zu geben, Gefühle zu äußern.

F: Weil das Recht des Opfers auf Zustimmung oder Ablehnung sexueller Aktivität aufs Gröbste verletzt wurde, ist es wichtig, für die anschließende Versorgung die Zustimmung einzuholen (Heinrich, 1987). Wichtig ist, der Klientin/dem Klienten so viel wie machbar oder möglich darüber zu erzählen, was geschieht und warum es geschieht. Selbst in lebensbedrohenden Situationen ist es hilfreich, dem Opfer ein Gefühl von Kontrolle zu vermitteln.

F: Die Reaktion des Kindes hängt ab vom Alter, vom Ausmaß des physischen Traumas, von der Beziehung zum Angreifer und von der Reaktion der Eltern (Betreuungspersonen) (Wong, 2003).

F: Spieltherapie sollte ein integraler Bestandteil des Therapieplans für das Kind sein. Das Kind kann den Angriff mit Puppen entsprechenden Geschlechts ausagieren. Puppen eignen sich auch gut für die Spieltherapie (Wong, 2003).

Sorgen für Krisenberatung möglichst innerhalb von 1 h nach der Vergewaltigung

Bitten Sie darum, Kontakt zur Vergewaltigungskrisenberatung aufnehmen zu dürfen.

Seien Sie flexibel und gestalten Sie das Vorgehen nach den individuellen Bedürfnissen der Person.

Beobachten Sie sorgfältig das Verhalten der Person und dokumentieren Sie objektive Daten.

Ermutigen Sie das Opfer, Gedanken, Gefühle oder Wahrnehmungen in Bezug auf das Ereignis zu äußern.

Erörtern Sie die Behandlung als Opfer; bringen Sie Empathie zum Ausdruck.

Schätzen Sie die Ausdrucksweise der Person ein (expressiv, beherrscht).

Erörtern Sie den früheren Coping-Mechanismus mit der Person.

Erkunden Sie verfügbare Unterstützungssysteme. Beteiligen Sie daran ggf. auch Bezugspersonen.

Schätzen Sie die Stresstoleranz ein.

Bestärken Sie die Person in der Art und Weise, wie sie reagiert hat.

Erkunden Sie mit der Person deren Stärken und Ressourcen.

Vermitteln Sie Vertrauen in die Fähigkeit der Person, ihren früheren Funktionsgrad wiederzuerlangen.

Unterstützen Sie die Person beim Fällen von Entscheidungen und Problemlösen. Beteiligen Sie die Person an ihrem Behandlungsplan.

Helfen Sie der Person, ihre Würde wiederherzustellen, indem Sie gemeinsam ruhig die Grundlage für Gefühle erkunden.

Versichern Sie der Person, dass Opfer von Vergewaltigungen oft folgende Gefühle/Symptome haben: Angst vor dem Vergewaltiger oder vor dem Tod, Schuldgefühle, Kontrollverlust, Scham, kurze Aufmerksamkeitsspanne, Wut, Angst, Phobien, Depression, Flashbacks, Verlegenheit und Ess- bzw. Schlafstörungen.

Respektieren Sie die Rechte des Opfers. Folgen Sie dem Wunsch, unerwünschte Besucher abzuweisen. Bieten Sie Privatsphäre an, wenn angemessen.

Erklären Sie der Person, dass diese Erfahrung einen Bruch in ihrem Leben bedeutet und dass die Gefühle während der akuten Phase erneut auftreten können. Ermutigen Sie die Person, in ihrem eigenen Tempo vorzugehen.

Erläutern Sie Dokumente, die unterschrieben werden müssen.

Beraten Sie die Familie und Freunde kurz auf ihrem Niveau:

- Vermitteln Sie ihnen das unmittelbare Bedürfnis des Opfers nach Liebe und Unterstützung.
- Ermutigen Sie sie, ihre Gefühle zu äußern und Fragen zu stellen.

F: Krisenberatung kann für akkurate Informationen und ein fortlaufendes Assessment des emotionalen Zustands sorgen (Smith-DiJulio, 1998).

F: Krisenzentren für Vergewaltigungsopfer versorgen diese und ihre Angehörigen mit Informationen über die medizinische Untersuchung, die polizeiliche Befragung und gerichtliche Prozeduren, ferner mit einem Begleitdienst zum Krankenhaus, zur Polizei und zum Gericht sowie mit Beratung.

F: Einiges an Verheerung lässt sich verhindern, indem die Familie und Freunde des Opfers Symptome als normal anerkennen (Adams/Fay, 1989). Reaktionen Dritter können die Genesung enorm fördern oder behindern. Auch Bezugspersonen können in eine Krise geraten und müssen u. U. genesen (Adams/Fay, 1989).

Rechtsmedizinischen Verantwortlichkeiten nachkommen durch Dokumentation (Peter/Whitehill, 1989)

Dokumentieren

Anamnese der Vergewaltigung (Datum, Uhrzeit, Ort).
Art der Verletzung, Anwendung von Gewalt, verwendete Waffen, Androhungen von Gewalt oder Repressalien, verwendete Fixierungen.
Art des Angriffs (Berühren; orale, anale, vaginale Penetration; Ejakulation; Gebrauch eines Kondoms).
Aktivitäten nach dem Angriff (Vaginaldusche, Baden/Duschen, Gurgeln, Urinieren, Stuhlgang, Sich-Umziehen, Essen oder Trinken).
Gegenwärtiger Zustand (Drogen-, Alkoholkonsum).
Medizinische Anamnese, Tetanus-Immunstatus, gynäkologische Anamnese (letzte Menses), letzter freiwilliger Geschlechtsverkehr.
Emotionaler und mentaler Zustand.
Untersuchungsbefunde, abgenommene Abstriche/Kulturen, Blutuntersuchungen, erhobene Beweise und Fotos (falls angemessen).
Dokumentieren Sie, wem wann welches Beweismaterial ausgehändigt wird.

Sicherstellen, dass man sich um Folgendes kümmert:

Sexuell übertragbare Krankheiten (Proben, Blutuntersuchungen, Prophylaxe):

- Gonorrhö
- Syphilis
- Chlamydien
- humanes Immunschwächevirus (HIV)
- Trichomoniasis
- Hepatitis B.

Schwangerschaft (Test, notfallmäßige Kontrazeption).
Nachsorge:

- Tests
- Impfungen.

F: Für akkurate Informationen über die rechtsmedizinischen Prozeduren und ihre Relevanz zu sorgen kann das Gefühl körperlichen Eindringens und Kontrollverlustes verringern.

Nachsorge (Andrews, 1992)

Sorgen Sie für eine Karte mit Informationen über die Nachsorgetermine sowie Namen und Telefonnummern lokaler Krisen- und Beratungszentren.
Planen Sie einen Hausbesuch oder Telefonanruf.
Arrangieren Sie eine juristische oder konfessionelle Beratung, falls angemessen.
Empfehlen und verweisen Sie an einen Psychotherapeuten, einen klinischen Psychologen oder Psychiater, an eine Selbsthilfegruppe oder gemeindenahe Dienste.

F: Detaillierte Nachsorgeinstruktionen werden gegeben, weil die Person die Informationen zu diesem Zeitpunkt nicht verarbeiten kann (Andrews, 1992).
F: Eine Nachsorgeberatung bietet Unterstützung im Laufe der Zeit und kann die intrapsychischen Auswirkungen der Vergewaltigung lindern (Smith-DiJulio, 1998).

Somatische Reaktionen

Einschätzen auf somatische Reaktionen

Reizbarkeit von Magen und Darm
Beschwerden im Urogenitalbereich
Rektale Beschwerden
Anspannung der Skelettmuskulatur
Scheidenausfluss
Hämatome und Ödem
Angaben über:

- Kopfschmerzen
- Anorexie
- Brennen beim Wasserlassen
- Erschöpfung
- Übelkeit
- Jucken
- Schmerzen.

Beseitigen oder Reduzieren der somatischen Symptomatik

Reizbarkeit von Magen und Darm

Anorexie

Bieten Sie kleine, häufige Mahlzeiten an.
Sorgen Sie für ansprechende Mahlzeiten.
Dokumentieren Sie die Einfuhr.
Bei länger anhaltender Anorexie siehe *Mangelernährung*.

Übelkeit

Vermeiden Sie Gas bildende Speisen.
Schränken Sie kohlensäurehaltige Getränke ein.

Achten Sie auf ein geblähtes Abdomen.
Bieten Sie Antiemetika nach ärztlicher Verordnung an.

Beschwerden im Urogenitalbereich

Schmerzen

Schätzen Sie Art und Dauer ein.
Überwachen Sie Ein- und Ausfuhr.
Inspizieren Sie den Urin und das äußere Genitale auf Blutungen.
Hören Sie aufmerksam zu, wenn die Person die Schmerzen beschreibt.
Verabreichen Sie Schmerzmittel nach ärztlicher Verordnung (siehe *beeinträchtigtes Wohlbefinden*).

Ausfluss

Schätzen Sie Menge, Farbe und Geruch des Ausflusses ein.
Geben Sie der Person nach der Erstuntersuchung Zeit, sich zu waschen und sich umzuziehen.

Jucken

Ermutigen Sie zu einem kühlen Bad.
Vermeiden Sie den Gebrauch von Detergenzien.
Vermeiden Sie das Berühren der schmerzenden Bereiche.

Anspannung der Skelettmuskulatur

Kopfschmerzen

Vermeiden Sie jeden plötzlichen Lagewechsel der Person.
Treten Sie ruhig an die Person heran.
Heben Sie das Kopfteil des Bettes leicht an (falls nicht kontraindiziert).
Erörtern Sie schmerzlindernde Maßnahmen, die sich früher als wirksam erwiesen haben.

Erschöpfung

Schätzen Sie das aktuelle Schlafverhalten auf Störungen ein (siehe *Schlafstörung*).
Erörtern Sie Faktoren, die eine Schlafstörung auslösen, und versuchen Sie, diese Faktoren zu beseitigen, wenn möglich.
Sorgen Sie für häufige Ruhephasen im Laufe des Tages.
Vermeiden Sie Unterbrechungen des Schlafes.
Vermeiden Sie Situationen, die Stress auslösen.

Emotionale Reaktionen

Sorgen Sie für eine emotional sichere Umgebung.
Erörtern Sie die täglichen Routinen der Person und versuchen Sie, diese möglichst beizubehalten.
Vermeiden Sie jede plötzliche Bewegung und gehen Sie auf ruhige Weise vor.
Sorgen Sie für häufige Ruhephasen im Laufe des Tages.

Generalisierte Hämatome und Ödeme

Vermeiden Sie einschnürende Kleidung.
Gehen Sie vorsichtig mit den betroffenen Körperteilen um.

Lagern Sie den betroffenen Körperteil hoch, wenn ein Ödem vorliegt.

Legen Sie in den ersten 24 Stunden kühle, feuchte, nach 24 Stunden dann warme Kompressen auf den ödematösen Bereich.

Ermutigen Sie die Person, Beschwerden zu äußern.

Dokumentieren Sie alle Hämatome, Lazerationen, Ödeme oder Abschürfungen.

Fortfahren mit der Gesundheitsedukation der Person und der Familie

Reizbarkeit von Magen und Darm: Erklären Sie die Nebenwirkungen von Diäthylstilböstrol (DES), d. h. Übelkeit und Erbrechen.

Beschwerden im Urogenitalbereich: Raten Sie davon ab, sich in dem Bereich, der Beschwerden verursacht, zu kratzen.

Anspannung der Skelettmuskulatur:

- Erklären Sie die möglichen Gründe für die Beschwerden.
- Erläutern Sie Maßnahmen, welche die Anspannung lindern helfen können.
- Lehren Sie Entspannungsmethoden.
- Erklären Sie, dass diese Symptome bei Opfern von Vergewaltigung häufig vorkommen.

F: Die Interventionen bei einem Vergewaltigungssyndrom werden nach ihrer Nützlichkeit unter den drei Arten von Reaktionen bei jedem Opfer aufgeführt und senken jede weitere Traumatisierung auf ein Minimum.

Machtlosigkeit

Definition

Machtlosigkeit: der Zustand, in dem einer Person oder einer Gruppe die persönliche Kontrolle über bestimmte Ereignisse oder Situationen fehlt, was sich auf die Perspektive, die Ziele und die Lebensweise auswirkt.

Machtlosigkeit (engl. Powerlessness): Wahrnehmung, dass das eigene Handeln ein Ergebnis nicht entscheidend beeinflussen wird; wahrgenommener Mangel an Kontrolle über eine aktuelle Situation oder ein unmittelbares Geschehen (NANDA-I, 2010).

Bestimmende Merkmale oder Kennzeichen

Hauptkennzeichen (obligat)

Offener oder verdeckter Ausdruck (Wut, Apathie) von Unzufriedenheit mit der Unfähigkeit zur Situationskontrolle (z. B. Arbeit, Krankheit, Prognose, Versorgung, Tempo der Genesung), der sich negativ auf Ausblick, Ziele und Lebensweise auswirkt (Erlen, 2006).

Ein Selbstbild der Wertlosigkeit; das Gefühl, in der eigenen Lebenssituation und im emotionalen Leid gefangen zu sein (Strandmark, 2004).

Nebenkennzeichen (fakultativ)

leichte Machtlosigkeit
- [Äußerungen von Unsicherheit angesichts schwankender Energielevels].
- [Passivität]

mäßige Machtlosigkeit
- Äußerung von Unzufriedenheit wegen der Unfähigkeit, frühere Aktivitäten [Aufgaben] auszuführen [und wahrzunehmen]
- Äußerung von Zweifel, über das Rollenverhalten, [Rollen wahrnehmen zu können]
- berichtet von Entfremdung
- [Furcht vor Entfremdung von Betreuenden]
- [Widerwille, wahre Gefühle auszudrücken]
- [Groll, Wut]
- berichtet von Scham [Schuldgefühlen].
- Abhängigkeit von anderen, die zu Reizbarkeit führen kann
- [Unfähigkeit, sich Informationen über die Behandlung zu beschaffen]
- [Passivität]
- keine Partizipation [Teilnahme] an der Behandlung [Pflege], wenn Gelegenheit dazu geboten wird
- [kein Mitwirken an der Entscheidungsfindung, wenn Gelegenheit dazu geboten wird]
- [beobachtet keine Fortschritte in der Situation]
- [verteidigt nicht die Handlungen der Selbstversorgung und -fürsorge, wenn diese in Frage gestellt werden].

schwere Machtlosigkeit
- berichtet von mangelnder Kontrolle [z. B. über Selbstversorgung, Situation, Ergebnis]
- Depression wegen physischer Verschlechterung.
- [Apathie: Rückzug, Resignation, Weinen].

Einflussfaktoren

Pathophysiologische Faktoren

Jeder Krankheitsprozess – akut oder chronisch – kann Machtlosigkeit auslösen oder dazu beitragen. Im Folgenden werden einige häufige Ursachen genannt.

B/d die Unfähigkeit zu kommunizieren, s/b/d einen Apoplex, ein Guillain-Barré-Syndrom oder Intubation.

B/d die Unfähigkeit zur Durchführung der Aktivitäten des täglichen Lebens, s/b/d z. B. Apoplex, Hirntrauma, Myokardinfarkt, Schmerzen.

B/d die Unfähigkeit, Rollenverantwortlichkeiten wahrzunehmen, s/b/d eine Operation, ein Trauma oder Arthritis.

B/d eine fortschreitende, zur Behinderung führende Erkrankung, s/b/d z. B. multiple Sklerose, ein Tumorleiden im Finalstadium, AIDS.

B/d Substanzmissbrauch.

B/d kognitive Verzerrungen, s/b/d Depression.

Situationsbedingte Faktoren (persönlich bedingt, umgebungsbedingt)

B/d den Übergang vom Kurativ- zum Palliativstatus.

B/d durch das Gefühl von Kontrollverlust und Einschränkungen der Lebensweise, s/b/d (zu spezifizieren).

B/d bulimisches Essverhalten.

B/d persönliche Merkmale, bei denen Kontrolle einen hohen Wert hat (z. B. interne Kontrollüberzeugung).

B/d Auswirkungen klinik- oder einrichtungsbedingter Einschränkungen.

B/d unbefriedigende zwischenmenschliche Interaktion [z. B. Machtmissbrauch, Gewalt, Beziehung mit Missbrauch]

B/d erhöhte Furcht vor Missbilligung.

B/d stetiges negatives Feed-back.

B/d eine seit langem bestehende missbräuchliche Beziehung.

B/d institutionelle Umgebung [z. B. Verlust von Privatsphäre, Entzug persönlicher Besitztümer, Kontrolle über Therapien]

B/d [von Hilflosigkeit geprägte Lebensweise, z. B. wiederholte Misserfolge, Abhängigkeit].

Altersbedingte Faktoren

Jugendliche

B/d Probleme bei der Kindererziehung.

Ältere Menschen

B/d vielfältige Verluste, s/b/d das Altern (z. B. Ruhestand, sensorische Ausfälle, motorische Ausfälle, finanzielle Belange, Bezugspersonen).

Gefahr einer Machtlosigkeit

Definition

Risiko eines wahrgenommenen Mangels an Kontrolle über eine Situation und/oder über die eigenen Fähigkeiten, ein Ergebnis entscheidend zu beeinflussen (NANDA-I, 2010).

Risikofaktoren

physiologische

- Angst
- Krankheit [Hospitalisierung, Intubation, Beatmung, Absaugen]
- Sterben
- akute Verletzungen
- fortschreitende stark einschränkende Erkrankung [Kräfte raubender Krankheitsprozess (z. B. Rückenmarksverletzung, Multiple Sklerose)]
- Altern [z. B. verminderte körperliche Kraft, verminderte Mobilität].
- Schmerzen.

psychosoziale

- Pflegen [Versorgung einer pflegebedürftigen Person]
- Wissensdefizit [z. B. über die Erkrankung oder das Gesundheitssystem]
- wirtschaftlich benachteiligt [sein]
- krank sein
- unwirksames Coping-Verhalten
- fehlende soziale Unterstützung
- soziale Ausgrenzung
- stigmatisierende Erkrankung
- stigmatisierender Zustand
- situationsbedingtes geringes Selbstwertgefühl
- chronisch geringes Selbstwertgefühl
- [unvorhersehbarer Krankheitsverlauf]
- [von Abhängigkeit geprägte Lebensweise]
- [Körperbildstörung].

Anmerkung der Autorin

Machtlosigkeit ist ein Gefühl, das jeder Mensch in verschiedenen Situationen in unterschiedlichem Ausmaß hat. Stephenson (1979) beschrieb zwei Arten von Machtlosigkeit. *Situationsbedingte Machtlosigkeit* tritt bei einem bestimmten Ereignis auf und ist möglicherweise nur kurzfristig. *Merkmalsbedingte Machtlosigkeit* ist durchdringender und wirkt sich negativ auf die generelle Perspektive, Ziele, Lebensweise und Beziehungen aus. Die Pflegediagnose *Machtlosig-*

keit kann klinisch eher von Nutzen sein, wenn es um die Beschreibung einer Person geht, bei der Machtlosigkeit ein Merkmal darstellt und nicht nur situationsbedingt besteht.

Hoffnungslosigkeit unterscheidet sich von Machtlosigkeit dahingehend, dass eine hoffnungslose Person weder eine Lösung für Probleme noch einen Weg sieht, Gewünschtes zu erreichen, selbst wenn sie meint, die Kontrolle zu haben. Eine machtlose Person mag eine Alternative oder Antwort zwar sehen, ist jedoch aufgrund der Wahrnehmung, weder Kontrolle noch Ressourcen zu haben, nicht in der Lage, etwas in diese Richtung zu unternehmen. Lang anhaltende Machtlosigkeit kann zu Hoffnungslosigkeit führen.

Irrtümer in diagnostischen Aussagen

Machtlosigkeit, b/d Hospitalisierung

Eine stationäre Einweisung ruft bei Menschen und ihren Familien verschiedene Reaktionen hervor, darunter Angst, Furcht und Machtlosigkeit. Wenn ein kurzer Klinikaufenthalt zu erwarten ist, kann sich die Diagnose *Angst,* **b/d** *eine unvertraute Umgebung, den Verlust üblicher Routinen und einen Einbruch in die Privatsphäre* als nützlich erweisen, um eine situationsbedingte Machtlosigkeit zu beschreiben. Die Pflegeperson sollte die Diagnose neu formulieren als: *Machtlosigkeit,* **b/d** *erneute stationäre Aufnahme wegen einer Lungeninfektion und durch Auswirkungen der Erkrankung auf Karriere und Ehe.*

Zentrale Konzepte

Allgemeine Überlegungen

- Wie eine Person auf Kontrollverlust reagiert, hängt von der Bedeutung des Verlustes, vom individuellen Coping-Verhalten, von persönlichen (psychischen, soziologischen, kulturellen, spirituellen) Merkmalen sowie von der Reaktion anderer ab.
- Wenn eine Person nicht erwartet, Ergebnisse kontrollieren zu können, sind Aufmerksamkeit und Erinnerungsvermögen nur schwach.
- Machtlosigkeit hängt eng mit dem Konzept von externer vs. interner Kontrollüberzeugung zusammen, ist jedoch nicht gleichbedeutend. Die Kontrollüberzeugung ist ein relativ stabiles Persönlichkeitsmerkmal, während Machtlosigkeit situationsbestimmt ist.
- Menschen mit interner Kontrollüberzeugung glauben, Ergebnisse beeinflussen zu können, indem sie sich selbst oder die Umgebung aktiv manipulieren. Beispiele für innengesteuertes Verhalten sind die Teilnahme an regelmäßiger körperlicher Betätigung, der Erwerb von Literatur über eine neue Diagnose oder das Erlernen von Fertigkeiten selbstsicheren Auftretens.
- Menschen mit externer Kontrollüberzeugung glauben, Ergebnisse lägen außerhalb ihrer Kontrolle und führen, was ihnen widerfährt, auf andere oder das Schicksal zurück. Beispiele für extern gesteuertes Verhalten sind eine Gewichtsabnahme aus Furcht vor der Reaktion von Fachpersonen und das Verantwortlichmachen anderer für den eigenen gegenwärtigen Zustand (z. B. Depression, Wut).
- Menschen mit interner Kontrollüberzeugung motivieren sich selbst, während Menschen mit externer Kontrollüberzeugung gewöhnlich durch andere motiviert werden müssen. Kleine Kinder haben üblicherweise eine interne Kontrollüberzeugung, können jedoch lernen,

extern kontrolliert zu sein. So kann ein Kind beispielsweise lernen, die täglich benötigten Nährstoffe und deren Aufnahme zu dokumentieren, um ihm beim Verstehen einer guten Ernährung zu helfen und es zu ermutigen, selbst Verantwortung für sein Essverhalten zu übernehmen.

- Menschen mit interner Kontrollüberzeugung erleben den Verlust ihrer Entscheidungsfähigkeit u. U. tiefer als jene mit externer Kontrollüberzeugung. Klienten mit externer Kontrollüberzeugung scheinen stärker zur Entwicklung von Machtlosigkeit zu neigen.
- Machtlosigkeit ist Teil des Kontinuums aus Hoffnungs- und Hilflosigkeit.
- Simmons und West (1984–1985) zufolge haben ältere Menschen mit hoher Selbstwirksamkeit und hohem beruflichen Status mehr Schwierigkeiten mit unkontrollierbaren Situationen als ihre Konterparts mit geringerer Selbstwirksamkeit. Jüngere Erwachsene kommen erwiesenermaßen besser mit unkontrollierbaren Situationen zurecht, wenn Selbstwirksamkeit, Einkommen und beruflicher Status hoch sind.
- Miller (1985) postuliert, dass es bei nicht eingedämmter Machtlosigkeit zu einem Zyklus aus verringerter Selbstachtung und Depression, gefolgt von Hoffnungslosigkeit kommt. Ungelinderte Zustände von Machtlosigkeit können zu Hoffnungslosigkeit führen und sich schließlich negativ auf das Überleben auswirken (Seligman, 1975).

Pädiatrische Überlegung

- Hospitalisierte Kinder erleben gewöhnlich Machtlosigkeit.
- Es kann vor allem bei Kindern schwer fallen, *Machtlosigkeit* von *Angst* und *Furcht* zu unterscheiden. Siehe *Angst* und *Furcht*, jeweils unter «Zentrale Konzepte», «Pädiatrische Überlegungen».
- Kinder mit positiverem Selbstkonzept und höherer wahrgenommener Fähigkeit, die eigene Gesundheit zu kontrollieren, blieben der Therapie mit höherer Wahrscheinlichkeit treu (Burkhart/Rayens, 2005).

Geriatrische Überlegungen

- Ältere Menschen sind aufgrund vielfältiger Verluste (frühere Rollen, Familie, Gesundheit und Funktionieren), die den Prozess des Alterns begleiten, hochgradig machtlosigkeitsgefährdet. Die zusätzlichen Stressoren «Krankheit» und «Eintritt in eine Institution» verstärken das Gefühl von Machtlosigkeit noch (O´Heath, 1991). Miller beschreibt sieben Quellen der Macht: körperliche Kraft und Reserven, psychische Ausdauer und ein entsprechendes Unterstützungsnetzwerk, ein positives Selbstkonzept, Energie, Wissen, Motivation und ein Überzeugungssystem (Miller, 1983).
- Eine interne Kontrollüberzeugung und das gewünschte Maß an Kontrolle korrelieren mit dem Gesundheitszustand, einer guten Stimmung und hoher Lebenszufriedenheit (Chang, 1978; Fuller, 1978).
- Persönlichkeitsmerkmale, verschiedene Krankheitseffekte und die Umgebungsbedingungen können sich auf Machtlosigkeit auswirken. Bei älteren Menschen können

Krankheitszustände die Mobilität einschränken. Veränderungen des Umfelds (z. B. Verlegung in eine Einrichtung des betreuten Wohnens) können Gelegenheiten der Entscheidungsfindung und Autonomie beseitigen. Bei bestimmten agitierten Verhaltensweisen schreibt die Verfahrensordnung der Einrichtung u. U. chemische oder physikalische Fixierung vor (Miller, 2004).

- Veränderungen der Rolle, der Ressourcen und der Verantwortung im höheren Alter können zu dem Gefühl von Kontrollverlust beitragen.
- Ausgedehnte Interaktionen mit Betreuungspersonen statt mit Gleichaltrigen können zu einem Gefühl von Machtlosigkeit führen. Dies wirkt sich auf den älteren Mensch aus, der sich angesichts erhöhter Chancen multipler chronischer Krankheiten für einen längeren Zeitraum in der Rolle des Kranken befinden könnte (Lambert/Lambert, 1981; Miller, 2004).
- Beim älteren Mensch ist die wahrgenommene Kontrolle über wünschenswerte Ergebnisse mit hohem emotionalen Wohlbefinden verknüpft; umgekehrt ist die wahrgenommene Kontrolle durch andere ein emotionaler Risikofaktor (Kunzmann et al., 2002).

Transkulturelle Überlegungen

- Die Diagnose *Machtlosigkeit* kann bei Klienten verschiedener Kulturen problematisch sein. In der lateinamerikanischen Kultur kann das Konzept des Fatalismus («Es kommt wie es kommt») recht anstrengend werden, wenn eine Pflegeperson versucht, der besseren Gesundheit halber eine Umstellung der Lebensweise zu erreichen (Andrews/Boyle, 2003; Giger/Davidhizar, 2004).
- Machtlosigkeit in Verbindung mit Fatalismus wird akzeptiert und ist daher für die Person kein Problem.
- Pflegende müssen unterscheiden zwischen ihren Zielen für den Klienten und den Zielen des Klienten selbst. Sie sollten diejenigen Bereiche ansprechen, die Klienten und deren Familienangehörige am meisten beschäftigen (Andrews/Boyle, 2003).
- Präferenzen einer Beteiligung an der Entscheidungsfindung in der Gesundheitsversorgung sind zum Teil durch die nationale Gesundheitspolitik und Kommunikation bedingt (Rudell et al., 2006).

Einschätzungskriterien des Fokusassessments

Da Machtlosigkeit subjektiv ist, muss die Pflegeperson mit dem Klienten alle Schlussfolgerungen hinsichtlich seiner Machtlosigkeit validieren. Sie führt bei jedem Klienten ein Assessment durch, um das übliche Ausmaß an Kontrolle und Entscheidungsfindung festzustellen und die Effekte herauszufinden, zu denen der Verlust einzelner Kontrollelemente geführt hat.

F: Um effektive Interventionen zu planen, muss die Pflegeperson feststellen, ob der Klient gewöhnlich sein Verhalten selbst zu ändern sucht, um Probleme unter Kontrolle zu bringen, oder ob er dies von anderen Menschen oder externen Faktoren erwartet.

Subjektive Daten

Einschätzen bestimmender Merkmale oder Kennzeichen

Verhalten bei der Entscheidungsfindung

«Wie gehen Sie normalerweise vor, wenn Sie eine Entscheidung treffen?»

- Fällen Sie sie allein?
- Bitten Sie andere Personen um Rat? Wen?
- Lassen Sie andere Menschen diese Entscheidung an Ihrer Stelle treffen? Ehepartner? Kinder? Andere?

Individuelle und Rollenverantwortlichkeiten

«Welche Verantwortlichkeiten hatten Sie …

- … als Schulkind und Jugendlicher?»
- … zu Hause?»
- … am Arbeitsplatz?»
- … in der Gemeinde und in konfessionellen Organisationen?»

Einschätzen beeinflussender Faktoren

Wahrnehmung von Kontrolle, Entscheidungsfindung

«Wie würden Sie Ihre Fähigkeit zur Kontrolle oder Heilung Ihres aktuellen Gesundheitsproblems (z. B. Diabetes mellitus, Aphasie, Aktivitätsintoleranz, Adipositas) beschreiben: hoch, mäßig, einigermaßen, schlecht?

«Auf was führen Sie Ihre (hohe, mäßige, einigermaßen vorhandene, schlechte) Kontrollfähigkeit zurück?»

- Präventive Maßnahmen:
  - gute Ernährung
  - Stressmanagement
  - Gewichtskontrolle
  - Übungsprogramm.
- Andere Personen:
  - Arzt
  - Bezugspersonen
  - Pflegeperson
  - Gruppe der Gleichaltrigen.
- Keine Kontrolle:
  - Schicksal
  - Glück
  - Zufall.

Objektive Daten

Einschätzen bestimmender Merkmale oder Kennzeichen

Beteiligung an der Pflege des äußeren Erscheinungsbildes und an der Körperpflege (falls indiziert)

Strebt nach aktiver Beteiligung
Fordert Ermutigung
Beteiligt sich nur widerwillig
Verweigert die Beteiligung.

Suche nach Informationen

Sucht bei anderen Personen aktiv nach Informationen und Literatur über die Erkrankung
Bedarf der Ermutigung, um Fragen zu stellen
Lehnt Informationen ab
Hat nur wenig bis gar kein Interesse.

Reaktion auf Grenzen, die der Entscheidungsfindung gesetzt werden, und selbstkontrollierendes Verhalten

Akzeptanz
Apathie
Versuche, Grenzen zu umgehen
Ignorieren von Grenzen
Vermehrte Versuche, Kontrolle auszuüben
Depression
Wut/Zorn
Rückzug.

Nonverbale Sprache

Körperhaltung
Stimmlage
Blickkontakt
Gestik.

Ziele

NOC

- Selbstkontrolle bei Depression
- Gesundheitsüberzeugungen
- Gesundheitsüberzeugungen: Wahrgenommene Kontrolle
- Beteiligung: Entscheidungen über die Gesundheitsversorgung

Die Person bringt die Fähigkeit, Situationen und deren Ausgang zu kontrollieren oder zu beeinflussen, zum Ausdruck.

Indikatoren

- Darstellen von Faktoren, die der Klient kontrollieren kann.
- Treffen von Entscheidungen hinsichtlich seiner Pflege, Behandlung und Zukunft, wenn möglich.

Allgemeine Interventionen

NIC

- Stimmungsmanagement
- Edukation: Einzelperson
- Entscheidungsfindungsunterstützung
- Eigenverantwortungsförderung
- Gesundheitssystemorientierung
- Spirituelle Unterstützung

Einschätzen ursächlicher und beeinflussender Faktoren

Wissensdefizit

Früheres inadäquates Coping-Verhalten (z. B. Depression; zur weiteren Ausführung siehe *unwirksames Coping,* **b/d** *Depression*).

Beseitigen oder Reduzieren beeinflussender Faktoren, wenn möglich

Wissensdefizit

Erhöhen Sie die effektive Kommunikation zwischen Person und Leistungsanbieter/-erbringer.

Erläutern Sie jede Prozedur, Regel und Option. Vermeiden Sie medizinischen Fachjargon. Helfen Sie dem Klienten, Empfindungen zu antizipieren, die bei Behandlungen auftreten. Dies sorgt für realitätsorientierte kognitive Vorstellungen, die einem Gefühl von Kontrolle und Coping-Strategien den Rücken stärken.

Räumen Sie Zeit ein, um die Fragen zu beantworten. Bitten Sie den Klienten, Fragen aufzuschreiben, damit er sie nicht vergisst.

Sorgen Sie dafür, dass in jeder Schicht eine bestimmte Zeit (10–15 min) zur Verfügung steht, von der die Person weiß, dass in dieser Zeit Fragen gestellt und nach Wunsch Dinge erörtert werden können.

Rechnen Sie mit bestimmten Fragen/Interessen und bieten Sie Informationen an. Helfen Sie, Ereignisse und Ergebnisse vorherzusehen.

Weisen Sie – realistisch – auf positive Veränderungen des Zustands einer Person hin, wie z. B. den Rückgang der Serumenzyme nach einem Myokardinfarkt oder eine gut heilende Operationswunde.

Hören Sie aktiv zu, indem Sie der Person gestatten, Bedenken und Gefühle zu äußern. Achten Sie auf Bereiche, in denen Bedenken und Sorgen bestehen.

Sorgen Sie für eine konstante Personalbesetzung.

Bestimmen Sie eine Pflegeperson als Verantwortliche für den 24-Stunden-Pflegeplan und geben Sie der Person und ihrer Familie Gelegenheit, sich mit dieser Pflegeperson zu identifizieren.

Nehmen Sie Kontakt zu Selbsthilfegruppen auf, soweit vorhanden (z. B. bei Mastektomie, Stomagruppen, Paraplegiker-Gruppen).

Sind Schmerzen oder Angst beeinflussende Faktoren, sorgen Sie für Informationen über den Einsatz von Techniken der Verhaltenskontrolle (z. B. Entspannung, Imagination, Vollatmung).

F: Chronisch kranken Menschen muss geholfen werden, sich nicht als hilflose Opfer zu sehen. Menschen mit Hoffnung, Selbstkontrolle, einer Ausrichtung, einem Ziel und einer Identität sind besser in der Lage, den Herausforderungen ihrer Krankheit zu begegnen.

F: Verlust oder Rückgang der Macht in einem Bereich kann durch eine neue Machtquelle oder Zunahme der Macht in einem anderen Bereich ausgeglichen werden.

F: Die persönlichen Qualitäten und Fertigkeiten der Pflegeperson können das Empowerment fördern (Mok et al., 2004).

F: Schaffen Sie eine Lernumgebung, welche die Person beim Herausarbeiten von Selbstmanagementstrategien unterstützt, die für sie bedeutungsvoll sind (Kralik et al., 2004).

F: Durch eine verstärkte Edukationserfahrung kann das Selbstvertrauen der Person gestärkt werden (Johnson et al., 2006).

Sorgen für Gelegenheiten, bei denen die Person Entscheidungen kontrollieren und persönliche Pflegeziele identifizieren kann

Lassen Sie die Person ihre Umgebung gestalten, etwa indem sie entscheidet, was wo aufbewahrt wird (Schuhe unter dem Bett, ein Bild am Fenster).

Wenn gewünscht und mit den Regularien der Klinik vereinbar, ermutigen Sie die Person, persönliche Gegenstände (z. B. Kissen, Bilder) von zu Hause mitzubringen.

Halten Sie benötigte Gegenstände in Reichweite (Schwesternruf, Urinal, Tücher).

Bieten Sie keine Optionen an, wenn es keine gibt (z. B. muss eine tiefe intramuskuläre Injektion in Verschiebetechnik rotiert werden). Bieten Sie persönlich relevante Optionen an.

Erörtern Sie den Plan täglicher Aktivitäten und lassen Sie die Person diesbezüglich möglichst viele Entscheidungen selbst treffen.

Steigern Sie die Möglichkeiten, Entscheidungen zu treffen, je weiter die Person vorankommt.

Respektieren Sie die Entscheidung der Person und folgen Sie ihr, wenn Sie der Person erst einmal die Wahl gelassen haben.

Dokumentieren Sie die spezifischen Entscheidungen der Person im Pflegeplan, um sicherzustellen, dass auch das übrige Personal die Vorlieben anerkennt («Mag keinen Orangensaft», «Duscht», «Verbandwechsel einplanen um 7.30 Uhr, vor dem Duschen»).

Halten Sie Versprechen ein.

Geben Sie der Person und ihrer Familie Gelegenheit zu Gefühlsäußerungen.

Geben Sie der Person und ihrer Familie Gelegenheit, sich an der Versorgung zu beteiligen.

Achten Sie auf Zeichen von Paternalismus/Maternalismus bei Gesundheitsfachpersonen (z. B. Entscheidungen für Patienten treffen).

Planen Sie eine Dienstbesprechung, um dem Personal die Möglichkeit zu geben, Methoden einer Individualisierung der Pflege zu erörtern. Ermutigen Sie jede Pflegeperson, mindestens eine Maßnahme mitzuteilen, die ihrer Beobachtung nach von einer bestimmten Person gemocht wird.

Verlagern Sie den Schwerpunkt weg von dem, was nicht getan werden kann, hin zu dem, was sich tun lässt.

Setzen Sie kurzfristige, verhaltensbezogene, praktische und realistische Ziele (z. B. Verlängern der Gehstrecke um 1,5 m pro Tag, und in einer Woche kann der Klient dann zum Fernsehraum gehen).

Sorgen Sie dafür, dass der Fortschritt täglich gewürdigt wird.

Loben Sie Hinzugewonnenes bzw. Erreichtes.

Assistieren Sie beim Erkennen beherrschbarer und nicht beherrschbarer Faktoren. Unterstützen Sie beim Akzeptieren des Unabänderlichen und des Veränderbaren.

Heben Sie positive Aspekte hervor, wenn sich die Person an Befürchtungen des Schlimmsten festzubeißen beginnt. Dies verringert die Furcht durch Wechsel der Perspektive und macht es der Person möglich, die Kontrolle zurückzugewinnen.

Lassen Sie die Person Ergebnisse ihres eigenen Handelns spüren.

Einschätzen der üblichen Reaktionen der Person auf Probleme (siehe «Kriterien des Fokusassessments)

Interne Kontrolle (strebt danach, das eigene Verhalten oder die eigene Umgebung zu verändern, um Probleme zu beherrschen).

Externe Kontrolle (erwartet, dass andere Personen oder Faktoren – Schicksal, Glück – Probleme unter Kontrolle bringen).

Versorgen einer Person mit interner Kontrollüberzeugung mit den für eine Änderung des Verhaltens oder der Umgebung benötigten Informationen

Erläutern Sie das Problem so ausführlich, wie von der Person gewünscht.

Erläutern Sie die Beziehung zwischen verordnetem Verhalten und dem Ergebnis (z. B. die Notwendigkeit der Salzeinschränkung, physiologische Effekte körperlicher Belastung, Auswirkungen von Bettruhe auf eine gestörte Herzfunktion).

Überwachen einer Person mit externer Kontrollüberzeugung, um zur Teilnahme zu ermutigen

Lassen Sie den Klienten ein Tagebuch führen (z. B. Nahrungsaufnahme über 1 Woche hinweg; Dokumentation der Gewichtsabnahme; Übungsprogramm – Art und Häufigkeit; eingenommene Medikamente).

Setzen Sie zur Überwachung Telefonkontakt ein.

Sorgen Sie für ausführliche schriftliche Anleitungen (z. B. Essenspläne; Übungsprogramm – Art und Häufigkeit; Sprach- und Sprechübungen – bei Aphasie).

Lehren Sie Bezugspersonen weitere Methoden der Verhaltensbeeinflussung, wenn angezeigt.

Sorgen Sie bei jedem erreichten Ziel für eine Belohnung.

Unterstützen des Klienten beim Gewinnen von Macht aus anderen Quellen

Erlauben Sie sowohl dem Klienten als auch seinen Bezugspersonen, andere Machtquellen zu nutzen (z. B. Gebet, Techniken des Stressabbaus).

Selbsthilfegruppen
Unterstützungsgruppen
Offerieren Sie die Überweisung an eine religiöse Führungsperson.
Sorgen Sie für Privatsphäre und Unterstützung bei anderen Maßnahmen, die der Klient u. U. erbittet (z. B. Meditation, Imagination, spezielle Rituale).

F: Die Ausgewogenheit von Macht in der Gesundheitsversorgung sowie der bewusste und unbewusste Einsatz von Macht können sich negativ auf persönliche Entscheidungen auswirken (Hewitt-Taylor, 2004).
F: Bei eingeschränkter Lebensweise, sozialer Isolation, unerfüllten Erwartungen und Abhängigkeit von anderen kann sich das Selbstbild negativ verändern.
F: Realistische Ziele zu setzen kann Motivation und Hoffnung erhöhen.
F: Wenn sich Klienten aktiv an Entscheidungen zur Gesundheit und Lebensweise beteiligen, kann das Selbstkonzept gestärkt werden.

Beginnen mit Gesundheitsedukation und Überweisen, soweit angezeigt (Sozialarbeiter, Psychiatrie-Fachpflegeperson/Arzt, Pflegeperson der häuslichen Pflege, religiöse Führungsperson, Selbsthilfegruppen)

Evaluieren der Situation mit dem Klienten

Wenn die Ergebniskriterien erst einmal erfüllt sind oder Gefühle der Machtlosigkeit abnehmen, erörtern Sie den angewandten Prozess, um Machtlosigkeit zu lindern. Erläutern Sie, wie Faktoren zur Machtlosigkeit beigetragen haben, schauen Sie sich genau an, warum bestimmte Strategien effektiv waren, und erörtern Sie, wie die Person in Zukunft mit Machtlosigkeit umgehen wird.
Treten Sie im System als FürsprecherIn auf, um Regularien und Routinen zu beseitigen, die zu Machtlosigkeit beitragen.

Pädiatrische Interventionen

Maßnahmen

Sorgen Sie dafür, dass das Kind Gelegenheit zu Entscheidungen bekommt (z. B. Bestimmen der Zeit für ein Bad, Stillhalten bei einer Injektion).
Beziehen Sie das Kind vor und nach einer traumatischen Situation in eine Spieltherapie ein (für spezifische Interventionen entsprechend dem altersbedingten Bedarf siehe *verzögerte[s] Wachstum und Entwicklung*).

F: Zu den Zielen von Interventionen zur Behandlung von Machtlosigkeit gehören, das Umfeld des Kindes so umzugestalten, dass es dem Zuhause ähnelt, und für Gelegenheiten akzeptabler Kontrolle zu sorgen (Wong, 2003).
F: Kinder können belastende Situationen beherrschen, indem sie sich an Spielaktivitäten beteiligen, wenn sie krank oder hospitalisiert sind (Wong, 2003).

Unwirksamer Selbstschutz

Unwirksamer Selbstschutz

Gewebeschädigung*
Hautschädigung, …
- … **b/d** die Auswirkungen von Druck, Reibung, Scherkräften und Mazeration

Beeinträchtigte Mundschleimhaut
Gefahr einer beeinträchtigten Mundschleimhaut
- … **b/d** inadäquate Mundpflege oder das Unvermögen zur Mundpflege

Definition

Unwirksamer Selbstschutz: der Zustand, in dem eine Person eine Abnahme der Fähigkeit erlebt, sich gegen innere oder äußere Bedrohungen, wie etwa Krankheit oder Verletzung, zu schützen.
Unwirksamer Selbstschutz (engl. Ineffective protection): Verminderte Fähigkeit, sich vor inneren und äußeren Gefahren, wie Krankheit oder Verletzung, zu schützen (NANDA-I, 2010).

Bestimmende Merkmale oder Kennzeichen

Hauptkennzeichen (eines oder mehrere obligat)

Immunschwäche, verminderte Immunität
Fehlangepasste Stressreaktion
Heilungsstörung, beeinträchtigter Heilungsprozess
Neurosensorische Störungen/Veränderungen
Gerinnungsstörung.

Nebenkennzeichen (fakultativ)

Erkältungen
Erschöpfung
Husten
Immobilität
Dekubitus
Schlaflosigkeit, -störung
Dyspnö
Schwäche
Unruhe, Ruhelosigkeit
Schwitzen, Frösteln

* Diese Diagnose wurde von der Clinical Nurse Specialist Group, Harper Hospital, im Detroit Medical Center entwickelt und eingereicht.

Anorexie
Jucken, Pruritus
Desorientiertheit.

Einflussfaktoren

Altersextreme
unangemessene Ernährung
Alkoholmissbrauch
auffällige Blutwerte (z. B. Leukopenie, Thrombozytopenie, Anämie, Gerinnungsstörung)
Medikamententherapien (z. B. antineoplastische Mittel, Kortikosteroide, Immuntherapie, Antikoagulanzien, thrombolytische Mittel)
Behandlungen (z. B. chirurgischer Eingriff, Bestrahlung)
Krebserkrankung
immunologische Störungen [Erkrankungen des Immunsystems].

Anmerkung der Autorin

In dieser weit gefassten Diagnose wird eine Person beschrieben, die sich – bedingt durch Immunschwäche, Myelosuppression, abnorme Gerinnungsfaktoren oder alles zusammen – nur vermindert gegen Mikroorganismen, eine Blutung oder beides schützen kann. Die Anwendung dieser Diagnose kann mehrere Probleme mit sich bringen.

Die Pflegeperson sei davor gewarnt, eine Störung des Immunsystems, das erworbene Immunschwächesyndrom (AIDS), disseminierte intravasale Gerinnung, Diabetes mellitus oder andere Erkrankungen durch *unwirksamer Selbstschutz* zu ersetzen. Vielmehr sollte sie sich auf Diagnosen konzentrieren, in denen die funktionellen Fähigkeiten der Person beschrieben werden, die durch einen beeinträchtigten Schutz gestört werden, wie etwa *Erschöpfung*, *Infektionsgefahr* und *Gefahr der sozialen Isolation*. Die Pflegeperson sollte sich auch um die physiologischen Komplikationen eines beeinträchtigten Schutzes kümmern, die der Betreuung pflegerischer und medizinischer Interventionen bedürfen, indem sie entsprechende interdisziplinäre Probleme aufzeigt.

So könnte die Pflegeperson beispielsweise in folgenden drei Fällen *unwirksamer Selbstschutz* verwenden: bei Herrn A. mit Leukämie, Leukopenie, ohne Nachweis einer Infektion; bei Herrn B. mit einer Sichelzellkrise und bei Herrn C., der AIDS hat. Das Problem besteht darin, dass mit dieser Diagnose nicht der spezifische Pflegeschwerpunkt beschrieben wird. Vielmehr werden Situationen beschrieben, in denen sich spezifischere Reaktionen diagnostizieren lassen. Auf Herrn A. träfe die Pflegediagnose *Infektionsgefahr,* **b/d** *ein gestörtes Immunsystem* zu. Bei Herrn B. würde das interdisziplinäre Problem *PK: Sichelzellkrise* seine Situation am besten beschreiben, die von der Pflegeperson unter Einsatz ärztlich und pflegerisch verordneter Interventionen überwacht wird. Die Pflegediagnose *Infektionsgefahr* und das interdisziplinäre Problem *PK: Opportunistische Infektionen* würden auf Herrn C. zutreffen.

Wie diese Beispiele zeigen, erweisen sich die Pflegediagnose *Infektionsgefahr* und ausgewählte interdisziplinäre Probleme im Vergleich zu *unwirksamer Selbstschutz* in den meisten Fällen als klinisch nützlicher.

Der Sinn dieser Diagnose scheint darin zu liegen, mehrere Pflegediagnosen unter einer zusammenfassen zu können, um die Planung der Pflege bei mehreren Einflussfaktoren zu erleichtern. Die Pflegeziele/Kriterien zur Evaluation und Maßnahmen müssen speziell auf die individuellen Einflussfaktoren abgestimmt werden, wie z. B.:

- **Altersextreme.** Problembereiche können sein: Thermoregulation, Gestörte Denkprozesse, Wahrnehmungsstörungen (zu spezifizieren...), Beeinträchtigte Mobilität (im Bett, mit dem Rollstuhl), Sturzgefahr, Bewegungsarmer Lebensstil, Verletzungs-, Erstickungs- oder Vergiftungsgefahr, Gefahr einer Hautschädigung, Gefahr einer Gewebeschädigung und Gefahr eines unausgeglichenen Flüssigkeitsvolumens.
- **Unangemessene Ernährung.** Hier handelt es sich um Probleme wie Mangel-/Überernährung, Gefahr eines instabilen Blutzuckerspiegels, Infektionsgefahr, Verzögerte postoperative Erholung, Schluckstörung, Gestörte Denkprozesse, Gefahr einer Hautschädigung, Gefahr einer Gewebeschädigung, Unwirksames Coping und Unterbrochene Familienprozesse.
- **Alkoholmissbrauch [inkl. anderer Drogen].** Kann situationsbedingt oder chronisch sein, mit weit reichenden Problemen, wie: Unwirksamer Atemvorgang, Verminderte Herzleistung, Gefahr einer Leberfunktionsstörung, Flüssigkeitsdefizit bis Mangel-/Überernährung, Infektionsgefahr, Gefahr einer Gesundheitsschädigung, Gestörte Denkprozessen, Coping- oder Familienprobleme (div. PDx).
- **Abnorme Blutwerte.** Können hindeuten auf folgende Möglichkeiten: Flüssigkeitsdefizit, Periphere Durchblutungsstörung, Gefahr einer Durchblutungsstörung (div. PDx), Beeinträchtigter Gasaustausch, Infektionsgefahr.

Gewebeschädigung

Definition

Gewebeschädigung: der Zustand, in dem eine Person einen Schaden des Integuments, der Bindehaut oder der Schleimhäute des Körpers erfährt oder entsprechend gefährdet ist.

Gewebeschädigung (engl. Impaired tissue integrity): Schädigung der Schleimhaut, der Hornhaut, der Haut oder des subkutanen Gewebes (NANDA-I, 2010).

Bestimmende Merkmale oder Kennzeichen

Hauptkennzeichen (obligat)

Schäden der Haut, beschädigtes Gewebe, Bindehaut oder Schleimhaut oder Einbruch in Körperstukturen (Operation, Hautulkus, Bindehautulkus, orale Läsion)
zerstörtes Gewebe.

Nebenkennzeichen (fakultativ)

Läsionen (primär, sekundär)
Leukoplakie
Trockene Mundschleimhaut
Erythem
Ödem
Belegte Zunge.

Einflussfaktoren

Pathophysiologische Faktoren

B/d eine Entzündung im Bereich des dermoepidermalen Übergangs, s/b/d:

Autoimmunerkrankungen
Lupus erythematodes
Sklerodermie.
Erkrankungen des Stoffwechsels und des Endokriniums
Diabetes mellitus
Krebs
Niereninsuffizienz
Ikterus
Zirrhose
Hepatitis
Funktionsstörung der Schilddrüse.
Bakterielle Erkrankungen
Impetigo
Follikulitis
Zellulitis.
Viruserkrankungen
Herpes zoster (Gürtelrose)
Herpes simplex
Gingivitis
AIDS.
Mykosen
Dermatophytose
Fußpilz
Vaginitis.
Ernährungsstörungen, ernährungsbezogene Faktoren
Adipositas
Mangelernährung
Kachexie
Ödem, Flüssigkeitsüberschuss
Dehydratation, Flüssigkeitsdefizit.

Behandlungsbedingte Faktoren

B/d verminderte Blut- und Nährstoffversorgung des Gewebes, veränderte Durchblutung, s/b/d:

therapeutische Extreme der Körpertemperatur
Nüchternstatus
Operation.

B/d erzwungene Immobilität, s/b/d Sedierung.

B/d ein mechanisches Trauma, s/b/d:

therapeutische Fixierungen:

- Kieferverdrahtung
- orthopädische Vorrichtungen/Schienen.

einen Gips.
Zugvorrichtungen.

B/d Auswirkungen einer Bestrahlung auf epitheliale und Basalzellen.

B/d Auswirkungen von mechanischen Reizungen, Reibungen, Scherungen oder Druck, s/b/d:

aufblasbare Ringkissen oder Sitzringe aus Schaumstoff
Fixierungen
Magensonden
Kontaktlinsen
Tourniquets
Verbände, Klebeband, Bandagen
Endotrachealtuben
Fußbretter
externe Harnableitung
Zahnprothesen, Zahnklammern.

Situationsbedingte Faktoren (persönlich bedingt, umgebungsbedingt)

B/d ein chemisches Reizmittel, s/b/d:

Körperausscheidungen
Sekrete
Medikamente
Schadstoffe.

B/d Irritanzien aus der Umgebung, s/b/d:

Strahlung, therapeutische Bestrahlung, Sonnenbrand
giftige Pflanzen

Inhalationsnoxen
Feuchtigkeit
extreme Temperaturen
Bisse (Insekten, Tiere)
Parasiten.

B/d die Druckeffekte der Immobilität, s/b/d:

Schmerzen
Erschöpfung
Motivation
kognitive, sensorische oder motorische Ausfälle.

B/d inadäquate persönliche Gewohnheiten (Körperpflege, Zahn-/Mundpflege, Ernährung, Schlaf).

B/d eine beeinträchtigte körperliche Mobilität, s/b/d (zu spezifizieren).

B/d zarten Körperbau

B/d Wissensdefizit.

Altersbedingte Faktoren

B/d trockene, dünne Haut und verminderte Hautvaskularisierung, s/b/d das Altern.

Anmerkung der Autorin

Gewebeschädigung ist die weit gefasste Diagnose, unter die die spezifischeren Diagnosen *Hautschädigung* und *beeinträchtigte Mundschleimhaut* fallen. Weil Gewebe aus Epithel, Bindegewebe, Muskulatur und Nervengewebe besteht, beschreibt *Gewebeschädigung* korrekterweise manche Druckulzera, die tiefer als die Epidermis reichen. *Hautschädigung* sollte nur zur Beschreibung von Schäden der Epidermis und Dermis verwendet werden.

Befindet sich ein Dekubitus in Stadium IV, ist er nekrotisch oder infiziert, lässt sich diese Diagnose u. U. besser als interdisziplinäres Problem bezeichnen, wie etwa *PK: Dekubitus im Stadium IV*. Dies würde einer Situation entsprechen, welche die Pflegeperson anhand ärztlich und pflegerisch verordneter Interventionen managt. Wenn ein Dekubitus im Stadium II oder III einen Verband benötigt, der in einem Setting der Akutversorgung wiederum ärztlicher Verordnung bedarf, sollte die Pflegeperson die Situation auch weiterhin als Pflegediagnose bezeichnen, weil es einer Pflegeperson entspricht und legal ist, das Ulkus in anderen Settings (z. B. in der Gemeinde) unabhängig zu behandeln.

Ist ein Klient immobil und sind mehrere Systeme (Atmung, Kreislauf, Muskulatur/Skelett und Integument) bedroht, kann die Pflegeperson zur Beschreibung der Gesamtsituation *Immobilitätssyndrom* verwenden. Besteht bei einem Klienten die Gefahr einer Hornhautschädigung, kann die Pflegeperson eine Diagnose wie *Gefahr einer Hornhautschädigung,* **b/d** *Austrocknen der Hornhaut und geringere Tränenproduktion,* **s/b/d** *Bewusstlosigkeit* verwenden.

Irrtümer in diagnostischen Aussagen

1. *Hautschädigung,* **b/d** *operatives Abtragen von Haut/Gewebe*
   Hautschädigung sollte nicht als neue Bezeichnung für Operationswunden, Tracheostomien oder Verbrennungen dienen. Operationswunden schädigen den Schutzmechanismus der Haut und erhöhen die Anfälligkeit für das Eindringen von Mikroorganismen. Eine klinisch nützlichere Diagnose wäre *Infektionsgefahr,* **b/d** *eine Operationswunde.*
2. *Hautschädigung,* **b/d** *Stuhlableitung*
   Die Pflegeperson sollte Stuhlableitungen, wie ein Ileo- oder Kolostoma, nicht anhand der Pflegediagnose *Hautschädigung* neu benennen. Vielmehr sollte sie die durch sie behandelbaren realen oder möglichen Reaktionen auf den operativen Eingriff einschätzen. So ist beispielsweise die Haut um das Stoma durch ausfließenden Darminhalt gefährdet, was bedeuten würde: *Gefahr einer Hautschädigung,* **b/d** *chemische Reizung der angrenzenden Haut durch Ausfluss.* Zeigt letztere Reizerscheinungen durch Reizeinwirkung (chemisch oder mechanisch), würde sich *Hautschädigung,* **b/d** *Exposition gegenüber Ausfluss aus dem Stoma, angezeigt durch ein 2-cm-Ulkus links von der Mittellinie des Stomas* eignen.

Zentrale Konzepte

Allgemeine Überlegungen

- Momentan gibt es mehr als 1 Million Amerikaner mit Dekubitus. In Settings der Akutversorgung schwankt die Dekubitusinzidenz zwischen 2,7 % und 29,5 %, steigt in Populationen der Intensivversorgung auf 41 % und beträgt in Einrichtungen mit erfahrenen Pflegenden und in Pflegeheimen 2,4–23 % (Maklebust/Sieggreen, 2000).
- Gewebe sind Gruppierungen spezialisierter Zellen, die sich verbinden, um spezifische Funktionen wahrzunehmen. Der menschliche Körper besteht aus vier Gewebsgrundtypen: Epithelien, Bindegewebe (inkl. Skelett und Blut), Muskel- und Nervengewebe.
- Die äußere Bedeckung des Körpers besteht aus Epithelgewebe, Integument genannt. Wo immer der Körper große Öffnungen nach außen hat, z. B. am Mund, wandelt sich die äußere Bedeckung vom Integument zu einer inneren Zellauskleidung, die als Schleimhaut bezeichnet wird. Jede Schicht des Integuments hat ihr Gegenstück in einer kompletten Schleimhautschicht. Das Integument umfasst sowohl die Haut als auch das Unterhautgewebe.
- Die Haut ist ein komplexes Organ aus zwei Schichten: die äußere Epidermis und die tiefer gelegene Dermis. Die Epidermis ist ca. 0,4 mm und die Dermis ca. 0,5 mm dick (Porth, 2006).
- Die Epidermis wirkt als Barriere zum Schutz innerer Gewebe vor Verletzungen, Chemikalien und Mikroorganismen. Sie dient als Rezeptor einer Reihe von Empfindungen (Berührung, Schmerz, Wärme, Kälte) sowie als Regulator der Körpertemperatur durch Abstrahlung (Abgabe von Wärme), Wärmeleitung und Konvektion (Bewegen warmer Luftmoleküle vom Körper weg). Die Epidermis reguliert ferner den Wasserhaushalt, indem sie einen Wasser- und Elektrolytverlust verhindert, und ist ein Rezeptor für Vitamin D durch die Sonne (Maklebust/Sieggreen, 2000).
- Ein wasserlöslicher, *Chalon* genannter Mitosehemmer senkt die Regeneration der Epidermis. Am Tage, bei Stress und Aktivität, sind die Chalonspiegel hoch, im Schlaf sind sie niedriger. Daher fördern Schlaf und in Ruhe die Heilung (Maklebust/Sieggreen, 2000).

- Unter der gefäßlosen Epidermis liegt die hochvaskularisierte Dermis. Sie enthält Epithelgewebe, Binde- und Muskelgewebe sowie Nervengewebe. Die Dermis ist reich an Kollagen, das der Haut ihre Festigkeit gibt. Haarfollikel erstrecken sich bis in die Dermis und dienen als Zellinseln zur raschen Reepithelialisierung kleinerer Wunden. Schweißdrüsen in der Dermis tragen zur Kontrolle des Körperwassers und der Körpertemperatur bei. Kleine Muskeln in der Dermis dienen dazu, «Gänsehaut» hervorzurufen. Spezielle dermale Nervenendigungen für Schmerz, Berührung, Wärme und Kälte sind – einmal zerstört – nicht ersetzbar (Maklebust/Sieggreen, 2000).
- Das unterhalb der Dermis gelegene Subkutangewebe speichert Fett zur Temperaturregulation und enthält die Reste von Schweißdrüsen und Haarfollikeln (Porth, 2006).
- Die Reaktionen der Haut auf Allergene bestehen in einer Erweiterung der Kapillaren (Erythem), der Arteriolen (fliegende Röte) und einer erhöhten Kapillarpermeabilität (Quaddel), die allesamt zum lokalen Ödem, zu Spasmen und Pruritus beitragen.
- Die Ursachen einer Gewebsdestruktion können mechanischer, immunologischer, bakterieller, chemischer oder thermaler Natur sein. Die mechanische Zerstörung umfasst Körperverletzungen und Operationen. Die immunologisch bedingte Zerstörung tritt als allergische Reaktion auf. Bakterielle Destruktion ist Folge übermäßiger bakterieller Besiedelung. Zur chemischen Zerstörung kommt es beim Kontakt einer ätzenden Substanz mit ungeschützter Haut. Thermische Destruktion tritt ein, wenn das Gewebe Temperaturextremen ausgesetzt ist, die mit dem Leben von Zellen unvereinbar sind (Maklebust/Sieggreen, 2000).

Wundheilung

- Wundheilung ist eine komplexe Abfolge von Ereignissen, die durch eine Gewebsschädigung in Gang gesetzt wird. Sie besteht aus Blutgerinnung, Entzündung, Epithelisierung, Fibroplasie, Kollagenbildung und -reifung, Narbenbildung und Wundkontraktion (Wysocki, 1999).
- Eine Wunde muss in Verbindung mit der Person insgesamt betrachtet werden. Wichtige Faktoren mit Wirkung auf die Wundheilung sind Ernährung, Vitamine, Mineralien, Anämie, Blutvolumen und Gewebsoxygenierung, Steroide und Antiphlogistika, Diabetes mellitus, Chemotherapie sowie Bestrahlung.
- Die Wundheilung erfordert folgende intrinsische Faktoren (Dudek, 2006):
  - eine erhöhte Eiweiß- und Kohlenhydratzufuhr, die ausreicht, um eine negative Stickstoffbilanz, Hypalbuminämie und Gewichtsabnahme zu verhindern
  - eine erhöhte tägliche Zufuhr von Vitaminen und Mineralien
    - Vitamin A, 10 000–50 000 I. E.
    - Vitamin B_1, 0,5–1,0 mg/1000 Ernährungskalorien
    - Vitamin B_2, 0,25 mg/1000 Ernährungskalorien
    - Vitamin B_6, 2 mg
    - Niacin, 15–20 mg
    - Vitamin B_{12}, 400 mg
    - Vitamin C, 75–300 mg
    - Vitamin D, 400 mg
    - Vitamin E, 10–15 I. E.
    - Spuren von Zink, Magnesium, Kalzium, Kupfer, Mangan
  - eine adäquate Sauerstoffversorgung sowie die notwendige Menge und die Fähigkeit des Blutes, um dieses Sauerstoffvolumen zu transportieren.

Pädiatrische Überlegung

- Üblicherweise zeigt ein Neugeborenes normale Variationen der Haut, wie etwa Mongolenflecke, Milien und Storchenbisse, die zwar für die Eltern beunruhigend sein mögen, klinisch jedoch bedeutungslos sind.
- Kinder in mehreren Altersgruppen sind von häufigen Hauterkrankungen betroffen, darunter die atopische und die seborrhoische Dermatitis und die Windeldermatitis im Säuglingsalter sowie die Akne in der Adoleszenz.
- Säuglinge und Kleinkinder haben eine dünne Epidermis und müssen besonders vor Sonnenlicht geschützt werden.

Geriatrische Überlegungen

- Elastin, das der Haut Flexibilität, Elastizität und Spannkraft verleiht, nimmt mit dem Alter ab. Es findet sich in Geweben, die mit Körperbewegung zusammenhängen, wie z. B. den Wänden der großen Blutgefäße, Herz, Lunge und Haut (Boynton et al., 1999).
- Kollagen, das sich im gesamten Bindegewebe, wie etwa Blut, Lymphe und Knochen, findet, vernetzt sich und stützt andere Gewebe. Die extrazelluläre Matrix von Bindegewebe besteht primär aus Kollagen und Elastin, und etwa 80 % der Dermis besteht aus Kollagen. Mit zunehmendem Alter nimmt die Stärke der Haut infolge des altersbedingten Kollagenverlustes und des Rückgangs der elastischen Eigenschaften des verbliebenen Kollagens der Dermis ab.
- Manche älteren Menschen zeigen eine glänzende, schlaffe, dünne, transparente Haut überwiegend am Handrücken und am Unterarm. Das Unterhautfett und damit auch die Polsterung knöcherner Vorsprünge nimmt mit dem Alter ab, wodurch ältere Menschen stärker dekubitusgefährdet sind.
- Mit dem Alter nehmen auch die Immunkompetenz und die Angiogenese ab, wodurch sich die Wundheilung verzögert (Boynton et al., 1999).
- Ein altersbedingter Rückgang der Talgsekretion und der Anzahl der Talgdrüsen führt zu einer trockeneren, raueren Haut, die stärker durch Fissuren und Risse gefährdet ist.
- Bei älteren Menschen sind Zellen größer und proliferieren langsamer und die Zahl der Fibroblasten sowie die Vaskularisierung der Haut nehmen ab. All diese Faktoren tragen zu einer langsameren Wundheilung bei.
- Mit dem Alter steigt der thermale Schwellenwert für das Schwitzen und die Schweißproduktion nimmt ab.
- Alternde Nägel werden aufgrund der verminderten Durchblutung des Nagelbettes matt, brüchig und dicker. Es kann zu Einrissen des Nagels kommen, wodurch die Infektionsgefahr zunimmt. Die Verdickung der Zehennägel bewirkt, dass sich der distale Teil des Nagels vom Nagelbett abhebt. Die anschließende Ansammlung von Débris birgt die Gefahr einer Mykose.

Transkulturelle Überlegungen

- Je dunkler die Haut einer Person, desto schwieriger ist es, Veränderungen der Hautfarbe einzuschätzen. Bei Tage muss bei einer Beleuchtung von mindestens 60 Watt ein Ausgangswert bestimmt werden. Der Ausgangswert für die Hautfarbe sollte in Bereichen mit der geringsten Pigmentierung bestimmt werden (z. B. Handflächen, Fußsohlen, Unterseite der Unterarme, Abdomen und Gesäß) (Weber/Kelley, 2003).
- Jede Hautfarbe hat einen roten Grundton. Blässe auf schwarzer Haut wirkt aschefarben oder grau, auf brauner Haut wirkt sie gelblich-braun. Blässe lässt sich an Schleimhäuten, Lippen, Nagelbetten und der Bindehaut der Unterlider einschätzen (Andrews/Boyle, 2003).
- Die kapilläre Wiederauffüllzeit lässt sich am 2. und 3. Finger sowie an den Lippen und Ohrläppchen beurteilen (Andrews/Boyle, 2003).
- Um bei dunkelhäutigen Menschen Erytheme und Entzündungen der Haut einzuschätzen, sollte sich die Pflegeperson auf Wärme und Induration statt auf Beobachtung verlassen (Giger/Davidhizar, 2004).
- Mongolenflecke sind dunkelblaue oder schwarze Pigmentationsbereiche auf der Haut Neugeborener von Schwarzen, Asiaten, amerikanischen Ureinwohnern oder Amerikanern mexikanischer Herkunft. Oft werden sie mit Hämatomen verwechselt. Im Erwachsenenalter sind sie heller, aber immer noch sichtbar (Giger/Davidhizar, 2004).
- Manche Volksheilmittel können als Verletzung fehlinterpretiert werden. Drei in der Bevölkerung Südostasiens verbreitete Praktiken hinterlassen am Körper Spuren, die als Zeichen von Gewalt oder Missbrauch gesehen werden können. *Cao gio* bedeutet, die Haut mit einer Münze zu reiben, um dunkle blutige oder ekchymotische Streifen hervorzurufen. Dies geschieht zur Behandlung von Erkältungen und grippeähnlichen Symptomen. *Bat gio* beinhaltet das Kneifen der Haut an den Schläfen zur Behandlung von Kopfschmerzen oder am Hals bei Halsschmerzen. Beim Auftreten von Petechien oder Ekchymosen gilt die Behandlung als erfolgreich. Bei *Poua* wird die Haut mit der Spitze eines getrockneten, strandhaferähnlichen Grases verbrannt, weil man glaubt, dadurch würde das schädigende Element, welches die Schmerzen verursacht, abgesondert (Andrews/Boyle, 2003).

Einschätzungskriterien des Fokusassessments

Subjektive Daten

Einschätzen beeinflussender Faktoren

Anamnese der Symptome
Beginn?
Ausgelöst durch was?
Gelindert durch was?
Häufigkeit des Auftretens?

Expositionsanamnese (bei Verdacht auf Allergie)
Träger einer ansteckenden Krankheit
Chemikalien, Farben, Reinigungsmittel, Pflanzen, Tiere
Wärme oder Kälte.

Medizinische, chirurgische und zahnmedizinische Anamnese, Tabakkonsum, Alkohol

Aktuelle medikamentöse Therapie.
Welche Medikamente? Wie oft? Letzte Einnahme?
Wirkungen auf die Symptome.

Faktoren, die zur Entstehung oder Ausweitung einer Gewebsdestruktion beitragen
Schwächen der Haut
Trockenheit
Dünne Haut
Ödem
Exzessives Schwitzen
Adipositas
Alternde Haut.
Schleimhautschwächen
Schmerzen im Mund
Läsionen oder Ulzera im Mund
Blutendes Zahnfleisch
Zahnbelag
Belegte Zunge
Mundtrockenheit.
Schwächen der Hornhaut
Fehlender Lidschlussreflex
Exzessiver Tränenfluss
Ptose
Kontaktlinsen
Verminderter Tränenfluss
Sensorische Ausfälle.
Gestörter Sauerstofftransport
Ödem
Anämie
Periphere Gefäßleiden
Arteriosklerose
Venöse Stase
Herz-Kreislauf-Erkrankungen.
Chemische/mechanische Irritanzien
Strahlung
Kontaktlinsen
Gips, Schienen, Bandagen
Zahnprothesen

Stuhl, Urin (bei Inkontinenz).
Nährstoffmangel
Eiweiß
Vitamine
Mineralien und Spurenelemente
Dehydratation.
Systemerkrankungen
Siehe «Einflussfaktoren», «Pathophysiologische Faktoren».
Sensorische Ausfälle
Verminderter Bewusstseinsgrad
Neuropathie
Störungen des Sehens oder Geschmackssinnes
Hirn- oder Rückenmarkverletzung
Verwirrtheit.
Immobilität

Objektive Daten

Einschätzen bestimmender Merkmale oder Kennzeichen

Haut
Farbe
Textur
Turgor
Gefäßversorgung
Feuchtigkeit
Temperatur
Läsionen:

- Art
- Form
- Lokalisation
- Größe
- Verteilung
- Ausfluss
- Farbe.

Durchblutung:

- Füllen sich die Kapillaren 3 Sekunden nach dem Abblassen wieder?
- Geht das Erythem innerhalb von 30 Minuten nach Ablassen des Drucks zurück?

Ödem:

- Dokumentieren Sie Grad und Lokalisation.
- Palpieren Sie über knöchernen Vorsprüngen auf Schwammigkeit/Teigigkeit als Zeichen eines Ödems.

Schleimhäute

Siehe *beeinträchtigte Mundschleimhaut*, «Kriterien des Fokusassessments».

Ziele

NOC

- Gewebeintegrität: Haut und Schleimhäute

Die Person zeigt eine fortschreitende Heilung des Gewebes.

Indikatoren

- Teilnahme am Risikoassessment.
- Äußern der Bereitschaft zur Teilnahme an der Dekubitusprävention.
- Beschreiben von Ätiologie und Präventionsmaßnahmen.
- Erläutern der Begründung für Interventionen.

Allgemeine Interventionen

NIC

- Edukation: Einzelperson
- Pflegeassessment

Identifizieren ursächlicher/beeinflussender Faktoren

Siehe «Einflussfaktoren».

Reduzieren von Faktoren, die zur mechanischen Reizung der Haut beitragen

Halten Sie zu größtmöglicher Beweglichkeit an, um längere Druckphasen zu vermeiden.
Bei neuromuskulären Störungen:

- Lehren Sie den Klienten/die Bezugsperson weitere geeignete Maßnahmen zur Verhinderung von Druck, Scherkräften, Reibung, Mazeration.
- Lehren Sie den Klienten, Frühzeichen eines Gewebsschadens zu erkennen.
- Wechseln Sie rund um die Uhr alle 2 Stunden die Position.
- Verwenden Sie die 30-Grad-Seitenlage.
- Drehen Sie ergänzend den Körper öfter einmal ganz herum und verlagern dabei leicht das Körpergewicht.

Sorgen Sie dafür, dass der Klient sauber ist und trocken liegt.
Vermindern Sie Druckauslöser aus der Umgebung (Drains, Schläuche, Verbände).
Vermeiden Sie es, beim Abnehmen von Verbänden die Epidermis mitzuziehen.

Verwenden Sie, wenn angemessen, druckentlastende Vorrichtungen.

Begrenzen Sie bei Hochrisikoklienten die halbhohe Oberkörperhochlagerung. Halten Sie den Neigungswinkel des Bettkopfteils unter 30 Grad.

Verwenden Sie keine Vorrichtung zur Hochlagerung der Unterschenkel bei gebeugten Knien am Bett.

Verwenden Sie ein Tragetuch, um den Klienten umzulagern.

Installieren Sie einen Bettgalgen, um dem Klienten mehr Bewegungsmöglichkeit zu geben.

Verwenden Sie Maisstärke, um die Reibung zu verringern.

F: Zu den Grundsätzen der Dekubitusprophylaxe gehört, den Druck auf Weichteilgewebe zu verringern oder rotierend umzuverteilen. Übersteigt der Druck im Weichteilgewebe den intrakapillären Druck (ca. 32 mmHg), können der Kapillarverschluss und die daraus resultierende Hypoxie zu einem Gewebsschaden führen.

F: Körperliche Betätigung und Mobilität erhöhen die Durchblutung in allen Bereichen.

F: Das Bett möglichst flach (< 30°) zu halten und die Füße mit einem Fußbrett abzustützen, helfen, die Scherkräfte bzw. den Druck zu verringern, der entsteht, wenn sich zwei aneinanderliegende Gewebsschichten in entgegengesetzte Richtung bewegen. Wenn ein Knochenvorsprung über Subkutangewebe gleitet, können die subepidermalen Kapillaren geknickt und abgeklemmt werden, sodass die Gewebsdurchblutung sinkt.

Verringern ursächlicher Faktoren, wenn möglich

Bei einem Gips:

- Überwachen Sie schon beim Anlegen des Gipses Stellen, an denen häufig Druck entsteht.
- Polstern Sie Knochenvorsprünge.
- Halten Sie die Ränder eines Gipses glatt und von Hautoberflächen entfernt.
- Inspizieren Sie auf losen Gips und verschobene Polsterungen.

F: Länger anhaltender Druck des Gipses auf neurovaskuläre Strukturen und andere Körperteile kann Nekrosen, Dekubitus und Nervenlähmungen hervorrufen.

F: Polster über knöchernen Vorsprüngen sind entscheidend, um einen Dekubitus zu verhindern.

F: Raue oder nicht akkurat gebogene Gipsränder können die umgebende Haut durch Reibung schädigen. Wird eine Extremität nicht korrekt hochgelagert, drückt der Rand des Gipses in die Haut und verursacht Schmerzen.

F: Loser Gips oder eine zerknitterte Polsterung kann die Haut unter dem Gips reizen.

Schützen der Haut um eine Nahrungssonde oder einen Endotrachealtubus herum durch eine Schutzbarriere

Wechseln Sie den Hautschutz aus, sobald er sich löst oder leckt.

Instruieren Sie den Klienten, Beschwerden zu melden.

F: Eine nasogastrale Sonde kann Haut und Schleimhaut reizen. Magensaft kann schwere Hautschäden verursachen.

Lehren, wie sich mechanische Reizung durch Kontaktlinsen verringern lässt

Lassen Sie die Person die Pflege der Linsen durchgehen.
Bei Reizerscheinungen:

- Entfernen der Linse.
- Säubern mit der richtigen Lösung.
- Prüfen auf Risse oder Absplitterung.
- Wiedereinsetzen der Linse nach erneutem Befeuchten.

F: Betonen Sie, dass die Reinigungsprozedur strikt eingehalten werden muss: Aufbewahrungsbehälter täglich reinigen und an der Luft trocknen lassen, alle 3–6 Monate ersetzen.

F: Kontaktlinsen sind Fremdkörper, die Unterweisung sollte sich darauf konzentrieren, Infektionen und Reizerscheinungen zu verhindern.

Hautschädigung

Definition

Hautschädigung: der Zustand, in dem eine Person eine Schädigung der Epidermis und der Dermis erfährt oder entsprechend gefährdet ist.

Hautschädigung (engl. Impaired skin integrity): Veränderte Epidermis (Oberhaut) und/oder Dermis (Lederhaut) (NANDA-I, 2010).

Bestimmende Merkmale oder Kennzeichen

Hauptkennzeichen (obligat)

Schäden der Epidermis (Oberhaut) und Dermis (Lederhaut).

Nebenkennzeichen (fakultativ)

- [Klagen über Juckreiz (Hautjucken), Schmerz, Gefühllosigkeit im betroffenen Gebiet/in der Umgebung].
- zerstörte Hautschichten
- Eindringen in Körperstrukturen
- Schädigung von Körperstrukturen.

Einflussfaktoren

äußere

- Hyperthermie
- Hypothermie

- chemische Substanz
- Strahlung
- Medikamente
- körperliche Immobilisierung
- Luftfeuchtigkeit
- Feuchtigkeit [Ausscheidungen, Sekrete]
- mechanische Faktoren (z. B. Scherkräfte, Druck, freiheitseinschränkende Maßnahmen), [Trauma: Verletzung/Operation]
- Altersextreme.

innere

- veränderter Ernährungszustand (z. B. Fettleibigkeit, Kachexie)
- Stoffwechselstörungen
- Veränderungen des Flüssigkeitshaushalts
- hervortretende Knochen
- Veränderung des Turgors, [Ödeme]
- beeinträchtigte sensorische Empfindung
- veränderte Pigmentierung
- entwicklungsbezogene Faktoren
- immunologische Defizite
- Durchblutungsstörungen (z. B. AvK)
- [psychogene Faktoren].

Weitere siehe *Gewebeschädigung*.

Anmerkung der Autorin

Siehe *Gewebeschädigung*.

Irrtümer in diagnostischen Aussagen

Siehe *Gewebeschädigung*.

Zentrale Konzepte

Siehe *Gewebeschädigung*.

Einschätzungskriterien des Fokusassessments

Siehe *Gewebeschädigung*.

Ziele

NOC

- Gewebeintegrität: Haut und Schleimhäute

Die Person zeigt eine dekubitusfreie Haut, falls sie dazu in der Lage ist.

Indikatoren

- Teilnehmen beim Risikoassessment.
- Äußern der Bereitschaft, sich an der Dekubitusprävention zu beteiligen.
- Beschreiben von Ätiologie und Präventionsmaßnahmen.
- Erläutern der Begründung für Interventionen.

Allgemeine Interventionen

NIC

- Druckentlastung
- Dekubituspflege
- Hautassessment
- Lagerung

Durchführen eines formellen Risikoassessments, um über die Aktivitäts- und Mobilitätsdefizite hinaus individuelle Risikofaktoren zu identifizieren (z. B. Braden-Skala, Worton-Score [AHCPR, 1992]); siehe «Fokusassessment»

Versuchen, beeinflussende Faktoren zu modifizieren, um die Gefahr eines Dekubitus zu verringern

Harn- oder Stuhlinkontinenz

Stellen Sie die Ursache der Inkontinenz fest.

Halten Sie eine hinreichende Flüssigkeitszufuhr zur adäquaten Hydratation aufrecht (ca. 2,5 l täglich, sofern nicht kontraindiziert). Überprüfen Sie, ob die Mundschleimhaut feucht ist und messen Sie das spezifische Gewicht des Urins.

Erstellen Sie einen Plan zur Blasenentleerung (zu Anfang alle 2 h).

Sollte die Person verwirrt sein, bestimmen Sie ihr Inkontinenzmuster und intervenieren Sie, bevor es zur Inkontinenz kommt.

Erläutern Sie dem Klienten das Problem, sichern Sie sich seine Kooperation bei dem Plan.

Waschen Sie bei Inkontinenz das Perineum mit einer Flüssigseife, die den pH-Wert der Haut nicht verändert.

Tragen Sie am Perineum einen barrierebildenden Hautschutz auf (Barriere-Spray oder Zinkpaste).

Überprüfen Sie die Person häufig auf Inkontinenz, falls indiziert.

Für zusätzliche Interventionen siehe *beeinträchtigte Urinausscheidung.*

F: Mazeration ist ein Mechanismus, bei dem das Gewebe durch längeres Befeuchten oder Durchnässen aufgeweicht wird. Wenn die Haut von Wasser durchdrungen wird, werden die Zellen geschwächt und die Epidermis leicht erodiert.

Immobilität

Ermutigen Sie zu Bewegungsumfangsübungen und Bewegung unter Gewichtsaufnahme, wenn möglich, um die Durchblutung aller Bereiche zu steigern.

Fördern Sie eine optimale Durchblutung im Bett:

- Verwenden Sie einen Umlagerungsplan, bei dem verletzliche Bereiche am häufigsten entlastet werden. Ist beispielsweise der Rücken gefährdet, so würde der Lagerungsplan lauten: von der linken Seite auf den Rücken, vom Rücken auf die rechte Seite, von der rechten auf die linke Seite und von der linken Seite wieder auf den Rücken. Stellen Sie einen «Wende-Wecker» ans Bett.
- Lagern Sie den Klienten um bzw. instruieren Sie ihn, sich alle 0,5–2 Stunden zu drehen oder das Gewicht zu verlagern – abhängig von anderen ursächlichen Faktoren und der Fähigkeit der Haut, sich von dem Druck zu erholen.
- Beschleunigen Sie den Lagerungsplan, wenn aufgetretene gerötete Bereiche nicht innerhalb einer Stunde nach dem Umlagern wieder verschwinden.
- Lagern Sie die Person in normaler oder neutraler Position bei gleichmäßig verteiltem Körpergewicht. Verwenden Sie, wenn möglich, eine 30-Grad-Seitenlage.
- Halten Sie das Bett so flach wie möglich. Beschränken Sie die halbhohe Oberkörperhochlagerung auf jeweils 30 Minuten.
- Verwenden Sie Schaumstoffblöcke oder Kissen, um den Körper wie bei einer Brücke ober- und unterhalb des gefährdeten oder ulzerierten Bereichs abzustützen, damit dieser nicht mit der Oberfläche des Bettes in Berührung kommt. Vermeiden Sie Schaumstoff- oder aufblasbare Sitzringe, weil diese die Druckzone erweitern.
- Alternieren oder senken Sie den Druck auf die Haut durch eine adäquate Unterstützungsfläche.
- Lagern Sie die Fersen über der Bettoberfläche hängend.

Setzen Sie genügend Personal ein, um die Person im Bett oder auf dem Stuhl anzuheben, statt die Haut Zug- oder Scherkräften auszusetzen.

Lassen Sie die Person ein langärmeliges Oberteil und Socken tragen, um Reibung an Ellenbogen und Fersen zu verringern.

Stützen Sie die Füße mit einem Fußbrett ab, um ein Abgleiten zu verhindern und Scherkräfte zu verringern.

Sorgen Sie für optimale Durchblutung, während die Person sitzt:

- Schränken Sie die sitzend verbrachte Zeit bei einer dekubitusgefährdeten Person ein.
- Instruieren Sie die Person, sich an den Armlehnen des Stuhls alle 10 Minuten selbst anzuheben oder helfen Sie der Person, je nach den Risikofaktoren, sich mindestens stündlich vom Stuhl zu erheben.
- Heben Sie die Beine nur an, wenn auch die Unterschenkel abgestützt werden, um den Druck über den Sitzbeinhöckern zu senken.
- Polstern Sie den Sitz mit einem druckreduzierenden Kissen aus.

Inspizieren Sie bei jedem Lagewechsel erneut die dekubitusgefährdeten Bereiche:

- Ohren
- Ellenbogen
- Hinterhaupt
- Trochanter*
- Fersen*
- Sitzbeine
- Kreuzbein
- Schulterblätter
- Skrotum.

Achten Sie bei jedem Lagewechsel auf Erythem und Abblassen und palpieren Sie, um zu prüfen, ob das Gewebe überwärmt und ödematös ist.

Reiben Sie gerötete Bereiche nicht. Massieren Sie nicht, um Kapillarschäden zu vermeiden.

F: Druck ist eine abwärts auf einen gegebenen Bereich gerichtete, komprimierende Kraft. Ist der Druck auf Weichteilgewebe höher als der intrakapilläre Blutdruck (ca. 32 mmHg), können die Kapillaren verschlossen werden und infolge der Hypoxie kann das Gewebe Schaden nehmen.

F: Scherkräfte sind parallel gerichtete Kräfte, bei denen sich eine Gewebsschicht in die eine und eine andere Gewebsschicht in entgegengesetzte Richtung bewegt. Wenn die Haut an der Bettwäsche fest hängt und das Gewicht des sitzenden Körpers das Skelett in der Haut nach unten gleiten lässt, können die subepidermalen Kapillaren geknickt und abgeklemmt werden, wodurch die Gewebsdurchblutung sinkt.

F: Reibung ist das physiologische Abtragen von Gewebe. Wird die Haut an der Bettwäsche gerieben, kann die Epidermis durch Abschürfen freigelegt werden.

Unterernährung

Konsultieren Sie einen Ernährungsberater.

Erhöhen Sie die Eiweiß- und Kohlenhydratzufuhr, um eine positive Stickstoffbilanz zu wahren. Wiegen Sie die Person täglich und bestimmen Sie wöchentlich die Serumalbuminspiegel, um den Zustand zu überwachen.

Stellen Sie sicher, dass die tägliche Vitamin- und Mineralienzufuhr durch Diät oder Nahrungsergänzungsmittel aufrechterhalten wird (empfohlene Mengen siehe «Zentrale Konzepte»).

Für weitere Interventionen siehe *Mangelernährung*.

F: Eine adäquate Ernährung (Eiweiß, Vitamine, Mineralien) ist entscheidend für die Wundheilung, zur Vorbeugung gegen Infektionen, zur Erhaltung der Immunfunktion und um den Kräfteverfall auf ein Mindestmaß zu reduzieren (Maklebust/Sieggreen, 2000).

Sensorische Ausfälle

Inspizieren Sie täglich die Haut der Person, weil diese selbst keinerlei Beschwerden verspüren wird.

* Bereiche mit nur wenig Weichteilgewebe über einem Körpervorsprung sind stärker gefährdet.

Lehren Sie die Person oder ihre Familie, die Haut mit einem Spiegel zu inspizieren.

F: Eine druckreduzierende Oberfläche darf durch den Körper nicht völlig komprimierbar sein. Um wirksam zu sein, muss eine stützende Unterlage zunächst verformbar sein, um anschließend das Körpergewicht wieder auf ihrer Oberfläche zu verteilen. Behaglichkeit ist kein valides Kriterium zur Bestimmung einer adäquaten Drucksenkung. Von Hand sollte geprüft werden, ob das Produkt den Druck auch effektiv verringert. Die Handfläche wird unter die druckreduzierende Matratze gelegt: Wenn der Klient die Hand oder die Betreuungsperson den Klienten spürt, ist der Druck nicht ausreichend (AHCPR, 1992; Bergstrom et al., 1994).

Beginnen mit Gesundheitsedukation, soweit angezeigt

Unterweisen Sie die Person und ihre Familie in spezifischen Techniken für den Hausgebrauch, um einen Dekubitus zu verhindern.

Erwägen Sie bei dauerhaften Behinderungen den Einsatz langfristig anwendbarer Vorrichtungen zur Druckreduktion.

F: Druckreduktion ist eine Intervention, die fester Bestandteil jeder Dekubitusbehandlung sein muss.

Hautschädigung, …

… b/d die Auswirkungen von Druck, Reibung, Scherkräften und Mazeration

Ziele

NOC

Siehe *Hautschädigung*.

Bei der Person zeigt sich eine fortschreitende Heilung des Dekubitus.

Indikatoren

- Identifizieren ursächlicher Faktoren eines Dekubitus.
- Benennen der Begründung für die Prävention und Behandlung.
- Teilnahme am verordneten Behandlungsplan zur Förderung der Wundheilung.

Allgemeine Interventionen

NIC

Siehe *Hautschädigung*.

Feststellen des Dekubitusstadiums (AHCPR, 1992)

Stadium I: persistierende Rötung bei intakter Haut.
Stadium II: Ulzeration der Epidermis und/oder Dermis.
Stadium III: Ulzeration unter Beteiligung des subkutanen Fettgewebes.
Stadium IV: ausgedehnte Ulzeration mit Übergreifen auf Muskeln, Knochen oder unterstützende Strukturen.

Reduzieren oder Beseitigen von Faktoren, die zur Ausweitung des Dekubitus beitragen; siehe Hautschädigung, b/d Immobilität

Verhindern einer Verschlechterung des Dekubitus

Waschen Sie den geröteten Bereich sanft mit milder Seife, spülen Sie ihn gründlich ab, um die Seife zu entfernen, und tupfen Sie ihn ab.
Vermeiden Sie, knöcherne Vorsprünge zu massieren, um die Durchblutung zu fördern.
Schützen Sie die gesunde Hautoberfläche durch eine oder mehrere der folgenden Maßnahmen:

- Tragen Sie eine dünne Schicht von flüssigem Copolymer-Hautschutz auf.
- Decken Sie den Bereich mit einem feuchtigkeitsdurchlässigen Filmverband ab.
- Decken Sie den Bereich mit einem Hydrocolloidverband ab und sichern Sie ihn mit 2,5 cm breitem Pflaster ab; 2–3 Tage belassen.
- Die Wundheilung verläuft am effektivsten unter folgenden extrinsischen Faktoren (Maklebust/Sieggreen, 2000):
  - Feuchtigkeit wirkt sich auf die Geschwindigkeit der Epithelisierung und das Ausmaß der Narbenbildung aus. Eine feuchte Umgebung bietet optimale Bedingungen für eine rasche Heilung.
  - Bei nicht abgedeckten Wunden müssen die epidermalen Zellen unter der Kruste und über das darunter liegende fibröse Gewebe wandern. Bei halb okkludierten Wunden und feuchter Wundoberfläche können sie rascher über die Oberfläche wandern.
  - Ein angemessener Einsatz von Verbänden kann eine feuchte Wunde fördern. Semiokklusive Filmverbände oder Hydrokolloidverbände bieten bei Wunden der Epidermis oder Dermis mechanischen Schutz und das richtige Maß an Feuchte. Diese Verbände tauchen die Wunde in seröses Exsudat und haften beim Abnehmen nicht an der Wunde. Unter Umständen bedarf es einer ärztlichen Verordnung.
- Steigern Sie die Nahrungszufuhr, um die Wundheilung zu fördern:
  - Beginnen mit dem Kalorienzählen; Konsultieren einer Ernährungsberaterin.

- Erhöhen der Eiweiß- und Kohlenhydratzufuhr, um eine positive Stickstoffbilanz zu wahren. Tägliches Wiegen der Person und wöchentliches Bestimmen die Serumalbuminspiegel, um den Zustand zu überwachen.
- Sicherstellen, dass die tägliche Vitamin- und Mineralienzufuhr durch Diät oder Nahrungsergänzungsmittel aufrechterhalten wird (empfohlene Mengen siehe «Zentrale Konzepte»).
- Für weitere Interventionen siehe *Mangelernährung*.

F: Die Wundheilung verläuft am effektivsten unter folgenden extrinsischen Faktoren (Maklebust/Sieggreen, 2000):

- Feuchtigkeit wirkt sich auf die Geschwindigkeit der Epithelisierung und das Ausmaß der Narbenbildung aus. Eine feuchte Umgebung bietet optimale Bedingungen für eine rasche Heilung.
- Bei nicht abgedeckten Wunden müssen die epidermalen Zellen unter der Kruste und über das darunter liegende fibröse Gewebe wandern. Bei halb okkludierten Wunden und feuchter Wundoberfläche können sie rascher über die Oberfläche wandern.
- Ein angemessener Einsatz von Verbänden kann eine feuchte Wunde fördern. Semiokklusive Filmverbände oder Hydrokolloidverbände bieten bei Wunden der Epidermis oder Dermis mechanischen Schutz und das richtige Maß an Feuchte. Diese Verbände tauchen die Wunde in seröses Exsudat und haften beim Abnehmen nicht an der Wunde. Unter Umständen bedarf es einer ärztlichen Verordnung.

F: Die Wundheilung erfordert eine erhöhte Eiweiß- und Kohlenhydratzufuhr, um eine Gewichtsabnahme zu verhindern, sowie eine erhöhte Zufuhr an Vitaminen und Mineralien (Dudek, 2006).

Erstellen eines Plans für das Dekubitusmanagement unter Anwendung der Prinzipien der feuchten Wundheilung (Maklebust/Sieggreen, 2000)

Schätzen Sie das Dekubitusstadium ein (Bates-Jensen, 1990).*
Schätzen Sie die Größe ein. Messen Sie jeweils den größten Längs- und Querdurchmesser.
Schätzen Sie die Tiefe ein:

- keine Schädigung der Haut
- Abschürfung oder flacher Krater
- tiefer Krater
- Nekrose.
- Beteiligung der Sehnen und der Gelenkkapsel.

Schätzen Sie die Ränder ein:

- anhaftend
- nicht anhaftend
- fibrotisch.

* Am stärksten gefährdet sind Bereiche über einem Knochenvorsprung.

Schätzen Sie die Taschenbildung ein:

- < 2 cm
- 2–4 cm
- > 4 cm
- Tunnelbildung.

Schätzen Sie Art (Farbe, Konsistenz, Haften am Untergrund) und Menge des nekrotischen Gewebes ein.
Schätzen Sie Art und Menge des Exsudats ein.
Schätzen Sie die Farbe der umgebenden Haut ein.
Prüfen Sie, ob ein peripheres Ödem und eine Induration vorliegen.
Schätzen Sie ein, ob es Granulationsgewebe gibt.
Schätzen Sie ein, ob eine Epithelisierung stattfindet.
Führen Sie ein Débridement des nekrotischen Gewebes durch (arbeiten Sie mit dem Arzt zusammen).
Spülen Sie den Ulkusgrund mit steriler isotonischer Kochsalzlösung. Verwenden Sie keine scharfen antiseptischen Lösungen.
Schützen Sie das Granulationsgewebe bildende Wundbett vor Verletzung und Bakterien. Isolieren Sie die Wundoberfläche.
Decken Sie das Druckulkus mit einem sterilen Verband ab, der über dem Ulkusgrund eine feuchte Umgebung aufrechterhält (z. B. Film- oder Hydrokolloidverband, feuchter Gazeverband). Okkludieren Sie einen Dekubitus nicht bei immungeschwächten Klienten.
Vermeiden Sie es, die Wunde auszutrocknen (Wärmelampe, Aluminiumhydroxid-Gel, Magnesiummilch).
Überwachen Sie auf klinische Zeichen einer Wundinfektion.
Messen Sie den Dekubitus wöchentlich, um den Verlauf der Wundheilung zu bestimmen.

F: Eine topische Behandlung hat folgende Grundprinzipien (Maklebust/Sieggreen, 2000):

- Entfernen Sie nekrotisches Gewebe, das die Wundheilung verzögert, indem es die Entzündungsphase verlängert.
- Säubern Sie die Wunde, um Bakterien zu verringern. Keimzahlen oberhalb von 10^5 können eine Infektion hervorrufen, indem sie die Immunabwehr des Wirts überwinden.
- Beseitigen Sie Totraum in der Wunde. Dadurch verhindern Sie einen vorzeitigen Verschluss und Abszessbildung.
- Absorbieren Sie überschießendes Exsudat, das die umgebende Haut mazeriert und die Gefahr einer Infektion im Wundbett erhöht.
- Halten Sie die Wundoberfläche feucht, das fördert die Zellmigration. Trockene Wundoberflächen verzögern die Epithelisierung infolge erschwerter Zellmigration.
- Isolieren Sie die Wundoberfläche. Dies erhöht die Durchblutung und die dermale Migration.
- Schützen Sie die heilende Wunde vor Verletzung und dem Eindringen von Bakterien. Offene Wunden sind anfällig für Abschürfungen, Kontamination, Austrocknung und Scherkräfte.

Konsultieren einer Fachpflegeperson oder des Arztes zur Behandlung nekrotischer, infizierter oder tiefer Druckulzera

F: Unter Umständen ist ein chirurgisches Débridement erforderlich.

Beginnen mit Gesundheitsedukation und Überweisen, soweit angezeigt

Instruieren Sie die Person und ihre Familie in der Pflege eines Dekubitus.
Lehren Sie die Bedeutung einer guten Hautpflege und optimaler Ernährung.
Verweisen Sie an eine kommunale Pflegeeinrichtung, wenn zu Hause zusätzlich Unterstützung erforderlich ist.

F: Die Wundheilung verläuft am effektivsten unter folgenden extrinsischen Faktoren (Maklebust/Sieggreen, 2000):

- Feuchtigkeit wirkt sich auf die Geschwindigkeit der Epithelisierung und das Ausmaß der Narbenbildung aus. Eine feuchte Umgebung bietet optimale Bedingungen für eine rasche Heilung.
- Bei nicht abgedeckten Wunden müssen die epidermalen Zellen unter der Kruste und über das darunter liegende fibröse Gewebe wandern. Bei halb okkludierten Wunden und feuchter Wundoberfläche können sie rascher über die Oberfläche wandern.
- Angemessener Einsatz von Verbänden kann eine feuchte Wunde fördern. Semiokklusive Filmverbände oder Hydrokolloidverbände bieten bei Wunden der Epidermis oder Dermis mechanischen Schutz und und das richtige Maß an Feuchte. Diese Verbände tauchen die Wunde in seröses Exsudat und haften beim Abnehmen nicht an der Wunde. Unter Umständen bedarf es einer ärztlichen Verordnung.

F: Eine topische Behandlung hat folgende Grundprinzipien (Maklebust/Sieggreen, 2000):

- Entfernen Sie nekrotisches Gewebe, das die Wundheilung verzögert, indem es die Entzündungsphase verlängert.
- Säubern Sie die Wunde, um die Bakterien zu verringern. Keimzahlen oberhalb von 10^5 können eine Infektion hervorrufen, indem Sie die Immunabwehr des Wirts überwinden.
- Beseitigen Sie Totraum in der Wunde. Dadurch verhindern Sie einen vorzeitigen Verschluss und Abszessbildung.
- Absorbieren Sie überschießendes Exsudat, das die umgebende Haut mazeriert und die Gefahr einer Infektion im Wundbett erhöht.
- Halten Sie die Wundoberfläche feucht, das fördert die Zellmigration. Trockene Wundoberflächen verzögern die Epithelisierung infolge erschwerter Zellmigration.
- Isolieren Sie die Wundoberfläche. Das erhöht die Durchblutung und die dermale Migration.
- Schützen Sie die heilende Wunde vor Verletzung und dem Eindringen von Bakterien. Offene Wunden sind anfällig für Abschürfungen, Kontamination, Austrocknung und Scherkräfte.

Geschädigte Mundschleimhaut

Definition

Geschädigte Mundschleimhaut: der Zustand, in dem eine Person eine Schädigung der Mundhöhle erleidet oder entsprechend gefährdet ist.

Geschädigte Mundschleimhaut (engl. Impaired oral mucous membrane): Schädigung der Lippen und/oder des weichen Gewebes der Mundhöhle (NANDA-I, 2010).

Bestimmende Merkmale oder Kennzeichen

Hauptkennzeichen (obligat)

Eine geschädigte Mundschleimhaut.

Nebenkennzeichen (fakultativ)

- Xerostomie [Mundtrockenheit]
- oraler Schmerz
- Beschwerden im Mundraum
- berichtet über einen schlechten Geschmack im Mund
- vermindertes Geschmacksempfinden
- Schwierigkeiten beim Essen
- Schwierigkeiten beim Schlucken.
- belegte Zunge
- glatte, atrophische Zunge
- Landkartenzunge
- blasse Mundschleimhaut
- blasses Zahnfleisch
- Stomatitis
- Hyperämie
- Zahnfleischhyperplasie
- Makroplasie
- Bläschen
- Knötchen
- Papeln
- weiße Flecken/Leukoplakie
- weiße Beläge
- schwammartige Flecken
- weißes, quarkähnliches Exsudat
- orale Läsionen
- orale Geschwüre
- Fissuren
- Blutungen

- Cheilitis
- Abschuppung
- Schleimhautabtragung
- eitriger Ausfluss
- eitrige Exsudate
- Vorliegen von Krankheitserregern
- vergrößerte Mandeln
- Ödeme
- Mundgeruch, [Zahnkaries]
- Rückgang des Zahnfleischs
- Taschen tiefer als 4 mm
- rote Gewebeverdichtung (z. B. Hämangiome) [oder]
- bläuliche Gewebeverdichtung (z. B. Hämangiome)
- Schwierigkeiten beim Sprechen.

Einflussfaktoren

Pathophysiologische Faktoren

B/d eine Entzündung, s/b/d:

Diabetes mellitus
eine Zahnfleischerkrankung
Mundkrebs
eine Infektion

B/d reduzierte Thrombozytenzahl.

Behandlungsbedingte Faktoren

B/d die austrocknende Wirkung:

eines Nüchternstatus über mehr als 24 Stunden
einer Bestrahlung von Kopf und Hals
eines langfristigen Einsatzes von Steroiden oder anderen Immunsuppressiva und anderer Medikamente, wie Opioide, Antidepressiva, Phenothiazine, Antihypertonika, Antihistaminika, Diuretika und Sedativa
antineoplastischer Substanzen
einer Sauerstofftherapie
der Mundatmung
eine Blut- und Knochenmark-Stammzelltransplantation
verminderter Hormongehalt (-spiegel) (Frauen).

B/d mechanische Reizung, s/b/d:

einen Endotrachealtubus
eine Magensonde
chirurgischer Eingriff in der Mundhöhle.

Situationsbedingte Faktoren (persönlich bedingt, umgebungsbedingt)

B/d chemische Irritanzien, s/b/d:

säurereiche Nahrungsmittel
Medikamente
Einnahme oder Inhalation von Schadstoffen
Alkohol
Tabak
hohe Zuckerzufuhr.

B/d mechanische Faktoren und Trauma, s/b/d:

abgebrochene oder schartige Zähne
schlecht sitzende Zahnprothesen
Zahnspangen, -klammer
Lippen-/Gaumenspalte.

B/d Mangelernährung.

B/d unzureichende Mundpflege, -hygiene.

B/d ein Wissensdefizit über angemessene Mundpflege, -hygiene.

B/d Stress

B/d Depression

B/d Hindernisse bei der Mundpflege

B/d Hindernisse beim Zugang zur professionellen Versorgung

B/d Verlust der Unterstützungsstrukturen

Anmerkung der Autorin

Siehe *Gewebeschädigung*.

Irrtümer in diagnostischen Aussagen

Siehe *Gewebeschädigung*.

Zentrale Konzepte

Allgemeine Überlegungen

- Die Gesundheit von Mund und Zähnen beeinflusst viele Aktivitäten des täglichen Lebens (Essen, Trinken, Atmen) und die zwischenmenschlichen Beziehungen (Erscheinungsbild, Selbstkonzept, Kommunikation).

- Viele Erkrankungen der Mundhöhle beginnen stumm und sind schmerzlos, bis die Mundhöhle in erheblichem Maße betroffen ist.
- Häufige Ursachen einer verminderten Speichelbildung sind Dehydratation, Anämie, Bestrahlung an Kopf und Hals, Vitaminmangel, Entfernen der Schweißdrüsen, Allergien und die Nebenwirkungen von Medikamenten (z. B. Antihistaminika, Anticholinergika, Phenothiazine, Narkotika, Chemotherapie).
- Eine Schleimhautschädigung tritt gewöhnlich 7–14 Tage nach Beginn einer Bestrahlung und 3–9 Tage nach Beginn einer Chemotherapie auf.
- Epstein und Schubert (2003) zufolge tritt bei 30–75 % der Patienten unter Chemotherapie, bei 90 % der Stammzelltransplantationen und 100 % der Bestrahlungen von Kopf und Hals eine Schleimhautschädigung auf.
- Zu den Folgen der Mukositis gehören ein erhöhtes Mortalitätsrisiko, eine Verzögerung der Therapie, die Notwendigkeit einer Ernährungssubstitution, erhöhte Erschöpfung und Blutung, erhöhte Infektionsgefahr, Schmerzen und verminderte Lebensqualität.
- Zur Behandlung bei geschädigter Schleimhaut gehören die Prinzipien des Wundmanagements, Feuchtigkeit, Reinigung und Heilungsförderung.
- Alkohol und Tabak sind chronische Reizstoffe der Mundschleimhaut und können zu Mundkrebs führen.
- Stomatitis und orale Mukositis sind Synonyme.
- Stomatitis und Mukositis zeigen eine Entzündung und Ulzeration der Mundhöhle an. Mukositis gilt unabhängig von der Ursache für jede Entzündung der Mundschleimhaut. Sie kann von trockenen, geröteten, entzündeten und eingerissenen Bereichen zu offenen Wunden der Schleimhaut und zu blutenden Ulzera an beliebigen Stellen im Mund und im Ösophagus, in der Scheide oder im Rektum übergehen. Aufgrund der raschen Zellproliferation sind Schleimhäute toxisch hoch sensibel. Bei Personen unter Mehrfachtherapien oder mit prädisponierenden Risikofaktoren, wie schlechte Mundpflege, Zahnkaries und Tabak- oder Alkoholkonsum, entwickeln mit höherer Wahrscheinlichkeit eine Mukositis.
- Eine Chemotherapie oder direkte Bestrahlung kann auch zur Xerostomie führen, bei der Qualität und Quantität des Speichels abnehmen (Beck, 2001).

Pädiatrische Überlegung

- Bei Neugeborenen kommt es oft zu Mundsoor. Er kann von Mensch zu Mensch, über eine vaginale Infektion der Mutter während der Geburt oder durch kontaminierte Sauger oder andere Gegenstände übertragen werden (Wong, 2003).
- Das Durchbrechen der Zähne kann Beschwerden machen und dazu führen, dass das Zahnfleisch rot und geschwollen aussieht.

Geriatrische Überlegungen

- Zu den altersbedingten Veränderungen der Mundschleimhaut gehören ein Verlust der Elastizität, Atrophie der Epithelzellen und eine verminderte Blutversorgung des Bindegewebes (Miller, 2004).
- Mundtrockenheit und Vitaminmangel bei älteren Menschen erhöhen die Anfälligkeit für Ulzerationen und Infektionen in der Mundhöhle (Miller, 2004).
- Bei älteren Menschen ist die Viskosität des Speichels oft erhöht und seine Menge verringert (Miller, 2004).

Einschätzungskriterien des Fokusassessments

Subjektive Daten

Einschätzen bestimmender Merkmale oder Kennzeichen

Siehe «Bestimmende Merkmale und Kennzeichen».

Einschätzen beeinflussender Faktoren

Siehe «Einflussfaktoren».

Objektive Daten und körperliches Assessment

Verwenden Sie ein standardisiertes Assessment- bzw. Messinstrument für den Mund.

Stellen Sie die Gerätschaften für das Assessment der Mundhöhle zusammen. Dazu gehören: eine gute Lichtquelle, Zungenspatel, unsterile Handschuhe und Gaze zum Vorziehen der Zunge sowie ein Absauggerät, falls erforderlich. Untersuchen Sie systematisch die Mundhöhle auf Veränderungen der Mundschleimhaut, den Feuchtigkeitsgrad, Sauberkeit, Ulzera oder Läsionen und Unversehrtheit der Lippen sowie die Qualität von Sprache und Stimme.

Einschätzen bestimmender Merkmale oder Kennzeichen

Lippen
Farbe
Risse
Blasen
Fissuren
Ulzera/Läsionen
Blutung
Ödem.

Zunge
Farbe
Schwellungen

Risse, Trockenheit
Ulzera
Ödem
Blutung
Läsionen
Exsudate
Haarförmige Fortsätze
Blasen.

Mundschleimhaut (Zahnfleisch, Mundboden, Innenseite der Wangen, Gaumen)
Farbe
Feuchtigkeit
Blutung
Plaque
Schwellungen (entlang des Zahnfleischsaumes)
Ulzera.

Speichel
Wässrig
Fehlend
Dickflüssig
Farbe.

Zähne
Scharfe Ränder
Lockere Zähne
Absplitterungen
Fehlende Zähne
Risse
Plaque oder Débris.

Zahnersatz/Prothesen
Zustand
Passgenauigkeit, Sitz
Scharfe Ränder
Risse
Lose Teile
Absplitterungen
Zahnfleisch
Farbe
Ödem
Blutung
Schlucken
Schluckfähigkeit
Schmerzen

Stimme
Sprechschwierigkeiten
Tiefere, raue Stimme.

Ziele

NOC

- Gewebeintegrität: Haut und Schleimhäute

Die Person hat keine Schleimhautreizungen mehr oder zeigt Zeichen der Heilung mit verminderter Entzündung.

Indikatoren

- Beschreiben von Faktoren, die Schäden in der Mundhöhle verursachen.
- Demonstrieren von Wissen über optimale Mundpflege.

Allgemeine Interventionen

NIC

- Mund-/Zahnpflege, therapeutisch
- Chemotherapiemanagement
- Mund-/Zahnpflege, prophylaktische

Einschätzen ursächlicher oder beeinflussender Faktoren

Siehe «Einflussfaktoren».

Unterweisen in präventiver Mundpflege bei stomatitisgefährdeten Klienten

Siehe Gefahr einer beeinträchtigten Mundschleimhaut, b/d inadäquate Mundpflege oder das Unvermögen zur Mundpflege für spezielle Instruktionen zum Zähneputzen und zum Gebrauch von Zahnseide

Geben Sie dem Klienten folgende Instruktionen:

Führen Sie den Behandlungsplan – Zähne putzen und mit Zahnseide bearbeiten, Spülen und Anfeuchten – nach den Mahlzeiten und vor dem Schlafengehen durch.

Vermeiden Sie alkoholhaltige Mundspülungen, Wattestäbchen mit Zitrone bzw. Glyzerin und die langfristige Anwendung von Wasserstoffperoxid.

Spülen Sie den Mund mit Kochsalzlösung oder einer Mischung aus Kochsalzlösung und Bikarbonat aus.

Tragen Sie alle 2 Stunden und nach Bedarf ein Gleitmittel auf die Lippen auf (z. B. Lanolin, Vaseline).

Inspizieren Sie den Mund täglich auf Läsionen und Infektionen und berichten Sie über Veränderungen.

Ernähren Sie sich ausgewogen und nehmen Sie reichlich Flüssigkeit zu sich.

Meiden Sie stark gewürzte, salzige, scharfe, saure Speisen oder Speisen mit rauen Oberflächen.

Nehmen Sie orale Medikationen 60–90 Minuten vor einer Mahlzeit; setzen Sie topische Analgetika kurz vor den Mahlzeiten ein.

Benachrichtigen Sie Ihre Gesundheitsfachperson bei folgenden Symptomen: Körpertemperatur über 38,3 °C, neue Läsionen oder offene Stellen im Mund, Zahnfleischbluten, Schluckbeschwerden oder das Unvermögen, Flüssigkeiten zu sich zu nehmen und Schmerzen im Mund.

Den Mund sauber und feucht halten.

Konsultieren des Arztes bei möglichem Bedarf eines prophylaktischen Antimykotikums oder Antibiotikums bei stomatitisgefährdeten Klienten (Beck, 2001)

Instruieren Sie den Klienten, 2–3 Wochen vor Therapiebeginn einen Zahnarzt aufzusuchen, um Infektionen zu diagnostizieren und zu behandeln und ausreichend Zeit für die Heilung sicherzustellen.

Wenden Sie sich an den Zahnarzt wegen eines Therapieplans zur täglichen Fluorideinnahme und Mundpflege.

Instruieren Sie den Klienten, nach Bedarf während der Behandlung und 2 Monate nach deren Abschluss einen Zahnarzt aufzusuchen.

Überweisen Sie einen Klienten mit verdächtigen Mundläsionen an eine Gesundheitsfachperson, um eine Kultur abzunehmen und den Erreger zu bestimmen.

Verabreichen Sie nach Verordnung Antibiotika, Antimykotika oder Virustatika.

Überwachen Sie die Körpertemperatur alle 4 Stunden und geben Sie abnorme Werte an die Gesundheitsfachperson weiter.

Tauschen Sie nach der Behandlung einer vermuteten oder nachgewiesenen Mundinfektion die Zahnbürste aus.

F: Ein Zahnleiden ist ein Infektionsreservoir und erfordert sorgsames Management durch erfahrene Fachkräfte.

Fördern der Heilung und Verlangsamen des Fortschritts einer Stomatitis

Inspizieren Sie die Mundhöhle 3-mal täglich, bei schwerer Stomatitis alle 4 Stunden mit Zungenspatel und Lampe.

Stellen Sie sicher, dass der Mundpflegeplan, während der Klient wach ist, alle 1–2 Stunden und nachts alle 4 Stunden durchgeführt wird.

Verwenden Sie normale Kochsalzlösung als Mundspülung.

Behandeln Sie die Zähne nur einmal alle 24 Stunden mit Zahnseide.

Lassen Sie die Zahnseide bei exzessivem Bluten weg.

F: Systematisch durchgeführte Behandlungsprotokolle können Inzidenz, Schweregrad und Dauer von Mundproblemen signifikant verringern (Sadler et al., 2003).

F: Kochsalz- und Natronspülungen sind eine wirksame und die kostengünstigste Lösung, um der Behandlung einer Mukositis vorzubeugen. Schaumstoffbürsten sind zum Entfernen von Plaque und Bakterien zum Schutz von Hohlräumen nicht so gut wie Zahnbürsten mit Borsten. Dass industriell hergestellte Mundspülungen normaler Kochsalzlösung überlegen wären, wird durch die Literatur nicht gestützt (Rubenstein et al., 2004).

F: Es muss kontinuierlich für ausreichende Hydrierung gesorgt sein, um Sekrete zu verflüssigen und ein Austrocknen der Mundschleimhaut zu verhindern.

Verringern von Schmerzen im Mund und Aufrechterhalten einer adäquaten Nahrungs- und Flüssigkeitszufuhr

Schätzen Sie ein, inwieweit die Person in der Lage ist, zu kauen und zu schlucken.
Verabreichen Sie nach Verordnung des Arztes alle 3–4 Stunden ein leichtes Analgetikum.
Geben Sie dem Klienten folgende Anweisungen:

- Meiden Sie kommerzielle Mundspülungen, Säfte aus Zitrusfrüchten, stark gewürzte Speisen, Nahrungsmittel mit extremen Temperaturen (heiß, kalt), Nahrungsmittel mit Kruste oder harten Kanten, Alkohol und alkoholhaltige Mundspülungen.
- Essen Sie milde, kühle Nahrungsmittel (Sorbets).
- Trinken Sie alle 2 Stunden und nach Bedarf kühle Flüssigkeiten.

Konsultieren Sie eine Ernährungsberaterin wegen spezifischen Interventionen.
Siehe *Mangelernährung,* **b/d** *Anorexie,* **s/b/d** *(zu spezifizieren)* für weitere Interventionen.
Konsultieren Sie den Arzt wegen einer Lösung zur Linderung der Schmerzen im Mund:

- Xylocain Viskös 2 % oral, alle 2 Stunden und vor den Mahlzeiten rasch ausspülen und ausspucken. Bei Halsschmerzen kann die Lösung geschluckt werden. In diesem Fall bewirkt sie eine Lokalanästhesie und kann den Würgreflex beeinträchtigen.
- Gelclair® sorgt als konzentriertes Gel für eine Schutzbarriere. Aufgrund seiner begrenzten Wirkdauer muss es häufig angewandt werden. Eine Prophylaxe wird nicht empfohlen.
- Topisch verabreichtes Morphin lindert und verkürzt die Schmerzen. Auf Alkoholbasis zubereitet kann es Brennen verursachen.

F: Es muss kontinuierlich für ausreichende Hydrierung gesorgt sein, um Sekrete zu verflüssigen und ein Austrocknen der Mundschleimhaut zu verhindern.
F: Eine trockene Mundschleimhaut verursacht Beschwerden und erhöht die Gefahr einer Schädigung und Infektion.
F: Die Studie von Buntzel et al. (2001) zeigte unter Gelclair® günstige orale Schmerz-Scores, ein rasches Einsetzen der Schmerzlinderung und erhöhte Ess- und Sprechfähigkeit.

Beginnen mit Gesundheitsedukation und Überweisen, soweit angezeigt

Unterweisen Sie die Person und ihre Familie in den Faktoren, die zur Stomatitis und deren Fortschreiten beitragen.
Unterweisen Sie in Ernährungsumstellungen, um die Schmerzen im Mund zu lindern und eine optimale Ernährung beizubehalten.
Lassen Sie den Klienten den Plan der häuslichen Versorgung beschreiben.

F: Die Häufigkeit prophylaktischer Mund-/Zahnpflege richtet sich nach dem Gesundheitszustand und der Selbstversorgungsfähigkeit der Person. Bei jedem Klienten sollte mindestens einmal nach den Mahlzeiten und zur Schlafenszeit die Zähne geputzt und der Mund gereinigt werden. Bei hochgradig gefährdeten Klienten (z. B. mit Magensonde, einem Tumor oder Unterernährung) sollte täglich ein Assessment des Mundes durchgeführt werden. Bei Klienten in Dauerpflegeeinrichtungen sollte dies einmal pro Woche geschehen.

Gefahr einer geschädigten Mundschleimhaut, ...

... b/d inadäquate Mundpflege oder das Unvermögen zur Mundpflege

Ziele

NOC

Siehe *geschädigte Mundschleimhaut*.

Die Person zeigt eine intakte Mundhöhle.

Indikatoren

- Fehlen schädlicher Zahnbeläge (Plaque), um eine Sekundärinfektion zu verhindern.
- Fehlen von Beschwerden im Mund bei der Nahrungs- und Flüssigkeitsaufnahme.
- Demonstrieren einer optimalen Mundpflege.

Allgemeine Interventionen

NIC

Siehe *geschädigte Mundschleimhaut*.

Einschätzen ursächlicher und beeinflussender Faktoren

Siehe «Einflussfaktoren».

Erörtern der Bedeutung täglicher Mundpflege und regelmäßiger Zahnuntersuchungen

Erläutern Sie die Beziehung zwischen Plaque und Erkrankungen der Zähne und des Zahnfleischs.
Evaluieren Sie die Fähigkeit der Person, Mundpflege zu betreiben.
Lassen Sie die Person soviel Mundpflege wie möglich betreiben.

F: Plaque, die Keimflora im Mund, ist die primäre Ursache von Zahnschäden und Parodontose. Tägliches Entfernen der Zahnbeläge durch Bürsten und Zahnseide kann Zahnverfall und -erkrankungen verhindern helfen.

Unterweisen in korrekter Mundpflege

Lassen Sie die Person an einem Waschbecken Platz nehmen oder sich davor stellen (falls nicht möglich, halten Sie ihr eine Nierenschale unter das Kinn oder ein Absauggerät neben dem Bett bereit).

Prothesen und Brücken täglich herausnehmen und reinigen

Bürsten Sie Prothesen täglich innen und außen mit einer passenden Bürste oder einer harten Zahnbürste und spülen Sie sie vor dem Wiedereinsetzen mit kaltem Wasser ab.
Bei intubierten und bewusstlosen Klienten oder bei Klienten mit schwerer Stomatitis sollte Zahnersatz nicht wieder eingesetzt werden. Lagern Sie den Zahnersatz in einer Reinigungslösung, die Sie täglich austauschen, um Bakterienwachstum zu verhindern.
Bewahren Sie den Zahnersatz in einem Becher und an einem sicheren Ort auf.
Lassen Sie schlecht sitzende Prothesen durch die Familie entsorgen.

Zähne mit Zahnseide behandeln (alle 24 h)

Behandeln Sie jeden Zahn mit einem etwa 50 cm langen Stück Zahnseide, deren Enden Sie jeweils um den 2. und 3. Finger einer jeden Hand wickeln.
Beginnen Sie mit den hinteren Zähnen. Führen Sie die Zahnseide vorsichtig zwischen die Zähne ein, um das Zahnfleisch nicht zu verletzen.
Wickeln Sie die Zahnseide c-förmig im Halbkreis um den Zahn und ziehen Sie die Zahnseide hin und her und am Zahn auf und ab.
Wiederholen Sie dies umgekehrt, um die Vorderseite des Zahnes zu reinigen.
Entfernen Sie die Zahnseide, indem Sie sie gerade nach oben ziehen oder eine Seite loslassen und die Zahnseide durch die Zahnlücke ziehen (was zu kleineren Blutungen führen kann).
Spülen Sie den Mund aus.
Haltevorrichtungen für die Zahnseide können den Umgang damit erleichtern, allerdings lassen sich die hinteren Zähne damit nicht erreichen.

Zähneputzen nach den Mahlzeiten und vor dem Schlafengehen

Verwenden Sie eine weiche Zahnbürste (harte Bürsten meiden) und eine Zahnpasta ohne Schleifpartikel mit Fluorid oder Natriumbikarbonat (1 Tl. in 250 ml Wasser, kann bei Personen unter Salzrestriktion kontraindiziert sein).

Trocknen Sie die Zahnbürste zwischendurch an der Luft.
Bürsten Sie vor und zurück oder in kleinen Kreisen, beginnend im rückwärtigen Teil des Mundes, und jeweils einen oder zwei Zähne auf einmal.
Bürsten Sie vorsichtig die Zunge und die Innenseiten der Wangen.
Spülen Sie 30 Sekunden lang mit normaler Kochsalzlösung oder sterilem Wasser aus.
Befeuchten Sie Lippen und Innenseite der Wangen mit einem entsprechenden Produkt.
Bei Xerostomie (Mundtrockenheit) kann der Klient zuckerfreie Bonbons lutschen, zuckerfreien Kaugummi kauen oder künstlichen Speichel verwenden.

Inspizieren des Mundes auf Läsionen, wunde Stellen oder exzessives Bluten

Durchführen von Mundpflege bei einer bewusstlosen oder aspirationsgefährdeten Person so oft wie nötig

Vorbereitung

Stellen Sie die Gerätschaften zusammen: weiche Zahnbürste, Zahnpasta, ein Becher Wasser, Absauggerät, Yankauer-Sauger, Lichtquelle, Nierenschale, Handtuch, Waschlappen und Handschuhe.
Sagen Sie der Person, was Sie tun werden.
Drehen Sie die Person auf die Seite und stützen Sie sie im Rücken durch ein Kissen ab. Schützen Sie das Bett durch eine saugfähige Unterlage.
Führen Sie bei Bedarf einen Zungenspatel oder Beißblock ein, um den Mund offen zu halten.
Tragen Sie Handschuhe, um sich zu schützen.

Das Bürsten

Bürsten Sie bei Personen, die noch ihre eigenen Zähne haben, nach dem oben beschriebenen Vorgehen. Verwenden Sie Natriumbikarbonat (1 Tl. in 250 ml Wasser) oder normale Kochsalzlösung (kann bei Personen unter Salzrestriktion kontraindiziert sein).
Halten Sie die Nierenschale an den Mund des Klienten und verwenden Sie den Yankauer-Sauger, um Sekret aus dem Mund abzusaugen.
Bei Prothesenträgern sollte der Zahnersatz herausgenommen und wie oben beschrieben gereinigt werden. Setzen Sie die Prothese bei einem semikomatösen Klienten nicht mehr ein, sondern bewahren Sie sie in Wasser und einer entsprechenden Dose auf.
Verwenden Sie keine Toothettes™*.
Spülen Sie den Mund mit einer Spritze aus. Saugen Sie die Spüllösung mit dem Absauggerät oder einer Zahnbürste mit Absaugvorrichtung ab.
Verschieben Sie den Zungenspatel oder Beißblock, wenn nötig, um an andere Bereiche zu gelangen. Legen Sie den Finger nicht auf die Bissfläche oder den Rand der Zähne.
Bürsten Sie vorsichtig die Zunge und Wangeninnenseiten.
Tupfen Sie den Mund trocken, tragen Sie eine Feuchtigkeitscreme auf die Lippen auf und befeuchten Sie die Mundhöhle.

* Fertigtupfer, beschichtet/getränkt, zum Einmalgebrauch (A.d.Ü.)

Mundpflege bei intubierten oder mechanisch beatmeten Patienten

Stellen Sie die Gerätschaften zusammen (wie für einen bewusstlosen Klienten).

Heben Sie das Kopfteil des Bettes um mehr als 30 Grad an, sofern nicht medizinisch kontraindiziert.

Bürsten Sie Zähne, Zunge und Zahnfleisch 2-mal täglich wie oben beschrieben.

Wischen Sie die Mundhöhle alle 2 Stunden und nach Bedarf mit einem Tupfer und normaler Kochsalzlösung oder einer Spüllösung aus.

Verwenden Sie bei Patienten vor einer Herzoperation eine Spüllösung mit 12 %igem Chlorhexidingluconat auf schriftliche Verordnung einer Gesundheitsfachperson. Bei anderen Populationen ist der Routineeinsatz nicht zu empfehlen (DeRiso et al., 1996).

Befeuchten Sie Lippen und Mundhöhle.

Entfernen Sie übermäßiges Sekret mit dem Yankauer-Sauger.

F: Faktoren, die zu Erkrankungen des Mundes und der Mundhöhle beitragen, sind übermäßiger Alkohol- und Tabakkonsum, Mikroorganismen, inadäquate Ernährung (Qualität, Quantität), inadäquate Hygiene und Verletzungen (Magensonde, schlecht sitzende Prothesen, scharfrandige Zähne und Prothesen) sowie inkorrekter Gebrauch von Reinigungsvorrichtungen und -geräten.

F: Die Gesundheit in der Mundhöhle wird beeinflusst durch Mikroorganismen, die in Plaque wachsen. Auf der Intensivstation können diese Erreger in die Lunge gelangen und zur Respiratorpneumonie führen (Munro et al., 2004).

F: Das Center for Disease Control and Prevention (2003) empfiehlt, dass Klienten vor einer Transplantation von Blut- und Knochenmarkstammzellen zahnmedizinisch untersucht und behandelt werden sollten. Die Mundpflege sollte tägliches Behandeln mit Zahnseide, 2-mal tägliches Zähneputzen mit einer weiche Bürste oder, wenn die Bürste nicht vertragen wird, mit Toothettes™ sowie 4- bis 6-maliges Spülen mit normaler Kochsalzlösung, sterilem Wasser oder Natriumbicarbonat umfassen.

F: Einer kontrollierten Studie zufolge lässt sich Plaque mit Toothettes™ im Vergleich zu Zahnbürsten nicht beseitigen (Pearson et al., 2002).

Beginnen mit Gesundheitsedukation und Überweisen, soweit angezeigt

Identifizieren von Klienten, deren Zahnbürsten speziell angepasst werden müssen, um die Mundpflege selbst durchführen zu können

Überweisen Sie Klienten, welche die Hand nicht fest schließen können, an einen Beschäftigungstherapeuten.

Für Klienten mit eingeschränkter Beweglichkeit der Hand sollten Sie den Durchmesser des Zahnbürstengriffs durch einen Lockenwickler aus Schaumstoff, zerknitterte Aluminiumfolie oder den Handgriff eines Fahrradlenkers vergrößern, den bzw. die Sie jeweils aufkleben.

Verlängern Sie den Handgriff der Zahnbürste von Personen mit eingeschränkter Beweglichkeit des Arms, indem Sie von einer alten Zahnbürste den Bürstenkopf abschneiden und den Griff mit starker Schnur oder Plastikkleber am Griff der neuen Bürste befestigen oder indem Sie die neue Zahnbürste an einem Plastikstab befestigen. Die Zahnbürste lässt sich durch vorsichtiges Erhitzen biegen.

Überweisen von Klienten mit Zahn- oder Zahnfleischerkrankungen an einen Zahnarzt

Pädiatrische Interventionen

Maßnahmen

Unterweisen der Eltern:

- Sorgen Sie bei Ihrem Kind für Fluoridsubstitution, sofern Fluorid nicht bereits in Konzentrationen von mehr als 0,7 ppm im Trinkwasser vorliegt.
- Vermeiden Sie es, während der Schwangerschaft Tetrazykline einzunehmen oder sie einem Kind unter 8 Jahren zu verabreichen.
- Bringen Sie Ihr Kind nicht mit einer Flasche Saft oder Milch zu Bett.
- Versorgen Sie Ihr Kind beim Zahnen mit sicheren Gegenständen, auf denen es herumkauen kann.
- Ersetzen Sie Zahnbürsten oft (alle 3 Monate).
- Planen Sie nach dem 2. Lebensjahr alle 6 Monate eine zahnärztliche Vorsorgeuntersuchung ein.
- Überwachen Sie bei Ihrem Kind im Vorschulalter das Zähneputzen und den Umgang mit Zahnseide und helfen Sie ihm dabei:
  - Sprechen Sie mit Ihrem Kind beim Zähneputzen.
  - «Fordern Sie Ihr Kind auf, ‹wie ein Vogel zu piepsen›, um die Frontzähne zu putzen und ‹wie ein Löwe zu brüllen›, um die hinteren Zähne zu putzen» (Wong, 2003).
  - Integrieren Sie Zähneputzen mit Bürste und Zahnseide in das Ritual zur Schlafenszeit.

Unterweisen des Kindes:

- Warum ist Zahnpflege wichtig?
- Zuckerreiche Getränke, Nahrungsmittel und Kaugummi meiden.
- Wasser und zusätzlich Flüssigkeit trinken.
- Zähne mit fluoridhaltiger Zahnpasta putzen.

F: Ziel der Mundpflege ist, Plaque zu entfernen, der Zahnverfall und Parodontose verursacht (Wong, 2003).
F: Zahnseide entfernt Plaque vom Zahnfleischsaum.
F: Fluorid macht den Zahnschmelz widerstandsfähiger gegen Karies, indem es die Auswirkungen von Säure an der Zahnoberfläche schwächt (Wong, 2003).

Geburtshilflich-gynäkologische Interventionen

Maßnahmen

Betonen Sie die Bedeutung einer guten Zahnpflege und kontinuierlicher Untersuchungen des Gebisses. Raten Sie den Frauen, vermehrt Vitamin C zu sich zu nehmen.
Erinnern Sie die Klientin daran, den Zahnarzt über eine Schwangerschaft zu informieren.
Erklären Sie, dass eine Hypertrophie und Empfindlichkeit des Zahnfleischs in der Schwangerschaft normal sind.

F: Hypertrophie, Empfindlichkeit und Blutungen des Zahnfleischs in einer normalen Schwangerschaft können Folge einer als *Schwangerschafts-Epulis* bezeichneten, vaskulär bedingten Schwellung sein (Pillitteri, 2003).

Geriatrische Interventionen

Maßnahmen

Erklären Sie altersbedingte Hochrisikofaktoren (Miller, 2004):

- degeneratives Knochenleiden
- verminderte Durchblutung des Mundbereichs
- Mundtrockenheit
- Vitaminmangel.

F: Altersbedingte Veränderungen und Mangelernährung erhöhen die Anfälligkeit für Ulzera und Infektionen im Mundbereich (Miller, 2004).

Erklären Sie, dass manche Medikamente Mundtrockenheit verursachen:

- Laxanzien
- Antibiotika
- Antidepressiva
- Anticholinergika
- Analgetika
- Eisensulfat
- Herz-Kreislauf-Mittel.

F: Mundtrockenheit trägt zu Gewebsschäden bei.

Stellen Sie fest, welche Barrieren bei der Zahnpflege bestehen:

- finanzielle Belange
- Mobilität
- Geschicklichkeit
- Wissensdefizit.

F: Barrieren der Zahnpflege lassen sich verringern oder beseitigen.

Relokationsstresssyndrom

Relokationsstresssyndrom, ...

... **b/d** Veränderungen in Zusammenhang mit Verlegungen innerhalb oder zwischen Einrichtungen der Gesundheitsversorgung oder der Aufnahme in eine Einrichtung der Langzeitpflege

Definition

Relokationsstresssyndrom: der Zustand, in dem eine Person infolge eines Transfers von einem Umfeld in ein anderes physiologische und/oder psychologische Störungen hat.

Andere Begriffe in der Literatur zur Beschreibung des Relokationssyndroms sind Aufnahmestress, Postrelokationskrise, Relokationskrise, Relokationsschock, Relokationstrauma, Transferstress, Transfertrauma und Verlegungsschock.

Relokationsstresssyndrom (Ortswechselbedingtes Stresssyndrom; engl. Relocation stress syndrome): Physiologische und/oder psychosoziale Störung, die aus der Verlegung, dem Wechsel von einer Umgebung in eine andere resultiert (NANDA-I, 2010).

Bestimmende Merkmale oder Kennzeichen*

Hauptkennzeichen (80–100 %)

Der Klient reagiert auf einen Transfer oder eine Relokation mit:

- Einsamkeit
- Depression
- Wut/Zorn
- Besorgnis, Sorge wegen Umplatzierung
- Angst, Furcht vor Trennung.

Verstärkte Verwirrtheit (bei älteren Menschen), kognitive Beeinträchtigung.

Nebenkennzeichen (50–79 %)

Schlafstörung.
[Wechsel von einem Umfeld in ein anderes]
vermehrtes [häufigeres] Äußern der Bedürfnisse
Pessimismus
Frustration
verstärkte physische Symptome
Verschlechterung der Krankheit
Alleinsein
Entfremdung, [feindseliges Verhalten/Wutanfälle]
Identitätsverlust
Verlust des Selbstwertgefühls [oder]
Verlust der Selbstachtung
Veränderung früherer Essgewohnheiten
Veränderung früheren Essverhaltens
Offensichtliche Abhängigkeit
Offensichtliche Unsicherheit

* Harkulich, J; Bruggler, C. (1988). *Nursing Diagnosis – translocation syndrome: Expert validation study.* Teilweise finanziert durch: Peg Schlitz Fund, Delta Ix Chapter, Sigma Theta Tau International. Barnhouse, A. (1987). *Development of the nursing diagnosis of translocation syndrome with critical care patients.* Unveröffentlichte Master-Arbeit, Kent State University, Kent, OH.

Offensichtlicher Vertrauensverlust
Vigilanz; übermäßige Wachheit
Gewichtsveränderung
Traurige Stimmungslage
Rückgang der Selbstpflegeaktivitäten
Rückgang der Freizeitaktivitäten
Magen-Darm-Störungen
Exzessiver Bedarf an Beruhigung, Rückversicherung
Unruhe
Rückzug
Allergische Symptome
Ungünstig ausfallender Vergleich zwischen dem Personal vor der Verlegung und dem neuen Personal
Äußerungen der Besorgnis, des Widerwillens bzw. Verärgerung über die Verlegung
Äußerungen von Unsicherheit in der neuen Umgebung.

Einflussfaktoren

Pathophysiologische Faktoren

B/d eine gestörte Fähigkeit zur Anpassung an Veränderungen, s/b/d:

eine geschwächte körperliche Gesundheit:

- körperliche Schwierigkeiten
- eine geschwächte psychosoziale Gesundheit:
- erhöhter bzw. wahrgenommener Stress vor der Relokation
- Depression
- verminderte Selbstachtung.

Situationsbedingte Faktoren (persönlich bedingt, umgebungsbedingt)

B/d einen mäßigen bis hohen Grad an Veränderung in der neuen Umgebung, s/b/d:

Verlust der Privatsphäre
verminderte Kontrolle über die individuelle Versorgung
Abnahme oder Austausch der verfügbaren Betreuungspersonen
Abnahme/Anstieg der Überwachungsgeräte für den Klienten
erhöhter Lärm/verstärkte Aktivitäten in der neuen Umgebung
verminderte Privatsphäre infolge der veränderten Lebensweise.

B/d gleichzeitige, kurze oder lange Zeit zurückliegende zwischenmenschliche Verluste, s/b/d:

negative Erfahrungen im Umgang mit früheren Trennungen (gilt für Erwachsene ebenso wie für Kinder)
Verlust sozialer und familiärer Bande

Verlassen werden, Ausgesetzt werden
wahrgenommene/tatsächliche Zurückweisung durch Betreuungspersonen
Antizipation eines langen und/oder dauerhaften Aufenthalts in der neuen Umgebung
Bedrohung der finanziellen Sicherheit
Veränderung der Beziehung zu Familienangehörigen.

B/d wenig oder keine Vorbereitung auf den anstehenden Wechsel:

nicht absehbare neue Umgebung
wenig bis keine Zeit zwischen Benachrichtigung über den Wechsel und dem Wechsel selbst
unrealistische Erwartungen des Individuums bzw. der Familienangehörigen hinsichtlich der Einrichtung und des Personals
fehlende/mangelnde Entscheidungsfindung und Kontrolle im Interesse der verlegten Person.

B/d Verluste
B/d Gefühl der Machtlosigkeit
B/d fehlende ausreichende Unterstützungssysteme
B/d fehlende vorbereitende Beratung/Information
B/d Unvorhersagbarkeit der Erlebnisse
B/d Isolation
B/d Sprachbarriere
B/d beeinträchtigte psychosoziale Gesundheit
B/d passives Coping-Verhalten
B/d verschlechterter Gesundheitszustand.

Altersbedingte Faktoren

Kinder im Schulalter und Jugendliche

B/d Verluste in Verbindung mit einem Umzug/einer Verlegung, s/b/d:

Furcht vor Zurückweisung, Verlust der Peer-Gruppe oder schulische Probleme
geringere Sicherheit in der neuen Jugendlichengruppe und in der Schule.

Anmerkung der Autorin

Die NANDA hat *Relokationsstresssyndrom* als Syndromdiagnose akzeptiert. Sie erfüllt nicht das Kriterium einer Syndromdiagnose, die aus einem Cluster von aktuellen oder Risikopflegediagnosen als bestimmenden Merkmalen und Kennzeichen besteht. Die bestimmenden Merkmale und Kennzeichen in Verbindung mit *Relokationsstress* bestehen in beobachtbaren oder dokumentierbaren Merkmalen, die sich mit *Relokationsstress*, nicht aber mit einem *Relokationsstresssyndrom* decken. Die Autorin empfiehlt, die Komponente «… syndrom» aus dem Diagnosentitel zu streichen.

Relokation bedeutet für alle Beteiligten einen Bruch, der mit einem Transfer von einer Station oder Einrichtung auf bzw. in eine andere einhergehen kann. Dabei kann es sich um einen dauerhaften Umzug in eine Einrichtung der Langzeitpflege oder ein neues Heim handeln. Die

Relokation ist für jede betroffene Altersgruppe ein Störfaktor. Sobald physiologische und psychische Störungen das Funktionieren beeinträchtigen, eignet sich die Pflegediagnose *Relokationsstresssyndrom.*

Der optimale Pflegeansatz beim Relokationsstress besteht im Einleiten präventiver Maßnahmen unter Verwenden von *Gefahr eines Relokationsstresssyndroms* als Diagnose.

Irrtümer in diagnostischen Aussagen

1. *Relokationsstressstress,* **b/d** *gedrückte Stimmung und Trauer in Verbindung mit einem anstehenden Umzug der Familie*
   Gedrückte Stimmung und Trauer sind angemessene Reaktionen bei Kindern, deren Familien umziehen. Vor allem Jugendliche sind aufgrund ihrer Beziehungen zu Gleichaltrigen stark betroffen. Gedrückte Stimmung und Trauer sind keine Einflussfaktoren, sondern Manifestationen. Die Pflegeperson sollte die Diagnose wie folgt formulieren: *Relokationsstress,* **b/d** *Auswirkungen eines Umzugs der Familie auf die Beziehung zu Gleichaltrigen, angezeigt durch gedrückte Stimmung und Trauer.*

Zentrale Konzepte

Allgemeine Überlegungen

- Der Vorgang einer Relokation bedeutet für alle Beteiligten einen Übergang (Miller, 1995; Puskar, 1986).
- Jährlich sind 2 % der US-amerikanischen Bevölkerung gezwungen, den Aufenthaltsort zu wechseln (Puskar/Rohay, 1999).
- Relokationsstress kann jede Art von Verlegung des Aufenthaltsortes begleiten. Dazu gehören der Umzug:
- von einem Zuhause in ein anderes (Haus, Appartement)
- von zuhause in eine Einrichtung (Klinik, Einrichtung der Langzeitpflege)
- von einer Einrichtung in ein Heim (vor allem nach langer Krankheit)
- innerhalb einer Einrichtung:
  - von einem Bett in ein anderes im selben Raum
  - von einem Raum in einen anderen auf derselben Station/demselben Flur
  - von einem Raum in einen anderen einer anderen Station/auf einem anderen Flur
- sowie Verlegungen zwischen Einrichtungen:
  - von einer Klinik in eine Einrichtung der Langzeitpflege oder
  - von einer Einrichtung der Langzeitpflege in eine andere (Davies/Nolan, 2004).
- Relokationsstress tritt gewöhnlich kurz vor und nach einem Umzug/einer Verlegung auf. Nicht alle Menschen zeigen nach einem Umzug/einer Verlegung Relokationsstress, weil die Einflussfaktoren bei all diesen Personen nicht in gleichem Ausmaß vorliegen. Resultiert ein Umzug/Ortswechsel aus einem Arbeitsplatzwechsel des Ehemannes, so findet dieser u. U. an seinem neuen Arbeitsplatz Befriedigung. Die mit ihm umgezogene Ehefrau sucht als primäre Quelle der Zufriedenheit neue Nachbarn, Freunde sowie neue häusliche und kommunale Aktivitäten. War sie zuvor berufstätig, fühlt sie sich angesichts fehlender Arbeitsplätze in der neuen Umgebung oft isoliert (Puskar, 1990). Frauen, die gut zurechtkamen zeigten aktives Verhalten (Problemlösen, Suche nach Unterstützung durch die Familie und Freunde,

ehrenamtliche Tätigkeiten). Frauen, die schlecht mit der Situation zurechtkamen, zeigten passives Verhalten (Essen, Schlafen, Weinen, Fernsehen, Wutausbrüche sich selbst und anderen gegenüber) (Puskar, 1990).

- Relokationsstress wurde verglichen mit Trennungsangst beim Einstellen der Monitorüberwachung und beim Abbruch der Überwachung durch Pflegepersonen und Ärzte, die dazu führt, dass der Klient coping-unfähig wird.
- Houser (1974) berichtete in einer Studie an zwölf Klienten, die von einer kardiologischen Station weg verlegt wurden, über Folgendes: Sechs der zwölf Klienten mussten wegen kardiovaskulärer Komplikationen erneut eingewiesen werden und bei fünf der sechs Klienten wurden beim Transfer hohe Angstwerte gemessen. Wer nicht über seine Gefühle sprach, hatte nach dem Transfer mit größerer Wahrscheinlichkeit Komplikationen. Nach Einführung eines Stressabbauprogramms hatten die Klienten weniger Komplikationen und die beobachteten Komplikationen waren weniger gefährlich als in der Kontrollgruppe.
- Klienten, die am Nachmittag und am Abend verlegt wurden, reagierten psychophysiologisch stärker auf Relokationsstress (Lethbridge et al., 1976).
- In ihrer Studie in sechs Kliniken an 177 Klienten nach Myokardinfarkt stellten Minckley et al. (1979) Folgendes fest:
  - Je länger der Klient zuvor von dem anstehenden Transfer wusste, desto geringer die Notwendigkeit, ihn zu beruhigen.
  - Klienten mit abnormen Blutdruckwerten bei der Aufnahme auf die kardiologische Station trugen ein höheres Risiko negativer Auswirkungen der Relokation.
  - Frauen zeigten bei der Verlegung mehr physiologische Stressindikatoren als Männer.
- Klienten sowie Familien erwiesen sich bei der Verlegung von einer kardiologischen Intensivstation als sehr ängstlich (Mitchell et al., 2003).
- Bei Interviews mit 15 Elternteilen frühreifer Säuglinge, die von Pflegestationen der Stufen 1 bis 3 nach Hause verlegt wurden, dokumentierten McDonald et al. (1996) folgende Reaktionen der Eltern:
  - Zu den Quellen von Stress für die Eltern gehörten fehlende/mangelnde Informationen über die Erkrankung bzw. den Zustand ihres Kindes und den Ablauf des Transfers zwischen den Stationen und der Entlassung nach Hause, Unsicherheit hinsichtlich der eigenen Behaglichkeit auf einer neuen Station, die Unstimmigkeiten in der Pflege zwischen den einzelnen Stationen sowie die Abhängigkeit von bestimmten Betreuungspersonen auf der Neugeborenenintensivstation.
  - Der Verlegung von einer Neugeborenenintensivstation (Stufe 3) in eine Einrichtung der Übergangspflege (Stufe 2) standen die Eltern ambivalent gegenüber. Auch standen sie zum Zeitpunkt des Transfers in die Einrichtung der Übergangspflege (Stufe 2) der Versorgung auf der Neugeborenenintensivstation wertender gegenüber und rationalisierten in Bezug auf den Transfer von der Neugeborenenintensivstation.
- Einundvierzig Mütter, deren Säuglinge von einer Neugeborenenintensivstation der Tertiärversorgung auf eine Station einer kommunalen Klinik verlegt wurden, gaben diesbezüglich leichten bis mäßigen Stress an und nahmen den Transfer als ziemlich positiv war. Je höher die Mütter die Qualität des Transfers einschätzten, desto weniger Stress gaben sie dabei an (Flanagan et al., 1996).
- Stärker abhängige Klienten erleben bei einer Relokation mit größerer Wahrscheinlichkeit negative Auswirkungen als weniger abhängige Klienten (Adshead et al., 1991).

Pädiatrische Überlegung

- Wenn eine Familie umziehen muss, können die Systeme ihrer sozialen Bindungen reißen und damit leichte Veränderungen des Gesundheitszustandes und des täglichen Funktionierens sowie Einsamkeit bewirken (Puskar, 1986).
- Je nach Alter und Reifegrad erleben Kinder verschiedenen Alters eine Relokation auf jeweils unterschiedliche Weise.
- Stress und Frustration eines Kindes, das einer Verlegung bzw. einem Umzug ausgesetzt ist, können zu Aggression, Rückzug und einer Verschlechterung der schulischen Leistungen führen, was später wiederum zu Anpassungsproblemen führen kann, wenn sich das Kind in der neuen Umgebung nicht gut sozialisiert.
- Kinder und Erwachsene, die einer Verlegung bzw. einem Umzug ausgesetzt sind, können Schmerzen früherer Trennungen erneut erleben, was wiederum zu Unsicherheit führt (Puskar/Dvorsak, 1991).
- Nach einer Verlegung bzw. einem Umzug zeigen Kleinkinder und Kinder im Vorschulalter oft Veränderungen des Ess- und Schlafverhaltens zusammen mit kleineren Behinderungen (Puskar/Dvorsak, 1991).
- Jungen können nach einer Verlegung bzw. einem Umzug in der neuen Umgebung mehr Schwierigkeiten mit Gleichaltrigen (verminderter Kontakt, Zurückweisung, Necken, Gemeinheiten) haben (Vernberg, 1990). Mädchen indessen bringen nach einer Verlegung bzw. einem Umzug u. U. mehr Stress und Einsamkeit zum Ausdruck (Raviv et al., 1990).
- Entwicklungsaufgabe des Jugendlichen ist es, unabhängig zu werden, was durch eine Verlegung bzw. einen Umzug verhindert wird (Puskar/Rohay, 1999).

Geriatrische Überlegungen

- Reaktionen auf eine Verlegung bzw. einen Umzug hängen von dessen Kontext und den psychischen Ressourcen vor dem Umzug ab. Bei älteren Frauen, die an einen eigenständigen Ort, aber nicht in die eigenen vier Wände verlegt wurden, ergaben sich folgende Befunde:
  - Frauen, die besser in der Lage sind, mit der Welt zurechtzukommen, um ihre Bedürfnisse zu befriedigen, und bei denen der Druck einer Ortsveränderung stärker und die vorher bestehende Autonomie größer waren, waren nach dem Umzug weniger traurig und gereizt als erwartet wurde.
  - Auch Frauen, die vor dem Umzug weniger autonom oder persönlich gereift waren, waren nach dem Umzug weniger traurig als erwartet, wenn sie gleichzeitig viele unerwartete Zugewinne, wie etwa Leichtigkeit im Schließen neuer Freundschaften und Gelegenheiten zur Beteiligung an Aktivitäten, hatten (Smider et al., 1996).
- Bei der Relokation älterer Erwachsener ländlicher Herkunft fanden sich wahrgenommene Auswahlmöglichkeiten, Vorhersagbarkeit der Umgebung und soziale Unterstützung durch die Familie, Heimnachbarn und Freunde als Faktoren einer positiven Adaptation (Armer, 1996).
- Die Verlegung älterer Erwachsener in Einrichtungen der Langzeitversorgung ging nicht mit erhöhten Mortalitätsraten einher.

- Der Übergang zu einem Leben im Heim ist ein allmählicher und variabler Prozess.
- Eine positive Einschätzung der Verlegung in ein Pflegeheim geht einher mit positiver Stimmungslage, während eine negative Einschätzung der Verlegung in ein Pflegeheim auch mit negativer Stimmungslage einhergeht.
- Es hat sich gezeigt, dass HeimbewohnerInnen mit hohem Bildungsgrad die Verlegung negativer sehen als solche mit geringerer Bildung (Gass et al., 1992).
- Die Ansichten von PflegeheimbewohnerInnen in Bezug auf die Relokation und spätere Anpassung sind erwiesenermaßen gekoppelt an die psychische und physische Gesundheit, an frühere und neue Unterstützungssysteme, die Stimmungslage und an funktionelle Unabhängigkeit (Beirne et al., 1995; Gass et al., 1992; Davies/Nolan, 2004).
- Ältere Erwachsene können, wenn sie in ein Pflegeheim eingewiesen werden, eine Vielfalt an Coping-Strategien anwenden, die von aggressiver Wut bis hin zu passiver Resignation reichen.
- Jegliche Pflegeinterventionen in Zusammenhang mit Relokationsstress sollten effektive Coping-Strategien des Klienten widerspiegeln.
- Um Relokationsstress möglichst gering zu halten, können Klienten Pflegeinterventionen ablehnen.
- In einem Pflegeheim zu leben hat sich bei älteren Menschen als Suizidursache erwiesen. Die bei der Einweisung in ein Pflegeheim suizidgefährdete Person ist depressiv und hoffnungslos, ihre Lebenszufriedenheit und das psychische Wohlbefinden sind vermindert, und es herrscht Wut über den Verlust der Kontrolle über das eigene Leben.
- Das Fehlen vertrauter Menschen in einem Pflegeheim wurde mit dem Entstehen von Suizidideen in Verbindung gebracht. Hohe Selbstachtung, Arthritis und ein Durchschnittsalter von 85 Jahren haben sich ebenfalls als signifikante Indikatoren der Suizidgefahr bei älteren Menschen in Pflegeheimen erwiesen (Haight, 1995).
- Am höchsten ist die Inzidenz von Relokationsstress kurz vor und bis zu 3 Monate nach der Verlegung/dem Umzug (Beirne et al., 1995; Reinardy, 1995).
- In einer Studie von Rogers (1997) begann der Prozess des Eintritts in ein Pflegeheim damit, dass Familien die Notwendigkeit, ihre geliebten Menschen in ein Pflegeheim aufnehmen zu lassen, zunächst einmal erkannten und schließlich akzeptierten. Sorgen über die Sicherheit boten eher ein Mittel zur Rechtfertigung als einen ersten Anlass, die Aufnahme zu betreiben.
- BewohnerInnen unter Langzeitpflege mit diagnostizierter kognitiver Beeinträchtigung zeigten 3 Monate nach Relokation eine verminderte Selbstpflege und Rückzug.
- BewohnerInnen unter Langzeitpflege, die mit ihrer Umgebung sehr vertraut sind (mittlere Aufenthaltsdauer: 36 Monate) neigten nach sekundärer Relokation eher zu Stürzen als Residenten mit kürzerer Aufenthaltsdauer (24 Monate) (Lander et al., 1997).
- Ein Mindestmaß an Vertrautheit mit einem Pflegeheim vor der Relokation (z. B. indem man über Jahre immer wieder daran vorbeigefahren ist; Reed et al., 1998) oder ein Video über die Einrichtung (Kaisik/Ceslowitz, 1996) machte den Umzug für ältere Menschen weniger bedrohlich. Das Gefühl der Kontinuität zur früheren Lebensweise wurde bei älteren BewohnerInnen auch dadurch unterstützt, dass das Pflegeheim in der Nähe des früheren Wohnsitzes lag und sich neue Beziehungen zu anderen BewohnerInnen aus derselben Region ergaben (Reed et al., 1998).

- Bei einem älteren Ehepaar kommt es zu komplexen Veränderungen der jeweiligen Rollen und Beziehungen, der Lebensstruktur (Routine, Aktivitäten usw.), des Zeitmanagements, der Unterstützungssysteme und der Selbstachtung, wenn einer der Ehepartner in ein Pflegeheim kommt (Rosenkoetter, 1996).
- In einer Studie über Rehabilitation in einem Pflegeheim im Anschluss an eine Akutrehabilitation zeigten sich bei den Klienten unter der Versorgung durch dasselbe gemeinsame Therapeutenteam in beiden Settings günstige Ergebnisse (Kosasih et al., 1998).
- BewohnerInnen, deren Aufnahme in eine Einrichtung der Langzeitversorgung plötzlich erfolgte, waren länger innerlich «ausgehebelt» (Selbstzentriertheit, emotionale Reaktion, Weinen und Einsamkeit) als BewohnerInnen, bei denen die Aufnahme zuvor geplant worden war.

Transkulturelle Überlegungen

- Relokationsstress ist ein transkulturelles Phänomen, das in allen Altersgruppen auftritt. Von 33 in China praktizierenden Pflegepersonen berichteten 100 %, dass es Relokationsstress gibt; ebenso gaben 23 Pflegepersonen aus 12 verschiedenen Ländern an, es gebe Relokationsstress (Harkulich/Brugler, 1991).
- Bei israelischen Jugendlichen zeigte sich nach einem Umzug Relokationsstress (Raviv et al., 1990).
- Bei schwedischen Kindern, die für ein Jahr ins Ausland gingen, kam es zu einem signifikanten Rückgang der Freizeitaktivitäten und zu Identitätsverlust, und nach dem Umzug entwickelten sie eine negative Haltung gegenüber Auslandsaufenthalten. Ferner zeigten sie nach einem Jahr im Ausland einen signifikanten Anstieg atopischer Sensibilisierung und subjektiver Allergiesymptome, darunter trockene Haut, Ekzem und Juckreiz (Anderzén et al., 1997).
- Relokation hatte keine unerwünschten Wirkungen, als Kinder aus Armenien nach einem großen Erdbeben ein neues Zuhause erhielten (Najarian et al., 1996).
- Aus ihrem Erleben der Umsiedlung von Juden zu Zeiten der Sowjetunion arbeitete Hulewat (1996) drei Kontrollkonzepte heraus, um die man sich kümmern muss, wenn der Wohnort einer Familie von einem Land in ein anderes verlegt wird:
  1. Stadien der Neuansiedlung (Aufspalten, eigentliche Migration, Ankunft im neuen Zuhause, Dekompensation und Transgenerationsstadium)
  2. Kulturformen und Psychodynamik der umgesiedelten Bevölkerung
  3. individuelle Familiendynamik, beruhend auf der Fähigkeit, kulturelle Dissonanz zu tolerieren und die notwendigen Aufgaben zu bewältigen, um die Umsiedlungsstadien zu durchlaufen.
- Kulturelle Überzeugungen in Bezug auf familiäre Verpflichtungen beeinflussen die Aufnahme/Verlegung einer Person in eine Einrichtung der Langzeitpflege. So berichtete beispielsweise Lee (1997), dass ältere Chinesen Betreuung zu den familiären Pflichten zählen. Daher setzen viele von ihnen die Aufnahme in ein Pflegeheim mit Zurückweisung durch die Familie, Machtlosigkeit und einem entwerteten Selbstgefühl gleich.

Einschätzungskriterien des Fokusassessments

Subjektive Daten

Einschätzen bestimmender Merkmale oder Kennzeichen

Die verlegte Person klagt über:

- Unzufriedenheit mit der neuen Umgebung
- Probleme bei der Anpassung
- Gefühle von Unsicherheit
- Wut auf die für die Verlegung Verantwortlichen
- vermehrte Familienkonflikte
- Einsamkeit
- Kontrollverlust
- Wut über den Verlust der Kontrolle über das eigene Leben.

Veränderungen in den Bereichen:

- Schlafrhythmus
- Sozialisation
- Orientierung
- Nahrungsaufnahme
- Denken.

Einschätzen beeinflussender Faktoren

Anamnestisch bekannt sind:

- eine oder mehrere Veränderungen in der Umgebung während der vergangenen 3 Monate
- mehrfache Umzüge in den letzten 5 Jahren
- traumatische Erfahrungen nach früheren Umzügen
- Aufenthalt im selben Umfeld während der vergangenen 40 Jahre.

Risikofaktoren sind:

- mäßige bis schwere Verwirrtheit/Desorientiertheit
- wahrgenommene schlechte Gesundheit
- fehlende Unterstützung, Familie, Freunde, fehlendes Personal
- geringes Selbstwertgefühl
- funktionelle Verschlechterung
- ein nicht aus eigenem Antrieb erfolgter Umzug
- Schwierigkeiten bei der Kommunikation
- fehlende/mangelnde Kontinuität der Pflege
- Äußerungen der Unzufriedenheit mit dem Leben
- fehlende/mangelnde Vorbereitung auf den Umzug/die Verlegung
- fehlende/mangelnde Entscheidungsmöglichkeiten oder Input seitens der Person, die umzieht/verlegt wird
- mehrere chronische Krankheiten
- fehlende/mangelnde Vertrautheit mit dem Pflegeheim vor der Verlegung
- ein weit vom früheren Wohnort entfernt liegendes Pflegeheim.

Objektive Daten

Einschätzen bestimmender Merkmale oder Kennzeichen

Veränderungen des Körpergewichts
Vermehrte Arztbesuche
Schlafstörungen
Veränderungen des Denkens
Veränderungen des Essverhaltens
Rückgang der Selbstpflegeaktivitäten.

Ziele

NOC

- Selbstkontrolle bei Angst
- Coping
- Ausmaß von Einsamkeit
- Psychosoziale Anpassung: Lebensveränderung
- Lebensqualität

Die Person bzw. Familie berichtet über Anpassung an die neue Umgebung ohne physiologische und/oder psychische Störungen.

Indikatoren

- Beteiligung an Aktivitäten der Entscheidungsfindung hinsichtlich der neuen Umgebung.
- Äußern von Bedenken hinsichtlich des Umzugs in eine neue Umgebung.
- Formulieren eines positiven Aspektes der Relokation.
- Knüpfen neuer Verbindungen in der neuen Umgebung.
- Teilnahme an Aktivitäten in der neuen Umgebung.

Allgemeine Interventionen

NIC

- Angstminderung
- Copingverbesserung
- Erfahrungsbezogene Patienteninformation
- Förderung der Familienbeteiligung
- Unterstützungssystemförderung
- Angeleitete Antizipation
- Familienintegritätsförderung

Ermutigen eines jeden Familienmitglieds, Gefühle hinsichtlich des Umzugs zu äußern

Sorgen Sie für Privatsphäre für jedes Familienmitglied.

Ermutigen Sie Familienmitglieder, einander Gefühle mitzuteilen.

Informieren Sie die Eltern über mögliche Veränderungen im Verhalten von Kindern in Verbindung mit dem Umzug, wie etwa Regression, Rückzug, Ausagieren und Veränderungen des Essverhaltens (Stillen/Füttern mit der Flasche).

Instruieren Sie die Eltern, alle sachdienlichen Dokumente über die medizinische bzw. zahnmedizinische Krankengeschichte ihres Kindes zusammenzutragen (z. B. Impfungen, übertragbare Krankheiten, Maßnahmen am Gebiss).

Ermöglichen Sie ein Ritual beim Verlassen der alten Umgebung. Ermutigen Sie zu Erinnerungsarbeit, die bei vielen Familienmitgliedern bewirkt, ein Kapitel für sich zu schließen.

F: Vielen Forschenden zufolge ist Relokationsstress vermeidbar (Lander et al., 1997; Loehner et al., 2004).

Unterweisen der Eltern in Techniken zur Unterstützung ihrer Kinder beim Umzug

Vor, während und nach dem Umzug positiv sein und akzeptieren, dass das Kind u. U. nicht optimistisch ist.

Mit Kindern verschiedene Optionen erkunden, wie sich mit Freunden und Familien in der früheren Umgebung kommunizieren ließe. Die Beziehungen von Kindern zu Freunden im früheren Umfeld sind sehr wichtig, vor allem, um nach dem Umzug unter Gleichaltrigen wieder sicher auftreten zu können.

Einhalten fester Routinen in der neuen Umgebung. Routinen so rasch wie möglich aufbauen.

Würdigen, dass dem Jugendlichen der Verlust des Kontaktes zu Gleichaltrigen schwer fällt.

Unterstützen der Kinder beim Erkennen von Ähnlichkeiten zwischen alter und neuer Umgebung (z. B. Klubs, Pfadfinder, kirchliche Gruppen).

Einplanen einer Fahrt zur Schule während des Unterrichts oder in einer Pause, um die Furcht vor dem Umbekannten abzubauen.

Den Kindern Wahlmöglichkeiten beim Gestalten und Dekorieren des Zimmers usw. einräumen.

Einen Lehrer oder Berater an der Schule bitten, das Kind einem anderen Kind vorzustellen, das selbst erst vor kurzem hierher gezogen ist.

Kinder über die Verluste durch den Umzug trauern lassen.

F: Wenn ein Umzug geplant ist, müssen Kinder rechtzeitig informiert werden, Dinge müssen vorhersehbar sein und es muss Gelegenheiten zur Entscheidungsfindung geben.

Einschätzen folgender Bereiche beim Beraten eines Jugendlichen, der einen Umzug/eine Verlegung hinter sich hat: Wahrnehmungen des Umzugs/der Verlegung, Begleitstressoren, übliche und gegenwärtige Coping-Fertigkeiten sowie Familie, Gleichaltrige und kommunale Unterstützungsgruppen

F: Netzwerke unter Gleichaltrigen sind in der Jugend wichtig, weil ein Jugendlicher nach einem Umzug/einer Verlegung zusätzlicher Bestärkung durch die Eltern und sein gleichaltriges Umfeld bedarf.

Beginnen mit Gesundheitsedukation und Überweisen, soweit angezeigt

Machen Sie die Familie darauf aufmerksam, dass u. U. vor, während und nach dem Umzug Beratungsbedarf besteht.

Sorgen Sie für ein schriftliches Verzeichnis relevanter kommunaler Organisationen, wie etwa Kirchengemeinden, Kindergruppen, Organisationen für Alleinerziehende, Seniorengruppen und lokale Nachbarschaftskomitees.

Instruieren Sie die Familie hinsichtlich geeigneter kommunaler Dienste.

Konsultieren Sie die Schulpflegeperson zu Schulprogrammen für neue Schüler.

F: Einen Ortswechsel rechtzeitig zu planen ist eminent wichtig, um für alle Beteiligten einen reibungslosen Wechsel sicherzustellen.

Relokationsstresssyndrom

... b/d Veränderungen in Zusammenhang mit Transfers innerhalb oder zwischen Einrichtungen der Gesundheitsversorgung oder der Aufnahme in eine Einrichtung der Langzeitpflege

Ziele

NOC

- Siehe auch Relokationsstresssyndrom
- Psychosoziale Anpassung: Lebensveränderung

Die Person äußert sich positiv zur Akzeptanz der neuen Umgebung und zu den Gründen, aus denen sie die alte Umgebung verlassen hat.

Die Person passt sich der neuen Umgebung ohne physiologische und/oder psychische Störungen an.

Die Person knüpft neue Verbindungen im neuen Umfeld.

Die Person beteiligt sich an Aktivitäten in der neuen Umgebung.

Indikatoren

- Teilnehmen an Entscheidungen hinsichtlich der neuen Umgebung.
- Formulieren von Bedenken hinsichtlich des Wechsels in eine neue Umgebung.
- Beschreiben realistischer Erwartungen an die neue Umgebung.

Allgemeine Interventionen

NIC

Siehe auch Relokationsstresssyndrom.

Prävention ist der Schlüssel. Erarbeiten Sie vor der Verlegung Strategien, wie sich für jede Person Stress verhindern lässt.

Das gesamte Personal muss sich über den komplexen Prozess der Verlegung sowohl bei der Person als auch der Familie im Klaren sein und darauf achten, bevor Stressfaktoren aktiv vermindert werden (Maun, 1996; Morgan, 1996).

Die wichtigste Strategie bei Familien und Individuen bei der Verlegung von einer Intensivstation bestand darin, sie vor der eigentlichen Verlegung zu informieren (Mitchell et al., 2003).

Einschätzen von Faktoren, die zum Relokationsstress beitragen können (siehe «Einflussfaktoren» und «Einschätzungskriterien des Fokusassessments»)

Reduzieren oder Eliminieren ursächlicher und beeinflussender Faktoren

Umgebungsunterschiede zwischen alten und neuen Settings/minimale Kontinuität der Pflege im neuen Umfeld

Konzipieren Sie ein Programm, um den zu verlegenden Klienten und das Personal auf den Wechsel vorzubereiten, bei dem sie viele Male über den physischen Aufbau orientiert werden, bis sie sich mit der neuen Umgebung vertraut fühlen.

Sorgen Sie für optische Darstellungen (schwarzes Brett, Poster, Rundbrief usw.) und Berichte aus erster Hand für diejenigen, welche den Bereich vor der Verlegung nicht selbst in Augenschein nehmen können.

Versuchen Sie, von früherem Personal Informationen über den Klienten und dessen Versorgung zu bekommen.

Behalten Sie bei einem Klienten auf den Stationen vor und nach der Verlegung denselben Aktivitätsgrad und dieselbe Ernährung bei.

Verlegen Sie die Person möglichst in einen ähnlichen, nahe gelegenen Bereich.

Setzen Sie jegliche Monitor-Überwachung vor der Verlegung allmählich ab.

Transferieren Sie alle persönlichen Gegenstände (Gehhilfen, Brille, Hörgerät, Gebiss, Prothese/n und persönlichen Besitz) zusammen mit der Person.

Führen Sie den Transfer bei Tage durch.

Markieren Sie Stufen und andere Gefahrenquellen in der Umgebung deutlich.

Fördern Sie eine aufnahmebereite, warmherzige und saubere Empfangsumgebung.

Räumen Sie Zeit zu Erörterungen der Lebensräume in der alten und neuen Umgebung ein.

Verringern Sie vor der Verlegung, wenn möglich, schrittweise die pflegerische Aufmerksamkeit in der Intensivstation.

Die wichtigste Strategie bei Familien und Individuen bei der Verlegung von einer Intensivstation war, dass sie vor der eigentlichen Verlegung informiert wurden (Mitchell et al., 2003).

F: Strategien zur Stärkung der Kontrolle über Problemlösen und Entscheidungsfindung können ein effektives Coping steigern und Morbidität und Mortalität senken (Thorson/Davis, 2000; Loeher et al., 2004).

Unfreiwillige Relokation/fehlende bzw. mangelnde Kontrolle über die Entscheidungsfindung

Bieten Sie durch die gesamte Relokationserfahrung hindurch Gelegenheit, Entscheidungen zu treffen.

Fördern Sie Wünsche und Anregungen der Person zur neuen Umgebung, etwa beim Dekorieren und beim Anordnen der Möbel.

Stellen Sie die Verlegung von einer Intensivstation als Zeichen der Besserung dar.

Informieren Sie eine stationär behandelte Person täglich über Zeichen des Fortschritts.

Verlegen Sie den Klienten ohne Eile.

Legen Sie vor der Verlegung ins Pflegeheim wechselseitig Ziele fest.

Sorgen Sie beim Vorbereiten der Verlegung für Gelegenheiten, zu denen der Klient Fragen stellen kann und beantwortet bekommt.

Halten Sie nach der Verlegung regelmäßige Besprechungen zwischen Personal und BewohnerInnen ab und halten Sie diese dazu an, sich an die Regeln und Vorschriften der Einrichtung zu halten (Wilson, 1997).

Integrieren Sie Eltern stationär behandelter Frühgeborener so viel wie möglich in die Pflege ihrer Kinder.

Sorgen Sie sowohl innerhalb wie außerhalb der Klinik für Unterstützungssysteme für stationär behandelte Kinder und deren Eltern.

F: Wilson (1997) sowie Meacham und Brandriet (1997) stellten fest, dass ältere Menschen darum bemüht sind, ihre Bezugspersonen zu schützen, indem sie ihre Gefühle hinsichtlich der Verlegung verbergen und versuchen, ein Gefühl der Normalität zu wahren. Für neue BewohnerInnen ist es daher entscheidend, vertrauensvolle Beziehungen zu anderen Menschen aufzubauen, um die Stressoren einer Verlegung zu besprechen.

F: Eltern von Kindern, die von einer Intensivstation in eine Allgemeinstation verlegt werden sollten, zeigten – wenn sie 1–2 Stunden vor der Verlegung informiert wurden – signifikant weniger Angst als Eltern, die unmittelbar vor dem Transfer informiert wurden (Miles, 1999).

Reduzieren der Auswirkungen der Verlegung (siehe «Zentrale Konzepte»)

Einschätzen vor der Verlegung

Blutdruck, Temperatur

Infektionszeichen

Atemfunktion

Leidensgrad

Orientiertheit.

Identifizieren einer hochgradig durch ausgewählte physiologische Reaktionen gefährdeten Person

Muskuloskelettale/neurologische Defizite
Fortgeschrittenes Alter
Herz-Kreislauf-Erkrankungen
Veränderungen der Orientiertheit
Kardiovaskuläre Komplikationen (z. B. Ischämie, Rhythmusstörungen).

Verhindern oder Verringern von Verwirrtheit und Aktivitätsintoleranz

Die Anpassung an die Verlegung/den Umzug kann sich negativ auf den physischen Zustand auswirken und die Morbidität und Mortalität erhöhen (Thorson/Daus, 2000).

Fördern der Integration nach Verlegung in eine Einrichtung der Langzeitversorgung

Lassen Sie hinsichtlich der physischen Umgebung und täglichen Routinen möglichst viel Entscheidungsfreiheit.

Ermutigen Sie die Person oder die Familie, vertraute Gegenstände aus der Wohnung/dem Haus der Person mitzubringen.

Orientieren Sie über die physische Beschaffenheit und Struktur der Umgebung.

Stellen Sie neu Hinzugekommene dem Personal und den MitbewohnerInnen vor.

Ermutigen Sie zu Interaktion mit anderen Menschen in der neuen Einrichtung.

Unterstützen Sie den Klienten beim Bewahren früherer zwischenmenschlicher Beziehungen.

Legen Sie eindeutig die Regeln für das Rauchen fest und nennen Sie dem Klienten Raucherzonen.

Fördern Sie den Aufbau oder die Fortsetzung der Beziehung zu einer Vertrauensperson.

Stellen Sie die normalen Routinen wieder her, wobei Sie zu Anfang die Personaldecke (zur intensiven Betreung) und Beleuchtung (zur Stabilisierung circadianer Rhythmen) erhöhen, wenn es um die sekundäre Relokation einer großen Anzahl von BewohnerInnen in der Langzeitpflege geht*.

Unterstützen Sie PflegeheimbewohnerInnen, Menschen aus ihrem früheren Lebensbereich zu treffen.

Sorgen Sie dafür, dass eine ehrenamtlich tätige Person oder ein Mitarbeiter mit jedem neuen Bewohner oft Kontakt aufnimmt. Bringen Sie einen neu hinzugekommenen Bewohner außerdem mit einem bereits erfolgreich Integrierten zusammen, damit der Vernetzungsprozess einsetzen kann.

F: BewohnerInnen, die sich das Zimmer und Lieblingsgegenstände aussuchen durften, hatten ein erhöhtes Gefühl von Kontrolle und weniger Stress (Mitchell, 1999).

* (Soziale Kontakte und höhere Lichtexposition fördern als soziale und physikalische Zeitgeber circadiane Rhythmen und die psychische Stimmung von Heimbewohnern (Georg, 2011/2012))

Beginnen mit Gesundheitsedukation und Überweisen, soweit angezeigt

Bereiten Sie die Person auf die Verlegung vor:

- Benachrichtigen Sie die Person möglichst frühzeitig, um die Verlegung stärker absehbar zu machen.
- Sorgen Sie für fortlaufende und strukturierte Edukation über:
  - Merkmale der neuen Umgebung
  - Fähigkeiten des Personals
  - Mechanismen der Pflegekontinuität
  - Begründung der Verlegung und weniger konstanten professionellen Zuwendung, wenn zutreffend
  - Erwartungen der Person an das neue Umfeld
  - jedes weitere Stadium der Aktivität/Unabhängigkeit.

Beziehen Sie die Familie in die Edukation ein.

Bieten Sie Informationen über positive Gesundheitsgewohnheiten und Ressourcen bei Krankheit an.

Veranlassen Sie nach Bedarf die nötigen professionellen Überweisungen und regen Sie ein telefonisches Überwachungssystem an.

Verweisen Sie Familien nach einem Umzug an kommunale Einrichtungen für neu Hinzugezogene und – bei Gefahr eines Relokationssyndroms – an entsprechende psychologische Beratungsstellen.

Schätzen Sie die Wahrnehmungen der Eltern stationär behandelter Kinder hinsichtlich einer anstehenden Verlegung sowie deren Interesse an entsprechenden Informationen ein.

Kommunizieren Sie mindestens täglich mit den Eltern über deren hospitalisiertes Kind (z. B. Zustand, Zeitpunkt des Transfers, Mechanismen der Pflegekontinuität zwischen entlassender und aufnehmender Station) und ihre Sorgen.

Regen Sie an, dass die Eltern eines stationär behandelten Kindes die Station, auf die das Kind verlegt werden soll, kurz zuvor besuchen.

Entwickeln und nutzen Sie eine Methode des nachhaltigen Informationsaustauschs zwischen entlassender und aufnehmender Station.

F: Bei älteren Menschen bedarf es vor und nach einer Verlegung einer offenen Kommunikation, bei der ihre Erfahrungen mit dem Wechsel und der Anpassung, Coping-Anamnese und -Stil sowie die Entscheidungskontrolle eingeschätzt werden.

F: Ein Case-Management mittels Telefonanrufen beim Bewohner und bei seiner Familie sowie promptes Reagieren auf Probleme des Bewohners nach der Aufnahme ins Pflegeheim können Anpassungsprobleme verhindern helfen.

F: Neben dem Wunsch nach Informationen über jede neue Umgebung, in die ihr Kind verlegt wird, möchten Eltern Frühgeborener ihr Kind während des Klinikaufenthaltes schützen. (McDonald et al., 1996).

F: Beim Eintritt von Menschen mit chronischen Geisteskrankheiten in die Gemeinschaft ist es wichtig, deren Bedürfnisse und Probleme genau einzuschätzen, damit sich Interventionen und Dienstleistungen planen lassen, die eine erfolgreiche Verlegung und Anpassung sicherstellen.

Gefahr eines Relokationsstress-syndroms

(Ortswechselgebundenes Stresssyndrom)

Definition

Risiko einer physiologischen und/oder psychosozialen Störung infolge eines Umgebungswechsels

Risikofaktoren

- Wechsel von einem Umfeld in ein anderes
- mäßige bis hohe Umgebungsveränderung [z. B. physisch, ethnisch, kulturell]
- fehlende ausreichende Unterstützungssysteme [oder Unterstützungsgruppe]
- fehlende vorbereitende Beratung/Information
- passives Coping-Verhalten
- verbale Äußerungen der Machtlosigkeit
- Verluste
- mäßige psychische [geistige] Kompetenz
- Unvorhersagbarkeit von kommenden Erlebnissen
- verschlechterter Gesundheitszustand.

Ziele/Interventionen siehe «Relokationsstressyndrom»

Gefahr eines unwirksamen Atemvorgangs

Gefahr eines unwirksamen Atemvorgangs*

Erschwerte Beatmungsentwöhnung
Gefahr der erschwerten Beatmungsentwöhnung
Unwirksame Selbstreinigungsfunktion der Atemwege
Unwirksamer Atemvorgang

* Diese Diagnose steht als Risikopflegediagnose gegenwärtig nicht auf der NANDA-Liste, sondern wurde hier der Klarheit wegen eingefügt.

Definition

Gefahr eines unwirksamen Atemvorgangs: der Zustand, in dem eine Person dem Risiko einer Gefährdung der Passage von Luft durch die Atemwege und/oder des Gasaustauschs (O_2, CO_2) zwischen Lunge und Gefäßsystem ausgesetzt ist.

Unwirksamer Atemvorgang (engl. Ineffective breathing pattern): Inspiration und/oder Exspiration, die nicht zu einer ausreichenden Belüftung der Lungen führen (NANDA-I, 2010).

Risikofaktoren

Vorliegen von Risikofaktoren, welche die Atemfunktion verändern können (siehe «Einflussfaktoren»).

Einflussfaktoren

Pathophysiologische Faktoren

B/d exzessives oder zähes Sekret, s/b/d:

eine Infektion
eine Entzündung
Allergie
ein Herz- oder Lungenleiden
Rauchen.

B/d Immobilität, Sekretstau und unproduktiven Husten, s/b/d:

Erkrankungen des Nervensystems (z. B. Guillain-Barré-Syndrom, Multiple Sklerose, Myasthenia gravis)
ZNS-Depression, Kopfverletzung
Apoplex
Tetraplegie.

Behandlungsbedingte Faktoren

B/d Immobilität, s/b/d:

sedierende Wirkung von Medikamenten (zu spezifizieren)
Anästhesie (allgemein, spinal).

B/d einen unterdrückten Hustenreflex, s/b/d (zu spezifizieren).

B/d Effekte eines Tracheostomas (Sekretstörungen).

Situationsbedingte Faktoren (persönlich bedingt, umgebungsbedingt)

B/d Immobilität, s/b/d:

eine Operation oder ein Trauma
eine Wahrnehmungs- bzw. Denkstörung
Erschöpfung
Furcht
Schmerzen
Angst.

B/d extrem hohe oder niedrige Feuchtigkeit:

bei Säuglingen bedingt durch Bauchlage beim Schlafen
Kälteexposition, Lachen, Weinen, Allergene, Rauch.

Anmerkung der Autorin

Zu den zahlreichen Verantwortlichkeiten der Pflege in Verbindung mit Störungen der Atemfunktion gehört es, Risikofaktoren (beeinflussende Faktoren) zu erkennen und zu verringern bzw. zu beseitigen, Komplikationen vorherzusehen, den Zustand der Atmung zu überwachen und eine akute Atemstörung zu betreuen.

Die Autorin hat *Gefahr eines unwirksamen Atemvorgangs* aufgenommen, um einen Zustand zu beschreiben, der das gesamte Atmungssystem und nicht nur einzelne Bereiche, wie etwa die Selbstreinigungsfunktion der Atemwege oder den Gasaustausch, betreffen kann. Allergie und Immobilität sind Beispiele für Faktoren, die das gesamte System betreffen. Demnach ist es inkorrekt zu sagen, *beeinträchtigter Gasaustausch,* **b/d** *Immobilität*, weil sich Immobilität auch auf die Selbstreinigungsfunktion der Atemwege und die Atmung auswirkt. Die Pflegeperson kann die Diagnosen *unwirksame Selbstreinigungsfunktion der Atemwege* und *unwirksamer Atemvorgang* verwenden, wenn Pflegende die beeinflussenden Faktoren, welche die Atemfunktion beeinflussen (z. B. unproduktiver Husten, Stress), auch tatsächlich lindern können.

Die Pflegeperson sei davor gewarnt, diese Diagnose zur Beschreibung akuter Atemwegserkrankungen zu verwenden, die primär in der gemeinsamen Verantwortung von Medizin und Pflege liegen, d. h. interdisziplinäre Probleme darstellen. Solche Probleme lassen sich etwa so benennen: *PK: akute Hypoxie* und *PK: Lungenödem*. Bei länger anhaltender Immobilität und entsprechender Bedrohung mehrerer Systeme (z. B. Integument, Muskel-Skelett-, Gefäß- und Atmungssystem) sollte die Pflegeperson zur Beschreibung der Gesamtsituation *Immobilitätssyndrom* verwenden.

Irrtümer in diagnostischen Aussagen

1. *Unwirksamer Atemvorgang,* **b/d** *die respiratorische Kompensation einer metabolischen Azidose*
   Diese Diagnose gibt die Atmung bei diabetischer Ketoazidose wieder. Zu den damit verbundenen Pflegeverantwortlichkeiten gehören Überwachung, Früherkennung von Veränderungen und rasch einsetzende pflegerische und medizinische Interventionen. Dies ist keine Situation, in der Pflegende Diagnosen stellen und für das Verordnen von Therapien

verantwortlich sind. Die Pflegeverantwortung für diese Situation wäre vielmehr durch das interdisziplinäre Problem *PK: Ketoazidose* wiedergegeben.

2. *Unwirksame Selbstreinigungsfunktion der Atemwege,* **b/d** *ein Schleimhautödem und den Ausfall der Ziliarwirkung,* **s/b/d** *ein thermisches Trauma*
   Nach Verbrennungen der oberen Atemwege besteht für den Betroffenen die Gefahr eines Lungenödems und von Atemnot. Diese potenziell lebensbedrohende Situation erfordert sowohl pflegerisch als auch ärztlich verordnete Interventionen. Das interdisziplinäre Problem *Pk: respiratorische* **b/d** *thermische Verletzung* würde Pflegende darauf aufmerksam machen, dass bei entsprechender Indikation die Überwachung auf Atemkomplikationen und deren Betreuung nötig sind.
3. *Unwirksame Selbstreinigungsfunktion der Atemwege,* **b/d** *gedämpften Husten- und Würgereflex,* **s/b/d** *Anästhesie*
   Der Pflegeschwerpunkt liegt bei dem oben genannten Problem darin, durch korrekte Lagerung und gute Mundpflege ein Aspirieren zu verhindern, und nicht darin, in effektivem Abhusten zu unterweisen. Die Pflegeperson sollte die Diagnose daher neu formulieren als: *Aspirationsgefahr,* **b/d** *gedämpften Husten- und Würgereflex,* **s/b/d** *Anästhesie.*

Zentrale Konzepte

Allgemeine Überlegungen

- Atmung erfordert die synchrone Bewegung von Thoraxwand und Abdomen. Beim *Einatmen* bewegt sich das Diaphragma abwärts, die Interkostalmuskulatur kontrahiert sich, die Thoraxwand hebt sich nach oben und nach außen, der intrathorakale Druck sinkt und Luft wird eingesogen. Zur *Ausatmung* kommt es, wenn Luft durch die elastische Rückstellkraft der Lunge und die Relaxation von Thorax und Diaphragma herausgepresst wird. Die Ausatmung ist bei älteren Menschen und bei chronisch Lungenkranken vermindert, wodurch die Wahrscheinlichkeit einer CO_2-Retention steigt.
- Die Lungenfunktion hängt ab von:
  - adäquater Durchblutung (Passage von Blut durch Lungengefäße)
  - zufriedenstellender Diffusion (Wanderung von Sauerstoff und Kohlendioxid durch die Membran der alveolären Kapillaren)
  - erfolgreiche Beatmung (Austausch zwischen Alveolarräumen und Atmosphäre).
- Die Oxygenierung hängt davon ab, ob die Lungen Sauerstoff an das Blut liefern können und ob das Herz genug Blut pumpen kann, um der Mikrozirkulation der Zellen Sauerstoff zu liefern.
- Bei einer Funktionsstörung der Lunge sind Lungenfunktionstests ganz entscheidend, um Art und Ausmaß der durch Obstruktion und/oder Restriktion verursachten Lungenfunktionsstörung zu bestimmen. Atemwegswiderstand verursacht *obstruktive* Ausfälle, eine eingeschränkte Dehnung der Thoraxwand bewirkt *restriktive* Ausfälle. Gemischte Ausfälle sind eine Kombination aus obstruktiven und restriktiven Störungen.
- Zwar sind Untersuchungen der arteriellen Blutgase und der Sauerstoffsättigung in der Diagnostik der Oxygenierung sehr hilfreich, jedoch sind die *Vitalzeichen* und die geistige Funktion zentrale Leitlinien, um den Schweregrad des Problems festzustellen. Manche Klienten vertragen Sauerstoffprobleme besser als andere.

- Die Auswirkungen einer unzureichenden Oxygenierung (Hypoxie oder Hypoxämie) zeigt Tabelle II-30.
- Die Auswirkungen einer unzureichenden Oxygenierung auf die Geistesfunktion zeigt Tabelle II-31.
- Husten – der «Wächter der Lunge» – geschieht durch Schluss der Glottis und explosives Ausstoßen von Luft aus der Lunge mittels der Bauch- und Brustmuskeln. Husten dient zwar meist einem guten Zweck, jedoch können folgende Zeichen für ein medizinisches Problem sprechen, das ärztliches Eingreifen erfordert:
  - Husten, der länger als 2 Wochen anhält oder mit hohem Fieber einhergeht
  - Husten, der stets durch etwas ausgelöst wird (kann sich um ein allergisches Bronchialasthma handeln)
  - bellender Husten, vor allem bei einem Kind.
- Anhalten des Atems kann zu einem Valsalva-Manöver führen: deutlicher Anstieg des intrathorakalen und intraabdominalen Drucks mit tief greifenden Veränderungen des Kreislaufs (herabgesetzte Herzfrequenz, verminderte Herzleistung und gesunkener Blutdruck).
- Die Begriffe Tachypnö, Hyperpnö, Hyperventilation, Bradypnö und Hypoventilation werden oft durcheinander gebracht:
  - *Tachypnö:* rasche, flache Atmung
  - *Hyperpnö:* rasche, an Tiefe zunehmende Atmung

Tabelle II-30: Auswirkungen einer unzureichenden Oxygenierung auf die Hypoxie oder Hypoxämie

Vitalzeichen	Frühe Hypoxie/Hypoxämie	Späte Hypoxie/Hypoxämie
Blutdruck	steigend systolisch/sinkend diastolisch	sinkend
Puls	steigend,	sinkend, flach, arrhythmisch
Pulsdruck	erhöht	erhöht/verringert
Atmung	rasch	verlangsamt/rasch

Tabelle II-31: Auswirkungen einer unzureichenden Oxygenierung auf die Geistesfunktion

Frühe Hypoxie/Hypoxämie	Späte Hypoxie/Hypoxämie
Reizbarkeit	Krämpfe
Kopfschmerzen	Koma oder Schwellung des Hirngewebes
Verwirrtheit	
Agitiertheit	

- *Hyperventilation:* beschleunigte Atmung oder vertiefte Atemzüge führen zu einer Belüftung der Alveolen, die über dem Stoffwechselbedarf des Körpers liegt.
- *Bardypnö:* langsame Atmung
- *Hypoventilation:* verlangsamte Atmung oder flache Atemzüge führen zu einer Belüftung der Alveolen, die unter dem Stoffwechselbedarf des Körpers liegt.
- Hypoxie und Hypoxämie tragen zu erhöhtem intrakranialem Druck, Hirnschwellung, Hirnschaden und Schock bei. Der Sauerstoffbedarf ist erhöht bei einer fiebrigen Erkrankung, körperlicher Belastung, Schmerzen sowie körperlichem oder emotionalem Stress.
- Sauerstoff sollte bei Personen mit anamnestisch bekannter chronischer CO_2-Retention sorgfältig verabreicht werden (< 3 l/min), weil Sauerstoff ihr Atemstimulus ist.
- Absaugen oder das Instillieren isotonischer Kochsalzlösung sollte nicht routinemäßig angewandt werden, sondern auf der Einschätzung des individuellen Bedarfs beruhen.
- Nutzen Sie die folgenden klinischen Indikatoren, um zu beurteilen, ob endotracheales Absaugen nötig ist:
  - Sekret im Endotrachealtubus
  - häufiger und anhaltender Husten
  - Atemnebengeräusche beim Auskultieren (Rasseln oder Gurgeln in den oberen Atemwegen)
  - erhöhter Atemwegsspitzendruck
  - sinkende Werte der Pulsoximetrie (SvO_2, PaO_2)
  - sofortiges Einsetzen von Atemnot, wann immer die Durchgängigkeit der Atemwege in Frage steht.
- Instillieren Sie isotonische Kochsalzlösung je nach Reaktion des Klienten auf das Absaugen (am Tubus oder Katheter klebendes Sekret; Schleim, der die Atemwege verlegt; Absaugkatheter ruft keinen akzeptablen Husten hervor). Das Instillieren isotonischer Kochsalzlösung nützt dem Klienten nur, wenn es kräftigen Husten auslöst.
- Denken Sie daran, dass endotracheales Absaugen zwar mit mehreren bedeutsamen Komplikationen einhergeht, ein zu seltenes oder inadäquates Absaugen aber ebenfalls beträchtliche Risiken birgt. Wahren Sie hier ein sensibles Gleichgewicht, um alle Komplikationen auf ein Mindestmaß zu reduzieren.
  - Die Gefahr der Hypoxämie kann die Pflegeperson auf folgende Weise senken (Change, 1995):
  - Überwachen der Sauerstoffsättigung und des Herzrhythmus während des Absaugens und unmittelbar danach
  - intermittierendes Absaugen für weniger als 15 Sekunden (längeres, kontinuierliches Absaugen verursacht Mikroatelektasen)
  - Überblähung (Erhöhen des Atemzugvolumens auf 112% des voreingestellten Beatmungsvolumens mit einem Beatmungsbeutel oder der Seufzerfunktion des Beatmungsgerätes).
  - Präoxygenierung (Verabreichen von Sauerstoff vor dem Absaugen)
  - Hyperoxygenierung (Verabreichen von Sauerstoff in höherer als der am Beatmungsgerät voreingestellten Konzentration)
  - Hyperventilation (Erhöhen der Atemfrequenz bei gleichbleibendem Atemzugvolumen).
- Der Einsatz der Mundharmonika durch Atemtherapeuten, um Lungenkranken zu helfen, ihre Lunge zu trainieren und zu lernen, wie sie die Atmung bei akuter Dyspnö kontrollieren, zeigt vielversprechende Ergebnisse. Es macht den Klienten nicht nur Spaß, sondern sie ver-

bessern auch ihre Fähigkeit zur Kontrolle der Atmung und steigern ihre Lungenfunktion auf ein Maximum.

- Nikotin gehört zu den stärksten toxischen Substanzen mit dem höchsten Suchtpotenzial. Edukation, präventive Gesundheitspraktiken, Interventionen, um verstärkt das Rauchen einzustellen, Behandlung der Nikotinabhängigkeit und Rezidivprävention sollten zur Standardpflegepraxis* gehören. Pflegende müssen ihren Klienten beständig helfen, mit dem Rauchen aufzuhören, indem sie so oft wie angezeigt Bemühungen unterstützen, mit dem Rauchen aufzuhören (oft bei jeder Begegnung mit dem Klienten). Siehe *unwirksames Gesundheitsverhalten,* **b/d** *unzureichendes Wissen über Tabakkonsum.*

Pädiatrische Überlegung

- Die Merkmale einer normalen Atmung sind bei Neugeborenen andere als bei älteren Säuglingen und Kindern:
  - Die Atemzüge sind unregelmäßig und abdominal. Zählen Sie sie, um akkurat zu sein, über eine volle Minute (Wong, 2003).
  - Die Atemfrequenz liegt zwischen 30 und 50/min (Wong, 2003).
  - Es kann zu Apnöphasen von weniger als 15 Sekunden kommen (Wong, 2003).
  - Obligate Nasenatmung tritt über die ersten 3 Lebenswochen auf (Wong, 2003).
- Merkmale des Atmungssystems beim Säugling und Kleinkind sind folgende:
  - Die Bauchatmung setzt sich bis zum Alter von etwa 5 Jahren fort (Wong, 2003).
  - Wegen der Flexibilität der Thoraxwand sind bei Atemwegserkrankungen häufiger Retraktionen zu beobachten. Bei Kindern kann es rasch zur Ateminsuffizienz kommen (Hunsberger, 1989).
  - Der geringere Durchmesser der Atemwege erhöht das Risiko einer Obstruktion.
  - Säuglinge und Kleinkinder schlucken Sputum, wenn es produziert wird.
- Janson-Bjerklie (1987) zufolge scheinen jüngere Asthmatiker bei einem bestimmten Grad der Atemwegsobstruktion eine stärkere Apnö zu haben als ältere Menschen.
- Huckabay und Daderian (1989) stellten fest, dass pädiatrische Klienten, denen die Wahl der Farbe des Wassers in der Blow-bottle überlassen wurde, mehr Atemübungen machten als diejenigen, denen man die Wahl nicht überließ.
- Studien zufolge erhöht die früher übliche Praxis, Säuglinge zum Schlafen auf den Bauch zu legen, die Inzidenz des plötzlichen Kindstodes, sodass die Rücken- oder Seitenlage die bessere Wahl ist. Siehe auch *Gefahr eines plötzlichen Kindstodes.*

* American Academy of Medical-Surgical Nursing Position Statement on Tobacco Use; Zugriff unter http://www.medsurgnurse.org, 5.12.2000.

Geburtshilflich-gynäkologische Überlegungen

- Erhöhte Östrogen- und Progesteronspiegel erhöhen das Atemzugvolumen, indem sie den Lungenwiderstand senken (Pillitteri, 2003).
- Während der Schwangerschaft steigt der Sauerstoffkonsum um 14 %, und zwar zur Hälfte für die Entwicklung des Feten und zur Hälfte für anderweitige Bedarfssteigerungen (z. B. des Uterus, der Brüste) (Pillitteri, 2003).

Geriatrische Überlegungen

- Altersbedingte Veränderungen wirken sich bei gesunden Erwachsenen nur geringfügig auf die Funktion aus, sofern sie nicht in Wechselwirkung zu Risikofaktoren wie Rauchen, Immobilität oder einem gestörten Immunsystem treten (Miller, 2004).
- Folgende altersbedingte Veränderungen des Atmungssystems sind typisch (Miller, 2004):
  - keine Veränderungen des Gesamtvolumens
  - Anstieg des Residualvolumens um 50 %
  - gestörter Gasaustausch in den unteren Lungenregionen
  - verminderte Elastizität des knöchernen Thorax
  - verminderte Kraft der Atemmuskulatur und des Zwerchfells.
- Eine altersbedingte Kyphose und eine verminderte Immunreaktion stören die Atemfunktion und erhöhen die Gefahr einer Pneumonie und anderer Atemwegsinfekte.
- Jährlich sterben 9 von 100 000 Menschen im Alter von 65 Jahren und älter an Pneumonie oder Influenza. Beim Rauchen, bei Exposition gegenüber Luftschadstoffen oder bei berufsbedingter Exposition gegenüber toxischen Substanzen steigt diese Rate auf 979 pro 100 000 Einwohner (Miller, 2004).

Einschätzungskriterien des Fokusassessments

Subjektive Daten

Anamnese der Symptome (z. B. Schmerzen, Dyspnö, Husten)

Beginn: Ausgelöst durch was? Gelindert wodurch?
Beschreibung: Gelindert wodurch?
Auswirkungen auf andere Funktionen des Körpers:

- gastrointestinal (Übelkeit, Erbrechen, Anorexie, Obstipation)
- urogenital (Impotenz, Nierenfunktion)
- kardiovaskulär (Angina, Tachykardie/Bradykardie, Flüssigkeitsretention)
- neurosensorisch (Denkprozesse, Kopfschmerz)
- muskuloskelettal (Muskelerschöpfung, -atrophie, Einsatz von Hilfsmuskulatur).

Auswirkungen auf die Lebensweise:

- Beruf
- Rollenfunktionen
- soziale bzw. sexuelle Funktionen
- finanzieller Status.

Einschätzen beeinflussender Faktoren

Vorliegen beeinflussender oder ursächlicher Faktoren
Rauchen («Packungsjahre» – Päckchen pro Tag × Jahre, in denen geraucht wurde).
Rauchen innerhalb von 8 Wochen vor einer Anästhesie oder Operation.
Allergie (Medikamente, Nahrungsmittel, Umweltfaktoren – Staub, Pollen u. a.
Stumpfes oder offenes Trauma (Thorax, Abdomen, obere Atemwege, Kopf).
Operation/Schmerzen:

- OP-Wunde (Thorax, Abdomen, obere Atemwege, Kopf)
- kurze Zeit zurückliegende Intubation.
- Asthma bzw. chronisch-obstruktive Bronchitis (COPD), Stirnhöhlenprobleme
- Umweltfaktoren:
- toxische Dämpfe (Reinigungsmittel, Rauch)
- extreme Hitze oder Kälte
- täglich eingeatmete Luft am Arbeitsplatz und zuhause (feucht, trocken, Verschmutzungsgrad, Pollenkonzentration).

Infektion bzw. Entzündung.

Anamnestisch bei einem Säugling
Bauchlage im Schlaf
Frühreife
Niedriges Geburtsgewicht
Geburt per Sectio caesarea
Komplizierte Geburt
Stillen mit Fertignahrung.

Objektive Daten

Einschätzen bestimmender Merkmale oder Kennzeichen

Geisteszustand
Zustand der Atmung

Atemwege

Spontane Nasenatmung
Endotrachealtubus über die Nase

Spontane Mundatmung
Endotrachealtubus über den Mund
Guedel-Tubus
Tracheostoma
Beatmung über die Nase.

Beschreibung

Spontan, angestrengt oder nicht
Maschinelle Dauerbeatmung
Synchronisierte intermittierende maschinelle Beatmung
Atemzüge/Minute
Rhythmus
Atemzugtiefe:

- Symmetrie.

Atmungsart:

- Schonatmung
- Kussmaul-Atmung
- Einsatz der Atemhilfsmuskeln
- Cheyne-Stokes-Atmung.

Husten

Produktiv (fördert Sputum zutage und reinigt die Lunge)
Unproduktiv (fördert weder Sputum zutage noch reinigt er die Lunge)
Auslöser? Gelindert wodurch?
Braucht Unterstützung beim Husten.

Sputum

Farbe
Beschaffenheit
Menge
Geruch.

Atemgeräusche (entdeckt durch Auskultieren: Vergleich zwischen rechtem und linkem oberen und unteren Lungenlappen, Abhören aller vier Thoraxquadranten).

Kreislaufstatus

Puls
Blutdruck
Hautfarbe.

Ziele

NOC

- Kontrolle von Aspiration
- Respiratorischer Status

Die Person hat – verglichen mit dem Ausgangswert – eine Atemfrequenz innerhalb normaler Grenzen.

Indikatoren

- Äußern der Bereitschaft, sich aktiv an der Betreuung der Atemsymptome zu beteiligen und die Atemfunktion zu maximieren.
- Berichten über angemessene Interventionen zur maximalen Steigerung des Atmungszustands (hängt vom Gesundheitszustand ab).
- Zufriedenstellende Lungenfunktion, gemessen in Lungenfunktionstests.

Allgemeine Interventionen

NIC

- Atemwegsmanagement
- Abhustenförderung
- Atmungsüberwachung
- Lagerung

Siehe «Einflussfaktoren».

Eliminieren oder Reduzieren ursächlicher Faktoren, wenn möglich

Ermutigen Sie zum Umhergehen, sobald es mit dem medizinischen Versorgungsplan vereinbar ist:

- Wenn der Klient nicht gehen kann, erstellen Sie einen Plan, um ihn mehrmals täglich aus dem Bett auf einen Stuhl zu setzen (z. B. je eine Stunde nach den Mahlzeiten und vor dem Zubettgehen).
- Steigern Sie die Aktivität allmählich. Erklären Sie, dass sich die Atemfunktion mit dem Üben bessern und die Dyspnö abnehmen wird.

F: Flaches Liegen führt dazu, dass sich die Bauchorgane zum Thorax hin verlagern, dabei die Lunge einengen und das Atmen erschweren.

Bei neuromuskulärer Behinderung:

- Verändern Sie die Stellung des Bettes und dadurch nach und nach die horizontale und vertikale Lage des Thorax, sofern nicht kontraindiziert.

- Unterstützen Sie den Klienten beim Lagewechsel, indem Sie ihn oft (möglichst stündlich) von einer Seite auf die andere lagern.
- Halten Sie den Klienten 5-mal stündlich zur Vollatmung und zu Übungen mit kontrolliertem Husten an.
- Unterweisen Sie den Klienten darin, stündlich mit Blow-bottle und Giebelrohr zu üben, während er wach ist. Bei schwerer neuromuskulärer Beeinträchtigung muss die Person u. U. auch nachts geweckt werden.
- Lehren Sie Personen mit Tetraplegie und deren Betreuungspersonen eine spezielle Methode zum Abhusten, bei der die Betreuungsperson ihre Hände in der Zwerchfellregion des Klienten auflegt und ruckartig nach oben innen bewegt.
- Verwenden Sie bei einem Kind farbiges Wasser in der Blow-bottle und lassen Sie es Luftballons aufblasen.
- Sichern Sie eine optimale Hydratation und einen optimalen Ernährungszustand.

F: Körperübungen und Bewegung fördern die Dehnung der Lunge und mobilisieren Sekret. Das Giebelrohr fördert die Vollatmung durch optische Anzeige der Effektivität der Atemanstrengung.

F: Eine adäquate Hydratation und Feuchtigkeit verflüssigen Sekret, erleichtern das Abhusten und verhindern einen Sekretstau, der den Nährboden für eine Keimbesiedelung liefern würde. Die Hydratation hilft auch beim Senken der Blutviskosität, wodurch die Gefahr der Gerinnselbildung sinkt.

Bei einer Person mit eingeschränktem Bewusstsein:

- Umlagern von einer Seite auf die andere nach einem festgelegten Plan (z. B. linke Seite zur graden Stunde, rechte Seite zur ungraden Stunde. Lassen Sie die Person nicht flach auf dem Rücken liegen.
- Lagern Sie den Klienten nach dem Eingeben von Nahrung auf die rechte Seite (Sondenernährung, Gastrostoma), um Regurgitieren und Aspirieren zu verhindern.
- Heben Sie den Kopfteil des Bettes um 30 Grad an, sofern nicht kontraindiziert.
- Siehe auch *Aspirationsgefahr*.

F: Flaches Liegen führt zur Verlagerung der Bauchorgane in Richtung Thorax. Dadurch wird die Lunge zusammengedrängt und das Atmen erschwert.

Überweisen Sie zum Physio- bzw. Atemtherapeuten, soweit indiziert.

F: Zu den Interventionen, welche die Lungenfunktion erhöhen können, gehören Belastungstraining zur Verbesserung der Lungen-Compliance, Entspannung und Atemtraining, Lagerungsdrainage sowie psychosoziale Rehabilitation.

Verhindern der Komplikationen von Immobilität

Siehe *Immobilitätssyndrom*.

Erschwertes Weaning

Definition

Erschwertes Weaning (Beatmungsentwöhnung): der Zustand, in dem eine Person außerstande ist, sich an einen geringeren Grad an Beatmungsunterstützung zu gewöhnen, was den Entwöhnungsprozess (Weaning) unterbricht und verlängert.

Erschwertes Weaning (engl. Dysfunctional ventilatory weanig response): Unfähigkeit, sich an ein abgesenktes Niveau der maschinellen Atemunterstützung anzupassen, die den Entwöhnungsprozess unterbricht und verlängert (NANDA-I, 2010).

Bestimmende Merkmale oder Kennzeichen

Erschwertes Weaning (Beatmungsentwöhnung) ist ein fortschreitender Zustand und Pflegende haben drei Grade herausgearbeitet (Logan/Jenny, 1990): leicht, mäßig und schwer. Die bestimmenden Merkmale und Kennzeichen treten als Reaktion auf die Entwöhnung auf.

Leicht erschwertes Weaning (Beatmungsentwöhnung)

Hauptkennzeichen

Unruhe, Ruhelosigkeit
Leichter Anstieg der Atemfrequenz gegenüber dem Ausgangswert.

Nebenkennzeichen

Äußerungen des Klienten über vermehrten Sauerstoffbedarf, Atembeschwerden, Erschöpfung/Fatigue, Wärmegefühl.
Fragen nach einer möglichen Fehlfunktion/Störung des Beatmungsgerätes.
Vermehrte Konzentration auf die Atmung.

Mäßig erschwertes Weaning (Beatmungsentwöhnung)

Hauptkennzeichen

Leichter Anstieg des Blutdrucks (≤ 20 mmHg) gegenüber dem Ausgangswert.
Leichter Anstieg der Herzfrequenz (20/min) gegenüber dem Ausgangswert.
Leichter Anstieg der Atemfrequenz (≤ 5/min) gegenüber dem Ausgangswert.

Nebenkennzeichen

Verstärkte Aufmerksamkeit (Wachsamkeit, Hypervigilanz gegenüber Atem-/Aktivitäten
Besorgnis
Unfähigkeit, auf ein Weaning-Coaching zu reagieren
Unfähigkeit zur Kooperation

Gedrückte Stimmung
Schwitzen
Blick mit weit aufgerissene Augen
Verminderter Lufteintritt nachgewiesen durch Auskultation
Veränderung der Hautfarbe: blass, leichte Zyanose
Leichter Einsatz der Atemhilfsmuskulatur.

Stark erschwertes Weaning (Beatmungsentwöhnung)

Hauptkennzeichen

Agitiertheit
Signifikante Verschlechterung der Blutgase gegenüber dem Ausgangswert
Anstieg des Blutdrucks (> 20 mmHg) gegenüber dem Ausgangswert
Anstieg der Herzfrequenz (> 20/min) gegenüber dem Ausgangswert
Rasche, flache Atmung von mehr als 25 Atemzügen pro Minute.

Nebenkennzeichen

Zyanose
Flache, schnappende Atemzüge
Paradoxe Bauchatmung
Atemnebengeräusche
Voller Einsatz der Atemhilfsmuskulatur
starkes Schwitzen
Atmung nicht mit Beatmungsgerät koordiniert
Herabgesetzter Bewusstseinsgrad.

Einflussfaktoren

Pathophysiologische Faktoren

B/d [unwirksame] Atemwegsclearance (unwirksame Selbstreinigung der Atemwege)
B/d gestörtes Schlafmuster
B/d unangemessene Ernährung
B/d unzureichende Schmerzbehandlung
B/d Muskelschwäche und Erschöpfung, s/b/d:

instabile Hämodynamik
herabgesetzten Bewusstseinsgrad
chronische neuromuskuläre Behinderung
Stoffwechselanomalie, Anomalie des Säure-Basen-Status
einen schweren Krankheitsprozess
eine chronische Atemwegserkrankung
eine Multisystemerkrankung
Flüssigkeits- bzw. Elektrolytungleichgewicht
Anämie

eine Infektion
chronische Unterernährung
einen geschwächten Zustand.

Behandlungsbedingte Faktoren

B/d verlegte Atemwege.

B/d Muskelschwäche und Erschöpfung, s/b/d:

exzessive Sedierung, Analgesie
unkontrollierte Schmerzen.

B/d Mangelernährung (Kalorienmangel, zu viele Kohlenhydrate, inadäquate Fett- und Eiweißzufuhr).
B/d längere Abhängigkeit von mechanischer Beatmung (→ 1 Woche).
B/d vorangehende erfolglose Versuche einer Beatmungsentwöhnung.
B/d einen zu raschen Entwöhnungsprozess.

Situationsbedingte Faktoren (persönlich bedingt, umgebungsbedingt)

B/d vom Patienten wahrgenommene Erfolglosigkeit zur Fähigkeit der Beatmungsentwöhnung
B/d verminderte Motivation
B/d verringertes Selbstwertgefühl
B/d ungenügendes Vertrauen in die Pflegeperson
B/d [fehlende Vorbereitung auf den Entwöhnungsversuch].
B/d unangemessene Verringerung der Beatmungsunterstützung
B/d unzureichende soziale Unterstützung
B/d widrige Umstände (z. B. lärmige, hektische Umgebung, negative Ereignisse im Raum, niedriger Personalschlüssel, unbekanntes Pflegepersonal)
B/d Vorgeschichte der Abhängigkeit vom Beatmungsgerät → 4 Tage
B/d Vorgeschichte mehrerer erfolgloser Entwöhnungsversuche.
B/d ein Wissensdefizit hinsichtlich des Entwöhnungsprozesses.
B/d unkontrolliert, episodisch auftretender Energiebedarf (Selbstversorgungsaktivitäten, diagnostische und therapeutische Prozeduren, Besucher).
B/d inadäquate soziale Unterstützung.
B/d Erschöpfung, s/b/d einen gestörten Schlafrhythmus.
B/d inadäquate Selbstwirksamkeit.
B/d mäßige bis ausgeprägte Angst, s/b/d Atemanstrengung.
B/d die Angst/Furcht vor der Abkoppelung vom Beatmungsgerät.
B/d Machtlosigkeit.
B/d Hoffnungslosigkeit.

Anmerkung der Autorin

Erschwertes Weaning (Beatmungsentwöhnung) ist eine spezifische Diagnose in der Kategorie *Gefahr eines unwirksamen Atemvorgangs.* Auch *unwirksame Atemwegsclearance, unwirksamer Atemvorgang* und *beeinträchtigter Gasaustausch* können bei der Beatmungsentwöhnung (engl. weaning) angetroffen werden, und zwar entweder als Indikator einer fehlenden/mangelnden Bereitschaft zur Beatmungsentwöhnung oder als Faktoren in Zusammenhang mit dem Beginn einer erschwerten Beatmungsentwöhnung. Diese ist ein eigenständiger Zustand des Klienten und seine ganz eigenen Ursachen und Behandlungsformen ergeben sich aus dem Prozess seiner Loslösung vom Beatmungsgerät (Weaning).

Der Prozess der Entwöhnung (Weaning) ist eine Kunst und eine Wissenschaft. Da die Beatmungsentwöhnung ein interdisziplinärer Prozess ist, ist die Fähigkeit der Pflegeperson, das Vertrauen und die Bereitschaft des Klienten zur Mitarbeit zu gewinnen, vor allem bei Klienten in Langzeitpflege eine wichtige Determinante für die Ergebnisse des Entwöhnungsprozesses. Dieses Vertrauen wird durch das Wissen und Selbstvertrauen, das die Pflegeperson zeigt, und durch ihre Fähigkeit im Umgang mit den spezifischen Belangen des Klienten genährt (Jenny/Logan, 1991).

Irrtümer in diagnostischen Aussagen

1. *Erschwertes Weaning (Beatmungsentwöhnung),* **b/d** *erhöhten Blutdruck, erhöhte Herz- und Atemfrequenz sowie Agitiertheit während der Beatmungsentwöhnung*
   Diese Diagnose zeigt nicht die Gründe des Entwöhnungsproblems. Die Einflussfaktoren sind Belege für *erschwerte Beatmungsentwöhnung* (Weaning) und weder ursächliche noch beeinflussende Faktoren. Die Pflegeperson sollte die Diagnose mit den Einflussfaktoren – wenn sie bekannt sind – formulieren oder schreiben: «unbekannte/r Ätiologie/Einflussfaktoren», wenn sie nicht bekannt sind.

Viele der folgenden Assessments und Interventionen gelten der Prävention mäßiger und schwerer Reaktionen und den Behandlungsphasen im Umgang mit der Diagnose.

Zentrale Konzepte

Allgemeine Überlegungen

- Beim Prozess der Beatmungsentwöhnung (Weaning) werden Klienten darin unterstützt, ohne künstliche Beatmung spontan zu atmen. Eine erfolgreiche Beatmungsentwöhnung (Weaning) wurde definiert als 24-stündiges Atmen ohne Atemunterstützung, mit oder ohne Tubus.
- Die Beatmungsentwöhnung (Weaning) ist ein interdisziplinäres Unterfangen, dessen Ergebnisse durch die Anwesenheit erfahrener Pflegepersonen positiv beeinflusst werden. Erfahrene Pflegende sind einhellig der Meinung, Beatmungsentwöhnung sei ein interdisziplinärer Prozess zusammen mit dem Klienten, der sowohl einen physischen wie einen psychischen Aspekt hat. Für Klienten, die von einem Beatmungsgerät abhängen, kann es eine sehr belastende Erfahrung sein (Logan/Jenny, 1991). In neueren Arbeiten über die Art, in der Klienten

Beatmungsentwöhnung wahrnehmen, werden deren Sorgen und Bedenken beschrieben, darunter körperliche Beschwerden, das fürsorgende Verhalten der Pflegeperson, ein verändertes Selbst sowie die physische, emotionale wie kognitive Arbeit des Klienten bei der Beatmungsentwöhnung (Weaning) (Logan/Jenny, 1991).

- Bei längerer Beatmung kann es zu Komplikationen in Verbindung mit dem Beatmungsgerät kommen. Eine lange Phase der Intubation und mechanischen Beatmung setzt den Klienten der Gefahr postoperativer Lungenprobleme aus. Bei beatmeten Klienten ist täglich ein systematisches Assessment des Mund- und Rachenraums nötig, vor allem bei oral Intubierten, um Läsionen und Infektionen zu verhindern bzw. zu entdecken (Treloar/Stechmiller, 1995). Das Instillieren normaler isotonischer Kochsalzlösung vor dem Absaugen wird nicht routinemäßige empfohlen, sollte jedoch durchgeführt werden, wenn die Notwendigkeit anhand der Sekretqualität, der Qualität der Atemgeräusche, der Qualität und Produktivität des Hustens sowie der Oxygenierung und des Atemstatus entsprechend festgestellt wurde.
- Um festzustellen, wann ein Klient entwöhnungsbereit ist, wurden verschiedene Kriterien vorgeschlagen. Dabei handelt es sich um Messgrößen der Oxygenierung, der Kraft der Atemmuskeln sowie um die Fähigkeit, hinreichend zu atmen, um einen adäquaten arteriellen CO_2-Spiegel ($PaCO_2$) beizubehalten. Hinsichtlich der Reaktionen des Klienten auf die Beatmungsentwöhnung (Weaning) und der Vorhersage von Ergebnissen haben wir noch Wissenslücken. Goodenough Hanneman (1994) zufolge liegt ein Grund dafür, dass Entwöhnungsprädiktoren keine adäquate prädiktive Aussagekraft haben, darin, dass die Wechselbeziehung zwischen den kardiopulmonalen pathophysiologischen Ergebnisdeterminanten durch die unabhängigen prädiktiven Kriterien (z. B. Lungenmechanik) nicht widergespiegelt werden. Der kontinuierliche Einsatz eines Assessmentinstruments kann helfen, den Prozess auf den aktuellen Zustand des Klienten zuzuschneiden und einen verfrühten Entwöhnungsversuch oder eine dysfunktionale Entwöhnungsreaktion zu verhindern (Burns et al., 1994).
- Die Ergebnisse nach kurzfristiger Beatmung sind andere als nach langfristiger Beatmung. Psychische Perspektive, Atemantrieb, Kraft und Ausdauer der Atemmuskulatur, Anforderungen an das Minutenvolumen sowie der Ernährungszustand haben anscheinend nur geringe Auswirkungen auf eine kurzfristige Beatmungsentwöhnung (Morton et al., 2005).
- Die physiologische Atemarbeit beim Einatmen umfasst drei Komponenten (Porth, 2006):
  - Compliance-Arbeit gegen die elastischen Kräfte der Lunge.
  - Arbeit gegen den Gewebswiderstand, um die Viskosität der Lunge und des Brustkorbs zu überwinden.
  - Arbeit gegen den Atemwegswiderstand, um den Widerstand gegen den Luftstrom in die Lunge und wieder heraus zu überwinden.
- Mechanische Beatmung erhöht den Atemwegswiderstand, indem sie den Atemwegsdurchmesser verringert und dessen Länge und damit auch den Widerstand erhöht. Bei der Beatmungsentwöhnung manipuliert der Praktiker Druck-Volumen-Veränderungen, um den Wiederaufbau der Atemmuskelkondition zu fördern, ohne übermäßige Erschöpfung zu verursachen (Morton et al., 2005).
- Erschwertes Weaning (Beatmungsentwöhnung) kann eine Erschöpfung der Einatemmuskulatur bedeuten, die 24–48 Stunden braucht, um sich zu regenerieren. Die Erschöpfung erhöht die Dyspnö, die wiederum die Angst erhöht und mehr Erschöpfung und vermehrt Atemnot auslöst.

Einschätzungskriterien des Fokusassessments

Subjektive Daten

Einschätzen bestimmender Merkmale oder Kennzeichen

Sorgen hinsichtlich des Beginns oder der Fortsetzung des Entwöhnungsprozesses:

- Bereitschaft
- frühere Erfahrung
- Erwartungen
- Möglichkeit eines Fehlschlags.

Einschätzen beeinflussender Faktoren

Medikamentenanamnese
Tabak-, Alkoholkonsum.

Objektive Daten

Einschätzen bestimmender Merkmale oder Kennzeichen

Atemstatus: komplettes Atemassessment (siehe *Gefahr eines unwirksamen Atemvorgangs*, «Einschätzungskriterien des Fokusassessments»)
Bewusstseinsgrad, Sekret (Art, Menge)
Einsatz der Hilfsmuskulatur
Hautfarbe (Ausgangswert)
Atemnebengeräusche
Vitalzeichen
Selbstreinigung der Atemwege (ciliäre und tussive Clearance)
Arterielle Blutgase.

Einschätzen beeinflussender Faktoren

Atemwegserkrankung, akute und chronische Erkrankungen.
Informationen über die mechanische Beatmung:

- Einstellungen des Beatmungsgeräts und Größe des Endotrachealtubus oder Tracheostomas
- Beatmungsanamnese einschließlich des Grundes für die Beatmung
- bisherige Dauer der Beatmung
- frühere Entwöhnungsversuche und deren Ergebnisse.

Aktueller Status der Hämodynamik, Ernährung, Infektion und Schmerzen.

Ziele

NOC

- Selbstkontrolle bei Angst
- Respiratorischer Status: Gasaustausch
- Vitalzeichen
- Reaktion auf mechanische Beatmung (Weaning) Erwachsener
- Energieerhaltung

Die Person erreicht fortgeschrittene Entwöhnungsziele.

Indikatoren

- Spontanatmung über 24 Stunden ohne Beatmungsunterstützung *oder*
- positive Einstellung gegenüber dem nächsten Entwöhnungsversuch: bereitwillige Mitarbeit beim Entwöhnungsplan, Mitteilen des Behaglichkeitsgrades während des Entwöhnungsprozesses (Weaning), Versuch, die Atmung und emotionale Reaktionen zu kontrollieren.
- Von der Entwöhnungsarbeit ermüdet, aber nicht erschöpft sein.

Allgemeine Interventionen

NIC

- Angstminderung
- Erfahrungsbezogene Patienteninformation
- Atmungsüberwachung
- Atemunterstützung
- Anwesenheit
- Energiemanagement

Einschätzen ursächlicher Faktoren bei früheren erfolglosen Entwöhnungsversuchen, falls welche unternommen wurden

Siehe «Einflussfaktoren».

Feststellen der Bereitschaft zur Beatmungsentwöhnung (Weaning)

Atemfrequenz unter 35/min
Sauerstoffkonzentration von 40 % oder weniger am Beatmungsgerät
Negativer inspiratorischer Druck von –20
Positiver exspiratorischer Druck über +30
Atemzugvolumen der Spontanatmung über 5 ml/kg KG
Vitalkapazität über 10–15 ml/kg KG

Ruhig, Beschwerden unter Kontrolle
Bereitschaft, eine Entwöhnung zu versuchen
Kein Fieber
Normale Hämoglobinkonzentrationen.

F: Die Forschung hat bewiesen, dass dies Prädiktoren einer erfolgreichen Entwöhnung sind (Burns, 2004).

Einbeziehen des Klienten in den Plan, bei Bereitschaft zur Entwöhnung (Weaning)

Erklären Sie den Entwöhnungsprozess.
Handeln Sie fortschreitende Entwöhnungsziele aus.
Stellen Sie die Ziele optisch dar, mit Symbolen zur Anzeige der Fortschritte (z. B. ein Stabdiagramm oder eine Linie, um die zunehmende Zeit ohne Beatmungsgerät anzuzeigen).
Erklären Sie, dass diese Ziele täglich mit dem Klienten neu überprüft werden.
Für spezifische Entwöhnungsprozeduren richten Sie sich nach den Verfahrensweisen der jeweiligen Station.

F: Ein erster Schritt im Entwöhnungsplan ist die sorgfältige Vorbereitung von Klienten. Dazu gehört, sie in ihrer interdisziplinären Entwöhnungsrolle zu unterweisen, ihre Energieressourcen und körperliches Ausgeruhtsein auf ein Höchstmaß zu steigern, ihre psychische Bereitschaft, voranzukommen, zu stärken und ihre Überzeugung zu bestärken, die Entwöhnungsarbeit bewältigen zu können (Jenny/Logan, 1997). Weil es Klienten schwer fallen kann, ihre Gedanken zum Ausdruck zu bringen, müssen Pflegende vielfältige Kommunikationsmethoden einsetzen und Ausdauer zeigen, bis eine effektive Methode gefunden ist.

Erklären der Rolle des Klienten im Entwöhnungsprozess

Fördern Sie schon bei der ersten Intubation die Erkenntnis, dass mechanische Beatmung nur vorübergehend ist.
Vermitteln Sie die Erwartungen Pflegender hinsichtlich ihrer interdisziplinären Arbeit, wenn die Person als entwöhnungsbereit gilt.
Helfen Sie der Person zu verstehen, wie wichtig es ist, mitzuteilen, wie es ihr geht, und zu versuchen, die aktuellen Entwöhnungsziele zu erreichen. Sagen Sie ihr, dass während des gesamten Prozesses Ausruhen möglich ist.

F: Die Strategien können die psychische Bereitschaft erhöhen (McIntyre, 2004).

Stärken der Selbstachtung, Selbstwirksamkeit und Kontrolle

Bestärken Sie die Selbstachtung, das Selbstvertrauen und die Kontrolle, indem Sie Handlungen normalisieren, wie etwa die Pflege des äußeren Erscheinungsbildes, Sich-Kleiden, Mobilisieren und mit anderen über interessante Dinge zu sprechen.
Gestatten Sie möglichst viel Kontrolle, indem Sie die Person über die Situation und über ihr Vorankommen informieren, indem Sie so weit wie möglich eine gemeinsame Entscheidungsfin-

dung in Einzelheiten der Pflege entsprechend den Vorlieben des Klienten zulassen und indem Sie die Behaglichkeit steigern.

Stärken Sie das Selbstvertrauen, indem Sie für erfolgreiche Aktivitäten loben, indem Sie dazu ermutigen, positiv in die Zukunft zu schauen und den bislang erzielten Erfolg hervorheben. Erklären Sie, dass eine Beatmungsentwöhnung normalerweise erfolgreich verläuft. Versichern Sie dem Klienten, dass Sie ihn auf jedem Schritt des Weges begleiten werden.

Zeigen Sie Vertrauen in die Fähigkeit des Klienten, sich von der Beatmung zu entwöhnen.

Wahren Sie das Vertrauen des Klienten, indem Sie ein Entwöhnungstempo wählen, das den Erfolg sichert und Rückschläge auf ein Mindestmaß reduziert.*

Erklären Sie, was Sie tun und warum Sie es tun, um die Wachsamkeit und Unsicherheit der Person zu verringern.

Stellen Sie Sorgen und Bedenken fest, die Wohlbehagen und Vertrauen behindern (Familienangehörige, Gesprächsthemen, Ereignisse im Raum, frühere Fehlschläge bei der Beatmungsentwöhnung) und erörtern Sie sie offen. Verringern Sie sie, wenn möglich.

F: Eine erfolgreiche Beatmungsentwöhnung ist sowohl Kunst als auch Wissenschaft. Die Kunst hängt vom Einsatz der subjektiven klinischen Beurteilung und von der individuellen Situation ab. Die Wissenschaft beinhaltet die Theorie des Sauerstoffaustauschs, des Kohlendioxidaustauschs und der mechanischen Effizienz (Henneman, 1991). Pflegende sind ein entscheidender Faktor beim Vermitteln einer positiven Perspektive, beim Schaffen einer sicheren Umgebung, beim Stärken der Selbstachtung und des Selbstvertrauens sowie darin, Klienten durch ihre Fähigkeit, Kunst und Wissenschaft der Beatmungsentwöhnung zu kombinieren, bei Rückschlägen zu helfen (Jenny/Logan, 1994).

Verringern negativer Auswirkungen von Angst und Erschöpfung

Überwachen Sie den Status oft, um unangemessene Angst und Erschöpfung zu vermeiden. Verwenden Sie ein systematisches, umfassendes Instrument. Ein Pulsoximeter ist eine nichtinvasive und unaufdringliche Art, die Sauerstoffsättigung zu messen.

Sorgen Sie für regelmäßige Ruhephasen, bevor die Erschöpfung zunimmt:

- Verringern Sie Aktivitäten.
- Behalten Sie in Absprache mit einem Arzt die Unterstützung durch ein Beatmungsgerät und/oder Sauerstoff bei.

Während einer Ruhephase: Dämpfen Sie das Licht, hängen Sie ein Schild «Nicht stören» an die Tür und spielen Sie Instrumentalmusik im Takt von 60–80/min (Chan, 1998).

Ermutigen Sie zu Ruhe und Atemkontrolle, indem Sie dem Klienten versichern, dass er Erfolg haben kann und wird.

Erwägen Sie den Einsatz komplementärer Therapien, wie etwa Musik, Hypnose und Biofeedback.

Wenn der Klient agitiert wird, beruhigen Sie ihn, während Sie bei ihm am Bett bleiben, und raten Sie ihm, wie er seine Atmung wieder unter Kontrolle bekommt. Überwachen Sie bei dieser Intervention genau die Sauerstoffsättigung und die Vitalzeichen.

---

* Erfordert u. U. die Verordnung einer Person der Primärversorgung.

Wird der Entwöhnungsversuch abgebrochen, sprechen Sie die Wahrnehmungen der Person hinsichtlich des Entwöhnungsfehlschlags an. Versichern Sie dem Klienten, dass der Versuch eine gute Übung und eine nützliche Form des Trainings war. Erinnern Sie ihn daran, dass die Arbeit gut für die Atemmuskulatur ist und die zukünftige Leistung verbessern wird.

F: Eine erfolgreiche Beatmungsentwöhnung hängt ab von adäquaten Energieressourcen, einem sorgsamen Umgang mit der verfügbaren Energie und einem geschickten Entzug der Unterstützung durch das Beatmungsgerät in den Grenzen, innerhalb derer die Person eine zusätzliche Atemarbeit zu ertragen vermag. Gestörte oder erloschene Energiereserven verstärken die Erschöpfung (Burns, 1991). Für alle Ansätze der Beatmungsentwöhnung sind daher Techniken der Energieerhaltung von entscheidender Bedeutung (Jenny/Logan, 1998; Logan/Jenny, 1990).

Schaffen eines positiven Entwöhnungsumfelds, welches das Sicherheitsgefühl stärkt

Sorgen Sie für einen ruhigen Raum mit wenig Betriebsamkeit, sanfter Musik und ohne Gespräche zwischen Personen in Reichweite.

Delegieren Sie die geschicktesten MitarbeiterInnen zur Beatmungsentwöhnung von Klienten, die bereits mäßige bis schwere Reaktionen erlebt haben oder bei denen eine entsprechend große Gefahr besteht.

Bleiben Sie im Raum sichtbar, um das Sicherheitsgefühl zu fördern.

Versichern Sie der Person, dass bei Bedarf sofort Hilfe verfügbar ist.

Überwachen Sie die Wirkungen von Besuchern auf den Klienten und vermitteln Sie den Besuchern, wie sie am besten helfen können.

Ermutigen Sie unterstützend tätige Besucher während des Entwöhnungsprozesses, wenn möglich. Besuche von Personen, welche die Person aufregen, sollten verschoben werden.

Stellen Sie sicher, dass Klienten in Diskussionen einbezogen werden, die sie ansonsten wahrscheinlich überhören.

F: Rückschläge bei der Beatmungsentwöhnung sind häufig und erfordern, den Klienten zu unterstützen. Während einer verlängerten Beatmungsentwöhnung muss der Klient psychologisch motiviert werden, sich zu entwöhnen. Musiktherapie scheint zur Förderung der Entspannung bei mechanisch beatmeten Klienten vorteilhaft zu wirken (Chlan, 1995). Machtlosigkeit, Hoffnungslosigkeit und Depression werden angegangen durch aktive Entscheidungsfindung zusammen mit der Person, durch Erklären der wahrgenommenen Empfindungen, positives Feedback sowie durch Vermitteln von Hoffnung, Ermutigung und Unterstützung (Logan/Jenny, 1991).

F: Musik im Takt von 60–80/min senkt die Erregbarkeit des Gehirns und bewirkt einen hypnotischen, entspannenden Zustand (Chan, 1998).

Fördern optimaler Energieressourcen

Assistieren Sie dem Klienten beim regelmäßigen Abhusten und bei regelmäßiger Vollatmung und setzen Sie die verordneten Bronchodilatatoren, Befeuchtung und Absaugen ein, um den Lufteintritt zu erleichtern.

Stellen Sie sicher, dass die Unterstützung durch Ernährung den aktuellen Richtlinien für beatmete und sich beatmungsentwöhnende Klienten entspricht.
Sorgen Sie für hinreichende Ruhepausen, um übermäßige Erschöpfung zu verhindern.
Setzen Sie bei Bedarf nachts zur Unterstützung das Beatmungsgerät ein, um die Schlafzeit zu verlängern und versuchen Sie, unnötiges Aufwecken zu verhindern.
Überwachen Sie den Krankheitsprozess, um die Stabilität der Körpersysteme zu bestimmen.

F: Um ein adäquates Energieniveau zu wahren ist Unterstützung durch Ernährung nötig. Dabei sollte vermieden werden, die Komplikationen der Lipogenese und Überernährung sowie einer exzessiven Kohlenhydratlast und respiratorischen Azidose zu schaffen.

Kontrollieren von Aktivitätsbedarfen

Koordinieren Sie notwendige Aktivitäten, um ausreichend Zeit für Ruhe und Entspannung zu fördern.
Stellen Sie sicher, dass das gesamte Personal den individualisierten Pflegeplan einhält.
Beraten Sie den Klienten in der Atemkontrolle durch regelmäßiges Demonstrieren einer langsamen, tiefen, rhythmischen Atmung. Helfen Sie ihm, die Atmung mit dem Beatmungsgerät zu koordinieren.
Wenn die Konzentration der Person zu Anspannung führt und die Angst steigert, sorgen Sie für Ablenkung in Form von unterstützenden Besuchern, Radio, Fernsehen oder Unterhaltung.

F: Nach dem Absetzen des unterstützenden Beatmungsgerätes muss sich der Klient mehr anstrengen. Seine Entwöhnungsarbeit umfasst das Kontrollieren der Atmung, das Mitteilen des Befindens, das Einhalten des Therapieplans und den Versuch, seine emotionalen Reaktionen auf Erschöpfung und Angst zu beherrschen (Jenny/Logan, 1991).

Einhalten des multidisziplinären Beatmungsentwöhnungsprotokolls der Einrichtung

Dokumentieren Sie die Spezifikationen des Plans in einem Zeitplan.
Setzen Sie im Vorhinein Kriterien für den Abschluss des Entwöhnungsprozesses fest.
Umreißen Sie die Verantwortlichkeiten einer jeden Disziplin.
Kooperieren Sie, wenn Revisionen erforderlich sind.

F: Interdisziplinäre Entwöhnungspläne mit klaren Zielen, Verantwortlichkeiten und Zeitplänen haben die Anzahl der Beatmungstage und der auf der Intensivstation verbrachten Tage gesenkt (Henneman et al., 2002).

Gefahr eines erschwerten Weanings

Definition

Gefahr eines erschwerten Weanings: der Zustand, in dem eine Person der Gefahr ausgesetzt ist, sich nicht an das verringerte Ausmaß an Unterstützung durch das Beatmungsgerät während des Entwöhnungsprozesses (Weaning) anpassen zu können, **b/d** eine fehlende physische und/oder psychische Bereitschaft, sich zu entwöhnen.

Risikofaktoren

Pathophysiologische Faktoren

B/d Atemwegsobstruktion.

B/d Muskelschwäche und Erschöpfung, s/b/d:

eine gestörte Atemfunktion
Stoffwechselanomalien
Rhythmusstörungen
ein Flüssigkeits- und/oder Elektrolytungleichgewicht
einen herabgesetzten Bewusstseinszustand
Fieber
Anämie
eine schwere Krankheit
eine Multisystemerkrankung
instabile Hämodynamik
Anomalien des Säure-Basen-Haushalts
geistige Verwirrtheit
eine Infektion.

Behandlungsbedingte Faktoren

B/d eine unwirksame Atemwegsclearance (ciliare und tussive Clearance).
B/d exzessive Sedierung, Anästhesie.
B/d nicht beherrschte Schmerzen.
B/d Erschöpfung.
B/d inadäquate Ernährung (Kalorienmangel, zu viele Kohlenhydrate, inadäquate Fett- und Eiweißzufuhr).
B/d längere Abhängigkeit von einem Beatmungsgerät (→ 1 Woche).
B/d vorangegangene erfolglose Versuche der Beatmungsentwöhnung.
B/d zu rasches Vorgehen beim Entwöhnungsprozess.

Situationsbedingte Faktoren (persönlich bedingt, umgebungsbedingt)

B/d Muskelschwäche und Erschöpfung, s/b/d:

chronische Untererernährung
Adipositas
unwirksames Schlafverhalten.

B/d ein Wissensdefizit, s/b/d den Entwöhnungsprozess.
B/d inadäquate Selbstwirksamkeit, b/d die Entwöhnung.
B/d mäßige bis starke Angst, b/d die Atemanstrengung.
B/d Angst vor der Abkopplung vom Beatmungsgerät.
B/d das Gefühl der Machtlosigkeit.
B/d eine depressive Stimmungslage.
B/d das Gefühl der Hoffnungslosigkeit.
B/d einen unkontrollierten Energiebedarf (Selbstpflegeaktivitäten, diagnostische und therapeutische Prozeduren).
B/d inadäquate soziale Unterstützung.
B/d eine unsichere Umgebung (Lärm, verstörende Ereignisse, Betriebsamkeit im Raum).

Anmerkung der Autorin

Siehe *erschwertes Weaning (Beatmungsentwöhnung).*

Irrtümer in diagnostischen Aussagen

Siehe *erschwertes Weaning (Beatmungsentwöhnung).*

Zentrale Konzepte

Allgemeine Überlegungen

- Klienten, bei denen die Gefahr der erfolglosen Beatmungsentwöhnung groß ist, sind diejenigen, die aus verschiedenen Gründen nicht den Kriterien der Entwöhnungsbereitschaft entsprechen, wie etwa:
  - Atemfrequenz unter 25/min
  - Sauerstoffkonzentration am Beatmungsgerät ≤ 40 %
  - negativer inspiratorischer Druck unter –20
  - Atemzugvolumen der Spontanatmung über 5 ml/kg KG
  - Vitalkapazität über 10–15 ml/kg KG
  - dem Klienten angemessene arterielle Blutgase
  - ruhig, Beschwerden unter Kontrolle.
- Zwar ist es wichtig, sobald wie möglich eine Entwöhnung vorzunehmen, um den Konditionsabbau der Muskulatur und Komplikationen einer prolongierten endotrachealen Intubation und Tracheostomie zu vermeiden, jedoch können vorzeitige Versuche aufgrund ihrer negativen physiologischen und psychischen Effekte kontraproduktiv sein.

- Da die Beatmungsentwöhnung ein interdisziplinärer Prozess ist, ist die Fähigkeit der Pflegeperson, das Vertrauen und die Bereitschaft des Klienten zur Mitarbeit zu gewinnen, vor allem bei Klienten in Langzeitpflege eine wichtige Determinante für die Ergebnisse des Entwöhnungsprozesses. Dieses Vertrauen wird durch das Wissen und Selbstvertrauen, das die Pflegeperson zeigt, und durch ihre Fähigkeit im Umgang mit den spezifischen Belangen des Klienten genährt (Jenny/Logan, 1991).
- Die Zusammenarbeit bei der Entwöhnung beinhaltet bestimmte Rollen sowohl für die Pflegeperson als auch für den Klienten. Die Pflegeperson muss den Klienten kennen, sich um seine Energie kümmern und ihn bei der Entwöhnungsarbeit unterstützen. Die Kooperation des Klienten erfordert eine vertrauensvolle Beziehung und die Überzeugung, während der Beatmungsentwöhnung geschützt zu sein.
- Die Atemmuskulatur muss bis zu einem gewissen Punkt der Erschöpfung belastet werden und dann muss man sie sich erholen lassen. Der entscheidende Punkt der Erschöpfung und die Dauer der Erholung wurden in der Literatur nicht dokumentiert und diese Beurteilung hängt von der klinischen Erfahrung ab (Slutsky, 1993).
- Ein Misslingen der Beatmungsentwöhnung ist gewöhnlich multifaktoriell. Marini (1991) stellt fest, dass das subjektive Assessment des Entwöhnungsversuchs am Krankenbett durch einen erfahrenen Kliniker noch immer der zuverlässigste Prädiktor für Erfolg oder Fehlschlag einer Beatmungsentwöhnung ist. Um eine ernsthafte Erschöpfung der Atmung zu verhindern, die zur Erholung 24–48 Stunden braucht, bevor die Person fortfahren kann, muss die Entwöhnungsarbeit des Klienten engmaschig überwacht werden.
- Eine gestörte Entwöhnungsreaktion auf einen Entwöhnungsversuch kann sich auch auf die Motivation und Selbstwirksamkeit des Klienten auswirken, indem sie an der Fähigkeit zur Entwöhnung (Weaning) zweifeln lässt und die Entschlossenheit, daran zu arbeiten, schwächt (Jenny/Logan, 1991).

Einschätzungskriterien des Fokusassessments

Siehe *erschwertes Weaning (Beatmungsentwöhnung).*

Ziele

Die Person zeigt sich bereit, mit der Entwöhnung zu beginnen.
Die Person zeigt eine positive Einstellung gegenüber der Fähigkeit zum Erfolg.

NOC

Siehe erschwertes Weaning (Beatmungsentwöhnung).

Indikatoren

- Wahren der emotionalen Kontrolle.
- Kooperieren beim Planen der Entwöhnung.

Allgemeine Interventionen

Siehe *erschwertes Weaning (Beatmungsentwöhnung).*

NIC

Siehe erschwertes Weaning (Beatmungsentwöhnung).

Unwirksame Atemwegsclearance (Selbstreinigung der Atemwege)

Definition

Unwirksame Atemwegsclearance: der Zustand, in dem eine Person, **b/d** die Unfähigkeit, effektiv abzuhusten, in ihrer Atmung bedroht ist.

Unwirksame Atemwegsclearance (Selbstreinigung der Atemwege; engl. Ineffective airway clearance): Unfähigkeit, Sekrete oder Verlegungen/Obstruktionen der Atemwege zu beseitigen, um die Atemwege frei zu halten (NANDA-I, 2010).

Bestimmende Merkmale oder Kennzeichen

Hauptkennzeichen (eines oder mehr obligat)

Unproduktiver oder fehlender Husten
Unfähigkeit, Sekrete aus den Atemwegen zu entfernen
Dyspnö.

Nebenkennzeichen (fakultativ)

übermäßiges Sputum
veränderte Atemfrequenz
veränderter Atemrhythmus
Schwierigkeiten zu sprechen
geweitete Augen
Ruhelosigkeit
Zyanose
Abnorme, verminderte Atemgeräusche
Abnorme Atemfrequenz, abnormer Atemrhythmus, abnorme Atemzugtiefe
hinzukommende, abnorme Atemgeräusche (Knistern, Rasseln, Karcheln, Keuchen, Pfeifen, Giemen).

Einflussfaktoren

physiologische

- chronisch obstruktive Lungenerkrankung (COPD)
- Asthma
- allergisch veränderte Atemwege
- Hyperplasie der Bronchialwände
- neuromuskuläre Störung
- Infektion.

umgebungsbezogene

- Rauchen
- passives Rauchen
- Einatmen von Rauch.
- verlegte Atemwege (Obstruktion)
- Sekretstau
- Sekrete in den Bronchien
- Exsudat in den Alveolen
- übermäßiger Schleim
- Spasmus in den Atemwegen
- Fremdkörper in den Atemwegen
- Vorliegen eines künstlichen Atemweges.

Weitere Faktoren siehe *Gefahr eines unwirksamen Atemvorgangs.*

Zentrale Konzepte

Siehe *Gefahr eines unwirksamen Atemvorgangs.*

Einschätzungskriterien des Fokusassessments

Siehe *Gefahr eines unwirksamen Atemvorgangs.*

Ziele

Die Person aspiriert nicht.

NOC

- Prävention Aspiration
- Respiratorischer Status: Atemvorgang

Indikatoren

- Demonstrieren eines effektiven Abhustens und vermehrten Gasaustauschs.
- Erläutern der Begründung für Interventionen zur Förderung des Abhustens.

Allgemeine Interventionen

Die Pflegeinterventionen bei der Diagnose *unwirksame Atemwegsclearance* sind Interventionen für jede Person mit dieser Diagnose, unabhängig von den Einflussfaktoren.

NIC

- Abhustenförderung
- Absaugen der Atemwege
- Lagerung
- Energiemanagement

Einschätzen ursächlicher oder beeinflussender Faktoren

Siehe «Einflussfaktoren».

Einschätzen und evaluieren

Sputum (Farbe, Menge, Geruch)
Status der Atmung vor und nach Atemübungen (Atemgeräusche, -frequenz, -rhythmus).

F: Mit diesen Assessments lässt sich abnormes Sputum feststellen (grün, gelb, blutig und Sekretstau).

Sorgen für Mundpflege mit einer Zahnbürste alle 4 Stunden.

F: Mundpflege mit einer Zahnbürste verringert Plaque und Bakterien. Eine optimale Mundpflege kann den Appetit steigern und positive Interaktionen fördern, indem sie Mundgeruch verringert (Pearson/Hutton, 2002).

Reduzieren oder Beseitigen von Hindernissen für die Selbstreinigung der Atemwege (Clearance)

Unfähigkeit, die korrekte Haltung beizubehalten

Assistieren Sie häufig beim Umlagern. Überwachen Sie auf *Aspirationsgefahr* (siehe *Aspirationsgefahr*).

Unproduktiver Husten

Instruieren Sie die Person in der korrekten Methode des kontrollierten Abhustens:

- Tief und langsam atmen, während man so aufrecht wie möglich sitzt.
- Zwerchfellatmung einsetzen.
- Den Atem 3–5 Sekunden lang anhalten und dann möglichst viel durch den Mund ausatmen. Der untere Brustkorb und das Abdomen sollten absinken.
- Ein zweites Mal einatmen, den Atem anhalten, langsam ausatmen und 2-mal kurz und kräftig aus dem Thorax, nicht vom Zungengrund her oder aus dem Rachen heraus husten.
- Erhöhen der Flüssigkeitszufuhr, sofern nicht kontraindiziert.

F: Tiefes Atmen weitet die Atemwege, regt die Surfactant-Produktion an, vergrößert die Lungenoberfläche und verbessert damit den Gasaustausch. Abhusten löst Sekret und presst es in den Bronchus, um dort abgehustet oder abgesaugt zu werden. Bei manchen Klienten kann eine «Schnüffelstellung» wirksam und weniger schmerzhaft sein.
F: Beim aufrechten Sitzen verschieben sich die Bauchorgane von der Lunge weg, sodass diese sich stärker weiten kann.
F: Zwerchfellatmung senkt die Atemfrequenz und steigert die Belüftung der Alveolen.

Schmerzen oder Furcht vor Schmerzen, b/d eine Operation oder ein Trauma

Schätzen Sie den gegenwärtigen Analgetikaplan ein:

- Verabreichen Sie die Analgetika nach Bedarf.
- Koordinieren Sie die Analgetikagabe mit dem Abhusten (z. B. durch Verabreichen 30–60 Minuten vor dem jeweiligen Abhusten).
- Schätzen Sie die Wirksamkeit ein: Ist der Klient zu lethargisch? Hat er noch Schmerzen?
- Notieren Sie die Zeit, zu der die Schmerzen bei der Person bei gleichzeitig optimalem Wachheitsgrad und optimaler körperlicher Leistungsfähigkeit optimal gelindert zu sein scheinen. Dies ist die Zeit für aktive Atemübungen und aktives Abhusten.

Sorgen Sie für emotionale Unterstützung:

- Erklären Sie die Bedeutung des Abhustens für die Schmerzlinderung.
- Versichern Sie, dass die Nähte sicher sind und dass das Stützen mit der Hand oder mit einem Kissen den Bewegungsschmerz minimiert.

Führen Sie geeignete Maßnahmen zur Schonung der schmerzenden Stelle durch:

- Stützen Sie Operationswunden an Abdomen und Thorax mit der Hand, einem Kissen oder beidem ab.

Bei Halsschmerzen:

- Sorgen Sie für Befeuchtung, sofern nicht kontraindiziert.
- Erwägen Sie Gurgeln mit warmer Kochsalzlösung alle 2–4 Stunden.
- Erwägen Sie anästhesierende Pastillen oder Gurgellösungen, vor allem vor dem jeweiligen Abhusten.*

* Erfordert u. U. die Verordnung einer Person der Primärversorgung.

- Untersuchen Sie den Rachen auf Exsudat, Rötung und Schwellung. Achten Sie darauf, ob der Klient auch Fieber hat.
- Erklären Sie, dass Halsschmerzen nach einer Anästhesie häufig vorkommen und nicht lange anhalten sollten.

Wahren Sie eine korrekte Positionierung des Klienten, um Muskelschmerzen und -zerrungen zu verhindern:

- Verwenden Sie zum Abstützen zusätzliche Kissen auf beiden Seiten, vor allem auf der betroffenen Seite.
- Lagern Sie den Klienten so, dass verkrümmende oder krampfauslösende Stellungen des Thorax oder Abdomens vermieden werden. Überprüfen Sie häufig die Lagerung.

Schätzen Sie das Wissen über die Anwendung der Analgesie ein, um die Atemanstrengungen und das Abhusten zu verbessern:

- Unterweisen Sie in den Phasen optimalen Bewusstseins.
- Wiederholen Sie beständig die Begründung für den Pflegeplan («Ich komme zurück und helfe Ihnen beim Abhusten, wenn das Schmerzmittel wirkt und Sie am besten Abhusten können.»).

F: Schmerzen oder die Furcht vor Schmerzen können die Beteiligung am Abhusten und an Atemübungen hemmen. Es bedarf einer adäquaten Schmerzlinderung.
F: Abhusten ist erschöpfend und schmerzhaft. Emotionale Unterstützung sorgt für Ermutigung. Warmes Wasser kann beim Entspannen helfen.

Zähes Sekret

Halten Sie eine adäquate Hydratation aufrecht: Erhöhen Sie die Flüssigkeitszufuhr auf 2–3 Liter am Tag, sofern nicht durch verminderte Herzleistung oder ein Nierenleiden kontraindiziert.
Halten Sie die Atemluft adäquat befeuchtet.

F: Zähes Sekret lässt sich schwer abhusten und kann Schleimpfröpfe bilden, die zu Atelektasen führen.
F: Sekret muss ausreichend flüssig sein, um expektoriert werden zu können.

Erschöpfung, Schwäche, Schläfrigkeit

Planen und handeln Sie Ruhephasen aus («Husten Sie jetzt gut ab, dann kann ich Sie ruhen lassen.»).
Beraten und ermutigen Sie energisch, bei positivem Bestärken («Sie haben hart gearbeitet. Ich weiß, es ist nicht leicht, aber es ist wichtig.»).
Stellen Sie sicher, dass das Abhusten in einer Phase höchsten Wohlbefindens nach der Einnahme von Analgetika und nicht bei höchster Schläfrigkeit geschieht.
Lassen Sie den Klienten nach dem Abhusten und vor den Mahlzeiten ruhen.
Bei Lethargie oder herabgesetztem Bewusstseinsgrad sollten Sie den Klienten stündlich anregen, tief zu atmen («Atmen Sie tief ein.»).

Bei chronischem, unstillbarem Husten

Reduzieren Sie Reizstoffe in der Atemluft (z. B. Staub, Allergene) auf ein Minimum.
Sorgen Sie für Ruhephasen ohne Unterbrechungen.
Verabreichen Sie die verordneten Medikamente – hustenstillende Substanzen, Expektoranzien – gemäß ärztlicher Verordnung. Lassen Sie den Klienten nach der Medikamenteneinnahme weder essen noch trinken, um optimale Resultate zu erzielen.

F: Unkontrolliertes Husten ist ermüdend und unproduktiv und kann zu einer Bronchitis beitragen.

Beginnen mit Patienten-/Gesundheitsedukation und Überweisen, soweit angezeigt

Unterweisen Sie die Person und ihre Familie in Folgendem:

- Flüssigkeitsbedarf
- Mundpflege
- effektive Hustentechniken (tussive Clearance)
- Zeichen einer Infektion (Veränderung der Sputumfarbe, Fieber).

Überweisen Sie bei Bedarf an eine Pflegeperson für häusliche Pflege.

F: Instruktionen für ein effektives Abhusten zuhause sind nötig, um einen Sekretstau und eine Infektion zu verhindern

Pädiatrische Interventionen

Maßnahmen

Instruieren Sie die Eltern, dass das Kind abhusten muss, auch wenn es wehtut.
Lassen Sie Erwachsene und ältere Kinder die Lunge auskultieren. Beschreiben Sie dabei, ob sie frei ist oder ob Rasselgeräusche vorliegen.
Bitten Sie bei Bedarf einen Atemtherapeuten um Unterstützung.

F: Die Vorteile des Abhustens zu erklären und zu demonstrieren kann die Kooperation der Eltern und des Kindes verstärken.

Unwirksamer Atemvorgang

Definition

Unwirksamer Atemvorgang: der Zustand, in dem eine Person, b/d eine gestörte Atmung, einen tatsächlichen oder potenziellen Verlust an adäquater Atmung erfährt.

Unwirksamer Atemvorgang (engl. Ineffective breathing pattern): Inspiration und/oder Exspiration, die nicht zu einer ausreichenden Belüftung der Lungen führen (NANDA-I, 2010).

Bestimmende Merkmale oder Kennzeichen

Hauptkennzeichen (eines oder mehrere obligat)

Veränderungen der Atemfrequenz oder des Atemrhythmus (gegenüber dem Ausgangswert).
Veränderung des Pulsschlags (Frequenz, Rhythmus, Qualität).

Nebenkennzeichen (fakultativ)

- [Kurzatmigkeit]
- Dyspnö [Zyanose, abnorme arterielle Blutgaswerte]
- Orthopnö [Zyanose, abnorme arterielle Blutgaswerte]
- Bradypnö
- Tachypnö
- Veränderungen der Atemtiefe
- verlängerte Ausatmungsphase
- Atmen mit Lippenbremse
- vermindertes Atemminutenvolumen
- verminderte Vitalkapazität
- verminderter inspiratorischer Druck
- verminderter exspiratorischer Druck
- Einsatz der Atemhilfsmuskulatur
- Einnahme der 3-Punkte-Stellung/Kutscherstellung

Einflussfaktoren

- neuromuskuläre Schädigung
- neurologische Störung
- Rückenmarksverletzung
- neurologische Unreife
- muskuloskeletale Beeinträchtigung
- Knochendeformation
- Brustkorbdeformation
- Angst[, Panikattacken]
- Schmerzen
- beeinträchtigte Wahrnehmung
- kognitive Beeinträchtigung
- Fatigue [geschwächte Kondition]
- Ermüdung der Atemmuskulatur
- Körperposition/Lagehaltung
- Adipositas
- Hyperventilation

- Hypoventilationssyndrom [Veränderungen des normalen O_2 : CO_2-Verhältnisses (z. B. Lungenerkrankungen, pulmonale Hypertonie, Atemwegsobstruktion, O_2-Therapie bei COPD)].

Weitere Faktoren siehe *Gefahr eines unwirksamen Atemvorgangs.*

Anmerkung der Autorin

Siehe *Gefahr eines unwirksamen Atemvorgangs.*

Irrtümer in diagnostischen Aussagen

Siehe *Gefahr eines unwirksamen Atemvorgangs.*

Zentrale Konzepte

Allgemeine Überlegungen

- Hyperventilation bedeutet eine überhöhte Atmung bei reduziertem P_{CO_2} und respiratorischer Alkalose.
- Die Ursachen des Hyperventilationssyndroms sind organischer (Medikamentenwirkungen, ZNS-Läsionen), physiologischer (Reaktion auf große Höhe, Hitze, körperliche Belastung) und emotionaler (Angst, Hysterie, Wut, Depression) Natur und/oder gehen auf schlechte Atemgewohnheiten (rasche, flache Atmung) zurück (Porth, 2006).
- Zu den Symptomen des Hyperventilationssyndroms zählen Kopfschmerzen, Dyspnö, Taubheit und Kribbeln, Benommenheit, Palpitationen und gelegentlich eine Synkope (Porth, 2006).
- Panik kann sich anhand von Hyperventilation zeigen und Menschen mit Panikstörungen können hyperventilieren.
- Alle mit der Fürsorge für COPD-Klienten befassten Pflegenden müssen in der Lage sein, in der Lippenbremse zu unterweisen – eine entscheidende Fertigkeit, die Klienten erlernen müssen, um weiter zu funktionieren (Truesdell, 2000). Studien zufolge senkt die Lippenbremse die Atemfrequenz, erhöht das Atemzugvolumen, senkt den arteriellen CO_2-Spiegel, erhöht den arteriellen O_2-Spiegel und verbessert die körperliche Leistungsfähigkeit (Truesdell, 2000).
- Lehren Sie den Klienten, durch die Nase einzuatmen, und zwar nicht zu tief. Lassen Sie ihn bei bis auf eine zentrale kleine Öffnung geschlossenen Lippen durch den Mund ausatmen. Die Ausatmung sollte mindestens doppelt so lang dauern wie das Einatmen und ohne allzu hohen Atemdruck einen steten Atemstrom bilden (Truesdell, 2000).

Ziele

NOC

- Respiratorischer Status: Atemvorgang
- Vitalzeichenstatus
- Selbstkontrolle bei Angst

Indikatoren

- Atemfrequenz innerhalb normaler Grenzen im Vergleich zum Ausgangswert (8–24/min).
- Äußern von Linderung (oder Besserung) der Kurzatmigkeit.
- Berichten über ursächliche Faktoren und Wege zu ihrer Prävention oder Bewältigung.

Allgemeine Interventionen

NIC

- Atmungsüberwachung
- Progressive Muskelentspannung
- Edukation: Maßnahme/Behandlung
- Angstminderung

Anamnese der Symptome und ursächlichen Faktoren

Frühere Episoden: Wann? Wo? Umstände?
Ursachen:

- organisch, physiologisch
- emotional
- falsche Atemgewohnheiten.

Beseitigen oder Beherrschen ursächlicher Faktoren

Erklären Sie die Ursache.
Bleiben Sie bei der Person.
Wenn die Episode durch Furcht oder Panik ausgelöst wurde:

- Beseitigen Sie die Ursache der Furcht, wenn möglich.
- Versichern Sie dem Klienten, dass Maßnahmen ergriffen werden, um für Sicherheit zu sorgen.
- Lenken Sie die Person von ihrem Angstzustand ab, indem Sie ihn Blickkontakt halten lassen («Schauen Sie mich an und atmen Sie folgendermaßen mit mir zusammen»).
- Erwägen Sie eine Papiertüte zur Rückatmung der Ausatemluft. So wird ausgeatmetes CO_2 wieder eingeatmet und die Atemfrequenz sinkt.
- Siehe *Furcht*.

Versichern Sie der Person, sie könne ihre Atmung kontrollieren. Sagen Sie ihr, dass Sie ihr dabei helfen.

Lehren Sie Techniken der kontrollierten Atmung (z. B. Lippenbremse) oder konsultieren Sie einen Atemtherapeuten, um durch Training falsche Atemmuster zu überwinden.

F: Interventionen konzentrieren sich darauf, die Atmung zu verlangsamen und die Person darin zu unterweisen, ihre Reaktion zu kontrollieren.

F: Eine kurzatmige Person dadurch zu beruhigen, dass man ihr sagt, es würden Maßnahmen zur Besserung der Situation ergriffen («Ich bin hier und bringe Sie da durch.»), ist eine ganz entscheidende Intervention, um Panik zu verringern und Symptome zu lindern.

Unwirksames Rollenverhalten

Definition

Unwirksames Rollenverhalten: der Zustand, in dem eine Person eine abrupte Veränderung ihrer Rollenwahrnehmung erlebt oder entsprechend gefährdet ist.

Unwirksames Rollenverhalten (engl. Ineffective role performance): Verhaltensmuster und Selbstdarstellung, die nicht zum Kontext der Umgebung, den Normen und Erwartungen passen (NANDA-I, 2010).

Bestimmende Merkmale oder Kennzeichen

Hauptkennzeichen (obligat)

Konflikt, **b/d** die Rollenwahrnehmung oder das Rollenverhalten.

Nebenkennzeichen (fakultativ)

- veränderte Rollenwahrnehmung
- Veränderung der Fremdwahrnehmung der Rolle
- Veränderung der Selbstwahrnehmung der Rolle
- Veränderung der Fähigkeit, die Rolle wieder einzunehmen
- Veränderung der gewohnten Verantwortungsmuster
- ungenügende Gelegenheiten für die Rollenausübung
- Rollenunzufriedenheit
- Rollenüberlastung [oder]
- Rollenverleugnung
- Diskriminierung [durch andere]
- Machtlosigkeit.
- fehlendes Wissen
- ungenügende Rollenkompetenz
- ungenügende Fertigkeiten [Rollenfertigkeiten]
- ungenügende Anpassung an die Veränderung
- unangemessene entwicklungsbezogene Erwartungen
- ungenügende Zuversicht/[ungenügendes] Vertrauen
- ungenügende Motivation
- ungenügende Selbstorganisation [oder]

- unangemessenes Coping
- unzulängliche oder mangelhafte externe Unterstützung bei der Rollenausübung
- Rollenbelastung [Rollenüberlastung]
- Rollenkonflikt
- Rollenkonfusion [oder]
- Rollenambivalenz [Unvermögen, eine Rolle einzunehmen]
- Unsicherheit

Wissen

- unangemessenes Rollenmodell
- fehlendes Rollenmodell
- unzureichende Vorbereitung auf die Rolle (z. B. Rollenübergang, Einübung der Fertigkeiten, Absicherung)
- Mangel an Bildung
- [Entwicklungsübergänge]
- unrealistische Rollenerwartungen.

physiologische

- verändertes Körperbild
- kognitive Defizite
- neurologische Defekte
- physische Krankheit
- psychische Krankheit
- Depression
- geringes Selbstwertgefühl
- Fatigue
- Schmerz
- Suchtmittelmissbrauch.

soziale

- unzureichende Rollensozialisation [z. B. Rollenvorbild, -erwartungen, -verantwortlichkeiten]
- junges Alter
- Entwicklungsstufe
- fehlende Ressourcen
- niedriger sozioökonomischer Status
- Stress
- Konflikt
- terminliche Anforderungen im Beruf
- [Familienkonflikt], häusliche Gewalt
- unzureichendes Unterstützungssystem
- fehlende Belohnung[en]
- ungeeignete Anbindung an das Gesundheitssystem.

Anmerkung der Autorin

Die Pflegediagnose *unwirksames Rollenverhalten* hat ein bestimmendes Merkmal bzw. Kennzeichen, und zwar «Konflikt, **b/d** die Rollenwahrnehmung oder das Rollenverhalten». Jeder Mensch hat vielfältige Rollen. Manche sind vorgeschrieben, wie etwa Geschlecht und Alter, manche sind erworben, wie etwa Elternschaft und Beruf, und manche sind nur vorübergehend, wie etwa ein Amt, in das man gewählt wird, oder die Mitgliedschaft in einem Team.

Verschiedene Faktoren wirken sich auf die Rollen einer Person aus, darunter das Entwicklungsstadium, gesellschaftliche Normen, kulturelle Überzeugungen, Werte, Lebensereignisse, Krankheit und Behinderungen. Wenn eine Person Schwierigkeiten mit ihrem Rollenverhalten hat, kann es nützlicher sein, die Auswirkung der Schwierigkeit auf das Funktionieren zu beschreiben, statt das Problem als *unwirksames Rollenverhalten* zu bezeichnen. So kann beispielsweise eine Person nach einem Apoplex einen Wandel vom Ernährer zum Arbeitslosen durchlaufen. In dieser Situation wäre die Pflegediagnose *Trauern,* **b/d** *den Verlust der Rolle als Ernährer,* **s/b/d** *Auswirkungen eines Apoplex* geeignet. Wenn – um ein anderes Beispiel zu nennen – eine Frau krankheitsbedingt ihren Verantwortlichkeiten im Haushalt nicht mehr nachkommen könnte und Familienmitglieder diese Verantwortlichkeiten übernähmen, ließen sich die daraus entstehenden Situationen besser beschreiben als *Gefahr eines gestörten Selbstkonzeptes,* **b/d** *den kürzlichen Verlust der Rollenverantwortung, sekundär bedingt durch Krankheit* und *Gefahr der beeinträchtigten Haushaltsführung,* **b/d** *ein Wissensdefizit von Familienangehörigen.*

Ein Konflikt in einer Familie über andere Personen, die ihren Rollenverpflichtungen oder -erwartungen nachkommen, kann Einflussfaktoren für die Diagnose *unwirksame Familienprozesse,* **b/d** *einen Konflikt über Erwartungen von Familienangehörigen, die ihren Rollenverpflichtungen nachkommen* darstellen.

Solange diese Diagnose und die damit verbundenen Pflegeinterventionen nicht durch klinische Forschung definiert werden, sollten Sie «unwirksames Rollenverhalten» als Einflussfaktor bei einer anderen Pflegediagnose verwenden (z. B. *Angst, Trauer* oder *gestörtes Selbstkonzept*).

Selbstversorgungsdefizitsyndrom

Selbstversorgungsdefizitsyndrom*

Selbstversorgungsdefizit: Essen und Trinken
Selbstversorgungsdefizit: Körperpflege
Selbstversorgungsdefizit: sich kleiden/äußere Erscheinung
Selbstversorgungsdefizit: instrumentell*
Selbstversorgungsdefizit: Toilettenbenutzung

* Diese Diagnose steht gegenwärtig nicht auf der NANDA-Liste, sondern wurde hier der Klarheit wegen eingefügt.

Definition

Selbstversorgungsdefizitsyndrom: der Zustand, in dem eine Person eine motorische oder kognitive Funktionsbeeinträchtigung erfährt, welche die Fähigkeit zur Durchführung einer jeden der folgenden Selbstversorgungsaktivitäten vermindert.

Bestimmende Merkmale oder Kennzeichen

Hauptkennzeichen (ein Defizit in jeder Aktivität obligat)

Selbstversorgungsdefizit: Essen und Trinken

- Unfähigkeit, Nahrung für die Aufnahme vorzubereiten
- Unfähigkeit, Gefäße [Behälter] zu öffnen
- Unfähigkeit, mit dem Besteck umzugehen
- Unfähigkeit, Nahrung mit Geschirr bzw. Besteck aufzunehmen
- Unfähigkeit, Nahrung vom Gefäß in den Mund zu befördern
- Unfähigkeit, Nahrung sicher zu sich zu nehmen
- Unfähigkeit, Nahrung im Mund zu bewegen
- Unfähigkeit, Nahrung zu zerkauen
- Unfähigkeit, Essen zu schlucken
- Unfähigkeit, eine Tasse oder ein Glas hochzuheben
- Unfähigkeit, Hilfsmittel einzusetzen
- Unfähigkeit, ausreichend Nahrung zu sich zu nehmen
- Unfähigkeit, eine Mahlzeit zu verzehren
- Unfähigkeit, Nahrung in einer gesellschaftsfähigen Weise zu sich zu nehmen.

Selbstversorgungsdefizit: Körperpflege (umfasst: Waschen des gesamten Körpers, Haarekämmen, Zähneputzen, Haut- und Nagelpflege und Auftragen von Make-up)

- Unfähigkeit, an Waschutensilien zu gelangen
- Unfähigkeit, den Körper zu waschen
- Unfähigkeit, an die Wasserquelle zu gelangen
- Unfähigkeit, das Waschwasser zu regulieren
- Unfähigkeit, das Bad [die Wanne] zu erreichen
- Unfähigkeit, den Körper abzutrocknen.

Selbstversorgungsdefizit: Sich-Kleiden (umfasst: Anlegen regulärer oder spezieller Kleidung, keine Pyjamas oder Nachthemden)

- Unfähigkeit, Kleidungsstücke auszuwählen
- Unfähigkeit, Kleidung aufzunehmen
- Unfähigkeit, den Oberkörper anzukleiden
- Unfähigkeit, den Unterkörper anzukleiden
- Unfähigkeit, Socken anzuziehen
- Unfähigkeit, Schuhe anzuziehen
- Unfähigkeit, die Kleidungsstücke auszuziehen

- Unfähigkeit, Reißverschlüsse zu benutzen
- Unfähigkeit, Hilfsmittel einzusetzen
- Unfähigkeit, das eigene Erscheinungsbild zufrieden stellend zu gestalten [zu wahren]
- beeinträchtigte Fähigkeit, an Kleidung zu gelangen
- beeinträchtigte Fähigkeit, die notwendigen Kleidungsstücke anzuziehen
- beeinträchtigte Fähigkeit, die notwendigen Kleidungsstücke auszuziehen
- beeinträchtigte Fähigkeit, Kleidungsstücke zu schließen, zu befestigen bzw. zurechtzurücken
- Unfähigkeit, die Schuhe wegzuräumen
- Unfähigkeit, die Socken wegzuräumen
- beeinträchtigte Fähigkeit, die Schuhe anzuziehen
- beeinträchtigte Fähigkeit, Socken anzuziehen
- beeinträchtigte Fähigkeit, die Schuhe auszuziehen
- beeinträchtigte Fähigkeit, die Socken auszuziehen.

Selbstversorgungsdefizit: Toilettenbenutzung

- Unfähigkeit, zur Toilette oder zum Nachtstuhl zu gelangen
- Unfähigkeit, die Kleidung für den Toilettengang zu handhaben
- Unfähigkeit, auf der Toilette oder dem Nachtstuhl zu sitzen [sich darauf zu setzen]
- Unfähigkeit, von der Toilette oder vom Nachtstuhl aufzustehen
- Unfähigkeit, eine angemessene Toilettenhygiene durchzuführen
- Unfähigkeit, die Toilette zu spülen oder den Nachtstuhl zu leeren.

Selbstversorgungsdefizit: instrumentell

Schwierigkeiten beim Verwenden des Telefons.
Schwierigkeiten beim Waschen und Bügeln.
Schwierigkeiten beim Zubereiten von Mahlzeiten.
Schwierigkeiten beim Einkaufen (Nahrungsmittel, Kleidung).
Schwierigkeiten beim Zugang zu Verkehrs- und Transportmitteln.
Schwierigkeiten im Umgang mit Geld.
Schwierigkeiten beim Besorgen, Bereitstellen und Einnehmen von Medikamenten.

Einflussfaktoren

Pathophysiologische Faktoren

B/d muskuloskeletale Beeinträchtigung.
B/d neuromuskuläre Beeinträchtigung.
B/d mangelnde Koordination, s/b/d (zu spezifizieren).
B/d Spastik oder schlaffe Lähmung, s/b/d (zu spezifizieren).
B/d Muskelschwäche, s/b/d (zu spezifizieren).
B/d partielle oder totale Parese, s/b/d (zu spezifizieren).
B/d Atrophie, s/b/d (zu spezifizieren).
B/d Muskelkontrakturen, s/b/d (zu spezifizieren).
B/d Wahrnehmungsbeeinträchtigung.

B/d Sehstörungen, s/b/d (zu spezifizieren).
B/d nicht funktionierende oder fehlende Gliedmaßen.
B/d Regression auf ein früheres Entwicklungsniveau.
B/d exzessives Ritualisieren.
B/d somatoforme Defizite, s/b/d (zu spezifizieren).
B/d Unfähigkeit, einzelne Körperteile wahrzunehmen.
B/d Unfähigkeit, räumliche Verhältnisse wahrzunehmen.

Behandlungsbedingte Faktoren

B/d externe Vorrichtungen (spezifizieren; Gips, Schiene, Binden, I.v.-Zugänge).
B/d postoperative Erschöpfung und Schmerzen.
B/d Hindernisse in der Umgebung.

Situationsbedingte Faktoren (persönlich bedingt, umgebungsbedingt)

B/d kognitive Beeinträchtigung.
B/d verminderte Motivation.
B/d Erschöpfung, Fatigue.
B/d Verwirrtheit.
B/d Schmerzen, Unbehagen.
B/d ausgeprägte, behindernde Angst.

Altersbedingte Faktoren

Ältere Menschen

B/d vermindertes Sehvermögen und geringere motorische Fähigkeiten, Muskelschwäche.

Anmerkung der Autorin

Selbstversorgung umfasst diejenigen Aktivitäten, die nötig sind, um die täglichen Bedürfnisse – gemeinhin bekannt als Aktivitäten des täglichen Lebens (ADL) – zu befriedigen. Diese werden im Laufe der Zeit erlernt und zu lebenslangen Gewohnheiten. Selbstversorgungsaktivitäten beinhalten nicht nur, was zu tun ist (Körperpflege, sich pflegen, Sich-Kleiden, Toilettenbenutzung, Essen), sondern auch, in welchem Umfang, wann, wo, mit wem und wie dies geschieht (Miller, 2004).

Ein drohendes oder tatsächliches Selbstversorgungsdefizit ruft bei jedem Menschen Panik hervor. Viele sagen, sie würden den Verlust der Unabhängigkeit mehr fürchten als den Tod. Ein Selbstversorgungsdefizit betrifft den Kern des Selbstkonzeptes und der Selbstbestimmtheit. Aus diesem Grund sollte der Schwerpunkt der Pflege bei einem Selbstversorgungsdefizit nicht darin bestehen, für die Pflegemaßnahme zu sorgen, sondern darin, Adaptionstechniken herauszuarbeiten, um der Person ein Höchstmaß an Teilhabe und Unabhängigkeit zu ermöglichen.

Die Diagnose *totales Selbstversorgungsdefizit* diente früher zur Beschreibung der Unfähigkeit einer Person, allein zu essen, zu baden, die Toilette aufzusuchen, sich anzukleiden und das äußere Erscheinungsbild allein zu pflegen (Carpenito, 1983; Gordon, 1982). Die Spezifikation «Total» sollte dabei eine Person mit Defiziten in mehreren ADL beschreiben. Magnan (1989, pers. Mitt.) zufolge verleitet dies leider bisweilen zu «vorgefassten Beurteilungen des Zustands eines Individuums und der erforderlichen Pflegeinterventionen». Die Person wird u. U. als in einem «vegetativen» Zustand befindlich gesehen, der nur ein Minimum an Alltagsbetreuung erfordert. *Totales Selbstversorgungsdefizit* wurde gestrichen, weil darin weder das Wachstums- noch das Rehabilitationspotenzial zum Ausdruck kommen.

Die Diagnose *Selbstversorgungsdefizitsyndrom* steht zwar gegenwärtig nicht auf der NANDA-Liste, wurde aber an dieser Stelle mit aufgenommen, um eine Person zu beschreiben, deren Fähigkeiten in allen fünf Selbstversorgungsaktivitäten gestört sind. Bei dieser Person schätzt die Pflegende das Funktionieren in jedem Bereich ein und arbeitet den Grad an Teilhabe heraus, zu der die Person in der Lage ist. Das Ziel besteht darin, das aktuelle Funktionieren aufrechtzuerhalten, um Teilhabe und Unabhängigkeit oder beides zu erhöhen. Beim Syndrom werden alle fünf Selbstversorgungsdefizite gebündelt, um – falls angezeigt – das Gruppieren von Interventionen zu ermöglichen, während gleichzeitig spezielle Interventionen bei einem bestimmten Defizit möglich sind.

Die Gefahr einer Selbstversorgungsdefizit-Diagnose liegt darin, eine Person vorzeitig als unfähig zur Teilhabe auf allen Ebenen zu kennzeichnen und damit einem Rehabilitationsfokus zu eliminieren. Wichtig ist, dass die Pflegeperson den Funktionsgrad der Person klassifiziert, um Unabhängigkeit zu fördern (siehe die Skala zur Klassifikation des Funktionsgrades in den «Einschätzungskriterien des Fokusassessments»). Verwenden Sie diese Skala bei der Pflegediagnose, z. B. *Selbstversorgungsdefizit: Toilettenbenutzung* (2). Eine kontinuierliche Reevaluation ist auch erforderlich, um zu erkennen, ob sich die Fähigkeit der Person zur Beteiligung an der Selbstversorgung verändert hat.

Irrtümer in diagnostischen Aussagen

1. *Selbstversorgungsdefizit: Toilettenbenutzung,* **b/d** *unzureichendes Wissen über Stomapflege*
   Die Diagnose *Selbstversorgungsdefizit: Toilettenbenutzung* beschreibt eine Person, die weder zur Toilette gehen noch sich darauf setzen oder wieder aufstehen kann und auch nicht in der Lage ist, in Verbindung mit der Toilettenbenutzung mit Kleidung und Körperpflegeaktivitäten zurechtzukommen. Unzureichendes Wissen über Stomapflege trifft hier nicht zu. Abhängig von den Risikofaktoren oder den Zeichen und Symptomen träfe die Diagnose *unwirksames Therapiemanagement bzw. Management der eigenen Gesundheit,* **b/d** *unzureichendes Wissen über Stomapflege* zu.
2. *Selbstversorgungsdefizit: sich-Kleiden,* **b/d** *das Unvermögen, Kleidung zu schließen/zu befestigen*
   Das Unvermögen, Kleidung zu schließen/zu befestigen, ist ein Zeichen oder Symptom von *Selbstversorgungsdefizit: sich-Kleiden* und kein Einflussfaktor. Mit einem Fokusassessment muss die Pflegeperson die beeinflussenden Faktoren feststellen (z. B. Wissensdefizit über benötigte Anpassungstechniken).

3. *Selbstversorgungsdefizitsyndrom,* **b/d** *kognitive Defizite*
   Als Syndromdiagnose sind keine Einflussfaktoren indiziert und für die Behandlung ja auch nicht sehr nützlich. Stattdessen sollte die Pflegeperson die Diagnose als *Selbstversorgungsdefizitsyndrom: Essen (1), Körperpflege (4), Sich-Kleiden/äußere Erscheinung (4), Toilettenbenutzung (5), instrumentell (2)* formulieren. Der Zifferncode gibt den gegenwärtig erforderlichen Funktionsgrad an. Die Ziele oder Ergebniskriterien sollten ein verbessertes oder vermehrtes Funktionieren wiedergeben.

Zentrale Konzepte

Allgemeine Überlegungen

- Die Begrifflichkeit der Selbstversorgung hebt das Recht einer jeden Person hervor, die individuelle Kontrolle über ihr eigenes Leben zu behalten. Dies gilt für gesunde wie für kranke Personen.
- Es ist akzeptabel, für einen begrenzten Zeitraum von anderen abhängig zu sein, um für die physischen und psychischen Grundbedürfnisse zu sorgen.
- Regression in der Fähigkeit zu Selbstversorgungsaktivitäten kann ein Abwehrmechanismus gegen bedrohliche Situationen sein.
- Die Vernachlässigung einer Extremität (siehe «Neglect») verweist darauf, dass das Vorhandensein einer Extremität aus dem Gedächtnis verschwindet. So kann beispielsweise eine Person nach einem Apoplex oder einem Schädel-Hirntrauma mit partieller Parese den Arm oder das Bein der betroffenen Seite ignorieren.
- Folgende Elemente fördern das Wiedererlernen von Selbstversorgungsaufgaben:
  - Sorgen für ein strukturiertes, in sich stimmiges Umfeld und eine entsprechende Routine
  - Wiederholen von Instruktionen und Aufgaben
  - Unterweisen in und Praktizieren von Aufgaben in Phasen geringster Erschöpfung
  - Wahren eines vertrauten Umfeldes und Beibehalten einer vertrauten Lehrperson
  - Geduld, Bestimmtheit und eine positive Haltung, sowohl seitens der lehrenden wie der lernenden Person
  - Üben, Üben, Üben.
  - Lubkin (1995) beschreibt vier Prinzipien des Motivierens:
    - Aufdecken verborgener Ressourcen
    - Verstärken zu wenig genutzter Fähigkeiten
    - Initiieren positiver Lebensvorgänge
    - Gedeihen innerhalb bestehender Einschränkungen.

Ausdauer

Die Ausdauer oder die Fähigkeit der Person, ein gegebenes Leistungsniveau aufrechtzuerhalten, wird beeinflusst durch die Fähigkeit, Sauerstoff zur Energieerzeugung zu nutzen (beeinflusst durch das optimale Funktionieren des Herzens und des Atmungs- und Kreislaufsystems), sowie durch das Funktionieren des Nerven- und Muskel-Skelett-Systems. Klienten mit Störungen dieser Systeme haben demnach erhöhten Energiebedarf und sind weniger in der Lage, Energie zu erzeugen.

Tabelle II-32: Beispiele für Stressoren

Persönlich	Umgebungs-bedingt	Krankheitsbedingt	Behandlungsbedingt
Alter	Isolation	Schmerzen	Gehrahmen/Rollator
Unterstützungs-system	Lärm	Anämie	Medikamente
Lebensweise	unvertraute/s Setting/Umgebung	diagnostische Untersuchungen	

Stress zehrt Energie. Je mehr Stressoren sich bei einer Person finden, desto erschöpfter ist sie. Stressoren können persönlicher sowie umgebungs-, krankheits- und behandlungsbedingter Natur sein. Tabelle II-32 zeigt Beispiele für Stressoren.

Zeichen und Symptome eines verminderten Sauerstoffspiegels als Reaktion auf Aktivität (z. B. Selbstversorgung, Mobilität) sind folgende:

- nachhaltig erhöhte Herzfrequenz 3–5 Minuten nach Einstellen der Aktivität oder eine Veränderung des Pulsrhythmus
- Ausbleibender Anstieg oder Absinken des systolischen Blutdrucks bei der Aktivität
- Abnahme oder exzessiver Anstieg der Atemfrequenz und Dyspnö
- Schwäche, Blässe, zerebrale Hypoxie (Verwirrtheit, Unkoordiniertheit).

Für weitere Informationen siehe *Aktivitätsintoleranz*, «Einflussfaktoren».

Pädiatrische Überlegung

- Säuglinge und Kleinkinder sind für Assistenz bei den ADL von Betreuungspersonen abhängig.
- Eltern/Betreuungspersonen können es fördern, dass ein Kind Selbstversorgungsaktivitäten meistert. Das gewünschte Ergebnis besteht darin, dass sich das Kind an seiner Versorgung beteiligt, soweit es ihm irgend möglich ist (Wong, 2003).
- Die Pflegeperson sollte die einzigartige Fähigkeit eines jeden Kindes einschätzen, mit Selbstversorgungsaktivitäten zu beginnen, um Kontrolle über sich und sein Umfeld zu gewinnen.
- Kinder mit Krebs und höheren Selbstkonzeptwerten führten mehr Selbstversorgungspraktiken durch und wurden von ihren Müttern weniger abhängig versorgt (Mosher/Moore, 1998).
- Werden Selbstversorgungserfordernisse von nicht einem selbst oder anderen befriedigt, ist das Selbstkonzept geringer (Mosher/Moore, 1998).

Geriatrische Überlegungen

- Altersbedingte Veränderungen an sich führen nicht zu Selbstversorgungsdefiziten. Allerdings findet sich bei älteren Menschen eine erhöhte Inzidenz chronischer Erkrankungen, welche die Funktionsfähigkeit einschränken können (z. B. Arthritis, Herzerkrankungen, Sehstörungen und -behinderungen).
- Ältere Menschen mit Demenz haben – abhängig von Gedächtnisstörungen, ihrer Fähigkeit, Anweisungen befolgen zu können, und ihrem Urteilsvermögen – in unterschiedlichem Ausmaß Schwierigkeiten mit Selbstversorgungsaktivitäten.
- Aufgrund kognitiver Störungen sind 63 % der älteren PflegeheimbewohnerInnen nicht in der Lage, elementare ADL durchzuführen.
- Oft fördern Betreuungspersonen bei älteren Menschen verstärkt eine Behinderung und raschere Verschlechterung, weil sie glauben, Unabhängigkeit sei atypisch (Miller, 2004).

Transkulturelle Überlegungen

- In manchen Kulturen zeigen Familienangehörige ihre Anteilnahme für den kranken Verwandten, indem sie möglichst viel für ihn tun, etwa indem sie ihm Nahrung eingeben oder ihn baden. Dies kann den Klienten daran hindern, aktiv an einem Rehabilitationsprogramm teilzunehmen (Andrews/Boyle, 2003).
- Jede Kultur hat – oft unausgesprochen – Regeln dafür, wer wen wann und wo berührt (Andrews/Boyle, 2003).

Einschätzungskriterien des Fokusassessments

Subjektive und objektive Daten

Evaluieren jeder ADL anhand folgender Klassifikation des Funktionsniveaus*

0 = vollständige Unabhängigkeit
1 = braucht Hilfsmittel oder Gerät
2 = braucht Hilfe, Überwachung oder Anleitung einer Person
3 = braucht Hilfe einer Person oder Hilfsmittel oder Geräte
4 = Abhängigkeit, macht nicht aktiv mit.

Einschätzen bestimmender Merkmale oder Kennzeichen

Fähigkeiten zur selbstständigen Nahrungsaufnahme

Schlucken
Verwenden von Gerätschaften und Schneiden von Nahrungsmitteln

* Kodierung nach Jones, E. et al.: «Patientenklassifikation bei der Langzeitpflege: Handbuch», HEW, Publikation Nr. HRA-74-3107, November 1974

Aus einer Tasse trinken
Auswählen von Nahrungsmitteln
Sehen
Kauen
Umverpackungen öffnen.

Fähigkeiten, zur selbständigen Körperpflege

Sich ausziehen, um zu baden
An den Wasserhahn herankommen
Unterscheiden von Wassertemperaturen
Waschen von Körperteilen
Mundpflege
Sich Erforderliches verschaffen (Wasser, Seife, Handtücher).

Fähigkeiten, sich selbst anzukleiden bzw. das äußere Erscheinungsbild selbst zu pflegen

Ablegen oder Anziehen von Kleidung
Auswählen der geeigneten Kleidung
Holen der geeigneten Kleidung
Sich-Rasieren
Befestigen/Schließen der Kleidung
Säubern und Kürzen der Finger- und Fußnägel
Waschen und Frisieren des Haupthaars
Zähneputzen
Einen Stecker in die Steckdose stecken
Verwenden eines Deodorants.

Fähigkeiten, selbstständig die Toilette zu benutzen

Zur Toilette gelangen und sich entkleiden
Sich auf die Toilette setzen
Auf der Toilette sitzen
Sich wieder ankleiden
Sich säubern, Toilette spülen
Hygienemaßnahmen (Händewaschen)
Fähigkeit, einen Tampon oder ein Hygienetüchlein zu verwenden.

Instrumentelle ADL

Siehe Tabelle II-33.

Finanzen

Die Fähigkeit, Schecks auszustellen und Rechnungen zu bezahlen.
Die Fähigkeit, mit Bargeld umzugehen (einfache und komplexe Transaktionen).

Tabelle II-33: Instrumentelle ADL (IADL)

Telefonieren	Sich-Fortbewegen	Waschen	Beschaffen und Zubereiten von Nahrung	Medikamente
Fähigkeit, zu wählen	Fähigkeit, ein Kfz zu führen	Verfügbarkeit einer Waschmaschine	Fähigkeit, zu kochen	Fähigkeit, daran zu denken
Fähigkeit, zu sprechen und zu hören	Zugang zu Transportmitteln	Fähigkeit, zu waschen und zu bügeln	Fähigkeit, Nahrungsmittel auszuwählen	Fähigkeit zur Einnahme
Fähigkeit, zu antworten		Fähigkeit, Wäsche wegzuräumen	Fähigkeit, einzukaufen	

Einschätzen beeinflussender Faktoren

Erinnerungsvermögen
Urteilsvermögen
Die Fähigkeit, Anweisungen zu befolgen
Die Fähigkeit, Bedürfnisse zu erkennen und zu äußern
Die Fähigkeit, Bedürfnisse vorherzusehen (Nahrung, Wäsche)
Soziale Unterstützung:

- unterstützende Personen
- Verfügbarkeit von Hilfe bei der Fortbewegung, beim Einkaufen, im Umgang mit Geld, beim Waschen, im Haushalt und beim Zubereiten von Nahrungsmitteln
- kommunale Ressourcen
- Motivation
- Ausdauer.

Ziele

NOC

Siehe:
- Selbstversorgung: Hygiene/Körperpflege
- Selbstversorgung: Essen
- Selbstversorgung: Sich-Kleiden
- Selbstversorgung: Toilettenbenutzung
- Selbstversorgung: IADL

Die Person beteiligt sich an Aktivitäten der Nahrungsaufnahme, des Sich-Ankleidens, der Toilettenbenutzung und der Körperpflege und der instrumentellen Selbstversorgung.

Indikatoren

- Identifizieren von Präferenzen bei den Selbstversorgungsaktivitäten (z.B. Tageszeit, Produkte, Ort).
- Demonstrieren optimaler Hygiene/Körperpflege nach Assistenz bei der Versorgung.

Allgemeine Interventionen

NIC

Siehe:
- Selbstversorgung: Essen und Trinken
- Selbstversorgung: Waschen/Körperhygiene
- Selbstversorgung: An-/Auskleiden/Pfege der äußeren Erscheinung
- Selbstversorgung: Toilettenbenutzung und/oder
- Unterstützung bei der Selbstversorgung: IADL

Einschätzen ursächlicher oder beeinflussender Faktoren

Sehstörungen, Sehschwäche
Beeinträchtigte Mobilität
Exzessives Ritualverhalten
Entwicklungsregression
Gestörtes Denken
Wissensdefizit
Behindernde Angst
Verminderte Motivation
Inadäquate soziale Unterstützung
Irrationale Ängste.

Fördern einer optimalen Beteiligung

Schätzen Sie den aktuellen Grad der Beteiligung ein.
Stellen Sie Bereiche einer potenziell erhöhten Beteiligung bei jeder Selbstversorgungsaktivität fest.
Erkunden Sie die Ziele der Person.
Räumen Sie reichlich Zeit ein, um die Aktivitäten ohne Hilfe durchzuführen. Fördern Sie Unabhängigkeit, aber assistieren Sie, wenn die Person die Aktivität nicht durchführen kann.
Demonstrieren Sie, wie man eine problematische Aktivität durchführt.

Fördern von Selbstachtung und Selbstbestimmtheit

Finden Sie Präferenzen zu Folgendem heraus:

- Zeitplan
- Produkte
- Methoden
- Auswahl von Kleidung
- Frisur.

Sorgen Sie bei Selbstversorgungsaktivitäten für Auswahlmöglichkeiten und fragen Sie nach Vorlieben.

Konzentrieren Sie sich nicht auf die Behinderung.

Loben Sie, wenn etwas unabhängig erreicht wurde.

Lassen Sie den Klienten Behinderung nicht als Mittel zur Manipulation einsetzen. Wenden Sie Ihre Aufmerksamkeit ab, wenn sich die Person weiter auf ihre Einschränkungen konzentriert.

Evaluieren der Fähigkeit des Klienten zur Teilnahme an jeder der Selbstversorgungsaktivitäten (Essen, Sich-Ankleiden, Körperpflege, Toilettenbenutzung und IADL)

Weisen Sie jeder Aktivität einen Zahlenwert zu (siehe Skala unter «Einschätzungskriterien des Fokusassessments»).

Schätzen Sie eine Aktivität häufig neu ein und revidieren Sie den Wert entsprechend.

Siehe die Interventionen unter jeder Diagnose – Selbstversorgungsdefizit: Essen, Selbstversorgungsdefizit: Körperpflege, Selbstversorgungsdefizit: sich-Kleiden, Selbstversorgungsdefizit: Toilettenbenutzung, Selbstversorgungsdefizit: instrumentell – soweit indiziert

Die Selbstversorgungsfähigkeiten einer Person zu stärken kann ihr Gefühl von Kontrolle und Unabhängigkeit erhöhen und das Wohlbefinden insgesamt fördern.

Unabhängig von der Behinderung sollte den Menschen bei den Selbstversorgungsaktivitäten Privatsphäre verschafft und sie sollten mit Würde behandelt werden.

Selbstversorgung bedeutet nicht, der Person zu erlauben, von der Pflegeperson geplante Dinge selbst auszuführen, sondern es bedeutet, die Person dazu zu ermutigen und darin zu unterweisen, eigene Pläne für einen optimalen Alltag zu machen.

Mobilität ist nötig, um Selbstversorgungsbedürfnisse zu befriedigen und eine gute Gesundheit und Selbstachtung zu bewahren.

Reinlichkeit ist wichtig für das Wohlbefinden, eine positive Selbstachtung und soziale Interaktionen.

Das Unvermögen, sich selbst zu versorgen, ruft Gefühle von Abhängigkeit hervor und bewirkt ein schlechtes Selbstkonzept. Mit zunehmender Fähigkeit zur Selbstversorgung steigt auch die Selbstachtung.

Behinderung verursacht oft Verleugnung, Wut und Frustration. Diese Emotionen müssen gewürdigt und angesprochen werden.

Eine optimale Patientenedukation fördert die Selbstversorgung. Um effektiv zu informieren, zu schulen oder zu beraten, muss die Pflegeperson feststellen, was die lernende Person als eigene Bedürfnisse und Ziele wahrnimmt, was sie selbst für die Bedürfnisse und Ziele der lernenden Person hält und dann daran arbeiten, für beide Seiten akzeptable Ziele zu setzen.

Auswahlmöglichkeiten anzubieten und den Klienten an der Pflege- und Versorgungsplanung zu beteiligen, verringert Gefühle von Machtlosigkeit, fördert das Gefühl der Freiheit, Kontrolle und Selbstachtung und stärkt die Bereitschaft der Person, den Therapieplan einzuhalten.

Selbstversorgungsdefizit: Essen und Trinken

Definition

Selbstversorgungsdefizit: Essen: der Zustand, in dem eine Person eine Störung der Fähigkeit erfährt, Aktivitäten der Nahrungsaufnahme eigenständig durchzuführen und abzuschließen.

Selbstversorgungsdefizit Essen und Trinken (engl. Feeding self-care deficit): Beeinträchtigte Fähigkeit, Aktivitäten der Nahrungsaufnahme selbstständig auszuführen oder abzuschließen (NANDA-I, 2010).

Bestimmende Merkmale oder Kennzeichen

- Unfähigkeit, Nahrung für die Aufnahme vorzubereiten
- Unfähigkeit, Gefäße [Behälter] zu öffnen
- Unfähigkeit, mit dem Besteck umzugehen
- Unfähigkeit, Nahrung mit Geschirr bzw. Besteck aufzunehmen
- Unfähigkeit, Nahrung vom Gefäß in den Mund zu befördern
- Unfähigkeit, Nahrung sicher zu sich zu nehmen
- Unfähigkeit, Nahrung im Mund zu bewegen
- Unfähigkeit, Nahrung zu zerkauen
- Unfähigkeit, Essen zu schlucken
- Unfähigkeit, eine Tasse oder ein Glas hochzuheben
- Unfähigkeit, Hilfsmittel einzusetzen
- Unfähigkeit, ausreichend Nahrung zu sich zu nehmen
- Unfähigkeit, eine Mahlzeit zu verzehren
- Unfähigkeit, Nahrung in einer gesellschaftsfähigen Weise zu sich zu nehmen.

Einflussfaktoren

- kognitive Beeinträchtigung
- reduzierte Motivation
- Beschwerden

- Hindernisse in der Umgebung
- Fatigue
- muskuloskeletale Beeinträchtigung
- beeinträchtigte Wahrnehmung
- ausgeprägte Angst
- Schwäche

Weiteres siehe *Selbstversorgungsdefizitsyndrom.*

Anmerkung der Autorin

Siehe *Selbstversorgungsdefizitsyndrom.*

Irrtümer in diagnostischen Aussagen

Siehe *Selbstversorgungsdefizitsyndrom.*

Zentrale Konzepte

Siehe *Selbstversorgungsdefizitsyndrom.*

Einschätzungskriterien des Fokusassessments

Siehe *Selbstversorgungsdefizitsyndrom.*

Ziele

NOC

- Ernährungsstatus: Nahrungs- und Flüssigkeitszufuhr
- Selbstversorgung: Essen (und Trinken)
- Status des Schluckvorgangs

Die Person ist zunehmend in der Lage, selbst Nahrung zu sich zu nehmen oder zu sagen, dass sie Unterstützung braucht.

Indikatoren

- Demonstrieren der Fähigkeit, Hilfsmittel zu benutzen, falls indiziert.
- Demonstrieren eines verstärkten Interesses am Essen und Trinken sowie des Wunsches zu essen und zu trinken.
- Beschreiben der Begründung und des Vorgehens bei der Behandlung.
- Beschreiben ursächlicher Faktoren für das Ernährungsdefizit.

Allgemeine Interventionen

NIC

- Essenreichen
- Selbstversorgungsunterstützung: Essen und Trinken
- Schlucktraining
- Ernährungsberatung
- Aspirationsprophylaxe

Einschätzen ursächlicher Faktoren

Sehstörungen/-behinderungen (Blindheit, Gesichtsfeldausfälle, schwaches räumliches Sehen)
Beeinträchtigte oder fehlende Gliedmaßen (Gips, Amputationen, Parese, Paralyse)
Kognitive Ausfälle (Demenz, Trauma, Apoplex).

Sorgen für Gelegenheiten, eine Aktivität neu zu erlernen oder sich anzupassen

Häufige Pflegeinterventionen bei der Nahrungsaufnahme

Fragen Sie die Person oder deren Familie, welche Nahrungsmittel die Person mag und welche nicht.

Stellen Sie sicher, dass der Klient seine Mahlzeiten im selben Setting mit angenehmer, nicht zu sehr ablenkender Umgebung einnimmt.

Halten Sie die Nahrungsmittel jeweils bei korrekter Temperatur: Heiße Speisen sollten heiß und kalte Speisen sollten kalt sein.

Sorgen Sie für Schmerzlinderung, weil Schmerzen den Appetit und die Fähigkeit zur selbstständigen Nahrungsaufnahme beeinträchtigen können.

Sorgen Sie vor und nach den Mahlzeiten für eine gute Mundpflege.

Ermutigen Sie die Person, Gebiss und Brille zu tragen.

Verhelfen Sie dem Klienten in die für seine Körperbehinderung normalste Essposition. Am besten ist, auf einem Stuhl am Tisch zu sitzen.

Sorgen Sie beim Essen für soziale Kontakte.

Siehe auch *Mangelernährung*.

Spezifische Interventionen für Personen mit Störungen bzw. Ausfällen des Sensoriums bzw. der Wahrnehmung

Halten Sie den Klienten dazu an, die verordnete Brille bzw. die verordneten Kontaktlinsen zu tragen.

Beschreiben Sie die Lage von Besteck und Speisen auf dem Tablett bzw. Tisch.

Beschreiben Sie die einzelnen Speisen, um den Appetit anzuregen.

Verwenden Sie bei Wahrnehmungsstörungen verschiedenfarbige Teller, um die Speisen unterscheiden zu können (z. B. rotes Tablett, weiße Teller). Finden Sie das übliche Essverhalten heraus und sorgen Sie für Speisen entsprechend den Vorlieben (oder arrangieren Sie die Speisen im Uhrzeigersinn). Dokumentieren Sie die verwendete Anordnung im Pflegeplan (z. B. Fleisch: 6.00 Uhr, Kartoffeln: 9.00 Uhr, Gemüse: 12.00 Uhr).

Ermutigen Sie dazu, «Finger-Food» (z. B. Brot, Speck, Obst, Hotdogs) zu essen, um die Unabhängigkeit zu fördern.

Vermeiden Sie bei einer Person mit Gesichtsfeldausfall, Speisen auf die betroffene Seite zu stellen, bis sich die Person an die Umgebung gewöhnt hat, und fordern Sie sie dann auf, das gesamte Gesichtsfeld abzusuchen.

Spezifische Interventionen für Personen mit fehlenden Gliedmaßen

Sorgen Sie zum Essen für ein Umfeld, das die Person nicht in Verlegenheit bringt. Lassen Sie ihr genügend Zeit zum Essen.

Sorgen Sie nur für die zum Wiedererlernen oder zur Adaptation nötige Supervision oder Assistenz.

Sorgen Sie, um die Unabhängigkeit zu erhöhen, für die nötigen Hilfsmittel:

- einen aufsetzbaren Tellerrand, damit die Speisen nicht vom Teller geschoben werden
- einen Saugnapf unter dem Teller oder der Schüssel zur Stabilisierung
- gepolsterte Besteckgriffe für einen sichereren Griff
- Schienen am Handgelenk oder an der Hand mit einer Klemme für Besteck
- spezielle Trinkgefäße
- Wiegemesser (Einhandmesser) zum Schneiden.

Unterstützen Sie bei der Vorbereitung, falls erforderlich, indem Sie Behältnisse, Servietten und Gewürzpäckchen öffnen, Fleisch schneiden und Brote mit Butter bestreichen.

Spezifische Interventionen für Personen mit kognitiven Beeinträchtigungen

Sorgen Sie für eine isolierte, stille Umgebung, bis sich die Person dem Essen widmen kann und nicht so leicht davon abzulenken ist.

Überwachen Sie das Ernährungsprogramm, bis keine Gefahr mehr besteht, dass der Klient sich verschluckt oder aspiriert.

Orientieren Sie die Person hinsichtlich der Lage/Position und der Verwendung des Bestecks.

Vermeiden Sie Ablenkung von außen und unnötige Unterhaltungen.

Bringen Sie die Person in die normalste Essposition, die sie einzunehmen vermag.

Fordern Sie die Person auf, sich der Aufgabe zu widmen, dabei aber auf Erschöpfung, Frustration oder Agitiertheit zu achten.

Sorgen Sie für eine Speise auf einmal in der üblichen Abfolge des Essens, bis die Person in der Lage ist, die gesamte Mahlzeit in normaler Abfolge einzunehmen.

Halten Sie die Person an, reinlich zu sein, in kleinen Bissen zu essen und die Nahrung in die nichtbetroffene Seite des Mundes zu nehmen, wenn eine Parese oder Paralyse vorliegt.

Prüfen Sie, ob Speisereste in den Wangentaschen zurückbleiben.

Für zusätzliche Interventionen siehe *Schluckstörung*.

Bei einer Person, die nicht isst, weil sie fürchtet, vergiftet zu werden

Lassen Sie die Person Dosen öffnen.
Servieren Sie Nahrung in einer Gruppe, wie im Kreise der Familie, damit die Person sehen kann, wie auch andere essen.

Beginnen mit Patienten-/Gesundheitsedukation und Überweisen, soweit angezeigt

Stellen Sie sicher, dass sowohl die Person als auch deren Familie die Gründe und den Zweck aller Interventionen verstehen.
Fahren Sie nach Bedarf mit der Schulung fort:

- Sichere Formen des Essens wahren
- Aspiration verhindern
- Geeignetes Besteck verwenden (scharfe Gegenstände vermeiden)
- Testen der Temperatur bei heißen Flüssigkeiten und Tragen von Schutzkleidung (z. B. Papierschürze)
- Unterweisen im Gebrauch verstellbarer Hilfsvorrichtungen.

Essen hat physiologische, psychische, soziale und kulturelle Implikationen. Für Kontrolle über Mahlzeiten zu sorgen, fördert das Wohlbefinden insgesamt.

Selbstversorgungsdefizit: Körperpflege

Definition

Selbstversorgungsdefizit: Körperpflege: der Zustand, in dem eine Person in ihrer Fähigkeit beeinträchtigt ist, Aktivitäten der Körperpflege auszuführen oder zu Ende zu führen.
Selbstversorgungsdefizit Körperpflege (engl. Bathing self-care deficit): Beeinträchtigte Fähigkeit, Aktivitäten des Waschens/der Körperhygiene selbstständig auszuführen oder abzuschließen (NANDA-I, 2010).

Bestimmende Merkmale oder Kennzeichen

Defizite bei der Körperpflege (einschließlich Ganzkörperwäsche, Haarekämmen, Zähneputzen, Haut- und Nagelpflege und Auftragen von Make-up):

- Unfähigkeit, an Waschutensilien zu gelangen
- Unfähigkeit, den Körper zu waschen
- Unfähigkeit, an die Wasserquelle zu gelangen

- Unfähigkeit, das Waschwasser zu regulieren
- Unfähigkeit, das Bad [die Wanne] zu erreichen
- Unfähigkeit, den Körper abzutrocknen.

Einflussfaktoren

- kognitive Beeinträchtigung
- reduzierte Motivation
- Hindernisse in der Umgebung
- Unfähigkeit, einzelne Körperteile wahrzunehmen
- Unfähigkeit, räumliche Verhältnisse wahrzunehmen
- muskuloskeletale Beeinträchtigung
- neuromuskuläre Beeinträchtigung
- Schmerz
- Beeinträchtigung der Wahrnehmung
- ausgeprägte Angst
- Schwäche.

Weitere siehe *Selbstversorgungsdefizitsyndrom*.

Anmerkung der Autorin

Siehe *Selbstversorgungsdefizitsyndrom*.

Irrtümer in diagnostischen Aussagen

Siehe *Selbstversorgungsdefizitsyndrom*.

Zentrale Konzepte

Siehe *Selbstversorgungsdefizitsyndrom*.

Einschätzungskriterien des Fokusassessments

Siehe *Selbstversorgungsdefizitsyndrom*.

Ziele

NOC

- Selbstversorgung: Aktivitäten des täglichen Lebens (ADL)
- Selbstversorgung: Sich-Waschen
- Selbstversorgung: Hygiene (Körperpflege)

Die Person führt Körperpflege auf erwartet optimalem Niveau durch oder äußert trotz Einschränkungen Zufriedenheit mit dem Erreichten.

Indikatoren

- Angaben über Wohlbehagen (Comfort) und Zufriedenheit mit der Sauberkeit des Körpers.
- Demonstrieren der Fähigkeit zum Gebrauch von Hilfsmitteln.
- Beschreiben ursächlicher Faktoren des Körperpflegedefizits.

Allgemeine Interventionen

NIC

- Selbstversorgungsunterstützung: Waschen/Körperhygiene
- Edukation: Einzelperson

Einschätzen ursächlicher Faktoren

Sehstörungen/-behinderungen (Blindheit, Gesichtsfeldausfälle, schwaches räumliches Sehen)
Beeinträchtigte oder fehlende Gliedmaßen (Gips, Amputationen, Parese, Paralyse)
Kognitive Ausfälle (Demenz, Trauma, Apoplex).

Sorgen für Gelegenheiten, eine Aktivität neu zu erlernen oder sich anzupassen

Allgemeine Pflegeinterventionen bei Unfähigkeit zur Körperpflege

Zeit und Routinen beim Waschen sollten angepasst und konstant sein, um zu optimaler Unabhängigkeit zu motivieren.
Halten Sie die Person dazu an, eine evtl. verordnete Brille oder ein Hörgerät zu tragen.
Halten Sie das Badezimmer warm. Stellen Sie sicher, dass das Wasser die vom Klienten bevorzugte Temperatur hat.
Sorgen Sie beim Waschen für Privatsphäre.
Halten Sie das Umfeld schlicht und frei von herumliegenden Dingen.
Achten Sie beim Waschen auf den Zustand der Haut.
Sorgen Sie dafür, dass sich alles zum Waschen Benötigte in Reichweite befindet.
Sorgen Sie für Sicherheit im Bad (rutschfeste Matten, Handläufe).
Falls die Person körperlich dazu in der Lage ist, ermutigen Sie sie zum Gebrauch der Badewanne oder Dusche, je nachdem, was sie zuhause nutzt. Die/der Betreffende sollte in der Klinik für zuhause üben.
Sorgen Sie bei Bedarf für Hilfsmittel:

- Stuhl oder Hocker in der Badewanne oder Dusche
- Schwamm mit langem Griff, um an den Rücken oder die Beine zu gelangen
- Handläufe an den Wänden im Bad, wo sie zur Unterstützung der Mobilität nötig sind
- Rutschbrett für den Transfer auf den Wannensitz oder -hocker

- Sicherheitsprofil oder Gleitschutzmatte auf dem Boden des Badezimmers, der Wanne und der Dusche
- Waschhandschuhe mit Tasche für die Seife
- adaptierte Zahnbürste
- Halterungen für den Rasierer
- Duschspray in griffigem Handbehälter.

Sorgen Sie für Linderung von Schmerzen, welche die Fähigkeit, sich selbst zu waschen, beeinträchtigen können.*

Spezielle Pflegeinterventionen für das Waschen/Baden/Duschen bei Personen mit Sehstörungen

Platzieren Sie die Waschutensilien in für die Person möglichst geeigneter Weise.

Vermeiden Sie es, die Waschutensilien auf die erblindete Seite zu legen, wenn die Person einen Gesichtsfeldausfall hat und visuell nicht an die Umgebung gewöhnt ist.

Halten Sie den Schwesternruf in Reichweite, falls sich die Person allein wäscht.

Geben Sie der sehbehinderten Person das gleiche Maß an Privatsphäre und Würde wie jedem anderen Menschen.

Kündigen Sie an, wenn Sie den Waschbereich betreten oder verlassen.

Beobachten Sie, ob die Person in der Lage ist, alle Bade-/Waschutensilien zu lokalisieren.

Beobachten Sie, ob die Person in der Lage ist, Mundpflege durchzuführen, sich zu kämmen und sich zu rasieren.

Sorgen Sie für einen Ort, um saubere Kleidung in Griffweite zu platzieren.

Spezielle Pflegeinterventionen für das Waschen/Baden/Duschen bei Personen mit beeinträchtigten oder fehlenden Gliedmaßen

Waschen Sie die Person frühmorgens oder am Abend vor dem Schlafengehen, um unnötiges An- und Ausziehen zu vermeiden.

Fordern Sie den Klienten auf, beim Waschen einen Spiegel zu verwenden, um die Haut in den gelähmten Bereichen zu inspizieren.

Fordern Sie die Person mit einer Amputation auf, den verbleibenden Fuß oder Stumpf auf gute Hautbeschaffenheit hin zu betrachten.

Waschen Sie den Stumpf nach Gliedmaßenamputation 2-mal täglich und stellen Sie sicher, dass er vor dem Umwickeln oder Anlegen der Prothese trocken ist.

Sorgen Sie für Überwachung nur in dem Maße, wie es zum Wiedererlernen des Gebrauchs der Extremität oder zur Adaptation an das Handicap nötig ist.

Ermutigen Sie den Klienten bei fehlender Sensibilität zum Gebrauch des betroffenen Bereichs beim Waschen, da ein Mensch das Vorhandensein von Körperteilen ohne Sensibilität tendenziell vergisst und diese vernachlässigt (Neglect).

---

* Erfordert u. U. die Verordnung einer Person der Primärversorgung.

Spezielle Pflegeinterventionen für das Waschen/Baden/Duschen bei Personen mit kognitiven Defiziten

Sorgen Sie dafür, dass das Waschen stets zur selben Tageszeit als Teil eines strukturierten Programms zur Verminderung der Verwirrtheit stattfindet.

Halten Sie Instruktionen einfach und vermeiden Sie Ablenkungen. Orientieren Sie den Klienten über den Zweck der Waschutensilien, tragen Sie Zahnpasta auf die Zahnbürste auf.

Falls die Person ihren Körper nicht vollständig waschen kann, lassen Sie sie einen Teil waschen, bis sie dies korrekt tut. Geben Sie bei Erfolg positive Verstärkung.

Überwachen Sie die Aktivität, bis die Person die Aufgabe auch ohne Unterstützung sicher durchführen kann.

Fordern Sie den Klienten auf, sich der Aufgabe aufmerksam zu widmen, aber achten Sie auf Erschöpfung, die eine Verwirrtheit verstärken kann.

Drücken Sie beim Waschen fest (betont) auf die Haut: Die Wahrscheinlichkeit, dass dies missverstanden wird, ist geringer als bei sanfter Berührung.

Nutzen Sie eine warme Dusche oder ein warmes Bad, um einer verwirrten, agitierten Person beim Entspannen zu helfen.

Beginnen mit Gesundheitsedukation und Überweisen, soweit angezeigt

Teilen Sie den KollegInnen und den Familienangehörigen mit, dass die Person in der Lage und bereit ist, zu lernen.

Lehren Sie den Gebrauch von Hilfsmitteln.

Besichtigen Sie die Bad- bzw. Duschinstallationen beim Klienten zuhause und helfen Sie festzustellen, ob Adaptationsbedarf besteht. Überweisen Sie den Klienten an einen Beschäftigungstherapeuten oder an den Sozialdienst zur Unterstützung beim Anfordern notwendiger Vorrichtungen/Ausrüstung für den Hausgebrauch.

Lehren Sie den Klienten den Gebrauch der Badewanne oder Dusche, je nachdem, was er zuhause verwendet.

Instruieren Sie einen Klienten mit einer Lähmung oder dessen Familie, die Haut im betroffenen Bereich vollständig (Gesäß, Knochenvorsprünge) auf Rötungen zu überprüfen.

Unterweisen Sie die Familie darin, eine sichere Umgebung im Bad zu wahren.

F: Die Unfähigkeit zur Selbstversorgung ruft Gefühle von Abhängigkeit hervor und schwächt das Selbstkonzept. Mit zunehmender Fähigkeit zur Selbstversorgung nimmt auch das Selbstbewusstsein zu (Maher et al., 1998).

Selbstversorgungsdefizit: Sich-Kleiden/ Pflege der äußeren Erscheinung

Definition

Selbstversorgungsdefizit: Sich-Kleiden/Pflege der äußeren Erscheinung: der Zustand, in dem die Fähigkeit einer Person beeinträchtigt ist, sich zu kleiden und die äußere Erscheinung zu pflegen und/oder dies zu Ende zu führen.

Selbstversorgungsdefizit Sich-Kleiden (engl. Dressing self-care deficit): Beeinträchtigte Fähigkeit, Aktivitäten des Kleidens und zur Pflege der äußeren Erscheinung selbstständig auszuführen oder abzuschließen (NANDA-I, 2010).

Bestimmende Merkmale oder Kennzeichen

Defizite beim Anlegen von Kleidung (inkl. der üblichen oder spezieller Bekleidung, nicht: Schlafanzug/Nachthemd):

- Unfähigkeit, Kleidungsstücke auszuwählen
- Unfähigkeit, Kleidung aufzunehmen
- Unfähigkeit, den Oberkörper anzukleiden
- Unfähigkeit, den Unterkörper anzukleiden
- Unfähigkeit, Socken anzuziehen
- Unfähigkeit, Schuhe anzuziehen
- Unfähigkeit, die Kleidungsstücke auszuziehen
- Unfähigkeit, Reißverschlüsse zu benutzen
- Unfähigkeit, Hilfsmittel einzusetzen
- Unfähigkeit, das eigene Erscheinungsbild zufrieden stellend zu gestalten [zu wahren]
- beeinträchtigte Fähigkeit, an Kleidung zu gelangen
- beeinträchtigte Fähigkeit, die notwendigen Kleidungsstücke anzuziehen
- beeinträchtigte Fähigkeit, die notwendigen Kleidungsstücke auszuziehen
- beeinträchtigte Fähigkeit, Kleidungsstücke zu schließen, zu befestigen bzw. zurechtzurücken
- Unfähigkeit, die Schuhe wegzuräumen
- Unfähigkeit, die Socken wegzuräumen
- beeinträchtigte Fähigkeit, die Schuhe anzuziehen
- beeinträchtigte Fähigkeit, Socken anzuziehen
- beeinträchtigte Fähigkeit, die Schuhe auszuziehen
- beeinträchtigte Fähigkeit, die Socken auszuziehen.

Einflussfaktoren

- kognitive Beeinträchtigung
- reduzierte Motivation
- Unbehagen
- Hindernisse in der Umgebung
- Müdigkeit/Erschöpfung/Fatigue
- muskuloskeletale Beeinträchtigung
- neuromuskuläre Beeinträchtigung
- Schmerz
- beeinträchtigung der Wahrnehmung
- ausgeprägte Angst
- Schwäche.

Weitere siehe *Selbstversorgungsdefizitsyndrom.*

Anmerkung der Autorin

Siehe *Selbstversorgungsdefizitsyndrom.*

Irrtümer in diagnostischen Aussagen

Siehe *Selbstversorgungsdefizitsyndrom.*

Zentrale Konzepte

Siehe *Selbstversorgungsdefizitsyndrom.*

Einschätzungskriterien des Fokusassessments

Siehe *Selbstversorgungsdefizitsyndrom.*

Ziele

NOC

- Selbstversorgung: Aktivitäten des täglichen Lebens (ADL)
- Selbstversorgung: Sich-Kleiden

Indikatoren

- Demonstrieren der Fähigkeit zum Gebrauch von Hilfsmitteln zur Förderung der Unabhängigkeit beim An- und Auskleiden.
- Demonstrieren von vermehrtem Interesse am Tragen von Straßenkleidung.
- Beschreiben ursächlicher Faktoren der Defizite beim An- und Auskleiden.
- Berichten über Begründung und Vorgehen bei Behandlungen.

Allgemeine Interventionen

NIC

- Selbstversorgungsunterstützung: Waschen/Körperhygiene
- Edukation: Einzelperson

Einschätzen ursächlicher Faktoren

Sehstörungen/-behinderungen (Blindheit, Gesichtsfeldausfälle, schwaches räumliches Sehen)
Beeinträchtigte oder fehlende Gliedmaßen (Gips, Amputationen, Parese, Paralyse)
Kognitive Ausfälle (Demenz, Trauma, Apoplex).

Sorgen für Gelegenheiten, eine Aktivität neu zu erlernen oder sich anzupassen

Allgemeine Pflegeinterventionen bei Unfähigkeit, sich zu kleiden

Halten Sie die Person dazu an, eine evtl. verordnete Brille oder ihr Hörgerät zu tragen.

Fördern Sie die Unabhängigkeit beim An- und Auskleiden durch fortwährendes Üben ohne Unterstützung.

Wählen Sie locker sitzende Kleidung mit weiten Ärmeln und Hosenbeinen und vorne liegenden Verschlüssen.

Räumen Sie genügend Zeit zum An- und Auskleiden ein, weil dies ermüdend, schmerzhaft oder schwierig sein kann.

Planen Sie, dass die Person erst einen Teil einer Aktivität lernt und demonstriert, bevor Sie fortfahren.

Legen Sie die Kleidungsstücke in der Reihenfolge aus, in der sie der Klient benötigt, um sich anzukleiden.

Sorgen Sie bei Bedarf für An- und Auskleidehilfen. Häufig verwendet werden Anziehstock, Greifzange, Zugschlaufe am Reißverschluss, Knopfhaken, ein Schuhlöffel mit langem Griff sowie elastische Schnürsenkel, Klettverschlüsse oder extrabreite, zurückschlagbare Zungen zur Erleichterung des Einstiegs in den Schuh. Alle Kleidungsstücke mit Befestigungen/Verschlüssen lassen sich mit Klettband adaptieren.

Ermutigen Sie die Person dazu, eher gewöhnliche oder Spezialkleidung als Nachtbekleidung zu tragen.

Verstärken Sie die Beteiligung beim Ankleiden, indem Sie 30 Minuten vor dem An- bzw. Auskleiden ein Schmerzmittel verabreichen, falls angezeigt.*

Sorgen Sie bei der An- und Auskleideroutine für Privatsphäre.

Sorgen Sie für Sicherheit, indem Sie einen leichten Zugang zu allen Kleidungsstücken sicherstellen und sich des Leistungsniveaus der Person versichern.

* Erfordert u. U. die Verordnung einer Person der Primärversorgung.

Spezielle Pflegeinterventionen für das An- und Auskleiden bei Personen mit Sehstörungen

Lassen Sie die Person den für sie am besten geeigneten Ort zum An- und Auskleiden herausfinden und passen Sie die Umgebung an, um die Aufgabe optimal durchzuführen (z. B. indem Sie unnötige Barrieren beseitigen).

Kündigen Sie an, wenn Sie den An-/Auskleidebereich betreten oder verlassen.

Vermeiden Sie bei einer Person mit Gesichtsfeldausfall, die Kleidung auf die erblindete Seite zu legen, solange sich die Person visuell nicht an die Umgebung angepasst hat. Fordern Sie sie dann auf, den Kopf zu wenden, um das gesamte Gesichtsfeld zu erfassen.

Legen Sie Hilfsmittel, wie z. B. eine Handgelenksschiene, vor dem Ankleiden an.

Konsultieren Sie einen Physio- oder Beschäftigungstherapeuten zur Unterweisung im Anlegen von Prothesen für fehlende Gliedmaßen.

Spezielle Pflegeinterventionen für das An- und Auskleiden bei Personen mit kognitiven Defiziten

Halten Sie die verbale Kommunikation einfach:

- Stellen Sie Fragen, die sich mit Ja oder Nein beantworten lassen.
- Verwenden Sie einstufige Aufforderungen, wie z. B.: «Ziehen Sie Ihren Stumpf an.»
- Loben Sie nach jedem Schritt.
- Seien Sie bestimmt und präzise.
- Sprechen Sie die Person mit ihrem Namen an.
- Verwenden Sie stets dasselbe Wort für dasselbe Kleidungsstück (z. B. «Hemd»).
- Kleiden Sie zunächst die untere, dann die obere Körperhälfte ein.

Bereiten Sie ein strukturiertes Umfeld vor, in dem nichts herumliegt:

- Sorgen Sie für gute Lichtverhältnisse.
- Machen Sie das Bett. Reduzieren Sie optische Ablenkungen auf ein Mindestmaß.
- Legen Sie die Kleidungsstücke mit der Vorderseite nach unten aus.
- Platzieren Sie die Kleidungsstücke in der Reihenfolge ihrer Verwendung.
- Erlauben Sie dem Bewohner nur die Auswahl unter zwei Stücken.
- Hängen Sie zueinander passende Kleidungsstücke auf Kleiderbügel.
- Entfernen Sie schmutzige Wäsche aus dem Ankleidebereich.

Sorgen Sie für nonverbale Hinweise:

- Geben Sie dem Klienten immer nur ein Kleidungsstück nach dem anderen in der richtigen Reihenfolge.
- Stellen Sie die Schuhe jeweils neben den richtigen Fuß.
- Verwenden Sie Gesten zur Erläuterung.
- Zeigen Sie auf den zu verwendenden Körperteil oder berühren Sie ihn.
- Falls die Person nicht alle Schritte abschließen kann, lassen Sie sie zumindest den Schritt des Anziehens tun, wenn möglich, ziehen Sie dann den Reißverschluss der Hose hoch und schließen Sie den Gürtel.
- Fahren Sie die Assistenz schrittweise zurück.

Beginnen mit Patienten-/Gesundheitsedukation und Überweisen, soweit angezeigt

Einschätzen, ob der Klient und seine Familie obige Instruktionen verstehen und was sie darüber wissen

Fortsetzen der Patientenedukation nach Bedarf

Teilen Sie den KollegInnen und den Familienangehörigen mit, dass die Person in der Lage und bereit ist, zu lernen.
Lehren Sie den Gebrauch von Hilfsmitteln, die für jede Behinderung spezifisch sind.
Lehren Sie den Klienten, eine für das Anziehen sichere Umgebung zu wahren.
Versuchen Sie, beim Korrigieren von Fehlern nicht kritisch zu sein.

F: Optimale Pflege des äußeren Erscheinungsbildes fördert das psychische Wohlbefinden (Tracey, 1992).

Selbstversorgungsdefizit: instrumentell

Definition

Selbstversorgungsdefizit: instrumentell: der Zustand, in dem die Fähigkeit einer Person eingeschränkt ist, bestimmte zur Haushaltsführung erforderliche Tätigkeiten auszuführen oder entsprechend Zugang zu bestimmten Dienstleistungen zu bekommen.

Bestimmende Merkmale oder Kennzeichen

Beobachtete oder dokumentierte Schwierigkeit bei einer oder mehreren der folgenden Tätigkeiten:

- Telefonieren
- Zugang zu einem Verkehrs- und Transportmittel
- Waschen, Bügeln
- Zubereiten von Mahlzeiten
- Einkaufen (Nahrungsmittel, Kleidung)
- Umgang mit Geld
- Besorgen, Bereitstellen, Einnehmen von Medikamenten
- Haushaltsführung.

Einflussfaktoren

- kognitive Beeinträchtigung
- reduzierte Motivation
- Hindernisse in der Umgebung

- Unfähigkeit, einzelne Körperteile wahrzunehmen
- Unfähigkeit, räumliche Verhältnisse wahrzunehmen
- muskuloskeletale Beeinträchtigung
- neuromuskuläre Beeinträchtigung
- Schmerz
- Beeinträchtigung der Wahrnehmung
- ausgeprägte Angst
- Schwäche.

Weitere siehe *Selbstversorgungsdefizitsyndrom*.

Anmerkung der Autorin

Selbstversorgungsdefizit: instrumentell steht zurzeit nicht auf der NANDA-Liste, wurde aber hier der Klarheit und Nützlichkeit halber eingefügt. Diese Diagnose beschreibt Probleme bei der Durchführung bestimmter Aktivitäten oder beim Zugang zu bestimmten Dienstleistungen, die zum Leben in einer Gemeinschaft erforderlich sind (z. B. Telefonieren, Einkaufen, Umgang mit Geld). Es ist wichtig, diese Diagnose bei der Entlassungsplanung und Hausbesuchen durch Gemeindepflegende und Hauswirtschaftspflegepersonen zu berücksichtigen.

Irrtümer in diagnostischen Aussagen

1. Selbstversorgungsdefizit: instrumentell, **b/d** die mögliche Unfähigkeit, Mahlzeiten zu planen und mit dem Wäschewaschen zurechtzukommen
   Wenn eine Pflegeperson den Verdacht hegt, dass ein Klient oder eine Familie u. U. nur eingeschränkt in der Lage ist, bestimmte für das Leben und die Haushaltsführung notwendige Aktivitäten auszuführen, sollte sie die Diagnose *Mögliches Selbstversorgungsdefizit: instrumentell* stellen und die Einflussfaktoren hinzufügen, die wiedergeben, warum sie den Verdacht hegt (z. B. **b/d** *Schwierigkeiten, sich an Routineaufgaben zu erinnern* oder **b/d** *schwache Planungsfertigkeiten*). Wer als Pflegeperson Nachweise für Störungen des Gedächtnisses oder des Urteilsvermögens findet, könnte diese als Risikofaktoren für die *Gefahr eines Selbstversorgungsdefizits: instrumentell* interpretieren.

Zentrale Konzepte

Allgemeine Überlegungen

- Brody (1985) stellte fest, dass eine Person, um in der Gemeinde zu leben, sechs ADL und zusätzliche Aktivitäten leisten oder darin unterstützt werden muss.
- Zu den instrumentellen ADL gehören Haushaltsführung, Nahrungsmittel beschaffen und zubereiten, Wäschewaschen, sichere Einnahme von Medikamenten, Umgang mit Geld und Zugang zu Transportmitteln (Miller, 2004).
- Instrumentelle ADL (IADL) sind komplexere Aufgaben als ADL.
- Dafür zu sorgen, dass Menschen weiter im eigenen Zuhause leben können, hat erheblichen finanziellen Nutzen. Im Jahre 1981 gingen 25 % aller Gesundheitsausgaben für ältere Men-

schen in den USA an Pflegeheime, aber nur 5 % älterer Menschen wurden in diesen Einrichtungen versorgt. Medicaid deckt etwa 90 % der öffentlichen Ausgaben für die Versorgung in Pflegeheimen ab (Miller, 2004).

- Dafür zu sorgen, dass Menschen weiter im eigenen Zuhause statt im Pflegeheim leben, wahrt auch die Autonomie, stärkt das Familienleben und unterstreicht den Wert älterer Menschen in unserer Gesellschaft.

Einschätzungskriterien des Fokusassessments

Siehe *Selbstversorgungsdefizitsyndrom*.

Ziele

NOC

- Selbstversorgung: instrumentelle Aktivitäten des täglichen Lebens (IADL)

Die Person oder Familie berichtet über Zufriedenheit mit der Haushaltsführung.

Indikatoren

- Demonstrieren des Gebrauchs von Hilfsmitteln (z. B. Telefonier-, Kochhilfen).
- Beschreiben einer Methode, um das Einhalten des Medikationsplans sicherzustellen.
- Bericht über die Fähigkeit, ein Telefonat zu führen und anzunehmen.
- Bericht über regelmäßiges Wäschewaschen durch die Person oder Dritte.
- Bericht über mindestens zwei nahrhafte Mahlzeiten pro Tag.
- Benennen von Transportmöglichkeiten zu Geschäften, zum Arzt, zu einem religiösen Versammlungsort, zu sozialen Aktivitäten.
- Demonstrieren einfacher Geldtransaktionen.
- Benennen von Personen, die in Geldangelegenheiten unterstützen.

Allgemeine Interventionen

NIC

- Edukation: Einzelperson
- Förderung der Familienbeteiligung

Einschätzen ursächlicher und beeinflussender Faktoren

Seh-, Hörstörungen.
Denkstörungen.
Beeinträchtigte Mobilität.
Wissensdefizit.
Unzureichende soziale Unterstützung.

Unterstützen des Klienten beim Herausfinden von Mitteln zur Selbsthilfe

Hilfen zur Pflege der äußeren Erscheinung/Anziehhilfen

Siehe *beeinträchtigte körperliche Mobilität.*

Küchen-/Esshilfen

Teller mit einseitig erhöhtem Rand.
Verdickte Griffe an Besteck (Schaumstoffumhüllung).
Klammer zur Sicherung eines Strohhalms am Glas.
Randerhöhung an der Küchenarbeitsplatte, um Nahrung oder einen Topf zu halten (z. B. um eine Scheibe Brot zu buttern oder Kartoffeln zu stampfen).
Auf der Arbeitsplatte oder an der Wand befestigter Öffner für Dosen und/oder Konservengläser.
Rutschfestes Material unter Tellern (dieselben Streifen, wie sie in der Badewanne/Dusche verwandt werden).
Doppelsauger, um Teller auf der Unterlage zu befestigen.

Kommunikation/Sicherheit

Durch Bewegungsmelder aktivierte Beleuchtung am Gehweg/im Eingangsbereich.
Nachtlichter auf dem Weg zum Bad.
Beleuchtung am Bett.
Speziell adaptierte Telefone (Verstärker, große Tasten).

Fördern der (instrumentellen) Selbstversorgung und Sicherheit bei einer Person mit kognitiven Defiziten

Evaluieren auf ausführbare Aktivitäten

Unterweisen in Sicherheitstechniken

Vor Dunkelheit die Beleuchtung einschalten.
Nachtlichter verwenden.
Das Umfeld einfach und frei von lose herumliegenden Gegenständen halten.
Uhren und Kalender als Orientierungshilfen verwenden.
Im Kalender durch Piktogramme an Einkaufen, Waschen, Saubermachen, Arztbesuche u. ä. erinnern.

Unterweisen im Wäschewaschen

Trennen Sie dunkle von heller Kleidung.
Verwenden Sie Bilder, um die Schritte beim Waschen zu illustrieren.
Markieren Sie das Gefäß für das Waschmittel, um die benötigte Menge anzuzeigen.
Reduzieren des Bügelns auf ein Minimum.
Verwenden Sie ein Bügeleisen mit automatischer Abschaltung.

Evaluieren der Fähigkeit des Klienten im täglichen Auswählen, Beschaffen und Zubereiten nahrhafter Lebensmittel

Erstellen Sie eine permanente Einkaufsliste mit Hinweisen auf wesentliche Nahrungsmittel und Produkte.

Lehren Sie den Klienten, diese Liste vor dem Einkaufen durchzugehen, auf Benötigtes zu überprüfen und die ausgewählten Dinge im Laden auf der Liste abzuhaken. Verwenden Sie einen Stift, der sich ausradieren lässt, um die Liste wiederverwenden zu können.

Unterweisen Sie den Klienten im Einkaufen für Einzelpersonen (für spezielle Techniken siehe *Mangelernährung*).

Lehren Sie den Klienten den Gebrauch einer Mikrowelle, um die Gefahr von Verbrennungen oder Bränden zu senken.

Anbieten von Tipps zur Einhaltung des Medikationsplans

Lassen Sie jemanden die Medikamente in eine handelsübliche Tablettendose (Dosette) mit 7-Tage-Unterteilung füllen.

Nehmen Sie die genaue Anzahl Tabletten für den Tag heraus. Verteilen Sie sie auf Becherchen, von denen jeder mit der entsprechenden Tageszeit versehen ist.

Zeichnen Sie nach Bedarf eine Abbildung der Tablette und der Menge auf jedes Becherchen.

Unterweisen Sie den Klienten im Abfüllen der Tabletten in ein Plastikbeutelchen oder eine 7-Tage-Dosette für die Zeit einer Abwesenheit von Zuhause.

Einweisen des Klienten, wen er für Instruktionen anrufen kann, wenn er eine Dosis ausgelassen hat

Herausfinden verfügbarer Transportmöglichkeiten

Nachbarn, Verwandte.

Gemeindezentrum.

Kirchengruppe.

Einrichtung des Sozialdienstes.

Feststellen verfügbarer Ressourcen für soziale Unterstützung

Erörtern Sie die Möglichkeit, Dienstleistungen einzutauschen (z. B. für den Nachbarn waschen im Austausch gegen Hilfe beim Einkaufen).

Benennen einer Person, die unmittelbar helfen kann (z. B. Nachbar, Freundin, Hotline).

Benennen von Hilfspersonen beim Waschen, Einkaufen und in Geldangelegenheiten.

Beginnen mit Patienten-/Gesundheitsedukation und Überweisen, soweit angezeigt

Erörtern Sie, wie wichtig es ist, den Assistenzbedarf herauszuarbeiten.

Verweisen Sie den Klienten für Unterstützung an kommunale Einrichtungen (z. B. Sozialamt)

F: Interventionen konzentrieren sich darauf, die Person und ihre Familie so gut wie möglich beim Aufrechterhalten der funktionalen Unabhängigkeit zu unterstützen (Miller, 2004).

F: Wenn keine Betreuungspersonen verfügbar sind, kann die Person aus kommunalen Mitteln unterstützt werden (Miller, 2004).

Selbstversorgungsdefizit: Toilettenbenutzung

Definition

Selbstversorgungsdefizit: Toilettenbenutzung: der Zustand, in dem die Fähigkeit einer Person beeinträchtigt ist, Ausscheidungsaktivitäten zu verrichten oder zu Ende zu bringen.

Selbstversorgungsdefizit Toilettenbenutzung (engl. Toileting self-care deficit): Beeinträchtigte Fähigkeit, die Aktivitäten im Zusammenhang mit dem Toilettengang selbstständig durchzuführen oder abzuschließen

Bestimmende Merkmale oder Kennzeichen

- Unfähigkeit, zur Toilette oder zum Nachtstuhl zu gelangen
- Unfähigkeit, die Kleidung für den Toilettengang zu handhaben
- Unfähigkeit, auf der Toilette oder dem Nachtstuhl zu sitzen [sich darauf zu setzen]
- Unfähigkeit, von der Toilette oder vom Nachtstuhl aufzustehen
- Unfähigkeit, eine angemessene Toilettenhygiene durchzuführen
- Unfähigkeit, die Toilette zu spülen oder den Nachtstuhl zu leeren.

Einflussfaktoren

- kognitive Beeinträchtigung
- reduzierte Motivation
- Hindernisse in der Umgebung
- Müdigkeit
- beeinträchtigter Mobilitätszustand
- beeinträchtigte Transferfähigkeit
- muskuloskeletale Beeinträchtigung
- neuromuskuläre Beeinträchtigung
- Schmerzen

Weitere siehe *Selbstversorgungsdefizitsyndrom*.

Anmerkung der Autorin

Siehe *Selbstversorgungsdefizitsyndrom*.

Irrtümer in diagnostischen Aussagen

Siehe *Selbstversorgungsdefizitsyndrom.*

Zentrale Konzepte

Siehe *Selbstversorgungsdefizitsyndrom.*

Einschätzungskriterien des Fokusassessments

Siehe *Selbstversorgungsdefizitsyndrom.*

Ziele

NOC

- Selbstversorgung: Aktivitäten des täglichen Lebens (ADL)
- Selbstversorgung: Hygiene (Körperpflege)
- Selbstversorgung: Toilettenbenutzung

Die Person zeigt zunehmend die Fähigkeit, selbst die Toilette zu benutzen oder entsprechenden Unterstützungsbedarf anzumelden, um die Aufgabe durchzuführen.

Indikatoren

- Demonstrieren der Fähigkeit zum Gebrauch von Hilfsmitteln für die Toilettenbenutzung.
- Beschreiben ursächlicher Faktoren der Schwäche bei der Toilettenbenutzung.
- Darstellen der Prozeduren zur Behandlung und deren Begründung.

Allgemeine Interventionen

NIC

- Selbstversorgungsunterstützung: Toilettenbenutzung
- Selbstversorgungsunterstützung: Waschen/Körperhygiene
- Edukation: Einzelperson
- Gemeinsame Zielsetzung

Einschätzen ursächlicher Faktoren

Sehstörungen (Blindheit, Gesichtsfeldausfälle, schwaches räumliches Sehen).
Beeinträchtigte oder fehlende Gliedmaßen (Gips, Amputationen, Parese, Paralyse).
Kognitive Störungen (Altern, Trauma, Apoplex).

Sorgen für Gelegenheiten, eine Aktivität neu zu erlernen oder sich anzupassen

Häufige Pflegeinterventionen bei Schwierigkeiten mit der Toilettenbenutzung

Halten Sie den Klienten dazu an, eine verordnete Brille und/oder sein Hörgerät zu tragen.

Erheben Sie eine Blasen- und Darmanamnese zusammen mit der Person selbst oder mit einer Bezugsperson (siehe *beeinträchtigte Stuhlausscheidung* oder *beeinträchtigte Urinausscheidung*).

Schauen Sie sich das Kommunikationssystem an, das die Person verwendet, um ihr Bedürfnis nach einem Gang zur Toilette zu artikulieren.

Dokumentieren Sie die Stuhl- und Urinausscheidung, um den Ausscheidungsrhythmus festzustellen.

Sorgen Sie für ausreichend Flüssigkeit und ausgewogene Ernährung, um eine adäquate Urinausscheidung und normalen Stuhlgang zu fördern.

Fördern Sie eine normale Ausscheidung, indem Sie Aktivität und körperliche Betätigung im Rahmen der Möglichkeiten der Person fördern.

Vermeiden Sie die Entstehung einer «Darmfixiertheit», indem Sie seltener über Stuhlgang sprechen und danach fragen.

Seien Sie sich der Möglichkeit von Stürzen bewusst, wenn Sie die Person beim Toilettengang begleiten, und seien Sie darauf vorbereitet, die Person zu Boden gleiten zu lassen, ohne sich selbst und die Person zu verletzen.

Erreichen Sie Unabhängigkeit beim Ausscheiden durch beständiges Üben ohne Unterstützung.

Räumen Sie für den Toilettengang genügend Zeit ein, um Erschöpfung zu vermeiden. Zeitmangel beim Ausscheiden kann Inkontinenz oder Obstipation verursachen.

Vermeiden Sie Dauerkatheter und Kondomurinale, um Urinkontinenz zu fördern, wenn möglich.

Spezielle Pflegeinterventionen bei Schwierigkeiten mit der Toilettenbenutzung für Personen mit Sehbehinderung

Halten Sie den Schwesternruf in Reichweite, damit die Person auf Toilette rasch Hilfe rufen kann. Reagieren Sie sofort auf den Ruf, um die Angst zu vermindern.

Falls zum Ausscheiden eine Bettpfanne oder ein Urinal erforderlich ist, stellen Sie sicher, dass sich beides in Reichweite der Person befindet.

Vermeiden Sie es, für das Ausscheiden benötigte Gerätschaften auf die geschädigte Seite einer Person mit Gesichtsfeldausfällen zu platzieren. Erst wenn sich die Person visuell an ihre Umgebung gewöhnt hat, können Sie anregen, sie möge das gesamte Gesichtsfeld nach Gerätschaften absuchen.

Kündigen Sie an, wenn Sie den Toilettenbereich betreten oder verlassen.

Sorgen Sie für einen sicheren und freien Weg zum Toilettenbereich.

Spezielle Pflegeinterventionen bei Schwierigkeiten mit der Toilettenbenutzung für Personen mit beeinträchtigten oder fehlenden Gliedmaßen

Sorgen Sie nur für diejenige Überwachung und Assistenz, die zum Wiedererlernen von Bewegungen oder zur Adaptation an die Prothese nötig ist.

Ermutigen Sie die Person, sich den betroffenen Bereich bzw. die betroffene Gliedmaße anzuschauen und beim Ausscheiden einzusetzen.

Sorgen Sie dafür, dass der Beschäftigungs- oder Physiotherapeut in brauchbaren Transfertechniken unterweist. (Die Pflegeperson wird mit der geplanten Art des Transfers vertraut.)

Sorgen Sie für die nötigen Hilfsmittel, um Unabhängigkeit und Sicherheit zu fördern (Toilettenstuhl, Urinale mit Spritzschutz, spezielle Bettpfannen bei Frakturen, erhöhter Toilettensitz, Handläufe zum Abstützen neben der Toilette).

Spezielle Pflegeinterventionen bei Schwierigkeiten mit der Toilettenbenutzung für Personen mit kognitiven Störungen

Erinnern Sie alle 2 Stunden, nach den Mahlzeiten und vor dem Schlafengehen an den Toilettengang.

Wenn die Person ihren Ausscheidungsbedarf anzeigen kann, beginnen Sie mit dem Toilettengang alle 2 Stunden, nach den Mahlzeiten und vor dem Schlafengehen.

Reagieren Sie prompt auf den Schwesternruf und vermeiden Sie Frustration und Inkontinenz.

Ermutigen Sie zum Tragen von Straßenkleidung. (Viele verwirrte Menschen sind kontinent, solange sie Straßenkleidung tragen.)

Vermeiden Sie den Gebrauch von Bettpfanne und Urinal. Falls körperlich möglich, sorgen Sie für eine normale Atmosphäre beim Ausscheiden im Bad. (Die jeweils benutzte Toilette sollte stets dieselbe sein, um Vertrautheit mit der Lokalität zu fördern.)

Geben Sie der Person verbale Hinweise darauf, was von ihr erwartet wird, und loben Sie sie bei Erfolg.

Arbeiten Sie zunächst darauf hin, Kontinenz am Tag zu erreichen, bevor Sie nächtliche Kontinenz erwarten. (Letztere kann auch nach Wiedererlangen der Kontinenz am Tag fortbestehen.)

Für zusätzliche Informationen über Inkontinenz siehe *beeinträchtigte Urinausscheidung*.

Beginnen mit Patienten-/Gesundheitsedukation und Überweisen, soweit angezeigt

Einschätzen des Verstehens und Wissens des Klienten und der Bezugspersonen in Bezug auf laufende Interventionen und deren Begründung

Teilen Sie den KollegInnen und den Familienangehörigen mit, dass die Person in der Lage und bereit ist, zu lernen.

Wahren Sie eine für den Toilettenbesuch sichere Umgebung.

Festigen Sie Wissen über Transfertechniken.

Lehren Sie den Gebrauch von Hilfsmitteln.

Stellen Sie fest, was im häuslichen Bereich für den Toilettengang erforderlich ist, und überweisen Sie an einen Beschäftigungstherapeuten oder den Sozialdienst, um beim Beschaffen der notwendigen Ausrüstung zu helfen.

F: Die Unfähigkeit zur Selbstversorgung bewirkt Abhängigkeitsgefühl und ein schlechtes Selbstkonzept. Mit zunehmender Fähigkeit zur Selbstversorgung steigt auch die Selbstachtung (Maher et al., 1998).

F: Ein Höchstmaß an Beteiligung des Klienten an Ausscheidungsaktivitäten kann die Verlegenheit verringern, die entsteht, wenn man in diesem Bereich Unterstützung benötigt (Maher et al., 1998).

Gestörtes Selbstkonzept

Gestörtes Selbstkonzept*

Körperbildstörung
Gestörte Identität
Gestörtes Selbstwertgefühl
Chronisch geringes Selbstwertgefühl
Situationsbedingt geringes Selbstwertgefühl
Gefahr eines situationsbedingt geringen Selbstwertgefühls

Definition

Gestörtes Selbstkonzept: der Zustand, in der sich die Art, wie sich eine Person fühlt, wie sie denkt oder sich selbst sieht, in negativer Weise verändert oder eine entsprechende Gefahr besteht. Dies kann eine Veränderung des Körperbildes, der Selbstachtung oder der eigenen Identität umfassen (Boyd, 2004).

Bestimmende Merkmale oder Kennzeichen

Da ein gestörtes Selbstkonzept eine Veränderung einer X-beliebigen der drei Komponenten (Körperbild, Selbstwertgefühl, eigene Identität) oder eine Kombination davon umfassen kann und weil die Art der Veränderung, die diesen Wandel verursacht, u. U. so stark variiert, gibt es keine typische Reaktion auf diese Diagnose. Folgende Reaktionen sind möglich:

- Weigerung, einen Körperteil zu betrachten oder zu berühren
- Weigerung, in einen Spiegel zu schauen
- Unwillen, eine Einschränkung, Deformität oder Entstellung zu diskutieren
- ungeeignete Versuche oder die Weigerung, die eigene Behandlung zu leiten
- Verleugnen einer vorhandenen Deformität oder Entstellung
- zunehmende Abhängigkeit von anderen Menschen
- Zeichen des Trauerns: Weinen, Verzweiflung, Wut
- selbstzerstörerisches Verhalten (Alkohol, Drogen)
- Feindseligkeit gegenüber Gesunden
- Zeichen einer veränderten Fähigkeit, den Körper im Verhältnis zur Umgebung einzuschätzen.

* Diese Diagnose steht gegenwärtig nicht auf der NANDA-Liste, sondern wurde hier der Nützlichkeit oder Klarheit wegen eingefügt.

Einflussfaktoren

Ein gestörtes Selbstkonzept kann als Reaktion auf zahlreiche Gesundheitsstörungen, Situationen und Konflikte auftreten. Einige der häufigen Quellen werden im Folgenden genannt.

Pathophysiologische Faktoren

B/d Veränderungen des Aussehens, der Lebensweise und Rolle, der Reaktionen Dritter, s/b/d:

chronische Krankheit
schweres Trauma
Verlust von Körperteilen
Schmerzen
Verlust von Körperfunktionen.

Situationsbedingte Faktoren (persönlich bedingt, umgebungsbedingt)

B/d Gefühle des Verlassenseins oder Versagens, s/b/d:

Scheidung, Trennung von einer Bezugsperson oder deren Tod
Verlust des Arbeitsplatzes oder der Arbeitsfähigkeit.

B/d Immobilität oder Funktionsverlust.
B/d unbefriedigende Beziehungen (Eltern, Ehepartner).
B/d sexuelle Vorlieben (homosexuell, lesbisch, bisexuell, abstinent).
B/d Schwangerschaft im Teenager-Alter.
B/d Geschlechtsdifferenzen beim Aufziehen der Kinder durch die Eltern.
B/d Erfahrungen elterlicher Gewalt.
B/d Veränderungen der üblichen Verteilung von Verantwortlichkeiten.

Altersbedingte Faktoren

Mittleres Alter

Verlust der Rolle und Verantwortlichkeiten.

Älterer Mensch

Verlust der Rolle und Verantwortlichkeiten.

Anmerkung der Autorin

Das Selbstkonzept spiegelt die Art wider, in der sich ein Mensch selbst sieht, und umfasst Körperbild, Wertschätzung, Rollenperformanz und eigene Identität. Das Selbstkonzept entwickelt sich lebenslang und ist nur schwer zu verändern. Es wird beeinflusst durch Interaktionen mit der Umgebung und mit anderen Menschen sowie durch die Art und Weise, in der sich die Person durch Dritte wahrgenommen fühlt.

Gestörtes Selbstkonzept ist eine weitgefasste Kategorie, in die spezifischere Pflegediagnosen fallen. Anfänglich hat die Pflegeperson u. U. nicht genügend klinische Daten zur Validierung einer spezifischeren Diagnose wie *chronisch geringes Selbstwertgefühl* oder *Körperbildstörung*, und so kann sie *gestörtes Selbstkonzept* verwenden, bis die Daten eine spezifischere Diagnose unterstützen.

Selbstwertgefühl ist eine der vier Komponenten des Selbstkonzeptes. *Gestörtes Selbstwertgefühl* ist die allgemeine diagnostische Kategorie. *Chronisch geringes Selbstwertgefühl* und *situationsbedingt geringes Selbstwertgefühl* stehen für spezifische Arten von gestörtem Selbstwertgefühl und beinhalten demnach auch spezifischere Interventionen. Anfänglich hat die Pflegeperson u. U. nicht genügend klinische Daten zur Validierung einer spezifischeren Diagnose wie *chronisch geringes Selbstwertgefühl* oder *situationsbedingt geringes Selbstwertgefühl.* Zur Validierung siehe die hauptsächlich bestimmenden Merkmale oder Kennzeichen in der jeweiligen Kategorie. *Situationsbedingt geringes Selbstwertgefühl* ist ein vorübergehendes Ereignis, ein wiederholtes Auftreten, eine fortgesetzte negative Selbsteinschätzung oder beides können im Laufe der Zeit zu *chronisch geringem Selbstwertgefühl* führen (Willard, 1990, pers. Mitt.).

Irrtümer in diagnostischen Aussagen

1. *Gestörtes Selbstkonzept,* **b/d** *Substanzmissbrauch*
   Zwar besteht eine Beziehung zwischen einem negativen Selbstkonzept und Alkohol- und/oder Drogenmissbrauch, aber Substanzmissbrauch als Einflussfaktor zu nennen beschreibt nicht den Schwerpunkt der Pflege. Falls die Person eine Substanzmissbrauchsproblematik eingestanden und den Wunsch nach Unterstützung geäußert hat, könnte folgende Diagnose geeignet sein: *unwirksames Coping,* **b/d** *die Unfähigkeit, ohne Alkohol oder Drogen konstruktiv mit Stressoren umzugehen*. Falls die Person ein Problem verneint hat, träfe die Diagnose *unwirksames Verleugnen,* **b/d** *Wissensdefizit über Substanzmissbrauch* zu – falls die Pflegeperson dieses Verleugnen anspricht. Eine Pflegeperson mit Daten, die für *gestörtes Selbstkonzept* sprechen oder es bestätigen, sollte die Einflussfaktoren (z. B. Schuldgefühl, **b/d** soziales Stigma) untersuchen. Sie kann «unbekannte Ursache» einsetzen, bis das Fokusassessment Einflussfaktoren herausarbeitet.
2. *Körperbildstörung,* **b/d** *Mastektomie*
   Eine Mastektomie kann verschiedene Reaktionen hervorrufen, darunter Trauer, Wut und negative Gefühle der eigenen Person gegenüber. Bei einer Frau, die sich tumorbedingt einer Mastektomie unterzieht, besteht in hohem Maße das Risiko sowohl einer *Körperbildstörung* als auch eines *gestörten Selbstwertgefühls*. Demnach wäre die Diagnose *Gefahr eines gestörten Selbstkonzeptes,* **b/d** *wahrgenommene negative Auswirkungen eines veränderten Aussehens und einer Tumordiagnose* am besten geeignet. Eine Pflegeperson mit Daten, die ein *gestörtes Selbstkonzept* stützen, sollte dies als eine aktuelle Diagnose mit denselben Einflussfaktoren

dokumentieren und «angezeigt durch» aufnehmen, um Zeichen und Symptome oder Manifestationen zu spezifizieren (z. B. *gestörtes Selbstkonzept,* **b/d** *wahrgenommene negative Auswirkungen eines veränderten Aussehens und einer Tumordiagnose, angezeigt durch Angaben über negative Gefühle hinsichtlich des «neuen Selbst» und die dezidierte Haltung, sich nicht vom Ehepartner anschauen zu lassen*).

Zentrale Konzepte

Allgemeine Überlegungen

- Sowohl der Klient als auch die Pflegeperson haben jeweils ihr eigenes persönliches Konzept. Um effektiv mit anderen umzugehen, muss sich die Pflegeperson ihres eigenen Verhaltens, ihrer Gefühle, Haltungen und Reaktionen bewusst sein.
- Das Selbstkonzept umfasst Gefühle, Haltungen und Werte einer Person und beeinflusst deren Reaktion auf alle Erfahrungen.
- Das Selbstkonzept einer Person entwickelt sich von der Kindheit bis ins Alter. Im Alternsprozess tauchen neue Fertigkeiten und Herausforderungen auf. Der erfolgreiche Abschluss von Entwicklungsaufgaben trägt zu einem positiven Selbstkonzept bei (Boyd, 2005).
- Interaktionen mit anderen Menschen, das soziokulturelle Milieu und das Bewältigen von Entwicklungsaufgaben beeinflussen das Selbstkonzept (Boyd, 2005).
- Das Selbstkonzept beinhaltet Komponenten des Körperbildes, des Selbstwertgefühls sowie der eigenen Identität (Boyd, 2005).
- *Körperbild:* Die Summe der bewussten und unbewussten Haltungen der Person gegenüber ihrem Körper. Es umfasst gegenwärtige und frühere Wahrnehmungen.
- *Selbstwertgefühl:* die Selbstbeurteilung einer Person hinsichtlich des eigenen Wertes anhand der Analyse, wie gut sich ihr Verhalten mit ihrem Idealselbst deckt. Ein starkes Selbstwertgefühl ist verwurzelt in einer trotz Fehlern, Niederlagen und Fehlschlägen bedingungslosen Akzeptanz der eigenen Person als eines angeboren wertvollen und wichtigen Wesens.
- *Eigene Identität:* das für die Einheit, Kontinuität, Geschlossenheit und Einzigartigkeit des Individuums verantwortliche Organisationsprinzip der Persönlichkeit. Es bedeutet Autonomie und beinhaltet Eigenwahrnehmungen von Sexualität. Die Identitätsbildung beginnt im Säuglingsalter und schreitet das gesamte Leben hindurch fort, ist jedoch die Hauptaufgabe in der Jugend.
- Das Körperbild besteht aus drei Komponenten: Körperwirklichkeit, Körperideal und Körperpräsentation (Price, 1990):
- *Körperwirklichkeit:* der Körper, wie er wirklich ist, eingeengt durch die Auswirkungen der menschlichen Genetik und den alltäglichen Verschleiß in der äußeren Umgebung, wie er in der formellen Untersuchung eines Arztes beschrieben sein könnte. Er verändert sich zum einen als Folge des Alternsprozesses und zum anderen, weil wir ihn gebrauchen und missbrauchen. Abrupte Veränderungen der Körperwirklichkeit hängen mit einem Trauma oder Malignom, einer Infektion und Mangelernährung zusammen.
- *Körperideal:* Dies ist das Bild in unseren Köpfen, wie wir uns Aussehen und Leistungsfähigkeit des Körpers wünschen. Zu den Einflüssen gehören gesellschaftliche und kulturelle Normen, Werbung und sich wandelnde Haltungen gegenüber Fitness und Gesundheit. Veränderun-

gen der Körperwirklichkeit bedrohen das Körperideal, aber auch Erkrankungen des Körperideals (z. B. Anorexia nervosa) können das Gleichgewicht unmittelbar beeinträchtigen.

- *Körperpräsentation:* Die Körperwirklichkeit entspricht nur selten den Körperidealstandards. Die Körperpräsentation dient dem Bemühen, beide ins Gleichgewicht zu bringen. Es geht darum, wie der Körper im eigentlichen Sinne des Wortes der äußeren Umgebung präsentiert wird: die Art, in der wir uns kleiden, die äußere Erscheinung pflegen, gehen, sprechen, mit den Extremitäten posieren und Requisiten wie einen Gehstock oder ein Hörgerät einsetzen. In gleicher Weise beeinträchtigt auch eine Lähmung oder der Verlust einer Gliedmaße (Körperwirklichkeit) die Gewandtheit der Körperpräsentation. Vieles von der Präsentation geschieht – symbolgeladen – für die Öffentlichkeit.
- Störungen der Komponenten des Selbstkonzeptes werden beschrieben wie folgt:
  - *Körperbild:* sich selbst infolge tatsächlicher oder wahrgenommener Veränderungen der Körperstruktur oder -funktion anders sehen
  - *Idealselbst:* eine Veränderung der Erwartungen an sich selbst bzw. des Strebens
  - *Selbstwertgefühl:* Verlust des Vertrauens in die Fähigkeit, Gewünschtes zu erreichen.
  - *Rollenperformanz:* die Unfähigkeit, die in einer gegebenen Gesellschaft von einer bestimmten Rolle erwarteten Funktionen und Aktivitäten wahrzunehmen.
  - *eigene Identität:* Störung der Selbstwahrnehmung («Wer bin ich?»).

Verlust eines Körperteils/einer Körperfunktion

- Zum Selbstkonzept des Menschen gehören Selbstwertgefühl, das Gefühl, attraktiv und liebenswert zu sein, sowie Fähigkeiten. Eine Körperverletzung ist ein Angriff auf das geistige Bild des eigenen Körpers und der eigenen Person. Diese Verletzung bzw. dieser Verlust umfasst auch den Trauerprozess.
- Die stärksten Veränderungen des Körperbildes und des Selbstkonzeptes entstehen durch eine Entstellung des Gesichts.
- Bergamasco et al. (2002) erkannten zwei kritische Ereignisse bei Personen mit Verbrennungen: beim Wahrnehmen der Veränderungen ihres Körpers (z. B. im Spiegel) und beim Wahrnehmen, dass andere Menschen ihre Narben wahrnehmen.
- Faktoren, welche die erfolgreiche Wiederherstellung des Bildes beeinflussen, sind die Art, in der die Person den Wert der verlorenen Funktion wahrnimmt, die Art der Veränderung, frühere Lebenserfahrungen, das Selbstwertgefühl, soziale Unterstützung, die Einstellungen Dritter sowie Zugang zu Medizintechnik.
- Der Trauerprozess als Reaktion auf den Verlust eines Körperteils wurde wie folgt beschrieben (Friedman-Campbell/Hart, 1984):
- Schock/Verleugnung. Der Betroffene …
  - … verleugnet die Verletzung oder ihren Schweregrad.
  - … gestattet sich nur minimal, an den Verlust zu denken, um sich zu schützen.
  - … akzeptiert den Verlust intellektuell, verleugnet ihn jedoch emotional.
- Zunehmendes Bewusstsein. Der Betroffene …
  - … erkennt die Auswirkungen des Verlustes für sich selbst.
  - … spürt den Verlust auf akut-körperliche Weise
  - … ist wütend.
  - … beschäftigt sich mit Schuld und Schuldzuweisung.
  - … betrauert den Verlust und zieht sich zurück.

  - ... meidet den Wandel und klammert sich an Routinen.
- Bewältigen des Verlustes der Körperfunktion. Der Betroffene ...
  - ... beginnt, sich mit den Auswirkungen des Verlustes für die eigene Person zu beschäftigen.
  - ... befreit sich langsam aus den Banden des Verlustes.
  - ... passt sich an eine veränderte Umgebung an.
  - ... investiert in neue Beziehungen.

Selbstwertgefühl

- Selbstwertgefühl entsteht aus einem Vergleich zwischen Selbstkonzept und Idealselbst. Je stärker sich beides deckt, desto höher ist das Selbstwertgefühl.
- Selbstwertgefühl leitet sich aus der Selbstwahrnehmung der Person in Bezug auf Kompetenz und Wirksamkeit sowie aus den Würdigungen anderer ab. Im Allgemeinen hegen Menschen positive, sich selbst verstärkende Überzeugungen hinsichtlich der eigenen Person, der Welt und der Zukunft. Diese einseitig gewichteten Wahrnehmungen sind erheblich positiver als die objektive Sachlage zeigt.
- Mit abnehmendem Selbstwertgefühl sinkt auch die Überzeugung eines Menschen, er könne Kontrolle über die Umgebung ausüben. Umgekehrt sinkt mit der wahrgenommenen Abnahme persönlicher Kontrolle auch das Selbstwertgefühl. Ein Versagen/Scheitern auf Unvermögen (interne Ursache) zurückzuführen, führt zu verminderten Erwartungen und einem Motivationsrückgang.
- Bei einer Bedrohung des Selbstkonzeptes einer Person schützen drei kognitive Prozesse das Selbstwertgefühl:
  - die Suche nach einer Bedeutung dieser Erfahrung
  - Wiedererlangen der Kontrolle über das Ereignis, Ausüben persönlicher Kontrolle
  - Selbstbestärkung («Wie komme ich im Vergleich mit anderen zurecht?»).
  - Folgende Verhaltensweisen gehen mit geringem Selbstwertgefühl einher (Tab. II-34).
  - Ein niedriges Selbstwertgefühl gilt als wichtige Ursache von Gewalt; theoretisch ist aber auch das Gegenteil denkbar. Gewalt erscheint oft als Folge eines bedrohten Egoismus, d. h. von sehr günstigen Ansichten über das eigene Selbst, die von jemand anderem oder einer Situation bedroht werden. Dies ist die dunkle Seite eines starken Selbstwertgefühls.

Pädiatrische Überlegung

- Das Selbstkonzept ist erlernt. Das Selbstkonzept eines Kindes beispielsweise entsteht als Ergebnis von Veränderungen in früheren Entwicklungsstadien.
- Um ein Selbstwertgefühl zu entwickeln und aufrechtzuerhalten, muss ein Kind das Gefühl haben, wertvoll zu sein, sich in gewisser Weise abzuheben und jedem anderen Kind überlegen und im Vergleich zu ihm liebenswerter zu sein (Wong, 2003).
- Das Selbstwertgefühl steigt, während ein Kind bedeutungsvolle Beziehungen eingeht und Entwicklungsaufgaben meistert. Die frühe Jugend ist eine für das Selbstwertgefühl

Tabelle II-34: Verhaltensweisen, die mit geringem Selbstwertgefühl einhergehen (Quelle: Miller, 2004)

Rigidität	Zögerlichkeit	wiederholte unnötige Entschuldigungen
Herunterspielen eigener Fähigkeiten	Hervorheben von Defiziten	Erwarten des Scheiterns
selbstzerstörerisches Verhalten	Billigung suchendes Verhalten	Komplimente nicht annehmen können
Übergehen eigener Meinungen	Schwierigkeiten, enge Beziehungen einzugehen	nicht Nein sagen können, wenn es geboten wäre

gefährliche Zeit, in der der Jugendliche bestrebt ist, eine Identität und ein Gefühl für sich selbst in einer Gruppe Gleichaltriger abzustecken (Boyd, 2005).

- Gegenwärtige und frühere Wahrnehmungen des eigenen Körpers, das physiologische Funktionieren, der Entwicklungsstand sowie Reaktionen Dritter beeinflussen die Entwicklung des Körperbildes bei einem Kind. Die Jugend ist möglicherweise die entscheidende Phase in der Entwicklung des Körperbildes, da die Veränderungen in der Pubertät einen Wandel im Körperbild des/der Heranwachsenden erzwingen. Die Entwicklung eines positiven Körperbildes, geordnet nach Altersgruppen, zeigt Tabelle II-35.
- Kinder lernen, sich selbst so zu sehen, wie Eltern und Bezugspersonen dies tun.
- Um eine gesunde Persönlichkeit zu entwickeln, braucht ein Kind ein positives und akkurates Körperbild, ein realistisches Idealselbst, ein positives Selbstkonzept und ein hohes Selbstwertgefühl.
- Obwohl Erfahrungen mit einer chronischen Krankheit oder einer Behinderung und den damit einhergehenden Einschränkungen die Entwicklung eines gesunden Selbstwertgefühls stören können, deuten neuere Forschungsergebnisse auch auf das Gegenteil hin. Zwar mögen Menschen mit Behinderung im Vergleich zur normativen Bevölkerung schwächere Selbstkonzepte hinsichtlich sozialer Akzeptanz sowie sportlicher und beruflicher Kompetenz haben, hatten jedoch insgesamt kein niedrigeres Selbstwertgefühl. Drei Strategien zum Schutz ihres Selbstwertgefühls bestehen darin, sich eher mit Angehörigen ihrer eigenen Gruppe als mit einer nichtstigmatisierten Gruppe zu vergleichen, Dinge, in denen sie nicht gut sind, auch nicht stark zu werten und ein negatives Feed-back eher der Zugehörigkeit zu einer stigmatisierten Gruppe als persönlichen Fehlern zuzuschreiben (Specht et al.,1998). Auch sollte nicht angenommen werden, dass Klienten mit Geisteskrankheiten stets ein niedriges Selbstwertgefühl haben. Faktoren mit Einfluss auf die Lebensqualität, wie etwa der Wert der Arbeit, soziale Beziehungen und Aktivitäten mit der Familie, wurden gemessen und zeigen, dass Klienten, die diese Faktoren erleben, ein hohes Selbstwertgefühl haben (Van-Dongen, 1998).
- Zwar sind adipöse Kinder und Jugendliche u. U. in besonderem Maße der Gefahr von Störungen des Körperbildes oder Selbstkonzeptes ausgesetzt, jedoch tritt ein niedriges

Tabelle II-35: Entwicklung eines positiven Körperbildes, geordnet nach Altersgruppen (Quelle: Boyd, 2005)

Alter	Entwicklungsaufgabe – das Kind ...
Geburt bis 1 Jahr	... lernt, kleine Frustrationen zu ertragen
	... lernt, zu vertrauen
1–3 Jahre	... lernt, den Körper zu mögen
	... erlernt motorische Fertigkeiten, sprachliche Fertigkeiten und Reinlichkeit beim Ausscheiden
3–6 Jahre	... lernt Initiative
	... lernt das Zuordnen des Geschlechts
	... identifiziert sich mit elterlichen Modellen
	... erweitert seine Fertigkeiten (motorisch, sprachlich)
6–12 Jahre	... entwickelt ein Gefühl von Eifer und Streben
	... hat eine klare Geschlechtsrollendefinition
	... lernt durch Interaktion
	... entwickelt schulische Fertigkeiten
Jugendalter	... entwickelt eine eigene Identität und Geschlechtsrolle
	... wendet abstraktes Denken an
	... entwickelt ein persönliches Wertsystem

Selbstwertgefühl eher bei Kindern auf, die glauben, selbst für ihr Übergewicht verantwortlich zu sein, als bei jenen, die es auf eine externe Ursache zurückführen. Ein niedrigeres Selbstwertgefühl findet sich auch bei Kindern, die glauben, ihr Übergewicht würde ihr soziales Interagieren behindern (Pierce/Wardle, 1997).

- Negative Selbstkonzepte gehen bei Kindern und Jugendlichen mit autodestruktivem Verhalten, wie übermäßigem Essen, Alkoholismus, Rauchen und Drogenmissbrauch, einher (Winkelstein, 1989).
- Beherrschung und Können beschreiben einen positiven Umgang mit Stress. Erfolgreiches Coping erhöht das Selbstwertgefühl.

Geriatrische Überlegungen

- Miller (2004) zufolge ist Selbstwertgefühl «eines der am stärksten mit Depression wie mit Glücksgefühl assoziierten Merkmale» bei älteren Menschen.
- Selbstwertgefühl hängt von der Interaktion mit anderen und von deren Meinungen ab. In westlichen Gesellschaften kann eine generell negative Betrachtungsweise des Alterns dazu beitragen, dass ein älterer Mensch ein niedrigeres Selbstwertgefühl hat.
- Viele Variablen interagieren miteinander und bewirken bei älteren Menschen eine Abnahme des Selbstwertgefühls einschließlich negativer gesellschaftlicher Haltungen, verminderter sozialer Interaktion sowie verminderter Macht und Kontrolle über die Umgebung.
- Meisenhelder (1985) zufolge üben folgende Personen den bedeutendsten Einfluss auf das Selbstwertgefühl älterer Menschen aus: EhepartnerIn, Gleichaltrige (am wichtigsten bei Männern), Autoritätspersonen (am wichtigsten bei Frauen), Menschen, mit denen man lebt, sowie Menschen im unmittelbaren sozialen, arbeitsbezogenen und konfessionellen Umfeld.
- Zu den umgebungsbedingten Faktoren in Einrichtungen der Langzeitversorgung, die das Selbstwertgefühl älterer BewohnerInnen beeinflussen können, gehören: Dekor, soziale Rollen, Entscheidungsmöglichkeiten, bauliche Konzeption, Raum und Privatsphäre (Miller, 2004).
- Ältere Menschen mit schwacher Gesundheit, einem hohen Grad an Behinderung und täglichen Schmerzen berichten über das niedrigste Selbstwertgefühl (Hunter et al., 1981–1982).

Transkulturelle Überlegungen

- In der lateinamerikanischen Kultur ist der Mann Haushaltsvorstand und hat Autorität über seine Familie. Er muss sie versorgen und schützen. Selbstbild und Familie sind ineinander verwoben. Jede Bedrohung seiner Fähigkeit, für die Familie zu sorgen, bedroht sein Selbstkonzept im Kern (Andrews/Boyle, 2003).

Einschätzungskriterien des Fokusassessments

Gestörtes Selbstkonzept zeigt sich auf vielfältige Weise. Ein Mensch kann durch eine Veränderung in einem anderen Lebensprozess reagieren (z. B. *existenzielle Verzweiflung, Furcht, unwirksames Coping*). Die Pflegeperson sollte sich dessen bewusst sein und die Assessmentdaten dazu nutzen, um die betroffenen Dimensionen festzustellen.

Es mag der Pflegeperson schwer fallen, die Hinweise zu identifizieren und die nötigen Schlüsse zu ziehen, um eine Störung des Selbstkonzeptes zu diagnostizieren. Jeder Mensch reagiert anders auf Verlust, Schmerz, Behinderung und Entstellung. Daher sollte die Pflegeperson feststellen, wie die Person normalerweise auf Probleme reagiert und wie sie sich sich selbst gegenüber fühlt, bevor sie versucht, eine Veränderung zu diagnostizieren.

Subjektive Daten

Einschätzen bestimmender Merkmale oder Kennzeichen

Ansichten zur eigenen Person

«Beschreiben Sie sich.»
«Was schätzen Sie an sich selbst am meisten/am wenigsten?»
«Was möchten Sie selbst/andere an sich/Ihnen verändern?»
«Woran haben Sie Freude?»
«Hat sich die Tatsache, dass Sie krank sind, auf die Art ausgewirkt, wie Sie sich selbst sehen?»

Identität

«Welche persönlichen Erfolge haben Ihnen Befriedigung verschafft?»
«Welche Pläne haben Sie für die Zukunft?»

Rollenverantwortlichkeiten

«Wovon leben Sie? Welche Verantwortlichkeiten haben Sie im Beruf? Welche Verantwortlichkeiten haben Sie zuhause?»
«Sind diese Verantwortlichkeiten zufrieden stellend?»
Falls es bei der/dem Betreffenden zu einem Rollenwechsel kam: Wie hat er sich auf Lebensweise und Beziehungen ausgewirkt?

Somatische Störungen

«Fürchten Sie sich? Sind Sie ängstlich oder nervös?»
«Fühlen Sie sich hin und wieder, als fielen Sie auseinander? Ist Ihnen schwindlig? Haben Sie Schmerzen? Kurzatmigkeit? Palpitationen? Wie oft lassen Sie Wasser? Haben Sie Übelkeit und/oder Erbrechen? Schlafen Sie gut? Fühlen Sie sich erschöpft? Haben Sie Ihr Interesse an Sexualität verloren?»

Affekt und Stimmungslage

«Wie fühlen Sie sich jetzt?»
«Wie würden Sie Ihre übliche Stimmungslage beschreiben?»
«Was macht Sie glücklich? Was regt Sie auf?»

Körperbild

«Was gefällt Ihnen an Ihrem Körper am meisten, was am wenigsten?»
«Zu welchen Einschränkungen wird es Ihrer Ansicht nach kommen?»
«Wie fühlen Sie sich angesichts dieser Krankheit/Behinderung?»
«Hat Sie die Art, wie Sie sich selbst wahrnehmen oder die Art, in der andere auf Sie reagieren, verändert?»

Einschätzen beeinflussender Faktoren

Umgang mit Stress

«Wie kommen Sie mit Stress zurecht?»
«An wen wenden Sie sich bei Problemen?»

Unterstützungssystem

«Gibt es Probleme in bestehenden Beziehungen?»
«Wie geht es Ihrer Familie mit Ihrer Erkrankung? Versteht sie Sie?»
«Erörtert Ihre Familie regelmäßig Probleme?»
«Welche weitere Unterstützung haben Sie? Spirituell? Sozial?»

Objektive Daten

Einschätzen bestimmender Merkmale oder Kennzeichen

Allgemeine Erscheinung

Gesichtsausdruck
Körperhaltung/-sprache (Blickkontakt, Beugung von Kopf und Schultern, Gang/Schritt)

Denkprozesse/-inhalte

Orientierung.
Misstrauen.
Mord-/Suizidvorstellungen.
Weitschweifigkeit.
Übermäßiges Beschäftigtsein mit Sexualität.
Wahnideen (Größen-, Verfolgungs-, Beziehungs-, Beeinflussungswahn oder wahnhafte Körperempfindungen).
Konzentrationsstörungen.
Verlangsamtes Denken.
Gedächtnisschwäche, bisweilen können große Teile der persönlichen Geschichte fehlen.
Beeinträchtigtes Urteilsvermögen.
Angst.

Verhalten

Schulprobleme (Schwänzen, Leistungsrückgang).
Probleme am Arbeitsplatz (Zuspätkommen, verminderte Produktivität, Unfallneigung, Burnout-Symptome).
Sozialer Rückzug.
Sexualverhalten (Zu-/Abnahme, Promiskuität).

Kommunikationsverhalten

Mit Bezugspersonen:

- kommuniziert gut
- abhängig
- feindselig
- fordernd.

Ernährungszustand

Appetit.
Essverhalten.
Gewicht (Zu-/Abnahme).

Ruhe- und Schlafverhalten
Kürzlich eingetretene Veränderungen.

Ziele

NOC

- Lebensqualität
- Ausmaß von Depression
- Selbstwertgefühl
- Coping

Die Person zeigt eine gesunde Anpassung und gesunde Coping-Fertigkeiten.

Indikatoren

- Realistische und verzerrungsfreie Würdigung der eigenen Person und von Situationen.
- Äußern und Demonstrieren verstärkter positiver Gefühle.

Allgemeine Interventionen

NIC

- Hoffnungsvermittlung
- Stimmungsmanagement
- Klärung von Wertvorstellungen
- Beratung
- Pflegeüberleitung
- Selbsthilfegruppennutzung
- Copingverbesserung

Die Pflegeinterventionen für die verschiedenen, bei der Diagnose *gestörtes Selbstkonzept* möglichen Diagnosen sind einander sehr ähnlich.

Häufiges Kontaktieren des Klienten und ihn warmherzig, positiv betrachten

F: Häufiger Kontakt durch die Betreuungsperson zeigt Akzeptanz und kann Vertrauen fördern. Unter Umständen zögert der Klient aufgrund eines negativen Selbstkonzeptes, an die Mitarbeiter heranzutreten.

Ermutigen des Klienten, Gefühle und Gedanken zu folgenden Punkten auszudrücken:

Erkrankung/Zustand.
Fortschritt.
Prognose.

Auswirkungen auf die Lebensweise.
Unterstützungssystem.
Behandlung.

F: Den Klienten anzuhalten, Gefühle zu äußern, kann ermöglichen, Befürchtungen und Frustrationen loszuwerden und das Selbstbewusstsein zu erhöhen.

Sorgen für zuverlässige Informationen und Klären falscher Vorstellungen

F: Falsche Vorstellungen können die Angst erhöhen und das Selbstkonzept unnötig schädigen.

Erläutern des Prozesses der Neufassung des Selbstbildes (siehe «Zentrale Konzepte» – Verlust von Körperteilen oder -funktionen)

Erklären Sie, dass die Neugestaltung des Selbstbildes nach einem Verlust an Aussehen oder Funktion ein eigenständiger und einzigartiger Vorgang ist.
Weisen Sie darauf hin, dass der Prozess etwa ein Jahr dauert.
Unterstützen Sie den Klienten beim Untersuchen von Furcht vor dem gesellschaftlichen Umgang mit Menschen und ihren Folgen, damit sie nicht internalisiert wird. Bringen Sie ihn in Kontakt mit geeigneten Gruppen und Organisationen.
Sorgen Sie nach der Entbindung für Mütterbildung und ein solides Unterstützungssystem mit Alternativen der Säuglingsversorgung.
Sorgen Sie für Schulung und verweisen Sie an Selbsthilfegruppen, die Empowerment und einen Fokuswechsel fördern, um beim Evaluieren und Erhöhen der Lebensqualität zu unterstützen.

F: Unter Umständen konzentriert sich der Klient nur auf die Veränderung des Selbstbildes und nicht auf die positiven Merkmale, die zum Selbstkonzept insgesamt beitragen. Die Pflegeperson muss diese positiven Aspekte bestärken und den Klienten ermutigen, sie in das neue Selbstkonzept zu reintegrieren.

Unterstützen des Klienten beim Erkennen positiver Attribute und möglicher neuer Chancen

Unterstützen bei der Körperpflege und der Pflege des äußeren Erscheinungsbildes

F: Die Beteiligung an der Selbstversorgung und Planung kann beim positiven Coping helfen.

Ermutigen von BesucherInnen

F: Häufige Besuche durch unterstützende Personen können dem Klienten spüren helfen, dass er noch immer eine wertvolle, akzeptable Person ist, was ein positives Selbstkonzept fördern sollte.

Unterstützen des Klienten beim Erkennen von Strategien zur Steigerung der Unabhängigkeit und zur Aufrechterhaltung von Rollenverantwortlichkeiten

Ordnen von Aktivitäten nach Priorität.
Anwenden von Mobilitätshilfen und Hilfsmitteln nach Bedarf.

F: Die Beteiligung an der Selbstversorgung und Planung kann beim positiven Coping helfen.
F: Eine starke Komponente des Selbstkonzeptes ist die Fähigkeit, Funktionen wahrzunehmen, die von der eigenen Rolle erwartet werden, und damit Abhängigkeit zu vermindern und die Notwendigkeit einer Beteiligung Dritter zu verringern.

Mit dem Unterstützungssystem des Klienten erörtern, wie wichtig es ist, den Beteiligten Werte und Bedeutung des Klienten zu vermitteln

F: Die Werte des Klienten zu vermitteln, stärkt das Selbstwertgefühl und fördert die Anpassung.
F: Optimismus stärkt soziale Beziehungen und befähigt einen Menschen, soziale Unterstützung effektiver zur Wahrung des Selbstwertgefühls zu nutzen.

Beginnen mit Gesundheitsedukation, soweit angezeigt

Unterweisen Sie die Person bei Bedarf in den verfügbaren kommunalen Ressourcen (z. B. Selbsthilfegruppen).
Siehe *Körperbildstörung, chronisch geringes Selbstwertgefühl* und *situationsbedingt geringes Selbstwertgefühl* für spezielle Themen der Gesundheitsedukation.

F: Im Beratungsprozess spirituelle Fragen anzusprechen, beinhaltet ein akkurates Assessment des spirituellen Funktionierens sowie relevante, diskret und mit Respekt vor den Überzeugungen des Klienten angewandte Interventionen.
F: Pflegende müssen adäquat geschult werden und ihr Wissen auf dem neuesten Stand halten. Sie sollten regelmäßig supervidiert und unterstützt werden, um sicherzustellen, dass sie bei Patienten mit Störungen des Selbstkonzeptes therapeutische Pflege leisten können.

Pädiatrische Interventionen

Maßnahmen

Gestatten Sie dem Kind, eigene Erfahrungen in die Situation einzubringen (z. B.: «Manche Kinder sagen, eine Injektion fühle sich an wie ein Insektenstich, manche sagen, sie würden gar nichts spüren. Nachher kannst du mir sagen, wie es sich anfühlt» [Johnson, 1995]).
Vermeiden Sie es, «gut» oder «schlecht» zu verwenden, um Verhalten zu beschreiben. Seien Sie präzise und deskriptiv (z. B.: «Du hast mir wirklich geholfen, indem du stillgehalten hast. Danke.» [Johnson, 1995]).
Verbinden Sie frühere Erfahrungen mit der gegenwärtigen (z. B.: «Diese Röntgen-Kamera sieht anders aus als beim letzten Mal. Du musst diesmal wirklich stillhalten. Auch der Tisch bewegt sich diesmal.» [Johnson, 1995]).
Vermitteln Sie Optimismus mit positivem Sprechen über sich selbst (z. B.: «Ich habe heut so viel zu tun. Hoffentlich schaffe ich das alles. Ich wette, ja!» oder: «Nach der Operation musst du im Bett bleiben. Was magst du dann gerne tun?).

Helfen Sie dem Kind, seine Spielzeit mit Auswahlmöglichkeiten zu planen. Ermutigen Sie es zu Tätigkeiten mit einem Endprodukt.

Ermutigen Sie zum Interagieren mit Gleichaltrigen und unterstützenden Erwachsenen.

Ermutigen Sie das Kind, sein Zimmer mit den Produkten seiner Tätigkeit und persönlichen Dingen zu dekorieren.

Empfehlen und unterstützen Sie Programme, die auch Scheidungsmediation, frühzeitige Überweisung, zur Familien- und Geschwistertherapie sowie Schulprogramme zur Unterstützung dieser verletzlichen Klienten vorsehen.

Berücksichtigen Sie bei der Auswahl einer Maßnahme für das Selbstwertgefühl auch das Entwicklungsniveau und das chronologische Alter. Evaluieren Sie während der Therapie eher realitätsbasiert, mit Konzeptdimensionen, die u.a. Kompetenz, Macht, moralischen Wert und Akzeptanz beinhalten (Wong, 2003).

F: Beim Loben eines Kindes ist es hilfreicher, spezifisch und deskriptiv zu sein als ein Verhalten als «gut» oder «schlecht» zu beschreiben.

F: Dem Kind zu erlauben, die Erfahrung zu beschreiben, unterstützt, dass es einzigartig ist.

F: Die Pflegeperson kann Informationen liefern, die dem Kind helfen, der Situation Sinn zu verleihen, indem es die gegenwärtige oder zukünftige Erfahrung mit früherem Erleben verknüpft.

F: Positiver Self-Talk vermittelt dem Kind Optimismus.

F: Dem Kind Auswahlmöglichkeiten zu geben und es produktiv spielen zu lassen, kann das Selbstkonzept stärken.

F: Der Aufbau von Fertigkeiten und positiven sozialen Beziehungen stärkt das Gefühl eines Kindes für inneren und äußeren Wert (Wong, 2003).

Körperbildstörung

Definition

Körperbildstörung: der Zustand, in dem eine Person eine abrupte Veränderung der Wahrnehmung des eigenen Körpers erfährt oder entsprechend gefährdet ist.

Körperbildstörung (engl. Disturbed body image): Verwirrung bezüglich des mentalen Bildes über das eigene physische Selbst (NANDA-I, 2010).

Bestimmende Merkmale oder Kennzeichen

Hauptkennzeichen (obligat)

Verbale oder nonverbale negative Reaktion auf eine tatsächliche oder wahrgenommene Veränderung der Struktur und/oder Funktion (z.B. Scham, Verlegenheit, Schuldgefühl, Ekel).

Nebenkennzeichen (fakultativ)

- Äußerungen über Gefühle, die eine veränderte Sichtweise auf den eigenen Körper widerspiegeln (z. B. Aussehen, Struktur oder Funktion)
- Äußerungen über Wahrnehmungen, die eine veränderte Sichtweise auf die äußere Erscheinung widerspiegeln
- Äußerung über eine Veränderung der Lebensweise
- Furcht vor [Zurückweisung/]den Reaktionen anderer
- Fokussierung auf das frühere Aussehen
- Fokussierung auf die frühere Funktion
- Fokussierung auf vergangene Stärken
- negative Gefühle über den Körper (z. B. Gefühl der Hilflosigkeit, Hoffnungslosigkeit, Machtlosigkeit); [Depersonalisierung/Grandiosität]
- starke Auseinandersetzung mit der Veränderung
- starke Auseinandersetzung mit dem Verlust
- Ablehnung, die reale Veränderung zu überprüfen und zu bestätigen
- Betonung der verbliebenen Stärken
- überzogene Darstellung von erbrachten Leistungen
- Personalisierung des Verlustes durch Namensgebung
- Personalisierung des Körperteils durch Namensgebung
- Depersonalisation des Verlustes durch den Gebrauch unpersönlicher Fürworte
- Depersonalisation des Körperteils durch unpersönliche Fürwörter.
- Verhalten, das auf eine Rückmeldung oder Bestätigung zum eigenen Körper gerichtet ist
- vermeidendes Verhalten bezüglich des eigenen Körpers
- beobachtendes Verhalten bezüglich des eigenen Körpers
- nonverbale Reaktion auf eine reale Veränderung des Körpers (z. B. Aussehen, Struktur, Funktion)
- nonverbale Reaktion auf eine wahrgenommene Veränderung des Körpers (z. B. Aussehen, Struktur, Funktion)
- fehlender Körperteil
- reale Veränderung der Struktur
- reale Veränderung der Funktion
- schaut den Körperteil nicht an
- berührt den Körperteil nicht
- Trauma in Bezug auf den nicht funktionierenden Körperteil
- veränderte Fähigkeit, die räumliche Beziehung zwischen dem Körper und dem Umfeld einzuschätzen
- Erweiterung der Körpergrenzen, um Objekte aus der Umgebung einzuschließen
- absichtliches Verbergen von Körperteilen [oder]
- absichtliches zur Schau stellen eines Körperteils
- unabsichtliches Verbergen des Körperteils [oder]
- unabsichtliches zur Schau stellen des Körperteils
- Veränderung in der sozialen Einbindung
- Verhalten, das eine Rückmeldung oder Bestätigung zum eigenen Körper sucht
- beobachtendes Verhalten bezüglich des eigenen Körpers
- [Aggression, geringe Frustrationstoleranz].

Einflussfaktoren

Pathophysiologische Faktoren

B/d biophysikalische Faktoren, Krankheit, Verletzung, Operation, [Verstümmelung, Schwangerschaft]

B/d Veränderungen der äußeren Erscheinung, s/b/d:

eine chronische Krankheit
Verlust eines Körperteils
Verlust einer Körperfunktion
ein schweres Trauma
Altern.

Behandlungsbedingte Faktoren

B/d Veränderungen der äußeren Erscheinung, s/b/d:

Hospitalisierung
Operation
Chemotherapie
Bestrahlung.

B/d Behandlung einer Krankheit [Veränderung durch biochemische Substanzen (Medikamente, Suchtmittel), Abhängigkeit von einer Maschine]

Situationsbedingte Faktoren (persönlich bedingt, umgebungsbedingt)

B/d ein physisches Trauma, s/b/d:

sexuellen Missbrauch
Vergewaltigung (bei bekanntem oder unbekanntem Täter)
Überfall.

B/d psychosoziale Faktoren

B/d kulturelle/spirituelle Faktoren

B/d kognitive/perzeptive Faktoren

B/d die Auswirkungen von (zu spezifizieren) auf die äußere Erscheinung, s/b/d:

Adipositas
Immobilität
Schwangerschaft.

Altersbedingte Faktoren

B/d Entwicklungsbezogene, reifungsbedingte Veränderungen [entwicklungsbedingte Veränderungen des Äußeren]

B/d [Bedeutung des Körperteiles oder der Körperfunktion in Zusammenhang mit Alter, Geschlecht, Entwicklungsstufe oder Grundbedürfnissen].

Anmerkung der Autorin

Siehe *gestörtes Selbstkonzept.*

Irrtümer in diagnostischen Aussagen

Siehe *gestörtes Selbstkonzept.*

Ziele

NOC

- Körperbild
- Kindesentwicklung
- Auflösung von Trauer
- Psychosoziale Anpassung: Lebensveränderung
- Selbstwertgefühl

Die Person implementiert neue Coping-Muster und äußert und demonstriert, dass sie ihr Erscheinungsbild akzeptiert (Pflege der äußeren Erscheinung, Kleidung, Körperhaltung, Essverhalten, Selbstdarstellung).

Indikatoren

- Zeigen von Bereitschaft und Fähigkeit zur Wiederaufnahme der Selbstversorgung bzw. der Rollenverantwortlichkeiten.
- Knüpfen neuer oder Wiederaufnehmen bestehender Kontakte zu Unterstützungssystemen.

Allgemeine Interventionen

NIC

- Selbstwertgefühlsverbesserung
- Beratung
- Anwesenheit
- Aktives Zuhören
- Körperbildverbesserung
- Trauerarbeitserleichterung
- Selbsthilfegruppennutzung
- Pflegeüberleitung

Schaffen einer vertrauensvollen Pflegeperson-Klienten-Beziehung

Ermutigen Sie die Person, Gefühle zum Ausdruck zu bringen, und zwar vor allem hinsichtlich der Art, wie sie sich in Bezug auf sich selbst fühlt, wie sie über sich denkt oder wie sie sich sieht.

Respektieren Sie Gefühle von Feindseligkeit, Trauer, Furcht und Abhängigkeit. Lehren Sie Strategien für den Umgang mit Emotionen.

Erkunden Sie das System der Überzeugungen (z. B.: Bedeuten Schmerzen, Leiden und Verlust Bestrafung?).

Ermutigen Sie den Klienten, Fragen über die Gesundheitsstörung, deren Behandlung, den Fortschritt und die Prognose zu stellen.

Sorgen Sie für zuverlässige Informationen und bekräftigen Sie bereits gegebene Informationen.

Klären Sie jegliche falschen Vorstellungen hinsichtlich der eigenen Person, der Pflege und der Betreuungspersonen.

Vermeiden Sie Kritik.

Sorgen Sie für Privatsphäre und eine sichere Umgebung.

Setzen Sie – mit Zustimmung der Person – therapeutische Berührung ein.

Ermutigen Sie den Klienten, sich spirituellen Überzeugungen und Werten hinsichtlich einer höheren Gewalt zuzuwenden.

F: Häufige Kontaktaufnahme seitens der Betreuungsperson signalisiert Akzeptanz und kann Vertrauen fördern. Unter Umständen zögert der Klient aufgrund eines negativen Selbstkonzeptes, an das Personal heranzutreten, daher muss die Pflegeperson von sich aus tätig werden.

Fördern sozialer Interaktion

Unterstützen Sie den Klienten dabei, Hilfe von anderen zu akzeptieren.

Vermeiden Sie Überbehüten, schränken Sie vielmehr die Anforderungen, die an Sie gestellt werden, ein.

Ermutigen Sie zu Bewegung.

Bereiten Sie Bezugspersonen auf körperliche und emotionale Veränderungen vor.

Unterstützen Sie die Familie bei der Anpassung.

Ermutigen Sie zu Besuchen von Gleichaltrigen und Bezugspersonen.

Ermutigen Sie zu Kontakten (Telefonate, Briefe) mit Gleichaltrigen und der Familie.

Ermutigen Sie zur Beteiligung an Aktivitäten auf Station.

Sorgen Sie für Gelegenheiten, um sich mit Menschen mit ähnlichen Erfahrungen auszutauschen.

Besprechen Sie mit dem Unterstützungssystem des Klienten, wie wichtig es ist, dem Klienten seinen Wert und seine Bedeutung für eben dieses Unterstützungssystem zu erklären.

F: Soziale Interaktionen können bekräftigen, dass die Person akzeptabel und das frühere Unterstützungssystem noch intakt ist.

Sorgen für spezifische Interventionen in ausgewählten Situationen

Verlust eines Körperteils oder einer Körperfunktion

Schätzen Sie die Bedeutung des Verlustes für die Person und die Bezugspersonen in Bezug auf die Sichtbarkeit des Verlustes, den Funktionsverlust und den emotionalen Aufwand ein.

Erkunden und klären Sie falsche Vorstellungen und Geschichten über den Verlust oder die Fähigkeit, auch mit dem Verlust zu funktionieren.

Gehen Sie davon aus, dass die Person auf den Verlust mit Verleugnung, Schock, Wut und Depression reagiert.

Seien Sie sich der Auswirkungen der Reaktionen Dritter auf den Verlust bewusst und ermutigen Sie Bezugspersonen, sich hinsichtlich ihrer Gefühle untereinander auszutauschen.

Zeigen Sie Wertschätzung für Gefühle, indem Sie der Person ermöglichen, ihre Gefühle zu äußern und zu trauern.

Setzen Sie Rollenspiel ein, um beim Austausch zu unterstützen. Wenn die Person sagt: «Ich weiß, dass mein Mann mich mit diesem Kolostoma nicht wird berühren wollen», gehen Sie in die Rolle des Ehemannes und besprechen Sie ihr Kolostoma. Wechseln Sie dann die Rollen, damit die Betroffene ihre Gefühle über die Reaktion ihres Mannes ausagieren kann.

Erkunden Sie realistische Alternativen und sorgen Sie für Ermutigung.

Erkunden Sie gemeinsam mit der Person Stärken und Ressourcen.

Unterstützen Sie beim Auflösen einer chirurgisch geschaffenen Veränderung des Körperbildes:

- Ersetzen Sie den verlorenen Körperteil möglichst bald durch eine Prothese.
- Ermutigen Sie dazu, die Stelle zu betrachten.
- Ermutigen Sie dazu, die Stelle zu berühren.
- Ermutigen Sie zu Aktivitäten, bei denen es auch um das neue Körperbild geht (z. B. Einkaufen neuer Kleidung).

Lehren Sie, was die Gesundheitsstörung beinhaltet und wie man damit umgeht.

Beginnen Sie, die Person an der Pflege der Operationswunde zu beteiligen.

Erlauben Sie der Person, wenn möglich, schrittweise die volle Verantwortung für die Selbstversorgung zu übernehmen.

Unterweisen Sie die Person im Überwachen des eigenen Fortschritts (Miller, 2004).

Für weitere Informationen siehe *Sexualstörung*, falls angezeigt.

Persönliche Eigenschaften und Stärken zu identifizieren kann dem Klienten helfen, sich auf die positiven Merkmale zu konzentrieren, die zum Selbstkonzept insgesamt beitragen, statt nur die Veränderung des Körperbildes zu sehen. Die Pflegeperson sollte diese positiven Aspekte bestärken und den Klienten ermutigen, sie in das neue Selbstkonzept zu reintegrieren.

F: Persönliche Eigenschaften und Stärken zu identifizieren kann dem Klienten helfen, sich auf die positiven Merkmale zu konzentrieren, die zum Selbstkonzept insgesamt beitragen, statt nur die Veränderung des Körperbildes zu sehen. Die Pflegeperson sollte diese positiven Aspekte bestärken und den Klienten ermutigen, sie in das neue Selbstkonzept zu reintegrieren.

F: Die Beteiligung an der Selbstversorgung und Planung fördert ein positives Coping mit der Veränderung.

Veränderungen in Verbindung mit einer Chemotherapie (Camp-Sorell, 2000)

Erörtern Sie die Möglichkeit des Haarausfalls, das Ausbleiben der Menses, eine vorübergehende oder dauerhafte Sterilität, verminderte Östrogenspiegel, Trockenheit der Scheide und Mukositis.

Ermutigen Sie den Klienten/die Klientin, Sorgen, Befürchtungen und die Auswirkungen dieser Veränderungen auf das Leben mitzuteilen.

Erklären Sie, warum es zu Haarausfall kommen kann (Haupthaar, Wimpern, Augenbrauen, Achselbehaarung, Schamhaar und Beinbehaarung).

Erklären Sie, dass die Behaarung nach der Therapie zurückkehrt, aber u. U. anders beschaffen und gefärbt ist.

Halten Sie den Klienten an, vor dem Haarausfall eine Perücke auszuwählen und zu tragen. Regen Sie zur Konsultation einer Kosmetikerin an, um Tipps für die Veränderung des Aussehens zu bekommen (z. B. Spangen, Klipps).

Ermutigen Sie zum Tragen eines Kopftuchs oder Turbans, wenn eine Perücke nicht angesagt ist.

Unterweisen Sie den Klienten darin, den Haarausfall auf ein Minimum zu reduzieren durch:

- Kurzschneiden des Haares
- Vermeiden exzessiver Behandlung mit Shampoo und Auftragen eines Festigers 2-mal pro Woche
- sanftes Trockentupfen des Haars
- Vermeiden von elektrischen Lockenwicklern, Föhn und Lockenstäben
- Vermeiden, mit Bändern, Klipps oder Haarnadeln am Haar zu ziehen
- Vermeiden von Haarspray und Färbemittel
- Verwenden eines grobzinkigen Kamms und heftigen Kämmens.

Verweisen Sie den Klienten an Selbsthilforganisationen für gebrauchte oder neue Perücken. Informieren Sie die betroffene Person, dass die Perücke als «besondere Belastung» steuerlich absetzbar ist. Erörtern Sie die Schwierigkeiten, die andere Menschen (Ehepartner, Freunde, MitarbeiterInnen) mit sichtbaren Veränderungen haben können.

Ermutigen Sie den Klienten, mit anderen Menschen zu telefonieren und Kontakt zu ihnen aufzunehmen, die u. U. Schwierigkeiten damit haben.

Ermutigen Sie den Klienten, Freunde und Verwandte um Unterstützung zu bitten. Fragen Sie die Person, was sie gerne täte, wenn die Situation vertauscht wäre und sie einem Freund helfen wollte.

Geben Sie Bezugspersonen Gelegenheit, ihre Gefühle und Befürchtungen mitzuteilen.

Unterstützen Sie Bezugspersonen beim Erkennen von positiven Aspekten des Klienten und von Wegen, diese zu vermitteln.

Sorgen Sie für Informationen über Selbsthilfegruppen für Paare.

F: Offene, ehrliche Gespräche, in denen zum Ausdruck kommt, dass es Veränderungen geben wird, die sich indessen zu bewältigen lassen, fördern das Gefühl von Kontrolle.

F: Die Beteiligung an der Selbstversorgung und Planung fördert ein positives Coping mit der Veränderung.

F: Vermehrte soziale Teilhabe durch Beteiligung an Gruppen befähigt eine Person, soziale und intellektuelle Anregungen zu empfangen, die das Selbstwertgefühl steigern.

Anorexia nervosa, Bulimia nervosa

Differenzieren Sie zwischen einer Verzerrung des Körperbildes und Unzufriedenheit mit dem Körperbild.
Überweisen Sie Personen zur psychiatrischen Beratung.

Psychosen

Für spezifische Informationen und Interventionen siehe *gestörte Denkprozesse.*

Sexueller Missbrauch

Für spezifische Informationen und Interventionen siehe *gefährdendes familiäres Coping.*

Sexuell motivierter Angriff

Für spezifische Informationen und Interventionen siehe *Vergewaltigungssyndrom.*

Überfall

Für spezifische Informationen und Interventionen siehe *posttraumatisches Syndrom.*

Beginnen mit Gesundheitsedukation, soweit angezeigt

Informieren Sie bei Bedarf über kommunale Ressourcen (z. B. Selbsthilfegruppen).
Unterweisen Sie in Wellness-Strategien (siehe *gesundheitsförderliches Verhalten [zu spezifizieren]*).

F: Professionelle Beratung ist angezeigt bei einem Menschen mit Ich-Schwäche und inadäquaten Coping-Ressourcen.
F: Vermehrte soziale Teilhabe durch Beteiligung an Gruppen befähigt eine Person, soziale und intellektuelle Anregungen zu empfangen, die das Selbstwertgefühl steigern.

Pädiatrische Interventionen

Bei einem hospitalisierten Kind

Bereiten Sie das Kind vor, wenn möglich, durch eine Erklärung und einen Besuch der Klinik, um die MitarbeiterInnen zu sehen und die Umgebung zu erkunden.
Sorgen Sie, so gut es geht, für Vertrautes bzw. Routinen von Zuhause (z. B. Lieblingsspielzeug oder -decke, Gutenachtgeschichte).
Sorgen Sie für «Seelennahrung» (z. B. eine Umarmung).
Geben Sie dem Kind Gelegenheit, Befürchtungen, Sorgen und Wut mitzuteilen:

- Würdigen Sie die Normalität dieser Emotionen.
- Korrigieren Sie falsche Vorstellungen, z. B. dass das Kind bestraft wird oder die Eltern böse auf es sind).
- Halten Sie die Familie an, bei dem Kind zu bleiben oder es zu besuchen, auch wenn es beim Abschied weint. Lehren Sie die Eltern, akkurat darüber zu informieren, wann sie wiederkommen, um die Angst vor dem Verlassenwerden zu lindern.

- Erlauben Sie den Eltern, bei der Pflege zu helfen.
- Bitten Sie das Kind, ein Bild von sich selbst zu zeichnen, und bitten Sie es dann um eine mündliche Beschreibung.

Unterstützen Sie das Kind darin, die Erfahrungen zu verstehen:

- Sorgen Sie vorab für eine Erklärung, wenn möglich.
- Erklären Sie Empfindungen und Beschwerden bei der Erkrankung, den Behandlungen und den Medikamenten.
- Ermutigen Sie zum Weinen.

Wahren Sie das Gefühl von Intaktheit in Phasen der Immobilität:

- Ermutigen Sie zu Bewegungen, wie gering sie auch sein mögen.
- Bitten Sie das Kind beim Baden, Körperteile zu benennen: «Wo ist dein Bein?»
- Ermöglichen Sie Zugang zu einem Spiegel, um für eine Visualisierung des Körpers zu sorgen.

Mit den Eltern erörtern, wie sich das Körperbild entwickelt und welche Interaktionen zur Selbstwahrnehmung ihres Kindes beitragen

Lehren Sie Namen und Funktionen von Körperteilen.
Erkennen Sie Veränderungen (z. B. der Körpergröße) an.
Räumen Sie bei der Bekleidung ein paar Auswahlmöglichkeiten ein.

Bei Jugendlichen

Erörtern Sie mit den Eltern das Bedürfnis des Jugendlichen, «dazuzugehören»:

- Schieben Sie Sorgen nicht zu rasch beiseite.
- Seien Sie, wenn möglich, flexibel und kompromissbereit. (Zum Beispiel ist Kleidung etwas Vorübergehendes, Tätowierungen sind es nicht.)
- Handeln Sie einen Zeitraum aus, um über Optionen und Alternativen nachzudenken (z. B. 4–5 Wochen).
- Liefern Sie eine Begründung, wenn Sie eine Bitte abschlagen. Erfragen Sie die Gründe des Jugendlichen. Schließen Sie einen Kompromiss, wenn möglich (z. B. 23.30 Uhr, wenn die Eltern möchten, dass um 23.00 Uhr ins Bett gegangen wird, der Jugendliche aber erst um 24.00 Uhr schlafen gehen möchte).

Sorgen Sie für Gelegenheiten zur Diskussion von Sorgen, wenn die Eltern nicht da sind.
Bitten Sie den Klienten, die besten Merkmale und solche, die er nicht mag, zu beschreiben.
Bereiten Sie auf anstehende entwicklungsbedingte Veränderungen vor.

F: Versuche, die Normalität der kindlichen Welt zu erhalten, kann die Sicherheit erhöhen helfen (Wong, 2003).
F: Spieltherapie vermittelt dem Kind Kontrolle, weil sie ihm Gelegenheit gibt, Entscheidungen zu treffen (Wong, 2003).

F: Interventionen, die für Spannungsabfuhr sorgen und der Furcht eine Ausdrucksmöglichkeit geben, können die Integrität des Kindes wahren helfen (Wong, 2003).

F: Gelegenheiten zu Entscheidungen und zu Erfolg erhöhen das Selbstwertgefühl und stärken das Coping.

Geburtshilflich-gynäkologische Interventionen

Maßnahmen

Ermutigen Sie die Frau, ihre Sorgen mitzuteilen.

Gehen Sie auf jedes Anliegen ein, wenn möglich, oder überweisen Sie sie an Dritte zur Unterstützung.

Erörtern Sie die Herausforderungen und Veränderungen, die Schwangerschaft und Mutterschaft mit sich bringen.

Ermutigen Sie sie, Erwartungen mitzuteilen, und zwar sowohl ihre eigenen als auch die ihrer Bezugspersonen.

Unterstützen Sie sie beim Herausfinden von Quellen der Liebe und Zuneigung.

Sorgen Sie für angeleitete Antizipation bei beiden zukünftigen Eltern, und zwar über:

- Erschöpfung und Reizbarkeit
- rasche Veränderungen des Appetits
- Magenbeschwerden (Übelkeit, Verstopfung).
- Rücken- und Beinschmerzen.
- Veränderungen der Libido und der sexuellen Aktivität (z. B. Stellungen beim Geschlechtsverkehr mit fortschreitender Schwangerschaft)
- Stimmungsschwankungen
- Angst (um die eigene Person, um das Baby, vor dem Verlust der Attraktivität, davor, als Elternteil nicht zu genügen).

Ermutigen Sie Ehepartner dazu, sich Sorgen gegenseitig mitzuteilen.

F: Offene, ehrliche Gespräche, in denen zum Ausdruck kommt, dass es Veränderungen geben wird, die sich indessen zu bewältigen lassen, fördern das Gefühl von Kontrolle.

F: Unterstützung kann freier und realistischer gewährt werden, wenn andere darauf vorbereitet sind.

F: Eine Schwangerschaft hindert eine Jugendliche daran, sich mit ihrem Körperbild nach und nach wohl zu fühlen.

Gestörte persönliche Identität

Definition

Gestörte Identität: der Zustand, in dem eine Person unfähig ist, zwischen Selbst und Nichtselbst zu unterscheiden oder entsprechend gefährdet ist.

Gestörte persönliche Identität (engl. Disturbed personal identity): Unfähigkeit, eine integrierte und vollständige Selbstwahrnehmung aufrechtzuerhalten (NANDA-I, 2010).

Bestimmende Merkmale oder Kennzeichen

- Körperbildstörung
- wahnhafte Selbstbeschreibung
- schwankende Gefühle sich selbst gegenüber
- Gefühl des Fremdseins
- Gefühl von Leere
- Unsicherheit über Ziele
- Unsicherheit über kulturelle Werte (z. B. Glauben, Religion und moralische Fragen)
- Unsicherheit über ideologische Werte (z. B. Glauben, Religion und moralische Fragen)
- Geschlechtsverwirrung
- unfähig, zwischen inneren und äußeren Reizen zu unterscheiden.
- widersprüchliche Persönlichkeitszüge
- gestörte Beziehungen
- unwirksames Coping
- unzureichendes [unwirksames] Rollenverhalten.

Weitere siehe *gestörtes Selbstkonzept* oder *verzögerte(s) Wachstum und Entwicklung*, jeweils «Bestimmende Merkmale oder Kennzeichen».

Einflussfaktoren

- geringes Selbstwertgefühl
- beeinträchtigte Familienprozesse
- situationsbedingte Krisen
- Wachstumsphasen
- Entwicklungsphasen
- Wechsel der sozialen Rolle
- Einnahme von toxischen Chemikalien
- Inhalation von toxischen Chemikalien
- Einnahme von psychoaktiven Drogen
- kulturelle Brüche
- Diskriminierung oder Vorurteile
- manische Phasen

- multiple Persönlichkeitsstörung
- psychiatrische Erkrankungen (z. B. Psychosen, Depression, dissoziative Störung)
- organisches Psychosyndrom
- Indoktrination durch einen Kult.

Anmerkung der Autorin

Diese Pflegediagnose ist eine Unterkategorie von *gestörtes Selbstkonzept*. Bis sie durch die klinische Forschung definiert und von anderen differenziert wird, siehe *gestörtes Selbstkonzept* oder *verzögerte(s) Wachstum und Entwicklung* für Assessmentkriterien und Interventionen.

Gestörtes Selbstwertgefühl

Definition

Gestörtes Selbstwertgefühl: der Zustand, in dem eine Person sich selbst oder ihre Fähigkeiten negativ bewertet oder entsprechend gefährdet ist.

Bestimmende Merkmale oder Kennzeichen (Leuner et al., 1994; Norris/Kunes-Connell, 1987)

Hauptkennzeichen (obligat)

(Beobachtet oder berichtet)
Selbstnegierende Äußerungen.
Äußerungen von Scham und Schuldgefühlen.
Evaluiert sich selbst als unfähig im Umgang mit den Ereignissen.
Wegrationalisieren oder Zurückweisen von positivem Feed-back und Übertreiben von negativem Feed-back zur eigenen Person.
Fehlende/mangelnde oder schwache Problemlösungsfähigkeiten.
Zaudern beim Erproben neuer Dinge oder Situationen.
Rationalisieren persönlichen Scheiterns.
Überempfindlichkeit gegenüber leichter Kritik.

Nebenkennzeichen (fakultativ)

Fehlende/mangelnde Selbstsicherheit.
Überangepasstheit.
Unentschlossenheit.
Passivität.
Exzessive Suche nach Billigung oder Bestätigung.

Fehlende/mangelnde kulturell geeignete Körperpräsentation (Haltung, Blickkontakt, Bewegungen).
Verleugnen von Problemen, die für andere offensichtlich sind.
Projektion von Vorwürfen oder Verantwortlichkeit für Probleme.

Einflussfaktoren

Ein *gestörtes Selbstkonzept* kann sporadisch oder chronisch auftreten. Versagen bei der Lösung eines Problems oder vielfältige aufeinander folgende Stressoren können zu einem chronisch geringen Selbstwertgefühl (CGS) führen. Diejenigen Faktoren, welche im Laufe der Zeit auftreten und mit einem chronisch geringen Selbstwertgefühl einhergehen, werden durch «(CGS)» gekennzeichnet.

Pathophysiologische Faktoren

B/d Veränderungen des äußeren Erscheinungsbildes, s/b/d:

Verlust von Körperteilen
Verlust von Körperfunktionen
Entstellung (Trauma, Operation, Geburtsdefekte).

Behandlungsbedingte Faktoren

B/d unbefriedigte Abhängigkeitsbedürfnisse.

B/d ein Gefühl des Verlassenseins, s/b/d:

Tod einer Bezugsperson
Trennung von einer Bezugsperson
Ermordung/Entführung eines Kindes.

B/d Versagensgefühle, s/b/d:

Verlust des Arbeitsplatzes oder der Arbeitsfähigkeit
Zu-/Abnahme des Körpergewichts
Arbeitslosigkeit
finanzielle Probleme
prämenstruelles Syndrom
Beziehungsprobleme
Ehezwistigkeiten
Trennung
Stiefeltern
Schwiegermütter/-väter.

B/d einen Überfall (auf die eigene Person oder in Verbindung mit dem Angriff auf Dritte – z. B. gleiches Alter, gleiche Gemeinschaft).
B/d Versagen in der Schule.

B/d eine anamnestisch bekannte unwirksame Beziehung zu den Eltern (CGS).
B/d anamnestisch bekannte missbräuchliche Beziehungen (CGS).
B/d unrealistische Erwartungen der Eltern an das Kind (CGS).
B/d unrealistische Erwartungen an sich selbst (CGS).
B/d unrealistische Erwartungen des Kindes an die Eltern (CGS).
B/d Zurückweisung durch die Eltern (CGS).
B/d fehlende Stringenz bei Strafen (CGS).

B/d ein Gefühl der Hilflosigkeit und/oder des Versagens s/b/d das Leben in einer Einrichtung:

psychiatrische Klinik oder eine andere Einrichtung für geistige Gesundheit
Waisenhaus
Gefängnis
Nachbetreuungseinrichtung.

B/d anamnestisch bekannte zahlreiche Versagenssituationen (CGS).

Altersbedingte Faktoren

Säugling-/Krabbel-/Vorschulalter
B/d fehlende/mangelnde Stimulation oder Nähe (CGS).
B/d Trennung von den Eltern/Bezugspersonen (CGS).
B/d fortgesetzt negative Bewertung durch die Eltern.
B/d inadäquate Unterstützung durch die Eltern (CGS).
B/d die Unfähigkeit, Bezugspersonen zu trauen (CGS).

Schulalter
B/d Verfehlen des Klassenziels.
B/d Verlust der Peer-Gruppe.
B/d wiederholtes negatives Feed-back.

Jugendliche
B/d Verlust der Unabhängigkeit und Autonomie, s/b/d: (zu spezifizieren).
B/d Abbruch von Beziehungen zu Gleichaltrigen.
B/d Probleme in der Schule.
B/d den Verlust von Bezugspersonen.

Mittleres Lebensalter
B/d Veränderungen in Verbindung mit dem Altern.

Ältere Menschen
B/d Verluste (Menschen, Funktionsverluste, finanzielle Verluste, Eintritt in den Ruhestand).

Anmerkung der Autorin

Siehe *gestörtes Selbstkonzept.*

Irrtümer in diagnostischen Aussagen

Siehe *gestörtes Selbstkonzept.*

Zentrale Konzepte

Siehe *gestörtes Selbstkonzept.*

Einschätzungskriterien des Fokusassessments

Siehe *gestörtes Selbstkonzept.*

Chronisch geringes Selbstwertgefühl

Definition

Chronisch geringes Selbstwertgefühl: der Zustand, in dem eine Person sich selbst oder ihre Fähigkeiten seit langem negativ bewertet oder entsprechend gefährdet ist.

Chronisch geringes Selbstwertgefühl (engl. Chronic low self-esteem): Lang anhaltende negative Selbsteinschätzung/Gefühle über sich selbst oder die eigenen Fähigkeiten (NANDA-I, 2010).

Bestimmende Merkmale oder Kennzeichen (Leuner et al., 1994; Norris/Kunes-Connell, 1987)

Hauptkennzeichen (80–100 %)

Seit langem bestehend oder chronisch

Selbstnegierende/selbstentwertende Äußerungen.
Äußerungen/Ausdruck von Scham/Schuldgefühl.
Hält sich selbst für unfähig, mit den Ereignissen fertigzuwerden.
Zögern, neue Dinge/Situationen auszuprobieren.
Übertreiben von negativem Feed-back über sich selbst
Zurückweisen positiven Feed-backs über sich selbst.

Nebenkennzeichen (50–79 %)

Häufig fehlender/mangelnder Erfolg bei der Arbeit oder anderen Lebensereignissen.
Überangepasstheit, Abhängigkeit von der Meinung anderer.

Fehlende/mangelnde kulturell geeignete Körperpräsentation (Haltung, [fehlender] Blickkontakt, Bewegungen).
fehlendes Durchsetzungsvermögen, Selbstunsicherheit, Passivität.
Unentschlossenheit, unentschlossenes Verhalten.
Exzessive Suche nach Beruhigung und Bestätigung.
Zögern, neue Dinge/Situationen auszuprobieren.

Einflussfaktoren

- wiederholte negative Verstärkung
- wiederholte Misserfolge
- fehlende Zuneigung
- fehlende Anerkennung
- fehlende Gruppenzugehörigkeit
- empfundener Mangel an Zugehörigkeit
- empfundener Mangel an Respekt von anderen
- empfundener Widerspruch zwischen dem Selbst und kulturellen Normen
- empfundener Widerspruch zwischen dem Selbst und spirituellen Normen
- traumatisches Ereignis
- traumatische Situation
- unzureichende Anpassung an den Verlust
- psychiatrische Störung[en]
- [Fixierung auf eine frühere Entwicklungsstufe]
- [persönliche Vulnerabilität oder Verletzbarkeit].

Weitere siehe *gestörtes Selbstwertgefühl.*

Anmerkung der Autorin

Weitere siehe *gestörtes Selbstkonzept.*

Irrtümer in diagnostischen Aussagen

Siehe *gestörtes Selbstkonzept.*

Ziele

NOC

- Ausmaß von Depression
- Lebensqualität
- Selbstwertgefühl

Die Person benennt positive Aspekte des Selbst und berichtet, keine Symptome einer Depression mehr zu haben.

Indikatoren

- Modifizieren überzogener und unrealistischer Eigenerwartungen.
- Äußern der Akzeptanz von Einschränkungen.
- Äußern vorurteilsloser Selbstwahrnehmungen.
- Beginnt, verbale und verhaltensbezogene Risiken einzugehen.

Allgemeine Interventionen

NIC

- Hoffnungsvermittlung
- Angstminderung
- Selbstwertgefühlsverbesserung
- Copingverbesserung
- Verbesserung der Sozialisation
- Pflegeüberleitung

Unterstützen der Person, um das gegenwärtige Angstniveau zu erhöhen

Unterstützen Sie und seien Sie vorurteilslos.
Akzeptieren Sie Schweigen, aber lassen Sie die Person wissen, dass Sie da sind.
Orientieren Sie, soweit nötig.
Klären Sie verzerrte Wahrnehmungen, setzen Sie nicht auf Konfrontation.
Seien Sie sich Ihrer eigenen Angst bewusst und vermeiden Sie, dem Gegenüber diese Angst zu vermitteln.
Für weitere Interventionen siehe *Angst*.

F: Menschen mit geringem Selbstwertgefühl sind gewöhnlich ängstliche, furchtsame Menschen. Das Angstniveau muss leicht oder mäßig sein, bevor andere Interventionen wirksam sind (Mohr, 2000).

Stärken des Gefühls der Person für sich selbst

Seien Sie aufmerksam.
Validieren Sie Ihre Interpretation dessen, was die Person sagt: «Ist es das, was Sie meinen?»
Helfen Sie der Person beim Verbalisieren dessen, was sie nonverbal zeigt.
Unterstützen Sie den Klienten beim Reframing und Neudefinieren negativer Ausdrücke (z. B. «Rückschlag» statt «Versagen»).
Verwenden Sie eine Kommunikation, die hilft, die Individualität der Person zu wahren (z. B. «ich» statt «wir»).
Widmen Sie der Person Aufmerksamkeit, vor allem in Bezug auf neue Verhaltensweisen.
Halten Sie zu guten körperlichen Lebensgewohnheiten an (gesunde Nahrung, gesundes Essverhalten, körperliche Betätigung, ausreichend Schlaf).
Sorgen Sie für Ermutigung, wenn die Person sich an einer Aufgabe oder Fertigkeit versucht.

Sorgen Sie für realistisches positives Feed-back bei Erreichtem.
Lehren Sie die Person, sich in Übereinstimmung mit anderen zu validieren.
Lehren und ermutigen Sie zu Wertschätzung schaffenden Übungen (Selbstbestätigung, Imagination, Spiegeln, Humor, Meditation/Gebet, Relaxation).
Respektieren Sie den Bedarf an Privatsphäre.
Unterstützen Sie beim Setzen angemessener persönlicher Grenzen.
Sorgen Sie für Stimmigkeit unter dem Personal (Miller, 2004).
Strategien konzentrieren sich darauf, der Person beim erneuten Untersuchen negativer Gefühle über sich selbst und beim Erkennen positiver Attribute zu helfen.

F: Strategien konzentrieren sich darauf, der Person beim erneuten Untersuchen negativer Gefühle über sich selbst und beim Erkennen positiver Attribute zu helfen.

Fördern des Einsatzes von Coping-Ressourcen

Arbeiten Sie die Bereiche persönlicher Stärken des Klienten heraus:

- Sport, Hobbys, Kunsthandwerk
- Gesundheit, Selbstversorgung
- Arbeit, Training, Edukation
- Imagination, Kreativität
- Fertigkeiten im Schreiben, in Mathematik
- zwischenmenschliche Beziehungen.

Teilen Sie Ihre Beobachtungen mit der Person.
Verschaffen Sie der Person Gelegenheit, sich an den Aktivitäten zu beteiligen.

F: Die Kooperation des Klienten ist nötig, um die Letztverantwortung für ein Verhalten zu übernehmen (Stuart/Sundeen, 2006).

Unterstützen der Person beim Äußern von Gedanken und Gefühlen

Verwenden Sie offene Aussagen und Fragen.
Ermutigen Sie zu positiven wie negativen Aussagen.
Verwenden Sie Bewegung, Kunst und Musik als Ausdrucksmittel.
Bei beeinträchtigter Realitätsprüfungsfähigkeit der Person siehe *gestörte Denkprozesse* für weitere Interventionen.

F: Akzeptanz der Gefühle einer Person zu vermitteln fördert die Selbstannahme.

Sorgen für Gelegenheiten zu positiven sozialen Begegnungen

Ermutigen Sie zu Besuchen von/Kontakten mit Gleichaltrigen und Bezugspersonen (Briefe, Telefon).
Seien Sie Rollenvorbild bei Interaktionen von Angesicht zu Angesicht.
Beziehen Sie die Person in Aktivitäten ein, vor allem, wenn sich Stärken nutzen lassen.
Gestatten Sie der Person nicht, sich zu isolieren. Für weitere Interventionen siehe *soziale Isolation*.
Binden Sie den Klienten in eine unterstützende Gruppentherapie ein.

Lehren Sie die erforderlichen sozialen Fertigkeiten. Für weitere Interventionen siehe *beeinträchtigte soziale Interaktion*.

Ermutigen Sie zur Anteilnahme bei anderen Personen, die ähnliche Erfahrungen machen/gemacht haben.

F: Der Person Gelegenheiten zu geben, um erfolgreich zu sein, erhöht das Selbstwertgefühl (Stuart/Sundeen, 2006).

Grenzen-Setzen bei Problemverhalten wie Aggression, schlechter Körperpflege, Rumination und Suizidideen

Siehe *Suizidgefahr* und/oder *Gefahr der Gewalttätigkeit*, falls diese als Problem eingeschätzt werden.

Sorgen für die Entwicklung sozialer und beruflicher Fertigkeiten

Verweisen Sie an eine Berufsberatung.

Binden Sie den Klienten in ehrenamtlich tätige Organisationen ein.

Ermutigen Sie zur Teilnahme an Aktivitäten mit Gleichaltrigen.

Arrangieren Sie eine Fortsetzung der Ausbildung (z. B. Alphabetisierungskurse, Berufstraining, Kunst-/Musikkurse).

F: Gelegenheiten, erfolgreich zu sein, erhöhen das Selbstwertgefühl.

Situationsbedingt geringes Selbstwertgefühl

Definition

Situationsbedingt geringes Selbstwertgefühl: der Zustand, in dem eine Person mit zuvor positivem Selbstwertgefühl nun als Reaktion auf ein Ereignis (Verlust, Veränderung) negative Gefühle gegenüber sich selbst hegt.

Situationsbedingtes geringes Selbstwertgefühl (engl. Situational low self-esteem): Entwicklung einer negativen Wahrnehmung des Selbstwerts als Reaktion auf eine aktuelle Situation (näher zu bestimmen) (NANDA-I, 2010).

Bestimmende Merkmale oder Kennzeichen (Leuner et al., 1994; Norris/Kunes-Connell, 1987)

Hauptkennzeichen (80–100 %)

Episodisches Auftreten negativer Selbstbewertung als Reaktion auf Lebensereignisse bei einer Person mit zuvor positiver Selbstevaluation.

Äußern negativer Gefühle hinsichtlich der eigenen Person (Hilflosigkeit, Nutzlosigkeit).

Nebenkennzeichen (50–79 %)

Selbstnegierende, selbstverneinende Äußerungen.
Äußerungen von Scham/Schuldgefühl.
Hält sich selbst für unfähig, mit den Ereignissen/der Situation fertigzuwerden/umzugehen.
Schwierigkeiten bei der Entscheidungsfindung.
berichtet, dass die gegenwärtige Situation das Selbstwertgefühl in Frage stellt
unentschlossenes Verhalten
kann sich nicht durchsetzen [selbstunsicheres Verhalten].

Einflussfaktoren

- entwicklungsbedingte Veränderungen, [z. B. entwicklungsbedingte Übergangssituationen, Adoleszenz, Altern]
- funktionale Beeinträchtigung
- Körperbildstörung
- Verlust [z. B. Verlust des Gesundheitszustands, eines Körperteils, der Unabhängigkeit; Gedächtnisstörungen/kognitive Beeinträchtigungen]
- soziale Rollenveränderungen
- Misserfolge
- Zurückweisungen
- fehlende Anerkennung [oder Belohnungen; das Gefühl, von wichtigen Bezugspersonen verlassen zu sein]
- Verhalten stimmt nicht mit den eigenen Werten überein.

Weitere siehe *gestörtes Selbstwertgefühl.*

Anmerkung der Autorin

Weitere siehe *gestörtes Selbstkonzept.*

Irrtümer in diagnostischen Aussagen

Siehe *gestörtes Selbstkonzept.*

Zentrale Konzepte

Allgemeine Überlegungen

- Qualitäten einer gesunden Persönlichkeit (Stuart/Sundeen, 2002):
  - positives und zutreffendes Körperbild
  - realistisches Idealselbst
  - positives Selbstkonzept
  - hohes Selbstwertgefühl
  - zufrieden stellende Rollenperformanz
  - klares Identitätsgefühl.

- Menschen mit gesunder Persönlichkeit können eine Veränderung ihrer positiven Selbstwahrnehmung als Reaktion auf ein tief greifendes Ereignis oder eine Reihe negativer Erfahrungen erleben (Stuart/Sundeen, 2006).
- Reaktionen auf eine Situation, die einen Angriff auf die zuvor positive Selbstsicht einer Person darstellt, sind Gefühle der Schwäche, Hilflosigkeit oder Hoffnungslosigkeit, Furcht, Verletzlichkeit und das Gefühl, gebrechlich, unvollständig, wertlos und ungenügend zu sein (Stuart/Sundeen, 2006).

Ziele

NOC

- Entscheidungsfähigkeit
- Auflösung von Trauer
- Psychosoziale Anpassung: Lebensveränderung
- Selbstwertgefühl

Die Person äußert einen positiven Ausblick für die Zukunft und gewinnt den früheren Funktionsgrad zurück.

Indikatoren

- Benennen der Quelle der Bedrohung für das Selbstwertgefühl und Durcharbeiten der Thematik.
- Identifizieren positiver Aspekte des Selbst.
- Analysieren des eigenen Verhaltens und seiner Folgen.
- Herausarbeiten eines positiven Aspektes der Veränderung.

Allgemeine Interventionen

NIC

- Aktives Zuhören
- Anwesenheit
- Beratung
- Kognitive Restrukturierung
- Familienunterstützung
- Selbsthilfegruppennutzung
- Copingverbesserung

Unterstützen des Klienten beim Erkennen und Äußern von Gefühlen

Seien Sie empathisch, vorurteilslos.
Hören Sie zu. Entmutigen Sie nicht Äußerungen der Wut, Weinen usw.

Fragen Sie, was gerade geschah, als sich die Person so zu fühlen begann.
Klären Sie Beziehungen zwischen Lebensereignissen.

F: Selbstakzeptanz lässt sich durch Klärung von Gefühlen und Gedanken erhöhen.

Unterstützen des Klienten beim Erkennen positiver Selbstevaluationen

Wie ist die Person mit früheren Krisen umgegangen?
Wie geht sie mit Angst um: durch körperliche Betätigung, Rückzug, Trinken/Drogen, Sprechen?
Bestärken Sie adaptive Coping-Mechanismen.
Untersuchen und bestärken Sie positive Fähigkeiten und Charakterzüge (z. B. Hobbys, Fertigkeiten, schulische Leistungen, Beziehungen, äußere Erscheinung, Loyalität, Fleiß).
Helfen Sie dem Klienten, positive wie negative Gefühle zu akzeptieren.
Gehen Sie nicht in die Auseinandersetzung mit Abwehrhaltungen.
Vermitteln Sie Vertrauen in das Handlungsvermögen einer Person.
Beteiligen Sie die Person an gemeinsamer Zielsetzung.
Lassen Sie den Klienten positive, wahre Aussagen über sich selbst (nur für ihn bestimmt) formulieren und täglich als Teil der normalen Routine durchlesen.
Bestärken Sie Selbstwertgefühl aufbauende Übungen (Selbst-Affirmationen, Imagination, Meditation/Gebet, Relaxation, Humor).

Erkunden der Beziehung zwischen Verhalten und Selbstwürdigungen

Ermutigen Sie zur Untersuchung des gegenwärtigen Verhaltens und seiner Folgen (z. B. Abhängigkeit, Zögerlichkeit, Isolation).
Unterstützen Sie den Klienten beim Erkennen fehlerhafter Vorstellungen.
Erkunden Sie die Vorstellung der Person von Erfolg/Versagen und von Verlust/Strafe und helfen Sie, die Dinge in eine angemessene Perspektive zu rücken.
Unterstützen Sie den Klienten beim Erkennen unrealistischer Erwartungen.
Helfen Sie dem Klienten beim Erkennen negativer automatischer Gedanken (z. B.: «Das schaffe ich nie.»).
Untersuchen Sie, ob die Person übermäßig verallgemeinert (z. B.: «Wenn ich das nicht schaffe, bin ich in allem ein Versager.»).
Unterstützen Sie die Person beim Erkennen der eigenen Verantwortung und Kontrolle in einer Situation (z. B. wenn sie beständig andere für Probleme verantwortlich macht).

Schätzen Sie das gegenwärtige Unterstützungssystem ein und mobilisieren Sie es

Lebt die Person allein? Ist die/der Betreffende angestellt?
Stehen der Person Freunde und Verwandte zur Verfügung?
Ist Religion eine Stütze?
Hat die Person schon einmal auf kommunale Ressourcen zurückgegriffen?
Überweisen Sie den Klienten in eine berufliche Rehabilitation zum Retraining.
Unterstützen Sie die Rückkehr in die Schule zur weiteren Ausbildung.

Unterstützen Sie den Klienten beim Eintritt in eine ehrenamtlich tätige Organisation (z. B. lokale Initiativgruppen).
Arrangieren Sie die Fortsetzung der Schule/Studien in der Ausbildungszeit.

F: Soziale Unterstützung erhöht das Ausmaß an Ressourcen, das Selbstwertgefühl und das Wohlbefinden (Dirsken, 2000).

Unterstützen des Klienten beim Erlernen neuer Coping-Fertigkeiten

Praktizieren Sie Selbstgespräche (Murray, 2000):

- Verfassen Sie eine kurze Beschreibung der Veränderung und ihrer Folgen (z. B.: Meine Frau hatte eine Affäre. Ich bin betrogen.).
- Schreiben Sie drei Dinge auf, die in Bezug auf diese Situation nützlich sein können.

Vermitteln Sie, dass die Person den Wandel zu bewältigen vermag.
Fordern Sie die Person heraus, sich Formen einer positiven Zukunft und positive Ergebnisse vorzustellen.
Ermutigen Sie zu einem Versuch mit dem neuen Verhalten.
Bestärken Sie die Überzeugung, dass die Person Kontrolle über die Situation hat.

F: Self-Talk/Selbstgespräche implizieren nicht, dass man den Wandel mag. Es hilft, einen potenziellen Nutzen darin zu finden (Murray, 2000).

Unterstützen der Person beim Umgang mit spezifischen Problemen

Vergewaltigung – siehe *Vergewaltigungstrauma-Behandlung*.
Verlust – siehe *Trauern*.
Hospitalisierung – siehe *Machtlosigkeit* und *Elternrollenkonflikt*.
Erkrankung eines Familienmitglieds – siehe *unterbrochene Familienprozesse*.
Veränderung oder Verlust eines Körperteils – siehe *Körperbildstörung*.
Depression – siehe *unwirksames Coping* und *Hoffnungslosigkeit*.
Häusliche Gewalt – siehe *gefährdendes familiäres Coping*.

Pädiatrische Interventionen

Maßnahmen

Sorgen Sie dafür, dass das Kind Gelegenheit bekommt, erfolgreich zu sein und gebraucht zu werden.
Gestalten Sie die Umgebung des Kindes auf persönliche Weise mit Bildern, persönlichen Dingen und von ihm gebastelten Gegenständen.
Sorgen Sie für strukturierte und unstrukturierte Spielzeit.
Stellen Sie die Fortsetzung von Schulerfahrungen in der Klinik und zuhause sicher. Sorgen Sie dafür, dass die Zeit der Hausaufgaben nicht gestört wird.

F: Siehe *gestörtes Selbstkonzept*.

Geriatrische Interventionen

Maßnahmen

Sprechen Sie die Person mit ihrem Namen an.
Sprechen Sie in einer Stimmlage, die Sie für Ihre Peer-Gruppe verwenden würden.
Vermeiden Sie Worte, die mit Kindern assoziiert werden (z. B. «Windel»).
Fragen Sie nach der Familie, Bildern, persönlichen Gegenständen und früheren Erfahrungen.
Vermeiden Sie es, Behinderungen auf «das Alter» zurückzuführen.
Klopfen Sie bei Schlaf- und Badezimmertüren an.
Räumen Sie genügend Zeit ein, um Aufgaben im eigenen Tempo zu bewältigen.

F: Da das Selbstwertgefühl teilweise von den Reaktionen anderer abhängt, müssen Betreuungspersonen den Respekt vor den alten Menschen als kompetente Personen respektieren (Miller, 2004)

Gefahr eines situationsbedingt geringen Selbstwertgefühls

Definition

Gefahr eines situationsbedingt geringen Selbstwertgefühls: die Gefahr, dass eine Person mit zuvor positivem Selbstwertgefühl nun als Reaktion auf ein Ereignis (Verlust, Veränderung) negative Gefühle gegenüber sich selbst hegt.
Gefahr eines situationsbedingten geringen Selbstwertgefühls (engl. Risk for situational low self-esteem): Risiko, eine negative Wahrnehmung des Selbstwerts zu entwickeln, als Reaktion auf eine aktuelle Situation (näher zu bestimmen) (NANDA-I, 2010).

Risikofaktoren

entwicklungsbedingte Veränderungen
Körperbildstörung
funktionale Beeinträchtigung
Verlust [z. B. Verlust des Gesundheitszustands, eines Körperteils, der Unabhängigkeit; Gedächtnisstörungen/kognitive Beeinträchtigungen]
soziale Rollenveränderungen
unrealistische Selbsterwartungen
Vorgeschichte der erlernten Hilflosigkeit
Vorgeschichte der Vernachlässigung
Vorgeschichte des Missbrauchs [oder]
Vorgeschichte des Verlassenwerdens
Verhalten stimmt nicht mit den eigenen Werten überein

fehlende Anerkennung
Misserfolge
Zurückweisungen
reduzierte Kontrolle über das Umfeld
physische Krankheit.

Weitere siehe *situationsbedingt geringes Selbstwertgefühl.*

Anmerkung der Autorin

Siehe *situationsbedingt geringes Selbstwertgefühl.*

Irrtümer in diagnostischen Aussagen

Siehe *situationsbedingt geringes Selbstwertgefühl.*

Zentrale Konzepte

Siehe *situationsbedingt geringes Selbstwertgefühl.*

Ziel

Die Person äußert auch weiterhin einen positiven Ausblick für die Zukunft, um positive Aspekte des Selbst zu benennen.

Indikatoren

- Identifizieren von Bedrohungen für die Selbstachtung.
- Identifizieren positiver Aspekte des Wandels.

Allgemeine Interventionen

Siehe *situationsbedingt geringes Selbstwertgefühl.*

Gefahr einer Selbstschädigung

Gefahr einer Selbstschädigung*

Gefahr des Selbstmissbrauchs
Selbstverletzung
Selbstverletzungsgefahr
Suizidgefahr*

Definition

Gefahr einer Selbstschädigung: der Zustand, in dem eine Person der Gefahr ausgesetzt ist, sich unmittelbar selbst zu gefährden. Dazu können eine oder mehrere der folgenden Selbstschädigungen gehören: Selbstmissbrauch, Selbstverletzung, Suizid.

Bestimmende Merkmale oder Kennzeichen

Hauptkennzeichen (obligat)

Äußern des Verlangens oder der Absicht, sich selbst zu schädigen.
Äußern des Wunsches, zu sterben oder Suizid zu begehen.

Nebenkennzeichen (fakultativ)

Berichtet oder beobachtet
Depression.
Hoffnungslosigkeit.
Schwaches Selbstkonzept.
Hilflosigkeit.
Halluzinationen/Wahnvorstellungen.
Fehlendes/mangelndes Unterstützungssystem.
Substanzmissbrauch.
Emotionaler Schmerz.
Schwache Impulskontrolle.
Feindseligkeit.
Agitiertheit.

* Diese Diagnose steht gegenwärtig nicht auf der NANDA-Liste, sondern wurde hier der Nützlichkeit oder Klarheit wegen eingefügt.

Einflussfaktoren

Gefahr einer Selbstschädigung kann auftreten als Reaktion auf eine Vielfalt an Gesundheitsproblemen, Situationen und Konflikte. Einige Quellen werden im Folgenden genannt.

Pathophysiologische Faktoren

B/d Gefühle der Hilflosigkeit, Einsamkeit oder Hoffnungslosigkeit, s/b/d:

Behinderungen
eine zum Tode führende Krankheit
chronische Krankheit
Abhängigkeit von chemischen Substanzen
Substanzmissbrauch
positive HIV-Erstdiagnose
geistige Beeinträchtigung (organisch oder traumatisch bedingt)
psychiatrisches Leiden:

- Schizophrenie
- Persönlichkeitsstörung
- bipolare Störung
- Anpassungsstörung bei Jugendlichen
- posttraumatisches Syndrom
- somatoforme Störungen.

Behandlungsbedingte Faktoren

B/d ein unbefriedigendes Behandlungsergebnis (medizinisch, chirurgisch, operativ).

B/d längere Abhängigkeit von:

Dialyse
Chemotherapie/Bestrahlung
Insulininjektionen
Beatmungsgerät.

Situationsbedingte Faktoren (persönlich bedingt, umgebungsbedingt)

B/d:

Inhaftierung
Depression
unwirksame Coping-Fertigkeiten
Konflikt der Eltern/Eheleute
Substanzmissbrauch in der Familie
Kindesmissbrauch

realer oder wahrgenommener Verlust, **s/b/d**:

- Finanzen/Beruf
- Trennung/Scheidung
- Status/Prestige
- Naturkatastrophe
- Tod von Bezugspersonen
- drohendes Verlassenwerden
- jemanden, der von zuhause fortgeht.

B/d den Wunsch nach Rache für eine reale oder wahrgenommene Verletzung (Körperverletzung oder Verletzung des Selbstwertgefühls).

Altersbedingte Faktoren

Jugendliche

B/d das Gefühl des Verlassenwerdens.
B/d Druck Gleichaltriger.
B/d unrealistische Erwartungen der Eltern an das Kind.
B/d Depression.
B/d Relokation.
B/d einen bedeutsamen Verlust.

Ältere Erwachsene

B/d vielfältige Verluste, s/b/d:

Ruhestand
soziale Isolation
einen bedeutsamen Verlust
Krankheit.

Anmerkung der Autorin

Gefahr einer Selbstschädigung ist eine weit gefasste Diagnose und kann Selbstmissbrauch, Selbstverletzung und/oder Suizid beinhalten. Zunächst mag dies alles ähnlich erscheinen, die Unterscheidung liegt in der Absicht. Selbstverletzung und Selbstmissbrauch sind unwirksame Versuche einer temporären Stressabfuhr, während Suizid ein Versuch ist, zu sterben, um Stress dauerhaft zu lindern (Carscadden, 1992, pers. Mitt.). *Gefahr einer Selbstschädigung* kann auch eine nützliche Frühdiagnose darstellen, wenn noch nicht genügend Daten vorliegen, um das Eine vom Anderen zu trennen.

Suizidgefahr steht seit dem Jahr 2000 auf der NANDA-Liste und wurde hier wegen ihrer großen und fatalen Bedeutung näher ausgeführt. *Gefahr einer selbstgefährdenden Gewalttätigkeit* wird subsumiert unter *Gefahr der Gewalttätigkeit.* Der Begriff *Gewalt* wird definiert als schnell und intensiv oder als grob oder verletzend einwirkende Kraft. Wie der Leser weiß, kann ein Suizid gewaltsam oder gewaltlos (z.B. durch eine Barbiturat-Überdosis) erfolgen. Der

Gebrauch des Begriffs *Gewalt* ist in diesem diagnostischen Kontext unglücklich und kann dazu führen, dass eine suizidgefährdete Person unentdeckt bleibt, weil man der Ansicht ist, sie sei zu Gewalt nicht fähig.

Suizidgefahr beschreibt eine hochgradig suizidgefährdete, schutzbedürftige Person. Zur Behandlung bei dieser Diagnose gehören eine Risikobewertung, das Schließen eines Vertrages mit dieser Person und Schutz. Die Behandlung der zugrunde liegenden Depression und Hoffnungslosigkeit sollte anhand anderer zutreffender Pflegediagnosen (z. B. *unwirksames Coping, Hoffnungslosigkeit*) angegangen werden.

Irrtümer in diagnostischen Aussagen

1. *Suizidgefahr,* **b/d** *eine kürzlich gestellte Tumordiagnose*
   In dieser Situation ist die kürzlich gestellte Tumordiagnose an sich kein Risikofaktor für Suizid. Die Person muss depressiv sowie psychisch schwer belastet sein und Suizidabsichten zeigen. Die Pflegeperson darf niemanden nur wegen einer einzelnen Krise oder schwerer Körperbehinderung automatisch als suizidal bezeichnen. Alle diagnostischen Aussagen über *Gefahr einer Selbstschädigung* sollten sowohl verbale als auch nonverbale Hinweise auf die Suizidabsicht enthalten (z. B. *Suizidgefahr,* **b/d** *Bemerkungen darüber, das Leben sei unerträglich, und Berichte über das Weggeben persönlicher Besitztümer*).

Zentrale Konzepte

Allgemeine Überlegungen

- Gewalt, ob gegen sich selbst oder gegen andere gerichtet, kann bei Menschen starke Reaktionen hervorrufen. Pflegende, deren Beruf Betreuen, Gesundheitsförderung und umhegendes Verhalten beinhaltet, müssen ihre eigenen Einstellungen, Reaktionen und Verhaltensweisen gegenüber Gewalt erkunden.
- Da es bei selbstschädigendem, -verletzendem Verhalten viel um ein «schambasiertes» Problem geht, wird der Zustand wahrscheinlich eher zu selten als zu oft dokumentiert. Es ist schwer, ihn zu erkennen, da so viele Menschen mit selbstschädigendem Verhalten äußerst geschickt darin werden, die Ursachen ihrer Verletzungen zu verbergen.
- Selbstschädigendes Verhalten findet sich bei Männern wie bei Frauen mit jeder Art von ökonomischem Hintergrund und unabhängig von der Bildung. Gewöhnlich tritt es im frühen Teenager-Alter auf, auch wenn es schon vor dem Jugendalter beginnen kann. Oft geht es mit langfristigen Auswirkungen eines physischen, psychischen oder sexuellen Missbrauchs in der Kindheit einher.
- Viele Menschen, die sich selbst schädigen, erhalten die Diagnose einer Persönlichkeitsstörung oder, spezifischer, einer Borderline-Persönlichkeit, obwohl auch andere Diagnosen mit selbstschädigendem Verhalten einhergehen können (siehe «Einflussfaktoren»/«Pathophysio logische Faktoren»). Eine wichtige Überlegung besteht darin, dass sich nicht alle Menschen mit diesen Diagnosen selbst schädigen und dass diese Diagnosen nicht auf jede Person mit selbstschädigendem oder -verletzendem Verhalten zutreffen. Die Behandlung hängt von der Diagnose ab (Carscadden, 1997).

- Bei der Person mit Wahnideen oder Halluzinationen (schizophrenie- oder drogenbedingt) liegt die Begründung für selbstschädigendes Verhalten anders. Wahnvorstellungen oder Halluzinationen müssen unter Kontrolle gebracht werden. In der Zwischenzeit ist die Sicherheit der Person entscheidend. Selbstschädigendes Verhalten kann auch bei geistig beeinträchtigten Personen auftreten und auch in dieser speziellen Population richtet sich die Behandlung nach dem Kognitionsgrad der/des Betroffenen.
- Das häufig wiederholte und chronische selbstschädigende Verhalten verzerrt oder unterbricht oft die Klienten-Therapeuten-Beziehung, erhöht den Hospitalisierungsbedarf und verändert die Dauer eines Klinikaufenthalts. Oft verstärken diese Hospitalisierungen das Problem weiter. Ein Klinikaufenthalt verstärkt gewöhnlich die Abhängigkeit des Klienten und vermindert seine Verantwortlichkeit.

Selbstschädigendes, -verletzendes Verhalten

- Es gibt verschiedene Grade oder Stadien einer drohenden Selbstschädigung, -verletzung. Der Übergang von einem Stadium zum anderen kann rasch erfolgen oder langsam fortschreiten. Die Person kann sich der Übergangsstadien bewusst sein oder nicht. Das Bewusstsein eines jeden Stadiums und seiner Merkmale erleichtert das Intervenieren. Je früher das Stadium und je klarer das Denken, desto weniger intensiv sind die Gefühle und desto mehr Kontrolle hat die Person. Sobald eine Person die bestimmenden Kennzeichen und Merkmale erlernt, kann sie die Stadien leicht identifizieren (Carscadden, 1993a).
- Auch wenn selbstschädigendes oder -verletzendes Verhalten im Zuhörenden oder in der Zuschauenden ein Gefühl der Dringlichkeit, des drohenden Desasters oder Unheils sowie ein starkes und unmittelbares Verantwortlichkeitsgefühl hervorrufen kann, muss man darauf achten, sich nicht davon vereinnahmen zu lassen und zum Handeln gezwungen zu sehen. (Dies gilt nicht für psychotische und geistig behinderte Personen.) Schon der Versuch, zu intervenieren oder diese Verhaltensweisen zu verhindern, kann die Wahrscheinlichkeit einer schwerer wiegenden Selbstschädigung einschließlich des vollzogenen Suizids erhöhen. Das Risiko steigt aus folgenden Gründen:
  a) Je öfter interveniert wird, desto wahrscheinlicher kommt es zum unbeabsichtigten Tod (falsche Tabletten, zu viele Tabletten, Verzögerung der erwarteten Rettung).
  b) Unter Umständen besteht das Bedürfnis nach immer gefährlicheren Methoden, um dasselbe Ergebnis zu erzielen.
  c) Nach einer Weile setzt Gegenübertragungshass ein. Empathisch, aber sachlich muss die Pflegeperson vermitteln, dass die Handlungen eines Menschen allein in dessen Händen liegen und niemand sein Wächter oder Retter sein kann.
- Dies zu sagen, fällt einem Menschen am schwersten. Damit die Person mit selbstschädigendem, -verletzendem Verhalten jedoch Verantwortung übernimmt und reift, muss sie für die eigenen Handlungen verantwortlich werden. Sobald jemand anderes die Kontrolle übernimmt, macht der Betroffene keine Fortschritte (Carscadden, 1998).
- Familien sind oft die vergessenen Leidenden bei einem Selbstschädigungssyndrom. Sie sind in demselben schambasierten System gefangen, wie die betroffene Person, und dies hindert sie oft daran, aus der Bestürzung, Frustration und Hilflosigkeit im alltäglichen Umgang mit dem Betroffenen heraus um Hilfe zu bitten. Sie brauchen Unterstützung beim Entmystifizieren der

Selbstschädigung, -verletzung, indem sie benennen, wie diese sie betroffen hat, und beim Untersuchen einiger Coping-Methoden zur eigenen Unterstützung und zur Unterstützung der Person mit selbstschädigendem, -verletzendem Verhalten auf dem Weg zur Genesung. Schulungs- und Selbsthilfegruppen sowie Familienberatung sind gute Wege, um mit diesem Prozess zu beginnen (Carscadden, 1998).

Suizid

- Suizidales Verhalten ist ein Versuch, unerträglichen Stressoren im Leben zu entrinnen, die sich mit der Zeit angesammelt haben. Es wird begleitet von intensiven Gefühlen der Hoffnungslosigkeit, geringer sozialer Unterstützung und Coping-Fertigkeiten, die für den Umgang mit den vorhandenen Stressoren unzureichend sind (Boyd, 2005).
- Mangelnde/fehlende Coping-Fertigkeiten und Vermeidungsverhalten, wie Alkohol- und Drogenkonsum, sind oft mit suizidalem Verhalten korreliert.
- Eine suizidale Krise betrifft sowohl die Person selbst als auch deren Unterstützungssystem. Suizid kann sowohl bei dem/der Betroffenen als auch bei dessen/deren Unterstützungssystem als gangbare Alternative gelten.
- Depression, geringes Selbstwertgefühl, Hilflosigkeit und Hoffnungslosigkeit stehen in positiver Relation zum Suizid. Je intensiver die Hoffnungslosigkeit, desto höher das Suizidrisiko. Ein Verlust erhöht ganz eindeutig auch die Suizidgefahr und gehäufte Verluste tun dies dramatisch.
- Menschen mit schwacher Realitätserprobung, Wahnvorstellungen und schwacher Impulskontrolle sind hochgradig gefährdet. Alkohol und Drogen senken tendenziell die Impulskontrolle.
- Verhaltensänderungen (z. B. das Weggeben von Besitztümern) können eine Zunahme des Risikos signalisieren. Eine Person kann vor dem Versuch den Eindruck erwecken, es gehe ihr besser. Dies kann aus einem Gefühl der Erleichterung resultieren, das entsteht, nachdem eine Entscheidung getroffen wurde.
- Demographische Faktoren können beim Identifizieren suizidgefährdeter Personen helfen:
  - Die höchste Suizidrate in den USA findet sich unter weißen Männern über 65 Jahren. Das Risiko steigt mit dem Alter der Person linear an (Boyd, 2005).
  - Auch Jugendliche sind eine gefährdete Gruppe.
  - Mehr Frauen unternehmen einen Suizidversuch, mehr Männern gelingt er.
  - Arbeitslosigkeit und häufige Arbeitsplatzwechsel gehen mit einem erhöhten Risiko einher.
  - Alkohol bringt ein hohes Risiko mit sich.
  - Je höher die Zufriedenheit mit sozialen Beziehungen, desto geringer das Risiko. Daher steigt das Risiko bei Scheidung, Trennung und Witwenschaft.
  - Menschen, die bereits einen Suizidversuch unternommen haben, gehören in die Hochrisikogruppe, da sie ihn wahrscheinlich wiederholen.
- Je mehr Ressourcen zur Verfügung stehen, desto wahrscheinlicher lässt sich die Krise effektiv bewältigen. Zu den Ressourcen gehören persönliche Unterstützungssysteme, eine Anstellung, körperliche und geistige Fähigkeiten, finanzielle Mittel und ein Zuhause.
- Manche Menschen nutzen Suizidversuche als Weg, um mit Stress zurechtzukommen. Je häufiger und riskanter die Versuche, desto höher das aktuelle Risiko. Suizidgedanken kommen vom Allgemeinen aufs Spezielle, wobei detailliertere Pläne ein höheres Risiko darstellen. Ein Ereignis kann einen Suizidversuch auslösen. Der Unterschied zwischen einem negativen Lebens-

ereignis und einem Ereignis, das zu einem Suizidversuch führen kann, liegt darin, dass die Person bereits erhebliche Suizidgedanken hegt.

- Letalität beschreibt «die Wahrscheinlichkeit, dass eine Person erfolgreich Suizid begeht». Sie wird bestimmt durch die «Ernsthaftigkeit der Absicht und die Wahrscheinlichkeit, dass die geplante Methode des Todes erfolgreich sein wird» (Boyd, 2005:860).
- Pflegende sollten verbale und nonverbale Hinweise nutzen, um das Risiko einzuschätzen, da ernsthaft suizidale Menschen ihre Suizidgedanken u. U. verbergen.
- Die Vorhersage eines Suizidrisikos ist keine exakte Wissenschaft. Fehler können sich ergeben, …
  - … indem man sich zu sehr auf die Stimmungslage als Indikator verlässt. Nicht alle Menschen, die Suizid begehen, sind im klinischen Sinne depressiv.
  - … indem man sich auf Intuition verlässt. Viele Menschen vermögen ihre Absicht vollkommen zu verbergen.
  - … durch unterlassenes Assessment des Unterstützungssystems.
  - … durch Gegenübertragung, vor allem seitens der Therapeuten, der die erweckten negativen Gefühle nicht anerkennt.
  - Eines von fünf Suizidopfern hatte innerhalb eines Monats vor dem Suizid Kontakt mit einer Fachperson oder Einrichtung für geistige Gesundheit (Ortiz, 2006).
  - Das Risiko kann als hoch oder niedrig eingeschätzt werden (Tab. II-36). Dabei finden sich bei einer Person nicht unbedingt alle der in Tabelle II-36 genannten Parameter (Varcarolis, 2006).
  - Bei einer HIV-positiven Person ist die Suizidgefahr am höchsten «kurz nachdem der Betroffene von der Infektion erfahren hat und in den Spätstadien von AIDS» (Siegel/Meyer, 1999:53).
  - Die AIDS-bedingten vielfältigen Verluste homosexueller Männer können zu wiederholten überwältigenden Emotionen, körperlicher Erschöpfung und spiritueller Demoralisation führen. In Verbindung mit Gemiedenwerden und Isolation ist die Verzweiflung erhöht und chronisch (Mallinson, 1999).

Pädiatrische Überlegung

- Selbstschädigendes Verhalten beginnt sich oft vor dem zehnten Lebensjahr oder in den frühen Jugendjahren zu manifestieren. Erwachsene müssen auf die Veränderungen des Verhaltens und des Aussehens eingerichtet sein und bei vielfältigen «Unfällen» äußerst genau hinschauen.
- Suizid ist die zweithäufigste Todesursache in der Jugend. Der Anstieg unter Menschen jüngerer Altersgruppen ist ein bedeutsamer Trend.
- Suizid bei Kindern (5–14 Jahre) ist tendenziell impulsiver als in anderen Altersgruppen. Zu dieser impulsiven Natur scheint auch Überaktivität beizutragen. Eine Depression ist bei Erwachsenen oft schwer zu erkennen, weil sie ihre Gefühle hinter einem gelangweilten und wütenden Verhalten verbergen. Einige Symptome sind Traurig- oder Bedrücktsein, Rückzug von sozialen Aktivitäten, Konzentration auf die Schwierigkeiten, somatische Beschwerden, Veränderungen des Schlaf- oder Essverhaltens sowie Schuld- und Unzulänglichkeitsgefühle.

Tabelle II-36: Merkmale hoher bzw. geringer Suizidgefahr. Beachte: Bei einer Person finden sich nicht unbedingt alle genannten Parameter. (Quelle: Varcarolis, 2006)

Hohe Suizidgefahr	Geringe Suizidgefahr
Jugendlicher oder Person über 45 Jahre	Alter 20–45 Jahre
geschieden, getrennt, verwitwet	verheiratet
Freiberufler, Akademiker	keine ernsthaften medizinischen Probleme
chronische oder zum Tode führende Krankheit	weibliches Geschlecht
Wahnvorstellungen/Halluzinationen	angestellt
Hoffnungslosigkeit/Hilflosigkeit	verschwommene Gedanken (bei vagem Plan)
Intoxikation oder Sucht	Alter unter 12 Jahren
häufige oder ständige Suizidgedanken	Arbeiter
leicht verfügbare Mittel	Fehlen eines bestimmten Plans oder Plan mit geringer Letalität
männliches Geschlecht	sozial aktiv
soziale Isolation	seltener Substanzmissbrauch
Arbeitslosigkeit oder gebrochene Berufskarriere	
schwere Depression	
schwere Angst	
mehrfache Versuche	
spezieller Suizidplan	
sehr letale Methode	

- Suizidale Jugendliche haben nur selten enge (oder wenige) Freunde und zeigen nur schwache Beziehungen zu Gleichaltrigen.
- Unter homosexuellen Jugendlichen ist die Wahrscheinlichkeit eines Suizidversuchs schätzungsweise 2- bis 3-mal höher als unter heterosexuellen Gleichaltrigen. Immerhin 30 % der jährlichen Suizide gehen angeblich auf homosexuelle Teenager zurück.
- Suizid ist die führende Todesursache unter Jugendlichen. Ein häufiger Faktor ist das Fehlen oder der Verlust einer bedeutungsvollen Beziehung (Mohr, 2003).

- Die Suizidversuche unter Mädchen hispanischer Abstammung wurden mit 19,3 % angegeben. Zu den bedeutsamen Einflussfaktoren gehörten anamnestisch bekannte Suizidversuche in der Familie, anamnestisch bekannter sexueller oder körperlicher Missbrauch und Umweltstress (Giger/Davidhizar, 2004).

Geriatrische Überlegungen

- Weiße Männer über 65 Jahre haben eine doppelt so hohe Suizidrate wie alle anderen Altersgruppen. Sie bilden 18,5 % der Bevölkerung, begehen jedoch 23 % aller Suizide (Miller, 2004).
- Der Eintritt in den Ruhestand, Verlust der Spannkraft (Vitalität)und einer bedeutungsvollen Rolle wirken sich negativ auf das Selbstwertgefühl älterer Männer aus.
- Die Suizidversuche älterer Menschen sind tendenziell erfolgreich. Das Verhältnis zwischen Versuch und Erfolg beträgt 4 : 1, während es bei jüngeren Menschen schätzungsweise bei 200 : 1 liegt (McIntosh, 1985).
- Alkohol trägt zur Depression bei und diese wiederum erhöht den Alkoholkonsum. Beide sind bedeutende Risikofaktoren des Suizids älterer Menschen.
- Depressive ältere Menschen sprechen gewöhnlich weniger über Suizid als jüngere Menschen, verwenden jedoch gewaltsamere Mittel und sind häufiger erfolgreich (Miller, 2004).
- Aufgrund der vorherrschenden Ansicht, ältere Menschen seien passiv und gewaltfrei, wird ein Suizidpotenzial oft übersehen. Außerdem können Klagen über Depression und Hoffnungslosigkeit bei älteren Menschen oft nur subtil und daher leicht zu übersehen sein (Miller, 2004).
- Ältere Menschen teilen ihre Absichten seltener mit und wenden in höherem Maße tödliche Mittel an (Mellick et al., 1992). Familien, Altenzentren, Geistliche und Ärzte sind das Netzwerk, in dem sich das potenzielle Problem am leichtesten identifizieren lässt.
- Ältere Menschen stehen einen Monat vor ihrem Suizid in höheren Maße mit Fachpersonen der Primärversorgung in Kontakt (Luoma et al., 2002).

Transkulturelle Überlegungen

- Einen plötzlichen, gewaltvollen Tod zu akzeptieren, ist für Familienangehörige in den meisten Kulturen schwer (Andrews/Boyle, 2003).
- Die Scharia verbietet Suizid ausdrücklich. Manche Religionen (z. B. der Katholizismus) verweigern Suizidopfern ein rituelles Begräbnis.
- Die Northern Cheyenne glauben, Suizid oder jede Art gewaltsamen Todes würde die Seele daran hindern, in die Welt der Geister zu gelangen (Andrews/Boyle, 2003).
- Von älteren Inuit, die nicht länger zur Erhaltung des Stammes beitragen konnten, wurde der Suizid erwartet (Giger/Davidhizar, 2004).

Einschätzungskriterien des Fokusassessments

Die Pflegeperson muss zwischen den Diagnosen *Suizidgefahr* und *Gefahr einer selbstgefährdenden Gewalttätigkeit* oder *Selbstverletzung* differenzieren können. Zwar mögen sie, was Handlung und Aussagen betrifft, als Dasselbe erscheinen, der Unterschied liegt indessen in der Absicht. Selbstschädigendes oder -verletzendes Verhalten sind Versuche der Stressabfuhr (temporäre Unterdrückung), während Suizid den Versuch darstellt, zu sterben, um Stress dauerhaft zu lindern. Im Laufe des Assessments wird die Pflegeperson Daten erheben können, die sie in die Lage versetzen, die dem Klienten angemessene Diagnose herauszufinden. Klug ist es, daran zu denken, dass manche Klienten derart selbstschädigend werden, dass sie schließlich doch sterben, obwohl sie nicht eigentlich suizidal waren.

Subjektive Daten

Einschätzen von Risikofaktoren

Psychischer Status

Aktuelle Sorgen
Waren Sie in letzter Zeit einem starken Stressor ausgesetzt?
Wie fühlen Sie sich?
Möchten Sie sich selbst schädigen?
Können Sie mir den Grund nennen?
Möchten Sie sterben oder möchten Sie nur, dass der Schmerz (Gedanken/Gefühle) weggeht?
Schätzen Sie ein, ob ein Suizidplan besteht:

- Methode: Gibt es einen bestimmten Plan (z. B. Tabletten, Aufschneiden der Pulsadern, Erschießen)? Gibt es Rettungspläne?
- Verfügbarkeit: Ist die Methode zugänglich? Fällt der Zugang leicht oder ist er schwer?
- Spezifität: Wie spezifisch ist der Plan?
- Letalität: In welchem Ausmaß ist die Methode letal?

Gefühle
Hoffnungslosigkeit.
Wut/Feindseligkeit.
Hilflosigkeit.
Schuldgefühl/Scham.
Isolation/Verlassenheit.
Impulsivität.

Abhängigkeit von chemischen Substanzen/Substanzmissbrauch
Schätzen Sie ein, ob die Person unter Entzug leidet oder unter dem Einfluss einer Substanz steht. Die Einnahme chemischer Substanzen schwächt das Denkvermögen und erhöht den Impulsivitätsgrad.

Anamnese psychiatrischer Störungen
Anamnestisch bekanntes selbstschädigendes Verhalten:

- Methoden
- Zeitpunkt
- Sicherstellen der Rettung
- Letalität
- Anzahl der Versuche.

Ambulante Nachsorge/Unterstützungssystem.

Medizinischer Status

Akute oder chronische Erkrankung – Auswirkungen auf das Leben.
Verordnete Medikamente:

- Was nimmt die Person ein?
- Nimmt sie es nach Verordnung?

Stressquellen in der früheren Umgebung

Wechsel/Verlust des Arbeitsplatzes.
Versagen am Arbeitsplatz/in der Schule.
Drohende finanzielle Verluste.
Scheidung/Trennung.
Tod einer Bezugsperson.
Krankheit/Unfall.
Alkohol-/Drogenkonsum in der Familie.
Zurückweisung durch die Eltern.
Funktionsgestörte Familiendynamik.
Körperlicher, seelischer, sexueller Missbrauch.

Unrealistische Erwartungen:

- der Eltern an das Kind
- des Kindes an die Eltern
- an sich selbst.

Schweres Trauma.

Stressquellen in der gegenwärtigen Umgebung

Alle oben genannten Punkte (über das Umfeld hinaus).
Drohende Strafverfolgung.
Alkohol-/Drogenkonsum der Person.
Rollenveränderungen/veränderte Verantwortlichkeiten
Jede Bedrohung des Selbstkonzeptes (real oder wahrgenommen)

Assessment, ob die Person sich des selbstschädigenden Verhaltens bewusst ist

Zugeben oder Verleugnen: Gibt die Person selbstschädigendes Verhalten zu oder behauptet sie, «Unfälle» zu haben?
Welchen Nutzen, welche Gründe hat das selbstschädigende Verhalten?

- Nonverbale Kommunikation: Gewinnen der Aufmerksamkeit Dritter und diese nötigen, ihrem Bedürfnis Folge zu leisten.
- Bewirken, dass Dritte daran glauben: körperlicher Nachweis von Schmerzen.
- Zeigen von Hoffnungslosigkeit.
- Nach außen demonstrieren, was die Person nach innen fühlt (hässlich, vernarbt, «vermüllt»).
- Das Gefühl, es zu verdienen: schlecht, hässlich, übel, verrückt zu sein.
- Freisetzen von Schmerz und Wut: Selbstschädigung als Sicherheitsventil, um Suizid zu verhindern.
- (Wieder-)Herstellen der Kontrolle über den Körper.
- Verifizieren, dass da noch Leben ist: körperlicher Beweis für Leben durch fließendes Blut.
- Sadomasochistisches Vergnügen.
- Sucht nach Nahtoderfahrungen.

Kann die Person Besonderheiten in dem Prozess identifizieren:

- persönliche Auslöser:
  - sensorischer Input?
  - Situationen?
  - besondere Arten von Menschen oder Orten?
- Flash-backs oder Albträume?

Kann die Person Niveaus oder Stadien vor dem Akt der Selbstschädigung identifizieren?
Dissoziiert die Person oder unterdrückt/betäubt sie ihre Emotionen?
Motivation, mit der Selbstschädigung aufzuhören:

- Möchte aufhören und ist bereit, darauf hinzuarbeiten.
- Möchte, dass der seelische Schmerz aufhört, sieht Selbstschädigung als Teil dieses Schmerzes und erwägt einen Wandel.
- Ist nicht bereit, das selbstschädigende Verhalten aufzugeben.

Unterstützungssystem

Auf wen wird in Zeiten von Stress zurückgegriffen?

- Stehen diese Personen zur Verfügung?
- Wie reagieren sie auf die aktuelle Situation:
  - mit Verleugnung?
  - hilflos/frustriert?
  - nicht hilfsbereit?
  - besorgt und hilfsbereit?
  - wütend/mit Schuldgefühlen?

Persönliche und finanzielle Ressourcen:

- Anstellung
- Zuhause
- Finanzen.

Objektive Daten

Einschätzen von Risikofaktoren

Unterstützungssystem
Gesichtsausdruck.
Kleidung.
Haltung.

Verhalten während des Interviews
Agitiert.
Feindselig.
Unruhig.
Kooperativ.
Zurückgezogen.
Dissoziiert.

Kommunikationsverhalten
Hoffnungslos/hilflos (subjektiv).
Mit vielen Anspielungen.
Verleugnung.
Suizidale Ausdrücke.
Wahnhaft.
Unentschlossen.
Halluzinierend.
Gepresstes Sprechen.
Fehlinterpretierend.
Konzentrationsstörungen.
Überempfindlich (subjektiv).

Ernährungszustand
Appetit.
Bulimisches Verhalten.
Körpergewicht (anorektisch, adipös).

Schlaf-/Ruhe-Verhalten
Angst vor Dunkelheit.
Leicht erweckbar.
Einschlafstörungen.
Zu viel Schlaf.
Durchschlafstörungen.
Albträume.

Körperliche Manifestationen
Tremor.
Kardiale Palpitationen.

Agitiertheit.
Engegefühl in der Brust
Überwachheit.
Summen im Kopf.
Kurzatmigkeit.
Geballte Fäuste.
Schwitzen.
Magen-, Kopf-, Muskelschmerzen.
Wechsel der Gesichtsfarbe.

Nachweis einer Selbstschädigung

Seien Sie sehr wachsam bei folgenden Punkten:

- Es gab verschiedene Unfälle.
- Die Person trägt bei warmem Wetter lange Ärmel.
- Die Person entblößt Körperteile nur widerwillig.

Achten Sie auf:

- Narben
- Beulen
- offene Schnittwunden
- gerötete, gereizte Bereiche
- wunde Stellen
- Verbrennungen
- Bereiche, die nicht wie erwartet heilen
- verklumptes/flächenweise fehlendes Haar.

Oft betroffene Körperteile:

- Handgelenke, Arme, Beine, Füße
- Kopf, Gesicht, Augen, Hals
- Thorax, Abdomen
- Genitale.

Verhaltensweisen der Selbstschädigung:

- Schneiden/Ritzen
- Pulen/Zupfen (engl. skin pricking)
- Aufschlitzen
- Pressen
- Stechen
- Schlagen des Kopfes gegen einen festen Gegenstand
- Kratzen
- Schlagen des eigenen Kopfes
- Verbrennen (Zigaretten, Streichhölzer, Ofen, Bügeleisen, Lockenstab)
- Chemikalien (z. B. Haushaltsreiniger).

Verhaltensweisen bei Selbstmissbrauch, -verletzung:

- Schlagen des eigenen Kopfes
- Sich Ohrfeigen
- Pulen/Zupfen
- Kratzen
- nichttödliche Anwendung von Medikamenten/Gift
- anorektisches/bulimisches Verhalten
- Schlucken von Fremdkörpern (Glas, Nadeln, Sicherheitsnadeln, Stecknadeln, verschiedene Eisenwaren [z. B. Nägel, Schrauben])
- Ausreißen von Haar
- exzessives Reiben
- Nichteinhalten der Therapie bei schweren körperlichen oder internistischen Leiden (z. B. Diabetes).

Ziele

NOC

- Kontrolle von Aggression
- Kontrolle von Trieben

Die Person wählt nichtschädigende Alternativen.

Indikatoren

- Eingestehen selbstschädigender Gedanken.
- Zugeben, selbstschädigendes, -verletzendes Verhalten auszuüben, wenn es vorkommt.
- In der Lage sein, persönliche Auslöser zu identifizieren.
- Lernen, unbequeme Gefühle zu identifizieren und auszuhalten.

Allgemeine Interventionen

NIC

- Anwesenheit
- Aggressionskontrolle
- Umgebungsmanagement: Gewaltprävention
- Verhaltensmodifikation
- Umgebungsmanagement: Sicherheit
- Gruppentherapie
- Copingverbesserung
- Impulskontrolltraining
- Krisenintervention

Etablieren einer vertrauensvollen Pflegeperson-Klienten-Beziehung

Zeigen Sie durch vorurteilslose Äußerungen und vorurteilsloses Verhalten, dass Sie den Klienten als wertvolle Person akzeptieren.
Stellen Sie Fragen in fürsorglicher, engagierter Weise.
Ermutigen Sie zum Äußern von Gedanken und Gefühlen.
Hören Sie aktiv zu oder sorgen Sie, falls die Person schweigt, für Unterstützung, indem Sie einfach anwesend sind.
Seien Sie sich der Überempfindlichkeit des Klienten bewusst.
Benennen Sie das Verhalten, nicht die Person.
Seien Sie in Ihrer Interaktion ehrlich.
Unterstützen Sie den Klienten dabei, Hoffnung und Alternativen anzuerkennen.
Liefern Sie Begründungen für die notwendigen Prozeduren oder Interventionen.
Wahren Sie während der gesamten therapeutischen Beziehung die Würde des Patienten.

F: Häufiger Kontakt durch die Betreuungsperson zeigt Akzeptanz und kann Vertrauen fördern. Unter Umständen zögert der Klient aufgrund eines negativen Selbstkonzeptes, an die Mitarbeiter heranzutreten.

Validieren der Realität

Schizophrenie- oder drogeninduzierte Psychose

Sagen Sie der Person: «Sie sind sicher.»
Sprechen Sie mit ruhiger, beruhigender Stimme.
Setzen Sie die Talk-down-Technik ein, wenn der Klient ein Halluzinogen genommen hat. Stoppen Sie bei steigender Agitiertheit sofort.
Orientieren Sie den Klienten nach Bedarf. Weisen Sie auf sensorische bzw. umgebungsbezogene Fehlwahrnehmungen hin, ohne seine Befürchtungen herunterzuspielen oder Missbilligung seiner verbalen Äußerungen zu zeigen.
Beruhigen Sie den Klienten dahingehend, dass dies vorübergehen wird.
Achten Sie auf Zeichen verstärkten Wahndenkens und/oder beängstigender Halluzinationen (verstärkte Angst, Agitiertheit, Reizbarkeit, Umhergehen, Hypervigilanz).

Zustand nach einem Trauma oder bei Funktionsstörung

Sagen Sie der Person: «Sie sind weder schlecht noch verrückt oder ein hoffnungsloser Fall.»
Wenn die Person Ihnen ihre persönliche Geschichte erzählt, sagen Sie ihr, Sie würden ihr glauben. Viele Menschen sind unter Verleugnung und Herunterspielen aufgewachsen.
Lassen Sie die Person wissen, dass sie damit nicht die Einzige ist.

F: Die Person als Person ist akzeptabel, das Verhalten ist es nicht.

Unterstützen beim Neuordnen alter Denk- und Gefühlsmuster (Carscadden, 1993a)

Bestärken Sie die Überzeugung, ein Wandel sei möglich.
Unterstützen Sie den Klienten beim Erkennen des Gedanken-Gefühl-Verhalten-Konzeptes.

Helfen Sie dem Klienten beim Einschätzen von Nutzen und Rückschlägen bei selbstschädigendem Verhalten.
Benennen Sie Worte mit negativer Konnotation um (z. B. «Rückschlag» statt «Versagen»).
Ermutigen Sie zum Identifizieren persönlicher Auslöser.
Unterstützen Sie den Klienten beim Erkunden gangbarer Alternativen.
Helfen Sie dem Klienten, ambivalente Gefühle hinsichtlich der Genesung zu untersuchen.
Ermutigen des Klienten, sich mit Gefühlen vertraut zu machen und sie zuzulassen.

F: Gefühle und Wahrnehmungen zum Ausdruck zu bringen erhöht das Selbstbewusstsein des Klienten und hilft der Pflegeperson beim Planen effektiver Interventionen, um die Bedürfnisse der Person anzusprechen. Die Wahrnehmungen des Klienten wertzuschätzen sorgt für Beruhigung und kann Angst mindern.

Fördern der Entwicklung neuen Verhaltens

Validieren Sie bereits vorhandene gute Coping-Fertigkeiten.
Dienen Sie in Ihrem eigenen Verhalten und Ihren Interaktionen als Rollenvorbild.
Ermutigen Sie zur Anwendung von positiven Affirmationen, Meditation und Entspannungstechniken sowie zu anderen Übungen zum Aufbau von Selbstwertgefühl.
Fördern Sie das Konzept, hilfreich statt hilflos zu sein.
Ermutigen Sie zum Führen eines Tagebuchs über Auslöser, Gedanken, Gefühle und Alternativen, die funktionieren bzw. nicht funktionieren.
Unterstützen Sie den Klienten beim Entwickeln von Körperbewusstsein als Methode, Auslöser festzustellen und das Ausmaß eines drohenden selbstschädigenden Verhaltens zu bestimmen.
Unterstützen Sie beim Rollenspiel, um an Situationen bzw. Beziehungen zu arbeiten.
Fördern Sie die Entwicklung gesunder Ich-Grenzen der Person.

F: Gefühle und Wahrnehmungen zum Ausdruck zu bringen erhöht das Selbstbewusstsein des Klienten und hilft der Pflegeperson beim Planen effektiver Interventionen, um die Bedürfnisse der Person anzusprechen. Die Wahrnehmungen des Klienten wertzuschätzen sorgt für Beruhigung und kann Angst mindern.

Unterstützen Sie ein Umfeld, das selbstschädigendes Verhalten nicht unterstützt

Das Ausmaß an Kontrolle oder Einfluss einer Fachperson hängt in diesem Bereich von der Diagnose, dem Umgebungssetting und dessen Regeln ab (z. B. das Zuhause einer Person, ein Wohnheim bzw. eine Behandlungs- oder sonstige Einrichtung). Bei einem Auftrag, im Rahmen der Verfahrensregeln eines Settings bei Versuchen der Selbstschädigung zu intervenieren, sollten die im Folgenden genannten Interventionen ablaufen.

Strukturieren der Zeit und der Aktivitäten des Klienten

Sorgen Sie für einen geplanten Tag, der den Bedürfnissen der Person nach Ruhe und Aktivität entspricht.
Ermutigen Sie dazu, andere zu unterstützen und gemeinsam etwas zu unternehmen, ohne dabei untereinander in Wettstreit zu treten.

Lindern Sie angestaute Spannung und ziellose Hyperaktivität durch körperliche Aktivität (z. B. rasches Gehen, Tanztherapie, Aerobic).

F: Wichtig ist, den Akt der Selbstschädigung weder durch positive noch durch negative Belohnungen zu bestärken. Eine Verletzung sollte sachlich behandelt werden, etwa so, wie man einen Splitter zieht, aber der Person auch Würde geben. Eine möglichst rasche Rückkehr zu Aktivitäten bzw. Zeitplänen stellt die Verantwortung der Person wieder her.

Reduzieren exzessiver Stimuli

Sorgen Sie für eine ruhige, gelassene Atmosphäre.

Setzen Sie feste, konstante Grenzen, geben Sie der Person jedoch innerhalb dieser Grenzen möglichst viel Kontrolle bzw. Entscheidungsmöglichkeiten.

Intervenieren Sie in den frühesten Stadien, um der Person beim Wiedererlangen der Kontrolle zu helfen, eine Eskalation zu verhindern und eine minimal restriktive Therapie zu ermöglichen.

Halten Sie die Kommunikation einfach. Agitierte Menschen sind nicht in der Lage, eine komplizierte Kommunikation zu verarbeiten.

Sorgen Sie für einen Bereich, in den sich die Person zurückziehen kann, um Stimuli abzuschwächen (z. B. Time-out-Raum, Raum der Stille; eine Person unter Halluzinogenen braucht einen abgedunkelten, ruhigen Raum mit einem unaufdringlichen Beobachter).

Entfernen Sie im Stadium der Krise potenziell gefährliche Gegenstände aus dem Umfeld.

Fördern von Alternativen

Betonen Sie, dass es immer Alternativen gibt.

Betonen Sie, dass Selbstschädigung eine Entscheidung und nichts Unkontrollierbares ist.

Geben Sie Gelegenheit, Gedanken und Gefühle, wie z. B. Wut und Depression, verbal zu äußern.

Sorgen Sie für akzeptable Möglichkeiten des Abreagierens (z. B. Schreien, Schlagen auf ein Kissen, Zerreißen von Zeitschriften, Arbeiten mit Ton und Knetgummi, rasches Gehen).

F: Autodestruktives Verhalten kann das Ergebnis nach innen gerichteter Wut und Trauer sein.

Bestimmen des aktuellen Grades an Selbstschädigung, falls angezeigt

Anfangsstadium (gedankliches Stadium)

Sorgen Sie für besänftigende Berührung, falls durch die Person gestattet (zuvor festlegen).

Erinnern Sie die Person daran, dass es sich um ein «altes Muster» handelt, das durch neues Verhalten und neue Überzeugungen ersetzt werden sollte.

Sorgen Sie für neue, unaufdringliche Alternativen.

Steigerungsstadium (emotionales Stadium)

Erinnern Sie die Person daran, Alternativen abzuwägen.

Geben Sie der Person möglichst viel Kontrolle, um ihre Verantwortlichkeit zu unterstützen:

- Kommen Sie zurecht?
- Wie kann ich helfen?
- Möchten Sie, dass ich Ihnen helfe?

Sorgen Sie in diesem Stadium für intensivere Interventionen.
Fordern Sie die Person auf, jedes Mittel zu einer potenziellen Selbstschädigung auszuhändigen.

Krisenstadium (Verhaltensstadium)

Geben Sie positives Feed-back, wenn die Person eine Alternative wählt und sich nicht selbst schädigt.
Bitten Sie die Person ggf., jeden Gegenstand, der zur Selbstschädigung dienen kann, wegzulegen.
Betonen Sie auch weiterhin, dass es immer eine Alternative gibt.
Fixieren Sie die Person nur dann, wenn sie außer Kontrolle gerät.
Lösen Sie die Fixierungen so bald wie möglich, um die Verantwortung wieder an die Person zurückzugeben: «Haben Sie sich jetzt unter Kontrolle?», «Fühlen Sie sich jetzt sicher?»
Bleiben Sie während der Krise ruhig und fürsorglich.
Kümmern Sie sich um praktische Fragen in nichtstrafender, vorurteilsloser Weise.

F: Die Kontrolle des Umfeldes ist eine grundlegende, aber nicht zu vernachlässigende Intervention. Ein strukturierter Zeitplan sorgt für Grenzen und Sicherheit und stärkt das Sicherheitsgefühl. Ein ruhiges Umfeld senkt die Reaktivität, erhöht das Gefühl von Ruhe und senkt die Wahrscheinlichkeit von Verwirrtheit und Furcht. Grobmotorische Aktivität in ungeschützter Umgebung kann einen aggressiven Impetus mindern und Ruhephasen fördern Gelegenheiten zur Entspannung, besänftigen die Notfallreaktion und verbinden Körper, Geist und Seele wieder miteinander.

Stadium nach der Krise

Geben Sie positives Feed-back, wenn sich die Person nicht selbst geschädigt hat.
Unterstützen Sie den Klienten darin, das Problem zu lösen, wie er sich vor dem Krisenstadium ablenkt.
Schätzen Sie das Ausmaß der Verletzung bzw. des Schadens ein, wenn die Person keine Alternative gewählt hat.
Sorgen Sie für Unterstützung oder medizinische Versorgung, soweit notwendig.
Widmen Sie dem Akt der Selbstschädigung möglichst wenig Aufmerksamkeit und konzentrieren Sie sich auf frühere Stadien (z. B.: «Können Sie sich an den Auslöser erinnern?», «Was ist Ihnen durch den Kopf gegangen?», «Was hätten Sie stattdessen tun können?»).
Lassen Sie die Person möglichst bald zu normalen Aktivitäten bzw. Routinen zurückkehren.

F: Fehladaptiertes Verhalten lässt sich durch gesundes Verhalten ersetzen, um mit Stress und Angst zurechtzukommen (Stuart/Sundeen, 2006).

Aktivieren Sie Unterstützungssysteme für die Gemeinschaft, wann und wo angezeigt

Unterweisen der Familie

Konstruktives Äußern von Gefühlen.
Erkennen von Graden drohender Selbstschädigung.
Unterstützen bei geeigneten Interventionen.
Umgang mit selbstschädigendem Verhalten bzw. dessen Ergebnissen.

Mitteilen einer 24-Stunden-Notrufnummer

Sorgen für Überweisung zu:

- einem individuellen Therapeuten
- einer Familienberatung
- einer Peer-Selbsthilfegruppe
- einer Freizeit-/Berufsberatung
- Nachbetreuungseinrichtungen
- anderen kommunalen Ressourcen.

F: Soziale Isolation perpetuiert ein geringes Selbstwertgefühl und selbstschädigendes Verhalten (Stuart/Sundeen, 2006).

F: Menschen, die dissoziieren, nicht in sich ruhen oder unsicher sind, fällt es schwer, bei Entspannung oder einer Visualisierung der Bitte «Lass deinen Körper los» oder «Schließe die Augen» Folge zu leisten und sie sollten niemals dazu aufgefordert werden, solange sie noch nicht bereit sind.

Gefahr des Selbstmissbrauchs

Definition

Gefahr des Selbstmissbrauchs: der Zustand, in dem eine Person der Gefahr ausgesetzt ist, ohne Selbsttötungsabsicht einen bewussten Akt gegen sich selbst zu unternehmen, der den Körper u. U. schädigt.

Bestimmende Merkmale oder Kennzeichen

Hauptkennzeichen (obligat)

Äußern des Verlangens, sich zu schädigen.

Belege für einen Selbstmissbrauch, darunter:

- Schlagen des Kopfes (evtl. gegen eine Wand)
- Sich-Ohrfeigen
- Kneifen
- Kratzen
- nichttödliche Einnahme von Medikamenten/Gift
- anorektisches/bulimisches Verhalten
- Schlucken von Fremdkörpern (Glas, Nadeln, Sicherheitsnadeln, Stecknadeln, verschiedene Metallteile [z. B. Nägel, Schrauben])

Einflussfaktoren

Siehe *Gefahr einer Selbstschädigung.*

Anmerkung der Autorin

Siehe *Gefahr einer Selbstschädigung.*

Irrtümer in diagnostischen Aussagen

Siehe *Gefahr einer Selbstschädigung.*

Zentrale Konzepte

Siehe *Gefahr einer Selbstschädigung.*

Selbstverletzung

Definition

Selbstverletzung: der Zustand, in dem eine Person in der Absicht, sich zu schädigen, aber nicht zu töten, eine bewusste, gegen sich selbst gerichtete Handlung unternimmt, die zu einem unmittelbaren Gewebsschaden führt.
Selbstverletzung: Absichtliches selbstverletzendes Verhalten mit einhergehenden nicht-tödlichen Gewebeschäden, um psychische Spannungen abzubauen (NANDA-I, 2010).

Bestimmende Merkmale oder Kennzeichen

Äußern des Verlangens, sich zu schädigen.
Anamnestisch bekannte Versuche der Selbstschädigung, darunter:

- selbst zugefügte Verbrennungen [z. B. Radiergummi, Zigarette]
- Einnahme von schädlichen Substanzen
- Inhalation von schädlichen Substanzen.
- Kratzer am Körper
- Schnitte am Körper
- Manipulieren an Wunden
- Beißen
- Abschürfen
- Durchtrennen
- Einführen von Gegenständen in Körperöffnungen
- sich schlagen
- Abschnüren eines Körperteils.

Einflussfaktoren

Weitere siehe *Gefahr einer Selbstschädigung.*

Anmerkung der Autorin

Siehe *Gefahr einer Selbstschädigung.*

Irrtümer in diagnostischen Aussagen

Siehe *Gefahr einer Selbstschädigung.*

Zentrale Konzepte

Siehe *Gefahr einer Selbstschädigung.*

Einschätzungskriterien des Fokusassessments

Siehe *Gefahr einer Selbstschädigung.*

Allgemeine Interventionen

Siehe *Gefahr einer Selbstschädigung.*

Selbstverletzungsgefahr

Definition

Selbstverletzungsgefahr: der Zustand, in dem eine Person der Gefahr ausgesetzt ist, eine bewusste, gegen sich selbst gerichtete Handlung zu unternehmen, die zu einem unmittelbaren Gewebsschaden führt, um sich zu schädigen, nicht aber zu töten.
Selbstverletzungsgefahr: Risiko eines absichtlichen selbstverletzenden Verhaltens mit einhergehenden nicht-tödlichen Gewebeschäden, um psychische Spannungen abzubauen (NANDA-I, 2010).

Risikofaktoren

- Adoleszenz
- Gleichaltrige, die sich selbst verletzen
- Isolation von Gleichaltrigen
- Dissoziation
- Depersonalisation

- psychotischer Zustand (z. B. Befehlshalluzinationen)
- Charakterstörung
- Borderline-Syndrom
- emotionale Störung
- verzögerte Entwicklung des Individuums
- Autist
- selbstverletzendes Verhalten in der Anamnese
- anamnestisch bekannte Unfähigkeit, längerfristige Konsequenzen abzusehen
- Vorgeschichte der Unfähigkeit, Lösungen herbeizuführen
- Erkrankungen in der Kindheit
- chirurgischer Eingriff während der Kindheit
- sexueller Missbrauch in der Kindheit
- Erfahrene Misshandlungen in der Kindheit
- Körperbildstörung
- Essstörungen
- unwirksames Coping
- Perfektionismus
- negative Gefühle (z. B. Depression, Zurückweisung, Selbsthass, Trennungsangst, Schuld, Depersonalisation)
- geringes Selbstwertgefühl
- instabiles Körperbild
- instabiles Selbstwertgefühl
- schlechte Kommunikation zwischen Eltern und Jugendlichem
- fehlende familiäre Vertrauensperson
- Gefühl der Bedrohung durch (aktuellen/potenziellen) Verlust einer wichtigen Beziehung (z. B. Verlust eines Elternteils, Freunds)
- gestörte zwischenmenschliche Beziehungen
- Einsatz von Manipulation, um förderliche Beziehungen zu anderen herzustellen
- Alkoholismus in der Familie
- Scheidung in der Familie
- Gewalt zwischen den Eltern
- anamnestisch bekannte selbstverletzende Verhaltensweisen in der Familie
- Leben in ungewohnter [nicht herkömmlicher] Umgebung (z. B. Pflegeunterbringung, Gruppenpflege oder institutionelle Versorgung)
- Inhaftierung
- Unfähigkeit, Anspannung sprachlich zu äußern
- steigende, unerträgliche Spannung
- Notwendigkeit schnellen Stressabbaus
- unwiderstehlicher Drang, sich selbst zu schneiden
- unwiderstehlicher Drang, sich selbst zu verletzen
- Impulsivität
- labiles Verhalten
- sexuelle Identitätskrisen
- Suchtmittelmissbrauch.

Weitere siehe *Gefahr einer Selbstschädigung.*

Anmerkung der Autorin

Siehe *Gefahr einer Selbstschädigung.*

Irrtümer in diagnostischen Aussagen

Siehe *Gefahr einer Selbstschädigung.*

Zentrale Konzepte

Siehe *Gefahr einer Selbstschädigung.*

Allgemeine Interventionen

Siehe *Gefahr einer Selbstschädigung.*

Suizidgefahr

Definition

Suizidgefahr: der Zustand, in dem eine Person der Gefahr ausgesetzt ist, sich selbst zu töten.
Suizidgefahr (engl. Risk for suicide): Risiko einer selbstzugefügten, lebensbedrohlichen Verletzung (NANDA-I, 2010).

Risikofaktoren

verhaltensbezogene

- Suizidversuche in der Anamnese
- Kauf einer Schusswaffe
- Sammeln von Medikamenten
- ein Testament verfassen
- sein Testament ändern
- Weggeben von Besitztümern
- plötzliche euphorische Erholung von einer tiefen Depression
- Impulsivität
- markante Änderungen des Verhaltens
- markante Änderungen der Einstellung
- markante Änderungen in den schulischen Leistungen.

sprachliche

- droht, sich selbst zu töten
- äußert das Verlangen zu sterben.

situationsbezogen

- alleinstehend
- pensioniert
- finanzielle Unsicherheit
- Ortswechsel
- Institutionalisierung [Leben/Einweisung in eine/r Einrichtung]]
- Verlust der Autonomie
- Verlust der Selbstständigkeit
- vorhandensein einer Schusswaffe im Haus
- Leben/Unterbringung [Jugendlicher] außerhalb des üblichen (familiären) Milieus (z. B. Jugendstrafanstalt, Gefängnis, Resozialisierungseinrichtung, Wohngruppe).

psychologische [psychische]

- anamnestisch bekannte Suizide in der Familie
- erfahrener Missbrauch in der Kindheit
- Suchtmittelmissbrauch [Substanzmissbrauch]
- psychiatrische/s Leiden/Störung (z. B. Depression, Schizophrenie, bipolare Störung)
- Schuld[gefühle]
- lesbische oder homosexueller Jugendliche(r).

demographische

- Alter (z. B. ältere Menschen, junge männliche Erwachsene, Jugendliche)
- Rasse (z. B. Weißer, amerikanischer Ureinwohner)
- männliches Geschlecht
- geschieden
- verwitwet.

physische

- physische Krankheit
- terminale Erkrankung
- chronischer Schmerz.

soziale

- Verlust einer wichtigen Beziehung
- unterbrochenes Familienleben
- schlechte Unterstützungssysteme
- soziale Isolation

- Trauer
- Einsamkeit
- Hoffnungslosigkeit
- Hilflosigkeit
- juristische Probleme
- disziplinarische Probleme
- gehäuft auftretende Suizide.

Zentrale Konzepte

Siehe *Gefahr einer Selbstschädigung.*

Einschätzungskriterien des Fokusassessments

Siehe *Gefahr einer Selbstschädigung.*

Ziele

NOC

- Kontrolle von Trieben (Impulsen)
- Selbstbeherrschung bei suizidalem Verhalten

Die Person begeht nicht Suizid.

Indikatoren

- Äußern des Verlangens zu leben.
- Äußern von Gefühlen der Wut, Einsamkeit und Hoffnungslosigkeit.
- Benennen von Personen, die bei Suizidgedanken kontaktiert werden.
- Benennen alternativer Coping-Mechanismen.

Allgemeine Interventionen

NIC

- Aktives Zuhören
- Copingverbesserung
- Suizidprävention
- Impulskontrolltraining
- Verhaltensmanagement: Selbstverletzendes Verhalten
- Hoffnungsvermittlung
- Vertragsschließung mit Patient

Unterstützen der Person beim Verringern der gegenwärtigen Gefahr der Selbstzerstörung

Einschätzen des Ausmaßes der aktuellen Gefährdung (Tab. II-37)

Hoch.
Mäßig.
Gering.

Einschätzen der langfristigen Gefährdung

Lebensweise.
Letalität des Plans.
Übliche Coping-Mechanismen.
(Verfügbare?) Unterstützung.

Tabelle II-37: Einschätzen des Ausmaßes der Suizidgefahr (Quelle: adaptiert aus Hatton, C. L.; McBride, S. [1984]. Suicide: Assessment and intervention, Norwalk, CT: Appleton-Century-Crofts, und Jackson, D. B.; Saunders, R. B. [1993]. Child health nursing. Philadelphia: J. B. Lippincott)

Verhalten oder Symptom	Risikograd		
	niedrig	mäßig	hoch
Angst	leicht	mäßig	hoch oder Panikzustand
Depression	leicht	mäßig	schwer
Isolation/Rückzug	leichte Isolationsgefühle kein Rückzug	leichte Hoffnungslosigkeit Rückzug	Hoffnungslosigkeit Rückzug Selbstverachtung Isolation
Funktionieren im Alltag	effektiv gute Schulnoten* enge Freunde keine früheren Suizidversuche stabiler Arbeitsplatz	bedrückt einige Freunde frühere Suizidgedanken	depressiv schlechte Schulnoten* wenige oder keine engen Freunde frühere Suizidversuche ungeordnete oder schlechte Arbeitsbiographie
Lebensweise	stabil	mäßig stabil	instabil

Verhalten oder Symptom	Risikograd		
Alkohol-/Drogen-konsum	selten bis zum Exzess	häufig bis zum Exzess	kontinuierlicher Abusus
Frühere Suizid-versuche	keine oder nur von niedriger Letalität (wenige Tabletten)	einer oder mehrere (Tabletten, oberflächliche Handgelenk-schnitte)	einer oder mehrere (ganze Tabletten-packungen, Feuer-waffen, Erhängen)
Begleitereignisse	keines oder ein Streit	Strafmaßnahme* sinkende schu-lische Leistungen* Probleme am Arbeitsplatz Krankheit in der Familie	Abbruch einer Beziehung Tod einer geliebten Person Verlust des Arbeits-platzes Schwangerschaft*
Ziel der Handlung	keines oder unklar	Erleichterung bei Scham oder Schuldgefühlen zur Bestrafung Dritter um Aufmerksam-keit auf sich zu ziehen	Todeswunsch Flucht, um sich Verstorbenen anzuschließen zur Behinderung führende Erkrankung
Reaktion und Struktur der Familie	unterstützend intakte Familie gutes Coping, gute geistige Gesundheit anamnestisch kein Suizid bekannt	gemischte Reaktion geschieden/ getrennt kommt gewöhnlich zurecht und versteht	wütend und nicht stützend desorganisiert starr/missbräuchlich anamnestisch bekannter Suizid in der Familie
Suizidplan (Methode, Ort, Zeit)	kein Plan	häufige Gedanken gelegentliche Ideen zu einem Plan	spezifischer Plan

*) Gilt nur für Kinder und Jugendliche.

Sorgen für eine sichere Umgebung auf der Grundlage des Gefährdungsgrades

Sofortbetreuung einer hochgradig gefährdeten Person

Akut Suizidgefährdete Personen sollten in eine engmaschig überwachte Umgebung eingewiesen werden.

Zwar lässt sich eine vollkommen sichere Umgebung unmöglich schaffen, jedoch vermitteln das Entfernen gefährlicher Gegenstände und enge Überwachung eine nonverbale Botschaft der Besorgnis. Entfernen Sie Gegenstände aus Glas sowie Nagelfeilen, Scheren, Nagellackentferner, Spiegel, Nadeln, Rasierklingen, Getränkedosen, Plastikbeutel, Feuerzeuge, elektrische Geräte, Gürtel, Schlaufenhalterungen, Messer, Pinzetten, Alkohol und Feuerwaffen.

Mahlzeiten sollten in einem eng überwachten Bereich gestellt werden, gewöhnlich auf Station oder im Zimmer der Person:

- Stellen Sie eine adäquate Nahrungs- und Flüssigkeitsaufnahme sicher.
- Verwenden Sie Teller und Besteck aus Plastik/Pappe.
- Überprüfen Sie, dass nach dem Essen alle Utensilien wieder auf dem Tablett liegen.

Überprüfen Sie beim oralen Verabreichen von Medikamenten, ob auch alle Medikamente geschluckt werden.

Benennen Sie ein Mitglied des Teams, um die Person den vorgeschriebenen Vorgehensweisen der Institution entsprechend zu überprüfen. Sorgen Sie dafür, dass diese Person auch abgelöst wird.

Beschränken Sie die Bewegungsfreiheit der Person auf die Station, sofern nicht ausdrücklich eine anders lautende Anweisung des Arztes vorliegt. Lassen Sie die Person außerhalb der Station durch eine Mitarbeiterin/einen Mitarbeiter begleiten.

Instruieren Sie Besuchende hinsichtlich der untersagten Gegenstände, indem Sie beispielsweise sicherstellen, dass der Besucher der Person Lebensmittel nicht in einer Plastiktüte mitbringt.

Die Person darf – abhängig vom Grad der Gefährdung – untersagte Gegenstände in Anwesenheit von Personal benutzen. Akut suizidgefährdeten Personen sollte der Zugang zu solchen Gegenständen nicht gestattet werden.

Unter Umständen muss die akut suizidale Person Klinikkleidung tragen, um sie am Verlassen der Einrichtung zu hindern. Mit abnehmender Gefährdung kann der Person dann wieder erlaubt werden, eigene Kleidung zu tragen.

Entsprechend den Verfahrensrichtlinien der Einrichtung sollten regelmäßige Raumdurchsuchungen stattfinden.

Wenden Sie bei Bedarf Isolation und Fixierung an (zur Erörterung siehe *Gefahr der Gewalttätigkeit*).

Benachrichtigen Sie die Polizei, falls die Person die Einrichtung verlässt und suizidgefährdet ist.

Falls die Person unter konstanter Beobachtung steht, ist es ihr nicht gestattet, sich außer Sichtweite zu begeben, auch wenn dadurch die Privatsphäre verloren geht. Eine Armlänge ist bei einem hochgradig gefährdeten Patienten die am besten geeignete Entfernung.

F: Suizidales Verhalten lässt sich einschätzen, indem man biologische, psychologische, kognitive und umgebungsbezogene Risikofaktoren sowie das Entstehen von Suizidgedanken und auslösende Ereignisse evaluiert.

F: Um die Suizidgefahr einzuschätzen, muss die Betreuungsperson dem Betroffenen direkte, einfache und offene Fragen stellen. Je spezifischer, tödlicher und leichter verfügbar das Mittel, desto höher das aktuelle Risiko. Die wirksamsten Methoden in unserer Kultur sind Erschießen und Erhängen. Am wenigsten wirksam ist das Aufschneiden der Pulsadern.

Informieren des gesamten Personals über die Gefahr der Selbstschädigung einer Person, sowohl schriftlich als auch mündlich

Unterstützen beim Aufbau von Selbstwertgefühl

Seien Sie vorurteilslos und empathisch.
Seien Sie sich eigener Reaktionen auf die Situation bewusst.
Sorgen Sie für echtes Lob.
Ermutigen Sie zu Interaktionen mit anderen Menschen.
Lenken Sie die Aufmerksamkeit auf die Außenwelt (z. B. seltsame Tätigkeiten).
Vermitteln Sie der Person das Gefühl, nicht allein zu sein (Gruppen- oder Peer-Therapie).
Suchen Sie nach einer Person für Interaktionen
Setzen Sie Grenzen, indem Sie über Regeln informieren.
Gehen Sie energisch und stimmig vor.
Sorgen Sie bei Personen mit schwacher Impulskontrolle für eine Tagesplanung.

F: Suizidale Individuen sind hinsichtlich ihrer Entscheidung gewöhnlich ambivalent. Das Personal kann mit positiven Zielen arbeiten, um eine Haltungsänderung zu bewirken.

Unterstützen des Klienten beim Erkennen und Kontaktieren eines Unterstützungssystems

Informieren Sie die Familie und Bezugspersonen.
Sammeln Sie Unterstützung.
Versichern Sie nicht fälschlicherweise, dass das Verhalten nicht wieder eintritt.
Weisen Sie auf vage oder unklare Botschaften der Person oder des Unterstützungssystems hin.
Ermutigen Sie zu verstärkter sozialer Aktivität.

F: Betreuungspersonen können durch die akut suizidale Person erschöpft und immobil werden. Oft werden der Betreuungsperson Gefühle von Hoffnungslosigkeit vermittelt.

Unterstützen des Klienten beim Entwickeln positiver Coping-Mechanismen

Siehe *Angst, unwirksames Coping* und *Hoffnungslosigkeit* für weitere Interventionen.
Ermutigen Sie zum angemessenen Äußern von Wut und Feindseligkeit.
Unterstützen Sie den Klienten beim Erkennen prädisponierender Faktoren: «Was geschah, bevor Sie diese Gedanken zu haben begannen?»
Fördern und erleichtern Sie das Untersuchen von Stressoren im Leben und von früheren Coping-Mechanismen.
Erkunden Sie Verhaltensalternativen.
Antizipieren Sie zukünftige Belastungen und unterstützen Sie beim Planen von Alternativen.
Setzen Sie bei unkooperativen, renitenten Personen geeignete Techniken der Verhaltensmodifikation ein.
Helfen Sie dem Klienten beim Erkennen negativer Denkmuster und bringen Sie die Person auf den Weg, sie zu ändern.

Beteiligen Sie die Person an der Planung von Behandlungszielen und an der Prozessevaluation.

F: Den Klienten am Pflegeplan zu beteiligen kann dessen Verantwortungs- und Kontrollgefühl verstärken (Schulz/Videbeck, 2002).

Beginnen mit Gesundheitsedukation und Überweisen, soweit angezeigt

Sorgen Sie für eine Edukation, welche die Person auf den Umgang mit Belastungen im Leben vorbereitet (Entspannung, Problemlösungsfertigkeiten, konstruktiver Ausdruck von Gefühlen).
Überweisen Sie an eine Peer- oder Gruppentherapie.
Überweisen Sie zur Familientherapie, vor allem, wenn es um ein Kind oder einen Jugendlichen geht.
Unterweisen Sie die Familien in Techniken des Grenzen-Setzens.
Unterweisen Sie die Familie im konstruktiven Ausdruck von Gefühlen.
Instruieren Sie Bezugspersonen im Erkennen eines Gefährdungsanstiegs: Veränderung des Verhaltens, der verbalen oder nonverbalen Kommunikation, Rückzug, Zeichen einer Depression.
Geben Sie der Person eine 24-Stunden-Notrufnummer.
Verweisen Sie an eine Berufsberatung, falls angemessen.
Verweisen Sie an eine Einrichtung für betreutes Wohnen oder andere Einrichtungen, falls angemessen.
Verweisen Sie zu einer kontinuierlichen psychiatrischen Nachbetreuung.
Verweisen Sie an Seniorenzentren oder andere Einrichtungen, um Freizeitaktivitäten zu stärken.
Beginnen Sie nach vollzogenem Suizid mit der Überweisung für eine Familienintervention.

F: Interventionen beruhen auf der Art der Gefährdung, welche die Person zeigt. Eine Langzeitbehandlung lässt sich oft schwieriger bewerkstelligen als eine Notfallversorgung.

Pädiatrische Interventionen

Maßnahmen

Nehmen Sie jede Suiziddrohung ernst.
Stellen Sie fest, ob das Kind die Endgültigkeit des Todes versteht (z. B.: «Was bedeutet es, zu sterben?», «Hast du schon mal ein totes Tier auf der Straße gesehen? Kann es aufstehen und weglaufen?»).
Schließen Sie mit Eltern, Freunden und der Person selbst Verträge über das Verhalten, «auf der sicheren Seite zu bleiben».
Erkunden Sie Gefühle und Gründe für die Suizidideen.
Konsultieren Sie einen Psychiater hinsichtlich der am besten für eine Behandlung geeigneten Umgebung.
Beteiligen Sie sich an Schulprogrammen zur Unterweisung in Symptomen einer Depression und Zeichen suizidalen Verhaltens.
Erkunden Sie mit Jugendlichen (Mohr, 2003):

- familiäre Probleme
- den Geisteszustand
- die Stärke von Unterstützungssystemen

- den Bruch einer Freundschaft oder Ende einer romantischen Beziehung
- die Ernsthaftigkeit des Versuchs
- ein Leistungsversagen (z. B. in einer Prüfung, einem Kurs)
- einen kurze Zeit zurückliegenden oder anstehenden Wechsel (Schulwechsel, Umzug)
- die sexuelle Orientierung.

Vermitteln Sie Empathie hinsichtlich der Probleme und/oder Verluste.

Achten Sie auf Symptome einer maskierten Depression (z. B. Langeweile, Unruhe, Reizbarkeit, Konzentrationsstörungen, Besorgtsein um den Körper, übermäßige Abhängigkeit oder Isolation von anderen, vor allem von Erwachsenen; Mohr, 2003).

F: Jede Drohung oder Geste, sich selbst zu schädigen, muss unabhängig vom Entwicklungsalter des Kindes ernst genommen werden.

F: Behandlungsstrategien sollten von der Lebenssituation des Kindes, seiner psychiatrischen Anamnese und dem verfügbaren Unterstützungssystem abhängen.

F: Eltern, Freunde und Schulpersonal sollte zur Unterstützung eingebunden werden.

F: Suiziddrohungen und -ideen signalisieren eine Krise, die besonderer Versorgung bedarf.

F: Suizidversuche oder -drohungen stellen u. U. kein echtes Verlangen, zu sterben, aber sicherlich einen Hilfeschrei dar.

F: Kinder, die einen Suizidversuch unternehmen, können eine ausgeprägte Depression haben (Varcarolis, 2006).

F: Bestimmte Stressoren sind besonders bedeutsam für Jugendliche, die entwicklungsbedingt mit Status, Gleichaltrigen und ihrem Aussehen beschäftigt sind (Varcarolis, 2006).

Wahrnehmungsstörung

Definition

Wahrnehmungsstörung: der Zustand, in dem eine Person einer negativen Veränderung des Ausmaßes, des Musters oder der Interpretation eingehender Reize ausgesetzt oder entsprechend gefährdet ist.

Wahrnehmungsstörung (näher zu bestimmen: visuell, auditiv, kinästhetisch, gustatorisch, taktil, olfaktorisch. Engl. Disturbed sensory perception, specify: visual, auditory, kinesthetic, gustatory, tactile, olfactory): Veränderung in der Anzahl oder des Musters eingehender Reize, begleitet von einer verminderten, verstärkten, verzerrten oder beeinträchtigten Reaktion auf solche Reize (NANDA-I, 2010).

Bestimmende Merkmale oder Kennzeichen

Hauptkennzeichen (obligat)

Inakkurate Interpretation von Umgebungsreizen und/oder eine negative Veränderung des Ausmaßes oder Musters eingehender Reize.

Nebenkennzeichen (fakultativ)

- [Aussagen über eine] Veränderung der Sinnesschärfe [z. B. Lichtempfindlichkeit, Hypo-/Hyperästhesien, verminderter/veränderter Geschmackssinn, Unfähigkeit, die Lage der Körperteile zu erspüren (Propriozeption)]
- verzerrte sensorische Wahrnehmung.
- [bemessene] Veränderung der Sinnesschärfe
- Veränderung der gewohnten Reaktion auf Reize [z. B. rasche Stimmungswechsel, überbordende emotionale Reaktionen, Angst/Panikzustand]
- verändertes Verhaltensmuster, Ruhelosigkeit, Reizbarkeit
- veränderung der Problemlösungsfähigkeit, schlechtes Konzentrationsvermögen
- fehlende Orientierung, Halluzinationen [illusionäre Verkennungen], [bizarre Denkmuster]
- beeinträchtigte Kommunikation
- [motorische Unkoordiniertheit, gestörter Gleichgewichtssinn/Stürze (z. B. Menière-Syndrom)].

Einflussfaktoren

Viele Faktoren können zu einer Wahrnehmungsstörung beitragen. Einige davon werden im Folgenden genannt.

Pathophysiologische Faktoren (Störungen/Veränderungen an Sinnesorganen)

B/d Fehlinterpretationen, s/b/d:

Veränderungen/Störungen an Sinnesorganen:

- optische, gustatorische, akustische, olfaktorische und haptische Defizite.

neurologische Veränderungen/Störungen:

- Apoplex
- Tumore
- Meningitis
- Neuropathien
- Enzephalitis.

veränderte Reizaufnahme/-leitung/-verarbeitung:

- neurologische Krankheit, Trauma, Defizit, veränderter Zustand der Sinnesorgane.

Stoffwechselstörungen:

- Störungen des Flüssigkeits- und Elektrolythaushalts
- Alkalose
- Azidose
- Niereninsuffizienz.

beeinträchtigten Sauerstofftransport:

- zerebral
- kardial
- respiratorisch
- anämiebedingt.

B/d Bewegungseinschränkungen, s/b/d:

Paraplegie
Tetraplegie.

biochemische Ungleichgewichte:

- z. B. erhöhter Blutharnstoff/Stickstoff, erhöhtes Ammoniak, Hypoxie), Elektrolytverschiebungen, (Medikamente, z. B. Stimulanzien oder Sedativa mit Einfluss auf das Zentralnervensystem, bewusstseinsverändernde Mittel).

Behandlungsbedingte Faktoren

B/d chemische Veränderungen, s/b/d:

Medikamente (z. B. Sedativa, Tranquilizer, Steroide, Antikonvulsiva, Antihistaminika, Herzglykoside, Anticholinergika)
eine Operation (z. B. bei Glaukom, Katarakt, Netzhautablösung).

B/d körperliche Isolation (z. B. Umkehrisolation, übertragbare Krankheit, Gefängnisaufenthalt).
B/d Immobilität.
B/d Mobilitätseinschränkungen (z. B. Bettruhe, Extension, Gips, Stryker-Rahmen, Rotationsbett).

Situationsbedingte Faktoren (persönlich bedingt, umgebungsbedingt)

B/d:

- Schmerzen
- psychischer Stress (Schlafentzug)
- Schlafauswertungen/-analysen.

B/d Barrieren in der Umgebung:

- Lärm
- Licht
- fehlende Privatsphäre
- ständige Veränderungen
- exzessive Aktivität
- häufige Anforderungen.

B/d unzureichende Reize aus der Umgebung
(therapeutisch eingeschränkte Umfelder (z.B. Isolation, Intensivpflege, Bettruhe, Streckverband, einschränkende Krankheiten, Inkubator), ein sozial restriktives Umfeld (z. B. Institutionalisierung, Bindung ans Haus, Altern, chronische/terminale Krankheiten, Entzug von Zuwendung bei Säuglingen), Stigmatisierung (z. B. psychische krank, entwicklungsverzögert/körperbehindert))

B/d übermässige Umgebungsreize
(übermäßiger Lärmpegel, wie z. B. durch Arbeitsbedingungen, unmittelbare Umgebung des Klienten (Intesivpflege mit Geräten zur Lebenserhaltung usw.))

B/d eine monotone Umgebung.
B/d Verlust des gesellschaftlichen Umgangs.
B/d Kontrollverlust.

Anmerkung der Autorin

Wahrnehmungsstörung beschreibt eine Person mit veränderter Wahrnehmung und einer durch physiologische Faktoren beeinflussten Kognition (z. B. Schmerz, Schlafentzug, Immobilität, zu viele oder zu geringe bedeutungsvolle Stimuli aus der Umgebung). Denken Sie daran, dass sich auch die Diagnose *gestörte Denkprozesse* anhand einer veränderten Wahrnehmung und Kognition zeigt. Um zwischen den beiden Diagnosen zu differenzieren, denken Sie daran, dass *gestörte Wahrnehmung* zutrifft, wenn Barrieren oder Faktoren die Fähigkeit einer Person zur akkuraten Interpretation von Stimuli stören, während *gestörte Denkprozesse* akkurater wäre, wenn diese Fähigkeit durch Persönlichkeitsstörungen oder Geisteskrankheiten gestört wird.

Wahrnehmungsstörung umfast sechs diagnostische Unterkategorien: *optisch*, *akustisch*, *kinästhetisch*, *gustatorisch*, *haptisch* und *olfaktorisch*. Die Anwendung dieser Unterkategorien kann in klinischen Situationen einige Probleme mit sich bringen. Bei einer Person mit einer Sehschwäche würde dies beispielsweise bedeuten: Wie interveniert die Pflegeperson bei einer Diagnose wie *Wahrnehmungsstörung: optisch,* **b/d** *Auswirkungen eines Glaukoms*? Welche Ziele gäbe es? Das Assessment der Pflegeperson sollte nicht auf das Defizit, sondern auf die Reaktion des Klienten auf den Sehverlust ausgerichtet sein und diese Reaktion genau benennen.

Wahrnehmungsstörung ist klinisch von größerem Nutzen ohne den jeweiligen Zusatz des Defizits. Reaktionen auf Wahrnehmungsausfälle sind z. B.:

- optisch – *Verletzungsgefahr, Selbstversorgungsdefizit*
- akustisch – *beeinträchtigte Kommunikation, soziale Isolation*
- kinästhetisch – *Verletzungsgefahr*
- olfaktorisch – *Mangelernährung*

- haptisch – *Verletzungsgefahr*
- gustatorisch – *Mangelernährung.*

Irrtümer in diagnostischen Aussagen

1. *Wahrnehmungsstörung,* **b/d** *Beeinträchtigung sensibler Bahnen,* **s/b/d** *Rückenmarkverletzung*
   Eine Person mit Rückenmarkverletzung zeigt mehrere Reaktionen auf den Verlust der Sensibilität, die sich durch Diagnosen wie *Verletzungsgefahr, Beschäftigungsdefizit* und *Wahrnehmungsstörung* beschreiben und angehen lassen. Liegt der Schwerpunkt der Pflege darin, aufgrund eines Sensibilitätsverlustes, von Immobilität und lagerungsbedingter Einschränkungen das bedeutungsvolle sensorische Input zu steigern, sollte die Pflegeperson die Diagnose wie folgt dokumentieren: *Wahrnehmungsstörung,* **b/d** *eingeschränktes Gesichtsfeld in Rückenlage und inadäquate taktile Stimulation.*
2. *Wahrnehmungsstörung: optisch,* **b/d** *eine veränderte sensible Wahrnehmung*
   Gesichtsfeldausfälle können zu verschiedenen Reaktionen beitragen, darunter Furcht, hohe Verletzungsgefahr, Selbstversorgungsdefizite und sensorische Deprivation. Die Verwendung von *Wahrnehmungsstörung* zur Neubenennung einer Seh- oder Hörstörung bewirkt keine Klärung eines Problems, das die Pflegeperson behandeln kann.

Zentrale Konzepte

Allgemeine Überlegungen

- «Wahrnehmung ist der Prozess des Integrierens, Klassifizierens und abgrenzenden Unterscheidens sowie der Bedeutungszuweisung von Stimuli. Das Individuum orientiert sich in seiner Umgebung durch die Fähigkeit, Informationen zu empfangen und zu strukturieren. Stimuli werden durch sensorische Rezeptoren gesammelt» (Drury/Atkins, 1991 : 369).
- Jede Situation oder Erkrankung, welche die Sinne oder die Interpretationsfähigkeit einer Person stört, kann Veränderungen der Sensorik bzw. Wahrnehmung verursachen.
- «Verhaltensmerkmale sensorisch-wahrnehmungsbedingter Veränderungen entwickeln sich rasch, im Laufe von 1–2 Tagen der Hospitalisierung, und halten gewöhnlich nur Stunden bis mehrere Wochen lang an» (Wilson, 1993 : 751). Anzahl und Schweregrad der Verhaltensmanifestationen können von leichter Desorientiertheit bis hin zu offenen Psychosen reichen (Wilson, 1993).
- Sensorisch-wahrnehmungsbedingte Veränderungen können stetig sein oder einem Tagesrhythmus folgen. So treten beispielsweise bestimmte Verhaltensweisen u. U. nur nachts auf (Wilson, 1993).
- Veränderungen der sensorischen Wahrnehmung beeinträchtigen die Fähigkeit einer Person, sich mit der Umgebung zu vernetzen und auszutauschen.
- Jeder Mensch versucht, den Grad und die Vielfalt der Stimuli in einem Maße zu kontrollieren, das ihm angenehm ist.
- Klienten müssen Wandel, Komplexität und Anregung erfahren, um:
  - die Funktionen der Aufmerksamkeit, Konzentration und Vigilanz sowie des Bewusstseins aufrechtzuerhalten
  - die internalisierte Ordnung und Realität zu wahren

  - die kognitive Aktivität und den gesellschaftlichen Umgang zu fördern.
- Immobilität reduziert Quantität und Qualität verfügbarer sensorischer Informationen. Außerdem ist die Fähigkeit eines Menschen eingeschränkt, mit der Umgebung zu interagieren (Porth, 2006).
- Immobilität in intensivmedizinischen Settings setzt eine Person auch einer Überlastung durch repetitive und bedeutungslose Geräusche aus (z. B. Gegensprechanlagen, Monitore, Klinikpersonal; Port, 2006).
- Eine sensorische Überlastung verursacht ein sensorisches Bombardement, blockt bedeutungsvolle Reize ab und verursacht damit gleichzeitig eine sensorische Deprivation.
- Eine abrupte Veränderung der Qualität oder Quantität eingehender Stimuli kann die physiologischen, emotionalen, kognitiven und affektiven Bereiche einer Person beeinträchtigen.
- Ein Krankheitszustand kann die Effektivität von Sinnesorganen vermindern und damit auch die Fähigkeit einer Person verändern, Informationen adäquat auf- und wahrzunehmen.

Für weitere Informationen siehe *gestörte Denkprozesse*, «Zentrale Konzepte».

Pädiatrische Überlegung

- Das Neugeborene hat gut entwickelte sensorische Fähigkeiten, die Wachstum und Entwicklung in hohem Maße beeinflussen (Wong, 2003):
  - Neugeborene unterscheiden nach Muster, Größe und Form, aber es fehlt ihnen die Akkommodation in die Ferne.
  - Neugeborene reagieren auf akustische Stimuli durch schlagartige Vigilanz, Schreien und den Moro-Reflex.
  - Neugeborene unterscheiden geschmacklich zwischen Bitter und Süß.
  - Neugeborene nehmen taktile Stimulation wahr, vor allem im Gesicht (Wong, 2003).
- Piaget bezeichnet die ersten beiden Lebensjahre als die sensorimotorische Phase, charakterisiert durch Integration und Strukturierung von Informationen aus sensorimotorischen Erfahrungen (Wong, 2003).
- Kinder mit sensorisch-wahrnehmungsbedingten Störungen haben dieselben Grundbedürfnisse wie andere Kinder. Ihre Erfahrungen müssen jedoch adaptiert werden, um eine optimale Entwicklung zu fördern.

Geriatrische Überlegungen

- Ältere Menschen benötigen in unvertrauten Situationen mehr Zeit, um visuelle Informationen zu verarbeiten; außerdem brauchen sie mehr Licht, um den Input zu erkennen und zu verarbeiten, und sie benötigen mehr Zeit, um auf Helligkeitsänderungen zu reagieren (Miller, 2004).
- Infolge von Einsamkeit, körperlicher Isolation und einer erhöhten Inzidenz chronischer Behinderungen in diesem Lebensalter neigen ältere Menschen stärker zur Entwicklung einer sensorischen Deprivation.

- Jenseits des 40. Lebensjahres ist die Inzidenz sensorisch-wahrnehmungsbedingter Störungen um das Vierfache erhöht und am häufigsten sind sie bei Menschen über 70 Jahren (Miller, 2004).
- Wilson (1993) zufolge schwankt die Gesamtinzidenz sensorisch-wahrnehmungsbedingter Störungen bei hospitalisierten älteren Menschen zwischen 24 % und 80 %.

Einschätzungskriterien des Fokusassessments

Subjektive Daten

Einschätzen bestimmender Merkmale oder Kennzeichen

Anamnese der Symptome

Die Person gibt an:

- Konzentrationsstörungen
- Erschöpfung oder Reizbarkeit
- Angst
- ungewöhnliche Empfindungen.

Beginn und Beschreibung:

- Ausgelöst durch …?
- Häufigkeit?
- Gelindert durch …?

Einschätzen der beeinflussenden Faktoren

Kurze Zeit zurückliegende Operation.
Kurze Zeit zurückliegende Hospitalisierung.
Neurologische Beeinträchtigung.
Defizit eines Sinnesorgans.
Veränderung des Biorhythmus.
Einschränkungen der Mobilität.
Substanzmissbrauch (Drogen, Alkohol).
Soziale Isolation.
Medikamente.
Umgebungsbedingt (Lärm, Licht).

Objektive Daten

Einschätzen beeinflussender Faktoren

Subjektive und objektive Daten

Einschätzen des Gefährdungsgrades

Siehe Tabelle II-38.

Tabelle II-38: Risikoassessment-Instrument für Wahrnehmungsstörungen (Quelle: Lisa D. Brodersen, Copyright © 1993, erneuert 2.1.1995; Wiedergabe mit Genehmigung der Autorin. Cardio MAC Iowa Health Institute, Des Moines, IA, USA)

Vorklinischer Status		Aktueller Status	
A. Alter → 80 Jahre	Score A. ☐	A. Priorität bei der Aufnahme	Score A. ☐
☐ nein = 0 ☐ ja = 1		☐ 0 = elektiv ☐ 1 = notfallmäßig oder dringlich	
B. Geschlecht	Score B. ☐	B. Prädisposition	Score B. ☐
☐ 0 = weibl. ☐ 1 = männl.		☐ 0 = zuhause ☐ 1 = institutionelles Setting	
C. Dokumentierte Anamnese der kognitiven Beeinträchtigung	Score C. ☐	C. Bewertung des kognitiven Status	Score C. ☐
☐ 0 = nicht beeinträchtigt		☐ 1 = SPMSQ*-Score 3–10 oder beeinträchtigte kognitive Funktion gemäß Assessment	
☐ 1 = beeinträchtigt		SPMSQ*-Score ☐	
D. Gehör	Score D. ☐	D. Veränderungen der Wirkstoffe	Score D. ☐
☐ 0 = nicht beeinträchtigt		1. Anzahl Substanzen vor der Hospitalisierung (v. d. H.)	☐
☐ 1 = verwendet Hörgerät oder Hilfsmittel		2. Anzahl Substanzen v. d. H., die weiter genommen werden	☐
☐ 3 = verwendet Hörgerät oder Hilfsmittel nicht		3. Differenz Pos. 1 und 2	☐
Akute Veränderung des Gehörs ☐ 0 = nein	☐ 1 = ja	4. Anzahl neuer Substanzen seit Aufnahme	☐
E. Sehen	Score E. ☐	5. Narkotika	

Vorklinischer Status				Aktueller Status			
	☐ 0 = nicht beeinträchtigt				☐ nein = 0	☐ ja = 1	☐
	☐ 1 = verwendet Brille oder Hilfsmittel			6.	Neuroleptika		
	☐ 3 = verwendet Brille oder Hilfsmittel nicht				☐ nein = 0	☐ ja = 1	☐
	Akute Veränderung des Sehens	☐ 0 = nein	☐ 1 = ja	E.	Blutchemie		Score E. ☐
F.	Sprechen/Sprache		Score F. ☐		☐ 0 = innerhalb normaler Grenzen		
	☐ 0 = nicht beeinträchtigt				☐ 1 = Laborwerte außerhalb des Normbereichs		
	☐ 1 = verwendet Korrektur- oder Hilfsmittel			F.	Symptomatische Infektion		Score F. ☐
	☐ 3 = verwendet Korrektur- oder Hilfsmittel nicht				☐ nein = 0	☐ ja = 1	
	Akute verbale Veränderung	☐ 0 = nein	☐ 1 = ja	G.	Schmerzen		Score G. ☐
G.	Fähigkeit zur Selbstversorgung		Score G. ☐		☐ 0 = keine Schmerzen		
	☐ 0 = unabhängig				☐ 1 = Schmerzen unter Kontrolle (1–3 auf einer Skala von 1 bis 10)		
	☐ 1 = bedarf der Unterstützung durch Dritte				☐ 2 = Schmerzen außer Kontrolle (↗ 4 auf einer Skala von 1 bis 10)		
	Akute Veränderung der Fähigkeit zur Selbstversorgung			H.	Besuche durch Bezugspersonen		Score H. ☐

Vorklinischer Status	Aktueller Status
☐ 0 = nein ☐ 1 = ja	☐ 0 = kontinuierliche Anwesenheit
H. Mobilität Score H. ☐	☐ 1 = Bezugspersonen kommen 2- bis 3-mal tgl. vorbei
☐ 0 = unabhängig	☐ 2 = ← 2 Besuche pro Tag
☐ 1 = bedarf eines Hilfsmittels	I. Art des Zimmers Score I. ☐
☐ 2 = Benötigt Hilfsperson/en	☐ 0 = Fenster mit Blick ins Freie und Veränderungen der Lichtverhältnisse
Akute Veränderung der Mobilität ☐ 0 = nein ☐ 1 = ja	☐ 1 = Fenster mit Blick in die Station, auf Außenwände oder auf Gebäude
I. Fraktur bei Aufnahme Score I. ☐	☐ 2 = keine Fenster
☐ 0 = nein ☐ 1 = ja	
J. Ausscheidung Score J. ☐	
☐ 0 = normal oder unabhängig	
☐ 1 = unkontrolliert, inkontinent, abhängig	
Akute Veränderung der Ausscheidung ☐ 0 = nein ☐ 1 = ja	
Addieren Sie Prähospitalisierungs- und aktuellen Score. Gesamtrisiko-Score: ☐	
* SPMSQ = Short Portable Mental Status Questionnaire	

Da in bestimmten Umgebungen alle Personen durch Wahrnehmungsstörungen gefährdet sind, lässt sich mit dem in Tabelle II-38 wiedergegebenen Instrument erkennen, wer hochgradig gefährdet ist.

Ziele

NOC

- Kognitive Orientierung
- Selbstkontrolle bei Wahrnehmungsverzerrung

Die Person zeigt weniger Symptome sensorischer Überlastung, angezeigt durch (zu spezifizieren).

Indikatoren

- Identifizieren und Eliminieren potenzieller Risikofaktoren, wenn möglich.
- Darstellen der Begründung der Behandlungsmodalitäten.

Allgemeine Interventionen

NIC

- Kognitive Stimulation
- Realitätsorientierung

Siehe «Kriterien des Fokusassessments».

Reduzieren oder Beseitigen verursachender und beeinflussender Faktoren, wenn möglich

Zu viel Lärm oder Licht

Decken Sie unwesentliche blinkende Lichtquellen am Bett mit Klebeband ab.
Dämpfen Sie nachts das Licht.
Ermutigen Sie zum Tragen von Augenbinden.
Verringern Sie Lärm:

- Schalten Sie unwesentliche Alarmsignale aus.
- Halten Sie zum Tragen von Ohrstöpseln an.
- Beschränken Sie, wenn möglich, den Einsatz von Blinklichtern und Ähnlichem während der Schlafenszeit.
- Schalten Sie unnötige Geräte ab.
- Lagern Sie die Person abseits von direkten Lärmquellen, wenn möglich.
- Schränken Sie unnötige persönliche Kommunikation ein.
- Vermeiden Sie laute Geräusche.
- Untersagen Sie Fernsehen nach 22.00 Uhr.

Nennen Sie der Person die Lärmquelle.
Erörtern Sie den Gebrauch eines Radios mit Kopfhörer für sanfte, entspannende Musik.
Teilen Sie dem Personal mit, dass Lärm eingeschränkt werden muss, und sorgen Sie dafür, dass die Klienten mindestens 2–4 Stunden ununterbrochen schlafen.
Erörtern Sie die Vorteile, das Hörgerät zu lauten Zeiten abzuschalten.

F: Regelmäßige und variable sensorische Stimulation kann Veränderungen durch längere sensorische Deprivation verhindern helfen.

Unvertraute Umgebung

Versuchen Sie, Befürchtungen und Bedenken zu verringern, indem Sie Geräte sowie deren Zweck und Geräusche erklären.
Ermutigen Sie die Person, ihre Wahrnehmung von Geräuschen mitzuteilen.
Versichern Sie sich der Unterstützung eines Dolmetschers, um einer nicht die Landessprache sprechenden Person die Umgebung zu erklären.

Fördern der Reorientierung

Orientieren Sie den Klienten in allen Bereichen (Person, Ort, Zeit)

Sprechen Sie die Person mit ihrem Namen an.
Stellen Sie sich häufig vor.
Nennen Sie den Ort.
Nennen Sie die Zeit:

- «Guten Morgen, Herr Maier. Ich bin Maria Schmidt und heute ihre Krankenschwester.»
- «Wo befinden Sie sich, Herr Maier? – Sie sind im Krankenhaus.»
- «Heute ist der 6. Mai und es ist 8.30 Uhr morgens.»

F: Vorab zu erklären, welche sensorischen Stimuli die Person erfahren wird, verringert Stress, Anspannung und Verwirrtheit.

Erläutern aller Aktivitäten

Erklären Sie jede Aufgabe auf einfache Weise.
Beschreiben Sie subjektiv und objektiv alle Empfindungen, die vorkommen werden.
Lassen Sie die Person die für das Vorhaben notwendigen Instrumente berühren.
Erlauben Sie dem Klienten, sich an der Aufgabe – wie etwa das Gesicht zu waschen – zu beteiligen.
Kündigen Sie an, wann Sie gehen und wann Sie zurückkommen werden.

F: «Betreuungspersonen sollten sich dessen bewusst sein, dass ihre Handlungen und Verhaltensweisen entweder zum Chaos in der Umgebung beitragen oder einen positiven Beitrag zum therapeutischen Umfeld leisten können» (Drury/Atkins, 1991 : 379)

Fördern von Bewegung

Ermutigen Sie den Klienten, sich möglichst lange außerhalb des Bettes aufzuhalten (Mahlzeiten auf einem Stuhl sitzend einnehmen).

Unterweisen Sie den Klienten in isometrischen und isotonischen Übungen, wenn er im Bett liegt.
Ermutigen Sie den Klienten zu häufigem Lagewechsel, selbst wenn er nur ein wenig eine Seite anhebt, indem er leicht hin und her rollt.
Um zum Gehen anzuhalten, wählen Sie ein Ziel oder geben Sie dem Gang einen Zweck (z. B. in den Aufenthaltsraum gehen, um zu frühstücken).

F: Immobilität oder Eingesperrtsein verringert die Qualität und Quantität des sensorischen Input.

Treffen von Maßnahmen, um Verletzungen zu verhindern

Lassen Sie alle Bettgitter oben und stellen Sie das Bett auf die niedrigste Position ein.
Legen Sie den Schwesternruf in bequem erreichbare Position.
Für weitere Interventionen siehe *Verletzungsgefahr*.

Unterstützen des Klienten beim Unterscheiden zwischen Realität und Fantasie

Für weitere Interventionen siehe *gestörte Denkprozesse*.

Unwirksames Sexualverhalten

Unwirksames Sexualverhalten, ...

- ... **b/d** prä- und postpartale Veränderungen

Sexualstörung

Definition

Unwirksames Sexualverhalten: der Zustand, in dem eine Person Sorgen hinsichtlich der eigenen Sexualität äußert.
Unwirksames Sexualverhalten (engl. Ineffective sexuality pattern): Ausdruck von Sorge bezüglich der eigenen Sexualität (NANDA-I, 2010).

Bestimmende Merkmale oder Kennzeichen

Hauptkennzeichen (obligat)

Aktuelle Sorgen hinsichtlich des Sexualverhaltens, der sexuellen Gesundheit, des sexuellen Funktionierens oder der sexuellen Identität.

Nebenkennzeichen (fakultativ)

- Äußerung von Schwierigkeiten im Sexualverhalten
- Äußerung von Schwierigkeiten bei Sexualaktivitäten

- Äußerungen zu Einschränkungen im Sexualverhalten
- Äußerungen zu Einschränkungen bei Sexualaktivitäten
- Äußerungen über Veränderungen bei Sexualaktivitäten
- Äußerungen über Veränderungen im Sexualverhalten
- Veränderungen in der Beziehung zu nahe stehenden Personen
- Veränderungen beim Erlangen der sexuellen Rolle
- Wertkonflikte
- [Ausdruck von Gefühlen wie Entfremdung, Einsamkeit, Verlust, Machtlosigkeit, Ärger].

Einflussfaktoren

Unwirksames Sexualverhalten kann als Reaktion auf verschiedene Gesundheitsstörungen, Situationen und Konflikte auftreten. Einige davon werden im Folgenden genannt.

Pathophysiologische Faktoren

B/d biochemische Auswirkungen auf die Energie und Libido, s/b/d:

endokrin:

- Diabetes mellitus
- Hyperthyreose
- Addison-Krankheit
- verminderte Hormonproduktion
- Myxödem
- Akromegalie.

urogenital:

- chronische Niereninsuffizienz.

neuromuskulär und skelettal:

- Arthritis
- amyotrophe Lateralsklerose
- multiple Sklerose
- Störungen der Nervenversorgung des Gehirns, des Rückenmarks, sensibler Nerven oder autonomer Nerven

kardiorespiratorisch:

- periphere Gefäßleiden
- Krebs
- Myokardinfarkt
- dekompensierte Herzinsuffizienz
- chronische Atemwegserkrankungen.

B/d Angst vor Ansteckung mit (sexuell übertragbaren Krankheiten [STDs]) (zu spezifizieren):

humanes Immunschwächevirus (HIV)/erworbenes Immunschwächesyndrom (AIDS)
humanes Papillomavirus
Herpes
Gonorrhö
Chlamydieninfektion
Syphilis.

B/d Auswirkungen von Alkohol auf die Leistungsfähigkeit.
B/d verminderte Lubrikation (Befeuchtung) der Vagina, s/b/d (zu spezifizieren).
B/d Furcht vor Ejaculatio praecox.
B/d Schmerzen beim Geschlechtsverkehr.
B/d Furcht vor einer Schwangerschaft.

Behandlungsbedingte Faktoren

B/d die Auswirkungen von:
Medikamenten (Tab. II-39)
einer Strahlentherapie.

Tabelle II-39: Substanzen, welche die Sexualität beeinträchtigen

Substanz	Wirkungen auf die Sexualität
Alkohol	in kleinen Mengen: kann die Libido steigern und sexuelle Hemmungen abbauen in großen Mengen: beeinträchtigt neurale Reflexe, die an der Erektion und Ejakulation beteiligt sind chronischer Konsum: verursacht Impotenz und Sterilität bei Männern und verminderte Libido und Orgasmusstörungen bei Frauen
Amylnitrit	peripherer Vasodilatator mit dem Ruf, intensivere Orgasmen zu bewirken, wenn während des Orgasmus inhaliert kann zu Erektionsverlust, Hypotonie und Synkope führen
Antidepressiva	periphere Blockade der Innervation der Sexualorgane signifikanter Prozentsatz an Impotenz und Ejakulationsstörungen bei Männern verminderte Libido bei beiden Geschlechtern
Antihistaminika	Blockade parasympathischer Innervation der Geschlechtsorgane sedative Wirkung, welche die Libido schwächen kann Abnahme der vaginalen Lubrikation

Substanz	Wirkungen auf die Sexualität
Antihypertonika	Libidoerhöhung bei beiden Geschlechtern möglich Impotenz und Ejakulationsstörungen bei 50 % der Männer durch manche Substanzen siehe spezielle Medikationsklasse
Spasmolytika	Hemmung der parasympathischen Innervation der Geschlechtsorgane u. U. Ursache von Impotenz
Chemotherapeutika	Eine Kombitherapie kann Azoospermie oder Oligozoospermie beim Mann und eine temporäre oder permanente Menopause bei der Frau verursachen. Die Fertilität kann vorübergehend oder dauerhaft verändert sein. Die Libido kann vermindert und das Körperbild verändert sein.
Kokain	Kurzfristiger Gebrauch intensiviert erwiesenermaßen das sexuelle Erleben. Chronischer Gebrauch verursacht Libidoverlust und Sexualstörungen bei beiden Geschlechtern.
Hormone	Östrogen unterdrückt die Sexualfunktion beim Mann. Testosteron kann bei beiden Geschlechtern die Libido erhöhen, verursacht jedoch bei der Frau eine Virilisierung. Chronischer Gebrauch von Steroiden verursacht Hodenatrophie, verminderte Testosteronspiegel und eine verminderte Spermienproduktion. Kann permanente Sterilität verursachen.
Marihuana	Kann sexuelle Hemmungen abbauen. Chronischer Konsum kann verminderte Libido und Impotenz verursachen.
Narkotika	Chronischer Gebrauch verursacht verminderte Libido bei beiden Geschlechtern. Testosteronspiegel und Spermavolumen sind reduziert. Häufig kommt es zu Erektions- und Ejakulationsstörungen.
Orale Kontrazeptiva	Beseitigt die Furcht vor einer Schwangerschaft. Schwächt u. U. die Libido.
Sedativa/ Tranquilizer	Zu Beginn und in niedrigen Dosen können sie durch Entspannung und Hemmungsabbau das sexuelle Vergnügen steigern. Langfristiger Gebrauch senkt die Libido und kann Orgasmusstörungen und Impotenz bewirken.
Diuretika	Kann Erektions-, Ejakulations- und Libidostörungen verursachen, vor allem in höheren Dosen.
Anxiolytika	Libidoveränderungen bei beiden Geschlechtern, Erektionsstörungen und verzögerte Ejakulation beim Mann
Sildenafil (Viagra®)	Stärkt die Erektionsfähigkeit bei Männern mit Potenzstörungen

B/d ein verändertes Selbstkonzept infolge von Veränderungen des Aussehens (Trauma, Radikaloperation).

Situationsbedingte Faktoren (persönlich bedingt, umgebungsbedingt)

B/d Partnerprobleme (zu spezifizieren):

nicht bereit
nicht verfügbar
einförmig
missbräuchlich
getrennt, geschieden.

B/d fehlende Privatsphäre.

B/d Stressoren, s/b/d:

Probleme am Arbeitsplatz
Wertekonflikte
finanzielle Sorgen
Beziehungskonflikte.

Wissensdefizit bezüglich alternativer Reaktionen auf gesundheitsbezogene Veränderungen, veränderte Körperfunktio n oder -struktur, Krankheit oder medizinische Behandlung

fehlende Fertigkeiten bezüglich alternativer Reaktionen auf gesundheitsbezogene Veränderungen, veränderte Körperfunktion oder -struktur, Krankheit oder medizinische Behandlung

B/d beeinträchtige Beziehung zu einer nahestehenden Person

B/d Fehlinformation oder Wissensdefizit bezüglich alternativer Reaktionen auf gesundheitsbezogenen Veränderungen, veränderte Körperfunktion oder -struktur, Krankheit oder medizinische Behandlung.
B/d Erschöpfung.
B/d Furcht vor Zurückweisung, s/b/d Adipositas.
B/d Schmerzen.
B/d Furcht vor sexuellem Versagen.
B/d Furcht vor einer Schwangerschaft.
B/d Depression.
B/d Angst.
B/d Schuldgefühle.
B/d anamnestisch bekannte unbefriedigende sexuelle Erfahrungen.
B/d Fehlen von Bezugspersonen
B/d fehlendes Rollenmodell
B/d Konflikte mit der sexuellen Orientierung
B/d Konflikte mit abweichenden Präferenzen

Altersbedingte Faktoren

Jugend
B/d unwirksame Rollenmodelle.
B/d negative Unterweisung in Sexualität.
B/d fehlende Unterweisung in Sexualität.

Erwachsenenalter
B/d Anpassung an Elternschaft.
B/d die Auswirkungen der Menopause auf die Libido.
B/d einen Wertekonflikt.
B/d Auswirkungen einer Schwangerschaft auf das Energieniveau und das Körperbild.
B/d Auswirkungen des Alterns auf das Energieniveau und das Körperbild.

Anmerkung der Autorin

Die Diagnosen *unwirksames Sexualverhalten* und *sexuelle Funktionsstörung* sind schwierig zu differenzieren. *Unwirksames Sexualverhalten* ist eine weit gefasste Diagnose, die eine *sexuelle Funktionsstörung* beinhalten kann. *Sexuelle Funktionsstörung* wird u. U. am besten von einer Pflegeperson mit fortgeschrittener Vorbereitung in Sexualtherapie angewandt. Solange *sexuelle Funktionsstörung* nicht eindeutig von *unwirksamem Sexualverhalten* abgegrenzt ist, sollten die meisten Pflegenden diese Diagnose nicht verwenden.

Irrtümer in diagnostischen Aussagen

1. *Unwirksames Sexualverhalten,* **b/d** *Angaben über fehlende Libido*
   Angaben über fehlende Libido sind ein Symptom *unwirksamen Sexualverhaltens* und keine «**b/d**»-Aussage. Falls das weitere Assessment ergibt, dass die Person mit dem gegenwärtigen Sexualverhalten unzufrieden ist, könnte die Pflegeperson die Diagnose wie folgt dokumentieren: *unwirksames Sexualverhalten,* **b/d** *unbekannte Ätiologie,* **a/d** *fehlende Libido.* Die Verwendung von «unbekannte Ätiologie» in dieser Formulierung führt zu Fokusassessments, um beeinflussende Faktoren (z. B. Stress, Nebenwirkungen von Medikamenten) herauszufinden.
2. *Sexuelle Funktionsstörung,* **b/d** *Impotenz,* **s/b/d** *Rückenmarkverletzung*
   Wie würde die Pflegeperson diese Diagnose behandeln? Eine Pflegeperson, die plant, Gefühle zu erkunden, Informationen zu liefern und Überweisungen vorzunehmen, würde keine *sexuelle Funktions*störung behandeln. Vielmehr ließe sich der Pflegeschwerpunkt am besten mit der Diagnose *Angst,* **b/d** *Auswirkungen einer Rückenmarkverletzung auf die Sexualfunktion und unzureichendes Wissen über Ursachen und verfügbare kommunale Ressourcen.*

Zentrale Konzepte

Allgemeine Überlegungen

- Sexuelle Gesundheit bedeutet die Integration somatischer, emotionaler, intellektueller und sozialer Aspekte eines sexuellen Wesens in einer Weise, die Persönlichkeit, Kommunikation und Liebe bereichert und stärkt.

- Sexualverhalten ist das Verhalten, dessen sich ein Mensch bedient, um Gefühle und Haltungen gegenüber der Sexualität zu vermitteln. Es umfasst Verhaltensweisen zum Abbau sexueller Spannung, entweder allein oder mit einer anderen Person, um sexuelle Befriedigung zu erhalten oder sich fortzupflanzen (Wilmoth, 1993).
- Jeder Mensch ist ein sexuelles Wesen. Sexualität ist ein integraler Teil der Identität.
- Sexualität umfasst, wie sich eine Person sich selbst gegenüber fühlt und wie sie mit anderen interagiert.
- Sexualfunktion bezieht sich auf die psychologische und physiologische Fähigkeit, sich mit oder ohne einen Partner/eine Partnerin, ob alt oder jung, auf sexuell befriedigende Weise zu betätigen.
- Alter, Ehestand und/oder Beziehungsstatus, sexuelle Orientierung, das persönliche Wertesystem, sexuelles Wissen, Ressourcen (soziale, wirtschaftliche, geographische), Kultur, körperliche und emotionale Gesundheit beeinflussen Sexualität und Sexualfunktion (Katzung, 1990; Smith, 1993).
- Der Forschung zufolge finden sich bei vielen Menschen mit einer schweren Erkrankung ein vermindertes sexuelles Verlangen, seltenere sexuelle Betätigung und/oder eine verminderte Zufriedenheit mit der Sexualfunktion.
- Eine sexuell gesunde Person zeigt folgende Merkmale (Reeder et al., 1997):
  - positives Körperbild trotz der Beschaffenheit des Körpers
  - Akzeptieren von Sexual- und Körperfunktionen als normal und natürlich
  - akkurates Wissen über Sexualität und sexuelles Funktionieren des Menschen
  - Erkennen und Akzeptieren eigener sexueller Gefühle
  - Fähigkeit zu Intimität in Beziehungen
  - Akzeptieren von Fehlern/Unvollkommenheiten bei sich selbst und anderen
  - Verhindern einer Schwangerschaft, wenn nicht gewünscht
  - Schutz der eigenen Person vor STDs.
  - Sexueller Ausdruck ist nicht auf Geschlechtsverkehr begrenzt. Er umfasst Nähe und Berührung sowie andere Formen verbaler und nonverbaler Kommunikation.

Medikamente und Sexualität

- Medikamente können das sexuelle Funktionieren positiv wie negativ beeinflussen (Tab. II-40).
- Die Person hat das Recht, über alle Medikamentennebenwirkungen, darunter auch über diejenigen, welche die Sexualität beeinträchtigen, aufgeklärt zu werden.

Die Rolle der Pflegeperson beim Erörtern der Sexualität

- Die Pflegeperson muss sich über Sexualität und sexuelle Gesundheit im Laufe des Lebens informieren. Es ist wichtig für die Pflegeperson, ihre Überzeugungen und Gefühle gegenüber Sexualität, der Sexualfunktion sowie dem, was als sexuell normal oder abnorm gilt, zu untersuchen.
- Vielen Pflegepersonen fällt es schwer, im Bereich der Sexualität Pflege zu leisten, und sie sprechen sexuelle Belange erst an, wenn der Klient spezifische Fragen stellt. Die Forschung zeigt indessen, dass sich viele Klienten wünschen, Pflegende und andere Gesundheitsfachpersonen würden die Diskussion über Sexualität anstoßen.

Tabelle II-40: Krankheiten, welche die Sexualität verändern (*b. I.* = begrenzte Information, *s. A.* = spezifische Anregung)

Gesundheitsstörung	Sexuelle Komplikation	Pflegeintervention
Diabetes mellitus	Männer: Schwierigkeiten bei der Erektion infolge diabetischer Neuropathien oder Mikroangiopathie Frauen: verminderte Libido; verminderte vaginale Lubrikation	b. I.: Auffordern zur korrekten Stoffwechselkontrolle. s. A.: kann eine Penisprothese erfordern; Überweisung an einen Urologen. b. I.: Auffordern zur korrekten Stoffwechselkontrolle; Unterweisen in Zeichen und Symptomen einer Vaginitis. s. A.: Anregen zum Gebrauch eines wasserlöslichen Gleitgels.
Chronisch-obstruktive Lungenerkrankung	Aktivitätsintoleranz durch Belastungsdyspnö; Husten und Auswurf	b. I.: Unterweisen in kontrollierter Atmung; Planen des Geschlechtsverkehrs für den Moment der stärksten Medikamentenwirkung; Vermeiden von Sex nach großen Mahlzeiten oder körperlicher Belastung bzw. unmittelbar nach dem Aufwachen; Planen entspannter, stressarmer Begegnungen ohne Eile, Einplanen von Verlusten.
	Angst	s. A.: Anregen zu Stellungen, die den Druck auf den Thorax minimieren (Sitzen oder Seitenlage); Erklären, dass auch Wasserbetten die Belastung beim Sex reduzieren.
Arthritis		b. I.: Erklären, dass sich eine Arthritis nicht auf physiologische Aspekte des sexuellen Funktionierens auswirkt.
	Schmerzen, Gelenksteife, Erschöpfung	s. A.: Dem Paar empfehlen, den Geschlechtsverkehr für den Moment der stärksten Medikamentenwirkung einzuplanen; Fördern der Gelenkentspannung durch warme Bäder/Duschen.
	verminderte Libido durch Steroide	b. I.: Unterweisen darin, dass eine verminderte Libido eine häufige Medikamentennebenwirkung ist

Gesundheitsstörung	Sexuelle Komplikation	Pflegeintervention
Transurethrale Resektion der Prostata (TURP) zur Behandlung einer benignen Prostatahyperplasie	retrograde Ejakulation infolge einer Schädigung des inneren Blasensphinkters	b. I.: Erklären, dass Erektion und Orgasmus auch weiterhin eintreten, dass jedoch Ejakulat fehlen kann oder deutlich vermindert sein wird. Der Urin wird wolkig getrübt sein.
Herz-Kreislauf-Erkrankung	Angst; Angst vor körperlicher Leistung; Angst vor Thoraxschmerz, Tod, Libidoverlust, verringerte Erregung, vor der Entscheidung des Partners, sexuelle Aktivität einzustellen	b. I.: Erklären, dass ein Infarkt keine direkte Wirkung auf das physiologische sexuelle Funktionieren hat. Auf der Grundlage des «Index of Sexual Readiness» (Fähigkeit zu raschem Gehen, zwei Stockwerke Treppensteigen ohne Thoraxschmerz) ist sexuelle Aktivität gewöhnlich 5–8 Wochen nach dem Infarkt sicher. Lehren, sexuelle Aktivität nach einer großen Mahlzeit, Alkoholkonsum oder in Räumen mit Temperaturextremen zu vermeiden. Darauf hinweisen, dass manche Medikamente eine sexuelle Funktionsstörung verursachen können (s. Tab. II-44). s. A.: Ermutigen zu nichtsexueller Berührung; Anregen zu energieerhaltenden Stellungen (Seiten-/Rückenlage oder Sitzen auf einem Stuhl, mit der Partnerin obenauf); Erkunden der Masturbation als Option; Versichern, dass orogenitaler Sex das Herz nicht zusätzlich belastet. Warnen vor Analsex, da anale Penetration den Vagus stimuliert und die Herzfunktion schwächt.
Chronische Niereninsuffizienz	Chronisch-rezidivierende Urämie (CRU) kann einen Zustand der Depression, verminderte Libido und sexuelle Erregung hervorrufen.	b. I.: Anerkennen, dass die Belastung durch die Erkrankung und Dialyse die Libido schwächen kann; Ermutigen zu nichtsexueller Berührung ohne Leistungsdruck.

Gesundheitsstörung	Sexuelle Komplikation	Pflegeintervention
	Eine unbehandelte CRU führt zum Sistieren der Ovulation und der Menses bei der Frau und zur Hodenatrophie, verminderter Spermiogenese, vermindertem Plasmatestosteron und erektiler Dysfunktion beim Mann. Dialyse kann Ovulation und Menses bei der Frau wiederherstellen und die Testosteronspiegel beim Mann normalisieren. Die Libido kann unter der Behandlung auf das Niveau vor der Erkrankung zurückkehren.	Versichern, dass diese Probleme unter der Dialyse gewöhnlich reversibel sind. Dringend darauf hinweisen, eine Empfängnisverhütung fortzusetzen, da die Fertilität u. U. zurückkehrt. Erklären, dass die Störung der Sexualfunktion Folge von emotionalem Stress und den pathophysiologischen Komponenten der Erkrankung sein kann. s. A.: Erklären, dass sich anhand der Messung der nächtlichen penilen Tumeszenz zwischen organischen und psychischen Ursachen einer sexuellen Dysfunktion beim Mann unterscheiden lässt.
Totale abdominale Hysterektomie mit beidseitiger Entfernung der Adnexen	Ausfall des zirkulierenden Östrogens	b. I.: Unterweisen in Zeichen und Symptomen der Menopause, Anwendung eines wasserlöslichen Gleitgels Auffordern, mit dem Arzt eine Östrogensubstitutionscreme zu erörtern. Erklären, dass der Geschlechtsverkehr in den meisten Fällen nach einer Nachuntersuchung 6 Wochen nach der OP wieder aufgenommen werden kann.
	postoperative psychische Anpassung oder Wandel der sexuellen Identität, Trauern, Verlust der Fortpflanzungsfähigkeit	Erkunden der Bedeutung des Verlustes von Uterus und Ovarien für die Frau. Versichern, dass die Operation ihre Fähigkeit, sexuell zu reagieren und zu funktionieren, nicht verändert.
Enterostoma		
Anterior-posterior-Resektion	Frauen: Verlust des Uterus und der Ovarien; Verkürzung der Vagina	b. I.: Siehe oben. s. A.: Anregen von Koituspositionen, welche die Penetrationstiefe verringern (z. B. Seit-zu-Seit-Lage; der Mann oben, mit den Beinen außerhalb der Beine seiner Partnerin; die Frau oben).

Gesundheitsstörung	Sexuelle Komplikation	Pflegeintervention
	Männer: erektile Dysfunktion; Abnahme der Menge des Ejakulats bzw. der Ejakulationskraft oder retrograde Ejakulation infolge einer Unterbrechung der sympathischen oder parasympathischen Innervation Anmerkung: Die Menge des resezierten Rektumgewebes scheint den Grad der Funktionsstörung zu bestimmen.	b. I.: Erklären, dass die erektile Dysfunktion temporär oder permanent sein kann. Ermutigen zu Berührung und anderen nichtkoitalen Mitteln sexueller Kommunikation.
Kolostoma/Ileostoma	Veränderung des sexuellen Selbstkonzeptes und des Körperbildes	b. I.: der Person gestatten, Gefühle über Veränderungen der körperlichen Erscheinung zu äußern; Ermutigen zur Kommunikation mit dem Partner/der Partnerin.
	Abnahme des sexuellen Verlangens, der Erregbarkeit und des Orgasmus	b. I.: Lehren, dass Erschöpfung und Libidoverlust nach einer Operation häufig vorkommen. Erörtern von Wegen zur Steigerung der sexuellen Attraktivität; Anregen zum Tragen von Reizwäsche oder anderer Bekleidung, um eine Vorrichtung zu verbergen.
	Angst wegen des Austritts von Flüssigkeiten, Geruch	Unterweisen im Entleeren eines Beutels vor der sexuellen Betätigung; Ermutigen, den Humor zu wahren, da es bisweilen zu Zwischenfällen kommen wird.
	erektile Dysfunktion beim Mann (je nach Alter und Art der Operation)	Ermutigen zu alternativen Ausdrucksformen der Sexualität, wenn Geschlechtsverkehr nicht möglich ist
Rückenmarkverletzung	die sexuelle Behinderung hängt ab von Höhe und Art der Verletzung: Trennung von genitalem sexuellem Funktionieren und zerebraler Erotik	b. I.: Erörtern sexueller Optionen je nach Ausmaß der Schädigung (z. B. ein Wasserbett zur Verstärkung der Beckenbewegungen). Auffordern, auch weiterhin Kontrazeptiva einzunehmen, falls angemessen.

Gesundheitsstörung	Sexuelle Komplikation	Pflegeintervention
	Männer mit vollständiger Zerstörung des 1. motorischen Neurons sind u. U. außer Stande zu ejakulieren.	s. A.: Erörtern alternativer Stellungen (z. B. Partner oben). Ermutigen zum Experimentieren mit Vibratoren, Massagen und anderen Mitteln sexuellen Ausdrucks. Ist u. U. Kandidat für eine Penisprothese. Kann einen Harnwegsinfekt haben. Überweisen an einen Urologen.
Anmerkung: Über die sexuellen Implikationen einer Rückenmarkverletzung gibt es viel Information. Der Leser sei an die Literatur zu diesem Thema verwiesen.		
Krebs	Sexuelle Implikationen hängen vom Ort der Erkrankung und von der Behandlung ab.	b. I.: Ermutigen zum Äußern von Angst und Furcht; Ermutigen zum Trauern über Verluste.
	Fühlt sich u. U. schuldig wegen des Verlangens nach Berührung und sexueller Aktivität.	Versichern, dass es auch bei Krebs ganz natürlich ist, sich sexuell auszudrücken, und dass das Bedürfnis nach Intimität in dieser Zeit oft noch zunimmt.
	Veränderungen der Rollenfunktion und sexuell definierter Geschlechterrollen	Auffordern, dies zwischen den Partnern zu erörtern; Ermutigen zum Verhandeln über Rollenveränderungen, die vorübergehend sein können.
	Furcht, ansteckend zu sein	Der Person und dem Partner/der Partnerin versichern, dass die Erkrankung durch sexuelle Betätigung nicht übertragen wird.
	Veränderung des Körperbildes	Erörtern des Erwerbs einer Perücke und falscher Augenbrauen vor dem Haarausfall; anregen zum Tragen von sexy Unterwäsche oder zu anderen Formen, sich zu verwöhnen, um das Gefühl zu stärken, begehrenswert und sexuell attraktiv zu sein
	Erschöpfung	Erklären, dass schwere Erschöpfung sexuelles Verlangen behindern kann und dass Erschöpfung keine Zurückweisung des Partners/der Partnerin bedeutet. Ermutigen Sie zu verbaler und nonverbaler Kommunikation zwischen den Partnern.

Gesundheitsstörung	Sexuelle Komplikation	Pflegeintervention
Chemotherapie	alkylierende Substanzen, Antimetaboliten und gegen Tumoren gerichtete Antibiotika: Amenorrhö, Oligospermie, Azoospermie, Abnahme der Libido, Funktionsstörung der Ovarien, erektile Dysfunktion	b. I.: Ermutigen zur Diskussion über Veränderungen der körperlichen Erscheinung/Funktion. Erkunden der Option, Sperma in einer Spermabank zu lagern. Drängen auf Fortführen der Einnahme von Kontrazeptiva. Falsch-positive PAP-Abstriche sind möglich.
	Vincaalkaloide: retrograde Ejakulation, erektile Dysfunktion, Abnahme der Libido, Funktionsstörung der Ovarien, temporärer Rückgang der Libido/sexuellen Erregbarkeit	Ermutigen zu nicht sexuell motivierter Berührung; Ruhe; Meiden von alkoholischen Getränken, Narkotika und Sedativa vor sexueller Aktivität; Verwenden eines wasserlöslichen Gleitgels, um die Scheidenreizung zu vermindern; Vermeiden von oralem und analem Sex in Phasen der Neutropenie.
	genetische Teratogenität und Mutagenität	Ermutigen des Paares, sich vor einer Schwangerschaft genetisch beraten zu lassen.
Strahlentherapie	Die meisten Nebenwirkungen sind lokalisationsabhängig, wobei Erschöpfung, Neutropenie und Anorexie im Allgemeinen bei allen Menschen auftreten.	b. I.: Unterweisen im Planen der sexuellen Aktivität nach Ruhephasen und in Stellungen, die vom Patienten weniger körperliche Betätigung erfordern. Ermutigen zu nichtsexuellem Berühren und zu Kommunikation. Lehren, dass der Patient während der externen Behandlung nicht radioaktiv ist. Lehren Sie lokalisationsspezifische Nebenwirkungen und Auswirkungen auf das sexuelle Funktionieren.

- Das Plissit-Modell (Anon, 1976) hilft der allgemeinpflegerisch tätigen Pflegeperson, Pflege auch auf dem Gebiet der Sexualität zu leisten:
- *Erlaubnis («**P**ermission»):* Vermitteln Sie der Person und ihren Bezugspersonen die Bereitschaft, Gedanken und Gefühle über Sexualität zu erörtern (z. B.: «Manche Menschen mit Ihrer Diagnose machen sich Sorgen darüber, wie sich dies auf das sexuelle Funktionieren auswirkt. Gilt das auch für Sie oder Ihren Partner/Ihre Partnerin?»).
- *begrenzte Information («**L**imited **I**nformation»):* Versorgen Sie die Person und ihre Bezugspersonen mit Informationen darüber, welche Auswirkungen bestimmte Situationen (z. B. Schwanger-

schaft), Krankheiten (z. B. Krebs) und Behandlungen (z. B. Medikamente) auf die Sexualität und die Sexualfunktion haben können.

- *spezifische Anregungen («Specific* ***S****uggestions»):* Geben Sie spezifische Instruktionen, die ein positives sexuelles Funktionieren erleichtern/fördern können (z. B. Änderungen der Stellung beim Geschlechtsverkehr).
- *intensive Therapie («****I****ntensive* ***T****herapy»):* Überweisen Sie Personen, die mehr Hilfe benötigen, an eine geeignete Gesundheitsfachperson (z. B. Sexualtherapeut, Chirurg).
- Einem Menschen «zu gestatten», sexuelle Belange zu erörtern, ist der bei weitem wichtigste Aspekt der Pflege im Bereich Sexualität. Die Pflegeperson sollte ihre Erlaubnis geben, indem sie …
  - … Sexualität in die gesundheitliche Erstanamnese aufnimmt und Fragen zur Sexualität auf ähnliche Weise stellt, als würde sie nach der Darm- und Blasenfunktion fragen. Dies hilft der Person zu erkennen, dass Pflegepersonen Sexualität als Routinebestandteil menschlicher Gesundheit betrachten.
  - … anbietet, sexuelle Belange zur geeigneten Zeit während des Klinikaufenthaltes/Besuchs des Klienten zu erörtern (Wilmoth, 1994a).
- Die Pflegeperson sollte der Person Vertraulichkeit hinsichtlich aller Daten zur Sexualität zusichern und die Genehmigung der Person einholen, bevor sie eines Sexualproblems wegen eine Überweisung vornimmt.

Kontrazeption und STDs

- Der Forschung zufolge sind mechanische Barriere-Methoden (Kondom, Diaphragma, Vaginalschwamm, Pessar) und/oder chemische, Nonoxinol-9-haltige Barrieren (Schaum, Gel, Creme) wirksam zur Verringerung von HIV und anderen STDs.
- Das Intrauterinpessar, orale Kontrazeptiva und Depotpräparate oder die Sterilisation schützen *nicht* vor STDs. Klientinnen, die diese Methoden anwenden, müssen dahingehend beraten werden, eine chemische Substanz oder eine mechanische Barriere-Methode anzuwenden, um sich vor Erkrankung zu schützen.

Pädiatrische Überlegung

- Die geschlechtliche Rollenidentifikation beginnt im Säuglingsalter und wird in der Jugend festgelegt.
  - Säuglinge können gegen Ende des ersten Lebensjahres Körperteile identifizieren.
  - Kleinkinder lernen, Geschlechter zu unterscheiden.
  - Kinder im Vorschulalter masturbieren oft und spielen Geschlechterspiele mit Gleichaltrigen (z. B. Vergleichen des Genitale).
  - Kinder im Schulalter werden sich ihrer Geschlechterrollenidentität weiter bewusst. Masturbation und Geschlechterspiele kommen auch bei jüngeren Schulkindern noch vor, ältere Schulkinder hingegen zeigen schon zielgerichtetes Verhalten (z. B. Umarmen, Küssen gegengeschlechtlicher MitschülerInnen; Wong, 2003).

  - Infolge der körperlichen Veränderungen während der Pubertät erleben Jugendliche eine Veränderung des Körperbildes. Zentrale Entwicklungsaufgabe Jugendlicher ist die Identitätsbildung, die durch sexuelle Reifung und Annehmen einer Geschlechtsrolle beeinflusst wird (Wong, 1999).
- Eltern sind die primäre Kraft der Sexualerziehung im Leben eines Kindes. Dazu gehören sowohl Gesagtes wie Ungesagtes.
- Eine formelle Aufklärung aus einem Lebenszeitansatz heraus geschieht am besten in der mittleren Kindheit. Die Themen sollten sexuelle Reifung und den Fortpflanzungsprozess umfassen (Wong, 1999).
- STDs sind noch immer eine bedeutende Morbiditätsursache unter Jugendlichen und jungen Erwachsenen. Die höchsten Chlamydieninfektionsraten bei Frauen finden sich unter Jugendlichen (Division of STD Prevention, 1997).
- Riskantes Verhalten bei Jugendlichen und jungen Erwachsenen steigert deren Anfälligkeit für STDs, entzündliche Beckenerkrankungen, Infertilität, AIDS und unheilbare chronische Krankheiten wie Hepatitis B und C, Papillomavirusinfektion (HPV) und Herpes genitalis.
- Die Hälfte der SchülerInnen im 9. bis 12. Schuljahr geben Geschlechtsverkehr an (CDC, 2000).
- Etwa 16 % der High-School-SchülerInnen berichten über vier oder mehr Geschlechtspartner (CDC, 2000).
- Nur 58 % der High-School-SchülerInnen berichten über den Gebrauch eines Kondoms. Nur 16 % gaben an, Empfängnisverhütung zu betreiben (CDC, 2000).

Geburtshilflich-gynäkologische Überlegungen

- Schwangere haben während der Schwangerschaft unterschiedliche Grade sexuellen Verlangens:
  - Manche Frauen sind sexuell sehr erregbar.
  - Manchen steht der Sinn nicht so sehr nach Sex.
  - Während der verschiedenen Stadien der Schwangerschaft schwankt die Libido ganz erheblich.
  - Das Körperbild einer Frau wirkt sich auf ihre Sexualität aus. (Wenn Dünnsein ein Merkmal ist, sind viele Schwangere verstört über die Veränderung des Körperumfangs.)
  - Die Einstellung einer Frau ihrem Körper gegenüber kann beeinflussen, wie sich ihr Partner sexuell von ihr angezogen fühlt.
- Die Postpartalphase ist eine Zeit der Selbstzweifel, Während der ersten 6 Wochen fühlt sich eine junge Mutter verloren, überwältigt, müde, deprimiert, unwissend und isoliert. Ihr Selbstwertgefühl und ihre Sexualität können leiden.
- Polomeno (1999) stellte bei Männern (M) und Frauen (F) nach einer Entbindung folgende sexuelle Bedenken und Sorgen fest:
  - Zeit füreinander (M, F)
  - erster Geschlechtsverkehr nach der Entbindung (M, F)
  - Sich vom Baby trennen (F)

- Kontrazeption (M, F)
- Wiederbeleben von Leidenschaft, Spaß, Romantik (M, F)
- begehrt werden (F)
- Erschöpfung und ihre Wirkung auf die Libido (F)
- postpartale Depression (M)
- Herstellen eines ausgewogenen Verhältnisses zwischen Intimität und dem Baby (F)
- Angst vor Schmerzen (M, F)
- die Art, in der der Mann die Frau und ihren Körper wahrnimmt (F).

Geriatrische Überlegungen

- Ältere Menschen sind unabhängig von altersbedingten Veränderungen der Sexualanatomie und -physiologie psychisch und physisch in der Lage zu sexuellen Aktivitäten.
- Sexuelle Betätigung ist für ältere Menschen oft insofern vorteilhaft, als sie Angst mindert und zugleich Intimität vermittelt und die Lebensqualität verbessert.
- Infolge der Abnahme des zirkulierenden Östrogens sinkt bei der Frau der Brusttonus, die Scheidenwand wird dünner und verliert an Elastizität, die Lubrikation der Scheide nimmt ab und diese wird kürzer (Miller, 2004).
- Beim Mann nehmen die Spermatozoenproduktion und die Ejakulationskraft ab und die Hoden werden kleiner und weicher. Um eine Erektion zu erreichen, bedarf es u. U. einer direkten Stimulation, die Erektion bleibt dann jedoch evtl. länger erhalten (Miller, 2004).
- Das Bedürfnis nach Intimität und Berührung ist besonders bei älteren Menschen wichtig, die evtl. immer weniger bedeutungsvolle Beziehungen haben.
- Die frühere Sexualfunktion (Genuss, Interesse, Häufigkeit) dient als Prädiktor für die Sexualität im Alter. Um sich auch im hohen Alter noch sexuell betätigen zu können, muss sich die Person lebenslang sexuell betätigen.
- Erwachsene Kinder und Betreuungspersonen betrachten sexuelle Aktivitäten älterer Menschen als unmoralisch, unpassend und negativ (Miller, 2004).
- Das sexuelle Funktionieren älterer Menschen wird in hohem Maße beeinflusst durch Mythen und Missverständnisse. Miller (2004) zufolge ist die stereotype Vorstellung «geschlechtsloser Senioren» so weit verbreitet, weil Sex so eng mit Jugendlichkeit verbunden wird.

Transkulturelle Überlegungen

- Menschen mancher Kulturen (z. B. Hispanics, amerikanische Ureinwohner) erörtern Sexualität nur widerstrebend.
- Horn (1993) berichtet, dass schwarze Frauen Schwangerschaft als Wertschätzung ihrer Weiblichkeit sehen. Weiße Mädchen im Teenager-Alter billigen Kontrazeption; ihre Altersgenossinnen unter den amerikanische Ureinwohnern schätzen Schwangerschaft (Horn, 1993).

- In manchen Kulturen gilt die Postpartalphase als Zustand der Unreinheit. Bestimmte Nahrungsmittel und Praktiken sind Tabu (z. B. Geschlechtsverkehr). Während der postpartalen Blutung wird die Frau u. U. getrennt und isoliert untergebracht. In manchen Kulturen endet dies mit einem rituellen Bad (z. B. Navajo, Hispanics, orthodoxe Juden; Andrews/Boyle, 2005).
- Frauen der amerikanischen Ureinwohner glauben an die Bedeutung der Monatsblutung zur Aufrechterhaltung des körperlichen Wohlbefindens und der Harmonie (Andrews/Boyle, 2003).

Einschätzungskriterien des Fokusassessments

Richtlinien für das Erheben einer Sexualanamnese

Erörtern Sie Sexualität in privater, entspannter Umgebung, um Vertraulichkeit sicherzustellen.
Beurteilen Sie die Person nicht nach Ihren eigenen Überzeugungen/Praktiken.
Gestatten Sie der Person, eine Antwort zu verweigern.
Klären Sie Vokabular; verwenden Sie ggf. umgangssprachliche Begriffe, um die Bedeutung zu vermitteln.
Beziehen Sie in das Assessment nur diejenigen Bereiche ein, die für diesen Klienten zu dieser Zeit von Belang sind.
Versuchen Sie, offen, warmherzig, objektiv, ohne Verlegenheit und beruhigend zu sein.
Denken Sie daran, dass es besser ist, beim Klienten sexuelle Erfahrungen vorauszusetzen, statt dies nicht zu tun.
Um diese Befragung zum Abschluss zu bringen, sind u. U. mehrere Sitzungen nötig.

Subjektive Daten

Erheben der Anamnese

Alter, Geschlecht, Zivilstand/Beziehungsstatus.
Geschlechtliche Orientierung/Präferenz.
Anzahl der Kinder und Geschwister.
Sexueller Missbrauch.
Depression.
Medikamente.
Kommunikationsverhalten bei Bezugspersonen.
Qualität der Beziehung zu den Bezugspersonen.
Religiöser und kultureller Hintergrund.
Beruf und finanzielle Situation.
Medizinische und chirurgische Anamnese.
Drogen- und Alkoholkonsum (früher und gegenwärtig).

Einschätzen von Sorgen und Sexualverhalten

Wie hat sich die [Gesundheitsstörung/Krankheit] auf Ihre Fähigkeit ausgewirkt, als [Ehefrau/PartnerIn/Vater/Ehemann] zu wirken (Wilmoth, 1994a)?

Wie hat sich die [Gesundheitsstörung/Krankheit] darauf ausgewirkt, wie Sie sich als [Mann/Frau] fühlen (Wilmoth, 1994a)?

Wie hat sich die [Gesundheitsstörung/Krankheit] auf Ihre Fähigkeit ausgewirkt, sexuell zu funktionieren (Wilmoth, 1994a)?

Sexualfunktion

Übliches Verhalten.

Gegenwärtiges Verhalten.

Zufriedenheit (Betroffene/r, PartnerIn).

Libido (Betroffene/r, PartnerIn).

Erektionsstörungen (Erreichen, Halten).

Ejakulationsstörungen (vorzeitige, verzögerte, retrograde Ejakulation).

Verminderte Lubrikation bei der Frau.

Abgeschwächter Orgasmus bei der Frau.

Sexuelles Problem

Beschreibung.

Beginn: Wann? Allmählich/plötzlich?

Zeitlicher Verlauf: Vermehrt? Vermindert? Unverändert?

Vorstellungen der Person hinsichtlich der Ursache.

Kenntnis Dritter über die Störung/Erkrankung (Partner, Arzt, Sonstige).

Erwartungen.

Kinder im Schulalter

Wissen:

- «Welche Unterschiede gibt es zwischen Jungen und Mädchen?»
- «Was weißt du darüber, wie man Babys bekommt?»
- «Wer hat es dir beigebracht? Wie alt warst du da?»

Veränderungen des Körpers:

- «Verändert sich dein Körper? Wie? Und warum?»
- «Wie geht es dir bei diesen Veränderungen?»

Masturbation:

- «Fast jeder Mensch berührt seinen Körper. Wie ist es bei dir?»

Jugendliche

Wissen und Einstellungen:

- «Wie stehen deine Eltern zu Sex, Nacktheit und Berührung?»
- «Wie werden Themen bei dir zuhause besprochen?»

- «Wie kommt es zu einer Schwangerschaft?»
- «Nenn mir ein paar Methoden der Schwangerschaftsverhütung.»
- «Was weißt du über sexuell übertragene Krankheiten?»

Veränderungen des Körpers:

- «Verändert sich dein Körper? Wie? Und warum?»
- «Wie geht es dir bei diesen Veränderungen?»

Sexuelle Aktivität:

- «Manche junge Menschen sind sexuell aktiv, andere entscheiden sich dagegen. Wie stehst du dazu?»
- «Bist du sexuell aktiv? Wenn ja, beschreib mir, welche Art der Schwangerschaftsverhütung und welche Safersex-Praktiken du anwendest.»
- «Manche Teenager fühlen sich von Menschen gleichen Geschlechts angezogen, ist das bei dir auch schon so gewesen?» (Smith, 1993)

Ältere Menschen
Wissen:

- «Wie fühlen Sie sich, wenn Sie hören, dass sich ältere Menschen nur wenig für Sexualität interessieren?»
- «Was wissen Sie über sexuell übertragbare Krankheiten?»

Veränderungen des Körpers:

- «Wie fühlen Sie sich damit, wie ihr Körper altert?»
- «Was tun Sie, damit es Ihnen in puncto Sexualität gut geht?»

Sexuelle Aktivität:

- «Fühlen Sie sich von anderen geliebt und geschätzt?»
- «Wie steht es mit Ihrem Bedürfnis nach Berührung und Intimität?»
- «Konnten Sie Ihre sexuelle Aktivität beibehalten?»

Einschätzen beeinflussender Faktoren

Siehe «Einflussfaktoren».

Ziele

NOC

- Körperbild
- Selbstwertgefühl
- Rollenverhalten
- Sexuelle Identität

Die Person nimmt die frühere sexuelle Aktivität wieder auf oder wendet sich einer anderweitig befriedigenden sexuellen Betätigung zu.

Indikatoren

- Identifizieren der Effekte von Stressoren, eines Verlustes oder einer Veränderung auf das sexuelle Funktionieren.
- Modifizieren des Verhaltens, um Stressoren zu verringern.
- Identifizieren von Einschränkungen der sexuellen Aktivität durch die Gesundheitsstörung.
- Identifizieren geeigneter Modifikationen der Sexualpraktiken als Reaktion auf diese Einschränkungen.
- Angaben über befriedigende sexuelle Aktivität.

Allgemeine Interventionen

NIC

- Verhaltensmanagement: Sexualverhalten
- Beratung
- Sexualberatung
- Emotionale Unterstützung
- Aktives Zuhören
- Edukation: Sexualität

Einschätzen ursächlicher oder beeinflussender Faktoren

Siehe «Einflussfaktoren».

Untersuchen der sexuellen Funktionsmuster des Klienten

Ermutigen Sie den Klienten dazu, seine Sorgen mitzuteilen. Gehen Sie davon aus, dass alle Klienten bereits einige sexuelle Erfahrungen gemacht haben und vermitteln Sie die Bereitschaft, Gefühle und Sorgen zu besprechen.

F: Viele Klienten erörtern Fragen der Sexualität nur widerstrebend. Ein geeigneter Ansatz kann den Klienten ermutigen, Gefühle und Sorgen mitzuteilen.

Erörtern der Beziehungen zwischen sexuellem Funktionieren und Stressoren im Leben

Klären Sie die Beziehung zwischen Stressoren und dem Problem beim sexuellen Funktionieren.

Erkunden Sie, welche Optionen es gibt, um die Auswirkungen des Stressors auf das sexuelle Funktionieren zu vermindern (z. B. mehr Schlaf, mehr körperliche Betätigung, Modifizieren der Ernährung, Versuch mit Stressabbaumethoden).

F: Unzulänglichkeitsgefühle und eine Abnahme des Selbstwertgefühl lassen sich verringern, indem man erklärt, dass ein beeinträchtigtes sexuelles Funktionieren eine physiologische Grundlage hat. Schon dies kann helfen, die Sexualfunktion zu verbessern.

Bekräftigen der Notwendigkeit des offenen Gesprächs zwischen SexualpartnerInnen

Erklären Sie, wie der Klient und seine Partnerin/sein Partner Rollenspiel einsetzen können, um Fragen zum Thema Sex zu besprechen.

Bekräftigen Sie die Notwendigkeit von Nähe und Äußerungen des Fürsorgens durch Berührung, Massage und andere Mittel.

Regen Sie an, dass sexuelle Aktivität nicht immer im Vaginalverkehr gipfelt, sondern dass Partner auch durch nichtkoitale oder orale Stimulation zum Orgasmus kommen können.

F: Rollenspiel hilft einem Menschen, Einsichten zu gewinnen, indem er sich an die Stelle einer anderen Person versetzt, und es erlaubt ein spontaneres Mitteilen von Befürchtungen und Sorgen.

Bei akuter oder chronischer Krankheit

Eliminieren oder Vermindern ursächlicher oder beitragender Faktoren, wenn möglich. Unterweisen im Einhalten des Therapieplans und in dessen Bedeutung, um Krankheitssymptome abzuschwächen oder zu kontrollieren

Sorgen für begrenzte Informationen und spezifische Anregungen

Versorgen Sie den Klienten und seine Partnerin/seinen Partner mit geeigneten Informationen über gegenwärtige Einschränkungen des sexuellen Funktionierens, die durch die Krankheit verursacht werden (begrenzte Information).

Unterweisen Sie in Modifikationen von Sexualpraktiken, um beim Umgang mit den krankheitsbedingten Einschränkungen zu unterstützen (spezifische Anregungen).

Für weitere Einzelheiten siehe Tabelle II-40.

F: Vielleicht sind beide Partner wegen der sexuellen Aktivität besorgt. Diese Gefühle zu unterdrücken schadet der Beziehung.

Fördern/Erleichtern der Adaptation an eine Veränderung/den Verlust eines Körperteils

Schätzen Sie ein, in welchem Stadium der Anpassung an den Verlust sich die Person und ihr Partner/ihre Partnerin befindet (Verleugnung, Depression, Wut/Zorn, Auflösung; siehe *Trauern*).

Fordern Sie zur Einhaltung des Therapieplans auf, um eine bestmögliche Genesung zu fördern.

Halten Sie das Paar dazu an, die Stärken ihrer Beziehung zu erörtern und einzuschätzen, wie sich der Verlust auf diese Stärken auswirkt.

Klären Sie die Beziehung zwischen Verlust oder Veränderung und der Störung des sexuellen Funktionierens.

F: Für akkurate Informationen über die Auswirkung einer Rückenmarkverletzung auf das sexuelle Funktionieren zu sorgen, kann falsche Hoffnungen verhindern und reale Hoffnung vermitteln, soweit angemessen.

Unterweisen in Modifikationen der Sexualpraktiken zur Unterstützung des Umgangs mit krankheitsbedingten Einschränkungen (spezifische Anregungen)

Umstellungen in den Positionen.
Verwenden von Kissen zur Behaglichkeit und/oder für das Gleichgewicht.
Techniken zur Kontrolle von Ausfluss oder Geruch.
Attraktive Wäsche zum Bedecken des betroffenen Körperteils.

F: Sexuelles Vergnügen und Befriedigung sind nicht auf den Geschlechtsverkehr begrenzt. Andere Ausdrucksformen von Zärtlichkeit können sich als bedeutsamer erweisen.

Beginnen mit Überweisungen, soweit angezeigt

Stomatherapeut.
Fachpflegeperson.
Arzt.
Sexualtherapeut.

Unwirksames Sexualverhalten, ...

... b/d prä- und postpartale Veränderungen

Ziele

NOC

- Selbstwertgefühl
- Körperbild
- Rollenverhalten

Die Person äußert erhöhte Zufriedenheit mit dem Sexualverhalten.

Indikatoren

- Identifizieren von Faktoren, die Sexualität behindern können.
- Mitteilen von Sorgen und Bedenken.

Allgemeine Interventionen

NIC

- Sexualberatung
- Angeleitete Antizipation
- Edukation: Sexualität
- Körperbildverbesserung
- Unterstützungssystemförderung

Einschätzen des Sexualverhaltens vor und nach der Schwangerschaft (Reeder et al., 1997)

Pränatal

Hat die Schwangerschaft Ihr Leben und Ihre sexuelle Beziehung verändert?
Gab/gibt es während und nach der Schwangerschaft Bedenken oder Sorgen hinsichtlich Ihrer sexuellen Beziehung?
Was hat Ihnen Ihr Arzt über Sex während der Schwangerschaft gesagt?
Wie fühlen Sie sich in der Schwangerschaft? (Beide Partner fragen.)
Wie fühlen Sie sich in Bezug auf Veränderungen des Aussehens?
Wie fühlen Sie sich in Bezug auf Veränderungen der Emotionen?
Wie fühlen Sie sich in Bezug auf das wechselseitige Erleben der Schwangerschaft?
Wie fühlen Sie sich in Bezug auf Sex während der Schwangerschaft? Wie geht es Ihnen mit kulturellen Einflüssen?
Was haben Sie darüber gehört, was Sie in der Schwangerschaft sexuell tun bzw. lassen sollten?
Hatten Sie während der Schwangerschaft körperliche Schwierigkeiten beim Geschlechtsverkehr?
In welcher Weise wird ein Baby Ihrer Meinung nach Ihr Leben verändern? Wie haben Sie vor, mit diesen Veränderungen zurechtzukommen?
Wie fühlen Sie sich körperlich?
Welche Medikamente nehmen Sie?
Hat sich Ihr Gesundheitszustand in letzter Zeit verändert?

Postpartal

Haben Sie noch Blutungen?
Haben Sie Ihr Sexualleben wieder aufgenommen?
Machen Sie sich Sorgen wegen einer erneuten Schwangerschaft?
Hat das Stillen Ihre sexuelle Beziehung verändert?
Wie hat es sich auf Ihre Sexualität ausgewirkt, ein Baby zu haben?
Ist Ihre Episiotomie abgeheilt und beim Geschlechtsverkehr unauffällig?
War die Lubrikation seither einmal unzureichend?
Haben Sie jemals Zeit allein mit dem Partner?

F: Das Erkunden des Sexualverhaltens, der Sorgen und Befürchtungen kann Gelegenheit bieten, falsche Vorstellungen zu korrigieren und den Dialog zwischen den Partnern zu öffnen.

Reduzieren oder Eliminieren von Einflussfaktoren

Körperveränderungen

Sorgen Sie für Literatur oder eine Liste mit Literaturempfehlungen, um Wissen über Schwangerschaft und entsprechende Veränderungen zu schaffen.
Verweisen Sie an kommunale Ressourcen.
Verweisen Sie an Kurse über Frühschwangerschaft.
Verweisen Sie an Geburtsvorbereitungskurse.
Zeigen Sie ein Video über Sex in der Schwangerschaft.
Schlagen Sie alternative Positionen für die Spätschwangerschaft vor, um Druck auf das Abdomen zu verhindern:

- Seitenlage
- Frau in kniender Position
- Frau stehend
- Frau auf Ellenbogen und Knien
- Frau auf dem Mann reitend

Erörtern Sie postpartale Veränderungen:

- Sorgen Sie für Literatur.
- Beruhigen Sie hinsichtlich folgender Veränderungen:
  - Episiotomie
  - Lochien – Dauer und Veränderung
  - Lubrikation
  - Uterusinvolution
  - schlaffe Bauch- und Unterleibsmuskulatur
  - Anschwellen der Brüste
  - Austritt von Milch aus der Brust während des Aktes.
- Beruhigen Sie dahingehend, dass dieser Zustand vorübergeht und in 2–3 Monaten verschwunden ist.
- Verweisen Sie an Geburtsnachbereitungskurse.

F: Die Schwangerschaft ist für Mann und Frau eine Zeit des Stresses. Körperliche Nähe in einer Zeit zu verleugnen, in der beide Partner stark eingespannt sind, kann zu Spannung und Entfremdung beitragen.

F: Die Frau und ihren Partner auf die Veränderungen in der Schwangerschaft, die Wehen und Entbindung sowie auf die Postpartalphase vorzubereiten, kann angstmindernd wirken.

Veränderung des Geschlechtstriebs

Beruhigen Sie dahingehend, dass sich die sexuelle Einstellung die gesamte Schwangerschaft hindurch verändert, vom starken Verlangen nach Sex bis hin zu dem Wunsch, lediglich in den Arm genommen zu werden.

Unterstützen Sie die Akzeptanz jeder Form, sich nach Wunsch Vergnügen zu verschaffen. Ermutigen Sie zu Flexibilität und alternativem Sexualverhalten (z. B. oraler Sex, gegenseitige Masturbation, Liebkosen, Streicheln, Massage, Vibrator).

Ermutigen Sie zu ehrlicher Kommunikation mit dem Partner in Bezug auf Wünsche oder Veränderungen des Interesses.

F: Die Frau macht sich u. U. Sorgen über die Akzeptanz ihres Partners, während der Mann vielleicht fürchtet, die Frau zu verletzen und wissen muss, dass sexuelle Aktivität den Feten nicht schädigt.

Erschöpfung

Erkennen Sie Erschöpfung als Faktor an, vor allem während des 1. Trimenons und erneut im letzten Schwangerschaftsmonat.

Erschöpfung kann nach der Entbindung in hohem Maße zu sexuellen Problemen beitragen.

Ermutigen Sie die Person, sich in sexueller Hinsicht und in anderen Punkten Zeit für ihre Beziehung zu nehmen.

Ermutigen Sie die Klientin, um Hilfe zu bitten, sich einen Babysitter zu nehmen usw.

F: Dem Paar verstehen zu helfen, welche Faktoren die Libido beeinträchtigen (z. B. Erschöpfung) kann das Gefühl von Zurückweisung verringern.

Emotionale Verantwortung

Ermutigen Sie die Frau und/oder den Partner, über Gefühle zu sprechen.

- Emotionale Veränderungen nach einer Geburt können intensiv sein. Sie können hormonell beeinflusst sein, werden jedoch durch Erschöpfung und Identitätsverlust verstärkt.
- Oft kommt es zu widerstreitenden Gefühlen. Die Frau und ihr Partner brauchen Gelegenheiten, um darüber zu sprechen.
  - Ressentiments gegenüber dem Partner sind häufig und beeinträchtigen sicherlich die sexuelle Beziehung.
  - Abneigung gegenüber dem Kind kann intensive Schuldgefühle hervorrufen und dazu führen, dass die Mutter nur umso mehr an dem Kind hängt und andere zurückweist. Oder sie wird depressiv und reagiert weniger auf das Kind und den Partner.
  - Es ist zwingend notwendig, ihre Gefühle auszudrücken und zu akzeptieren.
- Hören Sie zu – geben Sie der Person Zeit, sich über Gefühle zu verbreiten.
- Beruhigen Sie dahingehend, dass diese Gefühle normal sind.
- Empfehlen Sie Lesestoff.
- Verweisen Sie zur Verifizierung an andere Paare, bei denen die Frau schwanger ist.
- Nehmen Sie Bezug auf Ihre eigenen Erfahrungen, soweit angemessen.
- Überweisen Sie zur Therapie, falls angezeigt.

F: Kommunikationsstörungen sind die häufigsten Eheprobleme. Paare werden ermutigt, sich ihre sexuellen Bedürfnisse und Vorlieben mitzuteilen.

Furcht, den Feten zu schädigen

Versichern Sie, dass Geschlechtsverkehr bis zum Einsetzen der Wehen erlaubt ist, sofern nicht ein Problem (z. B. vorzeitige Wehen, früherer Verlust einer Schwangerschaft, Blutung oder Blasensprung) besteht.
Überweisen Sie sicherheitshalber zum Arzt.
Sondieren Sie Fehlinformationen. Verwenden Sie anatomische Tafeln, um zu zeigen, wie das Baby im Uterus geschützt ist.
Informieren Sie darüber, dass der Orgasmus Kontraktionen verursacht, die harmlos sind und verschwinden.

F: Von Komplikationen abgesehen kann sich eine Frau sexuellen Aktivitäten mit ihrem Partner in dem Maße hingeben, wie es angenehm und gewünscht ist.

Dyspareunie in der Schwangerschaft

Stellen Sie fest, welche Schmerzen wann bestehen.
Schlagen Sie alternative Stellungen vor:

- die Frau oben
- vaginale Penetration von rückwärts
- Seitenlage.

Regen Sie zum Gebrauch eines wasserlöslichen Gleitgels an.
Überweisen Sie zum Arzt, wenn die Schmerzen fortbestehen.

F: Alternative Stellungen können Druck auf das Abdomen oder eine zu tiefe Penetration verhindern.

Postpartale Dyspareunie

Stellen Sie fest, welche Schmerzen empfunden werden und unter welchen Umständen dies geschieht.
Schätzen Sie die Abheilung der Episiotomie ein:

- Die Wunde heilt oberflächlich nach einer Woche.
- Resorbierbares Nahtmaterial kann bis zu einem Monat benötigen, um zu verschwinden. Bis dahin kann die Wunde empfindlich und geschwollen sein.
- Nerven können bis zu 6 Monate lang sensibel und empfindlich bleiben.

Regen Sie zu abwechselnden Positionen an.
Schlagen Sie ein wasserlösliches Gleitgel vor. (Hebammen berichten während der gesamten Zeit ihrer Betreuung über verminderte vaginale Lubrikation.)
Lehren Sie die Frauen, ihre Beckenbodenmuskeln zu erkennen und durch Übungen zu kräftigen:

- «Stellen Sie sich bei den rückwärtig gelegenen Beckenbodenmuskeln vor, Sie würden versuchen, Stuhlgang zu verhindern, und spannen Sie den Analsphinkter an, ohne jedoch die Bein- oder Bauchmuskeln anzuspannen.»

- Stellen Sie sich bei den vorn gelegenen Beckenbodenmuskeln vor, Sie würden den Abgang von Urin verhindern wollen. Spannen Sie die Muskeln (vorn und hinten) für 4 Sekunden an und lassen Sie wieder locker. Wiederholen Sie dies 10-mal am Tag.» (Dies kann auf bis zu 4-mal pro Stunde gesteigert werden, falls angezeigt.)

Instruieren Sie die Person, bei der Miktion den Harnstrahl mehrmals einzuhalten und wieder zu lösen.
Überweisen Sie zum Arzt, wenn die Schmerzen fortbestehen.

F: Beschwerden bei sexueller Betätigung senken die Libido der Frau.

Schuldgefühle des Babys wegen

Ermutigen Sie zum Gespräch. Beruhigen Sie dahingehend, dass diese Gefühle normal sind; räumen Sie Zeit für Darlegungen ein.
Diese Gefühle auszudrücken bewirkt oft Erleichterung und Entspannung.
Beziehen Sie den Partner in die Diskussion ein: Beide empfinden u. U. ähnlich, fühlen sich jedoch nicht in der Lage, sich auszusprechen.
Verweisen Sie an Selbsthilfegruppen für die Zeit nach der Geburt.
Überweisen Sie in psychologische oder soziale Unterstützung, wenn ein pathologischer Zustand zu erkennen ist.
Ermutigen Sie das Paar, sich Unterstützung zur Fürsorge für das Kind zu verschaffen und sich dies auch zu gestatten. Beide brauchen Zeit füreinander. Arrangieren Sie ein «Treffen», bei dem sie allein sein können, ohne dass Gefahr besteht, durch ein schreiendes Baby gestört zu werden. Dabei können sie u. U. ihre Intimität neu entdecken oder erneuern.

F: Väter müssen sich vor und nach der Geburt auf ihre eigene Weise anpassen. Sie können sich verloren, fehl am Platze und außen vor gelassen vorkommen. Unter Umständen spüren sie eine verwirrende Abneigung, vor allem, wenn das Kind an der Brust saugt (Barclay et al., 1996; Donoran, 1995).

Furcht vor einer Schwangerschaft

Ermutigen Sie zu Gesprächen.
Erkunden Sie Möglichkeiten der Kontrazeption.
Überweisen Sie an eine Fachpflegeperson oder einen Gynäkologen zur Kontrazeption.
Informieren Sie die Klientin, dass Stillen keine effektive Kontrazeption darstellt und die vor der Schwangerschaft eingesetzten mechanischen Hilfsmittel u. U. nicht mehr passen.
Warnen Sie davor, dass manche oralen Kontrazeptiva zwar auch in der Stillzeit eingenommen werden können, jedoch gewöhnlich den Milchfluss deutlich reduzieren.

F: Furcht vor einer Schwangerschaft kann bei Mann und Frau die Libido schwächen.

Techniken zur Intensivierung der Verbundenheit des Paares (Polomeno, 1999)

Erkunden Sie Befürchtungen und Ängste (getrennt).
Erörtern Sie Barrieren gegen das Offenlegen von Befürchtungen und Ängsten.
Machen Sie zum Offenlegen ein Rollenspiel.

Instruieren Sie in «Zwiegesprächen» («heart talks»): Ein Partner spricht für 5 Minuten, ohne unterbrochen zu werden und ohne zu diskutieren. Dann bekommt der andere Partner Gelegenheit zu sprechen. Zum Schluss umarmt sich das Paar und sagt: «Ich liebe dich». (Polomeno, 1999)

Instruieren Sie in «Sexualgesprächen» («sexual conversation», Gray, 1995). Nützliche Fragen sind:

- Was gefällt dir am Sex mit mir?
- Hättest du gern mehr Sex?
- Hättest du gern mehr oder weniger Vorspiel?
- Gibt es eine bestimmte Art, in der du gerne berührt werden möchtest?

Sprechen, um romantische Gefühle wach zu halten:

- Regelmäßig Zeit reservieren, um miteinander zu sprechen.
- Sich an den Händen halten.
- Botschaften senden, dass der Partner/die Partnerin wertgeschätzt wird.

F: Für Frauen haben «kleine Dinge», die Fürsorge zeigen, denselben Wert, ob es sich um Unterstützung im Haushalt oder um eine Einladung zum Essen handelt. Bei Männern bekommen kleine Taten wenig und große Taten viele Punkte (Gray, 1995).

F: «Romantik ist wichtig, um Leben, Leidenschaft und Sex lebendig zu erhalten» (Polomeno, 1999: 15).

F: Romantik vermittelt einer Frau, dass sie wichtig ist und respektiert wird. Würdigt eine Frau die Bemühungen ihres Mannes, fühlt er sich mehr geliebt und wird ermutigt, noch romantischer zu sein (Gray, 1995).

Beginnen mit Gesundheitsedukation und Überweisungen

Lehren Sie Paare, vom Geschlechtsverkehr abzusehen und den Rat ihrer Gesundheitsfachperson zu suchen, wenn folgende Punkte zutreffen (Gilbert/Harmon, 1998):

- Vaginalblutung
- vorzeitige Weitung des Muttermundes
- Mehrlingsschwangerschaft
- Kopf des Feten im Geburtskanal oder letzte Phase der Schwangerschaft mit Rotation und Absinken des Feten ins Becken
- Placenta praevia
- Blasensprung
- anamnestisch bekannte Frühgeburt
- anamnestisch bekannte Fehlgeburt.

Sollte einer der obigen Punkte zutreffen, sollte sich das Paar *überhaupt nicht* sexuell betätigen. Ein Orgasmus ist selbst ohne Geschlechtsverkehr in den meisten Fällen kontraindiziert. Paare sollten instruiert werden, *sehr genau* nachzufragen, was im Einzelnen erlaubt ist und was nicht.

Ermutigen Sie zur Anwendung von Safersex-Praktiken in der gesamten Schwangerschaft, falls bei der Frau Gefahr besteht, eine STD zu bekommen oder zu übertragen, und unterweisen sie in diesen Techniken.

Verweisen Sie an empfohlene Quellen für Printmaterialien.
Überweisen Sie an einen Berater, wenn keine Lösung erreicht wird.

F: Geschlechtsverkehr und Orgasmus sind für die meisten Frauen sicher, ausgenommen bei Frauen mit Hochrisikoschwangerschaft. Sperma enthält Prostaglandin, das die Involution der Zervix beschleunigen kann (Gilbert/Harmon, 1998).

Sexuelle Funktionsstörung

Definition

Sexualstörung: der Zustand, in dem eine Person eine als nicht lohnenswert oder inadäquat empfundene Veränderung der sexuellen Funktion erfährt oder entsprechend gefährdet ist.
Sexuelle Funktionsstörung (Sexual dysfunction): Der Zustand, in dem ein Individuum eine Veränderung seiner sexuellen Funktion während der Reaktionsphasen des sexuellen Verlangens, der Erregung und/oder des Orgasmus erlebt, was als unbefriedigend, nicht lohnenswert oder unangemessen angesehen wird (NANDA-I, 2010).

Bestimmende Merkmale oder Kennzeichen

Hauptkennzeichen (obligat)

Verbalisieren des Problems mit dem sexuellen Funktionieren (z. B. Libidoverlust, Störung der sexuellen Reaktion, wie z. B. frühzeitige Ejakulation, Dyspareunie, Vaginismus).
Entspricht *DSM-IV-Kriterien* für Sexualstörung.

Nebenkennzeichen (fakultativ)

Veränderungen beim Erlangen der sexuellen Rolle
krankheitsbedingte Einschränkungen der Sexualität
therapiebedingte Einschränkungen der Sexualität
wahrgenommene Einschränkungen, die durch die Krankheit auferlegt werden
wahrgenommene Einschränkungen, die durch die Therapie auferlegt werden
Veränderungen im Erlangen sexueller Befriedigung
Unfähigkeit, die gewünschte Befriedigung zu erlangen
wahrgenommener Mangel an sexuellem Verlangen
wahrgenommene Veränderung der sexuellen Erregung
Suche nach Bestätigung der eigenen Attraktivität [Sorgen um das Körperbild]
Veränderung des Interesses für sich selbst
Veränderung des Interesses an anderen, [Veränderung der Beziehung zur Bezugsperson].
Furcht vor Einschränkungen der sexuellen Leistungsfähigkeit.

Fehlinformiertsein über Sexualität.
Fehlendes/mangelndes Wissen über Sexualität und die Sexualfunktion.
Wertekonflikte in Bezug auf sexuellen Ausdruck (kulturell, religiös).
Veränderte Beziehung zur Bezugsperson.
Unzufriedenheit mit der Geschlechterrolle (wahrgenommen oder real).
ungenügende Rollenmodelle
fehlende Rollenmodelle
fehlende Bezugsperson
fehlende Privatsphäre
Fehlinformationen
fehlendes Wissen
Verletzlichkeit
physischer Missbrauch
psychosozialer Missbrauch (z. B. schädliche Beziehungen)
veränderte Körperfunktion (z. B. Schwangerschaft, kürzliche Geburt, Medikamente, Operation, Anomalien, Krankheitsverlauf, Trauma, Bestrahlung, [Altersfolgen])
veränderte Körperstruktur (z. B. Schwangerschaft, kürzliche Geburt, Operation, Anomalien, Krankheitsverlauf, Trauma, Bestrahlung, [Altersfolgen])
biopsychosoziale Veränderung der Sexualität
Wertekonflikt.

Anmerkung der Autorin

Siehe *unwirksames Sexualverhalten.*

Beeinträchtigte soziale Interaktion

Definition

Beeinträchtigte soziale Interaktion: der Zustand, in dem eine Person negative, unzureichende oder unbefriedigende Reaktionen auf Interaktionen bekommt oder entsprechend gefährdet ist.
Beeinträchtigte soziale Interaktion (engl. Impaired social interaction): Ungenügende oder übermäßige Quantität oder unzureichende Qualität des sozialen Austauschs (NANDA-I, 2010).

Bestimmende Merkmale oder Kennzeichen

Soziale Isolation ist ein subjektiver Zustand. Die Pflegeperson muss demnach alle Schlussfolgerungen hinsichtlich der Einsamkeitsgefühle einer Person validieren, da die Ursachen variieren und Menschen ihre Einsamkeit auf unterschiedliche Art zeigen.

Hauptkennzeichen (obligat)

Äußern von Gefühlen des Alleinseins, des Zurückgewiesenseins.
Verlangen nach mehr Kontakt mit Menschen.
Angaben über Unsicherheit oder Unbehagen in sozialen Situationen.
Beschreiben eines Mangels an/des Fehlens von bedeutsamen Beziehungen.

Nebenkennzeichen (fakultativ)

Unfähigkeit, ein zufriedenstellendes Gefühl sozialer Bindung zu vermitteln (z. B. Zugehörigkeit, Anteilnahme, Interesse, eine gemeinsame Vergangenheit)
Unfähigkeit, ein zufriedenstellendes Gefühl sozialer Bindung zu empfinden (z. B. Zugehörigkeit, Anteilnahme, Interesse, eine gemeinsame Vergangenheit)
Berichte der Familie über veränderte Interaktionen (z. B. Stil, Muster).
Anwenden erfolgloser Verhaltensweisen bei sozialen Interaktionen
beeinträchtigte Interaktion mit anderen.
Die Zeit vergeht langsam («Montage sind für mich so lang»).
Unfähigkeit, sich zu konzentrieren und Entscheidungen zu treffen.
Gefühl der Nutzlosigkeit.
Gefühl des Zurückgewiesenseins.
Zu wenig Aktivität (körperlich oder verbal).
Erscheint depressiv, ängstlich oder wütend.
Versagen beim Interagieren mit anderen Menschen in der Umgebung.
Trauriger, dumpfer Affekt.
Unkommunikativ.
Zurückgezogenheit.
Schwacher Blickkontakt.
Beschäftigtsein mit eigenen Gedanken und Erinnerungen.

Einflussfaktoren

Beeinträchtigte soziale Interaktionen können aus vielfältigen Situationen und Gesundheitsstörungen resultieren, die durch die Unfähigkeit beeinflusst werden, lohnende Beziehungen zu schaffen und zu erhalten. Einige häufige Quellen werden im Folgenden genannt.

Pathophysiologische Faktoren

B/d Verlegenheit, eingeschränkte körperliche Mobilität, s/b/d:

Verlust der Körperfunktion
Verlust eines Körperteils
eine zum Tode führende Krankheit.

B/d Kommunikationsbarrieren, s/b/d:

Kopfverletzung (SHT)
Schlaganfall u. a. neurologische Zustände

Hörstörungen
Sprachbehinderungen
geistige Behinderung
eine chronische Geisteskrankheit
Sehstörungen.

Behandlungsbedingte Faktoren

B/d operationsbedingte Entstellungen.
B/d therapeutische Isolation.

Situationsbedingte Faktoren (persönlich bedingt, umgebungsbedingt)

B/d Entfremdung von anderen, s/b/d:

konstantes Klagen
große Angst
Ruminieren
impulsives Verhalten
offene Feindseligkeit
Wahnvorstellungen
manipulatives Verhalten
Halluzinationen
Misstrauen oder Verdächtigungen
desorganisiertes Denken
unlogische Vorstellungen
abhängiges Verhalten
egozentrisches Verhalten
starke, unbeliebte Überzeugungen
emotionale Unreife
depressives Verhalten
aggressive Reaktionen.

B/d sprachliche/kulturelle Barrieren.
B/d mangelnde/fehlende soziale Fertigkeiten.

B/d eine Veränderung des üblichen Sozialverhaltens, s/b/d:

Scheidung
Umzug
einen Todesfall.

B/d fehlende Möglichkeiten, die Gemeinsamkeiten zu verstärken (z. B. Wissen, Fertigkeiten)
B/d gestörtes Selbstkonzept
B/d fehlende Bezugspersonen

B/d eingeschränkte Bewegungsfähigkeiten (z. B. neuromuskuläre Krankheit)
B/d therapeutische Isolation
B/d soziokulturelle Unstimmigkeiten
B/d Hindernisse in der Umgebung
B/d gestörte Denkprozesse.

Altersbedingte Faktoren

Kinder/Jugendliche

B/d inadäquate sensorische Stimulation.
B/d ein verändertes Erscheinungsbild.
B/d Sprach-/Sprechbehinderungen.

Erwachsene

B/d den Verlust der Fähigkeit zur Stimmbildung.

Ältere Menschen

B/d eine Veränderung des üblichen Sozialverhaltens, s/b/d:

Tod eines Ehepartners
funktionelle Defizite
Eintritt in den Ruhestand.

Anmerkung der Autorin

Soziale Kompetenz bezieht sich auf die Fähigkeit einer Person, effektiv mit anderen zu interagieren. Zwischenmenschliche Beziehungen unterstützen eine Person durch positive wie negative Lebenserfahrungen. Positive Beziehungen zu anderen Menschen erfordern ein positives Selbstkonzept, soziale Fertigkeiten, soziale Sensibilität und die Akzeptanz des Bedürfnisses nach Unabhängigkeit. Um mit anderen Menschen zufrieden stellend zu interagieren, muss man seine Einschränkungen und Stärken erkennen und akzeptieren (Maroni, 1989).

Eine Person ohne positive geistige Gesundheit hat gewöhnlich keine soziale Sensibilität und fühlt sich demnach unwohl bei der für effektive soziale Interaktionen nötigen Interdependenz. Eine Person mit schwachem Selbstkonzept opfert u. U. ständig ihre Bedürfnisse für diejenigen anderer auf oder stellt persönliche Bedürfnisse vor die Bedürfnisse anderer.

Die Diagnose *gestörte soziale Interaktion* beschreibt eine Person, die unwirksame Interaktionen mit anderen Menschen zeigt. In extremer und/oder prolongierter Form kann diese Störung zur Diagnose *soziale Isolation* führen. Der Pflegeschwerpunkt für *gestörte soziale Interaktion* besteht darin, die Sensibilität der Person für die Bedürfnisse anderer zu erhöhen und sie Gegenseitigkeit zu lehren.

Irrtümer in diagnostischen Aussagen

1. *Gestörte soziale Interaktion,* **b/d** *Äußerungen des Unbehagens in sozialen Situationen*
   Bei dieser Diagnose sind die Angaben der Person über Unbehagen ein diagnostischer Hinweis und kein Einflussfaktor. Die Pflegeperson führt ein Fokusassessment durch, um die

Gründe für das Unbehagen der Person festzustellen. Bis dahin kann sie die Diagnose als *gestörte soziale Interaktion*, **b/d** *eine unbekannte Ätiologie* dokumentieren.

Zentrale Konzepte

Allgemeine Überlegungen

- Blumer beschrieb drei Voraussetzungen menschlichen Verhaltens und menschlicher Interaktionen:
  - Lebenserfahrungen haben für jeden eine andere Bedeutung. Menschen reagieren auf Situationen und andere Personen auf der Grundlage dieser jeweiligen Bedeutung oder ihres Stellenwertes.
  - Menschen lernen Bedeutungen aus sozialen Interaktionen mit anderen Menschen.
  - In Begegnungen interpretieren Menschen ihre früheren Bedeutungsinhalte und wenden sie an oder modifizieren sie.
- Soziale Kompetenz ist die Fähigkeit eines Menschen, effektiv mit seiner Umgebung zu interagieren.
- Um sozial kompetent zu sein, benötigt man effektives Testen der Realität, die Fähigkeit, Probleme zu lösen sowie verschiedene Coping-Mechanismen.
- Sowohl die Person als auch ihre Umgebung tragen zu einer Funktionsstörung bei. Eine Person mag in der einen Umgebung funktionieren, in einer anderen wiederum nicht.
- Adäquates soziales Funktionieren geht meist mit dem Leben in einer Paarbeziehung und mit einer festen beruflichen Tätigkeit einher.

Chronische Geisteskrankheit

- Chronische Geisteskrankheit ist charakterisiert durch wiederkehrende Episoden über einen langen Zeitraum hinweg. Das Rollenverhalten ist in unterschiedlichem Ausmaß gestört und das Ausmaß dieser Störung wird beeinflusst durch soziale Inadäquanz.
- Gestörte Denkprozesse können die Fähigkeit eines Menschen zu angemessenem Sozialverhalten oder zu angemessenem Rollenverhalten im Beruf beeinträchtigen.
- Abhängigkeit ist eines der häufigsten Merkmale, erkennbar an zahlreichen Wiederaufnahmen, die von den KlinikerInnen viel Zeit fordern, an Widerstand gegen die Entlassung, Widerstand gegen jede Art von Veränderung einschließlich der Medikation sowie an der Weigerung, die Einrichtung zu verlassen.
- Gestörte soziale Interaktion bei Menschen mit chronischer Geisteskrankheit hat unterschiedliche Ursachen. Bei manchen ist es die Folge einer schwachen Realitätsprüfung, bei anderen kann es die Folge sozialer Isolation oder des Verlustes zwischenmenschlicher Fertigkeiten infolge eines langen Aufenthaltes in einer Einrichtung sein.
- Die Person mit einer chronischen Geisteskrankheit hat gewöhnlich keine Freunde, ist sozial isoliert und beteiligt sich nur wenig an Aktivitäten in Gemeinschaft (Varcarolis, 2006).
- Durch Abbau von Institutionen und Entlassung ihrer BewohnerInnen sind die Anzahl in Einrichtungen Lebender und die durchschnittliche Hospitalisierungsdauer gesunken und damit hat sich auch der Charakter der heutigen chronisch-kranken Population verändert. Eine zunehmende Gruppe 18- bis 35-Jähriger unterscheidet sich deutlich von älteren in Einrichtungen

lebenden Erwachsenen, und zwar insofern, als ihr Leben im Gegensatz zu einem stabilen, langfristigen Aufenthalt in einer Landesklinik eine Übergangsexistenz mit zahlreichen stationären Aufnahmen darstellt.

- Menschen mit einer chronischen Geisteskrankheit verlieren oft ihren Arbeitsplatz – allerdings nicht, weil sie unfähig wären, ihre Aufgabe zu erfüllen, sondern aufgrund von Defiziten in emotionalen und zwischenmenschlichen Funktionen. Die Forschung über Training in sozialen Fertigkeiten hat gezeigt, dass Programme zum Aufbau von Fertigkeiten die nachstationäre Adaptation verbessern.

Pädiatrische Überlegung

- Ein Kind ist in ganz erheblichem Maße betroffen, wenn ein Elternteil emotional gestört ist. Emotional gestörte Eltern sind u. U. außerstande, den körperlichen Bedürfnissen und den Sicherheitsanforderungen ihrer Kinder gerecht zu werden.
- Kleinkinder hängen von ihren Eltern ab, die ihnen die Welt vermitteln. Eltern mit beeinträchtigter sozialer Interaktion, *gestörten Denkprozessen* oder beidem interpretieren Erfahrungen für das Kind u. U. nicht akkurat (Varcarolis, 2006).
- Gestörte soziale Interaktion kann zu *sozialer Isolation* führen. Siehe auch die Pflegediagnose *beeinträchtigte elterliche Fürsorge.*
- Jugendliche mit Substanzmissbrauchsproblemen verwenden die jeweilige Substanz, um sich interessant zu machen und/oder Stress abzubauen. Es findet sich außerdem eine schwache persönliche und soziale Kompetenz (Johnson, 1995).
- Junge Menschen mit einer chronischen Geisteskrankheit zeigen Probleme mit der Impulskontrolle (z. B. Suizidversuche, Verstöße gegen das Gesetz, Alkohol-/Drogenintoxikation), Affektstörungen (z. B. Wut, Herumdiskutieren, Streitsucht) sowie eine schwache Realitätsprüfung, vor allem, wenn sie unter Stress stehen. Die Population schwankt zwischen systemabhängigen, schwach motivierten Menschen und systemresistenten Personen mit niedriger Frustrationstoleranz, die sich weigern, Probleme anzuerkennen (Varcarolis, 2006).
- Bei allen Unterschieden haben Kinder und Jugendliche mit chronischen Geisteskrankheiten mehrere Faktoren gemeinsam (Varcarolis, 2006):
  - Schwierigkeiten beim Aufrechterhalten stabiler, stützender Beziehungen. Die meisten haben flüchtige, instabile Beziehungen mit nur marginal funktionalen Personen.
  - wiederholte Fehler in der Beurteilung. Die Betroffenen scheinen unfähig, aus ihren Erfahrungen zu lernen oder Wissen von einer Situation auf die andere zu übertragen.
  - Stressanfälligkeit. Personen unter Stress sind stärker rezidivgefährdet.
  - Muster sozialen Interagierens sind fordernd, feindselig und manipulativ und rufen bei den Betreuungspersonen negative Reaktionen hervor.

Geriatrische Überlegungen

- Effektive soziale Interaktionen hängen von einem positiven Selbstwertgefühl ab. Es gibt keine Daten, die dafür sprächen, dass ältere Menschen im Vergleich zu jüngeren ein vermindertes Selbstwertgefühl hätten (Miller, 2004).
- Zu den häufigeren Bedrohungen für das Selbstwertgefühl älterer Menschen gehören Abwertung, Abhängigkeit, funktionelle Beeinträchtigungen und vermindertes Kontrollgefühl (Miller, 2004).
- Depressionsbedingte affektive Störungen des Alltags treten bei 27 % der älteren Menschen auf. Eine Major-Depression tritt bei 2 % der in der Gemeinde lebenden und bei 12 % der in einer Einrichtung lebenden älteren Menschen auf (Varcarolis, 2006).
- Depressive ältere Menschen verlieren das Interesse an sozialen Aktivitäten und zeigen, wenn sie interagieren, keine positiven Interaktionen.

Einschätzungskriterien des Fokusassessments

Subjektive Daten

Einschätzen bestimmender Merkmale oder Kennzeichen

Beziehungen

Hat die Person Freunde, eine Familie?
Geht die Person Freundschaften ein?
Nimmt die Person von sich aus Kontakt auf oder wartet sie darauf, dass Freunde dies tun?
Ist die Person mit sozialen Interaktionen zufrieden?
Welches sind die Gründe für die Unzufriedenheit mit dem sozialen Netzwerk?

Coping-Fertigkeiten

Wie reagiert der Klient auf Stress bzw. einen Konflikt?
Substanzmissbrauch (Drogen, Alkohol, Nahrung).
Aggression (verbal oder körperlich).
Rückzug.
Suizidideen oder -versuche.

Juristische Anamnese (Verhaftungen, Verurteilungen)

Einschätzen beeinflussender Faktoren

Interaktionsmuster und -fertigkeiten

Berufsbezogen
Job-Suche- und Interview-Fertigkeiten:

- Kann die eigenen berufsbezogenen Fertigkeiten benennen.
- Kleidet sich angemessen.
- Stellt angemessene Fragen.
- Erkennt Anstellungsmöglichkeiten.

- Kann einen Antrag ausfüllen.
- Hat realistische Erwartungen an eine Anstellung.

Anamnese des Arbeitslebens:

- Dauer der Anstellung
- Gründe für das Aufgeben (Probleme mit Mitarbeitern oder Vorgesetzten)
- Häufigkeit des Arbeitsplatzwechsels.

Interaktionen mit Mitarbeitern

- Kontakte außerhalb der Arbeitszeit.

Lebensverhältnisse

Wohnverhältnisse:

- Wohnort (Familie, Massenunterkunft, Pension, Einrichtung)?
- Seit wann?
- Anzahl der Umzüge.
- Gründe der Umzüge.

Hindernisse des Funktionierens in Gemeinschaft:

- schlechte Körperpflege
- Erwartungen an Eigenständigkeit
- fehlende/mangelnde Freizeitaktivitäten
- unangemessenes Verhalten in der Öffentlichkeit
- juristische Probleme
- Arbeitslosigkeit
- unstete, passagere Wohnsitze
- soziale Isolation.

Freizeit/Erholung

«Was tun Sie in Ihrer Freizeit?»
Was stört Ihre Beteiligung an Freizeitaktivitäten?
Bevorzugung von Einzel- oder Gruppenaktivität.

Objektive Daten

Einschätzen bestimmender Merkmale oder Kennzeichen

Allgemeines Erscheinungsbild

Gesichtsausdruck (z. B. traurig, feindselig, ausdruckslos).
Kleidung (z. B. makellos, unordentlich, verführerisch, exzentrisch).

Körperpflege:

- Reinlichkeit
- Kleidung (Angemessenheit, Zustand)
- Pflege der äußeren Erscheinung.

Kommunikationsverhalten
Siehe Tabelle II-41.

Beziehungsfertigkeiten
Die Person …
… kann zuhören und angemessen antworten.
… hat Konversationsfertigkeiten.
… ist zurückgezogen bzw. mit sich selbst beschäftigt.

Tabelle II-41: Kommunikationsverhalten bei Personen mit gestörter sozialer Interaktion

Inhalt	Sprech-/Sprachverhalten
angemessen	angemessen
Religiosität	unentschlossen
weitschweifig	Neologismen
Wertlosigkeit	umständlich (kann nicht auf den Punkt kommen)
Misstrauisch	blockierend (kommt nicht zum Schluss mit einer Idee)
Wahnvorstellungen	Wortsalat
Verleugnen des Problems	Springen von einem Thema zum nächsten
Zwänge	
übertrieben	Sprechgeschwindigkeit
Mord- oder Suizidpläne	angemessen
zwanghaftes Beschäftigtsein mit Sexualität	verlangsamt
	stark beschleunigt
	unter Druck

… zeigt Abhängigkeit, Passivität.
… ist fordernd bzw. bittend.
… ist feindselig.
… hat Barrieren gegen zufrieden stellende Beziehungen:

- soziale Isolation
- Denkstörungen
- schwere Depression
- chronische Geisteskrankheit
- Panikattacken
- Sorgen wegen einer Krankheit.

Ziele

NOC

- Soziales Klima in der Familie
- Soziale Interaktionsfähigkeiten
- Soziale Eingebundenheit

Die Person/Familie berichtet über vermehrte Zufriedenheit.

Indikatoren

- Benennen von problematischem Verhalten, welches das soziale Leben verschlechtert.
- Ersetzen von sozial schädlichem Verhalten (zu spezifizieren) durch konstruktives Verhalten.
- Beschreiben von Strategien zur Förderung eines effektiven sozialen Lebens.

Allgemeine Interventionen

NIC

- Angeleitete Antizipation
- Verhaltensmodifikation
- Familienintegritätsförderung
- Beratung
- Verhaltensmanagement
- Familienunterstützung
- Eigenverantwortungsförderung

Sorgen für Unterstützung zur Wahrung grundlegender sozialer Fertigkeiten und Verringerung sozialer Isolation (für weitere Interventionen siehe soziale Isolation)

Sorgen für eine individuelle, stützende Beziehung

Unterstützen Sie die Person im Umgang mit Lebensstress.
Konzentrieren Sie sich auf die Gegenwart und die Realität.
Helfen Sie dem Klienten zu erkennen, wie Stress Probleme verursacht.
Unterstützen Sie eine gesunde Abwehr.
Helfen Sie dem Klienten beim Erkennen alternativer Handlungsverläufe.
Unterstützen Sie den Klienten beim Analysieren optimaler Ansätze.

Sorgen für eine unterstützende Gruppentherapie

Konzentrieren Sie sich auf das Hier und Jetzt.
Erstellen Sie Gruppennormen, die von unangemessenem Verhalten abhalten.
Ermutigen Sie zum Erproben neuen Sozialverhaltens.
Bieten Sie Leckereien und Kaffee an, um während der Sitzungen die Angst zu mindern.
Entwickeln Sie bestimmte sozial akzeptierte Verhaltensweisen (z. B. Reagieren auf einen freundlichen Gruß, statt ihn zu ignorieren).
Fördern Sie die Entwicklung von Beziehungen zwischen Mitgliedern durch Sich-Öffnen und Authentizität.
Setzen Sie Fragen und Beobachtungen ein, um Menschen mit begrenzten Interaktionsfertigkeiten zu ermutigen.
Ermutigen Sie Mitglieder, ihre Wahrnehmung mit anderen zu validieren.
Arbeiten Sie Stärken unter den Mitgliedern heraus und ignorieren Sie ausgewählte Schwächen.
Für manche Klienten eignen sich Feizeit-/Interessengruppen und Treffpunkte.

Überwachen der Medikamenten-Compliance

Setzen Sie Kleingruppen oder geplante Einzelsitzungen ein.
Fragen Sie den Klienten nach Nebenwirkungen und Exazerbationen von Symptomen. Erwarten Sie nicht, dass dieser sich selbst überwacht.

Dezidiertes Auftreten bei unmotivierten oder passiven Personen

Kontaktieren Sie die Person, wenn sie einen geplanten Termin, ein Vorstellungsgespräch usw. nicht einhält.
Warten Sie nicht darauf, dass der Betreffende diese Teilnahme initiiert.

Personen für ihr eigenes Handeln in die Verantwortung nehmen

Behandeln Sie die Personen als verantwortliche BürgerInnen.
Erlauben Sie Entscheidungsfindung, zeigen Sie jedoch bei Bedarf Grenzen auf.
Gestatten Sie nicht, dass die Krankheit als Entschuldigung für ein Verhalten dient.
Legen Sie Konsequenzen fest und setzen Sie sie bei Bedarf durch – einschließlich juristischer Folgen.

Helfen Sie den Betreffenden zu erkennen, wie Verhaltensweisen oder Einstellungen zu ihren häufigen zwischenmenschlichen Konflikten beitragen.

Der Person gestatten, bei Bedarf abhängig zu sein

Nutzen einer Vielfalt an Einrichtungen und Dienstleistern (Medizin, Psychiatrie, Berufsberatung, Sozialdienst, Wohnheim)

Eine Einrichtung muss Dienste koordinieren – die Person selbst wird dies nicht können.
Fallmanager schaffen erfolgreich Verbindungen.
Programme müssen flexibel und kulturrelevant sein.

F: Die Person braucht stete Ermutigung, um neue soziale Fertigkeiten zu testen und neue soziale Situationen zu erkunden.
F: Die Pflegeperson formt geeignete soziale Fertigkeiten und setzt Gruppentherapie als weiteres Beispiel für soziale Fertigkeiten ein.
F: Effektive soziale Fertigkeiten lassen sich mittels Anleitung, Demonstration, Üben und Feedback erlernen (Stuart/Sundeen, 2001).

Abbau problematischen Verhaltens

Beeinträchtigte Realitätsprüfung (siehe *gestörte Denkprozesse*).
Mangelnde/fehlende Freizeitaktivitäten (siehe *Beschäftigungsdefizit*):

- Begleiten durch ehrenamtlich tätige Betreeuungspersonen
- Tageszentren.

Soziale Isolation (siehe *soziale Isolation*).
Feindseligkeit und heftige Ausbrüche (siehe *Angst* und *Gefahr der Gewalttätigkeit*).
Suiziddrohungen oder -versuche (*Suizidgefahr*).
Manipulation:

- Grenzen setzen (siehe «Reduzieren oder Eliminieren problematischer Coping-Mechanismen» in *Angst*).
- Sich der eigenen Reaktionen bewusst sein.

Sorgen für die Entwicklung sozialer Fertigkeiten

Identifizieren Sie die Umgebung, in der soziale Interaktionen beeinträchtigt sind (Leben, Lernen, Arbeiten).
Sorgen Sie für Unterweisung in dem Umfeld, in welchem von der Person erwartet wird, dass sie funktioniert – wenn möglich (z. B. Begleiten zum Arbeitsplatz, Arbeiten mit der Person an deren Wohnsitz).
Entwickeln Sie ein individuell gestaltetes Programm für soziale Fertigkeiten. Beispiele für soziale Fertigkeiten sind die Pflege des äußeren Erscheinungsbildes und Körperpflege, Haltung, Gang, Blickkontakt, Beginnen einer Konversation, Zuhören und Beenden einer Konversation. Beziehen Sie Modellbildung, das Proben von Verhalten und Hausarbeiten ein.
Kombinieren Sie verbale Instruktionen mit Demonstrationen und Übungen.

Seien Sie fest im Setzen von Parametern angemessenen Sozialverhaltens, wie etwa Pünktlichkeit, Anwesenheit, Klären von Krankheiten mit dem Arbeitgeber und Sich-Kleiden.

Nutzen Sie die Gruppe als Methode zur Erörterung arbeitsbezogener Probleme.

Nutzen Sie beschütztes Arbeiten und Teilzeitbeschäftigung, je nachdem, wie sich am besten ein Erfolg erzielen lässt.

Geben Sie positives Feed-back. Stellen Sie sicher, dass es spezifisch und detailliert ist. Konzentrieren Sie sich auf nicht mehr als drei Verhaltensverbindungen auf einmal. Ein zu langes Feedback trägt zur Verwirrung bei und steigert Angst.

Vermitteln Sie eine Haltung von: «Wir schaffen das!»

Behandeln Sie Aspekte sozialer Interaktionen im Rollenspiel (McFarland et al., 1996):

- Beginnen einer Unterhaltung
- Fortführen einer Unterhaltung
- Beenden einer Unterhaltung
- Ablehnen einer Bitte
- Bitten um etwas
- Führen eines Vorstellungsgesprächs
- jemanden bitten, an einer Aktivität teilzunehmen (z. B. ins Kino zu gehen).

F: Rollenspiel gibt Gelegenheit, problematische Angelegenheiten zu proben und ein Feed-back zu bekommen.

F: Passivität oder fehlende/mangelnde Motivation sind Teil der Krankheit, Betreuungspersonen sollten sie daher nicht einfach akzeptieren. Sie müssen dezidiert vorgehen und die Behandlung «an die Person herantragen», statt darauf zu warten, dass sich der Betroffene daran beteiligt (Varcarolis, 2006).

Unterstützen der Familie und der Mitglieder einer Gemeinschaft beim Verstehen und Unterstützung-Leisten

Liefern Sie der Familie Fakten zur Geisteskrankheit, zur Behandlung und zum Verlauf. Helfen Sie der Familie behutsam, die Krankheit zu verstehen.

Validieren Sie die Frustration der Angehörigen im Umgang mit alltäglichen Problemen.

Sorgen Sie für Anleitung zu über- bzw. unterstimulierenden Umfeldern.

Ermöglichen Sie den Familien, über ihre Schuldgefühle und darüber zu sprechen, wie sich ihr Verhalten auf die Person auswirkt. Verweisen Sie ggf. auf eine Familienselbsthilfegruppe.

Schmieden Sie eine Allianz mit der Familie.

Arrangieren Sie eine regelmäßige Kurzzeitpflege.

Sorgen Sie für Unterstützung für Vermieter, Ladeninhaber und jede andere Person, mit der der Betroffene Kontakt hat:

- Liefern Sie Informationen über die Geisteskrankheit.
- Unterweisen Sie in Beziehungsfertigkeiten, um mit der Person zurechtzukommen (z. B. direkte, energische, einfache Anweisungen; Einsatz von Rollenvorbildern).
- Geben Sie der Person einen Namen und eine Telefonnummer, wo sie bei Problemen anrufen kann.
- Geben Sie diese Unterweisung bei Bedarf jeder Person einzeln.

F: Interventionen für die Familie sind für die erfolgreiche Rehabilitation eines Angehörigen mit einer chronischen Geisteskrankheit sehr wichtig (Mohr, 2003).

F: Sowohl die Betroffenen als auch deren Familien stehen unter Stress. Zu den Verhaltensweisen, welche die Familie belasten, gehören ein exzessiv forderndes Verhalten, sozialer Rückzug, fehlendes/mangelndes Gespräch sowie minimale Freizeitinteressen. Ferner beeinträchtigt die Familie die Überlebensfähigkeit der Person in der Gemeinde durch stützendes oder nichtstützendes Verhalten.

Erkunden von Strategien für den Umgang mit schwierigen Situationen (z. B. Kommunikationsabbrüche, gestörtes Denken, Alkohol- und Drogenkonsum; Stuart/Sundeen, 2001)

Erörtern Sie Gefühle unter den Familienmitgliedern.
Erstellen Sie einen Kooperationsplan.
Planen Sie regelmäßige Aktivitäten zur Stärkung des Zusammenhalts des Ehe-/Elternpaares.
Stellen Sie fest, wann Stressabbau nötig ist.

F: Der Familie beim Erlernen von Strategien für den Umgang mit Problemverhalten zu helfen, vermittelt den Beteiligten ein Gefühl von Kontrolle über ihr Leben (Stuart/Sundeen, 2001).

Beginnen mit Gesundheitsedukation und Überweisen, soweit angezeigt

Unterweisen Sie die Person(’) …

- … in Verantwortlichkeiten der Rolle als Klient (Bitten klar äußern, sich an Therapien beteiligen).
- … Aktivitäten am Tag zusammenzustellen und sich auf ihre Durchführung zu konzentrieren.
- … wie man an andere Menschen herantritt, um zu kommunizieren.
- … herauszufinden, welche Interaktionen andere dazu bewegen, Rücksicht auf sie zu nehmen und sie zu respektieren.
- … herauszufinden, wie sie an der Formulierung von Rollen und Verantwortlichkeiten in der Familie teilnehmen kann, um diese auszufüllen bzw. wahrzunehmen.
- … im Erkennen von Zeichen der Angst und in Strategien des Angstabbaus.
- … im Erkennen positiven Verhaltens und darin, bei konstruktiven Entscheidungen mit sich zufrieden zu sein.

Überweisen Sie an verschiedene soziale Einrichtungen, wobei jedoch eine davon die Koordination haben und für Kontinuität sorgen sollte, z. B. bei der Ausbildung im Beruf, im Zurechtkommen und Umgang mit Wut/Zorn.
Überweisen Sie zu einer unterstützenden Familientherapie, soweit angezeigt.
Verweisen Sie Familien an lokale Selbsthilfegruppen.
Stellen Sie Telefonnummern von Kriseninterventionsdiensten zur Verfügung.

F: Kommunale Ressourcen sind entscheidend für ein erfolgreiches Management und erfolgreiche Unterstützung.

F: Passivität oder fehlende/mangelnde Motivation sind Teil der Krankheit, Betreuungspersonen sollten sie daher nicht einfach akzeptieren. Sie müssen dezidiert vorgehen und die Behandlung «an die Person herantragen», statt darauf zu warten, dass sich der Betroffene daran beteiligt (Varcarolis, 2006).

Pädiatrische Interventionen

Maßnahmen

Setzen Sie feste, verantwortungsvolle Grenzen.
Maßregeln Sie nicht.
Setzen Sie Grenzen auf einfache Weise und stehen Sie dazu.
Wahren Sie Routinen.
Beschränken Sie das Spielen auf einen Spielgefährten (z. B. eine Verwandte, einen Erwachsenen, ein ruhiges Kind), damit das Kind angemessene Spielfertigkeiten erlernt.
Erhöhen Sie die Anzahl der Spielgefährten schrittweise.
Geben Sie unmittelbares und konstantes Feed-back.

Erörtern ausgewählter Fertigkeiten als Eltern

Belohnen Sie kleine Steigerungen des gewünschten Verhaltens.
Schließen Sie einen Vertrag über angemessene, altersentsprechende Konsequenzen (z. B. Time-out, Einbüßen einer Aktivität [Autofahren, Fahrradfahren]).

Unterweisen der Eltern, ...

... scharfe Kritik zu vermeiden.
... Meinungsverschiedenheiten nicht vor dem Kind auszutragen.
... Blickkontakt herzustellen, bevor sie Anweisungen geben, und das Kind zu bitten, das Gesagte zu wiederholen.
... einem älteren Kind beizubringen, Zielverhalten selbst zu überwachen und Eigenständigkeit zu entwickeln.

Bei antisozialem Verhalten helfen, ...

... Verhaltensweisen zu beschreiben, die das Leben in der Gesellschaft stören.
... Rollenspiele zu alternativen Reaktionen zu spielen.
... den sozialen Zirkel auf ein handhabbares Maß zu begrenzen.
... Feed-back für positives und negatives Verhalten unter Gleichaltrigen zu bewirken.

Unterstützen des/der Jugendlichen beim Abbau sozialer Defizite durch:

Selbstsicherheit
Problemlösen
Stressmanagement
Management von Wut/Zorn

Fertigkeiten im Ablehnen
Werteklärung.

F: Impulse nicht kontrollieren zu können schädigt das Leben in Gemeinschaft (z. B. Familie, Gleichaltrige, Schule; Johnson, 1995).
F: Man kann Familien helfen, effektive Fertigkeiten der Elternschaft zu erlernen, um den Erfolg des Kindes zu steigern (Wong, 2003).
F: Fertigkeiten, die soziale Defizite abbauen, können die soziale Akzeptanz, die Kontrolle und das Selbstwertgefühl erhöhen.

Soziale Isolation

Definition

Soziale Isolation: der Zustand, in dem eine Person oder Gruppe ein Bedürfnis oder Verlangen nach verstärktem Umgang mit anderen Menschen verspürt, aber nicht in der Lage ist, diesen Kontakt herzustellen.
Soziale Isolation (engl. Social isolation): Von einem Individuum erlebtes Gefühl des Alleinseins, das als von anderen auferlegt und als negativer oder bedrohlicher Zustand empfunden wird (NANDA-I, 2010).

Bestimmende Merkmale oder Kennzeichen

Soziale Isolation ist ein subjektiver Zustand. Die Pflegeperson muss demnach alle Einlassungen einer Person hinsichtlich des Gefühls von Einsamkeit validieren, da die Ursachen variieren und Menschen ihre Einsamkeit auf unterschiedliche Weise zeigen.

Hauptkennzeichen (eines oder mehr obligat)

Äußerungen des Alleinseins, des Zurückgewiesenseins.
Der Wunsch nach mehr Kontakt zu Menschen.
Angaben über Unsicherheit in sozialen Situationen.
Beschreibungen des Mangelns/Fehlens bedeutsamer Beziehungen.

Nebenkennzeichen (fakultativ)

- drückt Gefühle des von anderen auferlegten Alleinseins aus
- erlebt das Gefühl der Verschiedenheit gegenüber anderen
- drückt Gefühle aus, zurückgewiesen zu werden
- drückt Werte aus, die von der dominanten kulturellen Gruppe nicht akzeptiert werden
- Unfähigkeit, die Erwartungen anderer zu erfüllen

- unzureichende Lebensinhalte
- Interessen entsprechen nicht dem Entwicklungsstand
- fühlt sich unsicher in der Öffentlichkeit.
- Fehlen einer unterstützenden Bezugsperson/unterstützender Bezugspersonen – [Familie, Freunde, Gruppe]
- trauriger Affekt
- abgestumpfter Affekt
- Verhalten entspricht nicht dem Entwicklungsstand
- projiziert Feindseligkeit
- Hinweis auf [Belege für] Behinderung (z. B. physisch, psychisch)
- Krankheit
- unkommunikativ
- zurückgezogen
- fehlender Blickkontakt
- Beschäftigung mit den eigenen Gedanken
- sich wiederholende Handlungen
- bedeutungslose Handlungen
- will allein sein
- lebt in einer Subkultur
- zeigt Verhalten, das von der dominanten kulturellen Gruppe nicht akzeptiert wird.

Einflussfaktoren

Beeinträchtigte soziale Interaktionen können aus vielfältigen Situationen und Gesundheitsstörungen resultieren, die durch die Unfähigkeit beeinflusst werden, lohnende Beziehungen zu schaffen und zu erhalten. Einige häufige Quellen werden im Folgenden genannt.

Pathophysiologische Faktoren

B/d Furcht vor Zurückweisung, s/b/d:

Adipositas
Krebs (entstellende Operation am Kopf oder Hals, Aberglaube Dritter)
Körperbehinderungen (Paraplegie, Amputation, Arthritis, Hemiplegie)
emotionale Hemmnisse (extreme Angst, Depression, Paranoia, Phobien)
Inkontinenz (Peinlichkeit, Geruch)
übertragbare Krankheiten (erworbenes Immunschwächesyndrom [AIDS], Hepatitis)
psychiatrisches Leiden (Schizophrenie, bipolare Störung, Persönlichkeitsstörungen).

B/d Veränderungen in der physischen Erscheinung
B/d veränderter Zustand des Wohlbefindens

Situationsbedingte Faktoren (persönlich bedingt, umgebungsbedingt)

B/d den Tod einer Bezugsperson.
B/d Scheidung.
B/d ein entstellendes Äußeres.

B/d Furcht vor Zurückweisung, s/b/d:

Adipositas
Hospitalisierung oder eine zum Tode führende Krankheit (Sterbeprozess)
extreme Armut
Arbeitslosigkeit.

B/d Umzug in eine andere Kultur (z. B. unvertraute Sprache).
B/d den Verlust des üblichen Transportmittels.

B/d anamnestisch bekannte unbefriedigende Beziehungen, s/b/d:

inakzeptables Sozialverhalten
Drogenmissbrauch
Alkoholmissbrauch
wahnhaftes Denken
unreifes Verhalten.

B/d Faktoren, die zu fehlenden zufriedenstellenden Beziehungen beitragen (z.B. Verzögerung im Ausführen entwicklungsbedingter Aufgaben)
B/d unreife Interessen
B/d Veränderungen des psychischen Zustands
B/d nicht akzeptiertes soziales Verhalten
B/d nicht akzeptierte soziale Werte
B/d unangemessene persönliche Ressourcen
B/d Unfähigkeit, sich auf zufriedenstellende persönliche Beziehungen einzulassen
B/d (traumatische Ereignisse oder Vorfälle, die körperliche und/oder seelischen Schmerz verursachen).

Altersbedingte Faktoren

Kinder
B/d Schutzisolation oder eine übertragbare Krankheit.

Ältere Menschen

B/d den Verlust der üblichen Sozialkontakte.

Anmerkung der Autorin

Im Jahre 1994 nahm die NANDA eine neue Diagnose auf: *Vereinsamungsgefahr*. Zwar gibt es diese Diagnose nur in Stadium I eines Entwicklungsprozesses mit vier Stadien, jedoch ist sie eigentlich der NANDA-Definition von «Reaktion auf …» zuzuordnen. Soziale Isolation ist keine Reaktion, sondern eine Ursache oder ein beeinflussender Faktor von Einsamkeit. Darüber hinaus kann jemand sich auch dann einsam fühlen, wenn er von vielen Menschen umgeben ist. Die Autorin empfiehlt, *soziale Isolation* aus dem klinischen Gebrauch zu streichen und stattdessen *Einsamkeit* oder *Vereinsamungsgefahr* zu verwenden.

Chronischer Kummer

Definition

Chronische/r Kummer (Sorgen): der Zustand, in dem eine Person als Reaktion auf die dauerhafte Veränderung einer geliebten Person durch ein Ereignis oder eine Krankheit und den fortlaufenden Verlust von Normalität permanente, intensivste seelische Schmerzen und Traurigkeit von unterschiedlicher Intensität empfindet oder entsprechend gefährdet ist.

Chronischer Kummer (engl. Chronic sorrow): Zyklisches, wiederkehrendes und potenziell fortschreitendes Muster einer allgegenwärtigen erlebten Traurigkeit (eines Elternteils, eines Pflegenden oder eines chronisch kranken oder behinderten Individuums) als Reaktion auf einen beständigen Verlust während des Verlaufs einer Krankheit oder einer Behinderung (NANDA-I 2010).

Bestimmende Merkmale oder Kennzeichen

Hauptkennzeichen (eines oder mehrere obligat)

Lebenslange wiederkehrende Traurigkeit wegen des Verlustes einer geliebten Person oder des Verlustes der Normalität bei einer geliebten Person, die behindert ist.

Variable Intensität.

Nebenkennzeichen (fakultativ)

- drückt negative Gefühle aus (z. B. Wut, Missverstanden werden, Verwirrtheit, Depression, Enttäuschung, Leere, Furcht, Frustration, Schuld, Selbstbeschuldigung, Hilflosigkeit, Hoffnungslosigkeit, Einsamkeit, geringes Selbstwertgefühl, wiederkehrender Verlust, Überwältigung)
- drückt Gefühle der Traurigkeit aus (z. B periodisch, wiederkehrend)
- drückt Gefühle aus, die die Fähigkeit, das höchste Niveau des Wohlbefindens zu erreichen, beeinträchtigen
- drückt Gefühle aus, die die Fähigkeit, das höchste Niveau des sozialen Wohlbefindens zu erreichen, beeinträchtigen.

Einflussfaktoren

Situationsbedingte Faktoren (persönlich bedingt, umgebungsbedingt)

B/d dauerhaften Verlust von Normalität, s/b/d die Erkrankung eines Kindes oder erwachsenen Kindes:

Autismus
schwere Skoliose
chronisches psychiatrisches Leiden
Trisomie 21
geistige Retardierung
Spina bifida
Sichelzellkrankheit
Typ-I-Diabetes
HIV-Infektion.

B/d Verluste im Leben, s/b/d Infertilität.
B/d fortlaufende Verluste, s/b/d eine degenerative Erkrankung (z. B. multiple Sklerose, Alzheimer-Krankheit).
B/d den Tod/Verlust einer geliebten Person.
B/d Verluste s/b/d die Fürsorge für ein Kind mit einer zum Tode führenden Erkrankung.
B/d Erleben chronischer Krankheit (z. B. physische oder psychische)
B/d Erleben chronischer Behinderung (z. B. physische oder psychische)
B/d Krisen im Umgang mit der Krankheit
B/d Krisen im Umgang mit der Behinderung
B/d Krisen, die sich auf die Entwicklungsphasen beziehen
B/d verpasste Gelegenheiten
B/d verpasste Meilensteine (wichtige Ereignisse)
B/d endloses Pflegen.

Anmerkung der Autorin

Chronischer Kummer (Sorgen) (engl. sorrow) wurden 1962 von Olchansky dargestellt. Chronischer Kummer (Sorgen) unterscheidet/n sich von Trauern, das zeitlich begrenzt ist und mit der Adaptation an einen Verlust endet. Chronischer Kummer (Sorgen) variiert/n in ihrer Intensität, bestehen jedoch, solange die Person mit der Behinderung oder der chronischen Krankheit lebt (Burke et al., 1992). Chronischer Kummer oder Sorgen können auch den Tod eines Kindes begleiten. Sie können auch bei einer Person auftreten, welche an einer chronischen Krankheit leidet, die regelmäßig deren Fähigkeit beeinträchtigt, ein «normales» Leben zu führen (z. B. Paraplegie, AIDS, Sichelzellkrankheit).

Irrtümer in diagnostischen Aussagen

1. *Chronischer Kummer,* **b/d** *den kürzlichen Tod eines Geschwisters*
   Chronischer Kummer oder Sorgen werden beeinflusst durch fortlaufende Verluste und sekundär beeinflusst durch einen Verlust an Normalität. Dieser Verlust an Normalität kann beein-

flusst werden durch eine geliebte Person mit einer Erkrankung, die eine bestimmte Beziehung unmöglich macht. Der Tod eines Elternteils, Geschwisters oder Kindes kann einen Menschen sein Leben lang beeinflussen. Anfänglich kann die Reaktion auf diesen Verlust in Trauern bestehen. Mit der Zeit verspürt der Betreffende jedoch u. U. durchdringenden seelischen Schmerz. Diese Reaktion kann entweder *chronischer Kummer (Sorgen)* oder *erschwertes Trauern* sein. Sorgfältiges Assessment und sorgsame Erörterung können der Pflegeperson helfen, beides voneinander zu unterscheiden.

Zentrale Konzepte

Allgemeine Überlegungen

- Chronischer Kummer oder Sorgen lassen sich als «fortlaufendes Begräbnis» beschreiben, da es weder einen psychologischen Abschluss noch die Gelegenheit zur Auflösung gibt (Lindgren et al., 1992; Northington, 2000).
- Chronischer Kummer oder Sorgen sind zyklisch rezidivierend. Ausgelöst werden sie durch Situationen, die der Person ihre Verluste, Enttäuschungen oder Befürchtungen wieder ins Gedächtnis rufen (Lindgren et al., 1992).
- Eine chronische Geisteskrankheit bewirkt eine Situation ohne absehbares Ende der Verlusterfahrung (Eakes, 1995; Mohr, 2003).
- Chronischer Kummer oder Sorgen sind eine funktionale Coping-Reaktion. Anders als erschwertes oder kompliziertes Trauern und Depression sind sie normal (Burke et al., 1992).
- Die Reaktion auf den Tod einer geliebten Person könnte in chronischem Kummer oder Sorgen bestehen. So könnte beispielsweise der Tod einer Frau um die 30 bei ihrer Schwester als Reaktion chronischer Kummer oder Sorgen hervorrufen.
- Ist ein Kind behindert, so besteht die Erstreaktion der Eltern in Angst, Desorganisation der Familie, Verleugnen und Trauer. Dann suchen die Eltern Hilfe von außen. Anders als Trauerreaktionen auf einen Todesfall, die eine Art des Abschlusses an sich haben, erleben die Eltern mit *chronischem Kummer oder Sorgen* die Trauerreaktion stets aufs Neue (Kearney/Griffin, 2001).
- Wird eine geliebte Person emotional oder kognitiv unzugänglich (z. B. infolge einer Demenz), gibt es tägliche Erinnerungen an die verlorene Beziehung (Teel, 1991). Viele Situationen können die Erinnerung an den Verlust einer erhofften Beziehung auslösen, wie etwa ein Spiel oder Tänze in der Schule, Familienurlaube und Verabredungen.
- Mallow und Bechtel (1999) stellten fest, dass Mütter behinderter Kinder mit chronischem Kummer oder Sorgen reagieren, während Väter resignieren.
- Eltern mit Kindern mit einer Entwicklungsbehinderung erleben Freude und Sorgen, Hoffnung und «Nichthoffnung» sowie Trotz und Verzweiflung (Kearney/Griffin, 2001).

Einschätzungskriterien des Fokusassessments

Subjektive Daten

Einschätzen bestimmender Merkmale oder Kennzeichen

Wahrnehmung/Coping
Wahrnehmung der Fähigkeiten des Kindes, Sprachfertigkeiten, motorische Fertigkeiten, soziale Fertigkeiten, Freundschaften, Fähigkeiten der Selbstversorgung, frühere/neuere Erkrankungen (Melnyk et al., 2001)
Coping-Barrieren (Melnyk et al., 2001)
Beziehungen innerhalb der Familie.
Soziale Unterstützung.
Finanzielle Fragen, Arbeitsverhältnis.
Veränderungen/Stressoren in der Familie.

Ziele

NOC

- Kontrolle von Depression
- Coping
- Stimmungsgleichgewicht
- Akzeptanz: Gesundheitszustand

Die Person erhält Unterstützung darin, Entwicklungsereignisse zu antizipieren, die erhöhte Traurigkeit auslösen können.

Indikatoren

- Äußern von Traurigkeit.
- Regelmäßiges Erörtern der Verluste.

Allgemeine Interventionen

NIC

- Angeleitete Antizipation
- Copingverbesserung
- Pflegeüberleitung
- Aktives Zuhören
- Anwesenheit
- Förderung der Widerstandskraft (Resilienz)

Erklären von chronischem Kummer oder Sorgen

Normale Reaktion.
Schwerpunkt auf dem Verlust der Normalität.
Keine zeitliche Begrenzung.
Besteht lebenslang.

F: Gefühle von chronischen/m Sorgen/Kummer treten regelmäßig auf und setzen sich fort (Gamino et al., 2002).

Ermutigen des Klienten, Gefühle seit der Veränderung (z. B. Geburt eines Kindes, Unfall) mitzuteilen

F: Familien berichten, dass eine offene, ehrliche Kommunikation vorteilhaft ist. Sie müssen wissen, was zu erwarten steht, um Krisen im Laufe des Lebens verringern zu helfen (Eakes, 1995).

Vorbereiten des Klienten auf nachfolgende Krisen im Laufe des Lebens

Ermutigen Sie den Klienten sanft, verlorene Träume oder Hoffnungen mitzuteilen.
Unterstützen Sie den Klienten beim Herausarbeiten von Meilensteinen der Entwicklung, die den Verlust an Normalität verstärken (z. B. Spielen in der Schule, Sport, Abschlussball).
Klären Sie, dass die Gefühle mit den Jahren fluktuieren (intensiv, abgeschwächt), dass jedoch die Trauer nicht verschwindet. Sagen Sie dem Klienten, dass sich die Krisen wie die erste Reaktion auf «die Nachricht» anfühlen.

F: Eine empathische Präsenz, die sich auf Gefühle konzentriert, kann das Gefühl von Isolation verringern (Eakes et al., 1998).

Ermutigen zur Teilnahme an Selbsthilfegruppen mit anderen unter chronischem Kummer oder Sorgen und Trauern Leidenden

Betonen Sie, wie wichtig es ist, Unterstützungssysteme und Freundschaften aufrechtzuerhalten.
Teilen Sie die Schwierigkeiten, …

- … in Sorgen und Kümmernissen zu leben
- … das Kind wie andere Kinder zu behandeln
- … weiterzukämpfen. (Monsen, 1999)

F: Eltern können erfolgreiche Coping-Mechanismen lernen und soziale Isolation von anderen Eltern, die eine ähnliche Erfahrung durchmachen, verhindern.

F: Monsen (1999) berichtete, dass Eltern von Kindern mit Spina bifida ein Coping-Verhalten haben, dass einerseits ein sorgenvolles Leben, andererseits auch den Versuch umfasst, das Kind wie andere Kinder zu behandeln und langfristig stark zu bleiben.

Anerkennen, dass der Elternteil/die Eltern die erfahrensten Betreuungspersonen seines/ihres Kindes ist/sind (Melnyk et al., 2001)

Bewirken Sie, dass die Eltern Routinen entwickeln.
Bereiten Sie die Familie auf den Übergang zu einem anderen Gesundheitsversorgungsdienstleister vor (z. B. von einem Dienstleister für Kinder zur einem für Erwachsene).
Unterweisen Sie die Eltern in spezifischen Prozeduren.

F: Diese Interventionen fördern Respekt und Stolz (Melnyk et al., 2001).

In-Kontakt-Bringen der Familie mit geeigneten Dienstleistern (z. B. häusliche Pflege, Freizeitberater)

F: Beratung ist zu Beginn und danach regelmäßig vonnöten.

Siehe Rollenüberlastung pflegender Bezugspersonen für weitere Interventionen

Sinnkrise

Sinnkrise, ...

- ... **b/d** einen Konflikt zwischen religiösen und spirituellen Überzeugungen und dem verordneten Therapieplan

Gefahr einer Sinnkrise
Moralische Verzweiflung
Beeinträchtigte Religiosität
Gefahr einer beeinträchtigten Religiosität

Definition

Sinnkrise (existenzielle Verzweiflung): der Zustand, in dem eine Person oder Gruppe eine Störung ihres Überzeugungs- oder Wertesystems erlebt, das ihr Kraft, Hoffnung und Bedeutung im Leben gibt, oder entsprechend gefährdet ist.
Sinnkrise (engl. Spiritual distress): Beeinträchtigte Fähigkeit, Bedeutung und Sinn des Lebens durch Inbeziehungsetzen mit sich selbst, anderen, Kunst, Musik, Literatur, Natur und/oder einer höheren Macht zu erleben und einzubeziehen (NANDA-I, 2010).

Bestimmende Merkmale oder Kennzeichen

Hauptkennzeichen (obligat)

Erleben oder Äußern einer Störung des spirituellen Wohlbefindens.

Nebenkennzeichen (fakultativ)

Beziehung zu sich selbst

- drückt fehlende Hoffnung aus
- drückt fehlenden Sinn des Lebens aus
- drückt einen Mangel an Gelassenheit (z. B. Frieden) aus
- drückt fehlende Liebe aus
- drückt fehlende Selbstvergebung aus
- drückt fehlenden Mut aus
- [Äußern von] Wut
- schlechtes [unwirksames] Coping.
- drückt fehlende Akzeptanz aus
- drückt fehlende Lebensinhalte aus
- [Äußern von] Schuld[gefühl].

Beziehung zu Anderen

- verweigert die Interaktion mit Bezugspersonen
- verweigert die Interaktion mit spirituellen Führern
- äußert, vom Unterstützungssystem getrennt zu sein
- drückt das Gefühl der Entfremdung aus.

Beziehung zu Kunst, Musik, Literatur, Natur

- Unfähigkeit, früheren Stand der Kreativität auszudrücken (z. B. Singen/Musik hören/Schreiben)
- fehlendes Interesse an der Natur
- fehlendes Interesse, spirituelle Literatur zu lesen.

Beziehung zu einer höheren Macht

- plötzliche Veränderungen der spirituellen Handlungen
- Unfähigkeit oder Unvermögen zu beten
- Unfähigkeit oder Unvermögen, an religiösen Handlungen teilzunehmen
- Unfähigkeit oder Unvermögen, das Übersinnliche zu erfahren
- drückt Gefühle der Hoffnungslosigkeit aus
- Wunsch nach Kontakt mit einem religiösen Führer
- drückt aus zu leiden
- drückt aus, wütend auf Gott zu sein
- drückt aus, verlassen zu sein.
- Unfähigkeit oder Unvermögen in sich zu kehren

Einflussfaktoren

Pathophysiologische Faktoren

B/d eine Belastung der spirituellen Gesundheit oder Abriss spiritueller Bande, s/b/d:

Hospitalisierung
Schmerzen
eine zum Tode führende Krankheit
den Verlust eines Körperteils oder einer Körperfunktion
ein Trauma
eine zu Behinderung führende Erkrankung
eine Fehl-/Totgeburt.

Behandlungsbedingte Faktoren

B/d einen Konflikt zwischen (spezifiziere verordneten Plan) und Überzeugungen, s/b/d:

Schwangerschaftsabbruch
Isolation
Operation
Amputation
Bluttransfusion
Medikamente
Ernährungseinschränkungen
medizinische Prozeduren.

Situationsbedingte Faktoren (persönlich bedingt, umgebungsbedingt)

B/d Tod oder Erkrankung einer Bezugsperson.
B/d Verlegenheit in Bezug auf Äußerungen der Spiritualität oder Religion, wie etwa Gebete, Meditation oder andere Rituale.

B/d Barrieren gegen das Praktizieren spiritueller Rituale:

Einschränkungen der Intensivpflege
fehlende/mangelnde Privatsphäre
Fehlen spezieller Nahrungsmittel/Diäten
bettlägerig sein, das Zimmer nicht verlassen können.

B/d aktives Sterben
B/d Einsamkeit
B/d soziale Entfremdung
B/d Selbstentfremdung
B/d fehlende soziokulturelle Einbindung
B/d Angst
B/d Lebensveränderung

B/d chronische Krankheit (der eigenen oder einer anderen Person)
B/d [In-Frage-Stellen des Überzeugungs-/Wertesystems (z.B. moralische/ethische Implikationen einer Therapie]).
B/d spirituelle oder religiöse Überzeugungen, gegen die sich die Familie, Gleichaltrige und Gesundheitsfachpersonen wenden.
B/d eine Scheidung, Trennung von einer geliebten Person oder andere wahrgenommene Verluste.

Anmerkung der Autorin

Wohlbefinden ist eine Reaktion auf das persönliche Wachstumspotenzial eines Menschen und umfasst dessen gesamte Ressourcen (soziale, psychische, kulturelle, umgebungsbezogene, spirituelle und physiologische). Pflegende bekennen sich zur Versorgung des Menschen als Ganzem, vermeiden es jedoch einigen Studien zufolge, die spirituelle Dimension von Klienten, Familien und Gemeinschaften anzusprechen (Kendrick/Robinson, 2000).

Um eine positive Spiritualität bei Klienten und Familien zu fördern, muss sich die Pflegeperson spirituell selbst kennen. Die Selbstevaluation der Pflegeperson muss dem Assessment spiritueller Belange vorausgehen und das Assessment spiritueller Gesundheit sollte auf den Pflegekontext begrenzt sein. Die Pflegeperson kann Menschen mit spirituellen Sorgen oder Leiden unterstützen, indem sie für Ressourcen spiritueller Hilfe sorgt, indem sie vorurteilsfrei zuhört und indem sie für Gelegenheiten sorgt, spirituelle Bedürfnisse zu befriedigen (Stoll, 1984; O'Brien, 2003).

Spiritualität und Religiosität sind zwei verschiedene Begrifflichkeiten. Burkhart und Solari-Twadell definieren Spiritualität als «die Fähigkeit, Bedeutung und Selbst, andere Menschen, Kunst, Musik, Literatur, die Natur oder eine höhere Macht als man selbst zu erleben und zu integrieren» (2000:51). Religiosität ist: «die Fähigkeit zur Teilhabe an den Überzeugungen einer bestimmten Glaubensgemeinschaft und den damit verbundenen Ritualen (Burkhart/Solari-Twadell, 2001:51). Auch wenn die spirituelle Dimension menschlicher Ganzheitlichkeit stets präsent ist, existiert sie im Kontext religiöser Traditionen oder Praktiken u.U. nicht.

Beeinträchtigte Religiosität wurde 2004 von der NANDA zugelassen. Diese Diagnose kann bei einer *Sinnkrise* eingesetzt werden, wenn bei einer Person eine Barriere gegen das Ausüben religiöser Rituale besteht, bei der die Pflegeperson durch ihr Verringern oder Beseitigen helfen kann. *Beeinträchtigte Religiosität* wäre angemessen.

Wenn jemand seine religiösen Rituale nicht ausüben und die Pflegeperson diese Situation nicht ändern kann, ist die Diagnose einer *Sinnkrise* u.U. angemessener.

Irrtümer in diagnostischen Aussagen

1. Sinnkrise (*Existenzielle Verzweiflung), **b/d** eine schwere Krankheit und Zweifel hinsichtlich religiöser Überzeugungen*
   Eine schwere Krankheit kann die spirituellen Überzeugungen eines Menschen stark belasten und Schuldgefühle, Wut, Enttäuschung und Hilflosigkeit hervorrufen. Eine schwere Krankheit stellt jedoch weder einen spezifischen Einflussfaktor noch einen Hinweis auf eine Sinnkrise oder existenzielle Verzweiflung dar. Bis zum Bekanntwerden beeinflussender Faktoren

kann die Pflegeperson die Diagnose dokumentieren als: *Sinnkrise,* **b/d** *unbekannte Ursache,* **a/d** *Äußerungen des Zweifels an spirituellen Überzeugungen.* Der Pflegeschwerpunkt besteht darin, den Gefühlen und Befürchtungen der Person aktiv zuzuhören.

Zentrale Konzepte

Allgemeine Überlegungen

- Jeder Mensch hat eine spirituelle Dimension, und zwar unabhängig davon, ob er an formellen religiösen Praktiken teilnimmt oder nicht (Burkhardt, 1994; Carson, 1999). Ein Individuum ist auch dann eine spirituelle Person, wenn es desorientiert, verwirrt, gemütskrank, irrational oder kognitiv beeinträchtigt ist.
- Die Pflegeperson muss die spirituelle Natur des Klienten zusammen mit der physischen und psychosozialen Dimension als Teil der Gesamtpflege verstehen. Die Forschung deutet darauf hin dass Religion den meisten Klienten zufolge in Krisenzeiten sehr wichtig ist (Kendrick/Robinson, 2000).
- Das Spirituelle kann Religion einschließen, ist jedoch nicht darauf beschränkt. Spirituelle Bedürfnisse beinhalten, Bedeutung, Hoffnung, Bezogenheit, Vergebung oder Akzeptanz und Transzendenz zu finden (Kemp, 2001). Auch Kreativität und Selbstäußerung können für Spiritualität wichtig sein (Wald/Bailey, 1990). Weitere Beschreibungen von Spiritualität umfassen innere Stärken, Bedeutung und Sinn sowie Wissen und Werden (O'Brien, 2003; Burkhardt, 1994).
- In Gesundheitsversorgungssystemen haben spirituelle Belange hinsichtlich Planung und Leistung oft nur niedrige Priorität. Dies gilt weniger für Hospize, in denen die spirituelle Komponente der Pflege mit höherer Wahrscheinlichkeit anerkannt und aufgenommen wird (Millison, 1995; O'Brien, 2003).
- Religion beeinflusst Einstellungen und Verhalten in Bezug auf Richtig und Falsch, die Familie, Kindererziehung, Arbeit, Geldangelegenheiten, Politik und viele andere Funktionsbereiche.
- Um effektiv mit den spirituellen Bedürfnissen eines Menschen umzugehen, muss die Pflegeperson ihre eigenen Überzeugungen und Werte kennen, anerkennen, dass sie u. U. nicht für andere gelten und die Überzeugung des Klienten respektieren, wenn sie ihm hilft, wahrgenommene spirituelle Bedürfnisse zu erfüllen.
- Der Wert von Gebeten oder spirituellen Ritualen für den Gläubigen hängt nicht davon ab, ob sich «wissenschaftlich beweisen» lässt, dass sie von Nutzen sind.
- Die Forschung deutet darauf hin, dass sich viele Pflegende unzureichend auf spirituelle Pflege vorbereitet fühlen und dass weniger als 15 % von ihnen Spiritualität in der Pflege berücksichtigen (Piles, 1990):

  Die Gründe, warum Pflegende keine spirituelle Pflege leisten, sind u. a. folgende: 1) Sie halten religiöse und spirituelle Bedürfnisse für eine Privatangelegenheit, die nur das Individuum und seinen Schöpfer etwas angeht. 2) Sie fühlen sich in Bezug auf die eigenen religiösen Überzeugungen unwohl oder leugnen, spirituelle Bedürfnisse zu haben. 3) Es fehlt ihnen Wissen über Spiritualität und die religiösen Überzeugungen anderer Menschen. 4) Sie halten spirituelle Bedürfnisse fälschlicherweise für psychosoziale Bedürfnisse. 5) Sie meinen, es sei Sache eines Geistlichen oder der Familie und nicht der Pflege, die spirituellen Bedürfnisse von Klienten zu befriedigen. (Andrews/Boyle, 2003:402)

Pädiatrische Überlegung

- Die *Stadien der Glaubensentwicklung* (Stages of Faith Development) von James Fowler aus dem Jahre 1981 beinhalten «undifferenzierten Glauben» (Säuglingsalter), bei dem sich die Pflegeperson um Fragen der Eltern-Kind-Bindung kümmern muss, während der Säugling darum ringt, Vertrauen, Mut, Hoffnung und Liebe zu entwickeln.
- Im Stadium des «intuitiv-projektiven Glaubens» (3–6 Jahre) (Fowler, 1981) sind Pflegepersonen in der Pädiatrie gehalten zu erkennen, dass die Glaubensentwicklung des Kindes durch Beispiele, Stimmungen, Handlungen und Geschichten seiner Glaubenstradition beeinflusst wird.
- Im Stadium des «mythisch-wörtlichen Glaubens» (7–12 Jahre) der Entwicklung internalisiert das Kind die Geschichten, Überzeugungen und Beobachtungen seines Glaubens (Fowler, 1981).
- Das Stadium des «synthetisch-konventionellen Glaubens» (13–20 Jahre) beschreibt die Glaubensentwicklung des Jugendlichen außerhalb des familiären Kontexts, in der Glaube als Teil der eigenen Identität und Betrachtungsweise enthalten ist (Fowler, 1981). Anhand dieser Angaben kann die Pflegeperson verstehen, wie der Patient mit Familienmitgliedern und Gleichaltrigen von außen interagiert.

Geriatrische Überlegungen

- Der National Council on Aging definiert spirituelles Wohlbefinden als «die Bekräftigung eines Lebens in Beziehung zu Gott, dem Selbst, der Gemeinschaft und der Umwelt, das Ganzheitlichkeit nährt und ehrt» (http://www.ncoa.org/content.cfm?sectionID=41&detail=393, Zugriff: 12.2.2007).
- Die Gelehrten sind uneins darüber, ob ältere Menschen (> 65 Jahre) sich nicht mit zunehmendem Alter ohnehin mehr oder weniger mit religiösen oder spirituellen Fragen beschäftigen (O'Brien, 2003).
- Für ältere Menschen ist das Praktizieren von Religion tendenziell wichtiger als für jüngere Menschen (Petterson/Potter, 1997).
- Während einige körperliche und psychosoziale Defizite des höheren Alters die Religionsausübung eines Menschen behindern können, kann sich die persönliche Spiritualität vertiefen (Seymour, 1995).
- Studien zur Religiosität älterer Menschen zeigen häufige religiöse Praktiken unter den Bekenntnissen: Gebet, Meditation, Mitgliedschaft in einer Kirche, Teilnahme an Gottesdiensten, Studien religiöser Unterweisungen und Lesen spiritueller Texte (Halstead, 1995).
- Bei kognitiv beeinträchtigten älteren Erwachsenen können bisweilen in der Jugend gelernte Gebete, an die sie sich noch erinnern, für Trost sorgen (O'Brien, 2003).
- Zu den Faktoren, die zu existenzieller Verzweiflung beitragen und ältere Menschen gefährden, gehören mit zunehmendem Alter Fragen des Lebens nach dem Tod, das Abgeschnittensein von einer formellen Religionsgemeinschaft sowie ein Werte- bzw. Überzeugungssystem, das ständig durch Verluste und Leiden gefordert ist.

- Etwa 75 % aller älteren Menschen gehören religiösen Organisationen an. Dies bedeutet nicht notwendigerweise, dass sie auch an formellen Gottesdiensten und Zusammenkünften teilnehmen (Miller, 2004).
- Die *Stadien der Glaubensentwicklung* (Stages of Faith Development) für Erwachsene von James Fowler aus dem Jahre 1981 umfassen auch das Stadium des «verbindenden Glaubens» (Lebensmitte und darüber hinaus), in dem der ältere Mensch u. U. beginnt, frühere, einst verworfene religiöse Überzeugungen und Traditionen zu reintegrieren. Hier würdigt die Pflegeperson die reifere Spiritualität des Individuums, die dem Patienten hilft, Bedeutung in seiner Krankheit zu finden (O'Brien, 2003).
- Als häufige Coping-Methode verstärkt das Gebet bei älteren Menschen das Selbstwertgefühl und die Hoffnung, indem es das Gefühl des Alleinseins und des Verlassenseins verringert. Zusätzlich zum privaten Gebet und zur Meditation liefern Fernsehen und Radio oft zusätzliche Stimuli für ein spirituelles Leben. Schätzungen zufolge sind 60 % der Zuschauer religiöser Fernsehsendungen älter als 50 Jahre und primär Frauen (Bearon/Koenig, 1990).
- Aufgrund der Einschränkungen im Leben greifen ältere mehr als jüngere Menschen auf ein spirituelles Leben zurück. Das Reich des Spirituellen erlaubt eine zufrieden stellende Verbundenheit mit anderen. Ein älterer Mensch kann einige der negativen, isolierenden Aspekte des Alterns ausgleichen, indem er sich mit Tradition und institutionellen Werten identifiziert. Private Religion kann motivieren helfen und dem Leben Sinn geben.
- Ältere Menschen verflechten ihre religiösen Überzeugungen üblicherweise mit Überzeugungen zu Gesundheit und Krankheit. Die Pflegeperson muss diese Überzeugungen angemessen einschätzen, um es der Person zu erleichtern, ihre Krankheit in Zusammenhang mit ihrer Religion zu verstehen.

Transkulturelle Überlegungen

- Als integraler Bestandteil von Kultur können religiöse Überzeugungen die Art und Weise beeinflussen, in der sich ein Klient die Ursachen seiner Krankheit, die Wahrnehmung ihres Schweregrades und die Wahl der Heilperson erklärt. In Krisenzeiten, wie etwa bei schwerer Krankheit und drohendem Tod, kann Religion eine Quelle des Trostes für den Klienten und seine Familie sein und den für angemessen gehaltenen Handlungsverlauf beeinflussen (Andrews/Boyle, 2003).
- Einer bestimmten Kulturgruppe anzugehören bedeutet nicht, dass sich die Person zu der in dieser Kultur vorherrschenden Religion bekennt. Und selbst wenn sich jemand zu einer bestimmten Religion bekennt, bedeutet dies nicht auch, dass die Person all ihre Überzeugungen und Praktiken akzeptiert (Andrews/Boyle, 2003).
- Die Rolle der Pflegeperson ist nicht, «die religiösen Tugenden von Individuen zu beurteilen, sondern vielmehr», die für den Klienten und Familienmitglieder wichtigen Aspekte in Bezug auf Religion «zu verstehen» (Andrews/Boyle, 2003). **Kasten II-1** wurde zusammengestellt in der Absicht, Pflegende in diesem Verstehen zu unterstützen.

Kasten II-1
Übersicht religiöser Überzeugungen

Agnostiker

Überzeugungen
Es ist unmöglich zu wissen, ob Gott existiert (spezifische moralische Werte können das Verhalten leiten).

Amish

Krankheit
Gewöhnlich kümmert man sich innerhalb der Familie darum.

Texte
Bibel; Ausbund (deutsches Gesangbuch aus dem 16. Jh.)
Überzeugungen
Zurückweisen jeglicher Hilfe durch die Regierung; Zurückweisung von Modernisierung
Gesetzlich von Impfungen ausgenommen

Armenische Kirche

Siehe orthodoxe Kirchen.

Atheisten

Überzeugungen
Gott existiert nicht (spezifische moralische Werte können das Verhalten leiten).

Baha'i

Krankheit
Religion und Wissenschaft sind beide wichtig.
Übliche Klinik- und Behandlungsroutinen sind gewöhnlich akzeptabel.

Tod
Erdbestattung obligat, und zwar nahe dem Sterbeort

Überzeugungen
Zweck der Religion ist, Harmonie und Frieden zu fördern.
Erziehung und Ausbildung sind sehr wichtig.

Baptisten, Kirchen Gottes, Kirchen Christi, Pfingstkirchen (Assemblies of God, Foursquare Church)

Krankheit
Manche praktizieren Handauflegen, göttliche Heilung durch Gebet.
Manche fordern die Kommunion.
Manche untersagen medizinische Behandlung.
Manche halten Krankheit für eine Strafe Gottes oder das Eindringen des Satans.

Ernährung
Kein Alkohol (für die meisten bindend); kein Kaffee, Tee, Tabak, Schweinefleisch oder erdrosselte Tiere (für einige bindend)
Einige fasten.

Geburt
Säuglingstaufe wird abgelehnt.

Text
Die Bibel.

Überzeugungen
Manche praktizieren Glossolalie (Zungenrede, Beten mit/im Geist).

Buddhismus

Krankheit
Gilt als Prüfung, durch die sich die Seele entwickelt
Unter Umständen Beratung durch einen Geistlichen gewünscht
Behandlung an Feiertagen (1.1., 16.1., 15.2., 21.3., 8.4., 21.5., 15.6., 1.8., 23.8., 8.12., 31.12.) wird u. U. abgelehnt. (Diese Aufzählung trifft nur zu, wenn buddhistische Feiertage dem Mondkalender folgen und damit bewegliche Feste sind.)

Ernährung
Strikt vegetarisch (bei manchen obligat)
Von Alkohol, Tabak und Drogen wird abgeraten.

Tod
Lesen aus dem Totenbuch durch einen Priester (richtungsabhängig)
Der Tod führt zur Wiedergeburt. Die Person möchte u. U. wach und bei Bewusstsein bleiben.

Texte
Buddhas Rede über den «Achtfachen Pfad», das Tripitaka oder die «Drei Körbe» der Weisheit

Überzeugungen
Reinlichkeit ist sehr wichtig.
Leiden ist universell.

Christliche Wissenschaft (Christian Science)

Krankheit
Verursacht durch Irrtümer im Denken und im Geist
Abgelehnt werden u. U. Drogen, Infusionen, Bluttransfusionen, Psychotherapie, Hypnose, körperliche Untersuchungen, Biopsien, Untersuchungen an Auge und Ohr, Blutdruckmessungen sowie andere medizinische Eingriffe und Pflegeinterventionen.
Akzeptiert werden nur gesetzlich vorgeschriebene Impfungen.

Gewünscht werden u. U. Unterstützung durch eine Schriftensammlung der Christian Science oder durch eine Pflegeperson dieser Kongregation oder einen Religionsausübenden (eine Liste dieser Personen ist u. U. im Christian Science Journal zu finden).
Heilung ist spirituelle Erneuerung.

Tod
Autopsie ist nur in Fällen eines plötzlichen Todes erlaubt.

Texte
Die Bibel; Wissenschaft und Gesundheit mit Schlüssel zur Heiligen Schrift (Science and Health With Key to the Scriptures) von Mary Baker Eddy

Daoismus

Krankheit
Krankheit gilt als Teil des Dualismus von Gesundheit und Krankheit.
Eventuell herrscht Resignation und die Krankheit wird akzeptiert.
Medizinische Behandlung gilt u. U. als Einmischung.

Tod
Gilt als natürlicher Teil des Lebens, der Körper wird 49 Tage zuhause behalten.

Die Trauer folgt speziellen rituellen Abläufen.

Texte
Das Tao Te-King von Laotse

Überzeugungen
Wichtig ist, dass der Ort zum Meditieren ästhetisch ansprechend ist.

Episkopale Kirche

Krankheit
Der Klient glaubt u. U. an spirituelle Heilung, wünscht u. U. Beichte und Kommunion.

Ernährung
Freitags wird u. U. kein Fleisch gegessen, Fasten in der Fastenzeit oder vor der Kommunion.

Geburt
Säuglingstaufe ist obligat. Droht einem Säugling der Tod, kann die Pflegeperson ihn taufen, indem sie Wasser auf seine Stirn tropft und sagt: «Ich taufe dich im Namen des Vaters, des Sohnes und des Heiligen Geistes.»

Tod
Letzte Riten optional

Texte
Die Bibel, Gebetbuch

Griechisch-orthodox

Siehe orthodoxe Kirchen.

Hinduismus

Krankheit
Wird u. U. verharmlost und ihre temporäre Natur hervorgehoben
Gilt als Resultat von Karma (Handlungen/Schicksal) des vorherigen Lebens
Entsteht durch Disharmonie zwischen Körper und Geist oder durch Spannung in zwischenmenschlichen Beziehungen
Glaube an heilende Reaktionen, ausgelöst durch Behandlung
Starker Glaube an alternative Heilpraktiken (z. B. Kräuter, Glaubensheilung)

Ernährung
Verschiedene Doktrinen, viele Vegetarier. Alkohol wird u. U. abgelehnt (bei manchen obligat). Rind- und Schweinefleisch sind verboten. Bevorzugt werden frische, gekochte Nahrungsmittel.

Tod
Glaube an die Unsterblichkeit der Seele
Gilt als Wiedergeburt. Der Klient möchte ggf. bei Bewusstsein bleiben, ein Gebet sprechen.
Unter Umständen schlingt der Geistliche einen heiligen Faden um den Hals, ein Handgelenk oder den Körper des Sterbenden: Nicht entfernen.
Wasser wird in den Mund gegossen und die Familie wäscht den Körper des Toten.
Einäscherung wird bevorzugt und muss bald nach dem Tod geschehen.

Überzeugungen
Körperliche, geistige und spirituelle Disziplin sowie Reinigung von Körper und Seele werden betont.
Glaube an die Welt als Manifestation von Brahman, einem göttlichen Wesen, das alle Dinge durchdringt

Texte
Veden
Upanishaden
Bhagavad-Gita
Ramayana
Mahabharata
Puranas.

Formen der Verehrung
Tägliche Gebete, gewöhnlich zuhause; stille Meditation
Zu Ritualen gehören u. U. Wasser, Feuer, Lampen, Töne, Gegenstände aus der Natur, spezielle Haltungen und Gesten.

Islam sowie Islam unter Schwarzafrikanern und Afroamerikanern

Krankheit

Glaubensheilung wird abgelehnt. Begünstigt wird jede Bemühung um Lebensverlängerung.

Eventuell fehlende/mangelnde Compliance aufgrund von Fatalismus (Krankheit als Wille Gottes)

Gruppengebet kann helfen – keine Geistlichen.

Ernährung

Schweinefleisch ist verboten.

Abgelehnt werden ggf. Alkohol und traditionelle afroamerikanische Nahrungsmittel (Maisbrot, Kohlblätter)

Fasten von Sonnenaufgang bis Sonnenuntergang während des Ramadan (9. Monat des muslimischen Jahres), der im westlichen Kalender jedes Jahr in einen anderen Zeitraum fällt. Schwerkranke sind ausgenommen.

Geburt

Beschneidung wird mit einer begleitenden Zeremonie praktiziert.

Ein nach 30 Tagen abgegangener Fetus gilt als menschliches Wesen.

Tod

Bekennen der Sünden vor dem Tod, wobei die Familie möglichst anwesend sein sollte; u. U. besteht der Wunsch, nach Mekka ausgerichtet zu werden. Die Familie hält eine spezielle Prozedur für das Waschen und Vorbereiten des Körpers ein, der dann gen Mekka ausgerichtet wird. Autopsie und Transplantationen werden u. U. abgelehnt.

Bestattung gewöhnlich 24 nach dem Tod.

Texte

Koran (Schriften), Hadith (Überlieferungen).

Gebet

Fünfmal täglich: bei Sonnenaufgang, mittags, am Nachmittag, am frühen Abend und vor dem Schlafengehen – Richtung Mekka und auf einem Gebetsteppich.

Rituelle Waschung nach dem Gebet.

Überzeugungen

Alle Aktivitäten (einschließlich des Schlafes) beschränkt auf das für die Gesundheit Notwendige

Körperliche Reinlichkeit ist sehr wichtig.

Allen Muslimen sind Glücksspiel und Götzendienst verboten.

(Die gemachten Aufgaben bieten nur eine grobe Orientierung und sind nicht nach verschiedenen muslimischen Glaubensrichtungen [schiitisch, sunnitisch, o. a.] differenziert.)

Judentum

Krankheit
Medizinische Versorgung wird betont.
Für Organspende und Transplantation muss ein Rabbiner konsultiert werden.
Chirurgische Eingriffe am Sabbath (Freitag nach Sonnenuntergang bis Samstag nach Sonnenuntergang) werden u. U. abgelehnt – Schwerkranke ausgenommen.
Der Klient möchte u. U., dass entnommene Organe oder entferntes Gewebe beerdigt werden.
Rasieren wird ggf. verweigert.
Trägt u. U. ständig eine Kippa und Socken in der Überzeugung, Kopf und Füße sollten stets bedeckt sein.

Ernährung
Fasten für 24 Stunden an Feiertagen des Yom Kippur (im September oder Oktober) und an Tishah-b'Ab (im August)
Matzen ersetzt während der Pessach-Woche (im März oder April) das gesäuerte Brot.
Befolgt u. U. streng koschere Ernährungsvorschriften (bei manchen obligat), denen zufolge Schweinefleisch, Schalentiere und der gleichzeitige Verzehr von Fleisch und Milchprodukten zur selben Mahlzeit oder auf denselben Tellern verboten sind: Auf Milchprodukte – als Erstes serviert – kann nach ein paar Minuten Fleisch gegessen werden, umgekehrt ist nicht koscher. Schwerkranke sind ausgenommen.

Geburt
Rituelle Beschneidung 8 Tage nach der Geburt (bei manchen obligat). Feten werden begraben.

Tod
Rituelle Bestattung; Mitglieder der Gemeinschaft waschen den Körper des Toten.
Bestattung so bald wie möglich
Einäscherung wird u. U. abgelehnt.
Viele sind gegen Autopsie und Spende des Körpers an die Wissenschaft.
Die meisten glauben nicht an ein Leben nach dem Tod.
Lebensverlängerung nach irreversiblem Hirnschaden wird generell abgelehnt.

Texte
Torah (die ersten fünf Bücher des Alten Testaments)
Talmud
Gebetbuch.

Religiöse Objekte
Menorah (siebenarmiger Leuchter)
Kippa (wird evtl. ständig getragen)
Gebetsschal für das morgendliche Gebet
Phylacterien (Lederdosen an Schnüren, die Passagen aus den Schriften enthalten)
Davidstern (kann um den Hals getragen werden).

Überzeugungen
Einhalten des Sabbath (Freitag- bis Samstagabend) erfordert u. U., nicht zu schreiben, nicht zu reisen, keine elektrischen Geräte zu verwenden und keine Behandlung zu erhalten.

Kirche Christi

Siehe Baptisten.

Kirche Gottes

Siehe Baptisten.

Konfuzianer

Krankheit
Der Körper wurde einem von den Eltern gegeben und sollte daher sorgfältig gepflegt werden.
Unter Umständen besteht eine starke Motivation, das Wohlbefinden zu erhalten oder wiederzugewinnen.

Überzeugungen
Respekt gegenüber der Familie und älteren Menschen ist sehr wichtig.

Krishna-Religion

Ernährung
Vegetarische Ernährung; weder Knoblauch noch Zwiebeln
Weder Drogen noch Alkohol, nur Kräutertee.

Tod
Einäscherung obligat.

Texte
Die Veden
Srimad-Bhagavatam.

Überzeugungen
Stetes Praktizieren von Mantras (Chanten)
Glaube an die Reinkarnation.

Kulte (verschiedene Gruppen, gewöhnlich mit einer noch lebenden Leitfigur)

Krankheit
Die meisten praktizieren Glaubensheilung.
Moderne Medizin wird u. U. abgelehnt und Gesundheitspersonal gilt als Feind.

Therapeutische Compliance und Einhalten von Nachsorgeterminen sind gewöhnlich unzureichend.
Krankheit kann falsches Denken oder Besessenheit vom Satan bedeuten.

Überzeugungen
Verbreitung des Kultes durch Bekehrungen ist wichtig.
Zur Realitätsdefinition sind Mitglieder u. U. auf die Kultumgebung angewiesen.

Lutheraner, Methodisten, Presbyterianer

Krankheit
Bittet u. U. um die Kommunion, Krankensalbung und Segnung oder um den Besuch eines Pfarrers oder Ältesten.
Unterstützt im Allgemeinen die Anwendung der medizinischen Wissenschaft.

Geburt
Taufe durch Besprenkeln oder Eintauchen von Säuglingen, Kindern oder Erwachsenen.

Tod
Optional letzte Riten oder Lesen aus den Schriften.

Texte
Die Bibel, Gebetbuch.

Mennoniten

Krankheit
Handauflegen wird abgelehnt.
Lehnt u. U. Schockbehandlung und Medikamente ab.

Texte
Die Bibel; 18 Artikel des Dordrechter Glaubensbekenntnisses.

Überzeugungen
Meiden von Modernisierung, keine Beteiligung an einer Regierung, an Pensionen oder Gesundheitsplänen.

Methodisten

Siehe Lutheraner.

Mormonen (Kirche Jesu Christi der Heiligen der Letzten Tage)

Krankheit
Kann durch schädliche Substanzen wie Alkohol, Tabak, Drogen usw. kommen
Kann als notwendiger Bestandteil des Heilsplanes gesehen werden
Der Klient wünscht u. U. das Sakrament des Abendmahls, erteilt durch einen Geistlichen der Kirche.
Göttliche Heilung durch Handauflegen
Die Kirche leistet ggf. finanzielle Unterstützung bei Krankheit.

Ernährung
Verboten sind Alkohol, Tabak und heiße Getränke (Tee, Kaffee).
Fleisch wird sparsam eingesetzt.

Geburt
Keine Säuglingstaufe. Kinder kommen unschuldig zur Welt.

Tod
Einäscherung wird abgelehnt.

Texte
Die Bibel; das Buch Mormon.

Religiöse Objekte
Männer und Frauen tragen u. U. spezielle Unterbekleidung, die außer bei schwerer Krankheit, Geburt, Notfällen etc. nicht entfernt werden sollte.

Überzeugungen
Schwangerschaftsabbruch wird abgelehnt.
Stellvertretende Taufe für Verstorbene, die im Leben nicht getauft worden waren.

Orthodoxe Kirchen (griechisch-orthodox, russisch-orthodox, armenisch)

Krankheit
Gewünscht werden u. U. die Heilige Kommunion, das Auflegen der Hände, die Krankensalbung oder das Sakrament der Letzten Ölung.
Die meisten sind gegen Euthanasie und schätzen jede lebensrettende Anstrengung.
Russisch-orthodoxe Männer sollten für eine Operation nur wenn unbedingt nötig rasiert werden.

Ernährung
Fasten u. U. am Mittwoch, am Freitag, in der Fastenzeit, vor Weihnachten oder 6 Stunden vor der Kommunion (Schwerkranke ausgenommen)
Gemieden werden u. U. Fleisch, Milchprodukte und Olivenöl während des Fastens (Schwerkranke ausgenommen).

Geburt
Taufe 8–40 Tage nach der Geburt, gewöhnlich durch Untertauchen (bei manchen obligat)
Unter Umständen folgt unmittelbar darauf die Konfirmation.
Nur griechisch-orthodox: Wenn der Tod eines Säuglings unmittelbar bevorsteht, sollte die Pflegeperson das Kind taufen, indem sie dessen Stirn 3-mal mit einer kleinen Menge Wasser berührt.

Tod
Letzte Riten und Verabreichung der Heiligen Kommunion (bei manchen obligat)
Autopsie, Einbalsamierung und Kremierung werden u. U. abgelehnt.

Texte
Die Bibel, Gebetbuch.

Religiöse Objekte
Ikonen (Bilder von Jesus, Maria und Heiligen) sind sehr wichtig.
Weihwasser und brennende Kerzen
Russisch-orthodoxe Personen tragen eine Halskette mit einem Kreuz, die nur wenn nötig abgenommen werden sollte.

Sonstiges
Griechisch-orthodoxe Personen sind gegen Schwangerschaftsabbruch.
Beichte mindestens einmal im Jahr (bei manchen obligat)
Heilige Kommunion 4-mal im Jahr: Weihnachten, Ostern, 30.6. und 15.8. (bei manchen obligat)
Die Daten von Feiertagen können vom westlichen christlichen Kalender abweichen.

Pfingstkirche

Siehe Baptisten.

Presbyterianer

Siehe Lutheraner.

Quäker

Es gibt weder Pfarrer noch Priester, entscheidend ist die direkte, individuelle, innere Gotteserfahrung.

Ernährung
Die meisten meiden Alkohol und Drogen und bevorzugen Mäßigung.

Tod
Viele glauben nicht an ein Leben nach dem Tod.

Überzeugungen
Pazifismus ist wichtig, manche sind bewusste Kriegsgegner.

Römisch-katholische Kirche

Krankheit
Erlaubt von Gott der Sünden des Menschen wegen, aber nicht als persönliche Bestrafung geltend.
Eventuell werden Beichte (Buße) und Kommunion gewünscht.
Organspende und -transplantation sind erlaubt.
Bestattung amputierter Gliedmaßen (bei manchen obligat).

Ernährung

Fasten oder Enthaltsamkeit bei Fleisch obligat am Aschermittwoch und Karfreitag (Schwerkranke ausgenommen), optional in der Fastenzeit und an Freitagen

Keine feste Nahrung 1 Stunde vor und kein Alkohol 3 Stunden vor der Kommunion (obligat, Schwerkranke ausgenommen)

Geburt

Taufe von Säuglingen und Feten nach Abort obligat. Die Pflegeperson kann bei drohendem Tod taufen, indem sie dem Kind Wasser auf die Stirn sprenkelt und sagt: «Ich taufe dich im Namen des Vaters, des Sohnes und des Heiligen Geistes.»

Tod

Krankensalbung (obligat)

Außergewöhnliche Mittel der künstlichen Lebenserhaltung sind unnötig.

Texte

Die Bibel, Gebetbuch

Religiöse Objekte

Rosenkranz, Kruzifix, Heiligenmedaillons, Statuetten, Weihwasser, brennende Kerzen

Sonstiges

Teilnahme an der Messe gefordert (Schwerkranke ausgenommen) am Sonntag oder Samstagabend und an Feiertagen (1.1., 1.11., 25.12. und 40 Tage nach Ostern)

Sakrament der Buße mindestens einmal im Jahr (obligat), Schwangerschaftsabbruch wird abgelehnt.

Russisch-orthodoxe Kirche

Siehe orthodoxe Kirchen.

Shinto

Krankheit

Eventuell Glaube an Heilung durch Gebet

Körperliche Reinlichkeit hat einen hohen Stellenwert.

Körperliche Gesundheit wird geschätzt, weil der Schwerpunkt auf Freude und Schönheit des Lebens liegt.

Die Familie ist extrem wichtig beim Pflegen und bei der emotionalen Unterstützung.

Überzeugungen

Verehrung der Vorfahren, alter Helden und der Natur

Traditionen werden hervorgehoben. Wichtig ist, dass der Ort der Verehrung ästhetisch ansprechend ist.

Sieben-Tages-Adventisten

Krankheit
Taufe oder Kommunion werden evtl. gewünscht.
Manche glauben an göttliche Heilung.
Hypnose wird evtl. abgelehnt.
Behandlung am Sabbath (Freitag nach Sonnenuntergang bis Samstag nach Sonnenuntergang) wird evtl. abgelehnt.
Auf gesunde Ernährung und Lebensweise wird Wert gelegt.

Ernährung
Weder Alkohol noch Kaffee, Tee, Narkotika und Stimulanzien (obligat)
Manche essen weder Schweinefleisch noch anderes Fleisch und keine Schalentiere.

Geburt
Kindertaufe wird abgelehnt.

Texte
Die Bibel, vor allem die 10 Gebote und das alte Testament.

Sikhismus

Ernährung
Häufig Vegetarier, isst u. U. weder Eier noch Fisch.

Religiöse Objekte
Männer tragen evtl. das Haar ungeschnitten, einen hölzernen Kamm, ein Armband aus Stahl, einen kleinen Dolch und weite Unterhosen. Diese Symbole sollten nicht angetastet werden.

Tod
Einäscherung obligat, gewöhnlich 24 Stunden nach dem Ableben.

Texte
Guru Granth Sahib.

Unitarismus

Krankheit
Vernunft, Wissen und individuelle Verantwortlichkeit werden betont, daher möchte der Klient u. U. keinen Geistlichen sehen.

Geburt
Die meisten lassen ihre Kinder nicht taufen.

Tod
Einäscherung wird bevorzugt.

Zen

Meditation im Lotossitz (viele Jahre werden in Meditation und Kontemplation verbracht). Ziel ist die Entdeckung der Einfachheit. (Achtung: Hier wird m. E. das Dasein als Mönch mit dem laizistischen Zen-Anhänger verwechselt. Anm. d. Übers.).

Krankheit
Eventuell wird die Konsultation eines Zen-Meisters gewünscht.

Zeugen Jehovas

Krankheit
Abgelehnt werden Bluttransfusionen und Organtransplantationen (obligat).
Auch andere medizinische Behandlungen und jede moderne Wissenschaft werden u. U. abgelehnt.
Gegen Glaubensheilung, gegen Schwangerschaftsabbruch.

Ernährung
Abgelehnt werden Nahrungsmittel, denen Blut zugesetzt wurde. Akzeptiert wird u. U. Fleisch von Tieren, die geschächtet wurden.

Texte
Die Bibel
(Die Angaben bieten nur eine grobe Orientierung und sollten je nach Religionszugehörigkeit des Klienten mit Hilfe einer fachkundiger Person oder entsprechender Lektüre vertieft werden. Anm. d. Hrsg.).

Einschätzungskriterien des Fokusassessments

Die meisten spirituellen Assessmentinstrumente spiegeln eher eine christliche Theologie als nichtreligiöse spirituelle Praktiken wider. Assessmentinstrumente variieren je nach Disziplin (Kaplan/Geistlicher, Pflegeperson, Sozialarbeiter, Arzt) und u. U. greift jedes einen bestimmten Aspekt der Spiritualität heraus, auf den man sich konzentriert. Ein umfassendes spirituelles Assessment sollte durch eine Fachpflegeperson für spirituelle Pflege durchgeführt werden, das Reassessment spiritueller Bedürfnisse hingegen sollte routinemäßig durchgeführt werden, während sich die Krankheitserfahrung verändert oder fortschreitet. Ein umfassenderes spirituelles Assessment ist u. U. nur möglich, nachdem eine vertrauensvolle Pflegeperson-Patient-Beziehung entstanden ist (Taylor, 2001).

Beim Assessment sollten Sie Folgendes tun:

- Stellen Sie offene Fragen.
- Schätzen Sie ein, ob sich Affekt, Verhalten und Kommunikation decken.
- Achten Sie auf Gegenstände in der Umgebung, die dem Patienten Bedeutung bringen, wie etwa Gemälde, religiöse Symbole, Naturfotos, Musik.
- Beginnen Sie das Assessment, indem Sie vermitteln, dass Fragen persönlicher oder sensibler Natur sein können, und schätzen Sie ein, wie behaglich sich der Patient beim Antworten fühlt.
- Achten Sie auf die Sprache des Patienten und passen Sie die Fragen entsprechend an.

Subjektive Daten

Einschätzen bestimmender Merkmale oder Kennzeichen

Woher beziehen Sie spirituelle Stärke und Bedeutung?
Woher beziehen Sie Frieden, Trost, Glauben, Wohlbefinden, Hoffnung und Wert?
Wie praktizieren Sie Ihre spirituellen Überzeugungen?
Haben Sie einen spirituellen Führer? Wenn ja, würden Sie gerne Kontakt zu dieser Person aufnehmen?
Wie hat sich Ihre Verletzung oder Krankheit auf Ihre spirituellen Überzeugungen ausgewirkt?
Wie wirken sich Ihr Glaube und Ihre Überzeugungen darauf aus, wie Sie sich um sich selbst kümmern?
Wie haben Ihre Überzeugungen sich während Ihrer Krankheit auf Ihr Verhalten ausgewirkt?
Welche Rolle spielen Ihre Überzeugungen auf das Wiedergewinnen Ihrer Gesundheit?

Einschätzen beeinflussender Faktoren

Wie kann ich Ihnen helfen, Ihre spirituelle Stärke zu wahren (z. B. durch Kontakt zu einem spirituellen Führer, Schaffen von Privatsphäre zu bestimmten Zeiten, Bitte um Lesestoff)?

Objektive Daten

Einschätzen bestimmender Merkmale oder Kennzeichen

Aktuelle Praktiken
Religiöse oder spirituelle Gegenstände (Kleidung, Medaillons, Texte).
Besuche eines spirituellen Führers.
Besuche an einem Ort der Verehrung oder Meditation.
Bitten um spirituelle Beratung oder Assistenz.

Reaktion auf die Befragung zu spirituellen Bedürfnissen
Trauer.
Zweifel.
Angst.
Wut/Zorn.

Teilnahme an spirituellen Praktiken
Ablehnen oder Vernachlässigen vorheriger Praktiken.
Vermehrtes Interesse an spirituellen Angelegenheiten.

Ziele

NOC

- Hoffnung
- Spirituelle Gesundheit

Die Person findet Bedeutung und Sinn im Leben, einschließlich und während der Krankheit.

Indikatoren

- Äußern von Gefühlen in Bezug auf Überzeugungen und Spiritualität.
- Beschreiben des spirituellen Überzeugungssystems in Bezug auf die Krankheit.
- Finden von Bedeutung und Trost in religiösem oder spirituellem Handeln.

Allgemeine Interventionen

NIC

- Entwicklungserleichterung: spirituell
- Hoffnungsvermittlung
- Aktives Zuhören
- Anwesenheit
- Emotionale Unterstützung
- Spirituelle Unterstützung

Einschätzen ursächlicher oder beeinflussender Faktoren

Versagen spiritueller Überzeugungen, die während einer Krise der Krankheit, im Leiden, bei unmittelbar bevorstehendem Tod weder eine Erklärung noch Trost liefern.

Zweifel an der Qualität oder Stärke des eigenen Glaubens im Umgang mit der gegenwärtigen Krise.

Zorn auf Gott oder über die spirituellen Überzeugungen, dass er/sie die Krankheit, das Leiden bzw. den Tod gestatten oder verursachen.

F: Unter Umständen betrachtet der Klient den Zorn auf Gott oder einen religiösen Führer als «verboten» und lässt sich nur widerstrebend auf Erörterungen spiritueller Konflikte ein.

Beseitigen oder Verringern ursächlicher oder beeinflussender Faktoren

Gefühl des Bedrohtseins und der Verletzlichkeit aufgrund von Symptomen oder des möglichen Todes

Informieren Sie Klienten und deren Familien darüber, wie wichtig es ist, Bedeutung in der Krankheit zu finden.

Regen Sie an zum Gebet, zu gelenkter Imagination und zur Meditation, damit sich die Betroffenen eher als Überlebende denn als Opfer sehen.

F: Stoll (1984:347) zufolge «wird das Gebet im Privaten oder mit einer Bezugsperson mit überwältigender Mehrheit als die bedeutungsvollste spirituelle Coping-Strategie und religiöse Praxis genannt».

F: Die Art der spirituellen Pflege und Versorgung einer Person kann sich unmittelbar auf das Tempo und die Qualität der Genesung oder die Qualität der Sterbeerfahrung auswirken.

F: Die Pflegeperson sollte beim Erkennen und Respektieren der spirituellen Bedürfnisse des Klienten, die von anderen Gesundheitsfachpersonen bisweilen übersehen oder ignoriert werden, als FürsprecherIn dienen.

Versagen spiritueller Überzeugungen, während einer Krise der Krankheit, im Leiden, bei unmittelbar bevorstehendem Tod eine Erklärung oder Trost zu liefern

Vermitteln Sie Ihr Mitgefühl auf ernsthafte Weise, indem Sie verfügbar sind, um bei Gefühlen, Fragen etc. zuzuhören.

Lassen Sie das Gespräch über spirituelle Angelegenheiten mit der Pflegeperson zu, indem Sie das Thema des spirituellen Wohlergehens aufwerfen, wenn nötig.

Fragen Sie nach früheren Überzeugungen und spirituellen Erfahrungen, um der Person zu helfen, dieses Lebensereignis in einen größeren Rahmen zu stellen.

Assistieren Sie der Person, den Problemlösungsprozess zu beginnen und neue spirituelle Einsichten zu gewinnen, wenn nötig.

Bieten Sie an, den üblichen oder einen neuen spirituellen Führer zu kontaktieren.

Bieten Sie an, mit dem Klienten gemeinsam zu beten, zu meditieren, zu lesen, wenn Sie sich dabei wohl fühlen, oder zu arrangieren, dass ein anderes Mitglied des Gesundheitsversorgungsteams es tut, sofern dies angemessener ist.

Sorgen Sie für ungestörte, stille Zeit zum Beten, Lesen, Meditieren über spirituelle Belange.

F: Spiritualität beeinflusst Einstellungen und Verhalten in Bezug auf Richtig und Falsch, auf die Familie, das Aufziehen von Kindern, Arbeit und Geld, Politik und viele andere Funktionsbereiche.

F: Stoll (1984:347) zufolge «wird das Gebet im Privaten oder mit einer Bezugsperson mit überwältigender Mehrheit als die bedeutungsvollste spirituelle Coping-Strategie und religiöse Praxis genannt».

F: Die Art der spirituellen Pflege und Versorgung einer Person kann sich unmittelbar auf das Tempo und die Qualität der Genesung oder die Qualität der Sterbeerfahrung auswirken.

F: Oft beeinflusst die physische Umgebung die Spiritualität, daher sollten Pflegende, wann immer möglich, für die geeigneten Settings sorgen und dabei Aspekte wie Stille, Natur, Musik, Kunst u. ä. berücksichtigen.

Zweifel an der Qualität des eigenen Glaubens im Umgang mit der gegenwärtigen Krise

Seien Sie verfügbar und bereit zuzuhören, wenn der Klient Selbstzweifel, Schuldgefühle oder andere negative Gefühle äußert.

Schweigen, Berührung oder beides kann von Nutzen sein, um in Zeiten des Zweifels oder der Verzweiflung die Anwesenheit und Unterstützung der Pflegeperson zu übermitteln.

Regen Sie zum Prozess der «Lebensrückschau» an, um frühere Quellen der Kraft oder spirituellen Unterstützung zu identifizieren.

Schlagen Sie gelenkte Imagination vor, um den Glauben bzw. Überzeugungen zu stärken.

Bieten Sie an, den üblichen oder einen neuen spirituellen Führer zu kontaktieren.

F: Oft beeinflusst die physische Umgebung die Spiritualität, daher sollten Pflegende, wann immer möglich, für die geeigneten Settings sorgen und dabei Aspekte wie Stille, Natur, Musik, Kunst u. ä. berücksichtigen.

F: Die Forschung zeigt, dass Menschen mit einem höheren Grad an spirituellem Wohlbefinden tendenziell weniger Angst haben. Für viele Menschen sind spirituelle Aktivitäten eine unmittelbare Coping-Handlung (Sodestrom/Martinson, 1987) und können die Adaptation an die Krankheit verbessern (Carson/Green, 1992).

F: Die Pflegeperson sollte beim Erkennen und Respektieren der spirituellen Bedürfnisse des Klienten, die von anderen Gesundheitsfachpersonen bisweilen übersehen oder ignoriert werden, als FürsprecherIn dienen.

Zorn auf Gott oder spirituelle Überzeugungen, dass er/sie die Krankheit, das Leiden bzw. den Tod gestatten oder verursachen

Äußern Sie gegenüber der Person, dass Zorn auf Gott eine häufige Reaktion auf Krankheit, Leiden bzw. Tod ist.

Helfen Sie dem Klienten, Zorn/Wut anzuerkennen und zu erörtern.

Ermöglichen Sie dem Klienten Problemlösungsverhalten, um Wege zum Ausdruck und zur Linderung des Zorns zu finden.

Bieten Sie an, Kontakt zum üblichen spirituellen Führer Kontakt aufzunehmen.

Bieten Sie der Person Kontakt zu einer anderen spirituellen Führungsperson an (z. B. Pastor, Klinikgeistlicher), wenn die Person ihre Gefühle dem üblichen spirituellen Führer nicht mitteilen kann.

F: Unter Umständen betrachtet der Klient den Zorn auf Gott oder einen religiösen Führer als «verboten» und lässt sich nur widerstrebend auf Erörterungen spiritueller Konflikte ein.

F: Die Pflegeperson sollte beim Erkennen und Respektieren der spirituellen Bedürfnisse des Klienten, die von anderen Gesundheitsfachpersonen bisweilen übersehen oder ignoriert werden, als FürsprecherIn dienen.

F: Hinton (1999) stellte fest, dass die Akzeptanz des bevorstehenden Todes beeinflusst wird durch dessen Unausweichlichkeit, den Glauben und spirituelle Werte, das Abschließen des Lebens, abnehmende Bestärkung durch Überzeugung und das Sich-Mitteilen.

Spirituelles Zuhören (Cameron, 1988)

Vermeiden Sie Dozieren, Kritik und Ratschläge.

Vermeiden Sie, mit religiösen Dogmen zu antworten.

Helfen Sie der Person festzustellen, was für sie richtig ist.

Pädiatrische Interventionen

Maßnahmen

Ermutigen Sie Kinder, Gebetsrituale vor dem Schlafengehen und vor den Mahlzeiten beizubehalten.

Falls mit den religiösen Überzeugungen des Kindes vereinbar:

- Schauen Sie sich ein religiöses Bilderbuch oder andere religiöse Objekte an.
- Konsultieren Sie die Familie für geeignete Bücher oder Gegenstände (z. B. Medaillons, Statuetten)
- Erkunden Sie die Gefühle des Kindes in Bezug auf Krankheit als Strafe für Fehlverhalten (Wong, 2003).

F: Gewohnte Aktivitäten fortzusetzen kann dem Kind helfen, mit bedrohlichen Situationen umzugehen (Wong, 2003).

F: Da die US-amerikanische Gesellschaft jüdisch-christlich orientiert ist, muss die Pflegeperson für andere religiöse Hintergründe (z. B. Buddhismus, Hinduismus, Islam) sensibel sein.

F: Oft sehen Kinder eine Krankheit oder Verletzung als Strafe für reales oder imaginiertes Fehlverhalten an (Wong, 2003).

Sinnkrise, ...

... b/d einen Konflikt zwischen religiösen und spirituellen Überzeugungen und dem verordneten Therapieplan

Ziele

NOC

Siehe Sinnkrise.

Die Person findet Bedeutung und Sinn im Leben – einschließlich der Krankheitserfahrung.

Indikatoren

- Äußern verminderter Schuldgefühle und verringerter Angst.
- Angaben darüber, dass die Person in ihren Entscheidungen hinsichtlich ihres Therapieplans unterstützt wird.
- Äußerungen, dass der Konflikt beseitigt oder gemildert wurde.

Allgemeine Interventionen

NIC

Siehe Sinnkrise.

Einschätzen ursächlicher oder beeinflussender Faktoren (s. Kasten II-1)

Fehlende/mangelnde Informationen oder fehlendes/mangelndes Wissen über spirituelle Einschränkungen.
Fehlende/mangelnde Informationen oder fehlendes/mangelndes Wissen über den Therapieplan.
Echter Konflikt auf der Grundlage von Informationen.
Elternkonflikt bezüglich der Behandlung eines Kindes.
Fehlende Zeit zum Nachdenken vor einer Notfallbehandlung oder Operation.

F: Die Rolle der Pflegeperson liegt in der Fürsprache für die Familie.
F: Interventionen konzentrieren sich darauf, für Informationen über alle Alternativen und die Folgen einer jeden Option zu sorgen.
F: Die Pflegeperson sollte das Bindeglied zwischen der Familie und anderen Angehörigen des Gesundheitsversorgungsteams bilden.
F: Gerichtliche Anordnungen, das Leben eines Kindes zu retten, heben das Verweigerungsrecht der Eltern auf (Wong, 2003).

Beseitigen oder Reduzieren ursächlicher oder beeinflussender Faktoren, wenn möglich

Fehlende/mangelnde Informationen über spirituelle Einschränkungen

Lassen Sie die spirituelle Führungsperson Einschränkungen und Ausnahmen erörtern, wie sie für schwer kranke oder hospitalisierte Personen gelten.
Sorgen sie für Lesestoff über religiöse und spirituelle Einschränkungen und Ausnahmen.
Ermutigen Sie die Person dazu, nach Informationen zu suchen und Einschränkungen mit anderen in der spirituellen Gruppe zu erörtern.
Halten Sie die Ergebnisse dieser Diskussionen fest.

F: Die Rolle der Pflegeperson liegt in der Fürsprache für die Familie.
F: Interventionen konzentrieren sich darauf, für Informationen über alle Alternativen und die Folgen einer jeden Option zu sorgen.
F: Die Pflegeperson sollte das Bindeglied zwischen der Familie und anderen Angehörigen des Gesundheitsversorgungsteams bilden.

Fehlende/mangelnde Informationen über den Therapieplan

Sorgen Sie für akkurate Informationen über den Therapieplan, Behandlungen und Medikationen.
Erklären Sie Art und Zweck der Therapie.
Erörtern Sie mögliche Ergebnisse der Therapie. Seien Sie dabei sachlich und ehrlich, versuchen Sie jedoch nicht, die Person zu verängstigen oder sie zur Annahme einer Therapie zu zwingen.

F: Die Rolle der Pflegeperson liegt in der Fürsprache für die Familie.
F: Interventionen konzentrieren sich darauf, für Informationen über alle Alternativen und die Folgen einer jeden Option zu sorgen.

Echter Konflikt auf der Grundlage von Informationen

Ermutigen Sie den Klienten und seinen Arzt, alternative Therapiemethoden zu erwägen* (z. B. Pflegepersonen und medizinisches Personal der Christlichen Wissenschaft, Fachchirurgen und -techniken für Operationen ohne Bluttransfusionen).

Unterstützen Sie den Klienten bei der informierten Entscheidung – auch wenn diese Entscheidung Ihren Werten zuwiderläuft:

- Konsultieren Sie ihre eigene spirituelle Führungsperson.
- Ändern Sie den Arbeitsplan, sodass eine Pflegeperson mit kompatiblen Überzeugungen die Person pflegen kann.
- Arrangieren Sie Diskussionen unter dem Gesundheitsversorgungsteam, um sich gegenseitig Gefühle mitzuteilen.

F: Die Rolle der Pflegeperson liegt in der Fürsprache für die Familie.

F: Interventionen konzentrieren sich darauf, für Informationen über alle Alternativen und die Folgen einer jeden Option zu sorgen.

Elternkonflikt über die Behandlung eines Kindes

Wenn Eltern die Behandlung eines Kindes verweigern, folgen Sie den Interventionen unter dem oben beschriebenen Konflikt auf der Grundlage von Informationen.

Wenn die Eltern die Behandlung auch weiterhin verweigern, kann der Arzt oder die Klinikverwaltung eine einstweilige Verfügung erwirken oder eine zeitlich begrenzte Pflegschaft einrichten, um einer Behandlung zuzustimmen.

Rufen Sie den spirituellen Führer, um die Eltern (und u. U. auch das Kind) zu unterstützen.

Ermutigen Sie dazu, negative Gefühle zum Ausdruck zu bringen.

F: Die Rolle der Pflegeperson liegt in der Fürsprache für die Familie.

F: Interventionen konzentrieren sich darauf, für Informationen über alle Alternativen und die Folgen einer jeden Option zu sorgen.

F: Die Pflegeperson sollte das Bindeglied zwischen der Familie und anderen Angehörigen des Gesundheitsversorgungsteams bilden.

F: Gerichtliche Anordnungen, das Leben eines Kindes zu retten, heben das Verweigerungsrecht der Eltern auf (Wong, 2003).

Notfallbehandlung

Nehmen Sie Kontakt zur Familie auf, wenn möglich.

Zögern Sie die Behandlung hinaus, wenn möglich, bis spirituellen Bedürfnissen (z. B. letzte Riten vor einer Operation) Genüge getan wurde.** Schicken Sie die spirituelle Führungsperson zum Behandlungsraum oder Operationssaal, wenn nötig.

---

* Erfordert u. U. die Verordnung einer Person der Primärversorgung.

** Erfordert u. U. die Verordnung einer Person der Primärversorgung.

Antizipieren Sie die Reaktion und sorgen Sie für Unterstützung, wenn die Person sich (ggf. unter Zwang) entschließt, eine spirituell inakzeptable Behandlung zu akzeptieren:

- Depression, Rückzug, Zorn, Furcht
- Verlust des Lebenswillens
- Verlangsamte und schlechtere Heilung.

F: Die Rolle der Pflegeperson liegt in der Fürsprache für die Familie.
F: Interventionen konzentrieren sich darauf, für Informationen über alle Alternativen und die Folgen einer jeden Option zu sorgen.

Gefahr einer Sinnkrise

Definition

Gefahr einer existenziellen Verzweiflung: der Zustand, in dem eine Person oder eine Gruppe Gefahr läuft, eine Störung ihres Überzeugungs- oder Wertesystems zu erleben, das ihr Kraft, Hoffnung und Bedeutung im Leben gibt.
Gefahr einer Sinnkrise (engl. Risk for spiritual distress): Risiko einer beeinträchtigten Fähigkeit, Bedeutung, Sinn und Ziele des Lebens durch Inbeziehungsetzen mit sich selbst, anderen, Kunst, Musik, Literatur, Natur und/oder einer höheren Macht zu erleben und einzubeziehen (NANDA-I, 2010).

Risikofaktoren

körperliche

- physische Krankheit
- chronische Krankheit
- Suchtmittelmissbrauch [Substanzmissbrauch].

psychosoziale

- Stress
- Angst
- Depression
- geringes Selbstwertgefühl
- schlechte Beziehungen
- verschließt sich vor Liebeserfahrungen
- Unfähigkeit zu vergeben
- Verlust
- Trennung von Unterstützungssystemen
- Rassenkonflikt
- kultureller Konflikt
- Veränderung der religiösen Rituale
- Veränderung der spirituellen Handlungen.

entwicklungsbezogene

- Lebensveränderungen.

umgebungsbezogene

- Naturkatastrophen
- Veränderungen im Umfeld.

Weitere siehe *Sinnkrise*.

Anmerkung der Autorin

Siehe *Sinnkrise*.

Irrtümer in diagnostischen Aussagen

Siehe *Sinnkrise*.

Zentrale Konzepte

Allgemeine Überlegungen

Siehe *Sinnkrise*.

Ziele

NOC

- Hoffnung
- Spirituelle Gesundheit

Die Person findet Bedeutung und Sinn im Leben, einschließlich und während der Krankheit.

Indikatoren

- Praktizieren spiritueller Rituale.
- Äußern von Zufriedenheit mit Überzeugungen.

Allgemeine Interventionen

Siehe *Sinnkrise*.

Moralischer Konflikt

Definition

Moralischer Konflikt: der Zustand, in dem eine Person ein seelisches Ungleichgewicht, körperliche Beschwerden, Angst und/oder Seelenqual dadurch erfährt, dass sie eine moralische Entscheidung trifft, sich jedoch nicht konsequent verhält.

Moralischer Konflikt (engl. Moral distress): Reaktion auf die Unfähigkeit, die gewählte ethisch-moralische Entscheidung/Handlung auszuführen (NANDA-I, 2010).

Anmerkung der Autorin

Diese neu aufgenommene NANDA-I-Pflegediagnose erstreckt sich auf alle Settings, in denen Pflegende tätig sind. Die Literatur zur Untermauerung dieser Diagnose konzentrierte sich zu der Zeit, als sie eingereicht wurde, auf moralische Konflikte und Verzweiflung in der Pflege.

Wenn ein moralischer Konflikt bei einem Klienten oder in einer Familie auftritt, schlägt die Autorin eine Überweisung zu einem Experten/einer Fachkraft, wie z. B. einer Beraterin, einem Therapeuten oder einer in spiritueller Beratung ausgebildeten Fachpflegeperson vor.

Die Autorin präsentiert *moralischen Konflikt* als Pflegestandard der Abteilung Pflege («Department of Nursing»). Bei diesem Standard geht es um Prävention moralischer Konflikte durch spezifische Interventionen Pflegender, der Station oder der Abteilung. Es werden Strategien für das Vorgehen bei moralischen Konflikten für einzelne Pflegende, auf Station, für die Abteilung Pflege («Department of Nursing») und für die Einrichtung dargestellt.

Bestimmende Merkmale oder Kennzeichen

Hauptkennzeichen

Äußern von Seelenqual aufgrund von Schwierigkeiten, sich der eigenen moralischen Haltung/Entscheidung entsprechend zu verhalten.

- drückt Leid [Beklemmung] aus (z. B. Machtlosigkeit, Schuld, Frustration, Angst, Selbstzweifel, Furcht) wegen der Schwierigkeit, nach seinen moralischen Prinzipien zu handeln.

Nebenkennzeichen

Machtlosigkeit.
Angst.
Schuldgefühle.
Furcht.
Frustration.
Wut.
Vermeidungsverhalten.

Einflussfaktoren

Die folgenden Faktoren führen nicht bei jeder Pflegeperson zu moralischen Konflikten. Wenn eine Pflegeperson es bei niemandem billigt, ein Beatmungsgerät abzustellen, hat sie auch keinen moralischen Konflikt, wenn eine Person im Finalstadium beatmet wird. Ein moralischer Konflikt entsteht, wenn eine Pflegeperson nicht ihren eigenen Überzeugungen entsprechend handelt und dann darunter leidet.

Situationsbedingt (persönlich, umgebungsbedingt)

Entscheidungen am/über das Lebensende
B/d die Durchführung von Behandlungen in hoffnungslosen Fällen, die als zwecklos wahrgenommen wurden, wie z. B. Bluttransfusionen, Chemotherapie, Organtransplantationen und mechanische Beatmung.
B/d widerstreitende Einstellungen gegenüber bestehenden Richtlinien.
B/d die Teilnahme an lebensrettenden Maßnahmen, die lediglich das Sterben verlängern.

Entscheidungen hinsichtlich der Behandlung
B/d die Verweigerung von Therapien, die das Gesundheitsversorgungsteam für geeignet hält, durch den Klienten bzw. dessen Familie.
B/d das Unvermögen der Familie, sich bei einer hoffnungslos erkrankten Person für das Abstellen des Beatmungsgerätes zu entscheiden.
B/d den Wunsch der Familie, die Lebenserhaltung fortzusetzen, auch wenn dies nicht im Interesse des Klienten liegt.
B/d die Durchführung einer Prozedur, die dem Klienten Leiden verursacht.
B/d eine Pflege, die das Leiden der Person nicht lindert.
B/d Konflikte zwischen dem Wunsch, unzureichendes oder fehlerhaftes ärztliches Handeln aufzudecken, und dem Wunsch, dem Arzt auch weiterhin zu trauen.
B/d Konflikt zwischen Entscheidungsträgern [z. B. Familie, Gesundheitsdienstleistern, Versicherungen]
B/d widersprüchliche Informationen begleiten die ethische Entscheidungsfindung
B/d widersprüchliche Informationen begleiten die moralische Entscheidungsfindung
B/d Verlust der Autonomie
B/d zeitliche Einschränkung für die Entscheidungsfindung
B/d physische Distanz zum Entscheidungsträger.

Berufliche Konflikte
B/d unzureichende Pflegeressourcen, wie z. B. Zeit oder Personal.
B/d Ausgeschlossensein aus dem Entscheidungsfindungsprozess.

Kulturelle Konflikte
B/d Entscheidungen über Frauen, die von männlichen Angehörigen getroffen werden.
B/d kulturelle Konflikte mit dem Gesundheitsversorgungssystem des jeweiligen Landes.

Zentrale Konzepte

Moralische Konflikte in der Pflege werden unter folgenden zentralen Konzepten diskutiert:

- Gutierrez berichtete, dass «das moralische Urteilsvermögen und Wahrnehmungen angemessener moralischer Handlungen von Pflegenden beeinflusst werden durch starke moralische Werte, und zwar Leiden zu lindern (Nicht-Schaden), Wünsche des Patienten zu respektieren (Autonomie), Wahrhaftigkeit zu bewahren (Wahrheitstreue) und knappe Ressourcen der Gesundheitsversorgung angemessen zu verteilen (Gerechtigkeit)» (2005:236).
- Der intrinsische Zweck einer Person bzw. eines Lebewesens ist bestimmt durch ein übernatürliches Konzept (Hanna, 2004). Der Mensch kann das Ergebnis für andere bestimmen, aber «wenn der Mensch versucht, die ‹Bestimmung› zu zerstören, aus der heraus jemand oder etwas existiert,» so ist diese «Manipulation oder Zerstörung unmoralisch und gegen die wahre Natur der Existenz der Person oder des Gegenstandes» (Hanna, 2004:75–76).
- Pflegende sind in der einzigartigen Position, für den Klienten und dessen Familie zu sprechen und bei der Entscheidungsfindung zu helfen, weil sie während der Pflege eng mit ihm bzw. ihr zusammen sind und weil sie aus den angebotenen Therapiemöglichkeiten keinen finanziellen Nutzen ziehen.
- Pflegende geraten in Konflikte, wenn sie versuchen, ein Gleichgewicht zwischen Autorität und Verantwortlichkeit herzustellen (Corley et al., 2001). Oft haben Pflegende mehr Verantwortung als Autorität. Pflegepersonen sind zwei Autoritäten gegenüber verantwortlich: dem Arzt, der Verordnungen für den Patienten trifft, und der Verwaltung als ihrem Arbeitgeber.
- Wilkinson (1987–1988) berichtete, dass «Pflegende in moralgeprägten Situationen Ärzte als strafend und Ihresgleichen sowie die Pflegeadministration als wenig hilfreich empfinden» (1987–1988:21).
- Kramer (1974) fand, dass Pflegende, die ihre Ausbildung erst kürzlich abgeschlossen hatten, über seelische Unausgewogenheit, Unbehagen und Leiden berichteten, sobald sie feststellten, dass die in der Schule/Ausbildung erlernten Werte in der Realität nur schwer oder gar nicht anwendbar waren.
- Das Coping-Verhalten Pflegender in moralischen Konflikten ist sowohl bewusst als auch unbewusst Wilkinson (1987–1988).
- Unbewusstes Verhalten konzentriert sich auf …
  - … die unmoralischen Handlungen anderer statt auf die eigenen unmoralischen Handlungen.
  - … die machtvollen Einschränkungen, welche eigenes moralisches Verhalten verhindern.
  - … die Tatsache, dass ihre Pflege der Person nicht negativ beeinflusst wurde.
- Bewusstes Verhalten konzentriert sich auf …
  - … Vermeidungsverhalten gegenüber dem Klienten, dem Klienten ausweichen.
  - … einen Wechsel der Station, der Institution oder gar das Aufgeben des Pflegeberufs.
- Einschränkungen des eigenen moralischen Verhaltens wurden als extern und intern identifiziert (Wilkinson, 1987–1988).
- Extern:
  - Ärzte
  - Angst vor juristischen Komplikationen, Prozessen
  - nicht unterstützende Vorgesetzte in der Pflege, einrichtungsinterne Verwaltungsrichtlinien.

- Intern:
  - Angst vor dem Verlust des Arbeitsplatzes
  - Selbstzweifel
  - Fruchtlosigkeit früherer Handlungen
  - die anerzogene Gewohnheit, Anweisungen zu befolgen
  - Mangel an Mut.
- In den USA entfällt weniger als einer von fünf Todesfällen auf eine Hospitalisierung auf der Intensivstation (Angus et al., 2004). Die Unterscheidung zwischen schwer krank und final erkrankt ist nicht klar (Elpern et al., 2005). Zu sterben, während gleichzeitig aggressive Interventionen zur Verlängerung des Lebens stattfinden, bewirkt bei Pflegenden, Klienten und deren Familien Verwirrung, Konflikte und Leid.
- Im Jahre 2001 berichteten Corley und MitarbeiterInnen, dass 15 % der untersuchten Pflegenden angaben, einen Arbeitsplatz aufgrund moralischen Konflikten aufgegeben zu haben. Im Jahre 2005 lag dieser Prozentsatz denselben Forschenden zufolge bei über 25,5 %.
- Die Forschung arbeitete drei Kategorien mit Quellen moralischer Konflikte heraus, und zwar «Individuelle Verantwortlichkeit», «Nicht im besten Interesse des Patienten» und «Täuschung» (Corley et al., 2001).
- Elpern et al. (2005), welche die Moral Distress Scale einsetzten, berichteten über folgende Faktoren mit dem höchsten angegebenen Grad an moralischen Konflikten:
  - fortgesetzte Beteiligung an der Pflege einer ohne Hoffnung auf Genesung erkrankten, beatmeten Person, bei der niemand die Entscheidung treffen möchte, «den Stecker zu ziehen».
  - dem Wunsch einer Familie nach Fortsetzung der Lebenserhaltung nachkommen, in dem Wissen, dass es nicht im besten Interesse des Patienten ist.
  - Initiieren ausgedehnter Lebenserhaltungsmaßnahmen, wenn man denkt, es verlängere nur das Sterben.
  - Befolgen der Wünsche der Familie hinsichtlich der Pflege, wenn man selbst nicht damit übereinstimmt, weil die Klinikverwaltung einen Prozess fürchtet.
  - Ausführen ärztlicher Anordnungen unnötiger Tests und Therapien bei terminal erkrankten Patienten.
  - Leisten einer Pflege, die das Leiden des Patienten nicht lindert, weil der Arzt fürchtet, eine Erhöhung der Analgetikadosis würde zum Tod führen (Elpern et al., 2005 : 526).
- Im Jahre 2005 berichteten Corley und MitarbeiterInnen, eine unsichere Personalausstattung sei die häufigste Quelle moralischer Konflikte.

Einschätzungskriterien des Fokusassessments

Subjektive Daten

Einschätzen seelischer Unausgewogenheit in Zusammenhang mit einer oder mehreren unter den «Einflussfaktoren» genannten Situationen

Machtlosigkeit.
Angst.
Schuldgefühle.

Furcht.
Frustration.
Wut.
Vermeidungsverhalten.

Einschätzen beeinflussender Faktoren

Siehe «Einflussfaktoren».

Ziele

NOC

- Ausmaß von Leiden
- Soziale Unterstützung
- Hoffnung
- Selbstkontrolle bei Furcht

Die Pflegeperson berichtet über Strategien, um moralische Verzweiflung zu verhindern oder zu reduzieren.

Indikatoren

- Identifizieren der Quelle für die moralischen Konflikte.
- Teilen ihres Leids mit einer Kollegin oder einem Kollegen.
- Benennen zweier Strategien zur Verbesserung der Entscheidungsfindung mit Klienten und Familien.
- Benennen zweier Strategien, um das Erörtern der Situation mit dem Arzt zu verbessern.
- Identifizieren einrichtungsinterner Strategien zur Verminderung moralischer Konflikte bei Pflegenden.

Interventionen

Erkunden moralischen Arbeitens und Handelns

Teilen Sie Ihre Geschichten über moralische Konflikte anderen Personen mit.

Machen Sie sich sachkundig in Bezug auf moralische Konflikte. Schauen Sie sich entsprechende Artikel im Literaturverzeichnis an.

Lesen Sie Geschichten über moralisches Handeln. Schauen Sie sich *Life Support: Three Nurses on the Front Lines* von Gordon und *Reflections on Healing: A Central Construct* von Kritek an (siehe Literaturverzeichnis).

F: Geschichten können Pflegenden helfen, Stärken, Einsichten, gemeinsames Leid und Optionen für moralisches Handeln herauszufinden (Tiedje, 2000). Pflegende reagierten positiv, wenn sie gebeten wurden, ihre Gefühle in Bezug auf moralische Fragen zu erörtern (Elpern et al., 2005).

Untersuchen, wie in der Einrichtung mit moralisch problematischen klinischen Situationen umgegangen wird; Feststellen der Leitbilder und der Prozeduren einer eventuellen Ethikkommission

F: Organisationspraktiken, die es erlauben, Fragen und Probleme der Patientenversorgung mit ethischen und moralischen Implikationen offen zu erörtern, tragen bei klinisch Tätigen zur Wahrnehmung eines ethischen Klimas bei (Olson, 1998).

Nicht versuchen, moralischen Konflikten auszuweichen

F: Auf moralische Konflikte anzusprechen gilt als negativ (Hanna, 2004). Sie kann auch betrachtet werden «als eine Herausforderung im Leben, die bei denen, die sie bewältigen, moralischen Charakter entwickelt» (Hanna, 2004:77).

Initiieren des Dialogs mit dem Klienten und seiner Familie, wenn möglich

Erkunden Sie, wie sie die Situation wahrnehmen.
Stellen Sie Fragen, wie z. B.: Welche Möglichkeiten haben Sie in dieser Situation?
Fördern Sie Gefühle zur aktuellen Situation zutage.

Behutsames Erkunden von Entscheidungen hinsichtlich des Lebensendes

F: Direktes, aber behutsames Befragen und Gespräche können dem Klienten/der Familie helfen, die Situation sowie die Implikationen von Behandlungsoptionen und -entscheidungen klar zu untersuchen.

Erklären der Patientenverfügung «Bei Herz-Kreislauf-Stillstand nicht reanimieren» («No-Code»-Status), falls angezeigt. Erläutern des Schwerpunkts der Palliativversorgung, welche die aggressive Versorgung ersetzt

F: Oft denkt die Familie, die Verfügung des Patienten, ihn nicht zu reanimieren, bedeute «keine Versorgung bzw. Pflege». Palliativversorgung und -pflege konzentrieren sich jedoch auf ein möglichst gutes Befinden und Lebensqualität während des Sterbeprozesses.

Sprechen mit den KollegInnen auf Station über die eigenen moralischen Konflikte

F: Elpern et al. (2005) zufolge sind Pflegende erleichtert, dass ihr persönliches Leid geteilt wird und sie mit ihren Gefühlen nicht allein sind.

Engagieren eines Kollegen/einer Kollegin als Coach oder sich selbst für einen Kollegen/eine Kollegin als Coach engagieren

F: Ein Coach ist jemand, der zuhören, leiten und im Laufe des Prozesses Feed-back geben kann (Tiedje, 2000).

Beginnen mit dem Ansprechen einer unbefriedigenden klinischen Situation mit geringem Risiko. Evaluieren der Risiken vor dem Handeln. Realistisch sein.

F: Moralisches Handeln braucht Mut. Risiken auf sich zu nehmen ist eine Fertigkeit, die sich erlernen lässt.

Führen einer offenen Kommunikation mit anderen beteiligten KollegInnen. Beginnen des Gesprächs z. B. mit Ihren Bedenken: «Ich fühle mich nicht wohl bei ...», «Die Familie bittet/fragt/meint, dass ...» oder «Herr X. fragt/bittet/meint, dass ...».

F: Jede Fachperson hat Rechte und Pflichten und ein Konflikt lässt sich u. U. durch offenes Kommunizieren und gegenseitiges Vermitteln von Gefühlen und Werten lösen (Caswell/Cryer, 1995). Eine nicht drohende Sprache kann Verlegenheit und Schuldzuweisungen vermindern.

Im Dialog sein mit anderen Fachpersonen, wie z. B. Geistlichen, Managern, SozialarbeiterInnen oder der Ethikkommission

F: Pflegende können bei ihrem moralischen Wirken durch andere Personen in der Organisation unterstützt werden.

Integrieren von Gesundheitsförderung und Stressabbau in Ihre Lebensweise. Befürworten von Gesprächen über Entscheidungen hinsichtlich des Lebensendes in jeder Familie. Siehe Stressüberlastung und unwirksames Gesundheitsverhalten

F: Eine gesunde Lebensweise kann Stress verringern und das Energieniveau für moralisches Handeln erhöhen.

Beeinträchtigte Religiosität

Definition

Beeinträchtigte Religiosität: der Zustand, in dem eine Person oder eine Gruppe in ihrer Fähigkeit beeinträchtigt ist, auf Überzeugungen einer bestimmten Richtung oder Glaubensgemeinschaft zu bauen und an entsprechenden Ritualen teilzunehmen.

Beeinträchtigte Religiosität (engl. Impaired religiosity): Beeinträchtigte Fähigkeit, Vertrauen in religiösen Glauben zu entwickeln und/oder an Ritualen einer bestimmten Glaubenstradition teilzunehmen (NANDA-I, 2010).

Anmerkung der Autorin

Siehe *Sinnkrise.*

Bestimmende Merkmale oder Kennzeichen

Das Individuum leidet, weil es ihm schwer fällt, vorgeschriebene religiöse Rituale einzuhalten, wie z. B.:

- äußert emotionales Leid aufgrund der Trennung von einer Glaubensgemeinschaft
- drückt das Bedürfnis aus, zu früheren Glaubensmuster zurückzukehren
- drückt das Bedürfnis aus, zu früheren Bräuchen zurückzukehren
- stellt religiöse Glaubensmuster in Frage
- stellt religiöse Bräuche in Frage
- Schwierigkeiten, sich an religiöse Rituale zu halten (z. B. religiöse Zeremonien, Ernährungsvorschriften, Kleidung, Gebet, Gottesdienst/religiöse Veranstaltungen, private religiöse Verhaltensweisen/lesen religiöser Schriften/Medien, Beachtung von Feiertagen, Treffen mit religiösen Führern)
- Schwierigkeiten, sich an Vorschriften religiösen Glaubens zu halten.

Einflussfaktoren

Pathophysiologische Faktoren

B/d Krankheit.
B/d Leiden.
B/d Schmerzen.

Situationsbedingte Faktoren (persönlich bedingt, umgebungsbedingt)

B/d eine tätigkeitsbedingte persönliche Krise.
B/d Furcht vor dem Tod.
B/d Verlegenheit beim Praktizieren religiöser Rituale.
B/d Lebensübergänge
B/d Altern
B/d Lebenskrise während des Endstadiums.
B/d Barrieren des Praktizierens religiöser Rituale:

Einschränkungen auf einer Intensivstation
Bettlägerigkeit oder Gebundensein an den Raum
fehlende/mangelnde Privatsphäre
fehlende Verfügbarkeit spezieller Nahrungsmittel/Diäten
Hospitalisierung.

Psychologische (psychische) Faktoren

B/d unzureichende Unterstützung
B/d unwirksames Coping
B/d Angst
B/d Todesangst

B/d persönliche Krise(/Katastrophe)
B/d fehlende Sicherheit
B/d Verwendung der Religion zur Manipulation.

Soziokulturelle Faktoren

B/d kulturelle Hindernisse in der Religionsausübung
B/d umgebungsbezogene Hindernisse in der Religionsausübung
B/d fehlende soziale Integration
B/d fehlende soziokulturelle Interaktion.

Spirituelle Faktoren

B/d spirituelle Krise
B/d Leiden.

B/d eine Krise innerhalb der Glaubensgemeinschaft, die beim Gläubigen Leid verursacht.

Zentrale Konzepte

Siehe *Sinnkrise*.

- Um spirituell verzweifelte Menschen zu unterstützen, muss die Pflegeperson bestimmte Überzeugungen und Praktiken verschiedener spiritueller Gruppen kennen. Kasten II-1 enthält Informationen zu Überzeugungen und Praktiken in unmittelbarem Zusammenhang mit Gesundheit und Krankheit. Er ist jedoch lediglich als Referenz gedacht. Bedeutende Religionen, Glaubensrichtungen und spirituelle Gruppen werden in alphabetischer Reihenfolge genannt. Glaubensrichtungen mit ähnlichen Praktiken und Einschränkungen werden zusammengefasst. Nicht jeder Anhänger einer Religion befolgt alle angegebenen Praktiken bzw. hegt sämtliche der genannten Überzeugungen. Wichtig ist, bei Fragen nach religiösen Präferenzen gemeinsam mit der/dem Betreffenden die jeweils individuellen Praktiken und Traditionen darzustellen. Es wird nicht versucht, die Überzeugungen und Philosophien der ausgewählten Gruppen zu erörtern. Für solche tiefer gehenden Informationen sei auf das Literaturverzeichnis verwiesen.

Einschätzungskriterien des Fokusassessments

Siehe *Sinnkrise*.

Ziele

NOC

- Spirituelle Gesundheit

Die Person äußert Zufriedenheit mit der Fähigkeit, Glaubensüberzeugungen und -praktiken auszuüben.

Indikatoren

- Fortführen spiritueller Praktiken, die nicht gesundheitsschädlich sind.
- Abnehmendes Äußern von Schuldgefühlen und Angst.

Allgemeine Interventionen

NIC

- Spirituelle Unterstützung

Erkunden, ob der Klient an religiösen oder spirituellen Praktiken oder Ritualen teilnehmen möchte, die gestattet werden können. Falls ja, Anbieten von Gelegenheiten

F: Für einen Klienten, der großen Wert auf das Gebet oder andere spirituelle Praktiken legt, können diese Bedeutung und Sinn vermitteln und eine Quelle des Trostes und der Kraft sein (Carson, 1999).

F: Privatsphäre und Stille können für eine Umgebung sorgen, die zu Reflexion und Kontemplation befähigt.

F: Diese Maßnahmen können dem Klienten helfen, spirituelle Bindungen aufrechtzuerhalten und wichtige Rituale zu praktizieren.

Äußern von Verständnis und Akzeptanz gegenüber der Bedeutung der religiösen und spirituellen Überzeugungen und Praktiken des Klienten

F: Eine vorurteilslose Haltung zu vermitteln kann das Unbehagen des Klienten lindern helfen, seine Überzeugungen und Praktiken zu äußern.

F: Die Pflegeperson kann dem Klienten helfen, seine spirituellen Bedürfnisse zu befriedigen, auch wenn sie dessen religiöse Überzeugungen oder Werte nicht teilt.

Einschätzen ursächlicher oder beeinflussender Faktoren

Die Umgebung einer Klinik bzw. eines Pflegeheims

Einschränkungen infolge des Krankheitsprozesses oder Therapieplans (z. B. bei einem Klienten, der infolge einer Traktionsvorrichtung nicht knien kann; Abweichungen zwischen verordneter Diät und der üblichen religiös bedingten Ernährung).

Die Furcht, mit Bitten um spirituelle Rituale medizinischem und pflegerischem Personal zur Last zu fallen oder ihm entgegenzuwirken

Verlegenheit in Bezug auf spirituelle Überzeugungen oder Gebräuche (besonders häufig bei Erwachsenen)

Getrenntsein von Gegenständen, Texten oder einem Umfeld von religiöser Bedeutung

Fehlende Transportmöglichkeiten, um an einen spirituellen Ort oder zu einem Gottesdienst zu gelangen

Aufgrund eines Notfalls oder aus Zeitmangel nicht verfügbarer religiöser Führer

F: Privatsphäre und Stille können für eine Umgebung sorgen, die zu Reflexion und Kontemplation befähigt.

F: Die Pflegeperson kann dem Klienten helfen, seine spirituellen Bedürfnisse zu befriedigen, auch wenn sie dessen religiöse Überzeugungen oder Werte nicht teilt.

F: Diese Maßnahmen können dem Klienten helfen, spirituelle Bindungen aufrechtzuerhalten und wichtige Rituale zu praktizieren.

Beseitigen ursächlicher oder beeinflussender Faktoren, wenn möglich

Einschränkungen, die durch das Umfeld in der Klinik bzw. im Pflegeheim erzwungen werden

Sorgen Sie nach Bedarf für Privatsphäre und Stille für das tägliche Gebet, den Besuch der spirituellen Führungsperson sowie das Lesen spiritueller Texte und die Kontemplation:

- Ziehen Sie die Vorhänge zu oder schließen Sie die Tür.
- Schalten Sie Fernseher und Radio ab.
- Bitten Sie die Telefonzentrale, keine Anrufe durchzustellen, wenn möglich.
- Dokumentieren Sie spirituelle Interventionen im Kardex und nehmen Sie sie in den Pflegeplan auf.

Kontaktieren Sie die spirituelle Führungsperson, um Vorgehensweisen zu klären und religiöse Rituale oder Gottesdienste abzuhalten, falls gewünscht:

- Kommunizieren Sie mit der spirituellen Führungsperson über den Zustand der Person.
- Sprechen Sie römisch-katholische, orthodoxe und episkopale Priester mit «Pater» und protestantische Geistliche mit «Pfarrer» bzw. einen jüdischen Rabbi mit «Rabbi» an.
- Verhindern Sie Unterbrechungen beim Besuch, wenn möglich.
- Bieten Sie an, für einen Tisch zu sorgen, der mit einem sauberen weißen Tuch bedeckt ist.
- Dokumentieren Sie den Besuch und die Reaktion des Klienten.

Informieren Sie über religiöse Dienstleistungen/Gottesdienste und Materialien, die in der Einrichtung erhältlich sind.

F: Eine vorurteilslose Haltung zu vermitteln kann das Unbehagen des Klienten lindern helfen, seine Überzeugungen und Praktiken zu äußern.

F: Privatsphäre und Stille können für eine Umgebung sorgen, die zu Reflexion und Kontemplation befähigt.

F: Die Pflegeperson kann dem Klienten helfen, seine spirituellen Bedürfnisse zu befriedigen, auch wenn sie dessen religiöse Überzeugungen oder Werte nicht teilt.

Einschränkungen infolge des Krankheitsprozesses bzw. Therapieplans

Ermutigen Sie zu spirituellen Ritualen, die nicht gesundheitsschädlich sind (siehe Kasten II-1):

- Unterstützen Sie Klienten mit körperlichen Einschränkungen beim Gebet und bei spirituellen Abläufen (z. B. beim Halten des Rosenkranzes, beim Hinknien und Sich-Erheben, falls angemessen).

- Unterstützen Sie bei Gewohnheiten der Körperpflege.
- Rasieren Sie den Klienten nicht, falls der Bart spirituelle Bedeutung hat.
- Erlauben Sie dem Klienten, wann immer möglich, religiöse Gewänder oder religiösen Zierrat zu tragen.
- Treffen Sie spezielle Vorkehrungen für die Bestattung von amputierten Gliedmaßen oder dem Körper entnommenen Organen.
- Gestatten Sie der Familie oder der spirituellen Führungsperson die rituelle Körperpflege.

Treffen Sie nach Bedarf Vorkehrungen für weitere wichtige religiöse Rituale (siehe Kasten II-1):

- Konsultieren Sie eine Ernährungsberaterin.
- Erlauben Sie, für kurze Zeit zu fasten, wenn möglich.*
- Stellen Sie die therapeutische Diät um, soweit notwendig.*
- Lassen Sie die Familie oder Freunde spezielle Nahrungsmittel mitbringen, wenn möglich.
- Lassen Sie die Person zuhause durch Angehörige der spirituellen Gruppe mit Mahlzeiten versorgen.
- Seien Sie möglichst flexibel hinsichtlich der Serviermethoden, der Essenszeiten usw.

F: Einem Klienten, der großen Wert auf das Gebet oder andere spirituelle Praktiken legt, können diese Bedeutung und Sinn vermitteln und eine Quelle des Trostes und der Kraft sein (Carson, 1999).
F: Die Pflegeperson kann dem Klienten helfen, seine spirituellen Bedürfnisse zu befriedigen, auch wenn sie dessen religiöse Überzeugungen oder Werte nicht teilt.
F: Diese Maßnahmen können dem Klienten helfen, spirituelle Bindungen aufrechtzuerhalten und wichtige Rituale zu praktizieren.
F: In vielen Religionen sind bestimmte Verhaltensweisen verboten. Diese Beschränkungen einzuhalten kann ein wichtiger Teil der Religionsausübung des Klienten sein.

Die Furcht, sich aufzudrängen oder andere in Verlegenheit zu bringen

Vermitteln Sie, dass Sie unterschiedliche spirituelle Überzeugungen und Praktiken akzeptieren.
Strahlen Sie eine vorurteilslose, respektvolle Haltung aus.
Erkennen Sie die Bedeutung spiritueller Bedürfnisse an.
Bringen Sie die Bereitschaft des Gesundheitsversorgungsteams zum Ausdruck, beim Erfüllen spiritueller Bedürfnisse zu helfen.
Sorgen Sie für Privatsphäre und stellen Sie Vertraulichkeit sicher.

F: Eine vorurteilslose Haltung zu vermitteln kann das Unbehagen des Klienten lindern helfen, seine Überzeugungen und Praktiken zu äußern.
F: Einem Klienten, der großen Wert auf das Gebet oder andere spirituelle Praktiken legt, können diese Bedeutung und Sinn vermitteln und eine Quelle des Trostes und der Kraft sein (Carson, 1999).

* Erfordert u. U. die Verordnung einer Person der Primärversorgung.

Getrenntsein von Gegenständen, Texten oder einem Umfeld von spiritueller Bedeutung

Fragen Sie die Person nach fehlenden religiösen oder spirituellen Gegenständen oder Lesestoff (siehe Kasten II-1).

Holen Sie fehlende Objekte vom Geistlichen der Einrichtung, von der spirituellen Führungsperson, der Familie oder der spirituellen Gruppe.

Behandeln Sie diese Objekte und Bücher mit Respekt.

Gestatten Sie der Person so viel wie möglich, spirituelle Objekte und Bücher in Reich- oder Sichtweite zu haben.

Schützen Sie sie vor Verlust oder Beschädigung.

Verdeutlichen Sie sich, dass auch Gegenstände ohne offensichtliche religiöse Bedeutung (z. B. ein Ehering) für die Person spirituellen Wert haben können.

Verwenden Sie spirituelle Texte in Großdruck, Braille oder auf Tonträger, sofern angemessen und verfügbar.

Geben Sie der Person Gelegenheit, mit anderen zu beten oder sich von Angehörigen der eigenen religiösen Gruppe oder des Gesundheitsversorgungsteams, denen diese Tätigkeiten gut von der Hand gehen, vorlesen zu lassen. Empfohlene Texte:

1. Juden und Sieben-Tages-Adventisten fänden die Psalmen 23, 34, 42, 63, 71, 103, 121 und 127 angemessen.
2. Christen hätten auch gerne Korinther 1:13, Matthäus 5:3–11, Römer 12 und das Vaterunser.

F: Einem Klienten, der großen Wert auf das Gebet oder andere spirituelle Praktiken legt, können diese Bedeutung und Sinn vermitteln und eine Quelle des Trostes und der Kraft sein (Carson, 1999).

F: Privatsphäre und Stille können für eine Umgebung sorgen, die zu Reflexion und Kontemplation befähigt.

F: Diese Maßnahmen können dem Klienten helfen, spirituelle Bindungen aufrechtzuerhalten und wichtige Rituale zu praktizieren.

Fehlende Transportmöglichkeit

Nehmen Sie die Person mit in die Kapelle oder in eine stille Umgebung auf dem Klinikgelände.

Arrangieren Sie bei einer in einem Heim lebenden Person den Transport in eine Kirche oder Synagoge.

Sorgen Sie für Zugang zu geistlichen Radio- und Fernsehsendungen, soweit angemessen.

F: Privatsphäre und Stille können für eine Umgebung sorgen, die zu Reflexion und Kontemplation befähigt.

F: Die Pflegeperson kann dem Klienten helfen, seine spirituellen Bedürfnisse zu befriedigen, auch wenn sie dessen religiöse Überzeugungen oder Werte nicht teilt.

Spirituelle Führungsperson infolge eines Notfalls oder aus Zeitmangel nicht verfügbar

Taufen Sie dem Tode nahe Neugeborene griechisch-orthodoxer, episkopaler oder römisch-katholischer Eltern (siehe Kasten II-1).

Führen Sie weitere obligate Rituale durch, wenn möglich.

Bieten Sie einen Besuch der klinikinternen Fachpflegeperson für spirituelle Pflege an.

F: Einem Klienten, der großen Wert auf das Gebet oder andere spirituelle Praktiken legt, können diese Bedeutung und Sinn vermitteln und eine Quelle des Trostes und der Kraft sein (Carson, 1999).

F: Die Pflegeperson kann dem Klienten helfen, seine spirituellen Bedürfnisse zu befriedigen, auch wenn sie dessen religiöse Überzeugungen oder Werte nicht teilt.

F: Diese Maßnahmen können dem Klienten helfen, spirituelle Bindungen aufrechtzuerhalten und wichtige Rituale zu praktizieren.

Gefahr einer beeinträchtigten Religiosität

Definition

Gefahr einer beeinträchtigten Religiosität: der Zustand, in dem eine Person Gefahr läuft, in ihrer Fähigkeit beeinträchtigt zu werden, auf Überzeugungen einer bestimmten Richtung oder Glaubensgemeinschaft zu bauen und an entsprechenden Ritualen teilzunehmen.

Gefahr einer beeinträchtigten Religiosität (engl. Risk für impaired religiosity): Risiko einer beeinträchtigten Fähigkeit, Vertrauen in religiösen Glauben zu setzen und/oder an Ritualen einer bestimmten Glaubenstradition teilzunehmen (NANDA-I, 2010).

Risikofaktoren

entwicklungsbedingte

- Lebensübergänge.

umgebungsbezogene

- Hindernisse für die Religionsausübung.
- fehlende Transportmöglichkeiten.

physische

- Krankheit
- Krankenhausaufenthalt
- Schmerz.

psychologische [psychische]

- unwirksame Unterstützung
- unwirksames Coping [oder]
- unwirksame Betreuung
- Depression
- fehlende Sicherheit.

soziokulturelle

- fehlende soziale Interaktion
- soziale Isolation
- kulturelles Hindernis in der Religionsausübung.

spirituelle

- Leiden.

Weitere siehe *beeinträchtigte Religiosität.*

Ziele

NOC

- Spirituelle Gesundheit

Indikatoren

Die Person äußert dauerhafte Zufriedenheit mit religiösen Aktivitäten.

- Fortgesetztes Praktizieren religiöser Rituale.
- Beschreiben erhöhten Behagens nach dem Assessment.

Allgemeine Interventionen

Für Interventionen siehe *beeinträchtigte Religiosität.*

Stressüberlastung

Definition

Stressüberlastung: der Zustand, in dem eine Person oder eine Gruppe überfordernde, nach Anzahl und Art exzessive Anforderungen erfährt, die zum Handeln nötigen.

Stressüberlastung (engl. Stress overload): Übermäßige Anzahl und Arten der Herausforderungen, die Handlungen erfordern (NANDA-I, 2010).

Bestimmende Merkmale oder Kennzeichen

- zeigt Schwierigkeiten die Funktionsweise betreffend
- äußert Probleme der Entscheidungsfindung
- äußert Druckgefühle

- äußert Spannungsgefühle
- äußert verstärkte Gefühle der Ungeduld [oder]
- äußert verstärkte Wutgefühle
- berichtet über negative Auswirkungen des Stresses (z. B. physische Symptome, psychologisches Leid, «sich krank fühlen» oder «gerade anfangen, krank zu werden»)
- berichtet, dass der situationsbezogene Stress zu stark ist (z. B. bewertet den Stresslevel auf einer 10-Punkt-Skala mit sieben oder höher).
- zeigt verstärkte Wutgefühle
- zeigt verstärkte Gefühle der Ungeduld.

Siehe Tabelle II-42.

Einflussfaktoren

Die Einflussfaktoren einer *Stressüberlastung* können bei ein und derselben Person in gleichzeitig vorhandenen Stressoren bestehen, die pathophysiologischer, altersbedingter, behandlungsbezogener und/oder persönlicher Natur sein können.

Tabelle II-42: Bestimmende Merkmale und Kennzeichen bei Stressüberlastung

Physiologisch	Emotional	Kognitiv	Verhaltensbezogen
Kopfschmerzen	Weinen	Gedächtnisverlust/-Störungen	Isolation
Verdauungs-störungen	Reizbarkeit	Vergesslichkeit	fehlende/mangelnde Intimität
Schlafstörungen	Nervosität	Schwierigkeiten beim Fällen von Entscheidungen	exzessives Rauchen
Unruhe	Überwältigt-Sein	stete Sorgen	Intoleranz
Erschöpfung	Wut	Verlust des Humors	zwanghaftes Essen
	Ungeduld	Schwierigkeiten, klar zu denken	zorniges Gereizt-Sein
	Leicht erregbar sein		
	Krankheitsgefühl		

Pathophysiologische Faktoren

B/d Coping:

bei einer akuten Erkrankung (Myokardinfarkt, Hüftfraktur)
bei einer chronischen Krankheit (Arthritis, Depression, COPD)
bei einer Erkrankung im Finalstadium
bei einer Erstdiagnose (Krebs, Herpes genitalis, HIV, multiple Sklerose, Diabetes mellitus)
bei einer entstellenden Erkrankung.

Situationsbedingte Faktoren (persönlich bedingt, umgebungsbedingt)

B/d unzureichende Ressourcen (z. B. finanziell, sozial, Bildung/Wissensniveau)
B/d starke Stressoren (z. B. Gewalt in der Familie, chronische Krankheit, tödliche Krankheit)
B/d mehrere parallele Stressoren (z. B. Bedrohung oder Anforderungen der Umgebung; physische Bedrohungen/Anforderungen; soziale Bedrohungen/Anforderungen)
B/d sich wiederholende Stressoren (z. B. Gewalt in der Familie, chronische Krankheit, tödliche Krankheit).
B/d den tatsächlichen oder vorweggenommenen Verlust einer wichtigen Bezugsperson, s/b/d:

Tod, Sterben
Scheidung
Umzug
Wehrdienst.

B/d Coping:

im Sterben
bei einem tätlichen Angriff
im Krieg.

B/d eine tatsächliche oder wahrgenommene Veränderung des sozioökonomischen Status, s/b/d:

Arbeitslosigkeit
einen neuen Arbeitsplatz
Beförderung
Krankheit
Zerstörung persönlichen Eigentums.

B/d Coping:

bei Gewalt in der Familie
mit einem neuen Familienmitglied
bei Substanzmissbrauch
bei Beziehungsproblemen.

Altersbedingte Faktoren

B/d Coping:

mit dem Eintritt in den Ruhestand
mit dem Verlust des Wohnsitzes
mit finanziellen Veränderungen
mit Funktionsverlusten.

Anmerkung der Autorin

Diese neue Diagnose aus dem Jahre 2006 zeigt eine Person in einer überfordernden Situation, die von vielen verschiedenen Stressoren beeinflusst wird. Wird die Stressüberlastung nicht reduziert, verschlechtert sich der Zustand der Person und sie läuft Gefahr, Schaden zu erleiden und zu erkranken.

Zentrale Konzepte

Für spezifische Informationen über Angst und unwirksames Coping siehe *Angst* und *unwirksames Coping.*

- Stress betrifft jeden Menschen. Es ist der körperliche, seelische, soziale oder spirituelle Effekt belastender Situationen und Ereignisse im Leben (Edelman/Mandle, 2006).
- Stress ist ein interaktiver Prozess als Reaktion auf den Verlust oder den drohenden Verlust der Homöostase oder des Wohlbefindens (Cahill, 2002).
- Stress ist ein psychischer, emotionaler Zustand eines Individuums als Reaktion auf einen spezifischen Stressor oder eine Anforderung, der bzw. die die Person vorübergehend oder dauerhaft schädigt (Ridner, 2004 : 539).
- Exzessiver Stress erfordert Erkennen, Wahrnehmen und Adaptation (Cahill, 2001).
- Ein chronischer Stresszustand oder wiederholte Episoden mit psychischem Stress (Depression, Wut, Feindseligkeit, Angst) können zu Herz-Kreislauf-Erkrankungen, Arteriosklerose, Kopfschmerzen und Magen-Darm-Leiden führen (Edelman/Mandle, 2006).
- Als Reaktion auf Stress beginnen oder verstärken die Betroffenen ungesunde Verhaltensweisen, wie übermäßiges Essen, bewegungsarme Lebensweise, exzessiven Konsum von Drogen, Alkohol und Tabak, und geraten in soziale Isolation (USDHHS, 2000).

Einschätzungskriterien des Fokusassessments

Subjektive/objektive Daten

Die Person bitten, ihr übliches Maß an Stress einzuschätzen:

0 = wenig
10 = überwältigend.

Die Person bitten zu beschreiben, wie sich ihr Stress auf die Funktionsfähigkeit auswirkt, und zwar:

auf die Arbeit
auf den Schlaf
auf Beziehungen.

Einschätzen folgender Gefühle:

Wut/Zorn
Ungeduld
Verzweiflung
Apathie
fehlende/mangelnde Intimität
Unglücklichsein
Reizbarkeit
Langeweile
leichte Erregbarkeit
Intoleranz.

Einschätzen kognitiver Symptome

Vergesslichkeit.
Gedächtnisverlust.
Schwierigkeiten, Entscheidungen zu treffen.
ständige Sorgen.
Verlassenheitsgedanken.
Verlust des Humors.

Einschätzen eines Übermaßes an:

Schlaf
Alkohol
Tabak
Nahrung
Drogen (verordnete Medikamente/illegal erworbene Substanzen).

Ziele

NOC

- Gesundheitsüberzeugungen
- Selbstkontrolle bei Angst
- Coping
- Wissen: Gesundheitsverhalten
- Wissen: Gesundheitsressourcen

Die Person äußert die Absicht, zwei Verhaltensweisen zu ändern, um Stressoren zu mindern oder damit zurechtzukommen.

Indikatoren

- Identifizieren von Stressoren, die sich kontrollieren lassen, und Stressoren, bei denen das nicht möglich ist.
- Herausarbeiten einer erfolgreichen Verhaltensänderung zur Stärkung des Stressmanagements.
- Benennen eines zu vermindernden oder aufzugebenden Verhaltens, um das Stressmanagement erfolgreicher zu machen.

Interventionen

F: Angesichts vieler überwältigender Stressoren kann man der Person unterscheiden helfen, welche Stressoren modifizierbar sind und welche nicht (Edelman/Mandle, 2006).

NIC

- Verhaltensmodifikation
- Kognitive Restrukturierung
- Coping
- Humor

Unterstützen der Person beim Erkennen ihrer Gedanken, Gefühle, Handlungen und physiologischen Reaktionen

F: Sich ihrer selbst bewusst zu sein kann der Person helfen, ihre Erfahrungen in einen neuen Kontext zu stellen (Reframing) und neu zu interpretieren (Edelman/Mandle, 2006).

Die Person lehren, ihren Stresszyklus in einem Verkehrsstau zu unterbrechen und ihr zeigen, dass Herzfrequenz und Atmung zunehmen und starke Wut herrscht (Edelman/Mandle, 2006)

Sich zielgerichtet ablenken, indem man an etwas Angenehmes denkt.
Eine ablenkende Tätigkeit aufnehmen.
Beginnen mit Entspannungspausen: 4 Sekunden lang durch die Nase einatmen.
Verweisen an Ressourcen zum Erlernen von Entspannungstechniken, wie z. B. Texte auf CD, Printmedien oder Yoga.

Die Person bitten, eine oder zwei Veränderungen aufzulisten, die sie in der kommenden Woche vornehmen möchte

Ernährung (eine Gemüsesorte pro Tag essen).
Körperliche Betätigung (täglich einen oder zwei Blöcke weit gehen).

F: Bei einer bereits überforderten Person haben kleinere Veränderungen der Lebensweise u. U. bessere Chancen auf Erfolg und erhöhen das Selbstvertrauen (Bodenheimer et al., 2005).

Bei Schlafstörungen siehe Schlafstörung

Fragen Sie, welche Betätigung dem/der Betroffenen Frieden, Freude und Glück bringt. Bitten Sie sie darum, diese Aktivität/en jede Woche zu integrieren.

F: Überforderte Personen verwehren sich solche Aktivitäten für gewöhnlich. Muße kann den Stresszyklus durchbrechen (Wells-Federmann, 2000).

Falls sich spirituelle Bedürfnisse als unbefriedigt erweisen, siehe existenzielle Verzweiflung

Fragen Sie, was wichtig ist und ob etwas im Leben verändert werden muss.

F: Eine Werteklärung unterstützt die überforderte Person dabei zu erkennen, was bedeutsam und geschätzt ist und ob es Teil der gegenwärtigen Lebensgewohnheiten ist (Edelman/Mandle, 2006).

Unterstützen der Person beim Setzen realistischer Ziele, um eine ausgewogenere, gesundheitsfördernde Lebensweise zu erreichen (Wells-Federman, 2000)

Was ist am wichtigsten?
Welche Aspekte Ihres Lebens würden Sie am liebsten ändern?
Welches ist der erste Schritt?
Wann soll er getan werden?

F: Realistische Ziele zu setzen stärkt das Selbstvertrauen und erhöht den Erfolg (Bodenheimer et al., 2005).

Beginnen mit Gesundheitsedukation und Überweisen, soweit nötig

Falls die Person Substanz- oder Alkoholmissbrauch betreibt, überweisen Sie sie an die entsprechenden Stellen.

Falls die Person unter einer schweren Depression oder starker Angst leidet, überweisen Sie sie an eine professionelle Beratung.

Falls die Familie nicht funktioniert, überweisen Sie die Person an eine Familienberatung.

Gefahr eines plötzlichen Kindstodes

Definition

Gefahr eines plötzlichen Kindstodes: der Zustand, in dem ein Säugling im Alter unter einem Jahr Gefahr läuft, plötzlich zu sterben und sein Tod weder aus der Anamnese noch aus der Obduktion heraus zu klären ist.

Gefahr eines plötzlichen Kindstodes (engl. Risk for sudden infant death syndrome): Vorliegen von Risikofaktoren für den plötzlichen Tod eines Säuglings im Alter von weniger als einem Jahr (NANDA-I, 2010).

Risikofaktoren

Kein einzelner Risikofaktor. Mehrere miteinander kombinierte Risikofaktoren können dazu beitragen (siehe «Einflussfaktoren»).

Einflussfaktoren (McMillan et al., 1999)

Pathophysiologische Faktoren

B/d erhöhte Anfälligkeit, s/b/d:

Zyanose
schlechte Ernährung
Tachykardie
zu geringe Körpergröße im Vergleich zum Gestationsalter*
anamnestisch bekannte Diarrhö, Erbrechen oder Lustlosigkeit 2 Wochen vor dem Tod
Hypothermie
Reizbarkeit
Tachypnö
Frühreife*, Frühgeburt
Fieber
Atemnot
niedriges Geburtsgewicht*
einen niedrigen Apgar-Score (< 7).

B/d erhöhte Anfälligkeit infolge pränataler Faktoren von Seiten der Mutter, s/b/d:

Anämie*
sexuell übertragene Infektionen
Harnwegsinfekt
geringe Gewichtszunahme.

* Weithin akzeptiert; es herrscht allgemeine Übereinstimmung unter Forschenden.

Situationsbedingte Faktoren (persönlich bedingt, umgebungsbedingt)

B/d erhöhte Anfälligkeit durch mütterliche Faktoren, s/b/d:

Rauchen*
verzögerte, inadäquate Pränatalversorgung*, fehlende pränatale Versorgung
Mehrlingsschwangerschaft bei einer Erstgebährenden
Drogenkonsum während der Schwangerschaft
niedriger Bildungsgrad*
niedriges Alter der Mutter (< 20 Jahre)*
unterlassenes Stillen*
allein erziehende Mutter*.

B/d erhöhte Anfälligkeit, s/b/d:

beengte Wohnverhältnisse*
kalte Umgebung
Schlafen auf dem Bauch*, in Seitenlage
schlechte finanzielle Verhältnisse der Familie
niedriger sozioökonomischer Status
männliches Geschlecht*
ethnische Zugehörigkeit amerikanische Ureinwohner*
ethnische Zugehörigkeit afrikanische Abstammung*
mehrere Geburten
frühere plötzliche Kindstode (SIDS) in der Familie.
weiche Unterlage (lose herumliegende Gegenstände im Schlafumfeld)
Überwärmung des Säuglings
zu festes oder zu enges Einwickeln des Säuglings
Säugling ist postnatal Rauch ausgesetzt
pränatale Exposition des Säuglings gegenüber Zigarettenrauch.
saisonale Häufung des plötzlichen Kindstodes (im Winter und Herbst häufiger als im Sommer)
Mortalitätsgipfel im Alter von 2–4 Monaten.

Irrtümer in diagnostischen Aussagen

1. *Gefahr eines plötzlichen Kindstodes,* **b/d** *niedriges Einkommen der Eltern*
   Obwohl eine Verbindung zwischen plötzlichem Kindstod und schlechten Lebensbedingungen besteht, ist die Formulierung dieser Diagnose problematisch. Folgende Diagnose wäre klinisch mehr von Nutzen: *Gefahr eines plötzlichen Kindstodes,* **b/d** *unzureichendes Wissen von Betreuungspersonen über Ursachen und Prävention von SIDS.*

* Weithin akzeptiert; es herrscht allgemeine Übereinstimmung unter Forschenden.

Zentrale Konzepte

- Im Alter zwischen 7 und 365 Tagen ist SIDS die führende Todesursache (Wong, 2003).
- Seit die American Academy of Pediatrics (AAP) 1996 dazu riet, Säuglinge auf dem Rücken schlafen zu lassen, hat die SIDS-Inzidenz um etwa 40 % abgenommen (AAP, 2000).
- Zwar ist die Ätiologie unbekannt, jedoch zeigen Autopsien übereinstimmende pathologische Befunde wie Lungenödem und intrathorakale Blutungen.
- Es ist nicht erwiesen, dass Apnömonitore SIDS verhindern (Sherratt, 1999).

Einschätzungskriterien des Fokusassessments

Siehe «Einflussfaktoren».

Ziele

Die Betreuungsperson reduziert oder beseitigt modifizierbare Risikofaktoren.

NOC

- Wissen: Körperliche Sicherheit eines Kindes
- Risikokontrolle: Tabakkonsum
- Risikokontrolle

Indikatoren

- Lagern des Säuglings auf dem Rücken oder auf der Seite.
- Einstellen des Rauchens zuhause, in der Nähe des Säuglings und während der Schwangerschaft.
- Teilnahme an der Prä- und Postnatalversorgung.
- Verbessern der Gesundheit der Mutter (z. B. Behandeln einer Anämie, Fördern einer optimalen Ernährung).
- Aufnahme in ein Drogen- und Alkoholentzugsprogramm, falls angezeigt.

Allgemeine Interventionen

NIC

- Edukation: Kleinkindsicherheit
- Risikoabschätzung

Erläutern des SIDS gegenüber Betreuungspersonen und Identifizieren vorhandener Risikofaktoren

F: Der Pflegeschwerpunkt bei Eltern mit einem SIDS-gefährdeten Säugling liegt primär auf emotionaler Unterstützung.

Reduzieren oder Beseitigen modifizierbarer Risikofaktoren

Feststellen, ob eine häusliche Herz-Kreislauf-Überwachung indiziert ist. Konsultieren des Pädiaters oder einer Fachpflegeperson für Neugeborenenpflege oder pädiatrische Pflege (Wong, 2003)

Unterweisen der Eltern, sich beim Ertönen des Alarms auf den Säugling statt auf die Maschine zu konzentrieren.

Unterweisen der Eltern im Einschätzen der ...

- ... Hautfarbe des Säuglings (rosa?).
- ... Atmung des Säuglings.

F: Um der Familie beim Coping mit den zahlreichen Prozeduren, die sie lernen muss, zu helfen, ist eine adäquate Vorbereitung vor der Entlassung entscheidend.

Unterweisen im Gestalten der Umgebung, um das Auftreten von SIDS zu verringern

Lagern des Säuglings auf dem Rücken.

Vermeiden, den Säugling im Schlaf zu überwärmen.

Vermeiden, den Säugling weich zu betten (z. B. auf einer weichen Matratze).

Vermeiden von Kissen.

Den Säugling nicht im Bett der Eltern schlafen lassen (Anderson, 2000).

Vermeiden von Tabakrauch.

F: Auf dem Bauch zu schlafen wurde mit SIDS in Verbindung gebracht (Wong, 2003).

F: Rauchen der Mutter während der Schwangerschaft und Exposition gegenüber Rauch gehen mit SIDS einher (AAP, 2000)

Beginnen mit Gesundheitsedukation und Überweisen, soweit angezeigt

Sorgen Sie für Instruktionen für den Gebrauch des Heimüberwachungsgerätes und zur kardiopulmonalen Reanimation, falls angemessen.

Überweisen Sie den Klienten an ein Drogen- und Alkoholentzugsprogramm, soweit angezeigt.

Erörtern Sie Strategien, das Rauchen aufzugeben.

Sorgen Sie für Notrufnummern, soweit angezeigt.

Verweisen Sie an soziale Einrichtungen, soweit angezeigt.

Verzögerte postoperative Erholung

Definition

Verzögerte postoperative Erholung(sphase): der Zustand, in dem eine Person eine Erhöhung der Anzahl postoperativer Tage erfährt bzw. zu erfahren droht, die erforderlich sind, um mit Aktivitäten der Selbstversorgung zu beginnen und durchzuführen.

Verzögerte postoperative Erholung (engl. Delayed surgical recovery): Höhere Anzahl benötigter postoperativer Tage, um Aktivitäten anzustoßen und durchzuführen, die Leben, Gesundheit und Wohlbefinden erhalten (NANDA-I, 2010).

Anmerkung der Autorin

Diese Diagnose zeigt eine Person, die nach einem chirurgischen Eingriff nicht in der erwarteten Zeit genesen ist. Ausgehend von den bestimmenden Merkmalen und Kennzeichen der NANDA-I herrscht eine gewisse Verwirrung hinsichtlich des Unterschieds zwischen bestimmenden Merkmalen und Kennzeichen (Zeichen und Symptomen) und Einflussfaktoren. Diese Diagnose ließe sich möglicherweise als Risikodiagnose anwenden. Hochgradig durch eine *verzögerte postoperative Erholung* gefährdete Personen, wie z. B. Adipöse und Personen mit Diabetes mellitus oder einem Tumorleiden, könnten identifiziert werden. Man könnte Interventionen einsetzen, um diesen Zustand zu verhindern. Die Diagnose wurde für den klinischen Gebrauch nicht hinreichend entwickelt. Die Autorin empfiehlt die Anwendung anderer Pflegediagnosen, wie etwa *Selbstversorgungsdefizit* oder *akute Schmerzen*.

Bestimmende Merkmale oder Kennzeichen

- Empfindung, dass mehr Zeit zur Regeneration benötigt wird
- klagt über Schmerzen
- klagt über Beschwerden
- starke Müdigkeit/Erschöpfung/Fatigue
- Appetitverlust mit Übelkeit
- Appetitverlust ohne Übelkeit
- schiebt die Wiederaufnahme der beruflichen Tätigkeiten auf.
- Nachweis einer unterbrochenen Heilung des Operationsgebietes (z. B. Rötung, Verhärtung, Ausfluss, Immobilität)
- Schwierigkeit, sich zu bewegen
- benötigt Hilfe, um die Selbstversorgung zu Ende zu führen.

Einflussfaktoren

- großer oder komplizierter chirurgischer Eingriff
- lang andauernder chirurgischer Eingriff
- Adipositas

- Schmerzen
- präoperative Erwartungen
- postoperative Infektion der Eingriffsstelle.

Gestörte Denkprozesse

Gestörte Denkprozesse

Beeinträchtigte Gedächtnisleistung

Definition

Gestörte Denkprozesse: der Zustand, in dem eine Person eine Unterbrechung geistiger Aktivitäten – wie etwa bewusstes Denken, Realitätsorientierung, Problemlösen, Urteilen und Verstehen – in Verbindung mit Coping, Persönlichkeit und/oder einer Geisteskrankheit erfährt.

Gestörte Denkprozesse (engl. Disturbed thought processes): Störung der kognitiven Vorgänge und Aktivitäten (NANDA-I, 2010) (Wurde aus der NANDA-Taxonomie 2009–2011 entfernt).

Bestimmende Merkmale oder Kennzeichen

Hauptkennzeichen (obligat)

Inakkurate Interpretation externer und/oder interner Stimuli.
falsche Interpretation der Umgebung.

Nebenkennzeichen (fakultativ)

unangemessenes Denken
Egozentrik
Gedächtnismangel, [Konfabulation]
Hypervigilanz [gesteigerte Wachheit]
Hypovigilanz [einschränkte Wachheit]
kognitive Dissonanz [beeinträchtigte Fähigkeit, Gedanken nachzuvollziehen, Entscheidungen zu treffen, Probleme zu lösen, abstrakt oder begrifflich zu denken, zu rechnen; ungeordnete Denkabläufe]
Ablenkbarkeit, [veränderte Aufmerksamkeitsspanne]
Pathologisches Misstrauen.
Phobien.
Mangelnde/fehlende konsensuelle Validierung.
Impulsivität.
Wahnvorstellungen; Beziehungsideen.

Zwänge.
Verwirrtheit/Desorientiertheit.
Unangemessenes Sozialverhalten.
Halluzinationen.
Ritualisiertes Verhalten.

Einflussfaktoren

Pathophysiologische Faktoren

B/d physiologische Veränderungen, s/b/d Drogen- oder Alkoholentzug.
B/d biochemische Veränderungen , s/d/d Medikamente, Suchtmittelmissbrauch.
B/d einen primären pathologischen Zustand des Gehirns (z. B. ein Hirntrauma).
B/d eine degenerative Erkrankung des Gehirns (z. B. Demenz vom Alzheimer-Typ).
B/d Mangel-/Fehlernährung.
B/d Infektionen.

Situationsbedingte Faktoren (persönlich bedingt, umgebungsbedingt)

B/d ein emotionales Trauma; emotionale Veränderungen.
B/d Missbrauch (körperlich, sexuell, emotional).
B/d Folter.
B/d ein Kindheitstrauma.
B/d unterdrückte Ängste; psychische Konflikte.
B/d das Panikstadium der Angst.
B/d dauerhaft niedrige Stimulationsgrade.
B/d Schlafentzug.

B/d eine verkürzte Aufmerksamkeitsspanne und eine verminderte Fähigkeit zur Informationsverarbeitung, s/b/d:

Depression
Trauern
Angst
Furcht.

Altersbedingte Faktoren

Ältere Menschen
B/d Isolation, Altersdepression.
B/d Altern.

Anmerkung der Autorin

Gestörte Denkprozesse beschreibt eine Person mit Störungen der Wahrnehmung und Kognition, die den Alltag beeinträchtigen. Zu den Ursachen gehören psychische Leiden, wie z. B. Depression, Persönlichkeitsstörungen und Gemütsleiden. Bei dieser Diagnose liegt der Pflegeschwerpunkt darauf, gestörtes Denken zu verringern und/oder die Realitätsorientierung zu stärken.

Die Pflegeperson sei davor gewarnt, diese Diagnose als «Papierkorb-Diagnose» für alle Klienten mit gestörtem Denken oder Verwirrtheit einzusetzen. Bei einem älteren Menschen wird Verwirrtheit oft irrtümlich auf das Altern zurückgeführt. Sie kann aus einem einzelnen Faktor (z. B. Demenz, Medikamentennebenwirkung, Stoffwechselerkrankung) resultieren oder sich aus einer Depression in Verbindung mit zahlreichen altersbedingten Faktoren ergeben. Depression führt bei älteren Menschen häufiger zu gestörtem Denken als eine Demenz (Miller, 2004). Für zusätzliche Informationen siehe *Verwirrtheit.*

Irrtümer in diagnostischen Aussagen

1. *Gestörte Denkprozesse,* **b/d** *Depression*
   Wenn eine Person Zeichen und Symptome einer Depression und beeinträchtigter Kognition zeigt, erschiene die Verwendung von *gestörte Denkprozesse* angemessen. Allerdings sollte die Pflegeperson die beeinträchtigte Kognition in Zusammenhang mit der Depression und als Manifestation derselben statt als zu behandelnde Reaktion betrachten. Depression ist ein Zustand unwirksamen Copings und daher wäre folgende Diagnose klinisch besser geeignet: *unwirksames Coping,* **b/d** *unbekannte Ätiologie/Einflussfaktoren,* **a/d** *verlangsamten Affekt, Angaben über ständige Traurigkeit, geringe Motivation und Gedächtnisschwäche.* Da der zentrale Punkt bei einer Depression ein geringes Selbstwertgefühl ist, bedient sich die Pflegeperson eines Fokusassessments, um Faktoren festzustellen, die dies verursachen oder dazu beitragen (z. B. Behinderungen, Verluste oder das Gefühl des Zurückgewiesenseins).
2. *Gestörte Denkprozesse,* **b/d** *Gedächtnisverlust*
   Ein Gedächtnisverlust kann in vielen Situationen eintreten, wie z. B. bei Depression, Demenz, Angst, sensorischer Deprivation, psychiatrischen Leiden und Stoffwechselkrankheiten. Der Pflegeschwerpunkt variiert demnach abhängig von den beeinflussenden Faktoren. So ist beispielsweise ein Gedächtnisverlust bei Kopfverletzungen stark Angst auslösend, daher wäre die Diagnose *Angst* dienlicher. Ein gefährlicher Gedächtnisverlust ginge mit der Diagnose *Verletzungsgefahr* einher. Wäre bei dieser Person *gestörte Denkprozesse* angemessen, sollte die Pflegeperson die Diagnose als *gestörte Denkprozesse,* **b/d** (zu spezifizieren, z. B. *Auswirkungen einer Hypoxie,* **s/b/d** *einen Apoplex*), **a/d** *Gedächtnisverlust* neu formulieren.

Zentrale Konzepte

- Das Denken ist ein Funktionsprozess im Gehirn eines jeden Menschen, bei dem die Alltagserfahrungen integriert werden. Kognitive Prozesse sind die geistigen Prozesse des logischen Denkens, des Verstehens, des Urteilsvermögens und des Gedächtnisses. Physiologische Funktionen, Umgebungsreize und der emotionale Zustand beeinflussen die Denkfunktion (Porth, 2002).

- Die aktuellen Bedürfnisse und Interessen sowie der Wissensspeicher beeinflussen kognitive Prozesse des Erinnerns und Wahrnehmens.
- Die Entwicklung kognitiver Fähigkeiten folgt einem systematischen Muster von Reifungserfahrungen und erfordert eine unterschiedliche Wahrnehmungsstimulation.
- Ein abrupter Wechsel der Qualität und Quantität eingehender Stimuli kann Denkprozesse beeinträchtigen.
- Was jemand über ein Ereignis denkt, beeinflusst sowohl Gefühle als auch Verhalten. Jeder Wandel der Gedanken, Gefühle oder des Verhaltens führt zu Veränderung der jeweils anderen beiden Komponenten.
- Menschen versuchen, Kontrolle über eine Situation zu erlangen, indem sie ihr Bedeutung zuweisen; bisweilen weisen sie ihr eine rationale, manchmal auch eine irrationale Erklärung zu. Mit der Zeit führen irrationale Überzeugungen zu chronischer Unzufriedenheit. Die Denkmuster der Person sind dann charakterisiert durch «sollte» und «muss».
- Bei diesen Klienten kann Suizidgefahr bestehen, und zwar aufgrund vielfältiger Verluste und Einbrüche im Leben, wie etwa dem Verlust sozialer Unterstützung durch den Krankheitsverlauf, einem geringen Selbstwertgefühl, das mit Rückgang der Krankheit Wahnvorstellungen und Halluzinationen verstärkt, Hoffnungslosigkeit in Zusammenhang mit einer schweren Krankheit usw.

Realität

- Realitätstestung bedeutet die objektive Evaluation und Beurteilung der Welt außerhalb des Selbst, im Unterschied zu den eigenen Gedanken und Gefühlen. Sie wird bestimmt durch Früherfahrungen im Leben und durch Bezugspersonen.
- Wahnvorstellungen – fixe falsche Überzeugungen – und Halluzinationen entstehen unter extremer emotionaler Belastung und stellen Versuche einer Minderung von Panik dar (Varcarolis 2006).
- Zu den Wahnformen gehören:
  - *Größenwahn:* ein übertriebenes Gefühl von Bedeutung der Identität oder Fähigkeit
  - *Verfolgungswahn:* das Gefühl, es würde über einen selbst geredet
  - *Beziehungswahn:* die Überzeugung, das Verhalten anderer Menschen bezöge sich auf die eigene Person
  - *Kontrollwahn:* das Gefühl, von Dritten manipuliert zu werden
  - *wahnhafte Körperempfindungen:* die Überzeugung, die eigenen Organe seien verseucht – trotz gegenteiligen Beweises
  - *Eifersuchtswahn:* aus pathologischer Eifersucht entstandene Überzeugung, der Partner/die Partnerin sei untreu.
- Wahnvorstellungen entstehen, wenn Menschen die Realität zu verändern suchen. Als Erstes verleugnen sie ihre Gefühle, dann projizieren sie diese Gefühle auf die Umgebung. Und dies müssen sie schließlich anderen Menschen erklären (Mohr, 2003).
- Die grundlegenden, von misstrauischen und grandiosen Klienten projizierten Gefühle sind Unzulänglichkeit und Wertlosigkeit.
- Halluzinationen sind Wahrnehmungen, die sich aus den Gedanken der Person selbst ergeben. Der Betroffene hört, sieht, spürt oder schmeckt das jeweilige Phänomen tatsächlich.

- Halluzinationen erfüllen ihnen zugrunde liegende Bedürfnisse (z. B. bei Einsamkeit, Angst, Problemen mit dem Selbstwertgefühl). Solange eine Person nicht andere Aktivitäten an ihre Stelle setzen kann, ist sie u. U. nicht bereit, «sie aufzugeben» (Mohr, 2003). Halluzinationen treten meist in akustischer Form auf.
- Unter Umständen verbringt die Person viel Zeit in ihrer Fantasiewelt, was zu einem Mangel an konsensueller Sprachvalidierung führt. Nicht nur die Verbindungen zwischen Worten sind gestört, sondern die Worte haben oft auch einen von der allgemein akzeptierten Bedeutung abweichenden Sinn.
- Desorganisiertes Denken führt oft zur Verhaltensregression, zu gestörter Kommunikation und zu Schwierigkeiten beim Interagieren mit anderen Personen.
- Illusionen sind falsche oder fehlinterpretierte sensorische Wahrnehmungen. Sie treten meist im akuten Delir und bei hirnorganischen Syndromen auf.

Einschätzungskriterien des Fokusassessments

Erheben Sie Daten beim Klienten und bei seinen Bezugspersonen.

Subjektive Daten

Einschätzen der Anamnese des Klienten

Lebensweise:

- Interessen
- beruflicher Werdegang
- Ausbildung
- Alkohol-/Drogenkonsum
- Stärken und Schwächen
- Coping-Verhalten (einst und jetzt)
- früheres Funktionsniveau und früherer Umgang mit Stress.

Unterstützungssystem (Verfügbarkeit).
Anamnese medizinischer Probleme und Behandlungen (Medikamente).
Aktivitäten des täglichen Lebens (Fähigkeit und Wunsch zur Durchführung).
Familie:

- Qualität der Beziehungen
- anamnestisch bekannte Geisteskrankheiten
- Überzeugungen in Bezug auf Symptome
- Teilnahme an kulturellen, religiösen oder ethnischen Gruppen
- Qualität der Unterstützung
- Überzeugungen in Bezug auf Geisteskrankheiten.

Einschätzen beeinflussender Faktoren

Gefühle

Extreme Traurigkeit und extremes Gefühl von Wertlosigkeit.
Leben in einer nicht realen Welt.
Misstrauen oder Verdächtigungen gegenüber Dritten.
Schuldgefühle wegen früherer Handlungen.
Vorahnungen in verschiedenen Situationen.
Die Behauptung, andere Menschen würden den Betroffenen Dinge tun und sagen lassen.
Selbstüberhöhung.
Depersonalisation.
Zurückgewiesensein oder Isolation.

Befürchtungen

Der Klient fürchtet, …

- … dass Dritte ihm Schaden zufügen.
- … auseinander zu fallen.
- … dass Agenten von außen seinen Geist kontrollieren.
- … nicht zurechtzukommen.
- … dass es zum Gedankenrasen kommt.
- … gefangen genommen zu werden.
- … dass der Körper verfault oder nicht vorhanden ist.

Halluzinationen
(optisch, akustisch, gustatorisch, taktil – enthält eine objektive Komponente)

Umstände, unter denen sie auftreten.
Anzahl/Tag, Art, Besonderheiten und Einzelheiten.
Häufigkeit, Tageszeit.
Dauer.
Positive oder negative Vorereignisse.
Folgen.
Die Fähigkeit, sie zu kontrollieren.

Depression

Gedächtnisstörungen.
Motivationsmangel.
Unfähigkeit, sich zu konzentrieren.
Stete Traurigkeit.
Apathische Reaktionen.

Wahnvorstellungen

Fix oder flottierend.
Gedankenausbreitung (Gedanken der Person sind für Dritte hörbar).
Gedankeneingebung (Dritte führen Gedanken in den Geist des Betroffenen ein).
Klagen über Erschöpfung, Anorexie, Obstipation, Schlaflosigkeit, Dysphagie.

Wahnvorstellungen in Bezug auf einen unmittelbar drohenden Untergang, Nichtigkeitswahn, Verarmungswahn, Todeswahn, Versündigungswahn.

Orientiertheit
Orientiert nach Person, Zeit und Ort.

Problemlösefähigkeit
«Was würden Sie tun, wenn das Telefon klingelt?»
«Welcher Unterschied besteht zwischen dem Arzt und dem Präsidenten?»

Gedächtnis

Objektive Daten (enthalten eine subjektive Komponente)

Einschätzen bestimmender Merkmale oder Kennzeichen

Allgemeines Erscheinungsbild
Gesichtsausdruck (wach, traurig, feindselig, ausdruckslos).
Kleidung (einwandfrei, unordentlich, verführerisch, exzentrisch).

Verhalten während der Befragung
Zurückgezogen.
Negativismus.
Grad der Aufmerksamkeit/Konzentration.
Ruhig.
Apathisch.
Grad der Angst.
Feindselig.
Kooperativ.

Kommunikationsverhalten
Inhalt
Angemessen.
Suizidideen.
Misstrauen.
Wahnvorstellungen.
Mordpläne.
Weitschweifigkeit.
Zwänge.
Religiosität.
Sexuelle Belange.
Inhaltslosigkeit.
Verleugnen des Problems.
Wertlosigkeit.

Sprechweise
Angemessen.
Lockere Verbindung zwischen den Ideen.
Blockaden (kann eine Vorstellung nicht zu Ende führen).
Springt von einem Thema zum nächsten.
Umständlich (kommt nicht auf den Punkt).
Kommt nicht zum Schluss, kann sich nicht entschließen.
Echolalie.

Sprechgeschwindigkeit
Angemessen.
Unter Druck stehend.
Verlangsamt.
Stark erhöht.

Affekt
Abgestumpft.
Gesten, Manierismen, Grimassen.
Kongruent mit dem Inhalt des Gesprochenen.
Dem Inhalt des Gesprochenen nicht angemessen.
Flach.
Aufgehellt.
Traurig.
Dem verbalen Inhalt angemessen.
Körperhaltung.

Interaktionsfertigkeiten
Gegenüber der Pflegeperson
Unangemessen.
Fordernd/bittend.
Zeigt Abhängigkeit.
Zurückgezogen/besorgt.
Nimmt gut Kontakt auf.
Feindselig.

Gegenüber Bezugspersonen
Hat Kontakt zu allen (einigen) Familienmitgliedern.
Strebt keine Interaktion an.
Feindselig gegenüber einem Familienmitglied (allen Familienmitgliedern).
Erhält keinen Besuch.

Motorische Aktivität
Innerhalb normaler Grenzen.
Agitiert.
Vermindert/stuporös.

Ziele

Die Person hält die Realitätsorientierung aufrecht und kommuniziert mit anderen Personen klar.

NOC

- Kognition
- Kognitive Orientierung
- Konzentration
- Selbstkontrolle bei Denk-/Wahrnehmungsverzerrung
- Informationsverarbeitung
- Gedächtnisleistung
- Entscheidungsfähigkeit

Indikatoren

- Erkennen von Veränderungen im Denken/Verhalten.
- Benennen von Situationen, die Halluzinationen bzw. Wahnvorstellungen vorausgehen.
- Anwenden von Coping-Strategien für den effektiven Umgang mit Halluzinationen bzw. Wahnvorstellungen (zu spezifizieren).
- Teilnahme an Aktivitäten auf Station (zu spezifizieren).
- Selteneres Äußern von Wahninhalten.

Allgemeine Interventionen

NIC

- Kognitive Stimulation
- Demenzpflege
- Realitätsorientierung
- Familienunterstützung
- Entscheidungsfindungsunterstützung
- Halluzinationsmanagement
- Angstminderung
- Gedächtnistraining
- Umgebungsmanagement: Sicherheit

Fördern einer Kommunikation, die bei der Person das Gefühl von Integrität stärkt

Ermutigen zu offenem, ehrlichem Dialog

Nähern Sie sich dem Klienten in einer ruhigen, fürsorglichen Art.
Seien Sie fest, in sich stimmig und hoffnungsvoll.

Seien Sie offen und teilen Sie sich der Person mit. Sprechen Sie die Person während des gesamten Gesprächs mit ihrem Namen an.
Besprechen Sie Erwartungen und Forderungen.
Erkennen Sie, wenn die Person die Vertrauenswürdigkeit anderer Personen testet.
Vermeiden Sie Versprechungen, die sich nicht einhalten lassen.
Bieten Sie feste Zeiten in jeder Schicht an, zu denen Sie sich treffen können. Der Erstkontakt mit dem Personal sollte bei einer misstrauischen Person nur minimal und kurz sein. Verlängern Sie diese Zeit mit abnehmendem Misstrauen.
Erklären Sie, wenn Verabredungen nicht eingehalten werden können.
Verifizieren Sie Ihre Interpretation dessen, was die Person erlebt (z. B.: «Ich verstehe das so, dass Sie sich vor anderen Menschen fürchten»).
Seien Sie ein aufmerksamer Zuhörer. Achten Sie sowohl auf verbale als auch auf nonverbale Botschaften.
Helfen Sie dem Klienten beim Verbalisieren dessen, was er nonverbal andeutet.
Verwenden Sie ein Vokabular, das vertraut ist und wenig Angst bewirkt.
Sprechen Sie deutlich und hörbar.
Erkennen Sie die Bedeutung von Körperhaltung, Gesichtsausdruck und Tonlage.
Präsentieren Sie Informationen auf sachliche Weise, bei der Fehlinterpretationen am wenigsten wahrscheinlich sind. Setzen Sie bei misstrauischen Menschen keinen Humor ein und keine Neckereien ein.
Bedienen Sie sich einer Kommunikation, die der Person hilft, ihre Individualität zu wahren (z. B. «ich» anstelle von «wir»).
Unterlassen Sie geflüsterte Kommentare oder unvollständige Erklärungen, die zu Fantasieinterpretationen führen.
Erzählen Sie der Person über all die verschiedenen Sitzungen und Treffen, bei denen Sie ihren Fall mit anderen Gesundheitsfachpersonen erörtern.
Geben Sie vor der Durchführung unvertrauter Prozeduren (z. B. Medikamente, invasive Prozeduren, Behandlungen) kurze Erklärungen ab.

Wahren der Schutzzone des Klienten

Berühren Sie den Klienten erst, wenn Sie eine dauerhafte vertrauensvolle Beziehung zu ihm entwickelt haben.
Sprechen Sie mit der Person in größeren Räumlichkeiten, vermeiden Sie kleine Räume und enge Büros.
Treten Sie dem Klienten im Winkel von 45° gegenüber.

Reduzieren von Leiden auf ein Minimum

Versichern Sie dem Klienten, dass diese Symptome Teil der Krankheit sind und mit deren Besserung abnehmen können.

Versuchen, die Welt des Klienten und deren Bedeutung zu verstehen

Minimieren des dem Klienten zur Versorgung zugeteilten Personals, um beim Aufbau von Beziehung zu helfen

Versuchen, den Klienten in ruhigen, gut beleuchteten Arealen zu halten

F: Effiziente Betreuungspersonen haben Selbstvertrauen, sind ehrlich, flexibel, hoffnungsvoll und tolerant gegenüber Ungewissheit, Irrtümern und irrationalem Verhalten (Mohr, 2003).

F: Die Pflegeperson liefert ein gesundes Rollenvorbild mit angemessenen verbalen und nonverbalen Reaktionen (Mohr, 2003).

Unterstützen des Klienten beim Unterscheiden zwischen eigenen Gedanken und der Realität

Validieren des Vorliegens von Halluzinationen

Beobachten Sie auf verbale und nonverbale Hinweise: unangemessenes Lachen, verzögerte verbale Reaktion, Augenbewegungen, lautlose Lippenbewegungen, verstärkte Motorik, Grinsen:

- «Hören/Sehen Sie gerade etwas?»
- «Was geschieht gerade?»

Unterstützen Sie den Klienten beim Beobachten von Gedanken und Gefühlen in ihrem Bezug zu den Bedürfnissen, die befriedigt werden:

- «Ist das schon früher einmal passiert?», «Waren Sie einsam?»
- «Was taten/dachten Sie?»

Unterstützen Sie den Klienten beim Analysieren von Halluzinationen:

- Wie oft treten sie auf (*Häufigkeit*)?
- Wie intensiv oder deutlich sind sie (*Intensität*)?
- Wie lang dauern sie (*Dauer*)?
- Wo und wann treten sie auf und was geschieht davor (*Vorereignisse*)?
- Was geschieht nach den Halluzinationen (*Folgen*)?
- Beschreiben Sie die Halluzinationen im Einzelnen.

Sondieren Sie nach alternativen Halluzinationen. Unter Umständen hört die Person z. B. verschiedene Stimmen, die unterschiedliche Botschaften übermitteln.

Bleiben Sie bei der Person.

Unterstützen der Person, Halluzinationen selbst zu regulieren oder zu kontrollieren

Identifizieren Sie Trigger, welche die Angst steigern.

Erörtern Sie den Einsatz einer Kontrollstrategie:

- Führen eines Tagebuchs. Wann hörten die Halluzinationen auf? Was brachte sie zum Verschwinden und wie geschah das?
- Bestärken Sie in dem, was funktioniert hat.

Konzentration auf das Hier und Jetzt

Akzeptieren Sie, wie die Person die Realität erlebt und wahrnimmt (Baker, 1995).

Sie sollten die Sprache verstehen, deren sich der Klient zur Beschreibung der Erfahrungen bedient. Oft geht es dabei um zahlreiche Symbole und Gefühle (Baker, 1995).

Ermutigen Sie die Person, ihre Gedanken zu validieren, indem sie sie mit Bezugspersonen teilt.

Vermeiden Sie es, die Person zu infantilisieren, wenn sie Stimuli fehlinterpretiert oder Wahnvorstellungen hat; lachen Sie nicht und machen Sie keine Witze darüber.

Halten Sie die Person dazu an, Stärken herauszuarbeiten und sich darauf statt auf Schwächen zu konzentrieren.

Halten Sie die Person dazu an, zwischen Stimuli aus inneren und äußeren Quellen zu differenzieren, indem Sie bei der Aussage «Ich höre Stimmen» beispielsweise sagen: «Das sind die Stimmen von Schauspielern im Fernsehen» oder «Ich höre niemanden sprechen, es sind Ihre eigenen Gedanken».

Vermitteln Sie nicht den Eindruck, als würden Sie Realitätsverzerrungen bestätigen oder billigen. Äußern Sie vielmehr auf taktvolle Weise Ihre Zweifel, ohne zu argumentieren oder zu diskutieren.

Konzentrieren Sie sich auf realitätsorientierte Aspekte der Kommunikation. Wenn die Person beispielsweise sagt: «Das Fernsehen kontrolliert meinen Geist», kann die Pflegeperson antworten: «Wie fühlen Sie sich, wenn andere versuchen, Sie zu kontrollieren?».

Setzen Sie Grenzen beim Erörtern wiederholter Wahninhalte: «Das haben Sie mir schon erzählt, lassen Sie uns über etwas Reales sprechen.»

Lehren Sie die Person, wieder zu erlernen, die Aufmerksamkeit auf reale Dinge und Menschen zu konzentrieren.

Arbeiten Sie die zugrunde liegenden Bedürfnisse heraus, die durch die Wahnvorstellungen bzw. Halluzinationen befriedigt werden.

Helfen Sie der Person, sich bewusst zu machen, dass sie Bedürfnisse in Fantasie zum Ausdruck bringt. Unterweisen Sie in besser geeigneten Wegen, diese Bedürfnisse zu befriedigen. So lässt sich beispielsweise Aggression, die in Verfolgungswahn zum Ausdruck kommt, in konstruktive Tätigkeit ummünzen, indem Metallobjekte gehämmert werden.

Wischen Sie Klagen über körperliche Beschwerden nicht automatisch beiseite, aber äußern Sie auch keine unangemessene Besorgnis.

Bestärken Sie die Person, wenn sie über Gefühle und realitätsbasierte Erfahrungen spricht.

Sollte die Person Illusionen haben, entfernen Sie das auslösende Objekt. Zerlegen Sie es, wenn möglich, und erklären sie dabei in beruhigendem Ton, um was es sich handelt. Lassen Sie die Person den Gegenstand untersuchen, falls sie es wünscht.

Verkürzen Sie Phasen mit Illusionen auf ein Mindestmaß, indem Sie der Person gestatten, sinnesbezogene Dinge von zuhause mitzubringen, indem Sie für ein Nachtlicht sorgen, fremdartige Geräte bzw. Gegenstände erläutern und der Person erlauben, sie zu berühren, und indem Sie die Umgebung dem sensorischen Niveau der Person anpassen, d. h. die sensorische Überlastung verringern oder die sensorischen Stimuli erhöhen.

F: Eine halluzinierende Person allein zu lassen verstärkt Furcht und vertieft die Situation (Mohr, 2003).

F: Man kann der Person helfen, wieder Kontakt mit der Realität zu bekommen, indem man behutsam eine Unterhaltung oder Tätigkeiten beginnt, die am Hier und Jetzt orientiert sind (Mohr, 2003).

F: Effektiv sind Interventionen, bei denen die Person aktiv mentale Arbeit leisten muss, etwa indem sie eine verbale Antwort gibt (Farrell et al., 1998).

F: Der Person helfen herauszufinden, welche speziellen Situationen Halluzinationen auslösen, gibt Einblicke in mögliche Strategien zur Prävention.

Unterstützen des Klienten beim Reduzieren irrationaler Gedanken (siehe Angst)

Erkunden verschiedener Strategien, die Personen beim Coping mit ihren Symptomen (z. B. Halluzinationen, Wahnvorstellungen) helfen

Verhaltenskontrollstrategien
Steigern oder Senken des Aktivitätsniveaus.
Umlagern, Wechsel der Körperhaltung.
Vermeidungsmechanismen:

- Meiden potenziell unangenehmer Situationen
- spezifischer und beschränkter sozialer Rückzug.

Vor-sich-hin-Singen oder -Summen.
Stummes Zählen.
Laut lesen.
Wiederholen eines Satzes (z. B.: «Ich bin in Ordnung»).
Aufnehmen von Freizeitaktivitäten:

- Lesen
- Hobbys
- Einkaufen
- Arbeit im Garten
- Zeichnen.

Abdecken eines Auges bzw. Verschließen eines Ohrs, um Halluzinationen zu verringern:

- Hören mit Kopfhörern
- Gurgeln
- Aversionstherapie durch den Klienten selbst.

Kognitive Kontrollstrategien
Passives und aktives Ablenken der Aufmerksamkeit.
Aktives Unterdrücken störender Gedanken und Stimmen.
Gedanken-Anhalten.
Gegen Stimmen/Gedanken angehen.
Fortschicken der Stimmen/Gedanken.
Problemlösen.

Ablenkung:

- Radio hören
- Beten
- Singen
- Fernsehen.

Verbessern des Selbstbildes.
Rationale Selbstgespräche.
Positive Affirmationen.

Physiologische Kontrollstrategien
Drogen oder Alkohol.
Angstmanagement.
Schlaf.
Körperliche Betätigung.
Entspannung.
Einnahme von Medikamenten nach Bedarf.

Meiden von Substanzen, die Halluzinationen verstärken (Alkohol, Coffein, illegale Drogen, Antihistaminika)

Ermutigen und Unterstützen des Klienten, sich aktiv am Behandlungsprogramm zu beteiligen

Initiieren von Coping-Strategien.
Hinterfragen von Symptomen.
Suchen nach Alternativen für die Sichtweisen, wie der Klient Ereignisse und Situationen interpretiert usw.

F: Physiologische Kontrollstrategien verändern den physiologischen Zustand, um das autonome Arousal zu dämpfen.
F: Kognitive Kontrollstrategien beinhalten mentale Prozesse, um von Symptomen abzulenken.
F: Verhaltenskontrollstrategien sind Reaktionen, die von den Symptomen ablenken können.

Unterstützen der Person mit gestörtem Denken beim effektiveren Kommunizieren

Fragen Sie nach der Bedeutung des Gesagten. Gehen Sie nicht davon aus, zu verstehen.
Validieren Sie Ihre Interpretation des Gesagten («Ist es das, was Sie meinen?»).
Klären Sie jedes verallgemeinernde Pronomen (wir, sie) (z. B.: «Wer ist ‹Sie›?»).
Bringen Sie die Person wieder auf das Thema zurück, wenn sie mitten in einer Erklärung/einem Gedanken das Thema wechselt.
Sagen Sie der Person, wenn Sie ihren Gedanken nicht folgen können.
Wiederholen bzw. formulieren Sie keine Sätze um, die Sie nicht verstehen.

Stellen Sie Fragen, die sich mit einem Ja oder Nein beantworten lassen oder mehrere Antwortmöglichkeiten vorgeben.
Halten Sie Sätze kurz und klar.
Wiederholen Sie einen Satz so oft wie nötig.
Hören Sie aufmerksam zu.
Wenn Sie die Person auf das nötige Verhalten ansprechen, verwenden Sie die DISC-Komponenten: Beschreiben («*d*escribe») Sie das Verhalten der Person. Benennen («*i*ndicate») Sie das gewünschte Verhalten. Spezifizieren («*s*pecify») Sie die Pflegemaßnahmen und beschreiben Sie die positiven und negativen Folgen («*c*onsequences»). Beispiel: «Ihr Schreien stört die Anderen. Ich schlage vor, Sie gehen eine Weile auf Ihr Zimmer, bis Sie sich wieder unter Kontrolle haben. Ich schaue in 15 Minuten nach Ihnen, wenn Sie sich bis dahin nicht wieder unter Kontrolle haben, geben ich Ihnen Medikamente, die Ihnen dabei helfen.»

F: Ehrlichkeit vermittelt Einsichten und hält die Person davon ab, ihre Gefühle zu wenig zu berücksichtigen.

Ermutigen zu einem höheren Niveau des Funktionierens

Unterstützen der Person, dem eigenen Verhalten Grenzen zu setzen

Erörtern Sie alternative Coping-Methoden (z. B. einen Spaziergang machen statt zu weinen).
Konfrontieren Sie die Person mit der Einstellung, dass Regression kein akzeptables Verhalten darstellt.
Helfen Sie, Belohnungen hinauszuzögern (z. B.: «Ich möchte, dass Sie 5 Minuten warten, bevor Sie Ihre Bitte um Hilfe beim Bettenmachen wiederholen»).
Halten Sie die Person dazu an, realistische Erwartungen auch einzuhalten.
Stufen Sie Erwartungen schrittweise ab, um Frustration zu vermeiden.

Ermutigen und Unterstützen der Person im Entscheidungsfindungsprozess

Helfen Sie der Person, Optionen sowie deren jeweilige Vor- und Nachteile durchzugehen und zu sichten.
Unterstützen Sie beim Strukturieren von Aktivitäten des täglichen Lebens (z. B. Hilfe beim Planen der Zeit zum Baden vor einer Aktivität).
Loben Sie die Person, die mehr Verantwortung übernimmt.
Zeigen Sie bei einem Fehler Geduld und Verständnis. Unterstützen Sie beim Entwickeln eines Plans, wie man aus dem Fehler lernt.
Geben Sie der Person Gelegenheit, zu ihrem Behandlungsplan beizutragen.
Helfen Sie beim Festsetzen zukünftiger realistischer Ziele. Untersuchen Sie Probleme beim Erreichen eines Ziels und regen Sie verschiedene Alternativen an.

Unterstützen der Person beim Differenzieren zwischen Bedürfnissen und Forderungen

Erklären Sie die Unterschiede zwischen Bedürfnissen und Forderungen. (So sind z. B. Nahrung und Kleidung Bedürfnisse. Erwartungen, andere mögen den Klienten kleiden und füttern, obwohl er es auch selbst könnte, sind Forderungen.)

Unterstützen Sie den Klienten beim Untersuchen der Auswirkungen seines Verhaltens auf Dritte. Ermutigen Sie zu einem Verhaltenswandel, wenn es negative Reaktionen hervorruft.
Lehren Sie Verhandeln, um Bedürfnisse und Ziele zu erreichen.
Helfen Sie der Person, um Gewünschtes zu bitten und anderen zu sagen, wie es ihr geht.
Helfen Sie der Person zu erkennen, dass es nicht immer etwas mit der Achtung vor ihr zu tun hat, wenn andere Menschen ihre Bedürfnisse nicht befriedigen und ihre Forderungen nicht erfüllen.

Einsetzen kognitiver Verhaltenstherapie einzeln oder in der Gruppe

Helfen Sie der Person zu erkennen, dass die Symptome die Probleme verursachen und dass sie etwas dagegen tun kann.
Unterstützen Sie den Klienten beim Entwickeln von Strategien für den Umgang mit Symptomen.
Ermutigen Sie die Person, Symptome zu hinterfragen und dagegen anzugehen.

Der Person Gelegenheiten zu positiver Sozialisation geben

Dem Klienten helfen, sich unter vier Augen mitzuteilen

Seien Sie bei Interaktionen warmherzig, ehrlich und ernsthaft.
Zeigen Sie dem Klienten, dass Sie ihn akzeptieren.
Erkennen Sie an, dass manche Menschen die Notwendigkeit enger Beziehungen ableugnen.
Achten Sie besonders auf Verhaltensweisen, die auf Widerstand gegen zwischenmenschliche Anteilnahme hindeuten.
Helfen Sie der Person, sich zu vergegenwärtigen, dass Sie ihr Unbehagen in gesellschaftlichen Situationen anerkennen (z. B.: «Das muss schwierig für Sie sein»).
Setzen Sie Berührung nur sorgsam abgewogen ein, wenn die Person Nähe fürchtet.
Ermutigen Sie zum Erörtern realitätsbasierter Fragen und Themen.

Unterstützen der Person beim Erkennen von Verhaltensweisen, die zu Zurückweisung anregen

Benennen Sie Aktivitäten, welche die interpersonale Angst reduzieren (z. B. körperliche Betätigung, Übungen der kontrollierten Atmung).
Setzen Sie destruktivem Verhalten freundlich und fest Grenzen.
Gestatten Sie Äußerungen negativer Gefühle verbal oder in Form einer konstruktiven Aktivität.
Vermeiden Sie es, in Bezug auf Wahnvorstellungen oder destruktives Verhalten zu argumentieren oder darüber zu diskutieren.
Helfen Sie der Person, Verantwortung für die Reaktionen zu übernehmen, die sie bei anderen auslöst.
Ermutigen Sie dazu, nach dem Besuch von Familienangehörigen über Probleme des Umgangs miteinander zu sprechen.
Helfen Sie der Person, neue Fertigkeiten im Umgang mit anderen Menschen in Rollenspielsituationen zu testen.

Für weitere Interventionen siehe beeinträchtigte soziale Interaktion

Fördern körperlichen Wohlbefindens und Verhindern von Verletzungen

Erklären und Überwachen des Medikationsplans

Schätzen Sie ein, inwieweit die Person in der Lage ist, an die Einnahme von Medikamenten zu denken.

Unterstützen Sie die Person, an die Einnahme der Medikamente zu denken, indem Sie jedes Behältnis mit einem farbigen Aufkleber versehen und die Einnahmezeiten aufschreiben, mit einem entsprechenden farbigen Aufkleber daneben.

Prüfen Sie nach, um sicherzustellen, dass der Klient seine Medikamente auch tatsächlich eingenommen hat. Falls Ihnen Zweifel kommen, dass er eine orale Medikation einnimmt (z. B. weil sich die Symptome nicht bessern), stellen Sie um auf eine konzentrierte Form. Bei extrem misstrauischen und feindseligen Personen sollte mit dieser Darreichungsform begonnen werden, um nicht die Mundhöhle überprüfen zu müssen und das Misstrauen damit noch zu erhöhen.

Mischen Sie die Medikamente nicht unter die Nahrung.

Erörtern Sie die Gefahren des Mischens von Alkohol und Medikamenten.

Überwachen Sie auf Nebenwirkungen, auf ein malignes neuroleptisches Syndrom, extrapyramidale Nebenwirkungen und Spätdyskinesien

F: Für das Symptommanagement ist es entscheidend, dass der Medikationsplan eingehalten wird.

Überwachen der Nahrungsaufnahme

Beobachten Sie die Essgewohnheiten (Menge, Auswahl, Häufigkeit, Vorlieben und Abneigungen, Appetit).

Notieren Sie eine Gewichtszu- bzw. -abnahme.

Erörtern Sie eine dem Aktivitätsgrad angemessene Ernährung.

Gestatten Sie der Person, Nahrung auszuwählen, die sie besonders mag. Sollte sich jemand überwiegend von Snacks ernähren, schließen Sie einen Vertrag mit dieser Person (z. B.: «Wenn Sie ein Ei essen, dürfen Sie noch eine Brezel bestellen»).

Beachten Sie Wahnvorstellungen in Bezug auf Nahrung oder den Körper, welche die Nahrungsaufnahme stören könnten.

Halten Sie hyperaktive Personen zu vermehrter Kalorienzufuhr an.

Sorgen Sie für «Finger-Food», das nebenbei gegessen werden kann (z. B. belegte Brote).

Ermöglichen Sie eine Nahrungsauswahl. Unter Umständen isst der Klient gerne Speisen, die die Familie von Zuhause mitbringt, deren Verpackung noch ungeöffnet ist, Obst usw.

Für zusätzliche Interventionen siehe *Mangelernährung*.

F: Ein Vitaminmangel (z. B. Thiamin und Niacin) kann Reizbarkeit und Verwirrtheit verursachen (Porth, 2006).

Einschätzen der Fähigkeit zu Aktivitäten der Selbstversorgung

Stellen Sie fest, in welchen Bereichen der Körperpflege der Klient Unterstützung braucht (Schlaf und Ruhe, Ernährung, Baden, Sich-An- und -Auskleiden, Ausscheiden, körperliche Betätigung/Sport).

Achten Sie darauf, in welchem Maße die Person motiviert und an ihrer äußeren Erscheinung interessiert ist.
Lehren Sie die Person Fertigkeiten, die zur Übernahme der Verantwortung für die Selbstversorgung nötig sind.
Unterstützen Sie die Person beim Planen von Alltagsroutinen zur Förderung von Unabhängigkeit und Verantwortlichkeit.
Überwachen Sie auf Schlafstörungen.
Sorgen Sie bei einer extrem misstrauischen Person für ein Einzelzimmer.
Schlagen Sie vor, das Licht eingeschaltet zu lassen.
Reichen Sie dem Betreffenden vor dem Schlafengehen ein nicht anregendes Getränk und eine kleine Mahlzeit.
Schätzen Sie ein, ob Schlafmittel nötig sind.
Falls angemessen, arrangieren Sie die Verabreichung der letzten Antipsychotikadosis zur Schlafenszeit, indem Sie z. B. eine 2-malige Verabreichung morgens und abends vornehmen.
Für weitere Interventionen siehe *Selbstversorgungsdefizit*.

F: Die Beteiligung an der Selbstversorgung kann das Selbstwertgefühl erhöhen und die äußere Erscheinung verbessern.

Einschätzen des Schlaf-Ruhe-Verhaltens

Teilen Sie Zeiten zum Schlafen, zum Ruhen und für Freizeitaktivitäten ein.
Erkunden Sie Techniken, die schlaffördernd wirken können (z. B. ein Glas warme Milch, ein Bad, Lesen, Schlafhygiene, periphere Wärmeabgabe).
Überwachen Sie das Schlaf-Ruhe-Verhalten anhand einer Kurve, bis es nicht länger problematisch ist.
Für zusätzliche Interventionen siehe *Schlafstörung*.

F: Gestörte Denkprozesse können den Schlaf unterbrechen und ein unterbrochener Schlaf kann gestörte Denkprozesse verstärken.

Verbreiten Sie Hoffnung. Für spezifische Interventionen siehe Hoffnungslosigkeit

Senken des Gewaltpotenzials gegenüber der eigenen Person und Dritten

Sorgen für eine minimal stimulierende Umgebung

Verringern Sie helle Farben und laute Geräusche.
Äußern Sie sich kurz, präzise und sachlich.
Seien Sie schlüssig und in sich stimmig.
Erwägen Sie die Zuweisung von Personal, das für den Aufbau einer vertrauensvollen Beziehung verantwortlich ist.
Vermeiden Sie große Gruppen.

Sorgen für Aktivitäten, bei denen der Klient erfolgreich sein kann

Vermeiden Sie Wettkampfsportarten.
Misstrauische Menschen sind oft gute Manager.

Involvieren Sie den Klienten in Aktivitäten von kurzer Dauer.
Ermutigen Sie zu körperlicher Betätigung.

Zulassen von Feindseligkeit (solange sie nicht kämpferisch/destruktiv ist)

Seien Sie vorurteilslos.
Nehmen Sie nichts persönlich.

F: Es werden Aktivitäten gewählt, die das Ego nicht bedrohen. Regelmäßige körperliche Betätigung kann helfen, übermäßigen Stress abzubauen.

Einschätzen auf Zeichen von Aggression

(«Die russischen Spione werden mich heute Nacht angreifen.»)
Für weitere Interventionen siehe *Gefahr der fremdgefährdenden Gewalttätigkeit*.

Erkennen von Hinweisen auf Suizid

Plötzliche Veränderungen der Stimmungslage oder des Verhaltens.
Äußerungen über geplante Selbstschädigungen.
Äußerungen über Stimmen, die befehlen, sich selbst oder Dritte zu schädigen.
Beobachten Sie genau auf Verhaltensänderungen. Seien Sie verstärkt wachsam.
Teilen Sie den übrigen MitarbeiterInnen mit, dass Gefahr einer Selbstschädigung besteht.
Für weitere Interventionen siehe *Suizidgefahr*.

Beginnen mit Gesundheitsedukation und Überweisen, soweit angezeigt

Antizipieren Sie Schwierigkeiten bei der Anpassung an das Leben in Gemeinschaft. Erörtern Sie Bedenken hinsichtlich der Rückkehr in eine Gemeinschaft und finden Sie heraus, wie die Familie auf die Entlassung reagiert. Übergeben Sie an einen Case-Manager.

Sorgen Sie für Gesundheitsedukation zur Vorbereitung der Person auf die Belastungen im Leben (Entspannungstechniken, Problemlösungsfertigkeiten, Verhandeln mit Dritten, konstruktives Äußern von Gefühlen).

Überprüfen Sie auf Zeichen und Symptome eines Rezidivs, die eine drohende Fehlanpassung anzeigen.

Überweisen Sie zur Unterstützung an weitere Gesundheitsfachpersonen, und zwar:

- an einen Beschäftigungstherapeuten für Freizeitaktivitäten
- an einen Arbeitstherapeuten zum Erlernen neuer Fähigkeiten am Arbeitsplatz
- an eine Sozialarbeiterin, um Arrangements für das weitere Leben und finanzielle Probleme zu erörtern und mit der Familie zu verhandeln.

Stellen Sie Telefonnummer und Anschrift der lokalen Landesklinik zur Verfügung.

Informieren Sie über soziale Einrichtungen, die Hilfe bei der Anpassung an das Leben in der Gemeinde anbieten.

Unterweisen Sie die Familie und Bezugspersonen hinsichtlich der Krankheit der Person und erfolgreicher Coping-Strategien.

F: Eine erfolgreiche Anpassung an das Leben in der Gemeinde erfordert ein fortlaufendes Case-Management.

Pädiatrische Interventionen

Maßnahmen

Schätzen Sie bei Kindern mit Denkstörungen ein, ob Zeichen einer dissoziativen Störung vorliegen (Mohr, 2003):

- anamnestisch bekannter Missbrauch (körperlich, sexuell)
- Wechsel zwischen Persönlichkeiten
- Affektstörungen
- abrupte Verhaltensänderungen.

Überweisen Sie zur multidisziplinären Abklärung.

Beeinträchtigte Gedächtnisleistung

Definition

Beeinträchtigte Gedächtnisleistung: der Zustand, in dem eine Person vorübergehend oder dauerhaft außerstande ist, sich an Informationen oder verhaltensbezogene Fertigkeiten zu erinnern.

Beeinträchtigte Gedächtnisleistung (engl. Impaired memory): Unfähigkeit, sich an Teile von Informationen oder Verhaltensweisen zu erinnern oder diese abzurufen (NANDA-I, 2010).

Bestimmende Merkmale oder Kennzeichen

Hauptkennzeichen (eines oder mehr obligat)

Beobachtungen oder Äußerungen über Vergessen.

- [berichtetes] Erleben von Vergesslichkeit
- Unfähigkeit, sich an Ereignisse zu erinnern
- Unfähigkeit, sich an sachliche Informationen [oder vertraute Personen, Orte, Gegenstände] zu erinnern.

- [beobachtetes Erleben von Vergesslichkeit]
- Unfähigkeit zu bestimmen, ob eine Handlung ausgeführt wurde
- Unfähigkeit, neue Fertigkeiten zu erlernen
- Unfähigkeit, neue Fertigkeiten zu behalten
- Unfähigkeit, neue Informationen zu erlernen

- Unfähigkeit, neue Informationen im Gedächtnis zu behalten
- Unfähigkeit, eine bereits gelernte Fertigkeit auszuführen
- vergisst, eine Handlung zu einer geplanten Zeit auszuführen.

Einflussfaktoren

Pathophysiologische Faktoren

B/d ZNS-Veränderungen, neurologische Störungen s/b/d:

eine degenerative Hirnerkrankung
Apoplex
eine sonstige Läsion
eine Kopfverletzung.

B/d Hypoxie
B/d Anämie
B/d unausgeglichener Flüssigkeits- und Elektrolythaushalt
B/d reduzierte Herzleistung
B/d eine verringerte Quantität und Qualität der verarbeiteten Information, s/b/d:

Sehschwäche
den Erschöpfung
den Bildungsgrad
Schwerhörigkeit
Lerngewohnheiten
schwache körperliche Kondition
intellektuelle Fertigkeiten.

B/d Mängel der Ernährung (z. B. Vitamin C und B12, Folsäure, Niacin, Thiamin).

Behandlungsbedingte Faktoren

B/d Auswirkungen der Medikation (zu spezifizieren) auf die Speicherung im Gedächtnis.

Situationsbedingte Faktoren (persönlich bedingt, umgebungsbedingt)

B/d sich selbst erfüllende Erwartungen.

B/d übermäßige Konzentration auf die eigene Person und exzessives Sich-Sorgen, s/b/d:

Trauern
Angst
Depression.
B/d Alkoholkonsum; Suchtmittelmissbrauch.
B/d fehlende/mangelnde Motivation.
B/d fehlende/mangelnde Stimulation.

B/d übermäßige Störungen durch die Umgebung, (manischer Zustand, Dämmerzustand, traumatisches Ereignis).

B/d Konzentrationsstörungen, s/b/d:

Stress
fehlende/mangelnde intellektuelle Anregung
Schmerz
Schlafstörungen
Ablenkung.

Anmerkung der Autorin

Diese Diagnose ist von Nutzen, wenn man der Person helfen kann, infolge eines verbesserten Gedächtnisses besser zu funktionieren. Wenn sich ihr Gedächtnis aufgrund einer ZNS-Degeneration nicht verbessern lässt, ist diese Diagnose ungeeignet. Stattdessen sollte die Pflegeperson die Auswirkungen der beeinträchtigten Gedächtnisleistung evaluieren, etwa im Sinne von *Selbstversorgungsdefizit: …* oder *Verletzungsgefahr*. Der Schwerpunkt von Interventionen läge auf einer Verbesserung der Selbstversorgung oder des Schutzes und nicht auf dem Verbessern des Gedächtnisses.

Zentrale Konzepte

Allgemeine Überlegungen

- Das Gedächtnis ist ein Verarbeitungskontinuum. Es reicht von oberflächlich bis langfristig und die Dauer bestimmter Erinnerungen hängt von ihrer Verarbeitungstiefe ab (Miller, 2004).
- Es gibt drei Stadien des Gedächtnisses (Miller, 2004):
  - *sensorisches Gedächtnis* – Bewusstsein von Informationen, die durch Sehen, Hören, Schmecken, Riechen und Berühren gewonnen wurden und nur ein paar Sekunden anhalten.
  - *Kurzzeitgedächtnis* – Arbeitsgedächtnis, enthält geringe Mengen an Information (z. B. eine Telefonnummer).
  - *Langzeitgedächtnis* – Gedächtnisdatenbank, Zugriff und Abruf jederzeit möglich.
- Die Gedächtnisfunktion macht dem Menschen mehr Sorgen als jede andere kognitive Funktion. Wenn ein älterer Mensch etwas vergisst, gilt dies als Zeichen von Krankheit; dasselbe bei einem jüngeren Menschen wird aufgefasst, als habe er zu viele Dinge im Kopf.
- Bei Konzentrationsstörungen haben Entspannung und gelenkte Imagination das Gedächtnis und das Lernen verbessert (Miller, 2004).
- Das hervorstechendste Merkmal im ersten Stadium der Alzheimer-Krankheit ist der Verlust des Kurzzeitgedächtnisses (Maier-Lorentz, 2000).

Geriatrische Überlegungen

- Das Kurzzeitgedächtnis lässt im Alter leicht nach (Miller, 2004).
- Die benigne Vergesslichkeit alter Menschen umfasst ein geringfügiges Nachlassen des Gedächtnisses. Sie ist nicht progressiv und führt nicht zu Funktionsausfällen im täglichen Leben (Kane et al., 1994).
- Falls die Gedächtnisausfälle voranschreiten und andere Bereiche des intellektuellen Funktionierens beeinträchtigen, sollte eine Demenz erwogen werden (Kane et al., 1994).

Einschätzungskriterien des Fokusassessments

Beim Klienten und seinen Bezugspersonen zu erheben.

Subjektive Daten

Einschätzen bestimmender Merkmale oder Kennzeichen

Weit zurückliegende Ereignisse: «Wo wurden Sie geboren?», «Wo gingen Sie zur Grundschule?», «Was war Ihr erster Arbeitsplatz?», «Wann haben Sie geheiratet?».

Kürzer zurückliegende Ereignisse: «Leben Sie mit jemandem zusammen?», «Haben Sie Enkel?», Wie heißen Ihre Enkel?», «Wann waren Sie zum letzten Mal beim Arzt?».

Kurzzeitgedächtnis – Gedächtnisleistung: Nennen Sie drei unzusammenhängende Fakten und bitten Sie die Person, diese unmittelbar danach und dann noch einmal nach 5 Minuten zu wiederholen.

Kurzzeitgedächtnis – allgemeines Erfassen und Abrufen: Lassen Sie die Person eine Kurzgeschichte lesen und anschließend zusammenfassen.

Kurzzeitgedächtnis – Wiedererkennen: Stellen Sie eine Multiple-Choice-Frage und bitten Sie die Person um Auswahl der korrekten Antwort.

Die Fähigkeit, daran zu denken, …

- … Selbstversorgungsaktivitäten durchzuführen.
- … Verabredungen einzuhalten.
- … das Notwendige einzukaufen.
- … Rechnungen zu bezahlen.
- … Medikamente einzunehmen.

Ziele

Die Person äußert, mit ihrem Gedächtnis zufriedener zu sein.

NOC

- Kognitive Orientierung
- Gedächtnisleistung

Indikatoren

- Benennen dreier Techniken zur Verbesserung des Gedächtnisses.
- Benennen von Faktoren, die das Gedächtnis schwächen.

Allgemeine Interventionen

NIC

- Realitätsorientierung
- Gedächtnistraining
- Umgebungsmanagement

Erörtern der Überzeugungen der Person in Bezug auf Gedächtnislücken

Korrigieren Sie Fehlinformationen.
Erklären Sie, dass negative Erwartungen zu Gedächtnislücken führen können.

F: Viele persönliche und umgebungsbedingte Faktoren, wie etwa der Bildungsgrad und Erwartungen, beeinflussen das Gedächtnis ganz erheblich. So wird in der Gesellschaft beispielsweise von älteren Menschen erwartet, dass sie vergesslich sind und dies kann zur sich selbst erfüllenden Prophezeiung werden.

F: Gedächtnisprobleme können mit vielen Faktoren zusammenhängen, wie z. B. einer Erkrankung des ZNS, Mangelernährung, niedrigem Bildungsgrad, sensorischen Defiziten, Stress, Schmerz oder Depression.

Erklären der günstigen Wirkungen von Entspannung und angeleiteter Imagination, wenn es der Person schwer fällt, sich zu konzentrieren

Unterweisen der Person in zwei oder drei der folgenden Methoden zur Verbesserung des Gedächtnisses (Maier-Lorentz, 2000; Miller, 2004)

Sich Notizen machen (z. B. in Listen, einem Kalender oder einem Notizbuch).

Verwenden von akustischen (z. B. Timer, Wecker) zusammen mit schriftlichen Erinnerungshilfen.

Verwenden von Hinweisen aus der Umgebung, etwa indem ein Gegenstand von seinem ursprünglichen Platz wegbewegt und wieder dorthin gestellt wird, nachdem er als Erinnerungshilfe gedient hat.

Bestimmte Dinge jeweils an bestimmten Orten aufbewahren. Dinge stets am richtigen Ort aufbewahren (z. B. Schlüssel an einem Haken neben der Eingangstür).

Erinnerungshilfen an den geeigneten Ort stellen/legen (z. B. Schuhe, die repariert werden müssen, neben die Eingangstür stellen).

Verwenden von Bildern («Ein Bild sagt mehr als 1000 Worte»). Erstellen Sie im Geist ein Bild, wenn Sie sich an etwas erinnern möchten: Je bizarrer das Bild, desto höher die Wahrscheinlichkeit, dass Sie sich an das Gewünschte erinnern.

Aktives Beobachten: Achten Sie auf die Einzelheiten um Sie herum und seien Sie wachsam gegenüber der Umgebung.

Assoziationen oder mentale Verknüpfungen bilden (z. B. beim Umstellen der Uhren von Winter- auf Sommerzeit).

Assoziationen bilden zwischen Namen und mentalen Bildern (z. B. Frau «Vogel», Herr «Platte»).

Memorieren von Dingen, an die man sich erinnern möchte, indem man sie laut wiederholt oder sie aufschreibt.

Sich selbst instruieren, indem man sich Dinge laut vorsagt (z. B.: «Ich lege meine Schlüssel auf den Tresen, damit ich daran denke, den Herd auszuschalten, bevor ich gehe»).

Unterteilen von Informationen in kleine Untereinheiten, an die man sich leicht erinnern kann (z. B. bei einer Telefonnummer: 688 22 354).

Strukturieren von Informationen in logische Kategorien (z. B. Shampoo und Haarspray, Zahnpasta und Mundspülung, Seife und Deodorant).

Erinnerungshilfen in Form von Reimen (z. B.: «753 kroch Rom aus dem Ei»).

Verwenden von Akronymen als Erinnerungshilfen (z. B.: Milch, Aufschnitt, Nüsse, Dosenmilch, Eier, Limetten = *Mandel*).

Bilden von Wortassoziationen, um sich an Buchstabenkombinationen zu erinnern (z. B. beim Nummernschild eines Autos: HVL = Havel).

Durchsuchen des Alphabets, während man sich auf das konzentriert, an das man sich erinnern möchte. Wenn Sie sich beispielsweise an eine Person namens Martin erinnern möchten, Beginnen Sie mit «A» und entsprechenden Namen und fahren Sie fort, bis Sie unter «M» auf Martin stoßen.

Erfinden einer Geschichte, um Dinge, an die Sie sich erinnern möchten, miteinander zu verknüpfen. Wenn Sie beispielsweise zur Reinigung und zur Post gehen möchten, erfinden Sie eine Geschichte über das Versenden einer Hose.

F: Um das Gedächtnis zu verbessern, muss man sich erinnern wollen und über die entsprechenden Techniken verfügen (Miller, 2004).

Bei dem Versuch, etwas zu lernen oder sich an etwas zu erinnern:

Ablenkungen auf ein Minimum reduzieren.

Keine Eile.

Routineaufgaben auch weiterhin in strukturierter Form erledigen.

Mitführen eines Notizblocks oder Kalenders oder Verwenden schriftlicher Erinnerungshilfen.

F: Ein beeinträchtigtes Gedächtnis lässt sich verbessern, indem Informationen eher bedeutsam und logisch als abstrakt gehalten werden.

Bei der Edukation (Miller, 2004):

Beseitigen Sie Ablenkungen.
Präsentieren Sie Informationen möglichst konkret.
Verwenden Sie praktische Beispiele.
Gestatten Sie der Person, in ihrem eigenen Tempo zu lernen.
Verwenden Sie visuelle und akustische Hilfsmittel.
Sorgen Sie vorab für Programme, Übersichten und schriftliche Hinweise.
Ermutigen Sie zum Gebrauch von Hilfsmitteln.
Stellen Sie sicher, dass Brillen geputzt sind und als Beleuchtung ein weiches, weißes Licht herrscht.
Korrigieren Sie falsche Antworten sofort.
Ermutigen Sie zu verbalen Antworten.
Versuchen Sie, Selbstversorgungsaktivitäten jeden Tag in gleicher Reihenfolge und zur gleichen Zeit zu organisieren.

F: Einfache, direkte Edukationsstrategien können das Lernen und Behalten verbessern.
F: Stellen Sie fest, ob Lernhindernisse, wie z. B. Stress, Alkohol, Schmerz, Depression und/oder ein niedriger Bildungsgrad, vorliegen.
F: Für zusätzliche Interventionen siehe die jeweilige Pflegediagnose.

Geriatrische Interventionen

Maßnahmen

Sorgen Sie für akkurate Informationen über altersbedingte Veränderungen.
Erklären Sie den Unterschied zwischen altersbedingter Vergesslichkeit und Demenz.

F: Klienten und ihre Familien setzen jegliche Gedächtnisstörung u. U. mit der Alzheimer-Krankheit gleich.
F: Für akkurate Informationen zu sorgen kann Befürchtungen lindern.

Durchblutungsstörung (spezifiziere: renale, zerebrale, kardiopulmonale, gastrointestinale)

Durchblutungsstörung (spezifiziere: renale, zerebrale, kardiopulmonale, gastrointestinale)

Periphere Durchblutungsstörung

Definition

Durchblutungsstörung: der Zustand, in dem eine Person aufgrund eines Rückgangs der kapillären Blutversorgung eine Abnahme der Ernährung und Atmung auf zellulärer Ebene erfährt oder entsprechend gefährdet ist.

Anmerkung der Autorin

Die Gewebsdurchblutung hängt von zahlreichen physiologischen Faktoren sowohl innerhalb von Körpersystemen als auch auf zellulärer Ebene ab. Die Reaktion eines Menschen auf eine Durchblutungsstörung kann dessen Gesundheitsverhalten teilweise oder vollständig zum Erliegen bringen und physiologische Komplikationen verursachen. So ist beispielsweise eine Person mit chronischer Niereninsuffizienz gefährdet durch Störungen des Flüssigkeits- und Elektrolythaushalts, Azidose, Ernährungsstörungen, Ödeme, Erschöpfung, Pruritus und ein gestörtes Selbstkonzept. Beschreibt die Diagnose *unwirksame Nierendurchblutung* nun diese verschiedenen Reaktionen oder ist es nur eine neue Bezeichnung für Niereninsuffizienz oder Nierensteine?

Mit Ausnahme der *peripheren Durchblutungsstörung* liefert jegliche Verwendung von *Durchblutungsstörung* als Diagnose nur neue Bezeichnungen für medizinische Diagnosen, die den Pflegefokus bzw. die Verantwortlichkeit der Pflege nicht beschreiben. Nachfolgend einige Beispiele aus der Literatur für *Durchblutungsstörung* als Diagnose mit den entsprechenden Zielen:

- *Durchblutungsstörung,* **b/d** *Hypovolämie,* **s/b/d** *Magen-Darm-Blutung*
- *Ziel:* Die Durchblutung bessert sich, **a/d** stabilisierte Vitalzeichen des Klienten.
- *Durchblutungsstörung des Gehirns,* **b/d** *erhöhten Schädelinnendruck*
- *Ziel:* Der Schädelinnendruck (ICP) liegt nicht über 15 mmHg; die klinischen Zeichen des ICP sind vermindert.
- *Durchblutungsstörung,* **b/d** *die vasoaktive Natur der Sichelzellbildung,* **s/b/d** *eine Sichelzellkrise*
- *Ziel:* Der Klient zeigt eine verbesserte Gewebsdurchblutung, **a/d** adäquate Urinausfuhr, Fehlen von Schmerzen, kräftige periphere Pulse.

Alle oben genannten Ergebnisse zeigen Kriterien, die Pflegepersonen dazu dienen, den Zustand des Klienten einzuschätzen, um geeignete Pflegeinterventionen und indizierte medizinische Interventionen zu bestimmen oder abzustimmen. Diese Situationen stellen demnach folgende interdisziplinäre Probleme dar: *PK: Magen-Darm-Blutung, PK: erhöhter ICP, PK: Sichelzellkrise.*

Im Jahre 1980 genehmigte die NANDA die Diagnose *Durchblutungsstörung (renale, zerebrale, kardiopulmonale, gastrointestinale).* Sie entspricht nicht der 1990 genehmigten Definition (siehe Kap. 2). Bei Anwendung dieser Diagnosen können Pflegende nicht für das Verordnen von Interventionen zur Erreichung des Ergebnisses verantwortlich sein. Statt *Durchblutungsstörung* einzusetzen sollte sich die Pflegeperson auf die Pflegediagnosen und interdisziplinären Probleme konzentrieren, die auf eine gestörte renale, kardiale, zerebrale, pulmonale oder gastrointestinale Durchblutung anwendbar sind.

Periphere Durchblutungsstörung kann eine klinisch nützliche Pflegediagnose sein, wenn sie zur Beschreibung einer chronischen arteriellen oder venösen Insuffizienz oder einer potenziellen Thrombophlebitis dient. (Im Gegensatz dazu sind eine akute Embolie und Thrombophlebitis interdisziplinäre Probleme.) Eine Pflegeperson, die sich darauf konzentriert, bei einem Klienten postoperativ eine Thrombophlebitis zu verhindern, würde die Diagnose wie folgt formulieren: *Gefahr einer peripheren Durchblutungsstörung,* **b/d** *postoperative Immobilität und Dehydratation.*

Irrtümer in diagnostischen Aussagen

1. *Durchblutungsstörung des Magen-Darm-Traktes,* **b/d** *blutende Ösophagusvarizen*
   Da diese Diagnose eigentlich eine Situation darstellt, die Pflegende anhand pflegerischer und medizinischer Interventionen überwachen und managen, sollte sie neu formuliert werden als das interdisziplinäre Problem *PK: Blutung von Ösophagusvarizen.*
2. *Durchblutungsstörung des Gehirns,* **b/d** *ein Hirnödem,* **s/b/d** *intrakranielle Infekte*
   Diese Diagnose ist lediglich eine neue Bezeichnung für Enzephalitis, Meningitis oder einen Abszess. Stattdessen sollte die Pflegeperson interdisziplinäre Probleme spezifizieren, um die Verantwortlichkeit der Pflege zu beschreiben und zu benennen: *PK: erhöhter intrakranieller Druck* und *PK: Septikämie.* Außerdem sind evtl. bestimmte Pflegediagnosen indiziert (z. B. *Gefahr einer Infektionsübertragung, beeinträchtigtes Wohlbefinden*).
3. *Periphere Durchblutungsstörung,* **b/d** *eine tiefe Venenthrombose*
   Die tiefe Venenthrombose ist eine medizinische Diagnose, die Maßnahmen auslöst, für die Pflegende verantwortlich sind, nämlich das Überwachen und Managen physiologischer Komplikationen (z. B. Embolie, venöse Ulzera) mittels ärztlich und pflegerisch verordneter Interventionen. Diese Situation ließe sich durch interdisziplinäre Probleme, wie z. B. *PK: Embolie* wiedergeben. Außerdem würde die Pflegeperson unabhängig intervenieren, um Komplikationen der Immobilität zu verhindern und in der Rezidivprävention zu unterweisen, indem sie Pflegediagnosen stellt, wie z. B. *Immobilitätssyndrom* und *Gefahr eines unwirksamen Gesundheitsverhaltens,* **b/d** *unzureichendes Wissen über Risikofaktoren.*

Periphere Durchblutungsstörung

Definition

Periphere Durchblutungsstörung: der Zustand, in dem eine Person aufgrund eines Rückgangs der kapillären Blutversorgung eine Abnahme der Ernährung und Atmung auf peripherer zellulärer Ebene erfährt oder entsprechend gefährdet ist.

Periphere Durchblutungsstörung (engl. Ineffective peripheral tissue perfusion): Verminderung der Blutzirkulation in der Peripherie, die die Gesundheit beeinträchtigen könnte (NANDA-I, 2010).

Bestimmende Merkmale oder Kennzeichen

Hauptkennzeichen (eines oder mehrere obligat)

Vorliegen einer oder mehrerer der folgenden Formen (Definitionen siehe «Zentrale Konzepte»):

- Claudicatio (arteriell)
- Ruheschmerz (arteriell)
- ziehende Schmerzen (arteriell oder venös)
- Missempfindungen (Parästhesien), (Sensibilitätsstörungen).

Verminderte oder fehlende arterielle Pulse (arteriell).
Veränderungen der Hautfarbe:

- Blässe (arteriell)
- Zyanose (venös)
- reaktive Hyperthermie (arteriell).

Veränderungen der Hauttemperatur:

- erniedrigt (arteriell)
- erhöht (venös).

Verminderter Blutdruck (arteriell).
Kapilläre Wiederauffüllzeit > 3 s (arteriell).

- Blutdruckveränderungen in den Extremitäten
- veränderte Hauteigenschaften (Farbe, Elastizität, Haare, Feuchtigkeit, Nägel, Gefühl [Sensibilität], Temperatur)
- Hautfarbe erblasst beim Anheben [der Extremität]
- keine Rückkehr der Farbe beim Absenken des Beines, [Hauterythem oder lagerungsabhängige Rötung bei chronisch trockener Haut, feine und grobe Schuppenbildung]
- Knöchel-Arm-Index < 0,90
- kürzere erreichte Distanzen im 6-Minuten-Gehtest
- kürzere schmerzfrei erreichte Distanzen im 6-Minuten-Gehtest
- verzögerte periphere Wundheilung.
- Strömungsgeräusch der A. femoralis.

Nebenkennzeichen (fakultativ)

Ödem (venös).
Veränderung der sensorischen Funktion (arteriell).
Veränderung der motorischen Funktion (arteriell).
Trophisch bedingte Gewebsveränderungen (arteriell):

- harte, verdickte Nägel
- Haarausfall
- nicht verheilende Wunden.

Einflussfaktoren

Pathophysiologische Faktoren

B/d einen beeinträchtigten Blutstrom, s/b/d:

Gefäßleiden:

- Arteriosklerose
- Raynaud-Krankheit/-Syndrom
- Leriche-Syndrom
- Aneurysma
- venöse Hypertonie
- Varizen
- arterielle Thrombose
- Sichelzellkrise
- rheumatoide Arthritis
- Thrombangiitis obliterans (Winiwarter-Buerger-Syndrom)
- Gefäßkollagenose
- Alkoholismus
- tiefe Venenthrombose
- Zirrhose.

Diabetes mellitus.
Hypotonie, Hypertonie.
Blutdyskrasien.
Niereninsuffizienz.
Krebs/Tumorleiden.

Behandlungsbedingte Faktoren

B/d Immobilisation.
B/d externe Zugänge.
B/d Druckstellen/Einschnürung (elastische Kompressionsbinden, -strümpfe, Fixierungen).
B/d Verletzung oder Kompression eines Blutgefäßes.

Situationsbedingte Faktoren (persönlich bedingt, umgebungsbedingt)

B/d Druck eines sich vergrößernden Uterus auf Beckengefäße.
B/d Druck eines vergrößerten Abdomens auf Beckengefäße.
B/d die gefäßverengenden Effekte von Tabak.
B/d ein reduziertes zirkulierendes Volumen, s/b/d Dehydratation.
B/d lagerungsbedingtes venöses Pooling.
B/d Hypothermie.
B/d den Druck von Muskelmasse, s/b/d Heben schwerer Lasten.
B/d fehlendes Wissen über verstärkende Faktoren (z. B. Rauchen, bewegungsarmer Lebensstil, Trauma, Adipositas, Salzeinnahme [-zufuhr], Immobilität)

B/d fehlendes Wissen über Krankheitsverlauf (z. B. Diabetes, Hyperlipidämie, [peripheres Arterienleiden, chronische Veneninsuffizienz])
B/d bewegungsarmer Lebensstil
B/d Rauchen

Anmerkung der Autorin

Siehe *Durchblutungsstörung (spezifiziere: renale, zerebrale, kardiopulmonale, gastrointestinale).*

Irrtümer in diagnostischen Aussagen

Siehe *Durchblutungsstörung (spezifiziere: renale, zerebrale, kardiopulmonale, gastrointestinale).*

Zentrale Konzepte

Allgemeine Überlegungen

- Die Zellernährung und -atmung hängen von einem adäquaten Blutstrom in der Mikrozirkulation ab.
- Eine adäquate zelluläre Oxygenierung hängt von folgenden Prozessen (Porth, 2006) ab, und zwar von der Fähigkeit …
  - … der Lunge zu einem adäquaten Austausch der Atemluft (O_2/CO_2).
  - … der Lungenalveolen, Sauerstoff und Kohlendioxid durch die Zellmembranen ins Blut diffundieren zu lassen.
  - … der Erythrozyten (Hämoglobin), Sauerstoff zu transportieren.
  - … des Herzens, mit hinreichender Kraft zu pumpen, um Blut bis in die kleinsten Gefäße der Mikrozirkulation zu transportieren.
  - … intakter Blutgefäße, Blut bis in die Mikrozirkulation zu transportieren.
- Eine Hypoxämie (verminderter Sauerstoffgehalt des Blutes) führt zu zellulärer Hypoxie, die ein Anschwellen der Zellen bewirkt und zum Gewebsschaden beiträgt.
- Der *arterielle* Blutstrom wird durch Tieflagerung verstärkt und durch Anheben vermindert, denn die Schwerkraft zieht das Blut nach unten und weg vom Herzen.
- Bei einer Störung der peripheren Durchblutung muss die Pflegeperson deren Natur berücksichtigen. Die beiden Hauptkomponenten des peripheren Gefäßsystems sind das arterielle und das venöse System. In jedem der beiden gibt es andere Zeichen, Symptome, Ätiologien und Pflegeinterventionen für die jeweiligen Probleme, die demnach auch getrennt voneinander angegangen werden.
- Veränderungen in der Arterienwand erhöhen die Inzidenz von Apoplex und koronarer Herzkrankheit (Porth, 2006).
- Hohe Spiegel zirkulierender Lipide erhöhen die Gefahr einer koronaren Herzkrankheit, eines peripheren Gefäßleidens und eines Apoplex (Porth, 2006).

Geriatrische Überlegungen

- Zu den altersbedingten Gefäßveränderungen gehört eine Abnahme der Elastizität, die zu einem erhöhten peripheren Widerstand, beeinträchtigter Funktion der Barorezeptoren und einer herabgesetzten Fähigkeit zur Steigerung der Organdurchblutung führt (Miller, 2004). Diese altersbedingten Veränderungen bewirken, dass die Venen weiter und weniger elastisch werden. Ventile der großen Venen werden weniger effizient. Ein altersbedingter Rückgang der Muskelmasse und Inaktivität verringern die periphere Zirkulation noch weiter (Miller, 2004).
- Ein Abbau der körperlichen Kondition oder mangelnde körperliche Betätigung unterstützen die funktionellen Folgen von altersbedingten Herz-Kreislauf-Veränderungen, Depression und Motivationsmangel (Miller, 2004).

Einschätzungskriterien des Fokusassessments

Siehe Tabelle II-43 und II-44.

Subjektive Daten

Einschätzen bestimmender Merkmale oder Kennzeichen

Schmerzen (in Verbindung mit …; Tageszeit).
Temperaturveränderungen.
Blässe, Zyanose, Parästhesien.
Veränderung der Motorik.

Einschätzen beeinflussender Faktoren

Anamnese
Siehe «Einflussfaktoren».

Risikofaktoren
Rauchen (nie, aufgegeben, Anzahl der Jahre).
Immobilität.
Anamnestisch bekannte Phlebitis.
Bewegungsarme Lebensweise.
Familienanamnestisch bekannt: Herzerkrankung, Apoplex, Nierenleiden oder Diabetes mellitus; Stress.

Medikamente
Art.
Nebenwirkungen.
Dosierung.

Tabelle II-43: Arterielle vs. venöse Insuffizienz – Vergleich subjektiver Daten

Symptom		Arterielle Insuffizienz	Venöse Insuffizienz
Schmerz	Lokalisation	Füße, Beinmuskeln, Zehen	Knöchel, Unterschenkel
	Qualität	brennend, schlagartig, kribbelnd, pulsierend, krampfartig, scharf	ziehend, Spannungsgefühl
	Quantität	Zunahme bei vermehrter Muskelaktivität oder Anheben der Extremität	Schwankungen mit der Flüssigkeitszufuhr, dem Einsatz von Stützstrümpfen und dem Rückgang der Muskelaktivität
	Verlauf	Beginn vorhersagbar bei Aktivität	abends stärker ausgeprägt als morgens
	Setting	Gebrauch der betroffenen Muskelgruppe	Zunahme im Laufe des Tages bei längerem Stehen
	aggravierende Faktoren	Belastung, Anheben der Extremität	Immobilität, Tieflagern der Extremität
	lindernde Faktoren	Einstellen der Belastung, Tieflagern der Extremität	Hochlagern der Extremität, Kompressionsstrümpfe, Bandagen
Parästhesie		Taubheit, Kribbeln, Brennen, verminderte Sensibilität für Berührung	unverändert, sofern nicht das arterielle System oder Nerven betroffen sind

Objektive Daten

Einschätzen bestimmender Merkmale oder Kennzeichen

Haut:

- Temperatur (kühl, warm)
- Farbe (blass, gerötet bei Tieflagerung, erythematös, zyanotisch, braun verfärbt)
- Ulzerationen (Größe, Lokalisation, Beschreibung des umliegenden Gewebes)

Tabelle II-44: Arterielle vs. venöse Insuffizienz – Vergleich objektiver Daten

Zeichen	Arterielle Insuffizienz	Venöse Insuffizienz
Temperatur	kühle Haut	warme Haut
Hautfarbe	blass beim Anheben, gerötet beim Tieflagern (reaktive Hyperämie)	gerötet, zyanotisch; typische braune Verfärbung um die Knöchel
Kapilläre Wiederauffüllzeit	→ 3 s	–
Pulse	fehlend oder schwach	vorhanden, außer bei arterieller Begleiterkrankung, oder überlagert durch ein Ödem
Bewegung	verminderte motorische Leistungsfähigkeit bei Ischämie von Nerven und Muskeln	motorische Leistungsfähigkeit unverändert, sofern das Ödem nicht so stark ausgeprägt ist, dass die Gelenkbeweglichkeit eingeschränkt wird
Ulzerationen	Auftreten am Fuß, an der Stelle des Traumas oder an den Zehenspitzen (am weitesten distal gelegen)	Auftreten am Knöchel (Bereich des höchsten Drucks infolge chronischer venöser Stase durch Klappeninsuffizienz, flache Ulzera mit unregelmäßigen Rändern, umgebendes Gewebe ödematös mit gestauten Venen

Pulse beidseits (A. radialis, A. femoralis, A. poplitealis, A. tibialis posterior, A. dorsalis pedis):

- Frequenz, Rhythmus
- Volumen
- fehlend, nicht palpabel
- schwach
- normal, leicht zu palpieren
- aneurysmal.

Parästhesien (Taubheitsgefühl, Kribbeln, Brennen).
Ödem (Lokalisation, Wegdrückbarkeit).
Kapilläre Wiederauffüllzeit (normal < 3 s).
Motorik (normal, gestört).

Ziele

NOC

- Gewebeintegrität: Haut und Schleimhäute
- Gewebedurchblutung: periphere

Die Person berichtet über eine Abnahme der Schmerzen.

Indikatoren

- Definieren der peripheren Gefäßstörung in eigenen Worten.
- Benennen von Faktoren, welche die periphere Durchblutung verbessern.
- Benennen notwendiger Umstellungen der Lebensweise.
- Benennen des Medikationsplans, der Ernährung und der Medikamente sowie gesundheitsfördernder Aktivitäten.
- Benennen von Faktoren, die die periphere Durchblutung hemmen.
- Feststellen, wann der Arzt oder eine Gesundheitsfachperson zu kontaktieren ist.

Allgemeine Interventionen

NIC

- Sensibilitätsstörungsmanagement
- Kardiovaskuläre Pflege: venöse Insuffizienz
- Kardiovaskuläre Pflege: arterielle Insuffizienz
- Lagerung
- Bewegungsförderung

Einschätzen ursächlicher und beeinflussender Faktoren

Grunderkrankung.
Gehemmter venöser Blutstrom.
Hypothermie oder Vasokonstriktion.
Gehemmter arterieller Blutstrom.
Flüssigkeitsüberschuss oder -defizit.
Aktivitäten, **b/d** das Symptom bzw. dessen Einsetzen.

Fördern von Faktoren, die den arteriellen Blutstrom verbessern

Herabhängen lassen oder Tieflagern der Extremität.

Warmhalten der Extremität. Verwenden Sie dabei weder ein Heizkissen noch eine Wärmflasche, da jemand mit einem peripheren Gefäßleiden u. U. eine Empfindungsstörung entwickelt und nicht feststellen kann, ob die Temperatur evtl. zu hoch ist und das Gewebe schädigt. Überdies kann externe Erwärmung auch den Stoffwechselbedarf des Gewebes über dessen Kapazität hinaus erhöhen.

Senken der Verletzungsgefahr:

- Umlagern mindestens stündlich
- Vermeiden, die Beine übereinander zu schlagen
- Verringern externer Druckpunkte (tägliches Inspizieren der Schuhe auf aufgerautes Innenfutter
- Vermeiden von Fersenpolstern aus Schaffell. Sie erhöhen den Druck auf Fersen und Fußrücken.
- Auffordern zu Übungen des Bewegungsumfangs
- Erörtern, das Rauchen einzustellen (siehe *unwirksames Gesundheitsverhalten,* **b/d** *Tabakkonsum*).

F: Der *arterielle* Blutstrom wird durch Tieflagern verstärkt und durch Hochlagern/Anheben vermindert, denn die Schwerkraft zieht das Blut nach unten und weg vom Herzen.

F: Enge Kleidung und bestimmte Stellungen des Beins schnüren Gefäße ein und schränken die Zirkulation weiter ein.

Fördern von Faktoren, die den venösen Blutstrom verbessern

Anheben der Extremität über die Herzebene hinaus an, wobei dies bei schwerer Herz- oder Atemwegserkrankung kontraindiziert sein kann.

Vermeiden von langem Stehen oder Sitzen mit herabhängenden Beinen.

Erwägen, elastische Kompressionsbandagen oder kniehohe Kompressionsstrümpfe zu tragen, um ein venöses Pooling zu verhindern.

Reduzieren oder Beseitigen einer externen Kompression der Venen, die den venösen Blutstrom behindert:

- Vermeiden Sie Kissen unter den Knien oder bewegliche Bettrahmen, die sich in Kniehöhe hochstellen lassen.
- Vermeiden Sie es, die Beine übereinander zu schlagen.
- Wechseln Sie die Stellung, bewegen Sie Arme und Beine oder die Finger mindestens jede Stunde.
- Verwenden Sie weder Strumpfhalter noch enge elastische Stümpfe oberhalb des Knies.
- Messen Sie den Ausgangsdurchmesser der Waden und Oberschenkel, wenn bei einer Person die Gefahr oder der Verdacht einer tiefen Venenthrombose besteht.

F: Der *venöse* Blutstrom wird verstärkt durch Hochlagern/Anheben und gehemmt durch *Tieflagern* der Extremität. Die Schwerkraft zieht das Blut nach unten und weg vom Herzen.

Erörtern der Implikationen der Erkrankung und der Optionen

Ermutigen Sie den Klienten, seine Gefühle und Bedenken mitzuteilen und zu sagen, inwieweit er Risikofaktoren, den Krankheitsprozess und dessen Auswirkungen auf sein Leben versteht.

Unterstützen Sie den Klienten bei der Auswahl von Verhaltensweisen in seiner Lebensführung, die er verändern möchte (Burch et al., 1991):

- Vermeiden Sie mehrere Veränderungen gleichzeitig.
- Berücksichtigen Sie persönliche Fähigkeiten, Ressourcen und die Gesundheit insgesamt.
- Seien Sie realistisch und optimistisch.

Siehe *gesundheitsgefährdendes Verhalten.*

Planen eines täglichen Geh-Programms

Begründen Sie das Programm.

Lehren Sie den Klienten, Erschöpfung zu vermeiden.

Instruieren Sie den Klienten, die Übungen erst dann zu steigern, wenn er durch einen Arzt auf Herzprobleme untersucht wurde.

Beruhigen Sie den Klienten dahingehend, dass Gehen weder die Blutgefäße noch die Muskulatur schädigt. «In den Schmerz hineinzugehen», auszuruhen und weiterzugehen verbessert die oxidative Stoffwechselkapazität der Muskeln.

Beginnen Sie langsam.

Betonen Sie, dass es nicht um das Tempo oder die Strecke geht, sondern um die Aktivität des Gehens an sich.

Unterstützen Sie den Klienten, Ziele zu setzen und die Schritte festzulegen, um sie zu erreichen:

- täglich 10 min gehen
- täglich 10 min und 3-mal pro Woche 20 min gehen
- täglich 20 min gehen
- 3-mal pro Woche 30 min gehen.

Schlagen Sie eine Methode vor, anhand derer der Klient den Fortschritt selbst überwachen kann (z. B. Diagramm, Checkliste).

F: Üben Sie die Pumpfunktion der Muskeln, durch die die Zirkulation verbessert wird.

F: Kurzfristige Ziele zu erreichen kann verstärkt dazu motivieren, mit der Umstellung fortzufahren.

Beginnen mit Gesundheitsedukation, soweit angezeigt

Unterweisen Sie den Klienten, …

- … lange Autofahrten oder Flüge zu vermeiden (mindestens stündlich aufstehen und umhergehen).
- … trockene Haut feucht zu halten. Rissige Haut hebt die Barriere gegen Infektionen auf.
- … bei kaltem Wetter warme Kleidung zu tragen.
- … Baumwoll- oder Wollsocken zu tragen.
- … bei Kälte Handschuhe oder Fäustlinge zu tragen (gilt auch für Gefriertruhen zuhause).
- … bei warmem Wetter eine Dehydratation zu vermeiden.
- … besonders auf Füße und Zehen zu achten:
  - Füße täglich waschen und gut abtrocknen
  - Füße nicht einweichen

  - scharfe Seifen oder Chemikalien (einschließlich Jod) an den Füßen vermeiden
  - Fußnägel schneiden und sorgfältig glatt feilen.
- … die Füße täglich auf Verletzungen und Druckpunkte zu inspizieren.
- … saubere Socken zu tragen.
- … Schuhe zu tragen, die stützen und bequem sitzen.
- … das Innere der Schuhe täglich auf aufgerautes Futter zu inspizieren.

F: Tägliche Fußpflege kann Gewebsschäden verringern und eine weiter abnehmende Zirkulation frühzeitig verhindern oder entdecken helfen.

Erläutern Sie kurz den Zusammenhang zwischen bestimmten Risikofaktoren und dem Entstehen einer Atherosklerose:

Rauchen
Vasokonstriktion.
Verminderte Oxygenierung des Blutes.
Verminderte Thrombozytenaggregation.
Erhöhter Blutdruck.
Hyperlipidämie.

Hypertonie
Die stete durch den Druck verursachte Traumatisierung schädigt das Gefäßendothel, was wiederum die Plaque-Bildung und Verengung fördert.

Hyperlipidämie
Fördert die Atherosklerose.

Bewegungsarme Lebensweise
Senkt Muskeltonus und -kraft.
Schwächt die Zirkulation.

Übergewicht (> 10 % des Idealgewichts)
Fettgewebe erhöht den peripheren Gefäßwiderstand und verstärkt eine Claudicatio.
Fettgewebe ist schwächer vaskularisiert.

F: Die Wirkungen von Nikotin auf das Herz-Kreislauf-System tragen zur koronaren Herzkrankheit sowie zu Apoplex, Hypertonie und peripheren Gefäßleiden bei (Porth, 2000).
F: Übergewicht erhöht die Arbeitslast des Herzens und verursacht Hypertonie (Porth, 2000).

Lehren Sie Methoden der Schmerzlinderung:

- Tieflagern der Extremität bei ischämischem Schmerz.
- Anheben der Extremität bei venös bedingtem, ziehendem Schmerz.
- Lindern von Phantomschmerzen nach einer Amputation durch Massieren oder Beklopfen des Stumpfes oder der kontralateralen Extremität.

- Anwenden weiterer Pflegemaßnahmen, wie etwa Entspannung und Ablenkung, zur Schmerzlinderung.
- Falls diese Methoden nicht greifen, wenden Sie sich an einen Arzt oder Schmerzspezialisten.
- Lehren von Symptomen/Zeichen der Grunderkrankung und wann man sich an einen Arzt oder eine Gesundheitsfachperson wenden muss.
- Verweisen an kommunale Ressourcen für Umstellungen der Lebensweise.

F: Kommunale Ressourcen können den Klienten unterstützen beim Abnehmen, beim Aufgeben des Rauchens, bei der Ernährung und bei Übungsprogrammen.

Neglect

Definition

(Halbseitiger) Neglect: der Zustand, in dem eine Person unfähig ist, sich um die hemiplegische Seite ihres Körpers zu kümmern und/oder diese Seite sowie Gegenstände, Personen und Umgebungsgeräusche auf der betroffenen Seite «ignoriert».

Neglect (engl. Unilateral neglect): Beeinträchtigung in der sensorischen und motorischen Reaktion, der kortikalen Repräsentation und räumlichen Wahrnehmung des Körpers und des unmittelbaren Umfelds, gekennzeichnet durch eine fehlende Aufmerksamkeit für eine Seite zugunsten einer Überaufmerksamkeit für die andere Seite. Ein linksseitiger Neglect ist schwer wiegender und anhaltender als ein rechtsseitiger Neglect (NANDA-I, 2010).

Bestimmende Merkmale oder Kennzeichen

Hauptkennzeichen (eines oder mehrere obligat)

Neglect betroffener Körperteile und/oder des extrapersonellen Raums (räumlicher Hemineglect) und/oder Verleugnen der Existenz der betroffenen Extremität oder Körperseite (Anosognosie).

Nebenkennzeichen (fakultativ)

- [Angaben über das Gefühl, dass jener Körperteil gar nicht zu einem selbst gehöre].

objektive

- merkliches Abschweifen* der Augen [wie magnetisch hingezogen] auf die nicht vernachlässigte Seite zu Reizen und Aktivitäten auf dieser Seite
- merkliches Abschweifen* des Kopfs [wie magnetisch hingezogen] auf die nicht vernachlässigte Seite zu Reizen und Aktivitäten auf dieser Seite
- merkliches Abschweifen* des Rumpfes [wie magnetisch hingezogen] auf die nicht vernachlässigte Seite zu Reizen und Aktivitäten auf dieser Seite

- kann die Augen nicht zur vernachlässigten Halbseite bewegen, trotz wahrgenommener Reize in diesem Bereich
- kann den Kopf nicht zur vernachlässigten Halbseite bewegen, trotz wahrgenommener Reize in diesem Bereich
- kann die Extremitäten nicht zur vernachlässigten Halbseite bewegen, trotz wahrgenommener Reize in diesem Bereich
- kann den Rumpf nicht zur vernachlässigten Halbseite bewegen, trotz wahrgenommener Reize in diesem Bereich
- kann Personen nicht wahrnehmen, die sich von der vernachlässigten Seite her nähern
- Verschiebung der Geräusche [Wahrnehmung] auf die nicht vernachlässigte Seite
- scheint sich der Lagerung [Stellung im Raum] der vernachlässigten Extremität nicht bewusst zu sein
- fehlende Sicherheitsvorkehrungen in Bezug auf die vernachlässigte Seite
- kann die Nahrung von dem Tellerbereich nicht aufnehmen, der sich auf der vernachlässigten Körperseite befindet
- kann die vernachlässigte Seite nicht ankleiden
- kann die äußere Erscheinung der vernachlässigten Seite nicht pflegen [Kämmen, Schminken, Rasieren]
- Schwierigkeit, sich an Details der mental repräsentierten vertrauten Ereignisse zu erinnern, die auf der vernachlässigten Seite liegen
- beim Schreiben wird nur eine vertikale Hälfte der Papierseite benutzt
- kann keine Zeilen auf der Papierhälfte wegstreichen, die sich auf der vernachlässigten Körperseite befinden
- beim Lesen Ersetzen von Buchstaben, um alternative Wörter zu bilden, die dem eigentlich intendierten Wort in der Länge ähnlich sind
- verzerrte Zeichnung auf der Papierhälfte, die sich auf der vernachlässigten Körperseite befindet
- nicht Vervollständigen der Zeichnung auf der Papierhälfte, die sich auf der vernachlässigten Körperseite befindet
- anhaltende/stetige visuell-motorische Handlungen auf der nicht vernachlässigten Seite
- Verlagerung der Schmerzwahrnehmung auf die nicht vernachlässigte Seite.

Einflussfaktoren

Pathophysiologische Faktoren

B/d beeinträchtigte Aufmerksamkeits- und Wahrnehmungsfähigkeiten, s/b/d:

Apoplex, zerebrovaskuläre Probleme
linksseitige Hemiplegie nach Apoplexie in der rechten Gehirnhälfte
Zerebralaneurysma
Hirnverletzung/-trauma
Hirntumoren
Hemianopsie.

Anmerkung der Autorin

Ein Neglect steht für eine Störung der reziproken Schleife, die meist in der rechten Hirnhemisphäre auftritt. Diese Diagnose könnte auch als Syndromdiagnose gelten: *Neglectsyndrom*. Wie in Kapitel 3 erwähnt, umfassen Syndromdiagnosen einen Cluster von Pflegediagnosen mit Bezug zur Situation. Die Pflegeinterventionen bei einem *Neglectsyndrom* würden sich auf *Selbstversorgungsdefizit*, *Angst* und *Verletzungsgefahr* konzentrieren.

Irrtümer in diagnostischen Aussagen

1. *Neglect*, **b/d** *fehlende Pflege des äußeren Erscheinungsbildes und Körperpflege der rechten Gesichtshälfte, der rechten Hälfte des Kopfes und des rechten Arms*
   Eine fehlende Pflege der äußeren Erscheinung auf einer Seite des Körpers kann ein Indikator für einen *Neglect* darstellen, wenn eine neurologische Erkrankung oder ein entsprechender Schaden vorliegt, er ist kein beeinflussender Faktor. Bei der Niederschrift der Diagnose sollte die Pflegeperson fragen: «Wie behandelt eine Pflegende einen (halbseitigen) Neglect?» Da der Pflegeschwerpunkt auf dem Unterweisen in Anpassungs- und Aufmerksamkeitssteigerungstechniken liegt, wäre es angemessener, die Diagnose wie folgt zu formulieren: *Neglect*, **b/d** *fehlendes Wissen über Anpassungs-* und Aufmerksamkeitssteigerungs*techniken*. Würde ein *Neglect* als Syndromdiagnose gesehen, würde die angemessene diagnostische Formulierung lauten: *Neglectsyndrom*. Ein «**b/d**» ist bei einer Syndromdiagnose nicht erforderlich, da die Bezeichnung die Ätiologie/Einflussfaktoren bereits beinhaltet. Die Interventionen hätten denselben Schwerpunkt: Abbau des Neglects durch Anpassungs- und Aufmerksamkeitssteigerungstechniken.

Zentrale Konzepte

Allgemeine Überlegungen

- Neglect wird auch als Neglectsyndrom, halbseitige Asomatognosie (halbseitige räumliche Agnosie, Anton-Babinski-Syndrom), Anosognosie und Atopognosie bezeichnet.
- Die häufigste Ursache eines Neglects ist eine Schädigung der rechten Hirnhemisphäre, und zwar wird dieser Defekt primär durch Schäden des rechten Schläfenlappens verursacht. Aber auch Läsionen des Frontallappens, des unteren Schläfenlappens sowie des Thalamus und des Corpus striatum können zu einem Neglect führen (Lin, 1996; Kath et al., 2000; Pierce/Buxbaum, 2002).
- Der rechte Schläfenlappen empfängt rechts- und linksseitige Stimuli. Bei einer Läsion des linken Schläfenlappens könnte der rechte Schläfenlappen die ipsilateral (auf derselben Seite) oder kontralateral (auf der gegenüberliegenden Seite) gesetzten Stimuli auch weiterhin empfangen. Da der linke Schläfenlappen ipsilaterale Stimuli nicht so gut empfängt wie der rechte Schläfenlappen, induzieren Läsionen des rechten Schläfenlappens mit höherer Wahrscheinlichkeit ein tief greifendes kontralaterales sensorisches Aufmerksamkeitsdefizit als Läsionen des linken Schläfenlappens (Porth, 2006).
- Ein Neglect ist dadurch charakterisiert, dass sich der Klient der betroffenen Hälfte des Körpers nicht bewusst ist gegenüber nicht aufmerksam ist oder sie verleugnet, was sich oft auch

auf den extrapersonellen Raum um die Person herum erstreckt. Nach einem Schlaganfall kann sich dies bessern. Vollständige Genesung trat bei 13 % der untersuchten Probanden ein (Appelros et al., 2004).

- Eine homonyme Hemianopsie (kontralateraler Verlust der Sehfähigkeit) tritt gewöhnlich bei Neglect auf. Beides sind zwei separate Phänomene, die auch unabhängig voneinander vorkommen können. Treten sie gemeinsam auf, wird es für den Betroffenen schwieriger, den Ausfall zu kompensieren (Poth, 2006).
- Anosognosie (Ignorieren der Lähmung) und eine Apraxie beim Sich-Ankleiden können bei Läsionen beider Hemisphären auftreten, wurden jedoch häufiger bei Läsionen der nicht dominanten Hemisphäre beobachtet.
- Die Person mit einer Schädigung des Schläfenlappens zeigt Probleme mit dem Körperschema, der räumlichen Zuordnung und der sensorischen Interpretation.
- Zusätzlich kann jemand mit dieser Hirnschädigung einige oder alle der folgenden Merkmale zeigen, die das Neglectsyndrom verkomplizieren:
  - Impulsivität
  - kurze Aufmerksamkeitsspanne
  - fehlende Einsicht in das Ausmaß der Behinderung
  - herabgesetzte Lernfertigkeiten
  - die Unfähigkeit, Gesichter zu erkennen
  - Abnahme des konkreten Denkens
  - Verwirrtheit.
- Die Prognose, von vielen der Verhaltensanomalien in Verbindung mit einem rechtsseitigen Apoplex zu genesen, ist nach einer Hämorrhagie günstiger als nach einem Infarkt (Lin, 1996).
- Ein frühzeitiges Erkennen dieser Syndrome und ihres Ausmaßes erlaubt eine genauere Planung von Zielen.

Pädiatrische Überlegung

- Bei Kindern mit erworbener Hemiplegie (z. B. durch Apoplex) ist die Gefahr eines Neglects am größten. Schlaganfälle können bei Kindern mit kongenitalem Herzleiden, Sichelzellanämie, Meningitis oder einem Schädeltrauma auftreten.

Geriatrische Überlegungen

- Die meisten Menschen mit (halbseitigem) Neglect sind ältere Menschen, und zwar ganz einfach deshalb, weil die Schlaganfallinzidenz in dieser Population am höchsten ist.

Einschätzungskriterien des Fokusassessments

Subjektive und objektive Daten

Einschätzen bestimmender Merkmale oder Kennzeichen

Wahrnehmung der Störung durch die Person

Auswirkungen auf die Aktivitäten des täglichen Lebens (ADL)
Baden, Pflege der äußeren Erscheinung, Körperpflege:

- Wäscht sich die Person auch auf der betroffenen Seite des Körpers?
- Rasiert sie sich auf beiden Hälften des Gesichts?
- Putzt sie das gesamte Gebiss?
- Setzt sie die Brille grade auf?
- Setzt sie eine Prothese grade ein?
- Kämmt sie sich das Haar nur teilweise?
- Trägt sie Make-up auf beiden Hälften des Gesichts auf?

Nahrungsaufnahme:

- Sammelt die Person Nahrung in der betroffenen Seite der Mundhöhle an?
- Nimmt sie nur die Hälfte der Nahrung zu sich, d. h. den Teil, der sich auf der «nicht betroffenen Seite» des Tellers oder Tabletts befindet?

Sich-Kleiden:

- Kleidet die Person auch betroffene Gliedmaßen an?

Mobilität/Lagerung

- Lehnt sich die Person beim Sitzen in einem Rollstuhl auch zur betroffenen Seite?
- Baumelt der betroffene Arm vom Funktionstisch des Rollstuhls herunter?
- Wird der Kopf/der Blick zur betroffenen Seite hin gewandt?
- Stößt die Person an Gegenstände auf der betroffenen Seite, wenn sie umhergeht oder mit dem Rollstuhl unterwegs ist?

Sicherheit:

- Versucht die Person, aus dem Rollstuhl bzw. Bett herauszugelangen, wo sie doch eigentlich außerstande ist, umherzugehen?
- Hat die Person Empfindungen in den betroffenen Gliedmaßen?
- Verletzt sich die Person häufig am betroffenen Arm oder an der Hand (Schnittverletzungen, Hämatome, Schürfwunden)?
- Verspürt die Person Schmerz, wenn sie sich verletzt?
- Erkennt sie, wenn es zu einer Verletzung kommt?
- Deckt sie mit dem Blick das gesamte Gesichtsfeld ab?
- Wendet sie den Kopf zur betroffenen Seite, um den Ausfall zu kompensieren?

- Reagiert sie auf Stimuli von der betroffenen Seite her?
- Baumelt der betroffene Arm seitlich herab und verfängt sich in den Speichen der Rollstuhlräder, in Bettgittern, Türen usw.?

Ziele

NOC

- Adaption an Körperbehinderung
- Körperbild
- Bewegung, koordinierte
- Selbstversorgung: Aktivitäten des täglichen Lebens (ADL)
- Körperposition, selbstinitiierte

Die Person zeigt eine Fähigkeit, das Gesichtsfeld zu überschauen, um einen Funktions-/Sensibilitätsverlust zu kompensieren.

Indikatoren

- Erkennen von Gefahrenquellen in der Umgebung.
- Beschreiben des Defizits und der Begründung für die Behandlung.

Allgemeine Interventionen

NIC

- Neglectmanagement
- Selbstversorgungsunterstützung

Konsultieren eines Neuropsychologen, einer Physiotherapeutin, eines Beschäftigungstherapeuten und einer Fachpflegeperson für Rehabilitation, um einen interdisziplinären Plan mit und für das Individuum zu erstellen

F: Die Behandlung bei halbseitigem Neglect muss interdisziplinär erfolgen (Freeman, 2001; Pierce/Buxbaum, 2002).

Unterstützen des Klienten beim Erkennen des Wahrnehmungsdefizits

Passen Sie zunächst die Umgebung dem Defizit an:

- Lagern Sie die Person auf die nicht betroffene Seite und legen/stellen Sie dorthin auch den Schwesternruf, Fernseher und Telefon sowie persönliche Gegenstände.
- Stellen Sie das Bett so, dass die nichtbetroffene Seite des Patienten zur Tür weist.

- Nähern Sie sich der Person von der nichtbetroffenen Seite und sprechen Sie sie auch von dort aus an.
- Wenn Sie sich von der betroffenen Seite her nähern müssen, kündigen Sie Ihre Anwesenheit an, sobald Sie den Raum betreten, um die Person nicht zu erschrecken.
- Wenn Sie an der betroffenen Extremität der Person arbeiten, positionieren Sie die nichtbetroffene Seite der Person nahe einer Wand, um Ablenkungen auf ein Minimum zu reduzieren.

Verändern Sie die Umgebung der Person schrittweise, während Sie ihr beibringen, zu kompensieren und ihr vergessenes Umfeld wiederzuerkennen. Bewegen Sie Möbel und persönliche Gegenstände aus dem Gesichtsfeld heraus.

Sorgen Sie für ein einfach gestaltetes, gut ausgeleuchtetes Umfeld, das frei ist von lose umherliegenden Gegenständen.

Sorgen Sie zwischen Aktivitäten für eine kurze Pause.

Geben Sie konkrete Hinweise: «Sie liegen auf der Seite und schauen zur Wand.»

Sorgen Sie für einen Spiegel über die gesamte Länge des Körpers, um bei der vertikalen Orientierung zu helfen und die Verzerrung der vertikalen und horizontalen Ebene zu verringern, die sich darin zeigt, dass sich der Klient zur betroffenen Seite hin neigt.

Instruieren Sie eher verbal als durch Demonstrationen. Halten Sie die Instruktionen einfach.

Sorgen Sie bei einer Person im Rollstuhl für einen Behandlungstisch, vorzugsweise aus Plexiglas, und lagern Sie den betroffenen Arm mit den Fingerspitzen zur Mittellinie darauf. Fordern Sie die Person auf, sich den Arm anzuschauen.

Sorgen Sie bei einer gehfähigen Person für eine Trageschlaufe, damit der Arm nicht umherbaumelt und eine Subluxation der Schulter bewirkt.

Heben Sie den betroffenen Arm mit einem Kissen an, wenn die Person im Bett liegt, um ein lagerungsabhängiges Ödem zu verhindern.

Geben Sie ständig Hinweise auf die Umgebung.

Ermutigen Sie den Klienten, am betroffenen Arm eine Uhr, einen Lieblingsring oder ein Armband zu tragen, um die Aufmerksamkeit darauf zu lenken.

F: Es gibt Strategien, um das Individuum zu stimulieren, sich auf die betroffene Seite zu konzentrieren (Carr/Shepard, 2002).

Unterstützen des Klienten bei Adaptationen, die für die Selbstversorgung und andere ADL nötig sind

Ermutigen des Klienten, eine verordnete Brille bzw. ein Hörgerät auch zu tragen

Zum Baden, Sich-Kleiden und Ausscheiden

Instruieren Sie den Klienten, sich bei ADL der betroffenen Extremität/Seite zuerst zuzuwenden.

Instruieren Sie den Klienten, bei ADL stets auf die betroffene Extremität zu achten und stets darüber orientiert zu sein, wo sie sich befindet.

Lehren Sie den Klienten, sich vor einem Spiegel anzukleiden und die äußere Erscheinung zu pflegen.

Schlagen Sie vor, an der Innenseite der Schuhe farbige Marker anzubringen, um Rechts von Links unterscheiden zu können.

Halten Sie den Klienten an, die betroffene Extremität beim Baden zu integrieren und sie zu spüren, indem er sie reibt und massiert.
Verwenden Sie Hilfsmittel, soweit angemessen.
Für weitere Interventionen siehe *Selbstversorgungsdefizit.*

Beim Essen

Bereiten Sie Mahlzeiten mit einem Minimum an Tellern, Nahrung und Besteck zu.
Instruieren Sie den Klienten, nur jeweils kleine Bissen zu sich zu nehmen und die Nahrung in die nichtbetroffene Seite des Mundes einzuführen.
Instruieren Sie den Klienten, nach jedem Bissen «Taschen» mit Nahrung auf der betroffenen Seite mit der Zunge auszufahren.
Überprüfen Sie nach den Mahlzeiten und nach der Einnahme von Medikamenten die Mundhöhle auf eingelagerte Nahrung bzw. Medikamente.
Geben Sie 3-mal täglich und nach Bedarf Mundpflege.
Stellen Sie Nahrungsmittel zu Beginn in das Gesichtsfeld des Klienten, dann allmählich außerhalb hin und lehren Sie ihn, das gesamte Gesichtsfeld abzusuchen.
Verwenden Sie zum Essen Hilfsmittel, soweit angemessen.
Für zusätzliche Interventionen siehe *Selbstversorgungsdefizit: Essen.*
Siehe *Mangelernährung,* **b/d** *Schluckbeschwerden*, wenn die Person Schwierigkeiten beim Kauen und Schlucken der Nahrung hat.

F: Anpassen der Umgebung reduziert sensorische Deprivation auf ein Minimum. Anfangs sollte jedoch versucht werden, dass sich die Person um beide Seiten kümmert.
F: Gedächtnisstützen können dem Klienten helfen, sich an die Umgebung anzupassen.

Lehren von Maßnahmen, um Verletzungen zu verhindern

Stellen Sie sicher, dass im Umfeld des Klienten nichts lose herumliegt und die Umgebung gut ausgeleuchtet ist.

Retraining der Person, um das gesamte Gesichtsfeld abzusuchen

Instruieren Sie den Klienten, den Kopf über die Mittellinie hinaus zu wenden, um auch zu erkennen, was auf der betroffenen Seite liegt.
Führen Sie Aktivitäten durch, die es erfordern, den Kopf zu wenden.
Erinnern Sie den Klienten daran, um sich zu schauen, wenn er umhergeht oder im Rollstuhl fährt.

Verwenden taktiler Empfindung, um die betroffene Extremität bei der Person wieder einzuführen

Lassen Sie die Person die betroffene Seite mit der nichtbetroffenen Hand streicheln und dabei beobachten.
Lassen Sie Materialien unterschiedlicher Beschaffenheit reiben, um Empfindungen anzuregen (heiß, kalt, rau, weich).

Instruieren des Klienten, den betroffenen Arm/das betroffene Bein im Blickfeld zu behalten

Lagern Sie den betroffenen Arm auf dem Therapietisch. Therapietische aus Plexiglas ermöglichen der Person, das betroffene Bein zu sehen und helfen dadurch, es in das Körperschema zu integrieren.
Sorgen Sie bei einer gehfähigen Person für eine Trageschlaufe.
Instruieren Sie den Klienten, in der Umgebung von Hitze- oder Kältequellen sowie bei laufenden Maschinen und beweglichen Teilen extrem vorsichtig zu sein, um die betroffene Extremität vor Verletzung zu schützen.

F: Eine kognitive Beeinträchtigung kann das Urteilsvermögen einschränken und die Verletzungsgefahr erhöhen (Katz et al., 2000).
F: Um sich zu schauen kann Verletzungen verhindern helfen und die bewusste Wahrnehmung des gesamten Raumes steigern.
F: Herabgesetzte Sensibilität und Motorik erhöhen die Verletzungsanfälligkeit.

Beginnen mit Gesundheitsedukation, soweit angezeigt

Stellen Sie sicher, dass sowohl die Person als auch ihre Familie die Ursache eines halbseitigen Neglects sowie den Zweck und die Begründung jeder Intervention verstehen.
Fahren Sie mit den Unterweisungen nach Bedarf fort.
Erklären Sie, was halbseitiger Neglect bedeutet.
Instruieren Sie die Familie, wie sie bei dem Betroffenen die Techniken des Wiedererlernens fördern kann (z. B. durch Hinweise, Absuchen des Gesichtsfeldes).
Lehren Sie den Gebrauch von Hilfsmitteln, falls angemessen.
Lehren Sie Grundlagen der Aufrechterhaltung eines sicheren Umfeldes.

F: Strategien zur Verbesserung eines halbseitigen Neglects und zur Verhinderung von Verletzungen müssen zuhause fortgeführt werden.

Beeinträchtigte Urinausscheidung

Beeinträchtigte Urinausscheidung

Entwicklungsbedingte Enuresis*
Funktionelle Urininkontinenz
Reflexurininkontinenz
Stressurininkontinenz
Dauerurininkontinenz

* Diese Diagnose steht gegenwärtig nicht auf der NANDA-Liste, sondern wurde hier der Klarheit wegen eingefügt.

Dranguririnkontinenz
Überlaufurininkontinenz

Definition

Beeinträchtigte Urinausscheidung: der Zustand, in dem eine Person eine Störung der Urinausscheidung erfährt oder entsprechend gefährdet ist.

Beeinträchtigte Urinausscheidung (engl. Impaired urinary elimination): Störung der Urinausscheidung (NANDA-I, 2010).

Bestimmende Merkmale oder Kennzeichen

Hauptkennzeichen (eines oder mehrere obligat)

Angaben über oder Vorliegen einer Störung der Urinausscheidung, wie etwa:

- Harndrang
- Blasenüberdehnung
- Nykturie
- Harnträufeln, -verhalt
- verzögertes Einsetzen des Harnstrahls
- Inkontinenz
- Störung der Urinausscheidung (Dysurie)
- Pollakisurie
- hohe Restharnvolumina
- Enuresis (Bettnässen).

Einflussfaktoren

Pathophysiologische Faktoren

B/d einen insuffizienten Blasenausgang, s/b/d: kongenitale Harnwegsanomalien.

B/d verminderte Blasenkapazität oder Reizung der Blase, s/b/d:

eine Harnwegsinfektion
ein Karzinom
Glukosurie
Urethritis
ein Trauma.

B/d abgeschwächte Signale der Blase oder eine gestörte Fähigkeit, diese Signale zu erkennen, s/b/d:

Rückenmarkverletzung/-tumor/-infektion
alkoholische Neuropathie
demyelinisierende Erkrankungen
diabetische Neuropathie
zerebrovaskulärer Insult

Parkinson-Krankheit
Hirnverletzung/-tumor/-infektion
Tabes dorsalis
multiple Sklerose.

B/d sensomotorische Beeinträchtigung

Behandlungsbedingte Faktoren

B/d Auswirkungen einer Operation am Blasensphinkter, s/b/d:

Zustand nach Prostatektomie
ausgedehnte Resektionen im Beckenraum.

B/d eine instrumentelle diagnostische Untersuchung.

B/d einen verminderten Muskeltonus, s/b/d:

Allgemein- oder Spinalanästhesie
Medikamentöse Therapie (iatrogen):

- Antihistaminika
- Diuretika
- Sedativa
- Immunsuppressiva
- Anticholinergika
- Muskelrelaxanzien
- Noradrenalin
- Tranquilizer
- Zustand nach Dauerkatheter.

Situationsbedingte Faktoren (persönlich bedingt, umgebungsbedingt)

B/d schwache Beckenbodenmuskulatur, s/b/d:

Adipositas
Entbindung
Altern
eine kürzliche erhebliche Gewichtsabnahme.

B/d das Unvermögen, Bedürfnisse mitzuteilen.
B/d Obstruktion des Blasenausgangs, s/b/d Koteinklemmung/chronische Obstipation.
B/d reduzierten Tonus der Blasenmuskulatur, s/b/d Dehydratation.

B/d verminderte Aufmerksamkeit gegenüber Füllungszeichen der Blase s/b/d:

Depression
Delir

bewusstes Unterdrücken (selbstinduziertes Dekonditionieren)
Verwirrtheit.

B/d Barrieren in der Umgebung gegen den Gang zur Toilette, s/b/d:

abgelegene Toiletten
ein zu hohes Bett
schwache Beleuchtung
Bettgitter
unvertraute Umgebung.

B/d das Unvermögen, rechtzeitig zur Toilette zu gelangen, s/b/d:

Coffein-/Alkoholkonsum
Flüssigkeits-/Volumenveränderungen
beeinträchtigte Mobilität.

Altersbedingte Faktoren

Kindesalter
B/d niedrige Blasenkapazität.
B/d fehlende/mangelnde Motivation.

Anmerkung der Autorin

Beeinträchtigte Urinausscheidung ist eine für den effektiven klinischen Einsatz u. U. zu weit gefasste Diagnose. Daher sollte die Pflegeperson – wann immer möglich – eine spezifischere Diagnose, wie z. B. *Stressinkontinenz*, stellen. Falls die ätiologischen oder beeinflussenden Faktoren einer Inkontinenz nicht identifiziert wurden, könnte die Pflegeperson eine temporäre Diagnose, wie etwa *beeinträchtigte Urinausscheidung*, **b/d** *eine unbekannte Ätiologie*, **a/d** *Inkontinenz* formulieren.

Die Pflegeperson führt ein Fokusassessment durch, um festzustellen, ob die Inkontinenz vorübergehend ist, ob sie eine Reaktion auf eine akute Erkrankung (z. B. Infektion, Medikamentennebenwirkung) darstellt oder eine Folge verschiedener chronischer Erkrankungen des Nerven- oder Urogenitalsystems ist (Miller, 2004). Außerdem sollte die Pflegeperson nach der Art der Inkontinenz differenzieren: funktionelle Inkontinenz, Stressinkontinenz, Dranginkontinenz oder totale Inkontinenz. Die Diagnose *totale Harninkontinenz* sollte erst dann gestellt werden, wenn alle übrigen Formen der Inkontinenz ausgeschlossen wurden.

Irrtümer in diagnostischen Aussagen

1. *Beeinträchtigte Urinausscheidung*, **b/d** *operative Harnableitung*
   Diese Diagnose ist eine neue Bezeichnung für ein Urostoma und konzentriert sich nicht auf die Verantwortlichkeit der Pflege. Die Pflegeperson sollte einen Klienten mit Urostoma daraufhin einschätzen, wie sich dieses auf dessen funktionelles Verhalten und physiologisches Funktio-

nieren auswirkt. Bei dieser Person lassen sich u. U. die interdisziplinären Probleme *PK: Stomaobstruktion* und *PK: Interner Urinaustritt* sowie Pflegediagnosen wie *Gefahr einer Körperbildstörung* und *Gefahr eines unwirksamen Gesundheitsverhaltens* anwenden.

2. *Beeinträchtigte Urinausscheidung,* **b/d** *Niereninsuffizienz*
   Diese Pflegediagnose benennt die Niereninsuffizienz lediglich neu und ist ungeeignet. Aus diesem Grund wäre auch *Flüssigkeitsüberschuss,* **b/d** *akute Niereninsuffizienz* inkorrekt. Eine Niereninsuffizienz verursacht zahlreiche tatsächliche oder potenzielle Pflegediagnosen oder trägt dazu bei, wie z. B. *Infektionsgefahr* und *Gefahr einer Ernährungsstörung*. Gleiches gilt für interdisziplinäre Probleme, wie z. B. *PK: Störungen des Flüssigkeits-/Elektrolythaushalts* und *PK: metabolische Azidose.*
3. *Totale Inkontinenz,* **b/d** *Auswirkungen des Alterns*
   Die physiologischen Auswirkungen des Alterns auf das Harnwegssystem können dessen Funktion negativ beeinflussen, wenn gleichzeitig andere Risikofaktoren (z. B. Mobilitätsprobleme, Dehydratation, Nebenwirkungen von Medikamenten, verminderte Wahrnehmung von Blasenreizen) vorliegen. Diese Pflegediagnose projiziert eine verzerrte Sichtweise antizipierter Inkontinenz bei einem alten Menschen, mit begleitendem Dauerkatheter sowie Inkontinenzhilfen. Sobald diese Gegenstände verwandt werden, behandelt die Pflegende keine Inkontinenz mehr, sondern kümmert sich um die Urinausscheidung. Der Einsatz dieser Gegenstände ist eine kurzfristige Lösung und für diese Situationen träfen *Infektionsgefahr* und *Hautschädigung* zu. Bei einer Inkontinenzepisode eines älteren Menschen sollte die Pflegeperson vorsichtig vorgehen, bevor sie die Pflegediagnose «Inkontinenz» stellt. Wenn Faktoren vorliegen, welche die Wahrscheinlichkeit eines erneuten Auftretens erhöhen, und der Klient motiviert ist, könnte die Diagnose *Gefahr einer funktionellen Inkontinenz/Dranginkontinenz,* **b/d** (zu spezifizieren: z. B. Dehydratation, Mobilitätsprobleme, verminderte Blasenkapazität) zutreffen. Diese Diagnose würde sich auf Interventionen zur Verhinderung von Inkontinenz konzentrieren, statt davon auszugehen, dass die Inkontinenz unvermeidbar ist. Bei einem älteren Menschen mit kombinierter funktioneller Inkontinenz und Dranginkontinenz würde sich die Pflegeperson darauf konzentrieren, die Person beim Steigern der Blasenkapazität und beim Abbau von Barrieren gegen den Gang zur Toilette zu unterstützen und dabei die Pflegediagnose *funktionelle Inkontinenz/Dranginkontinenz,* **b/d** *altersbedingte Auswirkungen auf die Blasenkapazität, selbstinduzierte Flüssigkeitseinschränkung und instabilen Gang* verwenden.

Zentrale Konzepte

Allgemeine Überlegungen

- Die drei Komponenten der unteren Harnwege, welche die Kontinenz erhalten helfen, sind (Porth, 2006):
  - der Detrusor in der Blasenwand, der die Dehnung der Blase mit zunehmender Urinmenge erlaubt
  - der innere Sphinkter oder die proximale Urethra, die bei Kontraktion den Abgang von Urin verhindert
  - der äußere Sphinkter, der in belastenden Situationen (z. B. bei überdehnter Blase) durch willkürliche Kontrollierbarkeit zusätzliche Unterstützung bietet.

- Die Innervation der Blase erfolgt aus dem Rückenmark in Höhe von S2 bis S4. Die Blase steht unter Kontrolle des Parasympathikus. Kortex, Mittelhirn und Medulla beeinflussen die willkürliche Kontrolle über die Miktion (Sampselle/DeLancey, 1998).
- Die Harnröhre der Frau ist 3–5 cm, die des Mannes etwa 20 cm lang. Sie wahrt primär die Kontinenz, jedoch ist die Hirnrinde der Hauptbereich zur Unterdrückung des Miktionswunsches.
- Die normale Blase fasst (ohne Beschwerden) 250–400 ml. Der Wunsch, Wasser zu lassen, stellt sich bei 150–250 ml Blaseninhalt ein.
- Die sitzende Stellung bei der Frau und die stehende Position beim Mann erlauben jeweils eine optimale Entspannung des äußeren Sphinkters und der Perinealmuskulatur.
- Wird die Blase auf über 1000 ml gedehnt oder kontinuierlich entleert (Foley-Katheter) kann der Tonus verloren gehen (atonische Blase).
- Bei einer Blasenkapazität unter 200 ml sind Mechanismen zur Stimulation des Miktionsreflexes oder der Credé-Handgriff u. U. unwirksam.
- Alkohol, Kaffee und Tee haben eine natürliche diuretische Wirkung und reizen die Blase.
- Eine Schädigung des Rückenmarks oberhalb von S2 bis S4 führt zu einer spastischen Blase oder zu einem reflektorischen Blasentonus. Eine Schädigung unterhalb von S2 bis S4 bewirkt eine schlaffe Blase oder Blasenatonie.
- Läsionen der hemmenden Zentren im Gehirn oder der Bahnen, die hemmende Impulse an die Blase übermitteln, führen zu einer ungehemmten Blase.

Infektion

- Stase oder Pooling des Urins trägt zu bakteriellem Wachstum bei. Bakterien können dann über die Harnleiter bis in die Niere aufsteigen (aufsteigende Infektion).
- Rezidivierende Blaseninfektionen verursachen fibrotische Veränderungen in der Blasenwand, wodurch die Blasenkapazität abnimmt.
- Stase des Urins, Infektionen, ein alkalischer Urin und eine verminderte Urinmenge tragen zur Steinbildung in den Harnwegen bei.

Inkontinenz

- Bei immerhin 50 % der Personen mit Inkontinenz ist das Problem nur vorübergehender Natur und bei der verbliebenen Gruppe lassen sich 66 % der Fälle unter der Behandlung deutlich bessern (Resnick/Yalla, 1985). Es gibt viele effektive Korrekturmaßnahmen zur Behandlung einer Harnwegserkrankung bei älteren Menschen und man sollte positiv herangehen, um die Inzidenz einer Urininkontinenz möglichst niedrig zu halten (Fanti et al., 1996).
- Wichtig ist, den natürlichen Verlauf der Inkontinenz darzustellen. Ein erneutes Einsetzen der Inkontinenz ist wahrscheinlich das Ergebnis eines auslösenden Faktors außerhalb der Harnwege (z. B. Medikamente, eine akute Erkrankung, unzugängliche Toiletten oder beeinträchtigte Mobilität, die das rechtzeitige Erreichen der Toilette verhindert). Diese Faktoren lassen sich gewöhnlich leicht korrigieren. Eine Inkontinenz kann entweder vorübergehender (reversibel) oder fixer Natur (kontrollierbar) sein:
  - Zu den Ursachen einer passageren Inkontinenz gehören akute Verwirrtheit, Harnwegsinfekte, atrophische Vaginitis, Medikamentennebenwirkungen, Stoffwechselstörungen, Koteinklemmung, Mobilitätsprobleme, Urosepsis, Depression und Druckulzera.

- Eine kontrollierbare Inkontinenz ist unheilbar, jedoch lässt sich das Entfernen des Urins planen (Fanti et al., 1996).
- Bestimmte Medikamente gehen mit Inkontinenz einher. Narkotika und Sedativa senken die bewusste Wahrnehmung von Blasenreizen. Adrenerge Wirkstoffe verursachen einen Harnverhalt, indem sie den Widerstand am Blasenausgang erhöhen. Anticholinergika (Antidepressiva, manche Mittel gegen die Parkinson-Krankheit, Spasmolytika, Antihistaminika, Antiarrhythmika, Opiate) verursachen einen chronischen Harnverhalt mit Überlaufblase. Diuretika erhöhen das Harnvolumen rasch und können Inkontinenz verursachen, falls sich die Blasenentleerung nicht hinauszögern lässt (Miller, 2004).
- Menschen mit Diabetes mellitus, der zu erhöhtem Restharnvolumen, Pollakisurie und Harndrang beitragen kann, nehmen den Füllungszustand der Blase u. U. weniger wahr.
- Die soziale Isolation von Menschen mit Inkontinenz kann selbst auferlegt sein, weil sie sich fürchten und verlegen sind, oder er geht aufgrund des Geruchs und der Ästhetik von anderen Menschen aus.
- Eine Depression kann den Betroffenen daran hindern, Signale der Blase zu erkennen und darauf zu reagieren, und trägt damit zur Inkontinenz bei.

Intermittierendes Katheterisieren

- Diese Methode wahrt die Tonizität der Blase, verhindert eine Überdehnung und sorgt für vollständige Entleerung.
- Werden aus einer chronisch überdehnten Blase zu Beginn mehr als 500 ml auf einmal abgeleitet, kann dies zu einer schweren Hämorrhagie führen, da sich die zuvor durch die überdehnte Blase komprimierten Blasenvenen bei abruptem Absenken des Blasendrucks rasch weiten und rupturieren. Nach anfänglichem Ableiten von 500 ml Urin sollten daher im Wechsel jeweils 100 ml Urin abgeleitet und der Katheter wieder für 15 Minuten abgeklemmt werden.
- Man sollte nicht zulassen, dass sich mehr als 500–700 ml Urin in der Blase ansammeln.
- Bei Klienten mit Rückenmarkverletzungen in Höhe von Th 4 muss die Blase aufgrund der Gefahr einer autonomen Dysreflexie ohne Rücksicht auf hohe Volumina (> 500 ml) vollständig entleert werden. Eine Unterbrechung des Sympathikus führt dazu, dass sich die Venen nicht rasch weiten.

Dauerurininkontinenz

- Eine kognitiv beeinträchtigte Person mit Dauerinkontinenz erfordert eine Behandlung, die durch die Betreuungsperson gelenkt wird. In institutionellen Settings sind Dauer- und Einmalkatheter bzw. waschbare oder für den Einmalgebrauch gedachte Inkontinenzvorlagen zwar für die Betreuungspersonen von Vorteil, für die inkontinente Person jedoch sehr schädlich. Hilfsmittel sollten erst erwogen werden, nachdem andere Möglichkeiten ausprobiert wurden. Im häuslichen Bereich überwiegen die Bedürfnisse der Betreuungsperson u. U. gegenüber denen der beeinträchtigten Person. Urininkontinenz wird als hauptsächlicher Grund dafür angegeben, dass zuhause lebende Menschen sich in institutionelle Versorgung begeben (Miller, 2004).

Geriatrische Überlegungen

- Urininkontinenz betrifft 12–49 % der älteren Frauen und 7–22 % älterer Männer, die in der Gemeinde leben. Bei hospitalisierten Klienten steigt die Prävalenz auf etwa 40 % und bei in Einrichtungen lebenden Klienten auf 50 % (Steeman/Defever, 1998). Eines der Hauptprobleme der Inkontinenz bei älteren Menschen ist, dass sie u. U. übersehen und nicht adäquat von Fachpersonen evaluiert werden und infolgedessen eine angemessene Behandlung verweigert wird. Andere Klienten gestehen das Problem u. U. aufgrund ihrer Haltung gegenüber der Unvermeidlichkeit solcher Komplikationen nicht ein.
- Altersbedingte physiologische Veränderungen können zu einer verminderten Blasenkapazität, unvollständiger Entleerung, Kontraktionen bei der Füllung und erhöhtem Restharn führen (Miller, 2004).
- Ältere Menschen können bequem 250–300 ml speichern, im Vergleich zu 350–400 ml bei jüngeren Menschen.
- Der Drang zur Miktion setzt bei älteren Menschen später ein, was die Zeit zwischen der ersten Wahrnehmung des Miktionsbedürfnisses und dem tatsächlichen Bedürfnis, die Blase zu entleeren, verkürzt und zu Harndrang führt (Miller, 2004). Jeder Faktor, der bei einem älteren Menschen die Wahrnehmung des Miktionsbedürfnisses stört (z. B. Medikamente, Depression, eingeschränkte Flüssigkeitszufuhr, neurologische Störungen) oder seine Fähigkeit, zur Toilette zu gehen, schwächt, kann Inkontinenz auslösen.
- Weitere physiologische Faktoren des Alterns, die zur Inkontinenz beitragen, sind die verminderte Fähigkeit der Nieren, Harn zu konzentrieren, der nachlassende Tonus der Beckenbodenmuskulatur sowie das Unvermögen, die Miktion hinauszuzögern.
- Ein gewohnheitsmäßig häufiges Entleeren der Blase oder Einschränken der Flüssigkeitszufuhr kann zum Harndrang beitragen, indem es die neurologischen Mechanismen stört, die den Miktionsbedarf signalisieren, da die Blase nur selten voll gedehnt ist.
- Die verminderte Sehfähigkeit, eine beeinträchtigte Mobilität und das verminderte Energieniveau als Begleiterscheinungen des Alterns bedeuten, dass es Zeit braucht, die Toilette zu lokalisieren, was auch erfordert, dass die Person die Miktion hinauszuzögern vermag.
- Der Harndrang bei älteren Menschen entsteht, weil die Blasenkapazität eingeschränkt und die Fähigkeit, Blasenkontraktionen zu hemmen, vermindert ist.

Einschätzungskriterien des Fokusassessments

Subjektive Daten

Einschätzen bestimmender Merkmale oder Kennzeichen

«Haben Sie ein Problem damit, Ihren Urin zu kontrollieren (oder zur Toilette zu gehen)?»

Anamnese der Symptome
Fehlende/mangelnde Kontrolle.

Brennen.
Harndrang.
Schmerzen oder Beschwerden.
Verzögertes Einsetzen des Harnstrahls.
Harnverhalt.
Harnträufeln.
Veränderungen des Entleerungsrhythmus.
Pollakisurie.

Beginn und Dauer

Einschränkungen der Lebensweise
Soziale Einschränkungen.
Rollenverantwortlichkeiten.
Sexualleben.
Berufliche Einschränkungen.

Inkontinenz bei Erwachsenen
Anamnese der Inkontinenz
Ist der Grad der Inkontinenz akzeptabel?
Alter bei Einsetzen der Inkontinenz?
Anamnese einer «schwachen» Blase.
Anamnestisch bekannte Enuresis.

Beginn und Dauer (tagsüber, nachts, nur zu bestimmten Zeiten)

Faktoren, welche die Inzidenz erhöhen
Verzögerung auf dem Weg zur Toilette.
Aufregung.
Lagewechsel im Bett.
Husten.
Stehen.
Laufen.
Lachen.
Beim Verlassen der Toilette.

Wahrnehmung des Miktionsbedürfnisses
Vorhanden.
Fehlend.
Vermindert.

Die Fähigkeit, die Miktion nach Verspüren des Harndrangs hinauszuzögern
Vorhanden. Wie lange lässt es sich hinauszögern?
Fehlend.

Empfindungen vor oder während der Miktion
Schwierigkeiten, den Harnstrahl in Gang zu bringen.
Fehlende Empfindung, Wasser zu lassen.
Notwendigkeit, den Urin herauszupressen.
Schmerzhaftes Pressen (Tenesmen).
Schwierigkeiten, den Harnstrahl zu stoppen.

Erleichterung nach dem Entleeren
Vollständig.
Auch nach dem Entleeren der Blase fortbestehendes Bedürfnis, Wasser zu lassen.

Verwenden von Kathetern oder Inkontinenzvorlagen

Enuresis (Bettnässen) im Kindesalter
Beginn und Rhythmus (tagsüber, nachts).
Anamnese des Toilettentrainings.
Familienanamnese des Bettnässens.
Reaktionen Dritter (Eltern, Geschwister, Gleichaltrige) auf das Kind.

Einschätzen beeinflussender Faktoren

Physiologische Risikofaktoren
Verteilung der Flüssigkeitszufuhr (Art und Menge, vor allem vor dem Schlafengehen).
Dehydratation (selbstinduziert, übermäßige Einnahme von Diuretika, übermäßiger Konsum von Coffein und Alkohol).
Prostatahyperplasie.
Blasen- und Scheideninfektionen.
Chronische Krankheiten (z. B. Diabetes, Alkoholismus, Parkinson-Krankheit, Alzheimer-Krankheit, multiple Sklerose, Apoplex, Vitamin-B_{12}-Mangel).
Stoffwechselstörungen (z. B. Hypokaliämie, Hyperkalzämie).
Koteinklemmung/schwere Obstipation.
Bestimmte Medikamente (z. B. Diuretika, Anticholinergika, Antihistaminika, Sedativa, Paracetamol, Amitriptylin, Acetylsalicylsäure, Barbiturate, Chlorpropamid, Clofibrat, Fluphenazin, Haloperidol, Narkotika).
Mehrlingsgeburten oder schwierige Geburten.
Erkrankungen im Beckenraum und an der Blase oder ein operativer Eingriff am Uterus.

Barrieren im Umfeld
Lokalisation des Bades im Umkreis von 12 Metern.
Treppen, enge Flure.
Schwache Beleuchtung.
Die Fähigkeit, in sozialen Settings die Toilette zu lokalisieren.

Objektive Daten

Einschätzen bestimmender Merkmale oder Kennzeichen

Harnstrahl

Langsam.
Unterbrochen.
Träufelnd.
Verdreht.
Tröpfelnd.
Dünn.
Langsam und schwer in Gang zu bringen.

Urin

Farbe, Geruch, Aussehen, spezifisches Gewicht.
Negativ oder positiv auf:

- Glucose
- Erythrozyten
- Bakterien
- Ketonkörper
- Eiweiß.

Einschätzen beeinflussender Faktoren

Miktionsrhythmus und Verteilung der Flüssigkeitszufuhr

Dokumentieren Sie für 2–4 Tage, um einen Ausgangswert zu erhalten.
Wie viel Flüssigkeit wird täglich aufgenommen?
Wann tritt Inkontinenz auf?

Muskeltonus

Ist das Abdomen straff oder weich und flottierend?
Ist anamnestisch eine vor kurzem aufgetretene bedeutsame Zu- oder Abnahme des Körpergewichts bekannt?

Reflexe

Vorhandensein oder Fehlen von Cauda-equina-Reflexen:

- Analreflex
- Bulbocavernosusreflex.

Blase

Dehnung (palpierbar).
Kann die Blase durch externe Stimuli (Credé-Handgriff, sanftes suprapubisches Beklopfen, warmes Wasser über das Perineum gießen, Valsalva-Manöver, Ziehen am Schamhaar, Analdehnung) entleert werden?

Kapazität (mindestens 400–500 ml).
Restharn:

- nicht vorhanden
- vorhanden. Menge?

Funktionskapazität

Von einem Stuhl aufstehen und sich wieder hinsetzen können.
Mit Kleidung umgehen können.
Allein ins Bad gehen können.
Das Gleichgewicht halten können.

Kognitive Kapazität

Der Klient …
- … bittet, zur Toilette gehen zu dürfen.
- … erwartet, inkontinent zu sein.
- … beginnt mit dem Ausscheiden anhand von Erinnerungshilfen.
- … ist sich der Inkontinenz bewusst.

Einschätzen auf:

- Obstipation
- Mobilitätsstörungen
- Depression
- Dehydratation
- Koteinklemmung
- sensorische Störungen.

Entwicklungsbedingte Enuresis

Definition

Entwicklungsbedingte Enuresis (nächtliches Einnässen): der Zustand, in dem ein Kind im Schlaf einen unwillkürlichen Abgang von Urin erfährt, der keine pathophysiologische Ursache hat.

Bestimmende Merkmale oder Kennzeichen

Hauptkennzeichen (obligat)

Äußerungen über den unwillkürlichen Abgang von Urin im Schlaf oder entsprechende Anzeichen.

Einflussfaktoren

Situationsbedingte Faktoren (persönlich bedingt, umgebungsbedingt)

B/d Stressoren (Schule, Geschwister).
B/d Nichtbeachten von Signalen der Blase.
B/d eine unvertraute Umgebung.

Altersbedingte Faktoren

B/d geringe Blasenkapazität.
B/d fehlende/mangelnde Motivation.
B/d das Bestreben, Aufmerksamkeit zu bekommen.

Anmerkung der Autorin

Nächtliches Einnässen kann sich aus physiologischen oder reifungsbedingten Faktoren ergeben. Bei nächtlichem Einnässen sollten bestimmte Ursachen, wie Strikturen, Harnwegsinfekte, Obstipation, nächtliche epileptische Anfälle und Diabetes, ausgeschlossen werden. Dies sind keine Pflegediagnosen.

Beim nächtlichen Einnässen infolge eines geringen Fassungsvermögens der Blase, Nichtbeachten entsprechender Signale im Schlaf oder im Wachzustand oder bei entwicklungsbedingten Zusammenhängen (z. B. ein neues Geschwister, Leistungsdruck in der Schule) eignet sich die Pflegediagnose *entwicklungsbedingte Enuresis*. Psychische Probleme sind gewöhnlich nicht der Auslöser eines nächtlichen Einnässen, können sich jedoch aus mangelndem Verständnis für das Problem oder dessen Intensität ergeben. Interventionen, bei denen des Kind bestraft oder beschämt wird, müssen vermieden werden.

Irrtümer in diagnostischen Aussagen

1. *Entwicklungsbedingtes nächtliches Einnässen,* **b/d** *Stressoren und Konflikte*
   Statt sich auf die Ätiologie eines entwicklungsbedingten Bettnässens zu konzentrieren sollte die Pflegeperson den Schwerpunkt darauf legen, das Kind und dessen Eltern in Managementstrategien zu unterweisen. Auch sollte sie die Eltern dazu anhalten, ihre Sorgen und Bedenken mitzuteilen, und sie von strafendem Verhalten weglenken. Angesichts dieses Pflegeschwerpunktes sollte die Pflegeperson die Diagnose neu formulieren: *entwicklungsbedingte Enuresis,* **b/d** *eine unbekannte Ätiologie,* **a/d** *Angaben über Episoden des Bettnässens.*

Zentrale Konzepte

- Aufgrund eines geringeren Fassungsvermögens der Blase kann das Neugeborene bis zu 20-mal am Tag Wasser lassen. Mit zunehmendem Alter nimmt die Blasenkapazität zu und die Miktionshäufigkeit ab (Wong, 2003).
- Enuresis ist definiert als Urininkontinenz in jedem Alter, in dem Kontinenz zu erwarten wäre.

- Die Ätiologie des nächtlichen Einnässens ist komplex und nicht völlig geklärt. Folgende Faktoren wurden genannt:
  - Entwicklungs-/Reifungsverzögerung (z. B. geringes Fassungsvermögen der Blase, Tiefschlaf, geistige Retardiertheit)
  - organische Faktoren (z. B. eine Infektion, Sichelzellanämie, Diabetes, neuromuskuläre Erkrankungen)
  - psychische/emotionale Faktoren (z. B. Stressoren wie die Geburt eines Geschwisters, Hospitalisierung, Scheidung der Eltern [Kelleher, 1997]).
- Zu den Kindern, die durch einen Harnverhalt mit Überlauf gefährdet sind, gehören Kinder mit (Wong, 2003):
  - kongenitalen Anomalien der Harnwege
  - neurologischen Störungen
  - nach einer Operation.
- Nächtliches Einnässen ist primär ein Reifungsproblem und endet gewöhnlich im Alter zwischen 6 und 8 Jahren. Es kommt häufiger bei Jungen vor. Als Heranwachsende sind 99 % der Klienten kontinent (Kelleher, 1997).
- Nächtliches Einnässen kommt oft bei Kindern vor, deren Eltern oder nahe Verwandte ebenfalls davon betroffen waren (Kelleher, 1997).
- Ein hohes Maß an Angst kann die Fähigkeit eines Kindes beeinträchtigen, die für den Erhalt der Kontinenz notwendigen Fertigkeiten zu beherrschen (Morison, 1998).
- Bei den meisten Kindern, die nachts einnässen, liegt entweder ein psychisches oder ein organisches Leiden vor (Kelleher, 1997).

Einschätzungskriterien des Fokusassessments

Subjektive Daten

Einschätzen bestimmender Merkmale oder Kennzeichen

Beginn.
Rhythmus/Muster (tagsüber, nachts).
Anzahl der Episoden pro Monat.

Einschätzen beeinflussender Faktoren

Anamnese des Toilettentrainings.
Familienanamnese des nächtlichen Einnässens.
Reaktionen Dritter (Eltern, Geschwister, Gleichaltrige) auf das Kind.
Kürzliche Umstellung oder neuer Stressor:

- Schule
- familiäre Probleme
- Umzug
- neues Geschwister
- Gleichaltrige.

Nichtbeachten von Signalen der Blase.
Sexueller Missbrauch.

Ziele

NOC

- Urinkontinenz
- Funktionsfähigkeit der Familie

Das Kind bleibt während des Schlafzyklus trocken.

Indikatoren

- Das Kind und seine Familie können Faktoren nennen, die das Bettnässen vermindern.

Allgemeine Interventionen

NIC

- Urininkontinenzpflege: Enuresis
- Toilettentraining
- Angeleitete Antizipation
- Familienunterstützung

Sicherstellen, dass physiologische Ursachen des nächtlichen Einnässens ausgeschlossen wurden

Entsprechende Beispiele: Meatusstenose, Fisteln, Madenwürmer, Epispadien, ein ektoper Ureter sowie kleinere neurologische Funktionsstörungen (Hyperaktivität, Verzögerung der kognitiven Entwicklung).

Feststellen der beeinflussenden Faktoren

Siehe «Einflussfaktoren».

Fördern einer positiven Eltern-Kind-Beziehung

Erklären Sie dem Kind und seinen Eltern die entwicklungsbedingte Natur des Bettnässens und dass es in vielen Fällen spontan aufhört.

Erklären Sie den Eltern, dass Missbilligung (Beschämen, Bestrafen) nutzlos ist, um Bettnässen zu stoppen, und das Kind vielmehr scheu, verschämt und furchtsam machen kann.

Versichern Sie dem Kind, dass auch andere Kinder nachts einnässen, und dass das Kind deshalb weder schlecht und schon gar nicht sündig ist.

F: Zorn, Strafe und Zurückweisung seitens der Eltern und Gleichaltrigen tragen zu Scham, Verlegenheit und geringem Selbstwertgefühl bei (Carpenter, 1999).

F: Die Erklärung, nächtliches Einnässen sei entwicklungsbedingt, verringert Schuldzuweisungen gegenüber dem Kind und die Frustration der Eltern (Morison, 1998).

F: Bei Kindern, deren nächtliches Einnässen behandelt wird, bessert sich das Selbstkonzept im Gegensatz zu nicht behandelten Kindern (Longstaffe, 2000).

Reduzieren beeinflussender Faktoren, wenn möglich

Geringes Fassungsvermögen der Blase

Halten Sie das Kind, nachdem es etwas getrunken hat, dazu an, die Miktion noch hinauszuzögern, um die Blase dehnen zu helfen.

Tiefschläfer

Schicken Sie das Kind vor dem Schlafengehen auf die Toilette.

Schränken Sie die Flüssigkeitszufuhr vor dem Schlafengehen ein.

Wenn das Kind später (ca. 23.00 Uhr) aufwacht, um Wasser zu lassen, versuchen Sie es vollständig aufzuwecken, um es zu loben.

Zu beschäftigt, um eine volle Blase zu spüren (bei Einnässen am Tage)

Lehren Sie das Kind, Empfindungen, die auftreten, wenn es Zeit ist, Wasser zu lassen, auch bewusst wahrzunehmen.

Lehren Sie das Kind, die Miktion zu kontrollieren, indem Sie es den Harnstrahl starten und wieder anhalten lassen oder indem Sie es den Urin im Laufe des Tages «festhalten» lassen, und wenn es nur für kurze Zeit ist.

Lassen Sie das Kind Aufzeichnungen darüber führen, wie es zurechtkommt. Heben Sie «trockene» Tage und Nächte hervor, etwa durch ein Sternchen im Kalender.

Falls das Kind einnässt, lassen Sie es erklären oder – wenn möglich – aufschreiben, warum es seiner Ansicht nach geschehen ist.

F: Ein Belohnungssystem für entsprechendes Verhalten kann die ausscheidungsbezogenen Interaktionen zwischen Eltern und Kind stärken und Inkontinenzepisoden verringern (Carpenter, 1999).

Beginnen mit Gesundheitsedukation und Überweisen, soweit angezeigt

Bei Kindern mit Bettnässen:

- Lehren Sie das Kind und dessen Eltern Fakten über das Bettnässen.
- Lehren Sie die Familie Techniken für den Umgang mit den Nebeneffekten des Bettnässens (z. B. Matratzenschoner aus Kunststoff; maschinenwaschbarer Schlafsack bei Übernachtungen außer Haus).
- Erklären Sie, dass das Kind sein nächtliches Einnässen nicht kontrollieren kann, dass es sich jedoch durch Interventionen beherrschen lässt (Morison, 1998).
- Ergreifen Sie Gelegenheiten, die Öffentlichkeit über Enuresis und Inkontinenz zu unterrichten (z. B. in der Schule, in Elternvereinen, in Selbsthilfegruppen).
- Erläutern Sie, wie ein Enuresis-Alarm funktioniert.

F: Ein Enuresis-Alarm als Intervention verringert bei den meisten Kindern während und nach der Behandlung das nächtliche Einnässen (Macaulay et al., 2004).
F: Interventionen bei nächtlichem Einnässen müssen sich darauf konzentrieren, das soziale und emotionale Stigma zu verringern (Macaulay et al., 2004).
F: Kinder, die glauben, dass man ihnen helfen kann, haben die besten Erfolgsaussichten (Morison, 1998).

Funktionelle Urininkontinenz

Definition

Funktionelle Urininkontinenz: der Zustand, in dem eine Person Inkontinenz erfährt, weil es ihr schwer fällt oder weil sie außerstande ist, rechtzeitig die Toilette zu erreichen.
Funktionelle Urininkontinenz (engl. Functional urinary incontinence): Unfähigkeit einer normalerweise kontinenten Person, rechtzeitig zur Toilette zu gelangen, um unbeabsichtigten Urinabgang zu vermeiden (NANDA-I, 2010).

Bestimmende Merkmale oder Kennzeichen

Hauptkennzeichen (obligat)

Inkontinenz vor oder während eines Versuchs, zur Toilette zu gelangen.
- nimmt Harndrang wahr
- [Entleerung größerer Mengen].
- Urinabgang vor Erreichen der Toilette
- Zeitaufwand für das Erreichen der Toilette übersteigt den Zeitraum zwischen dem Bemerken des Harndrangs und dem unkontrollierten Entleeren
- ist fähig, die Blase vollständig zu leeren
- ist möglicherweise nur am frühen Morgen inkontinent.

Einflussfaktoren

Pathophysiologische Faktoren

B/d geschwächte Signale der Blase und eine beeinträchtigte Fähigkeit, Signale der Blase zu erkennen, s/b/d:

Trauma, Tumor, Infektion des Gehirns
Parkinson-Krankheit
multiple Sklerose
alkoholische Neuropathie
demyelinisierende Erkrankungen
Apoplex
progressive Demenz.

B/d neuromuskuläre Einschränkungen
B/d schwache Beckenbodenmuskulatur

Behandlungsbedingte Faktoren

B/d einen verminderten Blasentonus, s/b/d:

Antihistaminika
Diuretika
Sedativa
Immunsuppressiva
Anticholinergika
Muskelrelaxanzien
Noradrenalin
Tranquilizer.

Situationsbedingte Faktoren (persönlich bedingt, umgebungsbedingt)

B/d beeinträchtigte Mobilität.

B/d verminderte Aufmerksamkeit gegenüber Signalen der Blase s/b/d:

Depression
bewusstes Unterdrücken (selbstinduziertes Dekonditionieren)
Verwirrtheit.

B/d psychologische Faktoren [Weigerung, den Patientenruf oder ein Steckbecken zu benutzen, fluktuierender Bewusstseinszustand]

B/d Barrieren in der Umgebung gegen den Gang zur Toilette, s/b/d:

abgelegene Toiletten
Bettgitter
ein zu hohes Bett
unvertraute Umgebung
schwache Beleuchtung

B/d veränderte Umgebungsfaktoren [z. B. schlechte Beleuchtung oder Unfähigkeit, die Toilette zu finden]

Altersbedingte Faktoren

B/d motorische und sensorische Ausfälle (beeinträchtigtes Sehvermögen).
B/d beeinträchtigte Kognition.

Zentrale Konzepte

- Funktionelle Inkontinenz bedeutet die Unfähigkeit oder die fehlende Bereitschaft einer Person mit normaler Blase und normalem Sphinkter, rechtzeitig zur Toilette zu gelangen.

- Funktionelle Inkontinenz kann verursacht werden durch Krankheiten, die sich auf die physische und psychische Fähigkeit auswirken, mit dem Akt der Miktion zurechtzukommen.
- Im Hintergrund bestehende psychische Probleme können eine funktionelle Ursache der Inkontinenz sein.
- Etwa 45 % aller PflegeheimbewohnerInnen sind inkontinent. Bei 82 % derer mit Blaseninkontinenz ist die Mobilität eingeschränkt.

Einschätzungskriterien des Fokusassessments

Siehe *beeinträchtigte Urinausscheidung*.

Ziele

NOC

- Gewebeintegrität: Haut- und Schleimhäute
- Urinkontinenz
- Urinausscheidung

Die Person gibt an, keine oder nur noch wenige Inkontinenzepisoden zu haben.

Indikatoren

- Beseitigen oder Minimieren von Umgebungsbarrieren im häuslichen Bereich.
- Verwenden von geeigneten Hilfsmitteln zur Unterstützung bei der Miktion, beim Transfer und beim An- und Auskleiden.
- Beschreiben der Faktoren, welche die Inkontinenz verursachen.

Allgemeine Interventionen

NIC

- Intimpflege
- Urininkontinenzpflege
- Blasenentleerungsanregung
- Toilettentraining
- Urinausscheidungsmanagement
- Edukation: Maßnahme/Behandlung

Einschätzen ursächlicher oder beeinflussender Faktoren

Hindernisse auf dem Weg zur Toilette

Schache Beleuchtung, rutschiger Boden, im Weg stehendes Mobiliar und hinderliche Teppiche, inadäquates Schuhwerk, ein zu hohes Bett, hoch gestellte Bettgitter.

Inadäquate Toilette (zu eng für Gehrahmen/einen Rollstuhl, ein zu hoher/zu niedriger Sitz, fehlende Handläufe).
Inadäquates Rufsystem, um Hilfe zu rufen.
Fehlende/mangelnde Privatsphäre.

Sensorische/kognitive Defizite

Sehbehinderungen (Blindheit, Gesichtsfeldausfälle, schwaches räumliches Sehen).
Kognitive Defizite infolge des Alterns sowie durch ein Trauma, einen Apoplex, ein Tumorleiden oder eine Infektion.

Defizite der Motorik bzw. der Mobilität

Einschränkung der Bewegungen und Kraft in Armen und/oder Beinen (Unvermögen, sich auszuziehen).
Behinderungen des Umhergehens (z. B. Schwindel, Erschöpfung, Gangstörungen, Hypertonie).

F: Barrieren können den Zugang zur Toilette verzögern und Inkontinenz verursachen, wenn der Klient die Miktion nicht hinauszögern kann. Nur ein paar Sekunden zu spät auf der Toilette anzukommen kann über Kontinenz oder Inkontinenz entscheiden.

Reduzieren oder Beseitigen beeinflussender Faktoren, wenn möglich

Barrieren in der Umgebung

Schätzen Sie den Weg zum Bad auf Hindernisse, Beleuchtung und Entfernung ein.
Schätzen Sie ein, ob die Toilette hoch genug ist und ob Handläufe erforderlich sind.
Schätzen Sie ein, ob der Raum groß genug ist.
Sorgen Sie für einen Toilettenstuhl zwischen Bad und Bett, falls nötig.

Sensorische/kognitive Defizite

Bei einer Person mit Sehschwäche:

- Sorgen Sie für ausreichende Beleuchtung.
- Fordern Sie die Person auf, eine verordnete Brille auch zu tragen.
- Sorgen Sie für einen freien, sicheren Weg zum Bad.
- Sorgen Sie dafür, dass der Schwesternruf stets leicht zugänglich ist.
- Falls eine Bettpfanne oder ein Urinal verwendet wird, sorgen Sie dafür, dass es stets am selben Ort und in Reichweite ist.
- Schätzen Sie ein, ob die Person im Bad sicher ist.
- Schätzen Sie ein, ob die Person imstande ist, selbstständig Intimpflege zu betreiben und sich zu säubern.

Bei einer Person mit kognitiven Beeinträchtigungen:

- Bieten Sie alle 2 Stunden, nach den Mahlzeiten und vor dem Schlafengehen Erinnerungshilfen für den Gang zur Toilette an.

- Sorgen Sie für geeignete Mittel, um den Wunsch, Wasser zu lassen, auch mitteilen zu können.
- Reagieren Sie sofort auf den Schwesternruf.
- Halten Sie den Klienten an, Alltagskleidung zu tragen.
- Sorgen Sie für ein normales Umfeld zum Ausscheiden, indem Sie, wenn möglich, die Toilette benutzen.
- Ermöglichen Sie Privatsphäre bei gleichzeitiger Wahrung der Sicherheit.
- Räumen Sie genügend Zeit für den Toilettengang ein.
- Reorientieren Sie den Klienten hinsichtlich des Ortes, an dem er sich befindet, und der aktuellen Tätigkeit.
- Treten Sie mit einem schlüssigen Verhalten an die Person heran.
- Geben Sie einfache, schrittweise Anweisungen unter Einsatz verbaler und nonverbaler Hinweise.
- Loben Sie bei Erfolg.
- Schätzen Sie ein, ob die Person im Bad sicher ist.
- Schätzen Sie ein, ob Hilfsmittel und Anpassungen an der Kleidung nötig sind, um das Aus- und Ankleiden zu erleichtern.
- Schätzen Sie ein, ob die Person imstande ist, selbstständig Intimpflege zu betreiben und sich zu säubern.

F: Ein Klient mit kognitivem Defizit braucht ständig verbale Hinweise und Erinnerungshilfen, um Routine zu erlangen und die Inkontinenz zu verringern (Fanti et al., 1996).

Sorgen für kontinenzfördernde Faktoren

Wahren einer optimalen Hydrierung

Erhöhen Sie die Flüssigkeitszufuhr auf 2000–3000 ml, sofern nicht kontraindiziert.

Lehren Sie ältere Menschen, nicht erst zu warten, bis sie Durst haben, sondern auch dann Flüssigkeit zu sich zu nehmen, wenn sie nicht durstig sind.

Regeln Sie die Flüssigkeitszufuhr im Abstand von 2 Stunden.

Reduzieren Sie nach 19.00 Uhr die Flüssigkeitszufuhr und verabreichen Sie nachts nur minimale Mengen.

Reduzieren Sie die Zufuhr von Kaffee, Cola-Getränken, Alkohol und Pampelmusensaft, da sie diuretisch wirken.

Vermeiden Sie größeren Mengen an Tomaten- und Orangensaft, da sie den Urin tendenziell alkalisieren.

Fordern Sie den Klienten auf, Kronsbeerensaft zu trinken, um den Urin anzusäuern.

F: Dehydratation kann verhindern, dass eine gefüllte Blase wahrgenommen wird, und zum Verlust des Blasentonus beitragen. Flüssigkeiten in einem zeitlichen Rhythmus darzureichen, fördert ein regelmäßiges Füllen und Entleeren der Blase.

F: Kaffee, Tee, Cola-Getränke, Alkohol und Pampelmusensaft wirken diuretisch und können Harndrang verursachen.

F: Ansäuern des Urins verringert das Wachstum von Bakterien, die an der Zystitis beteiligt sind.

F: Verdünnen des Urins hilft, Infektionen und Reizerscheinungen der Blase zu verhindern.

Wahren einer adäquaten Ernährung, um mindestens alle 3 Tage Stuhlgang zu bewirken

Fördern der Miktion

Fördern der persönlichen Integrität und Sorgen für Motivation zur Stärkung der Blasenbeherrschung

Ermutigen Sie die Person, ihre Gefühle hinsichtlich der Inkontinenz zu äußern und deren Auswirkungen auf ihr Sozialverhalten und ihre soziale Situation festzustellen.

Vermitteln Sie, dass Inkontinenz heilbar ist oder sich zumindest kontrollieren lässt, um die Würde zu wahren.

Erwarten Sie, dass der Klient kontinent und nicht, dass er inkontinent ist (z. B. durch Ermutigen, Straßenkleidung zu tragen, Abraten vom Gebrauch einer Bettpfanne).

Setzen Sie Inkontinenzhilfen erst ein, nachdem gewissenhafte Bemühungen um Rekonditionierung auch nach 6 Wochen gänzlich erfolglos waren.

Arbeiten Sie darauf hin, Inkontinenz zunächst am Tag zu erreichen, bevor Sie nächtliche Kontinenz erwarten.

Ermutigen Sie dazu, sich am gesellschaftlichen Leben zu beteiligen:

- Ermutigen Sie die Person zur Pflege der äußeren Erscheinung und unterstützen Sie sie dabei.
- Geben Sie einem stationär behandelten Klienten Gelegenheiten, Mahlzeiten außerhalb seines Zimmers (z. B. im Tagesraum, in der Lounge) einzunehmen.
- Sollten Furcht und Verlegenheit ein gesellschaftliches Leben verhindern, instruieren Sie die Person, vorübergehend Vorlagen zu verwenden, bis die Kontinenz wiederhergestellt ist.
- Wechseln Sie die Kleidung, sobald sie durchnässt ist, und vermeiden Sie indirektes Sanktionieren dieser Situation.
- Raten Sie zur oralen Einnahme von Chlorophylltabletten, um dem Urin und dem Stuhl den Geruch zu nehmen.
- Für weitere Interventionen siehe *soziale Isolation* und *unwirksames Coping*, soweit angezeigt.

F: Normale Kleidung oder die übliche Nachtbekleidung zu tragen hilft, das häusliche Umfeld zu simulieren, wo Inkontinenz u. U. nicht auftritt. Klinikeigene Bekleidung kann eine Inkontinenz verstärken.

Intakthalten der Haut

Identifizieren dekubitusgefährdeter Klienten.

Erhalten eines sauren pH-Wertes der Haut (Scardillo, 1999).

Vermeiden scharfer Seifen und alkoholhaltiger Produkte.

Schützen der Haut vor Feuchtigkeit.

Für weitere Informationen siehe *Gefahr einer Hautschädigung*.

F: Harnstoff aus dem Urin macht die Haut alkalischer und anfälliger für Reizstoffe.

Unterweisen in Prävention von Harnwegsinfekten

Fordern Sie auf, die Blase regelmäßig und vollständig zu entleeren.

Stellen Sie eine adäquate Flüssigkeitszufuhr sicher.

Halten Sie den Urin angesäuert. Meiden Sie Zitrusfrüchte, Cola-Getränke und Kaffee.
Überwachen Sie den pH-Wert des Urins.
Lehren Sie den Klienten, abnorme Veränderungen des Urins zu erkennen:

- vermehrter Schleim und erhöhtes Sediment
- Blut (Hämaturie)
- Veränderungen der Farbe (normal: strohfarben) und des Geruchs.

Lehren Sie den Klienten das Überwachen auf Zeichen und Symptome einer Infektion:

- erhöhte Körpertemperatur, Schüttelfrost und Zittern
- Veränderungen der Eigenschaften des Urins
- suprapubische Schmerzen
- Schmerzen beim Wasserlassen
- Harndrang
- häufiges Entleeren oder häufige kleine Inkontinenzepisoden
- erhöhte Spastizität bei rückenmarkverletzten Individuen
- erhöhter pH-Wert des Urins
- Übelkeit/Erbrechen
- Lenden- und/oder Flankenschmerz.

F: Bakterien vermehren sich rasch im stagnierenden Restharn der Blase. Darüber hinaus behindert eine überdehnte Blase die Durchblutung der Blasenwand und erhöht damit die Infektionsanfälligkeit durch Wachstum von Bakterien. Eine regelmäßige vollständige Entleerung der Blase senkt das Infektionsrisiko ganz erheblich.

Erläutern von Auswirkungen des Alterns auf die Blasenfunktion und Erklären, dass Harndrang und Nykturie nicht notwendigerweise zu Inkontinenz führen

Beginnen mit Gesundheitsedukation und Überweisen, soweit angezeigt

Nehmen Sie Kontakt zur häuslichen Pflegeperson auf, um ein Assessment des Badezimmers und der Toilette vorzunehmen.

Geriatrische Interventionen

Maßnahmen

Betonen Sie, dass Inkontinenz kein unausweichliches altersbedingtes Ereignis ist.
Erklären Sie, dass die Flüssigkeitszufuhr nicht aus Angst vor Inkontinenz eingeschränkt werden sollte.
Erklären Sie, dass man sich nicht auf Durst als Signal für die Flüssigkeitsaufnahme verlassen sollte.
Lehren Sie, dass das Bad nachts leicht zugänglich sein muss. Erwägen Sie bei Bedarf einen Toilettenstuhl oder ein Urinal.

F: Die Ursache zu erklären kann die Person zur Teilnahme ermutigen.

F: Dehydratation kann Inkontinenz verursachen, indem die Empfindung einer vollen Blase (das Signal zur Miktion) beseitigt wird und darüber hinaus bewirken, dass die Person weniger auf dieses Signal achtet.

F: Bei älteren Menschen nimmt das Durstgefühl ab (Miller, 2004).

Reflexurininkontinenz

Definition

Reflexurininkontinenz: der Zustand, in dem eine Person einen vorhersehbaren unwillkürlichen Abgang von Urin erfährt, ohne dass Harndrang besteht, die Blase bewusst entleert wird oder gefüllt ist.

Reflexurininkontinenz (engl. Reflex urinary incontinence): Unwillkürlicher Urinabgang in annähernd vorhersagbaren Intervallen, sobald ein bestimmtes Blasenvolumen erreicht ist (NANDA-I, 2010).

Bestimmende Merkmale oder Kennzeichen

Hauptkennzeichen (obligat)

- kein [oder eingeschränktes] Empfinden der Blasenfüllung
- kein [oder eingeschränktes] Empfinden des Harndrangs
- kein [oder eingeschränktes] Empfinden der Entleerung
- Empfinden des Harndrangs ohne willentliche Hemmung der Blasenkontraktion
- Empfinden im Zusammenhang mit voller Blase (z. B. Schwitzen, Ruhelosigkeit, abdominelles Unwohlsein).
- vorhersagbares Entleerungsmuster
- Unfähigkeit, bewusst die Entleerung zu unterdrücken
- Unfähigkeit, bewusst die Entleerung einzuleiten
- unvollständige [vollständige] Entleerung bei Verletzung [des Gehirns] oberhalb des pontinen Miktionszentrums
- unvollständige Entleerung bei Verletzung [des Rückenmarks]oberhalb des sakralen Miktionszentrums.

Einflussfaktoren

Pathophysiologische Faktoren

B/d eine gestörte Überleitung von Impulsen oberhalb der Ebene des Reflexbogens, s/b/d:

eine Rückenmarkverletzung
einen Tumor
eine Infektion.

B/d Gewebeschädigung (z. B. aufgrund strahlenbedingter Zystitis, entzündlicher Blasenbedingungen, radikale Beckenoperation)
B/d neurologische Beeinträchtigung oberhalb des sakralen Miktionszentrums
B/d neurologische Beeinträchtigung oberhalb des pontinen Miktionszentrums.

Zentrale Konzepte

- eine Läsion oberhalb der sakralen Rückenmarksegmente, d. h. oberhalb von Th12, an der sowohl motorische als auch sensible Bahnen des Rückenmarks beteiligt sind, führt zu einer Reflexblase. Diese spastische Blasenfunktionsstörung wird oft auch als supraspinale Reflexblase, hypertone Blase, Automatenblase und spastische Blase bezeichnet.
- Eine Läsion, bei der das Rückenmark nicht vollständig durchtrennt wird, kann unterschiedliche Befunde hervorbringen.
- Bei der neurogenen Reflexblase fehlt die Kontrolle durch höhere zentrale Zentren. Die Betroffene kann daher die Miktion nicht willkürlich in Gang bringen bzw. anhalten.
- Der einfache spinale Reflexbogen übernimmt die Kontrolle über die Miktion.
- Ein positiver Bulbocavernosusreflex spricht dafür, dass der Miktionsreflex (spinaler Reflexbogen) intakt ist.
- Wenn das Öffnen des Sphinkters und die Erschlaffung der gestreiften Muskulatur um den Sphinkter unkoordiniert verlaufen, besteht nach einer getriggerten Miktion ein hohes Restharnpotenzial.
- Die autonome Dysreflexie ist eine abnorme Reflexaktivität, die nur bei Personen mit einer Rückenmarkverletzung oberhalb von Th8 auftritt. Meist haben diese Klienten eine spastische Blase (Reflexinkontinenz). Dies ist eine lebensbedrohende Situation, in der der Blutdruck auf tödliche Werte ansteigt. Eine autonome Hyperreflexie wird oft durch Stimuli ausgelöst, wie sie von einer überdehnten Blase oder einem überdehnten Darm ausgehen.

Einschätzungskriterien des Fokusassessments

Siehe *beeinträchtigte Urinausscheidung*.

Ziele

NOC

- Siehe funktionelle Inkontinenz.

Die Person berichtet über einen für sie zufrieden stellenden Zustand der Trockenheit.

Indikatoren

- Restharnvolumen < 50 ml.
- Einsatz von Triggermechanismen zur Auslösung der reflektorischen Miktion.

Allgemeine Interventionen

NIC

- Siehe auch funktionelle Inkontinenz.
- Beckenbodentraining
- Gewichtsmanagement

Einschätzen ursächlicher und beeinflussender Erkrankungen

Siehe «Einflussfaktoren».

Erläutern der Begründung für die Behandlungen

Entwickeln eines Programms zum Retraining und Rekonditionieren der Blase (siehe Dauerinkontinenz, «Einflussfaktoren»)

Lehren von Techniken zur Stimulation der reflektorischen Miktion

Kutane Triggermechanismen:

- wiederholtes tiefes, kurzes suprapubisches Beklopfen (am wirksamsten). Instruktionen:
  - Bringen Sie sich in halb sitzende Position.
  - Beklopfen Sie 5 Sekunden lang etwa 7- bis 8-mal unmittelbar die Blasenwand (ca. 35–40 Einzelschläge).
  - Verwenden Sie nur eine Hand.
  - Lassen Sie den Klopfpunkt über die Blase wandern, um die am besten geeignete Stelle herauszufinden.
  - Setzen Sie die Stimulation fort, bis ein guter Harnstrahl einsetzt.
  - Warten Sie etwa 1 Minute und wiederholen Sie dann die Stimulation, bis die Blase entleert ist.
  - Ein bis zwei Stimulationssequenzen ohne Urinaustritt zeigen, dass nichts mehr kommen wird.
- Sollten obige Maßnahmen wirkungslos sein, instruieren Sie den Klienten, jede der folgenden Maßnahmen 2–3 Minuten lang durchzuführen und zwischen den Versuchen jeweils 1 Minute zu warten:
  - Streicheln der Glans penis
  - leichte Stöße mit der Faust gegen das Abdomen oberhalb der Leistenbänder
  - Streicheln der Innenseite der Oberschenkel.
- Fordern Sie die Person auf, die Miktion mindestens alle 3 Stunden auszulösen.
- Dokumentieren Sie auf dem Bogen für die Ein- und Ausfuhr, welcher der Mechanismen angewandt wurde.
- Personen, die die Kontrolle über ihre Abdominalmuskulatur haben, sollten während der getriggerten Blasenentleerung das Valsalva-Manöver ausführen.
- Unterweisen Sie die Person, dass sie bei erhöhter Flüssigkeitszufuhr auch öfter triggern muss, um eine Überdehnung der Blase zu vermeiden.
- Planen Sie ein Programm zur intermittierenden Katheterisierung (siehe *Dauerinkontinenz*).

Beginnen mit Gesundheitsedukation, soweit angezeigt

Lehren Sie das Blasenrekonditionierungsprogramm (siehe *Dauerinkontinenz*).
Lehren Sie intermittierendes Katheterisieren (siehe *Dauerinkontinenz*).
Lehren Sie die Vorbeugung gegen Harnwegsinfekte (siehe *Dauerinkontinenz*).
Bei hoher Dysreflexiegefahr siehe *Dysreflexie*.

F: Die Stimulation des Reflexbogens ersetzt den inneren Blasensphinkter und ermöglicht es, Wasser zu lassen. Eine Stimulation der Blasenwand oder der Haut (z.B. suprapubisch, pubisch) kann den Reflexbogen aktivieren.
F: Die bevorzugten kutanen Triggermethoden sind: leichtes, rasches suprapubisches Beklopfen, leichtes Ziehen am Schamhaar, Massage des Abdomens und die digitale rektale Stimulation.
F: Der Credé-Handgriff sollte bei einer Reflexblase vermieden werden, da es zu Schäden an der Harnröhre oder zu vesikouretheralem Reflux kommen kann, wenn der äußere Schließmuskel kontrahiert wird.
F: Kontraktion der Bauchmuskeln komprimiert die Blase beim Entleeren.

Stressurininkontinenz

Definition

Stressurininkontinenz: der Zustand, in dem eine Person unmittelbar bei einem Anstieg des intraabdominellen Drucks einen unwillkürlichen Abgang von Urin erfährt.
Stressurininkontinenz (engl. Stress urinary incontinence): Plötzlicher Verlust von Urin während Aktivitäten, die den intraabdominalen Druck erhöhen (NANDA-I, 2010).

Bestimmende Merkmale oder Kennzeichen

Hauptkennzeichen (obligat)

Die Person berichtet über den Abgang von Urin (gewöhnlich < 50 ml) bei erhöhtem intrabdominellen Druck durch Stehen, Niesen, Husten, Laufen oder Heben schwerer Gegenstände.

- berichtet von unwillkürlichem Abgang geringer Urinmengen bei fehlender Detrusorkontraktion
- berichtet von unwillkürlichem Abgang geringer Urinmengen bei fehlender Blasenüberdehnung
- berichtet von unwillkürlichem Abgang geringer Urinmengen bei Belastung
- berichtet von unwillkürlichem Abgang geringer Urinmengen beim Husten
- berichtet von unwillkürlichem Abgang geringer Urinmengen beim Lachen
- berichtet von unwillkürlichem Abgang geringer Urinmengen beim Niesen.
- beobachteter unwillkürlicher Abgang geringer Urinmengen bei Belastung [z.B. Heben, Belastungsgymnastik]
- beobachteter unwillkürlicher Abgang geringer Urinmengen beim Niesen

- beobachteter unwillkürlicher Abgang geringer Urinmengen beim Lachen
- beobachteter unwillkürlicher Abgang geringer Urinmengen beim Husten
- beobachteter unkontrollierter Abgang geringer Urinmengen bei fehlender Detrusorkontraktion
- beobachteter unwillkürlicher Abgang geringer Urinmengen bei fehlender Blasenüberdehnung.

Einflussfaktoren

Pathophysiologische Faktoren

B/d einen insuffizienten Blasenausgang, s/b/d: kongenitale Blasenanomalien.
B/d degenerative Veränderungen der Beckenmuskulatur und der strukturellen Stützelemente, s/b/d: Östrogenmangel.

Situationsbedingte Faktoren (persönlich bedingt, umgebungsbedingt)

B/d hohen intraabdominellen Druck und schwache Beckenmuskulatur, s/b/d:

- Adipositas
- mangelhafte Körperpflege
- sexuelle Aktivitäten
- eine Schwangerschaft.

B/d Schwäche der Beckenmuskulatur und der strukturellen Stützelemente, s/b/d:

- starke Gewichtsabnahme vor kurzer Zeit
- eine Entbindung.

B/d intrinsische Sphinkterinsuffizienz (ISD).

Altersbedingte Faktoren

B/d Verlust des Muskeltonus – bei älteren Menschen.

Zentrale Konzepte

Allgemeine Überlegungen

- Urinkontinenz wird gewahrt durch die Verbindungsstelle zwischen Blase und Harnröhre, die Unterstützung des Beckenbodens und den Muskeltonus um die Harnröhre herum.
- Stressinkontinenz besteht im Abgang kleiner Mengen an Urin, sobald die Harnröhrenmündung bei erhöhtem intraabdominellem Druck die Urinpassage nicht mehr kontrollieren kann.
- Der Elastizitätsverlust in der Menopause verstärkt eine Stressinkontinenz.
- Bei einer Frau in der Postmenopause mit blassem, atrophischem Scheidengewölbe kann versucht werden, die Inzidenz der Stressinkontinenz mit Östrogencreme zu senken.

- Klienten mit reiner Stressinkontinenz haben ein normales Zystometrogramm.
- Stressinkontinenz wird in drei Grade unterteilt:
  - 1. Grad – Bei erhöhtem intraabdominellem Druck geht Urin ab, jedoch niemals nachts.
  - 2. Grad – Geringe körperliche Belastungen, wie etwa zu gehen, aus dem Sitzen aufzustehen oder sich im Bett aufzusetzen, bewirken Inkontinenz.
  - 3. Grad – Es herrscht vollständige Inkontinenz und der Urin geht unabhängig von einer körperlichen Aktivität oder Körperhaltung ab.

Geburtshilflich-gynäkologische Überlegungen

- Druck auf den Uterus kann Stressinkontinenz bewirken, die dann fälschlich für den Abgang von Amnionflüssigkeit gehalten wird.

Einschätzungskriterien des Fokusassessments

Siehe *beeinträchtigte Urinausscheidung*.

Ziele

NOC

Siehe funktionelle Inkontinenz.

Die Person berichtet über einen Rückgang oder das Verschwinden der Stressinkontinenz.

Indikatoren

- In der Lage sein, die Ursache der Inkontinenz und Begründungen für Behandlungen zu erläutern.

Allgemeine Interventionen

NIC

Siehe auch funktionelle Inkontinenz.
- Beckenbodentraining
- Gewichtsmanagement

Feststellen der beeinflussenden Faktoren

Erläutern der Wirkung einer insuffizienten Beckenbodenmuskulatur auf die Kontinenz (siehe «Zentrale Konzepte»)

Unterweisen in Beckenbodentraining (Dougherty, 1998)

Lehren, wie man selbst einschätzt, ob die Übungen korrekt durchgeführt werden

Setzen Sie im Stehen einen Fuß auf einen Stuhl. Führen Sie den Zeigefinger in die Scheide ein und spüren Sie die Kraft der Kontraktion.

Bewerten Sie diese Kraft auf einer Skala von 0 bis 5 (Sampselle/DeLancey, 1998):

- 0 = Keine palpable Kontraktion.
- 1 = Schwach, kaum zu spüren.
- 2 = Schwach, aber eindeutig zu spüren.
- 3 = Gut, aber unter leichtem Druck mit dem Finger nicht aufrechtzuerhalten.
- 4 = Gut, aber unter starkem Druck mit dem Finger nicht aufrechtzuerhalten.
- 5 = Maximale Kraft mit starkem Widerstand.

Verwenden Sie einen Spiegel, um zu beobachten, ob sich die Klitoris nach unten bewegt und sich der Anus unter der Kontraktion zusammenzieht.

Konsultieren Sie einen Inkontinenzspezialisten wegen des Einsatzes von Vaginalkonen zur Kräftigung des Beckenbodens (Perkins, 1998).

Geben von Instruktionen für das Beckenbodentraining

Stellen Sie sich bei den vorderen Beckenbodenmuskeln vor, Sie würden versuchen, den Abgang von Urin anzuhalten. Spannen Sie die Muskeln (vorn und hinten) 10 Sekunden lang an und entspannen Sie sie wieder. Wiederholen Sie dies 10-mal hintereinander und 4-mal am Tag. Stoppen und lösen Sie den Harnstrahl während der Miktion mehrmals.

Nutzen Sie den Urin-Stopp-Test, um die Effektivität der Kontraktion zu messen, indem Sie die Zeit bestimmen, die nötig ist, um den Harnstrahl zum Versiegen zu bringen. Machen Sie diesen Test nur einmal täglich.

Erklären Sie, dass die Beckenmuskeln innerhalb von 6–8 Wochen einen Rückgang des Urinabgangs von 50–100 % bewirken (Dougherty, 1998).

Raten Sie, dass die Übungen auch nach Erreichen optimaler Ergebnisse – gewöhnlich innerhalb von 16 Wochen – mindestens 3-mal pro Woche durchgeführt werden sollten (Dougherty, 1998).

F: Bei Stressinkontinenz haben Entbindungen, Traumata, eine menopausenbedingte Atrophie oder Adipositas die Beckenbodenmuskulatur (M. pubococcygeus) und den M. levator ani geschwächt oder gedehnt.

F: Beckenbodentraining kräftigt und tonisiert die Muskeln des Beckenbodens. Damit nehmen sie evtl. hinreichend zu oder sorgen für ausreichend Harnröhrendruck, um leichte Formen der Inkontinenz zu verhindern. Sie sollten allen Frauen als Präventivmaßnahme vermittelt werden. Studien zufolge bessert Beckenbodentraining eine Stressinkontinenz oder bringt sie gar vollständig unter Kontrolle (Dougherty, 1998).

Beginnen mit Patienten-/Gesundheitsedukation bei Personen, die auch nach einem Rekonditionieren der Blase und Beckenbodentraining inkontinent bleiben

Fördern Sie persönliche Integrität (siehe *Dauerinkontinenz*).
Fördern Sie die Unversehrtheit der Haut (siehe *Dauerinkontinenz*).
Planen Sie ein Programm zur intermittierenden Katheterisierung (siehe *Dauerinkontinenz*).

Geburtshilflich-gynäkologische Interventionen

Maßnahmen

Lehren Sie die Klientin, bei erhöhtem intraabdominellem Druck während der Schwangerschaft$_{(')}$…

- … langes Stehen zu vermeiden.
- … welche Vorteile es hat, mindestens alle 2 Stunden die Blase zu entleeren.
- … nach der Entbindung Beckenbodentraining durchzuführen.

F: Der Druck des Uterus auf die Blase kann zu unfreiwilligem Abgang von Urin führen.

Dauerurininkontinenz

Definition

Dauerurininkontinenz: der Zustand, in dem eine Person einen dauerhaften, nicht vorhersehbaren Abgang von Urin erfährt, ohne dass die Blase gedehnt oder ihr Füllungszustand zu Bewusstsein gekommen wäre.
Totale Urininkontinenz: Kontinuierlicher und unvorhersagbarer Urinabgang (NANDA-I, 2010)

Bestimmende Merkmale oder Kennzeichen

Hauptkennzeichen (eines oder mehr obligat)

konstanter Urinabgang zu unvorhersagbaren Zeiten ohne ungehemmte Blasenkontraktionen/-spasmen oder Blasendehnung
Nykturie
fehlende Blasenfüllung [bewusste Wahrnehmung]
fehlende perineale Füllung [bewusste Wahrnehmung]
ist sich der Inkontinenz nicht bewusst.
erfolglose refraktorische Behandlungen der Inkontinenz.

Einflussfaktoren

Neuropathie, die die Übertragung des Reflexes [Reflexbogen] verhindert, der den Füllungszustand der Blase signalisiert
neurologische Störung [zerebrale Läsionen]
unabhängige Kontraktion des Detrusorreflexes [unabhängige Kontraktion des Detrusors]
traumatische Verletzung der Rückenmarksnerven [Zerstörung der sensorischen oder motorischen Neuronen unterhalb der Höhe der Verletzung]
Erkrankung mit Auswirkung auf die Rückenmarksnerven [Zerstörung der sensorischen oder motorischen Neuronen unterhalb der Höhe der Verletzung]
anatomisch bedingt (Fistel).

Weitere siehe *beeinträchtigte Urinausscheidung.*

Einschätzungskriterien des Fokusassessments

Siehe *beeinträchtigte Urinausscheidung.*

Ziele

NOC

Siehe funktionelle Urininkontinenz.

Die Person ist kontinent (zu spezifizieren: tagsüber, nachts 24 Stunden).

Indikatoren

- Benennen der Ursache der Inkontinenz und der Begründung für Behandlungen.
- Benennen eines Ziels für die tägliche Flüssigkeitszufuhr.

Allgemeine Interventionen

NIC

Siehe auch funktionelle Urininkontinenz.
- Umgebungsmanagement
- Blasenkatheterisierung
- Edukation: Maßnahme/Behandlung
- Blasenkatheterpflege
- Blasentraining

Entwickeln eines Blasen-Retrainings- oder -Rekonditionierungsprogramms, das Kommunikation, Assessment des Entleerungsrhythmus, geplante Flüssigkeitszufuhr und geplante Entleerungszeiten umfassen sollte

Fördern der Kommunikation unter dem gesamten Personal sowie zwischen Person, Familie und Personal

Versorgen Sie alle MitarbeiterInnen mit hinreichenden Kenntnissen über das geplante Programm. Schätzen Sie die Reaktion des Personals auf das Programm ein.

Einschätzen des Potenzials der Person zur Teilnahme an einem Blasen-Retraining

Kognition.
Der Wunsch nach Verhaltensänderung.
Kooperationsfähigkeit.
Teilnahmebereitschaft.

F: Kontinenztrainingsprogramme werden entweder von der betroffenen Person selbst oder unter Anleitung durch die Betreuungsperson durchgeführt. Selbst durchgeführte Programme des Blasentrainings, -Retrainings und Übungen sind für motivierte, kognitiv intakte Personen gedacht. Durch Betreuungspersonen durchgeführte Programme für geplante Toilettengänge oder ein Gewohnheitentraining eignen sich für motivierte Betreuungspersonen von Klienten mit kognitiven Beeinträchtigungen (Miller, 2004).

Liefern einer Begründung des Plans und Einholen der Einverständniserklärung der Klientin

Auffordern der Person zur Fortsetzung des Programms durch Sorgen für akkurate Informationen über die Gründe für Erfolg oder Scheitern

Einschätzen des Miktionsrhythmus

Überwachen und dokumentieren Sie:

- Ein- und Ausfuhr
- Zeitpunkt und Menge der Flüssigkeitsaufnahme
- Art der Flüssigkeit
- Inkontinenzmenge; messen, wenn möglich, oder Schätzen der Mange: wenig, mäßig, viel
- bei der Miktion entleerte Urinmenge (willkürlicher oder unwillkürlicher Abgang?)
- Vorhandensein des Miktionsbedürfnisses
- Restharnmenge (nach einem erfolglosen Versuch des manuellen Triggerns oder der Miktion in der Blase verbliebene Urinmenge)
- Menge des durch manuelles Triggern (z. B. Beklopfen, Credé-Handgriff) ausgeschiedenen Urins.

- Benennen Sie bestimmte der Miktion vorausgehende Aktivitäten (z. B. Unruhe, Schreien, körperliche Betätigung).
- Dokumentieren Sie in der entsprechenden Spalte.

Planen der Zeiten zur Flüssigkeitsaufnahme und zur Blasenentleerung

Sorgen Sie für eine Flüssigkeitszufuhr von 2000 ml pro Tag, soweit nicht kontraindiziert.

Raten Sie von einer Flüssigkeitsaufnahme nach 19.00 Uhr ab.

Anfänglich wird die Blase tagsüber mindestens alle 2 Stunden und nachts mindestens 2-mal entleert. Ziel sind Abstände von 2–4 Stunden.

Wenn die Person vor Beginn der geplanten Blasenentleerungen inkontinent ist, verkürzen Sie die Abstände zwischen den Entleerungen.

Wenn die Restharnmenge nach dem Entleeren mehr als 100–150 ml beträgt, planen Sie eine intermittierende Katheterisierung ein.

Lindern einer inkontinenzbedingten Reizdermatitis (Scardillo, 1999)

Schwächen der alkalisierenden Wirkung des Urins auf die Haut:

- Verwenden Sie zum Säubern des Perineums eine Reinigungssubstanz, bei der nicht nachgespült werden muss.
- Vermeiden Sie Duftstoffe, Alkohol und alkalische Wirkstoffe, wie sie in vielen kommerziell vertriebenen Seifen enthalten sind.
- Tragen Sie eine feuchtigkeitsspendende Substanz direkt nach dem Baden auf, wenn die Poren noch offen sind.
- Wählen Sie eine feuchtigkeitsspendende Substanz, welche die Poren schließt (z. B. Vaseline, Lanolin, Emollienzien).

Vermindern der Schädigungen durch das Waschen:

- Versuchen Sie beim Säubern nicht die gesamte Salbe zu entfernen.
- Waschen Sie die Haut sanft und mit wenig Seife.
- Trocknen Sie die Haut sanft durch Abtupfen statt durch Reiben ab.
- Verwenden Sie ein Hautschutzmittel gegen Feuchtigkeit.

F: Zu den wesentlichen Komponenten jedes Kontinenztrainingsprogramms (selbst- oder fremdgesteuert) gehören Motivation, das Assessment des Miktions- und Inkontinenzverhaltens/-musters, eine regelmäßige Flüssigkeitszufuhr von 2000–3000 ml/Tag, eine zeitlich festgelegte Blasenentleerung im Abstand von 2–4 Stunden an einem geeigneten Ort sowie ein fortlaufendes Assessment (Miller, 2004).

F: Das intermittierende Katheterisieren sollte, wenn es in der Institution geschieht, in aseptischer Technik erfolgen, da die in einer solchen Institution vorhandenen Organismen virulenter und resistenter sind als außerhalb anzutreffende Keime. Menschen zuhause können sich einer sauberen Technik bedienen, da es in der häuslichen Umgebung keine virulenten Keime gibt.

F: Dehydratation kann zu Inkontinenz führen, indem sie die Empfindung einer vollen Blase (das Miktionssignal) aufhebt und die Aufmerksamkeit der Person für diese Empfindung schwächt.

Planen eines Programms zur intermittierenden Katheterisierung, falls angezeigt

Überwachen Sie Ein- und Ausfuhr.

Die Flüssigkeitszufuhr sollte mindestens 2000 ml/Tag betragen.

Verwenden Sie innerhalb der Klinik eine sterile Katheterisierungstechnik und zuhause eine saubere Technik.

Die durch Katheterisieren abgeleiteten Urinmengen sollten unter 500 ml liegen.

Verlängern oder verkürzen Sie die Abstände zwischen den Katheterisierungen, um entsprechende Mengen zu bekommen.

Gewöhnlich wird alle 4–6 Stunden katheterisiert.

Die Urinmenge kann nachts zunehmen, daher muss nachts u. U. häufiger katheterisiert werden.

Fordern Sie den Klienten auf, die Blase vor dem angesetzten Katheterisierungszeitpunkt zu entleeren.

Leiten Sie anfänglich mindestens alle 6 Stunden Restharn ab.

Beenden Sie das Programm zur intermittierenden Katheterisierung, wenn die Blase auf Dauer selbstständig oder durch Triggern geleert wird und der Restharn nach jeder Miktion weniger als 50 ml beträgt.

F: Intermittierende Selbstkatheterisierung, d. h. das regelmäßige Ableiten von Urin über einen in die Blase eingeführten Katheter ist indiziert, wenn das Entleeren der Blase durch eine neurologische Störung beeinträchtigt wird.

F: Das intermittierende Katheterisieren sollte, wenn es in einer Einrichtung der Gesundheitsversorgung geschieht, in aseptischer Technik erfolgen, da die in einer solchen Institution vorhandenen Organismen virulenter und resistenter gegen Medikamente sind als in der häuslichen Umgebung.

Unterweisen der Person und ihrer Familie im intermittierenden Katheterisieren zum langfristigen Blasenmanagement (siehe «Zentrale Konzepte»)

Erläutern Sie die Gründe für das Katheterisierungsprogramm.

Erläutern Sie die Beziehung zwischen Flüssigkeitsaufnahme und der Häufigkeit des Katheterisierens.

Erklären Sie, wie wichtig es ist, die Blase aufgrund der Gefahren, die von einer Überdehnung ausgehen, unabhängig von den Umständen zur vorgeschriebenen Zeit zu entleeren. Bei einer überdehnten Blase trägt beispielsweise die Zirkulation zur Infektion bei und die Stase des Urins fördert das Wachstum von Bakterien.

F: Intermittierendes Katheterisieren sorgt für einen Rückgang der Morbidität in Verbindung mit Verweilkathetern, für mehr Unabhängigkeit, ein positiveres Selbstkonzept und normalere sexuelle Beziehungen.

F: Eine Überdehnung der Blase schränkt die Durchblutung der Blasenwand ein und macht sie anfälliger für Infekte durch Bakterienwachstum.

Unterrichten Sie den Klienten über das Blasenrekonditionierungsprogramm

Erläutern Sie Begründung und Behandlungen (siehe «Zentrale Konzepte»).

Erklären Sie den Plan der Flüssigkeitsaufnahme und der Versuche zur Entleerung der Blase, das manuelle Triggern und das Katheterisieren zur Kontrolle der Inkontinenz.

Lehren Sie die Person und ihre Familie, wie wichtig positives Bestärken ist, und wie wichtig es ist, das Programm einzuhalten, um bestmögliche Resultate zu erzielen.

Verweisen Sie an kommunal tätige Pflegepersonen zur Unterstützung beim Rekonditionieren der Blase, falls angezeigt.

F: Zu den wesentlichen Komponenten jedes Kontinenztrainingsprogramms (selbst- oder fremdgesteuert) gehören Motivation, das Assessment des Miktions- und Inkontinenzverhaltens/-musters, eine regelmäßige Flüssigkeitszufuhr von 2000–3000 ml/Tag, eine zeitlich festgelegte Blasenentleerung im Abstand von 2–4 Stunden an einem geeigneten Ort sowie ein fortlaufendes Assessment (Miller, 2004).

Beginnen mit Gesundheitsedukation

Unterweisen Sie in intermittierendem Katheterisieren, falls angemessen.
Instruieren Sie in der Prävention von Harnwegsinfekten.
Überweisen Sie in der Gemeinde lebende Menschen an die für die häusliche Pflege zuständige Pflegeperson zur Nachbetreuung und/oder zum regelmäßigen Wechsel eines Verweilkatheters.

F: Langzeitkatheterisierung erfordert den Einsatz von Gemeindeschwestern.

Drangurininkontinenz

Definition

Drangurininkontinenz: der Zustand, in dem eine Person in Verbindung mit einem plötzlichen, starken Verlangen, die Blase zu entleeren, einen unwillkürlichen Abgang von Urin erfährt.
Drangurininkontinenz (engl. Urge urinary incontinence): Unwillkürlicher Urinabgang, der kurz nach einem starken Harndrang auftritt (NANDA-I, 2010).

Bestimmende Merkmale oder Kennzeichen

Hauptkennzeichen (obligat)

Harndrang, gefolgt von Inkontinenz.
berichtet von Harndrang
berichtet von unwillkürlichem Urinabgang begleitet von Blasenkontraktionen
berichtet von unwillkürlichem Urinabgang begleitet von Blasenspasmen
berichtet von der Unfähigkeit, die Toilette rechtzeitig zu erreichen, um Urinabgang zu vermeiden.
beobachtete Unfähigkeit, die Toilette rechtzeitig zu erreichen, um Urinabgang zu vermeiden.

Einflussfaktoren

Pathophysiologische Faktoren

B/d ein vermindertes Fassungsvermögen der Blase, s/b/d:

eine Blaseninfektion
demyelinisierende Erkrankungen
neurogene Leiden oder Verletzungen, Tumoren oder Schäden durch neurale Infektionen
Parkinson-Krankheit
Apoplex
atrophische Urethritis; atrophische Vaginitis
eine alkoholische Neuropathie
ein Trauma
Kotstauung, eine diabetische Neuropathie
Vorgänge im Gehirn.

B/d Detrusor-Hyperaktivität mit beeinträchtigter Blasenkontraktilität.

Behandlungsbedingte Faktoren

B/d ein vermindertes Fassungsvermögen der Blase, s/b/d:

Operation am Abdomen
Zustand nach einem Dauerkatheter.

Situationsbedingte Faktoren (persönlich bedingt, umgebungsbedingt)

B/d eine Reizung der Dehnungsrezeptoren der Blase, s/b/d:

Alkoholaufnahme
Coffeingenuss
übermäßige Flüssigkeitsaufnahme.

B/d Einnahme von Diuretika
B/d vermindertes Fassungsvermögen der Blase, s/b/d allzu häufiges Entleeren.

Altersbedingte Faktoren

Kinder
B/d ein geringes Fassungsvermögen der Blase.

Ältere Menschen
B/d ein vermindertes Fassungsvermögen der Blase.

Zentrale Konzepte

- Drangurininkontinenz ist der unwillkürliche Abgang von Urin in Verbindung mit einem starken Verlangen, die Blase zu entleeren. Sie ist charakterisiert durch den Abgang großer Urinmengen und kann durch emotionale Faktoren, Veränderungen der Körperhaltung oder den Anblick und das Geräusch laufenden Wassers ausgelöst werden. Diese Art der Inkontinenz wird gewöhnlich als Detrusorinstabilität oder instabile Blase bezeichnet.
- Die Detrusorinstabilität ist gekennzeichnet durch ungehemmte Detrusorkontraktionen, die hinreichen, um Inkontinenz auszulösen. Ursache sind häufig Erkrankungen des ZNS, eine Übererregbarkeit afferenter Bahnen und dekonditionierte Miktionsreflexe.
- Eine Person mit ungehemmter neurogener Blase hat eine Schädigung der Hirnrinde (z. B. Apoplex, Parkinson-Krankheit, Hirnverletzung/-tumor), welche die Fähigkeit beeinträchtigt, die Miktion zu hemmen. Auch die Empfindung für den Füllungszustand der Blase ist begrenzt. Dies zeigt sich am Harndrang. Es liegt nur kurze Zeit zwischen der Empfindung, die Blase entleeren zu müssen, und der ungehemmten Kontraktion.
- Die Warnzeit ist die Zeit, während der eine Person die Miktion hinauszögern kann, nachdem sie den Drang zur Miktion wahrgenommen hat. Eine verkürzte Warnzeit kann zu Inkontinenz führen, wenn die Person nicht rechtzeitig zur Toilette gelangen kann.

Einschätzungskriterien des Fokusassessments

Siehe *beeinträchtigte Urinausscheidung*.

Ziele

NOC

Siehe funktionelle Urininkontinenz.

Die Person gibt an, keine oder nur noch vermindert Inkontinenzepisoden zu haben (zu spezifizieren).

Indikatoren

- Erläutern der Ursachen einer Inkontinenz.
- Beschreiben von Substanzen, welche die Blase reizen.

Allgemeine Interventionen

NIC

Siehe funktionelle Urininkontinenz.

Einschätzen ursächlicher und beeinflussender Faktoren

Siehe «Einflussfaktoren».

Einschätzen des Miktionsrhythmus/der Inkontinenzverteilung und der Flüssigkeitsaufnahme

Wahren Sie eine optimale Versorgung mit Flüssigkeit (siehe *Dauerinkontinenz*).
Schätzen Sie den Miktionsrhythmus ein (siehe *Dauerinkontinenz*).

Reduzieren oder Eliminieren ursächlicher Faktoren, wenn möglich

Substanzen, welche die Blase reizen

Infektion/Entzündung:

- Überweisen an einen Arzt zur Diagnose und Behandlung.
- Beginnen mit einem Blasenrekonditionierungsprogramm (siehe *Dauerinkontinenz*).
- Erläutern der Beziehung zwischen Inkontinenz und dem Konsum von Alkohol, Kaffee und Colagetränken (Reizstoffe).

Erläutern der Gefahren einer unzureichenden Flüssigkeitszufuhr und deren Beziehung zu Infekten und konzentriertem Urin.

F: Um Harnwegsinfekte und Nierensteine zu verhindern, bedarf es einer optimalen Versorgung mit Flüssigkeit.

Vermindertes Fassungsvermögen der Blase

Stellen Sie fest, wie viel Zeit zwischen dem Drang, die Blase zu entleeren, und dem entsprechenden Bedürfnis verstreicht, d. h. wie lange die Person die Miktion hinauszögern kann.
Teilen Sie dem Personal mit, auf die Bitte einer Person um Hilfe beim Gang zur Toilette rasch zu reagieren, wenn es sich um eine Person handelt, der es schwer fällt, die Miktion hinauszuzögern. Notieren Sie dies auch im Pflegeplan.
Lehren Sie den Klienten, die Verzögerungszeit zu verlängern, indem er das Fassungsvermögen der Blase steigert:

- Bestimmen Sie bei jeder Blasenentleerung das ausgeschiedene Volumen.
- Bitten Sie die Person, den Urin möglichst lange «einzuhalten».
- Loben Sie.
- Raten Sie von allzu häufigem Entleeren der Blase ab. Es ist eine Gewohnheit, keine Notwendigkeit.
- Entwickeln Sie ein Rekonditionierungsprogramm für die Blase (siehe *Dauerinkontinenz*).

F: Ein selbst oder iatrogen induziertes Dekonditionieren des Miktionsreflexes kann zu Inkontinenz führen. Häufiges Entleeren der Blase (im Abstand von weniger als 2 Stunden) führt zum chronischen Entleeren geringer Urinmengen. Dadurch sinkt das Fassungsvermögen der Blase, der Detrusortonus steigt und die Blasenwand wird dicker, was wiederum Inkontinenzepisoden verstärkt.

Überdehnte Blase

Erklären Sie, dass Diuretika verabreicht werden, um das Wasser im Körper verringern zu helfen. Sie wirken, indem sie den Harnfluss der Nieren erhöhen.
Erklären Sie, dass es bei Diabetes mellitus zu hohen Blutzuckerspiegeln kommt. Dies wiederum zieht Flüssigkeit aus den Körpergeweben, führt zu einer osmotischen Diurese und erhöht die Urinmenge (Polyurie).
Erklären Sie, dass die Blase aufgrund der erhöhten Urinmenge regelmäßig entleert werden muss, um ein Überdehnen der Blase zu verhindern.
Schätzen Sie den Entleerungsrhythmus ein (siehe *Dauerinkontinenz*).
Überprüfen Sie den Restharn. Wenn er mehr als 100 ml beträgt, nehmen Sie auch das intermittierende Katheterisieren in das Blasenrekonditionierungsprogramm auf.
Beginnen Sie mit dem Blasenrekonditionierungsprogramm (siehe *Dauerinkontinenz*).

F: Eine Überdehnung führt zum Verlust der Blasensensibilität und damit zu Inkontinenzepisoden.

Ungehemmte Blasenkontraktionen

Schätzen Sie den Entleerungsrhythmus ein (siehe *Dauerinkontinenz*).
Legen Sie eine Methode fest, um den Drang, Wasser zu lassen, mitzuteilen. Notieren Sie dies auch im Pflegeplan.
Teilen Sie dem Personal mit, es möge auf die Bitte des Klienten, Wasser lassen zu können, rasch reagieren.
Erstellen Sie einen Plan für das Wasserlassen:

- Sorgen Sie für Gelegenheit zu Wasserlassen beim Aufstehen, nach den Mahlzeiten, nach körperlicher Betätigung, nach dem Baden, nach dem Konsum von Kaffee oder Tee und vor dem Schlafengehen.
- Beginnen Sie damit, jede halbe Stunde die Bettpfanne, den Toilettenstuhl oder den Gang zur Toilette anzubieten und verlängern Sie diesen Zeitraum dann auf wenigstens alle 2 Stunden.
- Wenn es zu einer Inkontinenzepisode kommt, verkürzen Sie die Zeit zwischen den geplanten Entleerungen.
- Dokumentieren Sie das Verhalten/die Aktivität beim Wasserlassen/bei der Inkontinenz (siehe *Dauerinkontinenz*).
- Fordern Sie die Person auf, den Urin bis zur vorgesehenen Zeit «einzuhalten», wenn möglich.
- Konsultieren Sie eine Fachperson der Primärversorgung für pharmakologische Interventionen.
- Für zusätzliche Informationen zur Entwicklung eines Blasenrekonditionierungsprogramms siehe *totale Inkontinenz*.

F: Zu den wesentlichen Komponenten jedes Kontinenztrainingsprogramms (selbst- oder fremdgesteuert) gehören Motivation, das Assessment des Miktions- und Inkontinenzverhaltens/-musters, eine regelmäßige Flüssigkeitszufuhr von 2000–3000 ml/Tag, eine zeitlich festgelegte Blasenentleerung im Abstand von 2–4 Stunden an einem geeigneten Ort sowie ein fortlaufendes Assessment (Miller, 2004).

Beginnen mit Gesundheitsedukation

Unterweisen Sie die Person in der Prävention von Harnwegsinfekten (siehe *funktionelle Inkontinenz*).

Überlaufurininkontinenz*

Definition

Überlaufurininkontinenz: der Zustand, in dem eine Person in Verbindung mit einer Überdehnung der Blase einen unwillkürlichen Abgang von Urin erfährt.
Überlaufurininkontinenz (engl. Overflow urinary incontinence): Unwillkürlicher Urinabgang verbunden mit einer Überdehnung der Blase (NANDA-I, 2010).

Bestimmende Merkmale oder Kennzeichen

Hauptkennzeichen (eines oder mehr obligat)

Blasendehnung (ohne Bezug zu einer reversiblen akuten Ursache) oder
Blasendehnung mit kleinen, häufigen Entleerungen oder mit Harnträufeln (Überlaufinkontinenz).
Restharn: 100 ml oder mehr.
Hohes Restharnvolumen beobachtet oder Angaben über unwillkürlichen Abgang kleiner Mengen Urin.
Nykturie.

Einflussfaktoren

Pathophysiologische Faktoren

B/d Sphinkterblockade, s/b/d:

Strikturen, Harnröhrenobstruktion
Vergrößerung der Prostata
Ureterozele
Schwellung im Dammbereich.
Blasenhalskontrakturen.

* Früher *Harnverhaltung*.

B/d gestörte afferente Bahnen oder Insuffizienz, s/b/d:

Verletzung, Tumor oder Infektion des Rückenmarks
demyelinisierende Erkrankungen
alkoholische Neuropathie
Verletzung, Tumor oder Infektion des Gehirns
multiple Sklerose
Tabes dorsalis
Apoplex
diabetische Neuropathie.

B/d starke Beckenbodensenkung
B/d Detrusor-Sphinkter-Dyssynergie
B/d Detrusorhypokontraktilität

Behandlungsbedingte Faktoren

B/d Obstruktion des Blasenausgangs oder gestörte afferente Bahnen, s/b/d eine medikamentöse Behandlung (iatrogen):

Antihistaminika
Isoproterenol (Kalziumkanalblocker)
Theophyllin
Anticholinergika
Noradrenalin.

Situationsbedingte Faktoren (persönlich bedingt, umgebungsbedingt)

B/d Obstruktion des Blasenausgangs, s/b/d eine Koteinklemmung.

B/d Detrusorschwäche, s/b/d:

dekonditionierte Miktion
begleitenden Stress bzw. Beschwerden.

Zentrale Konzepte

- Drei Entitäten können zu einer Überlaufurininkontinenz führen: eine Obstruktion des Blasenausgangs, Detrusorschwäche und eine Störung afferenter Bahnen.
- Detrusorschwäche ist gekennzeichnet durch den Druck ungehemmter Detrusorkontraktionen, die hinreichen, um Urininkontinenz zu bewirken. Eine der Ursachen der Detrusorschwäche sind dekonditionierte Miktionsreflexe, charakterisiert durch Angst oder Beschwerden beim Wasserlassen. Eine weitere Ursache sind Erkrankungen des Gehirns.
- Afferente Bahnen sind gestört, wenn sowohl der sensible als auch der motorische Ast des einfachen Reflexbogens geschädigt sind. Es gibt dann keine Empfindungen, die dem Betroffenen sagen, dass die Blase gefüllt ist, und es fehlen motorische Impulse zur Entleerung der

Blase. Die Person entwickelt demnach eine neurogene (autonome) Blase. Bei dieser Art der neurogenen Blase kommt es wahrscheinlich zu Harnträufeln, wenn der Blaseninnendruck steigt, weil sich die Blase über ihr normales Fassungsvermögen hinaus füllt, bzw. es geschieht beim Husten, Pressen oder unter körperlicher Belastung.

Einschätzungskriterien des Fokusassessments

Siehe *beeinträchtigte Urinausscheidung.*

Ziele

NOC

Siehe funktionelle Inkontinenz.

Die Person erreicht ein für sie befriedigendes Stadium der Trockenheit.

Indikatoren

- Entleeren der Blase mittels Credé-Handgriff oder Valsalva-Manöver mit einem Restharn von weniger als 50 ml.
- Willkürliches Wasserlassen.

Allgemeine Interventionen

NIC

- Siehe funktionelle Inkontinenz.
- Urininkontinenzpflege
- Blasentraining

Siehe «Einflussfaktoren».

Erläutern der Gründe für die Behandlung

Entwickeln eines Programms zum Retraining und Rekonditionieren der Blase (siehe totale Inkontinenz)

Unterweisen Sie in Methoden des Wasserlassens.

Dem Klienten in eine sitzende Position verhelfen

Lehren Sie das Anspannen der Bauchdecke und das Valsalva-Manöver. Instruieren Sie die Person, …

- … sich auf die Oberschenkel vornüberzubeugen.
- … die Bauchmuskeln anzuspannen, wenn möglich, und zu pressen oder nach unten zu drücken und beim Pressen den Atem anzuhalten (Valsalva-Manöver).

- … die Anspannung und den Atem zu halten, bis der Harnstrahl endet, 1 Minute zu warten und abermals so lange wie möglich zu pressen.
- … dies so lange fortzusetzen, bis kein Urin mehr fließt.

F: Beim Valsalva-Manöver werden die Bauchmuskeln kontrahiert, wodurch die Blase manuell komprimiert wird.

Lehren Sie den Credé-Handgriff. Instruieren Sie die Person, …

- … die flachen Hände oder eine Faust knapp unterhalb der Nabelregion aufzusetzen.
- … eine Hand über die andere zu legen.
- … kräftig nach unten in Richtung des Beckens zu drücken.
- … dies 6- oder 7-mal zu wiederholen, bis sich kein Urin mehr auspressen lässt.
- … ein paar Minuten zu warten und dies zu wiederholen, bis die Blase vollständig geleert ist.

F: Bei vielen Klienten kann der Credé-Handgriff helfen, die Blase zu entleeren. Bei chronisch kontrahierten Sphinkteren ist dieses Manöver indessen kontraindiziert. In solchen Fällen kann das Pressen den Urin sowohl die Harnleiter hinauf als auch die Harnröhre hinab drücken. Der Reflux von Urin ins Nierenbecken kann zu einer Niereninfektion führen.

Vermerken der zur Induktion der Blasenentleerung verwandten Technik im Protokoll für die Ein- und Ausfuhr

Gewinnen von Restharn nach Versuchen, die Blase zu entleeren. Bei einem Restharn von mehr als 100 ml Einplanen eines Programms zur intermittierenden Katheterisierung (siehe totale Urininkontinenz)

F: Sauberes intermittierendes Selbstkatheterisieren verhindert eine Blasenüberdehnung, hilft den Detrusortonus zu erhalten und sichert das vollständige Entleeren der Blase. Das saubere intermittierende Selbstkatheterisieren kann anfänglich dazu dienen, nach dem Credé-Handgriff bzw. Beklopfen den Restharn zu bestimmen. Mit abnehmendem Restharn können die Katheterisierungen langsam abgesetzt werden. Bei manchen Klienten kann sauberes intermittierendes Selbstkatheterisieren den Miktionsreflex rekonditionieren.

Beginnen mit Patienten-/Gesundheitsedukation

Lehren Sie das Blasenrekonditionierungsprogramm (siehe *Dauerinkontinenz*).
Lehren Sie intermittierendes Katheterisieren (siehe *Dauerinkontinenz*).
Lehren Sie die Vorbeugung gegen Harnwegsinfekte (siehe *Dauerinkontinenz*).

F: Wenn Blasenentleerungstechniken erfolglos sind, bedarf es anderer Methoden, um mit der Inkontinenz zurechtzukommen.

Gefahr der fremdgefährdenden Gewalttätigkeit

Definition

Gefahr der fremdgefährdenden Gewalttätigkeit: der Zustand, in dem eine Person andere Personen in ihrer Umgebung angegriffen hat oder eine entsprechende Gefahr besteht.

Gefahr einer fremdgefährdenden Gewalttätigkeit (engl. Risk for other-directed violence): Risiko, dass eine Person Verhaltensweisen zeigt, die Anderen physischen, emotionalen und/oder sexuellen Schaden zufügen können (NANDA-I, 2010).

Risikofaktoren

Hauptfaktoren (obligat)

Vorliegen von Risikofaktoren (nach NANDA-I, 2010 u. Doenges et al. 2013).

Vorgeschichte

- Vorgeschichte der Gewalt gegenüber anderen (z. B. Schlagen, Treten, Spucken, Kratzen, mit Gegenständen auf andere werfen, Beißen, versuchte Vergewaltigung, Vergewaltigung, sexuelle Belästigung, Urinieren/Defäkieren auf eine Person)
- Vorgeschichte der Androhung von Gewalt (z. B. verbale Drohungen gerichtet gegen Eigentum, verbale Drohung gegen Personen, soziale Drohungen, Fluchen, Drohzettel/-briefe, drohende Gesten, sexuelle Drohungen)
- Vorgeschichte des gewalttätigen asozialen [antisozialen] Verhaltens (z. B. Stehlen, beharrliches Leihen, beharrliche Forderungen nach Privilegien, Drängen auf das Unterbrechen von Besprechungen, Essensverweigerung, Verweigerung der Medikamenteneinnahme, Nichtbeachtung von Instruktionen)
- [indirekte Gewalt (z. B. Zerreißen von Kleidungsstücken, Urinieren/Defäzieren auf den Boden, mit den Füßen stampfen, Temperamentausbruch, Herumrennen auf dem Korridor, Herumbrüllen, Beschmieren von Wänden, Gegenstände von der Wand reißen, mit Gegenständen werfen, Fensterscheiben zertrümmern, Türen zuknallen, sexuelle Anmache)]
- Missbrauchserfahrung in der Kindheit [oder]
- Miterleben von familiärer Gewalt
- neurologische Beeinträchtigung (z. B. Nachweis im EEG, CT, MRT, neurologischer Befund, Kopfverletzung, Krampfanfälle), [Temporallappenepilepsie]
- kognitive Einschränkung (z. B. Lernstörung, Aufmerksamkeitsdefizit-/Hyperaktivitätsstörung (ADHS), reduzierte intellektuelle Funktionen), [organisches Hirnsyndrom]
- Tierquälerei
- Brandstiftung
- pränatale Komplikationen
- perinatale Komplikationen

- Vorgeschichte des Suchtmittelmissbrauchs
- pathologische Intoxikation [toxische Reaktion auf Medikamente]
- psychotische Symptomatik (z. B. auditorisch, visuell, Befehlshalluzinationen, paranoide Wahnvorstellungen; lose, abschweifende Gedanken oder unlogische Gedankenprozesse), [Panikzustände, Wutausbrüche, katatoner/manischer Erregungszustand]
- Verkehrsdelikte (z. B. häufige Verkehrsverstöße, Gebrauch des Kraftfahrzeugs, um Ärger abzubauen)
- suizidales Verhalten
- Impulsivität
- Zugang zu Waffen
- Körpersprache (z. B. starre Körperhaltung, Ballen der Fäuste und Anspannung des Kiefers, Hyperaktivität, Auf- und Abschreiten, Atemlosigkeit, bedrohende Haltung)
- [hormonelle Störung (z. B. Postmenopausesyndrom, postpartale Depression/Psychose)]
- [geäußerte/r Absicht/Wunsch, anderen direkt oder indirekt Schaden zuzufügen]
- [fast ununterbrochene gewalttätige Gedanken].

Einflussfaktoren

Pathophysiologische Faktoren

B/d anamnestisch bekannte aggressive Handlungen und ein als bedrohlich wahrgenommenes Umfeld, s/b/d:

oder

B/d anamnestisch bekannte aggressive Handlungen und wahnhaftes Denken, s/b/d:

oder

B/d anamnestisch bekannte aggressive Handlungen und die Unfähigkeit, Gefühle zu äußern, s/b/d:

oder

B/d anamnestisch bekannte aggressive Handlungen und psychische Überlastung, s/b/d:

Temporallappenepilepsie
eine Kopfverletzung
eine fortschreitende Verschlechterung des ZNS-Zustands (Hirntumor)
Störungen des Hormonhaushalts
Virusenzephalopathie
geistige Retardiertheit
minimale Hirnschäden.

B/d eine toxische Reaktion auf Alkohol oder Drogen.
B/d ein organisches Hirnsyndrom.

Behandlungsbedingte Faktoren

B/d toxische Reaktionen auf Arzneimittel.

Situationsbedingte Faktoren (persönlich bedingt, umgebungsbedingt)

B/d anamnestisch bekannte Akte offener Aggression.
B/d einen Anstieg der Stressoren innerhalb kurzer Zeit.
B/d akute Agitiertheit.
B/d Misstrauen.
B/d Verfolgungswahn.
B/d verbale Androhung eines tätlichen Angriffs.
B/d geringe Frustrationstoleranz.
B/d schwache Impulskontrolle.
B/d Furcht vor Unbekanntem.
B/d eine Reaktion auf eine Katastrophe.
B/d die Reaktion auf eine funktionsgestörte Familie im Laufe von Entwicklungsstadien.
B/d dysfunktionale Kommunikationsmuster.
B/d Drogen- oder Alkoholmissbrauch.

Anmerkung der Autorin

Die Diagnose *Gefahr der fremdgefährdenden Gewalttätigkeit* beschreibt eine Person, die andere Menschen angegriffen hat oder bei der erhebliche Gefahr tätlicher Angriffe auf Dritte besteht, und zwar aufgrund bestimmter Faktoren, wie z. B. einer toxischen Reaktion auf Alkohol oder Drogen, Halluzinationen, Wahnvorstellungen oder einer zerebralen Funktionsstörung. In solch einer Situation liegt der Pflegeschwerpunkt auf dem Vermindern von Episoden der Gewalttätigkeit sowie auf dem Schutz Dritter und der Person selbst.

Die Pflegeperson sollte diese Diagnose nicht verwenden, um zugrunde liegende Probleme, wie etwa Angst oder ein geringes Selbstwertgefühl, anzusprechen, sondern stattdessen auf die Diagnosen *Angst*, *unwirksames Coping* oder beides verweisen, um sich auf die Quellen der Gewalt (EhepartnerIn, Kind, älterer Mensch) zu konzentrieren. Bei häuslicher Gewalt oder einem entsprechenden Verdacht sollte die Pflegeperson über die Diagnose *behinderndes familiäres Coping* nachdenken. Eine suizidgefährdete Person würde die Diagnose *Suizidgefahr* erfordern.

Irrtümer in diagnostischen Aussagen

1. *Gefahr der fremdgefährdenden Gewalttätigkeit,* **b/d** *Angaben über Missbrauch durch die Ehefrau*
   «Angaben über Missbrauch durch die Ehefrau» stellt eine Funktionsstörung der Familie dar, die durch *Gefahr der Gewalttätigkeit* nicht abgedeckt ist. Missbrauch durch die Ehefrau ist eine komplexe Situation, die eine Einzel- und Familientherapie erfordert. Die Pflegediagnosen *behinderndes familiäres Coping* und *unwirksames Coping* für die missbrauchende Person und ihr Opfer wären klinisch besser von Nutzen.
2. *Gefahr der fremdgefährdenden Gewalttätigkeit,* **b/d** *unzureichendes Management einer Agitiertheit durch das Personal*
   Diese diagnostische Aussage ist juristisch problematisch und bietet keine konstruktiven Strategien. Bei unangemessenem Umgang des Personals mit einem agitierten Klienten muss die

Pflegeperson dies als ein Personalmanagementproblem und nicht als Klientenproblem betrachten. Wenn MitarbeiterInnen die Agitiertheit des Klienten aus Unwissenheit verstärkt haben, muss die Pflegeperson genaue Angaben darüber, was zu tun und was zu unterlassen ist, im Pflegeplan festschreiben. Darüber hinaus sollte für das Personal eine stationsinterne Fortbildung im Erkennen von Vorstufen der Gewalt und in Strategien zum Abbau von Agitiertheit stattfinden. Für den Klienten könnte die Pflegeperson die Diagnose neu formulieren als: *Gefahr der fremdgefährdenden Gewalttätigkeit,* **b/d** *Geistesstörung und Verfolgungswahn.*

Zentrale Konzepte

Allgemeine Überlegungen

- Ein zentrales Thema bei gewalttätigen Menschen ist Hilflosigkeit. Aggressives Verhalten ist eine Abwehr gegen Passivität und Hilflosigkeit.
- Gewaltbereites Verhalten ist eine Abwehr von Angst. Dieser Coping-Mechanismus wird verstärkt, da er angstmindernd wirkt, indem er das Gefühl von Macht und Kontrolle der Person erhöht. Zur weiteren Erörterung von Wut siehe *Angst*, «Zentrale Konzepte». Interventionen, die zum «Ausagieren von Wut» ermutigen, bestärken das gewaltbereite Verhalten und sind daher zu vermeiden.
- Gewöhnlich geht der Gewalt eine absehbare Abfolge von Ereignissen (z. B. ein Stressor oder eine Reihe von Stressoren) voraus.
- Auch wenn eine Funktionsstörung des Gehirns ein primärer oder beeinflussender Faktor eines gewalttätigen Verhaltens ist, sollten soziale und umgebungsbezogene Variablen dennoch evaluiert werden. Eine organische Beeinträchtigung kann die Fähigkeit einer Person stören, mit bestimmten Stressoren zurechtzukommen. Die Exposition gegenüber toxischen Substanzen, wie Blei und Pestiziden, kann das normale Verhalten einer Person verändern. Beispiele für gewalttätiges Verhalten bei zerebraler Funktionsstörung sind Beißen, Kratzen, Wutausbrüche und Stimmungslabilität.
- Furcht und Angst können die Wahrnehmung der Umgebung verzerren. Misstrauische, wahnhafte Menschen interpretieren Stimuli oft falsch. Auch Alkohol und Drogen beeinträchtigen das Urteilsvermögen und schwächen die inneren Verhaltenskontrollen.
- Menschen mit anamnestisch bekannter emotionaler Deprivation in der Kindheit sind besonders anfällig für Angriffe auf ihr Selbstwertgefühl.
- Auch wenn der Betroffene die Person, auf die er wütend ist, benennen kann, ist diese nicht unbedingt das reale Objekt der Aggression. Oft können es sich Menschen nicht erlauben, Wut einer Person gegenüber zum Ausdruck zu bringen, von der sie abhängig sind.
- MitarbeiterInnen reagieren auf gewalttätige Klienten oft mit Furcht oder in einer Überreaktion. Dies kann zu Strafmaßnahmen, wie einer stärkeren Medikation, Isolation oder körperlicher Fixierung, führen oder in Versuchen münden, den Klienten zu meiden oder sich von ihm zurückzuziehen. Die Mitarbeiter müssen ihre eigenen Reaktionen auf gewalttätige Individuen erkennen, um mit der Situation effektiver umgehen zu können. Das Personal sollte seiner Intuition, dass die Person potenziell gewalttätig ist, vertrauen (Farrell et al., 19989.
- In Untersuchungen über die Wahrnehmung freiheitsbeschränkender Maßnahmen schien das Gefühl von Machtlosigkeit am schlimmsten zu sein, gefolgt von Furcht, Erniedrigung, Einsamkeit und Scham (Norris/Kennedy, 1992).

- Körperliche Aggression in der Langzeitpflege, wie etwa Fluchen, Beißen, Treten, Spucken und Grabschen, kann eine Reaktion auf den Verlust der Kontrolle über das Leben darstellen. Je mehr Bedeutung eine Person Freiheit und Entscheidungsmöglichkeiten beimisst, desto stärker reagiert sie u. U. auch.

Pädiatrische Überlegung

- Im Jahre 1994 gab es in den USA 24 547 Gewaltopfer, davon mehr als ein Drittel jünger als 25 Jahre. Zwischen 1985 und 1994 stiegen die Morde unter Jugendlichen zwischen 15 und 19 Jahren um 166 % (Dowd, 1998).
- Von 1985 bis 1994 stieg die Rate der Mordfälle mit Schusswaffengebrauch bei Personen im Alter von 15 bis 24 Jahren von 67 % auf 87 %.
- Mord ist die führende Todesursache unter Männern afrikanischer und hispanischer Abstammung (Dowd, 1998).
- Bei Kindern, vor allem im Alter unter 6 Monaten, kann heftiges Schütteln ein tödliches intrakranielles Trauma verursachen, ohne dass eine äußere Kopfverletzung erkennbar ist (Wong, 2003).
- Die Rate der Morde an Kindern von 0 bis 4 Jahren ist in den USA 4,3-mal und an Kindern von 5 bis 14 Jahren 5,8-mal höher als in 25 industrialisierten Ländern (Hennes, 1998).
- Kinder, die in der Gemeinde Gewalt ausgesetzt sind, zeigen mehr Depression, Angst, Furcht und aggressives Ausagieren als Kinder, denen keine Gewalt zustößt (Veenema, 2001).
- Im Jahre 2001 waren in den USA 903 000 Kinder Kindesmissbrauch ausgesetzt oder entsprechend gefährdet. Körperlicher Missbrauch resultiert oft aus unvernünftiger schwerer körperlicher Bestrafung oder nicht zu rechtfertigender Bestrafung, indem ein Kind z. B. dafür geschlagen wird, weil es weint (Varcarolis, 2006).

Einschätzungskriterien des Fokusassessments

Siehe auch «Einschätzungskriterien des Fokusassessments» unter *unwirksames Coping, gefährdendes familiäres Coping, gestörte Denkprozesse* und *Angst.*

Subjektive Daten

Einschätzen von Risikofaktoren

Medizinische Anamnese

Störungen des Hormonhaushalts.
Erkrankung des Gehirns.
Kopfverletzung.
Drogenmissbrauch (Amphetamine, Phenycyclidin (PCP, «Angel Dust»), Marihuana, Alkohol).

Psychiatrische Anamnese
Frühere Klinikaufenthalte.
Ambulante Therapie.

Anamnese emotionaler Störungen des Klienten und/oder seiner Familie
Geistige Retardiertheit.
Grausamkeit gegenüber Tieren.
Brutalität seitens der Eltern.
Pyromanie.

Interaktionsmuster (Veränderungen beachten)
Familie.
Freunde.
KollegInnen.
Andere Personen.

Coping-Verhalten (einst und jetzt)

Stressquellen in der gegenwärtigen Umgebung

Schul- und Arbeitsanamnese
Wie funktioniert der Klient unter Stress?
Erreichter Bildungsgrad.
Lernbehinderungen.
Kämpfe und Auseinandersetzungen in der Schule.
Sicherer Arbeitsplatz.
Anzahl der Arbeitsplatzwechsel.
Phasen der Arbeitslosigkeit.

Juristische Anamnese
Verhaftungen und Verurteilungen aufgrund von Gewaltverbrechen.
Jugendstrafen aufgrund von Gewaltverbrechen.

Anamnese gewalttätigen Verhaltens
Schätzen Sie ein, wie lange das Verhalten zurückliegt, wie ausgeprägt es war und wie oft es auftrat:

- «Wann waren Sie am gewalttätigsten?»
- «Wie nahe waren Sie jemals daran, jemanden zu schlagen?»
- «In welchen Situationen haben Sie jemanden geschlagen oder Eigentum zerstört?»
- «Wann geschah dies zuletzt?»
- «Wie oft geschieht das?»
- «Nahmen Sie in diesen Zeiten Drogen oder tranken Sie Alkohol?»

Gegenwärtige Ansichten über Gewalt

Identifizieren Sie ein mögliches Opfer und die Waffe:

- «Wie fühlen Sie sich nach einem Vorfall?»
- «Denken Sie zurzeit daran, jemandem Schaden zuzufügen?»
- «Haben Sie jemanden konkret im Auge?» Identifizieren Sie das Opfer und mögliche Zugänge des potenziellen Täters zum Opfer.
- «Haben Sie einen Plan, wie Sie das erreichen könnten?» Identifizieren Sie den Plan sowie Art und Verfügbarkeit der Waffe.

Denkinhalte

Hilflosigkeit.
Misstrauen oder Feindseligkeit.
Wahrgenommene Intention («Er wollte mich schlagen» als Reaktion auf einen leichten Stoß).
Furcht vor Kontrollverlust.
Verfolgungswahn.
Desorientiertheit.

Kinder und Jugendliche

Konfliktmanagement – Impulskontrolle
Wie reagiert das Kind auf Konflikte?
Anamnese von Streitigkeiten
Anamnese der Opferrolle bei Schikanen.

Beziehungen
Wurde das Kind schon einmal herumgeschubst, geschlagen? Hat es sich schon einmal gefürchtet? Wurde es schon einmal verletzt oder hatte es Sexualkontakt?

Sicherheit
«Fühlst du dich sicher?»
«Fürchtest du dich vor jemandem, den du kennst?»
«Hast du schon mit einem Erwachsenen darüber gesprochen?»
Bei Verdacht auf Missbrauch siehe *gefährdendes familiäres Coping*.

Objektive Daten

Einschätzen von Risikofaktoren

Körpersprache

Haltung (entspannt, rigide).
Hände (entspannt, starr, verkrampft).
Gesichtsausdruck (ruhig, genervt, angespannt).

Motorische Aktivität

Innerhalb normaler Grenzen.
Agitiert.

Ruheloses Umhergehen.
Verstärkt.
Bewegungslosigkeit.

Affekt
Innerhalb normaler Grenzen.
Unangemessen.
Flach.
Kontrolliert.
Labil.

Ziele

NOC

- Ende einer Missbrauchssituation
- Selbstbeherrschung bei missbrauchendem Verhalten
- Selbstkontrolle bei Aggression
- Selbstkontrolle von Trieben (Impulsen)

Die Person zeigt weniger gewalttätige Reaktionen.

Indikatoren

- Zeigen von Kontrolle des Verhaltens mit Unterstützung Dritter.
- Beschreiben der Ursachen und möglicher Präventivmaßnahmen.
- Erläutern der Begründungen für Interventionen.

Allgemeine Interventionen

NIC

- Missbrauchsprävention
- Aggressionskontrolle
- Umgebungsmanagement: Gewaltprävention
- Impulskontrolltraining
- Krisenintervention
- Körperliches Fixieren
- Isolation

Die Pflegeinterventionen bei *Gefahr der fremdgefährdenden Gewalttätigkeit* gelten unabhängig von den Einflussfaktoren für jede potenziell gewalttätige Person.

Fördern von Interaktionen, die das Vertrauen der Person erhöhen

Anerkennen der Gefühle der Person (z. B.: «Es geht Ihnen gerade ziemlich schlecht, nicht wahr?»):

- Seien Sie authentisch und empathisch.
- Sagen Sie der Person, dass Sie ihr helfen werden, ihr Verhalten zu kontrollieren und nichts Destruktives zu unternehmen.
- Seien Sie direkt und offen (z. B.: «Ich kann sehen, dass Sie wütend sind.»).
- Seien Sie in sich stimmig und standhaft.

Setzen Sie Grenzen, wenn die Person eine Gefahr für Dritte darstellt. Für weitere Interventionen hinsichtlich des Setzens von Grenzen siehe *Angst*.

Bieten Sie Entscheidungsmöglichkeiten und Optionen an. Bisweilen ist es nötig, einigen Forderungen nachzugeben, um einen Machtkampf zu vermeiden.

Ermutigen Sie die Person, Wut und Feindseligkeit verbal zu äußern statt sie «auszuagieren».

Fordern Sie zum Umhergehen oder zu körperlicher Betätigung als Aktivitäten auf, um die Aggression zu zerstreuen.

Wahren Sie den persönlichen Raum des Klienten:

- Berühren Sie die Person nicht.
- Vermeiden Sie Gefühle körperlicher Einengung bei der Person wie bei den MitarbeiterInnen.

Seien Sie sich Ihrer eigenen Gefühle und Reaktionen bewusst:

- Nehmen Sie verbalen Missbrauch nicht persönlich.
- Bleiben Sie ruhig, wenn Sie sich aufregen. Überlassen Sie die Situation anderen, wenn möglich.
- Erörtern Sie nach einer bedrohlichen Situation Ihre Gefühle mit den KollegInnen.

Beobachten Sie auf Zeichen zunehmender Wut (Boyd, 2005):

- Angaben über Benommensein, Übelkeit, Schwindel
- Gefühl des Erstickens, Schüttelfrost, Kribbeln
- erhöhter Muskeltonus, geballte Fäuste, zusammengebissene Kiefer, gesenkte und zusammengezogene Augenbrauen
- zu einer dünnen Linie zusammengepresste Lippen
- gerötetes oder blasses Gesicht
- «Gänsehaut»
- Zucken
- Schwitzen.

F: Gewalttätigkeit kann einem Muster folgen. Es zu entdecken und zu verändern, kann sie beseitigen.

F: Die Handlungen des Personals können für den Umgang mit aggressivem Verhalten kontraproduktiv sein. Dies zu erkennen und Einstellungen wie: «Ich muss stets ruhig und entspannt sein» durch: «Unabhängig davon, wie viel Angst ich habe, überlege ich, welcher Ansatz der beste ist und entscheide mich dafür» zu ersetzen, verhindert oft ein Eskalieren der Aggression (Davies, 1989).

F: Grenzen zu setzen klärt Regeln, Richtlinien und Standards akzeptablen Verhaltens und setzt die Folgen für Verletzungen der Regeln fest (Alvarey, 1998).
F: Körperliche Betätigung kann Muskelanspannung abbauen helfen (Alvarey, 1998).

Beginnen mit sofortiger Betreuung einer hochgradig gefährdeten Person

Geben Sie einem agitierten Klienten 5-mal mehr Raum, als dies bei einer Person, die sich unter Kontrolle hat, nötig wäre. Berühren Sie die Person nur, wenn Sie eine vertrauensvolle Beziehung haben.
Vermeiden Sie es, die Person oder MitarbeiterInnen körperlich einzuengen.
Vermitteln Sie Empathie, indem Sie die Gefühle der Person anerkennen. Lassen Sie den Klienten wissen, dass Sie nicht zulassen werden, dass er die Kontrolle verliert. Erinnern Sie ihn an frühere Erfolge mit der Selbstbeherrschung.
Nähern Sie sich einer gewalttätigen Person nicht allein. Oft genügt die Gegenwart von drei oder vier KollegInnen, um der Person klar zu machen, dass Sie einen Kontrollverlust nicht zulassen werden. Bedienen Sie sich eines positiven Tons, kommandieren Sie nicht herum.
Geben Sie dem Klienten Kontrolle, indem Sie ihm Alternativen (z. B. Umhergehen, Sprechen) anbieten.
Setzen Sie dem Handeln, nicht den Gefühlen Grenzen. Äußern Sie sich präzise und leicht verständlich.
Halten Sie Blickkontakt, aber starren Sie nicht. Stehen Sie in einem freundlichen Winkel (45°). Nehmen Sie eine offene Haltung ein, wenn die Person steht, setzen Sie sich, wenn sie sich setzt.
Geben Sie keine Versprechen, die Sie nicht halten können.
Vermeiden Sie «immer» und «nie».
Bei einem drohenden Angriff ist rasches und koordiniertes Handeln entscheidend.
Treten Sie dem Klienten ruhig und selbstsicher gegenüber, um Ihre Angst oder Furcht nicht zu zeigen.
Vermeiden Sie möglichst, intramuskuläre Injektionen mit Gewalt zu geben, weil dies bei dem Betroffenen das Gefühl von Machtlosigkeit erhöht. Setzen Sie sie nur ein, wenn eindeutig Gefahr für Sie selbst oder Dritte besteht.
Falls die Person eine Waffe hat, versuchen Sie nicht, danach zu greifen. Weisen Sie sie an, die Waffe niederzulegen. Versuchen Sie, die Person zu beruhigen, ohne Schaden am eigenen Leib zu nehmen.

F: Die Gegenwart von drei oder vier KollegInnen genügt, um der Person klar zu machen, dass Sie einen Kontrollverlust nicht zulassen werden. Der Schwerpunkt liegt auf Respekt, Mitgefühl und Sicherheit.
F: Angriffsverhalten tritt tendenziell unter beengten, unstrukturierten Verhältnissen und bei Aktivitäten auf, die vom Personal «gefordert» werden (Farrell et al., 1998).
F: Auch wenn jemand feindselige Drohungen ausstößt und Abwehrhaltung einnimmt, fürchtet er meist, die Kontrolle zu verlieren, und möchte beim Erhalt der Kontrolle unterstützt werden (Alvarey, 1998).

F: Halten Sie dieselbe physische Ebene bei; wenn beide entweder stehen oder sitzen, verhindert dies das Gefühl der Einschüchterung (Alvarey, 1998). Die am wenigsten aggressive Stellung ist im Winkel von 45 Grad zur Person, statt ihr gegenüberzustehen (Davies, 1989).

Schaffen einer Umgebung, die Agitiertheit verringert (Farrell et al., 1998)

Senken Sie den Lärmpegel.
Geben Sie kurze, präzise Erläuterungen.
Begrenzen Sie die Anzahl der auf einmal anwesenden Personen.
Sorgen Sie für ein Einzelzimmer oder halbprivaten Raum.
Erlauben Sie der Person, persönliche Gegenstände aufzustellen.
Machen Sie sich klar, dass Dunkelheit eine Desorientiertheit und Misstrauen verstärken kann.
Sorgen Sie dafür, dass weniger Situationen eintreten, in denen die Person frustriert ist.
Sorgen Sie für Musik, falls die Person entsprechend aufnahmefähig ist.

F: Der Klient befindet sich in einem agitierten bzw. geistesgestörten Zustand. Umgebungsreize verstärken diesen Zustand unnötigerweise und bewirken, dass der Zustand des Klienten «kippt».

Unterstützen des Klienten, sein Verhalten unter Kontrolle zu behalten (Bauer/Hill, 1994)

Festigen Sie die Erwartung, dass die Person ihr Verhalten zu kontrollieren vermag, und bestärken Sie sie in dieser Erwartung. Erläutern Sie genau, welches Verhalten angemessen ist und warum dies so ist.
Nennen Sie drei Optionen: Zwei davon stehen zur Wahl, während die dritte Option die Folgen gewalttätigen Verhaltens darstellt.
Geben Sie der Person Zeit, um sich zu entscheiden.
Geben Sie positives Feed-back, wenn die Person in der Lage ist, sich zurückzuhalten.
Setzen Sie Konsequenzen durch, falls angezeigt.
Versichern Sie dem Klienten, dass Sie selbst für Kontrolle sorgen werden, wenn er es nicht kann (z. B.: «Ich mache mir Sorgen um Sie. Ich hole mehr KollegInnen/gebe Ihnen mehr Medikamente, um Sie davon abzuhalten, etwas Impulsives zu tun»).
Setzen Sie feste, klare Grenzen, wenn ein Klient eine Gefahr für sich selbst oder Dritte darstellt (z. B.: «Stellen Sie den Stuhl wieder hin»).
Nennen Sie die Person ruhig, gefasst und respektvoll beim Namen.
Vermeiden Sie Drohungen. Verweisen Sie auf sich selbst statt auf Verfahrensweisen, Regeln oder Vorgesetzte.
Lassen Sie angemessene Äußerungen von Wut zu. Geben Sie positives Feed-back.
Setzen Sie verbalem Missbrauch Grenzen. Nehmen Sie Beleidigungen nicht persönlich. Unterstützen Sie andere Personen (Klienten, MitarbeiterInnen), die Ziel verbalen Missbrauchs sein können.
Schenken Sie einer verbal missbräuchlichen Person keine Aufmerksamkeit. Sagen Sie ihr, was Sie tun und warum Sie es tun.

Unterstützen Sie durch externe Kontrollen, soweit nötig:

- Schauen Sie alle 15–30 Minuten nach dem Klienten.
- Entfernen Sie Gegenstände, die dem Klienten als Waffe dienen könnten (z. B. ein Glas, scharfe Gegenstände).

Schätzen Sie die Fähigkeit des Klienten ein, Prozeduren außerhalb der Station zu tolerieren. Seien Sie bei einer akut agitierten Person vorsichtig mit Dingen wie heißem Kaffee.

F: Techniken des Krisenmanagements können ein Eskalieren der Aggression verhindern und der Person helfen, Selbstkontrolle zu erlangen. Es sollten diejenigen Maßnahmen durchgeführt werden, die bei minimaler Einschränkung noch effektiv sind (Alvarey, 1998).

F: Pflegeperson und Klient kooperieren, um Lösungen und Alternativen für Aggression zu finden (Boyd, 2005).

Planen gegen unvorhersehbare Gewalttätigkeit

Überwachen Sie auf Zeichen potenzieller Aggression (Alvarey, 1998).

Verbale Äußerungen

Dumpfes Schweigen.
Negatives Reagieren auf Bitten/Aufforderungen.
Drohungen.
Laute, fordernde Bemerkungen.
Anzügliche Bemerkungen.
Sarkasmus.
Unlogische Reaktionen.
Offene Feindseligkeit.
Misstrauen.

Nonverbale Äußerungen, Gesichtsausdruck

Angespannte Kiefer.
Geweitete Pupillen.
Starrer Blick.
Lippenbeißen.
Zusammenbeißen der Zähne.
Pulsieren der A. carotis.

Nonverbale Äußerungen, Körpersprache

Hin-und-her-Drehen von Gegenständen in der Hand.
Konfrontationsstellung.
Aufstampfen, Treten.
Versteinerter Rückzug.
Öffnen und Schließen der Fäuste.

Auf-und-ab-Gehen.
Aggression gegenüber … (z. B. Türenknallen).
Stellen Sie vor einem potenziell gewalttätigen Verhalten sicher, dass Personal verfügbar ist. Versuchen Sie niemals, der Person allein beizustehen, wenn körperliche Fixierungen nötig sind.
Legen Sie fest, wer dafür verantwortlich ist, dem Personal bei gewalttätigem Verhalten Anweisungen zu geben.
Stellen Sie sicher, dass Sie selbst geschützt sind (z. B. durch eine nahe Tür für den Rückzug oder ein Kissen zum Schutz des Gesichts).

F: Techniken des Krisenmanagements können ein Eskalieren der Aggression verhindern und der Person helfen, Selbstkontrolle zu erlangen. Es sollten diejenigen Maßnahmen durchgeführt werden, die bei minimaler Einschränkung noch effektiv sind (Alvarey, 1998).

Anwenden von Isolation oder körperlichen Fixierungen, falls angezeigt

Entfernen Sie die Person aus der Umgebung, wenn diese zum aggressiven Verhalten beiträgt, und zwar unter Anwendung minimal erforderlicher Kontrolle (z. B. indem Sie Dritte bitten, den Raum zu verlassen und die Person in einen ruhigen Raum bringen).
Sagen Sie ausdrücklich, dass Sie dem Klienten helfen werden, sich unter Kontrolle zu halten.
Sagen Sie der Person mehrmals, was geschehen wird, bevor externe Kontrolle einsetzt.
Schützen Sie die Person durch freiheitsbeschränkende Maßnahmen oder Isolation davor, sich selbst und andere zu schädigen.*
Für die Isolation gelten die Richtlinien der jeweiligen Einrichtung. Im Folgenden werden ein paar allgemeine Regeln genannt:

- Schauen Sie mindestens alle 15 Minuten nach dem Klienten.
- Durchsuchen Sie den Klienten vor der Isolation, um Gegenstände zu entfernen, die Schaden anrichten können.
- Überprüfen Sie den Isolationsraum, damit die Sicherheit gewährleistet ist.
- Bieten Sie regelmäßig Getränke und Nahrung an (in unzerbrechlichen Gefäßen).
- Stellen Sie sicher, dass genügend Personal anwesend ist, wenn Sie auf jemanden zugehen, um ihn zu isolieren.
- Erklären Sie präzise, was geschehen wird (z. B.: «Sie werden jetzt in einen Raum für Sie allein gebracht, bis Sie sich wieder besser unter Kontrolle haben»). Geben Sie der Person eine Chance zu kooperieren.
- Unterstützen Sie beim Gang zur Toilette und bei der Intimpflege. Schätzen Sie ein, ob der Klient aus der Isolation entlassen werden kann. Unter Umständen ist ein Urinal oder ein Toilettenstuhl erforderlich.
- Wenn die Person aus der Isolation kommt, muss ständig jemand präsent sein.
- Halten Sie während der Isolation verbal Kontakt. Dies liefert auch die nötige Information, um den Grad an Selbstbeherrschung der Person einzuschätzen.
- Wenn jemand aus der Isolation entlassen wird, muss stets ein Mitarbeiter zu seiner Verfügung stehen, um festzustellen, ob die Person mit zusätzlicher Stimulation zurechtkommt.

* Erfordert u. U. die Verordnung einer Person der Primärversorgung.

Für die Isolation gelten die Richtlinien der jeweiligen Einrichtung. Im Folgenden werden ein paar allgemeine Maßnahmen genannt:

- Eine an zwei oder vier Punkten fixierte Person muss zum Schutz in Isolation sein oder eine eigene Pflegeperson haben. Die Isolationsrichtlinien sollten eingehalten werden.
- Die Fixierungen müssen stündlich gelockert werden (jeweils eine).
- Fixierungen an der Taille müssen genügend Armfreiheit bieten, um essen/rauchen und sich vor Stürzen schützen zu können.
- Fixierungen sollten gepolstert sein.
- Fixierungen sollten niemals an Bettgittern, sondern stets am Bettrahmen befestigt werden.

Sorgen Sie nach der Isolation für eine Gelegenheit, die Begründung der Isolation zu klären und die Reaktionen der Person zu erörtern.

F: Isolation und Fixierungen sind Optionen bei einer schwer und dauerhaft aggressiven Person. Die Pflegeperson muss zu jeder Zeit die Sicherheit der Person schützen. Die Anwendung möglichst wenig restriktiver Maßnahmen gibt der Person am meisten Gelegenheit, die Selbstkontrolle wiederzuerlangen (Farrell et al., 1998).

Anberaumen eines Gruppengesprächs nach einer Gewaltepisode auf einer geschlossenen Station

Laden Sie alle ein, die Zeuge waren (Klienten, Personal).
Laden Sie die Person(en) ein die gewalttätiges Verhalten zeigt/zeigen, wenn möglich.
Diskutieren Sie das Geschehene, die Konsequenzen und die Gefühle der Gemeinschaft.

F: Nach einer gewalttätigen Handlung ein Gruppengespräch über das Ereignis, sein Ergebnis und Gefühle zu führen, kann Angst mindern und bewirken, dass Gewalttätigkeit besser verstanden wird.

Unterstützen des Klienten beim Entwickeln alternativer Coping-Strategien, wenn die Krise vorüber und Lernen möglich ist

Erkunden Sie, was den Kontrollverlust bei der Person auslöst (z. B.: «Was geschah, bevor Sie sie schlagen wollten?»).

Unterstützen Sie die Person dabei, sich an die körperlichen Symptome in Verbindung mit Wut zu erinnern.

Helfen Sie der Person zu erkennen, an welcher Stelle des Ereignisablaufs eine Änderung möglich gewesen wäre:

- Setzen Sie Rollenspiel ein, um Kommunikationstechniken zu üben.
- Erörtern Sie, wie Kontrollthemen die Kommunikation stören.
- Helfen Sie der Person, negative Denkmuster in Verbindung mit einem geringen Selbstwertgefühl zu erkennen.

Helfen Sie dem Klienten beim Üben von Verhandlungsfertigkeiten im Umgang mit Bezugs- und Autoritätspersonen.

Ermutigen Sie zu mehr entspannenden Aktivitäten.

Nutzen Sie die Gruppentherapie, um das Einsamkeitsgefühl abzubauen und Kommunikationsfertigkeiten zu stärken:

- Unterweisen Sie in Selbstsicherheitstraining oder überweisen Sie entsprechend.
- Unterweisen Sie im Entwickeln von Verhandlungstechniken oder überweisen Sie entsprechend.

F: Nach einer gewalttätigen Handlung ein Gruppengespräch über das Ereignis, sein Ergebnis und Gefühle zu führen, kann Angst mindern und bewirken, dass Gewalttätigkeit besser verstanden wird.

Pädiatrische Interventionen

Maßnahmen

Erörtern Sie mit den Eltern Methoden, das Kind zu disziplinieren. Für mehr Informationen über Kindesmissbrauch *siehe gefährdendes familiäres Coping*, falls angezeigt.

Erörtern Sie die Gefahren von Feuerwaffen im häuslichen Bereich. Erkunden Sie, wie diese Waffen gelagert werden (z. B. Waffenschränke, Schlösser).

Achten Sie auf verschiedene Quellen für Gewalt in den Medien (z. B. Fernsehen, Video- und Computerspiele, Musik, Filme).

Erläutern Sie Strategien zur Prävention negativer Auswirkungen von Gewalt in den Medien (Willis/Strasburger, 1998):

- Schauen Sie zusammen mit den Kindern fern oder schauen Sie sich gemeinsam Videos und CDs an.
- Vermeiden Sie nach Möglichkeit Programme, die Gewalt betonen.
- Illustrieren Sie auf kreative Weise, wenn gewalttätige Handlungen bestraft werden.
- Erkunden Sie Alternativen zur Gewalt (z. B.: «Was könnte er außer Schießen noch tun?»).

Stellen Sie sich bei der Auswahl eines Programms drei Fragen:

- Sind die guten Darsteller gewalttätig?
- Ist die Gewalt gerechtfertigt?
- Hat die Gewalt negative Folgen?

Beachten Sie bei der Auswahl des Fernsehprogramms und der Filme das Alter des Kindes.

Bringen Sie das Kind und seine Altersgenossen in nicht bedrohlicher Weise dazu, über altersbezogene Gewalt (z. B. Schlagen, Schikanieren, mit Gegenständen werfen, Vergewaltigung nach einem Rendezvous) zu sprechen.

Wenden Sie sich an die MitarbeiterInnen der Schule, um Programme zu finden, bei denen es um Konfliktlösung und Impulskontrolle geht.

Gestalten Sie hoch riskante Situationen als Rollenspiel:

- Auffinden einer Waffe im Hause eines Freundes
- Schikanieren eines Opfers
- Abweisen sexueller Annäherungsversuche.

F: Gewalttätigkeit ist ein erlerntes Verhalten. Wenn es erlernt ist, kann auch prosoziales Verhalten als Alternative gelehrt werden (Davies/Flannery, 1998).
F: Die Eltern können geeignete Problemlösungsstrategien gestalten.
F: Diskussionen, die sich mit der aktuellen Sichtweise von gewalttätigem Verhalten decken, sind bedeutsamer (Davies/Flannery, 1998).
F: Kinder mit Impulskontrolle und positiven Coping-Fertigkeiten haben gute soziale Fertigkeiten, effektive Problemlösungsfähigkeiten und ein starkes Gefühl von Zielgerichtetheit und Zukunft (Edari/McManus, 1998).
F: Umfelder (Familie, Schule, Gemeinschaften) können Fürsorge und Unterstützung bieten, haben hohe Erwartungen und geben Kindern Gelegenheit, sich an Gesprächen zu beteiligen, die sie besser gegen Gewalttätigkeit wappnen und sie weniger anfällig machen (Edari/McManus, 1998).

Ruheloses Umhergehen

Definition

Ruheloses Umhergehen: der Zustand, in dem eine Person mit einer Demenz sich meandernd, ziellos oder auf und ab gehend fortbewegt und damit gefährdet.
Ruheloses Umhergehen (engl. Wandering): Zielloses oder sich wiederholendes Hin-und-her-Gehen und Sich-Fortbewegen, das die betreffende Person einem Verletzungsrisiko aussetzt; häufig unvereinbar mit Barrieren, Grenzen oder Hindernissen (NANDA-I, 2010).

Bestimmende Merkmale oder Kennzeichen

Ruheloses Umhergehen nimmt oft keine Rücksicht auf Barrieren, Abgrenzungen oder Hindernisse (Dochterman, 2004).
Es handelt sich um eine Person mit Demenz (Algase, 1999; Ederly/Donovick, 1998), die folgende Verhaltensweisen zeigt

- häufiges [Sich-]Bewegen von einem Ort zum anderen
- fortdauerndes Sich-Bewegen von einem Ort zum anderen
- [oft erneutes Berühren derselben Zielorte]
- ständiges Umherwandern auf der Suche nach etwas
- überprüfendes Verhalten
- suchendes Verhalten
- planloses Umherwandern

Einflussfaktoren

Pathophysiologische Faktoren

B/d eine Funktionsstörung des Gehirns, s/b/d:*

Apoplex
geistige Retardiertheit
Alzheimer-Demenz oder eine andere Form der Demenz.
kognitive Beeinträchtigung (z.B. Gedächtnis- und Abrufstörungen, Desorientierung, geringe visuell-konstruktive und visuell-räumliche Fähigkeiten, Sprachstörungen)
Sedierung
kortikale Atrophie

B/d einen physiologisch bedingten/s Drang/Bedürfnis (z.B. Hunger, Durst, Schmerzen, Harndrang, Obstipation).
B/d prämorbides Verhalten (z.B. extravertierte, gesellige Persönlichkeit; prämorbide Demenz)

Situationsbedingte Faktoren (persönlich bedingt, umgebungsbedingt)

B/d erhöhte Frustration, Angst, Langeweile, Depression oder Agitiertheit.
B/d eine über-/unterstimulierende Umgebung.
B/d Trennung von vertrauten Personen, Orten und Umgebungen.
B/d emotionaler Zustand (z.B. Frustration, Angst, Langeweile, Depression, Agitation)
B/d Tageszeit [circadiane Desynchronisation].

Altersbedingte Faktoren

B/d Fehlbeurteilungen bei älteren Menschen, s/b/d motorische und sensorische Defizite, Medikamente.

Anmerkung der Autorin

Diese kürzlich zugelassene NANDA-Diagnose ist nützlicher als die zuvor verwandte *Verletzungsgefahr*. Letztere bezieht sich auf Strategien zum Schutz vor Verletzungen. *Ruheloses Umhergehen* lenkt Interventionen auf den Schutz der Person vor Verletzungen, spricht aber, wenn möglich, auch die Gründe für das Wanderverhalten an.

Irrtümer in diagnostischen Aussagen

1. *Ruheloses Umhergehen,* **b/d** *Episoden des «Sich-Verlaufens» in der Nachbarschaft*
   Diese Diagnose enthält – so, wie sie verfasst ist – keine Einflussfaktoren. Diese sind Zeichen des *ruhelosen Umhergehens*. Sollten die Einflussfaktoren des *ruhelosen Umhergehens* nicht

* Dieser Einflussfaktor muss vorhanden sein. Gleichzeitig können auch andere Einflussfaktoren bestehen.

bekannt sein, kann die Pflegeperson die Diagnose wie folgt formulieren: *ruheloses Umhergehen,* **b/d** *eine unbekannte Ätiologie,* **a/d** *wiederholte Episoden des «Sich-Verlaufens» in der Nachbarschaft.*

Zentrale Konzepte

- Bis zu 39 % der kognitiv beeinträchtigten BewohnerInnen von Pflegeheimen und bis zu 79 % der Patienten in der Gemeinde zeigen ruheloses Umhergehen (Nelson, 2004).
- Ruheloses Umhergehen wird auf eine Schädigung des Frontal- und des Parietallappens zurückgeführt, die kognitive Störungen verursacht (Maier-Lorentz, 2000). Schweregrad und Dauer der Demenz korrelieren mit dem ruhelosen Umhergehen (Algase, 1999).
- Warum Menschen ruhelos umhergehen ist unklar. Als Ursachen kommen in Frage (Brown et al., 1999):
  - Verlorenheitsgefühl
  - die Suche nach etwas/jemandem
  - Überstimulation
  - Angst
  - Langeweile
  - Betätigungsbedarf/Bewegungsdrang.
- Zu den negativen Folgen des ruhelosen Umhergehens für die Patienten gehören: Entlaufen, Stürze oder gar der Tod (Nelson, 2004).

Einschätzungskriterien des Fokusassessments

Subjektive Daten

Einschätzen von Einflussfaktoren

Emotionale Faktoren, Coping-Verhalten.
Siehe *unwirksames Coping.*

Objektive Daten

Einschätzen bestimmender Merkmale oder Kennzeichen

Wiederholtes Sich-Verlaufen.
Auf und ab gehen.
Gehen ohne erkennbares Ziel.
Eindringen in fremde Bereiche/Zimmer.
Verfolgen der Betreuungsperson.
Hartnäckiges Umhergehen.
Hyperaktivität.

Ziele

NOC

- Risiko einer Fluchtneigung
- Sicherheit bei ruhelosem Umhergehen

Die Person läuft nicht fort und verläuft sich auch nicht mehr.

Indikatoren

- Sicheres Umhergehen.
- Benennen von Faktoren, die zu ruhelosem Umhergehen beitragen.
- Antizipieren von ruhelosem Umhergehen.

Allgemeine Interventionen

NIC

- Umgebungsmanagement: Sicherheit
- Pflegeüberleitung
- Risikoabschätzung
- Demenzpflege

Einschätzen von Einflussfaktoren

Angst.
Verwirrtheit.
Frustration.
Langeweile.
Agitiertheit.
Trennung von vertrauten Personen und Orten.
Fehlbeurteilungen.
Ein physiologisch bedingter Drang (z. B. Hunger, Durst, Schmerz, Harndrang, Obstipation).

Reduzieren oder Beseitigen beeinflussender Faktoren, wenn möglich

Angst/Agitiertheit

Für Interventionen siehe *Angst.*

F: Die Umgebung zu modifizieren statt Fixierungen einzusetzen kann Stress und Agitiertheit reduzieren (Logsdon et al., 1998).

Unvertraute Umgebung

Wählen Sie ein vertrautes Bild und befestigen Sie es an der Tür zum Zimmer des Klienten.
Lenken Sie den Klienten zurück, wenn er sich verlaufen hat.
Sorgen Sie für eine sichere Gehstrecke.
Fordern Sie zu Aktivitäten auf, die körperliche Betätigung beinhalten (z. B. Fegen, Rechen).
Schaffen Sie Naturszenen im Eingangsbereich (Cohen-Mansfield, 1998).
Kennzeichnen Sie Ausgänge durch große Schilder.
Kleben Sie horizontale Streifen auf die Ausgangstür oder verwenden Sie einen Vorhang über die gesamte Breite der Tür.

F: Wird ein Umfeld durch Wandgemälde, Bilder usw. verschönert, bewegen sich Menschen mit Demenz seltener in fremde Bereiche und entlaufen auch seltener (Cohen-Mansfield, 1998).

Physiologische Bedürfnisse

Antizipieren Sie das Bedürfnis, zur Toilette zu gehen, anhand eines Plans.
Setzen Sie feste Zeiten für die Flüssigkeits- und Nahrungsaufnahme fest.
Evaluieren Sie auf Schmerzen.

Fördern einer sicheren Umgebung

Installieren Sie Schlösser an Türen und Fenstern.
Installieren Sie elektrische Türöffner und elektronische Vorrichtungen an den Begrenzungen fremder Bereiche.
Verwenden Sie druckempfindliche Alarmvorrichtungen (Fußmatten, Sensoren im Bett und am Stuhl).
Sorgen Sie dafür, dass der Klient regelmäßig Gelegenheit erhält, mit einem Begleiter in einem sicheren Bereich umherzugehen.

F: Der Forschung zufolge verringern horizontale Konfigurationen an Türen das Entlaufen (Algase, 1999).
F: Kognitiv beeinträchtigte Menschen brauchen zu ihrem Schutz externe Kontrolle.

Benachrichtigen Dritter (Nachbarn, Polizei, Personen im Wohnheim, Personal, kommunale Dienstleister) über das Wanderverhalten der Person

Erklären Sie den Gebrauch elektronischer Vorrichtungen (Altus, 2000).
Instruieren Sie die Betreffenden, die Institution zu benachrichtigen, wenn sie die Person umherwandern sehen.
Geben Sie ihnen ein aktuelles Foto und aktuelle Informationen zur Identifikation (Alter, Größe, Gewicht, Haarfarbe, Bekleidung, unverwechselbare Merkmale) des Klienten.
Nehmen Sie für Sicherheitsprogramme Kontakt zur jeweiligen Fachgesellschaft auf.

F: Sichere Wege innerhalb oder außerhalb einer Station/Einrichtung können dafür sorgen, dass das Bedürfnis, umherzuwandern, erlischt (Logsdon et al., 1998).

Abschnitt 2

Pflegediagnosen für Familien und den häuslichen Bereich

Gestörtes familiäres Coping
Behinderndes familiäres Coping …
… **b/d** (zu spezifizieren), **a/d** häuslichen Missbrauch
… **b/d** (zu spezifizieren), **a/d** Kindesmissbrauch/-vernachlässigung
Gefahr des behindernden familiären Copings …
… **b/d** vielfältige Stressoren in Zusammenhang mit der Versorgung älterer Menschen
Bereitschaft für ein verbessertes familiäres Coping
Kontamination: familiäre
Kontaminationsgefahr: familiäre
Unterbrochene Familienprozesse
Alkoholismusbedingt gestörte Familienprozesse
Bereitschaft für verbesserte Familienprozesse
Bereitschaft für eine verbesserte elterliche Fürsorge
Beeinträchtigte elterliche Fürsorge
Gefahr einer beeinträchtigten Eltern-Kind-Bindung
Elternrollenkonflikt …
… **b/d** die Auswirkungen einer Erkrankung und/oder Hospitalisierung eines Kindes
Gefahr eines unwirksamen Therapiemanagements: Familie
Beeinträchtigte Haushaltsführung

Übersicht

Der Schwerpunkt dieses neuen Abschnitts der 12. Auflage liegt auf Pflegediagnosen für Familien und den häuslichen Bereich. Diese Diagnosen lassen sich in jedem Setting, z. B. in einer Klinik oder zuhause, anwenden. Gemeindebezogene Pflegediagnosen finden sich in Abschnitt 3 und Gesundheitsförderungs- bzw. Wellness-Pflegediagnosen in Abschnitt 4. Zentrale Konzepte in Zusammenhang mit der Familie gelten für jede Art von Pflegediagnose für die Familie und den häuslichen Bereich.

Zentrale Konzepte

Allgemeine Überlegungen

- Jede Familie hat ihren eigenen Charakter, zu dem jedes Familienmitglied beiträgt.
- Die Familieneinheit kann als System betrachtet werden mit …

  - ... gegenseitiger Abhängigkeit der Mitglieder.
  - ... Interaktionsmustern, die den Mitgliedern Struktur und Stütze bieten.
  - ... in unterschiedlichem Maße durchlässigen Grenzen zwischen der Familie und ihrem Umfeld sowie zwischen den Mitgliedern.
- Familien verändern sich mit der Zeit. Sie haben bestimmte, aus den Bedürfnissen ihrer Mitglieder hervorgehende Aufgaben zu erfüllen (Tab. II-45).
- Jedes Familienmitglied beeinflusst die Einheit der Familie als Ganzes. Demnach beeinflusst die Gesundheit eines Individuums auch die der Familie. Das Gleichgewicht der Familie hängt von der Ausgewogenheit der Rollen in der Familie und von deren wechselseitiger Bezogenheit aufeinander ab (Clemen-Stone et al., 2002; Duvall, 1977).
- *Stress* ist definiert als die Reaktion des Körpers auf jede an ihn gerichtete Anforderung. Kann die Person oder Familie nicht konstruktiv damit umgehen, wird er potenziell krisenhaft. Eine *Krise* herrscht, wenn die üblichen Problemlösungsmethoden einer Person nicht ausreichen, um eine Situation zu bewältigen.
- «Die Bewältigung einer Krise kann ein Adaptationsprozess sein, bei dem es zu Wachstum und Beeinträchtigung der Gesundheit kommt, oder es kann zur Fehlanpassung kommen, die zu Missbrauch [Einfügung der Autorin], Krankheit oder gar Tod führt» (Allender/Spradley, 2005 : 558).
- Die auf eine Krise reagierende Familie funktioniert entweder wieder wie vor der Krise, entwickelt eine verbesserte Funktion (Adaptation) oder es kommt zu destruktivem Funktionieren (Fehladaptation).
- Bei Familien in einer Stresskrise gibt es folgende konstruktive Coping-Mechanismen (Clemen-Stone et al., 2002):
  - Man verlässt sich stärker aufeinander.
  - Man bewahrt sich den Sinn für Humor.
  - Man tauscht vermehrt Gefühle und Gedanken untereinander aus.
  - Die Individualität eines jeden Familienmitglieds wird gefördert.
  - Die Bedeutung des Problems wird korrekt gewürdigt.
  - Man sucht nach Wissen/Informationen über das Problem und nach Ressourcen.
  - Unterstützungssysteme kommen zum Einsatz.
- Bei einer Familie in der Krise können folgende destruktive oder dysfunktionale Coping-Mechanismen auftreten (Smith-DiJulio, 1998; Carson/Smith-DiJulio, 2006):
  - Verleugnen des Problems
  - Ausbeutung eines oder mehrerer Familienmitglieder (Drohungen, Gewalt, Vernachlässigung, jemanden zum Sündenbock machen)
  - Trennung (Hospitalisierung, Einweisung in eine Einrichtung, Scheidung, Verlassen)
  - autoritäres Verhalten (kein Verhandeln)
  - Konzentration von Familienmitgliedern, denen es an Zuneigung fehlt, auf eine scheinbare Nähe.
- Elternschaft ist eine Krise, zu der folgende häufig auftretende Probleme gehören:
  - vermehrt Streitereien unter den Erwachsenen
  - Erschöpfung aufgrund des Zeitplans
  - unterbrochenes/abgebrochenes Sozialleben
  - unterbrochenes/abgebrochenes Geschlechtsleben

Tabelle II-45: Entwicklungsaufgaben einer Familie, die für das jeweilige Stadium in ihrem Lebenszyklus entscheidend sind (Quelle: Duvall, E. M. [1977]. Marriage and family development [5th ed.]. Philadelphia: J. B. Lippincott; Abdruck mit Genehmigung)

Stadium im familiären Lebenszyklus	Positionen in der Familie	Entwicklungsaufgaben, die für das jeweilige Stadium der Familie entscheidend sind
1. verheiratetes Paar	Ehefrau Ehemann	• Schaffen einer wechselseitig befriedigenden Ehe • Sich an Schwangerschaft und die kommende Elternschaft anpassen • Sich in das Netzwerk der Verwandten einfügen
2. Kinder bekommen	Ehefrau – Mutter Ehemann – Vater Sohn und/oder Tochter im Säuglingsalter	• einen Säugling haben, sich an diese Situation anpassen und seine Entwicklung fördern • Schaffen eines befriedigenden Zuhauses für Eltern und Baby(s)
3. Kinder im Vorschulalter	Ehefrau – Mutter Ehemann – Vater Tochter – Schwester Sohn – Bruder	• Sich an die entscheidenden Bedürfnisse und Interessen von Kindern im Vorschulalter in anregender und wachstumsfördernder Weise anpassen • Umgang mit Erschöpfung und fehlender Privatsphäre als Eltern
4. Kinder im Schulalter	Ehefrau – Mutter Ehemann – Vater Tochter – Schwester Sohn – Bruder	• sich konstruktiv in die Gemeinschaft der Familien mit Kindern im Schulalter einfügen • Fördern des Ausbildungserfolgs der Kinder
5. Kinder als Teenager	Ehefrau – Mutter Ehemann – Vater Tochter – Schwester Sohn – Bruder	• Freiheit und Verantwortung in ein ausgewogenes Verhältnis bringen, während die Teenager reifen und sich emanzipieren • Entwickeln von Interessen und Karrieren seitens der Eltern für die Zeit nach der Elternschaft
6. Familie als Ausgangspunkt	Ehefrau – Mutter – Großmutter Ehemann – Vater – Großvater Tochter – Schwester – Tante Sohn – Bruder – Onkel	• junge Erwachsene in das Arbeitsleben, den Wehrdienst, die Universität, die Ehe etc. entlassen • Aufrechterhalten einer stützenden häuslichen Basis
7. Eltern mittleren Alters	Ehefrau – Mutter – Großmutter Ehemann – Vater – Großvater	• Wiederaufbau der ehelichen Beziehung • Aufrechterhalten verwandtschaftlicher Bande mit älteren und jüngeren Generationen
8. alternde Familienmitglieder	Witwe – Witwer Ehefrau – Mutter – Großmutter Ehemann – Vater – Großvater	• Umgang mit Verlust und Alleinsein • das Zuhause der Familie aufgeben oder ans Alter anpassen • sich an den Ruhestand anpassen

- vielfältige – tatsächliche oder wahrgenommene – Verluste (z. B. Unabhängigkeit, Karriere, Aussehen, Aufmerksamkeit).
- Zu den Merkmalen einer krisengeneigten Familie gehören (Fife, 1985; Smith-DiJulio, 1998; Carson/Smith-DiJulio, 2006):
  - Apathie (sich in die Lebenssituation ergeben)
  - schwaches Selbstkonzept
  - niedriges Einkommen
  - das Unvermögen, mit Geld umzugehen
  - unrealistische Vorlieben (materialistisch)
  - fehlende/mangelnde Fertigkeiten und Ausbildung
  - gebrochene Arbeitsbiografie
  - häufige Umzüge
  - anamnestisch bekanntes, wiederholt unzureichendes Problemlösen
  - Fehlen adäquater Rollenvorbilder
  - fehlende Teilnahme an religiösen oder gemeindebezogenen Aktivitäten
  - Isolation gegenüber dem Umfeld (kein Telefon, unzureichende öffentliche Verkehrsmittel).
- Es vergeht eine gewisse Zeit zwischen dem Erkennen der Symptome und der Suche nach Hilfe. Sie schwankt von Familie zu Familie und hängt von früheren Erfahrungen mit dem Gesundheitsversorgungssystem, von kulturellen Interpretationen von Gesundheit und Krankheit sowie von finanziellen Belangen ab.
- Erfolgreiche Ergebnisse familiärer Bemühungen um eine Neuanpassung nach einer Krise hängen ab von (Nugent et al., 1992):
  - Kontinuität hinsichtlich der Reaktion auf vergangene Stressoren
  - Interaktion mit anderen Personen in Unterstützungsgruppen
  - die Überzeugung, dass die Familie mit der Krise zurechtkommt.

Transkulturelle Überlegungen

- In der dominanten US-amerikanischen Kultur gelten für Familien zwei Ziele als wertvoll: 1) Ermutigung und liebevolle Unterstützung eines jeden Individuums und 2) das Aufziehen gesunder, autonomer Kinder. Von den Ehepartnern werden Unterstützung und ein beiden gemeinsames Gefühl für Bedeutung erwartet. Jeder Partner hat die Freiheit zu persönlicher Entwicklung. Kinder werden angehalten, ihre eigene Identität und eigene Ausrichtungen im Leben zu entwickeln (Giger/Davidhizar, 2003).
- In sieben Minderheiten erwies sich die Familie als Hauptquelle der Unterstützung bei Krankheit (Giger/Davidhizar, 2003).
- In Latino-Familien stehen die Bedürfnisse der Familie über denen des Individuums. Der Vater ist Versorger, Haushaltsvorstand und Entscheider (Andrews/Boyle, 2003).
- Amerikanische Familien arabischer Herkunft gelten als unterstützend. Oft wird einer Familie Versagen vorgeworfen, wenn ein Mitglied zur psychiatrischen Versorgung stationär eingewiesen wird. Amerikanische Familien arabischer Herkunft erwecken u. U. den Eindruck, übermäßig duldsam zu sein und sich zu viel einzumischen, um sich gegen Kritik zu schützen (Giger/Davidhizar, 2003).

- Amerikaner japanischer Herkunft identifizieren sich über die Generation, in der sie geboren wurden. Amerikaner japanischer Abstammung der 1. und 2. Generation betrachten die Familie als einen der wichtigsten Faktoren im Leben. Sie handeln Probleme innerhalb der Familienstruktur ab. Der Vater und andere männliche Mitglieder stehen an der Spitze. Erfolg oder Misserfolg eines Familienmitglieds spiegelt die Familie als Ganzes wider. Es wird erwartet, dass man sich um alte Eltern kümmert, gewöhnlich geschieht dies durch den ältesten Sohn oder ein unverheiratetes Mitglied. Erwachsene Kinder versorgen ihre Eltern von sich aus mit Waren, Geld und Unterstützung (Andrews/Boyle, 2003; Hashuzime/Takano, 1983).
- Die Kernfamilie und die erweiterte jüdische Gemeinde sind das Zentrum jüdischer Kultur. Familienbande sind eng und die Familie ist kindorientiert. Die Gebote bestimmen erwartetes Verhalten gegenüber den Eltern und innerhalb der Gemeinschaft/Gemeinde (Giger/Davidhizar, 2003).
- Bei den Vietnamesen ist die Familie seit Jahrhunderten die wichtigste Quelle des Zusammenhalts und der Kontinuität. Die unmittelbare Familie umfasst Eltern, unverheiratete Kinder und bisweilen die Eltern des Ehemannes sowie die Söhne mit ihren Ehefrauen und Kindern. Individuelles Verhalten fällt auf die gesamte Familie zurück. Von einem Familienmitglied wird erwartet, persönliche Wünsche oder Ambitionen aufzugeben, wenn sie die Harmonie der Familie stören. Familienloyalität bedeutet «kindliche Ehrfurcht», die Kindern gebietet, ihren Eltern auch nach deren Tod zu gehorchen und sie zu achten (Giger/Davidhizar, 2003).

Familien in der Krise

- Missbrauch ist «das bewusste Zufügen körperlicher Verletzungen oder seelischer Pein sowie der Entzug essenzieller Leistungen durch die Betreuungsperson» (Verwoerdt, 1976, zit. in Smith-DiJulio/Holzapfel, 1998) sowie der Entzug fürsorglicher Zuwendung durch die Betreuungsperson. Das Muster familiärer Misshandlungen kann vielgestaltig sein und körperlichen Missbrauch, Gefährdung, sexuellen Missbrauch, emotionalen Missbrauch, Vernachlässigung und wirtschaftlichen Missbrauch umfassen (Smith-DiJulio/Holzapfel, 1998; Carson/Smith-DiJulio, 2006).
- «Prügel sind ein Gemeinschaft zerstörendes, respektloses und gewalttätiges Verhalten von Menschen, um eine andere Person physisch, psychisch und sexuell zu attackieren oder zu verletzen» (Willis/Porche, 2004 : 271).
- Sie sind eine kriminelle Handlung; unabhängig vom Grund sind Prügel eine inakzeptable Reaktion. Fragen Sie ein geprügeltes Opfer niemals, warum es in der Situation verbleibt, sondern konzentrieren Sie sich auf das kriminelle Verhalten und den Opferschutz.
- Gewalt und Missbrauch liegen in der Entscheidung des Täters.
- In innerfamiliäre Gewalt verwickelte Menschen haben eine stärker ausgeprägte Depression und verstärkte Suizidgefühle. Ihre Selbstabwertung ist stärker ausgeprägt, sie können in geringerem Maße vertrauen und sind vermehrt außerstande, im späteren Leben intime Beziehungen zu entwickeln (Smith-DiJulio/Holzapfel, 1998; Carson/Smith-DiJulio, 2006).

- Kinder, die nach dem 5. oder 6. Lebensjahr Zeuge häuslicher Gewalt werden, beginnen sich mit dem Aggressor zu identifizieren und verlieren den Respekt vor dem Opfer (Smith-DiJulio/Holzapfel, 1998; Carson/Smith-DiJulio, 2006).
- Familien, in denen es zu Missbrauch kommt, haben folgende Merkmale:
  - schwache Differenzierung der Individuen innerhalb der Familie
  - fehlende/mangelnde Autonomie
  - Isoliertheit vom Einfluss Dritter, soziale Isolation
  - verzweifeltes Ringen um Zuneigung und Genährtwerden unter den Familienmitgliedern
  - Hilflosigkeit und Hoffnungslosigkeit
  - Missbrauch/Gewalt als erlernter Weg des Spannungsabbaus
  - geringe Frustrationstoleranz, schwache Impulskontrolle
  - Nähe und Fürsorglichkeit in chaotischer Weise vermischt mit Missbrauch/Gewalt
  - durch gemischte und doppelte Botschaften charakterisiertes Kommunikationsverhalten
  - hohe Konflikthaftigkeit in Verbindung mit Familienaufgaben
  - fehlende Koalition zwischen den Eltern.
- Die Rolle des Opfers ist ein entscheidender Faktor des Kindes- und Ehegattenmissbrauchs. Sie ist sozial erlernt und charakterisiert durch Hilflosigkeit. Diese tritt ein, wenn Opfer mit der Zeit lernen, dass sie ihr Leben nicht kontrollieren können.
- Schuldreaktionen sind unter Opfern häufig; diese fühlen sich oft für den Vorfall verantwortlich. Dies hilft ihnen, sich vor dem Gefühl der Machtlosigkeit zu schützen.

Gewalt in der Ehe

- «Häusliche Gewalt dient einer gewalttätigen Person als Verhalten, um Macht und Kontrolle über eine andere Person auszuüben. Die gewalttätige Person und nur diese entscheidet über die Anwendung missbräuchlichen und gewalttätigen Verhaltens. Ein missbrauchter Partner bzw. eine missbrauchte Partnerin kann die Missbrauch übende Person nicht davon abhalten, gewalttätig zu sein und/oder Missbrauch auszuüben, da die gewalttätige Person dieses Verhalten zur Ausübung von Kontrolle gewählt hat. Die Missbrauch übende Person wird vom missbrauchten Partner bzw. der missbrauchten Partnerin weder gebeten noch aufgefordert oder provoziert, Missbrauch auszuüben. Die Missbrauch übende Person wird weder durch Alkohol- noch durch Drogenmissbrauch gewalttätig.» (AWARE, 1994: 1)
- Die mit gewalttätigem Verhalten verbundenen soziokulturellen Faktoren sind die Geschlechter- und Machtdynamik, kriminell deviantes Verhalten, strukturelle und institutionelle Hierarchien männlicher Dominanz, das Patriarchat, eine Berechtigung, die Familienstruktur, aggressive Verhaltensweisen, stereotype Frauenbilder sowie die Weitergabe von Gewalt als erlerntem Verhalten über Generationen hinweg (Willis/Porche, 2004).
- Ehegattenmissbrauch in Form von Schlägen tritt in 1 % aller Familien auf. Fünfzig Prozent der US-amerikanischen Familien werden durch irgendeine Form der Gewalt geschädigt. Etwa 2–4 % aller Frauen, die in die Notaufnahme oder in eine Einrichtung der Primärversorgung kommen, wurden geschlagen (Agency for Healthcare Research and Quality, 2002). Innerhalb eines Jahres schlagen jeweils drei von 100 Männern ihre Intimpartner schwer (CDC, 2003); 15 % aller Morde geschehen an Ehegatten, und 50 % der Opfer sind Frauen. Frauen töten ihre Ehemänner gewöhnlich mit einer Schusswaffe oder einem Messer, während Männer ihre Ehefrauen gewöhnlich zu Tode prügeln (Chescheir, 1996; Novello/Soto-Torres, 1992).

- Das Battered-Wife-Syndrom hat drei bedeutende Konzepte: den Gewaltzyklus (Abb. II-4), erlernte Hilflosigkeit und vorweggenommene Furcht (Blair, 1986).
- Erlernte Hilflosigkeit kann resultieren aus Erfahrungen in der Kindheit und aus der Tatsache, Zeuge oder Opfer von Missbrauch zu sein, oder sie kann das Ergebnis einer missbräuchlichen Beziehung sein (Blair, 1986).
- Missbrauchsopfer erfahren eine «Gehirnwäsche durch Terror». Wenn sie in der missbräuchlichen Beziehung bleiben, verleugnen und rationalisieren sie (Blair, 1986).
- Geschlagene Frauen berichten dies nur selten gegenüber Gesundheitsfachpersonen, sondern suchen eher Unterstützung bei psychosomatischen Zuständen/Erkrankungen (Thoraxschmerz, Erstickungsgefühl, Unterleibsschmerzen, Erschöpfung, Magen-Darm-Leiden und Schmerzen im Beckenraum) oder bei Verletzungen, die nur unzureichend erklärt werden (Greany, 1984). Opfer berichten nur selten über Missbrauch (Blair, 1986), und zwar aus folgenden Gründen:
  - Schuldgefühl und Scham
  - Furcht vor sozialer Stigmatisierung
  - Furcht vor der missbrauchenden Person
  - Gewalt gilt als normal
  - Fehlen alternativer Ressourcen.
- Gewalttätige Episoden …
  - … eskalieren mit der Zeit hinsichtlich Häufigkeit und Schweregrad.
  - … benötigen immer weniger Provokation, um sie auszulösen.
  - … beinhalten sowohl verbalen als auch körperlichen Missbrauch.
  - … werden durch Alkohol brutaler.
- Carlson-Catalano (1998) zufolge berichteten alle geschlagenen Frauen in ihrer Studie, dass sie weggingen, um ein geliebtes Wesen (Kind oder Schoßtier) zu schützen. Keine der Frauen gab an, ihrer eigenen Sicherheit oder ihres eigenen Leides wegen gegangen zu sein.
- Frauen, die sich während der Phase des Spannungsaufbaus zu verteidigen suchen, gelingt es oft, Prügel zu verhindern, während Frauen, die sich während der Angriffsphase zu wehren suchen, oft nur umso brutaler geschlagen werden.
- Die Fähigkeit des Täters, seine Frau zu kontrollieren, steigert unmittelbar sein Gefühl von Autonomie und seine Selbstachtung. Demnach beeinflusst seine Angst vor dem Verlust seiner Frau (und der Kontrolle über sie) unmittelbar seine Gefühle hinsichtlich der eigenen Person.
- Folgende Faktoren tragen dazu bei, dass eine misshandelte Frau in der Beziehung bleibt:
  - die Überzeugung, dass die Kinder eine Familie mit Mutter und Vater brauchen
  - fehlende/mangelnde finanzielle Unterstützung
  - Fehlen eines Ortes, an den sie gehen könnte
  - die Überzeugung, dass der Missbrauch enden wird
  - Angst um das eigene Leben und um das der Kinder
  - Angst vor einer ungewissen Zukunft.
- Zu den persönlichen Merkmalen einer missbräuchlichen Person gehören (Else et al., 1993; Smith-DiJulio/Holzapfel, 1998):
  - anamnestisch bekannte Familie ohne Liebe, Zuneigung und Sicherheit
  - unerfülltes überwältigendes Bedürfnis nach Liebe und Sicherheit
  - unrealistische Erwartungen an andere Personen (gewöhnlich den Ehepartner oder Kinder), damit diese die Leere aus der Kindheit füllen, die zu dem Gefühl des Zurückgewiesenseins, zu Wut und Missbrauch geführt hat

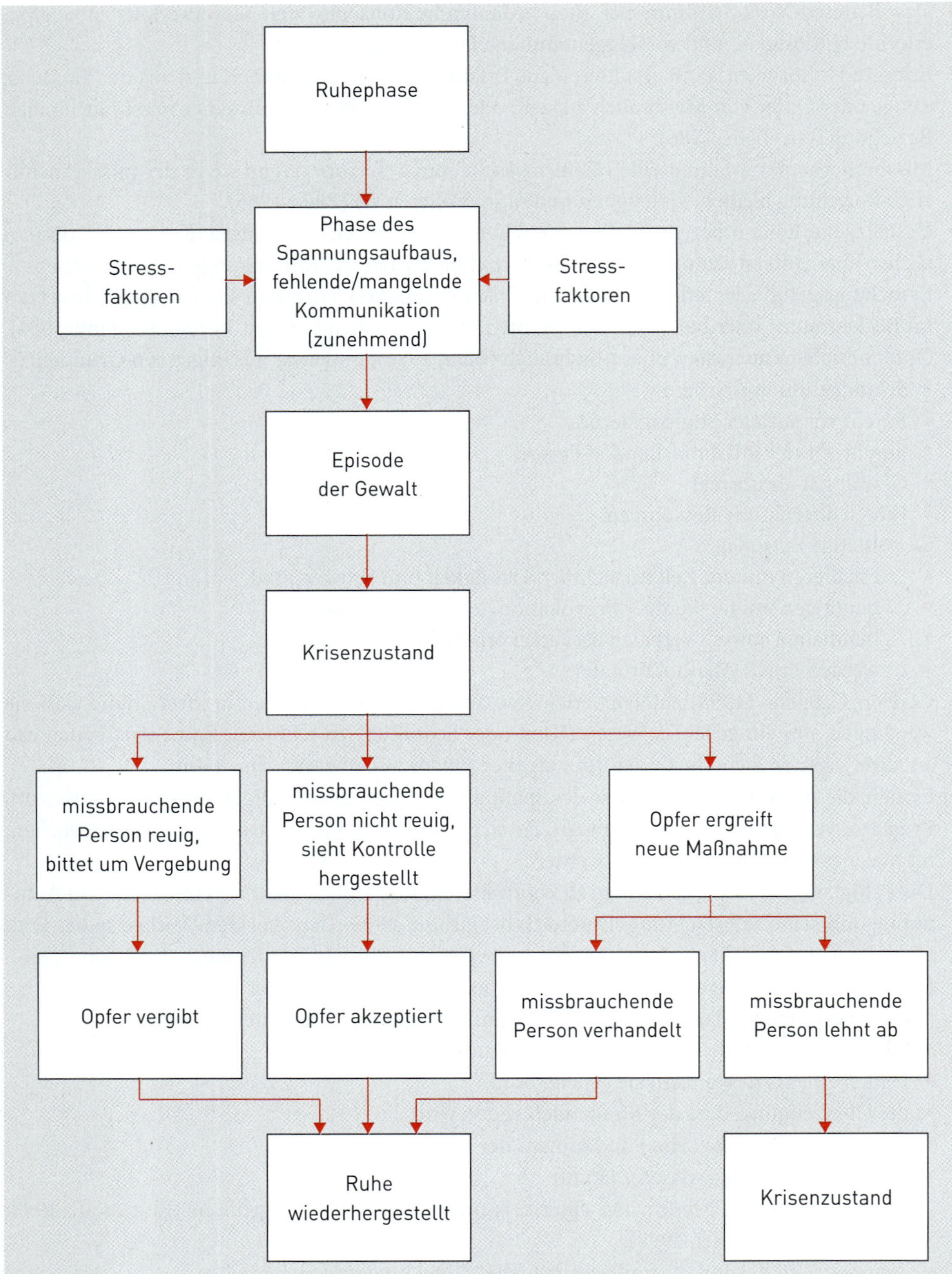

Abbildung II-4: Eskalation der Gewalt

- Anschuldigen äußerer Faktoren als verantwortlich dafür, dass alles schief geht; Beschuldigen der Ehefrau, dass diese ihn wütend gemacht habe
- Verleugnen von Gewalt oder Herunterspielen ihres Ausmaßes
- Impulsivität
- exzessive Abhängigkeit von der Ehefrau und Eifersucht auf sie (die gewöhnlich die einzige bedeutsame Beziehung des Täters ist)
- Verlustangst, die zu Suizid, Mord, Depression oder Wut beitragen kann
- Glaube an die Vorherrschaft des Mannes.

- Zu den persönlichen Merkmalen der misshandelten Frau gehören:
  - geringes Selbstwertgefühl, Definieren der eigenen Person in Begriffen des Partners
  - unrealistische Hoffnungen auf Veränderung
  - die Überzeugung, sie habe ihren Ehemann dazu gereizt, sie zu schlagen, und es sei ihre Schuld
  - Aufwachsen in einer Familie mit restriktiven Gefühlsäußerungen (z. B. Wut oder Umarmungen)
  - weibliches Geschlechtsrollenstereotyp
  - anamnestisch bekannte Heirat, um einer restriktiven, einengenden Familie zu entrinnen
  - extremer Einfallsreichtum und extreme Selbstgenügsamkeit zum Überleben
  - wurde gewöhnlich als Kind nicht missbraucht und war auch nicht Zeuge von Missbrauch
  - Selbsteinschätzung als Opfer mit der einzigen Option, ihren Gatten zu besänftigen
  - zunehmende soziale Isolation
  - die Überzeugung, der Partner «könne nicht anders».
- Die Wahrscheinlichkeit, dass eine Frau bei Missbrauch um Unterstützung nachsucht und sich ihrer bedient, steigt (Sammons, 1981), wenn …
  - … sie seit weniger als 5 Jahren in der Beziehung lebt.
  - … sie Arbeit hat.
  - … sie nahebei (im Umkreis weniger Kilometer) lebende Freunde oder Verwandte hat.
  - … sie den Missbrauch mit anderen besprochen hat.
  - … der Missbrauch oft (täglich, wöchentlich) stattfindet, schwer ist (ärztliche Behandlung/Hospitalisierung erforderlich) oder an Häufigkeit zunimmt.

Pädiatrische Überlegung

- Im Jahre 1994 wurden etwa 3 Millionen Fälle von Verdacht auf Kindesmissbrauch und -vernachlässigung dokumentiert, darunter 2022 Todesfälle (National Center on Child Abuse and Neglect, 1995). Die Firma Westat Inc. führte 1986 eine aus Bundesmitteln subventionierte Studie durch und kam zu der Einschätzung, dass die befragten Fachpersonen fast 40 % der sexuell missbrauchten Kinder, 30 % der Fälle von tödlichem oder schwerem körperlichen Missbrauch, nahezu 50 % des leichteren körperlichen Missbrauchs und 70 % der Fälle von Vernachlässigung nicht angaben. Zugleich liegt ein weiteres ernsthaftes Problem in der hohen Anzahl «unbegründeter» (nicht indizierter) Berichte über Kindesmisshandlung (Besharov, 1990).

- Die Diskrepanz zwischen den dokumentierten Fällen von Kindesmissbrauch und -vernachlässigung und der geschätzten Anzahl ergibt sich aus unterschiedlichen juristischen Definitionen für Missbrauch bzw. Vernachlässigung, aus dem Versagen der Fachpersonen beim Erkennen der Zeichen, aus Unkenntnis der gesetzlichen Regelungen, aus Furcht vor einer Gerichtsverhandlung sowie aus mangelndem bzw. fehlendem Vertrauen in Einrichtungen zum Schutz von Kindern. Fachpersonen zeigen nur etwa ein Drittel der Fälle an, die sie erkennen (Wissow, 1994).
- Eine Pflegeperson kann in der Notaufnahme, in der Schule, in einer Arztpraxis oder in ihrem privaten Umfeld einem missbrauchten Kind begegnen (Kauffman et al., 1986).
- «Kindesvernachlässigung ist definiert als das Versagen der Eltern des Kindes oder seiner Betreuungspersonen, die kindlichen Grundbedürfnisse im Leben zu befriedigen, obwohl sie dazu finanziell in der Lage wären bzw. ausreichend Mittel dazu erhalten» (Cowen, 1999:401). Grundbedürfnisse sind eine feste Bleibe, Ernährung, Gesundheitsversorgung, Überwachung, Erziehung, Zuneigung und Schutz (Cowen, 1999).
- Familiäre Interaktionen in vernachlässigenden Familien sind «chaotischer, weniger zur Konfliktlösung in der Lage, weniger stringent, in geringerem Maße verbal geprägt und weniger warmherzig und empathisch» (Cowen, 1999:409).
- In einer Studie hatten 85 % der vernachlässigten Kinder einen indifferenten, intoleranten oder überängstlichen Elternteil (Browne, 1989).
- Kindesmissbrauch ist ein Symptom für eine in der Krise befindliche oder funktionsgestörte Familie. Die Krise kann bestehen in Krankheit, finanziellen Schwierigkeiten oder einer anderen in letzter Zeit eingetretenen Veränderung der Familieneinheit (z. B. ein neues Familienmitglied, Verlust eines Familienmitglieds, Umzug) (Cowen, 1999; Kauffman et al., 1986).
- Die Trennung des Säuglings von seinen Eltern, wie etwa bei Frühgeborenen, kann die Bindung und das Fürsorgeverhalten der Mutter gegenüber ihrem Kind schwächen. Eine unverhältnismäßig hohe Anzahl misshandelter Kinder ist frühgeboren oder bei der Geburt krank (Wong, 2003).
- Kinder werden gewöhnlich von einer ihnen bekannten Person missbraucht: Elternteil, Babysitter, Verwandter oder Freund der Familie.
- Folgende Faktoren tragen zum Kindesmissbrauch bei (Wong, 2003):
  - Fehlen oder Nichtverfügbarkeit einer erweiterten Familie
  - wirtschaftliche Bedingungen (z. B. Inflation, Arbeitslosigkeit)
  - fehlendes Rollenvorbild als Kind
  - hochgradig gefährdete Kinder (z. B. Unerwünschtheit, nicht gewünschtes Geschlecht oder Aussehen, emotional gestört, körperlich oder geistig behindert, hyperaktiv, todkrank)
  - hochgradig gefährdete Eltern (z. B. Alleinstehende, Jugendliche, emotional Gestörte, Alkohol-/Drogenabhängige, körperlich Kranke).
- Zu den charakteristischen Merkmalen einer missbräuchlichen Person gehören (Kauffman et al., 1986):
  - nichtdominante ethnische oder sozioökonomische Merkmale
  - anamnestisch bekannter Missbrauch durch die Eltern und fehlende/mangelnde Wärme und Zuneigung der Eltern
  - soziale Isolation (wenige Freunde oder Möglichkeiten des Spannungsabbaus)

- ausgeprägter Mangel an Selbstwertgefühl bei niedriger Toleranz gegenüber Kritik
- emotionale Unreife und Abhängigkeit
- Misstrauen gegenüber anderen Menschen
- Unfähigkeit, das Bedürfnis nach Hilfe einzugestehen
- unrealistische Erwartungen für/an das Kind
- das Verlangen, das Kind möge ihr/ihm Vergnügen bereiten.

- Der nicht Missbrauch betreibende Partner, der sich gewöhnlich dem Missbrauch gegenüber passiv oder billigend verhält, muss in den Therapieplan einbezogen werden (Kauffman et al., 1986).
- Zu den Auswirkungen eines Missbrauchs auf die Eltern gehören der Verlust des Sorgerechts, wütende Reaktionen seitens der Gesundheitsfachpersonen, ein Gerichtsverfahren und eine gerichtlich angeordnete Therapie, Reaktionen der Familienmitglieder und der Gemeinde sowie finanzielle Auswirkungen durch Ausgaben für medizinisches Personal und juristische Verfahren).

Geburtshilflich-gynäkologische Überlegungen

- Studien zufolge werden 15–25 % der Frauen während der Schwangerschaft körperlich misshandelt (Gazmararian et al., 2000).
- Ein niedriges Geburtsgewicht korreliert mit einem fetalen Trauma und körperlicher Misshandlung.

Geriatrische Überlegungen

- Die Misshandlung alter Menschen wird definiert als absichtliches oder unbeabsichtigtes Misshandeln durch vorgenommene oder unterlassene Handlungen im Kontext einer Beziehung. Dazu gehören körperliche und seelische Misshandlung, Vernachlässigung, Missbrauch der Finanzen und die Verletzung persönlicher Rechte (Miller, 2004). Ältere Menschen sind zunehmend missbrauchsanfällig, da sie wirtschaftlich, körperlich, sozial und emotional abhängiger werden und die Ressourcen der Betreuungspersonen begrenzt sind.
- Schätzungsweise über 2 Millionen alte Menschen werden jährlich missbraucht oder misshandelt (American Psychological Association, 2003). Die Theorien über die Ursachen umfassen Gewalt in der Familie, erlerntes Verhalten (familiärer Gewaltzyklus), die Psychopathologie der missbrauchenden Person, Abhängigkeit des älteren Menschen, Abhängigkeit der Betreuungsperson, fehlende/mangelnde soziale Unterstützung, Belastung der Betreuungsperson sowie eine schlechte Gesundheit des alten Menschen oder der Betreuungsperson und Substanzmissbrauch.
- Miller (2004) zufolge fordern Gesetze zur Meldepflicht von den Meldenden nicht, zu wissen, ob Missbrauch oder Vernachlässigung tatsächlich vorliegen, sondern es genügt, wenn sie einen entsprechenden Verdacht haben.

Transkulturelle Überlegungen

- Häusliche Gewalt ist transkulturell. Es gibt sie in jeder Kultur als Zeichen eines gestörten Individuums und einer funktionsgestörten Familie.
- Im Leben der amerikanischen Ureinwohner gab es keine Gewalt gegenüber dem Ehepartner oder einem Kind. Leider entstand sie doch und hängt oft mit Alkohol zusammen.

Kinder mit speziellen Bedürfnissen

- Damit sich ein Kind mit speziellen Bedürfnissen erfolgreich adaptiert, müssen die Eltern …
  - … den Zustand des Kindes und die Bedürfnisse der Betreuungsperson realistisch wahrnehmen.
  - … sich an die Klinikumgebung anpassen.
  - … die Rolle der primären Betreuungsperson übernehmen.
  - … bei Entlassung des Kindes die volle Verantwortung für die Pflege übernehmen.
- Das Verhalten als Eltern wird durch Rollenbildung und -erprobung sowie durch Interaktion mit Bezugsgruppen erlernt. Externe Faktoren, sowohl entwicklungs- (Geburt eines Kindes) als auch situationsbedingte (Krankheit und/oder Hospitalisierung eines Kindes), erfordern den Erwerb neuer Verhaltensweisen oder die Modifikation bestehenden Verhaltens. Schwierigkeiten beim Beherrschen der für den Rollenübergang erforderlichen Verhaltensweisen führen zu Rollenüberlastung. Ungewissheit darüber, welche Verhaltensweisen die neue Rolle erfordert, führt zu fehlender/mangelnder Rollenklarheit. Inkompatibilität zwischen der neuen Rollenerwartung und bereits bestehenden Erwartungen führt zum Rollenkonflikt (Reeder et al., 1997).
- Eltern, welche die Erkrankung ihres Kindes in einer akuten oder chronische Situation erleben, stehen vor der Herausforderung, entweder temporär oder dauerhaft eine effektive Elternschaft fortzuführen. Diese Eltern müssen ihre Rolle als Eltern eines gesunden Kindes aufgeben und die Rolle von Eltern eines kranken Kindes annehmen.
- Rollenkonflikte können leicht entstehen, wenn ein Kind zuhause von einem Elternteil oder gemeinsam von den Eltern und Gesundheitsfachpersonen versorgt wird. Eine durch das Eindringen von Behandlungen, Fachpersonen oder beidem in den häuslichen Bereich verursachte Rollendiffusion ist eine Stressquelle für die ganze Familie und erfordert ein sorgfältiges Aushandeln von Rollen (Hochstadt/Yost, 1989; Melnyk et al., 2001).
- Ungesunde Ergebnisse infolge einer Fehlanpassung an eine Familienkrise sind:
  - eine gestörte Eltern-Kind-Beziehung
  - Gedeihstörung
  - Vulnerable-child-Syndrom
  - gestörtes Gleichgewicht in Ehe und Familie
  - Kindesmissbrauch oder -vernachlässigung.
- Clemens et al. (1990) berichten in einer Studie an 50 Familien mit chronisch kranken Kindern, dass die Elternrolle zu bestimmten kritischen Zeiten schwieriger ist: bei der Erstdiagnose, bei körperlichen Symptomen, bei Verlegung des Kindes (z. B. in eine Klinik), bei entwicklungsbedingten Veränderungen des Kindes (z. B. bei der Einschulung) sowie bei körperlicher oder emotionaler Abwesenheit eines Elternteils (z. B. durch Krankheit oder Schwangerschaft).

- Für ein Kind mit speziellen Bedürfnissen zu sorgen, stellt hohe Anforderungen an Energie, Zeit und finanzielle Ressourcen der Eltern.
- Väter von Kindern mit speziellen Bedürfnissen stehen unter dem Druck einer Situation, vor der sie ihre Familie weder schützen noch die sie kontrollieren konnten. Die Anpassung an einen behinderten Sohn fällt ihnen schwerer, da sie in Zukunft keine Freizeit miteinander verbringen können.
- In einer Studie mit 45 Müttern akut kranker Kinder stellte Schepp (1991) fest, dass die Absehbarkeit von Ereignissen sowie Angst die Coping-Bemühungen der Mutter beeinflussen. Mütter, die wussten, was ihnen bevorstand, waren weniger ängstlich.
- Starke Familie wertschätzen und ermutigen jedes Familienmitglied. Gegenüber jedem Familienmitglied und der Familieneinheit besteht eine Verpflichtung. Es gibt eine Reihe klarer Familienregeln, -werte und -überzeugungen.
- Familien kommen zu Kindern durch Geburt, Adoption und Wiederheirat. Bisweilen übernehmen Großeltern die Elternrolle für Enkel, weil es die Eltern nicht mehr gibt, weil Substanzmissbrauch betrieben wird oder weil sich die Eltern anamnestisch als ineffektiv gezeigt haben (Clemen-Stone et al., 2002).
- Auch wenn viele Eltern der Geburt eines Kindes freudvoll entgegensehen, sind die meisten auf die damit verbundenen Veränderungen nicht vorbereitet. Nach der Geburt eines Kindes entwickeln sich Selbstkonzepte als Eltern. Bei einer Frau überlagert ihre Mutterrolle oft die Rolle als Ehefrau und Individuum. Bei einem Mann stärkt die Elternschaft seine Rolle als Ehemann und Ernährer. Elternschaft wird oft zu einer dominanten Rolle für die Frau und zu einer zweitrangigen Rolle für den Mann (Clemen-Stone et al., 2002).
- Zu Missbrauch beitragende Situationen stehen oft in Zusammenhang mit ineffektivem individuellen oder familiären Coping (siehe *behinderndes familiäres Coping*, **a/d** *Kindesmissbrauch*).

Alkoholismus in der Familie

- Alkoholismus ist ein Familienleiden. In den USA gibt es etwa 13 Millionen Alkoholiker, davon mindestens 4 Millionen Schwerbetroffene (APA, 2000b).
- Alkoholismus und dessen Verleugnung dominieren die Familie von AlkoholikerInnen. Sobald sich alles in der Familie um Alkohol dreht, werden Entwicklungsaufgaben vernachlässigt oder ignoriert. «Um die Familieneinheit intakt zu halten, muss jedes Familienmitglied seine kognitiven Wahrnehmungen dergestalt ändern, dass es einerseits in das Familienschema passt, welches eine Fortsetzung des Trinkens ermöglicht, während gleichzeitig verleugnet wird, dass es sich dabei um ein Problem handelt» (Starling/Martin, 1990: 16).
- Zu Beginn bedienen sich Alkoholiker der Verleugnung des Alkohols, um den Stress zu verringern. Mit Beginn der Abhängigkeit setzen sie Verleugnung ein, um vor sich selbst und anderen zu verbergen, wie wichtig der Alkohol für das Funktionieren ist (Smith-DiJulio, 1998).
- Angesichts fortlaufender destruktiver Interaktionen entfernen sich die Familienmitglieder und die/der AlkoholikerIn voneinander. Letztere/r wendet sich dem Alkohol zu, während die Familie andere Fluchtwege findet (Collins et al., 1990).
- «Bedeutungsvolles Nüchternsein ist charakterisiert durch mehr als nur die Abstinenz des Alkoholikers. Es bedarf eines fortlaufenden Wachstumsprozesses bei allen Familienmitgliedern, um gemeinsam auf das Ziel einer gut funktionierenden Familie hinzuarbeiten» (Grisham/Estes, 1982: 257).

- Wegscheider (1981) beschrieb sechs für eine von Alkoholismus betroffene Familie typische Rollen:
  1. der/die AlkoholikerIn
  2. den Hauptbefähiger/die Hauptbefähigerin – oft die Ehefrau/der Ehemann, mit übermäßigem Verantwortungsbewusstsein, übernimmt die Pflichten der alkoholkranken Person
  3. der Familienheld/die Familienheldin – sehr erfolgreiche Person, die der Familie einen gewissen Stolz vermittelt, um Misserfolge zu kaschieren
  4. der Sündenbock – trotzig, wütend, lenkt die Familie vom Alkoholismus ab
  5. das verlorene Kind – hilflos, machtlos
  6. das Maskottchen – gibt den Clown, albert herum; eine Form des Spannungsabbaus, um den Schrecken im Hintergrund zu maskieren.
- Wing (1991, 1994) beschreibt eine Vier-Stadien-Theorie von Alkoholismus, Genesung und Zielsetzung:
  - Stadium I: Verleugnung – AlkoholikerInnen werden in die Therapie gezwungen. Ihr Ziel ist, Bestrafung zu vermeiden, ohne dass der ernsthafte Wunsch besteht, mit dem Trinken aufzuhören.
  - Stadium II: Abhängigkeit – AlkoholikerInnen geben zu, ein Problem mit dem Trinken zu haben und streben eine Therapie an, um sich den Arbeitsplatz oder eine Beziehung zu erhalten.
  - Stadium III: Verhaltensänderung – Betroffene versuchen, ungesundes Verhalten durch gesundes zu ersetzen.
  - Stadium IV: Lebensplanung – Betroffene integrieren Familie, Karriere und Ausbildungsziele mit dem Nüchternsein.
- Männer, die sich in Behandlung begeben, betrachten Alkohol als die Ursache ihrer Probleme. Frauen geben an, aufgrund ihrer Probleme zu trinken (Keller et al., 2000).

Pädiatrische Überlegung

- Kinder können in ihrer Ursprungsfamilie Definitionen von Liebe, Intimität und Vertrauen lernen. Das Umfeld in einer von Alkoholismus betroffenen Familie ist chaotisch und unvorhersehbar. Rollen sind unklar. Bisweilen werden Kinder zu Eltern und die alkoholkranke Person wird zum Außenseiter der Familie.
- Kinder geben an, stärker durch Eltern gestört zu sein, die sich streiten, als durch ein Elternteil, der trinkt. Kinder können auf verschiedene Weise reagieren (z. B. als Friedensstifter oder durch aggressives Verhalten in der Schule).
- Problemverhalten bei Kindern muss im Kontext ihres Zwecks für die Familie beurteilt werden.
- Kinder alkoholkranker Personen sind an zusätzliche und unangemessene Verantwortlichkeiten gewöhnt (Smith-DiJulio, 1998).

Transkulturelle Überlegungen

- Alkoholismus ist die vorrangige Gesundheitsstörung der Afroamerikaner. Er senkt die Lebenserwartung bei gleichzeitig hoher Inzidenz akuter und chronischer alkoholbedingter Leiden. Als Primärfaktor gilt Arbeitslosigkeit. Therapieprogramme müssen innerhalb der Gemeinde oder mit öffentlichem Nahverkehr zugänglich sein. Kirchen der schwarzen Bevölkerung spielen als Ort für Therapiegruppen und als Überweisungsdienst eine Doppelrolle (Giger/Davidhizar, 2003).
- Für Amerikaner mexikanischer Abstammung ist Alkohol eine Form, das Leben zu feiern. Er trägt zu vermehrten Unfällen und zu Gewalt bei. Der Stolz der Familie schützt den alkoholischen Mann, solange dieser für die Familie sorgt (Giger/Davidhizar, 2003).
- Unter amerikanischen Ureinwohnern erreicht Alkoholismus sehr hohe Prozentzahlen. Er ist verantwortlich für Gewalt, Suizide und das fetale Alkoholsyndrom. Studien zufolge ist diese Gruppe in erhöhtem Maße alkoholanfällig (Giger/Davidhizar, 2003).

Elternschaft

- Da sie früher in erweiterten Familien lebten, waren kleine Kinder oft Zeuge der Geburt eines Kindes und halfen bei dessen Versorgung mit. Aufgrund der sozialen Mobilität und der eher isolierten Lebensweise der Kernfamilie gehen junge US-amerikanische Männer und Frauen oft mit nur vagen Erinnerungen an die eigene Kindheit, geringem Wissen über den Geburtsvorgang sowie – wenn überhaupt – nur begrenzter Erfahrung mit der Versorgung eines Säuglings bzw. Kindes in die eigene Elternschaft.

Entstehen der Eltern-Kind-Bindung

- Bonding, der Aufbau einer engen Bindung, lässt sich nicht bestimmen «durch bestimmte Verhaltensweisen, sondern durch Verhaltensmuster» (Goulet et al., 1998 : 1072). Eine enge Eltern-Kind-Bindung entsteht interaktional. Bindung und Zuneigung erfordern Nähe, Reziprozität und Hingabe (Goulet et al., 1998).
- «Kinder, die auf relativ beständige und absehbare Weise versorgt werden, entwickeln Vertrauen in ihre Fähigkeit, ihr Umfeld positiv zu beeinflussen, und bringen ihr Bedürfnis nach Liebe und Sicherheit mit größerer Wahrscheinlichkeit zum Ausdruck» (Goulet et al., 1998 : 1078).
- Die Mutter-Kind-Beziehung beginnt schon vor der Empfängnis: Planen, Bestätigen und Akzeptieren der Schwangerschaft, Spüren der Kindsbewegungen, Akzeptieren des Feten als Individuum; die Geburt, das Baby zu hören und zu sehen, es zu berühren, zu halten und zu versorgen.
- Väter sind in den USA inzwischen stärker an der Betreuung beteiligt. Väter, die sich für eine traditionelle Rolle entscheiden, bei der sie der Mutter ermöglichen, in vollem Umfang für die Versorgung zuständig zu sein, müssen in ihrem soziokulturellen Kontext beurteilt werden.
- Mercer und Ferketich (1990) untersuchten die Elternbindung von 121 hochgradig gefährdeten Frauen, 61 Partnern hochgradig gefährdeter Frauen, 182 gering gefährdeten Frauen und 117 Partnern gering gefährdeter Frauen und stellten fest, dass elterliche Kompetenz in allen Gruppen den wichtigsten Prädiktor für die Elternbindung bildete.

Einschätzungskriterien des Fokusassessments

Allgemein

Zusammensetzung der Familie. Wer lebt zuhause?
Stärken der Familie.
Regeln/Disziplin.
Finanzieller Status.
Teilnahme an Aktivitäten in der Gemeinde.
Existenz einer erweiterten Familie.

Einschätzen:

Kommunikationsverhalten

Gefühle werden offen zum Ausdruck gebracht.
Botschaften kommen klar.
Kein Manipulieren.

Emotionales/unterstützendes Verhalten

Siehe Tabelle II-46.

Einschätzen kürzlich eingetretener Veränderungen

Hinzukommen eines neuen Familienmitglieds

Geburt.
Adoption.
Heirat.
Ältere/r Verwandte/r.

Tabelle II-46: Konstruktives und destruktives emotionales bzw. unterstützendes Verhalten

Konstruktives Verhalten	Destruktives Verhalten
• Probleme akkurat würdigen	• Probleme verleugnen
• nach Wissen und Ressourcen suchen	• Familienmitglieder ausbeuten (Drohungen, Gewalt, Vernachlässigung, zum Sündenbock machen)
• Unterstützungssysteme einsetzen	• jemanden im Stich lassen
• sich aufeinander verlassen	• Apathie zeigen
• sich Gefühle und Gedanken mitteilen	• sich autoritär verhalten
• Optimismus zeigen	
• mit Problemen umgehen	

Verlust eines Familienmitglieds

Umzug/Verlegung.
Krankheit.
Tod.

Veränderungen von Familienrollen

Finanzielle Krise.
Katastrophe.
Konflikte.
Familienmitglied mit einem Coping-Problem.
Anamnestisch bekannte/r Verlegung/Umzug.

Erkrankung oder Hospitalisierung eines Kindes

Anamnese der Krankheit

Akut oder chronisch.
Folge eines Unfalls.
Angeboren oder erworben.
Zeitpunkt der Erstdiagnose?

Wissen/Erfahrungen der Eltern?

Erfahrungen mit eigenen Klinikaufenthalten.
Erfahrungen mit früheren Klinikaufenthalten dieses Kindes oder anderer Kinder.
Beteiligung an der medizinischen/pflegerischen Versorgung zuhause.
Kommunikationsstil und -niveau.
Wissen über die Entwicklung des Kindes und Verständnis für die Auswirkungen der Hospitalisierung auf das Kind.
Verständnis für die Notwendigkeit des Klinikaufenthalts.
Gewünschte Ergebnisse des gegenwärtigen Klinikaufenthalts.
Ggf. Beteiligung am Case-Management für das Kind.

Pläne für den Umgang mit dem aktuellen Klinikaufenthalt

Besuchspläne und Reisearrangements.
Gewünschte Beteiligung an der Versorgung/Pflege.
Pläne für die Suche nach Informationen über das Kind.
Pläne für die Selbstpflege.
Pläne für die Zahlung der Arzt- und Klinikrechnungen.
Pläne für das Ausfüllen anderer Rollen, während das Kind in der Klinik ist (z. B. im Beruf, im Haushalt und gegenüber anderen Kindern).
Weitere familiäre Situationen, die an der nötigen elterlichen Zuwendung gegenüber dem kranken Kind zehren.

Einschätzen:

Interaktion zwischen Eltern und Kind (jeden Elternteil/jede Betreuungsperson gesondert beobachten)

Beteiligung an der Betreuung.
Trösten des Kindes (Berühren, Halten).
Disziplin des Kindes (Gründe, Methoden).
Interpretieren des Klinikaufenthalts bzw. krankheitsbedingter Ereignisse gegenüber dem Kind.
Unterstützen der Entwicklung des Kindes (Spielen, entwicklungsförderndes Spielzeug).

Elternverhalten (pränatal, nach der Geburt)

Pränatal
Äußern von Besorgnis.
Einhalten der Pränatalversorgung.
Auswählen eines Namens.
Entscheiden über die Art der Ernährung (Stillen, Flaschenfütterung).
Einhalten des Therapieplans.
Planen der Säuglingsausstattung.

Intrapartal
Beteiligung am Entscheidungsprozess und am Geburtsvorgang.
Äußern positiver Gefühle.
Versuch, das Kind gleich nach der Geburt zu sehen.
Positive (glückliche) oder negative (traurige, apathische, enttäuschte, wütende, ambivalente) Reaktion.
Das Kind halten und mit ihm sprechen.
Verwenden des Kindsnamens.
Sprechen mit dem Vater oder der Mutter des Kindes.

Postpartal
Äußern positiver Gefühle.
Nähe suchen, indem das Kind nah am Körper gehalten wird; Berühren und Kosen.
Dem Kind zulächeln und es anschauen; Blickkontakt suchen.
Suchen nach Ähnlichkeiten mit anderen in der Familie (z. B.: «Er hat meine Augen» oder «Sie schläft wie ihr Vater»).
Über das Kind sprechen unter Verwenden seines Namens und Geschlechts.
Äußern von Interesse am Erlernen der Versorgung/Pflege von Säuglingen.
Nährendes, fürsorgliches Verhalten (d. h. Füttern, Windeln wechseln).

Einschätzen auf häusliche Gewalt

Wurden Sie jemals von Ihrem Partner oder einer Ihnen wichtigen Person emotional oder körperlich missbraucht?

Wurden Sie im vergangenen Jahr von jemandem geschlagen, geohrfeigt, getreten oder anderweitig körperlich verletzt?
Sind Sie schwanger bzw. waren Sie jemals schwanger? Falls ja: Wurden Sie von jemandem geschlagen, geohrfeigt, getreten oder anderweitig körperlich verletzt? Wenn ja: Von wem? Wie oft?
Wurden Sie im vergangenen Jahr von irgendjemandem zu sexuellen Aktivitäten gezwungen? Wenn ja: Von wem? Wie oft?
Fürchten Sie sich vor Ihrem Partner oder einer der vorgenannten Personen?
Hat Ihr Partner …
… versucht, Sie zu würgen?
… Sie mit einer Waffe bedroht?
… mit Suizid gedroht?
… Gewalt gegenüber Ihren Kindern angewandt?
… sich außer Haus gewalttätig verhalten?
… damit gedroht, Sie zu töten?
Trinkt Ihr Partner bis zum Exzess?
Nimmt Ihr Partner Drogen?
Versucht Ihr Partner, Ihre täglichen Aktivitäten zu kontrollieren?
Hat Ihr Partner eine Schusswaffe?
Kontrolliert Ihr Partner das gesamte Geld?
Zerstört Ihr Partner Besitztümer?
Versucht Ihr Partner, Ihren Freundeskreis zu kontrollieren?
Zeigt Ihr Partner gewalttätig-eifersüchtiges Verhalten?

Einschätzen eines Verdachts auf Kindesmissbrauch

Trauma (Frakturen, Lazerationen, Hämatome, Striemen, Verbrennungen, Luxationen).
Verletzungen ungeklärter Ursache, die ohne Zeugen entstanden sind.
Art und Umfang der Verletzung decken sich nicht mit der Begründung.
Verletzungen in unterschiedlichen Heilungsstadien.
Verletzungen im Gesicht.
Verletzungen am Abdomen.
Multiple Hämatome (Rumpf, Gesäß, Handgelenke, Knöchel, Ohren, Hals, perioral).
Frakturen (Rippen, Metaphysen, Schulterblätter, distales Schlüsselbein, jede Humerusfraktur [außer suprakondylär] bei einem Kind unter 3 Jahren, Wirbelfrakturen oder -subluxationen, Frakturen des mittleren Ulnarschaftes, beidseitige Frakturen).
Hämatome unterschiedlicher Färbung:

- rot, schwarz oder blau: neu oder bis zu 5 Tage
- grün: 5–7 Tage
- gelb: 7–10 Tage
- braun: 10–14 Tage.

Körperliche Indikatoren sexuellen Missbrauchs:

- vaginaler oder peniler Ausfluss
- Verletzungen oder Schwellungen am Genitale oder am Anus

- Geschlechtskrankheiten
- Schmerzen oder Jucken im Genitalbereich
- Schmerzen beim Wasserlassen
- Schwierigkeiten beim Gehen.

Verhaltensindikatoren:

- Misstrauen gegen Kontakte mit Erwachsenen
- Furcht vor den Eltern
- exzessives Bemühen zu gefallen
- Angst, nach Hause zu gehen
- hohe Schmerzschwelle
- exzessive Suche nach Zuneigung.

Indikatoren von Vernachlässigung (subjektiv, objektiv) (Cowen, 1999; Heindl, 1979):

- Hunger
- der Witterung nicht angemessene Bekleidung
- steter Mangel an Aufsicht
- medizinische und zahnmedizinische Bedarfe nicht abgedeckt
- Aussetzen
- schwaches Wachstum
- Delinquenz
- Übernahme von Verantwortlichkeiten Erwachsener
- stete Erschöpfung oder Lustlosigkeit.

Wie rasch wurde medizinische Hilfe aufgesucht? Sofort nach der Verletzung? Einen oder mehrere Tage danach?

Wird medizinische Hilfe am selben Ort oder an einem anderen Ort aufgesucht? Warum?

Interaktion zwischen Betreuungsperson und Geschwistern:

- Fürchtet sich das Kind vor Erwachsenen?
- Ist ein Erwachsener betroffen?
- Was geschieht bei Streitereien?
- Interagieren beide miteinander?
- Berichtet das Kind über ein Problem mit dem Bruder/der Schwester?

Einschätzen auf Risikofaktoren bei den Betreuungspersonen (Cowen, 1999)

Geringe Coping-Fertigkeiten.

Substanzmissbrauch.

Depression.

Begrenzte finanzielle Mittel.

Psychische Probleme.

Schwache Impulskontrolle.

Begrenzte Fertigkeiten der Haushaltsführung.

Inadäquates Unterstützungssystem.

Einschätzen auf Alkoholmissbrauch

Verleugnen des Problems

Reaktionen von Familienmitgliedern

Alkohol beeinflusst Entscheidungen.
Gefühle insgesamt.
Furchtsamkeit.
Verlegenheit.
Verhaltensstörungen (Kinder).
Besorgnis.
Auswirkungen auf jedes Familienmitglied.
Schuldgefühle.

Merkmale der alkoholkranken Person

Freunde sind schwere TrinkerInnen.
Verbal/körperlich missbräuchliches Verhalten
Vermeiden von Gesprächen über Alkohol.
Rechtfertigen des Alkoholkonsums.
Fahren unter Alkohol.
Phasen der Reue.
Versprechen, aufzuhören oder weniger zu trinken.
Fehlende Erinnerung an Vorfälle.

Familiäre/soziale Funktionen

Unbefriedigend, angespannt.
Beinhalten stets Alkohol.
Finanzielle, juristische Probleme.
Negative Bemerkungen Dritter über das Trinkverhalten.
Verknüpfen Sie Symbole durch Linien, die Folgendes anzeigen:

- Heirat
- eheähnliche Gemeinschaft
- Trennung
- Scheidung.

Kennzeichnen Sie Tod durch ×, Fehlgeburt durch Δ oder Abort durch × im Symbol.

Gefährdendes familiäres Coping

Definition

Gefährdendes familiäres Coping: der Zustand, in dem eine gewöhnlich unterstützende Primärperson (Familienmitglied oder enger Freund) in unzureichendem, ineffektivem oder gefährdendem Maße Unterstützung, Trost, Assistenz oder Ermutigung liefert, die der Klient bräuchte, um mit Aufgaben der Anpassung an seine Gesundheitsstörung zurechtzukommen oder diese zu überwinden.

Gefährdendes familiäres Coping (engl. Compromised family coping): Gewöhnlich unterstützende Bezugsperson (Familienmitglied oder enger Freund) bietet ungenügende(s), ineffektive(s) oder einschränkende(s) Unterstützung, Wohlbefinden, Hilfestellung oder Ermutigung, die der Klient brauchen könnte, um Anpassungsaufgaben bezüglich gesundheitlicher Herausforderungen zu regeln, zu bewältigen oder zu meistern (NANDA-I, 2010).

Bestimmende Merkmale oder Kennzeichen

subjektive Daten

- Klient äußert eine Beschwerde über die Reaktion der Bezugsperson auf das Gesundheitsproblem
- Klient äußert eine Sorge über die Reaktion der Bezugsperson auf das Gesundheitsproblem
- Bezugsperson zeigt eine unzureichende Wissensbasis, die ein effektives unterstützendes Verhalten beeinträchtigt
- Bezugsperson zeigt ein unzureichendes Verständnis, das ein [effektives] unterstützendes Verhalten beeinträchtigt
- Bezugsperson beschreibt die Beschäftigung mit der eigenen Reaktion (z. B. Furcht, vorweggenommene Trauer, Schuld, Angst) auf die Bedürfnisse des Klienten.

objektive Daten

- Bezugsperson bemüht sich mit unbefriedigenden Ergebnissen um Hilfestellung
- Bezugsperson bemüht sich mit unbefriedigenden Ergebnissen um unterstützendes Verhalten
- Bezugsperson zeigt Schutzverhalten, das nicht im Verhältnis zu den Fähigkeiten des Klienten steht
- Bezugsperson zeigt Schutzverhalten, das nicht im Verhältnis zum Bedürfnis des Klienten nach Autonomie steht
- Bezugsperson beginnt eine eingeschränkte persönliche Kommunikation mit dem Klienten
- Bezugsperson zieht sich vom Klienten zurück
- [Bezugsperson hat plötzliche Gefühlsausbrüche, zeigt emotionale Labilität oder behindert notwendige pflegerische/medizinische Interventionen].

Einflussfaktoren

- Mangel an gegenseitiger Unterstützung
- im Gegenzug wenig Unterstützung der Bezugsperson durch den Klienten, [unrealistische gegenseitige Erwartungen des Klienten/der Bezugsperson(en)]
- vorübergehende Beschäftigung einer Bezugsperson
- vorübergehende familiäre Desorganisation
- vorübergehende Veränderung der familiären Rollen
- [Fehlen von Fähigkeiten zur gemeinsamen Entscheidungsfindung]
- [verschiedene Koalitionen innerhalb der Familie]
- parallele Situationen beeinflussen die Bezugsperson
- entwicklungsbedingte Krisen, die auf die Bezugsperson zukommen könnten
- situationsbedingte Krisen, mit denen sich die Bezugsperson konfrontiert sehen könnte
- lang andauernde Krankheit [oder fortschreitende Behinderung], die die unterstützenden Fähigkeiten der Bezugspersonen schwächt
- verbrauchte Unterstützungskapazität der Bezugspersonen
- unzureichende Information einer Bezugsperson
- unzureichendes Verständnis einer Information einer Bezugsperson
- falsche Information einer Bezugsperson
- falsches Verständnis einer Information einer Bezugsperson.

Weiteres siehe *unterbrochene Familienprozesse.*

Anmerkung der Autorin

Diese Pflegediagnose beschreibt Situationen, die denen der Diagnosen *unterbrochene Familienprozesse* und *Gefahr unterbrochener Familienprozesse* ähnlich sind. Solange diese Diagnose nicht durch klinische Forschung von den erwähnten Diagnosen abgegrenzt wird, sollten Sie *unterbrochene Familienprozesse* verwenden.

Verhindertes familiäres Coping

Verhindertes familiäres Coping, …

- … **b/d** (zu spezifizieren), **a/d** häuslichen Missbrauch
- … **b/d** (zu spezifizieren), **a/d** Kindesmissbrauch/-vernachlässigung

Gefahr eines behindernden familiären Copings, …

- … **b/d** multiple Stressoren in Verbindung mit der Versorgung alter Menschen

Definition

Verhindertes familiäres Coping: der Zustand, in dem eine Familie als Reaktion auf ein durch inadäquate (physische, psychische, kognitive) Ressourcen bedingtes Unvermögen, mit inneren oder äußeren Stressoren zurechtzukommen, destruktives Verhalten zeigt oder entsprechend gefährdet ist.

Verhindertes familiäres Coping (engl. Disabled family coping): Verhalten einer Bezugsperson (Familienmitglied oder andere Bezugsperson) behindert seine oder ihre Fähigkeiten und die des Klienten, sich erfolgreich Aufgaben zur beiderseitigen Anpassung an die Gesundheitsprobleme zu stellen (NANDA-I, 2010).

Bestimmende Merkmale oder Kennzeichen

Hauptkennzeichen (obligat)

Missbräuchliche oder vernachlässigende Pflege/Versorgung einer oder mehrerer Personen.
Entscheidungen/Handlungen, die dem Wohlbefinden der Familie schaden.
Missbräuchliche oder vernachlässigende Beziehungen zu anderen Familienmitgliedern.

Nebenkennzeichen (fakultativ)

- [äußert Verzweiflung bezüglich der Reaktion der Familie/fehlenden Beteiligung/Anteilnahme].
- Psychosomatismus
- Intoleranz
- Zurückweisung
- Imstichlassen
- Verlassen
- Unruhe
- Aggression
- Feindseligkeit
- Depression
- Fortfahren mit der gewohnten Routine, ohne auf die Bedürfnisse des Klienten zu achten
- Nichtbeachtung der Bedürfnisse des Klienten
- nachlässige Versorgung des Klienten hinsichtlich der grundlegenden menschlichen Bedürfnisse
- nachlässige Versorgung des Klienten hinsichtlich der Krankheitsbehandlung
- nachlässige Beziehungen mit anderen Familienmitgliedern
- Familienverhalten führt zur Verschlechterung des Wohlbefindens
- Verzerrung der Realität hinsichtlich der Gesundheitsprobleme des Klienten
- beeinträchtigte Neuorganisation eines sinnvollen Lebens für sich selbst
- beeinträchtigte Individualisierung
- lang andauernde übermäßige Sorgen um den Klienten
- Übernahme der Krankheitssymptome des Klienten
- Entwicklung des Klienten hin zur Abhängigkeit.

Einflussfaktoren

Biopathophysiologische Faktoren

B/d die beeinträchtigte Fähigkeit zur Erfüllung von Rollenverantwortlichkeiten, s/b/d:
jede akute oder chronische Krankheit.

Situationsbedingte Faktoren (persönlich bedingt, umgebungsbedingt)

B/d Bezugsperson mit chronisch unausgedrückten Gefühlen (z. B. Schuld, Angst, Feindlichkeit, Verzweiflung)
B/d widersprüchliche Arten des Copings der Bezugsperson und des Klienten im Umgang mit den anstehenden [adaptiven] Aufgaben
B/d widersprüchliche Arten des Copings der Bezugspersonen
B/d höchst ambivalente Familienbeziehungen
B/d willkürlicher Umgang mit dem Widerstand der Familie gegenüber der Behandlung, [der tendenziell die Abwehr verstärkt und es unmöglich macht, angemessen mit der zu Grunde liegenden Angst umzugehen]
B/d [familiäre Hochrisikosituationen wie allein erziehender oder minderjähriger Elternteil, Missbrauchssituation, Sucht, akute/chronische Behinderung, Familienmitglied mit terminaler Krankheit].

B/d die beeinträchtigte Fähigkeit zum konstruktiven Umgang mit Stressoren, s/b/d:

Substanzmissbrauch.
Alkoholismus.
ein negatives Rollenvorbild.
anamnestisch bekannte unwirksame Beziehung zu den eigenen Eltern.
anamnestisch bekannte missbräuchliche Beziehung zu den Eltern.

B/d unrealistische Erwartungen eines Elternteils an das Kind.
B/d unrealistische Erwartungen des Kindes an ein Elternteil.
B/d durch ein Elternteil nicht erfüllte psychosoziale Bedürfnisse des Kindes.
B/d durch das Kind nicht erfüllte psychosoziale Bedürfnisse eines Elternteils.

Anmerkung der Autorin

Behinderndes familiäres Coping beschreibt eine Familie mit anamnestisch bekanntem offen oder versteckt destruktivem Verhalten oder destruktiven Reaktionen auf Stressoren. Diese Diagnose bedarf einer langfristigen Versorgung durch einen Pflegetherapeuten («nursing therapist») mit Weiterbildung in Familiensystemen und Missbrauch.

Der Einsatz dieser Diagnose im vorliegenden Buch konzentriert sich auf Pflegeinterventionen, die sich für eine Allgemeinpflegende mit einer kurzfristigen Beziehung (z. B. Notaufnahme, nichtpsychiatrische Station) sowie für jede Pflegeperson, die sich in der Position befindet, um *behinderndes familiäres Coping* verhindern zu können, etwa durch Unterweisen, Beraten oder Überweisungen.

Irrtümer in diagnostischen Aussagen

1. *Behinderndes familiäres Coping,* **b/d** *Angaben über Schläge durch einen Ehemann unter Alkohol*
   Diese Diagnose ist inkorrekt formuliert und es ist für eine Pflegeperson nicht ratsam, sie so niederzuschreiben. Dokumentierte Schläge durch einen alkoholisierten Ehemann sind nicht der Einflussfaktor, sondern eher ein diagnostischer Hinweis. Diese Diagnose sollte wie folgt formuliert werden: *Behinderndes familiäres Coping,* **b/d** *eine unbekannte Ätiologie,* **a/d** *Angaben der Ehefrau,* «Mein Mann ist Alkoholiker und schlägt mich oft». Die zitierte Aussage gibt die Daten so wieder, wie sie von der Ehefrau angegeben werden, und nicht das Urteil der Pflegeperson.

Ziele

NOC

- Beständigkeit der/des pflegenden Angehörigen
- Coping-Verhalten der Familie
- Normalisierungsprozesse in der Familie

Jedes Familienmitglied setzt kurz- und langfristige Ziele für einen Wandel.

Indikatoren

- Korrektes Einschätzen ungesunden Coping-Verhaltens für Familienmitglieder.
- Benennen von Erwartungen an die eigene Person und an die Familie.
- Benennen verfügbarer kommunaler Ressourcen.

Allgemeine Interventionen

NIC

- Unterstützung pflegender Angehöriger/Laien
- Emotionale Unterstützung
- Familientherapie
- Förderung der Familienbeteiligung

Unterstützen von Familienangehörigen bei der kritischen Würdigung von Verhaltensweisen innerhalb der Familie

Erörtern der Auswirkungen von Verhaltensweisen auf Einzelpersonen und die Familie als Einheit

Emotionen.
Unterstützung.
Rollen.
Leistung.

F: Familien mit einem in seinem Funktionieren gestörten Mitglied (z. B. einer alkoholkranken Person) werden darin unterstützt, zu erkennen, dass die gesamte Familie und nicht nur das Individuum funktionsgestört ist.

Unterstützen der Familie beim Setzen kurz- und langfristiger Ziele

F: Kurzfristige Ziele sind auf eine höchstmögliche Stabilisierung der Familie ausgerichtet. Langfristige Ziele konzentrieren sich auf notwendige Veränderungen des Funktionierens und das Schaffen von Verhaltensmustern zur Förderung dauerhafter Veränderungen.

Fördern der Stabilisierung der Familie

Bitten Sie jedes Familienmitglied, eine Aktivität zu nennen, die sie ihrer Familie hinzufügen möchte.

Identifizieren Sie Stressoren, die sich verringern oder beseitigen lassen. Bitten Sie jedes Familienmitglied, eine Verhaltensweise zu nennen, die es kontrollieren könnte.

Beginnen Sie damit, Familienmitgliedern zu helfen, Ressentiments aus der Vergangenheit aufzuarbeiten.

F: Jedes Familienmitglied erhält Gelegenheit, Gefühle hinsichtlich der Gegenwart und der Vergangenheit mitzuteilen (DiJulio/Holzapfel, 1998).

F: Interventionen konzentrieren sich darauf, der Familie beim erneuten Aushandeln von Rollen und Verhalten im Interagieren und Funktionieren zu helfen.

Verbessern des Familienzusammenhalts

Feststellen der Freizeitaktivitäten, bei denen alle Familienmitglieder mitmachen und an denen sie Freude haben.

F: Freizeitaktivitäten der Familie fördern den Familienzusammenhalt durch positive Erfahrungen.

Beginnen mit Überweisen, soweit nötig

Unterstützungsgruppen.

Familientherapie.

Wirtschaftliche Unterstützung.

F: Bei funktionsgestörten Familien ist anamnestisch eine Isolation bekannt. Interventionen konzentrieren sich auf eine Verstärkung ihrer gesellschaftlichen Teilhabe und den Einsatz kommunaler Ressourcen.

Verhindertes familiäres Coping, ...

... b/d (zu spezifizieren), a/d häuslichen Missbrauch

Häuslicher Missbrauch ist definiert als jegliche Handlung, die einer anderen Person körperlich, emotional, finanziell, gesellschaftlich und sexuell schaden soll.

Ziele

Die Person sucht bei Missbrauchsverhalten Hilfe.

NOC

- Coping-Verhalten der Familie
- Normalisierungsprozesse in der Familie
- Funktionsfähigkeit der Familie
- Schutz vor Missbrauch
- Ende einer Missbrauchssituation

Indikatoren

- Erörtern des tätlichen Angriffs.
- Herausarbeiten von Faktoren, die zu Gewalt beitragen.
- Beiziehen juristischer und emotionaler Unterstützung bei missbräuchlichem Verhalten.
- Nennen verfügbarer kommunaler Ressourcen, wenn Hilfe gewünscht wird.

Allgemeine Interventionen

NIC

- Unterstützung pflegender Angehöriger/Laien
- Emotionale Unterstützung
- Pflegeüberleitung
- Beratung
- Entscheidungsfindungsunterstützung
- Selbsthilfegruppennutzung
- Aggressionskontrolle
- Missbrauchsprävention: LebenspartnerIn
- Konfliktmediation

Interventionen, um die Komplexität und Größenordnung der in häuslicher Gewalt liegenden Probleme anzugehen, überschreiten gewöhnlich die Möglichkeiten einer allgemeinpflegerisch tätigen

Person. Die hier genannten Interventionen sollen Pflegende unterstützen, die kurzfristig mit dem Klienten interagieren.

Entwickeln eines Verhältnisses

Befragen Sie die Klientin unter vier Augen. Seien Sie empathisch.
Gehen Sie nicht davon aus zu wissen, was die Person benötigt.
Fragen Sie: «Wie kann ich Ihnen helfen?»
Vermeiden Sie es, angesichts der Details schockiert oder überrascht zu erscheinen.
Wenn der Kontakt telefonisch erfolgt, finden Sie heraus, wie Sie mit dem Opfer zusammentreffen können.

F: Das Opfer ist angespannt und fürchtet sich, akzeptiert Schuldzuweisungen und hofft, dass sich der Partner ändert (Carson/Smith-DiJulio, 2006).

Evaluieren einer potenziellen Gefährdung des Opfers und weiterer Personen

Einschätzen des gegenwärtigen körperlichen Missbrauchs

Jetziger und früherer körperlicher/sexueller Missbrauch
Wann war das letzte Mal?
Sind Sie jetzt verletzt?
Sind die Kinder verletzt?
Einschätzen der Gefährdung der Kinder.

Einschätzen des Unterstützungssystems

Hat die Betroffene einen sicheren Ort, an den sie sich begeben kann?
Möchte die Betroffene die Polizei verständigen?
Benötigt sie den Notarzt?

Einschätzen des Drogen- und Alkoholkonsums

Nimmt das Opfer Drogen/Alkohol zu sich?
Nimmt der Täter Drogen/Alkohol zu sich?

F: Pflegeinterventionen sollten sich auf Sicherheit und Schutz konzentrieren.
F: Übereilte Entscheidungen können fatale Folgen haben.

Einschätzen auf Faktoren, die das Opfer hindern, Hilfe zu suchen

Persönliche Überzeugungen

Furcht um die Sicherheit der eigenen Person und um die der Kinder.
Geringes Selbstwertgefühl.
Mythen («Das ist normal» oder «Es wird aufhören»).
Furcht vor Bloßstellung.
Schuldgefühle (gerechte Strafe).

Fehlende Kenntnis …

… der Schwere des Problems.
… der eigenen Rechte.
… kommunaler Ressourcen.

Fehlende/mangelnde finanzielle Unabhängigkeit

Fehlendes/mangelndes Unterstützungssystem

F: Die Pflegeperson muss Mythen offen entschleiern, in denen Erklärungen für Schläge und Toleranz angeboten und die Illusion von Kontrolle und Rationalität vermittelt wird (Carson/Smith-DiJulio, 2006).

Ermutigen zur Entscheidungsfindung

Sorgen Sie für eine Gelegenheit, den Missbrauch zu validieren und über Gefühle zu sprechen. Wird die akut verletzte Person von einem Ehepartner/einer Betreuungsperson begleitet, der/die hartnäckig bei ihr bleibt, versuchen Sie, die Person allein zu sprechen (z. B. indem Sie sagen, Sie bräuchten eine Urinprobe und müssten sie zur Toilette begleiten).

Seien Sie direkt und vorurteilslos:

- Wie gehen Sie mit Stress um?
- Wie geht Ihr Partner oder Ihre Betreuungsperson mit Stress um?
- Auf welche Art streiten Sie und Ihr Partner sich?
- Fürchten Sie sich vor ihm?
- Hat Ihr Partner Sie jemals geschlagen, gestoßen oder verletzt?

Sorgen Sie für Optionen, aber ermöglichen Sie Ihrer Klientin, Entscheidungen im eigenen Tempo zu fällen.

Halten Sie zu einer realistischen Würdigung der Situation an. Zerstreuen Sie Schuldgefühle und Mythen:

- Gewalt ist in den meisten Familien nicht normal.
- Die Gewalt kann aufhören, gewöhnlich wird es jedoch immer schlimmer.
- Das Opfer ist für die Gewalt nicht verantwortlich.

Erstellen Sie einen Sicherheits- und/oder Fluchtplan (Überweisung an eine Fachperson für Missbrauch).

F: Pflegende müssen sorgfältig darauf achten, das Opfer nicht zu einer voreiligen Entscheidung zu drängen.

F: Ein Sicherheitsplan ist ein spezifischer Plan für eine rasche Flucht, wenn das Opfer erkennt: «Jetzt ist es Zeit zu gehen».

Einschätzen auf Risikofaktoren in Zusammenhang mit Mord und Suizid

Erörtern von Faktoren mit der Person

Zunehmende Häufigkeit oder Schwere der Gewaltanwendung.
Würgen.
Erzwungener Geschlechtsverkehr.
Todesdrohungen.
Kontrolle der meisten oder aller Aktivitäten der Klientin.
Suiziddrohung oder -versuch.
Gewalt außer Haus.
Anwenden einer Waffe oder entsprechende Drohungen.
Eine Schusswaffe im Haus.
Drogenkonsum.
Tägliche oder fast tägliche Trunkenheit.
Gewalttätige Eifersucht.
Gewalt gegen Kinder.

F: Jährlich kommt es zu 1500 Todesfällen unter Frauen (Agency for Healthcare Research and Quality, 2002).

Sorgen für Informationen zur Pflegeüberleitung

Informieren Sie diskret über kommunale Einrichtungen, die Opfer und Täter im Notfall und langfristig zur Verfügung stehen:

- Hotlines
- sichere Häuser
- Anzeigepflicht
- juristische Dienstleister
- Beratungseinrichtungen.

Besprechen Sie, ob der Sozialdienst zur Unterstützung verfügbar ist.
Konsultieren Sie juristische Dienstleister und Ressourcen in der Gemeinde und machen Sie das Opfer mit den Gesetzen vertraut in Bezug auf:

- Entfernen des Täters aus den gemeinsamen Wohnräumen
- vorübergehende Unterstützung
- Strafrecht
- Beratung
- eine zivilrechtliche Schutzanordnung
- Formen polizeilicher Interventionen.

Verweisen Sie an eine Individual-, Gruppen- oder Paarberatung.
Erkunden Sie Strategien des Stressabbaus und gehen Sie mit Stressoren konstruktiver um (z. B. Entspannungsübungen, Walking und Selbstsicherheitstraining).

F: Interventionen gegen häusliche Gewalt müssen im Rahmen einer entsprechend koordinierten kommunalen und strafrechtlichen Reaktion erfolgen.

Dokumentieren von Befunden und Dialog (Carlson/Smith-DiJulio, 2006)

Beginnen mit Überweisen, falls indiziert

Unterweisen Sie die Gemeinschaft (z. B. Elternorganisationen an Schulen, Frauen-Klubs und Programme für Schulkinder) in dem Problem des Missbrauchs der Ehepartnerin/des Ehepartners und alter Menschen.

Instruieren Sie Betreuungspersonen im korrekten häuslichen Umgang mit einem alten Klienten (z. B. Transfer auf einen Stuhl, modifizierte Gerätschaften/Vorrichtungen, Erhalt der Orientierung).

Überweisen Sie an entsprechende Stellen zur finanziellen Unterstützung und für Transportarrangements.

Überweisen Sie an ein Selbstsicherheitstraining.

Informieren Sie die Familie über Seniorenzentren oder Tagespflegeprogramme.

Überweisen Sie die Missbrauch übende Person an eine geeignete kommunale Einrichtung. Tun Sie dies nur bei Männern, die um Unterstützung gebeten oder den Missbrauch eingestanden haben, denn es würde nur noch stärkeren Missbrauch auslösen, wenn die vertrauliche Mitteilung der Frau offen gelegt würde.

F: Informiert und überwiesen wird, um zur Entscheidungsfindung zu ermutigen.

Verhindertes familiäres Coping, ...

... b/d (zu spezifizieren), a/d Kindesmissbrauch/-vernachlässigung

Kindesmissbrauch ist eine Handlung oder Unterlassung, durch die ein Kind zu Schaden kommt. Dazu gehören physische und psychische Schäden, Vernachlässigung und sexueller Missbrauch.

Ziele

NOC

- Coping-Verhalten der Familie
- Normalisierungsprozesse in der Familie
- Funktionsfähigkeit der Familie
- Schutz vor Missbrauch
- Ende einer Missbrauchssituation

Das Kind zeigt keine Verletzungen mehr und wird nicht mehr vernachlässigt.

Indikatoren

- Trost durch eine andere Betreuungsperson.
- Der Elternteil erhält Unterstützung gegen missbräuchliches Verhalten.
- Eingestehen missbräuchlichen Verhaltens.

Allgemeine Interventionen

NIC

- Unterstützung pflegender Angehöriger/Laien
- Emotionale Unterstützung
- Beratung
- Entscheidungsfindungsunterstützung
- Selbsthilfegruppennutzung
- Aggressionskontrolle
- Missbrauchsprävention: Kind
- Konfliktmediation
- Pflegeüberleitung

Identifizieren von Familien, in denen die Gefahr des Kindesmissbrauchs besteht

Siehe «Zentrale Konzepte».

Intervenieren bei gefährdeten Familien

Knüpfen Sie eine Beziehung zu den Eltern (z. B.: «Eltern sein ist sicher schwierig [frustrierend], nicht wahr?»), die diese ermutigt, ihre Schwierigkeiten mitzuteilen.

Verschaffen Sie den Eltern Zugang zu Informationen über Elternschaft und Kindesentwicklung (siehe *verzögerte[s] Wachstum und Entwicklung*).

Sorgen Sie für angeleitete Antizipation hinsichtlich Wachstum und Entwicklung (z. B. die Notwendigkeit des Schreiens in den ersten Monaten; Reinlichkeitserziehung/Ausscheidungstraining).

Betonen Sie die Bedeutung von Unterstützungssystemen, etwa indem Sie die Eltern bitten, ihre Erfahrungen mit anderen Eltern auszutauschen.

Fordern Sie die Eltern auf, sich Zeit für eigene Bedürfnisse zu nehmen, etwa, indem sie 3-mal pro Woche Sport machen.

Erörtern Sie mit den Eltern, wie diese auf eigene Frustrationen reagieren (Gefühle mit anderen Eltern teilen) und instruieren Sie sie, Kinder nicht zu disziplinieren, wenn sie selbst sehr wütend sind.

Erkunden Sie andere Methoden der Disziplin außer Körperstrafen.

Verweisen Sie Eltern an externe Hilfe.

Informieren Sie Eltern über kommunale Dienste (Telefon-Hotlines, Geistliche).

F: Erfolgreiche Interaktionen mit Missbrauch treibenden Eltern müssen im Kontext von Akzeptanz und Billigung stattfinden, um das geringe Selbstwertgefühl der Eltern und deren Furcht vor Zurückweisung zu kompensieren (Wissow, 1994).

F: Programme, in denen Eltern darin unterwiesen werden, das Verhalten ihrer Kinder zu interpretieren und angemessen darauf zu reagieren, können Kindesmisshandlungen verringern.

Erkennen von Verdachtsfällen von Kindesmissbrauch

Schätzen Sie ein und evaluieren Sie:

- Belege für eine Misshandlung (siehe «Kriterien des Fokusassessments»)
- Anamnese des Vorfalls oder der Verletzung:
  - widersprüchliche Angaben/Berichte
  - eine für das Alter des Kindes unwahrscheinliche Geschichte
  - eine Geschichte, die sich nicht mit der Verletzung deckt.
- Verhalten der Eltern:
  - Sie kommen zur Versorgung einer geringfügigen Beschwerde (z. B. einer Erkältung) wegen, während andere Verletzungen sichtbar sind.
  - Sie zeigen eine übertriebene oder überhaupt keine Reaktion auf die Verletzung.
  - Zur Befragung stehen sie nicht zur Verfügung.
  - Sie zeigen keine Empathie für das Kind.
  - Sie äußern Wut oder kritisieren, dass das Kind verletzt ist.
  - Sie wollen das Kind mit nach Hause nehmen, wenn sie gedrängt werden, zu antworten.
- Verhalten des Kindes:
  - Es erwartet keinen Trost.
  - Es passt sich der Hospitalisierung unangemessen an.
  - Es verteidigt die Eltern.
  - Es beschuldigt sich selbst, die Eltern in Wut gebracht zu haben.

F: Das Erkennen eines Kindesmissbrauchs hängt davon ab, ob man die körperlichen Zeichen, das spezielle Verhalten der Eltern und des Kindes, Unstimmigkeiten der Verletzungsanamnese und beeinflussende Faktoren (z. B. aus der Familie oder dem Umfeld) erkennt (Boyd, 2002; Kauffman et al., 1986).

Dokumentieren und Melden von Fällen des Verdachts auf Kindesmissbrauch

Sie sollten über die Gesetze gegen Kindesmissbrauch sowie über die Meldeverfahren Bescheid wissen.

Dokumentieren Sie objektiv (Cowen, 1999):

- Gesundheitsanamnese einschließlich unfall- oder umgebungsbedingter Verletzungen
- eingehende Beschreibung der körperlichen Untersuchung (Ernährungszustand, Hygiene, Wachstum und Entwicklung, kognitiver und funktionaler Status)
- Assessment der häuslichen Umgebung (falls in einer Gemeinschaft lebend)
- Beschreibung von Verletzungen
- Gespräche mit den Eltern und dem Kind in Zitaten

- Beschreibungen statt Interpretationen des Verhaltens (z. B.: «Der Vater schrie das Kind an: ‹Wärest du nicht so schlecht, wäre das nicht passiert!›» statt «wütender Vater»)
- Beschreibung der Interaktionen zwischen Eltern und Kind (z. B.: «Zuckt bei Berührung durch die Mutter zurück»).

F: Die Pflegeperson sollte die für die Anzeige eines Kindesmissbrauchs spezifische Gesetzgebung nachschlagen, um Einzelheiten der gesetzlichen Definition, der Strafen für den Fall, dass der Missbrauch nicht zur Anzeige gebracht wird, des Erstattens der Anzeige und der gesetzlichen Immunität für das Erstatten der Anzeige zu erfahren (Kauffman et al., 1986).

F: Weitere Schäden zu verhindern hat oberste Priorität in der Versorgung des missbrauchten Kindes (Wong, 2003).

Fördern einer therapeutischen Umgebung

Dem Kind Akzeptanz zeigen und Zuneigung vermitteln

Widmen Sie dem Kind Aufmerksamkeit, ohne unangemessenes Verhalten zu bestärken.

Setzen Sie Spieltherapie ein, damit sich das Kind selbst äußern kann.

Sorgen Sie für gleichbleibende Betreuungspersonen und vernünftige Verhaltensgrenzen, vermeiden Sie Mitleid.

Vermeiden Sie es, zu viele Fragen zu stellen und das Verhalten der Eltern zu kritisieren.

Stellen Sie sicher, dass das Kind genügend spielen kann und dem Ausbildungsbedarf entsprochen wird.

Erklären Sie eingehend und in altersgerechter Sprache alle Routinen und Prozeduren.

Unterstützen des Kindes beim Trauern, wenn es in ein Pflegeheim muss

Erkennen Sie an, dass das Kind seine Eltern trotz der Schwere des Missbrauchs nicht verlassen möchte.

Geben Sie dem Kind Gelegenheit, seine Gefühle zu äußern.

Erklären Sie, warum das Kind nicht nach Hause zurückkehren darf. Zerstreuen Sie die Überzeugung, es handele sich um eine Bestrafung.

Bitten Sie die Pflegeeltern, das Kind in der Klinik zu besuchen.

Sorgen für Interventionen, die das Selbstwertgefühl und Vertrauen der Eltern fördern

Sagen Sie ihnen, dass es gut war, das Kind in die Klinik zu bringen.

Heißen Sie die Eltern auf Station willkommen und informieren Sie sie über die Aktivitäten.

Fördern Sie ihr Vertrauen, indem Sie eine warmherzige, hilfreiche Haltung einnehmen und jede kompetente Elternaktivität würdigen.

Geben Sie den Eltern Gelegenheit, sich an der Versorgung des Kindes zu beteiligen (z. B. beim Füttern und Baden).

F: Starke negative Gefühle können das Urteilsvermögen und die Effektivität der Pflegeperson beeinträchtigen (Carlson/Smith-DiJulio, 2006).

Sorgen für Trost und Besänftigen der Furcht des Kindes (Carlson/Smith-DiJulio, 2006)

Zeigen sie weder Wut noch Schrecken oder Schock.
Machen Sie dem Täter keine Vorwürfe.
Versichern Sie dem Kind, dass es nicht «böse» war, und dass es auch nicht Schuld ist.
Zwingen Sie das Kind nicht, sich zu entkleiden.

F: Da Kinder auf sich selbst zentriert sind, nehmen sie an, sie seien für die Misshandlung verantwortlich.

Beginnen mit Gesundheitsedukation und Überweisen, soweit angezeigt

Sorgen für angeleitete Antizipation bei gefährdeten Familien

Unterstützen Sie die Personen beim Erkennen von Stress und bei der Anwendung von Techniken im Umgang damit (z. B. Einplanen von Zeit für sich allein, ohne das Kind).
Erörtern Sie, dass realistische Erwartungen an die Fähigkeiten des Kindes gestellt werden müssen.
Lehren Sie die Entwicklung des Kindes und konstruktive Methoden für den Umgang mit Entwicklungsproblemen (Einnässen, Reinlichkeitserziehung/Ausscheidungstraining, Wutanfälle); siehe Literaturverzeichnis.
Erörtern Sie Methoden der nichtkörperlichen Disziplinierung (z. B. Vorenthalten des Lieblingsnachtischs, einen Tag lang nicht Fahrrad fahren dürfen, keine Musik hören dürfen).
Betonen Sie, dass positives Verhalten belohnt werden sollte.

Melden Missbrauch betreibender Eltern bei kommunalen Einrichtungen und Überweisen an Fachpersonen zur Beratung

Verbreiten Sie Informationen über Kindesmissbrauch in der Gemeinde (z. B. in schulischen Organisationen für Eltern, im Radio und Fernsehen, in der Zeitung).
Erörtern Sie mit Eltern und zukünftigen Eltern die Probleme der Elternschaft.
Unterweisen Sie diejenigen, die Gefahr laufen, in Zukunft Missbrauch zu betreiben.
Erörtern Sie konstruktives Stressmanagement.
Lehren Sie die Zeichen und Symptome des Missbrauchs und wie er ans Licht der Öffentlichkeit gebracht wird.
Konzentrieren Sie sich auf Missbrauch als Problem infolge von Schwierigkeiten beim Aufziehen von Kindern und infolge elterlichen Fehlverhaltens.
Vermitteln Sie Ihr Verständnis für Belastungen, ohne indessen Missbrauch zu billigen.
Konzentrieren Sie sich auf die Bedürfnisse der Eltern, vermeiden Sie autoritäres Vorgehen.
Ergreifen Sie Gelegenheit, um konstruktive Methoden der Arbeit mit Kindern zu demonstrieren (dem Kind Entscheidungsmöglichkeiten geben, dem Kind sorgfältig zuhören).
Erwägen Sie die Entwicklung von Elternkursen (präventiv, korrektiv), um deren Fähigkeiten als Nährende und Lehrende zu stärken. Beispiele für Wochenthemen:

- Was ist Elternschaft?
- Disziplin und Ausscheidungstraining
- Disziplin und häufige Probleme

- Sicherheit und Gesundheit
- Entwicklung und Spiel bei Kindern
- Spielen und Ernährung
- Erwartungen und Wirklichkeit (Seditus/Mock, 1988)
- Bedürfnisse der Eltern.

F: Primärprävention (öffentliches Bewusstsein, Schulung auf kommunaler Ebene, Elternkurse, Ernährungsprogramme) richtet sich an die Allgemeinbevölkerung. Sekundärprävention richtet sich an Hochrisikogruppen. Sowohl zuhause als auch in Zentren durchgeführte Programme haben gute Ergebnisse gezeigt (z. B. Hausbesuchsprogramme, Überweisungen bei Substanzmissbrauch bzw. wegen Problemen mit der geistigen Gesundheit, Krisenintervention) (Cowan, 1999).

Gefahr eines verhinderten familiären Copings, ...

... b/d multiple Stressoren in Verbindung mit der Versorgung alter Menschen

Ziele

Die Betreuungsperson erkennt die Notwendigkeit der Unterstützung bei missbräuchlichem Verhalten an.

NOC

- Coping-Verhalten der Familie
- Normalisierungsprozesse in der Familie
- Funktionsfähigkeit der Familie
- Schutz vor Missbrauch
- Ende einer Missbrauchssituation

Indikatoren

- Erörtern der Stressoren bei der Versorgung/Pflege alter Menschen.
- Benennen von Strategien zur Reduktion von Stressoren.
- Auffinden verfügbarer kommunaler Ressourcen.

Der alte Mensch ist keinem Missbrauchsverhalten mehr ausgesetzt.

- Beschreiben von Methoden zur Verstärkung der Teilhabe am gesellschaftlichen Leben über die Betreuungsperson hinaus.
- Herausfinden kommunaler Ressourcen zur Unterstützung.

Interventionen

NIC

- Unterstützung pflegender Angehöriger/Laien
- Emotionale Unterstützung
- Beratung
- Entscheidungsfindungsunterstützung
- Aggressionskontrolle
- Missbrauchsprävention: Betagte Menschen
- Konfliktmediation
- Pflegeüberleitung

Erkennen von Personen (Betreuungsperson, alter Mensch), die einem hohen Missbrauchs- oder Vernachlässigungsrisiko ausgesetzt sind

Betreuungsperson
Soziale Isolation.
Abhängigkeit von dem alten Menschen (finanziell, emotional); gemeinsames Zuhause.
Gesundheitliche Probleme (körperlich, geistig).
Anamnestisch bekannte schlechte Beziehung zum alten Menschen.
Finanzielle Probleme.
Generationenübergreifende Gewalt.
Beziehungsprobleme.

Alter Mensch
Abhängigkeit von anderen bei Aktivitäten des täglichen Lebens.
Isolation.
Finanzielle Unsicherheit.
Beeinträchtigtes kognitives Funktionieren.
Depressive Persönlichkeit.
Anamnestisch bekannter Missbrauch der Betreuungsperson (als Betroffene/r).
Inkontinenz.

F: Ein Täter, der von sich aus Gewalt ausübt oder Vernachlässigung betreibt, hält seine eigenen Bedürfnisse für wichtiger als die aller anderen Menschen. Ein hinsichtlich der Aktivitäten des täglichen Lebens abhängiger Mensch ist höchst verletzlich (Carlson/Smith-DiJulio, 2006).

Unterstützen von Betreuungspersonen beim Reduzieren von Stressoren

Knüpfen Sie eine Beziehung zu Betreuungspersonen, die diese ermutigt, Schwierigkeiten mitzuteilen.

Fordern Sie sie auf, Erfahrungen mit anderen Menschen in der gleichen Situation auszutauschen.

Evaluieren Sie die Fähigkeit der Betreuungsperson, langfristig häusliche Pflege zu leisten.

Suchen Sie nach Hilfsquellen (z. B. Haushaltshilfe, Essen auf Rädern, Tagespflege, Kurzzeitpflege, Transporthilfe).

Ermutigen Sie die Betreuungsperson, mit anderen Familienmitgliedern darüber zu sprechen, wie sich Verantwortlichkeiten aufteilen lassen.

Erörtern Sie Alternativen der Pflege/Versorgung (z. B. Pflegeheim, Altenwohnheim).

Erörtern Sie, wie sich die Betreuungsperson Zeit für persönliche Bedürfnisse schaffen kann.

Erörtern Sie zur Unterstützung verfügbare kommunale Ressourcen (z. B. Krisen-Hotline, Sozialdienst, ehrenamtlich tätige Betreuungspersonen für den Notfall).

Siehe auch *Rollenüberlastung pflegender Angehöriger/Laien.*

F: Steinmetz (1988) zufolge ist die Art, in der eine Betruungsperson Stress und Belastung wahrnimmt, ein starker Prädiktor für den Missbrauch alter Menschen.

F: Interventionen konzentrieren sich darauf, Betreuungspersonen beim Stressabbau und bei der Wahl konstruktiver Coping-Reaktionen zu unterstützen (Miller, 2004).

Unterstützen alter Menschen beim Reduzieren der Missbrauchsgefahr

Ermutigen Sie zum Kontakt mit alten Freunden und Nachbarn, wenn der alte Mensch bei Verwandten lebt.

Planen Sie wöchentlich einen persönlichen Kontakt mit einem Freund/Nachbarn ein.

Ermutigen Sie den Klienten, möglichst viel an Gemeinschaftsaktivitäten teilzunehmen.

Helfen Sie dem Klienten, sich um seine persönlichen Bedürfnisse zu kümmern.

Fordern Sie den Klienten auf, sich sein eigenes Telefon legen zu lassen.

Unterstützen Sie den Klienten, sich für eine mögliche zukünftige Behinderung juristischen Rat zu holen.

Stellen Sie sicher, dass der Klient persönliche Pflege/Versorgung nicht im Austausch gegen die Übertragung von Besitz oder Eigentum erhält, ohne sich juristisch beraten zu lassen.

Stellen Sie sicher, dass der Klient nicht mit jemandem zusammen lebt, von dem Gewalt oder Substanzmissbrauch bekannt sind.

F: Zu den Strategien bei hochgradig gefährdeten alten Menschen gehören Zugang und Assessment, Intervention, Nachsorge und Prävention.

Erkennen von Verdachtsfällen eines Missbrauchs alter Menschen (Fulmer/Paveza, 1998)

Es gibt folgende Zeichen:

- Nichteinhalten von Therapieplänen, was lebensbedrohend sein kann (z. B. Insulingabe; Ulzera)
- erkennbare Mangelernährung, Dehydratation, Ausscheidungsstörungen
- Hämatome, Schwellungen, Lazerationen, Verbrennungen, Bisse

- Dekubiti
- Betreuungspersonen, die dem alten Menschen nicht erlauben, mit der Pflegeperson allein zu sein.

Wenden Sie sich an die häusliche Pflegeperson, um einen Hausbesuch zu planen, bei dem ein Assessment auf Zeichen des Missbrauchs oder der Vernachlässigung durchgeführt wird (Smith-DiJulio/Holzapfel, 1998):

- Wohnräume in schlechtem Zustand
- inadäquate Heizung, Beleuchtung, inadäquates Mobiliar oder inadäquate Ausstattung der Küche
- unangenehme Gerüche
- unzugängliche Nahrungsmittel
- alte Nahrungsmittel
- umherliegender Müll.
- Der alte Mensch liegt auf verschmutztem Material (z. B. Urin, Nahrung).
- Medikamente wurden/werden nicht eingenommen.

F: Missbrauchte alte Menschen melden den Missbrauch aus Furcht vor Repressalien oder Verlassenwerden gewöhnlich nicht. Ein Missbrauch an alten Menschen muss vielmehr entdeckt werden.

Melden von Verdachtsfällen

Wenden Sie sich für ein Meldeverfahren bei Verdacht auf Missbrauch an Ihre Vorgesetzten.
Führen Sie eine objektive Akte mit folgenden Punkten:

- Beschreibung von Verletzungen
- Beschreibung von Verhaltensweisen
- Gespräche mit dem alten Menschen und mit Betreuungspersonen
- Ernährungszustand und Hydratation.

Leiten Sie keine Maßnahmen ein, die den alten Menschen noch mehr gefährden könnten oder dem Täter entgegenwirken.
Respektieren Sie das Recht des alten Menschen auf seine Geheimnisse und auf Selbstbestimmtheit.

Beginnen mit Gesundheitsedukation und Überweisen, soweit angezeigt

Überweisen Sie hochgradig gefährdete Betreuungspersonen zur Beratung.
Überweisen Sie den alten Menschen zur Beratung, um Entscheidungsalternativen auszuloten.
Suchen Sie nach Dienstleistern zur Unterstützung (z. B. Kurzzeitpflege, häusliche Pflegekraft, Haushaltshilfen).
Verbreiten Sie Informationen über Prävention in der Gemeinde/Gemeinschaft:

- Veröffentlichen Sie unterstützende Dienstleister.
- Versuchen Sie, betreuende Familien zu unterstützen (z. B. durch begleitende Beratung, Kurzzeitpflege, Tagespflegezentren).

- Versuchen Sie, einmal pro Woche Kontakt zu dem abhängigen alten Menschen aufzunehmen.
- Entwickeln Sie Verfahren zur Untersuchung und Öffentlichkeitsarbeit.

F: Schulungsprogramme dienen der Fürsprache für alte Menschen und sollen das öffentliche Bewusstsein in der Gemeinde schärfen.

Bereitschaft für ein verbessertes familiäres Coping

Definition

Bereitschaft für ein verbessertes familiäres Coping: effektiver Umgang eines von der Gesundheitsstörung des Klienten mitbetroffenen Familienmitglieds mit Aufgaben der Adaptation, wobei letzteres nun den Wunsch hat und bereit ist, seine Gesundheit zu verbessern und selbst sowie in Bezug auf den Klienten zu wachsen.

Bereitschaft für ein verbessertes familiäres Coping (engl. Readiness for enhanced family coping): Effektive Handhabung von Anpassungsaufgaben eines Familienmitglieds, das in die gesundheitlichen Herausforderungen des Klienten involviert ist und nun den Wunsch äußert und die Bereitschaft zeigt für eine bessere Gesundheit und Entwicklung für sich selbst und bezüglich des Klienten (NANDA-I, 2010).

Bestimmende Merkmale oder Kennzeichen

Ein Familienmitglied, das die wachsenden Auswirkungen der Krise auf die eigenen Werte, Prioritäten, Ziele und Beziehungen zu beschreiben sucht.

Ein Familienmitglied, das sich in Richtung einer Gesundheitsförderung und einer Bereicherung der Lebensweise bewegt, Reifungsprozesse und Überprüfungen unterstützt und überwacht und Behandlungsprogramme aushandelt sowie im Allgemeinen Erfahrungen wählt, durch die das Wohlbefinden optimiert wird.

Eine Person, die Interesse äußert, mit einer Einzelperson oder über eine Selbsthilfegruppe mit jemandem in Kontakt zu kommen, der eine ähnliche Situation erlebt hat.

(Die Grundbedürfnisse sind ausreichend erfüllt, so dass Ziele im Bereich der Selbstverwirklichung zu Tage treten können.)

(Die Anpassungsarbeit ist erfolgreich geleistet worden, so dass Ziele im Bereich der Selbstverwirklichung zu Tage treten können.)

(Entwicklungsstadium, situative Krise/Unterstützung).

Einflussfaktoren

Siehe *gesundheitsförderliches Verhalten* und *unterbrochene Familienprozesse.*

Anmerkung der Autorin

Diese Pflegediagnose beschreibt Komponenten, die sich in *unterbrochene Familienprozesse* und *gesundheitsförderliches Verhalten* finden. Solange die Kategorie nicht durch klinische Forschung von den im Vorangehenden erwähnten Kategorien abgegrenzt wurde, sollten Sie je nach den vorliegenden Daten *unterbrochene Familienprozesse* oder *gesundheitsförderliches Verhalten* verwenden.

Kontamination: familiäre

Definition

Kontamination: familiäre: Exposition gegenüber Umweltkontaminanten in Mengen, die hinreichen, um sich nachteilig auf die Gesundheit auszuwirken.

Kontamination (engl. Contamination): Umweltschadstoffen in einem Maße ausgesetzt zu sein, das ausreicht, um nachteilige Gesundheitsfolgen zu verursachen (NANDA-I, 2010).

Bestimmende Merkmale oder Kennzeichen

Die definierenden Kennzeichen hängen von der auslösenden Substanz ab. Substanzen bewirken eine Vielzahl individueller Organreaktionen und systemische Reaktionen.

subjektive/objektive

Pestizide

- Hauptkategorien der Pestizide: Insektizide, Herbizide, Fungizide, Antimikrobiotika, Rodentizide
- Hauptpestizide: Organophosphate, Carbamate, Organochloride, Pyrethrum, Arsen, Glycophosphate, Bipyridyle, Chlorophenoxy
- Auswirkungen der Pestizide auf die Haut
- Auswirkungen der Pestizide auf den Gastrointestinaltrakt
- Auswirkungen der Pestizide auf das neurologische System
- Auswirkungen der Pestizide auf die Lunge
- Auswirkungen der Pestizide auf die Nieren.

Chemikalien

- Die wichtigsten chemischen Substanzen: auf Petroleum basierende Substanzen, Anticholinesterase[n,] Typ-I-Wirkstoffe wirken auf proximale tracheobronchialen Bereich der Atemwege, Typ-II-Wirkstoffe wirken auf die Alveolen ein, Typ-III-Wirkstoffe haben systemische Auswirkungen

- Auswirkungen der Chemikalien auf die Haut
- Auswirkungen der Chemikalien auf den Gastrointestinaltrakt
- Auswirkungen der Chemikalien auf das Immunsystem
- Auswirkungen der Chemikalien auf das neurologische System
- Auswirkungen der Chemikalien auf die Lunge
- Auswirkungen der Chemikalien auf die Nieren.

biologische Stoffe

- Auswirkungen biologischer Schadstoffe auf die Haut
- Auswirkungen biologischer Schadstoffe auf den Gastrointestinaltrakt
- Auswirkungen biologischer Schadstoffe auf das neurologische System
- Auswirkungen biologischer Schadstoffe auf die Lunge
- Auswirkungen biologischer Schadstoffe auf die Nieren [Toxine von lebenden Organismen – Bakterien, Pilze oder Viren].

Umweltverschmutzung

- Auswirkungen der Umweltverschmutzung auf das neurologische System
- Auswirkungen der Umweltverschmutzung auf die Lunge (Hauptbereiche: Luft, Wasser, Boden; Hauptsubstanzen: Asbest, Radon, Tabak, Schwermetall, Blei, Lärm, Abgase).

Abfälle

- Auswirkungen von Abfällen auf die Haut
- Auswirkungen von Abfällen auf den Gastrointestinaltrakt
- Auswirkungen von Abfällen auf die Leber
- Auswirkungen von Abfällen auf die Lunge (Müllkategorien: Abfall, ungeklärtes Abwasser, Industriemüll).

radioaktive Strahlung

- äußere Belastung durch direkten Kontakt mit radioaktivem Material
- Auswirkungen radioaktiver Strahlung auf das Immunsystem
- genetische Auswirkungen radioaktiver Strahlung
- Auswirkungen radioaktiver Strahlung auf das neurologische System
- onkologische Auswirkungen radioaktiver Strahlung.

Weitere siehe «Bestimmende Merkmale oder Kennzeichen» unter *Kontamination: individuelle* und *Kontamination: gemeindebezogene.*

Einflussfaktoren

externe

- chemische Verunreinigung der Nahrung
- chemische Verunreinigung des Wassers
- Vorliegen atmosphärischer Schadstoffe

- unzureichende kommunale Dienste (Müllentsorgung, Abwasserkläranlagen)
- geographische Lage (Leben in einem Gebiet mit einem hohen Maß an Schadstoffen)
- Spielen im Freien, wo Umweltgifte/Schadstoffe eingesetzt werden
- individuelle Hygienemaßnahmen
- Hygienemaßnahmen im Haushalt
- Leben in Armut (erhöht das Potenzial, verschiedenen Schadstoffen ausgesetzt zu sein, fehlender Zugang zur Gesundheitsversorgung und schlechte Ernährung)
- Nutzung von Umweltgiften/Schadstoffen im Haus (z. B. Pestizide, Chemikalien, Tabakrauch in der Umgebung)
- verlangsamter Schadstoffabbau in Häusern (der Abbau von Schadstoffen ist ohne Sonnenstrahlung und Regen verlangsamt)
- Bodenbeläge (Teppiche beinhalten mehr Schadstoffrückstände als glatte Bodenoberflächen)
- Entfernen von Farbe im Beisein von Kleinkindern
- Entfernen von Putz im Beisein von Kleinkindern
- Lackieren ohne Schutzmaßnahmen
- Streichen ohne Schutzmaßnahmen
- fehlende Schutzkleidung
- unsachgemäßer Gebrauch von Schutzkleidung
- Lack in schlecht belüfteten Räumen
- ungeschützter Kontakt mit Schwermetallen (z. B. Chrom, Blei)
- ungeschützter Kontakt mit Chemikalien (z. B. Arsen)
- Strahlung ausgesetzt sein (Berufstätigkeit innerhalb der Radiologie, Anstellung in der Atomindustrie und Elektrizitätswerken, Leben in der Nähe von Atomanlagen und Elektrizitätswerken)
- einer Katastrophe ausgesetzt sein (natürliche oder menschenbedingte)
- dem Bioterrorismus ausgesetzt sein
- Belastung durch die Einnahme radioaktiven Materials (z. B. belastete Nahrung/Wasser)
- Streichen in schlecht belüfteten Räumen.

interne

- Alter (Kinder, die jünger als 5 Jahre alt sind, ältere Erwachsene)
- Gestationsalter während der Belastung
- entwicklungsbedingte Eigenschaften der Kinder
- weibliches Geschlecht
- Schwangerschaft
- Ernährungsfaktoren (z. B. Adipositas, Vitamin- oder Mineralmangel)
- bereits vorliegende Krankheiten
- Rauchen
- zusätzliche Belastungen
- vorherige Strahlenbelastung.

Weitere siehe «Einflussfaktoren» unter *Kontamination: individuelle* und *Kontamination: gemeindebezogene*.

Zentrale Konzepte

Siehe «Zentrale Konzepte» unter *Kontamination: individuelle* und *Kontamination: gemeindebezogene.*

Einschätzungskriterien des Fokusassessments

Einschätzen bestimmender Merkmale oder Kennzeichen

Siehe «Einschätzen bestimmender Merkmale oder Kennzeichen» unter *Kontamination: individuelle* und *Kontamination: gemeindebezogene.*

Ziele

Gesundheitsschädliche Wirkungen auf die Familie werden auf ein Mindestmaß reduziert.

NOC

Siehe Kontamination: individuelle und Kontamination: gemeindebezogene für mögliche NOC-Ergebnisse.

Interventionen

Siehe *Kontamination: individuelle* und *Kontamination: gemeindebezogene* für mögliche Interventionen.

NIC

Siehe Kontamination: individuelle und Kontamination: gemeindebezogene für mögliche NIC-Interventionen. Siehe auch geeignete NIC-Interventionen auf der Grundlage der bestimmenden Merkmale oder Kennzeichen der Familie.

Kontaminationsgefahr: familiäre

Definition

Kontaminationsgefahr: familiäre: ausgeprägtes Risiko einer Exposition gegenüber Umweltkontaminanten in Mengen, die hinreichen, um gesundheitsschädigend zu wirken.

Kontaminationsgefahr (engl. Risk for contamination): Besonderes Risiko, Umweltschadstoffen in einem Maße ausgesetzt zu sein, das ausreicht, um nachteilige Gesundheitsfolgen zu verursachen (NANDA-I, 2010).

Risikofaktoren

externe

- chemische Verunreinigung der Nahrung
- chemische Verunreinigung des Wassers
- Vorliegen atmosphärischer Schadstoffe
- unzureichende kommunale Dienste (Müllentsorgung, Abwasserkläranlagen)
- geographische Lage (Leben in einem Gebiet mit einem hohen Maß an Schadstoffen)
- Spielen im Freien, wo Umweltgifte/Schadstoffe eingesetzt werden
- individuelle Hygienemaßnahmen
- Hygienemaßnahmen im Haushalt
- Leben in Armut (erhöht das Potenzial, verschiedenen Schadstoffen ausgesetzt zu sein, fehlender Zugang zur Gesundheitsversorgung und schlechte Ernährung)
- Nutzung von Umweltgiften/Schadstoffen im Haus (z. B. Pestizide, Chemikalien, Tabakrauch in der Umgebung)
- verlangsamter Schadstoffabbau in Häusern (der Abbau von Schadstoffen ist ohne Sonnenstrahlung und Regen verlangsamt)
- Bodenbeläge (Teppiche beinhalten mehr Schadstoffrückstände als glatte Bodenoberflächen)
- Entfernen von Farbe im Beisein von Kleinkindern
- Entfernen von Putz im Beisein von Kleinkindern
- Lackieren ohne Schutzmaßnahmen
- Streichen ohne Schutzmaßnahmen
- fehlende Schutzkleidung
- unsachgemäßer Gebrauch von Schutzkleidung
- Lack in schlecht belüfteten Räumen
- ungeschützter Kontakt mit Schwermetallen (z. B. Chrom, Blei)
- ungeschützter Kontakt mit Chemikalien (z. B. Arsen)
- Strahlung ausgesetzt sein (Berufstätigkeit innerhalb der Radiologie, Anstellung in der Atomindustrie und Elektrizitätswerken, Leben in der Nähe von Atomanlagen und Elektrizitätswerken)
- einer Katastrophe ausgesetzt sein (natürliche oder menschenbedingte)
- dem Bioterrorismus ausgesetzt sein
- Belastung durch die Einnahme radioaktiven Materials (z. B. belastete Nahrung/Wasser)
- Streichen in schlecht belüfteten Räumen.

interne

- Alter (Kinder, die jünger als 5 Jahre alt sind, ältere Erwachsene)
- Gestationsalter während der Belastung
- entwicklungsbedingte Eigenschaften der Kinder
- weibliches Geschlecht
- Schwangerschaft
- Ernährungsfaktoren (z. B. Adipositas, Vitamin- oder Mineralmangel)
- bereits vorliegende Krankheiten
- Rauchen

- zusätzliche Belastungen
- vorherige Strahlenbelastung.

Siehe «Einflussfaktoren» unter *Kontamination: individuelle.*

Zentrale Konzepte

Siehe «Zentrale Konzepte» unter *Kontamination: individuelle.*

Einschätzungskriterien des Fokusassessments

Einschätzen von Risikofaktoren

Siehe «Einflussfaktoren» unter *Kontamination: individuelle.*

Ziele

Die Familie bleibt frei von den schädlichen Wirkungen einer Kontamination.

NOC

Siehe Kontaminationsgefahr: individuelle für mögliche NOC-Ergebnisse.

Interventionen

Siehe *Kontaminationsgefahr: individuelle* für mögliche Interventionen.

NIC

Siehe Kontaminationsgefahr: individuelle für mögliche NIC-Interventionen.

Unterbrochene Familienprozesse

Definition

Unterbrochene Familienprozesse: der Zustand, in dem eine gewöhnlich unterstützende Familie einem Stressor unterliegt, der ihr zuvor effektives Funktionieren beeinträchtigt, oder entsprechend gefährdet ist.

Unterbrochene Familienprozesse (engl. Interrupted family processes): Veränderung in den Beziehungen und/oder im Funktionieren der Familie (NANDA-I, 2010).

Bestimmende Merkmale oder Kennzeichen

Hauptkennzeichen (obligat)

Das Familiensystem ist außerstande oder nicht bereit,...
... sich einer Krise konstruktiv anzupassen.
... offen und effektiv zwischen Familienmitgliedern zu kommunizieren.

Nebenkennzeichen (fakultativ)

Das Familiensystem ist außerstande oder nicht bereit,...
... physische Bedürfnisse aller Familienmitglieder zu befriedigen.
... seelische Bedürfnisse aller Familienmitglieder zu befriedigen.
... spirituelle Bedürfnisse aller Familienmitglieder zu befriedigen.
... ein breiteres Spektrum an Gefühlen zu äußern oder zu akzeptieren.
... in geeigneter Weise Hilfe zu suchen oder zu akzeptieren.

- Veränderungen der Machtallianzen
- Veränderungen der Zufriedenheit mit der Familie
- Veränderungen der Konfliktäußerungen innerhalb der Familie
- Veränderung in der Effektivität beim Erfüllen/Beenden von zugewiesenen Aufgaben
- Veränderungen des stressreduzierenden Verhaltens
- Veränderungen der Äußerungen über Konflikte mit öffentlichen Ressourcen
- Veränderungen der Äußerungen über Isolation von öffentlichen Ressourcen
- Veränderungen der somatischen Beschwerden
- [Die Familienmitglieder sind im Unklaren darüber, wie sie sich verhalten sollen, bekunden Schwierigkeiten, mit der Situation zurechtzukommen].
- Veränderungen in den zugewiesenen Aufgaben
- Veränderungen der Mitwirkung an Problemlösungen [oder]
- Veränderungen der Mitwirkung an Entscheidungsfindungen
- Veränderungen der Kommunikationsmuster
- Veränderungen der wechselseitigen Unterstützung
- Veränderungen in der Verfügbarkeit für eine affektive Reaktion
- Veränderung in der Verfügbarkeit von emotionaler Unterstützung
- Veränderungen der Muster
- Veränderungen der Rituale
- Veränderungen in der Intimität.

Einflussfaktoren

Jeder Faktor kann zu *unterbrochenen Familienprozessen* beitragen. Häufige Faktoren werden im Folgenden genannt.

Behandlungsbedingte Faktoren

B/d:

Unterbrechung von Familienroutinen aufgrund zeitraubender Behandlungen (z. B. Heimdialyse).
körperliche Veränderungen aufgrund der Erkrankung eines Familienmitglieds.
emotionale Veränderungen bei allen Familienangehörigen aufgrund von Behandlungen eines erkrankten Familienmitglieds.
Hospitalisierung eines erkrankten Familienmitglieds.

Situationsbedingte Faktoren (persönlich bedingt, umgebungsbedingt)

B/d den Verlust eines Familienmitglieds, s/b/d:

Tod.
Verlassen, Fortgang.
Scheidung.
Inhaftierung.
Trennung.
Einschulung an einem anderen Ort.
Hospitalisierung.

B/d Hinzukommen eines neuen Familienmitglieds, s/b/d:

Geburt.
einen älteren Verwandten.
Heirat.
Adoption.

B/d entwicklungsbedingter Übergang [z. B. ökonomisch, Rollenwechsel, Krankheit, Unfall, behindernde/teure Therapien]
B/d entwicklungsbedingte Krisen [z. B. ökonomisch, Rollenwechsel, Krankheit, Unfall, behindernde/teure Therapien]
B/d situationsbedingter Übergang [z. B. Verlust oder Hinzukommen eines Familienmitglieds, Adoleszenz, Wegzug der Kinder von zu Hause]
B/d situationsbedingte Krisen [z. B. Verlust oder Hinzukommen eines Familienmitglieds, Adoleszenz, Wegzug der Kinder von zu Hause]
B/d Veränderung des Gesundheitszustands eines Familienmitglieds
B/d Verschiebung der Familienrollen
B/d Machtverschiebung bei den Familienmitgliedern
B/d Veränderung der finanziellen Situation der Familie
B/d Veränderung des familiären sozialen Status
B/d Interaktion mit der Gemeinschaft.
B/d Verluste, s/b/d:

Armut.
die Geburt eines behinderten Kindes.
eine Katastrophe.

eine Wirtschaftskrise.
Verlegung/Umzug.
eine Veränderung der Familienrollen (z. B. Eintritt in den Ruhestand).

B/d einen Konflikt (moralisch, kulturell, Zielkonflikt).
B/d einen Vertrauensbruch unter den Familienmitgliedern.
B/d sozial deviantes Verhalten eines Familienmitglieds (z. B. ein Verbrechen).

Anmerkung der Autorin

Mit *unterbrochene Familienprozesse* wird eine Familie beschrieben, die berichtet, dass sie gewöhnlich konstruktiv funktioniert, jedoch zurzeit durch eine stressbedingte Störung belastet wird. Die Familie gilt als ein System mit interdependenten Mitgliedern. Probleme im Leben einzelner Familienmitglieder betreffen demnach auch das Familiensystem. Bestimmte Situationen können das Funktionieren einer Familie negativ beeinflussen, wie z. B. Krankheit, der Zuzug eines älteren Angehörigen, ein Umzug, Trennung, und Scheidung. Eine solche Situation lässt sich durch *Gefahr unterbrochener Familienprozesse* wiedergeben.

Unterbrochene Familienprozesse unterscheidet sich von *Gefahr einer Rollenüberlastung pflegender Angehöriger/Laien*. Bestimmte Situationen erfordern, dass eines oder mehrere Familienmitglieder die Rolle einer Betreuungsperson für einen Angehörigen übernehmen. Die Rollenverantwortlichkeiten einer Betreuungsperson können damit beginnen, sicherzustellen, dass ein alter Elternteil drei ausgewogene Mahlzeiten täglich hat, und bis zur Übernahme sämtlicher Hygiene- und Selbstpflegeaktivitäten für einen Erwachsenen oder ein Kind reichen.

Rollenüberlastung pflegender Angehöriger/Laien beschreibt die geistige und körperliche Last, welche die Rolle als Betreuungsperson der/dem Einzelnen auferlegt und die all ihre außerdem noch bestehenden Beziehungen und Rollenverantwortlichkeiten beeinflusst. Sie konzentriert sich speziell auf die Person oder Personen mit mehreren direkten Verantwortlichkeiten als Betreuungsperson.

Irrtümer in diagnostischen Aussagen

1. *Unterbrochene Familienprozesse,* **b/d** *mangelndes Erörtern der Situation durch die Familie*
   Die Tatsache, dass eine Familie eine Situation nicht diskutiert, ist kein Einflussfaktor, sondern eine mögliche Validierung des Problems. Wenn diese Situation in der Familie üblich ist, sollte die Pflegeperson auf *behinderndes familiäres Coping* hin untersuchen. Sollte die Tatsache, dass man einander nicht unterstützt, eine Reaktion auf einen Stressor darstellen, der das Familiensystem beeinträchtigt, kann sich folgende Diagnose eignen: *unterbrochene Familienprozesse,* **b/d** *(spezifiziere Stressor),* **a/d** *Angaben darüber, dass die Familie die Situation nicht erörtert.*

Ziele

Die Familie erhält das funktionelle System gegenseitiger Unterstützung untereinander aufrecht.

NOC

- Coping-Verhalten der Familie
- Soziales Klima in der Familie
- Normalisierungsprozesse in der Familie
- Elterliche Fürsorge

Indikatoren

- Häufiges Äußern von Gefühlen gegenüber einer Fachpflegeperson und untereinander.
- Benennen geeigneter verfügbarer Ressourcen.

Allgemeine Interventionen

NIC

- Förderung der Familienbeteiligung
- Copingverbesserung
- Familienintegritätsförderung: werdende Familie
- Familientherapie
- Beratung
- Pflegeüberleitung

Einschätzen ursächlicher und beeinflussender Faktoren

Krankheitsbedingte Faktoren

Plötzliche, unerwartete Natur der Erkrankung.
Belastende, chronische Störungen.
Potenziell zu Behinderung führende Natur der Erkrankung.
Symptome, die eine entstellende Verändrung des körperlichen Erscheinungsbildes bewirken.
Soziales Stigma in Verbindung mit der Erkrankung.
Finanzielle Belastung.

Durch das Verhalten des erkrankten Familienmitglieds bedingte Faktoren

Der Betroffene verweigert die Kooperation bei den nötigen Interventionen.
Die Betroffene zeigt sozial deviantes Verhalten in Verbindung mit der Krankheit: Suizidversuche, Gewalt, Substanzmissbrauch.
Der Betroffene zieht sich von der Familie zurück.
Die Betroffene agiert aus oder beleidigt Gesundheitsfachpersonen und Familienangehörige.

Durch die Familie insgesamt bedingte Faktoren

Ungelöste Schuldgefühle, Vorwürfe, Feindseligkeit, Eifersucht.
Unfähigkeit, Probleme zu lösen.
Ineffektives Kommunikationsverhalten unter den Familienangehörigen.
Veränderungen der Rollenerwartungen und daraus resultierende Spannung.

Faktoren mit Bezug auf die Krankheit in der Familie (siehe auch Rollenüberlastung pflegender Angehöriger/Laien)

Keine Familienmitglieder zur Unterstützung verfügbar.
Inadäquate finanzielle Mittel.
Fehlendes/mangelndes Wissen der Betreuungsperson.
Anamnestisch bekannt schlechte Beziehung zwischen Betreuungsperson und erkranktem Familienmitglied.
Überlastete Betreuungsperson.

Faktoren mit Bezug auf das Gesundheitsversorgungsumfeld

Fehlende/mangelnde Erfahrung der intervenierenden Fachpersonen in Krisenintervention, Beratung oder Basiskommunikation.
Zu wenige Fachpersonen, um Zeit mit der Familie zu verbringen.
Fehlende Pflegekontinuität.
Fehlende/mangelnde Vorrichtungen in der Institution, um Privatsphäre oder individualisierte Pflege sicherzustellen.

Faktoren mit Bezug auf die Gemeinschaft/Gemeinde

Fehlende/mangelnde Unterstützung aus spirituellen Quellen (Philosophie und/oder Religion).
Fehlende/mangelnde relevante Gesundheitsedukationsressourcen.
Fehlende unterstützende Freunde.
Fehlende/mangelnde adäquate kommunale Gesundheitsversorgungsressourcen (z. B. Langzeitnachsorge, Hospiz, Kurzzeitpflege).

F: Folgende Stressquellen einer Familie kommen oft vor (Carlson/Smith-DiJulio, 2006):

- externe Stressquellen (z. B. beruflich oder schulisch bedingt), unter denen ein Familienmitglied leidet
- externe Stressquellen (z. B. Finanzen, Umzug), welche die Familieneinheit beeinflussen
- entwicklungsbedingte Stressoren (z. B. Schwangerschaft, ein neues Baby, Aufziehen von Kindern, Jugend, Ankunft eines Großvaters/einer Großmutter, Heirat zwischen Single-Eltern, Verlust eines Ehegatten)
- situationsbedingte Stressoren (z. B. Krankheit, Hospitalisierung, Trennung).

Fördern des Zusammenhalts

Gehen Sie warmherzig, respektvoll und unterstützend auf die Familie zu.
Vermeiden Sie vagen und verwirrenden Rat sowie Klischees, wie etwa: «Nehmen Sie´s leicht, alles wird gut.»

Halten Sie Familienmitglieder über Veränderungen des Zustands der erkrankten Person auf dem Laufenden, falls angemessen.
Vermeiden Sie Diskussionen über die Ursachen des Problems und Schuldzuweisungen.
Erleichtern Sie die Kommunikation.
Ermutigen Sie zu Äußerungen von Schuldgefühl, Wut, Schuldzuweisungen, Feindseligkeit und anschließendem Erkennen eigener Gefühle bei den Familienmitgliedern.

F: Keine Familie ist zu 100 % funktional. Gesunde Familien kümmern sich jedoch um die gegenseitigen Bedürfnisse und ermutigen zum Äußern von Gefühlen (Carson/Varcarolis, 2006).

Unterstützen der Familie beim kritischen Würdigen der Situation

Worum geht es? Halten Sie die Familie zu einer realistischen Sichtweise an, indem Sie auf Fragen akkurate Informationen und Antworten liefern.
Welche Möglichkeiten gibt es? Unterstützen Sie die Familie beim Reorganisieren häuslicher Rollen und setzen Sie Prioritäten, um die Integrität der Familie zu wahren und Stress abzubauen.
Initiieren Sie Diskussionen über physische, emotionale, umgebungsbezogene und finanzielle Stressoren bei der häuslichen Pflege/Versorgung.

F: Problemlösen hilft der Familie, sich auf Aktionen statt auf Reaktionen zu konzentrieren.

Beginnen mit Gesundheitsedukation und Überweisen, soweit angezeigt

Nehmen Sie Familienmitglieder in Sitzungen der Gruppenedukation auf.
Verweisen Sie Familien an Unterstützungsmöglichkeiten für Laien und Selbsthilfegruppen.
Fördern Sie das Einbeziehen der Familie in soziale Unterstützung.
Unterstützen Sie Familienmitglieder beim Erkennen zuverlässiger Freunde (z. B. Geistliche, Bezugspersonen). Ermutigen Sie dazu, um emotionale oder technische Hilfe nachzusuchen, falls angemessen.
Versichern Sie sich der Hilfe weiterer Fachpersonen (z. B. SozialarbeiterIn, TherapeutInnen, PsychiaterInnen, in der Schulpflege tätige Fachperson).

Alkoholismusbedingt gestörte Familienprozesse

Definition

Alkoholismusbedingt gestörte Familienprozesse: der Zustand, in dem die psychosozialen, spirituellen, ökonomischen und psychologischen Funktionen der Familienmitglieder durch die Auswirkungen des Alkoholmissbrauchs chronisch desorganisiert sind.

Beeinträchtigte Familienprozesse (engl. Dysfunctional family processes): Chronisch desorganisierte psychosoziale, geistige und physiologische Funktionen im Familienverbund, die zum Konflikt, zur Verleugnung von Problemen, zu Widerstand gegenüber Veränderung, zu unwirksamer Problemlösung und einer Reihe von sich selbst aufrechterhaltenden Krisen führen (NANDA-I, 2010) (Die Diagnose «alkoholismusbedingt gestörte Familienprozesses» wurde aus der NANDA-Taxonomie (2010) entfernt und durch die Diagnose «beeinträchtigte Familienprozesse» ersetzt. Anm. d. Hrsg.)

Bestimmende Merkmale oder Kennzeichen (Lindeman et al., 1994)

Hauptkennzeichen (80–100 %)

Siehe Tabelle II-47.

Nebenkennzeichen (70–79 %)

Siehe Tabelle II-48.

Einflussfaktoren

Da der Alkoholmissbrauch eines Familienmitglieds die Ursache dieser Diagnose ist, sind keine Einflussfaktoren nötig.

Anmerkung der Autorin

Alkoholismus ist eine Familienkrankheit. Diese Pflegediagnose beschreibt die Folgen der bedingt durch Alkoholmissbrauch eines Familienmitglieds unterbrochenen Familiendynamik. Die NANDA-Definition von *unterbrochene Familienprozesse* lautet: Veränderung in den familiären Beziehungen und/oder im Funktionieren der Familie. Die alkoholkranke Familie kann nicht auf eine Geschichte erfolgreicher Kommunikation zurückblicken. *Behinderndes familiäres Coping* würde eine solche Familie besser beschreiben. Die Diagnose ließe sich wie folgt formulieren: *unwirksames familiäres Coping: Alkoholismus*. Das weitere Assessment wird die körperlichen, seelischen, spirituellen, finanziellen und entwicklungsbezogenen Auswirkungen des Alkoholismus auf die Familieneinheit ergeben. Sollte sich anhand der klinischen Forschung bestätigen, dass Alkoholismus bei allen oder den meisten Familien all diese Dimensionen beeinträchtigt, kann sich die Diagnose *familienbezogenes Alkoholismussysndrom* als sehr nützlich erweisen.

Irrtümer in diagnostischen Aussagen

1. *Alkoholismusbedingt gestörte Familienprozesse,* **b/d** *die Auswirkungen von Alkohol auf die Familie*
   Das «**b/d**» dupliziert die diagnostische Aussage. Die Aufnahme von *Alkoholismus* in die diagnostische Aussage beseitigt die Notwendigkeit von Einflussfaktoren. Demnach sollte die Pflegeperson die Diagnose wie folgt formulieren: *alkoholismusbedingt gestörte Familienprozesse,* **a/d** *Verleugnen des Schweregrades des Problems, Schuldgefühle und unterdrückte Emotionen.*

Tabelle II-47: Hauptkennzeichen alkoholismusbedingt gestörter Familienprozesse (Quelle: Lindeman et al., 1994)

Verhaltensweisen	Gefühle	Rollen und Beziehungen
• unangemessenes Äußern von Wut	• herabgesetztes Selbstwertgefühl	• verschlechterte familiäre Beziehungen
• Abhängigkeit	• Unglücklichsein	• geschlossene Kommunikationssysteme
• beeinträchtigte Kommunikation	• Machtlosigkeit	• unwirksame Kommunikation der Ehepartner untereinander
• befähigende Verhaltensweisen	• emotionale Isolation	• uneinheitliches Verhalten als Eltern
• Unfähigkeit, emotionalen Bedürfnissen zu entsprechen	• unterdrückte Wut	• Verleugnung seitens der Familie
• inadäquates Verständnis und Wissen über Alkoholismus	• Scham	• funktionsgestörte Intimität
• Kontrollverlust beim Trinken	• Verantwortlichkeit für das Verhalten des/der Alkoholkranken	• gestörte Familiendynamik
• Alkoholmissbrauch	• Hoffnungslosigkeit	• Eheprobleme
• Schuldzuweisungen	• Verletztsein	• Unterbrechung von Familienrollen
• gebrochene Versprechen	• Frustration	
• Manipulation	• Gefühl der Wertlosigkeit	
• Verleugnen des Problems	• unterdrückte Emotionen	
• Ablehnen von Hilfe	• Misstrauen	
• Rationalisieren	• Verlegenheit	
• unwirksames Problemlösen	• Wut	
• Kritisieren	• Schuldgefühle	
	• Anspannung	
	• Verletzlichkeit	
	• Angst	
	• Einsamkeit	
	• Zurückweisung	

Tabelle II-48: Nebenkennzeichen alkoholismusbedingt gestörter Familienprozesse (Quelle: Lindeman et al., 1994)

Verhaltensweisen	Gefühle	Rollen und Beziehungen
• Unfähigkeit, ein breites Spektrum an Gefühlen auszudrücken oder zu akzeptieren	• anders als andere Menschen sein	• triangulierende Familienbeziehungen
• Unfähigkeit, sich in angemessener Form Hilfe zu holen und anzunehmen	• Gefühle werden missverstanden	• Unfähigkeit, die spirituellen Bedürfnisse der Familienmitglieder zu befriedigen
• Ausrichtung eher auf Spannungsabbau statt auf Zielerreichung	• Furcht	• verminderte Fähigkeit zu persönlichen Beziehungen untereinander, um aneinander zu wachsen und zu reifen
• unwirksame Entscheidungsfindung	• Launenhaftigkeit	• fehlende/mangelnde Fertigkeiten, die für Beziehungen nötig sind
• widersprüchliche, paradoxe Kommunikation	• Unzufriedenheit	• fehlender/mangelnder Zusammenhalt
• besondere Anlässe in der Familie kreisen um Alkohol	• fehlendes/mangelndes Identitätsgefühl	• unterbrochene oder gänzlich fehlende Familienrituale
• Unvermögen, mit Konflikten zurechtzukommen	• Verlustgefühle	• Unfähigkeit, den Sicherheitsbedürfnissen der Familienmitglieder nachzukommen
• harte Selbstbeurteilung	• Feindseligkeit	• fehlender Respekt vor der Individualität der Familienmitglieder
• eskalierender Konflikt	• Liebe und Mitleid miteinander vermischt	• verminderte sexuelle Kommunikation und Individualität der Familienmitglieder
• Isolation	• Verwirrtheit	• geringe Wahrnehmung elterlicher Unterstützung
• Lügen	• ungeliebt sein	• zurückweisendes Verhalten
• Unvermögen, klare Botschaften zu senden	• ungelöste Trauer	• vernachlässigte Verpflichtungen

Verhaltensweisen	Gefühle	Rollen und Beziehungen
• Schwierigkeiten, sich zu freuen	• Depression	
• Unreife	• verlassen sein	
• Konzentrationsstörungen	• emotionale Kontrolle durch andere Personen	
• Chaos	• Versagen	
• Unfähigkeit zur Anpassung an Veränderungen	• Selbstvorwürfe	
• Missbrauch weiterer Substanzen neben Alkohol		
• Schwierigkeiten mit Übergängen im Lebenszyklus		
• Machtkämpfe		
• verbaler Missbrauch des Ehepartners bzw. der Eltern		
• stressbedingte körperliche Leiden		
• Versagen bei aktuellen oder früheren Entwicklungsaufgaben		
• fehlende/mangelnde Zuverlässigkeit		
• Störungen der schulischen Leistungen der Kinder		

Ziele

Die Familie gesteht den Alkoholismus in der Familie ein.
Die Familie setzt sich kurz- und langfristige Ziele.

NOC

- Coping-Verhalten der Familie
- Funktionsfähigkeit der Familie
- Folgen von Sucht

Indikatoren

- Benennen der Auswirkungen des Alkoholismus auf die Familieneinheit und Einzelpersonen.
- Identifizieren destruktiver Reaktionsmuster.
- Beschreiben von Ressourcen, die zur Einzel- und Familientherapie zur Verfügung stehen.

Allgemeine Interventionen

NIC

- Copingverbesserung
- Pflegeüberleitung
- Familienprozesserhaltung
- Familienintegritätsförderung: werdende Familie
- Grenzsetzung
- Selbsthilfegruppennutzung

Schaffen einer vertrauensvollen Beziehung

Seien Sie beständig und zuverlässig. Halten Sie Versprechen ein.
Akzeptieren Sie und kritisieren Sie nicht.
Urteilen Sie nicht über das, was Ihnen enthüllt wird.
Konzentrieren Sie sich auf die Reaktionen der Familienmitglieder.

Familienmitgliedern ermöglichen, sich einzeln und in der Gruppe aufgestaute Gefühle mitzuteilen

Bewerten Sie Gefühle als normal.
Korrigieren Sie inakkurate Überzeugungen.

F: Alkoholismus stört die Kommunikation innerhalb einer Familie. Sich Gefühle mitzuteilen ist aufgrund vorangegangener Enttäuschungen unüblich. Ein vermindertes Sich-Mitteilen und Schweigen können Familien für lange Zeit gestört halten. Kommunikation konzentriert sich hauptsächlich auf Familienmitglieder, die das Trinkverhalten der/des anderen zu kontrollieren versuchen (Grisham/Estes, 1982).

Betonen, dass Familienangehörige nicht für das Trinken des/der Betroffenen verantwortlich sind (Starling/Martin, 1990; Carlson/Smith-DiJulio, 2006)

Erklären Sie, dass emotionale Schwierigkeiten eher auf der Beziehung beruhen als dass sie «psychiatrischer Natur» sind.

Lehren Sie, dass die Gefühle und Erfahrungen oft mit dem Alkoholismus in der Familie verbunden sind.

F: «Der potenzielle Wert, die alkoholkranke Person zu erreichen, indem man zunächst Familienangehörige unterstützt, sollte nicht unterschätzt werden (Grisham/Estes, 1982:257). Die Familie und die Gesundheitsfachperson müssen akzeptieren, dass der alkoholkranken Person kein bestimmtes Ergebnis zugesichert werden kann, und zwar auch dann nicht, wenn die Familie Hilfe bekommt.

Erkunden der Überzeugungen der Familie hinsichtlich der Situation und Ziele

Erörtern Sie die Merkmale des Alkoholismus. Gehen Sie einen Screening-Test durch (z. B. MAST, CAGE), in dem die Charakteristika des Alkoholismus dargelegt werden.
Erörtern Sie Ursachen und korrigieren Sie Fehlinformationen.
Unterstützen Sie beim Setzen kurz- und langfristiger Ziele.

F: Wing (1994) zufolge kommt es in jedem Stadium aus unterschiedlichen Gründen zu Rezidiven. In Stadium I ist der Rückfall begleitet vom Wegfall der Strafandrohung. Ein Rezidiv in Stadium II tritt ein, wenn das Objekt der Abhängigkeit (z. B. Ehe, Job) gesichert oder verloren ist. In den Stadien III und IV sind Rückfälle weniger häufig und werden durch unerwartete belastende Ereignisse ausgelöst. Pflegeinteraktionen bei Personen in den Stadien I und II konzentrieren sich darauf, gegen Verleugnung anzugehen und den Betroffenen zu helfen, stärker innerlich fokussiert zu sein. Menschen in den Stadien III und IV brauchen Unterstützung, um zu lernen, wie man mit unerwarteten belastenden Ereignissen umgeht (Wing, 1994).

Erörtern ineffektiver Methoden der Familie

Verstecken von alkoholischen Getränken und Autoschlüsseln.
Entschuldigungen gegenüber dem Arbeitgeber, der Familie, Freunden.
Wut, Schweigen, Drohungen, Tränen.
Die Person durch eine Kaution/Bürgschaft aus dem Gefängnis freibekommen.

F: Interventionen konzentrieren sich darauf, die Familie bei der Umstellung ihres ineffektiven Kommunikationsverhaltens und Reaktionsmusters zu unterstützen (Smith-DiJulio, 1998).

Unterstützen der Familie beim Gewinnen von Verhaltenseinsicht

Ihr Verhalten …
… stoppt das Trinken nicht.
… steigert die Wut der Familie.
… nimmt der Person die Verantwortung für das Trinken ab.
… hindert die Person daran, die Folgen ihres Trinkverhaltens zu erleiden.

F: Das Einstellen des Trinkverhaltens bedroht die Familie, weil der Alkoholismus das Zentrum ihres Gleichgewichts bildet (Carlson/Smith-DiJulio, 2006).

Betonen, dass der alkoholkranken Person zu helfen zunächst bedeutet, sich selbst zu helfen

Konzentrieren Sie sich darauf, die Reaktion der Angehörigen zu verändern.
Ermöglichen Sie der Person, Verantwortung für ihr Trinkverhalten zu übernehmen.
Beschreiben Sie Aktivitäten, die das Leben als Individuen und als Familie verändern.
Beginnen Sie mit einer Stressmanagementtechnik (z. B. Aerobic-Übungen, Selbstsicherheitstraining, Meditation). Lassen Sie Zeit als Familie außer Haus einplanen (z. B. ein Besuch im Museum/Zoo, ein Picknick). Wird die alkoholkranke Person einbezogen, muss sie zusichern, während der Unternehmung nicht zu trinken und – widrigenfalls – den Folgen zuzustimmen.

F: Familienmitglieder setzen Verleugnung ein und vermeiden es, das Problem einzugestehen und sich mit ihrem Beitrag dazu zu beschäftigen, in der Hoffnung, das Problem würde verschwinden, wenn es nicht enthüllt wird (Collins et al., 1990).

Erörtern mit der Familie, dass eine Genesung die übliche Familiendynamik dramatisch verändern wird

Die alkoholkranke Person ist nicht mehr Zentrum der Aufmerksamkeit.
Alle Familienrollen stehen auf dem Prüfstand.
Familienmitglieder müssen sich jetzt auf sich selbst statt auf die alkoholkranke Person konzentrieren.
Familienmitglieder müssen Verantwortung für ihr Verhalten übernehmen statt anderen die Schuld zuzuschieben.
Verhaltensstörungen von Kindern dienen der Familie als Zweck.

Erörtern der Möglichkeit beeinflussender Faktoren eines Rezidivs

F: Wing (1994) zufolge kommt es in jedem Stadium aus unterschiedlichen Gründen zu Rezidiven. In Stadium I ist der Rückfall begleitet vom Wegfall der Strafandrohung. Ein Rezidiv in Stadium II tritt ein, wenn das Objekt der Abhängigkeit (z. B. Ehe, Job) gesichert oder verloren ist. In den Stadien III und IV sind Rückfälle weniger häufig und werden durch unerwartete, belastende Ereignisse ausgelöst. Pflegeinteraktionen bei Personen in den Stadien I und II konzentrieren sich darauf, gegen Verleugnung anzugehen und den Betroffenen zu helfen, stärker innerlich fokussiert zu sein. Menschen in den Stadien III und IV brauchen Unterstützung, um zu lernen, wie man mit unerwarteten belastenden Ereignissen zurechtkommt (Wing, 1994).

Bei weiteren Familien- oder Einzelpflegediagnosen siehe die spezifische Diagnose (z. B. Kindesmissbrauch, häusliche Gewalt)

Beginnen mit Gesundheitsedukation über kommunale Ressourcen und Überweisen, soweit angezeigt

Al-Anon.
Anonyme Alkoholiker.
Familientherapie.

Einzeltherapie.
Selbsthilfegruppen.

F: Behandlungseinheit ist die Familie, wenn ein Mitglied alkoholkrank ist. Es werden Überweisungen in eine Langzeittherapie erforderlich.

Beeinträchtigte Familienprozesse*

Definition

Chronisch desorganisierte psychosoziale, geistige und physiologische Funktionen im Familienverbund, die zum Konflikt, zur Verleugnung von Problemen, zu Widerstand gegenüber Veränderung, zu unwirksamer Problemlösung und einer Reihe von sich selbst aufrechterhaltenden Krisen führen

Einflussfaktoren

- Alkoholmissbrauch, [suchterzeugende Substanzen]
- familiäre Vorgeschichte von Alkoholismus
- familiäre Vorgeschichte von Widerstand gegenüber einer Behandlung
- unzureichende Coping-Fähigkeiten
- suchtgefährdete Persönlichkeit
- fehlende Problemlösungsfähigkeiten
- biochemische Einflüsse
- genetische Prädisposition.

Bestimmende Merkmale oder Kennzeichen

subjektive

Gefühle

- Angst/Ängstlichkeit
- Anspannung
- Leid
- verringertes Selbstwertgefühl
- Gefühl der Wertlosigkeit
- andauernde Abneigung/Unmut/Verbitterung

* Diese Diagnose trug zuvor den Titel «Gestörte Familienprozesse: Alkoholismus» (Dysfunctional family processes: alcoholism)

- Wut
- unterdrückter Zorn
- Frustration
- Schamgefühl
- Verlegenheit
- Kränkung
- Traurigkeit
- Schuld
- emotionale Isolation
- Einsamkeit
- Verlassenheit
- Machtlosigkeit
- Unsicherheit
- Hoffnungslosigkeit
- Zurückweisung
- Verantwortung für das Verhalten des Alkoholikers
- Verletzbarkeit
- Misstrauen
- Depression
- Feindseligkeit
- Furcht/Angst
- Verwirrtheit
- Unzufriedenheit
- Verlust
- anders sein als andere
- Missverstanden
- emotionale Kontrolle durch andere
- nicht geliebt werden
- mangelnde Identität
- verwirrte Zuneigungsbekundungen und Mitleidsgefühle
- Verlassenheit
- Launenhaftigkeit
- Erfolglosigkeit.

Rollen und Beziehungen

- Verleugnung der Familie
- Verschlechterung der Familienbeziehungen
- gestörte Familiendynamik
- unzureichende Kommunikation unter den Ehepartnern
- Eheprobleme
- gestörte Intimität
- veränderte Rollenfunktion
- unterbrochene Familienrollen
- inkonsistente elterliche Fürsorge/Erziehung

- geringe Wahrnehmung der elterlichen Unterstützung
- chronische Familienprobleme
- Fehlen von Beziehungsfähigkeiten
- fehlender Zusammenhalt
- unterbrochene Familienrituale
- Zurückweisungsmuster
- ökonomische Probleme
- vernachlässigte Verpflichtungen.

objektive

Gefühle

- unterdrückte Emotionen.

Rollen und Beziehungen

- verschlossene Kommunikationssysteme
- triangulierende Familienbeziehungen
- verringerte Fähigkeit der Familienmitglieder, zu einer Beziehung zu finden, die gemeinsames Wachstum und Reifung ermöglicht
- Familie zeigt keinen Respekt für die Individualität ihrer Mitglieder
- Familie zeigt keinen Respekt für die Autonomie ihrer Mitglieder.

verhaltensbezogene

- Alkoholmissbrauch
- Suchtmittelmissbrauch außer Alkohol
- Nikotinabhängigkeit
- Ermöglichung, das Verhaltensmuster des Trinkens von Alkoholika aufrechtzuerhalten [Substanzgebrauch]
- unzureichendes Verständnis des Alkoholismus
- fehlendes Wissen über Alkoholismus [Substanzmissbrauch]
- besondere Familienanlässe sind auf Alkoholkonsum fokussiert
- Rationalisierung [Rationalisieren]
- Verleugnung von Problemen
- Ablehnung, Hilfe zu holen
- Unfähigkeit, Hilfe angemessen anzunehmen
- unangemessene Äußerung von Wut
- Beschuldigen
- Kritisieren
- verbaler Kindesmissbrauch
- verbaler Missbrauch des Elternteils
- verbaler Missbrauch des Ehepartners
- Lügen
- gebrochene Versprechen

- mangelnde Verlässlichkeit
- Manipulation
- Abhängigkeit
- Unfähigkeit, viele verschiedene Gefühle zu akzeptieren
- Unfähigkeit, viele verschiedene Gefühle auszudrücken
- Schwierigkeit mit intimen Beziehungen
- verringerter körperlicher Kontakt
- strenge Selbstbeurteilung
- Schwierigkeit, Spaß zu haben
- Selbstbeschuldigung
- Isolation
- nicht bewältigte Trauer
- Suche nach Bestätigung
- Suche nach Anerkennung
- beeinträchtigte Kommunikation
- kontrollierende Kommunikation
- widersprüchliche Kommunikation
- paradoxe Kommunikation
- Machtkämpfe
- unwirksame Problemlösungsfähigkeiten
- mangelnder Umgang mit Konflikten
- Ausrichtung auf Spannungsabbau anstatt auf Zielerreichung
- Unruhe
- eskalierender Konflikt
- Chaos
- beeinträchtigte Konzentration [Konzentrationsstörung]
- beeinträchtigte schulische/akademische Leistungen der Kinder
- Versagen beim Bewältigen oder Ausführen von entwicklungsbedingten Aufgaben
- Schwierigkeit mit den Übergängen von Lebensphasen
- Unfähigkeit, die emotionalen Bedürfnisse der Familienmitglieder zu befriedigen
- Unfähigkeit, die Sicherheitsbedürfnisse der Familienmitglieder zu befriedigen
- Unfähigkeit, die spirituellen Bedürfnisse der Familienmitglieder zu befriedigen
- Unfähigkeit, sich der Veränderung anzupassen
- Unreife
- stressbezogene körperliche Krankheiten
- Unfähigkeit, Hilfe [Gesundheit] anzunehmen
- Unfähigkeit, konstruktiv mit den traumatischen Erfahrungen umzugehen.

Bereitschaft für verbesserte Familienprozesse

Definition

Bereitschaft für verbesserte Familienprozesse: ein Muster familiären Funktionierens, das ausreicht, um das Wohlbefinden von Familienmitgliedern zu unterstützen, und das gestärkt werden kann.

Bereitschaft für verbesserte Familienprozesse (engl. Readiness for enhanced familiy processes): Ein Verhaltensmuster der Familie, das funktioniert, um das Wohlbefinden der Familienmitglieder zu unterstützen und das gestärkt werden kann (NANDA-I, 2010).

Bestimmende Merkmale oder Kennzeichen

Äußern der Bereitschaft, die Familiendynamik zu verbessern.

Das Funktionieren der Familie erfüllt körperliche, soziale und seelische Bedürfnisse von Familienmitgliedern.

Aktivitäten unterstützen Sicherheit und Wachstum von Familienmitgliedern.

Die Kommunikation ist adäquat, angemessen.

Beziehungen sind im Allgemeinen positiv. Es besteht Interdependenz mit der Gemeinschaft. Familienaufgaben werden erfüllt.

Familienrollen sind flexibel und den Entwicklungsstadien angemessen.

Der Respekt der Familienmitglieder untereinander ist erkennbar.

Die Familie passt sich Veränderungen an.

Grenzen der Familienmitglieder bleiben gewahrt.

Das Energieniveau der Familie unterstützt Aktivitäten des täglichen Lebens.

Die Resilienz der Familie ist offensichtlich.

Es herrscht Gleichgewicht zwischen Autonomie und Zusammenhalt.

Bereitschaft für eine verbesserte elterliche Fürsorge

Definition

Bereitschaft für eine verbesserte elterliche Fürsorge: ein Muster des Sorgens für ein Umfeld für Kinder oder andere abhängige Personen, das ausreicht, um Wachstum und Entwicklung zu fördern, und das gestärkt werden kann.

Bereitschaft für eine verbesserte elterliche Fürsorge (engl. Readiness for enhanced parenting): Ein Muster zur Bereitstellung eines Umfelds für Kinder oder andere abhängige Personen, das ausreicht, Wachstum und Entwicklung zu fördern und gestärkt werden kann (NANDA-I, 2010).

Bestimmende Merkmale oder Kennzeichen

Äußern der Bereitschaft zu einer verbesserten elterlichen Fürsorge.
Kinder oder andere abhängige Personen äußern sich zufrieden über die häusliche Umgebung.
Emotionale und stillschweigende Unterstützung der Kinder oder abhängigen Person(en) ist ebenso offensichtlich wie die innere Bindung oder Zuneigung.
Körperliche und emotionale Bedürfnisse der Kinder/Person(en) werden erfüllt.
Erwartungen an die Kinder/abhängigen Personen sind erkennbar realistisch.

Beeinträchtigte elterliche Fürsorge

Beeinträchtigte elterliche Fürsorge

Gefahr einer beeinträchtigten Eltern-Kind-Bindung
Elternrollenkonflikt …

- … **b/d** Auswirkungen einer Krankheit und/oder Hospitalisierung eines Kindes

Definition

Beeinträchtigte elterliche Fürsorge: der Zustand, in dem eine oder mehrere Betreuungspersonen tatsächlich oder potenziell außerstande sind, für ein konstruktives Umfeld zu sorgen, das Wachstum und Entwicklung ihres Kindes/ihrer Kinder fördert und stärkt.
Beeinträchtigte elterliche Fürsorge (engl. Impaired parenting): Unfähigkeit der Hauptbezugsperson(en), eine Umgebung zu schaffen, zu erhalten oder wiederherzustellen, in der ein Kind optimal wachsen und sich entwickeln kann (NANDA-I, 2010).

Bestimmende Merkmale oder Kennzeichen

Hauptkennzeichen (eines oder mehrere obligat)

Ungeeignetes und/oder nicht umhegendes Verhalten der Eltern.
Fehlendes/mangelndes Bindungsverhalten der Eltern.

Nebenkennzeichen (fakultativ)

Eltern

- Äußerungen über die Unfähigkeit, die Bedürfnisse des Kindes zu befriedigen
- Äußerungen über die Unfähigkeit, das Kind unter Kontrolle zu haben

- negative Äußerungen über das Kind
- Äußerungen von Frustration
- Äußerungen über eine rollenbezogene Unzulänglichkeit.

Säugling oder Kind

- häufige Erkrankungen
- häufige Unfälle
- Gedeihstörung
- geringe Schulbildung
- geringe kognitive Entwicklung
- geringe soziale Kompetenz
- Verhaltensstörungen
- Vorkommen von Traumata (z. B. physisch und psychologisch)
- Vorkommen von Missbrauch
- fehlende Bindung
- fehlende Trennungsangst
- Weglaufen.

Eltern

- mangelnde Mutter-Kind-Interaktion
- mangelnde Eltern-Kind-Interaktion
- geringe Eltern-Kind-Interaktion
- wenig Liebkosungen
- ungenügende Bindung
- ungenügende Erhaltung der Gesundheit des Kindes
- unsichere häusliche Umgebung
- ungenügende Organisation der Kinderbetreuung
- ungenügende Stimulation (z. B. visuell, taktil, auditiv)
- ungenügende pflegerische [fürsorgerische] Fertigkeiten
- inkonsistentes Verhaltensmanagement
- Unflexibilität, die Bedürfnisse des Kindes zu befriedigen
- häufig strafend
- Zurückweisung des Kindes
- Feindseligkeit gegenüber dem Kind
- Vernachlässigung des Kindes
- Kindsmissbrauch
- Vernachlässigung des Kindes
- Verlassenheit [Aussetzen des Kindes].

Einflussfaktoren

Individuen oder Familien, bei denen es zu Schwierigkeiten in der Elternschaft kommen kann oder gekommen ist. Siehe auch Tabelle II-49.

Tabelle II-49: Allgemeine Faktoren einer beeinträchtigten elterlichen Fürsorge

Seitens der Eltern	Seitens des Kindes
• allein stehend	• Ergebnis einer unerwünschten Schwangerschaft
• final erkrankt	• hyperaktive Merkmale
• psychiatrisches Leiden	• unerwünschte Merkmale
• drogenabhängig	• geistig behindert
• missbräuchlich	• final erkrankt
• Unfallopfer	• unerwünschtes Geschlecht
• jugendliches Alter	• körperbehindert
• akut behindert	
• alkoholkrank	

Physiologische Faktoren

B/d körperliche Krankheit.

Situationsbedingte Faktoren (persönlich bedingt, umgebungsbedingt)

B/d eine Unterbrechung des Bonding-Prozesses, s/b/d:

Krankheit des Kindes/der Eltern.
Umzug/Verlegung.
Inhaftierung.

B/d Trennung von der Kernfamilie.
B/d Wissensdefizit.
B/d ständig wechselnde Betreuungspersonen oder -techniken.

B/d wissensbezogene Faktoren

- fehlendes Wissen über Kindesentwicklung
- fehlendes Wissen über die Aufrechterhaltung der Gesundheit des Kindes
- fehlendes Wissen über elterliche Fähigkeiten
- Unfähigkeit, auf Signale des Säuglings zu reagieren
- unrealistische Erwartungen [an sich selbst, den Säugling, den Partner]
- Mangel an Bildung
- eingeschränkte kognitive Funktion

- Mangel an kognitiver Bereitschaft für die Elternschaft
- Mangelnde Kommunikationsfähigkeiten
- bevorzugung körperlicher Bestrafung.

B/d physiologische Faktoren

- junge Eltern
- fehlende pränatale Vorsorge
- schwierige Geburt
- große Anzahl von Schwangerschaften
- kurz aufeinander folgende Schwangerschaften
- Schlafunterbrechung
- Schlafmangel
- Depression
- Vorgeschichte einer psychischen Krankheit
- Vorgeschichte des Suchtmittelmissbrauchs
- Behinderung.

B/d soziale Faktoren

- vorhandene Belastung (z. B. finanziell, juristisch, kürzliche Krise, kulturelle Veränderung [Umzug in ein anderes Land oder innerhalb desselben Landes])
- berufliche Probleme
- Arbeitslosigkeit
- finanzielle Schwierigkeiten
- Umzüge
- ärmliches [schwaches] häusliches Umfeld
- situationsbedingt geringes Selbstwertgefühl
- chronisch geringes Selbstwertgefühl
- Mangel an familiärem Zusammenhalt
- Ehekonflikt
- Veränderungen im Familienzusammenhalt
- unzureichende Kinderbetreuung
- Rollenbelastung [Rollenüberlastung]
- allein erziehender Elternteil
- Vater des Kindes ist nicht einbezogen
- Mutter des Kindes ist nicht einbezogen
- mangelndes elterliches Vorbild [Rollenmodell]
- fehlendes elterliches Rollenmodell [Vorbild]
- fehlende Wertschätzung der Elternschaft
- Unfähigkeit, die Bedürfnisse des Kindes über die eigenen zu stellen
- ungeplante Schwangerschaft
- ungewollte Schwangerschaft
- niedrige sozioökonomische Schicht
- Armut
- fehlende Ressourcen

- fehlende Transportmöglichkeiten
- mangelhafte Problemlösungsfähigkeiten
- unangepasste [fehlangepasste] Coping-Strategien
- fehlende soziale Unterstützungsnetzwerke
- soziale Isolation
- Vorgeschichte eines ausgeübten Missbrauchs
- Vorgeschichte von erlebtem Missbrauch
- juristische Probleme.

B/d Beziehungsprobleme (zu spezifizieren):

Ehezwist.
zuhause mitlebender Partner.
Stiefeltern.
Trennung.
Scheidung.
Verlegung/Umzug.

B/d geringe äußere Unterstützung und/oder eine sozial isolierte Familie.
B/d Fehlen eines Rollenvorbildes.

B/d unwirksame Anpassung an Stressoren in Verbindung mit:

Krankheit.
Substanzmissbrauch.
wirtschaftlichen Problemen.
der Versorgung alter Menschen.
einem Neugeborenen.

Altersbedingte Faktoren

Säugling/Kind

B/d Frühgeburt
B/d Mehrlingsgeburt
B/d nicht das gewünschte Geschlecht
B/d Krankheit
B/d Trennung vom Elternteil
B/d schwieriges Temperament
B/d Streit wegen elterlichen Erwartungen
B/d behindernde Bedingungen [behindernde/r Erkrankung/Zustand]
B/d Entwicklungsverzögerung
B/d veränderte Wahrnehmungsfähigkeiten
B/d Aufmerksamkeitsdefizit-/Hyperaktivitätsstörung (ADHS).

Jugendliche

B/d den Konflikt zwischen den eigenen Bedürfnisse und denen des Babys.
B/d anamnestisch bekannte schlechte Beziehung zu den eigenen Eltern.
B/d eine Missbrauchsbeziehung zwischen den Eltern und deren Eltern.
B/d unrealistische Erwartungen der Eltern an das Kind.
B/d unrealistische Erwartungen der Eltern an sich selbst.
B/d unrealistische Erwartungen des Kindes an die Eltern.
B/d psychosoziale Bedürfnisse des Kindes, die durch die Eltern nicht befriedigt werden.

Anmerkung der Autorin

Das familiäre Umfeld sollte die Grundbedürfnisse des körperlichen Wachstums und der Entwicklung eines Kindes erfüllen: Stimulation des emotionalen, sozialen und kognitiven Potenzials des Kindes, stabile Bestärkung beim Erlernen von Impulskontrolle, Realitätserprobung sowie die Freiheit, Emotionen zu teilen und moralische Stabilität (Pfeffer, 1981). Dieses Umfeld fördert Pfeffer (1981) zufolge ein Kind beim Entwickeln «der Fähigkeit, sich im Zuge des Prozesses einer lebenslangen Individualisierung aus der Familienkonstellation zu lösen». Es ist Aufgabe der Eltern, für solch ein Umfeld zu sorgen. Die meisten Schwierigkeiten einer Elternschaft rühren von einem Wissensdefizit oder von der Unfähigkeit her, konstruktiv mit Stressoren umzugehen. Die Fähigkeit zu effektiver Elternschaft ist hochgradig gefährdet, wenn sich das Kind oder ein Elternteil in einer Situation befindet, welche die Familieneinheit zusätzlich belastet (z. B. Krankheit, finanzielle Probleme).

Beeinträchtigte elterliche Fürsorge beschreibt einen Elternteil, dem es schwer fällt, ein umhegendes Umfeld für ein Kind zu schaffen bzw. aufrechtzuerhalten. *Elternrollenkonflikt* beschreibt einen Elternteil oder Eltern, deren zuvor effektives Funktionieren durch externe Faktoren belastet wird. In bestimmten Situationen, wie etwa Krankheit, Scheidung oder Wiederheirat werden Rollenverwirrungen und Konflikte erwartet. Wenn Eltern keine Unterstützung beim Anpassen ihrer Rolle an die externen Faktoren erhalten, kann ein *Elternrollenkonflikt* zu *beeinträchtigter elterlicher Fürsorge* führen.

Irrtümer in diagnostischen Aussagen

1. *Beeinträchtigte elterliche Fürsorge,* **b/d** *Kindesmissbrauch*
   Kindesmissbrauch ist Zeichen einer Funktionsstörung der Familie. Gewöhnlich finden sich in jeder Situation ein Missbrauch treibender Erwachsener und ein Mitwisser, der nicht Missbrauch begeht. Die Diagnose *behinderndes familiäres Coping* wäre demnach eine bessere Beschreibung. *Beeinträchtigte elterliche Fürsorge* eignet sich am besten, wenn ein externer Faktor die Eltern belastet. Externe Faktoren führen nicht zu Kindesmissbrauch, dies ist eher bei emotionalen Störungen und unwirksamem Coping der Fall.

Ziele

Der Elternteil/die primäre Betreuungsperson gesteht ein Problem bei den elterlichen Fertigkeiten ein.

NOC

- Kindesentwicklung (spezifizieren)
- Coping-Verhalten der Familie
- Soziales Klima in der Familie
- Funktionsfähigkeit der Familie
- Eltern-Kind-Bindung

Indikatoren

- Sorgen für ein sicheres Umfeld für das Kind.
- Beschreiben der zur Verbesserung elterlicher Fertigkeiten verfügbaren Ressource.

Allgemeine Interventionen

NIC

- Förderung der Erziehung
- Entwicklungsförderung
- Angeleitete Antizipation
- Elternberatung
- Verhaltensmanagement

Ermutigen der Eltern, Frustrationen in Bezug auf Rollenverantwortlichkeiten und/oder die Elternschaft anzusprechen

Vermitteln Sie Empathie.
Halten Sie sich mit Urteilen zurück.

Erkunden der elterlichen Erwartungen an die eigene Person, an den Partner/die PartnerIn, das Kind

Helfen Sie mit, realistische Erwartungen zu fördern.
Ermutigen Sie dazu, Gefühle hinsichtlich unerfüllter Erwartungen zu erörtern.
Besprechen Sie Strategien, welche die Erfüllung von Erwartungen wahrscheinlicher machen (z. B. mit dem Partner/dem Kind sprechen; persönliche Ziele setzen).

Edukation der Eltern über normales Wachstum und normale Entwicklung sowie altersbedingt erwartetes Verhalten (siehe verzögerte[s] Wachstum und Entwicklung)

Explorieren des kindlichen Problemverhaltens mit den Eltern

Häufigkeit, Dauer.
Kontext: Wann? Wo? Auslöser?
Konsequenzen (Aufmerksamkeit der Eltern, Disziplin, Unstimmigkeiten in der Reaktion).
Von den Eltern gewünschtes Verhalten.

Erörtern positiver elterlicher Techniken

Dem Kind vermitteln, dass es geliebt ist.
Kontakt zum Kind aufnehmen, wenn es sich gut benimmt, gut Blickkontakt halten.
Eine «spezielle Zeit» freihalten, die ein Elternteil garantiert mit dem Kind verbringt, ohne dass es zu Unterbrechungen kommt.
Ignorieren kleinerer Übertretungen, indem man weder Körper- noch Blickkontakt aufnimmt oder indem man das Verhaltern bespricht.
Aktiv zuhören. Beschreiben, was das Kind sagt, die Gefühle des Kindes spiegeln und nicht urteilen.
Ich-Botschaften verwenden, wenn man das Verhalten missbilligt. Konzentration auf die unerwünschte Handlung statt auf das Kind.

Erklären der Disziplinierungstechnik «Time-out», einer Methode, mit der sich Fehlverhalten stoppen, Missbilligung vermitteln lässt und die Eltern und Kind Zeit gibt, sich neu zu ordnen (Christophersen, 1992; Herman-Staab, 1994)

Umreißen der Prozedur

Bringen Sie das Kind an einen ruhigen Ort (weder Kinderzimmer noch ein isolierter Ort) mit wenigen Ablenkungsmöglichkeiten und setzen Sie es dort auf einen Stuhl.
Weisen Sie das Kind an, dort sitzen zu bleiben. Stellen Sie die Stoppuhr so ein, dass für jedes Lebensjahr 1 Minute gerechnet wird.
Starten Sie die Uhr, wenn das Kind ruhig ist.
Wenn sich das Kind nicht benimmt, weint oder vom Stuhl aufsteht, stellen Sie die Stoppuhr wieder auf Null.
Wenn die Uhr klingelt, sagen Sie dem Kind, nun sei es gut und es könne aufstehen.

Erläuterungen für das Kind

Dies ist kein Spiel.
Üben Sie es einmal, wenn sich das Kind benimmt.
Erklären Sie die Regeln und stellen Sie dem Kind Fragen, um festzustellen, dass es verstanden hat (wenn es älter als 3 Jahre ist).

Beachten

Warnen Sie das Kind nicht vor, wenn Sie «Time-out» anwenden. Falls angemessen, setzen Sie es ein, aber drohen Sie nicht.

Ignorieren Sie, wenn das Kind in dieser Zeit lacht.

Stellen Sie sicher, dass der Fernseher ausgeschaltet ist oder sich nicht im Blickfeld befindet.

Schauen Sie das Kind während des Time-out nicht an, sprechen Sie weder mit ihm noch über es.

Handeln Sie nicht wütend, bleiben Sie ruhig.

Beschäftigen Sie sich mit etwas. Das Kind soll Sie und was es versäumt dabei sehen.

Geben Sie weder auf noch nach.

Bei zusätzlichen Konfliktquellen siehe die spezifische Pflegediagnose (z. B. Rollenüberlastung pflegender Angehöriger/Laien, Erschöpfung, unwirksames Sexualverhalten)

Ergreifen von Gelegenheiten, als Rollenvorbild effektiver elterlicher Fertigkeiten zu dienen, ggf. Mitteilen eigener Frustrationen mit Ihrem Kind, um Frustrationen auf Normalmaß zurückzuführen

Klären der Stärken der Eltern oder der Familie

Rollenspiele «Um Hilfe bitten» und «Ein Kind zur Ordnung rufen»

Sorgen für allgemeine Richtlinien für Eltern

Führen Sie offene, ehrliche Dialoge. Drohen Sie nie (z. B.: «Wenn du nicht lieb bist, gehen wir nicht ins Kino»).

Dozieren Sie nicht. Sagen Sie dem Kind, dass es etwas falsch gemacht hat und lassen Sie es gehen. Sprechen Sie lieber über angenehme Erlebnisse.

Loben Sie Kinder für Erfolge. Handeln Sie so, dass sich jedes Kind als wichtig und als etwas Besonderes empfindet. Sagen Sie einem Kind vor allem, wenn es gut war, und konzentrieren Sie sich möglichst nicht auf negatives Verhalten.

Haben Sie keine Bedenken, das Kind im Arm zu halten und zu umarmen. Das gilt für Jungen und Mädchen.

Setzen Sie Grenzen und wahren Sie sie. Erwarten Sie Kooperation. Fordern Sie das Kind auf, sich an Aktivitäten zu beteiligen, die Ihren Wertvorstellungen entsprechen. Lassen Sie sich nicht in die Falle locken durch ein: «Aber alle anderen können …».

Lassen Sie das Kind möglichst viel helfen.

Disziplinieren Sie das Kind, indem Sie seine Aktivität einschränken. Lassen Sie ein kleineres Kind für 3–5 Minuten auf einem Stuhl sitzen. Wenn es aufsteht, tadeln Sie es einmal und setzen Sie es wieder auf den Stuhl. Fahren Sie damit fort, bis das Kind die vorgeschriebene Zeit sitzen bleibt. Schränken Sie bei einem älteren Kind das Fahrradfahren ein oder lassen Sie es nicht mehr ins Kino gehen – wählen Sie eine Aktivität, die dem Kind wichtig ist.

Stellen Sie sicher, dass die Maßregelung dem inakzeptablen Verhalten entspricht. Geben Sie dem Kind Gelegenheit, Fehler zu machen und Wut verbal zu äußern.

Behalten Sie die Kontrolle. Versuchen Sie nicht zu maßregeln, wenn Sie selbst gereizt sind.

Sollten längere Erklärungen nötig sein, geben Sie diese nach der Maßregelung.

Denken Sie daran, was Sie tun, wenn Sie nicht maßregeln (z. B. Spaß miteinander haben, einander gern haben).

Tadeln Sie ein Kind nie vor Dritten (Kindern oder Erwachsenen). Nehmen Sie es beiseite und sprechen Sie mit ihm.

Beschließen Sie niemals, das destruktive Verhalten eines Kindes nicht kontrollieren zu können. Untersuchen Sie Ihre gegenwärtige Reaktion. Drohen Sie? Führen Sie eine Beastrafung konsequent durch oder geben Sie klein bei? Hat das Kind gelernt, dass Sie nicht meinen, was Sie sagen?

Seien Sie ein gutes Vorbild: Das Kind lernt von Ihnen, ob Sie wollen oder nicht. Belügen Sie ein Kind niemals, selbst wenn Sie gleuben, es sei besser. Das Kind muss lernen, dass Sie unter keinen Umständen lügen.

Geben Sie jedem Kind eine altersgerechte Verantwortlichkeit, wie etwa das Aufheben von Spielzeug, Bettenmachen oder Geschirr abtrocknen. Erwarten Sie vom Kind, die Aufgabe zum Abschluss zu führen.

Teilen Sie Ihre Gefühle mit Kindern (Glück, Trauer, Wut). Respektieren und beachten Sie die Gefühle eines Kindes und dessen Recht, Mensch zu sein.

Beginnen mit Gesundheitsedukation und Überweisen, soweit angezeigt

Kommunale Ressourcen – Beratung, Sozialdienst, Elternkurse.

Unterstützende Gruppen – Selbsthilfegruppen, kirchliche Dienste.

F: Eltern brauchen Selbstvertrauen und Geschick, um sich in ihrer neuen Rolle wohl zu fühlen. Die Pflegeperson ist in der beneidenswerten Position, Familien unterstützen zu können, indem sie Informationen über Elternschaft liefert.

F: Bei Beobachtungen von Eltern-Kind-Interaktionen sollte vor allem auf den Aspekt der Wechselseitigkeit geachtet werden. Eine fehlende interaktive «Passung» kann das Verhalten der Eltern behindern. Dies wird deutlich, wenn ein Kind anstrengend ist und es einem Elternteil an Resilienz fehlt oder wenn sich das Kind normal verhält, die Erwartungen der Eltern jedoch unrealistisch sind.

F: Bestimmte Stresspegel beeinträchtigen die Fähigkeit der Eltern, geduldig und verständnisvoll zu sein (Wong, 2003).

F: Werden Eltern ermutigt, ihre Erwartungen an Elternschaft zu besprechen, und sind sie sich einig darin, die Entscheidungen des anderen zu unterstützen, gibt es weniger Spannungen in der Familie (Wong, 2003).

F: Techniken der Verhaltensänderung lassen sich nur dann effektiv implementieren, wenn Eltern in sich stimmig sind (Wong, 2003).

F: Eine Maßregelung sollte zum Zeitpunkt des unerwünschten Verhaltens erfolgen, um deren Effektivität zu steigern (Wong, 2003).

F: Bei kleinen Kindern ist Argumentieren ungeeignet, da sie nicht in der Lage sind, auch «die andere Seite» zu betrachten (Wong, 2003).

F: Problemverhalten zu ignorieren kann es auf ein Mindestmaß reduzieren oder ganz zum Verschwinden bringen (Wong, 2003).

F: Der Time-out-Ansatz umgeht viele Probleme anderer Maßregelungsweisen (z. B. Diskutieren, körperliche Strafen, Kontrollverlust) (Wong, 2003).

F: Kinder lernen, verantwortungsbewusste Erwachsene zu werden, indem sie schon als Kind Verantwortlichkeiten haben.

Gefahr einer beeinträchtigten Bindung

Definition

Gefahr einer beeinträchtigten Bindung: der Zustand, in dem Gefahr besteht, dass ein nährender, schützender, interaktiver Prozess zwischen einem Elternteil/einer Betreuungsperson und einem Säugling unterbrochen wird.

Gefahr einer beeinträchtigten Bindung (engl. Risk for Impaired Attachement): Unterbrechung des interaktiven Prozesses zwischen Eltern/Bezugsperson und dem Kind/Säugling, der die Entwicklung einer wechselseitig schützenden und fördernden Beziehung unterstützt (NANDA-I, 2010).

Risikofaktoren

- Unfähigkeit der Eltern, die persönlichen Bedürfnisse zu befriedigen
- Angst verbunden mit der Elternrolle, [Eltern, die ihrerseits eine beeinträchtigte Bindung hatten]
- frühgeborenes Kind, das aufgrund einer veränderten Verhaltensorganisation unfähig ist, den Kontakt zu den Eltern zu initiieren
- krankes Kind, das aufgrund einer veränderten Verhaltensorganisation unfähig ist, den Kontakt zu den Eltern zu initiieren
- elterlicher Konflikt, der auf eine veränderte Verhaltensorganisation zurückzuführen ist
- physische Hindernisse
- fehlende Privatsphäre
- Suchtmittelmissbrauch
- Trennung
- [schwierige Schwangerschaft und/oder Geburt (tatsächlich oder wahrgenommen)]
- [Unsicherheit bezüglich der Vaterschaft, Schwangerschaft ist Folge von Vergewaltigung/sexuellem Missbrauch].

Weitere «Einflussfaktoren» siehe im Folgenden.

Einflussfaktoren

Pathophysiologische Faktoren

B/d Unterbrechung des Bindungsprozesses, s/b/d:

Krankheit der Eltern.
Krankheit des Kindes.

Behandlungsbedingte Faktoren

B/d Bindungsbarrieren, s/b/d:

fehlende/mangelnde Privatsphäre.

Gerätschaften und Vorrichtungen.
Überwachung in der Intensivpflege.
Besuchsbeschränkungen.
strukturierte «Visiten».

Situationsbedingte Faktoren (persönlich bedingt, umgebungsbedingt)

B/d unrealistische Erwartungen (z. B. an das Kind, an sich selbst).
B/d eine ungeplante Schwangerschaft.
B/d Enttäuschung angesichts des Kindes (z. B. wegen des Geschlechts, des Aussehens).
B/d Lebensereignisstressoren in Verbindung mit dem Baby und anderen Verantwortlichkeiten, s/b/d:

Gesundheitsbelange.
Beziehungsprobleme.
Substanzmissbrauch.
wirtschaftliche Schwierigkeiten.
eine Geisteskrankheit.

B/d ein Wissensdefizit und/oder ein fehlendes Rollenvorbild für die Elternrolle.
B/d Körperbehinderungen eines Elternteils (z. B. Blindheit, Lähmung, Taubheit).
B/d fehlende emotionale Vorbereitung infolge einer Frühgeburt.

Altersbedingte Faktoren

Jugendliche

B/d die Schwierigkeit, eigene Belohnungen gegenüber denen des Kindes zurückzustellen.

Anmerkung der Autorin

Diese Diagnose beschreibt einen Elternteil oder eine Betreuungsperson, bei der Gefahr besteht, dass die Bindung zu ihrem Kind gestört wird. Als Bindungsbarrieren können die Umgebung, Wissen, Angst und die Gesundheit des Elternteils bzw. Kindes wirken. Diese Diagnose eignet sich als Risikopflegediagnose. Falls die Pflegeperson ein Problem der Eltern-Kind-Bindung diagnostiziert, wäre die Diagnose *Gefahr einer beeinträchtigten elterlichen Fürsorge,* **b/d** *Schwierigkeiten bei der Eltern-Kind-Bindung* nützlicher, sodass sich die Pflegeperson darauf konzentrieren könnte, die Bindung zu verbessern und destruktives Elternverhalten zu verhindern.

Irrtümer in diagnostischen Aussagen

1. *Gefahr einer beeinträchtigten Bindung,* **b/d** *die Tatsache, dass der Ehemann nicht der biologische Vater ist.*
   Der Einflussfaktor ist sicherlich ein Risikofaktor, der mit Bindungsproblemen einhergeht, jedoch ist diese Information vertraulich, und man muss darauf achten, sie nicht bekannt zu

machen. Wenn eine Familie diese Information während eines Assessments oder einer Interaktion offen legt, sollte die Pflegeperson diese Aussage exakt und in Anführungszeichen im Verlaufsbogen dokumentieren. Die Pflegeperson kann die Diagnose formulieren als *Gefahr einer beeinträchtigten Bindung,* **b/d** *mögliche Zurückweisung des Säuglings durch den Vater.*

Ziele

NOC

Siehe beeinträchtigte elterliche Fürsorge.

Der Elternteil zeigt verstärkt Bindungsverhalten, etwa indem er das Kind eng an sich hält, es anlächelt, mit ihm spricht und Blickkontakt sucht.

Indikatoren

- In dem Bedürfnis nach Beteiligung an der Säuglingsversorgung unterstützt sein.
- Beginnen mit Äußerungen positiver Gefühle gegenüber dem Säugling.

Allgemeine Interventionen

NIC

Siehe beeinträchtigte elterliche Fürsorge.

Einschätzen ursächlicher und beeinflussender Faktoren

Durch die Mutter bedingte Faktoren

Unerwünschte Schwangerschaft.
Verlängerte oder beschwerliche Wehen und Entbindung.
Postpartale Schmerzen oder Erschöpfung.
Fehlendes/mangelndes positives Unterstützungssystem (Mutter, Ehepartner, FreundIn).
Fehlendes/mangelndes positives Rollenvorbild (Mutter, Verwandte, Nachbarin).
Unvermögen, sich emotional auf eine unerwartete Schwangerschaft vorzubereiten.

Inadäquates Coping-Verhalten (ein Elternteil oder beide Eltern)

Alkoholismus.
Drogenabhängigkeit.
Eheprobleme (Trennung, Scheidung, Gewalt).
Veränderungen der Lebensweise, **b/d** die neue Rolle.
Einer oder beide Elternteile sind selbst Jugendliche.
Veränderung der Karriere (z. B. von der berufstätigen Frau zur Mutter).
Krankheit in der Familie.

Durch den Säugling bedingte Faktoren

Frühreife, Fehlbildungen, Krankheit.
Mehrlingsgeburt.

Eliminieren oder Reduzieren ursächlicher Faktoren, wenn möglich

Krankheit, Schmerzen, Erschöpfung

Legen Sie zusammen mit der Mutter fest, welche Versorgungsaktivitäten bei dem Säugling durchführbar sind.
Sorgen Sie dafür, dass die Mutter ununterbrochene Schlafphasen von mindestens 2 Stunden tagsüber und 4 Stunden nachts hat.
Sorgen Sie für Linderung bei Beschwerden:

- Episiotomie:
  - Evaluieren der Schmerzintensität
  - Assessment auf Hämatome und Abszesse
  - Sorgen für Maßnahmen zur Behaglichkeit (z. B. Eis, warme Kompressen, Analgetika*)
- Hämorrhoiden:
  - Verhindern und Behandeln der Obstipation
  - Sorgen für Maßnahmen zur Behaglichkeit (z. B. Haselnuss-Kompressen, Suppositorien*, Analgetika*)
- Milchstau bei einer stillenden Mutter:
  - Fordern Sie die Mutter auf, möglichst oft zu stillen.
  - Legen Sie vor dem Stillen warme Kompressen auf (ggf. warme Dusche nehmen lassen).
  - Legen Sie nach dem Stillen kalte Kompressen auf
  - Versuchen Sie es zwischen den Stillsitzungen mit einer Handmassage, Ausdrücken mit der Hand oder Abpumpen.
  - Bieten Sie leichte Analgetika an.
  - Siehe *unwirksames Stillen*.
- Milchstau bei einer nicht stillenden Mutter:
  - Bieten Sie Analgetika gemäß Verordnung an.
  - Legen Sie Eispackungen auf.
  - Fordern Sie die Klientin auf, einen gut sitzenden Still-BH zu tragen, der die gesamte Brust abdeckt.

Fehlende/mangelnde Erfahrung eines positiven Rollenvorbildes der eigenen Mutter

Erkunden Sie mit der Mutter deren Gefühle und Einstellungen gegenüber ihrer eigenen Mutter.
Unterstützen Sie sie dabei, eine positive Mutter zu finden. Ermutigen Sie sie, diese Person um Hilfe zu bitten.
Legen Sie das während des Klinikaufenthaltes verfügbare Schulungsprogramm dar.
Legen Sie fest, wer der Mutter zu Beginn nach der Rückkehr nach Hause hilft.

---

* Erfordert u. U. die Verordnung einer Person der Primärversorgung.

Nennen Sie kommunale Programme und Informationsmaterial, durch das die Mutter nach der Entlassung mehr über die Versorgung des Kindes erfahren kann (siehe Literaturverzeichnis).

Fehlendes/mangelndes Unterstützungssystem

Finden Sie heraus, welches Unterstützungssystem die Eltern haben. Schätzen Sie dessen Stärken und Schwächen ein.
Schätzen Sie den Beratungsbedarf ein.
Ermutigen Sie die Eltern, Gefühle hinsichtlich ihrer Erfahrung und der Zukunft zu äußern.
Hören Sie den Eltern aktiv zu.
Beobachten Sie, wie die Eltern mit dem Kind interagieren.
Schätzen Sie ein, welche finanziellen und emotionalen Ressourcen in der Familie bereits vorhanden sind.
Seien Sie sich über die Ressourcen in der Klinik und der Gemeinde im Klaren.
Beraten Sie die Eltern hinsichtlich des erhobenen Bedarfs.
Verweisen Sie an Dienste in der Klinik oder Gemeinde.

Barrieren der Umsetzung kultureller Überzeugungen, welche die Familieneinheit während des Klinikaufenthalts beeinträchtigen können

Unterstützen Sie die Überzeugungen der Mutter hinsichtlich des Säuglings und der Familie.
Integrieren Sie Kultur und Traditionen in die Pflege.
Benennen Sie kommunale Ressourcen.

Beseitigen institutioneller Barrieren, welche die Individualisierung der Pflege behindern

Sensibilisieren Sie die MitabeiterInnen für eine familienzentrierte Pflege.
Ziehen Sie Familien heran, um das Handeln und Vorgehensweisen zu überprüfen.
Fordern Sie zur kulturellen Sensibilisierung der MitabeiterInnen auf.

Sorgen für Gelegenheiten zur wechselseitigen Interaktion

Fördern des Bondings unmittelbar nach der Entbindung

Fordern Sie die Mutter auf, das Kind nach der Geburt (ggf. nach einer kurzen Erholungsphase) im Arm zu halten.
Sorgen Sie für Hautkontakt, falls gewünscht. Halten Sie den Raum warm (ca. 22–24° C) oder bedecken Sie den Säugling mit einer Heizdecke.
Geben Sie der Mutter Gelegenheit, unmittelbar nach der Entbindung zu stillen, falls gewünscht.
Verzögern Sie die Verabreichung von Silbernitrat, um Blickkontakt zu ermöglichen.
Geben Sie der Familie möglichst viel gemeinsame Zeit bei einem Mindestmaß an Unterbrechungen durch die MitarbeiterInnen (die «sensible» Phase dauert 30–90 Minuten).
Ermutigen Sie den Vater, das Kind im Arm zu halten.

Fördern des Bindungsprozesses während der Postpartalphase

Überprüfen Sie die Mutter regelmäßig auf Zeichen der Erschöpfung, vor allem, wenn sie eine Anästhesie hatte.

Bieten Sie der Mutter flexibles Rooming-in an. Legen Sie mit ihr die anfängliche Versorgung fest und unterstützen Sie sie bei ihren Bitten um Hilfe.

Erörtern Sie die zukünftige Beteiligung des Vaters an der Versorgung des Säuglings. Planen Sie auf Wunsch Gelegenheiten ein, zu denen der Vater sich bei Besuchen an der Versorgung des Kindes beteiligen kann.

Sorgen für Unterstützung für die Eltern

Hören Sie der Mutter zu, wenn sie über ihr Erleben der Wehen und der Entbindung berichtet.

Erlauben Sie das Äußern von Gefühlen.

Zeigen Sie, dass Sie Gefühle akzeptieren.

Zeigen Sie den Eltern die Stärken und individuellen Merkmale des Säuglings auf.

Zeigen Sie den Eltern die Reaktionen des Säuglings.

Sorgen Sie für ein Nachsorgesystem nach der Entlassung, vor allem bei gefährdeten Familien (z. B. durch Telefonanrufe oder einen Besuch der Gemeindeschwester).

Seien Sie sich über Ressourcen und Unterstützungsgruppen in der Klinik und in der Gemeinde im Klaren und verweisen Sie die Familie ggf. dorthin.

Einschätzen der Notwendigkeit, das entstehende Vertrauen in die Versorgung des Kindes zu unterstützen

Beobachten Sie die Eltern beim Interagieren mit dem Säugling.

Unterstützen Sie die Stärken eines jeden Elternteils.

Unterstützen Sie jeden Elternteil in den Bereichen, in denen er sich nicht wohl fühlt (Rollenvorbild).

Halten Sie Broschüren und audiovisuelles Material für die Eltern bereit, das sie sich in Mußestunden anschauen/-hören können.

Schätzen Sie den Grad des Wissens über Wachstum und Entwicklung ein. Sorgen Sie bei Bedarf für Informationen.

Helfen Sie den Eltern, Signale und das Temperament des Säuglings zu verstehen.

Für empfohlene Printmedien über Elternschaft und die Versorgung eines Kindes siehe Literaturverzeichnis.

Sorgen für Bonding-/Bindungserfahrungen, falls möglich, wenn das Kind aufgrund von Frühreife oder Krankheit sofort von den Eltern getrennt werden muss

Fordern Sie die Eltern auf, das Kind baldmöglichst anzuschauen und zu berühren.

Ermutigen Sie die Eltern, längere Zeit mit dem Kind zu verbringen.

Unterstützen Sie Aktivitäten wie direkten Hautkontakt, Umfassen des Säuglings im Inkubator mit beiden Händen durch Mutter oder Vater sowie grundlegende Betreuungsaktivitäten.

Wird der Säugling in eine andere Einrichtung transportiert und dabei von der Mutter getrennt, …

- … lassen Sie die MitarbeiterInnen oft bei der Mutter anrufen.
- … ermutigen Sie die Familie, Zeit in der Neugeborenenintensivstation zu verbringen. Berichten Sie ihr mündlich und geben Sie ihr Fotos des Säuglings.
- Erkunden Sie familiäre und kommunale Ressourcen im Hinblick auf eine möglichst rasche Wiedervereinigung von Mutter und Kind.

Für Adoptiveltern

Beraten Sie Adoptiveltern dahingehend, dass viele Emotionen bei der ersten Interaktion mit ihren Kindern normal sind.
Beraten Sie Adoptiveltern über die Möglichkeit einer Postadoptionsdepression.
Halten Sie Adoptiveltern zum Besuch von Elternkursen an, bevor sie ihr Kind erhalten.

Beginnen mit Überweisungen, soweit angezeigt

Konsultieren Sie kommunale Einrichtungen wegen Nachsorgevisiten, falls angezeigt.
Verweisen Sie Eltern an sachdienliche Organisationen (siehe Literaturverzeichnis).

F: Die Forschung zeigt, dass es in den ersten Lebensminuten und -stunden des Säuglings eine «sensible Phase» gibt, in der das Kind hervorragend mit den Eltern zu interagieren vermag. Ein enger Kontakt zu diesem Zeitpunkt und in den folgenden Tagen ist für den Bonding-Prozess höchst vorteilhaft (Klaus/Kennell, 1976).
F: Diese Phase von der Geburt bis zu einem Alter von 3 Tagen ist wichtig für die Vater-Kind-Beziehung.
F: Bei der Versorgung von Familien mit einem hochgradig gefährdeten Neugeborenen können Pflegepersonen die Bindung fördern und Angst reduzieren, indem sie die Eltern durch häufiges Kommunizieren wissen lassen, dass sie willkommene Partner in der Versorgung ihres Kindes sind.
F: In einer Longitudinalstudie der Interaktion zwischen 49 Frühgeborenen und ihren Müttern stellte Zahr (1991) fest, dass die mütterliche Bewertung des kindlichen Temperaments und die Verfügbarkeit eines Unterstützungssystems die bedeutsamsten Variablen sind, die mit einer positiven Mutter-Kind-Interaktion nach 4 und 8 Monaten post partum korrelieren.
F: Zu einem kranken Kind knüpfen Eltern aus Furcht vor einem Verlust nur widerstrebend eine Beziehung. Dieses Widerstreben führt zu immensem Schuldgefühl.
F: Im Falle eines kranken oder behinderten Kindes müssen Eltern Gelegenheit zur Trauerarbeit erhalten, bevor Bindung einsetzen kann.
F: Geburtszimmer stärken den Bonding-Prozess, weil es dort weniger Störungen gibt.
F: In einer Forschungsstudie an 24 erstadoptierenden Müttern stellten Koepke et al. (1991) fest, dass die Adoptivmütter in ziemlich der gleichen Zeit und in ebenso individueller Weise begannen, affektive Bande zu ihren Babys zu knüpfen, wie dies leibliche Mütter tun. Adoptivmütter können für Phasen der Traurigkeit und mütterlicher Depression ebenso anfällig sein wie leibliche Mütter.

Elterlicher Rollenkonflikt

Definition

Elterlicher Rollenkonflikt: der Zustand, in dem ein Elternteil oder eine primäre Betreuungsperson als Reaktion auf externe Faktoren (z. B. Krankheit, Hospitalisierung, Scheidung, Trennung) eine Veränderung der Rolle erfährt oder wahrnimmt; Beeinträchtigungsgrad eines Kindes mit besonderen Bedürfnissen.

Elterlicher Rollenkonflikt (engl. Parental role conflict): Eltern erleben eine Rollenverwirrung und einen Rollenkonflikt als Reaktion auf eine Krise (NANDA-I, 2010).

Bestimmende Merkmale oder Kennzeichen

Hauptkennzeichen (eines oder mehrere obligat)

Ein Elternteil oder beide Eltern äußern Bedenken in Bezug auf Veränderungen der Elternrolle.

Erwiesene Unterbrechung von Pflege- und/oder Betreuungsroutinen.

Nebenkennzeichen (fakultativ)

Ein Elternteil oder beide Eltern äußern Bedenken/Gefühle, während der Hospitalisierung oder zuhause für die körperlichen und emotionalen Bedürfnisse des Kindes nicht hinreichend zu sorgen.

Ein Elternteil oder beide Eltern äußern Bedenken in Bezug auf die Wirkung der Krankheit des Kindes auf andere Kinder.

Ein Elternteil oder beide Eltern äußern Bedenken in Bezug auf die Versorgung von Geschwistern zuhause.

Eltern/Elternteil äußern/äußert Sorge(n) um die Familie aus (z. B. Funktionieren, Kommunikation, Gesundheit)

äußert Schuldgefühle

äußert Frustrationsgefühle

Furcht/Angst

[Elternteil äußert Besorgnis über einen Rollenkonflikt, einerseits mit einem Freund/einer Freundin ausgehen zu wollen, andererseits für die Versorgung des Kindes verantwortlich zu sein].

Ein Elternteil oder beide Eltern äußern Bedenken in Bezug auf den wahrgenommenen Verlust der Kontrolle über Entscheidungen hinsichtlich des Kindes.

Einflussfaktoren

Situationsbedingte Faktoren (persönlich bedingt, umgebungsbedingt)

B/d Trennung vom Kind, s/b/d:

Geburt eines Kindes mit angeborenem/r Defekt/Behinderung und/oder einer chronischen Krankheit.

Hospitalisierung eines Kindes mit einer akuten oder chronischen Krankheit.
Veränderung der Akkuratesse, der Prognose oder des Pflegeumfeldes (z. B. Verlegung von der oder auf die Intensivstation).

B/d Furcht vor dem Involviertsein oder Einschüchterung, s/b/d: invasive oder restriktive Behandlungsmodalitäten (z. B. Isolation, Intubation).

B/d eine Unterbrechung des Familienlebens, s/b/d:

häusliche Pflege eines Kindes mit besonderen Bedürfnissen (z. B. Apnöüberwachung, Lagerungsdrainage, parenterale Ernährung).
häufige Besuche in der Klinik.
Hinzukommen eines neuen Familienmitglieds (alternder Verwandter, Neugeborenes).
Störungen des Familienlebens auf Grund häuslicher Pflege (z. B. Therapien, Pflegepersonen, fehlende Erholungsmöglichkeiten).

B/d eine Veränderung der Fähigkeit, Eltern zu sein, s/b/d:

Krankheit eines Elternteils.
Verabredungen.
Scheidung.
Wiederheirat.
Veränderung des Zivilstands[, Rollenkonflikte des alleinerziehenden Elternteils]
Verantwortlichkeiten am Arbeitsplatz.
erforderliche Reisen.
Tod.

Anmerkung der Autorin

Siehe *beeinträchtigte elterliche Fürsorge.*

Ziele

NOC

- Anpassung der/des pflegenden Angehörigen an die Institutionalisierung des Patienten
- Bereitschaft der/des pflegenden Angehörigen für die häusliche Versorgung
- Coping
- Soziales Klima in der Familie
- Funktionsfähigkeit der Familie
- Elterliche Fürsorge

Der Elternteil und das Kind zeigen Kontrolle über die Entscheidungsfindung.

Indikatoren

- Äußern von Gefühlen in Bezug auf die Situation.
- Benennen von Unterstützungsquellen.

Allgemeine Interventionen

NIC

- Unterstützung pflegender Angehöriger/Laien
- Rollenförderung
- Angeleitete Antizipation
- Förderung der Familienbeteiligung

Einschätzen der aktuellen Situation

Wahrnehmungen der Situation und Reaktionen auf die Situation seitens der Eltern und Kinder.

Verstehen der Eltern in Bezug auf die Auswirkungen der Situation auf Kinder und deren typische Reaktionen.

Veränderungen elterlicher Handlungsweisen und täglicher Routinen (Umsetzung oder Veränderungen von Arrangements zur Pflege/Versorgung des Kindes).

Andere beeinflussende Stressoren (finanziell, berufsbedingt).

Ausmaß des Konfliktes zwischen den Eltern.

Soziale Unterstützung für beide Eltern.

Ermutigen des Vaters, sich an der Pflege/Versorgung zu beteiligen

Fördern Sie die Stärken des Vaters.

Sorgen Sie für einen angemessenen Ort zum Trauern.

Ermutigen Sie ihn, seine Trauer mitzuteilen.

Beziehen Sie den Vater in die Pflege/Versorgung ein.

Unterstützen der Eltern beim Setzen von Grenzen gegenüber dem Kind

Erläutern der Grenzen akzeptablen Verhaltens.

Erwarten, dass das Kind altersgerechte Selbstpflegeaktivitäten durchführt, wenn es dazu in der Lage ist.

Zuweisen altersgerechter Aufgaben.

Erwarten, dass sich das Kind an seiner Pflege/Versorgung beteiligt.

Ermutigen der Eltern, sich um Reaktionen von Geschwistern zu kümmern

Helfen Sie den Eltern, mit den Geschwistern über die Erkrankung/den Zustand des Kindes zu sprechen.

Fordern Sie die Eltern auf, Geschwistern besondere Zeit zu widmen; erkennen Sie an, dass negative Gefühle normal sind und gestatten Sie eine gewisse Beteiligung an der Versorgung/Pflege des Kindes.

Ermöglichen Sie Geschwistern ein Leben außerhalb der Betreuung.

Unterstützen der Familie beim Stärken der Entscheidungsfindungsfähigkeiten (Dunst et al., 1988a; Smith, 1999)

Heben Sie die Verantwortung der Eltern bei der Bedarfsdeckung und beim Problemlösen hervor.

Betonen Sie, auf elterlichen Stärken aufzubauen.

Sorgen Sie für aktives und reflexives Zuhören.

Bieten Sie normative Hilfe an, die sich mit der Bedarfseinschätzung der Eltern deckt.

Fördern Sie den Erwerb von Kompetenzen.

Nutzen Sie die Zusammenarbeit zwischen Eltern und Fachkräften als Mechanismus, um Bedürfnissen zu entsprechen.

Belassen Sie die Kontrollüberzeugung bei den Eltern.

Akzeptieren und unterstützen Sie Entscheidungen der Eltern.

Unterstützen von Geschwistern (Wong, 2003)

Achten Sie auf die Gefühle der Geschwister. Akzeptieren Sie Wut in vernünftigem Maße. Loben Sie sie, wenn sie geduldig oder sehr hilfreich waren.

Erklären Sie die Erkrankung/den Zustand ihres Geschwisters und beschränken Sie ihre Verantwortlichkeit für die Pflege/Versorgung.

Ermutigen zum Äußern von Gefühlen (Wong, 2003)

Beschreiben Sie Verhalten, z. B.: «Sie scheinen meist wütend zu sein.»

Zeigen Sie Verständnis, z. B.: «Wütend zu sein ist nur natürlich.»

Helfen Sie, sich auf Gefühle zu konzentrieren: «Fragen Sie sich, warum Ihrem Kind dies zugestoßen ist?»

Anbahnen von Partnerschaften zwischen Eltern und Pflegenden

Versuchen Sie es mit einer Primärversorgung (Wong, 2003) mit gleichbleibendem Personal.

Erkennen Sie die letztliche Kompetenz der Eltern und deren einzigartige Erfahrung an.

Erklären Sie alles mit der Pflege Verbundene.

Beziehen Sie die Eltern in Treffen des Teams ein.

Verhandeln Sie bei Differenzen, seien Sie flexibel und bieten Sie Erholung an.

Beginnen mit Edukation und Überweisen, soweit angezeigt

Stellen Sie sicher, dass sich die Schulschwester der Situation bewusst ist.

Beginnen Sie mit Überweisungen nach Bedarf, z. B. in häusliche Pflege, Tagespflege, Kurzzeitpflege.

Weisen Sie örtliche und landesweite Fachgesellschaften und Patientenorganisationen aus.

Für zusätzliche Interventionen siehe *Rollenüberlastung pflegender Angehöriger/Laien*.

F: Pflegestrategien auf der Grundlage des Empowerment-Modells sind am effektivsten, um Eltern beim Lösen von Rollenkonflikten und beim Durchlaufen des Rollenübergangs zu helfen.

F: Diese Strategien können Eltern beim Erwerb elterlicher Verhaltensweisen helfen, die bei der dauerhaften oder vorübergehenden Fürsorge für ihr krankes Kind in der Klinik oder zuhause ihre Wirkung haben.

F: Eltern als ExpertInnen bei der Fürsorge für ihr Kind zu respektieren fördert Selbstvertrauen und Zusammenarbeit mit den Betreuungspersonen (Baker, 1994).

F: Die Anpassung an die Krankheit kann von Schuldgefühlen, Selbstbezichtigungen, Wut und Bitterkeit begleitet sein (Wong, 2003).

F: Geschwister benötigen altersgerechte Erklärungen der Situation. Sie müssen auf die körperlichen Veränderungen und mögliche Rollenwechsel vorbereitet werden (Wong, 2003).

F: Geschwister sehen sich in den Hintergrund gedrängt und erleben eine abrupte Veränderung bei bestimmten Ereignissen, wie z. B. im Urlaub oder in der Freizeit. Unter Umständen stehen ihnen die Eltern weder emotional noch physisch zur Verfügung (Wong, 2003).

F: Geschwister erleben Einsamkeit, vermehrte Verantwortlichkeiten, Furcht, Eifersucht, Schuldgefühle und Widerwillen (Wong, 2003).

Elterlicher Rollenkonflikt

... b/d Auswirkungen einer Krankheit und/oder Hospitalisierung eines Kindes

Ziele

NOC

Siehe Elterlicher Rollenkonflikt.

Der Elternteil zeigt Kontrolle über die Entscheidungsfindung hinsichtlich des Kindes und kooperiert mit Gesundheitsfachpersonen bei Entscheidungen über dessen Pflege/Versorgung.

Indikatoren

- Angeben von Informationen über den Gesundheitszustand des Kindes und den Behandlungsplan.
- Beteiligung an der Fürsorge für das Kind im häuslichen/klinischen Setting bis zum gewünschten Grad.
- Äußern von Gefühlen über die Krankheit und die Hospitalisierung des Kindes.
- Finden und Nutzen verfügbarer Unterstützungssysteme, die den Eltern Zeit und Energie geben, sich mit den Bedürfnissen des erkrankten Kindes zu befassen.

Allgemeine Interventionen

NIC

Siehe Elterlicher Rollenkonflikt.

Helfen beim Adaptieren der Elternrolle während einer Krankheit (Newton, 2000)

Setzen Sie Rollenergänzungsstrategien und Rollenhinweise ein, um Eltern dabei zu helfen, sich ihrer Rolle zur Erfüllung der Bedürfnisse ihres Kindes anzupassen.

Seien Sie Rollenvorbild für elterliches Verhalten, das dem Entwicklungsstadium und der Erkrankung des Kindes angemessen ist.

Instruieren Sie die Eltern, mit Strategien des Grenzen-Setzens und fürsorglichem Verhalten fortzufahren (z. B. Berühren und Umarmen trotz Hospitalisierung und Behinderungen durch Vorrichtungen).

Sorgen Sie für Informationen, um Eltern zu befähigen, die Elternrolle an die Situation der Hospitalisierung und/oder chronischen Krankheit anzupassen.

Sorgen Sie für Informationen über Klinikroutinen und -vorgehensweisen, wie etwa Besuchszeiten, Essenszeiten, Abteilungsroutinen, medizinische und pflegerischen Routinen, Rooming-in usw.

Stellen Sie sich selbst und weitere an der Versorgung des Kindes beteiligte Gesundheitsfachpersonen vor und erläutern Sie die Rolle eines jeden Teammitglieds.

Erläutern Sie den Eltern Prozeduren und Tests, helfen Sie ihnen, dem Kind diese Aktivitäten zu erläutern. Erörtern Sie das altersgerechte Reaktionsspektrums des Kindes.

Schätzen Sie die übliche Elternrolle oder die Interpretation der realen oder wahrgenommenen Elternrolle ein.

Schätzen Sie ein, was die Eltern über das normale Wachstum und die normale Entwicklung des Kindes, über Sicherheitsbelange usw. wissen. Bieten Sie ggf. ergänzende Informationen an (siehe *verzögerte[s] Wachstum und Entwicklung*).

Lehren Sie die Eltern spezielle Fertigkeiten, die nötig sind, um für die körperlichen Bedürfnisse und den Gesundheitsversorgungsbedarf des Kindes zu sorgen.

Fördern der Kommunikation über die Erkrankung und den Behandlungsplan

Fördern Sie die offene Kommunikation zwischen sich selbst und den Eltern. Räumen Sie Zeit für Fragen und häufiges Wiederholen der Information ein. Geben Sie direkte und ehrliche Antworten.

Erleichtern Sie die offene Kommunikation zwischen den Eltern und anderen Mitgliedern des Gesundheitsversorgungsteams.

Gehen Sie mit neuen Informationen auf die Eltern zu, lassen Sie sie nicht die Verantwortung für die Suche nach Informationen übernehmen.

Erleichtern Sie die Kommunikation durch Telefonanrufe, wenn Eltern nicht bei ihrem Kind sein können. Erlauben Sie den Eltern, die Bezugspflegeperson oder die das Kind versorgende Pflegeperson anzurufen.

Erleichtern Sie die interdisziplinäre Kommunikation, damit alle Mitglieder des Gesundheitsversorgungsteams über gleiche und stimmige Informationen verfügen, die sie an die Familie weitergeben.

Verkürzen Sie wann immer möglich die Wartezeit für die Eltern.

Schätzen Sie ein, inwieweit die Eltern die Krankheit ihres Kindes verstehen.

Erläutern und interpretieren Sie den Eltern die medizinische Terminologie, um deren Wissen über die Erkrankung des Kindes zu erweitern:

- Warum ist das Kind in der Klinik?
- Was geschieht in dieser Zeit mit dem Kind?
- Ist das Kind während der Prozeduren wach?
- Wird es Schmerzen oder Beschwerden haben?
- Wird ihm wehgetan?
- Was wird gegen die Beschwerden getan?
- Wird die Prozedur das Kind in irgendeiner Weise verändern? Ist diese Veränderung vorübergehend oder dauerhaft?
- Wer darf das Kind besuchen? Und wann?
- Was darf von zuhause in die Klinik mitgebracht werden?
- Wie lange bleibt das Kind in der Klinik?
- Wird das Kind zuhause Einschränkungen unterliegen?

Demonstrieren Sie, wie man dem Kind Ereignisse erklärt. Helfen Sie den Eltern, dem Kind und anderen Familienmitgliedern etwas zu erklären.

Respektieren Sie die Vertraulichkeit von Informationen. Teilen Sie Informationen über das Kind nur den Eltern mit. Instruieren Sie andere Familienmitglieder, Informationen bei den Eltern einzuholen.

Unterstützen kontinuierlicher Entscheidungsfindung

Erlauben Sie den Eltern, beim Formulieren des Pflegeplans für ihr Kind mitzuhelfen.

Nutzen Sie die Eltern als Quelle für Informationen über das Kind, sein übliches Verhalten, seine Reaktionen und Vorlieben.

Erklennen Sie Eltern als Experten in Sachen ihres Kindes an.

Erlauben Sie den Eltern auf Wunsch, bei Behandlungen und Prozeduren anwesend zu sein.

Binden Sie Eltern in Entscheidungen über die Pflege/Versorgung des Kindes ein, indem Sie ihnen – wann immer möglich – Entscheidungsspielräume einräumen.

Beteiligen der Eltern an der Pflege/Versorgung ihres Kindes im gewünschten Maße

Sorgen Sie für ein 24-Stunden-Rooming-in für mindestens ein Elternteil sowie für erweiterte Besuchsmöglichkeiten für andere Familienmitglieder.

Kooperieren und verhandeln Sie in Bezug auf elterliche Tätigkeiten, welche die Eltern fortführen möchten, Tätigkeiten, die sie von anderen übernommen sehen möchten, Tätigkeiten, die sie teilen möchten und Tätigkeiten, die sie erlernen möchten.

Schätzen Sie die Fähigkeit der Eltern ein, das Kind zu trösten; nutzen Sie dazu Strategien des Tröstens, die Ihnen von den Eltern für das Kind genannt wurden.

Ermöglichen Sie den Eltern, Zeit ohne Unterbrechungen mit dem Kind zu verbringen.

Sorgen Sie über die Bezugspflege für konstante Betreuungspersonen für die Familie. Erläutern Sie die Rolle der Bezugspflegeperson sowie deren Verantwortlichkeiten und Verpflichtung gegenüber Eltern und Kind.

Erkunden Sie mit den Eltern deren persönliche Verantwortlichkeiten (d. h. Arbeitsplan, Versorgung von Geschwistern, Verantwortlichkeiten im Haushalt und gegenüber der erweiterten Familie). Unterstützen Sie sie beim Erstellen eines Plans, der genügend Betreuungszeit für das Kind oder Besuchszeit für ein hospitalisiertes Kind lässt, ohne Frustration beim Erfüllen anderer Rollenverantwortlichkeiten. Wenn beispielsweise ein Besuch erst in den Abendstunden möglich ist, so zögern Sie das Baden des Kindes hinaus und ermöglichen Sie den Eltern, dies selbst zu tun.

Unterstützen der elterlichen Fähigkeit zur Normalisierung der klinischen/häuslichen Umgebung

Orientieren Sie Eltern und Kind möglichst vor der Aufnahme bzw. Verlegung durch einen Rundgang im klinischen Setting.

Orientieren Sie Eltern im klinischen Umfeld: Küche, Spielzimmer, Badezimmer, Behandlungsraum und Aufenthaltsraum für Eltern.

Instruieren Sie die Eltern, wo sie die für sich und ihr Kind nötigen Verbrauchsmaterialien erhalten.

Orientieren Sie Eltern auch in anderen Klinikbereichen: Cafeteria, Kapelle, Geschenkladen, Bücherei etc.

Fordern Sie die Eltern auf, Spielzeug und Kleidung von zuhause mitzubringen.

Erlauben Sie den Eltern, Nahrungsmittel wie zuhause zuzubereiten oder zuhause zubereitete Nahrungsmittel mitzubringen, wenn gewünscht.

Halten Sie Familien dazu an, Mahlzeiten gemeinsam zu sich zu nehmen.

Sorgen Sie für Besuche durch Geschwister. Helfen Sie den Eltern, Geschwister auf den Besuch vorzubereiten.

Bauen Sie die tägliche Routine um die häusliche Routine herum auf, wie von den Eltern aufgezeigt.

Sorgen Sie für Privatsphäre für Eltern-Kind-Interaktionen (z. B. Stillen, Familienzeit für Teenager und ihre Eltern).

Versorgen Sie die Eltern mit bequemen Möglichkeiten für Besuche Übernachtungen am Bett des Kindes, wenn möglich auch mit leichtem Zugang zum Kind.

Versuchen Sie, durch die Station/Abteilung bedingte Stressoren (z. B. Lärmpegel, übermäßige Zugänge durch Klinikpersonal, ungeplante Pflege/Versorgung des Patienten), durch die Phasen der Stille/Ruhe unterbrochen werden, auf einem Mindestmaß zu halten.

Sorgen Sie für altersgerechte Entwicklungs- (Schule) und Freizeitaktivitäten für das Kind, um Eltern Gelegenheit zu geben, als solche tätig zu werden.

Ermutigen Sie Eltern, ihr Kind hin und wieder mit nach draußen zu nehmen, etwa zu einem Besuch zuhause, wenn möglich.

Gehen Sie bei der Pflegeplanung interdisziplinär vor, um den Klinikaufenthalt möglichst kurz zu halten.

Helfen beim Äußern von Gefühlen zur Krankheit oder Hospitalisierung des Kindes

Ermutigen Sie die Eltern, Gefühle und Bedenken hinsichtlich der Erkrankung oder Hospitalisierung des Kindes sowie der wahrgenommenen Notwendigkeit einer Veränderung der Elternrolle zu äußern.

Geben Sie Eltern Gelegenheit, allein und ohne das Kind zu sein, um ggf. Gefühle, Frustration und Befürchtungen frei äußern zu können.

Zeigen Sie, dass Sie die Gefühle der Eltern akzeptieren.

Suchen und finden Sie MitarbeiterInnen, die eine therapeutische Beziehung zu den Eltern geknüpft haben.

Geben Sie Eltern Gelegenheit, über sich selbst, über Ereignisse in Zusammenhang mit der Hospitalisierung/Krankheit ihres Kindes sowie über reale oder wahrgenommene Rollenkonflikte und -veränderungen vorübergehender oder dauerhafter Natur zu sprechen.

Sorgen für physische und emotionale Bedürfnisse der Eltern

Schätzen Sie ein, inwieweit die Eltern in der Lage sind, ihren Selbstpflegebedürfnissen (z. B. nach Ruhe, Ernährung, Aktivität, Privatsphäre) nachzukommen und fördern Sie dies.

Ermöglichen Sie den Eltern, den Betreuungsplan in soweit zu bestimmen, dass er sich mit einem Plan zur Befriedigung eigener Bedürfnisse deckt.

Schätzen Sie Unterstützungssysteme ein: Eltern untereinander, Familie, Freunde, Geistliche usw.

Schätzen Sie Stärken der Familie ein, erkennen Sie sie an und fördern Sie sie.

Fördern und Bestärken Sie effektive Coping-Strategien der Eltern.

Hören Sie auch weiterhin auf Bedenken der Eltern hinsichtlich des Kindes und der Elternrolle.

Schätzen Sie auch weiterhin zusätzliche Stressoren im Familien-Setting ein.

Beginnen mit Überweisen, soweit angezeigt

Priester, Sozialdienst, kommunale Einrichtungen (Kurzzeitpflege), Selbsthilfegruppen der Eltern.

Versorgen Sie Eltern mit Informationen, um selbst auf Hilfsquellen zugehen zu können.

F: Gefühle der Angst, Schuld, Machtlosigkeit und verminderter Kompetenz sowie durch fehlende/mangelnde Informationen oder Vertrautheit mit dem klinischen Umfeld, Personal und System können Eltern behindern, sich neue und effektive elterliche Verhaltensweisen anzueignen.

F: Pflegende sind in einer außerordentlichen Position, Eltern beim Erwerb effektiver elterlicher Fertigkeiten für ihr krankes Kind zu helfen, indem sie ihnen Hinweise für die Rolle und Rollenergänzungsstrategien, wie etwa Rollenstärkung und -vorbilder, vermitteln.

F: Unterstützung und Stärkung des Rollenübergangs bei Eltern eines kranken Kindes lassen sich am besten in einem durch Grundsätze der familienzentrierten Pflege/Versorgung geleitetetn Setting und durch einen Pflegeprozess erreichen, der ebenfalls durch diese familienzentrierte Philosophie geleitet wird.

F: Auf der Grundlage der Förderung von Selbstbestimmtheit, Entscheidungsfindungsfähigkeiten und Selbstwirksamkeit erfordert das familienzentrierte Empowerment-Modell, von drei Dingen überzeugt zu sein:

1. Eltern sind kompetent in der Pflege/Versorgung ihres Kindes oder können es werden.
2. Eltern müssen Gelegenheit bekommen, Kompetenzen in der Pflege/Versorgung ihres Kindes zu zeigen.
3. Eltern benötigen die erforderlichen Informationen, um Entscheidungen auf der Grundlage von Informationen zu treffen und damit Kontrolle über die Pflege/Versorgung ihres Kindes zu bekommen (Dunst et al., 1988).

F: Pflegeinterventionen sollten darauf ausgerichtet sein, Eltern auf potenzielle Stressoren vorzubereiten, um Angst zu lindern und ihnen damit zu ermöglichen, mehr Energie darauf zu verwenden, das Umfeld ihres hospitalisierten Kindes zu normalisieren.

F: Stress der Eltern kann gelindert werden, indem man …

- … den Eltern das Gefühl vermittelt, Teil des Teams zu sein, das ihr Kind versorgt, und alle Informationen zu haben, die über die Erkrankung/den Zustand des Kindes vorliegen.
- … den Eltern erlaubt, das Kind zu trösten.
- … die Eltern tröstet.
- … das Kind als Individuum behandelt, etwa indem man es mit Namen anspricht, ihm in angemessener Weise entgegentritt und es auch anspricht, wenn es komatös ist.

F: Alexander und MitarbeiterInnen (1988) fanden signifikant höhere Grade von Angst bei Eltern stationär behandelter Kinder ohne Rooming-in, vor allem mit zunehmender Dauer der Hospitalisierung.

F: Knafl und Dixon (1984) zufolge berichteten 24 % der Väter über eine Erweiterung ihrer Rolle als Folge der Hospitalisierung ihres Kindes. Diese Ausweitung beinhaltete auch die Verantwortung für das Überwachen der Pflege/Versorgung des Kindes.

F: Pass und Pass (1987) schlagen vor, Eltern eine Liste mit Fragen zu geben, die sie zur Hospitalisierung ihres Kindes stellen sollten.

F: Alexander und MitarbeiterInnen (1988) fanden ein signifikantes Maß starker Angst bei Vätern ohne Rooming-in, mit einer größeren Anzahl von Kindern zuhause, was für eine Verlagerung häuslicher Verantwortlichkeiten spricht.

Unwirksames familiäres Therapiemanagement

Definition

Unwirksames familiäres Therapiemanagement: ein Verhaltensmuster, bei dem die Familie Schwierigkeiten hat, ein Programm zur Behandlung einer Krankheit und ihrer Folgen, das spezifischen Gesundheitszielen entspricht, in den Alltag zu integrieren, oder entsprechend gefährdet ist.

Unwirksames familiäres Therapiemanagement: Verhaltensmuster zur Steuerung und Integration eines Behandlungsprogramms einer Krankheit und deren Folgen in familiäre Prozesse, das nicht geeignet ist, spezifische Gesundheitsziele zu erreichen (NANDA-I, 2010).

Bestimmende Merkmale oder Kennzeichen

Hauptkennzeichen (obligat)

Aktivitäten der Familie, die nicht geeignet sind, die Ziele eines Behandlungs- oder Präventionsprogramms zu erreichen.

Familienmitglieder äußern Schwierigkeiten mit dem Therapieprogramm.

Familienmitglieder äußern den Wunsch, Krankheit und Therapieprogramm zu bewältigen.

Nebenkennzeichen (fakultativ)

Erwartetete oder unerwartete beschleunigte Entwicklung von Krankheitssymptomen eines Familienmitglieds, schnelles Fortschreiten von Krankheitssymptomen eines Familienmitglieds..

Fehlende/mangelnde Aufmerksamkeit gegenüber der Erkrankung und ihren Folgeerscheinungen.

Äußerung des Wunsches, die Behandlung der Krankheit und die Prävention ihrer Folgen zu managen.

Äußern von Schwierigkeiten beim Regulieren/Integrieren eines oder mehrerer verordneter Therapiepläne gegen die Krankheit und ihre Auswirkungen oder zur Prävention von Komplikationen.

Äußern, dass die Familie keine Maßnahmen ergriffen hat, um Risikofaktoren für das Fortschreiten der Krankheit und ihrer Folgen zu verringern.

Unvermögen, Maßnahmen zu ergreifen, die die Risikofaktoren reduzieren.

Einflussfaktoren

- Komplexität des Gesundheitssystems
- Komplexität des Therapieprogramms
- Entscheidungskonflikte
- wirtschaftliche Schwierigkeiten
- überzogene Ansprüche
- Familienkonflikt[e].

Weitere siehe *unwirksames Management der eigenen Gesundheit.*

Anmerkung der Autorin

Siehe *unwirksames Management der eigenen Gesundheit.*

Irrtümer in diagnostischen Aussagen

Siehe *unwirksames Management der eigenen Gesundheit.*

Zentrale Konzepte

Siehe *unwirksames Management der eigenen Gesundheit.*

Einschätzungskriterien des Fokusassessments

Siehe *unwirksames Management der eigenen Gesundheit.*

Allgemeine Interventionen

Siehe *unwirksames Management der eigenen Gesundheit.*

Beeinträchtigte Haushaltsführung

Definition

Beeinträchtigte Haushaltsführung: der Zustand, in dem eine Person oder Familie Schwierigkeiten hat, eine sichere, saubere, Wachstum bewirkende häusliche Umgebung aufrechtzuerhalten oder entsprechend gefährdet ist.

Beeinträchtigte Haushaltsführung (engl. Impaired home maintenance): Unfähigkeit, selbstständig für eine sichere, entwicklungsfördernde, unmittelbare Umgebung zu sorgen (NANDA-I, 2010).

Bestimmende Merkmale oder Kennzeichen

Hauptkennzeichen (eines oder mehrere obligat)

Äußerungen oder Beobachtungen in Bezug auf:

Schwierigkeiten beim Wahren der häuslichen Sauberkeit, eines gemütlichen Heims.

Schwierigkeiten beim Wahren der häuslichen Sicherheit.

die Unfähigkeit, einen Haushalt zu führen.

das Fehlen ausreichender Geldmittel, bestehende finanzielle Schwierigkeiten, Schulden.

Bitten um Unterstützung in der Haushaltsführung.

Nebenkennzeichen (fakultativ)

- unordentliche Umgebung [oder]
- schmutzige Umgebung
- widerliche Gerüche
- ungeeignete Temperatur im Haushalt
- Vorhandensein von Ungeziefer
- wiederholtes Auftreten von unhygienischen Zuständen
- wiederholt auftretende Infektionen aufgrund mangelnder Hygiene
- Mangel an notwendiger Ausstattung
- nicht verfügbare Kochausrüstung
- mangelhafte Kleidung
- mangelhafte Bettwäsche
- fehlende Kleidung
- fehlende Bettwäsche
- überforderte Familienmitglieder.

Einflussfaktoren

Pathophysiologische Faktoren

B/d eine gestörte Funktionsfähigkeit, s/b/d eine chronische, zu Behinderung führende Erkrankung:
B/d Verletztung

Diabetes mellitus.
multiple Sklerose.
Apoplex.
Krebs.
Arthritis.
Herzinsuffizienz.
Parkinson-Krankheit.
chronisch-obstruktive Lungenerkrankung (COPD).
Muskeldystrophie.

Situationsbedingte Faktoren (persönlich bedingt, umgebungsbedingt)

B/d eine Veränderung der Funktionsfähigkeit von (spezifiziere Familienmitglied), s/b/d:

eine Verletzung (Fraktur einer Gliedmaße, Rückenmarkverletzung).
eine Operation (Amputation, Stomaanlage).
einen gestörten Geisteszustand (Gedächtnisausfälle, Depression, Angst, schwere Panik).
Substanzmissbrauch (Alkohol, Drogen).

B/d ein nicht verfügbares oder unzulängliches Unterstützungssystem.
B/d den Verlust eines Familienmitglieds.

B/d fehlende Rollenmodelle (Vorbilder)
B/d ein Wissensdefizit.
B/d unzureichende finanzielle Mittel.
B/d unzureichende Familienorganisation
B/d unzureichende Familienplanung
B/d ungewohnter Umgang mit Nachbarschaftshilfe

Altersbedingte Faktoren

Säugling
B/d vielfältigen Pflegebedarf, s/b/d:

Hochrisikogeburt.

Älterer Mensch

B/d vielfältigen Pflegebedarf, s/b/d:

ein Familienmitglied mit Defiziten (kognitiv, motorisch, sensorisch).

Anmerkung der Autorin

Mit steigender Lebenserwartung und sinkender Sterblichkeit nimmt die Anzahl alter Menschen stetig zu, von denen viele zuhause leben. Achtzig Prozent der Menschen im Alter von 65 Jahren und darüber berichten über eine oder mehrere chronische Krankheiten. Von den 65- bis 74-Jährigen geben 20 % Einschränkungen ihrer Aktivität an und 15 % können mindestens eine Aktivität des täglichen Lebens nicht mehr unabhängig ausführen (Miller, 2004). Die Verlagerung von einer primär klinischen Gesundheitsversorgung hin zu verkürzten Liegezeiten hat dazu geführt, dass viele funktionell beeinträchtigte Menschen nach Hause entlassen werden. Oft wird fälschlicherweise angenommen, dass jemand die Verantwortlichkeiten im Haushalt übernehmen wird, bis der Klient genesen ist.

Beeinträchtigte Haushaltsführung beschreibt Situationen, in denen eine Person oder Familie Unterweisung, Überwachung oder Assistenz benötigt, um den Haushalt zu führen. Gewöhnlich ist eine in der kommunalen Gesundheitsversorgung tätige Pflegeperson die am besten für ein Assessment der häuslichen Umgebung und des Funktionierens der Person in dieser Umgebung geeignete Fachkraft. Pflegende in Akut-Settings können Überweisungen für Assessmenthausbesuche tätigen.

Eine Pflegeperson, die einen Schulungsbedarf diagnostiziert, um Probleme im Haushalt zu verhindern, kann dies so formulieren: *Gefahr einer beeinträchtigten Haushaltsführung,* **b/d** *unzureichendes Wissen (zu spezifizieren).*

Irrtümer in diagnostischen Aussagen

1. *Beeinträchtigte Haushaltsführung,* **b/d** *Burnout der Betreuungsperson*
   Burnout der Betreuungsperson ist weder ein Zeichen noch ein Einflussfaktor bei *beeinträchtigter Haushaltsführung.* Sie steht in Verbindung mit *Rollenüberlastung pflegender*

Angehöriger/Laien. Beeinträchtigte Haushaltsführung kann auch vorliegen, wenn die Betreuungsperson durch vielfältige Verantwortlichkeiten überlastet ist. In dieser Situation sind beide Diagnosen erforderlich, da sich die entsprechenden Interventionen unterscheiden.

Pädiatrische Überlegung

- Kinder hängen hinsichtlich der häuslichen Versorgung von Familienmitgliedern ab.
- Zu den therapeutischen Trends bei chronisch kranken oder behinderten Kindern gehören häusliche Pflege, frühzeitige Entlassung, besondere Beachtung des Entwicklungsalters sowie das Assessment von Stärken und Einzigartigkeit. Interventionen sind auf die gesamte Familie statt allein auf das kranke Kind ausgerichtet (Wong, 2003).
- Von Neugeborenenintensivstationen entlassene Babys erfordern eine technisch komplexe häusliche Versorgung/Pflege. Zur Kostendämpfung und Reduzierung unerwünschter Effekte der Hospitalisierung auf das Familiensystem erfolgt die Entlassung möglichst früh.

Geriatrische Überlegungen

- Chronische Erkrankungen, Funktionsbeeinträchtigungen und verminderte finanzielle Ressourcen sind bei älteren Menschen häufiger als bei jüngeren und auch das soziale Netzwerk ist kleiner (Miller, 2004).
- Nach dem 75. Lebensjahr sind die meisten in der Gemeinde lebenden Menschen in der USA allein stehend und 60 % sind Eigentümer ihres Hauses/ihrer Wohnung (Miller, 2004).
- Die Funktionsfähigkeit umfasst ADL sowie instrumentelle Aktivitäten des täglichen Lebens (IADL), jene Fertigkeiten, die man benötigt, um allein zu leben (z. B. Nahrungsmittel beschaffen, Kochen, Telefonieren, Saubermachen, Umgang mit Geld). IADL sind zur Gänze an körperliche und kognitive Fähigkeiten gebunden. Ein alter, allein lebender Mensch läuft Gefahr, in eine Institution eingewiesen zu werden, wenn er zu IADL nicht mehr in der Lage ist. Es ist durchaus möglich, dass kein soziales Netzwerk diese Defizite bewältigen kann (Miller, 2004).
- Zirka neun von zehn älteren Menschen haben eine oder mehrere chronische Gesundheitsstörungen mit unterschiedlichen funktionellen Auswirkungen. Chronische Krankheiten führen dazu, dass etwa 60 % alter Menschen über 75 Jahre ihre ADL einschränken (Holzapfel, 1998).
- Neben der Schwächung kognitiver oder körperlicher Fähigkeiten nehmen bei älteren Menschen auch die finanziellen Ressourcen ab, Verwandte werden seltener und soziale Unterstützung aus der Nachbarschaft geht zurück. Unter Umständen lebt der alte Mensch auch in Wohnverhältnissen, die unter Standard liegen und eine einfache Anpassung an individuelle körperliche oder kognitive Defizite nicht erlauben (Miller, 2004).
- In einigen Kulturen und Familienstrukturen können ältere Menschen in manchen Bereichen der Haushaltsführung Unterstützung suchen und sich dennoch ein Gefühl der Unabhängigkeit bewahren. Diese Menschen haben beschlossen, noch für längere Zeit unabhängig leben zu können, indem sie ausgewählte Ressourcen nutzen (Miller, 2004).

Ziele

NOC

- Funktionsfähigkeit der Familie

Die Person oder die Betreuungsperson äußert Zufriedenheit mit der häuslichen Situation.

Indikatoren

- Herausarbeiten von Faktoren, welche die Selbstpflege und Haushaltsführung einschränken.
- Demonstrieren der Fähigkeit zur Durchführung der zur Haushaltsführung notwendigen Fertigkeiten.

Allgemeine Interventionen

NIC

- Haushaltsführungsunterstützung
- Unterstützung bei der Selbstversorgung: IADL
- Umgebungsmanagement: Sicherheit
- Umgebungsmanagement

Die folgenden Interventionen treffen unabhängig von der Ätiologie auf viele Personen zu, deren Fähigkeit zur Haushaltsführung beeinträchtigt ist.

Einschätzen ursächlicher und beeinflussender Faktoren

Wissensdefizit.
Unzureichende finanzielle Mittel.
Fehlende/mangelnde benötigte Gerätschaften oder Hilfsmittel.
Unvermögen/Unfähigkeit zur Durchführung von Aktivitäten im Haushalt (z. B. durch Krankheit, sensorische Ausfälle, motorische Defizite).
Beeinträchtigtes kognitives Funktionieren.
Beeinträchtigtes emotionales Funktionieren.

Eliminieren oder Reduzieren ursächlicher Faktoren, wenn möglich

Wissensdefizit

Stellen Sie zusammen mit dem Klienten und dessen Familie fest, welche Informationen er sich aneignen muss:

- Überwachungsfertigkeiten (Puls, Kreislauf, Urin)
- Verabreichen von Medikamenten (Prozedur, Nebenwirkungen, Vorsichtsmaßnahmen)
- Behandlung/Prozeduren

- Gebrauch/Wartung von Geräten
- Sicherheitbelange (z. B. im Umfeld)
- kommunale Ressourcen
- Nachsorge
- angeleitete Antizipation (gelenkte Imagination) (z. B. emotionale und soziale Bedürfnisse, Alternativen der häuslichen Pflege).

Beginnen Sie mit der Unterweisung. Geben Sie detaillierte schriftliche Instruktionen.
Verweisen Sie die Familie an eine kommunale Pflegeeinrichtung zur Nachbetreuung.

Unzureichende finanzielle Mittel

Wenden Sie sich zur Unterstützung an das Sozialamt.
Wenden Sie sich zur Unterstützung an Fachgesellschaften/-organisationen.

Fehlende/mangelnde benötigte Gerätschaften oder Hilfsmittel

Stellen Sie fest, welche Art von Ausrüstung benötigt wird. Wägen Sie Verfügbarkeit, Kosten und Haltbarkeit ab.
Lassen Sie sich von Einrichtungen/Unternehmen unterstützen, die solche Ausrüstung vermieten oder verleihen:

- Unterweisen Sie in Pflege und Wartung von Verbrauchsmitteln, um deren Nutzungsdauer zu verlängern.
- Erwägen Sie, Gerätschaften anzupassen, um Kosten zu senken.

Unvermögen/Unfähigkeit zur Durchführung von Aktivitäten im Haushalt

Stellen Sie fest, welche Art von Assistenz benötigt wird (z. B. Mahlzeiten, Hausarbeit, Transport).
Unterstützen Sie den Klienten dabei, sich diese Assistenz zu verschaffen.

Mahlzeiten

Erörtern Sie mit Verwandten die Möglichkeit, komplette Mahlzeiten einzufrieren, die dann nur noch aufgewärmt werden müssen (z. B. kleine Behälter mit Suppe, Gulasch, Eintöpfen).
Stellen Sie fest, ob es für kranke Menschen «Essen auf Rädern» oder ähnliche Dienste gibt.
Unterweisen Sie in nahrhaften Nahrungsmitteln, die sich leicht zubereiten lassen (z. B. hart gekochte Eier, Tunfisch, Erdnussbutter).

Hausarbeit

Fordern Sie den Klienten auf, für leichte Hausarbeit einen Jugendlichen als Hilfskraft einzustellen.
Verweisen Sie den Klienten für Assistenz an kommunale Einrichtungen.

Transport

Stellen Sie fest, welche Möglichkeiten des Transports zum Einkauf und zur Gesundheitsversorgung vorhanden sind.
Regen Sie an, dass der Klient Nachbarn bittet, ihn zu Orten mitzunehmen, an die sie selbst oft fahren.

Beeinträchtigtes kognitives Funktionieren

Schätzen Sie die Fähigkeit des Klienten zur sicheren Haushaltsführung ein.
Siehe *Verletzungsgefahr*, **b/d** fehlendes Bewusstsein für Gefahrenquellen.
Beginnen Sie mit den geeigneten Überweisungen.

Beeinträchtigtes emotionales Funktionieren

Schätzen Sie den Schweregrad der Funktionsstörung ein.
Für ein zusätzliches Assessment und weitere Interventionen siehe *unwirksames Coping.*

Beginnen mit Gesundheitsedukation und Überweisen, soweit angezeigt

Verweisen Sie an Patientenorganisationen und/oder Fachgesellschaften.
Verweisen Sie an eine Einrichtung der Gemeindepflege.
Verweisen Sie an kommunale Einrichtungen (z. B. Besuchsdienste, Lieferdienste für Mahlzeiten, Haushaltshilfen, Tagespflege für Erwachsene).

F: Entlassungsplanung beginnt bei der Aufnahme, bei der die Pflegeperson die absehbaren Bedürfnisse nach der Entlassung erhebt: Selbstpflegefähigkeit des Klienten, Verfügbarkeit von Unterstützung, Haushaltshilfen, Ausrüstungsbedarf, kommunale Pflegedienste, Therapie (Physio-, Sprach-, Beschäftigungstherapie) (Green, 1998).
F: Vor der Entlassung muss die Sicherheit des häuslichen Umfeldes eingeschätzt werden: Lage des Badezimmers, Zugang zu Wasser, Kochgelegenheiten sowie Barrieren (Treppen, enge Durchgänge).
F: Beim Bestimmen der Fähigkeit einer Person, sich in häuslicher Umgebung selbst zu versorgen, muss die Pflegeperson deren Funktions- und Selbstschutzfähigkeit einschätzen. Dabei berücksichtigt sie motorische und sensorische Defizite sowie den Geisteszustand (Miller, 2004).

Abschnitt 3

Gemeindebezogene Pflegediagnosen

Bereitschaft für ein verbessertes Coping einer Gemeinschaft
Unwirksames Coping einer Gemeinschaft
Unwirksames gemeinschaftliches Therapiemanagement
Kontamination: gemeindebezogene
Kontaminationsgefahr: gemeindebezogene

Übersicht

Dieser Abschnitt konzentriert sich auf die Anwendung von Pflegediagnosen in der Gemeinde. Eine solche Anordnung erlaubt es, alle Pflegediagnosen, bei denen die Gemeinde Klient ist, der Klarheit halber zusammenzufassen.

Dieser Abschnitt enthält alle von der NANDA genehmigten gemeindebezogenen Pflegediagnosen und andere von der NANDA genehmigte Diagnosen mit gemeindebezogener Anwendung. In Abschnitt 1 finden sich viele Diagnosen, deren Schwerpunkt auf dem Individuum liegt, die aber auch in der Gemeinde nützlich wären, wie z. B. *Überernährung,* **b/d** *häufigen Verzehr fett- und salzhaltiger Nahrungsmittel,* **a/d** *Angaben über eine durchschnittliche Zufuhr von 10–15 Fastfood-Mahlzeiten pro Woche.* Wenn eine Gemeinde/Gemeinschaft zu einem Ortswechsel gezwungen ist, könnte die Diagnose *vorwegnehmendes Trauern,* **b/d** *den Verkauf des Appartments und erzwungenen Umzug,* **a/d** *Wut, Tränen, und Furcht* zutreffen.

Lernende können in gemeindebezogene Pflege eingeführt werden, indem der Schwerpunkt zunächst auf eine kleine, lokal begrenzte Population, wie etwa Nachbarn, eine Gruppe unter betreutem Wohnen oder Frauen in einem Frauenhaus, gelegt wird. Außerdem können Lernende Gemeinschaften von öffentlichem Interesse betrachten, wie etwa ein Seniorenwohnheim, eine Kirchengemeinde oder die Ortsgruppe einer Frauenvereinigung.

Zentrale Konzepte

Allgemeine Überlegungen

1. «In Gemeinde-Settings liegt der Schwerpunkt im Allgemeinen stärker auf körperlicher und geistiger Gesundheit als auf der Krankheit an sich sowie auf Variablen, die sich direkt oder indirekt auf Gesundheit auswirken, wie etwa die Lebensweise, familiäre Interaktionsmuster und kommunale Ressourcen (öffentl. Nahverkehr und adäquate Unterbringung)» (Aroskar, 1979:36).
2. Kommunale unterscheidet sich von häuslicher Gesundheitsversorgung in folgenden Punkten:

- kommunale Gesundheitsversorgung: kontinuierlich
  - auf Populationen ausgerichtet

  - Fokus auf Gruppen, die keine Versorgung aufsuchen
  - Betonung von Wellness und Primärprävention.
- häusliche Gesundheitsversorgung: episodisch
  - auf Individuen, Familien ausgerichtet
  - auf Personen ausgerichtet, die Versorgung suchen
  - Fokus auf der Wiederherstellung von Gesundheit nach einer akuten Episode.

3. Gemeindekompetenz/Kompetenz einer Gemeinschaft beschreibt das gesunde Funktionieren der gesamten Gemeindeeinheit. Eine kompetente Gemeinde hat vier wichtige Merkmale (Cattrell, 1976; Allender/Spradley, 2006):

- Sie kooperiert effektiv, um Bedürfnisse und Probleme der Gemeinde festzustellen.
- Sie erreicht in Bezug auf Ziele und Probleme einen Arbeitskonsens.
- Sie einigt sich auf Wege und Mittel, die vereinbarten Ziele zu implementieren.
- Sie kooperiert effektiv bei den erforderlichen Maßnahmen.

4. Die wesentlichen Bedingungen für die Kompetenz und Gesundheit einer Gemeinde lauten (Cattrell, 1976; Allender/Spradley, 2006):

- ein ausgeprägtes Bewusstsein von «Wir sind die Gemeinde»
- Nutzen natürlicher Ressourcen bei gleichzeitigen Schritten zu deren Erhaltung für zukünftige Generationen
  - offenes Anerkennen von Untergruppen und deren Ermutigung zur Teilnahme an Angelegenheiten der Gemeinde
  - die Bereitschaft, Krisen entgegenzutreten
  - Problemlösen: die Gemeinde identifiziert, analysiert und organisiert sich entsprechend, um die eigenen Bedürfnissen zu erfüllen
  - offene Kommunikationskanäle, die den Informationsfluss unter allen Untergruppen und in alle Richtungen ermöglichen
  - der Wunsch, jede Ressource allen Mitgliedern der Gemeinde zugänglich zu machen
  - legitime und effektive Wege, Auseinandersetzungen beizulegen
  - die Aufforderung zu maximaler Beteiligung der Bürger an der Entscheidungsfindung
  - Fördern von Wohlbefinden auf hohem Niveau für alle Mitglieder.

5. Gemeinde bedeutet «eine Ansammlung von Menschen, die miteinander interagieren und deren gemeinsame Interessen oder Merkmale die Grundlage eines Gefühls der Einheit und Zugehörigkeit bilden» (Allender/Spradley, 2006:6).
6. Es gibt drei Arten von Gemeinde (Allender/Spradley, 2006):
   - Eine Interessengemeinschaft ist eine lokale oder weit verbreitete Gruppe von Menschen mit einem gemeinsamen Interesse oder Ziel.
   - Eine geographische Gemeinde ist definiert als eine Gruppe innerhalb bestimmter geographischer Grenzen.
   - Eine Zweckgemeinschaft ist eine Gruppe von Menschen, die zusammenkommen, um ein Problem anzugehen, das alle gemeinsam betrifft.
7. Beispiele für die Gemeindearten:

- Interessengemeinschaft
  - Mitglieder einer Kirche
  - behinderte Personen
  - schwangere Teenager

- Anonyme Alkoholiker
- Pflegepersonen
- geographische Gemeinde
  - Stadt
  - Stadtteil
  - Nachbarschaft
  - Bundesland/-staat
  - Land, Welt
  - Gefängnis
- Zweckgemeinschaft
  - Wasserwerk
  - städtisches Gesundheitsamt
  - Katastrophenschutz
  - Umweltschutzbehörde
  - Ambulanz
  - Gesundheitszentrum.

8. Gemeinden haben sechs gemeinsame Komponenten (Clemen-Stone et al., 2002):

- *Menschen:* Menschen sind die wichtigste Ressource oder der Kern der Gemeinde. Funktionierende, zusammenhaltende Gemeinden haben gemeinsame Werte.
- *Ziele/Bedürfnisse:* Ziele und Bedürfnisse von Individuen und Gruppen in der Gemeinde spiegeln die Gemeindeziele und -bedürfnisse wider. Wie in der Maslowschen Bedürfnishierarchie müssen in einer Gemeinde die physiologischen und sicherheitsbezogenen Bedürfnisse sowie das Bedürfnis nach sozialer Zugehörigkeit erfüllt sein, bevor höherwertigen Bedürfnissen nach Wertschätzung und Selbstverwirklichung entsprochen werden kann.
- *Gemeindeumfeld:* Das Umfeld (Klima, natürliche Ressourcen, Gebäude, Nahrungsmittel, Wasserversorgung, Flora, Tiere, Insekten, Wirtschaft, Gesundheits- und Wohlfahrtsdienste, Führung, soziale Netze, Freizeit und Religion) hat bedeutende Auswirkungen auf die Gesundheit.
- *Dienstleistungssysteme:* Dabei handelt es sich um ein Netz von Behörden und Organisationen, welche die Grundbedürfnisse (Wohlfahrt, Bildung, wirtschaftliche Situation) und die gesundheitlichen Bedürfnisse der Gemeinde erfüllen helfen.
- *Grenzen:* Grenzen definieren Gemeinden. Manche Grenzen sind konkret, wie etwa die einer geographischen oder politischen Entität (z. B. Städte, Staaten) oder einer Situation (z. B. das Zuhause, die Schule, der Arbeitsplatz). Interessen definieren konzeptionelle Grenzen (z. B. eines Buch-Klubs).

9. «Healthy People 2010» konzentriert sich auf neun führende Gesundheitsindikatoren, welche «die bedeutenden Belange des öffentlichen Gesundheitswesens in den USA widerspiegeln und ausgewählt wurden, weil sie zu Maßnahmen motivieren, weil es Daten zur Messung ihres Fortschritts gibt und weil sie auf breiter Basis für Belange der öffentlichen Gesundheit relevant sind» (USDHHS PHS, 2000: 11). Eine Aufstellung der neun Indikatoren findet sich in **Kasten II-2**.
10. Gemeinden (auf lokaler oder staatlicher Ebene) können diese neun Gesundheitsindikatoren einsetzen, um ihren aktuellen Gesundheitszustand einzuschätzen und zu überwachen (Edelman/Mandell, 2006).

11. Ländliche US-Gemeinden haben weniger als 2500 Einwohner. Menschen auf dem Land verlassen sich stärker auf sich selbst und suchen nur widerstrebend Unterstützung bei anderen. ForscherInnen haben festgestellt, dass Menschen auf dem Land «Gesundheit als die Fähigkeit definieren, zu arbeiten und zu tun, was getan werden muss» (Bushy, 1990:89).
12. Ländliche Gemeinden leisten den Ideen von Außen Kommender oft Widerstand und bevorzugen in ihrer Gemeinde lebende Gesundheitsfachpersonen. Da sich jedoch alle untereinander kennen, bitten sie nur widerstrebend um Hilfe und teilen Probleme aus Angst, dass die Nachbarn etwas merken, nur ungern mit (Bushy, 1990).

Kasten II-2
Die neun führenden Gesundheitsindikatoren, welche die bedeutenden Belange des öffentlichen Gesundheitswesens in den USA widerspiegeln

- Körperliche Aktivität
- Übergewicht und Adipositas
- Tabakkonsum
- Substanzmissbrauch
- Verantwortungsbewusstes Sexualverhalten
- Geistige Gesundheit
- Verletzung und Gewalt
- Qualität des Umfeldes
- Impfungen

Gemeindeassessment (Allender/Spradley, 2006; Hunt, 2001)

Das Assessment einer Gemeinde kann ganz oder – wenn ein Fokusassessment gewünscht ist – teilweise durchgeführt werden. Dieses Assessment steuert die Datenerhebung, mit der festgestellt werden soll, ob ein effektives oder ein ineffektives Funktionieren vorliegt.

Datenquellen

Einzelpersonen.
Gruppen.
Landkarten.
Handelskammern.
Öffentliche Bibliotheken.
Kommissionen der Gesundheitsplanung.
Agrarkommissionen.
Sozialprogramme.
Gesundheitsbehörden (lokal, auf Landesebene).
Landesregierung.
Ausbildungsprogramme.
Web-Seiten.

Weltgesundheitsorganisation (WHO).
Bundesgesundheitsamt/-ministerium.
Gesetzliche Krankenversicherung.
Statistisches Bundesamt. [Einige der Begriffe sind deutsche Äquivalente US-amerikanischer Behörden. Anm. d. Hrsg.]

Methoden der Datenerhebung

- Windshield-Survey*.
- Interviews mit BewohnerInnen der Gemeinde.
- Teilnehmende Beobachtungen.
- Beschreibende epidemiologische Studien.
- Fokusgruppen.

Geographie

1. Lokalisation
   - Nachbarschaft, Stadt, Kreis, Bundesland
2. physisches Umfeld
   - Ort einer Naturkatastrophe (Überflutung, Erdbeben, Vulkanausbruch, Hurrikan, Tornado)
3. Gelegenheiten zur Freizeitgestaltung
4. Klima
   - Hitze- oder Kälteextreme
   - Regen- oder Schneeextreme
5. Flora und Fauna
   - giftige Pflanzen, verseuchte Tiere, giftige Tiere, Insekten
6. vom Menschen gestaltete Umwelt.

Demographie

1. Bevölkerungszahl
2. Bevölkerungsdichte
   - hoch/niedrig.
3. Zusammensetzung
   - Geschlechterverhältnis
   - Altersverteilung
   - Ethnien
   - Verteilung der Ethnien
   - Sonstiges (z. B. verheiratet, allein stehend, homosexuell).
4. Merkmale
   - Mobilität
   - sozioökonomischer Status
   - Arbeitslosigkeitsrate

* Erkunden eines Stadtteils/einer Gemeinde mit dem Auto («durch die Windschutzscheibe»), wobei der Untersuchende die dortigen Lebensbedingungen optisch, akustisch und olfaktorisch erfasst. [A.d.Ü.]

- Ausbildungsniveau
- Arten der Arbeit/Beschäftigung
- Migranten, nur vorübergehend Anwesende.

Fragen zur Datenanalyse

- Wie groß ist die Bevölkerung und wie ist die Altersverteilung?
- Wie sind die Geschlechter, Ethnien und Zivilstände verteilt?
- Wie lauten die Verteilungen für Bildungsstand, Berufe und Einkommen?

Funktionelle Verhaltensmuster (Edelman/Mandle, 2006; Allender/Spradley, 2006; Hunt, 2005)

Dieser Abschnitt erlaubt das umfassende Assessment einer Gemeinde unter Einsatz der funktionellen Gesundheitsverhaltensmuster (Gordon, 1994/2013ab). Er ist ferner konzipiert, um ein Fokusassessment eines einzelnen funktionellen Verhaltensmusters, wie etwa der Ernährung einer Gemeinde, zu ermöglichen. Die Fragen der Datenanalyse folgen jedem Verhaltensmuster, um feststellen zu können, ob effektives Funktionieren, eine Störung oder die Gefahr einer Störung vorliegt.

Gesundheitsverhaltensmuster: Wahrnehmung und Umgang mit der eigenen Gesundheit

Mortalitätsraten (altersbezogen, Mütter, Neugeborene).
Die zehn führenden Todesursachen.
Morbiditätsraten für Krebs, koronare Herzkrankheit, Alkoholismus, Substanzmissbrauch, übertragbare Krankheiten (Tbc, STD, HIV).
Geisteskrankheit.
Kriminalitätsraten und Art der Verbrechen.
Verkehrsunfälle, alkohol-/drogenbedingt.

Umweltgefahren

Naturkatastrophen, Klimaextreme, Toxine, giftige Insekten, Reptilien, Tiere und Pflanzen.

Einrichtungen der Gesundheitsversorgung

Kliniken, Pflegeheime, Einrichtungen des unterstützten Lebens, ambulante Dienste.
Gesundheitsversorgung in der Berufsausbildung, Gesundheitsbehörden, kommunale Dienste, Gesundheitszentren, häusliche Dienste.

Zivilschutz

Polizei, Feuerwehr, Technisches Hilfswerk, Notarzt.
Umweltschutzdienste.

Sonstige Unterstützung

Finanzen, Ernährung, Unterbringung, Bekleidung und Beratung.

Fragen zur Datenanalyse

- Welches sind die hauptsächlichen Gesundheitsstörungen?
- Wie hat die Gemeinde auf diese Störungen reagiert?
- Ist man mit den Ergebnissen zufrieden?
- Welche Gesundheitsförderungsprogramme stehen zur Verfügung? Kann man sie sich leisten?
- Welche Gesundheitsdienste werden für notwendig erachtet?
- Gibt es eine kulturelle, ethnische, arme oder nur vorübergehend anwesende Gruppe, deren Gesundheitsbedürfnisse nicht berücksichtigt werden?
- Wie hoch ist die Rate der unter Alkohol/Drogen begangenen Verbrechen und Unfälle?
- Wie nimmt die Gemeinde Sicherheit wahr?
- Welche Gefahrenquellen birgt das Klima?
- Wie senkt die Gemeinde die Verletzungsgefahr bei Witterungsextremen?
- Welche Gefahrenquellen bergen Flora und Fauna?
- Wie senkt die Gemeinde Verletzungsgefahren?

Gesundheitsverhaltensmuster: Ernährung und Stoffwechsel

Zugang zu Nahrung.

Kosten der Nahrungsmittel.

Nahrungsquellen: Läden, Märkte, Fastfood-Ketten, entsprechende Dienste (z.B. Essen auf Rädern).

Inzidenz von Mangelernährung, Übergewicht oder Adipositas).

Wasserversorgung (Quelle, Testergebnisse).

Fragen zur Datenanalyse

- Wie teuer sind Nahrungsmittel im Vergleich zu anderen Gemeinden?
- Wie oft wird Fastfood konsumiert?
- Gibt es Ernährungsprogramme für Kinder, alte Menschen, arme Menschen?
- Welche Art von Nahrungsmitteln gibt es in der Schule (Versorgung in einer Cafeteria, am Automaten)?

Gesundheitsverhaltensmuster: Ausscheidung

Sanitäre Verhältnisse (Wasserversorgung, Abwasserentsorgung, Müll- und Abfallentsorgung, Schädlings- und Ungezieferbekämpfung).

Ökologische Belange (Recycling, Arten von Gefahrstoffen im Müll).

Fragen zur Datenanalyse

- Sind gefährliche Abfälle unter Kontrolle?
- Bergen Müllkippen eine Kontaminationsgefahr für das Wasser?
- Sind die Katastrophenpläne aktuell?
- Wie hoch ist die Luftverschmutzung?

Gesundheitsverhaltensmuster: Aktivität und Bewegung

Transport (Möglichkeiten, Kosten, Zugang).
Einrichtungen zur Erholung (Arten, Kosten, Zugang).
Häufigkeit von Bereichen zum Walking, Fahrradfahren, Spielen (Zugang, Zustand, Sicherheit).
Unterbringung (Verfügbarkeit, Qualität, Kosten).

Fragen zur Datenanalyse

- Wie adäquat ist das Transportsystem?
- Werden die Freizeiteinrichtungen genutzt?
- Gibt es Barrieren der Nutzung dieser Einrichtungen (Kosten, Zugang, Behindertenfreundlichkeit)?
- Handelt es dabei um sichere Spielbereiche für Kinder?
- Sind die Wohnverhältnisse adäquat, sicher und finanziell zugänglich?

Gesundheitsverhaltensmuster: Kognition und Perzeption

Ausbildungsniveaus.
Prozess kommunaler Entscheidungen.
Entscheidungsträger (kommunal, kommerziell, religiös basiert).
Ausbildungseinrichtungen (öffentliche, private, Erwachsenenbildung, höhere Ausbildung, Gesundheitsbildungsprogramme) sowie deren Qualität, Verfügbarkeit und Kosten.
Kommunikation (Veröffentlichungen, Radio- und Fernsehsender, informelle Netzwerke).

Fragen zur Datenanalyse

- Wie werden die Schulen bewertet (Kreis-, Landes-, Bundesebene)?
- Wie hoch ist die Rate der Schulabbrecher?
- Aus welchen Gründen wird die Schule abgebrochen?
- Gibt es Erwachsenenbildung?
- Welche Ausbildungsprogramme stehen EinwohnerInnen mit Deutsch als Zweitsprache zur Verfügung?
- Kooperieren die Einrichtungen auf dem Gesundheitssektor?

Gesundheitsverhaltensmuster: Rollen und Beziehungen

Von der Gemeinde finanziell unterstützte Angebote (religiöse Veranstaltungen, Seniorenzentren, Elternkurse, Aktivitäten für Kinder).
Sozioökonomische Gruppen.
Ethnische Gruppen.
Methoden der Kommunikation (Zeitungen, Wurfzettel, Bulletins, Radio, Fernsehen).

Fragen zur Datenanalyse

- Wie werden den BewohnerInnen Informationen übermittelt?
- Gibt es öffentliche Versammlungen?
- Interagieren BewohnerInnen miteinander?
- Herrscht eine freundliche Atmosphäre?
- Welche Rolle spielen häusliche Gewalt, Gewalt, Kindesmissbrauch, Missbrauch alter Menschen?
- Wie hoch ist die Scheidungsrate?

Gesundheitsverhaltensmuster: Schlaf und Ruhe

Lärmquellen (Autos, Flugzeuge, Industrielärm).

Fragen zur Datenanalyse

- Wie wird der Lärmpegel kontrolliert?

Gesundheitsverhaltensmuster: Bewältigungsverhalten (Coping) und Stresstoleranz

Unterstützungsprogramme (lokal, konfessionell, staatlich).
Kriseninterventionsprogramme (psychosoziale Dienste, Krisenzentren, Telefonseelsorge).
Frühere ungelöste Konflikte (ethnisch bedingt, Banden).
Verbrechen (Arten, drogenbedingt).

Fragen zur Datenanalyse

- Sind Unterstützungsprogramme allen BewohnerInnen zugänglich?
- Gibt es Probleme mit Prostitution und Pornographie?
- Wie sieht die Kriminalstatistik aus?
- Sind die BewohnerInnen mit den Unterstützungsprogrammen zufrieden?
- Wie reagiert die Gemeinde auf eine Krise: wütend, indifferent, isolationistisch, hilflos, überwältigt?
- Welche Barrieren bestehen gegen effektives Coping?

Gesundheitsverhaltensmuster: Sexualität und Reproduktion

Durchschnittliche Größe einer Familie.
Fortpflanzung (Geburtenrate, Schwangerschaften unter Teenagern, Pränatalversorgung, Einrichtungen für einen Schwangerschaftsabbruch).
Ressourcen zur Geburtenkontrolle.
Schulungsprogramme (Sexualkunde, Geburtsvorbereitungskurse, Elternkurse).

Fragen zur Datenanalyse

- Stehen Dienste der Familienplanung allen BewohnerInnen zur Verfügung?
- Gibt es Familienberatung und ist sie finanziell erschwinglich?
- Wird Sexualkunde in Schulen und in der Gemeinde unterstützt?

Gesundheitsverhaltensmuster: Werte und Überzeugungen

Ursprünge der Gemeinde.
Traditionen der Gemeinde.
Religionen in der Gemeinde.
Sozialprogramme.

Fragen zur Datenanalyse

- Welche Prioritäten herrschen in der Gemeinde?
- Fühlen sich die meisten BewohnerInnen der Gemeinde geschätzt?
- Werden alle ethnischen Gruppen akzeptiert?
- Werden alle religiösen Gruppen akzeptiert?

Bereitschaft für ein verbessertes gemeinschaftliches Coping

Definition

Bereitschaft für ein verbessertes gemeinschaftliches Coping: ein Zustand, in dem das Adaptations- und Problemlösungsverhalten einer Gemeinschaft ihren Anforderungen oder Bedürfnissen in zufrieden stellender Weise entspricht, die Gemeinde jedoch den Wunsch hat, das Management aktueller und zukünftiger Probleme/Stressoren zu verbessern.

Bereitschaft für ein verbessertes gemeinschaftliches Coping (engl. Readiness for enhanced community coping): Muster von gemeinschaftlichen Aktivitäten zur Anpassung und Problemlösung, die die Anforderungen und den Bedarf der Gemeinschaft ausreichend decken, aber in der Bewältigung aktueller und zukünftiger Probleme/Stressfaktoren verbessert werden können (NANDA-I, 2010).

Bestimmende Merkmale oder Kennzeichen

Hauptkennzeichen (obligat)

Erfolgreiches Coping in einer vorangegangenen Krise.

Nebenkennzeichen (fakultativ)

Aktives Planen/Vorbereiten der Gemeinde gegen/auf vorhergesagte Stressoren.
Aktives Problemlösen der Gemeinde, wenn sie Problemen gegenübersteht.
Übereinstimmung dahingehend, dass die Gemeinde für das Stressmanagement verantwortlich ist.
Positive Kommunikation unter den Mitgliedern der Gemeinde.
Positive Kommunikation zwischen der Gemeinde/Agglomerationen und der Großgemeinde.
Freizeit-, Erholungs- und Entspannungsprogramme sind verfügbar.
Hinreichend Ressourcen für den Umgang mit Stressoren.

Einflussfaktoren

[verfügbare soziale Unterstützung]
[verfügbare Ressourcen zur Problemlösung]
[Fähigkeiten und Ressourcen der Gemeinschaft, um Belastungen/Stressoren zu bewältigen].

Anmerkung der Autorin

Diese Diagnose lässt sich zur Beschreibung einer Gemeinde anwenden, die ein bereits wirksames Coping-Verhalten verbessern möchte. Um einer Gemeinde zu einem höheren Niveau des Funktionierens verhelfen zu können, muss man sich zunächst um ihre Grundbedürfnisse nach Nahrung, Unterkunft, Sicherheit, einer sauberen Umwelt und einem unterstützenden Netzwerk kümmern. Wenn diese Bedürfnisse befriedigt sind, können sich Programme auf einen höheren Funktionsgrad, wie etwa Wohlbefinden und Selbstverwirklichung, konzentrieren. Nach einem Assessment der Gemeinde und ihrer Anforderungen lassen sich dann Gemeindeprogramme konzipieren. Diese können sich auf eine Verbesserung der Gesundheitsförderung konzentrieren, und zwar anhand von Themen wie optimale Ernährung, Gewichtskontrolle, regelmäßiger Sport, konstruktives Stressmanagement, soziale Unterstützung, Rollenverantwortlichkeiten sowie Vorbereitung auf und Umgang mit Ereignissen im Lebenszyklus, wie z. B. den Eintritt in den Ruhestand, Schwangerschaft und Elternschaft.

Ziele

NOC

- Kompetenz einer Gemeinde
- Gesundheitsniveau in einer Gemeinde
- Risikokontrolle in der Gemeinde

Die Gemeinde (spezifiziere Art der Gemeinde, z. B. die Stadt X) erstellt Programme zur Verbesserung (spezifiziere Schwerpunkt, z. B. Ernährung).

Indikatoren

- Herausarbeiten des Gesundheitsförderungsbedarfs (spezifiziere: z. B. Rückgang fettreicher Nahrungsmittel, stärkerer Verzehr von Obst und Gemüse).
- Zugang zu den erforderlichen Ressourcen (spezifiziere: z. B. lokale ExpertInnen, ErnährungsberaterInnen, Studierende).
- Entwickeln von Programmen auf der Grundlage der Bedarfseinschätzung.

Interventionen

NIC

- Programmentwicklung
- Risikoabschätzung
- Gemeindegesundheitsentwicklung
- Umweltrisikoprävention

Leiten von Fokusgruppen zur Erörterung von Programmen, um BewohnerInnen, die positiv mit Entwicklungsaufgaben umgehen, zu unterstützen

Arrangieren Sie Fokusgruppen nach Altersgruppen und nehmen Sie unterschiedliche Gruppen darin auf.

F: Fokusgruppenassessments können die Teilnahme von Gemeindemitgliedern an kommunalen Programmen erhöhen (Clark et al., 2003).

Planen von Programmen für eine spezifische Zielpopulation

Jugendliche (13–18 Jahre)
Karriereplanung.
Stressmanagement.

Junge Erwachsene (18–35 Jahre)
Karrierewahl.
Ausgewogenheit ins Leben bringen.
Konstruktive Beziehungen.
Fragen der Elternschaft.

Mittleres Lebensalter 35–65 Jahre
Kinder auf den Weg bringen.
Alternde Eltern.
Wechselseitige Beziehungen.
Qualitätvolle Freizeit.

Ältere Erwachsene (65 Jahre und darüber)
Fragen des Ruhestands.
Ausgewogenheit ins Leben bringen.
Fakten und Mythen des Alterns.
Vorweggenommene Verluste.

Alle Altersgruppen
Lebensplanung.
Krisenintervention.
Den Bedürfnissen aller Gemeindemitglieder entsprechen.
Trauern.
Einbeziehen der Gemeinde.

F: Ereignisse im Lebenszyklus sind für junge Erwachsene, Erwachsene mittleren Alters und ältere Menschen absehbare Entwicklungsaufgaben. In der Gemeinde lassen sich Programme planen, um Menschen bei der erfolgreichen Adaptation an Lebensereignisse zu helfen (Clemen-Stone et al., 2002).

Erörtern von Programmen, die Wellness auf hohem Niveau fördern

- Optimale Ernährung.
- Gewichtskontrolle.
- Übungs-/Sportprogramme.
- Programme für soziale Teilhabe.
- Effektives Problemlösen.
- Prävention von Verletzungen.
- Qualität des Umfeldes/der Umwelt.

Definieren des Zielbedarfs der Gesundheitsförderung

Analysieren Sie das Gemeindeassessment. Setzen Sie Prioritäten unter den Bedarfen:
- Organisieren des Fokus von Gruppenreaktionen
- Wahrscheinlichkeit eines Erfolgs
- Kosten-Nutzen-Verhältnis (z. B. verfügbare Ressourcen).

Auswählen eines Gesundheitsförderungprogramms

Identifizieren Sie die Zielpopulation (z. B. die gesamte Gemeinde, ältere Menschen, Jugendliche). Erstellen Sie einen Zeitplan für das Planungs- und Implementierungsstadium.

F: Anhand von Fokusgruppen lässt sich das Assessment der Gesundheitsbedürfnisse von BewohnerInnen durchführen und ihre Beteiligung an der Programmgestaltung in der Gemeinde fördern (Clark et al., 2003).

Treffen Sie sich mit Gruppen in der Gemeinde (Gesundheitszentren, konfessionelle Gruppen, Behörden), um die Ergebnisse der Fokusgruppen zu überprüfen und eine gemeinsame Planung zu erörtern

F: Der Aufbau einer Gemeinde kann zur Entwicklung einer neuen Führung und zur Weiterentwicklung der bestehenden führen und die Gemeindeorganisationen sowie deren Zusammenarbeit untereinander stärken (McLeroy, 2003).

Planen des Programms

Entwickeln Sie detaillierte Programmziele sowie den zur Evaluation anzuwendenden Bezugsrahmen:

- Inhalt
- für die Zielgruppe ideale Schulungsmethode
- benötigte Zeit
- Unterrichtshilfen (z. B. Material in Großdruck).

Feststellen der benötigten Ressourcen und deren Quellen:

- Raum
- optimaler Wochentag
- Verbrauchsmaterial, ausdiovisuelle Ausrüstung
- Transportmöglichkeiten
- optimale Jahreszeit
- finanzielle Ressourcen (budgetiert, Spenden).

Vermarkten des Programms:

- Medien (z. B. Zeitung, Fernsehen, Radio)
- Handzettel (Verteilen in der Schule oder an die Haushalte)
- Gastredner (Gemeinde-Klubs, Schulen)
- Plakate (Marktplatz, Bahnhof)
- Mundpropaganda (konfessionelle Organisationen, Gemeinde-Klubs, Schulen).

F: Die in der kommunalen Gesundheitsversorgung tätige Pflegeperson als Fürsprecherin und Bindeglied zur Gemeinde kooperiert mit anderen Disziplinen und Behörden/Einrichtungen, um Ressourcen auf den von der Gemeinde für den Erfolg des Programms ausgewiesenen Bedarf abzustimmen (Edelman/Mandle, 2006).

Sorgen für das Programm und Evaluieren, ob die gewünschten Ergebnisse (Ziele) erreicht wurden

Anzahl der Teilnehmenden.
Erreichte Ziele.
Statistiken (z. B. Unfälle mit Fahrradfahrern).
Adäquate Planung.

Negatives Feed-back.
Tatsächliche versus budgetierte Ausgaben.
Evaluationen der TeilnehmerInnen.
Revisionen für die zukünftige Planung.
Gemeinsame Verantwortlichkeit.

F: Die Evaluation wird zeigen, ob das Programm in Bezug auf die Zielerreichung ganz oder nur teilweise effektiv oder ineffektiv war (Edleman/Mandle, 2006).

Stellen Sie fest, welche Stärken und Grenzen das Programm hat und planen Sie ggf. einen neuen Ansatz.

F: Programme zur kommunalen Gesundheitsförderung müssen ihre Wirksamkeit zeigen, um auch weiterhin die Unterstützung der Gemeinde zu haben und wirtschaftlich gefördert zu werden (Edleman/Mandle, 2006).

Unwirksames gemeinschaftliches Coping

Definition

Unwirksames Coping einer Gemeinschaft: der Zustand, in dem das Aktivitätsmuster zur Anpassung und Problemlösung einer Gemeinde deren Anforderungen und Bedürfnisse nicht zufrieden stellend erfüllt.

Unwirksames gemeinschaftliches Coping (engl. Ineffective community coping): Muster von gemeinschaftlichen Aktivitäten zur Anpassung und Problemlösung, die die Anforderungen oder den Bedarf der Gemeinschaft nicht ausreichend decken (NANDA-I, 2010).

Bestimmende Merkmale oder Kennzeichen

Hauptkennzeichen (obligat)

Die Gemeinde erfüllt oder entspricht ihre/n eigenen Erwartungen nicht.
Ungelöste Konflikte in der Gemeinde.
Äußerungen von Schwierigkeiten, dem Veränderungsbedarf zu entsprechen.
Äußerungen der Vulnerabilität/Verwundbarkeit.
Stressoren werden als übermäßig wahrgenommen.
Defizite in der gemeinschaftlichen Mitwirkung
übermäßige gemeinschaftliche Konflikte
hohe Krankheitsrate
vermehrte soziale Probleme (z. B. Morde, Vandalismus, Brandstiftung, Terrorismus, Raubüberfall, Kindestötung, Missbrauch, Scheidung, Arbeitslosigkeit, Armut, Militanz, psychische Krankheit).

Nebenkennzeichen (fakultativ)

Wut.
Apathie.
Überwältigtsein.
Bitterkeit.
Machtlosigkeit/Hilflosigkeit.
Indifferenz.
Hoffnungslosigkeit.
Gewalttätige Ausbrüche.

Einflussfaktoren

Situationsbedingte Faktoren (persönlich bedingt, umgebungsbedingt)

B/d ein Wissensdefizit in Bezug auf Ressourcen.
B/d inadäquates Kommunikationsverhalten.
B/d unzureichenden Zusammenhalt innerhalb der Gemeinde.
B/d inadäquates Problemlösen.
B/d Defizite in den gemeinschaftlichen sozialen Unterstützungsdiensten
B/d Defizite in den gemeinschaftlichen sozialen Unterstützungsressourcen
B/d unangemessene Ressourcen für Problemlösungen
B/d unzureichende gemeinschaftliche Dienste (z. B. fehlendes medizinisches Notfallsystem, Transportsystem oder Katastrophendienste)
B/d Naturkatastrophen
B/d von Menschen verursachte Katastrophen
B/d fehlende gemeinschaftliche Dienste.

B/d eine teilweise Zerstörung der Gemeinde, s/b/d:*

eine Überflutung
ein Erdbeben
eine Lawine
einen Hurrikan
eine Epidemie.

B/d traumatische Auswirkungen, s/b/d:*

einen Flugzeugabsturz
einen Großbrand
eine Industriekatastrophe
eine Natur-/Umweltkatastrophe.

* Dies sind Risikofaktoren der Diagnose *unwirksames Coping einer Gemeinschaft*. Zur weiteren Klärung siehe «Anmerkung der Autorin».

B/d eine Bedrohung der kommunalen Sicherheit (z. B. Mord, Vergewaltigung, Kidnapping, Raubüberfälle).*
B/d einen plötzlichen Anstieg der Arbeitslosigkeit in der Gemeinde.

Altersbedingte Faktoren

B/d inadäquate Ressourcen für:

Kinder
Jugendliche
berufstätige Eltern
einen älteren Menschen.

Anmerkung der Autorin

Unwirksames Coping einer Gemeinschaft lautet die Diagnose bei einer Gemeinde, die über kein konstruktives System für den Umgang mit Ereignissen oder Veränderungen verfügt. Der Schwerpunkt der Interventionen besteht darin, Dialog, Planung und das Erkennen von Ressourcen innerhalb der Gemeinde zu verbessern.

Wenn es in einer Gemeinde zu einer Naturkatastrophe (z. B. Hurrikan, Überflutung), zu einer Bedrohung der Sicherheit (Mord, Gewalt, Vergewaltigung) oder zu einer durch den Menschen verursachten Katastrophe (z. B. Flugzeugabsturz, Großbrand) gekommen ist, sollte der Fokus auf Präventionsstrategien liegen. Die Diagnose *Gefahr eines unwirksamen kommunalen Copings* eignet sich besser, wenn die Gemeinde Opfer einer Katastrophe oder eines Gewaltverbrechens geworden ist.

Ziele

NOC

- Kompetenz einer Gemeinde
- Gesundheitsniveau einer Gemeinde
- Risikokontrolle in der Gemeinde

Die Gemeinde kümmert sich um effektives Problemlösen.

Indikatoren

- Identifizieren des Problems.
- Suche nach Informationen über ein besseres Coping.
- Einsatz von Kommunikationskanälen, um Unterstützung zu bekommen.

Allgemeine Interventionen

NIC

- Gemeindegesundheitsentwicklung
- Umweltrisikoprävention
- Programmentwicklung
- Risikoabschätzung

Einschätzen ursächlicher und beeinflussender Faktoren

Siehe «Einflussfaktoren»

Gemeindemitgliedern Gelegenheit geben, die Situation zu erörtern (z. B. in Schulen, Kirchen, Synagogen, im Rathaus)

Zeigen Sie, dass Sie ihre Wut, ihren Rückzug oder ihre Verleugnung akzeptieren.
Korrigieren Sie ggf. Fehlinformationen.
Gehen Sie gegen Schuldzuweisungen vor.

F: Bestimmte Verhaltensweisen oder Überzeugungen (z. B. Angst, Furcht, Wertekonflikte) können das Problemlösen stören. Sie sollten in Gesprächen herausgefunden werden (Clemen-Stone et al., 2002).

Sorgen für eine effektive Kommunikation (Allender/Spradley, 2006 : 453)

Lassen Sie Fragen zu und gehen Sie darauf ein.
Übermitteln Sie die Fakten.
Vermitteln Sie Ernsthaftigkeit.
Seien Sie klar, einfach und repetitiv.
Präsentieren Sie Lösungen und Anregungen.
Sprechen Sie tatsächliche und wahrgenommene Bedürfnisse an.

F: Damit Kommunikation auch effektiv zur Aktion führt, muss sie glaubhaft, aktuell, klar und durch Autorität begründet sein und wahrscheinliche zukünftige Ereignisse vorhersagen (Allender/Spradley, 2006).

Fördern kommunaler Coping-Kompetenz

Konzentrieren Sie sich auf Ziele der Gemeinde statt auf individuelle Ziele.
Beziehen Sie Untergruppen in die Gruppendiskussionen und die Planung ein.
Stellen Sie sicher, dass alle Mitglieder Zugang zu Ressourcen haben (z. B. flexible Zeiten für berufstätige Mitglieder).
Erarbeiten Sie eine Methode gegen formellen Dissens.
Evaluieren Sie die Auswirkungen einer jeden Entscheidung auf alle Gemeindemitglieder.

F: Damit Kommunikation auch effektiv zur Aktion führt, muss sie glaubhaft, aktuell, klar und durch Autorität begründet sein und wahrscheinliche zukünftige Ereignisse vorhersagen (Allender/Spradley, 2006).

Einrichten eines Gemeindeinformationszentrums in der örtlichen Bibliothek als Zugang zu Informationen und Unterstützung, z. B. per Telefon oder online

F: «Die Bibliothek hat die Ressourcen und die Erfahrung, um dem Bedarf an rascher, zuverlässiger und relevanter Information in jeder Konflikt- oder Krisensituation zu entsprechen» (Will, 2001).

Herausfinden von Kooperationsressourcen bei den Gesundheitsbehörden, in religiösen Organisationen, Sozialdiensten und Einrichtungen der Gesundheitsversorgung, auf die zurückgegriffen werden kann

F: Die Zusammenarbeit zwischen Organisationen profitiert von den gegenseitigen Stärken und verstärkt die Beteiligung der Gemeinde (Zahner/Corrado, 2004).

Nutzen des kommunalen Informationszentrums (z. B. der örtlichen Bibliothek), um BewohnerInnen über Aktivitäten und deren Fortschritt zu informieren

F: Offene Informationskanäle können Spekulationen, Wut und Apathie verringern (Allender/Spradley, 2006).

Unwirksames gemeinschaftliches Management von Therapieprogrammen

Definition

Unwirksames gemeinschaftliches Therapiemanagement: ein Verhalten/Muster, bei dem eine Gemeinde Schwierigkeiten beim Integrieren eines Programms zur Behandlung von Krankheit und deren Folgen sowie zur Verringerung von Risikosituationen (z. B. Sicherheit, Umweltverschmutzung) hat bzw. entsprechend gefährdet ist.

Unwirksames gemeinschaftliches Management von Therapieprogrammen (engl. Ineffective community therapeutic regimen management): Muster zur Steuerung und Integration eines Programms zur Behandlung einer Krankheit und deren Krankheitsfolgen in gemeinschaftliche Prozesse, das nicht geeignet ist, gesundheitsspezifische Ziele zu erreichen (NANDA-I, 2010).

Bestimmende Merkmale oder Kennzeichen

Hauptkennzeichen (eines oder mehrere obligat)

- Äußern von Schwierigkeiten, Gesundheitsbedürfnissen/-bedarfen in Gemeinden/Gemeinschaften zu entsprechen.
- Beschleunigung von Krankheitsprozessen (erwartet oder unerwartet).
- Über der Norm liegende Morbiditäts- und Mortalitätsraten.
- mangelhafte präventive Aktivitäten der Gemeinschaft
- Krankheitssymptome übersteigen die für die Population erwartete Norm
- unerwartet schnelles Fortschreiten der Krankheit
- unzureichende Ressourcen im Gesundheitswesen (z. B. Personen, Programme)
- nicht vorhandene Ressourcen der Krankheitsversorgung im Gesundheitswesen
- [Defizite in der Gemeinschaft hinsichtlich der Zusammenarbeit und der Entwicklung von Koalitionen für das Herangehen an Bedürfnisse].

Einflussfaktoren

Situationsbedingte Faktoren (persönlich bedingt, umgebungsbedingt)

B/d fehlende kommunale Programme für (zu spezifizieren):

Krankheitsprävention
Screening-Untersuchungen
Impfungen
zahnmedizinische Versorgung
Unfallverhütung
Brandschutz
Einstellen des Rauchens
Substanzmissbrauch
Alkoholmissbrauch
Kindsmissbrauch.

B/d Probleme beim Zugang zu einem Programm, s/b/d:

inadäquate Kommunikation
eingeschränkte Zugangszeiten
fehlende/mangelnde Transportmittel
unzureichende finanzielle Mittel.

B/d die Komplexität der Bedürfnisse/Bedarfe in der Bevölkerung.
B/d fehlende Kenntnis über die Verfügbarkeit.

B/d vielfältige Bedürfnisse/Bedarfe vulnerabler Gruppen (zu spezifizieren):

Obdachlose
schwangere Teenager
Menschen unterhalb der Armutsgrenze
HeimbewohnerInnen.

B/d das Fehlen oder unzureichende Funktionieren von Einrichtungen der Gesundheitsversorgung.
B/d [Mangel an Sicherheit für die Mitglieder der Gemeinschaft]
B/d [ökonomische Unsicherheit]
B/d [Gesundheitspflege nicht erhältlich, ungesunde Umweltverhältnisse]
B/d [Bildung nicht für alle Mitglieder der Gemeinschaft zugänglich]
B/d [Fehlen von Mitteln zur Befriedigung menschlicher Bedürfnisse nach Anerkennung, Freundschaften, Beziehungen, Sicherheit und Zugehörigkeit].

Anmerkung der Autorin

Diese Diagnose beschreibt eine Gemeinde mit unbefriedigendem Management ihrer Gesundheitsprobleme/-störungen. Sie kann auch eine Gemeinde beschreiben, in der eine Population aufgrund erwiesenermaßen fehlender/mangelnder Verfügbarkeit bzw. Zugänglichkeit sowie fehlenden/mangelnden Kenntnissen über Ressourcen der Gesundheitsversorgung unterversorgt ist. In der Gemeinde tätige Pflegepersonen können unter Verwendung der Resultate kommunaler Assessments sowohl Risikogruppen als auch den kommunalen Bedarf insgesamt darstellen. Darüber hinaus beurteilen sie Gesundheitssysteme, Transportmöglichkeiten, Sozialdienste und den jeweiligen Zugang dazu.

Ziele

NOC

- Beteiligung: Entscheidungen über die Gesundheitsversorgung
- Risikokontrolle
- Risikowahrnehmung

Diese Gemeinschaft …

- … benennt benötigte kommunale Ressourcen.
- … fördert den Einsatz kommunaler Ressourcen bei Gesundheitsproblemen/-störungen.

Allgemeine Interventionen

NIC

- Entscheidungsfindungsunterstützung
- Gesundheitssystemorientierung
- Gemeindegesundheitsentwicklung
- Risikoabschätzung

Einsatz von Daten der Gesundheitsbehörden (Kommunen, Länder, Bund) und Benennen bedeutender Gesundheitsstörungen und ihrer Begleitrisiken

Beispiele:

- Adipositas
- Herzkrankheit
- Asthma
- Verkehrsunfälle.

F: Diese Daten sorgen für eine akkurate Statistik (Allender/Spradley, 2006).

Organisieren von Fokusgruppen zur Einschätzung von Gesundheitsbedarfen und -ressourcen; Einbeziehen verschiedener Altersgruppen, ethnischer Gruppen und BewohnerInnen mit unterschiedlicher Aufenthaltsdauer vor Ort (Clarke et al., 2003)

Beginnen Sie die Diskussion mit folgenden Fragen (Clarke et al., 2003:458):

- Wie ist es, in dieser Gemeinde zu leben?
- Wodurch ließe sich das Leben in dieser Gemeinde verbessern?
- Was könnte die Gesundheit der in dieser Gemeinde Lebenden verbessern?
- Was könnten die Gesundheitsbehörden tun, um die Gesundheit der in dieser Gemeinde Lebenden zu verbessern?
- Was könnten Sie oder Menschen, die Sie kennen, tun, um das Leben in dieser Gemeinde zu verbessern?

F: «Auf alle Bereiche der Bevölkerung ausgerichtete Fokusgruppen haben sich als effektive Mechanismen erwiesen, um in Bezug auf Gesundheitsbedürfnisse und -ressourcen ein breites kommunales Echo hervorzurufen» (Clarke et al., 2003:462).

Treffen mit kommunalen Gruppen (Gesundheitszentren, religiöse Gruppen, Regierungseinrichtungen), um Ergebnisse von Fokusgruppen zu überprüfen und die kooperative Planung zu erörtern

F: Gemeinschaften zu schaffen kann bewirken, dass sich eine neue oder bestehende Führung weiterentwickelt, und es kann kommunale Organisationen und die Zusammenarbeit zwischen Organisationen stärken (McLeroy et al., 2003).

Strukturieren der Daten aus den Antworten

Ordnen der gesamten Stichprobe nach Rangstufen.
Gruppenantworten ausgewählter Gruppen (z. B. Alter, Geschlecht, Einkommensniveau, Behinderungen).

F: Die Kosten gesundheitsbezogener Programme und begrenzte Ressourcen zwingen dazu, Prioritäten zu setzen (Edelman/Mandle, 2006).

Analysieren der Ergebnisse

Welche übergreifenden Gesundheitsstörungen werden angegeben?

Welche Gesundheitsbelange haben folgende Gruppen?

- Ältere Menschen
- Alleinstehende
- Menschen unterhalb der Armutsgrenze
- Jugendliche
- Haushalte mit Kindern unter 20 Jahren
- Befragte unter 45 Jahren
- Menschen ohne Versicherungsschutz.

F: Die Programmplanung in der Gesundheitsversorgung liefert eine geordnete Struktur zur Strukturierung großer Datenmengen, um kommunale Gesundheitsziele erfolgreich zu erreichen (Clemen-Stone et al., 2002).

Evaluieren kommunaler Ressourcen

Welche Ressourcen stehen für die identifizierten Gesundheitsprobleme zur Verfügung?
Gibt es bei diesen Diensten/Dienstleistungen Probleme mit der Nutzung oder dem Zugang?
Wie erfährt die Bevölkerung von diesen Diensten/Dienstleistungen?
Identifizieren Sie Probleme, für die es keine kommunalen Dienste/Dienstleistungen gibt.

F: Die Evaluation verfügbarer Ressourcen ist nötig, um geplante Aktivitäten aufeinander abzustimmen und festzustellen, ob finanzielle Mittel für zusätzliche Ressourcen erforderlich sind (Edelman/Mandle, 2006).

Fortfahren mit der Programmentwicklung, wenn Dienste/Dienstleistungen nicht verfügbar sind

Untersuchen und Evaluieren ähnlicher Programme in anderen Gemeinden

Basisinformationen.
Zweck und Ziele.
Verfügbare Dienste/Dienstleistungen.
Finanzierung.
Kosten für die Beteiligten.
Zugänglichkeit der Dienste/Dienstleistungen.

Treffen mit geeigneten Leuten zur Erörterung von Ergebnissen (Umfragen, Besuche vor Ort)

Sprechen Sie folgende Punkte an:

- Vorhandensein kommunaler Unterstützung
- in der Gemeinde verfügbare fachliche Erfahrung und Technik
- finanzielle Unterstützung.

Identifizieren geeigneter kommunaler Quellen zur Unterstützung

Abteilungen einer Klinik.
Gesundheitsbehörden.
Religiöse Vereinigungen.
Handelskammer.
Gesundheitsfachpersonen.
Industrie.
Private Stiftungen.
Einrichtungen der öffentlichen Wohlfahrt.
Fachgesellschaften.

Kooperieren mit der Universität bei Anträgen auf interdisziplinäre Stipendien

F: Die finanzielle Unterstützung von Gesundheitsversorgungsprogrammen kann oft aus privaten oder öffentlichen Quellen stammen.

Planen des Programms (für Interventionen in der Gemeindeplanung siehe Bereitschaft für ein verbessertes Coping einer Gemeinschaft)

Bei verfügbaren, aber zu wenig genutzten Diensten/Dienstleistungen Einschätzen folgender Punkte (Bamberger et al., 2000)

Systemimmanente Barrieren

Ungünstige Öffnungs-/Bereitschaftszeiten.
Effizienz und Atmosphäre.
Kompliziertes System der Terminvergabe.
Örtlichkeiten des Dienstes (Zugang, Erscheinungsbild, Entfernung).
Kosten.
Unfreundlichkeit.

Personenimmanente Barrieren

Misstrauen.
Machtlosigkeit.
Fehlende/mangelnde Ressourcen (z. B. Telefon, Transport, Beaufsichtigung von Kindern, Finanzen).
Konkurrierende Priotitäten im Leben.
Analphabetismus.
Unvorhersehbare Arbeitszeiten.
Fehlende Deutschkenntnisse.

F: Solange die Barrieren für den Zugang zu Diensten/Dienstleistungen der Gesundheitsversorgung nicht identifiziert und beseitigt werden, werden diese Dienste/Dienstleistungen auch weiterhin zu wenig genutzt (Bamberger et al., 2000).

Evaluieren des Zugangs vulnerabler Populationen zur Gesundheitsversorgung und Evaluieren ihres Wissens über Risikofaktoren

Familien in ländlichen Gegenden.
Ältere Menschen.
Obdachlose.
Ausländische ArbeitnehmerInnen.
Menschen, die unterhalb der Armutsgrenze leben.
Vor kurzem Eingewanderte.

F: Zugang zu Versorgung ist eine Frage sozialer Gerechtigkeit (Allender/Spradley, 2006).

Vorrangig sicherstellen, dass Grundbedürfnisse wie Nahrung, Unterbringung, Kleidung und Sicherheit abgedeckt sind, bevor versucht wird, sich um höhere Gesundheitsbedürfnisse zu kümmern

F: Physiologische Bedürfnisse müssen befriedigt sein, bevor man sich auf die Befriedigung höherer Bedürfnisse des persönlichen Wohlbefindens und gesundheitsförderliches Verhalten konzentrieren kann (Maslow, 1970).

Sorgen für Informationen über Krankheitsprävention, Gesundheitsförderung und Gesundheitsdienste für vulnerable Populationen

Stellen Sie sicher, dass sich das Lesematerial für die Zielgruppe eignet (z. B. Grad der Fähigkeit zu lesen, Sprache, Abbildungen).
Verwenden Sie Poster, Broschüren.
Wählen Sie Örtlichkeiten, an denen sich die Zielpopulation gewöhnlich aufhält:

- Lebensmittelläden, Verbrauchermärkte
- Gottesdienste
- Versammlungen
- Tagespflegezentren
- Waschsalon
- sportliche Ereignisse
- Aktivitäten in der Schule
- Wochenmärkte.

F: Vulnerable Populationen (Menschen in Armut, Menschen ohne Versicherungsschutz, ethnische Minderheiten) geben weder eine regelmäßig verfügbare Versorgungsquelle noch Besuche bei niedergelassenen Ärzten innerhalb der vergangenen 12 Monate bzw. einen mäßigen bis schlechten Gesundheitszustand an (USDHHS, 2000). Die Rate eines frühzeitigen Todes und die Morbiditätsrate sind höher und ihr Funktionszustand sowie ihre Lebensqualität niedriger (Leight, 2003).

Kontamination: gemeindebezogene

Kontamination: gemeindebezogene

Kontaminationsgefahr: gemeindebezogene

Definition

Kontamination: gemeindebezogene: Exposition gegenüber Umweltkontaminanten in Mengen, die hinreichen, um sich negativ auf die Gesundheit auszuwirken.

Kontamination (engl. Contamination): Umweltschadstoffen in einem Maße ausgesetzt zu sein, das ausreicht, um nachteilige Gesundheitsfolgen zu verursachen (NANDA-I, 2010).

Bestimmende Merkmale oder Kennzeichen

Patientengruppen, die Versorgung bei ähnlichen Zeichen oder Symptomen suchen. Zeichen und Symptome hängen vom auslösenden Agens ab, darunter Pestizide, Chemikalien, biologische Stoffe, Müll, Strahlung und Umweltverschmutzung.

Für spezifische, von der jeweils kontaminierenden Substanz abhängige Auswirkungen auf die Gesundheit siehe *Kontamination: individuelle.*

Viele Patienten mit rasch zum Tode führenden Krankheiten.

Kranke, sterbende oder tote Tiere oder Fische; Fehlen von Insekten.

Messwerte der Kontaminanten oberhalb akzeptabler Werte.

Einflussfaktoren

Pathophysiologische Faktoren

B/d Bakterien, Viren, Toxine.

Behandlungsbedingte Faktoren

B/d unzureichenden oder fehlenden Einsatz eines Dekontaminationsprotokolls.

B/d unsachgemäßen oder fehlenden Einsatz von Schutzkleidung.

Situationsbedingte Faktoren (persönlich bedingt, umgebungsbedingt)

B/d bioterroristische Akte, Überflutungen, Erdbeben, Naturkatastrophen.

B/d Austritt von Abwässern aus Lecks in der Kanalisation.

B/d Emissionen von Fabriken; absichtliche oder versehentliche Freisetzung von Kontaminanten durch Industrie oder Gewerbe.

B/d physikalische Faktoren: Klimabedingungen wie Temperatur und Wind; geographische Lage.
B/d soziale Faktoren: Überbelegung, schlechte sanitäre Verhältnisse, Armut, fehlender Zugang zur Gesundheitsversorgung.
B/d biologische Faktoren: Vorliegen von Vektoren (Mücken, Zecken, Nagetiere).

Umweltbedingte Faktoren

B/d Kontamination von Wasserleitungen durch verseuchte Tanks.
B/d absichtliche oder versehentliche Kontamination der Wasser- und Nahrungsmittelversorgung.
B/d Exposition gegenüber Schwermetallen oder Chemikalien, Luftschadstoffen, Strahlung, Bioterrorismus, Katastrophen; gleichzeitige oder frühere Exposition.

Altersbedingte Faktoren

B/d kommunale Dynamiken (Teilhabe, Macht- und Entscheidungsstruktur, Bemühungen um Kooperation).

Zentrale Konzepte

Allgemeine Überlegungen

- Bioterrorismus ist der bewusste Einsatz von Mikroorganismen oder aus lebenden Organismen gewonnenen Toxinen, um bei Menschen, Tieren oder Pflanzen, von denen wir abhängen, den Tod oder Krankheiten zu bewirken (Ashford et al., 2003).
- Die Zeit zwischen der Exposition und dem Einsetzen von Symptomen kann Stunden bis Wochen betragen. Pflegende müssen mit den höchstwahrscheinlich eingesetzten Wirkstoffen und deren Folgen vertraut sein (Veenema, 2002).
- Kinder sind durch im Agrarbereich und zu Hause eingesetzte Pestizide oder durch Aufnahme entsprechender Rückstände in der Nahrung oder im Trinkwasser oft toxischen Substanzen ausgesetzt. Kinder sind für verzögert eintretende Effekte anfälliger als Erwachsene. Manche Pestizide können die physiologischen Prozesse im Organismus des Kindes – etwa im Immun-, Atmungs- und Nervensystem – stören (Childrens Environmental Health Network, 2004).
- Bei der Umweltschutzbehörde (Environmental Protection Agency, EPA) sind mehr als 70 000 industriell hergestellte Einzelstoffe für den kommerziellen Gebrauch registriert und jährlich kommen durchschnittlich 2300 neue Chemikalien hinzu. Inzwischen ist jeder Mensch synthetischen Umweltschadstoffen im Trinkwasser, in Luft und Nahrung sowie in Gebrauchsgegenständen und Pestiziden für den Hausgebrauch ausgesetzt (Thornton et al., 2002).
- In Innenräumen können Pestizidrückstände noch Wochen nach ihrem Einsatz vorhanden sein und gefährden Schwangere vor allem im städtischen Bereich. In Studien an Schwangeren in New York ließ sich bei 70–80 % der Untersuchten eine Pestizidexposition während der Schwangerschaft nachweisen (Berkowitz et al., 2003).

- Anhand des «Air Pollution and Respiratory Health Program» werden die Luftqualität im Innen- und Außenbereich und damit verbundene Auswirkungen verfolgt. Von besonderem Interesse sind die Auswirkungen von großen Flächenbränden, Trümmerbränden nach Naturkatastrophen, Kohlenmonoxidvergiftung und Schimmelpilzen (www.cdc.gov/nceh/airpollution/about.htm).
- Bei der Betrachtung der globalen Krankheitslast setzt die Weltgesundheitsorganisation (WHO, 2005) die Luftverschmutzung in Innenräumen an achte Stelle der wichtigsten Risikofaktoren. In Entwicklungsländern ist sie nach Mangelernährung, unsicheren Sexualpraktiken, Trinkwassermangel und mangelhaften sanitären Verhältnissen die bedeutendste Todesursache und jährlich für 1,6 Millionen Todesfälle durch Pneumonie, chronische Atemwegserkrankungen und Lungenkrebs verantwortlich (www.who.int/mediacentre/factsheets/fs292/en/index/html).
- Ausmaß und Dauer einer Strahlenexposition wirken sich auf den Schweregrad und die Art der gesundheitlichen Folgen aus. Interne Exposition geschieht durch Aufnahme radioaktiven Materials (Kontamination von Trinkwasser und Nahrungsmitteln). Externe Exposition tritt durch direkten Kontakt mit radioaktivem Material auf. Die primäre Folge einer chronischen Strahlenexposition ist Krebs. Es gibt jedoch weitere Effekte wie DNA-Mutationen und teratogene Mutationen. Zu den akuten Folgen gehören Verbrennungen und Strahlenintoxikation. Deren Symptome variieren je nach Expositionsgrad und umfassen Übelkeit, Erschöpfung, Veränderungen der Blutchemie, Hämorrhagien, ZNS-Schäden und schließlich den Tod. Vor allem Kinder und Feten sind anfällig für die Auswirkungen einer Strahlenexposition (EPA, 2004).
- Radon gelangt durch den Boden und über das Wasser in Wohnräume. Es zerfällt in Partikel, die sich in der Lunge fangen. Vor allem Raucher sind der erhöhten Gefahr eines radonbedingten Lungenkarzinoms ausgesetzt. Zwar wurde berichtet, dass Kinder stärker durch bestimmte Arten strahlungsbedingter Tumoren gefährdet sind als Erwachsene, jedoch liegen bislang keine schlüssigen Daten vor, dass sie auch durch eine Radonexposition stärker gefährdet wären (EPA, 2005).
- Zur Kontamination von Trinkwasser und Nahrungsmitteln kommt es, wenn Mikroorganismen, Bakterien und Viren im Boden und im Magen-Darm-Trakt von Tieren infolge direkter Entsorgung von Müll in Flüsse oder Seen oder durch den Abfluss von Wasser aus bewaldeten Gebieten, Weiden, verseuchten Tanks und Kläranlagen in Flüsse oder ins Grundwasser gelangen. Eine Trinkwasserquelle kann durch den Überlauf ungeklärter Abwässer, verseuchte Tanks, undichte Abwasserleitungen und das Ausbringen von Klärschlämmen und teilweise geklärten Abwässern kontaminiert werden. Auch Nitrate, Metalle, toxisches Material und Salze können das Wasser kontaminieren (http://extoxnet.orst.edu/faqs/safedrink.sewage.htm).
- Eine Kontamination kann durch einen Zwischenfall oder durch bewusstes Handeln geschehen. Zu den biologischen Wirkstoffen gehören Bakterien, Viren, Pilze, andere Mikroorganismen und ihre jeweiligen Toxine. Sie können sich auf verschiedene Weise negativ auf die Gesundheit auswirken, und zwar von leichten allergischen Reaktionen bis hin zu schweren Erkrankungen oder gar zum Tod. In ihrer natürlichen Umgebung sind die Organismen weit verbreitet und finden sich in Wasser und Boden, in Pflanzen und Tieren (www.osha-slc.govSLTC/biologicalagents/index.html).

- Exposition gegenüber biologischen Wirkstoffen geschieht durch direkten Kontakt mit einer gefährlichen Substanz oder Flüssigkeit (Tröpfchen oder Aerosol), durch Inhalation von Dämpfen oder Aerosolen bzw. durch Verschlucken. Infektiöse Agenzien werden übertragen durch Kontakt, Tröpfchen, Luft, übliche Träger und Vektoren (U.S. Army Medical Research Institute of Infectious Diseases, 2004).
- Die Art der Übertragung des jeweiligen Agens bestimmt die Kategorie der Schutzisolation (Standardisolation, Isolation vor Luft, Tröpfchen und Kontakt) (Veenema, 2003).
- Isolationsmaßnahmen dienen der Reduktion und Prävention einer Ausbreitung von Kontaminationen und zum Schutz von in der Gesundheitsversorgung Tätigen vor einer Exposition (http://cdc.gov/ncidot/dhap/gl_isolation_ptII.htm/).
- Sondermüll ist jeglicher Müll (Flüssigkeit, Schlamm, Feststoff, Gas), der aufgrund seiner Menge oder Merkmale eine Gefahr für die menschliche Gesundheit oder die Umwelt darstellen kann. Fabriken der herstellenden und verarbeitenden Industrie sowie Gewerbebetriebe (chemische Industrie, Elektroindustrie, Autohersteller, Holzverarbeitung, Trockenreinigungen, fotochemische Betriebe, Raffinerien und Kliniken) erzeugen Sondermüll. Auch Privathaushalte tun dies (Pestizide, Haushaltsreiniger, Farben und Lösungsmittel, Leuchtstoffröhren) (http://dnr/mo./gov/env/hwp/index.html).
- Ungeklärte Abwässer, die nach einer Überflutung im Trinkwasser, im Grundwasser und in Kellern landen, schädigen die Gesundheit des Menschen und die Umwelt. Jedes Jahr verursacht das Schwimmen in abwasserkontaminierten Gewässern 1,8–3,5 Millionen Erkrankungsfälle und weitere 500 000 Fälle entstehen durch Trinken kontaminierten Wassers (www.nrdc.org.water/pollution/sewage.asp).

Einschätzungskriterien des Fokusassessments

Subjektive Daten

Einschätzen bestimmender Merkmale oder Kennzeichen

Gruppen von Gemeindemitgliedern, die übereinstimmend folgende Angaben machen:

- Atmung/Herz: Atembeschwerden, Husten, grippeähnlichen Symptome, unregelmäßiger Herzschlag
- Magen, Darm: Magenschmerzen, Diarrhö, Krämpfe, Übelkeit, Erbrechen
- Nervensystem: Muskelschwäche, Gelenk- und Muskelschmerzen, Sehstörungen
- Haut: Hautläsionen, Pusteln, Hautreizung, Juckreiz, Blasenbildung, Verbrennungen
- Strahlenexposition
- Schwangerschaften mit Geburtsdefekten
- ungewöhnliche Flüssigkeiten, Sprays oder Dämpfe am Arbeitsplatz oder im häuslichen Bereich
- tote oder sterbende Tiere im Umfeld
- Explosionen oder Bomben
- ein Arbeitsplatz oder Wohnort nahe einer Fabrik, eines Agrarbetriebs oder eines verarbeitenden Betriebs.

Objektive Daten

Gruppen von Gemeindemitgliedern, die übereinstimmend folgende Angaben machen:

- Nervensystem: Halluzinationen, Verwirrtheit, Krämpfe, herabgesetzter Bewusstseinsgrad, Pupillenveränderungen und Verschwommensehen
- Lunge: erschwerte Atmung, Zyanose
- Herz: Herzrhythmusstörungen, Hypertonie, Hypotonie
- Integument: Hautläsionen (Exanthem, Pusteln, Krusten), Blasen, Ulzerationen, Verbrennungen, Erythem, trockene oder feuchte Schuppenbildung, Ikterus
- Fieber
- Tumoren (Schilddrüse, Haut, Leukämie)
- Geburtsdefekte
- Strahlenkrankheit: Schwäche, Haarausfall, Veränderungen der Blutchemie, Hämorrhagien, verminderte Organfunktionen.

Einschätzen beeinflussender Faktoren

Siehe *Einflussfaktoren*.

Ziele

NOC

- Kompetenz einer Gemeinde
- Vorbereitetsein einer Gemeinde auf eine Katastrophe
- Gesundheitsniveau einer Gemeinde
- Risikokontrolle in der Gemeinde: Infektionskrankheiten
- Risikokontrolle in der Gemeinde: Bleibelastung
- Auflösung von Trauer
- Risikokontrolle in der Gemeinde: Gewalt
- Infektionsstatus

Für weitere mögliche NOC-Ergebnisse siehe Kontamination: individuelle.

Die Gemeinde verwendet ein Gesundheitsüberwachungsdatensystem zur Überwachung von Kontaminationsfällen.

Die Gemeinde nimmt an Übungen des Katastrophenschutzes und der Versorgung bei einem Massenanfall von Verletzten teil.

Die Gemeinde wendet einen Katastrophenplan zur Evakuierung und Triage verletzter Gemeindemitglieder an.

Die Exposition der Gemeinde gegenüber Kontaminanten wird auf ein Mindestmaß reduziert.

Die gesundheitlichen Auswirkungen einer Kontamination auf die Gemeinde werden auf ein Mindestmaß reduziert.

Interventionen

Allgemeine Interventionen

NIC

- Umgebungsmanagement
- Umweltrisikoprävention
- Gemeindegesundheitsentwicklung
- Terroranschlag mit chemischen und biologischen Mitteln – Vorbereitetsein
- Infektionskrankheiten-Management
- Katastrophenfallvorbereitung: Gemeinde
- Krisenintervention
- Gesundheitsbildung
- Gesundheitspolitikbeobachtung
- Infektionskontrolle
- Gemeindeassessment
- Triage: Katastrophenfall
- Triage: Notfallzentrum

Überwachen auf Kontaminationsfälle unter Verwenden der Gesundheitsüberwachungsdaten

F: Frühzeitiges Überwachen und Erkennen sind entscheidende Komponenten der Vorbereitung auf biologische Angriffe (Veenema, 2006).

Sorgen für akkurate Informationen über die jeweiligen Risiken und Präventionsmaßnahmen sowie den Einsatz von Antibiotika und Impfstoffen

Auffordern der Gemeindemitglieder, mit anderen über ihre Befürchtungen zu sprechen.
Sorgen für allgemein unterstützende Maßnahmen (Nahrung, Wasser, Unterbringung).

F: Interventionen zur Unterstützung des Copings helfen der Gemeinde, mit Furcht, Hilflosigkeit und Kontrollverlust zurechtzukommen, die in einer Krisensituation normale Reaktionen darstellen.

Spezielle Interventionen

Prävention

Identifizieren kommunaler Risikofaktoren und Entwickeln von Katastrophenschutzprogrammen.

Vorbereitet sein

Planen der Kommunikation, Evakuierung, Rettung und Opferversorgung.
Erstellen von Zeitplänen für Übungen zu Massenunfällen und zur Vorbereitung auf Katastrophen.

Maßnahmen

Identifizieren von Kontaminanten in der Umwelt.
Fortbilden der Gemeinde hinsichtlich der jeweiligen Umweltkontaminante.
Kooperieren mit anderen Einrichtungen (lokale Gesundheitsbehörden, Einrichtungen des Bundes und der Länder).
Rettung, Triage, Stabilisieren und Behandeln betroffener Gemeindemitglieder.

Wiederherstellung

Reparatur, Wiederaufbau, Umsiedlung; psychologische Betreuungsdienste sollten bei der psychischen Wiederherstellung helfen (nach Allender/Spradley, 2006).

Dekontamination

Die primäre Dekontamination exponierten Personals ist abhängig vom jeweiligen Agens:

- Entfernen kontaminierter Kleidung
- Anwenden von reichlich Wasser und Seife oder verdünntem (0,5 %) Natriumhypochlorit.

Sekundäre Dekontamination von Kleidung oder Gerätschaften der exponierten Personen unter Einsatz der korrekten physischen Schutzmaßnahmen.

F: Die Dekontamination verhindert die Exposition weiterer Gemeindemitglieder und MitarbeiterInnen der Gesundheitsversorgung.

Durchführen geeigneter Isolationsmaßnahmen: vollständige Isolation, Isolation vor einer Übertragung durch Luft, Tröpfchen oder Kontakt.

F: Vorsichtsmaßnahmen verhindern eine Kreuzkontamination durch das Agens.

Kontaminationsgefahr: gemeindebezogene

Definition

Kontaminationsgefahr: gemeindebezogene: ausgeprägtes Risiko einer Exposition gegenüber Umweltkontaminanten in Mengen, die hinreichen, um gesundheitsschädigende Wirkung zu haben.
Kontaminationsgefahr (engl. Risk for contamination): Besonderes Risiko, Umweltschadstoffen in einem Maße ausgesetzt zu sein, das ausreicht, um nachteilige Gesundheitsfolgen zu verursachen (NANDA-I, 2010).

Risikofaktoren

Siehe «Einflussfaktoren» unter *Kontamination: gemeindebezogene und Kontaminationsgefahr.*

Zentrale Konzepte

Siehe «Einflussfaktoren» unter *Kontamination: gemeindebezogene.*

Einschätzungskriterien des Fokusassessments

Einschätzen bestimmender Merkmale oder Kennzeichen

Siehe «Einflussfaktoren» unter *Kontamination: gemeindebezogene.*

Ziele

NOC

- Katastrophenfall: vorbereitet sein
- Gesundheitsniveau einer Gemeinde
- Risikokontrolle in der Gemeinde: Infektionskrankheiten
- Für weitere mögliche NOC-Ergebnisse siehe Kontaminationsgefahr: gemeindebezogene.

Die Gemeinde verwendet ein Gesundheitsüberwachungsdatensystem zur Überwachung von Kontaminationsfällen.

Die Gemeinde nimmt an Übungen des Katastrophenschutzes und der Versorgung bei einem Massenanfall an Verletzten teil.

Die Gemeinde bleibt frei von gesundheitlichen Auswirkungen einer Kontamination.

Interventionen

Allgemeine Interventionen

NIC

- Umgebungsmanagement
- Umweltrisikoprävention
- Gemeindegesundheitsentwicklung
- Terroranschlag mit chemischen und biologischen Mitteln – Vorbereitet sein
- Infektionskrankheiten-Management
- Katastrophenfallvorbereitung: Gemeinde
- Gesundheitsbildung
- Gesundheitspolitküberwachung
- Gemeindeassessment

Überwachen auf Kontaminationsfälle unter Verwenden der Gesundheitsüberwachungsdaten

F: Frühzeitiges Überwachen und Erkennen sind entscheidende Komponenten der Vorbereitung auf biologische Angriffe (Veenema, 2006).

Sorgen für akkurate Informationen über die jeweiligen Risiken und Präventionsmaßnahmen sowie den Einsatz von Antibiotika und Impfstoffen

Auffordern der Gemeindemitglieder, mit anderen über ihre Befürchtungen zu sprechen.
Sorgen für allgemein unterstützende Maßnahmen (Nahrung, Wasser, Unterbringung).

F: Interventionen zur Unterstützung des Copings helfen der Gemeinde, mit Furcht, Hilflosigkeit und Kontrollverlust zurechtzukommen, die in einer Krisensituation normale Reaktionen darstellen.

Spezielle Interventionen

Identifizieren kommunaler Risikofaktoren und Entwickeln von Programmen zur Verhinderung von Katastrophen

Benachrichtigen von Einrichtungen, die für den Umweltschutz autorisiert sind, über Kontaminationen in der Gegend.
Verändern der Umwelt, um das Risiko zu minimieren.

F: Modifikation der Umwelt senkt das Risiko einer Kontamination.

Abschnitt 4

Gesundheitsförderungs-Pflegediagnosen

Gesundheitsförderliches Verhalten
- Erfolgreiches Stillen
- Bereitschaft für ein verbessertes Stillen
- Bereitschaft für ein verbessertes Wohlbefinden
- Bereitschaft für eine verbesserte Entscheidungsfindung
- Bereitschaft für einen verbesserten Flüssigkeitshaushalt
- Bereitschaft für ein verbessertes Trauern
- Bereitschaft für eine gesteigerte Hoffnung
- Bereitschaft für einen verbesserten Impfstatus
- Bereitschaft für eine verbesserte kindliche Verhaltensorganisation
- Bereitschaft für ein vermehrtes Wissen
- Bereitschaft für eine verbesserte Ernährung
- Bereitschaft für eine verbesserte Selbstbestimmung
- Bereitschaft für eine vertiefte Religiosität
- Bereitschaft für eine verbesserte Selbstfürsorge
- Bereitschaft für ein verbessertes Selbstkonzept
- Bereitschaft für eine verbesserte Sinnfindung
- wirksames Therapiemanagement
- Bereitschaft für ein verbessertes Management der eigenen Gesundheit
- Bereitschaft für eine verbesserte Urinausscheidung

Übersicht

In diesem neuen Abschnitt der 12. Auflage werden alle Gesundheitsförderungs-/Wellness-Pflegediagnosen für Individuen strukturiert angeordnet und unter *gesundheitsförderliches Verhalten* eingeordnet. Letzteres ist eine weit gefasste Pflegediagnose, die nützlich sein kann, wenn sich das in Frage kommende Gesundheitsthema nicht in eine bestimmte Pflegediagnose fassen lässt.

Gesundheitsförderungs-/Wellness-Pflegediagnosen sind «eine klinische Beurteilung eines Individuums, einer Gruppe oder Gemeinschaft im Übergang von einem bestimmten Gesundheits-Niveau auf ein höheres» (NANDA, 2007: X). Eine valide Gesundheitsförderungs-Pflegediagnose hat zwei Voraussetzungen:

1. Die Person hat den Wunsch und äußert die Bereitschaft nach erhöhtem Wohlbefinden in einem bestimmten Bereich.
2. Die Person funktioniert in einem bestimmten Bereich zurzeit korrekt.

Gesundheitsförderungs-Pflegediagnosen sind einteilige Aussagen ohne Einflussfaktoren. Die von der Person oder Gruppe festgelegten Ziele lenken ihre Maßnahmen zur Verbesserung der Gesundheit.

Hinsichtlich des klinischen Nutzens dieser Art von Diagnosen herrscht noch immer keine Klarheit. Die Autorin vertritt die Ansicht, dass einige dieser Diagnosen bestärkt werden können und klinisch von Nutzen sind, wie etwa *Bereitschaft für eine verbesserte elterliche Fürsorge* oder *Bereitschaft für ein verbessertes Coping einer Gemeinschaft*. Der klinische Nutzen anderer Diagnosen, wie z. B. *Bereitschaft für einen ausgeglichenen Flüssigkeitshaushalt*, *Bereitschaft für eine verbesserte Urinausscheidung* und ähnlicher Diagnosen ist fraglich. Wenn bei einer Person ein Gleichgewicht zwischen dem Flüssigkeitsvolumen und der chemischen Zusammensetzung von Körperflüssigkeiten herrscht, das den physischen Bedürfnissen genügt, wie ließe sich dies noch stärken? Wäre es nützlicher, sich unter der Diagnose *Gefahr eines Flüssigkeitsdefizits* auf Schulung zu konzentrieren? Im Gegensatz dazu beschreibt *Bereitschaft für eine verbesserte elterliche Fürsorge* das Funktionieren einer Familie, welches ausreicht, um das Wohlbefinden von Familienmitgliedern zu unterstützen. Dies ließe sich verbessern.

Klinisch kann es für Pflegende wichtig sein, über Daten Bescheid zu wissen, die Stärken oder Ressourcen repräsentieren. Diese Stärken oder Ressourcen können die Pflegeperson bei der Auswahl von Interventionen unterstützen, um eine Störung eines anderen Gesundheitsverhaltens zu mildern oder zu verhindern. Wenn Pflegende eine Stärke benennen möchten, sollte diese auch auf dem Assessmentformular oder im Pflegeplan dokumentiert werden. Wenn der Klient Unterstützung bei der Förderung eines höheren Funktionsgrades wünscht, könnte *Bereitschaft für ein(e) verbesserte(s) (zu spezifizieren)* von Nutzen sein. Interessierte klinisch Tätige können diese Gesundheitsförderungs-/Wellness-Pflegediagnosen einsetzen und sind eingeladen, der NANDA und der Autorin über ihre Arbeit zu berichten.

Gesundheitsförderliches Verhalten

Definition

Gesundheitsförderliches Verhalten: der Zustand, in dem eine Person mit stabiler Gesundheit bestrebt ist, eigene Gewohnheiten in Bezug auf Gesundheit und/oder das Umfeld zu verändern, um einen höheren Grad des Wohlbefindens zu erreichen.*

* Ein stabiler Gesundheitszustand wird wie folgt definiert: Altersgerechte Präventionsmaßnahmen wurden getroffen. Der Klient berichtet über eine gute bis ausgezeichnete Gesundheit und Zeichen und Symptome einer Krankheit sind, falls vorhanden, unter Kontrolle.

Bestimmende Merkmale oder Kennzeichen

Hauptkennzeichen (obligat)

Geäußertes oder beobachtetes Verlangen, Informationen über Gesundheitsförderung einzuholen.

Nebenkennzeichen (fakultativ)

Geäußertes oder beobachtetes Verlangen nach vermehrter Gesundheitskontrolle.
Äußern von Bedenken über die Auswirkungen der aktuellen Umweltbedingungen auf den Gesundheitszustand.
Geäußerte oder beobachtete fehlende Vertrautheit mit kommunalen Wellness-Ressourcen.
Erwiesenes oder beobachtetes Wissensdefizit in Bezug auf gesundheitsförderliches Verhalten.

Anmerkung der Autorin

Diese Diagnose kann dazu dienen, sich auf eine persönliche oder die Lebensweise betreffende Umstellung in einem bestimmten Bereich zu konzentrieren, der effektiv ist und sich stärken lässt. Falls die spezifischen Gesundheitsförderungs-Diagnosen nicht auf diesen Bereich zutreffen, lässt sich beispielsweise folgende Diagnose formulieren: *gesundheitsförderliches Verhalten: Cross-Trainingsprogramm*.

Zentrale Konzepte

- «Healthy People 2010» hat zwei wichtige Ziele (2000):
  - Erhöhen der Qualität und Dauer eines gesunden Lebens
  - Beseitigen von Ungleichheiten in Bezug auf Gesundheit.
- Bei Gesundheitsförderung geht es um Strategien, die Menschen dabei unterstützen sollen, auf höchstmöglichem Niveau des Wohlbefindens zu leben (Edelman/Mandle, 2006).
- Jedem Menschen kann zu einer gesünderen Lebensweise verholfen werden, wenn er motiviert und informiert ist. Wenn der bzw. die Betreffende Defizite in der Lebensweise zeigt, gelten andere Pflegediagnosen, wie etwa *unwirksames Gesundheitsverhalten* oder *Ernährungsstörung*.
- Manche Menschen treffen regelmäßig gesundheitsbezogene Entscheidungen. Diese Personen möchten u. U. die Nachhaltigkeit ihrer Entscheidungen, noch gesünder zu sein, in einem oder mehreren Bereichen, wie etwa der Entscheidungsfindung oder der Ernährung, stärken.
- Die Pflegeperson ist FürsprecherIn gesünderer Lebensweisen und des persönlichen Verhaltens. Eine Person, wie sie oben beschrieben wird, muss nicht motiviert werden, vielmehr weist die Pflegeperson sie auf Informations- und Strategiequellen hin, um das Wohlbefinden in dem gewünschten Bereich zu erhöhen.
- Die Pflegeperson muss darauf achten, nicht die Gesundheitspraktiken der Person insgesamt als Barrieren einer Steigerung des Wohlbefindens zu betrachten. So mag etwa eine Frau zwar rauchen, sich aber ausgewogen, fett- und kohlenhydratarm ernähren. Wenn sie es wünscht, könnte sie ihre bereits nahrhafte Ernährung verbessern. Ihr Rauchverhalten kann unter *unwirksames Gesundheitsverhalten* angegangen werden.

Gesundheitsförderungs-/Wellnessassessment (Carpenito-Moyet, 2007; Gordon, 2003/13; Edelman/Mandle, 2006)

Subjektive Daten

Verhaltensmuster im Umgang mit Gesundheitswahrnehmung und -management

Bitten Sie die Person, eine Kategorie anzukreuzen, auf die sie regelmäßig achtet; machen Sie zwei Kreuze, wenn die Person in dieser Kategorie perfekt ist (Breslow, 2004):

- drei regelmäßige Mahlzeiten am Tag und nichts zwischendurch
- Frühstück täglich
- mäßige körperliche Betätigung 2- bis 3-mal pro Woche
- 7–8 Stunden Schlaf – nicht mehr, nicht weniger
- kein Rauchen
- Körpergewicht im mittleren Bereich
- kein oder nur mäßiger Alkoholkonsum.

Wie nimmt die Person/die Familie ihre Gesundheit insgesamt wahr?

Mit welchen persönlichen Praktiken wird die Gesundheit aufrechterhalten?

Auf welche Quellen greift die Person oder Familie zurück, um ihre gesunde Lebensweise zu verbessern?

Verhaltensmuster: Ernährung und Stoffwechsel

Körpermasseindex (BMI) der Person.

Flüssigkeit, die normalerweise am Tag aufgenommen wird.

Nahrungsergänzung (Vitamine, Art der Zwischenmahlzeiten).

Tägliche Zufuhr von Vollkornbrot oder angereichertem Brot, Zerealien, Reis oder Nudeln.

Zwei Stück Obst am Tag.

Unbegrenzt rohes, nicht stärkehaltiges Gemüse am Tag.

Produkte aus entrahmter oder fettarmer Milch.

Fleisch und Geflügel, bei dem Fett und Haut entfernt wurden.

Keine frittierten Nahrungsmittel/Zwischenmahlzeiten.

Sehen Sie eine Verbindung zwischen Stress und Anspannung, emotionalen Turbulenzen und Ihrer Ernährung bzw. Ihren Essgewohnheiten?

Verhaltensmuster: Ausscheidung

Stuhlgang (beschreiben):

- Häufigkeit
- Beschaffenheit.

Urinausscheidung (beschreiben):

- Beschaffenheit (bernsteinfarben, gelb, strohfarben).

Verhaltensmuster: Aktivität und Bewegung

Betätigungsverhalten? Art und Häufigkeit der Betätigungen.
Freizeitaktivitäten? Häufigkeit.
Energieniveau? Hoch, mäßig, adäquat, niedrig.
Gibt es Hindernisse für eine Betätigung?
Nennen Sie fünf Aktivitäten, bei denen Sie spielen.
Was bewirkt, dass es Ihnen gut geht?

Verhaltensmuster: Schlaf und Ruhe

Zufrieden und ausgeruht?
Durchschnittlich schlafend verbrachte Stunden pro Nacht.
Entspannungsphasen: Wie oft? Wie lange?

Verhaltensmuster: Kognition und Perzeption

Zufrieden mit …

- … der Entscheidungsfindung?
- … dem Gedächtnis?
- … der Lernfähigkeit?

Beschreiben Sie kurz Ihren Bildungshintergrund.

Verhaltensmuster: Selbstwahrnehmung und Selbstkonzept

Beschreiben Sie, wie sie sich fühlen in Bezug auf …

- … sich selbst.
- … Ihren Körper.
- Gibt es Veränderungen?

Fällt es Ihnen schwer, Wut, Trauer, Glück, Liebe und/oder Sexualität zum Ausdruck zu bringen?
Welches sind Ihre bedeutenden Stärken oder persönlichen Qualitäten?
Welches sind Ihre Schwächen oder negativen Aspekte?
Was ist in Ihrem Leben gerade die bedeutsamste Aktivität?
Wie viele Jahre werden Sie, Ihrer Ansicht nach, noch leben und wie werden Sie, Ihrer Ansicht nach, sterben?
Wie stellen Sie sich Ihre Zukunft vor?
Was würden Sie in Zukunft gerne erreichen? Müssen Sie Dinge verändern, um es zu schaffen?

Auflisten der bedeutendsten Ereignisse, Krisen, Übergänge und/oder Veränderungen (positive und negative) in Ihrem Leben

Nehmen Sie sich Zeit, um darüber nachzudenken, wie sich diese Dinge auf Sie ausgewirkt haben.
Kennzeichnen Sie einen oder zwei Punkte, die besonders wichtig waren, durch ein Sternchen.

Verhaltensmuster: Rollen und Beziehungen

Sind Sie zufrieden mit Ihrem Arbeitsplatz? Brauchen Sie eine Veränderung?
Sind Sie zufrieden mit Rollenverantwortlichkeiten?
Beschreiben Sie Ihre Beziehung zu Ihrer Familie bzw. Ihrem Partner/Ihrer Partnerin.
Beschreiben Sie Ihre Freundschaften (eng, flüchtig).
Zählen Sie die Menschen auf, die gerade in Ihrem Leben am wichtigsten sind, und nennen Sie den Grund dafür.

Verhaltensmuster: Sexualität und Reproduktion

Ist Sex ein wichtiger Aspekt in Ihrem Leben?
Stehen Sie zurzeit in einer sexuellen Beziehung?
Was würden Sie in Ihrer jetzigen sexuellen Beziehung ändern wollen?

Verhaltensmuster: Bewältigungsverhalten (Coping) und Stresstoleranz

Nennen Sie die am regelmäßigsten auftretenden Stressquellen im Leben. Wie könnten Sie sie weniger belastend gestalten?
Wie reagieren Sie gewöhnlich in belastenden Situationen? Mit Wut, Rückzug, Abreagieren an anderen Personen, Krankheit, Trinken, Essen?
In welchen Situationen fühlen Sie sich ruhig und entspannt?
Welche Situationen machen Sie ängstlich oder aufgeregt? Was können Sie tun, um sich besser zu fühlen?

Verhaltensmuster: Werte und Überzeugungen

Schreiben Sie zehn Dinge auf, die Sie im Leben am meisten schätzen.
Würden Sie sich als eine religiöse oder spirituelle Person beschreiben?
In welcher Weise helfen Ihnen Ihre Überzeugungen?

Allgemeine Ziele

NOC

- Adhärenzverhalten
- Gesundheitsüberzeugungen
- Gesundheitsförderndes Verhalten
- Behaglichkeitsstatus

Die Person äußert das Verlangen, vom Wohlbefinden zu einem höheren Grad des Wohlbefindens in Bezug auf … (spezifizieren) zu gelangen, z. B. in Bezug auf Ernährung, Entscheidungsfindung.

Indikatoren

- Benennen zweier neuer Strategien (spezifizieren), um das Wohlbefinden zu erhöhen.

Allgemeine Interventionen

NIC

- Gesundheitsbildung
- Risikoabschätzung
- Klärung von Wertvorstellungen
- Verhaltensmodifikation
- Copingverbesserung
- Edukation: Einzelperson

Die folgenden Interventionen eignen sich für jede Gesundheitsförderungs- bzw. Wellnesspflegediagnose, bei der es um Veränderungen der Lebensweise und Entscheidungsmöglichkeiten geht, wie z. B. *Bereitschaft für eine verbesserte Ernährung, Bereitschaft für eine verbesserte elterliche Fürsorge, Bereitschaft für einen verbesserten Schlaf, Bereitschaft für ein verbessertes Stillen, Bereitschaft für ein verbessertes familiäres Coping, Bereitschaft für verbesserte Familienprozesse.* Diese Bereiche des Wohlbefindens und der Gesundheitsförderung sind leicht in der Ratgeberliteratur und im Internet zu finden. Einige der Wellnessdiagnosen, wie etwa *Trauern* oder *Entscheidungsfindung*, enthalten Interventionen, die für dieses Konzept spezifisch sind. Die Interventionen finden sich in Teil II, Abschnitt 1 unter den einzelnen Pflegediagnosen. So gibt es beispielsweise in *Entscheidungskonflikt* Interventionen, die eine bessere Entscheidungsfindung auch bei jemandem fördern können, der bereits gute Entscheidungen trifft.

Vervollständigen des Assessments eines oder aller Verhaltensmuster, je nach Wunsch der Person

F: Dieses strukturierte Assessment gibt der Person Gelegenheit, sich auf einzelne Bereiche ihres Gesundheitsverhaltens und/oder ihrer Lebensweise zu konzentrieren, um zu beurteilen, ob sie zufrieden ist oder den Wunsch nach Verbesserung hat.

Erneuern der Daten gemeinsam mit der Person oder Gruppe

Berichtet die Person/Gruppe über gute oder ausgezeichnete Gesundheit?
Wünscht die Person ein Verhalten zu erlernen, um ihre Gesundheit in einem bestimmten Verhaltensmuster zu maximieren?

F: Täglich entscheiden Klienten, was sie essen, ob sie sich körperlich betätigen, und treffen weitere Entscheidungen hinsichtlich der Lebensweise (Bodenheimer et al., 2005).

Auffordern der Person/Gruppe, jeweils nur einen Gesundheitsförderungsschwerpunkt auszuwählen

F: Sich um vielfältige Verhaltensänderungen zu kümmern ist zeitraubend, was wiederum von einer Umstellung abhalten kann (Bodenheimer et al., 2005).

Verweisen an Edukationsressourcen zu einem bestimmten Schwerpunkt

F: Selbstmanagementinstrumente für autonome und hoch motivierte Individuen sind unterstützende Technologien, wie etwa Heimtrainer mit elektronischen Programmen und Kontrollen, Online-Edukation, Selbsthilfegruppen und Bücher zur Selbsthilfe, die sich unabhängig verwenden lassen (Barrett, 2005).

Der Person raten, telefonisch oder per E-Mail Kontakt zur Pflegeperson aufzunehmen, um das Ergebnis der Ressourcensichtung zu erörtern

F: Motivierte, autonome Klienten können telefonisch oder per E-Mail unterstützt werden, das ist effizient und kosteneffektiv für sie (Piette, 2005).

Erörtern der Strategien oder anvisierten Verhaltensänderungen. Lassen Sie die Person realistische Ziele und hoch spezifische Zeitpläne festlegen

Beispiel:

- Ziel: Ich senke meine tägliche Kohlenhydratzufuhr.
- Indikatoren:
  - Kekse von 5 auf 2 pro Tag reduzieren
  - Weizennudeln durch Vollkornnudeln ersetzen
  - Kartoffelzufuhr um 50 % senken und durch 50 % Wurzelgemüse ersetzen.

F: Um die Selbstwirksamkeit zu erhöhen, muss die Person erfolgreich sein. Erfolg lässt sich besser absehen, wenn Ziele und Indikatoren konkret und erreichbar sind (Bodenheimer et al., 2005).

Die Person fragen, ob Sie sie in festgelegten Abständen (monatlich, alle 4–6 Monate, nach 1 Jahr) telefonisch oder per E-Mail kontaktieren dürfen, um über Fortschritte zu sprechen

F: Jede Art von Klient, ob motiviert oder nicht, kann von Unterstützung durch ihre Gesundheitsfachperson profitieren.

Der Person raten, dass sich dieser Prozess auf Wunsch auch bei anderen funktionellen Verhaltensmustern wiederholen lässt

F: Ein verbessertes Wohlbefinden kann eine kontinuierliche, lebenslange Reise sein, mit dem Klienten als Reisendem, der die Route vorgibt, und der Gesundheitsfachperson als Organisatorin.

Erfolgreiches Stillen

Definition

Erfolgreiches Stillen: der Zustand, in dem eine Mutter-Säugling-Dyade eine adäquate Fertigkeit beim Stillen und Zufriedenheit mit diesem Vorgang zeigt.

Erfolgreiches Stillen (effective breastfeeding): Mutter-Kind-Dyade/Familie zeigt ausreichende Fertigkeiten beim und Befriedigung mit dem Stillprozess (NANDA-I, 2010).

Bestimmende Merkmale oder Kennzeichen

Hauptkennzeichen (obligat)

Die Fähigkeit der Mutter, das Kind an die Brust zu legen, um ein erfolgreiches Erfassen der Mamille zu fördern.

Ein nach dem Stillen zufriedener Säugling.

Regelmäßiges und ausdauerndes Saugen/Schlucken an der Brust.

Altersgerechte Gewichtsentwicklung des Säuglings.

Effektive Kommunikation zwischen Mutter und Kind (Signale des Kindes, Interpretation durch die Mutter und Reaktion).

Nebenkennzeichen (fakultativ)

Zeichen oder Symptome der Oxytocin-Freisetzung (Milchspende- oder Let-down-Reflex).

Altersgerechtes Ausscheidungsverhalten des Säuglings.

Verlangen des Säuglings gestillt zu werden.

Äußerungen der Zufriedenheit mit dem Stillen seitens der Mutter.

Anmerkung der Autorin

Diese Diagnose repräsentiert angeblich eine neu vorgeschlagene NANDA-Gesundheitsförderungsdiagnose, definiert als «klinische Beurteilung eines Individuums, einer Familie oder einer Gemeinschaft im Übergang von einem spezifischen Gesundheitsniveau auf ein höheres» (NANDA, 2007). Die obige Definition beschreibt keine Mutter-Kind-Dyade, welche ein höheres Niveau des Stillens anstrebt, sondern «eine adäquate Fertigkeit beim Stillen und Zufriedenheit mit diesem Vorgang».

Beim Management des Stillens werden Pflegende auf drei Situationen stoßen, die durch folgende Pflegediagnosen abgedeckt werden:

- *unwirksames Stillen*
- *Gefahr eines unwirksamen Stillens*
- *Bereitschaft für ein verbessertes Stillen.*

Die Pflegeperson würde *unwirksames Stillen* verwenden, um die Beurteilung einer Evaluation einer Stillepisode von Mutter und Kind auf ein unwirksames und potenziell unwirksames Stillen darzustellen. Zu dieser Evaluation kommt es infolge von Beobachtungen der Pflegeperson oder Angaben der Mutter über Zeichen und Symptome, die als bestimmende Merkmale oder Kennzeichen aufgeführt werden. Diese beschreiben jedoch kein Stillen auf höherem Niveau.

Wenn die Pflegeperson eine Mutter pflegt, die über Geschicklichkeit und Zufriedenheit beim Stillen berichtet und zusätzliche Unterweisung wünscht, um ihre Fertigkeit zu verbessern und die Zufriedenheit zu steigern, würde sich *Bereitschaft für ein verbessertes Stillen* eignen. Der Schwerpunkt dieser Edukation und fortlaufenden Unterstützung läge nicht auf dem Verhindern eines unwirksamen Stillens oder dem Aufrechterhalten einer adäquaten Fertigkeit und Zufriedenheit, sondern auf dem Fördern eines qualitativ höherwertigen Stillens.

Diese Diagnose ist in ihrer gegenwärtigen Form nicht von Nutzen, vielmehr sollte die Pflegeperson *unwirksames Stillen* oder *Gefahr eines unwirksamen Stillens* verwenden. Pflegende, die eine Wellnesspflegediagnose verwenden möchten, könnten *Bereitschaft für ein verbessertes Stillen* einsetzen. Da diese Diagnose nicht auf der NANDA-Liste steht, sollten Pflegende, die sie einsetzen, der NANDA ihre Erfahrungen mitteilen.

Bereitschaft für ein verbessertes Stillen

Definition

Bereitschaft für ein verbessertes Stillen: der Zustand, in dem eine Mutter-Säugling-Dyade eine adäquate Fertigkeit beim Stillen und Zufriedenheit mit diesem Vorgang zeigt.

Bestimmende Merkmale oder Kennzeichen

Hauptkennzeichen (obligat)

Die Fähigkeit der Mutter, das Kind an die Brust zu legen, um ein erfolgreiches Erfassen der Mamille zu fördern.
Ein nach dem Stillen zufriedener Säugling.
Regelmäßiges und ausdauerndes Saugen/Schlucken an der Brust.
Altersgerechtes Gewicht des Säuglings.
Effektive Kommunikation zwischen Mutter und Kind (Signale des Kindes, Interpretation durch die Mutter und Reaktion).

Nebenkennzeichen (fakultativ)

Zeichen oder Symptome der Oxytocin-Freisetzung (Milchspende- oder Let-down-Reflex).
Altersgerechtes Ausscheidungsverhalten des Säuglings.
Eifriges Bemühen des Säuglings, an der Brust zu saugen.
Äußerungen der Zufriedenheit mit dem Stillen seitens der Mutter.

Anmerkung der Autorin

Diese Diagnose repräsentiert angeblich eine neu vorgeschlagene NANDA-Wellnessdiagnose, definiert als «klinische Beurteilung eines Individuums, einer Familie oder einer Gemeinschaft im Übergang von einem spezifischen Wellnessniveau auf ein höheres» (NANDA, 2007). Die obige Definition beschreibt keine Mutter-Kind-Dyade, welche ein höheres Niveau des Stillens anstrebt, sondern «eine adäquate Fertigkeit beim Stillen und Zufriedenheit mit diesem Vorgang».

Beim Management des Stillens werden Pflegende auf drei Situationen stoßen, die durch folgende Pflegediagnosen abgedeckt werden:

- *unwirksames Stillen*
- *Gefahr eines unwirksamen Stillens*
- *Bereitschaft für ein verbessertes Stillen.*

Die Pflegeperson würde *unwirksames Stillen* verwenden, um die Beurteilung einer Evaluation einer Stillepisode von Mutter und Kind auf ein unwirksames und potenziell unwirksames Stillen darzustellen.
Wenn die Pflegeperson eine Mutter pflegt, die über Geschicklichkeit und Zufriedenheit beim Stillen berichtet und zusätzliche Unterweisung wünscht, um ihre Fertigkeit zu verbessern und die Zufriedenheit zu steigern, würde sich *Bereitschaft für ein verbessertes Stillen* eignen. Der Schwerpunkt dieser Edukation und fortlaufenden Unterstützung läge nicht auf dem Verhindern eines unwirksamen Stillens oder dem Aufrechterhalten einer adäquaten Fertigkeit und Zufriedenheit, sondern auf dem Fördern eines qualitativ höherwertigen Stillens.

Zentrale Konzepte

Siehe *unwirksames Stillen.*

Einschätzungskriterien des Fokusassessments

Siehe *unwirksames Stillen.*

Ziele

NOC

- Wissen: Stillen

Die Mutter berichtet über eine Zunahme des Selbstvertrauens und der Zufriedenheit mit dem Stillen.

Indikatoren

- Benennen zweier neuer Strategien (spezifizieren), um das Stillen zu verbessern.

Allgemeine Interventionen

NIC

Siehe gesundheitsförderliches Verhalten.

Für Ressourcen und Informationen über das Stillen siehe die entsprechenden Seiten im Internet. Siehe «Interventionen» unter *gesundheitsförderliches Verhalten*.

Bereitschaft für ein verbessertes Wohlbefinden

Definition

Bereitschaft für ein verbessertes Wohlbefinden: ein Muster der Ungezwungenheit, Entspannung und Überlegenheit in physischen, psychospirituellen, umgebungsbezogenen und/oder sozialen Dimensionen, das gestärkt werden kann.

Bereitschaft für ein verbessertes Wohlbefinden: Verhaltensmuster der Ruhe, Erleichterung und Transzendenz in physischen, psychospirituellen, umgebungsbezogenen und/oder sozialen Dimensionen, das für das Wohlbefinden ausreichend ist und gestärkt werden kann (NANDA-I, 2010)

Bestimmende Merkmale oder Kennzeichen

drückt den Wunsch aus, das Wohlbefinden zu steigern
drückt den Wunsch aus, das Gefühl der Zufriedenheit zu verstärken
drückt den Wunsch aus, dass Beschwerden verstärkt zurückgehen
drückt den Wunsch aus, die Entspannung zu verbessern.

Anmerkung der Autorin

Diese Diagnose ist sehr allgemein gefasst und führt daher nicht zu spezifischen Interventionen. Sie umfasst physische, psychospirituelle, umgebungsbezogene und/oder soziale Dimensionen. Klinisch wäre es nützlicher, sich auf eine einzelne Dimension, wie etwa *Bereitschaft für ein verbessertes spirituelles Wohlbefinden*, zu konzentrieren.

Bereitschaft für eine verbesserte Entscheidungsfindung

Definition

Bereitschaft für eine verbesserte Entscheidungsfindung: ein Muster der Wahl von Handlungsverläufen, das hinreicht, um kurz- und langfristige gesundheitsbezogene Ziele zu erreichen, und das sich stärken lässt.

Bereitschaft für eine verbesserte Entscheidungsfindung (engl. Readiness for enhanced decision-making): Ein Verhaltensmuster des Auswählens von Handlungsweisen, das ausreichend ist für das Erreichen kurz- und langfristiger gesundheitsbezogener Ziele und gestärkt werden kann (NANDA-I, 2010).

Bestimmende Merkmale oder Kennzeichen

Äußerungen über den Wunsch, die Entscheidungsfindung zu verbessern

Äußerungen über den Wunsch, die Übereinstimmung zwischen Entscheidungen und persönlichen Werten zu verbessern

Äußerungen über den Wunsch, die Übereinstimmung zwischen Entscheidungen und den Zielen zu verbessern

Äußerungen über den Wunsch, die Übereinstimmung zwischen Entscheidungen und soziokulturellen Werten zu verbessern

Äußerungen über den Wunsch, die Übereinstimmung zwischen Entscheidungen und soziokulturellen Zielen zu verbessern

Äußerungen über den Wunsch, zuverlässige Fakten für die Entscheidungsfindung zu nutzen

Äußerungen über den Wunsch, die Risiko- und Nutzen-Analyse von Entscheidungen besser abzuwägen

Äußerungen über den Wunsch, das Verständnis über die Bedeutung der Wahlmöglichkeiten zu verbessern

Äußerungen über den Wunsch, die Wahl von Entscheidungsfindungen besser zu verstehen.

Zentrale Konzepte

Für Prinzipien einer effektiven Entscheidungsfindung siehe *Entscheidungskonflikt*.

Einschätzungskriterien des Fokusassessments

Siehe «Gesundheitsförderungs-/Wellnessassessment» unter Verhaltensmuster: Kognition und Perzeption.

Ziele

NOC

- Entscheidungsfähigkeit
- Informationsverarbeitung

Das Individuum/die Gruppe berichtet über erhöhte Zufriedenheit bei der Entscheidungsfindung.

Indikatoren

- Benennen zweier neuer Strategien (spezifizieren), um die Entscheidungsfähigkeit zu verbessern.

Allgemeine Interventionen

NIC

- Entscheidungsfindungsunterstützung
- Gemeinsame Zielsetzung

Für Ressourcen und Informationen über Entscheidungsfähigkeit und -findung siehe die entsprechenden Seiten im Internet.

Siehe «Interventionen» unter *gesundheitsförderliches Verhalten* und *Entscheidungskonflikt*.

Bereitschaft für einen verbesserten Flüssigkeitshaushalt

Definition

Bereitschaft für einen verbesserten Flüssigkeitshaushalt: Ein Muster des Gleichgewichts zwischen Flüssigkeitsvolumen und chemischer Zusammensetzung von Körperflüssigkeiten, das hinreicht, um den physischen Bedürfnissen zu entsprechen, und das gestärkt werden kann.

Bereitschaft für einen verbesserten Flüssigkeitshaushalt (engl. Readiness for enhanced fluid balance): Ein Gleichgewicht zwischen dem Flüssigkeitsvolumen und der chemischen Zusammensetzung der Körperflüssigkeiten, das ausreichend ist, den körperlichen Bedarf zu decken und gestärkt werden kann (NANDA-I, 2010).

Bestimmende Merkmale oder Kennzeichen

Äußern der Bereitschaft, den Flüssigkeitshaushalt zu verbessern.
Stabiles Körpergewicht.
Feuchte Schleimhäute.
Nahrungs- und Flüssigkeitszufuhr entsprechend dem täglichen Bedarf.
Strohfarbener Urin mit einem spezifischen Gewicht im Normbereich.
Guter Gewebeturgor.
Kein exzessiver Durst.
Urinausfuhr entsprechend der Einfuhr.
Keine Zeichen eines Ödems oder einer Dehydratation.

Zentrale Konzepte

Für zentrale Konzepte einer ausgewogenen Ernährung und eines ausgewogenen Flüssigkeitshaushalts siehe *Ernährungsstörung* und *Flüssigkeitsdefizit*.

Ziele

NOC

- Flüssigkeitshaushalt
- Flüssigkeitszufuhr
- Elektrolyt- und Säure-Basen-Haushalt

Die Person berichtet über erhöhte Zufriedenheit mit dem Flüssigkeitshaushalt.

Indikatoren

- Benennen zweier neuer Strategien (spezifizieren), um den Flüssigkeitshaushalt zu verbessern.

Interventionen

NIC

- Flüssigkeits-/Elektrolytmanagement

Siehe auch gesundheitsförderliches Verhalten.

Für Ressourcen und Informationen über Ernährung siehe die entsprechenden Seiten im Internet. Siehe «Interventionen» unter *gesundheitsförderliches Verhalten* und *Flüssigkeitsdefizit*.

Bereitschaft für ein verbessertes Trauern

Definition

Bereitschaft für ein verbessertes Trauern: ein Muster von Gefühlen und Verhaltensweisen in Bezug auf einen Verlust, das hinreicht, um zu genesen, und das gestärkt werden kann.

Anmerkung der Autorin

Bei der Pflegediagnose *Trauern* geht es um gesundes Trauern. Die Interventionen konzentrieren sich auf das Verbessern oder Erleichtern des Trauerns. Siehe «Zentrale Konzepte» und «Kriterien des Fokusassessments» unter *Trauern*.

Bereitschaft für gesteigerte Hoffnung

Definition

Bereitschaft für eine gesteigerte Hoffnung: ein Muster von Erwartungen und Wünschen, das hinreicht, um Energie für sich selbst zu mobilisieren, und das gestärkt werden kann.

Bereitschaft für gesteigerte Hoffnung (engl. Readiness for enhanced hope): Ein Muster von Erwartungen und Wünschen, das für die Mobilisierung der eigenen Energie ausreicht und gestärkt werden kann (NANDA-I, 2010).

Bestimmende Merkmale oder Kennzeichen

äußert den Wunsch, die Hoffnung zu verstärken
äußert den Wunsch, den Glauben an das Mögliche zu verstärken
äußert den Wunsch, die Übereinstimmung von Erwartungen und Wünschen zu verbessern
äußert den Wunsch, die Fähigkeit zu verbessern, sich erreichbare Ziele zu setzen
äußert den Wunsch, Probleme besser zu lösen, um Ziele zu erreichen
äußert den Wunsch, vermehrt dem Sinn des Lebens nachzugehen
äußert den Wunsch, die Verbundenheit mit anderen zu verstärken
äußert den Wunsch, die Spiritualität zu verstärken.

Zentrale Konzepte

Für die Prinzipien der Hoffnung siehe *Hoffnungslosigkeit*.

Einschätzungskriterien des Fokusassessments

Siehe «Gesundheitsförderungs-/Wellnessassessment» unter Verhaltensmuster: Selbstwahrnehmung und Selbstkonzept.

Ziele

NOC

Siehe Hoffnungslosigkeit.
- Hoffnung

Das Individuum/die Gruppe berichtet über vermehrte Hoffnung.

Indikatoren

- Benennen zweier neuer Strategien (spezifizieren), um die Hoffnung zu stärken.

Interventionen

NIC

- Hoffnungsförderung

Für Interventionen zur Förderung von Hoffnung siehe Hoffnungslosigkeit.
Für allgemeine Interventionen siehe gesundheitsförderliches Verhalten.

Für Ressourcen und Informationen über Hoffnung siehe die entsprechenden Seiten im Internet.

Bereitschaft für einen verbesserten Impfstatus

Definition

Bereitschaft für einen verbesserten Impfstatus: ein Muster des Einhaltens lokaler, nationaler und/oder internationaler Impfstandards, um Infektionskrankheiten zu verhindern, das hinreicht, um eine Person, Familie oder Gemeinschaft zu schützen, und das gestärkt werden kann.

Bestimmende Merkmale oder Kennzeichen

äußert den Wunsch, das Wissen über Impfstandards zu verbessern
äußert den Wunsch, den Impfstatus zu verbessern

äußert den Wunsch, Anbieter von Impfungen besser zu identifizieren
äußert den Wunsch, die Dokumentation im Impfzeugnis/-pass zu verbessern
äußert den Wunsch, potenzielle mit Impfungen verbundene Probleme besser zu erkennen
äußert den Wunsch, das Verhalten zu verbessern, um Infektionskrankheiten zu vermeiden.

Anmerkung der Autorin

Diese Diagnose würde für eine Person oder Gruppe gelten, die eine Impfung entsprechend einem nationalen bzw. internationalen Impfstandard benötigt. Jeder Mensch kommt abhängig vom Alter und von den Risikofaktoren für eine Impfung in Frage. Man ist entweder Kandidat für eine Imfung oder nicht. Die Diagnose *Gefahr eines unwirksamen Gesundheitsverhaltens* wäre besser zur Beschreibung einer Person geeignet, die Impfungen und/oder ein altersentsprechendes Screening, wie etwa eine Mammoghraphie, benötigt. *Bereitschaft für einen verbesserten Impfstatus* ist demnach klinisch nicht von Nutzen.

Bereitschaft für eine verbesserte kindliche Verhaltensorganisation

Definition

Bereitschaft für eine ausgereifte kindliche Verhaltensorganisation: ein Muster der Modulation des physiologischen und verhaltensbezogenen Funktionssystems eines Säuglings (d. h. autonomes und motorisches System, Zustandsorganisation, Organisationssystem, Selbstregulationssystem und Aufmerksamkeits-Interaktionssystem), das befriedigend ist, sich jedoch verbessern lässt, was zu höheren Integrationsgraden beim Reagieren auf Umweltreize führt.

Bereitschaft für eine verbesserte kindliche Verhaltensorganisation (engl. Readiness for enhanced organized infant behavior): Muster einer Modulation der physiologischen und verhaltensbezogenen Systeme eines Säuglings oder Kleinkinds (d. h. autonome, motorische, zustandsorganisatorische, selbstregulierende und aufmerksamkeits-interaktionale Systeme), das ausreichend ist, aber verbessert werden kann (NANDA-I, 2010).

Bestimmende Merkmale oder Kennzeichen (Blackburn/Vandenberg, 1993)

Autonomes System

Regulierte Hautfarbe und Atmung.
Reduzierte viszerale Signale (z. B. der glatten Muskulatur).
Verminderter Tremor, verminderte Zuckungen.
Funktionierende Verdauung, Vertragen von Nahrung.

Motorisches System

Entspannte, gut modulierte Haltung und entsprechender Tonus.
Synchrone, fließende Bewegungen …

- … beim Zusammenführen von Händen und Füßen
- … beim Saugen/Suchen nach der Brust
- … beim Greifen
- … beim Halten der Hand
- … bei Hand-zu-Mund-Aktivitäten
- … bei manueller Positionierung des Kopfes und angewinkelten Beinen.

Zustandsorganisation

Gut differenziertes Zustandsspektrum.
Klarer, robuster Schlafzustand.
Fokussierte Wachheit bei leuchtenden Augen mit gezielten oder lebendigen Gesichtsausdrücken.
Aktives Sich-selbst-Beruhigen/tröstendes «Ooh»-Gesicht.
Lächeln bei Zuwendung.
Glucksen, Gurren.

Allgemein

- stabile physiologische Werte
- klare Schlaf-Wach-Zustände
- Anwenden selbstregulierender Verhaltensmaßnahmen
- Reaktion auf Reize (z. B. visuell, auditiv).

Anmerkung der Autorin

Diese Diagnose beschreibt einen Säugling, der auf seine Umgebung mit stabilen und vorhersehbaren autonomen, motorischen und zustandsbezogenen Zeichen reagiert. Der Schwerpunkt der Interventionen besteht im fortlaufenden Fördern einer stabilen Entwicklung und im Reduzieren exzessiver Umgebungsreize, die den Säugling belasten können. Da es sich um eine Wellnessdiagnose handelt, bedarf es keiner Einflussfaktoren. Die Pflegeperson kann die Diagnose formulieren als *Bereitschaft für eine verbesserte kindliche Verhaltensorganisation,* **a/d** *die Fähigkeit zur Regulierung des autonomen, motorischen und zustandsbezogenen Systems entsprechend den Umgebungsreizen.*

Zentrale Konzepte

Allgemeine Überlegungen

Siehe *desorganisiertes kindliches Verhalten.*

Einschätzungskriterien des Fokusassessments

Objektive Daten

Siehe «Bestimmende Merkmale oder Kennzeichen».

Wechselseitige Interaktionen

Blickkontakt.
Sich gegenseitig anschauen.
Ausstrecken der Hände in Richtung des Gegenübers.
Erkundendes Verhalten.
Leichte Tröstbarkeit.
Aufmerksamkeit gegenüber sozialen Stimuli.

Ziele

NOC

- Kindesentwicklung (spezifiziere Alter)
- Schlaf
- Klientenzufriedenheit

Der Säugling zeigt auch weiterhin altersgerechtes Wachstum und altersgerechte Entwicklung und ist keinen exzessiven Umgebungsreizen ausgesetzt.
Die Eltern zeigen einen stabilitätsfördernden Umgang mit dem Säugling.

Indikatoren

- Beschreiben der entwicklungsbedingten Bedürfnisse des Säuglings.
- Beschreiben von Frühzeichen von Stress und Erschöpfung.
- Erkennbar sind:
  - sanfte, besänftigende Berührung
  - melodische Stimmlage, zärtliche Laute
  - sich gegenseitig anschauen
  - rhythmische Bewegungen
  - Reaktionen auf alle Lautäußerungen des Babys
  - Erkennen besänftigender Qualitäten von Handlungen.

Allgemeine Interventionen

NIC

- Entwicklungsfördernde Pflege
- Säuglingspflege
- Schlafförderung
- Umgebungsmanagement: Sicherheit
- Elternberatung: Säugling
- Elternberatung: Kindererziehung
- Unterstützung pflegender Angehöriger/Laien
- Beruhigung

Den Eltern die Auswirkungen von übermäßigem Umweltstress auf das Kind erläutern

Sorgen für eine Liste mit Stresszeichen für ihr Kind; Verweisen auf unausgereifte kindliche Verhaltensorganisation für eine Liste der Anzeichen

Die Eltern lehren, die Stimulation abzubrechen, wenn der Säugling Anzeichen von Stress zeigt

F: Frühgeborene müssen sich mit unterentwickelten Körpersystemen an die extrauterine Umgebung anpassen (Vandenberg, 1999). Diese Säuglinge vertragen nur eine Aktivität auf einmal (Blackburn, 1993).

Rollenvorbild für entwicklungsbezogene Interventionen sein

Bieten Sie eine Intervention nur an, wenn der Säugling wach und aufnahmebereit ist. Zeigen Sie den Eltern den Unterschied zwischen aufnahmebereit und nicht aufnahmebereit.
Beginnen Sie jeweils mit nur einem Stimulus auf einmal (Berührung, Stimme).
Führen Sie die Intervention nur kurze Zeit durch.
Steigern Sie die Interventionen entsprechend den Hinweisen, die Sie vom Säugling erhalten.
Sorgen Sie für häufige, kurze statt für seltene, lange Interventionen.
Stimulation (optisch, akustisch, verstibulär, taktil, olfaktorisch, gustatorisch).
Phasen der Wachheit.
Schlafbedarf.

Erläutern des Rollenvorbildes und Beobachten der Eltern bei entwicklungsbezogenen Interventionen

Optisch

Blickkontakt.
Einander ins Gesicht schauen.

Farben mit starken Kontrasten, geometrische Muster (z. B. schwarz-weiße Umrisse auf einem Papiermobile); bis zu 4 Wochen: einfache Mobiles aus vier Papierscheiben von Desserttellergröße mit Streifen, Schachbretter mit vier Quadraten, einem schwarzen Punkt und einem einfachen zentralen Kreis, die in 25–30 cm Entfernung vor dem Baby aufgehängt werden.

Akustisch

Setzen Sie Vokalisationen in hoher Stimmlage ein.
Spielen Sie leise klassische Musik.
Verwenden Sie unterschiedliche Tonfälle.
Vermeiden Sie lautes Sprechen.
Sprechen Sie das Kind mit seinem Namen an.
Vermeiden Sie monotones Sprechen.

Vestibulär (Bewegung)

Schaukeln Sie das Baby in einer Wiege oder auf dem Stuhl.
Legen Sie das Kind in ein Tragetuch und wiegen Sie es hin und her.
Schließen Sie die Faust des Babys um ein weiches Spielzeug.
Führen Sie Bewegungen bei Verrichtungen am Kind langsam aus.
Sorgen Sie dafür, dass der Kopf abgestützt wird.

Taktil

Setzen Sie zu Beginn einer Annäherung sanfte Berührung ein.
Setzen Sie Hautkontakt in einem warmen Raum ein.
Sorgen Sie für verschiedene Gewebetexturen (z. B. ein Schaffell, Samt, Seide).
Vermeiden Sie bei desorganisierten Reaktionen, das Kind zu streicheln.

Olfaktorisch

Tragen Sie ein leichtes Parfüm.

Gustatorisch

Ermöglichen Sie nicht nahrungsbezogenes Saugen (z. B. Schnuller, Hand im Mund).

F: Individualisierte Entwicklungspflege kann Entwicklungsergebnisse, die Gewichtszunahme sowie den Schlaf, das motorische Funktionieren, die Schmerztoleranz und die Nahrungsaufnahme verbessern. Eltern werden darin unterstützt, die Bedürfnisse des Säuglings zu verstehen, was wiederum die Bindung stärkt und Angst mindert (Als et al., 2003).

Fördern der Feinabstimmung und Kontinuität von Betreuungsaktivitäten (Blackburn/Vandenberg, 1991; Merenstein/Gardner, 1998)

Aufwecken

Betreten Sie den Raum langsam.
Schalten Sie das Licht ein und öffnen Sie langsam die Vorhänge.
Tragen Sie das Baby nicht umher, wenn es schläft.

Windeln wechseln

Halten Sie den Raum warm.
Lagern Sie das Baby sanft um; stützen Sie dabei seine Gliedmaßen.
Halten Sie mit dem Wechseln der Windeln ein, wenn der Säugling reizbar ist.

Füttern

Stimmen Sie die Ernährung auf den Wachzustand ab.
Halten Sie den Säugling dicht an sich und wickeln Sie ihn in gebeugter Stellung in eine Decke.

Baden

Der Nabelansatz kann belastend sein. Decken Sie Körperteile, die nicht gewaschen werden, ab.
Gehen Sie langsam vor, lassen Sie Ruhephasen zu.
Bieten Sie einen Schnuller oder eine Hand zum Saugen an.
Schalten Sie unnötigen Lärm ab.
Sprechen Sie mit sanfter, besänftigender Stimme.

F: Man sollte sich an eine Routinepflege halten, um Stress auf ein Mindestmaß zu reduzieren und Energie zu sparen (Blackburn/Vanderberg, 1991).

Erklären der Notwendigkeit, Umgebungsreize zu reduzieren, wenn man den Säugling mit ins Freie nimmt

Schirmen Sie die Augen des Säuglings vor Licht ab.
Lagern Sie den Säugling stabil in einer Decke, und zwar so, dass er mit den Händen den Mund erreichen kann.
Schützen Sie ihn vor starken Geräuschen/Lärm.

F: Begründung siehe oben.

Loben der Eltern für Interaktionsmuster; Aufzeigen der entgegenkommenden Reaktionen des Säuglings

F: Das Selbstvertrauen der Eltern lässt sich erhöhen und damit können auch das Bonding und das nährende und fördernde Verhalten zuhause gesteigert werden (Lawhon, 2002).

Beginnen mit Gesundheitsedukation und Überweisen, soweit angezeigt

Erklären Sie, dass sich entwicklungsbezogene Interventionen mit der Reife verändern. Für spezifische altersbezogene Entwicklungsbedürfnisse siehe *verzögerte(s) Wachstum und Entwicklung*.
Versorgen Sie die Eltern/den Elternteil mit Ressourcen zur Unterstützung im häuslichen Bereich (z. B. kommunale Ressourcen).
Für Ressourcen und Informationen über Frühgeborene siehe die entsprechenden Seiten im Internet.

F: Familien mit Frühgeborenen benötigen fortlaufend Unterstützung und angeleitete Antizipation, um den Übergang von der Neugeborenenintensivstation zum häuslichen Bereich zu verbessern (Vandenberg, 1999; Mouradian et al., 2000).

Bereitschaft für ein vermehrtes Wissen (spezifizieren)

Definition

Bereitschaft für ein vermehrtes Wissen: Das Vorliegen des Erwerbs kognitiver Informationen mit Bezug zu einem bestimmten Thema reicht aus, um Gesundheitsziele zu erreichen, und kann gestärkt werden.

Bereitschaft für vermehrtes Wissen (engl. Readiness for enhanced knowledge): Das Vorhandensein oder die Aneignung kognitiver Informationen über ein spezielles Thema ist ausreichend, um gesundheitsbezogene Ziele zu erreichen, und kann gestärkt werden (NANDA-I, 2010).

Bestimmende Merkmale oder Kennzeichen

Äußern des Interesses am Lernen.
Darlegen von Wissen über das Thema.
Ein Verhalten, das sich mit dem geäußerten Wissen deckt.
Beschreiben früherer Erfahrungen zu diesem Thema.

Anmerkung der Autorin

Bereitschaft für ein verbessertes Wissen ist sehr weit gefasst. Alle Pflegediagnosen – aktuelle Diagnosen, Risikodiagnosen, Wellnessdiagnosen – streben nach Wissensvermehrung. Ist der spezielle Bereich der Wissensvermehrung erst einmal identifiziert, schlagen Sie unter der entsprechenden Pflegediagnose nach, wie z. B. *Bereitschaft für eine verbesserte Ernährung, Trauern, Gefahr einer unwirksamen elterlichen Fürsorge, unwirksames Gesundheitsverhalten, Gefahr eines unwirksamen Therapiemanagements. Bereitschaft für ein verbessertes Wissen* ist unnötig, weil die Begründung für das gewünschte oder benötigte Wissen fehlt.

Bereitschaft für eine verbesserte Ernährung

Definition

Bereitschaft für eine verbesserte Ernährung: ein Muster der Nährstoffaufnahme, das hinreicht, um dem Stoffwechselbedarf zu entsprechen, und das gestärkt werden kann.

Bereitschaft für eine verbesserte Ernährung (engl. Readiness for enhanced nutrition): Ein Muster der Nahrungszufuhr, das den Stoffwechselbedarf ausreichend deckt und gestärkt werden kann (NANDA-I, 2010).

Bestimmende Merkmale oder Kennzeichen

Äußern der Bereitschaft, die Ernährung zu verbessern.

Regelmäßige Mahlzeiten.

Verzehr adäquater Nahrung und Flüssigkeit.

Äußern von Wissen über eine gesunde Auswahl von Nahrung und Flüssigkeiten.

Einhalten eines geeigneten Standards der Nahrungszufuhr (z. B. Nahrungspyramide oder Richtlinien der American Diabetic Association).

Sichere Zubereitung und Lagerung von Nahrungsmitteln und Flüssigkeiten.

Die Einstellung gegenüber Essen und Trinken deckt sich mit Gesundheitszielen.

Zentrale Konzepte

Für Grundlagen einer ausgewogenen Ernährung siehe *Ernährungsstörung*.

Einschätzungskriterien des Fokusassessments

Siehe «Gesundheitsförderungs-/Wellnessassessment» unter Verhaltensmuster: Ernährung und Stoffwechsel.

Ziele

NOC

- Ernährungsstatus
- Edukation: Ernährung

Das Individuum/die Gruppe berichtet über eine Zunahme der ausgewogenen Ernährung.

Indikatoren

- Benennen zweier neuer Strategien (spezifizieren), um die Ernährung zu verbessern.

Allgemeine Interventionen

NIC

- Ernährungsmanagement
- Ernährungsüberwachung

Für Ressourcen und Informationen über Ernährung siehe entsprechende Seiten im Internet

Bereitschaft für eine verbesserte Selbstbestimmung

Definition

Bereitschaft für eine verbesserte Selbstbestimmung: ein Muster der wissentlichen Beteiligung an einer Veränderung, die für das Wohlbefinden ausreicht, und gestärkt werden kann.

Bereitschaft für eine verbesserte Selbstbestimmung: Ein Verhaltensmuster der bewussten Teilnahme an Veränderungen, das gestärkt werden kann und für das Wohlbefinden ausreicht (NANDA-I, 2010).

Bestimmende Merkmale oder Kennzeichen

äußert die Bereitschaft, die Einflussnahme zu verbessern
äußert die Bereitschaft, das Wissen zur Mitwirkung an Veränderungen zu verbessern
äußert die Bereitschaft, das Bewusstsein für mögliche anstehende Veränderungen zu verbessern
äußert die Bereitschaft, Wahlmöglichkeiten, die zu einer Veränderung führen können, besser zu erkennen
äußert die Bereitschaft, den Freiraum für Veränderungsmaßnahmen zu verbessern
äußert die Bereitschaft, sich an der Herbeiführung von Veränderungen verstärkt zu beteiligen
äußert die Bereitschaft, an Entscheidungen im täglichen Leben verstärkt mitzuwirken
äußert die Bereitschaft, an Entscheidungen bezüglich der Gesundheit verstärkt mitzuwirken.

Zentrale Konzepte

Für Prinzipien der Macht und der Kontrollüberzeugung siehe *Machtlosigkeit*.

Einschätzungskriterien des Fokusassessments

Siehe *Machtlosigkeit*.

Ziele

NOC

- Gesundheitsüberzeugungen: Wahrgenommene Kontrolle
- Beteiligung: Entscheidungen über die Gesundheitsversorgung

Das Individuum/die Gruppe berichtet über vermehrte Macht.

Indikatoren

- Benennen zweier neuer Strategien (spezifizieren), um Macht zu steigern.

Interventionen

NIC

- Entscheidungsfindungsunterstützung
- Eigenverantwortungsförderung
- Edukation: Einzelperson

Für Strategien zur Stärkung von Macht siehe *Machtlosigkeit* und für allgemeine Interventionen siehe *gesundheitsförderliches Verhalten*.

Bereitschaft für eine vertiefte Religiosität

Definition

Bereitschaft für eine vertiefte Religiosität: die Fähigkeit zu verstärktem Rückgriff auf religiöse Überzeugungen und/oder zur Teilnahme an Ritualen einer bestimmten Glaubenstradition.

Bereitschaft für eine vertiefte Religiosität (engl. Readiness for enhanced religiosity): Fähigkeit, Vertrauen in religiösen Glauben zu mehren und/oder an Ritualen einer bestimmten Glaubenstradition teilzunehmen (NANDA-I, 2010).

Bestimmende Merkmale oder Kennzeichen

Äußern des Verlangens nach Stärkung religiöser Glaubensmuster:
drückt den Wunsch aus, religiöse Glaubensmuster zu stärken, die in der Vergangenheit Trost gespendet haben
drückt den Wunsch aus, religiöse Bräuche zu stärken, die in der Vergangenheit Trost gespendet haben
drückt den Wunsch aus, religiöse Glaubensmuster zu stärken, die in der Vergangenheit die Religion unterstützt haben
drückt den Wunsch aus, religiöse Bräuche zu stärken, die in der Vergangenheit die Religion unterstützt haben
bittet um Unterstützung, um die Teilnahme an vorgeschriebenen religiösen Glaubensmustern zu verstärken (z. B. religiöse Zeremonien, Ernährungsvorschriften/-rituale, Kleidung, Gebete, Gottesdienste/Andachten, privates religiöses Verhalten, Lesen von religiösem (Informations-) Material, Beachtung von Feiertagen)
bittet um Hilfe zur Erweiterung der religiösen Möglichkeiten
bittet um religiöses (Informations-)Material
sucht nach religiösen Erfahrungen
bittet um ein Treffen mit religiösen Führern/Vermittlern
bittet um Vergebung
bittet um Versöhnung
stellt schädliche Bräuche in Frage
stellt schädliche Glaubensmuster in Frage
lehnt schädliche Glaubensmuster ab
lehnt schädliche Bräuche ab.

Anmerkung der Autorin

Diese Diagnose enthält mehrere Schwerpunkte. Die Bitte um Vergebung kann beeinflusst werden durch eine aktuelle Pflegediagnose, wie etwa *Trauern, unwirksames individuelles Coping* oder *gefährdendes familiäres Coping*. Es bedarf des weiteren Assessments für Interventionen. Für weitere Informationen siehe *beeinträchtigte Religiosität* in Teil II, Abschnitt 1.

Bereitschaft für eine verbesserte Selbstfürsorge

Definition

Bereitschaft für eine verbesserte Selbstfürsorge: ein Muster der Durchführung von Aktivitäten für sich selbst, das hilft, gesundheitsbezogene Ziele zu erreichen, und das gestärkt werden kann.

Bereitschaft für eine verbesserte Selbstfürsorge (engl. Readiness for enhanced self-care): Ein Verhaltensmuster der Ausübung von selbstbezogenen Aktivitäten, das gestärkt werden kann, um gesundheitsbezogene Ziele zu erreichen (NANDA-I, 2010).

Bestimmende Merkmale oder Kennzeichen

äußert den Wunsch, die Unabhängigkeit zur Lebensführung zu steigern
äußert den Wunsch, die Unabhängigkeit zur Gesundheitserhaltung zu steigern
äußert den Wunsch, die Unabhängigkeit zur Persönlichkeitsentwicklung zu steigern
äußert den Wunsch, die Unabhängigkeit zur Erhaltung des Wohlbefindens zu steigern
äußert den Wunsch, die Selbstfürsorge zu intensivieren
äußert den Wunsch, das Wissen über Selbstfürsorgestrategien zu steigern
äußert den Wunsch, die Verantwortung für die Selbstfürsorge zu steigern.

Anmerkung der Autorin

Diese Diagnose konzentriert sich mehr auf eine Verbesserung der Selbstfürsorgeaktivitäten. Für Interventionen zur Verbesserung der Selbstversorgung siehe die verschiedenen Diagnosen unter *Selbstversorgungsdefizit.*

Bereitschaft für ein verbessertes Selbstkonzept

Definition

Bereitschaft für ein verbessertes Selbstkonzept: ein Muster von Wahrnehmungen oder Ideen über das Selbst, welches für das Wohlbefinden ausreicht und gestärkt werden kann.

Bereitschaft für ein verbessertes Selbstkonzept (engl. Readiness for enhanced self-concept): Ein Muster von Wahrnehmungen oder Vorstellungen über sich selbst, das für das Wohlbefinden ausreicht und gestärkt werden kann (NANDA-I, 2010).

Bestimmende Merkmale oder Kennzeichen

Äußern der Bereitschaft zur Verbesserung des Selbstkonzepts.
Äußern von Zufriedenheit mit Gedanken über sich selbst, dem Selbstwertgefühl, dem Rollenverhalten, dem Körperbild und der persönlichen Identität.
Handlungen decken sich mit geäußerten Gefühlen und Gedanken.
Äußern von Vertrauen in eigene Fähigkeiten.
Akzeptieren von Stärken und Schwächen/Grenzen.

Zentrale Konzepte

Für Grundlagen des Selbstkonzepts siehe *gestörtes Selbstkonzept*.

Einschätzungskriterien des Fokusassessments

Siehe «Gesundheitsförderungs-/Wellnessassessment» unter Verhaltensmuster: Selbstwahrnehmung und Selbstkonzept.

Ziele

NOC

- Lebensqualität
- Selbstwertgefühl
- Coping

Die Person berichtet über ein verbessertes Selbstkonzept in (spezifiziere Situation).

Indikatoren

- Benennen zweier neuer Strategien (spezifizieren), um das Selbstkonzept zu verbessern.

Allgemeine Interventionen

NIC

- Hoffnungsvermittlung
- Klärung von Wertvorstellungen
- Copingverbesserung

Für Interventionen zur Verbesserung des Selbstkonzepts siehe *gestörtes Selbstkonzept*.
Für allgemeine Interventionen siehe *gesundheitsförderliches Verhalten*.

Bereitschaft für eine verbesserte Sinnfindung

Definition

Bereitschaft für eine verbesserte Sinnfindung: eine Person, die in einer Beziehung zu einer höheren Macht (entsprechend der Definition der Person), zu sich selbst, zur Gemeinschaft und zu einer nährenden und Ganzheitlichkeit hochhaltenden Umgebung Bestätigung im Leben findet.

Bereitschaft für eine verbesserte Sinnfindung (engl. Readiness for enhanced spiritual well-being): Fähigkeit, Bedeutung, Sinn und Ziele des Lebens durch Inbeziehungsetzen mit sich selbst, anderen, Kunst, Musik, Literatur, Natur und/oder einer höheren Macht zu erleben und einzubeziehen, die gestärkt werden kann (NANDA-I, 2010).

Bestimmende Merkmale oder Kennzeichen (Carson, 1999)

Innere Stärke, die folgende Aspekte nährt:

- Bewusstsein
- inneren Frieden
- eine heilige Quelle
- eine einigende Kraft
- vertrauensvolle Beziehungen.

Unangreifbare Motivation und Hingabe in Richtung höchster Werte von Liebe, Bedeutung, Hoffnung, Schönheit und Wahrheit.

Vertrauen in Verbindungen zum Übernatürlichen oder ins Übernatürliche, die eine Grundlage für Bedeutung und Hoffnung in den Erfahrungen des Lebens und von Liebe in den eigenen Beziehungen liefern.

Die Existenz hat für den Betreffenden Bedeutung und Zweck.

Beziehung zu sich selbst

- drückt den Wunsch nach größerer Akzeptanz aus
- drückt den Wunsch nach verbesserter Bewältigung aus
- drückt den Wunsch nach mehr Mut aus
- drückt den Wunsch aus, sich selber besser vergeben zu können
- drückt den Wunsch nach größerer Hoffnung aus
- drückt den Wunsch nach größerer Lebensfreude aus
- drückt den Wunsch nach mehr Liebe aus
- drückt den Wunsch nach einem tieferen Sinn im Leben aus
- drückt den Wunsch nach mehr Zweck im Leben aus
- drückt den Wunsch nach einer verstärkt zufrieden stellenden Lebensphilosophie aus
- drückt den Wunsch nach stärkerer Hingabe aus
- drückt einen Mangel an Gelassenheit (z. B. Frieden) aus
- Meditation.

Beziehung zu Anderen

- sucht Kontakt mit nahe stehenden Personen
- sucht Interaktion mit spirituellen Führern
- bittet andere um Vergebung.

Beziehungen zu einer höheren Macht

- beteiligt sich an religiösen Aktivitäten
- betet
- äußert Ehrfurcht
- äußert Verehrung
- berichtet über mystische Erfahrungen.

objektive

Beziehung zu Anderen

- bietet anderen seine Unterstützung an.

Beziehungen zu Kunst, Musik, Literatur, Natur

- zeigt kreative Energie (z. B. Schreiben, Dichten, Singen)
- hört Musik
- liest spirituelle Literatur
- verbringt Zeit im Freien.

Zentrale Konzepte

- Spirituelles Wachstum ist ein dynamischer Prozess, bei dem sich eine Person zunehmend der Bedeutung, des Sinns und der Werte im Leben bewusst wird (Carson, 1999). Es ist außerdem ein bidirektionaler, horizontaler und vertikaler Prozess. Der horizontale Prozess stärkt das Bewusstsein der Person für die transzendenten Werte, die allen Beziehungen und Aktivitäten im Leben inhärent sind (Carson, 1999). Der vertikale Prozess bringt die Person in eine engere Beziehung zu einem höheren Wesen, so, wie es von ihr wahrgenommen wird. Carson verdeutlicht, dass es möglich ist, Spiritualität durch den horizontalen und nicht durch den vertikalen Prozess zu entwickeln. So kann beispielsweise eine Person ihre Spiritualität ohne die Beziehung zu einem höheren Wesen anhand von Beziehungen, anhand der Kunst oder der Musik definieren, ebenso wie eine Person ihre Spiritualität auf ein höheres Wesen konzentrieren kann, ohne sie auf anderen Wegen zum Ausdruck zu bringen. Glaube ist notwendig für spirituelles Wachstum, vor allem für eine Beziehung zu einem höheren Wesen. Auch Hoffnung ist entscheidend für spirituelle Entwicklung und integraler Bestandteil des horizontalen und des vertikalen Prozesses (Carson, 1999).
- Die Forschung lässt darauf schließen, dass HIV-positive Personen, denen es spirituell gut geht und die Sinn und Zweck im Leben sehen, zugleich auch zäher sind (Carson/Green, 1992).

- Der Prozess spirituellen Wachstums verläuft unabhängig davon, welche Religion ein Mensch hat oder ob er keiner Religion anhängt, ähnlich. Die religiösen Grundlagen, an denen sich das Wachstum ausrichtet, sind sehr unterschiedlich. Wenn Menschen auf spiritueller Ebene beisammen sind, begegnen sie sich auf der Ebene des Herzens. Auf dieser Ebene sind alle Menschen eins. Es gibt nur Gott und es schiene folgerichtig, dass die Menschen das Transzendente ähnlich erleben. Uneinigkeit beginnt dort, wo die Erfahrungen in ein religiöses Dogma gegossen werden (Carson, 1999).
- Spiritualität hat sich als besonders wichtig bei Betreuungspersonen chronisch Kranker erwiesen. Pflegende können daran arbeiten, das spirituelle Wohlbefinden dieser Menschen zu verbessern.

Einschätzungskriterien des Fokusassessments

Siehe «Gesundheitsförderungs-/Wellnessassessment» unter Verhaltensmuster: Werte und Überzeugungen.

Ziele

NOC

- Hoffnung
- Spirituelle Gesundheit

Die Person äußert eine verbesserte spirituelle Harmonie und Ganzheit.

Indikatoren

- Beibehalten der früheren Beziehung zum höheren Wesen.
- Fortsetzen nicht gesundheitsschädlicher spiritueller Praktiken.

Interventionen

NIC

- Entwicklungserleichterung: spirituell
- Spirituelle Unterstützung
- Hoffnungsvermittlung

Für Ressourcen und Informationen über spirituelle Gesundheit siehe die entsprechenden Seiten im Internet.

Für zusätzliche allgemeine Interventionen siehe *gesundheitsförderliches Verhalten*.

Wirksames Therapiemanagement

Definition

Wirksames Therapiemanagement: individuell: ein Muster, bei dem eine Person ein Programm zur Behandlung einer Krankheit und ihrer Folgeerscheinungen, das Gesundheitsziele zufrieden stellend erfüllt, in den Alltag integriert.

Effektives Management eines Therapieprogramms (engl. Effective therapeutic regimen management): Muster zur Steuerung und Integration eines Programms zur Behandlung einer Krankheit und deren Krankheitsfolgen in das tägliche Leben, das geeignet ist, gesundheitsspezifische Ziele zu erreichen (NANDA-I, 2010).

Bestimmende Merkmale oder Kennzeichen

Angemessene Entscheidungsmöglichkeiten hinsichtlich täglicher Aktivitäten, um die Ziele eines Behandlungs- oder Präventionsprogramms zu erreichen.

Krankheitssymptome im Rahmen normaler Erwartungen.

Äußern des Verlangens, die Behandlung der Krankheit zu managen/steuern und Folgeerscheinungen vorzubeugen.

Äußern der Absicht, Risikofaktoren für ein Fortschreiten der Erkrankung und ihrer Folgeerscheinungen abzubauen.

geeignete Wahl von Aktivitäten des täglichen Lebens, um die Ziele eines Behandlungsprogramms zu erreichen.

geeignete Wahl von Aktivitäten des täglichen Lebens, um die Ziele eines Präventionsprogramms zu erreichen.

Einflussfaktoren

Zur Erläuterung siehe «Anmerkung der Autorin».

Anmerkung der Autorin

Wirksames Therapiemanagement beschreibt eine Person, die erfolgreich mit einer Krankheit oder einem Zustand zurechtkommt. Die Begrifflichkeit «verbessert» ist angemessen: Die Pflegeperson kann der Person helfen, dieses Zurechtkommen zu verbessern. Der Schwerpunkt liegt auf der angeleiteten Antizipation (z. B. Unterweisen in Ereignissen, die sich negativ auf das Zurechtkommen auswirken könnten, und in deren Vermeiden).

Irrtümer in diagnostischen Aussagen

1. *Wirksames Therapiemanagement,* **b/d** *interne Kontrollüberzeugung*
   Diese Diagnose erfordert keine Einflussfaktoren, die nur dazu dienen würden, Merkmale der Person zu wiederholen, die gut mit ihren Erkrankungen zurechtkommen (z. B. motiviert, kenntnisreich).

Zentrale Konzepte

Siehe *unwirksames Therapiemanagement.*

Einschätzungskriterien des Fokusassessments

Subjektive und obhektive Daten

Einschätzen bestimmender Merkmale oder Kennzeichen

Bescheidwissen über …

- … die Krankheit/den Zustand (Schweregrad, Anfälligkeit für Komplikationen, Prognose; die Möglichkeit, sie zu heilen oder ihr Fortschreiten zu kontrollieren).
- … die Behandlung/diagnostische Untersuchungen.
- … Präventivmaßnahmen.

Befolgen eines empfohlenen Gesundheitsverhaltens oder Behandlungsplans.
Äußern des Verlangens, sich im Umgang mit der Erkrankung (Fortschreiten, Folgeerscheinungen) zu verbessern.
Angaben darüber, dass die Krankheitssymptome stabil oder zurückgegangen sind.

Ziele

NOC

- Compliance-Verhalten
- Wissen: Behandlungsplan
- Beteiligung: Entscheidungen über die Gesundheitsversorgung
- Risikokontrolle

Die Person beschreibt Strategien, mit denen ggf. gegen Komplikationen der Erkrankung vorgegangen werden kann.

Indikatoren

- Erörtern von Situationen, die ein dauerhaft erfolgreiches Management gefährden können.
- Beschreiben oder Demonstrieren erforderlicher Selbstversorgungstechniken.

Allgemeine Interventionen

NIC

- Verhaltensmodifikation
- Gemeinsame Zielsetzung
- Edukation: Einzelperson
- Entscheidungsfindungsunterstützung
- Gesundheitssystemorientierung
- Angeleitete Antizipation

Erörtern möglicher Veränderungen im Zustand des Klienten, die sich auf die Krankheit und das übliche Management auswirken können

Exazerbation.
Komplikationen.
Nebenwirkungen der Medikation.

Raten zu frühzeitigem Kontakt mit der Gesundheitsfachperson, um ggf. Umstellungen des Managementplans zu besprechen

F: Die dynamische Natur chronischer Krankheiten erfordert Wissen darüber, wie man sein Leben ausgewogen gestaltet, um Symptome weitestmöglich unter Kontrolle zu halten (Lubin, 1995).

Erörtern, wie sich Stress negativ auf ein ursprünglich erfolgreiches Management auswirken kann und möglicherweise die Resistenz gegen Erkältungen oder Grippe schwächt

Erkunden des üblichen Stresspegels gemeinsam mit dem Klienten

Üblicher Stress.
Zeichen der Überlastung.

Betonen, dass Stress eine Begleiterscheinung günstiger und ungünstiger Lebensereignisse (z. B. Heirat, Scheidung, Geburt, Tod, Urlaub, Arbeit) ist

Für zusätzliche Interventionen siehe *Stressüberlastung*.

F: Die Person bei der realistischen Auswertung von Stressauswirkungen zu unterstützen, kann stressreduzierende Aktivitäten fördern (Edelman/Mandle, 2005).

Bereitschaft für ein verbessertes Management der eigenen Gesundheit

Definition

Bereitschaft für ein verbessertes Therapiemanagement: ein Muster des Regulierens und Integrierens eines Programms zur Behandlung einer Krankheit/von Krankheiten und ihrer Folgeerscheinungen in den Alltag, das hinreicht, um gesundheitsbezogene Ziele zu erreichen, und das gestärkt werden kann.

Bereitschaft für ein verbessertes Management der eigenen Gesundheit (engl. Readiness for enhanced self health management): Verhaltensmuster zur Steuerung und Integration eines Therapieprogramms zur Behandlung einer Krankheit und deren Folgen in das tägliche Leben, das geeignet ist, spezifische Gesundheitsziele zu erreichen und das gestärkt werden kann (NANDA-I, 2010).

Bestimmende Merkmale oder Kennzeichen

Äußern des Wunsches, sich um die Behandlung der Krankheit und die Prävention von Folgeerscheinungen zu kümmern.

Die Entscheidungsmöglichkeiten des Alltags sind geeignet, um die Behandlungs- oder Präventionsziele zu erreichen.

Äußern geringer oder gar keiner Schwierigkeiten beim Regulieren/Integrieren eines oder mehrerer Behandlungspläne gegen eine Krankheit oder bei der Prävention von Folgeerscheinungen.

Beschreiben des Rückgangs von Risikofaktoren für das Fortschreiten einer Krankheit und die Folgeerscheinungen.

Keine unerwartete Akzeleration der Krankheitssymptome.

Zentrale Konzepte

Für die Grundlagen des Krankheitsmanagements siehe *unwirksames Therapiemanagement*.

Einschätzungskriterien des Fokusassessments

Siehe *unwirksames Therapiemanagement*.

Ziele

Die Person berichtet über eine Verstärkung des effektiven Managements der Krankheit oder des Zustands.

Indikatoren

- Benennen zweier neuer Strategien (spezifizieren), um das Management zu stärken.

Interventionen

Für Ressourcen und Informationen über bestimmte Themen (z. B. Amputation, Diabetes mellitus) siehe die entsprechenden Seiten im Internet.

Für zusätzliche Interventionen siehe *gesundheitsförderliches Verhalten.*

Bereitschaft für eine verbesserte Urinausscheidung

Definition

Bereitschaft für eine verbesserte Urinausscheidung: ein Muster der Harnwegsfunktion, das hinreicht, um dem Ausscheidungsbedarf zu entsprechen, und das gestärkt werden kann.

Bereitschaft für eine verbesserte Urinausscheidung (engl. Readiness for enhanced urinary elimination): Ein Muster urinausscheidender Funktionen, das den Ausscheidungsbedürfnissen genügt und gestärkt werden kann (NANDA-I, 2010).

Bestimmende Merkmale oder Kennzeichen

Äußern der Bereitschaft zur Verbesserung der Urinausscheidung.

Der Urin ist strohfarben und geruchlos.

Das spezifische Gewicht liegt im Normbereich.

Die ausgeschiedene Menge liegt entsprechend dem Alter und anderen Faktoren im Normbereich.

Die Flüssigkeitszufuhr entspricht dem Tagesbedarf.

Bringt sich selbst in die richtige Stellung, um die Blase zu entleeren.

Zentrale Konzepte

Siehe «Gesundheitsförderungs-/Wellnessassessment» unter Verhaltensmuster: Ausscheiden.

Einschätzungskriterien des Fokusassessments

Siehe *beeinträchtigte Urinausscheidung.*

Ziele

NOC

- Flüssigkeitshaushalt
- Flüssigkeitszufuhr
- Elektrolyt- und Säure-Basen-Haushalt

Die Person berichtet über vermehrte Ausgewogenheit der Urinausscheidung.

Indikatoren

- Benennen zweier neuer Strategien (spezifizieren), um die Urinausscheidung zu erhöhen.

Interventionen

NIC

- Ernährungsberatung

Für Ressourcen und Informationen über den Flüssigkeitshaushalt siehe:

- www.health.gov/dietaryguidelines
- www.seekwellness.com/wellness.

Für allgemeine Interventionen siehe auch *gesundheitsförderliches Verhalten*.

Teil III

Lehrbuch interdisziplinärer Probleme

Einführung

Dieses Lehrbuch interdisziplinärer Probleme präsentiert 52 spezielle interdisziplinäre Probleme, unterteilt in neun allgemeine interdisziplinäre Problemkategorien. Diese Probleme wurden aufgrund ihrer hohen Inzidenz oder Morbidität ausgewählt. Die Informationen über jedes der allgemeinen interdisziplinären Probleme werden unter folgenden Zwischenüberschriften dargestellt:

- Definition
- Anmerkung der Autorin
- Signifikante Assessmentkriterien (Labor/Diagnostik): Laborbefunde für die Überwachung.

Die Angaben zu den 52 speziellen interdisziplinären Problemen enthalten folgende Informationen:

- Definition
- Hochrisikopopulationen
- Pflegeziele: Hier wird speziell die Verantwortlichkeit der Pflege für das interdisziplinäre Problem ausgewiesen. Zusätzliche Indikatoren dienen der Evaluation des jeweiligen physiologischen Status.
- Allgemeine Interventionen und Begründungen: Darin wird die Pflegeperson speziell angeleitet, …
  - … auf den Beginn oder frühzeitige Veränderungen eines Zustands zu überwachen.
  - … mit ärztlich oder durch eine Fachpflegeperson verordneten Interventionen zu beginnen, soweit angezeigt.
  - … mit durch eine Pflegeperson verordneten Interventionen zu beginnen, soweit angezeigt.
  - … die Wirksamkeit dieser Interventionen zu evaluieren.

Aussagen in Klammern und kursiver Schrift erläutern, warum ein Zeichen oder Symptom vorliegt oder liefern die wissenschaftliche Erklärung dafür, warum eine Intervention das gewünschte Ergebnis bewirkt. Bedenken Sie, dass bei vielen der interdisziplinären Probleme in Teil III wahrscheinlich auch Pflegediagnosen absehbar sind. So würde beispielsweise ein Klient mit Diabetes mellitus unter dem interdisziplinärem Problem *PK*: Hypo-/Hyperglykämie* gepflegt, zusammen mit der Pflegediagnose *Gefahr eines unwirksamen Gesundheitsverhaltens,* **b/d** *Wissensdefizit (zu spezifizieren).* Ein Klient mit Nierensteinen stünde unter dem interdisziplinären Problem *PK: Nierensteine* und hätte die Pflegediagnose *Gefahr eines unwirksamen Therapiemanagements,* **b/d** *Wissensdefizit hinsichtlich der Rezidivprophylaxe, der Einschränkungen in der Ernährung und des Flüssigkeitsbedarfs.*

* Potenzielle Komplikation

Potenzielle Komplikation: Herz-Kreislauf-Störung

Potenzielle Komplikation: Herz-Kreislauf-Störung

PK: Verminderte Herzleistung
PK: Herzrhythmusstörungen
PK: Lungenödem
PK: Tiefe Venenthrombose
PK: Hypovolämie
PK: Kompartmentsyndrom
PK: Lungenembolie

Definition

PK: Herz-Kreislauf-Störung: beschreibt eine Person mit verschiedenen Störungen der Herz- und/ oder Kreislauffunktion oder einer entsprechenden hohen Gefährdung.

Anmerkung der Autorin

Die Pflegeperson kann dieses generische interdisziplinäre Problem zur Beschreibung einer Person verwenden, die durch verschiedene Arten von Herz-Kreislauf-Störung gefährdet ist. So würde beispielsweise die Anwendung von *PK: Herz-Kreislauf-Störung* bei einem für Herz-Kreislauf-Störungen anfälligen Klienten auf der Intensivstation Pflegende dazu bringen, den Herz-Kreislauf-Status anhand der Ergebnisse von Fokusassessments auf verschiedene Störungen hin zu überwachen. Pflegeinterventionen würden sich bei diesem Klienten darauf konzentrieren, ein Funktionsanomalien zu erkennen und zu diagnostizieren.

Bei einem Klienten mit einer bestimmten Herz-Kreislauf-Komplikation würde die Pflegeperson das zutreffende interdisziplinäre Problem zusammen mit den entsprechenden problemspezifischen Pflegeinterventionen der Problemliste des Klienten hinzufügen. So könnte z. B. ein Pflegestandard für einen Klienten nach einem Myokardinfarkt das interdisziplinäre Problem *PK: Herz-Kreislauf-Störung* beinhalten und die Pflegenden dazu führen, den Herz-Kreislauf-Status zu überwachen. Bekäme dieser Klient später eine Herzrhythmusstörung, würde die Pflegeperson der Problemliste *PK: Herzrhythmusstörung* zusammen mit spezifischen Pflegemanagementinformationen hinzufügen (z. B. *PK: Herzrhythmusstörung,* **b/d** *Myokardinfarkt*). Die Pflegeperson sollte die Risikofaktoren oder die Ätiologie – falls bekannt – auch dann in die Problemliste aufnehmen, wenn sie in keinem direkten Zusammenhang mit der medizinischen Primärdiagnose stehen (z. B. *PK: Hypo-/Hyperglykämie,* **b/d** *Diabetes mellitus* bei einem Klienten nach einem Myokardinfarkt).

Für Informationen über die Fokusassessmentkriterien siehe http://thepoint.lww.com.

Signifikante Assessmentkriterien (Labor/Diagnostik)

Herzenzyme und -proteine (z. Zt. ist der Wert der CPK, LDH, SGOT und/oder SGPT bei der Evaluation einer Herzschädigung insgesamt relativ niedrig). Gewöhnlich werden nur Isoenzyme oder Bande sowie Troponine verwandt. Erhöht sind bei einer Herzschädigung (z. B. Myokardinfarkt):

- Kreatinkinase (CK)
- Kreatininphosphokinase (CPK), Isoenzyme (z. B. CK-MM, CK-BB, CK-MB)
- Kreatinkinase-Isoformen (CK-MB-, CK-MM-Unterformen)
- Lactatdehydrogenase (LDH), Isoenzyme
- Myoglobin (Troponin)
- B-Typ natriuretisches Peptid (BNP) (Hormone, die als periphere Reaktion auf eine Beeinträchtigung des Herzens, wie z. B. eine Herzinsuffizienz, freigesetzt werden)
- C-reaktives Protein, P-Selektin (Entzündungs- und Nekrosemarker).

Serum-Kalium (schwankt bei einer Diuretikatherapie und parenteraler Flüssigkeitssubstitution).
Serum-Kalzium, -Magnesium, -Phosphat.
Weißes Blutbild (erhöht bei Entzündung).
Blutsenkungsgeschwindigkeit (erhöht bei Entzündung, Gewebeschädigung).
Arterielle Blutgaswerte (ABG) (erniedrigte SaO_2 zeigt eine Hypoxämie; erhöhter pH-Wert, Alkalose; erniedrigter pH-Wert, Azidose).
Untersuchungen der Blutgerinnung (erhöhte Werte bei Behandlung mit Antikoagulanzien und/oder Thrombolytika oder bei Koagulopathien).
Hämoglobin und Hämatokrit (erhöht bei Polyzythämie, erniedrigt bei Anämie).
Elektrokardiogramm (EKG) mit oder ohne Belastungstest.
Strömungsmessung mittels Doppler-Ultraschall.
Herzkatheter.
Intravasaler Ultraschall (IVU).
Elektrophysiologische Untersuchungen.
Computertomographie (CT), ultraschnelle Computertomographie (UCT).
Magnetresonanztomographie.
Signalgemitteltes EKG.
Echokardiographie mit oder ohne Belastungstest.
Phonokardiographie.
Belastungs-EKG.
Bildliche Darstellung der Durchblutung.
Bildliche Darstellung eines Infarkts.
Angiokardiographie.
Holter-EKG.
Kontinuierliche Blutdruckmessung.

• PK: Verminderte Herzleistung

Definition

PK: Verminderte Herzleistung: beschreibt eine Person mit einer infolge unzureichender Förderleistung des Herzens für den Gewebebedarf unzureichenden Blutversorgung oder einer entsprechenden Gefährdung.

Verminderte Herzleistung (engl. Decreased cardiac output): Das vom Herzen ausgeworfene Blut genügt den metabolischen Anforderungen des Körpers nicht (NANDA-I, 2010).

Hochrisikopopulationen

Koronare Herzkrankheit (KHK) und ihre Vorstufen einschließlich Angina pectoris oder der bevorzugte Begriff «akutes Koronarsyndrom».

- Akuter Myokardinfarkt.
- Aorten- oder Mitralklappenvitium mit Herzgeräuschen und/oder anamnestisch bekanntem rheumatischem Fieber.
- Kardiomyopathie.
- Herztamponade.
- Hypothermie.
- Septischer Schock.
- Aortenisthmusstenose.
- Chronisch-obstruktive Lungenerkrankung (COPD).
- Angeborenes Herzleiden.
- Hypovolämie (z. B. aufgrund einer schweren Blutung oder Verbrennung).
- Bradykardie.
- Tachykardie.
- Dekompensierte Herzinsuffizienz.
- Kardiogener Schock.
- Hypertonie.

Pflegeziele

Die Pflegeperson überwacht und managt Episoden einer verminderten Herzleistung.

Indikatoren

Ruhiger, wacher, orientierter Patient.
Sauerstoffsättigung > 95 %.
Normaler Sinusrhythmus.
Kein Thoraxschmerz.
Keine lebensbedrohenden Arrhythmien.
Warme, trockene Haut.
Übliche Hautfarbe (entsprechend der ethnischen Herkunft).

Regelmäßiger Puls bei 60–100/min.
Atmung 16–20/min.
Blutdruck > 90/60 und < 140/90 mmHg, mittlerer arterieller Druck > 70 mmHg oder zentraler Venendruck > 11 mmHg.
Urinausfuhr > 5 ml/kg KG/h.
Serum-pH-Wert 7,35–7,45.
Serum-pCO_2 35–45 mmHg.
Zielwerte der Sauerstoffsättigung > 95 % bei Personen ohne anamnestisch bekannte Lungenerkrankung:

- Atemgeräusche ohne neue abnorme Geräusche (Rasseln)
- Vorliegen erweiterter Halsvenen.

Allgemeine Interventionen und Begründungen

- Überwachen Sie auf Zeichen und Symptome einer verminderten Herzleistung/eines erniedrigten Herzindex:
  - beschleunigter, verlangsamter und/oder unregelmäßiger Puls
  - beschleunigte Atmung
  - erniedrigter/erhöhter Blutdruck
  - abnorme Herztöne
  - abnorme Atemgeräusche (Krepitationen, Rasseln)
  - verminderte Urinausfuhr (< 5 ml/kg KG/h)
  - Veränderungen des Geisteszustands
  - kühle, feuchte, zyanotische, marmorierte Haut
  - verlängerte kapilläre Wiederauffüllzeit
  - Erweiterung der Halsvenen
  - schwache periphere Pulse
  - abnormer Pulmonalarteriendruck
  - abnormer Nierenarteriendruck
  - verminderte gemischte venöse Sauerstoffsättigung
  - EKG-Veränderungen
  - Arrhythmien
  - erniedrigte SaO_2
  - erniedrigte $ScvO_2$.

  (Eine verminderte Herzleistung bzw. ein erniedrigter Herzindex führt dazu, dass das Blut nicht mehr hinreichend oxygeniert ist, um den Stoffwechselbedarf des Gewebes zu decken. Eine Abnahme des zirkulierenden Volumens kann zu einer Minderperfusion der Nieren und des Gewebes mit kompensatorischer Abnahme der Extremitätendurchblutung sowie beschleunigtem Puls und beschleunigter Atmung führen. Die Minderdurchblutung des Gehirns kann Veränderungen des Geisteszustands bewirken. Vasokonstriktion und venöse Stauung in abhängigen Bereichen [z. B. Gliedmaßen] bewirken Veränderungen der Haut und der Pulse.)
- Beginnen Sie entsprechend der Ätiologie, welche dem die Ventrikelfunktion beeinträchtigenden Problem zugrunde liegt, mit der Umsetzung geeigneter Standardverfahren oder stehender Anweisungen. *(Das Pflegemanagement variiert je nach der Ätiologie [z. B. Maßnahmen zur Erhö-*

hung der Vorlast bei Hypovolämie und zur Senkung der Vorlast bei beeinträchtigter Ventrikelkontraktilität].)

- Lagern Sie den Klienten mit erhöhten Beinen, sofern die Ventrikelfunktion nicht beeinträchtigt ist. *(Diese Position kann Vorlast und Herzleistung erhöhen helfen.)*
- Lassen Sie den Klienten in akuten Episoden absolute Bettruhe einhalten und reduzieren Sie alle beherrschbaren Stressoren auf ein Minimum. Verabreichen Sie entsprechend den einrichtungsinternen Richtlinien Morphin i. v. nach Bedarf. (Morphin ist in den meisten Fällen der bevorzugte Wirkstoff.) Vorsicht bei einem Klienten mit Hypotonie. *(Diese Maßnahmen senken den Stoffwechselbedarf.)*
- Unterstützen Sie den Klienten bei Maßnahmen des Kräfteerhalts, wie etwa Ausruhen vor und nach Aktivitäten (z. B. Mahlzeiten, Baden). *(Ausreichend Ruhe senkt den Sauerstoffverbrauch und die Gefahr einer Hypoxie.)*
- Überwachen Sie Ein- und Ausfuhr sowie das Körpergewicht. *(Veränderungen können auf eine Flüssigkeitsretention hindeuten.)*
- Seien Sie vorsichtig mit dem intravenösen Verabreichen von Flüssigkeiten bei einem Klienten mit beeinträchtigter Ventrikelfunktion. Wenden Sie sich an den Arzt oder die Fachpflegeperson, wenn die Infusionsgeschwindigkeit 125 ml/h überschreitet. Stellen Sie sicher, dass bei der Berechnung der stündlichen Einfuhr alle intravenös verabreichten Flüssigkeiten (z. B. Antibiotika) eingerechnet werden. *(Ein Klient mit schwacher Ventrikelfunktion verträgt erhöhte Blutvolumina u. U. nicht.)*
- Falls die verminderte Herzleistung auf eine Hypovolämie, einen septischen Schock oder eine Arrhythmie zurückgeht, lesen Sie das jeweilige interdisziplinäre Problem in diesem Abschnitt.
- Verabreichen Sie inotrope und vasoaktive Substanzen (z. B. Digoxin, Dopamin, Dobutamin) gemäß Verordnung, um die Kontraktilität zu steigern.
- Unterstützen Sie beim Einführen und/oder bei der Wartung mechanischer Vorrichtungen zur Unterstützung des Herzens (z. B. intraaortale Ballonpumpe, Hämopumpe [temporäres Linksherz-Bypass-System], Geräte zur Unterstützung der Ventrikelfunktion).

• PK: Herzrhythmusstörungen

Definition

PK: Herzrhythmusstörungen: beschreibt eine Person mit bestehender Erkrankung des Herzleitungssystems, die zu einer abnormen Herzfrequenz und/oder einem abnormen Herzrhythmus führt, oder mit einer entsprechenden Gefährdung.

Hochrisikopopulationen

Koronare Herzkrankheit vom Typ A.

- Angina pectoris.
- Myokardinfarkt (akutes Koronarsyndrom)
- Dekompensierte Herzinsuffizienz.
- Hypo- oder hyperendokrine Zustände.
- Sepsis oder schwere Sepsis/septischer Schock.

- Erhöhter Schädelinnendruck.
- Störungen des Elektrolyhaushalts (Kalzium, Kalium, Magnesium, Phosphor).
- Atherosklerotische Herzkrankheit.
- Nebenwirkungen von Medikamenten (z. B. von Aminophyllin, Dopamin, Stimulanzien, Digoxin, Betablockern, Dobutamin, Lidocain, Procainamid, Chinidin, Diuretika).
- COPD.
- Kardiomyopathie, Klappenvitium.
- Anämie.
- Zustand nach Herzoperation.
- Zustand nach jeder größeren Anästhesie.
- Trauma.
- Schlafapnö.

Pflegeziele

Die Pflegeperson überwacht und managt Arrhythmieepisoden.

Indikatoren

Siehe «Indikatoren» unter *verminderte Herzleistung.*

Allgemeine Interventionen und Begründungen

- Überwachen Sie auf Zeichen und Symptome von Arrhythmien:
  - abnorme Herzfrequenz, abnormer Herzrhythmus
  - Palpitationen, Thoraxschmerz, Synkope, Erschöpfung
  - erniedrigte SaO_2
  - EKG-Veränderungen
  - Hypotonie.

  (Ischämisches Gewebe ist elektrisch instabil und verursacht Arrhythmien. Auch bestimmte angeborene Herzleiden, Störungen des Elektrolythaushalts und Medikamente können Überleitungsstörungen am Herzen verursachen.)
- Beginnen Sie mit den entsprechenden Standardverfahren je nach Art der Arrhythmie, wie etwa:
  - supraventrikuläre Tachykardie: direkte oder indirekte Vagusstimulation, Kalziumantagonisten i. v., Digoxin i. v., Adenosin, Diltiazem, Adenocard, synchronisierte Kardioversion, Overdrive-Pacing
  - Vorhofflimmern: Digitalisierung, elektrische Kardioversion, Antikoagulanzien
  - vorzeitige Ventrikelkontraktion, ventrikuläre Tachykardie: Lidocain i. v., Procainamid i. v., Bretylium i. v., Sauerstoff
  - ventrikuläre Tachykardie: Sauerstoff, Lidocain, Procainamid, Bretylium, Amiodaron, synchronisierte Kardioversion
  - Bradykardie oder Herzblocks: Atropin, Schrittmacher, Dopamin-Infusion, Adrenalin-Infusion
  - Kammerflimmern: kardiopulmonale Reanimation (CPR), Defibrillation, Adrenalin, Lidocain, Bretylium

- pulslose elektrische Aktivität: CPR, Adrenalin (Diagnose und Behandlung der Ursache)
- Asystolie: CPR, Adrenalin, Atropin, Schrittmacher
- Verabreichen von zusätzlichem Sauerstoff, falls angezeigt. *(Erhöht die Sauerstoffkonzentration im Kreislauf und senkt die Arbeitslast des Herzens.)*
- Überwachen der Sauerstoffsättigung (SaO_2) mittels Pulsoximetrie und ABG, falls nötig
- Überwachen der Serumelektrolytspiegel (z. B. Natrium, Kalium, Kalzium, Magnesium). *(Hohe oder niedrige Elektrolytspiegel können eine Arrhythmie verschlimmern.)*
- Überwachen einer Therapie mittels Schrittmacher und automatischem implantierbarem Kardioverter.

• PK: Lungenödem

Definition

PK: Lungenödem: beschreibt eine Person mit bestehendem oder drohendem unzureichendem Gasaustausch aufgrund einer Flüssigkeitsansammlung infolge von Linksherzinsuffizienz oder Flüssigkeitsüberlastung.

Hochrisikopopulationen

- Hypertonie.
- Arrhythmien.
- Myokardinfarkt
  - akutes Koronarsyndrom (ACS)
  - Angina pectoris
- Dekompensierte Herzinsuffizienz
- Kardiomyopathie
- Versagen des Herzschrittmachers, der Kabel und/oder der Batterie
- Koronare Herzkrankheit
- Aorten- oder Mitralklappenvitium.
- Diabetes mellitus.
- Inhalation von Toxinen.
- Medikamentenüberdosis.
- Rauchen.
- Angeborene Herzmissbildungen.
- Neurologisches Trauma.

Pflegeziele

Die Pflegeperson überwacht und managt Episoden eines Lungenödems.

Indikatoren

Wacher, ruhiger, orientierter Patient.
Symmetrische, leichte, rhythmische Atmung.

Warme, trockene Haut.
Volle Atemgeräusche über allen Lungenlappen.
Weder Krepitationen noch Giemen.
Übliche Hautfarbe (entsprechend der enthnischen Herkunft).
Für weitere Indikatoren siehe *PK: verminderte Herzleistung.*

Allgemeine Interventionen und Begründungen

- Überwachen Sie auf Zeichen und Symptome eines Lungenödems:
  - Dyspnö, Zyanose
  - Tachypnö, erschwertes Atmen
  - Atemgeräusche, Krepitationen
  - anhaltender Husten oder produktiver Husten mit schaumigem, rosa tingiertem Sputum
  - abnorme ABG
  - erniedrigte SaO_2 bei Pulsoximetrie
  - verringerte Herzleistung/erniedrigter Herzindex
  - erhöhter Lungenarteriendruck
  - Tachykardie
  - abnorme Herztöne (S_3)
  - Erweiterung der Jugularvenen.

  (Eine beeinträchtigte Pumpleistung des linken Ventrikels, begleitet von einer verminderten Herzleistung sowie erhöhtem Pulmonalvenen- und -arteriendruck führt zum Lungenödem. Die Hypoxie bewirkt eine erhöhte Durchlässigkeit der Kapillaren, ermöglicht damit das Eindringen von Flüssigkeit ins Lungengewebe und löst Zeichen und Symptome aus.)
- Verabreichen Sie Sauerstoff gemäß Verordnung, falls angezeigt.
- Beginnen Sie mit entsprechenden Behandlungen nach einrichtungsinternen Richtlinien. Dies kann umfassen:
  - Diuretika *(um die Vorlast zu senken)*
  - Vasodilatatoren *(um die Nachlast zu senken)*
  - positiv inotrope Substanzen (z. B. Digitalis, *um die Ventrikelkontraktionen zu stärken*)
  - Morphin *(um die Angst, Vor- und Nachlast sowie den Stoffwechselbedarf zu senken).*
- Überwachen Sie urin-hämodynamische Parameter, das spezifische Gewicht, Ein- und Ausfuhr, Körpergewicht und Serumosmolalität. *(Diese Werte können die Hydratation evaluieren helfen.)*
- Ergreifen Sie Schritte zur Aufrechterhaltung einer adäquaten Hydratation und vermeiden Sie zugleich eine Überhydrierung. *(Eine adäquate Hydratation hilft beim Verflüssigen von Lungensekreten, eine Überhydrierung kann die Vorlast erhöhen und ein Lungenödem verstärken.)*
- Lagern Sie den Klienten alle 2 Stunden um und führen Sie Physiotherapie des Thorax durch. Stellen Sie fest, welche Position eine optimale Oxygenierung bewirkt, indem Sie in verschiedenen Positionen des Klienten anhand der Pulsoximetrie den paO_2 und/oder die ABG-Werte bestimmen. *(Begrenzen der Zeit, die der Klient in Positionen verbringt, welche die Oxygenierung behindern, kann den paO_2 verbessern.)*
- Bringen Sie den Klienten bei schwerer Dyspnö in hohe Oberkörperhochlage bei tiefer gelagerten Beinen. Fordern Sie den Klienten auf, zu den Mahlzeiten aufzustehen und sich auf einen Stuhl zu setzen. *(Diese Lagerung hilft, den venösen Rückstrom zu verstärken und das venöse Pooling zu erhöhen, und senkt die Vorlast.)*

- Fordern Sie den Klienten auf, alle 2 Stunden das Spirometer zu benutzen, abzuhusten und tief durchzuatmen.
- Reduzieren Sie beherrschbare Stressoren auf ein Minimum (z. B. Lärm, langwierige Tests und Prozeduren, anstrengende Aktivitäten). Erklären Sie alle Prozeduren und Behandlungen. *(Diese Maßnahmen können Angst reduzieren, was wiederum helfen kann, den Stoffwechselbedarf zu senken.)*
- Überwachen Sie fortlaufend den Herz-Kreislauf-Status: stündlich Vitalzeichen, ABG, Herzleistung, Flüssigkeitshaushalt, Körpergewicht, Pulsoximetrie und Urinausfuhr. *(Diese Überwachung hilft beim Evaluieren des Ansprechens auf die Behandlung.)*

• PK: Tiefe Venenthrombose

Definition

PK: Tiefe Venenthrombose: beschreibt eine Person mit einer Gerinnselbildung infolge venöser Stase, eines Gefäßwandschadens oder einer Gerinnungsstörung.

Hochrisikopopulationen (Porter, 2002)

- Immobilität > 72 Stunden.
- Frakturen.
- Chemische Reizung der Vene.
- Blutdyskrasien.
- Jede größere Operation unter Vollnarkose und Immobilität während der Operation (prä-, peri- und postoperativ zusammengenommen).
- Orthopädische, urologische oder gynäkologische Eingriffe.
- Anamnestisch bekannte Veneninsuffizienz.
- Adipositas.
- Östrogen in hohen Dosen.
- Krebs.
- Herzinsuffizienz.
- Varizen.
- Entzündliche Darmerkrankung.
- Schwangere post partum.
- Schwere COPD.
- Anamnestisch bekannte tiefe Venenthrombose oder Lungenembolie.
- Operation von mehr als 30 Minuten Dauer.
- Alter über 40 Jahre.

Pflegeziele

Die Pflegeperson managt Episoden einer tiefen Venenthrombose und reduziert Komplikationen auf ein Minimum.

Indikatoren

Kein Schmerz in den Beinen.
Kein Ödem in den Beinen.
Kein Schmerz bei Dorsalflexion des Fußes (Homann-Zeichen).

Allgemeine Interventionen und Begründungen

- Überwachen Sie den Status der Venenthrombose, indem Sie auf Folgendes achten:
  - verminderte oder fehlende periphere Pulse *(Eine unzureichende Durchblutung führt zu Schmerzen und verminderten peripheren Pulsen.)*
  - ungewöhnliche Wärme und Rötung oder Kühle und Zyanose, vermehrte Schwellung des Beines *(Ungewöhnliche Wärme und Rötung deuten auf eine Entzündung hin; Kühle und Zyanose sprechen für eine Gefäßverlegung.)*
  - zunehmender Schmerz im Bein *(Schmerzen im Bein resultieren aus der Gewebshypoxie.)*
  - plötzlicher, schwerer Thoraxschmerz, vermehrte Dyspnö, Tachypnö *(Diese Befunde können auf eine Mobilisierung von Thromben in Richtung auf die Lunge hindeuten.)*
  - positives Homann-Zeichen *(Bei positivem Homann-Zeichen verursacht eine Dorsalflexion des Fußes aufgrund der unzureichenden Durchblutung Schmerzen.).*
  - Wenden Sie sich an den Arzt, um kniehohe Kompressionsstrümpfe oder Druckwellentherapiegeräte, niedrig dosiertes Dextran oder eine Antikoagulanzientherapie bei Hochrisikoklienten einzusetzen. *(Sie helfen beim Abbau der venösen Stase.)*
- Siehe Hochrisikopopulationen.
- Evaluieren Sie den Hydratationsstatus auf der Grundlage des spezifischen Gewichts des Urins, der Ein- und Ausfuhr, des Körpergewichts und der Serumosmolalität. *(Eine erhöhte Viskosität und Gerinnbarkeit des Blutes sowie eine verminderte Herzleistung können zur Thrombusbildung beitragen.)*
- Fordern Sie den Klienten auf, isotone Beinübungen durchzuführen. *(Sie fördern den venösen Rückstrom.)*
- Lassen Sie den Klienten baldmöglichst umhergehen, auf der Grundlage von 5 Minuten pro wach verbrachter Stunde. *(Gehen kontrahiert die Beinmuskeln, regt die Venenpumpe an und verringert die Stase.)*
- Lagern Sie die betroffene Extremität oberhalb der Herzebene. *(Diese Lagerung kann die interstitielle Schwellung reduzieren helfen, indem sie den venösen Rückstrom fördert.)*
- Raten Sie vom Rauchen ab. *(Nikotin kann Gefäßspasmen bewirken.)*
- Verabreichen Sie Antikoagulanzien nach Verordnung des Arztes bzw. der Fachpflegeperson und überwachen Sie die Ergebnisse der Gerinnungsuntersuchung täglich. *(Eine Antikoagulanzientherapie verhindert, dass sich die Thrombose ausweitet, indem sie die Gerinnungszeit des Blutes verlängert.)*
- Überwachen Sie einen Klienten unter Antikoagulanzientherapie auf Frühzeichen einer abnormen Blutung (z. B. Hämaturie, Zahnfleischbluten, Ekchymosen, Petechien, Nasenbluten). *(Eine verlängerte Gerinnungszeit kann die Blutungsgefahr erhöhen.)*
- Verabreichen Sie gegen Schmerzen im Bein Analgetika gemäß Verordnung.
- Erklären Sie die Bedeutung von Vorrichtungen zur externen Kompression (Kompressionskniestrümpfe verschiedener Kompressionsklassen, Manschetten für sequenzielle Kompression,

intermittierende externe pneumatische Kompression [IEPC], Spezialschuhe). *(Der venöse Rückstrom wird erhöht, Pooling vermindert. IEPC und Spezialschuhe erhöhen Volumen und Geschwindigkeit des venösen Stroms und senken die überhöhte Gerinnbarkeit [Morton et al., 2005].)*

• PK: Hypovolämie

Definition

PK: Hypovolämie: beschreibt eine Person, die aufgrund eines verminderten Flüssigkeitsvolumens (z. B. durch eine Blutung, Plasmaverlust, prolongiertes Erbrechen oder Diarrhö) eine inadäquate zelluläre Oxygenierung erfährt oder entsprechend gefährdet und unfähig ist, Stoffwechselendprodukte auszuscheiden.

Hochrisikopopulationen

- Zustand während einer Operation.
- Zustand nach einer Operation.
  - Punktion einer Arterie nach dem Eingriff, vor allem derjenigen, bei denen durch Punktion eines Oberschenkelgefäßes die Gefahr einer retroperitonealen Blutung besteht.
- Anaphylaktischer Schock.
- Trauma.
- Blutung:
  - eine anamnestisch bekannte Bluterkrankheit oder Gerinnungsstörung
  - Anwendung von Antikoagulanzien einschließlich der Einnahme frei verkäuflicher Substanzen wie Acetylsalicylsäure oder nichtsteroidaler Antiphlogistika (NSAID)
  - Dauereinnahme von Steroiden
  - Paracetamol bei begleitender Leberfunktionsstörung
  - Anämie
  - Leberleiden.
- Diabetische Ketoazidose.
- Prolongiertes Erbrechen oder anhaltende Diarrhö.
- Säuglinge, Kinder, ältere Menschen.
- Akute Pankreatitis.
- Ausgedehnte Verbrennungen.
- Disseminierte intravasale Gerinnung (DIC).
- Ruptur von Ösophagusvarizen.
- Aneurysma dissecans.
- Prolongierte Schwangerschaft.
- Trauma in der Schwangerschaft.
- Diabetes insipidus.
- Aszites.
- Peritonitis.
- Darmverlegung.

Pflegeziele

Die Pflegeperson überwacht hypovolämische Episoden und reduziert sie auf ein Minimum.

Indikatoren

Für Indikatoren siehe *PK: verminderte Herzleistung.*

Allgemeine Interventionen und Begründungen

- Überwachen Sie den Flüssigkeitsstatus. Evaluieren Sie …
  - … die Einfuhr (parenteral und oral)
  - … die Ausfuhr und andere Verluste (Urin, Drainageflüssigkeit und Erbrechen, Verluste über eine Magensonde).

  (Frühzeitiges Erkennen eines Flüssigkeitsdefizits ermöglicht Interventionen, um einen Schock zu verhindern.)
- Überwachen Sie die Operationswunde auf Blutung, Dehiszenz und Eviszeration. *(Sorgfältiges Überwachen erlaubt es, Komplikationen frühzeitig zu erkennen.)*
- Lehren Sie den Klienten, die Operationswunde beim Husten, Niesen oder Erbrechen mit einem Kissen abzustützen. *(Das Abstützen senkt die Belastung der Nähte, indem der Druck gleichmäßig auf die Wunde verteilt wird.)*
- Überwachen Sie auf Zeichen und Symptome eines Schocks:
  - erhöhte Pulsfrequenz bei normalem oder leicht gesenktem Blutdruck, verringertem Pulsdruck und einer Abnahme des durchschnittlichen oder des durchschnittlichen arteriellen Blutdrucks
  - Urinausfuhr < 5 ml/kg KG/h
  - Unruhe, Agitiertheit, reduzierter Bewusstseinsgrad
  - beschleunigte Atmung, Durst
  - verminderte periphere Pulse
  - kühle, blasse, feuchte oder zyanotische Haut
  - herabgesetzte Sauerstoffsättigung (SaO_2, SvO_2), erniedrigter Lungenarteriendruck
  - verminderter Hämoglobin-/Hämatokritwert, verminderte Herzleistung/verminderter Herzindex
  - erniedrigter zentralvenöser Druck
  - verminderter Druck im rechten Vorhof
  - verminderter Wedge-Druck.

  *(Die kompensatorische Reaktion auf ein vermindertes zirkulierendes Volumen soll durch eine erhöhte Herz- und Atemfrequenz und eine verminderte periphere Durchblutung [**a/d** verminderte periphere Pulse und kühle Haut] die Sauerstoffzufuhr erhöhen. Eine verminderte Sauerstoffzufuhr zum Gehirn verändert den Geisteszustand. Eine verminderte Nierendurchblutung führt zu einer geringeren Urinausfuhr. Bei einer signifikanten Blutung sinken Hämatokrit- und Hämoglobinwerte.)*
- Sollte es zum Schock kommen, lagern Sie den Klienten, soweit (z. B. bei Kopfverletzung) nicht kontraindiziert, auf dem Rücken. *(Diese Position erhöht den Rückfluss des Blutes zum Herzen [Vorlast].)*

- Legen Sie einen intravenösen Zugang und wählen Sie einen großvolumigen Katheter, falls die Verabreichung von Blutersatz vorgesehen ist. Beginnen Sie mit den entsprechenden einrichtungsinternen Maßnahmen bei Schock (z. B. einer Therapie mit Vasopressoren). Für weitere Informationen siehe auch *PK: Azidose* oder *PK: Alkalose*. *(Die einrichtungsinternen Standardverfahren sollen den peripheren Widerstand und den Blutdruck erhöhen.)*
- Kooperieren Sie mit dem Arzt oder der Fachpflegeperson beim Ersetzen von Flüssigkeitsverlusten in einer Geschwindigkeit, die hinreicht, um die Urinausfuhr über 0,5 ml/kg KG/h zu halten (z. B. durch Ringer-Laktat). *(Diese Maßnahme fördert eine optimale Nierendurchblutung.)*
- Schränken Sie die Bewegungen und Aktivität des Klienten ein. *(Dies hilft, den Sauerstoffbedarf des Gewebes zu verringern.)*
- Sorgen Sie für Beruhigung, einfache Erklärungen und emotionale Unterstützung, um die Angst abzubauen. *(Starke Angst erhöht den Sauerstoffbedarf.)*
- Verabreichen Sie Sauerstoff gemäß Verordnung.

• PK: Kompartmentsyndrom

Definition

PK: Kompartmentsyndrom: beschreibt eine Person, bei der es in einem begrenztem Raum, wie etwa einer Faszienhülle, zu einer Druckerhöhung kommt, welche die Durchblutung und Funktion stört, gewöhnlich im Unterarm oder Bein (Bryant, 1998; Morton et al., 2006). Risikofaktoren können entweder eine externe oder eine interne Kompression verursachen (Tumbarello, 2000).

Hochrisikopopulationen

Interne Faktoren

- Frakturen.
- Operation an Muskulatur und Skelett.
- Verletzungen (Quetschung, elektrischer Schlag, Gefäßschädigung).
- Allergische Reaktion (Schlangen-, Insektenbiss).
- Exzessives Ödem.
- Thermische Schäden.
- Gefäßverschluss.
- Intramuskuläre Blutung.

Externe Faktoren

Extravasation intravenös verabreichter Flüssigkeiten.
Punktion eines Gefäßes aus diagnostischen Gründen oder bei einer Intervention.

- Gipsverbände.
- Prolongierte Anwendung eines Tourniquets.
- Straffe Verbände.

- Straffer Verschluss von Fasziendefekten.
- Intraoperative Lagerung.
- Langes Liegen auf einer Extremität.

Pflegeziele

Die Pflegeperson managt ein Kompartmentsyndrom und reduziert es auf ein Minimum.

Indikatoren

Fußpulse 2+, beidseits gleich.
Kapilläre Wiederauffüllzeit < 3 s.
Warme Extremitäten.
Keine Klagen über Parästhesien (Taubheitsgefühl), kein Kribbeln.
Minimale Schwellung.
Die Fähigkeit, Zehen oder Finger zu bewegen.

Allgemeine Interventionen und Begründungen

- Für spezifische Techniken des Extremitätenassessments und die Prävention eines Kompartmentsyndroms siehe die Pflegediagnose *Gefahr einer peripheren neurovaskulären Störung.*
- Überwachen Sie auf Zeichen eines Kompartmentsyndroms:
- Frühzeichen
  - nicht nachlassende oder zunehmende Schmerzen
  - Schmerzen bei passiver Streckung oder Beugung der Zehen oder Finger
  - marmorierte oder zyanotische Haut
  - ausgeprägte Schwellung
  - verzögerte kapilläre Wiederauffüllzeit
  - Parästhesie.
  - Zehen oder Finger lassen sich nicht bewegen.

  (Schmerzen und Parästhesie zeigen eine Kompression von Nerven und zunehmenden Druck innerhalb des Muskelkompartments. Eine passive Streckung von Muskeln verkleinert das Muskelkompartment und verstärkt damit die Schmerzen. Eine verzögerte kapilläre Wiederauffüllzeit sowie marmorierte oder zyanotische Haut zeigen die behinderte kapilläre Durchblutung.)
- *Spätzeichen*
  - Blässe
  - verminderte oder fehlende Pulse
  - kalte Haut.

(Diese Spätzeichen entstehen durch den Arterienverschluss.)

- Beurteilen Sie die neurovaskuläre Funktion in den ersten 24 Stunden mindestens stündlich. *(Eine periphere neurovaskuläre Beeinträchtigung kann das erste Zeichen sein [Tumbarello, 2000].)*
- Instruieren Sie den Klienten, ungewöhnliche, neue oder andersartige Empfindungen (z. B. Kribbeln, Taubheitsgefühl und/oder verringerte Beweglichkeit von Zehen oder Fingern) zu melden. *(Eine schwere Beeinträchtigung lässt sich verhindern, wenn die Störung rechtzeitig entdeckt wird [Pellino et al., 1998; Morton et al., 2006].)*

- Wenn Zeichen eines Kompartmentsyndroms auftreten, benachrichtigen Sie den Arzt oder die Fachpflegeperson und …
  - … beenden Sie die Hochlagerung und Eisanwendungen
  - … lockern Sie Verbände, Schienen, Gipsverbände entsprechend den einrichtungsinternen Richtlinien. *(Hochlagern behindert die Durchblutung.)*
- Falls ein invasives Kompartmentüberwachungssystem verwandt wird, folgen Sie den Vorgaben für die Anwendung.
- Überwachen und dokumentieren Sie den Kompartmentdruck entsprechend den einrichtungsinternen Richtlinien. Melden Sie erhöhte Werte sofort.
- Halten Sie die Hydratation sorgfältig aufrecht. *(Die Volumenverschiebung kann zu Hypovolämie führen.)*
- Evaluieren Sie den Herz-Kreislauf- und Nierenstatus, ferner Puls, Atmung, Blutdruck und Urinausfuhr. *(In einer Extremität können sich 8 Liter Extravasat sammeln und Hypovolämie, eine verringerte Nierenfunktion und einen Schock verursachen [Pellino et al., 1998].)*
- Benachrichtigen Sie den Arzt oder die Fachpflegeperson über jedes Frühzeichen und Symptom einer neurovaskulären Störung. *(Der Arzt oder die Fachpflegeperson evaluieren die Ursache und legen die notwendige Behandlung fest, wie z. B. das Spalten eines Gipsverbandes, das Entfernen einer medizinischen Sturzhose oder einer intraaortalen Ballonpumpe, Operation [z. B. Fasziotomie].)*

• PK: Lungenembolie

Definition

PK: Lungenembolie: beschreibt eine Person, bei der eine oder mehrere Lungenarterien durch ein Blutgerinnsel, Luft oder einen Fettembolus verlegt sind oder bei der eine entsprechende Gefahr besteht.

Hochrisikopopulationen

- Infektion.
- Längere Immobilisierung.
- Längeres Sitzen/Reisen.
- Varizen.
- Gefäßverletzung.
- Tumor.
- Erhöhte Thrombozytenzahl (z. B. aufgrund einer Polyzythämie oder einer Splenektomie).
- Thrombophlebitis.
- Gefäßleiden.
- Fremdkörper (z. B. ein intravenöser Katheter oder ein Zentralvenenkatheter).
- Herzleiden (vor allem eine dekompensierte Herzinsuffizienz).
- Operation oder Trauma (vor allem der Hüfte, des Beckens, der Wirbelsäule und der unteren Extremitäten).
- Zustand nach Operation.

- Schwangerschaft.
- Zustand nach Entbindung.
- Diabetes.
- COPD.
- Anamnestisch bekannte frühere Lungenembolie oder Thrombophlebitis.
- Rauchen.
- Adipositas.
- Orale Kontrazeptiva, Östrogentherapie.
- Bein-/Beckenfrakturen und -verletzungen.
- Erhöhte Blutgerinnung (z. B. bei einem Tumor).
- Sichelzellkrankheit.
- Verbrennungen.
- Polyzythämie.
- Akute Rückenmarkverletzung.
- Thrombusbildung im Herzen durch Kardioversion, bakterielle Endokarditis, Vorhofflimmern oder Myokardinfarkt.
- Bei Luftembolie:
  - Anlegen oder Entfernen eines Zentralvenenkatheters, Führungskatheter
  - Wechseln der Schläuche an einem Zentralvenenkatheter, Manipulation oder Abstöpseln.

Pflegeziele

Die Pflegeperson managt Komplikationen einer Lungenembolie und reduziert sie auf ein Minimum.

Indikatoren

Keine Veränderung des Geisteszustands.
Kein Thoraxschmerz.
Keine Dyspnö.
Herzfrequenz im Normbereich der Person.
Normaler Sinusrhythmus.
Körpertemperatur 36,7–37,5 °C.

Allgemeine Interventionen und Begründungen

Führen Sie zur Vorbeugung ein Screening durch und beginnen Sie nach einrichtungsinternen Richtlinien mit der Prophylaxe.

- Konsultieren Sie den Arzt oder die Fachpflegeperson wegen einer Therapie mit niedrig dosiertem Heparin bei einem Hochrisikoklienten, bis er wieder gehfähig ist (siehe Antikoagulanzientherapie unter *PK: Nebenwirkungen einer medikamentösen Therapie*). *(Eine Heparintherapie senkt die Blutviskosität und die Thrombozytenaggregation und senkt damit die Gefahr einer Embolie.)*

- Für Informationen über die Prävention einer tiefen Venenthrombose siehe die Pflegediagnose *periphere Durchblutungsstörung* in Doenges et al., 2013: 308 ff. und NANDA-I, 2013: 261 ff.
- Überwachen Sie auf Zeichen und Symptome einer Lungenembolie:
  - akuter, stechender Thoraxschmerz
  - Dyspnö, Unruhe, Zyanose, verminderter Geisteszustand
  - verminderte Sauerstoffsättigung (SaO_2, SvO_2)
  - Tachykardie
  - Halsvenenweitung
  - Hypotonie
  - akute Erweiterung des rechten Ventrikels ohne Erkrankung des Parenchyms (auf der Röntgen-Aufnahme des Thorax)
  - Verwirrtheit
  - Herzrhythmusstörungen
  - leicht erhöhte Körpertemperatur
  - produktiver Husten mit blutig tingiertem Sputum
  - Pleurareiben
  - Krepitationen.

  (Ein Verschluss der Pulmonalarterien behindert die Durchblutung der distalen Lunge und bewirkt eine Hypoxie.)
- Beginnen Sie bei Auftreten dieser Erscheinungen sofort mit dem einrichtungsinternen Vorgehen bei Schock:
  - Legen Sie einen intravenösen Zugang zur Verabreichung von Medikamenten und Flüssigkeiten.
  - Substituieren Sie Flüssigkeiten entsprechend den einrichtungsinternen Richtlinien.
  - Legen Sie einen Dauerkatheter (Foley), um das zirkulierende Volumen anhand der Urinausfuhr zu bestimmen.
  - Beginnen Sie mit einer EKG-Überwachung und mit invasiver Überwachung der Hämodynamik, um Arrhythmien aufzudecken und eine Richtschnur für die Therapie zu haben.
  - Verabreichen Sie Vasopressoren, um den peripheren Widerstand und den Blutdruck zu erhöhen.
  - Verabreichen Sie Natriumbikarbonat, soweit angezeigt, um die metabolische Azidose zu korrigieren.
  - Verabreichen Sie Herzglykoside und intravenöse Diuretika und Antiarrhythmika, soweit angezeigt.
  - Verabreichen Sie niedrige Dosen Morphin intravenös, um die Angst zu lindern und den Stoffwechselbedarf zu senken.
  - Bereiten Sie die Angiographie und den Lungenperfusionsscan vor, um die Diagnose zu sichern und das Ausmaß der Atelektase zu erkennen.

  (Sofortiges Intervenieren ist entscheidend, da der Tod infolge massiver Lungenembolie gewöhnlich 2 Stunden nach deren Einsetzen eintritt.)
- Beginnen Sie mit einer Sauerstofftherapie über eine Nasensonde. Überwachen Sie die Sauerstoffsättigung. *(Diese Maßnahme erhöht rasch die Konzentration des zirkulierenden Sauerstoffs.)*
- Überwachen Sie Serumelektrolytspiegel, ABG, Blutharnstoffstickstoff und komplettes Blutbild. *(Diese Laboruntersuchungen helfen, den Durchblutungs- und Volumenstatus zu bestimmen.)*

- Beginnen Sie mit einer Thrombolysetherapie (z.B. durch Urokinase, Streptokinase). *(Thrombolytika können zur Auflösung von Thromben führen und die kapilläre Lungendurchblutung erhöhen.)*
- Beginnen Sie nach der Infusion der Thrombolytika mit einer Heparintherapie, soweit verordnet (I.v.-Dauerinfusion oder intermittierend). Überwachen Sie während der Heparintherapie die Gerinnungszeiten. *(Heparin kann den zugrunde liegenden thrombotischen Prozess verlangsamen oder stoppen und hilft damit, eine Ausweitung oder ein erneutes Auftreten des Gerinnsels zu verhindern.)*
- Überwachen Sie bei einem Klienten unter Thrombolytika und/oder Antikoagulanzien auf Zeichen einer abnormen Blutung (z.B. Hämaturie, Zahnfleischbluten, Ekchymosen, Petechien, Nasenbluten).

Bei PK: Luftembolie

- Bringen Sie den Klienten vor dem Anlegen eines Zentralvenenkatheters und dem Wechsel von Schlauchverbindungen in Trendelenburg-Lage und bitten Sie ihn, während der Prozedur ein Valsalva-Manöver durchzuführen. *(Diese Maßnahmen erhöhen den intrathorakalen Druck und helfen zu verhindern, dass Luft in den Katheter gelangt.)*
- Folgen Sie den Anweisungen für Zentralvenenkatheter.
- Bringen Sie den Klienten vor dem Entfernen eines Zentralvenenkatheters in Trendelenburg-Lage und bitten Sie ihn, während der Prozedur ein Valsalva-Manöver durchzuführen oder wenigstens den Atem anzuhalten. Drücken Sie sofort nach dem Entfernen auf die Eintrittsstelle, legen Sie einen undurchlässigen, sterilen Verband an und belassen Sie ihn für 24–48 Stunden. *(Diese Maßnahmen verhindern den Eintritt von Luft.)*
- Überwachen Sie beim Verbandwechsel und beim Wechsel von Schlauchverbindungen sowie nach versehentlichem Ablösen von I.v.-Verbindungen auf Zeichen und Symptome einer Luftembolie:
  - saugendes Geräusch beim Einführen
  - Dyspnö
  - Tachypnö
  - Giemen
  - substernaler Thoraxschmerz
  - Angst.

  (Eine Luftembolie kann beim Wechsel und bei der versehentlichen Trennung von Schlauchverbindungen sowie beim Einführen und Abklemmen des Katheters auftreten. [So kann ein Klient beispielsweise bei einem tiefen Atemzug während des Abklemmens des Subklaviakatheters immerhin 200 ml Luft aufnehmen.] Der Eintritt von Luft in das Pulmonalarteriensystem kann den Blutfluss blockieren und im betroffenen Lungenbereich zu einer Bronchokonstriktion führen.)
- Maßnahmen bei Verdacht auf eine Lungenembolie:
  - Lagern Sie den Klienten in steiler Trendelenburg-Lage auf die linke Seite. *(Diese Lage verschiebt die Luftröhre weg von der Pulmonalklappe und verhindert, dass weitere Luft eintritt.)*
  - Verabreichen Sie Sauerstoff über eine Gesichtsmaske entsprechend den einrichtungsinternen Richtlinien. *(Dies führt zur Diffusion von Stickstoff, der einen Luftembolus in 80% der Fälle komprimiert.)*
  - Beginnen Sie mit den Maßnahmen bei Atem- und Herzstillstand, falls angezeigt.

Bei PK: Fettembolie

- Überwachen Sie auf Zeichen und Symptome einer Fettembolie:
  - Tachypnö über 30/min
  - plötzliches Einsetzen von Thoraxschmerzen oder Dyspnö
  - Unruhe, Vernichtungsgefühl
  - Verwirrtheit
  - Körpertemperatur erhöht auf über 39,44 °C
  - Erhöhung der Pulsfrequenz auf über 140/min
  - petechiales Exanthem (12–96 Stunden postoperativ).

  (Diese Veränderungen sind das Ergebnis der Hypoxämie. Fettsäuren greifen Erythrozyten und Thrombozyten an, die Mikroaggregate bilden, welche wiederum die Durchblutung lebenswichtiger Organe, wie des Gehirns, beeinträchtigen. Fetttröpfchen, die durch die Lungengefäße gleiten, lösen eine chemische Reaktion aus, welche die Lungen-Compliance sowie das Ventilations-Perfusions-Verhältnis senkt und die Körpertemperatur erhöht. Das Exanthem resultiert aus der Kapillarfragilität. Häufige Lokalisationen sind Bindehaut, Achselhöhle, Brustkorb und Hals [Pellino et al., 1998].)
- Bewegen Sie eine frakturierte Extremität in den ersten 3 Tagen nach Eintritt der Fraktur nur minimal. *(Die Immobilisierung minimiert ein weiteres Gewebstrauma und senkt das Risiko der Loslösung eines Embolus [Pellino et al., 1998].)*
- Stellen Sie eine adäquate Hydratation sicher. *(Eine optimale Hydratation verteilt und verdünnt die Reizerscheinungen verursachenden Fettsäuren im System [Pellino et al., 1998].)*
- Überwachen Sie Ein- und Ausfuhr, die Farbe des Urins sowie dessen spezifisches Gewicht. *(Diese Daten spiegeln den Flüssigkeitshaushalt wider.)*

Potenzielle Komplikation: Atemfunktionsstörung

Potenzielle Komplikation: Atemfunktionsstörung

PK: Hypoxämie
PK: Atelektase, Pneumonie
PK: Bronchialspasmen
PK: Pneumothorax

Definition

Potenzielle Komplikation: Atemfunktionsstörung: beschreibt eine Person mit verschiedenen Atmungsproblemen oder einer entsprechenden Gefährdung.

Anmerkung der Autorin

Die Pflegeperson verwendet das generische interdisziplinäre Problem *PK: Atemfunktionsstörung* zur Beschreibung einer Person, die durch verschiedene Formen der Atmungsstörung gefährdet ist, sowie zur Darstellung des Pflegeschwerpunktes, nämlich der Überwachung des Atmungsstatus, um Funktionsanomalien zu erkennen und zu diagnostizieren. Sodann wird das Pflegemanagement einer bestimmten Atemkomplikation unter dem entsprechenden interdisziplinären Problem beschrieben. So würde beispielsweise eine Pflegeperson, die bei einem Klienten *PK: Atemfunktionsstörung* feststellt, der Problemliste *PK: Hypoxämie* hinzufügen, wenn er später eine Hypoxämie entwickelt. Sollten die Risikofaktoren oder die Ätiologie nicht unmittelbar mit der medizinischen Erstdiagnose zusammenhängen, würde die Pflegeperson diese Information der Diagnose hinzufügen (z. B. *PK: Hypoxämie,* **b/d** *COPD* bei einem Klienten mit chronisch-obstruktiver Bronchitis [COPD], der nach einer Magenoperation Atemstörungen bekommt).

Bei einer Person, die aufgrund von Immobilität oder übermäßiger Bildung von zähem Sekret für Atemstörungen anfällig ist, sollte eine Pflegeperson eher *Gefahr eines unwirksamen Atemvorgangs,* **b/d** *Immobilität* als *PK: Atemfunktionsstörung* diagnostizieren.

Für Informationen über die Kriterien des Fokusassessments siehe http://thepoint.lww.com.

Signifikante Assessmentkriterien (Labor/Diagnostik)

Blut-pH-Wert (erhöht bei Alkalose, erniedrigt bei Azidose).
Arterielle Blutgase (ABG):

- pH-Wert (erhöht bei Alkalämie, erniedrigt bei Azidämie – häufiger als Alkalose bzw. Azidose bezeichnet)
- pCO_2 (erhöht bei Lungenerkrankung, erniedrigt bei Hyperventilation)
- pO_2 (erniedrigt bei Lungenerkrankung)
- CO_2-Gehalt (erhöht bei COPD, erniedrigt bei Hyperventilation).

Sputumfärbung und -kultur.
Röntgen-Thorax.
Lungenangiographie.
Bronchoskopie.
Thorakozentese.
Lungenfunktionstests.
Ventilations-Perfusions-Scanning.
Pulsoximetrie.
Endexspiratorischer Kohlendioxidpartialdruck ($pETCO_2$).

• PK: Hypoxämie

Definition

PK: Hypoxämie: beschreibt eine Person mit unzureichender Plasma-Sauerstoffsättigung (pO_2 unterhalb der Altersnorm) infolge alveolärer Hypoventilation, pulmonaler Shuntbildung oder eines Missverhältnisses zwischen Ventilation und Perfusion – oder mit einer entsprechenden Gefährdung.

Hochrisikopopulationen

- COPD.
- Pneumonie.
- Atalektase.
- Lungenödem.
- Atemnotsyndrom bei Erwachsenen.
- ZNS-Depression.
- Medulläre oder spinale Erkrankungen.
- Guillain-Barré-Syndrom.
- Myasthenia gravis.
- Muskeldystrophie.
- Adipositas.
- Gestörte Exkursionen der Thoraxwand (z. B. durch ein Trauma).
- Medikamentenüberdosis.
- Kopfverletzung.
- Beinahe-Ertrinken.
- Mehrfachtrauma.
- Anämie und/oder Hypovolämie.

Pflegeziele

Die Pflegeperson managt Komplikationen einer Hypoxämie und reduziert sie auf ein Minimum.

Indikatoren

Serum-pH-Wert 7,35–7,45.
Serum-pCO_2.
Puls: regelmäßiger Rhythmus, 60–100/min.
Atmung 16–20/min.
Blutdruck < 140/90 mmHg (durchschnittlicher arterieller Druck > 70 mmHg; Zentralvenendruck > 11 mmHg).
Urinausfuhr > 30 ml/h (unter Verwendung eines gewichtsbasierten standardisierten Volumens, d. h. 5 ml/kg KG/h).

Allgemeine Interventionen und Begründungen

- Überwachen Sie auf Zeichen eines Säure-Basen-Ungleichgewichts:
  - Blutgasanalyse: pH < 7,35, $paCO_2$ > 48 mmHg. *(Die Blutgasanalyse hilft beim Evaluieren des Gasaustauschs in der Lunge. Bei leichter bis mäßiger COPD kann der Klient einen normalen $paCO_2$-Wert haben, da die Chemorezeptoren in der Medulla auf einen erhöhten $paCO_2$ durch beschleunigte Atmung reagieren. Bei schwerer COPD kann der Klient diese beschleunigte Atmung jedoch nicht aufrechterhalten und der $paCO_2$ steigt nach und nach an.)*
  - Beschleunigter und unregelmäßiger Puls sowie eine anfänglich beschleunigte, dann verlangsamte Atmung. *(Infolge der ausgeprägten CO_2-Retention entwickelt sich eine respiratorische Azidose. Bei einem Klienten mit respiratorischer Azidose infolge chronischer Krankheit steigt zunächst die Herz- und Atemfrequenz in dem Versuch einer Kompensation der verminderten Oxygenierung. Nach einer Weile atmet der Klient langsamer, bei verlängerter Ausatmung. Nach einer Weile reagiert das Atemzentrum u. U. nicht mehr auf die höheren CO_2-Werte und die Atmung setzt abrupt aus.)*
  - Veränderungen des Geisteszustands (Somnolenz, Verwirrtheit, Reizbarkeit). *(Veränderungen des Geisteszustands resultieren aus der Hypoxie des Hirngewebes.)*
  - Verminderte Urinausfuhr (< 5 ml/kg KG/h); kühle, blasse oder zyanotische Haut. *(Die kompensatorische Reaktion auf eine Abnahme des Sauerstoffs im Kreislauf soll den Sauerstoffgehalt im Blut erhöhen, indem Herz- und Atemfrequenz erhöht und die Durchblutung der Nieren und Extremitäten gesenkt werden [erkennbar an verminderten Pulsen und Hautveränderungen].)*
- Verabreichen Sie nach Bedarf Sauerstoff mit niedriger Fließgeschwindigkeit (2 l/min) über eine Maske oder Nasensonde, soweit angezeigt. *(Die Sauerstofftherapie erhöht den Sauerstoffspiegel im zirkulierenden Blut. Hohe Strömungsraten erhöhen bei Personen mit COPD die CO_2-Retention. Eine Nasensonde statt einer Maske kann das Erstickungsgefühl des Klienten lindern.)*
- Evaluieren Sie die Auswirkungen der Lagerung auf die Oxygenierung anhand der ABG-Werte als Richtschnur. Lagern Sie den Klienten alle 2 Stunden um und vermeiden Sie dabei Positionen, welche die Oxygenierung behindern. *(Diese Maßnahme fördert eine optimale Ventilation.)*
- Stellen Sie eine adäquate Hydratation sicher. Lehren Sie den Klienten, dehydrierende Getränke (z. B. koffeinhaltige Getränke, Grapefruit-Saft) zu meiden. *(Eine optimale Hydratation hilft Sekrete zu verflüssigen. Produkte auf Milchbasis meiden.)*
- Lehren Sie den Klienten effektive Techniken des Abhustens. *(Effektives Husten fördert Schleim aus den unteren Atemwegen in die Trachea zum Abhusten.)*
- Wenn der Klient Sekrete nicht expektorieren kann, setzen Sie Abhusten und/oder Physiotherapie des Thorax ein, um Sekret in der Trachea aufwärts zum Absaugen zu befördern. *(Absaugen ist nur auf trachealer Ebene effektiv.)*
- Verabreichen Sie vor und nach dem Absaugen zusätzlichen Sauerstoff. *(Diese Maßnahme hilft, ein Absinken des pO_2 infolge des Absaugens zu verhindern.)*
- Entnehmen Sie eine Sputumprobe zur Kultur, Sensibilitätstestung und Gram-Färbung. *Eine Sputumkultur und -sensibilitätstestung zeigt, ob die Symptome durch eine Infektion mitverursacht werden.)*
- Beseitigen Sie Qualm und starke Gerüche im Zimmer des Klienten. *(Die Reizung der Atemwege kann Symptome verstärken.)*
- Überwachen Sie das EKG auf Arrhythmien infolge der gestörten Oxygenierung. *(Hypoxämie kann Herzrhythmusstörungen auslösen.)*

- Überwachen Sie auf Zeichen einer dekompensierten Rechtsherzinsuffizienz:
  - erhöhter diastolischer Druck
  - erweiterte Halsvenen
  - Ödem
  - erhöhter Zentralvenendruck.

  (Die Kombination aus arterieller Hypoxämie und respiratorischer Azidose wirkt lokal als starker Vasokonstriktor der Lungengefäße. Dies führt zur Hypertonie der Pulmonalarterien, zu erhöhtem rechtsventrikulärem Druck und irgendwann zur Hypertrophie und Insuffizienz des rechten Ventrikels.)
- Für spezifische Adaptationstechniken in der Unterweisung eines Klienten mit chronischer Lungeninsuffizienz siehe die Pflegediagnose *Aktivitätsintoleranz* in Teil II.

• PK: Atelektase, Pneumonie

Definition

PK: Atelektase, Pneumonie: beschreibt eine Person mit infolge eines Alveolarkollaps beeinträchtigter Lungenfunktion, die zur Pneumonie führen kann.*

Hochrisikopopulationen

- Lungenödem.
- Zustand nach Operation (Abdominal- oder Thorax-OP).
- Immobilisierung.
- Herabgesetzter Bewusstseinsgrad.
- Ernährung über eine Nasen-Magen-Sonde.
- Chronisches Lungenleiden (COPD, Bronchiektasie, zystische Fibrose).
- Behinderung.
- Verminderte Surfactant-Produktion.
- Kompression von Lungengewebe (z. B. Tumor, Blähungen, Adipositas, Pneumothorax).
- Verlegung der Atemwege.

Pflegeziele

Die Pflegeperson managt Komplikationen von Atelektasen oder einer Pneumonie und reduziert sie auf ein Minimum.

Indikatoren

Wacher, ruhiger, orientierter Patient.
Atemfrequenz 16–20/min.
Leichte, regelmäßige Atmung.
Keine Veränderung der üblichen Hautfarbe.

* Bei hochgradig atalektase- und pneumoniegefährdeten Personen sollte die Pflegeperson die Pflegediagnose *Gefahr eines unwirksamen Atemvorgangs* hinzufügen, um sich auf die Prävention zu konzentrieren. Das interdisziplinäre Problem *PK: Atelektase, Pneumonie* greift nur, wenn der Zustand auch eintritt.

(Bei Klienten mit und ohne anamnestisch bekannte Lungenerkrankung sollten auch die Pulsoximetriewerte und der endexspiratorische Kohlendioxidpartialdruck [$pETCO_2$] hinzugezogen werden.)

Allgemeine Interventionen und Begründungen

- Überwachen Sie die Atmung und achten Sie auf Zeichen und Symptome einer Entzündung:
  - beschleunigte Atmung (Tachypnö)
  - Fieber und Schüttelfrost (plötzlich oder ohne jedes Vorzeichen)
  - produktiver Husten
  - verminderte oder fehlende Atemgeräusche
  - Tachykardie
  - ausgeprägte Dyspnö
  - Zyanose
  - Lethargie.

  (Tracheobronchiale Entzündung, beeinträchtigte Funktion der alveolokapillären Membran, Ödem, Fieber und erhöhte Sputumproduktion stören die Atemfunktion und die Sauerstofftransportkapazität des Blutes. Eine verminderte Elastizität der Thoraxwand beeinträchtigt bei älteren Menschen die Qualität der Atemarbeit. Bei älteren Menschen ist eine Tachypnö [> 26/min] Frühzeichen einer Pneumonie und tritt oft 3–4 Tage vor einer gesicherten Diagnose ein. Delir oder Veränderungen des Geisteszustands sind bei älteren Menschen mit Pneumonie oft schon frühzeitig zu sehen [Porth, 2002; Morton et al., 2006].)
- Überwachen Sie auf Zeichen und Symptome einer Infektion:
  - Fieber von 39,4 °C oder mehr
  - Schüttelfrost
  - Tachykardie
  - Zeichen eines Schocks: Unruhe oder Lethargie, Verwirrtheit, verminderter systolischer Blutdruck.

  (Endogene Pyrogene werden freigesetzt und stellen den hypothalamischen Richtwert neu ein, und zwar auf Fieberniveau. Die Körpertemperatur wird als «zu kühl» wahrgenommen; Zittern und Vasokonstriktion bewirken, dass Wärme erzeugt und verbraucht wird. Die Kerntemperatur steigt auf das neue Niveau des Richtwertes, was zu Fieber führt. Leukozyten werden freigesetzt, um einige pathogene Elemente zu zerstören. Das gestörte Atmungssystem kann nicht kompensieren, was zu einer Gewebshypoxie führt [Porth, 2002; Morton et al., 2006].)
- Sorgen Sie bei Fieber für kühlende Maßnahmen (z. B. Reduzieren von Kleidung und Bettwäsche, lauwarme Bäder, vermehrte Flüssigkeitszufuhr, Wärmeschutzdecke). *(Die Körpertemperatur zu senken ist nötig, um die Stoffwechselrate und den Sauerstoffverbrauch zu senken.)*
- Überwachen Sie auf Zeichen und Symptome eines septischen Schocks:
  - veränderte Körpertemperatur (> 18 °C oder < 36 °C)
  - Hypotonie > 90/60 mmHg [durchschnittlicher arterieller Druck > 70 mmHg], ZVD > 11 mmHg).
  - vermindertes Bewusstsein
  - schwacher, rascher Puls
  - rasche, flache Atmung oder CO_2 < 32 mmHg

  (abnehmende Sauerstoffsättigung, wie in der Pulsoximetrie zu erkennen)

- kalte, feuchte Haut
- Oligurie (Urinausfuhr < 5 ml/kg KG/h).

(Der septische Schock ist ein systemisches Entzündungsreaktionssyndrom in Zusammenhang mit einer Infektion durch Mikroorganismen, das trotz Flüssigkeitsersatz und Vasopressoren zu Hypotonie und zu Durchblutungsanomalien führt.)

- Evaluieren Sie die Wirksamkeit von hustenstillenden Mitteln und Expektoranzien. *(Ein trockener, stechender Husten stört den Schlaf und zehrt Energie. Hustenstillende Mittel sollten jedoch behutsam eingesetzt werden, da ein vollständiges Unterdrücken des Hustens zur Atelektase führen kann, indem sich Tracheobronchialsekret nicht mehr bewegen lässt.)*
- Führen Sie die Sauerstofftherapie weiter, wie verordnet, und überwachen Sie ihre Wirksamkeit. *(Die Sauerstofftherapie kann eine Dyspnö verhindern helfen und die Gefahr eines Lungenödems senken.)*
- Sorgen Sie für Physiotherapie der Atemorgane (z. B. Perkussion des Thorax, Lagerungsdrainage), um dickflüssiges, zähes Sekret durch den Tracheobronchialbaum zu befördern. *(Exsudat in den Alveolen und Bronchospasmen in Verbindung mit vermehrtem Bronchialsekret können die Atemarbeit erhöhen und den Gasaustausch beeinträchtigen.)*
- Lehren Sie den Klienten Zwerchfellatmung. *(Diese Technik erhöht das Atemzugvolumen durch maximales Absenken des Zwerchfells.)*
- Für zusätzliche Interventionen siehe PK: Hypoxämie.

(Wenn der Klient intubiert ist, wenden Sie den Interventionsset zur Prävention der Respiratorpneumonie an: kontinuierliches Anheben des Kopfteils des Bettes um 30 Grad, Mundpflege alle 2 Stunden, Prophylaxe gegen tiefe Venenthrombose und peptische Ulkuskrankheit, Perkussion, Vibration und wechselnde Seitenlage.)

• PK: Bronchialspasmen

Definition

PK: Bronchialspasmen: beschreibt eine Person mit Einschränkungen des Atemstroms über den Tracheobronchialbaum infolge von Asthma, Bronchitis, Emphysem und/oder einer allergischen Reaktion – oder mit einer entsprechenden Gefährdung.

Hochrisikopopulationen

- COPD.
- Allergien.
- Asthma.
- Chronische Bronchitis.
- Virusinfekte (Alter < 6 Monate).
- Zystische Fibrose.

Einengung der Trachea oder der Bronchien.

Pflegeziele

Die Pflegeperson managt Episoden von Bronchialspasmen und reduziert sie auf ein Minimum.

Indikatoren

Für Indikatoren siehe *PK: Hypoxämie.*

Allgemeine Interventionen und Begründungen

- Überwachen Sie während einer akuten Exazerbation kontinuierlich den Zustand der Atmung. Evaluieren Sie …
  - … den Einsatz der Atemhilfsmuskulatur.
  - … Atem- und Pulsfrequenz, Blutdruck.
  - … die Atemgeräusche (z. B. Giemen) (Stridor).
  - … ABG-Werte.
  - … die periphere Durchblutung (Hautfarbe, Pulse).
  - … den Bewusstseinsgrad.

  (Der Zustand der Atmung eines Klienten kann sich rasch ändern, wobei die einzelnen Veränderungen vom jeweiligen Ansprechen auf eine Behandlung, vom Erschöpfungsgrad und vom Schweregrad der Episode abhängen.)
- Verabreichen Sie über eine Nasensonde Sauerstoff mit einem Flow von 2–3 l/min. *(Die Sauerstofftherapie verringert hypoxämische Effekte. Eine Nasensonde statt einer Maske kann das Erstickungsgefühl des Klienten lindern.)*
- Stellen Sie entweder oral oder intravenös eine ausreichende Hydratation sicher. *(Ein guter Hydratationsstatus hilft zähen, fest sitzenden Schleim zu verhindern.)*
- Bleiben Sie in akuten Episoden bei dem Klienten und lassen Sie ihn die Lippenbremse oder Zwerchfellatmung durchführen. *(Ein panischer Klient mit Dyspnö benötigt konstante Anwesenheit einer Pflegeperson, um seine Atmung wieder unter Kontrolle zu bekommen.)*
- Lagern Sie den Klienten in aufrechter Stellung. *(Dies fördert die optimale Lungenweitung.)*
- Beginnen Sie mit Interventionen gemäß den Verordnungen des Arztes oder der Fachpflegeperson, darunter ggf. Antiphlogistika, β_2-Agonisten, Theophyllinpräparate oder Kortikosteroide (systemisch bzw. zur Inhalation).
- Wenden Sie sich ggf. an einen Arzt oder eine Fachpflegeperson wegen einer Intubation, wenn dem Klienten die Atemarbeit zunehmend schwer fällt. *(Erschöpfung infolge exzessiver Atemarbeit kann zum Atemstillstand führen.)*
- Beginnen Sie, falls angezeigt, mit Gesundheitsedukation unter Anwendung der Pflegediagnose *Gefahr eines unwirksamen Gesundheitsverhaltens,* **b/d** *ein Wissensdefizit in Bezug auf (zu spezifizieren).*

Pädiatrische Interventionen und Begründungen

- Siehe auch «Allgemeine Interventionen und Begründungen».
- Überwachen Sie den Zustand der Atmung auf folgende Kriterien:
  - Puls- und Atemfrequenz
  - Einsatz der Atemhilfsmuskulatur, Retraktionen, Nasenflügelatmung
  - Schwitzen, Zyanose
  - Giemen, Husten.

(Beschleunigte Atmung und beschleunigter Puls sprechen für eine Hypoxie. Asthma zeigt sich oft eher in Form von Husten statt als Giemen.)

- Achten Sie auf Zeichen einer Dehydratation. (Kinder mit Dyspnö lehnen u.U. Flüssigkeiten ab.)
- Stellen Sie eine adäquate Hydratation sicher. (Eine gute Hydratation hilft zähen, verfestigten Schleim zu verhindern.)
- Evaluieren Sie, was das Kind und seine Eltern über die Krankheit/den Zustand, die Auslöser, die Überwachung und die Behandlung wissen.
- Bitten Sie das Kind und/oder seine Eltern, den Gebrauch eines Inhalationsgerätes/Inhalers, Spacers oder Verneblers zu demonstrieren. (Viele Medikamente versagen durch inkorrekten Umgang mit Geräten.)
- Lehren Sie, wie man 2-mal täglich – vor und nach der Behandlung – die maximale exspiratorische Atemstromgeschwindigkeit misst und in ein Tagebuch einträgt.
  - Stellen Sie die persönlichen Bestwerte des Kindes fest.
  - Geben Sie Anweisung, die Medikation zu erhöhen, wenn die maximale exspiratorische Atemstromgeschwindigkeit unter 50–80 % des persönlichen Bestwertes fällt.
  - Geben Sie Anweisung, bei einem Wert von unter 50 % sofort einen Bronchodilatator einzusetzen und sich in die Notaufnahme zu begeben/den Notarzt zu rufen, wenn nicht sofort Besserung eintritt.

(Die Überwachung der maximalen exspiratorischen Atemstromgeschwindigkeit ist entscheidend für eine effektive Prävention akuter Exazerbationen bei Kindern mit mäßigem bis schwerem Asthma.)

• PK: Pneumothorax

Definition

PK: Pneumothorax: beschreibt eine Person mit verletzungsbedingter Ansammlung von Luft im Pleuraspalt – oder einer entsprechend hochgradigen Gefährdung. (Bei Klienten mit oder ohne anamnestisch bekanntem Lungenleiden sollte stets ein Spontanpneumothorax erwogen werden, wenn der Beginn plötzlich und akut ist und/oder mit einem signifikanten Trauma einhergeht.)

Hochrisikopopulationen

- Schweres stumpfes oder penetrierendes Thoraxtrauma.
- Zustand nach Operation (Herz- oder Thorax-OP).
- Mechanische Beatmung mit positivem endexspiratorischem Druck.

- Interstitielle Lungenerkrankung.
- Einführen eines Zentralvenenkatheters.
- Transbronchiale Biopsie.
- Thorakozentese.

(Legen eines zentralen Zugangs über die V. subclavia nach einem Eingriff.)

Pflegeziele

Die Pflegeperson managt Komplikationen eines Pneumothorax und reduziert sie auf ein Minimum.

Indikatoren

Für Indikatoren siehe *PK: Hypothermie.*

Allgemeine Interventionen und Begründungen

- Überwachen Sie auf Zeichen und Symptome eines Pneumothorax (Holloway/Harris, 2000):
  - akuter pleuritischer Thoraxschmerz
  - Dyspnö, Tachypnö, Tachykardie
  - Hyperresonanz bei Perkussion mit Verlust der Atemgeräusche über der betroffenen Seite
  - Verlagerung der Trachea.

  (Frühzeitiges Erkennen und promptes Intervenieren sind nötig, um ernste Komplikationen zu verhindern.)
- Verabreichen Sie Sauerstoff, soweit angezeigt. Beschränken Sie die Strömungsrate auf nicht mehr als 2 l/min, falls eine chronische CO_2-Retention eintritt. *(Höhere Strömungsraten können den Atemimpuls schwächen.)*
- Treffen Sie Vorbereitungen für eine stationäre Röntgen-Aufnahme des Thorax, ABG sowie ggf. Intubation.
- Evaluieren Sie den Bedarf von Analgetika gegen Thoraxschmerzen. *(Schmerzen stören die Ausdehnung der Lunge beim Einatmen und behindern die Oxygenierung.)*
- Lagern Sie den Klienten alle 2 Stunden um, und halten Sie dabei den nicht betroffenen Lungenflügel tiefer gelagert. *(Diese Stellung begrenzt den Schmerz und verbessert die Oxygenierung, indem sie ein ausgeglicheneres Verhältnis zwischen Ventilation und Perfusion schafft.)*
- Erläutern und überwachen Sie Vollatemübungen mit bei maximaler Inspiration angehaltenem Atem. *(Vollatmung weitet die Lunge und schafft Luft aus dem Pleuraspalt in das Thoraxdrainagesystem [falls vorhanden].)*
- Instruieren Sie die Person, möglichst nicht zu husten, außer um Sekret abzuhusten. *(Husten verstärkt den Schmerz.)*
- Reduzieren Sie Umgebungsreize, sorgen Sie für emotionale Unterstützung und liefern Sie für alle Prozeduren einfache Erklärungen. *(Diese Maßnahmen können helfen, Angst abzubauen und die Atmung zu beschleunigen.)*
- Falls ein Thoraxdrainagesystem indiziert ist, folgen Sie den einrichtungsinternen Richtlinien für Installation, Assessment und Wartung.

Potenzielle Komplikation: Stoffwechsel-, Immun-, Hämatopoesestörung

Potenzielle Komplikation: Stoffwechsel-, Immun-, Hämatopoesestörung

PK: Hypo-/Hyperglykämie
PK: Negative Stickstoffbilanz
PK: Störungen des Elektrolythaushalts
PK: Sepsis
PK: Azidose (metabolische, respiratorische)
PK: Alkalose (metabolische, respiratorische)
PK: Allergische Reaktion
PK: Thrombozytopenie
PK: Opportunistische Infektionen
PK: Sichelzellkrise

Definition

Potenzielle Komplikation: Stoffwechsel-, Immun-, Hämatopoesestörung: beschreibt eine Person mit verschiedenen endokrinen, immunologischen oder metabolischen Funktionsstörungen oder einer entsprechenden Gefährdung.

Anmerkung der Autorin

Die Pflegeperson kann dieses generische interdisziplinäre Problem zur Beschreibung einer Person verwenden, die durch mehrere Arten von Stoffwechselstörungen und Störungen des Immunsystems gefährdet ist. So lenkt beispielsweise die Anwendung von *PK: Stoffwechselfunktionsstörung bei einem Klienten mit Störung der Hypophysenfunktion, der durch verschiedene Stoffwechselprobleme gefährdet ist*, die Pflegeperson anhand der Ergebnisse des Fokusassessments auf die Überwachung der Funktion des Endokriniums hinsichtlich spezifischer Probleme. Unter diesem interdisziplinären Problem würden sich Pflegeinterventionen auf das Überwachen des Stoffwechselzustands konzentrieren, um Funktionsanomalien zu erkennen und zu diagnostizieren. Würde der Klient eine bestimmte Komplikation entwickeln, so würde die Pflegeperson das entsprechende spezifische interdisziplinäre Problem zusammen mit der entsprechenden Pflegemanagementinformation der Problemliste des Klienten hinzufügen. Bei einem Klienten mit Diabetes mellitus wäre dies die diagnostische Aussage *PK: Hypo-/Hyperglykämie*. Bei einem Klienten unter Chemotherapie wäre es *PK: Immunschwäche*, ein interdisziplinäres Problem, das Leukopenie, Thrombozytopenie und Erythrozytopenie umfasst. Wäre Thrombozytopenie ein isoliertes Problem, so würde dies eine separate diagnostische Aussage, d. h. *PK: Thrombozytopenie*, erfordern.

Bei einem Klienten mit einer Erkrankung oder einer Behandlung, die zur Immunsuppression führt (z. B. AIDS, eine Abstoßungsreaktion oder eine Therapie mit Immunsuppressiva) wäre das interdisziplinäre Problem *PK: Immunsuppression* geeignet. Falls Erkrankungen die Blutgerinnung beeinträchtigt haben oder dies tun könnten (z. B. chronische Niereninsuffizienz, Alkoholmissbrauch, Antikoagulanzientherapie), wäre ein interdisziplinäres Problem wie *PK: Hämolyse* oder *PK: Erythrozytopenie* angezeigt. Sollten die Risikofaktoren oder die Ätiologie nicht unmittelbar in Bezug zur medizinischen Primärdiagnose stehen, könnten sie hinzugefügt werden (z. B. *PK: Immunsuppression,* **b/d** *Dauertherapie mit Kortikosteroiden* bei einem Klienten nach Myokardinfarkt).

Für Informationen über die Fokusassessmentkriterien siehe http://thepoint.lww.com.

Signifikante Assessmentkriterien (Labor/Diagnostik)

Serum-Amylase (erhöht bei akuter Pankreatitis, erniedrigt bei chronischer Pankreatitis).

Serum-Albumin (erniedrigt bei Unterernährung).

Lymphozyten (erniedrigt bei Unterernährung).

Serum-Kalzium (erhöht bei Hyperparathyreose, bestimmten Tumoren und akuter Pankreatitis, erniedrigt bei Hypoparathyreose).

Blut-pH-Wert (erhöht bei Alkalose, erniedrigt bei Azidose).

Serum-Glukose (erhöht bei Diabetes mellitus und Pankreasinsuffizienz, erniedrigt bei Inselzelltumoren des Pankreas).

Antidiuretisches Hormon (ADH) im Serum (erhöhte Werte sprechen für ein Syndrom der inadäquaten ADH-Sekretion [SIADH]).

Spezifisches Gewicht des Urins (spiegelt die Fähigkeit der Nieren wider, Urin zu konzentrieren und zu verdünnen).

Serumosmolarität (gibt die Konzentration fester Bestandteile im Blut wieder).

Urinosmolarität (misst die Urinkonzentration – erhöht bei Addison-Krankheit, SIADH, Dehydratation, Nierenleiden; erniedrigt bei Diabetes insipidus, psychogener Polydipsie).

Glykosyliertes Hämoglobin im Serum (Hb_{A1c}) (gibt die durchschnittlichen Glukosewerte der vorangegangenen 2–3 Monate wieder).

Aceton und Glukose im Urin (bei Diabetes mellitus).

Ketonkörper im Urin (bei unkontrolliertem Diabetes).

Thrombozyten (erhöht bei Polyzythämie und chronischer Granulozytenleukämie, erniedrigt bei Anämie und akuter Leukämie).

Immunglobuline (erhöht bei einer Autimmunerkrankung).

Gerinnungstests (erhöhte Werte bei Thrombozytopenie, Purpura und Hämophilie).

Prothrombinzeit (verlängert bei Antikoagulanzientherapie, Leberzirrhose und Hepatitis).

Erythrozytenzahl (erniedrigt bei Anämie, Leukämie und Niereninsuffizienz).

CT, MRI des Zielorgans.

Knochenmarkaspirat und diagnostisch-pathologische Untersuchung.

Lumbalpunktion mit entsprechender Analyse, Kultur und Sensibilitätstestung.

• PK: Hypo-/Hyperglykämie

Definition

PK: Hypo-/Hyperglykämie: beschreibt eine Person mit einem für die Stoffwechselfunktion* zu hohen oder zu niedrigen Blutzuckerspiegel oder einer entsprechenden Gefährdung.

Anmerkung der Autorin

Im Jahre 2006 genehmigte die NANDA eine neue Pflegediagnose: *Gefahr eines instabilen Blutzuckerspiegels.* Die Autorin definiert diesen Zustand als interdisziplinäres Problem. Die Pflegeperson hat die Wahl der Terminologie. Die/der Lernende sollte sich diesbezüglich an seine Lehrperson wenden.

Hochrisikopopulationen

- Diabetes mellitus.
- Parenterale Ernährung.
- Sepsis.
- Sondenernährung.
- Kortikosteroidtherapie.
- Neugeborenes einer diabetischen Mutter.
- Neugeborenes, das für sein Gestationsalter zu klein ist.
- Neugeborenes einer narkotikaabhängigen Mutter.
- (Schwere) Verbrennungen.
- Pankreatitis (Hyperglykämie), Pankreaskarzinom.
- Addison-Krankheit (Hypoglykämie).
- Nebennierenüberfunktion.
- Lebererkrankung (Hypoglykämie).

Pflegeziele

Die Pflegeperson managt Komplikationen von Hypo- oder Hyperglykämieepisoden und reduziert sie auf ein Minimum.

Indikatoren

Wacher, ruhiger, orientierter Klient.
Keine Klagen über Schwindel/Benommenheit.
Warme, trockene Haut.
Keine Klagen über Erschöpfung, Übelkeit, Unterleibsschmerzen, Schwitzen.
Puls: kein signifikanter Anstieg.
Atmung: keine signifikante Beschleunigung.

* Falls die Person weder durch das Eine noch durch das Andere gefährdet ist, sollte das Problem in der Diagnose spezifiziert werden (z. B. *PK: Hyperglykämie,* **b/d** *eine Kortikosteroidtherapie*).

Allgemeine Interventionen und Begründungen

Viele Laboratorien und Einrichtungen fordern bei kritischen Laborwerten für die Entscheidung, ob behandelt werden soll oder nicht, eine Wiederholung der Messung oder eine zweite Methode. Die Organisationen legen sie fest und fordern sie sogar bei den Tests für den Beginn der Versorgung bei Blutzuckerwerten.

Bei Hypoglykämie

- Überwachen Sie den Blutzuckerspiegel am Bett des Patienten vor dem Verabreichen blutzuckersenkender Mittel und/oder vor den Mahlzeiten sowie vor dem Schlafengehen. *(Der Blutzuckerspiegel im Serum ist genauer als der im Urin, der durch die Nierenschwelle und -funktion beeinträchtigt wird.)*
- Überwachen Sie auf Zeichen und Symptome einer Hypoglykämie:
  - Blutzuckerspiegel unterhalb des einrichtungsinternen Richtwertes, im Allgemeinen 50–60 mg/dl
  - blasse, feuchte, kühle Haut
  - Tachykardie, Schwitzen
  - Zittrigkeit, Reizbarkeit
  - Nichtwahrnehmen der Hypoglykämie
  - Unkoordiniertheit
  - Schläfrigkeit, Verwirrtheit.

  (Eine Hypoglykämie [zu niedrige Glukosespiegel] kann das Ergebnis eines zu hohen Insulinspiegels, einer unzureichenden Nahrungsaufnahme oder exzessiver körperlicher Aktivität sein. Ein rasches Absinken des Blutzuckerspiegels regt das sympathische Nervensystem zu vermehrter Adrenalinproduktion an, die zu Schwitzen, kühler Haut, Tachykardie und Zittrigkeit führt.)
- Schauen Sie sich den Standard für die orale Therapie einer Hypoglykämie an. Wenn der Klient schlucken kann, geben Sie ihm alle 15 Minuten eine halbe Tasse Orangensaft, Cola oder Apfelsaft, bis der Blutzucker 69 ml/dl überschreitet. Überprüfen Sie vor dem Verabreichen weiterer Glukose den Blutzuckerspiegel. *(Einfache Kohlenhydrate werden rasch verstoffwechselt.)*
- Wenn der Klient nicht schlucken kann, geben Sie ihm Glucagonhydrochlorid subkutan oder 50 ml 50 %ige Glukoselösung i. v. entsprechend den einrichtungsinternen Richtlinien. *(Glukagon führt bei adäquaten Glykogenspeichern zur Glykogenolyse in der Leber. Bei einem Klienten in kritischem Zustand, der schon einige Zeit im Koma liegt, sind die Glykogenspeicher wahrscheinlich bereits verbraucht und die einzig effektive Behandlung besteht in intravenös verabreichter Glukose.)*
- Überprüfen Sie den Blutzuckerspiegel 1 Stunde nach dem Ablesen eines Wertes von > 69 mg/dl erneut. *(Durch regelmäßiges Überwachen entdeckt man Frühzeichen zu hoher oder zu niedriger Werte.)*
- Wenden Sie sich an eine Ernährungsberaterin wegen einer Zwischenmahlzeit aus komplexen Kohlenhydraten zur Schlafenszeit, falls angezeigt. *(Diese Maßnahme kann eine Hypoglykämie im Laufe der Nacht verhindern helfen.)*

Bei Hyperglykämie

- Überwachen Sie auf Zeichen und Symptome einer diabetischen Ketoazidose:
  - Anionenlücke
  - Blutzuckerspiegel > 300 mg/dl
  - Plasmaketon positiv, Aceton in der Ausatemluft
  - Kopfschmerzen
  - Kussmaul-Atmung
  - Anorexie, Übelkeit, Erbrechen
  - Tachykardie
  - erniedrigter Blutdruck
  - Polyurie, Polydipsie
  - erniedrigte Natrium-, Kalium und Phosphatspiegel im Serum.

  (Wenn Insulin nicht verfügbar ist, steigt der Blutzuckerspiegel und der Körper verstoffwechselt Fett zur Energieerzeugung und produziert Ketonkörper. Diese können in hohen Mengen Kopfschmerzen, Übelkeit, Erbrechen und Unterleibsschmerzen bewirken. Atemfrequenz und -tiefe steigen, um das Abatmen von CO_2 zu steigern und die Azidose zu senken. Glukose hemmt die Reabsorption von Wasser in den Glomeruli der Nieren und führt damit zur osmotischen Diurese mit starken Wasser-, Natrium-, Kalium- und Phosphatverlusten. Eine diabetische Ketoazidose tritt bei Typ-I-Diabetes auf.)
- Wenn es zur Ketoazidose kommt, beginnen Sie mit den geeigneten Maßnahmen, um die Dehydratation zu beheben, das Insulin-Glucagon-Verhältnis wiederherzustellen und den Kreislaufkollaps, die Ketoazidose und die Störungen des Elektrolythaushalts zu behandeln.
- Überwachen Sie den Hydratationszustand auch weiterhin alle 30 Minuten. Beurteilen Sie Feuchtigkeit und Turgor der Haut, Urinausfuhr und spezifisches Gewicht des Urins sowie die Flüssigkeitszufuhr. *(Im akuten Stadium [während der ersten 10–12 h] sind akkurate Assessments nötig, um eine zu hohe oder zu niedrige Flüssigkeitszufuhr zu verhindern.)*
- Überwachen Sie die Blutzuckerspiegel entsprechend den einrichtungsinternen Richtlinien. *(Sorgfältiges Überwachen ermöglicht es, eine medikamenteninduzierte Hypoglykämie oder eine fortbestehende Hyperglykämie frühzeitig zu erkennen.)*
- Überwachen Sie die Kalium-, Natrium- und Phosphatspiegel im Serum. *(Eine Azidose verursacht Hyperkaliämie und Hyponatriämie. Die Insulinbehandlung fördert die Rückkehr von Kalium und Phosphat in die Zellen und verursacht damit eine Hypokaliämie und -phosphatämie im Serum.)*
- Überwachen Sie stündlich den neurologischen Status. *(Schwankende Glukosespiegel, Azidose und Flüssigkeitsverlagerungen können das neurologische Funktionieren beeinträchtigen.)*
- Schützen Sie die Haut des Klienten sorgfältig vor dem Eindringen von Mikroorganismen, Verletzungen und Scherkräften. Lagern Sie den Klienten alle 1–2 Stunden um. *(Dehydratation und Gewebshypoxie erhöhen die Verletzungsanfälligkeit der Haut.)*
- Erlauben Sie einem Klienten in der Rekonvaleszenz nicht, große Mengen Wasser zu trinken. Geben Sie einem Klienten, der bei Bewusstsein ist, Eiswürfel gegen den Durst. *(Zu viel Flüssigkeit kann zur Blähung des Abdomens und zu Erbrechen führen.)*
- Überwachen Sie auf Zeichen und Symptome eines hyperosmolaren, hyperglykämischen, nichtketonischen Komas (HHNK):
  - Blutzuckerspiegel 600–2000 mg/dl
  - Serum-Natrium und -Kalium normal oder erhöht

- Hämatokrit und Blutharnstoffstickstoff erhöht
- Übelkeit, Erbrechen
- Hypotonie, Tachykardie
- Dehydratation, Gewichtsabnahme, schwacher Hautturgor
- Lethargie, Stupor, Koma
- erhöhter Glukosegehalt des Urins (> 2^+)
- Urinketone negativ oder < 2^+
- Polyurie.

(Ein hyperosmolares, hyperglykämisches, nichtketonisches Koma entsteht aus einem relativen Insulinmangel. Es finden sich Hyperglykämie und Hyperosmolarität, eine signifikante Menge an Ketonen fehlt jedoch. Ein HHNK kann Folge von akutem Stress sein [z. B. durch einen Myokardinfarkt, Verbrennungen, eine schwere Infektion, Dialyse oder Überernährung]. Menschen mit insulinresistentem Typ-II-Diabetes und ausgeprägter Dehydratation sind besonders gefährdet. Glukose hemmt die Reabsorption von Wasser in den Glomeruli der Nieren und führt damit zur osmotischen Diurese mit starken Wasser-, Natrium-, Kalium- und Phosphatverlusten. Die intrazelluläre Dehydratation des Gehirns führt zu dessen Beeinträchtigung [Porth, 2002; Morton et al., 2006].)

- Überwachen Sie Herzfunktion und Kreislaufstatus. Evaluieren Sie:
  - Herzfrequenz und -rhythmus, Atemfrequenz und -rhythmus
  - Hautfarbe
  - kapilläre Wiederauffüllzeit, Zentralvenendruck
  - periphere Pulse
  - Serum-Kalium.

  (Eine schwere Dehydratation kann die Herzleistung senken und eine kompensatorische Vasokonstriktion auslösen. Die Störungen des Kaliumhaushalts können zu Herzrhythmusstörungen führen.
- Folgen Sie den einrichtungsinternen Verfahrensrichtlinien bei Ketoazidose, soweit angezeigt.
- Forschen Sie nach den Ursachen einer Ketoazidose oder Hypoglykämie und lehren Sie Prävention und Frühmanagement unter Umsetzung der Pflegediagnose *Gefahr eines unwirksamen Therapiemanagements,* b/d *Wissensdefizit über (zu spezifizieren)* (siehe Teil II).

Pädiatrische Interventionen und Begründungen

Siehe auch «Allgemeine Interventionen»

Wenden Sie sich an eine Ernährungsberaterin für ein Ernährungsmanagement. (Ziel ist eine dauerhafte, gut ausgewogene Ernährung, um ein normales Wachstum und eine normale Entwicklung sicherzustellen.)

Evaluieren Sie bei einem Kind Wachstum und Entwicklung. (Eine unzureichende Kontrolle der Glukosespiegel beeinträchtigt das Wachstum.)

Unterweisen Sie in der Erkrankung, der Insulintherapie, der Glukoseselbstüberwachung sowie in Ernährung, körperlicher Betätigung und Prävention von Komplikationen. Wenden Sie sich für das Vorgehen an der Schule an die Schulgesundheitspflegeperson. (Ein effektives Management ergibt sich aus den Bemühungen eines ganzen Teams.)

• PK: Negative Stickstoffbilanz

Definition

PK: Negative Stickstoffbilanz: beschreibt eine Person mit kataboler Stoffwechsellage, bei der mehr Stickstoff aus dem Gewebe ausgeschieden als durch Zufuhr ersetzt wird, oder mit einer entsprechenden Gefährdung.

Hochrisikopopulationen

- Schwere Mangelernährung.
- Längerer Nahrungsentzug.
- Ältere Menschen mit chronischen Krankheiten.
- Nichteingestellter Diabetes.
- Verdauungsstörungen.
- Längere intravenöse Therapie mit Glukose oder Kochsalzlösung.
- Inadäquate parenterale Ernährung.
- Ausgeprägt kataboler Stoffwechsel (z. B. durch einen Tumor, durch eine Infektion, Verbrennungen, Operation oder durch übermäßigen Stress).
- Anorexia nervosa, Bulimie.
- Schwere Krankheit.
- Chemotherapie.
- Sepsis.

Pflegeziele

Die Pflegeperson managt eine negative Stickstoffbilanz und reduziert sie auf ein Minimum.

Indikatoren

Körpertemperatur 36,6–37,5 °C.
Leukozyten 4300–10800/mm^{3}.
Kein Ödem der Extremitäten.
Serum-Präalbumin 20–50 g/dl.
Serum-Albumin 3,5–5 g/dl.

Allgemeine Interventionen und Begründungen

- Stellen Sie das für die Körpergröße des Klienten optimale Körpergewicht fest. *(Damit setzen Sie grundlegende Ziele.)*
- Wiegen Sie den Klienten täglich zur selben Zeit, mit derselben Menge an Kleidung, auf derselben Waage und mit derselben Bettwäsche. *(Das Überwachen des Körpergewichts hilft, einen exzessiven Katabolismus zu erkennen.)*
- Überwachen Sie auf Zeichen und Symptome einer negativen Stickstoffbilanz:
  - Gewichtsabnahme
  - Stickstoffbilanz im 24-Stunden-Urin unter Null.

(Eine Kachexie entsteht infolge erhöhter Stoffwechselanforderungen, eines unzureichenden Wiederauffüllens und Anorexie. Ein beeinträchtigter Kohlenhydratstoffwechsel führt zu verstärktem Abbau von Fett und Eiweiß, der – vor allem bei metabolischer Azidose – zu einer negativen Stickstoffbilanz und Gewichtsabnahme führen kann.)

- Überwachen Sie auf Zeichen und Symptome einer Hypoalbuminämie, die rasch und hinterrücks einsetzen kann:
  - Depression, Erschöpfung. *(Diese Effekte resultieren aus der Verminderung der Energievorräte.)*
  - Muskelschwund. *(Er entsteht dadurch, dass nicht genügend Eiweiß zur Reparatur von Gewebe verfügbar ist.)*
  - schlecht heilende Wunden. *(Dies ist bedingt dadurch, dass nicht genügend Eiweiß zur Reparatur von Gewebe verfügbar ist.)*
  - Ödem. *(Ein Ödem entsteht durch Verschiebung von Flüssigkeit vom Plasma ins Interstitium infolge eines unzureichenden osmotischen Gefäßdrucks.)*
- Überwachen Sie die Laborwerte:
  - Serum-Präalbumin und Transferrin. *(Anhand dieser Werte lässt sich das viszerale Protein evaluieren. Präalbumin ist eine Vorstufe des Albumins und eine viel sensiblere Messgröße für viszerales Protein.)*
  - Blutharnstoffstickstoff. *(Diese Messgröße steht für die Clearance-Fähigkeit der Nieren.)*
  - Stickstoff im 24-Stunden-Urin. *(Da 99 % des Filtrats im Glomerulum reabsorbiert werden, liefert die Bestimmung des Blutharnstoffstickstoffs, eines Abfallprodukts des Eiweißstoffwechsels, Daten zur Berechnung der Stickstoffbilanz.)*
  - Elektrolyte, Osmolalität. *(Diese Werte helfen beim Assessment der Nierenfunktion.)*
  - Gesamtzahl der Lymphozyten. *(Die Produktion von Lymphozyten erfordert Eiweiß.)*
- Reevaluieren Sie kontinuierlich den Energie- und Eiweißbedarf des Klienten. Konsultieren Sie dazu eine examinierte Ernährungsberaterin (z. B. indirekte Kalorimetrie, anthropometrische Messgrößen). *(Der Kalorien-/Eiweißbedarf der Person ändert sich mit dem Stoffwechselbedarf [z. B. durch Stress, Fieber oder eine Infektion].)*
- Verabreichen Sie Nährlösungen zur totalen parenteralen Ernährung, Intralipid-Fettemulsionen und/oder enterale Nährlösungen entsprechend der Verordnung des Arztes oder der Fachpflegeperson, in Übereinstimmung mit den geeigneten Prozeduren und einrichtungsinternen Richtlinien. *(Der erhöhte Kalorienbedarf eines solchen Klienten kann nicht durch eine intravenöse Routinetherapie gedeckt werden.)*
- Für spezielle Pflegeinterventionen zur Steigerung der oralen Nährstoffzufuhr siehe die Pflegediagnose *Mangelernährung* in Teil II.

• PK: Störungen des Elektrolythaushalts*

- **PK: Hypokaliämie**
- **PK: Hyperkaliämie**
- **PK: Hyponatriämie**
- **PK: Hypernatriämie**

* Bei einer Person mit einem Mangel/Übersdchuss eines einzelnen Elektrolyts bzw. einer entsprechenden Gefährdung sollte die Diagnose das Problem spezifizieren (z. B. *PK: Hypokaliämie*, **b/d** *eine Diuretikatherapie*).

- **PK: Hypokalzämie**
- **PK: Hyperkalzämie**
- **PK: Hypophosphatämie**
- **PK: Hyperphosphatämie**
- **PK: Hypomagnesiämie**
- **PK: Hypermagnesiämie**
- **PK: Hypochlorämie**
- **PK: Hyperchlorämie**

Definition

PK: Störungen des Elektrolythaushalts: beschreibt eine Person mit einem Mangel oder einem Überschuss an einem oder mehreren Elektrolyten oder mit einer entsprechenden Gefährdung.

Hochrisikopopulationen

Bei Hypokaliämie

- Crash-Diät (diabetische Ketoazidose).
- Metabolische oder respiratorische Alkalose.
- Exzessiver Verzehr von Lakritz.
- Therapie mit Diuretika.
- Flüssigkeitsverluste über den Magen-Darm-Trakt (durch exzessives Absaugen, Übelkeit, Erbrechen oder Diarrhö).
- Steroide.
- Östrogen.
- Hyperaldosteronismus.
- Schwere Verbrennungen.
- Verminderte Kaliumzufuhr.
- Leberleiden mit Aszites.
- Renale tubuläre Azidose.
- Malabsorption.
- Schwer katabole Stoffwechsellage.
- Salzentleerung.
- Hämolyse.
- Hypoaldosteronismus.
- Rhabdomyolyse.
- Laxanzienmissbrauch.
- Villöses Adenom.
- Hyperglykämie.
- Schwere Magnesiumdepletion.

Bei Hyperkaliämie

- Niereninsuffizienz.
- Exzessive Kaliumzufuhr (i. v. oder p. o.).

- Zellschaden (z. B. durch Verbrennungen, ein Trauma, eine Operation).
- Schwere Quetschungen.
- Kalium sparende Diuretika.
- Nebenniereninsuffizienz.
- Lupus.
- Sichelzellkrankheit.
- Zustand nach Transplantation.
- Chemotherapie.
- Metabolische Azidose.
- Transfusion von altem Blut.
- Innere Blutung.
- Hypoaldosteronismus.
- Azidose.

Bei Hyponatriämie

- Wasserintoxikation (oral oder intravenös).
- Niereninsuffizienz.
- Absaugen von Magensaft.
- Erbrechen, Diarrhö.
- Verbrennungen.
- Starke Diuretika.
- Exzessives Schwitzen.
- Exzessives Nässen von Wunden.
- Dekompensierte Herzinsuffizienz.
- Hyperglykämie
- Malabsorptionssyndrom.
- Zystische Fibrose.
- Addison-Krankheit.
- Psychogene Polydipsie.
- Oxytocin.
- Syndrom der inadäquaten ADH-Sekretion (SIADH) (durch Erkrankungen des ZNS, eine starke Verletzung, Malignome oder endokrine Leiden).
- Nebenniereninsuffizienz.
- Eine chronische Erkrankung (z. B. Leberzirrhose).
- Hypothyreose (mäßig, schwer).

Bei Hypernatriämie

- Ältere Menschen, Säuglinge.
- Inadäquate Flüssigkeitszufuhr.
- Hitzschlag.
- Diarrhö.
- Starke Perspiratio insensibilis (z. B. durch Hyperventilation oder Schwitzen).
- Diabetes insipidus.

- Exzessive Natriumzufuhr (oral, intravenös, durch Medikamente).
- Hypertone Sondenernährung.
- Koma.
- Stark eiweißhaltige Ernährung ohne ausreichende Wasserzufuhr.

Bei Hypokalzämie

- Niereninsuffizienz (erhöhte Phosphorwerte).
- Eiweißmangelernährung (z. B. durch Malabsorption).
- Unzureichende Kalziumzufuhr.
- Diarrhö.
- Verbrennungen.
- Malignom.
- Hyperparathyreose.
- Vitamin-D-Mangel.
- Osteoblastische Tumoren.

Bei Hyperkalzämie

- Chronische Niereninsuffizienz.
- Sarkoidose und Granulomatose.
- Exzessive Vitamin-D-Zufuhr.
- Hyperparathyreose.
- Verminderte Hypophosphatämie.
- Knochentumoren.
- Tumoren (Hodgkin-Krankheit, Myelom, Leukämie, Knochenneoplasien).
- Längerer Gebrauch von Thiaziddiuretika.
- Paget-Krankheit.
- Parathormon sezernierende Tumoren (z. B. der Lunge oder der Nieren).
- Hämodialyse.
- Multiple Frakturen.
- Längere Immobilisierung.
- Exzessive Einnahme kalziumhaltiger Antazida.

Bei Hypophosphatämie

- Diabetische Ketoazidose.
- Längere intravenöse Anwendung von Dextroselösungen.
- Malabsorptionskrankheiten.
- Renal bedingter Phosphorschwund.
- Phosphatarme Ernährung (oral, totale parenterale Ernährung).
- Rachitis.
- Exzessiver Gebrauch Phosphat bindender Substanzen.
- Osteomalazie.
- Alkoholismus.

Bei Hyperphosphatämie

- Exzessive Vitamin-D-Zufuhr.
- Niereninsuffizienz.
- Verheilende Frakturen.
- Knochentumoren.
- Hypoparathyreose.
- Hypokalzämie
- Phosphathaltige Laxanzien.
- Exzessive Phosphatzufuhr i. v. oder p. o.
- Chemotherapie.
- Kataboler Stoffwechsel.
- Laktazidose.

Bei Hypomagnesiämie

- Mangelernährung.
- Längere Einnahme von Diuretika.
- Chronischer Alkoholismus.
- Exzessive Laktation.
- Schwere Diarrhö, Absaugen des Magensaftes.
- Leberzirrhose.
- Schwere Dehydratation.
- Colitis ulcerosa.
- Toxämie.
- Verbrennungen.
- Cisplatin.
- Hyperthyreose/Cushing-Krankheit.
- Längere I.v.-Therapie ohne Magnesium.

Bei Hypermagnesiämie

- Addison-Krankheit.
- Niereninsuffizienz
- Schwere Dehydratation mit Oligurie.
- Exzessive Einnahme magnesiumhaltiger Antazida, Laxanzien.
- Thiazid.

Bei Hypochlorämie

- Flüssigkeitsverlust über den Magen-Darm-Trakt (z. B. durch Erbrechen, Diarrhö, Absaugen).
- Metabolische Alkalose.
- Diabetische Azidose.
- Längere intravenöse Anwendung von Dextroselösungen.
- Exzessives Schwitzen.

- Exzessive Einnahme von Diuretika.
- Colitis ulcerosa.
- Fieber.
- Akute Infektionen.
- Schwere Verbrennungen.

Bei Hyperchlorämie

- Metabolische Azidose.
- Schwere Diarrhö.
- Parenterale Infusion großer Mengen isotonischer Kochsalzlösung.
- Externe Urinableitung.
- Niereninsuffizienz.
- Cushing-Krankheit.
- Hyperventilation.
- Eklampsie.
- Anämie.
- Herzdekompensation.

Pflegeziele

Die Pflegeperson managt unter Berücksichtigung der Laborwerte und einrichtungsspezifischer Normen phasenweise Störungen des Elektrolythaushalts und reduziert sie auf ein Minimum.

Indikatoren

Serum-Magnesium 1,3–2,4 mEq/l.
Serum-Natrium 135–145 mEq/l.
Serum-Kalium 3,8–5 mEq/l.
Serum-Kalzium 8,5–10,5 mEq/l.
Serum-Phosphat 125–300 mEq/l.
Serum-Chlorid 98–108 mEq/l.

Allgemeine Interventionen und Begründungen

Finden Sie die Elektrolytstörung heraus, für die der Klient anfällig ist, und intervenieren Sie wie im Folgenden beschrieben (Hochrisikopopulationen siehe unter der jeweiligen Elektrolytstörung).

PK: Hypo-/Hyperkaliämie

- Überwachen Sie auf Zeichen und Symptome einer Hypokaliämie:
  - Schwäche oder schlaffe Lähmung
  - gedämpfte oder fehlende Sehnenreflexe
  - Hypoventilation, Bewusstseinsveränderungen

- Polyurie
- Hypotonie
- paralytischer Ileus
- EKG-Veränderungen: U-Welle, abgesenkte oder inverse T-Welle, Rhythmusstörungen und verlängertes QT-Intervall
- Übelkeit, Erbrechen, Anorexie.

(Eine Hypokaliämie entsteht durch Verluste infolge von Erbrechen, Diarrhö, einer Diuretikatherapie oder einer unzureichenden Kaliumzufuhr. Sie beeinträchtigt die neuromuskuläre Überleitung und senkt die Effektivität der Atemmuskulatur. Die Nieren sind weniger empfindlich für antidiuretisches Hormon und scheiden daher große Mengen an verdünntem Urin aus. Auch die Wirkung der Magen-Darm-Muskulatur ist verringert. Abnorm niedrige Kaliumspiegel beeinträchtigen auch die elektrische Überleitung im Herzen [Porth, 2002].)

- Bei einem Klienten mit Hypokaliämie:
  Fordern Sie den Klienten auf, mehr kaliumreiche Nahrungsmittel zu sich zu nehmen. *(Eine Zunahme des Nahrungskaliums hilft, die Kaliumsubstitution sicherzustellen.)*
  - Überschreiten Sie bei parenteraler Kaliumsubstitution (stets verdünnt) bei Erwachsenen 10 mEq/h nicht. Überwachen Sie während der Substitution den Serum-Kalium-Spiegel. *(Überhöhte Werte können zu Herzrhythmusstörungen führen.)*
  - Achten Sie auf eine Infiltration an der Injektionsstelle. *(Kalium verursacht starke Gewebsschäden.)*
- Überwachen Sie auf Zeichen und Symptome einer Hyperkaliämie:
  - Schwäche oder schlaffe Lähmung
  - Erregbarkeit der Muskulatur
  - Parästhesien
  - Übelkeit, Unterleibskrämpfe oder Diarrhö
  - Oligurie
  - EKG-Veränderungen: hohe, zeltförmige T-Wellen, ST-Senkungen, verlängertes PR-Intervall (> 0,2 s), Herzblock 1. Grades, Bradykardie, Verbreiterung des QRS-Komplexes, schließlich Kammerflimmern und Herzstillstand (Porth, 2002).

  (Eine Hyperkaliämie kann entstehen, wenn die Fähigkeit der Nieren zur Ausscheidung von Kalium abnimmt oder wenn große Mengen Kalium zugeführt werden. Eine Azidose steigert die Freisetzung von Kalium aus Zellen. Schwankungen des Kaliumspiegels stören die neuromuskuläre Überleitung und bewirken Herzrhythmusstörungen und schwächen die Wirkung der glatten Muskulatur des Gastrointestinaltrakts. Die Erregbarkeit des Herzens steigt und am Herzmonitor können sich Frühveränderungen deutlich als ventrikuläre Extrasystolen zeigen.)
- Bei einem Klienten mit Hyperkaliämie:
- Schränken Sie kaliumreiche Nahrungsmittel, Flüssigkeiten und I.v.-Lösungen mit Kalium ein. *(Hohe Kaliumspiegel erfordern eine Reduktion der Kaliumzufuhr.)*
- Sorgen Sie für Übungen des Bewegungsumfangs an den Extremitäten. *(Sie erhöhen den Muskeltonus und verringern Krämpfe.)*
- Verabreichen Sie Medikamente zur Senkung des Kaliumspiegels nach Verordnung oder einrichtungsinternen Richtlinien, wie z. B.:
  - Kalzium i. v., *um vorübergehend die Wirkung auf den Herzmuskel zu schwächen*
  - Natriumbikarbonat, Glukose, Insulin, *um das Kalium in die Zellen zurückzudrängen*
  - Kationenaustauscherharze, Hämodialyse, *um die Ausscheidung von Kalium zu erzwingen.*

PK: Hypo-/Hypernatriämie

- Überwachen Sie auf Zeichen und Symptome einer Hyponatriämie:
  - ZNS-Effekte von Lethargie bis zum Koma, Kopfschmerzen
  - Schwäche
  - Leibsschmerzen
  - Muskelfaszikulieren oder -krämpfe
  - Übelkeit, Erbrechen, Diarrhö
  - Gefühl drohenden Unheils.

  (Eine Hyponatriämie entsteht durch Natriumverlust infolge von Erbrechen, Diarrhö oder Diuretikatherapie sowie durch übermäßige Flüssigkeitszufuhr oder eine unzureichende Natriumaufnahme mit der Nahrung. Ein osmosebedingtes zelluläres Ödem bewirkt ein Hirnödem, Schwäche und Muskelkrämpfe.)
- Beginnen Sie bei einem Klienten mit Hyponatriämie mit der intravenösen Infusion von Natriumchloridlösungen und setzen Sie die Diuretikatherapie ab, soweit angeordnet. *(Diese Interventionen verhindern weitere Natriumverluste.)*
- Überwachen Sie auf Zeichen und Symptome einer Hypernatriämie mit Flüssigkeitsüberlastung:
  - Durst, verminderte Urinausfuhr
  - ZNS-Effekte von Agitiertheit bis zu Krämpfen
  - erhöhte Serumosmolalität
  - Gewichtszunahme, Ödem
  - erhöhter Blutdruck
  - Tachykardie.

  (Eine Hypernatriämie entsteht durch exzessive Natriumzufuhr oder vermehrte Aldosteronausschüttung. Den Zellen wird Wasser entzogen, was zu deren Dehydratation führt und ZNS-Symptome produziert. Durst ist eine kompensatorische Reaktion zur Verdünnung des Natriums.)
- Bei einem Klienten mit Hypernatriämie:
  - Beginnen Sie mit Flüssigkeitssubstitution entsprechend den Serumosmolalitätswerten, soweit angeordnet. *(Eine rasche Senkung der Serumosmolalität kann ein Hirnödem und Krämpfe verursachen.)*
  - Überwachen Sie auf Krampfanfälle. *(Zu viel Natrium kann ein Hirnödem auslösen.)*
  - Überwachen Sie Ein- und Ausfuhr sowie das Körpergewicht. *(Damit evaluieren Sie den Flüssigkeitshaushalt.)*

PK: Hypo-/Hyperkalzämie

- Überwachen Sie auf Zeichen und Symptome einer Hypokalzämie:
  - gestörter Geisteszustand
  - Taubheitsgefühl oder Kribbeln in Fingern und Zehen
  - Muskelkrämpfe
  - Krampfanfälle
  - EKG-Veränderungen: verlängertes QT-Intervall, verlängertes ST-Segment und Rhythmusstörungen
  - Chvostek- oder Trousseau-Zeichen
  - Tetanie.

(Eine Hypokalzämie kann entstehen, wenn die Niere nicht imstande ist, Vitamin D zu verstoffwechseln. [Vitamin D ist für die Kalziumabsorption nötig.] Die Retention von Phosphor verursacht ein entsprechendes Absinken des Serum-Kalzium-Spiegels. Ein niedriger Serum-Kalzium-Spiegel bewirkt eine erhöhte Nervenerregbarkeit und führt zu Muskelspasmen [Herz, Gesicht, Extremitäten] und zu erhöhter Erregbarkeit des ZNS [Krampfanfälle]. Er verursacht auch eine Hyperaktivität des Herzmuskels, angezeigt durch EKG-Veränderungen.)

- Bei einem Klienten mit Hypokalzämie:
  - Verabreichen Sie bei akuter Hypokalzämie auf Anordnung Kalzium mittels einer I.v.-Bolusinjektion.
  - Konsultieren Sie eine Diätberaterin wegen einer kalziumreichen, phosphatarmen Ernährung. *(Ein niedrigerer Serum-Kalzium-Spiegel erfordert eine Substitution über die Ernährung.)*
  - Prüfen Sie, ob eine Hyperphosphatämie oder Hypomagnesiämie vorliegt. *(Eine Hyperphosphatämie hemmt die Kalziumabsorption. Bei einer Hypomagnesiämie scheiden die Nieren Kalzium aus, um Magnesium zurückzuhalten.)*
  - Überwachen Sie auf EKG-Veränderungen: verlängertes QT-Intervall, Rhythmusstörungen und atrioventrikuläre Überleitungsstörungen. *(Störungen des Kalziumhaushalts können zu Hyperaktivität der Herzmuskulatur führen.)*
- Überwachen Sie auf Zeichen und Symptome einer Hyperkalzämie:
  - gestörter Geisteszustand
  - Anorexie, Übelkeit, Erbrechen, Obstipation
  - Taubheitsgefühl oder Kribbeln in Fingern und Zehen
  - Muskelkrämpfe, Hypotoxizität
  - tiefer Knochenschmerz
  - AV-Blocks (EKG).

  (Ein unzureichender Kalziumspiegel senkt die neuromuskuläre Erregbarkeit und führt zu vermindertem Muskeltonus, Taubheitsgefühl, Anorexie und mentaler Trägheit.)
- Bei einem Klienten mit Hyperkalzämie:
  - Beginnen Sie eine Therapie mit isotonischer Kochsalzlösung und Schleifendiuretika, soweit angeordnet. Vermeiden Sie Thiaziddiuretika. *(Intravenös verabreichte Flüssigkeiten verdünnen das Serum-Kalzium. Schleifendiuretika verstärken die Kalziumausscheidung, Thiaziddiuretika hemmen sie.)*
  - Verabreichen Sie auf Anordnung Phosphorpräparate und Mithramycin (kontraindiziert bei Klienten mit Niereninsuffizienz) (siehe *PK: Nierensteine*).

PK: Hypo-/Hyperphosphatämie

- Überwachen Sie auf Zeichen und Symptome einer Hypophosphatämie:
  - Muskelschwäche, Schmerzen
  - Blutungen
  - geschwächte Leukozytenfunktion
  - Verwirrtheit
  - Anorexie.

  (Phosphormangel beeinträchtigt die Energieressourcen der Zelle sowie den Sauerstofftransport ins Gewebe und verursacht ferner eine Abnahme der Thrombozytenaggregation.)

- Füllen Sie die Phosphorspeicher bei einem Klienten mit Hypophosphatämie gemäß Verordnung durch orale Substitution langsam wieder auf und setzen Sie Phosphat bindende Substanzen ab. *(Dies hilft, ein Ausfällen mit Kalzium zu verhindern.)*
- Überwachen Sie auf Zeichen und Symptome einer Hyperphosphatämie:
  - Tetanie
  - Taubheitsgefühl oder Kribbeln in Fingern und Zehen
  - Verkalkung von Weichteilgewebe
  - Chvostek- oder Trousseau-Zeichen
  - raue, trockene Haut.

  (Eine Hyperphosphatämie kann entstehen, wenn die Fähigkeit der Nieren, Phosphor auszuscheiden, herabgesetzt ist. Erhöhte Phosphorwerte führen für sich genommen nicht zu Symptomen, tragen jedoch kurzfristig zu Tetanie und anderen neuromuskulären Symptomen sowie langfristig zur Verkalkung von Weichteilgewebe bei.)
- Verabreichen Sie bei einem Klienten mit Hyperphosphatämie Phosphor bindende Antazida, Nahrungsergänzungsmittel mit Kalzium oder Vitamin D und schränken Sie stark phosphorhaltige Nahrungsmittel ein. *(Nahrungsergänzungsmittel sind nötig, um einen Vitamin-D-Mangel zu überwinden und eine kalziumarme Ernährung zu kompensieren. Hohe Phosphatwerte senken das Kalzium, was wiederum die Parathormonspiegel [PTH] erhöht. PTH hilft nicht beim Beseitigen von Phosphaten infolge von Niereninsuffizienz, sondern führt zur Kalziumreabsorption aus dem Knochen und senkt die tubuläre Rückgewinnung von Phosphat.)*

PK: Hypo-/Hypermagnesiämie

- Überwachen Sie auf Zeichen und Symptome einer Hypomagnesiämie:
  - Dysphagie, Übelkeit, Anorexie
  - Muskelschwäche
  - Tics der Gesichtsmuskulatur
  - athetotische Bewegungen (langsame, unwillkürliche Drehbewegungen).
  - Herzrhythmusstörungen, flache oder umgekehrte T-Wellen, verlängerte QT-Intervalle, Tachykardie, ST-Senkung. Mit Hypomagnesiämie gehen auch Torsades, eine bestimmte Art ventrikulärer Rhythmusstörungen, einher.
  - Verwirrtheit.

  (Magnesiummangel führt zu neuromuskulären Veränderungen und Übererregbarkeit.)
- Beginnen Sie nach Anordnung bei einem Klienten mit Hypomagnesiämie mit einer Magnesiumsulfatsubstitution (mit der Nahrung bei leichtem, parenteral bei schwerem Mangel).
- Beginnen Sie mit der Vorbeugung gegen Krampfanfälle. *(Dies schützt vor Verletzungen.)*
- Überwachen Sie auf Zeichen und Symptome einer Hypermagnesiämie:
  - erniedrigter Blutdruck, Bradykardie, verlangsamte Atmung
  - fliegende Röte
  - Trägheit, Muskelschwäche
  - spitze T-Wellen.

  (Zu hohe Magnesiumspiegel verursachen eine Dämpfung der zentralen und peripheren neuromuskulären Funktion, was zur Vasodilatation führt.)
- Falls es zur Atemdepression kommt, wenden Sie sich an den Arzt, um ggf. eine Hämodialyse durchzuführen. *(Magnesiumfreies Dialysat führt zur Ausscheidung.)*

PK: Hypo-/Hyperchlorämie

- Überwachen Sie auf Zeichen und Symptome einer Hypochlorämie:
  - Übererregbarkeit
  - langsame Atmung
  - herabgesetzter Blutdruck.

  (Hypochlorämie tritt bei metabolischer Alkalose auf und führt zu Kalzium- und Kaliumverlust, welche die Symptome hervorrufen.)
- Bei einem Klienten mit Hyperchlorämie siehe *PK: Alkalose* für Interventionen.
- Überwachen Sie auf Zeichen und Symptome einer Hyperchlorämie:
  - Schwäche
  - Lethargie
  - tiefe, rasche Atmung.

  (Eine metabolische Azidose führt zum Verlust von Chloridionen.)
- Bei einem Klienten mit Hyperchlorämie siehe *PK: Azidose* für Interventionen.

• PK: Sepsis

Definition

PK: Sepsis: beschreibt eine Person mit einer systemischen Reaktion auf pathogene Bakterien, Viren, Pilze oder deren Toxine bzw. eine Person, bei der die Gefahr einer solchen systemischen Reaktion besteht. Dabei können die Mikroorganismen in der Blutbahn vorhanden sein oder nicht.

Hochrisikopopulationen

- Extremes Alter.
- Drogenabhängigkeit, Alkoholismus.
- Verbrennungen, Mehrfachtrauma.
- Infektion (Harn bildendes und ableitendes System, Atmungssystem, Wunden).
- Immunsuppression.
- Invasive Zugänge (Harnwegskatheter, arterieller oder venöser Katheter).
- AIDS.
- Disseminierte intravasale Gerinnung.
- Dekubitus.
- Ausgedehnte, langsam heilende Wunden.
- Chirurgische Eingriffe (Magen-Darm-Trakt, Thorax, Herz).
- Diabetes mellitus.
- Mangelernährung.
- Krebs.
- Leberzirrhose, Pankreatitis.
- Zustand nach Transplantation.

Säuglinge/Kinder

- Virusinfekt der oberen Atemwege.
- Bakterielle Enteritis.
- Verbrennungen.
- Harnwegsinfekte.
- Bisswunden (z. B. durch Hund oder Mensch).
- Operativer Eingriff im Schädel- und Gesichtsbereich.
- Geschwächte Abwehr des Wirts.

Pflegeziele

Die Pflegeperson managt und überwacht die Komplikationen einer Sepsis.

Indikatoren

Körpertemperatur 36,7–37,5 °C.
Pulse 60–100/min.
Arterielle Sauerstoffsättigung (Pulsoximetrie) > 95 %.
Arterieller Kohlendioxidpartialdruck 35–45 mmHg.
Urinausfuhr > 5 ml/kg KG/h.
Spezifisches Gewicht des Urins 1,005–1,030.

Allgemeine Interventionen und Begründungen

- Überwachen Sie auf Zeichen und Symptome einer Sepsis (AACP/SCCM Consensus Conference Committee, 1992; Morton et al., 2006):
  - Körpertemperatur > 18 °C oder < 36 °C
  - Herzfrequenz > 90/min
  - Atemfrequenz > 20/min oder $paCO_2$ < 32 torr (< 4,3 kPa)
  - Leukozytenzahl > 12 000/mm^3, < 4000/mm^3, oder > 10 % unreife Formen
  - Gesamtkultur oder Kulturen von bestimmten Lokalisationen
  - Serum-Milchsäure-Spiegel
  - APACHE-2-Score.
- Überwachen Sie ältere Menschen auf Veränderungen des Geisteszustands, Schwäche, Krankheitsgefühl, Normo- oder Hypothermie und Anorexie. *(Diese Klienten zeigen nicht die typischen Zeichen einer Infektion. Die üblichen erkennbaren Befunde – Fieber, Schüttelfrost, Tachypnö, Tachykardie und Leukozytose – fehlen bei älteren Menschen mit signifikanter Infektion oft.)*
- Beginnen Sie auf Anordnung mit antiinfektiösen Maßnahmen und Überwachung, mit dem Management von Sauerstoffverbrauch und -verabreichung sowie mit der Immunmodulation und der Unterstützung der Ernährung. *(Diese vier Bereiche in der Betreuung septischer Klienten sind viel versprechend bei der Senkung der Morbidität und Mortalität.)*

Allgemeine Überlegungen

- Überwachen Sie die Körpertemperatur (eine Körpertemperatur → 41 °C spricht für Bakteriämie). Sehr junge Säuglinge können hypotherm sein.
- Überwachen Sie auf Verhaltensänderungen:
  - Qualität des Schreiens
  - Ansprechen auf Stimulation durch die Eltern
  - Zustandswechsel
  - Ansprechen auf soziale Stimulation.

(Diese Veränderungen spiegeln eine gestörte Hirndurchblutung wider.)

- Überwachen Sie den Atemrhythmus. (Tachypnö und Akrozyanose können eine schlechte periphere Durchblutung zeigen.)
- Überwachen Sie Blutdruck, periphere Pulse und kapilläre Wiederauffüllzeiten. (Auch bei normalem Blutdruck kann die Durchblutung unzureichend sein.)
- Überwachen Sie auf Hautveränderungen. (Bei einer Sepsis können sich Petechien, Ekchymosen der distalen Extremitäten und eine diffuse Erythrodermie zeigen.)
- Überwachen Sie die Sauerstoffsättigung. (Sauerstoffkonzentrationen lassen sich mittels der Pulsoximetrie bestimmen.)

• PK: Azidose (metabolische, respiratorische)*

Definition

PK: Azidose (metabolische, respiratorische): beschreibt eine Person mit einer Störung des Säure-Basen-Haushalts infolge einer erhöhten Säureproduktion oder eines exzessiven Basenverlustes – bzw. mit einer entsprechenden Gefährdung.

Hochrisikopopulationen

Respiratorische Azidose

- Hypoventilation.
- Akutes Lungenödem.
- Verlegung der Atemwege.
- Pneumothorax.
- Überdosis an Sedativa.
- Schwere Pneumonie.
- Chronisch-obstruktive Bronchitis.
- Asthma.
- ZNS-Läsionen.
- Erkrankungen des Atmungssystems, der Muskulatur und der Thoraxwand (Myasthenia gravis, amyotrophe Lateralsklerose, Guillain-Barré-Syndrom).

* Wenn angezeigt, sollte die Pflegeperson die Diagnose spezifizieren in *PK: Metabolische Azidose* oder *PK: Respiratorische Azidose.*

Metabolische Azidose

- Diabetes mellitus.
- Laktazidose.
- Salicylatvergiftung in der Spätphase.
- Urämie.
- Aufnahme von Methanol oder Ethylenglycol.
- Diarrhö.
- Interne Fisteln, Malabsorption.
- Aufnahme großer Mengen an isotonischer Kochsalzlösung oder Ammoniumchlorid.
- Niereninsuffizienz (akut oder chronisch).
- Massive Rhabdomyolyse.
- Vergiftung.
- Toxische Erscheinungen von Medikamenten.

Pflegeziele

Die Pflegeperson managt und überwacht die Komplikationen einer Azidose.

Indikatoren

Für Indikatoren siehe *PK: Störungen des Elektrolythaushalts.*
Blutharnstoffstickstoff 10–20 mg/dl.
Kreatinin 0,2–0,8 mg/dl.
Alkalische Phosphatase 30–150 IU/ml.
Serum-Präalbumin 1–3 g/dl.
Keine Muskelkrämpfe.

Allgemeine Interventionen und Begründungen

Bei metabolischer Azidose

- Überwachen Sie auf Zeichen und Symptome einer metabolischen Azidose:
  - rasche, flache Atmung
  - Kopfschmerzen, Lethargie, Koma
  - Übelkeit und Erbrechen
  - niedriger Plasma-Bikarbonat- und pH-Wert im arteriellen Blut
  - Verhaltensänderungen, Schläfrigkeit
  - erhöhter Serum-Kalium-Wert
  - erhöhter Serum-Chlorid-Wert
  - pCO_2 < 35–40 mmHg
  - erniedrigter HCO_3-Wert.

  (Eine metabolische Azidose entsteht durch die Unfähigkeit der Nieren, Wasserstoffionen, Phosphate, Sulfate und Ketonkörper auszuscheiden. Ein Bikarbonatverlust entsteht, wenn die Nieren dessen Resorption senken. Hyperkaliämie, Hyperphosphatämie und erniedrigte Bikarbonatspiegel verstärken eine metabolische Azidose. Ein Überschuss an Ketonkörpern verursacht Kopfschmer-

zen, Übelkeit und Erbrechen sowie Unterleibsschmerzen. Atemfrequenz und -tiefe steigen, um vermehrt CO_2 abzuatmen und die Azidose zu verringern. Die Azidose beeinträchtigt das ZNS und kann die neuromuskuläre Erregbarkeit durch zellulären Austausch von Wasserstoff und Kalium erhöhen.)

- Bei einem Klienten mit metabolischer Azidose:
  - Beginnen Sie mit intravenöser Flüssigkeitssubstitution gemäß Verordnung, entsprechend der zugrunde liegenden Ätiologie. *(Eine Dehydratation kann durch Flüssigkeitsverluste über den Magen oder die Harnwege entstehen.)*
  - Sollte ein Diabetes mellitus die Ursache sein, siehe *PK: Hypo-/Hyperglykämie* für Interventionen.
  - Achten Sie beim Korrigieren einer Azidose auf Zeichen und Symptome einer Hypokalzämie, Hypokaliämie und Alkalose. *(Ein rasches Korrigieren der Azidose kann zur raschen Ausscheidung von Kalzium und Kalium und erneut zur Alkalose führen.)*
  - Korrigieren Sie auf Anordnung jegliche Störung des Elektrolythaushalts. *(Zu spezifischen Interventionen für jede Störung des Elektrolythaushalts siehe* PK: Störung des Elektrolythaushalts.*)*
  - Überwachen Sie die arteriellen Blutgaswerte und den pH-Wert des Urins. *(Diese Werte helfen beim Evaluieren der Effektivität einer Therapie.)*

Bei respiratorischer Azidose

- Überwachen Sie auf Zeichen und Symptome einer respiratorischen Azidose:
  - Tachykardie, Herzrhythmusstörungen, ausgeprägte Pulse
  - Verschwommensehen, Papillenödem
  - Schwitzen
  - Übelkeit und/oder Erbrechen
  - Unruhe, Kopfschmerzen
  - Dyspnö, Hypoventilation
  - erhöhte Atemarbeit
  - verminderte Atemfrequenz
  - erhöhter pCO_2
  - normaler oder erniedrigter pO_2
  - erhöhter Serum-Kalzium-Spiegel
  - erniedrigter Natriumchloridwert
  - verlangsamte Reflexe
  - herabgesetzter Bewusstseinsgrad.

  (Eine respiratorische Azidose kann eintreten, wenn ein beeinträchtigtes Atmungssystem außerstande ist, CO_2 abzugeben, oder wenn Kompensationsmechanismen, die Herz und Atmung vermehrt dazu anregen, überschüssiges CO_2 auszuscheiden, überlastet sind. Hauptkriterium ist ein erhöhter $paCO_2$. Dieser erhöht die Durchblutung des Gehirns, wodurch die Durchblutung von Herz, Nieren und Gastrointestinaltrakt sinkt.)
- Bei einem Klienten mit respiratorischer Azidose: Verbessern Sie die Atmung, indem Sie …
  - … den Klienten bei angehobenem Kopfteil des Bettes lagern, *um das Absenken des Zwerchfells zu fördern.*

- … den Klienten in Vollatmung mit verlängerter Ausatmung unterweisen, *um das Abatmen von CO_2 zu erhöhen.*
- … dem Klienten helfen, Schleim abzuhusten und diesen anschließend bei Bedarf abzusaugen, *um das Ventilations-Perfusions-Verhältnis zu verbessern.*

- Wenden Sie sich ggf. an den Arzt oder die Fachpflegeperson für eine mechanische Beatmung, wenn nach den vorgehend genannten Interventionen keine Besserung eintritt.
- Verabreichen Sie Sauerstoff, sobald der Klient besser atmet. *(Sauerstoff ist nutzlos, solange der Klient nicht effektiv atmet, und kann den Zustand weiter verschlechtern und zum Tod führen.)*
- Fördern Sie eine optimale Hydratation. *(Dies hilft, Sekret zu verflüssigen und Schleimpfropfen zu verhindern.)*
- Schränken Sie den Einsatz von Sedativa und Tranquilizern ein. *(Beides kann zu Atemdepression führen.)*
- Beginnen Sie mit den ersten fünf Interventionen bei respiratorischer Azidose, um die metabolische Azidose zu korrigieren.

• PK: Alkalose (metabolische, respiratorische)*

Definition

PK: Alkalose (metabolische, respiratorische): beschreibt eine Person mit einer Störung des Säure-Basen-Haushalts infolge eines überhöhten Bikarbonatspiegels oder eines Verlustes von Wasserstoffionen – bzw. mit einer entsprechenden Gefährdung.

Hochrisikopopulationen

Bei respiratorischer Alkalose

- Lungenerkrankung.
- ZNS-Erkrankung/-Läsionen.
- Hyperventilation.
- Schwere Infektion, hohes Fieber.
- Asthma.
- Zu starke mechanische Beatmung.
- Eingeschränkte Bewegungsfähigkeit des Zwerchfells (z. B. durch Adipositas, bei Schwangerschaft).
- Sauerstoffmangel in der Einatemluft.
- Dekompensierte Herzinsuffizienz.
- Alkoholintoxikation.
- Leberzirrhose.
- Thyreotoxikose.
- Paraldehyd, Adrenalin, Frühstadium einer Salicylat-Überdosis.
- Zu rasche Korrektur einer metabolischen Azidose.

* Wenn angezeigt, sollte die Pflegeperson die Diagnose spezifizieren in *PK: Metabolische Alkalose* oder *PK: Respiratorische Alkalose.*

Bei metabolischer Alkalose

- Längeres Erbrechen, Absaugen des Magensaftes, Diarrhö.
- Potente Diuretika (z. B. Thiazide) mit entsprechendem Wasserstoff- und Kaliumverlust.
- Therapie mit Kortikosteroiden.
- Intravenöser Flüssigkeitsersatz mittels kaliumfreier Lösungen.
- Primärer und sekundärer Hyperaldosteronismus.
- Erkrankung der Nebennierenrinde mit entsprechenden Hormonverschiebungen.
- Längere Hyperkalzämie oder Hypokaliämie.
- Überschießende Korrektur einer metabolischen Azidose.

Pflegeziele

Die Pflegeperson managt und überwacht die Komplikationen einer Alkalose.

Indikatoren

Für Indikatoren siehe *PK: Azidose (metabolische, respiratorische).*

Allgemeine Interventionen und Begründungen

Bei respiratorischer Alkalose

- Überwachen Sie auf Zeichen und Symptome einer respiratorischen Alkalose:
  - Benommenheit
  - Taubheitsgefühl, Kribbeln
  - Karpopedalspasmen
  - Muskelschwäche
  - normaler oder herabgesetzter HCO_3-Spiegel
  - verminderter pCO_2
  - erniedrigter Serum-Kalium-Spiegel
  - erhöhter Serum-Chlorid-Spiegel
  - verminderter Serum-Kalzium-Spiegel.

  (Eine Abnahme des HCO_3-Spiegels im Plasma führt zu Vasokonstriktion, verminderter Hirndurchblutung und einer Abnahme des ionisierten Kalziums.)
- Bei einem Klienten mit respiratorischer Alkalose:
  - Stellen Sie die Ursache der Hyperventilation fest. *(Verschiedene Ätiologien erfordern auch unterschiedliche Interventionen [z. B. Angst versus inkorrekte mechanische Beatmung].)*
  - Beruhigen Sie eine ängstliche Person, indem Sie Blickkontakt halten und bei ihr bleiben. *(Angst beschleunigt die Atmung und erhöht die CO_2-Retention.)*
  - Fordern Sie die Person auf, langsam mit Ihnen gemeinsam zu atmen. *(Dies erhöht die CO_2-Retention.)*
  - Lassen Sie die Person als Alternative in eine Papiertüte atmen und aus dieser wieder einatmen. *(Dies erhöht den $paCO_2$, da die Person das eigene abgeatmete CO_2 rückatmet.)*
  - Falls Angst die Ursache ist, siehe für weitere Interventionen die Pflegediagnosen *Angst* und *unwirksamer Atemvorgang* in Teil II.

- Wenden Sie sich wegen Sedativa ggf. an den Arzt oder die Fachpflegeperson. *(Eine Sedierung kann die Atmung verlangsamen und Angst lindern helfen.)*
- Überwachen Sie ABG-Werte und Elektrolytspiegel (z. B. Kalium, Kalzium). *(Diese Werte zu überwachen hilft beim Evaluieren der Reaktion des Klienten auf die Behandlung.)*
- Für das spezifische Management einer Störung des Elektrolythaushalts siehe ggf. *PK: Störungen des Elektrolythaushalts.*

Bei metabolischer Alkalose

- Überwachen Sie auf Zeichen und Symptome einer metabolischen Alkalose:
  - Kribbeln in den Fingern, Schwindel
  - hypotone Muskulatur (Tremor)
  - Hypoventilation *(um Kohlensäure zu erhalten)*
  - erhöhter HCO_3-Spiegel
  - leicht erhöhter pCO_2
  - verminderte Serumspiegel für Chlorid, Kalium und Kalzium
  - Polydipsie.

  (Die meisten Symptome entstehen durch eine Abnahme des ionisierten Kalziums.)
- Bei einem Klienten mit metabolischer Alkalose:
  - Beginnen Sie auf Anordnung mit dem parenteralen Verabreichen von Flüssigkeiten *zur Korrektur des Natrium-, Wasser- und Chloridmangels.*
  - Überwachen Sie sorgfältig die Verabreichung von Ammoniumchlorid, falls verordnet. *(Ammoniumchlorid erhöht die zirkulierenden Wasserstoffionen, was zu einer Abnahme des pH-Werts führt. Die Behandlung kann eine allzu rasches Absinken des pH-Werts und eine Hämolyse der Erythrozyten bewirken.)*
  - Evaluieren Sie vor dem Verabreichen von Ammoniumchlorid die Nieren- und Leberfunktion. *(Bei Beeinträchtigung der Nieren- oder Leberfunktion kann sich der Organismus nicht an die erhöhte Hämolyse anpassen.)*
  - Verabreichen Sie auf Anordnung vorsichtig Sedativa und Tranquilizer. *(Beide dämpfen die Atmung.)*
  - Überwachen Sie die ABG-Werte, den pH-Wert des Urins, die Serumelektrolyte und den Blutharnstoffstickstoff. *(Diese Werte helfen, das Ansprechen auf die Therapie zu evaluieren und eine reflektorische metabolische Azidose infolge allzu rascher Korrektur aufzudecken.)*

• PK: Allergische Reaktion

Definition

PK: Allergische Reaktion: beschreibt eine Person, bei der es zur Hypersensibilität und zum Freisetzen von Mediatoren (Antigenen) gegen bestimmte Substanzen kommt oder bei der eine entsprechende Gefahr besteht.

Hochrisikopopulationen

- Anamnestisch bekannte Allergien.
- Asthma.
- Immuntherapie.
- Personen, die hochgefährlichen Allergenen ausgesetzt sind:
  - Insektenstiche (z. B. von Bienen, Wespen, Hornissen, Ameisen)
  - Bisse und Stiche durch Tiere (z. B. Stachelrochen, Schlangen, Quallen)
  - radioaktive iodhaltige Kontrastmittel (z. B. für die Arteriographie oder die intravenöse Pyelographie)
  - Transfusion von Blut und Blutprodukten.
- Hochgradig gefährdete Personen mit Exposition gegenüber …
  - … stark allergenen Medikamenten (z. B. Acetylsalicylsäure, Antibiotika, Opiate, Lokalanästhetika, vom Tier gewonnenes Insulin, Chymopapain).
  - … stark allergenen Nahrungsmitteln (z. B. Erdnüsse, Schokolade, Eier, Schalentiere und Muscheln, Erdbeeren, Milch).
  - … Chemikalien (z. B. Bohnerwachs, Farben/Lacke, Seife, Parfüm, neue Teppichböden).

Pflegeziele

Die Pflegeperson managt und überwacht die Komplikationen allergischer Reaktionen.

Indikatoren

Ruhiger, wacher, orientierter Patient.
Keine Klagen über Urtikaria oder Pruritus.
Keine Klagen über Engegefühl im Rachen.
Keine Klagen über Kurzatmigkeit oder Giemen.

Allgemeine Interventionen und Begründungen

- Erheben Sie sorgfältig die Anamnese allergischer Reaktionen (z. B. Exantheme, Atembeschwerden). *(Einen gefährdeten Klienten zu erkennen, ermöglicht Vorkehrungen gegen Anaphylaxie.)*
- Sollten anamnestisch bei dem Klienten allergische Reaktionen bekannt sein, wenden Sie sich, falls angezeigt, wegen Hauttests an den Arzt oder die Fachpflegeperson. *(Hauttests können eine Überempfindlichkeit sichern.)*
- Überwachen Sie auf Zeichen und Symptome einer lokalen allergischen Reaktion:
  - Quaddeln, Hautrötungen *(infolge der Histaminfreisetzung)*
  - Juckreiz
  - nichttraumatisches Ödem (perioral, periorbital).

  (Diese Frühzeichen können den Beginn eines Kontinuums von der lokalen über eine systemische Reaktion bis hin zum anaphylaktischen Schock anzeigen.)
- Wenden Sie sich beim ersten Zeichen einer Überempfindlichkeit an den Arzt oder die Fachpflegeperson für pharmakologische Interventionen, wie z. B. die Gabe von Antihistaminika. *(Antihistaminika dienen gewöhnlich zur Behandlung leichter lokaler Reaktionen durch Hemmung der Histaminfreisetzung.)*

- Überwachen Sie auf Zeichen und Symptome einer systemischen Reaktion und Anaphylaxie:
  - Benommenheit, Hautrötung und leichte Hypotonie *(infolge der histamininduzierten Vasodilatation)*
  - Engegefühl im Rachen und Gaumenbereich, Giemen, Heiserkeit, Dyspnö und Engegefühl im Thorax *(infolge der prostaglandinbedingten Kontraktion der glatten Muskulatur)*
  - unregelmäßiger, beschleunigter Puls und erniedrigter Blutdruck *(infolge der Leukotrienfreisetzung, welche die Atemwege und Koronargefäße verengt)*
  - verminderter Bewusstseinsgrad, Atemnot und Schock *(infolge der schweren Hypotonie, Ateminsuffizienz und Gewebshypoxie).*

  (Innerhalb von Minuten können solche Reaktionen zu einer schweren Hypotonie, vermindertem Bewusstseinsgrad und Atemnot fortschreiten und sich rasch als tödlich erweisen.)
- Beginnen Sie sofort mit dem Notfallprotokoll bei Anaphylaxie und/oder alarmieren Sie den Arzt oder die Fachpflegeperson.
  - Legen Sie einen intravenösen Zugang *zur raschen Verabreichung von Medikamenten.*
  - Verabreichen Sie Adrenalin i. v. oder endotracheal, *um eine periphere Vasokonstriktion zu bewirken, die den Blutdruck erhöht und als Beta-Agonist wirkt, um die Entspannung der glatten Muskulatur zu fördern und die inotrope und chronotrope Herztätigkeit zu erhöhen.*
  - Verabreichen Sie Sauerstoff; machen Sie die Atemwege frei, falls angezeigt. Halten Sie das Absauggerät bereit. Unter Umständen muss der Klient intubiert werden. *(Ein Larynxödem behindert die Atmung.)*
- Verabreichen Sie weitere Medikamente gemäß Verordnung, darunter ggf.:
  - Kortikosteroide *zur Hemmung von Enzymen und von Reaktionen der Leukozyten, um die Bronchokonstriktion zu reduzieren*
  - Adrenalin *zur Bronchodilatation*
  - Vasopressine *gegen die ausgeprägte Hypotonie*
  - Diphenhydramin, *um eine weitere Antigen-Antikörper-Reaktion zu verhindern.*
- Evaluieren Sie engmaschig das Ansprechen auf die Therapie, und zwar anhand des Assessments folgender Parameter:
  - Vitalzeichen
  - Bewusstseinsgrad
  - Atemgeräusche, Atemstromspitzenwerte
  - Herzfunktion
  - Ein- und Ausfuhr
  - ABG-Werte.

  (Sorgfältiges Überwachen ist nötig, um Komplikationen eines Schocks sowie die Notwendigkeit zusätzlicher Interventionen zu erkennen.)
- Erörtern Sie nach der Genesung mit dem Klienten und seiner Familie Präventivmaßnahmen gegen Anaphylaxie sowie die Notwendigkeit, einen Anaphylaxie-Set mit sich zu führen, der Adrenalin zur Injektion und orale Antihistaminika für die Selbstbehandlung einer allergischen Reaktion enthält.

• PK: Thrombozytopenie

Definition

PK: Thrombozytopenie: beschreibt eine Person mit einer ungenügenden Anzahl zirkulierender Thrombozyten (< 150 000/mm³) oder einer entsprechenden Gefährdung. Diese Abnahme kann durch einen Rückgang der Produktion oder eine Veränderung der Verteilung, durch Zerstörung oder durch vaskulär bedingte Verdünnung der Thrombozyten verursacht worden sein.

Hochrisikopopulationen

Verminderte Thrombozytenproduktion durch die Behandlung bei bestimmten chronischen Erkrankungen, wie etwa Enteritis regionalis und rheumatoide Arthritis (Enbrel-Gruppe)

- Chemotherapie.
- Strahlentherapie.
- Tumorinvasion ins Knochenmark.
- Leukämie.
- Heparintherapie.
- Toxine.
- Schwere Infektion.
- Alkoholismus.
- Aplastische Anämie.
- Humanes Immunschwächevirus (HIV).

Erhöhter Thrombozytenabbau

- Antikörper.
- Acetylsalicylsäure.
- Alkohol.
- Chinin, Chinidin.
- Digoxin.
- Sulfonamide.
- Entrapment in einer vergrößerten Milz.
- Infektionen (Bakteriämie, postvirale Infektionen).
- Nierenleiden.
- Zustand nach Transfusion.
- Hypertonie.
- Hypothermie.
- Virusinfekt (z. B. durch das Epstein-Barr-Virus).
- HIV.

Erhöhter Thrombozytenverbrauch

- Disseminierte intravasale Gerinnung.
- Thrombotische thrombozytopenische Purpura.
- Leberleiden.
- Verabreichung mehrerer Einheiten thrombozytenfreier Flüssigkeiten.

Pflegeziele

Die Pflegeperson managt und überwacht die Komplikationen einer verminderten Thrombozytenzahl.

Indikatoren

Thrombozytenzahl > 150 000/mm^3.

Allgemeine Interventionen und Begründungen

- Überwachen Sie das große Blutbild, Hämoglobin, die Blutgerinnung und die Thrombozytenzahl. *(Diese Werte helfen beim Evaluieren des Ansprechens auf die Therapie und der Blutungsgefahr. Eine Thrombozytenzahl von weniger als 20 000/mm^3 bedeutet große Gefahr einer intrakraniellen Blutung.)*
- Schätzen Sie weitere Faktoren ein, welche die Thrombozytenzahl außer der Primärursache senken können:
  - abnorme Leberfunktion
  - abnorme Nierenfunktion
  - Infektion, Fieber
  - Antikoagulanzien
  - Alkohol
  - Acetylsalicylsäure
  - Verabreichung mehrerer Einheiten thrombozytenfreier Flüssigkeiten (z. B. Erythrozytenkonzentrate).

  (Das Assessment kann Faktoren aufdecken, die sich u. U. kontrollieren lassen.)
- Überwachen Sie auf Zeichen und Symptome einer spontanen oder exzessiven Blutung:
  - spontane Petechien, Ekchymosen, Hämatome
  - Nasen- oder Zahnfleischbluten
  - längere Blutung nach invasiven Prozeduren, wie etwa Venenpunktionen oder Knochenmarkaspiration
  - Hämatemesis oder Kaffeesatzerbrechen
  - Hämoptyse
  - Hämaturie
  - Vaginalblutung
  - mit bloßem Auge erkennbares Blut im Stuhl
  - schwarze Stühle, Teerstühle
  - Veränderung der Vitalzeichen

  - Veränderung des neurologischen Status (Verschwommensehen, Kopfschmerzen, Desorientiertheit)
  - Urin, Fäzes und Erbrochenes testen positiv auf okkultes Blut
  - zahlreiche Vorlagen bei Frauen in den Menses.

  (Um eine Blutung frühzeitig zu erkennen, muss kontinuierlich überwacht werden.)
- Überprüfen Sie auf Zeichen und Symptome einer Blutung und Hypovolämie:
  - Beschleunigung von Puls und Atmung, erniedrigter Blutdruck
  - Veränderungen des neurologischen Status (z. B. subtile Veränderungen des Geisteszustands, Verschwommensehen, Kopfschmerzen, Desorientiertheit). *(Veränderungen der Konzentration des zirkulierenden Sauerstoffs können kardiale, vaskuläre und neurologische Funktionsveränderungen verursachen.)*
- Richten Sie sich auf eine Thrombozytentransfusion ein.
- Üben Sie bei allen Stellen einer Venenpunktion 5–10 Minuten direkten Druck aus und legen Sie dann einen Druckverband an. *(Diese Maßnahmen fördern die Blutgerinnung und senken den Blutverlust.)*
- Gehen Sie aggressiv gegen die Übelkeit vor, um Erbrechen zu verhindern. *(Schweres Erbrechen kann eine Magen-Darm-Blutung verursachen.)*
- Reduzieren Sie rektale Untersuchungen auf ein Minimum. *(Dies hilft, Verletzungen des Rektumgewebes und Blutungen zu verhindern.)*
- Implementieren Sie Pflegeinterventionen und Edukation zur Senkung der Verletzungsgefahr unter Verwenden der Pflegediagnose *Verletzungsgefahr,* **b/d** *Blutungsneigung*

• PK: Opportunistische Infektionen

Definition

PK: Opportunistische Infektionen: beschreibt eine Person mit einer Infektion durch einen Mikroorganismus, die nur bei gleichzeitiger Störung des Immunsystems erfolgen kann, oder eine entsprechende Gefährdung.

Hochrisikopopulationen

- Therapie mit Immunsuppressiva (Chemotherapie, Antibiotika).
- Malignom.
- Sepsis.
- AIDS.
- Mängel in der Ernährung.
- Verbrennungen.
- Trauma.
- Ausgedehnte Dekubiti.
- Strahlentherapie (lange Röhrenknochen, Schädel, Sternum).
- Ältere Menschen mit chronischen Krankheiten.
- Drogen-/Alkoholabhängigkeit.

Pflegeziele

Die Pflegeperson managt und überwacht die Komplikationen einer Immunschwäche.

Indikatoren

Körpertemperatur 36,7–37,5 °C.
Atmung 16–20/min.
Kein Husten.
Wacher, orientierter Klient.
Weder Krämpfe noch Kopfschmerzen.
Regelmäßige, geformte Stühle.
Weder Herpes- noch Zosterläsionen.
Keine Schluckbeschwerden.
Keine Veränderung der Sehfähigkeit.
Keine Gewichtsabnahme.
Keine neuen Läsionen, z. B. im Mund.
Keine Lymphadenopathie.

Allgemeine Interventionen und Begründungen

- Überwachen Sie das große Blutbild, das Differenzialblutbild der Leukozyten (Neutrophile, Lymphozyten) und die absolute Leukozytenzahl (weißes Blutbild × Neutrophile). *(Diese Werte helfen beim Evaluieren des Ansprechens auf die Therapie.)*
- Überwachen Sie auf Zeichen und Symptome einer primären oder sekundären Infektion:
  - leicht erhöhte Körpertemperatur
  - Schüttelfrost
  - Dysphagie
  - Atemnebengeräusche
  - wolkig getrübter oder übel riechender Urin
  - Klagen über Pollakisurie, Harndrang oder Dysurie
  - Leukozyten und Bakterien im Urin
  - Rötung, Veränderungen der Hauttemperatur, Schwellung und unüblicher Ausfluss in jedem Bereich geschädigter Haut einschließlich früherer und aktueller Punktionsstellen
  - Reizung oder Ulzerationen der Mundschleimhaut
  - Klagen über Schmerzen am Perineum oder Rektum sowie ungewöhnlichen Ausfluss aus der Vagina oder dem Rektum
  - verstärkter Schmerz, Rötung oder Blutung von Hämorrhoiden
  - schmerzende, juckende Hautläsionen (Herpes zoster), vor allem im Hals- und Thoraxbereich
  - Veränderungen der Leukozytenzahl, vor allem ein Anstieg unreifer Neutrophiler.

  (Bei einem Klienten mit schwerer Neutropenie kann die Entzündungsreaktion vermindert sein oder fehlen.)
- Gewinnen Sie auf Anordnung Proben für das Anlegen von Kulturen (z. B. Urin, Abstriche aus Vagina, Rektum und Mund, Stuhlprobe, Blutprobe, aus Hautläsionen und externen Zugängen). *(Anhand der Tests wird der auslösende Organismus festgestellt und sie dienen als Richtschnur für die Behandlung.)*

- Überwachen Sie auf Zeichen und Symptome einer Sepsis. *(Gram-positive und -negative Erreger können in offene Wunden eindringen und eine Septikämie verursachen. Ein geschwächter Klient ist stärker gefährdet. Eine Sepsis führt zu massiver Vasodilatation, die wiederum zu Hypovolämie mit nachfolgender Gewebshypoxie führt. Hypoxie bewirkt eine Abnahme der Nierenfunktion und der Herzleistung und löst damit in dem Versuch, Hypoxie und Azidose zu korrigieren, eine Kompensationsreaktion mit beschleunigter Herz- und Atemfrequenz aus. Bakterien im Blut oder im Urin deuten auf eine Infektion hin [Morton et al., 2005].)*
- Überwachen Sie auf therapeutische und nichttherapeutische Effekte von Antibiotika.
- Überwachen Sie auf Zeichen und Symptome opportunistischer Protozoeninfektionen:
  - *Pneumocystis-jirovecii*-Pneumonie: trockener, nicht produktiver Husten, schwaches Fieber, mäßige bis schwere Dyspnö
  - *Toxoplasma-gondii*-Enzephalitis: Kopfschmerz, Lethargie, Krampfanfälle
  - *Cryptosporidium*-Enteritis: wässrige Durchfälle, Übelkeit, Unterleibskrämpfe, Krankheitsgefühl.

  (Bei Klienten mit Immunschwäche besteht die Gefahr von Sekundärerkrankungen infolge opportunistischer Infektionen. Protozoeninfekte sind am häufigsten und am schwersten.)
- Überwachen Sie auf Zeichen und Symptome opportunistischer Virusinfekte:
  - orale oder perirektale Herpes-simplex-Abszesse: schwere Schmerzen, Blutung, rektaler Ausfluss
  - Retinitis, Kolitis, Pneumonie, Enzephalitis oder andere Organerkrankungen durch Cytomegalovirus
  - progressive multifokale Leukenzephalopathie: Kopfschmerz, verminderte Geistesfunktion
  - Varicella zoster, disseminiert (Windpocken).
- Überwachen Sie auf Zeichen und Symptome opportunistischer Pilzinfektionen:
  - Stomatitis und Ösophagitis durch *Candida albicans*: Exsudat, Klagen über ungewöhnlichen Geschmack im Mund
  - *Cryptococcus-neoformans*-Meningitis: Fieber, Kopfschmerz, Verschwommensehen, Nackensteife, Verwirrtheit.
- Überwachen Sie auf Zeichen und Symptome opportunistischer Bakterieninfekte, die gewöhnlich die Lunge betreffen:
  - *Mycobacterium avium* (intrazellulär disseminiert)
  - *Mycobacterium tuberculosis* (extrapulmonär und pulmonär).
- Betonen Sie die Notwendigkeit, über Symptome sofort zu berichten. *(Frühzeitiges Behandeln negativer Erscheinungen kann oft schwere Komplikationen [z. B. Septikämie] verhindern und macht überdies ein positives Ansprechen auf die Behandlung wahrscheinlicher.)*
- Erklären Sie, dass ein ausgewogenes Verhältnis zwischen Aktivität und Ruhe sowie eine nährstoffreiche Ernährung nötig sind. *(Ruhe und nährstoffreiche Ernährung geben Energie zur Heilung des körpereigenen Abwehrsystems.)*
- Vermeiden Sie invasive Prozeduren (z. B. Harnwegskatheterisierung, Arterien- oder Venenpunktionen, Injektionen, Einläufe, Suppositorien) oder reduzieren Sie sie auf ein Minimum. *(Diese Vorsichtsmaßnahme hilft, die Übertragung von Mikroorganismen zu verhindern.)*
- Erklären Sie, wie wichtig es ist, den Medikationsplan (Prophylaxe und antivirale Therapie) einzuhalten.
- Für Interventionen, welche die Übertragung von Mikroorganismen verhindern und die Widerstandskraft steigern, siehe die Pflegediagnose *Infektionsgefahr* in Teil II.

• PK: Sichelzellkrise

Definition

PK: Sichelzellkrise: beschreibt eine Person mit Sichelzellkrankheit und einem Gefäßverschluss durch die Sichelzellen, der Zellen und Gewebe schädigt und eine hämolytische Anämie, massive Splenomegalie sowie einen hypovolämischen Schock, ein akutes Thoraxsyndrom und zerebrovaskuläre Schäden verursacht (Jenkins, 2002).

Hochrisikopopulationen

Personen mit Sichelzellkrankheit und auslösenden Faktoren (Beispiele)

- Große Höhe (> 2100 m über Meereshöhe).
- Flugzeug ohne Druckkabine.
- Dehydratation (z. B. Schwitzen, Diarrhö, Erbrechen).
- Anstrengende körperliche Aktivität.
- Niedrige Temperaturen (z. B. eisgekühlte Flüssigkeiten).
- Infektionen (z. B. Atemwegs-, Harnwegs-, Scheideninfekte) durch Parvoviren.
- Alkohol.
- Zigarettenrauchen.

Pflegeziele

Die Pflegeperson managt die Sichelzellkrise und reduziert sie auf ein Minimum.

Indikatoren

Schmerzkontrolle im Rahmen eines zuvor festgelegten, akzeptablen Niveaus.
Sauerstoffsättigung > 95 %.
Kein oder nur minimaler Knochenschmerz.
Kein oder nur minimaler Unterleibsschmerz.
Kein oder nur minimaler Thoraxschmerz.
Keine oder nur minimale Erschöpfung.
Kein oder nur minimaler Kopfschmerz.
Urinausfuhr > 5 ml/kg KG/h.

Allgemeine Interventionen und Begründungen

- Überwachen Sie auf Zeichen und Symptome einer Anämie:
  - Lethargie
  - Schwäche
  - Erschöpfung
  - vermehrte Blässe
  - Belastungsdyspnö.

(Da es bei den meisten dieser Klienten zur Anämie kommt und niedrige Hämoglobinwerte relativ gut vertragen werden, sollten Veränderungen gegenüber den Ausgangswerten der Person oder akute Symptome beschrieben werden [Rausch/Pollard, 1998].)

- Überwachen Sie die Laborwerte, darunter das große Blutbild mit Retikulozytenzahl. *(Die Retikulozytenzahl [normal: ca. 1 %] spiegelt eine aktive Erythropoese wider. Ein fehlender Anstieg bei Anämie kann auf eine Störung hindeuten [Newcombe, 2002].)*
- Überwachen Sie auf Zeichen und Symptome eines akuten Thoraxsyndroms:
  - Fieber
  - akuter Thoraxschmerz.

  (Mit dem Begriff «akutes Thoraxsyndrom» wird eine Gruppe von Symptomen – akuter pleuritischer Thoraxschmerz, Fieber, Leukozytose und Infiltrate im Röntgen-Thorax – bezeichnet, die bei der Sichelzellkrankheit zu sehen sind [Rausch/Pollard, 1998]. Dieser medizinische Notfall kann durch Akkumulation von Sichelzellen und anschließenden Lungeninfarkt verursacht werden.
- Überwachen Sie auf Zeichen und Symptome einer Infektion:
  - Fieber
  - Schmerzen
  - Schüttelfrost
  - erhöhte Leukozytenzahl.

  (Eine Infektion durch Bakterien ist eine bedeutende Morbiditäts- und Mortalitätsursache. Die herabgesetzte Milzfunktion [Asplenie] ergibt sich aus der Sichelzellanämie. Der Verlust der Fähigkeit der Milz, verschiedene infektiöse Organismen herauszufiltern, erhöht die Infektionsgefahr [Porth, 2002].)
- Überwachen Sie auf Veränderungen des neurologischen Funktionierens:
  - Sprachstörungen
  - plötzlich einsetzende Kopfschmerzen
  - Taubheitsgefühl, Kribbeln.

  (Hirninfarkt und intrakranielle Blutung sind Komplikationen der Sichelzellkrankheit. Ein Verschluss der arteriellen Eigenversorgung größerer Hirnarterien führt zu einer fortschreitenden Wandschädigung und schließlich zum Verschluss des großen Gefäßes. Eine intrazerebrale Blutung kann durch hypoxische Nekrose von Gefäßwänden verursacht werden [Rausch/Pollard, 1998].
- Überwachen Sie auf eine Milzfunktionsstörung. *(Die Milz ist verantwortlich für die Filterung von Blut, um abgestorbene Bakterien herauszufiltern. Ein verlangsamter Kreislauf und die erhöhte Viskosität von Sichelzellen verursachen eine Milzblockade. Das normale azidotische und anoxische Milzmilieu stimuliert die Geldrollenbildung, was den Blutstrom weiter einengt [Porth, 2002].)*
- Überwachen Sie auf eine Milzsequestrationskrise:
  - plötzlich einsetzende Ermattung
  - starke Blässe, Lustlosigkeit
  - rascher Puls
  - flache Atmung
  - niedriger Blutdruck.

  (Eine zunehmende Verlegung des Blutabflusses aus der Milz kann zusammen mit rascher Geldrollenbildung zu einer plötzlichen Blutansammlung in der Milz führen. Dies bewirkt eine intravasale Hypovolämie und Hypoxie, die zum Schock fortschreitet [Rausch/Pollard, 1998].

- Instruieren Sie den Klienten, Folgendes zu melden:
  - jede akute Krankheit
  - schwere Gelenk- oder Knochenschmerzen
  - Thoraxschmerz
  - Unterleibsschmerz
  - Kopfschmerz, Schwindel
  - Magenbeschwerden
  - Priapismus
  - rezidivierendes Erbrechen.

  (Diese Symptome können einen Gefäßverschluss durch Geldrollenbildung an verschiedenen Stellen anzeigen. Manche Krankheiten können den Klienten für eine Dehydratation anfällig machen [Rausch/Pollard, 1998].)
- Beginnen Sie mit der Therapie entsprechend den Verordnungen des Arztes oder der Fachpflegeperson (z. B. Medikamente gegen die Geldrollenbildung, Analgetika, Transfusionen).
- Sorgen Sie für:
  - Bettruhe
  - folsäurereiche Flüssigkeiten und Nahrungsmittel
  - warme Kompressen auf schmerzenden Bereichen.
- Für Interventionen gegen die Schmerzen bei einer Sichelzellkrise siehe die Pflegediagnose *Akute Schmerzen* in Teil II, Abschnitt 1.

Potenzielle Komplikation: Funktionsstörung der Nieren und Harnwege

Potenzielle Komplikation: Funktionsstörung der Nieren und Harnwege

PK: Akuter Harnverhalt
PK: Niereninsuffizienz
PK: Nierensteine

Definition

PK: Funktionsstörung der Nieren und Harnwege: beschreibt eine Person mit verschiedenen Arten von Funktionsstörungen der Nieren und Harnwege oder einer entsprechend hochgradigen Gefährdung.

Anmerkung der Autorin

Die Pflegende kann sich dieses generischen interdisziplinären Problems bedienen, um eine Person zu beschreiben, bei der die Gefahr verschiedener Arten von Störungen der Nieren und Harnwege besteht. Bei solch einem Klienten (z. B. ein Klient auf einer Intensivstation, der für verschiedene Störungen der Nieren und Harnwege anfällig ist) führt die Anwendung von *PK: Funktionsstörung der Nieren und Harnwege* die Pflegeperson dazu, auf der Grundlage des Fokusassessments den Nieren- und Harnstatus zu überwachen, um Funktionsanomalien zu erkennen und zu diagnostizieren. Die pflegerische Betreuung eines bestimmten renalen oder harnwegsbezogenen Problems würde unter dem interdisziplinären Problem angesprochen, das auf die jeweilige Komplikation zutrifft. So könnte beispielsweise ein Pflegestandard für einen Klienten nach einer Koronar-Bypass-Operation das interdisziplinäre Problem *PK: Funktionsstörung der Nieren und Harnwege* beinhalten und die Pflegeperson dazu bringen, den Nieren- und Harnstatus zu überwachen. Käme es bei diesem Klienten zu einem Harnverhalt, würde die Pflegeperson der Problemliste *PK: Harnverhalt* sowie die für dieses Problem spezifischen Pflegeinterventionen hinzufügen. Sollten die Risikofaktoren oder die Ätiologie nicht unmittelbar durch die medizinische Primärdiagnose bedingt sein, würde die Pflegeperson sie dennoch in der Formulierung der Diagnose spezifizieren (z. B. *PK: Niereninsuffizienz,* **b/d** *chronische Niereninsuffizienz* bei einem Klienten nach Myokardinfarkt).

Berücksichtigen Sie, dass die Pflegeperson die Probleme, die Pflegende primär als Pflegediagnosen behandeln können (z. B. Inkontinenz, chronischer Harnverhalt), von denjenigen Problemen abgrenzen muss, die von Pflegenden mit sowohl pflegerisch als auch ärztlich verordneten Interventionen angegangen werden (z. B. akuter Harnverhalt).

Signifikante Assessmentkriterien (Labor/Diagnostik)

Blut:

- Präalbumin, Albumin (erniedrigt bei Nierenleiden)
- Amylase (erhöht bei Niereninsuffizienz)
- pH-Wert, Basenüberschuss, Bikarbonat (erniedrigt bei metabolischer Azidose, erhöht bei metabolischer Alkalose)
- Kalzium (erniedrigt bei urämischer Azidose)
- Chlorid (erhöht bei renaler tubulärer Azidose)
- Kreatinin (erhöht bei Nierenleiden)
- Magnesium (erniedrigt bei chronischer Nephritis)
- Phosphor (erhöht bei chronischer glomerulärer Erkrankung, erniedrigt bei renaler tubulärer Azidose)
- Kalium (erhöht bei Niereninsuffizienz, erniedrigt bei Dauertherapie mit Diuretika und bei renaler tubulärer Azidose)
- Proteine (Gesamteiweiß, Albumin, Globulin) (erniedrigt bei nephrotischem Syndrom)
- Natrium (erhöht bei Nephritis, erniedrigt bei chronischer Niereninsuffizienz)
- Blutharnstoffstickstoff (erhöht bei akuter oder chronischer Niereninsuffizienz)
- Harnsäure (erhöht bei chronischer Niereninsuffizienz)
- Leukozyten (erhöht, erniedrigt bei akuten und chronischen Infektionen).

Urin (Mittelstrahl):

- Blut (vorhanden bei hämorrhagischer Zystitis, Nierensteinen, Nieren-/Blasentumoren)
- Kreatinin (erhöht bei akuter/chronischer Glomerulonephritis, Nephritis; erniedrigt bei fortgeschrittener Nierendegeneration)
- pH-Wert (erniedrigt bei metabolischer Azidose, erhöht bei metabolischer Alkalose)
- spezifisches Gewicht (erhöht bei Dehydratation, erniedrigt bei Überhydratation und bei Schädigung der Nierentubuli)
- Leukozyten (erhöht bei Harnwegsinfekten)
- Myoglobin
- Urinnatrium und -osmolarität
- Kultur und Sensibilitätstest
- Kreatinin-Clearance im 24-Stunden-Urin.

Bildgebende Verfahren:

- Nierenultraschall, Magnetresonanztomogramm
- Röntgen-Untersuchung der Nieren, der Ureteren und der Blase
- Nierenbiopsie
- Nierenangiographie.

PK: Akuter Harnverhalt

Definition

PK: Akuter Harnverhalt: beschreibt eine Person mit akuter abnormer Ansammlung von Urin in der Blase, die aufgrund einer vorübergehenden Situation (z. B. nach einer Operation) oder eines operativ behebbaren Zustands nicht in der Lage ist, die Blase zu entleeren, oder bei der eine entsprechende Gefahr besteht.

Hochrisikopopulationen

- Zustand nach Operation (z. B. Operation im Perinealbereich oder am Unterleib).
- Zustand nach Entbindung.
- Angst.
- Vergrößerung der Prostata, Prostatitis.
- Nebenwirkungen von Medikamenten (z. B. Atropin, Antidepressiva, Antihistaminika).
- Zustand nach Arteriographie.
- Verlegung des Blasenausgangs (Infektion, Tumor).
- Beeinträchtigte Detrusorkontraktilität.

Pflegeziele

Die Pflegeperson managt Episoden eines akuten Harnverhalts und reduziert sie auf ein Minimum.

Indikatoren

Urinausfuhr > 5 ml/kg KG/h.
Der Klient ist in der Lage, verbal anzuzeigen, wenn die Blase voll ist.
Keine Klagen über Druckgefühl im unteren Abdomen.

Allgemeine Interventionen und Begründungen

- Überwachen Sie einen Klienten nach einer Operation auf Harnverhalt. *(Eine intraoperative Schädigung des Detrusors und der Beckennerven kann die Blasenfunktion hemmen. Angst und Schmerzen können Spasmen der Sphinkteren bewirken. Auch ein Blasenhalsödem kann einen Harnverhalt verursachen. Sedativa und Narkotika können das Gehirn und die Effektivität der glatten Muskulatur beeinträchtigen [Porth, 2002].)*
- Überwachen Sie auf einen Harnverhalt, indem Sie den suprapubischen Bereich auf Zeichen einer Blasendehnung (Blasenüberdehnung etc.) palpieren und perkutieren. Weisen Sie den Klienten an, sofort Bescheid zu sagen, wenn er Blasenbeschwerden hat oder die Blase nicht entleeren kann. *(Diese Störungen können Frühzeichen eines Harnverhalts sein.)*
- Überwachen Sie auf Zeichen eines Harnverhalts bei Frauen nach der Entbindung. *(Wehen und Entbindung können zum vorübergehenden Erschlaffen der Blasenwand führen und einen Harnverhalt verursachen.)*
- Fordern Sie die Klientin auf, 6–8 Stunden nach der Entbindung die Blase zu entleeren. *(Aufgrund des erhöhten Fassungsvermögens der Blase infolge des nach der Entbindung verminderten intraabdominellen Drucks kann der Harndrang geschwächt sein.)*
- Unterscheiden Sie bei einer Klientin nach der Entbindung zwischen einer Dehnung der Blase und einer Vergrößerung des Uterus:
  - Eine gedehnte Blase erhebt sich über die Symphyse.
  - Sobald die Pflegeperson den Uterus in die Mittelstellung zurückmassiert, ragt die Blase noch weiter hervor.
  - Mittels Perkussion und Palpation lässt sich zwischen einer (flüssigkeitsbedingt) rückfedernden Blase und einem festen Uterus unterscheiden. *(Eine gedehnte Blase kann den Uterus nach oben und seitwärts schieben und eine Entspannung des Uterus verursachen.)*
  - Wenn der Klient nicht innerhalb von 8–10 Stunden nach einer Operation die Blase entleert oder über Blasenbeschwerden klagt, unternehmen Sie folgende Schritte:
  - Wärmen Sie die Bettpfanne an.
  - Ermutigen Sie den Klienten, aufzustehen und die Toilette zu benutzen, wenn möglich.
  - Wenn es sich um einen Mann handelt, instruieren Sie ihn, beim Wasserlassen aufrecht zu stehen, wenn möglich. Sollte dies nicht möglich sein, hilft es schon, wenn er auf der Bettkante sitzt.
  - Öffnen Sie den Wasserhahn am Waschbecken, wenn der Klient versucht, Wasser zu lassen.
  - Gießen Sie dem Klienten warmes Wasser über das Perineum.

  (Diese Maßnahmen fördern die Entspannung des Sphinkters und erleichtern die Miktion.)
- Setzen Sie die Überwachung auch nach dem ersten Wasserlassen nach einer Entbindung oder Operation fort und fordern Sie die Klientin auf, nach etwa einer weiteren Stunde erneut Wasser zu lassen. *(Bei der ersten Miktion wird die Blase nicht vollständig entleert.)*

- Falls der Klient nach 10 Stunden noch immer kein Wasser lassen kann, folgen Sie den Vorgehensweisen beim Einmalkatheterisieren nach Anweisung des Arztes bzw. der Fachpflegeperson. *(Einmalkatheterisieren ist einem Dauerkatheter vorzuziehen, weil die Gefahr eines Harnwegsinfekts durch aufsteigende Erreger geringer ist.)*
- Bei einem Klienten mit chronischem Harnverhalt siehe die potenzielle Komplikation *akuter Harnverhalt* in Teil III.
- Falls die Person nur geringe Mengen entleert, führen Sie die Einmalkatheterisierung durch. Wenn das Restharnvolumen mehr als 200 ml beträgt, belassen Sie den Katheter. Benachrichtigen Sie den Arzt oder die Fachpflegeperson.

• PK: Niereninsuffizienz

Definition

PK: Niereninsuffizienz: beschreibt eine Person mit verringerter glomerulärer Filtrationsrate, die zu Oligurie oder Anurie führt, oder mit einer entsprechenden Gefährdung.

Hochrisikopopulationen

- Ischämisch bedingte Nekrose der Nierentubuli:
  - exzessive Anwendung von Diuretika
  - Lungenembolie
  - Verbrennungen
  - intrarenale Thrombose
  - Rhabdomyolyse
  - Niereninfektionen
  - Stenose/Thrombose einer Nierenarterie
  - Peritonitis
  - Sepsis
  - Hypovolämie
  - Hypotonie
  - dekompensierte Herzinsuffizienz
  - Myokardinfarkt
  - Aneurysma
  - operative Behandlung eines Aneurysmas.
- Toxisch bedingte Nekrose der Nierentubuli (Lancaster, 2001):
  - nichtsteroidale Antiphlogistika
  - Gicht (Hyperurikämie)
  - Hyperkalzämie
  - bestimmte illegale Drogen (z. B. PCP)
  - Infektion mit gram-negativen Erregern
  - Kontrastmittel in der Radiologie
  - Aminoglykosidantibiotika
  - Zytostatika

- Methanol, Tetrachlorkohlenstoff
- Schlangen-/Pilzgifte
- Analgetika vom Phenacetintyp
- Schwermetalle
- Insektizide, Fungizide
- Aminoglykoside
- Diabetes mellitus
- primäre Hypertonie
- Hämolyse (z. B. infolge einer Transfusionsreaktion).

Pflegeziele

Die Pflegeperson managt Komplikationen einer Niereninsuffizienz und reduziert sie auf ein Minimum.

Indikatoren

Spezifisches Gewicht des Urins 1,005–1,030.
Urinausfuhr > 5 ml/kg KG/h.
Natriumgehalt des Urins 130–200 mEq/24 h.
Blutharnstoffstickstoff 10–20 mg/dl.
Serum-Kalium 3,8–5 mEq/l.
Serum-Natrium 135–145 mEq/l.
Phosphor 2,5–4,5 mEq/l.
Kreatinin-Clearance 100–150 ml/min Blut gereinigt.

Allgemeine Interventionen und Begründungen

- Überwachen Sie auf Frühzeichen und Symptome einer Niereninsuffizienz:
  - dauerhaft erhöhtes spezifisches Gewicht des Urins, erhöhte Natriumspiegel im Urin
  - dauerhaft unzureichende Urinausfuhr (< 5 ml/kg KG/h), erhöhter Blutdruck
  - erhöhte Werte für Blutharnstoffstickstoff, Serum-Kreatinin, -Kalium, -Phosphor und -Stickstoff; verminderte Kreatinin-Clearance
  - lagerungsabhängiges Ödem (periorbital, an den Füßen, prätibial, sakral)
  - Nykturie
  - Lethargie
  - Juckreiz
  - Übelkeit/Erbrechen.

  Hypovolämie und Hypotonie aktivieren das Renin-Angiotensin-System und erhöhen dabei den Gefäßwiderstand, was wiederum den Plasmafluss und die glomeruläre Filtrationsrate senkt. Eine verminderte glomeruläre Filtrationsrate verursacht schließlich eine unzureichende Urinausfuhr und regt die Reninproduktion an, wodurch der Blutdruck in dem Versuch, die Nierendurchblutung zu erhöhen, steigt. Eine verminderte Ausscheidung von Harnstoff und Kreatinin im Urin erhöht den Blutharnstoffstickstoff und den Kreatininspiegel. Das lagerungsabhängige Ödem entsteht durch erhöhten hydrostatischen Druck im Plasma, Salz- und Wasserretention und/oder verminderten kolloidosmotischen Druck infolge von Eiweißverlusten aus dem Plasma [Porth, 2002].)

- Wiegen Sie den Klienten mindestens täglich, falls angezeigt auch öfter. Stellen Sie sicher, dass die Ergebnisse akkurat sind, indem Sie den Klienten stets zur selben Tageszeit, auf derselben Waage und mit derselben Menge an Kleidung wiegen. *(Tägliches Wiegen sowie Ein- und Ausfuhr helfen beim Evaluieren des Flüssigkeitshaushalts und sind eine Richtschnur für Empfehlungen zur Flüssigkeitszufuhr.)*
- Dokumentieren Sie Ein- und Ausfuhr genau. Berechnen Sie die Nettoflüssigkeitsbilanz und vergleichen Sie sie mit einer täglichen Gewichtsab- oder -zunahme zur Korrelation. *(Eine Gewichtszunahme von 1 kg entspricht einer überhöhten Zufuhr von 1 l.)*
- Erklären Sie die verordneten Ziele des Flüssigkeitsmanagements. *(Wenn Klient und Familie sie verstehen, kann dies die Kooperation stärken.)*
- Passen Sie die tägliche Flüssigkeitszufuhr des Klienten so an, dass sie etwa dem Flüssigkeitsverlust plus 300–500 ml/d entspricht. *(Eine sorgfältige Substitutionstherapie ist nötig, um eine Flüssigkeitsüberlastung zu verhindern.)*
- Verteilen Sie die Flüssigkeitszufuhr gleichmäßig über den ganzen Tag und die Nacht. Sollte sich der Klient in einem kritischen Ungleichgewicht befinden, kann es sogar nötig sein, Flüssigkeitsverlust und -zufuhr alle 8 Stunden oder gar stündlich anzugleichen. *(Es ist entscheidend, einen konstanten Flüssigkeitshaushalt ohne größere Fluktuationen aufrechtzuerhalten. Sobald man zulässt, dass sich aufgrund einer schlechten Hydratation Toxine akkumulieren, kann dies zu Komplikationen wie Übelkeit und Veränderungen des Sensoriums führen.)*
- Ermutigen Sie den Klienten, Gefühle und Frustrationen zu äußern; geben Sie positives Feedback. *(Flüssigkeits- und Nahrungseinschränkungen können extrem frustrierend sein. Emotionale Unterstützung kann Angst abbauen helfen und die Therapietreue erhöhen.)*
- Wenden Sie sich hinsichtlich des Flüssigkeits- und Ernährungsplans an eine Ernährungsberaterin. *(Zu den wichtigen Erwägungen beim Flüssigkeitsmanagement, die einer spezialisierten Fachkraft bedürfen, gehören der Flüssigkeitsgehalt nichtflüssiger Nahrung, die geeignete Menge und Art von Flüssigkeiten, Vorlieben bei Flüssigkeiten sowie der Natriumgehalt von Flüssigkeiten.)*
- Verabreichen Sie oral einzunehmende Medikamente möglichst zu den Mahlzeiten. Wenn Medikamente zwischen den Mahlzeiten gegeben werden müssen, tun Sie dies mit der geringsten erforderlichen Flüssigkeitsmenge. *(Durch diese Maßnahme werden Teile der erlaubten Flüssigkeitsmenge nicht unnötig verbraucht.)*
- Vermeiden Sie intravenöse Dauerinfusionen wann immer möglich. Lösen Sie jede notwendige intravenös zu verabreichende Substanz in der kleinsten Flüssigkeitsmenge auf, die zur intravenösen Gabe sicher ist. Verwenden Sie möglichst kleine I.v-Beutel und eine Kontrollvorrichtung oder Pumpe, um die versehentliche Infusion einer großen Flüssigkeitsmenge zu verhindern. *(Eine extrem akkurate Flüssigkeitsinfusion ist nötig, um eine Flüssigkeitsüberladung zu verhindern.)*
- Überwachen Sie auf Zeichen und Symptome einer metabolischen Azidose:
  - rasche, flache Atemzüge
  - Kopfschmerzen
  - Übelkeit und Erbrechen
  - niedriger Plasma-pH-Wert
  - Verhaltensänderungen, Schläfrigkeit, Lethargie.

  (Die Azidose resultiert aus der Unfähigkeit der Nieren, Wasserstoffionen, Phosphate, Sulfate und Ketonkörper auszuscheiden. Der Bikarbonatverlust ergibt sich aus der verminderten renalen Reabsorption. Hyperkaliämie, Hyperphosphatämie und erniedrigte Bikarbonatspiegel verstärken

eine metabolische Azidose. Ein Übermaß an Ketonkörpern verursacht Kopfschmerzen, Übelkeit, Erbrechen und Unterleibsschmerzen. Atemfrequenz und -tiefe nehmen zu in dem Versuch, verstärkt CO_2 abzuatmen, und senken die Azidose. Eine Azidose beeinträchtigt das Gehirn und kann aufgrund des zellulären Austauschs von Wasserstoff und Kalium die neuromuskuläre Erregbarkeit erhöhen [Lancaster, 2001].)

- Stellen Sie bei einem Klienten mit metabolischer Azidose eine adäquate Kalorienzufuhr bei gleichzeitiger Einschränkung der Fett- und Einweißzufuhr sicher. Wenden Sie sich an eine Ernährungsberaterin wegen der geeigneten Diät. *(Fett und Eiweiß einzuschränken hilft, die Akkumulation von Säureendprodukten zu verhindern.)*
- Schätzen Sie nach Korrektur der Azidose ein, ob Zeichen und Symptome einer Hypokalzämie, Hypokaliämie und Alkalose bestehen. *(Eine rasche Korrektur der Azidose kann zur raschen Ausscheidung von Kalzium und Kalium führen und eine Rebound-Alkalose bewirken.)*
- Wenden Sie sich an den Primärversorger, um mit einer Bikarbonat-Azetat-Dialyse zu beginnen, wenn sich die metabolische Azidose durch folgende Maßnahmen nicht korrigieren lässt:
  - Bikarbonatdialyse bei schwerer Azidose: Dialysat – $NaHCO_3$ = 100 mEq/l
  - Bikarbonatdialyse bei mäßiger Azidose: Dialysat – $NaHCO_3$ = 60 mEq/l.

  (Das Azetat-Anion, das in der Leber zu Bikarbonat umgewandelt wird, dient im Dialysat zur Bekämpfung der metabolischen Azidose. Die Bikarbonatdialyse ist indiziert bei Klienten mit Leberschaden, Laktazidose oder schwerer Störung des Säure-Basen-Haushalts.)
- Überwachen Sie auf Zeichen und Symptome einer Hypernatriämie mit Flüssigkeitsüberladung:
  - extremer Durst
  - ZNS-Effekte von Agitiertheit bis Verwirrtheit.

  (Eine Hypernatriämie entsteht durch extreme Natriumzufuhr oder eine erhöhte Aldosteronproduktion. Wasser wird aus den Zellen abgezogen, was zur zellulären Dehydratation führt und ZNS-Symptome bewirkt. Dies ist eine Kompensationsreaktion mit dem Ziel, die Natriumkonzentration zu senken.)
- Sorgen Sie dafür, dass die verordneten Kochsalzeinschränkungen eingehalten werden. *(Eine Hypernatriämie muss langsam korrigiert werden, um eine Verschlechterung der Hirnleistung zu verhindern.)*
- Überwachen Sie auf Störungen des Elektrolythaushalts:
  - Kalium
  - Kalzium
  - Phosphor
  - Natrium
  - Magnesium.

  (Für spezifische Zeichen, Symptome und Interventionen siehe PK: Störung des Elektrolyhaushalts. (Eine Funktionsstörung der Nieren kann Hyperkaliämie, Hypernatriämie, Hypokalzämie, Hypermagnesiämie oder Hyperphosphatämie verursachen. Eine Diuretikatherapie kann Hypokaliämie oder Hyponatriämie verursachen.)
- Überwachen Sie auf Blutungen des Gastrointestinaltrakts. *(Für mehr Informationen und spezifische Interventionen siehe* PK: Magen-Darm-Blutung. *Die schwache Thrombozytenaggregation und die Fragilität der Kapillaren in Verbindung mit hohen Serumspiegeln stickstoffhaltiger Abbauprodukte können eine Blutung verstärken. Auch eine Heparingabe während der Dialyse kann in Fällen eines Magenulkus eine Magen-Darm-Blutung auslösen.)*
- Überwachen Sie auf Manifestationen einer Anämie:

- Dyspnö
- Erschöpfung
- Tachykardie, Palpitationen
- blasse Nagelbetten und Schleimhäute
- niedrige Hämoglobin- und Hämatokritwerte
- rasche Hämatombildung.

(Chronische Niereninsuffizienz führt infolge erhöhter urämischer Toxine zur Abnahme der Erythrozytenproduktion und -lebensdauer.)

- Vermeiden Sie es, unnötig Blutproben abzunehmen. *(Bei jeder Blutabnahme kommt es zu einem Blutverlust.)*
- Instruieren Sie den Klienten, eine weiche Zahnbürste zu verwenden und heftiges Schneuzen sowie Kontaktsportarten zu vermeiden. *(Traumata zu verhindern senkt die Blutungs- und Infektionsgefahr.)*
- Demonstrieren Sie die Druckmethode, um ggf. eine Blutung zum Stehen zu bringen. *(Direkten, konstanten Druck auf eine blutende Stelle auszuüben kann einen exzessiven Blutverlust verhindern helfen.)*
- Überwachen Sie auf Manifestationen einer Hypoalbuminämie:
  - Serum-Albumin-Spiegel > 3,5 g/dl, Proteinurie (> 100–150 mg Eiweiß/24 h)
  - Ödembildung an den Füßen, im Gesicht und sakral
  - Hypovolämie
  - erhöhte Hämoglobin- und Hämatokritwerte.

  (Für mehr Informationen und Interventionen siehe PK: Negative Stickstoffbilanz. *Wenn infolge von Veränderungen der glomerulären elektrostatischen Barriere oder einer Peritonealdialyse Albumin in den Urin gelangt, reagiert die Leber mit einer Erhöhung der Plasmaproteinproduktion. Einen großen Verlust kann die Leber nicht kompensieren und es kommt zur Hypoalbuminämie.)*
- Überwachen Sie auf eine Hypovolämie. Evaluieren Sie täglich:
  - Körpergewicht
  - Dokumentation der Ein- und Ausfuhr
  - Umfang ödematöser Körperteile
  - Laborwerte: Hämatokrit, Serum-Natrium, Plasmaeiweiß, im Besonderen Serum-Albumin.

  (Mit abnehmender glomerulärer Filtrationsrate und rückläufiger Menge an funktionierenden Nephronen verlieren die Nieren ihre Fähigkeit, Urin zu konzentrieren und Natrium und Wasser auszuscheiden, was zur Hypervolämie führt.)
- Überwachen Sie auf Zeichen und Symptome einer dekompensierten Herzinsuffizienz und einer verminderten Herzleistung:
  - allmähliche Zunahme der Herzfrequenz
  - zunehmende Dyspnö
  - gedämpfte Atemgeräusche, Rasseln
  - verminderter systolischer Blutdruck
  - Vorliegen von oder Zunahme eines 3. und/oder 4. Herztons
  - Galopprhythmus
  - periphere Ödeme
  - geweitete Halsvenen.

  (Eine dekompensierte Herzinsuffizienz kann entstehen durch verminderte Herzleistung, Hypervolämie, Herzrhythmusstörungen und Hypertonie, welche die Fähigkeit des linken Ventrikels, Blut

auszuwerfen, schwächen, wodurch in der Folge die Herzleistung ab- und die Stauung in den Lungengefäßen zunimmt.)

- Fordern Sie den Klienten auf, Einschränkungen der Flüssigkeitszufuhr strikt einzuhalten: 800–1000 ml/24 h oder 24-Stunden-Urinausfuhr plus 500 ml. *(Flüssigkeitsrestriktionen beruhen auf der Urinausfuhr. Bei einem anurischen Klienten beträgt die Restriktion gewöhnlich 800 ml/d infolge nicht wahrnehmbarer Flüssigkeitsverluste über den Stoffwechsel, den Magen-Darm-Trakt, durch Schwitzen und über die Atmung.)*
- Kooperieren Sie beim Planen einer geeigneten Diät mit dem Arzt, der Fachpflegeperson oder einer Ernährungsberaterin. Fordern Sie den Klienten auf, eine natriumarme Diät (2–4 g/d) einzuhalten. *(Kochsalzrestriktionen sollten anhand der Natriumausscheidung im Urin angepasst werden.)*
- Wenn mit einer Hämo- oder Peritonealdialyse begonnen wird, folgen Sie den einrichtungsinternen Verfahrensweisen.

Pädiatrische Interventionen und Begründungen

- Schätzen Sie ein, ob Zeichen und Symptome vorliegen, die nur bei Kindern mit Niereninsuffizienz vorkommen (Kohaut, 1999):
  - Wachstumsverzögerung
  - Knochendeformitäten
  - abnorme Zahnentwicklung
  - unklare Dehydratation
  - Heißhunger auf Salz.

(Kinder mit Niereninsuffizienz zeigen ein anderes klinisches Bild als Erwachsene.)

- Stellen Sie gemeinsam mit den Eltern fest, wie das Kind auf körperliche Belastung reagiert. (Lethargie und verminderte Belastbarkeit sind zwei Frühzeichen der Niereninsuffizienz [Wong, 2003].)
- Beginnen Sie auf Anordnung mit der Behandlung der Anämie, Hypertonie, Azidose und renalen Osteodystrophie. (Dies sind die zentralen nichtdialytischen Therapieziele.)
- Wenden Sie sich an eine Ernährungsberaterin. (Bei Kindern mit einer Nierenfunktionsstörung ist es schwierig, ausreichend Proteine für Wachstum und Entwicklung zu bekommen und eine Verschlechterung der Nierenfunktion zu verhindern [Wong, 2003].)

• PK: Nierensteine

Definition

PK: Nierensteine: beschreibt eine Person mit solider Konzentration von Mineralsalzen im Harntrakt oder einer entsprechenden hohen Gefährdung.

Hochrisikopopulationen

- Anamnestisch bekannte Nierensteine.
- Harnwegsinfekt.
- Urinstase, Verlegung der Harnwege.

- Immobilität.
- Hyperkalzämie (ernährungsbedingt).
- Erkrankungen/Zustände, die zur Hyperkalzämie führen:
  - Hyperparathyreose
  - renale tubuläre Azidose
  - myeloproliferative Erkrankung (Leukämie, Polyzythämia vera, multiples Myelom).
- Exzessive Ausscheidung von Harnsäure.
- Entzündliche Darmerkrankung.
- Gicht.
- Dehydratation.

Pflegeziele

Die Pflegeperson managt Komplikationen von Nierensteinen und reduziert sie auf ein Minimum.

Indikatoren

Körpertemperatur 36,7–37,5 °C.
Urinausfuhr > 5 ml/kg KG/h.
Spezifisches Gewicht des Urins 1,005–1,030.
Bluthharnstoffstickstoff 5–25 mg/dl.
Klarer Urin.
Kein Flankenschmerz.

Allgemeine Interventionen und Begründungen

Überwachen Sie auf Zeichen und Symptome von Nierensteinen:
- erhöhte oder verminderte Urinausfuhr
- Sediment im Urin
- Flanken- oder Leistenschmerz
- Hämaturie
- Blähungen und Schmerzen im Abdomen, Übelkeit, Diarrhö.

(Konkremente im Harntrakt können eine Verlegung und Infektion sowie ein Ödem verursachen, das sich anhand von Leisten-/Flankenschmerz, Hämaturie und Dysurie zeigt. Nierenbeckensteine können die Urinproduktion steigern. Steinstimulierende renointestinale Reflexe können Symptome im Gastrointestinaltrakt verursachen.)

- Senden Sie Urin zur Kultur und Sensibilitätstestung ins Labor. Senden Sie 24-Stunden-Urin zur Untersuchung auf Kalziumoxalat, Phosphor und Harnsäure ein. *(Eine Steinprobe zu gewinnen bestätigt die Steinbildung und ermöglicht die Analyse seiner Bestandteile.)*
- Wenn der Klient über Schmerzen klagt, wenden Sie sich wegen einer aggressiven Therapie an den Arzt oder die Fachpflegeperson. *(Steine können durch Spasmen und ihre Nähe zum Nervenplexus starke Schmerzen auslösen.)*
- Verfolgen Sie den Schmerz, indem Sie seine Lokalisation, jegliche Ausstrahlung sowie Dauer und Intensität auf einer Rating-Skala von 1 bis 10 dokumentieren. *(Dies hilft, Bewegungen eines Steins zu evaluieren.)*

- Instruieren Sie den Klienten, mehr Flüssigkeit zu sich zu nehmen, falls nicht kontraindiziert. *(Erhöhte Flüssigkeitszufuhr steigert auch die Urinausfuhr, wodurch der Stein leichter abgehen kann, und sie spült Bakterien und Blut aus dem Harntrakt.)*
- Bereiten Sie die Person auf eine Röntgen-Untersuchung der Nieren, der ableitenden Harnwege und der Blase sowie auf ein Ausscheidungsurogramm und/oder eine renale Ultraschalluntersuchung vor.
- Überwachen Sie auf Zeichen und Symptome einer Pyelonephritis:
  - Fieber, Schüttelfrost
  - Schmerzen im Kostovertebralwinkel (dumpfer Dauerschmerz unterhalb der 12. Rippe)
  - Leukozytose
  - Bakterien, Blut und Eiter im Urin
  - Dysurie, Pollakisurie.

  (*Urinstase oder Gewebsreizung infolge von Nierensteinen kann Harnwegsinfekte verursachen. Die Zeichen und Symptome spiegeln verschiedene Mechanismen wider: Bakterien können als Pyrogene wirken, indem sie durch Produktion von endogenem Pyrogen den Richtwert im Temperaturzentrum des Hypothalamus aufregulieren, was wiederum durch Prostaglandine vermittelt werden kann. Schüttelfrost kann auftreten, wenn sich der Temperaturfixpunkt im Hypothalamus rasch ändert. Der Schmerz im Kostovertebralwinkel entsteht durch Dehnung der Nierenkapsel. Die Leukozytose spiegelt die erhöhte Leukozytenzahl wider, mit der die Infektion durch Phagozytose bekämpft werden soll. Bakterien und Eiter im Urin zeigen einen Harnwegsinfekt an. Bakterien können das Blasengewebe reizen, indem sie Spasmen und Pollakisurie verursachen [Porth, 2002].)*
- Überwachen Sie auf Frühzeichen und -symptome einer Niereninsuffizienz (siehe *PK: Niereninsuffizienz*).

Potenzielle Komplikation: Neurologische/sensorische Dysfunktion

Potenzielle Komplikation: Neurologische/sensorische Dysfunktion

PK: Erhöhter Schädelinnendruck
PK: Krampfanfälle
PK: Erhöhter Augeninnendruck
PK: Neuroleptisches malignes Syndrom
PK: Alkoholentzug

Definition

Potenzielle Komplikation: Neurologische/sensorische Dysfunktion: beschreibt eine Person mit verschiedenen neurologischen bzw. sensorischen Funktionsstörungen oder entsprechenden Gefährdungen.

Anmerkung der Autorin

Die Pflegeperson kann dieses generische interdisziplinäre Problem zur Beschreibung einer Person verwenden, bei der die Gefahr mehrerer Arten neurologischer oder sensorischer Störungen besteht (z. B. ein Klient nach einer Schädeloperation oder einem Mehrfachtrauma). Bei solch einer Person bringt die Anwendung von *PK: Neurologische/sensorische Dysfunktion* Pflegende dazu, auf der Grundlage der Befunde des Fokusassessments das neurologische und sensorische Funktionieren zu überwachen. Im Falle einer Komplikation würde die Pflegeperson das entsprechende spezifische interdisziplinäre Problem (z. B. *PK: Erhöhter Schädelinnendruck*) der Problemliste des Klienten hinzufügen, um das Pflegemanagement der Komplikation darzustellen. Wenn die Risikofaktoren oder die Ätiologie nicht unmittelbar mit der medizinischen Primärdiagnose oder -behandlung zusammenhängt, könnte die Pflegeperson diese Information der Diagnose hinzufügen. Bei einem Klienten mit einem Anfallsleiden, der wegen einer Bauchoperation aufgenommen wird, würde sie der Problemliste *PK: Krampfanfälle,* **b/d** *Epilepsie* hinzufügen.

Außer dem interdisziplinären Problem sollte die Pflegeperson noch nach weiteren aktuellen oder potenziellen Reaktionen forschen, die das Funktionieren einschränken können. Einige dieser Reaktionen sind u. U. Pflegediagnosen (z. B. *Verletzungsgefahr,* **b/d** *eine schlechte Wahrnehmung von Gefahrenquellen im Umfeld,* **s/b/d** *ein eingeschränktes Sensorium*).

Für Informationen über die Fokusassessmentkriterien siehe http://thepoint.lww.com.

Signifikante Assessmentkriterien (Labor/Diagnostik)

Liquor cerebrospinalis

Wolkige Trübung (Zeichen einer Infektion)
Eiweiß (erhöht bei Meningitis).
Leukozyten (erhöht bei Meningitis).
Albumin (erhöht bei Hirntumoren).
Glukose (erniedrigt bei bakterieller Meningitis).

Blut

Leukozyten (erhöht bei bakterieller Infektion, erniedrigt bei Virusinfekt).
Alkoholspiegel.
Glukose, Kalzium.
Quecksilber-, Bleispiegel, falls angezeigt.

Radiologie/bildgebende Verfahren

Röntgen-Aufnahme des Schädels und der Wirbelsäule.
Computertomographie (CT).
Magnetresonanztomographie (MRI).
Hirnangiographie.

Positronenemissionstomographie (PET) (misst physiologische und biochemische Prozesse im Nervensystem, kann Tumoren, Gefäßerkrankungen und Erkrankungen mit Verhaltensstörungen, wie Demenz oder Schizophrenie, aufdecken).
Myelographie.

Weitere Assessmentkriterien

Doppler-Ultraschall.
Lumbalpunktion.
Elektroenzephalogramm (EEG).
Dauerüberwachung der Hirndurchblutung am Krankenbett.

• PK: Erhöhter Schädelinnendruck

Definition

PK: Erhöhter Schädelinnendruck: beschreibt eine Person mit erhöhtem Druck in den Hirnventrikeln (> 15 mmHg) oder im Subarachnoidalraum durch den Liquor cerebrospinalis oder mit einer entsprechenden Gefährdung.

Hochrisikopopulationen

- Intrazerebrale Raumforderung (Läsion, Hämatom, Tumor, Abszess).
- Blutgerinnsel.
- Blockierung des venösen Abflusses.
- Kopfverletzungen.
- Reye-Syndrom.
- Meningitis.
- Frühgeburt.
- Schädel-/Hirnoperation.

Pflegeziele

Die Pflegeperson managt Episoden eines erhöhten Schädelinnendrucks und reduziert sie auf ein Minimum.

Indikatoren

Wacher, orientierter, ruhiger Klient oder Klient ohne Veränderungen des gewöhnlichen kognitiven Status.
Keine Krampfanfälle.
Angemessene Sprache.
Pupillen beidseits gleich, reagieren auf Licht, akkomodieren.
Intakte extraokuläre Bewegungen.
Puls 60–100/min.

Atmung 16–20/min.
Blutdruck > 90/60, < 140/90 mmHg.
Stabiler Pulsdruck (Differenz zwischen diastolischem und systolischem Wert).
Weder Übelkeit noch Erbrechen.
Leichte bis keine Kopfschmerzen.
Überwachung des Schädelinnendrucks, um den angezeigten Bereich einzuhalten.

Allgemeine Interventionen und Begründungen

- Überwachen Sie auf Zeichen und Symptome eines erhöhten Schädelinnendrucks:
- Schätzen Sie folgende Punkte ein:
  - die beste Reaktion beim Öffnen der Augen: spontan, auf akustische Reize, auf Schmerzreize oder keine Reaktion
  - die beste motorische Reaktion: befolgt verbale Anweisungen, lokalisiert Schmerzen, Rückzug durch Flexion, Dekortikationsbeugung, Dezerebrationsstreckung oder keine Reaktion
  - die beste verbale Reaktion: orientiert hinsichtlich Person, Ort und Zeit; konfuses Gespräch; unpassende Sprache; unverständliche Geräusche oder keine Reaktion.

  (Einschränkungen der zerebralen Blutversorgung durch Hämorrhagie, Hämatom, Hirnödem, Thrombose oder Embolie schädigen das Hirngewebe. Anhand dieser Reaktionen lässt sich die Fähigkeit des Klienten evaluieren, Anweisungen mit bewusster und unwillkürlicher Bewegung zu integrieren. Die Pflegeperson kann die Kortikalfunktion einschätzen, indem sie das Öffnen der Augen und die motorische Reaktion evaluiert. Ein Ausbleiben der Reaktion kann auf einen Mittelhirnschaden hindeuten.)
- Schätzen Sie Veränderungen der Vitalzeichen ein:
  - Pulsveränderungen: Verlangsamung auf 60/min oder Steigerung auf 100/min oder mehr *(Bradykardie ist ein Spätzeichen einer Stammhirnischämie. Eine Tachykardie kann auf eine Ischämie des Hypothalamus und sympathische Entladung hindeuten.)*
  - Unregelmäßigkeiten bei der Atmung: Verlangsamung mit zunehmenden Apnöphasen. *(Der Atemrhythmus hängt von der Lokalisation der Schädigung ab. Die Cheyne-Stokes-Atmung [allmähliche Beschleunigung, gefolgt von allmählicher Verlangsamung und einer Apnöphase] deutet auf eine Schädigung in beiden Hirnhälften, im Mittelhirn und in der oberen Pons hin. Eine zentrale neurogene Hyperventilation tritt bei Läsionen des Mittelhirns und der oberen Pons auf. Ataktische Atmung [unregelmäßig, mit wahlloser Abfolge tiefer und flacher Atemzüge] deutet auf eine Dysfunktion der Pons hin. Hypoventilation und Apnö treten bei Schäden der Medulla auf.)*
  - steigender Blutdruck und/oder zunehmender Pulsdruck
  - Bradykardie, erhöhter systolischer Blutdruck und erhöhter Pulsdruck. *(Dies sind Spätzeichen einer Stammhirnischämie, die zur Hirnhernienbildung führt.)*
- Schätzen Sie die Pupillenreaktionen ein *(Veränderungen deuten auf Druck auf den N. oculomotorius oder den N. opticus hin)*:
  - Inspizieren Sie die Pupillen mit einer hellen, punktförmigen Lichtquelle (kleine Stablampe), um Größe, Konfiguration und Lichtreaktion zu bestimmen. Vergleichen Sie beide Augen auf Ähnlichkeiten und Unterschiede. *(Der N. oculomotorius [N. III] im Stammhirn steuert die Pupillenreaktion.)*

  - Evaluieren Sie den Blick, um festzustellen, ob die Augenbewegungen paarig und koordiniert erfolgen oder abnorm sind. *(Parallele Augenbewegungen werden von Teilen des Kortex und des Stammhirns gesteuert.)*
  - Evaluieren Sie die Fähigkeit, die Augen ein- und auswärts zu wenden. *(Der N. abducens [N. VI] steuert das Ein- und Auswärtswenden der Augen. Auch der N. trochlearis [N. IV] steuert die Bewegung des Auges.)*
- Halten Sie alle weiteren Zeichen und Symptome fest:
  - Erbrechen *(Erbrechen entsteht durch Druck auf die Medulla, wodurch das ZNS-Zentrum für Erbrechen stimuliert wird.)*
  - Kopfschmerzen: konstant, an Intensität zunehmend oder durch Bewegung verschlimmert
  - Pressen *(Druck auf Nervengewebe erhöht den Schädelinnendruck und verursacht Schmerzen.)*
  - subtile Veränderungen (z. B. Lethargie, Unruhe, forcierte Atmung, ziellose Bewegungen, Veränderungen des Geisteszustands *(Diese Zeichen können die frühesten Indikatoren kranialer Druckveränderungen sein.)*
- Heben Sie den Kopfteil des Bettes um 30–45 Grad an, soweit nicht kontraindiziert. *(Ein leichtes Anheben des Kopfes kann den venösen Abfluss unterstützen, damit die Gefäßstauung im Gehirn verringern und so den Schädelinnendruck senken. Die Lagerung hängt stark von der Art der Operation und dem gewählten Vorgehen ab und sollte vor der erneuten Lagerung stets geklärt werden.)*
- Vermeiden Sie folgende Situationen oder Manöver, die den Schädelinnendruck erhöhen können (Porth, 2002):
  - Karotismassage *(Sie senkt die Herzfrequenz und die systemische Zirkulation, gefolgt von deren plötzlichem Anstieg.)*
  - Beugung oder extreme Rotation des Halses *(Dies hemmt den Abfluss über die V. jugularis, was die zerebrovaskuläre Stauung verstärkt und den Schädelinnendruck erhöht.)*
  - digitale anale Stimulation, Anhalten der Atmung, Pressen *(Alle drei können ein Valsalva-Manöver einleiten, bei dem der venöse Rückstrom durch Einschnüren der Jugularvenen behindert wird und damit der Schädelinnendruck steigt.)*
  - extreme Beugung in der Hüfte und in den Knien *(Die Beugung erhöht den intrathorakalen Druck, was den Abfluss aus den Jugularvenen hemmt und die Stauung in den Hirngefäßen und damit auch den Schädelinnendruck verstärkt.)*
  - rasche Lagewechsel.
- Lehren Sie den Klienten, bei Lagewechseln auszuatmen *(Dies hilft, das Valsalva-Manöver zu verhindern.)*
  - Wenden Sie sich wegen Stuhlerweichern bei Bedarf an den Arzt oder die Fachpflegeperson. *(Stuhlerweicher verhindern Obstipation und das Pressen beim Stuhlgang, das zu einem Valsalva-Manöver führen kann.)*
- Wahren Sie eine stille, ruhige, sanft beleuchtete Umgebung. Planen Sie täglich mehrere längere Phasen ununterbrochener Ruhe ein. Bündeln Sie notwendige Prozeduren und Aktivitäten, um Störungen auf ein Minimum zu reduzieren. *(Diese Maßnahmen fördern Ruhe und senken die Stimulation; beides hilft, den Schädelinnendruck zu senken.)*
- Vermeiden Sie eine Abfolge von Aktivitäten, die den Schädelinnendruck erhöhen (z. B. Husten, Absaugen, Umlagern, Baden). *(Die Forschung hat gezeigt, dass solche aufeinander folgenden Aktivitäten zu einem kumulativen Anstieg des Schädelinnendrucks führen können [Porth, 2002].)*

- Überwachen Sie die Temperatur. Beginnen Sie je nach Indikation auf Anordnung und entsprechend den einrichtungsinternen Verfahrensweisen mit Maßnahmen zur Hypo- oder Hyperthermie. *(Eine gestörte Funktion des Hypothalamus kann die Temperaturregulation beeinträchtigen und eine Intervention erfordern. Hypothermie kann den Schädelinnendruck senken, während Hyperthermie ihn erhöhen kann.)*
- Begrenzen Sie die Dauer des Absaugens auf jeweils 10 Sekunden. Hyperoxigenieren und -ventilieren Sie den Klienten jeweils davor und danach. *(Diese Maßnahme hilft, eine Hyperkapnie zu verhindern, welche die Vasodilatation im Gehirn erhöhen und den Schädelinnendruck steigern kann, und sie verhindert eine Hypoxie, welche die Ischämie des Gehirns verstärken kann.)*
- Wenden Sie sich an den Arzt oder die Fachpflegeperson, um vor dem Absaugen Lidocain zu verabreichen. *(Dies kann eine akute intrakranielle Hypertonie verhindern helfen [Morton et al., 2006].)*
- Halten Sie durch korrektes Lagern und regelmäßiges Absaugen eine optimale Beatmung aufrecht. *(Dies kann Hypoxämie und Hyperkapnie verhindern helfen.)*
- Überwachen Sie die arteriellen Blutgase (ABG). *(Die ABG-Werte helfen, den Gasaustausch in der Lunge zu evaluieren sowie den zirkulierenden Sauerstoff und den $paCO_2$ zu bestimmen. Es wird ein paO_2 zwischen 90 und 100 torr und ein $paCO_2$ zwischen 25 und 30 mmHg empfohlen, um eine zerebrale Ischämie und eine zerebrovaskuläre Stauung zu verhindern, die den Schädelinnendruck erhöhen.)*
- Falls angezeigt, beginnen Sie mit den einrichtungsinternen Verfahrensweisen oder arbeiten Sie mit dem Arzt oder der Fachpflegeperson zusammen an der medikamentösen Therapie, die Folgendes beinhalten kann (Morton et al., 2006):
  - Sedierung, Barbiturate *(Diese Substanzen senken den Hirnstoffwechsel und tragen damit zur Senkung des Schädelinnendrucks bei.)*
  - Antikonvulsiva *(Diese Wirkstoffe helfen, Krampfanfälle zu verhindern, die den Hirnstoffwechsel steigern.)*
  - osmotische Diuretika *(Diese Substanzen ziehen Wasser aus dem Hirngewebe ab ins Plasma, um das Hirnödem abzubauen.)*
  - nichtosmotische Diuretika *(Diese Substanzen ziehen Natrium und Wasser aus ödematösen Hirnarealen ab, um das Hirnödem abzubauen.)*
  - Steroide *(Diese Substanzen können die Kapillarpermeabilität senken und damit das Hirnödem begrenzen.)*
- Überwachen Sie sorgfältig den Hydratationsstatus. Evaluieren Sie die Flüssigkeitsein- und -ausfuhr, die Serumosmolalität sowie das spezifische Gewicht und die Osmolalität des Urins. *(Eine Dehydratation durch Diuretikatherapie kann Hypotonie und eine Verminderung der Herzleistung verursachen.)*
- Sollte eine intravenöse Therapie mit Flüssigkeiten angeordnet worden sein, verabreichen Sie diese Flüssigkeiten sorgsam mit einer Infusionspumpe. *(Eine sorgfältige intravenöse Verabreichung von Flüssigkeiten ist nötig, um eine Überhydratation zu verhindern, welche den Schädelinnendruck erhöht.)*
- Wenn Sie den Schädelinnendruck apparativ überwachen, suchen Sie im Verfahrenshandbuch nach Richtlinien (z. B. Ventrikulostomie, Subarachnoidalschraube, epidurale Sonde).

• PK: Krampfanfälle

Definition

PK: Krampfanfälle: beschreibt eine Person, bei der paroxysmal Episoden von Muskelkontraktion (Tonus) und -relaxation (Klonus) auftreten oder eine entsprechende Gefahr besteht.

Hochrisikopopulationen

- Perinatale Schäden.
- Anamnestisch bekanntes Anfallsleiden in der Familie.
- Läsionen der Hirnrinde.
- Kopfverletzung.
- Infektion (z. B. Meningitis).
- Durchblutungsstörung des Gehirns (z. B. Zerebralparese, Apoplex).
- Hirntumor.
- Alkoholüberdosis oder -entzug.
- Medikamentenüberdosis oder -entzug (z. B. Theophyllin).
- Störungen des Elektrolythaushalts (z. B. Hypokaliämie, Pyridoxinmangel).
- Hypoglykämie.
- Hohes Fieber.
- Eklampsie.
- Stoffwechselanomalien (Leber, Niere, Elektrolyte).
- Vergiftung (Quecksilber, Blei, Kohlenmonoxid).

Pflegeziele

Die Pflegeperson managt einen Krampfanfall und reduziert ihn auf ein Minimum.

Indikatoren

Keine Krampfanfälle.

Allgemeine Interventionen und Begründungen

- Stellen Sie fest, ob der Klient vor Beginn des Krampfanfalls eine Aura wahrnimmt. Wenn ja, verstärken Sie die Sicherheitsmaßnahmen, die während dieser Zeit zu ergreifen sind (z. B. Sich-Hinlegen, das Auto an den Straßenrand fahren und den Motor abstellen).
- Beobachten und dokumentieren Sie bei einem Krampfanfall folgendes (Hickey, 2002):
  - Beginn
  - Art der Bewegungen, beteiligte Körperteile
  - Veränderungen der Pupillengröße und -stellung
  - Harn- oder Stuhlinkontinenz
  - Dauer
  - Bewusstlosigkeit (Dauer)

  - Verhalten nach dem Anfall
  - Schlaf nach dem Anfall (postiktale Phase).

  (Der Verlauf des Krampfanfalls kann helfen, den anatomischen Fokus herauszufinden.)
- Sorgen Sie während und nach einem Krampfanfall für Privatsphäre, *um den Klienten vor Beschämung zu schützen.*
- Ergreifen Sie während des Krampfanfalls Maßnahmen, um eine adäquate Atmung sicherzustellen (z. B. durch Lockern der Kleidung). Versuchen Sie *nicht*, einen Tubus oder Spatel durch zusammengebissene Zähne hindurchzuzwängen. *(Starke klonisch-tonische Bewegungen können zum Verschluss der Atemwege führen. Das erzwungene Einführen eines Tubus kann Verletzungen verursachen.)*
- Lenken Sie vorsichtig Bewegungen des Klienten während des Krampfanfalls, um Verletzungen zu verhindern. Versuchen Sie nicht, Bewegungen einzuschränken. *(Körperliche Fixierungen können zu Muskel- und Skelettverletzungen führen.)*
- Wenn der Krampfanfall im Sitzen eintritt, lassen Sie den Klienten zu Boden gleiten und legen Sie ihm etwas Weiches unter den Kopf. *(Dies hilft, Verletzungen zu verhindern.)*
- Bringen Sie den Klienten nach dem Krampfanfall in Seitenlage. *(Diese Stellung hilft, ein Aspirieren von Sekret zu verhindern.)*
- Lassen Sie die Person nach dem Krampfanfall schlafen und reorientieren Sie sie nach dem Erwachen. *(Unter Umständen leidet der Betroffene an Amnesie. Die Reorientierung kann ihm helfen, ein Gefühl von Kontrolle wiederzugewinnen und Angst abzubauen.)*
- Wenn die Person auch weiterhin generalisierte Anfälle hat, benachrichtigen Sie den Arzt oder die Fachpflegeperson und leiten Sie folgende Schritte ein:
  - Freimachen der Atemwege
  - Absaugen nach Bedarf
  - Verabreichen von Sauerstoff über eine Nasensonde
  - Legen eines intravenösen Zugangs.

  (Der Status epilepticus ist ein medizinischer Notfall mit einer Mortalität von 10 %. Die Beeinträchtigung der Atmung kann zu systemischer und zerebraler Hypoxie führen. Die rasche intravenöse Gabe von Antikonvulsiva [z. B. Diazepam] ist angezeigt [Hickey, 2002].)
- Lassen Sie das Bett in einer niedrigen Position, bei hoch gestellten Bettgittern, und polstern Sie letztere mit Decken. *(Diese Vorsichtsmaßnahme hilft, Sturzverletzungen oder ein Trauma zu verhindern.)*
- Ist der Zustand des Klienten chronisch, evaluieren Sie, ob er in Selbstmanagementtechniken unterwiesen werden muss. Verwenden Sie die Pflegediagnose *Gefahr eines unwirksamen Therapiemanagements,* **b/d** *ein Wissensdefizit über die Erkrankung, die Medikation, Sicherheitsmaßnahmen und kommunale Ressourcen* (siehe Teil II).

• PK: Erhöhter Augeninnendruck

Definition

PK: Erhöhter Augeninnendruck: beschreibt eine Person mit entweder einer vermehrten Produktion an Kammerwasser oder einer Abflussbehinderung desselben, die beide zur Kompression von Nerven und Blutgefäßen an der Sehnervenpapille führen können, oder mit einer entsprechenden Gefährdung.

Hochrisikopopulationen

- Glaukom.
- Korneatransplantat.
- Strahlentherapie.
- Augenverletzung.
- Operation am Auge.

Pflegeziele

Die Pflegeperson managt einen erhöhten Augeninnendruck und reduziert ihn auf ein Minimum.

Indikatoren

Keine Klagen über Schmerzen an der Augenbraue.
Keine Klagen über Übelkeit.
Keine Klagen über Halos um Leuchtkörper.

Allgemeine Interventionen und Begründungen

- Erinnern Sie den Klienten an verordnete postoperative Aktivitätseinschränkungen. Dabei muss evtl. Folgendes vermieden werden:
  - Beugung in der Hüfte
  - plötzliche Bewegungen des Kopfes
  - Valsalva-Manöver (z. B. Pressen beim Stuhlgang).

  (Diese Aktivitäten können den Augeninnendruck erhöhen.)
- Erinnern Sie den Klienten daran, einen Augenschutz zu tragen (Augenpflaster und -klappe). *(Dies schützt das Auge vor Verletzungen.)*
- Überwachen Sie auf Blutung, Dehiszenz und Eviszeration. *(Aufgrund seiner hohen Vaskularisierung und fragiler Gefäße ist das Auge für diese Probleme anfällig.)*
- Überwachen Sie auf Zeichen und Symptome eines erhöhten Augeninnendrucks:
  - Schmerzen an der Augenbraue
  - Übelkeit
  - Halos um Lichtquellen.

  (Der Augeninnendruck kann durch eine Operation oder durch Medikamente [z. B. Steroid-Augentropfen] ansteigen.)

- Verabreichen Sie ein Antiemetikum, wenn es zu Übelkeit kommt. *(Erbrechen erhöht den Augeninnendruck und muss vermieden werden.)*
- Überwachen Sie den Visus und dokumentieren Sie jede Änderung (z. B. Halos um Lichtquellen). *(Zu den Faktoren, welche den Visus verändern können, gehören Blut im Glaskörper oder aus der Operationswunde, eine Infektion, Luxation des Linsenimplantats, erneute Ablösung der Netzhaut und ein erhöhter Augeninnendruck.)*
- Lagern Sie den Klienten bei angehobenem Kopf auf den Rücken und drehen Sie ihn auf die nicht betroffene Seite. *(Diese Lagerung kann den Druck im betroffenen Auge senken helfen.)*
- Bewahren Sie ein ruhiges Umfeld und schränken Sie externe Stimuli und Aktivitäten ein. *(Diese Maßnahmen können Stress abbauen und eine Senkung des Augeninnendrucks fördern helfen.)*
- Stellen Sie sicher, dass der Klient versteht, wie wichtig es ist, die Lagerungsbeschränkungen einzuhalten, wenn diese angezeigt sind. *(Bei chirurgischen Verfahren, bei denen Gas ins Auge injiziert wurde, kann die postoperative Lagerung sehr spezifisch sein.)*
- Verabreichen Sie Augentropfen mit angemessener Sorgfalt und Vorsicht. Vermeiden Sie eine Kontamination der Tropfvorrichtung und des Auges. *(Postoperative Infektionen des Auges können zum nachträglichen Misslingen der Operation und zum Verlust der Sehfähigkeit führen.)*

• PK: Malignes neuroleptisches Syndrom

Definition

PK: Malignes neuroleptisches Syndrom (MNS): beschreibt eine Person mit einer akuten, lebensbedrohenden Reaktion auf Neuroleptika oder einer entsprechenden Gefährdung. Die Pathophysiologie des MNS ist noch unklar, aber wie bei anderen Formen von Extrapyramidalsymptomen scheint es sich um eine durch Neuroleptika induzierte dopaminerge Blockade und eine Dopamindepletion im ZNS, vor allem in den Basalganglien und im Hypothalamus, zu handeln, die zu den verschiedenen Symptomen führen. Oft ist das MNS charakterisiert durch rasch einsetzende schwere Muskelstarre, Labilität des autonomen Nervensystems, Hyperthermie und einen sich verschlechternden Geisteszustand. Es tritt bei 1 % der Klienten unter Neuroleptika auf.

Hochrisikopopulationen

- Anwendung von Neuroleptika, vor allem von höherpotenten Wirkstoffen wie Haloperidol, Fluphenazin und Chlorpromazin.
- Anwendung lang wirkender Depotneuroleptika.
- Anwendung von Neuroleptika in Verbindung mit …
  - … einer gleichzeitigen Lithiumtherapie
  - … physiologischem Stress
  - … Ernährungsmängeln
  - … einem gleichzeitigen organischen Hirnsyndrom
  - … körperlicher Erschöpfung
  - … Dehydratation
  - … AIDS
  - … Fixierungen

  - … Anticholinergika
  - … Agitiertheit
  - … Gemütsleiden
  - … hoher Umgebungstemperatur und -feuchtigkeit.
- Hohe Neuroleptikadosen.
- Gleichzeitige Anwendung von zwei oder mehr Neuroleptika.
- Anamnestisch bekanntes MNS.
- Männliches Geschlecht, Alter unter 40 Jahre (80 % der Fälle).
- Rasche Aufladung mit Neuroleptika, vor allem bei intravenöser Gabe.
- Auftreten in den ersten 2 Wochen (z. B. 16 % der Fälle innerhalb von 24 h nach Verabreichung), auch wenn das MNS jederzeit vorkommen kann.
- Absetzen von Antiparkinsonmitteln.

Pflegeziele

Die Pflegeperson managt Episoden eines MNS und reduziert sie auf ein Minimum.

Indikatoren

Keine Klagen über Muskelschmerzen, -krämpfe und -starre.
Übliche Hautfarbe.
Keine Klagen über Dyspnö.
Kein Harnverhalt.
Blutdruck > 90/60, < 140/90 mmHg.
Herzfrequenz 60–100/min.
Kein Nachweis von Schwitzen.
Normale tiefe Sehnenreflexe.
Farbe des Urins blass bis bernsteinfarben.

Allgemeine Interventionen und Begründungen

- Setzen Sie die Dosen von allen Neuroleptika und von Substanzen mit anticholinerger Wirkung aus und benachrichtigen Sie den Arzt.
- Halten Sie die Atemwege offen. Sorgen Sie für ein ruhiges Umfeld. *(Jeder Klient mit Bewusstseinsstörungen läuft Gefahr einer Beeinträchtigung der Atemwege und Hypoventilation. Auch die Starre der Thoraxwandmuskulatur kann dazu beitragen.)*
- Erkennen und behandeln Sie sofort Herzrhythmusstörungen und einen instabilen Blutdruck, falls nötig.
- Überwachen Sie auf Zeichen und Symptome …
- … schwerer Extrapyramidalsymptome:
  - Muskelstarre
  - Dysarthrie
  - Dysphagie (Schluckbeschwerden)
  - übermäßiger Speichelfluss

    - Myoglobinurie (roter Urin)
    - Akinese
    - Zahnradphänomen
    - Mutismus
    - wächserne Flexibilität
    - exzessive tiefe Sehnenreflexe.
- … einer autonomen Dysfunktion:
    - Tachykardie
    - Schwitzen
    - Harninkontinenz
    - schwankende oder dauerhafte Hypertonie
    - Hypotonie
    - Dyspnö
    - Tachypnö
    - Blässe
    - Herzrhythmusstörungen.
- … von Fieber über 37,8 °C.
- … von Veränderungen oder Schwankungen des Verhaltens (z. B. Verwirrtheit, Delir, Agitiertheit, Koma, katatonieartige Haltung, herausforderndes Verhalten).
- … einer Dehydratation.
- … einer Mangelernährung.
  (Die zugrunde liegende Pathophysiologie ist nicht ganz klar, scheint jedoch mit der Blockade oder Depletion des ZNS-Neurotransmitters Dopamin zu tun zu haben. Zeichen und Symptome des MNS scheinen durch den Grad der Dopaminblockade und die Lokalisation der betroffenen Areale beeinflusst zu werden. So scheint beispielsweise eine Dopaminblockade in der nigrostriatalen Bahn Muskelstarre zu verursachen, während sie im präoptischen vorderen Hypothalamus, der die Körpertemperatur reguliert, Fieber auszulösen scheint. Störungen des Dopaminhaushalts im Rückenmark können eine autonome Dysfunktion verursachen.)
- Überwachen Sie auf abnorme Laborbefunde:
    - erhöhte Kreatinphosphokinase
    - erhöhte Leukozytenzahl
    - erhöhte Leberfunktionswerte
    - ABG
    - Elektrolyte.

  (Bei der Reaktion des Körpers auf Dopamin steigt die Leukozytenzahl, die Kreatinphosphokinase ist aufgrund der Mikronekrosen in der Skelettmuskulatur erhöht und die Leberenzyme sind es ebenfalls. Anhand der ABG-Messungen wird der Grad der Instabilität des autonomen Nervensystems festgestellt. Anhand der Elektrolyte werden die Auswirkungen der autonomen Instabilität und der Mikronekrose auf die Körpersysteme gemessen.)
- Schätzen Sie häufig die Vitalzeichen (Blutdruck, Körpertemperatur, Puls, Atmung und EKG) auf Zeichen einer Atem- und Herz-Kreislauf-Dekompensation ein.
- Überwachen Sie den Grad der Starre anhand der tiefen Sehnenreflexe. Falls die Starre zunimmt, müssen weitere Maßnahmen ergriffen werden, da sie auch die Muskulatur vitaler Organe erfassen kann. *(Tiefe Sehnenreflexe zeigen objektiv, ob die Starre zu- oder abnimmt.)*

- Überwachen Sie Ein- und Ausfuhr auf Zeichen einer Nierendekompensation. *(Exzessiver Abbau vom Muskelgewebe [Mikronekrose] kann Myoglobinurie und Niereninsuffizienz verursachen.)*
- Auskultieren und evaluieren Sie die Lunge auf Stase und Embolie. *(Dysphagie kann zur Aspirationspneumonie führen. Immobilität setzt eine Person der Gefahr der Lungenstase oder -embolie aus.)*
- Sollte gegen die Muskelstarre Dantrolen verordnet werden, achten Sie auf Folgendes:
  - Lebertoxizität
  - Phlebitis und Gewebsschaden (falls i. v. verabreicht).

  (Dantrolen, ein Skelettmuskelrelaxans, wirkt auf der Ebene des sarkoplasmatischen Retikulums, indem es die Wirkungen eines dopaminergen Wirkstoffs ergänzt.)
- Legen Sie Kühldecken auf, verabreichen Sie Antipyretika und führen Sie kühle Waschungen mit dem Schwamm durch, *um das Fieber unter Kontrolle zu bringen.*
- Bei Dysphagie:
  - Überwachen Sie engmaschig die Nahrungsaufnahme.
  - Sorgen Sie für weiche oder flüssige Nahrung.
  - Ernähren Sie den Klienten über eine Sonde oder total parenteral, wenn sich der Ernährungszustand weiter verschlechtert.
  - Siehe auch *Schluckstörung.*
- Siehe *Gefahr einer Hautschädigung*, um einen Dekubitus zu verhindern. *(Profuses Schwitzen, Dehydratation, Harninkontinenz und Extremitätenkontrakturen schaffen die Vorraussetzungen für eine Hautschädigung.)*
- Sorgen Sie für Mundpflege und Absaugen nach Bedarf. *(Dysphagie kann zu vermehrter Speichelbildung führen.)*
- Legen Sie Augenklappen an und tragen Sie ggf. Gleitmittel auf. *(Dies verhindert eine Expositionskeratitis infolge unzureichenden Blinzelns.)*
- Nach der Genesung:
  - Lehren Sie den Klienten und seine Bezugspersonen, wie wichtig es ist, sich richtig zu ernähren, ausreichend zu schlafen und sich körperlich richtig zu belasten. *(Körperliche Erschöpfung prädisponiert zum MNS).*
  - Gehen Sie die Erscheinungen des MNS durch und lehren Sie den Klienten und seine Bezugspersonen, sofort medizinische Hilfe aufzusuchen, wenn es zu Steife, Fieber, exzessivem Schwitzen und Pulsrasen kommt. *(Frühzeitiges Erkennen kann schwere Komplikationen verhindern: Das MNS hat eine Mortalität von 11,6 %.)*
- Treffen Sie Vorkehrungen gegen Krampfanfälle.

• PK: Alkoholentzug

Definition

PK: Alkoholentzug: beschreibt eine Person, bei der es zu Komplikationen des Alkoholentzugs (z. B. Delirium tremens, Überaktivität des autonomen Nervensystems, Krampfanfälle, Alkoholhalluzinose und Hypertonie) gekommen ist oder eine entsprechende Gefahr besteht.

Hochrisikopopulationen

- AlkoholikerInnen.

Pflegeziele

Die Pflegeperson managt Komplikationen eines Alkoholentzugs und reduziert sie auf ein Minimum.

Indikatoren

Keine Krampfaktivität.
Ruhiger, orientierter Klient.
Körpertemperatur 36,7–37,5 °C.
Puls 60–100/min.
Blutdruck > 90/60, < 140/90 mmHg.
Keine Angaben über Halluzinationen.
Kein Tremor.

Allgemeine Interventionen und Begründungen

- Versuchen Sie sorgfältig festzustellen, ob der Klient Alkoholmissbrauch betreibt. Wenden Sie sich in Bezug auf den Alkoholkonsum an die Familie. Erklären Sie, warum eine akkurate Information nötig ist. *(Es ist entscheidend, hochgradig gefährdete Personen zu identifizieren, um potenziell tödliche Entzugssymptome verhindern zu können.)*
- Erheben Sie die Anamnese früherer Alkoholentzüge:
- Delirium tremens:
  - Beginn
  - Manifestation.
- Krampfanfälle:
  - Beginn
  - Art.

  (Entzug tritt 6–96 Stunden nach Einstellen des Trinkens ein. Er kann bei Personen auftreten, die als «Geselligkeitstrinker» gelten [172,5 ml Alkohol täglich über 3–4 Wochen]. Das Entzugsmuster kann dem früherer Episoden ähnlich sein. Ein von früheren Episoden abweichendes Krampfmuster kann auf eine andere Grundpathologie hindeuten.)
- Erheben Sie eine komplette Anamnese der eingenommenen rezeptpflichtigen und frei verkäuflichen Medikamente. *(Ein Benzodiazepin- und Barbituratentzug können einen Alkoholentzug imitieren und das Bild komplizieren.)*
- Wenden Sie sich an den Hausarzt hinsichtlich der Gefährdung des Klienten und des Beginns einer Benzodiazepintherapie, deren Dosierung durch die Befunde des Assessments bestimmt wird. *(Der Benzodiazepinbedarf bei Alkoholentzug schwankt stark und ist sehr klientspezifisch. Feste Dosierungspläne können zu Unter- oder Überdosierung führen.)*
- Beobachten Sie, ob die gewünschten Effekte der Benzodiazepintherapie eintreten:
  - Linderung von Entzugssymptomen
  - ruhig schlafender, aber weckbarer Klient.

(Benzodiazepine sind die Medikamente der Wahl zur Beherrschung von Entzugssymptomen. Neuroleptika verursachen Hypotonie und senken die Krampfschwelle. Auch mit Barbituraten lassen sich Entzugssymptome wirksam kontrollieren, sie bieten jedoch keinen Vorteil gegenüber Benzodiazepinen.)

- Überwachen Sie auf Indikatoren eines sinkenden Blutalkoholspiegels und stellen Sie fest, wann sie auftreten:
  - Angst
  - Schlaflosigkeit
  - leichte Tachykardie
  - Tremor
  - sensorische Überempfindlichkeit
  - leichtes Fieber
  - Desorientiertheit
  - Dehydratation.

  (Sinkt der Alkoholspiegel erst einmal 100 mg/dl unter den üblichen Spiegel der Person, tritt typischerweise Entzug ein. Die Symptome können bis zu 5 Tage anhalten. Entzug führt durch Adrenalinüberschuss und eine mögliche Veränderung der Prostaglandin-E_1-Spiegel zu einem hypermetabolen Zustand.)
- Überwachen Sie auf Entzugskrämpfe:
  - Stellen Sie den Beginn fest.
  - Siehe auch *PK: Krampfanfälle.*

  (Entzugskrämpfe können 6–96 Stunden nach dem Einstellen des Trinkens auftreten. Sie sind gewöhnlich nichtfokal und vom Grand-mal-Typ, dauern Minuten oder weniger und treten einzeln oder in Clustern zu 2–6 auf.)
- Überwachen Sie auf einen Status epilepticus und intervenieren Sie ggf. rasch. Folgen Sie den einrichtungsinternen Notfallprotokollen. *(Ein Status epilepticus ist lebensbedrohend, wenn er nicht sofort durch i. v. verabreichte Benzodiazepine beherrscht wird.)*
- Überwachen Sie auf ein Delirium tremens:
  - Delirkomponenten (lebhafte Halluzinationen, Verwirrtheit, extreme Desorientiertheit und schwankende Bewusstseinszustände)
  - extreme hyperadrenerge Stimulation (Tachykardie, Hyper- oder Hypotonie, extremer Tremor, Agitiertheit, Schwitzen und Fieber).

  (Ein Delirium tremens tritt entweder am 4. oder 5. Tag nach Einstellen des Trinkens ein und verschwindet innerhalb von 5 Tagen.)
- Überwachen und stellen Sie den Beginn einer Alkoholhalluzinose fest. Sie umfasst optische, akustische und taktile Halluzinationen, wobei die Person jedoch spürt, dass die Halluzinationen nicht real sind, und sich ihrer Umgebung bewusst ist. *(Eine Alkoholhalluzinose tritt 6–96 Stunden nach Abstinenz ein und kann bis zu 3 Tage anhalten.)*
- Überwachen Sie alle 2 Stunden die Vitalzeichen:
  - Körpertemperatur, Puls und Atmung
  - Blutdruck.

  (Klienten auf Entzug haben eine beschleunigte Herzfrequenz, beschleunigte Atmung und Fieber. Bei Klienten mit Delirium tremens ist ein leichtes Fieber zu erwarten. Rektaltemperaturen über 37,7 °C gehen u. U. auf eine Infektion zurück.)

- Halten Sie den I.v.-Zugang des Klienten offen. *(Dies ist nötig zur Flüssigkeitssubstitution sowie zur Verabreichung von Dextrose, von Bolusinjektionen von Thiamin, von Benzodiazepinen sowie von Magnesiumsulfat. Chlordiazepoxid und Diazepam sollten wegen ihrer vorhersehbaren Resorption nicht intramuskulär gegeben werden.)*
- Für Interventionen bei Substanzmissbrauch siehe die Pflegediagnose *unwirksames Verleugnen.*

Potenzielle Komplikation: Magen-Darm-, Leber-, Gallenfunktionsstörung

Potenzielle Komplikation: Magen-Darm-, Leber-, Gallenfunktionsstörung

PK: Paralytischer Ileus
PK: Magen-Darm-Blutung
PK: Leberfunktionsstörung
PK: Hyperbilirubinämie

Definition

Potenzielle Komplikation: Magen-Darm-, Leber-, Gallenfunktionsstörung: beschreibt eine Person mit einer Funktionsstörung des Gastrointestinaltrakts, der Leber oder der Galle und der Gallenwege oder mit einer entsprechenden Gefährdung. (Beachte: Diese drei Systeme werden klassifikationshalber zusammengefasst. In einer klinischen Situation würde die Pflegeperson entweder *PK: Magen-Darm-Funktionsstörung, PK: Leberfunktionsstörung, PK: Blutung* oder *PK: Gallenfunktionsstörung* einsetzen, um das jeweils zutreffende System zu spezifizieren.

Anmerkung der Autorin

Die Pflegeperson kann diese generischen interdisziplinären Probleme zur Beschreibung einer Person verwenden, die durch verschiedene Störungen des Magen-Darm-Trakts, der Leber oder der Galle gefährdet ist. Dadurch konzentrieren sich die Pflegeinterventionen auf die Überwachung des Zustands des Magen-Darm-Trakts, der Leber oder der Galle, um Funktionsanomalien zu erkennen und zu diagnostizieren. Sollte es zu einer Komplikation kommen, würde die Pflegeperson das jeweilige spezifische interdisziplinäre Problem (z. B. *PK: Magen-Darm-Blutung, PK: Leberfunktionsstörung*) der Problemliste hinzufügen und damit das geeignete Pflegemanagement spezifizieren.

In den meisten Fällen behandelt die Pflegeperson neben diesen interdisziplinären Problemen weitere damit einhergehende Reaktionen (z. B. *beeinträchtigtes Wohlbefinden,* **b/d** *Ansammlung von Bilirubin und Gallensalzen*).

Für Informationen über die Fokusassessmentkriterien siehe http://thepoint.lww.com.

Signifikante Assessmentkriterien (Labor/Diagnostik)

Urinanalyse (um niedrige Amylasespiegel zu erkennen, die auf eine Pankreasinsuffizienz hindeuten).
Helicobacter pylori (*H. pylori*) im Serum (positiv als Risikofaktor einer peptischen Ulkuskrankheit).
Serum-Albumin (erniedrigt bei chronischem Leberleiden).
Serum-Amylase (erhöht bei Gallenwegserkrankung).
Serum-Lipase (erhöht bei Pankreatitis).
Serum-Kalzium (hohe Gesamtkalziumspiegel bei Leber- und Pankreaskarzinom sowie bei Krebsleiden anderer Organe.
Stuhlproben (können auf Blut, Parasiten, Fett analysiert werden).
Bilirubin (erhöht bei Leberleiden, Neugeborenenhyperbilirubinämie).
Kalium (erniedrigt bei Leberleiden mit Aszites, Erbrechen, Diarrhö).
Blutharnstoffstickstoff (erhöht bei Leberinsuffizienz).
Prothrombinzeit (verlängert bei Leberzirrhose, Hepatitis).
Hämoglobin, Hämatokrit (erniedrigt bei Blutung).
Natrium (erniedrigt bei Dehydratation).
Thrombozyten (erniedrigt bei Leberleiden oder Blutung).
Serum-Ammoniak-Spiegel (erhöht bei Leberfunktionsstörung).
Leberenzyme zur primären Differenzialdiagnose von Leberleiden.
Röntgen-Untersuchung des Abdomens.
Ultraschalluntersuchung (um Raumforderungen, Obstruktionen, Gallensteine zu erkennen).
CT-Scan, MRI (um Weichteilgewebe auf Abszesse, Tumoren, Blutungsquellen zu untersuchen).
Koloskopie, Bariumeinlauf.
Endoskopie, oberer Magen-Darm-Trakt.
Endoskopische retrograde Cholangiopankreatographie (ERCP).

• PK: Paralytischer Ileus

Definition

Paralytischer Ileus: beschreibt eine Person mit neurogenem oder funktionellem Darmverschluss oder einer entsprechenden Gefährdung.

Hochrisikopopulationen

- Thrombose oder Embolie eines Mesenterialgefäßes.
- Jede größere Operation unter Vollnarkose mit anschließender Einschränkung der Mobilität sowie kleinere Eingriffe am Abdomen.
- Zustand nach Operation (Darm-, Retroperitoneum- oder Rückenmarks-OP).
- Störung des Elektrolythaushalts (z. B. Hypokaliämie).
- Hypokaliämie.
- Zustand nach Schock.
- Hypovolämie.

- Zustand nach einem Trauma (z. B. Rückenmarksverletzung).
- Strangulierte Hernien.
- Angeborene Darmfehlbildungen.
- Urämie.
- Rückenmarksverletzung.

Pflegeziele

Die Pflegeperson managt Komplikationen eines paralytischen Ileus und reduziert sie auf ein Minimum.

Indikatoren

Darmgeräusche vorhanden.
Weder Übelkeit noch Erbrechen.
Keine Blähung des Abdomens.

Allgemeine Interventionen und Begründungen

- Überwachen Sie bei einem Klienten nach einer Operation die Darmfunktion und achten Sie dabei auf:
  - Rückkehr der Darmgeräusche in allen Quadranten innerhalb von 24–48 Stunden nach der OP
  - Rückkehr von Darmwinden und Stuhlgang am 2. oder 3. Tag nach der OP.

  (Operation und Anästhesie schwächen die Innervation des Darms, indem sie die Peristaltik verringern und möglicherweise zu einem vorübergehenden paralytischen Ileus führen [Porth, 2002].)
- Gestatten Sie dem Klienten erst nach Wiedereintritt der Darmgeräusche, Flüssigkeiten zu sich zu nehmen. Wenn angezeigt, beginnen Sie nur mit kleinen Mengen klarer Flüssigkeiten. Überwachen Sie die Reaktion des Klienten auf die erneute Nahrungs- und Flüssigkeitsaufnahme und dokumentieren Sie Art und Menge von Erbrochenem oder Stühlen. *(Der Klient wird Flüssigkeiten erst nach Wiedereintritt der Darmgeräusche vertragen.)*
- Überwachen Sie auf Zeichen eines paralytischen Ileus: primär Schmerzen, typischerweise umschrieben, scharf und intermittierend; Schluckauf; Übelkeit/Erbrechen; Obstipation; geblähtes Abdomen; Loslassschmerz. *(Intraoperatives Manipulieren von Bauchorganen und die dämpfende Wirkung von Narkotika und Anästhetika auf die Peristaltik können einen paralytischen Ileus hervorrufen, der sich typischerweise zwischen dem 3. und 5. postoperativen Tag entwickelt.)*
- Wenn der paralytische Ileus durch Hypovolämie bedingt ist, siehe *PK: Hypovolämie* für weitere Informationen und spezifische Interventionen.

• PK: Magen-Darm-Blutung

Definition

Magen-Darm-Blutung: beschreibt eine Person mit einer Magen-Darm-Blutung oder einer entsprechenden Gefährdung.

Hochrisikopopulationen

- Längere mechanische Beatmung.
- Erkrankungen des Magen-Darm-Trakts, der Leber und des biliären Systems.
- Transfusion von fünf oder mehr Einheiten Blut.
- Kürzlicher Stress (z. B. Trauma, Sepsis).
- Ösophagusvarizen.
- Peptisches Ulkus.
- Kolonkarzinom.
- Thrombozytenmangel.
- Koagulopathie.
- Schock, Hypotonie.
- Längere Operation (> 3 h).
- Kopfverletzung.
- Schweres Gefäßleiden.
- Verbrennungen (> 35 % der Körperoberfläche).
- Tägliche Einnahme von Acetylsalicylsäure oder NSAID.

Säuglinge/Kinder (Wong, 2003)

- Neugeborene: Schlucken mütterlichen Blutes, hämorrhagische Erkrankung, Analfissur, Stressulzera, Enterokolitis, Gefäßmissbildung.
- 6 Monate: Analfissur, Stressulzera, Enterokolitis, Gefäßmissbildung, Intussuszept, lymphonoduläre Hyperplasie.
- 6 Monate bis 5 Jahre: wie oben, außerdem noch Nasenbluten, Ösophagitis, Varizen, Gastritis, Meckel-Divertikel, thrombozytopenische Purpura, Polypen.
- 5–18 Jahre: wie oben, außerdem noch Mallory-Weiss-Syndrom, peptisches Ulkus, chronische Colitis ulcerosa, Crohn-Krankheit, Hämorrhoiden.

Pflegeziele

Die Pflegeperson managt Komplikationen einer Magen-Darm-Blutung und reduziert sie auf ein Minimum.

Indikatoren

Kein okkultes Blut im Stuhl.
Ruhiger, orientierter Klient.
Für Indikatoren siehe *PK: Hypovolämie.*

Allgemeine Interventionen und Begründungen

- Beginnen Sie mit dem Prophylaxeprotokoll für mechanisch beatmete Personen. *(Diese Personen sind hochgradig durch Magen-Darm-Blutungen gefährdet.)*
- Überwachen Sie auf Zeichen und Symptome einer Magen-Darm-Blutung:

  - Übelkeit
  - Hämatemesis
  - Blut im Stuhl
  - erniedrigter Hämatokrit oder erniedrigtes Hämoglobin
  - Hypotonie, Tachykardie
  - Diarrhö oder Obstipation
  - Anorexie.

  (Klinische Erscheinungen hängen von Menge und Dauer der Magen-Darm-Blutung ab. Wird sie frühzeitig entdeckt, lässt sich rechtzeitig intervenieren, um Komplikationen möglichst gering zu halten.)
- Überwachen Sie auf okkultes Blut im Magenaspirat und im Stuhl.
- Bestimmen Sie alle 2–4 Stunden den pH-Wert des Magens. *(Den pH-Wert des Magens unter 5 zu halten, hat Blutungskomplikationen um 89 % verringert.)*
  - Verwenden Sie pH-Papier mit einem Bereich von 0 bis 7,5. Achten Sie auf gute Beleuchtung beim Auswerten der Farbe des Papiers.
  - Bringen Sie den Klienten liegend in Linksseitenlage. *(Diese Position ermöglicht es, die Spitze der Magen- oder Gastrostomiesonde in die große Kurvatur des Magens und gewöhnlich unter das Magensaftniveau zu führen.)*
  - Verwenden Sie zwei Spritzen (> 30 ml) zur Gewinnung von Aspirat. Aspirieren Sie eine Probe und verwerfen Sie sie. Verwenden Sie zum Testen das Aspirat in der zweiten Spritze. *(Das erste Aspirat reinigt die Sonde von Antazida und anderen Substanzen, die den pH-Wert der Probe verändern können.)*
- Evaluieren Sie andere Faktoren, welche die Ablesung des pH-Werts beeinträchtigen können:
  - Medikamente (z. B. Cimetidin)
  - Sondennahrung
  - Spülungen.

  (Wenn das Aspirat bestimmte Substanzen enthält, kann es zu falsch positiven und falsch negativen Ergebnissen kommen. Die meisten Untersucher empfehlen einen pH-Bereich von 3,5 bis 5,0.)
- Messen Sie oft die Vitalzeichen, vor allem Blutdruck und Puls. *(Durch sorgfältiges Überwachen lassen sich frühzeitig Veränderungen der Blutmenge erkennen.)*
- Wenden Sie sich wegen der spezifischen Verordnung des pH-Titrationsbereichs und der Antazidagabe an den Arzt oder die Fachpflegeperson.
- Falls eine Nasensonde verordnet wird, verwenden Sie eine großvolumige Sonde (18 G = 1,27 mm Durchmesser) und folgen Sie den einrichtungsinternen Vorschriften für das Legen der Sonde und die Versorgung des Klienten. *(Über eine Magensonde lassen sich Reizerscheinungen auslösender Magensaft, Blut und Blutgerinnsel entfernen und sie kann die Blähung des Abdomens verringern.)*
- Folgen Sie den einrichtungsinternen Vorschriften für Magenspülungen, falls verordnet. *(Spülen führt zu lokaler Vasokonstriktion und kann eine Magen-Darm-Blutung beherrschen helfen.)*
- Überwachen Sie Hämoglobin, Hämatokrit, Leukozytenzahl, Thrombozytenzahl, Prothrombinzeit, Blutgruppe und Kreuzprobe sowie die Blutharnstoffstickstoffwerte. *(Diese Werte spiegeln die Effektivität der Therapie wider.)*
- Bei einer Hypovolämie siehe *PK: Hypovolämie* für weitere Informationen und spezifische Interventionen.

- Bereiten Sie auf Anordnung des Arztes bzw. der Fachpflegeperson eine Transfusion vor. *(Dies kann das Blutvolumen wiederherstellen. Angewärmtes Blut und Blutprodukte werden besser vertragen und sind sicherer.)*
- Sorgen Sie für Klientenedukation und holen Sie vor der Transfusion von Blutprodukten das Einverständnis des Klienten ein. *(Dies hilft, die Angst zu lindern und erleichtert die Transfusion, wenn sie dann nötig wird. Ein im Voraus eingeholtes Einverständnis sollte vor dem eigentlichen Akt noch einmal bestätigt werden.)*

• PK: Leberfunktionsstörung

Definition

Leberfunktionsstörung: beschreibt eine Person mit einer fortschreitenden Leberfunktionsstörung oder einer entsprechenden Gefährdung.

Anmerkung der Autorin

Im Jahre 2006 genehmigte die NANDA eine neue Pflegediagnose: *Gefahr einer beeinträchtigten Leberfunktion*. Die Autorin ist der Ansicht, dass es sich dabei um ein interdisziplinäres Problem handelt. Die Pflegeperson hat die Wahl der Terminologie. Die/der Lernende sollte sich diesbezüglich an seine Lehrperson wenden.

Hochrisikopopulationen

Infektionen

- Hepatitis A, B, C, D, E, Non-A, Non-B, Non C.
- Herpes-simplex-Virus (Typ 1 und 2).
- Epstein-Barr-Virus.
- Varicella-zoster-Virus.
- Dengue-Fieber-Virus.
- Rift-Valley-Fieber-Virus.

Drogen/Toxine

- In der Industrie verwandte Substanzen (Chlorkohlenwasserstoffe, Phosphor).
- *Amanita phalloides* (Pilz).
- Aflatoxin (aus Schimmelpilzen).
- Medikamente (Isoniazid, Rifampicin, Halothan, Methyldopa, Tetracyclin, Valproinsäure, MAO-Hemmer, Phenytoin, Nikotinsäure, trizyklische Antidepressiva, Isofluran, Ketoconazol, Cotrimethoprim, Sulfasalazin, Pyrimethamin, Octreotid, Virustatika).
- Acetaminophentoxizität.
- Kokain.
- Alkohol.

Mangeldurchblutung (Schockleber)

- Venenverschlüsse.
- Budd-Chiari-Syndrom.
- Venookklusive Erkrankung.
- Ischämie.

Stoffwechselerkrankungen

- Hyperbilirubinämie.
- Wilson-Krankheit.
- Tyrosinämie.
- Hitzschlag.
- Galaktosämie.
- Ernährungsmängel.

Operationen

(Traumatisierte Leber)

- Jejunoilealer Bypass.
- Partielle Hepatektomie.
- Erfolglose Lebertransplantation.

Weitere Hochrisikopopulationen

- Reye-Syndrom.
- Akute Schwangerschaftsfettleber.
- Massive maligne Tumorinfiltration.
- Autoimmunhepatitis.
- Rhesus-Inkompatibilität.
- Verzehr von rohem, kontaminiertem Fisch.
- Thalassämie.

Pflegeziele

Die Pflegeperson managt Komplikationen einer Leberfunktionsstörung und reduziert sie auf ein Minimum.

Indikatoren

Prothrombinzeit (PT) 11–12,5 s.
Partielle Thromboplastinzeit (PTT) 60–70 s.
Aspartataminotransferase (AST) beim Mann 7–21 U/l, bei der Frau 6–18 U/l.
Alaninaminotransferase (ALT) 5–35 U/l.
Alkalische Phosphatase 30–150 U/l.
Serumelektrolyte im Normbereich.

Allgemeine Interventionen und Begründungen

- Überwachen Sie auf Zeichen und Symptome einer Leberfunktionsstörung:
  - Anorexie, Verdauungsstörungen *(Die Auswirkungen am Magen-Darm-Trakt resultieren aus den zirkulierenden Toxinen.)*
  - Ikterus *(Gelbe Haut und gelbe Skleren resultieren aus der exzessiven Bilirubinproduktion.)*
  - Petechien, Ekchymosen *(Diese Hautveränderungen spiegeln die gestörte Synthese von Gerinnungsfaktoren wider.)*
  - lehmfarbene Stühle *(Dies kann auf den verminderten Gehalt des Stuhls an Gallensalzen zurückzuführen sein.)*
  - erhöhte Werte bei Leberfunktionstests (z. B. Serum-Bilirubin, Serum-Transaminase) *(Erhöhte Werte sprechen für einen ausgedehnten Leberschaden.)*
  - verlängerte Prothrombinzeit *Dies spiegelt die verminderte Produktion von Gerinnungsfaktoren wider.)*
- Überwachen Sie bei Leberfunktionsstörung auf eine Hämorrhagie. *(Die Leber spielt in der Hämostase eine zentrale Rolle. Eine erniedrigte Thrombozytenzahl ist Folge der gestörten Neubildung von Thrombozyten im Knochenmark. Eine weitere Folge ist die verminderte Clearance alter Thrombozyten im retikuloendothelialen System. Außerdem ist die Synthese von Gerinnungsfaktoren [II, V, VII, IX und X] gestört, was zu Blutungen – meist im Magen-Darm-Trakt – führt. Weitere Blutungslokalisationen sind der Nasenrachenraum, die Lunge sowie Retroperitoneum, Nieren, Schädel und Punktionsstellen in der Haut [Porth, 2002].)*
- Lehren Sie den Klienten, eine ungewöhnliche Blutung (z. B. im Mund nach dem Zähneputzen) sofort zu melden. *(Die Schleimhäute sind aufgrund ihrer hohen Gefäßdichte an der Oberfläche verletzungsanfällig.)*
- Überwachen Sie auf eine portalsystemisch bedingte Enzephalopathie, indem Sie den Klienten in folgenden Punkten einschätzen:
  - allgemeines Erscheinungsbild und Verhalten
  - Orientiertheit
  - Sprache
  - Laborwerte: pH-Wert des Blutes und Ammoniakspiegel.

  (Eine ausgeprägte Leberinsuffizienz führt zur Akkumulation von Ammoniak und anderen toxischen Stoffwechselprodukten im Blut. Die Permeabilität der Blut-Hirn-Schranke steigt und sowohl Toxine als auch Plasmaproteine treten aus den Kapillaren in den Extrazellulärraum über und verursachen ein Hirnödem.)
- Überwachen Sie auf Zeichen und Symptome (für spezifische Zeichen und Symptome siehe im Sachwortverzeichnis unter den jeweiligen Elektrolyten):
  - Hypoglykämie *(Die Hypoglykämie wird verursacht durch den Verlust der Glykogenspeicher aus geschädigten Zellen in der Leber sowie durch erniedrigte Serumspiegel von Glukose, Insulin und Wachstumshormonen.)*
  - Hypokaliämie *(Kaliumverluste entstehen durch Erbrechen, Absaugen von Magensaft, Diuretika oder exzessive Verluste über die Nieren.)*
  - Hypophosphatämie *(Der Verlust von Kaliumionen verursacht einen entsprechenden Verlust an Magnesiumionen. Ein erhöhter Phosphatverlust, transzelluläre Verschiebungen und eine verminderte Phosphatzufuhr tragen zur Hypophosphatämie bei.)*

- Überwachen Sie auf Störungen des Säure-Basen-Haushalts. Eine Leberzellnekrose kann zur Akkumulation organischer Anionen und nachfolgender Azidose führen. *(Klienten mit Aszites haben oft eine metabolische Alkalose infolge erhöhter Bikarbonatspiegel, die durch einen erhöhten Natrium-Wasserstoff-Austausch im distalen Nierentubulus entstehen.)*
- Schätzen Sie Nebenwirkungen von Medikamenten ein. Vermeiden Sie die Gabe von Narkotika, Sedativa und Tranquilizern und setzen Sie den Klienten keinen ammoniakhaltigen Produkten aus. *(Die Leberfunktionsstörung bewirkt einen verlangsamten Abbau bestimmter Medikamente [z. B. Opiate, Sedativa, Tranquilizer] und erhöht die Gefahr der Toxizität infolge hoher Medikamentenspiegel im Blut. Ammoniakhaltige Produkte sollten gemieden werden, weil der Klient bereits einen hohen Serum-Ammoniak-Spiegel hat.)*
- Überwachen Sie auf Zeichen und Symptome einer Niereninsuffizienz (für weitere Informationen siehe *PK: Niereninsuffizienz*). *(Eine Behinderung der Leberdurchblutung bedeutet auch eine verminderte Nierendurchblutung. Dies beeinträchtigt die glomeruläre Filtrationsrate und führt zu Flüssigkeitsretention und verminderter Urinausfuhr.)*
- Überwachen Sie auf Hypertonie. *(Flüssigkeitsretention und -überlastung können zu Hypertonie führen.)*
- Lehren Sie den Klienten und seine Familie, Zeichen und Symptome von Komplikationen zu melden, als da sind:
  - Zunahme des Taillenumfangs *(Dies kann eine Verschlechterung der portalen Hypertension anzeigen.)*
  - rasche Gewichtszu- oder -abnahme *(Eine Gewichtsabnahme deutet auf eine negative Stickstoffbilanz hin; eine Gewichtszunahme spricht für Flüssigkeitsretention.)*
  - Blutungen *(Eine ungewöhnliche Blutung zeigt eine verkürzte Prothrombinzeit und verminderte Gerinnungsfaktoren.)*
  - Tremor *(Ein Tremor kann durch beeinträchtigte Neurotransmission entstehen, weil die Leber nicht mehr in der Lage ist, Enzyme zu entgiften, die als falsche Neurotransmitter wirken.)*
  - Verwirrtheit *(Sie kann Folge der zerebralen Hypoxie sein, die durch den hohen Serum-Ammoniak-Spiegel verursacht wird. Letzterer resultiert aus der beeinträchtigten Fähigkeit der Leber, Ammoniak in Harnstoff umzuwandeln.)*

• PK: Hyperbilirubinämie

Definition

Hyperbilirubinämie: beschreibt ein Neugeborenes mit überhöhten Serum-Bilirubin-Spiegeln (> 0,15 mg/dl) oder einer entsprechenden Gefährdung.

Hochrisikopopulationen (Simpson/Creehan, 2001)

Neugeborenes

- Geburtsgewicht < 1500 g.
- Frühgeburt.
- Männliches Geschlecht.
- Hypothermie.

- Asphyxie.
- Hypoalbuminämie.
- Sepsis.
- Meningitis.
- Polyzythämie (Hkt > 65 %).
- Medikamente mit Wirkung auf die Albuminbindung.
- Angeborene Hypothyreose.
- Hämatome.
- Schwaches Saugen.
- Angeborene Stoffwechselanomalien.

Mutter

- Oxytocin.
- Zangen- oder Saugglockengeburt.
- Blutgruppenunverträglichkeiten.
- Diabetes.
- Ostasiatische Abstammung
- Schwangerschaftshypertonie.
- Familienanamnestisch bekannt: Ikterus, Leberleiden, Anämie oder Splenektomie.

Pflegeziele

Die Pflegeperson managt Komplikationen einer Hyperbilirubinämie und reduziert sie auf ein Minimum.

Indikatoren

Serum-Bilirubin-Spiegel (< 0,15 mg/dl).

Allgemeine Interventionen und Begründungen

- Verhindern Sie Kältestress. *(Der Stoffwechsel des braunen Fettgewebes setzt unveresterte freie Fettsäuren frei, die mit dem Bilirubin an der Albuminbindung konkurrieren.)*
- Stellen Sie eine adäquate Hydratation und Nahrungsaufnahme sicher. *(Optimale Versorgung mit Flüssigkeit und optimale Fütterungen fördern die Bilirubinausscheidung.)*
- Differenzieren Sie zwischen physiologischem und pathologischem Ikterus. Ersterer erfordert im Gegensatz zu letzterem keine Therapie.
- Physiologischer Ikterus:
  - gutartig
  - Beginn nach 3–6 Tagen (Still-Ikterus)
  - Beginn nach 5–15 Tagen (Muttermilch-Ikterus).
- Pathologischer Ikterus:
  - rascher Anstieg
  - Beginn in den ersten 24 Lebensstunden.

- Screenen Sie auf hochgefährdete Säuglinge:
- Evaluieren Sie, ob ein Ikterus vorliegt:
  - Gesicht (Frühzeichen eines Bilirubinspiegels > 5 mg/dl)
  - Stamm/Sternum (bei Bilirubinspiegeln > 10 mg/dl)
  - unterer Körperbereich (bei Bilirubinspiegeln > 15 mg/dl)
- Achten Sie auf Ekchymosen, Abrasionen oder Petechien. *(Aus Gefäßen ausgetretenes Hämoglobin im Gewebe geht in den normalen Hämoglobinabbau ein und erhöht die Bilirubinproduktion.)*
- Überwachen Sie auf bilirubininduzierte neurologische Funktionsstörungen. *(Bilirubinablagerungen in den Basalganglien und an Nervenendigungen verursachen bei 25 % der Frühgeborenen und bei 2 % der gesunden, zum Termin Geborenen eine Enzephalopathie.)*
  - Verhaltensänderung: Lethargie; Somnolenz, die zu Krampfanfällen und zum Koma fortschreitet
  - Anomalien des Muskeltonus
  - schrilles, hohes Schreien
  - Saugschwäche.
- Beginnen Sie mit der Fototherapie entsprechend den einrichtungsinternen Verfahrensweisen, falls angezeigt. *(Die Fototherapie wandelt Bilirubin in wasserlösliche Produkte um, die ausgeschieden werden können.)*
- Stellen Sie bei einer Fototherapie eine optimale Hydratation sicher. Wiegen Sie den Säugling täglich, um den Flüssigkeitsstatus einzuschätzen. *(Eine Fototherapie erhöht den Flüssigkeitsverlust durch Schwitzen.)*
- Schützen Sie während der Fototherapie die Augen des Säuglings. Verwenden Sie einen Augenschutz aus Plexiglas und stellen Sie sicher, dass vor dem Aufsetzen die Augenlider des Kindes geschlossen sind. *(Diese Vorsichtsmaßnahmen sorgen für eine sichere Behandlung.)*
- Überwachen Sie auf Ausfluss aus dem Auge, überhöhten Druck auf die Augenlider und Hornhautreizung. *(Diese Komplikationen können sich durch die Plexiglasabschirmung ergeben.)*
- Lagern Sie den Säugling während der Fototherapie häufig um. *(Jeder Bereich, der nicht dem Licht ausgesetzt wird, bleibt ikterisch.)*
- Überwachen Sie die Körpertemperatur mindestens alle 4 Stunden. *(Ein nackter Säugling ist hypothermiegefährdet. Der Einsatz von Wärmestrahlern erhöht die Gefahr einer Hyperthermie.)*
- Bereiten Sie die Eltern auf eine häusliche Fototherapie vor. *(Kandidaten sind zum Termin Geborene, die älter als 48 Stunden sind, mit Bilirubinspiegeln > 14 mg/dl und < 18 mg/dl.)*
- Erläutern Sie das Verfahren:
  - Lehren Sie Warnzeichen einer Neurotoxizität.
  - Sorgen Sie für schriftliche Instruktionen.
  - Arrangieren Sie tägliche Besuche einer Hauspflegekraft.

Potenzielle Komplikation: Muskel-Skelett-Dysfunktion

Potenzielle Komplikation: Muskel-Skelett-Dysfunktion

PK: Pathologische Frakturen
PK: Gelenkluxation

Definition

Potenzielle Komplikation: Muskel-Skelett-Dysfunktion: beschreibt eine Person mit verschiedenen Störungen des Muskel-Skelett-Systems oder einer entsprechenden Gefährdung.

Anmerkung der Autorin

Der Pflegeperson kann dieses generische interdisziplinäre Problem zur Beschreibung von Personen dienen, die durch verschiedene Arten von Muskel-Skelett-Problemen gefährdet sind (z. B. alle Klienten nach einem Mehrfachtrauma). Dieses interdisziplinäre Problem richtet das Pflegemanagement darauf aus, den Zustand des Muskel-Skelett-Systems einzuschätzen, um Anomalien zu erkennen und zu diagnostizieren.

Bei einem Klienten mit einer bestimmten Störung des Muskel-Skelett-Systems würde die Pflegeperson das entsprechende interdisziplinäre Problem (z. B. *PK: Pathologische Frakturen*) der Problemliste hinzufügen. Sollten die Risikofaktoren oder die Ätiologie nicht unmittelbar mit den medizinischen Primärdiagnosen zusammenhängen, würde die Pflegeperson diese Information der diagnostischen Aussage anfügen (z. B. *PK: Pathologische Frakturen,* **b/d** *Osteoporose*).

Da sich Störungen des Muskel-Skelett-Systems typischerweise auf das Funktionieren im Alltag auswirken, muss die Pflegeperson die funktionellen Verhaltensmuster des Klienten auf Belege für eine Beeinträchtigung prüfen. Die Befunde können bedeutsame Auswirkungen haben (z. B. ein eingegipstes Bein, das eine Frau daran hindert, ihre bevorzugte Schlafstellung einzunehmen und sie bei der Hausarbeit behindert). Sind all diese Probleme erkannt, sollte die Pflegeperson Pflegediagnosen anwenden, um spezifische Reaktionen auf ein aktuell oder potenziell gestörtes Funktionieren anzugehen.

Für Informationen über die Fokusassessmentkriterien siehe http://thepoint.lww.com.

Signifikante Assessmentkriterien (Labor/Diagnostik)

Labor

Serum-Kalzium (erniedrigt bei Osteoporose).
Serum-Phosphor (erniedrigt bei Osteoporose).
Sedimentationsrate (erhöht bei entzündlichen Erkrankungen).

Diagnostik

Knochendichtemessung.
Röntgen-Untersuchung.
CT-Scan.
Magnetresonanztomogramm.
Knochen-Scan.
Aspirationsbiopsie.

• PK: Pathologische Frakturen

Definition

PK: Pathologische Frakturen: beschreibt eine Person mit einer nicht traumatisch bedingten Fraktur infolge von Defekten der Knochenstruktur oder einer entsprechenden Gefährdung.

Hochrisikopopulationen

- Osteopenie.
- Osteporose.
- Cushing-Syndrom.
- Mangelernährung.
- Langzeittherapie mit Kortikosteroiden.
- Osteogenesis imperfecta.
- Knochentumoren (primär oder metastatisch).
- Paget-Krankheit.
- Längere Immobilität.
- Fraktionierte Bestrahlung.
- Rachitis.
- Osteomalazie.
- Hyperparathyreose.
- Multiples Myelom.
- Lymphatische Leukämie.
- Knochenzysten.
- Infektion.

Pflegeziele

Die Pflegeperson managt Komplikationen pathologischer Frakturen und reduziert sie auf ein Minimum.

Indikatoren

Keine neuen Schmerzen.
Keine Veränderungen der Körpergröße.

Allgemeine Interventionen und Begründungen

- Überwachen Sie auf Zeichen und Symptome pathologischer Frakturen:
  - umschriebener, nicht nachlassender Dauerschmerz (Rücken, Hals oder Extremitäten)
  - erkennbare Knochendeformität
  - Krepitation beim Bewegen
  - Verlust der Bewegungs- oder Funktionsfähigkeit
  - umschriebenes Weichteilödem
  - Verfärbung der Haut.

  (Pathologische Frakturen zu erkennen erlaubt promptes Intervenieren, um weitere Komplikationen auf ein Mindestmaß zu reduzieren.)
- Überwachen Sie eine Klientin mit Osteoporose auf Zeichen und Symptome von Wirbel-, Hüft- und Handgelenkfrakturen, wie etwa:
  - Schmerzen im Steißbereich, am Hals oder im Handgelenk
  - umschriebene Schmerzempfindlichkeit
  - ins Abdomen und in die Flanken ausstrahlender Schmerz
  - Spasmen der paravertrebralen Muskulatur.

  (Eine fortschreitende Osteoporose befällt eher Knochen mit hohem Trabekelanteil [z. B. Hüfte, Wirbel, Handgelenk].)
- Fördern Sie baldmöglichst Aktivitäten unter Belastung. *(Belastung hilft, die Demineralisierung des Knochens zu verhindern.)*
- Lehren Sie Maßnahmen, mit denen sich Verletzungen verhindern und eine Belastungsaufnahme fördern lassen, wie etwa:
  - fließende Bewegungen, um Zug und Schub an den Gliedmaßen zu vermeiden
  - Abstützen der Extremitäten im Bett
  - leichtes Anheben des Gesäßes im Sitzen, um das Gewicht auf Beine und Arme zu verteilen.
- Überwachen der Ergebnisse von Röntgen-Aufnahmen und Messungen des Serum-Kalzium-Spiegels. *(Diese diagnostischen Befunde helfen beim Evaluieren der Frakturgefährdung des Klienten.)*
- Bewahren Sie bei Verdacht auf eine Fraktur eine korrekte Ausrichtung des Körpers und immobilisieren Sie die Stelle durch Kissen oder eine Schiene. Benachrichtigen Sie sofort den Arzt oder die Fachpflegeperson. *(Rechtzeitiges, angemessenes Intervenieren kann einen Weichteilgewebsschaden verhindern oder minimieren.)*
  - Lehren Sie den Klienten und seine Familie Maßnahmen zur Verhinderung oder Verzögerung einer Knochendemineralisierung, und zwar unter Einsatz der Pflegediagnose Wissensdefizit: *Management einer Osteoporose.*
  - Sorgen Sie auf Anordnung für Kalziumsubstitution.
  - Sorgen Sie auf Anordnung für Vitamin-D-Substitution.

• PK: Gelenkluxation

Definition

PK: Gelenkluxation: beschreibt eine Person, bei der es zur Luxation eines Knochens aus dem Gelenk gekommen ist oder bei der eine entsprechende Gefahr besteht.

Hochrisikopopulationen

- Totale Hüftendoprothese.
- Totaler Kniegelenkersatz.
- Hüft-, Knie-, Schulterfraktur.

Säuglinge/Kinder

- Geburtstrauma (z. B. Beckenendlage, Erstgeborenes).
- Sportverletzung.
- Zerebralparese (Hüfte).

Pflegeziele

Die Pflegeperson managt Komplikationen von Luxationen und reduziert sie auf ein Minimum.

Indikatoren

Hüfte in Abduktion oder Neutralstellung.
Korrekt ausgerichtete betroffene Extremität.

Allgemeine Interventionen und Begründungen

- Sorgen Sie für eine dauerhaft korrekte Lagerung:
  - Hüfte: halten Sie die Hüfte in Abduktion, Neutralrotation oder leichter Außenrotation
  - Hüfte: Vermeiden Sie eine Beugung der Hüfte um 60 Grad.
  - Knie: leicht erhöht gegenüber der Hüfte. Vermeiden Sie den Gebrauch einer verstellbaren Kniestütze im Bett und legen Sie keine Kissen unter das Kniegelenk *(um Beugekontrakturen zu vermeiden)*. Legen Sie das Kissen unter die Wade.

  (Um eine Prothesenluxation zu verhindern, werden spezielle Lagerungstechniken angewandt.)
- Achten Sie auf Zeichen einer Gelenkluxation (Hüfte, Knie):
- *Hüfte:*
  - akuter Leistenschmerz in der operierten Hüfte
  - Verkürzung des Beins mit Außenrotation.
- *Hüfte, Knie, Schulter:*
  - Der Klient hört ein «poppendes» Geräusch.
  - Wulst an der operierten Stelle.
  - Bewegungsunfähigkeit
  - Schmerzen beim Bewegen.

  (Bis zum Verheilen der umgebenden Muskulatur und der Gelenkkapsel kann es zur Luxation kommen, wenn bei der Lagerung die Grenzen der Prothese überschritten werden, wie etwa beim Beugen oder Überstrecken des Knies oder beim Abduzieren der Hüfte um mehr als 45 Grad.)
- Lassen Sie den Klienten entsprechend der Anordnung Bettruhe halten. Halten Sie das betroffene Gelenk mit Rollen, Kissen oder speziellen Vorrichtungen in Neutralstellung. *(Bettruhe wird typischerweise für 1–3 Tage nach der Operation angeordnet, damit sich die Prothese stabilisiert.)*

- Soweit nicht kontraindiziert kann der Klient auf beide Seiten gelagert werden. Führen Sie beim Umlagern stets ein Abduktionskissen mit; beschränken Sie die Oberkörperhochlagerung. *(Wird – einschließlich des Abduktionskissens – eine korrekte Lagerung durchgehalten, kann der Klient sicher auf die operierte und nichtoperierte Seite gelagert werden. Dies fördert die Durchblutung und senkt die Gefahr eines immobilitätsbedingten Dekubitus. Längere Oberkörperhochlagerung kann die Prothese luxieren.)*
- Überwachen Sie auf eine Luxation bzw. Subluxation des Schultergelenks. *(Bei einer totalen Schulterarthroplastik ist die Gefahr einer Luxation bzw. Subluxation des Schultergelenks größer, weil die Schulter in drei Ebenen beweglich ist [Beugung/Streckung, Abduktion/Adduktion, Innen-/Außenrotation].)*

Pädiatrische Interventionen und Begründungen

- Evaluieren Sie das Neugeborene auf eine Hüftgelenkdysplasie (Sponsellar, 1999):
  - dumpfes Geräusch einer Subluxation oder Luxation (Barlow-Test)
  - Abduzieren und Repositionieren der Hüfte (Ortolani-Test). (In «D» wg. Gefahr d. Hüftkopfschädigung verlassen und durch Hüftgelenksonographie ersetzt.) Anm. d. Übers.

(Diese Manöver testen auf Instabilität.)

- Achten Sie bei Säuglingen über 6 Monaten auf (Sponsellar, 1999):
  - Asymmetrie
  - Einschränkungen der Abduktion und vollständigen Extension
  - verkürzter, gebeugter Schenkel auf der dysplastischen Seite.

(Nach 6 Monaten sind der Barlow- und der Ortolani-Test aufgrund der verminderten Elastizität oft falsch negativ.)

Potenzielle Komplikation: Reproduktionsstörung

Potenzielle Komplikation: Reproduktionsstörung

PK: Pränatale Blutung
PK: Vorzeitige Wehen
PK: Schwangerschaftshypertonie
PK: Bedrohlicher Zustand des Feten
PK: Postpartale Blutung

Definition

Potenzielle Komplikation: Reproduktionsstörung: beschreibt eine Person mit einer Störung des Fortpflanzungssystems oder einer entsprechenden Gefährdung.

Anmerkung der Autorin

Dieses generische interdisziplinäre Problem bietet eine Kategorie, in die sich spezifischere interdisziplinäre Probleme mit Auswirkung auf das Fortpflanzungssystem einordnen lassen. Anders als die anderen generischen interdisziplinären Probleme (z. B. *PK: Atemfunktionsstörung* oder *Potenzielle Komplikation: Herz-Kreislauf-Störung*) ist es für sich genommen nur von geringem klinischem Wert. Statt nun dieses generische interdisziplinäre Problem der Problemliste hinzuzufügen, sollte die Pflegeperson das geeignete spezifische interdisziplinäre Problem, wie etwa *PK: Bedrohlicher Zustand des Feten* oder *PK: Postpartale Blutung*, verwenden.

Für Informationen über die Fokusassessmentkriterien siehe http://thepoint.lww.com.

Signifikante Assessmentkriterien (Labor/Diagnostik)

Großes Blutbild mit Differenzialblutbild.
Hämoglobin und Hämatokrit.
Thrombozyzen.
PT, PTT, Fibrinogen, Fibrinogenabbauprodukte (bei aktiver Blutung).
Blutgruppe und Rhesusfaktor.
Kultur auf Gonorrhö und Chlamydien.
Humanes Papillomavirus (HPV), positive Stämme bei Zervixkarzinom.
Gram-Färbung auf Diplokokken.
Kultur auf Streptokokken der Gruppe B (Ein positives Ergebnis erhöht die Gefahr von Harnwegsinfekten, Pyelonephritis, Chorioamnionitis, vorzeitigen Wehen, vorzeitigem Blasensprung, postpartalen Infektionen und Infektionen des Neugeborenen.)
Plasma-Reagin-Schnelltest (RPR) (positiv bei Syphilis)
Zervix-, Harnröhrenabstrich (positiv bei Infekten).
Pap-Abstrich (positiv bei Dysplasie, Karzinom).
Fetaler pH-Wert (erniedrigt bei Hypoxie).
Western-Blot (positiv bei HIV-Infektion).
Röntgen-Untersuchung/bildgebende Verfahren.
Ultraschalldarstellung.
Doppler-Ultraschall.
Elektronische Überwachung des Feten.

• PK: Pränatale Blutung

Definition

PK: Pränatale Blutung: beschreibt eine Frau mit einer Blutung während der Schwangerschaft oder einer entsprechenden Gefährdung.

Hochrisikopopulationen

- Zervixschwäche.
- Therapeutischer Spontanabort.
- Ektope Schwangerschaft.
- Erkrankung des Trophoblasten (Blasenmole).
- Zervixkarzinom.
- Zervizitis.
- Trauma des Genitaltrakts.
- Disseminierte intravasale Gerinnung.

Bei Placenta praevia (Spätschwangerschaft) (Simpson/Creehan, 2001)

- Anamnestisch bekannte Placenta praevia.
- Anamnestisch bekannte Sectio caesarea.
- Induzierter Abort oder Spontanabort unter Saugcurettage.
- Multipara.
- Uterusanomalien.
- Fortgeschrittenes Alter der Mutter (> 35 Jahre).
- Zigarettenrauchen.
- Mehrlingsschwangerschaft.
- Hydrops fetalis.
- Große Plazenta.
- Fibrome.
- Endometritis.
- Afroamerikanische oder asiatische Herkunft der Klientin.

Bei Abruptio placentae (Spätschwangerschaft) (Simpson/Creehan, 2001)

- Hypertonie.
- Sehr kurze Nabelschnur.
- Trauma.
- Sturzwehen.
- Uterusanomalien.
- Mangelernährung, vor allem Folsäuremangel.
- Partielle Unterbrechung der laufenden Schwangerschaft.
- Anamnestisch bekannte Interruptio.

- Vorzeitiger Blasensprung vor der 34. Schwangerschaftswoche.
- Anamnestisch bekannte Sectio caesarea.
- Hohe Geburtenzahl.
- Oxytocininduktion mit der Folge einer Überstimulation des Uterus.
- Kokain-/Amphetaminkonsum.
- Zigarettenrauchen.
- Rasche Dekompression des Uterus, wie bei der Geburt des Ersten von mehreren Feten oder bei Polyhydramnion.
- Uterusmyome am Ansatz der Plazenta.
- Anwendung intrauteriner Druckkatheter während der Wehen.

Pflegeziele

Die Pflegeperson managt Komplikationen einer pränatalen Blutung und reduziert sie auf ein Minimum.

Indikatoren

Siehe *PK: Hypovolämie*.

Allgemeine Interventionen und Begründungen

- Instruieren Sie die Klientin, ungewöhnliche Blutungen sofort zu melden.
- Benachrichtigen Sie bei Auftreten einer Blutung den Arzt oder die Hebamme und überwachen Sie:
  - Menge, Art, Farbe des Blutes
  - Krämpfe, Kontraktionen, Schmerzen oder Schmerzempfindlichkeit
  - Vitalzeichen, Hämatokrit
  - Urinausfuhr.
- Legen Sie bei aktiver Blutung oder Hypovolämie entsprechend den einrichtungsinternen Verfahrensweisen zwei großvolumige (16 oder 18 G) intravenöse Zugänge und halten Sie sie offen.
- Überwachen Sie die fetalen Herztöne (siehe *PK: Bedrohlicher Zustand des Feten* für weitere Richtlinien).
- Führen Sie eine vaginale oder rektale Untersuchung erst nach Ausschluss einer Placenta praevia durch. *(Diese Prozeduren können zum Riss der Plazenta führen und eine lebensgefährliche Blutung verursachen.)*
- Lagern Sie die Klientin auf der Seite liegend. *(Diese Stellung verschiebt den Uterus und verringert damit die Kompression der Vena cava. Dies wiederum verbessert die Herzleistung der Mutter und erhöht beim Feten die Durchblutung.)*
- Verabreichen Sie Sauerstoff über eine Maske mit einem Flow von 8 l/min, soweit angezeigt. *Eine Therapie mit zusätzlichem Sauerstoff erhöht die Konzentration des zum Feten gelangenden Sauerstoffs.)*
- Für unterstützende Interventionen siehe die Pflegediagnose *Trauern*.

• PK: Vorzeitige Wehen

Definition

PK: Vorzeitige Wehen: beschreibt eine Frau, die nach der 20. und vor Ende der 36. Schwangerschaftswoche (SSW) ein lebensfähiges Kind zur Welt bringt oder einer entsprechenden Gefahr ausgesetzt ist.

Hochrisikopopulationen (Simpson/Creehan, 2001; Gilbert, 2007; ACOG, 2001)

- Anamnestisch bekannte Frühgeburt.
- Vorzeitiger Blasensprung.
- Mehrlingsschwangerschaft.
- Alter (< 17 Jahre oder > 35 Jahre).
- Hydramnion.
- Uterusanomalien.
- Öffnung der Zervix > 2 cm in der 32. SSW.
- Diethylstilböstrolexposition in utero.
- Zervixinsuffizienz.
- Verkürzung der Zervix > 1 cm in der 32. SSW.
- Kokain-/Amphetaminkonsum.
- Blutung vor der Geburt.
- Reizbarkeit des Uterus.
- Genitalinfekt.
- Niedriger sozioökonomischer Status.
- Erkrankung der Mutter (z. B. Infektion, Nierenleiden, Hypertonie, Anämie, Herzerkrankung).
- Frühere Aborte im 2. Trimenon.
- Dicht aufeinander folgende Schwangerschaften.
- Mutter mit geringem Körpergewicht und geringer Körpergröße.
- Körperlicher Missbrauch, Trauma.
- Schwere Arbeit außer Haus, langes Stehen.
- Geringe Gewichtszunahme.
- Tabakkonsum.
- Bakterielle Vaginose.
- Nichtkaukasische ethnische Zugehörigkeit.

Pflegeziele

Die Pflegeperson managt Komplikationen vorzeitiger Wehen und reduziert sie auf ein Minimum.

Indikatoren

Keine Klagen über Krämpfe, Schmerzen.
Keine Klagen über Rückenschmerzen.

Keine Klagen über Druck im Becken.
Keine Veränderung des Scheidensekrets.
Keine Scheiden- oder Schmierblutung.
Urinanalyse im Normbereich.

Allgemeine Interventionen und Begründungen

- Lehren Sie die Klientin, auf Folgendes zu achten und es zu melden (Mattson/Smith, 2004):
  - Uteruskontraktionen, menstruationsähnliche Krämpfe, Spannungsgefühl im Abdomen
  - Schmerzen im Steißbereich
  - Druck- oder Völlegefühl im Beckenraum
  - Veränderung der Menge oder Art des Scheidensekrets
  - Übelkeit, Erbrechen und Diarrhö
  - Schmierblutung oder Blutung aus der Vagina
  - Harnwegsinfekt
  - allgemeines Krankheitsgefühl oder Unwohlsein.

  (Rechtzeitiges Erkennen drohender vorzeitiger Wehen ermöglicht Interventionen, um eine erfolgreiche Entbindung sicherzustellen und die Gefahr von Komplikationen zu senken.)
- Bleiben Sie beim Einsetzen der Wehen bei der Klientin und geben Sie ihr emotionale Unterstützung. *(Beruhigung und Unterstützung können der Klientin helfen, sich auf eine Frühgeburt vorzubereiten und damit zurechtzukommen.)*
- Schätzen Sie das Niveau der Angst der Klientin ein und achten Sie auf ökonomische oder familiäre Stressoren.
- Sorgen Sie dafür, dass die Klientin konsequent Bettruhe einhält. *(Es heißt, dass Bettruhe den Druck des vorangehenden Teils des Feten auf die Zervix senkt und damit die Durchblutung des Uterus verbessert.)*
- Schätzen Sie ein, ob häusliche Gewalt vorliegt, und sorgen Sie bei Bedarf für entsprechende Interventionen und Überweisungen.
- Stellen Sie eine optimale Hydratation sicher (p. o. oder i. v.). *(Die Hydratation hemmt die Freisetzung von antidiuretischem Hormon und Oxytocin aus dem Hypophysenhinterlappen, steigert die Uterusdurchblutung und stabilisiert dabei Dezidualysosomen [Gilbert, 2007].)*
- Überwachen Sie die fetale Herzfrequenz.
- Lassen Sie die Klientin alle 2 Stunden die Blase entleeren, solange sie wach ist. *(Dies verhindert Druck von Seiten der Blase.)*
- Falls eine intravenöse Tokolyse (z. B. mit Magnesiumsulfat, Ritodrin, Nifedipin, Indomethacin) verordnet wird, siehe die einrichtungsinternen Verfahrensweisen für die Vorbereitung (z. B. Ausgangslaborwerte, EKG) und die Durchführung.
- Unternehmen Sie während der intravenösen Tokolyse folgendes (Mandeville/Troiano, 2002; Gilbert, 2007):
  - Erheben Sie entsprechende Ausgangswerte und messen Sie dann während der Aufsättigung, bei Dosiserhöhung oder bei instabilen Vitalzeichen alle 15 Minuten sowie während der Erhaltungstherapie stündlich Puls, Atmung, Blutdruck und Atemgeräusche. *(Kardiopulmonale Komplikationen während der Tokolyse können tödlich sein, eine engmaschige Überwachung ist essenziell.)*

  - Schätzen Sie unter Magnesiumsulfat stündlich die tiefen Sehnenreflexe und den Bewusstseinsgrad ein und stellen Sie sicher, dass Kalziumgluconat als Antidot am Bett verfügbar ist. *(Hypermagnesiämie kann eine ZNS-Dämpfung bewirken.)*
  - Überwachen und dokumentieren Sie kontinuierlich die fetale Herzfrequenz und die Uterusaktivität. *(Diese Informationen sind nötig, um die Wirksamkeit der Therapie und ihre Auswirkungen auf den Feten zu evaluieren.)*
  - Lassen Sie Laboruntersuchungen durchführen, darunter ein großes Blutbild mit Differenzialblutbild, Blutzucker, Blutharnstoffstickstoff und Serumelektrolyten, um die Reaktion der Mutter auf die Therapie zu überwachen.
  - Untersuchen Sie unter Ritodrin den Urin stündlich oder bei jeder Miktion auf Ketone. Auskultieren Sie alle 2 Stunden die Atemgeräusche und schätzen Sie ein, ob Husten, Thoraxschmerz oder Kurzatmigkeit vorliegen.
  - Halten Sie die Gesamtflüssigkeitszufuhr unter 2500 ml/24 h, um eine Flüssigkeitsüberlastung zu vermeiden.
  - Messen und dokumentieren Sie während der Infusion stündlich die Ein- und Ausfuhr und wiegen Sie die Klientin einmal täglich.
  - Lassen Sie die Klientin Bettruhe in Seitenlage halten. *(Diese Stellung erhöht die Durchblutung des Uterus.)*
- Benachrichtigen Sie den Arzt oder die Hebamme, wenn Folgendes eintritt (Mandeville/Troiano, 2002):
  - Atemfrequenz < 12/min oder > 24/min
  - abnorme Atemgeräusche, Zeichen und Symptome einer Dyspnö oder leichter Husten
  - Pulsfrequenz > 120/min, systolischer Blutdruck < 90 mmHg oder diastolischer Blutdruck < 50 mmHg oder > 90 mmHg.
  - abnehmende tiefe Sehnenreflexe oder abnehmender Bewusstseinsgrad
  - fetale Herzfrequenz > 160/min oder unsicherer Nachweis einer fetalen Herzfrequenz
  - Sechs oder mehr Wehen pro Minute
  - EKG-Veränderungen
  - Urinausfuhr < 30 ml/h
  - Verdacht auf Toxizität von Magnesiumsulfat
  - Symptome einer Plazentaablösung
  - SaO_2 < 95 %.

• PK: Schwangerschaftshypertonie

Definition

Schwangerschaftshypertonie: beschreibt eine Frau mit einer Multisystemerkrankung, charakterisiert durch Vasokonstriktion, Endothelzellschaden, Hypertonie (systolischer Druck ≥ 140 mmHg oder diastolischer Druck ≥ 90 mmHg), Proteinurie und Ödem, während der Schwangerschaft – oder mit einer entsprechenden Gefährdung (Simpson/Creehan, 2001; Gilbert, 2007; Mattson/Smith, 2004; ACOG, 2002).

Hochrisikopopulationen

- Primigravida.
- Alter < 19 Jahre.
- Alter > 35 Jahre.
- Anamnestisch bekannte Schwangerschaftshypertonie.
- Chronische Hypertonie.
- Vorbestehendes Nierenleiden.
- Diabetes mellitus.
- Gefäßleiden.
- Mehrlingsschwangerschaft.
- Hydrops fetalis.
- Blasenmole.
- Familienanamnestisch bekannte Präeklampsie oder Eklampsie.
- Adipositas.

Pflegeziele

Die Pflegeperson managt Komplikationen einer Hypertonie und reduziert sie auf ein Minimum.

Indikatoren

Blutdruck > 90/60 mmHg, < 140/90 mmHg.
Sehnenreflexe 2+.
Keine Klagen über Kopfschmerzen.
Urinausfuhr 30 ml/h.
Keine Klagen über Übelkeit und Erbrechen.
Keine Klagen über Sehstörungen.
Keine Klagen über Dyspnö.
Keine Klagen über Schmerzen im Epigastrium.
Keine Veränderungen des Bewusstseinsgrades.

Allgemeine Interventionen und Begründungen

- Überwachen Sie den Blutdruck und vergleichen Sie die Werte mit denen aus früheren Stadien der Schwangerschaft. *(Auf der Hälfte der Schwangerschaft ist der Blutdruck gewöhnlich niedriger als die üblichen Werte der Frau, daher kann jeder Anstieg – auch wenn er noch innerhalb des Normbereichs liegt – bedeutsam sein [Reeder et al., 1997].)*
- Überwachen Sie täglich das Körpergewicht. *(Eine plötzliche Gewichtszunahme um 900 Gramm oder mehr kann ein Gewebsödem oder ein okkultes Ödem anzeigen.)*
- Achten Sie auf Ödeme, vor allem an den Knöcheln und Fingern und im Gesicht. *(Ödeme entstehen durch Nariumretention infolge einer erniedrigten glomerulären Filtrationsrate.)*
- Überwachen Sie die Laborwerte auf Proteinurie und erhöhte Plasmaharnsäurewerte. *(Periphere arterielle Vasokonstriktion führt zur Abnahme der glomerulären Filtration.)*

- Überwachen Sie das Wohlbefinden des Feten mittels seriellem Ultraschall, um das Wachstum, den Amnionflüssigkeitsindex (AFI) sowie das biophysikalische Profil (BPP) plus Non-Stress-Test abzuschätzen und die Bewegungen des Feten pro Tag zu zählen, um die uteroplazentare Durchblutung einzuschätzen (Gilbert, 2007).
- Beurteilen Sie folgende Erscheinungen und instruieren Sie auch die Klientin, sie zu melden (Mandeville/Troiano, 2002):
  - Sehstörungen wie Verschwommensehen oder Skotome
  - Kopfschmerzen
  - ein rasch auftretendes Ödem
  - Abnahme der Urinausfuhr
  - Übelkeit und Erbrechen
  - Veränderungen des Bewusstseinszustands
  - Schmerzen im Epigastrium oder im rechten oberen Quadranten.

  (Hierbei handelt es sich um Indikatoren eines Hirnödems, eines Lungenödems sowie von Magen-Darm-, Nieren- oder Leberstörungen.)
- Lehren Sie eine Klientin mit leichter Hypertonie, minimalem oder keinem Ödem und minimaler oder keiner Proteinurie Folgendes:
  - Einschränken der Aktivitäten und Bettruhe für den größten Teil des Tages
  - Erhöhen der Eiweißzufuhr mit der Nahrung, um den Verlust mit dem Urin auszugleichen
  - Messen und Dokumentieren der Ein- und Ausfuhr, tägliches Wiegen.
- Bei einer Klientin mit progressiver oder schwerer Hypertonie und/oder Proteinurie ist u. U. die stationäre Aufnahme angezeigt, und zwar bei:
  - vollständiger Bettruhe in Linksseitenlage
  - täglichem Wiegen und Überwachung der Ein- und Ausfuhr
  - täglicher Urinanalyse auf Protein und Zylinder
  - Leberfunktionstests, Untersuchungen von Harnsäure, Blutharnstoffstickstoff, Serum-Kreatinin, Thrombozytenzahl und Hämatokrit
  - Magnesiumsulfattherapie, Sedierung.
- Stellen Sie sicher, dass die Klientin möglichst viel ungestört ruhen kann. *(Adäquate Ruhe fördert die Entspannung und kann helfen, die Hypertonie zu senken und die Gefahr einer Krampfaktivität zu verringern.)*
- Prüfen Sie die tiefen Sehnenreflexe des M. biceps und des M. quadriceps und vergleichen Sie die Reaktionen auf beiden Seiten miteinander (Reeder et a., 1007). *(Die Erregbarkeit des ZNS verstärkt die Reflexantwort.)*
- Achten Sie auf Zeichen und Symptome eines drohenden Krampfanfalls:
  - Schmerzen im Epigastrium oder im rechten oberen Quadranten
  - Kopfschmerzen und Verschwommensehen
  - zunehmende Hyperreflexie
  - Entstehung und Zunahme eines Klonus (abwechselnde Kontraktion und Entspannung [z. B. Zucken]) *(Krämpfe sind Zeichen einer Hirnblutung.)*
- Beurteilen Sie die fetalen Herztöne auf Spätdezerlationen, fehlende langfristige Schwankungen oder Bradykardie. *(Eine Verminderung der Plazentadurchblutung verursacht Spätdezelerationen, Hypoxie führt zu Bradykardie [Mandeville/Troiano, 2001].)*
- Wenden Sie sich für niedrig dosierte Acetylsalicylsäure oder eine Kalziumsubstitution bei hochgradig gefährdeten Frauen in der Schwangerschaft an den Arzt oder die Fachpflegeperson. *(Stu-*

dien zufolge senken diese Therapien bei hochgradig gefährdeten Frauen eine schwangerschaftsbedingte Hypertonie.)

- Zu Pflegeinterventionen bei Krampfanfällen siehe *PK: Krampfanfälle.*
- Zu Pflegeinterventionen bei Magnesiumsulfattherapie siehe *PK: Vorzeitige Wehen.*

• PK: Bedrohlicher Zustand des Feten

Definition

Bedrohlicher Zustand des Feten: beschreibt einen Feten, dessen physiologischer Austausch von Nährstoffen, Sauerstoff und Stoffwechselprodukten unterbrochen ist oder bei dem eine entsprechende Gefährdung besteht (ACOG, 2005; Simpson/Creehan, 2001; Feinstein et al., 2003; Gilbert, 2007).

Hochrisikopopulationen

Fetale Faktoren

- Frühreife.
- Intrauterine Wachstumsverzögerung.
- Atresie der Nabelschnur.
- Nabelschnurkompression.
- Plazentainsuffizienz.
- Infektion.
- Mehrlingsschwangerschaft.
- Angeborene Anomalien.
- Unreife.
- Akute hämolytische Krise.
- Rhesus-Inkompatibilität.

Mütterliche Faktoren

- Chronische Hypertonie, Schwangerschaftshypertonie.
- Diabetes mellitus.
- Blutung im 3. Trimenon.
- Hypoxie der Mutter (z. B. Ateminsuffizienz).
- Infektion der Mutter.
- Hypotonie.
- Krampfanfälle.
- Überstimulation des Uterus.
- Prolongierte Kontraktion des Uterus.
- Abruptio placentae.
- Herz-Kreislauf-Erkrankung.
- Substanzmissbrauch.
- Mangelernährung.

Pflegeziele

Die Pflegeperson managt Episoden eines bedrohlichen Zustands des Feten und reduziert sie auf ein Minimum.

Indikatoren

Siehe die Assessmentkriterien unter «Allgemeine Interventionen und Begründungen».

Allgemeine Interventionen und Begründungen

- Stellen Sie die Ausgangsherzfrequenz und -töne fest und evaluieren Sie sie als beruhigend bei:
  - einer Herzfrequenz von 110–160/min
  - regelmäßigem Rhythmus
  - mäßigen Schwankungen *(Die normale fetale Herzfrequenz schwankt leicht um 6–25/min.)*
  - Akzelerationen
  - fehlenden Abweichung vom Ausgangswert nach unten
  - Frühdezelerationen (vorübergehende Verlangsamung der fetalen Herzfrequenz mit Kompression der Kontraktion, was zur Erregung des Parasympathikus führt).
- Überwachen Sie auf eine bedrohliche Herzfrequenz oder einen bedrohlichen Herzrhythmus unter folgenden Gesichtspunkten:
  - minimale Schwankung gegenüber dem Ausgangswert (< 5/min)
  - Tachykardie (> 160/min)
  - Bradykardie (< 110/min)
  - Spätdezelerationen (erkennbare schrittweise Abnahme der fetalen Herzfrequenz unter den Ausgangswert. Beginn, Höhepunkt und Erholung der Dezeleration treten nach Beginn, Höhepunkt und Nachlassen der Kontraktion auf.)
  - schwankende Dezelerationen, verursacht durch Kompression der Nabelschnur
  - sinusoidales Muster (gleichmäßige, sich wiederholende Schwankung des Ausgangswertes).

  (Hypoxie des Feten, Medikamente oder Anämie der Mutter sowie Herzrhythmusstörungen können Schwankungen der fetalen Herzfrequenz verursachen [Merenstein/Gardner, 1998].)
- Beurteilen Sie bei Eintritt einer Tachykardie:
  - Körpertemperatur der Mutter *(Eine Tachykardie des Feten tritt ein, wenn die Kerntemperatur der Mutter ansteigt, und zwar u. U. noch bevor sich die Körpertemperatur der Mutter oral oder rektal messen lässt.)*
  - Ein- und Ausfuhr der Mutter sowie spezifisches Gewicht ihres Urins *(Eine Dehydratation bei der Mutter kann Tachykardie beim Feten verursachen.)*
  - Grad der Angst der Mutter *(Schwere Angst kann Tachykardie beim Feten verursachen.)*
  - Medikamente der Mutter *(Bestimmte Medikamente, welche die Mutter einnimmt, können die fetale Herzfrequenz erhöhen [z. B. Atropin, Terbutalin, Ritodrin, Scopolamin].)*
- Verabreichen Sie der Mutter mehr Flüssigkeit *(Eine Dehydratation bei der Mutter kann Tachykardie beim Feten verursachen.)*
- Informieren Sie den Arzt oder die Fachpflegeperson über die Situation und Ihre Assessmentbefunde.

- Bringen Sie die Mutter in Linksseitenlage. *(Diese Position verringert die Einengung der Vena cava, indem sie den Uterus verschiebt und den venösen Rückstrom zum Herzen fördert.)*
- Wenn die Schwankungen der fetalen Herzfrequenz abnehmen, evaluieren Sie mögliche Ursachen, darunter:
  - schlafender Fetus
  - Auswirkungen von Narkotika oder Sedativa
  - fetale Hypoxie
  - Lagerung der Mutter.
- Wenn die bedrohliche fetale Herzfrequenz fortbesteht, benachrichtigen Sie den Arzt oder die Fachpflegeperson und unternehmen Sie folgende Schritte (Feinstein et al., 2003):
  - Lagern Sie die Mutter auf die andere Seite um.
  - Verabreichen Sie über eine Gesichtsmaske Sauerstoff bei einem Flow von 8–10 l/min entsprechend den einrichtungsinternen Vorgehensweisen. *(Dies erhöht die Sauerstoffversorgung des Feten.)*
  - Verabreichen Sie Flüssigkeit per I.v.-Bolus.
  - Erwägen Sie eine Amnioninfusion entsprechend den einrichtungsinternen Vorgehensweisen.
  - Erwägen Sie eine Tokolyse entsprechend den einrichtungsinternen Vorgehensweisen.
  - Erwägen Sie die Entnahme einer Blutprobe aus der Kopfhaut des Feten entsprechend den einrichtungsinternen Vorgehensweisen. *(Dies dient der Evaluation des fetalen pH-Werts und des Stoffwechselstatus.)*
  - Ist eine Überwachung über die Kopfhaut des Feten nicht sofort möglich, stimulieren Sie dessen Kopfhaut mit einem behandschuhten Finger. *(Ein gut oxygenierter Fetus reagiert mit einer Beschleunigung von 15/min oder mehr für die Dauer von 15 Sekunden oder länger, was gewöhnlich einem pH-Wert von 7,0 oder mehr entspricht [Feinstein et al., 2003].)*
  - Setzen Sie die Oxytocininfusion entsprechend den einrichtungsinternen Vorgehensweisen ab, falls angezeigt.
- Beginnen Sie mit einer elektronischen Dauerüberwachung des Feten entsprechend den einrichtungsinternen Vorgehensweisen, falls angezeigt.
- Bleiben Sie bei der Mutter und dem Partner, sorgen Sie für Informationen und geben Sie ihnen Gelegenheit, Sorgen und Ängste mitzuteilen. *(Dies stellt eine konstante Überwachung sicher und kann auch helfen, die Angst der Mutter abzubauen.)*
- Beraten Sie die Mutter über Atemtechniken, um Angst abzubauen und die Hyperventilation zu mindern.
- Wenn sich der Zustand der Mutter verschlechtert oder der fetale pH-Wert 7,2 oder weniger beträgt, richten Sie sich auf eine Sectio caesarea ein und assistieren Sie, soweit angezeigt.
- Wenn es zu leichten Dezelerationen kommt, lagern Sie die Mutter aus der Rücken- in die Seitenlage oder von der einen auf die andere Seite um. *(Lagewechsel können Druck auf die Nabelschnur mindern.)*
- Unternehmen Sie bei schweren, schwankenden Dezelerationen Folgendes:
  - Benachrichtigen Sie den Arzt oder die Fachpflegeperson.
  - Setzen Sie die Oxytocininfusion entsprechend den einrichtungsinternen Vorgehensweisen ab.
  - Führen Sie eine Vaginaluntersuchung durch, um einen Nabelschnurvorfall auszuschließen.

- Lagern Sie die Mutter auf die linke Seite um und überprüfen Sie die fetale Herzfrequenz. Falls eine Besserung ausbleibt, lagern Sie die Mutter auf die rechte Seite.
- Sollte sich die fetale Herzfrequenz unter diesen Lagewechseln nicht bessern oder die Nabelschnur prolabiert sein, helfen Sie der Mutter in eine Knie-Brust-Lage. *(Dies senkt den Druck auf die Nabelschnur und erhöht die Durchblutung des Feten.)*
- Verabreichen Sie über eine Gesichtsmaske Sauerstoff bei einem Flow von 8–10 l/min entsprechend den einrichtungsinternen Vorgehensweisen. *(Dies erhöht die Sauerstoffversorgung des Feten.)*
- Beurteilen Sie, inwieweit sich die Herzfrequenz innerhalb einer Minute verbessert hat.

- Richten Sie sich auf eine vaginale Notfallentbindung oder eine Sectio caesarea ein, wenn sich der Zustand der Mutter verschlechtert, wenn es zu einem Nabelschnurvorfall kommt und/oder wenn der pH-Wert des Feten 7,2 oder weniger beträgt.

• PK: Postpartale Blutung

Definition

Postpartale Blutung: beschreibt eine Frau, bei der innerhalb der ersten 24 Stunden nach Entbindung (primäre Hämorrhagie) oder nach 24 Stunden und vor der 6. Woche nach der Entbindung (sekundäre Hämorrhagie) ein akuter Blutverlust von mehr als 500 ml nach einer vaginalen Entbindung und von mehr als 1000 ml nach einer Sectio caesarea eintritt oder bei der eine entsprechende Gefahr besteht.

Hochrisikopopulationen (Simpson/Creehan, 2001; ACOG, 2006)

- Problematisches drittes Wehenstadium.
- Überdehnter Uterus (z. B. infolge eines Hydramnions, eines großen Feten oder einer Mehrlingsschwangerschaft).
- Prolongierte Wehen.
- Sturzwehen/Sturzgeburt.
- Induktion/Verstärkung durch Oxytocin.
- Multipara.
- Erschöpfung der Mutter.
- Instrumentelle Entbindung.
- Anamnestisch bekannte Uterusatonie.
- Uterusmyome.
- Anamnestisch bekannte postpartale Blutung.
- Übermäßiger Analgetikaeinsatz oder zu starke Anästhesie.
- Präeklampsie.
- Zurückgebliebene Reste der Placenta.
- Genitaltrauma.
- Systemische Erkrankung der Mutter (Leukämie, Thrombozytopenie, Blutdyskrasien).
- Asiatische oder hispanische Herkunft.

Pflegeziele

Die Pflegeperson managt eine postpartale Blutung und reduziert sie auf ein Minimum.

Indikatoren

Siehe *PK: Hypovolämie.*
Fester Uterus.

Allgemeine Interventionen und Begründungen

- Beurteilen Sie den Fundus uteri in der ersten Stunde nach der Entbindung alle 5 Minuten und anschließend in den ersten 24 Stunden nach Bedarf. Achten Sie dabei auf:
  - Höhe (Nach der Entbindung sollte er normalerweise in Höhe des Nabels liegen.)
  - Größe (Kontrahiert sollte er die Größe einer großen Pampelmuse haben.)
  - Konsistenz (Er sollte sich fest anfühlen.)

  (Bei einem weichen oder entspannten Uterus kommt die Blutung nicht durch Kompression der uterinen Muskelfasern zum Stehen.)
- Wenn der Uterus entspannt ist oder sich entspannt, massieren Sie ihn kreisförmig fest und sanft, bis er sich kontrahiert. *(Massage stimuliert den Uterus dazu, sich zu kontrahieren.)*
- Vermeiden Sie eine Routinemassage oder übermäßiges Massieren des Uterus. *(Unnötige Massage kann Schmerzen und Muskelerschöpfung mit anschließendem Erschlaffen des Uterus verursachen.)*
- Überwachen Sie den Blutdruck eine Stunde lang alle 15 Minuten, in der folgenden Stunde alle 30 Minuten und danach stündlich, bis sich der Zustand der Mutter stabilisiert. *(Sorgsames Überwachen der Vitalzeichen ermöglicht ein akkurates Evaluieren des hämodynamischen Status.)*
- Überwachen Sie den perinealen Blutverlust. Dokumentieren Sie die Anzahl der Vorlagen und deren jeweilige Durchtränkung. *(Ein kontinuierlicher Austritt von Blut bei festem Uterus kann auf Lazerationen der Zerxix oder der Vagina hindeuten. Eine Blutung nach den ersten 24 Stunden kann ein Zeichen dafür sein, dass Plazentafragmente zurückgeblieben sind oder die Involution nicht vollständig stattgefunden hat.)*
- Bestimmen Sie Hämoglobin und Hämatokrit. Informieren Sie bei einem Absinken den Arzt oder die Hebamme. *(Ein Rückgang des Hämoglobins auf 1,0–1,5 g/dl und eine Abnahme des Hämatokrits um 4 Punkte sprechen für einen Blutverlust von 450–500 ml.)*
- Überwachen Sie die Blasengröße und Urinausfuhr ebenso häufig wie die Vitalzeichen. *(Eine gedehnte Blase kann den Uterus verschieben und dessen Atonie verstärken.)*
- Benachrichtigen Sie den Arzt oder die Fachpflegeperson, wenn die Blutung überhand nimmt, wenn sich der Uterus nicht kontrahiert oder wenn es zu Veränderungen der Vitalzeichen kommt.
- Wenn die Frau Zeichen eines Schocks zeigt, siehe *PD: Schockgefahr in Doenges et al.* (2013: 950) für Pflegeinterventionen.

Potenzielle Komplikation: Unerwünschte Wirkungen einer medikamentösen Therapie*

Potenzielle Komplikation: Unerwünschte Wirkungen einer medikamentösen Therapie

PK: Unerwünschte Wirkungen einer Antikoagulanzientherapie
PK: Unerwünschte Wirkungen einer Anxiolytikatherapie
PK: Unerwünschte Wirkungen einer Kortikosteroidtherapie
PK: Unerwünschte Wirkungen einer Zytostatikaherapie
PK: Unerwünschte Wirkungen einer Antikonvulsivatherapie
PK: Unerwünschte Wirkungen einer Antidepressivatherapie
PK: Unerwünschte Wirkungen einer Antiarrhythmikatherapie
PK: Unerwünschte Wirkungen einer Neuroleptikatherapie
PK: Unerwünschte Wirkungen einer Antihypertonikatherapie
PK: Unerwünschte Wirkungen einer Betablockertherapie
PK: Unerwünschte Wirkungen einer Therapie mit Kalziumantagonisten
PK: Unerwünschte Wirkungen einer Therapie mit ACE-Hemmern

Definition

Potenzielle Komplikation: Unerwünschte Wirkungen einer medikamentösen Therapie: beschreibt einen Klienten, bei dem es in Verbindung mit einer medikamentösen Therapie zu potenziell ernsten Auswirkungen oder Reaktionen gekommen ist oder bei dem eine entsprechende Gefahr besteht.

Anmerkung der Autorin

Die Pflegeperson kann dieses interdisziplinäre Problem zur Beschreibung eines Klienten nutzen, bei dem es zu unerwünschten Wirkungen einer Arzneimitteltherapie kommt oder eine entsprechende Gefahr besteht. Anders als Nebenwirkungen, die beschwerlich und störend, aber nur selten ernst sind, handelt es sich bei unerwünschten Wirkungen um ungewöhnliche, unerwartete und potenziell ernste Reaktionen. Unerwünschte Arzneimittelwirkungen sind medikamenteninduzierte toxische Reaktionen (Arcangelo/Peterson, 2001). Unerwünschte Wirkungen sind beispielsweise Herzrhythmusstörungen, Magenulzera, Blutdyskrasien und anaphylaktische Reaktionen. Zu den Nebenwirkungen gehören z. B. Benommenheit, Mundtrockenheit,

* Dieser Abschnitt ist gedacht als Übersicht über die Verantwortlichkeit der Pflege bei unerwünschten Wirkungen einer Arzneimitteltherapie. Er ist nicht gedacht, um die LeserInnen mit umfassenden Informationen über einzelne Substanzen zu versorgen, wie sie in Lehr- oder Handbüchern der Pharmakologie zu finden sind.

Übelkeit und Schwäche. Nebenwirkungen lassen sich gewöhnlich durch Umstellen der Dosis, der Darreichungsform, der Art der Verabreichung, durch Diät bzw. die Ernährung oder durch Vorsichtsmaßnahmen beim Fortführen der Therapie bewältigen. Unerwünschte Wirkungen erfordern u. U. das Absetzen der Medikation. Kein Pflegeplan enthält ein interdisziplinäres Problem für jedes Medikament, das der Klient einnimmt. Pflegende informieren den Klienten routinemäßig über Nebenwirkungen von Medikamenten und überwachen jeden Klienten entsprechend routinemäßig im Rahmen der Standardversorgung. Diese interdisziplinären Probleme sind angezeigt bei Klienten, die wegen der Dauer der Therapie, der hohen Wahrscheinlichkeit eines Auftretens, der potenziell gravierenden Situation beim Auftreten unerwünschter Wirkungen sowie aufgrund anamnestisch bereits bekannter unerwünschter Reaktionen entsprechend hochgradig gefährdet sind. Studierende können Pflegeplänen diese interdisziplinären Probleme hinzufügen. Examinierte Pflegende sollten Zugang zu standardisierten Plänen bei unerwünschten Wirkungen einer umfangreicheren medikamentösen Therapie haben.

Signifikante Assessmentkriterien (Labor/Diagnostik)

- Medikamentöse Langzeittherapie.
- Anamnestisch bekannte Überempfindlichkeit.
- Anamnestisch bekannte unerwünschte Wirkungen.
- Hohe Einzel- oder Tagesdosen.
- Therapie mit mehreren Medikamenten.
- Labiler Geisteszustand.
- Leberinsuffizienz.
- Niereninsuffizienz.
- Erkrankung oder Zustand, die/der das Risiko einer bestimmten unerwünschten Wirkung erhöht (z. B. anamnestisch bekanntes Magenulkus).

• PK: Unerwünschte Wirkungen einer Antikoagulanzientherapie

Hochrisikopopulationen

- Diabetes mellitus.
- Hypothyreose.
- Magen-Darm-Blutung.
- Blutungsneigung.
- Hyperlipidämie.
- Ältere Frauen.
- Vitamin-K-Mangel.
- Schwächung.
- Dekompensierte Herzinsuffizienz.
- Kinder.
- Leichte Leber- oder Nierenfunktionsstörung.
- Tuberkulose.
- Schwangerschaft.
- Unmittelbar nach der Entbindung.

Pflegeziele

Die Pflegeperson überwacht den Klienten oder unterstützt ihn und seine Familie beim Erkennen und Minimieren unerwünschter Wirkungen.

Indikatoren

Benennen von Zeichen und Symptomen, die sofort gemeldet werden müssen.

Allgemeine Interventionen und Begründungen

- Für spezifische Informationen über die jeweilige Substanz sollten Sie auch in einem Pharmakologielehrbuch nachlesen.
- Schätzen Sie ein, ob Kontraindikationen einer Antikoagulanzientherapie vorliegen:
  - anamnestisch bekannte Überempfindlichkeit
  - Wunden
  - Vorliegen einer aktiven Blutung
  - Blutdyskrasien
  - anstehende oder vor kurzem durchgeführte Operation
  - Magen-Darm-Ulzera
  - subakute bakterielle Endokarditis
  - Perikarditis
  - schwere Hypertonie
  - beeinträchtigte Nierenfunktion
  - beeinträchtigte Leberfunktion
  - hämorrhagisches zerebrovaskuläres Ereignis
  - Medikamente, welche die Thrombozytenbildung beeinträchtigen (z. B. Salicylate, Dipyridamol, NSAR)
  - Drainagen
  - Eklampsie
  - Blutungsneigung
  - drohender Abort
  - Vitamin-C-Mangel
  - Lumbalpunktion
  - Regionalanästhesie
  - Schwangerschaft (Warfarin).
- Erläutern Sie mögliche unerwünschte Wirkungen, und zwar:
- *systemisch:*
  - Überempfindlichkeit (Fieber, Schüttelfrost, Naselaufen, Kopfschmerzen, Übelkeit, Erbrechen, Hausausschlag, Juckreiz, Tränenfluss)
  - Blutung, Hämorrhagie.
- *gastrointestinal:*
  - Erbrechen
  - Diarrhö.

- *kardiovaskulär:*
  - Hypertonie
  - Thoraxschmerz.
- *renal:*
  - beeinträchtigte Nierenfunktion.
- Überwachen Sie den Schweregrad der unerwünschten Wirkungen und senken Sie ihn:
  - Überwachen Sie die Ergebnisse der Laboruntersuchungen der aktivierten partiellen Thromboplastinzeit (APTT) bei Heparintherapie und der Prothrombinzeit (PT) sowie der International Normalized Ratio (INR) bei oraler Therapie. Melden Sie Werte, die oberhalb des therapeutischen Zielbereichs liegen. *(Das therapeutische Spektrum der PT entspricht 1,3–1,5 × Kontrollwert oder einer INR von 2,0 bis 3,0 [Arcangelo/Petersen, 2005].)*
  - Überwachen Sie auf Zeichen einer Blutung (z. B. Zahnfleischbluten, Hämatome, dunkle Stühle, Hämaturie, Nasenbluten).
  - Halten Sie bei einem Klienten unter Heparintherapie während der Verabreichung Protaminsulfat bereit. Das Antidot gegen Warfarin ist Vitamin K. *(Protaminsulfat ist das Antidot zur Umkehr der Heparinwirkung.)*
  - Überwachen Sie ältere Klienten sorgfältig. *(Sie sind empfindlicher für die Wirkungen von Antikoagulanzien [Arcangelo/Peterson, 2005].)*
  - Wenden Sie sich an einen Pharmazeuten wegen Medikamenten, welche die Wirkung von Antikoagulanzien verstärken (z. B. Antibiotika, Cimetidin, Salicylate, Phenytoin, Acetaminophen, Fungizide, NSAR) oder hemmen (z. B. Barbiturate, Dicloxacillin, Carbamazepin, Nafcillin) können.
- Überwachen Sie auf Zeichen und Symptome einer heparininduzierten Thrombozytopenie (Fieber, Schwäche, Schwierigkeiten beim Sprechen, Krampfanfälle, Gelbfärbung der Haut/Skleren, dunkel gefärbter oder blutiger Urin, Petechien). *(In Anwesenheit von Heparin werden Antikörper gegen die Thrombozytenmembran produziert, was zu erhöhtem Verbrauch an Thrombozyten führt [Arcangelo/Peterson, 2005].)*
- Reduzieren Sie Hämatome und Blutungen an Injektionsstellen:
  - Verwenden Sie dünne Nadeln.
  - Massieren Sie die Stellen nicht.
  - Wechseln Sie die Injektionsstelle im Rotationsverfahren.
  - Wählen Sie den subkutanen Zugang.
  - Drücken Sie nach der Injektion stetig 1–2 Minuten lang auf die Injektionsstelle.

  (Diese Techniken verringern das Gewebstrauma und man vermeidet hoch vaskularisiertes Gewebe [z. B. Muskelgewebe].)
- Instruieren Sie den Klienten, Nassrasuren zu unterlassen oder einen elektrischen Rasierapparat zu verwenden.
- Instruieren Sie die Klientin, während der Therapie nicht schwanger zu werden. *(Warfarin ist für den Feten toxisch.)*
- Lehren Sie den Klienten und seine Familie, wie man unerwünschte Wirkungen verhindert oder ihre Ausprägung reduziert:
  - Instruieren Sie den Klienten und seine Familie, auf Zeichen einer Blutung zu achten und sie zu melden.

- Sagen Sie ihnen, sie mögen Ärzte, Zahnärzte und andere Gesundheitsfachpersonen vor einem invasiven Eingriff über die Antikoagulanzientherapie informieren. *(Unter Umständen sind Vorsichtsmaßnahmen nötig, um eine Blutung zu verhindern.)*
- Instruieren Sie sie, sofort nach dem Einsetzen von Fieber oder einem Exanthem den Arzt oder die Fachpflegeperson zu benachrichtigen. *(Beides kann auf eine Infektion oder eine allergische Reaktion hindeuten.)*
- Sagen Sie ihnen, dass es nach dem Absetzen von Warfarin 2–10 Tage dauert, bis die PT wieder im Normbereich liegt.
- Erklären Sie ihnen, dass bestimmte Medikamente die Wirkung von Antikoagulanzien hemmen oder verstärken können und raten Sie ihnen, sich an einen Apotheker zu wenden, bevor sie ein rezeptpflichtiges oder frei verkäufliches Präparat (z. B. Acetylsalicylsäure, Antibiotika, Ibuprofen, Diuretika) einnehmen. Lehren Sie sie, Nahrungsmittel mit hohem Vitamin-K-Gehalt zu meiden. Dazu gehören Stielmus, Spargel, Broccoli, Wasserkresse, Kohl, Rinderleber, Salat und grüner Tee. *(Vitamin K schwächt die antikoagulative Wirkung.)*
- Lehren Sie den Klienten, Alkohol zu meiden, der die Effekte von Antikoagulanzien verstärkt, wenn zugleich ein Leberleiden besteht.
- Instruieren Sie den Klienten, ein Notfall-Medaillon zu tragen.
- Betonen Sie die Bedeutung regelmäßiger Nachsorge.

- Instruieren Sie den Klienten und seine Familie, die in **Tabelle II-50** genannten Symptome anzugeben (Porter, 2002).

Tabelle II-50: Unerwünschte Wirkungen einer Antikoagulanzientherapie, die der Klient und seine Familie sofort melden sollten (Porter, 2002)

• Blutung	• dunkel gefärbte Stühle
• Fieber	• Schüttelfrost
• Halsschmerzen, Schwierigkeiten beim Sprechen	• Juckreiz/Pruritus
• dunkel gefärbter Urin	• Gelbfärbung der Haut oder der Augen
• wunde Stellen im Mund	• schwerer Kopfschmerz
• neues Exanthem	• bedeutendere Erkrankung
• anhaltende Unterleibsschmerzen	• Ohnmachtsanfall

• PK: Unerwünschte Wirkungen einer Anxiolytikatherapie

Hochrisikopopulationen

- Kinder.
- Ältere Menschen.
- Beeinträchtigte Leber- oder Nierenfunktion.
- Psychose.
- Depression.
- Schwangerschaft oder Stillzeit.
- Schwere Muskelschwäche.
- Begrenzte Lungenreserve.

Pflegeziele

Die Pflegeperson überwacht den Klienten oder unterstützt ihn und seine Familie beim Erkennen und Minimieren unerwünschter Wirkungen.

Indikatoren

Der Klient nennt Zeichen und Symptome, die sofort gemeldet werden müssen.

Allgemeine Interventionen und Begründungen

- Für spezifische Informationen über die jeweilige Substanz sollten Sie auch in einem Pharmakologielehrbuch nachlesen.
- Schätzen Sie ein, ob Kontraindikationen einer Antikoagulanzientherapie vorliegen:
  - Überempfindlichkeit
  - Bewusstseinsstörung
  - gestörte Atemfunktion
  - Schock
  - Porphyrie
  - anamnestisch bekannter Drogen- oder Alkoholmissbrauch (bei Benzodiazepinen)
  - undiagnostizierte neurologische Erkrankungen
  - Glaukom, paralytischer Ileus, Prostatahyperplasie (bei Benzodiazepinen)
  - Schwangerschaft oder Stillzeit
  - Alkoholkonsum
  - schwere, nicht beherrschte Schmerzen
  - Engwinkelglaukom.
- Erläutern Sie mögliche unerwünschte Wirkungen, und zwar:
- *systemisch:*
  - Überempfindlichkeit (Juckreiz, Hautausschlag, Hypotonie)
  - Haarausfall
  - Drogenabhängigkeit
  - Schlafstörungen.

- *kardiovaskulär:*
  - verminderte Herzfrequenz, erniedrigter Blutdruck
  - transiente Tachykardie, Bradykardie
  - Ödem.
- *ZNS:*
  - beeinträchtigtes Urteilsvermögen
  - paradoxe Erregung
  - starke Schläfrigkeit
  - Tremor
  - Schwindel
  - verwaschene Sprache
  - Verwirrtheit
  - Dysphagie
  - Kopfschmerzen.
- *respiratorisch:*
  - Atemdepression.
- *hämatologisch:*
  - Leukopenie.
- *ophthalmologisch:*
  - Verschwommensehen.
- *urogenital:*
  - Harnverhalt.
- *hepatisch:*
  - Ikterus.
- Überwachen Sie den Schweregrad unerwünschter Wirkungen und reduzieren Sie ihn:
  - Evaluieren Sie vor dem Verabreichen des Medikaments den Geisteszustand des Klienten. Wenden Sie sich an den Arzt oder die Fachpflegeperson, wenn der Klient verwirrt oder sehr schläfrig ist.
  - Evaluieren Sie die Verletzungsgefahr für den Klienten. Für weitere Informationen siehe die Pflegediagnose *Verletzungsgefahr.*
  - Überwachen Sie auf Zeichen einer Überdosis (z. B. verwaschene Sprache, fortgesetzte Somnolenz, Atemdepression, Verwirrtheit)
  - Überwachen Sie auf Zeichen einer Toleranz (z. B. erhöhte Angst, Wachsamkeit).
- Lehren Sie den Klienten und seine Familie, wie man unerwünschte Wirkungen verhindert oder ihren Schweregrad reduziert:
  - Instruieren Sie den Klienten, die Medikation nach langer Einnahme niemals abrupt abzusetzen. *(Dies kann zu Erbrechen, Tremor und Krampfanfällen führen.)*
  - Erinnern Sie den Klienten und seine Familie daran, dass Alkohol und andere Sedativa die Wirkung der Medikation potenzieren.
  - Instruieren Sie den Klienten, bei Schläfrigkeit nicht Auto zu fahren und keine gefährlichen Tätigkeiten auszuüben.
  - Erörtern Sie die Möglichkeit einer Arzneimitteltoleranz und -abhängigkeit bei langfristiger Einnahme.
- Instruieren Sie den Klienten und seine Familie, die in Tabelle II-51 genannten Symptome anzugeben (Porter, 2002).

Tabelle II-51: Unerwünschte Wirkungen einer Anxiolytikatherapie, die der Klient und seine Familie sofort melden sollten

• verwaschene Sprache	• lebhafte Träume
• fortgesetzte Somnolenz	• Euphorie
• Verwirrtheit	• Halluzinationen
• Ateminsuffizienz	• Halsschmerzen
• Feindseligkeit, Wut	• Fieber
• Muskelspasmen	• Ulzera der Mundhöhle

• PK: Unerwünschte Wirkungen einer Kortikosteroidtherapie

Hochrisikopopulationen

- Erworbenes Immunschwächesyndrom (AIDS).
- Thrombophlebitis.
- Dekompensierte Herzinsuffizienz.
- Diabetes mellitus.
- Hypothyreose.
- Glaukom.
- Osteporose.
- Myasthenia gravis.
- Blutende Ulzera.
- Anfallsleiden oder Geisteskrankheit.
- Ältere Menschen.
- Schwangerschaft oder Stillzeit.
- Schwerer Stress, schweres Trauma oder schwere Krankheit.

Pflegeziele

Die Pflegeperson überwacht den Klienten oder unterstützt ihn und seine Familie beim Erkennen und Minimieren unerwünschter Wirkungen.

Indikatoren

Der Klient nennt Zeichen und Symptome, die sofort gemeldet werden müssen.

Allgemeine Interventionen und Begründungen

- Für spezifische Informationen über die jeweilige Substanz sollten Sie auch in einem Pharmakologielehrbuch nachlesen.
- Schätzen Sie ein, ob Kontraindikationen einer Kortikosteroidtherapie vorliegen:
  - anamnestisch bekannte Überempfindlichkeit
  - aktive Tuberkulose
  - Herpes
  - Hypertonie
  - aktive peptische Ulkuskrankheit
  - aktive Pilzinfektion
  - Herzleiden.
- Erläutern Sie mögliche unerwünschte Wirkungen, und zwar:
- *systemisch:*
  - Überempfindlichkeit (Exanthem, Nesselausschlag, Hypotonie, Atemnot, Anaphylaxie)
  - erhöhte Infektanfälligkeit
  - akute Nebenniereninsuffizienz (Reaktion auf abruptes Absetzen nach 2 Wochen Therapie)
  - Hypokaliämie
  - verzögerte Wundheilung
  - Hypertriglyzeridämie.
- *ZNS:*
  - Halluzinationen, Kopfschmerzen
  - Depression
  - Psychose
  - Papillenödem.
- *ophthalmologisch:*
  - Glaukom
  - Katarakt.
- *kardiovaskulär:*
  - Thrombophlebitis
  - Embolie
  - Herzrhythmusstörungen
  - Hypertonie
  - Ödem.
- *gastrointestinal:*
  - Blutung
  - Ulzera
  - Pankreatitis.
- *muskuloskelettal:*
  - Osteoporose
  - Muskelschwund
  - Wachstumsverzögerung bei Kindern
  - Buckel.

- Überwachen Sie auf unerwünschte Wirkungen:
- Bestimmen Sie die Ausgangsdaten:
  - Körpergewicht
  - großes Blutbild
  - Blutdruck
  - Serum-Kalium
  - Blutzucker
  - Serum-Natrium.
- Überwachen Sie:
  - Körpergewicht
  - großes Blutbild
  - Blutdruck
  - Serum-Kalium
  - Blutzucker
  - Serum-Natrium.
  - Stuhlprobe auf Guajakharz.
- Berichten Sie über Veränderungen der überwachten Daten.
- Lehren Sie den Klienten und seine Familie, wie man unerwünschte Wirkungen verhindert oder ihren Schweregrad senkt:
  - Instruieren Sie ihn, die Medikamente zusammen mit Milch oder mit der Nahrung einzunehmen. *(Dies verringert die Belastung für den Magen.)*
  - Raten Sie dem Klienten, sich täglich zur selben Zeit und in derselben Kleidung zu wiegen. *(Eine Gewichtszunahme kann Zeichen einer Flüssigkeitsretention sein.)*
  - Instruieren Sie ihn, Menschen mit Infekten zu meiden. *(Das geschwächte Immunsystem des Klienten erhöht seine Infektionsanfälligkeit.)*
  - Raten Sie ihm, vor der Einnahme eines frei verkäuflichen Präparats einen Arzt, eine Fachpflegeperson oder einen Apotheker zu konsultieren. *(Es könnte zu schweren Arzneimittelwechselwirkungen kommen.)*
  - Instruieren Sie ihn, vor jedem invasiven Eingriff den jeweiligen Arzt, die Fachpflegeperson, den Zahnarzt und sonstige Gesundheitsfachpersonen zu informieren. *(Es sollten Vorsichtsmaßnahmen ergriffen werden, um eine Blutung zu verhindern.)*
  - Instruieren Sie ihn, sich bei Anzeichen einer Infektion an den jeweiligen Arzt oder die Fachpflegeperson zu wenden.
  - Lehren Sie ihn, die Antikoagulanzien morgens einzunehmen. *(Dies kann die Nebennierensuppression verringern helfen.)*
  - Instruieren Sie ihn, ein Notfall-Medaillon zu tragen. *(Im Notfall sind u. U. weitere Medikamente erforderlich.)*
  - Warnen Sie ihn dringend davor, die Medikation abzusetzen, ohne zuvor den Arzt oder die Fachpflegeperson hinsichtlich der Nebenwirkungen zu konsultieren. *(Die Nebennierenfunktion braucht Zeit, um allmählich zurückzukehren.)*
  - Beschränken Sie die Natriumzufuhr auf 6 g/d. *(Zu viel Natrium erhöht die Flüssigkeitsretention.)*
  - Erörtern Sie die möglichen Probleme einer Gewichtszunahme und Natriumretention (für weitere Informationen siehe die Pflegediagnosen *Überernährung* und *Flüssigkeitsüberschuss.*

- Erläutern Sie mögliche medikamenteninduzierte Veränderungen des Aussehens (z. B. Mondgesicht, Hirsutismus, abnorme Fettverteilung).
- Fordern Sie den Klienten auf, ein System zu entwickeln, um keine Dosis auszulassen oder doppelt einzunehmen (z. B. Kontrollbogen mit Kästchen zum Abhaken, vorab befülltes Behältnis mit der Tagesdosis).
- Erläutern Sie die Gefahr einer Hyperglykämie. *(Steroide stören den Glukosestoffwechsel.)*

- Instruieren Sie den Klienten und seine Familie, folgende Zeichen und Symptome anzugeben:
  - Magenschmerzen
  - Dunkelfärbung des Stuhls
  - ungewöhnliche Gewichtszunahme
  - Erbrechen
  - Halsschmerzen, Fieber
  - Nebenniereninsuffizienz (Erschöpfung, Anorexie, Palpitationen, Übelkeit, Erbrechen, Diarrhö, Gewichtsabnahme, Stimmungsschwankungen)
  - Unregelmäßigkeiten der Menstruation
  - Veränderung der Sehfähigkeit, Augenschmerzen
  - anhaltende schwere Kopfschmerzen
  - Schmerzen und Krämpfe in den Beinen
  - exzessiver Hunger und Durst, starke Urinausscheidung
  - Diarrhö
  - Veränderung des Geisteszustands
  - Schwindel
  - Palpitationen
  - Erschöpfung, Schwäche.

• PK: Unerwünschte Wirkungen einer Zytostatikatherapie

Hochrisikopopulationen

- Schwächung.
- Knochenmarkdepression.
- Maligne Infiltration einer Niere.
- Leberfunktionsstörung.
- Niereninsuffizienz.
- Ältere Menschen.
- Kinder.

Pflegeziele

Die Pflegeperson überwacht den Klienten oder unterstützt ihn und seine Familie beim Erkennen und Minimieren unerwünschter Wirkungen.

Indikatoren

Der Klient nennt Zeichen und Symptome, die sofort gemeldet werden müssen.

Allgemeine Interventionen und Begründungen

- Für spezifische Informationen über die jeweilige Substanz sollten Sie auch in einem Pharmakologielehrbuch nachlesen.
- Schätzen Sie ein, ob Kontraindikationen einer Zytostatikatherapie vorliegen:
  - Überempfindlichkeit gegenüber der Substanz
  - Zeitraum innerhalb von 4 Wochen vor einer Strahlentherapie
  - schwere Knochenmarkdepression
  - Stillzeit
  - 1. Trimenon einer Schwangerschaft.
- Erläutern Sie mögliche unerwünschte Wirkungen, und zwar:
- *systemisch:*
  - Überempfindlichkeit (Pruritus, Exanthem, Schüttelfrost, Fieber, Atembeschwerden, Anaphylaxie)
  - Immunsuppression
  - Alopezie
  - Fieber.
- *kardiovaskulär:*
  - dekompensierte Herzinsuffizienz
  - Herzrhythmusstörungen.
- *respiratorisch:*
  - Lungenfibrose.
- *ZNS:*
  - Verwirrtheit
  - Kopfschmerzen
  - Schwäche
  - Depression
  - Schwindel
  - Neurotoxizität.
- *hämatologisch:*
  - Leukopenie
  - Blutung
  - Thrombozytopenie
  - Agranulozytose
  - Anämie
  - Hyperurikämie
  - Störungen des Elektrolythaushalts.
- *gastrointestinal:*
  - Diarrhö
  - Anorexie
  - Erbrechen
  - Mukositis
  - Enteritis
  - Darmulzera
  - paralytischer Ileus.

- *hepatisch:*
  - Hepatotoxizität.
- *urogenital/reproduktionsbezogen:*
  - Niereninsuffizienz
  - Amenorrhö
  - Sterilität
  - erniedrigte Spermienzahl
  - hämorrhagische Zystitis
  - Nierensteine.
- Unternehmen Sie Schritte, um eine Extravasation von Zytostatika zu verhindern. Diese Substanzen verursachen eine schwere Nekrose, wenn sie aus den Blutgefäßen ins Gewebe gelangen. Zytostatika sind z. B. Amsacrin, Bisantren, Dactinomycin, Dacarbacin, Daunorubicin, Estramustin, Phosgen, Plicamycin, Vinblastin, Vincristin und Vindesin.
- Präventionsmaßnahmen:
  - Vermeiden Sie die Infusion von Zytostatika über Gelenken, Knochenvorsprüngen, Sehnen, Nerven-Gefäß-Bündeln oder der Ellenbeuge (Goodman et al., 2001).
  - Vermeiden Sie Mehrfachpunktionen derselben Vene innerhalb von 24 Stunden.
  - Verabreichen Sie die Substanz durch einen Dauerkatheter.
  - Verabreichen Sie die Substanz nicht bei einem Ödem oder wenn kein Blut aus dem Katheter zurückfließt.
  - Sollte ein peripherer I.v.-Zugang verwandt werden, evaluieren Sie, in welchem Zustand er sich befindet und ob er weniger als 24 Stunden alt ist.
  - Sollte eine Infusion peripher erfolgen, beobachten Sie sie kontinuierlich.
  - Sorgen Sie für eine Infusion über einen zentralen Zugang und überprüfen Sie sie alle 1–2 Stunden.
  - Infundieren Sie das Zytostatikum vor allen anderen Medikamenten, auch vor Antiemetika.
- Überwachung während der Infusion:
- Prüfen Sie die Durchgängigkeit des I.v.-Zugangs.
- Beobachten Sie das Gewebe am Infusionsort alle 30 Minuten auf folgende Erscheinungen:
  - Schwellung (am häufigsten)
  - Austritt von Flüssigkeit
  - Brennen/Schmerzen (nicht immer vorhanden)
  - Entzündung
  - Erythem (nicht zu Beginn)
  - Hyperpigmentierung.
- Unternehmen Sie bei einer Extravasation folgende Schritte:
- Stellen Sie die Verabreichung der Substanz ein.
- Lassen Sie die Injektionsnadel an ihrem Platz.
- Aspirieren Sie vorsichtig die noch im Schlauch oder in der Nadel befindliche Substanz und das Blut.
- Vermeiden Sie direkten Druck auf die Injektionsstelle.
- Verabreichen Sie ein Antidot nach Anweisung des Arztes oder entsprechen den einrichtungsinternen Vorgehensweisen.
- Legen Sie bei einer Extravasation eines Pflanzenalkaloids 24 Stunden lang 4-mal täglich warme Kompressen auf.

- Legen Sie bei einer Extravasation von Anthracyclin 24–28 Stunden lang alle 3–4 Stunden für 15–20 Minuten Eis auf.
- Geben Sie Anweisungen hinsichtlich der lokalen Versorgung:
  - Hochlagern der Extremität für 48 Stunden
  - nach 48 Stunden den Klienten auffordern, die Extremität wieder normal zu nutzen.
- Überwachen Sie den Schweregrad unerwünschter Wirkungen und reduzieren Sie ihn:
  - Dokumentieren Sie ein Basisassessment der Vitalzeichen, des Herzrhythmus und des Körpergewichts. Überwachen Sie diese Punkte täglich. *(Dies erleichtert anschließende Assessments unerwünschter Reaktionen.)*
  - Stellen Sie sicher, dass vor dem Verabreichen der ersten Dosis Ausgangswerte für folgende Bereiche erhoben werden: Elektrolyte, Blutchemie, Knochenmark sowie Nieren- und Leberfunktion. *(Dies erlaubt die Überwachung auf unerwünschte Reaktionen.)*
  - Stellen Sie eine adäquate Hydratation von mindestens 2 l/d sicher. *(Eine gute Hydratation kann einen Nierenschaden durch rasche Zerstörung von Nierenzellen verhindern helfen.)*
  - Überwachen Sie auf Frühzeichen einer Infektion. *(Eine Knochenmarksuppression erhöht die Infektionsgefahr.)*
  - Überwachen Sie auf Störungen des Natrium-, Kalium-, Magnesium-, Phosphat- und Kalziumhaushalts. *(Störungen des Elektrolythaushalts werden gewöhnlich verstärkt durch einen Nierenschaden, Erbrechen und Diarrhö ausgelöst.)*
  - Überwachen Sie auf Niereninsuffizienz: unzureichende Urinausfuhr, erhöhtes spezifisches Gewicht und erhöhter Natriumspiegel des Urins. *(Bestimmte Zytostatika wirken toxisch auf die Glomeruli und Tubuli der Nieren.)*
  - Überwachen Sie auf Nierensteine: Flankenschmerz, Übelkeit, Erbrechen, Unterleibsschmerzen. In einem solchen Fall siehe *PK: Nierensteine*. *(Eine rasche Lyse von Tumorzellen kann Hyperurikämie auslösen.)*
  - Überwachen Sie auf Neurotoxizität: Parästhesien, Gangstörungen, Desorientiertheit, Verwirrtheit, Fallhand oder -fuß, Störungen der Feinmototik. *(Einige Zytostatika beeinträchtigen die neuromuskuläre Überleitung.)*
- Lehren Sie den Klienten und seine Familie, wie man unerwünschte Wirkungen verhindert oder ihren Schweregrad senkt:
  - Heben Sie die Bedeutung von Nachuntersuchungen und Labortests hervor. *(Dies kann helfen, unerwünschte Wirkungen rechtzeitig zu entdecken.)*
  - Instruieren Sie ihn, Menschenansammlungen und Personen mit Infektionskrankheiten zu meiden. *(Ein Klient unter Zytostatika ist sehr infektionsanfällig.)*
  - Lehren Sie ihn, täglich Ein- und Ausfuhr zu überwachen und sich zu wiegen. *(Durch regelmäßiges Überwachen lassen sich unerwünschte Wikungen rechtzeitig entdecken.)*
  - Raten Sie ihm, vor der Einnahme eines frei verkäuflichen Präparats einen Arzt, eine Fachpflegeperson oder einen Apotheker zu konsultieren. *(Es könnte zu schweren Arzneimittelwechselwirkungen kommen.)*
  - Raten Sie von Impfungen ab. *(Ein geschwächtes Immunsystem erhöht die Gefahr einer Erkrankung.)*
  - Für die jeweiligen Reaktionen siehe die entsprechenden Pflegediagnosen (z. B. *Mangelernährung, beeinträchtigte Mundschleimhaut*).

- Instruieren Sie den Klienten und seine Familie, folgende Zeichen und Symptome zu melden:
  - Fieber (> 37,8 °C)
  - Schüttelfrost, Schweißausbrüche
  - Diarrhö
  - schwerer Husten
  - Halsschmerzen
  - ungewöhnliche Blutung
  - Brennen beim Wasserlassen
  - Muskelkrämpfe
  - grippeähnliche Symptome
  - Schmerzen, Schwellungen an der Injektionsstelle
  - Unterleibsschmerzen
  - Verwirrtheit, Schwindel
  - verminderte Urinausfuhr.

PK: Unerwünschte Wirkungen einer Antikonvulsivatherapie

Hochrisikopopulationen

- Leberinsuffizienz.
- Niereninsuffizienz.
- Gerinnungsstörungen.
- Hyperthyreose.
- Diabetes mellitus.
- Ältere Menschen.
- Schwächung.
- Störungen der Herzfunktion.
- Glaukom.
- Myokardschwäche.

Pflegeziele

Die Pflegeperson überwacht den Klienten oder unterstützt ihn und seine Familie beim Erkennen und Minimieren unerwünschter Wirkungen.

Allgemeine Interventionen und Begründungen

- Für spezifische Informationen über die jeweilige Substanz sollten Sie auch in einem Pharmakologielehrbuch nachlesen.
- Schätzen Sie ein, ob Kontraindikationen einer Antikonvulsivatherapie vorliegen (Arcangelo/Peterson, 2001):
  - Überempfindlichkeit
  - Knochenmarkdepression
  - Herzblock, Sinusbradykardie (Dilantin)

  - Schwangerschaft
  - Leberinsuffizienz (Depakote)
  - Blutdyskrasien
  - Atemwegsobstruktion.
- Erläutern Sie mögliche unerwünschte Wirkungen, und zwar:
- *systemisch:*
  - Überempfindlichkeit (verstärkte Nebenwirkungen, Exantheme)
  - lupusähnliche Reaktionen
  - Folsäuremangel.
- *ZNS:*
  - Depression
  - Reizbarkeit
  - Ataxie
  - Persönlichkeitsveränderungen
  - Tremor
  - kognitive Beeinträchtigung.
- *hämatologisch:*
  - Leukopenie
  - Knochenmarksuppression
  - Anämie
  - Thrombozytopenie.
- *gastrointestinal:*
  - Gingivahyperplasie (bei Hydantoin).
- *hepatisch:*
  - Hepatitis.
- *urogenital:*
  - Albuminurie
  - Harnverhalt
  - Impotenz
  - Nierensteine.
- Überwachen Sie den Schweregrad unerwünschter Wirkungen und reduzieren Sie ihn:
  - Dokumentieren Sie Basisinformationen über die Krampfanfälle: Art, Häufigkeit, übliche Zeit, Vorliegen einer Aura, auslösende Faktoren.
  - Verabreichen Sie die Medikation in regelmäßigen Abständen. *(Dies hilft, Schwankungen der Serumspiegel zu verhindern.)*
  - Dokumentieren Sie fortlaufend die Serumspiegel und melden Sie Werte außerhalb des therapeutischen Spektrums. *(Bei niedrigeren Blutspiegeln kann es zu Krampfanfällen kommen, höherer Werte sind toxisch.)*
  - Überwachen Sie die Leberwerte und das Blutbild. *(Diese Untersuchungen können Blutdyskrasien und eine Leberfunktionsstörung aufdecken.)*
  - Überwachen Sie auf Halsschmerzen, anhaltende Erschöpfung, Fieber und Infektionen. *(Diese Zeichen und Symptome können Blutdyskrasien aufzeigen.)*
  - Messen Sie vor und nach dem parenteralen Verabreichen der Substanz die Vitalzeichen. *(Vitalzeichen zeigen die Wirkung des Medikaments auf die Herzfunktion.)*

  - Sollte die Substanz i.v. verabreicht werden, tun Sie dies langsam und überwachen Sie die Vitalzeichen genau. *(Engmaschiges Überwachen lässt sich eine Bradykardie, Hypotonie und Atemdepression u. U. rechtzeitig erkennen.)*
- Lehren Sie den Klienten und seine Familie, wie man unerwünschte Wirkungen verhindert oder ihren Schweregrad senkt:
  - Betonen Sie, dass weder die Dosis verändert noch die Medikation abrupt abgesetzt werden darf. *(Eine Änderung des Therapieplans kann schwere Krampfanfälle auslösen.)*
  - Betonen Sie, wie wichtig es ist, die Medikamente rechtzeitig, nötigenfalls rund um die Uhr, einzunehmen. *(Regelmäßige Einnahme hilft beim Aufrechterhalten therapeutischer Wirkspiegel.)*
  - Instruieren Sie den Klienten und seine Familie, vor der Einnahme irgendwelcher Medikamente (z. B. Acetylsalicylsäure, orale Kontrazeptiva, Folsäure) einen Apotheker zu konsultieren. *(Bestimmte Medikamente schwächen die Wirkung von Antikonvulsiva.)*
  - Betonen Sie die Bedeutung einer korrekten Ernährung. Fordern Sie auf, sich an den Arzt oder die Fachpflegeperson zu wenden, um zu klären, ob Nahrungsergänzungsmittel nötig sind. *(Manche Antikonvulsiva stören die Resorption von Vitaminen und Mineralien.)*

• PK: Unerwünschte Wirkungen einer Antidepressivatherapie

Hochrisikopopulationen

- Erhöhter Augeninnendruck.
- Beeinträchtigte Nierenfunktion.
- Beeinträchtigte Leberfunktion.
- Harnverhalt.
- Diabetes mellitus.
- Anfallsleiden.
- Hyperthyreose.
- Parkinson-Krankheit.
- Schwangerschaft oder Stillzeit.
- Elektrokrampftherapie.
- Herz-Kreislauf-Erkrankung.
- Schizophrenie, Psychose.
- Ältere Menschen.

Pflegeziele

Die Pflegeperson überwacht den Klienten oder unterstützt ihn und seine Familie beim Erkennen und Minimieren unerwünschter Wirkungen.

Allgemeine Interventionen und Begründungen

- Für spezifische Informationen über die jeweilige Substanz sollten Sie auch in einem Pharmakologielehrbuch nachlesen.

- Schätzen Sie ein, ob Kontraindikationen einer Antidepressivatherapie vorliegen:
  - Überempfindlichkeit
  - Engwinkelglaukom
  - Genesungsphase unmittelbar nach Myokardinfarkt
  - schwere Niereninsuffizienz
  - schwere Leberinsuffizienz
  - Prostatahyperplasie
  - zerebrovaskuläre Erkrankung
  - Herz-Kreislauf-Krankheit
  - Schizophrenie (bei MAO-Hemmern)
  - Anästhesie innerhalb der vergangenen 1–2 Wochen (bei MAO-Hemmern)
  - Hypertonie (bei MAO-Hemmern)
  - gleichzeitiger Einsatz von MAO-Hemmern und trizyklischen Antidepressiva
  - Anfallsleiden (bei trizyklischen Antidepressiva)
  - Aufnahme tyraminhaltiger Nahrungsmittel (bei MAO-Hemmern)
  - gleichzeitiger Einsatz von MAO-Hemmern, Sympathomimetika, Narkotika, Sedativa, Hypnotika, Barbituraten, Phenothiazinen, Alkohol, illegalen Drogen und Antihypertonika.
- Erläutern Sie mögliche unerwünschte Wirkungen, und zwar:
- *systemisch:*
  - Überempfindlichkeit (Exanthem, Petechien, Urtikaria, Fotosensitivität)
  - Schwitzen.
- *ZNS:*
  - Albträume
  - Ataxie
  - Krampanfälle
  - Parästhesien
  - Extrapyramidalsymptome
  - Tremor
  - Wahnvorstellungen
  - Agitiertheit
  - Hypomanie
  - Verwirrtheit
  - Halluzinationen.
- *kardiovaskulär:*
  - orthostatische Hypotonie (MAO-Hemmer)
  - hypertensive Krise (MAO-Hemmer)
  - Tachykardie
  - Herzrhythmusstörungen (MAO-Hemmer).
- *hämatologisch:*
  - Blutdyskrasien
  - Knochenmarksuppression.
- *gastrointestinal:*
  - paralytischer Ileus
  - Erbrechen
  - Diarrhö.

- *hepatisch:*
  - Hepatotoxizität.
- *urogenital:*
  - Harnverhalt
  - Prostatahyperplasie
  - akute Niereninsuffizienz
  - Impotenz
  - Nykturie
  - Priapismus (MAO-Hemmer).
- *endokrin:*
  - veränderte Blutzuckerspiegel.
- Überwachen Sie den Schweregrad unerwünschter Wirkungen und reduzieren Sie ihn.
  - Wenden Sie sich an einen Apotheker bezüglich potenzieller Interaktionen mit den übrigen Medikamenten des Klienten. *(MAO-Hemmer können viele unerwünschte Wechselwirkungen verursachen.)*
  - Dokumentieren Sie Basiswerte für Puls, Herzrhythmus und Blutdruck. *(Antidepressiva können die Herzfunktion erheblich beeinträchtigen. Das Ausgangsassessment ermöglicht eine akkurate Überwachung während der medikamentösen Therapie.)*
  - Stellen Sie sicher, dass Basisuntersuchungen des Blutes sowie der Nieren- und Leberfunktion durchgeführt werden. *(Basiswerte ermöglichen das Überwachen auf Veränderungen.)*
  - Dokumentieren Sie vor Therapiebeginn Zeichen und Symptome einer Depression. *(Diese Informationen erleichtern es zu evaluieren, wie der Klient auf die Therapie anspricht.)*
  - Überwachen Sie das Körpergewicht sowie Ein- und Ausfuhr und beurteilen Sie, ob ein Ödem vorliegt. *(Manche Antidepressiva können Flüssigkeiteretention und Anorexie verursachen.)*
- Lehren Sie den Klienten und seine Familie, wie man unerwünschte Wirkungen verhindert oder ihren Schweregrad senkt:
- Betonen Sie, dass Alkohol die Medikamentenwirkung verstärkt.
- Instruieren Sie den Klienten, einen Apotheker zu konsultieren, bevor er ein frei verkäufliches Medikament einnimmt. *(Viele Medikamente interagieren mit Antidepressiva.)*
- Warnen Sie den Klienten davor, die Dosis anzupassen oder die Medikation abzusetzen, ohne vorher einen Arzt oder eine Pflegeperson konsultiert zu haben.
- Betonen Sie gegenüber einem Klienten unter MAO-Hemmern, wie wichtig es ist, bestimmte tyraminhaltige Nahrungsmittel zu meiden (z. B. Avocado, Bananen, dicke Bohnen, Rosinen, Feigen, alten Käse, saure Sahne, Rotwein, Sherry, Bier, Hefe, Jogurt, eingelegten Hering, Hühnerleber, gealtertes Fleisch, fermentierte Wurst, Schokolade, Koffein, Sojasoße, Lakritz). *(Diese Nahrungsmittel haben einen Pressoreffekt, der eine hypertone Reaktion auslösen kann.)*
- Instruieren Sie den Klienten, gefährliche Nahrungsmittel und Medikamente auch mehrere Wochen nach dem Absetzen noch zu meiden. *(Die MAO-Entzymregeneration benötigt mehrere Wochen.)*
- Raten Sie den Familienangehörigen, bei dem Klienten auf Zeichen der Hypomanie oder verstärkte Symptome zu achten.
- Erklären Sie, dass MAO-Hemmer eine Woche vor einer Anästhesie abgesetzt werden müssen. *(MAO-Hemmer können stark mit Anästhetika und Narkotika interagieren.)*
- Instruieren Sie den Klienten bei durch Schwitzen verursachtem Elektrolytverlust in Verbindung mit selektiven Serotoninwiederaufnahmehemmern, Folgendes zu unternehmen:

  - Koffein meiden.
  - Aktivitäten bei Hitze vermeiden.
  - Alle 30 Minuten 230 Milliliter Flüssigkeit mit Elektrolyten trinken.
- Instruieren Sie den Klienten, folgende Zeichen und Symptome zu melden:
  - Überempfindlichkeitsreaktion (Kopfschmerzen, Nackensteife, Palpitationen, Schwitzen, Übelkeit, Fotophobie)
  - Sehstörungen
  - gelbliche Haut oder Skleren
  - Exanthem
  - Unterleibsschmerzen
  - Juckreiz
  - Probleme mit der Urinausscheidung
  - Krampfanfälle
  - Veränderungen des Geisteszustands.

• PK: Unerwünschte Wirkungen einer Antiarrhythmikatherapie

Hochrisikopopulationen

- Hypertonie.
- Diabetes mellitus.
- Kinder.
- Ältere Menschen.
- Beeinträchtigte Leberfunktion.
- Beeinträchtigte Nierenfunktion.
- Kardiomegalie.
- Lungenleiden.
- Thyreotoxikose.
- Periphere Gefäßkrankheit.
- Atrioventrikuläre Überleitungsstörungen.
- Dekompensierte Herzinsuffizienz.
- Hypotonie.
- Digitalisintoxikation.
- Störung des Kaliumhaushalts.

Pflegeziele

Die Pflegeperson überwacht den Klienten oder unterstützt ihn und seine Familie beim Erkennen und Minimieren unerwünschter Wirkungen.

Allgemeine Interventionen und Begründungen

- Für spezifische Informationen über die jeweilige Substanz sollten Sie auch in einem Pharmakologielehrbuch nachlesen.

- Schätzen Sie ein, ob Kontraindikationen einer Antiarrhythmikatherapie vorliegen (Arcangelo/Peterson, 2005):
  - Überempfindlichkeit
  - Kammerflimmern (Digoxin)
  - thrombozytopenische Purpura
  - Myasthenia gravis
  - Herz-, Leber- oder Niereninsuffizienz
  - Herzblock (Diltiazem, Metoprolol, Propanolol)
  - Ventrikeltachykardie (Digoxin).
- Erläutern Sie mögliche unerwünschte Wirkungen, und zwar:
- *systemisch:*
  - Überempfindlichkeit (Exanthem, Atembeschwerden, verstärkte Nebenwirkungen)
  - lupusähnliche Reaktion.
- *kardiovaskulär:*
  - Verschlechterung bestehender oder Auftreten neuer Herzrhythmusstörungen
  - Hypotonie
  - Kardiotoxizität (um > 25 % erweiterter QRS-Komplex, ventrikuläre Extrasystolen, fehlende P-Wellen).
- *ZNS:*
  - Schwindel
  - Gefühl drohenden Unheils.
- *hämatologisch:*
  - Agranulozytose.
- Überwachen Sie den Schweregrad unerwünschter Wirkungen und reduzieren Sie ihn:
  - Führen Sie ein Basisassessment von Blutdruck, Herz- und Atemfrequenz, peripheren Pulsen, Atemgeräuschen sowie Ein- und Ausfuhr durch. *(Das Basisassessment erleichtert die Evaluation auf unerwünschte Wirkungen der medikamentösen Therapie.)*
  - Melden Sie jede Störung des Elektrolyt- und Säure-Basen-Haushalts sowie Störungen der Oxygenierung. *(Durch diese Störungen werden Herzrhythmusstörungen verschlimmert.)*
  - Wenn es bei dem Klienten nach Einnahme der Medikation zu einem signifikanten Absinken des Blutdrucks, zu Bradykardie, zu einer Zunahme der Herzrhythmusstörungen oder zu neuen Herzrhythmusstörungen kommt, setzen Sie die Dosis aus und konsultieren Sie einen Arzt oder eine Fachpflegeperson. *(Diese Zeichen können auf unerwünschte Wirkungen hindeuten.)*
  - Halten Sie während der parenteralen Verabreichung Notfallmedikamente (z. B. Vasopressoren, Herzglykoside, Diuretika) und einen Reanimations-Set bereit. Verwenden Sie ein Microdrip-Infusionssystem oder eine Infusionspumpe, um eine exakte Steuerung der Infusionsgeschwindigkeit sicherzustellen.
- Lehren Sie den Klienten und seine Familie, wie man unerwünschte Wirkungen verhindert oder ihren Schweregrad senkt:
  - Betonen Sie, wie wichtig eine fortlaufende Nachsorge beim Hausarzt ist.
  - Betonen Sie, dass die Medikamente rechtzeitig eingenommen werden müssen und Dosen nicht «verdoppelt» werden dürfen. *(Ein Plan für die regelmäßige Einnahme verhindert toxische Blutspiegel.)*

  - Instruieren Sie den Klienten, die Medikamente mit der Nahrung einzunehmen. *(Dies kann helfen, die Belastung des Magen-Darm-Trakts auf einem Minimum zu halten.)*
  - Lehren Sie den Klienten, täglich Puls und Blutdruck zu messen. *(Sorgfältiges Überwachen kann Frühzeichen unerwünschter Wirkungen aufdecken.)*
  - Raten Sie dem Klienten, einen Apotheker zu konsultieren, bevor er ein frei verkäufliches Medikament einnimmt. *(Mögliche Arzneimittelwechselwirkungen können die Stabilität der Herzfunktion verändern.)*
- Instruieren Sie den Klienten und seine Familie, folgende Zeichen und Symptome zu melden:
  - Schwindel, Ohnmacht
  - Palpitationen
  - Sehstörungen
  - Halluzinationen
  - Verwirrtheit
  - Kopfschmerzen
  - Gewichtszunahme von 450–900 Gramm
  - Kälte- und Taubheitsgefühl in den Extremitäten.

• PK: Unerwünschte Wirkungen einer Neuroleptikatherapie

Hochrisikopopulationen

- Glaukom.
- Prostatahyperplasie.
- Epilepsie.
- Diabetes mellitus.
- Ulzera.
- Herz-Kreislauf-Erkrankung.
- Chronische Atemwegserkrankungen.
- Leberinsuffizienz.
- Schwangerschaft oder Stillzeit.
- Exposition gegenüber extremer Hitze, phosphorhaltigen Insektiziden oder Pestiziden.

Pflegeziele

Die Pflegeperson überwacht den Klienten oder unterstützt ihn und seine Familie beim Erkennen und Minimieren unerwünschter Wirkungen.

Allgemeine Interventionen und Begründungen

- Für spezifische Informationen über die jeweilige Substanz sollten Sie auch in einem Pharmakologielehrbuch nachlesen.
- Schätzen Sie ein, ob Kontraindikationen einer Neuroleptikatherapie vorliegen:
  - Knochenmarksuppression
  - Blutdyskrasien

  - Parkinson-Krankheit
  - Leberinsuffizienz
  - Niereninsuffizienz
  - zerebrale Arteriosklerose
  - koronare Herzkrankheit
  - Kreislaufkollaps
  - Mitralinsuffizienz
  - schwere Hypotonie
  - Alkoholismus, Drogenmissbrauch
  - subkortikaler Hirnschaden
  - komatöse Zustände.
- Erläutern Sie mögliche unerwünschte Wirkungen, und zwar:
- *systemisch:*
  - Überempfindlichkeit (Exanthem, Unterleibsschmerzen, Ikterus, Blutdyskrasien)
  - Fotosensibilität
  - Fieber.
- *kardiovaskulär:*
  - Hypertonie
  - Palpitationen
  - orthostatische Hypotonie.
- *ZNS:*
  - extrapyramidale Symptome (akute Dystonie, Akathisie, Pseudoparkinsonismus)
  - Hyperreflexie
  - Hirnödem
  - Schlafstörungen
  - Spätdyskiniesien
  - malignes neuroleptisches Syndrom
  - bizarre Träume.
- *gastrointestinal:*
  - Obstipation
  - paralytischer Ileus
  - Koteinklemmung.
- *hämatologisch:*
  - Agranulozytose
  - Leukopenie
  - Leukozytose
  - Anämien
  - Thrombozytopenie
  - Purpura
  - Panzytopenie.
- *ophthalmologisch:*
  - Ptose
  - Pigmentretinopathie
  - Linsentrübungen.

- *respiratorisch:*
  - Laryngospasmus
  - Bronchospasmus
  - Dyspnö.
- *urogenital:*
  - Harnverhalt
  - Enuresis
  - Inkontinenz
  - Impotenz.
- *endokrin:*
  - Gynäkomastie
  - Libidoveränderungen
  - Amenorrhö
  - Glykosurie
  - Hyperglykämie.
- Überwachen Sie den Schweregrad unerwünschter Wirkungen und reduzieren Sie ihn:
  - Führen Sie ein Basisassessment des Blutdrucks (im Sitzen, im Stehen und im Liegen) sowie von Puls und Körpertemperatur durch. *(Das Basisassessment erleichtert die Überwachung auf unerwünschte Wirkungen.)*
  - Stellen Sie sicher, dass vor dem Verabreichen der ersten Dosis Basisuntersuchungen des Knochenmarks sowie der Nieren- und Leberfunktion durchgeführt werden. *(Diese Maßnahmen helfen, die hypotonen Effekte zu verringern.)*
  - Überwachen Sie zu Beginn der Behandlung den Blutdruck. *(Anhand der Blutdrucküberwachung lassen sich hypotone Früheffekte erkennen.)*
  - Beurteilen Sie die Darm- und Blasenfunktion. *(Anticholinerge und antiadrenerge Effekte schwächen die sensible Stimulation von Darm und Blase.)*
  - Achten Sie auf feine, wurmartige Bewegungen der Zunge. *(Frühzeitiges Entdecken von Spätdyskinesien ermöglicht rasches Intervenieren und u. U. eine Umkehr ihres Verlaufs.)*
  - Überwachen Sie auf akute dystone Reaktionen, Halsspasmen, Augenrollen, Dysphagie und Krämpfe. *(Frühzeitiges Erkennen dieser Zeichen ermöglicht es, ggf. rechtzeitig die Dosis zu senken.*
  - Stellen Sie eine optimale Hydratation sicher. Evaluieren Sie regelmäßig das spezifische Gewicht des Urins. *(Dehydratation erhöht die Anfälligkeit für dystone Reaktionen.)*
  - Überwachen Sie auf Zeichen und Symptome von Blutdyskrasien: Abnahme der Leukozyten, Thrombozyten und Erythrozyten, Halsschmerzen, Fieber, Krankheitsgefühl. *(Neuroleptika können eine Knochenmarksuppression verursachen.)*
  - Überwachen Sie das Körpergewicht. *(Neuroleptika können eine Hypothyreose auslösen, die gewöhnlich durch Gewichtszunahme gekennzeichnet ist.)*
  - Überwachen Sie auf ein malignes neuroleptisches Syndrom. Für Interventionen siehe *PK: Malignes neuroleptisches Syndrom. (Das maligne neuroleptische Syndrom ist eine potenziell gefährliche unerwünschte Wirkung einer Neuroleptikatherapie.)*
- Lehren Sie den Klienten und seine Familie, wie man unerwünschte Wirkungen verhindert oder ihren Schweregrad senkt:

- Instruieren Sie den Klienten, einen Apotheker zu konsultieren, bevor er ein frei verkäufliches Medikament einnimmt. *(Bei verschiedenen frei verkäuflichen Substanzen kann es zu schweren Arzneimittelwechselwirkungen kommen.)*
    - Betonen Sie, dass der Medikationsplan wie verordnet eingehalten werden muss und die Substanz niemals abrupt abgesetzt werden darf. *(Abruptes Absetzen kann zu Erbrechen, Tremor und psychotischem Verhalten führen.)*
    - Weisen Sie den Klienten darauf hin, sich durch Kleidung, einen Hut und Sonnencreme vor Sonnenlicht zu schützen. *(Fotosensibilität ist eine häufige Nebenwirkung einer Neuroleptikatherapie.)*
    - Warnen Sie vor Alkohol, Barbituraten und Sedativa. *(Ihre Wirkungen werden durch Neuroleptika potenziert.)*
- Instruieren Sie den Klienten und seine Familie, folgende Zeichen und Symptome zu melden:
    - Harnverhalt
    - Sehstörungen
    - Fieber
    - Halsschmerzen
    - Zeichen einer Infektion
    - Tremor
    - Unterleibsschmerz
    - feine, wurmartige Bewegungen der Zunge
    - Halsspasmen
    - Dysphagie
    - Augenrollen
    - unwillkürliche Kaubewegungen, Zukneifen der Augen, Verziehen der Gesichtsmuskulatur
    - überschießende Bewegungen.

• PK: Unerwünschte Wirkungen einer Antihypertonikatherapie

- PK: Unerwünschte Wirkungen einer Betablockertherapie
- PK: Unerwünschte Wirkungen einer Therapie mit Kalziumantagonisten
- PK: Unerwünschte Wirkungen einer Therapie mit ACE-Hemmern

Anmerkung der Autorin

Antihypertonika werden in neun Gruppen unterteilt: zentral wirksame adrenerge Substanzen, Ganglienblocker, peripher wirksame Antisympathikotonika, Alphablocker, Kalziumantagonisten, Betablocker, Relaxanzien der glatten Muskulatur, ACE-Hemmer und Diuretika. Da sich ihre Wirkorte stark unterscheiden, ist es nicht von Nutzen, ein generisches interdisziplinäres Problem *PK: Potenzielle Komplikation: Unerwünschte Wirkungen einer Antihypertonikatherapie* zu präsentieren. Stattdessen werden drei Klassifikationen angesprochen: Betablocker, Kalziumantagonisten und ACE-Hemmer. Für Informationen über andere Klassifikationen sollten Sie in einem Lehrbuch der Pharmazie nachschlagen.

• PK: Unerwünschte Wirkungen einer Betablockertherapie

Hochrisikopopulationen

- Diabetes mellitus.
- Schweres Leberleiden.
- Schwangerschaft oder Stillzeit
- Chronische Bronchitis, Emphysem.
- Periphere Gefäßinsuffizienz.
- Allergische Rhinitis.
- Leberinsuffizienz.
- Myasthenia gravis.

Pflegeziele

Die Pflegeperson überwacht den Klienten oder unterstützt ihn und seine Familie beim Erkennen und Minimieren unerwünschter Wirkungen.

Allgemeine Interventionen und Begründungen

- Für spezifische Informationen über die jeweilige Substanz sollten Sie auch in einem Pharmakologielehrbuch nachlesen.
- Schätzen Sie ein, ob Kontraindikationen einer Betablockertherapie vorliegen (Arcangelo/Peterson, 2005):
  - Überempfindlichkeit
  - Sinusbradykardie
  - Herzblock 2. oder 3. Grades
  - PR-Intervall im EKG > 0,24 s
  - kardiogener Schock
  - Therapie mit MAO-Hemmern oder trizyklischen Antidepressiva
  - Asthma (bei nichtselektiven Betablockern)
  - Diabetes
  - Hyperlipidämie
  - Arterieninsuffizienz
  - 1. Trimenon einer Schwangerschaft
- Erläutern Sie mögliche unerwünschte Wirkungen, und zwar:
- *systemisch:*
  - Überempfindlichkeit (Exanthem, Juckreiz)
  - erhöhte Triglyzeride
  - verminderte HDL-Lipoproteine.
- *ZNS:*
  - Depression
  - Parästhesien
  - Schlaflosigkeit
  - Verhaltensänderungen

  - Schwindel
  - Gedächtnisausfälle
  - bizarre Träume
  - Halluzinationen
  - Katatonie.
- *kardiovaskulär:*
  - Bradykardie
  - Ödem
  - Hypotonie
  - dekompensierte Herzinsuffizienz
  - Apoplex
  - Tachykardie
  - periphere arterielle Insuffizienz.
- *hämatologisch:*
  - Agranulozytose
  - Thrombozytopenie
  - Eosinophilie.
- *gastrointestinal:*
  - Diarrhö
  - ischämische Kolitis
  - Erbrechen
  - Magenschmerzen.
- *hepatisch:*
  - Hepatomegalie.
- *respiratorisch:*
  - Bronchospasmen
  - Rasselgeräusche
  - Dyspnö.
- *endokrin:*
  - Hypo- oder Hyperglykämie.
- *urogenital:*
  - Schwierigkeiten beim Wasserlassen
  - erhöhte Werte für Blutharnstoffstickstoff und Serum-Transaminase.
- *ophthalmologisch:*
  - Verschwommensehen.
- Überwachen Sie den Schweregrad unerwünschter Wirkungen und reduzieren Sie ihn:
  - Führen Sie ein Basisassessment der Herzfrequenz und des Blutdrucks (im Sitzen, im Stehen und im Liegen) sowie der Lungenfelder und der peripheren Pulse durch. *(Das Basisassessment erleichtert die Überwachung auf unerwünschte Wirkungen.)*
  - Stellen Sie sicher, dass vor Beginn der medikamentösen Therapie Basisuntersuchungen der Nieren, der Leber, des Blutzuckers und des Blutes stattfinden. *(Die Ergebnisse dieser Untersuchungen ermöglichen das Überwachen auf Veränderungen.)*
  - Setzen Sie mit dem Arzt oder der Fachpflegeperson die Parameter (Puls, Blutdruck) fest, bei denen die Medikation ausgesetzt werden sollte. *(Hypotonie und Bradykardie können die Herzleistung senken.)*

  - Überwachen Sie Ein- und Ausfuhr sowie das Körpergewicht und beurteilen Sie, ob ein Ödem vorliegt. *(Eine verminderte Herzleistung kann zur Flüssigkeitsansammlung führen.)*
  - Überwachen Sie auf eine dekompensierte Herzinsuffizienz. *(Betablocker können die Herzfunktion schwächen.)*
  - Überwachen Sie bei einem Klienten mit Diabetes auf Hypoglykämie. *(Betablocker beeinträchtigen die Umwandlung von Glykogen in Glukose, indem sie betaadrenerge Rezeptoren besetzen.)*
- Lehren Sie den Klienten und seine Familie, wie man unerwünschte Wirkungen verhindert oder ihren Schweregrad senkt:
  - Betonen Sie, wie wichtig es ist, die Medikation verordnungsgemäß fortzuführen, und warnen Sie den Klienten davor, das Medikament jemals abrupt abzusetzen. *(Abruptes Absetzen kann Rhythmusstörungen oder eine Angina pectoris auslösen.)*
  - Betonen Sie, dass täglich Puls und Blutdruck gemessen werden müssen. Erläutern Sie die Puls- und Blutdruckwerte, bei denen die Medikation ausgesetzt werden muss.
  - Instruieren Sie den Klienten, sich täglich jeweils zur selben Zeit und in derselben Kleidung zu wiegen. Sagen Sie ihm, er möge jede Gewichtszunahme von 450 Gramm oder mehr melden. *(Eine Gewichtszunahme kann eine Flüssigkeitsretention infolge der verminderten Herzleistung anzeigen.)*
  - Erklären Sie, dass Hände und Füße vor längerer Kälteeinwirkung geschützt werden müssen. *(Betablocker senken die Durchblutung der Haut und der Extremitäten.)*
  - Instruieren Sie den Klienten, den Hausarzt zu konsultieren, bevor er sich körperlich belastet. *(Die Medikation behindert die Anpassungsreaktion des Körpers an Stress.)*
  - Betonen Sie die Bedeutung von Labortests zur Nachsorge. *(Hierbei können sich signifikante Anomalien in den Nieren- und Leberfunktionstests sowie im Blutbild finden.)*
- Instruieren Sie den Klienten und seine Familie, folgende Zeichen und Symptome zu melden:
  - Gewichtszunahme von 450–900 g
  - Ödem
  - Atembeschwerden
  - Puls oder Blutdruck über oder unter den zuvor festgelegten Parametern
  - dunkel gefärbter Urin
  - Schwierigkeiten beim Wasserlassen
  - Sehstörungen
  - Halsschmerzen
  - Fieber
  - Schlafstörungen
  - Gedächtnisausfälle
  - Veränderungen des Geisteszustands
  - Verhaltensänderungen.

PK: Unerwünschte Wirkungen einer Therapie mit Kalziumantagonisten

Hochrisikopopulationen

- Niereninsuffizienz.
- Leberinsuffizienz.
- Hypotonie.

- herabgesetzte Funktion des linken Ventrikels.
- Schwangerschaft oder Stillzeit.
- Digitalistherapie.
- Betablockertherapie.

Pflegeziele

Die Pflegeperson überwacht den Klienten oder unterstützt ihn und seine Familie beim Erkennen und Minimieren unerwünschter Wirkungen.

Allgemeine Interventionen und Begründungen

- Für spezifische Informationen über die jeweilige Substanz sollten Sie auch in einem Pharmakologielehrbuch nachlesen.
- Schätzen Sie ein, ob Kontraindikationen einer Therapie mit Kalziumantagonisten vorliegen:
  - schwere Funktionsstörung des linken Ventrikels
  - Sick-Sinus-Syndrom
  - Herzblock 2. oder 3. Grades
  - kardiogener Schock
  - akuter Myokardinfarkt (bei Diltiazem)
  - I.v.-Verabreichung von Verapamil und Betablockern
  - symptomatische Hypotonie
  - fortgeschrittene dekompensierte Herzinsuffizienz
- Erläutern Sie mögliche unerwünschte Wirkungen, und zwar:
- *systemisch:*
  - Überempfindlichkeit (Exanthem, Juckreiz, extreme Hypotonie)
  - Haarausfall
  - Schwitzen, Schüttelfrost.
- *ZNS:*
  - Tremor
  - Verwirrtheit
  - Stimmungsschwankungen
  - Schlaflosigkeit
  - Kopfschmerzen.
- *kardiovaskulär:*
  - Palpitationen
  - Myokardinfarkt
  - Hypotonie
  - Herzinsuffizienz
  - Bradykardie
  - Herzblock 3. Grades (bei Verapamil).
- *gastrointestinal:*
  - Diarrhö
  - Krämpfe.

- *hepatisch:*
  - erhöhte Leberenzyme.
- *respiratorisch:*
  - Dyspnö
  - Giemen
  - Lungenödem.
- *muskuloskelettal:*
  - Muskelkrämpfe
  - Gelenksteife
  - Entzündung.
- *urogenital:*
  - Impotenz
  - unregelmäßige Menses.
- Überwachen Sie den Schweregrad unerwünschter Wirkungen und reduzieren Sie ihn:
  - Führen Sie ein Basisassessment von Puls, Blutdruck, Herzrhythmus und den Lungenfeldern durch. *(Das Basisassessment erleichtert die Überwachung auf unerwünschte Wirkungen.)*
  - Stellen Sie sicher, dass vor Beginn der medikamentösen Therapie Basisuntersuchungen der Leber stattfinden. *(Kalziumantagonisten können zu einer Erhöhung der Leberenzyme führen.)*
  - Überwachen Sie in den ersten Stadien der Therapie sorgfältig Blutdruck und Herzfrequenz. *(Es kann zu Bradykardie und Hypotonie kommen.)*
  - Überwachen Sie auf eine dekompensierte Herzinsuffizienz. *(Eine verminderte Herzleistung kann die Herzfunktion schwächen.)*
  - Setzen Sie mit dem Arzt oder der Fachpflegeperson die Parameter (Puls, Blutdruck) fest, bei denen die Medikation ausgesetzt werden sollte. *(Hypotonie und Bradykardie können die Herzleistung senken.)*
  - Überwachen Sie Ein- und Ausfuhr sowie das Körpergewicht und beurteilen Sie, ob ein Ödem vorliegt. *(Eine verminderte Herzleistung kann zur Flüssigkeitsansammlung führen.)*
- Lehren Sie den Klienten und seine Familie, wie man unerwünschte Wirkungen verhindert oder ihren Schweregrad senkt. Für spezifische Interventionen siehe *PK: Unerwünschte Wirkungen einer Betablockertherapie.*
- Instruieren Sie den Klienten und seine Familie, folgende Zeichen und Symptome zu melden:
  - Gewichtszunahme von 450–900 g
  - Ödem
  - Atembeschwerden
  - Puls oder Blutdruck über oder unter den zuvor festgelegten Parametern
  - Schlafstörungen
  - Veränderungen des Geisteszustands.

• PK: Unerwünschte Wirkungen einer Therapie mit ACE-Hemmern

Hochrisikopopulationen

- Schwere Nierenfunktionsstörung.
- Systemisches lupusähnliches Syndrom.
- Verminderte Leukozytenzahl.

- Herzklappenstenose.
- Diabetes mellitus.
- Schwangerschaft oder Stillzeit.
- Autoimmunerkrankung (bei Captopril).
- Koronare Herzkrankheit (bei Captopril).
- Apoplex (bei Captopril).
- Medikamentöse Therapie, die zu Leukopenie und Agranulozytose führt.
- Gefäßkollagenose (bei Enalapril).

Pflegeziele

Die Pflegeperson überwacht den Klienten oder unterstützt ihn und seine Familie beim Erkennen und Minimieren unerwünschter Wirkungen.

Allgemeine Interventionen und Begründungen

- Für spezifische Informationen über die jeweilige Substanz sollten Sie auch in einem Pharmakologielehrbuch nachlesen.
- Schätzen Sie ein, ob Kontraindikationen einer Therapie mit ACE-Hemmern vorliegen:
  - anamnestisch bekannte unerwünschte Wirkungen
  - Nierenarterienstenose (ein- oder beidseitig)
  - anamnestisch bekannte Überempfindlichkeit
  - Schwangerschaft.
- Erläutern Sie mögliche unerwünschte Wirkungen, und zwar:
- *systemisch:*
  - Überempfindlichkeit (Urtikaria; Exanthem; Angioödem des Gesichts, des Rachens und der Extremitäten; Atembeschwerden; Stridor)
  - Fotosensibilität
  - Alopezie.
- *ZNS:*
  - Schwindel
  - Ohnmacht
  - Schlaflosigkeit
  - Kopfschmerzen.
- *kardiovaskulär:*
  - Tachakardie
  - dekompensierte Herzinsuffizienz
  - Hypotonie
  - Perikarditis
  - Angina pectoris
  - Thoraxschmerz
  - Palpitationen
  - flüchtige Gesichtsröte
  - Raynaud-Syndrom.

- *gastrointestinal:*
  - Verlust des Geschmackssins
  - Erbrechen
  - Anorexie
  - Diarrhö
  - peptisches Ulkus.
- *hämatologisch:*
  - Neutropenie
  - Agranulozytose
  - hämolytische Anämie
  - Eosinophilie
  - Hyperkaliämie.
- *muskuloskelettal:*
  - Gelenkschmerzen.
- *urogenital:*
  - Proteinurie
  - Polyurie
  - Oligurie
  - Pollakisurie
  - Niereninsuffizienz.
- *respiratorisch:*
  - Husten.
- Überwachen Sie den Schweregrad unerwünschter Wirkungen und reduzieren Sie ihn:
  - Führen Sie ein Basisassessment von Puls und Blutdruck (im Sitzen, im Stehen und im Liegen) sowie vom Herzrhythmus und von den Lungenfeldern durch. *(Die Daten des Basisassessments sind entscheidend, um das Ansprechen auf die Therapie zu evaluieren und unerwünschte Wirkungen zu erkennen.)*
  - Stellen Sie sicher, dass vor dem Verabreichen der ersten Dosis Basisuntersuchungen der Elektrolyte, des Blutes sowie der Leber- und Nierenfunktion durchgeführt werden. *(Die Medikation kann eine Erhöhung der Leberenzyme und Hypokaliämie verursachen.)*
  - Überwachen Sie in den ersten Stadien der Therapie sorgfältig Blutdruck und Herzfrequenz. *(Es kann zu Bradykardie und Hypotonie kommen.)*
  - Überwachen Sie auf eine dekompensierte Herzinsuffizienz. *(Eine verminderte Herzleistung kann die Herzfunktion schwächen.)*
  - Setzen Sie mit dem Arzt oder der Fachpflegeperson die Parameter (Puls, Blutdruck) fest, bei denen die Medikation ausgesetzt werden sollte. *(Hypotonie und Bradykardie können die Herzleistung senken.)*
  - Überwachen Sie Ein- und Ausfuhr sowie das Körpergewicht und beurteilen Sie, ob ein Ödem vorliegt. *(Eine verminderte Herzleistung kann zur Flüssigkeitsansammlung führen.)*
- Lehren Sie den Klienten und seine Familie, wie man unerwünschte Wirkungen verhindert oder ihren Schweregrad senkt:
  - Siehe *PK: Unerwünschte Wirkungen einer Betablockertherapie.*
  - Betonen Sie die Bedeutung von Labortests zur Nachsorge. *(Hierbei können sich signifikante Anomalien des Urineiweißes sowie im Blutbild finden.)*

- Instruieren Sie den Klienten und seine Familie, folgende Zeichen und Symptome zu melden:
  - Gewichtszunahme von 450–900 g
  - Ödem
  - Atembeschwerden
  - Puls oder Blutdruck über oder unter den zuvor festgelegten Parametern
  - dunkel gefärbter Urin
  - Schwierigkeiten beim Wasserlassen
  - Sehstörungen
  - Halsschmerzen
  - Fieber
  - Schlafstörungen
  - Gedächtnisausfälle
  - Veränderungen des Geisteszustands
  - Verhaltensänderungen.

Anhang

Pflegediagnosen, gegliedert nach verschiedenen Modellen und Klassifikationen*

Anhang A

Pflegediagnosen, gegliedert nach Gordons Funktionellen Gesundheitsverhaltensmustern

Pflegediagnosen können im Rahmen des Assessmentmodells von Gordons funktionellen Gesundheitsverhaltensmustern (Gordon, 2013a/b) wie folgt definiert werden: «Eine Pflegediagnose ist eine klinische Beurteilung, die von einer Pflegefachfrau/-mann nach einem Pflegeassessment, bestehend aus: Beobachtung, Interview, körperlicher Untersuchung und Ressourceneinschätzung, gemacht wird. Diese Aussage bezieht sich auf: die Art, die möglichen Einflussfaktoren und die Merkmale oder Risikofaktoren für aktuelle oder potenzielle Gesundheitsprobleme, Entwicklungspotenziale oder -syndrome eines Individuums, einer Familie oder einer sozialen Gemeinschaft, deren *Gesundheitsverhaltensmuster* funktionell beeinträchtigt oder entwicklungsfähig sind. Pflegefachfrauen und -männer sind für das Stellen von Pflegediagnosen zuständig und verantwortlich. Pflegediagnosen bilden die Grundlage, um Pflegeinterventionen auswählen, planen und durchführen zu können, um um gemeinsam vereinbarte Pflegeziele und -ergebnisse erreichen und bewerten zu können (Georg 2012), (s. Abb. A-1, S. 1650) [Anm. d. Hrsg.].

1. Gesundheitsverhaltensmuster: Wahrnehmung und Umgang mit der eigenen Gesundheit

Energiefeldstörung 450–454
Erstickungsgefahr 701–702
unwirksames Gesundheitsverhalten 556–591
Bereitschaft für einen verbesserten Immunisierungsstatus
Infektionsgefahr 630–644
Gefahr einer Gesundheitsschädigung 657–690
Noncompliance 787–798
Gefahr eines perioperativen Lagerungsschadens 704–712
unwirksamer Selbstschutz 898–900

* Die funktionellen Verhaltensmuster wurden entnommen aus: Gordon, M. (2013), *Handbuch Pflegediagnosen*. Bern: Huber, mit kleineren Änderungen durch die Autorin.

Sturzgefahr 697–700
unwirksames Management der eigenen Gesundheit 749–762
unwirksames familiäres Therapiemanagement 1415–1416
unwirksames gemeinschaftliches Management von Therapieprogrammen 1441–1447
effektives Management eines Therapieprogramms 1490–1492
Vergiftungsgefahr 700–701
Verletzungsgefahr 702–704

2. Gesundheitsverhaltensmuster: Ernährung und Stoffwechsele

Gefahr eines instabilen Blutzuckerspiegels 193–194
Aspirationsgefahr 690–697
Verschlechterung des Allgemeinzustands (Verkümmerung) des Erwachsenen 546–550
Ernährung, Bereitschaft für eine verbesserte 1481–1482
Gewebeschädigung 900–912
Hautschädigung 912–921
Flüssigkeitsdefizit 480–490
Bereitschaft für einen verbesserten Flüssigkeitshaushalt 1470–1471
Gefahr eines unausgeglichenen Flüssigkeitsvolumens 500–501
Flüssigkeitsüberschuss 490–500
Hyperthermie 180–183
Hypothermie 183–188
Gefahr einer unausgeglichenen Körpertemperatur 172–179
latexallergische Reaktion 727–733
Gefahr einer latexallergischen Reaktion 733–734
Gefahr einer Leberfunktionsstörung 740
Mangelernährung 799–826
geschädigte Mundschleimhaut 922–931
unwirksames Stillen 199–209
unterbrochenes Stillen 210
erfolgreiches Stillen (Bereitschaft für ein verbessertes Stillen) 1465–1468
Saug-/Schluckstörung des Säuglings 838–846
Schluckstörung 828–837
unwirksame Thermoregulation 188–190
Übelkeit 275–280
Gefahr der Überernährung 851–852
Überernährung 846–851
beeinträchtigter Zahnstatus 826–827

3. Gesundheitsverhaltensmuster: Ausscheidung

Diarrhö 409–417
Harnverhalt s. Urininkontinenz, Über-
Obstipation 333–349
Obstipationsgefahr
subjektiv empfundene Obstipation 349–351

Lebensspanne/Lebensprozesse

Empfängnis – Pränatalstadium – Geburt – Säuglingsalter – Kindheit – Pubertät – Adoleszenz – Erwachsenenalter – Menopause – Alter – hohes Alter – Tod

Funktions-/Dysfunktions-kontinuum	Funktionelle Gesundheitsverhaltensmuster (Gordon, 2013)	Einflussfaktoren/Risikofaktoren
⟷	1. Wahrnehmung und Umgang mit der eigenen Gesundheit	• (patho) physiologische
⟷	2. Ernährung und Stoffwechsel	• behandlungsbezogene
⟷	3. Ausscheidung	• entwicklungsbezogene
⟷	4. Aktivität und Bewegung	• soziale
⟷	5. Schlaf und Ruhe	• psychische
⟷	6. Kognition und Perzeption	• politisch-ökonomische
⟷	7. Selbstwahrnehmung und Selbstkonzept	• kulturelle
⟷	8. Rollen und Beziehungen	• spirituelle
⟷	9. Sexualität und Reproduktion	• umgebungsbezogene
⟷	10. Bewältigungsverhalten und Stresstoleranz	
⟷	11. Werte und Überzeugungen	

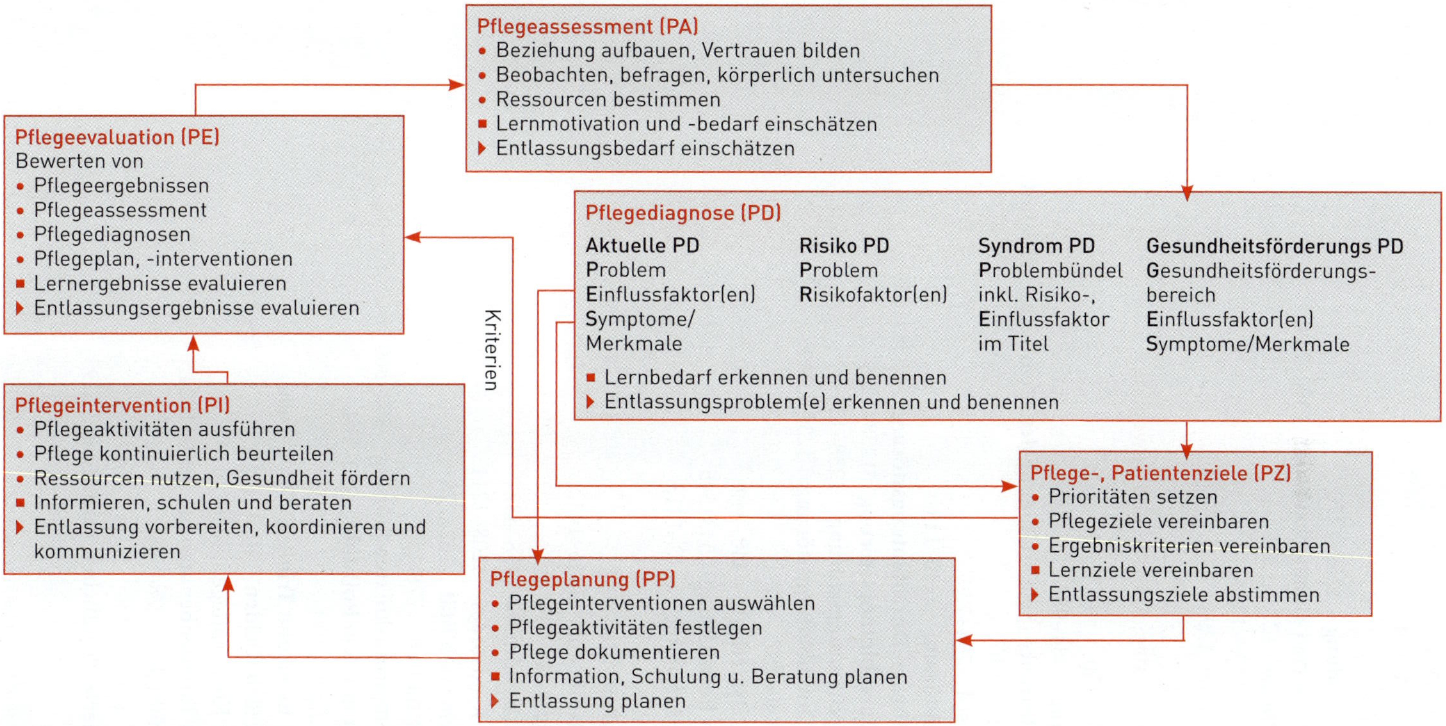

Abbildung 6-1: Gordons Modell der funktionellen Gesundheitsverhaltensmuster als Gliederungsstruktur für Pflegediagnosen (Gordon, 2013; Georg 2012).

Reflexurininkontinenz 1282–1285
Stressurininkontinenz 1285–1289
Stuhlinkontinenz 194–199
beeinträchtigte Urinausscheidung 1259–1270
Bereitschaft für eine verbesserte Urinausscheidung 1494–1495
funktionelle Urininkontinenz 1275–1282
Überlaufurininkontinenz 1299–1303
totale Urininkontinenz 1289–1294

4. Gesundheitsverhaltensmuster: Aktivität und Bewegung

Aktivitätsintoleranz 131–150
unwirksamer Atemvorgang 984–988
Unwirksame Atemwegsclearance (Selbstreinigung der Atemwege) 979–984
Beschäftigungsdefizit 432–440
bewegungsarmer Lebensstil 734–739
Periphere Durchblutungsstörung 1240–1251
Gefahr einer gastrointestinalen Durchblutungsstörung 1238–1239
Gefahr einer kardialen Durchblutungsstörung 1238–1239
Gefahr einer renalen Durchblutungsstörung 1238–1239
Gefahr einer zerebralen Durchblutungsstörung 1238–1239
autonome Dysreflexie 440–447
Gefahr einer autonomen Dysreflexie 448–449
Gefahr einer verzögerten Entwicklung 543–545
verzögerte postoperative Erholung 1212–1213
Fatigue 455–467
beeinträchtigte Gehfähigkeit 780–782
beeinträchtigte Haushaltsführung 1416–1422
verminderte Herzleistung 211–213
Gefahr eines Immobilitätssyndroms 418–432
Gefahr eines plötzlichen Kindstodes 1208–1211
beeinträchtigte körperliche Mobilität 762–778
beeinträchtigte Mobilität im Bett 778–779
Gefahr einer peripheren neurovaskulären Störung 852–860
beeinträchtigte Mobilität mit dem Rollstuhl 782–784
*totales Selbstversorgungsdefizit** 994
Selbstversorgungsdefizit Essen und Trinken 1002–1006
Selbstversorgungsdefizit Sich Kleiden 1011–1015
Selbstversorgungsdefizit Körperpflege 1006–1010
Selbstversorgungsdefizit Toilettenbenutzung 1020–1024
beeinträchtigte Transferfähigkeit 784–786
ruheloses Umhergehen 1318–1322
Gefahr eines desorganisierten kindlichen Verhaltens 629

* *in Marjory Gordon (2013a) finden sich weitere selbst entwickelte Pflegediagnosen* (Stand: April 2013)

desorganisiertes kindliches Verhalten 613–628
Bereitschaft für eine verbesserte Organisation des kindlichen Verhaltens 1474–1480
Gefahr eines unproportionalen Wachstums 545–546
Verzögerte(s) Wachstum und Entwicklung 529–543
erschwertes Weaning 565–575

5. Gesundheitsverhaltensmuster: Schlaf und Ruhe

Schlafmangel 725–727

6. Gesundheitsverhaltensmuster: Kognition und Perzeption

gestörte Denkprozesse 1213–1232
Entscheidungskonflikt 396–409
Bereitschaft für eine verbesserte Entscheidungsfindung 1469–1470
beeinträchtigte Gedächtnisleistung 1232–1238
Neglect 1251–1259
akuter Schmerz 248–269
chronischer Schmerz 269–275
akute Verwirrtheit 307–323
chronische Verwirrtheit 324–332
Wahrnehmungsstörung (näher zu bestimmen: visuell, auditiv, kinästhetisch, gustatorisch, taktil, olfaktorisch) 1094–1097
Wissensdefizit
Bereitschaft für vermehrtes Wissen 1480
Beeinträchtigtes Wohlbefinden 234–247

7. Gesundheitsverhaltensmuster: Selbstwahrnehmung und Selbstkonzept

Angst 151–168
Furcht 467–480
Hoffnungslosigkeit 591–607
Bereitschaft für gesteigerte Hoffnung 1472–1473
gestörte persönliche Identität 1048–1049
Körperbildstörung 1038–1047
Machtlosigkeit 885–887
Gefahr einer Machtlosigkeit 888–897
Bereitschaft für eine verbesserte Selbstfürsorge 1485
chronisch geringes Selbstwertgefühl 1052–1056
situationsbedingtes geringes Selbstwertgefühl 1056–1061
Gefahr eines situationsbedingten geringen Selbstwertgefühls 1061–1062
Bereitschaft für ein verbessertes Selbstkonzept 1485–1486
Todesangst 169–172
Vereinsamungsgefahr 740–749

8. Gesundheitsverhaltensmuster: Rollen und Beziehungen

Gefahr einer beeinträchtigten Bindung 1398–1404
beeinträchtigte elterliche Fürsorge 1388–1397
Bereitschaft für eine verbesserte elterliche Fürsorge 1387–1388
elterlicher Rollenkonflikt 1405–1414
beeinträchtigte Familienprozesse 1383–1386
unterbrochene Familienprozesse 1369–1375
Bereitschaft für verbesserte Familienprozesse 1387
Gefahr einer fremdgefährdenden Gewalttätigkeit 1303–1318
beeinträchtigte soziale Interaktion 1135–1150
soziale Isolation 1150–1153
beeinträchtigte verbale Kommunikation 302–305
chronischer Kummer 1153–1158
Relokationsstresssyndrom (Ortswechselbedingtes Stresssyndrom) 948–953
Rollenüberlastung der pflegenden Bezugsperson 214–229
Gefahr einer Rollenüberlastung der pflegenden Bezugsperson 229–233
unwirksames Rollenverhalten 988–990
erschwertes Trauern 523–529
Trauern 501–517

9. Gesundheitsverhaltensmuster: Sexualität und Reproduktion

sexuelle Funktionsstörung 1134–1135
unwirksames Sexualverhalten 1106–1134
Vergewaltigungssyndrom 871–885

10. Gesundheitsverhaltensmuster: Bewältigungsverhalten und Stresstoleranz

defensives Coping 381–385
unwirksames Coping 364–381
verhindertes familiäres Coping 1345–1349
gefährdendes familiäres Coping 1344–1345
Bereitschaft für ein verbessertes familiäres Coping 1363–1364
Bereitschaft für ein verbessertes gemeinschaftliches Coping 1432–1437
unwirksames gemeinschaftliches Coping 1437–1441
Gefahrengeneigtes Gesundheitsverhalten 551–556
posttraumatisches Syndrom 861–869
Gefahr eines posttraumatischen Syndroms 870
Selbstverletzung 1083–1084
Selbstverletzungsgefahr 1084–1086
Stressüberlastung 1201–1207
Suizidgefahr 1086–1094
unwirksame Verleugnung 385–396

11. Gesundheitsverhaltensmuster: Werte und Überzeugungen

Gefahr einer beeinträchtigten Menschenwürde 608–613
moralischer Konflikt 1187–1193
beeinträchtigte Religiosität 1193–1200
Gefahr einer beeinträchtigten Religiosität 1200–1201
Bereitschaft für eine vertiefte Religiosität 1483–1484
Bereitschaft für eine verbesserte Selbstbestimmung 1482–1483
Sinnkrise 1158–1185
Gefahr einer Sinnkrise 1185–1186
Bereitschaft für ein verbessertes Wohlbefinden 1468
Bereitschaft für eine verbesserte Sinnfindung 1487–1489

Quellen:

Gordon M. (2013a): Handbuch Pflegediagnosen. 5. A., Bern: Huber

Gordon M. (2013b): Pflegeassessment Notes. Bern: Huber

NANDA International (2010): Pflegediagnosen – Klassifikation 2009–2011. Kassel: Recom [Für alle fett markierten Pflegediagnosen].

Anhang B

Pflegediagnosen, gegliedert nach Roper-Logan-Tierneys Lebensaktivitäten (LA)

Pflegediagnosen können im Rahmen des Roper-Logan-Tierney-Modells (RLT) wie folgt definiert werden: «Eine Pflegediagnose ist eine klinische Beurteilung, die von einer Pflegefachfrau/-mann nach einem Pflegeassessment, bestehend aus: Beobachtung, Interview, körperlicher Untersuchung und Ressourceneinschätzung, gemacht wird. Diese Aussage bezieht sich auf: die Art, die möglichen Einflussfaktoren und die Merkmale oder Risikofaktoren für aktuelle oder potenzielle Gesundheitsprobleme, Entwicklungspotenziale oder -syndrome eines Individuums, einer Familie oder einer sozialen Gemeinschaft, deren Unabhängigkeit hinsichtlich der *Lebensaktivitäten (LAs)* beeinträchtigt oder entwicklungsfähig ist. Pflegefachfrauen und -männer sind für das Stellen von Pflegediagnosen zuständig und verantwortlich. Pflegediagnosen bilden die Grundlage, um Pflegeinterventionen auswählen, planen und durchführen zu können, um um gemeinsam vereinbarte Pflegeziele und -ergebnisse erreichen und bewerten zu können (Georg 2012), (s. Abb. A-2) [Anm. d. Hrsg.].

1. Schlafen

Erholung, verzögerte postoperative 1212–1213
Fatigue 455–467
Schlafmangel 725–727
Schlafstörung 713–725

2. Sich bewegen

Aktivitätsin**toleranz** 131–150
Gehfähigkeit, beeinträchtigte 780–782
Im**mobilität**ssyndroms, Gefahr eines 418–432
Lagerungsschadens, Gefahr eines perioperativen 704–712
Lebensstil, bewegungsarmer 734–739
Mobilität, beeinträchtigte körperliche 762–778
Mobilität im Bett, beeinträchtigte 778–779
Mobilität mit dem Rollstuhl, beeinträchtigte 782–784
Transferfähigkeit, beeinträchtigte 784–786
Umhergehen, ruheloses 1318–1322

3. Sich sauber halten und kleiden

Gewebeschädigung 900–912
Hautschädigung 912–921
Mundschleimhaut, geschädigte 922–931
Selbstversorgungsdefizit, Körperpflege 1006–1010
Selbstversorgungsdefizit, Sich Kleiden 1011–1015
Zahnstatus, beeinträchtigter 826–827

Lebensspanne/Lebensprozesse

Empfängnis – Pränatalstadium – Geburt – Säuglingsalter – Kindheit – Pubertät – Adoleszenz – Erwachsenenalter – Menopause – Alter – hohes Alter – Tod

Abhängigkeits-/Unabhängigkeitskontinuum	Lebensaktivitäten (LAs) (RLT, 2009)	Einflussfaktoren/Risikofaktoren
↔	1. Schlafen	• (patho) physiologische
↔	2. Sich bewegen	• behandlungsbezogene
↔	3. Sich sauber halten und kleiden	• entwicklungsbezogene
↔	4. Essen und trinken	• soziale
↔	5. Ausscheiden	• psychische
↔	6. Regulieren der Körpertemperatur	• politisch-ökonomische
↔	7. Atmen	• kulturelle
↔	8. Für eine sichere Umgebung sorgen	• spirituelle
↔	9. Arbeiten und spielen	• umgebungsbezogene
↔	10. Kommunizieren	
↔	11. Seine Geschlechtlichkeit leben	
↔	12. Sterben	

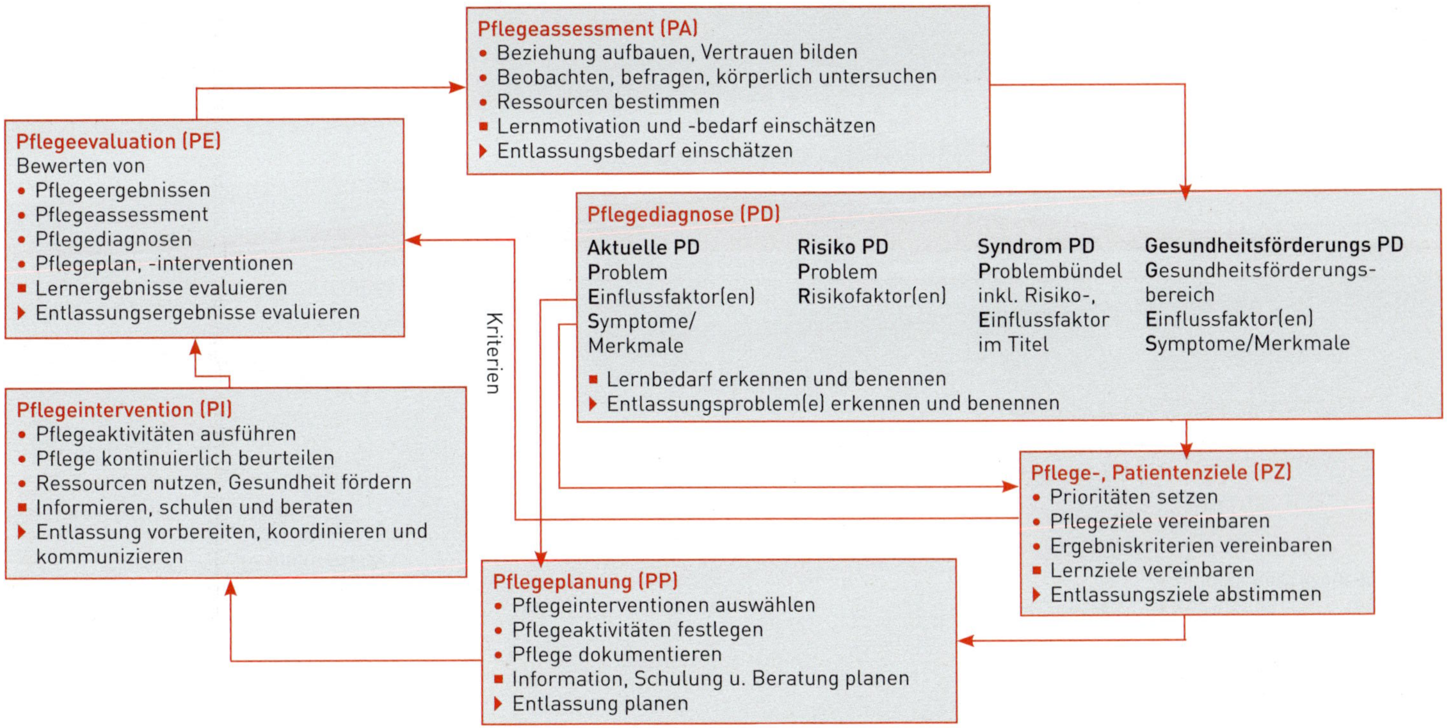

Abbildung 6-2: Pflegeprozess und RLT-Pflegemodell des Lebens mit Lebensaktivitäten (LAs) als Gliederungsstruktur für Pflegediagnosen (Roper et al. 2009; Georg 2012).

4. Essen und Trinken

Allgemeinzustands (Verkümmerung) des Erwachsenen, Verschlechterung des 546–550
Blutzuckerspiegels, Gefahr eines in**stabil**en 193–194
Ernährung, Bereitschaft für eine verbesserte 1481–1482
Ernährung, Gefahr einer Über- 851–852
Ernährung, Mangel- 799–826
Ernährung, Über- 846–851
Flüssigkeitsdefizit 480–490
Flüssigkeitshaushalt, Bereitschaft für einen verbesserten 1470–1471
Flüssigkeitsvolumens, Gefahr eines unausgeglichenen 500–501
Flüssigkeitsüberschuss 490–500
Leberfunktionsstörung, Gefahr einer 740
Saug-/Schluckstörung des Säuglings 838–846
Schluckstörung 828–837
Selbstversorgungsdefizit, Essen und Trinken 1002–1006
Stillen, erfolgreiches (Bereitschaft für ein verbessertes Stillen) 1465–1468
Stillen, unterbrochenes 210
Stillen, unwirksames 199–210
Übelkeit 275–280

5. Ausscheiden

Diarrhö 409–417
Harnverhalt s. Harninkontinenz, Über-
Obstipation 333–349
Obstipation, subjektiv empfundene 349–351
Selbstversorgungsdefizit, Toilettenbenutzung 1020–1024
Stuhlin**kontinenz** 194–199
Urinausscheidung, beeinträchtigte 1259–1270
Urinausscheidung, Bereitschaft für eine verbesserte 1494–1495
Urinin**kontinenz**, Drang- 1294–1299
Urinin**kontinenz**, funktionelle 1275–1282
Urinin**kontinenz**, Reflex- 1282–1285
Urinin**kontinenz**, Stress- 1285–1289
Urinin**kontinenz**, totale 1289–1294
Urinin**kontinenz**, Überlauf- 1299–1303

6. Regulieren der Köpertemperatur

Hyperthermie 180–183
Hypothermie 183–188
Körpertemperatur, Gefahr einer unausgeglichenen 172–179
Thermoregulation, unwirksame 188–190

7. Atmen

Aspirationsgefahr 690–697
Atemvorgang, unwirksamer 984–988
Atemwegsclearance, unwirksame (Selbstreinigung der Atemwege) 979–984
Durchblutungsstörung, Gefahr einer gastrointestinalen 1238–1239

Durchblutungsstörung, Gefahr einer kardialen 1238–1239
Durchblutungsstörung, periphere 1240–1251
Durchblutungsstörung, Gefahr einer renalen 1238–1239
Durchblutungsstörung, Gefahr einer zerebralen 1238–1239
Erstickungsgefahr 701–702
Gasaustausch, beeinträchtigter
Herzleistung, verminderte 211–213
Neurovaskulären Störung, Gefahr einer peripheren 852–860
Weaning, erschwertes 965–975

8. Für eine sichere Umgebung sorgen

Dysreflexie, autonome 440–447
Dysreflexie, Gefahr einer autonomen 448–449
Gesundheitsschädigung, Gefahr einer 657–690
Gesundheitsverhalten, gefahrengeneigtes 551–556
Gewalttätigkeit, Gefahr einer fremdgefährdenden 1303–1318
Haushaltsführung, beeinträchtigte 1416–1422
Infektionsgefahr 630–644
Isolation, soziale 1150–1153
Kindstodes, Gefahr eines plötzlichen 1208–1211
Latexallergische Reaktion 727–733
Latexallergischen Reaktion, Gefahr einer 733–734
Relokationsstresssyndrom (Ortswechselbedingtes Stresssyndrom) 948–953
Selbstschutz, unwirksamer 898–900
Selbstverletzung 1083–1084
Selbstverletzungsgefahr 1084–1086
Sturzgefahr 697–700
Suizidgefahr 1086–1094
Vergiftungsgefahr 700–701
Vereinsamungsgefahr 740–749
Verletzungsgefahr 702–704

9. Arbeiten und Spielen

Beschäftigungsdefizit 432–440
Energiefeldstörung 450–454

10. Kommunizieren

Angst 151–168
Furcht 467–480
Kommunikation, beeinträchtigte verbale 302–305
Kummer, chronischer 1153–1158
Neglect 1251–1259
Schmerz, akuter 248–269
Schmerz, chronischer 269–275
Stressüberlastung 1201–1207
Wahrnehmungsstörung, auditiv 1097
Wahrnehmungsstörung, gustatorisch 1097

Wahrnehmungsstörung, kinästhetisch 1097
Wahrnehmungsstörung, olfaktorisch 1097
Wahrnehmungsstörung, taktil 1097
Wahrnehmungsstörung, visuell 1097

11. Seine Geschlechtlichkeit leben

Bindung, Gefahr einer beeinträchtigten 1398–1404
Elterliche Fürsorge, beeinträchtigte 1388–1397
Elterliche Fürsorge, Bereitschaft für eine verbesserte 1387–1388
Entwicklung, Gefahr einer verzögerten 543–545
Interaktion, beeinträchtigte soziale 1135–1150
Kindliches Verhalten, desorganisiertes 613–628
Kindlichen Verhaltens, Bereitschaft für eine verbesserte Organisation des 1474–1480
Kindlichen Verhaltens, Gefahr eines desorganisierten 629
Rollenkonflikt, elterlicher 1405–1414
Rollenüberlastung der pflegenden Bezugsperson 214–229
Rollenüberbelastung der pflegenden Bezugsperson, Gefahr einer 229–233
Rollenverhalten, unwirksames 988–990
Sexualverhalten, unwirksames 1106–1134
Sexuelle Funktionsstörung 1134–1135
Wachstums, Gefahr eines unproportionalen 545–546
Wachstum und **Entwicklung**, verzögerte(s) 529–543

12. Sterben

Angst, Todes- 169–172
Religiosität, beeinträchtigte 1193–1200
Religiosität, Bereitschaft für eine vertiefte 1483–1484
Religiosität, Gefahr einer beeinträchtigten 1200–1201
Sinnfindung, Bereitschaft für eine verbesserte 1487–1489
Sinnkrise 1158–1185
Sinnkrise, Gefahr einer 1185–1186
Trauern 501–517
Trauern, erschwertes 523–529
Wohlbefinden, beeinträchtigtes 234–247
Wohlbefinden, Bereitschaft für ein verbessertes 1468

Einzelnen LAs nicht zuordnenbare Pflegediagnosen

Coping/Bewältigungsverhalten

Coping, defensives 381–385
Coping, gefährdendes familiäres 1344–1345
Coping, unwirksames 364–381
Coping, unwirksames gemeinschaftliches 1437–1441
Coping, verhindertes familiäres 1345–1349
Coping, Bereitschaft für ein verbessertes familiäres 1363–1364
Coping, Bereitschaft für ein verbessertes gemeinschaftliches 1432–1437
Familienprozesse, beeinträchtigte 1383–1386
Familienprozesse, Bereitschaft für verbesserte 1387
Familienprozesse, unterbrochene 1369–1375

Hoffnung, Bereitschaft für gesteigerte 1472–1473
Hoffnungslosigkeit 591–607
Non**compliance** 787–798
Posttraumatisches Syndrom 861–869
Posttraumatischen Syndroms, Gefahr eines 870
Vergewaltigungssyndrom 871–885

Kognition

Denkprozesse, gestörte 1213–1232
Entscheidungsfindung, Bereitschaft für eine verbesserte 1469–1470
Entscheidungskonflikt 396–409
Gesundheitsverhalten, unwirksames 556–591
Gedächtnisleistung, beeinträchtigte 1232–1238
Machtlosigkeit 885–887
Machtlosigkeit, Gefahr einer 888–897
Management der eigenen Gesundheit, unwirksames 749–762
Management eines Therapieprogramms, effektives 1490–1492
Management von Therapieprogrammen, unwirksames gemeinschaftliches 1441–1447
Management, unwirksames familiäres **Therapie-** 1415–1416
Verwirrtheit, akute 307–323
Verwirrtheit, chronische 324–332
Wissen, Bereitschaft für vermehrtes 1480

Selbstkonzept

Identität, gestörte persönliche 1048–1049
Körperbildstörung 1038–1047
Konflikt, moralischer 1187–1193
Menschenwürde, Gefahr einer beeinträchtigten 608–613
Selbstbestimmung, Bereitschaft für eine verbesserte 1482–1483
Selbstfürsorge, Bereitschaft für eine verbesserte 1485
Selbstkonzept, Bereitschaft für ein verbessertes 1485–1486
Selbstwertgefühl, chronisch geringes 1052–1056
Selbstwertgefühls, Gefahr eines situationsbedingten geringen 1061–1062
Selbstwertgefühl, situationsbedingtes geringes 1056–1061

[Die Zuordnung wurde auf Basis des «Roper-Logan-Tierney-Modells» (2009) vorgenommen. Aufgrund der begrenzten Reichweite des Modells der Lebensaktivitäten wurden manche Pflegediagnosen den Konzepten «Coping/Bewältigungsverhalten», «Kognition», «Selbstkonzept» zugeordnet. Anm. d. Lek.].

Quellen:

Georg, J. (2009): Pflegediagnosen im RLT-Modell. In: Roper N., Logan W. W., Tierney A, J. (2009): Das Roper-Logan-Tierney-Modell. Bern: Huber, S. 227–243.
NANDA international (2010): Pflegediagnosen – Klassifikation 2009–2011. Kassel: Recom.
Roper N.; Logan W. W.; Tierney A. J. (2009): Das Roper-Logan-Tierney-Modell. Bern: Huber.

(Die diagnostischen Kernbegriffe wurden bei den jeweiligen Pflegediagnosen **fett** hervorgehoben. Anm. d. Hrsg.)

Anhang C

Pflegediagnosen, gegliedert nach Hendersons 14 Grundbedürfnissen

Pflegediagnosen können im Rahmen des Bedürfnismodells von Virginia Henderson wie folgt definiert werden: «Eine Pflegediagnose ist eine klinische Beurteilung, die von einer Pflegefachfrau/-mann nach einem Pflegeassessment, bestehend aus: Beobachtung, Interview, körperlicher Untersuchung und Ressourceneinschätzung, gemacht wird. Diese Aussage bezieht sich auf: die Art, die möglichen Einflussfaktoren und die Merkmale oder Risikofaktoren für aktuelle oder potenzielle Gesundheitsprobleme, Entwicklungspotenziale oder -syndrome eines Individuums, einer Familie oder einer sozialen Gemeinschaft, deren Unabhängigkeit hinsichtlich der *Aktivitäten und Befriedigung von Grundbedürfnissen,* die zur Gesundheit oder Genesung oder einem friedvollen Tod beitragen, beeinträchtigt oder entwicklungsfähig sind. Pflegefachfrauen und -männer sind für das Stellen von Pflegediagnosen zuständig und verantwortlich. Pflegediagnosen bilden die Grundlage, und Pflegeinterventionen auswählen, planen und durchführen zu können, und um gemeinsam vereinbarte Pflegeziele und -ergebnisse erreichen und bewerten zu können (Georg 2012), (s. Abb. A-3) [Anm. d. Hrsg.].

1. Atmen (normal atmen)

Aspirationsgefahr 690–697
Atemvorgang, unwirksamer 984–988
Atemwegsclearance, unwirksame (Selbstreinigung der Atemwege) 979–984
Durchblutungsstörung, Gefahr einer gastrointestinalen 1238–1239
Durchblutungsstörung, Gefahr einer kardialen 1238–1239
Durchblutungsstörung, periphere 1240–1251
Durchblutungsstörung, Gefahr einer renalen 1238–1239
Durchblutungsstörung, Gefahr einer zerebralen 1238–1239
Erstickungsgefahr 701–702
Herzleistung, verminderte 211–213
Weaning, erschwertes 965–975

2. Essen/Trinken (angemessen essen und trinken)

Allgemeinzustands (Verkümmerung) des Erwachsenen, Verschlechterung des 546–550
Blutzuckerspiegels, Gefahr eines in**stabil**en 193–194
Ernährung, Bereitschaft für eine verbesserte 1481–1482
Ernährung, Gefahr einer Über- 851–852
Ernährung, Mangel- 799–826
Ernährung, Über- 846–851
Flüssigkeitsdefizit 480–490
Flüssigkeitshaushalt, Bereitschaft für einen verbesserten 1470–1471
Flüssigkeitsvolumens, Gefahr eines unausgeglichenen 500–501
Flüssigkeitsüberschuss 490–500
Leberfunktionsstörung, Gefahr einer 740

Lebensspanne/Lebensprozesse

Empfängnis – Pränatalstadium – Geburt – Säuglingsalter – Kindheit – Pubertät – Adoleszenz – Erwachsenenalter – Menopause – Alter – hohes Alter – Tod

Abhängigkeits-/Unabhängigkeitskontinuum	Aktivitäten und Grundbedürfnisse*	Einflussfaktoren/Risikofaktoren
←→	1. normal atmen	• (patho) physiologische
←→	2. angemessen essen und trinken	• behandlungsbezogene
←→	3. Körperausscheidungen beseitigen	• entwicklungsbezogene
←→	4. Bewegung und angemessene Körperhaltung bewahren	• soziale
←→	5. ruhen und schlafen	• psychische
←→	6. Auswahl angemessener Kleidung sowie aus- und ankleiden	• politisch-ökonomische
←→	7. Körpertemperatur im Normalbereich halten	• kulturelle
←→	8. Körper sauber halten; Pflege und Schutz der Haut	• spirituelle
←→	9. Gefahren der Umgebung, sowie Gefährdung anderer vermeiden	• umgebungsbezogene
←→	10. kommunizieren mit anderen zum Austausch von Emotionen, Meinungen und Sorgen	
←→	11. Ausüben des eigenen Glaubens	
←→	12. einer Arbeit nachgehen, die ein Gefühl von Zufriedenheit erzeugt	
←→	13. an verschiedenen Arten der Erholung teilnehmen	
←→	14. Neugierde, Entdeckung und Lernen ermöglichen, die/das Gesundheit fördern/t	

* Die Bezeichnungen der Aktivitäten und Grundbedürfnisse wurden mit den originalen Formulierungen von Henderson (1969) angeführt. Um die Pflegediagnosen der Assessmentstruktur zuzuordnen wurden zusammenfassende Bezeichnungen gewählt, nach Georg (2007) modifiziert und die Originalbezeichnung nachgeordnet angeführt [Anm. d. Hrsg.]

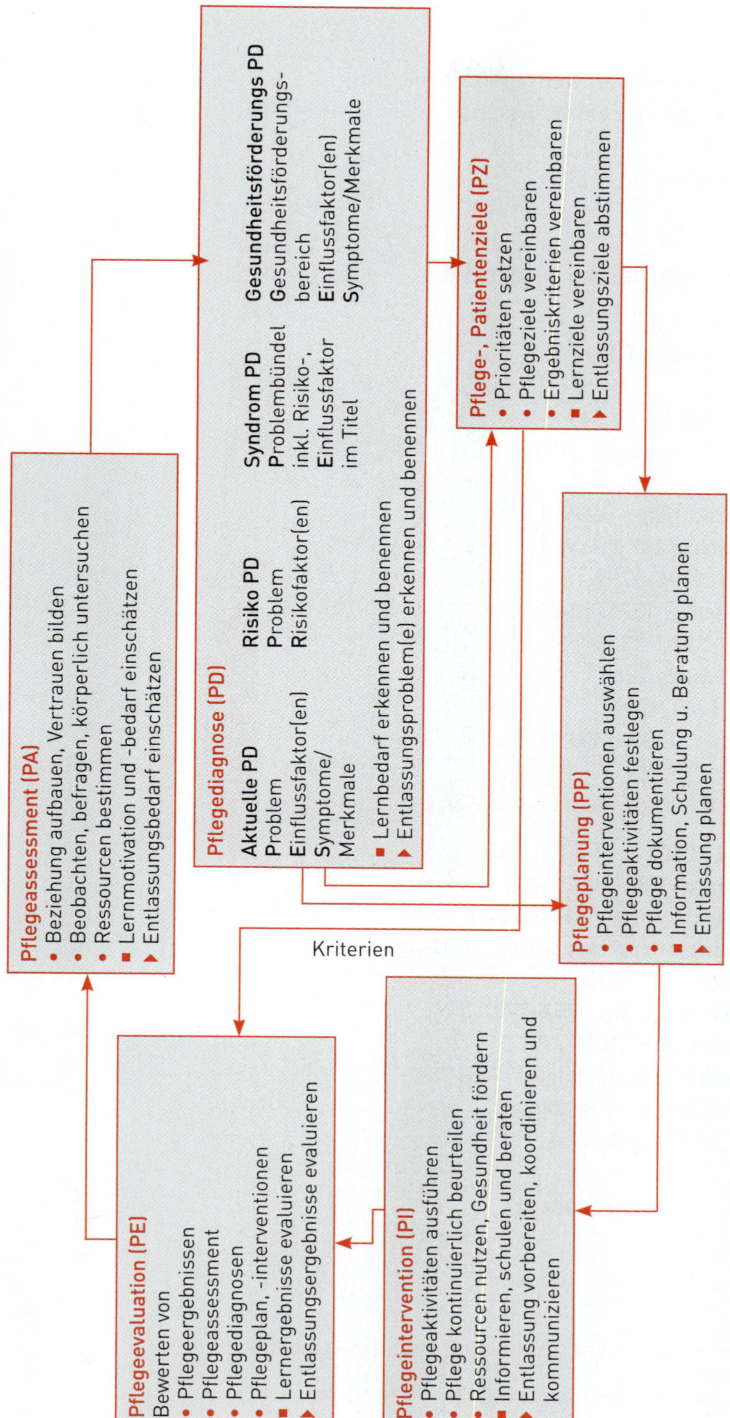

Abbildung 6-3: Pflegeprozess- und Pflegebedürfnismodell nach Henderson mit 14 Grundbedürfnissen als Gliederungsstruktur für Pflegediagnosen (Henderson, 1969; Georg, 2007).

Saug-/Schluckstörung des Säuglings 838–846
Schluckstörung 828–837
Selbstversorgungsdefizit, Essen und Trinken 1002–1006
Stillen, erfolgreiches (Bereitschaft für ein verbessertes Stillen 1465–1468
Stillen, unterbrochenes 210
Stillen, unwirksames 199–209
Übelkeit 275–280

3. Ausscheiden (Körperausscheidungen beseitigen)

Diarrhö 409–417
Harnverhalt s. Urininkontinenz, Über-
Obstipation 333–349
Obstipation, subjektiv empfundene 349–351
Selbstversorgungsdefizit, Toilettenbenutzung 1020–1024
Stuhlin**kontinenz** 194–199
Urinausscheidung, beeinträchtigte 1259–1270
Urinausscheidung, Bereitschaft für eine verbesserte 1494–1495
Urinin**kontinenz**, Drang- 1294–1299
Urinin**kontinenz**, funktionelle 1275–1282
Urinin**kontinenz**, Reflex- 1282–1285
Urinin**kontinenz**, Stress- 1285–1289
Urinin**kontinenz**, totale 1289–1294
Urinin**kontinenz**, Überlauf- 1299–1303

4. Sich bewegen (Bewegung und angemessene Körperhaltung bewahren)

Aktivitätsin**toleranz** 131–150
Gehfähigkeit, beeinträchtigte 780–782
Im**mobilitäts**syndroms, Gefahr eines 418–432
Lagerungsschadens, Gefahr eines perioperativen 704–712
Lebensstil, bewegungsarmer 734–739
Mobilität, beeinträchtigte körperliche 762–778
Mobilität im Bett, beeinträchtigte 778–779
Mobilität mit dem Rollstuhl, beeinträchtigte 782–784
Transferfähigkeit, beeinträchtigte 784–786
Umhergehen, ruheloses 1318–1322

5. Ruhen und Schlafen (ruhen und schlafen)

Schlafmangel 725–727
Schlafstörung 713–725

6. Sich kleiden (Auswahl angemessener Kleidung sowie aus- und ankleiden)

Selbstversorgungsdefizit, Sich Kleiden 1011–1015

7. Körpertemperatur regulieren (Körpertemperatur im Normalbereich halten)

Hyperthermie 180–183
Hypothermie 183–188
Körpertemperatur, Gefahr einer unausgeglichenen 172–179
Thermoregulation, unwirksame 188–190

8. Körper pflegen und Haut schützen (Körper sauber halten; Pflege und Schutz der Haut)

Gewebeschädigung 900–912
Hautschädigung 912–921
Mundschleimhaut, geschädigte 922–931
Selbstversorgungsdefizit, Körperpflege 1006–1010
Zahnstatus, beeinträchtigter 826–827

9. Vor Gefahren schützen (Gefahren der Umgebung, sowie Gefährdung anderer vermeiden)

Dysreflexie, autonome 440–447
Dysreflexie, Gefahr einer autonomen 448–449
Gesundheitsschädigung, Gefahr einer 657–690
Gesundheitsverhalten, gefahrengeneigtes 551–556
Gewalttätigkeit, Gefahr einer fremdgefährdenden 1303–1318
Haushaltsführung, beeinträchtigte 1416–1422
Infektionsgefahr 630–644
Isolation, soziale 1150–1153
Kindstodes, Gefahr eines plötzlichen 1208–1211
Latexallergische Reaktion 727–733
Latexallergischen Reaktion, Gefahr einer 733–734
Neurovaskulären Störung, Gefahr einer peripheren 852–860
Selbstschutz, unwirksamer 898–900
Selbstverletzung 1083–1084
Selbstverletzungsgefahr 1084–1086
Sturzgefahr 697–700
Suizidgefahr 1086–1094
Vereinsamungsgefahr 740–749
Vergewaltigungssyndrom 871–885
Vergiftungsgefahr 700–701
Verletzungsgefahr 702–704

10. Kommunizieren (Kommunizieren mit anderen zum Austausch von Emotionen, Meinungen und Sorgen)

Angst 151–168
Angst, Todes- 169–172
Bindung, Gefahr einer beeinträchtigten 1398–1404
Elterliche Fürsorge, beeinträchtigte 1388–1397
Elterliche Fürsorge, Bereitschaft für eine verbesserte 1387–1388
Familienprozesse, beeinträchtigte 1383–1386

Familienprozesse, Bereitschaft für verbesserte 1387
Familienprozesse, unterbrochene 1369–1375
Furcht 467–480
Hoffnung, Bereitschaft für gesteigerte 1472–1473
Hoffnungslosigkeit 591–607
Identität, gestörte persönliche 1048–1049
Interaktion, beeinträchtigte soziale 1135–1150
Körperbildstörung 1038–1047
Kommunikation, beeinträchtigte verbale 302–305
Konflikt, moralischer 1187–1193
Kummer, chronischer 1153–1158
Machtlosigkeit 885–887
Machtlosigkeit, Gefahr einer 888–897
Menschenwürde, Gefahr einer beeinträchtigten 608–613
Schmerz, akuter 248–269
Schmerz, chronischer 269–275
Selbstwertgefühl, chronisch geringes 1052–1056
Selbstwertgefühls, Gefahr eines situationsbedingten geringen 1061–1062
Selbstwertgefühl, situationsbedingtes geringes 1056–1061
Selbstbestimmung, Bereitschaft für eine verbesserte 1482–1483
Selbstfürsorge, Bereitschaft für eine verbesserte 1485
Selbstkonzept, Bereitschaft für ein verbessertes 1485–1486
Wahrnehmungsstörung, auditiv 1097
Wahrnehmungsstörung, gustatorisch 1097
Wahrnehmungsstörung, kinästhetisch 1097
Wahrnehmungsstörung, olfaktorisch 1097
Wahrnehmungsstörung, taktil 1097
Wahrnehmungsstörung, visuell 1097

11. Glauben leben (Ausüben des eigenen Glaubens)

Religiosität, beeinträchtigte 1193–1200
Religiosität, Bereitschaft für eine vertiefte 1483–1484
Religiosität, Gefahr einer beeinträchtigten 1200–1201
Sinnfindung, Bereitschaft für eine verbesserte 1487–1489
Sinnkrise 1158–1185
Sinnkrise, Gefahr einer 1185–1186
Trauern 501–517
Trauern, erschwertes 523–529
Wohlbefinden, beeinträchtigtes 234–247
Wohlbefinden, Bereitschaft für ein verbessertes 1468

12. Arbeiten (einer Arbeit nachgehen, die ein Gefühl von Zufriedenheit erzeugt)

Beschäftigungsdefizit 432–440
Rollenkonflikt, elterlicher 1405–1414
Rollenüberlastung der pflegenden Bezugsperson 214–229

Rollenüberbelastung der pflegenden Bezugsperson, Gefahr einer 229–233
Rollenverhalten, unwirksames 988–990

13. Erholen/Kreativität (an verschiedenen Arten der Erholung teilnehmen)

Energiefeldstörung 450–454
Erholung, verzögerte postoperative 1212–1213
Fatigue 455–467
Relokationsstresssyndrom (Ortswechselbedingtes Stresssyndrom) 948–953
Stressüberlastung 1201–1207

14. Lernen (Neugierde, Entdeckung und Lernen ermöglichen, die/das Gesundheit fördern/t)

Denkprozesse, gestörte 1213–1232
Entscheidungsfindung, Bereitschaft für eine verbesserte 1469–1470
Entscheidungskonflikt 396–409
Entwicklung, Gefahr einer verzögerten 543–545
Gedächtnisleistung, beeinträchtigte 1232–1238
Gesundheitsverhalten, unwirksames 556–591
Kindliches Verhalten, desorganisiertes 613–628
Kindlichen Verhaltens, Bereitschaft für eine verbesserte Organisation des 1474–1480
Kindlichen Verhaltens, Gefahr eines desorganisierten 629
Management der eigenen Gesundheit, unwirksames 749–762
Management eines Therapieprogramms, effektives 1490–1492
Management von Therapieprogrammen, unwirksames gemeinschaftliches 1441–1447
Management, unwirksames familiäres **Therapie-** 1415–1416
Neglect 1251–1259
Verwirrtheit, akute 307–323
Verwirrtheit, chronische 324–332
Wachstums, Gefahr eines unproportionalen 545–546
Wachstum und **Entwicklung**, verzögerte(s) 529–543
Wissen, Bereitschaft für vermehrtes 1480

Einzelnen Aktivitäten und Bedürfnissen nicht zuordenbare Pflegediagnosen

Sexualität

Sexualverhalten, unwirksames 1106–1134
Sexuelle Funktionsstörung 1134–1135

Coping/Bewältigungsverhalten

Coping, defensives 381–385
Coping, gefährdendes familiäres 1344–1345
Coping, verhindertes familiäres 1345–1349
Coping, unwirksames 364–381

Coping, unwirksames gemeinschaftliches 1437–1441
Coping, Bereitschaft für ein verbessertes familiäres 1363–1364
Coping, Bereitschaft für ein verbessertes gemeinschaftliches 1432–1437
Non**compliance** 787–798
Posttraumatisches Syndrom 861–869
Posttraumatischen Syndroms, Gefahr eines 870
Verleugnung, unwirksame 385–396

[Die Zuordnung wurde auf Basis des Bedürfnismodells von Virginia Henderson (1969) vorgenommen. Aufgrund der begrenzten Reichweite des Modells wurden manche Pflegediagnosen separat den Konzepten «Coping/Bewältigungsverhalten» und «Sexualität» zugeordnet. Anm. d. Hrsg.].

Quellen:

Georg, J. (2007): Pflegeprozess, -diagnosen und -assessment strukturiert nach Virginia Henderson. In: Elzer M., Sciborski, C. (2007): Kommunikative Kompetenzen in der Pflege. Bern: Huber, S. 304–312.
Henderson, V. (1969): Grundregeln der Krankenpflege. Genf: ICN.
NANDA international (2010): Pflegediagnosen – Klassifikation 2009–2011. Kassel: Recom.

(Die diagnostischen Kernbegriffe wurden bei den jeweiligen Pflegediagnosen **fett** hervorgehoben. Anm. d. Hrsg.)

Anhang D

Pflegediagnosen, gegliedert nach Juchlis Aktivitäten des täglichen Lebens (ATLs)

Pflegediagnosen können im Rahmen des Modells der Aktivitäten des täglichen Lebens (ATLs) wie folgt definiert werden: «Eine Pflegediagnose ist eine klinische Beurteilung, die von einer Pflegefachfrau/-mann nach einem Pflegeassessment, bestehend aus: Beobachtung, Interview, körperlicher Untersuchung und Ressourceneinschätzung, gemacht wird. Diese Aussage bezieht sich auf: die Art, die möglichen Einflussfaktoren und die Merkmale oder Risikofaktoren für aktuelle oder potenzielle Gesundheitsprobleme, Entwicklungspotenziale oder -syndrome eines Individuums, einer Familie oder einer sozialen Gemeinschaft, deren Unabhängigkeit hinsichtlich der *Aktivitäten des täglichen Lebens (ATLs)* beeinträchtigt oder entwicklungsfähig ist. Pflegefachfrauen und -männer sind für das Stellen von Pflegediagnosen zuständig und verantwortlich. Pflegediagnosen bilden die Grundlage, um Pflegeinterventionen auswählen, planen und durchführen zu können, um um gemeinsam vereinbarte Pflegeziele und -ergebnisse erreichen und bewerten zu können (Georg 2012), (s. Abb. A-4) [Anm. d. Hrsg.].

1. Wach sein und Schlafen

Erholung, verzögerte postoperative 1212–1213
Fatigue 455–467
Schlafmangel 725–727
Schlafstörung 713–725

2. Sich bewegen

Aktivitätsin**toleranz** 131–150
Gehfähigkeit, beeinträchtigte 780–782
Im**mobilität**ssyndroms, Gefahr eines 418–432
Lagerungsschadens, Gefahr eines perioperativen 704–712
Lebensstil, bewegungsarmer 734–739
Mobilität, beeinträchtigte körperliche 762–778
Mobilität im Bett, beeinträchtigte 778–779
Mobilität mit dem Rollstuhl, beeinträchtigte 782–784
Transferfähigkeit, beeinträchtigte 784–786
Umhergehen, ruheloses 1318–1322

3. Sich waschen und kleiden

Gewebeschädigung 900–912
Hautschädigung 912–921
Mundschleimhaut, geschädigte 922–931
Selbstversorgungsdefizit, Körperpflege 1006–1010
Selbstversorgungsdefizit, Sich Kleiden 1011–1015
Zahnstatus, beeinträchtigter 826–827

Lebensspanne/Lebensprozesse

Empfängnis – Pränatalstadium – Geburt – Säuglingsalter – Kindheit – Pubertät – Adoleszenz – Erwachsenenalter – Menopause – Alter – hohes Alter – Tod

Abhängigkeits-/Unabhängigkeitskontinuum	Aktivitäten des täglichen Lebens (ATLs) (Juchli, 1997)	Einflussfaktoren/Risikofaktoren
←→	1. Wach sein und Schlafen	• (patho) physiologische
←→	2. Sich bewegen	• behandlungsbezogene
←→	3. Sich waschen und kleiden	• entwicklungsbezogene
←→	4. Essen und trinken	• soziale
←→	5. Ausscheiden	• psychische
←→	6. Körpertemperatur regulieren	• politisch-ökonomische
←→	7. Atmen	• kulturelle
←→	8. Sich sicher fühlen und verhalten	• spirituelle
←→	9. Raum und Zeit gestalten, arbeiten und spielen	• umgebungsbezogene
←→	10. Kommunizieren	
←→	11. Kind, Frau, Mann sein	
←→	12. Sinn finden im Werden, Sein, Vergehen	

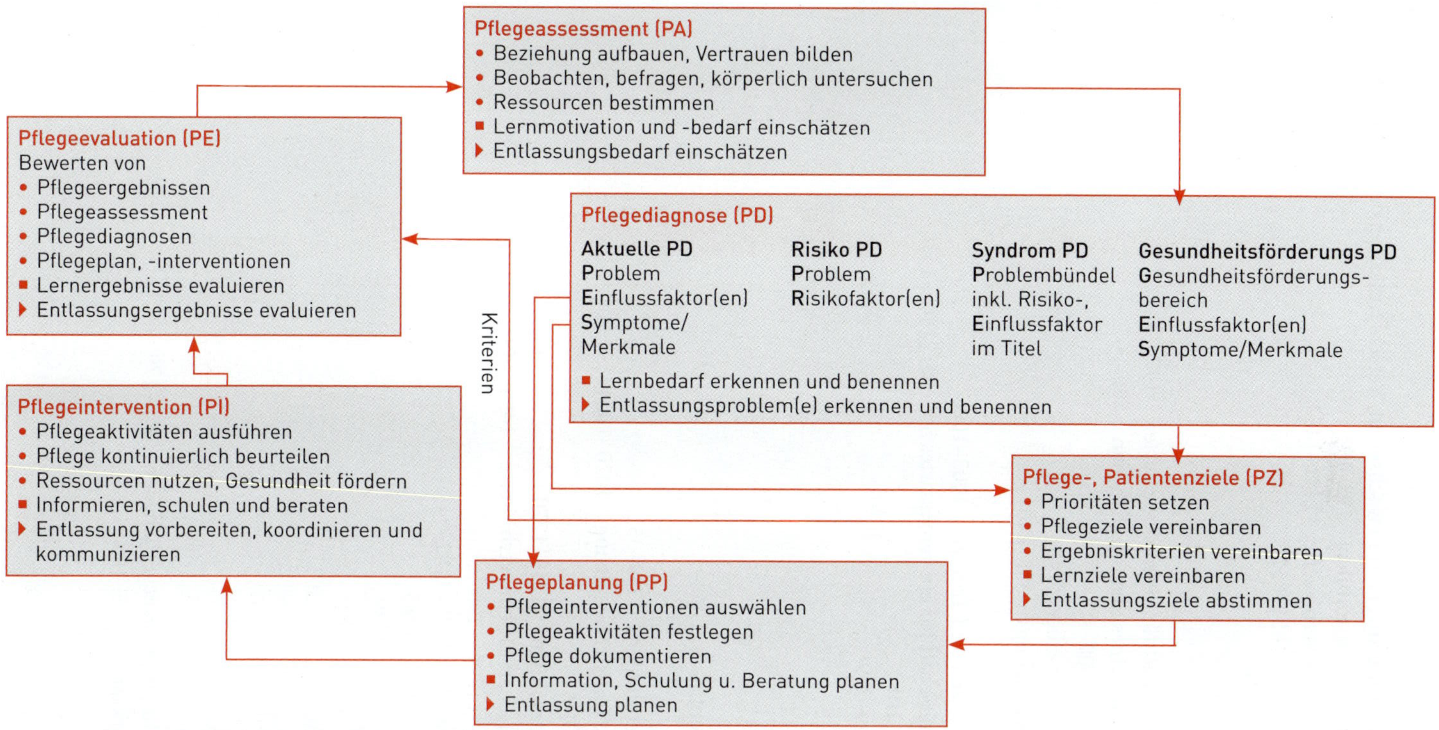

Abbildung 6-4: Pflegeprozess- und Pflegemodell der Aktivitäten des täglichen Lebens (ATL) nach Juchli mit 12 ATLs als Gliederungsstruktur für Pflegediagnosen (Juchli, 1997; Georg, 2012).

4. Essen und trinken

Allgemeinzustands (Verkümmerung) des Erwachsenen, Verschlechterung des 546–550
Blutzuckerspiegels, Gefahr eines in**stabil**en 193–194
Ernährung, Bereitschaft für eine verbesserte 1481–1482
Ernährung, Gefahr einer Über- 851–852
Ernährung, Mangel- 799–826
Ernährung, Über- 846–851
Flüssigkeitsdefizit 480–490
Flüssigkeitshaushalt, Bereitschaft für einen verbesserten 1470–1471
Flüssigkeitsvolumens, Gefahr eines unausgeglichenen 500–501
Flüssigkeitsüberschuss 490–500
Leberfunktionsstörung, Gefahr einer 740
Saug-/Schluckstörung des Säuglings 838–846
Schluckstörung 828–837
Selbstversorgungsdefizit, Essen und Trinken 1002–1006
Stillen, erfolgreiches (Bereitschaft für ein verbessertes Stillen) 1465–1468
Stillen, unterbrochenes 210
Stillen, unwirksames 199–209
Übelkeit 275–280

5. Ausscheiden

Diarrhö 409–417
Harnverhalt s. Urininkontinenz, Über-
Obstipation 333–349
Obstipation, subjektiv empfundene 349–351
Selbstversorgungsdefizit, Toilettenbenutzung 1020–1024
Stuhlin**kontinenz** 194–199
Urinausscheidung, beeinträchtigte 1259–1270
Urinausscheidung, Bereitschaft für eine verbesserte 1494–1495
Urinin**kontinenz**, Drang- 1294–1299
Urinin**kontinenz**, funktionelle 1275–1282
Urinin**kontinenz**, Reflex- 1282–1285
Urinin**kontinenz**, Stress- 1285–1289
Urinin**kontinenz**, totale 1289–1294
Urinin**kontinenz**, Überlauf- 1299–1303

6. Köpertemperatur regulieren

Hyperthermie 180–183
Hypothermie 183–188
Körpertemperatur, Gefahr einer unausgeglichenen 172–179
Thermoregulation, unwirksame 188–190

7. Atmen

Aspirationsgefahr 690–697
Atemvorgang, unwirksamer 984–988
Atemwegsclearance, unwirksame (Selbstreinigung der Atemwege) 979–984
Durchblutungsstörung, Gefahr einer gastrointestinalen 1238–1239
Durchblutungsstörung, Gefahr einer kardialen 1238–1239
Durchblutungsstörung, periphere 1240–1251
Durchblutungsstörung, Gefahr einer renalen 1238–1239
Durchblutungsstörung, Gefahr einer zerebralen 1238–1239
Erstickungsgefahr 701–702
Herzleistung, verminderte 211–213
Weaning, erschwertes 965–975
Neurovaskulären Störung, Gefahr einer peripheren 852–860

8. Sich sicher fühlen und verhalten

Dysreflexie, autonome 440–447
Dysreflexie, Gefahr einer autonomen 448–449
Gewalttätigkeit, Gefahr einer fremdgefährdenden 1303–1318
Gesundheitsschädigung, Gefahr einer 657–690
Gesundheitsverhalten, gefahrengeneigtes 551–556
Gesundheitsverhalten, unwirksames 556–591
Haushaltsführung, beeinträchtigte 1416–1422
Infektionsgefahr 630–644
Kindstodes, Gefahr eines plötzlichen 1208–1211
Isolation, soziale 1150–1153
Latexallergische Reaktion 727–733
Latexallergischen Reaktion, Gefahr einer 733–734
Management der eigenen Gesundheit, unwirksames 749–762
Management eines Therapieprogramms, effektives 1490–1492
Management von Therapieprogrammen, unwirksames gemeinschaftliches 1441–1447
Management, unwirksames familiäres **Therapie-** 1415–1416
Relokationsstresssyndrom (Ortswechselbedingtes Stresssyndrom) 948–953
Selbstschutz, unwirksamer 898–900
Selbstverletzung 1083–1084
Selbstverletzungsgefahr 1084–1086
Sturzgefahr 697–700
Suizidgefahr 1086–1094
Vergiftungsgefahr 700–701
Vereinsamungsgefahr 740–749
Verletzungsgefahr 702–704

9. Raum und Zeit gestalten, arbeiten und spielen

Beschäftigungsdefizit 432–440
Energiefeldstörung 450–454

10. Kommunizieren

Angst 151–168
Angst, Todes- 169–172
Coping, defensives 381–385
Coping, gefährdendes familiäres 1344–1345
Coping, verhindertes familiäres 1345–1349
Coping, unwirksames 364–381
Coping, unwirksames gemeinschaftliches 1437–1441
Coping, Bereitschaft für ein verbessertes familiäres 1363–1364
Coping, Bereitschaft für ein verbessertes gemeinschaftliches 1432–1437
Denkprozesse, gestörte 1213–1232
Entscheidungsfindung, Bereitschaft für eine verbesserte 1469–1470
Entscheidungskonflikt 396–409
Furcht 467–480
Gedächtnisleistung, beeinträchtigte 1232–1238
Kommunikation, beeinträchtigte verbale 302–305
Kummer, chronischer 1153–1158
Neglect 1251–1259
Non**compliance** 787–798
Schmerz, akuter 248–269
Schmerz, chronischer 269–275
Stressüberlastung 1201–1207
Wahrnehmungsstörung, auditiv 1097
Wahrnehmungsstörung, gustatorisch 1097
Wahrnehmungsstörung, kinästhetisch 1097
Wahrnehmungsstörung, olfaktorisch 1097
Wahrnehmungsstörung, taktil 1097
Wahrnehmungsstörung, visuell 1097
Verleugnung, unwirksame 385–396
Verwirrtheit, akute 307–323
Verwirrtheit, chronische 324–332
Wissen, Bereitschaft für vermehrtes 1480

11. Kind, Frau, Mann sein

Bindung, Gefahr einer beeinträchtigten 1398–1404
Elterliche Fürsorge, beeinträchtigte 1388–1397
Elterliche Fürsorge, Bereitschaft für eine verbesserte 1387–1388
Entwicklung, Gefahr einer verzögerten 543–545
Familienprozesse, beeinträchtigte 1383–1386

Familienprozesse, Bereitschaft für verbesserte 1387
Familienprozesse, unterbrochene 1369–1375
Identität, gestörte persönliche 1048–1049
Interaktion, beeinträchtigte soziale 1135–1150
Kindliches Verhalten, desorganisiertes 613–628
Kindlichen Verhaltens, Bereitschaft für eine verbesserte Organisation des 1474–1480
Kindlichen Verhaltens, Gefahr eines desorganisierten 629
Körperbildstörung 1038–1047
Rollenkonflikt, elterlicher 1405
Rollenüberlastung der pflegenden Bezugsperson 214–229
Rollenüberbelastung der pflegenden Bezugsperson, Gefahr einer 229–233
Rollenverhalten, unwirksames 988–990
Selbstwertgefühl, chronisch geringes 1052–1056
Selbstwertgefühls, Gefahr eines situationsbedingten geringen 1061–1062
Selbstwertgefühl, situationsbedingtes geringes 1056–1061
Sexualverhalten, unwirksames 1106–1134
Sexuelle Funktionsstörung 1134–1135
Vergewaltigungssyndrom 871–885
Wachstums, Gefahr eines unproportionalen 545–546
Wachstum und **Entwicklung**, verzögerte(s) 529–543

12. Sinn finden im Werden, Sein, Vergehen

Hoffnung, Bereitschaft für gesteigerte 1472–1473
Hoffnungslosigkeit 591–607
Konflikt, moralischer 1187–1193
Machtlosigkeit 885–887
Machtlosigkeit, Gefahr einer 888–897
Menschenwürde, Gefahr einer beeinträchtigten 608–613
Posttraumatisches Syndrom 861–869
Posttraumatischen Syndroms, Gefahr eines 870
Religiosität, beeinträchtigte 1193–1200
Religiosität, Bereitschaft für eine vertiefte 1483–1484
Religiosität, Gefahr einer beeinträchtigten 1200–1201
Selbstbestimmung, Bereitschaft für eine verbesserte 1482–1483
Selbstfürsorge, Bereitschaft für eine verbesserte 1485
Selbstkonzept, Bereitschaft für ein verbessertes 1485–1486
Sinnfindung, Bereitschaft für eine verbesserte 1487–1489
Sinnkrise 1158–1185
Sinnkrise, Gefahr einer 1185–1186
Trauern 501–517
Trauern, erschwertes 523–529
Wohlbefinden, beeinträchtigtes 234–247
Wohlbefinden, Bereitschaft für ein verbessertes 1468

[Die folgende Zuordnung ist wurde auf Basis des Inhalts, Inhalts- und Sachverzeichnis des Lehrbuches «*Pflege: Praxis und Theorie der Gesundheits- und Krankenpflege*» von Liliane Juchli vorgenommen. Aufgrund der begrenzten Reichweite des Modells der ATLs ist manche Zuordnung etwas gespreizt und würde einen weiteren Bezugsrahmen mit Kategorien wie «Stress und Coping», «Kognition und Perzeption» «Selbstkonzept» oder «existenzielle Erfahrungen des Lebens» benötigen. Anm. d. Lek.].

Quellen:

NANDA international (2010): Pflegediagnosen – Klassifikation 2009–2011. Kassel: Recom.

Juchli, L. (1997): Pflege: Praxis und Theorie der Gesundheits- und Krankenpflege. 8. A., Stuttgart: Thieme.

(Die diagnostischen Kernbegriffe wurden bei den jeweiligen Pflegediagnosen **fett** hervorgehoben. Anm. d. Hrsg.)

Anhang E

Pflegediagnosen, gegliedert nach Krohwinkels Konzepten und Kategorien der Aktivitäten, Beziehungen und Existenzielle Erfahrungen des Lebens (ABEDL)

Pflegediagnosen können im Rahmen des Modells der Fördernde Prozesspflege (Krohwinkel, 2008) wie folgt definiert werden: «Eine Pflegediagnose ist eine klinische Beurteilung, die von einer Pflegefachfrau/-mann nach einem Pflegeassessment, bestehend aus: Beobachtung, Interview, körperlicher Untersuchung und Ressourceneinschätzung, gemacht wird. Diese Aussage bezieht sich auf: die Art, die möglichen Einflussfaktoren und die Merkmale oder Risikofaktoren für aktuelle oder potenzielle Gesundheitsprobleme, Entwicklungspotenziale oder -syndrome eines Individuums, einer Familie oder einer sozialen Gemeinschaft, deren Unabhängigkeit und Wohlbefinden hinsichtlich *der Aktivitäten, Beziehungen und existenziellen Erfahrungen des Lebens (ABEDLs)* beeinträchtigt oder entwicklungsfähig sind. Pflegefachfrauen und -männer sind für das Stellen von Pflegediagnosen zuständig und verantwortlich. Pflegediagnosen bilden die Grundlage, um Pflegeinterventionen auswählen, planen und durchführen zu können, um um gemeinsam vereinbarte Pflegeziele und -ergebnisse erreichen und bewerten zu können (Georg 2012), (s. Abb. A-5) [Anm. d. Hrsg.].

Als Person ...

I. Aktivitivitäten des Lebens realisieren und dabei mit existentiellen Erfahrungen umgehen können

1. kommunizieren

Denkprozesse, gestörte 1213–1232
Gedächtnisleistung, beeinträchtigte 1232–1238
Kommunikation, beeinträchtigte verbale 302–305
Neglect 1251–1259
Orientierungsstörung
Verwirrtheit, akute 307–323
Verwirrtheit, chronische 324–332
Wahrnehmungsstörung, auditiv 1097
Wahrnehmungsstörung, gustatorisch 1097
Wahrnehmungsstörung, kinästhetisch 1097
Wahrnehmungsstörung, olfaktorisch 1097
Wahrnehmungsstörung, taktil 1097
Wahrnehmungsstörung, visuell 1097

2. sich bewegen

Aktivitätsin**toleranz** 131–150
Gehfähigkeit, beeinträchtigte 780–782
Im**mobilität**ssyndroms, Gefahr eines 418–432

Lebensspanne/Lebensprozesse

Empfängnis – Pränatalstadium – Geburt – Säuglingsalter – Kindheit – Pubertät – Adoleszenz – Erwachsenenalter – Menopause – Alter – hohes Alter – Tod

Kontinuum: - Un-/Abhängigkeit - Wohlbefinden	Aktivitäten, Beziehungen u. Existenzielle Erfahrungen des Lebens (ABEDL) [Konzepte und Kategorien] (Krohwinkel, 2008/2011)	Einflussfaktoren/ Risikofaktoren
	Als Person ... **I. Aktivitivitäten des Lebens realisieren und dabei mit existentiellen Erfahrungen umgehen können** 1. kommunizieren 2. sich bewegen 3. vitale Funktionen des Lebens aufrechterhalten 4. sich pflegen 5. sich kleiden 6. ausscheiden 7. essen und trinken 8. ruhen, schlafen und sich entspannen 9. sich beschäftigen, lernen, sich entwickeln 10. die eigene Sexualität leben 11. Für eine sichere und fördernde Umgebung sorgen **II. soziale Beziehungen sichern und gestalten und dabei mit existentiellen Erfahrungen umgehen können** 1. im Kontakt sein und bleiben (mit sich und anderen) 2. fördernde Beziehungen erhalten, erlangen und wiedererlangen 3. mit Belastungen in Beziehungen umgehen **III. soziale Beziehungen sichern und gestalten und dabei mit existentiellen Erfahrungen umgehen können** 1. fördernde Erfahrungen machen 2. mit belastenden und gefährdenden Erfahrungen umgehen 3. Erfahrungen, welche die Existenz fördern oder gefährden unterscheiden 4. lebensgeschichtliche Erfahrungen einbeziehen 5. Sinn finden	• (patho) physiologische • behandlungsbezogene • entwicklungsbezogene • soziale • psychische • politisch-ökonomische • kulturelle • spirituelle • umgebungsbezogene

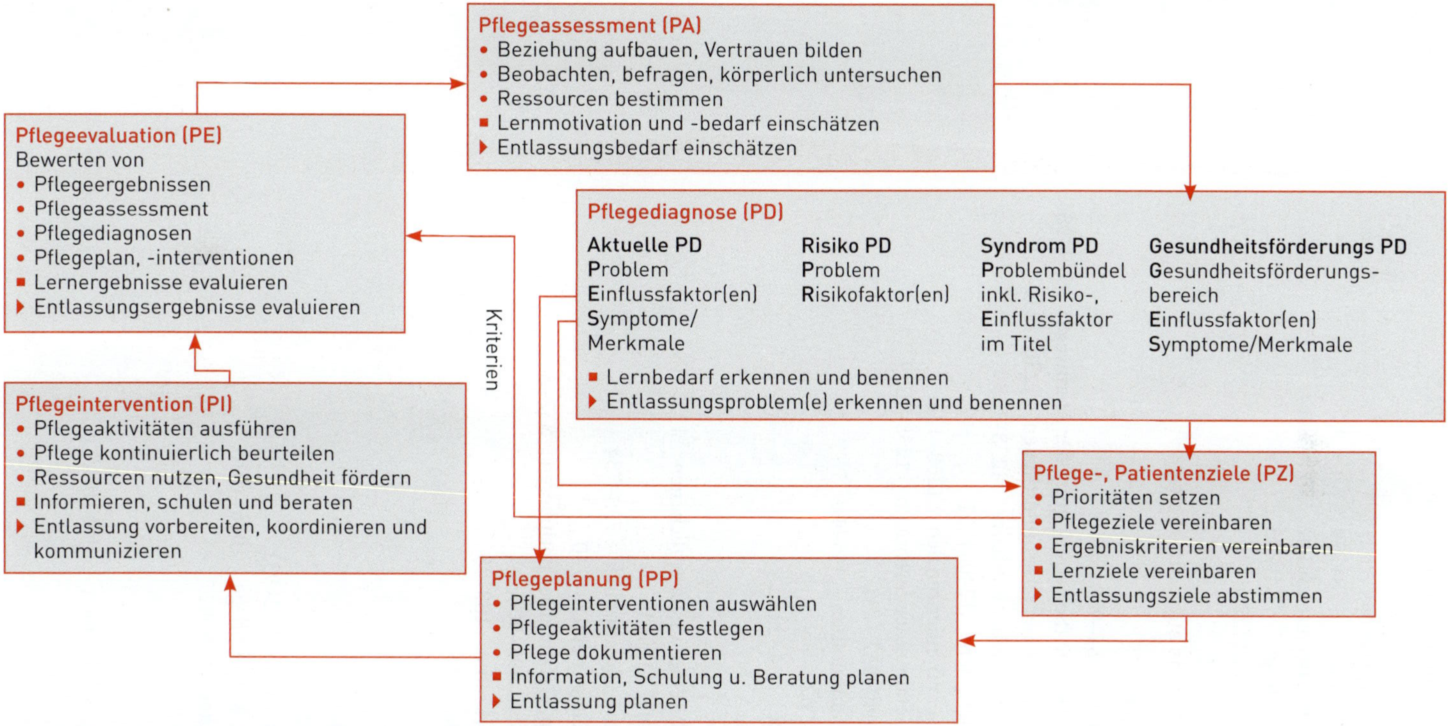

Abbildung 6-5: Pflegeprozess- und Pflegemodell der fördernden Prozesspflege von Krohwinkel mit Aktivitäten, Beziehungen und existenziellen Erfahrungen des Lebens (ABEDLs) als Gliederungsstruktur für Pflegediagnosen (nach Krohwinkel, 2008/2011; Georg, 2012).

Lagerungsschadens, Gefahr eines perioperativen 704–712
Lebensstil, bewegungsarmer 734–739
Mobilität, beeinträchtigte körperliche 762–778
Mobilität im Bett, beeinträchtigte 778–779
Mobilität mit dem Rollstuhl, beeinträchtigte 782–784
Transferfähigkeit, beeinträchtigte 784–786
Umhergehen, ruheloses 1318–1322

3. vitale Funktionen des Lebens aufrechterhalten

Aspirationsgefahr 690–697
Atemvorgang, unwirksamer 984–988
Atemwegsclearance, unwirksame (Selbstreinigung der Atemwege) 979–984
Durchblutungsstörung, Gefahr einer gastrointestinalen 1238–1239
Durchblutungsstörung, Gefahr einer kardialen 1238–1239
Durchblutungsstörung, periphere 1240–1251
Durchblutungsstörung, Gefahr einer renalen 1238–1239
Durchblutungsstörung, Gefahr einer zerebralen 1238–1239
Dysreflexie, autonome 440–447
Dysreflexie, Gefahr einer autonomen 448–449
Erstickungsgefahr 701–702
Herzleistung, verminderte 211–213
Hyperthermie 180–183
Hypothermie 183–188
Körpertemperatur, Gefahr einer unausgeglichenen 172–179
Latexallergische Reaktion 727–733
Latexallergischen Reaktion, Gefahr einer 733–734
Leberfunktionsstörung, Gefahr einer 740
Neurovaskulären Störung, Gefahr einer peripheren 852–860
Selbstschutz, unwirksamer 898–900
Thermoregulation, unwirksame 188–190
Weaning, erschwertes 965–975

4. sich pflegen

Gewebeschädigung 900–912
Hautschädigung 912–921
Mundschleimhaut, geschädigte 922–931
Selbstversorgungsdefizit, Körperpflege 1006–1010
Zahnstatus, beeinträchtigter 826–827

5. sich kleiden

Selbstversorgungsdefizit, Sich Kleiden 1011–1015

6. ausscheiden

Diarrhö 409–417
Harnverhalt, s. Urininkontinenz, Überlauf-
Obstipation 333–349
Obstipation, subjektiv empfundene 349–351
Selbstversorgungsdefizit, Toilettenbenutzung 1020–1024
Stuhlin**kontinenz** 194–199
Urinausscheidung, beeinträchtigte 1259–1270
Urinausscheidung, Bereitschaft für eine verbesserte 1494–1495
Urinin**kontinenz**, Drang- 1294–1299
Urinin**kontinenz**, funktionelle 1275–1282
Urinin**kontinenz**, Reflex- 1282–1285
Urinin**kontinenz**, Stress- 1285–1289
Urinin**kontinenz**, totale 1289–1294
Urinin**kontinenz**, Überlauf- 1299–1303

7. essen und trinken

Allgemeinzustands (Verkümmerung) des Erwachsenen, Verschlechterung des 546–550
Blutzuckerspiegels, Gefahr eines in**stabil**en 193–194
Ernährung, Bereitschaft für eine verbesserte 1481–1482
Ernährung, Mangel- 799–826
Ernährung, Über- 846–851
Ernährung, Gefahr einer Über- 851–852
Flüssigkeitsdefizit 480–490
Flüssigkeitshaushalt, Bereitschaft für einen verbesserten 1470–1471
Flüssigkeitsüberschuss 490–500
Flüssigkeitsvolumens, Gefahr eines unausgeglichenen 500–501
Saug-/Schluckstörung des Säuglings 838–846
Schluckstörung 828–837
Selbstversorgungsdefizit, Essen und Trinken 1002–1006
Stillen, erfolgreiches (Bereitschaft für ein verbessertes Stillen) 1465–1468
Stillen, unterbrochenes 210
Stillen, unwirksames 199–209
Übelkeit 275–280

8. ruhen, schlafen und sich entspannen

Erholung, verzögerte postoperative 1212–1213
Fatigue 455–467
Schlafmangel 725–727
Schlafstörung 713–725

9. sich beschäftigen, lernen, sich entwickeln

Beschäftigungsdefizit 432–440
Kindliches Verhalten, desorganisiertes 613–628
Kindlichen Verhaltens, Bereitschaft für eine verbesserte Organisation des 1474–1480
Kindlichen Verhaltens, Gefahr eines desorganisierten 629
Wissen, Bereitschaft für vermehrtes 1480
Wachstums, Gefahr eines unproportionalen 545–546
Wachstum und **Entwicklung**, verzögerte(s) 529–543

10. die eigene Sexualität leben

Sexualverhalten, unwirksames 1106–1134
Sexuelle Funktionsstörung 1134–1135
Vergewaltigungssyndrom 871–885

11. Für eine sichere und fördernde Umgebung sorgen

Gesundheitsschädigung, Gefahr einer 657–690
Haushaltsführung, beeinträchtigte 1416–1422
Infektionsgefahr 630–644
Kindstodes, Gefahr eines plötzlichen 1208–1211
Relokationsstresssyndrom (Ortswechselbedingtes Stresssyndrom) 948–953
Sturzgefahr 697–700
Vergiftungsgefahr 700–701
Verletzungsgefahr 702–704

II. soziale Beziehungen sichern und gestalten und dabei mit existentiellen Erfahrungen umgehen können

1. im Kontakt sein und bleiben (mit sich und anderen)

Identität, gestörte persönliche 1048–1049
Isolation, soziale 1150–1153
Körperbildstörung 1038–1047
Selbstwertgefühl, chronisch geringes 1052–1056
Selbstwertgefühls, Gefahr eines situationsbedingten geringen 1061–1062
Selbstwertgefühl, situationsbedingtes geringes 1056–1061
Vereinsamungsgefahr 740–749

2. fördernde Beziehungen erhalten, erlangen und wiedererlangen

Elterliche Fürsorge, Bereitschaft für eine verbesserte 1387–1388
Familienprozesse, Bereitschaft für verbesserte 1387

3. mit Belastungen in Beziehungen umgehen

Elterliche Fürsorge, beeinträchtigte 1388–1397
Familienprozesse, beeinträchtigte 1383–1386
Familienprozesse, unterbrochene 1369–1375
Interaktion, beeinträchtigte soziale 1135–1150
Rollenkonflikt, elterlicher 1405–1414
Rollenüberlastung der pflegenden Bezugsperson 214–229
Rollenüberbelastung der pflegenden Bezugsperson, Gefahr einer 229–233
Rollenverhalten, unwirksames 988–990

III. soziale Beziehungen sichern und gestalten und dabei mit existentiellen Erfahrungen umgehen können

1. fördernde Erfahrungen machen

Hoffnung, Bereitschaft für gesteigerte 1472–1473
Selbstfürsorge, Bereitschaft für eine verbesserte 1485
Selbstbestimmung, Bereitschaft für eine verbesserte 1482–1483
Selbstkonzept, Bereitschaft für ein verbessertes 1485–1486
Wohlbefinden, Bereitschaft für ein verbessertes 1468

2. mit belastenden und gefährdenden Erfahrungen umgehen

Angst 151–168
Angst, Todes- 169–172
Coping, defensives 381–385
Coping, gefährdendes familiäres 1344–1345
Coping, verhindertes familiäres 1345–1349
Coping, unwirksames 364–381
Coping, unwirksames gemeinschaftliches 1437–1441
Coping, Bereitschaft für ein verbessertes familiäres 1363–1364
Coping, Bereitschaft für ein verbessertes gemeinschaftliches 1432–1437
Energiefeldstörung 450–454
Entwicklung, Gefahr einer verzögerten 543–545
Furcht 467–480
Gewalttätigkeit, Gefahr einer fremdgefährdenden 1303–1318
Hoffnungslosigkeit 591–607
Kummer, chronischer 1153–1158
Machtlosigkeit 885–887
Machtlosigkeit, Gefahr einer 888–897
Menschenwürde, Gefahr einer beeinträchtigten 608–613
Posttraumatisches Syndrom 861–869
Posttraumatischen Syndroms, Gefahr eines 870
Schmerz, akuter 248–269
Schmerz, chronischer 269–275

Selbstverletzung 1083–1084
Selbstverletzungsgefahr 1084–1086
Stressüberlastung 1201–1207
Suizidgefahr 1086–1094
Trauern 501–517
Trauern, erschwertes 523–529
Wohlbefinden, beeinträchtigtes 234–247
Verleugnung, unwirksame 385–396

3. Erfahrungen, welche die Existenz fördern oder gefährden unterscheiden

Entscheidungsfindung, Bereitschaft für eine verbesserte 1469–1470
Entscheidungskonflikt 396–409
Gesundheitsverhalten, gefahrengeneigtes 551–556
Gesundheitsverhalten, unwirksames 556–591
Konflikt, moralischer 1187–1193
Management der eigenen Gesundheit, unwirksames 749–762
Management eines Therapieprogramms, effektives 1490–1492
Management von Therapieprogrammen, unwirksames gemeinschaftliches 1441–1447
Management, unwirksames familiäres **Therapie-** 1415–1416
Non**compliance** 787–798

4. Sinn finden

Religiosität, beeinträchtigte 1193–1200
Religiosität, Gefahr einer beeinträchtigten 1200–1201
Religiosität, Bereitschaft für eine vertiefte 1483–1484
Sinnfindung, Bereitschaft für eine verbesserte 1487–1489
Sinnkrise 1158–1185
Sinnkrise, Gefahr einer 1185–1186

Quellen:

NANDA international (2010): Pflegediagnosen – Klassifikation 2009–2011. Kassel: Recom.

Krohwinkel, M. (2008): Rehabilitierende Prozesspflege am Beispiel von Apoplexiekranken. Fördernde Prozesspflege als System. 3. A., Bern: Huber.

Krohwinkel, M. (2011) [Persönliche Kommunikation mit der Autorin bzgl. der Neugliederung der Konzepte und Kategorien der ABEDL. Anm. d. Lek.]

Krohwinkel, M. (2013) Fördernde Prozesspflege mit integrierten ABEDLs. Bern: Huber.

Anhang F

Pflegediagnosen, gegliedert nach den RAI Homecare Klientenabklärungshilfen (RAI-HC)

Pflegediagnosen können im Rahmen des Assessments für die häusliche Versorgung (RAI-Homecare, RAI-HC) wie folgt definiert werden: «Eine Pflegediagnose ist eine klinische Beurteilung, die von einer Pflegefachfrau/-mann nach einem Pflegeassessment, bestehend aus: Beobachtung, Interview, körperlicher Untersuchung und Ressourceneinschätzung, gemacht wird. Diese Aussage bezieht sich auf: die Art, die möglichen Einflussfaktoren und die Merkmale oder Risikofaktoren für aktuelle oder potenzielle Gesundheitsprobleme, Entwicklungspotenziale oder -syndrome eines Individuums, einer Familie, deren Unabhängigkeit und Wohlbefinden hinsichtlich *der funktionellen Fähigkeiten, psychischen Gesundheit, gesundheitlichen Versorgung und sozialen Unterstützung* beeinträchtigt oder entwicklungsfähig sind. Pflegefachfrauen und -männer sind für das Stellen von Pflegediagnosen zuständig und verantwortlich. Pflegediagnosen bilden die Grundlage, um Pflegeinterventionen auswählen, planen und durchführen zu können, um um gemeinsam vereinbarte Pflegeziele und -ergebnisse erreichen und bewerten zu können (Georg 2012), (s. **Abb. A-6**), [Anm. d. Hrsg.].

1. Kognitive Fähigkeiten (Gedächtnis, alltägliche Entscheidungen, Delir)

Denkprozesse, gestörte 1213–1232
Entscheidungskonflikt 396–409
Gedächtnisleistung, beeinträchtigte 1232–1238
Neglect 1251–1259
Relokationsstresssyndrom (Ortswechselbedingtes Stresssyndrom) 948–953
Verwirrtheit, akute 307–323
Verwirrtheit, chronische 324–332
Wissen, Bereitschaft für vermehrtes 1480

2. Fähigkeiten der Kommunikation/des Hörens (Hören, sich verständlich machen, Fähigkeit andere zu verstehen, Veränderungen der Kommunikation)

Kommunikation, beeinträchtigte verbale 302–305
Wahrnehmungsstörung, auditiv 1097
Wahrnehmungsstörung, gustatorisch 1097
Wahrnehmungsstörung, kinästhetisch 1097
Wahrnehmungsstörung, olfaktorisch 1097
Wahrnehmungsstörung, taktil 1097

3. Sehfähigkeit

Wahrnehmungsstörung, visuell 1097

Lebensspanne/Lebensprozesse

Empfängnis – Pränatalstadium – Geburt – Säuglingsalter – Kindheit – Pubertät – Adoleszenz – Erwachsenenalter – Menopause – Alter – hohes Alter – Tod

Kontinuum von Abhängigkeit u. Unabhängigkeit u. Wohlbefinden	Abklärungshilfen bzgl. funktioneller, sensorisch-kognitiver Fähigkeiten, psychischer Gesundheit, gesundheitlicher Versorgung und sozialer Unterstützung (Garms Homolova, 2002)	Einflussfaktoren/ Risikofaktoren
↔	1. Kognitive Fähigkeiten	• (patho) physiologische
↔	2. Fähigkeiten der Kommunikation/des Hörens	• behandlungsbezogene
↔	3. Sehfähigkeit	• entwicklungsbezogene
↔	4. Stimmungslage und Verhalten	• soziale
↔	5. Soziale Rollen	• psychische
↔	6. Informelle Unterstützung	• politisch-ökonomische
↔	7. Körperliche Funktionsfähigkeit bei instrumentellen (IADL) und elementaren (ADL) Verrichtungen	• kulturelle
		• spirituelle
↔	8. Kontinenz	• umgebungsbezogene
↔	9. Krankheitsdiagnosen	
↔	10. Gesundheitszustand/Gesundheitsprävention	
↔	11. Ernährungsstatus/Flüssigkeitsaufnahme	
↔	12. Mund-/Zahnstatus	
↔	13. Zustand der Haut	
↔	14. Wohnumwelt	
↔	15. Nutzung von Diensten	
↔	16. Medikation	

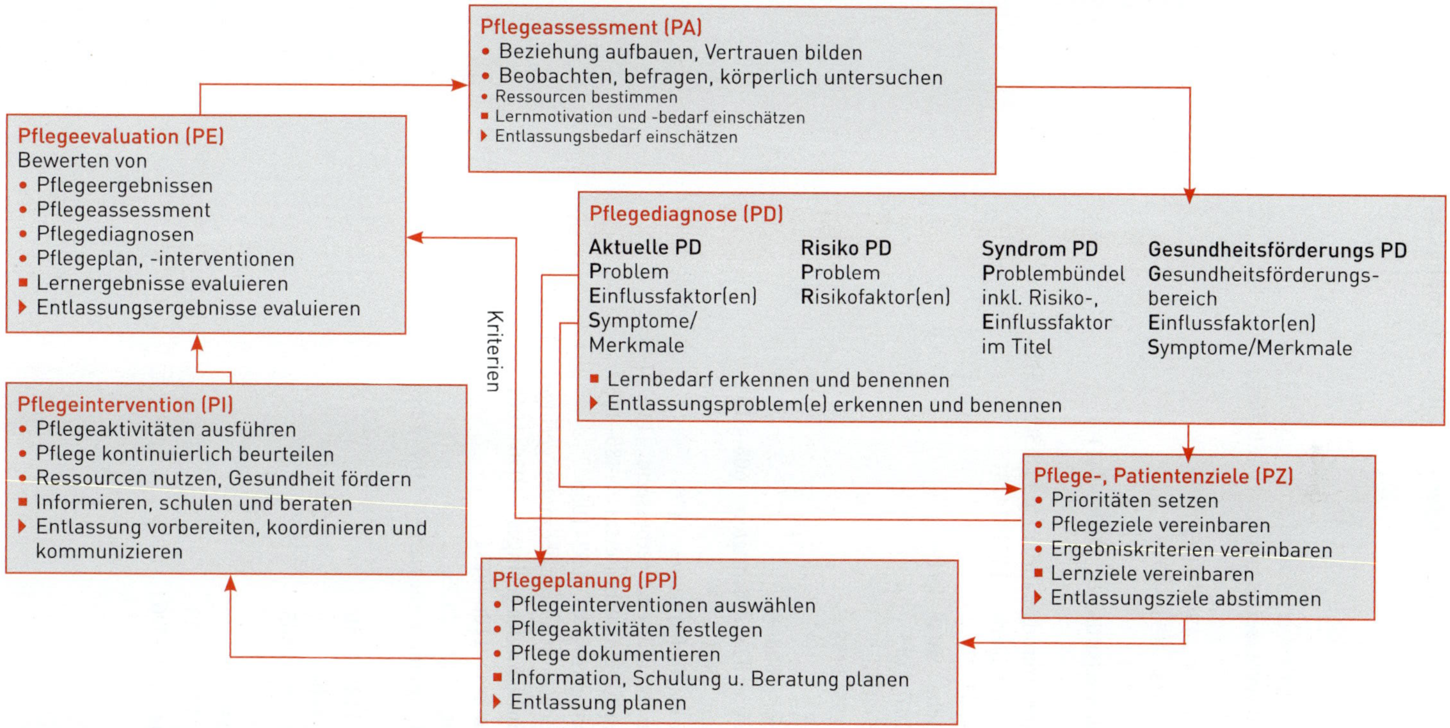

Abbildung 6-6: Pflegeprozess- und RAI-Homecare-Pflegemodell der InterRAI mit Abklärungshilfen als Gliederungsstruktur für Pflegediagnosen (Garms-Homolova, 2002; Georg, 2012).

4. Stimmungslage und Verhalten (Traurige oder ängstliche Stimmungslage, Verhaltensauffälligkeiten)

Angst 151–168
Angst, Todes- 169–172
Coping, Bereitschaft für ein verbessertes familiäres 1363–1364
Coping, Bereitschaft für ein verbessertes gemeinschaftliches 1432–1437
Coping, defensives 381–385
Coping, gefährdendes familiäres 1344–1345
Coping, verhindertes familiäres 1345–1349
Coping, unwirksames 364–381
Coping, unwirksames gemeinschaftliches 1437–1441
Furcht 467–480
Gewalttätigkeit, Gefahr einer fremdgefährdenden 1303–1318
Hoffnung, Bereitschaft für gesteigerte 1472–1473
Hoffnungslosigkeit 591–607
Identität, gestörte persönliche 1048–1049
Konflikt, moralischer 1187–1193
Körperbildstörung 1038–1047
Kummer, chronischer 1153–1158
Machtlosigkeit 885–887
Machtlosigkeit, Gefahr einer 888–897
Menschenwürde, Gefahr einer beeinträchtigten 608–613
Posttraumatisches Syndrom 861–869
Posttraumatischen Syndroms, Gefahr eines 870
Selbstbestimmung, Bereitschaft für eine verbesserte 1482–1483
Selbstkonzept, Bereitschaft für ein verbessertes 1485–1486
Selbstwertgefühl, chronisch geringes 1052–1056
Selbstwertgefühls, Gefahr eines situationsbedingten geringen 1061–1062
Selbstwertgefühl, situationsbedingtes geringes 1056–1061
Sexualverhalten, unwirksames 1106–1134
Sexuelle Funktionsstörung 1134–1135
Sinnfindung, Bereitschaft für eine verbesserte 1487–1489
Sinnkrise 1158–1185
Sinnkrise, Gefahr einer 1185–1186
Stressüberlastung 1201–1207
Vergewaltigungssyndrom 871–885
Trauern 501–517
Trauern, erschwertes 523–529
Umhergehen, ruheloses 1318–1322
Verleugnung, unwirksame 385–396

5. Soziale Rollen (Teilnahme, Veränderungen sozialer Aktivitäten, Isolation)

Interaktion, beeinträchtigte soziale 1135–1150
Isolation, soziale 1150–1153
Religiosität, beeinträchtigte 1193–1200
Religiosität, Bereitschaft für eine vertiefte 1483–1484
Religiosität, Gefahr einer beeinträchtigten 1200–1201
Vereinsamungsgefahr 740–749

6. Informelle Unterstützung (Wichtigste Helfer, Situation des Helfers)

Bindung, Gefahr einer beeinträchtigten 1398–1404
Elterliche Fürsorge, beeinträchtigte 1388–1397
Elterliche Fürsorge, Bereitschaft für eine verbesserte 1387–1388
Familienprozesse, beeinträchtigte 1383–1386
Familienprozesse, Bereitschaft für verbesserte 1387
Familienprozesse, unterbrochene 1369–1375
Rollenkonflikt, elterlicher 1405–1414
Rollenüberlastung der pflegenden Bezugsperson 214–229
Rollenüberbelastung der pflegenden Bezugsperson, Gefahr einer 229–233
Rollenverhalten, unwirksames 988–990

7. Körperliche Funktionsfähigkeit bei instrumentellen (IADL) und elementaren (ADL) Verrichtungen

Aktivitätsin**toleranz** 131–150
Gehfähigkeit, beeinträchtigte 780–782
Im**mobilität**ssyndroms, Gefahr eines 418–432
Lebensstil, bewegungsarmer 734–739
Mobilität, beeinträchtigte körperliche 762–778
Mobilität im Bett, beeinträchtigte 778–779
Mobilität mit dem Rollstuhl, beeinträchtigte 782–784
Transferfähigkeit, beeinträchtigte 784–786
Selbstfürsorge, Bereitschaft für eine verbesserte 1485
Selbstversorgungsdefizit, Essen und Trinken 1002–1006
Selbstversorgungsdefizit, Körperpflege 1006–1010
Selbstversorgungsdefizit, Sich Kleiden 1011–1015
Selbstversorgungsdefizit, Toilettenbenutzung 1020–1024

8. Kontinenz (Blasenkontrolle, Hilfsmittel bei Urininkontinenz, Darmkontrolle)

Diarrhö 409–417
Harnverhalt, s. Urininkontinenz, Überlauf-
Obstipation 333–349
Obstipation, subjektiv empfundene 349–351
Stuhlin**kontinenz** 194–199

Urinausscheidung, beeinträchtigte 1259–1270
Urinausscheidung, Bereitschaft für eine verbesserte 1494–1495
Urinin**kontinenz**, Drang- 1294–1299
Urinin**kontinenz**, funktionelle 1275–1282
Urinin**kontinenz**, Reflex- 1282–1285
Urinin**kontinenz**, Stress- 1285–1289
Urinin**kontinenz**, totale 1289–1294
Urinin**kontinenz**, Überlauf- 1299–1303

9. Krankheitsdiagnosen

Herzleistung, verminderte 211–213

10. Gesundheitszustand/Gesundheitsprävention (Gesundheitsprobleme, -störungen, Schmerzen, Sturz- häufigkeit, -gefahr, Gewohnheiten: Trinken/Rauchen, Gesundheitsindikatoren)

Aspirationsgefahr 690–697
Atemvorgang, unwirksamer 984–988
Atemwegsclearance, unwirksame (Selbstreinigung der Atemwege) 979–984
Durchblutungsstörung, Gefahr einer gastrointestinalen 1238–1239
Durchblutungsstörung, Gefahr einer kardialen 1238–1239
Durchblutungsstörung, periphere 1240–1251
Durchblutungsstörung, Gefahr einer renalen 1238–1239
Durchblutungsstörung, Gefahr einer zerebralen 1238–1239
Dysreflexie, autonome 440–447
Dysreflexie, Gefahr einer autonomen 448–449
Erstickungsgefahr 701–702
Fatigue 455–467
Gesundheitsschädigung, Gefahr einer 657–690
Gesundheitsverhalten, gefahrengeneigtes 551–556
Gesundheitsverhalten, unwirksames 556–591
Hyperthermie 180–183
Hypothermie 183–188
Infektionsgefahr 630–644
Kindstodes, Gefahr eines plötzlichen 1208–1211
Körpertemperatur, Gefahr einer unausgeglichenen 172–179
Latexallergische Reaktion 727–733
Latexallergischen Reaktion, Gefahr einer 733–734
Neurovaskulären Störung, Gefahr einer peripheren 852–860
Schlafmangel 725–727
Schlafstörung 713–725
Schmerz, akuter 248–269
Schmerz, chronischer 269–275
Selbstschutz, unwirksamer 898–900

Selbstverletzung 1083–1084
Selbstverletzungsgefahr 1084–1086
Sturzgefahr 697–700
Suizidgefahr 1086–1094
Thermoregulation, unwirksame 188–190
Vergiftungsgefahr 700–701
Verletzungsgefahr 702–704
Wohlbefinden, beeinträchtigtes 234–247
Wohlbefinden, Bereitschaft für ein verbessertes 1468

11. Ernährungsstatus/Flüssigkeitsaufnahme (Gewichtsveränderung, Ernährung, Schlucken)

Allgemeinzustands (Verkümmerung) des Erwachsenen, Verschlechterung des 546–550
Blutzuckerspiegels, Gefahr eines in**stabil**en 193–194
Ernährung, Bereitschaft für eine verbesserte 1481–1482
Ernährung, Gefahr einer Über- 851–852
Ernährung, Mangel- 799–826
Ernährung, Über- 846–851
Flüssigkeitsdefizit 480–490
Flüssigkeitsdefizits, Gefahr eines
Flüssigkeitshaushalt, Bereitschaft für einen verbesserten 1470–1471
Flüssigkeitsvolumens, Gefahr eines unausgeglichenen 500–501
Flüssigkeitsüberschuss 490–500
Leberfunktionsstörung, Gefahr einer 470
Saug-/Schluckstörung des Säuglings 838–846
Schluckstörung 828–837
Stillen, erfolgreiches (Bereitschaft für ein erfolgreiches Stillen) 1465–1468
Stillen, unterbrochenes 210
Stillen, unwirksames 199–209
Übelkeit 275–280

12. Mund-/Zahnstatus

Mundschleimhaut, geschädigte 922–931
Zahnstatus, beeinträchtigter 826–827

13. Zustand der Haut

Gewebeschädigung 900–912
Hautschädigung 912–921

14. Wohnumwelt

Haushaltsführung, beeinträchtigte 1416–1422

15. Nutzung von Diensten (Versorgung/Dienste, Behandlung/Programme, Durchführung von Maßnahmen, Krisenmanagement, Behandlungsziele)

Beschäftigungsdefizit 432–440
Management der eigenen Gesundheit, unwirksames 749–762
Management eines Therapieprogramms, effektives 1490–1492
Management von Therapieprogrammen, unwirksames gemeinschaftliches 1441–1447
Management, unwirksames familiäres **Therapie-** 1415–1416

16. Medikation (Anzahl der Medikamente, Überblick über Medikamente, Compliance, Medikamente)

Non**compliance** 787–798

Einzelnen Klientenabklärungshilfen nicht zuordenbare Pflegediagnosen

Energiefeldstörung 450–454
Entwicklung, Gefahr einer verzögerten 543–545
Erholung, verzögerte postoperative 1212–1213
Kindliches Verhalten, desorganisiertes 613–328
Kindlichen Verhaltens, Bereitschaft für eine verbesserte Organisation des 1474–1480
Kindlichen Verhaltens, Gefahr eines desorganisierten 629
Lagerungsschadens, Gefahr eines perioperativen 704–712
Wachstums, Gefahr eines unproportionalen 545–546
Wachstum und **Entwicklung**, verzögerte(s) 529–543
Weaning, erschwertes 965–975

Quellen:

Garms-Homolova, V. (Hrsg.) (2002): Assessment für die häusliche Versorgung und Pflege (RAI-HC). Bern: Huber.
NANDA international (2010): Pflegediagnosen – Klassifikation 2009–2011. Kassel: Recom.

(Die diagnostischen Kernbegriffe wurden bei den jeweiligen Pflegediagnosen **fett** hervorgehoben. Anm. d. Hrsg.)

Anhang G

Pflegediagnosen mit Zuordnungen von ZEFP-Pflegekonzepten

Die folgenden diagnostigen Begriffe wurden in den 1990er Jahren am Zentrum für Entwicklung und Forschung Pflege (ZEFP) am Unispital in Zürich entwickelt und im Rahmen der Publikationen von Käppeli (1998, 1999, 2000) weiter ausgearbeitet. In der folgenden Tabelle werden ZEFP-Pflegekonzepte NANDA-Pflegediagnosen (NANDA-I, 2010) zugeordnet. Dabei erfolgt eine orientierende, aber nicht validierte Zuordnung. Die ZEFP-Pflegekonzepte werden als eigene pflegediagnostische Begriffe (PDx) gekennzeichnet oder den NANDA-Diagnosen als Einflussfaktor (E), Symptom (S) oder Risikofaktor (R) zugeordnet und als entsprechendes (=) oder ähnliches (~) diagnostisches Konzept gekennzeichnet.

Pflegediagnosen können im Rahmen ZEFP-Pflegekonzepte wie folgt definiert werden: «Eine Pflegediagnose ist eine klinische Beurteilung, die von einer Pflegefachfrau/-mann nach einem Pflegeassessment, bestehend aus: Beobachtung, Interview, körperlicher Untersuchung und Ressourceneinschätzung, gemacht wird. Diese Aussage bezieht sich auf: die Art, die möglichen Einflussfaktoren und die Merkmale oder Risikofaktoren für aktuelle oder potenzielle gesundheitliche Phänomene, Entwicklungspotenziale oder -syndrome im *Erleben* von Krankheit und Umfeld eines Individuums, einer Familie, deren Reaktionen auf Erkrankungen, Behinderungen und Behandlungen beeinträchtigt oder entwicklungsfähig sind. Pflegefachfrauen und -männer sind für das Stellen von Pflegediagnosen zuständig und verantwortlich. Pflegediagnosen bilden die Grundlage, um Pflegeinterventionen auswählen, planen und durchführen zu können, um um gemeinsam vereinbarte Pflegeziele und -ergebnisse erreichen und bewerten zu können (Georg 2012), (s. Tab. A-1) [Anm. d. Hrsg.].

Tabelle A-1: ZEFP-Pflegekonzepte mit betroffenen Lebensbereichen und assoziierten NANDA-Pflegediagnosen (Käppeli, 1998, 1999, 2000; Georg, 2012).

Betroffene Lebensbereiche Diagnosetitel		NANDA-I-Pflegediagnosen-Titel
Aktivität		
Bewegungskoordination verändert	E	**Gehfähigkeit**, beeinträchtigte **Selbstversorgungs**defizit
Bewegungsverlangsamung	S	**Mobilität**, beeinträchtigte körperliche
Leistungseinschränkung	S ~ S	**Aktivitäts**in**toleranz** **Aktivitäts**in**toleranz**, Gefahr einer **Fatigue**
Gestörte Mobilität: Bewegungseinschränkung	= ~ ~ ~ ~	**Mobilität**, beeinträchtigte körperliche **Mobilität im Bett**, beeinträchtigte **Mobilität mit dem Rollstuhl**, beeinträchtigte **Gehfähigkeit**, beeinträchtigte **Transferfähigkeit**, beeinträchtigte
Gestörte Mobilität: Immobilität	=	Im**mobilität**ssyndroms, Gefahr eines
Schwindel, Gleichgewichtsstörungen	E E, S	**Gehfähigkeit**, beeinträchtigte **Wahrnehmung**sstörung, kinästhetisch
Zittern	S	**Selbstversorgungs**defizit
Angehörige und Gesellschaft		
Belastung der Angehörigen*	= ~	**Rollenüberlastung** der pflegenden Bezugsperson **Rollenüberbelastung** der pflegenden Bezugsperson, Gefahr einer
Belastende Bewältigungsformen der Angehörigen	~ ~ ~	**Coping**, gefährdendes familiäres **Coping**, verhindertes familiäres **Management**, unwirksames familiäres **Therapie-**
Belastende Beziehungen	~ ~	**Familienprozesse**, beeinträchtigte **Familienprozesse**, unterbrochene
Atmung/Kreislauf		
Aspirationsgefahr	=	**Aspiration**sgefahr
Atemnot	S S S S	**Atemvorgang**, unwirksamer **Gasaustausch**, beeinträchtigter **Spontanatmung**, beeinträchtigte **Weaning**, erschwertes
Atmung ungenügend/beeinträchtigt	~	**Atemvorgang**, unwirksamer
Auswurf	S	**Atemwegsclearance**, unwirksame
Blutungen	R	**Schock**gefahr
Druck auf der Brust, Engegefühl	R	**Durchblutung**sstörung, Gefahr einer kardialen *MDx Angina pectoris*

Betroffene Lebensbereiche Diagnosetitel		NANDA-I-Pflegediagnosen-Titel
Durchblutungsstörungen, periphere	~	**Durchblutung**sstörung, periphere
Herzklopfen	S	**Angst/Furcht**
Husten/Hustenreiz	S	**Atemwegsclearance**, unwirksame
Obstruktion der Atemwege	E	**Atemwegsclearance**, unwirksame
Ödeme, periphere	S	**Durchblutung**sstörung, periphere **Flüssigkeit**süberschuss
Denken		
Bewusstseinsveränderung – Benommenheit – Somnolenz – Sopor – Koma	PDx	
Denken verlangsamt	S	**Denkprozesse**, gestörte
Gedankenkreisen	E	**Schlaf**störung
Desorientierung zeitlich/örtlich Desorientierung situativ (bezüglich Personen, Umständen und Ereignissen) Desorientierung bezüglich der eigenen Person	=	**Orientierung**sstörung
Gedächtnisstörungen/Vergesslichkeit – Kurzzeitgedächtnis – Langzeitgedächtnis	=	**Gedächtnisleistung**, beeinträchtigte
Konzentrationsstörung – Absenzen	~	**Aufmerksamkeit**sdefizit (Gordon, 2013)
Urteilsfähigkeit verändert	S	**Verwirrtheit**, chronische
Verwirrtheit	~	**Verwirrtheit**, akute **Verwirrtheit**, Gefahr einer akuten **Verwirrtheit**, chronische
Emotionen		
sich abhängig fühlen	S	**Macht**losigkeit
Angst haben	S	**Angst** **Angst**, Todes-
besorgt sein	S	**Kummer**, chronischer
bedrückt sein	S	**Kummer**, chronischer
Einsamkeit* einsam sein, sich verlassen fühlen	~	**Vereinsamung**sgefahr

Betroffene Lebensbereiche Diagnosetitel		NANDA-I-Pflegediagnosen-Titel
sich ekeln	PDx	
enttäuscht sein	S	**Macht**losigkeit
sich fürchten	S	**Furcht**
gehemmt sein	S	**Selbstwertgefühl,** chronisch geringes
Heimweh haben	PDx	
Hoffnung/Hoffnungslosigkeit* ohne Hoffnung sein	=	**Hoffnung**, Bereitschaft für gesteigerte **Hoffnung**slosigkeit
sich langeweilen	S	**Beschäftigung**sdefizit
lustlos sein	S	**Hoffnungslosigkeit**
sich schämen/sich genieren	S	**Selbstwertgefühl,** chronisch geringes
Schuldgefühle, schlechtes Gewissen Schuld und Schuldgefühle*	S S	**Sinnkrise** **Konflikt**, moralischer
traurig sein	S	**Trauern**
Trauer*/Verlust*	= ~	**Trauern** **Trauern**, erschwertes **Trauerns**, Gefahr eines erschwerten
Trennung	E E	**Elterlichen Fürsorge**, Gefahr einer beeinträchtigten **Trauern**
überwältigt sein	S	**Macht**losigkeit
ungeduldig sein	S	**Angst, Stress**überlastung *Umhergehen*, ruheloses
Ungewissheit	PDx	
verärgert, wütend, gereizt sein	R	**Gewalttätigkeit**, Gefahr einer fremdgefährdenden
verstimmt sein/Stimmungsschwankungen	S	**Furcht**
zornig sein	R	**Gewalttätigkeit**, Gefahr einer fremdgefährdenden
Ernährung und Flüssigkeitshaushalt		
Appetitlosigkeit	E	**Ernährung**, Mangel-
Durst	S R	**Flüssigkeit**sdefizit **Flüssigkeit**sdefizits, Gefahr eines
Ernährungszustand ungenügend	S	**Allgemeinzustands (Verkümmerung) des Erwachsenen**, Verschlechterung des

Betroffene Lebensbereiche Diagnosetitel		NANDA-I-Pflegediagnosen-Titel
Flüssigkeitszufuhr ungenügend	= R	**Flüssigkeit**sdefizit **Flüssigkeit**sdefizits, Gefahr eines
Gewichtsverlust, unerwünschter; Untergewicht	~	**Ernährung**, Mangel-
Gewichtszunahme, unerwünschte; Übergewicht	~	**Ernährung**, Über-
Gewichtszunahme, mangelnde	S	**Ernährung**, Mangel-
Hunger	S	**Ernährung**, Mangel-
Mundtrockenheit	S S	**Flüssigkeit**sdefizit **Mundschleimhaut**, geschädigte
Nahrungsaufnahme, beeinträchtigt	E S	**Ernährung**, Mangel- **Selbstversorgung**sdefizit, Essen und Trinken
Schluckstörung	= ~	**Schluck**störung **Saug-/Schluck**störung des Säuglings
Schwierigkeit beim Kauen	E S	**Ernährung**, Mangel- **Zahnstatus**, beeinträchtigter
Unverträglichkeit/Abneigung	E	**Ernährung**, Mangel-
Haut		
Hautprobleme*	~	**Haut**schädigung **Haut**schädigung, Gefahr einer
Hautveränderungen – Rötungen – gesprungene Lippen – trockene, schuppende Haut	 S S S	 **Haut**schädigung **Mundschleimhaut**, geschädigte **Haut**schädigung
Juckreiz	S S =	**Selbstschutz**, unwirksamer **Wohlbefinden**, beeinträchtigtes Pruritus (Gordon, 2013)
Schleimhautveränderungen	S S	**Haut**schädigung **Mundschleimhaut**, geschädigte
Wunde – Haut- und Gewebedefekt – Dekubitus	= = =	**Gewebe**schädigung **Haut**schädigung **Dekubitus** (Gordon, 2013)
Kommunikation		
Blindheit, Einschränkung beim Sehen	E, S	**Wahrnehmung**sstörung, visuell
Fremdsprachigkeit	E	**Kommunikation**, beeinträchtigte verbale
Gehörlosigkeit, Einschränkungen beim Hören	E, S	**Wahrnehmung**sstörung, auditiv

Betroffene Lebensbereiche Diagnosetitel		NANDA-I-Pflegediagnosen-Titel
Beeinträchtigung der verbalen Kommunikation durch Sprach- oder Stimmstörungen*	E	**Kommunikation**, beeinträchtigte verbale
Unfähigkeit, Schwierigkeit zu Sprechen – Heiserkeit – verwaschene Sprache	S	**Kommunikation**, beeinträchtigte verbale
Schwierigkeiten/Unfähigkeit, die richtigen Wörter zu finden	S	**Gedächtnisleistung**, beeinträchtigt **Kommunikation**, beeinträchtigte verbale
Schwierigkeiten beim Verstehen	S	**Denkprozesse**, gestörte
Körpergefühl		
Neglect	~	**Neglect**
Phantomschmerz	~	**Schmerz**, akuter **Schmerz**, chronischer
Sensiblität, veränderte	R	**Verletzung**sgefahr
Körpertemperatur		
Fieberzustände	S	**Hyperthermie**
Schwitzen, störendes (Hyperhidrosis)	PDx	
Kältegefühl, störendes; frieren	S	**Hypothermie**
Kalte Hände/Füsse	R S	**Körpertemperatur**, Gefahr einer unausgeglichenen **Thermoregulation**, unwirksame
Körpertemperatur, zu tief	S	**Hypothermie**
Lernen und Entwicklung		
Compliance/Non-compliance*	~	Non**compliance**
Entwicklungsstörung	= ~ ~	**Wachstum** und Entwicklung, verzögerte(s) **Entwicklung**, Gefahr einer verzögerten **Wachstums**, Gefahr eines unproportionalen
Lernschwierigkeit	S S	**Management der eigenen Gesundheit**, unwirksames **Wissensdefizit**
Lernbedarf bezüglich – Lebensgewohnheiten – Arbeiten – Techniken – Selbst- oder Fremdpflege	~	**Management der eigenen Gesundheit**, Bereitschaft für ein verbessertes **Management der eigenen Gesundheit**, unwirksames **Wissen**, Bereitschaft für vermehrtes

Betroffene Lebensbereiche Diagnosetitel		NANDA-I-Pflegediagnosen-Titel
Schlaf		
Albträume	S	**Schlaf**störung
Schlaflosigkeit	S	**Schlaf**störung
Schlafstörungen – Einschlafstörung – Durchschlafstörung	= ~	**Schlaf**störung **Schlaf**mangel
Schlafgewohnheiten, verändert	~	**Schlaf**muster, gestörtes
Selbstbild/Selbstwahrnehmung		
Gefühl, nicht ernst genommen zu werden	S	**Selbstwert**gefühl, chronisch geringes
Gefühl, nicht man selbst zu sein	S	**Identität**, gestörte persönliche
Gefühl, missverstanden zu werden	S	**Selbstwert**gefühl, situationsbedingtes geringes
Gefühl, alles falsch zu machen	S	**Selbstwert**gefühl, chronisch geringes
Gefühl, den Erwartungen anderer Leute nicht zu genügen	S	**Rollenverhalten**, unwirksames
Gefühl, nichts wert zu sein	S	**Selbstwert**gefühl, chronisch geringes **Selbstwert**gefühls, Gefahr eines situationsbedingten geringen **Selbstwert**gefühl, situationsbedingtes geringes
Gefühl, nicht gebraucht zu werden	S	**Machtl**osigkeit
Gefühl, kein(e) richtige(r) Frau/Mann zu sein	S	**Identität**, gestörte persönliche
Gefühl, zu langsam zu sein	S	**Stress**überlastung
Selbstkonzept*	=	**Selbstkonzept**, Bereitschaft für ein verbessertes
Veränderungen des Aussehens	E	**Körper**bildstörung
Selbstpflege*		
Selbstpflegedefizit*	=	**Selbstversorgung**sdefizit, Essen und Trinken **Selbstversorgung**sdefizit, Sich Kleiden **Selbstversorgung**sdefizit, Körperpflege **Selbstversorgung**sdefizit, Toilettenbenutzung
Sicherheit		
Selbstvergiftung	~	**Vergiftung**sgefahr
Selbstverletzung	= ~	**Selbstverletzung** **Selbstverletzung**sgefahr

Betroffene Lebensbereiche Diagnosetitel		NANDA-I-Pflegediagnosen-Titel
Sucht	PDx	
Suizid	~ ~	**Suizid**gefahr **Gewalttätigkeit**, Gefahr einer selbstgefährdenden
Sturz	R	**Sturz**gefahr
Soziale Interaktion		
Aggression/Gewalt*	~	**Gewalttätigkeit**, Gefahr einer fremdgefährdenden
Feindseligkeit/feindseliges Verhalten	R	**Gewalttätigkeit**, Gefahr einer fremdgefährdenden
Misstrauen	E	**Macht**losigkeit
Macht*	~	**Macht**losigkeit **Macht**losigkeit, Gefahr einer
Schwierigkeit, eigenes Verhalten zu kontrollieren	S	**Impulskontrolle**, beeinträchtigte
Schwierigkeit, eigenes Verhalten zu kontrollieren: Fremdgefährdung	~	**Gewalttätigkeit**, Gefahr einer fremdgefährdenden
Schwierigkeit, eigenes Verhalten zu kontrollieren: gewalttätiges Verhalten	~	**Gewalttätigkeit**, Gefahr einer fremdgefährdenden
Schwierigkeit mit anderen Leuten Kontakt aufzunehmen	E	**Interaktion**, beeinträchtigte soziale **Isolation**, soziale
Stigma*	PDx	
Soziale Rollen		
Rolleneinschränkung, -veränderung, -erweiterung, -konflikt – Rolle in der Familie und im Bekanntenkreis – Berufsrolle – Freizeitrolle – Entwicklungsphasen-bezogene Rolle – Patientenrolle	~	**Rollenverhalten**, unwirksames
Rolleneinschränkung, -veränderung, -erweiterung, -konflikt: elterliche Fürsorge	~	**Elterliche Fürsorge**, beeinträchtigte **Elterlichen Fürsorge**, Gefahr einer beeinträchtigten **Elterliche Fürsorge**, Bereitschaft für eine verbesserte **Rollenkonflikt**, elterlicher
Spiritualität/Religiosität/Sinnfindung		
Gefühl, von Gott verlassen worden zu sein	S R	**Sinnkrise** **Sinnkrise**, Gefahr einer

Betroffene Lebensbereiche Diagnosetitel		NANDA-I-Pflegediagnosen-Titel
Gefühl, dass Krankheit eine Strafe (ungerecht) ist	S	**Sinnkrise**
Gefühl, vom Schicksal hart getroffen zu sein	S R	**Sinnkrise** **Sinnkrise**, Gefahr einer
Leiden*	PDx	
religiöse Schuldgefühle	S R	**Religiosität**, beeinträchtigte **Sinnkrise**, Gefahr einer
Sinnlosigkeit, Frage nach dem Sinn	S	**Sinnfindung**, Bereitschaft für eine verbesserte **Sinnkrise** **Sinnkrise**, Gefahr einer
Verzweiflung, seelische Not	E	**Sinnfindung**, Bereitschaft für eine verbesserte **Sinnkrise** **Sinnkrise**, Gefahr einer
Widersprüche zwischen Glaubensüberzeugung und medizinischer Behandlung	E	**Konflikt**, moralischer
Verhindert sein, entsprechend eigener Konfession, Weltanschauung, Kultur, eigenem Lebensentwurf zu leben	E	**Religiosität**, beeinträchtigte
Umgang mit und Bewältigung von Problemen		
Angst, Probleme nicht lösen zu können	S	**Coping**, unwirksames
Angst, der Situation nicht gewachsen zu sein	S	**Coping**, unwirksames
Coping/Bewältigung*	=	**Coping**, unwirksames
Gefühl zur Last zu fallen	S	**Macht**losigkeit
Gefühl, mit der eigenen Situation nicht/nur schwer fertig zu werden	S	**Coping**, unwirksames
Gestaltung der Umgebung/Einrichtung, ungünstig	E	**Relokation**sstresssyndrom
Hilflosigkeit*; sich hilflos, ohnmächtig fühlen	~	**Macht**losigkeit
hin- und hergerissen sein, unentschlossen sein	S	**Entscheidung**skonflikt

Betroffene Lebensbereiche Diagnosetitel		NANDA-I-Pflegediagnosen-Titel
Informationsdefizit bezüglich – Zustand, Behandlung, Pflege – Verlauf, Entlassung – Gesundheitsverhalten – Problemlösung	~	**Gesundheitsverhalten**, unwirksames **Management der eigenen Gesundheit**, unwirksames **Wissen**, Bereitschaft für vermehrtes **Wissens**defizit
Komfort, mangelnder	~	**Wohlbefinden**, beeinträchtigtes
Krise*	~	**Coping**, unwirksames
sich nicht motiviert fühlen	S	**Hoffnung**slosigkeit
Schwierigkeit Bedürfnisse zu äussern	S	**Macht**losigkeit, Gefahr einer
Schwierigkeit, die momentane Situation anzunehmen, sich damit abzufinden	S	**Verleugnung**, unwirksame
Schwierigkeit, sich jemandem anvertrauen zu können	S	**Interaktion**, beeinträchtigte soziale
Schwierigkeit Probleme zu lösen	S	**Aktivitätsplanung**, unwirksame **Coping**, unwirksames
Schwierigkeit, mit jemandem über die Situation zu sprechen	S	**Interaktion**, beeinträchtigte soziale
Sensorische Unterstimulation – mangelnde Anregung		sensorische Deprivation* (Gordon, 2013)
Sensorische Überstimulation – Lärm – häufige Störungen		sensorische Überstimulation* (Gordon, 2013)
Spitalkoller	S	**Relokationsstresssyndrom**
Gefühl, lieber sterben zu wollen, als noch lange aushalten zu müssen	R	**Suizid**gefahr
sich unsicher fühlen	S	**Relokationsstresssyndrom** **Selbstwert**gefühl, chronisch geringes
überfordert sein	S	**Stress**überlastung
Verarbeitung von traumatischem Erlebnis	S	**Posttrauma**tisches Syndrom **Posttrauma**tischen Syndroms, Gefahr eines
Urinausscheidung		
Bettnässen, nächtliches	S	**Urinausscheidung**, beeinträchtigte
Harndrang	S	Urinin**kontinenz**, Überlauf-
Harnverhalten	=	**Harnverhalt**
Schmerzen beim Wasserlösen, Brennen	S	**Infektion**sgefahr **Schmerz**, akuter

Betroffene Lebensbereiche Diagnosetitel		NANDA-I-Pflegediagnosen-Titel
Urininkontinenz	~	**Urinausscheidung**, beeinträchtigte **Urinausscheidung**, Bereitschaft für eine verbesserte Urinin**kontinenz**, funktionelle Urinin**kontinenz**, Überlauf-
Dranginkontinenz	= ~	Urinin**kontinenz**, Drang- Urinin**kontinenz**, Gefahr einer Drang-
Inkontinenz, totale	=	Urinin**kontinenz**, totale
Reflexinkontinenz	=	Urinin**kontinenz**, Reflex-
Stressinkontinenz	=	Urinin**kontinenz**, Stress-
Verdauung		
Blähungen	S	**Motilität**, dysfunktionale gastrointestinale **Obstipation**
Durchfall	=	**Diarrhö**
Stuhlgang, schmerzhafter	E	**Obstipation** **Obstipation**sgefahr
Stuhlinkontinenz	=	Stuhlin**kontinenz**
Verstopfung	~	**Obstipation** **Obstipation**sgefahr **Obstipation**, subjektiv empfundene
Wahrnehmung		
Halluzinationen	~	**Denkprozesse**, gestörte
Lärm-/Lichtempfindlichkeit	E	**Schlaf**störung
Störungen des Geruchssinns	=	**Wahrnehmung**sstörung, olfaktorisch
Störungen des Geschmackssinns	=	**Wahrnehmung**sstörung, gustatorisch
Störungen des Tastsinns	=	**Wahrnehmung**sstörung, taktil
Wochenbett		**Schwangerschafts-, Geburts- und Wochenbettverlauf**, Bereitschaft für einen verbesserten
Brustwarzen, wunde	E	**Stillen**, unwirksames
Mastitis	E	**Stillen**, unwirksames
Stillen, Schwierigkeit beim	= = ~	**Stillen**, unterbrochenes **Stillen**, unwirksames **Stillen**, erfolgreiches
verhärtete Stellen in der Brust	S	**Stillen**, unwirksames

Betroffene Lebensbereiche Diagnosetitel		NANDA-I-Pflegediagnosen-Titel
Wohlbefinden		
Körpergeruch	S S S	**Selbstvernachlässigung** **Selbstversorgungs**defizit, Körperpflege **Selbstversorgungs**defizit, Sich Kleiden
Missbehagen	= ~	**Wohlbefinden**, beeinträchtigtes **Wohlbefinden**, Bereitschaft für ein verbessertes **Übelkeit**
Müdigkeit, Erschöpfung	=	**Fatigue**
Mundgeruch	S	**Mundschleimhaut**, geschädigte **Selbstvernachlässigung** **Selbstversorgungs**defizit, Körperpflege
Ruhelosigkeit, Nervosität, Gespanntheit	S S	**Stress**überlastung **Umhergehen**, ruheloses
Schmerzen, Krämpfe	S	**Schmerz**, akuter
Schwäche	S	**Aktivitätsintoleranz**
Singultus (= Schluckauf)	S	**Wohlbefinden**, beeinträchtigtes
Verspannung	E	**Schmerz**, akuter

MDx medizinische Diagnose
E Einflussfaktor von
PDx Pflegediagnostischer Begriff (Non-NANDA)
R Risikofaktor für
S Symptom von
= entspricht
~ ähnliches diagnostisches Konzept wie

Einzelnen ZEPF-Pflegekonzepten nicht zuordenbare Pflegediagnosen

Bindung, Gefahr einer beeinträchtigten 1398–1404
Blutzuckerspiegels, Gefahr eines in**stabil**en 193–194
Coping, defensives 381–385
Coping, unwirksames gemeinschaftliches 1437–1441
Coping, Bereitschaft für ein verbessertes familiäres 1363–1364
Coping, Bereitschaft für ein verbessertes gemeinschaftliches 1432–1437
Durchblutungsstörung, Gefahr einer gastrointestinalen 1238–1239
Durchblutungsstörung, Gefahr einer renalen 1238–1239
Durchblutungsstörung, Gefahr einer zerebralen 1238–1239
Dysreflexie, autonome 440–447
Dysreflexie, Gefahr einer autonomen 448–449
Energiefeldstörung 450–454
Entscheidungsfindung, Bereitschaft für eine verbesserte 1469–1470
Erholung, verzögerte postoperative 1212–1213
Ernährung, Bereitschaft für eine verbesserte 1481–1482
Erstickungsgefahr 701–702
Familienprozesse, Bereitschaft für verbesserte 1387
Flüssigkeitshaushalt, Bereitschaft für einen verbesserten 1470–1471
Flüssigkeitsvolumens, Gefahr eines unausgeglichenen 500–501
Gesundheitsschädigung, Gefahr einer 657–690
Gesundheitsverhalten, gefahrengeneigtes 551–556
Gesundheitsverhalten, unwirksames 556–591
Haushaltsführung, beeinträchtigte 1416–1422
Herzleistung, verminderte 211–213
Infektionsgefahr 630–644
Kindliches Verhalten, desorganisiertes 613–628
Kindlichen Verhaltens, Bereitschaft für eine verbesserte Organisation des 1474–1480
Kindlichen Verhaltens, Gefahr eines desorganisierten 629
Kindstodes, Gefahr eines plötzlichen 1208–1211
Lagerungsschadens, Gefahr eines perioperativen 704–712
Latexallergische Reaktion 727–733
Latexallergischen Reaktion, Gefahr einer 733–734
Lebensstil, bewegungsarmer 734–739
Leberfunktionsstörung, Gefahr einer 740
Management eines Therapieprogramms, effektives 1490–1492
Management von Therapieprogrammen, unwirksames gemeinschaftliches 1441–1447
Menschenwürde, Gefahr einer beeinträchtigten 608–613
Neurovaskulären Störung, Gefahr einer peripheren 852–860
Religiosität, Gefahr einer beeinträchtigten 1200–1201
Religiosität, Bereitschaft für eine vertiefte 1483–1484
Selbstbestimmung, Bereitschaft für eine verbesserte 1482–1483
Selbstfürsorge, Bereitschaft für eine verbesserte 1485

Sexualverhalten, unwirksames 1106–1134
Sexuelle Funktionsstörung 1134–1135
Vergewaltigungssyndrom 871–885
Verletzungsgefahr 702–704

(Die diagnostischen Kernbegriffe wurden bei den jeweiligen Pflegediagnosen **fett** hervorgehoben. Anm. d. Hrsg.)

Quellen:

NANDA international (2010): Pflegediagnosen – Klassifikation 2009–2011. Kassel: Recom.
Käppeli, S. (Hrsg.) (2000): Pflegediagnostik unter der Lupe. 2. A. Zürich: ZEFP.
Käppeli, S. (Hrsg.) (1998): Pflegekonzepte 1. – Phänomene im Erleben von Krankheit und Umfeld. Bern: Huber.
Käppeli, S. (Hrsg.) (1999): Pflegekonzepte 2. – Phänomene im Erleben von Krankheit und Umfeld. Bern: Huber.
Käppeli, S. (Hrsg.) (2000): Pflegekonzepte 3. – Phänomene im Erleben von Krankheit und Umfeld. Bern: Huber.

Anhang H

Pflegediagnosen, gegliedert in alphabetischer Reihenfolge

Alphabetische Liste der anerkannten NANDA-Pflegediagnosentitel (2009–2011) und der diagnostischen Begriffe

Aktivitätsin**toleranz** 131–150
Allgemeinzustands (Verkümmerung) des Erwachsenen, Verschlechterung des 546–550
Angst 151–168
Angst, Todes- 169–172
Aspirationsgefahr 690–697
Atemvorgang, unwirksamer 984–988
Atemwegsclearance, unwirksame (Selbstreinigung der Atemwege) 979–984
Beschäftigungsdefizit 432–440
Bindung, Gefahr einer beeinträchtigten 1398–1404
Blutzuckerspiegels, Gefahr eines in**stabil**en 193–194
Coping, defensives 381–385
Coping, gefährdendes familiäres 1344–1345
Coping, verhindertes familiäres 1345–1349
Coping, unwirksames 364–381
Coping, unwirksames gemeinschaftliches 1437–1441
Coping, Bereitschaft für ein verbessertes familiäres 1363–1364
Coping, Bereitschaft für ein verbessertes gemeinschaftliches 1432–1437
Denkprozesse, gestörte 1213–1232
Diarrhö 409–417
Durchblutungsstörung, Gefahr einer gastrointestinalen 1238–1239
Durchblutungsstörung, Gefahr einer kardialen 1238–1239
Durchblutungsstörung, periphere 1240–1251
Durchblutungsstörung, Gefahr einer renalen 1238–1239
Durchblutungsstörung, Gefahr einer zerebralen 1238–1239
Dysreflexie, autonome 440–447
Dysreflexie, Gefahr einer autonomen 448–449
Elterliche Fürsorge, beeinträchtigte 1388–1397
Elterliche Fürsorge, Bereitschaft für eine verbesserte 1387–1388
Energiefeldstörung 450–454
Entscheidungsfindung, Bereitschaft für eine verbesserte 1469–1470
Entscheidungskonflikt 396–409
Entwicklung, Gefahr einer verzögerten 543–545
Erholung, verzögerte postoperative 1212–1213
Ernährung, Bereitschaft für eine verbesserte 1481–1482
Ernährung, Mangel- 799–826
Ernährung, Über- 846–851
Ernährung, Gefahr einer Über- 851–852
Erstickungsgefahr 701–702
Familienprozesse, beeinträchtigte 1383–1386

Familienprozesse, unterbrochene 1369–1375
Familienprozesse, Bereitschaft für verbesserte 1387
Fatigue 455–467
Flüssigkeitsdefizit 480–490
Flüssigkeitshaushalt, Bereitschaft für einen verbesserten 1470–1471
Flüssigkeitsüberschuss 490–500
Flüssigkeitsvolumens, Gefahr eines unausgeglichenen 500–501
Furcht 467–480
Gedächtnisleistung, beeinträchtigte 1232–1238
Gehfähigkeit, beeinträchtigte 780–782
Gesundheitsschädigung, Gefahr einer 657–690
Gesundheitsverhalten, gefahrengeneigtes 551–556
Gesundheitsverhalten, unwirksames 556–591
Gewalttätigkeit, Gefahr einer fremdgefährdenden 1303–1318
Gewebeschädigung 900–912
Harnverhalt, s. Urininkontinenz, Überlauf-
Haushaltsführung, beeinträchtigte 1416–1422
Hautschädigung 912–921
Herzleistung, verminderte 211–213
Hoffnung, Bereitschaft für gesteigerte 1472–1473
Hoffnungslosigkeit 591–607
Hyperthermie 180–183
Hypothermie 183–188
Identität, gestörte persönliche 1048–1049
Im**mobilität**ssyndroms, Gefahr eines 418–432
Infektionsgefahr 630–644
Interaktion, beeinträchtigte soziale 1135–1150
Isolation, soziale 1150–1153
Kindliches Verhalten, desorganisiertes 613–628
Kindlichen Verhaltens, Bereitschaft für eine verbesserte Organisation des 1474–1480
Kindlichen Verhaltens, Gefahr eines desorganisierten 629
Kindstodes, Gefahr eines plötzlichen 1208–1211
Körperbildstörung 1038–1047
Körpertemperatur, Gefahr einer unausgeglichenen 172–179
Kommunikation, beeinträchtigte verbale 302–305
Konflikt, moralischer 1187–1193
Kummer, chronischer 1153–1158
Lagerungsschadens, Gefahr eines perioperativen 704–712
Latexallergische Reaktion 727–733
Latexallergischen Reaktion, Gefahr einer 733–734
Lebensstil, bewegungsarmer 734–739
Leberfunktionsstörung, Gefahr einer 740
Machtlosigkeit 885–887
Machtlosigkeit, Gefahr einer 888–897
Management der eigenen Gesundheit, unwirksames 749–762
Management eines Therapieprogramms, effektives 1490–1492

Management von Therapieprogrammen, unwirksames gemeinschaftliches 1441–1447
Management, unwirksames familiäres **Therapie-** 1415–1416
Menschenwürde, Gefahr einer beeinträchtigten 608–613
Mobilität, beeinträchtigte körperliche 762–778
Mobilität im Bett, beeinträchtigte 778–779
Mobilität mit dem Rollstuhl, beeinträchtigte 782–784
Mundschleimhaut, geschädigte 922–931
Neglect 1251–1259
Neurovaskulären Störung, Gefahr einer peripheren 852–860
Non**compliance** 787–798
Obstipation 333–349
Obstipation, subjektiv empfundene 349–351
Posttraumatisches Syndrom 861–869
Posttraumatischen Syndroms, Gefahr eines 870
Relokationsstresssyndrom (ortswechselbedingtes Stresssyndrom) 948–953
Religiosität, beeinträchtigte 1193–1200
Religiosität, Gefahr einer beeinträchtigten 1200–1201
Religiosität, Bereitschaft für eine vertiefte 1483–1484
Rollenkonflikt, elterlicher 1405–1414
Rollenüberlastung der pflegenden Bezugsperson 214–229
Rollenüberbelastung der pflegenden Bezugsperson, Gefahr einer 229–233
Rollenverhalten, unwirksames 988–990
Saug-/Schluckstörung des Säuglings 838–846
Schlafmangel 725–727
Schlafstörung 713–725
Schluckstörung 828–837
Schmerz, akuter 248–269
Schmerz, chronischer 269–275
Selbstbestimmung, Bereitschaft für eine verbesserte 1482–1483
Selbstfürsorge, Bereitschaft für eine verbesserte 1485
Selbstkonzept, Bereitschaft für ein verbessertes 1485–1486
Selbstschutz, unwirksamer 898–900
Selbstverletzung 1083–1084
Selbstverletzungsgefahr 1084–1086
Selbstversorgungsdefizit, Essen und Trinken 1002–1006
Selbstversorgungsdefizit, Sich Kleiden 1011–1015
Selbstversorgungsdefizit, Körperpflege 1006–1010
Selbstversorgungsdefizit, Toilettenbenutzung 1020–1024
Selbstwertgefühl, chronisch geringes 1052–1056
Selbstwertgefühls, Gefahr eines situationsbedingten geringen 1061–1062
Selbstwertgefühl, situationsbedingtes geringes 1056–1061
Sexualverhalten, unwirksames 1106–1134
Sexuelle Funktionsstörung 1134–1135
Sinnfindung, Bereitschaft für eine verbesserte 1487–1489
Sinnkrise 1158–1185
Sinnkrise, Gefahr einer 1185–1186

Stillen, erfolgreiches 1465–1468
Stillen, unterbrochenes 210
Stillen, unwirksames 199–209
Stressüberlastung 1201–1207
Stuhlin**kontinenz** 194–199
Sturzgefahr 697–700
Suizidgefahr 1086–1094
Thermoregulation, unwirksame 188–190
Transferfähigkeit, beeinträchtigte 784–786
Trauern 501–517
Trauern, erschwertes 523–529
Übelkeit 275–280
Umhergehen, ruheloses 1318–1322
Urinausscheidung, beeinträchtigte 1259–1270
Urinausscheidung, Bereitschaft für eine verbesserte 1494–1495
Urinin**kontinenz**, Drang- 1294–1299
Urinin**kontinenz**, funktionelle 1275–1282
Urinin**kontinenz**, Reflex- 1282–1285
Urinin**kontinenz**, Stress- 1285–1289
Urinin**kontinenz**, totale 1289–1294
Urinin**kontinenz**, Überlauf- 1299–1303
Vereinsamungsgefahr 740–749
Vergewaltigungssyndrom 871–885
Vergiftungsgefahr 700–701
Verletzungsgefahr 702–704
Verleugnung, unwirksame 385–396
Verwirrtheit, akute 307–323
Verwirrtheit, chronische 324–332
Wachstums, Gefahr eines unproportionalen 545–546
Wachstum und Entwicklung, verzögerte(s) 529–543
Wahrnehmungsstörung, auditiv 1097
Wahrnehmungsstörung, gustatorisch 1097
Wahrnehmungsstörung, kinästhetisch 1097
Wahrnehmungsstörung, olfaktorisch 1097
Wahrnehmungsstörung, taktil 1097
Wahrnehmungsstörung, visuell 1097
Weaning, erschwertes 965–975
Wissen, Bereitschaft für vermehrtes 1480
Wohlbefinden, beeinträchtigtes 234–247
Wohlbefinden, Bereitschaft für ein verbessertes 1468
Zahnstatus, beeinträchtigter 826–827

Quelle: NANDA international (2010): Pflegediagnosen – Klassifikation 2009–2011. Kassel: Recom.

(Die diagnostischen Kernbegriffe wurden bei den jeweiligen Pflegediagnosen **fett** hervorgehoben. Anm. d. Hrsg.)

Anhang I

Pflegediagnosen, gegliedert nach der NNN-Taxonomie der Pflegepraxis mit Beispielen für NANDA-I-Pflegediagnosen

Pflegediagnosen sind ein zentrales Element der NNN-Taxonomie, die Pflegediagnosen (NANDA), Pflegeinterventionen (NIC) und Pflegeergebnisse (NOC) zusammenfasst. Die NNN-Taxonomie ordnet und bildet die Pflegewissensbasis für pflegerische Entscheidungen darüber, warum Klienten pflegebedürftig sind (Pflegediagnosen, NANDA), welche pflegerische Unterstützung (Pflegeinterventionen, NIC) sie benötigen und auf welche gemeinsamen Ziele (Pflegeziele, -ergebnisse, NOC) Pflegende und Klienten hinarbeiten sollten (s. Abb. A-7). [Anm. d. Hrsg.].

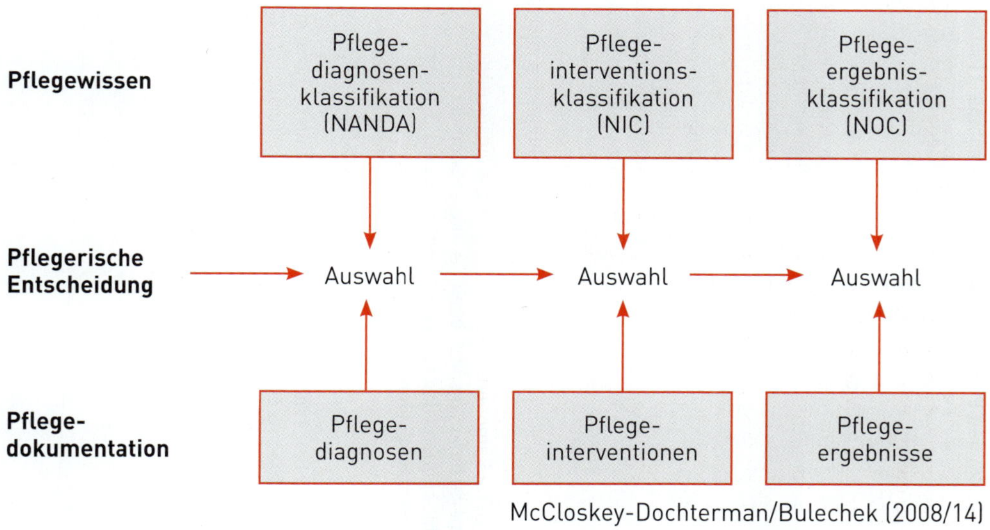

Abbildung 6-7: Die NNN-Taxonomie als Wissenbasis für pflegerische Entscheidungen. (Johnson M. et al., 2013)

Tabelle A-2: NNN-Taxonomie mit Bereichen/Domänen, Klassen und Pflegediagnosen. NNN-Taxonomie. (Johnson M. et al., 2013)

Bereiche/Domänen	Klassen	Pflegediagnosen, Ergebnisse und Interventionen	NANDA-Pflegediagnosen
I. Funktionaler Bereich mit Pflegediagnosen, -ergebnissen und -interventionen zur Förderung von Grundbedürfnissen	**Aktivität/ Bewegung**	Körperliche Aktivität einschließlich Energieerhaltung und -verbrauch	• Aktivitätsintoleranz • Gefahr der Aktivitätsintoleranz • Beschäftigungsdefizit • bewegungsarmer Lebensstil • verzögerte postoperative Erholung • Fatigue • beeinträchtigte körperliche Mobilität • beeinträchtigte Mobilität im Bett • beeinträchtigte Mobilität mit dem Rollstuhl • beeinträchtigte Gehfähigkeit • Gefahr eines Immobilitätssyndroms • Sturzgefahr • beeinträchtigte Transferfähigkeit
	Befinden (Comfort)	Ein Gefühl emotionalen, körperlichen und spirituellen Wohlbefindens und relativer Freiheit von Leiden	• Energiefeldstörung • akuter Schmerz • chronischer Schmerz • Übelkeit • beeinträchtigtes Wohlbefinden • Bereitschaft für ein verbessertes Wohlbefinden
	Wachstum und Entwicklung	Körperliches, emotionales und soziales Wachstum und Meilensteine der Entwicklung	• Verschlechterung des Allgemeinzustandes (Verkümmerung) • Gefahr eines desorganisierten kindlichen Verhaltens • desorganisiertes kindliches Verhalten • Bereitschaft für eine verbesserte Organisation des kindlichen Verhaltens • Gefahr eines unproportionalen Wachstums • verzögerte/s Wachstum und Entwicklung

Bereiche/Domänen	Klassen	Pflegediagnosen, Ergebnisse und Interventionen	NANDA-Pflegediagnosen
	Ernährung	Prozesse in Verbindung mit der Aufnahme, Assimilation und Nutzung von Nährstoffen	• Gefahr eines instabilen Blutzuckerspiegels • Bereitschaft für eine verbesserte Ernährung • Mangelernährung • Dysfunktionale gastrointestinale Motilität • Gefahr einer dysfunktionalen gastrointestinalen Motilität • Saug-/Schluckstörung des Säuglings • Schluckstörung • erfolgreiches/wirksames Stillen • unterbrochenes Stillen • unwirksames Stillen • Überernährung • Überernährungsgefahr
	Selbstversorgung	Die Fähigkeit zur Durchführung grundlegender und instrumenteller Aktivitäten des täglichen Lebens (ADL/IADL)	• Bereitschaft für eine verbesserte Selbstfürsorge • Selbstvernachlässigung • Selbstversorgungsdefizit Essen/Trinken • Selbstversorgungsdefizit Sich kleiden • Selbstversorgungsdefizit Körperpflege • Selbstversorgungsdefizit Toilettenbenutzung
	Sexualität	Erhaltung oder Änderung der sexuellen Identität und Verhaltensmuster	• sexuelle Funktionsstörung • unwirksames Sexualverhalten
	Schlaf/Ruhe	Die Quantität und Qualität von Schlaf-, Ruhe- und Entspannungsmustern	• Schlafstörung • Schlafmangel • gestörtes Schlafmuster • Bereitschaft für einen verbesserten Schlaf

Bereiche/Domänen	Klassen	Pflegediagnosen, Ergebnisse und Interventionen	NANDA-Pflegediagnosen
II. Physiologischer Bereich mit Pflegediagnosen, -ergebnissen und -interventionen zur Förderung optimaler biophysischer Gesundheit	**Werte/ Überzeugungen**	Vorstellungen, Ziele, Wahrnehmungen, spirituelle und andere Überzeugungen, die Auswahl oder Entscheidungen beeinflussen	• beeinträchtigte Religiosität • Gefahr einer beeinträchtigten Religiosität • Bereitschaft für eine vertiefte Religiosität • Sinnkrise • Gefahr einer Sinnkrise • Bereitschaft für eine verbesserte Sinnfindung
	Herzfunktion	Kardiale Mechanismen, die zur Aufrechterhaltung der Gewebedurchblutung dienen	• Gefahr einer gastrointestinalen Durchblutungsstörung • Gefahr einer kardialen Durchblutungsstörung • Gefahr einer peripheren Durchblutungsstörung • Gefahr einer renalen Durchblutungsstörung • Gefahr einer zentralen Durchblutungsstörung • verminderte Herzleistung • Schockgefahr
	Ausscheidung	Prozesse in Verbindung mit der Sekretion und Exkretion von Abbau- und Stoffwechselendprodukten	• Diarrhö • Drangurininkontinenz • Gefahr einer Drangurininkontinenz • beeinträchtigter Gasaustausch • neonatale Gelbsucht • Harnverhalt • Obstipation • Obstipationsgefahr • subjektiv empfundene Obstipation • Reflexurininkontinenz • Stressurininkontinenz • Stuhlinkontinenz • beeinträchtigte Urinausscheidung • Bereitschaft für eine verbesserte Urinausscheidung • funktionelle Urininkontinenz • totale Urininkontinenz

Bereiche/Domänen	Klassen	Pflegediagnosen, Ergebnisse und Interventionen	NANDA-Pflegediagnosen
	Flüssigkeit/ Elektrolyte	Steuerung des Flüssigkeits-/ Elektrolyt- und des Säure-Basen-Gleichgewichts	• Gefahr eines Elektrolytungleichgewichts • Flüssigkeitsdefizit • Gefahr eines Flüssigkeitsdefizits • Gefahr eines unausgeglichenen Flüssigkeitsvolumens • Bereitschaft für einen ausgeglichenen Flüssigkeitshaushalt • Flüssigkeitsüberschuss
	Neurokognition	Mechanismen in Verbindung mit dem Nervensystem und dem neurokognitiven Funktionieren einschließlich des Gedächtnisses, Denkens und Urteilsvermögens	• unwirksame Aktivitätsplanung • reduziertes intrakranielles Anpassungsvermögen • autonome Dysreflexie • Gefahr einer autonomen Dysreflexie • gestörte Denkprozesse • beeinträchtigte Gedächtnisleistung • Neglect • Orientierungsstörung • ruheloses Umhergehen • akute Verwirrtheit • Gefahr einer akuten Verwirrtheit • chronische Verwirrtheit
	Pharmakologische Funktion	Wirkungen (therapeutische und unerwünschte) von Medikamenten oder Drogen und anderen pharmakologisch aktiven Produkten	

Bereiche/Domänen	Klassen	Pflegediagnosen, Ergebnisse und Interventionen	NANDA-Pflegediagnosen
	Physische Regulation	Körpertemperatur, Reaktionen des Hormon- und des Immunsystems zur Regulierung zellulärer Prozesse	• Hyperthermie • Hypothermie • Bereitschaft für einen verbesserten Immunisierungsstatus • Infektionsgefahr • Kontamination • Kontaminationsgefahr • Gefahr einer unausgeglichenen Körpertemperatur • latexallergische Reaktion • Gefahr einer latexallergischen Reaktion • Gefahr einer Leberfunktionsstörung • Gefahr einer peripheren neurovaskulären Störung • unwirksamer Selbstschutz • unwirksame Thermoregulation
	Fortpflanzung	Prozesse in Verbindung mit menschlicher Fortpflanzung und Geburt	• Bereitschaft für einen verbesserten Schwangerschafts-, Geburts- und Wochenbettverlauf
	Respiratorische Funktion	Eine angemessene Atmung, um die arteriellen Blutgase innerhalb normaler Grenzen zu halten	• Aspirationsgefahr • unwirksamer Atemvorgang • erschwertes Weaning • Erstickungsgefahr • beeinträchtigter Gasaustausch • beeinträchtigte Spontanatmung • unwirksame Atemwegsclearance
	Wahrnehmen/ Erkennen	Wahrnehmung und Interpretation von Informationen durch die Sinne, einschließlich Seh-, Hör-, Tast-, Geschmacks- und Geruchssinn	• auditive Wahrnehmungsstörung • gustatorische Wahrnehmungsstörung • kinästhetische Wahrnehmungsstörung • olfaktorische Wahrnehmungsstörung • taktile Wahrnehmungsstörung • visuelle Wahrnehmungsstörung

Bereiche/Domänen	Klassen	Pflegediagnosen, Ergebnisse und Interventionen	NANDA-Pflegediagnosen
	Gewebeintegrität	Schutz von Haut und Schleimhäuten, um Sekretion, Exkretion und Heilung zu fördern	• Gewebeschädigung • Hautschädigung • Gefahr einer Hautschädigung • geschädigte Mundschleimhaut • beeinträchtigter Zahnstatus
III. Psychosozialer Bereich mit Pflegediagnosen, -ergebnissen und -interventionen zur Förderung optimaler geistiger und emotionaler Gesundheit und optimalen sozialen Funktionierens	**Verhalten**	Handlungen, die die Gesundheit fördern, erhalten oder wiederherstellen	• unwirksames Gesundheitsverhalten • unwirksames Management der eigenen Gesundheit • unwirksames familiäres Therapiemanagement • unwirksames gemeinschaftliches Management von Therapieprogrammen • effektives Management der eigenen Gesundheit • Bereitschaft für ein verbessertes Management der eigenen Gesundheit • Noncompliance
	Kommunikation	Empfangen, Interpretieren und Äußern gesprochener, schriftlicher und nonverbaler Botschaften	• beeinträchtigte verbale Kommunikation • Bereitschaft für eine verbesserte Kommunikation
	Coping/ Bewältigungsverhalten	Sich-Einstellen oder -Anpassen an belastende Ereignisse	• Bereitschaft für eine verbesserte Entscheidungsfindung • Entscheidungskonflikt • Bereitschaft für ein verbessertes Coping • unwirksames Coping • defensives Coping • Bereitschaft für ein verbessertes familiäres Coping • verhindertes familiäres Coping • gefährdendes familiäres Coping • Bereitschaft für ein verbessertes familiäres Coping • unwirksames gemeinschaftliches Coping

Bereiche/Domänen	Klassen	Pflegediagnosen, Ergebnisse und Interventionen	NANDA-Pflegediagnosen
			• gefahrengeneigtes Gesundheitsverhalten • Gefahr einer selbstgefährdenden Gewalttätigkeit • posttraumatisches Syndrom • Gefahr eines posttraumatischen Syndroms • Relokationsstresssyndrom • Gefahr eines Relokationsstresssyndroms • Selbstverletzung • Selbstverletzungsgefahr • Stressüberlastung • Suizidgefahr • Trauern • erschwertes Trauern • Gefahr eines erschwerten Trauerns • Vergewaltigungssyndrom • Vergewaltigungssyndrom: stumme Reaktion • Vergewaltigungssyndrom: gemischte Reaktion • unwirksame Verleugnung
	Emotion	Ein Geisteszustand oder Gefühl, das Wahrnehmungen der Welt beeinflussen kann	• Angst • Furcht • Bereitschaft für eine gesteigerte Hoffnung • Hoffnungslosigkeit • chronischer Kummer • Todesangst
	Wissen	Verständnis und Geschick im Anwenden von Informationen zur Förderung, Erhaltung und Wiederherstellung von Gesundheit	• Wissensdefizit • Bereitschaft für vermehrtes Wissen

Bereiche/Domänen	Klassen	Pflegediagnosen, Ergebnisse und Interventionen	NANDA-Pflegediagnosen
	Rollen/ Beziehungen	Erhaltung und/oder Veränderung erwarteter sozialer Verhaltensweisen und emotionale Verbundenheit mit anderen	• Bereitschaft für eine verbesserte Beziehung • Gefahr einer beeinträchtigten Bindung • beeinträchtigte elterliche Fürsorge • Gefahr einer beeinträchtigten elterlichen Fürsorge • Bereitschaft für eine verbesserte Elterliche Fürsorge • elterlicher Rollenkonflikt • Familienprozesse, beeinträchtigte • Familienprozesse, unterbrochene • Bereitschaft für verbesserte Familienprozesse • Gefahr einer fremdgefährdenden Gewalttätigkeit • Gefahr einer gestörten Mutter-Fötus-Dyade • beeinträchtigte soziale Interaktion • Rollenüberlastung der pflegende Bezugsperson • Gefahr einer Rollenüberlastung der pflegende Bezugsperson • unwirksames Rollenverhalten • soziale Isolation
	Selbstwahrnehmung	Bewusstsein des eigenen Körpers und der persönlichen Identität	• gestörte persönliche Identität • moralischer Konflikt • Körperbildstörung • Machtlosigkeit • Gefahr der Machtlosigkeit • Gefahr einer beeinträchtigten Menschenwürde • beeinträchtigte individuelle Resilienz • Gefahr einer beeinträchtigten individuellen Resilienz • Bereitschaft für eine verbesserte Resilienz • Bereitschaft für eine verbesserte Selbstbestimmung • Bereitschaft für ein verbessertes Selbstkonzept • chronisch geringes Selbstwertgefühl • situationsbedingt geringes Selbstwertgefühl • Gefahr eines situationsbedingt geringen Selbstwertgefühls • Vereinsamungsgefahr

Bereiche/Domänen	Klassen	Pflegediagnosen, Ergebnisse und Interventionen	NANDA-Pflegediagnosen
IV. Umweltbereich mit Pflegediagnosen, -ergebnissen und -interventionen zur Förderung und zum Schutz der Umwelt und der Sicherheit von Personen, Systemen und Gemeinden	**Gesundheitssystem**	Soziale, politische und ökonomische Strukturen und Prozesse für das Angebot gesundheitsbezogener Dienstleistungen	
	Populationen	Ansammlungen von Individuen oder Gemeinden mit gemeinsamen Merkmalen	
	Risikomanagement	Vermeiden oder Beherrschen identifizierbarer Bedrohungen für die Gesundheit	• Blutungsgefahr • beeinträchtigte Haushaltsführung • Gefahr eines plötzlichen Kindstodes • Gefahr einer Gesundheitsschädigung • Gefahr eines perioperativen Lagerungsschadens • Vergiftungsgefahr • Gefahr einer vaskulären Verletzung • Verletzungsgefahr

Quellen:

Doenges M. E., Moorhouse M. F., Geissler-Murr A. C. (2013): Pflegediagnosen und Pflegemaßnahmen. Bern: Huber.
NANDA International (2010): NANDA-Pflegediagnosen 2009–2011 – Definitionen und Klassifikation. Kassel: Recom.
Johnson M. (2014). Pflege – Diagnosen Interventionen Ergebnisse. Verknüpfungen von NANDA, NIC, NOC. Bern: Huber.

Anhang J

Fragebogen für die Pflegeanamnese bei der Aufnahme (Beispiel)

Fragebogen für die Pflegeanamnese bei der Aufnahme			
Datum: ____	Ankunftszeit: ________	Kontaktperson: ________	Telefon: ________
Aufnahme von:	__ zu Hause, allein stehend	__ zu Hause mit Verwandten	__ Einrichtung der Langzeitpflege
	__ obdachlos	__ zu Hause mit ________ (spezifizieren)	__ Sonstige
	__ Notaufnahme		
Art der Ankunft:	__ im Rollstuhl	__ im Notarztwagen	__ auf einer Bahre
Grund der stat. Aufnahme: ________			
________			
________			
Letzte stat. Aufnahme:	Datum: ________		Grund: ________
________			
Frühere Anamnese: ________			
________			
Medikation (rezeptpflichtig/frei verkäuflich)	Dosierung	Letzte Dosis	Häufigkeit

Gesundheitsverhaltensmuster: Wahrnehmung und Umgang mit der eigenen Gesundheit				
Tabak:	__ kein Konsum	__ aufgegeben (Datum: ________________)	__ Pfeife	__ Zigarren
	__ < 1 P./d	__ 1–2 P./d	__ > 2 P./d	P./Jahr: ____________
Alkohol:	___________ Datum der letzten Alkoholaufnahme		Menge/Art: ______________________________	
	__ Anzahl der Tage pro Monat, an denen Alkohol konsumiert wird			
Andere Drogen:	__ nein	__ ja	Art: ______________	Anwendung: __________
Allergien (Medikamente, Nahrungsmittel, Pflaster, Farbstoffe): ____				
Reaktion: ____				

Gesundheitsverhaltensmuster: Aktivität und Bewegung				
Fähigkeit zur Selbstversorgung:				
0 = unabhängig	1 = Hilfsmittel	2 = Assistenz durch Dritte	3 = Assistenz durch Dritte und Hilfsmittel	4 = vollständig abhängig

	0	1	2	3	4
Essen/Trinken					
Baden					
Sich-Kleiden/Pflege der äußeren Erscheinung					
Toilettenbenutzung					
Bettmobilität					
Transfers					
Umhergehen					
Treppensteigen					
Einkaufen					
Kochen					
Haushaltsführung					

Hilfsmittel:	__ keine	__ Unterarmgehstütze/n	__ Toilettenstuhl	__ Gehrahmen/Rollator
	__ Gehstock	__ Schiene	__ Rollstuhl	__ Sonstige
Kode:	1 = nicht zutreffend	2 = außer Stande, sich Betreffendes zu verschaffen	3 = z. Zt. keine Priorität	4 = Sonstige (schriftlich spezifizieren)

Gesundheitsverhaltensmuster: Ernährung und Stoffwechsel			
Spezielle Diät/Nahrungsergänzungsmittel: ____________________			
Vorherige Diätanweisung:		__ ja	__ nein
Appetit:	__ normal	__ erhöht	__ vermindert
	__ vermindertes Geschmacksempfinden	__ Übelkeit	__ Erbrechen
Gewichtsschwankungen der letzten 6 Monate:		__ keine	__ kg Zunahme/Abnahme
Schluckbeschwerden:	__ keine	__ feste Nahrung	__ Flüssigkeiten
Prothesen:	__ oben (__ Teil-/__ Vollprothese	__ unten (__ Teil-/__ Vollprothese	
	Hilfe beim Einsetzen:	__ ja	__ nein
Anamnese der Haut-/ Heilungsstörungen:	__ keine	__ abnorme Heilung	__ Hautausschlag
	__ Trockenheit	__ verstärktes Schwitzen	

Gesundheitsverhaltensmuster: Ausscheidung			
Stuhlgang:	__ Stühle/Tag	_____ Datum des letzten Stuhlgangs	__ im Normbereich
	__ Obstipation	__ Diarrhö	__ Inkontinenz
	__ Stoma, Art: __________	__ Hilfsmittel	Selbstversorgung: __ ja; __ nein
Wasserlassen:	__ normal	__ Häufigkeit	__ Dysurie
	__ Nykturie	__ Harndrang	__ Hämaturie
	__ Harnverhalt		
Inkontinenz:	__ nein	__ ja	__ total
	__ tagsüber	__ nachts	__ gelegentlich
	__ Schwierigkeiten beim Einhalten	__ Schwierigkeiten, zur Toilette zu gelangen	
Hilfsmittel:	__ intermittierende Katheterisierung	__ Dauerkatheter	__ externer Katheter
	__ Inkontinenzeinlagen		

Gesundheitsverhaltensmuster: Schlaf und Ruhe			
Gewohnheiten:	__ Stunden/Nacht	__ Vormittagsschläfchen	__ Nachmittagsschläfchen
	Fühlt sich nach dem Schlaf ausgeruht:	__ ja	__ nein
Probleme:	__ keine	__ frühes Erwachen	__ Schlaflosigkeit
	__ Albträume		

Gesundheitsverhaltensmuster: Kognition und Perzeption

Mentalstatus:	__ wach	__ sensorische Aphasie	__ schweigsam
	__ orientiert	__ verwirrt	__ herausforderndes Verhalten
	__ reaktionslos		
Sprache:	__ normal	__ verwaschen	__ entstellt
	__ motorische Aphasie		
	Gesprochene Sprache: ______________________		Dolmetscher: ______________

Sprachen:	__ Deutsch	__ Englisch	Sonstige: ____________
Klient kann Deutsch lesen:		__ ja	__ nein
Klient kann kommunizieren:		__ ja	__ nein
Klient kann verstehen:		__ ja	__ nein

Grad der Angst:		__ leicht	__ mäßig	__ schwer	__ Panik
Fertigkeiten der Interaktion:		__ angemessen		__ Sonstiges	
Gehör:	__ normal	__ gestört (__ re./__ li.)		__ taub (__ re./__ li.)	
	__ Hörgerät				
Sehvermögen:	__ normal		__ Brille	__ Kontaktlinsen	
	__ beeinträchtigt		__ rechts	__ links	
	__ blind		__ rechts	__ links	
	__ Prothese		__ rechts	__ links	
Schwindel:	__ ja	__ nein	Gedächtnis intakt:	__ ja	__ nein
Beschwerden/Schmerzen:		__ keine	__ akut	__ chronisch	Beschreibung:

____

Schmerzmanagement: ____

Gesundheitsverhaltensmuster: Bewältigungsverhalten (Coping) und Stresstoleranz/Selbstwahrnehmung und Selbstkonzept

Wichtige Belange bezüglich der Hospitalisierung oder der Krankheit (Finanzen, Selbstversorgung): ______________________

____

Bedeutende Verluste/Veränderungen im vergangenen Jahr	__ nein	__ ja:	
Furcht vor Gewalt:	__ nein	__ ja:	Vor wem: ______________

Ausblick auf die Zukunft: ___ (1 = schlecht bis 10 = sehr optimistisch)

Kode:	1 = nicht zutreffend	2 = außer Stande, sich Betreffendes zu verschaffen	3 = z. Zt. keine Priorität	4 = Sonstige (schriftlich spezifizieren)

Gesundheitsverhaltensmuster: Sexualität und Reproduktion

Letzte Menses: ____________ Gravida: ____________ Para: ____________ Kontazeption: ____________

Menstruations-/Hormonstörungen: __ ja __ nein

Letzter Scheidenabstrich: ____________________ Diagnose eines anomalen Abstrichs: ____________

Monatliche Selbstuntersuchung der Brüste/Hoden: __ ja __ nein Letzte Mammographie: ____________

Sexuelle Beschwerden: ____

____

Gesundheitsverhaltensmuster: Rollen und Beziehungen

Zivilstand: ____________________ In Lebensgemeinschaft mit: ____________________

Beruf: ____

Beschäftigungsstatus: __ abgestellt __ kurzfristige Behinderung

__ Langzeitbehinderung __ arbeitslos

Unterstützungssystem: __ Ehepartner __ Nachbarn/Freunde __ niemand

__ Familie im selben Haus __ Familie an anderem Ort __ Sonstige: ____________

____

Bedenken/Sorgen der Familie bezüglich der Hospitalisierung: ____________________

____

Gesundheitsverhaltensmuster: Werte und Überzeugungen

Religion: ____________________

Religiöse Einschränkungen: __ keine __ ja (spezifizieren): ____________________

Bittet jetzt um den Besuch eines Vertreters seiner Religionsgemeinschaft: __ ja __ nein

Körperliches Assessment (objektiv)

1. Klinische Daten

Alter: __ Größe: ___ cm Gewicht: ___ kg (Aktueller/geschätzter) BMI: ____

Körpertemperatur: ___ °C

Puls: __ __ stark __ schwach __ regelmäßig __ unregelmäßig

Blutdruck: re. Arm: _______ li. Arm: _______ sitzend: _______ liegend: _______

2.	**Atmung/Kreislauf**				
	Frequenz: _____/min				
	Qualität:	__ normal	__ flach		__ schnell
		__ unter Belastung	__ Sonstige		
	Husten:	__ nein	__ ja, Beschreibung: ______________________		
	Auskultation:				
	oberes re. Feld __	normal __	gedämpft __	fehlend __	abnorme Atemgeräusche __
	oberes li. Feld __	normal __	gedämpft __	fehlend __	abnorme Atemgeräusche __
	unteres re. Feld __	normal __	gedämpft __	fehlend __	abnorme Atemgeräusche __
	unteres re. Feld __	normal __	gedämpft __	fehlend __	abnorme Atemgeräusche __
	Rechte Fußpulse	__ stark	__ schwach	__ fehlend	
	Linke Fußpulse	__ stark	__ schwach	__ fehlend	

3.	**Stoffwechsel, Integument (Haut)**						
	Haut:						
	Farbe:	__ normal	__ blass	__ zyanotisch	__ grau	__ ikterisch	__ Sonstiges
	Temperatur:	__ normal	__ warm	__ kühl			
	Ödem:	__ nein	__ ja, Beschreibung + Lokalisation: ______________________				
	Läsionen:	__ nein	__ ja, Beschreibung + Lokalisation: ______________________				
	Hämatome:	__ nein	__ ja, Beschreibung + Lokalisation: ______________________				
	Rötung:	__ nein	__ ja, Beschreibung + Lokalisation: ______________________				
	Pruritus:	__ nein	__ ja, Beschreibung + Lokalisation: ______________________				
	Zugänge:	spezifizieren ______________________					
	Veränderungen:	__ nein	__ ja, Beschreibung + Lokalisation: ______________________				
	Mund:						
	Zahnfleisch:	__ normal	__ weiße Plaques	__ Läsionen	__ Sonstiges		
	Zähne:	__ normal	__ Sonstiges				
	Abdomen:						
	Darmgeräusche:	__ vorhanden	__ fehlend				

4. Neurosensorium

Pupillen:	__ seitengleich	__ ungleich		
links:	• • • • • • • • •			
rechts:	• • • • • • • • •			
Lichtreaktion:				
links:	__ ja	__ nein, spezifizieren: ______________________		
rechts:	__ ja	__ nein, spezifizieren: ______________________		
Augen:	__ klar	__ Ausfluss	__ Rötung	__ Sonstiges

5. Muskel-Skelett-System

Bewegungsumfang:		__ voll	__ Sonstiges
Gleichgewicht und Gang:		__ stetig	__ gestört
Handgriff:	__ gleichmäßig	__ stark	__ Schwäche/Lähmung (__ li./__ re.)
Beinmuskeln:	__ gleichmäßig	__ stark	__ Schwäche/Lähmung (__ li./__ re.)

Entlassungsplanung

Lebt:	__ allein	__ mit: ______________	__ Wohnsitz unbekannt	
Beabsichtigter Aufenthalt nach der Entlassung:	__ zu Hause	__ unbestimmt	__ Sonstiges	
Frühere Nutzung kommunaler Ressourcen:	__ Heimpflege, Hospiz	__ Tagespflege für Erwachsene	__ kirchliche Gruppen	
	__ Sonstige	__ Essen auf Rädern	__ Haushaltshilfe/ Hauspflegeperson	
	__ kommunale Selbsthilfegruppe			
Transport nach Entlassung:	__ Auto	__ Ambulanz	__ Bus/Taxi	__ noch unklar
Absehbare finanzielle Unterstützung nach der Entlassung?			__ nein	__ ja
Absehbare Probleme bei der Selbstversorgung nach der Entlassung?			__ nein	__ ja
Sind nach der Entlassung Hilfsmittel erforderlich?			__ nein	__ ja
Überweisungen (Datum dokumentieren):	EntlassungskoordinatorIn: ______________		Hauspflegeperson: ______________	
	______________________			

Sonstige Anmerkungen: ____

____

Unterschrift/Titel: ______________________________ Datum: ______________

Anhang K

Deutschsprachiges Literaturverzeichnis

Pflegediagnosen im Kontext von Pflegeprozess, -theorien und -klassifikationen

Zusammenstellung Jürgen Georg Stand: Febr. 2014

Pflegetheorien und -modelle

Abt-Zegelin, A.; Schnell, M. W. (Hrsg.) (2005). Sprache und Pflege. 2. A., Bern: Huber.
Benner, P. (2012). Stufen zur Pflegekompetenz. From Novice to Expert. 2. A., Bern: Huber.
Brandenburg, H.; Dorschner, S. (2014) (Hrsg.): Pflegewissenschaft 1. 3. A., Bern: Huber.
Clark, J. (2003): Naming Nursing. Bern: Huber. [vgr.]
Chinn, P. L.; Kramer, M. K. (1996). Pflegetheorie. Konzepte – Kontext – Kritik. Wiesbaden: Ullstein Mosby. [vgr.]
Dennis, C. M. (2001). Dorothea Orem. Selbstpflege- und Selbstpflegedefizit-Theorie. Bern: Huber.
Ewers, G. (1998): Theorien und Prinzipien der Pflegepraxis. Wiesbaden: Ullstein Medical. [vgr.]
Fawcett, J. (1998): Konzeptuelle Modelle der Pflege im Überblick. Bern: Huber.
Fawcett, J. (1999): Spezifische Theorien der Pflege im Überblick. Bern: Huber.
Krohwinkel, M. (2008): Rehabilitierende Prozesspflege am Beispiel von Apoplexiekranken. Fördernde Prozesspflege als System. 3. A., Bern: Huber.
Krohwinkel, M. (2013): Fördernde Prozesspflege mit integrierten ABEDL. Bern: Huber.
Meleis, A. I. (1999): Pflegetheorie. Gegenstand, Entwicklung und Perspektiven des theoretischen Denkens in der Pflege. Bern: Huber.
Orem, D. (1996). Strukturkonzepte der Pflegepraxis. Bern: Huber. [vgr.]
Peplau, H. E. (2009). Zwischenmenschliche Beziehungen in der Pflege. 2. A. Huber. Bern.
Roper, N.; Logan, W. W.; Tierney, A. J. (2009): Das Roper-Logan-Tierney-Modell. Basierend auf den Lebensaktivitäten (LA). 2. A., Bern: Huber.
Schaeffer, D.; Moers, M.; Steppe, H.; Meleis, A. (Hrsg.) (2008). Pflegetheorien. Beispiele aus den USA. 2.A. Bern: Huber.
Steppe, H. (2003). «Die Vielfalt sehen, statt das Chaos zu befürchten». Ausgewählte Werke. Huber: Bern.
Walker, L. O.; Avant, K. C. (1998). Theoriebildung in der Pflege. Ullstein Medical, Wiesbaden. [vgr.]
Ziegler, S. (1997): Theoriegeleitete Pflegepraxis. Wiesbaden: Ullstein Medical. [vgr.]

Pflegekonzepte

Houldin, A. D. (2003): Pflegekonzepte in der onkologischen Pflege. Bern: Huber.
Käppeli, S. (Hrsg.) (2000): Pflegediagnostik unter der Lupe. 2. A. Zürich: ZEFP.
Käppeli, S. (Hrsg.) (1998): Pflegekonzepte 1. – Phänomene im Erleben von Krankheit und Umfeld. Bern: Huber.

Käppeli, S. (Hrsg.) (1999): Pflegekonzepte 2. – Phänomene im Erleben von Krankheit und Umfeld. Bern: Huber.
Käppeli, S. (Hrsg.) (2000): Pflegekonzepte 3. – Phänomene im Erleben von Krankheit und Umfeld. Bern: Huber.
Kollak, I.; Kim, S. (1999). Pflegetheoretische Grundbegriffe. Bern: Huber.
Reed, F. C. (2013): Pflegekonzept Leiden. Bern: Huber
Sauter, D.; Abderhalden, C.; Needham, I.; Wolff, S. (2011): Lehrbuch psychiatrische Pflege. 4. A., Bern: Huber.

Pflegeklassifikationen

Clark, J. (2003): Naming Nursing. Bern: Huber.
ICN (2002): Internationale Klassifikation der Pflegepraxis (ICNP). Bern: Huber.
Johnson, M.; Maas, M.; Moorhead, S. (2005): Pflegeergebnisklassifikation (NOC). Bern: Huber.
Johnson, M.; Bulecheck, G.; McCloskey, J.; Maas, M.; Moorehead, S. (2014): PFLEGE – Diagnosen Interventionen Ergebnisse. Verknüpfungen von NANDA, NIC und NOC. Bern: Huber.
Fischer, W. (2002): Diagnosis Related Groups (DRGs) und Pflege. Bern: Huber [vgr.].
McCloskey, J. C.; Bulechek, G. M. (2014): Pflegeinterventionsklassifikation (NIC). Bern: Huber.
Moorhead, S.; Johnson M.; Maas, M. L.; Swanson, E. (2013): Pflegeergebnisklassifikation (NOC). 2. A. Bern: Huber.
NANDA international (2010): Pflegediagnosen – Klassifikation 2009–2011. Kassel: Recom.
NANDA international (2013): Pflegediagnosen – Klassifikation 2012–2014. Kassel: Recom.
V. d. Bruggen, H. (2002): Pflegeklassifikationen. Bern: Huber.
Saba, V. (2010): Pflegepraxisklassifikation – CCC. Bern: Huber.
Sass, H. et al. (2003): Diagnostische Kriterien DSM-IV-TR. Göttingen: Hogrefe.

Pflegeprozess, Critical Pathways

Arets, J.; Obex, F.; Vaessen, J.; Wagner, F. (1999): Professionelle Pflege 1. Bern: Huber.
Alfaro LeFevre, R. (2013): Pflegeprozess und kritisches Denken. Bern: Huber.
Brobst, R. et al. (2007): Der Pflegeprozess in der Praxis. Bern: Huber, 2. A.
Brobst, R.; Georg, J. et al. (2014): Der Pflegeprozess in der Praxis. Bern: Huber, 3. A.
Dykes, P. C.; Wheeler, K. (Hrsg.) (2002): Critical Pathways – Interdisziplinäre Versorgungspfade. Bern: Huber
Johnson, M. (Hrsg.) (2002): Interdisziplinäre Versorgungspfade. Bern: Huber.
May, H.; Edwards, P.; Brooker, D. (2011): Professionelle Pflegeprozessplanung. Personzentrierte Pflegeplanung für Menschen mit Demenz. Bern: Huber.
Stefan, H.; Eberl, J.; Schalek, K.; Streif, H.; Pointner, H. (2005): Praxishandbuch Pflegeprozess. Lernen – Verstehen – Anwenden. Wien: Facultas.
Wilkinson, J. M. (2012): Das Pflegeprozess-Lehrbuch. Bern: Huber.

Pflegeassessment

Bartholomeyczik, S.; Halek, M. (Hrsg.) (2009): Assessmentinstrumente in der Pflege. Hannover: Schlütersche.
Becker, S.; Kaspar, R.; Kruse, A. (2011). H. I.L.DE. – Heidelberger Instrument zur Erfassung der Lebensqualität demenzkranker Menschen. Bern: Huber.
Garms-Homolovà, V.; Gilgen, R.; InterRAI. (2000): RAI 2.0. Bern: Huber.
Garms-Homolovà, V.; InterRAI. (2001): Assessment für die häusliche Versorgung und Pflege. Resident Assessment Instrument – Home Care (RAI HC 2.0). Bern: Huber.

Gupta, A. (2012): Assessmentinstrumente für alte Menschen. Bern: Huber.
Gordon, M. (2013): Pflegeassessment Notes. Bern: Huber.
Käppeli, S. (1991): Das Erstgespräch. Fragen zur Erfassung der Patienten-Situation. Interner Leitfaden, Unispital Zürich. Zürich.
Lauber, A.; Schmalstieg, P. (2012): Wahrnehmen und beobachten. 2. A., Stuttgart: Thieme.
Mackway-Jones, K.; Marsden, J.; Windle J. (Hrsg.) (2011). Ersteinschätzung in der Notaufnahme. 3. A. Bern: Huber.
Niklaus, T.; Pientka, L. (1999): Funktionelle Diagnostik. Wiebelsheim: Quelle & Meyer.
Potter, P. A.; Weilitz, P. B. (2005): Pflegeanamnese und Pflegediagnostik. München: Elsevier. [vgr.]
Reuschenbach B.; Mahler C. (Hrsg.) (2011): Pflegebezogene Assessmentinstrumente. Internationales Handbuch für Pflegeforschung und -praxis. Bern: Huber.
Schulz, H. (2002). FIM Manual. Messung der Funktionalen Selbständigkeit (Functional Independence Measure). Meerbusch. [http:// www.fim-pflegeplanung.de / PDF/PI Kitteltaschenbuch2004.pdf].
Wilkinson, J. M. (2012).: Das Pflegeprozess-Lehrbuch. Bern: Huber.
Zerwekh J.; Gaglione T.; Miller C. J. (2008): Pflegeassessment und körperliche Untersuchung. Bern: Huber.

Pflegediagnosen-Handbücher und Arbeitsbücher

Ackley, B. J.; Ladwig, G. B. (2013): Nursing Diagnosis Handbook. St. Louis: Mosby.
Carpenito, L. J. (2014): Lehrbuch Pflegediagnosen. Bern: Huber.
Carpenito-Moyet, L. J. (2011): Handbook of Nursing Diagnosis. Philadelphia: Lippincott.
Collier, I.; McCash, K. E.; Bartram, J. M. (1998): Arbeitsbuch Pflegediagnosen. Wiesbaden: Ullstein Medical. [vgr.]
Doenges, M.; Moorhouse M. F.; Geissler-Murr A. C. (2003): Pflegediagnosen und Maßnahmen. 3. A., Bern: Huber.
Doenges, M.; Moorhouse M. F.; Murr A. C. (2013): Pflegediagnosen und Maßnahmen. 4. A., Bern: Huber.
Ehmann, M.; Völkle, I. (2012): Pflegediagnosen in der Altenpflege. München: U&F (Elsevier), 4. A.
Gordon, M. (2013): Handbuch Pflegediagnosen. 5. A., Bern: Huber.
Gordon, M. (2013): Pflegeassessment Notes. Bern: Huber.
Heuwinkel-Otter, A.; Nümann-Dulke, A.; Matscheko, N. (2011): Pflegediagnosen für die Kitteltasche. Heidelberg: Springer.
Heuwinkel-Otter, A.; Nümann-Dulke, A.; Matscheko, N. (Hrsg.) (2008): Menschen pflegen. Pflegediagnosen Beobachtungstechniken Pflegemaßnahmen. Heidelberg: Springer.
Jaffe, M. S. ; Skidmore Roth, L. (2000): Pflegeassessment, -diagnosen und Pflegeinterventionen in der ambulanten Pflege. Bern: Huber.
Lunney, M. (2007): Arbeitsbuch Pflegediagnostik. Pflegerische Entscheidungsfindung, kritisches Denken und diagnostischer Prozess – Fallstudien und -analysen. Bern: Huber
Maas, M.; Buckwalter, K. et al. (2001): Nursing Care of older adults – Nursing Diagnosis – Interventions – Outcomes. St. Louis: Mosby.
NANDA international (2005): Pflegediagnosen – Klassifikation 2005–2006. Bern: Huber [vgr.].
NANDA international (2010): Pflegediagnosen – Klassifikation 2009–2011. Kassel: Recom.
NANDA international (2013): Pflegediagnosen – Klassifikation 2012–2014. Kassel: Recom.
Stefan, H.; Allmer, F. et al. (2009): Praxis der Pflegediagnosen (POP). 5. A., Wien: Springer.
Stolte K. M. (2012): Pflegediagnosen in der Gesundheitsförderung und Patientenedukation. Bern: Huber.
Townsend, M. (2012): Pflegediagnosen in der psychiatrischen Pflege. 3. A., Bern: Huber.
Weissenbacher, M.; Horvath, E. (2008): Pflegediagnosen für die Kinder- und Jugendlichenpflege. Wien: Springer.

Pflegediagnosen-Hintergrundinformationen

Alfaro LeFevre, R. (2013): Pflegeprozess und kritisches Denken. Bern: Huber.
Arets, J.; Obex, F.; Vaessen, J.; Wagner, F. (1999): Professionelle Pflege. 4. A. Bern: Huber.
Brobst, R. et al. (2007): Der Pflegeprozess in der Praxis. 3. A., Bern: Huber.
Brobst, R., Georg, J. (2014): Der Pflegeprozess in der Praxis. 2. A., Bern: Huber.
Domenig, D. (Hrsg.) (2007): Transkulturelle Kompetenz. 2. A., Bern: Huber.
Evers, G. (1998): Theorien und Prinzipien der Pflegepraxis. Wiesbaden: Ullstein/Medical [vergr.].
Eveslage, K. (2006): Pflegediagnosen: Praktisch und effizient. Berlin/Heidelberg: Springer.
Gordon, M., Bartolomeyczik, S. (2001): Pflegediagnosen – Theoretische Grundlagen. München: Elsevier.
Heuwinkel-Otter, A.; Nümann-Dulke, A.; Matscheko, N. (Hrsg.) (2008): Menschen pflegen. Pflegediagnosen Beobachtungstechniken Pflegemaßnahmen. Heidelberg: Springer.
Käppeli, S. (Hrsg.) (2000): Pflegediagnostik unter der Lupe. 2. A. Zürich: ZEFP.
Lunney, M. (2007): Arbeitsbuch Pflegediagnostik. Pflegerische Entscheidungsfindung, kritisches Denken und diagnostischer Prozess – Fallstudien und -analysen. Bern: Huber
Powers, P. (1999). Der Diskurs der Pflegediagnosen. Bern: Huber.
NANDA international (2010): Pflegediagnosen – Klassifikation 2009–2011. Kassel: Recom.
NANDA international (2013): Pflegediagnosen – Klassifikation 2012–2014. Kassel: Recom.
Sauter, D.; Abderhalden, C.; Needham, I.; Wolff, S. (2011): Lehrbuch psychiatrische Pflege. Bern: Huber, 4. A.
Schrems, B. (2003): Der Prozess des Diagnostizierens in der Pflege. Wien: Facultas/UTB.
Schrems, B. (2008): Verstehende Pflegediagnostik. Wien: Facultas/UTB.
Wilkinson, J. M. (2012): Das Pflegeprozess-Lehrbuch. Bern: Huber.

Pflegediagnosen und Pflegeinterventionen: Monografien und weiterführende Literatur

Aguilera, D. C. (2000): Krisenintervention. Grundlagen – Methoden – Anwendung. Bern: Huber.
Arendt-Nielsen, L.; Drewes, A. M.; Giamberardino, M. A. (2003): Angewandte Physiologie: Bd. 4 – Schmerzen verstehen und beeinflussen. Stuttgart: Thieme.
Aschemann, D. (Hrsg.) (2009): OP-Lagerungen für Fachpersonen. Berlin: Springer.
Bachmann, R. M.; Schleimkofer, G. M. (2012). Natürlich gesund mit Kneipp, Stuttgart: TRIAS.
Backhaus, J. (2010): Schlafstörungen. Göttingen: Hogrefe.
Bäuerle, P. (2005): Spiritualität und Kreativität in der Psychotherapie mit älteren Menschen. Bern: Huber.
Bamberg, E.; Busch, C. G.; Ducki, A. (2003): Stress- und Ressourcenmanagement. Strategien und Methoden für die neue Arbeitswelt. Bern: Huber.
Baumann, Z. (2005): Verworfenes Leben. Die Ausgegrenzten der Moderne. Hamburg: Hamburger Edition.
Blunier, E. (2011): Lehrbuch Pflegeassistenz. Bern: Huber.
Bartolome, G.; Schröter-Morasch, H. (2010): Schluckstörungen. Diagnostik und Rehabilitation. München: Elsevier.
Bartholomeyczik, S.; Hardenacke, D. (2010): Prävention von Mangelernährung in der Pflege. Hannover: Schlütersche.
Beer, U. (2012): Alleinsein. Freiburg: Centaurus.
Beier, K. M.; Loewitt, K. (2012): Praxisleitfaden Sexualmedizin. Heidelberg: Springer.
Bender, S. (2009): Körperpflegekunde. Stuttgart: WVG.
Biancuzzo, M.(2004): Stillberatung. Mutter und Kind professionell unterstützen. München: Elsevier.
Bick, D.; MacArthur, C.; Knowles, H.; Winter, H. (2004): Evidenzbasierte Wochenbettbetreuung und -pflege. Bern: Huber.

Bienstein, C.; Fröhlich, A. (2012): Basale Stimulation – Die Grundlagen. 7. A. Bern: Huber.
Biesalski, H. K. (2010): Ernährungsmedizin. Stuttgart: Thieme.
Bischofberger, I. (2008): Das kann ja heiter werden – Humor und Lachen in der Pflege. 2. A. Bern: Huber.
Blask-Sosnowski, U; Lömers, R.; Cuylen, M.; et al. (2012): Perspektive Hauswirtschaft. Haan: Europaverlag.
Blunier, E. (2013): Lehrbuch Assistenz Gesundheit und Soziales (AGS). Bern: Huber.
Blunier, E. (2011): Lehrbuch Pflegeassistenz. Bern: Huber
Both, D.; Frischknecht, K. (2007): Stillen kompakt. München: Elsevier.
Breuch, G. (2008): Fachpflege Nephrologie und Dialyse. München: Elsevier.
Bronisch, T. (2007): Suizid. Ursachen – Warnungen – Prävention. München: Beck.
Böhme, G. (1985): Der Leib. In: Anthropologie in pragmatischer Hinsicht. Frankfurt: Suhrkamp.
Bonanno, G. A. (2012): Die andere Seite der Trauer. Verlustschmerz und Trauma aus eigener Kraft überwinden. Bielefeld: Aisthesis.
Bolanz, H.; Osswald, P.; Ritsert, H. (Hrsg.) (2007): Pflege in der Kardiologie/Kardiochirurgie. München: Elsevier.
Borbély, A. (2004): Schlaf. Frankfurt: Fischer.
Borker, S. (2002): Nahrungsverweigerung. Bern: Huber. [vgr.]
Bowlby Sifton, C. (2011): Das Demenz-Buch. Ein «Wegbegleiter» für Angehörige und Pflegende. Bern: Huber.
Breuer P. (2009): Visuelle Kommunikation für Menschen mit Demenz. Bern: Huber.
Brobst, W.; Vasel-Biergans, A. (2009): Wundmanagement. Stuttgart: WVG.
Brooker, D. (2008): Person-zentriert pflegen. Bern: Huber.
Bruch, H. (2010): Der goldene Käfig. Das Rätsel der Magersucht. Frankfurt: Fischer.
Buchholz, T.; Schürenberg, A. (2013): Basale Stimulation in der Pflege alter Menschen. 4. A. Bern: Huber.
Buchmann, P.; Degen, L. (2010): Chronische Bauchbeschwerden. Bern: Huber.
Buchwald, P.; Schwarzer C.; Hobfoll S. E.. (Hrsg.) (2003): Stress gemeinsam bewältigen. Ressourcenmanagement und multiaxiales Coping. Göttingen: Hogrefe.
Buell Withworth, H.; Whitworth, J. (2013): Das Lewy-Body-Demenz Buch. Bern: Huber.
Bühren, V.; Marzi, I. (2011): Checkliste Traumatologie. Thieme: Stuttgart.
Butler, D. S.; Moseley, L. G. (2009): Schmerzen verstehen. Berlin: Springer.
Canakakis, J. (2009): Ich begleite dich durch deine Trauer. Freiburg: Kreuz.
Carr, E. C.; Mann, E. (2010): Schmerz und Schmerzmanagement. Bern: Huber.
Carr, E. C.; Mann, E. (2014): Schmerz und Schmerzmanagement. 3. A. Bern: Huber.
Chalfont G. (2010): Naturgestützte Therapie. Tier- und pflanzengestützte Therapie für Menschen mit einer Demenz planen, gestalten und ausführen. Bern: Huber.
Chellel, A. (2002): Reanimation – Praxishandbuch für Pflegende. Bern: Huber.
Cacioppo, J. T.; Patrick, W. H. (2011): Einsamkeit. Heidelberg: Spektrum.
Cignacco, E.: (Hrsg.) (2006): Hebammenarbeit. Assessment, Diagnosen und Interventionen bei (patho) physiologischen und psychosozialen Phänomenen. Bern: Huber.
Dammshäuser, B. (2012): Bobath-Konzept in der Pflege. München: Elsevier.
Davy, J.; Ellis, S. (2010): Palliativ pflegen. Sterbende verstehen, beraten und begleiten. Bern: Huber.
Dennis C. M. (2001): Dorothea Orem. Bern: Huber.
Dettmering, P.; Pastenaci, R. (2001): Das Vermüllungssyndrom – Therapie und Praxis. Eschborn Dietmar Klotz.
Deutscher Hebammenverband (2012): Praxisbuch: Besondere Stillsituationen. Stuttgart: Hippokrates.
DNQP (2010): Expertenstandard Ernährungsmanagement zur Sicherstellung und Förderung der oralen Ernährung in der Pflege, Entwicklung – Konsentierung – Implementierung. Osnabrück: DNQP.

Dorrmann, W. (2012): Suizid. Therapeutische Interventionen bei Selbsttötungsabsichten. Stuttgart: Klett-Cotta.
Ducharme, S. H.; Gill, K. M. (2006): Sexualität bei Querschnittlähmung. Bern: Huber.
Dunkley, J. (2003): Gesundheitsförderung und Hebammenpraxis. Bern: Huber.
Ehring, T.; Ehlers, A. (2012): Ratgeber Trauma und Posttraumatische Belastungsstörung. Göttingen: Hogrefe
Ellsässer, S. (2008): Körperpflegekunde und Kosmetik. Berlin: Springer.
Elzer, M.; Sciborski, C. (2007): Kommunikative Kompetenzen in der Pflege. Theorie und Praxis der verbalen und nonverbalen Interaktion. Bern: Huber.
Enkin, M.; Keirse, M. et al. (2006): Effektive Betreuung während Schwangerschaft und Geburt. Ein evidenzbasiertes Handbuch für Hebammen und GeburtshelferInnen. Bern: Huber.
Eugster, G.; Both, D. (2008): Stillen gesund & richtig. München: Elsevier.
Farran, C. J.; Herth, K. A.; Popovich, J. M. (1999): Hoffnung und Hoffnungslosigkeit. Wiesbaden: Ullstein Medical [vgr.]
Finzen, A. (1997): Suizidprophylaxe bei psychischen Störungen. Bonn: Psychiatrie-Verlag.
Fitzgerald-Miller, J. (2003): Coping fördern – Machtlosigkeit überwinden – Hilfen zur Bewältigung chronischen Krankseins. Bern: Huber.
Flick, S. (2013): Leben durcharbeiten. Selbstsorge in entgrenzten Arbeitsverhältnissen. Frankfurt: Campus.
Forsyth, J. P.; Eifert, G. H. (2010): Mit Ängsten und Sorgen erfolgreich umgehen. Göttingen, Hogrefe.
Foucault, M. (1985): Freiheit und Selbstsorge (Interview). Frankfurt: Materialis.
Frankfurt, H. G. (2007): Sich selbst ernst nehmen. Frankfurt: Suhrkamp.
Frankl, V. E. (2012): Der Wille zum Sinn. Bern: Huber.
Frevel, B. (2012): Sicherheit. Freiburg.
Frick, J. (2011): Die Kraft der Ermutigung. Bern: Huber.
Frick, J. (2011): Was uns antreibt und bewegt. Bern: Huber.
Fröhlich, A. (2010): Basale Stimulation in der Pflege. Das Arbeitsbuch. Bern: Huber.
Fröhlich-Gildhoff, K.; Rönnau-Böse, M. (2007): Resilienz. München: Reinhardt/UTB.
Frohne, D.; Pfänder, H. J. (2004): Giftpflanzen. Ein Handbuch für Apotheker, Ärzte, Toxikologen und Biologen. Stuttgart: WVG.
Geißler, M.; Winkler, S. (2010): Dysphagie. Idstein: Schultz-Kirchner.
Gläser, S. A. (2009): Sturzprophylaxe. Idstein: Schulz-Kirchner.
Götz-Neumann, K. (2011): Gehen verstehen – Ganganalyse in der Physiotherapie. Stuttgart: Thieme.
Gontard, A. v. (2010): Enkopresis. Göttingen: Hogrefe.
Gontard, A. v. (2010): Enkopresis. Erscheinungsformen, Diagnostik, Therapie. Stuttgart, Kohlhammer.
Gottschalck, T. (2007): Mundhygiene und spezielle Mundpflege. Bern: Huber.
Haas, U. (Hrsg.) (2012): Pflege von Menschen mit Querschnittlähmung – Probleme, Bedürfnisse, Ressourcen und Interventionen. Bern: Huber.
Häfner, K. (2008): Die Angst vor dem Sterben. München: Claudius
Halek, M.; Bartholomeyczik, S. (2006): Verstehen und Handeln. Forschungsergebnisse zur Pflege von Menschen mit Demenz und herausforderndem Verhalten. Hannover: Schlütersche.
Hartge, R. (2011): Kwashiorkor. Essen: Die blaue Eule.
Hatz-Casparis, M.; Roth Sigrist, M. (2012): Basale Stimulation in der Akutpflege. Bern: Huber.
Hayder, D.; Kuno E.; Müller M. (2012): Kontinenz – Inkontinenz – Kontinenzförderung. 2. A. Bern: Huber.
Hayder-Beichel, D. (Hrsg.) (2012): Interdisziplinäre Kontinenzberatung: Patientenorientierte Pflege, Medizin und Therapie. Stuttgart: Kohlhammer.
Hein, B. (Hrsg.) (2012): Pflegewissen: Prophylaxen in der Pflege. München: Elsevier.
Hill Rice, V. (Hrsg.) (2005): Stress und Coping. Bern: Huber.

Hiller, M. (2008): Dysphagie. Strukturierte Angehörigenberatung. Idstein: Schultz-Kirchner.
Hoehl, M.; Kullick, P. (2012): Gesundheits- und Kinderkrankenpflege. Stuttgart: Thieme.
Hofmann, E. (2013): Erfolgreiches Stressmanagement. Göttingen: Hogrefe.
Hofmann-Dörwald, S. (1999): Praxishandbuch OP. Bern: Huber.
Houldin, A. D. (2003): Pflegekonzepte in der onkologischen Pflege. Bern: Huber.
Huber, H.; Winter, E. (2005): Checkliste Schmerztherapie. Stuttgart: Thieme.
Hulsegge, J.; Verheul, A. (2003): Snoezelen – eine andere Welt. Marburg: Lebenshilfe.
Hummel, T.; Welge-Lüssen, A. (2008): Riech- und Schmeckstörungen. Stuttgart: Thieme.
James, I. A. (2012): Herausforderndes Verhalten bei Menschen mit Demenz. Einschätzen, verstehen und behandeln. Bern: Huber.
Jansenberger, H. (2011): Sturzprävention in Therapie und Training. Stuttgart: Thieme.
Joraschky, P.; Loew, T.; Röhricht, F. (2008): Körpererleben und Körperbild. Stuttgart: Schattauer.
Kaes, M. (2012): Selbstverletzendes Verhalten. Entwicklungsrisiken erkennen und behandeln. Weinheim: Beltz.
Kaluza, G. (2005): Stressbewältigung. Berlin/Heidelberg: Springer.
Kandel, E. (2007): Auf der Suche nach dem Gedächtnis – Die Entstehung einer neuen Wissenschaft des Geistes. München: Pantheon/Random House.
Kamphausen, U. (2011): Prophylaxen in der Pflege. Stuttgart: Kohlhammer.
Kasten, E. (2006): Body-Modification. Psychologische und medizinische Aspekte von Piercing, Tatoo, Selbstverletzung und anderen Körperveränderungen. München: Reinhardt.
Kind, J. (2011): Suizidal. Die Psychoökonomie einer Suche. Göttingen: V & R.
Kellner, A. (2011): Von Selbstlosigkeit zur Selbstsorge. Eine Genealogie der Pflege. Münster: LIT.
Kerkhoff, G. (2004): Neglect und assoziierte Störungen. Göttingen: Hogrefe.
Kerkhoff, G.; Neumann, G.; Neu, J. (2008): Ratgeber Neglect. Göttingen: Hogrefe.
Kerr, D.; Wilkinson, H. (2014). Gute Nacht! Alte Menschen in der Nacht pflegen und begleiten. Bern: Huber.
Keupp, H. (2012): Selbstsorge. Zur Selbsthilfe befähigen. Freiburg: Centaurus.
Kitwood, T. (2005): Demenz. Bern: Huber.
Kitwood, T. (2013): Demenz. 6. A. Bern: Huber.
Kohröde-Warnken, C. (2011): Zwischen Todesangst und Lebensmut. Hannover: Schlütersche.
Kolcaba, K. (2014): Pflegekonzept Comfort. Theorie und Praxis der Förderung von Wohlbefinden und Wohlbehagen in der Pflege. Bern: Huber.
Klaschnik, E. (2003): Symptome der Palliativmedizin. Hannover: Schlütersche, Hannover.
Klein, K., Berth, H.; Balck, F. (2010): Gesundheit – Religion – Spiritualität. Weinheim: Beltz.
Klein Tarolli, E. (2012): Bewegtes «Lagern». Stuttgart: Zimmermann.
Klein Tarolli, E. (2009): Ideenhandbuch Positionsunterstützung. Stuttgart: Zimmermann.
Knipping, C. (Hrsg.) (2007): Lehrbuch Palliative Care. Bern: Huber.
Knuf, A. (2009): Leben auf der Grenze. Erfahrungen mit Borderline. Bonn: Balance.
Kröger, C.; Ritter, C.; Bryant, R. A. (2012): Akute Belastungsstörung. Göttingen: Hogrefe.
Krohwinkel, M. (2008): Rehabilitierende Prozesspflege am Beispiel von Apoplexiekranken. Bern: Huber.
Kuhn, D.; Verity, J. (2012): Die Kunst der Pflege von Menschen mit Demenz. Bern: Huber.
Lang, H. (2009): Gestörte Sexualität. Würzburg: Königshausen und Neumann.
Langanki, D. (2011): Babypflege. Alles was Eltern wissen müssen. Elsevier: München.
Larsen, R. (2012): Anästhesie und Intensivmedizin für die Fachpflege. Berlin: Springer.
Lazarus, R. S. (2005): Stress, Bewältigung und Emotionen. In: Hill Rice, V. (2005): Stress und Coping. Bern: Huber.
Layer, M. (2003). Rhythmische Einreibungen nach Wegman/Hauschka. Bern: Huber.
Layer, M. (2014). Rhythmische Einreibungen nach Wegman/Hauschka. 2. A. Bern: Huber.
Leitzmann, C. et al. (2009): Ernährung in Prävention und Therapie. Stuttgart: Hippokrates.

Levenkron, S. (2001): Der Schmerz sitzt tiefer. Selbstverletzung verstehen und überwinden. München: Kösel.
Lien, L.; Steinmüller, L.; Döhler, R. (2011): OP-Handbuch. Springer, Berlin/Heidelberg.
Lindesay, J.; MacDonald, A.; Rockwood, K. (2009): Akute Verwirrtheit – Delir – im Alter. Praxishandbuch für Pflegende und Mediziner. Bern: Huber.
Lind, S. (2007): Die Pflege demenzkranker Menschen. Bern: Huber.
Lind, S. (2011): Fortbildungsprogramm Demenzpflege. Bern: Huber.
Löding, C. (2004): Snoezelen. München: Elsevier.
Löser, C. (2010): Unter- und Mangelernährung. Stuttgart: Thieme.
London, F. (2010): Informieren, Schulen, Beraten – Praxishandbuch zur Patientenedukation. 2. A., Bern: Huber.
Lothrop, H. (2006): Das Stillbuch. Kösel: München.
Lüllmann, H.; Mohr, K.; Hein, L. (2010): Pharmakologie und Toxikologie. Stuttgart: Thieme.
Mace, N. L.; Rabins, P. V. (2012): Der 36-Stunden-Tag. Bern: Huber.
Mack, U. (2010): Handbuch Kinderseelsorge. Göttingen: V & R.
Maehrlein, K. (2012): Die Bambusstrategie. Den täglichen Druck mit Resilienz meistern. Offenbach: Gabal.
Maietta, L.; Hatch, F. (2012): Kinaesthetics Infant Handling. 2. A., Bern: Huber.
Markowitsch, H. (2009): Dem Gedächtnis auf der Spur. Vom Erinnern und Vergessen. Darmstadt: WBG.
Markowitsch, H. (2009): Das Gedächtnis. Entwicklung, Funktion, Störungen. Beck: München.
Markowitsch H. J.; Welzer, H. (2006): Das autobiographische Gedächtnis. Stuttgart: Klett-Cotta.
Marshall, M.; Allan, K. (2011). «Ich muss nach Hause» – Ruhelos umhergehende Menschen mit einer Demenz verstehen. Bern: Huber.
Mason, P.; Kreger, R. (2012): Schluss mit dem Eiertanz. Für Angehörige von Menschen mit Borderline. Bonn: Balance.
Maurer, E. (2012): Heimweh. Freiburg: Centaurus.
Maritzen, A.; Kamps, N. (2012): Rehabilitation bei Sehbehinderung und Blindheit. Berlin: Springer.
Marx, A.; Poser, M.; Theßeling, A. (2012): Pflegetransparenzkriterien im Griff. Bern: Huber.
Mathys, R.; Straub, J. (2011): Spastizität. Pflegerische Interventionen aus der Sicht der Basalen Stimulation® und Ortho-Bionomy®. Bern: Huber.
May, H.; Edwards, P. ; Brooker, D. (2012) : Professionelle Pflegeprozessplanung – Personzentrierte Pflegeplanung für Menschen mit Demenz. Bern: Huber.
McCormick, P. (2004): Cut. Bericht einer Selbstverletzung. Frankfurt: Fischer.
Meichenbaum, D. (2013): Intervention bei Stress. Anwendung und Wirkung des Stressimpfungstrainings. Bern: Huber.
Mertens, C. (2004): Snoezelen. Ein Einführung in die Praxis. Dortmund: modernes leben.
Mertens, C. (2008): Snoezelen in action. Aachen: Shaker.
Meulemans, M.; Moris, L. (2008): Berufsfeld Hauswirtschaft. Textilpflege und Reinigung. Köln: Bildungsverlag Eins.
Milisen, K.; De Maesschalck, L.; Abraham, I. (Hrsg.) (2004): Die Pflege alter Menschen in speziellen Lebenssituationen, modern – wissenschaftlich – praktisch. Berlin/Heidelberg: Springer [vgr.].
Moniz-Cook E., Manthorpe J. (2010): Frühe Diagnose Demenz. Bern: Huber.
Morgan, K.; Closs, J. (2000): Schlaf, Schlafstörungen, Schlafförderung. Bern: Huber.
Morof-Lubkin, I.(2002): Chronisch Kranksein. Bern: Huber
Moronta, R. (2008): Neglecttherapie. Trainingsmanual zur Behandlung eines linksseitgen Neglects. Dortmund: modernes Leben.
Moser, T. (2011): Gott auf der Couch. Gütersloh: Gütersloher Verlagshaus.
Mühlendahl, K. E. v.; Oberdise, U. (2007): Vergiftungen im Kindesalter. Stuttgart: Thieme.

Müller, E.-W. (2012): Unfallrisiko Nr. 1: Verhalten. So vermeiden Sie verhaltensbedingte Unfälle. Ecomed: München.
Müller-Lissner, S. A. (2008): Obstipation. In: Pschyrembel: Therapeutisches Wörterbuch. De Gruyter, Berlin.
Müller, T.; Paterok, B. (2010): Schlaf erfolgreich trainieren. Göttingen: Hogrefe.
Muß, K. (2005): Stillberatung und Stillförderung. Stuttgart: WVG.
Nauck, F.; Klaschik, E. (2002): Schmerztherapie – Kompendium für Ausbildung und Praxis. Stuttgart: WVG.
Nolan, M. (2006): Professionelle Geburtsvorbereitung. Bern: Huber.
NN (2011): Hauswärts. Bern: Schulverlag plus.
Nydahl, P.; Bartoszek, G. (2012): Basale Stimulation. Wege in der Pflege Schwerstkranker. München: Elsevier.
Obladen, M.; Maier, R. F. (2006): Neugeborenenintensivmedizin. Berlin/Heidelberg: Springer.
Offenhausen, H. B. (2006): Behinderung und Sexualität. Remagen: Reha.
Orem, D. E. (1996): Strukturkonzepte der Pflegepraxis. Bern: Huber. [vgr.]
Ortland, B. (2008): Behinderung und Sexualität. Stuttgart: Kohlhammer.
Panfil, E.-M.; Schröder, G. (Hrsg.) (2013). Pflege von Menschen mit chronischen Wunden. Bern: Huber.
Perrig-Chiello, P.; Höpflinger, F. (2012): Pflegende Angehörige älterer Menschen. Bern: Huber.
Peter, H.; Penzel, T.; Peter, J. H. (Hrsg.) (2007): Enzyklopädie der Schlafmedizin. Berlin: Springer.
Petermann, F.; Winkel, S. (2008): Selbstverletzendes Verhalten. Göttingen: Hogrefe.
Peters, A.; Fröbel, C. (2012): Sturzprophylaxe. Stuttgart: Kohlhammer.
Peyrefitte, G. (2012): Anatomie und Physiologie der Haut. Bern: Huber.
Philipps, J. (2001): Dekubitus und Dekubitusprävention. Bern: Huber.
Pierobon, A.; Funk, M. (2007): Sturzprävention bei älteren Menschen. Stuttgart: Thieme.
Protz, K.; Timm, J. H. (2011): Moderne Wundversorgung. München: Elsevier.
Pudel, V. (2009): Ratgeber Übergewicht. Hogrefe: Göttingen
Raab, W.; Kindl, U. (2012): Pflegekosmetik. Stuttgart: WVG.
Rahn, E. (2008): Borderline. Verstehen und bewältigen. Bonn: Balance.
RCM (2004): Erfolgreiches Stillen. Bern: Huber.
Redecker, N. S.; McEnany, G. P. (2011): Sleep Disorderns and Sleep Promotion in Nursing Practice. New York: Springer Publishing
Reichl, Franz X. (2009): Taschenatlas Toxikologie. Stuttgart: Thieme.
Reif, K.; de Vries, U.; Petermann, F.; Görres, S. (2011): Wege aus der Erschöpfung – Ratgeber zur tumorbedingten Fatigue. Bern: Huber.
Renpenning, K.; Taylor, S.; Bekel, G. (2013): Selbstpflege. Bern: Huber.
Rest, F. (2006): Sterbebeistand, Sterbebegleitung, Sterbegeleit. Stuttgart: Kohlhammer.
Riedel, S. (2011): Erfüllende Sexualität mit körperlicher Behinderung. Marburg: Tectum.
Rischer, A.(2008): Sorgen und Grübeln: Zwei Seiten einer Medaille. Ein Konzeptvergleich von Worry und Rumination. Bamberg: University of Bamberg.
Roenneberg, T. (2010): Wie wir ticken. – Zur Bedeutung der Chronobiologie für unser Leben. Köln: DuMont.
Runge, M.; Rehfeld, G. (2001): Mobil bleiben – Pflege bei Gehstörungen und Sturzgefahr. Hannover: Schlüthersche [vgr].
Runge, M. (1998): Gehstörungen, Stürze, Hüftfrakturen. Darmstadt: Steinkopf.
Sachweh, S. (2012): Noch eine Löffelchen – Effektive Kommunikation in der Altenpflege. 3. A. Bern: Huber.
Salter, M. (1998): Körperbild und Körperbildstörungen. Wiesbaden: Ullstein Medical [vgr.].
Schäfer, C.; Marschall-Kunz, B. (2008): Gift und Vergiftungen in Haushalt, Garten und Freizeit. WVG: Stuttgart.

Schärer-Santschi, E. (2012) (Hrsg.). Trauern. Bern: Huber.
Schlieper, C. (2009): Arbeitsbuch Hauswirtschaft. Hamburg: H & T.
Schlieper, C. (2011): Ernährung heute. Hamburg: H & T.
Schmeisser, S. (2000): Selbstverletzung. Symptome, Ursachen, Behandlung. Münster: Waxmann.
Schmid, W. (2005): Die Kunst der Balance. 100 Facetten der Lebenskunst. Frankfurt: Insel.
Schmid, W. (2004): Mit sich selbst befreundet sein. Frankfurt: Suhrkamp.
Schneider, B.; Sperling, U.; Wedler, H. (2012): Suizidprävention im Alter. Frankfurt: Mabuse.
Schnell, M. W. (2008): Ethik als Schutzbereich. Bern: Huber.
Schoppmann, S.. (2003): «Dann habe ich ihr einfach meine Arme hingehalten». Selbstverletzendes Verhalten aus der Perspektive der Betroffenen. Bern: Huber.
Schröck, R.; Drerup, E. (Hrsg.) (2001): Bangen und Hoffen. Freiburg: Lambertus.
Schröder, G.; Kottner, J. (2012): Dekubitus und Dekubitusprophylaxe. Bern: Huber.
Schubert, A. (2009): Das Körperbild. Stuttgart: Klett-Cotta.
Schürer, N.; Kresken, J. (2000): Die trockene Haut. Stuttgart: WVG.
Schwab, R. (1997): Einsamkeit – Grundlagen für die klinisch-psychologische Diagnostik und Intervention. Göttingen: Hogrefe.
Schwärzle, S. (2011): Beckenbodentraining im Rückbildungsgymnastikkurs. Stuttgart: Hippokrates.
Seligmann, M. E. P. (2010): Erlernte Hilflosigkeit. Weinheim, Belz.
Siegrist, U.; Luitjens, M. (2011): 30 Minuten Resilienz. Offenbach: Gabal.
Sigusch, V. (2006): Sexuelle Störungen und ihre Behandlung. Stuttgart: Thieme.
Simkin, P.; Ancheta, R.(2006): Schwierige Geburten – leicht gemacht. Dystokien erfolgreich meistern. Bern: Huber.
Sitzmann, F. (2012): Hygiene kompakt. Bern: Huber.
Sitzmann, F. (2007): Hygiene daheim. Bern: Huber.
Smith, M. (2009): Hilfen für Menschen mit selbstverletzendem Verhalten. Arbeitsbuch. Bonn: Psychiatrie-Verlag.
Smollich, M.; Jansen, A. C. (2011): Arzneimittel in Schwangerschaft und Stillzeit. Stuttgart: Hippokrates.
Snyder, L.: Wie sich Alzheimer anfühlt. Bern: Huber.
Soeder, S.; Grace, D. (2010): Ganz Frau! Ihr Beckenboden für erfüllte Sexualität und Kontinenz. Stuttgart: Trias.
Sonn, A.; Baumgärtner, U.; Merk, B. (2010). Wickel und Auflagen. Stuttgart: Thieme.
Soyka, M. (2000): Rückengerechter Patiententransfer in der Alten- und Krankenpflege. Bern: Huber.
Soyka, M. (2010): Drogennotfälle. Schattauer: Stuttgart.
Spangenberg, E (2011): Dem Leben wieder trauen. Traumaheilung nach sexueller Gewalterfahrung. Patmos: Ostfildern.
Sparshott, M. (2009): Früh- und Neugeborene pflegen. Stress- und schmerzreduzierende, entwicklungsfördernde Pflege. Bern: Huber.
Spork, P. (2008): Das Schlafbuch. Warum wir schlafen und wie es uns am besten gelingt. Reinbek: Rowohlt.
Squire, L.; Kandel, E. R. (2009): Gedächtnis. Die Natur des Erinnerns. Heidelberg, Spektrum: Heidelberg.
Sparshott, M. (2009): Früh- und Neugeborene pflegen. Stress- und schmerzreduzierende, entwicklungsfördernde Pflege. Bern: Huber.
Staedt, J.; Riemann, D. (2007): Diagnostik und Therapie von Schlafstörungen. Stuttgart: Kohlhammer.
Stefanoni, S.; Alig, B. (2009): Pflegekommunikation. Gespräche im Pflegeprozess. Bern: Huber.
Stegmaier, W.: Orientierung – Philosophische Perspektiven. Frankfurt: Suhrkamp.
Steigele, W. (2012): Bewegung, Mobilisation und Lagerung in der Pflege. Berlin: Springer.
Stevens Barnum, B. (2002): Spirituelle Aspekte der Pflege. Bern: Huber.
Tanghatar, R. (2012): Stress. Freiburg: Centaurus.

Tannen, A.; Schütz, T. (2011): Mangelernährung. Stuttgart: Kohlhammer.
Tappert F.; Schär W. (2006): Erste Hilfe kompakt. Bern: Huber.
Taylor, R. (2011): Alzheimer und Ich. «Leben mit Dr. Alzheimer im Kopf». Bern: Huber.
Taylor, R. (2011): Der moralische Imperativ des Pflegens. Bern: Huber.
Teising D.; Jipp, H. (2012): Neonatologische und pädiatrische Intensiv- und Anästhesiepflege. Berlin: Springer.
Teismann, T.; Hanning, S.; von Brachel, R.; Willutzki, U. (2012): Kognitive Verhaltenstherapie depressiven Grübelns. Berlin: Springer.
Tempelmann, I. (2012): Geistlicher Missbrauch. Auswege aus frommer Gewalt. Witten: R. Brockhaus
Tertziani, T. (2007): Das Ende ist mein Anfang. München: DVA.
Teuner, K.(1998): Ich blute, also bin ich. Selbstverletzung der Haut von Mädchen und jungen Frauen. Freiburg: Centaurus.
Thio, B. et al. (2013): Praxishandbuch Pruritus. Hautjucken einschätzen, erkennen und behandeln. Bern: Huber.
Thöne-Otto, A.; Markowitsch, H. J. (2004): Gedächtnisstörungen nach Hirnschäden. Göttingen, Hogrefe.
Thomm, M. (2011) (Hrsg.): Schmerzmanagement in der Pflege. Berlin: Springer.
Thüler, M. (2013). Wohltuende Wickel in der Kranken und Gesundheitspflege. Worb: Eigenverlag.
Tideiksaar, R. (2008): Stürze und Sturzprävention. 2. A., Bern: Huber.
Tschan, W. (2012): Sexualisierte Gewalt. Praxishandbuch zur Prävention von sexuellen Grenzverletzungen bei Menschen mit Behinderungen. Bern: Huber.
Trapl, M. (2013): Neurogene Dysphagien. Wien: Springer.
Uhlemayr, U. (2011). Bärenstarke Wickel. München: Urs-Verlag.
Utsch, M. (2011): Pathologische Religiosität. Genese, Beispiele, Behandlungsansätze. Stuttgart: Kohlhammer.
Van Dijk, E. (2008): Berufsfeld Hauswirtschaft. Ernährung und Nahrungszubereitung. Köln: Bildungsverlag Eins.
Van den Berg, F. (2003): Angewandte Physiologie 4 – Schmerzen verstehen und beeinflussen. Stuttgart: Thieme.
Van der Bruggen, H. (1998): Defäkation – Grundlagen, Störungen, Interventionen. Ullstein Medical, Wiesbaden [vgr.].
van der Kooij, C. (2010): Das mäeutische Pflege- und Betreuungsmodell. Darstellung und Dokumentation. Bern: Huber.
Vester, F. (2003): Phänomen Streß. München: dtv.
Vielbrock, H.; Forst, B. (2007): Bobath. Stuttgart: Thieme.
Walter, G.; Nau, J.; Oud, N. (2012): Aggression und Aggressionsmanagement. Bern, Huber.
Werner, H. (2000): Das Failure-to-thrive-Syndrom. In: Nikolaus, T.: Klinische Geriatrie. Berlin: Springer
Whitehouse, P. J.; George, D. (2009): Mythos Alzheimer. Bern: Huber.
Woltersdorf, M.; Etzendorf, E. (2011): Suizid und Suizidprävention. Stuttgart: Kohlhammer.
Vock, S.; Legenbauer, T. (2010): Körperbildtherapie bei Anorexia und Bulimia Nervosa. Göttingen: Hogrefe.
Walthes, R. (2005): Einführung in die Blinden- und Sehbehindertenpädagogik. Reinhardt: München.
Weide v. d., M. (2001): Inkontinenz – Pflegediagnosen und -interventionen. Bern: Huber.
Winkler, J.; Regelin, P. (2011) Standfest und stabil. In Balance bleiben. Aachen: Meyer & Meyer.
Wojnar J. (2007): Die Welt der Demenzkranken. Leben im Augenblick. Hannover: Vincentz.
Worden, W. J. (2010): Beratung und Therapie in Trauerfällen. Bern: Huber.
Wright, L. M.; Leahey M. (2014): Familienzentrierte Pflege. 2. A. Bern: Huber.
Yerby, M. (2003): Schmerz und Schmerzmanagement in der Geburtshilfe. Bern: Huber.
Zegelin, A. (2013): «Festgenagelt sein» – Der Prozess des Bettlägerigwerdens. 2.A. Bern: Huber.

Ziganek-Soehlke, F. (2008): STUBS – Sturzprophylaxe durch Bewegungsschulung. München: Pflaum.
Zilbergeld, B. (2000): Die neue Sexualität der Männer. Tübingen: dgvt.
Zilbergeld, B. (2000): Männliche Sexualität. Tübingen: dgvt.
Zimmermann, M.; Spitz, C.; Schmidt S. (Hrsg.) (2012): Achtsamkeit. Ein buddhistisches Konzept erobert die Wissenschaft. Bern: Huber.
Znoj, H. (2004): Komplizierte Trauer. Göttingen: Hogrefe.
Znoj, H. (2005): Ratgeber Trauer. Göttingen: Hogrefe.
Zulley, J. (2008): So schlafen Sie gut. München: Zabert und Sandmann.
Zulley, J., Knab, B. (2009): Wach und fit. Mehr Energie, Leistungsfähigkeit und Ausgeglichenheit. Frankfurt: Mabuse.
Zylicz, Z.; Twycross, R.; Jones E. A. (2009): Pruritus. Bern: Huber.

Pflegeinterventionen – Übersichtswerke

Arets, J.; Obex, F.; Vaessen, J.; Wagner, F. (1999): Professionelle Pflege 2 – Fähigkeiten und Fertigkeiten. Bern: Huber.
Brandt, I. (2010): Pflegetechniken heute. München: Elsevier.
Kirschnik, O. (2010): Pflegetechniken von A–Z. Stuttgart: Thieme.
Lauber, A.; Schmalstieg, P. (2012): Pflegerische Interventionen. 3. A., Stuttgart: Thieme.
McCloskey, J. C.; Bulechek, G. M. (2014): Pflegeinterventionsklassifikation (NIC). Bern: Huber.
Sauter, D.; Abderhalden, C.; Needham, I.; Wolff, S. (2011): Lehrbuch psychiatrische Pflege. 4. A., Bern: Huber.
Schewior-Popp, S.; Sitzmann, F.; Ullrich, L.: THIEMEs Pflege. Thieme, Stuttgart 2012.

Pflegeergebnisse

Applebaum, R.; Straker, J.; Geron, S. (2004): Patientenzufriedenheit. Bern: Huber.
JCAHO (2002): Ergebnismessung in der Pflege. Bern: Huber.
Johnson, M.; Maas, M.; Moorhead, S. (2005): Pflegeergebnisklassifikation. Bern: Huber.
Moorhead, S.; Johnon M.; Maas, M. L.; Swanson, E. (2013): Pflegeergebnisklassifikation (NOC). 2. A. Bern: Huber.
King, C. R.; Hinds, P. S. (2001): Lebensqualität. Pflege- und Patientenperspektiven. Bern: Huber.

Pflegeinformatik

Güttler, K.; Schoska, M.; Görres, S. (Hrsg.) (2010): Pflegeinformatik mit IT-Systemen. Bern: Huber.
Hannah, K. J.; Ball, M. J.; Edwards, M. J. A., Hübner, U. H. (Hrsg.): Pflegeinformatik. Springer, Heidelberg 2002 [vgr.]
Schär, W.; Laux, H. (2003): Pflegeinformatik in der klinischen Praxis. München: Elsevier. [vgr.]

Zusammenstellung: Jürgen Georg, Stand 2-2014.

Fachartikel (Auswahlliste)

Barocka, A.; Seehuber, D.; Schone, D. (2004): Die Wohnung als Müllhalde. MMV-Forschritte der Medizin. 146, 45: 36–39.
Baumberger, D.; Bürki Sabbioni, S.; Abderhalden, C.; Müller Staub, M.; Schneider, C.; Schweingruber, R.; Vogel, D. & Widmer, R. (2004): Grundlagen für die Erstellung der Pflegedokumentation im Berner Klinikinformationssystem (BEKIS): Expertenbericht zuhanden der Gesundheits- und Fürsorgedirektion des Kantons Bern (GEF), April.

Bäumer, R.; Georg, J. (2006): Die onkologische Pflege. In: Dempke, W. Hämatoonkologie. Bern: Huber.

Bernhard-Just, A.; Hillewerth, K.; Holzer-Pruss, C.; Paprotny, M.; Zimmermann Heinrich, H. (2009): Die elektronische Anwendung der NANDA-, NOC- und NIC-Klassifikationen und Folgerungen für die Pflegepraxis. Pflege, 22 (6), 443–454.

Braamt, U.; Berkemeier, J. (2009): Qualitätssicheruung mittels NANDA-Pflegediagnosen in der LWL-Klinik Herten: Den Pflegeprozess gestalten. Pflegezeitschrift, 62 (2), 97–101.

Burri, B.; Odenbreit, M.; Schärer, S. (2010): Elekronische Pflegedokumentation: Zum Papier zurückkehren möchte niemand. Krankenpflege, 103 (4), 16–18.

Chang, R. (1999): Pflegediagnosen und die Konstruktvalidität von Schmerz, Selbstpflegedefizit und eingeschränkter körperlicher Mobilität. Pflege & Gesellschaft, 5: 25–32.

Faust, V. (2012): Einsam unter Müll – Vermüllungssyndrom – Diogenes-Syndrom. http://www.psychosoziale-gesundheit.net/psychiatrie/vermuellung.htm (Zugriff: 25.11.2012)

Freund, K. C. (2008). Pflegequalitätsentwicklung und -leistungsdarstellung durch die Pflegeklassifikationen NANDA – NOC – NIC. Pflegewissenschaft, 9 (11), 601–613.

Friesacher, H. (1999): Verstehende, phänomenologisch-biographische Diagnostik. Dr. med. Mabuse 24, 120: 54–60.

Folstein, M. F.: Mini Mental State Examination (MMSE). Journal of Psychiatric Research. (1975) 12: 189–198.

Georg, J. (1994): Erkennen – Benennen – Beurteilen. Pflegediagnosen – Eine Einführung in ein neues Konzept. Pflege aktuell 48, 10: 586–588.

Georg, J.; Stankowski, J. (1995): Pflegediagnosen – Entwicklung – Gegenstand – Bedeutung. Die Schwester/Der Pfleger 34, 3: 128–134.

Georg, J. (1997): Pflegediagnosen als Mittel zur Qualitätssicherung. Wiesbaden: Hessisches Sozialministerium – Pflegereferat.

Georg, J. (1997): Pflegediagnosen – Verbindung von Forschung und Praxis. Forum Sozialstation 21, 87 Juni 38–42.

Georg, J. (1997): Pflegediagnosen bei Bewegungseinschränkungen. In: Duijfjes, J., Georg, J., Frowein, M.: Heben – Tragen – Mobilisieren. Berlin/Wiesbaden: Ullstein Mosby.

Georg, J. (1997): Pflegeklassifikationssysteme. In. Zegelin, A. (Hrsg.) Sprache und Pflege. Berlin/Wiesbaden: Ullstein Mosby.

Georg, J. (1998): Pflegediagnosen und -assessment in der Intensivpflege. Plexus. 6, 1: 29–33.

Georg, J. (1997): Pflegediagnosen – Ein effektives Instrument der Pflegepraxis. Stuttgart: MDK-Baden Württemberg.

Georg, J. (1998): Psychische und physische Situation des Stomapatienten – am Beispiel der Pflegediagnose Körperbildstörung. In: Peters-Gawlik, M.: Praxishandbuch Stomapflege. Wiesbaden: Ullstein Medical.

Georg, J. (1998): Einführung in «Pflegestandards in der Neurologie». In Tucker, S. M.: Pflegestandards in der Neurologie, Wiesbaden: Ullstein Medical.

Georg, J. (1999/2006): Pflegediagnosen. Fernstudiengang Pflege, FH Jena, Jena.

Georg, J. (1999/2006): Einführung in die Arbeit mit Pflegediagnosen. Fernstudiengang Pflege, FH Jena, Jena.

Georg, J. (1999/2006): Pflegediagnosen und Pflegetheorie. Fernstudiengang Pflege, FH Jena, Jena.

Georg, J. (2002); Bähr, M.: Pflegediagnosen in der Alten- und Langzeitpflege. NOVA 33, 1: 11–13.

Georg, J. (2002): Erschöpfung bei alten Menschen. – Pflegeassessment, -diagnose und -interventionen. NOVA 33, 3: 6–10.

Georg, J. (2002): Mobilität und beeinträchtigte körperlichen Mobilität. – Pflegeassessment, -diagnose und -interventionen. NOVA 33, 5: 6–9.

Georg, J. (2002): Ekel und Körperbild NOVA 33, 9: 21–23.

Georg, J. (2002): Übelkeit und Erbrechen – Pflegeassessment, -diagnose und -interventionen. NOVA 33, 11: 22–24.
Georg, J. (2002): Spiritualität und existenzielle Verzweiflung. NOVA 33, 12: 40–42.
Georg, J. (2003): Atemstörungen bei alten Menschen. NOVA 34, 3: 6–8.
Georg, J. (2002): Spiritualität und existenzielle Verzweiflung. NOVA 33, 12: 40–42.
Georg, J. (2003): Beschäftigungsdefizit – Pflegeassessment, -diagnose und -interventionen. NOVA 34, 4: 36–39.
Georg, J. (2003): Misshandlung alter Menschen – Pflegeassessment, -diagnose und -interventionen. NOVA 34, 6: 18–23.
Georg, J. (2003): Flüssigkeitsdefizite und Trinkförderung – Pflegeassessment, -diagnose und -interventionen. NOVA 34, 7: 11–13.
Georg, J. (2003): Sturzgefahr und -prävention bei alten Menschen. NOVA 34, 9: 40–44.
Georg, J. (2003): Pflegediagnosen bei Schlaganfall. NOVA 34, 10: 12–15.
Georg, J. (2003): Suizidgefahr – Pflegeassessment, -diagnose und -interventionen. NOVA 34, 11: 14–16.
Georg, J. (2003): Schlafstörung – Pflegeassessment, -diagnose und -interventionen. NOVA 34, 12: 20–23.
Georg, J. (2004): Selbstwertgefühl bei alten Menschen NOVA 35, 1: 9–11.
Georg, J. (2004): Machtlosigkeit bei alten Menschen. NOVA 35, 2: 14–17.
Georg, J. (2004): Selbstversorgung und Selbstversorgungsdefizite bei alten Menschen. NOVA 35, 3: 12–15.
Georg, J. (2004): Hautassessment – Hautveränderungen – Hautpflege bei alten Menschen. NOVA 35, 4: 28–31.
Georg, J. (2004): Gesundheitsverhalten alternder Männer. NOVA 35, 5: 14–15.
Georg, J. (2004): Prostataerkrankungen – Pflegediagnosen und Pflegeinterventionen. NOVA 35, 5: 18–21.
Georg, J. (2004): Entscheidungskonflikte bei alten Menschen. NOVA 35, 6: 14–16.
Georg, J. (2004): Therapiemanagement alter Menschen. – Pflegeassessment, -diagnosen und -interventionen. NOVA 35, 7/8: 17–19.
Georg, J. (2004): Einsamkeit – Vereinsamungsgefahr bei alten Menschen. NOVA 35, 9: 9–11.
Georg, J. (2004): Pflegeassessment in der Langzeitpflege. NOVA 35, 10: 15–19.
Georg, J. (2004): Die Parkinson-Krankheit bei älteren Menschen. NOVA 35, 11: 11–14.
Georg, J. (2004): Beratungsbedarf – Wissensdefizite erkennen und ausgleichen. Pflege aktuell 58, 12: 648–659.
Georg, J. (2005): Entwurzelt – Relokationsstress bei alten Menschen. NOVA 36, 1: 10–13.
Georg, J. (2005): Aktivitätsintoleranz bei alten Menschen. NOVA 36, 2: 17–19.
Georg, J. (2005): Obstipation bei alten Menschen. NOVA 36, 3: 30–32.
Georg, J.; Müller Staub, M (2005): Pflegediagnosen aktuell – Interview mit Marjory Gordon. NOVA 36, 4: 18–20.
Georg, J., Gordon, M.; Müller Staub, M. (2005). Pflegediagnosen sind die Zukunft. Pflege Aktuell, 59(6), 354–357.
Georg, J. (2005): Rollenüberlastung pflegender Angehöriger. NOVA 36, 6: 24–26.
Georg, J. (2005): Hoffnung und Hoffnungslosigkeit. NOVA 36, 9: 26–27.
Georg, J. (20052): Klassifikationssysteme in der Pflege. In: Abt-Zegelin, A.; Schnell, M. W. (Hrsg.): Sprache und Pflege. Bern: Huber:131–146.
Georg, J. (2005): Das Körperbild verbessern – Körperrealität, -ideal und -präsentation verbessern. NOVA 36, 12: 12–13.
Georg, J. (2005): Alte Menschen, die das Stürzen fürchten. NOVA 36, 9: 11–13.
Georg, J. (2005): Alte Menschen beraten – Wissensdefizite erkennen und ausgleichen. NOVA 36, 10: 34-36.

Georg, J. (2005): Wohlbefinden bei alten Menschen fördern. Comfort – Konzept – Diagnose – Intervention. NOVA 36, 11: 10–13.

Georg, J. (2005): Wachsen, Werden und Vergehen – Das Failure-to-thrive-Syndrom. NOVA 36, 12: 26–28.

Georg, J. (2005): Fehlende Kooperationsbereitschaft bei alten Menschen. NOVA 37, 1: 29–31.

Gordon, M.; Georg, J.; Müller Staub, M. (2005). Bewusstsein für den pflegediagnostischen Prozess entwickeln. Krankenpflege, 4, 14–16.

Gordon, M., Georg, J.; Müller Staub, M. (2005): Interview mit Dr. Marjory Gordon. In: PRINTERNET, die wissenschaftliche Fachzeitschrift für die Pflege 3/05, 189–191.

Georg, J. (2006): Schmerzen bei alten Menschen. NOVA 37, 2: 15–17.

Georg, J. (2006): Verändertes Sexualverhalten bei alten Menschen. NOVA 37, 3: 29–31.

Georg, J. (2006): Schlaf und Schlafförderung. In: Hömberg, R.: Psychosomatik kompakt. Bern: Huber: 117–136.

Georg, J. (2006): Beeinträchtigte Kommunikation bei alten Menschen. NOVA 37, 4: 15–17.

Georg, J.; Cignacco, E. (2006): Hebammendiagnosen und deren Bedeutung für die Professionalisierung des Hebammenberufs. In: Cignacco, E.: Hebammenarbeit, Bern: Huber: 255–281.

Georg, J. (2006): Familien im Fokus – Familienbezogene Pflegediagnosen. NOVA 37, 5: 16–18.

Georg, J. (2006): Lügen und Leugnen – Unwirksame Verleugnung bei alten Menschen. NOVA 37, 6: 26–28.

Georg, J. (2006): Wenn der Körper sich selbst belügt – Phantomschmerz. NOVA 37, 6: 20.

Georg, J. (2006): Soziale Isolation bei älteren Frauen. NOVA 37, 7/8: 14–17.

Georg, J. (2006): Pflegediagnosen in der onkologischen Pflege. Lehrbrief für die Weiterbildung zur Breast Care Nurse, Kalkar: DGGP – Gesellschaft für Gesundheits- und Pflegewissenschaft mbH.

Georg, J. (2006): Misshandelte alte Menschen. Alzheimer INFO 45 Sommer: 14–17.

Georg, J. (2006): Schlafstörungen behandeln. Forum Sozialstation. 30, Nr. 141/August: 20–23.

Georg, J. (2006): Gestörte persönliche Identität bei alten Menschen. NOVA 37, 9: 25–27.

Georg, J. (2006): Selbstvernachlässigung alternder Menschen. NOVA 37, 10: 28–31.

Georg, J. (2006): Ressourcen erkennen und fördern – Gesundheitsförderungspflegediagnosen. NOVA 37, 11: 10–12.

Georg, J. (2006): Spuren der Vergangenheit – Posttraumatische Syndrome. NOVA 37, 12: 12–14.

Georg, J. (2007): Syndrom-Pflegediagnosen. – Wenn alles zusammenkommt. NOVA 38, 1: 10–12.

Georg, J. (2007): Chronische Verwirrtheit bei alten Menschen. NOVA 38, 2: 32–34.

Georg, J. (2007): Pflegediagnosen bei chronischen Wunden. NOVA 38, 3: 22–24.

Georg, J. (2007): Überernährung – Assessment, Diagnose, Interventionen. NOVA 38, 4: 16–19.

Georg, J. (2007): Depressionen – Assessment und Pflegediagnosen. NOVA 38, 5: 27–29.

Georg, J. (2007): Prozessgestaltung in der Pflege. In: Haubrock, M.; Schär, W.: Betriebswirtschaft und Management. Bern: Huber: 514–530.

Georg, J. (2007): Klinisches Risikomanagement. In: Haubrock, M.; Schär, W.: Betriebswirtschaft und Management. Bern: Huber: 491–499.

Georg, J. (2007): Pflegeprozess, -diagnosen und -assessment strukturiert nach Virginia Henderson. In: Elzer, M.; Sciborski, C.: Kommunikative Kompetenzen in der Pflege. Bern: Huber: 304-306.

Georg, J. (2007): Pflegediagnosenliste zum Assessmentbogen nach Virginia Henderson. In: Elzer, M.; Sciborski, C.: Kommunikative Kompetenzen in der Pflege. Bern: Huber: 306–314.

Georg, J. (2007): Ungewissheit – Leben auf dünnem Eis. NOVA 38, 6: 28–30.

Georg, J. (2007): Wachsen im Wandel. NOVA 38, 6: 34–35.

Georg, J. (2007): Balance- und Gangstörungen bei alten Menschen. NOVA 38, 7/8: 12–14.

Abt-Zegelin, A.; Georg, J. (2007): «Sieht man was?» – Körperbildstörungen in der Pflege. Dr. med. Mabuse 32, 168 (Juli/August): 32–34.

Georg, J. (2007): Pflegediagnosen im Migrationskontext. In: Domenig, D. (Hrsg.) Transkulturelle Kompetenz. Bern: Huber: 287–300.

Georg, J. (2007): Alkoholismusbedingt! Gestörte Familienprozesse NOVA 38, 9: 18–20.
Georg, J. (2007): Trauerreaktionen bei alten Menschen. NOVA 38, 10: 23–25.
Georg, J. (2007): Zum Weglaufen? Ruheloses Umhergehen bei alten Menschen. NOVA 38, 11: 12–14.
Georg, J. (2007): Stressüberlastung bei der Pflege alter Menschen. NOVA 38, 12: 10–12.
Georg, J. (2008): Risikopflegediagnosen und Risikomanagement. NOVA 39, 1: 22–25.
Georg, J. (2008): Vitalfunktion: Temperaturregulation bei alten Menschen. NOVA 39, 2: 20–23.
Georg, J. (2008): Altershaut erkennen und pflegen. NOVA 39, 3: 17–20.
Georg, J. (2008): Selbstbestimmt altern (PDx Autonomieverlust). NOVA 39, 4: 10–12.
Georg, J. (2008): Pflegediagnosen-News. NOVAcura 39, 5: 18–20.
Georg, J. (15. 5. 2008): Pflegediagnosen und -diagnostik – Eine Einführung. CNE.online, Thieme http://www.thieme.de/cne/ inhalte/fortbildung 208/ pflegediagnosen.html.
Georg, J. (2008): Stoffwechselbezogene Pflegediagnosen. NOVAcura 39, 7/8: 32–35.
Glanz, S.; Voss, F.; Georg, J. (2008): Pflegediagnosen in der forensischen Psychiatrie. In: Schmidt-Quernheim F.; Hax-Schoppenhorst Th. Professionelle forensische Psychiatrie. Bern: Huber: 250-272.
Georg, J. (2008): Diagnostisch scheitern. NOVAcura 39, 9: 20–22.
Georg, J. (2008): abwehrgeschwächt und atmungsgefährdet. NOVAcura 39, 10: 10–13.
Georg, J. (2008): Der Dingsda aus Dingenskirchen – Beeinträchtigte Gedächtnisleistung im Alter (4). NOVAcura 39, 11: 14–17.
Georg, J. (2008): Alltagsbeeinträchtigungen. NOVAcura 39, 12: 24–26.
Georg, J. (2009): Aus dem Takt. NOVA 40, 1: 18–21.
Georg, J. (2009): Selbstversorgungsdefizite beim An- und Auskleiden. NOVA 40, 3: 19–21.
Georg, J. (2009): Schmerzchronifizierung. NOVA 40, 4: 17–19.
Georg, J. (2009): Pflegediagnosen bei chronischen Wunden. Clinicum, 2: 1–2.
Georg, J. (2009): Pflegediagnosen bei Menschen mit geistiger Behinderung. NOVA 40, 5: 17–19.
Georg, J. (2009): Polyneuropathie. NOVA 40, 6: 16–17.
Georg, J. (2009): Neuropathische Schmerzen und Hautjucken «wegpfeffern». NOVA 40, 6: 28–29.
Georg, J. (2009): Todesangst. NOVA 40, 7/8: 30–31.
Georg, J. (2009): Prozessgestaltung in der Pflege. In: Haubrock, M.; Schär, W.: Betriebswirtschaft und Management. Bern: Huber: 546–564.
Georg, J. (2009): Klinisches Risikomanagement. In: Haubrock, M.; Schär, W.: Betriebswirtschaft und Management. Bern: Huber: 516–528.
Schär, W.; Georg, J. (2009): Entlassungsmanagement. In: Haubrock, M.; Schär, W.: Betriebswirtschaft und Management. Bern: Huber: 485–498.
Georg, J. (2009): Pflegewissens- und -entscheidungsfindungsmodell. In: Georg, J. (Hrsg.) Pflege 2010 – Huber Pflegekalender. Bern: Huber: 201.
Georg, J. (2009): Rollenüberlastung pflegender Angehöriger – Gefahren und Chancen. NOVA 40, 9: 12–13.
Georg, J. (2009): Ausser Kontrolle geraten. (Das PLST-Modell bei Menschen mit Demenz). NOVA 40, 12: 14–16.
Georg, J. (2010): Concept Mapping. NOVA 41, 1: 46–48.
Georg, J. (2010): Vernachlässigte und sich selbst vernachlässigende alten Menschen. NOVA 41, 2: 22–24.
Georg, J. (2010): Leben auf Sparflamme – Mangelernährung bei alten Menschen. NOVA 41, 3: 30–31.
Georg, J. (2010): Fraility – Gebrechlichkeit alternder Menschen. NOVA 41, 4: 10–12.
Georg, J. (2010): Pruritus bei alten Menschen. NOVA 41, 5: 30–32.
Georg, J. (2010): Orientierungsstörungen bei alten Menschen. NOVA 41, 6: 17–19.
Georg, J. (2010): Resilienz – Unwiderstehlich widerständig werden. NOVA 41, 9: 2–4.
Georg, J. (2010): Dinge auf die lange Bank schieben [PD ineffektive Aktivitätenplanung]. NOVA 41, 11/12: 22–23.

Georg, J. (2010): Gordons funktionelle Gesundheitsverhaltensmuster. NOVA 41, 11/12: 10–12.
Georg, J. (2011): Ein Alterungsproblem – Muskelschwund und Gebrechlichkeit. NOVA 42, 2: 54–55.
Georg, J. (2011): Ruheloses Umhergehen (Wandering) aus pflegediagnostischer und chronopflegerischer Sicht. In Marshall, M; Allan, K.: «Ich muss nach Hause». Ruhelos umhergehende Menschen mit einer Demenz verstehen. Bern: Huber.
Georg, J. (2011): Ein Alterungsproblem – Muskelschwund und Gebrechlichkeit. NOVA 42, 1: 54–55.
Georg, J. (2011): Bewegungsmangel bei alten Menschen. NOVA 42, 1: 24–26.
Georg, J. (2011): Positive Pflege. NOVA 42, 2: 18–20.
Georg, J. (2011): Hoffnung und Hoffnungslosigkeit. Pflegen psychosozial 2, 4: 8–11.
Georg, J. (2011): Total Pain oder chronifiziertes Schmerzsyndrom. NOVA 42, 3: 13–15.
Georg, J. (2011): Gastrointestinale Motilitätsstörungen. NOVA 42, 4: 36–39.
Georg, J. (2011): Haut auf Haut – Intertrigo bei alten Menschen. NOVA 42, 4: 40–42.
Georg, J. (2011): «Ganz gezielt». NOVA 42 (2011) 6: 14–17.
Georg, J. (2012): Patientenedukation – Diagnosen und Interventionen. NOVA 43, 3: 13–16.
Georg, J. (2012): Positive Patientenedukation – Patientenedukation, Pflegediagnosen und positive Pflege. PADUA 7, 2: 87–93.
Georg, J. (2012): Selbstversorgung, -fürsorge oder Selbstpflege. NOVAcura 43, 3: 18–20.
Georg, J.; Schick, U.-M. (2012): Stabilität und Instabilität bei alten Menschen. 43, 4: 21–24.
Georg, J. (2012): Mut ist gut (PDx Bereitschaft für vermehrten Mut). NOVAcura 43, 5: 12–14.
Georg, J. (2012): Schlafförderndes Verhalten. praxis: wissen: psychosozial 3, 9: 18–21.
Georg, J. (2012): Stuhlinkontinenz. NOVAcura 43, 6: 28–30.
Georg, J. (2012): Blowin' in the wind – Flatulenz und Flatulenzmanagement. NOVAcura 43, 6: 23–26.
Georg, J. (2012). Exkurs: Pflegediagnosen. In: Marx A., Poser M., Theßeling A. (2012). Pflegetransparenzkriterien im Griff. Bern: Huber. 85-105, 187–193.
Georg, J. (2012): Softskill Willenskraft. NOVAcura 43, 7: 21–23.
Georg, J.: Gefahr einer beeinträchtigten Menschenwürde. NOVAcura 43 (2012) 8: 19–21.
Georg, J. (2012): Protektive Systeme alter Menschen. NOVAcura 43, 9: 19–21.
Georg, J. (2012): Kognitive Pflege. NOVA 43, 10: 12–14.
Georg, J.: Sich Durchwursteln und auf Sicht fahren. NOVAcura 44 (2012) 2: 30–33.
Georg, J.: Stress und pflegerische Stressbewältigung. NOVAcura 44 (2012) 2: 15–17.
Georg, J.: Schmerzen verstehen und behandlen. NOVAcura 44 (2013) 3: 21–23.
Georg, J.: Professionelle Resilienz. NOVAcura 44 (2013) 5: 18–20.
Georg, J.: Vergiftungsgefahren und unerwünschte Arzneimittelwirkungen bei alten Menschen. NOVAcura 44 (2013) 6: 28–32.
Georg, J.: Chronopharmakologie und Chronopflege. NOVAcura 44 (2013) 6: 17–19.
Georg, J.: Selbstvernachlässigung. Pflegeklassifikation, Pflegeprozess und Pflegediagnose. In Gogl, A. (2013): Selbstvernachlässigung bei alten Menschen. Bern: Huber, S. 264–295.
Georg, J.: Resilienz. Pflegeklassifikation, Pflegeprozess und Pflegediagnosen. In McAllister, M. (2013): Resilienz in der Pflege. Bern: Huber, S. 217–265.
Georg, J.: Geistesgegenwärtig sein. Vigilanz und Vigilanzstörungen bei alten Menschen. NOVAcura 44 (2013) 8: 16–19.
Georg, J.: Pflegediagnosen in der spitalexternen Pflege. NOVAcura 44 (2013) 9: 12–14.
Georg, J.: Pflegekonzepte, Pflegeinterventionen und Innovationen. NOVAcura 44 (2013) 10: 6–9.
Georg, J.: Symptome, Pflegediagnosen und Symptommanagement bei Menschen mit Krebs. NOVAcura 45 (2014) 1: 16–19
Gibbons, S.; Lauder, W.; Ludwick, R. (2006): Self-neglect: A proposed new NANDA diagnosis. International Journal of Nursing Terminologies and Classification. 17, 1: 10–18.
Gottschalk, T.; Dassen, T.; Zimmer, S. (2003): Assessment-Instrumente zur pflegerischen Beurteilung des Mundes. Ein Literaturreview. Pflege 16, 5: 273–282.

Heering Ch. (1999): Konzeptuelle Überlegungen u. Erfahrungen z. Integration der Pflegediagnostik in Curricula der Pflegeausbildung. PflegePädagogik, 3: 21–24.
Imhof, L.: Symptome von Demenz: Angst vor Gedächtnisverlust. Krankenpflege (2003) 96, (12):16–19
Käppeli, S. (1995): Pflegediagnosen in der Akutpflege. Pflege 8, 2: 113–120.
Lauder, W.; Anderson, I.; Barclay, A. (2005): A framework for good practice in interagency interventions with cases of self-neglect. Journal of Psychiatric Health Nursing. 12, 2: 192–198.
Lauder, W.; Anderson, I.; Barclay, A. (2002): Sociological and psychological theories of self-neglect. Journal of Advanced Nursing. 40, 3: 331–338.
Müller-Lissner, S. A. et al.: Myths and Misconceptions about Chronic Constipation. American Journal of Gastroenterology. (2004) 99: 1–11.
Müller Staub, M. (2004): Pflegeklassifikationen im Vergleich (Teil 1). PrInterNet, 5: 296–312.
Müller Staub, M. (2004): Pflegeklassifikationen im Vergleich (Teil 2). PrInterNet, 6: 359–377.
Müller Staub, M; Smoliner, A.; Odenbreit, M.; Widmer, R.; Knoth, S. (2004): Stellungnahme zum Artikel «Ergebnisse einer quantitativen Datenauswertung mittels ENP in deutschen und österreichischen Einrichtungen». PrInterNet, 11: 585–588.
Müller Staub, M.; Georg, J. (2006): Ohne Pflegediagnosen verschwindet die Pflege: Interview mit M. Lunney. Krankenpflege, 11: 20–23.
Müller Staub, M.; Georg, J. (2006): Pflegediagnostik: Genauigkeit ist nicht dichotom. Interview mit M. Lunney. PR-Internet (11), 629–634.
Müller-Staub, M. (2007). Klinische Entscheidungsfindung in der Pflege. Nova, 38 (2), 38–40.
Müller Staub, M., & Georg, J. (2006): Ohne Pflegediagnosen verschwindet die Pflege: Interview mit M. Lunney. Krankenpflege, 99 (11), 20–23.
Müller-Staub, M. (2006): Auswirkungen von Pflegediagnosen auf Pflegeinterventionen und -ergebnisse. Printernet, 7 (7–8), 444–447.
Müller-Staub, M. (2006): Klinische Entscheidungsfindung und kritisches Denken im pflegediagnostischen Prozess. Pflege, 19 (5), 275–279.
Müller-Staub, M.; Stuker-Studer, U. (2006): Klinische Entscheidungsfindung: Förderung des kritischen Denkens im pflegediagnostischen Prozess durch Fallbesprechungen. Pflege, 19 (5), 281–286.
Müller-Staub, M.; Georg, J. (2006): Pflegediagnostik: Genauigkeit ist nicht dichotom. Interview mit M. Lunney. Printernet, 8 (11), 629–634.
Müller-Staub, M.; Needham, I.; Odenbreit, M.; Lavin, M. A.; van Achterberg, T. (2007): Pflegediagnosen, -interventionen und -ergebnisse: Anwendung und Auswirkungen auf die Pflegepraxis: Eine systematische Literaturübersicht. Pflege, 20 (6), 352–371.
Müller-Staub, M.; Frauenfelder, F.; Odenbreit, M.; Stefan H.; Delic, S.; Iseli, T.; Holzer-Pruss, C. (2007): Stellungnahme ENP – European Nursing care Pathways. Printernet, 20 (9) 563–566.
Müller-Staub, M. (2008): Evaluation der Einführung von Pflegediagnostik. Krankenpflege, 101 (6), 34.
Müller-Staub, M. (2008): Pflegediagnosen: Theoretisch fundierte Umsetzung. Krankenpflege, 101 (2), 27.
Müller-Staub, M. (2008): Pflegediagnostik – Einführung und Umsetzung: Für mehr Qualität im Pflegeprozess. Pflegezeitschrift, 61 (2), 68–69.
Müller-Staub, M. (2008): Pflegebedarf und elektronische Patientenakte. Pflege, 21 (4), 211–214.
Müller-Staub, M. (2008): Pflegediagnostik: Hintergründe und Tipps fürs Pflegemanagement. Pflegewissenschaft, 10 (7), 443–445.
Müller-Staub, M. (2008): Pflegediagnosen als Sprache für die Pflege: Erklären können, was und warum man etwas tut. Pflegezeitschrift 61 (11), 632–634.
Müller-Staub, M. (2008): Förderung der Pflegediagnostik und ihr Beitrag zu patientenorientierten Kostenmodellen. In W. Oggier, A. Walter, S. Reichlin, M. Egli (Hrsg.), Handbuch Gesundheitswesen Schweiz im Umbruch (pp. 1-8). Sursee: Trend Care AG, eHealthCare.ch.

Müller-Staub, M.; Needham, I.; Lunney, M.; Odenbreit, M.; Lavin, M.A.; van Achterberg, T. (2008): Qualität von Pflegediagnosen, -interventionen und -ergebnissen: Kriterien und Operationalisierung des Meßinstruments Q-DIO. Pflege, 21 (5), 327–338.

Müller-Staub, M. (2009): Qualitätserhöhung durch Pflegediagnosen? Unterricht Pflege, 14 (1), 20–22.

Müller-Staub, M. (2009): Studien zum Einsatz von Pflegeklassifikationen. Pflegezeitschrift, 62 (6), 354–359.

Müller-Staub, M. (2009): Eine Studie zur Einführung von NANDA-I Pflegediagnosen, Pflegeinterventionen und pflegesensiblen Patientenergebnissen. Pflegewissenschaft, 11(12), 688–696.

Müller-Staub, M. (2010): E-Dok: Einsatz und Nutzen von Pflegeklassifikationen. Swiss Medical Informatics, 69, 28–29.

Müller-Staub, M.; Needham, I.; Odenbreit, M.; Lavin, M.A.; van Achterberg, T. (2010): Geführte klinische Entscheidungsfindung zur Einführung von Pflegediagnosen – eine cluster-randomisierte Studie. Pflegewissenschaft, 12(04), 233–240.

Müller-Staub, M.; Lunney, Lavin, M.A.; M., Needham, I.; Odenbreit, M.; van Achterberg, T. (2010): Testtheoretische Gütekriterien des Q-DIO, eines Instruments zur Messung der Qualität der Dokumentation von Pflegediagnosen, -interventionen und -ergebnissen. Pflege, 23 (2), 119–128.

Müller-Staub, M. & Schären, M. (2011): Unerhörter Qualitätsschub. Schauplatz Spitex, 24 (1), 24–26.

Müller Staub, M. (2012). Pflege und DRG. In: M. Poser (Hrsg.): Lehrbuch Stationsleitung. Bern: Huber.

Odenbreit, M. (2010a): Entwicklung und Implementierung der elektronischen Pflegedokumentation der Solothurner Spitäler AG: Eine Erfolgsstory. Swiss Medical Informatics, 69 (2), 23–27.

Odenbreit, M. (2010b): Pflegeleistung und DRG: Sichtbar durch Pflegediagnosen? Paper presented at the DRG und elektronische Pflegedokumentation: Risiken und Chancen. from http://www.pflege-pbs.ch/kongresse/100125/kongress100125.html.

Odenbreit, M. (2011): Eigene Software wurde implementiert. Krankenpflege, 104 (3), 13–14.

Paans, W.; Müller-Staub, M. (2010): DRG und Elektronische Pflegedokumentation: Risiken und Chancen. Pflegewissenschaft, 12 (6):379–380.

Ried, S.; Dassen, T. : Chronic Confusion, Dementia, and Impaired Environmental Interpretation Syndrome: A Concept Comparison. Nursing Diagnosis. 11 (2000) 2: 49–59.

Schaffert-Witvliet, B. (2003): Juckreiz ohne Hautmanifestation – Welche State of the Art Pflegeinterventionen? Pflege 16, 5: 257–264.

Schnepp, W. (1994): Pflegediagnosen: Voraussetzungen, Entwicklung und Grenzen. Pflege aktuell 48, 12: 730–731.

Schönau, E.; Heering, C.; Müller-Staub, M. (2009). Evidenz-basierte Pflege und diagnostische Genauigkeit. Krankenpflege 102 (2),15–17.

Sowinski, C.; Georg, J. (2006): Pflegediagnosen in der Altenpflege (Poster), KDA, Köln.

Sowinski, C.; Georg, J. (2006): Ein neuer Weg zu mehr Pflegequalität. – Pflegediagnosen eröffnen Möglichkeiten einer einheitlichen Pflegesprache. Pro Alter, KDA 38, I: 35–38.

Tinetti, M.E. (1986): Performance oriented assessment of mobility problems in elderly patients. JAGS 34:119–126.

Vef-Georg, G. (2009): Sich sorgen. NOVA 40, 4: 27–28.

Widmer, R. (2006): Grundlagen für die Pflegepraxis. – Assessmentinstrumente und Pflegeklassifikationen. NOVA, 37, 1: 21–23.

Zusammenstellung: Jürgen Georg, ergänzt von Maria Müller Staub, Stand: 3-2014

Fachzeitschrift – Pflegediagnosen ‹engl.›

International Journal of Nursing Knowledge
Offizielles Journal der NANDA International
Journals Customer Services
John Wiley & Sons, Ltd.
The Atrium
Southern Gate
Chichester
West Sussex, PO19 8SQ, United Kingdom (UK)
Tel: 44 (0)1865 778315
E-Mail: cs-journals@wiley.com
Kontakt (DE): service@wiley-vch.de

Fachzeitschrift – Alten und Langzeitpflege

NOVAcura – Fachmagazin für die Alten- und Langzeitpflege (inkl. regelmässigen Beiträgen über Pflegediagnosen, -interventionen und -ergebnisse).
Verlag Hans Huber, Länggass Strasse 76, 3000 Bern 9
E-Mail: zeitschriften@hanshuber.com
Internet: http://www.verlag-hanshuber.com/zeitschriften

Expertenstandards (www.dnqp.de)

1. Expertenstandard: Dekubitusprophylaxe in der Pflege (2010)
2. Expertenstandard: Entlassungsmanagement in der Pflege (2009)
3. Expertenstandard: Schmerzmanagement in der Pflege (2011)
4. Expertenstandard: Sturzprophylaxe in der Pflege (2006)
5. Expertenstandard: Förderung der Harnkontinenz in der Pflege (2007)
6. Expertenstandard: Pflege von Menschen mit chronischen Wunden (2009)
7. Expertenstandard: Ernährungsmanagement zur Sicherstellung und Förderung der oralen Ernährung in der Pflege (2010)
8. Schmerzmanagement bei chronisch nicht-malignen Schmerzen (2014)
9. Mobilität und Mobilitätsförderung (ca. 2014)

Zusammenstellung: Jürgen Georg, Stand: 2-2014

Sachwortverzeichnis

A

ABEDL nach Krohwinkel 1679
- Ausscheiden 1683
- Die eigene Sexualität leben 1684
- Erfahrungen, welche die Existenz fördern o. gefährden, unterscheiden 1686
- Essen und Trinken 1683
- Fördernde Beziehungen erhalten, erlangen und wiedererlangen 1684
- Fördernde Erfahrungen machen 1685
- Für eine sichere und fördernde Umgebung sorgen 1684
- Gliederungsstruktur für Pflegediagnosen 1680
- Im Kontakt sein und bleiben 1684
- Kommunizieren 1679
- Lebensgeschichtliche Erfahrungen einbeziehen 1680
- Lebensspanne/Lebensprozesse 1680
- Mit belastenden und gefährdenden Erfahrungen umgehen 1685
- Mit Belastungen in Beziehungen umgehen 1685
- Ruhen, schlafen und sich entspannen 1683
- Sich beschäftigen, lernen, sich entwickeln 1684
- Sich bewegen 1679
- Sich kleiden 1682
- Sich pflegen 1682
- Sinn finden 1686
- Vitale Funktionen des Lebens aufrechterhalten 1682

Abfallexposition 355
Abwehrmechanismen, psychische 472
ACE-Hemmer 1615, 1644–1647
Adipositas 149, 571, 588, 804, 846, 847, 851
AIDS 647–649, 654
Aktivitäten des täglichen Lebens/ADL 993, 999, 1016
Aktivitäten des täglichen Lebens/ATL nach Juchli 1671–1678
- Atmen 1675
- Ausscheiden 1674
- Essen und trinken 1674
- Gliederungsstruktur für Pflegediagnosen 1672
- Kind, Frau, Mann sein 1676
- Kommunizieren 1676
- Körpertemperatur regulieren 1674
- Lebensspanne/Lebensprozesse 1672
- Raum und Zeit gestalten, arbeiten und spielen 1676
- Sich bewegen 1671
- Sich sicher fühlen und verhalten 1675
- Sich waschen und kleiden 1671
- Sinn finden im Werden, Sein, Vergehen 1677
- Wach sein und schlafen 1671

Aktivitäten, Beziehungen u. Existenzielle Erfahrungen des Lebens s. ABEDL
Aktivitätsintoleranz 131–150
- unzur. Wissen **über Anpassungstechniken** bei COPD 142
- unzur. Wissen **über Anpassungstechniken** bei Herzfunktion, gestörter 147

Aktivitätsintoleranz, Gefahr einer 68
Alkalose, metabolische/respiratorische 1548–1550, 1594
Alkohol 308, 1335, 1343, 1375
Alkoholentzug 1571, 1583–1586
Allgemeinzustands (Verkümmerung) des Erwachsenen, Verschlechterung des 546–550
Alzheimer-Krankheit 312
American Nurses Association/ ANA 54
Analgetika 251
Anämie 1567
Anamnesefragebogen 1723–1729

Pflegediagnosen = fett *Komplikationen, potenzielle/PK = kursiv*

Angst 151–168
Angst, Todes- 169–172
Anorexie 799, 819
Anosognosie 1251
Anpassung, beeinträchtigte s. Verhalten, gefahrengeneigtes
Antiarrhythmikatherapie 1615, 1634–1636
Antidepressivatherapie 1615, 1631–1634
Antihypertonikatherapie 1615, 1639
Antikoagulanzientherapie 1615–1619
Antikonvulsivatherapie 1615, 1629–1631
Antizipation 369
Anxiolytikatherapie 1615, 1620–1622
Aphasie 285
Arzneimitteltherapie 1615–1647
Aspirationsgefahr 657, **690–697**
Assessment s. Pflegeassessment
Atelektase 1516, 1520–1522
Atemtechniken 143
Atemvorgang, unwirksamer 953, **984–988**
Atemvorgangs, Gefahr eines unwirksamen 953–964
Atemwegsclearance, unwirksame (Selbstreinigung der Atemwege) 979–984
Atemwegsobstruktion 979
Atmung 956–957, 1243
Attribution 369
Augeninnendruck, erhöhter 1571, 1579–1580
Ausdauer 134, 995
Aussagen, diagnostische 68–71
- Fehlervermeidung 70
- Probleme, interdisziplinäre 77
- Ursachen, unbekannte 70
- Verfassen 69
Ausscheidungskomponenten 338
Azidose, metabolische/respiratorische 1545–1548, 1566

B

Bakterien 1450
Bakterienkontamination 354
Basisassessment 88
Battered-Wife-Syndrom 1329
Beatmung 968–969
Beatmungsentwöhnung s. Weaning
Begriffkontext 54
Belastungsreaktionen, körperliche abnorme 137
Berührung, therapeutische 451
Beschäftigungsdefizit 432–440
Betablockertherapie 1615, 1640–1642
Bett-Mobilität, beeinträchtigte s. Mobilität im Bett
Beweglichkeit, eingeschränkte 765–766
Bewegungsmangel 734–736
Bewegungsumfang 766
Bildung 553
Bindung, Gefahr einer beeinträchtigten 1398–1404
Bioterrorismus 1449
Blase s. Harnverhalt, Harnwege; Inkontinenz; Nierennsuffizienz
Blutung, postpartale 1601, 1613–1614
Blutung, pränatale 1601, 1603–1604
Blutzuckerspiegels, Gefahr eines instabilen 193–194
Body-Mass-Index 568
Bradypnoe 958
Brechzentrum 277
Bronchialspasmen 1516, 1522–1524

C

Cluster, diagnostische 16, 95
Compliance 789–791
Compliance, Non- s. Noncompliance
COPD 1516–1525
Coping-Muster, zwischenmenschliche 157
Coping, Bereitschaft für ein verbessertes familiäres 1363–1364
Coping, Bereitschaft für ein verbessertes gemeinschaftliches 1432–1437
Coping, defensives 59, 364, **381–385**
Coping, emotions-/problemzentriertes 369
Coping, Gefahr eines verhinderten familiären 1359–1363
Coping, gefährdendes familiäres 1344–1345
Coping, unwirksames 364–381
Coping, unwirksames gemeinschaftliches 1437–1441
Coping, verhindertes familiäres 1345–1349
- Kindesmissbrauch/-vernachlässigung 1354
- Missbrauch, häuslicher 1350

D

Darm 1586, 1587, 1588
Datenerhebung 88–93

Definition 54
Dekubitus 427, 904, 917–921
Delir 307, 312, 1583
Demenz 308, 312, 325–326, 1320
Denkprozesse, gestörte 1213–1232
Depression 370–371, 434, 1215, 1218
Dermisschädigung 912
Diarrhö 409–417
Durchblutungsstörung, Gefahr einer gastrointestinalen 1238–1239
Durchblutungsstörung, Gefahr einer kardialen 1238–1239
Durchblutungsstörung, Gefahr einer renalen 1238–1239, 1243
Durchblutungsstörung, Gefahr einer zerebralen 1238–1239, 1243
Durchblutungsstörung, periphere 1238, **1240–1251**
Dysarthrie 284
Dysreflexie, autonome 440–447
Dysreflexie, Gefahr einer autonomen 440, **448–449**

E

Ehegattenmissbrauch 1328
Einnässen, nächtliches 1270
Einsamkeit 740, 743
Einverständniserklärung nach Aufklärung 790
Elektrolythaushalt, gestörter 1526, 1533–1538, 1567
Elterliche Fürsorge, beeinträchtigte 1388–1397
Elterliche Fürsorge, Bereitschaft für eine verbesserte 1387–1388
Eltern-Kind-Bindung 1337
Elternschaft 1337
Energiefeldstörung 450–454
Entscheidungen, pflegerische 1713–1723
Entscheidungsfindung, Bereitschaft für eine verbesserte 1469–1470
Entscheidungskonflikt 396–409
Entwicklungsannahmen 537
Entwicklung, Gefahr einer verzögerten 529, **543–545**
Entwicklungsaufgaben, altersbezogene 531–534, 536
Entzugskrämpfe 1585
Enuresis, entwicklungsbedingte 1259, **1270–1275**
Epidermisschädigung 912
Erbrechen 277
Ergebniskriterien 98
Erholung, verzögerte postoperative 1212–1213
Erkennen 83
Ernährung, ausgewogene 585
Ernährung, Bereitschaft für eine verbesserte 1481–1482
Ernährung, Gefahr einer Über- 799, **851–852**
Ernährung, Mangel- 799–826
- Anorexie 819
- Nahrungserwerb-Unfähigkeit 823

Ernährung, Über- 799, **846–851**
Ernährungsempfehlungen 806
Erschöpfung s. Fatigue
Erstassessment 88
Erstickungsgefahr 657, **701–702**
Evaluation 83, 109–112
Expiration 953
Extrapyramidalsymptom, schweres 1580

F

Fachsprache 39–46
- Gesundheitspersonal mit Zulassung 42
- Gesundheitspersonal ohne Zulassung 44
- Klienten 44
- Medizin 42, 47
- Pflege 39
- Pflegeexperten 44, 47

Fachwissen Medizin/Pflege 47
Familienkrisen 1323–1343
- Alkoholismus 1335, 1343
- Ehegatten 1328
- Eltern 1337
- Entwicklungsaufgaben 1325
- Eskalation 1330
- Gewalt /Missbrauch1328, 1337, 1330
- Kinder 1331
- Krise 1327

Familienprozesse, alkoholismusbedingt gestörte 1375–1383
Familienprozesse, beeinträchtigte 1383–1386
Familienprozesse, Bereitschaft für verbesserte 1387
Familienprozesse, unterbrochene 1369–1375
Fatigue 455–467
Fatigue, tumorbedingte 460
Feten, bedrohlicher Zustand des 1601, 1610–1613

Filtrationsrate, glomeruläre 1565
Fluchtreaktion 370
Flüssigkeitsdefizit 480–490
Flüssigkeitsein-/ausfuhr, durchschnittliche 484
Flüssigkeitshaushalt, ausgewogener 483
Flüssigkeitshaushalt, Bereitschaft für einen verbesserten 1470–1471
Flüssigkeitsüberschuss 490–500
Flüssigkeitsvolumens, Gefahr eines unausgeglichenen 500–501
Fokusassessment 91
Fortpflanzungssystem 1601–1614
Fototherapie 1596
Frakturen, pathologische 1597–1599
Frühgeborne 618
Furcht 467–480
Fürsprache 402

G

Galle 1586, 1594
Gang 766
Gastrointestinaltrakt 1586
Gedächtnisleistung, beeinträchtigte 1232–1238
Gedächtnisstadien 1234
Gedeihstörung 548
Gedeihstörung eines Erwachsenen 529
Gehfähigkeit, beeinträchtigte 762, **780–782**
Gehirn 1573, 1571, 1580
Gehörveränderungen, altersbedingte 286
Geisteskrankheit, chronische 1139
Gelenkluxation 1597, 1599–1601
Gemeinde 1423–1456
– Assessment 1426
– Diagnosen 1432
– Gesundheitsindikatoren 1426
– Komponenten 1425
– Verhaltensmuster, funktionelle 1428
Gemeindekompetenz 1424
Gesundheit 565
Gesundheit, sexuelle 1111
Gesundheitsförderung 571, 1457–1458
Gesundheitsschädigung, Gefahr einer 657–690
– Bewusstsein, fehlendes für Gefahrenquellen im Umfeld 676
– Bewusstsein, fehlendes für Gefahrenquellen im Umfeld/Entwicklungsalter 684
– Schwindel/Hypotonie, orthostatische 688
Gesundheitsverhalten, gefahrengeneigtes 150, 551–556
Gesundheitsverhalten, unwirksames 556–591
– Nahrungsaufnahme, erhöhte als Reaktion auf Stressoren 583
– Wissen, unzureichendes über Tabak 577
Gesundheitsverhaltensmuster, funktionelle nach Gordon 65, 89–90, 1428–1432; 1648–1655, 1724–1727
– Aktivität und Bewegung 65, 90, 1430, 1652, 1724
– Ausscheidung 65, 89, 1429, 1649, 1650, 1725
– Bewältigungsverhalten und Stresstoleranz 65, 90, 1431, 1650, 1654, 1726
– Ernährung und Stoffwechsel 65, 89, 1429, 1650, 1649, 1725
– Gliederungsstruktur für Pflegediagnosen 1648
– Kognition und Perzeption 65, 90, 1430, 1650, 1653, 1726
– Lebensspanne/Lernprozesse 1650
– Rollen und Beziehungen 65, 90, 1431, 1650, 1654, 1727
– Schlaf und Ruhe 65, 66, 90, 1431, 1650, 1653, 1725
– Selbstwahrnehmung und Selbstkonzept 65, 90, 1650, 1653
– Sexualität und Reproduktion 65, 90, 1432, 1650, 1654, 1727
– Wahrnehmung/Umgang mit der Gesundheit, eigene 65, 89, 1428, 1650, 1648, 1724
– Werte und Überzeugungen 65, 91, 1432, 1650, 1654, 1727
Gesundheitsversorgung, kommunale 1423–1456
Gewalt gegen alte Menschen 1333
Gewalt, häusliche 1328–1333
Gewalt, innerfamiliäre 1327, 1330
Gewalt, sexuelle s. Vergewaltigungssyndrom
Gewalteinschätzung, innerfamiliäre 1338–1343
Gewalteskalation 1330
Gewalttätigkeit, Gefahr einer fremdgefährdenden 1303–1318
Gewalttätigkeit, Gefahr einer selbstgefährdenden s. **Suizidgefahr**
Gewebedurchblutung 1239
Gewebeschädigung 898, **900–912**
Gewichtsreduktion 568, 583
Grundbedürfnisse nach Henderson 1663–1669

- Arbeiten 1668
- Atmen 1663
- Ausscheiden 1666
- Erholen/Kreativität 1669
- Essen/Trinken 1663
- Glauben leben 1668
- Gliederungsstruktur für Pflegediagnosen 1663
- Kommunizieren 1667
- Körper pflegen und Haut schützen 1667
- Körpertemperatur regulieren 1667
- Lebensspanne/Lernprozesse 1664
- Lernen 1669
- Pflegediagnosen, nicht zuordnenbare 1669
- Ruhen und Schlafen 1666
- Sich bewegen 1666
- Sich kleiden 1666
- Vor Gefahren schützen 1667

H

Halluzinationen 1217–1218, 1585
Harnverhalt (Diagnose) s. Urininkontinenz, Überlauf-
Harnverhalt, akuter 1560, 1562–1564
Harnwege, untere 1263–1264
Harnwegsinfekt 1571
Harnwegsverlegung 1569
Haushaltsführung, beeinträchtigte 1416–1422
Hautschädigung 898, 903, **912–921**
- Druck, Reibung, Scherkräfte, Mazeration 917
Hautschädigung, Gefahr einer 61, 62, 77, 86, 117, 418, 420, 493, 900, 904, 1280
Hemineglect 1251
Henderson s. Grundbedürfnisse
Hepatitis 1591
Herzleistung, verminderte 1498, 1500–1502
Herzleistung, verminderte 211–213
Herzrhythmusstörungen 213, 1498, 1502–1504
Hirnherniebildung 1574
Hirnstoffwechsel, gestörter 312
HIV 647, 654
Hoffnung 598
Hoffnung, Bereitschaft für gesteigerte 1472–1473
Hoffnungslosigkeit 591–607
Hüftgelenkdysplasie bei Neugeborenen 1601
Humanismus 402
Husten 957
Hustenreflex 832
Hyper-/Hypochlorämie 1534–1543
Hyper-/Hypoglykämie 1526, 1528–1531
Hyper-/Hypokaliämie 1533–1543
Hyper-/Hypomagnesiämie 1534–1543
Hyper-/Hyponatriämie 1533–1543, 1567
Hyper-/Hypophosphatämie 1534–1543
Hyper/-Hypokalziämie 1534–1543
Hyperbilirubinämie 1586, 1594–1596
Hyperpnoe 957
Hyperthermie 179, **180–183**
Hyperventilation 958, 986
Hypoalbuminämie 1568
Hypothermie 179, **183–188**
Hypotonie, orthostatische 662, 688–690
Hypoventilation 958
Hypovolämie 1498, 1508–1510, 1565, 1568, 1604
Hypoxämie 957–958, 1243, 1516, 1518–1520
Hypoxie 957–958

I

IADL 1016
IADL 999
Idealselbst 1028
Identität, gestörte persönliche 1024, **1048–1049**
Ikterus 1595
Ileus, paralytischer 1586–1588
Immobilitätsfolgen 418–425
- Assessmentdaten, objektive 425
- Auswirkungen, psychosoziale 422
- Folgen, negative 421
Immobilitätssyndroms, Gefahr eines 418–432
Immunschwächesyndrom, erworbenes s. AIDS
Impfstatus, Bereitschaft für einen verbesserten 1473–1474
Implementierung 108
Inaktivität 420
Indikatoren 84
Infektion, opportunistische 1555–1557
Infektionsausbreitung 646–647
Infektionsgefahr 630–644
Infektionskette, durchbrochene 646
Infektionsübertragung, Gefahr einer 644–657
- Wissensdefizit bezüglich der Senkung einer AIDS-Virus-Übertragung 654
Inkontinenz 1264–1265
Inspiration 953

Insuffizienz, arterielle/venöse 1245–1246
Interaktion, beeinträchtigte soziale 1135–1150
Interventionen s. Pflegeinterventionen
Isolation, soziale 1150–1153

J

Juchli/ATL s. Aktivitäten des täglichen Lebens
Jucken 238

K

Kalorienbedarf nach Altersgruppen 811
Kalziumantagonisten 1615, 1642–1644
Kampfreaktion 370
Katheterisieren, intermittierendes 1265
Kindesmissbrauch/-vernachlässigung 1331–1334, 1354
Kindlichen Verhaltens, Bereitschaft für eine verbesserte Organisation des 1474–1480
Kindliches Verhalten, desorganisiertes 613–628
Kindliches Verhalten, Gefahr eines desorganisierten 629
Kindstodes, Gefahr eines plötzlichen 1208–1211
Klassifikation, diagnostische 56
Klientenziele 98
Kommunikation, beeinträchtigte 281–302
– Auswirkungen eines Hörverlustes 293
– Auswirkungen einer Aphasie 296
– Barriere einer Fremdsprache 300
Kommunikation, beeinträchtigte verbale 302–305
Kommunikation, effektive 283
Kompartmentsyndrom 854, 1498, 1510–1512
Kompetenz, soziale 1138
Komplikation, potenzielle/PK 77–78, 1497–1647
– *Atemfunktionsstörungen 1516–1525*
– *Dysfunktion, neurologische/sensorische 1571–1586*
– *Gallen-, Leber-, Magen-Darmfunktionsstörungen 1586–1596*
– *Harnwege- und Nierenfunktionsstörungen 1560–1571*
– *Herz-Kreislauf-Störung 1498–1516*
– *Immun-, Hämatopoese-, Stoffwechselstörung 1526–1560*
– *Muskel-Skelett-Dysfunktion 1597–1601*
– *Reproduktionsstörung 1601–1614*
– *Wirkungen, unerwünschte einer medikamentösen Therapie 1615–1647*
Konflikt, moralischer 1158, **1187–1193**
Kontamination, familiäre 1364–1367
Kontamination, gemeindebezogene 1448–1454
Kontamination, individuelle 352–362
Kontaminationsformen 356–358
Kontaminationsgefahr, familiäre 1367–1369
Kontaminationsgefahr, gemeindebezogene 1454–1456
Kontaminationsgefahr, individuelle 352, **362–363**
Kontroversen/Problemkreise 39–52
Körperbild, positives 1031
Körperbildstörung 1014, **1038–1047**
Körpergewicht 568
Körpergewichtstabelle 809
Körperideal 1027
Körperkerntemperatur 174
Körperpräsentation 1028
Körpersysteme 91
Körperteilverlust 1028
Körpertemperatur, Gefahr einer unausgeglichenen 172–179
Körperwirklichkeit 1027
Kortikosteroidtherapie 1615, 1622–1625
Krampfanfälle 1571, 1577–1578
Krankheit 565
Krise, individuelle 370
Krohwinkel-Konzepte/Modelle s. ABEDL
Kultursensibilität, fehlende 46–48
Kummer, chronischer 1153–1158

L

Lagerungsschadens, Gefahr eines perioperativen 657, **704–712**
Laktation 201
Langeweile 434
Latexallergische Reaktion 727–733
Latexallergischen Reaktion, Gefahr einer 727, **733–734**
Lebensaktivitäten/LA nach Roper-Logan-Tierney 1656–1661
– Arbeiten und Spielen 1657, 1660
– Atmen 1657, 1659
– Ausscheiden 1657, 1659
– Essen und Trinken 1657, 1659

- Für eine sichere Umgebung sorgen 1657, 1660
- Gliederungsstruktur für Pflegediagnosen 1656
- Kommunizieren 1657, 1660
- LA's ohne Pflegediagnosenzuordnung 1661
- Lernprozesse/Lebensspanne 1657
- Regulieren der Körpertemperatur 1657, 1659
- Schlafen 1657, 1656
- Seine Geschlechtlichkeit leben 1651, 1667
- Sich bewegen 1657, 1656
- Sich sauber halten und kleiden 1657, 1656
- Sterben 1657, 1661

Lebensstil, bewegungsarmer 734–739
Leberfunktionsstörung 1586, 1591–1594
Leberfunktionsstörung, Gefahr einer 740
Lernen 751–753
Libido, fehlende 1111
Lippen 922
Liquor cerebrospinalis 1573
Luftverschmutzung 355, 357, 1450
Lungenembolie 1498, 1512–1515
- *Fettembolus 1516*
- *Luftembolus 1515*

Lungenfunktion 956, 1243
Lungenödem 1498, 1504–1506
Luxation s. Gelenkluxation

M

Machtlosigkeit 885–887
Machtlosigkeit, Gefahr einer 888–897
Magen-Darm-Blutung 1586, 1588–1591
Management der eigenen Gesundheit, unwirksames 749–762
Management eines Therapieprogramms, effektives 1490–1492
Management von Therapieprogrammen, unwirksames gemeinschaftliches 1441–1447
Management, unwirksames familiäres Therapie- 1415–1416
Mastektomie 1016
Medikamente 251, 1615–1647
- Abhängigkeit 251
- Nebenwirkungen 1615
- Toleranz 251
- Wirkung, unerwünschte s. Therapie, medikamentöse

Menschenwürde, Gefahr einer beeinträchtigten 608–613
Milchproduktion 201
Missbrauch s. Vergewaltigungssyndrom
Missbrauch, häuslicher/innerfamiliärer 1327–1343, 1350
MNS s. Syndrom, neuroleptisches malignes
Mobilität im Bett, beeinträchtigte 762, **778–779**
Mobilität mit dem Rollstuhl, beeinträchtigte 762, **782–784**
Mobilität, beeinträchtigte körperliche 762–778
Modell der biofokalen Praxis 73–75
Modell, transtheoretisches der Verhaltensänderung, gesundheitsfördernder 751–752
Mundhöhle 922
Mundhöhlenerkrankungen 924–925
Mundpflege 931–936
Mundschleimhaut, Gefahr einer geschädigten 931–936
Mundschleimhaut, geschädigte 922–931
Muttermilch 201, 210
Muttermilch-Ikterus 1595

N

Nachrichtenempfänger/-sender 283
Nährstoffaufnahme/-bedarf nach Altersgruppen 807–809, 811
Nährstoffbedarf, täglicher 807
Nahrungsaufnahme, erhöhte 583
Nahrungsbeschaffung 799, 823
Nahrungsmittelpyramide 805
NANDA 54
NANDA-I 55, 129
NANDA-Taxonomie 56–57
- Aufbau/Elemente 56
- Bereiche/Domäne 57
- Pflegediagnosen, anerkannte 1709

Narkose 706–707
Naturlatex 729
Neglect 1251–1259
Nervensystem, autonomes 443
Neugeborenenentwicklung 618–619
Neuroleptikatherapie 1615, 1636–1639
Neurovaskulären Störung, Gefahr einer peripheren 852–860
NIC s. Pflegeinterventionsklassifikation
Niereninsuffizienz 1560, 1564–1569
Nierensteine 1560, 1569–1571
Nikotin s. Rauchen

NNN-Taxonomie der Pflegepraxis 1713–1722
- Bereich, funktionaler 1714
- Bereich, physiologischer 1716
- Bereich, psychosozialer 1719
- Umweltbereich 1722
NNN-Taxonomie/Klassen 56, 1714–1722
- Aktivität/Bewegung 1714
- Ausscheidung 1716
- Befinden/Comfort 1714
- Coping/Bewältigungsverhalten 1719
- Emotion 1720
- Ernährung 1715
- Flüssigkeit/Elektrolyte 1717
- Fortpflanzung 1718
- Funktion, pharmakologische 1717
- Funktion, respiratorische 1718
- Gesundheitssystem 1722
- Gewebeintegrität 1719
- Herzfunktion 1716
- Kommunikation 1719
- Neurokognition 1717
- Population 1722
- Regulation, physiologische 1718
- Risikomanagement 1722
- Rollen/Beziehungen 1721
- Schlaf/Ruhe 1715
- Selbstversorgung 1715
- Selbstwahrnehmung 1721
- Sexualität 1715
- Verhalten 1719
- Wachstum u. Entwicklung 1714
- Wahrnehmen/Erkennen 1718
- Werte/Überzeugungen 1716
- Wissen 1720
NOC s. Pflegeergebnisse
Noncompliance 787–798
Normothermie 174
North American Nursing Diagnosis Association International s. NANDA-I
North American Nursing Diagnosis Association s. NANDA
NREM-Schlaf 716–717

O

Obstipation 333–349
- Auswirkungen der Immobilität auf die Peristaltik 347
Obstipation, subjektiv empfundene 349–351
Obstipationsgefahr 68, 96, 116, 126, 249, 270, 418
Ödem 493–494, 855, 857, 859, 1565, 1570
Osteoporose 570, 1597–1599
Oxygenierung 956–957, 1243

P

Panik s. Angst
Passivrauchen 569
Pestizide 352, 356, 1449
Pflegeanamnese 1723–1730
Pflegeassessment 78, 88–93, 121–123
Pflegediagnosen 37–38
–, aktuelle 58–60, 106
- Arten/Elemente 58–72
- Bereich, häuslicher 1323–1422
- Entwicklung 53–57
- Faktoren, beeinflussende 59
- Familien 1323–1422
–, gemeindebezogene 1423–1456
- Gesundheit/Wellness 63–66, 1457–1495
–, individuelle 129–1322
- Klassifikationen/Modelle 1648
- Merkmale/Kennzeichen 58
–, nachgeordnete 94
–, nicht NANDA-genehmigte 68
–. NNN-Taxonomie 1713–1722
- Reihenfolge, alphabetische 1709–1712
–, vorrangige 94
Pflegeergebnisklassifikation/NOC 1713
Pflegeinterventionen 80, 104–108, 1713
- Implementierung 108
- Schwerpunkt 106
- Verordnung Pv/del 104
Pflegeinterventionsklassifikation/NIC 1713
Pflegepläne 41, 93, 114–120, 123–126
Pflegeplanung 88–120, 123–126, 1651
- Assessment 88
- Cluster 95
- Datenerhebung 88
- Diagnosen, primäre/nachgeordnete 94
- Evaluation 109, 111, 126
- Interventionen s. Pflegeinterventionen
–, multidisziplinäre 112
- Notwendigkeit 93
- Planung 94
- Prozess 94

- Schritte, zehn 121
- Systeme s. Pflegeplanungssysteme
- Übung, interaktive 92, 97, 99, 102, 119
- Umsetzung s. Implementierung
- Zielfestlegung 98

Pflegeplanungssysteme 114–120
- Einheit/Station 116
- Pflegeebenen 115
- Pläne, standardisierte 117
- Problemlisten 119
- Standardisierung 114
- Zusatzpflegepläne 118

Pflegeprozess 37–127
- Schritte verbinden 121

Pflegesprache s. Fachsprache
Pflegeverordnung 104–107
Pflegewissen, breites 73–74
Pflegeziele 79, 98–104
- Diagnosen 100
- Diagnosen, potenzielle/mögliche 103
- Evaluation 109, 126
-, individualisierte 103
- Klienten 98
-, kurzfristige/langfristige 101
- Probleme, interdisziplinäre 99

Phobie 472
Pilze 1450
Pilzvergiftungen 665
PK s. Komplikationen, potenzielle
Plissit-Modell 1118
Pneumonie 1516, 1520–1522
Pneumothorax 1516, 1524–1525
Posttraumatischen Syndroms, Gefahr eines 861, **870**
Posttraumatisches Syndrom 861–869
Prävention 81, 83, 560
Primärprävention 560–563, 566–567
Probleme, interdisziplinäre 73–87, 99, 107, 123
- Ausgangslage/Terminologie 78
- Aussagen, diagnostische 77
- Assessment/Diagnose 78
- Definition 76
- Evaluation 83, 109
- Indikatoren 84
- Interventionen 80
- PK s. Komplikationen, potenzielle
- Prävention/Erkennen 83
- Prävention/Überwachen 81
- Probleme, interdisziplinäre 76, 78
- Übung, interaktive 80, 81, 85, 86
- Unterschiede zu Diagnose 78, 79, 82
- Ziele 79, 99
- Zusammenfassung 84

Problemkreise s. Kontroversen
Pruritus 238
Pseudoabhängigkeit 251

R

Radon 357, 1450
RAI Homecare Klientenabklärungshilfen/ RAI-HC 1687–1694
- Ernährungsstatus/Flüssigkeitsaufnahme 1693
- Fähigkeiten der Kommunikation/des Hörens 1687
- Gesundheitszustand/Gesundheitsprävention 1692
- Gliederungsstruktur für Pflegediagnosen 1687
- Hautzustand 1693
- Informelle Unterstützung 1691
- Kognitive Fähigkeiten 1687
- Kontinenz 1691
- Körperliche Funktionsfähigkeit bei IADL und ADL 1691
- Krankheitsdiagnosen 1692
- Lebensspanne/Lebensprozesse 1688
- Medikation 1694
- Mund-/Zahnstatus 1693
- Nutzung von Diensten 1694
- Pflegediagnosen, nicht zuordnenbare 1694
- Sehfähigkeit 1687
- Soziale Rollen 1691
- Stimmungslage und Verhalten 1690
- Wohnumwelt 1693

Rauchen, 149, 151, 569–570, 577, 959
Raucheraufklärung/entwöhnung 577–582
Reaktion, allergische 1550–1552
Realitätstestung 1216
Reizdarmsyndrom 337
Religiosität 1161–1162, 1165–1177
Religiosität, beeinträchtigte 1158, **1193–1200**
Religiosität, Bereitschaft für eine vertiefte 1483–1484
Religiosität, Gefahr einer beeinträchtigten 1158, **1200–1201**

Relokation 940–941
Relokationsstresssyndrom (ortswechselbedingtes Stresssyndrom) 948–953
REM-Schlaf 716–717
Renin-Angiotensin-System 1565
Risiko-Pflegediagnosen 60–62, 106
Rollenkonflikt, elterlicher 1405–1414
- Krankheitheitsauswirkungen und/oder Hospitalisierung 1409
Rollenüberlastung der pflegenden Bezugsperson 214–229
Rollenüberlastung der pflegenden Bezugsperson, Gefahr einer 229–233
Rollenverhalten, unwirksames 988–990
Rollstuhlmobilität, beeinträchtigte s. Mobilität im Rollstuhl
ROM 766
Roper-Logan-Tierney-LA s. Lebensaktivitäten

S

Saug-/Schluckstörung des Säuglings 799, **838–846**
Säuglinge 618, 1594
Schädelinnendruck, erhöhter 1571, 1573–1576
Schlaf 716–717
Schlafbedarf nach Altersgruppen 718
Schlafmangel 713, **725–727**
Schlafstörung 713–725
Schlucken 693, 831
Schluckstörung 799, **828–837**
Schmerz, akuter 248–269
Schmerz, chronischer 269–275
Schmerzformen 251
Schmerzkomponenten 250
Schmerztoleranz 250
Schockgefahr 1614
Schwangerschaftshypertonie 1601, 1607–1610
Schweigepflicht 49–51
Schwindel 688–690
Screeningassessment 88
Sekundärprävention 560–563, 566
Selbstbestimmung, Bereitschaft für eine verbesserte 1482–1483
Selbstfürsorge, Bereitschaft für eine verbesserte 1485
Selbstkonzept 1026–1027
Selbstkonzept, Bereitschaft für ein verbessertes 1485–1486
Selbstkonzept, gestörtes 1024–1038
Selbstmissbrauch, Gefahr des 1063, **1082–1083**
Selbstreinigung der Atemwege s. Atemwegsclearance
Selbstschädigung, Gefahr einer 1063–1082
Selbstschutz, unwirksamer 898–900
Selbstverletzung 1063, **1083–1084**
Selbstverletzungsgefahr 1063, **1084–1086**
Selbstversorgung 993–995
Selbstversorgungsdefizit 990–1002
Selbstversorgungsdefizit, Essen und Trinken 990–991, **1002–1006**
Selbstversorgungsdefizit, instrumentell 990–991, **1015–1020**
Selbstversorgungsdefizit, Körperpflege 990–991, **1006–1010**
Selbstversorgungsdefizit, Sich Kleiden 990–991, **1011–1015**
Selbstversorgungsdefizit, Toilettenbenutzung 990–991, **1020–1024**
Selbstversorgungsdefizit, totales 994
Selbstversorgungsdefizitsyndrom 990–1002
Selbstwertgefühl 1026–1027, 1029–1030
Selbstwertgefühl, chronisch geringes 1024, **1052–1056**
Selbstwertgefühl, gestörtes 1024, **1049–1052**
Selbstwertgefühl, situationsbedingtes geringes 1024, **1056–1061**
Selbstwertgefühls, Gefahr eines situationsbedingten geringen 1024, **1061–1062**
Sepsis 1543–1545
Serum-Bilirubinspiegel, erhöhter bei Neugeborenen 1594
Sexualitätsveränderungen 1106–1118
–, krankheitsbedingt 1113
–, substanzbedingt 1108, 1112
Sexualverhalten, unwirksames 1106–1134
- Veränderungen, prä-/postpartale 1127
Sexuelle Funktionsstörung 1106, **1134–1135**
Sichelzellkrise 1558–1560
Sinnfindung, Bereitschaft für eine verbesserte 1487–1489

Sinnkrise 1158–1185
- Konflikt zwischen religiöser Überzeugung u. Therapieplan 1182

Sinnkrise 1161
Sinnkrise, Gefahr einer 1158, **1185–1186**
Sorgen, chronische 1153
Spiritualität 1161–1162
Spiritualität 1161, 1193, 1200, 1488
Stammhirnischämie 1574
Status epilepticus 1578
Stickstoffbilanz, negative 1526, 1532–1533
Still-Ikterus 1595
Stillen, Bereitschaft für ein verbessertes 1466–1468
Stillen, erfolgreiches 1465–1466
Stillen, unterbrochenes 210
Stillen, unwirksames 199–209
Strahlenexposition 354, 357
Strahlung 1450
Stressmerkmerkmale 1202
Stressüberlastung 1201–1207
Stressüberlastungsmerkmale 1202
Stuhlinkontinenz 194–199
Sturzgefahr 657, **697–700**
Sucht 251, 388, 392, 1571, 1583–1586
Suizid 1068, 1086
Suizidgefahr 1063, 1065, **1086–1094**
Suizidgefahreinschätzung 1089–1090
Suizidgefahrmerkmale 1070
Syndrom-Pflegediagnosen 67–68
Syndrom, neuroleptisches malignes/MNS 1571, 1580–1583

T

Tabak s. Rauchen 578
Tachypnoe 957
Temperaturmessung 175
Terminologie s. Fachsprache
Therapie, medikamentöse/Wirkungen, unerwünschte 1615–1647
- ACE-Hemmer 1615, 1644–1647
- Antiarrhythmika 1615, 1634–1636
- Antidepressiva 1615, 1631–1634
- Antihypertonika 1615, 1639
- Antikoagulanzien 1615–1619
- Antikonvulsiva 1615, 1629–1631
- Anxiolytika 1615, 1620–1622
- Betablocker 1615, 1640–1642
- Kalziumantagonisten 1615, 1642–1644
- Kortikosteroide 1615, 1622–1625
- Neuroleptika 1615, 1636–1639
- Zytostatika 1615, 1625–1629

Therapie, multimodale 251
Therapiemanagement, Bereitschaft für ein verbessertes 1493–1494
Thermoregulation, unwirksame 179, **188–190**
Thrombozytopenie 1553–1555
Toxine 354, 1449
Transferfähigkeit, beeinträchtigte 762, **784–786**
Trauerformen, ungelöste 525
Trauern 501–517
Trauern, Bereitschaft für ein verbessertes 1472
Trauern, erschwertes 501, **523–529**
Trauern, vorwehnehmendes 501, **517–523**
Trauerprozess, normaler 506
Trauma 864–865

U

Übelkeit 275–280
Überwachen 81, 123
Überzeugungen, religiöse 1165
Umhergehen, ruheloses 1318–1322
Unfälle 661
Urinausscheidung, beeinträchtigte 1259–1270
Urinausscheidung, Bereitschaft für eine verbesserte 1494–1495
Urininkontinenz, Drang- 1260, **1294–1299**
Urininkontinenz, funktionelle 1259, **1275–1282**
Urininkontinenz, Reflex- 1259, **1282–1285**
Urininkontinenz, Stress- 1259, **1285–1289**
Urininkontinenz, totale 1262, 1265, **1289–1294**
Urininkontinenz, Überlauf- 1260, **1299–1303**

V

Venenkompression 856
Venenthrombose, tiefe 1498, 1506–1508
Verben, messbare 101
Verdachts-Pflegediagnosen 62–63
Verdachtsdiagnose formulieren 92–93
Vereinsamungsgefahr 740–749
Vergewaltigungssyndrom 861, **871–885**
Vergiftungen im Haushalt 662–665
Vergiftungsgefahr 657, **700–701**
Verhalten, gefahrengeneigtes 150–151

Verhalten, gesundheitsförderliches 1458–1464
Verhalten, gesundheitsgefährdendes 150–151
Verhalten, selbstschädigendes 1063, 1067
Verletzungsgefahr 657, **702–704**
Verleugnung, unwirksame 364, **385–396**
- gestörte Fähigkeit, die Folgen des eigenen Verhaltens zu akzeptieren 392
Verleugnungsformen 388
Verordnen s. Pflegeinterventionen, Pflegeverordnung
Versorgungspfade, interdisziplinäre 93
Vertraulichkeit, verletzte 49–51
Verwirrtheit 306–307
Verwirrtheit, akute 306, **307–323**
Verwirrtheit, chronische 306, **324–332**
Viren 1591
Virenkontamination 354

W

Wachstum und Entwicklung, verzögerte(s) 529–543
Wachstums, Gefahr eines unproportionalen 529, **545–546**
Wahnformen/-vorstellungen 1216, 1218
Wahrnehmung 1098
Wahrnehmungsstörung, 1094–1106
Wahrnehmungsstörung, auditiv 1097
Wahrnehmungsstörung, gustatorisch 1097
Wahrnehmungsstörung, kinästhetisch 1097
Wahrnehmungsstörung, olfaktorisch 1097
Wahrnehmungsstörung, taktil 1097
Wahrnehmungsstörung, visuell 1097
Wahrnehmungsstörung-Risikoassessment-Instrument 1101–1103
Wärmeproduktion 174
Wärmeregulation, unwirksame 179, **190–193**
Wärmeverlust 175, 183
Wasserkontamination 357
Weaning, erschwertes 953, **965–975**
Weaning, Gefahr eines erschwerten 953, **976–979**
Wehen, vorzeitige 1601, 1605–1607
Wellness 1457–1458
Wissensarten 74
Wohlbefinden, beeinträchtigtes 234–247
Wohlbefinden, Bereitschaft für ein verbessertes 1468
Wundheilung 905
Wundinfektion 635
Wutprojektion/-unterdrückung 369

Z

Zahnpflege 932–936
Zahnstatus, beeinträchtigter 799, **826–827**
Zeitverschwendung 41
Zellatmung/-ernährung 1243
ZEFP-Pflegekonzepte 1696–1706
- Aktivität 1696
- Angehörige und Gesellschaft 1696
- Atmung/Kreislauf 1696
- Denken 1697
- Emotionen 1697
- Ernährung u. Flüssigkeitshaushalt 1698
- Haut 1699
- Kommunikation 1699
- Körpergefühl 1700
- Körpertemperatur 1700
- Lernen und Entwicklung 1700
- Pflegediagnosen, nicht zuordnenbare 1707
- Schlaf 1701
- Selbstbild/Selbstwahrnehmung 1701
- Selbstpflege 1701
- Sicherheit 1701
- Soziale Interaktion 1702
- Soziale Rollen 1702
- Spiritualität/Religiosität/Sinnfindung 1702
- Umgang mit Bewältigung von Problemen 1703
- Urinausscheidung 1704
- Verdauung 1705
- Wahrnehmung 1705
- Wochenbett 1705
- Wohlbefinden 1705
Ziele s. Pflegeziele
Zittern 174
ZNS-Entwicklungsstadien 619
Zytostatikatherapie 1615, 1625–1629

Anzeigen

Pflegeprozess
Judith M. Wilkinson
Das Pflegeprozess-Lehrbuch
Deutschsprachige Ausgabe herausgegeben von Jürgen Georg und Jörn Fischer
HUBER

Pflege hat Zukunft – die Zukunft braucht Pflege

Aktuelle Fachbücher von HUBER

HUBER

Pflegeprozess/Pflegediagnosen

Aus dem Amerikanischen von Michael Herrmann und Jürgen Georg.
Dt. Ausg. hrsg. v. Jürgen Georg.
5., vollst. überarb. u. erw. Aufl. 2013.
571 S., 2 Abb., 3 Tab., flex. Gb
€ 34.95 / CHF 46.90
ISBN 978-3-456-84415-2

Marjory Gordon

Handbuch Pflegediagnosen

Unterscheiden und entscheiden – alle Pflegediagnosen und das weltweit beste Pflegeassessment der «funktionellen Gesundheitsverhaltensmuster» in dem praktischen Handbuch zur Pflegediagnostik

Wie schätzt man aktuelle und potenzielle Gesundheitsprobleme und gesundheitliche Entwicklungspotenziale gekonnt ein und wie stellt man umfassende und genaue Pflegediagnosen? – Klar mit dem weltweit verbreiteten und anerkannten Basisassessment nach den 11 funktionellen Gesundheitsverhaltensmuster von Marjory Gordon.

Lynda Juall Carpenito-Moyet

Das Pflegediagnosen-Lehrbuch

Pflegeassessment – Pflegediagnosen und Pflegeinterventionen für Profis und Praxis

Das umfassendste Lehrbuch zur Pflegediagnostik mit ausführlichen Fokusassessments, Darstellungen der Merkmale und Einflussfaktoren von Pflegediagnosen und evidenzbasierten Pflegeinterventionen für Kinder, Erwachsene und alte Menschen.

Carpenitos Standardwerk ist weltweit das umfassendste Lehrbuch über Pflegediagnosen. Es bietet eine solide Wissens- und Anwendungsbasis und einen klugen Kompass durch die Welt der Pflegediagnosen. Das Lehrbuch beschreibt detailliert über 200 Pflegediagnosen, die von der NANDA-I anerkannt sind oder von der Autorin ergänzt wurden.

Aus dem Amerikanischen von Michael Herrmann.
Dt. Ausg. hrsg. v. Jürgen Georg und Christian Heering.
2013. Etwa 1100 großformatige S., 18 Abb., 28 Tab., Gb
etwa € 79.95 / CHF 109.00
ISBN 978-3-456-85024-5

Pflege Notes

Aus dem Amerikanischen von Elisabeth Brock. Dt. Ausg. hrsg. v. Jürgen Georg und Maria Müller-Staub.
2013. 280 S., Gb
etwa € 24.95 / CHF 35.50
ISBN 978-3-456-84654-5

Marjory Gordon

Pflegeassessment Notes

Das praktische Handbuch für eine professionelle Einschätzung des Pflegebedarfs – handlich, kompakt, clever.

Das Praxishandbuch für das tägliche Pflegeassessment mit Marjory Gordons Modell der funktionellen Gesundheitsverhaltensmuster. Die Notes erlauben es, präzise Fragen zu einzelnen Verhaltensmustern zu stellen sowie systematisch und genau Pflegediagnosen für Individuen, Familien und Gemeinden zu erkennen und zu benennen. Spezifische Fokusassessments erlauben eine vertiefende Einschätzung einzelner Pflegephänomene. Ein praktisches Griffregister ermöglicht den raschen Zugriff auf wichtige Verhaltensmuster. Ideal für die Kitteltasche.

Ellen Z. Hillegass

Reha Notes

Assessments – Interventionen – Evaluationen

Rehabilitation auf den Punkt gebracht

Menschen helfen, Fähigkeiten und Funktionen wiederzuerlangen. – «Reha Notes» ist das kompakte Praxishandbuch für die tägliche Arbeit in der rehabilitativen Therapie und Pflege. Wichtige Fakten, Tabellen und Checklisten im kompakten und handlichen Format zeigen anatomisch-physiologische Grundlagen und Assessments, Techniken und Interventionen für die erfolgreiche und professionelle Rehabilitation von Menschen; kurze und klinisch relevante Informationen zur täglichen Pflegepraxis in der Rehabilitation. Ein praktisches Farbleitsystem erlaubt den raschen Zugriff auf wichtige Informationen.

Übersetzt von Sabine Umlauf-Beck.
2013. 304 S., Gb
etwa € 24.95 / CHF 35.50
ISBN 978-3-456-84655-2

Übersetzt von Michael Herrmann.

2013. 240 S., Gb
etwa € 24.95 / CHF 35.50
ISBN 978-3-456-84657-6

Marilynn Jackson / Lee Jackson

Gesundheits- und Krankenpflege Notes

Das Praxishandbuch mit zentralen Aspekten der täglichen Pflegearbeit. Handlich, kompakt, praxisorientiert.

Das Praxishandbuch für die tägliche Pflegearbeit in der stationären und ambulanten Pflege. Wichtige Fakten, Tabellen und Checklisten im kompakten und handlichen Format zeigen anatomisch-physiologische Grundlagen und wichtige Maßnahmen und Techniken der Pflegepraxis in verschiedenen Bereichen, z. B. der neurologischen, kardiologischen oder gynäkologischen Pflege. Ein praktisches Farbleitsystem erlaubt den raschen Zugriff auf wichtige Informationen.

Janice Jones / Brenda Fix

Intensivpflege Notes

Intensivpflegewissen auf den Punkt gebracht

Menschen helfen, in akuten Pflegesituationen zu überleben und wieder gesund zu werden. Dazu braucht es knappe und klinisch relevante Informationen zur täglichen Intensivpflege-Praxis. Die Autorinnen beschreiben wichtige Fakten, Modelle, Techniken und Interventionen, geordnet nach physiologischen Grundlagen und Organsystemen für die erfolgreiche Versorgung akut kranker Menschen. Ein praktisches Farbleitsystem erlaubt den raschen Zugriff auf wichtige Informationen. Alles, was man wissen muss, aber nicht im Kopf behalten kann, ist in diesem kompakten Praxishandbuch für Intensivpflegende enthalten.

Dt. Ausg. hrsg. v. Lisa Schmidt. Übersetzt von Sabine Umlauf-Beck.

2013. 312 S., Gb
etwa € 24.95 / CHF 35.50
ISBN 978-3-456-85336-9

Pflegeprozess

Aus dem Amerikanischen von Michael Herrmann.
Dt. Ausg. hrsg. v. Maria Müller Staub.
2013. 509 S., 42 Abb., 12 Tab., Gb
€ 44.95 / CHF 59.90
ISBN 978-3-456-85094-8

Rosalinda Alfaro-LeFevre

Pflegeprozess und kritisches Denken

Praxishandbuch zum kritischen Denken, Lösen von Problemen und Fördern von Entwicklungsmöglichkeiten

Clever, Smart and Easy. Das weltweit erfolgreichste und beste Kurzlehrbuch zum Pflegeprozess in deutscher Sprache.

Im Kurzlehrbuch zum Pflegeprozess führt Alfaro-LeFevre kompetent in die einzelnen Schritte des Pflegeprozesses ein, vom Pflegeassessment über Pflegediagnosen, -ziele/ -ergebnisse, Pflegeplanung und -interventionen bis hin zur Evaluation des Pflegeprozesses. Sie beschreibt, welche Formen kritischen Denkens dazu erforderlich sind, und zeigt, welche Aufgaben Pflegende unabhängig und interdisziplinär im Rahmen des Pflegeprozesses erfüllen können.

Judith M. Wilkinson

Das Pflegeprozess-Lehrbuch

Wilkinson – der Mercedes-Benz unter den Pflegeprozessbüchern – führt kompetent und umfassend in Pflegeassessment, -diagnosen und -interventionen ein.

Zahlreiche Strukturelemente wie Lernhilfen, Lernziele, Einleitungen und Zusammenfassungen, Fallbeispiele und ein ausführlicher Fragen- und Antwortenteil erleichtern des Lehren und Lernen des Pflegeprozesses im Eigen-, Fernstudium oder Unterricht.

Aus dem Amerikanischen von Silke Hinrichs und Michael Herrmann. Dt. Ausg. hrsg. v. Jürgen Georg und Jörn Fischer.
2011. 629 S., 57 Abb., 59 Tab., Gb
€ 59.95 / CHF 79.00
ISBN 978-3-456-83348-4

Pflegeklassifikationen

Aus dem Amerikanischen von Michael Herrmann.
2., vollst. überarb. u. erw. Aufl. 2013. 960 S., Gb
etwa € 79.95 / CHF 109.00
ISBN 978-3-456-85166-2

Sue Moorhead et al.

Pflegeergebnisklassifikation (NOC)

Alle pflegerisch beeinflussbaren Patientenergebnisse, detailliert klassifiziert und strukturiert

Wie kann die Pflege zeigen, zu welchen Behandlungsergebnissen sie beim Patienten beiträgt? Die Pflegeergebnisklassifikation (NOC) erleichtert es praktizierenden, leitenden und lehrenden Pflegenden, Pflegeziele und pflegerisch beeinflussbare Patientenergebnisse zu formulieren, zu lehren, zu messen und zu bewerten. Dazu bietet NOC eine standardisierte Terminologie und Messinstrumente für pflegerisch beeinflussbare Patientenergebnisse, die sich aus Pflegeinterventionen ergeben. Pflegeergebnisse, Kriterien und Messinstrumente bieten die Möglichkeit, das Erreichen von Pflegezielen zu messen und zu bewerten, und sie sind daher unerlässlich für das Qualitätsmanagement in der Pflege. Die Pflegeergebnisklassifikation bietet:

- 385 pflegerisch beeinflussbare Pflegeergebnisse zur Standardisierung von Pflegezielen, unterteilt in 7 Bereiche und 29 Klassen
- Definitionen, Ergebniskriterien und Messskalen für jedes Pflegeergebnis
- Verknüpfungen von NOC-Pflegeergebnissen mit NANDA-Pflegediagnosen und ICF-Phänomenen sowie Gordons funktionellen Gesundheitsverhaltensmustern, um klinische Entscheidungsprozesse zu fördern
- die Möglichkeit, die Pflegequalität und die Effektivität von Pflegeinterventionen zu evaluieren
- wichtige Kern-Pflegeergebnisse für zentrale pflegerische Handlungsfelder von Notaufnahme, über häusliche Pflege, Pädiatrie bis hin zur psychiatrischen Pflege.

«...ein gut verständliches Standardwerk der Pflege.» *Thomas Iseli, Pflege*

Pflegepraxis

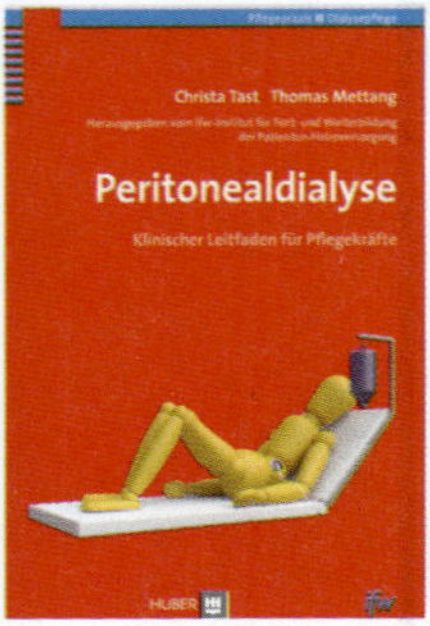

Hrsg. vom ifw-Institut für Fort- und Weiterbildung der Patienten-Heimversorgung.
4., vollst. überarb. u. erg. Aufl. 2013.
136 S., 30 Abb., 5 Tab., Kt
€ 29.95 / CHF 39.90
ISBN 978-3-456-85335-2
E-Book € 26.99 / CHF 36.00

Christa Tast / Thomas Mettang

Peritonealdialyse

Klinischer Leitfaden für Pflegekräfte

Praxishandbuch für Pflegende zur Peritonealdialyse, die nierenkranken Menschen eine eigenverantwortliche und sichere Therapie und Unabhängigkeit im Alltag ermöglicht.

Die Peritonealdialyse stellt eine wichtige Nierenersatztherapie für Menschen dar, deren Nieren nicht mehr ausreichend harnpflichtige Substanzen filtrieren können. Sie ermöglicht Betroffenen und Angehörigen eine eigenverantwortliche Therapie. Ärzte und Pflegende sind daher herausgefordert, Patienten und Angehörigen die notwendigen Fertigkeiten und Vertrauen für eine autonome und sichere Versorgung zu vermitteln. Das dazu notwendige Wissen und Können vermittelt das Praxishandbuch auf anschauliche, aktuelle und verständliche Weise.

Lorraine M. Wright

Familienzentrierte Pflege

Familien gekonnt begegnen, einschätzen und begleiten mit dem Praxishandbuch zur familienorientierten Pflege

Pflegende und Therapeuten arbeiten eng mit Familien in der gemeinsamen Sorge um erkrankte Mitglieder der Familie zusammen. Dazu benötigen sie spezifisches Wissen und besondere Fertigkeiten. Diese vermitteln die renommierten kanadischen Autorinnen Wright und Leahey in ihrem international herausragenden Praxishandbuch. Sie beschreiben, wie Bedürfnisse von Familien gekonnt eingeschätzt werden und wann, wie, welche Interventionen zur familienzentrierten Pflege angebracht sind. Sie zeigen, mit welcher Haltung, welchen Richtlinien und Instrumenten Pflegende Familien begegnen, einschätzen und kompetent begleiten können.

Dt. Ausg. hrsg. v. Barbara Preusse-Bleuler.
Übersetzt von Heide Börger.
2. Aufl. 2013. 352 S., Kt
€ 34.95 / CHF 46.90
ISBN 978-3-456-85306-2

Altenpflege

2013. 304 S., Kt
etwa € 29.95 / CHF 39.90
ISBN 978-3-456-85308-6
E-Book etwa € 26.99 / CHF 36.00

Anna Gogl (Hrsg.)

Selbstvernachlässigung bei alten Menschen

Von den Phänomenen zum Pflegehandeln

Sich vernachlässigende alte Menschen pflegen

Wie können Pflegende alte Menschen unterstützen, die nicht mehr für sich selbst sorgen sowie ihre Gesundheit und Wohnumgebung pflegen können?

Das Praxishandbuch beschreibt verständlich, wie Pflegende Selbstvernachlässigung oder «Verwahrlosung» erkennen, ihre Gründe verstehen und wirksam intervenieren können.

Chris Bonner

Stressmindernde Pflege bei Menschen mit Demenz

Praxishandbuch für Pflegeassistenten, Begleiter und Angehörige

Menschen mit Demenz nicht über- und unterfordern

Anschauliches und verständliches Praxishandbuch für Pflegende und Angehörige. Es zeigt, wie mit einfachen und fantasievollen Wegen stressbedingtes Verhalten bei Menschen mit Demenz verringert und ihr Wohlbefinden gesteigert werden kann.

Dt. Ausg. hrsg. v. Jürgen Georg und Sylke Werner. Übersetzt von Michael Herrmann.
2013. 138 S., 37 Abb., Kt
€ 19.95 / CHF 28.50
ISBN 978-3-456-85332-1
E-Book € 16.99 / CHF 25.00

Demenz

Aus dem Englischen von Heide Börger.
Dt. Ausg. bearb. v. Swantje Kubillus.
2013. 204 S., 17 Abb., Kt
€ 24.95 / CHF 35.50
ISBN 978-3-456-85250-8
E-Book € 21.99 / CHF 30.00

John Killick / Claire Craig

Kreativität und Kommunikation bei Menschen mit Demenz

Kreativität und Kommunikation fördern und erhalten Kognition, so könnte die Kurzbotschaft dieses Buches lauten; noch etwas zu schaffen und zu gestalten, wenn manch anderes nicht mehr gelingt. Anschaulich zeigen die Autoren, wie wesentlich die Beschäftigung mit kreativen Aktivitäten für Menschen mit Demenz ist, um ihre Kommunikation aufrechtzuerhalten, zu verbessern und ihre Persönlichkeit und Identität zu stärken.

Elaine White

Sexualität bei Menschen mit Demenz

Sexualität als herausforderndes Verhalten?

Die Bedürfnisse nach Berührung, Sexualität, Zärtlichkeit und Zuwendung lassen auch bei Menschen mit einer Demenz nicht nach. Gleichzeitig kann die Befriedigung sexueller Bedürfnisse zu herausforderndem Verhalten führen. Wie diese Bedürfnisse ohne herausforderndes, Beziehungen belastendes Verhalten befriedigt werden können, zeigt dieses Buch.

Dt. Ausg. hrsg. v. Peter Offermanns.
Übersetzt von Heide Börger.
2013. 187 S., Kt
€ 24.95 / CHF 35.50
ISBN 978-3-456-85266-9
E-Book € 21.99 / CHF 30.00

Bearbeitet von Michael Herrmann.
2013. 148 S., 8 farbige Abb., 15 Tab., Kt
€ 19.95 / CHF 28.50
ISBN 978-3-456-85262-1
E-Book € 16.99 / CHF 25.00

Christoph Held

Was ist «gute» Demenzpflege?

Demenz als dissoziatives Erleben – ein Praxishandbuch für Pflegende

Durch-ein-ander gegen das Durcheinander

Menschen mit einer Demenz in ihrer inneren Zerrissenheit verstehen und wirkungsvoll bei alltäglichen Aktivitäten unterstützen.

Psychische Gesundheit

Dt. Ausg. hrsg. v. Gianfranco Zuaboni / Christian Burr / Michael Schulz.
Übersetzt von Michael Herrmann.
2013. 208 S., 6 Abb., 1 Tab., Kt
€ 24.95 / CHF 35.50
ISBN 978-3-456-85279-9
E-Book € 21.99 / CHF 30.00

Phil Barker / Poppy Buchanan-Barker

Das Gezeiten-Modell

Der Kompass für eine recovery-orientierte, psychiatrische Pflege

Wie können psychiatrisch Pflegende Menschen in psychischen Krisen unterstützen und deren Erfahrungen nutzen?

Das Gezeitenmodell von Phil Barker und Poppy Buchanan-Barker umschreibt die recovery-orientierte psychiatrische Dienstleistung, deren primärer Ausgangspunkt die menschliche Erfahrung psychischer Erschütterungen ist. Im Zentrum stehen nicht Krankheitsbilder und Diagnosen, sondern die persönlichen Geschichten und Erfahrungen von Menschen mit psychischen Lebensproblemen. Auf der Grundlage dieses Modells und den mitgelieferten Werkzeugen können Fachpersonen ihre Angebote personenzentriert ausrichten und umsetzen.

Margaret McAllister

Resilienz und Resilienzförderung bei Pflegenden

Widerstandfähigkeit bei Pflegenden fördern

Das Praxishandbuch für Pflegepraktiker und -leitungen, um Pflegende in der rauer werdenden Berufspraxis widerstandfähiger zu machen und eine Pflegekultur zu schaffen, die am Wachstum und der professionellen Weiterentwicklung ihrer Mitarbeiterinnen interessiert ist.

Mit einem ergänzenden Beitrag zum Pflegeprozess bezüglich «Resilenz und Resilenzförderung» bei Patienten.

Dt. Ausg. hrsg. v. Peter Offermanns / Jürgen Georg / Robert Weller.
Übersetzt von Heide Börger.
2013. 280 S., Kt
etwa € 29.95 / CHF 39.90
ISBN 978-3-456-85303-1
E-Book etwa € 26.95 / CHF 36.00

Ratgeber

Übersetzt von Michael Herrmann.
2013. 320 S., 18 Abb., Kt
€ 19.95 / CHF 28.50
ISBN 978-3-456-85263-8
E-Book € 16.99 / CHF 25.00

Richard Taylor

Hallo Mister Alzheimer

Wie kann man weiterleben mit Demenz? – Einsichten eines Betroffenen

Demenzkompetenz aus erster Hand

Taylors Ratgeber zur Demenz, authentisch aus der Feder eines Menschen mit einer Demenz, ist ein einzigartiges Buch; ein Leuchtturm im Meer der Demenzratgeber.

Richard Taylor, der an Demenz erkrankte Psychologieprofessor, dessen Buch «Alzheimer und Ich» für Furore gesorgt hat, antwortet in diesem Buch auf Fragen seiner Leser. Als Betroffener weiß er, wie sich eine Demenz anfühlt.

Ulrike Krasberg

«Hab ich vergessen, ich hab nämlich Alzheimer!»

Beobachtungen einer Ethnologin in Demenzwohngruppen

Die Normalität der Demenz

Das Buch beschreibt das Leben in den Wohngruppen aus Sicht der «Dementen» und der Pflegenden. Es bewertet den Verlust kognitiver Fähigkeiten und die damit einhergehenden, keineswegs nur negativen Persönlichkeitsveränderungen letztlich als ein Handicap wie andere auch. Wir lernen allmählich, Menschen mit Down-Syndrom oder Querschnittslähmung zu integrieren; ebenso müsste eine lebenswerte Gesellschaft alte und demente Menschen mit ihren typischen Verhaltensweisen im Alltag akzeptieren, anstatt sie abzuschieben.

2013. 292 S., Kt
€ 24.95 / CHF 35.50
ISBN 978-3-456-85278-2
E-Book € 21.99 / CHF 30.00

Mit einem Geleitwort von Helga Rohra
Dt. Ausg. hrsg. v. Anita Steininger / Ruth Lindenmann.
Übersetzt von Michael Herrmann.
2013. 336 S., 21 Abb., Kt
€ 28.95 / CHF 39.50
ISBN 978-3-456-85186-0
E-Book € 25.99 / CHF 34.00

Helen Buell Whitworth / James Whitworth

Das Lewy-Body-Demenz-Buch

Wissen und Tipps zum Verstehen und Begleiten

Der erste Ratgeber über Lewy-Body-Demenz informiert verständlich, wie betroffene Menschen kompetent unterstützt, gefördert und beraten werden können.

«In diesem Buch sind Situationen und Menschen sehr einfühlsam gezeichnet. Jeder Leser kann sich hineinversetzen, ja, sogar mitfühlen. Es ist ein Buch, das alle Facetten der Lewy-Body-Demenz erklärt, sachlich und leicht verständlich. [...] Besonders hervorzuheben ist die leichte, verständliche Sprache, ohne dass dabei der Expertenblick verloren geht.» *Helga Rohra – Demenzaktivistin*

Christian Hentschel

Alt oder krank?

Verständnishilfen bei Altersbeschwerde

Krankheiten des Alters – einfach für Angehörige und Betroffene erklärt

Alter ist keine Krankheit. Körperliche oder psychische Veränderung im Alter sind nicht unbedingt behandlungsbedürftig, sondern oft einfach ein Phänomen, das akzeptiert werden muss. Aber wenn alte Menschen wirklich krank werden, haben sie und ihre Angehörigen viele Fragen: Was bedeutet die Diagnose im Arztbrief? Was für eine Krankheit habe ich überhaupt? Wird sie noch einmal besser? Kann ich mich allein um meine Mutter, meinen Vater kümmern? Woher bekomme ich professionelle Unterstützung in der Pflege? Und wer zahlt das alles? Diese und andere Fragen beantwortet das vorliegende Buch.

2013. 334 S., 12 Abb., 6 Tab., Kt
€ 24.95 / CHF 35.50
ISBN 978-3-456-85286-7
E-Book € 21.99 / CHF 30.00

Pflegekalender

19. Aufl. 2013. 258 S., Kt
€ 9.95 / CHF 14.90
ISBN 978-3-456-85187-7
2013. 258 S., komplett zweifarb., Abb., Tab., flex. Gb
ab 10 Expl. je € 9.45 / CHF 14.00
ab 20 Expl. je € 8.95 / CHF 13.30
ab 50 Expl. je € 8.70 / CHF 12.45

Jürgen Georg (Hrsg.)

Pflege 2014

Huber Pflegekalender

Auch ohne Akku funktioniert der Terminplaner für Pflegende, garantiert ohne Absturz, im Jahr 2014 wieder. Ein Daumenblättern genügt und die über 30 redaktionellen Beiträge, die umfangreichen Jahres-, Wochen- und Monatskalendarien sowie die Allergiker-, Saison- und Wildkräuterkalender sind im Griff und Blick. Der Terminplaner für Pflegende im praktischen Taschenformat bietet redaktionelle Beiträge zu den Themen:

- Fragmentarisches Leben und Pflege
- Pflegeziel – ganz gezielt
- Flatulenz
- Stuhlinkontinenz
- Leben am seidenen Faden
- Stabilität und Instabilität
- Mut ist gut
- Bahn frei für Apfelbrei

«Für alle Pflegepersonen, die zu ihrer privaten wie beruflichen Terminplanung (noch) gerne bedrucktes Papier benutzen, ist der Huber Pflegekalender ein praktischer und zugleich informativer Begleiter in Beruf und Ausbildung.» *socialnet*

Aktivieren & Begleiten

Übersetzt von Heide Börger.
2013. 192 S., Kt
€ 29.95 / CHF 39.90
ISBN 978-3-456-85170-9
E-Book € 26.99 / CHF 37.99

Sarah Zoutewelle-Morris

Wenn es Schokolade regnet

99 kreative Ideen für die Arbeit mit Menschen mit Demen

Ein Feuerwerk guter Ideen für eine sinnvolle Aktivierung von Menschen mit Demenz

«Das Buch ist klug durchdacht und aufgebaut. Es enthält wunderbare Illustrationen und eine Fülle praktischer Ideen, die den Bedürfnissen von Menschen in verschiedenen Stadien der Demenz gerecht werden.»
Barbara Hughes

Sylke Werner

Praxishandbuch Demenzbegleitung

Menschen mit einer Demenz aktivieren, begleiten und unterstützen

Praxishandbuch für Demenzbegleiter, die Menschen mit Demenz im Alltag der häuslichen Pflege und stationären Altenhilfe in ihren Lebensaktivitäten begleiten und unterstützen. Sylke Werner erklärt verständlich und kompetent Aufgaben der Demenzbegleitung, Merkmale einer Demenz und wichtiger Alterserkrankungen sowie rechtliche, ethische und hygienische Grundlagen.

2013. 272 S., Abb., Tab., Kt
etwa € 24.95 / CHF 35.50
ISBN 978-3-456-85137-2
E-Book etwa € 21.99 / CHF 30.00

Übersetzt von Heide Börger.
2013. 212 S., 22 Abb., 1 Tab., Kt
€ 29.95 / CHF 39.90
ISBN 978-3-456-85095-5
E-Book € 26.99 / CHF 36.00

Claire Craig

Fototherapie

Kreative Fotoarbeiten mit Jugendlichen, Erwachsenen und alten Menschen

Fotoarbeiten kreativ und therapeutisch für Gruppen jeder Altersstufe nutzen

Die Fotografie lehrt uns, Dinge aus unterschiedlichen Blickwinkeln zu betrachten und über uns selbst nachzudenken, zu kommunizieren und uns ohne Worte auszudrücken. – Diesen Ansatz nutzt das Handbuch für die praktische Arbeit mit Menschen aller Altersstufen.

Pflegeassistenz/AGS

2013. 672 S., etwa 250 Abb., Gb
€ 109.00 / CHF 149.00
ISBN 978-3-456-85171-6
E-Book € 99.99 / CHF 130.00

Elisabeth Blunier

Lehrbuch Assistenz Gesundheit und Soziales

Umfassendes Lehrbuch für die neue Schweizer Pflege-Assistenzausbildung «Assistenz Gesundheit und Soziales»

Die Inhalte entsprechen den Aufgaben und Anforderungen, die in der Schweiz an die Assistenten Gesundheit und Soziales gestellt werden. Die Sprache ist bewusst einfach gehalten und bringt zentrale Begriffe auf den Punkt. Der Text ist gut verständlich geschrieben und sehr praxisnah. Alle wichtigen Handlungsabläufe werden schrittweise, nachvollziehbar beschrieben und mit farbigen Abbildungen veranschaulicht.

Elisabeth Blunier

Arbeitsbuch Assistenz Gesundheit und Soziales

Instruktives Arbeitsbuch für AssistentInnen Gesundheit und Soziales

Begleitendes Arbeits- und Übungshandbuch für die neue Pflege-Assistenzausbildung «Assistenz Gesundheit und Soziales». Vertieft und übt ausgehend von typischen Pflege- und Alltagssituationen konkrete Handlungskompetenzen zu den folgenden sechs Bereichen:

1. Mitwirken und Unterstützen bei Gesundheits- und Körperpflege
2. Begleiten und Unterstützen von Klienten im Alltag
3. Unterstützen im Haushalt
4. Einhalten und Umsetzen von Hygiene und Sicherheit
5. Mitwirken bei Administration, Logistik und Arbeitsorganisation
6. Entwickeln und Beobachten der Berufsrolle und der Zusammenarbeit

2013. 540 S., etwa 100 Abb., Kt
€ 89.95 / CHF 119.00
ISBN 978-3-456-85172-3
E-Book € 79.99 / CHF 100.00

Naturgestützt pflegen

Unter Mitarbeit von Bernadette Bächle-Helde, Ursula Bertsch und Gabriele Vef-Georg.
2., vollst. überarb. u. erw. Aufl. 2013.
376 S., 262 Abb., 3 Tab., Gb
€ 39.95 / CHF 53.90
ISBN 978-3-456-84588-3
E-Book € 35.99 / CHF 48.00

Ursel Bühring / Annegret Sonn

Heilpflanzen in der Pflege

Das erfolgreiche, schöne und umfangreiche Heilpflanzenbuch bereichert, vertieft und erweitert das Wissen naturheilkundlich interessierter Pflegender. – Jetzt mit ergänzten, neu illustrierten Monografien, erweiterten Pflegetipps und einem neuen Kapitel zur pflanzengestützten Pflege.

«Das Buch sei allen sehr ans Herz gelegt, die ergänzende kreative und auch alternative Möglichkeiten der Pflege anwenden oder neugierig geworden sind und ihr Wissen vertiefen möchten.»
Hilde Schädle-Deininger, PsychPflege heute

«Ein sehr schönes, umfangreiches Heilpflanzenbuch, welches das Wissen jeder naturheilkundlich interessierten Hebamme bereichern, vertiefen und erweitern kann.»
Hebammenforum

Martina Föhn / Christina Dietrich (Hrsg.)

Garten und Demenz

Gestaltung und Nutzung von Außenanlagen für Menschen mit Demenz

Wie müssen Gärten gestaltet, genutzt und unterhalten werden, damit Menschen mit einer Demenz daraus den grössten Nutzen ziehen können? Das kompetente Autorinnenteam

- beschreibt, wie sich ein Garten auf das Wohlbefinden von Menschen mit einer Demenz auswirken kann
- zeigt, wie man die Nutzungsmöglichkeiten eines Gartens analysiert und in einem Nutzungskonzept weiterentwickelt
- weist auf Risiken und Sicherheitsgefahren durch Giftpflanzen, phototoxische und hautreizende Pflanzen hin.

Unter Mitarbeit von Trudi Beck, Sabrina Eberhart, Martina Föhn, Susanne Karn, Claudia Leu und Renata Schneiter-Ulmann.
2013. 176 S., 115 Abb., 7 Tab., Gb
€ 32.95 / CHF 44.90
ISBN 978-3-456-85168-6
E-Book € 28.99 / CHF 40.00

Komplementäre Pflege/Spiritual Care

Unter wissenschaftlicher Begleitung von Andreas Fröhlich und Christel Bienstein
3., überarb. u. erw. Aufl. 2008.
302 S., 111 Abb., 8 Tab., Gb
€ 39.95 / CHF 59.00
ISBN 978-3-456-84564-7
E-Book € 35.99 / CHF 48.00

Thomas Buchholz / Ansgar Schürenberg

Basale Stimulation® in der Pflege alter Menschen

Anregungen zur Lebensbegleitung

Der Meilenstein zur Basalen Stimulation in der Pflege

Das erfolgreiche Fachbuch über die Basale Stimulation in der Pflege alter Menschen stellt praxisnah dar, wann, wie und warum Basale Stimulation in der ambulanten und stationären Alten- und Langzeitpflege sowie der Palliative Care eingesetzt werden kann.

«Das praktische Vorgehen bei der Basalen Stimulation wird genau beschrieben, mögliche Unsicherheiten oder Irrwege werden besprochen, so dass das Buch sowohl für Auszubildende als auch für in der Basalen Stimulation erfahrene Pflegekräfte zu empfehlen ist.»
Andrea Schiff, Dr. med. Mabuse

Birgitt Heller / Andreas Heller

Spiritualität und Spiritual Care

Orientierungen und Impulse

Wesen und Essenz von Leben und Gesundheit

Ein klar gedachtes, klug geschrieben und schön illustriertes Buch zum Wesen des sorgenden und Sinn suchenden Menschen, zur Essenz des Lebens und der Schärfung des Bewusstseins, wenn Gesundheit und Leben auf dem Spiel stehen.

Mit einem Geleitwort von Alan Kellehear.
2013. 259 S., 4 Abb., 2 Tab., Kt
€ 29.95 / CHF 39.90
ISBN 978-3-456-85352-9
E-Book € 26.99 / CHF 36.00

Comfort Care

Fay Carol Reed

Pflegekonzept Leiden

Leiden erkennen, lindern und verhindern

Das Praxishandbuch für Pflegende klärt, was Leiden für Betroffene bedeutet. Reed skizziert die Ebenen des Leids. Sie zeigt, wie Pflegende leidende Menschen erkennen, ihre Schmerzen lindern und Leid verhindern können.

Aus dem Amerikanischen von Heide Börger. Dt. Ausg. bearb. u. hrsg. v. Diana Staudacher.
2013. 232 S., 2 Tab., Kt
€ 29.95 / CHF 39.90
ISBN 978-3-456-85132-7

Bing Thio et al. (Hrsg.)

Praxishandbuch Pruritus

Hautjucken einschätzen, erkennen und behandeln

Hautjucken kenntnisreich einschätzen, professionell erkennen und gekonnt behandeln

Das Praxishandbuch Pruritus stellt die häufigsten Ursachen von Hautjucken an Hand von Fotos dar. Darüber hinaus beschreibt es prägnant Anamnese, Diagnostik, Behandlung und Leitlinien. Die ursächliche oder symptomatische Pruritusbehandlung wird übersichtlich und praxisorientiert bei Kindern, Schwangeren und alten Menschen sowie für dermatologische, internistische und tropische Erkrankungen erläutert.

Aus dem Niederländischen von Mario Gindler. Dt. Ausg. hrsg. v. Dr. Diana Staudacher und Jürgen Georg.
2013. 186 S., 33 Abb., 30 Tab., Kt
€ 29.95 / CHF 39.90
ISBN 978-3-456-84811-2
E-Book € 26.99 / CHF 36.00

Palliative Care

Aus dem Englischen von Heide Börger.
2013. 400 S., 11 Abb., Kt
€ 29.95 / CHF 39.90
ISBN 978-3-456-85096-2
E-Book € 26.99 / CHF 36.00

Gillie Bolton

Kunst und Kreativität in der Palliative Care

Am Ende des Lebens noch etwas gestalten

«Kunst und Kreativität in der Palliative Care» beschreibt erfolgreiche künstlerische Programme, die von Künstlern, Autoren, Pflegenden, Musikern, Therapeuten, Sozialarbeitern und Seelsorgern in der Palliative Care initiiert wurden. Das Spektrum der Projekte reicht von Malerei über kreatives Schreiben bis hin zu organisierten Theateraufführungen. Die vorgestellten künstlerischen und kreativen Arbeiten spiegeln Erinnerungen, Hoffnungen, Befürchtungen und Ängste wider und gehen den emotionalen, spirituellen und psychologischen Fragen nach, die ein besseres Verständnis seiner selbst vermitteln. Mit Hilfe der Kunst gelingt es, auch schwierige und komplexe Gefühle auszudrücken, die in alltäglichen Gesprächen vielfach unausgesprochen bleiben.

Miriam Johnson / Richard Lehman

Kardio-Palliative Care

Praxishandbuch zur palliativen Versorgung von Menschen mit kardiologischen Erkrankungen

Menschen mit schwerer Herzinsuffizienz in palliativen Lebenssituationen professionell behandeln und begleiten

Das erste umfassende Praxishandbuch für Pflegende, Ärzte und Palliative Care Teams, um Menschen mit schwerer Herzinsuffizienz und Herzerkrankungen in palliativen Lebenssituationen professionell zu behandeln und zu begleiten.

«Das Buch liefert hervorragende Konzepte, wie ‹Palliative Care› beim herzkranken Menschen gelebt und integriert werden kann.»
Christoph Gerhard

Aus dem Englischen von Sabine Umlauf-Beck. Dt. Ausg. hrsg. v. Christoph Gerhard.
2013. 336 S., 10 Abb., 16 Tab., Kt
€ 39.95 / CHF 53.90
ISBN 978-3-456-85188-4
E-Book € 35.99 / CHF 48.00

Pflegewissenschaft

2013. 368 S., 24 Abb., 13 Tab., Kt
€ 29.95 / CHF 39.90
ISBN 978-3-456-85248-5
E-Book € 26.99 CHF 36.00

Rebecca Palm / Martin Dichter (Hrsg.)

Pflegewissenschaft in Deutschland – Errungenschaften und Herausforderungen

Festschrift für Sabine Bartholomeyczik

Die vorliegende Festschrift beschreibt anhand der Arbeitsschwerpunkte von Sabine Bartholomeyczik Werk und Wirken die Errungenschaften der Pflegewissenschaft in Deutschland. Wer die Entwicklung der Pflegewissenschaft in Deutschland tiefer verstehen möchte und nach Rüstzeug für die Bewältigung zukünftiger Herausforderungen sucht, wird in diesem Band fündig werden.

Hilde Schädle-Deininger (Hrsg.)

Ruth Schröck – «Es gibt keinen Grund nichts zu tun»

Ausgewählte Werke, Anekdoten und Begegnungssplitter

Ruth Schröck hat als erste Professorin für Pflegewissenschaft entscheidenden Anteil an der Professionalisierung und Akademisierung der Pflegeberufe in Deutschland. Als Pflegeexpertin hat sie maßgeblich zur Entwicklung der psychiatrischen Pflege beigetragen. Ihre Gedanken und Ideen haben nichts an Aktualität und Originalität eingebüßt.

Unter Mitarb. v. Angelika Zegelin, Jürgen Georg u. Astrid Elsbernd.
2013. 288 S., 14 Abb., 2 Tab., Kt
€ 29.95 / CHF 39.90
ISBN 978-3-456-85042-9
E-Book € 26.99 / CHF 36.00

Dt. Ausg. bearb. u. hrsg. v. Christine Riesner.
Aus dem Engl. v. Klaus-Peter Arnold.
2013. Etwa 240 S., Kt
etwa € 39.95 / CHF 53.90
ISBN 978-3-456-85339-0
E-Book etwa € 35.99 / CHF 48.00

Anthea Innes / Louise McCabe (Hrsg.)

Demenzevaluation

Praxishandbuch zur Bewertung der Versorgung von Menschen mit Demenz

Die erfahrene Demenzforscherin Anthea Innes fasst in diesem Forschungshandbuch den Gegenstand der Demenzevaluation zusammen. Sie zeigt, wie, in welchem Kontext, mit welchen Instrumenten diese erfolgt. Die aktuellen Aufgaben und Probleme der Demenzevaluation werden dargestellt.

Pflegetheorie

2013. 256 S., vierfarb. Abb., Gb
etwa € 34.95 / CHF 46.90
ISBN 978-3-456-85341-3
E-Book etwa € 35.99 / CHF 48.00

Monika Krohwinkel

Fördernde Prozesspflege mit integrierten ABEDL

Forschung, Theorie und Praxis

Monika Krohwinkel stellt das System, Konzept und die Prinzipien der fördernden Prozesspflege sowie ihre Anwendung im Pflegeprozess mit Pflegeassessment und -diagnostik anschaulich dar. Sie beschreibt die «Aktivitäten, Beziehungen und existenziellen Erfahrungen des Lebens» (ABEDL) als Strukturierungshilfe für die tägliche Pflegepraxis. Ein Muss für alle Anhänger der ABEDL.

Susan G. Taylor / Katherine Renpenning

Selbstpflege

Wissenschaft, Pflegetheorie und evidenzbasierte Praxis

Grundlegende Einführung und Weiterentwicklung der Theorie und Wissenschaft der Selbstpflege nach Dorothea Orem

Das Grundlagenwerk führt in die Theorie und Wissenschaft der Selbstpflege, Selbstpflegedefizite und Pflegesysteme nach Dorothea Orem ein. Die Autorinnen entwickeln diese auf Basis evidenzbasierter Erkenntnisse für die Pflegelehre, -praxis und das Pflegemanagement weiter. Pflegeprofis, die Pflege lehren, leiten, praktizieren und studieren, werden für ihre Praxis von diesem Werk profitierten. Alle, die an Selbstpflege und an der Weiterentwicklung von Orems Pflegetheorien interessiert sind, finden hier das neue Standardwerk zum Thema.

Aus dem Amerikanischen von Ute Villwock. Dt. Ausg. bearb. u. hrsg. v. Gerd Bekel.
2013. 304 S., 16 Abb., 6 Tab., Kt
€ 34.95 / CHF 46.90
ISBN 978-3-456-85192-1
E-Book € 35.95 / CHF 48.00